스트랭 미분적분학

CALCULUS 3rd Edition

Gilbert Strang 지음

한빛수학교재연구소 옮김

한빛아카데미
Hanbit Academy, Inc.

지은이 **Gilbert Strang**

Gilbert Strang은 MIT에서 학사 졸업 후 옥스퍼드에서 석사, UCLA에서 박사 학위를 받았으며, 현재는 MIT 수학과 교수로 재직 중입니다. 그의 관심 연구 분야는 유한요소이론, 변분법, 웨이블릿 그리고 선형대수학입니다. 주요 저서로는 『Introduction to Linear Algebra, 5th edition(2016)』, 『Differential Equations and Linear Algebra(2014)』, 『Calculus, 2nd edition(2010)』 등이 있습니다.

옮긴이 **한빛수학교재연구소**

한빛수학교재연구소에서는 이공계열 공통 수학 및 수학 관련 학과 전공 교재에 적합한 원서와 집필서를 기획/출간하고 있습니다. 이 책은 아래와 같이 총 다섯 분의 전문가가 번역을 담당하였으며, 여러 수학 전문 편집자가 편집에 참여했습니다.

- **이병준** 가톨릭대학교 자연과학부 수학전공 교수 (번역 담당 : 0, 3, 8, 13장)
- **정미연** 한국외국어대학교 자연과학대학 수학과 교수 (번역 담당 : 4, 9, 12장)
- **강명민** 충남대학교 자연과학대학 수학과 교수 (번역 담당 : 1, 7, 14장)
- **한희재** 서울대학교 수리과학부 석박사 통합과정 (번역 담당 : 5, 6, 11장)
- **조현태** 서울대학교 수리과학부 석박사 통합과정 (번역 담당 : 2, 10, 15장)

스트랭 미분적분학

초판발행 2019년 1월 2일

지은이 Gilbert Strang / **옮긴이** 한빛수학교재연구소 / **펴낸이** 김태헌

펴낸곳 한빛아카데미(주) / **주소** 서울시 서대문구 연희로2길 62 한빛아카데미(주) 2층

전화 02-336-7112 / **팩스** 02-336-7199

등록 2013년 1월 14일 제25100-2017-000063호 / **ISBN** 979-11-5664-437-8 93410

총괄 김현용 / **책임편집** 고지연 / **기획** 고지연 / **편집** 고지연, 강다인, 박현경, 박한솔

디자인 표지 박정화 내지 김연정 / **전산편집** 임희남 / **제작** 박성우, 김정우

영업 이윤형, 길진철, 김태진, 주희, 김성삼, 이정훈, 임현기 / **마케팅** 김호철

이 책에 대한 의견이나 오탈자 및 잘못된 내용에 대한 수정 정보는 아래 이메일로 알려주십시오.

잘못된 책은 구입하신 서점에서 교환해 드립니다. 책값은 뒤표지에 표시되어 있습니다.

홈페이지 www.hanbit.co.kr / 이메일 question@hanbit.co.kr

CALCULUS

3rd Edition

스트랭 미분적분학

Gilbert Strang 지음 | 한빛수학교재연구소 옮김

지은이 머리말

수학은 공식이나 계산, 증명이 아니라 아이디어다

이 책을 통해 여러분이 미적분학을 제대로 배울 수 있기를 바란다. 더 나아가 제대로 배우는 것 이상으로 보다 많은 것을 배울 수 있기를 희망한다. 미적분학에 대한 설명을 명확히 이해한다면 미적분학을 배우는 목적도 명확해질 것이다. 말하자면 식뿐만이 아니라 식을 이끌어 내는 아이디어도 찾을 수 있다. 그렇게 된다면, 이 책은 충분히 집필할 가치가 있었고 그 과정은 가히 성공적이라 할 수 있을 것이다.

필자는 미적분학이 살아있다고 말하고 싶다. 해결해야 하는 문제들이 있는 한, 수학은 계속 성장하고 발전할 것이다. 사실 수학이라는 학문은 기나긴 수식만을 다루는 분야가 아니다. 우리는 수학을 통해 복권 당첨자가 될 확률(2장)을 알 수 있다. 또 심전도의 의미(3장), 세계 인구가 **S**−곡선 형태라는 사실(6장)도 알 수 있다. 수학이 세상 모든 문제의 해답을 가지고 있다고 말하는 것은 아니다. 이 책은 정말 아이디어를 찾기 위한 여정이다.

수학은 대부분 패턴과 함수에 관해 다룬다. 예를 들어, 함수 x^2, x^3, x^n의 기울기에는 패턴이 있다. x가 변함에 따라 패턴도 변한다. 이처럼 모든 함수는 증가 또는 감소에 대한 모든 역사를 내포하고 있다. 패턴은 명확하지만 때로는 숨겨져 있기도 하다. 우리의 목표는 이 패턴을 찾는 것이다.

미적분학은 우리에게 달콤함을 가져다주지도, 빛나지도 않는다. 하지만 우리는 신중하게 생각하여 반드시 문제를 해결해야 한다. 이 책을 통해 여러분이 시간을 낭비하지 않도록 도울 것이다. 또한 이 책의 목적은 문제를 '숨기는' 것이 아니라 그것을 드러내고 설명하는 것임을 기억하기 바란다.

이 책을 학습하는 1년 동안 계속해서 새로운 영감을 얻는 것은 쉬운 일이 아니다. 아마도 불가능할 것이다. 하지만 수학은 대부분의 사람이 알고 있는 것보다 더 재미있는 학문이다. 이 책은 진지한 목적으로, 그러나 행복의 마음을 담아 쓰였다. 여러분 역시 미적분학을 즐기기를 바란다.

지은이 **Gilbert Strang**

동영상 강의 안내

이 책을 보는 독자를 위해 필자가 제작한 '미적분학 하이라이트' 동영상 강의를 제공한다. 이 강의는 MIT 오픈코스웨어 사이트(ocw.mit.edu)에 있으며 모든 독자에게 무료로 제공된다. 필자는 모든 곳에 있는 학생들과 교사들을 돕고 싶다.

Highlights of Calculus
https://ocw.mit.edu/resources/res-18-005-highlights-of-calculus-spring-2010/

옮긴이 머리말

미적분학의 기본 개념과 여러 가지 응용을 담은 살아있는 스토리북

이 책의 지은이 길버트 스트랭(Gilbert Strang)은 속도와 거리, 기울기와 그래프에 빗대어 미적분학의 목표를 설명한다. 그 목표에 걸맞게 구성된 이 책은 대부분 학과에서 가르치는 기본적인 미적분학 내용뿐만 아니라, 자연과학, 공학, 의학, 사회과학 분야 등 실제 현실에 적용되는 수많은 응용까지 제시하고 있는 '미적분학의 스토리북'이라 말해도 무방하다. 또한 스트랭 교수 특유의 위트가 더해져서 읽기에도 매우 재미있는 책이다.

대부분 대학교에서 미적분학은 이공계 필수과목으로 채택되어 학부 1학년 때 학습한다. 하지만 시중의 여러 미적분학 교재들은 미적분학의 기본적인 이론을 전달하는 데 비중을 크게 두고 있고 미적분학 활용에 관해서는 인색한 편이다. 이 번역서는 미적분학의 주요 이론들을 명확하며 친근감 있고 위트 있는 문체로 서술한다. 또한 저자의 경험에 비추어 이론적인 내용의 기술뿐만 아니라 관련된 응용 분야를 제시하고, 이를 확인할 수 있는 많은 양의 연습문제를 통해 학생들이 충분히 연습할 기회를 제공한다.

대부분의 자연과학 및 공학, 사회과학 문제를 이해하는 데 가장 기본이 되는 것은 미적분학이라고 해도 과언이 아니다. 현재 학생들이 어떤 이공계 관련 전공을 선택하더라도 전공 관련 지식을 습득할 때 미적분학을 마주하게 될 가능성은 매우 높다. 다양한 미적분학 이론과 그 이론들을 적용하는 방법을 공부함으로써 학생 여러분이 전공을 심도 있게 이해하고 관련 문제들을 잘 해결할 수 있는 능력을 기르는 기회가 되기를 바란다.

이 책을 번역하면서 다음과 같은 점들에 특히 주의를 기울였다.

- 최대한 원문에 충실하게 번역한다.
- 원문의 수학 용어는 대한수학회 용어집을 활용하여 최대한 공식적인 용어로 번역한다.
- 학생들의 이해를 돕기 위해 문장은 최대한 짧고 간결하게 번역한다.
- 다양한 응용 예제를 제시한다는 저자의 의도를 왜곡하지 않도록 각 절의 연습문제는 원문의 모든 문항을 수록한다.

끝으로 이 책의 기획에서 출간까지 수고를 아끼지 않은 한빛아카데미㈜ 관계자분들께 감사드린다.

옮긴이 **이병준, 정미연, 강명민, 한희재, 조현태**

미리보기

미적분학 하이라이트 (0장)

MIT 오픈코스웨어 사이트에서 관련 동영상 강의를 제공한다.

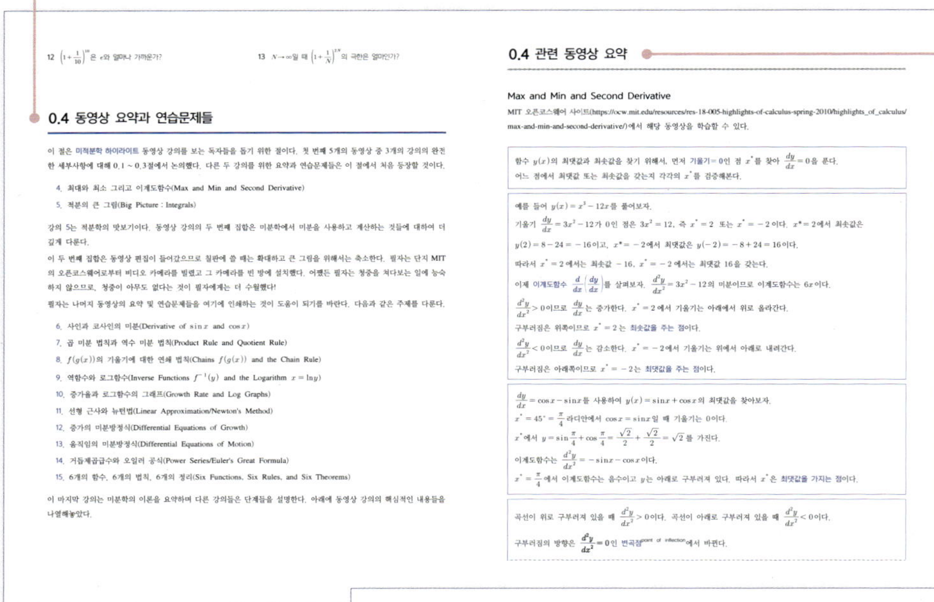

관련 동영상 요약

0장에서는 동영상 강의의 핵심 내용을 요약하여 보여준다.

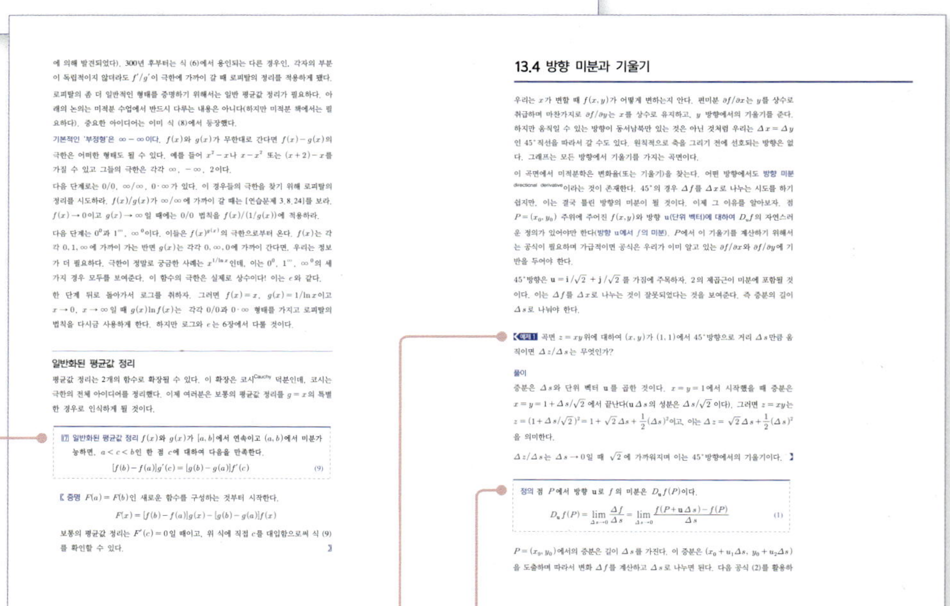

정리 및 증명

해당 주제에서 기억해 두어야 할 공식과 증명 과정을 간단히 보여준다.

예제

다양한 예시를 통해 본문에서 다룬 개념들을 설명한다.

정의

해당 주제에서 기억해 두어야 할 단어나 공식의 의미를 정의한다.

Q&A

질문과 답변을 통해 본문의 이해를 돕는다.

문장제 문제

해당 절이 끝날 때마다 본문에서 익힌 내용을 요약할 수 있는 문제를 제공한다.

연습문제

해당 절이 끝날 때마다 본문에서 익힌 내용을 문제를 통해 정리한다.

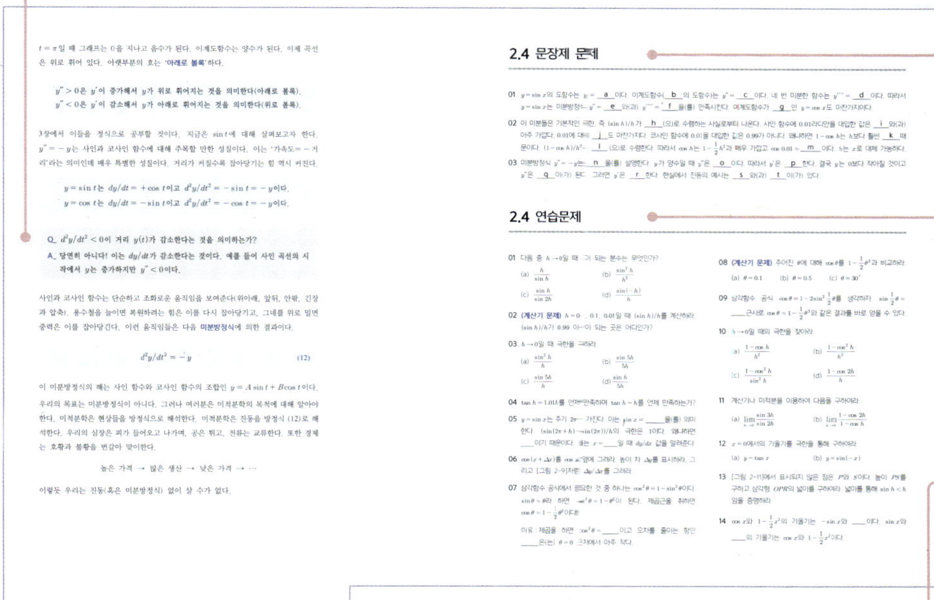

부록 B, C

책의 맨 뒤에 미적분학을 공부할 때 필요한 주요 공식과 적분표를 제공한다.

부록 A

미적분학 과목을 이수한 후 선택할 수 있는 수학 과목을 소개한다.

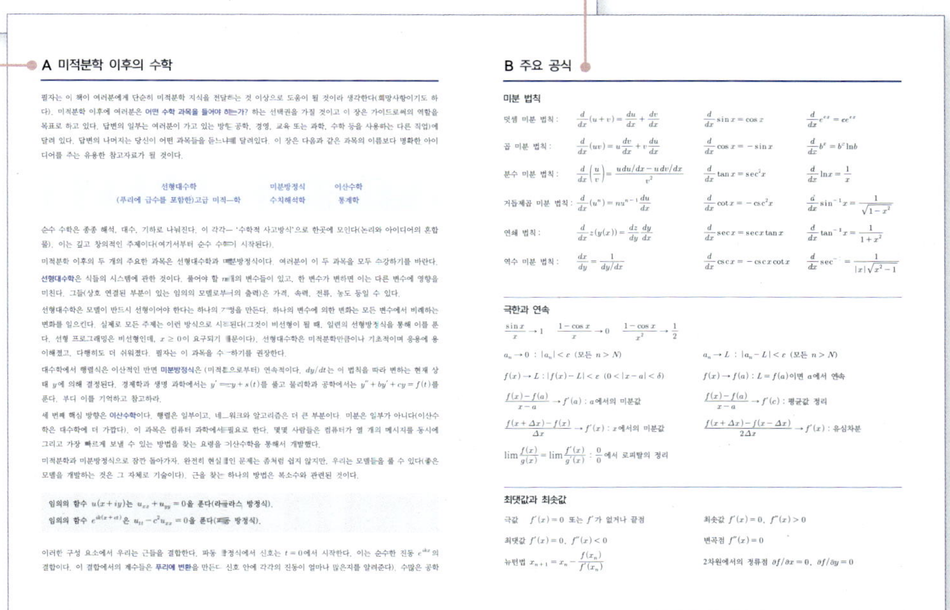

강의자용 : 강의보조자료 다운받기 한빛출판네트워크 접속(http://www.hanbit.co.kr) → [교수전용] 클릭 → [강의자료] 클릭

학습자용 : 연습문제 정답 다운받기 한빛출판네트워크 접속(http://www.hanbit.co.kr) → [SUPPORT] 클릭 → [자료실] 클릭

목차

목차

목차

0장 미적분학 하이라이트

Highlights of Calculus

0.1 거리와 속도, 높이와 기울기

미적분학은 함수에 관한 것이다. 이 책의 첫 번째 문장에서 '함수'라는 단어를 사용한 것은 함수 없이는 미적분학을 설명할 수 없기 때문이다. 우선 다른 단어들을 배울 때 그러했듯, 단어를 정의한 후에 사용하자.

먼저 다음 세 가지 예로 시작하고자 한다. 함수의 예제를 보고 이 예제를 설명하는 단어를 사용하는 것이 함수를 가장 빠르고 강력하게 배우는 방법일 것이다.

선형함수	$y(x) = \boldsymbol{2x}$
제곱함수	$y(x) = \boldsymbol{x^2}$
지수함수	$y(x) = \boldsymbol{2^x}$

첫 번째 요점은 위의 함수들이 서로 같지 않다는 것이다! 식에서 2, x는 서로 매우 다른 방식으로 관련되어 있다. 이 함수들의 그래프를 그릴 때(이는 함수를 이해하는 좋은 방법이다) x가 양수이면 세 그래프는 모두 증가하는 것을 보게 될 것이다. 즉 기울기는 양수이다.

입력 x가 증가할 때(오른쪽으로 움직일 때), 출력 y 또한 증가한다(그래프의 y값은 위로 올라간다). 이때 세 함수는 각각 다른 비율로 증가한다.

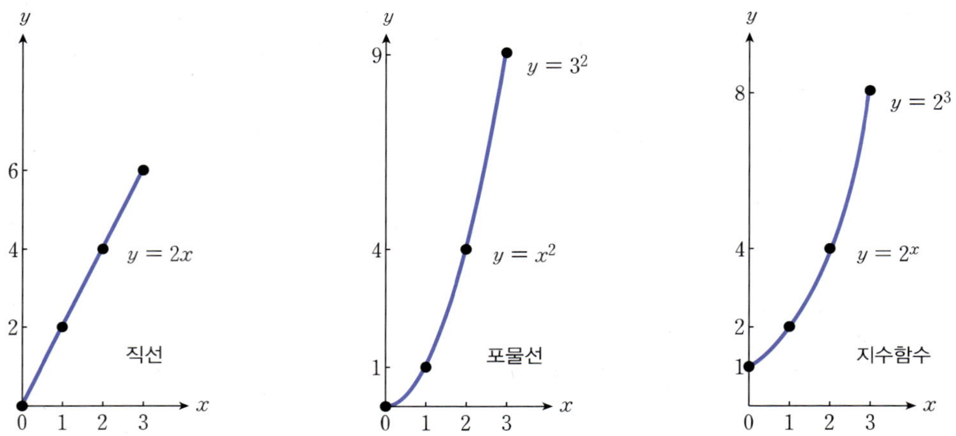

(a) (b) (c)

시작점 $x = 0$ 근처에서는 첫 번째 함수가 가장 빠르게 증가하지만 다른 함수들이 곧 이를 따라잡는다. 세 그래프 모두 $x = 2$일 때 같은 높이 $y = 4$에 도달한다. 이 점 이후로 두 번째 그래프 $y = x^2$은 앞으로 나아간다. $x = 3$에서 제곱함수는 $y = 3^2 = 9$에 도달하지만, 세 번째 그래프의 높이는 $y = 2^3 = 8$밖에 안 된다.

초반의 증가율에 속지 마라. 결국 지수가 가장 빨리 증가할 것이다. 지수함수는 $x = 4$에서 다른 두 함수를 따라잡을 것인데, 이는 4^2과 2^4는 모두 16이기 때문이다. 그 후 $y = 2^x$은 $y = x^2$을 앞서갈 것이고 앞선 채로 계속 남아 있는다. $x = 10$에 도달했을 때, 제곱함수 $y = 10^2 = 100$과 비교하면 지수함수는 $y = 2^{10} = 1024$를 가질 것이다.

이들의 그래프는 각각 직선, 포물선, 급격히 증가하는 곡선이다. 직선은 일정한 증가율을, 포물선은 점점 커지는 증가율을, 지수함수는 기하급수적으로 증가하는 증가율을 보인다. 이를 강조하는 이유는 미적분학의 전부는 증가율에 관한 것이라고 해도 과언이 아니기 때문이다.

미적분학의 전체 요점은 함수의 증가율을 발견하고 그 정보를 사용하는 것이다. 따라서 동시에 정확히 **두 개의 함수**, 즉 원래의 함수와 그 함수의 증가율을 활용한다. 이 굉장히 중요한 길로 들어서기 전에 다음과 같이 함수 $y(x)$에 대해 유효한 정의를 내린다.

함수는 입력 x와 출력 $y(x)$를 가진다. 각각의 x에 대해 이 함수는 하나의 y를 가진다.

입력 x는 함수의 '정의역'으로부터 온다. 앞에서 살펴본 그래프에서 정의역은 $x \geq 0$인 모든 수를 포함한다. 출력 y는 함수의 '치역'을 형성한다. 처음 두 함수 $y = 2x$와 $y = x^2$의 치역은 $y \geq 0$인 모든 수를 포함하고 있다. 하지만 $y = 2^x$의 치역은 정의역이 $x \geq 0$일 때 $y \geq 1$로 한정되어 있다.

이 세 가지 예는 매우 중요하기 때문에 필자는 x가 음수가 될 수 있도록 허용할 것이며 이때의 세 그래프는 아래에 있다. 엄밀히 말하면 이들은 새로운 함수들이다! 그들의 정의역은 모든 실수 x로 확장되었으며 세 개의 치역 역시 서로 다르다는 것에 주목하라.

$y = 2x$의 치역은 모든 실수 y이다.
$y = x^2$의 치역은 모든 음이 아닌 수 $y \geq 0$이다.
$y = 2^x$의 치역은 모든 양수 $y > 0$이다.

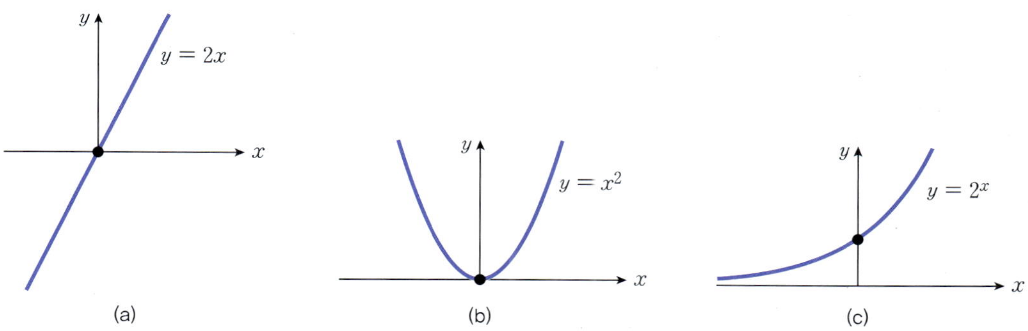

이처럼 함수에 대한 아이디어를 숙지하고 나면 미적분학을 공부할 수 있다. 우리는 함수를 묘사하는 가장 유명한 다음 세 가지 방법을 살펴봤다.

1. x로부터 y를 찾기 위한 식을 구한다. 예 : $y(x) = 2x$
2. x(가로의 거리)와 y(위로의 거리)를 보여주는 그래프를 그린다.
3. 입력-출력 쌍(정의역에서의 x와 치역에서의 y)을 구한다.

'함수'는 모든 입력-출력 쌍들의 집합이다. 또한 함수는 치역의 출력 y를 정의역의 모든 입력 x에 배정하는 법칙이기도 하다.

다른 단어들에서도 정의는 우선적으로 학습되어야 한다. 그런 다음 실제로 단어를 사용하는 예를 풀고 나면 정의를 더 잘 이해하게 된다. 아마도 이는 다른 단어들을 배우는 방법이며 또한 미적분을 배울 수 있는 방법이기도 하다. 예제들을 통해 일반적인 아이디어를 보여주면, 정의는 더 정확해진다. 이러한 방법으로 미적분학의 내용을 바르게 학습할 수 있다.

이 책의 첫 번째 문장은 '미적분학은 함수에 관한 것이다'였다. 이제 이를 다시 생각해보자.

함수들의 순서쌍

미적분학은 함수들의 순서쌍에 관한 것이다. 이들을 각각 함수 (1)과 함수 (2)라 부르자. $y=2x$, $y=x^2$, $y=2^x$의 그래프들은 함수 (1)의 예를 위해 소개하였다. 그 후 이 세 가지 예의 증가율에 관해 논의했다. **함수 (1)의 증가율은 함수 (2)이다.** 이는 우리가 수행할 첫 번째 업무이다(함수의 증가율을 찾는 것). 미적분학에서 미분은 함수 (1)에 대한 식에서 시작하여 함수 (2)에 대한 식을 생산하는 것이 목적이다.

이제 미적분학이 어떻게 작용하는지 바로 얘기하려고 한다. x가 변할 때 y가 얼마나 빨리 변하는지를 측정하는 두 가지 방법이 있다.

방법 1(극한) : $\dfrac{y\text{에서의 변화}}{x\text{에서의 변화}}=\dfrac{\Delta y}{\Delta x}$를 쓴다. $\Delta x \to 0$일 때 이 비율의 극한을 취한다.

방법 2(법칙) : 알고 있는 비율로부터 새로운 증가율을 생산하는 법칙을 따른다.

자연, 경제 법칙과 같은 법칙들 중 하나를 따르는 알고 있는 함수로부터 각각의 새로운 함수 $y(x)$의 새로운 증가율을 구할 수 있는지를 살펴본다. 미적분학을 배우는 중요한 부분은 이전의 함수로부터 새로운 함수를 생산하는 다른 방법들을 확인하는 것이다. 그 후 증가율에 대한 법칙을 따른다.

알고 있는 함수로부터 새로운 함수가 생산되지 않는다고 가정하자(2^x은 $2x$ 또는 x^2으로부터 생산되지 않는다). 그러면 우리는 증가율을 직접적으로 찾아야만 한다. '직접적으로'라는 것은 함수 (2)의 극한을 계산한다는 의미이다. 이 책은 '극한'이 무엇을 의미하는지 그리고 그것을 어떻게 계산하는지를 설명할 것이다.

여기서 대부분의 경우에 최선의 방법인 예와 함께 시작한다. 아래에 우리가 다루고 있는 세 가지 함수에 대한 증가율 'dy/dx'를 서술한다.

함수 (1)	$y=2x$	$y=x^2$	$y=2^x$
함수 (2)	$\dfrac{dy}{dx}=2$	$\dfrac{dy}{dx}=2x$	$\dfrac{dy}{dx}=2^x(\ln 2)$

선형함수 $y=2x$는 상수인 증가율 $dy/dx=2$를 가진다. 이번 절은 이 첫 번째 함수, 즉 가장 쉬운 단계를 취한다. 이는 증가율을 **그래프의 기울기**에 연결하는 하나의 기회이다. 이때 가로 거리에 대한 세로 거리의 비율은 $2x/x$이고 이는 2이다.

0.2절은 다음 단계를 취한다. 제곱함수 $y = x^2$은 선형 증가율 $dy/dx = 2x$를 가진다(이는 미적분학의 기초인 극한의 아이디어를 필요로 한다). 그러면 다음과 같은 두 가지 법칙을 먼저 소개할 수 있다.

상수 인자 $Cy(x)$의 증가율은 $C \times y(x)$의 증가율이다.

함수의 합 $y_1 + y_2$의 증가율은 두 증가율의 합이다.

첫 번째 법칙은 $y = 5x^2$이 증가율 $10x$를 가진다는 뜻이다. 즉 인자 $C = 5$는 증가율 $2x$에 곱해진다. 두 번째 법칙은 $y_1 + y_2 = 5x^2 + 2x$가 증가율 $10x + 2$를 가진다는 뜻이다. 이 두 법칙을 합치면 y_1와 y_2의 '선형 결합'에 대한 증가율을 준다.

$$C_1 y_1 + C_2 y_2 \text{의 증가율은 같은 결합 } C_1 \frac{dy_1}{dx} + C_2 \frac{dy_2}{dx} \text{이다.}$$

말하자면 함수 (1)에서 함수 (2)로의 과정은 선형이다. $y = x^2 - x$의 기울기는 $dy/dx = 2x - 1$이다. 이 법칙은 간단하지만 매우 중요하다.

마지막으로 0.3절에서는 지수함수 $y = 2^x$과 $y = e^x$을 제시할 것이다. 우리가 첫 번째로 할 일은 그들의 의미를 찾는 것이다('2의 π제곱'은 무엇인가?). $2^3 = 8$과 $2^4 = 16$은 이해하지만 어떻게 2를 π번 곱할 수 있는지 이해할 수 있을까?

e^x을 만나면 비로소 미적분학의 굉장한 창조를 볼 수 있다. 이는 뛰어난 성질인 $dy/dx = y$를 가지는 함수이다. 즉 **기울기는 함수와 같다**. 이는 흥미로운 숫자 e를 필요로 하는데, 이는 일반적인 계산에서는 절대로 본 적이 없다(왜냐하면 이 수는 올바른 극한을 취할 때만 등장하기 때문이다).

따라서 이 장에서는 필수적인 세 개의 함수의 증가율을 계산한다. 우선 $y = 2x$의 기울기를 구해보자.

그래프의 기울기

기울기는 세로 거리를 가로 거리로 나눈 것이다. 이제 함수 $y(x)$의 그래프에 관해 생각해보자. '가로 거리'는 입력 x_1에서 x_2로의 변화 $x_2 - x_1$이고, '세로 거리'는 출력 y_1에서 y_2로의 변화 $y_2 - y_1$이다. $y_2 - y_1$이 $x_2 - x_1$보다 클 때 기울기는 크고 그래프는 가파르다. y의 변화를 x의 변화로 나누는 것은 기울기라는 단어에 담겨 있는 우리의 보편적인 의미에 부합한다.

$$\text{평균 기울기} = \frac{y\text{에서의 변화}}{x\text{에서의 변화}} = \frac{y_2 - y_1}{x_2 - x_1} = \frac{\Delta y}{\Delta x} \qquad (1)$$

여기에서는 변화에 대한 기호로써 매우 유용한 그리스 문자 Δ(델타[delta])를 도입했다. 이때 x_1에서 x_2로 가는 증분 Δx의 길이를 취하면 그래프의 높이 $y(x)$에 대해서 이는 증분 $\Delta y = y_2 - y_1$을 생산한다. 세로를 가로로 나눈 Δx에 대한 Δy

의 비율은 x_1과 x_2 사이의 평균 기울기이다. 즉 기울기는 가파른 정도이다.

이때 '평균'이라고 표현한 이유는 기울기가 계속해서 변하기 때문이다. $y=x^2$의 그래프는 증가하는 기울기를 보여준다. $x_1=1$과 $x_2=2$ 사이에서 $y=x^2$의 평균 기울기는 무엇인가? Δy를 Δx로 나누어라.

$$x_1 = 1\text{일 때 } y_1 = 1 \qquad \textbf{평균 기울기} = \frac{4-1}{2-1} = \frac{\Delta y}{\Delta x} = 3$$
$$x_2 = 2\text{일 때 } y_2 = 4$$

$x_1=0$과 $x_2=2$ 사이에서 우리는 (3이 아닌) 다른 답을 얻는다. x^2의 이 그래프는 기울기에서의 변화와 속도에서의 변화를 다루는 미적분학의 문제를 보여준다.

$y=2x$의 그래프는 상수 기울기를 가진다. 가로 거리에 대한 세로 거리, 즉 Δx에 대한 Δy의 비율은 항상 2이다.

$$\textbf{상수 기울기} \quad \frac{\Delta y}{\Delta x} = \frac{y_2 - y_1}{x_2 - x_1} = \frac{2x_2 - 2x_1}{x_2 - x_1} = 2$$

다음과 같이 단어와 아이디어를 강조할 기회를 준다는 점에서 수학은 쉽다고 할 수 있다.

함수 (1)=그래프의 **높이**	함수 (2)=그래프의 **기울기**

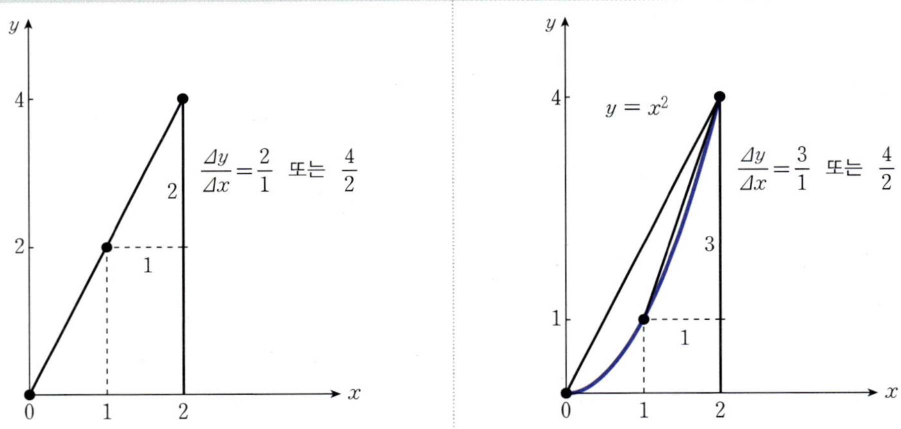

(a) 상수 기울기 (b) 변하는 기울기

함수 (1)이 $y=Cx$일 때, 비율 $\Delta y/\Delta x$는 항상 C이다. 선형함수는 상수 기울기를 가진다. 그리고 이 같은 함수들은 일정한 속도로 운전하는 차에 대한 함수이다.

함수 (1)=여행한 **거리**$=Ct$	함수 (2)=차의 **속력**$=C$

함수 (1)의 그래프에서 이 함수의 변화율은 **기울기**이다. 함수 (1)이 여행한 거리를 측정한다면 이 함수의 변화율은 **속력**(또는 **속도**)이다. 예를 들어 함수 (1)이 우리의 키를 측정한다면 이 함수의 변화율은 우리의 **성장률**이다.

첫 번째 요점은 함수는 모든 곳에 있다는 것이다. 미적분에서 이 함수들은 쌍으로 등장하는데, 함수 (2)는 함수 (1)의 변화율이다.

두 번째 요점은 함수 (1)과 함수 (2)는 다른 단위들을 측정한다는 것이다. 다음과 같이 이는 자연스러운 현상이다.

$$\text{속도}\left(\frac{\textbf{미터}}{\textbf{초}}\right) \times \text{시간}(\textbf{초})\text{은 거리}(\textbf{미터})\text{이다.}$$

$$\text{성장률}\left(\frac{\textbf{인치}}{\textbf{년}}\right) \times \text{시간}(\textbf{년})\text{은 키}(\textbf{인치})\text{이다.}$$

시간이 초 단위이고 거리가 미터 단위라면 속도는 자동으로 초당 미터이다. 두 단위를 선택할 수 있고, 이로 인해 세 번째 것이 결정된다. 함수 (2)는 항상 나눗셈과 관련이 있는데, Δy는 Δx로 나눠지고 거리는 시간으로 나뉘어진다.

미적분학의 섬세하고 까다로운 부분은 다음에 나온다. 우리는 **한 점에서의 기울기**와 **한 순간에서의 속도**를 원한다. 시간이 0일 때의 변화율은 무엇인가?

한 점에서 가로 거리는 $\Delta x = 0$이고 세로 거리는 $\Delta y = 0$이다. **공식적으로 이 둘의 비율은 $\frac{0}{0}$이다.** 이것을 미적분학의 영감으로 삼아 여기에 유용한 의미를 부여한다.

0.1 관련 동영상 요약

Big Picture of Calculus

MIT 오픈코스웨어 사이트(https://ocw.mit.edu/resources/res-18-005-highlights-of-calculus-spring-2010/highlights_of_calculus/big-picture-of-calculus/)에서 해당 동영상을 학습할 수 있다.

미적분은 함수 (1)을 함수 (2)와 연결시킨다.

함수 (1)	함수 (2)
여행한 거리 $f(t)$	속력 $s(t) = df/dt$
그래프의 높이 $y(x)$	기울기 $s(x) = dy/dx$

함수 (2)는 함수 (1)이 얼마나 빨리 변하는지를 말해준다(함수 (1)의 변화율).

핵심 상수인 속력 $s = \dfrac{\text{거리 } f}{\text{시간 } t}$

상수인 기울기 $s = \dfrac{\text{세로 거리}}{\text{가로 거리}}$

함수 (1)과 함수 (2)의 그래프

$f =$ 증가하는 거리

$s =$ 상수 속력

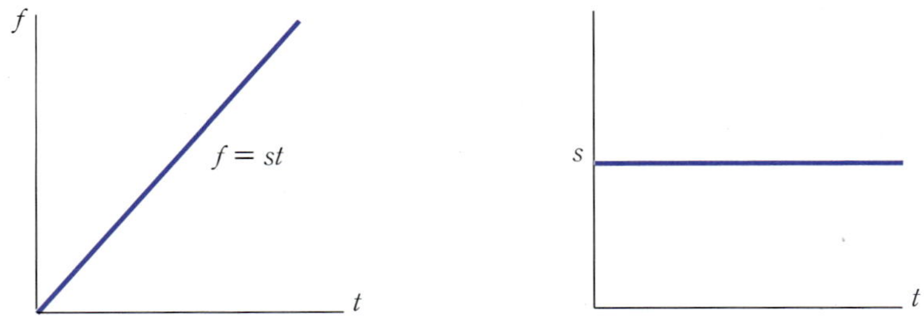

(a) (b)

함수 f의 그래프 기울기$=\dfrac{\text{가로}}{\text{세로}}=\dfrac{st}{t}=s$

함수 s의 그래프 아래의 넓이=직사각형의 넓이 $= st = f$

차를 뒤로 운전하면 속력은 음수이다. 거리는 0에 가까이 가고, $s(t)$ '아래의' 넓이는 0이다.

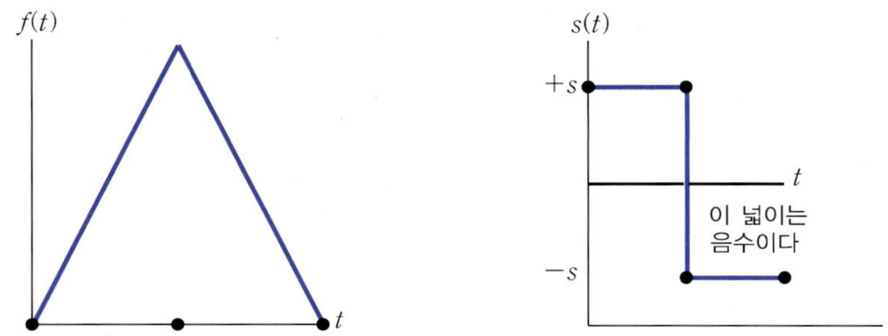

(a) (b)

속도가 증가하는 경우에 거리는 더 가파른 기울기를 가진다.

$$f = 10t^2$$
$$s = 20t$$

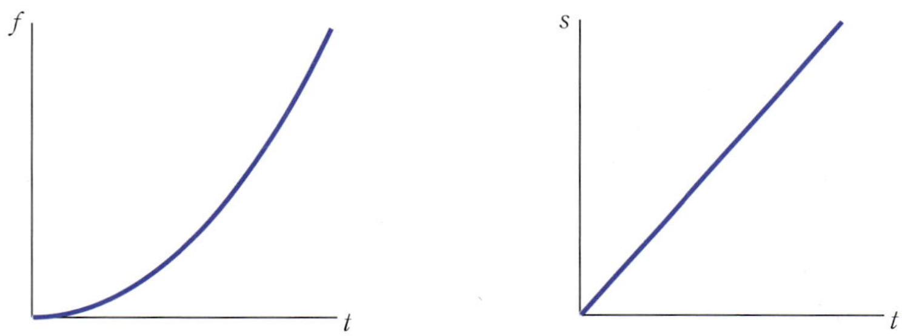

(a) (b)

속력이 변할 때, 단순 계산은 충분한 답을 주지 못한다. 즉 $s=\dfrac{f}{t}$는 잘못되었다.

s 아래의 넓이=삼각형의 넓이$=\dfrac{1}{2}(t)(20t)=10t^2=f$는 여전히 참이다.

$s=f$의 기울기$=\dfrac{df}{dt}=f$의 '미분'은 여전히 참이다.

f가 증가할 때, 기울기 s는 **양수**이다.

f가 감소할 때, 기울기 s는 **음수**이다.

f가 최댓값 또는 최솟값일 때, 기울기 s는 0이다.

임의의 $f(t)$와 $f(t)+10$의 그래프는 모든 t에서 같은 기울기를 가진다.

$\frac{df}{dt}$로부터 $f=$함수 (1)을 복원하려면 시작 높이 $f(0)$을 아는 것이 좋다.

연습문제

01 위로 갔다가 아래로 움직이고 다시 위로 가는 $f(t)$의 그래프를 그려라. 그런 다음 이 함수의 기울기에 적절한 그래프를 그려라

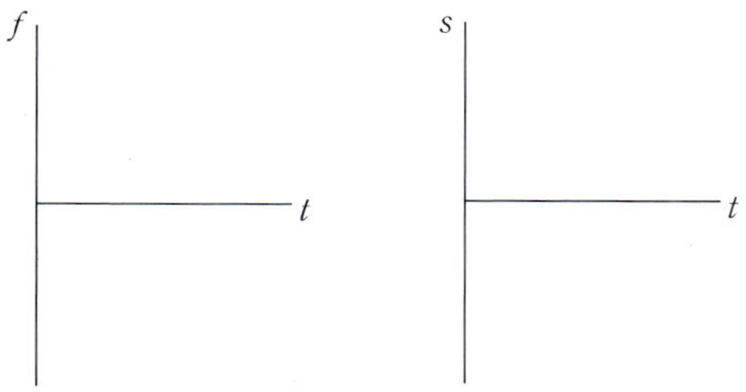

02 세계 인구 $f(t)$는 처음에는 천천히, 이제는 빨리, 그리고 다시 천천히 증가한다(우리가 희망하는 바이다). 아마도 극한$\approx$120억 또는 140억일 것이다. $f(t)$에 대한 그래프와 이 함수의 기울기 $s(t)=\frac{df}{dt}$를 그려라.

03 $t\le 1$일 때 $f(t)=2t$이고, $t\ge 1$일 때 $f(t)=3t+2$라 가정하자. 기울기 그래프 $s(t)$를 묘사하라. 이 함수의 $t=3$까지 넓이를 $f(3)$과 비교하라.

04 $f(t)=\cos t$의 그래프를 그려라. 그런 다음 이 함수의 기울기의 그래프를 그려라. 어떤 각 t에서 기울기가 0인가($f(t)$가 '평평'할 때 기울기$=0$이다)?

05 $f(t)$의 그래프가 대문자 W 모양이라고 가정하자. 이 함수의 기울기 $s(t)=\frac{df}{dt}$의 그래프를 묘사하라. s의 그래프 아래의 전체 넓이는 무엇인가?

06 기차가 일정한 속력 s로 거리 f를 간다. 승객은 기차 안에서 속력 S로 거리 F만큼 앞으로 걷는다. 승객이 이동한 거리는 무엇인가? 어떤 속도로 걷는가(여기서 승객의 거리는 기차역으로부터의 거리이고 속도는 외부에서 봤을 때의 승객의 속도를 의미한다)?

0.2 $y=x^2$과 $y=x^n$의 기울기 변화

앞에서 살펴본 세 가지 예 중에서 두 번째는 $y=x^2$이다. 이제 기울기는 곡선을 따라 움직이면서 변한다. 평균 기울기는 여전히 $\Delta y/\Delta x$이지만 이것이 우리의 최종 목표는 아니다. 이제 미분학에서 중요한 다음 질문에 답해야 한다.

'점에서의 기울기'의 의미는 무엇이고 이를 어떻게 계산해야 하는가?

필자의 동영상 강의 '큰 그림 : 미분(Big Picture : Derivatives)'에서도 역시 이 질문들에 직면한다. 미적분학을 배우는 모든 학생은 곧 이와 같은 문제에 도달하게 된다. 어떤 순간에 있고 그 순간에 실제로 아무것도 변하지 않을 때 '변화율'의 의미는 무엇인가? 이는 좋은 질문이다.

대답은 두 단계로 등장한다. 계산하여 $\Delta y/\Delta x$를 얻었고, 미적분은 dy/dx를 찾는다. 이 증분 dy와 dx는 무한하게 작아서 공식적으로 $0/0$을 볼 수 있다. dy, dx, $0/0$을 정의하려고 노력하는 것은 현명하지 않은 일이며 여기서 이를 하지는 않을 것이다. 성공적인 계획은 Δx에 대한 Δy의 비율이 명확히 정의되어 있고, 이 두 수치는 매우 작아질 수 있다는 것이다. 만약 비율 $\Delta y/\Delta x$가 극한에 가까워진다면 다음과 같이 완벽한 답을 얻는다.

$$x\text{에서의 기울기는 } \frac{\Delta y}{\Delta x} = \frac{y(x+\Delta x)-y(x)}{\Delta x}\text{의 극한이다.}$$

x에서 $x+\Delta x$까지의 가로 거리는 Δx이다. 세로 거리는 $y(x)$에서 $y(x+\Delta x)$까지이다. $y=x^2$일 때 $\Delta y/\Delta x$는 다음과 같이 직접적으로 계산된다.

$$\frac{\Delta y}{\Delta x} = \frac{(x+\Delta x)^2 - x^2}{\Delta x} = \frac{x^2 + 2x\,\Delta x + (\Delta x)^2 - x^2}{\Delta x} = 2x + \Delta x$$

계산에 주목하라! '최고차항' x^2과 $-x^2$은 소거된다. 여기서 중요한 항은 $2x\,\Delta x$이다. 이 '1차 항'은 Δy에서 대부분을 차지한다. 이 예에서 '2차 항'은 $(\Delta x)^2$이다. 이때 Δx로 나누어도 이 항은 여전히 작다. 이 부분 $(\Delta x)^2/\Delta x$는 증분 Δx가 0에 가까워짐에 따라 사라질 것이다.

이 극한 과정 $\Delta x \to 0$은 한 점에서의 기울기 dy/dx를 만든다. 1차 항은 dy/dx에서 살아남고 높은 차수의 항들은 사라진다.

$$\textbf{한 점에서의 기울기} \quad \frac{dy}{dx} = \frac{\Delta y}{\Delta x}\text{의 극한} = 2x+\Delta x\text{의 극한} = 2x$$

계산하여 $\Delta y/\Delta x$를 얻었고, 극한에서 미적분은 dy/dx를 주었다. 이 단계들의 기하를 확인하기 위해 다음 그래프를 살펴보라. 비율 세로/가로 $= \Delta y/\Delta x$는 그래프 위의 두 점 사이의 기울기이다. 두 점은 극한에서 서로 가까워진다. 그러면 $\Delta y/\Delta x$는 **한 점**에서의 기울기 dy/dx에 가까워진다.

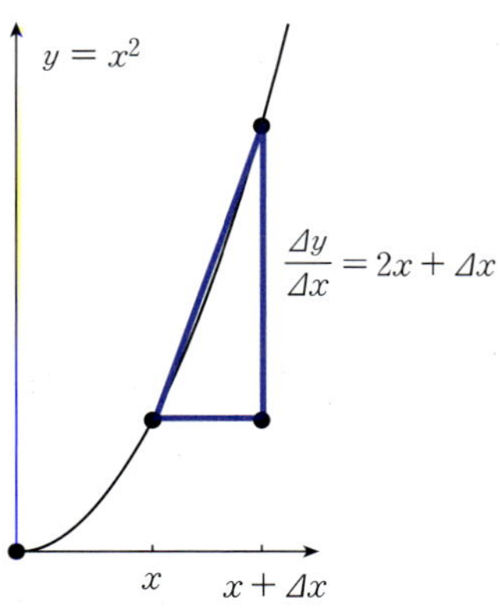

(a)

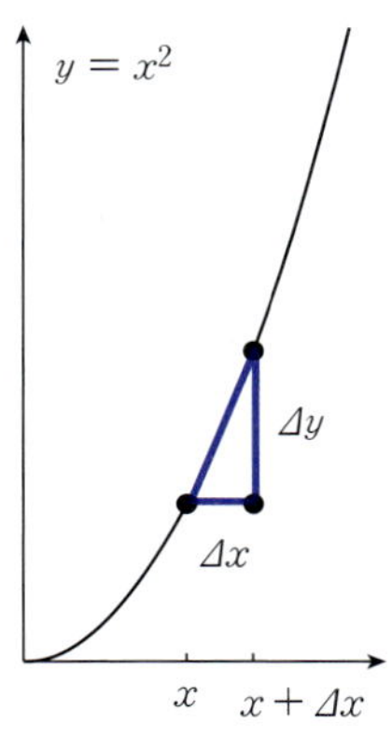

(b)

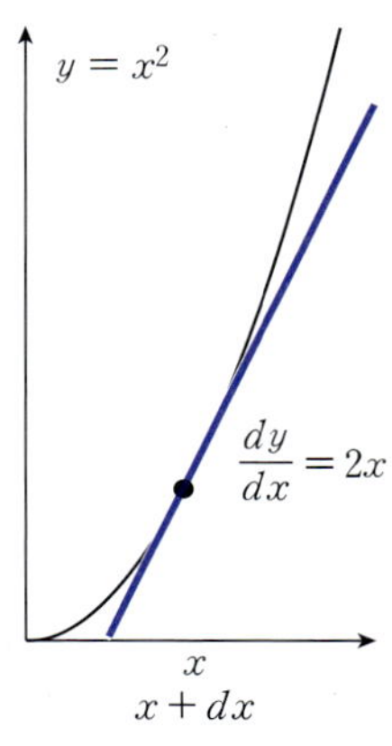

(c)

처음 두 그래프에서 점들을 연결하는 직선은 '현'이라 부른다. 그들은 세 번째 그래프에서의 직선으로 가까워지는데 이 직선은 오직 한 점을 지난다. 이는 곡선의 **접선**tangent line이다. 아래에 미분학의 아이디어가 있다.

$$\text{접선의 기울기}=\text{곡선의 기울기}=\text{함수 }(2)=\frac{dy}{dx}=\boldsymbol{2x}$$

이 접선에 대한 식을 찾기 위해 계산으로 돌아가자. 임의의 특정한 점 x_0을 선택하면 x축 위의 그 점 위에서 그래프는 높이 $y_0=x_0^2$에 있다. 그래프의 이 점에서의 접선의 기울기는 $dy/dx=2x_0$이다. **우리는 이 기울기를 가지면서 이 점을 지나는 직선에 대한 방정식을 구하고자 한다.**

$$\text{접선에 대한 방정식} \qquad y-y_0=(2x_0)(x-x_0) \tag{1}$$

$x=x_0$이고 $y=y_0$인 점에서 이 방정식은 $0=0$이 된다. 방정식은 만족되었고 이 점은 직선 위에 있다. 게다가 직선의 기울기는 곡선의 기울기 $2x_0$과 일치한다. 양변을 $x-x_0$으로 나눔으로써 이를 직접 확인할 수 있다.

$$\text{접선} \qquad \frac{\text{세로}}{\text{가로}}=\frac{y-y_0}{x-x_0}=2x_0\text{은 옳은 기울기 }\frac{dy}{dx}\text{이다.}$$

다시 한번 말한다. 곡선 $y=x^2$은 구부러졌고, 접선은 올곧다. 이 직선은 곡선과 만나는 점 근처에서 곡선에 가능한 한 가까운 채로 머물러 있다. 접선은 비선형함수 $y=x^2$에 대한 선형 근사를 준다.

$$\text{선형 근사} \qquad y\approx y_0+(2x_0)(x-x_0)=y_0+\frac{dy}{dx}(x-x_0) \tag{2}$$

y_0을 식 (1)의 우변으로 옮겼을 뿐이다. 그런 후 '근사적으로 같다'를 위해 $\approx$ 기호를 사용했는데 곡선은 구부러졌으므로 $=$기호를 사용할 수 없기 때문이다. 이 구부러짐은 $y=x^2$의 **이계도함수**로부터 온다.

이계도함수

일계도함수는 기울기 $dy/dx=2x$이다. **이계도함수는 기울기의 기울기이다.** 운이 좋게 우리는 이전 절에서 $2x$의 기울기를 찾았다(구하기 쉬운데, 이는 그냥 상수 2이다). 기울기의 기울기는 d^2y/dx^2 기호임에 주목하자.

$$\text{이계도함수 }\boldsymbol{\frac{d^2y}{dx^2}} \qquad \frac{dy}{dx}=2x\text{의 기울기는 }\frac{d^2y}{dx^2}=2\text{이다.} \tag{3}$$

보통의 언어에 의하면 일계도함수 dy/dx는 함수 $y(x)$가 얼마나 빨리 변하는지를, 이계도함수는 속도의 증가 여부를 알려준다. 예로 들었던 $y=x^2$은 당연히 속도가 증가하는데, 이는 그래프가 가팔라지기 때문이다. 곡선은 구부러지고 접선은 가파르다.

$x=0$의 왼쪽(음수 부분)에서의 $y=x^2$에 대해서도 생각하자. 그래프는 0을 향해서 아래로 움직이므로 이때 기울기는 당연히 음수이다. 하지만 곡선은 여전히 위쪽으로 구부러져 있다! 기울기 $dy/dx=2x$는 $x=0$의 왼쪽에서 음수이지만, 이계도함수 $d^2y/dx^2=2$는 여전히 양수이므로 계산하면 이 설명과 일치한다.

경제학자 또는 투자자는 이 모든 세 수를 주시한다. 즉 $y(x)$는 경제가 어디에 있는지를 말해주고, dy/dx는 경제가 어느 방향으로 가는지를 말해준다(접선에 가까운 단기간 동안). 반면 d^2y/dx^2는 장기 예측을 알려준다.

거리, 속도, 가속도

$y(x)$, dy/dx, d^2y/dx^2의 훌륭한 예는 차를 운전할 때이다. 함수 y는 여행한 거리이고, 이 함수의 변화율(일계도함수)은 속도이며 속도의 변화율(이계도함수)은 가속도이다. 여러분이 가속 페달을 밟고 있다면 세 값 모두 양수일 것이다. 만약 여러분이 브레이크를 밟고 있다면 거리와 속도는 아마도 여전히 양수이지만 가속도는 음수이다. 즉 속도는 떨어진다. 차가 후진 중이고 브레이크를 밟고 있다면 어떨까?

속도는 음수이다(뒤로 간다).
속도는 증가한다(덜 음수이다).
가속도는 양수이다(속력을 증가시킨다).

동영상 강의에서는 자동차 생산자가 미적분을 모른다는 것을 언급한다. 계기판의 거리 측정기는 0으로 돌아가지 않으며(후진 기어에서는 돌아가야 한다). 속도 측정기는 0 아래로 가지 않는다(아래로 가야 한다). 차에 가속도 측정기는 없다. 반면 우주선은 가속도 측정기가 있고, 아마 항공기도 그럴 것이다.

우리는 종종 우주 비행사 또는 시험 비행사가 높은 중력 g에 시달린다는 것을 듣는다. 자유 낙하에서의 보통 가속도는 지구의 중력인 $1g$이다. 하강하는 항공기나 이륙하는 로켓은 높은 이계도함수를 가진다(로켓은 거의 움직이지 않을지도 모르지만 로켓은 미친듯이 가속한다).

이 움직임의 예에서 매우 유용한 다른 요점은 다음과 같다. 자연스럽게 문자는 x가 아니라 t를 사용한다. 거리는 **시간**에 대한 함수이기 때문이다. 그래프의 기울기는 세로/가로이지만, 이제 올바른 비율은 거리의 변화를 시간의 변화로 나눈 것이다.

t와 $t+\Delta t$ 사이의 평균 속력 $\quad \dfrac{\Delta y}{\Delta t} = \dfrac{y(t+\Delta t)-y(t)}{\Delta t}$

t 자체의 속력(순간 속력) $\quad \dfrac{dy}{dt} = \Delta t \to 0$일 때 $\dfrac{\Delta y}{\Delta x}$의 극한

두 단어 '변화율'과 '성장률'은 t를, 단어 '기울기'는 x를 제안한다. 하지만 미적분학은 어떤 문자를 사용하든 크게 동요하지 않는다. 만약 우리가 여행한 거리를 시간에 대한 함수로 그래프를 그린다면, x축(가로)은 t축이 된다. 그리고 이 그래프의 기울기는 속력이 된다(속도라고 쓰는 편이 더 낫다).

아래에 미적분학 책에서 자주 등장하지 않는 것이 있다(**2차 차분**second difference). 우리는 1차 차분 $\Delta y = y(t+\Delta t) - y(t)$을 안다. 이는 y에서의 변화이다. 반면 이계도함수 **$\Delta^2 y$는 Δy에서의 변화이다.**

2차 차분 $$\Delta^2 y = (y(t+\Delta t)-y(t)) - (y(t)-y(t-\Delta t)) \qquad \frac{\Delta^2 y}{(\Delta t)^2} \to \frac{d^2y}{dt^2} \tag{4}$$

$\Delta^2 y$는 $y(t+\Delta t) - 2y(t) + y(t-\Delta t)$로 단순해진다. 가속도를 근사하기 위해 $(\Delta t)^2$로 나누면 $\Delta t \to 0$일 때 극한에서

이 비율 $\Delta^2 y/(\Delta t)^2$은 **이계도함수 d^2y/dt^2가 된다.**

$y=x^n$의 기울기

$y=x^2$의 기울기는 $dy/dx=2x$이다. 이제 $y=x^3$과 $y=x^4$ 그리고 모든 연속적인 거듭제곱 $y=x^n$의 기울기를 계산하고자 한다. x^n의 증가율은 2.2절에서 다시 찾을 것이다. 하지만 이 특별한 미분을 일찍 발견해야 하는 두 가지 이유가 있다.

1. 패턴이 단순하다. **각 거듭제곱 $y=x^n$의 기울기는 $\frac{dy}{dx}=nx^{n-1}$이다.**
2. 그러면 다음 절에서 $y=e^x$을 도입할 수 있다. 이 놀라운 함수는 $\frac{dy}{dx}=y$를 가진다.

물론 $y=x^2$는 x^n의 이 패턴에 맞춰진다. 지수는 $n=2$에서 $n-1=1$로 1만큼 떨어진다. 또한 $n=2$는 계수에 곱해져서 $nx^{n-1}=2x$를 준다.

$y=x^3$의 기울기는 $dy/dx=3x^2$이다. $3x^2$이 어떻게 $\Delta y/\Delta x$에서 등장하는지 주목하자.

$$\frac{\Delta y}{\Delta x}=\frac{(x+\Delta x)^3-x^3}{\Delta x}=\frac{x^3+3x^2\Delta x+3x(\Delta x)^2+(\Delta x)^3-x^3}{\Delta x} \tag{5}$$

x^3을 $-x^3$로 소거하고 Δx로 나누면 다음과 같다.

$$\text{평균 기울기} \quad \frac{\Delta y}{\Delta x}=\mathbf{3x^2}+3x\,\Delta x+(\Delta x)^2$$

증분의 길이 Δx가 0으로 갈 때, 극한값 dy/dx는 $3x^2$이다. 이는 nx^{n-1}이다.

$n=4,5,6,\cdots$에 대해서 이 패턴을 확인하기 위해 유일하게 어려운 부분은 $(x+\Delta x)^n$이다. n이 3이었을 때, 위의 식 (5)에서 이를 얻기 위해 곱했다. 결과는 항상 x^n으로부터 시작한다. 이때 다음 항(Δy에서의 '1차 항')은 $nx^{n-1}\Delta x$일 것이라 주장한다. Δy의 이 부분을 Δx로 나눌 때, 우리는 우리가 원하는 답인 $y(x)=x^n$의 올바른 미분 nx^{n-1}을 얻는다. 항 $nx^{n-1}\Delta x$를 어떻게 확인하는가? 앞에서 $n=2$와 $n=3$에 대해서 $2x\,\Delta x$와 $3x^2\,\Delta x$가 옳다는 것을 보였다. 그러면 $n=3$으로부터 $n=4$에 도달한다.

$$\begin{aligned}(x+\Delta x)^4&=(x+\Delta x)^3\times(x+\Delta x)\\&=(x^3+3x^2\Delta x+\cdots)\times(x+\Delta x)\end{aligned}$$

이 곱셈은 x^4와 $4x^3\Delta x$를 생산하는데, 이는 정확히 우리가 원했던 것이다. 우리는 같은 방법으로 각각의 n으로부터 다음 것으로 갈 수 있다(이를 '귀납법'이라 부른다). 모든 거듭제곱 $x^4, x^5, \cdots, x^n$을 미분하면 각각 $4x^3, 5x^4, \cdots, nx^{n-1}$이다. 이 책의 2.2절은 이 공식의 조금 다른 증명을 보여준다. 그리고 곱 미분 법칙에 대한 동영상 강의는 하나의 방법을 더 설명한다. x^{n+1}을 x^n과 x의 곱으로 보고 y_1과 y_2의 기울기에 대한 법칙을 사용한다.

곱 미분 법칙 $\quad y_1y_2$의 기울기$= y_2(y_1$의 기울기$) + y_1(y_2$의 기울기$)$ (6)

$y_1 = x^n$과 $y_2 = x$와 함께 $y_1y_2 = x^{n+1}$의 기울기는 다음과 같이 바로 나온다.

$$x(x^n\text{의 기울기}) + x^n(x\text{의 기울기}) = x(nx^{n-1}) + x^n(1) = (n+1)x^n \tag{7}$$

다시 한 번에 한 단계씩 n을 증가시킬 수 있다. 곧 이 미분 공식이 모든 거듭제곱 $y = x^n$에 대해서 참이라는 매우 귀중한 사실을 얻는다. 지수 n은 음수 또는 분수 또는 임의의 숫자일 수 있다. 다시 말해 기울기 dy/dx는 항상 nx^{n-1}이다.

x의 다른 거듭제곱들을 결합함으로써 여러분은 이제 모든 '다항식'의 기울기를 안다. 예를 들어 $y = x + x^2/2 + x^3/3$에 대하여 합의 법칙이 허용됨에 따라 한 번에 한 항씩 dy/dx를 계산한다.

$$\frac{d}{dx}\left(x + \frac{x^2}{2} + \frac{x^3}{3}\right) = 1 + x + x^2$$

기울기의 기울기는 $d^2y/dx^2 = 1 + 2x$이다. 4차 미분은 0이다!

0.2 관련 동영상 요약

Big Picture : Derivatives

MIT 오픈코스웨어 사이트(https://ocw.mit.edu/resources/res-18-005-highlights-of-calculus-spring-2010/highlights_of_calculus/big-picture-derivatives/)에서 해당 동영상을 학습할 수 있다.

함수 (1)은 각 점 x 위의 높이 y를 말해준다. 문제는 x에서의 '순간 기울기'를 찾는 것이다. 이 기울기 $s(x)$는 $\frac{dy}{dx}$로 쓰이며 이는 **함수 (2)**이다.

$$\frac{\boldsymbol{\Delta y}}{\boldsymbol{\Delta x}} = \frac{y(x+\Delta x) - y(x)}{\Delta x} = \frac{\text{세로}}{\text{가로}}\text{는 } \Delta x \to 0\text{일 때 } \frac{\boldsymbol{dy}}{\boldsymbol{dx}}\text{에 가까워진다.}$$

함수 $y = x^3$에 대해 **순간 기울기** $\frac{dy}{dx}$를 계산하자. 우선 x와 $x + \Delta x$ 사이의 평균 기울기를 찾는다.

$$\text{평균 기울기} = \frac{\Delta y}{\Delta x} = \frac{(x+\Delta x)^3 - x^3}{\Delta x}$$

$(x+\Delta x)^3 = x^3 + \mathbf{3x^2\Delta x} + 3x(\Delta x)^2 + (\Delta x)^3$으로 쓴다. x^3을 빼고 Δx로 나눈다.

$$\frac{\Delta y}{\Delta x} = \frac{\mathbf{3x^2\Delta x} + 3x(\Delta x)^2 + (\Delta x)^3}{\Delta x} = \mathbf{3x^2} + 3x\,\Delta x + (\Delta x)^2$$

$\Delta x \to 0$일 때, 이는 $\mathbf{\frac{dy}{dx}} = \mathbf{3x^2}$이 된다.

$$\frac{d}{dx}(x^n) = nx^{n-1}$$

$y = Cx^n$은 기울기 Cnx^{n-1}을 가진다. $y = 7x^2$의 기울기는 $\frac{dy}{dx} = 14x$이다.

y에 C를 곱한다. → Δy에 C를 곱한다. → $\frac{dy}{dx}$에 C를 곱한다.

명쾌한 사실 $\mathbf{y = \sin x}$의 기울기는 $\mathbf{\frac{dy}{dx}} = \mathbf{\cos x}$이다. 그래프는 이 사실이 합리적임을 보여준다. 시작점에서의 기울기는 1이라는 것을 나중에 알아보자.

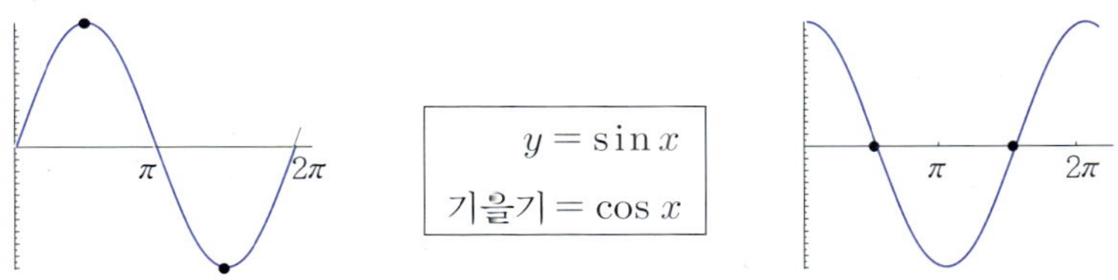

(a) (b)

사인 곡선이 증가할 때 → 코사인 곡선 > 0이다.

사인 곡선의 꼭대기(평평함) → 그림 속 첫 번째 점데서 코사인은 0이다.

사인 곡선이 감소할 때 → 그림 속 점들 사이에서 도사인 곡선 < 0이다.

사인 곡선의 바닥(평평함) → 그림 속 두 번째 점에서 코사인은 0으로 돌아온다.

연습문제

01 $y = 2x^3$에 대해서 $x = 1$에서 $x = 2$까지의 평균 기울기$= \frac{\Delta y}{\Delta x}$는 얼마인가?

02 $x = 1$에서 $y = 2x^3$의 순간 기울기는 얼마인가? $\frac{d^2y}{dx^2}$은 무엇인가?

03 $y = x^n$은 $\frac{dy}{dx} = nx^{n-1}$을 가진다. $y(x) = \frac{1}{x} = x^{-1}$일 때 $\frac{dy}{dx}$는 무엇인가?

04 $y = x^{-1}$에 대해서 $x = \frac{1}{2}$에서 $x = 1$까지의 평균 기울기 $\frac{\Delta y}{\Delta x}$는 얼마인가?

05 $x = \frac{1}{2}$에서 $y = x^{-1}$의 순간 기울기는 얼마인가?

06 $y(x)$의 그래프가 $x = 1$에서 이 함수의 최댓값을 향해 올라간다고 가정하자. 그러면 $x > 1$일 때 이 함수는 아래로 간다.

(a) $x < 1$일 때와 $x > 1$일 때 $\frac{dy}{dx}$의 부호는 각각 무엇인가?

(b) $x=1$에서 순간 기울기는 얼마인가?

07 $y=\sin x$이면 임의의 점 x에 대해서 $\frac{\Delta y}{\Delta x}$를 위한 표현을 써라. 나중에 이 표현이 $\cos x$에 가까워진다는 것을 확인할 것이다.

0.3 지수함수 $y=e^x$

미적분이 만들어낸 위대한 함수는 지수함수 $y=e^x$이다. 이 함수에 도달하는 여러 방법이 존재하며 6.2절에서 이에 대한 5가지 방법을 언급할 것이다. 여기에서는 필자가 가장 좋아하는 방법으로 e^x에 대한 접근법을 다룰 것이다. 이는 우리가 처음 배웠던 x^n의 미분을 사용한다.

이 모든 접근법은 '극한 단계'와 관련이 있다. 따라서 놀라운 수 $e=2.7\cdots$은 미적분을 배우기 전엔 나온 적이 없다(e는 분수가 아니다). 질문은 극한 단계를 어디에서 취해야 하느냐는 것이고, 그에 대한 대답은 다음과 같이 매우 눈에 띄는 사실에서부터 시작할 것이다. $y=e^x$이 **함수 (1)일 때, 이는 함수 (2)이기도 하다**.

지수함수 $y=e^x$은 방정식 $\frac{dy}{dx}=y$를 푼다.

함수는 자기 자신의 기울기와 같다. 이는 미지의 함수를 그 함수의 미분과 연결시키는 **미분방정식**differential equation의 첫 번째 예이다. 다행히도 $dy/dx=y$는 가장 중요한 미분방정식이다(다른 방정식들이 따르려고 노력하는 모델이다).

$y=2e^x$, $y=8e^x$과 같은 근들을 제거하기 위해 하나의 요구사항을 더 추가할 것이다. $y=e^x$이 미분방정식을 풀 때, 다른 모든 함수 Ce^x도 그 미분방정식을 푼다($C=2$, $C=8$은 $dy/dx=y$의 양변에 등장하고, 그들은 소거된다). $x=0$에서 e^0은 양수 e의 '0 제곱'이 될 것이다. 모든 수의 0 제곱은 1이다. 따라서 우리는 $x=0$일 때 $y=e^x$이 1과 같기를 원한다.

$y=e^x$은 $x=0$에서 $y=1$로부터 시작하는 $\frac{dy}{dx}=y$의 근이다.

$dy/dx=y$를 풀기 전에 우선 이 방정식이 의미하는 것을 살펴보자. $x=0$에서 y가 1로부터 시작할 때 이 함수의 기울기는 1이다. 따라서 y는 증가한다. 그러므로 dy/dx도 증가하고, 점점 y와 같은 상태에서 머무른다. 따라서 y는 더 빠르게 증가한다. 함수가 높이 올라갈수록 그래프는 더 가팔라진다. 이것이 '지수적으로 증가'하는 것의 의미이다.

e^x의 도입

지수적 증가는 꽤 보편적이고 합리적이다. 은행이 여러분이 저축한 돈에 대한 이자를 지급할 때, 이자는 여러분이 저축한 돈의 양에 비례한다. 이자가 더해지면 여러분의 돈은 더 많아진다. 새로운 이자는 더 높은 양에 기반을 둔다. 여러분의 재산은 한 번에 한 단계씩 '기하급수적으로' 증가하고 있다.

e^x에 관한 이 절의 마지막에서 필자는 연속적인 조합으로 다시 돌아올 것이다(이자는 매년이 아닌 매 순간 더해진다). '연

속적'이라는 단어는 미적분학의 필요성을 알려준다. 매년, 매달, 매일, 매초로부터 매 순간까지 극한 단계가 존재한다. 이 경우 여러분은 무한한 이자가 아닌 지수적으로 증가하는 이자를 얻는다.

이제 e^x을 소개하는 다른 방법들을 묘사할 것이다. 이는 많은 답을 가진 중요한 질문이다! 필자는 뒤에 나오는 식 (1)을 좋아하는데, 이는 우리가 각각의 거듭제곱 x^n의 미분을 알기 때문이다. 만약 식 (1)에서 우변에 미분을 취한다면 같은 e^x을 다시 얻게 된다. 이는 매우 놀랍다. 따라서 이 합은 $y=1$에서 시작한 $dy/dx=y$를 풀게 되며 이는 우리가 원했던 것이다.

여기서 어려운 점은 합이 모든 거듭제곱 x^n, 즉 무한급수와 관련이 있다는 것이다. 단계별로 설명할 때, 여러분은 이 거듭제곱들이 모두 필요하다는 것을 알 수 있다. 무한급수에 대한 모든 것은 지수함수 e^x을 이해하는 데 효과가 있다. e^x을 얻기 위해 급수들을 더할 수 있고, e^x의 기울기가 e^x임을 확인하기 위해 모든 미분을 더할 수도 있다.

지수함수 e^x을 정의할 때, 거듭제곱 x^n만을 사용한다는 것은 매우 강력한 장점이다.

$y=e^x$ 만들기

이제 한 번에 한 단계씩 $dy/dx=y$를 풀 것이다. 시작점인 $y=1$은 $dy/dx=1$을 의미한다.

시작	$y=1$ $dy/dx=1$	y의 변화	$y=1+x$ $dy/dx=1$	$\dfrac{dy}{dx}$의 변화	$y=1+x$ $dy/dx=1+x$

첫 번째 변화 후 $y=1+x$는 올바른 미분 $dy/dx=1$을 가진다. 하지만 그것이 y와 같게끔 dy/dx를 변화시켜야 하며 여기서 멈출 수도 없다. 다음을 살펴보자.

$$\begin{aligned} y &= 1+x \\ dy/dx &= 1+x \end{aligned} \quad y\text{를 } 1+x+\frac{1}{2}x^2\text{으로 갱신한 후 } \frac{dy}{dx}\text{를 } 1+x+\frac{1}{2}x^2\text{으로 갱신}$$

여분의 $\frac{1}{2}x^2$은 기울기에서 올바른 x를 준다. 그런 다음 $\frac{1}{2}x^2$은 이를 y로 유지시키기 위해 dy/dx에 포함된다. 이제 이 미분 $\frac{1}{2}x^2$과 함께 새로운 항이 필요하다.

미분하여 $\frac{1}{2}x^2$이 되는 항은 x^3을 6으로 나눈 것이다. x^n의 미분은 nx^{n-1}이고, 따라서 (올바르게 소거하기 위해) n으로 나눠야 한다. 그러면 $x^3/6$의 미분은 우리가 원했던 $3x^2/6=\frac{1}{2}x^2$이다. 이는 또한 x^4을 24로 나눔으로써 얻어진다.

$$\frac{x^3}{6}=\frac{x^3}{(3)(2)(1)}\text{의 기울기는 }\frac{x^2}{(2)(1)}\text{이다.}$$

$$\frac{x^4}{24}=\frac{x^4}{(4)(3)(2)(1)}\text{의 기울기는 }\frac{4x^3}{(4)(3)(2)(1)}=\frac{x^3}{6}\text{이다.}$$

이 패턴은 더 명확해진다. x^n항은 n 팩토리얼, 즉 $n!=(n)(n-1)\cdots(1)$로 나눠진다. 처음 다섯 개의 팩토리얼은 $1, 2, 6, 24, 120$이다. **항 $x^n/n!$의 미분은 이전 항 $x^{n-1}/(n-1)!$이다**(n들이 소거되기 때문이다). 우리가 멈추지 않는 한, 무한히 많은 항들의 이 합은 $dy/dx=y$를 달성한다.

$$y(x) = e^x = 1 + x + \frac{1}{2}x^2 + \frac{1}{6}x^3 + \cdots + \frac{1}{n!}x^n + \cdots \quad (1)$$

이 급수에 $x = 10$을 대입하면 무한히 많은 항들이 더해져서 유한한 숫자 e^{10}이 될까? 그렇다. 숫자 $n!$은 10^n보다 (또는 임의의 다른 x^n보다) 훨씬 빨리 증가한다. 따라서 이 '지수 급수'에서 항 $x^n/n!$은 $n \to \infty$일 때 극도로 작아진다. 이와 같이 급수의 합($y = e^x$)이 $dy/dx = y$를 달성한다.

NOTE 1_ 필자는 여러분이 아는 급수 $1 + \frac{1}{2} + \frac{1}{4} + \frac{1}{8} + \cdots = 2$를 상기시키고자 한다. 만약 $\frac{1}{2}$을 x로 대체하면, 이는 기하급수 $1 + x + x^2 + x^3 + \cdots$가 되고, 이는 합해져서 $1/(1-x)$이 된다. 이는 수학에서 가장 중요한 급수이지만, $x = 1$에서 다음과 같은 문제점이 발생한다. 무한합 $1+1+1+1+\cdots$는 '수렴'하지 않는다.

그에 비해 e^x에 대한 급수는 항상 안전한데, 이는 거듭제곱 x^n이 급격하게 증가하는 숫자 $n! = n$ 팩토리얼로 나눠지기 때문이다. 이는 수렴과 발산에 대해 더 많이 알기 전에 만나기 좋은 예제이다.

NOTE 2_ e^x에 대한 급수를 보는 다른 방법이 여기에 있다. x^n으로 시작하고 이의 미분을 n번 취한다. 첫 번째로 nx^{n-1}을 얻고 다음으로 $n(n-1)x^{n-2}$을 얻는다. 최종적으로 n번째 미분은 $n(n-1)(n-2)\cdots(1)x^0$이고 이는 n팩토리얼이다. 우리가 이 수로 나눌 때, **$x^n/n!$의 n번째 미분은 1과 같다**. 이제 e^x을 보자. 이 함수의 모든 미분은 여전히 e^x이다. 그들은 $x = 0$에서 1과 같다. 급수는 시작점 $x = 0$에서 함수 e^x의 모든 미분들과 일치한다.

지수 급수에서 $x = 1$로 두자. 이는 우리에게 놀라운 숫자 $e^1 = e$를 말해준다.

숫자 e $$e = 1 + 1 + \frac{1}{2} + \frac{1}{6} + \frac{1}{24} + \frac{1}{120} + \cdots \quad (2)$$

처음 세 항을 더하면 2.5가 된다. 처음 다섯 개의 항은 약 2.71에 도달한다. 우리는 절대로 2.72에 도달하지 못한다. 다소 적은 항(얼마나?)들을 더하면 2.71828을 넘어선다. e가 분수가 아니라는 것은 당연하다. 이 숫자는 일반적인 계산에서는 등장하지 않지만, 미적분학에서는 핵심 숫자이다.

지수를 더하여 곱하기

우리는 e^2을 3^2을 쓸 때와 같은 방법으로 쓴다. e와 e의 곱이 e^2인 것은 사실인가? 이제까지 e와 e^2은 무한급수에서 $x = 1$과 $x = 2$로 두는 것으로부터 얻었다. 굉장한 사실은 모든 x에 대해서 급수는 '숫자 e의 n번째 거듭제곱'을 생산한다는 것이다. $x = -1$일 때, e^{-1}을 얻으며 이는 $1/e$과 같다.

$$x = -1\text{로 두면} \quad e^{-1} = \frac{1}{e} = 1 - 1 + \frac{1}{2} - \frac{1}{6} + \frac{1}{24} - \frac{1}{120} + \cdots$$

$1/e$에 대한 급수에 e에 대한 급수를 곱하면 1을 얻는다.

최선의 방법은 e^x과 임의의 거듭제곱 e^X의 곱셈을 모두 직접 하는 것이다. 지수의 덧셈 법칙은 위 곱의 정답은 e^{x+X}이라는 것을 말해준다. 급수도 역시 이와 같은 정답을 보여야 한다! $x=1$과 $X=-1$일 때, 이 법칙은 e^1과 e^{-1}의 곱으로부터 e^0을 만든다.

지수를 더한다 $\quad (e^x)(e^X)=e^{x+X}$ (3)

우리는 무한급수로부터 e^x와 e^X만 안다. 이 정말 중요한 법칙을 이용하여 두 급수를 곱할 수 있고 정답이 e^{x+X}에 대한 급수라는 것을 인지할 수 있다. 다음과 같이 시작해보자.

e^x과 e^X의 각 항들을 곱한다

$$e^x=1+x+\frac{1}{2}x^2+\frac{1}{6}x^3+\cdots$$

$$e^X=1+X+\frac{1}{2}X^2+\frac{1}{6}X^3+\cdots$$

e^{x+X}를 기대하며

$$(e^x)(e^X)=1+x+X+\frac{1}{2}x^2+xX+\frac{1}{2}X^2+\cdots \quad (4)$$

여기서 당연히 $x+X$가 지수인 경우를 확인해야 한다. 식 (4)에서 $\frac{1}{2}(x+X)^2$이 보이는가? 충분히 이 식을 유도할 수 있다.

$$\frac{1}{2}(x+X)^2=\frac{1}{2}(x^2+2xX+X^2)\text{는 '2차' 항과 일치한다.}$$

3차에 대한 단계는 더 오래 걸리지만, 역시 다음과 같이 성공한다.

$$\frac{1}{6}(x+X)^3=\frac{1}{6}x^3+\frac{3}{6}x^2X+\frac{3}{6}xX^2+\frac{1}{6}X^3\text{은 식 (4)에서 다음 항들과 일치한다.}$$

$x+X$에 대한 높은 차수에 대해서 이항정리(또는 수학이 올바르게 등장한다는 건강한 믿음)가 필요하다. e^x가 e^X에 곱해질 때, x^nX^m의 계수는 $1/n!$과 $1/m!$의 곱이 될 것이다. 이제 e^{x+X}에 대한 급수에서 같은 항을 찾아보자.

$$\frac{(x+X)^{n+m}}{(n+m)!}\text{은 }\frac{x^nX^m}{(n+m)!}\text{과 }\frac{(n+m)!}{n!m!}\text{의 곱을 포함하고 이는 }\frac{x^nX^m}{n!m!}\text{이다.} \quad (5)$$

이 이항 숫자 $(n+m)!/n!m!$은 도박꾼들에게 잘 알려져 있다. 이는 $n+m$장의 에이스 중 n장의 에이스를 선택하는 경우의 수이다. 예를 들어 에이스 4장 중, $4!/2!2!=6$가지 방법으로 에이스 2장을 뽑을 수 있다. 수학자에게는 $xxxx$에서 2개의 x를 뽑는 6가지의 방법이 있다. 이 숫자 6은 $(x+X)^4$에서의 x^2X^2의 계수일 것이다.

이 6은 4차 항에 등장한다. 이는 $4!$로 나눠진다($1/4$을 생산한다). e^x이 e^X에 곱해질 때, $\frac{1}{2}x^2$은 $\frac{1}{2}X^2$에 곱해진다(이는 역시 $1/4$를 생산한다). 모든 항에 대해 확인해 보는 것도 좋지만 거기까지 살펴보지는 않을 것이다. 이제 확인된 $(e^x)(e^X)=e^{x+X}$를 받아들일 수 있다.

$(e^x)(e^X)$에 대한 이 법칙을 확인하는 다른 방법은 $dy/dx=y$에 기반을 두고 있다. $x=0$에서 $y=1$로부터 시작해서 함수 $y=e^x$은 이 미분방정식을 따른다. 즉 점 x에서 $y=e^x$에 도달한다. 이제 추가 거리 X를 이동해서 e^{x+X}에 도달한

다는 것을 알아보자.

(1에서 시작하는 대신에) e^x로부터 시작한다는 추가적인 부분에 주목하라. 이 시작값 e^x은 e^X을 추가적인 부분에 곱할 것이다. 따라서 e^x과 e^X의 곱은 e^{x+X}과 같아야 한다(이는 지수가 더해지는 '미분방정식 증명'이다. 개인적으로, 급수를 곱하고 항을 일치시키는 것이 행복했다).

이 법칙은 즉시 e^x과 e^x의 곱을 준다. 정답은 $e^{x+x}=e^{2x}$이다. 만약 e^x을 추가로 곱한다면 $(e^x)^3$을 얻을 것이며 이는 $e^{2x+x}=e^{3x}$과 같다. 따라서 다음과 같이 모든 거듭제곱 $(e^x)^n=(e^x)(e^x)\cdots(e^x)$에 대한 새로운 법칙을 찾는다.

$$\text{지수의 곱셈} \qquad (e^x)^n = e^{nx} \tag{6}$$

$n=1,2,3,\cdots$에 대해서 이를 확인하는 것은 쉽고, 그런 다음 $n=-1,-2,-3,\cdots$일 때를 확인할 수 있다. 이는 모든 수 x와 n에 대해서 참이다.

'모든 수'에 관한 이 마지막 문장은 중요하다! 미적분은 (단지 정수나 분수가 아닌) 모든 수로의 확장 없이는 발전할 수 없다. 무한급수 (1)은 모든 x에 대해서 e^x을 정의한다. 여기에 **함수 (1)=함수 (2)=** $e^x = \exp(x)$인 그래프가 있다.

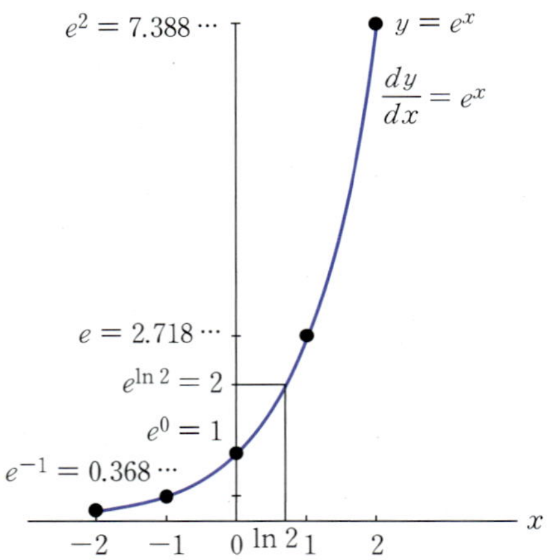

$$(e^x)(e^X)=e^{x+X}$$
$$(e^x)^n=e^{nx}$$
$$e^{\ln y}=y$$

지수함수 2^x과 b^x

우리는 $2^3=8$이고 $2^4=16$임을 안다. 하지만 2^π의 의미는 무엇인가? 이 숫자를 가깝게 얻을 수 있는 하나의 방법은 π를 3.14로 대체하는 것이다. 지수가 분수인 이상 미적분 없이 그 값을 구할 수 있다.

$$\text{지수가 분수일 때} \qquad 2^{314/100} = 2\text{의 } 100\text{제곱근의 } 314\text{제곱}$$

하지만 이 값은 단지 2^π과 '가까울' 뿐이다. 그리고 미적분에서 곡선 $y=2^x$의 기울기를 원할 것이다. 좋은 방법은 2^x을 우리가 기울기를 알고 있는 e^x(이는 다시 e^x이다)과 연결하는 것이다. 따라서 우리는 2와 e를 연결시킬 필요가 있다. 여기서 핵심인 수는 **2의 자연로그**[logarithm of 2]이다. 이는 '$\ln 2$'로 쓰이고 이는 2를 생산하는 e의 거듭제곱이다. 이는 특히

e^x의 그래프 위에 표시된다.

2의 자연로그 $$e^{\ln 2} = 2$$

이 수 ln2는 대략 7/10이다. 계산기를 이용하면 이 수를 더 높은 정확도로 구할 수 있다. $y = e^x$의 그래프에서 x가 ln2일 때 y가 2이다.

이는 출력 $y = 2$를 원할 때 입력 $x = \ln 2$를 찾는 하나의 예이다. 이는 x를 알고 y를 찾는 것과 반대이다. '로그함수 $x = \ln y$는 지수함수 $y = e^x$의 역(inverse)이다' 이 아이디어는 4.3절과 두 개의 동영상 강의에서 설명될 것이다(역함수는 항상 단순한 것은 아니다).

이제 2^x은 모든 x에 대해 의미를 가진다. $2 = e^{\ln 2}$을 충족시키는 수 ln2를 가질 때, 다음과 같이 양변에 x제곱을 취할 수 있다.

e의 거듭제곱으로부터 2의 거듭제곱 $$2 = e^{\ln 2} \text{과 } \mathbf{2^x = e^{x \ln 2}} \quad (7)$$

e의 모든 거듭제곱은 무한급수에 의해 정의된다. 새로운 함수 2^x도 지수적으로 증가하지만, e^x만큼 빠르지는 않다(2는 e보다 작기 때문이다). 2^x의 x축을 늘인다면 아마도 $y = 2^x$은 $y = e^x$과 같은 그래프를 가질 것이다. 이 늘임은 기울기에 상수 인자 ln2를 곱한다. 이에 대한 계산은 다음과 같다.

$y = 2^x$의 기울기 $$\frac{d}{dx}2^x = \frac{d}{dx}e^{x \ln 2} = (\ln 2)e^{x \ln 2} = \mathbf{(\ln 2)2^x}$$

임의의 양수 b에 대해서, 같은 접근은 함수 $y = b^x$의 결과를 준다. 우선 자연로그 $\ln b$를 찾는다. 이는 $b = e^{\ln b}$인 수(양수 또는 음수)이다. 그런 다음 양변에 x제곱을 취한다.

b를 e와 연결 $$b = e^{\ln b}, \quad b^x = e^{x \ln b}, \quad \frac{d}{dx}b^x = (\ln b)b^x \quad (8)$$

b가 e일 때(완벽한 선택), $\ln b = \ln e = 1$이고, b가 e^n일 때 $\ln b = \ln e^n = n$이다. **로그는 지수이다.** 모든 x에 대해서 e^x을 정의하는 급수 덕분에 지수는 임의의 어떠한 수도 될 수 있다.

오일러의 위대한 공식 $\mathbf{e^{ix} = \cos x + i \sin x}$에 대해 얘기해보겠다. 지수 ix는 **허수**(imaginary number)가 된다(여러분은 이미 $i^2 = -1$임을 안다). 만약 90°와 180°($x = \pi/2$와 $x = \pi$인)에서 $\cos x + i \sin x$를 충실히 사용한다면 다음과 같은 놀라운 사실에 도달한다.

지수가 허수일 때 $$e^{i\pi/2} = i, \quad e^{i\pi} = -1 \quad (9)$$

이 방정식들은 허수가 아니고, 그들은 e^x의 위대한 급수로부터 온다.

연속적인 이자의 복리

e와 e^x에 도달하는 (무한급수가 아닌) 다른 중요한 방법이 있다. 우리는 작은 증분에서 핵심 방정식 $dy/dx = y$를 푼다. 이 작은 증분이 0에 가까이 감에 따라(극한은 항상 관련이 있다!) 작은 증분의 근은 정확히 $y = e^x$이 된다.

이 아이디어를 다른 두 가지 언어로 설명할 수 있다. 각 증분은 $1 + \Delta x$가 곱해진다.

1. 복리 이자 : 각 증분 Δx 이후, 이자는 y에 더해진다. 그런 다음 증분은 더 큰 양으로부터 시작하고, y는 지수적으로 증가한다.
2. 유한 차분 : 연속적인 dy/dx는 작은 증분 $\Delta Y/\Delta x$로 대체된다.

$$\frac{dy}{dx} = y \text{는 } Y(0) = 1 \text{인 } \frac{Y(x+\Delta x) - Y(x)}{\Delta x} = Y(x) \text{로 바뀐다.} \tag{10}$$

이는 근사의 오일러 방법이다. $\Delta x \to 0$일 때 $Y(x)$는 $y(x)$에 가까워진다.

1년이 12개월로 나뉘었을 때와 1년이 365일로 나뉘었을 때의 복리 이자를 각각 계산해보자. 이자율은 100%이고 $Y(0) = 1$달러에서 시작한다. 만약 여러분이 오직 한 번만 이자를 얻는다면 연말에 여러분은 $Y(1) = 2$달러를 가진다.

만약 이자가 매달 더해진다면 여러분은 이제 매번 100%의 $\frac{1}{12}$(12번)를 가진다. 따라서 Y는 매달 $1 + \frac{1}{12}$만큼 곱해진다(은행은 여러분이 가진 모든 1의 $\frac{1}{12}$을 더한다). 이를 12번 이행하면 마지막 값 2달러는 2.61달러로 향상된다.

$$\textbf{12달 후} \qquad Y(1) = \left(1 + \frac{1}{12}\right)^{12} = 2.61\text{달러}$$

이제 매일의 이자를 더하자. $Y(0) = 1$달러는 $1 + \frac{1}{365}$만큼 365번 곱해진다.

$$\textbf{365일 후} \qquad Y(1) = \left(1 + \frac{1}{365}\right)^{365} = 2.71\text{달러 } (e\text{에 가깝다})$$

분 단위를 사용하는 은행들이 매우 적은 편이고 어떤 은행도 1년을 $N = 31536000$초로 나누지는 않는다. 이는 2.71달러에 페니[1]보다 작은 값을 더할 것이다. 하지만 많은 은행들이 $N \to \infty$일 때 극한인 연속 복리를 사용하고자 한다. 이 경우 여러분은 e달러를 갖게 된다.

$$\textbf{e를 주는 다른 극한} \qquad N \to \infty \text{일 때 } \left(1 + \frac{1}{N}\right)^N \to e = 2.718\cdots \tag{11}$$

100%의 이자에서 x년 동안 투자할 수 있다고 하자. 이제 각각의 N들은 x/N년에 대한 것이다. 은행은 매 회차마다 다시 한번 $1 + \frac{x}{N}$를 곱한다. 즉 1은 당신이 가진 것을 유지시키고, x/N는 이 회차에서의 이자를 더한다. N 회차 이후 은행에 맡긴 돈은 e^x에 가까워진다.

---

1 페니penny는 몇몇 영어권에서 쓰는 동전 혹은 통화의 단위로써 액면 단위로 최소 단위이다.

e^x에 대한 공식 $\qquad N \to \infty$ 일 때 $\left(1+\dfrac{x}{N}\right)^N \to e^x \qquad (12)$

마지막으로 이자율을 a로 바꿔보자. 이자율 a로 x년 동안 맡긴다고 하면 미분방정식은 $dy/dx = y$에서 $\boldsymbol{dy/dx = ay}$로 바뀐다. 지수함수는 여전히 이를 풀지만, 이제 근은 $y = e^{ax}$이 된다.

이자율을 a로 변화 $\qquad \dfrac{dy}{dx} = ay$는 $y(x) = e^{ax}$에 의해 풀린다. $\qquad (13)$

이때 급수 $e^{ax} = 1 + ax + \dfrac{1}{2}(ax)^2 + \cdots$를 쓸 수 있고 이의 미분을 취하면 다음과 같다.

$$\frac{d}{dx}(e^{ax}) = a + a^2x + \cdots = a(1 + ax + \cdots) = \boldsymbol{ae^{ax}} \tag{14}$$

e^{ax}의 미분은 여분의 인자 a를 가져온다. 따라서 $y = e^{ax}$은 $dy/dx = ay$를 푼다.

0.3 관련 동영상 요약

The Exponential Function

MIT 오픈코스웨어 사이트(https://ocw.mit.edu/resources/res-18-005-highlights-of-calculus-spring-2010/highlights_of_calculus/the-exponential-function/)에서 해당 동영상을 학습할 수 있다.

미분 $\dfrac{dy}{dx}$가 자기 자신과 같은 함수 $y(x)$를 찾아볼 것이다. $y = 1$과 $x = 0$에서 시작하자.

무한급수 $\qquad y(x) = 1 + x + \dfrac{x^2}{2!} + \dfrac{x^3}{3!} + \cdots + \left(\dfrac{x^n}{n!}\right) + \cdots$

미분 $\qquad \dfrac{dy}{dx} = 0 + 1 + x + \dfrac{x^2}{2!} + \cdots + \left(\dfrac{x^{n-1}}{(n-1)!}\right) + \cdots$

$\dfrac{dy}{dx}$는 y와 항별로 일치한다. 극한 증분은 이 급수를 더하는 것이다.

$n! = (n)(n-1)\cdots(1)$은 x^n보다 훨씬 빨리 증가해서 항들은 매우 작아진다.

$x = 1$에서 숫자 $y(1)$은 e라 불린다. 이 급수에서 e를 찾기 위해 $x = 1$로 둔다.

$$e = 1 + 1 + \frac{1}{2} + \frac{1}{6} + \frac{1}{24} + \cdots = \mathbf{2.71828\cdots}$$

목표 모든 x에 대해서 $y(x)$가 e^x과 일치하는 것을 보여라. 급수는 e의 거듭제곱을 준다.

급수는 $e^2e^3 = e^5$처럼 지수의 덧셈 법칙을 따르는 것을 확인하라.

e^{x+X}을 얻기 위해 급수 e^x과 e^X을 직접 곱하라.

$\left(1+x+\frac{1}{2}x^2\right)$과 $\left(1+X+\frac{1}{2}X^2\right)$의 곱은 e^{x+X}의 올바른 시작을 생산한다.

$1+(x+X)+\frac{1}{2}(x+X)^2+\cdots$ 높은 차수에도 역시 효력이 있다.

이 급수는 자연수뿐만이 아닌 모든 x에 대해서 e^x을 준다.

확인 $\frac{de^x}{dx} = \lim\frac{e^{x+\Delta x}-e^x}{\Delta x} = e^x\left(\lim\frac{e^{\Delta x}-1}{\Delta x}\right) = e^x$

두 번째 핵심 법칙 모든 x와 n에 대해서 $(e^x)^n = e^{nx}$

---

e^x에 대한 다른 접근은 무한 합 대신에 곱셈을 이용하는 것이다.

1달러에서 시작하자. 연이율 x로 매일 이자를 번다.

365에 $\left(1+\frac{x}{365}\right)$를 곱하면 1년 후에 $\left(1+\frac{x}{365}\right)^{365}$ 달러로 끝난다.

이제 1년에 n번 지불하면 $n\to\infty$일 때 1년 후에 $\left(1+\frac{x}{n}\right)^n \to e^x$달러로 끝난다.

우리는 작은 증분 Δx에 대해 $\frac{\Delta Y}{\Delta x} = Y$를 순차적으로 n번 푼다. 이 극한은 $\frac{dy}{dx} = y$를 푼다.

연습문제

01 $\frac{x^{10}}{10!}$의 미분은 무엇인가? $\frac{x^9}{9!}$의 미분은 무엇인가?

02 $n\to\infty$일 때 $\frac{x^n}{n!}$이 작아지는 것을 어떻게 확인하는가?
가능한 한 큰 $\frac{x}{1}$와 $\frac{x^2}{2}$에서 시작하자. 하지만 우리는 갈수록 작아지는 $\frac{x}{3}, \frac{x}{4}, \cdots$를 곱한다.

03 $\frac{1}{e^x}$은 왜 e^{-x}과 같은가? 식 (3)을 사용하고 역시 식 (6)도 사용하라.

04 $e^{-1} = 1-1+\frac{1}{2}-\frac{1}{6}+\cdots$가 $\frac{1}{3}$과 $\frac{1}{2}$ 사이에 있는 이유는 무엇인가? 그러면 $2<e<3$이다.

05 $x=0,\ y=3$에서 시작해서 $\frac{dy}{dx}=y$를 풀 수 있는가? 왜 $y=3e^x$은 올바른 답변인가? 3이 e^x에 어떻게 곱해지는지 주목하라.

06 $x=0,\ y=1$에서 시작해서 $\frac{dy}{dx}=5y$를 풀 수 있는가?
왜 $y=e^{5x}$은 올바른 답변인가? 지수의 5에 주목하라!

07 Δx가 작아짐에 따라 $\frac{e^{\Delta x}-1}{\Delta x}$은 왜 1에 가까워지는가? $e^{\Delta x}$ 급수를 사용하라.

08 $y=e^x$의 그래프를 45° 직선 $y=x$에 대해 대칭시킴으로써 $x=\ln y$의 그래프를 그려라. y는 양수로 유지되지만 $x=\ln y$는 음수도 될 수 있다는 것을 기억하라.

09 $1+\ln 2+\frac{1}{2}(\ln 2)^2+\frac{1}{3!}(\ln 2)^3+\cdots$의 정확한 합은 얼마인가?

10 $\ln 2$를 0.7로 대체한다면, 위 급수에서 4번째 항까지의 합은 얼마인가?

11 오일러의 위대한 공식 $e^{ix} = \cos x + i\sin x$로부터 $e^{2\pi i}$는 무슨 수인가?

12 $\left(1+\frac{1}{10}\right)^{10}$은 e와 얼마나 가까운가?

13 $N \to \infty$일 때 $\left(1+\frac{1}{N}\right)^{2N}$의 극한은 얼마인가?

0.4 동영상 요약과 연습문제들

이 절은 **미적분학 하이라이트** 동영상 강의를 보는 독자들을 돕기 위한 절이다. 첫 번째 5개의 동영상 중 3개의 강의의 완전한 세부사항에 대해 0.1 ~ 0.3절에서 논의했다. 다른 두 강의를 위한 요약과 연습문제들은 이 절에서 처음 등장할 것이다.

4. 최대와 최소 그리고 이계도함수(Max and Min and Second Derivative)
5. 적분의 큰 그림(Big Picture : Integrals)

강의 5는 적분학의 맛보기이다. 동영상 강의의 두 번째 집합은 미분학에서 미분을 사용하고 계산하는 것들에 대하여 더 깊게 다룬다.

이 두 번째 집합은 동영상 편집이 들어갔으므로 칠판에 쓸 때는 확대하고 큰 그림을 위해서는 축소한다. 필자는 단지 MIT의 오픈코스웨어로부터 비디오 카메라를 빌렸고 그 카메라를 빈 방에 설치했다. 어쨌든 필자는 청중을 쳐다보는 일에 능숙하지 않으므로, 청중이 아무도 없다는 것이 필자에게는 더 수월했다!

필자는 나머지 동영상의 요약 및 연습문제들을 여기에 연쇄하는 것이 도움이 되기를 바란다. 다음과 같은 주제를 다룬다.

6. 사인과 코사인의 미분(Derivative of $\sin x$ and $\cos x$)
7. 곱 미분 법칙과 역수 미분 법칙(Product Rule and Quotient Rule)
8. $f(g(x))$의 기울기에 대한 연쇄 법칙(Chains $f(g(x))$ and the Chain Rule)
9. 역함수와 로그함수(Inverse Functions $f^{-1}(y)$ and the Logarithm $x = \ln y$)
10. 증가율과 로그함수의 그래프(Growth Rate and Log Graphs)
11. 선형 근사와 뉴턴법(Linear Approximation/Newton's Method)
12. 증가의 미분방정식(Differential Equations of Growth)
13. 움직임의 미분방정식(Differential Equations of Motion)
14. 거듭제곱급수와 오일러 공식(Power Series/Euler's Great Formula)
15. 6개의 함수, 6개의 법칙, 6개의 정리(Six Functions, Six Rules, and Six Theorems)

이 마지막 강의는 미분학의 이론을 요약하며 다른 강의들은 단계들을 설명한다. 아래에 동영상 강의의 핵심적인 내용들을 나열해놓았다.

0.4 관련 동영상 요약

Max and Min and Second Derivative

MIT 오픈코스웨어 사이트(https://ocw.mit.edu/resources/res-18-005-highlights-of-calculus-spring-2010/highlights_of_calculus/max-and-min-and-second-derivative/)에서 해당 동영상을 학습할 수 있다.

함수 $y(x)$의 최댓값과 최솟값을 찾기 위해서, 먼저 **기울기 = 0**인 점 x^*를 찾아 $\frac{dy}{dx}=0$을 푼다.
어느 점에서 최댓값 또는 최솟값을 갖는지 각각의 x^*를 검증해본다.

예를 들어 $y(x)=x^3-12x$를 풀어보자.

기울기 $\frac{dy}{dx}=3x^2-12$가 0인 점은 $3x^2=12$, 즉 $x^*=2$ 또는 $x^*=-2$이다. $x^*=2$에서 최솟값은 $y(2)=8-24=-16$이고, $x^*=-2$에서 최댓값은 $y(-2)=-8+24=16$이다.

따라서 $x^*=2$에서는 최솟값 -16, $x^*=-2$에서는 최댓값 16을 갖는다.

이제 **이계도함수** $\frac{d}{dx}\left(\frac{dy}{dx}\right)$를 살펴보자. $\frac{d^2y}{dx^2}=3x^2-12$의 미분이므로 이계도함수는 $6x$이다.

$\frac{d^2y}{dx^2}>0$이므로 $\frac{dy}{dx}$는 증가한다. $x^*=2$에서 기울기는 아래에서 위로 올라간다.

구부러짐은 위쪽이므로 $x^*=2$는 **최솟값을 주는 점**이다.

$\frac{d^2y}{dx^2}<0$이므로 $\frac{dy}{dx}$는 감소한다. $x^*=-2$에서 기울기는 위에서 아래로 내려간다.

구부러짐은 아래쪽이므로 $x^*=-2$는 **최댓값을 주는 점**이다.

$\frac{dy}{dx}=\cos x-\sin x$를 사용하여 $y(x)=\sin x+\cos x$의 최댓값을 찾아보자.

$x^*=45°=\frac{\pi}{4}$ 라디안에서 $\cos x=\sin x$일 때 기울기는 0이다.

x^*에서 $y=\sin\frac{\pi}{4}+\cos\frac{\pi}{4}=\frac{\sqrt{2}}{2}+\frac{\sqrt{2}}{2}=\sqrt{2}$를 가진다.

이계도함수는 $\frac{d^2y}{dx^2}=-\sin x-\cos x$이다.

$x^*=\frac{\pi}{4}$에서 이계도함수는 음수이고 y는 아래로 구부러져 있다. 따라서 x^*은 **최댓값을 가지는 점**이다.

곡선이 위로 구부러져 있을 때 $\frac{d^2y}{dx^2}>0$이다. 곡선이 아래로 구부러져 있을 때 $\frac{d^2y}{dx^2}<0$이다.

구부러짐의 방향은 $\frac{d^2y}{dx^2}=0$인 **변곡점**[point of inflection]에서 바뀐다.

어떤 x^*에서 $y=(x-1)^2+(x-2)^2+(x-6)^2$의 최솟값을 갖는가?

이때 $y=(x^2-2x+1)+(x^2-4x+4)+(x^2-12x+36)$으로 쓸 수 있다.

기울기는 최솟값을 주는 점 x^*에서 $\frac{dy}{dx}=2x-2+2x-4+2x-12=0$이다. 그러면 $6x^*=18$이고 $x^*=3$이다. 최솟값을 갖는 점은 $1,2,6$의 평균이다.

최대인지 **최소**인지 문제의 핵심은 x의 적절한 의미를 선택하는 것이다.

연습문제

01 어떤 x^*가 $y(x)=x^2+2x$의 최솟값을 주는가? $\frac{dy}{dx}=0$을 풀어라.

02 $y(x)=x^2+2x$의 $\frac{d^2y}{dx^2}$를 찾아라. 이는 양수이고 따라서 포물선은 위로 구부러져 있다.

03 $y(x)=2+6x-x^2$의 최대 높이를 찾아라. $\frac{dy}{dx}=0$을 풀어라.

04 $\frac{d^2y}{dx^2}$를 찾아 이 포물선이 아래로 구부러져 있다는 것을 보여라.

05 $y(x)=x^4-2x^2$에 대해서 $x=-1,0,1$에서 $\frac{dy}{dx}=0$임을 보이고, $y(-1), y(0), y(1)$을 찾아라. d^2y/dx^2의 부호를 이용하여 최대와 최소를 확인하라.

06 최솟값을 주는 점에서 왜 $\frac{dy}{dx}=0$이고 $\frac{d^2y}{dx^2}>0$인지 설명하라.

07 아래로 구부러짐 $\left(\frac{d^2y}{dx^2}<0\right)$은 ____점에서 위로 구부러짐 $\left(\frac{d^2y}{dx^2}>0\right)$으로 변한다. 즉 이 점에서 $\frac{d^2y}{dx^2}=0$이다. $y=\sin x$는 이러한 점을 가지는가?

08 $x+X=12$라 가정하자. x와 X의 곱의 최댓값은 얼마인가? 이 질문은 $y=x(12-x)=12x-x^2$의 최댓값을 요구한다. 기울기 $\frac{dy}{dx}=12-2x$이 0인 곳을 찾아라. $x\times X$는 무엇인가?

Big Picture : Integrals

MIT 오픈코스웨어 사이트(https://ocw.mit.edu/resources/res-18-005-highlights-of-calculus-spring-2010/highlights_of_calculus/big-picture-integrals/)에서 해당 동영상을 학습할 수 있다.

핵심 문제 적분은 $y(x)$를 이의 미분 $\frac{dy}{dx}$로부터 구하는 것이다. 속도의 기록으로부터 여행한 전체 거리를 찾는 것과 같다. 시작으로부터의 기울기(함수 (2))를 알고 있을 때 전체 높이(함수 (1))를 찾아라.

$\frac{dy}{dx}$를 $y(x)$의 미분으로 인식하는 것이 가장 간단한 방법이다.

$\frac{dy}{dx}=x^3$이면 이 함수의 **적분** $y(x)$는 $\frac{1}{4}x^4+C=$**함수 (1)**이고, $\frac{dy}{dx}=e^{2x}$이면 $y=\frac{1}{2}e^{2x}+C$이다.

적분학은 미분학의 역과정이다. $y(x)=\int \frac{dy}{dx}dx$는 기울기 $\frac{dy}{dx}$의 전체 기록을 더해서 $y(x)$를 찾는다.

적분은 합과 비슷하고, 미분은 차와 비슷하다.

합	y_0		y_1		y_2		y_3		y_4
차		y_1-y_0		y_2-y_1		y_3-y_2		y_4-y_3	

$(y_1-y_0)+(y_2-y_1)=y_2-y_0=$(높이의 변화)와 같이 소거되는 것에 주목하라.

증분 크기 Δx로 차분을 나누고 곱하면 $\frac{\Delta y}{\Delta x}\Delta x$의 합 $=\frac{y_1-y_0}{\Delta x}\Delta x+\frac{y_2-y_1}{\Delta x}\Delta x$는 여전히 y_2-y_0이다.

이제 $\Delta x\to 0$로 두면 합은 적분 $\int \frac{dy}{dx}dx=y_{끝}-y_{시작}$으로 변한다.

미적분학의 기본 정리 $\int \frac{dy}{dx}dx=y(x)+C,\qquad \frac{d}{dx}\int_0^x s(t)dt=s(x)$

적분은 미분의 역과정이고 $y(x)$를 다시 가져온다.

적분 $\int_0^x s(t)dt$의 의미는 짧은 ____을(를) 더하는 것이다.

$s(t)=6t$는 증가하는 속도와 기울기를 보여줄 때 $y(t)$를 찾아라.

방법 1 $y=3t^2$은 원하는 미분 $6t$를 가진다(이것이 가장 간단한 방법이다!).

방법 2 $s(t)=6t$ 그래프 아래의 삼각형은 0에서 t까지 밑변$=t$와 높이$=6t$ 그리고 넓이 $=\frac{1}{2}t(6t)$를 가진다.
[대부분의 모양은 어렵다! 넓이는 $s(t)$ 또는 $s(x)$를 적분해서 얻는다.]

방법 3 상수 속도에서 각각의 짧은 시간 간격을 더한다.
증분 Δt에서 거리는 $s(t^*)\Delta t$와 가깝다. t^*은 이 증분에 대한 시작 시간이고 $s(t^*)$는 시작 속력이다. 이는 정확하지 않은데 속력은 시간 Δt 안에서 조금씩 변하기 때문이다. 총 거리는 $\Delta t\to 0$이고 **합** → **적분**일 때 정확해진다.

각 단계의 그림은 얇고 긴 사각형을 보여준다.

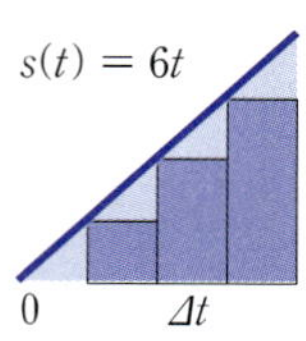

$s(t^*)\Delta t=$높이와 밑변의 곱
$=$사각형의 넓이

$t^*=$시간 증분의 시작점

$s(t^*)\Delta t$의 합 $=$ 모든 사각형의 전체 넓이

이제 $\Delta t\to 0$으로 두면 사각형들은 삼각형을 채운다.

$s(t)dt$의 적분 = 그래프 아래의 정확한 넓이 $y(t)$

기본 정리 넓이 $y(t)$는 원하는 미분 $s(t)$를 가진다. Δy는 t와 $i+\Delta t$ 사이의 얇은 넓이이기 때문이다.

Δt는 이 얇은 '사각형'의 밑변

$\dfrac{\Delta y}{\Delta t}$는 이 얇은 '사각형'의 높이

이 높이 $\Delta y/\Delta t$는 밑변 $\Delta t \to 0$일 때 $s(t)$에 가까워진다.

연습문제

01 어떤 함수 $y(t)$가 상수 미분 $s(t)=7$을 가지는가?

02 $s(t)=7$의 그래프 아래에서 0부터 t까지의 넓이는 무엇인가?

03 $t=0$에서 2까지 적분 $\int_0^2 7dt=$____을(를) 찾아라.

04 어떤 함수 $y(t)$가 미분 $s(t)=7+6t$를 가지는가?

05 $t=0$에서 2까지 넓이=적분 $\int_0^2 (7+6t)dt$를 찾아라.

06 $t=2$일 때 $\dfrac{d(\text{넓이})}{dt}$는 무엇인가(여기서 넓이는 문제 05에서의 넓이이다)?

07 0에서 t까지 곡선 $s=e^t$ 아래의 넓이는 $y=e^t$이 아니다. t가 작으면 넓이는 틀림없이 작을 것이다. 잘못된 답변 e^t은 작지 않다!

08 0에서 t까지 $s=e^t$ 아래의 올바른 넓이는 $y=e^t-1$이다. 기울기 $\dfrac{dy}{dt}$는 ____이고 이제 시작 넓이 $y(0)$은 ____이다.

09 합에 대해서도 같다. $(y_1-y_0)+(y_2-y_1)+(y_3-y_2)=$____에서 y_0에 주목하라. $\Delta y=\dfrac{\Delta y}{\Delta t}\Delta t$의 합은 $\dfrac{dy}{dt}dt$의 적분이 된다. 또한 0에서 t까지 $s(t)$ 아래의 넓이는 $y(t)-y(0)$이 된다.

Derivative of $\sin x$ and $\cos x$

MIT 오픈코스웨어 사이트(https://ocw.mit.edu/resources/res-18-005-highlights-of-calculus-spring-2010/derivatives/derivative-of-sin-x-and-cos-x/)에서 해당 동영상을 학습할 수 있다.

$\dfrac{d}{dx}(\sin x)=\cos x$와 $\dfrac{d}{dx}(\cos x)=-\sin x$에 대해 살펴보자. 이때 각도 x를 **라디안**radian으로 측정해야 한다. 2π라디안은 완전한 360도이다.

원을 한 바퀴 도는 길 (2π라디안)	반지름이 1일 때 **길이**$=2\pi$
원의 일부분을 움직이는 길 (x라디안)	반지름이 1일 때 **길이**$=x$

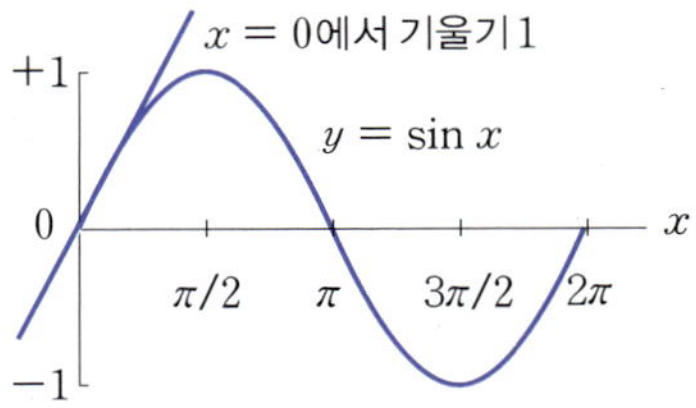

기울기 $\cos x$

$x=0$에서 기울기 $1=\cos 0$
$x=\pi/2$에서 기울기 $0=\cos(\pi/2)$
$x=\pi$에서 기울기 $-1=\cos\pi$

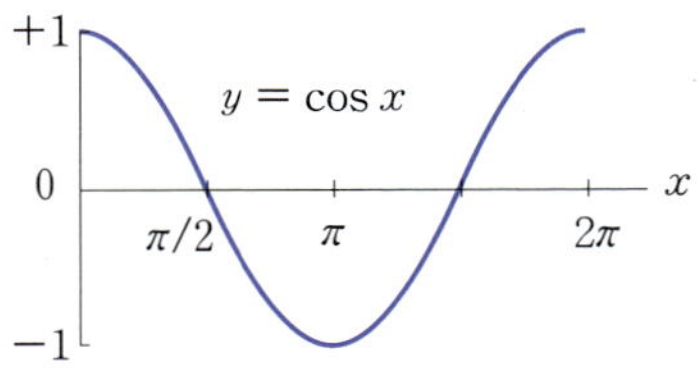

기울기 $-\sin x$

$x=0$에서 기울기 $0=-\sin 0$
$x=\pi/2$에서 기울기 $-1=-\sin(\pi/2)$
$x=\pi$에서 기울기 $0=-\sin\pi$

$\dfrac{\Delta y}{\Delta x}=\dfrac{\sin(x+\Delta x)-\sin x}{\Delta x}$는 $\dfrac{(x+\Delta x)^2-x^2}{\Delta x}$만큼 간단하지 않다. $\dfrac{\Delta y}{\Delta x}=\dfrac{\sin\Delta x}{\Delta x}$**는 1에 가까워짐**을 보이자. 각도가 Δx인 직각삼각형을 그려서 $\sin\Delta x\le\Delta x$임을 살펴보자.

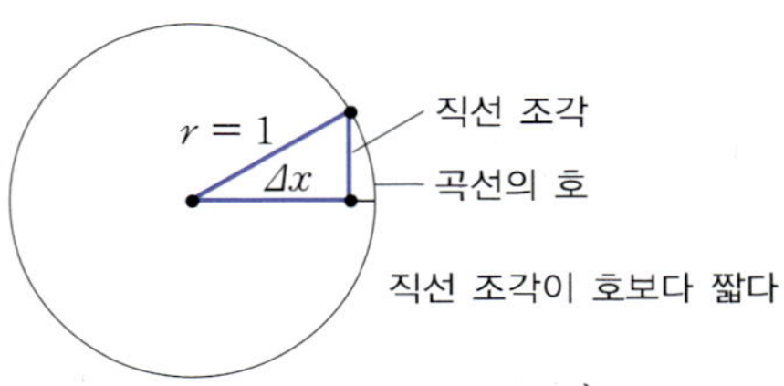

직선 길이 $=\sin\Delta x$
곡선의 호 $=\Delta x$

아이디어 $\dfrac{\sin\Delta x}{\Delta x}<1$과 $\dfrac{\sin\Delta x}{\Delta x}>\cos\Delta x$는 $\Delta x\to 0$일 때 $\dfrac{\sin\Delta x}{\Delta x}\to 1$을 짜낼 것이다.[2]

$\tan\Delta x>\Delta x$인 $\dfrac{\sin\Delta x}{\Delta x}>\cos\Delta x$를 증명하기 위하여 더 큰 삼각형을 생각해보자.

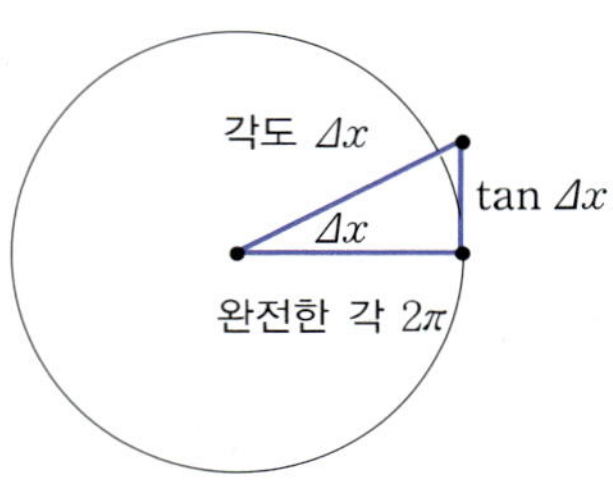

삼각형의 넓이 $=\dfrac{1}{2}(1)(\tan\Delta x)$는

원의 넓이 $=\left(\dfrac{\Delta x}{2\pi}\right)$(전체 원)

$=\dfrac{1}{2}(\Delta x)$보다 크다

짜냄 $\cos\Delta x<\dfrac{\sin\Delta x}{\Delta x}<1$을 짜내는 것은 $\dfrac{\sin\Delta x}{\Delta x}$**는 1에 가까워짐**을 말해준다. $\dfrac{(\sin\Delta x)^2}{(\Delta x)^2}<1$은 $\dfrac{(1-\cos\Delta x)}{\Delta x}(1+\cos\Delta x)<\Delta x$를 의미한다. 따라서 $\dfrac{1-\cos\Delta x}{\Delta x}\to 0$이다. 즉 **코사인 곡선은 기울기= 0을 가진다.**

2 여기서 짜낸다(squeeze)는 말은 $\cos\Delta x<\dfrac{\sin\Delta x}{\Delta x}<1$에 의해 $\dfrac{\sin\Delta x}{\Delta x}\to 1$을 얻는다는 것이다.

다른 x에서의 기울기에 대해서 삼각함수의 공식을 기억하자.

$$\sin(x+\Delta x)=\sin x\cos\Delta x+\cos x\sin\Delta x$$

우리는 $\Delta y=\sin(x+\Delta x)-\sin x$를 원한다. 우선 Δx로 나누자.

$$\frac{\Delta y}{\Delta x}=(\sin x)\left(\frac{\cos\Delta x-1}{\Delta x}\right)+(\cos x)\left(\frac{\sin\Delta x}{\Delta x}\right)$$

이제 $\Delta x\to 0$으로 두자. 극한에서 $\frac{dy}{dx}=(\sin x)(0)+(\cos x)(1)=\cos x=\sin x$의 미분이다.

$y=\cos x$에 대해서 $\cos(x+\Delta x)$를 위한 공식은 비슷하게 $\frac{dy}{dx}=-\sin x$의 결과를 가져온다.

연습문제

01 $x=\pi$와 $x=2\pi$에서 $y=\sin x$의 기울기는 얼마인가?

02 $x=\pi/2$와 $x=3\pi/2$에서 $y=\cos x$의 기울기는 얼마인가?

03 $(\sin x)^2$의 기울기는 $2\sin x\cos x$이고, $(\cos x)^2$의 기울기는 $-2\cos x\sin x$이다. 둘을 합치면 $(\sin x)^2+(\cos x)^2$의 기울기는 0이다. 이것은 왜 참인가?

04 $y=\sin x$의 **이계도함수**(미분의 미분)는 무엇인가?

05 어떤 각 x에서 $y=\sin x+\cos x$는 기울기 0을 가지는가?

06 아래에 $\sin x$와 $\cos x$에 대한 놀라운 무한급수가 있다.

$$e^{ix}=\cos x+i\sin x$$

$$\sin x=\frac{x}{1}-\frac{x^3}{3\cdot 2\cdot 1}+\frac{x^5}{5\cdot 4\cdot 3\cdot 2\cdot 1}-\cdots(x\text{의 홀수 거듭제곱})$$

$$\cos x=1-\frac{x^2}{2\cdot 1}+\frac{x^4}{4\cdot 3\cdot 2\cdot 1}-\cdots(x\text{의 짝수 거듭제곱})$$

07 사인 급수를 미분하여 코사인 급수임을 확인하라.

08 코사인 급수를 미분하여 **마이너스** 사인 급수임을 확인하라.

09 이 급수들은 작은 각에 대해서 $\sin x\approx x$이고 $\cos x\approx 1-\frac{1}{2}x^2$임을 말해준다. 이 근사들과 함께 $(\sin x)^2+(\cos x)^2$은 1에 가까움을 확인하라.

Product Rule and Quotient Rule

MIT 오픈코스웨어 사이트(https://ocw.mit.edu/resources/res-18-005-highlights-of-calculus-spring-2010/derivatives/product-rule-and-quotient-rule/)에서 해당 동영상을 학습할 수 있다.

$\frac{df}{dx}$와 $\frac{dg}{dx}$로부터 $y=f(x)g(x)$의 미분을 찾아보자.

먼저 $\Delta y=f(x+\Delta x)g(x+\Delta x)-f(x)g(x)$를 Δf와 Δg로 눈리하면 Δy는 다음과 같다.

$$f(x+\Delta x)[g(x+\Delta x)-g(x)]+g(x)[f(x+\Delta x)-f(x)]$$

$$\frac{\Delta y}{\Delta x}=f(x+\Delta x)\frac{\Delta g}{\Delta x}+g(x)\frac{\Delta f}{\Delta x}$$

곱 미분 법칙 $\frac{dy}{dx} = f(x)\frac{dg}{dx} + g(x)\frac{df}{dx}$

$y = x^2\sin x$에 곱 미분 법칙을 이용하면 $\frac{dy}{dx} = x^2\cos x + 2x\sin x$이다.

그림은 색이 들어가지 않은 $\Delta y = f(x+\Delta x)\Delta g + g(x)\Delta f$의 두 조각을 보여준다.

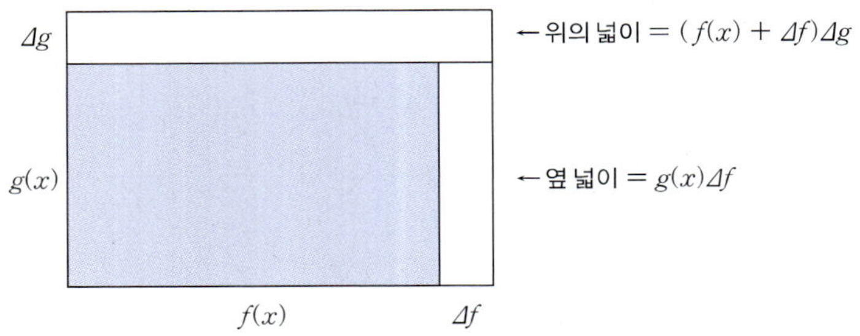

$f(x) = x^n$와 $g(x) = x$의 곱은 $\boldsymbol{y = f(x)g(x) = x^{n+1}}$이다.

곱 미분 법칙을 이용하면 $\frac{dy}{dx} = x^n\frac{dx}{dx} + x\frac{dx^n}{dx} = x^n + xnx^{n-1} = \boldsymbol{(n+1)x^n}$이다.

x^n을 올바르게 미분하면 x^{n+1}의 올바른 미분의 결과를 준다.

역수 미분 법칙 $y = \frac{f(x)}{g(x)}$이면 $\frac{dy}{dx} = \left(g(x)\frac{df}{dx} - f(x)\frac{dg}{dx}\right)\Big/ g^2$

$\frac{d}{dx}\left(\frac{\sin x}{\cos x}\right) = (\cos x(\cos x) - \sin x(-\sin x))\Big/ \cos^2 x$를 살펴보자.

이는 $\frac{d}{dx}\tan x = \frac{1}{\cos^2 x} = \sec^2 x$임을 말해준다. $(\cos x)^2 + (\sin x)^2 = 1$임에 주목하자.

또 다른 함수에 대해 $\frac{d}{dx}\left(\frac{1}{x^4}\right) = \frac{x^4 \times 0 - 1 \times 4x^3}{x^8} = \frac{-4}{x^5}$이고, 이는 nx^{n-1}이다.

증명 $\Delta y = \frac{f(x+\Delta x)}{g(x+\Delta x)} - \frac{f(x)}{g(x)} = \frac{f+\Delta f}{g+\Delta g} - \frac{f}{g}$일 때 Δy를 $\frac{g(f+\Delta f) - f(g+\Delta g)}{g(g+\Delta g)} = \frac{g\Delta f - f\Delta g}{g(g+\Delta g)}$로 쓰자. 이제 Δy를 Δx로 나누자. $\Delta x \to 0$일 때 역수 미분 법칙을 얻을 수 있다.

연습문제

01 곱 미분 법칙 : $y = (x^3)(x^4)$의 미분을 찾아라. 간단히 하고 설명하라.

02 곱 미분 법칙 : $y = (x^2)(x^{-2})$의 미분을 찾아라. 간단히 하고 설명하라.

03 역수 미분 법칙 : $y = \frac{\cos x}{\sin x}$의 미분을 찾아라.

04 역수 미분 법칙 : $y=\frac{\sin x}{x}$는 $x=0$에서 최댓값(기울기 0)을 가짐을 보여라.

05 곱과 역수 : $y=\frac{x\sin x}{\cos x}$의 미분을 찾아라.

06 $g(x)$는 $\frac{dg}{dx}=0$이고 $\frac{d^2g}{dx^2}>0$일 때 최솟값을 가진다. 그래프는 위로 구부러져 있다. $y=\frac{1}{g(x)}$은 이 점에서 최댓값을 가진다. 이 때 $\frac{dy}{dx}=0$이고 $\frac{d^2y}{dx^2}<0$임을 보여라.

Chains $f(g(x))$ and the Chain Rule

MIT 오픈코스웨어 사이트(https://ocw.mit.edu/resources/res-18-005-highlights-of-calculus-spring-2010/derivatives/chains-f-g-x-and-the-chain-rule/)에서 해당 동영상을 학습할 수 있다.

$y=g(x)$, $z=f(y)$ → 연쇄는 $z=f(g(x))$이다.

$y=x^5$, $z=y^4$ → 연쇄는 $z=(x^5)^4=x^{20}$이다.

평균 기울기 $\frac{\Delta z}{\Delta x}=\left(\frac{\Delta z}{\Delta y}\right)\left(\frac{\Delta y}{\Delta x}\right)$ 단지 Δy를 소거한다.

순간 기울기 $\frac{dz}{dx}=\left(\frac{dz}{dy}\right)\left(\frac{dy}{dx}\right)$ = **연쇄 법칙**(dy를 소거하는 것과 유사)

최종적으로 답을 쓸 때 y를 $g(x)$로 바꿔야 한다.

$z=y^4=(x^5)^4$, $\frac{dz}{dy}=\mathbf{4y^3}$, $\frac{dy}{dx}=\mathbf{5x^4}$일 때 연쇄 법칙을 이용해보자.

연쇄 법칙 $\frac{dz}{dx}=\left(\frac{dz}{dy}\right)\left(\frac{dy}{dx}\right)=(4y^3)(5x^4)=\mathbf{20y^3x^4}$에서 **$y$를 x^5으로 대체해서 오직 x에 관한 식을 얻으면**

$z=(x^5)^4=x^{20}$은 $\frac{dz}{dx}=20x^{19}$을 가진다.

연습문제

01 $z=\cos(4x)$에 대해서 $\frac{dz}{dx}$를 찾아라. $y=4x$, $z=\cos y$로 쓰면 $\frac{dz}{dx}=$_____이다.

02 $z=(1+4x)^2$에 대해서 $\frac{dz}{dx}$를 찾아라. $y=1+4x$, $z=y^2$으로 쓰면 $(1+4x)^2=1+8x+16x^2$이고 따라서 $\frac{dz}{dx}=$_____이다.

03 $h(x)=(\sin 3x)(\cos 3x)$에 대해서 $\frac{dh}{dx}$를 찾아라.

우선 곱 미분 법칙을 적용한 다음 각 인자에 대해 연쇄 법칙을 쓴다.

$$\frac{dh}{dx}=(\sin 3x)\frac{d}{dx}(\cos 3x)+(\cos 3x)\frac{d}{dx}(\sin 3x)$$
$$=(\sin 3x)(\text{연쇄})+(\cos 3x)(\text{연쇄})=\_\_\_\_\_$$

04 $z(x)=f(g(x))$의 **이계도함수**를 찾아라.

1차 미분 $\frac{dz}{dx}=\left(\frac{dz}{dy}\right)\left(\frac{dy}{dx}\right)$ $y(x)$의 함수와 x의 함수의 곱

곱 미분 법칙 $\frac{d^2z}{dx^2}=\left(\frac{dz}{dx}\right)\frac{d}{dx}\left(\frac{dy}{dx}\right)+\left(\frac{dy}{dx}\right)\frac{d}{dx}\left(\frac{dz}{dy}\right)$

이계도함수 $\left(\frac{dz}{dy}\right)\left(\frac{d^2y}{dx^2}\right)+\left(\frac{dy}{dx}\right)\left(\frac{d^2z}{dy^2}\right)\left(\frac{dy}{dx}\right)$ $\frac{dy}{dx}$가 두 번 곱해졌다!

$y=x^5$, $z=y^4=x^{20}$이면 $\frac{dz}{dx}=20x^{19}$이고

$\frac{d^2z}{dx^2}=(4y^3)(20x^3)+(5x^4)(12y^2)(5x^4)=380x^{18}$이다.

Inverse Functions $f^{-1}(y)$ and the Logarithm $x=\ln y$

MIT 오픈코스웨어 사이트(https://ocw.mit.edu/resources/res-18-005-highlights-of-calculus-spring-2010/derivatives/inverse-functions-f-1-y-and-the-logarithm-x-ln-y/)에서 해당 동영상을 학습할 수 있다.

함수는 **출력** $y=f(x)$를 각각 **입력** x에 대응시킬 수 있으며, 특히 일대일 함수는 서로 다른 입력 x에 대해 서로 다른 출력 y를 가진다. 따라서 **역함수**Inverse function에 대해 입력은 y이고 출력은 $\boldsymbol{x=f^{-1}(y)}$이다.

예를 들어 $y=f(x)=x^5$이면 $x=f^{-1}(y)=y^{\frac{1}{5}}$이다.

일차 함수 $y=ax+b$의 역함수는 $x=\frac{y-b}{a}$이다. 또한 $\boldsymbol{x=f^{-1}(f(x))}$이고 $\boldsymbol{y=f(f^{-1}(x))}$임에 주목하라.

연쇄 법칙은 f^{-1}와 f의 미분을 연결시킨다.

미적분학의 위대한 함수는 $\boldsymbol{y=e^x}$이다. 이 함수의 역함수는 **자연로그** $\boldsymbol{x=\ln y}$이다. $y=e^x$에서 x는 지수임을 기억하라.

덧셈 법칙 $e^xe^X=e^{x+X}$은 $\boldsymbol{\ln(yY)=\ln y+\ln Y}$임을 말해준다. 지수를 더하므로 로그도 $\boldsymbol{\ln(e^2e^3)=5}$와 같이 더한다.

곱셈 법칙 $(e^x)^n=e^{nx}$은 $\boldsymbol{\ln(y^n)=n\ln y}$임을 말해준다. 이때 밑을 e에서 10으로 바꿀 수 있다. 밑을 10으로 바꾸면 새로운 함수 $\boldsymbol{y=10^x}$이 된다. 이 함수의 역함수는 밑을 10으로 가지는 로그이다. 이를 상용로그라 부르고 $\boldsymbol{x=\log y}$와 같이 쓴다. 그러면 $\log 100=2$, $\log\frac{1}{100}=-2$, $\log 1=0$이다.

연습문제

01 $y=50x$이면 $x=f^{-1}(y)$는 무엇인가?

02 $y=x^4$이면 $x=f^{-1}(y)$는 무엇인가? 왜 $x\geq 0$이어야 하는가?

03 증가 함수 $y=f(x)$의 그래프를 그려라. 이는 서로 다른 x에 대해서 서로 다른 출력 y을 가진다. 그래프를 뒤집어서(축을 바꿔서) $\boldsymbol{x=f^{-1}(y)}$의 그래프를 확인하라.

04 아래의 그래프는 두 개의 $\boldsymbol{x}$들로부터 같은 y를 가진다. 따라서 $\boldsymbol{f^{-1}(y)}$는 없다.

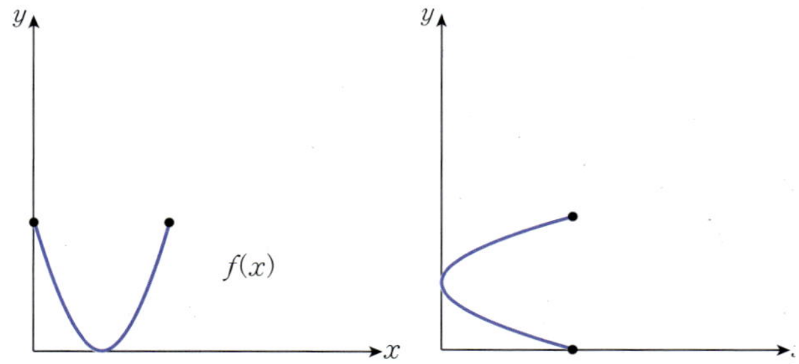

(a) $f(x)$는 일대일이 아니다. (b) $f^{-1}(y)$는 함수가 아니다.

05 $y=1/e$의 자연로그는 $\ln(e^{-1})=$_____이다. $\ln(\sqrt{e})$는 얼마 인가?

06 $y=1$의 자연로그는 $\ln 1=$_____이고 또한 밑이 10인 로그는 $\log 1=$_____이다.

07 $(e^2)^{50}$의 자연로그는 _____이다. $(10^2)^{50}$의 밑이 10인 로그는 _____이다.

08 필자는 $\ln y=(\ln 10)(\log y)$라 믿는데, 이는 y를 $y=e^{\ln y}$ 또는 $y=10^{\log y}=e^{(\ln 10)(\log y)}$와 같이 두 가지 방법으로 쓸 수 있기 때문이다. 이 마지막 과정들을 설명하라.

09 밑 e와 밑 10에서 밑 2로 변환하자. 이제 $y=2^x$은 $x=\log_2 y$를 의미한다. $\log_2 32$와 $\log_2 2$는 무엇인가? 왜 $\log_2 e>1$인가?

Growth Rate and Log Graphs

MIT 오픈코스웨어 사이트(https://ocw.mit.edu/resources/res-18-005-highlights-of-calculus-spring-2010/derivatives/growth-rate-and-log-graphs/)에서 해당 동영상을 학습할 수 있다.

x가 커질 때 증가율이 느린 것부터 순서대로 쓰면 다음과 같다.

$\log x$	<	x, x^2, x^3	<	$2^x, e^x, 10^x$	<	$x!, x^x$
로그		다항식		지수		팩토리얼

$\log x=3$이 되도록 $x=1000=10^3$을 선택하자. $x!\approx \dfrac{x^x}{e^x}$을 사용해도 좋다.

$\log 1000=3$	$10^3, 10^6, 10^9$	$10^{300}, 10^{434}, 10^{1000}$	$10^{2566}, 10^{3000}$

로그에 로그를 취한 $\log(\log x)$의 증가 속도는 매우 느리기 때문에 나머지 다항식, 지수, 팩토리얼에 로그를 취해보자. 큰 수에 대해서는 로그를 취하는 것이 최선의 방법이다.

로그	**3,6,9**		**300,434,1000**		**2566,3000**
	다항식의 증가	≪	지수의 증가	≪	팩토리얼의 증가

참고로 거듭제곱이 음수일 때 지수는 0으로 감소한다. 또한 $\dfrac{1}{x^2}=x^{-2}$은 지수함수 $\dfrac{1}{e^x}=e^{-x}$보다 느리게 감소한다.

$y=\log x$에 대한 로그 척도는 $x=1, 10, 100$이 균등하게 분할되어 있음을 보여준다. 이때 0은 없다!

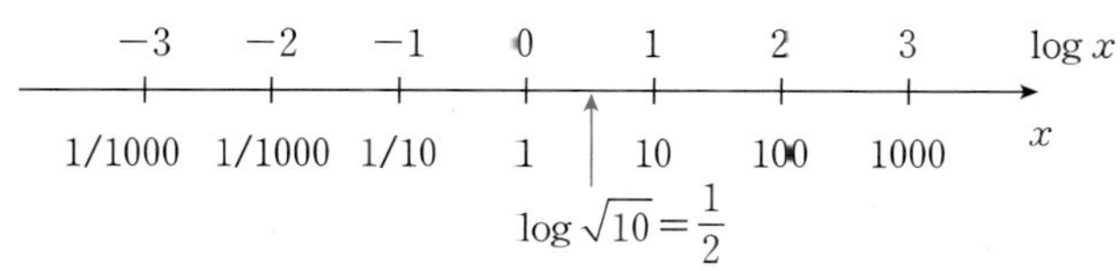

마찬가지로 $y=\log_2 x$의 경우, $x=1, 2, 4, 8$를 표시하면 균등하게 분할되어 있음을 확인할 수 있다.

로그-로그 그래프 (가로, 세로 모두 로그 척도)

$y = Ax^n$이면 그래프에서 A와 n을 어떻게 표현할 수 있을까? 먼저 양변에 로그를 취하면 $\log y = \log Ax^n$이고, $\log y = \log A + n \log x$이다. $\log y$와 $\log x$를 두 축으로 하여 직선 그래프를 그려보자. n은 로그-로그 그래프의 기울기이면서 원래 함수 $y = Ax^n$의 지수이다.

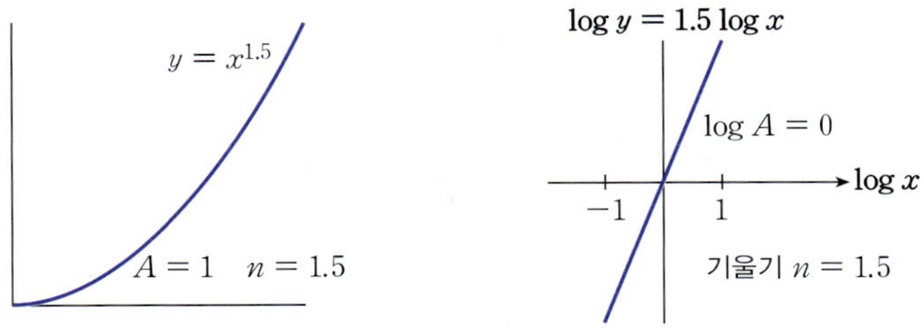

로그-로그 그래프 이외에도 다른 그래프를 통해서 지수함수의 정의역과 치역의 관계를 표현할 수 있다. 하나의 예로 $y = Ab^x$의 양변에 로그를 취하면 $\log y = \log A + (\log b)x$를 얻을 수 있다. 이 식에 대하여 x와 $\log y$를 두 축으로 하여 직선 그래프를 표현해보면, 기울기가 $\log b$이고 y절편이 $\log A$인 직선이 된다. 이렇게 x와 $\log y$를 축으로 하는 평면에 나타내는 것을 **세미로그**라고 한다.

$\Delta x \to 0$일 때 $\dfrac{\Delta f}{\Delta x}$는 얼마나 빨리 $\dfrac{df}{dx}$에 가까워질까? 오차 $E = \dfrac{\Delta f}{\Delta x} - \dfrac{df}{dx}$는 $E \approx A(\Delta x)^n$일 것이다. 이때 n은 무엇인가?

보통의 한쪽 방향 차분 $\dfrac{\Delta f}{\Delta x} = \dfrac{f(x+\Delta x) - f(x)}{\Delta x}$는 오직 $n = 1$을 가진다. 한편 중앙 차분 $\dfrac{f(x+\Delta x) - f(x-\Delta x)}{2\Delta x}$는 $n = 2$를 가진다.

중앙 차분($E \approx (\Delta x)^2$)이 한쪽 방향 차분($E \approx \Delta x$)보다 훨씬 더 좋다.

참고로 함수 $f(x) = e^x$에 대하여 $x = 0$에서 한쪽 방향 차분 E와 중앙 차분 E를 살펴보자. $\log E$와 $\log \Delta x$를 축으로 하는 그래프를 그려보면 기울기가 1 또는 2인 것을 확인할 수 있다.

연습문제

01 x가 커짐에 따라 x^{100}은 e^x보다 빠르게 증가하는가? 느리게 증가하는가?

02 x가 커짐에 따라 $100\ln x$는 x보다 빠르게 증가하는가? 느리게 증가하는가?

03 큰 n에 대해서 다음 함수를 증가율이 낮은 것부터 순서대로 나열하라.

$$\frac{1}{n},\ n\log n,\ n^{1.1},\ \frac{10^n}{n!}$$

04 큰 x에 대해서 다음 함수를 증가율이 낮은 것부터 순서대로 나열하라.

$$2^{-x},\ e^{-x},\ \frac{1}{x^2},\ \frac{1}{x^{10}}$$

05 $y=10x^5$의 로그-로그 그래프를 묘사하라($\log y$와 $\log x$를 두 축으로 하여 그래프를 그려라). 이 그래프에서 $x=0$에서 $y=0$을 확인하지 못하는 이유는 무엇인가?

로그-로그 그래프에서 직선의 기울기는 무엇인가?

$x=$____이고 $y=$____일 때 직선은 수직 축을 통과한다. 그러면 $\log x=0$이고 $\log y=$____이다.

$x=$____이고 $y=1$일 때 직선은 수평 축을 통과한다. 그러면 $\log x=$____이고 $\log y=0$이다.

06 $y=10e^x$의 세미로그 그래프(직선)을 그려라($\log y$와 x를 두 축으로 하여 그래프를 그려라).

07 이 직선은 어떤 $\log y$에서 $x=0$인 축을 지나는가? 기울기는 무엇인가?

Linear Approximation / Newton's Method

MIT 오픈코스웨어 사이트(https://ocw.mit.edu/resources/res-18-005-highlights-of-calculus-spring-2010/derivatives/linear-approximation-newtons-method/)에서 해당 동영상을 학습할 수 있다.

높이가 $f(a)$이고 기울기가 $f'(a)$인 점 $x=a$에서 곡선 $f(x)$를 살펴보자. x가 a에 가까워질 때 $f'(a) \approx \dfrac{f(x)-f(a)}{x-a}$를 만족한다.

접선은 기울기 $f'(a)$를 가진다

$f(x)$에 대해서 풀면

$$\boldsymbol{f(x) \approx f(a)+(x-a)f'(a)}$$

$\approx$는 '대략적으로'를 의미한다.

곡선$\approx x$는 a 근처의 직선이다.

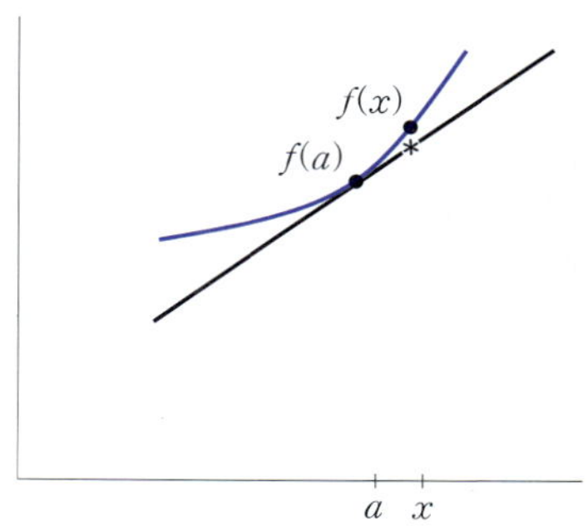

$f(x)$에 대한 선형 근사의 예제들

1. $f(x)=e^x$은 $a=0$에서 $f(0)=e^0=1$과 $f'(0)=e^0=1$이다. 접선은 기울기가 1이며, $e^x \approx 1+(x-0)1=\boldsymbol{1+x}$이다. $1+x$는 e^x에 대한 급수의 선형 부분이다.
2. $f(x)=x^{10}$과 $f'(x)=10x^9$은 $a=1$에서 각각 $f(1)=1$과 $f'(1)=10$이다. 이 곡선은 접선을 따르며, $x=1$근처에서 $x^{10} \approx \boldsymbol{1+(x-1)10}$이다. $x=1.1$을 더입하면 $(1.1)^{10}$은 대략적으로 $1+1=2$이다.

뉴턴법Newton's Method ($f(x)=0$을 푸는 대략적인 x 찾기)

$f'(a) \approx \dfrac{f(x)-f(a)}{x-a}$로 다시 가자($f(a)$와 $f'(a)$는 알려져 있다).

$f(x)=0$일 때 x에 관해서 풀기

$x-a \approx -\dfrac{f(a)}{f'(a)}$ 뉴턴법에서 얻은 x

그림과 같이 곡선이 x축과 만나는 점은 직선이 x축과 만나는 점과 거의 비슷하다.

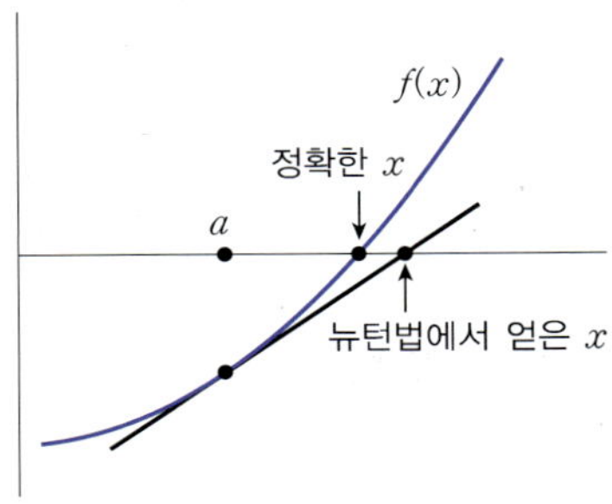

뉴턴법의 예제들 $f(x)=x^2-1.2=0$을 푼다.

1. $a=1$은 $f(a)=1-1.2=\mathbf{-0.2}$와 $f'(a)=2a=\mathbf{2}$를 준다.

   접선은 $x-1=-\dfrac{(-0.2)}{2}$에서 0을 지난다. 뉴턴법의 x는 1.1일 것이다.

2. 더 좋은 x을 위해 뉴턴법은 이 점 $a=1.1$에서 다시 시작한다.

   이제 $f(a)=1.1^2-1.2=\mathbf{0.01}$과 $f'(a)=2a=\mathbf{2.2}$이다.

   새로운 접선은 $x-1.1=-\dfrac{0.01}{2.2}$를 가진다. 이 x에 대해서 x^2은 1.2와 매우 가깝다.

연습문제

01 $y=f(a)+(x-a)f'(a)$의 그래프는 곧은 ____이다.

$x=a$에서 높이는 $y=$____이다.

$x=a$에서 기울기는 $dy/dx=$____이다.

이 그래프는 $x=a$에서 $f(x)$의 그래프에 ____ 이다.

$a=3$에서 $f(x)=x^2$에 대해서 이 선형 근사는 $y=$____이다.

02 $y=f(a)+(x-a)f'(a)$는 $x-a=$____일 때 $y=0$을 가진다.

0을 지나는 곡선 $f(x)$ 대신에 뉴턴은 0을 지나는 접선을 가진다.

$a=2$에서 $f(x)=x^3-8.12$는 $f(a)=$____와(과) $f'(a)=3a^2=$ ____을(를) 가진다.

뉴턴법은 $x-2=-\dfrac{f(a)}{f'(a)}=$____을(를) 준다.

이 뉴턴 $x=2.01$은 거의 $x^3=8.12$를 가진다. 이는 실제로 $(2.01)^3=$____을(를) 가진다.

Differential Equations of Growth

MIT 오픈코스웨어 사이트(https://ocw.mit.edu/resources/res-18-005-highlights-of-calculus-spring-2010/derivatives/differential-equations-of-growth/)에서 해당 동영상을 학습할 수 있다.

$\dfrac{dy}{dt}=cy$ 완전한 근 : 임의의 A에 대해서 $y(t)=Ae^{ct}$

$y(0)$에서 시작 : $y(t)=y(0)e^{ct}$ $A=y(0)$

이제 상수 원천 항 s를 포함시킨다.

이는 새로운 방정식 $\frac{\boldsymbol{dy}}{\boldsymbol{dt}}=\boldsymbol{cy}+\boldsymbol{s}$을 준다($s>0$은 절약이고, $s<0$은 소비, cy는 이자이다).

완전한 근 $y(t)=-\frac{s}{c}+\boldsymbol{Ae^{ct}}$(임의의 A는 근을 준다)

$y=-\frac{s}{c}$는 $cy+s=0$, $\frac{dy}{dt}=0$, $A=0$일 때의 근이다. 이 근에 대해서 소비 s는 정확히 수입 cy의 균형을 준다.

$t=0$일 때, A가 $y(0)$에서 시작하도록 A를 선택하자.

$$y(t)=-\frac{s}{c}+\left(\boldsymbol{y(0)}+\frac{\boldsymbol{s}}{\boldsymbol{c}}\right)e^{ct}$$

이제 경쟁으로부터 오는 비선형 항 sP^2을 더하자. (예를 들면) $P(t)=t$에서의 세계 인구는 새로운 방정식을 따른다.

$$\frac{\boldsymbol{dP}}{\boldsymbol{dt}}=\boldsymbol{cP}-\boldsymbol{sP^2}, \quad c=\text{출생율과 사망률의 차}$$

'로지스틱 방정식' P^2 : 각 사람이 다른 사람과 경쟁하므로 선형방정식을 다시 가져오기 위해 $y=\frac{1}{P}$로 두자.

$$\frac{dy}{dt}=-\frac{dP/dt}{P^2}=\frac{-cP+sP^2}{P^2}=-\frac{c}{P}+s=-cy+s$$

$y=1/P$은 $+c$가 아닌 $-c$와 함께 우리의 선형방정식(y^2이 아니다)을 생산한다.

$$y(t)=\frac{s}{c}+Ae^{-ct}=\frac{s}{c}+\left(y(0)-\frac{s}{c}\right)e^{-ct}=-c\text{로 변화된 이전 식}$$

$t=0$에서 올바르게 $y(0)$을 얻는다. **(올바른 시작)**

$t\to\infty$이고 $e^{-ct}\to 0$일 때 $y(\infty)=\frac{s}{c}$와 $P(\infty)=\frac{c}{s}$를 얻는다.

인구수 $P(t)$는 $\frac{c}{s}$에 가까이 가는 ***S*-곡선**을 따라서 증가한다.

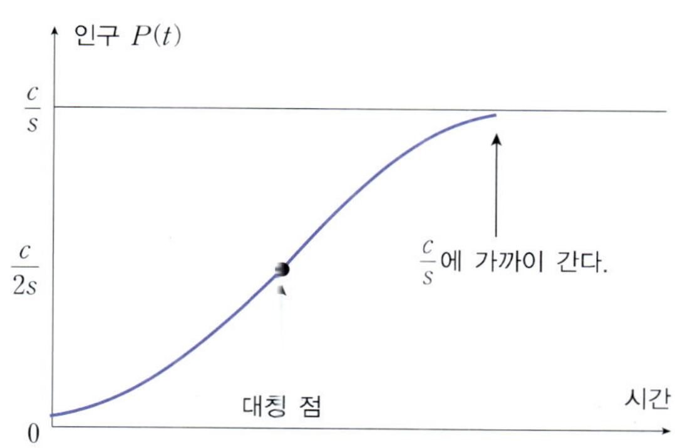

인구 함수 $P(x)$에 대하여 $P=\frac{c}{2s}$인 점에서 이계도함수를 구해보자.

$$\frac{d^2P}{dt^2}=\frac{d}{dt}(cP-sP^2)=(c-2sP)\frac{dP}{dt}=0$$

곡선의 구부러짐은 위에서 아래로 변하며, 이때의 점을 **변곡점**이라고 한다.

이 모델에 따르면 세계 인구는 극한 $\frac{c}{s}\approx 120$억에 가까워진다. 인구는 지금 약 77억이다(2018년 기준).

구글에 '세계 인구'를 검색해보라.

연습문제

$\frac{dy}{dt}=cy-s$는 절약율이 아닌 $s=$소비율을 가진다(음의 부호와 함께).

01 상수 근은 $\frac{dy}{dt}=0$일 때 $y=$_____이다. 이 경우에 이자 수입은 소비와 균형을 이룬다. 즉 $cy=s$이다.

02 완전한 근은 $y(t)=\frac{s}{c}+Ae^{ct}$이다. 왜 $A=y(0)-\frac{s}{c}$인가?

03 만약 $y(0)>\frac{s}{c}$로 시작한다면 은행에 맡긴 금액은 왜 ∞에 가까워지는가? 만약 $y(0)<\frac{s}{c}$로 시작한다면 은행에 맡긴 금액은 $-\infty$에 가까워지는가?

04 $\frac{dy}{dt}=s$의 완전한 근은 $y(t)=st+A$이다. $t=0$에서 $y(0)$으로부터 시작한 근 $y(t)$는 무엇인가?

05 $\frac{dP}{dt}=-sP^2$과 $y=\frac{1}{P}$이면 왜 $\frac{dy}{dt}=s$인지 설명하라. 순수한 경쟁 상태에서 $t\to\infty$일 때 $P(t)\to 0$임을 보여라.

06 $\frac{dP}{dt}=cP-sP^4$일 때 $y=\frac{1}{P^3}$에 대한 선형방정식을 찾아라.

Differential Equations of Motion

MIT 오픈코스웨어 사이트(https://ocw.mit.edu/resources/res-18-005-highlights-of-calculus-spring-2010/derivatives/differential-equations-of-motion/)에서 해당 동영상을 학습할 수 있다.

$y(t)$에 관한 미분방정식은 dy/dt뿐만 아니라 d^2y/dt^2과도 관련이 있을 수 있다. 이와 관련된 예제와 그 근이 여기에 있다. C와 D는 임의의 수이다.

$$\frac{d^2y}{dt^2}=-y \text{와 } \frac{d^2y}{dt^2}=-\omega^2y, \quad \text{근은 } \begin{array}{l} y=C\cos t+D\sin t \\ y=C\cos\omega t+D\sin\omega t \end{array}$$

이제 dy/dt를 포함시켜서 해법을 찾아보자.

$m\frac{d^2y}{dt^2}+2r\frac{dy}{dt}+ky=0$은 감쇠 항 $2r\frac{dy}{dt}$를 가진다. $y=e^{\lambda t}$으로 시도해보자.

$e^{\lambda t}$을 소거하면 λ에 대한 핵심 방정식 $m\lambda^2+2r\lambda+k=0$이 된다.

2차 방정식의 근의 공식은 $\lambda = \dfrac{-r \pm \sqrt{r^2 - km}}{m}$ 이다. 이때 두 근을 λ_1과 λ_2로 놓자.

그러면 미분방정식은 $y = Ce^{\lambda_1 t} + De^{\lambda_2 t}$에 의해 풀린다.

특별한 경우인 $r^2 = km$은 $\lambda_1 = \lambda_2$를 가진다. 그러면 t는 $y = Ce^{\lambda_1 t} + Dte^{\lambda_1 t}$의 계수에 등장한다.

k값에 따른 여러 미분방정식에 대한 예제들

1. $\dfrac{d^2y}{dt^2} + 6\dfrac{dy}{dt} + 8y = 0$에서 $m = 1$, $2r = 6$, $k = 8$이다.

   $\lambda_1, \lambda_2 = \dfrac{-r \pm \sqrt{r^2 - km}}{m}$은 $-3 \pm \sqrt{9-8}$이다. 그러면 $\lambda_1 = -2$, $\lambda_2 = -4$이다.

   따라서 근은 $y = Ce^{-2t} + De^{-4t}$이다. (진동이 없는 과감쇠 overdamping)

2. $k = 10$으로 바꾸면 $\lambda = -3 \pm \sqrt{9-10}$은 $\lambda_1 = -3 + i$, $\lambda_2 = -3 - i$이다.

   진동은 λ의 허수부로부터, 감소는 실수부 -3으로부터 온다.

   근은 $y = Ce^{\lambda_1 t} + De^{\lambda_2 t} = Ce^{(-3+i)t} + De^{(-3-i)t}$ 이다.

   $e^{it} = \cos t + i \sin t$는 $y = (C+D)e^{-3t}\cos t + i(C-D)e^{-3t}\sin t$의 결과를 준다.

3. $k = 9$로 바꾸면 $\lambda = -3, -3$(중근)이다. 근 $y = Ce^{-3t} + Dte^{-3t}$은 인자 t를 포함한다.

연습문제

01 $\dfrac{d^2y}{dt^2} = 4y$에 대해 두 근 $y = Ce^{at} + De^{bt}$을 찾아라. a와 b는 얼마인가?

02 $\dfrac{d^2y}{dt^2} = -4y$에 대해 두 근 $y = C\cos\omega t + D\sin\omega t$를 찾아라. ω는 얼마인가?

03 $\dfrac{d^2y}{dt^2} = 0y$에 대해 두 근 $y = Ce^{0t}$과 _____을(를) 찾아라.

04 $y = e^{\lambda t}$을 $2\dfrac{d^2y}{dt^2} + 3\dfrac{dy}{dt} + y = 0$에 대입해서 λ_1과 λ_2를 찾아라(**실수**).

05 $y = e^{\lambda t}$을 $2\dfrac{d^2y}{dt^2} + 5\dfrac{dy}{dt} + 3y = 0$에 대입해서 λ_1과 λ_2를 찾아라(**허수**).

06 $y = e^{\lambda t}$을 $\dfrac{d^2y}{dt^2} + 2\dfrac{dy}{dt} + y = 0$에 대입해서 λ_1과 λ_2를 찾아라(**같은 수**).

07 이제 $y = Ce^{\lambda_1 t} + Dte^{\lambda_1 t}$이다. $\lambda_1 = \lambda_2$일 때 인자 t가 등장한다.

Power Series / Euler's Great Formula

MIT 오픈코스웨어 사이트(https://ocw.mit.edu/resources/res-18-005-highlights-of-calculus-spring-2010/derivatives/power-series-eulers-great-formula/)에서 해당 동영상을 학습할 수 있다.

$x=0$에서 x^n의 n번째 미분은 수 $n!$이다. 다른 미분들은 0이다. $f(x)$의 n번째 미분에 $x^n/n!$을 곱해서 함수를 급수에 일치시킨다.

테일러 급수는 $f(x)=f(0)+f'(0)\dfrac{x}{1}+f''(0)\dfrac{x^2}{2!}+\cdots+f^{(n)}(0)\dfrac{x^n}{n!}+\cdots$이다. $f(x)=e^x$일 때 $x=0$에서 모든 미분 $=1$이다. $x^n/n!$과 함께 일치시킨다.

테일러 급수 지수 급수는 $e^x=1+1\dfrac{x}{1}+1\dfrac{x^2}{2}+\cdots+1\dfrac{x^n}{n!}+\cdots$이다. $f=\sin x$일 때는 $f'=\cos x$, $f''=-\sin x$, $f'''=-\cos x$이다. $x=0$에서 이는 0, 1, 0, −1, 0, 1, 0, −1로, −1, 0, 1이 반복된다.

$$\mathbf{sin}\boldsymbol{x}=1\cdot\frac{x}{1}-1\frac{x^3}{3!}+1\frac{x^5}{5!}-\cdots \qquad \text{홀수 거듭제곱 } \sin(-x)=-\sin x$$

$f=\cos x$는 1, 0, −1, 0, 1, 0, −1, 0이다. 즉 반복된다.

$$\mathbf{cos}\boldsymbol{x}=1-1\frac{x^2}{2!}+1\frac{x^4}{4!}-\cdots \qquad \text{짝수 거듭제곱 } \frac{d}{dx}(\cos x)=-\sin x$$

허수는 $i^2=-1$이고 $i^3=-i$을 만족한다. 이때 **지수함수 e^{ix}을 찾아라.**

$$e^{ix}=1+ix+\frac{1}{2!}(ix)^2+\frac{1}{3!}(ix)^3+\cdots=\left(1-\frac{x^2}{2!}+\cdots\right)+i\left(x-\frac{x^3}{3!}+\cdots\right) \ (\text{이들은 } \mathbf{cos}\boldsymbol{x}+\boldsymbol{i}\,\mathbf{sin}\boldsymbol{x}\text{이다.})$$

결과는 $e^{ix}=\cos x+i\sin x$이며, 이는 **오일러의 위대한 공식**이다.

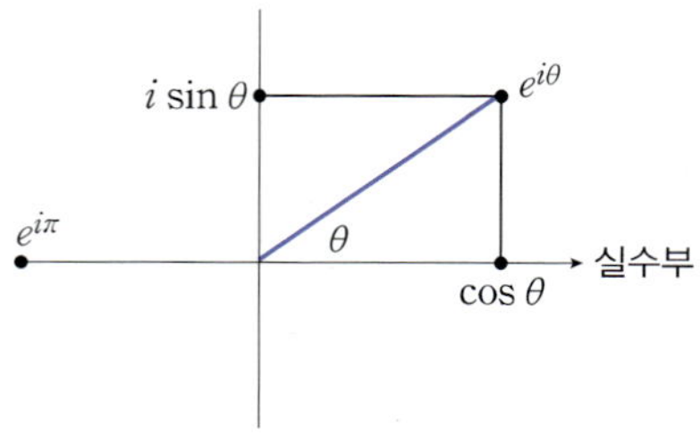

$e^{i\theta}=\cos\theta+i\sin\theta$

$e^{i\theta}+e^{-i\theta}=2\cos\theta$

$e^{i\pi}=-1$은 위대한 4개의 수를 합친다.

거듭제곱급수($f(x)$의 테일러 급수)의 두 가지 추가 예제

1. 기하급수 $f(x)=\dfrac{1}{1-x}=1+x+x^2+x^3+\cdots$

2. 기하급수의 적분 $f(x)=-\ln(1-x)=\dfrac{x}{1}+\dfrac{x^2}{2}+\dfrac{x^3}{3}+\dfrac{x^4}{4}+\cdots$

Six Functions, Six Rules, and Six Theorems

MIT 오픈코스웨어 사이트(https://ocw.mit.edu/resources/res-18-005-highlights-of-calculus-spring-2010/derivatives/six-functions-six-rules-and-six-theorems/)에서 해당 동영상을 학습할 수 있다.

6개의 함수

적분	함수	미분
$x^{n+1}/(n+1), n \neq -1$	x^n	nx^{n-1}
$-\cos x$	$\sin x$	$\cos x$
$\sin x$	$\cos x$	$-\sin x$
e^{cx}/c	e^{cx}	ce^{cx}
$x\ln x - x$	$\ln x$	$\frac{1}{x}$
램프 함수	계단함수	델타함수

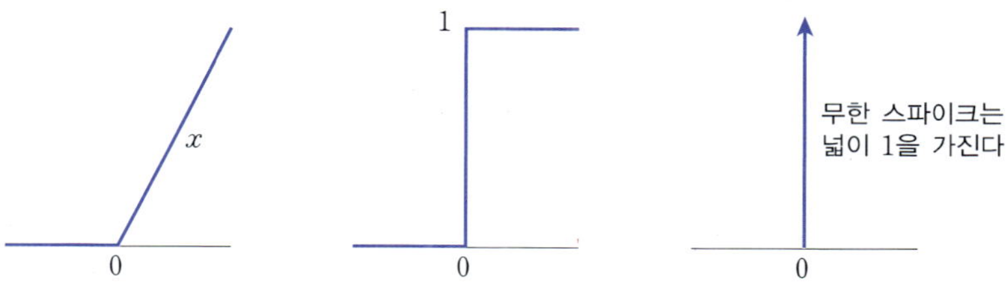

미분학의 6개의 법칙

1. 덧셈 미분 법칙 — $af(x)+bg(x)$의 미분은 $a\frac{df}{dx}+b\frac{dg}{dx}$이다.

2. 곱 미분 법칙 — $f(x)g(x)$의 미분은 $f(x)\frac{dg}{dx}+g(x)\frac{df}{dx}$이다.

3. 역수 미분 법칙 — $\frac{f(x)}{g(x)}$의 미분은 $\left(g\frac{df}{dx}-f\frac{dg}{dx}\right)\Big/g^2$이다.

4. 연쇄 법칙 — $f(g(x))$의 미분은 $y=g(x)$일 때 $\frac{df}{dy}\frac{dy}{dx}$이다.

5. 역함수 미분 법칙 — $x=f^{-1}(y)$의 미분은 $\frac{dx}{dy}=\frac{1}{dy/dx}$이다.

6. 로피탈의 정리 — $x \to a$일 때 $f(x) \to 0$과 $g(x) \to 0$이면 $f(x)/g(x)$는 어떻게 되는가?
이 극한들이 존재한다면 $\lim\frac{f(x)}{g(x)}=\lim\frac{df/dx}{dg/dx}$이다. 보통 이는 $\frac{f'(a)}{g'(a)}$이다.

미적분학 6개의 정리

1. 적분의 미분

$s(x)$가 연속일 때, $f(x)=\int_a^x s(t)dt$이면 적분의 미분 $=\frac{df}{dx}=s(x)$이다.

2. 미분의 적분

$s(x)$가 연속일 때, $\dfrac{df}{dx} = s(x)$이면 **미분의 적분** $= \displaystyle\int_a^b s(x)dx = \boldsymbol{f(b) - f(a)}$이다.

3. 모든 값 정리

$f(x)$가 $a \le x \le b$에서 연속함수라 가정하자. 그러면 이 구간에서 $f(x)$는 최댓값 M과 최솟값 m에 도달한다. 그리고 $f(x)$는 m과 M 사이에 모든 값을 취한다(점프가 없다).

4. 평균값 정리

$f(x)$가 $a \le x \le b$에서 미분을 가질 때, a와 b 사이의 어떤 c에서 $\dfrac{f(b)-f(a)}{b-a} = \dfrac{df}{dx}(c)$이다. 즉 어떤 순간 c에서 순간 속력은 평균 속력과 같다.

5. 테일러 급수

기준점 $x = a$에서 모든 미분 $f^{(n)} = d^n f / dx^n$을 일치시킨다.

$$f(x) = f(a) + f'(a)(x-a) + \frac{1}{2}f''(a)(x-a)^2 + \cdots = \sum_{n=0}^{\infty} \frac{1}{n!} f^{(n)}(a)(x-a)^n$$

$(x-a)^n$에서 멈추는 것은 오차 $f^{n+1}(c)(x-a)^{n+1}/(n+1)!$을 남긴다. 이때 c는 a와 x 사이 어딘가에 있는 수이다. 더 나아가서 $n = 0$일 때에는 평균값 정리이다.

테일러 급수는 $a = 0$ 근처에서 가장 좋게 보인다.

$$f(x) = \sum_{n=0}^{\infty} \frac{1}{n!} f^{(n)}(0) x^n$$

6. 이항정리

이항정리는 파스칼의 삼각형을 보여준다.

$$\begin{array}{cc}
(1+x) & 1 + 1x \\
(1+x)^2 & 1 + 2x + 1x^2 \\
(1+x)^3 & 1 + 3x + 3x^2 + 1x^3 \\
(1+x)^4 & 1 + 4x + 6x^2 + 4x^3 + 1x^4
\end{array}$$

이들은 단지 $p = 1,2,3,4$일 때 $f(x) = (1+x)^p$에 대한 테일러 급수일 뿐이다.

$$\begin{array}{lllll}
f^{(n)}(x) = & (1+x)^p & p(1+x)^{p-1} & p(p-1)(1+x)^{p-2} & \cdots \\
f^{(n)}(0) = & 1 & p & p(p-1) & \cdots
\end{array}$$

$n!$로 나눠서 테일러 계수 $=$ **이항계수**를 찾는다.

$$\frac{1}{n!} f^{(n)}(0) = \frac{p(p-1)\cdots(p-n+1)}{n(n-1)\cdots(1)} = \frac{p!}{(p-n)!n!} = \binom{p}{n}$$

$p=n$일 때, 이 급수는 x^n에서 멈춘다. 임의의 p에 대한 무한급수는 다음과 같다.

$$(1+x)^p = 1 + px + \frac{p(p-1)}{(2)(1)}x^2 + \frac{p(p-1)(p-2)}{(3)(2)(1)}x^3 + \cdots$$

연습문제

01 $y=x\ln x - x$의 미분은 $dy/dx = \ln x$임을 확인하라.

02 '부호 함수'는 $S(x) = \begin{cases} 1 & x \geq 0 \text{ 일 때} \\ -1 & x < 0 \text{ 일 때} \end{cases}$이다.

어떤 램프 함수 $F(x)$가 $\frac{dF}{dx} = S(x)$를 가지는가(F는 S의 적분이다)? 왜 미분 $\frac{dS}{dx} = 2\delta(x)$인가? (여기서 $\delta(x)$는 $x=0$에서 무한대의 값을 가지지만 실수 전체에서 적분했을 때는 넓이 2가 나오는 함수이다)

03 (로피탈의 정리) $x \to 0$일 때, $\frac{2x+3x^2}{5x+7x^2}$의 극한은 얼마인가? $x \to \infty$일 때는 어떠한가?

04 로피탈의 정리는 $f(0)=0$일 때 $\lim_{x\to 0}\frac{f(x)}{x} =$ _____ 임을 말해준다. 여기서 $g(x)=x$이다.

05 **미분은 차와 비슷하고, 적분은 합과 비슷하다.**

합의 차 $f_n = s_1 + s_2 + \cdots + s_n$이면 $f_n - f_{n-1}$은 무엇인가?

차의 합 $(f_1 - f_0) + (f_2 - f_1) + \cdots + (f_n - f_{n-1})$은 무엇인가?

이들은 '**차분 미적분학**Difference Calculus'의 **기본 정리**이다.

06 최댓값에 점근적으로 수렴하거나 최댓값을 가지지 않는 $0 \leq x \leq 1$에서의 불연속 함수의 그래프를 그려라.

07 $f(x)=x^2$에 대해서 $\frac{f(5)-f(1)}{5-1} = \frac{df}{dx}(c)$를 만족하도록 하는 c의 값은 얼마이며 점 c가 속한 구간은 무엇인가?

08 고속도로 위에서 여러분의 평균 속도가 75라면, 어떤 순간에서 여러분의 속도 미터계는 ___(으)로 읽힌다.

09 $x=0$ 주변에서 $\sqrt{1+x}$에 대한 테일러 계수 A, B, C를 찾아라.

$$(1+x)^{\frac{1}{2}} = A + Bx + Cx^2 + \cdots$$

10 $x=0$ 주변에서 $f=\frac{1}{1+x}$의 테일러(이항) 급수를 찾아라 $(p=-1)$.

0.5 그래프와 그래핑 프로그램

이 책은 '미적분학은 함수에 관한 것이다'라는 문장으로 시작했다. 함수가 $y=x+x^2$과 같은 식으로 주어지면 우리는 이제 공식을 통해 기울기를 안다(그리고 심지어 기울기의 기울기도 안다). 함수의 개략적인 그래프만을 알 경우 기울기에 대해서도 그 그래프의 개형보다 더 좋은 것은 기대할 수 없다. 하지만 그러프는 미적분학의 응용에서 매우 귀중하다!

이 절은 $y(x)$의 그래프로부터 증가율(기울기)과 최댓값, 최솟값 그리고 구부러짐(그리고 넓이)에 관한 기본 정보를 추출한다. 이 정보의 큰 부분이 양 또는 음의 부호에 포함되어 있다. $y(x)$는 증가하는가? 이 함수의 기울기는 증가하는가? 이 함수의 그래프 아래의 넓이는 증가하는가? 각각의 경우에서 어떤 값은 0보다 크다. 세 값은 각각 dy/dx와 d^2y/dx^2 그리고 $y(x)$ 그 자신이다.

이 값들 중 하나가 정확히 0일 때 특별한 상황이 된다. 이런 면에서 수학자들이 0을 발견한 것은 매우 의미 있는 일이며 또한 우리는 이를 필요로 한다.

이 절은 두 가지 주제로 구성되어 있다.

1. $y(x)$에 대한 식 없이 그린 그래프

   이 그래프로부터 여러분은 다른 그래프인 기울기 dy/dx, 이계도함수 d^2y/dx^2, 그래프 아래의 넓이 $A(x)$를 그릴 수 있다. 이 함수들이 양수인지 음수인지를 확인할 수도 있다. 특히 dy/dx 또는 d^2y/dx^2 또는 $y(x)$가 0이 되는 점도 확인할 수 있다.

2. 계산기 또는 컴퓨터에 의해 그려진 그래프

   이 경우 $y(x)$에 대한 식이 있다. 화면은 다음과 같은 미분의 법칙들을 추측할 수 있게 해준다.

   연쇄 법칙　　역함수 법칙　　로피탈의 정리

   이 법칙들은 책의 후반 장들에 등장하며, 누구나 이용 가능한 동영상 강의인 '미적분학 하이라이트'에서도 설명되어 있다. 하나의 구체적인 목표는 2^x의 미분이 어떻게 2^x에 비례하는지를 확인하는 것이다.

이 절은 벤자민 골드스테인[Benjamin Goldstein]이 제시한 아이디어에 의해 훨씬 개선되었다.

식이 없는 그래프

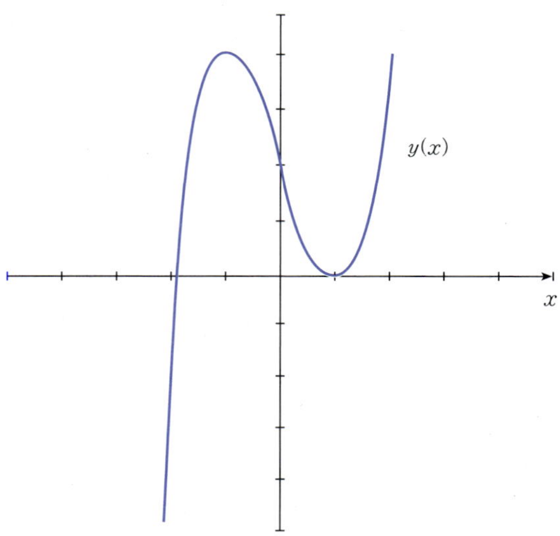

1. 위 그림이 어떤 함수 $y(x)$의 그래프라 가정하자.

   (a) $y(x)$는 어떤 x의 값(들)에서 극솟값을 가지는가?

   (b) $y(x)$는 어떤 x의 값(들)에서 극댓값을 가지는가?

   (c) $y(x)$는 어떤 x의 값(들)에서 변곡점을 가지는가(추정하라)?

2. 문제를 바꿔보자. 위 그림이 $y(x)$의 미분인 dy/dx의 그래프라 가정하자. 원래 함수인 $y(x)$에 대한 다음 질문들에 답하라.

(a) $y(x)$는 어떤 x의 값(들)에서 극솟값을 가지는가?

(b) $y(x)$는 어떤 x의 값(들)에서 극댓값을 가지는가?

(c) $y(x)$는 어떤 x의 값(들)에서 변곡점을 가지는가?

3. 또 다른 변형문제로서 위 그림이 이계도함수 d^2y/dx^2(기울기의 기울기)의 그래프라 가정하자. 아래의 질문들 중 답할 수 없는 것이 있다면 왜 그런지 설명하라.

(a) $y(x)$는 어떤 x의 값(들)에서 극솟값을 가지는가?

(b) $y(x)$는 어떤 x의 값(들)에서 극댓값을 가지는가?

(c) $y(x)$는 어떤 x의 값(들)에서 변곡점을 가지는가?

4. 이 두 번째 그래프에 대해서 1~3과 같은 9개의 질문에 답하라.

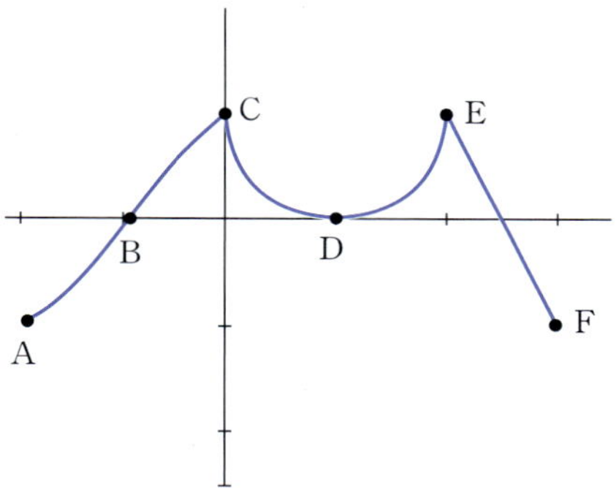

5. 다음 표는 선택된 시간에서 자동차의 속도에 대한 자료이다.

시간	0	5	10	15	20	25	30	35
속도	45	40	30	40	45	40	30	25

(a) 자동차가 $d^2y/dt^2=0$의 가속도로 움직이는 어떤 시간 t가 존재하는가? 여러분의 답에 대한 이유를 설명하라.

(b) $y(t)$가 시간 t에 대한 함수로서 자동차의 위치를 나타낸다면 $d^3y/dt^3=0$인 시간 t가 있는가? 여러분의 답에 대한 이유를 설명하라. 삼계도함수는 때때로 '갑작스러운 움직임'으르 언급되는데 이는 삼계도함수가 운동의 갑작스러운 움직임을 가리키기 때문이다. 이는 특히 롤러코스터 디자이너들에게 중요하다.

(c) (a)와 (b)에 대한 답변에서 여러분은 $y(t)$와 (더 중요한) dy/dt에 대하여 어떤 가정을 했는가? 이 가정들은 합리적인가?

계산기에서의 연쇄 법칙

1. 여러분의 계산기로 $Y_1=\sin(X)$와 그 기울기 $Y_2=n\mathrm{Deriv}(Y_1,X,X)$의 그래프를 그려라. 반드시 라디안 모드에서 계산하고, 삼각함수 화면 창을 선택하라.

(a) Y_2에 어떤 함수가 등장해야 하는가?

(b) Y_1을 $Y_1 = \sin(2X)$로 바꾸자. 이제 Y_2에 어떤 함수가 등장해야 하는가? 참인 미분의 그래프를 그려서 여러분의 추측을 확인하라.

(c) 마지막으로 Y_1을 $Y_1 = \sin(3X)$로 바꾸자. 이번에는 Y_2에 어떤 함수가 등장해야 하는가?

(d) 추측 : k가 어떤 상수라면, $\sin(kx)$의 미분은 ______이다.

2. 이 함수들은 연쇄(합성이라고도 부른다)이며. 그들은 $Y = f(g(x))$ 형태로 쓸 수 있다. $\sin(kx)$에 대해서 외부 함수는 $f(x) =$_____이고 내부 함수는 $g(x) =$_____이다.

3. 이제까지 내부 함수 $g(x)$는 선형이었지만 꼭 그래야 할 필요는 없다. $Y = \sin(\sqrt{x})$로 두자.

추측 : $g(x) = \sqrt{x}$ 일 때 $\dfrac{dY}{dx} =$_____이다.

Y의 그래프를 그려서 여러분의 추측을 확인하고 이를 수치 미분의 그래프와 비교하라.

4. 이제 일반화하자. $g(x)$를 임의의 함수로 가정하자. $y = \sin(g(x))$이면 $dy/dx =$____이다.

5. 사인 함수도 여느 함수처럼 연쇄 법칙을 적용한다. 외부 함수와 내부 함수가 합성이 될 때마다 연쇄 법칙은 적용된다. 다음의 미분을 예측하고 계산기로 수치 미분의 그래프를 그려서 확인하라.

(a) $y = (2x+4)^3$; $dy/dx =$ __________

(b) $y = \cos^2 x = (\cos x)^2$; $dy/dx =$ __________

(c) $y = \cos(x^2)$; $dy/dx =$ __________

(d) $y = [\sin(x^2+1)]^3$; $dy/dx =$ __________

미적분학에서의 계산

미적분학 과정을 위해 수많은 소프트웨어가 사용 가능하며 패키지는 더 좋아진다. 어떤 프로그램(만약에 있다면)을 사용할지는 비용과 편리함 그리고 목적에 의존한다. 어떻게 사용하는가는 훨씬 더 어려운 질문이다. 이번에는 이러한 몇몇 목표들을 확인한다. 우리의 목표는 예제를 통해 학습에 용이한 계산을 활용할 수 있도록 도와주는 것이다.

미적분학에서 **컴퓨터의 최고의 장점은 그래픽을 제공하는 것이다**. 이로써 단지 식뿐만 아니라 함수를 확인할 수 있다. 여러분이 볼 때 $f(x)$는 최댓값 또는 최솟값 또는 0에 도달한다. 분리된 그래프는 이 함수의 미분을 보여준다. 이는 100% 참은 아닌데, 몇몇의 함수를 입력해보면 그 이유를 바로 알 수 있다. 하지만 이를 볼 수 있다는 점은 엄청난데, 이는 그래프를 조정 가능하기 때문이다. 우리가 원하던 그림이 아니라면, 우리는 새로운 보기 창으로 바꿀 수 있다.

이것이 컴퓨터에 기반을 둔 그래픽이다. 이는 **수치** 계산과 **그래프** 계산을 합친 것이다. 여러분은 수뿐만 아니라 그림도 얻을 수 있는데, 이는 매우 강력한 조합이다. 컴퓨터는 실제로 함수와 함께 작업하는 경험을 제공한다. 정의역과 치역은 추상적인 생각을 넘어 여러분이 직접 선택할 수 있는 것들이 된다. 몇 가지 예제를 들어보겠다.

예제 1 당연히 $x=3$일 때 x^3은 3^x과 같다. **이 그래프들은 또 다시 만나는가?**

여기서 우리는 x가 좋은 수라는 것을 제외하고는 3^x의 완전한 의미를 모른다(컴퓨터도 모른다). $x=2$와 4인 경우 함수 x^3은 모두 $3x$보다 작다. 즉 2^3은 3^2보다 작고 $4^3=64$는 $3^4=81$보다 작다. x^3가 항상 3^x보다 작다면 이 사실에 대해 확인하고 알고 있어야 한다(이들은 수학에서 기초 함수들이다).

이에 대하여 컴퓨터는 수치 또는 그래프로 대답할 것이다. 명령어를 입력하면 컴퓨터는 $x^3=3^x$을 푼다. 다른 명령에 의해 컴퓨터는 두 함수 모두를 그린다(컴퓨터는 더 많은 것을 보여줄 것이다). 이때 화면은 탈출하는 논리 점(또는 수학)을 증명한다. 그래프가 한 번 더 교차한다면 그들은 다시 만나야 한다(3^x은 2와 4에서 x^3보다 더 높기 때문이다). 2.5 근처에서의 교점은 화면을 확대하면 볼 수 있다. 필자는 그 점의 정확한 값보다 위치에 더 관심이 있다. 이는 $x=3$ 이후보다 이전에 온다.

이 기본적인 예로부터 얻은 몇몇의 결론은 다음과 같다.

1. 슈퍼컴퓨터는 불필요하다.
2. 고차원 프로그래밍은 불필요하다.
3. 개념을 완전하게 이해하지 못해도 수학을 할 수는 있다.

세 번째 결론은 그렇게 좋아 보이지는 않는다. 따라서 다음과 같이 다르게 써 보자. **우리는 수학을 하면서 수학을 배울 수 있다.** 미적분학을 가르치는 가장 어려운 부분은 이를 스릴 넘치는 스포츠에서 꾸준한 훈련으로 변화시켜야 하는 점이다. 컴퓨터는 이를 가능하게 한다.

예제 2 **(마음 속 컴퓨터)** x^2과 2^x을 비교하라. 두 함수는 $x=2$에서 만난다. 그들은 어디서 다시 만나는가? 만나는 점은 2 이전인가 이후인가?

이는 암산이 가능한데 정답은 자연수인 (4)이기 때문이다. 이제 이를 일반화해보자. $2^4=4^2$과 같은 사건은 다시 일어나는가? 기계는 우리에게 정수에 관해서 얘기할 수 있는가? 아마도 기계는 $x^b=b^x$의 근들을 그릴 것이다. 필자는 x를 b에 관한 함수로 찾을 것을 기대하며 Mathematica에 공식을 찾도록 명령했다. 하지만 프로그램은 단지 식을 다시 줄 뿐이었다. 이는 오히려 기계가 사용자에게 다시 도움을 요청한 셈이다.

음, 수학은 정말 속수무책이다. 하지만 필자는 미적분학에 자신이 있다. 6.4절의 말미에 자연수를 전혀 볼 수 없는 새로운 연습문제가 있다.

예제 3 $x^b=b^x$이 ($x=b$에서) 오직 **하나**의 근을 가지는 수 b를 찾아라.

$b=3$일 때, 두 번째 근은 3보다 작다. $b=2$일 때, 드 번째 근 (4)는 2보다 위이다. 우리가 b를 2에서 3으로 이동시키면, 특별한 '이중점', 즉 그래프들이 거의 접하지만 만나지 않는 곳이 있어야 한다. 이 특별한 b에 대해 그리고 오직 이 값에서만 곡선 x^b은 절대 b^x 위로 가지 못한다.

이 특별한 점 b는 컴퓨터 기반의 그래픽을 통해서 찾을 수 있다. 많은 경우에 이는 '**미적분학의 중심 요점**'이다. 이 곡선들은 서로 만나지만 교차하지 않기 때문에, 그들은 접한다. 즉 그들은 이중점에서 같은 기울기를 가진다. 미적분학은 기울기와 함께 작업하기 위해 고안되었고, 우리는 이미 x^2의 기울기를 알고 있다. 곧 x^b도 등장한다. 결국 우리는 b^x의 기울기를 발견하고, 미적분학에서 가장 중요한 수들을 확인할 것이다.

요점은 이 수는 우선 실험에 의해서 발견될 수 있다는 것이다.

예제 4 $y(x)=e^x-x^e$의 그래프를 그려라. 이 함수의 최솟값을 위치시켜라. $x=e$ 근처를 확대하라.

e^x와 x^e의 미분으로부터 $x=e$에서 $dy/dx=0$임을 보여라.

여러분은 계산을 통해 다음 차수의 미분 d^2y/dx^2도 찾을 수 있다. $x=e$에서$d^2y/dx^2>0$임을 확인할 수 있는가?

다음 예제는 돈 스몰Don small에 의해 제안되었다. $x^4-11x^3+5x-2=0$을 풀어라. 첫 번째 도구는 문자를 이용한 계산이다(다항식을 인수분해하려 노력하자). 이는 2차식에 대해서는 성공적이지만 그 후는 매우 어려워진다. 심지어 컴퓨터는 우리가 하는 것보다 계산은 더 잘할지라도, 인수분해는 쉽게 하지 못한다. 현실에서 우리는 두 개의 좋은 선택지가 있다.

1. (수학) 미분을 사용한다. 뉴턴법을 푼다.
2. (컴퓨터) 함수를 그리고 확대한다.

두 방법 모두 컴퓨터로 수행된다. 두 방법 모두 잠재적인 문제들을 가지고 있다! 뉴턴법은 빠르지만, 이는 또한 빨리 실패할 수 있다는 것을 의미한다. 그래프를 그리는 것도 빠르다. 하지만 근은 보기 창 밖에 존재할 수도 있다. 이 특별한 함수는 -10에서 10까지의 전형적인 창에서 오직 한 번 0을 지난다. 그래프는 근을 주는 것처럼 보이지만 수학자들은 두 번째 교점을 다시 예측한다. 따라서 확대 이전에 축소를 먼저 해 보아야 한다.

그래프에서 줌을 사용할 수 있다는 것은 최고의 장점이다. 정의역과 치역을 선택할 수 있을 뿐만 아니라 줌도 바꿀 수 있다. 그래프가 그려지는 창은 네 개의 숫자에 의해 조정된다. 이 숫자들은 범위 $A\le x\le B$와 $C\le y\le D$의 각각 끝에 있는 숫자들이다. 이들은 서로 반대에 있는 두 코너의 좌표인 (A,C)와 (B,D)이다. 이들은 중심의 위치 (a,b)와 비례 조정 인자 c, d일 수도 있다. 중심을 변화시키지 않고 비례 조정 인자만 필요하다면 줌 상자의 양 끝 모서리들을 클릭하는 것이 가장 빠른 방법이다(더 빠른 방법은 기본 값인 인자를 사용하는 것이다). 3.4절에서는 화면에서 그림의 변화와 함수에서 변수의 변화인 **중앙으로의 변환과 줌 변환에 대해 논의한다.**

예제 5 $x^4-11x^3+5x-2=0$의 모든 실근을 찾아라.

예제 6 $y=\cos 40x$와 $y=x\sin(1/x)$의 그래프를 확대하고 축소하라. 무엇이 보이는지 확인하라.

예제 7 $x=0$에서 $y=(\tan x-\sin x)/x^3$는 어떤 값에 접근하는가? 컴퓨터는 결국 작은 x에 대해서는 $\tan x$와 $\sin x$를 구분하지 못한다. 아마도 $y=0$의 답을 줄 것이다. $x\to 0$일 때 y의 극한 값을 확인하기 위해 x의 값을 충분히 작게 할 수 있는가?

기호 계산

기호 계산symbolic computation에서 답은 수와 그래프뿐 아니라 식formula일 수도 있다. $y = x^2$의 미분은 '$2x$'임을 알고 있으며 $\sin t$의 미분은 '$\cos t$'이다. b^x의 기울기는 프로그램이 알고 있다. 컴퓨터는 식에 수를 대입하는 것보다 더 많은 일을 하는데, 식을 직접 계산하는 것이 바로 그중 하나의 일이다. 미적분학의 학습에서 이러한 일이 어디에 필요한지 생각할 필요가 있다.

어떤 면으로 보면 기호 계산은 우리들이 하는 일에 가깝다. 아마도 매우 가까울 것이다. 하지만 기호 조작이 우리가 하는 모든 일이라고 생각하게 될 위험이 존재한다. 고차원의 언어와 충분한 전력을 통해 컴퓨터는 $\sin(x^2)$의 미분을 출력할 수 있다. 그러면 왜 연쇄 법칙을 배우는가? 왜냐하면 수학은 '식을 통한 계산'보다 더 심오하기 때문이며 따라서 우리는 아이디어를 다룰 것이다.

필자는 '수학은 공식이나 계산, 증명이 아니라 아이디어'라는 것을 명백하게 말하고 싶다. 기호와 그림은 언어이다. 책과 교수와 컴퓨터는 수학을 가르치는 데 공헌할 수 있다. 컴퓨터는 (이 책과 여러분의 교수와 같이) 위협적이지 않아야 한다. 즉 여러분의 페이스에 맞춰서 공부할 수 있어야 하며 여러분은 직접 수행하며 배워야 한다.

예제 8 컴퓨터 계산 시스템은 빠르게 100팩토리얼을 찾는다. 이는 $100! = (100)(99)(98)\cdots(1)$이며 이 수는 158개의 자릿수를 가진다(여기에서는 이 수를 모두 쓰지는 않는다). 마지막 24자리는 0이며 $10! = 3628800$에서 7개의 자릿수 중 2개의 0이 있다. 10과 100 사이, 그리고 더 큰 숫자들에 대해서 아이디어가 필요한 간단한 질문들이 있다.

1. 숫자 $N!$은 (근사적으로) 몇 자리 수인가?
2. $N!$의 끝에는 (정확하게) 몇 개의 0이 있는가?

질문 1에 대해서 컴퓨터는 $N = 100$일 때 N개의 자릿수보다 더 많은 자릿수를 보여준다. 컴퓨터는 절대 N^2개의 자릿수보다 더 많은 자릿수를 보여주지는 않는데, 이는 N개의 항 중 그 어떤 것도 N개의 자릿수보다 많은 자릿수를 가지지 않기 때문이다. 자릿수에 대한 더 견고한 위로의 유계는 $2N$일 것인데, 이는 사실일까? $N!$의 자릿수는 항상 $2N$개의 자릿수보다 작은가?

질문 2에 대해서 $10!$에서의 0은 설명이 가능하다. 하나는 10에서 얻고, 다른 하나는 5×2에서 얻는다(10도 5×2이다). $100!$에서 24개의 0을 설명할 수 있는가?

(심화) $200!$의 끝에는 몇 개의 0이 있는가?

미적분에서의 글쓰기

필자가 글쓰기의 중요성을 강조해도 되겠는가? 답이 수일수록 글쓰기의 중요성을 완전히 잊어버린다. 학생들뿐만 아니라 교수들도 한 장의 보고서를 쓰는 것은 쉬운 일이 아니다. 완전히 이해하지 않고서는 그 아이디어를 정리하며 문장을 쓸 수는 없다.

필자는 선택권이 있는 글쓰기 연습을 제안하고자 한다. 만약 여러분이 컴퓨터 기반으로 그래프를 그릴 수 있다면, 앞의 [예제 1~4]를 따라하고 보고서를 만들어라. 컴퓨터가 없다면 이 책에서 명확해져야 하는 문단을 선택하여 더 명확하게 만들어라. 선택한 문단을 예제와 함께 다시 작성하라. 우선 핵심 아이디어를 확인하고 그것을 설명하며 마지막으로 그 아이디어를 다르게 표현하라. 아이디어는 수많은 방향에서 볼 수 있다는 점에서 표면과 같다.

우리의 목표는 시험을 치르는 것이 아니라 가르치고 배우는 것이다.

1장 미적분학 기초

Introducticn to Calculus

1.1 속도와 거리

이 책을 시작하려면 우선 미적분이 무엇인지 알아야 한다. 이 장에서는 두 가지 문제를 통해 미적분을 자세히 알아볼 것이다. 이 문제의 질문을 살펴보고, 그 답에서 중요한 사실을 알게 될 것이다. 다른 장들도 각 주제를 설명하기 위한 좋은 예들이 수록되어 있다. 그럼 시작해보자.

우선 운전자들에게 친숙한 예를 가지고 시작해보겠다. 이는 움직임에 대한 미적분의 개념 중 하나로, 속도계와 주행 거리계의 관계이다. 속도계로는 속력(또는 속도)을 측정하고, 주행 거리계로는 움직인 거리를 측정한다. 이제부터 속도는 v, 차의 이동 거리는 f로 쓰기로 한다. [그림 1-1]의 계기판에 두 측정값이 표시되어 있다.

[그림 1-1] 어느 순간의 속도 v와 전체 거리 f

측정 단위는 v와 f에 따라 다르다. 거리 f는 킬로미터 또는 마일 단위로 측정된다.[1] 속도 v는 km/h 또는 시간당 마일로 측정된다. 속도에는 시간의 단위가 있지만 거리에는 없다. f로부터 v를 구하려면 모든 수식은 f를 시간으로 나누면 된다.

1 본 책에서는 단위를 변환하는 과정에서 수의 변화가 클 것을 우려하여 원서의 단위를 그대로 사용하였다.

미적분에서 핵심 질문은 v와 f 사이의 관계이다.

f를 알 때 v를 구할 수 있을까? 반대의 경우엔 어떨까? 이제까지 자동차의 속도 이력을 안다면 자동차가 이동한 총 거리를 계산할 수 있어야 한다. 즉 주행 기록이 누락되어도 속도계 기록이 완전하다면 거리에 대한 정보를 복구할 수 있다. 미적분 없이 이 작업을 할 수 있는 한 가지 방법은 새로운 주행 기록계를 끼워 넣고 다시 한번 적당한 속도로 차를 운전하는 것이다. 이 방법보다는 미적분을 활용하는 것이 더 쉬워 보인다. 여기서 핵심은 정보가 있다는 점이다. 마찬가지로 v에 관해 모든 것을 안다면 f를 구할 수 있어야 한다.

f가 주어져 있을 때 v를 어떻게 구할 수 있을까? 거리에 대한 완전한 기록이 있다면 속도를 완전히 찾을 수 있을까? 원칙적으로 보면 자동차를 운전하면 주행 기록을 계속 저장해야 속도를 읽어낼 수 있다. 이보다 나은 방법이 있어야만 한다.

미적분학의 전체 주제는 v와 f의 관계를 기초로 한다. 우리는 거리 기록으로부터 속도를 찾는 법을 알아야 한다(이를 **미분**differentiation이라고 부르며, **미분학**의 핵심적인 아이디어idea이다). 또한 속도의 이력으로부터 거리를 계산할 수 있어야 한다(이는 **적분**intergration이며, **적분학**의 목표이기도 하다).

미분은 f에서 v로 적분은 v에서 f로 진행된다. 먼저 이 두 관계를 계산하고 이해할 수 있는 예제들을 살펴볼 것이다.

일정한 속도

속도가 $v = 60$(시간당 마일)으로 일정하다고 가정해보자. 그러면 f는 일정한 비율로 증가한다. 2시간 후의 거리는 $f = 120$마일이 된다. 4시간 후에는 $f = 240$, t시간 후에는 $f = 60t$가 된다. 시간 t와 거리 f에 관한 그래프가 직선일 때 f가 시간에 대해서 **선형적으로** 증가한다고 말한다.

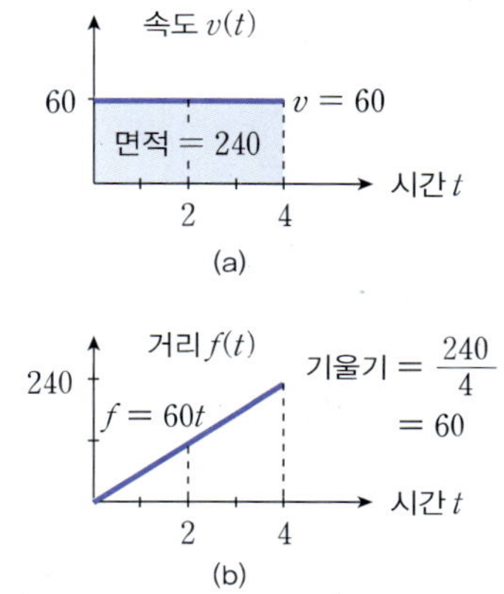

[그림 1-2] 일정한 속도 $v = 60$과 선형적으로 증가하는 거리 $f = 60t$

전속력으로 달리는 차를 생각해보자. 이때 속도를 높이는 시간은 고려하지 않는다(속도는 '계단함수'이다). 또한 거리는 0에서 시작하고 차는 새것이라고 가정한다. 이렇게 가정하면 속도와 거리에 대한 그래프를 가능한 한 단순하게 만들 수 있기 때문이다. [그림 1-2(a)]는 $v = 60$인 수평 직선이며, (b)는 $f = 60t$인 기울어진 직선이다. v, f, t 사이의 관계는 단순 연산이 필요하지만 미적분은 필요하지 않다.

v가 상수이고, f가 0에서 시작한다면 $f = vt$이다.

이 문장의 역 또한 항상 참이다. 즉 f가 선형적으로 증가할 때 v는 상수이다. 이때 f를 시간 t로 나누면 기울기가 된다. $t_1 = 2$시간일 때 $f_1 = 120$마일이고 $t_2 = 4$시간일 때는 $f_2 = 240$마일이다. 이 두 점에서 f/t는 60마일/시간으로 표현된다. 기하학적으로 **속도는 거리 그래프의 기울기이다**.

$$\text{기울기} = \frac{\text{거리의 변화}}{\text{시간의 변화}} = \frac{vt}{t} = v$$

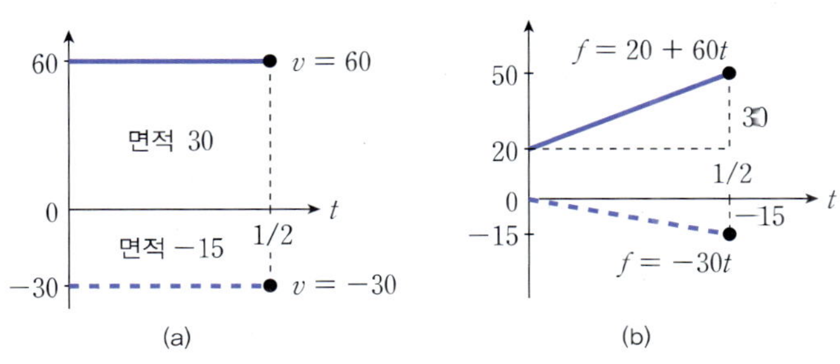

[그림 1-3] 직선 $f = 20 + 60t$(기울기 60)와 $f = -30t$(기울기 −30)

f에 관한 그래프의 기울기는 v에 관한 그래프를 표현해준다. [그림 1-3]으로부터 다음 두 가지 사실을 더 알 수 있다.

1. 거리가 0 대신에 20에서 시작한다고 하자. 거리의 수식은 $60t$에서 $20 + 60t$로 바뀐다. 거리에 대한 변화를 계산할 때 숫자 20은 상쇄된다. 그러므로 기울기는 여전히 60이다.
2. 속도 v가 음수이면 f의 그래프는 아래로 향한다. 차는 후진하고 있으며 $f = -30t$의 기울기는 $v = -30$이다.

실제 속도계는 0 밑으로 내려가지 않는다. 그것을 확인하기 위해 후진을 할 때 속도계를 보는 것은 위험하다. 만약 충분히 빠르게 뒤로 간다면, 도요타는 속도 대신 그 '절댓값'을 보여준다. 예를 들어서 속도가 -30인 경우 속도계는 $+30$을 보여준다. 이때 주행 거리계는 0에서 멈춘 것처럼 보이지만 사실은 음의 방향으로 가야만 한다.[2]

2 이런 현상은 영화 '페리스의 해방'에서 주인공이 아버지의 스포츠카를 타서 속도를 올릴 때 실제로 일어난다. 집에서 그는 차를 고정해 두고 후진 기어를 넣어 운전한다. 주행거리계가 설명한 대로 작동했는지는 기억이 나지 않는다.

속도 vs 거리 : 기울기 vs 넓이

속도 v로부터 거리 f를 어떻게 계산할 수 있을까? 이 질문에서 핵심은 $f = vt$를 그래프에서 보는 것이다. v의 그래프를 통해 f의 그래프를 도출하고자 한다. 놀랍게도 기울기의 반대는 넓이가 된다.

거리 f는 v의 그래프에서 넓이이다. v가 상수이면 v의 그래프와 t축 사이의 영역은 직사각형이다. 그 높이는 v이고 너비는 t이며 넓이는 vt이다. 이때 v로부터 f까지 넓이를 계산해나가는 것이 적분이다. 우리는 미적분학의 중점적인 요소 중 두 가지를 살펴볼 것이다.

1 f의 그래프에서 기울기는 속도 v이다. v의 그래프에서 넓이는 거리인 f이다.

위 사실을 지금 바로 이해하기는 어렵다. 다만 위 사실을 이해하기 위한 가장 좋은 방법은 먼저 더 많은 예제를 접하는 것이다. 미적분학의 전체적인 요점은 상수가 아닌 속도에 대하여 문제를 해결하는 것이다. 따라서 앞으로는 v가 여러 값을 가질 수 있다고 가정한다.

예제 1 차가 V의 속력으로 앞으로 갔다가 같은 속력으로 다시 돌아온다고 하자. 보다 정확히 말하면 두 번째 주행의 속도는 $-V$이다. $t=3$까지 계속해서 앞으로 간다면, 뒤로 돌아오는 것은 $t=6$까지 이어진다. **차는 처음에 출발한 위치로 돌아올 것이다.** 즉 변위는 $f=0$이 될 것이다.

v의 그래프는 $+V$와 $-V$를 보여준다. 거리의 기울기는 $+V$로 시작해서 $f=3V$에 도달한다. 그러면 차는 반대 방향으로 가기 시작하고, 거리의 기울기는 $-V$로 작아지며 $t=6$에서 $f=0$으로 돌아온다.

이는 v의 그래프에 의한 영역의 전체 넓이가 0이 된다는 의미이다. 속도가 음수면 거리 그래프는 아래로(음수인 기울기) 가게 된다. 즉 차는 반대 방향으로 움직인다. **t축 아래에 v가 그려지는 경우 넓이는 음수로 계산한다.**

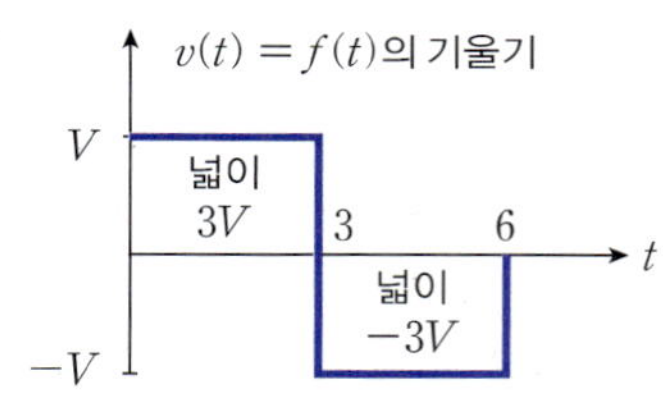

(a)

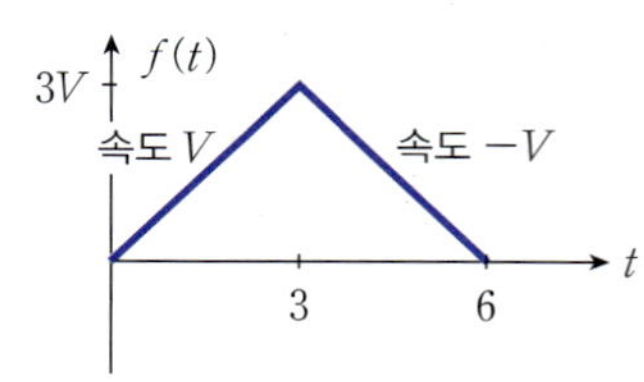

(b)

[그림 1-4] 속도 $+V$와 $-V$에서 차는 앞 뒤로 움직이며, $f(6)=0$에서 멈춘다.

함수

앞에서 살펴본 예제를 통해 **'함수'**라는 매우 중요한 개념을 알 수 있다. 함수에 대해 자세히 알아볼 수 있는 절호의 기회를 얻은 셈이다.

숫자 $v(t)$는 시간 t에서의 함수 v의 값이다.

시간 t는 함수의 **입력 변수**[input]이다. 시간 t에서의 속도 $v(t)$는 주어진 입력값에 대한 **출력값**[output]이다. 대부분의 사람들이 $v(t)$를 '브이 티'라고 읽는다. 숫자 '브이 이'는 $t=2$일 때의 속도이다. 앞에서 살펴본 예제에서 $v(2)=+V$이고 $v(4)=-V$이다. 함수는 각 t에서의 v를 기록하는 기억장치처럼 전체의 흐름을 표현한다.

앞뒤로의 움직임을 수식으로 표현하는 것은 매우 간단하다. $v(t)$는 다음과 같다.

$$v(t)=\begin{cases} +V \ , & 0<t<3 \\ \ ? \ , & t=3 \\ -V \ , & 3<t<6 \end{cases}$$

위 수식에서 오른쪽은 $v(t)$를 찾기 위한 조건이다. 입력 변수 t는 출력 $+V$ 또는 $-V$로 변환된다. 속도 $v(t)$는 t에 의존하는 값이다. $t=3$에서 값이 점프[jump]하기 때문에 이때 함수는 '불연속'이다. 불연속인 순간의 속도는 정의되지 않는다. 즉, $v(3)$의 값이 존재하지 않는다(점프가 되는 곳에서 $v=0$이라고 생각할지도 모른다. 하지만 그런 가정은 곤란한 문제를 야기한다). f의 그래프는 모서리[corner]를 갖게 되며, 우리는 그곳에서 기울기를 정의할 수 없다.

거리 함수 또한 이런 문제점을 포함한다. $f(t)$ 역시 $v(t)$와 같은 원리로 정의된다. 이때 **$f(t)$는 시간 t에서의 거리이다.** 이는 앞으로 얼마나 움직였는지를 나타내며 $t=3$에서 조건이 변경된다. 앞으로 움직일 때 $f(t)$는 Vt와 같다. 뒤로 움직일 때 $f(t)$ 표현은 다음과 같다.

$$f(t)=\begin{cases} Vt \ , & 0\le t\le 3 \\ V(6-t) \ , & 3\le t\le 6 \end{cases}$$

방향이 바뀌는 시각에서 각 줄에 하나씩 두 가지 조건을 얻는다. 두 범위의 경계인 $t=3$에서 함숫값이 같긴 하지만 이 표현은 적절하지 않다($f(3)=3V$).[3] 거리함수는 '연속'이다. v가 점프를 포함하지만, f에서는 점프하는 부분이 없다. $t=3$ 이후에는 $-Vt$ 때문에 변위가 감소한다. $t=6$에서 위 수식의 두 번째 조건은 $f(6)=0$임을 알려준다.

좀 더 설명하자면, 함수는 공식으로 주어지기도 하지만 그래프에 의해서도 주어진다. 그래프는 각 시간 t에서 f와 v의 값을 알려준다. 때로는 공식보다 더 명확하게 알려준다. 또한 $f(t)$와 $v(t)$는 표나 수식 또는 명령집합으로 표현될 수 있다(함수는 t에서 f를 어떻게 찾는지 알려주는 하나의 명령으로 볼 수도 있다). f의 알려진 영역은 모든

3 함수는 각 시간 t에 대해서 항상 하나의 값 $f(t)$ 또는 $v(t)$를 가진다.

입력값과 출력값이 알려진 영역과 같고, 이를 각각 정의역, 치역이라고 부른다.

함수의 정의역은 입력값의 집합이며 치역은 출력값의 집합이다.

f의 정의역은 $0 \leq t \leq 6$을 만족하는 시간들로 구성되며, 치역은 $0 \leq f(t) \leq 3V$를 만족하는 거리들로 구성된다(v의 치역은 $+V$, $-V$만을 포함한다). 뒤에서도 다시 설명하겠지만, 모든 '선형'함수는 $f(t) = vt + C$ 꼴의 식을 갖는다. 선형함수의 그래프는 직선이며 기울기는 v이다. 상수 C가 변함에 따라 직선은 위아래로 움직인다. 이 상수 C는 원하는 시작점을 통과하도록 직선을 조정하는 역할을 한다.

함수에 대한 요약

앞 사례에서 얻은 내용을 하나로 합쳐서 얘기할 수 있을까? 우리는 앞에서 속도 v와 거리 f 두 함수를 살펴보았다. 각 함수는 정의역과 치역을 가지고 있으며 매우 중요한 그래프를 표현할 수 있다. f의 그래프에서 우리는 기울기에 대해 공부하였다(기울기는 v였다). v의 그래프에서 우리는 넓이를 공부하였다(그 넓이는 거리인 f였다). 미적분은 쌍으로 함수를 만들며, 이 책의 초반에서 이런 함수들을 더 많이 보도록 하겠다.

$$\text{정의역}\left\{\begin{array}{ccccc} \text{입력 변수 } t & \rightarrow & \text{함수 } f & \rightarrow & \text{출력값 } f(t) \\ \text{입력값 } 2 & \rightarrow & \text{함수 } v & \rightarrow & \text{출력값 } v(2) \\ \text{입력값 } 7 & \rightarrow & f(t) = 2t + 6 & \rightarrow & f(7) = 20 \end{array}\right\}\text{치역}$$

함수의 정의에 대해서 살펴보자. $f(t)$를 포함하는 개념은 수학에서 절대적으로 중요하다. 정의에 따르면 함수는 치역의 원소를 정의역의 각 원소에 대응시키는 '규칙'이다. 다시 말해, 함수는 t가 두 번 이상 나타나지 않는 $(t, f(t))$들의 모임이다($f(t)$ 앞에 t를 썼으므로 이들은 하나의 '순서쌍'이다). 이 정의는 정확하지만 다소 추상적이다.

중요한 것은 실제로 적용해보는 것이다. 숫자 $f(t)$는 t에 의해서 결정된다. 우리는 그래프를 읽고, 수식을 만들고, 방정식을 풀고, 컴퓨터 프로그램을 실행한다. 입력 변수 t는 출력값 $f(t)$와 '사상 mapping[4]'하는 것이며, t가 변함에 따라 $f(t)$도 변한다. 미적분학은 변화율에 대한 것이다. 이때 $f(t)$의 변화율은 또 다른 함수인 v와 같다.

4 입력변수 t의 값이 주어지면 $f(t)$의 값이 정해지는 대응 관계를 사상이라고 한다.

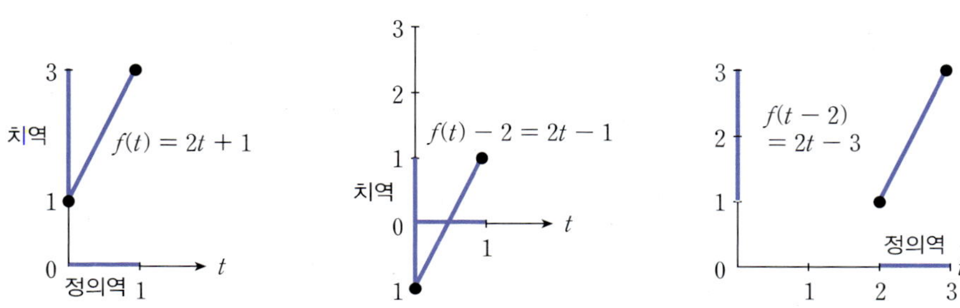

(a) (b) (c)

[그림 1-5] f에서 2를 빼면 치역에 영향을 끼친다. t에서 2를 빼면 정의역에 영향을 끼친다.

$f(t)-2$와 $f(t-2)$의 차이점을 아는 것이 처음에는 다소 어렵고 익숙지 않을 수 있다. 이들은 $f(t)$로부터 만들어진 새로운 함수이다. $f(t)-2$는 모든 거리에서 2를 뺀 것이다. 그러므로 전체 그래프가 아래로 움직인다. $f(t-2)$는 시간에서 2를 뺀 것이다. 이 경우 전체 그래프가 오른쪽으로 움직인다. [그림 1-5]는 함수 $f(t)=2t+1$의 두 움직임에 대해서 보여준다. $f(t-2)$의 수식은 $2(t-2)+1$, 즉 $2t-3$임을 알 수 있다.

함수를 변하게 하는 두 가지 방법이 있다(우리는 항상 새로운 함수를 만들며, 그것이 수학의 전부이다). 빼고 더하는 대신 거리에 2를 곱할 수 있다. [그림 1-6(b)]는 $2f(t)$를 보여준다. 시간을 이동시키는 대신에 속력을 2배로 증가시킬 수도 있다. 그때 함수는 $f(2t)$가 된다. 두 가지 경우 모두 움직임을 두 배로 빠르게 만든다(절반의 시간만 걸리게 만든다). 프로그램 상에서 이런 변화는 t축 또는 f축에서 **'확대**zoom'하는 것에 해당한다. 곧 확대에 대해서 다시 다룰 것이다.

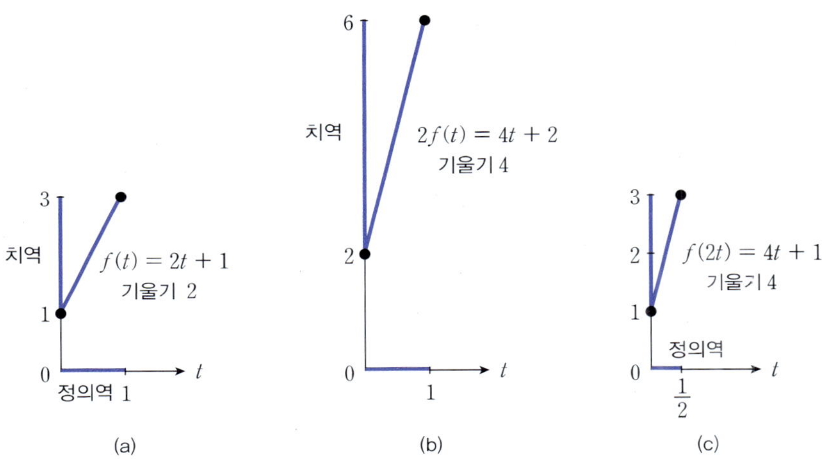

[그림 1-6] 기울기를 두 배로 하면 거리가 두 배가 되거나 같은 거리를 갈 때 시간이 절반으로 단축된다.

1.1 문장제 문제

01 일정한 속도 v에 대해 $f(0)=0$에서 시작하는 거리함수는 $f(t)=$ __a__ 이다. $f(t)=55t$일 때 속도함수는 $v=$ __b__ 이다. $f(t)=55t+1000$일 때 속도는 여전히 $v=$ __c__ 이며, 거리의 초깃값은 $f(0)=$ __d__ 이다. 각각의 경우에 v는 f의 그래프의 __e__ 이다. __f__ 이(가) 음수이면 __g__ 의 그래프는 아래로 향한다. 각각의 경우에 v의 그래프에서 넓이는 __h__ (으)로 계산된다.

02 $f(0)=0$에서 $f(2)=10$까지 앞으로 움직이는 경우 $v=$ __i__ 이다. 그리고 $f(4)=0$까지 뒤로 움직일 때 $v=$ __j__ 이다. $0 \le t \le 2$에서 거리함수는 $f(t)=5t$이며, 그러므로 $f(t)$는 $-5t$가 아니라 __k__ 이다. 기울기는 __l__ 와(과) __m__ 이다. $f(3)$은 __n__ 이다. $t=1.5$까지 v의 그래프에 의한 넓이는 __o__ 이다. f의 정의역은 시간의 구간 __p__ 이며, 치역은 거리의 구간으로 __q__ 이다. $v(t)$의 치역은 오직 __r__ 이다.

03 함수 $f(t)=3t+1$의 $t=2$에서의 값은 $f(2)=$ ＿s＿ 이다. 함숫값 19는 $f($＿t＿$)$와(과) 같다. $f(4)-f(1)$은 ＿u＿ 이다. $4-1$이 ＿v＿ 의 변화일 때, $f(4)-f(1)$은 거리의 변화이다. 거리의 변화율은 ＿w＿ 와(과) 같으며, 이는 그래프에서 ＿x＿ 와(과) 같다. 수식 $f(t)+2$는 $3t+3$인 반면에 $f(t+2)$는 ＿y＿ 이다. 이 함수들은 거리에 대해서 같은 ＿z＿ 를(을) 갖는다. 즉 $f(t)+2$의 그래프가 ＿A＿ (으)로 움직이고, $f(t+2)$는 ＿B＿ (으)로 움직인다. $f(5t)$는 수식 ＿C＿ (으)로 표현된다. $5f(t)$는 수식 ＿D＿ 이(가) 된다. 기울기는 3에서 ＿E＿ (으)로 올라간다.

04 함수의 입력 변수들의 집합은 함수의 ＿F＿ (이)라고 부른다. 함수의 출력값의 집합은 함수의 ＿G＿ (이)라고 한다. 함수 $f(t)=7+3(t-2)$와 $f(t)=vt+C$는 ＿H＿ 이다. 그들의 그래프는 기울기가 ＿I＿ 와(과) ＿J＿ 이(가) 되는 ＿K＿ 이다. 만약 $v=$ ＿L＿ (이)고, $C=$ ＿M＿ (이)면 그들은 같은 함수이다.

1.1 연습문제

01~02 각 거리 그래프를 바탕으로 속도 그래프를 그려라.

01 (a)

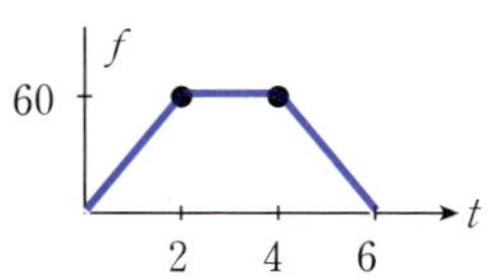

(b)

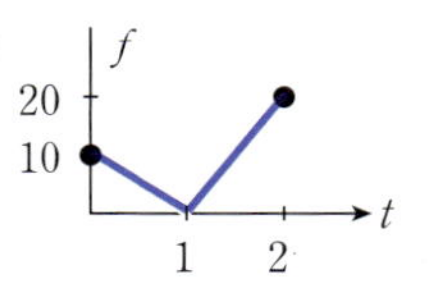

02 (a)

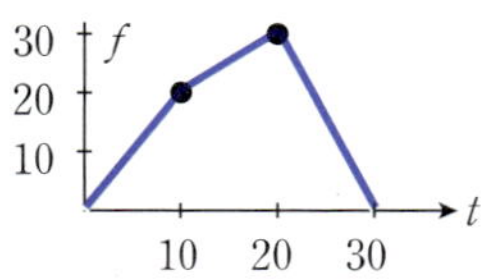

(b)

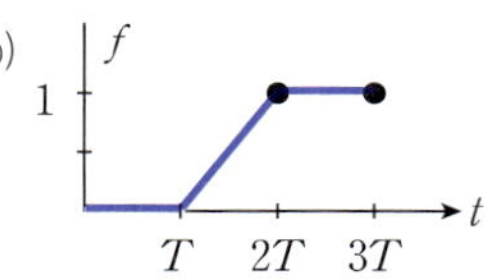

03 문제 02에 있는 $v(t)$의 식을 $0<t<10$일 때 $v(t)=2$를 시작으로 총 세 가지 경우로 나눠서 표현하라.

04 문제 01(b)에서 거리는 $0 \le t \le 1$일 때 $f(t)=10-10t$으로 표현된다. 두 번째 경우의 수식을 써라.

05 문제 02(a)의 중간 부분에서 $f(15)$, $f(12)$, $f(t)$를 찾아라.

06 문제 02(b)에서 $f(1.4T)$를 찾아라. 만약 $T=3$이면 $f(4)$의 값은 얼마인가?

07 문제 01(a)에서 $t=0$과 $t=5$ 사이의 평균 속도를 찾아라. $t=5$에서의 속력은 얼마인가?

08 문제 01(b)에서 $t=0$과 $t=2$ 사이의 평균 속도를 찾아라. $t=\frac{1}{2}$에서 $t=$ ＿＿ 사이의 평균 속도는 0이다. 빈칸을 채워라.

09 **(추천 문제)** 자동차가 속도 $v=20$으로 거리 $f=4$에 위치한 벽을 향해 가고 있다. $v(t)$와 $f(t)$를 2가지 경우로 나눠서(벽에 도달하기까지의 전후) 수식으로 표현하고 그 그래프를 그려라.

10 다음과 같은 조건에서 $v(t)$와 $f(t)$의 그래프를 그려라.

(a) 운전자가 후진하고, 기어 변속을 멈추고, 빨리 간다.

(b) 운전자는 경찰차를 보고 속력이 55로 느려진다.

(c) 거친 기어 변속으로 인해 차가 갑작스럽게 빨라진다.

(d) 운전자가 신호등이 녹색으로 바뀌는 것을 기다린다.

11 은행 계좌의 잔액이 아래 그래프로 주어졌다고 하자. 단리로 이자를 받는다고 할 때, 각 그래프에 대해 연간 이자율은 얼마인가?

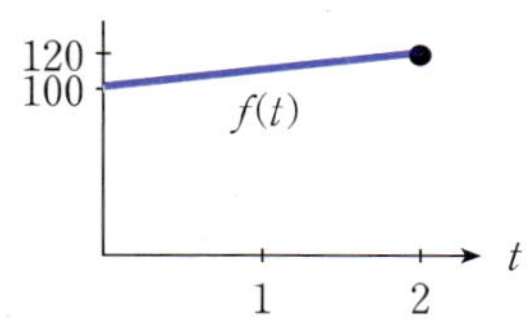

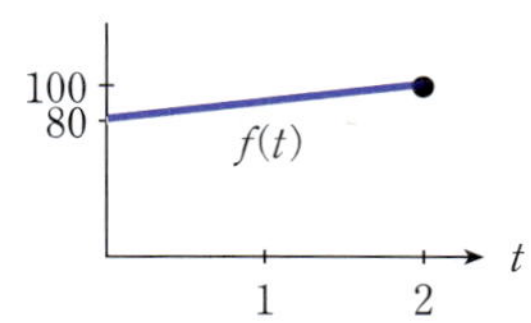

12 세계 인구는 1년에 $v=1$억 명씩 증가하고 있으며, 1990년에 인구는 $f=52$억 명이었다. 인구수 $f(t)$의 그래프를 그리고, $f(2000)$을 찾아라.

13~14 각 속도 그래프를 바탕으로 거리 그래프를 그려라. $t=0$일 때 $f=0$이다.

13 (a)

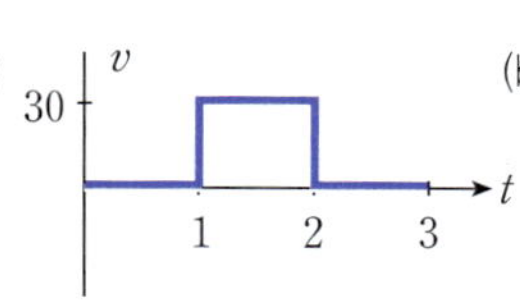

(b)

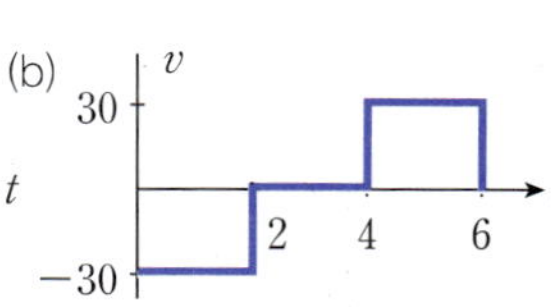

14 (a)

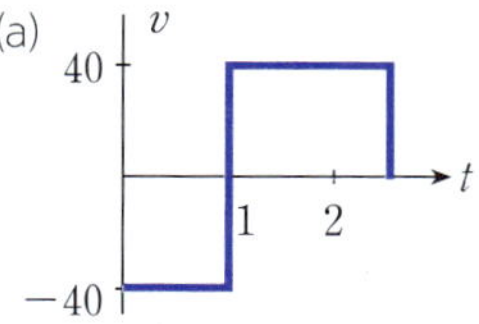

(b)

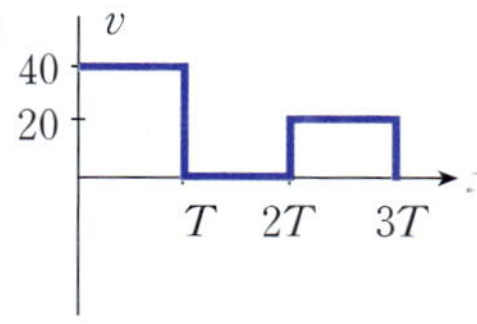

15 문제 14에 있는 $v(t)$의 식을 $0<t<1$일 때 $v=-40$을 시작으로 하여 표현하라. $t=2.5$일 때와 $t=3T$일 때의 평균 속도를 찾아라.

16 문제 13에 있는 $v(t)$에 의한 넓이 $f(t)$의 식을 세 가지 범위로 나누어서 수식으로 표현하라.

17 문제 14(a)에서 거리는 $0 \le t \le 1$일 때 $f(t)=-40t$로 표현된다. $t=2$에서 $f=0$을 포함하는 다른 경우의 $f(t)$를 표현하라.

18 $0<t<2$에서 $v(t)=8$이고 $2 \le t \le 3$에서 $f(t)=20+t$일 때, 속도와 거리 그래프를 각각 그려라.

19 세 함수 $y=\sqrt{x}$, $y=\sqrt{x-4}$, $y=\sqrt{x}-4$의 그래프 개형을 그려라. 이 그래프들은 시작점에서 무한대의 기울기를 갖는 '반쪽 포물선'이다.

20 매년 x권의 연감을 생산할 때 비용은 $(1200+30x)$달러이고 수입은 $40x$달러이다. 이때 손익분기점은 얼마일까? 비용을 그래프로 그리면 직선의 기울기는 ____(추가 도서 당 비용)이다. 그것이 ____이상이면 책을 아무리 많이 팔아도 결코 손익분기점에 도달할 수 없을 것이다.

21 문제 14(a)와 문제 14(b)에서 거리함수의 정의역과 치역을 구하라. 즉 가능한 t와 $f(t)$의 값을 모두 구하라. 단, $f(0)=0$이다.

22 문제 14(b)에서 $v(t)$의 치역은 무엇인가? 문제 14(a)에서 $t=1$은 왜 $v(t)$의 정의역에 포함되지 않는가?

23~28 $f(t)=vt+C$라고 하자. 상수 v와 C를 찾아라.

23 $f(0)=3$, $f(2)=-11$일 때, 선형함수 $f(t)$는 무엇인가?

24 정의역이 $0 \le t \le 2$이고, 치역이 $1 \le f(t) \le 9$인 2개의 선형함수를 찾아라.

25 $f(1)=4$이고 기울기가 6인 선형함수를 찾아라.

26 $f(t+1)=f(t)+2$인 함수들은 무엇인가?

27 $f(t+2)=f(t)+6$이고 $f(1)=10$인 선형함수를 찾아라.

28 $f(2t)=4f(t)$인 함수 $f=vt$를 찾아라. 모든 $f=\frac{1}{2}at^2$ 꼴의 함수가 이 성질을 만족함을 보여라. 시간이 2배로 증가할 때 거리가 ____배로 늘어나기 위해서는 가속해야만 한다.

29 $|t| \le 2$의 범위에서 $f(t)=|5-2t|$의 그래프를 그리고, 기울기와 치역을 찾아라.

30 $2 \le t \le 5$의 범위에서 $f(t)=4-t-|4-t|$의 그래프를 그리고, 기울기와 치역을 찾아라.

31 시간 T까지 $v=8$이며, 이후에는 $v=-2$라고 하자. f가 0에서 시작할 때, f가 다시 0이 되는 때는 언제인가? $v(t)$와 $f(t)$를 수식으로 찾아라.

32 시간 $T=4$까지 $v=3$이라고 하자. $f(0)=0$이면 $f(7)=30$이 되는 새로운 속도는 얼마인가? $v(t)$와 $f(t)$를 수식으로 찾아라.

33 섭씨온도 C를 화씨온도 F로 바꾸는 함수 $F(C)$는 무엇인가? 기울기는 ___이며, 이것은 섭씨온도가 1℃ 변화할 때 화씨온도가 변하는 정도이다.

34 화씨온도 F를 섭씨온도 C로 바꾸는 함수 $C(F)$는 무엇인가? 또한 기울기는 얼마인가?

35 무게 wg을 $f(w)$kg으로 바꾸는 함수는 무엇인가? $f(w)$의 기울기를 해석하라.

36 교통사고가 발생한 지 10시간 후 운전자의 알코올 수치가 0.061이었다. 혈중 알코올은 시간당 0.015씩 줄어든다고 할 때 사고 당시의 수치는 얼마였을까? 또 얼마 후에 0.04로 떨어질까?

37~42 $t=0$과 $t=5$ 사이에서 함수 $f(t)$의 정의역에 포함된 점을 모두 찾아라. 또한 이 정의역에서 치역을 찾아라.

37 $f(t)=\sqrt{t-1}$

38 $f(t)=1/\sqrt{t-1}$

39 $f(t)=|t-4|$

40 $f(t)=1/(t-4)^2$

41 $f(t)=2^t$

42 $f(t)=2^{-t}$

43 (a) 정의역 $0 \le t \le 2$에서 함수 $f(t)=\frac{1}{2}t+3$의 그래프를 그려라. 다음 함수의 수식을 구하고, 그래프를 그려라.

(b) $f(t)+1$ (c) $f(t+1)$ (d) $4f(t)$ (e) $f(4t)$

44 다음과 같이 주어진 함수의 그래프를 그려라.

(a) 계단함수 $U(t)=\begin{cases} 0, & t<0 \\ 1, & t \ge 0 \end{cases}$

(b) $U(t)+2$ (c) $U(t+2)$ (d) $3U(t)$ (e) $U(3t)$

45 (a) $-1 \le t \le 1$의 범위에서 함수 $f(t)=t+1$의 그래프를 그려라. 또한 다음과 같이 주어진 함수의 정의역, 치역, 기울기, 수식을 각각 구하라.

(b) $2f(t)$ (c) $f(t-3)$ (d) $-f(t)$ (e) $f(-t)$

46 $f(t)=t-1$일 때, $2f(3t)$, $f(1-t)$, $f(t-1)$는 각각 무엇인가?

47 [그림 1-4]에서 $f\left(\frac{1}{2}T\right)$와 $f\left(\frac{3}{2}T\right)$를 찾아라. v의 그래프에 의한 넓이와 이들이 동일함을 보여라.

48 입력 변수 t에 의한 $f_1(t)$와 $f_2(t)$의 출력값을 위한 수식을 찾아라.

(1) 입력값 = 입력변수*3
출력값 = 입력값+3

(2) 입력값 ← 입력변수+6
출력값 ← 입력값*3

49 컴퓨터는 덧셈과 곱셈을 할 수 있다. 1에서 시작하는 입력 변수 t에 대해서 다음의 출력값을 주는 조건을 주어라.

$$f_1(t)=t^2+t,\ f_2(t)=f_1(f_1(t)),\ f_3(t)=f_1(t+1)$$

50 함수란 무엇인가에 대해서 50자 내외로 설명하라.

다음은 다소 어려운 도전 문제들이다.

51 $0 \le t \le 2$의 범위에서 $f(t)=3t-1$일 때, 다음 함수들의 정의역 및 수식과 기울기를 찾아라.

(a) $f(t+2)$ (b) $f(t)+2$ (c) $2f(t)$
(d) $f(2t)$ (e) $f(-t)$ (f) $f(f(t))$

52 $f(t)=vt+C$일 때, 다음 함수들의 수식과 기울기를 찾아라.

(a) $3f(t)+1$ (b) $f(3t+1)$ (c) $2f(4t)$
(d) $f(-t)$ (e) $f(t)-f(0)$ (f) $f(f(t))$

53 **(심화)** $0 \le t \le 3$의 범위에서 $f(t)=2t$이고, $3 \le t \le 6$의 범위에서 $f(t)=12-2t$로 주어진 함수 $f(t)$에 대하여 $f(f(t))$의 그래프를 그리고, $f(f(t))$를 네 가지 범위로 나누어서 수식으로 표현하라. 먼저 $t=1.5$와 $t=3$에서 시도해보라.

54 (a) 문자 X는 왜 함수의 그래프가 아닌가?

(b) 어떤 대문자들이 함수의 그래프가 되는가?

(c) 이들의 기울기를 그래프로 그려라.

1.2 극한 없이 배우는 미적분

이번 절에서는 미적분학의 핵심 아이디어 중 하나를 설명할 것이다. 이번에는 수에 관해서만 논의할 것이고, 함수와 기울기는 나중에 다룰 것이다. 중요한 것은 차이점을 살펴보는 것이므로 수 자체는 특별한 것이 아니며, 어떤 숫자를 사용하든지 상관없다. 이들의 차이점을 살펴보는 것이 중요하다.

오른쪽과 같이 배열된 숫자에 대하여 $f = 0 \quad 2 \quad 6 \quad 7 \quad\quad 4 \quad 9$
앞뒤 숫자의 차는 $v = \quad 2 \quad 4 \quad 1 \quad -3 \quad 5$

앞뒤 숫자의 차 v가 $2-0=2$, $6-2=4$, $7-6=1$임을 보여주기 위해서 f의 두 수 사이에 써놓았다. $4-7$에서 음수인 -3을 얻음에 주목하자. f에 해당하는 숫자들은 증가하기도 하고 감소하기도 하며 그들의 차인 v도 양수나 음수를 가질 수 있다. 다음과 같이 이 차들을 더해서 미적분학의 아이디어를 발견할 수 있다.

$$2+4+1-3+5=9$$

차들의 합은 9이다. 이는 윗줄, 즉 f에서의 마지막 숫자이다. 우연일까? 아니면 항상 성립하는 것일까? 차를 더하는 것을 좀 더 일찍 멈추면 $2+4+1$에서 f에 있는 7을 얻을 수 있다. 두 번째 예로 이 사실을 확인해보자.

오른쪽과 같이 배열된 숫자에 대하여	$f=1$	3	7	8		5	10
앞뒤 숫자의 차는	$v=$	2	4	1	-3	5	

f는 1에서부터 증가하였다. 차는 위의 예와 정확히 같다. 즉 v에서 차들의 합은 똑같이 9이다. 그러나 이번에는 f에서 마지막 숫자가 9가 아닌 10이다.

이때 f에서 첫 번째 숫자는 1이다. 차들의 합 9는 $10-1$이며 **마지막 f에서 첫 번째 f를 뺀 값이다**. 중간에 있는 f들의 값이 변하면 무슨 일이 일어날까?

오른쪽과 같이 배열된 숫자에 대하여	$f=1$	5	12	7	10
앞뒤 숫자의 차는	$v=$	4	7	-5	3

차들은 모두 더하면 $4+7-5+3=9$이므로 여전히 $10-1$이다. f로 무엇을 선택하는지 혹은 얼마나 많이 선택하는지와 관계없이 차들의 합은 첫 번째 f와 마지막 f의 값에 의해서 결정된다. 이것이 항상 성립하는 사실이라면 중간에 있는 f가 생략되는 데 분명한 이유가 있어야 한다.

차들의 합은 $(5-1)+(12-5)+(7-12)+(10-7)=10-1$이다.

두 개의 5가 상쇄되고, 12, 7 역시 상쇄된다. 이들 중 상쇄되지 않는 것은 $10-1$이며 이것이 미적분학의 핵심이다!

> 2 f의 숫자들의 차를 더하면 그 결과가 $f_{\text{마지막}}-f_{\text{처음}}$이 된다.

예제 1 숫자들이 선형적으로 증가한다. : $f=2\quad 3\quad 4\quad 5\quad 6\quad 7$
앞뒤 숫자의 차는 상수이다. : $v=\quad 1\quad 1\quad 1\quad 1\quad 1$

차들의 합은 5이다. 이것은 $7-2=f_{\text{마지막}}-f_{\text{처음}}$과 같다. v의 숫자들은 상수인 속도를, f의 숫자들은 직선인 거리 $f=vt+C$를 떠오르게 한다. 이 예제에서 $v=1$이고, f는 2에서 시작하므로 직선은 $f=t+2$가 될 것이다.

예제 2 숫자들이 제곱수이다. : $f=\quad 0\quad 1\quad 4\quad 9\quad 16$
앞뒤 숫자의 차는 선형적으로 증가한다. : $v=\quad 1\quad 3\quad 5\quad 7$

$1+3+5+7$은 $4^2=16$과 같다. 1부터 j개의 홀수를 더하면 항상 j^2이 된다는 것은 아름다운 사실이다. 여기서 v는 홀수이며, f는 제곱수이다.

NOTE _ 문자 j는 때때로 우리가 찾는 f에 있는 숫자를 말할 때 유용하다. 예를 들어 0번째 숫자는 $f_0=0$으로 표현하고 j번째 숫자는 $f_j=j^2$이다. 이는 계산을 할 때의 한 기술이며 수들을 나열하는 대신에 f를 수식으로 간편하게 표현할 수 있게 해준다. 또한 j를 사용하여 우리가 찾으려는 차들을 알려줄 수 있다. 첫 번째 v는 첫 번째 홀수인 $v_1=1$로 쓸 수 있다. j번째 차는 j번째 홀수인 $v_j=2j-1$로 표현할 수 있다(즉 v_4는 $8-1=7$이다). 0번째 홀수인 v_0은 없기 때문에 $j=1$에서 시작하는 것이 더 낫다.

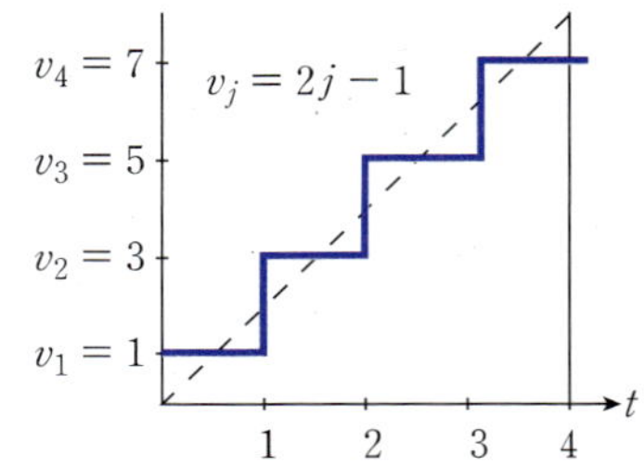

(a)

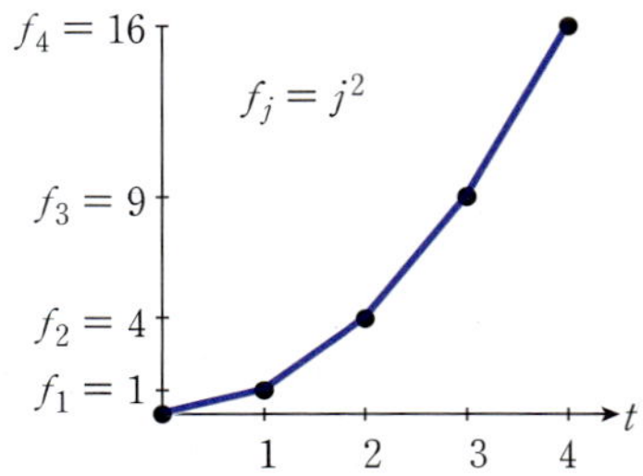

(b)

[그림 1-7] (a) 속도 $v=1,3,5,7$는 선형적으로 증가한다. (b) 거리 $f=0,1,4,9,16$는 제곱수이다.

이것을 일반화하면, j번째 차는 $v_j=f_j-f_{j-1}$이다. 나중에는 j와 $j-1$과 같은 아래첨자가 더 편하게 느껴질 것이다. 중요한 점은 v의 합이 $f_{마지막}-f_{처음}$과 같다는 것이다. 이제 v가 기울기이고 f가 넓이임을 연결시킬 것이다.

[그림 1-7]은 [예제 2]에서 홀수들인 v와 제곱수들인 f의 그래프를 자연스럽게 보여준다. v의 그래프와 f의 그래프의 중요한 차이점을 살펴보자. v의 그래프는 **조각적 상수**piecewise constant이다. 우리는 차들을 각 조각마다 상수로 그렸다. f의 그래프는 **조각적 선형**piecewise linear이다. f의 숫자들을 그렸고 그들은 직선으로 연결된다. 거리 $f(t)$가 직선이고 속도 $v(t)$는 수평 직선일 때 이는 거리-속도 그래프를 상기시킨다.

이제 기울기와 연결시켜 보자.

$$\text{그래프 } f\text{의 기울기} = \frac{\text{세로 길이}}{\text{가로 길이}} = \frac{f\text{의 변화}}{t\text{의 변화}} = v$$

각 조각에서 t의 변화(가로)는 1이고, f의 변화(세로)는 v이다. 이때 기울기는 $v/1$ 혹은 그냥 v이다. 기울기는 각 중단점 $t=1,2,3,\cdots$에서 갑작스러운 변화를 만든다. 이런 특별한 점들에서 f의 그래프의 기울기는 정의되지 않는다(수직선으로 v를 연결할 수 있지만 이는 매우 논쟁의 여지가 있다). 이때 핵심은 **중단점들 사이에서 $f(t)$의 기울기가 $v(t)$라는 것이다.** 이제 넓이와 연결시켜보자.

v의 그래프에 의한 전체 넓이는 $f_{마지막}-f_{처음}$이다.

[그림 1-7(a)]에서 계단 모양의 아래에 있는 이 영역은 직사각형들로 구성되어 있다. 각 직사각형의 너비는 1이고, 높이는 v이다. 그러므로 넓이는 모두 v이며, 전체 넓이는 v들의 합이 된다. 이 넓이가 바로 $f_{마지막}-f_{처음}$이다.

여기서 한 가지 사실을 더 알 수 있다. 어느 시각에서 시작하고 그 이후의 다른 어느 시각에서 끝난 움직임을 생각해보자($t=0,1,2,3,4$와 같은 특정 시간일 필요는 없다). 예를 들어 시각 $t=3.5$에서 멈췄다고 하면 마지막 직사각형 넓이($v=7$ 아래)의 절반만 계산하면 된다. 전체 넓이는 $1+3+5+\frac{1}{2}(7)=12.5$이다. 이 값은 여전히 $f_{마지막}-f_{처음}=12.5-0$과 동일하다. 새롭게 정한 시각 $t=3.5$에서 f의 그래프 마지막 구간의 반만 보면 된다. 즉 9와 16의 반은 12.5이다.

③ v는 $f(t)$의 기울기들이다. v그래프에 의한 넓이는 $f(t_{끝})-f(t_{시작})$이다.

이는 미적분학의 기본 정리에 불과하다. 우리는 곡선으로 이뤄진 그래프를 사용하지 않았고, 극한이 포함된 계산을 하지 않고 단순한 계산만 사용하였다. 지금은 조각적 선형인 $f(t)$와 조각적 상수인 $v(t)$에 대한 미적분학의 기본정리에 한해서 살펴보고 나중에 5장에서 일반화를 할 것이다.

[그림 1-7(a)]로 $1+3+5+7=4^2$을 증명할 수 있다. 점선 아래의 삼각형은 계단 아래 직사각형 4개와 같은 넓이를 갖는다. 삼각형의 넓이는 $\frac{1}{2}$ · 너비 · 높이 $= \frac{1}{2} \cdot 4 \cdot 8$이며 이것은 정확히 제곱수인 4^2이다. 4 대신에 j개의 직사각형이 있으면 넓이로 $\frac{1}{2} \cdot j \cdot 2j = j^2$이 된다.

다음 예는 f와 v가 지수적으로 증가하거나 0 근처에서 진동하는 경우로, 앞의 예제와는 다른 양상을 보여준다. 이런 함수들은 어렵지 않지만 벌써 다룰 필요는 없다고 생각한다. 그런 특별한 함수로는 2^t, $\sin(t)$, $\cos(t)$ 등이 있으며 이 함수들은 계단모양을 갖지 않는다. 우리는 미적분학을 위한 중요한 함수를 처음으로 보았지만 단순한 계산만을 사용하였다. **f의 그래프가 곡선일 때 끊임없이 변하는 속도를 계산하기 위해서는 미적분이 필요하다.**

마지막 예는 소득세에 관한 예이며 이는 계단모양으로 표현된다. 1.3절에서는 곡선의 기울기에 대해 소개할 것이다. 곡선들을 다룰 때 중요한 구분은 **극한**[limit]을 이용한다는 것이다. 이를 통해 우리는 계산에서 미적분으로 이동하게 될 것이다.

지수적으로 증가하는 속도와 거리

$f=1,2,4,8,16$을 보자. 이들은 '2의 거듭제곱'이다. 그들은 0번째 지수인 $2^0=1$에서 시작한다. 지수[exponential]는 0이 아니라 1에서 시작한다. j번째 단계 후 2의 지수는 j이며 f_j는 2^j이 된다. **$2j$, j^2, 2^j 사이의 차이점을 살펴보자.** 숫자인 $2j$는 선형적으로 증가하고, j^2는 이차적으로[quadratically] 증가하며, 2^j은 지수적으로 증가한다. $j=10$에서 이들은 각각 20, 100, 1024이다. 지수 2^j은 나머지 두 수보다 훨씬 빠르게 커진다.

$f=1,2,4,8,16$의 차들은 정확히 $v=1,2,4,8$이다. 때때로 수학에서는 이렇게 아름다운 사실을 확인할 수 있다. **f가 2의 거듭제곱이라면 v도 마찬가지이다.** 첫 번째 v는 v_1부터 정해지기 때문에 $v_j=2^{j-1}$은 $f_j=2^j$과는 약간 다르다(이때 $v_1=2^0=1$이다. 무의미한 0^0을 제외한 모든 수의 0승은 항상 1이다). [그림 1-8]에서 두 그래프 모두 같은 숫자들을 사용하지만 v가 조각적 상수이고 f가 조각적 선형이기 때문에 두 그래프는 좀 다르게 보인다.

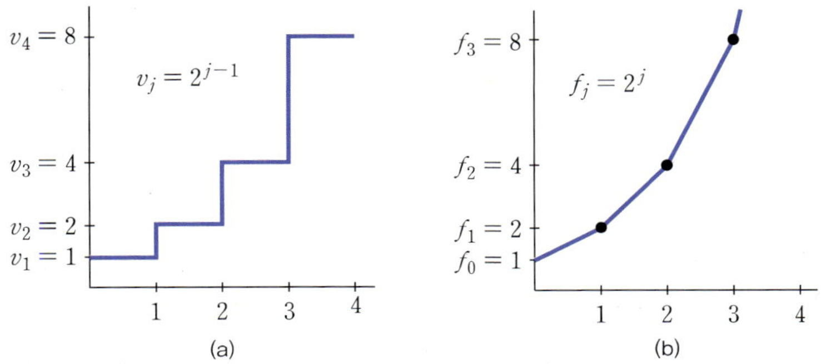

[그림 1-8] 지수적으로 증가하는 속도와 거리(2의 거듭제곱)

그렇다면 여기에서 미적분학은 어디에 있는 것일까? 바로 매끄러운 곡선 $f(t)=2^t$에서 볼 수 있다. 이러한 지수적 증가는 은행 및 국가 채무의 인구와 돈에서 중요하게 쓰인다. 다음 검증을 살펴보면 $v(t)$와 $f(t)$는 비례함을 알 수 있다.

NOTE_ 함수 2^t이 t^2보다 더 어렵다. $f=t^2$에서 기울기는 $v=2t$이다. 이는 t^2이 아니라 t에 비례한다. $f=2^t$에서 기울기는 $v=c2^t$이고 6장까지 공부하면 c의 값이 $0.693\cdots$임을 알 수 있을 것이다(숫자 c는 2의 자연로그이다). [연습문제 1.2.37]은 계산기를 통해서 c를 근사한다. 이때 중요한 사실은 c가 상수라는 사실이다.

진동하는 속도 및 거리

앞에서 우리는 앞뒤로 움직이는 운동을 살펴봤으며, 속도가 V에서 $-V$로 변하는 것을 보았다. 이는 가장 간단한 종류의 진동으로 볼 수 있다. f의 그래프는 선형적으로 증가하다가 선형적으로 감소한다. [그림 1-9]는 0으로 되돌아오는 또 다른 진동을 보여주지만 그 경로는 더욱 흥미롭다.

v에 있는 차들은 $1, 0, -1, -1, 0, 1$이다. 이들은 0으로 되돌아올 때까지 더해지며 그 값은 $f_{마지막}-f_{처음}$과 동일하다. v는 f처럼 반복적으로 진동하지만 시간에 대해 옆으로 평행이동 되었다.

f에 있는 숫자들은 이제 $0, 1, 1, 0, -1, -1, 0$이다. $f_6=0$이기 때문에 물체는 다시 시작점으로 되돌아온다. 이때 전체적인 진동은 반복될 수 있다.

f의 그래프는 언뜻 사인[sine] 곡선과 닮았다. 좀 더 대략적으로 보면 v의 그래프는 코사인[cosine] 곡선과 닮았다. 자연스러운 파형은 매끄러운 곡선이지만 이들은 파형이 '디지털화'된 것이다(디지털 시계가 다음 시간 숫자로 점프하는 방식이다). 아날로그에서 디지털로의 변화가 컴퓨터 혁명을 가져왔음은 잘 알려져 있다. CD 플레이어에서 디지털 신호(끄기 또는 켜기, 0 또는 1)를 매번 얻는 것과 같다.

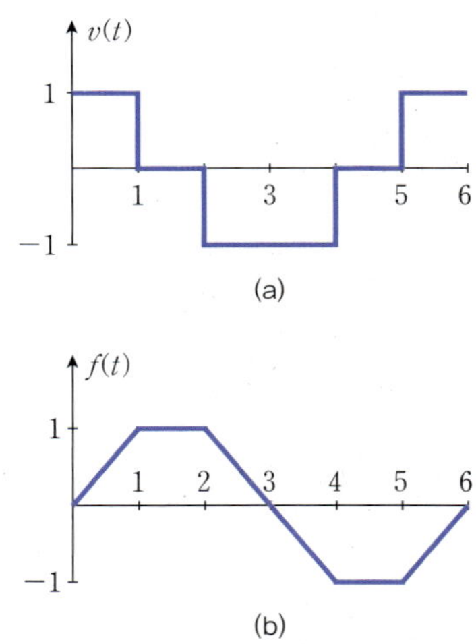

[그림 1-9] 조각적 상수로 나타낸 '코사인'과 조각적 선형으로 나타낸 '사인' 곡선. 그들은 모두 모양이 반복된다.

조각적으로 봤을 때 v와 f는 $t=6$에서 다시 시작한다. 실제로 사인과 코사인은 $t=2\pi$마다 반복된다. 반복되는 움직임을 주기적이라고 하며 여기서 '주기'는 6 또는 2π이다(각도로 볼 수 있는 t의 주기는 360도이다. 이때 각이 라디안[radian]으로 측정되면 주기는 2π가 될 것이다. 일반적으로 각을 표시할 때 라디안을 사용하는데, 라디안은 '도'로 나타낸 각의 $2\pi/360$배와 같다). 시계는 항상 12시간의 주기를 가진다. 다이얼이 AM에서 PM으로 바뀌는 주기는 ____이다.

짧은 순간에서의 속력

다음 예는 짧은 순간에 빠르게 운전하는 차에 대한 것이다. 차는 거리가 $f=1$에 도달할 때까지 V의 속도로 움직이다 갑자기 멈춘다고 하자. f의 그래프는 V의 기울기로 선형적으로 증가하고, 기울기는 결국 0이 된다.

$$v(t)=\begin{cases}V & (t=T\text{까지})\\0 & (t=T\text{ 이후})\end{cases}\qquad f(t)=\begin{cases}Vt & (t=T\text{까지})\\1 & (t=T\text{ 이후})\end{cases}$$

이때 $v(t)$, $f(t)$ 역시 '함수'이다. 일반적인 시간을 t라 하고, 멈추는 시간을 특별히 T라고 하자. 거리는 $f(t)$이다. f의 정의역(입력값들)은 모든 시간 $t \geq 0$을 포함한다. f의 치역(출력값들)은 모든 거리인 $0 \leq f \leq 1$을 포함한다.

[그림 1-10]은 지프, 쉐보레와 마세라티 3가지 차를 비교하여 나타낸 것이다. 그들의 속력은 서로 다르지만 모두 $f=1$에 도달한다. 그리고 v의 그래프에 의한 넓이는 모두 1이다. 모든 직사각형의 높이는 V이고, 너비는 $T=1/V$이다.

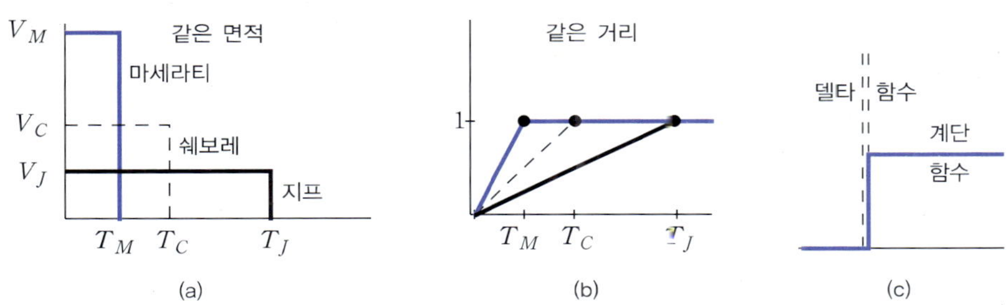

[그림 1-10] $V_MT_M=V_CT_C=V_JT_J=1$을 만족하는 속력의 양상. 계단 모양의 함수는 무한대의 기울기를 갖는다.

NOTE _ 매우 빠른 속도에 대해서 생각해보자. 이것은 매우 가파른 기울기를 의미한다. f의 그래프는 짧은 시간에 1에 도달한다. 극단적인 경우엔 f의 그래프가 수직으로 올라가는 **계단함수**가 된다. 이것은 단위 계단함수 $U(t)$이며, $t=0$일 때 $U=0$이고, $t>0$일 때 $U=1$로 바로 점프한다.

계단함수의 기울기는 얼마일까? 점프하는 순간을 제외하고는 0이다. $t=0$인 순간에 기울기는 무한대가 된다. 우리가 알고 있는 보통의 속도 $v(t)$가 아니다. 대신 차가 점프하는 것과 같은 자극을 주는 것이다. 그래프는 단일 지점 $t=0$에서의 스파이크[5]이며 이를 종종 δ(델타)로 표시한다. 따라서 계단 모양의 함수의 기울기를 **델타함수**delta function라고 부른다. 무한 스파이크 아래의 넓이는 1이다.

여러분은 델타함수의 이론에 대해서까지 알 필요는 없다. 미적분은 곡선에 관한 것이지 점프에 관한 것은 아니기 때문이다.

5 급증하는 형태를 말한다.

마지막으로 기울기와 비율이 실생활에서 어떻게 응용되는지 예를 통해 살펴보자. '세금이 얼마가 되는지'를 설명할 것이다. 특히 세율과 과세등급 및 총 세금의 차이에 대해 알아보자. 세율은 v, 과세등급은 x, 총 세금은 f이다.

예제 3 소득세는 조각적으로 선형이다. 기울기는 세율 0.15, 0.28, 0.31이다. 다음은 x달러의 과세 소득을 갖는 독신에 대한 1991년 미국 국세청의 지침이다.

> x가 20350을 넘지 않는다면 x의 세금은 15%이다.
> $20350 \le x \le 49300$이면 20350 이상의 금액에 대한 세금은 3052.50 + 28% 이다.
> $x \ge 49300$이면 49300 이상의 금액에 대한 세금은 11158.50 + 31% 이다.

첫 번째 과세등급은 $0 \le x \le 20350$이다(국세청은 $\le$라는 기호를 사용하지 않지만 여기서는 괜찮다고 가정하자. 우리는 이 부등호의 의미를 잘 알고 있기 때문이다). 두 번째 과세등급은 $20350 \le x \le 49300$이다. 최종 과세등급인 $x \ge 49300$에서는 가장 높은 세율의 31%를 세금으로 지불한다. 그러나 49300달러를 넘는 추가 소득만이 이 비율로 세금이 측정된다.

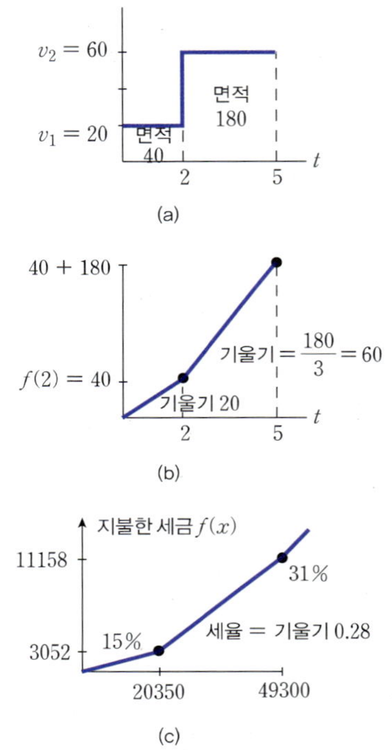

[그림 1-11] 세율은 v이고, 전체 세금은 f이다. 세금의 과세등급은 중단점에서 끝난다.

[그림 1-11(c)]는 세율, 과세등급, 세금의 한도를 보여준다. 이들은 **평균** 세율이 아닌 **한계** 세율이다. 총 세금을 총 소득으로 나눈 값은 평균 세율일 것이다. 0.28 또는 0.31의 한계 세율은 해당 기준 소득에 추가된 금액에 부과하는 세금의 비율이다. 이것은 x에서의 기울기이다. 세금은 넓이 또는 거리와 같다. **세율**은 **기울기** 또는 **속도**와 비슷하다.

Q_ 최종 과세등급에서 직선의 식은 무엇인가?

A_ 가장 높은 과세등급은 $x = 49300$에서 시작하며 세금은 $f(x) = 11158.50$이다. 직선의 기울기는 세율인 0.31이다. 직선을 지나는 점과 그 기울기를 알면 직선을 수식으로 표현할 수 있다. 이는 매우 중요한 사실이다.

4 최종 과세등급에서 x에 대한 세금은 $f(x) = 11158.50 + 0.31(x - 49300)$이다. 이것은 49300달러에 해당하는 세금과 초과 소득에 추가로 부과되는 세금을 더한 값이다.

2.3절에서 '점-기울기형 직선의 방정식'을 다룰 것이다. 이 내용을 엿볼 수 있는 특별한 예를 소개하겠다. 11158.50이라는 수는 어디서 나온 것일까? 이는 중간 과세등급 끝에서 세금이며 그 값은 최종 과세등급에서 시작되는 세금과 같다.

[그림 1-11]의 (a), (b)에서는 거리-속도에 대한 예를 볼 수 있다. $t=2$에서의 거리는 $f(2)=40$마일이다. 단위 시간당 속도는 시속 60마일이다. 그래서 f의 그래프는 기울기가 60인 직선이 되고, 다음과 같은 수식을 갖는다.

$$f(t)= \text{출발할 때 거리} + \text{추가되는 거리} = 40+60(t-2)$$

시작점은 $(2,40)$이다. 새로운 속도 60은 추가 시간 $t-2$에 곱해진다. 점-기울기형 직선의 방정식은 이런 의미를 갖는다.

1.2 문장제 문제

01 숫자들 $f=1,6,2,5$에서 시작해보자. 이들의 차는 $v=$ __a__ 이다. 이들 차의 합은 __b__ 이다. 이는 $f_{마지막}$에서 __c__ 을(를) 뺀 값이다. $(6-1)+(2-6)+(5-2)$에서 6과 2는 __d__ 이(가) 되기 때문에 이들은 위의 계산 결과에 어떠한 영향도 주지 못한다. $f(0)=1$과 $f(1)=6$ 사이에서 직선의 기울기는 __e__ 이다. 직선의 수식은 $f(t)=$ __f__ 이다.

02 단위 시간당 거리들 1, 5, 25에 대해서 속도들은 __g__ 이다. 이 들은 f의 그래프에서의 __h__ 이다. 세금 그래프에서 기울기는 세금 __i__ 이다. $f(t)$가 t온스 혹은 t그램의 운송비용이면 그 기울기는 __j__ 당 __k__ 이다. 거리들 0, 1, 4, 9에 대해서 속도는 __l__ 이다. 첫 번째 j개의 홀수를 더하면 $f_j=$ __m__ 이다. 그러면 f_{10}은 __n__ 이며, 속도 v_{10}은 __o__ 이다.

03 조각적으로 선형인 사인은 기울기 __p__ 을(를) 갖는다. 이들은 조각적으로 __q__ 의 형태를 갖는다. 두 함수들은 6과 같은 __r__ 을(를) 가진다. 이것은 임의의 t에 대해서 $f(t+6)=$ __s__ 이다. 속도들 $v=1,2,4,8,\cdots$은 $v_j=$ __t__ 이다. 이 경우에 $f_0=1$인 $f_j=$ __u__ 이다. 1, 2, 4, 8, 16의 합은 __v__ 이다. 차 2^j-2^{j-1}은 __w__ 이다. 갑자기 속도가 V로 급증한 후 시간 T까지의 거리는 __x__ 이다. 만약 $f(T)=1$과 V가 증가하면, 속도가 급증해 있는 상태는 오직 $T=$ __y__ (으)로 지속된다. V가 무한대로 가까이 감에 따라 $f(t)$는 함수 __z__ (으)로 다가간다. 속도는 __A__ (으)로 다가가며 이는 $t=0$에 집중되어 있지만 그 그래프에 의한 넓이는 __B__ 이다. 계단 모양의 함수의 기울기는 __C__ 이다.

1.2 연습문제

01~04 숫자 f와 그 차인 v에 대하여 물음에 답하여라.

01 숫자들 $f=0,2,7,10$으로부터 차들 v와 그 v들의 합을 찾아라. 같은 v를 갖는 또 다른 f를 써라. $f=0,3,12,10$에 대응하는 v들의 합은 여전히 ____이다.

02 $f=1,3,2,4$으로부터 시작할 때, f(조각적으로 선형)와 v의 그래프를 그려라. 4부터 1까지 더한 v의 그래프에 의한 넓이는 얼마인가? f의 다음 숫자가 11이라면, 다음 v에 의한 넓이는 얼마인가?

03 $v=1,2,1,0,-1$로부터 $f_0=3$에서 시작하는 f들을 찾아라. v와 f의 그래프를 그려라. $v=$ ____일 때 f가 최댓값을 갖는다. $v=1,2,1,-1$일 때 f의 최댓값은 얼마인가?

04 $f=1,b,c,7$에 대하여 차들 v_1,v_2,v_3을 찾고 그들을 더한 값을 찾아라. $f=a,b,c,7$에 대해서 같은 과정을 해보아라. $f=a,b,c,d$에 대해서 같은 과정을 해보아라.

05~11 선형함수와 상수인 기울기에 관한 내용이다.

05 다음 선형함수들의 기울기를 써라

(a) $f(t)=1.1t$ (b) $f(t)=1-2t$ (c) $f(t)=4+5(t-6)$

각 함수에 대해서 $f(6)$, $f(7)$을 계산하고 $f(7)-f(6)$이 각 함수의 기울기와 같음을 확인하라.

06 $f(t)=5+3(t-1)$와 $g(t)=1.5+2.5(t-1)$에 대하여 $h(t)=f(t)-g(t)$는 무엇인가? f, g, h의 기울기를 찾아라.

07 $t<5$일 때 $v(t)=2$이고, $t>5$일 때 $v(t)=3$이라고 하자.

(a) $f(0)=0$일 때, $f(t)$를 두 가지 범위로 나누어서 수식을 나타내라.

(b) $f(10)$이 $t=10$까지 $v(t)$의 그래프(두 직사각형)에 의한 넓이와 동일함을 보여라.

08 $t<1/10$일 때 $v(t)=10$이고, $t>1/10$일 때 $v(t)=0$이라고 하자. $f(0)=1$로부터 시작하는 두 범위에서의 $f(t)$를 찾아라.

09 $g(t)=2t+1$이고 $f(t)=4t$라고 하자. $g(3), f(g(3)), f(g(t))$를 찾아라. f와 g를 이용하여 $f(g(t))$의 기울기를 찾아라.

10 같은 함수들에 대해서 $f(3), g(f(3)), g(f(t))$를 찾아라. t가 $4t$로 변할 때 거리는 _____배 빠르게 증가하며 속도는 _____에 의해서 곱해진다.

11 문제 5에 있는 함수들에 대하여 $f(6), f(8)$을 구하라. 기울기 v가 다음과 같음을 확인하라.

$$\text{기울기}=\frac{f(8)-f(6)}{8-6}=\frac{f\text{의 변화량}}{t\text{의 변화량}}$$

12~18 [예제 3]과 같은 소득세에 대해 다룰 것이다.

12 $x=10000$, $x=30000$, $x=50000$ (달러)에서의 소득세는 얼마인가?

13 두 번째 과세등급인 $20350 \le x \le 49300$에서 소득세 $f(x)$를 수식으로 표현하라. 숫자 11158.50은 세금 계산을 위한 지침에 있는 다른 숫자들과 어떤 관련이 있는가?

14 국세청에서 부부의 소득을 $x/2$의 소득을 갖는 두 명의 독신으로 가정했을 때 세금 함수 $F(x)$를 써라(실제로 이렇게 징수하지 않는다).

15 공제 금액으로 5% 세금을 부과하는 15% 과세 등급에서 합산 비율은 20%가 아니라 _____이다. 추가로 100달러에 대한 세금에 대해서 생각해보라.

16 각 구간 끝에서의 $f(t)$가 다음 구간 시작에서의 $f(t)$와 같다고 하면 선형함수는 연속이다. 만약 $t=1$까지 $f(t)=5t$이고, $t>1$에서 $v(t)=2$이면, $t=1$에서 f를 (a) 연속, (b) 불연속으로 만드는 f를 정의하라. (c) 세율이 0.15와 0.28인 세금 함수 $f(x)$를 정의하라. 그래서 소득에서 중단점을 넘어가는 금액은 더 높은 세율을 적용받고 더 많은 세금을 내게 된다.

17 세액 공제와 소득 공제의 차이는 $f(x)-c$와 $f(x-d)$이다. $c=1000$달러의 세액 공제와 $d=1000$달러의 소득 공제 중에 어느 것이 더 공제 금액이 많은가? $f(x)=0.15x$일 때 세금 그래프를 그려라.

18 세금을 내야 하는 소득 x에 대한 평균 세율은 $a(x)=f(x)/x$이다. 이는 $(0,0)$과 $(x, f(x))$ 사이의 기울기이다. $a(x)$의 대략적인 그래프를 그려라. _____이기 때문에 평균 세율 a는 한계 세율 v보다 아래에 있다.

19~30 숫자들 $f_0, f_1, f_2, \cdots$와 이들의 차인 $v_j=f_j-f_{j-1}$이 주어졌다고 하자. 아래 첨자로 주어진 $0, \cdots, j$를 이용해서 문제를 풀어라.

19 속도 v_1, v_2, v_3을 찾고 v_j와 f_j의 수식을 찾아라.

(a) $f=1, 3, 5, 7, \cdots$ (b) $f=0, 1, 0, 1, \cdots$

(c) $f=0, \frac{1}{2}, \frac{3}{4}, \frac{7}{8}, \cdots$

20 f_1, f_2, f_3을 찾고, $f_0=0$일 때 f_j의 수식을 찾아라.

(a) $v=1, 2, 4, 8, \cdots$ (b) $v=-1, 1, -1, 1, \cdots$

21 다음과 같은 중첩된 사각형의 넓이는 $1^2, 2^2, 3^2, \cdots$ 이다. ㄱ모양의 밴드들(사각형 사이의 차)의 넓이는 얼마인가? 왼쪽 그림이 어떻게 $1+3+5+7=4^2$임을 보여주는가?

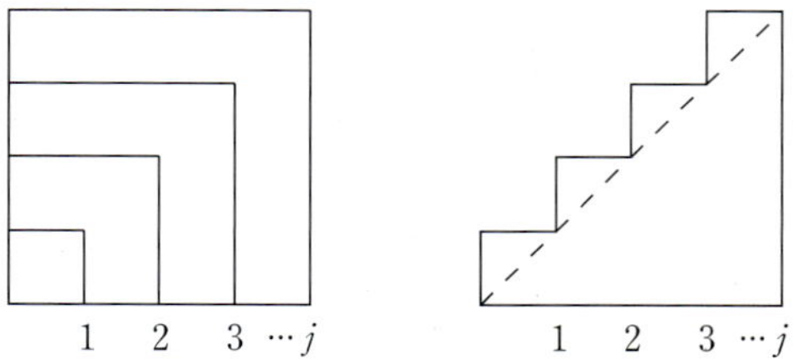

22 오른쪽 그림에서 계단 아래의 넓이는 직사각형들의 넓이의 합 또는 삼각형들의 넓이의 합으로 표현 가능하다. 이를 이용하여 1부터 j까지 순차적으로 더한 값이 $\frac{1}{2}j^2+\frac{1}{2}j$가 됨을 보이고 $1+2+\cdots+100$을 구하라.

23 $v=1, 3, 5, \cdots$이면 $f_j=j^2$이고 $v=1, 1, 1, \cdots$이면 $f_j=$_____(이)

다. f_j들을 더해서 $2, 4, 6, \cdots, 2j$의 합을 찾아라. 또한 2로 나누서 $1, 2, 3, \cdots, j$의 합을 찾아라(문제 **22**와 비교하라).

24 다음 문장이 참이면 그 이유를 쓰고, 거짓이면 반례를 찾아라.

(a) f가 증가할 때 v도 증가한다.

(b) v가 증가할 때 f도 증가한다.

(c) f가 주기적이면 v도 주기적이다.

(d) v가 주기적이면 f도 주기적이다.

25 $f(t)=t^2$일 때, $f(99)$와 $f(101)$을 계산해라. 그 시간 사이에 f의 변화를 t 변화로 나눈 값은 얼마인가?

26 $f(t)=t^2+t$일 때, $f(99)$와 $f(101)$을 계산해라. 그 시간 사이에 f의 증가분을 t의 증가분으로 나눈 값은 얼마인가?

27 $f_j=j^2+j+1$일 때 v_j의 수식을 찾아라.

28 v가 매번 4씩 증가한다고 하자. 두 번째 차 $f_{j+1}-2f_j+f_{j-1}$이 4가 됨을 예를 들어서 보이거나 대수적으로 보여라.

29 $f_0=0$이고 v가 $1, \frac{1}{2}, \frac{1}{2}, \frac{1}{4}, \frac{1}{4}, \frac{1}{4}, \frac{1}{4}, \cdots$이 된다고 하자. $f_j=5$가 되는 j는 얼마인가?

30 $a_j=f_{j+1}-2f_j+f_{j-1}$이 항상 $v_{j+1}-v_j$가 됨을 보여라. v가 속도라면 a는 ____를(을) 나타낸다.

31~34 $\sin t$나 $\cos t$처럼 f와 v가 주기적이라고 하자.

31 $f=0, 1, 1, 0, -1, -1, 0$에 대해 두 번째 차들 $a_1=f_2-2f_1+f_0$ $a_2=f_3-2f_2+f_1$, a_3을 찾아라. a_j와 f_j를 비교하라.

32 수열 $v_1, v_2, \cdots$가 주기 6을 가지고, 수열 $w_1, w_2, \cdots$가 주기 10을 가진다면 수열$v_1+w_1, v_2+w_2, \cdots$의 주기는 얼마인가?

33 $v=1, -1, -1, 1$이고 시작점이 $f(0)=0$일 때 $f(t)$의 그래프를 그려라. v의 주기가 4일 때 $f(12), f(13), f(100.1)$을 찾아라.

34 $v=1, 2, 1, 0$일 때 $f_0=0$부터 $f_4=4$까지 $f(t)$의 그래프를 그려라. 만약 v의 주기가 4라면 $f(12), f(14), f(16)$는 얼마인가? 왜 f의 주기는 4가 아닌가?

35~42 v와 f가 지수함수라고 하자.

35 $f=1, 3, 9, 27$에 대한 v를 찾아라. v_4와 v_j를 예측하라. 이는 $3^j-3^{j-1}=(3-1)3^{j-1}$임을 알 수 있다.

36 $1+2+4+\cdots+32$와 $1+\frac{1}{2}+\frac{1}{4}+\cdots+\frac{1}{32}$을 구하라.

37 $t=0$에서 $f(t)=2^t$의 기울기를 추정하라. 계산기를 사용하여 t가 작을 때 (f의 증가)/(t의 증가)를 계산하라.

$$\frac{f(t)-f(0)}{t}=\frac{2-1}{1}, \quad \frac{2^{0.1}-1}{0.1}, \quad \frac{2^{0.01}-1}{0.01}, \quad \frac{2^{0.001}-1}{0.001}$$

38 $f_0=1$과 $v_j=2f_{j-1}=v_j$이라고 하자. f_4를 찾아라.

39 (a) $f=1, \frac{1}{2}, \frac{1}{4}, \frac{1}{8}$일 때 v_1, v_2, v_3을 찾고 v_j를 예측하라.

(b) $f_3-f_0=v_1+v_2+v_3$과 $f_j-f_{j-1}=v_j$임을 확인하라.

40 $v_j=r^j$이라고 하자. $f_0=1$으로부터 $f_j=(r^{j+1}-1)/(r-1)$임을 보이고, $f_j-f_{j-1}=v_j$임을 보여라(이는 $f_j=1+r+\cdots+r^j$가 기하급수의 합이라는 것을 알려준다).

41 $f_j=(-1)^j$일 때, v_j를 계산하라. $v_1+v_2+\cdots+v_j$는 얼마인가?

42 $t=0$에서 $f(t)=e^t$의 기울기를 추정하라. e를 안다고 할 때 계산기를 이용하여 다음을 계산하라($e=2.78$이다).

$$\frac{f(t)-f(0)}{t}=\frac{e-1}{1}\text{과} \quad \frac{e^{0.1}-1}{0.1}, \quad \frac{e^{0.01}-1}{0.01}$$

43~47 $t=0$일 때, 0에서 1까지의 계단함수 $U(t)$를 고려할 것이다.

43 4개의 함수 $U(t-1)$, $U(t)-2$, $U(3t)$, $4U(t)$의 그래프를 그려라. 그러면 $f(t)=4U(3t-1)-2$의 그래프가 된다.

44 사각파 $U(t)-U(t-1)$의 그래프를 그려라. 이것이 속도 $v(t)$라고 가정했을 때, 거리 $f(t)$의 그래프를 그려라. 반대로 이것이 거리 $f(t)$라고 가정했을 때, 속도 그래프를 그려라.

45 같은 거리 $f=10$을 만드는 두 가지 속도가 급증해 있는 상태는 다음과 같다.

$t=0.001$까지 $v=$ _____, $t=$ _____까지 $v=V$. $V\to\infty$일 때, $f(t)$의 극한값은 _____이다.

46 계단함수 $U(t)+U(t-1)+U(t-2)$를 그려라. 기울기는 세 _____함수의 합이다.

47 계단 모양을 허용할 때 대문자 L과 같이 함수의 그래프가 되는 대문자는 어느 것들이 있는가? L의 기울기는 $-\delta$이다. 다른 함수들의 기울기 그래프를 그려라.

---

48 입력으로 수열 $f_0, f_1, \cdots, f_N$을 받고 출력으로 수열 $v_1, v_2, \cdots,$

v_N을 주는 서브루틴인 FINDV를 써라. 가능하면 그래프를 그리는 출력 역시 포함하라. $f_j = 2j, j^2, 2^j$에 대해서 확인해보아라.

49 입력으로 수열 $v_1, v_2, \cdots, v_N$과 f_0을 받고 출력으로 수열 $f_0, f_1, \cdots, f_N$을 주는 서브루틴인 FINDF를 써라. f_0의 값이 입력으로 주어지지 않는다면 0을 넣어준다. 가능하면 그래프를 그리는 출력 역시 포함하라. $v_j = j$에 대해서 테스트 해보아라.

50 FINDV를 FINDF의 출력에 적용하면 어떤 수열을 출력으로 주는가? FINDV의 출력에 FINDF를 적용하면 어떤 수열을 출력으로 주는가? f_0을 비교하라.

51 크기순으로 $2j, j^2, 2^j, \sqrt{j}$을 다시 재배열 하여라.

(a) j가 클 때 : $j=9$　　(b) j가 작을 때 : $j=\frac{1}{9}$

52 1970년 이후 가정의 평균 나이는 조각적 선형함수인 $A(t)$이다. 이 함수는 연속인가 아니면 점프하는가? 기울기는 무엇인가? 가능한 만큼 그 그래프를 그려라.

1.3 순간 속도

이제 미적분학의 핵심 과제까지 도달했다. 서로 반대되는 측면의 두 가지 질문이 주어질 것이다. 두 가지 질문을 해결해보자.

1. 속도가 변하면 거리를 어떻게 계산할 수 있는가?
2. $f(t)$의 그래프가 직선이 아닌 경우 기울기는 무엇인가?

속도에서 거리를 찾고, 거리에서 속도를 찾아보자. 우리의 목표는 두 가지를 모두 해결하는 것이지만 하나의 절에서 동시에 다루지는 않을 것이다. 이를 해결하기 위해 미적분은 매우 좋은 방법이지만 마법처럼 해결할 수는 없다. 일단 속도를 가능한 한 안정적으로 변화시켜보자.

Q1_ 각 시간 t에서 속도는 $v(t) = 2t$이다. $f(t)$를 찾아라.

A_ ____________________

$v = 2t$에서 물리학자는 가속도가 일정하다고 말할 것이다(이때 가속도는 2이다). 운전자가 액셀을 밟으면 차가 가속하여 속도계가 계속 올라가며 거리는 매우 빠른 속도로 빨라진다. t를 초 단위로 측정하고 v를 초당 피트 단위로 측정하면 거리 f가 피트로 나온다. 10초 후 속력은 초당 20피트이다. 44초 후 속력은 88피트/초(60마일/시간)이다. 가속도는 확실한 값을 갖지만, 이때 **차는 얼마나 멀리 갔을까?**

Q2_ 시간 t에 따른 거리 변화는 $f(t) = t^2$이다. 속도 $v(t)$를 찾아라.

A_ ____________________

$f(t)=t^2$의 그래프는 [그림 1-12(b)]에 있다. 이는 프물선[parabola]이다. 차가 새것일 때 곡선은 원점에서 시작한다. $t=5$에서 거리는 $f=25$이고, $t=10$에서 f는 100에 도달한다.

속도는 시간으로 거리를 나눈 것이지만 속도가 변하면 무슨 일이 생길까? $f=100$을 $t=10$으로 나누면 $v=10$이 된다(이는 처음 10초 동안 평균 속도이다). $f=121$을 $t=11$로 나누면 11초 동안의 평균 속도가 된다. 그러면 **순간 속도**는 어떻게 찾을 수 있을까? $t=10$인 정확한 순간에 속도계의 눈금을 읽을 수 있을까?

다음을 살펴보자. 차가 더 빠르게 움직임에 따라 t^2의 그래프는 더 가팔라진다(이는 각 초당 더 많은 거리를 가야 하기 때문이다). $t=10$과 $t=11$ 사이의 평균 속도는 $t=10$에서 순간 속도의 좋은 근사치가 되지만 이는 단지 근사치일 뿐이다. 평균은 다음과 같이 쉽게 찾을 수 있다.

$t=10$일 때의 거리는 $f(10)=10^2=100$이다. 마찬가지로 $t=11$일 때의 거리는 $f(11)=11^2=121$이다.

$$\text{평균 속도}=\frac{f(11)-f(10)}{11-10}=\frac{121-100}{1}=21$$

차가 1초에 21피트를 간다고 하면 그 평균 속도는 21피트/초이다. 점점 속도가 증가하기 때문에, 이 초의 시작($t=10$)에서의 속도는 21미만이다.

기하적으로 평균은 어떤 의미일까? 평균은 기울기이지만 곡선의 기울기는 아니다. **평균 속도는 직선의 기울기이다.** 이때 직선은 [그림 1-12]와 같이 곡선 위의 두 점을 지난다. 평균 속도를 계산할 때에는 속도가 일정하다고 가정하므로 비교적 쉽게 그 값을 구할 수 있다. 즉 다음과 같이 거리와 시간의 나눗셈만 하면 된다.

$$\text{평균 속도}=\frac{f\text{의 변화량}}{t\text{의 변화량}} \tag{1}$$

미적분과 법 1시에 150마일 길이의 고속도로로 진입했다고 하자. 3시에 고속도로를 나가면 평균 속도는 시속 75마일이 된다. 경찰은 운전자에게 속도위반 딱지를 끊을 수 있고, 운전자는 판사에게 "내가 언제 시속 75마일로 달렸습니까?"라고 말할지도 모른다. 경찰은 운전자의 말이 틀렸다는 것을 증명할 수 있다. 또한 운전자 본인도 때때로 자신이 시속 75마일의 속도로 달렸다는 것을 확실히 느꼈을 것이다.[6]

다시 본질적인 문제로 돌아가서 $t=10$일 때 $v(10)$을 계산해보자. 바로 다음 초에서 속도와의 평균 속도는 21이다. 마찬가지로 1/2초 지난 속도와의 평균 속도를 찾을 수 있다. 거리의 변화를 시간의 변화로 나눠보자.

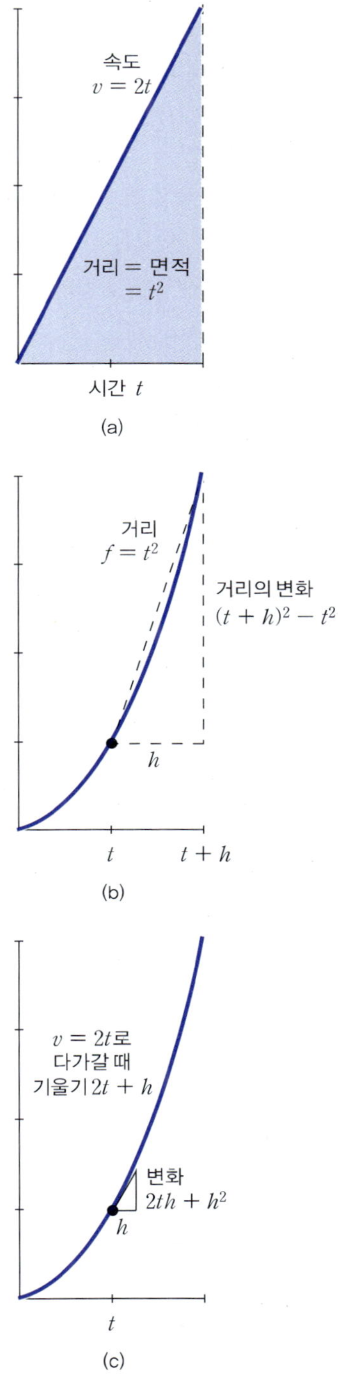

[그림 1-12] 속도 $v=2t$는 선형이다. 거리는 $f=t^2$으로 이차[quadratic]이다.

6 이는 '중간값 정리'와의 첫 만남이다. 판사가 중간값 정리를 증명할 줄 안다면 운전자는 무조건 유죄일 것이다. 몇몇 v의 그래프와 f의 그래프는 결과 해석에 혼란을 줄 때도 있다.

$$\frac{f(10.5)-f(10.0)}{10.5-10.0}=\frac{(10.5)^2-(10.0)^2}{0.5}=\frac{110.25-100}{0.5}=20.5$$

평균값 20.5는 $t=10$에서의 속력에 더 근접하다. 하지만 여전히 정확한 값은 아니다. $v(10)$을 찾는 방법은 시간 구간을 계속해서 줄이는 것이다. 이는 2장에서 공부할 내용이며 미분 계산의 핵심이다. **점점 더 곡선 위에 가까워지는 점들 사이의 기울기를 찾아라.** 그 '극한값 limit'은 한 점에서의 기울기이다.

다음과 같은 계산으로 $t=10$과 그보다 더 후의 어느 시간인 $t=10+h$ 사이의 평균 속도를 알 수 있다. 거리는 10^2에서 $(10+h)^2$까지 증가한다. 시간의 변화는 h이다. 그러므로 이를 나누면 다음을 얻는다.

$$v_{평균}=\frac{(10+h)^2-10^2}{h}=\frac{100+20h+h^2-100}{h}=20+h \qquad (2)$$

이 수식은 앞에서 계산한 결과와 대응된다. $t=10$에서 $t=11$ 사이의 간격은 $h=1$이고, 평균은 $20+h=21$이다. 시간의 간격이 $h=\frac{1}{2}$이면 평균은 $20+\frac{1}{2}=20.5$이다. 백만 분의 1초라면 평균은 $20+1/1000000$이다. 이는 20에 매우 가까운 값이다.

결론적으로 $t=10$에서 속도는 $v=20$이다. 이는 곡선의 기울기이고, [그림 1-12(a)]에서 v에 관한 그래프와 동일하며 $v(10)=20$이다.

이제 우리는 (a), (b) 두 그래프가 결국 하나를 의미한다는 것을 볼 것이다. $f(t)=t^2$이면 $v(t)=2t$이다. 이것이 미적분학의 핵심 계산이며, 식으로 보기 전에 언어로 이해하고 있다. 시간 $t+h$에서의 거리를 계산하고, 시간 t에서의 거리를 빼서 h로 나누면 다음과 같이 평균 속도를 얻는다.

$$v_{평균}=\frac{f(t+h)-f(t)}{h}=\frac{(t+h)^2-t^2}{h}=\frac{t^2+2th+h^2-t^2}{h}=2t+h \qquad (3)$$

이것은 $t=10$일 때 이전의 속도 계산과 동일하다. 평균은 $20+h$이었다. 이제 평균은 $2t+h$이다. 이는 시간 간격(증분) h에 의존한다. 이때 h가 0에 가까워질 때 속도가 어떻게 되는지 볼 수 있다. 시계가 t를 가리킬 때 그 순간에서의 평균은 속도계의 값인 $2t$에 훨씬 더 가까워진다.

5 h가 0에 가까워짐에 따라 평균 속도 $2t+h$는 $v(t)=2t$에 가까워진다.

NOTE_ 식 (3)은 미적분학에서 문자가 왜 필요한지 잘 보여준다. v의 그래프 전체를 원한다면 시간을 '변수'로 두어야 한다. 이는 보통 문자 t로 표현한다. 특정 시간 $t=10$ 및 특정 증분 $h=1$에서 숫자로도 충분히 속도를 계산할 수 있지만, 문자를 사용한 계산은 이 단계를 넘어설 수 있게 한다. 임의의 t와 $t+h$ 사이의 속도의 평균은 $2t+h$이다. 문자에 수를 대입하는 것을 주저하지 말자.

또한 미적분은 **평균의 극한값**을 요구한다. h가 0으로 줄어들면 그래프의 점들이 더 가까워진다. 즉 '한 구간에 걸친 평균'은 '순간의 속도'가 된다. 일반적인 극한값 이론에서는 극한값을 구하는 것이 간단하지만은 않지만(어렵지만도 않다) 여기서는 다루지 않아도 된다. 앞 예시에서는 극한값을 쉽게 얻을 수 있다. $h \to 0$일 때 속도의 평균 $2t+h$는 $2t$에 가까워진다.

이 절에서 해야 할 일은 무엇일까? 우리는 이미 두 번째 질문에 답하였다. 즉 거리로부터 속도를 찾았다. 하지만 아직 첫 번째 질문에는 답하지 못했다. $v(t)=2t$가 시간에 따라 선형적으로 증가한다면 거리는 얼마일까? 이전에 한 과정과 반대로 해결해야 한다. 즉 적분이다.

미적분학의 기본 정리에 따르면 새로운 내용이 추가되는 것은 아니다. **$f(t)$의 기울기가 v가 되면 v의 그래프에 의한 넓이가 f의 그래프가 된다는 사실로 돌아가게 되는 것뿐이다.** 주행 거리 측정치 $f=t^2$은 속도계 수치 $v=2t$를 나타낸다. 기본 정리에 따르면, $2t$ 아래 넓이가 t^2이어야 한다. 그러나 우리는 확실히 어떤 기본 정리도 증명하지 못했기 때문에 영역을 직접 계산해서 확인해보는 것이 안전하다.

다행스럽게도 이번에는 구하는 값이 삼각형의 넓이다. 삼각형의 밑변은 t이고 그 높이는 $v=2t$이다. 넓이는 $f(t)$와 동일하다.

$$\text{넓이} = \frac{1}{2}(\text{밑변})\cdot(\text{높이}) = \frac{1}{2}(t)(2t) = t^2 \qquad (4)$$

예제 1 시간을 기준으로 그래프를 평행이동 시켜보자. 차가 $t=1$ 이전에는 움직이지 않는다고 가정하면 그 시간까지 $v=0$, $f=0$이다. 차가 움직인 후에는 $v=2(t-1)$이고, $f=(t-1)^2$이다. 시간이 어떻게 1만큼 연장되는지 수식으로 알 수 있다. [그림 1-13]은 시간이 그래프에 어떻게 영향을 끼치는지 보여준다.

예제 2 2부터 또 다른 상수 a까지 가속도가 변했다고 가정하자. 속도는 $v=2t$로부터 $v=at$까지 변한다. **가속도는 속도 곡선의 기울기이다!** 다음과 같이 거리는 a에 비례하고 비례상수는 $\frac{1}{2}$이다.

$$\text{가속도 } a \Leftrightarrow \text{속도 } v=at \ \Leftrightarrow \text{거리 } f=\frac{1}{2}at^2$$

a가 1이면 $v=t$이고 $f=\frac{1}{2}t^2$이다. 그것은 미적분에서 가장 유명한 쌍 중 하나이다. a가 중력 상수 g이면 $v=gt$는 하강하는 물체의 속도이다. 속도는 무게에 좌우되지 않는다(피사의 사탑에서 갈릴레오가 실험했다). 아마도 그는 속도가 $v=gt$라는 사실보다 거리가 $f=\frac{1}{2}gt^2$임을 더 쉽게 알게 됐을 것이다. 어쨌든 이것은 물리에서 가장 유명한 쌍이다.

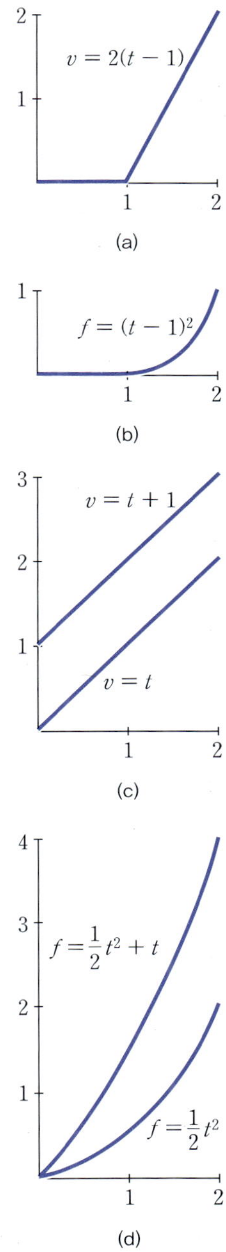

[그림 1-13] 시간이 지연됐을 때의 속도와 거리. $v=at+b$과 $f=\frac{1}{2}at^2+bt$

예제 3 $f(t)=3t+t^2$일 때, t에서 $t+h$까지 평균 속도는 다음과 같다.

$$v_{\text{평균}}=\frac{f(t+h)-f(t)}{t}=\frac{3(t+h)+(t+h)^2-3t-t^2}{h}$$

거리의 변화는 $3(t+h)$에서 $3t$를 뺀 $3h$만큼 추가로 생긴다. 속도는 $3h$에서 h를 나눠 3만큼 추가로 생긴다. $3t$가 거리에 더해지면 3이 속도에 더해진다. 만약 갈릴레오가 그것을 자연스럽게 떨어뜨리지 않고 무게를 실어 아래로 던졌다면, 떨어지기 시작할 때의 속도는 v_0가 되고, 거리는 $f=\frac{1}{2}at^2$에 v_0t만큼을 더하면 된다.

시간에 따른 함수

한 직선의 기울기에 대한 아이디어는 어렵지 않다. f의 변화를 t의 변화로 나누면 된다. 2장에서는 y의 변화를 x의 변화로 나눌 것이다. 미적분학을 공부하면 알겠지만 선이 움직일 때 기울기의 변화를 나타내는 것이 어려운 부분이다.

[그림 1-14(a)]는 곡선 위의 두 점 A와 B 사이의 선을 보여준다. 이것은 '할선secant line'이고, 기울기는 평균 속도와 같다. 미적분의 역할은 **곡선을 따라 점 B를 점 A 방향으로 가져오는 것이다.**

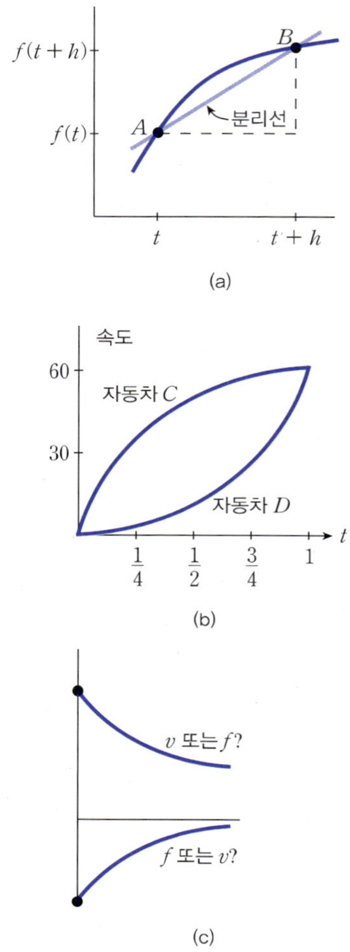

[그림 1-14] (a) 직선의 기울기와 곡선의 기울기, (b) 두 속도 그래프들, (c) 두 곡선은 각각 어떤 그래프인가?

Q_ A를 기준으로 한 B의 높이인 'f의 변화'에 무슨 일이 생길까?

A_ f의 변화는 0으로 감소한다. t의 변화도 마찬가지다.

Q_ B가 A에 가까워지면 직선의 기울기는 증가할까? 아니면 감소할까?

A_ 이는 너무나도 중요하기 때문에 여러분 스스로 답해보길 바란다. B가 A에 가깝게 또 다른 분리선을 그려보고, 기울기를 비교해라.

이 질문은 워싱턴 대학의 스티브 멍크Steve Monk에 의해 작성되었으며, 57%의 학생들이 정답을 맞혔다. 아마도 97%가 수식에서 올바른 기울기를 발견했을 것이다. [그림 1-14(b)]는 반대 상황의 문제를 보여준다. 이때 우리는 거리가 아니라 속도를 안다. 미적분학은 두 함수에 대한 질문에 답을 준다.

Q_ 시간 $t=3/4$에서 어느 차가 더 빨리 가는가?

A_ 자동차 C가 더 빠른 속도로 달리며 자동차 D는 더 큰 가속을 한다.

Q_ 자동차가 함께 움직이기 시작한다면, 마지막에 D는 C를 따라잡는가? $t=\frac{1}{2}$와 $t=1$ 사이에서 두 자동차는 더 가까워지는가? 아니면 더 멀어지나?

A_ 이 문제는 보통 절반 이상의 학생들이 잘못된 답을 한다. 당신은 그렇지 않았겠지만, 학생들이 왜 잘못된 대답을 했는지는 알 수 있을 것이다. 속도 그래프

를 보고 거리 그래프를 상상해보자. 자동차 C가 더 빨라질 때, 그들 사이의 거리는 _____질 것이다.

반복하면, 자동차는 동시에 출발하지만 동시에 도착하지는 않는다. 그들은 $t=1$에서 같은 속도에 도달하지만 이동 거리가 같지는 않다. 자동차 C가 더 빨리 갔다. 두 자동차의 속도 변화를 보려면 그래프를 그려야 한다.

이러한 문제를 통해 한 가지 중요한 사실을 알게 되었다. 속도(또는 기울기)를 찾는 것은 거리(또는 넓이)를 찾는 것과 완전히 다르다는 것이다.

1. 특정 시간 t에서 f의 그래프의 **기울기**를 찾기 위해 전체적인 흐름까지 알 필요는 없다.
2. 특정 시간 t까지 v의 그래프에 의한 **넓이**를 찾으려면 전체적인 흐름을 알아야만 한다.

거리 변화를 아는 구간이 짧아도 $v(t)$를 찾기에는 충분하다. 점 B는 점 A쪽으로 이동한다. 기울기의 문제는 국소적이다. 속도는 점 A 근처의 $f(t)$에 의해 완전히 결정된다. 반대로 속도 변화를 아는 구간이 짧으면 전체 거리를 찾기는 어렵다. 더 이전의 주행 거리를 알아야 한다. 그렇지 않으면 전체 거리가 아닌 일부 거리의 증가량만 알 수 있다.

1.3 문장제 문제

01 거리 $f(2)=100$과 $f(6)=200$ 사이의 평균 속도는 __a__이다. 만일 $f(t)=\frac{1}{4}t^2$이면 $f(6)=$ __b__이고 $f(8)=$ __c__이고, 그 사이의 평균 속도는 __d__이다. $t=6$일 때와 $t=8$일 때의 순간 속도는 __e__이고 __f__이다.

02 $f(t)$와 $f(t+h)$ 사이의 평균 속도는 $v_{평균}=$ __g__(으)로 계산된다. $f(t)=t^2$이면 $v_{평균}=$ __h__이다. $t=1$에서 $t=1.1$까지 평균은 __i__이다. 순간 속도는 $v_{평균}$의 __j__이다. 거리가 $f(t)=\frac{1}{2}at^2$일 때 속도는 $v(t)=$ __k__이고, 가속도는 __l__이다.

03 $f(t)$의 그래프에서 A와 B 사이의 평균 속도는 __m__의 기울기이다. A에서의 속도는 __n__에 의해 알 수 있다. B에서의 속도는 __o__에 의해서 알 수 있다. 속도가 양수이면 거리는 __p__이다. 속도가 증가하면 차는 __q__이다.

1.3 연습문제

01 각 함수에 대하여 $t=5$와 $t=8$ 사이의 평균 속도를 계산하라.

(a) $f(t)=6t$ (b) $f(t)=6t+2$ (c) $f(t)=\frac{1}{2}at^2$

(d) $f(t)=t-t^2$ (e) $f(t)=6$ (f) $v(t)=2t$

02 문제 **01**과 같은 함수들에서 $[f(t+h)-f(t)]/h$를 계산하라. 이것은 t와 h에 의존한다. $h\to 0$일 때 극한값을 찾아라.

03 주행 거리계가 $f(t)=t^2+t$를 따를 때 (f는 미터나 킬로미터로 표현되고 t는 시간이다) 다음 두 시간 사이의 평균 속도를 각각 찾아라.

(a) $t=1$과 $t=2$

(b) $t=1$과 $t=1.1$

(c) $t=1$과 $t=1+h$

(d) $t=1$과 $t=0.9$(즉, $h=-0.1$)

04 $f(t)=t^2+t$에 대해서 다음 두 시간 사이의 평균 속도를 각각 찾아라.

(a) $t=0$과 1 (b) $t=0$과 $\frac{1}{2}$ (c) $t=0$과 h

05 문제 **03** (c)의 답에서 $h\to 0$일 때 극한값을 찾아라. 이 극한값의 의미는 무엇인가?

06 문제 **04** (c)의 답에서 $h=0$이라고 하자. $f(t)=t^2+t$의 그래프를 그리고, $t=0$에서의 기울기를 찾아라.

07 $v(t)=1+2t$의 그래프를 그려라. 기하적으로 0과 1 사이에서 그래프에 의한 넓이를 찾아라. 넓이 함수 $f(t)$의 기울기를 찾아라.

08 $v(t)=3-2t$와 넓이 $f(t)$의 그래프를 그려라.

09 다음 문장이 참 또는 거짓인지 판별하라.

(a) 거리 $f(t)$가 양수이면 $v(t)$도 양수이다.

(b) 거리 $f(t)$가 증가하면 $v(t)$도 증가한다.

(c) $f(t)$가 양수이면 $v(t)$는 증가한다.

(d) $v(t)$가 양수이면 $f(t)$는 증가한다.

10 $f(t)=6t^2$일 때 f의 그래프와 v의 그래프의 기울기를 찾아라. v의 그래프의 기울기는 ______이다.

11 $f(t)=t^2$이면 $t=0.9$와 $t=1.1$ 사이의 평균 속도는 얼마인가? $t-h$와 $t+h$ 사이의 평균은 무엇인가?

12 (a) $f(t)=\frac{1}{2}at^2$에 대해서 $t-h$와 $t+h$ 사이의 평균 속도는 t에서의 속도와 정확히 같음을 보여라.

(b) $t-h$와 $t+h$ 사이에서 $v(t)=at$에 의한 넓이는 정확히 밑변 $2h$와 ______을(를) 곱한 것이다.

13 $f(0)=12$일 때 $v(t)=20t$를 이용하여 $f(t)$를 찾아라. 같은 과정을 $f(1)=12$일 때에도 반복하라.

14 곡선 거리에 대한 다음 문장이 참인지 거짓인지 판별하라.

(a) A와 B를 잇는 직선의 기울기는 두 점 사이의 평균 속도이다.

(b) 할선은 곡선보다 더 작은 기울기를 가진다.

(c) 동시에 출발하고 동시에 도착하는 $f(t)$, $F(t)$에 대해서 두 평균 속도는 같다.

(d) 동시에 출발하고 동시에 도착하는 $v(t)$, $V(t)$에 대해서 증가한 거리는 같다.

15 한 사람이 뛰어올랐다가 다시 떨어질 때 시간에 따른 높이는 $y=2t-t^2$이다.

(a) 이차식과 그 기울기의 그래프를 그려라.

(b) 떠 있는 시간과 최대 높이에 도달한 시각을 각각 구하라.

(c) 다음을 증명하라. 떠 있는 시간의 절반은 $y=\frac{3}{4}$ 위에 있다.

(c)에 의하면 농구 선수는 부분적으로 공기 중에 '매달려' 있는 셈이다.

16 $f(t)=t^2$, $g(t)=f(t)-2$, $h(t)=f(2t)$의 $t=0$와 $t=1$ 사이에서의 그래프를 각각 그리고, 속도를 찾아라.

17 **(추천 문제)** 상향, 하향 속도가 $t\le 3$일 때 $v(t)=2t$로 $t\ge 3$에서 $v(t)=12-2t$로 주어졌다고 하자. 조각적 이차식으로 표현되는 함수 $f(t)$를 그려라. $f(6)$이 $v(t)$ 그래프에 의한 넓이임을 확인하여라.

18 $v(t)$가 $t\le 2$일 때 $v(t)=t$, $t\ge 2$일 때 $v(t)=2$로 주어졌다. $t=3$까지 $f(t)$의 그래프를 그려라.

19 $v(t)$가 다음 값으로 선형적으로 증가할 때, $t=4$까지 $f(t)$의 그래프를 그려라.

(a) 0에서 2 (b) -1에서 1 (c) -2에서 0

20 **(추천 문제)** $v(t)$가 1.2절에서 다룬 조각적 선형으로 나타낸 사인 함수라고 하자([그림 1-8]에서 거리를 보였다). $t=0$과 $t=1,2,3,4,5,6$ 사이에서 $v(t)$에 의한 넓이를 찾아라. 각 $t=1,2,3,4,5,6$에 해당하는 함숫값들 $f(1),\cdots,f(6)$을 그리고 완전히 조각적으로 이차인 $f(t)$를 그려라.

21 $0 \le t \le 2$에서 $f(t) = |1-t^2|$의 그래프를 그려라. $v(t)$의 식을 세 가지 범위로 나누어서 수식으로 표현하라.

22 다음 속도에 대하여 $t=2$까지 $f(t)$의 그래프를 그려라.

(a) $v(t) = 1-t$

(b) $v(t) = |1-t|$

(c) $v(t) = (1-t) + |1-t|$

23 $f(t) = t^2 - 3t$가 10에 도달하는 것은 언제인가? 그 시각까지 평균 속도와 그 시각에서의 순간 속도를 찾아라.

24 $f(t) = \frac{1}{2}at^2 + bt + c$일 때 $v(t)$는 무엇인가? $v(t)$의 기울기는 무엇인가? $a=b=c=1$일 때 $f(t)$가 41과 같아지는 때는 언제인가?

25 $f(t) = t^2$일 때 $v(t) = 2t$이다. 가속 함수인 $f(4t)$는 속도로 $v(4t)$나 $4v(t)$ 또는 $4v(4t)$를 갖는가?

26 $f(t) = t - t^2$일 때 $v(t)$와 $f(3t)$를 찾아라. $f(3t)$의 기울기로 $v(3t)$나 $3v(t)$ 또는 $3v(3t)$를 갖는가?

27 $f(t) = t^2$일 때 0과 t 사이의 $v_{평균}(t)$를 찾아라. $v_{평균}(t)$과 $v(t)$의 그래프를 그려라.

28 평균 속도가 $v_{평균}(t)$일 때 거리 $f(t)$를 어떻게 찾을 수 있을까? (단, $f(0) = 0$이다)

1.4 원운동

이 장에서는 완전히 새로운 거리와 속도, 즉 삼각법의 사인과 코사인을 소개할 것이다. 세 변의 길이가 각각 $\cos t, \sin t, 1$인 직각삼각형을 생각해보자. 피타고라스Pythagoras 정리 $a^2 + b^2 = c^2$에 따르면 $(\cos t)^2 + (\sin t)^2 = 1$이다. 두 변의 제곱을 더하여 빗변의 제곱이 되고 1은 실제로 1^2이다. 당장은 다른 사실까지 알 필요는 없다. 지금부터 삼각법의 중요한 내용을 공부할 것이므로 삼각법을 모른다고 해서 당황하지 말자.

앞으로 사인과 코사인의 그래프는 물결 모양임을 알게 될 것이다. 이제 이 그래프의 기울기를 찾으려고 한다. 이는 $\sin(x+y)$와 $\cos(x+y)$의 공식을 쓰지 않고도 가능하다. 나중에 다양한 문자와 계산을 이용하여 동일한 기울기를 얻을 것이다. 여기에서는 기본적으로 필요한 것들만 다루겠다.[7] 삼각형이 얼마나 복잡해질 수 있는지 살펴보자.

NOTE _ 삼각법은 측량사와 항해자(삼각자를 사용하는 사람들)만을 위한 것이라고 생각할 수 있다. 전혀 아니다! 훨씬 더 넓게 쓰이는 용도는 회전과 가는 진동vibration 및 규칙적인 진동oscillation이다. 사인과 코사인이 원 위를 움직이거나 위아래로 움직이는 '반복 동작'을 표현하는 데 이상적이라는 사실은 환상적이다.

7 사인과 코사인은 매우 중요하므로 1.5절에서 삼각법에 대한 설명을 추가했다. 그러나 이 절에서 다루는 개념이 수식보다 더 중요할 수도 있다.

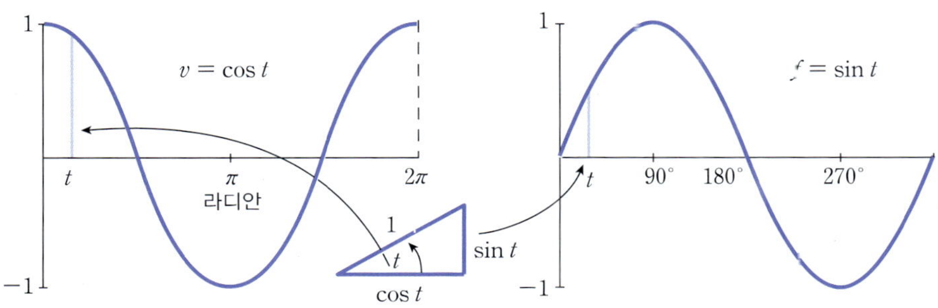

[그림 1-15] 각 t가 변함에 따라 두 그래프는 직각삼각형의 양변을 보여준다.

여기서 우리의 목표는 속도를 상식적으로 계산할 수 있는 또 하나의 예를 살펴보는 것이다. 미적분은 주로 상식의 확장이지만 여기서는 그럴 필요가 없다. 우리는 사인 곡선의 기울기를 찾을 것이다. 직선 $f = vt$의 경우 다소 쉬웠고, 포물선 $f = \frac{1}{2}at^2$은 더 어려웠다. 새로운 예에는 주변에서 자주 볼 수 있는 사실적인 동작을 포함한다. 위치가 주어지고 속도를 구할 수 있는 **원운동**circular motion부터 시작해보자.

반지름이 1인 원을 돌면서 이동하는 공이 있다고 가정하자. 중심은 $x = 0$, $y = 0$(원점)에 있다. x좌표와 y좌표는 $x^2 + y^2 = 1$을 만족하여 공이 원 위에 있다. [그림 1-16(a)]와 같이 수평선에 각을 부여하여 위치를 지정하고, 일정한 속도로 공이 움직이게 한다. 이때 **각은 시간 t와 같다**. 공은 반시계 방향으로 이동하고, 각이 1일 때 시간 1에서의 지점에 도달한다. 각은 육십분법이 아닌 라디안 단위로 측정되므로 전체 원은 $t = 360°$ 대신 $t = 2\pi$에서 완성된다.

공은 각이 0인 x축에서 출발한다. 시간 t일 때 공의 위치는 다음과 같다.

공은 $x = \cos t$, $y = \sin t$의 위치에 있다.

이는 삼각법의 유용함을 보여준다. 코사인은 1과 -1 사이에서 진동하며, 공이 맨 오른쪽에서 맨 왼쪽으로 갔다가 다시 돌아감에 따라 진동한다. 사인은 $\sin 0 = 0$부터 시작하여 1과 -1 사이에서 진동한다. 시간 $\pi/2$에서 사인(높이)은 1로 증가한다. 코사인이 0일 때 공이 최고점 $x = 0$, $y = 1$에 도달한다. 각 시간 π에서 코사인값이 -1, 사인값이 0이고(좌표는 $(-1, 0)$이다) $t = 2\pi$에서 원이 완성되며 이때 각 또한 2π이고 $x = \cos 2\pi = 1$, $y = \sin 2\pi = 0$이다.

이때 반지름이 1이기 때문에 원의 둘레(원주)의 길이는 $2\pi r = 2\pi$이다. 공은 시간 2π에서 거리 2π만큼 이동한다. 따라서 **속력은 1이다.** 이때 속력뿐 아니라 방향도 포함한 속도를 찾아야 한다.

육십분법과 라디안 완전한 원은 360도이자 2π라디안이다. 따라서 다음과 같다.

$$1\text{라디안} = 360/2\pi\text{도} \approx 57.3\text{도}$$
$$1\text{도} = 2\pi/360\text{라디안} \approx 0.1745\text{라디안}$$

위 식과 같은 무한소수를 피하기 위해 라디안이 발명되었다! 속력은 정확히 1라디안이다. 즉, 시간 t에서 t라디안에 도달한다. 공이 t도에 도달하면 속력은 $0.1745t$라디안이 될 것이다. 또한 공이 시간 $T = 360$도에 원을 완성한다. 360개의 조각들로 나뉜 원에 의해 이런 복잡한 숫자가 나오므로 우리는 육십분법이 아닌 라디안을 주로 사용할 것이다.

육십분법과 라디안을 비교할 수 있는 한 예는 $\sin 1° \approx 0.17$, $\sin 1 \approx 0.84$이다.

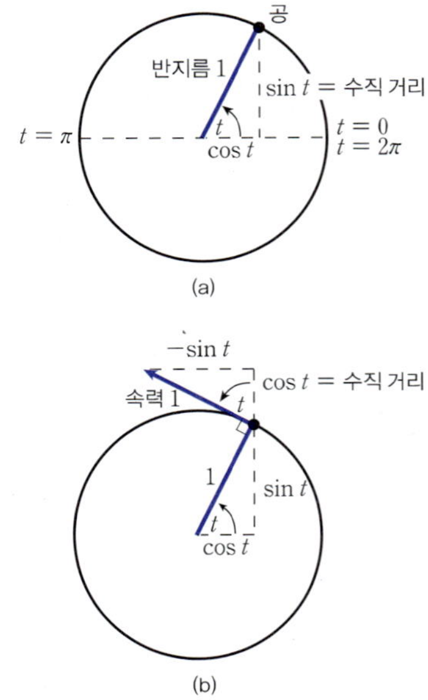

[그림 1-16] 속도 1, 각 t, 높이 $\sin t$, 위로의 속도 $\cos t$의 회전운동

공의 속도

시간 t에서 공이 어느 방향으로 가는가? 미적분은 t와 $t+h$ 사이의 움직임을 본다. 끈이 달린 공에 대해서는 미적분이 필요하지 않으므로 그냥 그대로 내버려 두자. **공이 운동하는 방향은 원의 접선 방향과 같다.** 공이 원 위에 있을 힘이 없어지면 공은 원의 접선 방향으로 날아간다. 공이 달이라면, 힘은 중력이다. 만약 공이 체인에 달려 회전하는 망치라면, 힘은 중심에서 발생한다. 던지는 사람이 망치를 놓으면 망치가 날아간다(나는 MIT에서 친구가 망치에 맞은 것을 본 적이 있다. 그는 살아남았지만 던진 사람은 그 일을 그만두었다). 미적분을 사용하여 t와 $t+h$에서의 점들이 서로 가까워질 때 그 두 점에서의 접선 방향이 같다는 것을 보일 것이다.

속도 삼각형velocity triangle이 [그림 1-16(b)]에 있다. 원 안에 위치한 삼각형이 90도만큼 회전한 것이다. 빗변은 공이 움직이는 방향에서 원에 접한다. 길이(속력)는 1이다. 각은 여전히 t지만 그것은 이제 수직인 방향으로부터 측정된 각이다. **위치의 상향 성분**upward component이 $\sin t$일 때 속도의 상향 성분은 $\cos t$이다. 이는 공식보다는 그림을 기반으로 어렵지 않게 알 수 있다. 이번 절의 나머지 부분은 이 사실에 의존하고, 특정한 점에서 $v=\cos t$임을 확인할 것이다.

$t=0$에서 시작할 때, 움직임은 모두 위로 향한다. 높이는 $\sin 0=0$이고 상향 속도upward velocity는 $\cos 0=1$이다. 시간 $t=\pi/2$에서 공은 가장 높은 곳에 도달한다. 높이는 $\sin(\pi/2)=1$이고 상향 속도는 $\cos(\pi/2)=0$이다. 그 순간 공은 위나 아래로 움직이지 않는다.

수평 속도horizontal velocity는 음수를 허용한다. 처음에는 공이 왼쪽으로 이동하므로 x의 값은 $\cos t$이지만 x 방향의 속력은 $-\sin t$이다. 삼각법의 (성질) 절반이 [그림 1-16]에 나타나 있으며, $\sin^2 t+\cos^2 t=1$이 어떻게 기본이 되는지 보여준다. 이 방정식은 매번 위치와 속도에 적용된다.

평면 기하의 응용 [그림 1-16(b)]에서 직각삼각형은 그 크기와 모양이 동일하다. 공 위에서 각 t는 중심에서의 각 t와 같으므로 직각삼각형은 모두 합동이다. 공에서 세 각을 모두 더하면 $180°$가 되기 때문이다.

진동 : 상하운동

이제부터 직선 운동을 공부하기 위해 원운동을 이용할 것이다. 이때 y축이 직선 역할을 할 것이다. 원 주위를 도는 공 대신 질량mass이 y축에서 위아래로 움직인다고 하자. 그것은 $y=1$과 $y=-1$ 사이에서 진동한다. 이때 **질량은 '공의 그림자'이다.**

$v=1$과 $v=-1$에서 뜻하지 않은 급격한 진동이 있다. 견딜은 속도는 마치 두 개의 벽 사이에서 속도를 늦추지 않고 튀는 당구공의 속도와 같다. 벽 사이의 거리가 2인 경우, $t=4$에서 공은 처음 위치로 돌아간다. 이때 거리 그래프는 1.2절에서 살펴본

지그재그(또는 톱니) 모양이다.

움직임을 분석할 때 보통 부드러운 동작을 더 선호한다. $+1$과 -1 사이에서 점프하는 속도 대신에, 실제 진동은 0까지 느려졌다가 서서히 다시 속도를 증가시킨다. 질량은 공을 뒤로 당기는 스프링 위에 있다. 스프링이 완전히 당겨지면 속도가 0으로 떨어진다. 질량이 반대 방향으로 같은 거리만큼 가면 v는 음수이다. $f=vt$와 $f=\frac{1}{2}at^2$이 가장 중요한 한쪽 방향의 움직임인 반면, **단순 조화 운동**simple harmonic motion은 가장 중요한 앞뒤로의(양방향의) 움직임이다.

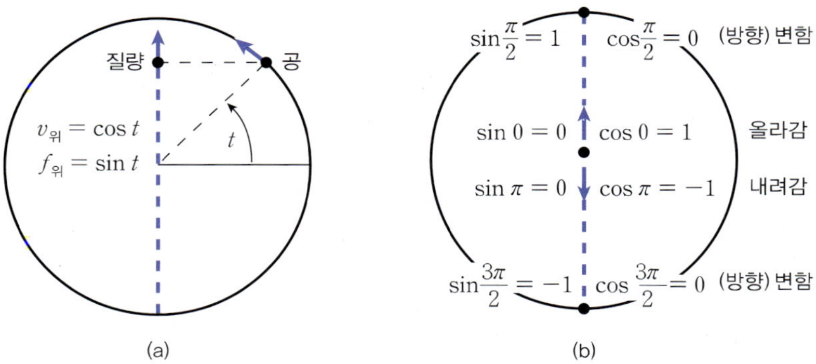

[그림 1-17] 공의 원운동과 질량(공의 그림자)의 조화운동

이 진동을 수학적으로 어떻게 표현할 수 있을까? 가장 좋은 방법은 공이 원 위에 있다고 생각하는 것이다. **공의 높이는 질량의 높이가 된다.** '공의 그림자'는 공과 수평을 이루며 위아래로 움직인다. 공이 원의 꼭대기를 지날 때 질량은 맨 꼭대기에서 멈추고 아래로 움직인다. 공이 바닥 주변에서 회전하면 질량이 멈추고 양의 방향으로 다시 y축을 올라간다. 중앙에서 위로(또는 아래로)의 속력은 1이다.

[그림 1-17(a)]는 시간 t에서의 질량을 보여준다. 공의 높이는 $y=f(t)=\sin t$이다. 이 높이는 $f=1$과 $f=-1$ 사이에서 진동한다. 그러나 질량은 일정한 속도로 움직이지 않는다. **공의 속력은 항상 1이지만 질량의 속력은 변한다.** 전체적인 주기는 여전히 2π이지만 그 주기 내에서 질량의 속력이 빨라졌다가 느려진다. 문제는 변화하는 속도 v를 찾는 것이다. 거리가 $f=\sin t$이기 때문에 속도는 사인 곡선의 기울기가 될 것이다.

사인 곡선의 기울기

가장 꼭대기와 가장 아래($t=\pi/2, t=3\pi/2$)에서 공은 방향을 바꾸고 $v=0$이 된다. 사인 곡선의 가장 꼭대기에서와 가장 아래에서 기울기는 0이다.[8] 시간이 0일 때 공이 똑바로 올라가며, 사인 곡선의 기울기는 $v=1$이다. $t=\pi$에서 공과 질량 및 f의 그래프가 내려갈 때, 속도는 $v=-1$이다. 질량은 중심으로 가장 빠르게 간다. 질량은

8 쉬운 사실처럼 보이지만 매우 중요하다는 것을 나중에 알게 될 것이다. **최대 또는 최소에서의 기울기는 0이며** 곡선은 수평을 유지한다.

높이가 최대 또는 최소에 도달할 때 가장 느리게 움직인다(실제로 멈춘다). 속도 삼각형은 매 시간 t마다 v를 보여준다.

질량의 상향 속도를 찾으려면 공의 상향 속도를 관찰해야 한다. 두 속도는 동일하다! 무게와 공이 같은 수준에 있으며, 우리는 원운동에서 v를 알 수 있다. **상향 속도는 $v = \cos t$ 이다.**

[그림 1-18]은 우리가 원하는 결과를 보여준다. (b)에서 $f = \sin t$는 높이가 되고, (a)에서 속도는 $v = \cos t$가 됨을 볼 수 있다. 그 속도는 f 곡선의 기울기이다. 높이와 속도(실선)는 함께 진동하지만 위상은 벗어나며 위치 삼각형과 속도 삼각형이 직각을 이룬다. 삼각함수의 가장 유명한 두 가지 함수가 미적분에서 한 쌍을 이룬다는 사실은 굉장히 환상적이다. 바로 사인 곡선과 코사인 곡선이다. **사인 곡선의 기울기는 코사인 곡선이다.**

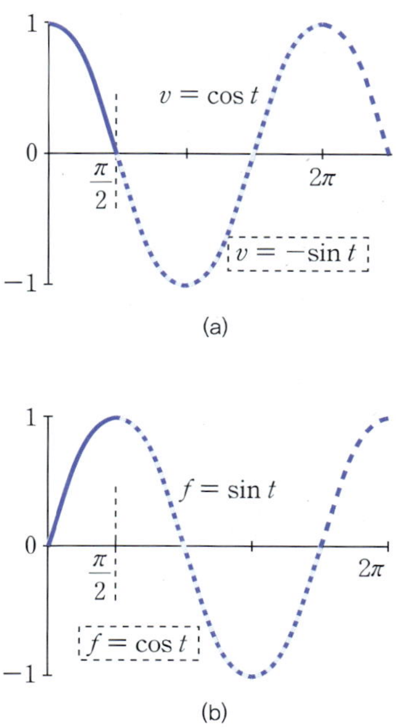

[그림 1-18] $f = \sin t$일 때 $v = \cos t$(실선), $f = \cos t$일 때 $v = -\sin t$(점선)

거리가 $f(t) = \sin t$일 때 속도는 $v(t) = \cos t$이다.

$\sin t$의 기울기는 보통의 방법으로 계산되지 않았다. 이전에는 $(t+h)^2$과 t^2을 비교하고 그 거리를 h로 나눴다. 이 평균 속도는 h가 작아짐에 따라 기울기 $2t$에 접근했다. **$\sin t$도 이와 같은 방법으로 평균 속도를 구할 수 있다.**

$$\text{평균 속도} = \frac{\sin t\text{의 변화}}{t\text{의 변화}} = \frac{\sin(t+h) - \sin t}{h} \tag{1}$$

식 (1)에서 우리는 $\sin(t+h)$의 수식을 찾아야 한다. 어떻게든 식 (1)의 분수식은 $h \to 0$에 따라 $\cos t$로 접근해야 한다(실제로 이렇게 된다). 사인과 코사인은 t^2과 $2t$와 동일한 방식으로 맞춰진다. 이를 위한 지름길은 원 주위에서 움직이는 그림자를 보는 것이다.

Q_ 공이 두 배로 빨라지면 시간 t에서 각 $2t$에 도달하는가?

A_ 이제 속력은 2이다. 원 전체를 도는 데 걸리는 시간은 π이다. 공의 위치는 $x = \cos 2t$, $y = \sin 2t$이다. 속도는 여전히 원에 접하지만 접선은 공이 위치한 각 $2t$에 있다. 따라서 $\cos 2t$는 수직 속도에 속하며 $-\sin 2t$는 수평 속도에 속한다. 차이점은 **속도 삼각형이 두 배로 크다는 것이다.** 즉 수직으로의 속도는 $\cos 2t$가 아니라 $2\cos 2t$이고, 수평 속도는 $-2\sin 2t$이다. 앞에 붙은 2에 주목하라!

Q_ $t = 0$에서 $t = \pi/2$까지 코사인 곡선에 의한 넓이는 무엇인가?

A_ 미적분학의 기본 정리(넓이를 계산하는 과정은 기울기를 계산하는 과정의 역과정이다)를 받아들이면 이 답을 알 수 있다. $\sin t$의 기울기는 $\cos t$이므로 $\cos t$에 의한 영역은 $\sin t$의 증가량이다. 아직 이에 대한 검토는 부족하지만

일단 사용하겠다.

$\sin t\, 0 = 0$에서 $\sin \pi/2 = 1$로 증가하면 증가량은 1이다.

여기서 미적분의 진가를 알 수 있다. 다른 방법으로는 코사인 곡선에 의한 넓이를 이렇게 빨리 계산할 수 없기 때문이다.

코사인 곡선의 기울기

또 다른 거리와 속도(다른 $f-v$ 쌍) 관계를 살펴보자. 이번에는 f가 코사인이다. 공은 원의 맨 꼭대기에서 출발한다. 이때 사인 곡선에서 $t = \pi/2$는 코사인 곡선에서 $t = 0$이 된다. [그림 1-18]의 점선은 새로운 출발을 보여준다. 그러나 그림자는 똑같이 움직인다. 공은 원 주위를 계속 돌아가며, 질량은 위아래로 움직인다. f의 그래프와 v의 그래프는 둘 다 사인 곡선의 결과를 시간 $\pi/2$만큼 이동한 것과 일치한다.

새로운 f의 그래프는 코사인 곡선이다. 새로운 v의 그래프는 **마이너스 사인** 곡선이다. 즉 코사인 곡선의 기울기는 사인 곡선의 음수를 취한 것과 같다. 이는 또 다른 유명한 거리와 속도 쌍이며, 앞에서 살펴본 쌍과 짝이 되는 관계이다.

거리가 $f(t) = \cos t$일 때 속도는 $v(t) = -\sin t$ 이다.

이제 우리는 공이 (위아래가 아닌) 좌우로 움직이는 것을 볼 수 있다. 이때 공의 거리는 $f = \cos t$이고, 가로지르는 속도는 $v = -\sin t$이다. 지금까지 살펴본 두 쌍의 거리와 속도가 1장에서 다룰 미적분학의 전부이다(삼각법은 앞으로 다룰 것이다).

일정한 속도에서 f는 vt와 같다. 일정한 가속도에서 $v = at$이고, $f = \frac{1}{2}at^2$이다. 조화운동에서 $v = \cos t$이고 $f = \sin t$이다. 우리의 목표는 미적분을 쓸 수 있는 여러 문제를 발견하는 것과 이러한 아이디어를 문제 해결에 사용하는 것이다.

주제를 다루는 새로운 방법은 컴퓨터를 쓰는 것이다. 이때에는 '무한히 작은' 극한을 다루지 못하며 대신 유한 증분 h를 사용한다. 비록 정확한 경사면이나 넓이는 찾을 수 없을지라도 해결할 수 있는 문제의 범위 내에서 결과를 압도적으로 빠르게 얻을 수 있다. 인류가 달에 착륙할 수 있었던 것도 컴퓨터를 사용하여 f와 v를 정확하게 찾았기 때문이다(달의 궤도는 사인과 코사인 곡선을 이룬다. 우주선은 $v = at$와 $f = \frac{1}{2}at^2$으로 출발한다. 오직 컴퓨터만이 대기와 태양의 중력 및 우주선의 무게 변화를 설명할 수 있다). **현대 수학은 정확한 수식과 근사 계산의 조합이다.** 어느 부분도 무시할 수 없으며, 수식 계산을 통해 도출된 결과를 여러분이 수치적으로 잘 해석할 수 있기를 바란다. 연습문제는 두 부분을 완전히 익히는 데 도움이 된다.

이 장은 집합이나 함수 또는 극한값에 대한 추상적인 논의가 아닌 아이디어를 이끌어내는 구체적인 질문을 통해 빠르게 시작하였다. 우리는 거리 함수 f와 평균 속도의 극한값 v를 찾아보았다. 앞으로 함수 및 더 많은 극한(과 그 정의!)을 만나게 될 것이다. 이때 중요한 예제를 일찍 공부하는 것이 중요하다. 아직 배워야 할 것들이 많이 남아 있지만 이번 과정은 이미 순탄히 시작되었다.

1.4 문장제 문제

01 단위원 위에 있는 각 t에서 공은 좌표 $x=$ ___a___, $y=$ ___b___를 갖는다. 각 $t=$ ___c___에서 전체 원이 완성되고, 공의 속도는 ___d___이다. 그 속도는 ___e___의 방향으로 향하며 이는 중심으로부터 나오는 반경인 ___f___이다. 상향 속도는 ___g___이며 수평 속도는 ___h___이다.

02 공이 위아래로 움직일 때 질량은 높이 $f(t)=$ ___i___을(를) 갖는다. 이를 단순히 ___j___운동이라고 부른다. 속도는 $v(t)=$ ___k___이며, $t=\pi/2$일 때 높이는 $f=$ ___l___이고 $v=$ ___m___이다. 속도가 빨라진 질량이 시간 t에서 $f=\sin 2t$에 도달하면 그 속도는 $v=$ ___n___이다. 공에 의해 움직이는 그림자는 $f=\cos t$와 $v=$ ___o___을(를) 갖는다. f가 거리 = 넓이 = 적분일 때, v는 ___p___ = ___q___ = ___r___이다.

1.4 연습문제

01 속력 1로 단위원 위를 움직이는 공에 대해서

(a) 5회전을 하는 데 얼마나 걸리는가?

(b) $t=3\pi/2$일 때 공은 어디에 있는가?

(c) $t=22$에서 (대략) 공은 어디에 있는가?

02 문제 01과 같은 운동에 대해서 $t=2\pi/3$일 때 정확한 x좌표와 y좌표를 찾아라. 공이 $t=2\pi/3$의 접선을 벗어난다면, 공이 x축을 지날 때 시간은 얼마인가?

03 공이 반지름이 4인 원을 따라 돌고 있다고 하자. 시간 t(공이 각 t에 도달할 때)에서 다음을 찾아라.

(a) x좌표와 y좌표

(b) 속력과 움직인 거리

(c) 수직 속도와 수평 속도(속도의 수직 성분 및 수평 성분)

04 반지름 R인 원에서 시간 t(혹은 각 t)일 때의 x좌표와 y좌표를 찾아라. 속도 삼각형을 그리고 속도 x와 y를 찾아라.

05 공이 각 0에서 출발하여 속력 3으로 단위원(반지름 1)을 돌고 있다고 하자. 시간 t에 대해서

(a) 공이 도달하는 각은 무엇인가?

(b) 공의 x좌표와 y좌표는 무엇인가?

(c) 공의 속도 x와 y는 무엇인가(이 부분은 더 어렵다)?

06 속력이 3인 공의 $\pi/2$라디안만큼 앞에 또 다른 공이 있을 때 시간 t에서 앞에 있는 공의 각, x좌표와 y좌표 및 수직 속도를 찾아라.

07 질량이 원래 공(속도가 1인 단위원에 있는)의 움직임에 따라 x축 위에서 이동한다고 하자. 이 공의 위치 $x=f(t)$는 무엇인가? $t=\pi/4$에서 x와 v를 구하라. x와 v를 $t=\pi$까지 그려라.

08 (공의 x축의 움직임에 따른) 새로운 질량은 (공의 y축의 움직임에 따른) 이전의 질량과 만나는가? 시간 t에서 질량들 사이의 거리는 무엇인가?

09 t축에 대해서 $f(t)=\cos 3t, \cos 2\pi t, 2\pi\cos t$의 그래프를 각각 그려라. 각 f가 반복될 때까지의 기간은 얼마인가?

10 $f=\sin(t+\pi)$와 $v=\cos(t+\pi)$의 그래프를 그려라. 이 진동은 공이 어디에 위치하게 하는가?

11 $f(t)=\sin(\pi/2-t)$와 $v=-\cos(\pi/2-t)$의 그래프를 그려라. 이 진동은 어느 방향에서 출발하는 공과 함께 수평을 유지할까?

12 $f(t)=\sin t+\cos t$의 그래프를 그려라. 가장 높은 높이(f의 최댓값)와 그 높이에 도달하는 시간을 추정하여라. f^2을 계산하여 계산한 근삿값을 확인하라.

13 공과 같은 위치에서 시작해서 원을 가로지른다고 하자. 반대편에서 공을 다시 만나기 위해서 얼마나 빨리 원을 가로질러 달려야 할까? 단, 공은 속도 1로 이동한다.

14 속도가 1인 공이 지나갈 때 질량은 단위원의 꼭대기에서 내려온다. 바닥에서 공과 질량이 만나려면 가속도 a가 얼마여야 할까?

15~18 $f=\sin t$에 대하여 다음 t의 변화에서 $v=\cos t$에 의한 넓이를 찾아라.

15 $t=0$에서 $t=\pi$

16 $t=0$에서 $t=\pi/6$

17 $t=0$에서 $t=2\pi$

18 $t=\pi/2$에서 $t=3\pi/2$

---

19 거리 곡선 $f=\sin 4t$는 속도 곡선 $v=4\cos 4t$를 만든다. 두 수식에 있는 4에 대해서 설명하라.

20 거리 곡선 $f=2\cos 3t$는 속도 곡선 $v=-6\sin 3t$를 만든다. 수식에 있는 -6에 대해서 설명하라.

21 속도 곡선 $v=\cos 4t$는 거리 곡선 $f=\frac{1}{4}\sin 4t$를 만든다. 수식에 있는 $\frac{1}{4}$에 대해서 설명하라.

22 속도 곡선 $v=5\sin 5t$가 만드는 거리는 무엇인가?

23 $v=\cos t$를 이용하여 $t=\pi/3$에서의 사인 곡선의 기울기를 찾아라. 같은 시간에 대해 $\sin\pi/2-\sin\pi/3$를 시간 차이 $\pi/2-\pi/3$로 나눠서 평균 기울기를 찾아라.

24 $t=0$에서 $f=\sin t$의 기울기는 $\cos 0=1$이다. $t=1, 0.1, 0.01, 0.001$에서의 평균 기울기 $(\sin t)/t$를 구하라.

25~30 위치가 $x=\cos t, y=\sin t$인 공이 (1) 시계 반대 방향으로 (2) 반지름 1인 원 위를 (3) $x=1, y=0$에서 출발하여 (4) 속력 1로 돌고 있다. 다음 각각의 운동에 대해서 (1), (2), (3), (4) 중 참이 되는 것들을 찾아라.

25 $x=\cos 3t,\ y=-\sin 3t$

26 $x=3\cos 4t,\ y=3\sin 4t$

27 $x=5\sin 2t,\ y=5\cos 2t$

28 $x=1+\cos t,\ y=\sin t$

29 $x=\cos(t+1),\ y=\sin(t+1)$

30 $x=\cos(-t),\ y=\sin(-t)$

31~36 진동 $x=0, y=\sin t$는 (1) 위아래로 (2) -1과 1 사이를 (3) $x=0, y=0$에서 출발하여 (4) 속도 $v=\cos t$로 움직인다. 문제 31~36에서의 진동에 대해서 (1), (2), (3), (4) 중 참이 되는 것들을 찾아라.

31 $x=\cos t,\ y=0$

32 $x=0,\ y=\sin 5t$

33 $x=0,\ y=2\sin(t+\theta)$

34 $x=\cos t,\ y=\cos t$

35 $x=0,\ y=-2\cos\frac{1}{2}t$

36 $x=\cos^2 t,\ y=\sin^2 t$

---

37 단위원 위에 있는 공이 시간 t에서 각 t도에 도달할 때, 공의 위치와 속력 및 상향 속도를 찾아라.

38 $x=\cos kt,\ y=\sin kt$가 $t=1$에서 1회전이 완성되는 숫자 k를 선택하라. 속력과 상향 속도를 구하라.

39 야구에서 투수가 던지기 전에 멈춤 동작이 없으면 반칙이 선언된다. 아메리칸 리그American League는 시간이 너무 짧아서 볼 수 없더라도 뒤에서 앞으로 움직일 때 그 사이에 항상 멈춤이 있다고 수학적으로 결정했다(따라서 반칙이 아니다). 사실일까?

1.5 삼각법

삼각법은 직각삼각형에서 시작한다. 삼각형의 크기는 각만큼 중요하지는 않다. 앞으로 특히 각 θ 그리고 세 변 x, y, r 사이 비율에 초점을 맞출 것이다. 삼각형의 크기가 달라져도 그 비율은 변하지 않는다. 세 변은 삼각함수의 기본인 여섯 가지 비율을 제공한다.

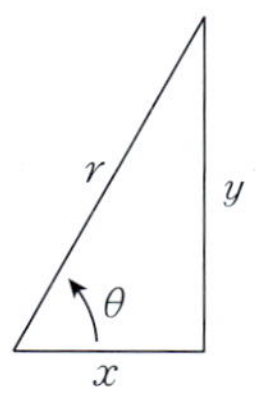

[그림 1-19]

$$\cos\theta = \frac{x}{r} = \frac{\text{밑변}}{\text{빗변}} \qquad \sec\theta = \frac{r}{x} = \frac{1}{\cos\theta}$$

$$\sin\theta = \frac{y}{r} = \frac{\text{높이}}{\text{빗변}} \qquad \csc\theta = \frac{r}{y} = \frac{1}{\sin\theta}$$

$$\tan\theta = \frac{y}{x} = \frac{\text{밑변}}{\text{높이}} \qquad \cot\theta = \frac{x}{y} = \frac{1}{\tan\theta}$$

물론 이 여섯 가지 비율이 서로 독립은 아니다. 오른쪽의 세 비율은 왼쪽 세 비율에 의해 직접 얻을 수 있다. 그리고 탄젠트[tangent]는 사인을 코사인으로 나눈 값이다.

$$\tan\theta = \frac{\sin\theta}{\cos\theta} = \frac{y/r}{x/r} = \frac{y}{x}$$

코사인 θ이 0으로 다가감에 따라 탄젠트 θ는 무한대로 다가간다. x가 0으로 다가가면 θ는 90°로 다가가고, 삼각형은 무한히 가파르게 된다. 90°의 사인은 $y/r = 1$이다. 삼각형으로 삼각비를 알아보는 것에는 꽤 큰 한계가 있다. 90°까지의 각도에는 적합하고, 180°까지도 괜찮다. 그러나 240°에 대한 삼각비는 삼각형으로 확인할 수 없다. 그러므로 이제 원을 가지고 삼각비에 대해 알아볼 것이다.

각은 x축의 양의 방향인 반시계 방향으로 측정한다. 따라서 90°는 위쪽을 향하는 y축과 평행인 직선, 180°는 왼쪽을 향하는 x축과 평행인 직선, 360°는 0°와 같은 방향이다(그러면 450°는 90°와 같다). 각 각도는 반지름이 r인 원 위에 점을 만든다. x좌표와 y좌표는 음수일 수 있다(단, r은 항상 양수). 점이 원 주위를 돌 때, 여섯 개의 비율 $\cos\theta, \sin\theta, \tan\theta, \sec\theta, \csc\theta, \cot\theta$의 그래프를 예상해보자. 코사인 파형은 사인 파형을 90°만큼 이동한 것과 같다.

원으로 삼각비를 볼 때 차이점이 하나 더 있다. 육십분법이 아닌 라디안으로 각을 측정해야 한다는 것이다. 원의 둘레의 길이는 $2\pi r$이고, 원 위의 두 점으로 이루어진 호의 길이는 θr이다. 따라서 **θ의 배수로 각을 측정해야 한다.** 반원의 길이는 πr이므로 각은 π라디안, 즉 180°이고, 원의 1/4은 $\pi/2$ 또는 90°이다. **θ 라디안을 나타내는 점까지**

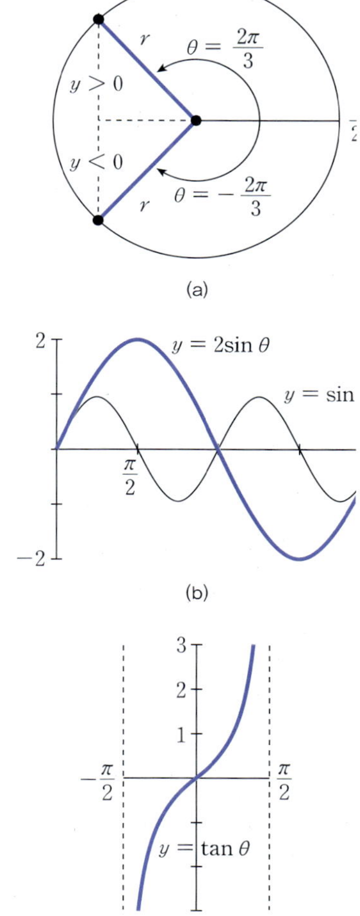

[그림 1-20] 원 위에서의 삼각법. $2\sin\theta$, $\sin 2\theta$, $\tan\theta$를 비교해보라(주기는 각각 $2\pi, \pi, \pi$).

호의 길이는 r과 θ의 곱이다.

$r=1$일 때 지금까지의 내용은 매우 단순해진다. 거리가 곧 θ가 되기 때문이다. $45°$는 원의 $\frac{1}{8}$이고 $2\pi/8$라디안이다. 그리고 호의 길이는 $2\pi/8$이다. $1°$ 또한 비슷하다.

$$360° = 2\pi \text{라디안},\ 1° = \frac{2\pi}{360}\text{라디안},\ 1\text{라디안} = \frac{360}{2\pi}°$$

시계 방향으로의 각은 음수이다. $-\pi/3$라디안은 $-60°$이고, 이렇게 반대 방향(시계 방향)으로 원의 $\frac{1}{6}$만큼 돌게 된다. 여섯 개의 함수들은 서로 어떤 영향을 미칠까?

만약 $-\theta$가 되더라도 r이 변하지 않는다는 것은 확실하다. x 또한 변하지 않는다([그림 1-20(a)] 참고). 그러나 $+\theta$가 위에 있으면 $-\theta$는 x축 아래에 있게 되기 때문에 y의 부호는 반대가 된다. 이때 y의 변화는 y/r, y/x에 영향을 주지만 x/r에는 영향을 주지 않는다.

$$\cos(-\theta) = \cos\theta \quad \sin(-\theta) = -\sin\theta \quad \tan(-\theta) = -\tan\theta$$

코사인은 짝함수even function(부호 변화 없음)이고, 사인과 탄젠트는 홀함수odd function(부호 변화 있음)이다.

원에서 $-\frac{1}{6}$만큼 움직인 점은 정방향으로 돌 때 원에서 $\frac{5}{6}$만큼 움직인 점과 같다. 그러므로 2π의 $\frac{5}{6}$(또는 $300°$)는 $-\pi/3$라디안 또는 $-60°$와 같은 방향이다. **각이 2π만큼 차이가 나면 x, y, r에 변화가 일어나지 않는다.** 그러므로 $\sin\theta$와 $\cos\theta$와 다른 네 개의 함수는 같은 주기 2π를 갖는다. 각에 10π 또는 200π를 더해서 원 위를 다섯 배, 또는 백 배까지도 돌 수 있으며, 이 경우 여섯 개의 함수는 각각이 그대로 반복된다.

예제 1 $\theta = 2\pi/3$(또는 $\theta = -4\pi/3$)에서 여섯 개의 삼각함수를 계산하라.

풀이

이 각은 [그림 1-20(a)]에서($r=1$일 때) 살펴봤다. 비율은 다음과 같다.

$$\cos\theta = x/r = -1/2 \qquad \sin\theta = y/r = \sqrt{3}/2 \qquad \tan\theta = y/x = -\sqrt{3}$$
$$\sec\theta = -2 \qquad \csc\theta = 2/\sqrt{3} \qquad \cot\theta = -1/\sqrt{3}$$

이 숫자들은 네 개의 함수의 크기에 대한 다음과 같은 기본적인 사실을 보여준다.

$$|\cos\theta| \le 1 \quad |\sin\theta| \le 1 \quad |\sec\theta| \ge 1 \quad |\csc\theta| \ge 1$$

$\cot\theta = 1/\tan\theta$이므로 탄젠트와 코탄젠트cotangent는 어느 값이든 가질 수 있다.

분수로 나타내는 수로부터 많은 것을 알 수 있다. 탄젠트 $-\sqrt{3}$ 은 사인과 코사인의 비이다. 시컨트[secant] -2는 $1/\cos\theta$이다. 탄젠트와 시컨트 값의 제곱은 각각 3, 4이다(1만큼 차이가 난다). 그리 중요해 보이지 않지만 여기에는 중요한 관계가 숨어 있다. 이 여섯 개의 숫자의 제곱에는 세 가지 관계가 있으며 이것이 삼각법의 핵심 등식이다.

$$\cos^2\theta + \sin^2\theta = 1 \qquad 1+\tan^2\theta = \sec^2\theta \qquad \cot^2\theta + 1 = \csc^2\theta$$

모든 것은 피타고라스 정리 $x^2+y^2=r^2$으로부터 나온다. 양변을 r^2으로 나누면 $(x/r)^2 + (y/r)^2 = 1$이 되고, 이는 $\cos^2\theta + \sin^2\theta = 1$이다. x^2으로 나누면 $1+(y/x)^2 = (r/x)^2$을 얻고 이는 두 번째 식과 같다. y^2으로 나누면 세 번째 식이 나온다. 이 세 가지 식 모두는 이 책 전체에 걸쳐 이용될 것이며, 특히 첫 번째 식은 절대 잊어서는 안 된다.

거리와 추가 수식들

우리는 보통 점들 사이의 거리를 계산할 때 피타고라스 정리를 이용한다. [그림 1-21(a)]의 점들을 살펴보자. 각 점의 위치는 x좌표와 y좌표로 주어졌고, d는 점들 사이의 거리이다. 세 번째 점으로 인해 직각삼각형이 완성된다.

직각삼각형의 밑변의 길이 x는 쉽게 알 수 있다. 그것은 $x_2 - x_1$(거리는 음수일 수 없기 때문에 이 값이 음수이면 $x_1 - x_2 = |x_2 - x_1|$)이며, 직각삼각형의 높이는 $|y_2 - y_1|$이다. 다음과 같이 피타고라스 정리는 두 점 사이의 거리 d를 알려준다.

$$\text{두 점 사이의 거리} = d = \sqrt{(x_2-x_1)^2 + (y_2-y_1)^2} \tag{1}$$

이 거리 공식을 동일한 두 원에 적용하면 $s-t$의 코사인을 찾을 수 있다(여기서 두 각을 빼는 것이 매우 중요하다). [그림 1-21(b)]에서 거리의 제곱은 다음과 같다.

$$\begin{aligned} d^2 &= (x\text{의 변화})^2 + (y\text{의 변화})^2 \\ &= (\cos s - \cos t)^2 + (\sin s - \sin t)^2 \end{aligned} \tag{2}$$

[그림 1-21(c)]는 같은 원과 회전된 삼각형을 보여준다. 이때 거리의 제곱은 다음과 같다.

$$d^2 = (\cos(s-t) - 1)^2 + (\sin(s-t))^2 \tag{3}$$

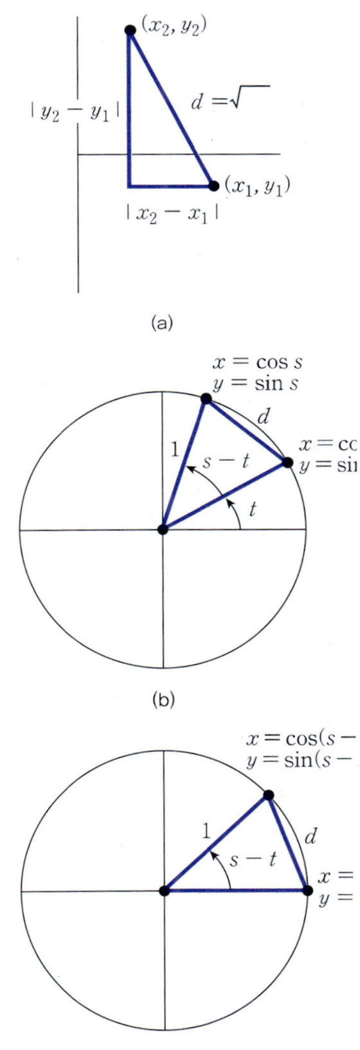

[그림 1-21] 점들 사이의 거리와 두 원에서 동일한 거리

이제 식 (2)와 식 (3)에 있는 제곱을 곱하자. $(\text{코사인})^2 + (\text{사인})^2$의 꼴이 나타날 때마다 이를 1로 바꿔줄 수 있다. 거리는 같으므로 (2)=(3)이다. 즉 다음과 같다.

$$(2) = 1 + 1 - 2\cos s\cos t - 2\sin s\sin t$$
$$(3) = 1 + 1 - 2\cos(s-t)$$

위에서 $1+1$과 다음 항의 -2를 소거하면 $\cos(s-t)$에 대한 **덧셈정리**를 얻을 수 있다.

$$\cos(s-t) = \cos s\cos t + \sin s\sin t \tag{4}$$
$$\cos(s+t) = \cos s\cos t - \sin s\sin t \tag{5}$$

가장 쉬운 경우인 $t=0$일 때를 살펴보자. 그러면 $\cos t = 1$이고 $\sin t = 0$이므로 이 식은 $\cos s = \cos s$로 정리할 수 있다.

식 (4)로부터 식 (5)를 얻기 위한 일반적인 방법은 t 대신 $-t$를 넣는 것이다. 그러면 $\cos t$는 바뀌지 않지만 $\sin t$는 $-\sin t$가 된다. $s=t$인 특별한 경우에 식 (5)로부터 $\cos(t+t) = \cos t\cos t - \sin t\sin t$를 얻는다. 이는 $\cos 2t$를 위한 배각공식이다.

$$\cos 2t = \cos^2 t - \sin^2 t = 2\cos^2 t - 1 = 1 - 2\sin^2 t \tag{6}$$

$\cos^2 t + \sin^2 t = 1$을 이용하면 사인과 코사인의 여러 관계를 도출할 수 있다.

덧셈정리와 배각공식을 이용하여 $s-t$, $s+t$, $2t$의 사인값을 구해보자. 이를 위해 $(\text{사인})^2$을 $(\text{코사인})^2$과 연결시키기 보다는 제곱 없이 사인을 코사인과 연결한다. 이 연결은 원래의 삼각형에 있는 비율 y/r으로 돌아가게 만든다. 이것은 사인 θ이자 상보complementary각 $\pi/2-\theta$의 코사인값이다.

$$\sin\theta = \cos(\pi/2-\theta), \qquad \cos\theta = \sin(\pi/2-\theta). \tag{7}$$

두 각을 더하면 $\pi/2$(직각)이 되기 때문에 상보각은 $\pi/2-\theta$이다. 이 관계를 통해 식 (4) ~ (6)의 코사인으로부터 사인을 구할 수 있다([연습문제 1.5.19] 참고).

$$\sin(s-t) = \sin s\cos t - \cos s\sin t \tag{8}$$
$$\sin(s+t) = \sin s\cos t + \cos s\sin t \tag{9}$$
$$\sin 2t = \sin(t+t) = 2\sin t\cos t \tag{10}$$

더 많은 수식을 도출할 수 있지만 이 열 가지 수식까지만 살펴보도록 하겠다. 한 직각삼각형으로부터 여러 삼각함수를 만들 수 있기 때문에 삼각법에서 여섯 개의 함수 사이를 연결하는 등식은 무궁무진하다. x, y, r의 비율과 방정식 $x^2+y^2=r^2$은 여러 방법으로 다시 쓸 수 있다. 그러나 여러분은 지금까지 미적분에서 필요한 주요 삼각법 공식을 모두 살펴봤다.[9] 이 공식들은 2장의 미분과 5장의 적분에서 쓰인다. 그리고 그것은

9 미적분학에서는 (6)을 다음과 같이 바꿔서 사용한다.

$$\cos^2 t = \frac{1}{2}(1+\cos 2t)$$
$$\sin^2 t = \frac{1}{2}(1-\cos 2t)$$

각이 0에 가까워질 때 생기는 극한에 대한 여러 작업을 일반화시킨다. 미적분의 본질은 그 극한에 있다.

식 (1)~(10) 복습 [그림 1-22]는 $d^2 = \left(0-\frac{1}{2}\right)^2 + (1-\sqrt{3}/2)^2$임을 보여준다.

$\cos\frac{\pi}{6} = \cos\frac{\pi}{2}\cos\frac{\pi}{3} + \sin\frac{\pi}{2}\sin\frac{\pi}{3}$	$(s-t)$	$\sin\frac{\pi}{6} = \sin\frac{\pi}{2}\cos\frac{\pi}{3} - \cos\frac{\pi}{2}\sin\frac{\pi}{3}$
$\cos\frac{5\pi}{6} = \cos\frac{\pi}{2}\cos\frac{\pi}{3} - \sin\frac{\pi}{2}\sin\frac{\pi}{3}$	$(s+t)$	$\sin\frac{5\pi}{6} = \sin\frac{\pi}{2}\cos\frac{\pi}{3} + \cos\frac{\pi}{2}\sin\frac{\pi}{3}$
$\cos 2\frac{\pi}{3} = \cos^2\frac{\pi}{3} - \sin^2\frac{\pi}{3}$	$(2t)$	$\sin 2\frac{\pi}{3} = 2\sin\frac{\pi}{3}\cos\frac{\pi}{3}$
$\cos\frac{\pi}{6} = \sin\frac{\pi}{3} = \sqrt{3}/2$	$\left(\frac{\pi}{2}-\theta\right)$	$\sin\frac{\pi}{6} = \cos\frac{\pi}{3} = 1/2$

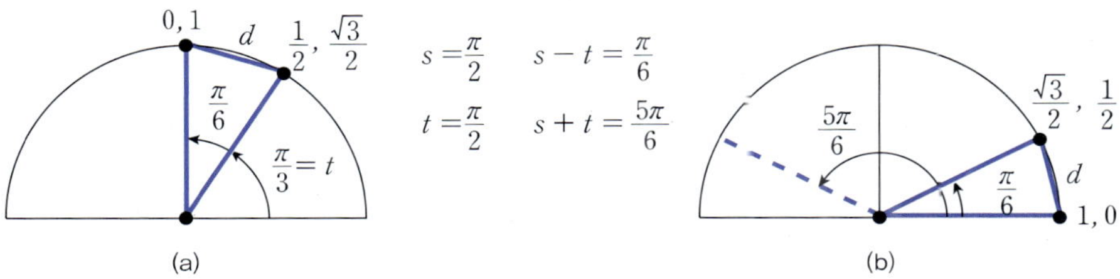

[그림 1-22]

1.5 문장제 문제

01 __a__ 삼각형에서 시작하면 여섯 개의 기본 함수들은 변들의 __b__이다. 두 비율(코사인 x/r와 __c__)은 1보다 작다. 두 비율(시컨트 r/x과 __d__은 1보다 크다. 두 비율(__e__와(과) __f__)은 아무 값이나 가질 수 있다. 삼각형을 __g__(으)로 변화시키면 여섯 개의 함수들은 모든 각 θ에서 정의된다.

02 각 θ는 __h__(으)로 정의된다. 원 전체는 둘레가 $2\pi r$일 때 $\theta =$ __i__ (이)다. 각 θ에서의 거리는 __j__이다. 모든 6개의 함수들은 주기 __k__을(를) 가진다. 시계 방향으로 가면 θ와 __l__와(과) __m__의 부호는 변한다. $\cos(-\theta) = \cos\theta$이기 때문에 코사인은 __n__이다.

03 $x^2 + y^2 = r^2$으로부터 오는 3가지 등식은 $\sin^2\theta + \cos^2\theta = 1$과 __o__와(과) __p__이다(각각은 r^2과 __q__와(과) __r__로 나눠서 얻는다). $(2, 5)$과 $(3, 4)$사이의 거리는 $d=$ __s__이다. $(1, 0)$과 $(\cos(s-t), \sin(s-t))$사이의 거리는 덧셈정리 $\cos(s-t) =$ __t__을(를) 이끌어낸다. t의 부호 변화는 $\cos(s+t) =$ __u__을(를) 준다. $s=t$로 놓으면 $\cos 2t =$ __v__ 또는 __w__을(를) 얻는다. 그러므로 미적분에서 필요로 하는 수식인 $\frac{1}{2}(1+\cos 2t) =$ __x__이다.

1.5 연습문제

01 세 각이 모두 60°인 삼각형을 이용하여 $\sin 30^\circ = \frac{1}{2}$임을 보여라.

02 π, 3π, $-\pi/4$를 도로 바꾸고, 60°, 90°, 270°를 라디안으로 바꿔라. $\theta = 480^\circ$과 $\theta = -1^\circ$에 해당하는 0과 2π 사이의 각은 무엇인가?

03 0부터 2π까지의 구간에서 $\tan\theta$와 $\cot\theta$의 그래프를 그려라. 그들의 가장 짧은 주기는 얼마인가?

04 $\cos 2\theta, \cos^2\theta$는 같은 주기 π를 가짐을 보이고, 같은 평면 위에 그래프를 그려라.

05 $\theta = 3\pi/2$일 때의 여섯 개의 기본 삼각함수들을 계산하고 $\cos^2\theta + \sin^2\theta$, $\sec^2\theta - \tan^2\theta$, $\csc 2\theta - \cot^2\theta$의 값을 확인하라.

06 $\theta = 0, \pi/4, \pi/3, \pi/2, \pi$에서 여섯 개의 기본 삼각함수의 값을 보여주는 표를 만들어라.

07 원의 넓이는 πr^2이다. 각 θ를 갖는 부채꼴의 넓이는 무엇인가? 그것은 전체 넓이의 ________의 일부분이다.

08 $(1, 0)$에서 $(0, 1)$까지 (a) 직선을 (b) 사분원을 (c) 중심이 $\left(\frac{1}{2}, \frac{1}{2}\right)$인 반원을 따라 움직이는 거리를 찾아라.

09 $(1, 0)$에서 $\left(\frac{1}{2}, \sqrt{3}/2\right)$까지의 거리 d를 찾고 $6d$가 2π보다 왜 작은지 원 위에서 보여라.

10 [그림 1-22]에 있는 d^2을 계산하고 (계산기로) $12d$도 계산하라. $12d$는 왜 2π와 비슷하면서도 작은가?

11 다음 등식이 참인지 거짓인지 판별하라.

(a) $\dfrac{\sin\theta}{1-\cos\theta} = \dfrac{1+\cos\theta}{\sin\theta}$

(b) $\dfrac{\sec\theta + \csc\theta}{\tan\theta + \cot\theta} = \sin\theta + \cos\theta$

(c) $\cos\theta - \sec\theta = \sin\theta\tan\theta$

(d) $\sin(2\pi - \theta) = \sin\theta$

12 $\sin(\pi-\theta), \cos(\pi-\theta), \sin(\pi/2+\theta), \cos(\pi/2+\theta)$를 간단히 정리하라.

13 $\cos(2t+t)$의 수식으로부터 $\cos 3t$를 $\cos t$로 표현하라.

14 $\sin(2t+t)$의 수식으로부터 $\sin 3t$를 $\sin t$로 표현하라.

15 식 (4), 식 (5)에 있는 $\cos(s-t)$와 $\cos(s+t)$의 평균을 계산하여 $\cos s\cos t$의 수식을 찾아라. 마찬가지로 $\sin s\sin t$의 수식도 찾아라.

16 $i^2 = -1$일 때 $(\cos t + i\sin t)^2 = \cos 2t + i\sin 2t$임을 보여라.

17 $\cos\theta$와 $\sec\theta$를 같은 평면 위에 그려라. $\cos\theta = \sec\theta$를 만족하는 모든 점을 찾아라.

18 $\sin(s+t) = \sin s + \sin t$를 만족하는 0과 2π 사이에 있는 모든 각 s와 t를 찾아라.

19 상보각은 $\sin\theta = \cos(\pi/2 - \theta)$를 만족시킨다. $\cos(\pi/2 - s - t)$로 $\sin(s+t)$를 써 보고, s 대신에 $\pi/2 - s$를 식 (4)에 적용해 보라. 이런 식으로 덧셈정리 (9)를 유도하라.

20 식 (9)를 이용하여 식 (8)을 어떻게 증명할 수 있을까?

21 $s = t = \pi/4$일 때 덧셈정리 (4), (5)와 (8), (9)를 확인해보라.

22 식 (5)와 식 (9)를 사용하여 $\tan(s+t)$의 공식을 찾아라.

23~28 다음 식을 만족하는 모든 θ를 찾아라.

23 $\sin\theta = -1$

24 $\sec\theta = -2$

25 $\sin\theta = \cos\theta$

26 $\sin\theta = \theta$

27 $\sec^2\theta + \csc^2\theta = 1$

28 $\tan\theta = 0$

---

29 '위상 각phase angle' ϕ를 적절하게 선택하여서 $\cos\theta + \sin\theta$를 $\sqrt{2}\sin(\theta+\phi)$ 꼴로 다시 표현해보라($\theta = 0$에서 식이 맞는지 확인해 보라. 양변에 제곱을 취해서 확인할 수 있다).

30 $a\sin x + b\cos x$를 $A\sin(x+\phi)$ 꼴로 표현해 보라. 등식 (9)를 이용하여 $a = A\cos\phi$이고 $b = A\sin\phi$임을 보여라. 제곱해서 더하면 $A =$ ____을(를) 얻을 수 있다. $\phi = b/a$임을 보이기 위해서 나누어보라.

31 원점 $O = (0, 0)$에서 $P = (a, 0)$을 연결한 삼각형의 밑변을 그려라. 세 번째 꼭짓점corner은 $Q \doteq (b\cos\theta, b\sin\theta)$이다. 측면의 길이인 OP와 OQ는 무엇인가? 거리 공식 (1)로부터 PQ의 길이가 다음과 같음을 보여라.

$$d^2 = a^2 + b^2 - 2ab\cos\theta \quad \text{(코사인 법칙)}$$

32 문제 31과 동일한 삼각형을 네 번째 꼭짓점이 $R = (a + b\cos\theta, b\sin\theta)$인 평행사변형으로 확장해보라. 다른 대각선 OR의 제곱의 길이를 구하라.

2장 미분

Derivatives

2.1 함수의 미분

이 장은 미분의 정의부터 시작한다. 1장에는 다음과 같이 두 가지 예제가 있었다. 주어진 시간 t에 대해 이동한 거리가 t^2일 때, 속도는 $2t$이다. 또 $f(t) = \sin t$일 때 $v(t) = \cos t$이다. 속도는 거리 $f(t)$의 **미분(혹은 도함수)**이라고 한다. 앞으로는 조금 더 정확한 정의와 새로운 예제들을 살펴볼 것이며, 도함수를 f'이나 df/dt로도 표기한다.

> 1 시간 t에서 미분 $f'(t)$ 또는 df/dt 또는 $v(t)$는 다음과 같다.
>
> $$f'(t) = \lim_{\Delta t \to 0} \frac{f(t+\Delta t) - f(t)}{\Delta t} \tag{1}$$

우변의 분수식은 짧은 시간 Δt 동안의 평균 속력이다. 좌변의 미분은 Δt(델타 티)가 0으로 갈 때의 극한이다.

각각의 식들을 천천히 살펴보자. 시간 $t+\Delta t$에 이동한 거리는 $f(t+\Delta t)$이고 시간 t일 때 이동한 거리는 $f(t)$이다. 이 둘의 차는 두 시간 사이 **거리 변화량**이다. 이때 Δf를 $\Delta f = f(t+\Delta t) - f(t)$와 같이 쓴다. **평균 속도는 $\Delta f / \Delta t$**, 즉 거리의 변화를 시간의 변화로 나눈 것이다.

극한이 존재할 때, 평균 속도에 극한을 취하면 도함수가 된다.

$$\frac{df}{dt} = \lim_{\Delta t \to 0} \frac{\Delta f}{\Delta t} \tag{2}$$

이는 라이프니츠가 발명한 깔끔한 표기법이다. $\Delta f / \Delta t$가 df/dt로 수렴한다는 뜻이다. 다음 과정을 통해 '극한'이라는 단어를 좀 더 확실히 이해하게 될 것이다.

Δf는 Δ와 f의 곱이 아니라 **f의 변화량**이다. 마찬가지로 Δt도 Δ와 t의 곱이 아니다. 이는 양수일 수도 있고 음수일 수도 있으며, 아주 작은 시간의 간격이다. 이를 한 문자로 표기하려면 Δt를 h로 대신한다.

(1)과 (2)의 우변은 평균 속도를 나타낸다. $f(t)$의 그래프에서 세로 길이의 차를 가로 길이의 차로 나눈 값이다. 이는 평균 기울기 $\Delta f / \Delta t$이다.

식 (1)과 (2)의 좌변에는 **순간 속도 df/dt**가 있다. 두 식은 시간 t에서의 기울기를 나타낸다. 이것이 바로 df/dt(Δt, Δf가 0으로 줄어들 때)이다. $f(t) = t^2$일 때의 계산을 다시 살펴보자.

$$\frac{\Delta f}{\Delta t} = \frac{f(t+\Delta t) - f(t)}{\Delta t} = \frac{t^2 + 2t\Delta t + (\Delta t)^2 - t^2}{\Delta t} = 2t + \Delta t \tag{3}$$

위 과정은 Δt가 0으로 가기 이전의 과정이다. 만약 우리가 미리 $\Delta t = 0$이라고 두면, 우리는 아무것도 배울 수가 없다. $\Delta f / \Delta t$가 아무 의미도 없는 $0/0$이 되는 것처럼 말이다. 두 수 Δf, Δt는 동시에 0으로 가야 한다. 이 분수식은 평균 속도 $2t + \Delta t$이다. 위 식은 $(t + \Delta t)^2$을 직접 전개하고 t^2을 뺀 후 Δt로 나눈 결과이다. 이 과정을 거쳐야만 비로소 $\Delta t = 0$이라고 할 수 있다. 이때 극한은 도함수와 같은 $2t$이다.

식 (1)과 식 (2)에는 새로운 것들이 있다. 어떤 것은 쉽지만 중요하고, 또 다른 것들은 깊은 이해가 필요하다. 이제부터 극한의 정의와 함수의 개념을 다시 살펴볼 것이다. 그 전에 표기법을 먼저 익혀보도록 하자. 이것들은 꾸준히 쓰일 것이고, 어떻게 읽어야 하는지 잘 알아두어야 한다.

$$f(t) = \text{'에프 티'} = \text{시간 } t\text{에서 } f\text{의 함숫값}$$

$$\Delta t = \text{'델타 티'} = t \text{ 전후로의 시간 간격}$$

$$f(t + \Delta t) = \text{'에프 티 더하기 델타 티'} = \text{시간 } t + \Delta t\text{에서 } f\text{의 함숫값}$$

$$\Delta f = \text{'델타 에프'} = f\text{의 변화량 } f(t + \Delta t) - f(t)$$

$$\Delta f / \Delta t = \text{'델타 티 분의 델타 에프'} = \text{평균 속도}$$

$$f'(t) = \text{'에프 프라임 티'} = \text{시간 } t\text{에서의 미분값}$$

$$df/dt = \text{'디티 분의 디에프'} = \text{순간 속도(}f'\text{의 의미와 같다)}$$

$$\lim_{\Delta t \to 0} = \text{'델타 티가 0으로 갈 때의 극한'}$$

$$= \Delta f / \Delta t\text{로 시작해서 } df/dt\text{로 수렴하는 과정}$$

위 내용으로부터 df/dt라는 표기법에 어떤 의미가 있는지 알 수 있다. 기호 Δt는 0이 아니면서 대체로 아주 짧은 시간의 길이를 나타낸다. 기호 dt는 더 짧은 극소 시간의 길이를 나타낸다. 어떤 수학자들은 df와 dt를 따로 다루면서 df/dt를 이 둘의 비로 사용한다. 우리에게 df/dt는 하나의 표기이다(d나 Δ를 약분하면 안 된다). 도함수 df/dt는 $\Delta f / \Delta t$의 극한이다. df/dt의 표기가 어색할 때에는 f'이나 v를 사용하면 된다.

위 표기법에서 중요한 사실을 간과할 수 있다. 시간 간격은 양수일 수도 음수일 수도 있다는 점이다. 즉 평균 속도 $\Delta f / \Delta t$를 t 이후의 시간이 아닌 t 이전의 시간에 대해서 구할 수 있다. 이 역시도 df/dt로 수렴한다.

위 표기법에서 간과할 수 있는 또 다른 사실이 있다. 바로 **도함수가 존재하지 않을 수 있다**는 것이다. 즉 극한이 수렴하려면 t 이후의 시간, t 이전의 시간에 대한 각각의 극한이 같은 값으로 수렴해야 하는데 평균 속도 $\Delta f / \Delta t$의 극한이 수렴하지 않을 수 있다. 이와 같은 경우 $f'(t)$는 정의되지 않는다. 속도와 거리의 관점에서 말하자면 그 순간에는 계기판의 속도를 정확하게 읽을 수 없다. 이는 [예제 2]에서 다룰 것이다.

예제 1 (일정한 속도 $V=2$) 거리 f는 V와 t의 곱이다. 시간 $t+\Delta t$에서의 거리는 V와 $t+\Delta t$의 곱이다. **차 Δf는 V와 Δt의 곱이다.**

$$\frac{\Delta f}{\Delta t}=\frac{V\Delta t}{\Delta t}=V \text{ 이므로 극한은 } \frac{df}{dt}=V\text{이다.}$$

Vt의 도함수는 V이고, $2t$의 도함수는 2이다. 위와 같이 일정한 속도로 움직이는 특별한 경우에 평균 속도 $\Delta f/\Delta t$는 항상 $V=2$이다.

예제 2 시간 $t=3$까지 일정한 속도 2로 움직이고, 그 이후에는 멈춘다.

짧은 시간 동안은 $f(t)=2t$라는 결과를 얻는다. 하지만 멈춘 이후에 $f(t)=6$으로 고정된다. 거리 그래프는 시간 3 이후에 평평하다. 그때 $f(t+\Delta t)=f(t)$, $\Delta f=0$이므로 **상수함수의 도함수는 0이다.**

$$t>3: f'(t)=\lim_{\Delta t\to 0}\frac{f(t+\Delta t)-f(t)}{\Delta t}=\lim_{\Delta t\to 0}\frac{0}{\Delta t}=0 \tag{4}$$

이 예제에서 $t=3$일 때의 **도함수는 정의되지 않는다.** 속도는 2에서 갑자기 0으로 떨어진다. 그 순간에 $\Delta f/\Delta t$는 Δt가 양수인지 음수인지에 따라 달라진다. 시간 $t=3$ 이후 평균 속도는 0이다. 그 이전 시간에 대해서 평균 속도는 2이다. f의 그래프가 꺾여 있을 때 v의 그래프는 **점프**가 생긴다. 이를 **계단함수**라고 한다.

위 예제의 새로운 점은 표기법이다(v 대신 df/dt 또는 f'). [그림 2-1(c)]를 보면 함수가 t와 $f(t)$를 어떻게 대응시키는지 보여준다. 특별히 이는 Δt와 Δf를 보여준다. $\Delta f/\Delta t$는 2로 시작한다. $t=3$일 때 멈춘 후 모든 t는 $f(t)=6$ 값을 갖는다. 따라서 이때 $\Delta f=0$이고 $df/dt=0$이다.

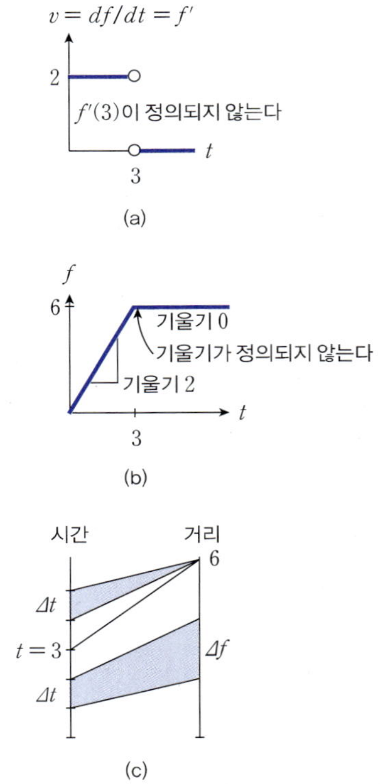

[그림 2-1] 도함수는 2에서 0으로 변한다. $t=3$일 때는 존재하지 않는다.

$1/t$의 도함수

이번에는 완전히 다른 함수, '수요함수' $f(t)=1/t$을 소개한다. 가격이 t일 때 수요는 $1/t$이다. 높은 가격 t에 대한 수요는 그만큼 낮은 $1/t$가 된다. 즉 가격의 상승은 수요를 낮춘다. 미적분학적 관점에서의 질문은 '**t가 변할 때 얼마나 빠르게 $1/t$이 변하는가?**'이다. '한계 수요'는 수요함수의 기울기를 의미한다.

중요한 것은 $1/t$의 도함수를 찾는 것이다. 이는 $-1/t^2$이다.

예제 3 $f(t)=\dfrac{1}{t}$에 대해 $\Delta f=\dfrac{1}{t+\Delta t}-\dfrac{1}{t}$이 된다. 이는 $\dfrac{t-(t+\Delta t)}{t(t+\Delta t)}=\dfrac{-\Delta t}{t(t+\Delta t)}$와 같다.

이를 Δt로 나누고 $\Delta t \to 0$을 적용하면 $\dfrac{\Delta f}{\Delta t} = -\dfrac{1}{t(t+\Delta t)}$은 $\dfrac{df}{dt} = \dfrac{-1}{t^2}$로 수렴한다.

처음에는 단순히 계산을 하였고 그 뒤에 미적분을 활용하였다. 제일 처음 단계는 $f(t+\Delta t)$에서 $f(t)$를 빼는 것이다. 즉 $1/(t+\Delta t)$과 $1/t$의 차이다. 통분할 분모는 t와 $t+\Delta t$의 곱이다. 이렇게 하면 계산이 가능해진다. 이때 Δt로 나누기 전까지는 $\Delta t = 0$으로 둘 수 없다.

평균 변화율은 $\Delta f/\Delta t = -1/t(t+\Delta t)$이다. 이제 $\Delta t = 0$이라 하면 도함수는 $-1/t^2$이다. 2.4절에서 Δt에 0을 대입하는 것이 불가능한 경우를 살펴볼 것이다. 또한 극한의 아이디어를 더 명확히 설명하겠다.

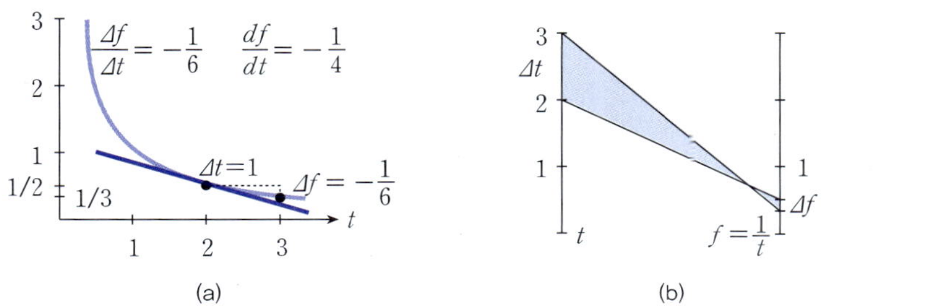

[그림 2-2] 평균 기울기는 $-\frac{1}{6}$이고 원래 기울기는 $-\frac{1}{4}$이다. t가 증가하면 f는 감소한다.

$t = 2$와 $t+\Delta t = 3$일 때 계산을 확인해보자. 수요 $1/t$은 $1/2$에서 $1/3$로 감소한다. 차는 $-1/(2\cdot 3)$과 같은 $\Delta f = -1/6$이다. Δf와 Δt가 작아질수록 평균 변화율은 $-1/(2\cdot 2) = -1/4$로 수렴한다.

주어진 함수의 도함수는 음수이다. 함수 $1/t$은 감소함수이고, Δf는 0보다 작은 값을 가진다. [그림 2-2]에서 그래프는 아래로 향하므로 기울기는 음수이다.

증가하는 함수 $f(t)$의 기울기는 양수이고, 감소하는 함수 $f(t)$의 기울기는 음수이다.

t가 작으면 기울기 $-1/t^2$은 크기가 매우 큰 음수가 된다. 이것은 가격이 증가하면 수요가 매우 큰 폭으로 감소하는 것과 같은 원리이다.

[그림 2-3]은 간단하지만 매우 중요하다. 문자를 반드시 t로 쓸 필요는 없다. x처럼 다른 문자도 쓸 수 있다. 값은 **시간이 아니라 위치에 따라** 결정된다. 그래프에서 왼쪽으로 가면 높이가 변한다. 또 정사각형 한 변의 길이가 변할 때 정사각형의 넓이가 변한다. 이러한 예제들은 시간에 영향을 받지 않으므로 t라는 변수를 쓸 이유가 없다. 보통 x를 가로로, y를 세로로 나타내므로 이 두 길이가 함수 f에 의해 연결된 $y = f(x)$로 표기하는 것을 자주 보게 될 것이다.

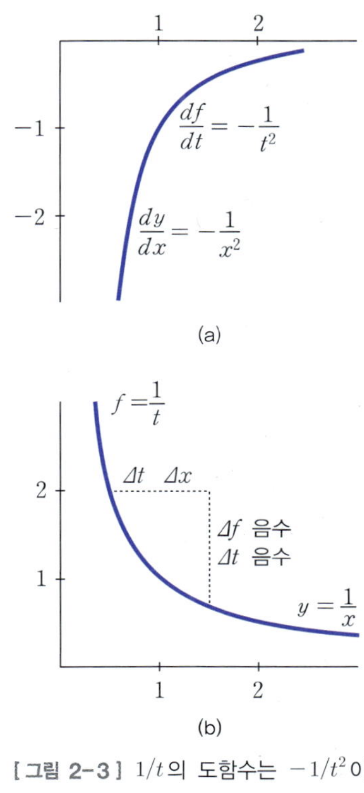

[그림 2-3] $1/t$의 도함수는 $-1/t^2$이다. $1/x$의 기울기는 $-1/x^2$이다.

t와 마찬가지로, f 역시 유일한 표기법이 아니다. 즉 모든 함수가 f라고 불리지는 않

는다! f가 함수[function]를 의미하기 때문에 사용되는 것 뿐이다. 사실 $f(x)$나 $f(t)$ 대신 $y(x)$나 $y(t)$라고 칭해도 된다. 또한 세로 길이가 가로 길이에 대한 함수일 수도 있다. 'x에 대한 y'의 관계가 가장 중요한 것이다.

기울기 또한 함수이다. 미적분학은 두 함수 $y(x)$와 dy/dx에 대해 공부하는 학문이다.

Q_ $y(x)$에 1을 더하면 기울기는 어떻게 변하는가?
A_ 변하지 않는다.

Q_ 기울기에 1을 더하면 높이는 어떻게 변하는가?
A_ ________

기호 t와 x는 **독립변수**이다. 따라서 t, x 등은 정의역 안에 있는 어떤 값이든지 상관없다. 독립변수들이 정해지고 나면 $f(t)$와 $y(x)$도 결정된다. 즉 f와 y는 **종속변수**이고 이들은 t와 x에 따라 변화한다. Δt의 변화는 Δf를 변하게 하고, Δx의 변화는 Δy를 변하게 한다. 독립변수는 $f(t)$와 $y(x)$에서처럼 괄호 안으로 들어간다. 문자의 차이가 아닌 개념에 주목하여 표기법을 살펴보자.

독립변수 t 또는 x

종속변수 f 또는 g 또는 y 또는 z 또는 u

도함수 df/dt 또는 df/dx 또는 dy/dx 또는 $\cdots$

도함수 dy/dx는 [y의 변화량]을 [x의 변화량]으로 나눈 것이다. 이후의 시간이든 이전의 시간이든, 시간의 차가 공간의 차를 만든다. 기울기는 x에 의해서 y가 변할 때 생기는 변화율이다. **함수의 미분은 '변화율'이다.**

미분의 정의를 강조하기 위해 x와 y로 다시 미분을 정의해보자.

$$\frac{\Delta y}{\Delta x} = \frac{y(x+\Delta x)-y(x)}{\Delta x} = \frac{\text{세로의 차이}}{\text{가로의 차이}}, \qquad \frac{dy}{dx} = \lim_{\Delta x \to 0} \frac{\Delta y}{\Delta x} = y'(x)$$

$y'(x)$의 표기는 점 x에서 계산된 기울기라는 것을 강조한다. dy/dx에서는 이러한 표기가 생략돼 있다. 이 책에서는 논리적 완벽함과 표기의 간단함 사이에 그럴듯한 타협을 하고자 한다. $dy/dx(x)$과 같은 표기보다는 $y'(x)$가 더 좋다. 하지만 x가 명확할 때에는 괄호 안에 꼭 (x)를 쓰지 않아도 된다.

함수가 $y = x^2$이고 그 도함수가 $y' = 2x$라고 써도 문제는 없다. 물론 엄밀한 표기법은 $y(x) = x^2$과 $y'(x) = 2x$이다. 또 무엇을 의미하는지 모두가 명확하게 아는 상황에서는 함수가 x^2이고, 도함수가 $2x$이며 **이계도함수**가 2라고 말해도 상관없다.

이제 예제 하나를 소개한다. 지금 단계에서 풀기에는 다소 이르지만 멋진 예제이다. 기호와 표기법, 그리고 새로운 미분에 대한 좋은 연습이 될 것이다.

예제 4 $u(x)$의 기울기가 du/dx일 때, $f(x) = (u(x))^2$의 기울기는 무엇일까?

풀이

이는 x^2의 도함수로부터 x^4의 도함수를 알게 해줄 것이다. 이 경우 $u(x) = x^2$이고 $f(x) = x^4$이다. 주의할 점은 **u^2의 도함수는 $(du/dx)^2$이 아니라는 것이다.** 즉 도함수인 $2x$를 제곱하지 않는다. '제곱 미분의 법칙'을 찾기 위해 $\Delta f = f(x+\Delta x) - f(x)$에서부터 시작해야 한다.

$$\Delta f = (u(x+\Delta x))^2 - (u(x))^2 = [u(x+\Delta x) + u(x)][u(x+\Delta x) - u(x)]$$

이 계산은 Δf를 간단한 형태로 나타낸다. 우리는 $a^2 - b^2$을 $[a+b] \times [a-b]$로 인수분해했다. $(\Delta u)^2$이라는 결과를 얻지 않았다는 사실을 기억해라. 우리는 Δf, u^2의 변화량을 얻었다. 이제 Δx로 나누어서 극한을 취하자.

$$\frac{\Delta f}{\Delta x} = [u(x+\Delta x) + u(x)]\left[\frac{u(x+\Delta x) - u(x)}{\Delta x}\right] \text{는 } 2u(x)\frac{du}{dx} \text{로 수렴한다.} \quad (5)$$

$(u(x))^2$의 도함수는 $2u(x)$ 곱하기 du/dx이다. 이것이 바로 제곱 미분의 법칙이다. (잘 알려져 있는) x^2, $1/x$, $\sin x$의 도함수로부터 아래의 예제들은 새로운 함수들의 도함수를 알려준다.

예제 5 $(u = x^2)$ x^4의 도함수는 $2u\,du/dx = 2(x^2)(2x) = 4x^3$이다.

예제 6 $(u = 1/x)$ $1/x^2$의 도함수는 $2u\,du/dx = (2/x)(-1/x^2) = -2/x^3$이다.

예제 7 $(u = \sin x, du/dx = \cos x)$ $u^2 = \sin^2 x$의 도함수는 $2\sin x\cos x$이다.

수학은 아이디어에 관한 것이다. 표기법들은 그 아이디어들을 나타내기 위해 만들어졌다. 뉴턴과 라이프니츠는 각자가 미적분학을 발명했고 뉴턴의 친구들은 뉴턴이 최초의 발명자임을 밝히기 위해 많은 시간을 들였다. 실제로 그러했으나 더 널리 상용되는 dy/dx라는 표기를 쓴 사람은 라이프니츠였다. 이는 $\Delta y/\Delta x$의 극한을 말하기에 가장 완벽한 방법이었다. 뉴턴은 가장 위대한 과학자 중 한 명이었고, 미적분학은 가장 위대한 발명 중 하나지만 적당한 표기법도 중요하다. 여러분들은 이제 미분에 대해 말하고 쓸 수 있다. 앞으로 많은 함수와 도함수를 살펴보자.

2.1 문장제 문제

01 미분은 Δt가 ___a___(으)로 갈 때 $\Delta f/\Delta t$의 ___b___이다. 여기서 Δf는 ___c___와(과) 같다. Δt는 양수일 수도 ___d___일 수도 있다. 도함수는 v 또는 ___e___ 또는 ___f___(이)라고 쓴다. 만약 $f(x)=2x+3$이고 $\Delta x=4$이면 $\Delta f=$ ___g___, $\Delta x=-1$이면 $\Delta f=$ ___h___, $\Delta x=0$이면 $\Delta f=$ ___i___이다. 기울기는 $0/0$이 아니지만 $df/dx=$ ___j___이다.

02 $f(t)$가 ___k___이거나 $v(t)$가 ___l___을(를) 가지면 도함수가 존재하지 않는다. $f(t)=1/t$일 때 도함수는 ___m___이다. $y=4/x$의 기울기 $dy/dx=$ ___n___이다. 감소하는 함수는 ___o___인 도함수를 지닌다. ___p___변수는 t이거나 x이고 ___q___변수는 f이거나 y이다. y^2의 기울기는 $(dy/dx)^2$(이다, 이 아니다). $(u(x))^2$의 기울기는 제곱 미분의 법칙에 의해 ___r___이다. $(2x+3)^2$의 기울기는 ___s___이다.

2.1 연습문제

01 다음 중 어떤 것이 시간 t에서의 df/dt 값인가? $f(t)=t^2$으로 검증하라.

(a) $\dfrac{f(t+\Delta t)-f(t)}{\Delta t}$ (b) $\lim\limits_{h\to 0}\dfrac{f(t+2h)-f(t)}{2h}$

(c) $\lim\limits_{\Delta t\to 0}\dfrac{f(t-\Delta t)-f(t)}{-\Delta t}$ (d) $\lim\limits_{t\to 0}\dfrac{f(t+\Delta t)-f(t)}{\Delta t}$

02 $f(x)=x^2$라고 하자. 각각의 비율을 계산하고 $h=0$을 대입하라.

(a) $\dfrac{f(x+h)-f(x)}{h}$ (b) $\dfrac{f(x+5h)-f(x)}{5h}$

(c) $\dfrac{f(x+h)-f(x-h)}{2h}$ (d) $\dfrac{f(x+1)-f(x)}{h}$

03 $f(x)=3x$와 $g(x)=1+3x$에 대해 $f(4+h)$, $g(4+h)$, $f'(4)$, $g'(4)$를 구하라. f와 g의 그래프를 그려라. 두 함수의 기울기가 같은 이유는 무엇인가?

04 $f(x)=x^2$과 같은 기울기를 가지는 함수를 세 가지 찾아라.

05 $f(x)=1/x$에 대해 $f(x)+1$과 $f(x+1)$의 그래프를 그려라. 어떤 함수의 도함수가 $-1/x^2$인가?

06 $y=x$가 포물선 $y=x^2+c$에 접하도록 c를 구하라. 그들은 교점에서 같은 기울기를 가진다.

07 $y(x)=1-x^2$의 그래프를 그리고 $x=3$에서의 기울기를 계산하라.

08 $f(t)=1/t$일 때 $t=\dfrac{1}{2}$과 $t=2$ 사이에서 평균 속도는 얼마인가? $t=\dfrac{1}{2}$과 $t=1$ 사이에서 평균 속도는 얼마인가? 또 $t=\dfrac{1}{2}$과 $t=101/200$ 사이에서 평균 속도는 얼마인가 (소수점 아래 첫째 자리까지 계산하라)?

09 $y(x)=x+x^2$에 대해 $\Delta y/\Delta x$를 찾아라. 그리고 dy/dx를 구하라.

10 $y(x)=1+2x+3x^2$에 대해 $\Delta y/\Delta x$와 dy/dx를 구하라.

11 $f(t)=4/t$일 때 $f(t+\Delta t)-f(t)$를 간단히 한 다음 Δt로 나누고 $\Delta t=0$을 대입하라. 결과는 $f'(t)$이다.

12 $\Delta f=1/(t+\Delta t)^2-1/t^2$로부터 $1/t^2$의 도함수를 찾아라. Δf를 $t^2(t+\Delta t)^2$을 분모로 가지는 분수로 나타내라. 분자를 Δt로 나누고 $\Delta f/\Delta t$를 계산하라. $\Delta t=0$을 대입하라.

13 $t=1$까지 $f(t)=7t$이고 이후에는 $f(t)=7+9(t-1)$라고 가정하자.

(a) $t=\dfrac{1}{2}$, $t=\dfrac{3}{2}$일 때 df/dt를 계산하라.

(b) $f(t)$는 $t=1$에서 왜 도함수를 가지지 않는가?

14 $y=3x^2$의 도함수의 도함수(이계도함수)를 계산하라. 세 번 미분한 함수는 무엇인가?

15 직선 $y=x$가 $x=1$에서 곡선 $Y=A+Bx+x^2$과 매끄럽게 만나도록 하는 두 수 A, B를 찾아라. 매끄럽게 만난다는 것은 $y=Y$이고 $x=1$에서 $dy/dx=dY/dx$임을 의미한다.

16 수평선 $y=4$가 $x=2$에서 곡선 $y=A+Bx+x^2$과 매끄럽게 만나도록 하는 두 수 A, B를 찾아라.

17 참 또는 거짓을 판별하라. 참이면 이유를 쓰고, 거짓이면 반례를 들어라.

(a) $f(t)<0$이면 $df/dt<0$이다.

(b) $(f(t))^2$의 도함수는 $2df/dt$이다.

(c) $2f(t)$의 도함수는 $2df/dt$이다.

(d) 도함수는 Δf의 극한을 Δt의 극한으로 나눈 것이다.

18 $f(x)=1/x$에 대해서 중앙 차분centered difference $f(x+h)-f(x-h)$는 $1/(x+h)-1/(x-h)$이다. $(x+h)(x-h)$가 분모가 되도록 뺄셈을 하고 $2h$로 나눈 후 $h=0$을 대입하라. 정확한 도함수를 구하기 위해 왜 $2h$로 나누어야 할까?

19 $x<0$일 때 $y=mx+b$이고 $x\geq 0$일 때 $y=Mx+B$라 하자. 이 그래프는 _____일 때 만난다. 이 두 함수의 기울기는 _____이다. $x=0$에서의 기울기는 _____이다(언제 기울기를 가질 수 있을까?).

20 $x=1/4$일 때 $y=1/x$의 기울기는 $y'=-1/x^2=-16$이다. $h=1/12$일 때 다음 중 어떤 것이 -16과 가장 가까운가?

$$\frac{y(x+h)-y(x)}{h},\quad \frac{y(x)-y(x-h)}{h},\quad \frac{y(x+h)-y(x-h)}{2h}$$

21 $x=x_1$과 $x=x_2$ 사이에서 $y=x^2$의 평균 기울기를 구하라. x_2가 x_1로 가까워질 때 평균 기울기는 어떤 값으로 가는가?

22 $t\leq 2$일 때 $f(t)=3-2t$이고 $t\geq 2$일 때 $f(t)=-1$인 $f(t)$에 대하여 [그림 2-1]을 다시 그려라. df/dt를 포함하라.

23 $y(x)=1-(1/x)$에 대해 [그림 2-3]을 다시 그려라. dy/dx를 포함하라.

24 $\Delta t\to 0$일 때 $0/\Delta t$의 극한은 $0/0$이 아니다. 그 이유를 설명하라

25 다음 식의 극한을 추측하라. $\Delta t=0.1$과 -0.1로 정하고 Δt가 0으로 줄어든다고 생각하라.

(a) $\dfrac{1+\Delta t}{2+\Delta t}$ (b) $\dfrac{|\Delta t|}{\Delta t}$

(c) $\dfrac{\Delta t+(\Delta t)^2}{\Delta t-(\Delta t)^2}$ (d) $\dfrac{t+\Delta t}{t-\Delta t}$

26 $x\to 0$일 때 $f(x)/x\to 7$이라고 하자. $f(0)=0$이고 $f'(0)=7$임을 보여라. $f(x)=7x$ 말고 다른 예시를 들어라.

27 $\displaystyle\lim_{x\to 0}\frac{f(3+x)-f(3)}{x}$의 극한이 존재한다면 그 값은 얼마인가? 만약 $x\to 1$이라면 어떻게 되는가?

28~31 제곱 미분의 법칙 $d(u^2)/dx=2u(du/dx)$을 사용하라.

28 $u=x$라 하고 x^2의 도함수를 구하라

29 $u=x^4$이라 하고 x^8의 도함수를 구하라($du/dx=4x^3$임을 이용하라).

30 $u=1$이면 $u^2=1$이다. 그러면 $d1/dx$은 $d1/dx$의 2배이다. 어떻게 가능한가?

31 $u=\sqrt{x}$에 대하여 $u^2=x$의 도함수는 $1=2u(du/dx)$이다. 그렇다면 $\sqrt{x}$의 도함수 du/dx는 무엇인가?

---

32 그림 (a)는 $f(t)=t^2$을 나타낸다. 거리 $f(t+\Delta t)$와 Δt, Δf를 나타내라. $\Delta f/\Delta t$와 $f'(t)$의 기울기를 가지는 직선들을 그려라.

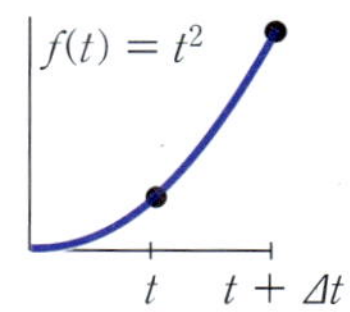

(a)

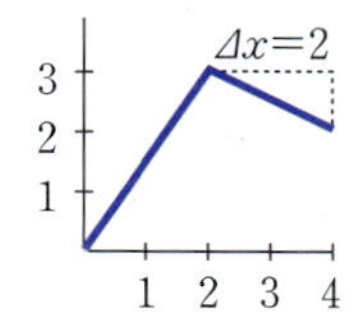

(b)

33 그림 (b)는 $f(x)$와 Δx를 나타낸다. $\Delta f/\Delta x$와 $f'(2)$를 찾아라.

34 $\Delta f/\Delta x=0$이지만 $f'(x)\neq 0$이 되도록 $f(x)$와 Δx를 그려라.

35 함수 f와 g에 대하여 $f=u^2$이면 $df/dx=2u\,du/dx$이고, $g=f^2$이면 $dg/dx=2f\,df/dx$이다. 두 식에 의해 $g=u^4$이고 $dg/dx=$ _____이다.

36 $f(0)=0$일 때, 참 또는 거짓을 판별하라.

(a) 모든 x에 대해 $f(x)\leq x$이면 $df/dx\leq 1$이다.

(b) 모든 x에 대해 $df/dx\leq 1$이면 $f(x)\leq x$이다.

37 아래 그래프는 $f(x)=x^2$에 대해 Δf와 $\Delta f/h$를 나타낸다. 왜 $2x-h$가 $\Delta f/h$에 대한 식인가? h가 절반이 될 때 그래프를 새로 그려라.

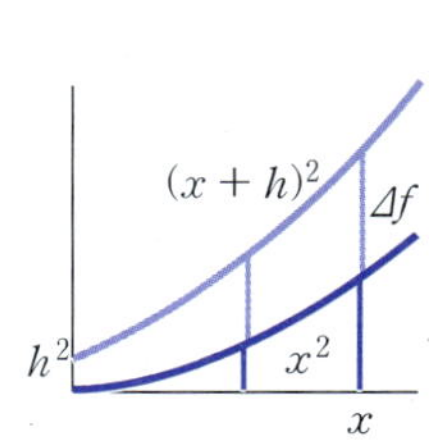

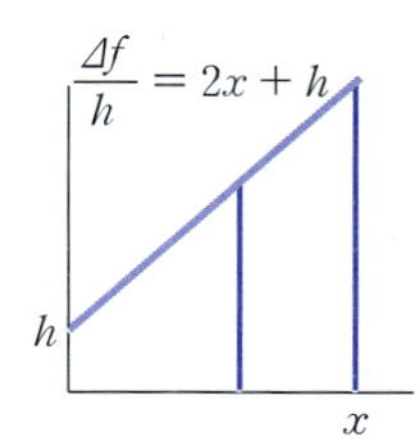

38 $f(x)=\dfrac{1}{2}x$의 그래프를 그려라.

39 $1/x$, $1/(x+h)$, $\Delta f/h$의 그래프를 그려라($h=\dfrac{1}{2}$일 때 손으로 그리고 $h\to 0$일 때 컴퓨터로 그려라).

40 $y=e^x$에 대해 컴퓨터 그래프로 $dy/dx=y$임을 보여라.

41 여러분의 언어로 미분에 대해 설명하라.

2.2 거듭제곱과 다항식

이 절에서의 목표는 두 가지이다. 하나는 $f(x)=x^3$, x^4, x^5(일반적으로 $f(x)=x^n$)의 도함수를 찾는 것이다. 거듭제곱, 지수에 들어가는 n은 우선은 양의 정수이다. 나중에 우리는 x^π와 $x^{2.2}$과 같은 모든 x^n에 대해 다룰 것이다.

또 다른 목표는 위의 도함수들을 계산할 때, 어떻게 이들을 응용할지 미리 보는 것이다. 미적분에서 미분이 포함된 방정식, 즉 '**미분방정식**'을 보게 될 것이다. 이 방정식을 풀기에는 아직 이르지만 이를 푸는 목적에 대해 알아보는 것은 이르지 않다. 앞으로 경제학과 생물학에 대한 예제들을 다룰 것이다.

$n=2$일 때 x^2의 도함수는 $2x$이다. $n=-1$일 때, x^{-1}의 기울기는 $-1x^{-2}$이다. 이 두 경우를 통해 일련의 멋진 규칙을 발견할 수 있다. x^n에 대해 다루기 전에 x^3과 이의 도함수인 $3x^2$부터 시작하고자 한다.

예제 1 $f(x)=x^3$이라 하면 $\Delta f=(x+h)^3-x^3=(x^3+3x^2h+3xh^2+h^3)-x^3$이다.

1단계 : x^3을 소거하라. **2단계** : h로 나누어라. **3단계** : h를 0으로 보내라.

$$\frac{\Delta f}{h}=3x^2+3xh+h^2\text{은 } \frac{df}{dx}=3x^2\text{으로 수렴한다.}$$

이 간단한 과정으로 중요한 단계를 확인할 수 있다. 거듭제곱 $(x+h)^3$은 4개의 다른 항 $x^3+3x^2h+3xh^2+h^3$을 만들어낸다(각 항의 계수 1,3,3,1을 기억하라). x^3을 소거하면 h로 나눌 수 있다. 극한($h\to 0$)을 통해서 우리는 $3x^2$을 얻는다.

$f(x)=x^n$도 마찬가지이다. 증분 h에 대해서 $f(x+h)=(x+h)^n$과 같은 결과를 얻는다. 문자를 이용한 계산이 필요한 이유는 $(x+h)^n$과 같은 거듭제곱들을 계산하기 위해서이다. 만약 이항 정리가 생각나지 않는다면 중요한 점들을 다시 떠올릴 필요가 있다. $n=4$일 때부터 시작하자.

$$(x+h)(x+h)(x+h)(x+h)=x^4+???+h^4 \tag{1}$$

x를 4번 곱하여 x^4을 얻고 h를 4번 곱하여 h^4항을 얻는다. 이는 쉽지만 중요한 항들은 아니다. $(x+h)^4-x^4$에서 x^4이 소거되고 $h\to 0$인 극한은 h^4을 (h로 나눈다고 해도) 0으로 보낸다. **중요한 항은 h를 한 개만 가지고 있는 항이다.** [예제 1]의 $(x+h)^3$에서 이 중요한 항은 $3x^2h$이다. h로 나누면 $3x^2$만 남는다.

h항을 만드는 방법은 n가지이다. 식 (1)은 괄호 안에 4개의 h가 있으므로 x^3h를 생성하는 4개의 방법이 있다. 따라서 가장 중요한 항은 $4x^3h$이다(h로 나누면 $4x^3$이 남는다). 일반적으로 n개의 괄호가 있으면 $x^{n-1}h$를 얻는 n개의 방법이 있다. 따라서 **이항공식**binomial formula은 $nx^{n-1}h$를 포함하게 된다.

$$(x+h)^n = x^n + \underline{nx^{n-1}h} + \cdots + h^n \tag{2}$$

2 $n = 1, 2, 3, 4, \cdots$에 대해 x^n의 도함수는 nx^{n-1}이다.

식 (2)에서 x^n을 뺀 다음 h로 나누자. 중요한 항은 nx^{n-1}이다. 나머지 항들은 $h \to 0$일 때 사라진다.

$$\frac{\Delta f}{\Delta x} = \frac{(x+h)^n - x^n}{h} = \frac{nx^{n-1}h + \cdots + h^n}{h} \quad \text{따라서} \quad \frac{df}{dx} = nx^{n-1}\text{이다.}$$

말줄임표로 생략된 항들은 h^2이나 h^3 그리고 더 높은 지수를 가지는 항들이다. h로 나눈 후 이들은 여전히 h를 가지고 있다. 이 항들은 h가 0으로 갈 때 사라진다.

예제 2 $(x+h)^4 = x^4 + \underline{4x^3h} + 6x^2h^2 + 4xh^3 + h^4$은 $n=4$일 때의 식이다.

x^4을 뺀 후 h로 나누고 $h \to 0$을 취하면 도함수는 $4x^3$이다. 계수 1, 4, 6, 4, 1은 아래 파스칼의 삼각형에 나온다. $(x+h)^5$에 대한 계수는 다음 행인 1, 5, 10, ___이다.

이항 정리에서 생략된 항(말줄임표로 대체된 항)은 $x^{n-j}h^j$을 전부 포함하고 있다. x나 h는 각 괄호 안에서 온다. 이항 정리의 계수인 'n개에서 j개를 택하는 조합'은 **n개의 괄호에서 j개의 h를 고르는 경우의 수다**. 이 값을 계산하기 위해서는 n팩토리얼, 즉 $n! = n(n-1)\cdots(1)$의 값이 필요하다. 이때 $5! = 5\cdot4\cdot3\cdot2\cdot1 = 120$이다.

$$\text{'}n\text{개에서 } j\text{개를 택하는 조합'} = \binom{n}{j} = \frac{n!}{j!(n-j)!}$$

	파스칼의 삼각형
1	
11	
121	
1331	$n=3$
14641	$n=4$

마지막 행에서 x^3h의 계수는 $4!/1!3! = 4\cdot3\cdot2\cdot1/1\cdot3\cdot2\cdot1 = 4$이다. x^2h^2항의 계수를 보면 $j=2$이므로 2개의 h를 고르는 $4\cdot3\cdot2\cdot1/2\cdot1\cdot2\cdot1 = 6$가지 방법이 있다. $1+4+6+4+1$은 2^4인 16과 같음에 주목하자. 파스칼의 삼각형에서 행의 합은 2의 거듭제곱이 된다.

예를 들어, 49개의 숫자에서 6개의 숫자를 고르는 복권이 있다면 당첨될 확률은

$49 \cdot 48 \cdot 47 \cdot 46 \cdot 45 \cdot 44/6!$분의 1이다. 이는 $N=49$개에서 6개를 고르는 조합 $=13983816$이다. 또 $(x+h)^{49}$에서 $x^{43}h^6$의 계수이기도 하다. $\lambda \times N$개의 복권이 팔렸다면, 당첨자의 기댓값은 λ이고 아무도 당첨되지 않을 확률은 $e^{-\lambda}$이며 한 사람만 당첨될 확률은 $\lambda e^{-\lambda}$이다. 이에 대한 더 많은 내용은 8.4절을 보아라.

다항식의 도함수

이제 우리는 무한히 많은 함수와 그 도함수에 대해 알고 있다.

$$x, x^2, x^3, x^4, x^5, \cdots \text{의 도함수} \quad 1, 2x, 3x^2, 4x^3, 5x^4 \cdots$$

x^n의 도함수는 n보다 1만큼 작은 지수를 가지는 x^{n-1}과 n의 곱으로 이루어져 있다. 이는 정수 $1, 2, 3, 4, 5$ 뿐만 아니라 모든 지수에 대해 확장된다.

$f=1/x$의 도함수는 $f'=-1/x^2$이다. (2.1절의 [예제 3] $(n=-1)$)

$f=1/x^2$의 도함수는 $f'=-2/x^3$이다. (2.1절의 [예제 6] $(n=-2)$)

$f=\sqrt{x}$의 도함수는 $f'=\frac{1}{2}x^{-1/2}$이다. $\left(\text{아직 확인하지 않았지만 참이다. } \left(n=\frac{1}{2}\right)\right)$

x^{-2}이 $1/x^2$이고 $x^{-1/2}$이 $1/\sqrt{x}$ 임을 기억하라. 음수를 지수로 가지면 감소 함수가 되고 x가 커질수록 그 값은 0에 가까워진다. 또한 이 함수의 기울기는 음수이다.

Q_ x^{10}, $x^{2.2}$, $x^{-1/2}$의 도함수는 무엇인가?

A_ $10x^9$, $2.2x^{1.2}$, $-\frac{1}{2}x^{-3/2}$이다. $(x+h)^{2.2}$은 아마 익숙하지 않을 것이다. 파스칼의 삼각형으로는 분수를 지수로 가지는 거듭제곱을 설명할 수 없다. 하지만 공식은 변하지 않으므로 **$x^{2.2}$ 이후에 $2.2x^{1.2}h$항이 나온다**. 완전한 이항정리는 10.5절에 나온다.

위 목록의 함수들의 도함수를 구할 수 있었다. 하지만 아직 많은 함수가 남아 있다. 이후에 다룰 내용은 정말 간단하다. 새로 다룰 어마어마하게 많은 함수는 다음과 같이 '선형 결합'으로 이루어져 있다.

$$f(x)=6x^3 \quad \text{또는} \quad 6x^3+\frac{1}{2}x^2 \quad \text{또는} \quad 6x^3-\frac{1}{2}x^2$$

이들의 도함수는 무엇일까? x^3과 x^2에 대한 답은 알려져 있으므로 이들을 6으로 곱하거나 2로 나누어야 할 것이다. 미분에 똑같이 적용하자.

$$f'(x)=18x^2 \ \text{또는} \ 18x^2+x \ \text{또는} \ 18x^2-x$$

3 $f(x)$와 c의 곱의 도함수는 $cf'(x)$이다.

4 $f(x)+g(x)$의 도함수는 $f'(x)+g'(x)$이다.

숫자 c는 임의의 상수이다. 또한 어느 함수라도 더하거나 뺄 수 있다. 이 법칙으로 f와 g를 조합한 어떤 도함수도 계산할 수 있다. 예를 들어 $9f(x)-7g(x)$의 **도함수**는 $9f'(x)-7g'(x)$이다. 이유는 단순하다. $f(x)$와 c가 곱해질 때 $f(x+h)$도 c가 곱해지므로 Δf도 c가 곱해져 있다. 마찬가지로 $\Delta f/h$ 역시 c가 곱해져 있고 따라서 이들의 극한은 cf'이다. 남아있는 불완전한 단계는 마지막 단계(극한)이다. 우리는 아직 '극한'이 무엇인지 말하지 않았다.

규칙 4도 비슷하다. 덧셈 $f+g$가 의미하는 것은 $\Delta f+\Delta g$의 합을 의미한다. 이제 h로 나누어 보자. $h\to 0$인 극한을 취하면 $f'+g'$을 얻는다(극한의 합은 합의 극한이기 때문이다. 증명 또한 쉽다). 극한의 정의에 대해서만 신경 쓰면 충분하다(2.6절).

이제 다항식의 도함수를 계산할 수 있다. '다항식'은 $1, x, x^2, \cdots, x^n$의 조합이다. 예를 들어 $9+2x-x^5$도 다항식 중 하나이다. 이 다항식은 기울기 $2-5x^4$을 가진다. 9의 도함수가 0임을 기억하자! 상수는 기울기에 영향을 끼치지 못하며 그래프 자체를 내리거나 올리기만 한다. 이는 차가 움직이기 전의 주행 거리를 바꿀 뿐이다.

상수가 없어지는 것은 미분의 좋은 점 중 하나이다. 반면에 상수가 생기는 것은 적분에서 골치 아픈 점 중 하나이다. f에서 v를 찾을 때 시작하기 전의 주행 거리는 큰 문제가 되지 않으므로 f의 상수는 v에 아무 영향이 없다(Δf는 주행 거리계로 측정되고, Δt는 초시계로 측정된다). 반대로 속도로부터 주행 거리를 알기 위해서는 시작할 때의 주행 거리를 알아야 한다.

미분방정식

우리는 이제 $y=x^3$이 도함수 $dy/dx=3x^2$을 가짐을 안다. 함수에 기울기를 찾을 수 있었다. 이제 이를 거꾸로 해보자. 즉 **기울기를 통해 함수를 찾아보자.** 이는 과학에서 주로 하는 일이다.

$dy/dx=3x^2$에서 시작하자. 기울기는 주어져 있고, 함수 y는 주어져 있지 않다.

Q_ 거꾸로 $y=x^3$란 결과를 얻을 수 있는가?

A_ 거의 비슷하지만 정확하지는 않다. $y=x^3+C$라고 말해야 한다. 상수 C는 y의 시작값($x=0$일 때)이다. 이렇게 하면 **미분방정식** $dy/dx=3x^2$이 풀린 것이다.

도함수를 찾을 때마다 역으로 미분방정식을 풀 수 있다. 함수 $y = x^2 + x$는 기울기 $dy/dx = 2x + 1$을 가진다. 반대로 기울기 $2x + 1$는 $x^2 + x$ 또는 이를 위아래로 움직인 다른 함수 $x^2 + x + C$를 만들어낸다. 다시 설명하면 거리 f로부터 속도 v를 얻고 다시 $f + C$로 돌아올 수 있다. 하지만 훨씬 더 많은 미분방정식이 있다. 두 가지 중요한 관점을 소개한다.

1. $\Delta y/\Delta x$로부터 dy/dx를 찾을 수 있다. 하지만 거꾸로 가는 방법은 없다. 예를 들어 $dy/dx = (\sin x)/x$인 경우 $\Delta y/\Delta x$에 대한 실마리가 없다. 어떤 함수가 이를 도함수로 가질까?
2. 많은 미분방정식이 $y = x^3$이라는 해를 가진다. 경제학에서의 $dy/dx = 3y/x$라는 방정식이 그렇고, 기하학의 $dy/dx = 3y^{2/3}$과 같은 방정식이 그렇다. 이 미분방정식들은 dy/dx뿐만 아니라 y로도 이루어져 있다. 즉 함수와 기울기가 섞여 있다! 이러한 점은 미분방정식의 전형적인 특징이다.

NOTE_ 2~4장에서 우리는 미분을 계산하고 사용한다. 5장에서는 거꾸로 계산하고 사용한다. 적분은 기울기로부터 함수를 알아낸다. 즉 dy/dx가 주어졌을 때 $y(x)$를 찾아낼 수 있다. 그리고 6장에서는 $dy/dt = y$라는 기울기와 함수가 섞인 미분방정식을 푼다. 미적분학은 미분에서 적분으로, 적분에서 미분방정식으로 확장된다.

위 논의에 대한 구체적인 예시를 들 필요가 있다. 미분방정식은 에이즈와 같은 전염병에 응용될 수 있다. 대부분의 전염병 감염자 수는 기하급수적으로 증가한다. 이는 함수 e^t처럼 아주 빠르게 최대치에 도달하고, 그 이후 전염병은 완전히 사라진다. 놀랍게도 에이즈에서는 이러한 기하급수적인 증가가 나타나지 않는다. 1988년까지의 데이터와 가장 잘 맞는 함수는 3차 함수이다(Los Alamos Science, 1989).

2% 이내의 오차로 다음 3차 방정식과 일치한다. $y = 174.6(t - 1981.2)^3 + 340$

이는 다른 전염병과는 아주 다르다. $dy/dt = y$ 대신 $dy/dt = 3y/t$라는 방정식을 얻는다. 다행히 이 책이 쓰이기 전에, 무엇이 e^t를 방해했는지 알아냈다. 결국 곡선은 3차 함수처럼 급격하게 증가하지는 않을 것이다. 나는 이 수학적 모델이 생명을 살리는 지식으로 사용되기를 바란다.[1]

[1] 1989년에 미국에서 해당 식은 t^3에서 t^2로 줄어들었다.

경제학에서 한계 비용과 탄력성

경제학에서 **한계** 비용과 **한계** 소득은 매우 중요하다. 자동차를 만드는 데 드는 평균 비용은 10000달러이다. 하지만 포드가 차를 만들지 말지 결정하는 것은, 그 다음 차를 생산하는 데 드는 한계 비용이다. "평균은 과거를 말해주고, 한계 비용은 미래를 예측한다." 은행 예금이나 노동 시간 혹은 쌀 등은 연속적인 변수이다. '한계'라는 말은 오직 한 가지를 의미한다. 미분을 하라! 2

2 이 문단은 어떻게 미적분학이 경제학에 적용될 수 있는지 알려준다. 여러분이 경제학자가 아니어도 이를 이해하는 데 문제가 없다. 당연히 저자도 경제학자가 아니고, 내용을 가르치는 사람도 경제학자가 아닐 것이다. 또 학생도 경제학자가 아닐 수 있다. 그렇지만 우리는 모두 dy/dx를 쓸 수 있다.

우리가 지금까지 일한 모든 시간에 대한 시간당 평균 급여는 매우 낮을 것이다. 우리는 업무 시간 외 한 시간을 그 급여로 일하지는 않을 것이다. 급여가 증가함에 따라 평균 급여는 증가한다. 하지만 초과 근무 수당은 평균 급여의 증가 속도보다 더 빠른 속도로 증가한다. 아마 확 뛰어 버릴 수도 있다. 만약 시간당 10달러의 급여로 일주일 동안 40시간을 근무하고, 시간당 15달러의 초과 근무 수당을 받으면서 총 50시간을 근무한다면 일주일 동안 받은 총 급여는 550달러이다. 그러면 평균 시간당 급여는 시간당 11달러이다. 하지만 한계 소득은 시간당 15달러(초과 근무 수당)이다.

이제 비용에 집중해보자. $y(x)$를 x톤의 철을 만드는 데 드는 비용이라고 하자. $x+\Delta x$의 비용은 $y(x+\Delta x)$이다. 추가되는 비용은 Δy이다. 이제 Δy를 Δx, 즉 추가된 무게(톤)로 나누자. 이때 변화율 $\Delta y/\Delta x$는 추가된 무게(톤)에 대한 평균 비용이다. Δx가 톤이 아니라 그램일 때 우리는 한계 비용인 dy/dx에 가까운 값을 얻는다.

또 다른 예로 x^2이 비용이라면 평균 비용은 $x^2/x=x$이고 한계 비용은 $2x$이다. [그림 2-4]는 증가하는 기울기, 즉 '규모에 따른 수익 감소'의 대표적인 예시이다.

이것은 또 다른 경제학 관점을 보여준다. 단위가 정해져 있지 않다. 킬로그램 당 엔으로 단위를 바꾸면 숫자가 달라진다. 백분율 변화량이나 상대 변화량을 도입하면 임의의 단위를 썼을 때 생기는 문제점을 해결할 수 있다. Δx톤의 증가는 상대적으로 $\Delta x/x$만큼 증가하는 것과 같다. 가격 Δy의 증가는 상대적으로 $\Delta y/y$만큼 증가하는 것과 같다. 이들은 톤/톤, 원/원, 달러/달러에서 모두 값이 같다. 즉 단위에 의존하지 않는다.

세 번째 예시는 가격 x에 대한 수요 y이다. dy/dx는 음수이다. 그러나 역시 단위는 정해져 있지 않다. 수요가 리터나 갤런일 수도 있고, 가격도 달러나 피소일 수 있다. 상대 변화량이 더 좋다. 가격이 10% 증가하면 수요는 5% 감소할 것이다. 만약 이 비율이 낮은 증가율로 일정하게 유지된다면 수요 탄력성은 $\frac{1}{2}$이다.

사실 이 값은 $-\frac{1}{2}$이어야 한다. 가격이 증가하면 수요는 감소한다. 정의에 따르면 탄력성은 $-\frac{1}{2}$일 것이다. 경제학자들과 대화를 할 때 음의 부호는 잊히기 마련이다(하지만 잊지 않기를 바란다).

정의 수요함수 $y(x)$의 탄력성은 다음과 같다.

$$E(x)=\lim_{\Delta x\to 0}\frac{\Delta y/y}{\Delta x/x}=\frac{dy/dx}{y/x} \qquad (3)$$

탄력성은 '한계'를 '평균'으로 나눈 것이다. $E(x)$는 y의 상대적인 변화를 x의 상대적인 변화로 나눈 것이다. 모든 가격에 대해 $E(x)$의 값이 같을 때가 있다. 이는 앞으로 논의될 아주 중요한 사례이다.

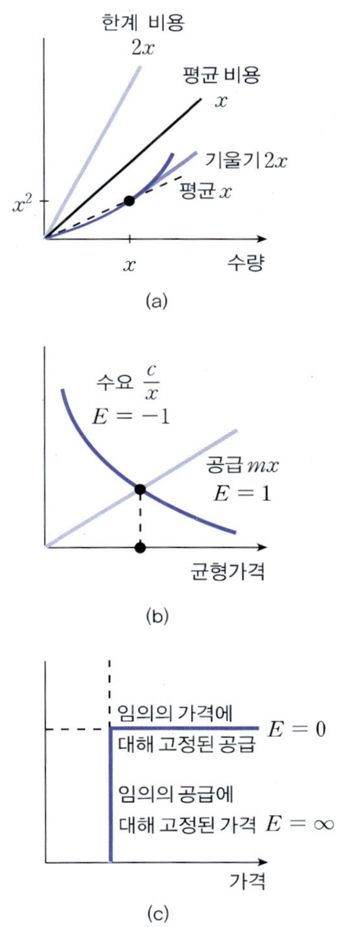

[그림 2-4] (a) 한계가 평균을 넘어선다. (b) 상수인 탄력성 E는 $E=\pm 1$이다. (c) 완전 탄력성에서 불완전 탄력성으로의 변화(Γ커브)

예제 3 가격 x에 대해 수요가 $y = c/x$라고 하자. 도함수 $dy/dx = -c/x^2$는 미적분학을 통해 얻을 수 있다. 나눗셈 $y/x = c/x^2$ 역시 간단한 계산이다. 이때 다음과 같이 비율은 $E = -1$이다.

$$\text{수요 } y = c/x \text{에 대해 탄력성은 } (-c/x^2)/(c/x^2) = -1\text{이다.}$$

모든 수요 곡선은 위 곡선과 비교된다. 수요는 $|E| < 1$일 때 **비탄력적**inelastic이라고 하고 $|E| > 1$일 때 **탄력적**elastic이라고 한다. 수요 곡선 $20/\sqrt{x}$은 비탄력적$\left(E = -\frac{1}{2}\right)$이고, x^{-3}일 때는 탄력적($E = -3$)이다. 우리가 충분히 도함수를 구할 수 있는 **거듭제곱함수 $y = cx^n$는 상수인 탄력성 n을 가지는 함수이다.**

$$y = cx^n \text{이면 } dy/dx = cnx^{n-1}\text{이고 } E = cnx^{n-1}/(cx^n/x) = n$$

경제학에 미적분학을 이렇게 빠르게 적용할 수 있었던 것은 $y = cx^n$과 같은 기준이 있기 때문이다.

특별히 $y = c/x$이면 소비자는 항상 같은 비용을 쓴다. 가격 x와 수량 y의 곱이 항상 상수 $xy = c$가 되기 때문이다.

예제 4 공급 곡선은 항상 $E > 0$이다. 공급은 가격이 오를 때 증가한다. 이제 기준을 $y = cx$로 두면 기울기는 c이고 평균은 $y/x = c$이다. 탄력성은 $E = c/c = 1$이다.

$E = 1$과 $E = 0$, $E = \infty$를 비교해보자. 공급함수가 상수함수일 때 '완전 비탄력적'이라고 부른다. 이때 지수 n이 0이고 기울기도 0이다($y = c$). 농작물의 경우, 수확이 끝난 뒤에는 공급이 불가능하다. 즉, 가격에 상관없이 농부들은 밀을 당장 추가로 수확할 수 없다. 탄력성의 부족은 농업 경제를 어렵게 만든다.

다른 극단적인 경우는 $E = \infty$인 '완전 탄력적'인 경우이다. 공급은 정해진 가격 x와 관계없이 무한히 많다. 과거에 이것은 물이나 목재에 해당하였다. 하지만 실제로 가파른 곡선 $x = C_1$은 평평한 곡선 $y = C_2$으로 바뀌고 있다. 고정된 가격이 고정된 공급으로 바뀌고, $E = \infty$가 $E = 0$로 바뀌었다. 물의 공급 곡선은 Γ처럼 생긴 감마곡선 모양이다.

예제 5 수요는 소득에 대한 증가 함수이다. 즉 소득이 높으면 수요도 많다. 소득 탄력성은 $E(I) = (dy/dI)/(y/I)$이다. 사치재의 소득 탄력성은 $E > 1$(탄력적)이다. 소득이 2배로 늘 때 캐비아에 대한 수요는 2배보다 많이 증가한다. 필수품은 $E < 1$(비탄력적)이다. 소득이 2배로 늘 때 빵에 대한 수요는 2배나 증가하지 않는다. 미적분학에 대한 중요한 개념이 경제학의 중요한 개념의 언어에 이렇게 적용된다.

수요 = 공급은 미시경제학에서 중요한 방정식이다. 공급 곡선이 수요 곡선을 만날 때 경제학에서 균형가격의 개념이 생긴다. 수요=공급일 때 우리는 이를 완벽한 경쟁 상태라고 가정한다. 충분히 많은 공급자가 있을 때 아무도 가격을 올릴 수 없다. 만약 어떤 공급자가 가격을 올린다면 소비자들은 다른 곳에 갈 것이다.

반대 경우는 **독점**이다. 즉 경쟁이 없는 상태다. 수는 많지만 각각의 규모가 크지 않은 밀 공급자들에 비해 전기는 오직 한 명의 공급자만 있다. 공항 역시 독점 기업이다(프로 축구 리그도 마찬가지이다). 이 경우 가격이 오른다고 해도 수요가 0이 되진 않을 것이다.

담합은 많은 공급자가 독점자처럼 행동할 때(독점금지법에 반하는 행동이다) 일어난다. 가격은 수요=공급일 때 결정되지 않는다. 미적분학적인 문제는 이와 다르다. **모두의 이익을 최대화할 수 있다**. 3.2절에서 한계이익(기울기)이 0일 때 최댓값이라고 설명한다.

Q_ **(소득 탄력성)** 10000달러의 수입에 대해 여러분이 500달러를 저축한다고 하자. 저축에 대한 소득탄력성은 2이다. 다음 소득에서는 1달러당 얼마나 많은 부분을 저축할 것인가?

A_ $E=2$이기 때문에 저축함수는 $y=cx^2$이다. c는 $500=c(10000)^2$을 만족해야 하므로 c는 $5\cdot10^{-6}$이다. 그렇다면 기울기 dy/dx는 $2cx=10\cdot10^{-6}\cdot10^4=\frac{1}{10}$이다. 이것이 한계 저축 1달러당 10센트[3]이다. 평균 저축은 5%, 한계 저축은 10%이고 $E=2$이다.

3 1달러는 100센트이다.

2.2 문장제 문제

01 $f=x^4$의 도함수는 $f'=$ __a__ 이다. 이는 $(x+h)^4$을 5개의 항 __b__ (으)로 전개하여 얻는다. x^4을 뺀 다음 h로 나누면 4개의 항 __c__ 이(가) 남는다. 이는 $\Delta f/h$이고 극한은 __d__ 이다.

02 $f=x^n$의 도함수 $f'=$ __e__ 이다. 이제 __f__ 정리로부터 $(x+h)^n$의 전개를 얻는다. 살펴봐야 할 항은 __g__ 을(를) 하나만 가지고 있는 $x^{n-1}h$이다. 이는 총 __h__ 개의 항이 있으므로 $(x+h)^n=x^n+$ __i__ $+\cdots$ 이다. __j__ 을(를) 뺀 후 h로 나누면 $\Delta f/h$의 극한은 __k__ 이다. 이 계산에는 필요 없지만 $x^{n-j}h^j$의 계수는 'n개에서 j개를 택하는 조합' = __l__ 이고 $n!$은 __m__ 을(를) 의미한다.

03 x^{-2}의 도함수는 __n__ 이다. $x^{1/2}$의 도함수는 __o__ 이다. $3x-(1/x)$의 도함수는 __p__ 이고 이를 계산할 때 다음과 같은 법칙을 쓴다. $3f(x)$의 도함수는 __q__ 이고 $f(x)+g(x)$의 도함수는 __r__ 이다. 적분할 때에는 dy/dx로부터 __s__ 을(를) 얻는다. $dy/dx=x^4$이면 $y(x)=$ __t__ 이다.

2.2 연습문제

01 $f=x^6$에서 시작하여 f'과 f''(이는 f 더블 프라임이고 f'의 도함수이다)을 써라. ____번 미분 후에 상수를 얻을 수 있다. 이때 상수값은 얼마인가?

02 x^6을 도함수로 가지는 함수를 찾아라.

03~10 다음 함수의 도함수를 찾아라. n이 음수 또는 유리수이어도 x^n의 도함수는 nx^{n-1}이다.

03 x^2+7x+5

04 $1+(7/x)+(5/x^2)$

05 $1+x+x^2+x^3+x^4$

06 $(x^2+1)^2$

07 x^n+x^{-n}

08 $x^n/n!$

09 $1+x+\frac{1}{2}x^2+\frac{1}{6}x^3+\frac{1}{24}x^4$

10 $\frac{2}{3}x^{3/2}+\frac{2}{5}x^{5/2}$

---

11 $df/dx=1/x^2$인 함수를 두 개 적어라.

12 다음 문장 중 잘못된 것을 찾아라.
$x^2=x+x+\cdots+x$는 x를 x번 더한 것이다. 도함수는 $1+1+\cdots+1$로, 1을 x번 더한 것이다. 따라서 x^2의 도함수는 x이다.

13 $3x^{1/3}$, $-3x^{-1/3}$, $(3x^{1/3})^{-1}$의 도함수는 무엇인가?

14 $x=$ ____일 때 $x+(1/x)$의 기울기는 0이다. 그 점에서 그래프 모양은 어떠한가?

15 $y=x^3-x$의 그래프를 그려라. 기울기가 0인 곳은 어디인가?

16 df/dx가 음수일 때 $f(x)$도 항상 음수인가? $f(x)$는 큰 x에 대해서 음수인가? 만약 다르게 생각한다면 반례를 들어라.

17 16피트/초의 속도로 위로 던져진 돌의 높이는 $f=16t-16t^2$이다.

(a) $t=0$에서 $t=\frac{1}{2}$까지 평균 속도 $\Delta f/\Delta t$를 찾아라.

(b) $t=\frac{1}{2}$에서 $t=1$까지 평균 속도 $\Delta f/\Delta t$를 찾아라.

(c) $t=\frac{1}{2}$에서 미분값 df/dt는 얼마인가?

18 f의 단위가 피트이고 t가 초일 때 f'과 f''의 단위는 무엇인가? $f=16t-16t^2$에서 처음 16은 피트/초이지만 두 번째 16은 ____이다.

19 $x=-2$에서 $x=2$까지 $y=x^3+x^2-x$의 그래프를 그리고 언제 감소하는지 추측하라. $dy/dx=0$을 계산해서 바뀌는 점들이 언제인지 확인하라.

20 한 점에서 $dy/dx=0$일 때 $y(x)$는 어떤 특징이 있나? $y=x^2$일 때를 보고 확인하라.

21 $y=\sqrt{x}$의 기울기를 계산하여 찾아라(그리고 $h\to 0$을 취해라).

$$\frac{\Delta y}{h}=\frac{\sqrt{x+h}-\sqrt{x}}{h}=\frac{\sqrt{x+h}-\sqrt{x}}{h}=\frac{1}{\sqrt{x+h}+\sqrt{x}}$$

22 문제 21을 참고하여 $y=1/\sqrt{x}$의 기울기를 구하라.

23 $n=5$와 $n=6$에 대해 파스칼의 삼각형을 그려라. 한 행의 숫자들을 다 더하면 2^n이 되는 이유는 무엇인가?

24 빈칸을 채워라. $(x+h)^5=x^5+$ ______. 이항 정리의 계수인 $\binom{5}{1}$, $\binom{5}{2}$, $\binom{5}{3}$은 얼마인가?

25 $(x+h)^3-(x-h)^3$을 계산한 다음, $2h$로 나누고 $h=0$을 대입해라. 기울기를 구하기 위해 왜 $2h$로 나누는가?

26 미분방정식 $y''=x$를 풀어 $y(x)$를 찾아라.

27 $f(x)=x^2+x^3$에 대해 $f(x+\Delta x)$와 $\Delta f/\Delta x$를 적어라. $\Delta x=0$일 때의 극한을 계산해라. 덧셈에 대하여 어떤 법칙이 확인되었는가?

28 2.1절에 의하면 $(u(x))^2$의 도함수는 _____이다. 이를 $u=x^n$에 대해 확인하라.

29 x^7+1과 $(x+1)^7$의 도함수는 무엇인가? x^7의 그래프를 이동시켜라.

30 df/dx가 $v(x)$일 때, 어떤 함수들이 다음과 같은 미분값을 가질까?

(a) $4v(x)$ (b) $v(x)+1$

(c) $v(x+1)$ (d) $v(x)+v'(x)$

31 어떤 함수 $f(x)$가 4번째 미분값이 1인가?

32 어떤 함수 $f(x)$가 n번째 미분값이 1인가?

33 $df/dx = 1+x+x^2+x^3$이라 하자. $f(x)$를 찾아라.

34 $df/dx = x^{-2}-x^{-3}$이라 하자. $f(x)$를 찾아라.

35 $f(x)$의 도함수는 $f(x)$와 같을 수도 있다. 무한 차수 다항식 $f=1+x+\frac{1}{2}x^2+\frac{1}{6}x^3+$______에 대해 어떤 수가 x^4과 x^5와 곱해져야 df/dx와 f가 같을까?

36 미분방정식 $dy/dx=$________의 해가 $y=x^2$이 되도록 빈칸을 채워라. 우변에 y가 들어가게 하라($2x$만 적지 않도록 주의하라).

37 참 또는 거짓을 판별하여라.

(a) x^π의 도함수는 πx^π이다.

(b) ax^n/bx^n의 도함수는 a/b이다.

(c) $df/dx = x^4$이고 $dg/dx = x^4$이면 $f(x)=g(x)$이다.

(d) $(f(x)-f(a))/(x-a)$는 $x\to a$를 취하면 $f'(a)$로 수렴한다.

(e) $y=(x-1)^3$의 기울기는 $y'=3(x-1)^2$이다.

38~44 경제학에 관련된 미적분학 문제이다.

38 비용이 $y=y_0+cx$일 때 $E(x)=(dy/dx)/(y/x)$를 찾아라. 이는 아주 큰 x에 대해 _____(으)로 수렴한다.

39 수입 $x=10000$달러에 대해 차를 사는 데 $y=1200$달러를 소비했다고 하자. 만약 $E=\frac{1}{2}$이라면 다음에 달러당 얼마나 많은 돈(비율)을 소비할 것인가? dy/dx(한계)와 y/x(평균)을 비교하라.

40 각각에 해당하는 가격 탄력성을 가진 상품을 써라.

(a) 높은 가격 탄력성

(b) 낮은 가격 탄력성

(c) 음수의 가격 탄력성

41 수요 곡선 $y=c/x$에 대해 $dy/dx=-y/x$란 결과를 얻는다. $\Delta y/\Delta x$가 $-y/x$가 아님을 보여라(숫자나 계산을 통해서). 유한한 증분은 극소한 차이의 특징을 나타내지 못한다.

42 수요 곡선 $y=x^n$은 $E=$___을(를) 갖는다. 수익 xy(가격과 수요의 곱)는 탄력성 $E=$____을(를) 갖는다.

43 $y=2x+3$은 한계 비용이 2이고 고정 비용이 3인 증가하는 비용함수이다. $E(x)$의 그래프를 그려라.

44 수입 I에 대해 저축함수가 $S(I)$라고 하자. 저축하기 위한 한계 성향은 ____이다. 탄력성은 S와 I가 같은 ___을(를) 지니기에 필요가 없다. 전체 경제에 적용됐을 때 이것은 (거시경제/미시경제)이다.

---

45 2^t은 t가 ____(으)로 증가할 때 두 배가 된다. t^3은 t가 ____(으)로 증가할 때 두 배가 된다. 두 배가 되는 시간은 에이즈의 경우 t에 비례한다.

46 머리 부분의 성장 비율 dy/y와 몸통 부분의 성장 비율 dx/x에 대해 생물학적 미분방정식 $dy/y=n\,dx/x$를 생각해보자. 어린아이는 $n>1$일까? 아니면 $n<1$일까?

47 어떤 함수가 $df/dx=x^9$을 만족하며 또 어떤 함수가 $df/dx=x^n$을 만족하는가? $n=-1$일 때 왜 문제가 생길까?

48 $y=x^3$의 기울기는 다음 식을 이용하여 구할 수 있다.

$$\frac{(x+h)^3-x^3}{h}=(x+h)^2+(x+h)x+x^2$$

(a) 위 식을 확인하라. $h\to 0$일 때 dy/dx를 찾아라.

(b) $y=x^4$일 때 비슷한 식을 찾아라.

49 **(컴퓨터로 그래프 그리기)** $y=x^4+2x^3-7x^2+3=0$인 점과 $dy/dx=0$인 점들을 찾아라.

50 $y_1(x)=x^4+x^3$과 $y_2(x)=7x-5$는 $y_3(x)=$____$=0$인 점에서 만난다. $y_3(x)$를 그리고 특이사항을 확인해라. $y=y'=0$일 때 $y(x)$의 그래프는 어떠한가?

51 어떤 복권에서 36개 숫자 중 6개를 고른다고 할 때, 당첨될 확률은 얼마인가?

52 복권의 가능한 모든 조합을 한 개씩 사서 전체 구매한 복권 중 한 개는 반드시 당첨된다고 하자. 어떤 조건일 때 이런 방식으로 복권을 사는 것이 이득인가?

2.3 기울기와 접선

1장에서는 직선인 그래프부터 알아보았다. 속도는 (적어도 조각마다) 상수이고, 거리 함수는 선형적이었다. 이제 나중에 다룰 다른 함수들과 더불어 $x^3 - 2$나 $x^4 - x^2 + 3$과 같은 다항식을 다룰 것이다. 이들의 그래프들은 확실히 휘어져 있다. 대부분 함수는 한 점 근처를 확대하고 집중해서 보지 않는 이상 선형적이지 않다. 이 절에서는 이러한 것들을 다룰 것이다.

짧은 구간 내에서 곡선은 직선처럼 보인다. 현미경을 통해서 보거나 컴퓨터로 확대를 하면 이 말에는 의심의 여지가 없다. 즉 거리-시간 그래프는 거의 선형이 된다. 그 기울기는 순간의 속도이다. 우리는 그래프가 휘어지기 전에 그래프와 가장 가까운 직선, 다시 말해 **접선**[tangent line]을 찾는 것이 목표이다.

접선은 설명하기 쉽다. 그래프 $y = f(x)$ 위의 한 점을 생각하자. x가 a이고 y가 $f(a)$인 점에서 기울기는 $f'(a)$와 같다. **접선은 기울기가 $f'(a)$이고 $x = a$, $y = f(a)$인 점을 지난다.** [그림 2-5]는 그 어떤 식보다 접선이 무엇인지 잘 보여준다. 그러나 우리는 기하학적인 관점을 식으로 해석해야 한다. 이때 접선의 식이 필요하다.

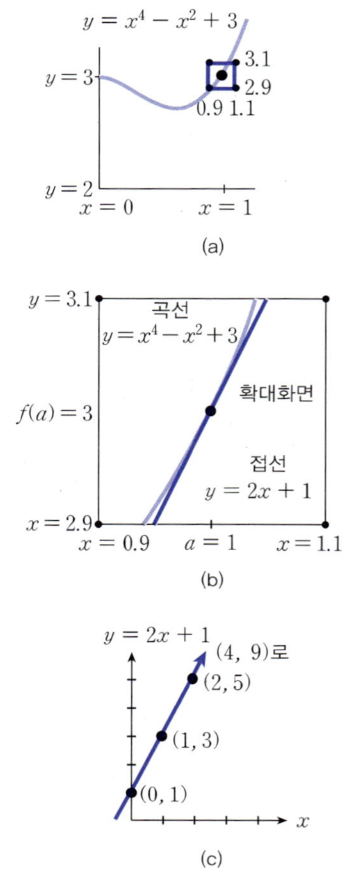

[그림 2-5] 접선의 기울기는 곡선의 기울기인 2와 같다.

예제 1 $y = x^4 - x^2 + 3$이라고 하자. $x = a = 1$인 점에서 높이는 $y = f(a) = 3$이고 기울기는 $dy/dx = 4x^3 - 2x$이다. $x = 1$일 때 기울기는 $4 - 2 = 2$이다. 이는 $f'(a)$이다.

세 수 $x = 1$, $y = 3$, $dy/dx = 2$가 접선을 결정한다.

접선의 방정식은 $y - 3 = 2(x - 1)$이다. 앞으로 이 식이 어떻게 나오게 됐는지 설명하고자 한다.

직선의 방정식

직선은 두 가지 조건에 의해 결정된다. 직선이 지나는 두 점을 안다면 직선을 알아낼 수 있다(물론 방정식을 쓰기는 해야 한다). **한 점과 기울기**를 알 때도 직선을 알아낼 수 있다. 기울기와 한 점을 아는 경우가 접선을 구하고자 할 때 생기는 상황이다.

1. 직선의 방정식은 $y = mx + b$ 형태이다.
2. $dy/dx = m$이므로 m은 직선의 기울기이다.
3. b는 정해진 점을 지나도록 직선을 조정해준다.

위 세 요소를 차례대로 알아보자. 첫 번째로 $y = mx + b$, 그 다음 m, 마지막으로 b

를 살펴볼 것이다.

1. $y = mx + b$의 그래프는 곡선이 아니다. 이를 어떻게 알 수 있는가? $y = 2x + 1$과 같은 구체적인 예시에서 식을 만족시키는 두 점을 골라보자.

   $x = 0, y = 1$과 $x = 4, y = 9$ 모두 $y = 2x + 1$을 만족시킨다.

   두 점 $(0, 1)$과 $(4, 9)$ 모두 그래프를 지난다. 두 점의 중간에 $x = 2$와 $y = 5$인 점이 있다. 이 점 역시 $y = 2x + 1$을 만족한다. **두 점의 중간 지점은 그래프에 있다.** 다시 나누면 $(0, 1)$과 $(2, 5)$의 중간에 점 $(1, 3)$이 있다. 이 역시 $y = 2x + 1$을 만족한다. 모든 중간 지점이 그래프 위에 있으므로 직선이다.

2. 접선은 어떤 기울기 m을 가져야 할까? 앞의 예시에서 $m = f'(a) = 2$이었다. 곡선과 그 접선은 접점에서 같은 기울기 $dy/dx = 2$를 가져야 한다.

   이제 $y = mx + b$의 기울기가 왜 m인지 살펴보자. $x = 0$일 때 높이는 $y = b$이고, $x = 1$일 때 높이는 $y = m + b$이다. 그래프는 가로로 1(0에서 1로), 세로로 m만큼(b에서 $m + b$로) 이동하였다. 기울기는 다음과 같다.

$$\text{기울기} = \frac{\text{세로 길이}}{\text{가로 길이}} = \frac{m}{1} \tag{1}$$

   가로로 1만큼 이동할 때 세로로 m만큼 이동한다는 것을 의미한다. 가로로의 이동에 따라 직선은 기울기를 상수로 유지하며 $y = x^4 - x^2 + 3$이 $x = 1$일 때만 기울기가 2이다.

3. 마지막으로 b를 고르자. 접선 $y = 2x + b$는 $x = 1, y = 3$을 지나야만 한다. 따라서 $b = 1$이다. 숫자 대신에 문자로 쓰면 $y = mx + b$라는 직선의 방정식은 $f(a) = ma + b$를 만족해야 한다. 따라서 우리는 b를 알게 된다.

---

5 접선의 방정식은 $b = f(a) - ma$를 만족한다.

$$y = mx + f(a) - ma\text{이거나 } y - f(a) = m(x - a)\text{이다.} \tag{2}$$

마지막 형태가 가장 좋은 형태이다. $x = a$일 때 접선의 방정식이 어떤 형태인지 바로 알 수 있기 때문이다. $(x - a)$ 인수가 0이다. 따라서 $y = f(a)$를 만족해야 한다. 이는 **점-기울기형 직선의 방정식**이고, 계속 이 형태로 나타낼 것이다.

$$y - 3 = 2(x - 1) \text{ 또는 } \frac{y - 3}{x - 1} = 2 = \text{기울기}$$

예제 2 곡선 $y = x^3 - 2$는 $x = 2$일 때 $y = 6$을 지난다. 그 점에서 $dy/dx = 3x^2 = 12$의 접선의 방정식은 세 수 $2, 6, 12$를 사용해서 다음과 같이 표현한다.

$$y - 6 = 12(x - 2) \text{ 이는 } y = 12x - 18\text{과 같다.}$$

접선 말고도 중요한 직선이 하나 더 있다. 이는 접선과 수직이고, 곡선과도 수직이다. [그림 2-6]에 있는 직선을 **법선**normal line이라고 부른다. 법선의 새로운 특징은 기울기이다. 접선이 기울기 m을 지닐 때 법선의 기울기는 $-1/m$이다(서로 수직인 기울기를 곱하면 -1이 나온다). [예제 2]에서 $m = 12$이므로 법선의 기울기는 $-1/12$이다.

$$\text{접선 : } y - 6 = 12(x - 2) \qquad \text{법선 : } y - 6 = -\frac{1}{12}(x - 2)$$

빛은 법선 방향으로 이동한다. 산불 역시 마찬가지이다. 산불은 방화선과 수직인 방향으로 이동한다. 점-기울기형 직선의 방정식을 사용하자! 접선은 $y = 12x - 18$이지만 법선은 $y = -\frac{1}{12}x - 18$이 아님에 주의해야 한다.

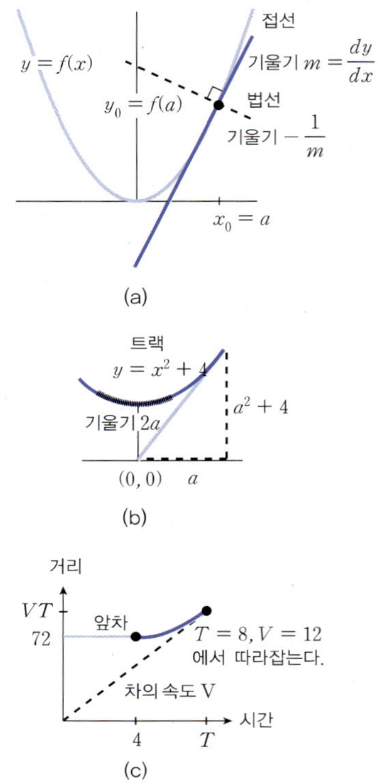

[그림 2-6] (a) 접선은 $y - y_0 = m(x - x_0)$이고 법선은 $y - y_0 = -\frac{1}{m}(x - x_0)$이다. (b) 롤러코스터에서 내리는 경우와 (c) 앞 차를 따라잡는 경우에 대한 그래프이다.

예제 3 $y = x^2 + 4$인 트랙을 따라 움직이는 롤러코스터를 탔다고 생각하자. $(0, 0)$에서 친구를 발견하고 그곳으로 빠르게 가고 싶다면, 언제 내려야 할까?

풀이

빠른 속도의 롤러코스터이기 때문에 여러분의 이동 경로는 접선과 일치할 것이다. 따라서 문제는 **접선의 방정식이 $x = 0$, $y = 0$을 지나도록 하는 점 $x = a$를 고르는** 문제와 같다. 여러분이 $x = a$에서 내리면

높이는 $y = a^2 + 4$이고 기울기는 $2a$이다.

접선의 방정식은 $y - (a^2 + 4) = 2a(x - a)$이다.

접선은 $-(a^2 + 4) = -2a^2$일 때, 즉 $a = \pm 2$일 때 $(0, 0)$을 지난다.

우주선 조종사들이나 야구 투수들이 이와 비슷한 문제를 해결한다. 60피트 떨어진 목표물을 맞히기 위해 적절한 시간에 공을 손에서 놓는 것은 놀라운 미적분학의 결과이다. 목표물이 움직이는 럭비 선수 같은 경우는 4장의 상대속도에서 다룬다.

롤러코스터보다 조금 더 나은 예제를 소개하고자 한다. 운전을 할 때 빨간불을 본 순간 급정거하면 휘발유를 낭비하게 된다. 조금 더 일찍 감속했다가 가속하면 연료를 절약할 수 있다. 차가 앞에서 대기 중일 때 감속할 시기를 정하는 데에는 미적분학이 필요하다.

예제 4 만약 72미터 앞에 신호등이 빨간불이면 얼마나 느리게 감속을 해야 할까? 4초 뒤에 파란불로 바뀌고 신호 대기 중인 앞차는 $3\,\text{m/s}^2$으로 가속한다고 하자. 단, 앞차

를 추월할 수는 없다.

NOTE _ 앞차를 보고 바로 속도 V로 감속한다고 하자(만약 나중에 감속을 시작한다면 속도는 V 이하가 되어야 한다). 앞차를 따라잡는 시간이 T일 때 두 차는 같은 위치에서 같은 속도로 주행하고 있어야 한다. 두 가지 조건에 따라 [그림 2-6(c)]와 같이 두 차의 거리함수가 접해야 한다.

풀이

시간 T일 때 앞차의 속도는 $3(T-4)$이다. 이는 4초의 지연 시간을 나타낸다. $3(T-4)=V$ 혹은 $T=\frac{1}{3}V+4$일 때 속도가 같다. 이제 이동 거리가 같다는 식을 구해보자. 여러분의 위치는 VT이고 다른 차의 위치는 $72+\frac{1}{2}at^2$이다.

$$72+\frac{1}{2}\cdot 3(T-4)^2 = VT\text{는 } 72+\frac{1}{2}\cdot\frac{1}{3}V^2 = V\left(\frac{1}{3}V+4\right)\text{이 된다.}$$

따라서 답은 $V=12\,\mathrm{m/s}$이고 이는 $43\,\mathrm{km/h}$이다. 다른 차가 없을 때는 $V=72/4=18\,\mathrm{m/s}$로 감속한다. 직접 계산해보라.

곡선의 두 점을 잇는 할선

한 점을 지나는 접선 대신에 **두 점을 지나는 할선을 생각해보자**. 접선의 경우 점이 한곳에 모였다. 이제 점들을 떨어뜨려 놓자. 기울기와 한 점이 주어졌을 때의 직선의 방정식 대신, 두 점이 주어질 때의 직선의 방정식을 구해보자.

곡선의 방정식은 아직 $y=f(x)$이다. 첫 번째 점은 여전히 $x=a$, $y=f(a)$이다. 다른 점은 $x=c$, $y=f(c)$이다. 할선은 이 두 점 사이를 지나고, 우리는 이 직선의 방정식을 얻고자 한다. 기울기를 찾는 것이 더 쉽지만, 이번에는 기울기부터 시작하지 않기로 한다.

예제 5 곡선 $y=x^3-2$는 점 $x=2$, $y=6$와 점 $x=3$, $y=25$를 지난다. 이 두 점 사이의 기울기는 다음과 같다.

$$m=\frac{y\text{의 변화량}}{x\text{의 변화량}}=\frac{25-6}{3-2}=19$$

접선의 방정식은 $y-6=19(x-2)$이다. 이 직선은 자동으로 점 $(3, 25)$를 지난다. $25-6=19(3-2)$임을 확인해보자. 할선은 두 번째 점을 지나고 같은 기울기를 가진다. 이는 평균 기울기 $\frac{\Delta y}{\Delta x}$이다.

이때 두 번째 점이 첫 번째 점을 향한다고 생각하자. 할선의 기울기인 $\Delta y/\Delta x$는 접선의 기울기인 dy/dx로 수렴할 것이다. 여기서 극한의 개념에 따라 미분을 확인할 수 있다. 이는 지금 논하는 주제의 요점이다.

여러분은 곧 미분을 빨리 계산할 수 있게 될 것이다. x^9가 기울기 $9x^8$을 가진다는 것을 아는 순간 dy/dx값은 $\Delta y/\Delta x$보다 계산하기 쉽다. $x=1$ 근처에서 세로 길이는 대략 가로 길이의 9배이다. $\Delta y = 1.001^9 - 1^9$을 계산하기 위해 $\Delta x = 0.001$에 9를 곱하자. 빠른 근사로 0.009를 얻고 계산기로 직접 계산하면 $\Delta y = 0.009036$을 얻는다. 곡선보다 접선을 이용하기가 더 쉽다.

이제 할선으로 돌아와서 수를 문자로 바꾸어보자. 어떤 선이 $x=a$, $y=f(a)$와 $x=c$, $y=f(c)$를 이어줄까? 수학자들은 수 이전에 공식을, 공식 이전에 이유를, 이유 이전에 아이디어를 우선시한다.

1. 기울기는 $m = \dfrac{\text{세로 길이}}{\text{가로 길이}} = \dfrac{f(c)-f(a)}{c-a}$이다.
2. 높이는 $x=a$일 때 $y=f(a)$이다.
3. 높이는 $x=c$일 때 $y=f(c)$이다(기울기에 의해 자동으로 결정된다).

6 **두 점이 주어진 직선의 방정식**은 두 점 사이의 기울기를 사용한다.

$$\text{할선} \quad y - f(a) = \left(\frac{f(c)-f(a)}{c-a}\right)(x-a) \tag{3}$$

$x=a$일 때 우변은 0이다. 따라서 좌변에서 $y=f(a)$이다. $x=c$일 때 우변은 공통인수 $c-a$를 가진다. 이들은 상쇄되어 $y=f(c)$라는 결과를 얻는다. 접선의 방정식 (2)와 할선의 방정식 (3)에 의해 다음에 나올 결론에 도달한다.

접선으로 수렴하는 할선

지금부터 나오는 것은 기본적인 것이다. 이는 속도를 가지고 살펴본 내용과 다를 바 없다.

$$\text{평균 속도} = \frac{\Delta\text{거리}}{\Delta\text{시간}} = \frac{f(t+\Delta t)-f(t)}{\Delta t}$$

위 식의 극한은 df/dt이다. 이제 기울기에 대해서 똑같은 과정을 거치고자 한다. **할선은 c가 a로 접근할 때 접선이 된다.**

$$\text{할선의 기울기} \quad \frac{\Delta f}{\Delta x} = \frac{f(c)-f(a)}{c-a}$$

$$\text{접선의 기울기} \quad \frac{df}{dx} = \frac{\Delta f}{\Delta x}\text{의 극한}$$

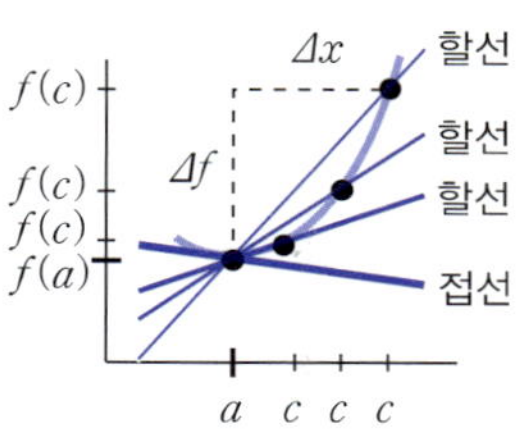

할선 $y - f(a) = \dfrac{f(c)-f(a)}{c-a}(x-a)$

접선 $y - f(a) = f'(a)(x-a)$

[그림 2-7] $\dfrac{\Delta f}{\Delta x}$가 df/dx로 수렴할 때 할선은 접선으로 수렴한다.

이것이 미적분학의 기본 개념이다! 여러분은 c가 a로 접근할 때 [그림 2-7]에 그려진 것보다 많은 할선을 상상해야 한다. $c-a$를 Δx로 생각하라. 이제 $f(c)-f(a)$가 $f(x+\Delta x)-f(x)$로 보이는가? 이는 높이의 변화인 Δf이다. 모든 선은 $x=a$, $y=f(a)$를 지난다. **이들의 극한은 접선이다.**

직관적으로 극한의 의미는 확실하다. 두 점이 가까워지고, 접선은 곡선의 한 점을 지난다(물론 멀리 있는 점을 지날 수도 있다). 수학적으로 극한은 오묘하다. 그것은 우리를 계산에서 미적분으로 데려간다. 계산을 할 때 0/0은 의미가 없지만, 미적분학은 이를 가능하게 한다. df/dx의 새로운 극한은 달라 보이지만 이는 이전에 다룬 내용과 다를 바 없다.

$$f'(a)=\lim_{c\to a}\frac{f(c)-f(a)}{c-a} \qquad (4)$$

예제 6 $x=0$에서 $y=f(x)=\sin x$에 대해 할선과 접선을 찾아라.

풀이

시작점은 $x=0$, $y=\sin(0)$이다. 이는 원점 $(0,0)$이다. 세로 거리와 가로 거리의 비는 $(\sin c)/c$이다.

할선의 방정식 $y=\dfrac{\sin c}{c}x$ 접선의 방정식 $y=1x$

c가 0으로 갈 때 할선은 접선이 된다. $(\sin c)/c$의 극한은 의미 없는 $0/0$이 아니라 dy/dx인 1이다.

예제 7 t년 후에 여러분이 가진 금이 $\sqrt{t}$ 백만 달러의 가치를 갖는다고 하자. 언제 금의 인상률이 가치의 10%가 되어 금을 팔고 채권을 사야 할까? 그렇게 되면 $t=25$일 때, 금을 가지고 있을 때($\sqrt{t}=5$)보다 얼마나 더 이득을 보는가?

풀이

인상률은 $\sqrt{t}$의 도함수, 즉 $1/2\sqrt{t}$이다. $1/2\sqrt{t}=\sqrt{t}/10$일 때 금의 가치인 $\sqrt{t}$의 10%가 인상률과 일치한다. $2t=10$, 즉 $t=5$이다. 이 시간에 금을 팔 때 곡선이 아닌 접선을 살펴보자.

$$y-\sqrt{5}=\frac{\sqrt{5}}{10}(t-5)\text{는 } t=25\text{일 때 } y-\sqrt{5}=2\sqrt{5}\text{가 된다.}$$

만약 채권의 이자율이 복리가 아니고 일정하다면 $y=3\sqrt{5}=6.7$ 백만 달러를 얻을 것이다. 금은 고작 5백만 달러 정도의 가치이다.

2.3 문장제 문제

01 직선은 __a__개의 점에 의해 결정되거나 한 점과 __b__에 의해 결정된다. 접선의 기울기는 __c__의 기울기와 같다. 한 점과 기울기를 이용하여 나타낸 접선의 방정식은 $y-f(a)=$ __d__이다.

02 $x=1$에서 $y=x^3+x$의 접선의 기울기는 __e__이고 접선의 방정식은 __f__이다. 이는 y축과 __g__에서 만나고 x축과는 __h__에서 만난다. $(1,2)$에서의 법선의 기울기는 __i__이다. 법선의 방정식은 $y-2=$ __j__이다. $(1,2)$와 (2, __k__)의 할선은 기울기가 __l__이다. 할선의 방정식은 $y-2=$ __m__이다.

03 $(c,f(c))$는 $m=$ __n__일 때 직선 $y-f(a)=m(x-a)$ 위에 있다. c가 a로 갈 때 기울기 m은 __o__(으)로 수렴하고, 할선은 __p__(으)로 수렴한다.

2.3 연습문제

01 (a) $y=12/x$의 기울기를 찾아라.

(b) (a) 식의 $(2,6)$에서의 접선을 찾아라.

(c) (a) 식의 $(2,6)$에서의 법선을 찾아라.

(d) $(2,6)$에서 $(4,3)$까지의 할선을 찾아라.

02 $y=x^2+x$에 대해 다음을 구하라.

(a) $(1,2)$에서의 접선과 법선

(b) $(1,2)$에서 $x=1+h, y=(1+h)^2+(1+h)$까지의 할선

03 직선이 $(1,-1)$과 $(4,8)$을 지날 때 이를 $y-f(a)=m(x-a)$ 꼴로 적어라. 그리고 $y=mx+b$ 꼴로 적어라.

04 $y=x^3+6x$의 원점에서의 접선은 $y=$ ______이다. 이 접선이 원래 함수와 다시 만나는가?

05 $y=x^3-3x^2+x$에서 원점에서의 접선은 $y=$ _____이다. 이는 또한 원점과 점 _____와(과)의 할선이다.

06 $x=4$, $y=2$에서 $x=y^2$의 접선을 구하여라.

07 $y=x^2$에서 점 (a,a^2)에서 (c,c^2)까지 할선의 방정식은 ______이다. $c-a$로 나누어 c가 a로 갈 때 접선의 방정식을 찾아라.

08 $x=1$과 $x=2$에서 같은 기울기를 가지는 함수를 만들어라. 그리고 $y=x^4-2x^2$에 대해 같은 기울기를 가지는 두 점을 찾아라(그래프를 그려라).

09 $x=5$에서의 접선의 방정식이 $y=2x-3$인 곡선을 찾아라. $(5,7)$에서의 법선을 찾아라.

10 $y=1/x$에 대해 $(a,1/a)$에서 $(c,1/c)$까지의 할선의 방정식은 ____이다. 이 기울기를 단순하게 계산하고 c가 a로 접근할 때의 극한을 구하여라.

11 $x=\pi/2$에서 $y=\sin x$의 접선과 법선의 방정식은 무엇인가?

12 어떤 c와 a가 둘 사이에 있는 b로 접근할 때 할선의 기울기 $(f(c)-f(a))/(c-a)$는 _____(으)로 수렴한다.

13 $x=a$에서 $y=1/x$에 대해 다음을 계산하라.

(a) 접선의 방정식

(b) 접선이 축과 만나는 점

접선과 축들로 둘러싸인 삼각형의 넓이는 항상 ____이다.

14 $g(x)=f(x)+7$이라고 하자. $x=4$에서 f와 g의 접선은 _____이다. 다음 문장의 참 또는 거짓을 판별하라. 두 직선 사이의 거리는 7이다.

15 $y=4x$가 $y=x^2+c$와 접하도록 c를 골라라. 기울기와 높이 모두 고려하라.

16 $y=5x-7$이 $y=x^2+cx$와 접하도록 c를 골라라.

17 $y=x^3+4x^2-3x+1$에 대해 접선이 수평선인 모든 점을 찾아라.

18 $y=4x$는 $y=cx^2$의 접선이 될 수 없다. 기울기와 직선의 높이를 맞추어보거나 곡선을 그려라.

19 $(0,3)$과 $(5,-2)$를 연결하는 직선이 $y=c/(x+1)$에 접하도록 c를 결정하라.

20 두 포물선 $y=x^2+bx+c$와 $y=dx-x^2$이 $x=1, y=0$에서 서로 접하도록 b, c, d를 골라라.

21 $f(x)=x^3$의 그래프는 $(1, 1)$을 지난다.

(a) 그래프는 다른 점 $x=c=1+h$, $y=f(c)=$____을(를) 지난다.

(b) f의 변화량은 $\Delta f=$ ____이다.

(c) 할선의 기울기는 $m=$ ____이다.

(d) h가 0으로 갈 때 m은 ____(으)로 수렴한다.

22 $x=1$에서의 접선이 $x=1$에서 $x=3$까지의 할선과 똑같은 함수 $y=f(x)$를 찾아라.

23 구부러져 있고 서로 멀어지는 두 개의 곡선을 그려라. 두 곡선의 가장 가까운 점을 P, Q라 하자. 이 점들의 접선은 ____하고 법선은 ____하다.

24 포물선 $y=x^2+1$과 $y=x-x^2$이 (a, a^2+1)과 $(c, c-c^2)$에서 가장 가깝다고 하자. a와 c에 대한 방정식 두 개를 세워라.

25 빛은 직선 $x=a$을 따라온다. 그리고 $y=x^2$인 포물선 모양의 반사판과 점 $P=(a, a^2)$에서 만난다.

(a) P에서의 접선을 구하여라. 접선이 y축과 만나는 점을 Q라 할 때 Q를 구하라.

(b) P, Q와 초점 $F=\left(0, \frac{1}{4}\right)$의 각각의 거리가 같음을 확인하라.

(c) (b)로부터 그림이 같은 각도를 가짐을 보여라.

(d) 빛이 포물선에 의해 반사되어 초점으로 가도록 하는 물리적 법칙은 무엇인가?

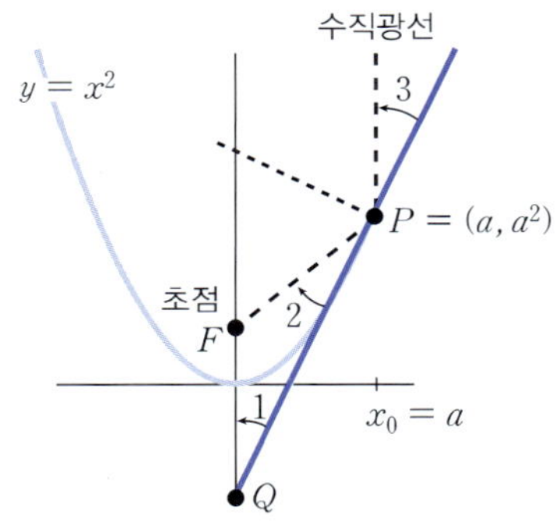

26 성능이 좋지 않은 반사판 $y=2/x$에서 빛이 $x=a$를 따라 내려올 때 빛이 수평으로 반사되었다. 이때 a는 어떤 값인가?

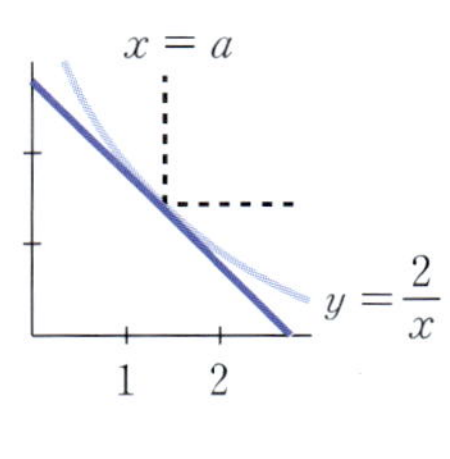

27 $4py=x^2$인 포물선에 대해 어느 점에서의 기울기가 1인가? 그 점에서 수직의 광선은 수평으로 반사될 것이다. 따라서 초점은 $(0,$ ___$)$이다.

28 다음 주장이 틀린 이유를 쓰고, 바르게 고쳐라.

(a) $y=2x$가 $(1, 2)$에서의 접선이면, $y=-\frac{1}{2}x$는 법선이다.

(b) c가 a로 갈 때 할선의 기울기 $(f(c)-f(a))/(c-a)$는 $(f(a)-f(a))/(a-a)$로 수렴한다.

(c) $(2, 3)$을 지나고 기울기가 4인 직선은 $y-2=4(x-3)$이다.

29 공이 $x=\cos t, y=\sin t$를 따라 원의 궤적으로 움직인다고 하자. $t=3\pi/4$에서 공이 접선 방향으로 날아간다고 할 때 그 접선의 방정식을 구하고 공이 바닥에 닿을 때$(y=0)$의 위치도 구하여라.

30 $x=a$에서 $y=f(x)$의 접선이 $x=b$에서 $y=g(x)$의 접선과 같다고 하자. a와 b가 만족해야 할 두 방정식을 찾아라.

31 $y=x^2$인 포물선 위에 놓여 있는 반지름이 1인 원을 그려라. 만나는 점인 (a, a^2)에서 법선의 방정식은 _____이다. 법선은 $x=0$일 때 $y=$____이다. $a=$____일 때 (a, a^2)까지의 거리가 반지름인 1이 된다. 이렇게 만나는 점이 어디에 있는지 알 수 있다.

32 문제 31에서 했던 것을 조금 더 평평한 포물선 $y=\frac{1}{2}x^2$에 대하여 하고, 원이 어디에 놓여 있는지 찾아라.

33 학생의 한 시간이 10달러의 가치가 있다고 하고, 1000달러를 지원해주는 장학금에 지원한다고 생각하자. 만약 x시간 동안 지원서를 쓸 때 장학금을 받을 확률이 $1-(1/x)$라고 하면 지원서를 언제까지 써야하는가?

34 모든 a와 c에 대해 $|f(c)-f(a)|\le|c-a|$라고 하자. $|df/dx|\le 1$임을 증명하라.

35 $x=a$에서 $y=1/x^2$의 접선이 x축과 $x=3$에서 만난다고 할 때 a의 값은 얼마인가?

36 $u(x)/v(x)=7$일 때 $u'(x)/v'(x)$를 구하라. 또 $(u(x)/v(x))'$도 구하라.

37 $f(c)=1.001^{10}$을 두 가지 방법$(f(c)-f(a)\approx f'(a)(c-a)$을 이용하거나 계산기를 써서)으로 구하라. $a=1$, $f(x)=x^{10}$을 사용하라.

38 $x=1$에서 Δx의 거리만큼 떨어져 있을 때 $y=1/x$은 접선과 얼마만큼 떨어져 있는가?

39 $x=2$에서 Δx의 거리만큼 떨어져 있을 때 $y=x^3$은 접선과 얼마만큼 떨어져 있는가?

40 문제 38과 문제 39를 기반으로, 곡선과 접선의 방정식의 거리는 어떤 제곱 $(\Delta x)^P$과 비슷한가?

41 $x_0=2$에서 $f(x)=x^2-1$의 접선은 $x_1=$ ____일 때 x축을 지난다. x_1에서의 접선은 $x_2=$ _____일 때 x축을 지난다. 곡선과 두 직선을 그려라. 이는 $f(x)=0$을 풀기 위한 뉴턴법의 시작이다.

42 $y=mx+b$에는 두 수가 필요하다. 접선의 방정식 $y-f(a)=f'(a)(x-a)$는 세 수가 필요하고, 두 점이 주어질 때 접선의 방정식은 $a, f(a), c, f(c)$가 필요하다. 어떻게 이럴 수 있을까?

43 [예제 4]에서 앞 차를 따라잡을 때 접하는 점의 시간 T를 구하여라.

44 [예제 4]에서 앞에 대기하고 있는 차가 2m/s^2의 가속도로만 운동한다면 뒤에 있는 차는 어떤 속도 V로 감속해야 하는가?

45 도둑이 40미터 떨어져 있고, 여러분을 향해 초당 8미터의 속도로 뛰어온다고 하자. 여러분이 항상 도둑보다 앞에 있게 하는 속도 $v=at$에 대해 최소의 가속도를 구하라.

46 이어달리기에서 8미터를 남겨두고 감속$(f=-8+6t-\frac{1}{2}t^2)$했다고 하자. 다음 주자가 배턴을 이어받을 수 있도록 하는 속도는 얼마인가($f=vt$가 되도록 v를 골라라)?

2.4 사인과 코사인의 도함수

이 절에서 우리의 목표는 두 가지이다. 하나는 $\sin x$와 $\cos x$의 도함수를 계산하는 것이고 다른 하나는 이 두 함수가 왜 중요한지 설명하고자 하는 것이다. 단어와 식을 통해 두 함수는 **진동**임을 설명할 수 있다. 앞으로 '**미분방정식**'을 보게 될 것이다. 이는 모르는 함수 $y(x)$에 대한 미분과 연관이 있다.

미분방정식은 이계도함수, 즉 **도함수의 도함수**가 y의 반대 부호와 같다고 할 것이다. 기호로는 $y''=-y$로 나타낸다. 한 방향으로의 거리 차가 반대 방향으로의 가속도에 영향을 준다. 이는 y, y', y''을 모두 진동하게 만든다. $y''=-y$의 해는 $\sin x$와 $\cos x$, 그리고 이 둘의 조합이다.

우선 기울기부터 시작하자. $y=\sin x$의 도함수는 $y'=\cos x$이다. 의심의 여지가 없는 결과이지만 아름다운 결과이기도 하다. 1장에서 공을 원 모양으로 돌렸을 때 그림자는 위아래로 왔다갔다 했다. 이때 그림자의 높이는 $\sin t$, 속도는 $\cos t$이었다. 이제 $y(x)=\sin x$일 때 극한을 이용한 방법으로 도함수를 구하고자 한다.

$$\frac{dy}{dx}=\frac{\Delta y}{\Delta x}\text{의 극한}=\lim_{h\to 0}\frac{\sin(x+h)-\sin(x)}{h} \qquad (1)$$

사인 함수는 x^2이나 x^3보다 어렵다. 이때 $(x+h)^2$이나 $(x+h)^3$ 대신에 $\sin(x+h)$항이 있다. 이는 1.5절에서 다루었던 삼각함수의 기본적인 '덧셈 정리'를 필요로 한다.

$$\sin(x+h) = \sin x \cos h + \cos x \sin h \tag{2}$$

$$\cos(x+h) = \cos x \cos h - \sin x \sin h \tag{3}$$

식 (2)를 통해 $\Delta y = \sin(x+h) - \sin x$를 다르게 쓸 수 있다.

$$\begin{aligned} \frac{\Delta y}{\Delta x} &= \frac{\sin x \cos h + \cos x \sin h - \sin x}{h} \\ &= \sin x\left(\frac{\cos h - 1}{h}\right) + \cos x\left(\frac{\sin h}{h}\right) \end{aligned} \tag{4}$$

분수는 식의 오른편에서 볼 수 있듯 더욱 단순한 두 개의 항으로 나타낼 수 있다. 삼각함수와 계산으로 여기까지는 할 수 있었고, 이제 새로운 미적분학 문제를 해결해야 한다. **$h \to 0$일 때 어떤 일이 일어나는가?** h로 나누는 방법은 쉽지 않아 보인다 ($(\sin h)/h = \sin$으로 잘못 약분하지 않도록 한다). 아래에 매우 중요한 두 극한이 있다.

$$\lim_{h \to 0} \frac{\cos h - 1}{h} = 0, \qquad \lim_{h \to 0} \frac{\sin h}{h} = 1 \tag{5}$$

아직 극한은 정의되지 않았다! 더 나아가서 직접 식 (4)를 직접 계산하기보다 각각의 극한을 개별적으로 계산하는 것이 잘못 되었다고 생각 할 수도 있다. 그럼에도 우선은 아이디어에 따라 식을 전개하고, 이후에 엄밀하게 극한에 대해 알아보고자 한다. (4)의 극한은 (5)의 두 가지 극한으로부터 구할 수 있다.

$$\frac{dy}{dx} = \sin x(\text{첫 번째 극한}) + \cos x(\text{두 번째 극한}) = 0 + \cos x \tag{6}$$

할선의 기울기 $\Delta y/\Delta x$는 dy/dx의 접선의 기울기로 수렴한다.

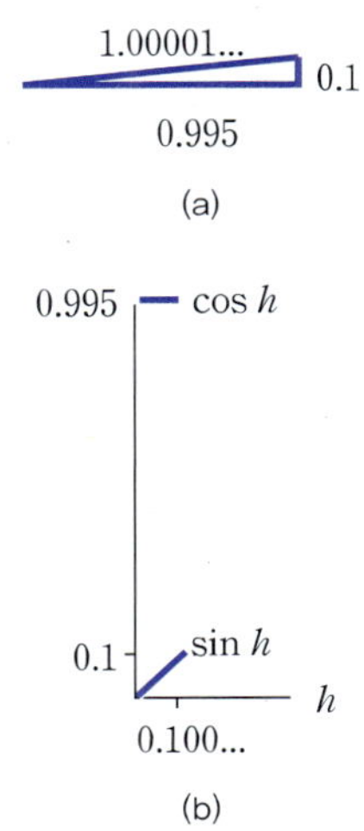

[그림 2-8]

> 7 $y = \sin x$의 도함수는 $dy/dx = \cos x$이다.

매우 중요한 두 개의 극한인 식 (5)에 대해 깊게 생각해보아야 한다. **$h = 0$을 대입하면 두 비율은 $0/0$이 된다.** 0도에서의 코사인 함숫값이 1이고, 사인 함숫값이 0임을 기억하라. [그림 2-8]은 아주 작은 각도 h(0과 아주 가까워서 우리가 그럴듯하게 그릴 수 있게끔)를 보여준다. $\sin h$를 나타내는 변의 길이는 0과 아주 가깝고 $\cos h$를 나타내는 변의 길이는 1과 아주 가깝다. [그림 2-8(b)]는 (둘 다 0으로 갈 때) $\sin h$와 h의 비율이 사인 함수가 시작할 때의 기울기와 비슷하다는 것을 보여준다.

두 함수가 0으로 갈 때 비율은 어떤 일이 생겨도 이상하지 않다. 우리는 다음과 같은 결과도 얻을 수 있다.

$$\frac{h^2}{h} \to 0 \quad \text{또는} \quad \frac{h}{h} \to 1 \quad \text{또는} \quad \frac{\sqrt{h}}{h} \to \infty$$

0/0처럼 접근하면 유추하기가 어렵다. 분자나 분모 중 어느 것이 0으로 더 빨리 가는지가 중요하다. 이제부터 대략적으로 $(\cos h - 1)/h$이 h^2/h과 비슷하고, $(\sin h)/h$가 h/h와 비슷함을 보이고자 한다.

NOTE _ $\sin x$의 그래프는 [그림 2-9]에서 진한 색이다. $\sin(x+\Delta x)$의 그래프는 그 옆(연한 색)에 있다. 높이 차는 Δx만큼 옆으로 옮겼을 때 Δf이다.

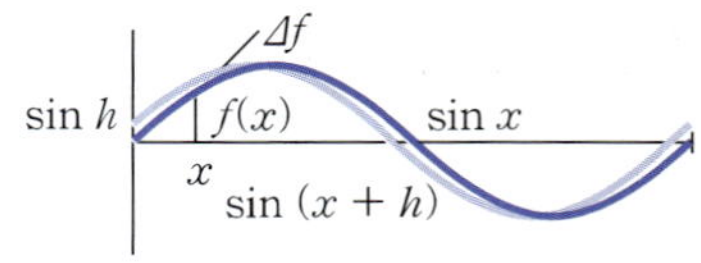

(a)

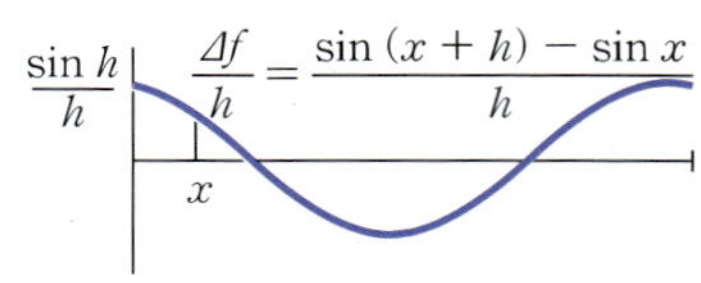

(b)

[그림 2-9] (a) $h = 10° = \pi/18$일 때 $\sin(x+h)$, (b) $\Delta f/\Delta x$는 $\cos x$와 비슷하다.

이제 작은 수인 Δx(혹은 h)로 나누자. [그림 2-9(b)]은 $\Delta f/\Delta x$를 나타낸다. 이는 $\cos x$와 비슷하다(어떻게 시작하는지 살펴보라. 완전히 $\cos x$는 아니다). $\Delta x \to 0$일 때 수학은 극한이 $\cos x$와 일치한다는 것을 증명할 것이다. 흥미롭게도 이때 한 점$(x = 0)$에서의 이유에만 집중한다. 그 점에서의 기울기는 $\cos 0 = 1$이다.

우리는 이제 다음을 증명하고자 한다. $\sin \Delta x$를 Δx로 나눈 것은 1로 수렴한다. 사인 곡선은 기울기 1로 시작한다. $\sin(x+h)$의 덧셈공식에 따라 모든 점에서의 기울기가 $\cos x$라는 것을 밝힐 것이다.

Q_ 왜 $f(x+\Delta x)$의 그래프는 $\Delta x > 0$일 때 $f(x)$를 왼쪽으로 옮긴 것과 같은가?

A_ $x = 0$일 때 옮겨진 그래프는 $f(\Delta x)$를 나타내고 있다. [그림 2-9(a)]에서 연한 색 그래프는 진한 색 그래프를 왼쪽으로 옮긴 것이다. 연한 색 그래프는 진한 색 그래프가 $\sin 0$의 값을 가질 때 $\sin h$의 값을 갖는다.

$(\sin h)/h$의 극한은 1

이 극한을 찾는 데에는 여러 가지 방법이 있다. 직접적인 방법은 컴퓨터로 그래프를 그리는 것이다. [그림 2-10(a)]는 매우 설득력이 있다. **함수 $(\sin h)/h$는 $h = 0$이라는 중요한 점에서 1로 수렴한다.** $(\tan h)/h$도 마찬가지다. 실제로 위험할 수 있는 부분은 '정의되지 않은 함수'같은 경고가 뜨며 아무 그래프도 그릴 수 없는 것 뿐이다(컴퓨터가 $h = 0$일 때 0으로 나누는 것을 거부할 수 있다. 물론 그 근처까지는 가능하다). 극한의 매우 중요하므로 극한이 1이라는 수학적인 증명을 보이고자 한다.

[그림 2-10(b)]는 $\sin h$가 h보다 작다는 것을 보여 준다(첫 번째 그래프 역시 $(\sin h)/h$가 1보다 작다는 것을 보여준다). 또한 $\tan h$가 h보다 위에 위치한다는 것을 확인할 수 있다. 탄젠트 함수는 사인 함수를 코사인 함수로 나눈 것이라는 것임을 기억하라. 충분히 작은 양수 h에 대해 다음 부등식이 성립한다.

$$\sin h < h \text{와 } \tan h > h \qquad (7)$$

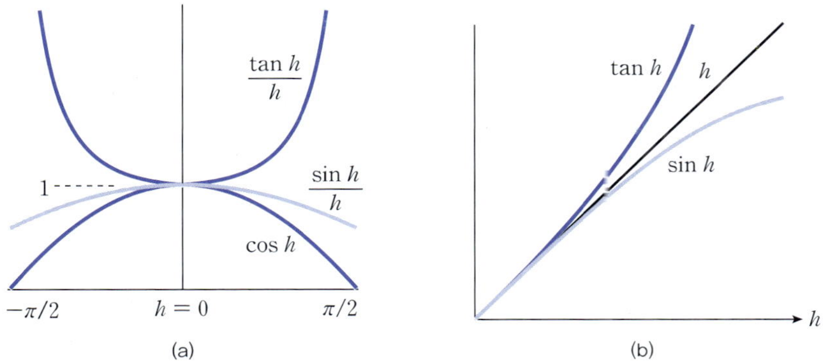

[그림 2-10] $(\sin h)/h$는 $\cos x$와 1 사이에 있다. $\tan h/h$는 1로 감소한다.

$\tan h = (\sin h)/(\cos h)$이므로 다음이 성립한다.

$$\frac{\sin h}{h} < 1 \text{과 } \frac{\sin h}{h} > \cos h \text{와 같다.} \qquad (8)$$

h가 0으로 갈 때 어떤 일이 일어나는가? **비율 $(\sin h)/h$는 $\cos h$와 1 사이에 위치한다.** 그리고 $\cos h$는 1을 향해 간다. 따라서 $h \to 0$으로 갈 때 두 개 사이에 있는 $(\sin h)/h$는 한 가지 가능성만 존재한다. 즉 $(\sin h)/h$가 1로 수렴한다.

[그림 2-10]은 '샌드위치 정리'를 보여준다. 만약 **두 함수가 같은 극한을 향해 간다면 그 사이에 있는 어느 함수도 같은 값으로 간다.** 이는 2.6절에서 증명한다. 당연히 음수인 h에 대해서도 결과는 같다. 0 왼쪽에서 h의 부호와 $\sin h$의 부호가 같이 바뀌기 때문에 $(\sin h)/h$는 바뀌지 않는다(사인 함수가 홀함수이드로 $\sin(-h) = -\sin h$이다). 우리가 계산하는 분수는 0 근처에서 대칭이고 1로 수렴하는 짝함수이다.

증명은 그래프([그림 2-10(b)])만으로 보인 $\sin h < h < \tan h$에 의존한다. 이제 직각삼각형을 통해 살펴보자.

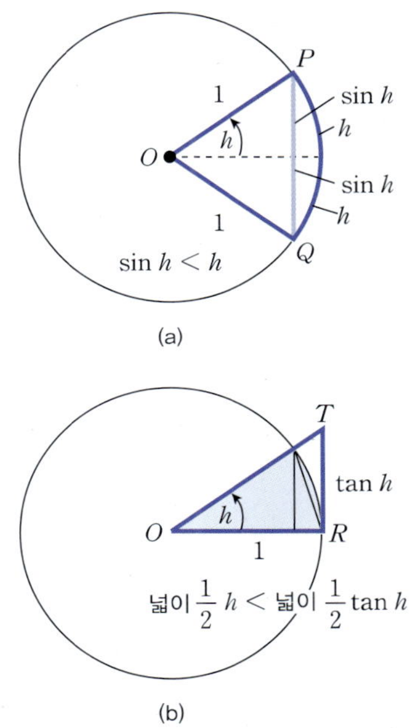

[그림 2-11] (a) 선이 호의 길이보다 짧다. (b) $2\sin h < 2h$, 넓이는 $h < \tan h$임을 알려준다.

[그림 2-11(a)]는 왜 $\sin h < h$인지 알려준다. 선분 PQ의 길이는 $2\sin h$이다. 두 점 사이의 가장 짧은 거리는 직선[4]이기에 원의 호가 더 길다. 호 PQ의 길이는 $2h$이다(반지름이 1일 때 호의 길이는 각도와 같다. 둘레의 길이는 2π이고 한 바퀴의 각 역시 2π이다). **직선거리인 $2\sin h$는 호의 길이인 $2h$보다 작고**, 따라서 $\sin h < h$이다.

[그림 2-11(b)]는 왜 $h < \tan h$인지 보여준다. 이번에는 **넓이**를 보자. 삼각형의 넓이는 $\frac{1}{2}(\text{밑변})(\text{높이}) = \frac{1}{2}(1)(\tan h)$이다. 삼각형 내부에 색칠된 부분은 원의 부채꼴이다.

4 이를 증명하려면 시간이 매우 많이 걸린다. 사실이라고 받아들이자.

부채꼴의 각도는 전체 원의 각도 일부이므로 부채꼴의 넓이는 $h/2\pi \times$(원의 전체 넓이)이다. 원의 넓이는 $\pi r^2 = \pi$이다. 따라서 $h/2\pi$를 곱하면 부채꼴의 넓이가 $\frac{1}{2}h$라는 결과를 얻는다. 이를 삼각형과 비교하면 $\frac{1}{2}\tan h > \frac{1}{2}h$라는 결과를 얻는다.

부등식 $\sin h < h < \tan h$는 이제 증명되었다. 식 (8)로부터 $(\sin h)/h \to 1$이라는 결과를 얻는다. 증명 끝. [연습문제 2.4.13]은 $\sin h < h$를 어떻게 넓이로 증명할 수 있는지 알려준다.

NOTE_ 모든 각도 x와 h의 단위는 라디안이다. 도 단위로는 $\cos x$가 $\sin x$의 도함수가 아니다. 1도는 라디안보다 더 작기 때문에 dy/dx는 $2\pi/360$로 나눠야 한다.

$(\cos h - 1)/h$의 극한은 0

두 번째 극한은 약간 다르다. 이제 $1-\cos h$가 h보다 0으로 더 빨리 감소한다는 것을 보일 것이다. 코사인은 $(\sin h)^2 + (\cos h)^2 = 1$이란 법칙을 통해 사인과 연관시킬 수 있다. 우리는 $\sin h < h$라는 사실로부터 코사인 함수가 들어가는 식을 해결하고자 한다.

$$(1-\cos h)(1+\cos h) = 1-(\cos h)^2 = (\sin h)^2 < h^2 \tag{9}$$

모든 식이 양수임을 명심해라. h와 $1+\cos h$로 나누어보자.

$$0 < \frac{1-\cos h}{h} < \frac{h}{1+\cos h} \tag{10}$$

우리가 구하고 싶은 식은 가운데에 있다. $h \to 0$이기에 세 번째 항은 0으로 간다. 이는 또 다른 '샌드위치'이다. 따라서 가운데 식은 0으로 간다. $\cos h - 1$에 대해서나 h가 음수일 때 주어진 부등식의 부호는 바뀐다. 하지만 마이너스 0은 0이다. 이를 통해 식 (6)을 확인할 수 있다. $\sin x$의 기울기는 $\cos x$이다.

NOTE_ 식 (10)은 $1-\cos h$가 $\frac{1}{2}h^2$으로 근사된다는 것을 알려준다. 2는 $1+\cos h$로부터 나온다. 이는 미적분학의 기본적인 목표, 즉 $\frac{1}{2}h^2$과 같은 간단한 근사를 찾는 것이다. '접하는 포물선' $1-\frac{1}{2}h^2$은 코사인 함수의 윗부분이랑 비슷하다.

코사인의 미분

코사인을 미분하는 것은 쉬울 것이다. $\cos x$를 미분하기 위한 쉬운 방법은 사인 함수를 $\pi/2$만큼 옮기는 것이다. 사인 함수를 옆으로 옮기면 코사인 함수를 얻기 때문이다([그림 2-12(b)]의 실선). 도함수 역시 $\pi/2$만큼(점선) 옮겨진다. **$\cos x$의 도함수는 $-\sin x$이다.**

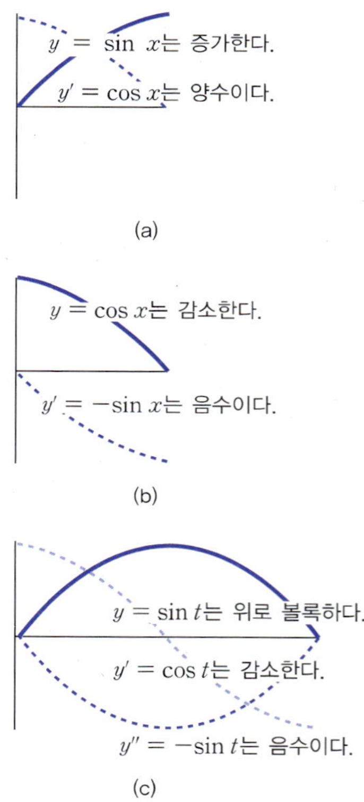

[그림 2-12] $y(x)$는 y'이 양수일 때 증가한다. $y(x)$는 y''이 양수일 때 위로 볼록하다.

이제 실선이 아래로 움직일 때 점선(기울기)이 0보다 작아짐을 확인하라. 실선이 수평일 때 기울기가 0이 된다. **증가하는 함수의 기울기는 양수기고 감소하는 함수의 기울기는 음수이다.** 이 사실은 매우 중요하므로 이를 다시 살펴볼 것이다.

dy/dx에는 '증가하는 함수' 혹은 '감소하는 함수' 말고도 많은 정보들이 있다. 기울기는 얼마나 빠르게 함수가 증감하는지, 즉 변화율을 알려준다. $y = \cos x$의 기울기는 $\Delta y/\Delta x$의 극한으로 평범하게 계산할 수 있다.

$$\frac{\Delta y}{\Delta x} = \frac{\cos(x+h) - \cos x}{h} = \cos x\left(\frac{\cos h - 1}{h}\right) - \sin x\left(\frac{\sin h}{h}\right)$$

$$\frac{dy}{dx} = (\cos x)(0) - (\sin x)(1) = -\sin x \tag{11}$$

첫 번째 식은 $\cos(x+h)$에 대한 공식 (3)으로 유도되었다. 이로서 그래프에서 보인 사실, 즉 $\cos x$의 기울기가 $-\sin x$라는 것이 증명되었다.

사인 함수와 코사인 함수의 이계도함수

이제 **도함수의 도함수**를 소개하고자 한다. 이는 원래 함수의 **이계도함수**이며 y 자체가 아닌 기울기가 얼마나 빨리 바뀌는지를 알려준다. 이계도함수는 '속도의 변화율'이다. 직선의 기울기는 상수(속도도 상수)이고, 따라서 이계도함수는 0이다.

$$f(t) = 5t\text{는 } df/dt = 5,\ d^2f/dt^2 = 0\text{이다.}$$

포물선 $y = x^2$의 기울기는 기울기가 2(상수)인 $2x$(선형)이다. 마찬가지로

$$f(t) = \frac{1}{2}at^2\text{이고 } df/dt = at,\ d^2f/dt^2 = a\text{이다.}$$

이계도함수는 d^2f/dt^2(혹은 d^2y/dx^2)과 같이 나타낸다. f''이나 y''등 단순한 표현도 쓴다(이는 f 더블 프라임, y 더블 프라임으로 읽는다). 예를 들면, $y = x^3$의 이계도함수는 $y'' = 6x$이다.

거리-속도 문제에서 f''은 가속도이다. 속도 v는 f가 얼다나 빠르게 바뀌는지 알려주는 데 비해 가속도는 v가 얼마나 빨리 바뀌는지 알려준다. df/dt는 거리/시간이고, d^2f/dt^2은 거리/시간^{2}이다. 중력 가속도는 $9.8\,\text{m/s}^2$ 혹은 $32\,\text{ft/s}^2$이다. 이는 v가 1초에 $9.8\,\text{m/s}^2$만큼 증가한다는 것을 의미한다. 거리가 $9.8\,\text{m/s}^2$ 증가하는 것이 아니다!

$y = \sin t$의 그래프는 시작할 때 증가한다. 도함수 $\cos t$는 양수이다. 하지만 이계도함수는 $-\sin t$이다. 곡선은 **증가하면서 아래로 휘어진다.** 이 곡선은 $y'' = -\sin t$가 음수이기 때문에 '**위로 볼록**'하다.

$t=\pi$일 때 그래프는 0을 지나고 음수가 된다. 이계도함수는 양수가 된다. 이제 곡선은 위로 휘어 있다. 아랫부분의 호는 '아래로 볼록'하다.

$y'' > 0$은 y'이 증가해서 y가 위로 휘어지는 것을 의미한다(아래로 볼록).
$y'' < 0$은 y'이 감소해서 y가 아래로 휘어지는 것을 의미한다(위로 볼록).

3장에서 이들을 정식으로 공부할 것이다. 지금은 $\sin t$에 대해 살펴보고자 한다. $y'' = -y$는 사인과 코사인 함수에 대해 주목할 만한 성질이다. 이는 '가속도$=-$거리'라는 의미인데 매우 특별한 성질이다. 거리가 커질수록 잡아당기는 힘 역시 커진다.

$y = \sin t$는 $dy/dt = +\cos t$이고 $d^2y/dt^2 = -\sin t = -y$이다.
$y = \cos t$는 $dy/dt = -\sin t$이고 $d^2y/dt^2 = -\cos t = -y$이다.

Q_ $d^2y/dt^2 < 0$이 거리 $y(t)$가 감소한다는 것을 의미하는가?

A_ 당연히 아니다! 이는 dy/dt가 감소한다는 것이다. 예를 들어 사인 곡선의 시작에서 y는 증가하지만 $y'' < 0$이다.

사인과 코사인 함수는 단순하고 조화로운 움직임을 보여준다(위아래, 앞뒤, 안팎, 긴장과 압축). 용수철을 늘이면 복원하려는 힘은 이를 다시 잡아당기고, 그네를 위로 밀면 중력은 이를 잡아당긴다. 이런 움직임들은 다음 미분방정식에 의한 결과이다.

$$d^2y/dt^2 = -y \tag{12}$$

이 미분방정식의 해는 사인 함수와 코사인 함수의 조합인 $y = A\sin t + B\cos t$이다.

우리의 목표는 미분방정식이 아니다. 그러나 여러분은 미적분학의 목적에 대해 알아야 한다. 미적분학은 현상들을 방정식으로 해석한다. 미적분학은 진동을 방정식 (12)로 해석한다. 우리의 심장은 피가 들어오고 나가며, 공은 튀고, 전류는 교류한다. 또한 경제는 호황과 불황을 번갈아 맞이한다.

높은 가격 → 많은 생산 → 낮은 가격 → ⋯

이렇듯 우리는 진동(혹은 미분방정식) 없이 살 수가 없다.

2.4 문장제 문제

01 $y = \sin x$의 도함수는 $y' =$ ___a___이다. 이계도함수(___b___의 도함수)는 $y'' =$ ___c___이다. 네 번 미분한 함수는 $y'''' =$ ___d___이다. 따라서 $y = \sin x$는 미분방정식 $y'' =$ ___e___와(과) $y'''' =$ ___f___을(를) 만족시킨다. 이계도함수가 ___g___인 $y = \cos x$도 마찬가지이다.

02 이 미분들은 기본적인 극한, 즉 $(\sin h)/h$가 ___h___(으)로 수렴하는 사실로부터 나온다. 사인 함수에 0.01라디안을 대입한 값은 ___i___와(과) 아주 가깝다. 0.01에 대해 ___j___도 마찬가지다. 코사인 함수에 0.01을 대입한 값은 0.99가 아니다. 왜냐하면 $1-\cos h$는 h보다 훨씬 ___k___때문이다. $(1-\cos h)/h^2$은 ___l___(으)로 수렴한다. 따라서 $\cos h$는 $1-\frac{1}{2}h^2$과 마우 가깝고 $\cos 0.01 \approx$ ___m___이다. h는 x로 대체 가능하다.

03 미분방정식 $y'' = -y$는 ___n___을(를) 설명한다. y가 양수일 때 y''은 ___o___이다. 따라서 y'은 ___p___한다. 결국 y는 0보다 작아질 것이고 y''은 ___q___이(가) 된다. 그러면 y'은 ___r___한다. 현실에서 진동의 예시는 ___s___와(과) ___t___이(가) 있다.

2.4 연습문제

01 다음 중 $h \to 0$일 때 1이 되는 분수는 무엇인가?

(a) $\dfrac{h}{\sin h}$ (b) $\dfrac{\sin^2 h}{h^2}$

(c) $\dfrac{\sin h}{\sin 2h}$ (d) $\dfrac{\sin(-h)}{h}$

02 **(계산기 문제)** $h = 0.5,\ 0.1,\ 0.01$일 때 $(\sin h)/h$를 계산하라 $(\sin h)/h$가 0.99 이상이 되는 곳은 어디인가?

03 $h \to 0$일 때 극한을 구하라.

(a) $\dfrac{\sin^2 h}{h}$ (b) $\dfrac{\sin 5h}{5h}$

(c) $\dfrac{\sin 5h}{h}$ (d) $\dfrac{\sin h}{5h}$

04 $\tan h = 1.01h$를 언제 만족하며 $\tan h = h$를 언제 만족하는가?

05 $y = \sin x$는 주기 2π를 가진다. 이는 $\sin x =$ _____을(를) 의미한다. $(\sin(2\pi + h) - \sin(2\pi))/h$의 극한은 1이다. 왜냐하면 ____이기 때문이다. 이는 $x =$ ____일 때 dy/dx 값을 알려준다.

06 $\cos(x + \Delta x)$를 $\cos x$ 옆에 그려라. 높이 차 Δy를 표시하라. 그리고 [그림 2-9]처럼 $\Delta y/\Delta x$를 그려라.

07 삼각함수 공식에서 중요한 것 중 하나는 $\cos^2\theta = 1 - \sin^2\theta$이다. $\sin\theta \approx \theta$라 하면 $\cos^2\theta \approx 1 - \theta^2$이 된다. 제곱근을 취하면 $\cos\theta \approx 1 - \frac{1}{2}\theta^2$이다.

이유 : 제곱을 하면 $\cos^2\theta \approx$ _____이고 오차를 줄이는 항인 _____은(는) $\theta = 0$ 근처에서 아주 작다.

08 **(계산기 문제)** 주어진 θ에 대해 $\cos\theta$를 $1 - \frac{1}{2}\theta^2$과 비교하라.

(a) $\theta = 0.1$ (b) $\theta = 0.5$ (c) $\theta = 30^\circ$

09 삼각함수 공식 $\cos\theta = 1 - 2\sin^2\frac{1}{2}\theta$를 생각하자. $\sin\frac{1}{2}\theta \approx$ ____근사로 $\cos\theta \approx 1 - \frac{1}{2}\theta^2$와 같은 결과를 바로 얻을 수 있다.

10 $h \to 0$일 때의 극한을 찾아라.

(a) $\dfrac{1-\cos h}{h^2}$ (b) $\dfrac{1-\cos^2 h}{h^2}$

(c) $\dfrac{1-\cos^2 h}{\sin^2 h}$ (d) $\dfrac{1-\cos 2h}{h}$

11 계산기나 미적분을 이용하여 다음을 구하여라.

(a) $\displaystyle\lim_{h\to 0}\frac{\sin 3h}{\sin 2h}$ (b) $\displaystyle\lim_{h\to 0}\frac{1-\cos 2h}{1-\cos h}$

12 $x = 0$에서의 기울기를 극한을 통해 구하여라.

(a) $y = \tan x$ (b) $y = \sin(-x)$

13 [그림 2-11]에서 표시되지 않은 점은 P와 S이다. 높이 PS를 구하고 삼각형 OPR의 넓이를 구하여라. 넓이를 통해 $\sin h < h$임을 증명하라.

14 $\cos x$와 $1 - \frac{1}{2}x^2$의 기울기는 $-\sin x$와 ____이다. $\sin x$와 ____의 기울기는 $\cos x$와 $1 - \frac{1}{2}x^2$이다.

15 10장에서 다음과 같이 $\sin x$에 대한 무한급수를 공부할 것이다.

$$\sin x = \frac{x}{1} - \frac{x^3}{3 \cdot 2 \cdot 1} + \frac{x^5}{5 \cdot 4 \cdot 3 \cdot 2 \cdot 1} - \cdots$$

미분을 통해 $\cos x$의 무한급수를 구하라. 그리고 그것을 다시 미분해서 $-\sin x$를 구하라.

16 $f(x) = \sin x$에 대한 중앙 차분은 다음과 같다.

$$\frac{f(x+h)-f(x-h)}{2h} = \frac{\sin(x+h)-\sin(x-h)}{2h} = ?$$

덧셈공식 (2)를 사용하고 $h \to 0$을 취하라.

17 문제 **16**에 $\cos x$를 적용하여 기울기를 구하라. 식 (3)을 사용하여 $\cos(x+h)-\cos(x-h)$를 단순화하라.

18 다음 점들에서 $y = \sin x$의 접선을 구하라.

(a) $x = 0$ (b) $x = \pi$ (c) $x = \pi/4$

19 $y = \sin x + \cos x$의 기울기가 0이 되는 곳은 어디인가?

20 $\sin(x+1)$의 도함수를 두 가지 방법으로 구하라.

(a) $\sin x \cos 1 + \cos x \sin 1$로 전개하라. 그리고 dy/dx를 계산하라.

(b) $\Delta y = \sin(x+1+\Delta x) - \sin(x+1)$을 Δx로 나누어라. $x+1$ 대신 X로 적고 Δx를 0으로 보내라.

21 $(\tan h)/h$가 1과 $1/\cos h$ 사이에 있음을 보여라. $h \to 0$일 때 극한은 _____이다.

22 $y = \sin 2x$에 대해 $\Delta y/h$는 다음과 같다.

$$\frac{\sin 2(x+h) - \sin 2x}{h} = \frac{\sin 2x(\cos 2h - 1) + \cos 2x \sin 2h}{h}$$

dy/dx의 극한이 왜 $2\cos 2x$인지 설명하라.

23 $y = \sin \frac{1}{2}x$의 그래프를 그려라. $x = 0, \pi/2, \pi, 2/\pi$에서의 기울기를 구하라. $\frac{1}{2}\sin x$와 같은 기울기를 가지는가?

24 $y = \sin x + \sqrt{3}\cos x$의 그래프를 그려라. 이 함수의 최댓값은 $x =$ ____일 때 $y =$ ____이다. 그 점에서 기울기는 ____이다.

25 $\sin x$와 $\cos x$를 조합해서 $x = 0$에서 $y = 2$ 값을 가지고 기울기가 1인 함수를 찾아라. 이 함수 역시 $y'' =$ ____의 해이다.

26 참 또는 거짓을 판별하라. 그 이유도 설명하라.

(a) $\sin^2 x$의 도함수는 $\cos^2 x$이다.

(b) $\cos(-x)$의 도함수는 $\sin x$이다.

(c) 양수인 함수의 이계도함수는 음수이다.

(d) y'이 증가하면 y''은 양수이다.

27 $dy/dx = \sin 3x$와 $dy/dx = \cos 3x$의 해를 각각 찾아라.

28 $y = \sin 5x$이면 $y' = 5\cos 5x$이고 $y'' = -25\sin 5x$이다. 따라서 이 함수는 미분방정식 $y'' =$ ______을(를) 만족시킨다.

29 h가 도(°) 단위일 때 $\lim_{h \to 0}(\sin h)/h$의 값을 구하여라. 계산기에서 도(°)로 단위를 설정해야 한다.

30 $x = \pi$일 때의 dy/dx로 수렴하는 식을 적어라. $y = \sin x$와 $\Delta x = 0.01$에 대해 식을 계산하라.

31 제곱 미분의 법칙에 따라 $(u(x))^2$의 도함수는 $2u\,du/dx$이다. $\sin^2 x + \cos^2 x = 1$의 각 항을 미분하여라.

32 물리가 아닌 진동의 예시를 들어라. 그것은 간단하고 조화로운 운동인가(진동수가 한 개인가)?

33 이계도함수에 대해 설명하여라.

2.5 곱, 분수, 제곱 미분의 법칙

$x + \sin x$와 $x \sin x$, $1/\sin x$, $x/\sin x$, $\sin^n x$들의 도함수는 무엇일까? 이들은 익숙한 x와 $\sin x$의 조합으로 만들었다. 하지만 도함수를 구하는 데에는 새로운 공식이 필요하다. 다행히도 법칙들은 모든 함수에 적용할 수 있다. 따라서 법칙은 처음에 한 번만 확립하면 된다. 만약 우리가 u, v 각각의 함수들의 도함수를 알면 $u+v$, uv, $1/v$, u/v, u^n의 도함수는 바로 알 수 있다.

이 절에서의 목표는 5개의 법칙을 공부하는 것이다. 이 절에서 다루는 내용은 실제 미적분학에서 가장 많이 쓰이기 때문에 중요하다. 앞으로 5개의 법칙과 13개의 예시를 다룰 것인데, 긴 여정이 될듯하니 쉬운 것부터 시작해보자. **함수를 더하면, 도함수 역시 더한다**.

덧셈 미분 법칙

두 함수의 덧셈 $u(x)+v(x)$의 도함수는 $\frac{d}{dx}(u+v)=\frac{du}{dx}+\frac{dv}{dx}$이다. (1)

예제 1 $x+\sin x$의 도함수는 $1+\cos x$이다. 이는 매우 단순하지만 필수적이다. 이를 거리 개념으로 해석하는 것은 덧셈에 대한 법칙 자체보다 더 헷갈릴 수도 있지만 오히려 흥미로울 수도 있다.

기차가 1의 속도로 움직인다 하자. 시간 t까지 이동한 거리는 t이다. 기차 안에서 교수가 앞뒤를 왔다 갔다 한다고 했을 때(단진동 운동) 그의 좌석으로부터 그의 변위는 $\sin t$이다. 그렇다면 시작점으로부터 변위는 $t+\sin t$가 되고 속도(기차의 속도와 걷는 속도의 합)는 $1+\cos t$가 된다.

만약 거리를 더한다면 속도도 더한다. 이 교수의 예제에서는 최대 속도가 기차의 속도와 같아서 현실적으로 터무니없다. 그는 앞뒤로 걷는 것이 아니라 미친 듯이 달리고 있는 셈이다. 때로 그는 지면에서 바라보면 가만히 서 있는 것처럼 보인다.

덧셈 미분 법칙은 **선형성**[linearity]이라는 더 방대한 법칙의 특수한 경우이다. 이는 함수들끼리 더하거나 빼거나, 상수를 곱할 때($3x-4\sin x$처럼) 적용된다. 선형성에 의해 $3x-4\sin x$의 도함수는 $3-4\cos x$이다. 이 법칙은 모든 함수 $u(x),v(x)$에 대해 적용된다. 선형 결합은 실수 a,b에 대해 $y(x)=au(x)+bv(x)$와 같이 표현하는 것을 말한다. 이때 $\Delta y/\Delta x$는 다음과 같다.

$$\frac{au(x+\Delta x)+bv(x+\Delta x)-au(x)-bv(x)}{\Delta x}=a\frac{u(x+\Delta x)-u(x)}{\Delta x}+b\frac{v(x+\Delta x)-v(x)}{\Delta x}$$

좌변의 극한은 dy/dx이고 우변의 극한은 $a\,du/dx+b\,dv/dx$이다. 이때 극한을 따로 취해서 더하면 원하는 결과를 얻을 수 있다.

선형성 $au(x)+bv(x)$의 도함수는 $\frac{d}{dx}(au+bv)=a\frac{du}{dx}+b\frac{dv}{dx}$이다. (2)

다음 차례는 **곱 미분 법칙**이다. 이는 그리 간단하지 않다. 곱은 선형적이지 않기 때문이다. 덧셈의 미분은 어떻게든 할 수 있었을 것이다. 하지만 곱셈은 완전히 새로운 결과를 낸다. **(u 곱하기 v)의 도함수는 du/dx와 dv/dx의 곱이 아니다.** 예를 들어 x^5의 도함수는 $5x^4$이다. 이때 x^3과 x^2의 도함수를 곱하면 안 된다($3x^2$ 곱하기 $2x$는 $5x^4$이 아니다). 두 함수의 곱에 대한 미분은 두 항의 합으로 나타난다.

곱 미분 법칙

$$u(x)v(x)\text{의 도함수는 } \frac{d}{dx}(uv) = u\frac{dv}{dx} + v\frac{du}{dx}\text{이다.} \tag{3}$$

예제 2 $u = x^3$과 $v = x^2$의 곱은 $uv = x^5$이다. 곱 미분 법칙을 쓰면 uv의 미분은 $5x^4$이 나온다.

$$x^3\frac{dv}{dx} + x^2\frac{du}{dx} = x^3(2x) + x^2(3x^2) = 2x^4 + 3x^4 = 5x^4$$

예제 3 $x\sin x$의 기울기를 구할 때 dx/dx를 따로 쓰지는 않지만 그 의미는 식에 모두 포함되어 있다.

$$\frac{d}{dx}(x\sin x) = x\cos x + \sin x$$

예제 4 $u = \sin x$이고 $v = \sin x$이면 $uv = \sin^2 x$이다. 따라서 우리는 두 개의 같은 항을 얻는다.

$$\sin x\frac{d}{dx}(\sin x) + \sin x\frac{d}{dx}(\sin x) = 2\sin x\cos x$$

이때 u와 v가 같은 상황에서 제곱 미분 법칙 $2u\,du/dx$가 성립함을 확인할 수 있다. 마찬가지로 $\cos^2 x$의 기울기는 $-2\cos x\sin x$이다(코사인 함수의 기울기이므로 음의 부호가 붙었다).

Q_ $\sin^2 x$와 $\cos^2 x$의 도함수는 서로 부호만 반대이다. 따라서 $\sin^2 x + \cos^2 x$의 도함수는 0이다(덧셈 미분 법칙). 이를 어떻게 더 빨리 확인할 수 있는가?

A_ ____________________

예제 5 uvw의 도함수는 $uvw' + uv'w + u'vw$이다. 즉 한 번에 한 개씩 미분한다. xxx의 도함수는 $xx + xx + xx$이다.

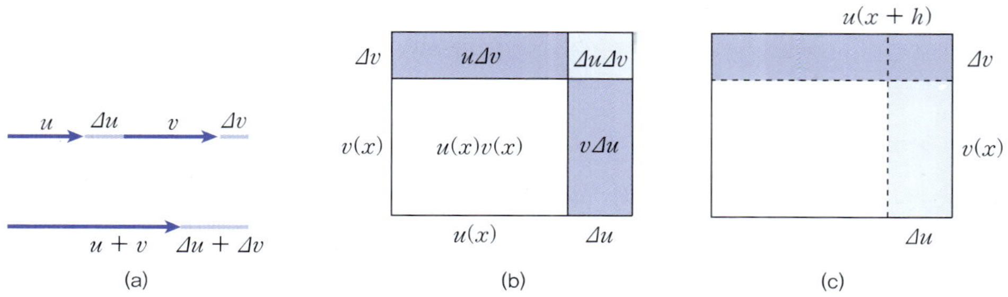

[그림 2-13] 길이의 변화 $= \Delta u + \Delta v$, 넓이의 변화 $= u\Delta v + v\Delta u + \Delta u\Delta v$

예제를 살펴보았으니 곱 미분 법칙을 증명하고자 한다. [그림 2-13]이 이를 가장 잘 설명한다. 큰 직사각형의 넓이는 uv이다. **넓이의 변화에서 가장 중요한 부분은 두 작은 사각형의 넓이인 $u\,\Delta v$와 $v\,\Delta u$이다**(모서리의 $\Delta u\,\Delta v$ 부분보다 크다). 이를 Δx로 나누면 두 사각형의 넓이는 $u\,\Delta v/\Delta x$와 $v\,\Delta u/\Delta x$이다. 모서리 부분은 $\Delta u\,\Delta v/\Delta x$가 되어 0으로 수렴한다.

덧셈 미분 법칙은 일차원으로 설명할 수 있고 곱 미분 법칙은 이차원에서 설명할 수 있다. uvw 미분 법칙을 위해서는 삼차원이 필요할 것이다.

추가 넓이는 위쪽 사각형과 측면 사각형의 넓이이다. 계산을 통해 다음을 얻는다.

$$\begin{aligned} \text{추가 넓이} &= u(x+h)v(x+h) - u(x)v(x) \\ &= u(x+h)[v(x+h) - v(x)] + v(x)\ u(x+h) - u(x)] \end{aligned} \tag{4}$$

증가한 양은 [그림 2-13]의 색칠된 부분인 $u(x+h)\Delta v + v(x)\Delta u$이다. 이제 h(혹은 Δx)로 나누고 $h \to 0$을 취하자. 식 (4)의 좌변은 $u(x)v(x)$의 도함수가 된다. 우변은 $u(x)$와 dv/dx의 곱과 $v(x)$와 du/dx의 곱의 합이 된다. 이로써 아주 유용한 곱 미분 법칙을 증명했다.

이제 $u(x)/v(x)$의 미분인 분수 미분 법칙을 바로 살펴볼 수도 있다. 하지만 $u = 1$인 경우를 먼저 살펴보자. 앞에서 공부했듯이 $1/x$의 도함수는 $-1/x^2$이다. $1/v(x)$의 도함수는 무엇일까?

역수 미분 법칙

$$\frac{1}{v(x)}\text{의 도함수는 } \frac{-\,dv/dx}{v^2}\text{이다.} \tag{5}$$

이 증명은 $(v)(1/v) = 1$라는 사실에서 시작한다. 1의 도함수는 0이다. 이제 곱 미분의 법칙을 적용하자.

$$v\frac{d}{dx}\left(\frac{1}{v}\right)+\frac{1}{v}\frac{dv}{dx}=0 \text{이므로 } \frac{d}{dx}\left(\frac{1}{v}\right)=\frac{-dv/dx}{v^2} \text{이다.} \quad (6)$$

역수 미분 법칙과 다른 법칙의 단위를 확인해보자. 과학과 공학에서 단위는 자동으로 확인이 되지만, 수학에서는 이를 확인하는 것이 좋다. 확인 과정에서 부호나 상수 등이 맞았는지는 고려하지 않더라도 이는 큰 오류를 방지할 수 있다. 만약 v가 x시간 때의 달러라 하면 dv/dx는 시간당 달러를 의미한다. 그러면 단위가 맞아 떨어진다.

$$\frac{d}{dx}\left(\frac{1}{v}\right)\approx\frac{(1/\text{달러})}{h} \text{이고 } \frac{-dv/dx}{v^2}\approx\frac{\text{달러}/h}{\text{달러}^2} \text{이다.}$$

위 방법에 의하면 $1/v$의 도함수는 $1/(dv/dx)$이 될 수 없다. 비슷한 방법으로 아인슈타인의 $e=mc^2$의 단위가 일치함을 확인할 수 있다. 따라서 상대성 이론은 옳은 이론일 것이다. 양쪽 다 질량이 에너지로 바뀔 때 (질량)(거리)^2/(시간)^{2}의 단위를 가진다.[5]

5 오직 아인슈타인만이 상수가 1임을 알았다.

예제 6 x^{-1}, x^{-2}, x^{-n}의 도함수는 각각 $-1x^{-2}, -2x^{-3}, -nx^{-n-1}$이다.

이들은 $v=x$, x^2, x^n일 때 역수 미분 법칙으로 얻어낸 결과이다.

$$\frac{d}{dx}(x^{-n})=\frac{d}{dx}\left(\frac{1}{x^n}\right)=-\frac{nx^{n-1}}{(x^n)^2}=-nx^{n-1}$$

$-nx^{-n-1}$이 x^n에 대한 미분 법칙과 맞아 떨어진다는 것은 정말 멋진 사실이다. 즉, **밑에 지수를 곱하고 지수는 1만큼 감소한다.**

> 음수 또는 양수인 지수에 대해 x^n의 도함수는 nx^{n-1}이다. (7)

예제 7 $\dfrac{1}{\cos x}$와 $\dfrac{1}{\sin x}$의 도함수는 각각 $\dfrac{+\sin x}{\cos^2 x}$와 $\dfrac{-\cos x}{\sin^2 x}$이다.

이는 역수 미분의 법칙을 적용한 결과이다. 삼각함수의 법칙에 따르면 $1/\cos x$은 각도 x에 대한 **시컨트**secant라 부르고, $1/\sin x$은 x의 **코시컨트**cosecant라고 부른다. 이제 이들의 도함수를 구할 수 있다.

$$\frac{d}{dx}(\sec x)=\frac{\sin x}{\cos^2 x}=\frac{1}{\cos x}\frac{\sin x}{\cos x}=\sec x\tan x \quad (8)$$

$$\frac{d}{dx}(\csc x)=-\frac{\cos x}{\sin^2 x}=-\frac{1}{\sin x}\frac{\cos x}{\sin x}=-\csc x\cot x \quad (9)$$

이 공식들은 미적분학에서 자주 보인다. 암기력이 좋다면 위 두 식까지 기억해도 좋다. 하지만 대부분의 수학자들은 이 두 도함수를 사용하기 전에 다시 한번 확인해본다. 이는 기본이 되는 법칙이지 공식까지는 아니기 때문이다.

다음으로 배울 미분 법칙은 분수 $u(x)/v(x)$에 적용된다. 이는 u와 $1/v$의 곱이다. 역수 미분 법칙과 곱 미분 법칙을 합침으로써 새롭고 중요한 결과를 또 얻는다.

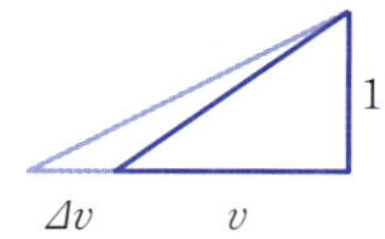

역수 $\frac{1}{v+\Delta v}-\frac{1}{v}=\frac{-\Delta v}{v(v+\Delta v)}$

분수 $\frac{u+\Delta u}{v+\Delta v}-\frac{u}{v}=\frac{v\Delta u-u\Delta v}{v(v+\Delta v)}$

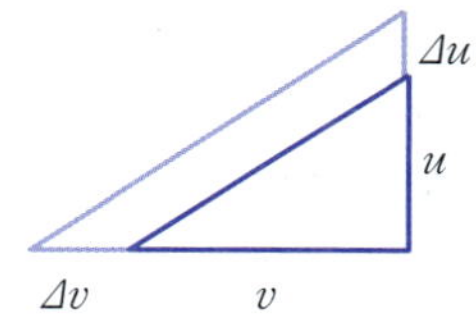

[그림 2-14] $(-\Delta v)/v^2$에 대한 역수 미분 법칙, $(v\Delta u-u\Delta v)/v^2$에 대한 분수 미분 법칙.

분수 미분 법칙

$$\frac{u(x)}{v(x)} \text{의 도함수는 } \frac{1}{v}\frac{du}{dx}-u\frac{dv/dx}{v^2}=\frac{v\,du/dx-u\,dv/dx}{v^2} \text{이다.} \qquad (10)$$

여러분은 마지막 공식을 꼭 기억해야 한다. v^2은 익숙해보인다. 나머지 항들은 새롭지만 또 그리 새롭지만은 않다. 만약 $v=1$이라면 당연히도 du/dx의 결과를 얻는다. $u=1$일 때 우리는 역수 미분 법칙의 결과를 확인할 수 있다. [그림 2-14(b)]는 $(u+\Delta u)/(v+\Delta v)-(u/v)$를 보여준다. 분모인 $v(v+\Delta v)$가 법칙 안의 v^2를 유도한다.

예제 8 $u/v=x^5/x^3$(이는 x^2이다)에 분수 미분 법칙을 적용하면 다음의 결과를 확인할 수 있다.

$$\frac{d}{dx}\left(\frac{x^5}{x^3}\right)=\frac{x^3(5x^4)-x^5(3x^2)}{x^6}=\frac{5x^7-3x^7}{x^6}=2x$$

예제 9 (중요) $u=\sin x$와 $v=\cos x$로 이루어진 분수 $\sin x/\cos x=\tan x$에 대하여 **$\tan x$의 도함수는 $\sec^2 x$이다.** 분수 미분 법칙과 $\cos^2 x+\sin^2 x=1$공식을 이용하여 이를 확인해보자.

$$\frac{d}{dx}\left(\frac{\sin x}{\cos x}\right)=\frac{\cos x(\cos x)-\sin x(-\sin x)}{\cos^2 x}=\frac{1}{\cos^2 x}=\sec^2 x \qquad (11)$$

기억할 것($(\tan x)'=\sec^2 x$)이 하나 더 늘었다. $x=0$일 때 기울기는 1이다. $\sin x$, x, $\tan x$는 모두 기울기 1로 시작한다(그리고 나서 서로 갈라진다). $x=\pi/2$일 때 사인 함수는 평평하다($\cos x=0$). 반면 탄젠트 함수는 수직이다($\sec^2 x=\infty$). 일반적으로 기울기는 원래 함수보다 더 빨리 무한대로 발산한다. 탄젠트 함수에서는 $\cos x$로 한 번 나눴지만, 탄젠트 함수의 미분에 대해서는 두 번 나눴다. $1/x$의 기울기는 $-1/x^2$이다. 분모가 제곱이 되었기에 기울기는 함수보다 변화율이 더 크다.

예제 10 $\frac{d}{dx}\left(\frac{\sin x}{x}\right)=\frac{x\cos x-\sin x}{x^2}$

위 식에서 $x=0$일 때를 고려하면 정식적으로 이는 $0/0$이다. 하지만 실제로 이는 $0^3/0^2$같은 느낌이고 실제로 0에서의 미분값은 0이다. [그림 2-10]에서 $(\sin x)/x$의 그래프는 가운뎃점에서 평평한 것을 확인할 수 있다. 이 함수는 짝함수(y축에 대하여 대칭)이고 따라서 미분값은 0일 수 밖에 없다.

이 절은 법칙들로 가득 차 있다. 마지막으로 법칙 한 가지를 더 배워볼 것이다. 이는 x^n을 넘어 $(u(x))^n$에 대해 알아보고자 한다. x의 제곱수가 $u(x)$의 제곱수($(\sin x)^6$, $(\tan x)^7$, $(x^2+1)^8$ 등)로 바뀌고 도함수는 (nx^{n-1}과 똑같은) nu^{n-1}을 포함하고 있다. 더 나아가서 추가되는 항 du/dx도 있다. $6(\sin x)^5\cos x$나 $7(\tan x)^6\sec^2 x$, $8(x^2+1)^7(2x)$에서 각각의 인수를 보아라.

거듭제곱 미분 법칙

$$[u(x)]^n\text{의 도함수는 } \mathrm{Q}n[u(x)]^{n-1}\frac{du}{dx}\text{이다.} \qquad (12)$$

$n=1$일 때 이는 $du/dx=du/dx$란 결과를 알려준다. $n=2$일 때 제곱 미분 법칙을 이용하여 $2u\,du/dx$임을 확인할 수 있다. 그 다음에는 u^3의 결과가 나온다. 가장 좋은 접근은 n일 때의 결과를 이용하여 $n+1$일 때의 결과를 곱 미분 법칙으로 유도하는 **수학적 귀납법**이다.

$$\frac{d}{dx}(u^{n+1})=\frac{d}{dx}(u^n u)=u^n\frac{du}{dx}+u\left(nu^{n-1}\frac{du}{dx}\right)=(n+1)u^n\frac{du}{dx}$$

이는 식 (12)에서 n이 $n+1$일 때와 같다. 이렇게 $n=1$일 때부터 시작하면 n이 양수일 때의 결과를 얻을 수 있다. 또 역수 미분 법칙으로 n이 음수일 때의 결과도 얻을 수 있다.

[그림 2-15]는 $n=1,2,3$일 때 거듭제곱 미분 법칙을 보여준다. 이는 정육면체를 통해 잘 알 수 있다. 정육면체를 구성하고 있는 세 조각은 u, u, Δu로 이루어져 있다. **가장 영향력이 큰 부피의 변화량은 $3u^2\Delta u$이다.** $(u+\Delta u)^3$을 전개하면 실제 부피 변화량은 3개의 더 얇은 막대기와 모서리의 정육면체를 포함한 $3u^2\Delta u+3u(\Delta u)^2+(\Delta u)^3$이다. 다음은 그림으로 이항 정리를 풀어낸 것이다.

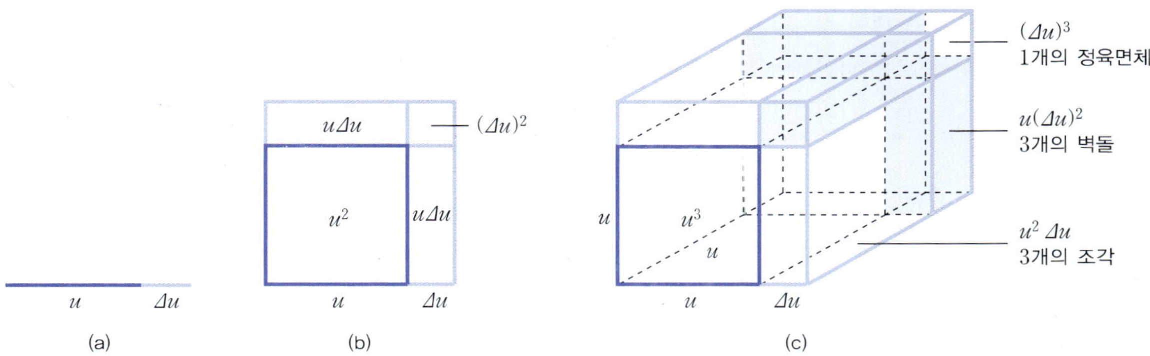

[그림 2-15] (a) 길이 변화 $= \Delta u$, (b) 넓이 변화 $\approx 2u\Delta u$, (c) 부피 변화 $\approx 3u^2\Delta u$

예제 11 $\dfrac{d}{dx}(\sin x)^n = n(\sin x)^{n-1}\cos x$이다. 추가된 항 $\cos x$은 du/dx이다.

마지막으로 n이 정수라는 제약을 벗어나고자 한다. 우리는 $n = p/q$일 때에도 미분 법칙이 똑같기를 원한다. $n = p/q$일 때 x^n의 도함수는 여전히 nx^{n-1}이다.

제곱근에 대해 살펴볼 때 $(\sqrt{x})^2 = x$라고 먼저 적을 것이다. 그리고 미분을 하면 $2\sqrt{x}(\sqrt{x})' = 1$이란 결과를 얻는다. 이는 $n = \dfrac{1}{2}$일 때와 같은 $(\sqrt{x})' = 1/(2\sqrt{x})$이다. 이제 $n = p/q$에 대해 적용해보자.

지수가 유리수일 때 $u = x^{p/q}$을 $u^q = x^p$과 같이 쓰자. 도함수가 존재한다고 가정하고 미분을 하면 다음과 같다.

$$qu^{q-1}\frac{du}{dx} = px^{p-1} \quad \text{(양쪽에 거듭제곱 미분 법칙 적용)}$$

$$\frac{du}{dx} = \frac{px^{-1}}{qu^{-1}} \quad (x^p\text{과 } u^q\text{을 소거})$$

$$\frac{du}{dx} = nx^{n-1} \quad (p/q\text{를 } n\text{으로, } u\text{를 } x^n\text{으로 대체})$$

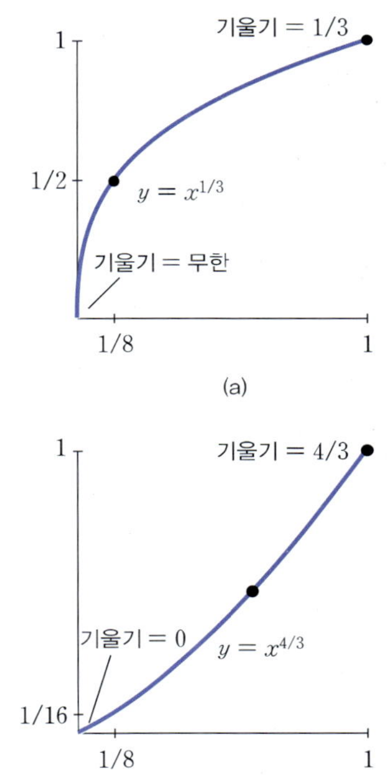

[그림 2-16] 무한대인 x^n의 기울기와 0인 x^n의 기울기 비교 : $0 < n < 1$일 때와 $n > 1$일 때

예제 12 $x^{1/3}$의 기울기는 $\dfrac{1}{3}x^{-2/3}$이다. $x = 0$에서 기울기는 무한대이고, $x = \infty$에서 기울기는 0이다. 하지만 [그림 2-16]에서 볼 수 있듯이 함수는 계속 증가한다. 이는 '점근선' 아래에 머무르지 않는다.

예제 13 $x^{4/3}$의 기울기는 $\dfrac{4}{3}x^{1/3}$이다. $x = 0$에서 기울기는 0이고 $x = \infty$에서 기울기는 무한대이다. 이 그래프는 직선보다는 빠르게, 포물선보다는 느리게 증가한다 ($\dfrac{4}{3}$은 1과 2 사이이다). 주어진 함수의 기울기는 ($\dfrac{4}{3}$가 곱해진) 세제곱근 함수를 따라간다.

지금까지 공부한 많은 미분 법칙들에 대해 정리하고 넘어가자. 컴퓨터는 이를 전부 외울 수 있지만 여러분은 컴퓨터는 모르는 법칙들의 의미를 안다. 4장의 주된 내용인 연쇄 법칙까지 배우면 인류가 할 수 있는 모든 미분을 할 수 있는 셈이다. 이제 알게 된 미분 법칙을 정리해보자.

미분의 선형성	$(au+bv)'=au'+bv'$
곱 미분 법칙	$(uv)'=uv'+vu'$
역수 미분 법칙	$(1/v)'=-v'/v^2$
분수 미분 법칙	$(u/v)'=(vu'-uv')/v^2$
거듭제곱 미분 법칙	$(u^n)'=nu^{n-1}u'$

거듭제곱의 법칙은 n이 음수, 분수, **임의의 실수**이어도 성립한다. 6장 내용에 의하면 x^π의 도함수는 $\pi x^{\pi-1}$이고, $(\sin x)^\pi$의 도함수는 ____이다. 또한 이제 6개의 삼각함수 에 대한 모든 도함수를 다음과 같이 알 수 있다.

$(\sin x)'=\cos x$	$(\tan x)'=\sec^2 x$	$(\sec x)'=\sec x\tan x$
$(\cos x)'=-\sin x$	$(\cot x)'=-\csc^2 x$	$(\csc x)'=-\csc x\cot x$

2.5 문장제 문제

01 $\sin x\cos x$, $1/\cos x$, $\sin x/\cos x$, $\tan^3 x$의 도함수는 __a__ 법칙, __b__ 법칙, __c__ 법칙, __d__ 법칙으로부터 구할 수 있다. $\sin x$과 $\cos x$의 곱의 미분은 $(uv)'=uv'+$ __e__ $=$ __f__ (이)가 된다. $1/v$의 도함수는 __g__ 이다. 따라서 $\sec x$의 기울기는 __h__ 이다. u/v의 도함수는 __i__ 이다. 따라서 $\tan x$의 기울기는 __j__ 이다. $\tan^3 x$의 도함수는 __k__ 이다. x^n의 기울기는 __l__ 이고 $(u(x))^n$의 기울기는 __m__ 이다. $n=-1$일 때 $(\cos x)^{-1}$의 도함수는 __n__ 이다. 이는 $\sec x$의 도함수와 일치한다.

02 더 간단한 법칙은 미분의 __o__ 이다. 이는 $au(x)+bv(x)$에 적용되고 그 도함수는 __p__ 이다. $3\sin x+4\cos x$의 기울기는 __q__ 이다. $(3\sin x+4\cos x)^2$의 도함수는 __r__ 이다. __s__ 의 도함수는 $4\sin^3 x\cos x$이다.

2.5 연습문제

01~26 주어진 함수의 도함수를 구하라.

01 $(x+1)(x-1)$

02 $(x^2+1)(x^2-1)$

03 $\dfrac{1}{1+x}+\dfrac{1}{1+\sin x}$

04 $\dfrac{1}{1+x^2}+\dfrac{1}{1-\sin x}$

05 $(x-1)(x-2)(x-3)$

06 $(x-1)^2(x-2)^2$

07 $x^2\cos x + 2x\sin x$

08 $x^{1/2}(x+\sin x)$

09 $\dfrac{x^3+1}{x+1} + \dfrac{\cos x}{\sin x}$

10 $\dfrac{x^2+1}{x^2-1} + \dfrac{\sin x}{\cos x}$

11 $x^{1/2}\sin^2 x + (\sin x)^{1/2}$

12 $x^{3/2}\sin^3 x + (\sin x)^{3/2}$

13 $x^4\cos x + x\cos^4 x$

14 $\sqrt{x}(\sqrt{x}+1)(\sqrt{x}+2)$

15 $\dfrac{1}{2}x^2\sin x - x\cos x + \sin x$

16 $(x-6)^{10} + \sin^{10} x$

17 $\sec^2 x - \tan^2 x$

18 $\csc^2 x - \cot^2 x$

19 $\dfrac{4}{(x-5)^{2/3}} + \dfrac{4}{(5-x)^{2/3}}$

20 $\dfrac{\sin x - \cos x}{\sin x + \cos x}$

21 $(\sin x\cos x)^3 + \sin 2x$

22 $x\cos x\csc x$

23 $u(x)v(x)w(x)z(x)$

24 $[u(x)]^2[v(x)]^2$

25 $\dfrac{1}{\tan x} - \dfrac{1}{\cot x}$

26 $x\sin x + \cos x$

---

27 계속 커지는 상자의 가로, 세로, 높이가 각각 t, $1/(1+t)$, $\cos t$라고 하자.

(a) 부피의 변화율은 무엇인가?

(b) 겉넓이의 변화율은 무엇인가?

28 곱 미분 법칙을 두 번 적용하면 uvw의 도함수는 $uvw' + uv'w + u'vw$인 것을 알 수 있다. 가로, 세로, 높이가 u, v, w에서 Δu, Δv, Δw만큼 커질 때 부피가 $uv\Delta w$이고 ________이고 ________인 3가지 조각들어 추가된다.

29 거리 $f(t)$가 $t \le 10$에서 $5t^2$이고, $t \ge 10$에서 $500 + 100\sqrt{t-10}$이다. 이때 속도를 구하라.

30 원기둥의 반지름 $r = \dfrac{t^{3/2}}{1+t^{3/2}}$이고 높이가 $h = \dfrac{1}{1+t}$이라고 하자.

(a) 부피의 변화율은 무엇인가?

(b) (윗면과 밑면을 포함한) 겉넓이의 변화율은 무엇인가?

31 모형 로켓의 높이가 $f(t) = t^3/(1+t)$이라고 하자.

(a) 속도 $v(t)$는 무엇인가?

(b) 가속도 dv/dt는 무엇인가?

32 $u(x)u^2(x)$에 곱 미분 법칙을 적용해서 $u^3(x)$에 대하여 거듭제곱 미분 법칙을 유도하라.

33 $u(x)v(x)$의 이계도함수를 구하라. 3번 미분한 함수도 구하라. $u = v = x$일 때 공식을 확인하라.

34 도함수가 다음과 같이 주어지는 $y(x)$를 구하라.

(a) x^3 (b) $1/x^3$ (c) $(1-x)^{3/2}$ (d) $\cos^2 x\sin x$

35 $f(0) = 0$에서 시작해서 속도가 다음과 같이 주어지는 거리 $f(t)$를 구하라.

(a) $v(t) = \cos t\sin t$ (b) $v(t) = \tan t\sec^2 t$

(c) $v(t) = \sqrt{1+t}$

36 $(u(x))^3/(u(x))^2$과 $-v'/v^2$에 분수 미분 법칙을 적용하라. $-v'/v^2$의 미분은 _____의 이계도함수를 알려준다.

37 제곱 미분의 법칙에 대해 [그림 2-13]처럼 그림을 그려라.

38 $u(x)/v(x)$가 증가하지만 $du/dx = dv/dx = 1$인 예시를 찾아보라.

39 참 또는 거짓을 판별하라. 참이면 이유를 쓰고, 거짓이면 반례를 들어라.

(a) x^{2n}의 도함수는 $2nx^{2n-1}$이다.

(b) 미분의 선형성에 의해 $a(x)u(x) + b(x)v(x)$의 도함수는 $a(x)du/dx + b(x)dv/dx$이다.

(c) $|x|^3$의 도함수는 $3|x|^2$이다.

(d) $\tan^2 x$와 $\sec^2 x$의 도함수는 같다.

(e) $u(x) = 1$일 때 $(uv)' = u'v'$이다.

40 주식이 한 주당 v달러일 때 u주의 비용은 uv달러이다. $d(uv)/dt$와 $u\,dv/dt$와 $v\,du/dt$의 단위를 확인하라.

41 $u(x)/v(x)$가 n차 다항식이면 도함수의 차수는 무엇인가?

42 $y = 5x + 3$에 대해 $(dy/dx)^2$이 d^2y/dx^2와 같은가?

43 $f(t) = t\cos t$의 그래프를 따라가다가 $t = \pi/2$일 때부터 주어진 함수의 접선을 따라간다 하자. 이때 df/dt를 $t = \pi/2$ 이상과 이하에서 모두 구하라.

44 $u(x)v(x)$의 미분이 두 항으로 이루어졌음을 설명하라.

45 비행기가 $x = -L$, $y = h$에서 $(0, 0)$으로 착륙을 시작한다고 하자. $y = ax^3 + bx^2 + cx + d$의 경로로 착륙한다고 할 때 경로가 매끄럽도록 a, b, c, d를 골라라. $dx/dt = V$ = 상수일 때 $x = 0$과 $x = -L$에서 dy/dt와 d^2y/dt^2를 계산하라(d^2y/dt^2는 작아야 하므로 비행기는 $L > 100$마일 이상의 거리에서 착륙을 시작한다).

2.6 극한

지금까지 극한을 충분히 경험하였고, 이제 정의를 볼 준비가 되었다. 지금까지 정의를 몰라도 내용을 숙지하는 데 무리가 없었고 계속 그렇게 진행해도 되겠지만 지금이 극한을 조금 더 신중히 다루기에 적합한 때이다. 이 절에서는 자연스럽게 엄밀한 극한의 정의까지 도달하는 것이 목표이다.

첫 번째로 $\Delta y/\Delta x$의 극한이 수학에서 유일한 극한이 아님을 알아야 한다. 이제 서로 완전히 다른 다섯 개의 예시를 소개하고자 한다. 이들은 $\Delta x \to 0$이 아닌 $n \to \infty$일 때를 다룬다.

1. $a_n = (n-3)/(n+3)$ (충분히 큰 n에 대해 3을 무시할 수 있고 $a_n \to 1$임을 확인할 수 있다)
2. $a_n = \frac{1}{2}a_{n-1} + 4$ (a_1이 어떤 수인지에 상관없이 항상 $a \to 8$의 결과를 얻는다)
3. $a_n = n$년 동안 살 확률 (불행하게도 $a_n \to 0$이다)
4. $a_n = \pi$의 소수점 아래 n자리까지 0이 차지하는 비율 $\left(a_n \to \frac{1}{10}?\right)$
5. $a_1 = 0.4$, $a_2 = 0.49$, $a_3 = 0.493$, $\cdots$ 앞으로 나올 소수점이 무엇인지는 모르지만 수열 a의 극한은 수렴한다. $a_n \to 0.493000\cdots$이 될 수도 있으나 아마도 아닐 듯하다.

우선 풀어야 할 문제는 극한의 표기인 $\to$가 무엇을 의미하는지이다.

0으로 수렴하는 것이 어떤 의미인지부터 알아보자. 양수인 수열이 언제 0으로 수렴하는가? $a_n \to 0$이라고 적는 것은 무엇을 의미하는가? 수열 $a_1, a_2, a_3, \cdots$ 이 점점 '작아져야' 한다. 그러나 이는 너무 애매모호한 표현이므로 0으로 수렴하는 것에 대해 네 가지 정의를 제시할 것이다. 이 중에 정답을 명확히 알아낼 수 있으면 좋겠다.

1. 모든 a_n이 10^{-10}보다 작다. 모든 수가 충분히 작으므로 현실적으로는 그럴 듯 해보지만 이것이 a_n이 0으로 수렴함을 설명하지는 못한다.
2. 수열이 0에 가까워진다. 즉 a_{n+1}이 a_n보다 작다. 이런 경우에는 0이 아니지만 1로 수렴하는 1.1, 1.01, 1.001, $\cdots$ 와 같은 수열이 해당한다.
3. 임의의 작은 수에 대해 적어도 하나의 a_n이 더 작다. 이는 어떤 것을 0으로 가져갈 것이다. 하지만 전체 수열에 대해 해당하지는 않는다. $1, \frac{1}{2}, 1, \frac{1}{3}, 1, \frac{1}{4}, \cdots$과 같은 예시는 조건을 만족하지만 0으로 수렴하지 않는다.

4. 임의의 작은 수에 대해 결국 a_n이 그보다 작아지고, n이 커져도 여전히 임의의 작은 수보다 작다. 이것이 올바른 정의이다.

이를 다시 살펴보자. 0으로 수렴하는 것을 확인하기 위해 작은 수, 예를 들어 10^{-10}을 생각하자. 그러면 a_n은 10^{-10}보다 작아야만 한다. 수열은 그 수보다 다시 커지기도 하고 작아지기도 할 수 있다. 다시 말해, 앞의 백만 개의 항은 큰 상관이 없다. 그 다음 10억 개의 수에 대해서도 크게 영향을 받지 않는다. 결국엔 나오는 수열이 모두 10^{-10} 이하가 되어야 한다. 그리고 더 기다리면(아마 생각한 것보다 더 기다려야 할 수도 있다) 나오는 수열이 10^{-20}보다 항상 작아야 할 것이다. 즉 수열의 꼬리 끝부분이 모든 것을 결정한다.

Q1_ 수열 $10^{-3}, 10^{-2}, 10^{-6}, 10^{-5}, 10^{-9}, 10^{-8}, \cdots$은 0으로 수렴하는가?

A_ 그렇다. 커지고 작아지기를 반복하는 이 수열은 어느 ε을 생각해도 결국엔 ε보다 항상 작을 것이다.

Q2_ $10^{-4}, 10^{-6}, 10^{-4}, 10^{-8}, 10^{-4}, 10^{-10}, \cdots$은 0으로 수렴하는가?

A_ 아니다. 이는 10^{-4}보다는 작아지지만 항상 작은 상태를 유지하지는 못한다. 전 세계에서 그리스 글자 ε(엡실론)은 '임의의 작은 양수'라는 표현을 상징하기로 합의를 보았다. 0으로 수렴한다는 것은 수열이 결국 ε보다 작아지고, 그 상태를 유지하는 것을 의미한다(ε보다 커지지 않는다). ε이 작아질수록 이를 확인하기는 어려울 것이고, 아주 많이 기다려야 할 것이다. 이때 ε을 허용 오차라 생각하고, 이를 계속 줄여나갈 것이다.

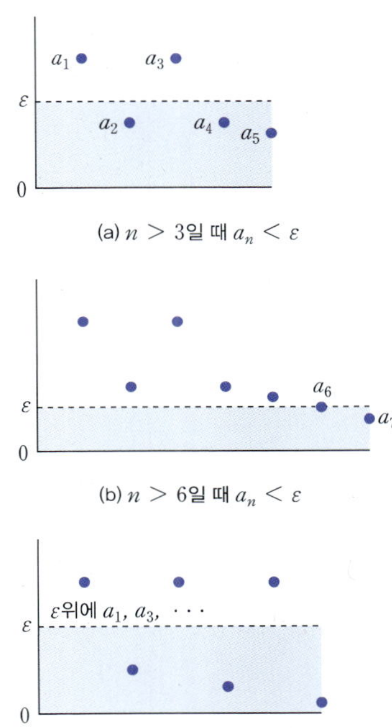

(a) $n > 3$일 때 $a_n < \varepsilon$

(b) $n > 6$일 때 $a_n < \varepsilon$

(c) 수렴하지 않음

[그림 2-17] 수렴의 의미 : 오직 유한 개의 a만이 수렴값 L을 포함하는 띠 밖에 있다.

ε이 수열 외부에서 선택한 값임을 강조하기 위해 소크라테스가 이를 그른다고 생각하자. 그가 어떤 ε을 우리한테 제시해도, 수열 a는 결국 이보다 더 작아져야 한다. 어떤 a_N 이후에, 모든 a는 오차 ε보다 항상 작아야 한다. 이제 이를 수학적으로 정확하게 서술하자.

임의의 양수 ε에 대해서 $n > N$일 때 $a_n < \varepsilon$이 되도록 하는 N이 존재한다.

이 개념을 처음에 잘 이해한다면, 나머지는 아주 쉽다. [그림 2-17]은 $N=3$일 때와 $N=6$일 때를 나타낸다.

예제 1 수열 $\frac{1}{2}, \frac{4}{4}, \frac{9}{8}, \cdots$는 시작할 때는 증가하지만, 결국 0으로 수렴한다. $1, 4, 9, \cdots, 100, \cdots$은 제곱수이고, $2, 4, 8, \cdots, 1024, \cdots$는 2의 거듭제곱이다. 결국

$a_{10} = 100/1024$에서 알 수 있듯이, 2^n이 n^2보다 빠르게 증가한다. 따라서 이는 임의의 ε에 대해 더 작아진다.

예제 2 $1, 0, \frac{1}{2}, 0, \frac{1}{3}, 0, \cdots$은 결국 0으로 수렴한다. 이 수열 a는 꾸준하게 감소하지는 않는다(수학적으로 꾸준하다는 '단조롭다'라고 적는다). 하지만 극한은 0이다. $\varepsilon = 1/10$로 골라도 같은 결과를 얻는다. a_{2001} 이후에 모든 항은 $1/1000$ 이하이다. 따라서 주어진 ε에 대해 $N = 2001$이다.

수열 $1, \frac{1}{2}, \frac{1}{2}, \frac{1}{3}, \frac{1}{3}, \frac{1}{3}, \cdots$은 더 느리지만 0으로 수렴한다. 이번에는 a_n이 모두 양수가 아니라 음수가 되는 것도 고려하고자 한다. 그러면 수열은 음수부터 시작하여 증가하듯이 0으로 수렴할 수도 있고, 양수와 음수 양쪽에서 0으로 다가올 수도 있다. 여전히 우리는 a_n이 0 근처의 띠 안에 있기를(또 이후 밖으로 나가지 않고 머무르기를) 바란다. 하지만 이제 띠가 $-\varepsilon$에서 시작한다. 0으로부터의 거리는 절댓값 $|a_n|$이다. 따라서 $a_n \to 0$이라는 것은 $|a_n| \to 0$을 의미한다. 전에 했던 수렴 확인 방법이 이제는 $|a_n|$에 적용되는 것이다.

> 임의의 양수 ε에 대해서 $n > N$일 때 $|a_n| < \varepsilon$이 되도록 하는 N이 존재한다.

예제 3 $1, \frac{1}{2}, \frac{1}{3}, \frac{1}{4}, \cdots$이 0으로 수렴하기 때문에 $1, -\frac{1}{2}, \frac{1}{3}, -\frac{1}{4}, \cdots$은 0으로 수렴한다.

0으로 수렴하는 극한을 보는 것은 극한을 배우는 지름길이다. **극한이 L이라는 것은 $a_n - L$이 0으로 수렴한다는 것을 의미한다.** 이제 마지막으로 수렴 확인 방법이 절댓값 $|a_n - L|$에 대해 적용된다.

임의의 양수 ε에 대해서 $n > N$일 때 $|a_n - L| < \varepsilon$이 되도록 하는 N이 존재한다.

이것이 수렴의 정의이다! [그림 2-18]과 같이 L 근처에 어떤 띠를 가져와도 오직 유한 개의 a만 띠 바깥쪽에 위치한다. 이를 $a_n \to L$ 혹은 $\lim a_n = L$ 혹은 $\lim_{n \to \infty} a_n = L$이라고 쓴다.

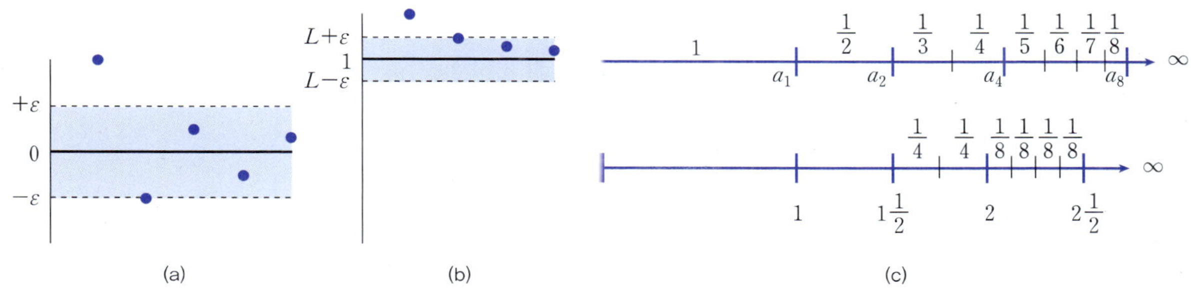

[그림 2-18] (a) [예제 3]에서 $a_n \to 0$이다. (b) [예제 4]에서 $a_n \to 1$이다. (c) [예제 5]에서 $a_n \to \infty$이다(하지만 $a_{n+1} - a_n \to 0$이다).

예제 4 $\frac{3}{2}, \frac{5}{4}, \frac{7}{6}, \cdots$은 $L = 1$로 수렴한다. 1을 뺀 수열 $\frac{1}{2}, \frac{1}{4}, \frac{1}{6}, \cdots$은 0으로 수렴한다. 이는 $|a_n - L|$이다.

예제 5 수열 $1, 1+\frac{1}{2}, 1+\frac{1}{2}+\frac{1}{3}, 1+\frac{1}{2}+\frac{1}{3}+\frac{1}{4}, \cdots$은 수렴하지 않는다.

각 항끼리의 거리는 줄어든다. 하지만 a_1, a_2, a_3, a_4는 어떤 L을 정해도 그보다 항상 커진다. 2번째 항은 $1\frac{1}{2}$이다. 4번째 항은 $\frac{1}{3}+\frac{1}{4}$을 더한다. 따라서 a_4는 2를 넘는다. 8번째 항은 새로운 부분 $\frac{1}{5}+\frac{1}{6}+\frac{1}{7}+\frac{1}{8}$이 있는데 이는 $\frac{1}{8}+\frac{1}{8}+\frac{1}{8}+\frac{1}{8}=\frac{1}{2}$보다 크다. 따라서 a_8은 $2\frac{1}{2}$을 넘는다. 8개의 항을 추가하면 이는 $8 \times \frac{1}{16}$보다 클 것이고, 따라서 a_{16}은 3보다 크다. [그림 2-18(c)]를 보면 특정한 L에서 멈추지 않고 무한히 길다는 것을 알 수 있다.

10장에서 배우는 용어로 말하자면 조화급수 $1+\frac{1}{2}+\frac{1}{3}+\cdots$은 수렴하지 않는다. 이 급수의 합은 무한하다. 왜냐하면 어떤 L을 가져와도 a_n의 부분합이 항상 더 커지기 때문이다(a_{5000}은 $L=9$을 넘어간다). 우리는 무한급수를 다룰 때 이를 다시 확인할 것이다. 그래도 이 예제에는 미묘한 점이 있다. a_n과 다음 단계의 차이는 0으로 수렴하지만 $a_n \to \infty$이라는 사실이다.

따라서 $a_{n+1} - a_n \to 0$은 수렴에 대한 **충분조건이 아니다**. 대신 이 조건은 **필요조건이다**. 수렴하는 수열에 대해서는 $a_{n+1} - a_n \to 0$을 만족한다. 이는 필요조건과 충분조건의 차이점, 즉 수렴의 논리에 대해 배울 수 있는 좋은 기회가 될 것이다. 이제 아래에 나온 '[명제 A]이면 [명제 B]이다'는 것을 증명하면서 논리에 대해 알아보고자 한다.

$$\text{만약 } [a_n\text{이 } L\text{로 수렴한다}]\text{면 } [a_{n+1} - a_n\text{은 0으로 수렴한다}] \quad (1)$$

증명 a_n이 수렴할 때 N보다 큰 n에 대해 $|a_n - L| < \varepsilon$ 또 $|a_{n+1} - L| < \varepsilon$을 만족시키는 N이 존재한다. 이제 $a_{n+1} - a_n$은 $a_{n+1} - L$과 $L - a_n$의 합이므로 절댓값은 $\varepsilon + \varepsilon = 2\varepsilon$보다 커질 수 없다. 따라서 $a_{n+1} - a_n$은 0으로 수렴한다.

소크라테스는 ε을 요구했지만 우리는 2ε밖에 가져다주지 못했다. 그렇지만 그가 $|a_{n+1} - a_n| < 1/10$을 원한다면 $\varepsilon = 1/20$로 시작하면 $2\varepsilon = 1/10$이 된다. 하지만 이런 조작이 꼭 필요하진 않다. 2ε 아래에 머문다는 것을 보였으면 ε 아래에 있다는 것을 모두 보인 것과 마찬가지이기 때문이다.

'필요하다' 와 '충분하다'의 논리

지금부터 수학의 언어에 대한 이해를 돕고자 한다. 일반적인 언어로 "당신이 전화를 하면 제가 움직일 겁니다."라고 말할 수 있다. 혹은 "당신이 전화해야만 제가 움직일 겁니다."라고 말할 수도 있다. 이 두 문장은 서로 다르다! 수학자들은 "당신이 전화해야만 제가 움직이고, 제가 움직이면 당신이 전화한 것입니다."라고 말하기도 할 것이다. 중요하지만 익숙하지 않기에 우리는 논리를 통해 생각하는 것을 목표로 삼고자 한다.[6]

6 논리적인 생각은 ε과 δ와 같은 문자보다 더 중요하다.

앞의 명제 A가 성립하면 명제 B도 성립한다. 명제 A는 $a_n \to L$이고, 명제 B는 $a_{n+1} - a_n \to 0$이다. 수학자들은 $A \Rightarrow B$를 표현하는 방법을 최소 다섯 가지는 안다. 그리고 여러분이 이를 보고 싶어 할 것이라고 생각한다. 같은 개념을 표현하는 방법이 너무 많아서 과도한 것처럼 보이기도 하지만, 다양한 형태를 살펴보는 것도 중요하다. 이제 다섯 가지 방법을 소개하고자 한다.

$$A \Rightarrow B$$

A가 성립하면 B도 성립한다.

A이면 B이다.

A가 B의 충분조건이다.

A가 참이면 B도 참이다.

예를 들어, [양수인 수열이 감소한다]면 [그 수열은 수렴한다].

[수열 a_n과 b_n이 수렴한다]면 [수열 $a_n + b_n$이 수렴한다].

[$f(x)$가 $v(x)$의 적분]이면 [$v(x)$는 $f(x)$의 미분]이다.

이들은 증명하지 않았지만 전부 참이다. A는 가정이고, B는 결론이다.

이제 반대 방향을 보고자 한다(이는 이[inverse]가 아니고 역[converse]이다). A와 B를 바꾸어 보자. 물론 명제의 역이 참이라고 할 수 없다! B가 A를 의미할 수도 있고, 아닐 수도 있다. 앞의 첫 두 예시의 역은 거짓이다. 즉 a_n은 감소하지 않으면서 수렴할 수 있고, $a_n + b_n$도 각각이 수렴하지 않으면서 수렴할 수 있다. 세 번째 예시의 역은 참이다. 그리고 이를 다섯 가지 (혹은 더 많은) 방법으로 표현할 수 있다.

$$A \Leftarrow B$$

B가 성립하면 A가 성립한다.
B이면 A이다.
A는 B의 필요조건이다.
B는 A가 참이어야 참이다

'필요'와 '충분'이라는 말을 완벽히 익히기는 쉽지 않다. 현혹될 정도로 간단해 보이는 '동치'라는 말 역시 마찬가지다. 두 명제 $A \Rightarrow B$와 $A \Leftarrow B$는 완전히 다르고, 두 개 모두 증명을 필요로 한다. 이는 두 개의 증명이 다르다는 것을 의미한다. 하지만 (두 명제가 모두 참일 때) 우리는 이를 한꺼번에 사용할 수 있다.

$$A \Leftrightarrow B$$

A가 성립하면 B가 성립하고 B가 성립하면 A가 성립한다.
A와 B는 동치이다.
A는 B에 대한 필요충분조건이다.
A는 B가 참일 경우에만 참이고 B도 A가 참일 경우에만 참이다.

예를 들어, $[a_n \to L] \Leftrightarrow [2a_n \to 2L] \Leftrightarrow [a_n + 1 \to L + 1] \Leftrightarrow [a_n - L \to 0]$

극한에 대한 법칙

미적분에서 dy/dx를 정의하기 위해 극한의 정의가 필요하다. 미분은 두 개의 극한 $\Delta x \to 0$와 $\Delta y/\Delta x \to dy/dx$을 포함하고 있다. 또 곱 미분 법칙과 덧셈 미분 법칙을 증명하기 위해 극한의 성질 역시 필요하다. 정의로 시작을 했으니 극한의 성질들을 살펴보자.

$a_n \to L$이고, $b_n \to M$인 두 개의 수렴하는 수열에 대해 다음 수열은 수렴한다.

덧셈 : $a_n + b_n \to L + M$ 뺄셈 : $a_n - b_n \to L - M$
곱셈 : $a_n b_n \to LM$ 나눗셈 : $a_n / b_n \to L/M$ (단, $M \neq 0$)

다음 식을 이용하여 곱셈에 대한 극한의 성질을 확인해보자.

$$a_n b_n - LM = (a_n - L)(b_n - M) + M(a_n - L) + L(b_n - M) \tag{2}$$

N 이후의 수들에 대해 $|a_n - L| < \varepsilon$이고 N' 이후의 수들에 대해 $|b_n - M| < \varepsilon$를 만족한다 하자. N과 N'보다 큰 수들에 대해 식 (2)의 우변은 매우 작아진다. 이는 $\varepsilon \cdot \varepsilon + M\varepsilon + L\varepsilon$보다 작아지므로 식 (2)가 $a_n b_n \to LM$으로 수렴한다는 것을 증명한다.

중요하고 특별한 극한의 성질은 $ca_n \to cL$이라는 것이다(수열 b가 $c, c, c, c, \cdots$ 인 경우이다). 따라서 상수는 극한 '밖'으로 나올 수 있다. 따라서 우리는 $\lim c a_n = c \lim a_n$이란 결과를 얻는다.

$x \to a$일 때 $f(x)$의 극한

마지막으로 수열을 함수로 바꾸고자 한다. $a_1, a_2, \cdots$ 대신 $f(x)$의 연속적인 값으로 표현하겠다. 이제 ($n \to \infty$ 대신) x가 정해진 점 a로 접근할 때 극한을 계산할 것이다. 예를 들면 x가 $a = 0$으로 접근할 때 $f(x) = 4 - x^2$은 $L = 4$로 수렴한다. x가 $a = 2$로 갈 때 함수 $5x$는 $L = 10$으로 수렴한다. 이 예시들은 꽤 명백하지만 이것이 어떤 것을 의미하는지 알아야 한다. 대략 이런 식이어야 한다.

> x가 a에 가깝다면 $f(x)$도 L에 가까워야 한다.

만약 $x - a$값이 작다면 $f(x) - L$값 역시 작아야 한다. 앞서 본 것과 같이 작다는 말이 모든 것을 알려주지 않는다. 사실 여기에는 '임의의 작은' 혹은 '어떤 ε보다도 작은'이라는 의미가 있었다. $f(x) - L$이라는 두 값의 차이가 x가 a 근처로 갈 때 어떤 사람이 어떤 숫자를 원하든, 그보다 작아져야 한다. 그 경우 $\lim\limits_{x \to a} f(x) = L$이라고 하거나 $x \to a$일 때 $f(x) \to L$이라고 한다.

극한을 두 번 쓰기 때문에 어색하게 느껴질 수도 있다. $x \to a$라는 극한이 $f(x) \to L$이 되도록 하고 있다(이전에 $n \to \infty$가 $a \to L$이 되도록 했음을 기억하자). 하지만 두 극한에 모두 ε을 쓰는 것은 옳지 않다. $|x - a| < \varepsilon$이 $|f(x) - L| < \varepsilon$의 결과를 가지게끔 할 수는 없다. **x를 a 근처로 아주 가깝게(ε보다 가깝게) 보내야 할 수도 있다.** 즉 x가 a에 충분히 가깝다면 $|f(x) - L| < \varepsilon$이 보장되는지 확인하여 극한이 수렴하는지 확인해야 한다.

이제 우리는 극한의 '**엡실론, 델타를 이용한 정의**'를 배울 것이다. 첫 번째로 소크라테스가 ε을 고르면, 그에게 a 근처에 있는 모든 x에 대해 $f(x)$가 L 주변으로 ε 반경 안에 있다는 것을 보여야 한다. 이때 다른 누군가(플라톤이라고 하자)가 δ라는 수를 제시한다. 이것이 'a 근처'의 의미를 설명한다. 플라톤은 x를 a의 δ 반경 안에 위치하도록 함으로써 $f(x)$를 L 근처 ε 반경 안에 있도록 한다.

$$0 < |x-a| < \delta \text{ 라면 } |f(x)-L| < \varepsilon \text{ 이다.} \qquad (3)$$

입력 오차가 δ(델타)라면, 출력 오차가 ε이 되는 것이다. 만약 플라톤이 임의의 ε에 대해 δ를 제시할 수 있다면, 소크라테스가 극한이 L임을 인정하게 되는 것이다.

예제 6 $\lim_{x \to 2} 5x = 10$임을 보여라. $a = 2$이고 $L = 10$인 경우이다.

소크라테스가 $|5x-10| < \varepsilon$이 되기를 요구한다. 이때 플라톤은 $|x-2| < \delta$를 제시하여 답하고자 한다. 어떤 δ를 골라야 할까? 이 경우 $|5x-10|$는 정확히 $|x-2|$의 5배이다. 따라서 플라톤은 δ를 $\varepsilon/5$보다 작게(더 작은 δ는 항상 가능하다) 고른다. $|x-2| < \varepsilon/5$이기만 하면 여기에 5를 곱함으로써 $|5x-10| < \varepsilon$이란 결과를 얻는다.

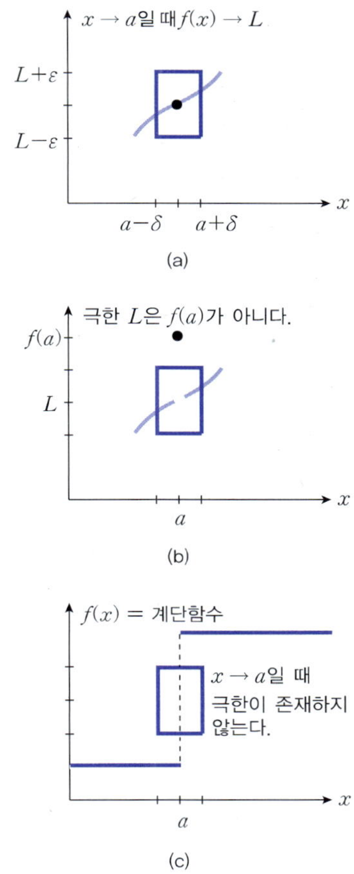

[그림 2-19] 소크라테스는 높이 2ε을 고르고 플라톤은 가로 길이 2δ를 고른다. 그래프는 가로 벽을 지나야 한다.

1. [그림 2-19(a)]에서 소크라테스는 상자의 높이를 고른다. 이는 L의 위아래로 작은 수 ε만큼 상자의 높낮이를 정한다. 그 후 플라톤은 가로의 길이를 고른다. 그는 상자를 적당히 좁게 만들어서 그래프가 **상자의 가로 벽을 지나도록** 해야 한다. 그렇게 되면 $|f(x)-L| < \varepsilon$의 결과를 얻는다.

$f(x)$가 계단 모양으로 생겼을 때, 상자는 이를 담을 수가 없다. 계단함수는 x가 점프가 있는 부분으로 접근할 때 극한을 가지지 않는다. 이는 상자를 아무리 얇게 만들어도 상자의 위, 아래쪽의 벽을 그래프가 지날 수밖에 없기 때문이다.

2. [그림 2-19(b)]에서 **우리는 $x = a$란 점을 무시하기 때문에** $f(x) \to L$의 결과를 얻는다. $f(a)$는 L에 아무 영향을 주지 않기 때문에 어떤 값도 될 수 있다. 그림 (a)는 한 가지 결과를 더 포함하고 있다. 바로 $f(a)$와 L이 같다는 사실이다. 특별히 이 경우를 f가 **연속**이라고 한다. 그림 (a)는 연속함수를 나타내고, 다른 두 그림은 그렇지 않다. 연속함수는 곧 다루게 될 것이다.

3. $f = 5x$와 $\delta = \varepsilon/5$인 경우에 5는 기울기였다. 이 경우 우리는 간신히 그래프를 상자 안에 넣을 수 있었다. 이 경우 그래프가 모서리를 통해 나간다. 예를 들어 조금 더 얇게 $\delta = \varepsilon/10$으로 잡으면 그래프는 안전하게 측면의 벽을 지난다. ε을 $2|f'(a)|$로 나누어 δ를 고르는 것은 꽤 합리적인 선택이다(안전을 위해 기울기를 2배로 해준다). 실제로 $\varepsilon-\delta$를 사용하는 일은 드물지만 이렇게 δ를 선택하는 것이 왜 괜찮은지 설명하고자 한다.

$f(x)-L$과 $x-a$의 비율은 세로의 거리/가로의 거리이다. 이는 기울기인 $f'(a)$와 가까운 $\Delta f/\Delta x$이다. 가로의 길이가 δ일 때 세로의 길이는 $\delta|f'(a)|$와 아주 가까울 것이다. 그리고 세로의 길이는 우리가 고른 그럴듯한 δ에 대해 $\varepsilon/2$가 된다. 따라서 아마도 안전하게 ε 아래에 머무를 수 있을 것이다. 대부분 문제는 이 방법으로 풀 수

있다. 하지만 [예제 7]은 기울기가 무한대여도 극한이 존재한다는 것을 보여준다.

예제 7 $\lim_{x \to 1^+} \sqrt{x-1} = 0$ (한 방향으로의 극한)

$x \to 1^+$의 덧셈 기호를 보아라. x가 1보다 큰 쪽에서만 $a=1$로 접근한다. 일반적인 극한 $x \to 1$은 x가 1의 양쪽에서 접근해도($x=1$인 경우는 고려하지 않는다) 상관없다. 음수의 제곱근은 정의되지 않기 때문에 이 경우 한 방향에 대한 극한을 계산해야 한다. 이때 $L=0$이다.

$\varepsilon = 1/10$이라고 하자. $\delta = 1/100$으로 정의해도 될 것이다. $1/100$보다 작은 수들의 제곱근은 $1/10$보다 작은 값을 가진다. 이 경우 제곱근 함수가 무한대 기울기로 시작하기 때문에 상자는 아주 좁을 것이고, δ는 ε보다 훨씬 작을 것이다.

살펴본 예제들은 ε와 δ를 사용한 정의의 핵심을 보여준다(ε이 주어졌을 때, δ를 찾는다. 이는 그리스의 소크라테스가 아닌, 프랑스인 코시Cauchy의 생각이다). 또 단점 역시 발견할 수 있다. 확인하는 방법이 편하지 않다는 점이다. 수학자들은 ε을 제시하고 δ를 답하며 일상을 보내지는 않는다. 수학자들이 이상한 삶을 살긴 하지만 그 정도로 이상하지는 않다.

사실 함수 $5x$가 극한 $5a$로 수렴한다는 것을 한 번에 보이기가 더 쉽다. 다른 익숙한 함수들($a=1$일 때를 제외하고) $x^n \to a^n$, $\sin x \to \sin a$, $(1-x)^{-1} \to (1-a)^{-1}$에 대해서도 마찬가지이다. **$x=a$를 대입하여 함수의 올바른 극한값 L을 얻을 수 있다.** 이는 '**연속함수**'의 성질이다. 연속함수에 대해 배우기 전에 $\varepsilon - \delta$를 이용하여 샌드위치 정리를 증명해보자.

> 8 **샌드위치 정리** a 근처의 점들 x에 대해 $f(x) \le g(x) \le h(x)$가 성립한다고 하자. $x \to a$일 때 $f(x) \to L$이고 $h(x) \to L$이면 $g(x)$의 극한도 L이다.

증명 $g(x)$는 $f(x)$와 $h(x)$ 사이에 있다. L을 빼면 $g(x)-L$은 $f(x)-L$과 $h(x)-L$ 사이에 있다. 따라서

$$|f(x)-L| < \varepsilon \text{이고, } |h(x)-L| < \varepsilon \text{이면 } |g(x)-L| < \varepsilon \text{이다.}$$

임의의 ε에 대해 첫 두 부등식은 $0 < |x-a| < \delta$ 영역에서 성립하고, 따라서 마지막 부등식도 성립한다. 이는 $g(x) \to L$임을 증명한다. $x=a$에서의 값은 연속함수를 다루기 전에는 사용하지 않았음에 유의하자.

2.6 문장제 문제

01 $a_n=(\sin n)/n$의 극한은 ___a___이다. $a_n=n^4/2^n$은 ___b___이다. $a_n=(-1)^n$의 극한은 ___c___이다. $a_n\to 0$의 의미는 다음과 같다. ___d___한 $|a_n|$만이 ___e___에 있을 수 있다. $a_n\to L$의 의미는 다음과 같다. 임의의 ___f___에 대해서 ___g___이(가) 존재하므로 $n>$___h___에 대해 ___i___이다. 수열 $1, 1+\frac{1}{2}, 1+\frac{1}{2}+\frac{1}{3}, \cdots$은 ___j___하지 않는다. 이는 결국 합이 ___k___을(를) 넘어가기 때문이다.

02 $x\to a$일 때 $f(x)=\sin x$의 극한은 ___l___이다. $x\to -2$일 때 $f(x)=x/|x|$의 극한은 ___m___이다. 그러나 $x\to 0$일 때 극한은 ___n___하지 않는다. 이 함수는 ___o___쪽 방향 극한만 존재한다. $\lim_{x\to a} f(x)=L$의 의미는 다음과 같다. 모든 ε에 대해 δ가 존재해서 ___p___일 때 $|f(x)-L|<\varepsilon$이다.

03 극한의 두 가지 성질을 보자. $a_n\to L$이고 $b_n\to M$일 때 $a_n+b_n\to$___q___이고 $a_nb_n\to$___r___이다. 이에 대응되는 함수의 극한의 성질은 $x\to a$일 때 $f(x)\to L$이고 $g(x)\to M$이면 ___s___와(과) ___t___(이)라는 것이다. 모든 극한, $|a_n-L|$이나 $|f(x)-L|$은 결국 임의의 양수 ___u___에 대해 아래로 가고 ___v___해야 한다.

04 $A\Rightarrow B$는 A가 B의 ___w___조건이라는 것을 의미한다. A가 참 ___x___ B가 참이다. $A\Leftrightarrow B$는 A가 B의 ___y___조건임을 의미한다. 이때 A가 참이란 것과 B가 참이란 것은 ___z___이다.

2.6 연습문제

01 주어진 수열에 대해 a_4와 극한 L을 구하라. 어떤 N에 대해 $|a_n-L|<\frac{1}{10}$을 만족하는가(계산기를 사용해도 된다)?

(a) $-1, +\frac{1}{2}, -\frac{1}{3}, \cdots$

(b) $\frac{1}{2}, \frac{1}{2}+\frac{1}{4}, \frac{1}{2}+\frac{1}{4}+\frac{1}{6}, \cdots$

(c) $\frac{1}{2}, \frac{2}{4}, \frac{3}{8}, \cdots, a_n=n/2^n$

(d) $1.1, 1.11, 1.111, \cdots$

(e) $a_n=\sqrt[n]{n}$

(f) $a_n=\sqrt{n^2+n}-n$

(g) $1+1, \left(1+\frac{1}{2}\right)^2, \left(1+\frac{1}{3}\right)^3, \cdots$

02 반례를 통해 다음 명제들이 전부 거짓임을 증명하라.

(a) $a_n\to L$이고 $b_n\to L$일 때 $a_n/b_n\to 1$이다.

(b) $a_n\to L$과 $a_n^2\to L^2$는 동치이다.

(c) $a_n<0$이고 $a_n\to L$이면 $L<0$이다.

(d) 임의의 0 근처의 띠에 무한히 많은 a_n이 속하면 $a_n\to 0$이다.

03 다음 중 어떤 것이 $B\Rightarrow A$와 같은가?

(a) A가 참이면 B도 참이다.

(b) A가 참인 것이랑 B가 참인 것은 동치이다.

(c) B는 A의 충분조건이다.

(d) A는 B의 필요조건이다.

04 $A\Rightarrow B$, $B\Rightarrow A$ 중 무엇인지 또는 둘 다 맞는지 또는 둘 다 틀렸는지 결정하라.

(a) $A=[a_n\to 1]$ $B=[-a_n\to -1]$

(b) $A=[a_n\to 0]$ $B=[a_n-a_{n-1}\to 0]$

(c) $A=[a_n\le n]$ $B=[a_n=n]$

(d) $A=[a_n\to 0]$ $B=[\sin a_n\to 0]$

(e) $A=[a_n\to 0]$ $B=[1/a_n$이 수렴하지 않는다$]$

(f) $A=[a_n<n]$ $B=[a_n/n$이 수렴한다$]$

05 수열 $a_1, a_2, a_3, \cdots$이 0으로 수렴하면 이 수열을 어떤 순서로 재배열해도 0으로 수렴함을 증명하라.

06 $x\to a$일 때 $f(x)\to L$이고 $g(x)\to M$이라고 하자. 정의로부터 $x\to a$일 때 $f(x)+g(x)\to L+M$을 증명하라.

07~24 다음의 극한이 존재한다면 이를 찾아라. ε, δ로 보일 필요는 없다.

07 $\lim_{t\to 2}\frac{t+3}{t^2-2}$ 08 $\lim_{t\to 2}\frac{t^2+3}{t-2}$

09 $\lim_{x\to 0}\frac{f(x+h)-f(x)}{h}$ (주의) 10 $\lim_{h\to 0}\frac{f(1+h)-f(1)}{h}$

11 $\lim_{h\to 0}\frac{\sin^2 h\cos^2 h}{h^2}$ 12 $\lim_{x\to 0}\frac{2x\tan x}{\sin x}$

13 $\lim_{x\to 0^+}\frac{|x|}{x}$ (한쪽 극한) 14 $\lim_{x\to 0^-}\frac{|x|}{x}$ (한쪽 극한)

15 $\lim_{x\to 1}\frac{\sin x}{x}$ 16 $\lim_{c\to a}\frac{f(c)-f(a)}{c-a}$

17 $\lim_{x\to 5}\frac{x^2+25}{x-5}$ 18 $\lim_{x\to 5}\frac{x^2-25}{x-5}$

19 $\lim_{x\to 0}\frac{\sqrt{1+x}-1}{x}$ ($x=0.01$일 때 확인하라)

20 $\lim_{x\to 2}\frac{\sqrt{4-x}}{\sqrt{6+x}}$ 21 $\lim_{x\to a}[f(x)-f(a)]$ (?)

22 $\lim_{x\to \pi/2}(\sec x-\tan x)$ 23 $\lim_{x\to 0}\frac{\sin x}{\sin (x/2)}$

24 $\lim_{x\to 1}\frac{\sin(x-1)}{x^2-1}$

---

25 $0<x<\delta$일 때 $|f(x)|<\frac{1}{100}$이 되도록 δ를 골라라.

$f(x)=10x$ $f(x)=\sqrt{x}$ $f(x)=\sin 2x$ $f(x)=x\sin x$

26 다음 중 어떤 정의가 극한의 정의인가?

(a) $|f(x)-L|<\varepsilon \Rightarrow 0<|x-a|<\delta$

(b) $|f(x)-L|<\varepsilon \Leftarrow 0<|x-a|<\delta$

(c) $|f(x)-L|<\varepsilon \Leftrightarrow 0<|x-a|<\delta$

27 '$x\to\infty$일 때 $f(x)\to L$'라는 정의는 다음과 같다. 어떤 ε에 대해 X가 존재해서 $x>X$이면 ____ $<\varepsilon$ 이다. $x\to\infty$일 때 $f(x)\to 4$인 예를 하나 들어라.

28 '$x\to-\infty$일 때 $f(x)\to 0$'의 올바른 정의를 내려라.

29 $x\to\infty$일 때 $f(x)=(\sin x)/x$의 극한은 ____이다. $\varepsilon=0.01$에 대해 X 이후 $|f(x)|<\varepsilon$이 되는 X를 찾아라.

30 $x\to\infty$일 때 $f(x)=2x/(1+x)$의 극한은 $L=2$이다. $\varepsilon=0.01$에 대해 X 이후 $|f(x)-2|<\varepsilon$이 되는 X를 찾아라.

31 $x\to\infty$일 때 $f(x)=\sin x$의 극한은 존재하지 않는다. 그 이유를 설명하라.

32 계산기를 사용하여 $x\to\infty$일 때 $\left(1+\frac{1}{x}\right)^x$의 극한을 추정하라.

33 다항식 $f(x)=2x-5x^2+7x^3$에 대해 다음을 계산하라.

(a) $\lim_{x\to 1}f(x)$ (b) $\lim_{x\to\infty}f(x)$

(c) $\lim_{x\to\infty}\frac{f(x)}{x^3}$ (d) $\lim_{x\to-\infty}\frac{f(x)}{x^3}$

34 $f(x)=6x^3+1000x$에 대해 다음을 계산하라.

(a) $\lim_{x\to\infty}\frac{f(x)}{x}$ (b) $\lim_{x\to\infty}\frac{f(x)}{x^2}$

(c) $\lim_{x\to\infty}\frac{f(x)}{x^4}$ (d) $\lim_{x\to\infty}\frac{f(x)}{x^3+1}$

중요한 성질 : $x\to\infty$일 때 $f(x)/g(x)$는 그들의 최고차항의 비율과 같은 극한값을 지닌다. $f(x)=x^3-x+2$의 최고차항은 x^3이고 $g(x)=5x^6+x+1$의 최고차항은 $5x^6$이다. 따라서 $f(x)/g(x)$는 $x^3/5x^6\to 0$, $g(x)/f(x)$는 $5x^6/x^3\to\infty$, $(f(x))^2/g(x)$는 $x^6/5x^6\to 1/5$과 같이 수렴한다.

35 $x\to\infty$일 때 다음의 극한이 존재한다면 이를 구하라.

$\frac{3x^2+2x+1}{3+2x+x^2}$ $\frac{x^4}{x^3+x^2}$ $\frac{x^2+1000}{x^3-1000}$ $x\sin\frac{1}{x}$

36 어떤 δ에 대해 $|f(x)-L|<\varepsilon$이란 결과를 얻었다면 더 작은 δ를 선택해도 괜찮은 이유는 무엇인가?

37 합 $1+r+r^2+\cdots+r^{n-1}$은 $a_n=(1-r^n)/(1-r)$이다. $n\to\infty$일 때 a_n의 극한은 무엇인가? 어떤 r에 대해 극한이 존재하는가?

38 $a_n\to L$일 때 다음과 같은 수 N이 존재함을 증명하라. $n>N$이고 $m>N$이면 $|a_n-a_m|<2\varepsilon$이다. 이를 코시 수렴 판정법이라고 부른다.

39 어떤 소수점이 다음에 나오는지에 상관없이 $a_1=0.4$, $a_2=0.49$, $a_3=0.493,\cdots$은 극한 L로 수렴한다. 어떻게 이를 알 수 있는가 (L를 알 수가 없을 때도)? a는 서로 가까워지기 때문에 코시 판정법은 통과하였다.

(a) a_4 이후로 우리는 $|a_n-a_m|<$____의 결과를 얻는다.

(b) 어떤 a_N 이후로 $|a_n-a_m|<10^{-7}$의 결과를 얻는가?

40 문제 **39**에서 극한 $L=0.494$가 되도록 소수점들을 결정하여

라. 또 다른 사람이 L을 찾을 수 없게끔 소수점들로 수열을 만들어라.

41 만약 $0.abcde\cdots$의 모든 소수점이 $0, 1, \cdots, 9$에서 무작위로 선택됐다면 극한 L의 평균은 얼마인가?

42 문제 **41**에서 만약 모든 소수점이 0 또는 1이라면(무작위로), 극한 L의 평균은 얼마인가?

43 $a_n = \frac{1}{2}a_{n-1}+4$를 만족하고 $a_1 = 10$에서 시작한다 하자. a_2와 a_3을 구하고 $a_n - 8$과 $a_{n-1} - 8$의 관계를 찾아보라. $a_n \to 8$임을 유도하라.

44 '모든 δ에 대해 ε이 존재해서 $|x| < \delta$ 이면 $|f(x)| < \varepsilon$ 이다.' 이 문장은 약간 바뀌어 있다. 0으로 수렴하지 않는 경우인 $f(x) = \cos x$일 때 ε을 찾아라.

45 ε을 사용하여 다음 샌드위치 정리를 수열에 대해 증명하라. $a_n \to L$ 이고 $c_n \to L$ 이고 $n > N$일 때 $a_n \le b_n \le c_n$ 이면 $b_n \to L$ 이다.

46 세 문장 '당신이 서두르면 우리가 거기에 갈 수 있다', '당신이 서둘러야만 우리가 거기에 갈 수 있다', '당신이 서두르고, 또 서둘러야만 거기에 갈 수 있다'의 차이를 수학적으로 설명하라.

2.7 연속함수

이번 절은 다소 간단한 내용일 것이다. 이 내용은 일반적으로 극한과 함께 다루는데, 그 조합은 너무 길다. 여전히 $x \to a$에서의 $f(x)$의 극한에 대해 다루며 여기에 새로운 수를 추가할 것이다. 이는 $f(a)$, 즉 $x = a$에서 f의 함숫값이다. 극한은 x가 a로 갈 때 실제 함숫값과 일치하지는 않았다. 그래서 이 경우 $f(a)$는 생각하지 않았다. '연속함수'에 대해서는 $f(a)$가 극한과 잘 맞아떨어져야 한다.

이제 x가 a로 접근할 때 보통(좋은) 상황이 어떤 건지 정리해보자.

1. $f(a)$가 존재한다. (f가 a에서 정의되어 있다)
2. $f(x)$의 극한이 존재한다. (이를 L이라고 부른다)
3. 극한 L이 $f(a)$와 같다. ($f(a)$는 올바른 값이다)

이런 경우에 $f(x)$는 $x = a$에서 **연속**이라고 부른다. 이를 한 줄로 다음과 같이 쓰기도 한다. $x \to a$일 때 $f(x) \to f(a)$. 역으로, $x = 0$에서 연속이 아닌 4개의 함수로 시작하고자 한다.

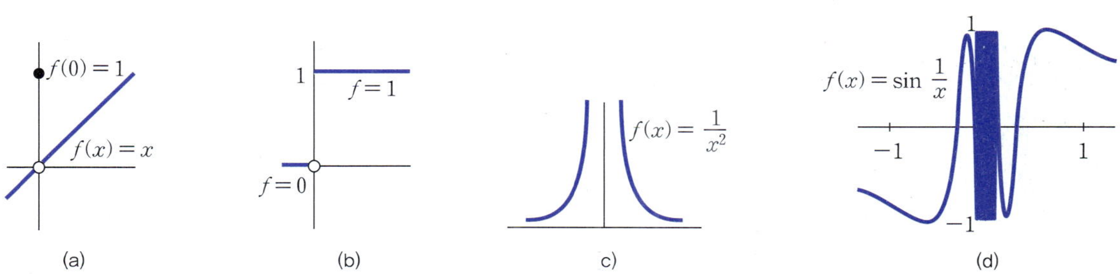

[그림 2-20] $x = 0$에서 일어날 수 있는 4가지 불연속점

[그림 2-20(a)]가 $f(0)=0$이었다면 연속일 것이다. 하지만 $f(0)=1$이다. $f(0)$을 올바른 값으로 바꾸면 문제는 해결된다. 이런 불연속점은 지울 수 있는 불연속점이라 부른다. [그림 2-20]의 (b), (c), (d)는 더 중요하고 심각한 함수이다. '올바른' $f(0)$의 값이 존재하지 않기 때문이다.

(b) $f(x)=$계단함수	($x=0$일 때 0에서 1로 점프한다.)
(c) $f(x)=1/x^2$	($x \to 0$의 극한이 무한대이다.)
(d) $f(x)=\sin(1/x)$	($x \to 0$에서 무한한 진동이 생긴다.)

그래프는 어떻게 극한이 존재하지 않는지 잘 보여준다. 계단함수는 점프하는 불연속점이 있다. 이는 한쪽 방향 극한, 즉 좌극한과 우극한이 존재한다. 즉 평범한(양쪽 방향) 극한을 가지지 않는다. 좌극한($x \to 0^-$)은 0이고, 우극한($x \to 0^+$)은 1이다. 계단함수의 또 다른 예시는 -1에서 1로 점프하는 $x/|x|$이다.

$1/x^2$의 그래프를 보면 극한 L을 $L=+\infty$라고 하는 것이 자연스러워 보인다. 이는 극한이 존재한다고 말할 수 없다. 공식적으로는 그렇지만 $x \to 0$일 때 $1/x^2 \to \infty$와 같이 쓰기도 한다. 이는 $x \to 0$일 때 $1/x^2$이 모든 L보다 커지고 그 위에 계속 있다는 것을 의미한다. 마찬가지로 $f(x)=1/x$의 한 방향 극한을 다음과 같이 비공식적으로 쓸 수 있다.

$$\text{좌극한의 경우 } \lim_{x \to 0^-} \frac{1}{x} = -\infty \text{ 이고, 우극한의 경우 } \lim_{x \to 0^+} \frac{1}{x} = \infty \text{ 이다.} \qquad (1)$$

$1/x$은 $x=0$일 때 극pole을 가진다고 한다. $1/x^2$도 마찬가지다(쌍극을 가진다). $1/(x^2-x)$은 $x=0$과 $x=1$에서 극을 가진다고 한다. 각 경우 분모가 0이 되어 함수가 $+\infty$나 $-\infty$로 간다. 마찬가지로 $1/\sin x$은 π의 배수마다($\sin x$가 0일 때) 극을 가진다. $1/x^2$의 경우를 제외하고는 x를 곱하면 함수가 $x=0$일 때 부드러워지는 '단순극'이라고 부른다.

$$x\left(\frac{1}{x}\right)=1\text{과 } (x)\left(\frac{1}{x^2-x}\right)=\frac{1}{x-1}\text{과 } (x)\left(\frac{1}{\sin x}\right)\text{은 } x=0\text{에서 연속이다.}$$

$1/x^2$은 (x가 아니라) x^2이 곱해져야 하므로 극이 2개이다. 다항식의 비 $P(x)/Q(x)$는 $(x+1)/(x+1)$과 같은 공통인수들이 소거됨을 가정하면 $Q=0$일 때 극을 가진다. 점프와 극은 대표적인 불연속의 예시이다. 물론 다른 예도 있다. (d)는 $\sin(1/x)$이 $x \to 0$일 때 극한이 없음을 보여준다. 사인 함수는 1을 넘지 않으므로 무한대로 가지 않는다. $x=\frac{1}{3}, \frac{1}{4}, \frac{1}{1000}$일 때 이는 각각 $\sin 3$, $\sin 4$, $\sin 1000$과 같다.

이들 각각은 양수, 음수 그리고 판단하기 어려운 수이다. x가 작아지고 $1/x$이 커질수록 사인 함수의 진동은 더욱더 빨라진다. 이 경우 그래프를 ε 높이의 상자 안에 가둘 수가 없다. 아무리 좁은 상자라 할지라도 말이다.

연속함수

> **정의** $f(a)$가 정의되어 있고 $x \to a$일 때 $f(x) \to f(a)$이면 f는 '**$x = a$에서 연속이다**'라고 한다. 만약 정의된 모든 점에서 함수가 연속이라면 우리는 이를 **연속함수**라고 부른다.

그러나 이 정의에 의하면 $f(x) = 1/x$은 연속함수가 된다! 이는 $x = 0$일 때 정의되지 않았다. 따라서 불연속일 수 없다. 수학의 사고방식을 위해서 이를 받아들여야 한다. 하지만 이 정의를 좋아할 필요는 없다. $x = 0$에서 $1/x$을 연속으로 만들 수 있는 $f(0)$은 존재하지 않는다.

'연속함수'의 정의에 대한 논쟁은 계속 이어지고 있다. 이제 그 이유를 보게 될 것이다. $1/x$에서의 불연속에 대해 말하지만, 동시에 이를 연속함수라고 부르기도 한다. 이 정의는 $1/x$과 $(\sin x)/x$의 차이를 구별하지 못한다. $f(x) = (\sin x)/x$는 모든 x에 대해 연속이 되도록 할 수 있다. $f(0) = 1$로 설정하면 된다.

우리는 함수가 모든 x에 대해 연속이 되도록 확장될 수 있으면 그 함수를 '연속이 될 가능성이 있는' 함수라고 부른다. 따라서 $(\sin x)/x$와 $\sqrt{x}$는 연속이 될 가능성이 있다. 한편 $1/x$과 $\tan x$는 그렇지 않다. 이 제안이 논쟁을 끝내지는 못하겠지만 도움이 되었으면 한다.

예제 1 $\sin x$, $\cos x$ 및 모든 다항식 $P(x)$는 연속함수이다.

예제 2 절댓값 $|x|$는 연속이다. 이 함수의 기울기는 계단함수다(연속이 될 가능성이 없다).

예제 3 모든 유리함수 $P(x)/Q(x)$는 $Q = 0$일 때를 제외하고는 연속이다.

예제 4 유리수에서 1이고 무리수에서 0인 함수는 **모든 점에서 불연속이다**. 무리수 사이에는 항상 유리수가 있고 그 반대도 성립한다(사실 어떤 방법으로 무리수가 더 많다는 것을 보일 수 있다).

예제 5 0^{x^2}은 0^0이 정의되지 않았다는 것을 제외하고 모든 x에 대해 0이다. 따라서 $x = 0$에서 0으로 함수를 정의해주면 연속이 된다. 하지만 다음 문단에서는 0^0이 1이 되어야 함을 알 수 있다.

연속에 대한 증명으로 이 책을 가득 채울 수도 있지만, 일반적으로 명확하게 표현할 수 있다. '펜을 떼지 않고 그래프를 그릴 수 있으면 그 함수는 연속이다.' 점프가 생기거나 극한이 무한대로 가거나, 무한한 진동이 생길 때 반대 방향에서 시작하지 않고서는 불연속점을 절대로 지나갈 수 없다. x^n은 $n > 0$일 때 연속으로 확장될 수 있고, $n < 0$일 때 연속으로 확장될 수 없다. x^0은 0^0이 정의되지 않았다는 것을 제외하고 모든 x에 대해 1의 값을 지닌다. 따라서 연속성을 위해 0^0을 1로 정의해야 한다. 다음 예제에서 소개하는 두 함수는 우리에게 익숙한 것들이다.

예제 6 $\dfrac{\sin x}{x}$와 $\dfrac{1-\cos x}{x}$는 $x=0$에서 연속함수로 확장할 수 있다.

이들은 $\sin x$의 기울기를 구하는 데 아주 중요한 역할을 했던 함수들이다. 첫 번째 함수는 1로 수렴하고 두 번째 함수는 0으로 수렴하였다. 엄밀히 말해 우리는 이 두 함수에 대해 극한이 존재하는 점 $x=0$에 올바른 값(1과 0)을 부여해야 한다.

이제 분모가 x^2으로 바뀔 때 어떤 일이 일어나는지를 알아보자.

예제 7 $x=0$에서 $\dfrac{\sin x}{x^2}$는 무한대로 가지만 $\dfrac{1-\cos x}{x^2}$는 $\dfrac{1}{2}$의 극한값을 갖는다. $(\sin x)/x$가 1로 수렴하기 때문에, 다시 x로 나누어주면 $1/x$과 같은 함수를 얻을 것이다. 이때 단순극이 생긴다. 이는 x^2이 $\sin x$보다 0으로 빨리 수렴하는 $0/0$의 예시이다. '**0으로의 경주**'는 극한에 대해 매우 흥미로운 문제를 제공한다.

$1-\cos x$와 x^2의 경주는 매우 팽팽하다. 이들의 비는 2분의 1이다.

$$x \to 0\text{일 때 } \frac{1-\cos x}{x^2} = \frac{1-\cos^2 x}{x^2(1+\cos x)} = \frac{\sin^2 x}{x^2} \cdot \frac{1}{1+\cos x} \to \frac{1}{1+1}$$

답인 $\dfrac{1}{2}$은 이후에 '로피탈의 법칙'으로 더욱 쉽게 구할 수 있을 것이다. 지금 당장은 답보다는 문제를 강조하고자 한다. 미적분학의 핵심 문제는 얼마나 빠르게 극한이 수렴하는가이다. **도함수를 통해 수렴하는 속도를 알 수 있다.**

이제 $x=0$에서 연속인 3가지 예제를 살펴보고자 한다. 경주는 기울기에 의해 결정된다. $f(x)-f(0)$이 $f'(0)\times x$와 비슷하기 때문이다.

> $\sin x$의 미분값은 1이다 $\leftrightarrow$ $\sin x$는 x와 비슷하게 감소한다.
> $\sin^2 x$의 미분값은 0이다 $\leftrightarrow$ $\sin^2 x$는 x보다 빠르게 감소한다.
> $x^{1/3}$의 미분값은 ∞이다 $\leftrightarrow$ $x^{1/3}$은 x보다 느리게 감소한다.

미분 가능한 함수

절댓값 $|x|$는 $x=0$에서 연속이지만 도함수는 존재하지 않는다. $x^{1/3}$에 대해서도 마찬가지이다. 미분값은 연속성보다 더 많은 것을 요구한다. 이유는 근본적인 곳에 있으므로 기본 정의를 살펴보자.

> x에서 **연속이다.** $\Delta x \to 0$일 때 $f(x+\Delta x)-f(x) \to 0$
>
> x에서 **미분 가능하다.** $\Delta x \to 0$일 때 $\dfrac{f(x+\Delta x)-f(x)}{\Delta x} \to f'(x)$

첫 번째 경우 Δf는 0으로 간다(느리게 갈 수도 있다). 두 번째 경우 Δf는 Δx만큼 빠르게 ($\Delta f/\Delta x$가 극한을 가지기에) 0으로 간다. 이 조건은 더 강하다.

> 9 $f(x)$가 미분 가능한 점에서 함수는 연속이어야 한다. 하지만 함수가 미분 불가능하면서 연속일 수 있다.

증명 증분 $\Delta f=(\Delta x)(\Delta f/\Delta x)$의 극한은 $(0)(df/dx)=0$이다. 따라서 $f(x+\Delta x)-f(x)\to 0$이다. ∎

연속함수 $x^{1/3}$은 $x=0$에서 $\frac{1}{3}x^{-2/3}$이 무한대로 가기 때문에 미분 불가능하다. 절댓값 $|x|$도 기울기가 계단함수 모양이므로 미분 불가능하다. $\frac{1}{2}\cos 3x+\frac{1}{4}\cos 9x+\cdots$은 모든 점에서 연속이지만 모든 점에서 미분 불가능하다. 펜을 떼지 않고 그래프를 그릴 수 있을 것이다(쉽지는 않다. 이는 모든 점마다 휜다). 이것은 많은 사람이 호기심을 가지는, 공간을 채우는 곡선과 측정할 수 없는 공간과 관련이 있다. 프랙털 역시 사람들이 호기심을 가진다. 이들은 경계에서 접선이 없는 아름다운 모양이다. 프랙털의 이론은 수학적으로 볼 때, 생동감이 넘친다. 이를 3.7절에서 보고자 한다.

여러분이 다음과 같은 미적분의 기본적인 정의를 잘 알고 있기 바란다.

> **1. 극한** ($n\to\infty$ 혹은 $x\to a$) **2. 연속성** ($x=a$에서) **3. 미분** ($x=a$에서)

이들은 ε과 δ를 통해 살펴봐야 한다. 하지만 그렇게 많이 볼 필요가 있는 경우는 드물다. 경제학이 많은 거래를 설명하고, 역사가 많은 사건을 설명하듯이 함수는 수많은 값 $f(x)$로부터 설명된다. 그중 드물게 시장추락, 전쟁 등의 사건들이 등장하듯이 함수에서도 특별한 불연속점이 나타난다. 또 다른 점에서 df/dx는 함수를 아주 잘 설명할 것이다.

이제 이 장을 **닫힌 구간에서 정의된 연속함수**의 두 개의 중요한 사실들로 마무리하고자 한다.

구간은 $a \le x \le b$이고 이를 간단히 쓰면 $[a,b]$[7]이다. 끝점 a와 b에서 우리는 $f(x)$가 $f(a)$와 $f(b)$로 수렴하기를 요구한다.

7 구간 $[a,b]$는 **닫혀있다**(끝점 포함). 구간 (a,b)는 **열려있다**(a와 b제외). 구간 $[0,\infty)$는 모든 $x \ge 0$을 포함한다.

최대 · 최소 정리란, 유한한 구간 $[a,b]$에서 정의된 연속함수는 최댓값 M과 최솟값 m을 갖는다. 그리고 점 $x_{최대}$와 $x_{최소}$가 $[a,b]$에 존재하며 실제로 그 점에서 최댓값, 최솟값을 갖는다.

$$[a,b]\text{에 속하는 모든 } x\text{에 대해 } f(x\text{최대}) = M \ge f(x) \ge f(x\text{최소}) = m\text{이다.}$$

중간값 정리란, 만약 F라는 수가 $f(a)$와 $f(b)$ 사이에 있으면 a와 b 사이에 $f(c) = F$를 만족하는 점 c가 있다. 따라서 F가 최댓값 M과 최솟값 m 사이에 있으면 $x_{최소}$와 $x_{최대}$ 사이에 있는 점 c가 $f(c) = F$를 만족한다.

예시들은 왜 정리에서 닫힌 구간과 연속함수를 요구하는지 알려준다. $0 < x \le 1$에서 $f(x) = x$는 절대 최솟값(0)을 가질 수 없다. 또 구간을 닫힌 구간으로 만들고(불연속이 되도록) $f(0) = 3$을 정의하면 여전히 최솟값을 가질 수 없다. 점프 때문에 중간값인 $F = 2$ 또한 지나갈 수 없다. 코시가 극한의 개념을 도입한 후 연속성에 대한 개념 역시 나올 수 밖에 없었다.

2.7 문장제 문제

01 연속성은 $x \to a$일 때 $f(x)$의 __a__이(가) 존재하기를 요구하고 __b__와(과) 일치하기를 요구한다. $x/|x|$가 $x = 0$에서 연속이 아닌 이유는 __c__이다. 이 함수는 __d__극한은 가진다. $1/\cos x$이 __e__에서 불연속인 이유는 __f__이다. $\cos(1/x)$이 $x = 0$에서 불연속인 이유는 __g__이다. $f(x) =$ __h__은(는) $x = 3$에서 단순극을 가진다. f^2은 __i__극을 가진다.

02 x^n은 n 이 __j__(이)란 가정에서 연속이다. n이 __k__일 $x = 0$에서 미분이 정의되지 않는다. $f(x) = \sin(-x)/x$는 $x \to 0$일 때 __l__(으)로 수렴한다. 따라서 이는 $f(0) =$ __m__(으)로 정의했을 때 __n__함수이다. '연속함수'는 __o__에서 연속이어야 한다. '연속이 될 가능성이 있는 함수'는 모든 점으로 함수가 확장되어 __p__이(가) 될 수 있다.

03 f가 $x = a$에서 미분 가능하면 f는 $x = a$에서 __q__이다. 미분은 $f(x)$가 __r__(으)로 접근하는 속도를 조절한다. 닫힌 구간 $[a,b]$에서 연속함수 f는 __s__ 정리와 __t__ 정리를 만족한다. 함수는 __u__인 M, __v__인 m을 지나고 __w__인 값들을 전부 지난다.

2.7 연습문제

01~20 $f(x)$를 (a) 연속으로 만드는 수 c, (b) 미분 가능하게 만드는 수 c를 구하라. 하나는 $f(x)\to f(a)$인 경우이고, 나머지는 모든 점에서 $\Delta f/\Delta x$가 존재하는 경우이다.

01 $f(x)=\begin{cases}\sin x & x<1\\ c & x\ge 1\end{cases}$

02 $f(x)=\begin{cases}\cos^3 x & x\ne\pi\\ c & x=\pi\end{cases}$

03 $f(x)=\begin{cases}cx & x<0\\ 2cx & x\ge 0\end{cases}$

04 $f(x)=\begin{cases}cx & x<1\\ 2cx & x\ge 1\end{cases}$

05 $f(x)=\begin{cases}c+x & x<0\\ c^2+x^2 & x\ge 0\end{cases}$

06 $f(x)=\begin{cases}x^3 & x\ne c\\ -8 & x=c\end{cases}$

07 $f(x)=\begin{cases}2x & x<c\\ x+1 & x\ge c\end{cases}$

08 $f(x)=\begin{cases}x^c & x\ne 0\\ 0 & x=0\end{cases}$

09 $f(x)=\begin{cases}(\sin x)/x^2 & x\ne 0\\ c & x=0\end{cases}$

10 $f(x)=\begin{cases}x+c & x\le c\\ 1 & x>c\end{cases}$

11 $f(x)=\begin{cases}c & x\ne 4\\ 1/x^3 & x=4\end{cases}$

12 $f(x)=\begin{cases}c & x\le 0\\ \sec x & x\ge 0\end{cases}$

13 $f(x)=\begin{cases}\dfrac{x^2+c}{x-1} & x\ne 1\\ 2 & x=1\end{cases}$

14 $f(x)=\begin{cases}\dfrac{x^2-1}{x-c} & x\ne c\\ 2c & x=c\end{cases}$

15 $f(x)=\begin{cases}(\tan x)/x & x\ne 0\\ c & x=0\end{cases}$

16 $f(x)=\begin{cases}x^2 & x\le c\\ 2x & x>c\end{cases}$

17 $f(x)=\begin{cases}(c+\cos x)/x & x\ne 0\\ 0 & x=0\end{cases}$

18 $f(x)=|x+c|$

19 $f(x)=\begin{cases}(\sin x-x)/x^c & x\ne 0\\ 0 & x=0\end{cases}$

20 $f(x)=|x^2+c^2|$

21~27 $x=1$ 에서 다음과 같은 불연속점을 갖는 $f(x)$를 만들어라.

21 지울 수 있는 불연속점

22 무한 진동

23 $x\to 1^+$에서의 극한만 존재하고 $x\to 1^-$에서의 극한은 존재하지 않는다.

24 쌍극을 가진다.

25 $\lim\limits_{x\to 1^-} f(x)=4+\lim\limits_{x\to 1^+} f(x)$

26 $\lim\limits_{x\to 1} f(x)=\infty,\quad \lim\limits_{x\to 1}(x-1)f(x)=0$

27 $\lim\limits_{x\to 1}(x-1)f(x)=5$

28 명제 '$x\to 1$일 때 $3x\to 7$'은 거짓이다. 어떤 δ도 고를 수 없게 하는 ε을 구하라. 또, 명제 '$x\to 1$일 때 $3x\to 3$'은 참이다. $\varepsilon=\dfrac{1}{2}$에 대해 이에 대응되는 δ를 구하여라.

29 다음 함수에 대하여 $f', f'', \cdots$ 중 얼마나 많은 함수가 연속이 될 가능성을 갖고 있는가?

(a) $f=x^{3/2}$ (b) $f=x^{3/2}\sin x$ (c) $f=(\sin x)^{5/2}$

30 양쪽 극한이 존재하지 않는 점에서 한 방향 극한을 구하여라. (c)의 경우 세 구간으로 나누어 미분을 구하라.

(a) $\dfrac{|x|}{7x}$ (b) $\sin|x|$ (c) $\dfrac{d}{dx}|x^2-1|$

31 $f(1)=1,\ f(-1)=1$이고 그 외의 점에서는 $f(x)=(x^2-x)/(x^2-1)$라고 하자. 함수가 다음 점에서 연속인지 확인하라.

(a) $x=1$ (b) $x=0$ (c) $x=-1$

32 $x\ne 0$일 때 $f(x)=x^2\sin(1/x)$라고 하고 $f(0)=0$이라고 하자. 극한이 존재할 때 이를 구하라.

(a) $\lim\limits_{x\to 0} f(x)$ (b) $x=0$에서 df/dx (c) $\lim\limits_{x\to 0} f'(x)$

33 $f(0)=0$이고 $f'(0)=3$이라고 하자. 다음 함수를 x가 0으로 감소할 때 작은 것부터 나열하라.

$$f(x),\ x,\ xf(x),\ f(x)+2x,\ 2(f(x)-x),\ (f(x))^2$$

34 $f^2(x)$가 연속인 불연속 함수 $f(x)$를 만들어라.

35 참 또는 거짓을 판별하라. 참이면 이유를 쓰고, 거짓이면 반례를 들어라.

(a) $f(x)$가 모든 x에 대해 연속이면 이는 최댓값 M을 갖는다.

(b) 모든 x에 대해 $f(x)\le 7$이면 f는 최댓값을 갖는다.

(c) $f(1)=1$이고 $f(2)=-2$이면 어떤 점에서 $f(x)=0$이다.

(d) $f(1)=1$이고 $f(2)=-2$이고 f가 $[1,2]$에서 연속이면 구간 안의 어떤 점에서 $f(x)=0$이다.

36 $\cos x$와 $2x$는 연속함수이다. ____ 정리를 통해 0과 1 사이의 어떤 점에서 $\cos x=2x$임을 보여라.

37 반례를 통해 다음이 거짓임을 보여라.

(a) 함수가 최댓값과 최솟값을 함숫값으로 가지면 연속이다.

(b) 함수가 최댓값과 최솟값을 함숫값으로 가지고 $f(0)$과 $f(1)$ 사이에 있는 모든 값을 함숫값으로 가지면 이는 $x=0$에서 연속이다.

(c) **(심화)** a와 b 사이의 모든 점에 대해 $f(x)$가 중간값 정리를 만족하면 $f(x)$는 연속이어야 한다.

38 $x=0$에서 $f(x)=x\sin(1/x)$는 왜 도함수가 존재하지 않지만 연속인지 글과 그래프로 설명하라. $f(0)=0$으로 설정하라.

39 다음 중 어떤 함수가 연속이 될 가능성이 있는가? 그 이유는 무엇인가?

$$f_1(x)=\begin{cases}\sin x & x<0\\ \cos x & x>1\end{cases}$$

$$f_2(x)=\begin{cases}\sin(1/x) & x<0\\ \cos(1/x) & x>1\end{cases}$$

$$f_3(x)=\frac{x}{\sin x}\ (\sin x\neq 0\text{일 때})$$

$$f_4(x)=x^0+0^{x^2}$$

40 연속함수와 연속이 될 가능성이 있는 함수의 차이점에 관해 설명하라. 연속함수는 항상 연속이 될 가능성이 있는 함수인가?

41 $f(x)$는 $f(0)=f(1)$인 연속함수이다.

(a) 전형적인 $f(x)$를 그려라. $f(x)=f\left(x+\frac{1}{2}\right)$인 점을 표시하라.

(b) $g(x)=f\left(x+\frac{1}{2}\right)-f(x)$에 대해 $g\left(\frac{1}{2}\right)=-g(0)$인 이유를 설명하라.

(c) (b)를 통해 (a)가 항상 가능하다는 것을 추론하라. $g(x)=0$이므로 $f(x)=f\left(x+\frac{1}{2}\right)$인 점이 꼭 있어야 한다.

42 $x=0$에서만 연속인 함수를 만들어라.

43 $f(x)$가 연속이고 모든 x에서 $0\le f(x)\le 1$이면 $f(x^*)=x^*$인 점이 존재한다. 그래프를 통해 설명하고 중간값 정리로 이를 증명하라.

44 극한의 $\varepsilon-\delta$ 정의에서 $0<|x-a|<\delta$를 $|x-a|<\delta$로 바꾸어라. 이때 f가 $x=a$에서 연속이 되는 이유는 무엇인가?

45 $(f(x)-f(0))/x$이 $x=0$에서 ____인 것과 함수 f가 $x=0$에서 _____을(를) 가지는 것은 동치이다.

3장 미분의 응용

Applications of the Derivative

2장에서는 미분을 계산하는 것에 집중하였다. 이 장에서는 그것들을 사용하는 데 집중할 것이다. 지금까지는 x^n과 $\sin x$, $\cos x$로 이루어진 함수의 dy/dx를 계산하였다. 기울기를 알고 있고, 필요한 경우 이계도함수까지 안다면 이번 주제의 핵심 소재인 $y = f(x)$에 대한 다음과 같은 질문에 답할 수 있다.

1. x가 변할 때 y는 어떻게 변하는가?
2. y의 최댓값 또는 최솟값은 얼마인가?
3. 도함수를 이용하여 최솟값으로부터 최댓값을 어떻게 구할 수 있는가?

dy/dx 안의 정보는 완전히 국소적이다. 이는 점의 가까운 곳에서 무슨 일이 일어나고 있는지는 알려주지만 다른 곳의 정보는 알려주지 않는다. 2장에서 Δx와 Δy는 0에 가까이 갔다. 여기서는 그들을 다시 원래대로 되돌리는 것이 목표이다. 국소적 정보는 큰 그림을 설명해주는데, **이는 Δy가 대략적으로 dy/dx에 Δx를 곱한 것이기 때문이다.**

이 문제는 유한과 극소, 즉 평균 기울기와 순간 기울기를 연결하는 것이 목표이다. 이 기울기들은 비슷하고, 때때로 일치한다. 등식에서의 점들은 평균값 정리에 의해 보장된다(이는 도함수 계산의 중심에서 국소-전역의 연결이다). 하지만 우리는 함수의 어떤 점에서 dy/dx와 $\Delta y/\Delta x$가 같은지 예측할 수 없다. 그러므로 이제 함수의 도함수로부터 원래 함수를 찾는 다른 방법을 찾을 것이다(또는 속도와 가속도로부터 거리를 추정한다).

dy/dx로부터 y에 대해 알 수 있다는 것이 놀라워 보일지도 모른다. 그동안의 모든 작업은 반대 방향으로 행해졌기 때문이다. 우리는 dy/dx를 얻기 위해 y를 사용했다. 이제부터는 y를 연구하기 위해 dy/dx를 사용한다. 이는 삶의 이치이다. 나중의 세대로부터 현재 세대를 이해한다는 점에서 그것은 정말로 인생의 진리일 것이다.

3.1 선형 근사

이 책은 직선 $f = vt$로부터 시작했다. 속도가 상수일 때 거리는 선형이다. v가 변하기 시작하자마자 $f = vt$는 움직인다. $v(t)$가 상수가 아닐 때, 어떤 속도를 선택해야 할까? 정답은 매우 짧은 시간 간격을 취하는 것, 즉 v가 거의 일정할 때를 택하는 것이다.

$f = vt$는 완전히 거짓이다.
$\Delta f = v\Delta t$는 거의 참이다.
$df = vdt$는 정확히 참이다.

짧은 순간에 $f(t)$는 선형이다. 또한 이는 거의 접선에 머무른다.

2.3절에서 우리는 $y=f(x)$의 접선을 찾았다. $x=a$에서 곡선의 기울기와 접선의 기울기는 $f'(a)$이다. 직선 위의 점에 대하여 $y=f(a)$에서 시작해보자. 다음과 같이 기울기에 '증분' $x-a$를 곱한 것을 더한다.

$$Y=f(a)+f'(a)(x-a) \tag{1}$$

앞으로 대문자 Y는 직선, 소문자 y는 곡선을 나타낼 때 쓰기로 한다. 접선에서 중요한 것은 (a로부터 너무 멀어지지만 않는다면) 다음과 같이 곡선과 접선이 가깝다는 것이다.

$$y \approx Y \quad \text{또는} \quad f(x) \approx f(a)+f'(a)(x-a) \tag{2}$$

이것이 어디에나 쓰일 수 있는 **선형 근사**이다. [그림 3-1]은 제곱근 함수 $y=\sqrt{x}$와 $x=a=100$에서의 접선을 보여준다. y좌표가 $y=\sqrt{100}=10$인 점에서의 기울기는 $1/(2\sqrt{x})=1/20$이다. [그림 3-1]에서 표는 $y(x)$와 $Y(x)$를 비교해준다.

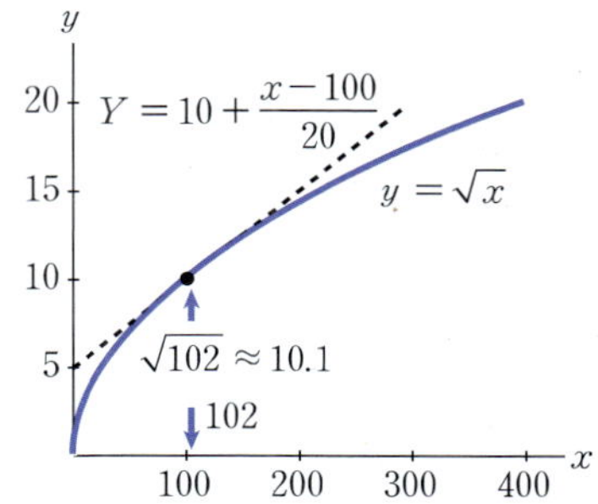

	x	Y	$y=\sqrt{x}$
	100	10	10
→	102	10.1	10.0995
	110	10.5	10.49
	200	15	14.1
	400	25	20

[그림 3-1] $Y(x)$는 $x=a=100$ 근처에서 $\sqrt{x}$의 선형 근사이다.

정확도는 x가 100에서 멀어질수록 낮아진다. 즉 접선은 곡선에서부터 멀어진다. 화살표는 102에서 좋은 근사를 가리키고, 101에서는 더욱더 좋다. 이 예시에서 직선이 곡선 위에 있으므로 Y는 y보다 크다. 직선의 기울기는 상수로 유지되고, 곡선의 기울기는 감소한다. 이러한 곡선은 '위로 볼록'이라 불리고, 위로 볼록인 곡선의 접선은 곡선 위에 있다.

근사가 좋은 $x=102$를 다시 살펴보자. 2장에서, dy/dx에 접근할 때 $\Delta y/\Delta x$부터 시작했다.

$$\text{기울기} \approx \frac{\sqrt{102}-\sqrt{100}}{102-100} \tag{3}$$

이제 선형 근사를 해보자! 기울기는 1/20이다. **우리가 모르는 것은 $\sqrt{102}$의 값이다.**

$$\sqrt{102} \approx \sqrt{100}+(\text{기울기})(102-100) \tag{4}$$

이제 알고 있는 조건을 활용해보자. 이전에는 dy/dx를 몰랐기 때문에 (3)을 사용했다. 하지만 이제 우리는 dy/dx에 관해 전문가이므로 (4)를 사용한다. $y'=1/20$을 한 번 계산한 후, 100 근처의 모든 숫자에서 접선은 $\sqrt{x}$ 근처에 머물러 있다. 근처의 숫자가 $100+\Delta x$일 때, 다음과 같이 근사의 오차는 제곱임에 주목하자.

$$\left(\sqrt{100}+\frac{1}{20}\Delta x\right)^2=100+\Delta x+\frac{1}{400}(\Delta x)^2$$

원하던 답은 $100+\Delta x$ 이므로 지금 구한 답은 $(\Delta x)^2$을 포함한 마지막 항만큼 오차가 있다. 선형 근사의 중요한 점은 Δx 이후의 모든 항을 무시하는 것이다.

좋은 제곱근을 가진다는 점을 제외하고, $x=100$에 특별한 점은 없다. 다른 점들과 다른 함수들도 $y \approx Y$와 같은 결과가 나온다. 이제 이러한 아이디어를 다른 기호로 표현하고자 한다. a에서 시작해서 x로 가는 것 대신, x에서 시작해서 거리 Δx만큼 가서 $x+\Delta x$로 간다. 문자는 다르지만 수학적인 내용은 동일하다.

1 임의의 매끄러운 함수 $f(x)$에 대하여 어떤 점 x에서 다음이 성립한다.

$$x\text{에서의 기울기} \approx \frac{f(x+\Delta x)-f(x)}{\Delta x} \tag{5}$$

$f(x+\Delta x)$의 근사를 위해 양변에 Δx를 곱하고 $f(x)$를 더하라.

$$f(x+\Delta x) \approx f(x) + (x\text{에서의 기울기})(\Delta x) \tag{6}$$

예제 1 **중요한 선형 근사** : 0 근처의 x에서 $(1+x)^n \approx 1+nx$

예제 2 **두 번째 중요한 근사** : 0 근처의 x에서 $1/(1+x)^n \approx 1-nx$

위의 두 예제들은 실제로 같은 것이다. [예제 1]에서 n을 $-n$으로 바꾸면 [예제 2]가 된다. 이들은 $x=0$에서 기울기 n과 $-n$을 이용한 선형 근사들이다.

$$(1+x)^n \approx 1 + (0\text{에서의 기울기}) \times (x-0) = 1+nx$$

$f(x)=x^n$에도 똑같이 적용해보자. 다음과 같이 식 (6)에서의 기준점은 이제 1 또는 x이다.

$$(1+\Delta x)^n \approx 1+n\Delta x \qquad\qquad (x+\Delta x)^n \approx x^n + nx^{n-1}\Delta x$$

이해하기 쉽게 위의 문자 대신 숫자를 통해 생각해보자. $n=3,\ -1,\ 100$에 대하여 $\Delta x=0.01$을 택하자.

$$(1.01)^3 \approx 1.03 \qquad\qquad \frac{1}{1.01} \approx 0.99 \qquad\qquad \left(1+\frac{1}{100}\right)^{100} \approx 2$$

실제로 마지막 근사는 좋지 않다. 100제곱은 거듭제곱의 횟수가 너무 많다. 선형 근사를 하면 $1+100\Delta x=2$이지만, 계산기를 이용하면 $(1.01)^{100}=2.7\cdots$이다. 이 값은 특별한 수 e에 가까운데, 이 매우 중요한 수 e는 6장에서 소개할 것이다. 다음과 같이 이항공식은 이 근사가 왜 실패했는지를 보여준다.

$$(1+\Delta x)^{100} = 1 + 100\Delta x + \frac{(100)(99)}{(2)(1)}(\Delta x)^2 + \cdots$$

선형 근사는 $(\Delta x)^2$항을 무시한다. $\Delta x = 1/100$에 대해 오차는 거의 $\frac{1}{2}$이다. 이는 무시하기에는 너무 큰 오차이다. 정확한 오차는 $\frac{1}{2}(\Delta x)^2 f''(c)$인데, 3.8절의 평균값 정리는 c를 x와 $x+\Delta x$ 사이에 둔다. 선형 근사의 핵심은 다음과 같다.

$y - Y$는 $(\Delta x)^2$ 크기의 오차를 가진다. (선형 근사, 2차 오차)

미분소 Differential

선형 근사에 관한 기호가 하나 더 있다. 자주 사용되는 기호이므로 반드시 알고 넘어가야한다. 이 기호는 암시적인 동시에 혼란을 주기도 한다. 미분에서 등장하는 dx, dy와 같은 기호를 사용하기 때문이다. 이전에 우리는 dy/dx가 일반적인 분수가 아니라는 것을 받아들이는 데 많은 어려움을 겪었다.[1] 지금까지 dx와 dy는 독립적으로 아무 의미가 없었다. 이제 그들은 x, y와 비슷하지만 그들 고유의 이름을 가지고 있는 구분된 변수가 되었다. 이 dx와 dy를 **미분소** differential 라 부른다.

[1] 분수이든 아니든, d들을 약분해서는 안 된다.

기호 dx와 dy는 접선에 대한 변화를 측정한다. 그들은 근사값 $Y(x)$에 대해 $y(x)$에서의 Δx와 Δy와 정확히 같다. 따라서 dx와 Δx 모두 거리를 측정하는 역할을 한다. [그림 3-2]에서 $\Delta x = dx$이다. 하지만 y의 변화는 Y의 변화와 같지 않다. 하나는 Δy이고(함수에 대해 정확하다), 다른 하나는 dy이다(접선에 대해 정확하다). **미분소 dy는 접선을 따르는 변화량인 ΔY와 같다.** Δy가 정확한 변화라면, dy는 그것의 선형 근사 $(dy/dx)dx$이다. 앞으로 종종 dy가 $f'(x)dx$로 쓰이는 것을 볼 수 있을 것이다.

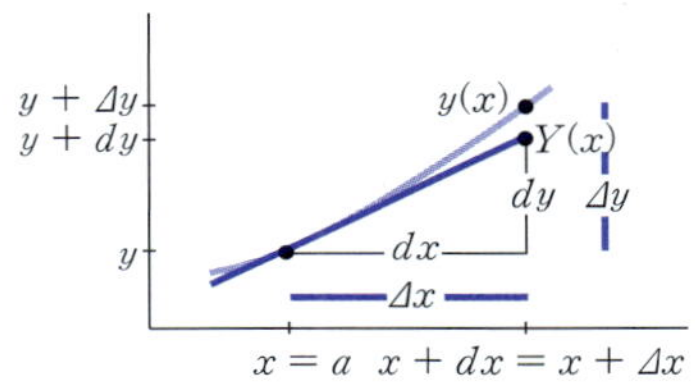

$\Delta y = y$의 변화량 (곡선을 따라서)
$dy = Y$의 변화량 (접선을 따라서)

[그림 3-2] Δy는 $dy = f'(x)dx$로 선형 근사한다.

예제 3 $y = x^2$은 $dy/dx = 2x$를 가지므로 $dy = 2x\,dx$이다. 다음 표는 기준점 $x = 2$를 가진다. 예측치 dy는 실제 Δy로부터 정확히 각각 $(\Delta x)^2 = 0.01, 0.04, 0.09$만큼 다르다.

	dx	dy	Δx	Δy	
$y = x^2$	0.1	0.4	0.1	0.41	$\Delta y = (2+\Delta x)^2 - 2^2$
$dy = 4dx$	0.2	0.8	0.2	0.84	$\Delta y = 4\Delta x + (\Delta x)^2$
	0.3	1.2	0.3	1.29	

미분소 $dy = f'(x)dx$는 도함수 $dy/dx = f'(x)$와 일관성을 유지한다. 우리는 최종적으로 $dy = (dy/dx)dx$를 얻지만, 보이는 것만큼 명확하지는 않다! 이는 약분처럼 보이며 이 약분이 실제 정의이다. 완전히 새로운 기호를 사용할 수도 있지만, dx와 dy를 사용하는 것은 두 가지 장점을 가지는데, 작은 증분을 제안하면서 $dy = f'(x)dx$를

만족한다는 것이다. 여기에 세 개의 예시와 세 개의 법칙들이 있다.

$$d(x^n) = nx^{n-1}dx \qquad d(f+g) = df + dg$$
$$d(\sin x) = \cos x\, dx \qquad d(cf) = c\,df$$
$$d(\tan x) = \sec^2 x\, dx \qquad d(fg) = f\,dg + g\,df$$

과학과 공학, 그리고 거의 모든 수학의 응용은 선형 근사에 의존한다. 실제 함수는 기울기 v를 사용해서 '**선형화**' 된다.

시간이 Δt만큼 증가하면 거리는 $\approx v\Delta t$만큼 증가한다.
힘이 Δf만큼 증가하면 굴절은 $\approx v\Delta f$만큼 증가한다.
생산이 Δp만큼 증가하면 가치는 $\approx v\Delta p$만큼 증가한다.

역학, 통계학, 경제학의 목표는 이 곱하는 수 v, 즉 접선의 기울기와 일치하는 미분을 예측하는 것이다. 이 곱하는 수 v는 함수의 변화에 대한 국소적 예측치를 준다. 실제 법칙은 비선형이다(하지만 옴의 법칙과 훅의 법칙, 뉴턴의 법칙은 선형 근사들이다).

절대 변화량, 상대 변화량, 백분율 변화량

변화량 Δy 또는 Δf는 세 가지 방식으로 측정할 수 있다. 따라서 Δx도 같은 방법으로 측정할 수 있다.

절대 변화량 absolute change	Δf	Δx
상대 변화량 relative change	$\dfrac{\Delta f}{f(x)}$	$\dfrac{\Delta x}{x}$
백분율 변화량 percentage change	$\dfrac{\Delta f}{f(x)} \times 100$	$\dfrac{\Delta x}{x} \times 100$

종종 상대 변화량은 절대 변화량보다 더 현실적이다. 우리가 3마일 이내의 오차로 달과의 거리를 알 수 있다면, 이는 1인치 이내의 오차로 키를 아는 것보다 훨씬 유용하다. 절대적으로 1인치는 3마일보다 가깝다. 상대적으로는, 3마일이 더 가깝다.

$$\frac{3\text{마일}}{300000\text{마일}} < \frac{1\text{인치}}{70\text{인치}} \quad \text{또는} \quad 0.001\% < 1.4\%$$

예제 4 지구의 반지름은 80마일 이내의 오차에서 $r = 4000$마일이다.

(a) 선형 근사를 사용하여 부피 $V = \frac{4}{3}\pi r^3$에서의 변화량 dV를 찾아라.

(b) 상대 변화량 dr/r과 dV/V, $\Delta V/V$를 계산하라.

풀이

미적분학의 역할은 미분을 구하는 것이다. $dV/dr = 4\pi r^2$을 얻으면, 미적분학의 역할은 끝났다. 부피에서의 변화량은 $dV = 4\pi(4000)^2(80)$ 세제곱 마일(mile^3)이다. 다음과 같이 r의 상대 변화량 2%는 V의 상대 변화량 3%가 된다.

$$\frac{dr}{r} = \frac{80}{4000} = 2\% \qquad \frac{dV}{V} = \frac{4\pi(4000)^2(80)}{4\pi(4000)^3/3} = 6\%$$

미적분학 없이 문제를 해결하려면 $r = 4000 + 80$에서의 정확한 부피가 필요할 것이다 ($r = 3920$에서의 부피도 필요하다).

$$\frac{\Delta V}{V} = \frac{4\pi(4080)^3/3 - 4\pi(4000)^3/3}{4\pi(4000)^3/3} \approx 6.1\%$$

다른 의견은 $dV = 4\pi r^2 dr$이다. 이는 구의 겉넓이와 반지름 변화율의 곱이다. 다시 말해 구 근처 얇은 껍질의 부피이다. 껍질은 반지름이 dr에 의해서 증가할 때 더해진다. 정확한 $\Delta V/V$는 $(3917312/640000)\%$이지만, 미적분학에서는 이를 간단히 6%라 부른다.

3.1 문장제 문제

01 그래프에서 선형 근사는 ___a___ 직선으로 주어진다. $x=a$에서 직선의 방정식은 $Y=f(a)+$___b___이다. $x=a=10$ 근처에서 $y=x^3$의 선형 근사는 $Y=1000+$___c___이다. $x=11$에서 정확한 값은 $(11)^3=$___d___이다. 근사치는 $Y=$___e___이다. 이 경우에 $\Delta y=$___f___이고 $dy=$___g___이다. 만약 $\sin x$를 안다면 $\sin(x+\Delta x)$를 추정하기 의해 ___h___을(를) 더한다.

02 x와 Δx에 대해서 선형 근사는 $f(x+\triangle x)\approx f(x)+$___i___이다. 오차의 차수는 $(\Delta x)^p$차 또는 $p=$___j___에 대해 $(x-a)^p$차이다. 미분소 dy는 ___k___ 곱하기 미분소 ___l___와(과) 같다. 이 움직임들은 ___m___ 곡선을 따라서 이뤄지는 반면 Δy는 ___n___을(를) 따라 이뤄진다.

3.1 연습문제

01~06 $x=a$ 근처에서 $y=f(x)$의 선형 근사 Y를 찾아라.

01 $f(x)=x+x^4$, $a=0$

02 $f(x)=1/x$, $a=2$

03 $f(x)=\tan x$, $a=\pi/4$

04 $f(x)=\sin x$, $a=\pi/2$

05 $f(x)=x\sin x$, $a=2\pi$

06 $f(x)=\sin^2 x$, $a=0$

07~12 오차 0.01이내에서 $f(x)$를 결정한 후 기준점 a를 정하여,

$f(a)+f'(a)(x-a)$의 값을 각각 계산하라. 계산기는 오차를 보여준다.

07 $(2.001)^6$

08 $\sin(0.02)$

09 $\cos(0.03)$

10 $(15.99)^{1/4}$

11 $1/0.98$

12 $\sin(3.14)$

13~18 다음 선형 근사들의 수치 오차를 계산하고 $\frac{1}{2}(\Delta x)^2 f''(x)$와 비교하라.

13 $(1.01)^3 \approx 1+3(0.01)$

14 $\cos(0.01) \approx 1+0(0.01)$

15 $(\sin 0.01)^2 \approx 0+0(0.01)$

16 $(1.01)^{-3} \approx 1-3(0.01)$

17 $\left(1+\frac{1}{10}\right)^{10} \approx 2$

18 $\sqrt{8.99} \approx 3+\frac{1}{6}(-0.01)$

19~21 $f'(0)$을 계산하여 다음 근사를 확인하라.

19 $\sqrt{1-x} \approx 1-\frac{1}{2}x$

20 $1/\sqrt{1-x^2} \approx 1+\frac{1}{2}x^2$ ($f=1/\sqrt{1-u}$를 사용하고, $u=x^2$을 대입하라)

21 $\sqrt{c^2+x^2} \approx c+\frac{1}{2}\frac{x^2}{c}$ ($f(u)=\sqrt{c^2+u}$를 사용하고, $u=x^2$을 대입하라)

---

22 $f(x)=\cos x$, $(x+1)/(x-1)$, $(x^2+1)^2$에 대해서 미분소 df를 써라.

23~27 다음 도형의 부피에서 선형 변화율 dV 또는 넓이 변화율 dA를 찾아라.

23 정육면체의 변이 10에서 10.1로 변할 때 dV

24 정육면체의 변이 x에서 $x+dx$로 변할 때 dA

25 구의 반지름이 dr에 의해 변할 때 dA

26 $r=2$인 원기둥의 높이가 3에서 3.05로 변할 때 dV ($V=\pi r^2 h$임을 상기하라)

27 높이가 3인 원기둥의 반지름이 $r=2$에서 $r=1.9$로 변할 때 dV

추가 점수 : r과 h가 동시에 변할 때 dV는 무엇인가(dr과 dh는)?

---

28 **상대성 이론**에서 질량은 속도 v에서 $m_0/\sqrt{1-(v/c)^2}$이다. 문제 20에 의하면, 작은 v에 대해서 이는 거의 m_0+____이다. 운동에너지 $\frac{1}{2}mv^2$과 질량의 변화는 아인슈타인의 방정식 $e=(\Delta m)c^2$을 만족함을 보여라.

29 계산기에 1.1을 입력하라. 제곱근 키를 5번 쳐라(천천히). 각각의 경우에 소수점 아래 숫자에는 무슨 일이 일어나는가? 이는 $\sqrt{1+x} \approx$____이기 때문이다.

30 문제 29에서 여러분이 본 숫자들은 $1.05, 1.025, \cdots$보다 작다. $\sqrt{1+x}$의 이계도함수는 ____이고 따라서 선형 근사는 곡선보다 위에 있다.

31 계산기에 0.9를 입력하고 제곱근 키를 4번 눌러라. 다섯 번째에는 무슨 수가 나올 것인지 예측하고 키를 눌러라. 그러면 여러분은 0.9의 ____제곱근을 얻는다. 소수점 아래 몇 자리까지 $1-\frac{1}{32}(0.1)$과 일치하는가?

3.2 최댓값과 최솟값

우리의 목표는 df/dx로부터 $f(x)$를 구하는 것이다. 두 가지 간단한 질문으로 시작하자. 만약 df/dx가 양수라면 f에 관해서 어떤 얘기를 할 수 있는가? 만약 기울기가 음수라면 함수에 어떻게 반영되는가? 그 후 다음과 같은 세 번째 질문은 매우 중요하다.

Q_ **최대** 또는 **최소**를 어떻게 식별하는가?

A_ (일반적인 답) **기울기가 0이다**.

이것은 $df/dx = 0$에 도달하기 위해 미적분에서 가장 중요한 응용일 것이다.

먼저 쉬운 질문부터 시작해보자. a와 b 사이의 모든 x에 대해서 df/dx가 양수라고 가정하면 모든 접선의 기울기는 위쪽으로 기울어진다. 즉 함수 $f(x)$는 x가 a에서 b로 변할 때 **증가한다**.

> 2 $df/dx > 0$이면 $f(x)$는 증가한다. $df/dx < 0$이면 $f(x)$는 감소한다.

증가와 감소를 정의하기 위해 임의의 두 점 x와 $X(x < X)$를 보자. '증가'하려면 $f(x) < f(X)$이어야 하고, '감소'하려면 $f(x) > f(X)$이어야 한다. **기울기가 양수라는 것은 함수가 양수라는 것을 의미하지는 않는다**. 함수 그 자체는 양수 또는 음수일 수 있다.

예제 1 $f(x) = x^2 - 2x$의 기울기는 $2x - 2$이다. 이 기울기는 $x > 1$일 때 양수이고 $x < 1$일 때 음수이다. 즉 이 함수는 $x = 1$ 이후에서는 증가하고 $x = 1$ 이전에서는 감소한다.

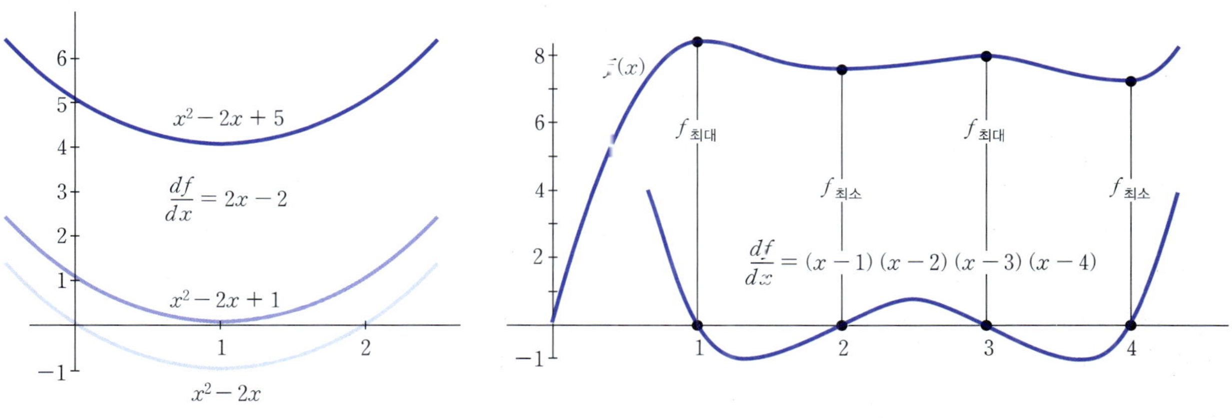

[그림 3-3] (a) 기울기들은 −, +이다. (b) 기울기가 +, −, +, −, +이므로 f는 증가–감소–증가–감소–증가한다.

위 사실은 어떤 시점에서든 $f(x)$를 계산하지 않고도 말할 수 있다! [그림 3-3]에서 포물선은 $x = 1$에서 포물선의 최솟값으로 내려갔다가 다시 올라간다.

예제 2 $x^2 - 2x + 5$는 [예제 1]과 같은 기울기를 가진다. 이 함수의 그래프는 [예제 1]의 그래프를 위로 5만큼 평행이동한 것이고 이 숫자는 df/dx에서 사라진다. 기울기

$2x-2$를 가진 모든 함수는 포물선 x^2-2x+C 꼴인데, 이는 C만큼 위 또는 아래로 평행이동한 것이다. 어떤 포물선은 x축을 지난다(이 축을 지나는 점들은 $f(x)=0$의 해이다). 다른 포물선들은 x축 위쪽에 머물러있다. $x^2-2x+5=0$의 근은 복소수이고, 이는 그래프에서 볼 수 없다. 특별한 포물선 $x^2-2x+1=(x-1)^2$은 $x=1$에서 x축에 접한다. 이 경우 $f(x)=df/dx=0$은 '중근'을 가진다.

예제 3 $df/dx=(x-1)(x-2)(x-3)(x-4)$라고 가정하자. 이 기울기는 $x=4$보다 크거나 $x=1$보다 작을 때 양수이다($x=0$일 때 $df/dx=24$이다). 그리고 df/dx는 2와 3 사이에서 다시 양수이다. $x=1,2,3,4$에서 기울기는 0이고, $f(x)$는 방향을 바꾼다.

여기서 $f(x)$는 5차 다항식인데, 이는 $f'(x)$가 4차이기 때문이다. f의 그래프는 증가-감소-증가-감소-증가한다. 이 그래프는 x축을 5번 지날지도 모른다. 그래프는 적어도 한 번은 x축을 지나야 한다. 복소수가 허용이 될 때는 모든 5차 다항식은 다섯 개의 근을 가진다.

이제 '양의 기울기의 함수는 증가한다'는 것이 명백하다고 느껴질 것이다. 하지만 좀 더 구체적으로 살펴보아야 한다. 모든 단일 점에서 $df/dx>0$이면 점들의 쌍에 대해 $f(X)>f(x)$임을 알 수 있다. 그것은 '국소에서 전역'에 관한 질문으로, 평균값 정리에 의해서 다뤄진다. 이때 미적분의 기본 정리를 활용할 수 있다. **차 $f(X)-f(x)$는 df/dx의 그래프 아래의 넓이와 같다**. 이 넓이는 양수이고, 따라서 $f(X)$는 $f(x)$보다 크다.

최대와 최소

어떤 x가 $f(x)$를 최대로 만드는가? $f(x)$의 최솟값은 어디에 있는가? 미적분이 없다면 우리는 $f(x)$의 값을 직접 계산하고 비교해야 한다. 미적분을 활용한다면 $f(x)$의 최댓값과 최솟값은 df/dx로부터 도출할 수 있다.

최대와 최소가 특정한 점 x에서 발생한다고 가정하자. 그래프에는 모서리가 있을 수 있고, 여기에서는 미분값을 가지지 않는다. 하지만 df/dx가 존재한다면, 그 값은 반드시 0이어야 하고, 이때 접선은 수평이다. [그림 3-3]의 포물선은 감소에서 증가로 바뀌고, 기울기는 음수에서 양수로 바뀐다. 감소에서 증가로 바뀌는 이 점에서 기울기는 0이다.

3 **국소 최대(극대) 또는 국소 최소(극소)** 최대 또는 최소가 $f(x)$와 df/dx가 정의된 범위의 한 점 x에서 발생한다고 가정하자. 그러면 $f'(x)=0$이다.

단어 '국소'는 다른 범위에서의 존재 가능성을 허용한다. $f(x)$는 더 높이 또는 더 낮게 갈 수 있다. 우리는 x 근처만을 볼 것이고, df/dx의 정의를 사용한다.

$f(x+\Delta x)-f(x)$로부터 시작하자. $f(x)$가 최대라면 이 차이는 음수 또는 0이다. 증분 Δx는 양수 또는 음수일 수 있다.

$$\Delta x > 0 : \frac{f(x+\Delta x)-f(x)}{\Delta x} = \frac{\text{음수}}{\text{양수}} \leq 0 \text{ 그리고 극한에서는 } \frac{df}{dx} \leq 0$$

$$\Delta x < 0 : \frac{f(x+\Delta x)-f(x)}{\Delta x} = \frac{\text{음수}}{\text{음수}} \geq 0 \text{ 그리고 극한에서는 } \frac{df}{dx} \geq 0$$

두 식이 참이므로 결과 $df/dx \leq 0$과 $df/dx \geq 0$도 참이다. 따라서 $df/dx = 0$이다.

아마도 리처드 파인만Richard Feynman이 이를 가장 잘 표현했을 것이다. 파인만은 친구들에게 특별한 방식으로 만들어진 플라스틱 곡선을 보여주며 이렇게 말하였다. "**이 곡선을 어떻게 돌리더라도, 가장 낮은 지점에서의 접선은 수평이다.**" 친구들은 그의 말이 사실임을 확인했다.

예제 3 (이어서) [그림 3-3(b)]에서 표시된 점들은 '증가' 또는 '감소'가 아니라 '회전'이다. 이 점들을 **정류점**stationary point이라 하고, 이때 $df/dx=0$이다. 이 그림에서 두 개의 극대와 두 개의 극소를 볼 수 있다. 그들 중 어떤 것도 최댓값 또는 최솟값이 아닌데, 이는 $f(x)$가 $-\infty$에서 시작해서 ∞로 끝나기 때문이다.

예제 4 $f(x)=4x^3-3x^4$은 기울기 $12x^2-12x^3$을 가진다. 이 미분은 x^2이 x^3과 같을 때인 $x=0$과 $x=1$에서 0이다. 최대와 최소 사이(국소 또는 절대)를 결정하기 위한 첫 단계는 정류점들에서 $f(x)$값을 계산하는 것이다. 이를 통해 $f(0)=0$과 $f(1)=1$을 얻는다.

이제 [그림 3-4(a)]에서 큰 x를 살펴보자. 이 함수는 양방향 모두 $-\infty$로 간다(머릿속에서 $x=1000$과 $x=-1000$을 대입해 볼 수 있다). 큰 x에 대해서 $-3x^4$이 $4x^3$보다 더 큰 영향을 미친다.

결론적으로 $f=1$은 최대(절대 최대)이다. $f=0$은 최대도 최소도 아니다(극소 또는 절대). 우리는 곡선(또는 자동차)이 순간적으로 멈췄다가($f'=0$) 같은 방향으로 다시 계속 진행하는 이 예외적인 상황을 인식해야 한다. 그 이유는 $12x^2-12x^3$의 공통 인수 x^2에 의해서 '중근'을 가지기 때문이다.

예제 5 $x>0$에서 $f(x)=x+x^{-1}$을 정의하자. 이 함수의 미분 $1-1/x^2$은 $x=1$에서 근을 가진다. 이 점에서 $f(1)=2$는 최솟값이다. $\frac{1}{3}+3$ 또는 $\frac{2}{3}+\frac{3}{2}$과 같은 모든 조합은 $f_{최소}=2$보다 크다. [그림 3-4]는 $x+x^{-1}$의 최댓값이 $+\infty$임을 보여준다.[2]

2 $f(x)\to\infty$일 때 적절한 단어는 '접근한다'이다. 무한에는 도달하지 못한다. 하지만 여전히 보통 '최댓값은 ∞이다'라고 말한다.

최댓값은 항상 **정류점**($df/dx=0$인 곳) 또는 **거친 점**rough point(미분이 없는 곳) 또는 정의역의 **끝점**endpoint에서 존재한다. 이들은 세 가지 형태의 **임계점**critical point이다. 모든 최대와 최소는 임계점에서 일어난다! 다른 모든 점에서는 $df/dx>0$ 이거나 $df/dx<0$이다. 아래에 그 과정이 있다.

1. $f(x)$의 정류점을 찾기 위해 $df/dx=0$을 푼다.
2. 모든 임계점(정류점, 거친 점, 끝점)에서 $f(x)$를 계산한다.
3. $f(x)$의 이 임계점 중에서 최대와 최소를 택한다.

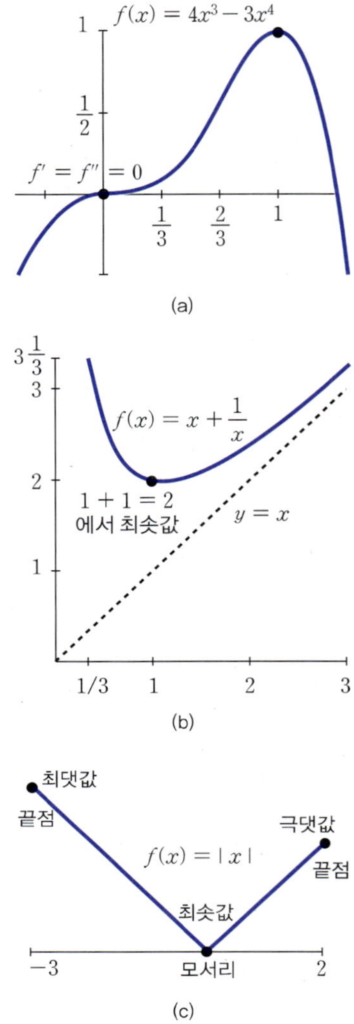

[그림 3-4] (a) $4x^3-3x^4$의 그래프, (b) $x+x^{-1}$의 그래프, (c) 모서리들과 끝점들을 확인하라.

예제 6 (**절댓값** $f(x)=|x|$) 최솟값은 모서리에서 0이다. 최댓값은 끝점에서의 값이다. 정류점들은 없다.

$y=|x|$의 미분은 절대 0이 될 수 없다. [그림 3-4]는 구간 $[-3,\ 2]$에서 최댓값과 최솟값을 보여준다. 이 그래프는 모서리를 기준으로 좌우 그래프가 각각 선형인 함수이다.

Q_ 함수가 $f(x)=0$에 절대 도달할 수 없을 때도 최솟값이 0이 될 수 있는가?

A_ 그렇다. $f(x)=1/(1+x)^2$는 절대 0에 도달할 수 없지만 $x\to\infty$ 일 때 0에 가까이 간다.

NOTE 1_ *f가 닫힌 구간 $a\le x\le b$에서 연속일 때* $x\to\pm\infty$와 $f(x)\to\pm\infty$는 아예 배제한다. 이때 $f(x)$는 이 함수의 최댓값과 최솟값에 도달한다(극점 정리). 하지만 $x\to\infty$와 $f(x)\to\infty$를 배제하기에는 매우 중요하다. 큰 x를 고려함으로써 $x\to\infty$를 검증할 수 있고, 모든 유한한 값 위로 감으로써 $f(x)\to\infty$를 검증할 수 있다.

NOTE 2_ (x에 의해 표현되는) 임계점과 ($f(x)$에 의해 표현되는) 임계값의 차이에 주목하라. [예제 5]에서 함수 $x+x^{-1}$은 최소인 점 $x=1$을 가지고 최솟값 $f(1)=2$를 가진다.

최대와 최소 응용

최대와 최소를 찾기 위해 $f'(x)=0$을 푼다. 그래프의 꼭대기와 아래에서 기울기는 0이다. 이 아이디어는 명확하다. 그리고 모서리의 점들과 끝점들을 확인한다. 하지만 사실 문제가 시작하는 곳은 $f'(x)=0$이 아니다.

실제 응용에서 (종종 가장 어려운) 첫 번째 단계는 미지수를 선택하고 함수를 찾는 것이다. x와 $f(x)$를 결정하는 것은 우리 자신이다. 식 $df/dx=0$은 문제의 시작이 아니라 중간에 등장한다. 지금부터 함수가 주어진 문제 대신 새로운 예제를 시작하고자 한다.

예제 7 고속도로에서 운전 속도가 60마일/시간이고 일반 도로에서 운전 속도가 30마일/시간이라면, 운전 시간을 최소로 하기 위해 어디서 고속도로를 타야 하는가?

풀이

필자는 매일 아침에 마주하는 상황이므로 이 문제를 매우 잘 안다. 메사추세츠 도로는 MIT로 이어지고 그 도로 어디인가에서 합류해야 한다. 국도 128 부근에 입구가 있고 조금 더 가면 다른 입구가 있다. 필자는 주로 두 번째 입구를 택하곤 하지만, 지금은 첫 번째 입구를 택한다. 수학에서는 어떤 것이 빠른지를 결정해야 한다. 대체로 아침 출근 시간에 최대 시간이 걸린다.

주요 아이디어에 집중하기 위해 대부분의 상황을 간단히 하였다. 임의의 점 x에서 고속도로에 진입하는 것을 허용한다([그림 3-5(a)]). 두 개의 입구(이산 문제)대신 진입 입구를 연속적으로 선택한다(미적분 문제). 또한 운전 속도는 30과 60 두 부분으로 이루어져있다.

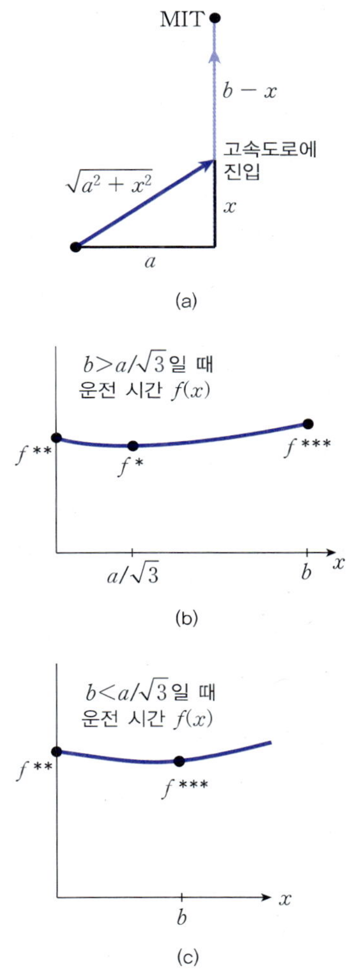

[그림 3-5] x에서 고속도로에 합류한다. 이때 운전 시간 $f(x)$를 최소화한다.

$$\text{고속도로까지의 거리 } \sqrt{a^2+x^2},\ \sqrt{a^2-x^2}/30 \text{ 시간}$$
$$\text{고속도로에서의 거리 } b-x,\ (b-x)/60 \text{ 시간}$$

문제는 $f(x) = \text{총 시간} = \dfrac{1}{30}\sqrt{a^2+x^2} + \dfrac{1}{60}(b-x)$를 최소화하는 것이다.

우리는 함수 $f(x)$를 찾았으므로 이제 미적분을 활용할 차례이다. 첫 번째 항은 지수법칙을 사용한다.

$u^{1/2}$의 미분은 $\dfrac{1}{2}u^{-1/2}du/dx$이다. 여기서 $u = a^2+x^2$은 $du/dx = 2x$이다.

$$f'(x) = \frac{1}{30}\frac{1}{2}(a^2+x^2)^{-1/2}(2x) - \frac{1}{60} \tag{1}$$

$f'(x) = 0$을 풀기 위해 양변에 60을 곱하고 제곱을 한다.

$$(a^2+x^2)^{-1/2}(2x) = 1\text{에서 } 2x = (a^2+x^2)^{1/2},\ 4x^2 = a^2+x^2\text{이다.} \tag{2}$$

따라서 $3x^2 = a^2$이다. 이때 x는 $x = a/\sqrt{3}$과 $x = -a/\sqrt{3}$이다. 하지만 고속도로에서 운전할 때 음수 x는 의미가 없을 것이다. 사실 f'은 $x = -a/\sqrt{3}$에서 0이 아니다. 이 잘못된 근은 우리가 $2x$를 제곱할 때 생겨났다.

이때 놀라운 사실이 있다. 정류점 $x = a/\sqrt{3}$은 b에 의존하지 않는다는 것이다. 총 시간은 상수 $b/60$를 포함하지만 이는 df/dx를 구하는 과정에서 사라진다. 그렇다 해도 답을 구하기 위해서는 b의 값도 알아야 한다. 이 과정을 놓쳐서는 안 된다. 최소는 모서리의 점 또는 끝점에서 발생할지 모른다. 그들은 f의 다른 임계점이고 우리의 그림은 현실적이지 않을 수 있다. 확실히 $x \le b$가 아니면 MIT를 지나서 고속도로에 진입할 것이다.

미적분을 계속 하자. 다음과 같이 $x^* = a/\sqrt{3}$ 에서 고속도로에 진입할 때 운전 시간 $f(x)$를 계산한다.

$$f(x) = \frac{1}{30}\sqrt{a^2 + (a^2/3)} + \frac{1}{60}\left(b - \frac{a}{\sqrt{3}}\right) = \frac{\sqrt{3}\,a}{60} + \frac{b}{60} = f^*$$

$4a^2/3$의 제곱근은 $2a/\sqrt{3}$ 이다. 이는 $2/30 - 1/60 = 3/60$으로 계산하여 $\sqrt{3}$ 으로 나눈 것이다. 이 정류점에서의 함숫값 f^*는 최솟값인가? 이때 끝점도 확인해야 한다.

$x = 0$에서 진입 : 주행 시간은 $a/30 + b/60 = f^{**}$ 이다.

$x = b$에서 진입 : 주행 시간은 $\sqrt{a^2 + b^2}/30 = f^{***}$ 이다.

$f^* < f^{**}$가 참인지는 자연스럽게 알게 된다. $x = 0$에서 진입하는 것은 하나의 방법이었으나 미적분은 그것을 선택하지 않았다. $x = 0$에서 미분은 0이 아니다. 고속도로로 수직으로 가는 것은 현명하지 않다.

두 번째로 $x = b$에서 비교해보자. 우리는 30의 속도로 MIT로 직접 간다. 이 방법은 진지하게 받아들여야 한다. 사실 b가 작거나 a가 클 때 이것은 최적의 방법이다.

$x = b$로 택하는 것은 수학적으로 두 가지 방법이 존재한다. 모든 입구가 0과 b 사이에 있다면 b는 끝점이다. 만약 MIT를 지나서 고속도로로 진입한다면 b는 모서리에 있는 거친 점이다. [그림 3-5(c)]의 그래프는 $x = b$에서 모서리를 가지는데, 여기서 미분의 점프가 발생한다. 이 점프의 원인은 고속도로에서의 거리가 절댓값 $|b - x|$이기 때문이다(절대로 음수가 될 수 없다).

어떤 경우에도 $x = b$는 임계점이다. 최적의 x는 $a/\sqrt{3}$ 와 b 중 작은 값이다.

$a/\sqrt{3} \le b$ 이면 정류점이 우세, $x = a/\sqrt{3}$ 에서 고속도로로 진입, 총 시간 f^*

$a/\sqrt{3} \ge b$ 이면 정류점이 없다, 일반 도로를 타고 MIT로 직접 간다, 시간 f^{***}

이 주제의 핵심은 '문장 해석의 문제' 안에 있다. f'을 계산하고 $f'(x) = 0$을 푸는 미적분 공식은 몇 줄밖에 되지 않는다. 식을 만드는 것이 오래 걸렸다. 1단계는 대체로 그렇다.

1. 최소화 또는 최대화하고자 하는 것을 함수 $f(x)$로 표현하라. 변수 x를 적절히 선택해야 한다.
2. $f'(x)$를 계산한 다음 $f'(x) = 0$을 풀고, $f_{최소}$와 $f_{최대}$를 찾기 위해서 임계점을 확인하라.

예제 7 (이어서) x를 거리 대신 각으로 택해보자. [그림 3-6(a)]는 각 x와 변 a를 가진 삼각형을 보여준다. 고속도로까지 운전 거리는 $a \sec x$이다. 고속도로에서의 거리는 $b - a\tan x$이다. 속도 30과 60으로 나누면 주행시간은 다음과 같이 좋은 형태를 가진다.

$$f(x) = \text{총 시간} = \frac{a \sec x}{30} + \frac{b - a\tan x}{60} \tag{3}$$

df/dx의 미분 안에 $\sec x$와 $\tan x$의 미분이 포함된다

$$\frac{df}{dx} = \frac{a}{30}\sec x \tan x - \frac{a}{60}\sec^2 x \tag{4}$$

이제 $df/dx = 0$으로 두고, a로 나누어 $30\cos^2 x$를 곱하면 다음을 얻는다.

$$\sin x = \frac{1}{2} \tag{5}$$

여기서 얻은 답은 매우 바람직하다. 각 x가 $30°$로 명확히 나오기 때문이다! 이 최적의 각($\pi/6$ 라디안)은 $\sin x = \frac{1}{2}$를 가진다. 변 a와 빗변 $a/\sqrt{3}$를 가진 삼각형은 $30°$, $60°$, $90°$의 각을 가지는 직각삼각형이다.

여러분이 $\sqrt{a^2 + x^2}$ 와 삼각함수 중 어느 것을 더 선호하는지는 모른다. 어떤 것을 선택하든 운전 시간을 최소화하기 위해서는 $30°$으로 고속도로에 진입하거나 일반 도로로 MIT까지 직접 가는, 이전에 구한 방법과 정확히 같다.

예제 8 역학에 따르면 자연은 최소 에너지를 선택한다. 용수철은 질량에 의해서 당겨지고, 에너지는 $f(x)$이며, $df/dx = 0$은 평형 상태를 나타낸다. 이것은 왜 많은 물리 법칙들이 최소의 에너지 또는 최소의 시간을 필요로 하는지를 수학적으로 쉽게 이해할 수 있는 철학적인 질문이다.

용수철과 질량에 대해서 에너지는 두 항을 가진다. 용수철 에너지는 $\frac{1}{2}kx^2$인데 늘어날 때는 양수($x > 0$이 아래쪽 방향)이고 줄어들 때는 음수($x < 0$)이다. 질량의 위치에너지는 $-mx$이고, 이는 물체가 아래로 갈수록 감소한다. $f(x) = \frac{1}{2}kx^2 - mx$가 최소일 때 균형을 이룬다.

여기에 중요한 부분이 있다. $f(x)$가 2차일 때, 평형 방정식 $df/dx = 0$은 선형이다.

$$df/dx = kx - m = 0$$

그래프에서 $x = m/k$은 아래로 볼록인 포물선의 꼭짓점이다. 물리적으로 $kx = m$은 용수철에서 질량에 대하여 발생하는 힘의 균형이다. 훅의 법칙에 의하면 용수철의 힘은 탄성 계수 k에 변위 x를 곱한 것과 같다.

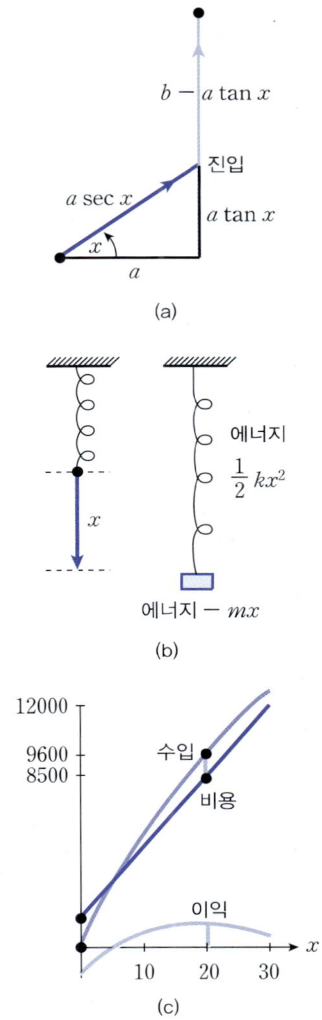

[그림 3-6] (a) 각 x로 운전 (b) 질량과 스프링의 에너지 (c) 이익 = 수입 − 비용

예제 9 **비용의 미분 = 한계 비용** (우리의 첫 번째 경영학 관련 예제)

이 책의 x권을 인쇄한 종이의 비용은 $C = 1000 + 3x$이고, 미분은 $dC/dx = 3$이다. 이는 각각 추가되는 책에 대한 종이의 한계 비용이다. x가 1권씩 증가하면, 비용 C는 3달러씩 증가한다. 한계 비용은 속도와 비슷하고 총 비용은 거리와 비슷하다.

한계 비용은 달러/권이다. 총 비용은 달러이다. 더하기 측면에서 수입은 $I(x)$이고 한계 수입은 dI/dx이다. 미적분을 활용하기 위해서 수의 범위에 제한을 두지 않기로 한다. 책의 숫자가 dx만큼 증가한다고 가정하자. 비용은 $(dC/dx)dx$만큼, 수입은 $(dI/dx)dx$만큼 올라간다. 만약 우리가 다른 모든 비용들을 고려하지 않는다면, **이익 $P(x)$ = 수입 $I(x)$ − 비용 $C(x)$**이다. 대부분의 경우 P는 최대치까지 증가한 후 다시 떨어진다. 이익 곡선의 가장 높은 점에서 **한계 이익은 0이다.**

$$dP/dx = 0 \text{ 또는 } dI/dx = dC/dx \tag{6}$$

한계 수입 I'이 한계 비용 C'과 같을 때 이익은 최대가 된다.

이 경제학의 기본 법칙은 미적분으로부터 직접 도출된다. 예를 하나 살펴보자.

$$C(x) = x\text{번 광고의 비용} = 900 + 400x - x^2$$

$$\text{설치 비용 } 900,\ \text{인쇄 비용 } 400x,\ \text{공간 절약 } x^2$$

$$I(x) = x\text{번 광고로부터 들어오는 수입} = 600x - 6x^2$$

$$\text{한 광고당 판매 } 600,\ \text{한계 생산 감소로 인한 손실 } 6x^2$$

$$\text{최적의 결정 } dC/dx = dI/dx \text{ 또는 } 400 - 2x = 600 - 12x \text{ 또는 } x = 20$$

$$\text{이익} = \text{수입} - \text{비용} = 9600 - 8500 = 1100$$

다음 절에서 이 이익이 최소가 아닌 최대임을 확인해 볼 것이다.

이에 앞서 연습문제에서 $df/dx = 0$을 풀어보고, 나중에는 $f(x)$를 찾아보자.

3.2 문장제 문제

01 어떤 구간에서 $df/dx > 0$이면 $f(x)$는 __a__한다. 만약 x에서 최대 또는 최소가 발생하면 $f'(x)=$ __b__이다. $f'(x)=0$인 점들을 __c__(이)라 부른다. 함수 $f(x)=3x^2-x$는 $x=$ __d__에서 (최대 / 최소)를 가진다. 최대도 최소도 아닌 정류점에서 $f(x)=$ __e__이다.

02 __f__이(가) 정의되어 있지 않아도, 정의역의 __g__에서도 극값이 존재할 수 있다. $-2 \le x \le 2$에서 $|x|$와 $5x$의 최솟값은 df/dx가 0이 아님

에도 불구하고 $x=$ ___h___와(과) $x=$ ___i___에서 발생한다. 모든 x에 대해서 $f(x^*) \geq f(x)$일 때, x^*는 절대 ___j___이다. x^* 근처의 모든 x에 대해서 $f(x^*) \leq f(x)$일 때, ___k___ 최솟값은 발생한다.

03 $\frac{1}{2}ax^2 - bx$의 최솟값은 $x=$ ___l___에서 ___m___이다.

3.2 연습문제

01~22 정류점과 모서리, 그리고 끝점을 찾아라. 각각 점들이 국소 또는 절대 최소점 또는 최대점인지를 결정하라.

01 $f(x)=x^2+4x+5,\ -\infty<x<\infty$

02 $f(x)=x^3-12x,\ -\infty<x<\infty$

03 $f(x)=x^2+3,\ -1\leq x\leq 4$

04 $f(x)=x^2+(2/x),\ 1\leq x\leq 4$

05 $f(x)=(x-x^2)^2,\ -1\leq x\leq 1$

06 $f(x)=1/(x-x^2),\ 0<x<1$

07 $f(x)=3x^4+8x^3-18x^2,\ -\infty<x<\infty$

08 $f(x)=\{0\leq x\leq 1$일 때 x^2-4x이고, $1\leq x\leq 2$일 때 $x^2-4\}$

09 $f(x)=\sqrt{x-1}+\sqrt{9-x},\ 1\leq x\leq 9$

10 $f(x)=x+\sin x,\ 0\leq x\leq 2\pi$

11 $f(x)=x^3(1-x)^6,\ -\infty<x<\infty$

12 $f(x)=x/(1+x),\ 0\leq x\leq 100$

13 $f(x)=x\geq 0$에서 x와 가까운 정수까지의 거리

14 $f(x)=x\geq 0$에서 x와 가까운 소수prime까지의 거리

15 $f(x)=|x+1|+|x-1|,\ -3\leq x\leq 2$

16 $f(x)=x\sqrt{1-x^2},\ 0\leq x\leq 1$

17 $f(x)=x^{1/2}-x^{3/2},\ 0\leq x\leq 4$

18 $f(x)=\sin x+\cos x,\ 0\leq x\leq 2\pi$

19 $f(x)=x+\sin x,\ 0\leq x\leq 2\pi$

20 $f(\theta)=\cos^2\theta\sin\theta,\ -\pi\leq\theta\leq\pi$

21 $f(\theta)=4\sin\theta-3\cos\theta,\ 0\leq\theta\leq 2\pi$

22 $f(x)=\{x\leq 1$일 때 x^2+1이고, $x\geq 1$일 때 $x^2-4x+5\}$

23~29 다음 응용 문제를 여러분이 선호하는 단위를 선택하여 풀어라.

23 비행기는 길이+너비+높이$=1+w+h\leq 62$인치 또는 158cm인 상자를 수용할 수 있다. h가 고정되어 있을 때, 최대 부피 $(62-w-h)wh$는 $V=h\left(31-\frac{1}{2}h\right)^2$임을 보여라. V를 최대화하는 h를 선택하라. 최대 부피를 가지는 상자는 ______일 때이다.

24 의사가 측정한 환자의 맥박이 70, 80, 120의 값이 나왔다면 $(x-70)^2+(x-80)^2+(x-120)^2$을 최소화하는 최소제곱법을 통해 얻은 최적의 값은 무엇인가? 환자가 긴장했다고 가정하여, 120에 낮은 가중치를 두고 $(x-70)^2+(x-80)^2+\frac{1}{2}(x-120)^2$를 최소화하라.

25 속도 v에서 트럭은 1마일당 $av+(b/v)$갤런의 연료를 사용한다. 속도 v에서 1갤런당 마일은 얼마인가? 연료 소비를 최소화하라. 1갤런당 마일을 최대화하라.

26 리무진은 1갤런당 $(120-2v)/5$ 마일을 달린다. 운전기사에게 시간당 10달러를 지불해야 하고, 연료는 갤런당 1달러이다.

(a) 속도 v에서 1마일당 지불해야 하는 비용을 찾아라.

(b) 가장 경제적인 운전 속도를 찾아라.

27 최소의 속도로 지면과 이루는 각이 θ일 때 농구공을 던져야 한다. 라인 드라이브와 무지개[3]를 피하라. $(0,0)$에서 (a,b)에 위치한 골대에 농구공을 던진다면, $f(\theta)=1/(a\sin\theta\cos\theta-b\cos^2\theta)$를 최소화해야 한다.

(a) $b=0$이면 당신은 골대와 같은 높이에 있다. $\theta=45°$일 때가 최선임을 보여라. (자바 스카이 훅[4])

3 라인드라이브는 직선으로 날아가는 공, 무지개는 아주 높이 떴다 떨어지는 공을 의미한다.
4 농구 선수 카림 압둘 자바가 주로 사용했던 상대의 머리 위를 넘겨 던지는 슛을 말한다.

(b) $df/d\theta = 0$을 계산하여 $\tan 2\theta = -a/b$를 얻어라. $a = b$일 때 풀어라.

(c) 자유투를 위한 최상의 각도를 예측하라.

28 6월과 12월에 각각 낮의 길이가 가장 길고, 가장 짧은 이유는 무엇인가?

29 그림에서 P, Q, B를 연결하는 가장 짧은 **Y**를 찾아라. 원래 B는 새의 모이통이었다. **Y**의 길이는 $L(x) = (b-x) + 2\sqrt{a^2 + x^2}$ 이다.

(a) L를 최소화하는 x를 선택하라($x > b$는 허용되지 않는다).

(b) **Y**의 중심은 $120°$의 각을 가짐을 보여라.

(c) $a/b =$ ______일 때, 최적의 **Y**는 **V**가 된다.

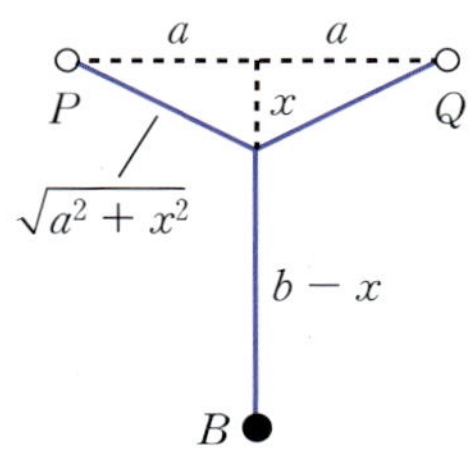

30 거리 함수가 $f(t) = (1+3t)/(1+3t^2)$이라면 언제까지 앞으로 이동하는가? 이 시간 동안 얼마나 이동하는가?

추가 점수 : $f(t)$와 df/dt의 그래프를 그려라.

31~34 피자를 x판 만들고 팔 때의 수입은 $R(x) = ax + bx^2$이고 비용은 $C(x) = c + dx + ex^2$이다.

31 이익은 $\Pi(x) =$ ______이다. 피자 한 판당 평균 이익은 ______이다. 추가 피자당 한계 이익은 $d\Pi/dx =$ ______이다. 이때 (이익, 평균 이익, 한계 이익)을 최대화해야 한다.

32 피자 한 판당 가격이 $p(x) =$ ______일 때, $R(x) = ax + bx^2$만큼의 돈을 받는다. 반대로 가격이 p일 때 우리는 $x =$ ______ 의 가격에 피자를 판다(p의 함수). ______ 때문에 우리는 $b < 0$일 것이고 예상한다.

33 이익 $\Pi(x)$을 최대화하는 x를 찾아라. 이 x에서 한계 이익은 $d\Pi/dx =$ ______이다.

34 아래 그림은 $R(x) = 3x - x^2$, $C_1(x) = 1 + x^2$, $C_2(x) = 2 + x^2$을 보여준다. 비용이 C_1일 때, 이익을 창출하는 판매량 x는 어떤 조건을 만족해야 하는가? 또한 어떤 x가 최대 이익을 창출하는가? 더 높은 고정 비용 C_2에 대한 최선은 ______일 때이다.

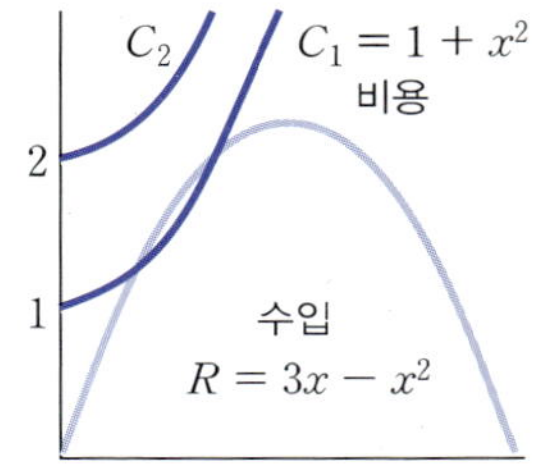

35~38 12(인치)×12(인치)로 만드는 과자 상자와 팝콘 상자는 캐이 던다스[Kay Dundas]에 의해서 만들어졌다. 뚜껑이 없는 상자는 미적분에서 고전으로 다루는 소재이다.

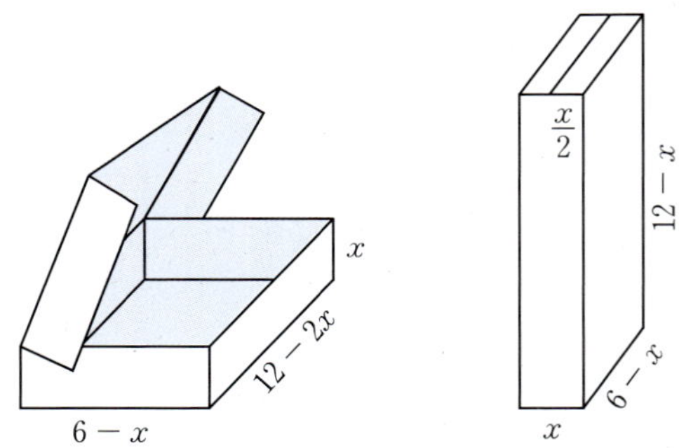

35 과자 상자의 부피를 최대로 하는 x를 구하라.

36 팝콘 상자의 부피를 최대로 하는 x를 구하라.

37 고급 초콜릿 상자는 과자 상자 전면에 너비 x의 띠(포장 리본)가 아래로 추가된다. 새로운 부피 $V(x)$를 찾고 이를 최대화하는 x를 찾아라.

추가 점수 : $V_{최대}$는 20% 이상 줄어들었음을 보여라.

38 뚜껑이 없는 상자를 만들기 위해 한 변의 길이가 12인치인 정사각형의 네 모서리를 변이 x인 정사각형으로 자른다. 그 다음 변을 위로 접어서 높이가 x가 되게 한다. 부피를 최대화하라.

많은 문제 속에 기하학이 포함되어 있고 실제로 기하학은 더 많이 응용된다.

39 4피트[feet]의 철사를 두 조각으로 잘라 한 조각으로는 반지름이 r인 원을 만들고 다른 조각으로는 변이 x인 정사각형을 만든다. 이들 넓이의 합이 최소가 되도록 r을 선택하라. 그 다음 넓이의 합을 최대화하는 r를 선택하라.

40 고정된 벽은 직사각형의 한 변을 만든다. 200피트의 울타리를 가지고 다른 세 변을 만들려고 한다. 아래 4단계를 통해 이 직사각형의 넓이 A를 최대화하라.

1. 문제 상황을 그림으로 그려라.

2. 하나의 미지수를 x로 선택하라(A를 선택해서는 안 된다!).

3. 다른 것들을 x에 관한 항으로 표현하라.

4. $dA/dx=0$을 풀고 끝점들을 확인하라.

41 **(문제 40번과 같은 조건)** 고정된 벽이 없을 때, 직사각형의 변들은 $2x+2y=200$을 만족한다. 넓이를 최대화하라. 같은 울타리를 사용해 만든 원의 넓이와 비교하라.

42 직선 모양의 100미터 길이 울타리에 200미터 길이 울타리를 더해서 넓이가 최대인 직사각형을 만들어라(크리[Klee] 교수에 의해 개발되었다).

43 $x=0,\ y=0,\ x/4+y/6=1$로 이루어진 삼각형에 내접하는 사각형 중 가장 큰 직사각형은 어떤 것인가? 넓이 xy를 최대화하는 이 세 번째 변 위에 있는 점을 찾아라.

44 문제 **43**에서 가장 큰 직사각형은 올곧게 서 있지 않을 수도 있다. 한 변을 $x/4+y/6=1$ 위에 놓고 넓이를 최대화하라.

45 문제 **43**에서 직사각형의 둘레는 $P=2x+2y$이다. $P(x)$를 찾기 위해 y에 값을 대입하라. $P_{최대}=12$를 만족하는 직사각형은 무엇인가?

46 반지름이 1인 구에 내접하며 최대 부피를 가지는 직교 원기둥을 찾아라.

47 얼마나 큰 원기둥이 밑면의 반지름이 R이고 높이가 H인 원뿔에 내접할 수 있는가? 원기둥에 대해서 기울기 표면 $r/R+h/H=1$ 위에 부피 $V=\pi r^2h$를 최대화하는 r과 h를 선택하라.

48 문제 **47**의 원기둥은 옆넓이 $A=2\pi rh$를 가진다. V 대신에 A를 최대화하라.

49 윗면과 아랫면을 포함해서 원기둥의 넓이는 다음과 같다.

$$A=2\pi rh+2\pi r^2=2\pi rH(1-(r/R))+2\pi r^2$$

$H>R$일 때 A를 최대화하라. $R>H$일 때에도 A를 최대화하라.

50 8피트[feet] 높이의 벽이 집으로부터 1피트 떨어져 있다. 벽에서 집까지 걸쳐지는 가장 짧은 사다리의 길이 L을 찾아라. 높이가 y, 밑변이 $1+x$, 빗변이 L인 삼각형을 그려라.

51 가장 작은 겉넓이를 가지는, 부피가 $V=\pi r^2h=16\pi$이면서 뚜껑이 포함된 닫힌 원기둥을 찾아라.

52 세 변이 $2x, 2, 2$인 삼각형 옆에 세 변이 $1, 1, 2x$인 삼각형이 있는 연[kite]을 그려라. 넓이 A를 찾고 이를 최대화하는 x를 찾아라.

힌트 : dA/dx에서 $\sqrt{1-x^2}-x^2/\sqrt{1-x^2}$을 $(1-2x^2)/\sqrt{1-x^2}$으로 간단히 하라.

53~56 x와 y는 $x+y=10$을 만족하는 음이 아닌 숫자이다. 다음을 최대화, 최소화하라.

53 xy

54 x^2+y^2

55 $y-(1/x)$

56 $\sin x \sin y$

---

57 A에서 X와 C로 이어지는 총 거리 $f(x)$를 찾아라. $df/dx=0$은 $\sin a=\sin c$로 귀결됨을 보여라. 빛은 이동 시간을 최소화하기 위해 동일한 각도로 반사된다.

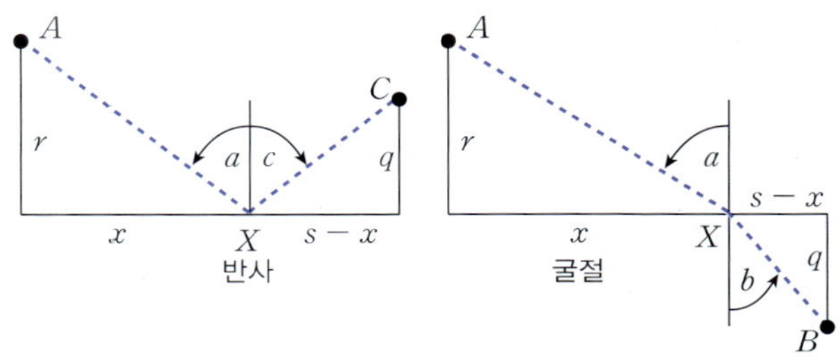

58 페르마의 원리는 빛이 A에서 B로 가장 빠른 길로 이동한다는 것이다. x축 위의 속도는 v이고 x축 아래의 속도는 w이다.

(a) A에서 X를 거쳐서 B로 가는 데 걸린 시간 $T(x)$를 찾아라. AX 위에서, 시간=거리/속도= $\sqrt{r^2+x^2}/v$이다.

(b) x를 최소화하는 식을 찾아라.

(c) 스넬의 법칙 $(\sin a)/v=(\sin b)/w$를 추론하라.

'가장 가까운 점 문제'는 많은 분야에서 이용된다.

59 $x=0,\ y=2$에 가장 가까운 포물선 $y=x^2$ 위의 점은 어디인가?

60 점 $(0,0)$에 가장 가까운 직선 $y=5-2x$ 위의 점은 어디인가?

61 $y=-x^2$ 위의 어떤 점이 $y=5-2x$ 위의 어떤 점과 가장 가까운가? 가장 가까운 점들에서 그래프는 같은 기울기를 가진다. 그래프를 그려라.

62 점 $\left(0, \frac{1}{3}\right)$에 가장 가까운 $y=x^2$ 위의 점은 어디인가? 식 $x^2+\left(y-\frac{1}{3}\right)^2=y+\left(y-\frac{1}{3}\right)^2$을 최소화하면 $y<0$을 얻는다. 무엇이 잘못되었는가?

63 $(2,3), (1,1), (-1,1)$ 근처를 지나는 직선 $y=mx$를 그려라. 최

소제곱법에서 다음을 최소화하라.

$$(3-2m)^2+(1-m)^2+(1+m)^2$$

64 어떤 삼각형은 포물선 $y=x^2$ 위에서 꼭짓점 $(-1,1),(x,x^2)$, $(3,9)$를 가진다. x가 -1과 3 사이일 때, 이 삼각형의 최대 넓이를 구하라.

힌트 : (X, Y)와 직선 $y=mx+b$의 거리는 $|Y-mX-b|\sqrt{1+m^2}$이다.

65 잠수함이 $(2,0)$과 $(1,1)$에 위치해있다. 직선 $y=mx$가 근처의 잠수함으로부터 가능한 한 멀리 떨어져있게끔 두 잠수함 사이를 지나갈 수 있도록 기울기 m을 선택하라.

66~72 다시 이론에 대한 문제이다.

66 $y(x)$의 그래프가 어디에서 가장 큰 기울기를 가지는지 찾기 위해서 _____을(를) 푼다. $y=1/(1+x^2)$에서 이 점은 _____이다.

67 $f(x)$와 $g(x)$의 차이가 가장 작을 때, 그들의 기울기는 _____이다. $f=2+x^2$과 $g=2x-x^2$의 그래프에 이 점을 표시하라.

68 y가 고정되었다고 가정하자. x^2+xy-y^2(x의 함수)의 최소는 $m(y)=$_____이다. $m(y)$의 최대를 찾아라.

이제 x를 고정한다. x^2+xy-y^2(y의 함수)의 최대는 $M(x)=$_____이다. $M(x)$의 최소를 찾아라.

69 각각의 m에 대해서 $f(x)-mx$의 최솟값은 $x=m$에서 존재한다. $f(x)$는 무엇인가?

70 $y=x+2x^2\sin(1/x)$는 $x=0$에서 기울기 1을 가진다. 이 때 $dy/dx=1-2\cos(1/x)+4x\sin(1/x)$가 음수가 되는 점들을 찾아서 $x=0$ 부근의 구간에서 y가 증가하지 않음을 보여라.

71 다음 문장이 참 또는 거짓인지 판별하고 그에 대한 이유를 써라. 매끄러운 함수 $f(x)$의 두 극소 사이에 극대가 존재한다.

72 최대가 모서리에서 일어나고 최소가 끝점에서 나타나는 함수 $y(x)$를 만들어라.

73 한쪽에는 구조원이, 다른 한쪽에는 물에 빠진 사람이 있는 원형의 수영장을 그려라. 구조원은 속도 v로 수영하고 수영장의 나머지 주변을 속도 $w=10v$로 달린다. 만약 수영 방향이 직접적인 직선 방향과 θ의 각도를 이룰 때, 도착 시간을 최대화하거나 최소화하는 θ를 각각 구하여라.

3.3 이계도함수 : 곡선의 구부러짐과 가속도

$f'(x)$가 양수일 때 $f(x)$는 증가하고, dy/dx가 음수일 때 $y(x)$는 감소한다. 이는 명확한 사실이다. 하지만 **이계**도함수에 대해서는 어떤가? 곡선으로부터 $f''(x)$ 또는 d^2y/dx^2의 부호를 결정할 수 있는가? 실제로 가능하고, 이때 핵심은 **곡선의 구부러짐**에 있다.

직선은 구부러지지 않은 곧은 선이다. $y=mx+b$의 기울기는 m(상수)이고, 이계도함수의 기울기는 0이다. 기울기의 변화를 보기 위해서는 곡선을 살펴봐야 한다. 도함수의 변화는 $f''(x)$를 통해 알 수 있다.

$f=x^2$은 $f'=2x$이고 $f''=2$이다(이 포물선은 위로 구부러졌다).
$y=\sin x$는 $dy/dx=\cos x$이고 $d^2y/dx^2=-\sin x$이다(사인 함수는 아래로 구부려졌다).

기울기 $2x$는 포물선 x^2이 꼭짓점을 향해 감소할 때조차 커진다. f와 f'의 부호는 f''에 의해서 결정되지 않는다. 이계도함수는 **기울기의 변화**를 말해준다.

$f''(x) > 0$인 함수는 **위로 오목**concave up이라 한다. 이 함수는 기울기가 증가함에 따라 위로 구부러진다. 종종 이를 볼록convex이라고 부른다. 감소하는 기울기를 가지는 함수, 즉 $f''(x) < 0$인 함수는 **아래로 오목**concave down이다. $\cos x$와 $1+\cos x$ 심지어 $1+\frac{1}{2}x+\cos x$가 $x=\pi/2$에서 어떻게 아래로 오목에서 위로 오목으로 바뀌는지 주목하자. 이 점에서 $f''=-\cos x$는 음수에서 양수로 변한다. 나머지 $1+\frac{1}{2}x$는 그래프를 기울이긴 하지만 구부러지는 모양은 같다.[5]

5 곡선의 구부러진 모양은 다음과 같이 표현한다.
위로 오목 = 아래로 블록 = 위로 구부러짐
아래로 오목 = 위로 볼록 = 아래로 구부러짐

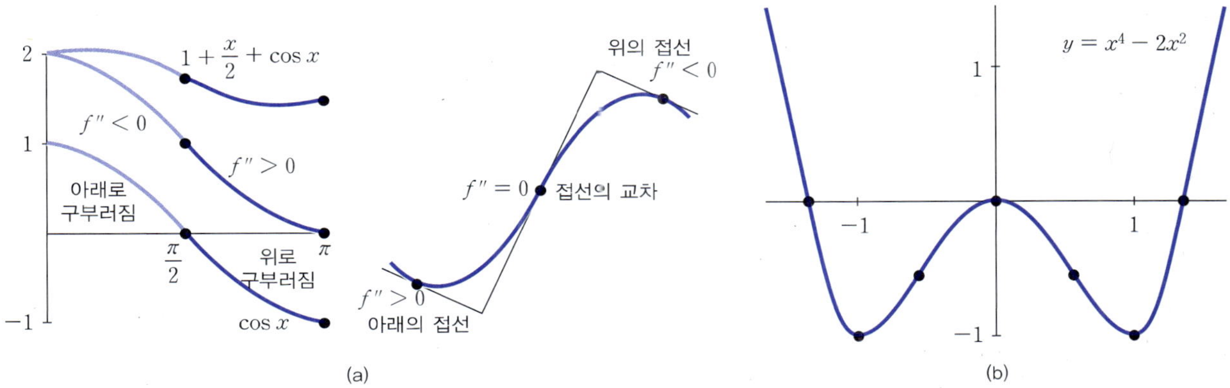

[그림 3-7] 기울기의 증가 = 위로 오목($f''>0$). 아래로 오목은 $f''<0$이다. 변곡점 $f''=0$

f''의 부호를 알 수 있는 또 다른 방법이 있다. **접선을 노자**. 곡선이 위로 오목일 때, 접선은 곡선 아래에 있고, 선형 근사는 너무 낮다. 이 절은 $f''>0$인 항을 포함하는 2차 근사를 계산한다. 곡선이 아래로 구부러져 있을 때($f''<0$), 반대의 상황이 발생한다. 이때 접선은 곡선 위에 존재한다. 선형 근사는 너구 높아서 f''이 접선 아래에 있게 된다.

물리적 운동에서 $f''(t)$는 가속도이다(단위는 거리/(시간)^2). 가속도는 속도의 변화율이다. 진동 $\sin 2t$는 $v=2\cos 2t$(최대 속도 2)와 $a=-4\sin 2t$(최대 가속도 4)를 가진다.

인구 증가는 $f'>0$을 의미하고, **증가하는 성장률은 $f''>0$을 의미한다**. 이 둘이 의미하는 바는 다르다. 증가가 계속 되어도 증가율은 낮아질 수 있다.

최대와 최소

$f'(x)=0$을 풀어서 정류점을 찾을 수 있음을 기억하자. 이 점에서의 값은 최대 또는 최소일 수 있고, **이계도함수가 이를 결정한다!** 많은 점에서 $f(x)$를 계산하는 것 대신에 한 점, 즉 정류점에서 $f''(x)$를 계산한다. $f''(x)>0$이라면 이 점에서의 값은 최솟값이다.

> [4] $f'(x) = 0$이고 $f''(x) > 0$일 때, x에서 **극솟값**을 가진다.
> $f'(x) = 0$이고 $f''(x) < 0$일 때, x에서 **극댓값**을 가진다.

최솟값의 왼쪽에서 곡선은 감소하고, 최솟값을 지난 후 곡선은 다시 증가한다. 기울기는 음수에서 양수로 변한다. 이때 그래프는 위로 구부러지고 $f''(x) > 0$이다.

최댓값에서 기울기는 양수에서 음수로 떨어진다. 예외적으로 $f'(x) = 0$이고 $f''(x) = 0$일 때에는 어떤 일이든 일어날 수 있다. 예를 들어 x^3은 $x = 0$에서 멈췄다가 다시 증가한다(이 함수의 기울기는 $3x^2 \geq 0$이다). 반면 x^4은 멈췄다가 다시 감소한다(아주 평평한 그래프를 보이면서).

$f'(x)$과 $f''(x)$로부터 얻는 정보는 지극히 '국소'적이다. 절대 최솟값 또는 최댓값임을 확인하려면, 전체 정의역에서의 정보가 필요하다.

예제 1 $f(x) = x^3 - x^2$은 $f'(x) = 3x^2 - 2x$와 $f''(x) = 6x - 2$를 가진다. 최댓값 또는 최솟값을 찾기 위해 $3x^2 - 2x = 0$을 풀면 정류점은 $x = 0$과 $x = \frac{2}{3}$이다. 이제 이 점들에서의 이계도함수가 필요하다. 이는 $f''(0) = -2$(극대)와 $f''\left(\frac{2}{3}\right) = +2$(극소)이다.

최댓값과 최솟값 사이에 **변곡점**inflection point이 있다. 이 점은 $f''(x) = 0$인 점이다. 곡선은 아래로 오목에서 위로 오목으로 바뀐다. $f'' = 6x - 2$로부터 변곡점은 $x = \frac{1}{3}$임을 알 수 있다.

변곡점

수학에서 함수가 0을 지나는 것은 매우 특별한 상황이다. 함수가 f일 때 그래프는 축을 지나고, 함수가 f'일 때 접선은 수평이 된다. 또한 f''가 0을 통과할 때 변곡점이 생긴다.

구부러짐의 방향은 변곡점에서 바뀐다. 그래프에서 이를 찾을 수 있다. 순간적으로 그래프는 직선이 된다(직선에서 $f'' = 0$이다). 교차점과 정류점, 변곡점을 확인하는 것은 쉽지만 $f''' = 0$ 또는 $f'''' = 0$을 알아보는 사람은 거의 없다. 이 점들에 이름이 있는지에 대해서는 확실하지 않다.

$f'(x)$의 부호가 바뀔 때 최솟값 또는 최댓값이 있다. 마찬가지로 $f''(x)$의 부호가 바뀔 때 변곡점이 존재한다. **변곡점의 한 쪽에서는 그래프가 아래로 오목이고 다른 쪽에서는 위로 오목이다.**[6] 이 경우 한쪽에서는 접선이 곡선보다 위에 있고 다른 쪽에서는 곡선보다 아래에 있다. 변곡점에서의 접선은 곡선을 지난다([그림 3-7(b)]).

포물선 $y = ax^2 + bx + c$는 변곡점이 없음에 주목하자. 이때 y''은 상수이다. 3차 곡

6 이는 $f(x) = x^4$의 경우를 제외하는데, 변곡점의 양쪽에서 $f'' = 12x^2 > 0$이다. 이 함수의 접선은 x축이다. 이 직선은 그래프 아래에 존재하고, 따라서 변곡점은 없다.

선은 하나의 변곡점을 가지는데 이는 f''이 선형이기 때문이다. 4차 곡선은 변곡점을 가질 수도 있고 가지지 않을 수도 있다. 이계도함수 $f''(x)$는 x축을 지날 수도 있고 지나지 않을 수도 있기 때문이다.

예제 2 x^4-2x^2은 W-모양이고 $4x^3-4x$는 두 개의 혹을 가지며 $12x^2-4$는 U 모양이다. 다음은 중요한 x에서의 부호들을 보여준다.

x	$-\sqrt{2}$	-1	$-1/\sqrt{3}$	0	$1/\sqrt{3}$	1	$\sqrt{2}$
$f(x)$	0	−	−	0, 0	−	−	0
$f'(x)$		0	+	0	−	0	
$f''(x)$			0	−	0		

$f(x)$의 근 사이에 $f'(x)$의 근이 있다(정류점). $f'(x)$의 근 사이에 $f''(x)$의 근이 있다(변곡점). 이 예제에서 $f(x)$는 0에서 중근을 가지므로 f'의 단일 근은 여기서 찾을 수 있다. 이는 극댓값을 주는 점인데, $f''(0)<0$이기 때문이다.

변곡점은 단지 수학에서뿐만 아니라 다른 분야에서도 유용하다. 세계 인구가 계속 증가한다는 것은 모두 알고 있는 사실이지만 증가율이 감소할지 증가할지는 모른다. 기억하라. **증가율은 변곡점에서 증가를 멈춘다**. 다음은 유엔 인구 기금의 1990년 보고서이다.

> 앞으로 10년 안에 세계 인구가 고령화될지 아니면 최종적으로 성장을 멈추기 전에 두 배가 될지가 결정된다. 이는 인간의 거주지인 지구의 미래를 결정할 수 있는 매우 중요한 사안이다. 현재 53억인 인구는 매일 25만 명씩 증가한다. 9천만 명에서 1억 명의 인구가 1990년대에 매년 추가될 것이다. 10년 동안 중국 전체의 인구수인 10억 명의 인구가 추가된다는 것이다. 또한 가장 가난한 국가들에서 가장 빠른 증가율을 보일 것이다.
>
> 몇 년 전에 인구 증가율은 아프리카와 남아시아의 어떤 부분을 제외하고 모든 곳에서 둔화된 것처럼 보였다.[7]
>
> 세계 인구수는 다음 세기 말까지 약 10억 2천만 명으로 안정될 것으로 보였다. 오늘날 상황은 그리 좋지 않아 보인다. 1984년에 '가장 가능성 있는' 중간 추정치의 지표 점을 초과했다. 이는 최종적으로 100억 명에서 110억 명에 가깝게 되는 궤도에 올라와 있다.
>
> 출산율 감소가 예상보다 느려진다면 지표는 다시 빗나갈 수 있다. 이 경우 세계 인구수는 총 140억 명을 향해 간다.

7 유엔은 이계도함수를 지켜보고 있다!

인구 통계 조사를 시작으로, 유엔은 각국의 각 연령대를 조사한다. 그들은 사망률과 출산율을 추정한다. 그리고 중간 추정치를 발표한다. 이 보고서는 우리가 추정치에 미치지 못하고 있다고 말한다.

6.5절에서 100억 명을 예측하는 방정식을 가지고 인구 이야기로 돌아올 것이고, 여기서 우리는 현재 변곡점에 있다고 가정할 것이다.

이제는 $f''(x)$의 의미를 이해할 수 있다. 이 함수의 부호는 곡선이 구부러진 방향, 즉 기울기의 변화를 준다. 이 절의 나머지에서는 **곡선이 얼마나 구부러졌는지**를 계산할 것이다. f''의 부호뿐만 아니라 크기를 사용한다. 또한 $f''(x)$에 기반을 둔 2차 근사를 찾을 것이다. 일부 과정에서 그들은 선택적이다. 특정한 점들은 강조 표시되어 있다.

중앙 차분과 2차 차분

미적분은 다음과 같이 x의 양쪽에서 계산된 평균 속도로부터 시작한다.

$$\frac{f(x+\Delta x)-f(x)}{\Delta x} \text{와 } \frac{f(x)-f(x-\Delta x)}{\Delta x} \text{는 } f'(x)\text{와 가깝다.} \qquad (1)$$

이전에 언급하지는 않았지만, $f'(x)$의 더 좋은 근사는 이 두 값의 평균으로 얻을 수 있다. 이는 $x+\Delta x$와 $x-\Delta x$에 기반을 둔 **중앙 차분**centered difference을 준다. 이를 $2\Delta x$로 나누어 보자.

$$\begin{aligned} f'(x) &\approx \frac{1}{2}\left[\frac{f(x+\Delta x)-f(x)}{\Delta x}+\frac{f(x)-f(x-\Delta x)}{\Delta x}\right] \\ &= \frac{f(x+\Delta x)-f(x-\Delta x)}{2\Delta x} \end{aligned} \qquad (2)$$

이것이 더 좋은 근사라고 주장하고자 한다. 확인할 수 있는 방법은 x의 거듭제곱에서 이 근사를 시도해보는 것이다.

$f(x)=x$에서 위의 모든 비율들은 정확히 $f'=1$이다. $f(x)=x^2$에서 오직 중앙 차분만이 정확히 $f'=2x$를 주고, 한 방향 비율은 $2x+\Delta x$를 준다(1장에서 이는 $2t+h$이었다). 이는 단지 '1차 정확도'를 가지지만 중앙 차분은 오차를 남기지 않는다. 우리는 $2x+\Delta x$와 $2x-\Delta x$의 평균을 취했으므로 중앙 차분은 '2차 정확도'를 가진다.

질문을 하나 해보겠다. 어떤 비율이 이계도함수에 수렴하는가? 한 가지 답은 일계도함수의 차분을 취하는 것이다. 명백히 $\Delta f'/\Delta x$는 f''에 가까이 간다. 하지만 우리는 비율이 f 자신과 관련이 있기를 바란다. 자연스러운 아이디어는 차분의 차분을 취하는 것이고, 이는 '**2차 차분**'과 같은 아이디어를 준다.

$$\begin{aligned} &\frac{\dfrac{f(x+\Delta x)-f(x)}{\Delta x}-\dfrac{f(x)-f(x-\Delta x)}{\Delta x}}{\Delta x} \\ &= \frac{f(x+\Delta x)-2f(x)+f(x-\Delta x)}{(\Delta x)^2} \to \frac{d^2f}{dx^2} \end{aligned} \qquad (3)$$

분자에서 차분의 차분은 $\Delta(\Delta f) = \Delta^2 f$이다. 이는 $d^2 f$에 상응하고, 분모에서 $(\Delta x)^2$는 dx^2에 상응한다. 이는 $d^2 f/dx^2$에서 2가 어떻게 위치하게 됐는지 설명한다. 다르게 말하면 dx는 제곱되었고 df는 제곱되지 않았다(거리/(시간)^2 처럼).

$(\Delta x)^2$은 Δx에 비해 훨씬 작다는 것에 주목하자. 만약 우리가 Δf를 $(\Delta x)^2$으로 나눈다면 이것은 발산한다. 이러한 2차 차분 $\Delta^2 f$에서 추가 소거는 극한이 존재함을 보장해준다. 그 극한은 $f''(x)$이다.

대다수의 식들은 정확하게 풀 수 없다. 전형적인 식 중 하나인 $f''(x) = -\sin f(x)$ (진자 방정식)를 살펴보자. 해를 계산하기 위해 $f''(x)$를 식 (3)의 2차 차분으로 바꾼다. Δx에 의해 분할된 점에서의 근사는 과학 계산에서 매우 큰 부분을 차지한다.

이 차분들의 정확도를 테스트하기 위해 $f(x) = \sin x + \cos x$에 대해 실험을 하였다. 이 표는 식 (1), 식 (2), 식 (3)에서 $x = 0$에 대한 오차들을 보여준다.

증분 길이 Δx	한 방향 오차	중앙 오차	2차 차분 오차
1/4	0.1347	0.0104	−0.0052
1/8	0.0650	0.0026	−0.0013
1/16	0.0319	0.0007	−0.0003
1/32	0.0158	0.0002	−0.0001

Δx가 반으로 줄어들 때, 한 방향 오차는 반으로 줄어든다. 다른 열들은 $(\Delta x)^2$처럼 줄어든다. 즉 중앙 오차와 2차 차분 오차는 각각을 4로 나눈 만큼 감소한다. **한 방향 차분에서의 오차는 $O(\Delta x)$이고 중앙 차분에서의 오차는 $O((\Delta x)^2)$이다.**

오차의 차수가 Δx일 때, $E = O(\Delta x)$로 쓴다. 이는 어떤 상수 C에 대해 $E \leq C\Delta x$임을 의미한다. 이때 C를 계산할 필요는 없다. 명제 '한 방향 오차는 Δx의 오(O)이다'는 무엇이 중요한지를 보여준다. 다른 열들의 중요한 점은 $E = O((\Delta x)^2)$이다.

선형 근사와 2차 근사

2차 미분은 선형 근사 $f(a) + f'(a)(x-a)$를 많이 발전시킨다. 접선은 곡선 가까이에서 시작하지만, 선이 구부러질 수 있는 방법은 없다. 조금만 지나면, 이 접선은 원래 함수보다 더 높거나 더 낮아진다([그림 3-8]). 이는 특히 함수 $f(x) = x^2$에서 명확한데, 이때 접선은 $x = 0$에서 x축이고 포물선은 위로 오목한 곡선이기 때문이다.

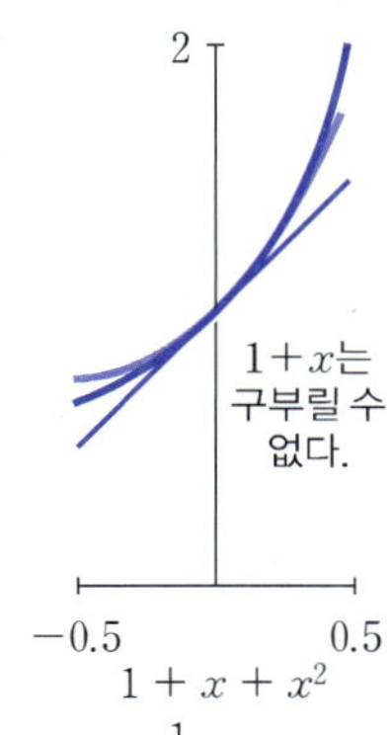

[그림 3-8]

구부러짐이라는 용어로 2차 근사가 f''와 관련이 있어야 하고, 또한 $(\Delta x)^2$과 관련이 있어야 함을 짐작할 수 있을 것이다. 이는 정확히 $f''(x) \times (\Delta x)^2$일 것 같지만 실제로 그렇지 않다. 함수 x^2은 $f'' = 2$를 가진다. 이 2를 소거할 수 있는 성분 $\frac{1}{2}$이 있어야 한다.

5 $x=a$ 근처에서 매끄러운 함수 $f(x)$의 **2차 근사**quadratic approximation는

$$f(x) \approx f(a) + f'(a)(x-a) + \frac{1}{2}f''(a)(x-a)^2 \text{이다.} \quad (4)$$

기준점에서 식 (4)는 $f(a)=f(a)$이다. $x=a$에서의 미분도 일치한다. 게다가 이계도함수도 일치한다. 식 (4)의 양변에서 $x=a$에서의 이계도함수는 $f''(a)$이다.

2차 근사는 함수를 구부린다. 이 구부린다는 표현은 함수의 성질을 나타내는 최종 표현은 아닌데, 이는 3차 항 $\frac{1}{6}f'''(a)(x-a)^3$과 4차 항 $\frac{1}{24}f''''(a)(x-a)^4$및 그 이상의 항들이 있기 때문이다. 전체의 무한 합은 '테일러 급수'이다. 식 (4)는 2차 항을 통해 급수를 전달하는데, 실용적인 목적에서 이는 훌륭한 근사치를 제공한다. 수치 예제를 통해 이를 만나게 될 것이다.

두 가지를 더 언급하고자 한다. 첫 번째로 식 (4)는 $f''>0$이 왜 곡선이 접선보다 더 위에 놓이게 되는지를 보여준다. 선형 부분은 직선을 주는 반면, 2차 부분은 양수이고 위로 구부려졌음을 보여준다. 두 번째로 식 (4)는 식 (2)와 식 (3)으로부터 왔다는 것이다. 한 방향 차분이 $f(x+\Delta x) \approx f(x) + f'(x)\Delta x$의 결과를 보이는 반면, 중앙 차분은 2차의 결과를 보인다.

$$(2)\text{로부터}: f(x+\Delta x) \approx f(x-\Delta x) + 2f'(x)\Delta x$$
$$(3)\text{으로부터}: f(x+\Delta x) \approx 2f(x) - f(x-\Delta x) + f''(x)(\Delta x)^2$$

이들을 더하고 2로 나누면 $f(x+\Delta x) \approx f(x) + f'(x)\Delta x + \frac{1}{2}f''(x)(\Delta x)^2$이다. 이는 아래 예제에서 볼 수 있듯이 $(\Delta x)^2$까지는 정확하고 $(\Delta x)^3$만큼의 오차가 생긴다.

예제 3 $(x+\Delta x)^3 \approx (x^3) + (3x^2)(\Delta x) + \frac{1}{2}(6x)(\Delta x)^2 + \text{오차}(\Delta x)^3$

예제 4 $(1+x)^n \approx 1 + nx + \frac{1}{2}n(n-1)x^2$

$x=0$에서 일계도함수는 n이고, 이계도함수는 $n(n-1)$이다. 3차 항은 $\frac{1}{6}n(n-1)(n-2)x^3$일 것이다. 우리는 지금 이항 전개를 생성했다!

예제 5 $\frac{1}{1-x} \approx 1 + x + x^2 =$ 기하급수의 시작

$1/(1-x)$은 도함수 $1/(1-x)^2$을 가진다. 이 함수의 이계도함수는 $2/(1-x)^3$이다. $x=0$에서 이 값들은 각각 $1, 1, 2$이다. 인수 $\frac{1}{2}$은 2를 소거하므로 $1, 1, 1$을 남긴다. 이는 $1+x+x^2$을 설명한다.

다음 항들은 x^3과 x^4이다. 전체 급수는 $1/(1-x) = 1 + x + x^2 + x^3 + \cdots$이다.

이번에는 $1/\sqrt{1+x} \approx 1 - \frac{1}{2}x + \frac{3}{8}x^2$의 정확도를 검증해보자. x를 2로 나누는 것은 오차를 거의 8로 나누는 것이다. 만약 우리가 선형 부분 $1 - \frac{1}{2}x$만 유지한다면 오차는 오직 4로 나누는 것이다. 아래에 $x = \frac{1}{4}, \frac{1}{8}, \frac{1}{16}$의 오차가 있다.

선형 근사(오차$\approx \frac{3}{8}x^2$) : 0.0194   0.0053   0.0014

2차 근사(오차$\approx \frac{-5}{16}x^3$) : -0.00401 -0.00055 -0.00007

3.3 문장제 문제

01 구부러짐의 방향은 ___a___의 부호에 의해서 결정된다. 한 구간에서 이계도함수가 ___b___이면, 함수는 위로 오목(또는 아래로 볼록)이다. 그래프는 ___c___(으)로 구부러진다. 접선은 그래프 ___d___이다. 만약 $f''(x) < 0$이면 그래프는 ___e___ 오목이고 기울기는 ___f___이다.

02 $f'(x) = 0$이고 $f''(x) > 0$인 점에서 함수는 ___g___을(를) 가진다. ___h___인 점에서 함수는 최댓값을 가진다. $f''(x) = 0$이면서 f''의 부호가 바뀌는 점은 ___i___ 점이다. 접선은 그래프에 ___j___이다.

03 $f'(x)$의 중앙 근사는 [___k___]$/2\Delta x$이다. $f''(x)$의 3점 근사는 [___l___]$/(\Delta x)^2$이다. $f(x+\Delta x)$의 2차 근사는 $f(x) + f'(x)\Delta x +$ ___m___이다. 이 여분의 항이 없다면 이것은 그냥 ___n___ 근사이다. 이 항이 있다면 오차는 $O($___o___$)$이다.

3.3 연습문제

01 위로 오목한 그래프는 비유적으로 '물을 가둔다'라고도 표현한다. $f''(x) > 0$이면서 물을 가두지 못하는 그래프를 그려라.

02 $x < 0$에서는 아래로 오목이고 $0 < x < 1$에서는 위로 오목, $x > 1$에서는 아래로 오목인 함수를 찾아라.

03 0을 통과하지 않고 항상 아래로 오목인 함수가 존재하는가? 이 함수는 항상 양수이면서 아래로 오목일 수 있는가? 설명하라.

04 $f''(2) = 0$이고 다른 변곡점이 없는 함수를 찾아라.

05~10 9차 다항함수 $f(x)$가 $f'(1) = 0$과 $f'(3) = 0$일 때 참 또는 거짓을 판별하라. 그에 대한 이유도 제시하라(또는 그려라).

05 $x = 1$과 $x = 3$ 사이의 어느 점에서 $f(x) = 0$이다.

06 $x = 1$과 $x = 3$ 사이의 어느 점에서 $f''(x) = 0$이다.

07 $x = 3$에서 최댓값을 갖지 않는다.

08 7개의 변곡점들이 있다.

09 $f(x)$가 9개의 근을 가지면 이 함수는 7개의 변곡점을 가진다.

10 $f(x)$가 7개의 변곡점을 가지면 이 함수는 9개의 근을 가진다.

11~16 어떤 정류점들에서 최대 또는 최소가 발생하는지 결정하라.

11 $f(x) = x^2 - 6x$

12 $f(x) = x^3 - 6x^2$

13 $f(x) = x^4 - 6x^3$

14 $f(x) = x^{11} - 6x^{10}$

15 $f(x) = \sin x - \cos x$

16 $f(x) = x + \sin 2x$

17~20 변곡점과 $f(x)$가 위 또는 아래로 오목인 범위를 찾아라.

17 $f(x)=x+x^2-x^3$

18 $f(x)=\sin x+\tan x$

19 $f(x)=(x-2)^2(x-4)^2$

20 $f(x)=\sin x+(\sin x)^3$

---

21 $f(x)$가 짝함수일 때, 중앙 차분 $[f(\Delta x)-f(-\Delta x)]/2\Delta x$는 정확히 $f'(0)=0$과 같다. 그 이유를 설명하라.

22 $f(x)$가 홀함수일 때, 2차 차분 $[f(\Delta x)-2f(0)+f(-\Delta x)]/(\Delta x)^2$는 정확히 $f''(0)=0$과 같다. 그 이유를 설명하라.

23~26 2차 근사 $f(0)+f'(0)x+\frac{1}{2}f''(0)x^2$을 써라.

23 $f(x)=\cos x+\sin x$

24 $f(x)=\tan x$

25 $f(x)=(\sin x)/x$

26 $f(x)=1+x+x^2$

문제 26에서, $a=1$ 근처에서 $f(1)+f'(1)(x-1)+\frac{1}{2}f''(1)(x-1)^2$을 찾아라.

---

27 $\sqrt{1-x}\approx 1+Ax+Bx^2$을 만족하는 A와 B를 찾아라.

28 $1/(1-x)^2\approx 1+Ax+Bx^2$을 만족하는 A와 B를 찾아라.

29 2차 근사를 $[f(x+\Delta x)-f(x)]/\Delta x$에 대입해서, $f'(x)$의 한 방향 오차를 추정하라.

30 $x=0$에서 $f(-\Delta x)$의 2차 근사는 무엇인가?

31 중앙 근사 $[f(x+\Delta x)-f(x-\Delta x)]/2\Delta x$에 $f(x+\Delta x)$와 $f(x-\Delta x)$를 대입하여 $f'(x)+$(오차)를 얻어라. 이 오차에서 Δx와 $(\Delta x)^2$항을 찾아라. $x=0$에서 $f(x)=x^3$에 테스트하라.

32 3차 근사 $f(\Delta x)\approx f(0)+f'(0)\Delta x+\frac{1}{2}f''(0)(\Delta x)^2+$____을(를) 추측하라. $f(x)=x^3$에 검증해보라.

33~35 위에서 살펴본 것과 같이 $x=0$에서 한 방향 차분, 중앙 차분, 2차 차분, 2차 근사의 실제 오차를 보여주는 표를 만들어라. 손으로는 두 개의 Δx값을, 계산기로는 3개의 값을, 컴퓨터로는 4개의 값을 택하라.

33 $f(x)=x^3+x^4$

34 $f(x)=1/(1-x)$

35 $f(x)=x^2+\sin x$

---

36 [예제 5]에서 $1/(1-x)\approx 1+x+x^2$이었다. $x=0.1$에서의 오차와 $x=2$에서의 오차는 각각 얼마인가?

37 기하급수 $1/(1-x)=1+x+x^2+\cdots$에 $x=0.01$과 $x=-0.1$을 대입해서 $1/0.99$와 $1/1.1$을 찾아라(처음에는 소수점 아래 네 자리까지 찾고 다음으로는 모든 자릿수를 찾아보라).

38 식 (4)를 이용하여 $a=0$일 때 $\cos 1^\circ$를 찾아라. 계산기로 확인하여 참인지 판별하고, $\cos 1$도 계산하라. 왜 이런 차이가 발생하는가?

39 $\sin x\approx x$가 선형 근사임과 동시에 2차 근사인 이유는 무엇인가? $x=0$은 ____점이다.

40 $f(x)$가 짝함수일 때, $x=0$에서 이 함수의 2차 근사를 찾아라. 접선의 방정식은 무엇인가?

41 $f(x)=x+x^2+x^3$에 대해서 중앙 차분 $[f(3)-f(1)]/2$는 얼마이고 실제 기울기 $f'(2)$는 얼마인가?

42 $f(x)=x+x^2+x^3$에 대해서 2차 차분 $[f(3)-2f(2)+f(1)]/1^2$은 얼마이고 실제 $f''(2)$는 얼마인가?

43 $f(a)+f'(a)(x-a)$에서 오차는 근사적으로 $\frac{1}{2}f''(a)(x-a)^2$이다. 함수가 ____일 때, 이 오차는 양수이다. 그리고 접선은 이 곡선 ____에 있다.

44 조각적으로 선형이면서 위로 오목인 함수 $y(x)$를 그려라. $d^2y/dx^2\geq 0$을 사용하지 않는 '위로 오목'을 정의하라. 도함수가 존재하지 않는다면, 새로운 정의가 필요하다.

45 다음의 문장들은 f 또는 f' 또는 f'' 또는 f'''에 대해서 어떤 말을 하고 있는가?

1. 인구가 매우 천천히 증가한다.
2. 비행기가 부드럽게 착륙한다.
3. 경제 성장 속도가 빨라지고 있다.
4. 세금 비율이 일정하다.
5. 자전거는 빨리 가속하지만 차는 빨리 달린다.
6. 주가가 최고치를 기록했다.
7. 가속도의 비율이 느려진다.
8. 이 코스는 내리막길이다.

46 **(추천 문제)** 증가-감소-증가인 곡선을 그려라. 그 곡선 아래 도함수를 그려라. 그 다음 이 함수의 이계도함수를 그려라. 모든 곡선에 '첫 번째 곡선의 최댓값을 갖는 점, 최솟값을 갖는 점, 변곡점'을 표시하라.

47 문제 46을 $y(x)=x^3-4x^2+x+2$에 대해 반복해서 dy/dx와 d^2y/dx^2를 한 평면에 그려라.

3.4 그래프

그래프를 읽는 것은 그림을 감상하는 것과 같다. 모든 정보가 그래프 속에 있지만 그 그래프 속에서 무엇을 찾아야 할지 알아야 한다. 이를 학습하기 위한 한 가지 방법은 그래프를 직접 그리는 것인데, 이는 과거에는 거의 유일한 방법이었다. 이제는 컴퓨터나 그래핑 계산기로 그래프를 그릴 수 있으므로 곡선을 그리는 데 몇 주나 소비하는 것은 전혀 쓸모없는 일이다. 이는 그래프 (또는 그림) 감상의 필요성을 없애는 것이 아니며 곡선에 엄청나게 많은 양의 정보를 표시해주기 때문에 매우 유용하다.

이 절에서는 두 가지 접근법을 합치고자 한다. 하나는 실제 기계가 만든 그래프를 공부하는 것이다(특히 심전도). 다른 것은 기울기, 오목성, 점근선, 평행이동, 비례조정의 그래프 관점에서 수학을 이해하는 것이다. 이제부터 **중앙으로의 변환**centering transform과 **줌 변환**zoom transform을 소개한다. 이 두 가지 접근법은 미적분의 나머지 부분과 비슷하다. 특별한 경우에는 미분과 적분을 직접 손으로 써서 해결하지만 일상적인 응용들은 컴퓨터로 이루어진다. 두 가지 모두 필수적이다(기계는 우리가 절대로 할 수 없는 실험을 할 수 있다). 하지만 수학이 없다면 우리의 지시는 요점을 놓칠 것이다. 좋은 그래프를 생성하기 위해서는 여러분 스스로 이 요점들 중 몇 가지를 알아야 한다.

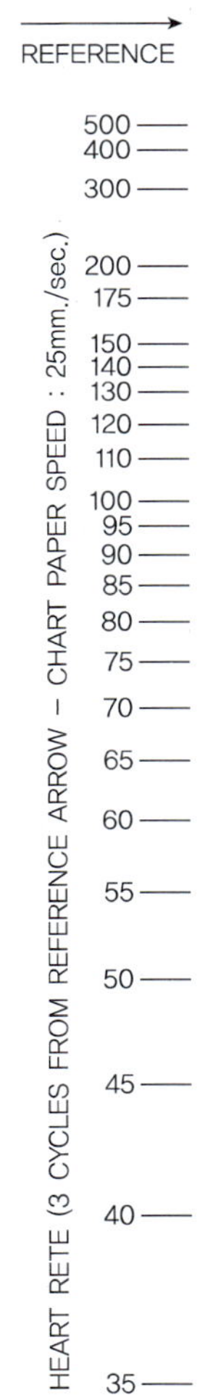

심전도 읽기

심전도electrocardiogram(ECG) 그래프는 심장 박동 중에 전기적 전위를 보여준다. 심전도에는 12개의 그래프가 있다. 6개의 전극 케이블은 가슴에 붙어 있고, 6개의 전극 케이블은 팔과 다리에 붙어 있다(이것은 아프지는 않지만, 모두가 긴장한다. 다른 근육의 수축이 심장에서의 수치를 왜곡할 수 있기 때문에 검사를 받는 사람은 반듯하게 누워있어야 한다). 세포가 탈분극되고 심장이 수축함에 따라 그래프는 전기적 충격들을 기록한다.

이 짧은 절에서 무엇을 설명할 수 있을까? 그래프는 심전도의 기본 패턴을 보여준다. **P파와 QRS군, T파에 주목하자.** 12개의 그래프에서 다르게 보이는 이 패턴들은 심장이 정상인지 또는 주기를 벗어났는지 또는 경색(심장마비)을 겪고 있는지를 말해준다.

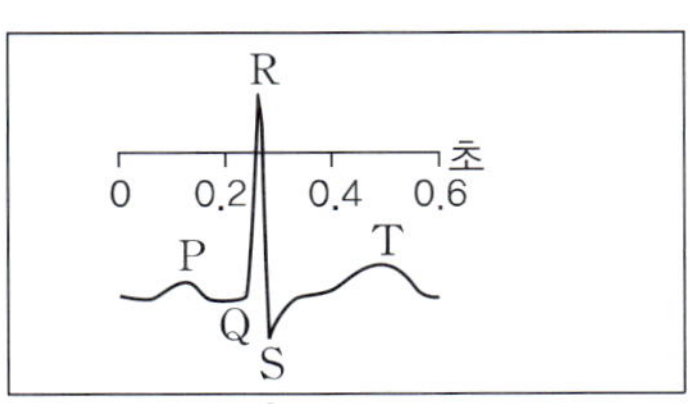

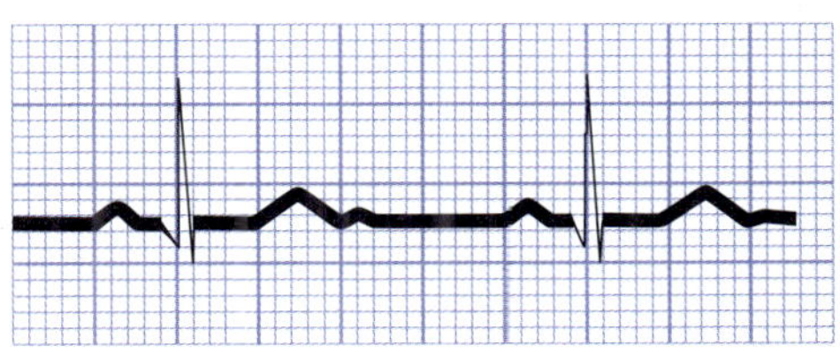

우선 그래프는 **심박수**를 보여준다. 진한 수직선은 편의상 $\frac{1}{5}$초만큼 떨어져 있다. 연한 선은 $\frac{1}{25}$초만큼 떨어져 있다. 만약 매 $\frac{1}{5}$초마다 심장이 뛴다면(하나의 진한 선), 심박수는 1초당 5회beat 또는 1분당 300회가 된다. 이것은 극단적인 빈맥tachycardia으로서 실제로 일상생활이 불가능한 수치이다. 정상적인 심박수는 한 박동 당 3개의 진한 선($\frac{3}{5}$초, 또는 1분당 100회)에서 5개의 진한 선(박동 간격이 1초, 1분당 60회) 사이이다. 아기는 분당 100이 넘는 빠른 심박수를 가진다. 이 경우 앞의 그림에서 심박수는 ______이다. 60 이하의 심박수는 서맥bradycardia인데, 이 자체로는 위험하지 않다. 운동선수가 휴식할 때 나타나는 정상적인 수치이다.

의사가 6개의 심박수 300, 150, 100, 75, 60, 50을 기록해 두었다고 하자. 이들은 각각 심박수 사이에 1개, 2개, 3개, 4개, 5개, 6개의 진한 선이 존재한다. 거리는 스파이크(R파의 꼭대기) 사이를 측정하기 가장 쉽다. 많은 의사들이 차트 옆에 인쇄된 척도를 놓아둔다. 어느 의학 서적은 '다음 파가 어디서 떨어지는지가 심박수를 결정한다. 어떠한 수학 계산도 필요하지 않다'라고 강조한다. 하지만 여러분은 이 수들이 수학적으로 어떻게 나오게 됐는지 알게 될 것이다.

다음으로 찾아야 할 것은 심장 리듬이다. 보통 리듬은 P파를 생성하는 페이스메이커[8]에 의해 설정된다. 파장 사이의 거리가 일정한 것이 이상적이다. 그 다음에 각 박동을 검사한다. 경로에 방해물이 있으면 그래프에서 지연으로 표시된다. 때때로 페이스메이커가 불규칙하게 발사된다. [그림 3-10(a)]는 동성 부정맥sinus arrythmia을 보여준다(매우 정상). 꼭대기 사이의 시간은 변한다. 질병 또는 긴급 상황에서 심장의 모든 부분에 잠재적인 페이스메이커가 있다.

8 심장 박동의 리듬을 만들어내는 역할을 하는 곳으로 우심방에 있는 동방 결절과 심방과 심실 사이에 있는 방실 결절이 이에 해당한다.

이제 심장에 관한 주요 부분을 언급하겠다. 우리는 심장에 네 개의 방을 가지고 있는데, 왼쪽과 오른쪽에 심방과 심실 쌍이 있다. 동방 결절SA node은 심박 조정기 역할을 한다. 자극은 심방에서 심실까지 퍼져 나간다. 이때 '펌프를 준비하는' 작은 방으로부터 온몸으로 피를 공급하는 강력한 방으로 자극이 퍼져 나간다. P파는 심방의 수축과 함께 오고, 방실 결절AV node에서 $\frac{1}{10}$초 정지한다. 그러고 나서 큰 QRS파는 심실의 수축을 시작할 때, T파는 심실이 이완될 때 나타난다. 세포는 음의 전하로 바뀌고 심장 순환이 완료된다.

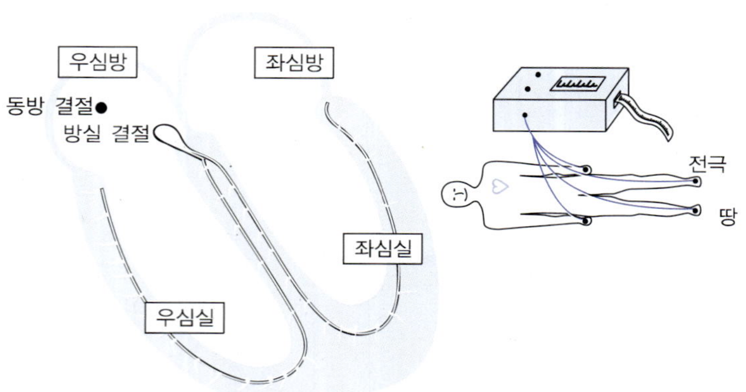

[그림 3-9] 심장과 일반적인 심전도를 가진 사람

심전도는 페이스메이커가 잘못되었을 때 표시된다. 그러면 다른 페이스메이커가 이어받는다. 방실 결절은 분당 60의 속도로 진행된다. 심실에서 이른 발사는 긴 휴지pause에서 이어지는 QRS군의 넓은 스파이크를 준다. 충격은 느린 경로로 이동한다. 이때 페이스메이커 또한 갑자기 속도를 낸다(발작성 빈맥은 분당 150~250이다). 하지만 가장 위험한 것은 세동fibrillation[9]이다.

9 근육에 손상이나 자극이 가해지거나 이상이 생겼을 때에 근육 섬유가 불규칙하게 수축을 되풀이하는 상태를 말한다.

[그림 3-10(b)]는 죽어가는 심장을 보여준다. 심전도는 불규칙한 수축을 가리킨다. 이때 정상적인 PQRST 나열이 전혀 아니다. 이러한 주기를 보이는 것은 어떤 심장일까? 근육은 떨리거나 독립적으로 '세동'한다. 펌핑 작업이 거의 끝났고, 이는 응급 치료가 필요함을 의미한다. 환자는 즉각적인 심폐소생술이 필요하다. 즉 누군가가 심장이 할 수 없는 펌핑을 해줘야 한다. 심폐소생술은 가슴 압력과 공기압(손과 입)의 조합으로 리듬을 재시작하게 한다. 심폐소생술은 거리에서도 진행될 수 있다. 병원에서는 제세동기를 사용하는데, 이는 심장에 충격을 줘서 다시 소생시키는 역할을 한다. 이는 모든 심장 세포를 탈분극시켜 타이밍을 재설정할 수 있다. 그런 후 일반적으로 전하가 동방결절에서 심방, 그리고 방실 결절을 거쳐 심실로 퍼져 나간다.

이 논의에서는 문제를 찾기 위해 12개의 그래프를 모두 사용하지 않았다. 이 과정에는 벡터가 필요하다. 심장 벡터에 대해서는 11.1절을 보고 심장 벡터의 12개의 정사영에 대해서는 11.2절을 보라. 이러한 해석에서는 심방과 심실, 왼쪽과 오른쪽, 앞과 뒤를 구분한다. 이 정보는 심장 마비일 때 매우 중요하다. '심장 마비'는 심근 경색myocardial infarction(MI)이다.

심근경색은 심장으로 들어오는 동맥의 일부가 막히면 발생한다(관상동맥 폐색).

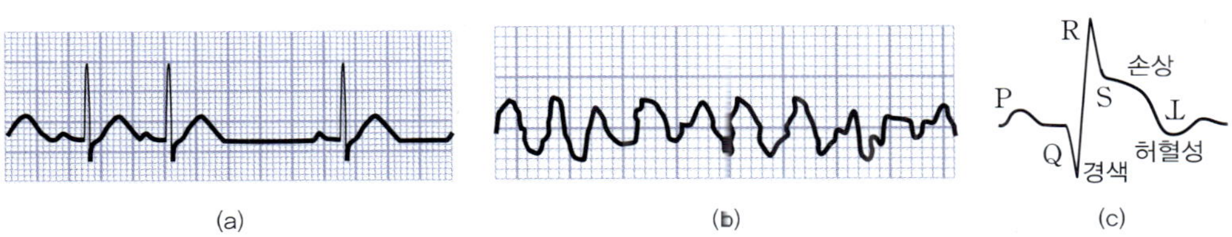

(a) (b) (c)

[그림 3-10] (a) 이상이 있는 리듬(부정맥), (b) 심실 세동, (c) 심근 경색의 심전도

동맥의 일부가 막힌 이 공간에는 혈액 공급이 없어서 산소나 포도당이 없다. 종종 마비는 가장 많은 피를 필요로 하는 두꺼운 왼쪽 심실에서 일어난다. 세포들은 먼저 허혈, 그리고 손상된 후에 최종적으로 경색에 이른다. 전통적인 심전도 신호는 아래의 3가지 I와 관련이 있다. [그림 3-10(c)]에서 세 개의 I를 모두 찾을 수 있을 것이다.

Ischemia(허혈성) : 혈액 공급이 줄어든다, 흉부유도에서 위아래가 바뀐 T파

Injury(손상) : S와 T 사이에 경사진 선분은 상승한 상태로, 최근에 심근 장애가 발생했음을 의미한다.

Infarction(경색) : 정상적으로 약간 아래로 내려가거나 실종되는 Q파는 작은 사각형(1/25초)의 크기와 같다. 이것은 전체 QRS군의 1/3을 차지할 수 있다.

이처럼 그래프로 많은 것을 할 수 있다는 것은 매우 놀라운 일이다.

그래프의 역학

그래프의 의미를 역학까지 확장해보자. 이제 $f(x)$를 위한 식은 주어져 있다. 문제는 그래프를 생성하는 것이다. 손으로 $f(x)$의 값을 계산하고 몇 개의 점들을 이은 곡선을 그리는 것은 너무 오래된 방식일지 모른다. 컴퓨터가 (점근선을 직선으로 그리는 경향이 있는) 예술가보다 포물선에 대한 더 좋은 아이디어를 가지고 있다. 컴퓨터가 알고 있는 것들이 있고, 예술가들이 알고 있는 것들이 있으며 우리가 알고 있는 다른 것들이 있다. 왜냐하면 우리는 미분을 이해하기 때문이다.

우리의 일은 미적분을 적용하는 것이다. 우리는 f뿐만 아니라 f'과 f''으로부터 정보를 얻어낸다. 그래프에서 작은 움직임은 알아차릴 수 없을지도 모르지만, 중요한 성질들은 얻어낼 수 있다. 아래에 그래프에서 알 수 있는 정보들이 있다.

1. $f(x)$의 부호 (축의 위 또는 아래 : 축을 지나는 점에서 $f=0$)
2. $f'(x)$의 부호 (증가 또는 감소 : 정류점에서 $f'=0$)
3. $f''(x)$의 부호 (위로 또는 아래로 오목 : 변곡점에서 $f''=0$)
4. $x \to \infty$와 $x \to -\infty$일 때 $f(x)$의 형태
5. $f(x) \to \infty$ 또는 $f(x) \to -\infty$인 점들
6. 짝 또는 홀함수? 주기함수? f또는 f'에서 점프? 끝점? $f(0)$?

예제 1 $f(x)=\dfrac{x^2}{1-x^2}$ $\quad f'(x)=\dfrac{2x}{(1-x^2)^2}$ $\quad f''(x)=\dfrac{2+6x^2}{(1-x^2)^3}$

$f(x)$의 부호는 $1-x^2$에 의존한다. 따라서 $x^2<1$의 범위에서 $f(x)>0$이다. 같은 범위에서 그래프는 위로 구부러져 있다($f''(x)>0$). f''은 절대로 0이 되지 않으므로, 변곡점은 없다. f'이 사라지는 정류점은 $x=0$이다. 이 때 $x=0$에서 극솟값을 가진다.

가이드라인(**점근선**[asymptote])은 무한대에서 그래프와 만난다. x가 큰 값일 때 중요한 항은 x^2과 $-x^2$이다. 그들의 비율은 $+x^2/-x^2=-1$이다. 이는 $x\to\infty$와 $x\to-\infty$에 따른 극한값이다. **수평 점근선은 직선 $y=-1$이다.**

다른 무한대인 f가 발산하는 곳은 $1-x^2$이 0일 때 발생한다. 이는 $x=1$과 $x=-1$에서 발생한다. **수직 점근선은 직선 $x=1$과 $x=-1$이다.** [그림 3-11(a)]의 그래프는 이 두 직선에 접근한다.

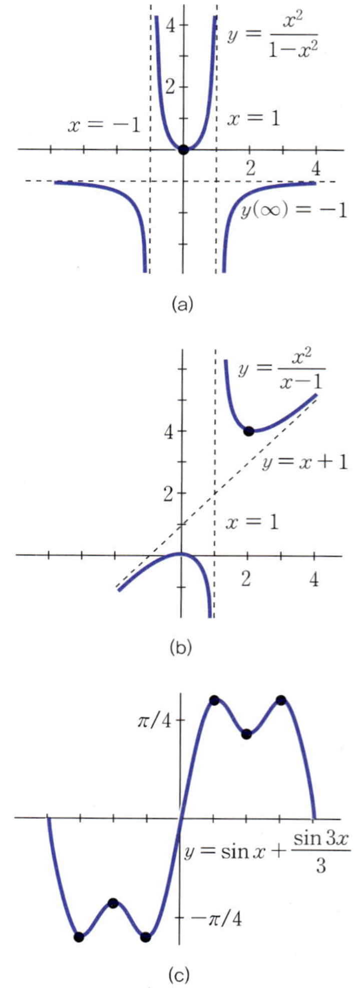

[그림 3-11] (a) $x^2/(1-x^2)$, (b) $x^2/(x-1)$, (c) $\sin x+\frac{1}{3}\sin 3x$의 그래프

$x \to \infty$ 또는 $-\infty$로 갈 때 $f(x) \to b$이면 직선 $y=b$는 수평 점근선이다.

$x \to a$로 갈 때 $f(x) \to \infty$ 또는 $-\infty$이면 직선 $x=a$는 수직 점근선이다.

$x \to \infty$ 또는 $-\infty$로 갈 때 $f(x)-(mx+b) \to 0$이면 직선 $y=mx+b$는 기울어진 점근선이다.

마지막으로 이 함수는 **짝함수**라는 중요한 사실에 도달한다. 실제로 $f(x)=f(-x)$인데 이는 x를 제곱하면 $-$부호가 $+$부호로 바뀌기 때문이다. 그래프는 y축에 대해 대칭이다.

$1-x^2$으로 나누는 것은 $x=0$ 근처에서 아무 효과가 없다. 분모가 0이 된다는 점에서 1과 -1에서는 발산하도록 하는 효과를 준다. $|x| \to \infty$로 감에 다라 함수는 -1에 가까이 간다.

예제 2 $f(x)=\dfrac{x^2}{x-1} \qquad f'=\dfrac{x^2-2x}{(x-1)^2} \qquad f''=\dfrac{2}{(x-1)^3}$

이 예제에서는 $x-1$로 나누었다. 따라서 $x=1$은 $f(x)$가 무한대가 되는 수직 점근선이다. 수직 점근선은 대부분 분모가 0이 되도록 하는 값으로부터 온다.

$x=1$ 이후의 범위에서 살펴보자. $x>1$에서 $f(x)$와 $f''(x)$ 모두 양수이다. $x=2$에서 기울기는 0이다. 이 값은 극솟값이어야 한다.

$x \to \infty$로 감에 따라 무슨 일이 일어나는가? x^2을 $x-1$로 나누면 몫의 최고차항은 x이다. 이 함수는 선형으로 증가한다. 따라서 **기울어진 점근선**을 기대할 수 있다. 이를 찾기 위해 다음과 같이 나눗셈 식을 적절하게 변형해코자.

$$\frac{x^2}{x-1}=x+1+\frac{1}{x-1} \tag{1}$$

마지막 항은 0으로 가므로 함수는 점근선인 $y=x+1$에 가까이 간다.

이 함수는 홀함수도 짝함수도 아니다. 이 함수의 그래프는 [그림 3-11(b)]에 나와 있다. **축소**zoom out를 통해 우리는 점근선들을 볼 수 있다. $f=0$ 또는 $f'=0$ 또는 $f''=0$은 **확대**zoom in를 통해 알 수 있다.

예제 3 $f(x)=\sin x+\dfrac{1}{3}\sin 3x$는 기울기 $f'(x)=\cos x+\cos 3x$를 가진다.

무엇보다도 이 함수들은 **주기함수**이다. x가 2π만큼 증가하면 아무런 변화도 일어나지 않는다. 2π에서 4π로 변할 때 그래프는 0에서 2π까지 그래프의 반복이다. 따라서 $f(x+2\pi)=f(x)$이고 주기는 2π이다. 길이가 2π인 임의의 구간은 완전한 그림을 보여줄 것이고, [그림 3-11(c)]는 구간을 $-\pi$에서 π로 선택한 그래프이다.

두 번째로 눈에 띄는 성질은 f가 **홀함수**라는 것이다. 사인 함수는 $f(-x)=-f(x)$를 만족하고, 그래프는 원점에 대해서 대칭이다. 오른쪽 반을 원점에 대해서 대칭이동하면 왼쪽 반을 얻을 수 있다. 대조적으로 $f'(x)$의 코사인은 짝함수이다.

$f(x)$, $f'(x)$, $f''(x)$의 근을 찾기 위해 함수들을 다음과 같이 다시 쓴다.

$$
\begin{aligned}
f(x) &= 2\sin x - \frac{4}{3}\sin^3 x \\
f'(x) &= -2\cos x + 4\cos^3 x \\
f''(x) &= -10\sin x + 12\sin^3 x
\end{aligned}
$$

여기서 $\sin 3x$를 $3\sin x - 4\sin^3 x$로 바꿨다. 도함수를 구할 때에는 $\sin^2 x = 1 - \cos^2 x$를 사용했다. 이제 다음과 같이 세 방정식의 근을 구해서 교점, 정류점, 변곡점을 찾아보자.

$$f=0 \quad 2\sin x = \frac{4}{3}\sin^3 x \Rightarrow \sin x = 0 \quad \text{또는} \quad \sin^2 x = \frac{3}{2} \Rightarrow x = 0, \pm\pi$$

$$f'=0 \quad 2\cos x = 4\cos^3 x \Rightarrow \cos x = 0 \quad \text{또는} \quad \cos^2 x = \frac{1}{2} \Rightarrow x = \pm\pi/4, \pm\pi/2, \pm 3\pi/4$$

$$f''=0 \quad 5\sin x = 6\sin^3 x \Rightarrow \sin x = 0 \quad \text{또는} \quad \sin^2 x = \frac{5}{6} \Rightarrow x = 0, \pm 66^\circ, \pm 114^\circ, \pm\pi$$

위에서 구한 것들은 그래프를 그리는 데 필요한 정보보다 많다. 정류점 $\pi/4, \pi/2, 3\pi/4$들은 균등하게 구분되어져 있다. 이 점들에서 $f(x)$는 $\sqrt{8}/3$(최댓값), $2/3$(극솟값), $\sqrt{8}/3$(최댓값)을 갖는다. [그림 3-11(c)]에서 그래프를 볼 수 있다.

이제 이 동일한 패턴의 아름다운 연속을 언급하고자 한다.

$$
\begin{aligned}
f(x) &= \sin x + \frac{1}{3}\sin 3x + \frac{1}{5}\sin 5x + \cdots \\
f'(x) &= \cos x + \cos 3x + \cos 5x + \cdots
\end{aligned}
$$

10개의 항에서 멈춘다면 $f(x)$는 **계단함수**step function와 모양이 거의 비슷해질 것이다. 만약 멈추지 않는다면 정확한 계단함수는 무수히 많은 사인들을 포함하게 된다. x가 0을 지날 때, 이 함수는 $-\pi/4$에서 $\pi/4$로 점프가 발생한다. 더 정확하게 이는 '**사각파**square wave'인데, 그래프가 π에서 다시 아래로 점프하고 이것이 반복되기 때문에 붙여진 이름이다. 기울기 $\cos x + \cos 3x + \cdots$ 역시 주기가 2π이다. 무수히 많은 코사인 함수들이 더해져서 델타함수를 만든다(점프에서의 기울기는 무수히 많은 스파이크이다)! 이 사인과 코사인의 합은 **푸리에 급수**Fourier series이다.

컴퓨터와 계산기에 의한 그래프

이제 가장 중요한 주제를 다룰 것이다. 만약 컴퓨터에 **그러핑 소프트웨어**가 있거나, **그래핑 계산기**를 가지고 있다면, 일상에서도 미적분을 사용할 수 있다. 그래프는 $y(x)$를 식과는 다른 새로운 방법으로 나타낸다. 식에 묻혀 있던 정보는 그래프에서 더욱 명확해진다. 하지만 $y(x)$와 dy/dx는 기억해 놓아야 한다. 미분은 여러모로 쓸모가 많기 때문이다.

이번에는 미적분으로 어떻게 그래프를 그리는지 알아볼 것이다. 또한 응용수학에서 중요한 문제인 $y(x)$가 최솟값에 도달하는 곳을 찾는 문제를 풀 것이다. 수백 가지 응용까지 살펴볼 필요는 없다. 식에서부터 시작해보자. $y(x)$가 최소가 되는 점 x^*는 어떻게 찾는가?

우선 그래프를 그려라. 이는 주요 특징들을 보여준다. 이때 x^*가 어디에 있는지 개략적으로 봐야 한다. 몇 개의 극솟값이 있거나 아예 없을 수도 있다. 하지만 이는 그래프를 띄운 창에서 x와 y의 범위에 따라 달라질 수 있는 부분이다.

$y(x)$에 대해서 알려진 것이 없다면 범위를 선택하기가 어렵다. 따라서 기본 범위를 받아들이고, 확대 또는 축소할 수 있다. 어찌됐든 x^*는 화면에서 관찰할 수 있다. 문제는 x^*를 계산하는 것이다.

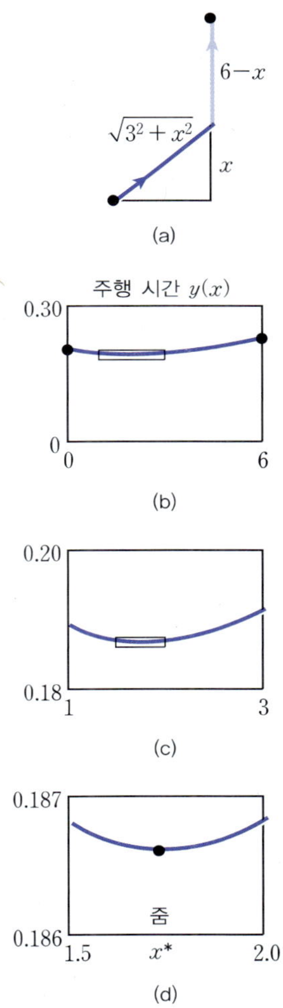

[그림 3-12] x에서 진입. 주행 시간 $y(x)$의 그래프. 줌 상자는 x^*에 위치한다.

이제 구체적인 예제를 들어 살펴보자. 고속도로에 진입하는 가장 최적의 점 x^*를 찾는 문제를 미적분을 이용하여 풀어보겠다. 3.2절에서의 속도는 30과 60이었다. 빠른 길의 길이는 $b=6$이다. 진입 지점의 합리적인 값들의 범위는 $0 \le x \le 6$이다. [그림 3-12]에서 도로까지의 거리는 $a=3$이다. 따라서 다음과 같이 속도 30으로 거리 $\sqrt{3^2+x^2}$을 운전하고, 남은 거리 $6-x$는 속도 60으로 운전한다.

$$\text{운전 시간} \quad y(x)=\frac{1}{30}\sqrt{3^2+x^2}+\frac{1}{60}(6-x) \tag{2}$$

이것이 바로 진입 지점의 최솟값을 찾으려는 함수이다. 이 함수의 그래프는 매우 평평하다.

그래프가 너무 평평한 것은 평범하지 않은 것처럼 보일 수 있다. 이 명제의 역인 '평평한 그래프는 모든 점에서 $dy/dx=0$'은 보편적이다.

최솟값 근처의 그래프는 곡선 $y=Cx^2$처럼 생겼다. 이는 수평인 접선에 접해 있는 포물선이다. $\Delta x=0.01$의 거리에서 함수는 오직 $C(\Delta x)^2=0.0001C$만큼 위로 간다. C가 큰 숫자가 아닌 이상 Δy는 알아보기 힘들다.

Δy에 대한 해답은 비례 조정을 바꾸는 것이다. 즉 x^***에서 확대한다**. dy/dx는 여전히 0이므로 접선은 평평한 채로 유지된다. 하지만 C로부터 구부러짐은 증가한다. [그림 3-12]는 줌 상자가 $y(x)$의 새로운 그래프를 확대한 것을 보여준다.

계산기로 x^*를 찾는 여러 방법이 있다. TRACE 모드에서는 그래프를 따라 커서를 위치시킬 수 있다. y값을 표시한 화면에서 $y_{최대}$와 x^*를 가장 가까운 픽셀에서 읽는다. 확대를 하면 더 좋은 정확도를 가질 수 있는데, 이는 축을 늘리기 때문이다. 이때 각각의 픽셀들은 더 작은 Δx와 Δy를 나타낸다. 계산기 TI−81은 기본 값으로 4만큼 늘인다. 더 좋은 점은 실제 줌 상자를 화면에 그려서 전체 프로세스를 그래픽으로 볼 수 있다는 것이다. 두 개의 상반된 모서리를 택하고, ENTER를 누르면 상자는 곧 새롭게 만들어진 창이 된다.

첫 번째 줌은 x^*를 검색하기 위해 축소한다. 이는 $x=1$과 $x=3$ 사이에 위치한다. 그 다음 새로운 줌 상자를 만들고 다시 확대한다. 이제 $1.5 \le x^* \le 2$이다. 합리적인 수준의 정확도는 빨리 얻을 수 있지만, 높은 정확도는 빨리 얻어지지 않는다. 상자를 만들고 줌을 실행하는 데 시간이 걸리기 때문이다.

Q_ 만약 모든 상자가 정사각형이라면, 확대했을 때 무슨 일이 일어나는가?

A_ 그림은 갈수록 평평해진다. 접선에서 확대할 때, x를 $X/4$로 바꾸고 y를 $Y/4$로 바꿈으로써 $y=x^2$은 $Y=X^2/4$로 평평해진다. 어떠한 구부러짐을 보기 위해서는 길고 얇은 줌 상자를 사용해야 한다.

완전히 다르게 접근해보자. dy/dx의 식을 알고 있다고 가정하자. 이 미분은 무한한 확대를 통해 생산되었다! $\Delta y/\Delta x$의 극한은 여러분의 두뇌만으로 구할 수 있다.

$$\frac{dy}{dx} = \frac{x}{30\sqrt{3^2+x^2}} = -\frac{1}{60} \qquad \text{이를 } f(x)\text{라 부르자.}$$

이 함수는 x^*에서 0이다. 이제 완전히 바뀐 계산 문제 $f(x)=0$을 풀어야 한다. $y(x)$의 최솟값을 찾는 것보다 $f(x)$의 근을 찾는 것이 더 쉽기 때문이다. $f(x)$의 그래프는 x축을 통과하고, $y(x)$의 그래프는 평평해진다. 후자의 경우 정확한 점을 찾아내는 것이 더 어렵다.

$|x| < 0.01$에서 $y=x^2$을 함수로 택하자. 기울기 $f=2x$는 -0.02에서 $+0.02$로 변하고, x^2의 값은 0.0001밖에 움직이지 않는다. 따라서 이 함수의 최솟값은 확인하기 어렵다.

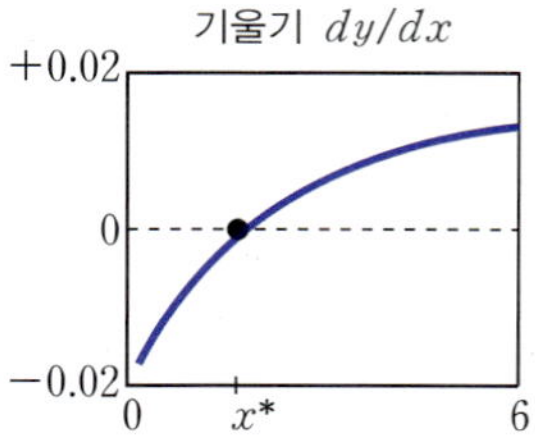

[그림 3-13]

반복하자면, 최솟값은 dy/dx로 찾을 때 더 쉽다. 우리가 $f(x)=0$을 줌하거나 찾을 때, 화면은 한 차수 높은 향상을 보여준다. 미적분에서 $dy/dx=0$가 싫증나는 것도 당연하다. 우리는 함수 대신 기울기를 통해 작업하는 것이 얼마나 합리적인지 잊어버리기도 한다.

Q_ 차수의 향상을 위한 다른 방법은 무엇이 있는가?

A_ 다음 미분을 사용하라! df/dx 즉 d^2y/dx^2을 이용하면 근으로의 수렴은 더 빨라진다. 두 단계에서 오차는 $0.01, 0.0001, 0.00000001$로 간다. 무한한 확대(국소적인 시각)는 df/dx의 식에 포함되고, 뉴턴법은 이 정보를 고려한다. 3.6절과 3.7절에서 $f(x)=0$을 공부할 것이다.

고속도로 예제는 근사적이지 않은 정확한 문제이다. 우리는 계산을 통해 $dy/dx=0$을 풀 수 있다. 식은 $60x = 30\sqrt{3^2+x^2}$과 같이 간단히 할 수 있다. 이 식을 30으로 나누고 제곱하면 $4x^2 = 3^2+x^2$을 얻는다. 그러면 $3x^2 = 3^2$이고, 정확한 근은 $x^* = \sqrt{3} = 1.73205\cdots$이다.

이와 같은 모델은 근사를 하는 경쟁 방법들과 비교했을 때 이 방법이 얼마나 좋은지를 알려주는 척도이다. 또한 이는 그래프가 극단적으로 평평한 것 등 일반적으로 육안으로는 절대 인지하지 못하는 것들을 표시해 준다. $x^* = \sqrt{3}$과 $x=2$에 진입하는 주행 시간 사이의 차이는 1초이다.

중앙으로의 변환과 줌 변환

사진을 찍기 전에 우리는 두 가지 작업을 하게 된다. 올바른 방향을 향하는 것과 올바른 거리에 위치하도록 하는 것이다. 그런 다음에 사진을 찍는다. 이 단계들은 그래프에 대해서도 똑같다. 우선 새로운 중심점을 선택한다. 중심점을 점 (a, b)로부터 $(0, 0)$으로 옮겨 그래프를 평행시킨다. 그런 다음 그래프가 어느 위치에 도달해야 할지 결정해야 한다. 그래프는 사진과 같이 직사각형에 맞춰진다. x/c와 y/d로 재조정하는 것은 곡선의 원하는 부분을 직사각형에 넣는 작업이다.

좋은 사진사는 사진을 찍을 때 예술가처럼 더 많은 작업을 한다. 피사체를 위치시키고 카메라의 초점을 맞춘다. 좋은 그래프에 대해서도 이와 같은 과정이 필수이다. 하지만 일반적인 계산기나 컴퓨터, 카메라는 전문가가 아니라도 목표한 대로 작동하도록 만들어졌다. 이제 $y=f(x)$를 어떻게 목표에 맞게 조작하는지를 설명하고자 한다.

이제부터 정확히 계산기가 하는 일을 하고자 한다. 그러나 한 가지 큰 차이가 있는데, 계산기는 좌표를 변화시키지 않지만 여러분은 변화시킬 것이다. $x=1$, $y=-2$가 보이는 화면의 중앙으로 이동할 때, 계산기는 여전히 그 점을 $(1, -2)$로 보여준다. **중앙으로의 변환**이 $y+2=m(x-1)$에 행해질 때, 이 숫자들은 사라진다. x와 y를 바꾸지 않는다면, 이는 혼동을 줄 것이다. 새로운 좌표는 $X=x-1$과 $Y=y+2$이다. 그런 다음에 새로운 방정식은 $Y=mX$이다.

우리에게 중요한 점은 계산을 간단히 만드는 것이다. 컴퓨터는 $y-y_0=m(x-x_0)$과

$Y=mX$를 크게 다르게 보지 않는다. 컴퓨터는 $2x^2-4x$를 x^2과 같이 쉽게 받아들인다. 반면 우리는 $Y=mX$와 $y=x^2$을 선호하는데, 부분적인 이유로는 그 그래프가 $(0, 0)$을 지나기 때문이다.

> 6 **중앙으로의 변환**은 x축으로 a만큼 y축으로 b만큼 평행이동시킨다.
> $X=x-a$와 $Y=y-b$는 $y=f(x)$를 $Y+b=f(X+a)$로 변화시킨다.

예제 4 포물선 $y=2x^2-4x$는 $dy/dx=4x-4=0$일 때 최솟값을 가진다. 따라서 $x=1$이고 $y=-2$이다. 바닥에 있는 이 점을 중앙으로 이동시켜보자.

$y=2x^2-4x$는 $Y+2=2(X-1)^2-4(X-1)$ 또는 $Y=2X^2$이다.

새로운 포물선 $Y=2X^2$은 $(0, 0)$에서 최솟값을 가진다. 위와 옆으로 이동되었을 뿐이는 같은 곡선이다. 가장 간단한 포물선은 $y=x^2$이다. 마지막 단계는 줌의 단계이다.

다음은 비례조정이다. 우리는 세부사항(접선을 보기 위한 확대)을 더 원할지도 모른다. 우리는 큰 그림(점근선을 확인하기 위한 축소)을 원할지도 모른다.

> 7 줌 변환은 다음과 같이 X축과 Y축을 c와 d로 비례조정한다.
> $\boldsymbol{x}=cX$와 $\boldsymbol{y}=dY$는 $Y=F(X)$를 $\boldsymbol{y}=dF(\boldsymbol{x}/c)$로 바꾼다.
> 새로운 $\boldsymbol{x}$와 $\boldsymbol{y}$는 굵은 글자로 표현할 것이고, 그래프는 비율이 재조정된다. 종종 $c=d$이다.

예제 5 $Y=2X^2$으로 시작하자. $c=d$인 정사각 줌을 적용한다. 새로운 $\boldsymbol{xy}$ 좌표계에서 식은 $\boldsymbol{y}/c=2(\boldsymbol{x}/c)^2$이다. 숫자 2는 $c=d=2$일 때 사라진다. 올바른 평행이동과 줌을 통해 얻은 위로 오목한 모든 포물선은 $\boldsymbol{y}=\boldsymbol{x}^2$이다.

Q_ 줌 이후에 미분(기울기와 구부러짐)에서는 무슨 일이 일어나는가?

A_ 기울기(일계도함수)는 d/c만큼 곱해진다. $y=dF(x/c)$에 연쇄 법칙을 적용하라. 정사각 줌은 $d/c=1$을 만족한다(직선은 상수인 기울기를 가진다). 구부러짐을 변화시키는 이계도함수는 d/c^2만큼 곱해진다. 작은 숫자로 나누어서 축소시키는 것은 큰 그림을 더 굽어보이게 만든다.

우리가 실전에서 행하는 중앙과 줌 변환을 합치는 것은 다음과 같이 $\boldsymbol{x}$에 관한 $\boldsymbol{y}$의 식을 준다.

$$y=f(x)\text{는 } Y=f(X+a)-b\text{가 되고 } \boldsymbol{y}=d\left[f\left(\frac{\boldsymbol{x}}{c}+a\right)-b\right]\text{가 된다.}$$

Q_ 두 변환 이후의 x와 y의 범위를 구하여라. -1과 1 사이에서 시작하라.

A_ 중앙 변환 이후 창은 $-1\le x-a\le 1$과 $-1\le y-b\le 1$이다. 줌 변환 이후 창은 $-1\le c(x-a)\le 1$과 $-1\le d(y-b)\le 1$이다. 점 $(1,1)$은 원래 모서리에 있었다. 이제 점 $(c^{-1}+a, d^{-1}+b)$가 모서리에 있다.

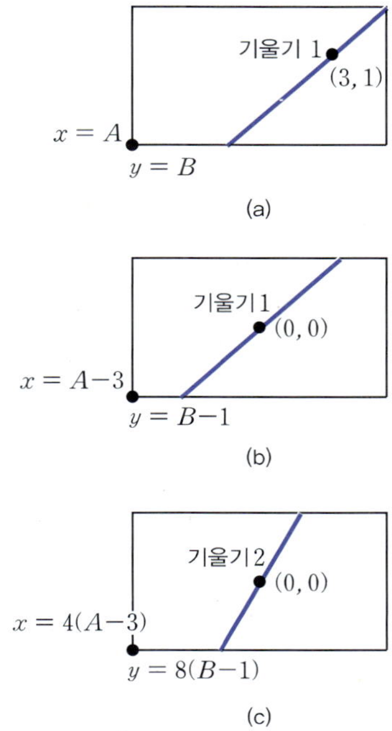

[그림 3-14] 중앙과 줌에 의한 좌표 변환. 계산기는 여전히 (x, y)를 보여준다.

네 수 a, b, c, d는 ($\boldsymbol{y}=\boldsymbol{x}^2$와 같은) 간단한 함수를 생성하도록 선택된다. 또는 x와 y가 '무차원[dimensionless]'이 되게끔 선택된다. 이는 응용수학에서 중요하다. 한 예는 $y=\frac{1}{2}\cos 8t$이다. 주파수 8은 1/(시간)의 차원을 가지고, 진폭 $\frac{1}{2}$은 거리이다. $d=2\text{cm}$와 $c=8$초를 통해 이 단위들은 사라지고 $\boldsymbol{y}=\cos \boldsymbol{t}$가 된다.

기울기를 바꾸는 한 변환이 있다. 바로 **회전**[rotation]이다. 전체 평면이 회전된다. 사진작가는 회전을 사용할 수도 있다. 하지만 일반적으로 사진 속에서 사람들은 똑바로 서 있어야 한다. 지도를 돌리거나 그림을 똑바르게 할 때 이를 사용한다. 다음 절에서, 표준형을 통해 분간할 수 없는 쌍곡선은 $Y=1/X$로 회전될 것이다.

3.4 문장제 문제

01 $y=f(x)$의 위치, 기울기, 구부러짐은 ___a___, ___b___, ___c___에 의해 결정된다. $x\to a$로 감에 따라 $|f(x)|\to\infty$라면, 직선 $x=a$는 수직 ___d___이다. x가 큰 값일 때 $f(x)\to b$라면, $y=b$는 ___e___이다. x가 큰 값일 때 $f(x)-mx\to b$라면, $y=mx+b$는 ___f___이다. $y=x^2/(x^2-4)$의 점근선은 ___g___이다. 이 함수는 짝함수인데 이는 $y(-x)=$ ___h___이기 때문이다. 함수 $\sin kx$는 주기 ___i___을(를) 가진다.

02 $dy/dx=0$인 점 근처에서 그래프는 매우 ___j___이다. 함수 $y=Cx^2$에서 $x=0.1$은 $y=$ ___k___을(를) 준다. 그래프를 포함한 상자는 길고 ___l___. 우리는 x^*의 다른 자릿수를 그 상자에 ___m___ 한다. 하지만 $dy/dx=0$을 푸는 것이 더 정확한데, 이는 함수의 그래프는 x축을 ___n___ 때문이다. dy/dx의 기울기는 ___o___이다. 각각의 미분은 ___p___ 줌과 같다.

03 (a, b)에서 $(0, 0)$으로 이동하기 위해 변수를 $X=$ ___q___와(과) $Y=$ ___r___(으)로 이동한다. 이 ___s___ 변환은 $y=f(x)$를 $Y=$ ___t___(으)로 변환한다. (a,b)에서 원래의 기울기는 ___u___에서의 새 기울기와 같다. 축을 c와 d에 의해 늘리기 위해 $\boldsymbol{x}=cX$와 ___v___(으)로 둔다. ___w___ 변환은 $Y=F(X)$를 $\boldsymbol{y}=$ ___x___(으)로 바꾼다. 기울기는 ___y___에 의해서 곱해진다. 2차 미분은 ___z___에 의해 곱해진다.

3.4 연습문제

01 심장 박동이 $\frac{1}{2}$초 또는 두 개의 진한 선 또는 x초 떨어져 있는 간격일 때 각각의 맥박수를 구하라.

02 심박수를 계산하는 또 다른 방법은 6초 간격의 표시를 사용하는 것이다.

(a) 6초 동안 얼마나 많은 진한 선이 있는가?

(b) 간격당 8회일 때 심박수를 찾아라.

(c) 법칙 : 심박수 = 간격당 순환 수 × ____

03~18 어떤 함수가 짝함수 또는 홀함수 또는 주기함수인가? $y=b$ 또는 $x=a$ 또는 $y=mx+b$와 같은 모든 점근선을 찾아라. 손으로 대략적으로 그리거나 컴퓨터로 부드럽게 그려라.

03 $f(x)=x-(9/x)$

04 $f(x)=x^n$ (임의의 정수 n)

05 $f(x)=\dfrac{1}{1-x^2}$

06 $f(x)=\dfrac{x^3}{4-x^2}$

07 $f(x)=\dfrac{x^2+3}{x^2+1}$

08 $f(x)=\dfrac{x^2+3}{x+1}$

09 $f(x)=(\sin x)(\sin 2x)$

10 $f(x)=\cos x+\cos 3x+\cos 5x$

11 $f(x)=\dfrac{x\sin x}{x^2-1}$

12 $f(x)=\dfrac{x}{\sin x}$

13 $f(x)=\dfrac{1}{x^3+x^2}$

14 $f(x)=\dfrac{1}{x-1}-2x$

15 $f(x)=\dfrac{x^3+1}{x^3-1}$

16 $f(x)=\dfrac{\sin x+\cos x}{\sin x-\cos x}$

17 $f(x)=x-\sin x$

18 $f(x)=(1/x)-\sqrt{x}$

19~24 정확히 아래의 점근선을 가지는 $f(x)$를 구성하라.

19 $x=1$과 $y=2$

20 $x=1, x=2, y=0$

21 $y=x$와 $x=4$

22 $y=2x+3$과 $x=0$

23 $y=x\,(x\to\infty), y=-x\,(x\to-\infty)$

24 $x=1, x=3, y=x$

25 $P(x)/Q(x)$가 점근선 $y=2$를 가지려면 다항식 P와 Q는 반드시 ____이어야 한다.

26 $P(x)/Q(x)$가 기울어진 점근선을 가지려면 다항식 P와 Q는 반드시 ____이어야 한다.

27 $P(x)/Q(x)$가 점근선 $y=0$을 가지려면 다항식 P와 Q의 차수는 반드시 ____이어야 한다. $x^4/(1+x^2)$의 그래프는 점근선이 무엇인가?

28 $1/(x-1)$과 $1/(x-1)^2$은 점근선 $x=1$과 $y=0$을 가진다. 그래프에서 가장 명백한 차이는 ____이다.

29 $f'(x)$가 $x=1$과 $y=3$에서 점근선을 가지면 $f(x)$는 점근선 ____을(를) 가진다.

30 참 또는 거짓을 판별하라. 참이면 이유를 쓰고, 거짓이면 반례를 써라.

(a) 모든 다항식의 비(유리함수)는 점근선을 가진다.

(b) $f(x)$가 짝함수면 $f'(x)$도 짝함수이다.

(c) $f'(x)$가 짝함수이면 $f(x)$도 짝함수이다.

(d) 수직 점근선 사이에서 $f'(x)$는 0을 지난다.

31 '$x=3$ 근처에서 짝함수'인 $f(x)$를 구성하라.

32 '$x=\pi$ 근처에서 홀함수'인 $g(x)$를 구성하라.

33~38 컴퓨터 또는 계산기를 이용하여 그래프를 그려라.

33 $y(x)=(1+1/x)^x, -3\le x\le 3$

34 $y(x)=x^{1/x}, 0.1\le x\le 2$

35 $y(x)=\sin(x/3)+\sin(x/5)$

36 $y(x)=(2-x)/(2+x), -3\le x\le 3$

37 $[-3,3]$과 $[2.9, 3.1]$ 위에서 $y(x)=2x^3+3x^2-12x+5$

38 $100[\sin(x+0.1)-2\sin x+\sin(x-0.1)]$

39~40 고성능 컴퓨터 그래프에서 점근선을 표시하라.

39 (a) $y=\dfrac{x^3+8x-15}{x^2-2}$ (b) $y=\dfrac{x^4-6x^3+1}{2x^4+x^2}$

40 (a) $y=\dfrac{x^2-2}{x^3+8x-15}$ (b) $y=\dfrac{x^2-x+2}{x^2-2x+1}$

41 X는 라디안이 아닌 각도로, Y는 미터에서 센티미터로 변화되게 $y=\sin x$를 재조정하라.

42~46 소프트웨어를 사용하여 이 책에서 언급된 운전 시간 $y(x)$를 최소화하고자 한다. 몇몇 문제들은 여러분이 사용하는 소프트웨어에 적합하지 않을 수도 있다.

42 x^*를 추정하기 위해 $y(x)$의 그래프를 따라서 추적하라. xy 범위를 선택하거나 기본값을 사용하라.

43 $c=d=4$에 의해 확대하라. $x^*=1.73205$ 또는 1.7320508에 도달할 때까지 얼마나 많은 줌이 필요한가?

44 소프트웨어를 사용하여 $y(x)$의 최솟값과 $dy/dx=0$의 해를 구해보라. 답은 같은가?

45 [그림 3-12]에서 두 줌을 위한 비례조정 인자 c와 d는 무엇인가? 조정 인자는 x축과 y축을 늘려준다.

46 $x=0$에서 $dy/dx=-1/60$이고 $d^2y/dx^2=1/90$임을 보여라. 선형 근사는 $dy/dx\approx -1/60+x/90$을 준다. 따라서 기울기는 $x=$ ______ 근처에서 0이다. 이는 미분을 사용한 뉴턴법이다.

47~50 함수를 $y(x)=\sqrt{15+x^2}/30+(10-x)/60$으로 바꿔라.

47 $y(x)$의 그래프만을 이용해서 x^*를 찾아라.

48 dy/dx의 그래프도 사용해서 x^*를 찾아라.

49 [그림 3-14]의 직선을 위한 xy와 XY, $\boldsymbol{xy}$ 식은 무엇인가?

50 $f_n(x)=\sin x+\frac{1}{3}\sin 3x+\frac{1}{5}\sin 5x+\cdots$($n$항)을 정의하자. $-\pi$에서 π까지 f_5와 f_{10}의 그래프를 그려라. 확대하고 $x=0$에서 **기브스 현상**Gibbs phenomenon [10]을 설명하라.

51~56 다음 함수의 그래프에서 모든 최댓값과 최솟값을 확대하라(유효숫자 3자리). 변곡점을 추정하라.

51 $y=2x^5-16x^4+5x^3-37x^2+21x+683$

52 $y=x^5-x^4-\sqrt{3x+1}-2$

53 $y=x(x-1)(x-2)(x-4)$

54 $y=7\sin 2x+5\cos 3x$

55 $y=(x^3-2x+1)/(x^4-3x^2-15)$, $-3\le x\le 5$

56 $y=x\sin(1/x)$, $\quad 0.1\le x\le 1$

57 10개의 자릿수까지 연산이 가능한 컴퓨터는 $x^*=1$에서 $y=0$과 $dy/dx=0.01$을 보여준다. 이 근은 약 (8자리, 10자리, 12자리)로 정확해야 한다.

힌트 : $y=0.01(x-1+$오차$)$라 하자. y의 10자리에 나오지 않는 오차는 얼마인가?

58 어떤 것이 정확하게 계산하기 더 어려운가? 최댓값을 갖는 점 또는 변곡점? 일계도함수 또는 이계도함수?

3.5 포물선, 타원, 쌍곡선

다음 목록은 수학에서 가장 중요한 곡선이기 때문에, 앞으로 무엇을 배울지 예상할 수 있다. 이 네 개의 곡선에 대하여 중요도로 순위를 매기는 것은 쉬운 일이 아니다.

1. **직선**
2. **사인과 코사인** (진동)
3. **지수** (증가와 감소)
4. **포물선, 타원, 쌍곡선** ($1, x, y, x^2, xy, y^2$으로 이루어짐)[11]

11 이 곡선들은 그리스인들이 가장 처음 사용했을 것이다.

10 불연속 점을 포함하는 파동을 푸리에 합성했을 때 불연속 점 근처에서 나타내는 진동 현상을 말한다.

선형식에서 2차식으로 가는 것은 매우 자연스럽다. 직선은 $1, x, y$를 사용하고, 2차 곡선은 x^2, xy, y^2을 사용한다. x^3과 y^3까지 가면 수학은 복잡해진다. 지금은 2차식과 그들이 생성하는 곡선에 대해 공부할 것이다.

식과 **곡선**을 동시에 보는 것은 매우 중요하다. 이 절에서는 수학의 큰 두 개의 부분인 식의 해석과 곡선의 기하를 연결시킨다. 합쳐서 이를 '**해석 기하**analytic geometry'라 부른다. 우리는 이미 함수와 그래프에 대해 알고 있다. 더 기본적인 것은 숫자는 점에 대응된다는 것이다. 예를 들면 '점 $(5, 2)$'와 같이 대응된다. 유클리드는 아마도 이해하지 못할 것이다.

유클리드는 원점을 지나는 $45°$ 직선을 그린 반면, 데카르트는 $y = x$를 적었다. 해석 기하는 수학의 중심이 되었다. 이제부터 해석 기하의 한 부분을 보게 될 것이다.

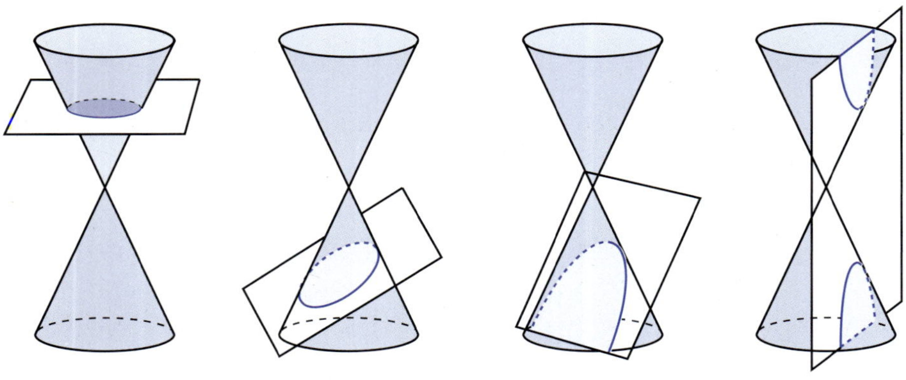

[그림 3-15] 원에서 타원을 거쳐 포물선에서 쌍곡선으로 가면서 자르는 평면의 기울기는 더 가팔라진다.

원뿔곡선

포물선, 타원, 쌍곡선은 매우 뛰어난 성질을 가지고 있다. 그리스인은 이 곡선들은 **원뿔을 평면으로 자름**으로써 얻어진다는 것을 발견했다. 이 곡선들은 '원뿔곡선'이다. 수평하게 자르면 **원** circle을 얻고, 적절한 각은 **타원** ellipse을 생성한다. 가파르게 자르면 두 쌍의 **쌍곡선** hyperbola을 얻는다([그림 3-15(d)]). 경계에서 자르는 각도가 원뿔이 세워진 각도와 같을 때, 평면은 **포물선** parabola을 생성한다. 포물선은 타원처럼 하나의 곡선이지만 쌍곡선처럼 무한대로 뻗어 나간다.

수학 전반에서 포물선은 타원과 쌍곡선 경계에 있다.

NOTE _ 우리는 원뿔을 자르거나 식을 찾아볼 수 있다. 빛으로 이루어진 원뿔의 경우 벽에서 타원이 보일 것이다(벽이 이 원뿔을 자른다.). 식 $Ax^2 + Bxy + Cy^2 + Dx + Ey + F = 0$을 간단히 해볼 것이다. 그래프는 식 $y = x^2$과 같은 목적으로 중앙 변환되고 재조정(필요하다면 회전)될 것이다. 이심률과 극좌표는 9장에서 살펴볼 것이다.

포물선 $y = ax^2 + bx + c$

여러분은 아마도 미적분을 공부하기 훨씬 이전부터 이 식을 알고 있었을 것이다. $y = 0$일 때 그래프는 x축을 지난다. 2차 방정식 $y = 3x^2 - 4x + 1 = 0$을 풀기 위해 좌변을 $(x-1)(3x-1)$로 인수분해하면 교점은 $x = 1$과 $x = \frac{1}{3}$에서 발생한다. 다른 중요한 점은 미적분에 의해서 얻어진다. 이 점은 바로 최솟값으로, $dy/dx = 6x - 4 = 0$을 만족하는 곳에서 존재한다. x좌표는 $\frac{4}{6} = \frac{2}{3}$으로, 두 교점의 중점이고, 높이는 $y_{최소} = -\frac{1}{3}$이다. 이는 [그림 3-16(a)]에서 포물선 맨 아래의 점인 **꼭짓점** V이다. 포물선은 점근선이 없다. 기울기 $6x - 4$는 상수에 가까이 가지 않는다.

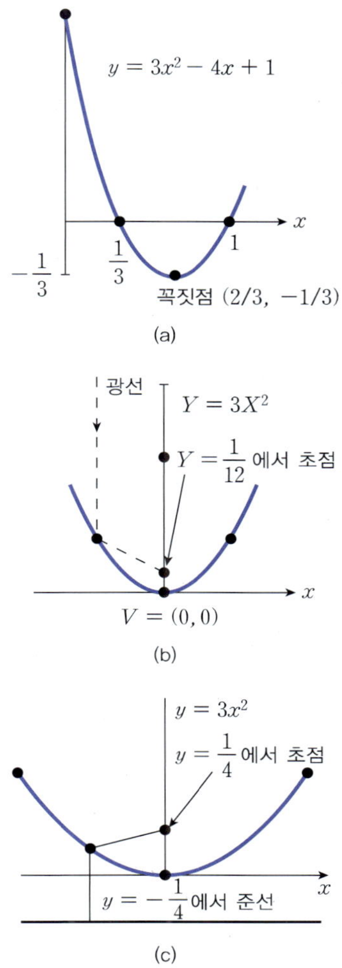

[그림 3-16] V에서 최솟값을 가지는 포물선. 광선은 초점으로 반사된다. (b)는 중앙 변환, (c)는 재조정.

꼭짓점을 중심으로 하기 : 왼쪽으로 $\frac{2}{3}$만큼 위로 $\frac{1}{3}$만큼 이동시킨다. 따라서 새로운 변수인 $X = x - \frac{2}{3}$와 $Y = y + \frac{1}{3}$로 변환할 수 있고, $x = \frac{2}{3}$와 $y = -\frac{1}{3}$은 새 꼭짓점인 $X = Y = 0$에 상응한다.

$$y = 3x^2 - 4x + 1\text{은 } Y = 3X^2\text{이 된다.} \qquad (1)$$

계산을 확인하라. $Y = 3X^2$은 $y + \frac{1}{3} = 3\left(x - \frac{2}{3}\right)^2$과 같다. 이는 원래 식인 $y = 3x^2 - 4x + 1$로 간단해진다. [그림 3-16(b)]는 꼭짓점이 원점으로 중앙 이동한 포물선 $Y = 3X^2$을 보여준다.

꼭짓점에서 확대하기 : 줌 인자 a를 통해 다음과 같이 X와 Y를 재조정한다.

$$Y = 3X^2\text{은 } \boldsymbol{y}/a = 3(\boldsymbol{x}/a)^2\text{이 된다.}$$

최종 식은 굵은 문자인 $\boldsymbol{x}$와 $\boldsymbol{y}$로 나타낸 식이다. $a = 3$일 때, $\boldsymbol{y} = \boldsymbol{x}^2$을 얻는다. 이때 그래프는 3만큼 크기가 커진다. 두 단계를 통해 위로 오목한 포물선을 얻을 수 있다.

포물선에서 중요한 점은 **초점**[focus]이 존재한다는 것이다. 꼭짓점으로부터 초점까지의 거리를 p라 부른다. 특별한 포물선 $\boldsymbol{y} = \boldsymbol{x}^2$은 $p = 1/4$을 가지고, 다른 포물선 $Y = aX^2$은 $p = 1/4a$를 가진다. 줌 인자 a를 통해 확대하면 $\boldsymbol{y} = \boldsymbol{x}^2$을 얻을 수 있다. 포물선의 아름다운 성질은 **올곧게 내려오는 모든 광선은 초점으로 반사된다는 것이다**.

[연습문제 2.3.25]에서 초점 F를 위치시켰다. 여기서 우리는 두 개의 응용에 대해 언급했다. 태양광 집열기와 TV 수신기는 포물선이다. 그들은 태양 광선과 TV 신호들을 한 점으로 모은다(열 소자와 리시버가 그들을 초점으로 모은다). 레이더와 음파 탐지기가 이와 같은 아이디어를 사용하며 설명했다. 자동차 헤드라이트는 이 아이디어를 반대로 생각하여 바깥으로 빛을 보낸다.

포물선에 관한 일반적인 성질은 **곡선의 각각의 점에서, 초점까지의 거리는 '준선**[directrix]**'까지의 거리와 같다**는 것이다. 준선은 꼭짓점 아래의 $y = -p$인 직선이다(따라서 꼭짓점은 초점과 준선의 중앙이다). $p=\frac{1}{4}$일 때, 임의의 (x, y)에서 아래로의 거리는 $y+\frac{1}{4}$이다. 이를 초점 $\left(0, \frac{1}{4}\right)$과의 거리와 일치시키면 다음과 같이 제곱근이 된다. 결과는 특별한 포물선인 $y=x^2$이다.

$$y+\frac{1}{4}=\sqrt{x^2+\left(y-\frac{1}{4}\right)^2} \rightarrow (\text{양변을 제곱}) \rightarrow y=x^2 \tag{2}$$

연습문제에 우리가 했던 모든 단계($Y=aX^2$으로 중앙 이동하고, $y=x^2$으로 재조정하고, 꼭짓점과 초점, 준선을 위치시킨다)를 연습할 수 있는 문제들이 준비돼 있다.

다른 포물선들을 위한 요약

$y=ax^2+bx+c$는 dy/dx가 0인 곳에서 꼭짓점을 갖는다. 따라서 $2ax+b=0$에서 $x=-b/2a$이다. 이 점으로의 이동은 다음과 같이 '완전 제곱'이다.

$$ax^2+bx+c\text{는 } a\left(x+\frac{b}{2a}\right)^2+C\text{와 같다.} \tag{3}$$

식 (3)에서 $C=c-(b^2/4a)$은 꼭짓점의 높이이다. 중앙 변환 $X=x+(b/2a)$, $Y=y-C$는 $Y=aX^2$을 생성한다. 이는 꼭짓점을 포물선에 속한 점 $(0, 0)$으로 이동시킨다.

타원과 쌍곡선을 공략하기 위한 우리의 목표는 다음과 같다.

1. 선형 항 Dx와 Ey를 없애기 위해 곡선을 중앙으로 이동시킨다.
2. 각 초점을 위치시키고 반사 성질을 발견한다.
3. 만약 식이 xy를 포함하고 있다면 회전시켜서 Bxy를 없앤다.

타원 $\frac{x^2}{a^2}+\frac{y^2}{b^2}=1$ (원은 $a=b$이다)

이 식은 중심 $(0, 0)$에 대해 대칭인 타원을 의미한다. x를 $-x$로, y를 $-y$로 바꾸어도 식에는 변화가 없다. 추가 중앙 변환이나 회전은 필요하지 않다.

식은 x^2/a^2과 y^2/b^2은 1을 넘을 수 없다는 것도 보여준다(둘을 더하면 1이고, 각각은 음수일 수 없기 때문이다). 따라서 $x^2 \leq a^2$이고, x는 $-a$와 a 사이에 있다. 마찬가지로 y는 $-b$와 b 사이에 있다. 타원은 직사각형 안에 존재한다.

y에 관하여 풀면 x에 관하여(두 개의 함수)를 얻는다.

$$\frac{y^2}{b^2} = 1 - \frac{x^2}{a^2} \text{은 } \frac{y}{b} = \pm\sqrt{1 - \frac{x^2}{a^2}} \text{ 또는 } y = \pm\frac{b}{a}\sqrt{a^2 - x^2} \text{ 을 준다.}$$

그래프는 타원의 위쪽 반(+)과 아래쪽 반(−)이다. 타원을 그리기 위해서 두 그래프를 함께 그린다. 그래프는 [그림 3-17(b)]의 가장 오른쪽에서 $y = 0$, $x = a$에서 만나고, 가장 왼쪽에서 $y = 0$, $x = -a$에서 만난다. 최댓값 $y = b$와 최솟값 $y = -b$는 타원의 꼭대기와 바닥인데, 이 점은 외접하는 직사각형과 접하는 점이다.

원은 $a = b$일 때 타원의 특별한 경우이다. 원의 방정식 $x^2 + y^2 = r^2$은 $a = b = r$일 때 타원의 방정식이다. 이 원은 중심이 $(0, 0)$이다. 일반적인 원은 중심이 $x = h$, $y = k$에 있다. 원은 반지름 r과 중심 (h, k)에 의해 결정된다.

$$\textbf{원의 방정식}: (x-h)^2 + (y-k)^2 = r^2 \qquad (4)$$

위 식을 풀어 얘기하면, 원 위의 점 (x, y)로부터 중심 (h, k)까지의 거리는 r이다. 이 식은 선형 항 $-2hx$와 $-2ky$를 가진다(이들은 중심이 $(0, 0)$일 때 사라진다).

예제 1 $(1, 7)$에서 $(5, 7)$까지의 거리가 지름인 원을 찾아라.

풀이

중심은 두 점의 교점인 $(3, 7)$이고, $r = 2$이다. 따라서 $(x-3)^2 + (y-7)^2 = 2^2$이다.

예제 2 원 $x^2 - 6x + y^2 - 14y = -54$의 중심과 반지름을 찾아라.

풀이

$x^2 - 6x$에 9를 더하여 완전 제곱식 $(x-3)^2$을, $y^2 - 14y$에 49를 더하여 완전 제곱식 $(y-7)^2$을 얻는다. 식의 양변에 9와 49를 더하면 $(x-3)^2 + (y-7)^2 = 4$가 된다. 이는 [예제 1]에서의 원과 같다.

빠르게 풀기 위해 주어진 식을 식 (4)와 일치시킨다. 그러면 $h = 3$, $k = 7$, $r = 2$이다.

$x^2 - 6x + y^2 - 14y = -54$는 $x^2 - 2hx + h^2 + y^2 - 2ky + k^2 = r^2$과 일치해야 한다.

$X = x - h$와 $Y = y - k$로의 변화는 원의 중심을 (h, k)에서 $(0, 0)$으로 이동시킨다. 이는 타원에서도 마찬가지이다.

$$\text{타원 } \frac{(x-h)^2}{a^2} + \frac{(y-k)^2}{b^2} = 1 \text{은 } \frac{X^2}{a^2} + \frac{Y^2}{b^2} = 1 \text{이 된다.}$$

위 타원을 $x = X/a$와 $y = Y/b$로 재조정하면 단위원 $x^2 + y^2 = 1$이 된다.

단위원의 넓이는 π이고 **타원의 넓이**는 πab이다(나중에 증명할 것이다). 단위원의 둘레는 2π인 반면 타원의 둘레는 재조정이 안 된다. 즉 간단한 식이 없다.

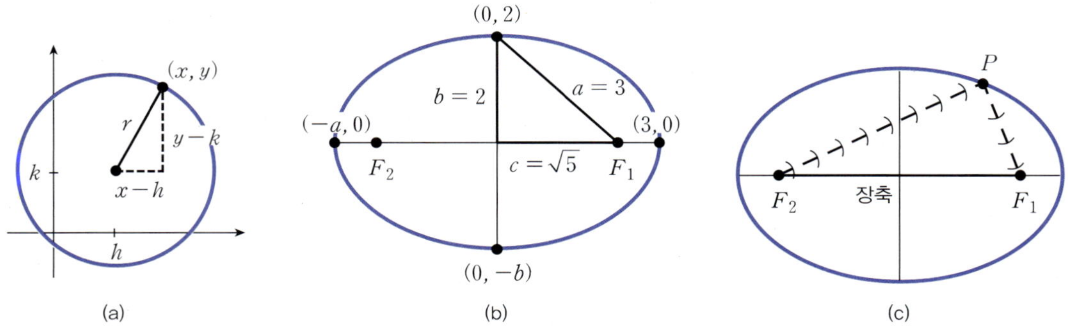

[그림 3-17] (a) 중앙 이동되지 않은 원, (b) 중앙 이동된 타원 $x^2/3^2 + y^2/2^2 = 1$, 가장 오른쪽에서 중심까지의 거리도 $a = 3$이다. (c) F_2로부터의 광선은 F_1로 반사된다.

이제 원을 넘어서서 타원에 집중한다. 타원은 **두 개의 초점** two foci을 가진다. 포물선에서 두 번째 초점은 무한대에 위치한다. 원에서 두 초점은 중심에 위치한다. 타원의 초점은 장축(주축) 위에 있는데, 중심을 기준으로 양쪽에 각각 초점이 하나씩 있다.

$$F_1\text{은 } x = c = \sqrt{a^2 - b^2}\text{ 에 있고, } F_2\text{는 } x = -c\text{에 있다.}$$

[그림 3-17]의 직각삼각형은 세 변 a, b, c를 가지고 있다. 타원의 꼭대기에서 각 초점 사이의 거리는 a이다. $x = a$의 끝점에서 초점까지의 거리는 $a + c$와 $a - c$이다. 이를 더하면 $(a+c) + (a-c)$는 $2a$이다. 즉, 타원 위의 점에서 F_1까지의 거리와 F_2까지의 거리의 합은 상수 $2a$이다.

8 타원 위의 모든 점에서, 초점으로부터의 거리의 합은 $2a$이다. 이를 식으로 나타내면 타원의 또 다른 식이 된다.

$$F_1\text{과 } F_2\text{로부터 } (x, y)\text{까지 거리의 합 :}$$

$$\sqrt{(x-c)^2 + y^2} + \sqrt{(x+c)^2 + y^2} = 2a \qquad (5)$$

타원을 그리기 위해 길이가 $2a$인 줄을 두 초점에 묶는다. 줄을 팽팽하게 유지하면서 움직이는 연필은 타원을 만들 것이다. 이 설명에서는 a와 c를 사용한다. 다른 설명에서는 a와 b를 사용한다($b^2 + c^2 = a^2$임을 기억하라). [연습문제 3.5.24]는 식 (5)를 $x^2/a^2 + y^2/b^2 = 1$에 도달할 때까지 단순화하기를 원한다.

미국 의회의 '속삭임의 회랑 whispering gallery'은 타원이다. 만약 여러분이 초점에 서서 속삭이면, 다른 초점에서 여러분의 소리를 들을 수 있다(다른 곳에서는 들리지 않는다). 여러분의 목소리가 벽에 반사되어 줄의 경로를 따라 다른 초점으로 가기 때문이다.

병원에서는 이 반사 성질을 담석을 분리하는 데 사용한다. 담석이 있는 환자는 타원의 한 초점에 눕고, 다른 초점에서 쇄석기를 기동하여 충격파를 발생시킨다. 그렇게 하면 환자 체내의 담석은 작은 조각들로 부서진다.

가장 중요한 초점은 태양이다. 이때 타원은 지구의 궤도이다. 과거 영국의 파운드 지폐에는 지구 궤도를 인쇄하였다. 12.4절에서는 이에 대한 영국 조폐국의 끔찍한 인쇄 실수를 확인할 수 있다. 그들은 태양을 초점이 아닌 중심에 놓았다.

Q1_ 속삭임이나 충격파는 왜 두 번째 초점에 도착하는가?

A_ 그들이 어떤 곳으로 가든지 거리는 $2a$이다. 예외적으로 직선 경로는 $2c$이다.

Q2_ 식 $4x^2+9y^2=36$인 타원을 위치시켜라.

A_ 상수를 1로 바꾸기 위해 36으로 나눈다. 이제 a와 b를 찾는다. $\frac{x^2}{9}+\frac{y^2}{4}=1$이므로 $a=\sqrt{9}$, $b=\sqrt{4}$이다. 초점은 $\pm\sqrt{9-4}=\pm\sqrt{5}$이다.

Q3_ 타원의 중심을 오른쪽으로 1만큼, 아래로 5만큼 이동시켜라.

A_ x를 $x-1$로 y를 $y+5$로 바꾼다. 식은 $(x-1)^2/9+(y+5)^2/4=1$이 된다. 실전에서는 중심 이동되지 않은 이 타원으로 시작해서 다른 방법으로 이를 중심 이동시킬 것이다.

쌍곡선 $\frac{y^2}{a^2}-\frac{x^2}{b^2}=1$

쌍곡선에서는 음수 부호에 주목하자. 이는 앞에서 살펴본 두 원뿔곡선과 모든 차이를 만드는 것이다. 타원과는 다르게 x와 y 모두 커질 수 있다. 즉 곡선은 무한대로 간다. 이는 x는 $-x$로 바꿀 수 있고 y는 $-y$로 바꿀 수 있으므로 타원과 마찬가지로 대칭이다.

중심은 $(0,0)$이다. y에 관해 풀면 다시 한 번 두 개의 함수를 얻는다.

$$\frac{y^2}{a^2}-\frac{x^2}{b^2}=1\text{은 } \frac{y}{a}=\pm\sqrt{1+\frac{x^2}{b^2}} \quad \text{또는} \quad y=\pm\frac{a}{b}\sqrt{b^2+x^2}\text{이다.} \qquad (6)$$

쌍곡선은 절대로 만나지 않는 두 부분을 가지고 있다. 양의 부호를 가지는 윗부분은 $y\geq a$이다. **꼭짓점** V_1은 $x=0, y=a$이고, 한 부분에서 가장 낮은 점이다. 더 나아가면 x가 커질 때, 쌍곡선은 **기울어진 점근선**과 같은 방향으로 올라간다.

$$\frac{x^2}{b^2} = 1000 \text{이면 } \frac{y^2}{a^2} = 1001 \text{이다. 따라서 } \frac{y}{a} \text{는 } \frac{x}{b} \text{ 또는 } -\frac{x}{b} \text{와 가깝다.}$$

점근선은 $y/a = x/b$와 $y/a = -x/b$이다. 그들의 기울기는 각각 $a/b, -a/b$이다. 이는 [그림 3-18]에서 쉽게 알 수 있다.

쌍곡선에서 초점은 두 곡선 부분 안쪽에 있다. 중심으로부터 초점까지의 거리는 여전히 c이다. 하지만 타원에서와는 달리 $c = \sqrt{a^2+b^2}$ 인데, 이는 a와 b보다 크다. 꼭짓점은 한 초점으로부터 $c-a$의 거리에 있고 다른 초점으로부터는 $c+a$의 거리에 있다. 합이 아닌 차가 $(c+a)-(c-a)=2a$이다.

쌍곡선 위의 모든 점은 다음 성질을 가진다. **초점까지의 거리의 차는 항상 $2a$이다**. 한 초점으로부터 들어오는 광선은 다른 초점을 향해 반사된다. 이 반사는 쌍곡선의 바깥쪽과 타원의 안쪽에 위치한다.

쌍곡선의 원리를 항해에 응용해보자. 두 개의 고정 송신기에서 동시에 라디오 신호를 송신한다. 배는 밀리초millisecond 간격으로 신호를 수신한다. 배는 어디에 있을까?

배는 송신기들이 초점에 위치한 쌍곡선 위에 있다. 라디오 신호는 1밀리초에 186마일을 이동하므로 $186 = 2a$이다. 이는 곡선을 결정한다.

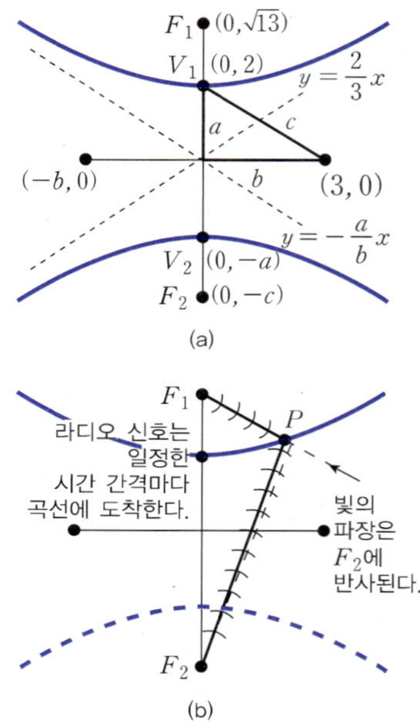

[그림 3-18] 쌍곡선 $\frac{1}{4}y^2 - \frac{1}{9}x^2 = 1$은 $a=2, b=3, c=\sqrt{4+9}$를 가진다. F_1과 F_2까지의 거리는 $2a=4$만큼 차이난다.

Q4_ 쌍곡선과 포물선에 대하여, 중심으로부터 멀어질수록 두 곡선은 어떤 차이점을 갖는가?

A_ 쌍곡선은 점근선이 존재하지만 포물선은 존재하지 않는다.

쌍곡선을 재조정해보자. x/b를 X로 놓는다. 마찬가지로 y/a는 Y로 놓는다. 그러면 꼭짓점은 $Y=1$에 있게 되고, 전형적인 쌍곡선을 얻는다.

$$y^2/a^2 - x^2/b^2 = 1 \text{은 } Y^2 - X^2 = 1 \text{이 된다.}$$

$90°$로 회전하면 위 쌍곡선은 $X^2 - Y^2 = 1$이 된다(쌍곡선은 양쪽으로 열려 있다). $45°$로 회전하면 $2XY = 1$이 생성된다. 앞으로 $x^2+xy+y^2=1$을 타원으로, $x^2+3xy+y^2=1$을 쌍곡선으로 인지하는 방법을 보일 것이다(xy항 때문에 두 곡선은 원이 아니다). xy의 계수가 2를 넘어서 증가할 때, x^2+y^2은 더 이상 타원이 아니게 된다.

Q5_ 식 $9y^2 - 4x^2 = 36$을 가진 쌍곡선을 표준형으로 고쳐라.

A_ 36으로 나누면 $y^2/4 - x^2/9 = 1$이다. 따라서 $a = \sqrt{4}$, $b = \sqrt{9}$이다.

Q6_ 중앙 변환되지 않은 쌍곡선 $9y^2-18y-4x^2-4x=28$을 표준형으로 고쳐라.

A_ $9y^2-18y$에 9를 더함으로써 완전 제곱식 $9(y-1)^2$을 얻는다. $4x^2+4x$에 $4\left(\frac{1}{2}\right)^2=1$을 더해서 완전 제곱식 $4\left(x+\frac{1}{2}\right)^2$을 얻는다. 식을 다시 쓰면 $9(y-1)^2-4\left(x+\frac{1}{2}\right)^2=28+9-1$이다. 이는 중심이 $\left(-\frac{1}{2},1\right)$인 것을 제외하면 앞 질문에서의 쌍곡선과 같다.

요약하자면, 완전 제곱식으로 중심을 찾고 그 다음 a와 b를 찾아라.

일반식 $Ax^2+Bxy+Cy^2+Dx+Ey+F=0$

이 식은 $1, x, y, x^2, xy, y^2$ 중 일부 또는 전부를 포함하는 2차식이다. 평면은 원뿔을 자른다. 이때 생긴 **곡선은 포물선, 타원, 쌍곡선 중 하나인가?** 가장 중요한 경우인 $Ax^2+Bxy+Cy^2=1$부터 시작하자.

> 9 식 $Ax^2+Bxy+Cy^2=1$는 $B^2>4AC$일 때 쌍곡선을, $B^2<4AC$일 때 타원을 생성한다. 포물선은 $B^2=4AC$에서 생성된다.

곡선을 확인하기 위해, 우리는 평면을 회전시키는 항인 Bxy를 제거했다. 이는 A와 C 값도 변화시킨다. 하지만 B^2-4AC의 조합을 바꾸진 않는다(증명은 생략한다). 한 예는 $B^2=4$인 $2xy=1$이다. 이는 $-4AC=4$인 $y^2-x^2=1$을 회전시킨다. 양수 4는 쌍곡선이라는 신호이다. $A=-1$과 $C=1$은 서로 다른 부호를 가지기 때문이다.

다른 예제는 $x^2+y^2=1$이다. 이는 원이다(특별한 타원). 이를 회전시켜도 식은 그대로이다. 타원에서 예측했듯이 조합 $B^2-4AC=0-4\cdot1\cdot1$은 음수이다.

각 α만큼 회전해서 다음과 같이 x와 y를 새 변수 x'과 y'로 바꾼다.

$$\begin{aligned} x &= x'\cos\alpha - y'\sin\alpha \\ y &= x'\sin\alpha + y'\cos\alpha \end{aligned} \quad \text{그리고} \quad \begin{aligned} x' &= x\cos\alpha + y\sin\alpha \\ y' &= -y\sin\alpha + x\cos\alpha \end{aligned} \tag{7}$$

새 변수에 의해 $Ax^2+Bxy+Cy^2=1$는 $A'x'^2+B'x'y'+C'y'^2=1$로 바뀐다. A', B', C'의 식은 매우 복잡하므로 다음과 같은 요점을 제공하겠다.

회전 각 α가 $\tan 2\alpha = B/(A-C)$일 때 B'은 0이다.

$B'=0$에 대해, 곡선은 $A'x'^2+C'y'^2=1$로부터 무슨 모양인지 쉽게 확인된다. A'

과 C'이 다른 부호를 가진다면 이는 쌍곡선이다. 그러면 $B'^2-4A'C'$은 양수이다. 원래 B^2-4AC도 양수인데, 이 특별한 조합 B^2-4AC은 회전하는 동안 변하지 않기 때문이다.

xy항을 없앤 다음 **중앙 변환**을 통해 x와 y를 다룬다. 중심을 찾기 위해 Q3과 Q6에서와 같이 완전 제곱식을 얻는다. 완벽하게 어떤 곡선인지 구분하기 위해 식 $\boldsymbol{y}=\boldsymbol{x}^2$ 또는 $\boldsymbol{x}^2+\boldsymbol{y}^2=1$ 또는 $\boldsymbol{y}^2-\boldsymbol{x}^2=1$ 중 하나가 되도록 재조정하라.

남은 질문은 $F=0$에 관한 것이다. $Ax^2+Bxy+Cy^2=0$은 무슨 그래프인가? 타원, 쌍곡선, 포물선은 결코 아니다. 하지만 그리스인들이 맞았다면, 원뿔은 여전히 평면에 의해 잘려져야 한다. 극단적인 경우 $F=0$은 **원뿔의 뾰족한 점을 정확히 지나는 평면**으로 자를 때 발생한다.

수평으로 자를 때는 오직 한 점 $(0,0)$을 지난다. 식은 반지름이 0인 원 $x^2+y^2=0$으로 축소된다. 가파르게 자르는 경우는 두 개의 직선이 생긴다. 쌍곡선은 $y^2-x^2=0$이 되는데, 이는 오직 점근선 $y=\pm x$만을 남긴다. 원뿔의 모선을 따르는 각도로 자를 때는 $x^2=0$인 오직 한 직선만 준다. **한 점**, **두 직선**, **한 직선**은 타원, 쌍곡선, 포물선의 매우 극단적인 경우이다.

이 모든 '원뿔곡선'은 원뿔과 평면으로부터 온다. 아르키메데스가 본 기하의 아름다움은 식의 중요성과 합치한다. 갈릴레오는 발사체는 포물선을 따라 움직인다는 것을 발견했다(12장). 케플러는 지구가 타원 궤도를 따라 돈다는 것을 발견했다(이 또한 12장). 마지막으로 아인슈타인은 빛은 쌍곡선을 따라 움직인다는 것을 발견했다. 이는 4차원이므로 12장에서 설명하지는 않는다.

	식	꼭짓점	초점
포물선	$y=ax^2+bx+c$	$\left(-\frac{b}{2a},\ c-\frac{b^2}{4a}\right)$	꼭짓점 위 $\frac{1}{4a}$, 그리고 무한대
타원	$\frac{x^2}{a^2}+\frac{y^2}{b^2}=1,\ a>b$	$(a,0)$과 $(-a,0)$	$(c,0)$과 $(-c,0):c=\sqrt{a^2-b^2}$
쌍곡선	$\frac{y^2}{a^2}-\frac{x^2}{b^2}=1$	$(0,a)$와 $(0,-a)$	$(0,c)$와 $(0,-c):c=\sqrt{a^2+b^2}$

3.5 문장제 문제

01 $y=x^2+2x+5$의 그래프는 ___a___이다. 이 함수의 가장 낮은 점(꼭짓점)은 $(x,y)=($___b___$)$이다. $X=x+1$과 $Y=$ ___c___에 의한 중앙 변환은 꼭짓점을 $(0,0)$으로 옮긴다. 식은 $Y=$ ___d___이(가) 된다. 이 중앙 변환된 포물선의 초점은 ___e___이다. 아래 방향으로 오는 모든 광선은 초점에 ___f___.

02 $x^2+4y^2=16$의 그래프는 __g__이다. __h__(으)로 나누면 $a=$__i__이고 $b=$__j__인 $x^2/a^2+y^2/b^2=1$을 남긴다. 그래프는 변이 __k__인 직사각형 안에 놓여있다. 넓이는 $\pi ab=$__l__이다. 두 초점은 $x=\pm c=$__m__이다. 초점에서 이 타원 위의 점까지 거리의 합은 항상 __n__이다. 만약 $X=x/4$와 $Y=y/2$로 재조정하면 식은 __o__이(가) 되고 그래프는 __p__이(가) 된다.

03 $y^2-x^2=9$의 그래프는 __q__이다. 9로 나누면 $a=$__r__와(과) $b=$__s__인 $y^2/a^2-x^2/b^2=1$을 얻는다. 윗부분은 $y\ge$__t__이다. 점근선은 직선 __u__이다. 두 초점은 $y=\pm c=$__v__이다. 초점에서 이 쌍곡선 위의 점까지의 거리의 __w__은(는) __x__이다.

04 이 모든 곡선들은 원뿔곡선들이다. 즉, __y__와(과) __z__의 교점이다. 가파른 각으로 자른 것은 __A__이(가) 된다. 경계의 각에서 우리는 __B__을(를) 얻는다. 일반적인 식은 Ax^2+__C__$+F=0$이다. $D=E=0$이면 그래프의 중심은 __D__이다. 식 $Ax^2+Bxy+Cy^2=1$은 __E__일 때 타원이 된다. $4x^2+5xy+6y^2=1$은 __F__이다.

3.5 연습문제

01 $y=ax^2+bx+c$의 꼭지점은 $x=-b/2a$에 있다. x는 무엇이 특별한가? $y=c-(b^2/4a)$임을 보이라.

02 포물선 $y=3x^2-12x$는 $x_{최소}=$______을(를) 갖는다. 이 최솟값에서 $3x^2$는 $12x$만큼 큰 ______이다. $X=x-2$, $Y=y+12$로 두면 수식은 ______(으)로 바뀐다.

03~14 다음 곡선을 계산기 또는 컴퓨터를 이용하거나 손으로 직접 그려라. 꼭짓점과 초점을 나타내라.

03 $y=x^2-2x-3$

04 $y=(x-1)^2$

05 $4y=-x^2$

06 $4x=y^2$

07 $(x-1)^2+(y-1)^2=1$

08 $x^2+9y^2=9$

09 $9x^2+y^2=9$

10 $x^2/4-(y-1)^2=1$

11 $y^2-4x^2=1$

12 $(y-1)^2-4x^2=1$

13 $y^2-x^2=0$

14 $xy=0$

15~20은 포물선, 21~34는 타원, 35~41은 쌍곡선에 관한 것이다.

15 $(0,0)$과 $(1,1)$, $(2,12)$를 지나는 포물선 $y=ax^2+bx+c$를 찾아라.

16 $y=x^2-x$는 ______에서 꼭짓점을 가진다. 꼭짓점을 $(0,0)$으로 옮기기 위해 $X=$____와(과) $Y=$____(으)로 설정한다. 그러면 $Y=X^2$을 얻는다.

17 (a) 식 (2)에서 $\frac{1}{4}$을 p로 바꿔라. 제곱하고 간단히 하라.

(b) $Y=3X^2$의 초점과 준선을 나타내라. 준선과 초점으로부터 거리가 1인 점들은 무엇인가?

18 포물선 $y=9-x^2$은 _____에서 꼭짓점을 가지고 _____(으)로 열려 있다. $Y=y-9$에 의한 중앙 변환은 $Y=-x^2$을 준다.

19 다음을 만족하는 모든 포물선의 식을 찾아라.

(a) $(0,0)$에서 꼭짓점을 가지고 오른쪽으로 열려 있다.

(b) $(0,0)$에서 초점을 가지고 위로 열려 있다.

(c) $(0,0)$과 $(1,0)$을 지나고 아래로 열려 있다.

20 발사체가 시간 t에서 $x=t$, $y=t-t^2$의 위치에 있다. 시작과 최고 높이에서의 dx/dt와 dy/dt를 찾고, 경로를 나타내는 xy식을 찾아라.

21 $(\pm2,0)$과 $(0,\pm1)$에서 극점을 가지는 타원의 식을 찾아라. 그런 다음 중심을 $(1,1)$로 옮기고 새로운 식을 찾아라.

22 타원 $x^2/a^2+y^2/b^2=1$에서 $x=c=\sqrt{a^2-b^2}$일 때 y를 풀어라. 이 초점 위의 높이는 케플러의 세 번째 법칙을 증명하는 데 중요한 역할을 한다.

23 다음 성질을 만족하는 타원의 식을 찾아라.

(a) 초점이 $(\pm4,0)$이고 $(5,0)$을 지난다.

(b) $(1,1)$까지의 거리와 $(5,1)$까지의 거리의 합이 12와 같다.

(c) 모든 초점이 $(0,0)$에 있고 거리의 합 $2a$가 10이다.

24 식 (5)의 우변으로 제곱근을 하나 이동시키고 양변을 제곱하라. 그런 다음 다시 한 변에 제곱근만 남기고 제곱하라. 타원의 방정식에 도달하도록 간단히 하라.

25 $X=x-1$과 $Y=y+3$인 XY식에 기반을 두고 원, 타원, 포물선, 쌍곡선인지를 결정하라.

(a) $x^2-2x+y^2+6y=6$

(b) $x^2-2x-y^2-6y=6$

(c) $x^2-2x+2y^2+12y=6$

(d) $x^2-2x-y=6$

26 물이 담긴 기울어진 원통은 식 $(x-2y-2z)^2+(y-2x-2z)^2=1$을 가진다. $z=0$에서의 물 표면이 타원임을 보여라. 이 타원의 방정식은 무엇이며 B^2-4AC는 얼마인가?

27 $(4, 9/5)$는 타원 $x^2/25+y^2/9=1$에서 초점 위에 있다. 이 점에서 dy/dx를 찾고 접선의 방정식을 찾아라.

28 (a) 직선 $xx_0+yy_0=r^2$은 원 $x^2+y^2=r^2$의 점 (x_0, y_0)에서의 접선임을 확인하라.

(b) 타원 $x^2/a^2+y^2/b^2=1$에 대해 접선의 방정식은 $xx_0/a^2+yy_0/b^2=1$임을 보여라(기울기를 확인하라).

29 아래 그림에서 접선에 수직한 직선의 기울기는 $s=-1/$(접선의 기울기)=_____이다. F_2에서의 직선의 기울기는 $S=$_____이다. 반사 성질에 따르면 다음 식이 도출된다.

$$S=\cot 2\theta=\frac{1}{2}(\cot\theta-\tan\theta)=\frac{1}{2}\left(s-\frac{1}{s}\right)$$

이 방정식에 대해서 여러분이 구한 두 수 s와 S를 검증하라.

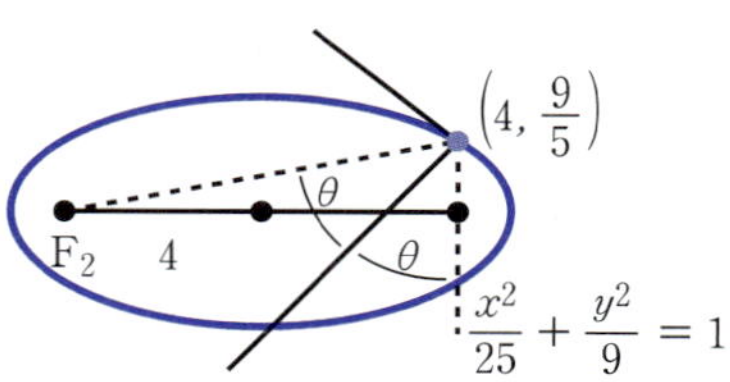

30 아래 그림은 타원의 반사 성질을 증명한다. R은 접선에서 F_1의 대칭 이미지이고 Q는 직선의 다른 임의의 점이다. 1단계로부터 2단계, 2단계로부터 3단계, 3단계로부터 4단계를 증명하라.

1. $PF_1+PF_2<QF_1+QF_2$ (왼쪽 $=2a$, Q는 외부에 있다)

2. $PR+PF_2<QR+QF_2$

3. P는 F_2에서 R까지의 직선이다.

4. $\alpha=\beta$: 반사 성질이 증명되었다.

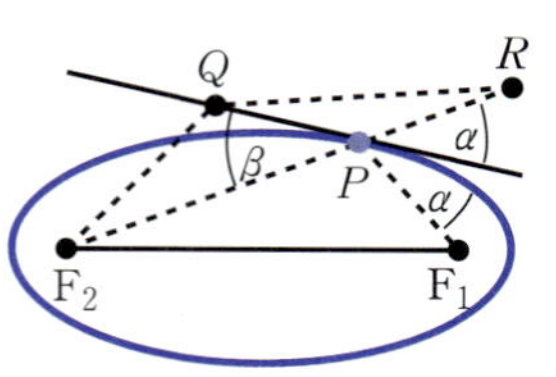

31 타원 $(x-3)^2/4+(y-1)^2/4=1$는 중심이 ____에 있고 반지름이 ____인 실제 ____이다. $X^2+Y^2=1$이 되도록 X와 Y를 선택하라.

32 타원 $x^2/a^2+y^2/b^2=1$의 외접 사각형의 넓이를 구하라.

33 $\sin\alpha=\cos\alpha=1/\sqrt{2}$인 식 (7)을 사용해서 $x^2+xy+y^2=1$의 축을 회전시켜라. $x'y'$식은 타원을 보여준다.

34 태양을 도는 지구 궤도에서 a, b, c는 무엇인가?

35 다음을 만족하는 쌍곡선을 찾아라.

(a) 꼭짓점 $(0, \pm 1)$, 초점 $(0, \pm 2)$

(b) 꼭짓점 $(0, \pm 3)$, 점근선 $y=\pm 2x$

(c) 곡선 위의 점 $(2, 3)$, 점근선 $y=\pm x$

36 (x_0, y_0)에서 $y^2-x^2=1$의 기울기를 찾아라. $yy_0-xx_0=1$이 이 점을 오른쪽 기울기를 가지면서 통과하는 것을 보여라(이는 접선이어야 한다).

37 (x, y)로부터 $(8, 0)$과 $(-8, 0)$까지 거리의 차가 10일 때, (x, y)를 지나는 쌍곡선은 무엇인가?

38 워털루 전투에서 나폴레옹이 대포 소리를 듣고 1초 후 웰링턴 공이 이 소리를 들었다면, 대포는 초점이 ____인 ____위 어딘가에 있다.

39 y^2-4y는 $(y-2)^2=$____의 일부이고 $2x^2+12x$는 $2(x+3)^2=$____의 일부이다. 따라서 $y^2-4y-2x^2-12x=0$은 쌍곡선 $(y-2)^2-2(x+3)^2=$____을(를) 준다. 이 쌍곡선의 중심은 ____이고 이는 ____쪽으로 열려 있다.

40 문제 39에 따르면 $y^2+2y=x^2+10x$는 X, Y, C가 ____와(과) 같을 때 $Y^2=X^2+C$로 바뀐다.

41 쌍곡선 $x^2-4y^2=1$을 그리고 이 곡선의 초점과 점근선을 구하라.

42~46 2차 곡선(원뿔곡선)에 관한 것들이다.

42 A, C, F가 어떨 때 $Ax^2+Cy^2+F=0$의 근이 없는가(빈 그래프)?

43 $x^2+2xy+y^2+2x+2y+1=0$은 단일 직선의 방정식(제곱)임을 보여라.

44 평면의 주어진 임의의 ____점들에 대해 2차 곡선 $Ax^2+\cdots+F=0$은 이 점들을 지난다.

45 (a) 평면 $z=ax+by+c$가 원뿔 $z^2=x^2+y^2$과 만날 때, 평면 방정식을 제곱하여 z를 소거하라. $Ax^2+Bxy+Cy^2+Dx+Ey+F=0$의 형태로 써라.

(b) B^2-4AC를 a와 b의 항으로 나타내라.

(c) $a^2+b^2<1$이면 평면은 원뿔과 타원에서 만나고 $a^2+b^2>1$(더 가파르다)이면 쌍곡선에서 만남을 보여라.

46 $ax^2+bx+c=0$의 근도 역시 특별한 조합인 b^2-4ac와 관련이 있다. 이 2차식은 ___(이)면 두 개의 근을 가지고 ___(이)면 근을 갖지 않는다. $b^2=4ac$일 때 근은 하나인데, 이는 x축에 접하는 포물선과 같은 경우이다.

3.6 반복법 $x_{n+1}=F(x_n)$

반복법iteration**은 동일한 함수를 반복하는 것을 의미한다.** 함수 $F(x)=\cos x$라 가정하자. $x_0=1$과 같은 임의의 초깃값을 선택하고 이 값에 코사인을 취하면 $x_1=\cos x_0=0.54$이다. **그런 후 x_1에 코사인을 취하자.** 이는 $x_2=\cos 0.54=0.86$을 준다. 반복법은 $x_{n+1}=\cos x_n$이다. 이 반복법은 라디안 모드에서의 계산기에서 'cos' 버튼을 계속 누르는 것과 같다. 이전의 수들은 중요하지 않다. 중요한 것은 12 또는 30 또는 100 단계 이후의 결과들이다.

예제 1 $x_{12}=0.75,\ x_{13}=0.73,\ x_{14}=0.74,\ \cdots,\ x_{29}=0.7391,\ x_{30}=0.7391$

목표는 x가 왜 $x^*=0.739085\cdots$에 가까이 가는가를 설명하는 것이다. 모든 초깃값 x_0은 같은 숫자 x^*로 귀결된다. **0.7391에서 특별한 점은 무엇인가?**

NOTE _ $x_1=\cos x_0$와 $x_2=\cos x_1$는 $x_2=\cos^2 x_0$을 의미하는가? 절대로 아니다! 반복법은 새로운 다른 함수 $\cos(\cos x)$를 만든다. 이는 cos 버튼을 사용하는 것이지 지곱 버튼을 사용하는 것은 아니다. 세 번째 단계는 $F(F(F(x)))$를 만든다. 가능한 한 빨리 $x_{n+1}=\frac{1}{2}\cos x_n$을 반복한다면 x가 접근하는 극한은 얼마인가? $\frac{1}{2}(0.7391)$인가?

이 질문들을 이해하도록 천천히 살펴보자. **핵심 아이디어는 식 $x_{n+1}=F(x_n)$에 의해서 표시된다는 것이다.** x_0을 F에 대입하면 x_1을 얻는다. 이 출력 x_1은 x_2를 얻을 수 있는 입력이 된다. 다시 출력 x_2는 입력이 되고 $x_3=F(x_2)$를 얻는다. 이것이 **반복법**이고 이는 수열 $x_0, x_1, x_2, \cdots$를 생산한다.

x는 함수 F에 따라서 극한 x^*에 근접할지도 모른다. 때때로 x^*는 초깃값 x_0에 의존할 수도 있고, 극한이 없을 때도 있다. 계산기가 필요하지 않은 두 번째 예제를 살펴보자.

예제 2 $x_{n+1} = F(x_n) = \frac{1}{2}x_n + 4$에 대하여 $x_0 = 0$에서 시작하면 이 수열은

$$x_1 = \frac{1}{2}\cdot 0 + 4 = 4,\ x_2 = \frac{1}{2}\cdot 4 + 4 = 6,\ x_3 = \frac{1}{2}\cdot 6 + 4 = 7,\ x_4 = \frac{1}{2}\cdot 7 + 4 = 7\frac{1}{2}, \cdots$$

이다. 이 숫자들 $0, 4, 6, 7, 7\frac{1}{2}, \cdots$은 $x^* = 8$에 근접하는 것처럼 보인다. 컴퓨터를 사용해 보면 확신할 수 있을 것이다. 우리가 8을 특별하게 느낀다면 수학을 이용해 이를 확신할 수 있다.

$$x\text{가 } x^*\text{에 가까이 갈 때, } x_{n+1} = \frac{1}{2}x_n + 4\text{의 극한은 } x^* = \frac{1}{2}x^* + 4\text{이다.}$$

$$\text{이 극한 식은 } x^* = 8\text{이다.}$$

8은 $8 = F(8)$이므로 입력과 출력이 같은 '정상 상태'이다. 이것은 **고정점** fixed point이다. 만약 $x_0 = 8$에서 시작한다면, 이 수열은 $8, 8, 8, \cdots$이 된다. 우리가 $x_0 = 12$에서 시작하면 이 수열은 8을 향해 뒤로 간다.

$$x_1 = \frac{1}{2}\cdot 12 + 4 = 10,\ x_2 = \frac{1}{2}\cdot 10 + 4 = 9,\ x_3 = \frac{1}{2}\cdot 9 + 4 = 8.5, \cdots$$

극한을 위한 식 : 반복법 $x_{n+1} = F(x_n)$이 x^*에 수렴하면, $x^* = F(x^*)$이다.

결론적으로 8은 $\frac{1}{2}\cdot 8 + 4$와 같기 때문에 특별한 수이다. 또한 $0.7391\cdots$은 $\cos 0.7391\cdots$과 같기 때문에 특별한 수이다. **$y = x$와 $y = F(x)$의 그래프는 x^*에서 교차한다.** x가 왜 수렴하는지(또는 왜 그들이 수렴하지 않는지)를 설명하는 것은 미적분의 일이다.

예제 3 $x_{n+1} = x_n^2$은 두 개의 고정점 $0 = 0^2$, $1 = 1^2$을 갖는다. 여기서 $F(x) = x^2$이다.

$x_0 = \frac{1}{2}$에서 시작하면 수열 $\frac{1}{4}, \frac{1}{16}, \frac{1}{256}, \cdots$은 $x^* = 0$으로 빠르게 간다. $x^* = 1$로 접근하는 유일한 값은 (당연히) $x_0 = 1$ 또는 $x_0 = -1$에서 시작할 때이다. $x_0 = 2$에서 시작하면 우리는 $4, 16, 256, \cdots$를 얻고 이 수열은 $+\infty$로 발산한다.

각각 x^*는 '**끌림의 분지** basin of attraction' 12를 가진다. 분지에는 x^*로 연결되는 모든 시작점 x_0이 포함된다. [예제 1]과 [예제 2]에서 모든 x_0은 0.7391과 8로 연결된다. 분지는 모든 실수였다(이는 여전히 증명이 필요하다). [예제 3]은 범위 $-1 < x_0 < 1$, 두 점 $x_0 = \pm 1$, 그리고 나머지 모든 수들로서 3개의 분지를 가지고 있다. 분지의 바

12 끌림의 분지는 점들이 특정 부분으로 자발적으로 이동하는 점들의 집합을 의미한다.

깥 점인 $|x_0| > 1$은 $\pm\infty$로 연결된다. 직접 계산기를 이용하여 $F(x) = x - \tan x$의 끌림의 분지와 극한을 찾아보길 바란다.

[예제 3]에서 $x^* = 0$은 **당긴다** attracting. 즉 x^* 근처의 점들은 x^*를 향해 움직인다. 고정점 $x^* = 1$은 **밀어낸다** repelling. 즉 1 부근의 점들은 멀리 달아난다. 이제 x^*가 당기는지 또는 쫓아내는지를 결정하는 법칙을 찾고자 한다. **핵심은 x^*에서의 기울기 dF/dx이다.**

> 10 고정점 $x^* = F(x^*)$ 근처의 임의의 점 x_0에서 시작할 때
>
> x^*에서 $|dF/dx|$가 1보다 작으면 x^*는 **당긴다**.
>
> x^*에서 $|dF/dx|$가 1보다 크면 x^*는 **밀어낸다**.

우선 미적분을 이용한 증명을 제시할 것이다. 그 다음 '거미줄'로 수렴에 대한 그림을 얻는 증명을 할 것이다. 두 방법 모두 당김에 대한 중요한 테스트인 $|dF/dx| < 1$을 만족시킬 것이다.

첫 번째 증명 : $x_{n+1} = F(x_n)$에서 $x^* = F(x^*)$를 뺀다. 그러면 차 $x_{n+1} - x^*$는 $F(x_n) - F(x^*)$와 같고, 이는 ΔF이다. 미적분의 기본적인 아이디어는 ΔF는 $F'\Delta x$와 가깝다는 것이다.

$$x_{n+1} - x^* = F(x_n) - F(x^*) \approx F'(x^*)(x_n - x^*) \tag{1}$$

'오차' $x_n - x^*$는 기울기 dF/dx에 의해서 곱해진다. 다음 오차 $x_{n+1} - x^*$는 x^*에서 $|F'| < 1$인지 또는 $|F'| > 1$인지에 따라서 더 작아지거나 커진다. 모든 단계는 대략적으로 $F'(x^*)$에 의해 곱해진다. **$F'(x^*)$의 크기는 수렴 속도를 조절한다.**

[예제 1]에서 $F(x)$는 $\cos x$이고 $F'(x)$는 $-\sin x$이다. 0.7391로 당김이 있는데 이는 $|\sin x^*| < 1$이기 때문이다. [예제 2]에서 F는 $\frac{1}{2}x + 4$이고 F'은 $\frac{1}{2}$이며 8에서 당김이 있다. [예제 3]에서 F는 x^2이고 F'은 $2x$이다. 이때 $x^* = 0$($F' = 0$인 곳)에서 초당김superattraction [13]이 있고, $x^* = 1$($F' = 2$인 곳)은 밀어냄이 있다.

13 반복법이 급격하게 수렴하는 현상을 말한다.

큰 어려움이 하나 있다. 식 (1)에서의 근사는 x^* 근처에서만 성립한다. 만약 x_0이 멀리 떨어져 있다면, 수열은 여전히 x^*에 가까워지는가? 몇 개의 당기는 점들이 있다면, 어떤 x^*에 도달하겠는가? 이 질문은 식 $x^* = F(x^*)$ 또는 $f(x) = 0$를 푸는 좋은 반복법으로부터 시작했다. 여기서 우리는 **뉴턴법**을 발견한다. 다음 절에서 수렴하지도 발산하지도 않는 이상하지만 굉장한 반복법을 알아볼 것이고, 이들은 '프랙털', '칸토어 집합', '혼돈'으로 연결된다.

반복법의 수학은 끝나지 않는다. 이는 절대로 끝나지 않을지도 모르지만, 우리는 답에 수렴해 가고 있다. 함수를 선택하여 반복법을 실행해보라.

반복법의 그래프 : 거미줄

$x_{n+1} = F(x_n)$은 동시에 두 그래프와 관련되어 있다. 하나는 $y = F(x)$의 그래프이고, 다른 하나는 $y = x$의 그래프(45° 직선)이다. 반복법은 이 두 그래프를 왔다 갔다 한다. 이는 전체 과정을 보기 위한 매우 편리한 방법이다.

[예제 1]은 $x_{n+1} = \cos x_n$이었다. [그림 3-19]는 $\cos x$의 그래프와 '거미줄'을 보여준다. 45° 직선 위의 점 (x_0, x_0)에서 시작하면, 법칙은 $x_1 = F(x_0)$에 기반을 둔다.

> (x_0, x_0)에서 **곡선 위의 점** (x_0, x_1)으로 올라가거나 내려간다.
> (x_0, x_1)에서 45° **직선 위의 점** (x_1, x_1)을 지난다.

이 단계들은 영원히 반복된다. x_1에서 곡선 위의 $F(x_1)$로 올라간다. 이 높이는 x_2이다. 이제 (x_2, x_2)에서 45° 직선을 지난다. 반복법은 $(x^*, x^*) = (0.7391, 0.7391)$에 목표를 두고 있다. 이는 두 그래프 $y = F(x)$와 $y = x$의 교점crossing point이다.

[예제 2]는 $x_{n+1} = \frac{1}{2}x_n + 4$이었다. 두 그래프 모두 직선이다. 거미줄은 한 방향인데, $(0, 0)$에서 $(0, 4)$, $(4, 4)$, $(4, 6)$을 거쳐 $(6, 6)$으로 이어진다. y(수직선)의 변화에 따라 x(수평선)가 어떻게 변하는지를 주목하라. $F(x)$의 기울기는 $\frac{1}{2}$이므로 8까지의 거리는 각 단계마다 $\frac{1}{2}$씩 곱해진다.

[예제 3]은 $x_{n+1} = x_n^2$이었다. $y = x^2$의 그래프는 두 고정된 점 $0^2 = 0$, $1^2 = 1$에서 45° 직선과 만난다. [그림 3-20(a)]는 1 근처에서 반복법을 시작하지만 빠르게 멀어진다. 이 고정점은 쫓아내는 점인데 이는 $F'(1) = 2$이기 때문이다. 시작점에서 $x^* = 1$까지의 거리는 두 배이다. 다른 경로인 초 당기는 점[14]은 $x^* = 0$으로 보내는데 이는 $F' = 0$이기 때문이다. $x_0 > 1$로부터의 경로는 무한대로 발산한다.

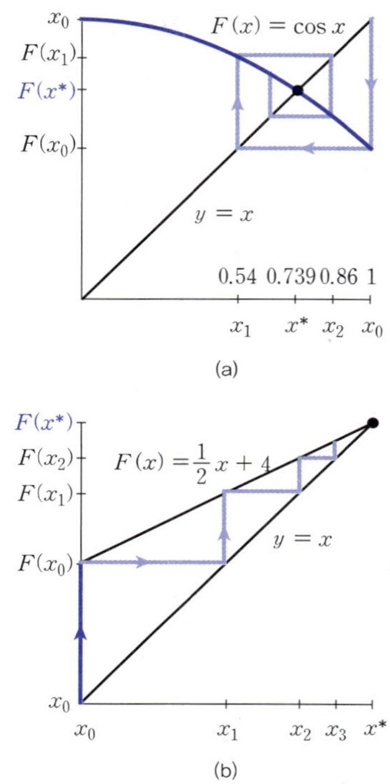

[그림 3-19] 거미줄은 (x_0, x_0)에서 (x_0, x_1)을 거쳐서 (x_1, x_1)으로(직선에서 곡선으로) 간다.

14 반복법이 급격하게 수렴하는 점을 말한다.

예제 4 $F(x)$는 두 개의 당기는 점 x^*를 가진다(쫓아내는 점 x^*는 항상 이 둘 사이에 있다).

[그림 3-20(b)]는 기울기가 0인 직선과의 두 교점을 보여준다. 반복법과 거미줄은 빠르게 수렴한다. 수렴하는 방향을 따라서 $F(x)$의 그래프는 반드시 45° 직선을 아래에서 지나야 한다. 이를 위해서는 기울기가 1보다 커야 한다. 거미줄은 끌림의 분지를 분리하는 이 불안정한 점으로부터 발산한다. 고정점 $x = \pi$는 그 자체로 분지 안에 있다!

NOTE 1_ $0 < dF/dx < 1$일 때 x는 한쪽에서 x^*에 접근한다.

NOTE 2_ 끌림의 분지는 x_0로부터 먼 점을 포함할 수 있다(분지에 무한히 많은 조각들이 들어올 수 있다). 이는 문제를 흥미롭게 만든다. 3.7절에서 어떠한 고정점도 당기지 않는 '순환'과 '혼돈'을 살펴볼 것이다.

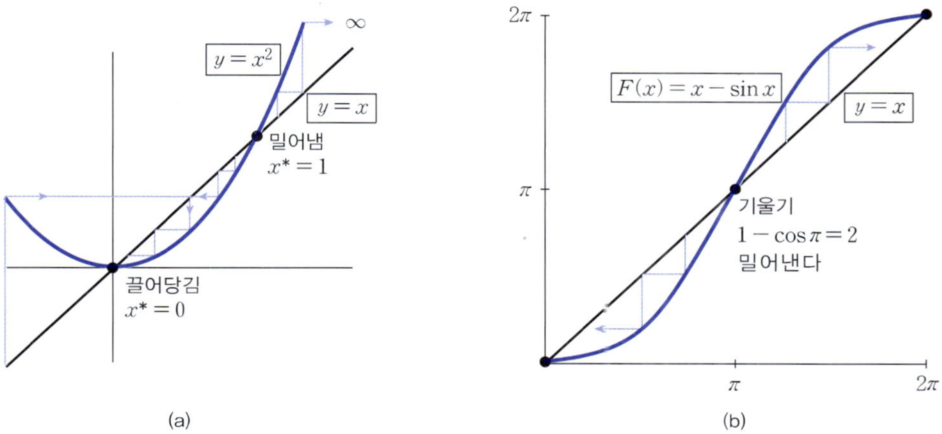

[그림 3-20] 수렴하고 발산하는 거미줄 $F(x) = x^2$과 $F(x) = x - \sin x$

반복법 $x_{n+1} = X_n - cf(x_n)$

이 시점에서 여러분에게 선택권을 제공한다. 한 가지 선택권은 '뉴턴법'을 다루는 다음 절로 바로 넘어가는 것이다. 이 방법은 $f(x) = 0$를 푸는 반복법이다. 함수 $F(x)$는 x_{n+1}을 위한 최적의 식을 얻기 위해 x_n와 $f(x_n)$, $f'(x_n)$을 합친다. 우리는 뉴턴법이 얼마나 빨리 작동하는지를 볼 것이다. 이는 방정식을 푸는 하나의 뛰어난 알고리즘이며 이는 전적으로 접선의 근사를 통해 구상되었다.

다른 선택권은 반복법의 전체 구성 요소를 (미적분을 통하) 이해하는 것이다. 이 구성 요소는 우리가 처리할 수 있는 숫자 c에 달려 있다. **c의 최선의 선택은 뉴턴법을 만든다.** 반복법은 결코 새롭고 독특한 아이디어가 아니다. 이는 과학 계산의 기초적인 기술이다. $f(x^*) = 0$에 도달할 수 있는 많은 방법들이 있다는 것을 깨닫는 것으로부터 시작한다(이 책에서는 해를 x^*로 쓴다). 좋은 알고리즘은 국소적인 시간에서 보면 뉴턴법으로 바뀔 수도 있다. 반복법은 다음 점 x_{n+1}을 결정하기 위해 다음과 같이 $f(x_n)$을 사용한다.

$$x_{n+1} = F(x_n) = x_n - cf(x_n) \tag{2}$$

$F(x)$가 $f(x)$로부터 어떻게 만들어졌는지에 주목하라($F(x)$와 $f(x)$는 서로 다르다!). f를 우변으로 옮기고 '선조건수 preconditioner'[15] c를 곱한다. c(이 수가 단계마다 바뀔 경우는 c_n)의 선택은 매우 중요하다. 초기 추측 x_0 역시 중요하다(하지만 정확도

15 주어진 계산을 효율적으로 하게 하기 위한 숫자를 의미한다.

를 항상 조정할 수 있는 것은 아니다).

x_n이 x^*에 수렴한다고 가정하자. 그러면 식 (2)의 극한은

$$x^* = x^* - cf(x^*) \tag{3}$$

이다. 이는 $f(x^*) = 0$을 준다. 만약 x_n이 극한을 가진다면 오른쪽 식이 풀린다. x_n의 극한은 F의 고정점이다(이 때 $c_n \to c \neq 0$이고 $f(x_n) \to f(x^*)$를 가정할 수 있다). 다음 두 가지 핵심 질문은 모두 기울기 $F'(x^*)$로 답할 수 있다.

1. x_n은 얼마나 빨리 x^*에 가까워지는가(또는 x_n은 발산하는가)?
2. c(또는 c_n)의 좋은 선택은 무엇인가?

예제 5 $f(x) = ax - b$는 $x^* = b/a$에서 0이다. 반복법 $x_{n+1} = x_n - c(ax_n - b)$는 실제 나눗셈 없이 의도적으로 b/a를 찾게 한다(과거에는 컴퓨터가 나눗셈을 할 수 없어서 반복법을 사용했다). 양변에 x^*를 빼서 오차와 관련된 다음 식을 얻는다.

$$x_{n+1} - x^* = x_n - x^* - c(ax_n - b)$$

b를 ax^*로 바꾸면 우변은 $(1 - ca)(x_n - x^*)$이다. 이 '오차 방정식'은 다음과 같다.

$$(\text{오차})_{n+1} = (1 - ca)(\text{오차})_n \tag{4}$$

매 단계에서 오차는 F'인 $(1 - ca)$만큼 곱해진다. 오차는 $|F'|$가 1보다 작을 때 0으로 간다. 절댓값 $|1 - ca|$는 모든 것을 결정한다.

$$x_n\text{은 } x^*\text{에 수렴하는 것과 } -1 < 1 - ca < 1\text{은 동치이다.} \tag{5}$$

완벽한 선택은 $c = 1/a$인데, 이때 곱하는 수 $1 - ca$는 0이 된다. 그러면 한 번의 반복은 $x_1 = x_0 - (1/a)(ax_0 - b) = b/a$와 같은 정확한 답을 준다. 이것은 [그림 3-21(a)]에서 한 번에 수렴하는 수평선이다. 하지만 다른 직선들을 보라.

이 예제는 미적분이 필요하지 않다. 선형방정식은 미적분을 사용할 필요가 전혀 없다. 핵심 아이디어는 x^* 근처에서 비선형방정식 $f(x) = 0$은 거의 선형이라는 것이다. 즉 이때 접선 근사를 적용한다. 여러분은 미분에 대한 물음으로 시작하지 않은 문제에 미적분이 어떻게 활용되는지를 보고 있다.

최적의 c를 선택

즉각적인 목표는 오차 $x_n - x^*$를 연구하는 것이다. 그들은 곱하는 수가 작을 때 빠르게 0으로 간다. $x_{n+1} = x_n - cf(x_n)$을 이해하기 위해 식 $x^* = x^* - cf(x^*)$를 빼면 다음과 같다.

$$x_{n+1} - x^* = x_n - x^* - c(f(x_n) - f(x^*)) \tag{6}$$

이제 미적분을 적용하자. **f의 차는 df/dx를 생각나게 한다** 이때 $f(x_n) - f(x^*)$ 대신 $A(x_n - x^*)$를 대입한다. 여기서 A는 x^*에서의 기울기 df/dx를 의미한다.

$$x_{n+1} - x^* \approx (1 - cA)(x_n - x^*) \tag{7}$$

이는 **오차 방정식**이다. $n+1$단계에서 새로운 오차는 근사적으로 이전 오차에 $m = 1 - cA$를 곱한 것이다. 이는 선형 예제에서 $m = 1 - ca$에 상응한다. 우리는 기본 검증법인 $|m| = |F'(x^*)| < 1$로 계속 돌아가고자 한다.

> 11 x^* 근처에서 시작할 경우 오차 $x_n - x^*$는 곱하는 수가 $|m| < 1$일 때 0으로 간다. 완벽한 선택은 $c = 1/A = 1/f'(x^*)$이다. 그러면 $m = 1 - cA = 0$이다.

어려운 점이 딱 한 가지 있다. 우리는 x^*를 모른다는 것이다. 즉 완벽한 c를 모른다. 이는 미지의 해에서의 기울기 $A = f'(x^*)$에 달려 있다. 하지만 x_n에서의 기울기를 이용하여 x^*에 가까이 갈 수 있다.

$c_n = 1/f'(x_n)$을 선택하라. 그러면 $x_{n+1} = x_n - f(x_n)/f'(x_n) = F(x_n)$이다.

이것이 바로 뉴턴법이다. 곱하는 수 $m = 1 - cA$는 우리가 만들 수 있는 능력 한에서 충분히 0과 가깝다. df/dx를 $F(x)$에 포함시킴으로써 뉴턴법은 반복법의 속도를 높일 수 있다.

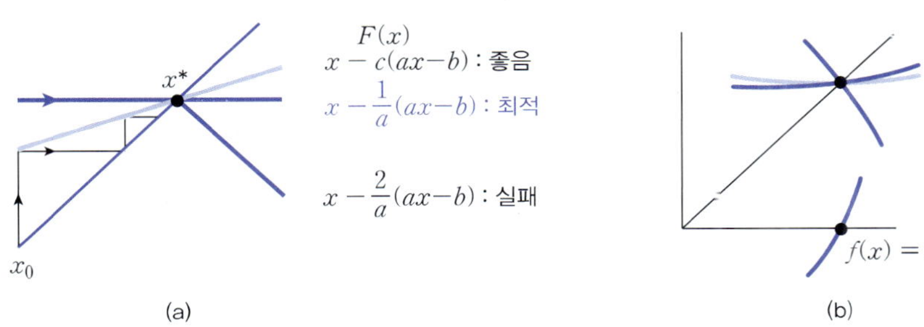

$F(x)$	$F'(x^*)$
$x - f(x)/f'(x_0)$	0.018
$x - f(x)/f'(x)$	0.000
$x - f(x)$	-1.435

[그림 3-21] (a) 오차의 곱하는 수는 $m = 1 - cf'(x^*)$이다. (b) 뉴턴법은 $c = 1/f'(x_n)$과 $m \to 0$을 보인다.

예제 6 $f(x)=2x-\cos x=0$을 다른 반복법(다른 c)을 이용해서 풀어라.

$y=2x$는 $x=\frac{1}{2}$ 근처의 어딘가에서 코사인 곡선을 지나간다. $2x^*=\cos x^*$인 교점을 구하는 식은 결코 간단하지 않다. $x_0=\frac{1}{2}$에서 시작하고, 다른 c를 세 개 더 선택하여 $x_{n+1}=x_n-c(2x_n-\cos x_n)$을 반복한다.

$c=1$ 또는 $c=1/f'(x_0)$ 또는 뉴턴법에 의한 $c_n=1/f'(x_n)$을 c로 취하자.

	$c=1$	$c=1/f'(x_0)$	$c_n=1/f'(x_n)$
$x_0=0.50$			
$x_1=$	0.38	0.45063	0.45062669
$x_2=$	0.55	0.45019	0.45018365
$x_3=$	0.30	0.45018	0.45018361 $\cdots$

$c=1$열은 발산한다(x^*로부터 밀려난다). 두 번째 열은 수렴을 보여준다(x^*에 당겨진다). 세 번째 열(뉴턴법)은 매우 빨리 x^*가 0.4501836에 접근하고 x_3의 7자리 이상의 자릿수가 정확하다.

이 수렴은 예측한 것과 얼마나 일치하는가? $f'(x)=2+\sin x$이므로 $A=2.435$임에 주목하자. 각 열 아래로 가면서 실제 오차 x_n-x^*가 열 가장 아래에 있는, 우리가 예측한 m이 곱해졌는지를 살펴보자.

	$c=1$	$c=1\Big/\left(2+\sin\frac{1}{2}\right)$	$c_n=1/(2+\sin x_n)$
$x_0-x^*=$	0.05	$4.98\cdot10^{-2}$	$4.98\cdot10^{-2}$
$x_1-x^*=$	-0.07	$4.43\cdot10^{-4}$	$4.43\cdot10^{-4}$
$x_1-x^*=$	0.10	$7.88\cdot10^{-6}$	$3.63\cdot10^{-8}$
$x_2-x^*=$	-0.15	$1.41\cdot10^{-7}$	$2.78\cdot10^{-16}$
곱하는 수	$m=-1.4$	$m=0.018$	$m\to0$(뉴턴법)

첫 번째 열은 -1보다 작은 곱하는 수를 보여준다. 오차는 매 단계에서 증가한다. m은 음수이기 때문에 오차는 부호를 바꾼다. 즉 거미줄은 바깥쪽으로 간다.

두 번째 열은 $m=0.018$과 함께 수렴을 보여준다. 이는 뉴턴법을 한 단계 거친 후 c를 고정한다. n 단계 후 오차는 $m^n=(0.018)^n$에 비율적으로 가까워진다. 이는 좋은 곱하는 수를 동반한 '**선형 수렴**linear convergence'이다.

세 번째 열은 뉴턴법의 '**2차 수렴**quadratic convergence'을 보여준다. 오차에 m을 곱하는 것은 이전보다 더 당기는데 이는 $m\to0$이기 때문이다. 사실 m 그 자체는 오차에 비례하므로, **매 단계마다 오차는 제곱이 된다**. [연습문제 3.8.31]은 $(\text{오차})_{n+1}\le M(\text{오차})_n^2$임을 보여준다. 이 제곱은 10^{-2}을 10^{-4}, 10^{-8}을 거쳐 '임의의 작은 수 ε'으로 전달한다. 뉴턴법이 수렴함에 따라 유효 숫자의 개수는 각 단계마다 두 배가 된다.

1. $c=1$로 선택하면 $x_{n+1}=x_n-f(x_n)$을 생산한다. 이는 '연속적인 대입'이다. 식 $f(x)=0$은 $x=x-f(x)$로 다시 쓸 수 있고, 각 x_n은 x_{n+1}을 생산하기 위해 다시 대입된다. $c=1$을 동반한 반복법은 항상 실패하지 않는다!
2. 뉴턴법은 f가 아닌 f/f'의 연속적인 대입이다. 그러면 $m\approx 0$이다.
3. 에드워드[Edwards]와 페니[Penney]는 같은 $2x=\cos x$를 예제로 선택했다. 하지만 영리하게도 이를 $x_{n+1}=\frac{1}{2}\cos x_n$으로 썼고, 이는 $|F'|=\left|\frac{1}{2}\sin x\right|<1$을 가진다. 이 반복법은 여러 선택지 중에 $c=\frac{1}{2}$인 수열 형태를 만족하므로 수렴한다. 우리는 이전에 반복법의 극한이 $\frac{1}{2}(0.7391)$이라 생각했었다. 틀렸다! 이것은 $x^*=0.450\cdots$이다.
4. $c=1/f'(x_0)$로 선택하는 것은 '**수정된 뉴턴법**'이다. 한 번의 뉴턴법 이후, c를 고정한다. 이 단계는 더 빠른데, 새로운 $f'(x_n)$을 필요로 하지 않기 때문이다. 하지만 우리는 더 많은 단계가 필요하다. 수백만 달러가 뉴턴법에 사용되었고, 따라서 속도는 중요하다. 모든 형태에서 $f(x)=0$은 핵심 계산 문제이다.

3.6 문장제 문제

01 $x_{n+1}=x_n^3$는 __a__을(를) 묘사한다. 한 단계 후 $x_1=$ __b__이다. 두 단계 후 $x_2=F(x_1)=$ __c__이다. 입력=출력 또는 $x^*=$ __d__(이)면 x^*는 __e__점이다. $F=x^3$은 $x^*=$ __f__에서 __g__ 고정점을 가진다. 고정점 근처에서 시작하면 __h__ <1일 때 x_n은 고정점으로 수렴한다. 이는 $x_{n+1}-x^*=F(x_n)-F(x^*)\approx$ __i__이기 때문이다. 이 점은 __j__(이)라 불린다. 만약 __k__(이)면 x_n은 쫓겨난다. $F=x^3$에 대해서 고정점은 $F'=$ __l__을(를) 가진다. 거미줄은 (x_0,x_0)에서 (,), (,)을(를) 거쳐 $(x^*,x^*)=$ __m__(으)로 수렴한다. 이는 $y=x^3$과 $y=$ __n__와(과)의 교점이고 이는 초당김인데 __o__ 때문이다.

02 $f(x)=0$은 $x_{n+1}=x_n-cf(x_n)$을 반복하여 풀 수 있는데, 이 경우 $F'(x^*)=$ __p__이다. $x^*=x^*-cf(x^*)$를 뺌으로써, 오차 방정식은 $x_{n+1}-x^*\approx m($ __q__ $)$이고, 곱하는 수는 $m=$ __r__이다. 오차는 __s__일 때 0에 가까이 간다. $c_n=$ __t__(으)로 선택하면 뉴턴법을 생산한다. $c=1$으로 선택하는 것은 '연속적인 __u__'이고, $c=$ __v__(으)로 선택하는 것은 수정된 뉴턴법이다. x^*으로의 수렴은 __w__인 경우이다.

03 우리는 반복법 $x_{n+1}=F(x_n)$를 연구하는 세 가지 방법을 얻었다. (1) 다른 x_0으로부터 $x_1, x_2, \cdots$를 계산한다. (2) 고정점 x^*를 찾고 $|dF/dx|<1$을 검증한다. (3) 거미줄을 그린다.

3.6 연습문제

01~08 $x_0 = 0.6$과 $x_0 = 2$로부터 시작하여 $x_1, x_2, \cdots$를 계산한 후, 수렴하는지 검증하라.

01 $x_{n+1} = x_n^2 - \frac{1}{2}$

02 $x_{n+1} = 2x_n(1 - x_n)$

03 $x_{n+1} = \sqrt{x_n}$

04 $x_{n+1} = 1/\sqrt{x_n}$

05 $x_{n+1} = 3x_n(1 - x_n)$

06 $x_{n+1} = x_n^2 + x_n - 2$

07 $x_{n+1} = \frac{1}{2}x_n - 1$

08 $x_{n+1} = |x_n|$

09 문제 01~06의 모든 고정점들에서 dF/dx를 확인하라. 그들은 당기는가? 아니면 밀어내는가?

10 $x_0 = -1$에서 수열 $x_{n+1} = -x_n^3$을 계산하라. 이 수열의 '순환'과 함께 거미줄을 그려라. 두 단계를 통하여 $x_{n+2} = x_n^9$가 도출되며, 고정점들은 _____이다.

11 $x_0 = 2$에서 시작해서 $x_{n+1} = \frac{1}{2}x_n - 1$과 $x_{n+1} = 1 - \frac{1}{2}x_n$을 위한 거미줄을 그려라.

법칙 : 거미줄은 dF/dx가 _____일 때, 양방향이다.

12 주기점[16] $x_0 = 0$에서 시작해서 $x_{n+1} = x_n^2 - 1$의 거미줄을 그려라. 다른 주기점은 _____이다. 반복법이 $0, -1, 0, -1, \cdots$로 수렴한다는 것을 확인하기 위해 $x_0 = 0.1$ 근처에서 시작하라.

13~16 반복법을 이용하여 오차 1% 이내로 다음 식을 풀어라.

13 $x = \cos \frac{1}{2}x$

14 $x = \cos^2 x$

15 $x = \cos \sqrt{x}$

16 $x = 2x - 1(?)$

17 $x_{n+1} = a(x_n - x_n^2)$은 어떤 수 a에 대해서 $x^* = 0$에 수렴하는가?

18 $x_{n+1} = a(x_n - x_n^2)$은 어떤 수 a에 대해서 $x^* = (a-1)/a$에 수렴하는가?

19 '혼돈'을 확인하기 위해 $x_{n+1} = 4(x_n - x_n^2)$을 반복하라. x_n은 왜 $x^* = \frac{3}{4}$에 접근하지 않는가?

20 $F(x) = x^2 - \frac{1}{2}$의 한 고정점은 당기고, 다른 한 점은 밀어낸다. 실험 또는 거미줄을 이용하여 당김으로 가는 x_0의 분지를 찾아라.

21 **(중요)** $F(x) = ax + s$의 고정점을 찾아라. 이 점은 언제 당기는가?

22 $a = 1$과 $a = -1$일 때 선형인 $x_{n+1} = ax_n + 4$는 무슨 일이 일어나는가?

23 1000달러로 시작해서 당신은 매년 당신의 돈 절반을 사용한다. 그리고 돈이 아주 많은 고모가 당신에게 매년 1000달러를 준다. 당신의 정상 상태 잔액steady state balance x^*은 얼마인가? 당신이 백만 달러로 시작했다면 x^*는 얼마인가?

24 미국 국가 부채는 한 때 1조 달러였다. 인플레이션은 매년 부채의 가치를 5% 감소시키지만(따라서 $a = 0.95$를 곱한다), 과다 지출은 1000억 달러를 추가한다. 정상 상태일 때 부채 x^*는 얼마인가?

25 $x_{n+1} = b/x_n$는 고정점 $x^* = \sqrt{b}$를 가진다. 이 점에서 $|dF/dx|$가 1임을 보여라(x_0으로부터 시작한 수열은 무엇인가?).

26 $x_{n+1} = x_n^2 + x_n - 3$의 모든 고정점은 쫓아냄을 보여라. 이때 반복법은 무엇을 하는가?

27 5달러짜리 계산기로 제곱근은 취할 수 있지만 세제곱근은 취하지 못한다. 이때 $x_{n+1} = \sqrt{2/x_n}$는 왜 $\sqrt[3]{2}$에 수렴하는지 설명하라.

28 $x_{n+1} = \sin x_n$과 $x_{n+1} = \tan x_n$을 위한 거미줄을 시작하라. 두 가지 경우 모두 $x^* = 0$에서 $dF/dx = 1$이다.

(a) 반복법들은 수렴하는가?

(b) $F' = 1$인 경우 F''에 기반을 둔 이론을 제안하라.

29~32 $f(x) = 0$을 반복법 $x_{n+1} = x_n - cf(x_n)$을 이용하여 성공적인 선택 c와 실패하는 선택 c를 각각 찾아라.

29 $f(x) = x^2 - 4$

30 $f(x) = x^2 - 4x + 3$

31 $f(x) = (x-2)^9 - 1$

32 $f(x) = (1-x)^{-1} - 3$

16 여기서 주기점이란 수열에서 일정한 간격으로 반복되는 점을 의미한다. 예를 들면 수열 $0, 1, 0, 1, 0, 1, \cdots$ 에서 주기점은 0과 1이다.

33 뉴턴법은 매 단계에서 새로운 $c=1/f'(x_n)$을 계산한다. $f(x)=x^3-2=0$과 $f(x)=\sin x-\frac{1}{2}=0$을 위한 반복 식들을 써라.

34 $\sqrt[3]{2}$와 $\pi/6$의 소수점 아래 처음 6자리를 찾기 위해 문제 33을 적용하라.

35 뉴턴법을 $f(x)=x^2-5x+4$에 적용하였을 때, 실험으로 각각의 x^*와 이의 끌림의 분지를 찾아라.

36 먼 점 $x_0=10^6$에서 시작해서 $x^2-1=0$에 뉴턴법을 테스트하라. 우선 오차는 약 $m=\frac{1}{2}$에 의해 줄어든다. $x^*=1$ 근처에서 곱하는 수는 $m=0$에 가까워진다.

37 $x_{n+1}=x_n-c(x_n^2-x_n)$의 각 고정점에서 곱하는 수 m을 찾아라. 다른 c에 대해 수렴을 예측하라(어떤 x^*에 수렴하는가?).

38 $f(x)=x^2-\frac{1}{2}$, $x_0=1$일 때 $c=1$, $c=1/f'(x_0)$, $c=1/f'(x_n)$에 대한 반복법의 표를 만들어라.

39 $x^2-2=0$의 반복에서

(a) x^*에서 dF/dx를 찾아라.

$$x_{n+1}=\frac{1}{2}\left(x_n+\frac{2}{x_n}\right)$$

(b) 뉴턴법은 $F(x)=x-f(x)/f'(x)$를 가진다. $f(x)=0$일 때 $F'=0$임을 보여라. 뉴턴법의 곱하는 수는 $m=0$이다.

40 $f(x)=x^2+2=0$의 근은 무엇이며 근을 찾을 때 뉴턴법은 왜 실패하는가? 이때 $x_n\to\infty$인지 확인하기 위해 뉴턴법을 수행하라.

41 (**컴퓨터 프로젝트**) $F(x)=x-\tan x$는 $\tan x^*=0$인 곳에서 고정점을 가진다. 따라서 x^*는 π의 임의의 상수 배이다. $x_0=2.0$, 1.8, 1.9에서 시작했을 때 각각은 π의 어떤 상수 배($x^*=n\pi$, n은 정수)로 수렴하는가? $1.7<x_0<1.9$의 점들에서 π, 2π, 3π, 4π에서의 끌림의 분지를 찾아라.

임의의 두 분지 사이에 모든 π의 상수 배에 대한 분지가 존재한다. 그리고 이들 사이에 더 많은 분지들이 있다(**프랙털**). 0과 π 사이에 그들을 표시하라. $x_0=1.9$ 근처의 그림을 확대하라.

42 $\cos x$, $\cos(\cos x)$, $\cos(\cos(\cos x))$의 그래프를 그려라. $(\cos)^8 x$의 그래프도 그려라. 이들 그래프는 어디에 가까워지는가?

43 $\sin x$, $\sin(\sin x)$, $\sin^8 x$의 그래프를 그려라. 이 그래프들은 어디에 가까워지는가? 이 그래프들이 가까워지는 점에 왜 느리게 접근하는가?

3.7 뉴턴법(그리고 혼돈)

우리가 풀어야 할 식은 $f(x)=0$이다. 이 식의 근 x^*는 그래프가 x축을 지나는 점이다. [그림 3-22]는 x^*와 초기 추측치 x_0를 보여준다. 우리의 목표는 $f(x_0)$과 $f'(x_0)$의 정보를 바탕으로 추측한 값을 x^*에 가능한 한 가깝게 가도록 하는 것이다.

3.6절에서 x_1을 위한 뉴턴법의 식(그리고 다음 추측치)에 도달했다. 이제 이를 직접적으로 실행할 것이다.

x_0으로부터 무엇을 알 수 있는가? 그래프의 높이는 $f(x_0)$이고 기울기는 $f'(x_0)$이다. 이때 그래프가 어디에 있는지, 곡선이 움직이는 방향은 알지만 육안으로 f''의 값을 알 수 없으므로 곡선이 구부러져 있는지는 모른다. 최선의 계획은 우리가 가지고 있는 모든 정보를 사용하여 **접선을 따르는 것이다**.

뉴턴은 $f(x)$를 x_0에서의 선형 근사(=접선 근사)로 대체했다.

$$f(x) \approx f(x_0) + f'(x_0)(x - x_0) \tag{1}$$

좌변이 0이 되기를 원할 때 할 수 있는 최선의 방법은 우변을 0으로 만드는 것이다! 곡선은 x축을 x^*에서 지나는 반면, 접선은 x_1에서 지난다. 이 새 추측치 x_1은 $f(x_0) + f'(x_0)(x_1 - x_0) = 0$으로부터 나온다. $f'(x_0)$으로 나누어 x_1을 푸는 것이 바로 뉴턴법의 1단계이다.

$$x_1 = x_0 - \frac{f(x_0)}{f'(x_0)} \tag{2}$$

이 새로운 점에서 높이 $f(x_1)$과 기울기 $f'(x_1)$을 계산한다. 그들은 새로운 접선을 주고, 이는 x축을 x_2에서 지난다. **매 단계에서 우리는 $f(x_{n+1}) = 0$을 원하고 $f(x_n) + f'(x_n)(x_{n+1} - x_n) = 0$를 만족한다.** $f'(x_n)$으로 나누어 x_{n+1}에 대한 식을 얻는 것이 바로 뉴턴법이다.

12 x_n에서의 접선은 축을 x_{n+1}에서 지난다.

뉴턴법 $$x_{n+1} = x_n - \frac{f(x_n)}{f'(x_n)} \tag{3}$$

반복법 $x_{n+1} = F(x_n)$는 종종 x^*에 빠르게 수렴한다.

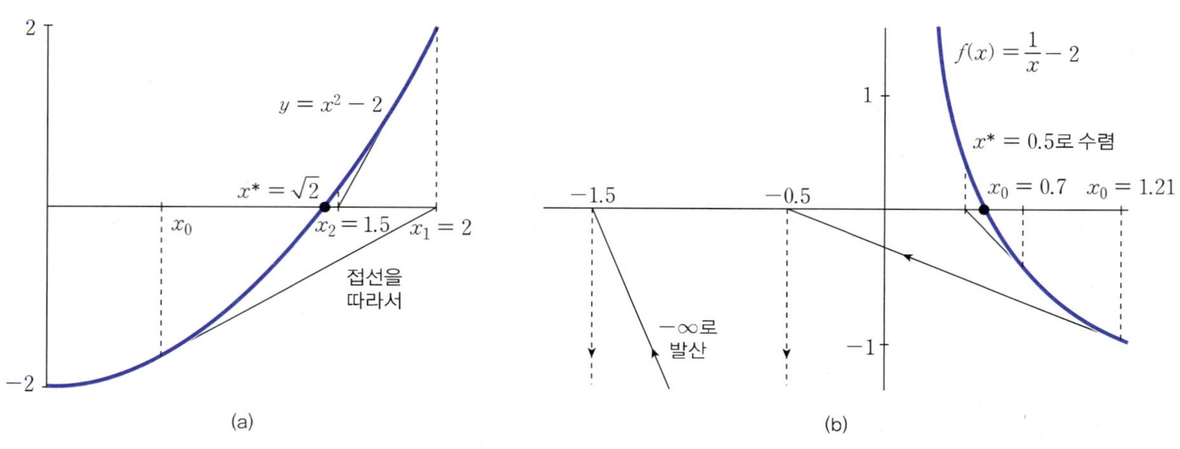

[그림 3-22] x_0에서 x_1을 걸쳐 x_2까지 접선을 따르는 뉴턴법

선형 근사는 세 수 Δx(수평), Δf(위), 기울기 $f'(x)$와 관련이 있다. 만약 우리가 이 중 두 수를 안다면, 나머지 한 수를 추측할 수 있다.

미적분에서 지금 세 가지 계산을 모두 사용했다는 것은 놀랍다. 또한 이 세 가지 계산이 이 주제의 핵심이다.

1. $\Delta f/\Delta x$로부터 기울기 $f'(x)$를 추정한다. (2.1절)
2. $f'(x)\Delta x$로부터 변화 Δf를 추정한다. (3.1절)
3. $\Delta f/f'(x)$로부터 Δx를 추정한다. (뉴턴법)

원하는 Δf는 $-f(x_n)$이다. 식 (3)은 정확히 $\Delta x = -f(x_n)/f'(x_n)$이다.

예제 1 **(제곱근)** $f(x)=x^2-b$는 $x^*=\sqrt{b}$에서 근을 가지고 $-\sqrt{b}$에서도 근을 가진다. 뉴턴법은 제곱근을 찾는 빠른 방법이다(대부분의 계산기에 내장되어 있을 것이다). 기울기는 $f'(x_n)=2x_n$이고, 새로운 추정치를 위한 식 (3)은 다음과 같다.

$$x_{n+1}=x_n-\frac{x_n^2-b}{2x_n}=x_n-\frac{1}{2}x_n+\frac{b}{2x_n} \tag{4}$$

이는 $x_{n+1}=\frac{1}{2}(x_n+b/x_n)$로 정리된다. 즉 **제곱근을 추측하고, b로 나누어 두 수의 평균을 낸다.** 함수 또는 기울기에 대해 알지 못했던 고대의 바빌로니아인은 이와 같은 아이디어를 가지고 있었다. 그들은 $x_{n+1}=F(x_n)$을 반복했다.

$$F(x)=\frac{1}{2}\left(x+\frac{b}{x}\right) \text{와 } F'(x)=\frac{1}{2}\left(1-\frac{b}{x^2}\right) \tag{5}$$

결과적으로 바빌로니아인은 정확하게 계산한 셈이다. 기울기 F'은 $x^2=b$인 해에서 0이다. 이는 뉴턴법을 빠른 속도로 수렴하게 만든다. 수렴 테스트는 $|F'(x^*)|<1$이다. 뉴턴법은 $F'(x^*)=0$을 달성한다. 이는 초수렴superconvergence이다.

$\sqrt{4}$를 찾기 위해 $x_0=1$에서 반복법 $x_{n+1}=\frac{1}{2}(x_n+4/x_n)$를 시작하자. 그러면 $x_1=\frac{1}{2}(1+4)$이다.

$$x_1=2.5, \qquad x_2=2.05, \qquad x_3=2.0006, \qquad x_4=2.000000009$$

잘못된 자릿수는 각 단계마다 2배씩 멀어진다. 즉 **오차는 제곱이 된다.** $x_{n+1}=F(x_n)$의 양변에서 $x^*=2$를 빼는 것은 제곱을 보여주는 오차 방정식을 준다.

$$x_{n+1}-2=\frac{1}{2}\left(x_n+\frac{4}{x_n}\right)-2=\frac{1}{2x_n}(x_n-2)^2 \tag{6}$$

이는 $(\text{오차})_{n+1}\approx\frac{1}{4}(\text{오차})_n^2$이고 뉴턴법의 속도를 설명한다.

NOTE_ 여러분은 x_0에서 이 반복을 시작할 수 없다. 첫 번째 단계는 4/0을 계산하여 발산한다. [그림 3-22(a)]에서 그 이유를 보여준다(0에서의 접선은 수평이다). 이는 절대로 축을 지나지 않을 것이다.

$x_0 = -1$에서 시작하면 뉴턴법은 $+\sqrt{2}$ 대신에 $-\sqrt{2}$로 수렴한다. 이는 또 다른 x^*이다. 뉴턴법이 어떤 x^*를 선택하는지를 예측하는 것은 종종 어렵다. 각 근 주변은 '끌림의 분지'이지만, 분지의 다른 부분은 멀리 떨어져 있을 수도 있다. 따라서 많은 초깃값 x_0과 함께 실험에 의한 여러 수치들도 필요하다.

예제 2 a로 나누지 않고 $x^* = \dfrac{1}{a}$를 찾기 위해 $\dfrac{1}{x} - a = 0$을 풀어라.

여기서 $f(x) = (1/x) - a$이다. 뉴턴법은 $f'(x) = -1/x^2$을 사용한다. 놀랍게도, 여기서 a로 나누지 않는다.

$$x_{n+1} = x_n - \frac{(1/x_n) - a}{-1/x_n^2} = x_n + x_n - ax_n^2 \tag{7}$$

이 반복은 수렴하는가? 여기서는 $a = 2$를 택하고 $x^* = \dfrac{1}{2}$을 목표로 한다. 식 (7)의 양변에서 $\dfrac{1}{2}$을 빼어서 위 반복을 오차 방정식으로 바꾼다.

$$x_{n+1} = 2x_n - 2x_n^2 \text{은 } x_{n+1} - \frac{1}{2} = -2\left(x_n - \frac{1}{2}\right)^2 \text{이 된다.} \tag{8}$$

각 단계에서 오차는 제곱이 된다. 이 사실은 $x^* = \dfrac{1}{2}$에 가까울 때 굉장한 효과를 준다. 그렇지 않으면 큰 오차를 제곱하고 -2를 곱하는 것은 좋지 않다.

$x_0 = 0.70$	$x_1 = 0.42$	$x_2 = 0.487$	$x_3 = 0.4997$	$x_4 = 0.4999998$
$x_0 = 1.21$	$x_1 = -0.5$	$x_2 = -1.5$	$x_3 = -7.5$	$x_4 = -127.5$

[연습문제 3.7.18]의 계산은 이 실험들을 확인한다. $0 < x_0 < 1$이면 빠르게 수렴하고, x_0이 음수이거나 $x_0 > 1$이면 발산한다. 접선의 기울기는 $-x_1$으로 간다. [그림 3-22]는 뒤로의 긴 여정을 보여준다.

3.6절에서 $F(x)$를 그렸다. 반복법 $x_{n+1} = F(x_n)$은 $x^* = F(x^*)$인 45° 직선에 수렴한다. 이번 절에서는 $f(x)$를 그릴 것이다. 이제 x^*는 $f(x^*) = 0$인 축 위의 점이다. 우리가 목표로 한 것은 $f(x^*) = 0$이다. 하지만 $f(x^*) = 0$에 도달하는지를 결정하는 것은 기울기 $F'(x^*)$이다. [예제 2]는 $F(x) = 2x - 2x^2$을 가진다. 고정점은 $x^* = \dfrac{1}{2}$(우리의 근)과 $x^* = 0$(당기는 점이 아니다)이다. 기울기 $F'(x^*)$는 0(보통의 뉴턴법)과 2(보통의 밀어내는 점)이다. 뉴턴법의 핵심은 근에서 $F' = 0$이라는 것이다.

$$F(x) = x - \frac{f(x)}{f'(x)} \text{의 기울기는 } \frac{f(x)f''(x)}{(f'(x))^2} \text{이다.}$$

그러면 $f(x) = 0$일 때 $F'(x) = 0$이다.

예제 $x^2 = b$와 $1/x = a$는 빠른 수렴 또는 실패를 보여준다. 13장 그리고 현실에서, 뉴턴법은 훨씬 더 어려운 문제를 푼다. 이제 어떤 일이 일어날지에 대한 호기심으로 시작한 세 번째 예제를 소개하고자 한다. 결과는 매우 재미있다. 식은 $x^2 = -1$이다.

예제 3 $f(x) = x^2 + 1 = 0$의 근을 구하는 문제를 뉴턴법으로 풀면 어떻게 되는가?

풀이

근은 두 허수 $x^* = i$와 $x^* = -i$이다. -1의 제곱근 중 실수는 없다. 뉴턴법으로 이 문제를 푸는 것을 포기하고 싶을지도 모른다. 하지만 여기에서 멈추기에는 이르다! $y = x^2 + 1$이 절대로 축을 지나지 않음에도 불구하고, 접선은 새로운 점 x_{n+1}에서 여전히 축을 지난다. 식 (5)는 다음과 같이 여전히 $b = -1$을 위한 반복법을 제시한다.

$$x_{n+1} = \frac{1}{2}\left(x_n - \frac{1}{x_n}\right) = F(x_n) \tag{9}$$

x는 i 또는 $-i$에 가까이 갈 수 없다(허수는 좌표평면에서 표현되지 않는다). 그러면 x는 어떻게 움직이는가?

초깃값을 $x_0 = 1$로 두면 흥미로운 결과를 얻을 수 있다. $x_1 = 0$을 얻는다. 그런 후 x_2는 0으로 나눠지고 발산한다. 무한대로 가는 다른 수열을 기대했을지 모르지만 이 실험은 뭔가 다른 것(그리고 신비한 것)을 보여준다. x_n이 커질 때, x_{n+1}은 절반보다 작다. $x_n = 10$ 이후에 $x_{n+1} = \frac{1}{2}\left(10 - \frac{1}{10}\right) = 4.95$가 온다. 많은 망설임과 긴 기다림 끝에 0에 가까운 수가 결국 나타난다. 그 후 다음 추측은 이 작은 수에 의해 나눠지고 다시 멀리 달아난다. 이것은 '혼돈'을 상기시킨다.

뉴턴법이 잘 작동하는 일반적인 예제로 다시 돌아간다는 것은 매우 흥미로운 일이다. 예제를 통한 연습문제를 시도해보면, $\sqrt{4}$로의 빠른 수렴은 매우 전형적이다. 함수는 $x^2 - 4$보다 훨씬 더 복잡할 수도 있다(실전에서 특히 그렇다). $2x = \cos x$를 위한 반복은 3.6절에 있었고, 오차는 매 단계마다 제곱되었다. 만약 뉴턴법이 x^* 근처에서 시작한다면, 수렴은 압도적이다. 이것이 이번 절의 요점이 되어야 할 것이다. **접선을 따르라.**

이러한 좋은 함수들 대신, 앞의 이상한 예제 $x^2 + 1 = 0$을 살펴보는 것이 의미가 있을까? 이는 예측할 수 없고, 그렇게 중요한 예제도 아니지만 어쨌든 매우 흥미롭다. 실수의 근 x^*는 없고 뉴턴법 $x_{n+1} = \frac{1}{2}(x_n - 1/x_n)$은 주변에서 튀어 오르기 때문이다. 우리는 이제 x_n을 발견할 것이다.

x_n을 위한 식

삼각함수 관련 연습문제에서 해결의 실마리를 찾을 수 있다. 대부분의 문제는 사인과 코사인에 관련된 연습이지만, 이는 다음과 같이 정확히 $\frac{1}{2}(x_n - 1/x_n)$에 적합한 식이다.

$$\frac{1}{2}\left(\frac{\cos\theta}{\sin\theta} - \frac{\sin\theta}{\cos\theta}\right) = \frac{\cos 2\theta}{\sin 2\theta} \quad \text{또는} \quad \frac{1}{2}\left(\cot\theta - \frac{1}{\cot\theta}\right) = \cot 2\theta$$

왼쪽 식을 통분하면 $2\sin\theta\cos\theta$(이는 $\sin 2\theta$이다)가 되고, 분자는 $\cos^2\theta - \sin^2\theta$(이는 $\cos 2\theta$이다)이다. 코사인/사인을 코탄젠트로 대체하면 위 등식은 다음과 같다.

$x_0 = \cot\theta$이면 $x_1 = \cot 2\theta$이다. 또한 $x_2 = \cot 4\theta$이고 $x_n = \cot 2^n\theta$이다.

이는 식이다. 각 점들은 코탄젠트 곡선 위에 있다. [그림 3-23]은 $x_0 = 2 = \cot\theta$로부터 시작하고, 매 반복은 각을 두 배로 늘린다.

예제 4 수열 $x_0 = 1, x_1 = 0, x_2 = \infty$는 $\pi/4, \pi/2, \pi$에서의 코탄젠트와 일치한다. 이 수열은 발산한다. x_2가 $x_1 = 0$에 의해 나눠지기 때문이다.

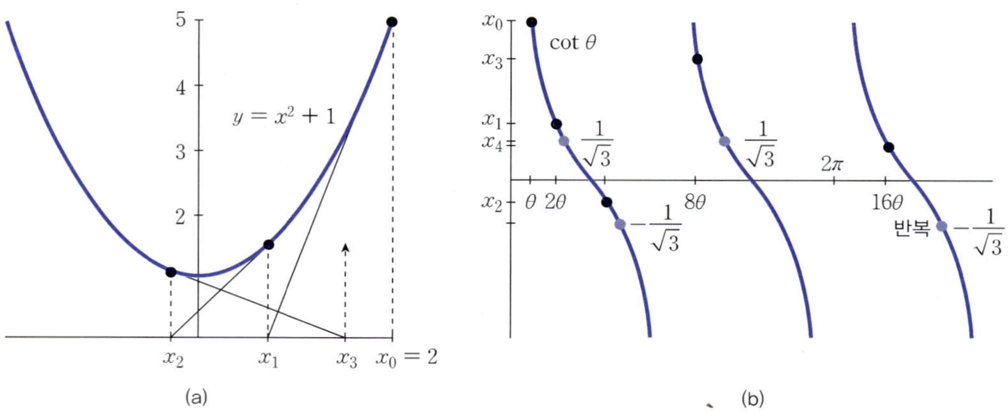

[그림 3-23] $x^2+1=0$을 위한 뉴턴법. 반복법은 $x_n = \cot 2^n\theta$의 결과를 가져온다.

예제 5 수열 $1/\sqrt{3}, -1/\sqrt{3}, 1/\sqrt{3}$은 $\pi/3$, $2\pi/3$, $4\pi/3$에서의 코탄젠트와 일치한다. 이 수열은 계속해서 순환한다. $x_0 = x_2 = x_4 = \cdots$이기 때문이다.

예제 6 큰 x_0(작은 θ)부터 시작한다. 그러면 x_1은 (2θ에서) 대략 절반의 크기이다. 최종적으로 $4\theta, 8\theta, \cdots$ 중 하나의 각은 큰 코탄젠트값을 주고, x들은 다시 멀어진다. 이는 일반적인 각에 대한 설명이다. θ/π가 $\frac{1}{4}$ 또는 $\frac{1}{3}$인 [예제 4]와 [예제 5]는 특별한 경우이다.

여기서 우리가 얻은 것은 **혼돈**chaos이다. 즉 x는 수렴할 수 없다. 그들은 모든 점에 의해서 강력하게 밀려나며 θ의 값에 극도로 예민하다. 10단계 이후 θ에 $2^{10} = 1024$가 곱해진다. 초기 각 $60°$와 $61°$는 가까워 보이지만 이제 그들은 $1024°$만큼 차이가 난다. 만약 그들이 $180°$의 상수 배였다면 코탄젠트는 여전히 가까울 것이다. 사실 x_{10}은 0.6과 14이다.

수학에서의 이 혼돈은 자연에서도 관찰된다. 가장 친숙한 예제는 날씨인데 이는 생각보다 훨씬 더 민감하다. '기상 예측이 너무 멀어졌다'라는 제목의 한 논문에서는 '눈덩이처럼 불어나는 작은 오차가 6일 후의 기상 예측을 망친다'고 주장하였다. 우리는 한 달 동안의 날씨 방정식을 예측할 수 없다(이는 비행기의 비행이 날씨의 모든 것을 바꿀 수 있기 때문이다). 이것은 간단한 규칙으로 계산하기에는 너무 민감한 답변으로 연결될 수 있는 혁신적인 아이디어다.

우리는 복잡한 공식(또는 식이 없는 경우)에 익숙하다. 하지만 100단계 이후에도 수렴을 전혀 기대할 수 없는 $\cot 2^n\theta$같이 간단해 보이는 식에는 익숙지 않다.

포물선으로부터의 혼돈

이제 새로운 수학을 얘기한다. 우선 반복법 $x_{n+1} = \frac{1}{2}(x_n - 1/x_n)$을 더 쉽게 바꿀 것이다. x를 $z = 1/(1+x^2)$으로 변환하여 각각의 새로운 z는 이전 z와 z^2에만 관련되도록 변화시킨다.

$$z_{n+1} = 4z_n - 4z_n^2 \tag{10}$$

이는 세상에서 가장 유명한 2차식이다. 이와 관련된 책들도 있으며, [연습문제 3.7.28]은 이 식이 어떻게 나왔는지 보여준다. 우리가 원하는 x_n을 위한 식은 z_n으로 연결된다.

$$z_n = \frac{1}{1+x_n^2} = \frac{1}{1+(\cot 2^n\theta)^2} = (\sin 2^n\theta)^2 \tag{11}$$

$2^n\theta$가 커질 때 사인은 코탄젠트만큼이나 예측할 수 없다. 이 유명한 2차식 (10)은 아래의 2차식들 중 가장 마지막 구성원($a = 4$일 때)이다.

$$z_{n+1} = az_n - az_n^2, \ 0 \le a \le 4 \tag{12}$$

[예제 2]는 $\frac{1}{2}$로 수렴하는 한가운데 구성원 $a = 2$이었다. 이제 다른 a에 대해서 이 반복법의 짧고 매우 선택적인 보고서를 제공하고자 한다.

일반적인 원리는 0과 1사이의 숫자 z_0으로부터 시작하는 것이고 $z_1, z_2, z_3, \cdots$을 계산하는 것이다. a가 증가함에 따라 변화 양상을 지켜보는 것은 매우 흥미롭다. **여러분의**

컴퓨터에서도 이를 확인할 수 있다. 여기서 찾아야 할 몇 가지 사항을 묘사해보자. 모든 구성원은 0과 1 사이에 머물러 있고, 그들은 극한에 가까이 갈 수도 있다. 이는 a가 작을 때 발생한다.

$0 \le a \le 1$에서 z_n은 $z^* = 0$에 가까워진다.

$1 \le a \le 3$에서 z_n은 $z^* = (a-1)/a$에 가까워진다.

이 극한의 점은 $z = F(z)$의 근이며 $z^* = az^* - a(z^*)^2$의 고정점들이다. 이때 다음과 같이 극한으로 가까이 가는 검증을 기억하라. z^*에서의 기울기는 1보다 클 수 없다. 여기서 $F = az - az^2$은 $F' = a - 2az$를 가진다. 위에서 예측한 극한 $|F'| \le 1$을 확인하는 것은 쉬운 일이다. 어려운(때로는 불가능한) 일은 $a = 3$ 이상에서 무슨 일이 일어나는지를 예측하는 것이다. 이 경우 $a = 4$이다.

z는 $|F'(z^*)| > 1$일 때 극한에 가까이 가지 못한다. 뭔가가 일어나야만 하는데, 적어도 다음과 같은 세 가지 가능성이 있다.

z_n은 순환하거나 구간 $(0, 1)$ 전체를 채우거나 칸토어 집합에 가까워진다.

무작위 수 z_0에서 시작해서 100단계를 거친 후, 다음과 같이 101단계에서 105단계까지를 작성했다.

	$a = 3.4$	$a = 3.5$	$a = 3.8$	$a = 4.0$
$z_{101} =$	<u>0.842</u>	<u>0.875</u>	0.336	0.169
$z_{102} =$	0.452	0.383	0.848	0.562
$z_{103} =$	<u>0.842</u>	0.827	0.491	0.985
$z_{104} =$	0.452	0.501	0.950	0.060
$z_{105} =$	<u>0.842</u>	<u>0.875</u>	0.182	0.225

첫 번째 열은 '2-주기'에서 수렴한다. 이는 $x = 0.842$와 $y = 0.452$가 번갈아가면서 나타난다. 이 두 수는 $y = F(x)$와 $x = F(y) = F(F(x))$를 만족한다. 만약 $a = 3.4$일 때 짝수 증분의 단계($z_{101}, z_{103}, z_{105}$)에서 본다면, x와 y는 짝수 증분의 첨자의 수열 $z_{n+2} = F(F(z_n))$의 고정점이다. a가 3.45를 지나서 증가할 때, 이 순환은 불안정해진다.

a가 3.45를 막 지난 점 즉 $a = 3.5$에서 주기는 2에서 4로 두 배가 된다. $a = 3.5$일 때 표에서 '4-주기'를 볼 수 있다. 즉 4단계마다 반복된다. 수열은 0.875에서 0.383, 0.827, 0.501을 거쳐 마지막으로 다시 0.875로 돌아온다. 이 순환은 짧아져야 하는데 그렇지 않으면 우리 눈으로 확인할 수 없기 때문이다. 하지만 a가 증가함에 따라 이 수열도 불안정해진다. 다음에는 '8-주기'가 오는데, 이는 $a = 3.55$ 근처의 작은 화면(계산 가능하다)에서는 안정적이다. **a의 범위가 짧아질수록 순환은 안정적이다**. 이 안

정적인 화면은 파이겐바움Feigenbaum 축소 인자 4.6692⋯에 의해 줄어들 수 있다. 16, 32, 64 길이의 순환은 물리적 실험에서 관측될 수 있지만 그들 모두 $a = 3.57$ 이전에서는 불안정하다. 그 후에는 무슨 일이 일어나는가?

기대하지 않았던 새로운 양상은 3.57과 4 사이에서 일어난다. [그림 3-24]의 각 직선 아래에서 컴퓨터는 z_{1001}에서 z_{2000}까지 값을 그린다(안정적인 주기(또는 혼돈)가 형성되도록 처음 1000개의 점은 뺐다). 이유는 잘 모르겠으나 큰 흰색 쐐기에는 아무 점도 나타나지 않는다. 주기가 3인 창에서 여러분은 오직 3개의 z만 볼 수 있다. 주기 3은 6, 12, 24, ⋯를 따른다. 눈으로 확인하기에 너무 작은 점들을 포함했을 때, 모든 창의 끝에서 **주기는 두 배**가 된다. 임의의 z_0에서 시작해서 반복 $z_{n+1} = az_n - az_n^2$을 통해 이 그림을 재생산할 수 있으며, 결과를 그릴 수 있다.

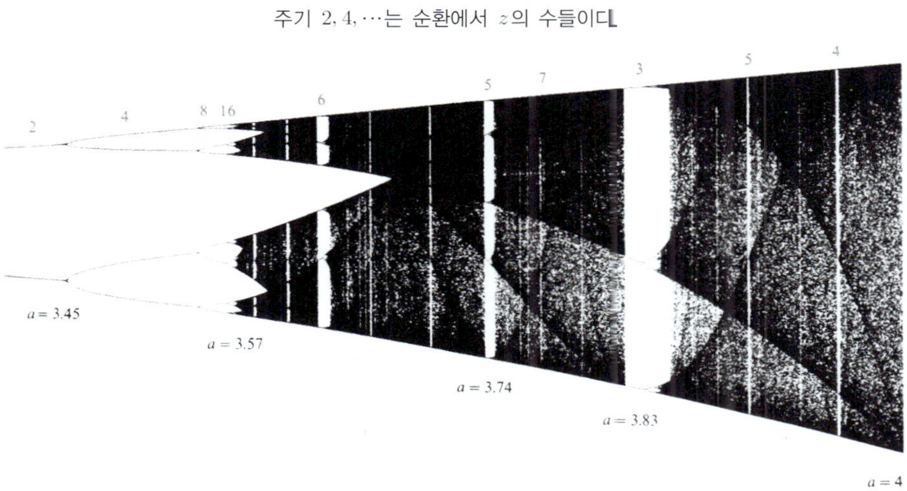

[그림 3-24] $F(z)$의 반복에서 주기의 두 배와 혼돈(『길버트 스트랭의 응용 수학 입문』, 웰슬리-캠브리지 출판사)

칸토어 집합과 프랙털

$a = 3.8$에서 무슨 일이 일어나는지는 말할 수 없다. 어떤 긴 주기에 대해서 안정된 순환이 있을 수도 있다. z는 0과 1 사이의 모든 점에 가까울 수도 있다. 세 번째 가능성은 아주 얇은 극한 집합에 가까이 가는 것이데, 이는 유명한 **칸토어 집합**Cantor set과 비슷하게 생겼다.

> 칸토어 집합을 만들기 위해서는 $[0, 1]$을 세 조각으로 나누고 열린 구간 $\left(\frac{1}{3}, \frac{2}{3}\right)$을 제거한다. 그 후 남은 부분으로부터 $\left(\frac{1}{9}, \frac{2}{9}\right)$와 $\left(\frac{7}{9}, \frac{8}{9}\right)$을 제거한다. 각 단계에서 **중간에 3분의 1부분을 제거한다**. 남은 점들은 칸토어 집합을 형성한다.

모든 끝점 $\frac{1}{3}, \frac{2}{3}, \frac{1}{9}, \frac{2}{9}, \cdots$는 집합 안에 있다. 따라서 $\frac{3}{4}$도 집합 안에 있다([연습문제 3.7.42]). 그럼에도 불구하고 제거된 구간의 길이의 합은 1이고 칸토어 집합은 '측도[17] 0'이다. 특히 강조되는 것은 이것의 **자가 유사성**self-similarity이다. 0과 $\frac{1}{3}$ 사이에서 세 배 작은 같은 칸토어 집합을 보게 된다는 점이다. 0에서 $\frac{1}{9}$까지 칸토어 집합은 원래보다 9배 줄어든 모습으로 다시 그 곳에 있는 것이다. 점점 발산해감에 따라 모든 부분에 원래의 큰 그림을 복사해 놓은 형태이다.

17 측도는 집합의 크기를 측정하는 것으로, 주어진 전체집합의 적절한 부분집합에 0 이상의 수나 무한대를 대응시키는 일종의 함수이다.

이러한 자가 유사성은 전형적인 **프랙털**이다. 비례조정의 무한한 수열이 존재한다. 수학적 눈꽃송이는 삼각형으로 시작해서 각 변의 중간에 혹을 더한다. 매 단계에서 혹은 변의 길이를 원래의 4/3가 되도록 길게 만든다. 최종 경계는 자가 유사성을 지니고, 무한하게 긴 해안선 모양이 된다.

'프랙털'이라는 단어는 **프랙털 차원**fractal dimension에서 유래하였다. 눈꽃송이의 경계는 1보다 크고 2보다 작은 차원을 가진다. 칸토어 집합은 0보다는 크고 1보다는 작은 차원을 가진다. 원래의 선분을 반지름이 r인 원으로 덮으려면 c/r개의 원이 필요하다. 프랙털에서는 c/r^D개의 원이 필요한데, 여기서 D는 차원이다.

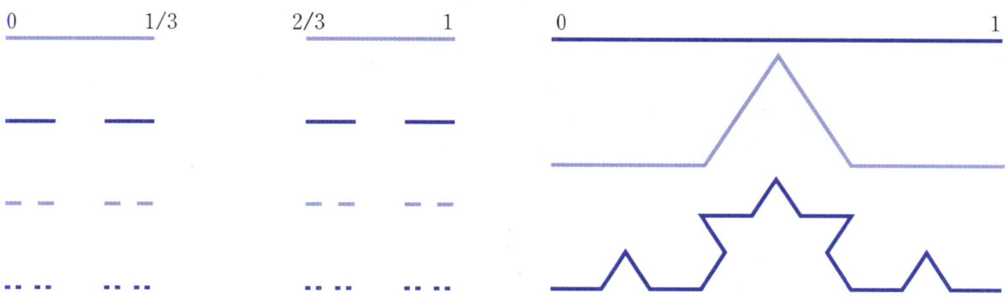

[그림 3-25] (a) 칸토어 집합(가운데 3분의 1이 제거되었다), (b) 프랙털 눈꽃송이(무한한 경계)

[그림 3-24]의 끝에서 반복법 $z_{n+1} = 4z_n - 4z_n^2$은 $a = 4$를 가진다. 수열 $z_0, z_1, \cdots$은 어디든지 가고, 어디에도 가지 않는다. 이 수열의 움직임은 혼돈스럽고, 통계적 실험에서는 어떤 패턴도 찾지 못했다. 실용적인 목적을 위해 수는 무작위로 선택되었다. 실험(또는 주식시장)에서 이것이 의미하는 것을 생각하라. 만약 간단한 법칙이 혼돈을 야기한다면, 이 결과를 예측할 수 있는 방법은 절대로 없으며 어떠한 측정도 정확할 수 없다.

뉴턴법과 할선법

뉴턴법에서 가장 어려운 부분은 df/dx를 찾는 것이다. df/dx는 접선의 기울기를 위해서 필요하다. 이때 미적분을 이용하면 x_n과 x_{n-1}에서 이미 계산된 $f(x)$의 값을 사용해서 $\Delta f/\Delta x$를 근사할 수 있다.

할선법secant method은 다음과 같이 접선 대신 할선을 따른다.

$$\text{할선}: x_{n+1} = x_n - \frac{f(x_n)}{(\Delta f/\Delta x)_n} \quad \text{여기서} \left(\frac{\Delta f}{\Delta x}\right)_n = \frac{f(x_n) - f(x_{n-1})}{x_n - x_{n-1}} \text{이다.} \qquad (13)$$

할선은 $f(x)$의 그래프에서 최근의 두 점을 연결하며 $y - f(x_n) = (\Delta f/\Delta x)(x - x_n)$의 식을 갖는다. 새로운 $x = x_{n+1}$을 위한 식 (13)을 찾기 위해 y를 $y = 0$으로 설정한다. 여기서 직선은 축을 지난다.

세 번의 할선 단계는 두 번의 뉴턴 단계만큼 좋다. 양쪽 모두 4배의 자릿수의 정확도를 제공해야 한다((오차) → (오차)^4). 할선법도 $x^2 + 1 = 0$에 대해서는 혼돈스러울 것이다.

3.7 문장제 문제

01 $f(x) = 0$을 $f(x_n) + f'(x_n)(x - x_n) = 0$으로 선형화할 때, 근 $x =$ ___a___ 은(는) 뉴턴법의 x_{n+1}이다. 곡선의 ___b___ 은(는) x_{n+1}에서 축을 지나는 반면, ___c___ 은(는) x^*에서 축을 지난다. x_n과 x_{n+1}에서의 오차는 보통 (오차)$_{n+1} \approx M$ ___d___ 와(과) 관계가 있다. 이는 ___e___ 수렴이다. 정확한 자리의 숫자는 매 단계마다 ___f___ 이다.

02 $f(x) = x^2 - b$에 대해 뉴턴법은 $x_{n+1} =$ ___g___ 이다. x_n은 $x_0 > 0$일 때 ___h___ 에 수렴하고 $x_0 < 0$일 때 ___i___ 에 수렴한다. $f(x) = x^2 + 1$에 대해 반복법은 $x_{n+1} =$ ___j___ 이(가) 된다. 이는 ___k___ 에 수렴할 수 없다. 대신에 이는 혼돈으로 연결된다. $z = 1/(x^2 + 1)$로의 변화는 포물선 반복법 $z_{n+1} =$ ___l___ 이(가) 된다.

03 $a \le 3$에 대해 $z_{n+1} = az_n - az_n^2$은 단일 ___m___ (으)로 수렴한다. $a = 3$ 이후 극한은 2-주기인데 이는 ___n___ 을(를) 의미한다. 이후에 극한은 칸토어 집합이고, 이는 ___o___ 의 1차원 예제이다. 칸토어 집합은 자가 ___p___ 이다.

3.7 연습문제

01 $f(x) = x^3 - b = 0$을 풀 때, 뉴턴법에서는 어떤 반복법이 도출되는가?

02 $f(x) = (x-1)/(x+1)$에 대해 뉴턴법의 식은 $x_{n+1} = F(x_n) =$ ____이다. $x^* = F(x^*)$을 풀고 $F'(x^*)$를 찾아라. x_n의 극한은 무엇인가?

03 필자는 뉴턴이 그의 방법을 단지 한 식 $x^3 - 2x - 5 = 0$에만 적용했다고 생각한다. 랍슨Raphson은 이 아이디어를 더 발전시켰지만 기껏해야 부분적인 명성을 얻었다. $x_0 = 2$일 때, 두 번째 단계에서 $x^* = 2.09455148$의 몇 자릿수까지 정확한가?

04 $f(x) = x^{1/3}$에 대한 뉴턴법은 식 $x_{n+1} = -2x_n$이 됨을 보여라. 반복을 보여주기 위해 그래프를 그려라.

05 (a) $f(x_0)=0$ (b) $f'(x_0)=0$일 때 x_1을 찾아라.

06 $f(x)=x^3-3x-1$의 그래프를 그리고 이 함수의 근 x^*을 추정하라. $0, 1, -\frac{1}{2}, 1.1$에서 시작한 뉴턴법을 적용하라. 각 x_0가 $x^3-3x-1=0$의 근 중 어떤 근으로 수렴하는지 결정하기 위해 수치 실험을 하라.

07 $x_0=2.5$와 3을 시작으로 한 뉴턴법을 통해 $x^2-6x+5=0$을 풀어라. 각 x_0(2.5 또는 3)이 $x^2-6x+5=0$의 두 근 중 어떤 근으로 수렴하는지를 확인하기 위해 그래프를 그려라.

08 $f(x)$가 증가하고 위로 오목($f'>0$이고 $f''>0$)할 때, 뉴턴법이 수렴함을 그래프를 이용하여 보여라. 어떤 쪽으로 수렴하는가?

09~17 컴퓨터 또는 계산기로 뉴턴법을 통해 근을 소수점 아래 4자리까지 나타내라. x^*를 제외한 임의의 x_0를 선택하라.

09 $x^2-10=0$

10 $x^4-100=0$ (문제 09보다 빠른가? 또는 느린가?)

11 $x^2-x=0$ (어떤 x_0가 어떤 근으로 가는가?)

12 $x^3-x=0$ (어떤 x_0가 어떤 근으로 가는가?)

13 $x+5\cos x=0$ (이 식은 3개의 근을 가진다)

14 $x+\tan x=0$ (두 개의 근을 찾아라. 더 있는가?)

15 $1/(1-x)=2$

16 $1+x+x^2+x^3+x^4=2$

17 $x^3+(x+1)^3=10^3$

18 (a) [예제 2]의 $x_{n+1}=2x_n-2x_n^2$은 $(1-2x_{n+1})=(1-2x_n)^2$과 같음을 보여라.

(b) (a)를 통해 $|1-2x_0|>1$일 때 발산함을 증명하라. $|1-2x_0|<1$ 또는 $0<x_0<1$일 때 수렴함을 증명하라.

19 [예제 2]에서 $a=3$일 때, x_0이 $x^*=\frac{1}{3}$에 이르는지를 결정하기 위해 뉴턴법 $x_{n+1}=2x_n-3x_n^2$을 실험하라.

20 $x_{n+1}=2x_n-ax_n^2$을 $(1-ax_{n+1})=(1-ax_n)^2$꼴로 다시 써라. 어떤 x_0에 대해서 수열 $1-ax_n$는 0에 가까이 가는가(따라서 $x\to 1/a$이다)?

21 7의 k 제곱근($x^k=7$의 근)을 찾기 위한 뉴턴법은 무엇인가? $k=7$인 $\sqrt[7]{7}$을 계산하라.

22 $x^3=4x-1$의 모든 근을 찾아라(소수점 아래 다섯 자리까지 나타내라).

23~29 $x^2+1=0$과 혼돈에 관하여 다음 물음에 답하라.

23 $\theta=\pi/16$에 대해서 $x_n=\cot 2^n\theta$는 언제 발산하는가? $\theta=\pi/7$에 대해서 $\cot 2^n\theta=\cot\theta$인 때는 언제인가(각 $2^n\theta$와 θ는 π의 상수 배만큼 차이난다)?

24 $\theta=\pi/9$에 대해서 $x_n=x_0$이 될 때까지 수열을 따라가라.

25 $\theta=1$에 대해 x_n은 절대로 $x_0=\cot 1$으로 돌아오지 않는다. 각 2^n과 1은 절대로 π의 상수배가 될 수 없는데 이는 ____이기 때문이다.

26 z_0이 $\sin^2\theta$와 같을 때, $z_1=4z_0-4z_0^2$은 $\sin^2 2\theta$와 같음을 보여라.

27 $y=x^2+1$이면 각각의 새로운 y는 다음과 같다.

$$y_{n+1}=x_{n+1}^2+1=\frac{1}{4}\left(x_n-\frac{1}{x_n}\right)^2+1$$

이는 $y_n^2/4(y_n-1)$과 같음을 보여라.

28 문제 27의 위아래를 뒤집은 식($1/y_{n+1}=4(y_{n-1})/y_n^2$)을 사용하여 $z_n=1/y_n=1/(1+x_n^2)$의 2차 반복식 (10)을 유도하라.

29 $F(z)=4z-4z^2$이면 $F(F(z))$는 무엇인가? $z=F(F(z))$는 얼마나 많은 근을 가지는가? 이 중 얼마나 많은 근이 $z=F(z)$의 근이 아닌가?

30 $x^*=1$에서 시작해서 $x^3-0.64x-0.36=0$에 뉴턴법을 적용하라. $y=F(z)$와 $z=F(y)$인 한 쌍의 점들도 찾아라. 이 예제를 통해 뉴턴법이 항상 근을 찾는 것이 아니라는 것을 알 수 있다.

31 뉴턴법은 $x_{n+1}=$____에 의해 $x/(1-x)=0$을 푼다. 어떤 x_0에서 수렴하는가? $x^*=0$까지의 거리는 정확히 제곱된다.

32 중근을 가질 때, 뉴턴법은 선형으로 수렴한다. $x^2=0$을 푸는 반복법은 무엇인가?

33~41 뉴턴법과 비교할 만한 다른 방법들에 관한 것이다. 물음에 답하라.

33 뉴턴법을 빠르게 하기 위해 $f(x_n)+\Delta x f'(x_n)+\frac{1}{2}(\Delta x)^2 f''(x_n)=0$으로부터 Δx를 찾아라. $x_0=0$으로부터 $f(x)=x^2-1$에서 검증하고 설명하라.

34 핼리[Halley]의 방법은 $f_n+\Delta x f_n'+\frac{1}{2}\Delta x(-f_n/f_n')f_n''=0$을 사용한다. $f(x)=x^2-1$과 $x_0=1+\epsilon$에 대해 $x_1=1+O(\epsilon^3)$임을 보여라(이는 3차 수렴이다).

35 $f(x)=x^2-4=0$에 $x_0=1$과 $x_1=2.5$에서 시작하는 할선법을 적용하라. $\Delta f/\Delta x$와 다음 점 x_2를 직접 계산해서 찾아라. 뉴턴법은 $f'(x_1)=5$임을 이용해서 $x_2=2.05$에 도달한다. 직접 계산한 값과 뉴턴법에 의해 나온 값 중 어떤 것이 $x^*=2$에 더 가까운가?

36 $f(x)=x^2-4$의 그래프를 그려서 문제 **35**에서의 할선과 축을 지나는 점 x_2를 보여라.

이분법 $f(x)$가 x_0과 x_1 사이에서 부호를 바꿀 때, 중점 $x_2=\frac{1}{2}(x_0+x_1)$의 부호를 찾아보자. $f(x)$가 x_0과 x_2 사이 또는 x_2와 x_1 사이에서 부호가 바뀌는지를 결정한 다음 이를 구간의 절반(이분된)의 길이에서 반복한다. 구간이 충분히 작아졌을 때 더 빠른 방법으로 바꾼다.

37 $f(x)=x^2-4$는 $x=1$에서 음수, $x=2.5$에서 양수, 중점 $x=1.75$에서 음수이다. 그러면 x^*는 무슨 구간에 놓여 있는가? 두 번째 단계를 취해서 구간을 다시 반으로 쪼개라.

38 이분법을 위한 코드를 작성하라. 각각의 단계에서 x^*를 포함하는 구간을 출력하라. 입력은 x_0와 x_1이다. lbr 코드는 $f(x)$를 생성한다. $f(x_0)$과 $f(x_1)$이 같은 부호를 가지면 멈춰라.

39 세 번의 이분법 단계는 구간을 몇으로 나누는가? $x_0=0$과 $x_1=8$에서 시작해서 $f(x)=x^2-10$을 위한 3단계를 취하라.

40 직접적인 방법은 그래프가 축을 지나는 부분을 확대하는 것이다. 몇몇의 확대를 이용해서 $10x^3-8.3x^2+2.295x-0.21141=0$을 풀어라.

41 만약 줌 인자가 10이라면 모든 줌을 위한 정확한 자릿수의 개수는 ____이다. 뉴턴법과 비교하라.

---

42 $\frac{3}{4}$은 $\frac{2}{3}\left(1+\frac{1}{9}+\frac{1}{81}+\cdots\right)$와 같다. 이 식이 칸토어 집합에 속해 있음을 보여라. 이는 중간의 3분의 1이 제거되었을 때 남아 있다.

43 $f(x)=(x-1.9)/(x-2.0)=0$의 근은 $x^*=1.9$이다. $x_0=1.5, 2.1, 1.95$에서 시작해서 뉴턴법을 시도하라.

추가 점수 : 어떤 x_0에서 수렴하는가?

44 $x_0=0.308$에서 시작해서 할선법을 통해 $\cos x=0$를 풀어라.

45 $x_0=0.308$에서 시작하여 뉴턴법을 통해 $\cos x=0$를 풀어라. $\cot x_0$가 정확히 π와 같다면 $x_1=x_0+\pi$(그리고 $x_2=x_1+\pi$)임을 브여라. $x_0=0.308169071$로부터 뉴턴법은 멈추는가?

46 $x_0=2,\ 1.39$에서 시작하는 뉴턴법과 할선법의 프로그램을 사용하여 $x^3-10x^2+22x+6=0$을 풀어라.

47 $\sin x=0$을 위한 뉴턴법은 $x_{n+1}=x_n-\tan x_n$이다. $\sin x$와 $x_0=2$와 $x_0=1.8$로부터 3번 반복의 그래프를 그려라. $x_0=1.9$의 결과를 예측하고 테스트하라. 이는 3.6절의 문제 **41**의 프랙털을 찾는 컴퓨터 프로젝트와 연결된다.

48 $(0,0)\le(x,y)\le(1,1)$인 정사각창에 $Y_1(x)=3.4(x-x^2)$과 $Y_2(x)=Y_1(Y_1(x))$의 그래프를 그린 다음 $Y_3(x)=Y_2(Y_1(x))$와 $Y_4,\cdots,Y_9$의 그래프를 그려라. 순환은 0.842에서 0.452까지이다

49 3.4를 2, 3.5, 4로 바꿔서 문제 **48**을 반복하라.

3.8 평균값 정리와 로피탈의 정리

이제 미적분학의 초석 중 하나인 평균값 정리[the Mean Value Theorem]에 도달했다. 이 정리는 국소적인 것(한 점에서의 기울기)을 전체적인 것(구간에서 평균 기울기)과 연결시킨다. 다시 말해 평균값 정리는 df/dx와 $\Delta f/\Delta x$을 연결시킨다. 미적분학은 이 연결에

의존하는데, 앞에서 속도에 관련하여 먼저 살펴보았다. 평균 속도가 75라면, 순간 속도가 75가 되는 순간이 존재하는가?

정보가 더 없는 상황에서 위 질문에 대한 답은 '아니다'이다. 속도는 100일 수도 있고 그 후 50일 수도 있기 때문에 평균적으로 75이지 절대로 75와 같지 않다. 만약 속도에서 점프를 허용한다면 속도는 평균속도 직후에 바로 점프를 할 수 있다. 이 순간에 속도는 존재하지 않는다([그림 3-26(a)]의 거리 함수는 $x=1$에서 미분 가능하지 않다). 이제 구간 안의 모든 점에서의 미분을 찾음으로써 이렇게 보통에서 벗어난 부분을 해결해나갈 것이다.

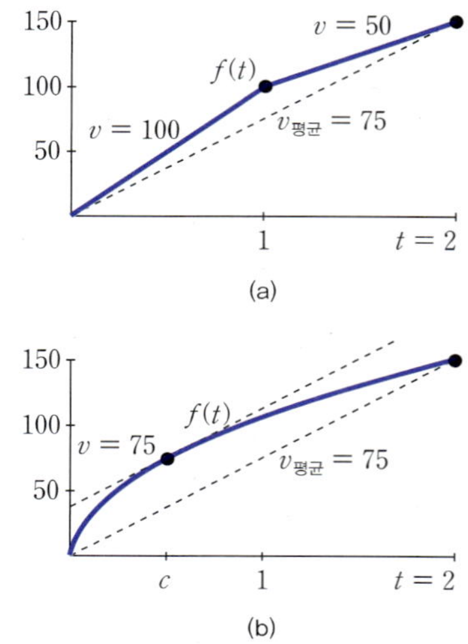

[그림 3-26] (a) v는 $v_{평균}$에서 점프가 있다. (b) v는 $v_{평균}$과 같다.

[그림 3-26(b)]에서 거리는 t가 2만큼 증가할 때 150만큼 증가하고, 모든 점에서 도함수 df/dt이 존재한다(하지만 $t=0$에서는 무한의 기울기를 가진다). 평균 속도는 다음과 같다.

$$\frac{\Delta f}{\Delta t}=\frac{f(2)-f(0)}{2-0}=\frac{150}{2}=75$$

평균값 정리의 결론은 구간 안의 어떤 점에서 $df/dt=75$라는 것이다. 즉 $f'(c)=75$인 점이 적어도 하나 존재한다.

이 정리로 구체적인 것까지 모두 알 수는 없다. c의 값을 아직 모르기 때문이다. c를 찾는 대신 단지 그러한 점이 존재한다는 것을 증명으로 보일 것이다.

13 **평균값 정리** $f(x)$는 닫힌 구간 $a \le x \le b$에서 연속이고 열린 구간 $a<x<b$의 모든 점에서 미분이 가능하다. 그러면 다음이 성립한다.

$$a<c<b \text{인 어떤 점에서 } \frac{f(b)-f(a)}{b-a}=f'(c) \quad (1)$$

좌변은 평균 기울기 $\Delta f/\Delta x$이다. 이는 c에서의 df/dx와 같다. 끝점을 포함하는 닫힌 구간의 기호는 $[a,b]$이고 끝점을 포함하지 않는 열린 구간의 기호는 (a,b)이다. 따라서 f'은 (a,b)에서 정의되어 있고, f는 a와 b에서 연속으로 남아 있다. 미분은 끝점에서도 역시 허용되지만 평균값 정리에서 이러한 가정까지 필요하지는 않다.

증명은 특별한 경우인 $f(a)=0$이고 $f(b)=0$일 때에 기반을 두고 있다. 함수가 0에서 시작하여 0으로 돌아온다고 가정하면 평균 기울기 또는 속도는 0이다. 이때 a와 b 사이의 점 c에서 $f'(c)=0$임을 증명해야 한다. 이 특별한 경우($f(x)$에 대한 가정들은 유지한다)는 롤의 정리[Rolle's theorem]라 부른다.

기하학적으로 f가 0에서 멀어졌다가 다시 돌아오면, 반환점에서 $f'=0$이다.

14 **롤의 정리** $f(a)=f(b)=0$(끝에서 0)이라 가정하자. 그러면 $a<c<b$인 어떤 점 c에서 $f'(c)=0$이다.

증명 구간 내의 $f(x)$가 함수 $f(x)$의 최댓값 또는 최솟값에 도달하는 한 점에서 df/dx는 반드시 0이어야 한다. 이때의 점이 바로 c가 된다. [그림 3-27(a)]는 $f=0$(a와 b에서 가정)과 $f'=0$(c에서 증명)의 차이를 보여준다. ∎

작은 문제 : a와 b 사이에서 $f(x)<0$이라면 최댓값은 끝점 a와 b에서 존재할 수도 있다. 또한 그 끝점에서 df/dx는 0이 아닐 수도 있다. 하지만 이러한 경우 최솟값은 내부의 점 c에서 존재하므로 롤의 정리가 성립함을 알 수 있다. 증명의 핵심은 **$[a, b]$ 위에 연속함수는 최댓값과 최솟값에 도달한다**는 것이다. 이는 **극값 정리** Extreme Value Theorem 18이다.

18 만약 $f(x)$가 최댓값 M에 도달하지 않는다면, $1/(M-f(x))$는 연속이지만 무한대에 가까워진다. 중요한 사실은 **$[a, b]$ 위의 연속함수는 무한대로 발산할 수 없다**는 것이다.

정작 롤은 자신의 정리를 믿지 않았던 것 같다! 아마도 그는 이것이 의미하는 것을 몰랐을 것이다. '사라지는 양(뉴턴)'과 '무한소(라이프니츠)'의 언어는 흥미롭지만 우리를 좌절하게 만든다. 극한은 가깝지만 절대로 도달하지 않는다. 곡선은 무한히 많은 평평한 변을 가지고 있다. 롤은 그 추론과 결론을 받아들이지 않았다. 프랑스 과학 아카데미는 그의 싸움을 막아야만 했다(그는 뉴턴과 라이프니츠가 아닌 다른 수학자들과 다퉜다). 그렇게 롤은 다시 정수론으로 돌아갔지만, 그가 발견한 $f(a)=f(b)=0$는 굉장한 이론으로 발전하였다.

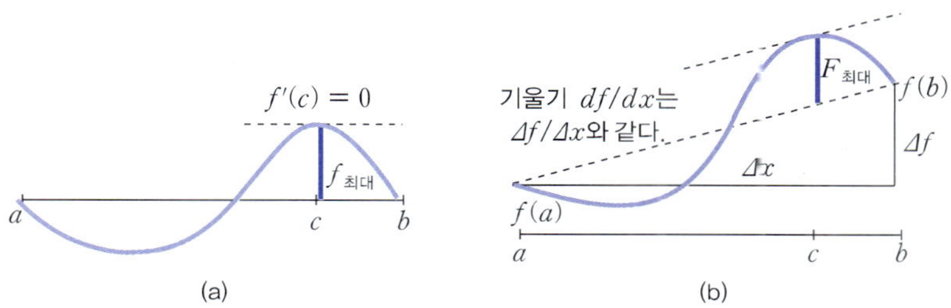

[그림 3-27] 롤의 정리는 $f(a)=f(b)=0$인 평균값 정리의 특별한 경우이다.

평균값 정리의 증명 우리의 목표는 df/dx가 $\Delta f/\Delta x$와 같은 점을 찾는 것이다. 아이디어는 그래프를 기울여서 롤의 정리와 같은 특별한 경우(Δf가 0이었을 때)로 돌아가게 하는 것이다. [그림 3-27]에서 곡선과 점선으로 된 할선 사이의 거리 $F(x)$는 다음과 같이 뺄셈으로 구한다.

$$F(x)=f(x)-\left[f(a)+\frac{\Delta f}{\Delta x}(x-a)\right] \tag{2}$$

a와 b에서 이 거리는 $F(a)=F(b)=0$이다. 롤의 정리를 $F(x)$에 적용하면 $F'(c)=0$을 만족하는 내부의 점 c가 있다. 이 점에서 식 (2)의 미분을 취하면 $0=f'(c)-(\Delta f/\Delta x)$이므로 원하는 점 c를 찾은 것이고, 정리는 증명되었다. ∎

예제 1 함수 $f(x)=\sqrt{x}$는 $x=0$에서의 값인 0으로부터 $x=100$에서의 값인 10까지 간다. 이때 평균 기울기는 $\Delta f/\Delta x = 10/100$이다. 도함수 $f'(x)=1/2\sqrt{x}$는 비록 끝점 $x=0$에서 발산하지만 열린 구간 $(0, 100)$에서 그 값이 모두 존재한다. 즉 평균값 정리의 가정을 모두 만족하므로 $10/100 = f'(c) = 1/2\sqrt{c}$을 만족하는 점 c가 반드시 존재한다. 이 점은 $c=25$이다.

이때 c의 정확한 값에 대해 관심을 가지는 이는 아무도 없다. c의 값이 아닌 존재 자체가 중요한 것이다. 이 장의 기본이었던 선형 근사 $f(x) \approx f(a)+f'(a)(x-a)$에 평균값 정리가 어떤 영향을 끼치는지 주목하자. f'가 a 대신 c에서 계산되었을 때, 근사는 정확한 사실이 된다. 즉 $\approx$는 $=$이 된다.

15 c에서의 미분은 $f(x)$에 대한 정확한 예측을 가능하게 한다.

$$f(x)=f(a)+f'(c)(x-a) \tag{3}$$

평균값 정리는 여기서 $\Delta f = f'(c)\Delta x$로 다시 쓰인다. 이제 $a<c<x$이다.

예제 2 함수 $f(x)=\sin x$는 $f(0)=0$에서 시작한다. 선형 근사(접선)은 기울기 $\cos 0 = 1$을 사용한다. 0과 x 사이의 미지수 c에서의 기울기 $\cos c$를 사용하여 정확한 예측을 한다.

$$(\text{근사})\ \sin x \approx x \qquad (\text{정확한 사실})\ \sin x = (\cos c)x \tag{4}$$

근사는 모든 것이 $x=a=0$에서 계산되기 때문에 유용하다. 정확한 식은 흥미롭게도 $\cos c \le 1$이 $\sin x \le x$를 다시 증명한다. 기울기가 1보다 작으므로 사인 그래프는 $45°$ 직선보다 아래에 머무른다.

예제 3 구간의 모든 점에서 $f'(c)=0$이면 $f(x)$는 상수이다.

풀이

f'가 모든 곳에서 0이라면 평균값 정리로 $\Delta f = 0$을 얻을 수 있다. 모든 점들의 쌍은 $f(b)=f(a)$를 만족하므로 그래프는 수평선이다. 이 믿을 수 없을 정도로 간단한 사실은 미적분학의 기본 정리의 열쇠가 된다.

대부분의 $\Delta f = f'(c)\Delta x$의 응용은 숫자로 끝나지 않는다. 이러한 정리들은 위와 같이 다른 정리들로 응용되어 끝난다. 목표는 미분(국소)와 차분(전역)을 연결하는 것이다. 하지만 다음 응용인 로피탈의 정리[l'Hôpital's rule]는 $0/0$으로부터 기꺼이 수를 생산한다.

로피탈의 정리

$f(x)$와 $g(x)$가 0에 가까이 갈 때, 이들의 분수 형태인 $f(x)/g(x)$는 어떻게 될까?

$$\frac{f(x)}{g(x)} = \frac{x^2}{x} \text{ 또는 } \frac{\sin x}{x} \text{ 또는 } \frac{x - \sin x}{1 - \cos x} \text{ 모두 } x = 0\text{에서 } \frac{0}{0}\text{이 된다.}$$

$0/0$은 의미가 없기 때문에 $f(x)$와 $g(x)$를 따로 작업할 수 없다. 이는 '0으로의 경주'인데, 두 함수의 비가 어떤 값이든 될 수 있는 동시에 드 함수가 작아지는 경우이다. 문제는 $f(x)/g(x)$의 극한을 찾는 것이다.

우리는 이미 이러한 종류의 극한을 하나 공부했다. 바로 디분이다! $\Delta f/\Delta x$는 자동으로 '0으로의 경주'가 되고, 이의 극한은 df/dx이다.

$$\begin{matrix} f(x) - f(a) \to 0 \\ x \;-\; a \to 0 \end{matrix} \text{이지만} \quad \lim_{x \to a} \frac{f(x) - f(a)}{x - a} = f'(a)\text{이다.} \tag{5}$$

로피탈의 아이디어는 f/g를 다루기 위해 f'/g'을 사용하는 것이다. 미분의 정의는 $g' = 1$인 함수 $g(x) = x - a$의 특별한 경우이다. 이 법칙에는 예제와 증명이 뒤따른다.

> **16 로피탈의 정리** $x \to a$에 감에 따라 $f(x)$와 $g(x)$가 모두 0에 가까이 간다고 가정하자. $f'(x)/g'(x)$의 극한이 존재하면 $f(x)/g(x)$는 $f'(x)/g'(x)$와 같은 극한에 가까이 간다.
>
> $$\lim_{x \to a} \frac{f(x)}{g(x)} = \lim_{x \to a} \frac{f'(x)}{g'(x)} \text{이며 보통 이 극한은 } \frac{f'(a)}{g'(a)}\text{이다.} \tag{6}$$

이는 역수 미분 법칙이 아니다! $f(x)$와 $g(x)$의 미분은 득립적으로 얻어진다. 기하학적으로 로피탈의 정리는 '함수가 0으로 갈 때, 함수의 기울기가 함수의 크기를 조정한다'라고 말한다. 쉬운 예는 $f = 6(x - a)$와 $g = 2(x - a)$이다. 비율 f/g는 정확히 $6/2$이고, 이 비율이 그들의 기울기이다. [그림 3-28(a)]는 이 직선들이 0으로 가까이 갈 때, 6과 2에 의해 함수가 제어된다는 것을 보여준다

[그림 3-28(b)]는 같은 극한 $6/2$를 보여주는데, 곡선이 직선들에 접할 때이다. 이 그림은 로피탈 정리의 핵심이다.

일반적으로 f/g는 유한한 값 L이거나 $+\infty$ 또는 $-\infty$이다(극한점 $x = a$도 유한한 수뿐 아니라 $+\infty$ 또는 $-\infty$로 표현 가능하다. 여기서 $x = a$는 유한한 경우만 생각한다). 하나의 절대적인 요구 사항은 $f(x)$와 $g(x)$가 독립적으로 0에 접근해야 한다는 것이다(즉 $0/0$ 꼴이다). 그렇지 않으면 식 (6)이 참이라는 보장이 없다. $f(x) = x$와 $g(x) = x - 1$인 경우 로피탈의 정리를 사용하면 안 된다.

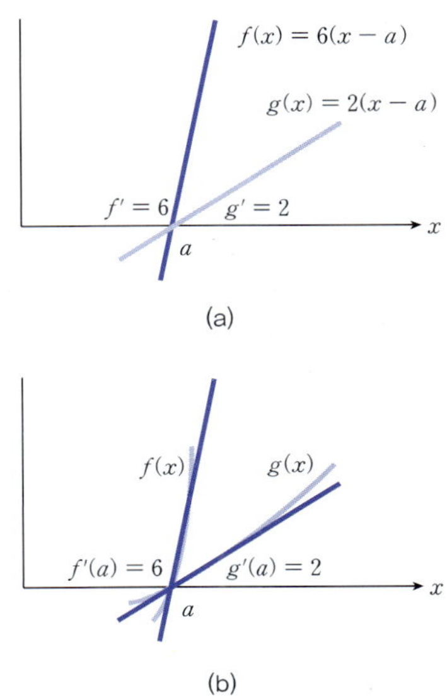

[그림 3-28] (a) $\dfrac{f(x)}{g(x)}$는 정확히 $\dfrac{f'(a)}{g'(a)} = 3$이다. (b) $\dfrac{f(x)}{g(x)}$는 $\dfrac{f'(a)}{g'(a)} = 3$에 가까이 간다.

$$\frac{f(x)}{g(x)} \to \frac{a}{a-1} \text{ 이지만 } \frac{f'(x)}{g'(x)} = \frac{1}{1} \text{ 이다.}$$

보통의 분수는 $\lim f(x)$를 $\lim g(x)$로 나눈 것에 가까이 간다. 로피탈 정리는 $0/0$에 대해서만 적용 가능하다.

예제 4 $\lim_{x\to 0} \frac{1-\cos x}{x}$는 $\lim_{x\to 0} \frac{\sin x}{1}$과 같다. 이 극한값은 0이다.

예제 5 $\frac{f}{g} = \frac{\tan x}{\sin x}$는 $\frac{f'}{g'} = \frac{\sec^2 x}{\cos x}$로 귀결된다. $x=0$에서 극한은 $\frac{1}{1}$이다.

예제 6 $\frac{f}{g} = \frac{x-\sin x}{1-\cos x}$는 $\frac{f'}{g'} = \frac{1-\cos x}{\sin x}$로 귀결된다. $x=0$에서 이는 여전히 $\frac{0}{0}$이다.

로피탈의 정리를 f'/g'에 적용해보자. 이는 f''/g''의 극한과 같은 값을 가진다.

$$\frac{f}{g} \to \frac{0}{0} \text{ 이고 } \frac{f'}{g'} \to \frac{0}{0} \text{ 이면 } \frac{f''(x)}{g''(x)} = \frac{\sin x}{\cos x} \to \frac{0}{1} = 0 \text{ 과 같이 계산된다.}$$

로피탈의 정리는 다음과 같이 분수식이 같다는 것으로부터 유래된다.

$$\frac{f(x)}{g(x)} = \frac{f(x)-f(a)}{x-a} \Bigg/ \frac{g(x)-g(a)}{x-a} \tag{7}$$

위 식은 그냥 산술 계산이다. 극한은 아직 취하지도 않았다. 인자 $x-a$는 소거되고 두 수 $f(a)$와 $g(a)$는 가정에 의해서 0이다. 이제 x가 a로 감에 따라 식 (7)의 우변에 극한을 취한다.

보통 일어날 수 있는 것은 한 부분이 $x=a$에서 f'에 가까이 가고, 다른 부분은 $g'(a)$에 가까이 가는 것이다. 이때 $g'(a)$가 0이 아니면 한 극한을 다른 극한으로 나눌 수 있다. 이는 다음과 같은 '보통의' 식을 준다.

$$\lim_{x\to a} \frac{f(x)}{g(x)} = \text{(7)의 극한} = \frac{f'(a)}{g'(a)} \tag{8}$$

이 역시 로피탈이 발견한 식이다. $f'(x) \to f'(a)$이고 독립적으로 $g'(x) \to g'(a)$일 때, 로피탈의 전체 극한은 $f'(a)/g'(a)$이다. 그는 이 법칙을 차분 미적분학으로 처음 작성된 교과서에 발표했다(1696년 때의 일이다. 극한은 실제로 그의 선생님 베르누이에 의해 발견되었다). 300년 후부터는 식 (6)에서 용인되는 다른 경우인, 각자의 부분이 독립적이지 않더라도 f'/g'이 극한에 가까이 갈 때 로피탈의 정리를 적용하게 됐다. 로피탈의 좀 더 일반적인 형태를 증명하기 위해서는 일반 평균값 정리가 필요하다. 아래의 논의는 미적분 수업에서 반드시 다루는 내용은 아니다(하지만 미적분 책에서는 필요하다). 중요한 아이디어는 이미 식 (8)에서 등장했다.

기본적인 '부정형'은 $\infty - \infty$이다. $f(x)$와 $g(x)$가 무한대로 간다면 $f(x)-g(x)$의 극한은 어떠한 형태도 될 수 있다. 예를 들어 x^2-x나 $x-x^2$ 또는 $(x+2)-x$를 가질 수 있고 그들의 극한은 각각 ∞, $-\infty$, 2이다.

다음 단계로는 $0/0$, ∞/∞, $0\cdot\infty$가 있다. 이 경우들의 극한을 찾기 위해 로피탈의 정리를 시도하라. $f(x)/g(x)$가 ∞/∞에 가까이 갈 때는 [연습문제 3.8.24]를 보라. $f(x)\to 0$이고 $g(x)\to\infty$일 때에는 0/0 법칙을 $f(x)/(1/g(x))$에 적용하라.

다음 단계는 0^0과 1^∞, ∞^0이다. 이들은 $f(x)^{g(x)}$의 극한으로부터 온다. $f(x)$는 각각 $0, 1, \infty$에 가까이 가는 반면 $g(x)$는 각각 $0, \infty, 0$에 가까이 간다면, 우리는 정보가 더 필요하다. 극한이 정말로 궁금한 사례는 $x^{1/\ln x}$인데, 이는 0^0, 1^∞, ∞^0의 세 가지 경우 모두를 보여준다. 이 함수의 극한은 실제로 상수이다! 이는 e와 같다.

한 단계 뒤로 돌아가서 로그를 취하자. 그러면 $f(x)=x$, $g(x)=1/\ln x$이고 $x\to 0$, $x\to\infty$일 때 $g(x)\ln f(x)$는 각각 0/0과 $0\cdot\infty$ 형태를 가지고 로피탈의 법칙을 다시금 사용하게 한다. 하지만 로그와 e는 6장에서 다룰 것이다.

일반화된 평균값 정리

평균값 정리는 2개의 함수로 확장될 수 있다. 이 확장은 코시[Cauchy] 덕분인데, 코시는 극한의 전체 아이디어를 정리했다. 이제 여러분은 보통의 평균값 정리를 $g=x$의 특별한 경우로 인식하게 될 것이다.

> **17 일반화된 평균값 정리** $f(x)$와 $g(x)$가 $[a,b]$에서 연속이고 (a,b)에서 미분가능하면, $a<c<b$인 한 점 c에 대하여 다음을 만족한다.
>
> $$[f(b)-f(a)]g'(c)=[g(b)-g(a)]f'(c) \tag{9}$$

증명 $F(a)=F(b)$인 새로운 함수를 구성하는 것부터 시작한다.

$$F(x)=[f(b)-f(a)]g(x)-[g(b)-g(a)]f(x)$$

보통의 평균값 정리는 $F'(c)=0$일 때이고, 위 식에 직접 c를 대입함으로써 식 (9)를 확인할 수 있다. ∎

응용 1(로피탈의 정리의 증명). 이 법칙은 $f(a)/g(a)=0/0$을 다룬다. 이 근들을 식 (9)에 대입하면 $f(b)g'(c)=g(b)f'(c)$이다. 그러므로 다음을 얻는다.

$$\frac{f(b)}{g(b)}=\frac{f'(c)}{g'(c)} \tag{10}$$

b가 a에 가까워짐에 따라 c도 a에 가까워진다. 이때 점 c는 a와 b 사이에 있다. $b\to a$와 $c\to a$일 때 식 (10)의 극한이 바로 로피탈의 정리이다.

응용 2(선형 근사에서의 오차). 3.2절에서 곡선과 접선 사이의 거리는 $(x-a)^2$과 같이 증가한다고 설명했다. 이제는 이를 증명할 수 있고, 더 탐구해 볼 것이다. 선형 근사는

$$f(x)=f(a)+f'(a)(x-a)+\text{오차 } e(x) \tag{11}$$

이 패턴은 오차가 $f''(x)$와 $(x-a)^2$에 관련이 있음을 암시한다. 핵심적인 예인 $f=x^2$은 요소 $\frac{1}{2}$이 필요하다($f''=2$를 소거하기 위해). 선형 근사에서 오차는 다음과 같다.

$$a<c<x\text{에서 } e(x)=\frac{1}{2}f''(c)(x-a)^2 \tag{12}$$

핵심 아이디어 다음과 같이 오차 $e(x)$를 $(x-a)^2$과 비교한다. $x=a$에서 둘 다 0이다.

$$\begin{array}{lll} e=f(x)-f(a)-f'(a)(x-a) & e'=f'(x)-f'(a) & e''=f''(x) \\ g=(x-a)^2 & g'=2(x-a) & g''=2 \end{array}$$

일반화된 평균값 정리는 a와 x 사이에 $e(x)/g(x)=e'(C)/g'(C)$인 점 C를 찾는다. 이는 식 (10)을 다른 문자로 나타낸 것이다. $e'(a)=g'(a)=0$임을 확인한 다음 $e'(x)$와 $g'(x)$에 같은 정리를 적용한다. 이는 a와 C (당연히 a와 x 사이의 점) 사이의 점 c를 생산한다. 이 점 c는 다음을 만족한다.

$$\frac{e'(C)}{g'(C)}=\frac{e''(c)}{g''(c)}\text{이고 따라서 }\frac{e(x)}{g(x)}=\frac{e''(c)}{g''(c)}\text{이다.}$$

$g=(x-a)^2$, $g''=2$, $e''=f''$와 함께, 우변은 $e(x)=\frac{1}{2}f''(c)(x-a)^2$이다. 즉 오차의 식은 증명되었다. 매우 좋은 근사는 $\frac{1}{2}f''(c)(x-a)^2$이다.

예제 7 $a=100$ 근처에서 $f(x)=\sqrt{x}$ 일 때, $\sqrt{102}\approx 10+\left(\frac{1}{20}\right)2+\frac{1}{2}\left(\frac{-1}{4000}\right)2^2$이다. 이 마지막 항은 오차가 $e=-0.0005$일 것으로 예측한다. 실제 오차는 $\sqrt{102}-10.1=-0.000496$이다.

3.8 문장제 문제

01 평균값 정리는 ___a___ $[a, b]$에서의 평균 기울기 $\Delta f/\Delta x$를 미지수 ___b___ 에서의 기울기 df/dx와 동일시한다. 명제는 ___c___ 이다. 이는 열린 구간 (a, b)에서 ___d___ 와(과) 함께 ___e___ 구간 $[a, b]$에서 $f(x)$는 ___f___ 이어야 한다. 롤의 정리는 $f(a)=f(b)=0$인 특별한 경우일 때, 점 c는 ___g___ 을(를) 만족한다. 증명에서 f가 함수의 ___h___ 에 도달하도록 c를 선택한다.

02 평균값 정리의 결과는 다음을 포함한다. 한 구간의 모든 곳에서 $f'(x)=0$이면 $f(x)=$ ___i___ 이다. 예측 $f(x)=f(a)+$ ___j___ $(x-a)$는 a와 x 사이의 어떤 c에 대해서 정확하다. 2차 예측 $f(x)=f(a)+f'(a)(x-a)+$ ___k___ $(x-a)^2$은 다른 c에 대해서 정확하다. $f(a)+f'(a)(x-a)$에서의 오차는 $\frac{1}{2}M(x-a)^2$보다 작다. 여기서 M은 ___l___ 의 최댓값이다.

03 주요 결과는 로피탈의 정리인데, 이는 $x \to a$일 때 $f(x)$와 $g(x)$가 ___m___ (으)로 갈 때 적용 가능하다. 이 경우 ___n___ 의 극한이 존재한다면 이 극한은 $f(x)/g(x)$의 극한과 같다. 보통 이 극한은 $f'(a)/g'(a)$이다. 만약 이 또한 0/0이면, ___o___ 의 극한을 극한값으로 취한다.

3.8 연습문제

01~06 $f(2)-f(0)=f'(c)(2-0)$을 만족하는 $0<c<2$인 모든 점을 찾아라.

01 $f(x)=x^3$

02 $f(x)=\sin \pi x$

03 $f(x)=\tan 2\pi x$

04 $f(x)=1+x+x^2$

05 $f(x)=(x-1)^{10}$

06 $f(x)=(x-1)^9$

07~10 $f(1)-f(-1)=f'(c)(2)$를 만족하는 점 c가 없다는 것을 보여라. 평균값 정리를 왜 적용할 수 없는지 설명하라.

07 $f(x)=\left|x-\frac{1}{2}\right|$

08 $f(x)=$ 단위 계단함수[19]

09 $f(x)=|x|^{1/2}$

10 $f(x)=1/x^2$

11 $\sec^2 x$와 $\tan^2 x$는 같은 도함수를 가진다는 것을 증명하고, 이를 이용하여 $f(x)=\sec^2 x-\tan^2 x$에 관한 결론을 도출하라.

12 $\csc^2 x$와 $\cot^2 x$의 도함수가 같음을 증명하고 $f(x)=\csc^2 x-\cot^2 x$를 간단히 하라.

13~22 로피탈 정리를 이용하여 극한을 계산하라.

13 $\lim_{x\to 3}\frac{x^2-9}{x-3}$

14 $\lim_{x\to 3}\frac{x^2-9}{x+3}$

15 $\lim_{x\to 0}\frac{(1+x)^{-2}-1}{x}$

16 $\lim_{x\to 0}\frac{\sqrt{1-\cos x}}{x}$

17 $\lim_{x\to \pi}\frac{x-\pi}{\sin x}$

18 $\lim_{x\to 1}\frac{x-1}{\sin x}$

19 $\lim_{x\to 0}\frac{(1+x)^n-1}{x}$

20 $\lim_{x\to 0}\frac{(1+x)^n-1-nx}{x^2}$

21 $\lim_{x\to 0}\frac{\sin x-\tan x}{x^3}$

22 $\lim_{x\to 0}\frac{\sqrt{1+x}-\sqrt{1-x}}{x}$

23 $f=x^2-4$와 $g=x+2$에 대해서 f'/g'은 $x\to 2$일 때 4에 가까워진다. $x\to 2$일 때 $f(x)/g(x)$의 극한은 무엇인가? 로피탈의 정리에서 무엇이 잘못되었는가?

24 로피탈의 정리는 $f(x)/g(x)\to\infty/\infty$일 때에도 여전히 성립한다. L은 다음과 같다.

$$\lim\frac{f(x)}{g(x)}=\lim\frac{1/g(x)}{1/f(x)}=\lim\frac{g'(x)/g^2(x)}{f'(x)/f^2(x)}=L^2\lim\frac{g'(x)}{f'(x)}$$

그러면 $\lim[f'(x)/g'(x)]$가 존재할 때 이 값은 L과 같다. 이때 우리는 언제 0/0을 위한 법칙을 사용했는가? 다른 극한 법칙은 무엇이 사용되었는가?

25 $\lim_{x\to 0}\dfrac{1+(1/x)}{1-(1/x)}$를 계산하라.

26 $\lim_{x\to\infty}\dfrac{x^2+x}{2x^2}$를 계산하라.

27 일반적인 방법으로 $\lim_{x\to\infty}\dfrac{x+\cos x}{x+\sin x}$를 계산하라. 로피탈의 정리는 답을 주지 않음을 보여라.

28 일반적인 방법이나 특별한 기술을 써서 $\lim_{x\to\infty}\dfrac{\csc x}{\cot x}$를 계산하라.

29 평균값 정리를 $f(x)=x^3$에 적용하는 것은 1과 4 사이의 어떤 수 c가 어떠한 성질을 갖는다는 것을 보장한다. 이 성질이 무엇인지 말하고, c를 찾아라.

30 모든 점에서 $|df/dx|\le 1$일 때, 다음이 성립함을 증명하라.

모든 x와 y에서 $|f(x)-f(y)|\le 1$이다.

31 뉴턴법에서의 오차는 $|x_{n+1}-x^*|\le M|x_n-x^*|^2$과 같이 매 단계마다 제곱이 된다. 증명은 $0=f(x^*)=f(x_n)+f'(x_n)(x^*-x_n)+\frac{1}{2}f''(c)(x^*-x_n)^2$으로부터 시작한다. $f'(x_n)$으로 나누어 x_{n+1}을 얻고, M을 추정하라.

32 **(롤의 정리의 역)** $f'(c)=0$이라 가정하자. $f(a)=f(b)$인 c 주변의 두 점 a,b는 반드시 존재하는가?

33 $f(0)=0$이라 가정하자. $x\to 0$일 때 $f(x)/x$가 극한을 가진다면, 그 극한은 우리에게 ____(으)로 잘 알려져 있다. 로피탈의 정리는 대신 _____의 극한처럼 생겼다.

로피탈의 결론 : $f'(x)$의 극한이 존재한다면 그 값은 $f'(0)$과 같다. 따라서 $f'(x)$는 '지울 수 있는 ____'을(를) 가질 수 없다.

34 $f'(x)/g'(x)$는 극한이 없지만 $f(x)/g(x)\to L$일 가능성이 있다. 이는 로피탈의 정리가 $f'(x)/g'(x)$는 극한이 존재한다고 가정하는 이유이다.

(a) $f(x)=x^2\cos(1/x)$, $g(x)=x$의 경우 $x\to 0$일 때의 L을 찾아라. 코사인 함수는 1보다 작다는 것을 기억하라.

(b) 식 $f'(x)=\sin(1/x)+2x\cos(1/x)$로부터 f'/g'은 $x\to 0$일 때 극한을 가지지 않음을 보여라.

35 스테인[Stein]의 미적분학 책은 $f(x)=$ 삼각형 ABC의 넓이와 $g(x)=$ 부채꼴의 일부인 곡선과 직선으로 둘러싸인 ABC의 넓이의 비율의 극한을 물어본다.

(a) 각 x가 0으로 감에 따라 f/g의 극한을 추정하라.

(b) $f(x)=\frac{1}{2}(\sin x-\sin x\cos x)$, $g(x)=\frac{1}{2}(x-\sin x\cos x)$인 이유를 설명하라.

(c) $f(x)/g(x)$의 실제 극한을 계산하라.

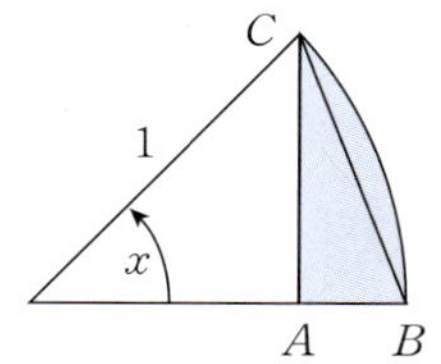

36 뉴욕에서 로스앤젤레스로 100시간 동안 3000마일을 운전한다면, 어떤 순간 차의 속도는 _____이다.

37 $x\to\infty$일 때에도 로피탈의 정리는 적용된다. $f'(x)/g'(x)$의 극한이 존재한다면 $f(x)/g(x)$의 극한은 그 값과 같다. 다음 그림과 같이 $x\to\infty$일 때 그래프가 평행이 된다면 극한은 무엇인가?

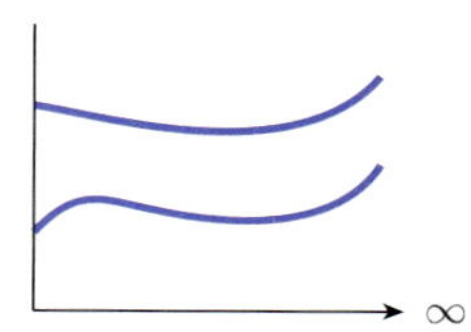

38 기울기가 양수일 때 $f(x)$가 증가함을 증명하라.

모든 점 c에 대해 $f'(c)>0$이면 $b>a$인 모든 점 a,b에 대하여 $f(b)>f(a)$이다.

19 단위 계단함수는 0보다 작은 실수에서는 0, 0보다 큰 실수에 대해서는 1, 그리고 0에서는 1/2의 값을 가지는 함수이다.

4장 연쇄 법칙에 의한 미분

Derivatives by the Chain Rule

4.1 연쇄 법칙

$f(x)g(x)$가 $(df/dx)(dg/dx)$가 아니라는 것을 기억할 것이다. 한 예로 $\sin x \times x^2$의 도함수는 $\cos x \times 2x$가 아니다. 곱의 법칙을 통해 하나의 항이 아닌 두 개의 항이 생긴다. 그러나 사인 함수 f와 제곱함수인 g를 하나의 함수로 결합하는 다른 방법이 있다. 이렇게 결합한 새로운 함수의 도함수가 $\cos x \times 2x$를 수반하지는 않는다. 다만 어떤 꼬임을 통해 도함수를 나타낸다. 우리는 우선 그 새로운 함수를 설명하고, 그것의 미분에 대한 **연쇄 법칙**chain rule을 찾을 것이다.

여기서 연쇄 법칙의 중요성을 강조하겠다. 연쇄 법칙은 배우기 쉬우며 앞으로 연쇄 법칙을 자주 사용할 것이다. 또한 연쇄 법칙은 덧셈 미분, 곱 미분 법칙 다음으로 원래 함수들의 도함수로부터 새로운 함수들의 도함수를 찾는 세 번째 기본적인 방법으로 본다(지금까지 살펴본 원래 함수들은 x^n, $\sin x$, $\cos x$이다. e^x, $\log x$는 이후에 살펴볼 것이다). f와 g가 더해지고 곱해질 때, 도함수들은 덧셈 미분 법칙과 곱 미분 법칙으로부터 나온다. 이 장은 f와 g를 또 다른 세 번째 방법으로 결합한다.

새로운 함수는 $\sin(x^2)$, 즉 x^2의 사인이다. 이 함수는 두 함수로부터 만들어졌다. $x=3$이면 $x^2=9$이고 $\sin(x^2)=\sin 9$이다. 이렇듯 $\sin x$와 x^2을 합성함수 $\sin(x^2)$으로 합성한 것이고, 여기에 함수 사이의 '연쇄'가 있다. **x로부터 시작해서 $g(x)$를 찾고, 그 다음에 $f(g(x))$를 찾는다.**

제곱함수 $y=x^2$을 $g(x)$라고 하자.
사인 함수는 $z=\sin(y)=\sin(x^2)$이며, 이것이 $f(g(x))$이다.

내부 함수 $g(x)$는 y를 준다. 이것은 **외부 함수** $f(y)$로의 입력값이고, 이를 **합성**이라고 부른다. 이 합성은 x로 시작하고 z로 끝이 난다. 합성 함수는 때때로 $f \circ g$로 쓰인다(원은 보통 곱인 fg와의 차이를 보여준다). 앞으로 $f(g(x))$로 자주 쓸 것이다.

$$z(x) = f \circ g(x) = f(g(x)) \tag{1}$$

다음 예는 $g=2x$를 가지는 $\cos 2x$와 $(2x)^3$이다. 계산기에서 x를 입력하고 'g' 버튼을 누르고 그 다음에 'f' 버튼을 누른다.

x로부터 $y=g(x)$를 계산하라. y로부터 $z=f(y)$를 계산하라.

모든 함수의 버튼이 있는 것은 아니다! 하지만 제곱함수와 사인 함수는 대부분의 계산기에 있고, 그 **순서대로** 사용된다. [그림 4-1(a)]는 제곱이 어떻게 사인 함수를 늘리고 줄이는지 보여준다.

$\sin(x^2)$의 그래프는 심하게 요동치는 FM 신호이다(주파수가 조절된다). 파동은 $\sin x$처럼 위아래로 움직이지만 같은 장소에서 움직이는 것은 아니다. $\sin g(x)$로 바꾸면 봉우리의 위치가 좌우로 움직이게 된다. AM 신호인(진폭이 조절된다) 곱 $g(x)\sin x$와 비교해보라.

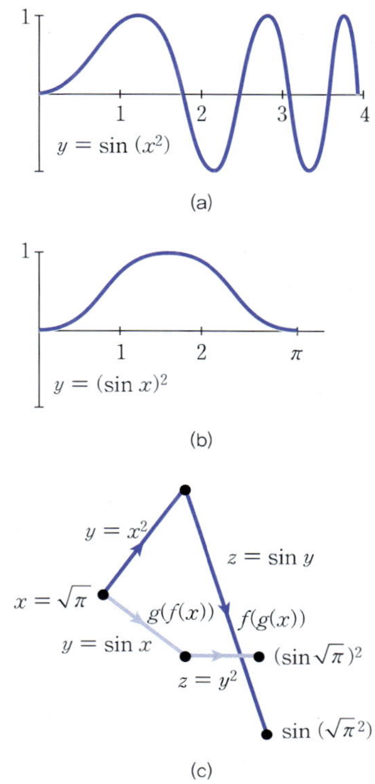

[그림 4-1] $f(g(x))$는 $g(f(x))$와 다르다. g 다음에 f를 적용하거나, f 다음에 g를 적용하라.

$f(g(x))$는 $g(f(x))$와 다르다. 일반적으로 **f와 g의 순서는 중요하다**. $f(x)=\sin x$와 $g(x)=x^2$에서 반대 순서의 연쇄 $g(f(x))$는 다른 결과가 나온다.

우선 사인 함수를 적용하면 $y=\sin x$이다.

그 다음에 제곱함수를 적용하면 $z=(\sin x)^2$이다.

이 결과는 괄호를 생략하기 위해 종종 $\sin^2 x$로 쓰인다. 이는 $\sin x^2$과는 완전히 다른 함수이다. 그것들을 [그림 4-1(a)]와 [그림 4-1(b)]에서 비교해보라.

예제 1 합성 함수 $f \circ g$는 헷갈릴 수 있다. $g(x)=x^3$이고 $f(y)=y^4$이면 $f(g(x))$는 평범한 곱인 $f(x)g(x)$와 어떻게 다른가? $f(x)g(x)$는 x^7이다. 연쇄는 $y=x^3$으로 시작하여 $z=y^4=x^{12}$이 된다. 즉 x^3과 y^4를 합성하면 $f(g(x))=x^{12}$이 된다.

예제 2 뉴턴법에서 $F(x)$는 그 자신과 합성된다. 그것은 **반복법**이다. 모든 출력값 x_n은 $x_{n+1}=F(x_n)$을 찾기 위해 다시 입력값으로 들어간다. 그 예인 $F(x)=\frac{1}{2}x+4$는 $F(F(x))=\frac{1}{2}\left(\frac{1}{2}x+4\right)+4$를 가지고, $z=\frac{1}{4}x+6$를 산출한다.

$F(x)$의 미분은 $\frac{1}{2}$이다. $z=F(F(x))$의 미분은 $\frac{1}{4}$이고, 이는 $\frac{1}{2}\times\frac{1}{2}$이다. 즉 **미분값들을 곱한 것**이다. 이것은 연쇄 법칙의 특별한 한 경우이다.

매우 특별한 한 경우는 $f(x)=x$, $g(x)=x$일 때이다. 평범한 곱은 x^2이지만 연쇄 $f(g(x))$는 단지 x만을 산출한다. '항등함수'로부터의 출력값은 $g(x)=x$이다.[1] 두 번째 항등함수가 x에 작용할 때 그것은 다시 x를 산출하고, 그 미분은 1×1이다. 다음 표에 좀 더 많은 합성 함수를 제공하였다.

$y=g(x)$	$z=f(y)$	$z=f(g(x))$
x^2-1	$\sqrt{y}$	$\sqrt{x^2-1}$
$\cos x$	y^3	$(\cos x)^3$
2^x	2^y	2^{2^x}
$x+5$	$y-5$	x

1 계산기는 항등함수를 계산하기 위한 버튼이 없다. 아마도 계산기는 아무 작업도 실행하지 않을 것이다.

표의 마지막 행에서 5를 더해 y를 얻는다. 그 다음에 z에 이르기 위해 5를 뺀다. 따라서 $z=x$이다. 여기서 $f(g(x))=x$이므로 출력값과 입력값은 같다. 이와 같은 **역함수**는 4.3절에서 소개한다. 다른 예제들에서는 새로운 함수들 $z(x)$를 생성하고 그들의 도함수를 구하고자 한다.

$f(g(x))$의 도함수

$z=\sin x^2$의 도함수는 무엇인가? 그것은 $\Delta z/\Delta x$의 극한이다. 그러므로 점 $x+\Delta x$ 근처에서 변화를 살펴봐야 한다. x에서의 변화는 $y+\Delta y=(x+\Delta x)^2$으로 움직이는 $y=x^2$에서의 변화를 산출한다. y에서의 이 변화로부터 $z=f(y)$에서의 변화가 생긴다. 그것은 각 변화된 입력값이 변화된 출력값을 야기하는 '도미노 효과'이다. 즉, **Δx가 Δy를 산출하고 Δy가 Δz를 산출한다.** 마지막 Δz를 원래 Δx에 연결해야 한다.

핵심은 $\Delta z/\Delta x$를 $\Delta z/\Delta y$와 $\Delta y/\Delta x$의 곱으로 쓰는 것이다. 그 다음에 Δx를 0으로 가까이 가게 한다. 극한에서 dz/dx는 다음과 같이 '연쇄 법칙'에 의해 주어진다.

$$\frac{\Delta z}{\Delta x}=\frac{\Delta z}{\Delta y}\frac{\Delta y}{\Delta x}\text{가 곧 연쇄 법칙 }\frac{dz}{dx}=\frac{dz}{dy}\frac{dy}{dx}\text{이 된다.} \quad (2)$$

Δx가 0으로 감에 따라, $\Delta y/\Delta x$는 dy/dx에 근접한다. 그러므로 Δy는 틀림없이 0으로 갈 것이고, $\Delta z/\Delta y$는 dz/dy에 근접한다. 곱의 극한은 각 분리된 극한들의 곱과 같다. 도함수를 곱하여 다음과 같이 연쇄 법칙을 정의하자.

I 연쇄 법칙 $g(x)$는 x에서 도함수가 존재하고 $f(y)$는 $y=g(x)$에서 도함수가 존재한다고 가정하자. 그러면 $z=f(g(x))$의 도함수는

$$\frac{dz}{dx}=\frac{dz}{dy}\frac{dy}{dx}=f'(g(x))g'(x)\text{이다.} \quad (3)$$

x에서의 기울기는 (y에서의) df/dy와 (x에서의) dg/dx의 곱이다.

⊘ 주의 연쇄 법칙은 $\sin x^2$의 도함수가 $(\cos x)(2x)$임을 의미하지는 않는다. 사실 $\cos y$는 $\sin y$의 도함수이다. 요점은 $\cos y$는 x가 아니라 y에서 계산되어야 한다는 것이다. x에서의 df/dx를 원하지 않고 $y=x^2$에서의 df/dy를 원하는 것이다. 따라서

$$\sin x^2\text{의 도함수는 }(\cos x^2)\times(2x)\text{이다.} \quad (4)$$

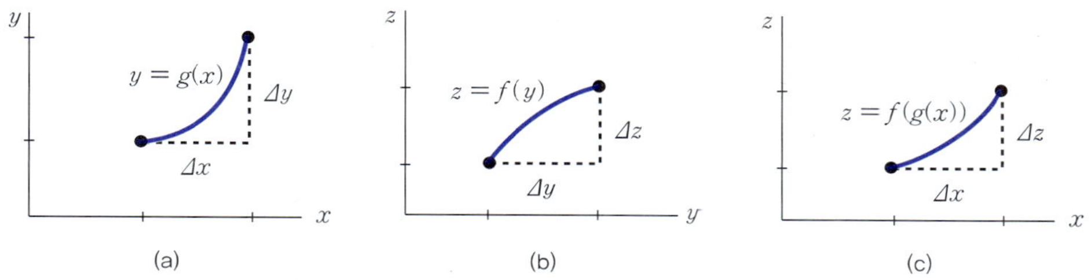

[그림 4-2] 연쇄 법칙 $\dfrac{\Delta z}{\Delta x} = \dfrac{\Delta z}{\Delta y}\dfrac{\Delta y}{\Delta x}$는 $\dfrac{dz}{dx} = \dfrac{dz}{dy}\dfrac{dy}{dx}$에 근접한다.

예제 3 $z = (\sin x)^2$이면 $dz/dx = (2\sin x)(\cos x)$이다. 여기서 $y = \sin x$는 내부 함수이다. 이 순서대로 $z = y^2$은 $dz/dy = 2y$이다. 내부 함수 $\sin x$는 $dy/dx = \cos x$를 산출하므로, 그 답은 $2y \cos x$이다. 아직 도함수가 $2x \cos x$인 함수를 찾지 못했다.

예제 4 $z = \sin 3x$의 도함수는 $\dfrac{dz}{dx} = \dfrac{dz}{dy}\dfrac{dy}{dx} = 3\cos 3x$이다.

외부 함수는 $z = \sin y$이고, 내부 함수는 $y = 3x$이다. 그러면 $dz/dy = \cos y$이다. 이때 $\cos x$가 아니라 $\cos 3x$이다. 다른 인자는 $dy/dx = 3$임을 기억하라.

특히 x를 t로 바꾸면 인자 3에 대해 쉽게 설명할 수 있다. 그 거리는 $z = \sin 3t$이다. 이는 $\sin t$처럼 진동하지만 속도는 세 배 더 빠르다. 속도가 빨라진 함수 $\sin 3t$는 시간 (2π보다 더 빠른) $2\pi/3$만에 한 진동을 완성한다. 자연스럽게 속도는 연쇄 법칙으로부터 $\cos 3x$ 앞에 여분의 인자 3을 포함한다.

예제 5 $z = f(y) = y^n$이라 하자. $f(g(x)) = [g(x)]^n$의 도함수를 찾아라.

풀이

이 경우에 dz/dy는 ny^{n-1}이다. 연쇄 법칙은 dy/dx를 곱하는 것이다.

$$\frac{dz}{dx} = ny^{n-1}\frac{dy}{dx} \quad \text{또는} \quad \frac{d}{dx}[g(x)]^n = n[g(x)]^{n-1}\frac{dg}{dx} \tag{5}$$

이것은 **거듭제곱 미분 법칙**이다! 이는 2.5절에서 이미 발견한 사실이다. 제곱근($n = 1/2$일 때)은 빈번하게 등장하고 매우 중요하다. $y = x^2 - 1$이라고 가정하고 미분해보자.

$$\frac{d}{dx}\sqrt{x^2 - 1} = \frac{1}{2}(x^2 - 1)^{-1/2}(2x) = \frac{x}{\sqrt{x^2 - 1}} \tag{6}$$

Q_ 뷰익은 마일당 1갤런 가스의 1/20을 사용한다. 시간당 60마일을 운전한다면 시간당 몇 갤런의 가스가 필요한가?

A_ (갤런/시간) = (갤런/마일)(마일/시간)이다. 연쇄 법칙에 의하면 $(dy/dt)=(dy/dx)(dx/dt)$이고, 그 답은 $(1/20)(60)=3$갤런/시간이다.

연쇄 법칙의 증명 위 논의는 올바르게 다음을 따른다.

$$\frac{\Delta z}{\Delta x}=\frac{\Delta z}{\Delta y}\frac{\Delta y}{\Delta x}, \quad \frac{dz}{dx}=\frac{dz}{dy}\frac{dy}{dx} \tag{7}$$

연쇄 법칙을 통해 '표기법 논쟁'에서 라이프니츠Leibniz가 승리했다고 알려져 있다. 그의 표기법은 다음과 같이 실제적으로 무엇을 해야 하는지 말해준다. 각 항의 극한을 구해보자(Δx가 0으로 근접할 때 이론적으로 Δy가 0이 되는 것도 가능하다는 것을 언급해야 한다. 그러면 $\Delta z/\Delta y$는 0/0이 되고, 이 식의 정확한 의미인 dz/dy를 부여해야 한다). $\Delta x \to 0$에서 다음을 따른다.

$$\frac{\Delta y}{\Delta x}\to g'(x)\text{이고 }\frac{\Delta z}{\Delta y}\to f'(y)=f'(g(x))$$

그러면 $\Delta z/\Delta x$는 $f'(y)\times g'(x)$에 근접하고, 이것이 바로 연쇄 법칙 $(dz/dy)(dy/dx)$이다.

다음 표에서 $(\sin x)^3$의 도함수는 $3(\sin x)^2\cos x$이다. 그 여분의 인자 $\cos x$는 잊어버리기 쉽고, 마지막 예에서는 -1을 잊어버리기가 더 쉽다.

$z=(x^3+1)^5$	$dz/dx=5(x^3+1)^4\times 3x^2$
$z=(\sin x)^3$	$dz/dx=3\sin^2 x\times\cos x$
$z=(1-x)^2$	$dz/dx=2(1-x)\times -1$

연쇄 법칙은 어떤 문자로도 다시 쓸 수 있다. 이때 우리는 출력값을 z라고 놓았다. 출력값은 보통 y로 자주 쓰고, 내부 함수는 u로 쓴다.

$$y=\sin u(x)\text{의 도함수는 }\frac{dy}{dx}=\cos u\,\frac{du}{dx}\text{이다.}$$

du/dx를 가진 예제는 매우 흔하다. 어떤 문자가 나오더라도 일단 받아들이기를 바란다. 변하지 않는 것은 핵심적인 아이디어, 즉 연쇄 법칙은 외부 함수의 도함수와 내부 함수의 도함수의 곱이라는 것이다.

예제 6 $\sin(x-1)$에서는 연쇄 법칙이 거의 필요하지 않다. 엄밀히 말하면 내부 함수는 $u=x-1$이고 du/dx는 1이다. 즉 $y=\sin(x-1)$이면 $dy/dx=\cos(x-1)$

이다. 그래프가 x축 방향으로 1만큼 이동하고 기울기 그래프 또한 x축 방향으로 1만큼 이동한다.

⊘ 주의 코사인은 이동되지 않은 x에서가 아니라 $x-1$에서 계산된다.

$f(y)$와 $g(x)$의 인식

연쇄 법칙에서는 연쇄를 인식하는 것이 가장 중요하다. 위 표에서는 $(x^3+1)^5$으로 시작했다. 이 예를 u^5으로 보면 내부 함수는 x^3+1이다. 연습하면 합성을 반대로 하는 분해를 쉽게 할 수 있다.

$\cos(2x+1)$는 $\cos u$이다.
$\sqrt{1+\sin t}$는 $\sqrt{u}$이다.
$x\sin x$는 ⋯ (곱 미분 법칙!)

계산 실수를 하지 않으려면 모든 함수를 적어 보는 것이 좋다.

$$z=\cos u \qquad u=2x+1 \qquad dz/dx=(-\sin u)(2)=-2\sin(2x+1)$$

빠른 방법은 '내부에 있는 함수의 도함수'를 염두에 두는 것이다. $\cos(2x+1)$의 기울기는 연쇄 법칙으로부터 $-\sin(2x+1)$와 2의 곱이다.

예제 7 $\sin\sqrt{1-x}$는 $z=\sin y$, $y=\sqrt{u}$, $u=1-x$ 세 함수의 연쇄이다. 세 개의 연쇄를 통해 연쇄 법칙의 의미를 파악할 것이다.

$$\sin\sqrt{1-x} \text{ 의 도함수는 } (\cos\sqrt{1-x})\left(\frac{1}{2\sqrt{1-x}}\right)(-1) \text{ 이다.}$$

이는 $(dz/dy)(dy/du)(du/dx)$와 같다. y, u, x가 어떤 함수인지 잘 파악하여 각각을 계산하라.

마침내 이계도함수에 관한 질문에 도달했다. 연쇄 법칙은 dz/dx를 곱으로 표현할 수 있으므로 d^2z/d^2x은 곱 미분 법칙을 필요로 한다.

$$\underset{}{\frac{dz}{dx}}=\underset{u}{\frac{dz}{dy}}\,\underset{v}{\frac{dy}{dx}} \text{ 는 } \frac{d^2z}{dx^2}=\underset{u}{\frac{dz}{dy}}\,\underset{v'}{\frac{d^2y}{dx^2}}+\underset{u'}{\frac{d}{dx}\left(\frac{dz}{dy}\right)}\,\underset{v}{\frac{dy}{dx}} \text{ 에 이르게 한다.}$$

마지막 항은 다시 연쇄 법칙에 의해 d^2z/dy^2와 $(dy/dx)^2$의 곱이 된다.

예제 8 $\sin x^2$의 도함수는 $2x\cos x^2$이다. 여기에 곱 미분 법칙을 이용하면 $d^2z/dx^2 = 2\cos x^2 - 4x^2\sin x^2$이다. 이 경우에 $y''=2$이고 $(y')^2 = 4x^2$이다.

4.1 문장제 문제

01 $z=f(g(x))$는 $z=f(y)$와 $y=$ __a__(으)로부터 온다. $x=2$에서 연쇄 $(x^2-1)^3$은 __b__와(과) 같다. 이때 내부 함수는 $y=$ __c__, 외부 함수는 $z=$ __d__이다. 그러면 dz/dx는 __e__와(과) 같다. 처음 요소는 ($y=x$가 아니라) $y=$ __f__에서 계산된다. $z=\sin(x^4-1)$에 대해서 도함수는 __g__이다. 세 개의 연쇄 $z=\cos(x+1)^2$는 한 번의 이동과 한 번의 __h__와(과) 코사인을 가진다. 그러면 $dz/dx=$ __i__이다.

02 연쇄 법칙의 증명은 $\Delta z/\Delta x=($__j__$)($__k__$)$(으)로 시작하고 __l__(으)로 끝난다. 문자를 바꾸면 $y=\cos u(x)$는 $dy/dx=$ __m__이다. $y=[u(x)]^n$에 대한 거듭제곱 미분 법칙은 연쇄 법칙 $dy/dx=$ __n__와(과) 같다. $5g(x)$의 기울기는 __o__이고, $g(5x)$의 기울기는 __p__이다. $f=\cos x$, $g=\sin x$이고 $x=0$일 때, 수들 $f(g(x))$와 $g(f(x))$와 $f(x)g(x)$는 __q__이다.

4.1 연습문제

01~10 $f(y)$와 $g(x)$를 구하라. 그들의 도함수로부터 $\frac{dz}{dx}$를 찾아라.

01 $z=(x^2-3)^3$

02 $z=(x^3-3)^2$

03 $z=\cos(x^3)$

04 $z=\tan 2x$

05 $z=\sqrt{\sin x}$

06 $z=\sin\sqrt{x}$

07 $z=\tan(1/x)+1/\tan x$

08 $z=\sin(\cos x)$

09 $z=\cos(x^2+x+1)$

10 $z=\sqrt{x^2}$

11~16 dz/dx를 써라. 이때 f와 g를 쓰지 마라.

11 $z=\sin(17x)$

12 $z=\tan(x+1)$

13 $z=\cos(\cos x)$

14 $z=(x^2)^{3/2}$

15 $z=x^2\sin x$

16 $z=(9x+4)^{3/2}$

17~22 다음은 세 함수 $z(y)$, $y(u)$, $u(x)$를 수반한다. $(dz/dy)(dy/du)(du/dx)$로부터 dz/dx를 찾아라.

17 $z=\sin\sqrt{x+1}$

18 $z=\sqrt{\sin(x+1)}$

19 $z=\sqrt{1+\sin x}$

20 $z=\sin(\sqrt{x}+1)$

21 $z=\sin(1/\sin x)$

22 $z=(\sin x^2)^2$

23~26 연쇄 법칙을 이용하고, z를 다시 씀으로써 dz/dx를 찾아라.

23 $z=((x^2)^2)^2$

24 $z=(3x)^3$

25 $z=(x+1)^2+\sin(x+\pi)$

26 $z=\sqrt{1-\cos^2 x}$

27 $f(x)=x^2+1$이면 $f(f(x))$는 무엇인가? $U(x)$가 단위 계단함수($x=0$에서 $U(0)$은 0에서 1로 점프)일 때 $\sin U(x)$와 $U(\sin x)$의 그래프를 그려라. $R(x)$가 경사 함수 $\frac{1}{2}(x+|x|)$일 때, $R(x)$와 $R(\sin x)$의 그래프를 그려라.

28 **(추천 문제)** $g(x)=x^3$이면 $f(g(x))=x^3+1$이 되도록 $f(y)$를 찾아라. 그 다음에 $h(g(x))=x$가 되도록 $h(y)$를 찾아라. 마지막으로 $k(g(x))=1$이 되도록 $k(y)$를 찾아라.

29 $f(y)=y-2$이면 $f(g(x))=x$가 되도록 $g(x)$를 찾아라. 그 다음

에 $f(h(x))=x^2$이 되도록 $h(x)$를 찾아라. 마지막으로 $f(k(x))=1$이 되도록 $k(x)$를 찾아라.

30 $f(g(x))=\sqrt{1-x^2}$ 이 되도록 $f(y), g(x)$의 두 개의 다른 쌍을 찾아라.

31 $f(f(x))$의 도함수는 ＿＿＿이다. 이는 $(df/dx)^2$과 같은가? 구한 공식을 $f(x)=l/x$에 시험하라.

32 $f(3)=3,\ g(3)=5,\ f'(3)=2,\ g'(3)=4$일 때, 가능하다면 다음에 대한 $x=3$에서의 미분계수를 찾아라.

(a) $f(x)g(x)$ (b) $f(g(x))$ (c) $g(f(x))$ (d) $f(f(x))$

33 $F(x)=\frac{1}{2}x+8$에 대하여 몇 번 반복해야 $F(F(x))=\frac{1}{4}x+12$ 인지 보여라. $F(F(F(x)))(F^{(3)}(x)$와 같다)를 찾아라. $F^{(4)}(x)$의 도함수는 ＿＿＿이다.

34 문제 33에서 $F^{(n)}(x)$의 극한은 상수 $C=$＿＿＿이다. 임의의 x_1로 시작하여($x_1=0$을 시도하라) 반복 $x_{n+1}=F(x_n)\ (n=1, 2, 3, \cdots)$은 C로 수렴함을 확인하라.

35 $g(x)=3x+1$과 $f(y)=\frac{1}{3}(y-1)$을 가정하자. 그러면 $f(g(x))=$ ＿＿＿이고 $g(f(y))=$ ＿＿＿이다. 이들은 서로 역함수이다.

36 $g(x)$가 $x=4$에서 연속임을 가정하고 $g(4)=7$라고 하자. 마찬가지로 $f(y)$가 $y=7$에서 연속임을 가정하고 $f(7)=9$라고 하자. 그러면 $f(g(x))$는 $x=4$에서 연속이고 $f(g(4))=9$이다.

증명 : 임의의 양수 ε을 가정하자. ＿＿＿은(는) 연속이기 때문에 $|g(x)-7|<\delta$일 때마다 $|f(g(x))-9|<\varepsilon$을 만족하는 δ가 존재한다. 그 다음에 ＿＿＿은(는) 연속이기 때문에 $|x-4|<\theta$일 때마다 $|g(x)-7|<\delta$를 만족하는 θ가 존재한다.

결론 : $|x-4|<\theta$이면 ＿＿＿이다. 이것은 $f(g(x))$가 $f(g(4))$로 근접함을 보여준다.

37 $g(x)=1-x$와 $f(x)=1/x$의 (임의의 수열대로의) 합성에 의해 6개의 함수가 만들어질 수 있다. g와 f로 시작하여 다른 네 개를 찾아라.

38 $g(x)=1-x$이면 $g(g(x))=1-(1-x)=x$이고, $g(x)=1/x$이면 $g(g(x))=1/(1/x)=x$이다. 이러한 함수들 g의 그래프를 그리고 $g(g(x))$가 되는 이유를 설명하라. 이런 특별한 성질을 가지는 함수 g를 두 개 더 찾아라.

39 $f(g(x))$는 항상 0이지만 $f(y)$는 항상 0은 아닌 함수를 만들어라

40 참 또는 거짓을 판별하라.

(a) $f(x)=f(-x)$이면 $f'(x)=f'(-x)$이다.

(b) 항등함수의 도함수는 0이다.

(c) $f(1/x)$의 도함수는 $-1/(f(x))^2$이다.

(d) $f(1+x)$의 도함수는 $f'(1+x)$이다.

(e) $f(g(x))$의 이계도함수는 $f''(g(x))g''(x)$이다.

41 같은 평면 위에 포물선 $y=x^2$과 곡선 $z=\sin y$를 그려라(x와 z를 가로질러 y가 위로 가게 유지하라). $x=3$에서 시작하여 $z=\sin 9$의 값을 여러분의 방법대로 찾아라.

42 같은 평면 위에 $y=\sin x$와 $z=y^2$을 그려라(두 그래프에 대해 y가 위로 가도록 하라). $x=\pi/4$에서 시작하여 그래프 위에서 $z=(\sin x)^2$을 찾아라.

43 다음의 이계도함수를 찾아라.

(a) $\sin(x^2+1)$ (b) $\sqrt{x^2-1}$

(c) $\cos\sqrt{x}$

44 식 (8)에서 왜 $\frac{d}{dx}\left(\frac{dz}{dy}\right)=\left(\frac{d^2z}{dy^2}\right)\left(\frac{dy}{dx}\right)$인지 설명하라. $z=y^2$, $y=x^3$일 때 이 공식을 확인하라.

45~54 연쇄 법칙과 다른 법칙들(그리고 다른 문자들)을 이용한 마지막 연습문제이다. z 또는 y의 x또는 t에 대한 도함수를 찾아라.

45 $z=f(u(t))$

46 $z=u^3,\ u=x^3$

47 $y=\sin u(x)\cos u(x)$

48 $y=\sqrt{u(t)}$

49 $y=x^2u(x)$

50 $y=f(x^2)=(f(x))^2$

51 $z=\sqrt{1-u},\ u=\sqrt{1-x}$

52 $z=1/u^n(t)$

53 $z=f(u),\ u=v^2,\ v=\sqrt{t}$

54 $y=u,\ u=x,\ x=1/t$

---

55 $f=x^4$이고 $g=x^3$이면 $f'=4x^3$이고 $g'=3x^2$이다. 연쇄 법칙은 두 도함수를 곱한 $12x^5$이다. 하지만 합성함수는 $f(g(x))=x^{12}$이고 이 함수의 도함수는 $12x^5$이 아니다. 어디에 허점이 있는가?

56 $y = \sin(\sin x)$의 도함수 dy/dx는 다음 중 어느 것인가?

$\cos(\cos x)$ $\quad\quad$ $\sin(\cos x)\cos x$

$\cos(\sin x)\cos x$ $\quad\quad$ $\cos(\cos x)\cos x$

57 (a) 어떤 책은 한 쪽당 400글자가 있고, 각 장마다 9쪽이 있다. 따라서 장마다 ________ 글자가 있다.

(b) (a)의 책을 1분당 200글자를 읽는다. 따라서 1분당 ______ 쪽을 읽는다. 한 장을 읽는 데 몇 분이 걸리는가?

58 (a) 승무원이 기차 안에서 시간당 3마일을 걷는다. 기차는 시간당 50마일을 움직인다. 지상에서 본 승무원의 속력은 시간당 ______이다.

(b) 승무원이 기차 안에서 시간당 3마일의 속도로 걷는다. TV로 그 기차를 볼 수 있다(1마일짜리 기차 = TV 화면에서 20인치). 화면을 가로지르는 승무원의 속도는 시간당 ____ 인치이다.

59 콜라가 병당 1/3달러이면 소비자는 달러당 ____병을 살 수 있다. $dy/dx = 1/3$이면 $dx/dy =$______이다.

60 컴퓨터를 사용하여 $F(x) = \sin x$와 $G(x) = \sin(\sin x)$를 그려라(모양이 크게 다르지 않다). $F'(x)$와 $G'(x)$에 대해서도 같은 과정을 반복하라. 마지막으로 어떤 차이가 나타나는지 알아보기 위해 $F''(x)$와 $G''(x)$를 그려라.

4.2 음함수 미분법과 상관 비율

방정식 $xy = 2$와 $y^5 + xy = 3$로 시작해보자. x가 변할 때 (x, y)가 곡선 위에 있기 위해서는 y도 변해야 한다. **우리는 한 점에서 dy/dx를 알기 원한다.** $xy = 2$의 기울기를 구할 때는 별 문제가 없지만, $y^5 + xy = 3$의 기울기는 새로운 발상이 필요하다.

첫 번째의 경우, $y = 2/x$로 풀고 도함수를 구하면 $dy/dx = -2/x^2$이다. 이때 곡선은 쌍곡선이다. 또한 $x = 2$에서 기울기는 $-2/4 = -1/2$이다.

$y^5 + xy = 3$은 y에 대해서 풀 수 없다. 갈루아[Galois]는 5차 방정식에 대한 해답 공식은 없다고 증명했다.[2] 즉 **함수 $y(x)$는 명확하게 주어질 수 없다.** 우리가 가진 모든 것은 $y^5 + xy = 3$의 답으로써 y의 암시적인 정의이다. 점 $x = 2$, $y = 1$은 방정식을 만족시키고 곡선 위에 있지만, 이 점에서의 dy/dx를 어떻게 찾을까?

2 이는 그가 유명한 결투로 생을 마감하기 전이었다. 4차 방정식에 대한 해답 공식은 있지만 실제로는 사용되지 않는다.

이는 종종 일어나는 상황이며 이번 절에서 그 질문에 답할 것이다. $\sin y + \sin x = 1$ 또는 $y \sin y = x$(아마 $\sin y = x$도)와 같은 방정식들은 y에 대해서 직접적으로 풀기 어렵거나 풀 수 없다. 그럼에도 불구하고 임의의 점에서의 dy/dx를 모두 찾을 수 있다.

해결 방법은 **음함수 미분법**[implicit differentiation]이다. 방정식을 있는 그대로 사용하라. $y^5 + xy = 3$의 모든 항에서 x에 대한 미분을 찾아라. 물론 미분하면 0이 되는 상수항까지 모두 포함해서 행해야 한다.

예제 1 y^5에 대한 거듭제곱 법칙과 xy에 대한 곱 미분 법칙을 통해 다음을 얻는다.

$$5y^4\frac{dy}{dx} + x\frac{dy}{dx} + y = 0 \quad (1)$$

이제 일반적인 점 $x=2$와 $y=1$을 대체하고, dy/dx에 대해서 풀어라.

$$5\frac{dy}{dx}+2\frac{dy}{dx}+1=0 \text{ 을 풀면 } \frac{dy}{dx}=-\frac{1}{7} \text{ 이다.} \tag{2}$$

이것은 음함수 미분법이고, 그 아이디어를 볼 수 있다. y가 x의 함수로 명백하게 알려지지 않았더라도, 연쇄 법칙을 이용하여 dy/dx를 포함시켜라.

예제 2 $\sin y+\sin x=1$은 $\cos y\dfrac{dy}{dx}+\cos x=0$으로 이어진다.

예제 3 $y\sin y=x$는 $y\cos y\dfrac{dy}{dx}+\sin y\dfrac{dy}{dx}=1$로 이어진다.

기울기를 알면 곡선을 좀 더 쉽게 그릴 수 있다. 하지만 여전히 방정식을 만족하는 점들 (x,y)가 필요하다. 때때로 x에 관해서 풀 수 있다. $y^5+xy=3$을 y로 나누면 $x=3/y-y^4$이다.

$$1=\left(-\frac{3}{y^2}-4y^3\right)\frac{dy}{dx}=-7\frac{dy}{dx} \tag{3}$$

이는 위에서 구한 값과 같은 $dy/dx=-1/7$이다. 이 모든 예제로부터 이번 절의 핵심을 확인할 수 있다.

> 2 **음함수 미분법** 방정식 $F(x,y)=0$은 y를 x에 관하여 풀지 않고도 연쇄 법칙을 이용하여 직접 미분할 수 있다.

암시적으로 행해진 예제 $xy=2$는 $x\,dy/dx+y=0$을 준다. 이때 기울기 dy/dx는 $-y/x$이다. 이는 위에서 구한 명확한 기울기 $-2/x^2$와 일치한다.

음함수 미분법은 대부분의 일들이 그렇듯이 이론보다 예제들로 설명이 더 잘된다. 본질적인 이론은 하나의 아이디어로 요약될 수 있다. '**어서 가서 미분해라**.'

예제 4 원 $x^2+y^2=25$에 접하는 방향을 찾아라.

$y=\pm\sqrt{25-x^2}$로 풀거나 직접 $x^2+y^2=25$에 풀 수 있다.

$$2x+2y\frac{dy}{dx}=0 \quad \text{또는} \quad \frac{dy}{dx}=-\frac{x}{y} \tag{4}$$

기울기 y/x를 가지는 반지름과 비교하라. 그 반지름은 $(0,0)$과 원 위의 점 (x,y) 사이를 잇는 선분이고, (x,y)에서의 접선의 기울기는 $-x/y$이므로 반지름과 접선의 기울기를 곱하면 $(-x/y)(y/x)=-1$이 된다.

음함수 미분법을 강조하기 위해 이계도함수도 구해보자. 원의 꼭대기는 아래로 오목하므로 d^2y/dx^2는 음수이다. 다음과 같이 $-x/y$에 지수법칙을 사용하라.

$$\frac{dy}{dx}=-\frac{x}{y} \quad \text{따라서} \quad \frac{d^2y}{dx^2}=-\frac{y\,dx/dx-x\,dy/dx}{y^2}=-\frac{y+(x^2/y)}{y^2}=-\frac{y^2+x^2}{y^3} \tag{5}$$

상관 비율

미적분학에서 완벽한 장소를 찾지 못하는 한 가지 문제가 있다. 이들은 연쇄 법칙의 응용이므로, 이 절에서 다루는 것이 맞는 듯하다. 그 문제는 도함수 df/dt를 계산하는 것이지만, 이상한 것은 다른 도함수인 dg/dt가 주어진다는 점이다. 따라서 df/dt를 찾기 위해 f와 g의 관계식이 필요하다.

연쇄 법칙은 $df/dt=(df/dg)(dg/dt)$이다. 여기서 변수는 t이다. 이는 응용에서 일반적으로 쓰기 때문이다. g의 변화율로부터 f의 변화율을 찾는다. 이것이 **상관 비율**에 대한 문제이고, 다음 예제들이 요점을 말할 것이다.

예제 5 원의 반경은 $dr/dt=7$만큼 증가하고 있다. 원주 C는 얼마나 빨리 증가하는가? $C=2\pi r$임을 기억하라(이것은 원주 C를 반지름 r에 연관시킨다).

풀이

$$\frac{dC}{dt}=\frac{dC}{dr}\frac{dr}{dt}=(2\pi)(7)=14\pi$$

굉장히 기본적인 것이지만 여기에 함축되어 있는 의미는 놀랍다. 키가 7피트인 사람이 줄 아래를 걸어갈 수 있도록 지구를 둘러싸는 줄을 놓고 싶다고 가정하자. 지구의 둘레가 24000마일이라면 추가로 필요한 줄의 길이는 얼마인가? 답은 단지 14π 피트이다.

좀 더 현실적인 예를 살펴보면, 원형 트랙의 두 차선이 5피트 떨어져 있을 때 바깥쪽 차선의 주자가 얼마만큼 더 빨리 시작을 해야 공평한가? 답은 10π 피트이다. 회전할 때 안쪽 차선 차의 속도가 55이고 바깥쪽 차선의 차가 56의 속도로 가면 누가 이길까? [연습문제 4.1.13]을 보아라.

[예제 6]부터 [예제 8]은 1988년 미국의 고급 배치 고사로부터 나온 것이다(1989년 대학 입학 시험위원회에 저작권이 있다). 문제들은 신중하게 준비되었다.

예제 6 직사각형의 변들은 $dz/dt=1$, $dx/dt=3\,dy/dt$와 같은 방법으로 증가한다. $x=4$이고 $y=3$인 순간에 dx/dt의 값은 얼마인가?

풀이

주요 관계는 $x^2+y^2=z^2$이다. 이 관계식의 미분을 구하면 다음과 같다.

$$2x\frac{dx}{dt}+2y\frac{dy}{dt}=2z\frac{dz}{dt}\text{는 } 8\frac{dx}{dt}+6\frac{dy}{dt}=10\text{을 산출한다.}$$

이때 $dx/dt=3\,dy/dt$를 제외하고 $z=5$를 포함한 고든 정보를 사용하였다. 항 $6\,dy/dt$는 $2\,dx/dt$와 같고, 따라서 $10\,dx/dt=10$이다. 답은 $dx/dt=1$이다.

예제 7 키가 2미터인 한 사람이 지상 8미터 높이의 가로등으로부터 똑바로 떨어져서 걷는다. 이 사람의 그림자가 초당 4/9미터의 비율로 늘어난다면 이 사람은 초당 몇 미터의 비율로 걷고 있는가?

풀이

그림을 그려라! 그림자의 길이 s를 가로등으로부터의 거리 x와 연관시켜야 한다. 문제는 $ds/dt=4/9$를 제시하고, dx/dt에 대해서 묻는다.

[그림 4-3(b)]에서의 삼각형에서 $\dfrac{x}{6}=\dfrac{s}{2}$이므로 $\dfrac{dx}{dt}=\dfrac{6}{2}\dfrac{ds}{dt}=(3)\left(\dfrac{4}{9}\right)=\dfrac{4}{3}$이다.

NOTE _ 어려운 문제였다. [그림 4-3]은 x와 s를 이해할 수 있는 그림이다. 이때 x 또는 s 또는 각도를 알 필요가 없다는 것은 흥미롭다.

예제 8 점 A에서 한 관찰자가 점 C에서 떠오르고 있는 풍선 B를 바라보고 있다 ([그림 4-3(c)]). 풍선은 초당 3m의 고정된 비율로 떠오르고 있고(이는 $dy/dt=3$을 의미한다), 관찰자는 점 C로부터 100m 떨어져있다.

(a) $y=50$인 순간에 z의 변화율(dz/dt)을 찾아라.

$$z^2=y^2+100^2 \quad\Rightarrow\quad 2z\frac{dz}{dt}=2y\frac{dy}{dt}$$

$$z=\sqrt{50^2+100^2}=50\sqrt{5} \quad\Rightarrow\quad \frac{dz}{dt}=\frac{2\cdot 50\cdot 3}{2\cdot 50\sqrt{5}}=\frac{3\sqrt{5}}{5}$$

(b) $y=50$일 때 [그림 4-3(c)]의 직각삼각형 BCA의 넓이의 변화율을 찾아라.

$$A=\frac{1}{2}(100)(y)=50y \qquad \frac{dA}{dt}=50\frac{dy}{dt}=50\cdot 3=150$$

(c) $y=50$일 때 θ의 변화율($d\theta/dt$)을 찾아라.

$$y=50 \quad\Rightarrow\quad \cos\theta=\frac{100}{50\sqrt{5}}=\frac{2}{\sqrt{5}}$$

$$\tan\theta=\frac{y}{100} \quad\Rightarrow\quad \sec^2\theta\frac{d\theta}{dt}=\frac{1}{100}\frac{dy}{dt} \quad\Rightarrow\quad \frac{d\theta}{dt}=\left(\frac{2}{\sqrt{5}}\right)^2\frac{3}{100}=\frac{3}{125}$$

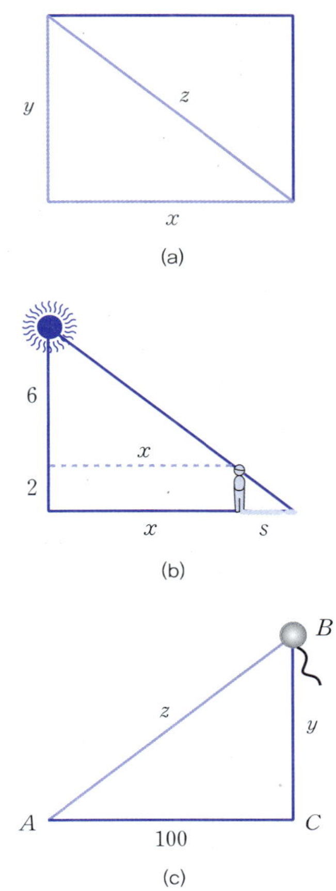

[그림 4-3] (a) [예제 6]을 위한 직사각형, (b) [예제 7]을 위한 그림자, (c) [예제 8]을 위한 풍선

모든 문제들에서 그림으로부터 관계식을 써 내려갔다. 그 다음 그것의 미분을 구하고, 마지막으로 정보를 대입하였다(대입은 $\tan\theta = y/100$의 미분을 구한 후 해야 한다. $y=50$을 너무 빨리 대입하면 $50/100$을 미분하는 것과 같이 쓸모없는 일을 하게 된다.

예제 9 A는 등대이고 BC는 해안가이다([그림 4-3(c)]와 같은 그림). A에서 빛이 1초에 한 번 회전한다면($d\theta/dt = 2\pi$ 라디안/초) 수신 지점 B는 해안선 위로 얼마나 빨리 이동하는가?

풀이

그림은 $y = 100\tan\theta$를 보여준다. 속도 dy/dt는 $100\sec^2\theta\, d\theta/dt$, 즉 $200\pi\sec^2\theta$이고, 따라서 B는 $\sec\theta$가 증가함에 따라 속도를 더 낸다.

역설 θ가 90도에 근접하면 $\sec\theta$는 무한대로 발산한다. dy/dt 또한 그렇다. **B가 빛보다 빨리 움직인다!** 이것은 아인슈타인의 상대성 이론에 모순이다. 이 역설은 [연습문제 4.2.18]에서 해결된다.

A에서 빛 주위를 걷는다면 B에서의 그림자는 빛보다 빨리 가는 것처럼 보인다. 위와 같은 문제이다. 그 속도는 불가능하다.

(상대성 이론을 거스르지 않는) 작은 역설 [그림 4-3(c)]는 $y = z\sin\theta$을 보여준다. 명백하게 $dy/dt = (dz/dt)\sin\theta$이다. **이것은 완전히 잘못된 것이다.** 잘못된 것뿐만 아니라 참인 식 $dz/dt = (dy/dt)\sin\theta$와 정확히 반대가 되는 것이다. 이 점을 설명할 수 있다면([연습문제 4.2.15]) **음함수 미분법**과 상관 비율을 마음껏 사용할 수 있다.

4.2 문장제 문제

01 $x^3+y^3=2$에 대해 도함수 dy/dx는 __a__ 미분으로부터 온다. __b__에 대해 풀 필요가 없다. 항별로 미분하면 $3x^2 +$ __c__ $=0$이다. dy/dx에 대해 푸는 것은 __d__을(를) 준다. $x=y=1$에서의 기울기는 __e__이다. 접선의 방정식은 $y-1=$ __f__이다.

02 두 번째 예제는 $y^2=x$이다. 이 식에서 x에 대한 미분은 __g__이다. 그러므로 $dy/dx=$ __h__이다. y를 $\sqrt{x}$로 대신하면 이것은 $dy/dx=$ __i__이다.

03 상관 비율에서 dg/dt가 주어지고 df/dt를 구하고자 한다. f와 __j__의 관계식이 필요하다. $f=g^2$이면 $(df/dt)=$ __k__(dg/dt)이다. $f^2+g^2=1$이면 $df/dt=$ __l__이다. 정육면체의 모서리가 $ds/dt=2$만큼 증가하면 그것의 부피는 $dV/dt=$ __m__만큼 증가한다. 수를 찾기 위해 (8은 답이 아니다.) 추가로 __n__을(를) 알아야 한다.

4.2 연습문제

01~10 음함수 미분법을 사용하여 dy/dx를 찾아라.

01 $y^n + x^n = 1$

02 $x^2y + y^2x = 1$

03 $(x-y)^2 = 4$

04 $\sqrt{x} + \sqrt{y} = 3$ ($x = 4$에서)

05 $x = F(y)$

06 $f(x) + F(y) = xy$

07 $x^2y = y^2x$

08 $x = \sin y$

09 $x = \tan y$

10 $y^n = x$ ($x = 1$에서)

11 쌍곡선 $xy = C$는 쌍곡선 $x^2 - y^2 = D$에 수직임을 보여라(수직이라는 것은 기울기의 곱이 -1임을 의미한다).

12 두 원 $(x-2)^2 + y^2 = 2$와 $x^2 + (y-2)^2 = 2$가 $(1,1)$에서 접함을 보여라.

13 원형 트랙에서 25m/s의 속도로 달리는 당신의 차는 5m 앞서서 26m/s의 속도로 달리는 차보다 더 빨리 또는 더 느리게 회전할 수 있는가? 당신의 반지름은 (a) 50m (b) 100m이다.

14 식 (4)는 (원 위에서) $2x + 2y\,dy/dx = 0$이다. 식 (5)에서 음함수 미분법을 이용하여 바로 d^2y/dx^2에 도달하라.

15~18 [예제 9]에서 빛의 속도의 역설을 해결하라.

15 **(작은 역설)** 직각삼각형은 $z^2 = y^2 + 100^2$을 가진다. $z' = y'\sin\theta$임을 보여주기 위해 t에 대한 미분을 하라.

16 **(좀 더 작은 역설)** B가 선을 따라 올라감에 따라 dy/dt가 dz/dt보다 큰 이유는 무엇인가? 물론 z는 y보다 크다. 하지만 θ가 증가함에 따라 그들은 ________이(가) 된다.

17 [예제 9]에서 (빛보다 빠른) $y = 100\tan\theta$의 도함수는 $y' = 100\sec^2\theta\theta' = 200\pi\sec^2\theta$이다. 그러므로 $\sec^2\theta$가 ______을(를) 지나갈 때 y'은 c(빛의 속도)를 지나간다. 그런 속도는 불가능하다(우리는 빛이 B에 도달하기까지 시간이 걸린다는 것을 잊는다).

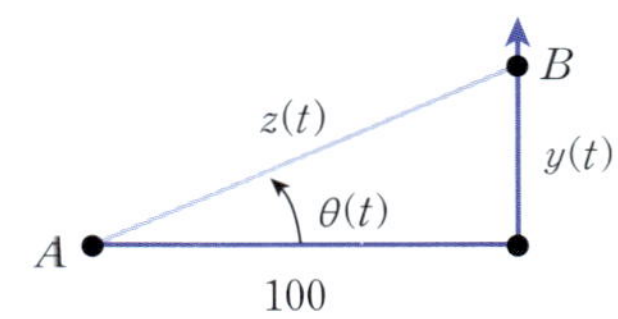

θ는 1초당 2π만큼 증가한다.
t는 빛의 도착 시간이다.
θ는 $2\pi t$와 다르다.

18 **(음함수 미분법에 의한 설명)** 빛은 시간 z/c(거리/속도)에서 A로부터 B로 움직인다. 또한 빛의 도착 시간은 $t = \theta/2\pi + z/c$이고 따라서 $\theta'/2\pi = 1 - z'/c$이다. 그러면 $z' = y'\sin\theta$이고 $y' = 100\sec^2\theta\theta'$(이 모든 것은 음함수 미분법이다)으로 인해 다음에 이른다.

$$y' = 200\pi c/(c\cos^2\theta + 200\pi\sin\theta)$$

θ가 $\pi/2$에 근접함에 따라 이 속도는 ________에 근접한다.

NOTE _ y'은 여전히 어떤 음수인 각도에 대하여 c를 넘는다. 이것은 아인슈타인의 설명이다. '어떤 것들은 빛보다 빨리 간다.'

19 비행기가 함수 $y = f(x)$를 따르고 지상에서 봤을 때의 속도가 $dx/dt = 500$마일/시간이면, 비행기는 얼마나 빨리 올라가고 있는가? 또한 비행기는 얼마나 빨리 가는가?

20 $x = 7$을 미분하면 $1 = 0$이 아닌 이유는 무엇인가?

21~29 다음은 상관 비율에 관한 응용 문제이다.

21 **(고전적인 미적분학)** 10피트 사다리의 밑은 초당 $dx/dt = 2$피트만큼 벽으로부터 멀어지고 있다. 꼭대기는 벽으로부터 얼마나 빨리 내려가고 있는가? 높이 y가 (a) 6피트 (b) 5피트 (c) 0일 때의 dy/dt를 각각 찾기 위해 직각삼각형을 그려라.

22 10피트 사다리의 꼭대기는 빛보다 빨리 갈 수 있다. $dy/dt = -c$인 높이 y는 무엇인가?

23 1초에 1인치^{3}의 콜라를 마시면 콜라의 높이는 얼마나 떨어질까? 컵은 반경 2인치의 원기둥이다(우선 부피를 구해보자).

24 제트기는 8마일 상공에서 시간당 560마일로 날아간다. (a) 제트기가 행인으로부터 16마일 떨어져 있을 때, (b) 제트기의 그림자가 행인으로부터 8마일 떨어져 있을 때(해는 머리 위에 있다),

(c) 제트기가 행인으로부터 (정확히 위에) 8마일 떨어져 있을 때, 제트기는 행인에게 각각 얼마나 빨리 가까워지는가?

25 각 변의 길이가 3, 4, 5인 직각삼각형에서 시작하면 작은 변들이 초당 2미터만큼 증가하지만 그들 사이의 각도는 초당 1라디안만큼 감소한다. 넓이가 얼마나 빨리 증가하는지 또는 감소하는지 구하라.

26 패스 리시버(풋볼선수)는 $x=4$, $y=8t$에 있다. $t=3$에 던진 공은 $x=c(t-3)$, $y=10c(t-3)$의 위치에 있다.

(a) 공과 리시버가 만나기 위한 c를 선택하라.

(b) 그 순간에 그들 사이의 거리 D는 어떤 비율로 변하고 있는가?

27 도둑은 경찰보다 8m 앞서, 6m 떨어진 건너편 거리에 10m 떨어져 있다. 도둑은 건너편 거리에서 7m/s의 속도로 달리고, 경찰은 9m/s의 속도로 달린다. (a) 경찰이 자신이 달리는 거리에서 뒤따라간다면 (b) 도둑을 향해 사선으로 달린다면 (c) 거리를 건너서 따라간다면, 경찰은 얼마나 빨리 도둑에게 근접하는가?

28 구형 빗방울은 그 표면적의 2배와 동일한 비율로 증발한다. dr/dt을 찾아라.

29 $P=V=5$로 시작하고 $PV=T$의 관계를 유지하면서 $dP/dt=2$와 $dT/dt=3$일 때, dV/dt를 찾아라.

30 (a) 아래 그림에서 크랭크축 AB는 초당 2번 회전하고 따라서 $d\theta/dt=$________이다.

(b) (a)를 이용하여, $\theta=\pi/2$, $\theta=\pi$일 때의 피스톤 속도 dx/dt를 각각 찾기 위해 코사인 법칙 $6^2=3^2+x^2-2(3x\cos\theta)$를 미분하라.

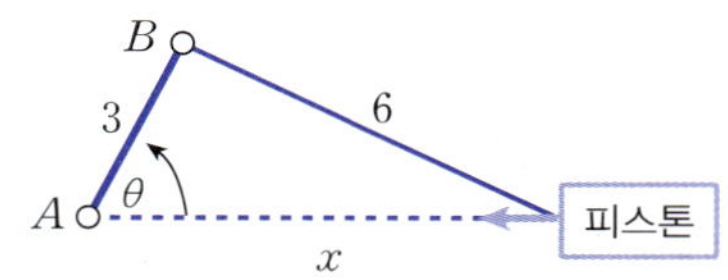

31 다음 그림과 같이 R에서 위로 올라가고 있는 로켓을 따라가기 위해 카메라가 C에서 회전한다.

(a) $y=10$일 때 dz/dt를 dy/dt와 연관시켜라.

(b) $y=10\tan\theta$에 기반하여 $d\theta/dt$를 dy/dt와 연관시켜라.

(c) $d^2\theta/dt^2$를 d^2y/dt^2와 dy/dt에 연관시켜라.

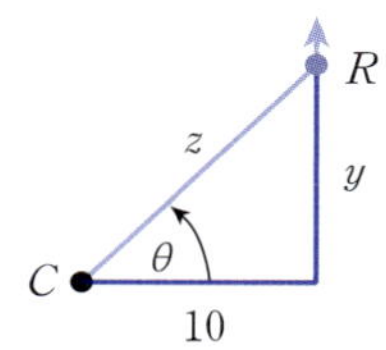

4.3 역함수와 역함수의 도함수

연쇄 법칙 중 놀랍고도 특별한 경우가 있다. 이는 $f(y)$와 $g(x)$가 서로 **역함수**inverse function일 때 일어난다. 그 발상은 매우 짧고 강력한 방정식 $f(g(x))=x$에 의해 표현된다. 이번 절에서는 이 방정식의 의미에 대해 알아볼 것이다.

입력값 $x=5$부터 시작하자. $y=g(x)$를 계산하고, $y=3$이라 하자. 그 다음 $f(y)$를 계산하면 답은 5가 된다. 역함수는 함수가 시행되는 과정을 다시 되돌린다. $g(5)=3$이면 $f(3)=5$이다. 즉 **역함수 f는 출력값 y를 입력값 x로 다시 되돌린다.**

예제 1 $g(x)=x-2$와 $f(y)=y+2$는 서로 역함수이다. $x=5$에서 시작할 때, 함수 g는 2를 뺀다. 이는 $y=3$을 산출한다. 그 다음에 함수 f는 2를 더하면 $x=5$로 돌아온다. 이를 직접적으로 얘기하면 **$y=x-2$의 역함수는 $x=y+2$이다.**[3]

[3] 함수는 정의역이 x, 치역이 y로 표현되는 것이 보편적이므로, 정의역과 치역의 문자를 바꾼 $y=x+2$가 $y=x-2$의 역함수이다. 하지만 이 책의 저자는 역함수의 의미를 강조하기 위해 $y=x-2$의 역함수를 $x=y+2$라고 표현하였다.

예제 2 온도에 관한 함수 $y=g(x)=\frac{5}{9}(x-32)$와 $x=f(y)=\frac{9}{5}y+32$는 서로 역함수이다. 여기서 x는 화씨온도이고 y는 섭씨온도이다. 화씨에서 어는점인 $x=32$로부터, 섭씨에서 어는점인 $y=0$을 구할 수 있다. 즉 역함수는 $y=0$을 $x=32$로 다시 가져간다. [그림 4-4]는 $x=50$°F와 $y=10$℃가 같음을 보여준다.

$\frac{5}{9}(x-32)$는 32를 먼저 뺀다는 것을 주목하라. 역인 $\frac{9}{5}y+32$는 마지막에 32를 더한다. 같은 방법으로 f는 첫 번째로 $\frac{9}{5}$를 곱하는 반면에, g는 마지막에 $\frac{5}{9}$를 곱한다.

역함수는 $f=g^{-1}$이라고 쓰고 g의 역inverse이라고 한다. 이것은 $1/g(x)$이 아니다.

수요 y가 가격 x의 함수라면, 가격은 수요의 함수이다. 그들은 서로 역함수이고, 도함수들은 기본적인 법칙을 따른다. **dy/dx와 dx/dy의 곱은 1과 같다.** [예제 2]에서 dy/dx는 5/9이고, dx/dy는 9/5이다.

중요한 법칙이 하나 더 있다. f와 g가 반대의 순서로 적용되어도 여전히 처음으로 되돌아온다. 우선 f는 2를 더하고 그 다음에 g는 2를 뺀다. 연쇄 $g(f(y))=(y+2)-2$는 y를 되찾는다. **f가 g의 역함수이면 g는 f의 역함수이다.** 그 관계는 완전히 대칭적이고, 따라서 정의 또한 그렇다.

$y=g(x)$이면 $x=g^{-1}(y)$이다. $x=g^{-1}(y)$이면 $y=g(x)$이다.

[그림 4-4]에서 고리는 x에서 y로, 또다시 x로 간다. 합성 $g^{-1}(g(x))$은 '항등함수'이다. 새로운 점 z 대신에 원래의 x로 돌아온다. 이것은 다음과 같이 연쇄 법칙을 특별히 쉽게 만든다. 즉 $(dy/dx)(dx/dy)=1$이다.

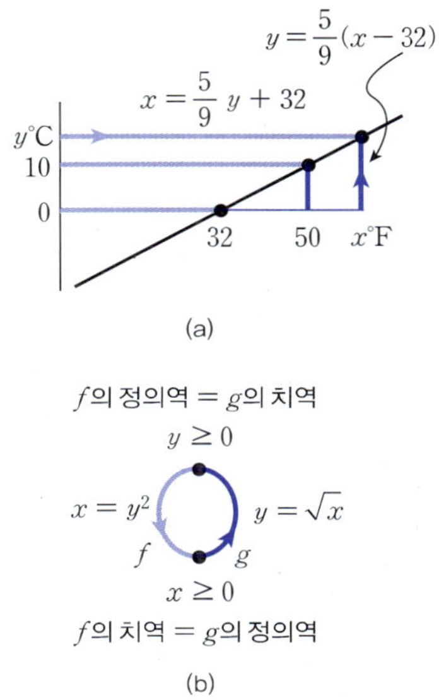

[그림 4-4] °F에서 ℃로, ℃에서 °F로. 항상 $g^{-1}(g(x))=x$이고 $g(g^{-1}(y))=y$이다. $f=g^{-1}$이면 $g=f^{-1}$이다.

예제 3 $y=g(x)=\sqrt{x}$와 $x=f(y)=y^2$은 서로 역함수이다.

$x=9$에서 시작하여 $y=3$을 구하면, 역은 $3^2=9$이다. $\sqrt{x}$의 제곱은 $f(g(x))=x$이다. 반대로 y^2의 제곱근은 $g(f(y))=y$이다.

주의 [예제 3]은 x가 음수가 되는 것을 허락하지 않는다. g의 정의역, 즉 제곱근을 가지는 수들의 집합은 $x \geq 0$이 되도록 제한된다. 이것은 g^{-1}의 치역과 상응한다. 출력값 y^2은 음수가 아니다. g의 정의역 = g^{-1}의 치역이고, 실제로 방정식 $x=(\sqrt{x})^2$은 가능하며 참이다. 음수가 아닌 x는 g로 들어가고 g^{-1}에서 나온다. 이 예제에서 y 또한 음수가 아니다. 어떤 수라도 제곱할 수 있다고 생각하겠지만, y는 y^2의 제곱근으로 되돌아와야 한다. 따라서 $y \geq 0$이다.

요약하자면, 어떤 함수의 정의역은 그 함수의 역의 치역과 상응한다. g^{-1}의 입력값은 g의 출력값이다. 마찬가지로 g의 입력값은 g^{-1}의 출력값이다.

방정식 $g(x)=y$를 x에 관해 풀면 $x=g^{-1}(y)$가 된다.

$$y=3x-6\text{이면 } x=\frac{1}{3}(y+6)\ \text{(이것은 } g^{-1}(y)\text{이다)}$$

$$y=x^3+1\text{이면 } x=\sqrt[3]{y-1}\ \text{(이것은 } g^{-1}(y)\text{이다)}$$

실제로 $g(x)=y$를 푸는 것이 g^{-1}를 계산하는 방법이다. 이것은 역이 중요한 이유이다. 한 방정식을 풀 때마다 g^{-1}의 값을 계산하고 있다.

모든 방정식이 하나의 답을 가지고 있는 것은 아니듯이 모든 함수들이 역을 가지고 있지는 않다. 각각의 y에 대하여, 방정식 $g(x)=y$는 단지 하나의 x를 산출하도록 허락되어진다. 그 답은 $x=g^{-1}(y)$이다. 두 번째 답이 있다면 g^{-1}는 함수가 아닐 것이다. 왜냐하면 함수는 같은 y로부터 두 개의 x를 가질 수 없기 때문이다.

예제 4 $\sin x=\frac{1}{2}$에 대한 답은 한 개 이상 있다. 많은 각도들은 같은 사인을 가진다. 구간 $0\le x\le\pi$에서 $y=\sin x$의 역은 함수가 아니다. [그림 4-5]는 두 개의 x가 어떻게 같은 y를 갖는지를 보여준다.

x가 $\pi/2$를 지나지 않으면 사인은 역을 가진다. 이때 $x=\sin^{-1}y$라고 쓴다. 두 점 x_1와 x_2에 대하여 $g(x_1)=g(x_2)$이면 함수 g는 역함수를 가지지 않는다. 함수 g의 역은 같은 y를 x_1와 x_2로 되돌려주어야만 할 것이다. 어떤 함수도 그렇게 할 수 없다. 즉 $g^{-1}(y)$는 x_1와 x_2에서 같아질 수 없다. 하나의 y에 대해 단지 하나의 x만 있어야 한다.

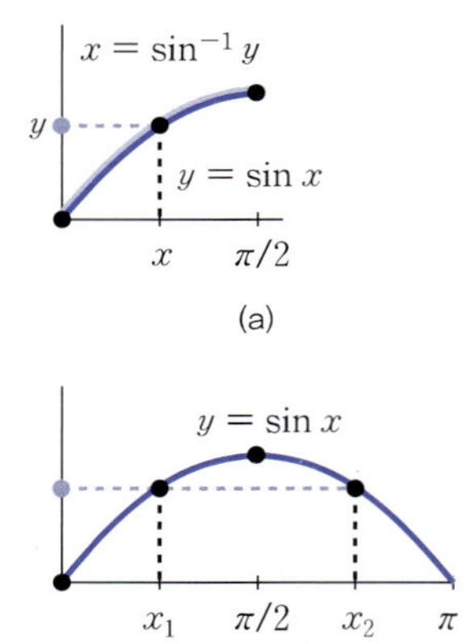

(a)

(b)

[그림 4-5] (a) 역이 존재한다(각 y에 대해 하나의 x가 있다). (b) 역이 존재하지 않는다(하나의 y에 대해 두 개의 x가 있다).

한 구간에서 역이 존재하기 위해서는 g는 꾸준히 증가하거나 꾸준히 감소해야 한다.

g^{-1}의 도함수

미적분학을 공부할 시간이다. 너무 쉬운 예제라 면목이 없다.

예제 5 (평범한 곱셈) $y=g(x)=3x$의 역은 $x=f(y)=\frac{1}{3}y$이다.

이것은 매우 명료한 미분에 대한 법칙을 보여준다. 기울기 $dy/dx=3$과 $dx/dy=1/3$을 곱하면 1이 된다. 역함수의 기울기들이 상수가 아니어도 이 법칙은 모든 역함수들에 대해서 적용된다. 이는 $f(g(x))=x$의 도함수의 연쇄 법칙의 중요한 응용이다.

3 **역함수의 도함수** $f(g(x)) = x$로부터 연쇄 법칙은 $f'(g(x))g'(x) = 1$이 된다. $y = g(x)$와 $x = f(y)$로 쓰면 이 법칙은 좀 더 명확하게 보인다.

$$\frac{dx}{dy}\frac{dy}{dx} = 1 \quad \text{또는} \quad \frac{dx}{dy} = \frac{1}{dy/dx} \tag{1}$$

$x = g^{-1}(y)$의 기울기와 $y = g(x)$의 기울기의 곱은 1과 같다.

이것은 특별한 형태를 가지는 연쇄 법칙이다. $f(g(x)) = x$이므로 양쪽의 미분은 1이다. g'을 알면 f'을 알 수 있다. 익숙한 예제로 이를 확인해 볼 것이다. 다음 절에서 그것은 전혀 새로운 도함수들로 이어진다.

예제 6 $y = x^3$의 역은 $x = y^{1/3}$이다. 두 방법으로 dx/dy를 찾아보자.

직접적으로 $\frac{dx}{dy} = \frac{1}{3}y^{-2/3}$ 간접적으로 $\frac{dx}{dy} = \frac{1}{dy/dx} = \frac{1}{3x^2} = \frac{1}{3y^{2/3}}$

방정식 $(dx/dy)(dy/dx) = 1$은 평범한 식은 아니지만 참이다. 이때 미분은 분수의 극한이고, 분수는 $(\Delta x/\Delta y)(\Delta y/\Delta x) = 1$이며 $\Delta x \to 0$으로 둔다.

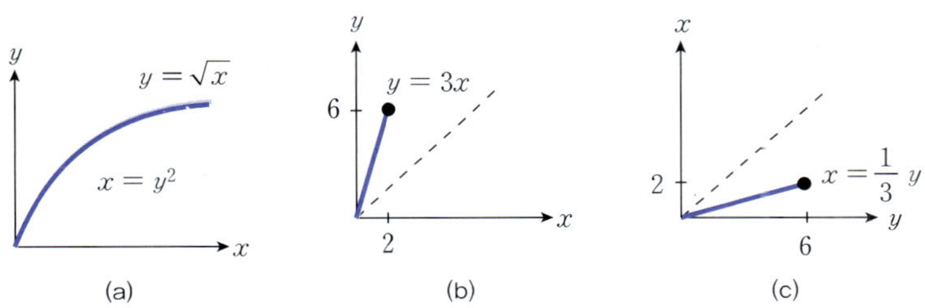

[그림 4-6] 역함수의 그래프 : $x = \frac{1}{3}y$는 $y = 3x$의 거울상[mirror image]이다.

새로운 함수들로 이동하기 전에 그래프를 그려보자. [그림 4-6]은 $y = \sqrt{x}$와 $y = 3x$를 보여준다. 여기서 특별한 점은 한 그래프가 역함수까지 동시에 보여준다는 것이다. $y = \sqrt{x}$의 역은 $x = y^2$이다. 순서쌍 $x = 4$, $y = 2$는 두 식을 동시에 만족시킨다. 이는 역함수에 대한 핵심이다. 즉 $2 = g(4)$이면 $4 = g^{-1}(2)$이다. 그래프가 꾸준히 올라가고 있다는 것에 주목하라.

유일한 문제는 $x = g^{-1}(y)$의 그래프가 원래 함수의 그래프의 옆에 있다는 것이다. 기울기를 3에서 $\frac{1}{3}$로 바꾸려면 그림을 돌려야 할 것이다. 돌린 후에는 다른 문제가 생긴다. 두 좌표축이 오른쪽과 위쪽을 향하지 않는다. 제대로 보기 위해서는 거울을 통해 봐야한다(식자공은 처음에 활자를 거꾸로 새기는 것을 미친 짓이라고 생각하여 거부하였지만 사실은 그렇지 않다). 책과 활자를 제 위치에 두기 위해, 보다 나은 아이디어가 필요하다.

$x=\frac{1}{3}y$의 그래프는 **그림을 45° 선을 가로질러 돌리면** 나온다. y축은 수평이 되고 x축은 위를 향한다. $y=3x$ 위의 점 $(2,6)$은 직선 $x=\frac{1}{3}y$ 위의 점 $(6,2)$로 간다. [그림 4-6(c)]와 같이 45°선에 대해 대칭인 상을 보자. 수학에서는 같은 순서쌍 x, y를 본다. g와 g^{-1}의 특별한 성질은 동시에 두 함수를 알게 하고 두 그래프를 그리도록 허락한다. **$x=g^{-1}(y)$의 그래프는 $y=g(x)$의 거울상이다.**

지수와 로그

역함수는 매우 중요하기 때문에, 두 가지 예제를 더 살펴보자. 두 가지 예제는 지수와 로그를 수반한다. 하나는 1장에서 살펴본 2^x을 모방하는 선형 조각들로 만들어진다. 다른 하나는 아직 정의되지는 않았지만 지수함수 2^x이다(여기서는 정의하지 않을 것이다). 두 함수 b^x과 $\log_b y$는 매우 압도적으로 중요하고 최소한 책의 전체 장에서 주어질 것이다. 또한 그 그래프를 살펴봐야 한다.

선형 모델에서 기울기는 2의 거듭제곱이다. 각 조각의 시작에서의 높이 y 또한 그러하다. **기울기 $1, 2, 4, \cdots$는 그 특별한 점들에서의 높이 $1, 2, 4, \cdots$와 같다.**

이에 대한 역은 밑이 2인 로그에 대한 이산 모델이다. $2^0=1$이므로 1의 로그는 0이다. $2^1=2$이므로 2의 로그는 1이다. 2^j의 로그는 지수 j이다. 따라서 모델은 점 $y=1, 2, 4, 8, \cdots$에서 올바른 $x=\log_2 y$를 준다. $dx/dy=1/(dy/dx)$이므로 기울기는 각각 $1, \frac{1}{2}, \frac{1}{4}, \frac{1}{8}, \cdots$이다.

위에서 살펴본 모델도 좋지만 현실적인 것으로 살펴보는 것이 더 낫다. [그림 4-7(b)]는 지수함수 $y=2^x$을 보여준다. $x=0, 1, 2, \cdots$에서 높이 y는 이전과 같다. 하지만 이제 $x=\frac{1}{2}$에서의 높이는 수 $2^{1/2}$, 즉 $\sqrt{2}$이다. $x=0.10$에서의 높이는 10제곱근 $2^{1/10}=1.07\cdots$이다. $x=0$에서의 기울기는 더 이상 1이 아니다. 이때의 기울기는 $\Delta y/\Delta x=0.07/0.10$에 보다 가깝다. 정확한 기울기는 아직 밝히기에는 이른 수 (0.7에 가까운) c이다.

$y=2^x$의 특별한 성질은 모든 점에서의 기울기가 cy라는 것이다. **이 기울기는 함수에 비례한다.** 지수는 $dy/dx=cy$를 푼다.

이제 지수함수의 역함수를 보자. 바로 로그함수이다. 로그함수의 그래프는 지수함수의 거울상이다.

$$y=2^x\text{이면 } x=\log_2 y\text{이다. } 2^{1/10}\approx 1.07\text{이면 } \log_2 1.07\approx 1/10\text{이다.}$$

로그는 지수가 하는 것을 원상태로 돌린다. **2^x의 로그는 지수 x이다.** 지수는 기울기 c에서 시작하므로 로그는 기울기 $1/c$부터 시작해야 한다. 수치적으로 확인해보자.

1.07의 로그는 1/10 근방이고, 기울기는 0.10/0.07 근방이다. 아름다운 성질은 $dx/dy = 1/cy$라는 것이다.

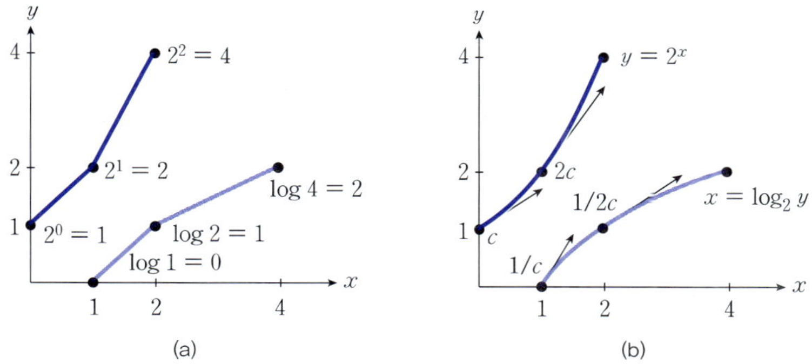

[그림 4-7] 조각적으로 선형인 모델들과 매끄러운 곡선들 : $y = 2^x$과 $x = \log_2 y$. 밑 $b = 2$.

미적분학에서는 밑이 2인 로그를 다소 기피하는 경향이 있다. 그 이유는 베일에 싸인 수 c 때문이다. c는 2의 '자연로그'이고 그 값은 $0.693147\cdots$이다. 이런 값을 원하는 사람은 없을 것이다. 또한 $1/0.693147\cdots$은 $\log_2 y$의 기울기가 된다. 그런 다음 $(dx/dy)(dy/dx) = 1$이다. 적절한 선택은 내내 '자연로그'를 사용하는 것이다. 2 대신에 특별한 수 e를 사용한다.

$$y = e^x \text{은 } x = \ln y \text{의 역이다.} \tag{2}$$

위 두 함수의 도함수는 여러 파장을 일으키지만 6장을 위해 설명을 아껴두겠다. 이 두 함수는 x^n, $\sin x$, $\cos x$와 함께 미적분학의 중추가 되는 함수이다.

NOTE_ 이대로 6장으로 넘어가도 된다. 특히 두 역함수 $x = \sin^{-1} y$와 $x = \tan^{-1} y$는 빨리 구할 수 있다. 우선 적분(5장)을 포함해야 하는 이유는 적분을 배우면 추측하지 않고 미분방정식을 풀 수 있기 때문이다.

$$\frac{dy}{dx} = y \text{ 또는 } \frac{dx}{dy} = \frac{1}{y} \text{은 } \int dx = \int \frac{dy}{y} \text{ 또는 } x = \ln y + C \text{에 이르게 한다.}$$

적분은 책의 나머지 부분에 퍼져 있는 모든 종류의 응용에 적용된다. 2^x과 e^x이서의 관점을 잃지 마라. 그들은 응용 미적분학의 핵심인 $dy/dx = cy$를 푼다.

연쇄 $h(g(x))$의 역

두 함수 $g(x) = x - 2$와 $h(y) = 3y$는 역을 구하기 쉬웠다. g^{-1}를 구하기 위해 2를 더했고, h^{-1}를 구하기 위해 3으로 나누었다. 이제 다음 질문에 답해 보자. 합성함수 $z = h(g(x))$ 또는 $z = 3(x-2)$를 생성하면 그것의 역은 무엇인가?

사실상 알려진 모든 함수는 더 간단한 함수의 연쇄의 방식으로 생성된다. 문제는 각 조각의 역을 사용하여 연쇄의 역을 구하는 것이다. 이에 대한 답은 다음과 같은 수학의 기본 규칙 중 하나이다.

> 4 $z = h(g(x))$의 역은 **순서를 반대로 한** 역들의 연쇄이다.
>
> $$x = g^{-1}(h^{-1}(z)) \tag{3}$$
>
> h가 마지막에 적용되었기 때문에 h^{-1}가 첫 번째로 적용된다.
>
> $$g^{-1}(h^{-1}(h(g(x)))) = x$$

마지막 식은 엉망진창처럼 보이지만 핵심을 가지고 있다. 중간의 h^{-1}와 h를 보자. 연쇄는 여기서 아무 역할도 하지 않는다. 역함수와 원래 함수는 서로 상쇄되어 $g^{-1}(g(x))$를 남긴다. 또한 그 결과는 x이다. 이때 g^{-1}와 h^{-1}의 순서는 그대로인데 $h(g(x))$의 순서가 바뀌면 전체 연쇄는 무너진다.

예제 7 $z = h(g(x)) = 3(x-2)$이고 $x = g^{-1}(h^{-1}(z)) = \frac{1}{3}z + 2$이다.

우선 h^{-1}는 3으로 나눈다. 그 다음에 g^{-1}는 2를 더한다. $h \circ g$의 역은 $g^{-1} \circ h^{-1}$이다. 이는 $z = 3(x-2)$를 풀어서 바로 구할 수 있다.

예제 8 $z = \sqrt{x-2}$를 $z^2 = x-2$로 쓰고 그 다음에 $x = z^2 + 2$로 씀으로써 $z = \sqrt{x-2}$의 역을 구하라.

역은 2를 더하고 제곱을 취한다(하지만 이 순서가 아니다). 이는 $(z+2)^2$을 줄 것이고, 이는 올바르지 않다. 바른 순서는 $z^2 + 2$이다.

[그림 4-8]에서는 정의역과 치역을 설명한다. $x \geq 2$에서 시작하자. 2를 빼면 $y \geq 0$이 되고, 제곱근을 취하면 $z \geq 0$이다. 제곱을 취하면 $y \geq 0$으로 돌아오고, 2를 더하면 $x \geq 2$로 돌아온다. 이것이 g의 원래 정의역이다.

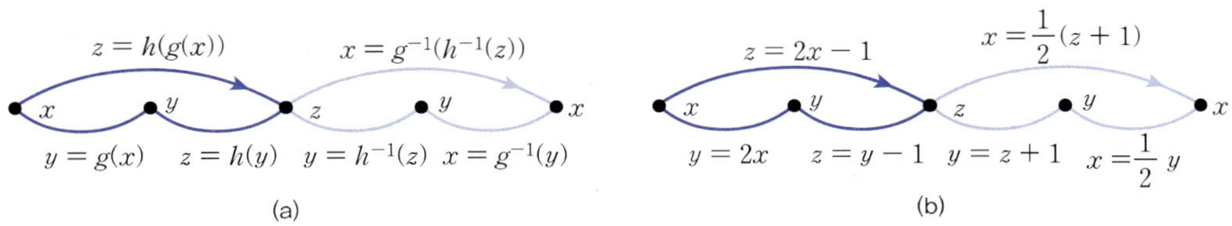

[그림 4-8] 연쇄 $g^{-1}(h^{-1}(h(g(x)))) = x$는 각 단계에서 일대일 대응이다.

예제 9 행렬 AB의 역행렬은 $B^{-1}A^{-1}$이다 : $(AB)^{-1} = B^{-1}A^{-1}$

$y = g(x) = Bx$과 같이 벡터 x가 정방행렬 B에 의해 곱해진다고 가정하자. 역함수는

$x=g^{-1}(y)=B^{-1}y$와 같이 역행렬을 곱해서 구한다. x와 y가 벡터라는 것을 제외하면 $B=3$과 $B^{-1}=\frac{1}{3}$의 곱과 같다.

이제 $z=h(g(x))=ABx$와 같이 다른 행렬 A를 곱한 두 번째 함수를 가정하자. 문제는 z로부터 x를 복구하는 것이다. 첫 번째 단계는 $Bx=A^{-1}z$와 같이 A를 도치시키는 것인데, 그 이유는 A가 제일 마지막에 왔기 때문이다. 그런 다음 두 번째 단계는 B^{-1}를 곱하고 $x=B^{-1}A^{-1}z$로 돌아온다. **곱 $B^{-1}A^{-1}$는 곱 AB를 도치시킨다.** 행렬의 역에 대한 법칙은 함수의 역에 관한 규칙과 같다(사실 그것은 특별한 경우이다).

미적분학의 개념에서 너무 멀리 벗어나지 않기를 바란다. 다음 절은 사인, 코사인, 탄젠트의 역들을 소개하고, 그것들의 도함수들을 구할 것이다. 궁극적인 근원은 연쇄 법칙임을 잊지 마라.

4.3 문장제 문제

01 두 함수 $g(x)=x-4$와 $f(y)=y+4$는 서로 __a__ 함수이다. 왜냐하면 $f(g(x))=$ __b__ 이기 때문이다. 또한 $g(f(y))=$ __c__ 이다. 그 표기법은 $f=g^{-1}$와 $g=$ __d__ 이다. 합성 __e__ 은(는) 항등함수다. 정의에 의해 $x=g^{-1}(y)$와 $y=$ __f__ 은(는) 필요충분조건이다. y가 g의 치역 안에 있을 때 그것은 g^{-1}의 __g__ 안에 있다. 비슷하게 x가 g^{-1}의 __h__ 안에 있을 때, x는 g의 __i__ 안에 있다. g가 역을 가지면 임의의 두 점에서 $g(x_1)$ __j__ $g(x_2)$이다. 함수 g는 꾸준히 __k__ 하거나 꾸준히 __l__ 해야 한다.

02 $f(g(x))=x$에 적용한 연쇄 법칙은 (df/dy)(__m__)= __n__ 이다. g^{-1}의 기울기와 g의 기울기의 곱은 __o__ 와(과) 같다. 더 직접적으로 $dx/dy=1/$__p__ 이다. $y=2x+1$과 $x=\frac{1}{2}(y-1)$에 대해 기울기는 $dy/dx=$ __q__ 이고 $dx/dy=$ __r__ 이다. $y=x^2$과 $x=$ __s__ 에 대해 기울기는 $dy/dx=$ __t__ 이고 $dx/dy=$ __u__ 이다. x^2을 y로 대체하면 $dx/dy=$ __v__ 을(를) 준다. 그러면 $(dx/dy)(dy/dx)=$ __w__ 이다.

03 $y=g(x)$의 그래프는 또한 $x=$ __x__ 의 그래프이지만, x를 가로지르고 y를 위로 가게 한다. g^{-1}의 평범한 그래프를 위해 __y__ 선에서 대칭을 하라. $(3,8)$이 g의 그래프 위에 있다면 그것의 거울상 (__z__)은(는) g^{-1}의 그래프 위에 있다. 그 특별한 점은 $8=2^3$과 $3=$ __A__ 을(를) 만족한다.

04 연쇄 $z=h(g(x))$의 역은 연쇄 $x=$ __B__ 이다. $g(x)=3x$와 $h(y)=y^3$이면 $z=$ __C__ 이다. 그것의 역은 $x=$ __D__ 이며 이는 __E__ 와(과) __F__ 의 합성이다.

4.3 연습문제

01~10 역함수 $x=g^{-1}(y)$를 찾기 위해 x에 대하여 풀어라. 한 가 이상의 x가 같은 y를 가질 때, '역이 없다.'라고 한다.

01 $y=3x-6$

02 $y=Ax+B$

03 $y=x^2-1$

04 $y=x/(x-1)$ [$xy-y=x$를 풀어라]

05 $y=1+x^{-1}$

06 $y=|x|$

07 $y=x^3-1$

08 $y=2x+|x|$

09 $y=\sin x$

10 $y=x^{1/5}$ [그래프를 그려라]

11 $y=\dfrac{1}{x-a}$을 풀면 $xy-ay=1$ 또는 $x=\dfrac{1+ay}{y}$가 된다. 이제 x를 y로 바꾸고 y를 x로 바꾸어서 y에 관한 식으로 다시 써라. 이것은 원래 함수의 역함수이다.

12 $y=\dfrac{x+1}{x-1}$을 풀면 $xy-y=x+1$ 또는 $x=\dfrac{y+1}{y-1}$이 된다. 왜 f와 f^{-1}가 같은지를 보여주는 그래프를 그려라. dy/dx와 dx/dy를 계산하라.

13 f가 증가함수이고 $f(2)=3$이고 $f(3)=5$라 하자. $f^{-1}(4)$에 대해 무엇을 말할 수 있는가?

14 $f(2)=3$과 $f(3)=5$와 $f(5)=5$라고 하자. f^{-1}에 대해서 무엇을 말할 수 있는가?

15 $f(2)=3$과 $f(3)=5$와 $f(5)=0$라고 하자. 함수 f^{-1}가 없다는 것을 어떻게 아는가?

16 **수직선 테스트** : 어떤 수직선도 함수의 그래프와 두 번 이상 만나지 않는다면 $f(x)$는 함수이다(각 x에 대해 하나의 y만 존재한다). **수평선 테스트** : 어떤 수평선도 함수의 그래프와 두 번 이상 만나지 않는다면 $f(x)$는 역을 가진다. 그 이유는 ______ 때문이다.

17 $f(x)$와 $g(x)$가 모두 증가할 때, 다음 중 증가하지 않을지도 모르는 두 함수는 무엇인가?

$f(x)+g(x)$ $\quad f(x)g(x)$ $\quad f(g(x))$ $\quad f^{-1}(x)$ $\quad 1/f(x)$

18 $y=1/x$이면 $x=1/y$이다. $y=1-x$이면 $x=1-y$이다. 그래프들은 45°선에서 그들 자신의 거울상이다. 즉 $f=f^{-1}$ 또는 $f(f(x))=x$이다. 이 성질을 가지는 두 가지 이상의 함수를 만들어라.

19 다음 함수가 역을 가지도록 하는 m의 값을 구하라.

(a) $y=mx+b$ $\quad$ (b) $y=mx+x^3$ $\quad$ (c) $y=mx+\sin x$

20 $y=|x|+cx$가 $c>1$이거나 $c<-1$이면 역을 가짐을 그래프로 보여라. 조각적으로 선형인 함수의 역은 조각 ______이다.

21~26 x에 관하여 dy/dx를 찾고 y에 관하여 dx/dy를 찾아라.

21 $y=x^5$

22 $y=1/(x-1)$

23 $y=x^3-1$

24 $y=1/x^3$

25 $y=\dfrac{x}{x-1}$

26 $y=\dfrac{ax+b}{cx+d}$

27 $dy/dx=1/y$이면 $dx/dy=$______이고 $x=$______이다.

28 $dx/dy=1/y$이면 $dy/dx=$______이다(이 함수들은 앞으로 자주 등장하게 될 $y=e^x$과 $x=\ln y$이다).

29 $f(x)=\frac{1}{3}x^3$과 $g(x)=-1/x$의 기울기는 각각 x^2과 $1/x^2$이다. $f=g^{-1}$가 아닌 이유는 무엇인가? g^{-1}는 무엇인가? $g'(g^{-1})'=1$임을 보여라.

30 한 조각적으로 상수인 함수는 세 점 x_1, x_2, x_3에서 y_1, y_2, y_3으로 점프한다. $y(0)=0$에서 시작하는 함수의 그래프를 그려라. 거울상은 점 ______에서 높이 ______(으)로의 점프를 가지는 조각 상수이다. 왜 이것은 역함수를 가질 수 없는가?

31~38 $y=g(x)$의 그래프를 그려라. $y=g(x)$의 거울상 $x=g^{-1}(y)$를 분리해서 그려라.

31 $y=5x-10$

32 $y=\cos x, 0\le x\le \pi$

33 $y=1/(x+1)$

34 $y=|x|-2x$

35 $y=10^x$

36 $y=\sqrt{1-x^2},\ 0\le x\le 1$

37 $y=2^{-x}$

38 $y=1/\sqrt{1-x^2}\ ,\ 0\le x<1$

39~42 주어진 점에서 dx/dy를 찾아라.

39 $x=\pi/6$에서 $y=\sin x$

40 $x=\pi/4$에서 $y=\tan x$

41 $x=3$에서 $y=\sin x^2$

42 $x=0$에서 $y=x-\sin x$

---

43 y가 x에 대해 감소하는 함수이면 x는 y에 대해 ______ 함수이다. 그래프와 연쇄 법칙을 이용하여 이를 증명하라.

44 모든 x에 대하여 $f(x)>x$이면 $f^{-1}(y)<y$임을 보여라.

45 다음 예에 대하여 참 또는 거짓임을 판별하라.

(a) $f(x)$가 역을 가지면 $h(x)=(f(x))^2$도 역을 가진다.

(b) $f(x)$가 역을 가지면 $h(x)=f(f(x))$도 역을 가진다.

(c) $f^{-1}(y)$는 모든 y에서 도함수를 가진다.

46~51 $g(x)$, $f(y)$와 그들의 역을 써라. 그 다음 $x=g^{-1}(f^{-1}(z))$를 찾아라.

46 $z=5(x-4)$

47 $z=(x^m)^n$

48 $z=(6+x)^3$

49 $z=6+x^3$

50 $z=\frac{1}{2}\left(\frac{1}{2}x+4\right)+4$

51 $z=\log(10^x)$

---

52 $f(x)=0$을 푸는 것은 응용 수학의 큰 부분이다. 답 x^*를 다음과 같이 f^{-1}에 관하여 표현하라.

$$x^* = \_\_\_\_\_\_$$

53 (a) d^2x/dy^2은 $1/(d^2y/dx^2)$이 아님을 예를 통해 보여라.

(b) y가 미터 단위이고 x가 초 단위이면 d^2y/dx^2은 ______ 단위이고 d^2x/dy^2은 ______ 단위이다.

54 뉴턴법은 f^{-1}에 대한 선형 근사를 적용함으로써 다음과 같이 $f(x^*)=0$을 푼다.

$$f^{-1}(0)\approx f^{-1}(y)+(df^{-1}/dy)(0-y)$$

$y=f(x)$에 대하여 이것은 뉴턴의 방정식 $x^*\approx x+$______이다.

55 가격이 p일 때 수요가 $1/(p+1)^2$이면 가격이 ______일 때 수요는 y이다. 가격의 범위가 $p\geq 0$이면 수요의 범위는 무엇인가?

56 $dF/dx=f(x)$이면 $G(y)=yf^{-1}(y)-F(f^{-1}(y))$의 도함수는 $f^{-1}(y)$임을 보여라.

57 각 수 y에 대하여 $yx-2x^4$의 최댓값을 찾아라. 그 최댓값은 함수 $G(y)$이다. $G(y)$의 도함수와 $2x^4$의 도함수가 서로 역함수임을 증명하라.

58 **(심화)** $G(y)$가 $yx-F(x)$의 최댓값이면, $F(x)$가 $xy-G(y)$의 최댓값임을 증명하라. 문제 **57**의 $8x^3$처럼 $f(x)=dF/dx$가 증가한다고 가정하라.

59 세상에서 가장 부유한 x퍼센트의 사람들이 부의 $10\sqrt{x}$를 소유한다고 가정하자. 그러면 부의 y퍼센트는 ______퍼센트의 사람들이 소유한다.

4.4 삼각함수의 역

수학은 사인과 같은 기본적인 함수들과, 그 역과 같은 기본적인 아이디어들을 기반으로 만들어진다. 그러므로 사인 함수의 역을 구하는 것은 매우 자연스러운 과정이다. $x=\sin^{-1}y$의 그래프는 $y=\sin x$의 거울상이다. 이는 정의역을 매우 한정했을 때 가능하다. 사인 곡선은 무한히 위아래로 왔다 갔다 하는 곡선이기 때문이다. 우리는 그저 [그림 4-9(a)]처럼 사인 곡선의 한 조각을 원한다.

정의역은 실선으로 제한된다. 각도 x는 $-\pi/2$와 $+\pi/2$ 사이에 있다. 그 구간에서 사인은 증가하고 있고, 따라서 각 y는 정확히 한 각 x로부터 온다. 전체 사인 곡선이 허락된다면 무한히 많은 각도들이 $\sin x=0$을 가지게 된다. 그러면 사인 함수는 역함수를 가질 수 없다. $\sin x$가 증가하는 하나의 구간으로 제한함으로써 역함수를 가지게 만든다.

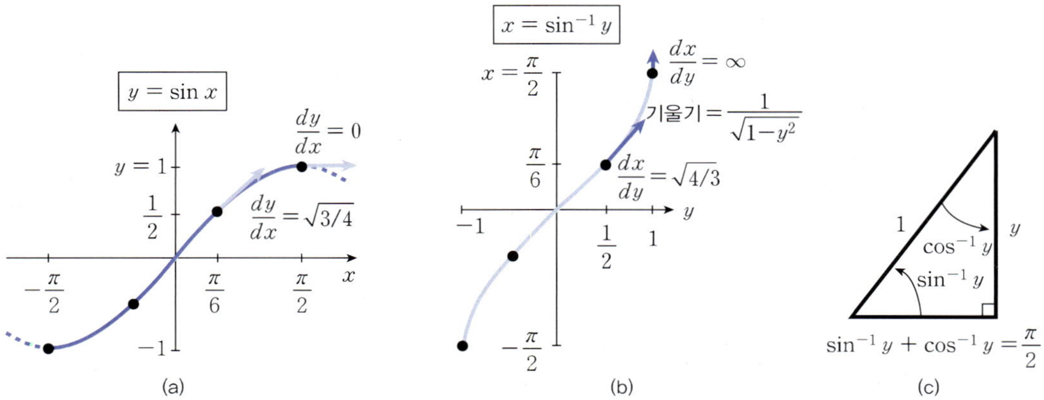

[그림 4-9] $\sin x$와 $\sin^{-1}y$의 그래프. 기울기는 $\cos x$와 $1/\sqrt{1-y^2}$ 이다.

역함수는 $x=\sin^{-1}y$ (역사인)와 같이 y를 x로 되돌린다.

$$y=\sin x \text{이고 } |x|\le \pi/2 \text{일 때, } x=\sin^{-1}y \text{ 이다.} \tag{1}$$

역은 -1과 1 사이에 있는 수 y에서 시작한다. 그것은 각도 $x=\sin^{-1}y$, 즉 **사인값이 y인 각도 x**를 산출한다. 만족하는 사인값에 대하여 각도 x는 $-\pi/2$와 $+\pi/2$ 사이에 있다. 역사적으로 x는 y의 '아크사인arc sine'이라고 불렸고, 아크사인은 계산에서 사용된다. 수학적 표기법은 $\sin^{-1}$이며 이것은 $1/\sin x$과는 아무 관계가 없다.

[그림 4-9]는 각도 $30°$가 $x=\pi/6$임을 보여준다. 이때 사인값은 $y=\dfrac{1}{2}$이며 **$\dfrac{1}{2}$의 역 사인은 $\pi/6$이다.** 다시 말해서 기호 $\sin^{-1}(1)$은 사인값이 1이 되는 각도를 나타낸다(이 각도는 $x=\pi/2$이다). 다음과 같이 $g^{-1}(g(x))=x$임을 알 수 있다.

$$-\frac{\pi}{2}\le x\le\frac{\pi}{2} \text{일 때} \quad \sin^{-1}(\sin(x))=x$$
$$-1\le y\le 1 \text{일 때} \quad \sin(\sin^{-1}(y))=y$$

예제 1 (중요) $\sin x=y$일 때, $\cos x$에 대한 공식을 찾아라.

풀이

사인이 주어졌을 때 코사인을 구하고자 한다. 이 문제에서 핵심은 $\cos^2x=1-\sin^2x$일 것이다. 즉 사인이 y일 때, 코사인은 $1-y^2$의 제곱근이다.

$$\cos x = \cos(\sin^{-1} y) = \sqrt{1-y^2} \tag{2}$$

이 공식은 미분을 계산하는 데 매우 중요하다. 이 공식을 바로 사용해보자.

역사인의 도함수

미적분학 문제는 역함수 $f(y)=\sin^{-1}(y)$의 기울기를 찾는 것이다. 연쇄 법칙은 (역함수의 기울기)=(1/원래함수의 기울기)를 준다. 물론 $\sin x$의 기울기는 $\cos x$이다. x를 y로 바꾸기 위해 다음과 같이 식 (2)를 사용하자.

$$y=\sin x \text{이면 } \frac{dy}{dx}=\cos x \text{이므로 } \frac{dx}{dy}=\frac{1}{\cos x}=\frac{1}{\sqrt{1-y^2}} \text{이다.} \tag{3}$$

이 도함수 $1/\sqrt{1-y^2}$은 미적분에서 굉장히 중요한 새로운 $v-f$쌍을 제공한다.

$$\text{속도 } v(t)=1/\sqrt{1-t^2} \qquad \text{거리 } f(t)=\sin^{-1} t$$

이 두 함수의 역함수는 $\tan^{-1} y$와 $\sec^{-1} y$의 도함수들로부터 곧 두 개 이상의 쌍을 산출할 것이다. 이 절의 마지막에 있는 표는 모든 중요한 요소들을 나열한다.

예제 2 $y=1$에서 $\sin^{-1} y$의 기울기는 무한대이다($1/\sqrt{1-y^2}=1/0$). 이를 설명하라.

$y=1$에서 $y=\sin x$의 그래프는 수평이므로 그 기울기는 0이다. 따라서 그것의 거울상은 수직이다. 그 기울기 1/0은 연쇄 법칙의 극단적인 경우이다.

Q_ $d/dx(\sin^{-1} x)$는 무엇인가?

A_ $1/\sqrt{1-x^2}$ 이다. 이는 단지 문자를 바꾼 것이다.

역코사인과 그것의 도함수

사인에 대해서 행해진 어떤 것도 코사인에 행해질 수 있다. 하지만 정의역과 치역은 주의해야 한다. 그래프가 위아래로 이동하는 것을 허용할 수 없다. -1에서 1까지의 각 y는 단지 한 각도 x의 코사인이어야 한다. 이 점은 x를 0과 π 사이에 놓는다. 그러면 코사인은 꾸준히 감소하고 $y=\cos x$는 역을 가지게 된다.

$$\cos^{-1}(\cos x) = x \text{ 그리고 } \cos(\cos^{-1} y) = y \tag{4}$$

각도 $x=0$의 코사인은 수 $y=1$이다. $y=1$의 역코사인은 각도 $x=0$이다. 이 둘은 $\cos 0 = 1$이라는 같은 요소를 표현한다.

$\cos^{-1}y$의 기울기를 구하기 위해 $\sin^{-1}y$에 대해 행했던 성공적인 계산을 적용할 수 있다. 즉 연쇄 법칙은 (3)에서처럼 적용될 수 있다. 이때 $\cos^{-1}y$와 $\sin^{-1}y$의 특별한 관계 덕분에 더 빠른 계산 방법이 존재한다. **두 각도를 더하면 항상 직각이 된다.**

$$\cos^{-1}y + \sin^{-1}y = \pi/2 \tag{5}$$

이 관계에 대해서 [그림 4-9(c)]는 각도를, [그림 4-10(c)]는 그래프를 보여준다. 합은 $\pi/2$이고(점선), 그것의 도함수는 0이다. 따라서 $\cos^{-1}y$와 $\sin^{-1}y$의 두 도함수는 더하면 0이다. 즉 이 도함수들은 반대의 부호를 가진다. 역코사인에 대해서는 다음과 같이 음의 부호가 있고, 그래프는 아래를 향해 간다.

$$x = \cos^{-1}y\text{의 도함수는 } dx/dy = -1/\sqrt{1-y^2}\text{ 이다.} \tag{6}$$

Q_ 두 함수 $x = \sin^{-1}y$와 $x = -\cos^{-1}y$는 어떻게 같은 도함수를 가질 수 있는가?

A_ $\sin^{-1}y$는 $-\cos^{-1}y + C$와 같다. 식 (5)에 의하면 $C = \pi/2$이다.

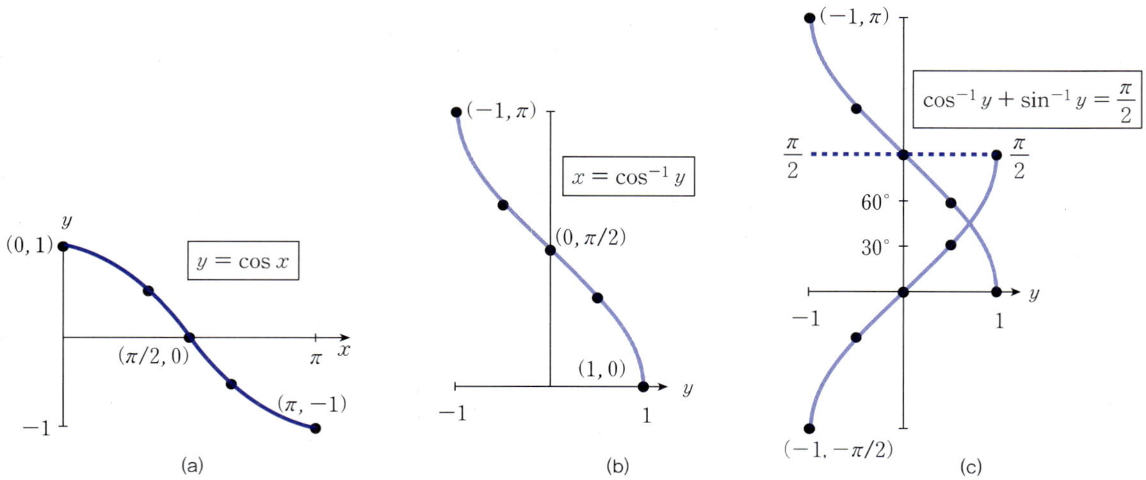

[그림 4-10] $y = \cos x$와 $x = \cos^{-1}y$의 그래프. 정의역이 $0 \le x \le \pi$임에 주의하라.

역탄젠트와 그것의 도함수

탄젠트는 $\sin x/\cos x$인 반면 역탄젠트는 $\sin^{-1}y/\cos^{-1}y$가 아니다. 역함수는 **탄젠트값이 y인 각도 x**를 산출한다. [그림 4-11]은 그 각도가 $-\pi/2$와 $\pi/2$ 사이에 있음을 보여준다. 탄젠트는 어떤 수라도 될 수 있지만 역탄젠트는 양 끝점을 포함하지 않는 열린 구간 $-\pi/2 < x < \pi/2$ 안에 있다. 이때 $-\pi/2$와 $\pi/2$에서 탄젠트는 정의되어 있지 않다.

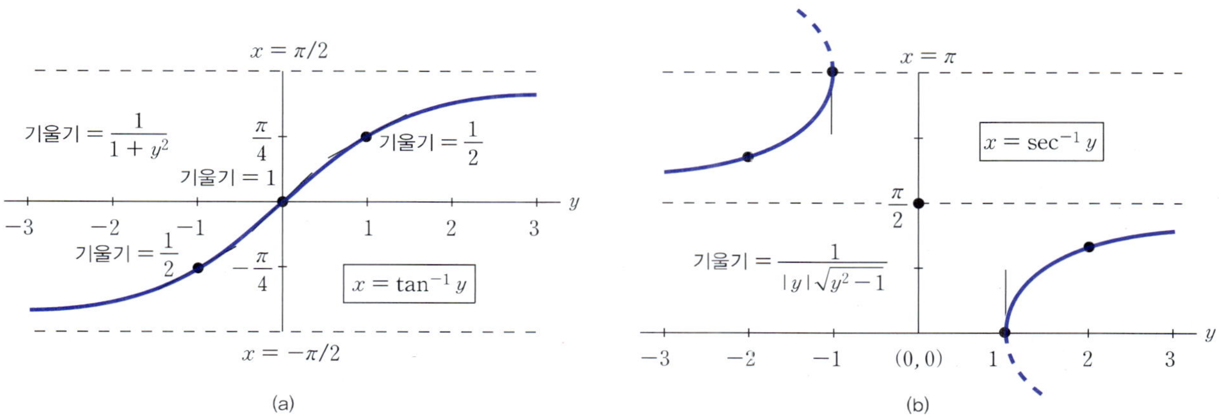

[그림 4-11] (a) $x=\tan^{-1}y$는 기울기 $1/(1+y^2)$을 가진다. (b) $x=\sec^{-1}y$는 기울기 $1/|y|\sqrt{y^2-1}$을 가진다.

$y=\tan x$의 기울기는 $dy/dx=\sec^2 x$이다. $x=\tan^{-1}y$의 기울기는 무엇인가?

$$\text{연쇄 법칙에 의해 } \frac{dx}{dy}=\frac{1}{\sec^2 x}=\frac{1}{1+\tan^2 x}=\frac{1}{1+y^2} \quad (7)$$

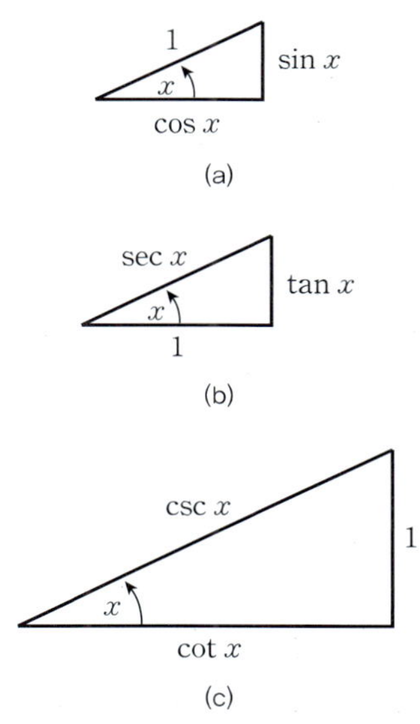

[그림 4-12] (a) $\cos^2 x+\sin^2 x=1$, (b) $1+\tan^2 x=\sec^2 x$, (c) $1+\cot^2 x=\csc^2 x$

> **5** $f(y)=\tan^{-1}y$의 도함수는 $\dfrac{df}{dy}=\dfrac{1}{1+y^2}$이다. (8)

예제 3 $x=\pi/4$의 탄젠트는 $y=1$이다. 기울기를 확인해보자. 역탄젠트 곡선 위에서 $dx/dy=1/(1+y^2)=\frac{1}{2}$이고, 탄젠트 곡선 위에서는 $dy/dx=\sec^2 x$이다. $\pi/4$에서 시컨트의 제곱은 2와 같다. 이와 같이 두 기울기 $dx/dy=\frac{1}{2}$과 $dy/dx=2$를 곱하면 1이 된다.

곧 중요한 다음 질문에 대해 답해야 한다. 어떤 함수가 도함수 $1/(1+x^2)$을 가지는가? 이번 절의 목표는 이 질문에 답을 하는 것이다. 그 함수는 (문자를 바꾼) 식 (8)과 같다. 바로 **기울기가 $1/(1+x^2)$인 함수 $f(x)=\tan^{-1}x$이다.**

역코탄젠트, 역시컨트, 역코시컨트

이제 역코탄젠트, 역시컨트, 역코시컨트에 대한 도함수까지 구하여 그 목록을 완성시켜야 한다. 복잡해 보이지만 쉽게 할 수 있는 방법이 있다. 아이디어는 $y=\cot x$와 $y=\sec x$와 $y=\csc x$에 대하여 $1/(dy/dx)$를 사용하는 것이다.

$$\frac{dx}{dy}=\frac{-1}{\csc^2 x},\quad \frac{dx}{dy}=\frac{1}{\sec x\tan x},\quad \frac{dx}{dy}=\frac{-1}{\csc x\cot x} \tag{9}$$

중간식에서 $\sec x$를 y로, $\tan x$를 $\pm\sqrt{y^2-1}$로 대체하라. 양의 기울기에 대한 부호를 선택하라([그림 4-11]과 비교하라). 이는 다음과 같은 식 (10)에 있는 중간식을 준다.

$$\begin{aligned}&\cot^{-1}y \text{ 의 도함수는 } \frac{d}{dy}(\cot^{-1}y)=\frac{-1}{1+y^2},\\&\sec^{-1}y \text{ 의 도함수는 } \frac{d}{dy}(\sec^{-1}y)=\frac{1}{|y|\sqrt{y^2-1}},\\&\csc^{-1}y \text{ 의 도함수는 } \frac{d}{dy}(\csc^{-1}y)=\frac{-1}{|y|\sqrt{y^2-1}} \text{이다.}\end{aligned} \tag{10}$$

NOTE_ y가 음수일 때 $x=\sec^{-1}y$의 부호에 주의해야 한다. 우리는 제2사분면($\pi/2$와 π 사이)에서 각도를 선택하였다. 이 각도의 코사인값은 음수이고, 따라서 그것의 시컨트값은 음수이다. 이 선택은 $\sec^{-1}y=\cos^{-1}(1/y)$을 만들고, 이것은 $\sec x=1/\cos x$과 상응한다. 그것은 또한 함수 $\cos^{-1}y$가 감소하는 곳에서 $\sec^{-1}y$를 증가하는 함수로 만든다. 따라서 도함수에서 절댓값 $|y|$가 붙은 것이다. 어떤 수학적 표들은 다른 선택을 한다. 각도 x는 제3사분면($-\pi$와 $-\pi/2$ 사이)에 있을 수 있다. 그러면 기울기는 절댓값이 생략된다.

요약하자면, 세 가지 도함수만 배우면 6개의 역함수를 알 수 있다. 다른 세 개는 $\sin^{-1}y$나 $\cos^{-1}y$에서 봤던 것처럼 마이너스 부호를 가진다. 각 역함수와 그것의 '여함수^cofunction'는 서로 더해서 $\pi/2$인 관계이므로 그들의 도함수는 합해서 0이다. 여기에 세 가지 새로운 도함수를 포함한 여섯 개의 함수에 대해 빨리 파악할 수 있도록 표로 정리했다.

함수 $f(y)$	입력값 y	출력값 x	기울기 dx/dy
$\sin^{-1}y$, $\cos^{-1}y$	$\lvert y\rvert\le 1$	$\left[-\frac{\pi}{2},\frac{\pi}{2}\right]$, $[0,\pi]$	$\pm\frac{1}{\sqrt{1-y^2}}$
$\tan^{-1}y$, $\cot^{-1}y$	모든 y	$\left(-\frac{\pi}{2},\frac{\pi}{2}\right)$, $(0,\pi)$	$\pm\frac{1}{1+y^2}$
$\sec^{-1}y$, $\csc^{-1}y$	$\lvert y\rvert\ge 1$	$(0,\pi]$, $\left[-\frac{\pi}{2},\frac{\pi}{2}\right)$	$\pm\frac{1}{\lvert y\rvert\sqrt{y^2-1}}$

$y=\cos x$이거나 $y=\sin x$이면 $|y|\le 1$이다. $y=\sec x$와 $y=\csc x$에 대해서는

범위가 반대이다. 즉 $|y| \geq 1$을 가진다. $\sec^{-1}y$의 그래프는 $-1 < y < 1$일 때 값을 갖지 않는다. 또한 $\sec^{-1}y$의 그래프는 코사인이 0이 되는 $x = \pi/2$를 놓친다. $\pi/2$의 시컨트는 1/0(불가능)이 될 것이기 때문이다. 마찬가지로, $y = \csc 0$은 $1/\sin 0$이 될 수 없기 때문에 $\csc^{-1}y$는 $x = 0$을 놓친다.

표에서 도함수에 관한 열은 미적분학에서 필요로 하며 자주 사용하는 것이다.

4.4 문장제 문제

01 관계식 $x = \sin^{-1}y$는 __a__이(가) __b__의 사인임을 의미한다. 따라서 x는 그것의 사인이 __c__인 각도이다. 수 y는 __d__와(과) __e__ 사이에 있다. 각도 x는 __f__와(과) __g__사이에 있다(역이 존재하기를 원한다면 같은 사인을 가지는 두 각도가 있으면 안 된다). 각도 $\sin^{-1}y$의 코사인은 $\sqrt{\text{h}}$이다. $x = \sin^{-1}y$의 미분은 $dx/dy =$ __i__이다.

02 관계식 $x = \cos^{-1}y$는 y가 __j__와(과) 같음을 의미한다. 다시 수 y는 __k__와(과) __l__ 사이에 있다. 이번에는 (각각의 y가 단 하나의 각 x로부터 오기 위해서) 각도 x가 __m__와(과) __n__ 사이에 있다. 합 $\sin^{-1}y + \cos^{-1}y =$ __o__이다(그 각들은 __p__(이)라고 불려지고, 그들은 더해서 __q__각이 된다). 그러므로 $x = \cos^{-1}y$의 도함수는 $dx/dy =$ __r__이고, 이것은 __s__부호를 제외하고 $\sin^{-1}y$의 도함수와 같다.

03 관계식 $x = \tan^{-1}y$는 $y =$ __t__임을 의미한다. 수 y는 __u__와(과) __v__ 사이에 있다. 각 x는 __w__와(과) __x__ 사이에 있다. 도함수는 $dx/dy =$ __y__이다. $\tan^{-1}y + \cot^{-1}y =$ __z__이므로 $\cot^{-1}y$의 도함수는 __A__부호를 제외하고 $\tan^{-1}y$와 같다.

04 관계식 $x = \sec^{-1}y$는 __B__임을 의미한다. 수 y는 __C__와 과) __D__ 사이에 있지 않다. 각 x는 __E__와(과) __F__ 사이에 있지만, $x =$ __G__에서는 아니다. $x = \sec^{-1}y$의 도함수는 $dx/dy =$ __H__이다.

4.4 연습문제

01~04 세 각 $\sin^{-1}y$, $\cos^{-1}y$, $\tan^{-1}y$를 라디안으로 찾아라.

01 $y = 0$

02 $y = -1$

03 $y = 1$

04 $y = \sqrt{3}$

05 $\sin\pi = 0$이지만 $\pi = \sin^{-1}0$이 아닌 이유는 무엇인가?

06 $\sin x = y$라고 가정하자. 어떤 조건에서 $x = \sin^{-1}y$인가?

07 $x = \sin^{-1}y$의 그래프의 개형을 그리고 기울기 $dx/dy = 2$가 되는 점들을 표시하라.

08 $x = \sin^{-1}\frac{1}{2}y$일 때, dx/dy를 찾고, 그래프를 그려라.

09 $y = \cos x$일 때, $\sin x$에 대한 공식을 찾아라. 우선 각도 x와 각도 x를 이루는 변 y를 가진 직각삼각형을 그려라. 다른 두 변은 무엇인가?

10 $y = \sin x$일 때, $\tan x$에 대한 공식을 찾아라. 우선 각 x와 마주 보는 y를 가진 직각삼각형을 그려라. 다른 두 변은 무엇인가?

11 연쇄 법칙에 의해 $\sin^{-1}(\sin x) = x$를 x에 대하여 미분하라. $d(\sin^{-1}y)/dy = -1/\sqrt{1-y^2}$이 올바른 결과를 준다는 것을 확인하라.

12 연쇄 법칙에 의해 $\cos(\cos^{-1}y)=y$를 y에 대하여 미분하라. $d(\cos^{-1}y)/dy=-1/\sqrt{1-y^2}$ 이 올바른 결과를 준다는 것을 확인하라.

13 $y=0$과 $y=1$에서 $x=\sin^{-1}y$, $x=\cos^{-1}y$, $x=\tan^{-1}y$의 기울기 dx/dy를 찾아라.

14 $x=0$과 $x=1$에서 $x=\sin^{-1}y$, $x=\cos^{-1}y$, $x=\tan^{-1}y$의 기울기 dx/dy를 찾아라.

15 참 또는 거짓임을 판별하고, 그 이유를 써라.

(a) $(\sin^{-1}y)^2+(\cos^{-1}y)^2=1$

(b) $\sin^{-1}y=\cos^{-1}y$는 해를 가지지 않는다.

(c) $\sin^{-1}y$는 증가 함수이다.

(d) $\sin^{-1}y$는 홀함수이다.

(e) $\sin^{-1}y$와 $-\cos^{-1}y$는 같은 기울기를 가진다. 따라서 두 함수는 같다.

(f) $\sin(\cos x)=\cos(\sin x)$

16 세 변의 길이가 $\sin x$, $\cos x$, 1인 삼각형을 그린 후 $\tan(\cos^{-1}(\sin x))$를 찾아라.

17~28 (주어진 문자를 이용하여) 도함수를 구하라.

17 $u=\sin^{-1}x$

18 $u=\tan^{-1}2x$

19 $z=\sin^{-1}(\sin 3x)$

20 $z=\sin^{-1}(\cos x)$

21 $z=(\sin^{-1}x)^2$

22 $z=(\sin^{-1}x)^{-1}$

23 $z=\sqrt{1-y^2}\,\sin^{-1}y$

24 $z=(1+x^2)\tan^{-1}x$

25 $x=\sec^{-1}(y+1)$

26 $u=\sec^{-1}(\sec x^2)$

27 $u=\sin^{-1}y/\cos^{-1}\sqrt{1-y^2}$

28 $u=\sin^{-1}y+\cos^{-1}y+\tan^{-1}y$

---

29 $\tan^{-1}y+\cot^{-1}y=\pi/2$임을 보여주는 직각삼각형을 그려라.

30 $\tan^{-1}y=\cot^{-1}(1/y)$임을 보여주는 직각삼각형을 그려라.

31 $y=\tan x$일 때, y에 대하여 $\sec x$를 찾아라.

32 $y=\cot x$와 $x=\cot^{-1}y$의 그래프를 그려라.

33 다음 점에서 $x=\tan^{-1}y$의 기울기 dx/dy를 찾아라.

(a) $y=-3$ (b) $x=0$ (c) $x=-\pi/4$

34 기울기가 $u'+t^2u'=1$인 함수 $u(t)$를 찾아라.

35 $x=\sin^{-1}y$의 이계도함수 d^2x/dy^2는 무엇인가?

36 $u=\tan^{-1}y$의 d^2u/dy^2은 무엇인가?

37~44 도함수를 구하라.

37 $y=\sec\frac{1}{2}x$

38 $x=\sec^{-1}2y$

39 $u=\sec^{-1}(x^n)$

40 $u=\sec^{-1}(\tan x)$

41 $\tan y=(x-1)/(x+1)$

42 $z=(\sin x)(\sin^{-1}x)$

43 $y=\sec^{-1}\sqrt{x^2+1}$

44 $z=\sin(\cos^{-1}x)-\cos(\sin^{-1}x)$

---

45 새로운 방법으로 $\sec^{-1}y$의 기울기를 찾기 위해 $\cos^{-1}(1/y)$를 미분하라.

46 $x=\csc^{-1}y$의 정의역과 치역은 __________이다.

47 $du/dy=4/\sqrt{1-y^2}$가 되도록 하는 함수 $u(y)$를 찾아라.

48 미분방정식 $du/dx=1/(1+4x^2)$을 풀어라.

49 $du/dx=2/\sqrt{1-x^2}$일 때, $u(1)-u(0)$을 찾아라.

50 **(추천 문제)** $u(x)=(x-1)/(x+1)$일 때, $\tan^{-1}u(x)$의 도함수를 구하라. 이는 또한 ___A___의 도함수이다. 따라서 두 함수 $\tan^{-1}u(x)$와 A의 차는 ___B___이다.

51 문제 50에서의 $u(x)$를 이용하여, $x=0$과 $x=\infty$에서 $u(x)$, $\tan^{-1}u(x)$, $\tan^{-1}x$를 각각 찾아라.

문제 50의 결론 : $\tan^{-1}u(x)-\tan^{-1}x$는 수 ______와(과) 같다.

52 문제 50에서의 $u(x)$를 이용하여, $x\to-\infty$일 때 $u(x)$, $\tan^{-1}u(x)$, $\tan^{-1}x$를 각각 찾아라. 이제 $\tan^{-1}u(x)-\tan^{-1}x$는 ________와(과) 똑같다. $\tan^{-1}u(x)$에 무슨 일이 일어났다. 어떤 x에서 $u(x)$와 $\tan^{-1}u(x)$가 즉시 변하는가?

5장 적분

Integrals

5.1 적분의 개념

이 장에서는 적분에 대한 아이디어 및 적분에 관한 기술에 대해 다룬다. 이론을 먼저 알아본 후 그것이 실제로 어떻게 적용되는지 설명할 것이다. 적분은 무한히 많은 것들을 합하는 문제이며 합하게 되는 그 각각은 아주 작은 것들이다. 직접 이들을 더하는 것은 권장하지 않으며 미적분의 핵심은 더 나은 방법을 제공하는 것에 있다.

적분 문제는 합의 극한을 찾는 것이다. 그 핵심은 차분의 극한(미분)으로부터 거꾸로 작업하는 것이다. **만약 $v(x)$가 다른 함수 $f(x)$의 도함수이면 $v(x)$를 적분할 수 있다.** $v=\cos x$의 적분은 $f=\sin x$이고 $v=x$의 적분은 $f=\frac{1}{2}x^2$이다. 기본적으로 $f(x)$는 '역도함수'이다. f의 목록은 앞으로 훨씬 늘어날 것이다(5.4절에서 특히 많이). 이 책 안에서 이러한 함수를 살펴볼 수 있다. 만약 적절한 $f(x)$를 찾지 못한다 하더라도 수치적분을 통해 훌륭한 답을 구할 수 있을 것이다.

우리는 곡선에 의한 넓이를 계산할 수 있게 해주는 가장 놀라운 적분 공식으로 바로 진행할 수도 있다(넓이는 무한히 얇은 직사각형들을 무한히 더하는 가장 분명한 예이므로 항상 먼저 나오게 된다. 이는 적분으로 풀 수 있는 유일한 문제는 분명히 아닐 것이다). 하지만 여기에서는 공식만 적어두고 모든 아이디어들을 건너뛰는 것은 권장하지 않는다. 뉴턴과 라이프니츠는 아주 훌륭한 직감을 가지고 있었고, 이 책에서 이러한 직감을 함께 공유해보는 것이 좋을 것 같다. 두 수학자는 단순한 것부터 시작하여 아이디어를 발견했다. 이 책도 같은 방식으로 시작한다.

합과 차

적분 및 미분은 대부분 합과 차를 이용하여 매우 간단히 설명할 수 있다. 함수 대신에 n개의 보통 수를 가정하자. 핵심 아이디어는 기본적인 계산에 불과하다. $n\to\infty$으로의 극한에서 그 아이디어는 미적분의 기본 사실이 된다. '극한을 취하는' 단계는 계산과 미적분의 근본적인 차이이다! 무한히 많은 아주 작은 것들을 더하기 위해서는 극한을 취해야 하며 우리도 이 아이디어부터 시작해보자.

극한을 취하기 이전 단계에서 어떤 일이 발생하는지 보려면 **n개의 수로 구성된 두 집합**이 필요하다. 첫 번째 집합은 $v_1, v_2, \ldots, v_n$이며 여기서 v는 속도를 의미한다. 두 번째 집합은 $f_1, f_2, \cdots, f_n$이며 f는 거리를 의미한다. 아마 여러분은 d가 거리(distance)에 대한 기호로 더 나을 거라 생각할지 모르지만 d는 미분(derivative)에 대한 기호 dx, dy에서 이미 쓰이는 문자이다.

첫 번째 예시에서 $n=4$이다.

$$v_1, v_2, v_3, v_4 = 1,2,3,4 \qquad\qquad f_1, f_2, f_3, f_4 = 1,3,6,10$$

이 예시에서 v와 f의 관계를 볼 수 있다. 1,3,6,10이 주어져 있을 때 어떻게 1,2,3,4를 만들어 낼 것인가? **뺄셈을 이용하면 된다.** 10과 6의 차는 4이다. 뺄셈 $6-3$은 3이다. 차 $f_2 - f_1 = 3 - 1 = 2 = v_2$이다. 즉 각각의 v는 두 f값의 차이이다.

$$v_j\text{는 차 } f_j - f_{j-1}\text{과 같다.}$$

이것이 미분의 이산적인 형태이다. f_0이 없기 때문에 $j=1$에서 약간의 어려움이 있다. 첫 번째 v는 $f_1 - f_0$이어야 하며 자연스럽게 f_0이 0이라고 생각할 수 있다. 이 시작점에 대한 필요성이 미적분학에서 우리를 괴롭히게(혹은 돕게) 될 것이다.

이번에는 같은 수를 v에서 시작해보자. $v = 1,2,3,4$로부터 $f = 1,3,6,10$을 어떻게 만들어낼 것인가? **덧셈을 이용하면 된다.** 처음 두 개의 v를 합하면 3이며 이는 f_2와 같다. 처음 세 개의 v를 모두 합하여 $f_3 = 6$을 얻는다 모든 네 개의 v를 합하면 $1+2+3+4=10$이다. **합을 계산하는 것은 차를 계산하는 것과 반대이다.**

계산을 통한 이 아이디어는 미적분의 열쇠이다. 합 f_j는 모든 수 $v_1 + v_2 + \cdots + v_j$를 포함한다. 차 v_j는 단 두 개의 수 $f_j - f_{j-1}$만을 포함한다. '기본 정리'들은 항상 하나의 양을 다른 양들의 연산을 통해 나타낼 수 있다는 것을 주장한다. 미적분학에서는 합을 적분으로, 차를 미분으로 바꿀 것이다. 이제 핵심 아이디어를 소개하겠다.

Ⅰ 미적분학의 기본 정리(극한을 취하기 전)

각각이 $v_j = f_j - f_{j-1}$이면 $v_1 + v_2 + \cdots + v_n = f_n - f_0$이다.

f의 차를 모두 더하면 $f_n - f_0$이 된다. 그 사이의 모든 f는 소거되고 마지막 f_n과 처음 f_0만 남게 된다. 즉 합은 '짧아진다'.

$$v_1 + v_2 + v_3 + \cdots + v_n = (f_1 - f_0) + (f_2 - f_1) + (f_3 - f_2) + \cdots + (f_n - f_{n-1})$$

수 f_1은 $-f_1$에 의해 소거된다. 마찬가지로 $-f_2$는 f_2를 소거하며 $-f_3$은 f_3을 소거하여 결국 f_n과 $-f_0$만 남는다. f_0이 0일 때 합은 마지막 f_n과 같다.

이제 **f를 찾기 위하여 v를 더할 것이다.**

Q_ **v가 홀수일 때,** 홀수들의 합 $1+3+5+\cdots+99$를 어떻게 계산할까?

A_ 홀수들은 $0, 1, 4, 9, \cdots$의 차이다. 이 f들은 제곱수들이다. 기본 정리에 의하여 50개 홀수의 합은 $(50)^2$이다.

까다로운 부분은 올바른 f를 찾는 것이다! f의 차들은 v이어야 한다. 미적분학에서 까다로운 부분은 올바른 $f(x)$를 찾는 것이다. $f(x)$의 도함수는 반드시 $v(x)$이어야 한다. f를 찾을 때 합보다 적분을 더 자주 이용한다는 점이 중요하다. 우리의 다음 단계는 **어떻게 적분이 합의 극한인지**를 이해하는 것이다.

적분으로 다가가는 합

여러분이 성공적인 회사를 창업했다고 가정해보자. 수입이 꾸준히 증가하여 x년 후의 연간 수입은 $\sqrt{x}$(백만 달러)이다. 처음 4년 동안 여러분은 $\sqrt{1}, \sqrt{2}, \sqrt{3}, \sqrt{4}$ 백만 달러를 벌었을 것이다. 이 수들은 막대그래프에 표시되어 있다(투자자를 위한 [그림 5-1(a)]).

대부분의 창업 회사들은 손실을 입지만 여러분의 회사는 예외이다. 이 예시가 현실이라기에는 너무 좋아 보이더라도 계속 읽어보자.

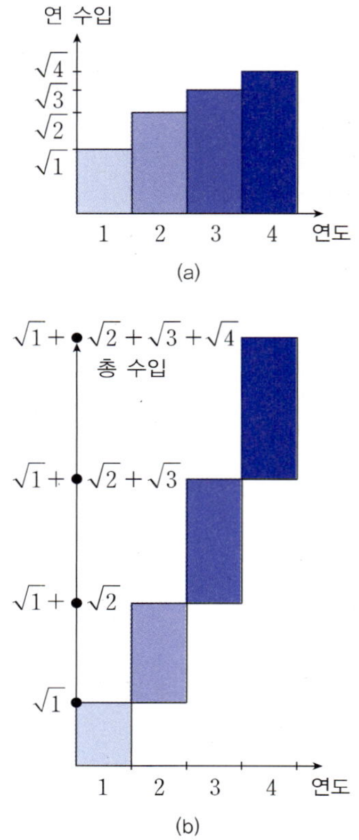

[그림 5-1] 총 수입 = 직사각형의 총 면적 = 6.15

그래프는 높이가 $\sqrt{1}, \sqrt{2}, \sqrt{3}, \sqrt{4}$인 네 개의 직사각형을 보여준다. 각 직사각형의 밑변은 일 년이므로 이 수들은 직사각형의 **넓이**이기도 하다. 산수에 약한 한 투자자가 간단한 질문을 던진다. "4년 동안의 총수입은 얼마인가요?" 이 질문에 대답할 수 있는 방법은 두 가지이다.

첫 번째 대답은 $\sqrt{1}+\sqrt{2}+\sqrt{3}+\sqrt{4}$이다. 덧셈을 하면 약 615만 달러이다. [그림 5-1(b)]는 4년 동안 수입의 합을 보여준다. 이는 앞에서 다룬 속도와 거리 예시와 정확히 같지만, 여기에서 v는 **연 수입**이고 f는 **총수입**이다. 대수적으로 f_j는 여전히 $v_1+\cdots+v_j$이다.

두 번째 대답은 기하학으로부터 나온다. **총수입**은 직사각형의 **총넓이**이다. 이 때 **덧셈**과 **넓이**의 대응 관계를 강조한다. 이 대응 관계는 분명해보일지도 모르지만, 두 번째 투자자(첫 번째 투자자보다 더 똑똑한 투자자)가 다음과 같이 더 어려운 지적을 한다면 더 중요한 관점이 된다.

여기에 문제가 있다. 앞에서 언급한 수입은 거짓이다. 회사는 첫 해에 백만 달러를 벌지 못했다. 3개월 후, 즉 x가 $1/4$이었을 때 수입은 단지 $\sqrt{x}=\dfrac{1}{2}$이었다. 막대그래프는 일 년 전체에 걸쳐 $\sqrt{1}=1$을 나타내었지만 이것은 실제 수입을 초과하는 것이다. 3개월 동안의 소득은 비율과 시간의 곱인 $1/2$과 $1/4$의 곱을 넘을 수 없다.

다른 모든 분기와 연도 또한 과장되었다. [그림 5-2(a)]는 4년을 16분기로 나누어 현실에 더 가까운 모습이며 총 수입에 대한 새로운 추정치를 제공한다.

총합을 찾는 두 가지 방법을 다시 알아보자. 우리는 $\sqrt{1/4}+\sqrt{2/4}+\cdots+\sqrt{16/4}$을 더하되, 모두에 $1/4$을 곱하면 된다(각 비율은 $1/4$년에 해당하기 때문이다). 이 값은 16개 직사각형의 넓이이기도 하다. 넓이로 접근하는 방법은 1/4이 일정하기 때문에 더 좋다. 각 사각형의 밑변은 1/4이므로 그 인자는 각 넓이에 포함된다. 총넓이는 이제 556만 달러로 좀 더 실제에 가깝다.

여러분은 이제 무엇을 해야 할지 알 것이다. 다음 단계는 시간을 주 단위로 나누는 것이다. 일주일 후에 비율은 $\sqrt{x} = \sqrt{1/52}$ 에 불과하다. 이것이 첫 번째 직사각형의 높이이고 그 밑변은 $\Delta x = 1/52$이다. 매주 직사각형이 있다. 열심히 일하는 투자자는 시간을 일(하루)로 나눌 것이고, 이때 각 직사각형의 밑변은 $\Delta x = 1/365$이다. 이 시점에서 총 $4 \times 365 = 1460$개(혹은 윤년으로 인해 1461개)의 직사각형이 있게 되고 총넓이는 550달러 미만이다. 이 계산은 기초적이지만, 각각이 밑변의 길이인 Δx만큼 곱해져 있는 천 개의 수의 제곱근을 합산해야 한다는 것은 너무 번거로운 일이다. 더 좋은 방법이 필요하다.

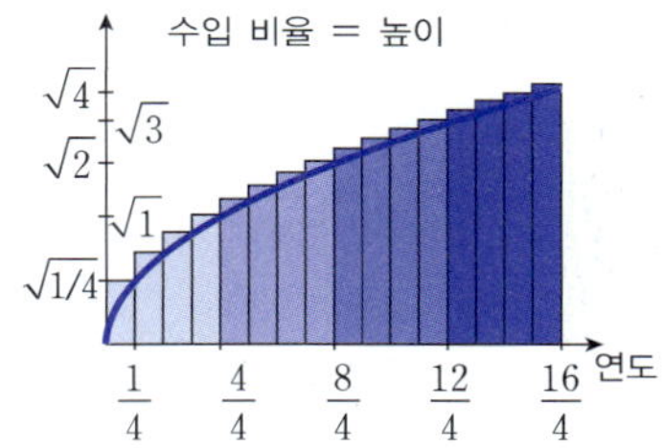

(a)

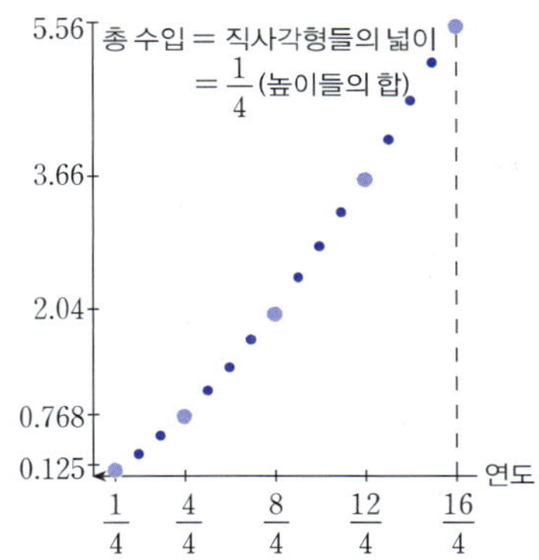

(b)

[그림 5-2] 수입 = 넓이의 총 합(높이의 총 합이 아니다)

$$= \frac{1}{4}\left(\sqrt{\frac{1}{4}} + \sqrt{\frac{2}{4}} + \cdots + \sqrt{\frac{16}{4}}\right)$$

실제로 가장 좋은 방법은 바로 미적분이다. 전체적인 아이디어는 **연속적인 변화**를 허용하는 것이다. **기하학적인 문제는 제곱근 곡선 아래의 넓이를 찾는 것이다.** 이 과정은 극한을 포함하고 있기 때문에 산술 계산으로는 답을 할 수 없다. 직사각형들은 밑변이 Δx이며 높이는 각각 $\sqrt{\Delta x}, \sqrt{2\Delta x}, \cdots, \sqrt{4}$이다. 이때 $4/\Delta x$개의 직사각형이 있으므로 점점 더 얇은 직사각형을 사용할수록 더 많은 항들이 생겨난다. **넓이는 $\Delta x \to 0$일 때 그 합의 극한이다.**

이 극한으로 구한 넓이가 바로 '적분'이다. 우리는 실제 적분값에 좀 더 가까운 값을 얻고 싶으므로 총 넓이가 5.5보다 더 작아지기를 원한다.

5.1 문장제 문제

01 합의 문제는 $v_1 + v_2 + \cdots + v_n$을 더하는 것이다. 이 문제는 $v_j =$ __a__ 인 f를 찾으면 해결된다. 이때 $v_1 + v_2 + \cdots + v_n =$ __b__ 이다. $(f_1 - f_0) + (f_2 - f_1) + \cdots + (f_n - f_{n-1})$에서 소거가 일어난 후 __c__ 만 남는다. 합을 구하는 것은 차를 구하는 것의 __d__ 이다.

02 0, 1, 4, 9에서의 차는 $v_1, v_2, v_3 =$ __e__ 이다. $f_j = j^2$의 경우 f_{10}과 f_9의 차 v_{10}은 __f__ 이다. 이 패턴으로부터 $1+3+5+\cdots+19 =$ __g__ 이다. 함수의 경우 적분을 찾는 것은 __h__ 의 반대이다. 만약 $f(x)$의 도함수가 $v(x)$이면 $v(x)$의 __i__ 은(는) $f(x)$이다. 만약 $v(x) = 10x$이면 $f(x) =$ __j__ 이다. 이 함수는 밑변이 x이고 높이가 $10x$인 삼각형의 __k__ 이다.

03 적분은 합에서 시작한다. $x = 4$까지 $v = 10x$에 의한 삼각형의 넓이는 __l__ 이다. 이 넓이는 높이가 10, 20, 30, 40인 네 개의 직사각형에 의하여 근사될 수 있고 그 넓이는 __m__ 이다. 이 넓이는 높이가 __n__ 인 8개의 직사각형에 의하여 더 좋게 근사될 수 있고 그 값은 __o__ 이다. 삼각형을 덮는 n개의 직사각형에 대하여 넓이는 __p__ 의 합이다. $n \to \infty$일 때, 이 합은 수 __q__ (으)로 접근해야만 한다. 이 수가 $v = 10x$의 0부터 4까지의 적분이다.

5.1 연습문제

01~08 합 f_j와 차 v_j에 관한 것이다.

01 $v=1,2,4,8$에 대하여 v_j에 대한 공식(2^j이 아니다)은 ______ 이다. $f_0=0$에서 시작할 때, f_1, f_2, f_3, f_4를 구하라. 또, f_7은 얼마인가?

02 문제 **01**에서 $v=1,2,4,8,\cdots$는 $f=1,2,4,8,16,\cdots$에서의 차이다. 이때 $f_0=1$이고 $f_j=2^j$이다. (a) 2^5-2^4이 v_5와 같음을 확인하라. (b) $1+2+4+8+16$은 무엇인가?

03 $f=1,1/2,1/4,1/8,\cdots$에서의 차는 $v=-1/2,-1/4,-1/8,\cdots$이다. v는 모두 음수이므로 더해서 양수 f가 될 수 없다. 하지만 $v_1+v_2+v_3+v_4=f_4-f_0$이 여전히 참임을 보여라.

04 상수함수의 ______이 0이므로 역도함수 $f(x)$에 어떠한 상수 C가 더해질 수 있다. $f_0, f_1, \cdots$에 어떠한 C라도 더해질 수 있는데, 이는 f에서의 ______가 변하지 않기 때문이다.

05 $f_j=r^j/(r-1)$은 $f_j-f_{j-1}=r^{j-1}$을 만족함을 보여라. 따라서 기하급수 $1+r+\cdots+r^{j-1}$의 합은 ______이다(f_0을 빼는 것을 잊지 마라).

06 합 $f_j=(r^j-1)/(r-1)$ 또한 $f_j-f_{j-1}=r^{j-1}$을 만족한다. 이때 $f_0=$ ______이다. 따라서 $1+r+\cdots+r^{j-1}$은 f_j가 된다. 합 $1+r+\cdots+r^n$은 ______와(과) 같다.

07 $x<1$에 대하여 $v(x)=3$이고 $x>1$에 대하여 $v(x)=7$이라 가정하자. $v(x)$의 그래프 아래의 0부터 x까지의 넓이를 구하라(그래프는 두 부분이다).

08 $v=1,-2,3,-4,\cdots$일 때 $f_0=0$에서 시작하는 f를 모두 적어라. j가 홀수일 때와 짝수일 때로 나누어 v_j 및 f_j의 공식을 찾아라.

09~16 어느 회사의 연매출은 $\sqrt{x}$이다.

09 시간이 주 단위로 나누어졌을 때, $4\times 52=208$개의 직사각형이 있다. 첫 번째, 208번째, j번째 직사각형의 넓이를 구하라.

10 208주 동안의 넓이 합이 16분기 동안의 넓이 합보다 작다는 것을 어떻게 알 수 있을까?

11 비관적인 사람은 특정 기간의 수입률로 각 시간의 시작 지점에서의 $\sqrt{x}$ 값을 사용할 것이다. [그림 5-1](두 부분 모두)을 높이 $\sqrt{0}, \sqrt{1}, \sqrt{2}, \sqrt{3}$를 사용하여 다시 그려라. 총 수입에 대한 추정치는 얼마나 낮아지겠는가?

12 문제 **11**의 비관적인 사람은 [그림 5-2]를 높이 $0, \sqrt{1/4}, \cdots$로 다시 그릴 것이다. 마지막 직사각형의 높이는 얼마인가? 이를 통해 얻은 넓이는 본문에서 얻었던 총 직사각형의 넓이인 5.56보다 얼마나 줄어드는가?

13 연 단위로부터 일 단위, 그리고 시간 단위로의 각 단계마다 비관적인 사람이 구하는 넓이는 ______하며 낙관적인 사람이 구하는 넓이는 ______한다. 이 두 사람이 구한 넓이의 차는 마지막 ______의 넓이와 같다.

14 연 단위를 주, 일, 시간, 초로 나눠감에 따라 비관적인 사람과 낙관적인 사람이 구한 넓이는 같은 극한값에 도달하게 된다. 직사각형들 사이에 $\sqrt{x}$ 곡선을 그려 왜 비관적인 사람은 항상 극한값보다 낮은 값을, 낙관적인 사람은 항상 극한값보다 높은 값을 얻게 되는지 보여라.

15 **(중요)** $f(x)$를 구간 0에서 x까지의 위와 $\sqrt{x}$ 곡선 아래로 둘러싸인 넓이라 하자. $x+\Delta x$까지의 넓이는 $f(x+\Delta x)$이고, 추가되는 넓이는 $\Delta f=$ ______이다. 이 넓이는 밑변이 ______이고 높이가 $\sqrt{x}$인 직사각형의 넓이와 거의 같다. 따라서 $\Delta f/\Delta x$는 ______와(과) 가깝다. $\Delta x\to 0$일 때 $df/dx=$ ______일 것이다.

16 $x=0$부터 4까지의 $\sqrt{x}$ 곡선을 그리고 그 아래에 삼각형들을 놓아서 곡선 아래의 넓이가 5보다 큼을 증명하라. $\sqrt{1}=1$인 점의 좌측과 우측을 살펴보라.

17~22 비용 비율 $v(x)=6-x$가 감소하는 회사에 관한 문제이다.

17 비용은 $x=$ ______에서 0으로 떨어진다. 이 기간 동안의 총 비용은 ______이다. 이것은 ______의 넓이이다.

18 높이가 $6,5,4,3,2,1$인 직사각형들을 통해 비용에 대한 총 추정치로 ______을(를) 얻는다. 삼각형을 둘러싸는 이 직사각형들을 그리고 왜 이 합이 너무 큰지 보여라.

19 올바른 삼각형의 면적에서 1 이내의 값을 얻으려면 최소 몇 개의 (삼각형을 둘러싸고 있는) 직사각형들이 필요하겠는가?

20 한 회계사는 2년 간격으로 결산 업무를 수행하고 중간점(홀수

번째 연도) $v=5, 3, 1$을 계산한다. 회계사의 추정치는 얼마이며 그 값은 얼마나 정확한가? 그 이유는 무엇인가?

21 2부터 x까지의 구간 위와 직선 $v(x)=6-x$ 아래로 둘러싸인 넓이는 얼마인가? 이 $f(x)$의 도함수는 무엇인가?

22 x부터 6까지의 구간 위와 직선 $v(x)=6-x$ 아래로 둘러싸인 넓이는 얼마인가? 이 $f(x)$의 도함수는 무엇인가?

23 $\Delta x=1/3$을 사용하여 $v(x)=x^2$을 둘러싸고 있는 세 직사각형의 넓이의 합을 찾아라.

24 $v=\sqrt{x}$와 $v=x^2$의 0부터 1까지의 그래프를 그려라. 어떤 넓이의 합이 1이 되는가? $v=x^3$과 $v=$______에 대해서도 같은 사실이 성립한다.

25 x부터 $x+\Delta x$까지 $v=x^2$ 아래의 넓이는 Δf이다. 이것은 거의 밑변이 Δx이고 높이가 ______인 직사각형의 넓이와 같다. 따라서 $\Delta f/\Delta x$는 ______에 가깝다. 극한을 취하여 $df/dx=x^2$ 및 $f(x)=$______을(를) 얻을 수 있다.

26 $x=0$부터 4까지 $v(x)=\sqrt{x}$ 아래의 직사각형 208개 넓이를 각각 계산하라.

5.2 역도함수

기호 $\int$은 적분을 표시하기 위해 라이프니츠Leibniz에 의해 고안되었다. 이것은 합을 나타내는 라틴어인 sum의 S를 길게 늘어뜨린 것이다. 이 기호는 다음과 같이 전체 구조를 강력하게 알려준다. **합은 적분에 접근하고, S는 $\int$에 접근하며, 직사각형의 넓이는 곡선의 넓이로 접근한다.**

$$(\text{곡선의 면적})=\int v(x)dx=\int \sqrt{x}\,dx \tag{1}$$

밑변이 Δx인 직사각형이 이 극한($\sqrt{x}$의 적분)으로 이어진다. 'dx'는 Δx가 0에 접근함을 나타낸다. 직사각형의 높이 v_j는 곡선 $v(x)$의 높이이다. v_j와 Δx의 곱의 합은 'v의 x에 관한 적분'으로 접근한다. 특수한 점들 위에 일반적인 직사각형들이 있는 대신 모든 점 위에 무한히 얇은 직사각형이 있는 것으로 상상할 수 있다.

이제 $\sqrt{x}$ 곡선 아래의 넓이를 찾는다. **적분한계**limits of integration는 0과 4이다. 하한lower limit은 $x=0$이고, 여기서 넓이가 시작된다(시작점은 임의의 점 $x=a$가 될 수도 있다). 4년 후까지의 수입을 계산하므로 상한upper limit은 $x=4$이다(끝나는 점은 임의의 점 $x=b$일 수도 있다). 직사각형의 넓이는 밑변 Δx와 높이 $\sqrt{x}$의 곱의 합이다. 곡선의 넓이는 이 합의 극한이다. 이 극한이 $\sqrt{x}$의 0부터 4까지의 적분이다.

$$\lim_{\Delta x\to 0}\left[(\sqrt{\Delta x})(\Delta x)+(\sqrt{2\Delta x})(\Delta x)+\cdots+(\sqrt{4})(\Delta x)\right]=\int_{x=0}^{x=4}\sqrt{x}\,dx \tag{2}$$

아직 해결하지 못한 위 적분 계산문제에 대한 답을 알아내야만 한다. 이 극한을 통한 넓이의 값은 얼마일까? 정답을 $\int$, $\sqrt{x}$, dx를 포함한 기호로 나타내기는 했지만 여전히 그 수가 얼마인지는 모른다.

역도함수

$\sqrt{x}$ 그래프에 의한 넓이를 누가 발견했는지 알고 싶을 것이다. 아마 그것을 발견한 사람은 뉴턴이었을지도 모르겠다. 대답은 그 이전에 이미 가능했지만 핵심 아이디어는 뉴턴과 라이프니츠에 의해 공유되었다. 그들은 합과 적분, 그리고 차와 도함수 간의 유사성에 대하여 이해하였다. 그들 간의 유사성으로부터 해답인 **미적분학의 기본 정리**를 제시할 수 있다. 하지만 아직 그 증명을 할 수는 없다.

v_j는 차 $f_j - f_{j-1}$을 나타내었다. 이들을 더하면 v의 합은 $f_n - f_0$이다. **미적분학에서 $v(x)$는 $f(x)$의 도함수이다. 적분할 때, $v(x)$ 곡선 아래의 넓이는 $f(x) - f(0)$이다.** 이때 우리는 다음과 같이 $x = 4$까지의 넓이를 구하고자 한다.

> 2 (이산 혹은 연속, 직사각형 혹은 곡선 영역, 덧셈 혹은 적분)
> **$v(x)$의 적분은 $f(x)$에서의 차와 같다.**
>
> $$df/dx = \sqrt{x} \text{ 이면 (넓이)} = \int_{x=0}^{x=4} \sqrt{x}\, dx = f(4) - f(0) \text{이다.} \tag{3}$$

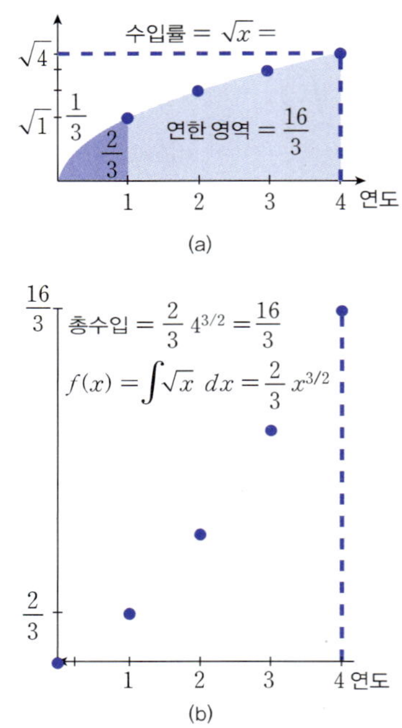

[그림 5-3] $v(x) = \sqrt{x}$의 적분은 곡선 아래의 정확한 면적인 16/3이다.

$f(x)$는 무엇일까? $\sqrt{x}$의 도함수 대신에 **역도함수**가 필요하다. 즉 도함수가 $\sqrt{x}$인 함수 $f(x)$를 찾아야 한다. 이 문제는 2장부터 4장까지의 역과정이므로 거꾸로 작업해야 한다. x^n의 도함수는 nx^{n-1}이다. 이제 우리는 x^n의 역도함수가 필요하다. 빠른 공식은 $f(x) = x^{n+1}/(n+1)$이며 이것을 살펴보려 한다.

도함수는 지수가 낮아지므로 역도함수는 지수를 올려야 한다. $x^{1/2}$은 $x^{3/2}$으로 변한다. 그런데 이 도함수는 $(3/2)x^{1/2}$이다. 여기에는 원하지 않는 $3/2$라는 요소를 포함하고 있다. 이 요소를 상쇄하기 위해 역도함수에 $2/3$을 넣는다.

$$f(x) = \frac{2}{3}x^{3/2} \text{의 도함수는 } v(x) = x^{1/2} = \sqrt{x} \text{ 이다.}$$

여기서 적분의 핵심을 볼 수 있다. 즉 미분으로부터 거꾸로 작업하는 것이다.

이제 정확한 넓이를 나타내는 수가 나온다. $x = 4$에서 $x^{3/2} = 8$이고, 여기에 $2/3$를 곱하여 $16/3$을 얻는다. 그 후 $f(0) = 0$을 뺀다.

$$\int_{x=0}^{x=4} \sqrt{x}\, dx = \frac{2}{3}(4)^{3/2} - \frac{2}{3}(0)^{3/2} = \frac{2}{3}(8) = \frac{16}{3} \tag{4}$$

4년간의 총 수입은 $16/3 = 5\frac{1}{3}$(백만 달러)이다. 이것이 $f(4) - f(0)$이다. 수천 개 직사각형의 합은 정확한 넓이인 $5\frac{1}{3}$로 천천히 접근한다.

다른 방법으로 구한 넓이 1년째, 즉 $x = 1$에서의 수입은 $\frac{2}{3}(1)^{3/2} = \frac{2}{3}$(백만 달러)이다(앞의 잘못 구한 수입은 백만 달러였다). x년 후까지의 총수입은 $\frac{2}{3}(x)^{3/2}$이며 이는 역도함수 $f(x)$이다. 제곱근 곡선은 그 곡선을 포함한 전체 직사각형의 $2/3$를 차지한다. 직사각형은 가로로 x까지, 세로로 $\sqrt{x}$까지 있으며 그 사각형의 $2/3$가 곡선 아래에 있다($1/3$은 곡선 위에 있다).

다른 역도함수 x^5의 도함수는 $5x^4$이다. 따라서 x^4의 역도함수는 $x^5/5$이다. 5(혹은 $n+1$)로 나누는 것은 도함수에서 5(혹은 $n+1$)을 상쇄하기 위한 것이다. 또한 $n+1=0$인 것은 허용하지 않는다.

$$v(x) = x^n \text{는 역도함수 } f(x) = x^{n+1}/(n+1)\text{을 갖는다.}$$

예제 1 x^2의 역도함수는 $\frac{1}{3}x^3$이다. 이는 포물선 $v(x) = x^2$ 아래의 넓이이다. $x = 1$까지의 넓이는 $\frac{1}{3}(1)^3 - \frac{1}{3}(0)^3$으로 $\frac{1}{3}$이다.

$\sqrt{x}$로부터 나온 $2/3$와 x^2으로부터 나온 $1/3$을 합하면 1이 된다. 이 두 수는 $\sqrt{x}$ 곡선 아래와 x축 윗부분의 넓이이며 [그림 5-3]의 구석 부분에 표시되어 있다. $\sqrt{x}$ 곡선을 90° 회전하면 포물선이 된다. 함수 $y = \sqrt{x}$와 $x = y^2$은 서로 역함수이다! 이들 역함수 아래의 넓이를 합치면 넓이가 1인 정사각형이 된다.

직선 아래의 넓이

여러분은 이미 삼각형의 넓이를 구할 줄 알 것이다. [그림 5-4]는 대각선 방향의 직선 $v = x$ 아래의 영역을 보여준다. 밑변은 4이고 높이는 4이며, 넓이는 $\frac{1}{2}(4)(4) = 8$이다.

이때에는 적분이 필요하지 않다! 하지만 미적분이 그 답을 표현하도록 하고 많은 직사각형의 넓이의 극한으로 적분 $f(x) = \frac{1}{2}x^2$을 만든다면 무언가 중요한 내용의 시작점이 될 것이다.

네 직사각형의 넓이는 $1+2+3+4 = 10$이다. 이 넓이는 8보다 큰데, 그 이유는 삼각형이 직사각형의 내부에 있기 때문이다. 10은 삼각형의 넓이인 8에 대한 첫 근사이며, 이 근사를 향상시키기 위해서는 더 많은 직사각형들이 필요하다.

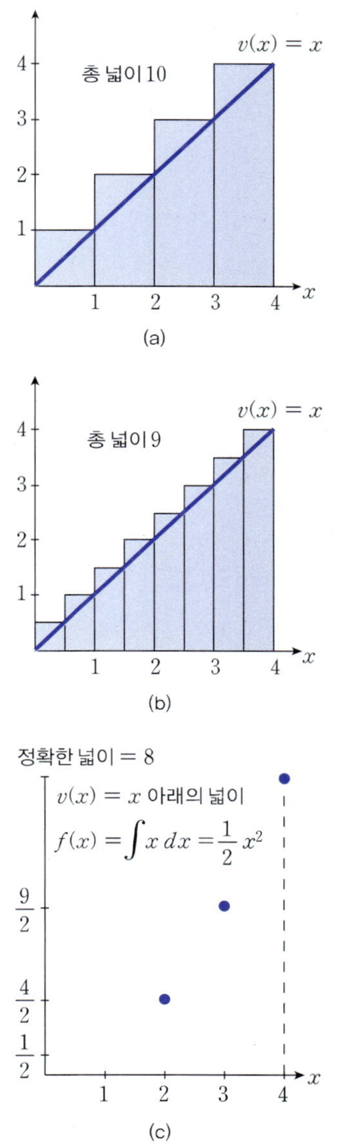

[그림 5-4] 직사각형의 넓이 $10, 9, 8\frac{1}{2}, \cdots$의 극한으로 얻어지는 삼각형의 넓이 8

그 다음의 직사각형들은 $\Delta x = 1/2$로 원래의 직사각형 $\Delta x = 1$에 비해 더 얇을 것이다. 이제는 4개가 아닌 8개의 직사각형이 있다. 그 직사각형들은 직선 위로 뻗어 있기에 답은 여전히 삼각형의 넓이보다 클 것이다. 새로운 직사각형의 높이는 1/2, 1, 3/2, 2, 5/2, 3, 7/2, 4이다. [그림 5-4(b)]의 총 넓이는 밑변 $\Delta x = 1/2$과 높이의 곱의 합이다.

$$(\text{넓이}) = \frac{1}{2}\left(\frac{1}{2} + 1 + \frac{3}{2} + 2 + \cdots + 4\right) = 9 \quad (8\text{에 더 가깝다})$$

Q_ 16개의 직사각형으로 이루어진 넓이는 얼마인가? 그들의 높이는 $\frac{1}{4}, \frac{1}{2}, \cdots, 4$이다.

A_ 밑변이 $\Delta x = \frac{1}{4}$이므로 넓이는 $\frac{1}{4}\left(\frac{1}{4} + \frac{1}{2} + \cdots + 4\right) = 8\frac{1}{2}$이다.

합해야 할 값들이 점점 늘어나고 있다. 합에 대한 공식이 필요하며, 이는 곧 배울 것이다(다음 답은 아마 $8\frac{1}{4}$일 것이다). 하지만 공식보다 더 중요한 것은 아이디어이다. 우리는 한 번에 한 단계씩 극한 절차를 진행하고 있다. Δx가 감소함에 따라 직사각형의 넓이는 삼각형의 면적으로 접근하고 있다. 훨씬 복잡한 영역의 면적을 구할 때도 이와 같은 극한 과정이 적용될 수 있다. 그러므로 이 극한 과정에서 어떤 조건들이 요구되는지 알기 위해 직사각형의 개수를 늘려가며 면적을 구하는 과정을 잠시 멈추기로 한다.

곡선 아래의 넓이

직사각형이 점점 더 얇아질 때 어떤 조건들이 추가로 필요할까? 직사각형은 모두 같은 폭이 아니어도 된다. 그리고 직사각형이 삼각형을 완전히 덮을 필요도 없다. 이때 직사각형은 곡선 아래에 놓일 수도 있다. 폭 Δx가 같지 않아도, 직사각형이 삼각형 내부에 있거나 걸쳐 있어도 극한으로 얻은 답은 8이 될 수 있다. 직사각형의 넓이에 대해 다음 두 가지 규칙만 부여하기로 한다.

1. 최대 폭 $\Delta x_{\text{최대}}$는 0에 접근해야 한다.
2. 각 직사각형의 꼭대기는 곡선을 만나야 한다.

극한이 존재하는 경우 그래프 아래의 넓이는 직사각형의 넓이의 합의 극한으로 정의한다. 직선의 경우 극한은 존재하며 위와 같은 경우 그 값은 8이다. 이 극한은 특정한 폭이나 높이의 선택과는 무관하며, 이는 반드시 그래야 한다고 주장하는 바이다.

5.5절에서는 임의의 연속함수 $v(x)$를 다룬다. 질문은 똑같을 것이다. 극한이 존재하는가? 그 대답 역시 동일하다. 그렇다. 그 극한은 $v(x)$의 적분이 될 것이며 곡선 아래의

넓이가 된다. 또한 이 넓이가 바로 $f(x)$이다.

예제 2 0부터 x까지 삼각형의 넓이는 $\frac{1}{2}$(밑변)(높이) $= \frac{1}{2}(x)(x)$, 즉 $f(x) = \frac{1}{2}x^2$이다. 도함수는 $v(x) = x$이다. 하지만 $\frac{1}{2}x^2 + 1$도 같은 도함수를 가진다는 것에 주목하라. 임의의 상수 C에 대하여 $f = \frac{1}{2}x^2 + C$도 도함수 $v(x) = x$를 가진다. $f(x)$에는 도함수 $v(x)$에서는 제거되는 **적분상수**constant of integration가 있다.

예제 3 속도가 $v(x) = 4 - x$와 같이 감소한다고 가정하자. 만약 v를 $x = 1, 2, 3, 4$에서 추출한다면 직사각형은 그래프 아래에 있을 것이다. v가 감소하기 때문에 각 구간의 오른쪽 끝에서는 $v_{최소}$이다. 이때 직사각형의 넓이는 $3 + 2 + 1 + 0 = 6$이고 이는 정확한 넓이인 8보다 작다. 직사각형은 모두 삼각형 내부에 있으며, 밑변이 $\frac{1}{2}$인 8개의 직사각형을 사용하면 정확한 넓이에 더 가까워진다.

$$(\text{직사각형의 넓이}) = \frac{1}{2}\left(3\frac{1}{2} + 3 + \cdots + \frac{1}{2} + 0\right) = 7$$

16개의 직사각형으로 이루어진 넓이는 $7\frac{1}{2}$이다. 여기에서도 직사각형 폭 Δx가 같을 필요는 없지만 폭이 같으면 계산을 더 쉽게 할 수 있다.

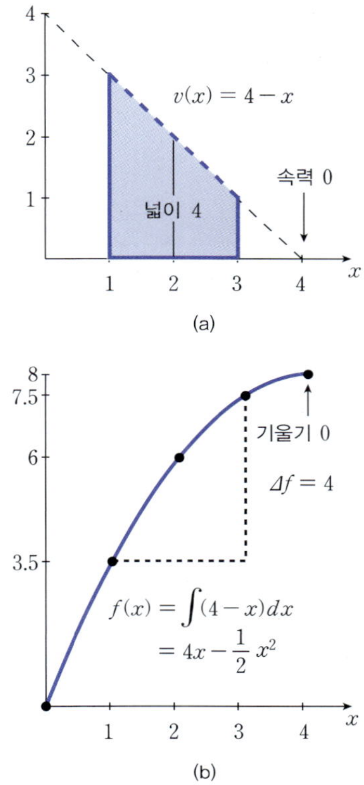

[그림 5-5] (a) 넓이는 $\Delta f = 7\frac{1}{2} - 3\frac{1}{2} = 4$이다. (b) $v(x)$가 감소하므로 $f(x)$는 아래로 구부러져 있다.

임의의 점(예를 들면 $x = 3$ 또는 $x = 1$)까지의 넓이는 얼마일까? 직사각형을 넣어서 구할 수도 있지만 미적분학의 기본 정리는 더 빠른 방법을 제공한다. $v(x) = 4 - x$의 임의의 역도함수로부터 그 넓이를 구할 수 있다. 따라서 도함수가 $4 - x$인 함수를 찾아야 한다. $4x$의 도함수는 4이고, $\frac{1}{2}x^2$의 도함수는 x이므로 역으로 생각하면 다음과 같이 역도함수를 구할 수 있다.

도함수가 $df/dx = 4 - x$인 $f(x) = 4x - \frac{1}{2}x^2$을 선택한다.

미적분학은 직사각형의 넓이를 구할 필요 없이 $f(3) = 7\frac{1}{2}$과 같은 계산을 가능하게 한다. $x = 1$과 $x = 3$ 사이의 넓이는 차 $7\frac{1}{2} - 3\frac{1}{2} = 4$이다. [그림 5-5]에서 이 값은 사다리꼴의 넓이이다.

v의 곡선이 0이 될 때, f의 곡선은 평평해진다. 이때 추가되는 넓이는 없다.

부정적분과 정적분

우리는 서로 다른 두 가지 적분을 구별해야 한다. 둘 다 역도함수 $f(x)$를 사용한다. 정적분은 하한 0과 상한 4를 포함하며, 부정적분은 이를 포함하지 않는다.

부정적분은 **함수** $f(x)=4x-\frac{1}{2}x^2$이다.

$x=0$부터 4까지의 **정적분**은 **수** $f(4)-f(0)$이다.

정적분은 명백히 8이다. 하지만 부정적분은 반드시 $4x-\frac{1}{2}x^2$일 필요는 없다. **$f(x)$의 도함수는 변하지 않도록 상수를 더하거나 빼어서 $f(x)$를 바꿀 수 있다**(상수의 미분은 0이기 때문이다). 다음 함수들도 모두 $v(x)=4-x$의 역도함수이다.

$$f(x)=4x-\frac{1}{2}x^2+1, \quad f(x)=4x-\frac{1}{2}x^2-9, \quad f(x)=4x-\frac{1}{2}x^2+C$$

처음 두 함수는 특별한 예이고 마지막 함수는 일반적인 경우이다. 0을 포함한 어떤 수라도 상수 C가 될 수 있으며, 요구하는 도함수를 갖는 모든 함수를 나타내기 위해 쓰였다. 미적분학 이론은 이 함수들 이외에 다른 역도함수는 없음을 보여줄 것이다. 부정적분이 가장 일반적인 (극한이 없는 형태의) 역도함수이다.

부정적분 $$f(x)=\int v(x)dx=4x-\frac{1}{2}x^2+C \tag{5}$$

반면에 정적분은 수이다. 정적분은 임의의 상수 C를 포함하지 않는다. 그뿐 아니라 변수 x도 포함하지 않는다. 정적분은 함수 $v(x)$와 적분한계(종종 **끝점**이라고도 한다)에 의해 결정되고, 그 값은 끝점 사이의 그래프 아래 넓이이다.

부정적분과 정적분의 관계를 확인하려면 다음 질문에 답해보라. $x=1$과 $x=3$ 사이의 정적분은 얼마인가? 부정적분으로부터 $f(3)=7\frac{1}{2}+C$ 및 $f(1)=3\frac{1}{2}+C$를 얻는다. 두 적분한계 사이의 넓이를 찾기 위해서는 **한 적분한계에서의 f값에서 다른 적분한계에서의 f값을 빼면 된다**.

$$\int_{x=1}^{3} v(x)dx=f(3)-f(1)=\left(7\frac{1}{2}+C\right)-\left(3\frac{1}{2}+C\right)=4 \tag{6}$$

상수는 그 자체로 소거된다. 정적분은 두 부정적분 값의 차이다. C는 뺄셈 과정에서 사라진다.

차 $f(3)-f(1)$은 f_n-f_0과 비슷하다. v_j의 1부터 n까지의 합은 **$v(x)$의 1부터 3까지의 적분**이다. 5.3절에서는 합으로부터 다른 넓이를 계산하고, 5.4절에서는 역도함수로부터 더 많은 것을 계산할 것이다. 그런 다음 우리는 정적분과 미적분학의 기본 정리로 돌아올 것이다.

$$\int_a^b v(x)\,dx = \int_a^b \frac{df}{dx}dx = f(b) - f(c) \quad (7)$$

5.2 문장제 문제

01 적분으로 곡선 $y=v(x)$ 아래의 ___a___을(를) 산출한다. 이 작업은 밑변이 ___b___이고 높이가 $v(x)$인 직사각형으로부터 시작되며 그 직사각형의 넓이는 ___c___이다. $\Delta x \to 0$일 때 넓이 $v_1 \Delta x + \cdots + v_n \Delta x$는 $v(x)$의 ___d___이 된다. $v(x)$의 부정적분을 나타내는 기호는 ___e___이다.

02 적분 문제를 해결하기 위해서는 ___f___을(를) 만족하는 $f(x)$를 찾으면 된다. 이때 f는 v의 ___g___이며 $\int_2^6 v(x)\,dx$는 ___h___와(과) ___i___의 차와 같다. 적분한계는 ___j___이다. 이는 ___k___ 적분이며, 함수 $f(x)$가 아닌 ___l___이다.

03 예시 $v(x)=x$에 대하여 $f(x)=$ ___m___이다. 또한 $f(x)=$ ___n___일 수 있다. $v(x)$ 아래 2부터 6까지의 넓이는 ___o___이다. 상수는 ___p___와(과) ___q___의 차를 계산하는 과정에서 상쇄된다. 만일 $v(x)=x^8$이면 $f(x)=$ ___r___이다.

04 합 $v_1 + \cdots + v_n = f_n - f_0$은 미적분학의 기본 정리 $\int_a^b v(x)\,dx =$ ___s___(으)로 이어진다. ___t___ 적분은 $f(x)$이며 ___u___ 적분은 $f(b)-f(a)$이다. v의 그래프 아래의 ___v___을(를) 찾는 것은 f의 그래프의 ___w___을(를) 찾는 것과 반대이다.

5.2 연습문제

01~14 주어진 $v(x)$에 대하여 역도함수 $f(x)$를 찾아라. 그 후 정적분 $\int_0^1 v(x)dx = f(1)-f(0)$을 계산하라.

01 $5x^4 + 4x^5$

02 $x + 12x^2$

03 $1/\sqrt{x}$ (또는 $x^{-1/2}$)

04 $(\sqrt{x})^3$ (또는 $x^{3/2}$)

05 $x^{1/3} + (2x)^{1/3}$

06 $x^{1/3}/x^{2/3}$

07 $2\sin x + \sin 2x$

08 $\sec^2 x + 1$

09 $x\cos x$ (시험해보라)

10 $x\sin x$ (시험해보라)

11 $\sin x \cos x$

12 $\sin^2 x \cos x$

13 0(모든 f를 찾아라)

14 -1(모든 f를 찾아라)

15 $df/dx = v(x)$이면 $v(x)$의 a부터 b까지의 정적분은 ________이다. 만약 $f_j - f_{j-1} = v_j$이면 $v_3 + \cdots + v_7$의 정확한 값은 ________이다.

16 넓이는 각 직사각형의 밑변인 Δx 요소를 포함한다. 따라서 v의 합에 ________을(를) 곱하면 적분으로 접근한다. f의 차를 ________(으)로 나눈 것은 미분계수로 접근한다.

17 $x=4$까지의 삼각형을 포함하는 4개, 8개, 16개의 직사각형 넓이 합이 각각 $10, 9, 8\frac{1}{2}$일 때, N개 직사각형의 넓이 합을 나타내는 공식 A_N을 찾고 $N=3$과 $N=6$인 경우에 확인해보라.

18 $y=x$ 직선 아래에 밑변이 1인 직사각형 4개를 그리고 총 넓이를 구하라. N개의 직사각형일 때의 면적은 얼마이겠는가?

19 $y=\sin x$를 0부터 π까지 그려라. 밑변이 $\pi/3$인 세 개의 직사각형 및 밑변이 $\pi/6$인 여섯 개의 직사각형이 내부에 사인 함수 곡선을 포함하고 있다.[1] 넓이를 구하고 극한을 추측하라.

20 곡선 아래의 면적을 세 직사각형(높이 m_1, m_2, m_3)으로 나누어

[1] 사인 곡선이 각 직사각형의 내부에 포함되도록 각 구간 안에서 절댓값이 최대인 함숫값을 잡아라.

그 합을 구한 넓이가 두 직사각형으로 나누어 그 합을 구한 넓이 보다 작게 되는 곡선을 그려라.

21 $0<x<1$에서 $y=1/x^2$ 및 밑변이 $1/2$인 직사각형 두 개가 그래프 아래 놓이도록 그려라. 그 넓이는 얼마인가? 또, 직사각형 네 개를 그렸을 때 넓이는 얼마인가? 극한을 추측하라.

22 $y=1/x$에 대하여 문제 **21**을 반복하라.

23 **(계산기 문제)** $v(x)=1/\sqrt{x}$에 대해 $0\le x\le 1$ 위에 충분한 수의 직사각형들을 택하여 곡선 아래의 면적이 2라는 것을 증명하라. $f(x)$를 찾고 $f(1)-f(0)=2$임을 보여라.

24 포물선 $v=x^2$ 아래의 $x=0$부터 $x=4$까지의 넓이를 구하라. 이 넓이를 $\sqrt{x}$ 아래의 넓이인 $16/3$과 연관시켜보라.

25 그림의 v_1과 v_2로부터 넓이 $f(2)$와 $f(4)$를 추정하라. $f(0)=0$으로 시작하라.

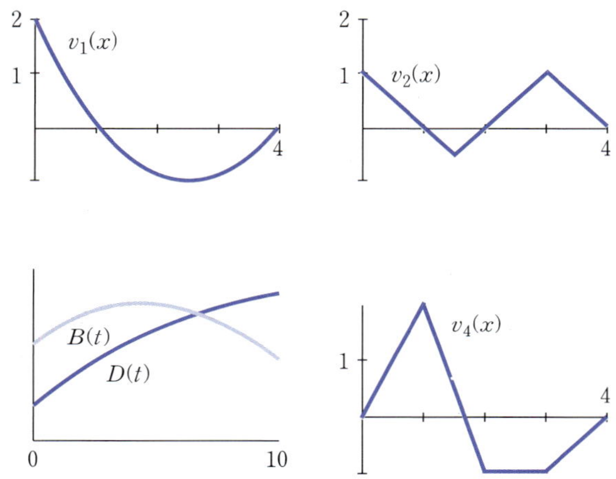

26 넓이 $f(x)$가 $x=1$까지는 증가하다가 $x=2$까지는 일정하고, 그 후 감소하여$f(3)=1$이 되도록 $y=v(x)$를 그려라.

27 문제 **25**에 제시된 그림의 v_1과 v_2의 부정적분에 대해 묘사하라. 넓이가 계속 증가하는가? 아니면 증가하다가 감소하는가? 이외의 상황이라면 그에 맞게 설명하라.

28 문제 **25** 그림의 $v_4(x)$에 대하여 넓이 $f(4)-f(1)$을 찾고 $f_4(x)$를 그려라.

29 $B(t)$의 그래프는 출생률(시간 t에서 단위시간당 출생 수)을 나타내고 $D(t)$는 사망률이다. 이 그래프에서 다음은 어떤 식으로 나타나는가?

(a) $t=0$부터 $t=10$까지의 인구의 변화

(b) 인구가 최대인 시간 T

(c) 인구가 가장 빨리 증가하는 시간 t^*

30 문제 **25**의 그림을 참고하여 그래프 아래의 넓이를 나타내는 함수가 $v_4(x)$인 함수 $y_4(x)$의 그래프를 그려라.

31 문제 **25** 그림의 함수 $v_2(x)$가 $y_2(x)$의 역도함수일 때, $y_2(x)$의 그래프를 그려라.

32 $v(x)$가 $v(0)=0$부터 $v(3)=4$까지 증가했다고 하자. $y=v(x)$ 아래의 넓이와 $x=v^{-1}(y)$ 왼쪽의 넓이의 합은 ______이다.

33 $f(x)$가 $v(x)$의 한 역도함수일 때, 참 또는 거짓임을 판별하라.

(a) $2f(x)$는 $2v(x)$의 한 역도함수이다(예를 이용하라).

(b) $f(2x)$는 $v(2x)$의 한 역도함수이다.

(c) $f(x)+1$은 $v(x)+1$의 한 역도함수이다.

(d) $f(x+1)$은 $v(x+1)$의 한 역도함수이다.

(e) $(f(x))^2$은 $(v(x))^2$의 한 역도함수이다.

5.3 합과 적분

이 절에서는 어려운 방식으로 적분을 구하고, 우리는 $f_n=v_1+\cdots+v_n$에 대한 구체적인 공식을 찾을 것이다. 직사각형의 넓이로부터 극한을 취하면 곡선에 의한 넓이 $f(x)$를 생성할 수 있다. 기본 정리에 따르면 df/dx는 반드시 $v(x)$로 돌아와야 하며 각각의 경우에 이 사실이 성립하는지를 검증한다.

이쯤에서 더 쉬운 방법이 있다는 것을 떠올려보자. 만약 도함수가 $v(x)$인 $f(x)$를 찾을 수 있다면 v의 적분은 f이다. f를 직접 구한 경우 합과 극한은 필요하지 않다.

$f(x)$를 찾는 방법은 다음 절에서 학습할 것이다(만일 역도함수를 찾지 못한다면 우리는 합으로 돌아와야 한다). f를 성공적으로 찾는다면 상수의 미분이 0이므로 f에 임의의 상수를 더함으로써 다른 f를 만들어낼 수 있다. 별다른 작업 없이도 조건 $f(0)=0$을 이용하면 상수를 하나 찾을 수 있다.

이 절에서는 합으로부터 $f(x)$를 구성할 것이며 다음 절에서는 역도함수를 찾을 것이다.

시그마(Σ) 표기법

합에 대한 절에서 그 합들을 간단히 표현할 수 있는 적절한 표기법이 있었다면 좋았을 것이다. $1^2+2^2+3^2+4^2$을 고려해보자. 각각의 항은 $v_j=j^2$이다. 이들의 합은 그리스 대문자 Σ(시그마)를 활용한 **합 표기법**summation notation으로 다시 쓸 수 있다. $1^2+2^2+3^2+4^2$은 $\sum_{j=1}^{4} j^2$으로 쓴다.

이 기호는 '$j=1$부터 4까지 j^2의 합'으로 읽으면 된다. 이 값은 30과 같다. Σ의 위아래에 쓰여 있는 j의 상한과 하한은 어디서 시작하고 멈추어야 할지를 나타낸다.

$$v_1+\cdots+v_n=\sum_{j=1}^{n} v_j, \quad v_3+\cdots+v_9=\sum_{k=3}^{9} v_k \tag{1}$$

(1)의 끝에 있는 k가 말해주는 사실이 하나 있다. 바로 문자 j에는 특별한 의미가 없다는 것이다. 이를 '더미 변수dummy variable'라 하며 k(혹은 i)로 써도 상관 없다. 더미 변수는 등식에서 Σ가 있는 한 쪽에만 있으며 합에 영향을 미치지 않는다. 반면 상한 n은 등식의 양쪽에 있다. 다음은 시그마로 표기한 6개의 예시이다.

$$\sum_{k=1}^{n} k = 1+2+3+\cdots+n \qquad \sum_{j=1}^{4}(-1)^j = -1+1-1+1=0$$

$$\sum_{j=1}^{5}(2j-1)=1+3+5+7+9=5^2 \qquad \sum_{i=0}^{0} v_i = v_0 \text{ (단 하나의 항만 있다)}$$

$$\sum_{i=1}^{4} j^2 = \text{(의미가 없는 합?)} \qquad \sum_{k=0}^{\infty}\frac{1}{2^k}=1+\frac{1}{2}+\frac{1}{4}+\cdots=2 \text{ (무한급수)}$$

위 합에서 수 1과 n 또는 1과 4(혹은 0과 ∞)는 **하한**과 **상한**이다. 더미 변수인 i, j, k는 합의 첨자이다. 무한급수 $1+\frac{1}{2}+\frac{1}{4}+\cdots$ 이 합하여 2가 된다는 것을 합리적으로 받아들이길 바란다. 무한급수에 대해서는 10장에서 다시 다룰 것이다.[2]

$\sum_{j=1}^{n} 6$과 같은 합은 의미가 없어 보이지만 실제로는 $6+6+\cdots+6=6n$이다. 여기

2 그리스 수학자 제논Zeno은 어떤 위치에도 도달하는 것이 불가능하다고 믿었다. 왜냐하면 절반만을 가고 그 후 남은 것의 절반, 또 남은 것의 절반이 계속해서 더해질 것이기 때문이다. 무한급수는 그의 인생 전체를 바꾸어 놓았다.

에도 규칙이 존재한다. 사실 $\sum_{i=1}^{4} j^2$도 의미가 없는 것은 아니다. 각 항은 j^2이고 같은 규칙을 적용하면 그 합은 $4j^2$이다. 이때 i는 아마 j를 쓰려다 실수한 것으로 보인다. 그렇다면 합은 $1+4+9+16=30$이다.

Q_ 상한이 n으로 바뀌면 합은 어떻게 되는가?

A_ 합은 끝나는 점 n에 따라 다르다. 가능한 경우 그 공식이 필요하다. 적분은 x에서 끝나고, 합은 n에서 끝나며 이제 우리는 $f(x)$ 혹은 f_n을 찾을 수 있는 특별한 경우를 살펴본다.

특별한 합 공식

처음 100개의 정수를 어떻게 더할 것인가? 다음을 계산해보자.

$$\sum_{j=1}^{100} j = 1+2+3+\cdots+98+99+100 = ?$$

여러분이 가우스였다면 정답이 무엇인지 즉시 알았을 것이다(가우스는 어린 나이에 이 문제를 해결하여 그의 친구들과 다른 수업을 듣게 되었다). 그는 $1+100$, $2+99$, $3+98$을 더하여 101이 되는 조합을 50개 만들었다. 따라서 합은 $(50)(101)=5050$이다.

1부터 n까지의 합도 같은 아이디어를 사용한다. 첫 항과 마지막 항은 더하여 $n+1$이 된다. 그 다음 항인 $n-1$과 2도 더하여 $n+1$이 된다. 만약 (100과 같이) n이 짝수라면 $\frac{1}{2}n$개의 쌍이 있다. 따라서 합은 $\frac{1}{2}n$과 $n+1$의 곱이다.

$$\sum_{j=1}^{n} j = 1+2+3+\cdots+(n-1)+n = \frac{1}{2}n(n+1) \qquad (2)$$

중요한 항은 $\frac{1}{2}n^2$이지만 정확한 합은 $\frac{1}{2}n^2+\frac{1}{2}n$이다.

만약 n이 99와 같이 홀수이면 어떻게 될까? 공식 (2)는 여전히 참이다. $1+99$와 $2+98$의 조합은 여전히 더하여 $n+1=100$이 된다. 이러한 쌍은 $\frac{1}{2}(99)=49\frac{1}{2}$개 있는데, 중간 항(이 경우 50)은 조합할 것이 없기 때문이다. 따라서 $1+2+\cdots+99$는 $49\frac{1}{2}$와 100의 곱, 즉 4950이다.

이 합은 5050에서 100을 뺀 값인 4950이어야만 한다. 99까지의 합은 마지막 항이 제거된 100까지의 합과 같다. 우리의 핵심 공식 $f_n - f_{n-1} = v_n$이 다시 나타난 셈이다!

예제 1 자연수들을 백 단위로 묶었을 때 두 번째 묶음에 속하는 수들인 $101 + 102 + \cdots + 200$의 합을 찾아라.

풀이 1

이 합은 1부터 200까지의 합에서 1부터 100까지의 합을 뺀 것이다.

$$\sum_{101}^{200} j = \sum_{1}^{200} j - \sum_{1}^{100} j \tag{3}$$

1부터 200개의 합은 $\frac{1}{2}(200)(201)$이고 1부터 100까지의 합은 $\frac{1}{2}(100)(101)$이다. 이 차는 15050이다.

NOTE _ 상한, 하한 부분에 '$j=$'를 쓰지 않았다. 기호는 쓰여 있지 않지만 의미는 그곳에 있는 것과 마찬가지이다.

풀이 2

답 15050은 정확히 1부터 100까지의 합(5050)에 10000을 더한 것이다. 10000과 같은 수는 절대 우연히 나타나지 않는다는 믿음을 가지고 이유를 찾아보자. 그 이유는 합의 상한과 하한을 바꾸어서 찾을 수 있다.

$$\sum_{j=101}^{200} j \text{는 } \sum_{k=1}^{100}(k+100)\text{과 같다.} \tag{4}$$

이와 같이 합의 상한과 하한을 바꾸는 것은 중요하다. 편의를 위해 종종 하한은 0 또는 1로 이동된다. 두 합은 모두 (바뀌지 않는) 100개의 항을 가진다. 이때 더미 변수 j는 다른 더미 변수 k로 대체되었다. 그 두 더미 변수는 $j = k + 100$ 또는 $k = j - 100$과 같이 관계되어 있다.

변수는 하한 및 상한뿐만 아니라 합의 내부 **모든 곳에서 바꾸어야 한다**. 만약 j가 101부터 시작하면 $k = j - 100$은 1부터 시작하고 j가 200에서 끝나면 k는 100에서 끝난다. 만약 j가 합 내부에 나타나면 그것은 $k + 100$으로 바뀌어야 한다(만약 j^2이 나타난다면 $(k+100)^2$이 될 것이다).

식 (4)로부터 답이 15050인 이유를 알 수 있다. 합 $1 + 2 + \cdots + 100$은 앞에서 구했듯이 5050이다. 또한 **각각의 100개 항에 100이 더해진다**. 이로부터 10000이 추가로 더해진다.

변수(및 상한, 하한)를 바꾸는 예제

$\sum_{i=0}^{3} 2^i$은 $\sum_{j=1}^{4} 2^{j-1}$과 같다(여기서 $i = j - 1$이다). 두 합은 모두 $1 + 2 + 4 + 8$이다.

$\sum_{i=3}^{n} v_i$는 $\sum_{j=0}^{n-3} v_{j+3}$과 같다(여기서 $i=j+3$, $j=i-3$이다). 두 합은 모두 $v_3 + \cdots + v_n$이다.

왜 n을 $n-3$으로 바꾸는 것일까? 그 이유는 하한이 $j=0$이 되도록 하기 위해서이다. 그러므로 $j+3=n$이고 $j=n-3$이다.

마지막 단계는 항상 가능한 작업이며, 이를 자주 보게 될 것이다. 즉 **새 변수 j가 i로 다시 바뀔 수 있다**. 더미 변수는 그 자체로는 의미가 없지만 처음 겪어보면 그 결과가 놀라워 보일 것이다.

$$\sum_{i=0}^{5} 2^i \text{는 } \sum_{j=1}^{6} 2^{j-1} \text{과 같고, } \sum_{i=1}^{6} 2^{i-1} \text{과도 같다.}$$

연습하다보면 이 과정을 임시 변수 j를 거치지 않고 한 단계만에 할 수 있게 될 것이다. 왼쪽 합의 모든 i가 오른쪽 합의 $i-1$이 된다. 이때 $i=0,\cdots,5$가 $i=1,\cdots,6$이 된다(처음에는 두 단계를 거쳐서 하는 것이 더 안전하다). 사소한 작업처럼 보일 수 있지만 곧 합을 넘어 적분에서 상한과 하한을 자유롭게 쓸 수 있을 것이다. 적분은 합과 유사하며, 여기서 먼저 '변수 치환'에 대해 알아보는 것이 더 좋다.

$1+2+\cdots+n$에 대해 주목해보자. 좋은 점은 가우스가 합 $\frac{1}{2}n(n+1)$을 발견했다는 것이고 나쁜 점은 그의 방법이 너무 꼼수처럼 보인다는 것이다. 이것이 합과 차를 연결하는 기본 법칙에 어떻게 부합하는지를 보여주겠다.

$$v_1 + v_2 + \cdots + v_n = f_n \text{이면, } v_n = f_n - f_{n-1} \text{이다.} \tag{5}$$

가우스는 f_n이 $\frac{1}{2}n(n+1)$이라 하였다. n을 1만큼 줄이면 f_{n-1}에 대한 가우스의 공식은 $\frac{1}{2}(n-1)n$이다. **차 $f_n - f_{n-1}$은 합의 마지막 항인 n과 같아야 한다**.

$$f_n - f_{n-1} = \frac{1}{2}n(n+1) - \frac{1}{2}(n-1)n = \frac{1}{2}(n^2+n-n^2+n) = n \tag{6}$$

이것은 f_n에는 포함되지만 f_{n-1}에는 포함되지 않는 유일한 항 $v_n = n$이다.

여기에 중요한 점이 있다. 모든 합 f_n에 대해 확인해야 할 사항이 두 가지 있다. 식에 대입했을 때 f의 시작점 f_1이 참이어야 하며 이후의 수들도 올바르게 바뀌어야 한다. 기본 아이디어는 **수학적 귀납법**이다. **n보다 작을 때 어떤 명제가 참이라 가정한 후, n일 때 명제가 성립함을 증명하는 것이다**.

목표 : $1+2+\cdots+n=\frac{1}{2}n(n+1)$을 증명한다. 이것은 f_n에 대한 추측이다.

귀납법에 의한 증명 : f_1이 1인지 확인한다. $f_n - f_{n-1}$이 n과 같은지 확인한다.

$n=1$일 때 $\frac{1}{2}n(n+1)=\frac{1}{2}\cdot1\cdot2$이므로 명제는 성립한다. $n=2$인 경우 우변 $\frac{1}{2}\cdot2\cdot3$은 좌변 $1+2$와 일치한다. 하지만 이러한 별도의 검증은 필요 없다! **만약 f_1이 참이고 차 $f_n - f_{n-1}$이 모든 n에 대하여 참이면 f_n은 반드시 참이다.** 식 (6)은 f의 변화가 v와 일치한다[3]는 것을 보여주기 위한 핵심 검증이다.

이것이 수학적 귀납법에 숨어 있는 논리이지만 필자는 이를 사용하는 대부분의 연습문제들에 대한 불만이 있다. 그 문제들에는 감동이 전혀 없다. 답은 가우스가 했던 것과 같은 어떤 고차원적인 방법에 의해 주어지고, 그 답이 우리가 했던 것과 같이 단순한 도구에 의해 옳다는 것이 증명된다. 우리 스스로 답을 찾을 때에는 단순한 도구를 통해 찾는 것이 훨씬 좋다.[4] 그러므로 두 번째 문제인 **제곱의 합**을 구하는 문제에 대하여 그렇게 하려 노력할 것이다.

3 이는 속도를 적분하여 얻은 거리에 대하여 거리의 변화량이 속도와 일치하는 것과 같은 원리이다.

4 진정한 강의의 목표는 학생에게 답 뿐만 아니라 풀 수 있는 문제를 찾도록 하는 것이다.

---

j^2의 합과 x^2의 적분

중요한 계산을 살펴보자. [그림 5-6]의 넓이를 계산하는 것이다. 한 영역은 직사각형으로 이루어져 있고 그 넓이는 n개의 조각의 합이다. 다른 영역은 포물선 $v=x^2$ 아래에 놓여 있다. 이 영역은 직사각형으로 나눌 수 없으므로 미적분이 필요하다.

첫 번째 문제는 $f_n = 1^2+2^2+\cdots+n^2$을 찾는 것이다. 이것은 제곱의 합이며 $f_1=1$, $f_2=5$, $f_3=14$이다. 이 수열에서 특정한 패턴을 찾는 것이 목표이다. f_n을 추측하여 이를 곧 적분에 적용할 것이다.

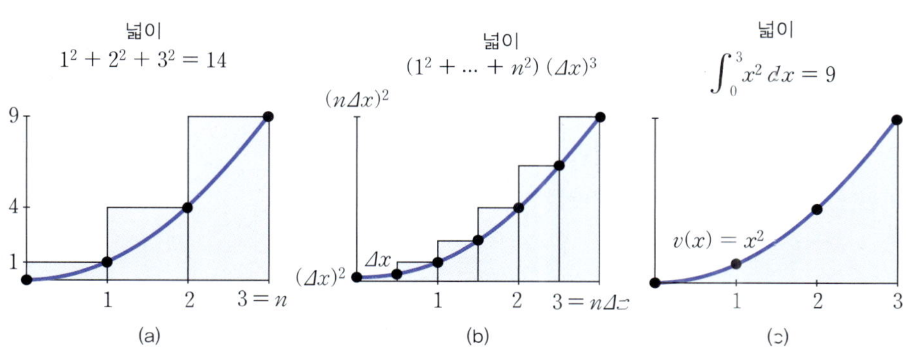

[그림 5-6] $v=x^2$을 둘러싸고 있는 직사각형의 넓이는 $\left(\frac{1}{3}n^3+\frac{1}{2}n^2+\frac{1}{6}n\right)(\Delta x)^3 \approx \frac{1}{3}(n\Delta x)^3=\frac{1}{3}x^3$이다.

미적분에서는 도함수가 $v(x)$가 되는 $f(x)$를 찾는다. f는 역도함수(혹은 적분)이다. 계산을 할 때 차가 v_n이 되는 f_n을 찾는다. 여기서 f_n은 역차antidifference라 부르기도 한다(이를 합이라 부르는 것이 더 좋다).

합리적인 추측으로 시작하는 것이 가장 바람직하다. 적분 공식의 아이디어를 빌려와 $f_n = \frac{1}{3}n^3$을 시도할 수 있다. 이것이 올바른지 알아보기 위해 $f_n - f_{n-1}$이 $v_n = n^2$을 생성하는지 확인하자.

$$\frac{1}{3}n^3 - \frac{1}{3}(n-1)^3 = \frac{1}{3}n^3 - \frac{1}{3}(n^3 - 3n^2 + 3n - 1) = n^2 - n + \frac{1}{3}$$

이때 n^2뿐만 아니라 $-n + \frac{1}{3}$도 볼 수 있다. $\frac{1}{3}n^3$이라는 추측에는 **보정 항**correction terms이 필요하다. 차에서 $\frac{1}{3}$을 소거하기 위해 합에서 $\frac{1}{3}n$을 빼고 차에 n을 넣기 위하여 합에 $1 + 2 + \cdots + n = \frac{1}{2}n(n+1)$을 더해보자. 새 추측은 다음과 같다.

$$f_n = \frac{1}{3}n^3 + \frac{1}{2}n(n+1) - \frac{1}{3}n = \frac{1}{3}n^3 + \frac{1}{2}n^2 + \frac{1}{6}n \qquad (7)$$

이 답을 확인하기 전에 우선 $f_1 = 1$임을 보여라. 또한 $f_2 = 5$ 및 $f_3 = 14$임도 살펴보라. 이를 확실히 하기 위해 $f_n - f_{n-1} = n^2$임을 보여라. 미적분에서 중요한 항은 $\frac{1}{3}n^3$이다.

> 처음 n개 자연수의 제곱의 합 $\sum_{j=1}^{n} j^2$은 $\frac{1}{3}n^3$에 보정 항 $\frac{1}{2}n^2$, $\frac{1}{6}n$을 더한 것이다.

실제로 $\frac{1}{3}n^3$은 훌륭한 추정치이다. 처음 100개의 제곱의 합은 약 $\frac{1}{3}(100)^3$, 즉 백만의 $\frac{1}{3}$이다. 만약 정확한 답이 필요한 경우 식 (7)을 사용할 수 있으며 그 합은 338350이다. 많은 응용(예를 들어 100개의 선형방정식을 푸는 단계의 수)에서는 $\frac{1}{3}n^3$이란 추정치로 충분하다.

여기서 흥미로운 부분은 미적분과의 차이이다. **미적분에는 보정 항이 없다!** 보정 항은 얇은 직사각형의 극한에서 자연히 없어진다. 합이 적분(넓이)으로 바뀔 때, 우리는 아주 깨끗한 답을 얻을 수 있다.

> $v = x^2$의 $x = 0$부터 $x = n$까지의 적분은 정확히 $\frac{1}{3}n^3$이다.

점 $x = 100$까지의 포물선 아래의 넓이는 정확히 100만의 $\frac{1}{3}$이다. 이 사실이 성립하는 이유를 많은 직사각형들을 이용하여 설명할 것이다.

원리는 무한히 얇으며 무수히 많은 직사각형을 이용하는 것이다. 100개의 직사각형에서 넓이 338350을 얻었다. 이제 1000개의 직사각형을 택해보자. 곡선이 $y=x^2$이므로 직사각형의 높이는 각각 $\left(\frac{1}{10}\right)^2$, $\left(\frac{2}{10}\right)^2, \cdots$ 이다. 각 직사각형의 밑변은 $\Delta x=\frac{1}{10}$이고, 높이와 밑변의 곱을 더하여 다음과 같이 직사각형의 넓이의 합을 구한다.

$$(\text{직사각형의 넓이의 합})=\left(\frac{1}{10}\right)^2\left(\frac{1}{10}\right)+\left(\frac{2}{10}\right)^2\left(\frac{1}{10}\right)+\cdots+\left(\frac{1000}{10}\right)^2\left(\frac{1}{10}\right)$$

$\left(\frac{1}{10}\right)^3$을 묶어 내면 남는 것은 $1^2+2^2+\cdots+1000^2$이며 이를 제곱 합의 공식에 적용할 수 있다. 1000개의 직사각형들의 정확한 넓이는 333833.5이다. 10000개의 직사각형에 대하여 추측할 수도 있지만 이 과정은 생략하겠다.

넓이는 333333.333⋯에 접근한다. 이때 계산은 점점 더 복잡해진다. 이제 문자를 이용하여 계산할 시간이다. 즉 'Δx'를 사용하고 숫자의 사용을 피할 것이다.

길이 100의 구간은 길이가 각각 Δx인 n개의 조각으로 나뉜다(따라서 $n=100/\Delta x$이다). j번째 직사각형은 곡선 $v=x^2$과 만나므로 그 직사각형의 높이는 $(j\Delta x)^2$이다. 밑변은 Δx이므로 넓이를 다음과 같이 더한다.

$$(\text{넓이})=(\Delta x)^2(\Delta x)+(2\Delta x)^2(\Delta x)+\cdots+(n\Delta x)^2(\Delta x)=\sum_{j=1}^{n}(j\Delta x)^2(\Delta x) \tag{8}$$

$(\Delta x)^3$을 묶어 내면 n개 제곱의 합이 남는다. 넓이는 $(\Delta x)^3 f_n$이고 $n=\frac{100}{\Delta x}$이다.

$$(\Delta x)^3\left[\frac{1}{3}\left(\frac{100}{\Delta x}\right)^3+\frac{1}{2}\left(\frac{100}{\Delta x}\right)^2+\frac{1}{6}\left(\frac{100}{\Delta x}\right)\right]=\frac{1}{3}100^3+\frac{1}{2}100^2(\Delta x)+\frac{1}{6}100(\Delta x)^2 \tag{9}$$

이 식을 살펴보면 곡선 아래의 넓이가 어떻게 되는지 알 수 있다. 첫째 항은 예상대로 백만의 $\frac{1}{3}$이고 다른 항들은 0으로 접근하고 있다! 그 항들은 Δx를 포함하고 있고, 직사각형이 점점 얇아짐에 따라 사라진다. 또한 이 항들은 곡선 위에 있는 직사각형의 작은 모서리 부분을 설명한다. 임의의 연속함수에 대하여 이러한 모서리가 사라지는 것이 증명될 것이다(보정 항으로부터의 넓이는 0으로 수렴한다). 식 (9)에서 이것을 명확하게 볼 수 있다.

곡선 아래의 넓이를 구하는 것은 적분의 핵심 아이디어로부터 왔다. 폭이 Δx인 $100/\Delta x$개의 직사각형의 넓이 합이 극한 넓이인 $\frac{1}{3}(100)^3$에 접근하는 것처럼 말이다. **직사각형의 넓이는 $\sum v_j \Delta x$이고, 정확한 넓이는 $\int v(x)\,dx$이다. 극한을 취하면**

$\sum$는 $\int$이 되고 v_j는 $v(x)$, Δx는 dx가 된다.

이로써 포물선에 대한 계산을 마무리했다. 이 계산에서는 특별하게 제곱 합의 공식을 사용했다. 그러나 기본 아이디어는 훨씬 더 일반적이다. 합의 극한은 역도함수와 일치한다. 이때 $v(x) = x^2$의 역도함수는 $f(x) = \frac{1}{3}x^3$이다. 미적분학의 기본 정리에 의해 $v(x)$ 아래의 넓이는 $f(x)$이다.

$$\int_0^{100} v(x)dx = f(100) - f(0) = \frac{1}{3}(100)^3$$

이 기본 정리는 아직 증명되지 않았다! 여기서 증명되지 않았다는 것은 이 책에서 아직 증명하지 않았다는 뜻이다. 라이프니츠나 뉴턴이 이것을 증명할 수 있었는지는 확실하지 않지만 일반적으로 증명은 가능하다. 차의 합부터 시작하면 한 번에 너무 많은 극한을 가지므로 식을 파악하기 어렵다. $v_j \Delta x$의 합은 적분으로 접근한다. 차이 $\Delta f / \Delta x$는 도함수로 접근한다. 실제 증명에서는 이 단계들을 분리하여야 하며, 5.7절에서 이러한 단계를 수행할 것이다.

증명 여부에 관계없이 지금 중요한 내용을 다루고 있다. 수 f_j와 v_j에 대해 참이었던 것은 극한을 취한 $v(x)$와 $f(x)$에 대하여서도 참이다. 이제 $v(x)$는 연속적으로 변화할 수 있지만 여전히 $f(x)$의 기울기이다. 기울기의 반대 개념은 넓이이다.

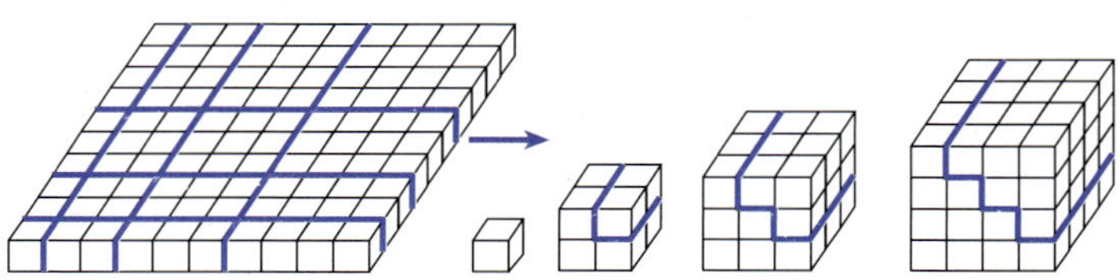

$$(1+2+3+4)^2 = 1^3 + 2^3 + 3^3 + 4^3$$

로저 넬슨Roger Nelsen의 저서 『글 없이 증명하기』

최종적으로 $v = x$ 아래의 넓이를 다시 살펴보자. $1 + 2 + \cdots + n$의 합은 $\frac{1}{2}n^2 + \frac{1}{2}n$이다. 이는 $x = 4$까지 $n = 4/\Delta x$개의 직사각형들의 넓이이다. 각각의 높이는 $j\Delta x$이고 밑변은 Δx이므로 넓이를 더하면 다음과 같다.

$$\sum_{j=1}^{4/\Delta x} (j\Delta x)(\Delta x) = (\Delta x)^2 \left[\frac{1}{2}\left(\frac{4}{\Delta x}\right)^2 + \frac{1}{2}\left(\frac{4}{\Delta x}\right) \right] = 8 + 2\Delta x \qquad (10)$$

$\Delta x = 1$일 때 넓이는 $1 + 2 + 3 + 4 = 10$이다. $\Delta x = \frac{1}{2}$인 8개의 직사각형으로 나누면 넓이는 $8 + 2\Delta x = 9$이다. 폭이 $\frac{1}{4}$인 16개의 직사각형으로는 보정치 $2\Delta x$를 $\frac{1}{2}$까지 낮춘다. 이때 정확한 넓이는 8이며 오차는 Δx에 비례한다.

여기에서 응용 수학에서의 질문을 살펴보자. 오차가 있는 경우 그 오차의 크기는 어떠한가? $\Delta x \to 0$일 때 오차는 어떻게 움직이는가? 극한에서 Δx항은 사라지며 $(\Delta x)^2$항은 더 빨리 사라진다. 하지만 10^{-6}의 오차를 얻기 위하여 800만 개의 직사각형이 필요하다.

$$2\,\Delta x = 2\cdot 4/8000000 = 10^{-6}$$

이는 끔찍한 일이다! 수열 $10, 9, 8\frac{1}{2}, 8\frac{1}{4}, \cdots$은 넓이 8에 만족스럽게 접근하는 것처럼 보이지만 수렴이 너무 느리다. 답에서 이진수 자릿수를 하나 더 얻으려면 두 배의 작업이 더 필요한데, 이는 받아들일 수 없는 수준이다. 어쨌든 Δx 항은 반드시 제거되어야 한다. 만약 보정 항이 Δx 대신 $(\Delta x)^2$이면 1000개의 직사각형으로 10^{-6}의 정확도에 도달할 수 있다.

문제는 직사각형들이 균형을 이루지 않는다는 것이다. 직사각형의 오른쪽 변은 v의 그래프에 닿지만, 왼쪽 변은 그래프에 비해 너무 높다. 가장 좋은 방법은 구간의 중간에서 그래프를 가로지르도록 하는 것이다. 이것이 바로 중점 법칙^midpoint rule^이다. 이때 직사각형들이 직선 $v = x$의 중간을 가로지르게 위치하면 오차는 0이다. 5.8절에서 이 법칙에 대해 살펴볼 것이다. 또한 많은 계산기에 내장되어 있는 심프슨 법칙도 살펴볼 것이다. 이 법칙은 포물선에 대하여 정확하며 오차에서 $(\Delta x)^2$항을 제거한다.

마지막으로 빠른 방법을 시도해보자. $v = x$ 아래 넓이는 $f = \frac{1}{2}x^2$이다. 이는 df/dx가 v이기 때문이다. $x = 4$까지의 넓이는 $\frac{1}{2}(4)^2 = 8$이다. 이로써 $x = 4$까지 포물선 $y = x^2$ 아래의 넓이를 정확하게 구했다.

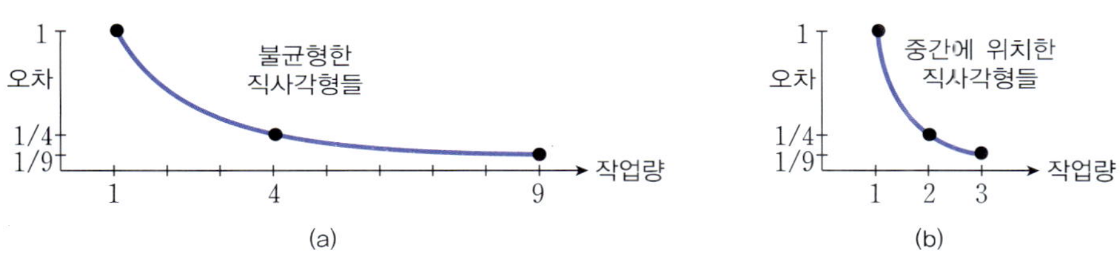

[그림 5-7] 끝점 공식은 오차 ~ $1/$(작업량) ~ $1/n$이고, 중점 법칙은 오차 ~ $1/$(작업량)^{2}이므로 중점 공식이 더 낫다.

p제곱(선택 주제) 지금까지 다룬 합은 패턴을 따르고 있다. 첫째로 $1 + \cdots + n$은 $\frac{1}{2}n^2$과 $\frac{1}{2}n$의 합이다. 제곱의 합은 $\frac{1}{3}n^3$과 보정 항들의 합이다. p제곱의 합은 다음과 같다.

$$1^p + 2^p + \cdots + n^p = \frac{1}{p+1}n^{p+1} + \text{보정 항} \qquad (11)$$

보정 항은 n의 낮은 차수 항들을 포함한다. 이때 어떤 일이 벌어질지 짐작할 것이다. **미적분에서는 이러한 보정 항이 사라진다.** $v = x^p$ 아래의 0부터 n까지의 넓이는 다음과 같다.

$$\int_{x=0}^{n} x^p\,dx = \lim_{\Delta x \to 0} \sum_{j=1}^{n/\Delta x} (j\,\Delta x)^p(\Delta x) = \frac{1}{p+1}n^{p+1} \tag{12}$$

미적분에서 상한 n이 정수인지의 여부는 관계 없으며 지수 p가 정수인지도 관계 없다. n^{p+1}이 실제 가장 높은 차수의 항이라는 조건인 $p+1>0$만 필요하다. 이때 **$v = x^p$의 역도함수는 $f = x^{p+1}/(p+1)$이다.**

이제 흥미로운 실험을 해보자. 보정 항은 사라지고 합은 적분에 접근한다. 다음 표에 합과 적분이 용이한 경우인 $p=1$일 때의 실제 수치가 있다. $S_n = 1 + \cdots + n$이고 $I_n = \int_0^n x\,dx = \frac{1}{2}n^2$이고, 이들의 차는 $D_n = \frac{1}{2}n$이다. 여기서 주목해야 할 것은 **상대오차** $E_n = D_n / I_n$이다.

n	S_n	I_n	$D_n = S_n - I_n$	$E_n = D_n / I_n$
100	5050	5000	50	0.010
200	20100	20000	100	0.005

20100은 $\frac{1}{2}(200)(201)$과 같다. 다음 줄인 $n = 400$을 작성해보고 **E_n에 대한 공식을 찾아라.** 표로부터 E_n을 추측할 수도 있고, S_n 및 I_n에 대한 식으로부터 유도할 수도 있다. 그 공식은 E_n이 0으로 접근함을 보여주어야 한다. 더 중요한 것은 공식이 수렴의 속도를 보여주어야 한다는 것이다.

앞에서 언급한 백만의 $\frac{1}{3}$을 보자. 이 수는 x^2을 0부터 100까지 적분하여 얻었다. 이를 100개의 제곱 합인 S_{100}과 비교해보자.

n	p	S_n	$I_n = \frac{1}{3}n^3$	$D_n = S_n - I_n$	$E_n = D_n / I_n$
100	2	338350	$333333\frac{1}{3}$	$5016\frac{2}{3}$	0.01505
200	2	2686700	$2666666\frac{2}{3}$	$20033\frac{1}{3}$	0.0075125

위 표의 수치는 **n을 고정하고 p를 바꾼다**는 새로운 아이디어를 제시한다. 컴퓨터는 공식 없이 합을 찾을 수 있다. 컴퓨터의 도움으로 우리는 네제곱 및 제곱근까지 구할 수 있다.

n	p	$S=1^p+\cdots+n^p$	$I=n^{p+1}/(p+1)$	$D=S-I$	$E_{n,p}=D/I$
100	4	2050333330	$\frac{1}{5}(100)^5$	50333330	0.0252
100	$\frac{1}{2}$	671.4629	$\frac{2}{3}(100)^{3/2}$	4.7963	0.0072

이 표 및 앞으로의 표에서는 정확한 값을 기대하지 않는다. 표의 마지막 항목은 반올림된 값이며 목표는 패턴을 보는 것이다. 오차 $E_{n,p}$는 체계적인 규칙을 따를 것이다. 이 규칙은 오차가 $1/n$에 비례하며 p에 의존하는 미지수 $C(p)$에도 비례한다는 것을 알려준다. 여러분이 충분히 실험하여 $C(p)$를 찾을 수 있기를 바란다. 이러한 문제는 책 뒤에 답이 있는 연습문제와 같은 부류는 아니지만 진정한 수학 문제라 볼 수 있다!

5.3 문장제 문제

01 그리스 문자 __a__은(는) 합을 나타낸다. $\sum_1^n v_j$에서 더미 변수는 __b__이다. 상한과 하한은 __c__이고, 따라서 첫 번째 항은 __d__이며 마지막 항은 __e__이다. $v_j=j$ 일 때 이 합은 __f__와(과) 같다. $n=100$일 때 가장 높은 차수의 항은 __g__이다. 보정 항은 __h__이다. 가장 높은 차수의 항은 $v=x$의 0부터 100까지의 적분과 같으며, 이는 __i__이다. 합은 100개 직사각형의 총 __j__이다. 보정 항은 __k__와(과) __l__ 사이의 넓이이다.

02 합 $\sum_{i=3}^{6} i^2$은 $\sum_{j=1}^{4}$ __m__와(과) 같으며 그 값은 __n__이다. 합 $\sum_{i=4}^{5} v_i$는 __o__ v_{i+4}와(과) 같으며 이는 __p__와(과) 같다. $f_n=\sum_{j=1}^{n} v_j$에 대하여 차 f_n-f_{n-1}은 __q__이다.

03 $1^2+2^2+\cdots+n^2$에 관한 공식은 $f_n=$ __r__이다. 이것을 수학적 귀납법으로 증명하기 위하여 $f_1=$__s__이고 $f_n-f_{n-1}=$ __t__임을 확인한다. $x=0$부터 $x=9$까지의 $v=x^2$ 포물선 아래의 넓이는 __u__이다. 이 값은 밑변이 Δx인 __v__개의 직사각형들의 넓이와 가깝다. 보정 항은 0에 아주 __w__ 접근한다.

5.3 연습문제

01 $\sum_{n=1}^{4} 1/n$ 및 $\sum_{i=2}^{5}(2i-3)$을 계산하라.

02 $\sum_{j=0}^{3}(j^2-j)$ 및 $\sum_{j=1}^{n} 1/2^j$을 계산하라.

03 $\sum_{i=0}^{6} 2^i$ 및 $\sum_{i=0}^{n} 2^i$을 구하라.

04 $\sum_{i=1}^{6}(-1)^i i$ 및 $\sum_{j=1}^{n}(-1)^j j$를 구하라.

05 다음을 시그마 표기법으로 쓰고 계산하라.

$$2+4+6+\cdots+100, \quad 1+3+5+\cdots+99, \quad 1-\frac{1}{2}+\frac{1}{3}-\frac{1}{4}$$

06 다음을 시그마 표기법으로 표현하라.

$$v_1-v_2+v_3-v_4, \quad v_1w_1+v_2w_2+\cdots+v_nw_n, \quad v_1+v_3+v_5$$

07 다음을 시그마 표기법으로 표현하라.

$$a_0 + a_1 x + \cdots + a_n x^n, \qquad \sin\frac{2\pi}{n} + \sin\frac{4\pi}{n} + \cdots + \sin 2\pi$$

08 이항 정리는 계수 $\binom{n}{j} = \dfrac{n!}{j!(n-j)!}$을 사용한다. 빈칸을 채워라.

$$(a+b)^n = \binom{n}{0}a^n + \binom{n}{1}a^{n-1}b + \cdots + \binom{n}{n}b^n = \sum_{j=0}^{n} \_\_\_\_\_ \, b^j$$

09 컴퓨터를 이용하여 $\sum_1^{100} 1/j$ 및 $\sum_1^{1000} 1/j$을 계산하라.

10 컴퓨터를 이용하여 $\sum_0^{10}(-1)^j/j!$과 $\sum_0^{10} 1/j!$의 곱을 구하라.

11 $\sum_{i=1}^{n}(a_i+b_i)^2 + \sum_{i=1}^{n}(a_i-b_i)^2$을 간단히 하면 $\sum_{i=1}^{n}$ ______이다. 빈칸을 채워라.

12 $\left(\sum_{i=1}^{n} a_i\right)^2 \neq \sum_{i=1}^{n} a_i^2$과 $\sum_{i=1}^{n} a_i b_i \neq \sum_{j=1}^{n} a_j \sum_{k=1}^{n} b_k$가 성립함을 보여라.

13 다음 합을 짧아지게 하여 두 개의 항을 제외한 모든 항이 소거되도록 하라.

$$\sum_{k=1}^{n}(2^k - 2^{k-1}), \qquad \sum_{j=1}^{10}\left(\frac{1}{j+1} - \frac{1}{j}\right)$$

14 $\sum_{j=1}^{n}(f_j - f_{j-1})$ 및 $\sum_{j=3}^{12}(f_{j+1} - f_j)$를 간단히 하라.

15 다음이 참인지 거짓인지를 판별하라.

(a) $\sum_{j=4}^{8} v_j = \sum_{i=2}^{6} v_{i-2}$ (b) $\sum_{i=1}^{9} v_i = \sum_{i=3}^{11} v_{i-2}$

16 다음 빈칸을 채워라.

$$\sum_{i=1}^{n} v_i = \sum_{i=0}^{n-1} \_\_\_\_\_ \quad \text{그리고} \quad \sum_{i=0}^{6} i^2 = \sum_{i=2}^{8} \_\_\_\_\_$$

17 d^2f/dx^2의 역도함수는 df/dx이다. 다음 합은 얼마인가?

$$(f_2 - 2f_1 + f_0) + (f_3 - 2f_2 + f_1) + \cdots + (f_9 - 2f_8 + f_7)$$

18 **(귀납법)** f_1이 참이고 $f_n - f_{n-1} = n^2$임을 확인하여 $1^2 + 2^2 + \cdots + n^2$이 $f_n = n(n+1)(2n+1)/6$과 같음을 입증하라.

19 귀납법으로 다음을 증명하라.

$$1 + 3 + \cdots + (2n-1) = n^2$$

20 f_1과 $f_n - f_{n-1}$을 확인하여 $1^3 + 2^3 + \cdots + n^3$이 $f_n = \frac{1}{4}n^2(n+1)^2$과 같음을 입증하라(본문에 글 없는 증명이 있다).

21 f_n이 $an + bn^2 + cn^3$의 형태라고 가정하자. 만약 $f_1 = 1, f_2 = 5, f_3 = 14$임을 알 때 이들을 a, b, c에 대한 세 방정식으로 바꾸어라. 그 방정식의 해인 $a = \frac{1}{6}, b = \frac{1}{2}, c = \frac{1}{3}$은 어떤 공식을 도출하는가?

22 다음 공식에서 q의 값을 찾아라.

$$1^8 + \cdots + n^8 = qn^9 + (\text{보정 항})$$

23 $S_n = 1 + \cdots + n$에 대한 표에 $n = 400$을 추가하고 상대오차 E_n을 찾아라. E_n에 대한 공식을 추측하고 증명하라.

24 $S_n = 1^2 + \cdots + n^2$에 대한 표에 $n = 50$을 추가하고 E_{50}을 계산하라. E_n에 대한 근사적인 공식을 찾아라.

25 $S_{100,p} = 1^p + \cdots + 100^p$에 대한 표에 $p = \frac{1}{3}$과 $p = 3$을 추가하라. $E_{100,p}$에 대한 근사적인 공식을 추측하라.

26 공식 $E_{n,p} \approx C(p)/n$에서 $C(p)$를 추정하라.

27 $|1-5| < |1| + |-5|$임을 보여라. ______이(가) 아니라면 $|v_1 + v_2| < |v_1| + |v_2|$가 항상 성립한다.

28 S를 (무한) 기하급수 $1 + x + x^2 + \cdots$이라 하자. 그러면 이때 $xS = x + x^2 + x^3 + \cdots$은 S와 ______의 차와 같다. 따라서 $S =$ ______이다. 이 과정 중 어떤 것도 $x = 2$이면 성립하지 않는데, 그 이유는 ______이다.

29 **이중 합** $\sum_{i=1}^{2}\left[\sum_{j=1}^{3}(i+j)\right]$는 $v_1 = \sum_{j=1}^{3}(1+j)$와 $v_2 = \sum_{j=1}^{3}(2+j)$의 합이다. v_1과 v_2 및 이중 합을 계산하라.

30 이중 합 $\sum_{i=1}^{2}\left(\sum_{j=1}^{3} w_{i,j}\right)$는 $(w_{1,1} + w_{1,2} + w_{1,3}) +$ ______이다. 이중 합 $\sum_{j=1}^{3}\left(\sum_{i=1}^{2} w_{i,j}\right)$는 $(w_{1,1} + w_{2,1}) + (w_{1,2} + w_{2,2}) +$ ______이다. 둘을 비교하라.

31 음이 아닌 모든 정수 n에 대하여 $2^n = 1$임을 증명하는 다음 과정에서 틀린 부분을 찾아라.

$n = 0$일 때, $2^0 = 1$이다. 만약 모든 $n < N$에 대하여 $2^n = 1$이라면 $2^N = 2^{N-1} \cdot 2^{N-1}/2^{N-2} = 1 \cdot 1/1 = 1$이다.

32 다음 식이 참임을 보이기 위해 모든 항을 적어보라.

$$\sum_1^3 4v_j = 4\sum_1^3 v_j \qquad \sum_{i=1}^{2}\left(\sum_{j=1}^{3} u_i v_j\right) = \left(\sum_1^2 u_i\right)\left(\sum_1^3 v_j\right)$$

33 $6, 11, 4$의 평균은 $\bar{v} = \frac{1}{3}(6 + 11 + 4)$이다. 이때 $(6 - \bar{v}) + (11 - \bar{v}) + (4 - \bar{v}) =$ ______이고 $v_1, \cdots, v_n$의 평균은 $\bar{v} =$ ______이다. $\sum(v_i - \bar{v}) = 0$임을 보여라.

34 슈바르츠 부등식Schwarz inequality은 $\left(\sum_1^n a_i b_i\right)^2 \le \left(\sum_1^n a_i^2\right)\left(\sum_1^n b_i^2\right)$이다. $a_1=2,\ a_2=3,\ b_1=1,\ b_2=4$일 때, 양변을 계산하라. 그 다음 임의의 a_1, a_2, b_1, b_2에 대하여 양변을 계산하라. 11.1절에서는 벡터를 이용하여 이를 증명한다.

35 밑변이 Δx인 n개의 직사각형이 $x=\Delta x, 2\Delta x, \cdots, n\Delta x$에서 $v(x)$의 그래프와 만난다. 모든 직사각형 넓이의 합을 시그마 기호를 이용하여 표현하라.

36 만약 밑변이 Δx인 $1/\Delta x$개의 직사각형이 $v(x)$의 그래프와 각 구간의 왼쪽 끝(즉 $x=0, \Delta x, 2\Delta x, \cdots$)에서 만난다면 총 넓이를 시그마 기호를 이용하여 표현하라.

37 합 $\Delta x \sum_{j=1}^{1/\Delta x} \frac{f(j\Delta x)-f((j-1)\Delta x)}{\Delta x}$는 ______이다. 이 합에 극한을 취하면 $\int_0^1$ ______ $dx =$ ______이다.

5.4 부정적분과 치환적분

이 절에서는 역도함수를 찾는 쉬운 방법으로 적분할 것이다. 이번에는 직사각형 넓이의 합과 그 합에 $\Delta x \to 0$으로의 극한을 취하는 작업은 하지 않는다. 대신 도함수를 이용하여 원하는 $v(x)$를 갖는 $f(x)$를 찾는다. 실제로 이러한 접근법은 합을 통한 접근 방식과 다소 독립적이지만 답은 동일하다. 또한 역도함수를 못 찾는 경우가 있을 수도 있다. 즉 f를 찾지 못할 수 있다. 이러한 경우에는 직사각형으로 돌아가거나 5.8절에서 소개할 더 나은 방법으로 진행한다.

컴퓨터는 v를 적분할 준비가 되어 있지만, f를 찾아서 조분하지는 않는다. 컴퓨터는 지정된 상한과 하한 사이를 적분하여 수(정적분)를 얻는다. 하지만 우리는 **함수**(부정적분)를 찾기를 바란다. 이를 위해서는 MACSYMA나 Mathematica, MAPLE과 같은 문자 적분이 가능한 수학 소프트웨어나 적당히 좋은 $v(x)$, 또는 둘 다를 필요로 한다. $f(x)$에 대한 표현은 숫자 목록에 비해 큰 이점이 있을 수 있다.

따라서 우리의 목표는 역도함수를 찾고 이를 사용하는 것이다. 이 방법은 7장에서 더 응용할 것이다. 이번 장은 짧지만 훌륭한 내용들을 다룬다. 우선 우리가 알고 있는 것을 적어두기로 한다. 각 행에서 $df/dx = v(x)$이므로 $f(x)$는 $v(x)$의 역도함수이다.

종류	함수 $v(x)$	역도함수 $f(x)$
x의 거듭제곱	x^n	$x^{n+1}/(n+1)+C$

$n+1$이 0이 되는 $n=-1$은 포함되지 않는다. $v=x^{-1}$은 $f=\ln x$로 이어질 것이다.

종류	함수 $v(x)$	역도함수 $f(x)$
삼각함수	$\cos x$	$\sin x + C$
	$\sin x$	$-\cos x + C$
	$\sec^2 x$	$\tan x + C$
	$\csc^2 x$	$-\cot x + C$
	$\sec x \tan x$	$\sec x + C$
	$\csc x \cot x$	$-\csc x + C$
역함수	$1/\sqrt{1-x^2}$	$\sin^{-1} x + C$
	$1/(1+x^2)$	$\tan^{-1} x + C$
	$1/(\lvert x\rvert\sqrt{x^2-1})$	$\sec^{-1} x + C$

각 적분 공식이 미분 공식에서 직접 나왔다는 것을 알 수 있을 것이다. $\cos x$의 적분은 $\sin x$인데 이것은 $\sin x$의 미분이 $\cos x$이기 때문이다. 이 점을 강조하기 위해 세 개의 적분 위에 세 개의 도함수를 나열하였다.

$$\frac{d}{dx}(\text{상수}) = 0 \qquad \frac{d}{dx}(x) = 1 \qquad \frac{d}{dx}\left(\frac{x^{n+1}}{n+1}\right) = x^n$$

$$\int 0\,dx = C \qquad \int 1\,dx = x + C \qquad \int x^n\,dx = \frac{x^{n+1}}{n+1} + C$$

이 목록을 더 길게 만드는 두 가지 방법이 있다. 하나는 새로운 $f(x)$의 도함수를 찾는 것이다. 그러면 f는 하나의 열에 들어가고 $v = df/dx$도 다른 하나의 열에 들어갈 것이다.[5] 또 다른 방법은 미분에 대한 법칙을 사용하여 적분에 대한 규칙을 찾는 것이다. 이는 목록을 거대하게 그리고 쉽게 늘릴 수 있는 방법이다.

5 곧 두 열 모두에 들어가는 e^x을 보게 될 것이다. e^x는 $f(x)$이기도 하고 $v(x)$이기도 하다.

적분에 대한 법칙

미분에 대한 법칙 중 매우 중요한 세 가지 법칙이 있었다. 바로 **선형성, 곱 미분 법칙, 연쇄 법칙**이다. 모든 것이 그 세 개의 법칙으로부터 나왔다. 반대 방향(v에서 f로)으로도 이는 여전히 사실이다. 미분 계산의 세 가지 법칙은 적분에도 적용된다.

미분의 선형성 → 적분의 선형성
곱 미분 법칙 → 부분적분법
연쇄 법칙 → 치환적분법

이 중 가장 쉬운 성질인 선형성을 가장 먼저 다룰 것이다. 부분적분법은 7.1에서 다루게 될 것이다. 이 절에서는 연쇄 법칙을 반대로 적용하여 적분을 간단히 만드는 치환적분을 다룬다.

적분의 선형성

$v(x)+w(x)$의 적분은 무엇인가? 각각의 두 적분을 더하라. $v+w$의 그래프 아래는 v 그래프 아래의 영역 및 v 그래프 위부터 $v+w$ 그래프까지의 영역 두 부분으로 이루어져 있다. 이 영역의 넓이를 더하는 것이 합에 대한 법칙이다. f와 g가 v와 w의 역도함수라 가정하면 다음과 같다.

합의 법칙 : $f+g$는 $v+w$의 역도함수이다.
상수 법칙 : cf는 cv의 역도함수이다.
선형성 : $af+bg$는 $av+bw$의 역도함수이다.

위는 적분 법칙에 대해 지나치게 많이 언급한 것이다. 처음 두 법칙은 세 번째 법칙의 특별한 경우로, 논리적으로는 마지막 법칙만으로도 충분하다. 하지만 상수를 빨리 다루는 것(상수를 배제하는 것)은 중요하므로 법칙 $cv \leftrightarrow cf$를 별도로 언급하였다. 이것은 미분의 선형성을 통해 증명 가능하다. $(af+bg)'$은 $af'+bg'$과 같고, 또한 $av+bw$와 같다. 이 법칙들은 다음과 같이 적분 기호를 사용하여 다시 나타낼 수 있다.

합의 법칙 : $\int [v(x)+w(x)]\,dx = \int v(x)\,dx + \int w(x)\,dx$

상수 법칙 : $\int cv(x)dx = c\int v(x)\,dx$

선형성 : $\int [av(x)+bw(x)]\,dx = a\int v(x)\,dx + b\int w(x)\,dx$

$f(x)+C$에서 모든 역도함수는 상수를 더하는 것이 허용된다. $av(x)+bw(x)$와 같은 조합에 대해 그 역도함수는 $af(x)+bg(x)+C$이다. 이때 각 부분에서의 상수들이 하나의 상수로 결합된다. 함수의 모든 가능한 역도함수를 얻기 위해서는 그 역도함수들 중 하나의 뒤에 '$+C$'를 쓰는 것만 기억하면 된다. 진짜 문제는 그 하나의 역도함수를 찾는 것이다.

예제 1 $v=x^2+x^{-2}$의 역도함수는 $f=x^3/3+(x^{-1})/(-1)+C$이다.

예제 2 $6\cos t+7\sin t$의 역도함수는 $6\sin t-7\cos t+C$이다.

예제 3 $\dfrac{1}{1-\sin x}$을 $\dfrac{1-\sin x}{1-\sin^2 x}=\dfrac{1-\sin x}{\cos^2 x}=\sec^2 x-\sec x\tan x$로 다시 쓰자. 따라서 역도함수는 $\tan x-\sec x+C$이다. 이렇게 다시 쓰는 과정은 컴퓨터 솔루션(혹은 여러분)에 의해 진행될 것이다. 대부분 미분이 상대적으로 간단하므로 $df/dx=v(x)$인지를 확인하여 역도함수가 맞는지 확인한다.

Q_ $\tan^2 x$를 어떻게 적분하는가?

A_ $\tan^2 x$를 $\sec^2 x - 1$로 써라.

$\tan x - x + C$

치환적분법

이제 이 절에서 가장 중요한 기법인 **치환적분법**을 소개하려 한다. 이 아이디어를 이해하려면 연쇄 법칙을 기억해야만 한다.

$f(g(x))$의 도함수는 $f'(g(x))(dg/dx)$이다.

$\sin x^2$의 도함수는 $(\cos x^2)(2x)$이다.

$(x^3+1)^5$의 도함수는 $5(x^3+1)^4(3x^2)$이다.

만약 오른쪽의 함수가 주어지면 왼쪽의 함수는 오른쪽 함수의 역도함수이다! 강조해야 할 두 부분은 다음과 같다.

1. **상수는 문제가 되지 않으며 항상 보정 가능하다.** 아래의 예에서는 2 또는 15로 나누었다.

$$\int x\cos x^2\,dx = \frac{1}{2}\sin x^2 + C \qquad \int x^2(x^3+1)^4 dx = \frac{1}{15}(x^3+1)^5 + C$$

x^2으로부터 나온 2, x^5으로부터 나온 5, x^3으로부터 나온 3에 주목하라.

2. **내부 함수 g(또는 u)를 선택하면 그 함수의 미분이 생긴다.**

$2x\cos x^2$의 적분은 $\sin x^2 + C$이다. $(g = x^2,\ dg/dx = 2x)$

$\cos x^2$의 적분은 (실패) (dg/dx가 없다)

$x^2\cos x^2$의 적분은 (실패) (dg/dx가 잘못되었다)

x^2에 g를 대입하려면 g의 미분이 필요하다. 중요한 것은 그 미분이 식에 주어져 있는 내부 함수를 찾는 것이다. 2 또는 15와 같은 상수는 보정할 수 있지만 dg/dx는 반드시 그곳에 있어야 한다. 내부 함수 g는 주로 u로 써진다. f가 v의 적분일 때, **치환 규칙**을 나타내기 위해 이 문자를 사용할 것이다.

$$\int v(u(x))\frac{du}{dx}dx = f(u(x)) + C \qquad (1)$$

예제 4 $\int \sin x \cos x\, dx = \frac{1}{2}(\sin x)^2 + C \qquad u = \sin x$ ([예제 6]과 비교하라)

예제 5 $\int \sin^2 x \cos x\, dx = \frac{1}{3}(\sin x)^3 + C \qquad u = \sin x$

예제 6 $\int \cos x \sin x\, dx = -\frac{1}{2}(\cos x)^2 + C \qquad u = \cos x$ ([예제 4]와 비교하라)

예제 7 $\int \tan^4 x \sec^2 x\, dx = \frac{1}{5}(\tan x)^5 + C \qquad u = \tan x$

다음 예제에서는 $u = x^2 - 1$ 및 $du/dx = 2x$이다. 핵심 단계는 u를 택하는 것이다.

예제 8 $\int \frac{x}{\sqrt{x^2-1}}dx = \sqrt{x^2-1} + C$

$\int x\sqrt{x^2-1}\, dx = \frac{1}{3}(x^2-1)^{3/2} + C$

x의 $x+2$로 **이동** 혹은 x의 **배수**($2x$로 재척도화)인 경우는 특히 쉽다.

예제 9 $\int (x+2)^3 dx = \frac{1}{4}(x+2)^4 + C$

예제 10 $\int \cos 2x\, dx = \frac{1}{2}\sin 2x + C$

여러분은 아마 곧 이것들을 눈 감고도 할 수 있게 될 것이다. 공식적으로 $(x+2)^4$을 미분할 때에 연쇄 법칙이 사용된다. 하지만 내부 함수 $u = x+2$에 대해 $du/dx = 1$이다. '1'은 자동적으로 존재하며 그 그래프는 [그림 5-8(b)]와 같이 이동한다.

[예제 10]에서 내부 함수는 $u = 2x$이며 그 미분은 $du/dx = 2$이다. 이 필수적인 인자 2가 $\int \cos 2x\, dx$에는 누락되어 있으므로 2를 곱해주고 나누어준다. $\frac{1}{2}\sin 2x$의 미분을 확인하라. 연쇄 법칙으로부터 나온 2는 $\frac{1}{2}$에 의해 소거된다. 0이 아닌 임의의 상수에 대한 법칙도 이와 유사하다.

$$\int v(x+c)\,dx = f(x+c) \quad \text{및} \quad \int v(cx)\,dx = \frac{1}{c}f(cx) \qquad (2)$$

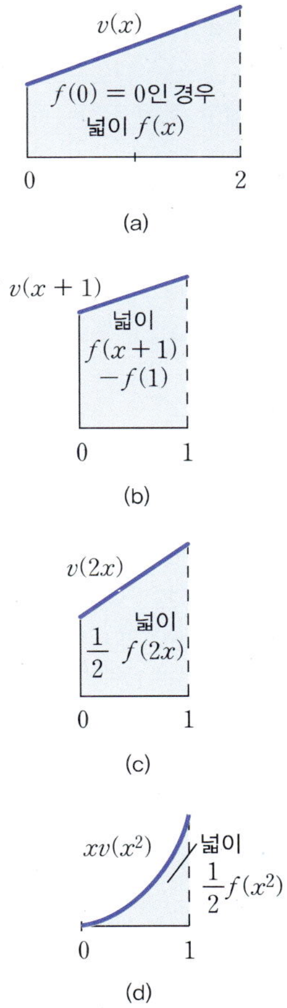

[그림 5-8] $u = x+1$, $u = 2x$, $u = x^2$으로의 치환. 마지막 그래프는 $du/dx = 2x$의 절반이다.

c배만큼 그래프를 압축하면 넓이는 c배로 나누어질 것이다. 이제 $3x+7$을 재척도화하고 이동시켜보자.

예제 11 $\int \cos(3x+7)\,dx = \frac{1}{3}\sin(3x+7) + C$

$$\int (3x+7)^2\,dx = \frac{1}{3}\cdot\frac{1}{3}(3x+7)^3 + C$$

단계를 적는 것에 대한 조언 치환이 복잡할 경우 필요한 부분의 du/dx를 구하여 대입하는 것이 좋을 수 있다. 여기서 $3x^2+1$은 $6x$가 필요하다.

$$\int 7x(3x^2+1)^4\,dx = \frac{7}{6}\int (3x^2+1)^4\,6x\,dx = \frac{7}{6}\int u^4\frac{du}{dx}\,dx$$

$$\text{이제 적분하면 } \frac{7}{6}\frac{u^5}{5} + C = \frac{7}{6}\frac{(3x^2+1)^5}{5} + C \tag{3}$$

최종적으로 미분을 확인하라. 지수 5는 분모의 5와 소거되며, 연쇄 법칙으로부터 나온 $6x$는 6을 소거하고 $7x$는 원래 있던 항이다.

미분 형식에 대한 조언 많은 사람들이 $(du/dx)dx$ 대신 du라고 적는다.

$$\int (3x^2+1)^4\,6x\,dx = \int u^4\,du = \frac{1}{5}u^5 + C \tag{4}$$

위는 실제로 어떻게 치환이 이루어지는지 보여준다. x로부터 u로 변수를 바꾸고, 또한 dx를 du로 바꾼다. 가장 흔한 실수는 dx를 du와 혼동하는 것이다. du에 도달하기 위해서는 연쇄 법칙으로부터 나온 인자 du/dx가 반드시 필요하다. 변수 치환(어쨌든 더미 변수지만)을 통해 쉬운 적분이 남고, u는 다시 $3x^2+1$로 바뀐다. 다음은 x를 u로 바꾸는 네 단계이다.

1. $u(x)$를 선택한 후 du/dx를 계산한다.
2. $v(u)(du/dx)dx$ 혹은 $v(u)du$를 찾는다.
3. $\int v(u)du$를 적분하여 $f(u)+C$를 찾는다.
4. 이 역도함수 f에 다시 $u(x)$를 대입한다.

예제 12 $\int \frac{\cos\sqrt{x}}{2\sqrt{x}}\,dx = \int \cos u\,du = \sin u + C = \sin\sqrt{x} + C$

(u로 넣는다) (적분한다) (x로 되돌린다)

x에 관련된 모든 항들을 u로 치환하려면 u를 올바르게 선택해야 한다. 독창성을 발휘하면 몇 가지 주목할 만한 적분도 계산할 수 있다. 하지만 대부분은 영원히 불가능한

적분이다. $\cos x^2$ 및 $1/\sqrt{4-\sin^2 x}$ 와 같은 함수들은 '기초적인' 역도함수가 없다.[6] 이러한 적분은 잘 정의되며 응용 분야에서 등장한다. $1/\sqrt{4-\sin^2 x}$ 의 적분은 타원 주위에서의 거리를 구할 때 쓰인다. 이 적분은 높은 정확도로 계산될 수 있지만, 완벽한 정확도로는 계산할 수 없다.

6 여기서 '기초적인' 역도함수가 없다는 뜻은 역도함수가 존재하지 않는다는 뜻이 아니라 역도함수는 존재하지만 기초적인 함수들로 표현이 불가능하다는 뜻이다.

이번 절의 연습문제는 주로 연습이 필요하며 연습할 만한 가치가 있는 치환적분을 다룬다. 여기서 du/dx 에 대한 필요성을 강조하기 위해 **틀린 예**를 하나 제시한다. $\int (x^2+1)^2\,dx$ 는 $\frac{1}{3}(x^2+1)^3$ 과 같지 않다. $2x$ 가 빠져 있으므로 치환 $u=x^2+1$ 은 성공하지 못한다. 하지만 다음 예에서는 π 를 보정할 수 있다.

$$\int \sin \pi x\,dx = \int \sin u \frac{du}{\pi} = -\frac{1}{\pi}\cos u + C = -\frac{1}{\pi}\cos \pi x + C$$

5.4 문장제 문제

01 치환으로 적분을 찾는 것은 ___a___ 법칙의 반대이다. $(\sin x)^3$ 의 도함수는 ___b___ 이다. 따라서 ___c___ 의 역도함수는 ___d___ 이다. $\int (1+\sin x)^2 \cos x\,dx$ 를 계산하기 위해서는 $u=$ ___e___ (으)로 치환한다. 이때 $du/dx=$ ___f___ 이므로 $du=$ ___g___ 로 치환한다. u에 관한 적분은 $\int$ ___h___ $=$ ___i___ 이다. x로 변수를 돌아가면 최종 답을 얻을 수 있다.

02 $\int \tan(x+3)\sec^2(x+3)\,dx$ 및 $\int (x^2+1)^{10}x\,dx$ 를 계산하기 위한 가장 좋은 치환은 각각 $u=$ ___j___ 와(과) $u=$ ___k___ 이다. 이때 각각 $du=$ ___l___ 와(과) ___m___ 이다. 각각의 답은 ___n___ 와(과) ___o___ 이다.

03 $v\,dv/dx$의 역도함수는 ___p___ 이다. $\int \frac{2x}{1+x^2}dx$ 은 치환적분을 통해 $\int$ ___q___ 와(과) 같으며 이 적분은 아직 모른다. 적분 $\int \frac{dx}{1+x^2}$ 는 즉시 ___r___ 임을 알 수 있다.

5.4 연습문제

01~20 부정적분을 찾아라.

01 $\int \sqrt{2+x}\,dx$ (적분상수 C를 더하라)

02 $\int \sqrt{3-x}\,dx$ (항상 C를 더해야 한다)

03 $\int (x+1)^n\,dx \quad (n\neq -1)$

04 $\int (x+1)^{-n}\,dx \quad (n\neq 1)$

05 $\int (x^2+1)^5 x\,dx$

06 $\int \sqrt{1-3x}\,dx$

07 $\int \cos^3 x \sin x\,dx$

08 $\int \frac{\cos x}{\sin^3 x}\,dx$

09 $\int \cos^3 2x \sin 2x\,dx$

10 $\int \cos^3 x \sin 2x\,dx$

11 $\int \frac{dt}{\sqrt{1-t^2}}$

12 $\int t\sqrt{1-t^2}\,dt$

13 $\int \frac{t^3}{\sqrt{1+t^2}}\,dt$

14 $\int t^3\sqrt{1-t^2}\,dt$

15 $\int \frac{1+\sqrt{x}}{\sqrt{x}}\,dx$

16 $\int (1+x^{3/2})\sqrt{x}\,dx$

17 $\int \sec x\tan x\,dx$

18 $\int \sec^2 x\tan^2 x\,dx$

19 $\int \cos x\tan x\,dx$

20 $\int \sin^3 x\,dx$

21~32 다음 미분방정식을 푸는 함수 $y(x)$를 찾아라.

21 $dy/dx = x^2+\sqrt{x}$

22 $dy/dx = y^2$ ($y=cx^n$ 꼴을 시도하라)

23 $dy/dx = \sqrt{1-2x}$

24 $dy/dx = 1/\sqrt{1-2x}$

25 $dy/dx = 1/y$

26 $dy/dx = x/y$

27 $d^2y/dx^2 = 1$

28 $d^5y/dx^5 = 1$

29 $d^2y/dx^2 = -y$

30 $dy/dx = \sqrt{xy}$

31 $d^2y/dx^2 = \sqrt{x}$

32 $(dy/dx)^2 = \sqrt{x}$

33 f가 v의 역도함수일 때, 다음 등식의 참 또는 거짓을 판별하라.

(a) $\int v(u(x))dx = f(u(x))+C$

(b) $\int v^2(x)dx = \frac{1}{3}f^3(x)+C$

(c) $\int v(x)(du/dx)dx = f(u(x))+C$

(d) $\int v(x)(dv/dx)dx = \frac{1}{2}f^2(x)+C$

34 f가 v의 역도함수일 때, 다음 등식의 참 또는 거짓을 판별하라.

(a) $\int f(x)(dv/dx)dx = \frac{1}{2}f^2(x)+C$

(b) $\int v(v(x))(dv/dx)dx = f(v(x))+C$

(c) 적분은 미분의 역이므로 $f(v(x)) = x$

(d) 적분은 미분의 역이므로 $\int (df/dx)dx = f(x)$

35 $df/dx = v(x)$이면 $\int v(x-1)dx =$ _____이고 $\int v(x/2)dx =$ _____이다.

36 $df/dx = v(x)$이면 $\int v(2x-1)dx =$ _____이고 $\int v(x^2)x\,dx =$ _____이다.

37 $\frac{x^2}{1+x^2} = 1-\frac{1}{1+x^2}$이므로 $\int \frac{x^2}{1+x^2}dx =$ _____이다.

38 $\int (x^2+1)^2dx$는 $\frac{1}{3}(x^2+1)^3$이 아니라 _____이다.

39 $\int \frac{2x}{x^2+1}dx$는 $\int$ _____du이며 곧 $\ln u$라는 것을 알게 될 것이다.

40 $\int \frac{2x^3}{(1+x^2)^3}dx = \int \frac{u-1}{u^3}du =$ _____임을 보여라.

41 가속도 $d^2f/dt^2 = 9.8$로부터 $f(t) =$ _____을 얻는다(두 개의 적분상수를 사용).

42 $d^4y/dx^4 = 0$의 해는 _____이다(네 개의 상수를 사용).

43 $f(t)$가 $v(t)$의 역도함수일 때, 다음 함수의 역도함수를 찾아라.

(a) $v(t+3)$

(b) $v(t)+3$

(c) $3v(t)$

(d) $v(3t)$

5.5 정적분

$v(x)$의 적분은 역도함수 $f(x)$와 상수 C의 합이다. 이 절에서는 두 단계를 거친다. 우선 C를 선택할 것이고, 그 다음으로 $f(x)$를 만들 것이다. 목표는 **적분을 정의하는 것**이다. 대부분의 경우 적절한 $f(x)$가 직접적으로 알려져 있지 않다.

부정적분은 '$+C$'를 포함하고 있다. $f(x)+C$가 모든 C에 대하여 같은 기울기를 가지기 때문에 추가 조건이 없으면 상수를 구할 수 없다. 도함수에 대해서만 살펴본다면, C는 아무런 차이를 만들지 못한다. 목표가 수(정적분)인 경우 시작점에서 C에 명확한 값이 할당될 수 있다.

총 여행을 한 거리를 알아보려면 주행 거리계의 처음 값을 제외하고 생각해야 한다. 동일한 원리를 이용하여 이 절에서는 넓이에 대하여 살펴볼 것이다. 거리는 $f(t)$이고 넓이는 $f(x)$이다. 반면 정적분은 $f(b)-f(a)$이다. t 혹은 x에 신경 쓰지 말고 다음과 같은 적분 계산의 위대한 공식에 집중해보라.

$$\int_a^b v(t)dt = \int_a^b v(x)dx = f(b)-f(a) \qquad (1)$$

관점 1. f를 알 때, 이 식은 a부터 b까지의 넓이를 알려준다.

관점 2. f를 알지 못할 때, 이 식은 넓이를 통해 f를 정의한다.

보통의 $v(x)$로부터 추측이나 치환적분을 통해 $f(x)$를 찾을 수는 없다. 하지만 $v(x)$는 그 그래프 아래의 '넓이'를 가지고 있으며 이것이 바르 원하는 적분 $f(x)$이다.

이 절의 대부분은 이론적인 것으로, 적분의 정의로 이어질 것이다. 여러분은 적분을 계산하기 전에 이미 적분을 정의해야 하는 것이 아닌지 생각할 수 있다. 논리적으로는 이러한 의문이 합리적이지만 우리의 첫 예제에서 직사각형을 사용한 넓이에 대한 아이디어는 이미 매우 분명하였다. 그리고 이제 한걸음 더 나아가려 한다. 모든 연속함수 $v(x)$는 적분을 가진다(일부 불연속 함수까지도). 그런 다음 기본 정리가 순환을 완성시킨다. 적분은 $df/dx = v(x)$를 통해 되돌아온다. x까지의 넓이는 우리가 찾을 수 없었던 역도함수와 같다.

적분상수

우리의 목표는 $f(x)+C$를 a와 b 사이의 넓이인 정적분으로 바꾸는 것이다. 첫째로 요구되는 것은 시작점에서 넓이가 0이 되는 것이다.

$$f(a)+C=(\text{시작면적})=0, \text{ 따라서 } C=-f(a) \qquad (2)$$

x까지의 넓이(끝점이 움직이는 경우, 즉 부정적분이다)의 경우, 더미 변수로 t를 사용한다.

a부터 x까지의 넓이는 $\int_a^x v(t)dt = f(x)-f(a)$ (부정적분)

a부터 b까지의 넓이는 $\int_a^b v(t)dt = f(b)-f(a)$ (정적분)

예제 1 $5(x+1)^4$ 그래프 아래의 a부터 b까지의 넓이는 $f(x)=(x+1)^5$로부터 다음과 같다.

$$\int_a^b 5(x+1)^4 dx = (x+1)^5\Big]_a^b = (b+1)^5-(a+1)^5$$

이 계산에는 두 개의 독립적인 단계가 담겨 있다. 첫 번째 단계로 $f(x)$를 찾은 후, b와 a를 대입한다. 첫 번째 단계 후에 df/dx가 v가 됨을 확인하라. 두 번째 단계에서 적분 상한은 $+f(b)$가, 적분 하한은 $-f(a)$가 된다. 이를 대괄호(또는 세로 막대)로 표시한다.

$$f(x)]_a^b = f(b)-f(a) \qquad x^3|_1^2 = 8-1 \qquad [\cos x]_0^{2t} = \cos 2t - 1$$

$f(x)=(x+1)^5-1$로 예시를 바꾸더라도 이 함수는 v의 역도함수이고, $f(0)=0$이다. 이때 $f(b)-f(a)$는 여전히 같은 값인데, 이는 -1이 소거되기 때문이다.

$$\Big[(x+1)^5-1\Big]_a^b = ((b+1)^5-1)-((a+1)^5-1) = (b+1)^5-(a+1)^5$$

예제 2 $v=2x\sin x^2$의 경우 $f=-\cos x^2$임을 알 수 있다. 0부터 3까지의 넓이는 다음과 같다.

$$\int_0^3 2x\sin x^2\,dx = -\cos x^2\Big]_0^3 = -\cos 9+\cos 0$$

적분 상한은 마이너스 부호를 복사한다. 적분 하한은 $-(-\cos 0)$, 즉 $+\cos 0$이다. 이 예제는 정적분에 대한 연습문제 해결에 적합한 형식을 보여준다.

[예제 2]에서는 $f(x)=-\cos x^2$으로 바로 넘어갔다. 그러나 연쇄 법칙을 사용하는 대부분의 문제에서는 대체로 이보다는 더 천천히 치환이 진행된다. $u=x^2$이라 두면 $du/dx=2x$이다.

$$\int_0^3 2x\sin x^2 dx = \int_0^3 \sin u\frac{du}{dx}dx = \int_?^? \sin u\,du \tag{3}$$

u를 x^2으로 치환할 때 새로운 적분 상한과 하한이 필요하다. u에 대한 적분 하한과 상한은 각각 a^2 및 b^2이다(이 경우에는 $a^2=0^2$이고 $b^2=3^2=9$이다). **x가 a부터 b까지 움직일 때, u는 $u(a)$부터 $u(b)$까지 움직인다.**

$$\int_a^b v(u(x))\frac{du}{dx}dx = \int_{u(a)}^{u(b)} v(u)du = f(u(b))-f(u(a)) \tag{4}$$

예제 3 $\int_{x=0}^{1}(x^2+5)^3 x\,dx = \int_{u=5}^{6} u^3 \frac{du}{2} = \frac{u^4}{8}\Big]_5^6 = \frac{6^4}{8} - \frac{5^4}{8}$

이 경우에는 $u = x^2 + 5$이다. 따라서 $du/dx = 2x$(혹은 미분 형식으로 $du = 2x\,dx$)이다. 이때 빠진 2에 대하여 생각하여야 한다. 적분은 $\frac{1}{8}u^4$이다. $u = x^2 + 5$에 대한 적분 상한과 하한은 $u(0) = 0^2 + 5$와 $u(1) = 1^2 + 5$이다. 이것이 u로 치환하여 5부터 6까지 적분하는 이유이다. 다른 방법으로 $f(x) = \frac{1}{8}(x^2+5)^4$을 한 번만에 찾을 수 있다(이후 확인해보자).

예제 4 $\int_0^1 \sin x^2\,dx = ??$ (어떤 기초함수로도 이 적분을 계산할 수 없다)

만일 $\cos x^2$을 시도한다면, 연쇄 법칙으로부터 $2x$가 추가로 만들어진다. 즉 이 경우 보정이 불가능하다. $\sin x^2$은 역도함수를 가질까? 그렇다! 모든 연속함수 $v(x)$는 $f(x)$를 가진다. $f(x)$의 대수적인 공식의 유무에 관계없이 그 역도함수를 $\int v(x)\,dx$로 쓸 수 있다. 이 적분을 정의하기 위해 이제 직사각형 넓이의 극한을 취한다.

'리만 합'의 극한으로서의 적분

드디어 **적분의 정의**에 도달했다. 이 장은 x와 x^2의 적분과 $1 + \cdots + n$, $1^2 + \cdots + n^2$에 대한 공식으로 시작했다. 우리는 그 공식들로 다시 돌아가지는 않을 것이다. 그러나 정확한 합을 찾기 힘든 다른 함수들의 경우 직사각형 넓이의 합은 특정한 극한값으로 수렴한다.

이때의 극한값이 바로 적분이다. 이 정의는 미적분 이론의 중요한 발걸음이다. 이 정의에 대하여 더 자세히 공부하거나 그 원칙을 이해할 수 있다. 사실 그 내용을 이해하는 것이 대단히 어렵지는 않다. 이미 여러분은 그것을 알고 있다.

문제 : 연속함수 $v(x)$를 구간 $[a, b]$에서 적분하라.

먼저 구간 $[a, b]$를 n개의 부분 구간 $[a, x_1], [x_1, x_2], \cdots, [x_{n-1}, b]$로 쪼개라. '분할점' $x_1, x_2, \ldots$는 a부터 b까지의 구간을 나눈다. 끝점은 $x_0 = a$와 $x_n = b$이다. k번째 부분 구간의 길이는 $\Delta x_k = x_k - x_{k-1}$이다. 그 작은 구간에서 $v(x)$의 최솟값은 m_k이며 최댓값은 M_k이다.

이제 직사각형들을 구성하자. k번째 구간에서의 '아래쪽 직사각형'은 높이 m_k를 갖고, '위쪽 직사각형'은 M_k의 높이를 갖는다. v가 연속이므로 최대·최소 정리에 의해 $v = m_k$와 $v = M_k$인 $x_{최소}$와 $x_{최대}$가 각각 존재한다. **$v(x)$의 그래프는 그 사이에 위치한다.**

이때 $v(x)$ 아래의 넓이는 아래쪽 직사각형들의 넓이 's'를 포함한다.

$$\int_a^b v(x)dx \geq m_1 \Delta x_1 + m_2 \Delta x_2 + \cdots + m_n \Delta x_n = s \tag{5}$$

또한 이 넓이는 위쪽 직사각형들의 넓이 'S'에 포함된다.

$$\int_a^b v(x)dx \leq M_1 \Delta x_1 + M_2 \Delta x_2 + \cdots + M_n \Delta x_n = S \tag{6}$$

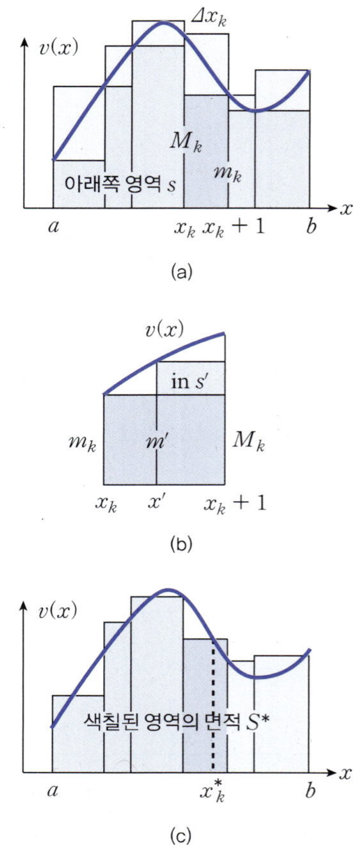

[그림 5-9] 아래쪽 직사각형의 넓이 $= s$. 상합 S는 위쪽 조각들을 포함한다. 리만 합 S^*는 상합과 하합 사이에 있다.

v가 x 혹은 x^2이고 간격 Δx가 모두 같은 특별한 경우에 우리는 **하합 s**와 **상합 S**를 이미 계산한 적이 있다. [그림 5-9(a)]에서 $s \leq$ 면적 $\leq S$인 이유를 볼 수 있다. 중요한 사실에 주목하라. 새로운 분할점 x'이 추가될 때, 하합은 증가한다. 이때 한 조각에서의 최솟값은 m_k보다 더 커질 수 있다([그림 5-9(b)]을 보라). 유사하게 상합은 감소한다. 즉 한 조각에서의 최댓값은 전체 최댓값보다 낮을 수 있다. **새로운 점이 추가될 때마다 s는 증가하고 S는 감소한다**. 따라서 합들은 점점 비슷해진다.

$$s \leq s' \leq \qquad\qquad \leq S' \leq S \tag{7}$$

곡선 넓이를 나타내기 위해 중간에 공간을 남겼고, 이 넓이가 $v(x)$의 적분이다.

이제 $\Delta x_{최대} \rightarrow 0$이 되도록 점점 더 많은 분할점을 추가하자. 그러면 하합은 증가하고 상합은 감소한다. 이 과정에서 상합과 하합은 결코 같아지지 않는다. **만약 $v(x)$가 연속이라면 이 합들은 하나의 수 A로 가까워진다**. 이 수가 바로 정적분으로서 그래프 아래의 넓이와 같다.

> **정의** 그래프 아래의 **넓이** A는 하합과 상합의 공통 극한이다.
>
> $$\Delta x_{최대} \rightarrow 0일\ 때,\ s \rightarrow A \text{ 및 } S \rightarrow A \tag{8}$$

이 극한 A는 모든 연속함수 $v(x)$에 대하여 존재하며, 몇몇 불연속 함수의 경우에도 존재할 수 있다. 이 극한이 존재할 때, A를 $v(x)$의 a부터 b까지의 '**리만 적분**'이라고 한다.

적분에 대해 주목할 만한 사실

미분과 마찬가지로 적분의 정의에도 극한을 포함하고 있다. 미적분은 극한에 기초하고 있으므로 항상 '극한이 존재한다면'이라고 덧붙인다. 이것이 아주 까다로운 점이다. 앞으로 나올 다섯 가지의 유의사항(점점 더 기술적인 내용들이다)들이 리만 적분 가능한 함수와 그렇지 않은 함수들을 구별하는 데 도움이 되기를 바란다.

유의사항 1. 합 s와 합 S는 같은 극한으로 수렴하지 않을 수 있다. 대표적인 예로 모든 분수 $x = p/q$에서 $V(x) = 1$이고 모든 다른 점에서 $V(x) = 0$인 함수가 있다. 모든 구간은 유리수(분수)와 무리수(순환하지 않는 소수)를 포함하고 있다. 따라서 $m_k = 0$이고 $M_k = 1$이다. 이때 하합은 항상 $s = 0$이고 상합은 항상 $S = b - a$(1과 Δx의 곱의 합)이다. 식 (7)에서 두 합 사이의 간격이 좁혀지지 않는다. 따라서 이 함수 $V(x)$는 리만 적분이 불가능하다. 또한 그래프 아래의 넓이가 정의되지 않는다(적어도 리만에 의해서는 그렇다. 유의사항 5를 참고하라).

유의사항 2. 계단함수 $U(x)$는 불연속 함수지만 적분 가능하다. 점프가 포함된 구간을 제외한 모든 구간에서 최솟값 m_k는 최댓값 M_k와 같다. 점프가 일어나는 구간에서는 $m_k = 0$이고 $M_k = 1$이다. 하지만 Δx_k를 곱하고 $\Delta x_{최대} \to 0$이 되면 s와 S의 차는 0으로 간다. 이 경우 계단함수 아래의 넓이는 분명하다. 직사각형들로 이 영역을 정확히 맞출 수 있기 때문이다.

유의사항 3. 끈기를 가지면 또 하나의 중요한 단계를 입증할 수 있다. 만일 하나의 분할점들에 대하여 $s \to A$이고 $S \to A$이면, $\Delta x_{최대} \to 0$인 어떠한 분할점을 택하여도 극한 A를 얻을 수 있다. 적분은 모든 상합 S의 하한인 동시에 모든 가능한 하합 s의 상한이기도 하다(이 상한과 하한이 같은 경우에). 적분을 정의하기 위해서는 상합과 하합 사이의 간격은 가까워져야만 한다.

같은 극한값 A는 '중간 사각형'들에 의해 도달할 수 있다. k번째 부분 구간에 속하는 어떤 점 x_k^*에서 높이 $v(x_k^*)$를 계산할 수 있다. [그림 5-9(c)]와 [그림 5-10]을 보라. 이때의 총 사각형 넓이는 s와 S 사이의 '리만 합'이다.

$$S^* = v(x_1^*)\Delta x_1 + v(x_2^*)\Delta x_2 + \cdots + v(x_n^*)\Delta x_n \tag{9}$$

실제 넓이가 S^*보다 큰지 혹은 작은지는 알 수 없다. 대부분의 경우 A는 s 혹은 S보다 S^*에 가깝다. 중점 법칙은 x^*를 구간의 중간에서 택하며 5.8절에서 중점 법칙의 추가적인 정확도를 설명할 것이다. 극단적인 합인 s와 S는 정의에 사용되는 반면 S^*는 계산에서 사용된다.

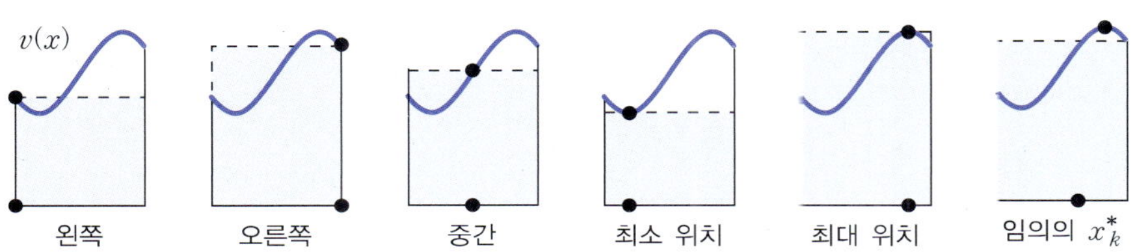

[그림 5-10] 밑변에서 x_k^*의 다양한 위치. 직사각형은 높이 $v(x_k^*)$를 가진다.

유의사항 4. 모든 연속함수는 리만 적분이 가능하다. 이 증명은 선택이지만 참고 삼아 여기에 언급한다. 증명은 다음과 같이 x^*에서의 연속성으로부터 시작된다. '임의의 ε에 대하여 δ가 존재하여…'. 직사각형들이 $x^*-\delta$와 $x^*+\delta$ 사이에 있을 때 M_k와 m_k의 차는 2ε보다 작다. 밑변 Δx_k를 곱하면 넓이는 $2\varepsilon(\Delta x_k)$보다 작게 차이난다. 따라서 모든 직사각형들을 합치면 상합과 하합은 $2\varepsilon(\Delta x_1+\Delta x_2+\cdots+\Delta x_n)=2\varepsilon(b-a)$보다 작게 차이난다.

이로부터 $\varepsilon\to 0$일 때 S는 s에 원하는 만큼 가까워진다는 결론이 나온다. 즉 이 수들은 하나의 수 A로 모인다. 만약 v가 연속이면 리만 합은 리만 적분으로 접근한다.

이 추론에는 두 가지 문제가 있다. 하나는 s와 S가 하나로 모인다는 마지막 부분이다. 우리는 실수로 이루어진 수직선이 빈 '구멍'이 없이 채워져 있다는 것을 알아야만 하며 따라서 이 수열이 수렴하는 수 A가 있다. 다음은 참이다.

모든 증가하는 수열에 대하여 그 수열이 위로 유계[7]인 경우 극한이 존재한다.

감소하면서 아래로 유계인 수열 S는 같은 극한값으로 수렴한다. 따라서 A가 존재한다.

7 수열 a_n이 위로 유계라는 것은 상수 M이 존재하여 모든 n에 대하여 $|a_n|<M$이 성립하는 것이다.

다른 한 문제는 연속성에 관한 것이다. 우리는 폭 2δ가 모든 점 x^* 주위에서 동일하다는 것을 별도의 언급 없이 가정하였다. 이로 인해 $v(x)$가 급격히 변하는 곳에서 δ가 0으로 접근할 가능성을 허용하지 않았다. 이 경우 무한히 많은 직사각형을 필요로 한다. 따라서 우리의 추론은 다음을 요구한다.

$v(x)$는 **균등 연속**이다 : δ는 ε에 의존하지만, **위치 x^*에는 의존하지 않는다.**

각 ε마다 구간 내의 모든 점에서 성립하도록 하는 δ가 있다. **닫힌 구간에서의 연속함수는 균등 연속이다.** 이 사실(증명은 생략한다)은 추론을 옳게 만드므로 $v(x)$는 적분 가능하다.

무한 구간에서는 심지어 $v=x^2$조차 균등 연속이 아니다. 이 함수는 한 부분 구간에 걸쳐 $(x^*+\delta)^2-(x^*-\delta)^2=4x^*\delta$만큼 변한다. x^*가 커질수록 δ는 $4x^*\delta$를 ε 미만으로 유지하기 위해 더 작아져야 한다. 하나의 고정된 δ로는 모든 점 x^*에서 이를 만족할 수 없다. 하지만 유한한 구간 $[0,b]$에서는 $\delta=\varepsilon/4b$으로 선택하면 모든 점에서 만족하게 할 수 있다. 따라서 이 유한 구간에서는 $v=x^2$은 균등 연속이다.

유의사항 5. 앞선 네 개의 사실도 선택 사항이었지만 이번 사실은 전적으로 여러분의 재량에 달려 있다. 현대 수학은 **유의사항 1**에서 다룬 0과 1의 값을 가지는 $V(x)$를 적분할 필요가 있다. 어쨌든 V는 1보다 0을 함숫값으로 많이 가진다. 유리수($V(x)$가 1이 되는 부분)는 나열할 수 있지만, 무리수($V(x)$가 0이 되는 부분)는 셀 수 없다. 적분은 0이 되어야 하지만 리만의 상합에서는 모든 부분 구간에서 $M_k=1$이 된다.

르베그 Lebesgue는 주요한 개선점을 발견했다. 그는 무한히 많은 (훨씬 더 작은) 부분 구간들을 사용하는 것을 허용했다. 그러면 모든 유리수는 총 길이가 ε인 구간들로 덮일 수 있다(분수가 아주 빽빽하게 채워져 있는 것을 생각하면 놀라운 일이다). 아이디어는 $1/q,\ 2/q,\ \cdots,\ q/q$를 총 길이가 $\dfrac{\varepsilon}{2^q}$인 좁은 구간들로 덮는 것이다. 모든 $q=1,2,3,\cdots$을 조합하면 모든 유리수를 덮는 구간의 길이는 $\varepsilon\left(\dfrac{1}{2}+\dfrac{1}{4}+\dfrac{1}{8}+\cdots\right)=\varepsilon$보다 길지 않다. 다른 모든 곳에서는 $V(x)=0$이기 때문에 상합 S는 단지 ε이다. 그리고 ε은 임의의 양수이었으므로 '르베그 적분'은 원하는 대로 0이 된다.

이것으로 여러분이 원하거나 필요로 했던 이상으로 상당한 양의 이론을 완성하였다. 이는 매우 유의미한 일이다. 적분의 정의(그리고 더 많은 함수들을 미분하기 위한 미분의 정의도)는 여전히 많은 전문가들이 연구하고 있다. 그 반면에 적분의 성질은 모든 사람들이 사용하고 있다. 따라서 다음 절은 정의 대신 성질에 대해 배울 것이며 응용에서 필요한 규칙들을 모아 살펴볼 것이다. 그 법칙들은 매우 간단하다.

5.5 문장제 문제

01 $\int_a^x v(t)dt=f(x)+C$에서 상수 C는 ___a___이다. 이때 $x=c$에서 적분은 ___b___이고 $x=b$에서 적분은 ___c___이다. 표기법 $f(x)]_a^b$는 ___d___와(과) 같다. 따라서 $\cos x]_0^{\pi}$는 ___e___이다. 또한 $[\cos x+C]_0^{\pi}$는 ___f___이며 이는 역도함수가 왜 임의의 ___g___을(를) 포함하고 있는지 보여준다. $u=2x-1$의 치환으로 $\int_1^3\sqrt{2x-1}\,dx$는 ___h___(으)로 바뀐다(적분의 상한과 하한을 변수 u에 대해 표현하라).

02 비록 간단한 ___i___을(를) 찾을 수 없으나 적분 $\int_a^b v(x)\,dx$는 모든 ___j___ 함수 $v(x)$에 대해 정의될 수 있다. 우선 분할점 $x_1, x_2, \cdots$들로 $[a,b]$를 길이가 $\Delta x_k=$ ___k___인 부분 구간들로 나눈다. 밑변이 Δx_k인 위쪽 직사각형들은 높이 $M_k=$ ___l___을(를) 가진다. 상합 S는 ___m___이고 하합 s는 ___n___이다. ___o___는 s와 S 사이의 값이다. 더 많은 분할점이 추가됨에 따라 S는 ___p___하고 s는 ___q___한다. 만약 S와 s가 같은 ___r___(으)로 접근하면, 그 값이 적분을 정의한다. ___s___의 이름을 딴 중간 합 S^*는 높이 $v(x_k^*)$인 직사각형들을 사용한다. 여기서 x_k^*는 ___t___ 사이의 어떤 점이며 $S^*=$ ___u___는 넓이에 접근한다.

5.5 연습문제

01~10 $v(x)=df/dx$일 때 다음 식이 참이 되도록 하는 상수 C의 값을 찾아라.

01 $\int_2^b v(x)\,dx=f(b)+C$

02 $\int_1^4 v(x)dx=f(4)+C$

03 $\int_x^3 v(t)dt=-f(x)+C$

04 $\int_{\pi/2}^b v(\sin x)\cos x\,dx=f(\sin b)+C$

05 $\int_1^x v(t)dt=f(t)+C$ (주의하라!)

06 $df/dx = v(x) + C$

07 $\int_0^1 (x^2-1)^3 2x\,dx = \int_{-1}^C u^3 du$

08 $\int_0^{x^2} v(t)dt = f(x^2) + C$

09 $\int_a^b v(-x)dx = C$($-x$를 t로 바꾸고 dx와 적분의 상한 및 하한도 바꾸어라)

10 $\int_0^2 v(x)dx = C\int_0^1 v(2t)dt$

11~18 $u(x)$를 선택하여 적분의 상한과 하한을 바꾸어라. 문제 11부터 16까지는 적분도 계산하라.

11 $\int_0^1 (x^2+1)^{10} x\,dx$

12 $\int_0^{\pi/2} \sin^8 x \cos x\,dx$

13 $\int_0^{\pi/4} \tan x \sec^2 x\,dx$

14 $\int_0^2 x^{2n+1} dx$ ($u = x^2$으로 택하라)

15 $\int_0^{\pi/4} \sec^2 x \tan x\,dx$

16 $\int_0^1 \frac{x}{\sqrt{1-x^2}} dx$

17 $\int_1^2 \frac{dx}{x}$ ($u = 1/x$로 택하라)

18 $\int_0^1 x^3(1-x)^3 dx$ ($u = 1-x$로 택하라)

19~22 $\Delta x = \frac{1}{2}$로 하여 최댓값 M_k와 최솟값 m_k 그리고 상합 S 및 하합 s를 찾아라.

19 $\int_0^1 (x^2+1)^4 dx$

20 $\int_0^1 \sin 2\pi x\,dx$

21 $\int_0^2 x^3 dx$

22 $\int_{-1}^1 x\,dx$

---

23 문제 19와 20을 $\Delta x = \frac{1}{4}$로 반복하여 올바른 적분값과 비교하라.

24 문제 21에서 차 $S-s$는 가장 오른쪽 직사각형의 넓이 $2^3 \Delta x$이다. $S < 4.001$이 되도록 하는 Δx를 찾아라.

25 $a \le x \le b$에서 $v(x)$가 증가하면 차 $S-s$는 _____직사각형들의 넓이와 _____직사각형들의 넓이의 차이다. 이 넓이들은 0으로 접근한다. 따라서 $[a, b]$에서의 모든 증가 함수는 리만 적분이 가능하다.

26 유의사항 1의 $V(x)$에 대하여 $\Delta x = 1/n$이고 각 x_k^*가 중점일 때의 리만 합 S^*를 구하라. 이 S^*는 좋게 움직이지만 $V(x)$는 여전히 리만 적분이 불가능하다.

27 $x = \frac{1}{2}, \frac{1}{4}, \frac{1}{8}, \cdots$ 에서 $W(x) = 1$이고 다른 모든 곳에서 $W(x) = 0$이다. $\Delta x = 0.01$에 대하여 상합 S를 구하라. $W(x)$는 적분이 가능한가?

28 $M(x)$가 다중 계단함수로서 $x = \frac{1}{2}, \frac{1}{4}, \frac{1}{8}, \cdots$에서 $\frac{1}{2}, \frac{1}{4}, \frac{1}{8}, \cdots$의 점프를 가진다고 하자. $M(0) = 0$ 및 $M(1) = 1$일 때의 대략적인 그래프를 그려라. $\Delta x = \frac{1}{3}$일 때, S와 s를 구하라.

29 문제 28의 $M(x)$에 대하여 차 $S-s$를 구하라(이 차는 $\Delta x \to 0$일 때 0으로 접근한다). 그래프 아래의 넓이는 얼마인가?

30 $df/dx = -v(x)$이고 $f(1) = 0$일 때 $f(x) = \int_x^1 v(t)\,dt$임을 설명하라.

31 (a) $df/dx = +v(x)$이고 $f(0) = 3$일 때, $f(x)$를 구하라.

(b) $df/dx = +v(x)$이고 $f(3) = 0$일 때, $f(x)$를 구하라.

32 $v(x)$의 a부터 b까지의 적분을 여러분 스스로 정의하라.

33 참 또는 거짓임을 근거 또는 반례를 들어서 판별하라.

(a) 모든 연속함수 $v(x)$는 역도함수 $f(x)$를 가진다.

(b) $v(x)$가 연속이 아니면 S와 s는 다른 극한값으로 수렴한다.

(c) S와 s가 $\Delta x \to 0$일 때 A로 접근할 때 식 (9)의 모든 리만 합 S^* 또한 A로 접근한다.

(d) $v_1(x) + v_2(x) = v_3(x)$이면 그들의 상합은 $S_1 + S_2 = S_3$를 만족한다.

(e) $v_1(x) + v_2(x) = v_3(x)$이면 그들의 중점 x_k^*에서의 리만 합은 $S_1^* + S_2^* = S_3^*$를 만족한다.

(f) 중점 합은 S와 s의 평균과 같다.

(g) [그림 5-10]에서 x_k^*는 정확한 넓이를 구해준다.

5.6 적분의 성질과 평균값

이전 절에서 $\int_a^b v(x)dx$의 정의에 도달하였다. 하지만 이 주제를 여기서 멈출 수는 없다. 적분은 사용하기 위해 정의된 것이다. 적분의 성질은 중요하며, 그 응용은 훨씬 더 중요하다. 적분의 정의는 실제로 적분을 응용할 수 있게 하는 여러 특성을 갖는다.

적분의 직접적인 한 응용은 적분을 $v(x)$**의 평균값**을 구하는 것에 적용하는 것이다. n개의 수의 평균은 명확하며 적분은 이 아이디어를 확장한다. 적분은 연속인 숫자 $v(x)$의 평균을 산출해 준다. 이것은 다음 목록의 마지막 규칙(성질 7)으로부터 나온다. 이제 정적분의 **7가지 기본 성질**을 알아보기로 한다.

선형성의 성질이 가장 기본이긴 하지만 $\int [v(x)+w(x)]dx$에 대한 덧셈 규칙은 반복하지 않을 것이다. 대신 다른 종류의 덧셈으로 시작한다. 이제는 하나의 함수 $v(x)$만 있지만, 두 개의 구간이 있다.

a부터 b까지의 적분이 그 근방인 b부터 c까지의 적분과 합쳐진다. 이들 적분의 합은 a부터 c까지의 적분과 같다. 이것이 첫 번째 성질(그다지 놀랄 만한 것은 아니다)이다.

성질 1. 인접한 구간들에서의 넓이를 합치면 두 구간을 결합한 구간에서의 넓이와 같다.

$$\int_a^b v(x)dx + \int_b^c v(x)dx = \int_a^c v(x)dx \quad (1)$$

두 넓이의 합은 그림으로 보아도 분명하다([그림 5-11(a)]). 이 사실은 적분의 형식적인 정의에서도 나온다. 직사각형의 넓이도 식 (1)을 만족한다. 단, $x=b$에 분할점이 확실히 있어야 한다. $\Delta x_{최대}$가 0으로 접근할 때, 그 넓이의 극한도 식 (1)을 따른다. 직사각형의 넓이에 대한 모든 일반적인 규칙은 적분으로의 극한에서도 성립한다.

성질 1은 의미가 있다. 이 성질은 $a=b$일 때 적분을 어떻게 정의해야 할지를 나타내고 있다. 'b부터 b까지'의 적분은 한 점의 넓이이며 우리는 이 값이 0이기를 기대한다. 실제로 그렇다.

성질 2. $$\int_b^b v(x)dx = 0$$

이것은 성질 1에서 $c=b$인 경우로부터 얻을 수 있다. 이 경우 식 (1)에는 두 개의 동일한 적분이 있으므로 b에서부터 b까지의 적분은 0이어야 한다. 다음으로 $c=a$인 경우, 즉 두 번째 적분이 b부터 a까지가 될 때 어떻게 되는지 살펴보기로 한다.

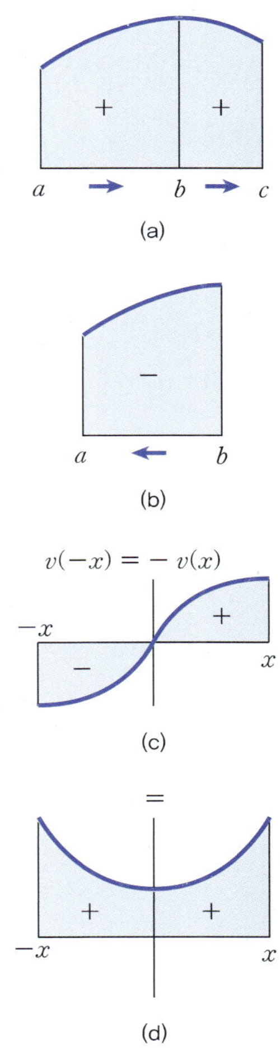

[그림 5-11] 성질 1~4 : 넓이의 합, 뒤로 진행할 때의 부호 변화, 홀함수 적분의 상쇄, 짝함수 적분의 합

적분이 거꾸로 진행하면 어떻게 될까? 이제 '하한'은 더 큰 수 b이고, '상한' a는 더 작다. 거꾸로 진행하면 부호가 바뀐다.

성질 3. $$\int_b^a v(x)dx = -\int_a^b v(x)dx = f(a) - f(b)$$

증명 $c = a$일 때, 식 (1)의 우변은 0이다. 이때 좌변에서 적분의 합은 반드시 소거되어야 하므로 **성질 3**이 증명되었다. b부터 a까지 갈 때, 증분 Δx는 음수이다. 이것이 직사각형 넓이 및 적분에서의 음의 부호를 정당화한다([그림 5-11(b)]). 결론적으로 **성질 1**은 a, b, c의 순서에 관계없이 항상 성립한다.

예시 $\int_x^0 t^2 dt = -\frac{x^3}{3} \qquad \int_1^0 dt = -1 \qquad \int_2^2 \frac{dt}{t} = 0$

성질 4. **홀함수**에 대하여 $\int_{-a}^{a} v(x)dx = 0$이다.

짝함수에 대하여 $\int_{-a}^{a} v(x)dx = 2\int_0^a v(x)dx$이다.[8]

8 홀함수[odd function]는 $v(-x) = -v(x)$인 함수이다.
짝함수[even function]는 $v(-x) = +v(x)$인 함수이다.

$x, x^3, x^5, \cdots$와 같은 함수들은 홀함수이다. x의 부호가 바뀌면 이 지수 승들도 부호가 바뀐다. 함수 $\sin x$ 및 $\tan x$, 그 역함수들도 홀함수이다. 이들은 중요한 함수이며, **홀함수의 $-a$부터 a까지 적분은 0이다.** 즉 넓이는 상쇄된다.

$$\int_{-a}^{a} 6x^5 dx = x^6 \Big]_{-a}^{a} = a^6 - (-a)^6 = 0$$

만일 속도 $v(x)$가 홀함수이면 거리 $f(x)$는 짝함수이다! $1, x^2, x^4, \cdots$와 같은 함수들은 짝함수이다. 흥미로운 사실은 홀함수와 짝함수의 곱은 홀함수이지만, 홀수와 짝수의 곱은 짝수라는 점이다.

짝함수에 대해서 넓이는 더해진다.

$$\int_{-a}^{a} \cos x\, dx = \sin a - \sin(-a) = 2\sin a$$

다음 성질은 부등식을 포함한다. $v(x)$가 양의 값을 가지면, 그 그래프 아래의 넓이는 양수이다(별로 놀라운 사실은 아니다). 이제 우리는 다음과 같이 증명을 할 수 있다. 하합 s는 양수이며 넓이를 나타내는 적분값을 향해 증가한다. 따라서 적분은 양의 값을 가진다.

성질 5. $a < x < b$에서 $v(x) > 0$이면 $\int_a^b v(x)dx > 0$이다.

양의 속도는 양의 변위를 의미한다. 양의 v는 양의 넓이를 나타낸다. 다음은 좀 더 일반적인 사실이다. $v(x)$가 아래쪽의 함수 $l(x)$와 위쪽의 함수 $u(x)$ 사이에 있다고 가정하자. 그러면 v에 대한 모든 직사각형은 l과 u에 대한 직사각형들 사이에 위치한다. 극한을 취하면 v 아래의 넓이([그림 5-12])는 l 아래 넓이와 u 아래 넓이 사이에 있다.

성질 6. $a \le x \le b$에서 $l(x) \le v(x) \le u(x)$이면

$$\int_a^b l(x)dx \le \int_a^b v(x)dx \le \int_a^b u(x)dx \tag{2}$$

예제 1 $\cos t \le 1 \Rightarrow \int_0^x \cos t\,dt \le \int_0^x 1\,dt \Rightarrow \sin x \le x$

예제 2 $1 \le \sec^2 t \Rightarrow \int_0^x 1\,dt \le \int_0^x \sec^2 t\,dt \Rightarrow x \le \tan x$

예제 3 $\frac{1}{1+x^2} \le 1$을 적분하여 $\tan^{-1}x \le x$를 얻는다.

이 모든 예제들은 $x > 0$인 경우이다. 2.4절에서는 $\sin h < h < \tan h$임을 기하학을 사용하여 증명했었다. [예제 1]과 [예제 2]는 새롭고 더 짧은 증명인 것처럼 보인다. 그러나 이 추론은 의심스러워 보인다. 이 부등식들은 처음에 미분(더 나아가 적분)을 계산하는 데 필요했다.

성질 7. (적분에 대한 평균값 정리) $v(x)$가 연속이면 $v(x)$의 평균이 $v(c)$와 같아지는 a와 b 사이의 c가 존재한다.

$$v(c) = \frac{1}{b-a}\int_a^b v(x)dx = \text{'}v(x)\text{의 평균값'} \tag{3}$$

이 정리는 보통의 $f(x)$의 도함수에 대한 평균값 정리와 같다.

$$f'(c) = \frac{f(b)-f(a)}{b-a} = \text{'}f\text{의 평균 기울기'} \tag{4}$$

$f' = v$이므로 (3)과 (4)는 같은 식이다. 그러나 솔직하게 말하면 이 논리에는 결함이 있다. $f(x) = \int_a^x v(t)dt$가 실제로 $f' = v$가 성립한다는 것을 보장하는 미적분학의 기본 정리가 필요하다. 식 (3)을 직접적으로 증명하기 위하여 a부터 b까지의 구간에

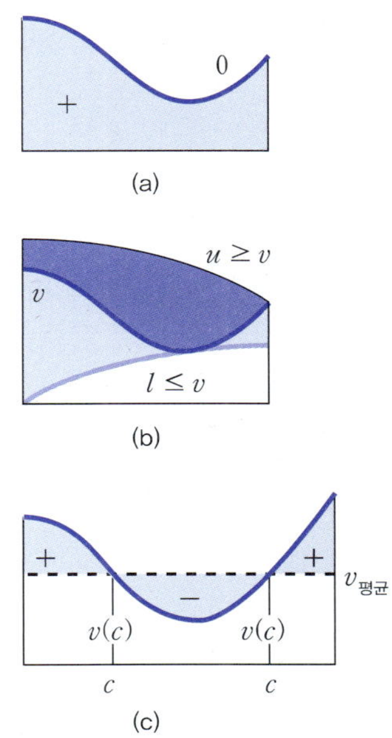

[그림 5-12] 성질 5~7 : 0보다 큰 v, l과 u 사이의 v, 평균값(+와 −가 균형을 이루고 있다)

직사각형 하나를 배치하자. 이제 $v_{최소}$(곡선의 맨 아래)에서 시작하여 $v_{최대}$(곡선의 맨 위)까지 직사각형을 위로 올려보자. 어떤 높이에서 넓이는 곡선 아래의 넓이와 같아질 것이다. 이때 직사각형의 넓이인 $(b-a)\times v(c)$는 곡선의 넓이인 $\int_a^b v(x)dx$와 같아질 것이다. 이로써 식 (3)이 증명되었다.

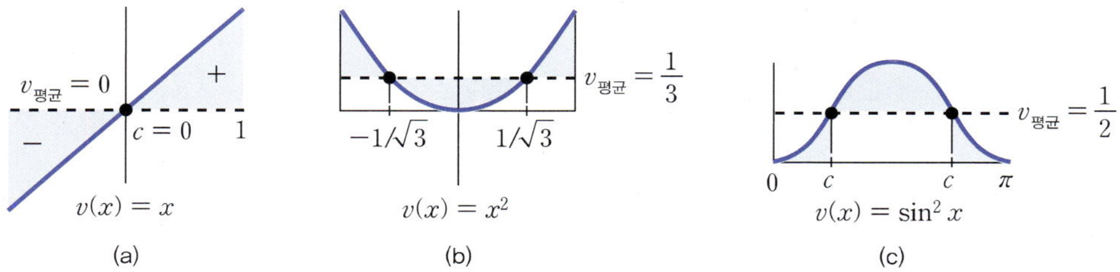

[그림 5-13] 적분에 대한 평균값 정리: 적당한 c에 대하여 (넓이)/$(b-a)$= 평균 높이 $=v(c)$

이 직접적인 증명은 **사잇값 정리**를 사용한다. 연속함수 $v(x)$는 $v_{최소}$과 $v_{최대}$ 사이의 모든 함숫값을 가진다. 함수 $v(x)$는 어떤 지점([그림 5-12(c)]에서는 두 지점)에서 자신의 평균값과 같은 함숫값을 갖는다.

[그림 5-13]은 **평균 높이 $v(c)=v_{평균}$ 아랫부분과 윗부분의 넓이가 같음을 보여준다.**

예제 4 홀함수의 -1과 1 사이에서의 평균은 0이다.

$$\frac{1}{2}\int_{-1}^{1} x\,dx = \frac{x^2}{4}\bigg]_{-1}^{1} = \frac{1}{4}-\frac{1}{4}=0 \qquad \left(\frac{1}{b-a}=\frac{1}{2}\text{임에 주목하라}\right)$$

바로 c가 중점인 $x=0$임을 알 수 있다. 여기서 $v(c)=v_{평균}=0$이다.

예제 5 x^2의 -1과 1 사이에서의 평균은 $\frac{1}{3}$이다.

$$\frac{1}{2}\int_{-1}^{1} x^2\,dx = \frac{x^3}{6}\bigg]_{-1}^{1} = \frac{1}{6}-\left(-\frac{1}{6}\right)=\frac{1}{3} \qquad \left(\frac{1}{b-a}=\frac{1}{2}\text{임에 주목하라}\right)$$

함수 x^2은 어디서 그 평균값인 $\frac{1}{3}$과 같아질까? 이는 $c^2=\frac{1}{3}$일 때 발생하므로 c는 [그림 5-13(b)]에서 보듯이 $\frac{1}{\sqrt{3}}$이거나 $-\frac{1}{\sqrt{3}}$일 수 있다. 이 점들은 **가우스 점**이며 5.8절에서 이 점들이 수치적분에 탁월하다는 것을 보게 될 것이다.

예제 6 $\sin^2 x$의 한 주기인 0부터 π까지의 평균은 $\frac{1}{2}$이다.

$$\frac{1}{\pi}\int_{0}^{\pi} \sin^2 x\,dx = \frac{x-\sin x\cos x}{2\pi}\bigg]_{0}^{\pi} = \frac{1}{2} \qquad \left(\frac{1}{b-a}=\frac{1}{\pi}\text{임에 주목하라}\right)$$

$\sin^2 c = \frac{1}{2}$이 되는 c는 $c = \frac{\pi}{4}$ 또는 $\frac{3\pi}{4}$이다. **$\sin^2 x$의 그래프는 평균값인 $\frac{1}{2}$을 중심으로 진동한다**. 그림이나 다음 공식을 보자.

$$\sin^2 x = \frac{1}{2} - \frac{1}{2}\cos 2x \tag{5}$$

이 식에서의 항 $\frac{1}{2}$은 평균값이고 진동을 나타내는 항은 $-\frac{1}{2}\cos 2x$이다. 적분은 $f(x) = \frac{1}{2}x - \frac{1}{4}\sin 2x$이고 이는 $\frac{1}{2}x - \frac{1}{2}\sin x \cos x$와 같다. 이러한 $\sin^2 x$의 적분은 곧 다시 보게 될 것이다. $df/dx = \sin^2 x$인지 꼭 확인해보라.

평균값과 기댓값

a부터 b까지의 '평균값'은 적분을 길이 $b-a$로 나눈 것이다. x, x^2, $\sin^2 x$의 평균값을 계산했지만 이에 대해 설명하지는 않았다. 이 평균값은 적분의 주요 응용이며 n개의 수의 일반적인 평균으로부터 나올 수 있다.

$v_{평균} = \frac{1}{b-a}\int_a^b v(x)dx$는 $v_{평균} = \frac{1}{n}(v_1 + v_2 + \cdots + v_n)$으로부터 나올 수 있다.

적분은 합과 유사하다! 합은 적분으로 접근한다. 다시 말해 이산적인 평균은 연속적인 평균으로 접근한다. $\frac{1}{3}, \frac{2}{3}, \frac{3}{3}$의 평균은 $\frac{2}{3}$이고 $\frac{1}{5}, \frac{2}{5}, \frac{3}{5}, \frac{4}{5}, \frac{5}{5}$의 평균은 $\frac{3}{5}$이다. $\frac{1}{n}$부터 $\frac{n}{n}$까지의 평균은 다음과 같다.

$$v_{평균} = \frac{1}{n}\left(\frac{1}{n} + \frac{2}{n} + \cdots + \frac{n}{n}\right) = \frac{n+1}{2n} \tag{6}$$

n이 홀수일 때, 가운데 항이 평균이다. 혹은 합을 구할 수도 있다. $n \to \infty$일 때 합은 적분으로 접근한다(여러분은 지금 직사각형들을 상상할 수 있는가?). 수들의 일반적인 평균은 $v(x) = x$의 연속적인 평균이 된다.

$$\frac{n+1}{2n} \to \frac{1}{2} \text{이고} \int_0^1 x\,dx = \frac{1}{2} \qquad \left(\frac{1}{b-a} = 1\text{임에 주목하라}\right)$$

위 식을 보통 '0과 1 사이의 수들의 평균값은 $\frac{1}{2}$이다'로 말한다. 0과 1 사이의 모든 수가 연속적이므로 이러한 서술은 적분 없이는 의미가 없다.

이 수들의 제곱의 평균은 $(x^2)_{평균} = \frac{1}{b-a}\int x^2 dx = \frac{1}{3}$이다. **만약 0과 1 사이의 수를 임의로 택하면 그 수의 제곱의 기댓값은 $\frac{1}{3}$이다.**

이 문장은 하나의 퍼즐이라고 볼 수 있다. 두 가지 의문이 들기 때문이다. 첫째로, 우리는 선택한 수가 정확히 $\frac{1}{2}$일 것으로 기대하지 않으므로 '기댓값'을 정의해야 한다. 둘째로, 기댓값이 $\frac{1}{2}$인데 제곱의 기댓값이 $\frac{1}{4}$이 아닌 $\frac{1}{3}$인 이유는 무엇인가? 아이디어는 확률 이론으로부터 나오며, 미적분학이 연속적인 확률로 우리를 이끌고 있다. 이 절에서 연속적인 확률을 간단히 소개하고 8장에서 다시 소개하도록 하겠다.

랜덤 사건으로부터 예측 가능한 평균

여러분이 한 쌍의 주사위를 던진다고 가정해보자. 그 결과는 예측할 수 없다. 예측할 수 있다면 주사위를 왜 던지겠는가? 하지만 많이 던지면 던질수록 그 결과는 완전히 예측 가능해진다. 어떤 일이 일어날지는 모르지만, 그 확률은 구할 수 있다.

한 쌍의 주사위를 던지는 경우, 1부터 6까지의 수 중 두 수를 선택하여 서로 더한다. 그 결과는 2부터 12까지의 값이 나올 것이다. 2가 나올 확률은 1이 2번 나올 확률이므로 $(1/6)(1/6) = 1/36$이다. 다음과 같이 각 결과 옆에 그 수가 나올 확률을 쓸 수 있다.

$$2\left(\frac{1}{36}\right),\ 3\left(\frac{2}{36}\right),\ 4\left(\frac{3}{36}\right),\ 5\left(\frac{4}{36}\right),\ 6\left(\frac{5}{36}\right),\ 7\left(\frac{6}{36}\right),\ 8\left(\frac{5}{36}\right),\ 9\left(\frac{4}{36}\right),\ 10\left(\frac{3}{36}\right),\ 11\left(\frac{2}{36}\right),\ 12\left(\frac{1}{36}\right)$$

다시 말하건대 한 번의 주사위를 던진 결과를 예측할 수 없다. 단지 확률만이 알려져 있으며 그 확률들을 더하면 1 이 된다(위 분수를 모두 더하면 36/36이 되어 모든 가능성을 다루게 된다). 주사위를 백만 번 던져 얻은 주사위 눈의 합은 훨씬 더 예측할 수 없으며, 이 합은 200만에서 1200만 사이의 어떤 수든 될 수 있다. 그럼에도 불구하고 백만 번의 결과의 평균은 거의 완벽하게 예측 가능하다. 이 기댓값은 위에 있는 수들의 곱을 더하여 찾을 수 있다.

기댓값 : (결과)와 (결과가 나올 확률)을 곱하고 더하라.

$$\frac{2}{36}+\frac{6}{36}+\frac{12}{36}+\frac{20}{36}+\frac{30}{36}+\frac{42}{36}+\frac{40}{36}+\frac{36}{36}+\frac{30}{36}+\frac{22}{36}+\frac{12}{36}=7$$

여러분이 한 쌍의 주사위를 1000번 던져 나온 눈의 평균을 내었을 때, 그 평균이 6.9와 7.1 사이에 없다면 필자는 여러분에게 A 학점을 줄 수도 있다. 컴퓨터에서 난수 생성기를 사용한 후 정수로 반올림해보라.

이제 **연속확률**의 개념이 나온다. 2와 12 사이의 모든 수가 공평하게 가능하다고 가정하자. 이때 모든 수는 정수뿐만 아니라 모든 실수를 뜻한다. 특정한 수 $x=\pi$가 나올 확률은 얼마일까? 그 확률은 0이다! 어떤 합리적인 척도를 사용하여도 π가 나올 확률이 0이다. 연속적인 경우 모든 x는 일어날 확률이 0이다. 하지만 x가 특정 구간에 속할 확률은 0이 아니다.

$$2\text{와 } 3 \text{ 사이의 결과가 나올 확률은 } 1/10\text{이다.}$$
$$x\text{와 } x+\Delta x \text{ 사이의 결과가 나올 확률은 } \Delta x/10\text{이다.}$$

평균을 찾기 위하여 각 결과에 해당 결과의 확률을 곱하여 더하라. 2에서 12를 길이 $\Delta x = 1$, 즉 확률 $p = 1/10$인 구간들로 나눈다. x를 반올림하면 평균은 6.5이다.

$$2\left(\frac{1}{10}\right) + 3\left(\frac{1}{10}\right) + \cdots + 11\left(\frac{1}{10}\right) = 6.5$$

여기서 모든 결과는 주사위처럼 정숫값을 가진다. 길이가 1/2이고 확률이 1/20인 20개의 구간을 사용하면 더 정확하다. 이때의 평균은 6.75이고, 이는 무엇을 의미하는지 여러분은 유추할 수 있을 것이다. 이들은 바로 리만 합으로 구해진 직사각형의 넓이이다. 따라서 $\Delta x \to 0$일 때 이는 적분으로 다가간다. 결과가 x와 $x + dx$ 사이일 확률은 $p(x)\,dx$이며, 이 문제의 경우 $p(x) = 1/10$이다. **연속확률분포의 경우 결과의 평균값은 합이 아니라 적분이다.**

$$\textbf{기댓값}\quad E(x) = \int_2^{12} xp(x)dx = \int_2^{12} x\frac{dx}{10} = \frac{x^2}{20}\Big]_2^{12} = 7$$

이것은 아주 큰 도약이다. 적분의 관점에서 이는 합의 극한이다. 반면 확률의 관점에서는 각 결과의 확률은 0이지만 x에서의 **확률 밀도**는 $p(x) = 1/10$이다. 또한 모든 결과를 생각하면 이는 반드시 일어나는 일이므로 $p(x)$의 적분은 1이다. $xp(x)$의 적분은 $x_{평균} = 7$이고, 이것이 바로 기댓값이다. x는 무작위로 선택되지만 그 평균은 예측 가능하다.

이것으로 확률 이론의 첫 단계를 마무리한다. 두 번째 단계는 더 많은 미적분을 배운 후 나온다. 점점 감소하는 확률로는 e^{-x} 및 e^{-x^2}을 사용하는데 그러면 큰 x값을 얻을 확률이 아주 작아진다. 마지막으로 x를 0과 1 사이에서 임의로 선택했을 때(따라서 확률 밀도는 $p(x) = 1$이다) $x^n, 1/\sqrt{x}$, $\frac{1}{x}$의 기댓값은 다음과 같다.

$$E(x^n) = \int_0^1 x^n dx = \frac{1}{n+1} \qquad E\left(\frac{1}{\sqrt{x}}\right) = \int_0^1 \frac{dx}{\sqrt{x}} = 2$$
$$E\left(\frac{1}{x}\right) = \int_0^1 \frac{dx}{x} = \infty\,(!)$$

수강생 수의 '기댓값'에 대한 혼란

어떤 대학에서는 한 강의당 수강생 수가 평균 29명으로 이루어져 있다고 광고하지만, 대부분의 학생들은 보통 수강생 수가 훨씬 많은 강의를 듣게 된다. 그런 현상이 어떻게 일어나는지 재빨리 설명하려 한다.

20명의 학생으로 구성된 95개의 강의와 200명의 학생으로 구성된 5개의 강의가 있다고 가정하자. 100개 수업의 총 수강생 수는 $1900+1000=2900$명이다. 임의의 교수는 한 강의의 수강생 수가 29명일 것으로 예상한다. 그러나 실제로 임의의 학생에 적용되는 확률은 이와 다르다. 학생은 1900/2900의 확률로 학생 수가 작은 강의를 수강하고 1000/2900의 확률로 학생 수가 많은 강의를 수강한다. 학생 수와 확률의 곱을 더함으로써 학생의 입장에서 수강생 수의 기댓값을 구할 수 있다.

$$(20)\left(\frac{1900}{2900}\right)+(200)\left(\frac{1000}{2900}\right)=\text{약 } 82\text{명의 수강생}$$

이와 유사하게 식당에서 고객이 대기하는 시간의 평균이 40분이라고 하더라도 식당 종업원의 입장에서 느끼는 대기 시간의 평균은 10분일 수 있다. 식당 종업원은 하루 종일(식당이 붐빌 때와 아닐 때 모두)의 평균을 내기 때문이다. 즉 여러분이 임의의 시간에 식당에 갔다면 대기 시간의 기댓값은 10분이지만, 고객당 대기 시간의 평균은 40분일 수 있다.

교통 문제 역시 차 한 대당 평균 승차 인원을 2.5명, 심지어는 2명으로만 늘려도 해결할 수 있다. 하지만 이러한 해결책은 사실상 불가능하다. 이 문제는 (a) 한 명이 타고 있는 **차의 비율**과 (b) 차에 혼자 타고 있는 **사람의 비율** 간의 차이에서 기인한다. 비율 (b)가 더 작다. 실제로 대부분의 사람들이 혼잡한 교통 정체 속에 있을 것이므로 체감하는 교통 정체도 심할 수 밖에 없다. [연습문제 5.6.37]과 [연습문제 5.6.38]을 보라.

5.6 문장제 문제

01 적분 $\int_0^b v(x)dx$와 $\int_b^5 v(x)dx$를 더하면 __a__이다. 적분 $\int_1^3 v(x)$는 __b__이다. 그 이유는 __c__이기 때문이다. 만일 $v(x) \le x$이면 $\int_0^1 v(x)dx \le$ __d__이다. 구간 $1 \le x \le 9$에서 $v(x)$의 평균값은 __e__(으)로 정의된다. 이 평균값은 어떤 점 $x=c$에서 $v(c)$와 같으며 이를 나타내는 정리가 __f__이다. 높이가 $v(c)$인 이 구간을 가로지르는 직사각형은 __g__아랫부분과 같은 넓이를 갖는다. $v(x)=x+1$의 구간 $1 \le x \le 9$에서의 평균값은 __h__이다.

02 만약 x가 1,3,5,7 중에서 선택될 때, 각각을 선택할 확률이 $\frac{1}{4}$로 같다면 그 기댓값(평균)은 __i__이고 x^2의 평균값은 __j__이다. 만약 x가 $1, 2, \ldots, 8$ 중에서 선택될 때, 각각을 선택할 확률이 $\frac{1}{8}$이라면 그 기댓값은 __k__이다. 만일 x가 $1 \le x \le 9$에서 선택된다면, 정수를 선택할 확률은 __l__이다. x와 $x+dx$ 사이의 수를 선택할 확률은 $p(x)dx=$ __m__이다. 기댓값 $E(x)$는 적분 __n__이며, 그 값은 __o__이다.

5.6 연습문제

01~06 $v(x)$의 a와 b 사이에서의 평균값을 찾고, $v_{평균} = v(c)$가 되는 모든 점 c를 구하라.

01 $v = x^4,\ a = -1,\ b = 1$

02 $v = x^5,\ a = -1,\ b = 1$

03 $v = \cos^2 x,\ a = 0,\ b = \pi$

04 $v = \sqrt{x},\ a = 0,\ b = 4$

05 $v = 1/x^2,\ a = 1,\ b = 2$

06 $v = (\sin x)^9,\ a = -\pi,\ b = \pi$

---

07 $x = 8$에서 $F(x) = \int_3^x v(t)dt + \int_x^5 v(t)dt$는 _______이다.

08 $\int_1^3 xdx + \int_3^5 xdx - \int_5^1 xdx =$ _______

09~16 참 또는 거짓을 반례나 근거를 들어 판별하라.

09 $\int_4^x v(t)dt$의 최솟값은 $x = 4$일 때이다.

10 $\int_x^{x+3} v(t)dt$의 값은 x에 의존하지 않는다.

11 $x = 0$부터 $x = 3$까지의 평균값은 다음과 같다.

$$\frac{1}{3}(0 \le x \le 1\text{에서의 } v_{평균}) + \frac{2}{3}(1 \le x \le 3\text{에서의 } v_{평균})$$

12 비율 $\dfrac{f(b) - f(a)}{b - a}$은 $a \le x \le b$에서 $f(x)$의 평균값이다.

13 대칭적인 구간 $-1 \le x \le 1$에서 $v(x) - v_{평균}$는 홀함수이다.

14 $l(x) \le v(x) \le u(x)$이면 $\dfrac{dl}{dx} \le \dfrac{dv}{dx} \le \dfrac{du}{dx}$이다.

15 $v(x)$의 0부터 2까지의 평균과 $v(x)$의 2부터 4까지의 평균을 더하면 $v(x)$의 0부터 4까지의 평균이 된다.

16 다음이 참 또는 거짓인지를 판별하라.

(a) 짝함수의 역도함수는 홀함수이다.

(b) 홀함수의 제곱은 홀함수이다.

---

17 $\int_a^b (v(x) - \bar{v})dx = 0$을 만족하는 수 $\bar{v}$는 얼마인가?

18 $f(2) = 6$이고 $f(6) = 2$일 때 df/dx의 $x = 2$부터 $x = 6$까지의 평균은 _______이다.

19 (a) $\cos x$ 및 $|\cos x|$의 0부터 π까지의 평균은 각각 _______이다.

(b) $v_1, v_2, \cdots, v_n$의 평균은 $|v_1|, \cdots, |v_n|$의 평균보다 _______.

20 (a) 적분의 어떤 성질이 다음 식이 성립함을 증명하는가?

$$\int_0^1 v(x)dx \le \int_0^1 |v(x)|dx$$

(b) 적분의 어떤 성질이 다음 식을 성립함을 증명하는가?

$$-\int_0^1 v(x)\,dx \le \int_0^1 |v(x)|\,dx$$

위 두 성질을 합쳐 다음 **성질 8**을 얻을 수 있다.

$$\left|\int_0^1 v(x)\,dx\right| \le \int_0^1 |v(x)|\,dx$$

21 모든 x에 대하여 0부터 x까지의 평균 $v_{평균}$가 $\frac{1}{3}v(x)$와 같아지는 함수 v는 무엇인가? 모든 x에 대하여 $v_{평균} = v(x)$인 함수는 무엇인가?

22 (a) $v(x)$가 증가 함수이면 **성질 6**으로부터 $x > 0$에 대하여 $\int_0^x v(t)dt \le xv(x)$이 성립하는 이유를 설명하라.

(b) 양변에 미분을 취하여 다른 방법으로 (a)를 증명하라.

23 $v(x) = 1/(1+x^2)$의 구간 $[0, b]$에서의 평균은 $b \to \infty$일 때 ______(으)로 다가간다. 이때 $V(x) = \dfrac{x^2}{1+x^2}$의 평균은 ______(으)로 다가간다.

24 $n \to \infty$일 때 양수 v_n이 0으로 다가가면 평균 $(v_1 + \cdots + v_n)/n$도 0으로 다가감을 증명하라.

25 $x = a$부터 구간 $0 \le x \le 2$의 점까지의 평균 거리를 구하라. $a < 2$인 경우 다른 공식을 얻는가?

26 **(컴퓨터 실험)** 0과 1 사이의 난수 x를 x^2의 평균이 0.333과 0.334 사이가 될 때까지 선택해보라. 몇 개의 x^2 값이 평균값 이상 혹은 그 이하가 되는가? 만일 가능하다면 이 실험을 10회 반복하라.

27 반원의 둘레에서 한 점 P가 임의로 선택된다(그림을 참조하라. 호의 길이가 같은 두 호에서 점이 선택될 확률은 같다). x축으로부터의 거리 y의 평균은 얼마인가? 반원의 반지름은 1이다.

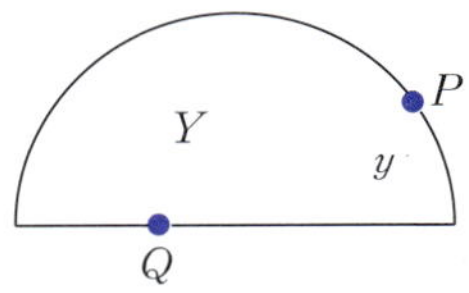

28 점 Q가 -1과 1 사이에서 임의로 선택된다고 가정하자.

(a) 지름이 $[-1,1]$인 반원(문제 **27**의 그림 참조)까지의 거리 Y의 평균은 무엇인가?

(b) 이 답이 문제 **27**과 다른 이유는 무엇인가?

29 (π를 계산하기 위한 하나의 고전적인 방법) 2인치의 바늘이 2인치 너비의 타일이 깔린 바닥에 던져진다. 이 바늘이 타일과 타일의 사이에 걸쳐질 확률을 구하라(이것은 $\cos\theta > y$ = (바늘의 중점에서 가장 가까운 타일까지의 거리)일 때 발생한다. 직사각형 $0 \le \theta \le \pi/2,\ 0 \le y \le 1$에서 $\cos\theta > y$인 부분을 표시하고 이 부분이 차지하는 비율을 찾아라).

뷔퐁의 바늘

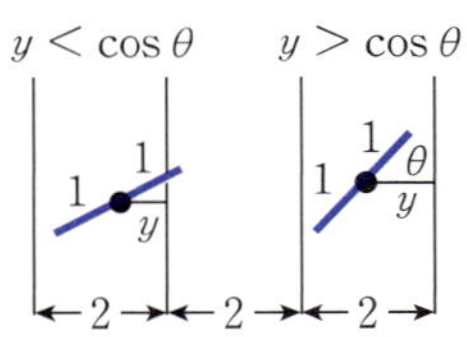

30 문제 **29**와 같은 상황에서 만약 뷔퐁의 바늘의 길이가 2가 아닌 $2x$라면 바늘이 타일과 타일의 사이에 걸쳐질 확률 $P(x)$를 구하라.

31 세 개의 주사위를 동시에 던질 때 세 주사위 눈의 합의 결과(3부터 18까지) 각각이 나올 확률을 구하라. 결과의 기댓값은 얼마인가?

32 정사각형 $0 \le x \le 1, 0 \le y \le 1$에서 임의의 점을 선택한다면 그 점의 좌표가 $y^2 \le x$를 만족할 확률은 얼마인가?

33 전압 $V(t) = 220\cos\dfrac{2\pi t}{60}$는 진동수 $60\,\text{Hz}$ 및 진폭 $220\,\text{V}$를 갖는다. 0부터 t까지의 평균 전압 $V_{\text{평균}}$을 구하라.

34 (a) $v_{\text{짝}}(x) = \dfrac{1}{2}(v(x) + v(-x))$는 항상 짝함수임을 보여라.

(b) $v_{\text{홀}}(x) = \dfrac{1}{2}(v(x) - v(-x))$는 항상 홀함수임을 보여라.

35 문제 **34**를 이용하거나 다른 방법으로 $(x+1)^3$과 $1/(x+1)$을 짝함수와 홀함수의 합으로 표현하라.

36 df/dx의 정의로부터 $f(x)$가 짝함수이면 df/dx는 홀함수임을 증명하라.

37 네 개의 학급에 각각 $6, 8, 10, 40$명의 학생이 있다고 할 때, 학생 수의 평균은 ______이다. 임의로 선택한 학생이 첫 번째 학급에 있을 확률은 ______이다. 학생의 입장에서 학생 수의 기댓값은 다음과 같다.

$$E(x) = 6\left(\frac{6}{64}\right) + 8\left(\frac{8}{64}\right) + 10\left(\frac{10}{64}\right) + 40\left(\frac{40}{64}\right) = \underline{\qquad\qquad}$$

38 $x_1, \cdots, x_n$명으로 이루어진 그룹에 대하여 총 사람 수가 G명일 때, 그룹의 평균 사람 수는 ______이다. 한 명의 개인이 첫 룹에 속할 확률은 ______이다. 그 사람이 속한 그룹의 사람 수의 기댓값은 $E(x) = x_1(x_1/G) + \cdots + x_n(x_n/G)$이다. $\sum_{i=1}^{n} x_i^2/G \ge G/n$임을 증명하라.

39 다음 문장이 참 또는 거짓임을 15초 이내에 판별하라.

(a) $f(x) \le g(x)$이면 $df/dx \le dg/dx$이다.

(b) $df/dx \le dg/dx$이면 $f(x) \le g(x)$이다.

(c) $v(x)$가 짝함수이면 $xv(x)$는 기함수이다.

(d) 모든 구간에서 $v_{ave} \le w_{ave}$이면 모든 점에서 $v(x) \le w(x)$이다.

40 $v(x) = \begin{cases} 2x & (x<3) \\ -2x & (x>3) \end{cases}$이면 $f(x) = \begin{cases} x^2 & (x<3) \\ -x^2 & (x>3) \end{cases}$이다. 따라서 $\int_0^4 v(x)dx = f(4) - f(0) = -16$이다. 이 부분에서 오류를 고쳐라.

41 $v(x) = |x-2|$일 때, $f(x)$를 찾고 $\int_0^5 v(x)dx$를 계산하라.

42 $v_{\text{평균}}$을 기준으로 윗부분과 아랫부분의 넓이가 같은 이유는 무엇인가?

5.7 미적분학의 기본 정리와 응용

끝점이 a와 b로 고정된 경우 정적분을 얻고, 적분의 상한이 변수인 점 x일 때 우리는 부정적분을 얻는다. 좀 더 일반적으로 말하면 끝점이 어떤 식으로든 x와 연관되면 **적분**

은 x의 함수이다. 따라서 우리는 도함수를 찾을 수 있다. 이 과정에는 미적분학의 기본 정리가 필요하다.

이 정리의 본질은 v의 적분의 도함수는 v와 같다는 것이다. 또한 적분의 상한과 하한이 모두 변수인 경우, 즉 적분이 $a(x)$부터 $b(x)$까지 행해질 때의 도함수도 계산할 것이다.

미적분학의 기본 정리 2는 순서가 반대이다. f의 도함수의 적분은 $f+C$이다. 이 사실은 평균값 정리와 미적분학의 기본 정리 1로부터 쉽게 증명된다. 적분이 미분보다 어렵기 때문에 우리가 많이 사용하게 될 것은 미적분학의 기본 정리 2이다.

증명을 한 후에 곡선 아래의 넓이를 구하는 표준적인 문제를 넘어서 새로운 응용을 다룰 것이다. 적분은 직사각형뿐만 아니라 고리, 삼각형, 껍질들로도 합쳐질 수 있다. 그 답은 넓이 뿐 아니라 부피 또는 확률일 수도 있다.

미적분학의 기본 정리 1

연속함수 v에서 시작하자. 이 함수를 고정된 점 a에서 변수인 점 x까지 적분한다. 각 x에 대하여 이 적분 $f(x)$는 수이다. 이때 $f(x)$에 대한 공식을 요구하거나 기대하지는 않지만, $f(x)$는 x까지 곡선 아래의 넓이로서 x에 대한 함수이다! 기본 정리는 (또 다른 극한을 계산하여) 이 넓이를 나타내는 함수가 도함수를 가진다는 것을 말해준다. 도함수 df/dx는 원래 함수인 $v(x)$와 같다.

3 미적분학의 기본 정리 1 $v(x)$가 연속함수라 가정하자.

$$f(x)=\int_a^x v(t)dt \text{이면 } df/dx=v(x)\text{이다.}$$

더미 변수는 t로 쓰였기에 적분의 상한과 하한에만 집중할 수 있다. 적분의 값은 t가 아닌 하한 a와 상한 x에 의존한다.

df/dx를 찾기 위해 $\Delta f=f(x+\Delta x)-f(x)=$ (넓이의 차)부터 시작하자.

$$\Delta f=\int_a^{x+\Delta x} v(t)dt-\int_a^x v(t)dt=\int_x^{x+\Delta x} v(t)dt \tag{1}$$

공식적으로 이는 적분의 성질 1이다. $x+\Delta x$까지의 넓이에서 x까지의 넓이를 빼면 x부터 $x+\Delta x$까지의 작은 부분의 넓이와 같다. 이제 Δx로 나누어보자.

$$\frac{\Delta f}{\Delta x}=\frac{1}{\Delta x}\int_x^{x+\Delta x} v(t)dt=(\text{평균값})=v(c) \tag{2}$$

이는 적분의 성질 7인 적분의 평균값 정리이다. 이 짧은 구간에서의 평균값은 $v(c)$이며 점 c는 x와 $x+\Delta x$ 사이의 어떤 점이며 정확한 위치는 알 수 없다. 이제 Δx를 0으로 접근시킨다. c는 x쪽으로 모이므로 $v(c)$는 $v(x)$로 다가간다. v가 연속임을 기억하자. 식 (2)의 극한은 미적분학의 기본 정리이다.

$$\frac{\Delta f}{\Delta x} \to \frac{df}{dx} \text{ 이고 } v(c) \to v(x) \text{ 이므로 } \frac{df}{dx} = v(x) \text{ 이다.} \quad (3)$$

Δx가 음수인 경우에도 위와 같은 논증은 여전히 성립한다. 왜 $v(x)$를 연속이라고 가정하였을까? 그 이유는 만약 v가 계단함수라면 $f(x)$에는 꺾이는 점이 생기며 이 위치에서는 df/dx가 $v(x)$가 아니기 때문이다.

다음과 같이 평균값 정리를 사용하지 않고도 간단히 v를 위아래로 가두어 둘 수 있다.

$$x\text{와 } x+\Delta x \text{ 사이의 } t\text{에 대하여 } v_{\text{최소}} \le v(t) \le v_{\text{최대}}$$
$$\text{이 구간에서 적분하면 } v_{\text{최소}}\Delta x \le \Delta f \le v_{\text{최대}}\Delta x \quad (4)$$
$$\Delta x\text{로 나누면 } v_{\text{최소}} \le \frac{\Delta f}{\Delta x} \le v_{\text{최대}}$$

$\Delta x \to 0$일 때, $v_{\text{최소}}$와 $v_{\text{최대}}$는 $v(x)$로 다가간다. 극한을 취하면 df/dx는 또 다시 $v(x)$와 같음을 알 수 있다.

f의 그래프는 v 그래프 아래의 넓이를 나타낸다. [그림 5-14]에서 얇은 띠의 넓이는 Δf이다. 이 넓이는 근사적으로 $v(x)$와 Δx의 곱이다. 이 얇은 띠의 밑변의 길이로 나누면 $\Delta f/\Delta x$는 높이 $v(x)$에 가깝다. $\Delta x \to 0$이고 띠가 무한히 얇아지면 '가깝다'는 표현은 '같다'는 표현으로 수렴한다. 이때 df/dx는 높이 $v(x)$이다.

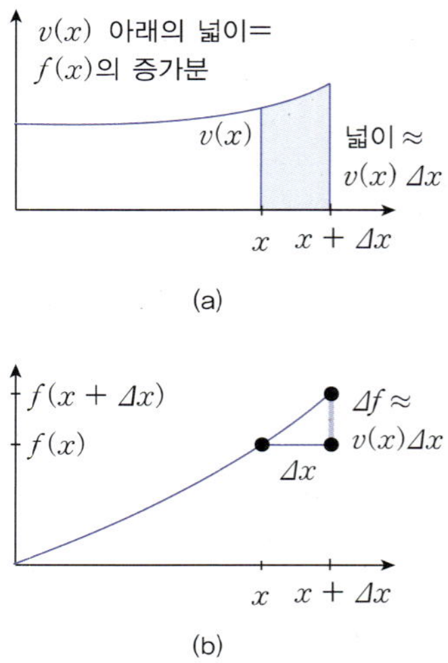

[그림 5-14] 미적분학의 기본 정리 1 : (얇은 넓이 Δf)/(밑변의 길이 Δx) → 높이 $v(x)$

끝점이 변수인 경우의 도함수

적분의 상한이 x일 때, 도함수는 $v(x)$이다. 적분의 하한이 x라고 가정하면 적분은 a부터 x가 아니라 x부터 b까지 행해진다. 이 경우 x가 움직일 때 적분의 하한이 움직인다. 넓이의 변화는 [그림 5-15(a)]에 나타나 있다. x가 증가할 때, 넓이는 감소한다. 따라서 넓이의 도함수에는 음의 부호가 존재한다.

$$g(x) = \int_x^b v(t)dt \text{의 도함수는 } \frac{dg}{dx} = -v(x) \text{이다.} \quad (5)$$

가장 빠른 증명법은 b와 x를 바꾸는 것으로, 이때 부호가 바뀐다(적분의 성질 3).

$$g(x) = -\int_b^x v(t)dt \text{ 이므로 미적분학의 기본 정리 1에 의해 } \frac{dg}{dx} = -v(x) \text{이다.}$$

일반적인 경우는 더 복잡하지만 아주 어렵지는 않다(그리고 매우 유용하다). 적분의 상한과 하한이 모두 변한다고 가정하자. 그러면 적분의 상한 $b(x)$는 반드시 x일 필요는 없지만 x에 의존한다. 적분의 하한 $a(x)$도 x에 의존한다([그림 5-15(b)]). 상한과 하한 사이에서 넓이 A는 x에 따라 변하며, 우리는 dA/dx를 찾으려 한다.

$$A=\int_{a(x)}^{b(x)} v(t)dt \text{이면 } \frac{dA}{dx}=v(b(x))\frac{db}{dx}-v(a(x))\frac{da}{dx} \text{이다.} \qquad (6)$$

[그림 5-15(b)]는 두 개의 얇은 띠를 보여주는데, 한 띠는 넓이가 추가되고 다른 한 띠는 넓이가 줄어든다.

먼저 우리가 알고 있는 두 경우를 확인해보자. $a=0$이고 $b=x$일 때, $da/dx=0$ 및 $db/dx=1$이다. 식 (6)에 의하면 도함수는 $v(x)\times 1$이다. 이것은 미적분학의 기본 정리 1이다. $a=x$ 및 $b=$상수인 경우도 있다. 이때 적분의 하한이 식 (6)에서 $-v(x)$를 만들어낸다. 적분이 $a=2x$부터 $b=x^3$까지 행해지면 그 적분의 도함수는 새로운 하나의 함수가 된다.

예제 1 $A=\int_{2x}^{x^3}\cos t\,dt=\sin x^3-\sin 2x$

$$dA/dx=(\cos x^3)(3x^2)-(\cos 2x)2$$

이는 식 (6)과 부합한다. 그 이유는 db/dx는 $3x^2$이고 da/dx는 2이기 때문이다(중간의 음의 부호와 함께). 이것은 또한 연쇄 법칙처럼 보이기도 하며, 실제로 그렇다! 식 (6)을 증명하기 위해 다음과 같이 문자 v와 f를 사용하기로 한다.

$$A=\int_{a(x)}^{b(x)} v(t)dt=f(b(x))-f(a(x)) \quad \text{(아래 미적분학의 기본 정리 2에 의해)}$$

$$\frac{dA}{dx}=f'(b(x))\frac{db}{dx}-f'(a(x))\frac{da}{dx} \quad \text{(연쇄 법칙에 의해)}$$

$f'=v$이므로 식 (6)이 증명되었다. 다음 예제에서 넓이는 x에 의존하는 것처럼 보이지만 상수인 것으로 밝혀진다. $v(t)=1/t$이므로 $v(3x)=1/(3x)$임에 주목하라.

예제 2 $A=\int_{2x}^{3x}\frac{1}{t}dt$에 대하여 $\frac{dA}{dx}=\left(\frac{1}{3x}\right)(3)-\left(\frac{1}{2x}\right)(2)=0$

Q_ $A=\int_{-x}^{x} v(t)dt$에 대하여 $\frac{dA}{dx}=v(x)+v(-x)$이다. $v(-x)$는 왜 양의 부호를 가질까?

A_ ______________________________

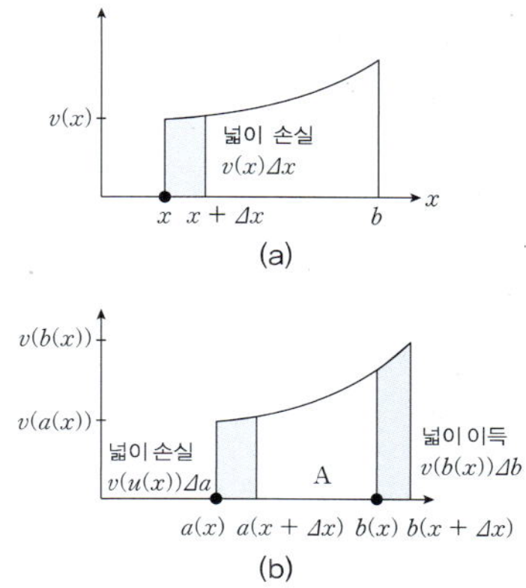

[그림 5-15] (a) x부터 b까지의 넓이 함수는 $dg/dx=-v(x)$를 만족한다. (b) 넓이 $v(b)db$가 더해지며, 넓이 $v(a)da$가 사라진다.

미적분학의 기본 정리 2

지금 증명하려 하는 정리를 우리는 이미 수백 번은 사용했다. 이 정리는 적분을 위한 열쇠이다. 'df/dx의 적분은 $f(x)+C$이다.' 그 응용은 $v(x)$부터 시작하는데, 도함수로 $v(x)$를 갖는 $f(x)$를 찾는다. $df/dx=v(x)$이면 정리는 다음을 말해준다.

$$\int v(x)dx = \int \frac{df}{dx}dx = f(x) + C$$

이 증명과정에서 우리는 v와 f에 대한 식에 의존하지 않고 $\int$과 d/dx의 정의만을 사용하였다.

증명은 매우 특별한 한 함수인 **df/dx가 0인 함수**에 달려 있다. 이때 $f(x)=$상수라는 것을 쉽게 알 수 있다. 문제는 다른 가능성이 없다는 것을 증명하는 것이다. f는 반드시 상수함수여야 한다. 즉 기울기가 0이면 그래프는 반드시 평평해야 한다. 모두 이것이 참이라는 것을 알고 있지만, 직관만으로 증명이 되지는 않는다.

구간에서 $df/dx=0$이라 가정하자. $f(x)$가 상수함수가 아니라면 $f(a)\neq f(b)$인 서로 다른 두 점 a, b가 있을 것이다. 평균값 정리에 따르면 다음을 만족하는 점 c가 존재한다.

$$f'(c) = \frac{f(b)-f(a)}{b-a} \text{(이 값은 } f(a)\neq f(b)\text{이므로 0이 아니다)}$$

하지만 $f'(c)\neq 0$은 바로 $df/dx=0$에 모순이다. 따라서 $f(x)$는 상수함수여야 한다.

평균값 정리의 중요한 역할에 주목하라. 국소적인 가설(각 점에서 $df/dx=0$)으로부터 전체적인 결론(전체 구간에서 $f=$상수)을 얻는다. 미분은 보는 영역을 좁히고, 적분은 영역을 넓힌다. 평균값 정리는 순간의 변화를 평균과 연결하고, 국소적인 것을 전체화하며 점을 구간으로 연결해준다. 이 특별한 경우($df/dx=0$인 함수)는 $A(x)$와 $f(x)$가 같은 도함수를 가질 때 적용된다.

구간에서 $dA/dx = df/dx$이면 $A(x)=f(x)+C$이다. (7)

$A(x)-f(x)$의 도함수는 영함수이다. 따라서 $A(x)-f(x)$는 상수이어야 한다.

이제 중요한 정리가 나온다. 이 정리에서는 $v(x)$가 연속이라 가정하고 $f(x)$를 사용하여 적분을 수행한다.

4 미적분학의 기본 정리 2 $v(x)=\dfrac{df}{dx}$이면 $\displaystyle\int_a^b v(x)dx = f(b)-f(a)$이다.

증명 역도함수는 $f(x)$이다. 하지만 **미적분학의 기본 정리 1**은 같은 $v(x)$에 대하여 또 다른 역도함수를 준다. 그 역도함수는 직사각형으로 구성된 적분이며 이 역도함수를 $A(x)$라 하자.

$$A(x) = \int_a^x v(t)dt \text{ 역시 } \frac{dA}{dx} = v(x)\text{를 만족시킨다.}$$

$A' = v$이고 $f' = v$이므로 식 (7)의 특별한 경우로부터 $A(x) = f(x) + C$이다. 이것이 핵심이다. **직사각형으로부터 구성된 적분은 $f(x) + C$와 같다.**

적분의 하한에서 넓이인 적분은 $A = 0$이다. 따라서 $f(a) + C = 0$이다. 적분의 상한에서는 $f(b) + C = A(b)$이다. 이제 두 식을 빼서 다음과 같이 정적분 $A(b)$를 찾는다.

$$A(b) = \int_a^b v(x)dx = f(b) - f(a)$$

이렇듯 미적분은 매우 아름다운 학문이다. 또한 미적분학의 기본 정리는 가장 유용한 정리이다.

$f' = v$로부터 시작하여 부분 구간을 살펴봄으로써 **미적분학의 기본 정리 2**의 또 다른 증명이 가능하다.

증명

$$f(x_1) - f(a) = v(x_1^*)(x_1 - a) \qquad \text{(평균값 정리에 의하여)}$$

$$f(x_2) - f(x_1) = v(x_2^*)(x_2 - x_1) \qquad \text{(평균값 정리에 의하여)}$$

$$\cdots = \cdots$$

$$f(b) - f(x_{n-1}) = v(x_n^*)(b - x_{n-1}) \qquad \text{(평균값 정리에 의하여)}$$

좌변을 합하면 $f(b) - f(a)$가 되고, 우변의 합은 $\Delta x \to 0$일 때 $\int_a^b v(x)dx$이다.

적분의 응용

지금까지 살펴본 적분은 곡선 아래의 넓이였다. 여기에 넓이와는 아주 다른 적분의 응용이 많이 있다. **덧셈이 '연속적'일수록 합 대신 적분이 나오게 된다.** 8장에서 더 많은 응용을 보이겠지만 네 가지 응용에 대한 예제는 즉시 보여줄 수 있으며, 이것이 핵심이 될 것이다.

여기서는 물리학이나 공학 또는 생물학, 경제학 쪽의 응용을 다루기보다는 기하학적인 문제에 머무를 것이다. 다른 분야에서의 응용은 나중에 다룰 것이다. 여기서의 목표는 직사각형으로 구성한 적분에서 벗어나 첫 걸음을 내딛는 것이다.

예제 3 원의 넓이 A와 원주 C는 $dA/dr = C$을 만족한다.

그 이유는 무엇일까? 원의 넓이는 πr^2이고, 넓이의 도함수 $2\pi r$은 원주이다.
기본 정리에 의해 C의 적분은 A이다. 여기에서 빠진 것은 기하학적인 이유이다. 확실히 πr^2은 $2\pi r$의 적분이지만 $A = \int C(r)\,dr$에 담긴 의미는 무엇일까?

요점은 조각들이 직사각형이 아니라는 것이다. 직사각형을 원 곡선 아래로 누를 수는 있지만 그 높이는 C와는 아무 관계가 없다. 즉 이 경우에는 직관적으로 완전히 다른 방향으로 접근해야 하며, [그림 5-16]에서 얇은 고리들을 더해야 한다.

고리의 두께가 Δr이라고 가정하자. 그러면 고리의 넓이는 $C \times \Delta r$에 가깝다. 이것은 정확히 우리가 필요로 하는 근사의 종류인데, 그 이유는 근사의 오차가 더 높은 차수인 $(\Delta r)^2$이기 때문이다. 직사각형의 넓이를 더했던 것처럼 고리의 넓이를 더하여 적분을 구한다.

$$A = \int_0^r C\,dr = \int_0^r 2\pi r\,dr = \pi r^2$$

이것이 직사각형으로부터 벗어나 고리로 향하는 자유로운 첫 걸음이다.

고리의 넓이 ΔA는 정확히 확인할 수 있다. 그 넓이는 원 넓이의 차이이다.

$$\Delta A = \pi(r+\Delta r)^2 - \pi r^2 = 2\pi r\,\Delta r + \pi(\Delta r)^2$$

이는 $C\Delta r$과 보정 항의 합이다. $\Delta r \to 0$일 때, 양변을 Δr로 나누면 $dA/dr = C$를 얻는다.

마지막으로 여기에는 기하학적인 이유가 있다. 고리는 얇은 띠로 구성된다. 그 띠의 폭은 Δr이며 길이는 C에 가깝다. 안쪽과 바깥쪽의 원은 서로 다른 둘레를 가지므로 실제로는 직사각형은 아니지만, 그 넓이는 $C\Delta r$에 가깝다.

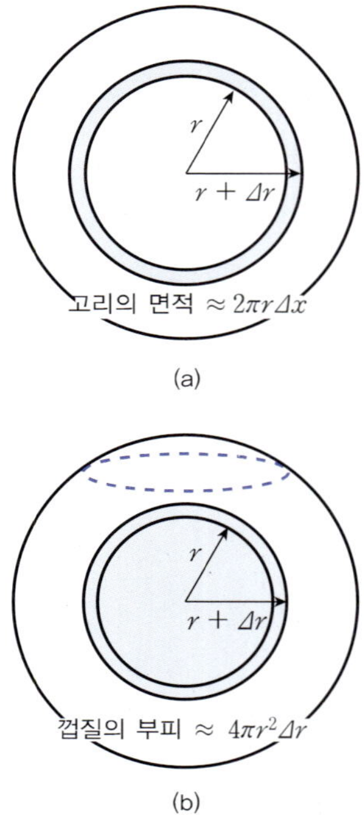

[그림 5-16] (a) 원의 넓이 = 고리의 적분, (b) 구의 부피 = 껍질의 적분

예제 4 구의 경우 겉넓이 A와 부피 V는 $A = dV/dr$을 만족한다.

원에서 사용하였던 것은 구에 대해서도 사용할 수 있다. 원에서의 얇은 고리는 구에서 얇은 껍질이 된다. 껍질은 반지름 r부터 $r+\Delta r$까지이며, 따라서 그 두께는 Δr이다. 우리는 껍질의 부피를 원하지만 정확히 구할 필요는 없다. 겉넓이는 $4\pi r^2$이므로, 부피는 대략 $4\pi r^2 \Delta r$이다. 이 정도면 충분히 가깝다!

또 다시 우리는 $(\Delta r)^2$ 이상의 항들을 제외하고는 정확한 수치를 얻었다. 극히 작은 양으로 얘기하자면 $dV = A\,dr$이다.

$$V = \int_0^r A\,dr = \int_0^r 4\pi r^2 dr = \frac{4}{3}\pi r^3$$

이것은 구의 부피이다. V의 미분은 A이며, 껍질로 그 이유를 설명할 수 있다. ❯

이는 **적분은 직사각형에 국한된 것이 아니라는 점**을 시사해준다.

예제 5 정사각형의 둘레의 길이는 $4s$이다. 넓이 A에 대하여 $dA/ds = 2s$가 되는 이유는 무엇일까?

변의 길이는 s이고 넓이는 s^2이다. 넓이의 미분은 $2s$이고 정사각형 둘레의 길이의 **절반밖에 되지 않는다**. 이를 그림으로 그려서 이해하려고 노력해보자. 이 방법은 일반적으로 가능하지만, 그림에서 dA/ds는 $4s$처럼 보인다. 무엇이 잘못되었는지 알겠는가? 수업을 마치는 종이 울리므로 이것을 여러분에게 연습문제로 남기겠다. ❯

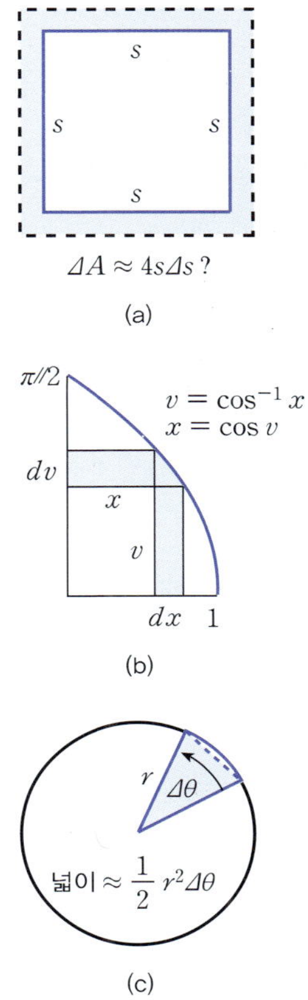

[그림 5-17] (a) 정사각형에서의 문제, (b) 수평 방향의 띠, (c) 삼각형으로 넓이 찾기

예제 6 $v(x) = \cos^{-1}x$의 $x = 0$부터 $x = 1$까지의 넓이를 구하라.

이것은 아주 전통적인 문제이지만, $\cos^{-1}x$의 역도함수를 알 수는 없다. 더 열심히 보면 역도함수를 찾을 수도 있다. 하지만, 또 다른 하나의 전통적이지는 않지만 정확한 해결책이 있다. **이 영역을** (수직으로 서 있는 직사각형이 아닌) **수평 방향으로의 직사각형으로 채울 수 있다**. [그림 5-17(b)]에서 $x = \cos v$(곡선 $v = \cos^{-1}x$)의 길이를 가지는 전형적인 띠를 보여준다. 두께 Δv가 0으로 다가갈 때, 총 넓이는 $\int x\,dv$가 된다. 우리는 위의 방향으로 적분하고 있으므로, 적분 상한과 하한은 x가 아닌 v에 관한 값이다.

$$\text{넓이} = \int_0^{\pi/2} \cos v\,dv = \sin v\Big]_0^{\pi/2} = 1$$

연습문제에서 적분을 구할 때, 사각형이 아닌 다른 방법을 이용해서 계산해보길 바란다. 아르키메데스는 고리 대신 삼각형을 사용하여 원의 넓이를 찾았다. ❯

5.7 문장제 문제

01 넓이 $f(x) = \int_a^x v(t)dt$는 __a__ 의 함수이다. **미적분학의 기본 정리 1**에 의해 $f(x)$의 도함수는 __b__ 이다. 증명에서 작은 변화 Δx는 얇은 __c__ 의 넓이를 생성한다. 이 넓이 Δf는 대략 __d__ 와(과) __e__ 의 곱이다. 따라서 $\int_a^x t^2 dt$의 도함수는 __f__ 이다.

02 적분 $\int_x^b t^2 dt$의 도함수는 __g__ 이다. 마이너스 부호는 __h__ 때문에 생긴다. 적분에서 두 극한 $a(x)$와 $b(x)$ 모두가 x에 의존하면 df/dx에 대한 공식은 __i__ 와(과) __j__ 의 차가 된다. 예시 $\int_{2x}^{3x} t\,dt$에서 도함수는 __k__ 이다.

03 **미적분학의 기본 정리 2**에 의해 df/dx의 적분은 __l__이다. $df/dx=0$인 특별한 경우에 이 정리는 __m__임을 알려준다. 이 특별한 경우로부터 $dA/dx=dB/dx$이면 $A(x)=$ __n__(으)로 결론내릴 수 있다. 만약 $1/x$의 역도함수가 $\ln x$(나중에 다룰 함수이다)이면, 자동적으로 $\int_a^b dx/x=$ __o__이다.

04 정사각형 $0\le x\le s, 0\le y\le s$의 넓이는 $A=$ __p__이다. 만약 s가 Δs만큼 증가하면 늘어나는 넓이는 __q__의 모양을 가진다. 이 넓이 ΔA는 대략 __r__이다. 따라서 $dA/ds=$ __s__이다.

5.7 연습문제

01~20 다음 함수 $F(x)$에 대하여 그 도함수를 구하라.

01 $\int_1^x \cos^2 t\,dt$

02 $\int_x^1 \cos 3t\,dt$

03 $\int_0^2 t^n\,dt$

04 $\int_0^2 x^n\,dt$

05 $\int_1^{x^2} u^3 du$

06 $\int_{-x}^{x/2} v(u)du$

07 $\int_x^{x+1} v(t)dt$ (v의 '이동 평균')

08 $\frac{1}{x}\int_0^x v(t)dt$ (v의 평균, 곱 미분 법칙을 사용하라)

09 $\frac{1}{x}\int_0^x \sin^2 t\,dt$

10 $\frac{1}{2}\int_x^{x+2} t^3 dt$

11 $\int_0^x \left[\int_0^t v(u)du\right]dt$

12 $\int_0^x (df/dt)^2\,dt$

13 $\int_0^x v(t)dt+\int_x^1 v(t)dt$

14 $\int_0^x v(-t)dt$

15 $\int_{-x}^x \sin t^2\,dt$

16 $\int_{-x}^x \sin t\,dt$

17 $\int_0^x u(t)v(t)dt$

18 $\int_{a(x)}^{b(x)} 5\,dt$

19 $\int_0^{\sin x} \sin^{-1} t\,dt$

20 $\int_0^{f(x)} \frac{df}{dt}\,dt$

---

21 다음 문장의 참 또는 거짓을 판별하라.

(a) $df/dx=dg/dx$이면 $f(x)=g(x)$이다.

(b) $d^2f/dx^2=d^2g/dx^2$이면 $f(x)=g(x)+C$이다.

(c) $x<3$이면 $\int_3^x v(t)dt$의 도함수는 $-v(x)$이다.

(d) $\int_1^3 v(x)dx$의 도함수는 0이다.

22 $F(x)=\int_x^{2x}\sin t\,dt$에 대하여 $F(\pi+\Delta x)-F(\pi)$를 사인 그래프에 나타내라. $F(\Delta x)-F(0)$는 어느 부분인가?

23 0부터 x까지의 평균이 $\cos x$인 함수 $v(x)$를 구하라. $\int_0^x v(t)dt=x\cos x$부터 시작하라.

24 $df/dx=2x$라 가정하자. 우리는 $d(x^2)/dx=2x$임을 알고 있다. $f(x)=x^2+C$임을 어떻게 증명할 것인가?

25 $\int_{-x}^0 v(t)dt=\int_0^x v(t)dt$이면(즉 0의 좌측과 우측으로의 넓이가 같으면) $v(x)$는 ______이다. 양변에 미분을 취하여 이를 증명하라.

26 [예제 2]에 의하면 $\int_{2x}^{3x}\frac{1}{t}dt$가 실제로는 x(당연히 t도)에 의존하지 않는다. t 대신 xu로 치환하고 u에 대한 적분 상한과 하한을 살펴보라.

27 다음 문장의 참 또는 거짓을 판별하라. 그 이유도 함께 말하라.

(a) 모든 연속함수는 도함수를 가진다.

(b) 모든 연속함수는 역도함수를 가진다.

(c) 모든 역도함수는 도함수를 가진다.

(d) $A(x)=\int_{2x}^{3x}\frac{dt}{t^2}$는 $dA/dx=0$을 만족한다.

28~29 주어진 조건을 만족하는 함수 $v(x)$에 대하여 $\int_1^x v(t)dt$를 구하라.

28 $\dfrac{d(x^n)}{dx} = v(x)$

29 $\displaystyle\int_0^x v(t)dt = \frac{x}{x+2}$

30 [그림 5-17]에서 무엇이 잘못되었을까? 그림은 $dA = 4s\,ds$를 나타내며, 그것은 $A = \int 4s\,ds = 2s^2$을 의미할 것이다.

31 정육면체 $0 \le x, y, z \le s$의 부피는 $V=$ ______이다. 세 개의 정사각형 면 $x=s,\ y=s,\ z=s$는 총 넓이 $A=$ ______을(를) 가진다. 만약 s가 Δs만큼 증가한다면, 추가적으로 생겨나는 부피는 ______의 형태를 가진다. 그 부피 ΔV는 대략 ______이다. 따라서 $dV/ds=$ ______이다.

32 4차원 정육면체 $0 \le x, y, z, t \le s$는 초부피 $H=$______를 갖는다. $x=s$로 주어지는 면은 실제로는 ______이다. 4개의 면 $x=s,\ y=s,\ z=s,\ t=s$의 총 부피는 ______이다. s가 Δs만큼 증가한다면 증가하는 초부피[9]는 $\Delta H \approx$ ______이다. 따라서 $dH/ds=$ ______이다.

33 4차원 구의 초부피는 $H = \frac{1}{2}\pi^2 r^4$이다. 따라서 3차원 표면 $x^2+y^2+z^2+t^2=r^2$의 겉넓이(혹은 부피?)는 ______이다.

34 포물선 $y=x^2$ 위의 $x=0$부터 $x=1$까지의 넓이는 $\frac{2}{3}$이다. 이 부분의 넓이를 수평 방향으로의 띠로 근사하는 그림을 그리고 적분하라.

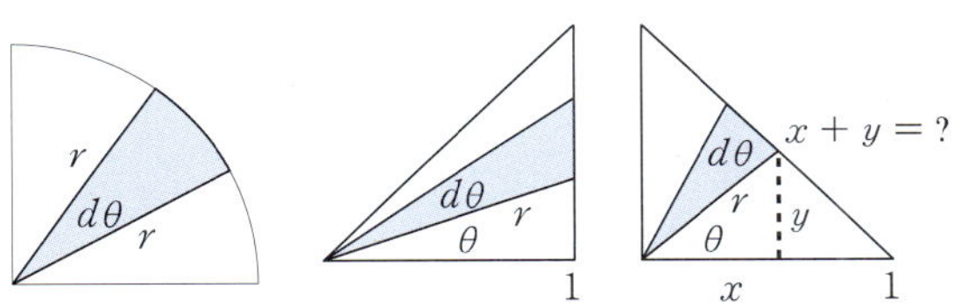

(a) (b) (c)

35 그림 (a)의 쐐기 모양은 면적 $\frac{1}{2}r^2\,d\theta$를 가진다.

이유: 전체 넓이 πr^2에서 $d\theta/2\pi$의 비율이기 때문이다.

다른 이유: 이 넓이는 아주 작은 길이 $r\,d\theta$를 밑변으로 가지고 높이 ______을(를) 가지는 삼각형의 넓이와 아주 가깝다. $\frac{1}{2}r^2\,d\theta$를 $\theta=0$부터 $\theta=$ ______까지 적분하여 사분원의 면적인 ______을 얻는다.

36 $A = \displaystyle\int_0^r \sqrt{r^2-x^2}\,dx$ 또한 사분원의 넓이를 나타낸다. 그래프와 얇은 직사각형을 사용하여 그 이유를 밝혀라. 이 적분을 $x = r\sin\theta$ 및 $dx = r\cos\theta\,d\theta$를 활용하여 계산하라.

37 그림 (b)에서의 거리 r은 θ와 $r=$______의 관계가 있다. 따라서 얇은 삼각형의 넓이는 $\frac{1}{2}r^2 d\theta=$ ______이다. $\theta=$ ______까지 적분하여 총 넓이 $\frac{1}{2}$을 얻는다.

38 그림 (c)에서 x좌표와 y좌표의 합은 $r\cos\theta + r\sin\theta =$ ______이다. 적분을 하지 않고 다음 식이 성립함을 설명하여라.

$$\int_0^{\pi/2} \frac{d\theta}{(\cos\theta+\sin\theta)^2} = 1$$

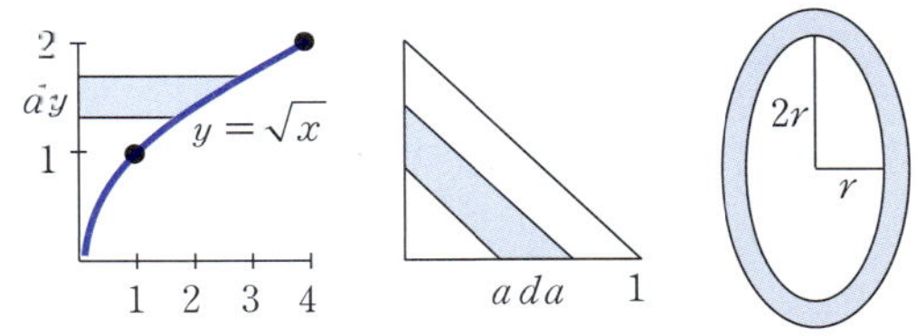

(d) (e) (f)

39 그림 (d)에서 높이 y에서의 수평 띠는 두께 dy를 갖고 길이는 $x=$______이다. 따라서 $y=2$까지의 넓이는 ______이다. 같은 넓이를 갖는 수직 띠의 길이는 얼마인가?

40 얇은 고리를 사용하여 원 $r=2$와 $r=3$ 사이 부분의 넓이를 구하라. 얇은 직사각형으로 넓이를 구하는 것이 아주 어려운 이유를 보여주는 그림을 그려라.

41 그림 (e)에서 띠의 길이는 대략 ______이고 폭은 ______이다. 따라서 삼각형의 넓이는 $\int_0^1$ ______da이다($\frac{1}{2}$을 얻는가?).

42 그림 (f)에서 타원의 넓이는 $2\pi r^2$이고, 넓이의 미분은 $4\pi r$이다. 하지만, 타원의 둘레는 $4\pi r$이 아니다. 계속 해온 이와 같은 논증이 틀린 이유는 무엇일까?

43 $v(x)$의 적분의 도함수는 $v(x)$이다. 이에 대응하는 수들 v_j의 합과 차에 대한 정리는 무엇인가? 이 정리를 증명하라.

44 $f(x)$의 도함수의 적분은 $f(x)+C$이다. 이에 대응하는 합의 차 f_j에 대한 정리는 무엇인가? 이 정리를 증명하라.

45 $d^2f/dx^2 = a(x)$로부터 $\displaystyle\int_0^1\left(\int_0^x a(t)dt\right)dx = f(1)-f(0)$을 얻을 수 있는가?

46 $y=-x^2+t$로 나타내어지는 산에서 x축 위쪽의 넓이를 $A(t)$라 하자. t가 증가함에 따라 넓이도 증가한다. $t=1$일 때 xy평면에 산의 그래프를 그려라. 어떤 직선이 dA/dt를 나타내는가? 글로 설명하거나 혹은 도함수를 사용하여 $d^2A/dt^2>0$임을 보여라.

9 4차원 이상의 입체에 대한 부피를 초부피라고 한다.

5.8 수치적분

이 절에서는 정적분에 초점을 둔다. 입력은 $y(x)$ 및 두 개의 끝점 a와 b이며 출력은 적분 I이다. 우리의 목표는 정확하고 짧은 시간 안에 수 $\int_a^b y(x)dx = I$를 찾는 것이다. 일반적으로 이 목표는 적분을 계산하기 위한 좋은 방법을 얻기만 하면 달성 가능하다.

지금까지 다룬 두 가지 접근 방식은 약점이 있다. 역도함수를 찾는 것은 주요한 경우에만 성공하며 7장에서 그 범위를 확장하긴 하지만 일반적으로 $f(x)$를 알 수는 없다. 다른 방법(직사각형에 의한 적분)은 올바른 방향이긴 하지만 너무 투박하다. 높이는 $y(x)$에 의해 각 구간의 오른쪽과 왼쪽 끝에서 설정된다. **오른쪽과 왼쪽 직사각형 법칙**은 다음과 같이 넓이(Δx와 y의 곱)를 더하여 구한다.

$$R_n = (\Delta x)(y_1 + y_2 + \cdots + y_n), \quad L_n = (\Delta x)(y_0 + y_1 + \cdots + y_{n-1})$$

$y(x)$의 j번째 구간의 끝에서의 값이 y_j이다. 가장 왼쪽의 값 $y_0 = y(a)$는 L_n에 포함된다. $\Delta x = (b-a)/n$의 같은 길이를 가지는 n개의 구간으로 나누면 가장 오른쪽의 값은 $y_n = y(b)$이며 그 값은 R_n에 포함된다. y_0와 y_n을 각각 L_n과 R_n에 포함하지 않는다면 두 합 L_n과 R_n은 같을 것이다. 이 합은 계산하기 쉽고 시각화하기도 쉽지만, 매우 부정확하다.

이 절에서는 느린 방법(직사각형을 사용)에서 더 나은 방법(사다리꼴과 중점을 사용)을 거쳐 좋은 방법(심프슨과 가우스 방법)에 도달한다. 각각을 개선한 방법을 사용하면 오차를 줄일 수 있다. 책 없이도 x, x^2, x^4을 적분하여 수식을 찾을 수 있을 것이다. 적분을 계산하는 방법 중 하나인 R_n은 그래프의 큰 쪽에서 답으로 접근하고 L_n은 작은 쪽에서 답으로 접근할 것이다. 여러분은 다음에 무엇을 해야 할지를 결정할 것이고, 정확한 적분에 더 가깝게 다가갈 것이다. 이 책에서는 다음과 같은 하나의 요점을 강조한다.

적분 $\int 1\,dx, \int x\,dx, \int x^2 dx, \cdots$들 중 정확히 계산되는 적분 수에 따라 공식의 질은 달라진다. 만약 $\int x^p\,dx$가 처음으로 잘못 계산된다면 정확도의 차수는 p이다.

$1, x, x^2, \cdots$를 적분해봄으로써 공식이 얼마나 정확한지를 결정한다.

[그림 5-18]은 직사각형 법칙 R_n 및 L_n을 나타낸다. **이 법칙은 $y = x$일 때 이미 잘못되었다**. 이들 방법들은 1차($p=1$)의 방법이다. 오차는 Δx의 1차 항을 포함하며, 우리는 더 높은 차수의 항이 포함되기를 바란다. $(\Delta x)^p$에서 p가 클수록 오차가 더 작다. $y(x)$의 그래프가 직선일 때, 적분 I는 알려져 있는 값이다. 오차를 나타내는 삼각형 E와 e의 밑변은 Δx이고 높이는 차인 $y_{j+1} - y_j$이다. 넓이는 $\frac{1}{2}$(밑변)(높이)이므로 유일한 차이점은 부호뿐이다(L은 너무 낮아서 $L - I$는 음수이다). 총 오차 R_n은 E의

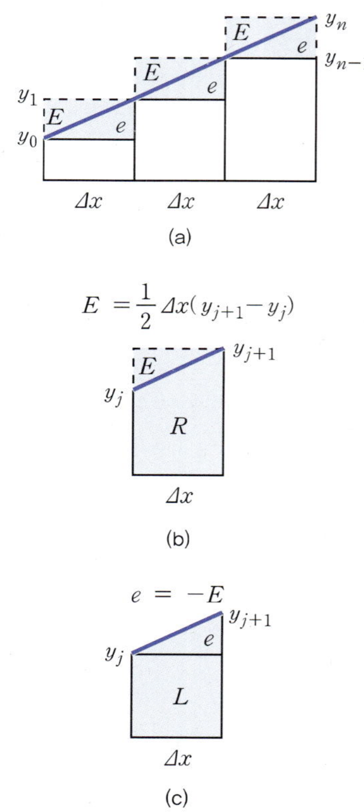

[그림 5-18] R_n과 L_n의 오차 E와 e는 삼각형의 넓이이다.

합이다.

$$R_n - I = \frac{1}{2}\Delta x(y_1 - y_0) + \cdots + \frac{1}{2}\Delta x(y_n - y_{n-1}) = \frac{1}{2}\Delta x(y_n - y_0) \quad (1)$$

y_0와 y_n 사이의 모든 y는 소거된다. e의 합도 마찬가지이다.

$$L_n - I = -\frac{1}{2}\Delta x(y_n - y_0) \quad (2)$$

직사각형들의 기울기는 0이므로, $y(x)$의 기울기가 크면 클수록 오차는 더 커진다. 공식 (1)과 (2)는 좋지만 그 오차는 크다. $y = x$를 $a = 0$부터 $b = 1$까지 적분할 때 발생하는 오차는 $\frac{1}{2}\Delta x(1-0)$이다. 이 오차를 $1/1000000$로 줄이기 위해서는 500000개의 직사각형이 필요하다. 이 정확도는 합리적이지만 이렇게 많은 직사각형으로 나누는 것은 비효율적이다.

오차 공식의 장점은 모든 함수에 대하여 '점근적으로 옳다'는 것이다. 곡선의 그래프가 구부러져 있는 경우 오차는 삼각형 모양으로 정확히 맞지는 않는다. 그러나 실제 오차에 대한 예측 오차의 비율은 1에 접근한다. $\Delta x \to 0$일 때, 그래프는 각 구간에서 거의 직선이며 이것이 선형 근사이다.

오차 예측치 $\frac{1}{2}\Delta x[y(b) - y(a)]$는 간단하므로 $y(x) = \sqrt{x}$에 시험해보자.

$$I = \int_0^1 \sqrt{x}\,dx = \frac{2}{3}$$

$n =$	1	10	100	1000
오차 $R_n - I =$	0.33	0.044	0.0048	0.00049
오차 $L_n - I =$	−0.67	−0.056	−0.0052	−0.00051

오차는 각 행을 따라 감소한다. $\Delta x = 0.1, 0.01, 0.001, 0.0001$도 마찬가지이다. n에 10을 곱하는 것은 Δx를 10으로 나누게 된다. 오차도 거의 10으로 나누어진다. 즉 **오차는 거의 Δx에 비례**하며 이는 일반적인 1차 방법이 가지는 특성이다.

여기서 $y(1) = 1$이고 $y(0) = 0$이므로 예측 오차는 $\frac{1}{2}\Delta x$이다. 표에서 계산된 오차는 $\frac{1}{2}\Delta x = 0.5, 0.05, 0.005, 0.0005$에 점점 가까워진다. 예측한 오차는 실제 오차에서 '지배적인 항'이다.

또한 표에서 흥미로운 사실을 발견할 수 있다. 마지막 행에서 그 위 행을 빼면 딱 떨어지는 수 $1, 0.1, 0.01, 0.001$을 얻는다. 이 수들은 $(R_n - I) - (L_n - I)$, 즉 $R_n - L_n$이다. 이는 맨 오른쪽의 R_n에는 포함되지만 L_n에는 포함되지 않는 추가적인 직사각형에서 나온다. 이 직사각형의 높이는 1이며 그 넓이는 $1, 0.1, 0.01, 0.001$이다.

R_n에서의 오차와 L_n에서의 오차는 거의 상쇄된다. 평균 $T_n = \frac{1}{2}(R_n + L_n)$은 더 작은 오차를 가지며, 이것이 바로 '사다리꼴 법칙'이다. 우선 서로 다른 두 함수에 대하여

직사각형으로 예측한 적분값을 제시한다.

		$n=1$	$n=10$	$n=100$	$n=1000$
$\int (x^2-x)dx$	오차	$1.7\cdot 10^{-1}$	$1.7\cdot 10^{-3}$	$1.7\cdot 10^{-5}$	$1.7\cdot 10^{-7}$
$\int \frac{dx}{10+\cos 2\pi x}$	오차	$-1\cdot 10^{-3}$	$2\cdot 10^{-14}$	'0'	'0'

이 오차들은 Δx보다 빠르게 감소하고 있다. $y=x^2-x$에 대한 예측 오차는 그 이유를 설명해준다. 바로 $y(0)$와 $y(1)$의 값이 같기 때문이다. 즉 지배적인 항인 $y(b)-y(a)$가 0이다. 정확한 오차는 $\frac{1}{6}(\Delta x)^2$이고, $10^{-1}, 10^{-3}, 10^{-5}, 10^{-7}$으로 떨어진다. 이 예에서 양 끝의 직사각형이 동일하므로 L_n은 R_n과 동일하다(또한 T_n도 동일하다). 사다리꼴 법칙에서도 이 $\frac{1}{6}(\Delta x)^2$의 오차를 보게 될 것이다.

표의 마지막 행은 좀 더 특이하다. 이 경우는 실제로 오류가 없음을 보여준다. 왜 직사각형 규칙이 갑자기 뛰어난 성공을 거둘 수 있었을까?

그 이유는 $y(x)=\frac{1}{10+\cos 2\pi x}$가 **주기적**이기 때문이다. $y(0)=y(1)$이므로 오차에서 지배적인 항은 0이다. 또한 $y'(0)=y'(1)$이므로 그 다음 항도 0이다. 완전한 한 주기의 적분을 할 때 Δx의 모든 차수는 0과 곱해진다. 따라서 오차는 지수함수만큼 0으로 빠르게 접근한다.

NOTE _ 필자는 $1/(10+\cos 2\pi x)$를 손으로 직접 적분하려고 시도했지만 실패하였다. 나중에 부끄럽게도 그 답을 한 응용수학 책에서 발견하였다. 그 방법은 복소수를 사용하는 특별한 방법이었으며, 정확히 한 주기의 적분에 적용된다. 결국 필자는 (상당히 복잡한) 역도함수를 적분 모음에서 발견하였고 그 넓이가 $1/\sqrt{99}$임을 입증하였다.

사다리꼴 법칙과 중점 법칙

이제 $y=x$일 때 정확한 적분 공식으로 이동한다. 그들은 **2차 정확도**를 가지고 있다. Δx 오차항은 사라지므로 공식은 직선 아래의 넓이를 정확하게 계산한다. 예측된 오차는 $(\Delta x)^2$의 배수이다. 그 배수는 공식으로 얻은 답이 정확하지 않은 $y=x^2$을 시험함으로써 찾을 수 있다.

첫 번째 공식은 R_n과 L_n을 결합한다. 가능한 한 많은 오류를 소거시키기 위하여 평균 $\frac{1}{2}(R_n+L_n)$을 택한다. 이것이 사다리꼴 법칙이며 $\int y(x)dx$를 다음 T_n으로 근사한다.

$$T_n = \frac{1}{2}R_n + \frac{1}{2}L_n = \Delta x\left(\frac{1}{2}y_0 + y_1 + \cdots + y_{n-1} + \frac{1}{2}y_n\right) \qquad (3)$$

T_n을 찾는 또 다른 방법은 [그림 5-19(a)]에서 점선 아래 부분으로 이루어진 사다리꼴의 넓이를 구하는 것이다.

밑변은 Δx이고 평행한 두 변의 길이는 y_{j-1}과 y_j이다. 이 넓이를 모두 더하면 식 (3)에서 $\frac{1}{2}(L_n+R_n)$이 된다. 여기서 y_j의 계수는 $\frac{1}{2}+\frac{1}{2}=1$로 결합된다. 첫 번째와 마지막 구간에서만 소거되는 항이 없으므로 법칙에는 $\frac{1}{2}y_0$와 $\frac{1}{2}y_n$이 있다. 직사각형과 달리 사다리꼴은 기울기가 있는 직선 아래에 딱 맞게 들어가기 때문에 T_n은 $y=x$일 때에도 정확하다.

직사각형과의 차이는 무엇일까? 사다리꼴 법칙은 y_0와 y_n에 각각 $\frac{1}{2}\Delta x$의 가중치를 준다. 반면 직사각형 법칙 R_n에서는 y_n에만 전체 가중치 Δx를 주고 y_0에는 가중치를 주지 않는다. R_n-T_n은 정확히 직사각형 오차의 지배적인 항 $\frac{1}{2}y_n-\frac{1}{2}y_0$과 같고, T_n으로 바꾸면 이 오차가 사라진다.

또 하나의 다른 중요한 공식이 $y(x)=x$에 대하여 정확하다. 직사각형의 높이가 y_{j-1}과 y_j 사이의 중간에 있는 경우 직사각형과 사다리꼴은 넓이가 같다. 직선의 그래프에서는 구간의 중점에서 이 성질을 만족한다. 중점 $\frac{1}{2}\Delta x, \frac{3}{2}\Delta x, \frac{5}{2}\Delta x, \cdots$ 에서 $y(x)$를 계산함으로써 더 나은 직사각형들을 얻을 수 있다. 이것은 **중점 법칙 M_n**으로 이어진다.

$$M_n=\Delta x(y_{1/2}+y_{3/2}+\cdots+y_{n-1/2}) \tag{4}$$

$\int_0^4 x\,dx$에 대하여 사다리꼴은 $\frac{1}{2}(0)+1+2+3+\frac{1}{2}(4)=8$의 값을 제공한다. 중점 법칙도 $\frac{1}{2}+\frac{3}{2}+\frac{5}{2}+\frac{7}{2}=8$로 올바른 값을 제공한다. 이 법칙은 $y=x^2$일 때 달라지는데, $y_{1/2}$이 더 이상 y_0과 y_1의 평균이 아니기 때문이다. x^2에 두 개의 2차 정확도를 가지는 법칙을 적용해보자.

$$I=\int_0^1 x^2dx$$

$n=$	1	10	100	$n=1000$
오차 $T_n-I=$	1/6	1/600	1/60000	$1.7\cdot10^{-7}$
오차 $M_n-I=$	$-1/12$	$-1/1200$	$-1/120000$	'0'

오차는 n이 10배가 되었을 때 100배 줄어든다. 중점 법칙은 사다리꼴 법칙에 비해 두 배 정도 우수하다($-1/12$과 $1/6$을 비교했을 때). 모든 매끄러운 함수는 각 구간에서 2차 근사를 하면 포물선에 가까워지기 때문에 지배적인 오차는 [그림 5-19]에서 나온다. 다음과 같이 사다리꼴 법칙의 오차는 $y(x)$가 x^2일 때 정확히 $\frac{1}{3}(\Delta x)^2$이다(공식에서의 12가 y'에서의 2를 나눈다).

$$T_n-I\approx\frac{1}{12}(\Delta x)^2[(y_1'-y_0')+\cdots+(y_n'-y_{n-1}')]=\frac{1}{12}(\Delta x)^2[y_n'-y_0'] \tag{5}$$

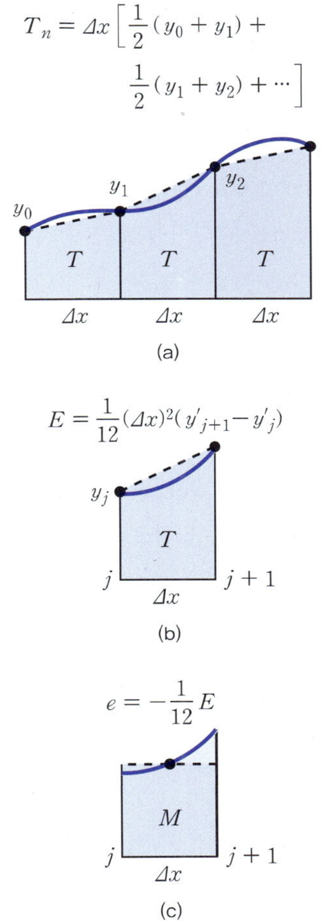

[그림 5-19] 2차 정확도 : 예측 오차는 $y=x^2$에 기반한다.

$$M_n - I \approx -\frac{1}{24}(\Delta x)^2[y_n{}' - y_0{}'] = -\frac{1}{24}(\Delta x)^2[y'(b) - y'(a)] \tag{6}$$

정확한 오차 공식을 얻기 위해서 $y'(b)-y'(a)$를 $(b-a)y''(c)$로 바꿔보자. 평균값 정리에서처럼 c의 위치를 알 수는 없다. 실제로 이러한 공식은 별로 사용되지 않는다. 이 공식은 알려지지 않은 위치에서의 p번 미분한 함수의 값을 찾을 때 사용한다. 오차에 대해 중요한 점은 인수 $(\Delta x)^p$이다.

이와 같은 검증에서 간과하기 쉬운 하나의 중요한 사실이 있다. $y(x)$의 각 값은 계산하기 아주 힘들 수 있다는 것이다. 공식이 y_j를 요구할 때마다 컴퓨터는 서브루틴을 호출한다. 수치적분의 목표는 y의 값을 최소로 요구하면서 허용 오차 이하의 결과를 얻는 것이다. 2차 정확도의 법칙들은 일반적인 허용 오차인 10^{-6}을 얻기 위하여 약 1000개의 값이 필요하다. 이러한 점을 고려하면 다음에 나오는 방법이 더 좋다.

4차 정확도의 법칙 : 심프슨 법칙

사다리꼴 법칙의 오차는 중점 법칙의 오차의 거의 2배이다(1/6과 $-1/12$). 따라서 M_n을 T_n의 2배만큼 사용하면 좋은 조합이 된다. 이것이 **심프슨 법칙**이다.

$$\begin{aligned} S_n &= \frac{1}{3}T_n + \frac{2}{3}M_n \\ &= \frac{1}{6}\Delta x[y_0 + 4y_{1/2} + 2y_1 + 4y_{3/2} + 2y_2 + \cdots + 4y_{n-1/2} + y_n] \end{aligned} \tag{7}$$

중점에서의 값에 $2/3 = 4/6$을 곱한다. 끝점에서의 값은 가장 끝에 있는 a와 b(각각의 높이는 y_0 및 y_n)를 제외하고는 2/6를 곱한다. $1-4-2-4-2-4-1$는 유명한 패턴이다.

심프슨 법칙은 단순한 T와 M의 조합보다는 더 정확하며 각 구간에서의 $y(x)$에 대한 포물선 근사로부터 나온다. 포물선이 y_0, $y_{1/2}$, y_1을 지나갈 때 그 아래의 넓이는 $\frac{1}{6}\Delta x(y_0 + 4y_{1/2} + y_1)$이다. 이 값이 첫 번째 구간에서의 S값이다. **모든 규칙은 가능한 한 많은 다항함수 $1, x, x^2, \cdots$을 올바르게 적분할 수 있도록 구성된다.** 포물선은 직선보다 낫고, 직선은 평평한 상수함수보다 낫다. 따라서 S는 M보다 나으며, M은 R보다 낫다. $\Delta x = 1/n$으로 하여 심프슨 법칙을 x의 다항함수에 적용해보자.

	$n=1$	$n=10$	$n=100$
$y=x^2$일 때의 오차	0	0	0
$y=x^3$일 때의 오차	0	0	0
$y=x^4$일 때의 오차	$8.33\cdot10^{-3}$	$8.33\cdot10^{-7}$	$8.33\cdot10^{-11}$

x^2에 대하여 정확한 답을 얻어낸 것은 놀라운 일이 아니다. S_n은 포물선에 대하여 올바른 적분을 하도록 선택되었다. 그러나 x^3에 대하여 오차가 0인 것은 기대 이상이다. 정확도는 4차로 뛰어올랐으며, 그 오차는 $(\Delta x)^4$에 비례한다. 이는 심프슨 법칙이 왜 널리 쓰이는지 설명해준다.

x^3이 어떻게 올바르게 적분되었는지 이해하기 위해 구간 $[-1,1]$을 살펴보자. 홀함수 x^3은 적분값 0을 가지며, 대칭성에 의해 심프슨 법칙도 같은 값을 가진다.

$$\int_{-1}^{1} x^3dx = \frac{1}{4}x^4]_{-1}^{1} = 0 \text{이고, } \frac{2}{6}[(-1)^3 + 4(0)^3 + 1^3] = 0 \text{이다.} \qquad (8)$$

가우스 법칙(선택 주제)

심프슨과 비교할 만한 수학자를 찾으면 단연 가우스일 것이다. 사실 가우스는 그 누구와 비교해도 손색이 없다. 그는 천문학에서의 적분을 계산할 수 있었고, 4차의 방법을 얻기 위해 두 개의 점이면 충분하다는 것을 발견하였다. -1부터 1의 구간에서 가우스 법칙은 다음과 같다.

$$\int_{-1}^{1} y(x)dx \approx y(-1/\sqrt{3}) + y(1/\sqrt{3}) \qquad (9)$$

'가우스 점' $x = -1/\sqrt{3}$ 및 $x = 1/\sqrt{3}$은 직접 찾을 수 있다. 이 점들을 원점에 대하여 대칭적으로 배치하여 모든 홀함수인 다항함수 $x, x^3, \ldots$을 올바르게 적분할 수 있다. 이제 핵심은 $y = x^2$이며, 적분값은 $2/3$이다. 가우스 점 $-x_G$ 및 $+x_G$는 이 적분이 올바르게 수행되도록 구해진다.

$$\frac{2}{3} = (-x_G)^2 + (x_G)^2 \text{ 이므로 } x_G^2 = \frac{1}{3} \text{ 이고 } x_G = \pm\frac{1}{\sqrt{3}} \text{ 이다.}$$

[그림 5-20(c)]는 구간을 0부터 Δx까지로 이동하였다. 이때 가우스 점은 $(1 \pm 1/\sqrt{3})\Delta x/2$이다. 이 방법은 손으로 계산하는 사람들이 선호하는 심프슨 법칙만큼 편리하지는 않다. 가우스 법칙은 한 구간에서 수천 번의 적분을 수행할 때 좋고 심프슨 법칙은 구간들이 계속 이어져 있을 때 사용하면 좋다. 이때 심프슨 법칙도 구간당 2개의 y를 사용한다. $y = x^4$에 대하여 $n=1$에서 $n=10$으로 증가할 때 두 법칙의 오차가 10^{-4}만큼 떨어진 것을 확인할 수 있다.

$$I = \int_0^1 x^4 dx$$

심프슨 오차	$8.33 \cdot 10^{-3}$	$8.33 \cdot 10^{-7}$
가우스 오차	$-5.56 \cdot 10^{-3}$	$-5.56 \cdot 10^{-7}$

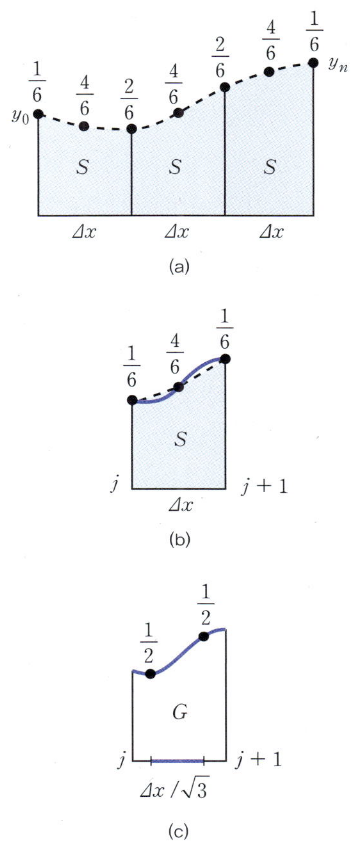

[그림 5-20] 심프슨 법칙과 가우스 법칙 : $E = c(\Delta x)^4(y'''_{j+1} - y'''_j)$, $c_S = 1/2880$, $c_G = -1/4320$

계산기에서의 정적분 계산

수치적분이 실제로 어떻게 수행되는지를 알고 싶을 것이다. 점들은 균등하게 배열되어 있지 않다! 0에서 1까지의 적분에 대하여 휴렛 팩커드 계산기는 내부적으로 x를 $3u^2-2u^3$으로 치환한다(u에 대한 적분의 양 끝도 0과 1이다). 계산기는 dx를 바꾸는 것을 잊지 않는다. 예를 들어 $\int_0^1 \frac{dx}{\sqrt{x}}$는 $\int_0^1 \frac{6(u-u^2)du}{\sqrt{3u^2-2u^3}} = \int_0^1 \frac{6(1-u)du}{\sqrt{3-2u}}$가 된다.

이는 더 복잡해진 것처럼 보이지만, $x=0$에서 $\frac{1}{\sqrt{x}}$이 무한한 값을 가지던 것이 $u=0$에서는 사라진다. 미분 $6(u-u^2)du$는 $u=0$과 $u=1$에서 값이 0이 되도록 선택되었다. 따라서 흔히 무한한 값이 발생하는 끝점에서 $y(x)$의 값이 필요하지 않게 된다. 변수 x에 대하여 적분 점들은 균등하지 않았지만, u로의 치환을 통해 적분 점들이 균등해졌다.

문제가 발생하는 점이 구간 $[a,b]$의 내부에 있을 때, 그 점을 기준으로 하여 구간을 두 개로 나눈다. 그리고 무한대로 발산하는 적분을 잘라낸다. 예를 들어 e^{-x^2}의 적분은 $x=10$에서 멈춰야 하는데, 이는 함수의 꼬리 부분이 너무 작기 때문이다. 너무 멀리 가는 것은 좋지 않다. 빠른 진동을 하는 함수들이 가장 다루기 힘들다. 적분의 답은 높은 부분과 낮은 부분이 소거되는 것에 달려 있으며, 계산기에서는 많은 적분 점을 필요로 한다.

x에서 u로 변수를 바꾸면 주기함수에 영향을 줄 수 있다. 필자는 $1/(10+\cos 2\pi x)$이 엄청난 정확도로 적분되었기 때문에 균등한 간격이 좋다고 생각하였다. 하지만 이 경우, **에일리어싱**aliasing이라고 불리는 위험이 존재한다. 만일 $\sin 8\pi x$가 $\Delta x = 1/8$로 샘플링된다면 그 값은 항상 0이다. 높은 진동수 8은 낮은 진동수인 0(샘플링된 점에서 함숫값이 일치하는)과 혼동될 수 있다. 균등하지 않은 간격을 사용하면 이 문제는 사라진다. 어떤 적분 방법이든지 다음과 같이 여러분을 속일 수 있다는 것을 주목하라!

> 계산기에 $y=0$의 적분을 요구하고 정확도를 지정하라. 계산기는 y를 $x_1, \cdots, x_k$에서 y를 샘플링한다(일시정지PAUSE 버튼을 사용하면 x를 표시할 수 있을 것이다). 그런 다음 $Y(x)=(x-x_1)^2\cdots(x-x_k)^2$을 적분하라. 이에 대한 답으로 0을 내놓을 것이다(이제는 잘못된 값이다). 이는 계산기가 같은 단계를 따르기 때문이다.

여러분은 계산기에 함수, 끝점, 정확도를 입력해야 한다. 변수 x의 이름을 지정할 수도 있고 그렇지 않을 수도 있다. 출력 4.67077 및 4.7E−5는 요청된 적분값인 $\int_1^2 e^x dx$의 값과 추정된 오차 범위이다. 여러분이 입력한 정확도 0.00001은 다음을 보장한다.

$$y\text{의 상대오차} = \left| \frac{y\text{의 참값} - \text{계산된 } y\text{의 값}}{\text{계산된 } y\text{의 값}} \right| \le 0.00001$$

계산기는 $y(x)$를 샘플링했던 결과를 기반으로 정확도를 추정한다. 만약 여러분이 e^x을 0.00000000001 이내의 정확도로 구하고 싶다면 계산기는 여러분이 높은 정확도를 원하는 것이라 생각하여 더 오래 계산한다. 윌리엄 카한William Kahan은 HP에 대한 컨설팅에서 $1, 3, 7, 15, \cdots$ 개의 샘플 점들을 사용하여 수식을 택하였다. 각각의 새로운 수식은 이전 수식의 샘플들을 사용한다. 정답에 충분히 가까워지던 계산기는 계산을 멈춘다.

5.8 문장제 문제

01 $y(x)$를 적분하기 위하여 구간 $[a,b]$를 각각의 길이가 $\Delta x =$ __a__ 인 n개의 조각으로 나눈다. R_n과 L_n은 각 조각 위에 __b__을(를) 만드는데, 이때의 높이는 오른쪽 혹은 __c__ 끝점에서의 함숫값이다. $R_n = \Delta x(y_1 + \cdots + y_n)$이고, $L_n =$ __d__ 이다. 이 방법들의 차수는 __e__ 이며 $y=$ __f__ 에 대해서는 옳은 적분값을 주지 못한다. $[0,1]$에서의 총 오차는 대략 __g__ 이다. $y = \cos \pi x$에 대하여 이 오차의 지배적인 항은 __h__ 이다. $y = \cos 2\pi x$에 대하여 오차는 매우 작은데, 그 이유는 $[0,1]$이 완전한 __i__ 이기 때문이다.

02 훨씬 더 좋은 방법은 $T_n = \frac{1}{2}R_n +$ __j__ $= \Delta x\left[\frac{1}{2}y_0 +\right.$ __k__ $y_1 + \cdots +$ __l__ $\left. y_n\right]$이다. 이 __m__ 법칙은 __n__ 차의 법칙이며 이는 $y = x$에 대한 오차가 __o__ 이기 때문이다. $y = x^2$의 a부터 b까지의 적분에 대한 오차는 __p__ 이다. __q__ 법칙은 이 법칙보다 두 배만큼 정확하며, $M_n = \Delta x[$ __r__ $]$이다.

03 심프슨 법칙은 $S_n = \frac{2}{3}M_n +$ __s__ 이다. 이는 __t__ 차의 방법연데, 다항함수 __u__ 들을 올바르게 적분하기 때문이다. y_0, $y_{1/2}$, y_1의 계수는 __v__ 와(과) Δx의 곱이다. 세 개의 구간에 대해서 가중치는 $\Delta x/6$와 $1-4-$ __w__ 의 곱이다. 가우스는 각 구간마다 $\Delta x/\sqrt{3}$만큼 떨어진 __x__ 개의 점을 사용하였다. p차의 방법에 대하여 오차는 대략 __y__ 에 비례한다.

5.8 연습문제

01 차 $L_n - T_n$은 무엇인가? 오차 식 (2)에서의 지배적인 항과 비교하라.

02 Δx가 절반이 되면 사다리꼴 법칙에서의 오차는 대략 얼마만큼 감소하는가? 심프슨 법칙에서의 오차는 어떤 인자에 의해 감소하는가?

03 $\int_0^1 x^3 dx$에서 $n = 1, 2, 10$으로 R_n과 L_n을 비교하라. 컴퓨터로 입증하거나 혹은 컴퓨터 없이 공식 $1^3 + 2^3 + \cdots + n^3 = \frac{1}{4}n^2(n+1)^2$을 사용하라.

04 T_n을 구하는 하나의 방법은 평균 $\frac{1}{2}(L_n + R_n)$을 계산하는 것이다. 다른 방법으로는 $\frac{1}{2}y_0 + y_1 + \cdots + \frac{1}{2}y_n$을 더하는 것이다. 어느 방법이 더 효율적인가? 각 방법에서의 연산 횟수를 비교하라.

05 $I = \int_0^1 x^4 dx$에 $n = 2, 4, 8$로 세 가지 다른 법칙을 시험하라.

06 $4\int_0^1 \frac{dx}{1+x^2}$를 계산하여 π를 소수점 아래 6자리까지 구하라. 어떤 적분 법칙을 사용하여도 좋다.

07 심프슨 법칙을 각 구간에서 $\Delta x\left(\frac{1}{4}y_0 + \frac{1}{2}y_{1/2} + \frac{1}{4}y_1\right)$로 바꾸어 정확도의 차수 p를 찾아라.

08 0부터 2π까지 함수 $1/(3+\sin x)$을 적분하였을 때 오차가 급격히 감소하는 현상을 설명하라.

09 $(\Delta x)^2(y_{j+1}{}' - y_j{}')/12$이 $y = 1, y = x, y = x^2$에 대하여 첫 번째 사다리꼴($j = 0$에 대응하는)의 정확한 오차임을 확인하라. 따라서 모든 구간에서 모든 포물선에 대하여 이 오차는 정확하다.

10 문제 09를 중점 공식에서의 오차 $-(\Delta x)^2(y_{j+1}{}'-y_j{}')/24$에 대하여 반복하라. 직사각형 M이 그 중점을 지나는 사다리꼴과 같은 넓이를 가지는 이유를 보여주는 그림을 그려라($y(x)$에 접하는 사다리꼴을 포함하여 그려라.

11 이론적으로 $\int_{-\infty}^{\infty}\frac{\sin^2 x}{x^2}=\pi$이다. 기호 조작이 가능한 대수 코드 혹은 HP-28S를 활용하여 소수점 아래 몇 자리까지 정확히 구할 수 있는가? 적분을 $\int_{-A}^{A}$까지 잘라 큰 A값과 작은 A값에 대해 시험하라.

12 다음 네 개의 적분값은 모두 π이다.

$$\int_0^1 \frac{dx}{\sqrt{x(1-x)}} \qquad \int_{-\infty}^{\infty}\frac{\sin x}{x}dx$$

$$\frac{8}{3}\int_0^{\pi}\sin^4 x\,dx \qquad \int_0^{\infty}\frac{x^{-1/2}dx}{1+x}$$

(a) 위 적분 중 두 개에 $\pi\approx 3.1416$이 될 때까지 중점 법칙을 적용하라.

(b) 선택 문제 : (a)에서 선택하지 않은 다른 두 개에 대하여 $\pi\approx 3$임을 확인하라.

13 $\ln 2=\int_1^2 dx/x\approx 0.69315$를 오차 0.001 이내로 계산하기 위하여 T_n에서 몇 개의 구간이 필요하겠는가? T_n의 오차의 지배적인 항은 $(\Delta x)^2[y'(b)-y'(a)]/12$이다. $y=1/x$로 실제 오차를 시험하라.

14 $n=1,10,100$에 대하여 $\int_0^1\sqrt{x}\,dx$로 T_n과 M_n을 비교하라. 예측 오차는 $y'(0)=\infty$이므로 성립하지 않는다.

15 3.8절의 오차 공식 (11)에 $f(x)=\int_0^x y(t)dt$를 적용하여 $\int_0^{\Delta x}y(t)dt-\ y(0)\,\Delta x$는 어떤 점 c에 대하여 $\frac{1}{2}(\Delta x)^2y'(c)$와 같음을 증명하라.

16 주기함수 $y(x)=1/(2+\cos 6\pi x)$에 대하여 구간 -1부터 1까지 $n=2$일 때 T, S, G의 값을 비교하라.

17 $I=\int_0^1\sqrt{1-x^2}\,dx$에 대하여 사다리꼴 법칙에서의 오차의 지배적인 항은 ______ 이다. $n=2,4,8$에 대하여 이 예측을 반박하라.

18 $x=\sin\theta$로 치환할 때, $\sqrt{1-x^2}=\cos\theta$이고 $dx=\cos\theta\,d\theta$이다. $\int_0^{\pi/2}\cos^2\theta\,d\theta$에 대하여 이 치환을 사용하여 T_4를 계산하라. θ로 바꾼 후 예측되는 오차는 얼마인가?

19 세 개의 적분 $I=\int_0^1 1\,dx,\ \int_0^1 x\,dx,\ \int_0^1 x^2dx$에 대하여 세 방정식 $Ay(0)+By\left(\frac{1}{2}\right)+Cy(1)=I$를 적어라. A, B, C를 찾고 법칙의 이름을 써라.

20 $Ay_0+By_{1/4}+Cy_{1/2}+Dy_{3/4}+Ey_1$을 사용하여 심프슨 법칙보다 더 높은 정확도를 갖는 법칙을 개발할 수 있는가?

21 L_n과 R_n을 조합하여 만들 수 있는 유일한 2차 법칙이 T_n임을 증명하라.

22 $\int e^{-x^2}dx$를 0부터 5까지, 0부터 10까지, 0부터 400까지 각각 10개의 구간을 사용하여 계산하라. 0부터 ∞까지의 적분값은 $\frac{1}{2}\sqrt{\pi}$이다. 무한한 적분을 자르기에 가장 좋은 지점은 어디인가?

23 $y(x)=1/(x^2+10^{-10})$의 그래프는 날카로운 스파이크와 긴 꼬리를 가진다. $\int_0^1 y\,dx$를 T_{10}과 T_{100}(너무 많은 것을 기대하진 마라)을 사용하여 추정하라. 그 다음 $x=10^{-5}\tan\theta$로 치환하여 $dx=\ 10^{-5}\sec^2\theta\,d\theta$가 되므로 10^5을 0부터 $\pi/4$까지 적분할 수 있다.

24 $\int_0^4|x-\pi|\,dx$를 T_4를 이용해 계산하고 $\int_0^{\pi}|x-\pi|\,dx$와 $\int_{\pi}^4|x-\pi|\,dx$로 분리하여 계산하는 방법과 비교하라.

25 $y=ax^2+bx+c$가 $x=0,\frac{1}{2},1$에서 각각 $1,3,7$과 같아지는 a,b,c의 값을 구하라(세 개의 방정식이 나온다). 이때 $\frac{1}{6}\cdot 1+\frac{4}{6}\cdot 3+\frac{1}{6}\cdot 7$이 $\int_0^1 y\,dx$와 같음을 확인하라.

26 $S-I=c(\Delta x)^4[y'''(1)-y'''(0)]$인 c를 $y=x^4$과 $\Delta x=\ 1$로 택하여 구하라.

27 $G-I=c(\Delta x)^4[y'''(1)-y'''(-1)]$인 c를 $y=x^4,\ \Delta x=\ 2,$ $G=\left(-\frac{1}{\sqrt{3}}\right)^4+\left(\frac{1}{\sqrt{3}}\right)^4$으로 택하여 구하라.

28 적분 $\int_a^b y(x)dx$에 대하여 $L_n=R_n=T_n$이 되기 위한 $y(x)$의 조건은 무엇인가?

29 $y(x)$가 아래로 볼록이라고 하자. 사다리꼴 법칙으로 구한 적분값은 너무 크며, 중점 법칙으로 구한 적분값은 너무 작음을 그림으로 보여라. 어떻게 $y''>0$이라는 조건이 식 (5)는 양수로, 식 (6)은 음수로 만들겠는가?

6장 지수와 로그

Exponentials and Logarithms

이 장에서는 2^x와 10^x과 같은 지수[1], 특히 e^x에 대해 다룬다. 목표는 이 지수들을 이해하고, 미분하고, 적분하고, 지수들이 포함된 방정식을 풀며 지수를 뒤집어 로그에 도달하는 것이다. e^x은 엄청나게 중요하므로 이 장은 순수 수학 및 응용 수학에서 매우 중대한 내용이 될 것이다.

1 exponential을 지수라고 번역하였으나, 사실 지수함수에 가깝다. 서론에서 세 가지 방식으로 적용한다는 원문을 바탕으로 문맥상 exponent가 지수라 번역하였다.

전통적인 미적분 교재에서는 e^x이 적분의 다른 응용들을 다룬 후 나오게 된다. 왜 이 책에서는 e^x이 더 일찍 이곳에 나오게 되는지 설명하겠다. 필자는 방정식 $dy/dx = y$가 적분의 기술들보다 강조되어야 한다고 생각한다. 자연의 법칙은 **미분방정식**으로 표현되며 그 중심에는 e^x이 있다. 미분방정식은 생명과학, 물리학, 경제학 및 공학(그리고 현재 상태에 의하여 변화량이 영향을 받는 모든 분야)에 응용된다. 모델은 미분방정식을 생성하고 여기에서는 미적분학이 할 수 있는 것을 보여주고 싶다.

핵심은 항상 지수법칙 $b^{m+n} = (b^m)(b^n)$이다. 6.1절에서는 이 법칙을 세 가지 방식으로 적용한다.

1. **로그**를 **지수**로서 이해한다.
2. 일반적인 평면, 세미로그, 로그-로그 평면에 **그래프**를 그린다.
3. **도함수**를 찾는 것. b^x의 기울기는 $b^{x+\Delta x} = (b^x)(b^{\Delta x})$을 사용한다.

6.1 개요

여러분은 로그를 본 적이 있을 것이다. 로그는 곱셈을 덧셈으로 바꾸어주므로 계산이 훨씬 간단해진다. 또한 로그는 계산자[2](아주 중요하지는 않다)와 로그-로그 평면에 그리는 그래프(매우 중요하다)에서 기본이 된다. 로그는 여러분이 이미 알고 있는 지수의 거울상이다.

2 계산자slide rule는 곱셈, 나눗셈 등을 수행하기 위한 과거의 계산기이다(미국에서는 주로 slipstick이라고 불린다).

지수부터 시작하자. $10, 10^2, 10^3$은 십진법 체계의 기본이다. 완성도를 위하여 10^0, 즉 1을 포함하자. **이 수들의 로그는 지수이다.** $1, 10, 100, 1000$의 로그는 각각 $0, 1, 2, 3$이다. 이 수들은 10의 거듭제곱이기 때문에 '10을 밑으로 하는' 로그이다.

Q_ 밑이 10에서 b로 바뀔 때, 1의 로그는 무엇인가?

A_ $b^0 = 1$이므로 $\log_b 1$은 항상 0이다. 밑이 b일 때, **b^n의 로그는 n이다.** 음의 거듭제곱에 대한 로그 역시 필요하다. 수 10^x은 양수이지만 그 지수 x는 음수일 수 있다. 이에 대한 두 예는 $1/10, 1/100$이며 $10^{-1}, 10^{-2}$으로 쓸 수도 있다. 이들 각각의 로그는 지수인 -1과 -2이다.

$$1000 = 10^3 \text{ 및 } \log 1000 = 3$$
$$1/1000 = 10^{-3} \text{ 및 } \log(1/1000) = -3$$

1000과 $1/1000$을 곱하면 $1 = 10^0$이고, 이들의 르그를 더하면 $3 + (-3) = 0$이다. 10^m과 10^n의 곱은 항상 10^{m+n}이다. 특히 10^3과 10^2의 곱은 10^5이다.

$(10)(10)(10)$과 $(10)(10)$의 곱은 $(10)(10)(10)(10)(10) = 10^5$과 같다.

b^m과 b^n의 곱에 대한 규칙은 $10^{4.6}$과 10^π의 곱과 같이 모든 지수로 확장된다. 게다가 이 법칙은 모든 밑(밑을 $b > 0$, $b \neq 1$로 제한한다)에 적용된다. **모든 경우에 수들의 곱은 지수들의 합이다**.

---

1 b^m과 b^n의 곱은 b^{m+n}과 같으므로 로그(지수)는 더한다.

b^m을 b^n으로 나누면 b^{m-n}과 같으므로 로그(지수)는 뺀다.

$$\log_b(yz) = \log_b y + \log_b z \text{ 및 } \log_b(y/z) = \log_b y - \log_b z \quad (1)$$

NOTE_ 계산자를 사용하던 시기에 1.2와 1.3의 곱은 한 눈금자를 다른 눈금자의 1.2에 움직여 맞춘 후 움직인 눈금자의 1.3에서 답을 읽음으로써 계산되었다. 독일에서 만든 계산자를 사용하면 세 자리인 1.56의 답을 얻을 수 있다. [그림 6-1(a)]는 숫자를 로그 척도로 보여준다. 1부터 2까지의 거리는 2부터 4까지의 거리와 같고, 이는 4부터 8까지의 거리와 같다. 눈금자를 밀어서 거리를 더하고 수를 곱한다.

나눗셈은 반대 방향으로 수행된다. $1000/10 = 100$이 어떻게 $3 - 1 = 2$와 일치하는지 주목하라. 1.56을 1.3으로 나누기 위하여 D줄에서 답 1.2를 찾을 수 있다.

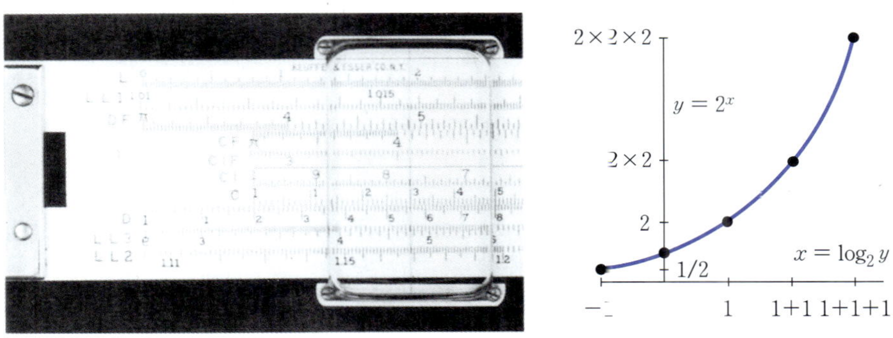

[그림 6-1] (a) 고대 유물(계산자), (b) 지수 x가 더해지면 거듭제곱 2^x이 곱해진다.

[그림 6-1(b)]는 비록 작지만 중요하다. **x가 1만큼 증가할 때, 2^x은 2배가 된다**. x에 대한 덧셈은 y에 대한 곱셈이 된다. 이 법칙에서 $y = 1, 2, 4, 8$을 쉽게 얻을 수 있지만 모든 자연수에만 머무르지 않는 미적분학의 관점에서 살펴보자.

미적분학에서는 Δx를 더한다. 이때 y는 $2^{\Delta x}$이 곱해지며 이 수는 1에 가깝다. 만약 $\Delta x = 1/10$이면 $2^{\Delta x} \approx 1.07$이며 이는 2의 10제곱근이다. **기울기를 구하기 위하여 $(2^{\Delta x} - 1)/\Delta x$을 고려한다.** 이 극한은 $(1.07 - 1)/\frac{1}{10} = 0.7$에 가깝지만, 정확한 수를 얻기 위해서는 좀 더 시간이 필요하다.

밑 변환 밑이 10이 아니며 지수가 $1, 2, 3, \cdots$이 아닌 경우도 응용이 가능하다. 지금으로부터 x년 후의 세계 인구는 1.02^x에 가깝게 증가할 것으로 예측된다. 분명히 여기서 x는 정수일 필요는 없다. 또한 밑 1.02은 10이 되어서는 안 된다(만약 그렇다면 현실에서 인구 문제가 발생할 것이다). 이 예측은 우리가 인구 성장에 대한 미분방정식을 공부할 때 더 세련된 형태로 나올 것이다. 밑 10으로 이 상황을 다시 보면 다음과 같이 쓸 수 있다(지수를 잘 살펴보라).

1.02^x은 $10^{(\log 1.02)x}$과 같다.

밑이 1.02에서 10으로 바뀔 때, 지수는 곱해진다. 이것을 지금부터 살펴보자. 연습을 위하여 밑 b로부터 시작하여 밑이 a가 되도록 바꾸어 보자. 모든 것은 로그 = 지수라는 규칙에서 시작한다.

$$\textbf{수에 대한 밑 변환 공식 : } b = a^{\log_a b}$$

이제 양변을 모두 x 제곱을 하면 지수의 변화를 살펴볼 수 있다.

$$\textbf{지수함수에 대한 밑 변환 공식 : } b^x = a^{(\log_a b)x}$$

마지막으로 $y = b^x$으로 두자. 밑이 b인 y의 로그는 x이다. 밑이 a인 y의 로그는 우변의 지수와 같으므로 $\log_a y = (\log_a b)x$이다. 이제 x를 $\log_b y$로 대체하면 다음을 얻는다.

$$\textbf{로그함수에 대한 밑 변환 공식 : } \log_a y = (\log_a b)(\log_b y)$$

밑을 바꾸기 위해서는 절대적으로 밑 변환 공식이 필요하다. $a = 2$일 때의 예는 다음과 같다.

$$b = 8 = 2^3 \qquad 8^2 = (2^3)^2 = 2^6 \qquad \log_2 64 = 3 \cdot 2 = (\log_2 8)(\log_8 64)$$

밑 변환 공식의 근간이 되는 것은 지수법칙 $(a^m)^x = a^{mx}$이다. m제곱을 한 수에 x제곱을 할 때, 지수는 곱해진다. 예를 들어 세제곱의 제곱은 6제곱과 같다.

$(a)(a)(a)$와 $(a)(a)(a)$의 곱은 $(a)(a)(a)(a)(a)(a)$와 같다. 즉 $(a^3)^2 = a^6$이다.

밑이 10이 아닌 다른 경우가 곧 더 중요해질 것이다. 밑 변환 공식을 다음과 같이 정리하였다.

> **2** 수, 거듭제곱, 로그의 밑을 b에서 a로 바꾸기 위하여 다음을 사용한다.
>
> $$b = a^{\log_a b} \qquad b^x = a^{(\log_a b)x} \qquad \log_a y = (\log_a b)(\log_b y) \tag{2}$$

첫 번째 식은 정의이다. 두 번째 식은 첫 번째 식을 x제곱한 것이다. 세 번째 식은 두 번째 식에 로그를 취한 것이다(y가 b^x임을 기억하라). 이때 $y = a$인 경우가 중요하다.

$$\log_a a = (\log_a b)(\log_b a) = 1 \text{ 이므로 } \log_a b = 1/\log_b a \text{이다.} \tag{3}$$

예제 1 $8 = 2^3$은 $8^{1/3} = 2$를 의미한다. 이때 $(\log_2 8)(\log_8 2) = (3)(1/3) = 1$이다.

이것으로 로그를 계산하는 부분을 마무리한다. 덧셈 규칙 1은 $(b^m)(b^n) = b^{m+n}$으로부터, 곱셈 규칙 2는 $(a^m)^x = a^{mx}$로부터 나왔다. 우리는 여전히 모든 실수 x에 대하여 b^x과 a^x을 정의해야 한다. x가 유리수일 때에는 정의하기 쉽다. a^8의 제곱근은 $a^4(m = 8$과 $x = 1/2)$이다. x가 2^π처럼 유리수가 아닐 때에는 그래프가 구멍을 채우는 한 가지 방법을 제안한다.

2^π을 2^3, $2^{31/10}$, $2^{314/100}$, $\cdots$의 극한으로 정의할 수 있다. 유리수 r이 π로 접근할 때, 지수함수 2^r은 2^π으로 접근한다. 이것은 $y = 2^x$이 연속함수가 되도록 하며 m, n 및 x가 정수가 아니어도 요구한 성질 $(2^m)(2^n) = 2^{m+n}$을 갖도록 한다. 하지만 ε과 δ를 이용하여 보이는 연속성은 매력적이지 않으므로 (6.4절에서) 적분을 기반으로 한, 더 깔끔한 접근법을 택할 것이다.

b^x과 $\log_b y$의 그래프

이제 그래프를 그릴 때가 되었다. $y = b^x$은 $x = \log_b y$와 같은 의미이기 때문에 원칙적으로 그래프 하나가 두 함수 모두에 적용되어야 한다. **이 함수들은 서로 역함수이다.** $g(x) = b^x$의 로그는 x이다.

$$g^{-1}(g(x)) = \log_b(b^x) = x \tag{4}$$

반대로 y의 로그에 지수함수를 취하면 y이다.

$$g(g^{-1}(y)) = b^{(\log_b y)} = y \tag{5}$$

이것은 모든 밑 b에 대하여 성립하며 이를 확인하기 위해 같은 좌표평면에서 $b=2$와 $b=4$인 두 경우의 그래프를 동시에 살펴보자. [그림 6-2(a)]는 $y=2^x$과 $y=4^x$의 그래프를 보여준다. 두 그래프의 $45°$ 선에 대한 거울상은 밑이 2, 4인 로그의 그래프이며 [그림 6-2(b)]에 나타나 있다.

x가 음수인 경우도 $y=b^x$은 여전히 양수이다. 만약 첫 번째 그래프가 왼쪽으로 확장된다 해도, 그래프는 여전히 x축의 위쪽에 위치한다. **그 그래프를 여러분이 연필로 직접 그려보라**. 또한 두 번째 그래프를 확장된 첫 번째 그래프의 거울상이 되도록 아래로 확장해보라. 이때 그래프는 y축과 만나지 않도록 해야 한다.

[그림 6-2(a)]에서 흥미로운 관계를 찾을 수 있다. b^0이 항상 1이기 때문에 모든 지수함수는 1에서 시작한다. 높이 $y=16$에서 한 그래프는 $x=2$ 위에 있고($4^2=16$이므로) 다른 그래프는 $x=4$ 위에 있다($2^4=16$이므로). **왜 한 그래프에서의 4^x이 다른 그래프에서의 2^{2x}과 같을까**? 이는 $4=2^2$ 및 거듭제곱에 대한 밑 변환 때문이다.

[그림 6-2(b)]는 그 거울상인 로그함수를 나타낸다. 모든 로그는 $y=1$, 즉 $x=0$에서 시작한다. $y=0$에서 그래프는 $-\infty$로 내려간다(대략 말하자면, $2^{-\infty}$은 0이다). 이를 일반화하면 한 그래프에서의 x는 다른 그래프에서의 $2x$에 해당한다(로그에 대한 밑 변환). 두 지수함수가 아주 빠르게 증가하므로, 두 로그함수는 모두 천천히 증가한다.

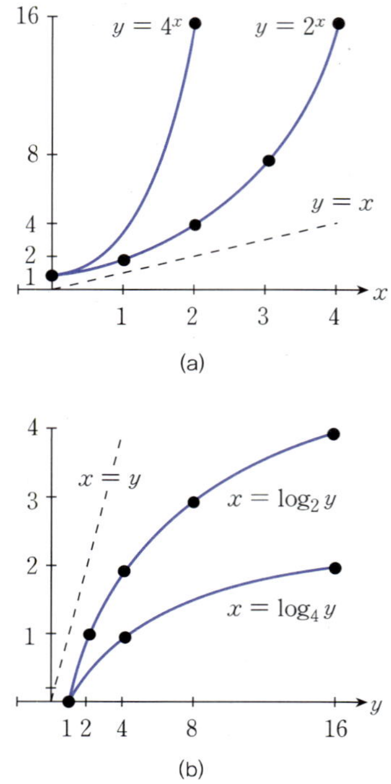

[그림 6-2] 지수함수와 그 거울상(로그함수). x와 y에 대한 눈금이 다르다.

10이 2^3과 2^4 사이의 수이므로 $\log_2 10$은 3과 4 사이이다. 2^x의 기울기는 2^x에 비례하며, 이는 x^n에서는 결코 발생하지 않았던 것이다. 그러나 이와 같은 지수함수의 그래프에는 실질적인 두 가지 어려움이 있다.

1. 2^x과 4^x은 너무 빨리 증가하여 그 그래프는 사실상 수직선으로 바뀐다.
2. Ab^x에 관한 가장 중요한 사실은 b의 값이며 그 밑이 그래프에서 두드러지지 않는다.

또 다른 요점이 있다. 많은 문제에서 함수 $y=f(x)$는 모르는 상태이다. 따라서 이 함수 $f(x)$를 찾으려 한다! 우리가 가진 전부는 측정된 오차를 포함한 y의 값들이다. 다시 말해 주어진 값을 그래프로 그려서 $f(x)$를 찾는 것이 목표이다.

다행히 해결책이 있다. **y축의 척도를 다르게 하라**. 보통의 그래프에서는 한 단위 위로 움직일 때 정해진 양만큼의 y를 더하지만 로그 척도에서는 한 단위 움직일 때 정해진 양만큼의 y를 **곱한다**. $y=1$에서 $y=2$로의 단계는 3에서 6 혹은 10에서 20까지의 단계와 같은 길이를 가진다.

로그 척도에서 $y=11$은 10과 12의 중간이 아니다. 그리고 $y=0$은 아예 존재하지 않는다. 한 단계 아래로 가면 고정된 양을 나누므로 y는 절대 0에 도달할 수 없다. Ab^x 역시 절대 0에 도달하지 않으므로 이를 완전히 만족한다.

[그림 6-3]에서 y축은 로그-선형이라고 알려져 있기도 한 **세미로그 눈금으로**, x축은 보통의 축으로 나타내어져 있다. **$y=Ab^x$의 그래프는 직선이다**. 그 이유를 살펴보기 위하여 이 식에 로그를 취해보자.

$$\log y = \log A + x\log b \tag{6}$$

x와 $\log y$의 관계는 선형이다. 실제로 그려지는 것은 $\log y$이며, 따라서 그래프는 직선이다. y축의 표시는 y의 로그값을 보지 않고 y의 값을 바로 알 수 있도록 해주어 $\log y$와 x 사이의 일반적인 그래프를 얻는다.

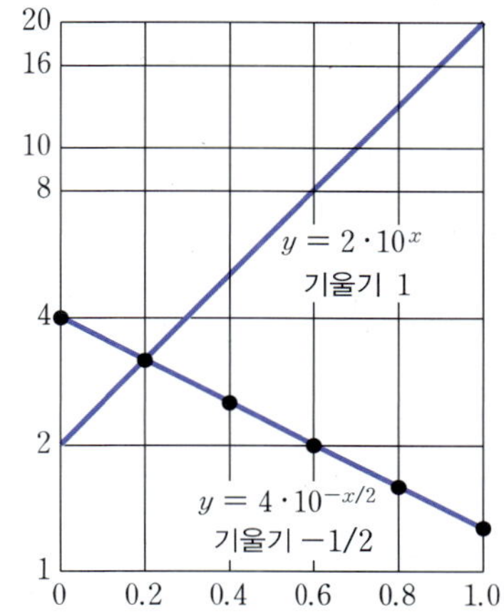

[그림 6-3] 세미로그 평면 위에서의 $2\cdot 10^x$과 $4\cdot 10^{-x/2}$의 그래프

[그림 6-3]은 두 가지 예를 보여준다. 하나의 그래프는 $y=2\cdot 10^x$의 정확한 그래프이다. 이 그래프는 1의 기울기를 가지며 위로 향한다. 이는 x 단위가 하나 증가하는 것이 y 단위에 10을 곱한 것과 같은 길이를 가지기 때문이다. **10^x은 기울기 1을 가지며 $10^{(\log b)x}$ (b^x과 같다)의 기울기는 $\log b$일 것이다**. 이 중요한 수 $\log b$는 기울기로 직접 측정할 수 있다.

[그림 6-3]의 두 번째 그래프는 실제 상황에서 더욱 전형적으로 나타나는 관측치로부터 시작하여 $f(x)$를 찾는 상황이다. 다음은 그 관측 데이터들이다.

x	0.0	0.2	0.4	0.6	0.8	1.0
$y=f(x)$	4.0	3.2	2.4	2.0	1.6	1.3

우리는 이 값들이 모델 $y=Ab^x$에 맞는지 미리 알 수는 없다. 그래프는 이 값들이 모델에 맞는지를 보여주는 강력한 증거이다. 점들은 음의 기울기를 가지는 직선에 가까우며 이는 $\log b<0$, 즉 $b<1$을 나타낸다. 내려가는 기울기는 첫 번째 그래프에서 올라가는 기울기의 절반이므로 모델은 다음과 일치한다.

$$y = A\cdot 10^{-x/2} \text{ 혹은 } \log y = \log A - \frac{1}{2}x \tag{7}$$

x가 2가 될 때, y는 10배로 줄어든다. $x=0$에서 $A\approx 4$임을 알 수 있다.

지수함수 대신 다른 모형의 **거듭제곱함수** $y=Ax^k$도 로그 비례 조정을 통해 두드러진다. 이번에는 두 개의 축이 모두 조정된 **로그-로그 평면**을 사용한다. $y=Ax^k$에 로그를 취하면 다음과 같이 $\log y$와 $\log x$의 선형 관계를 얻는다.

$$\log y = \log A + k \log x \quad (8)$$

즉 **지수 k가 로그-로그 평면에서의 기울기가 된다**. 밑 b는 아무런 차이를 만들지 못한다. 이렇게 그리면 기울기를 측정하기만 하면 된다는 점에서 직선은 거듭제곱함수의 곡선보다 훨씬 더 매력적이다.

[그림 6-4]에서 그래프들의 기울기는 $3, \frac{1}{2}, -1$이다. 기울기 각각은 $Ax^3, A\sqrt{x}, A/x$를 나타낸다. A들을 찾기 위하여 직선 위의 한 점을 살펴보자. $x = 4$에서 높이는 8이므로 A의 값을 조정하여 이 점을 지나도록 한다. 그러면 함수는 각각 $x^3/8, 4\sqrt{x}, 32/x$이다. 세미로그 용지에 그릴 경우 이 그래프들은 직선이 아닐 것이다! 로그-로그 용지를 사거나 컴퓨터 그래픽을 이용하면 이 그래프를 직선으로 만들 수 있다.

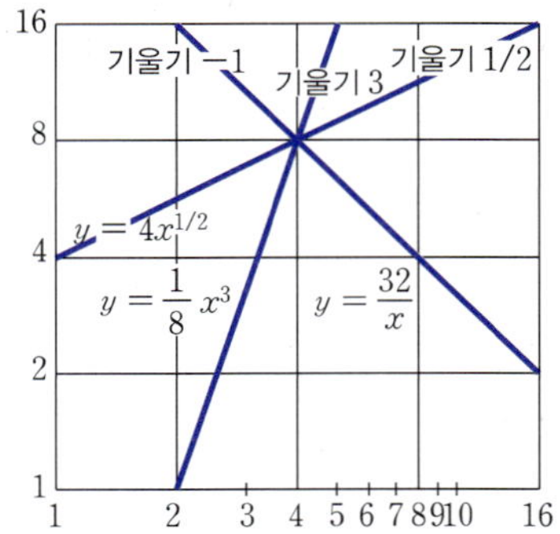

[그림 6-4] 로그-로그 평면 위에서의 Ax^k의 그래프

$y = b^x$과 $x = \log_b y$의 도함수

이 책은 미적분학 책이므로 이제 기울기에 대해 살펴보려 한다. 지수를 계산하는 내용은 이미 다루었고, 규칙들이 설정되었으며 로그-로그 평면에서 그래프들이 직선임을 알았다. 이제 극한에 대해 알아보자.

주요 질문은 도함수이다. **$y = b^x$일 때, dy/dx는 무엇일까? x가 로그함수 $\log_b y$일 때 dx/dy는 무엇일까?** 이 질문들은 밀접하게 연관되어 있는데, 이는 b^x과 $\log_b y$가 서로 역함수이기 때문이다. 만약 한 함수의 기울기를 찾을 수 있다면 다른 함수의 기울기는 $dx/dy = 1/(dy/dx)$로부터 알 수 있다. 따라서 문제는 이들 중 하나의 기울기를 찾는 것이며 여기서는 지수함수의 기울기부터 찾아보자.

여러분은 이제 이 질문들에 대해 빠른 (그리고 아름다운) 대답을 보게 될 것이다. 단, 그 대답에는 특별한 상수가 있다. 곱해지는 상수 c에 대해 알기 위해서는 조금 더 시간이 필요하다. 지금 즉시 할 수 있는 부분을 먼저 살펴보는 것이 중요하다고 생각하기에 dy/dx에 c를, dx/dy에 $1/c$을 남겨둘 것이다. 그런 다음 6.2절에서 e라고 불리는 특별한 수에 대해 공부한 후 c를 찾을 것이다(하지만 c는 e가 아니다).

3 b^x의 도함수는 상수 배인 cb^x이다. 상수 c는 밑 b에 의존한다.

곱, 거듭제곱, 연쇄 법칙을 통해서는 이 도함수를 얻을 수 없다. 우리는 원래 정의인 $\Delta y/\Delta x$의 극한으로 돌아가야 한다.

$$\frac{dy}{dx} = \lim_{h \to 0} \frac{y(x+h) - y(x)}{h} = \lim_{h \to 0} \frac{b^{x+h} - b^x}{h} \quad (9)$$

b^{x+h}을 b^x과 b^h의 곱으로 나누어라. 그러면 결정적인 양 b^x이 묶여진다. 그 뿐만 아니라 b^x은 극한 밖으로 나올 수 있는데 이는 b^x이 h에 의존하지 않기 때문이다. 중괄호 안에 남은 극한은 우리가 아직은 모르는 어떤 수 c이다.

$$\frac{dy}{dx} = \lim_{h\to 0}\frac{b^x b^h - b^x}{h} = b^x\left[\lim_{h\to 0}\frac{b^h - 1}{h}\right] = c\,b^x \qquad (10)$$

이 방정식은 이 장의 핵심이다. dy/dx는 cy인 cb^x와 같다. y의 변화율은 y에 비례한다. 상수 c를 제외한다면 기울기는 b^x이 증가하는 것과 같은 방식으로 증가한다. 전형적인 예로 은행 예금을 들 수 있다. 은행 예금은 이자가 원금에 비례하여 붙는다. 따라서 부유한 사람은 더 부유해지며 가난한 사람들은 원래에 비해 약간 더 여유로워질 뿐이다. 곧 복리 체계로 돌아와 b와 c를 명확히 할 것이다.

역함수는 $x = \log_b y$이다. 이제 알지 못하는 상수는 $1/c$이다.

> 4 $\log_b y$의 기울기는 $1/(cy)$이며 상수 c는 밑 b에 의존하는 위와 동일한 상수이다.

증명 $dy/dx = cb^x$이면 $dx/dy = 1/(cb^x) = 1/(cy)$이다. (11)

이 증명은 강력하면서 빠르다. 좀 더 조심스럽게 나아가보자.

$f(b^x) = x$	(지수함수의 로그)
$f'(b^x)(cb^x) = 1$	(연쇄 법칙을 x에 대하여 적용한다)
$f'(b^x) = 1/(cb^x)$	(양변을 cb^x으로 나눈다)
$f'(y) = 1/(cy)$	(b^x을 y로 취급한다)

로그함수는 c를 찾기 위한 다른 방법을 제공한다. 그 기울기로부터 우리는 $1/c$을 찾을 수 있다. 이것이 (다음 절에서) 최종적으로 사용하는 방식이다. ∎

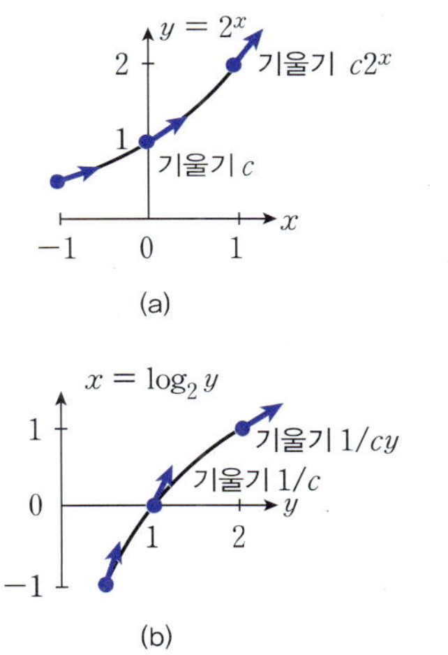

[그림 6-5] (a) 2^x의 기울기는 대략 $(0.7)\cdot 2^x$이다. (b) $\log_2 y$의 기울기는 대략 $1/(0.7y)$이다.

만족스럽게도 도함수가 $1/(cy)$인 $f(y)$를 만날 수 있게 되었다. 결론적으로 '-1제곱'은 역도함수를 가진다. 이때 $\int x^n dx = x^{n+1}/(n+1)$은 $n = -1$일 때 성립하지 않았다는 것을 기억하자. x^0(상수)의 도함수는 x^{-1}을 생성하지 않는다. 지금까지는 **x^{-1}에 대한 적분을 몰랐지만 로그가 그 빈 부분을 메워 준다**. 만약 y가 x 혹은 t(모든 더미 변수)로 대체된다면 다음이 성립한다.

$$\frac{d}{dx}\log_b x = \frac{1}{cx}, \quad \frac{d}{dt}\log_b t = \frac{1}{ct} \qquad (12)$$

밑 b를 $c=1$이 되도록 선택할 수 있을 것이다. 그렇게 되면 도함수는 $1/x$과 같게 된다. 이 마지막 부분은 $b=e$라는 마술과 같은 선택을 통해 달성할 수 있으며 이것이 바로 6.2절의 핵심이다.

6.1 문장제 문제

01 $10^4=10000$에서 지수 4는 10000의 __a__이며, 밑은 $b=$ __b__이다. 10^m과 10^n의 곱의 로그는 __c__이고, $10^m/10^n$의 로그는 __d__이다. 10000^x의 로그는 __e__이다. 만약 $y=b^x$이면 $x=$ __f__이다. 여기서 x는 어떤 수이든 가능하며 y는 항상 __g__이다.

02 밑 변환을 통해 $b=a^{\text{h}}$ 및 $b^x=a^{\text{i}}$을(를) 얻는다. 그러면 8^5은 2^{15}과 같다. 즉 $\log_2 y$는 __j__와(과) $\log_8 y$의 곱과 같다. $y=2$일 때, 이는 $\log_2 8$과 $\log_8 2$의 곱이 __k__와(과) 같음을 알 수 있다.

03 보통의 좌표평면에서 $y=$ __l__의 그래프는 직선이며 이 직선의 기울기는 __m__이다. 세미로그 용지에서는 $y=$ __n__의 그래프가 직선이다. 이 직선의 기울기는 __o__이다. 로그-로그 용지에서는 $y=$ __p__의 그래프가 직선이며 이 직선의 기울기는 __q__이다.

04 $y=b^x$의 기울기는 $dy/dx=$ __r__이며, 여기서 c는 b에 의존한다. 수 c는 __s__의 $h\to 0$으로의 극한이다. $x=\log_b y$가 역함수이므로 $(dx/dy)(dy/dx)=$ __t__이다. $dy/dx=cb^x$임을 알고 있으므로 $dx/dy=$ __u__을(를) 얻는다. y 대신에 b^x을 대입하면 $\log_b y$의 기울기는 __v__이다. 문자를 바꾸어 다시 쓰면 $\log_b x$의 기울기는 __w__이다.

6.1 연습문제

01~10 다음은 로그의 법칙을 사용하는 문제이다.

01 다음 로그(혹은 지수)를 찾아라.

(a) $\log_2 32$ (b) $\log_2(1/32)$

(c) $\log_{32}(1/32)$ (d) $\log_{32} 2$

(e) $\log_{10}(10\sqrt{10})$ (f) $\log_2(\log_2 16)$

02 계산기 없이 다음 값들을 찾아라.

(a) $3^{\log_3 5}$ (b) $3^{2\log_3 5}$

(c) $\log_{10}5+\log_{10}2$ (d) $(\log_3 b)(\log_b 9)$

(e) $10^5 10^{-4} 10^3$ (f) $\log_2 56-\log_2 7$

03 -1부터 1까지 $y=2^{-x}$과 $y=\frac{1}{2}(4^x)$의 그래프를 같이 그려라. 그들의 거울상인 $x=-\log_2 y$와 $x=\log_4(2y)$를 다른 좌표축 위에 그려라.

04 [그림 6-2]와 같이 $y=\left(\frac{1}{2}\right)^x$과 $x=\log_{1/2} y$의 그래프를 그려라. $\log_{1/2}2$와 $\log_{1/2}4$의 값은 얼마인가?

05 컴퓨터 없이 다음을 계산하라.

(a) $\log_2 3+\log_2 \frac{2}{3}$ (b) $\log_2\left(\frac{1}{2}\right)^{10}$

(c) $\log_{10}100^{40}$ (d) $(\log_{10}e)(\log_e 10)$

(e) $2^{2^3}/(2^2)^3$ (f) $\log_e(1/e)$

06 x에 대한 다음 방정식들을 풀어라.

(a) $\log_{10}(10^x)=7$ (b) $\log 4x-\log 4=\log 3$

(c) $\log_x 10=2$ (d) $\log_2(1/x)=2$

(e) $\log x+\log x=\log 8$ (f) $\log_x(x^x)=5$

07 $y=x^n$의 로그는 $\log_b y=$ _____이다.

08 $(\log_b a)(\log_d c)=(\log_d a)(\log_b c)$임을 증명하라.

09 2^{10}은 10^3에 가깝다(1024와 1000). 만약 이 두 수가 같았다면 $\log_2 10$은 _____이었을 것이다. 또한 $\log_{10} 2$는 0.301이 아니라 _____이었을 것이다.

10 2^{1000}은 십진법으로 표현했을 때 대략 몇 자리의 수인가?

11~19 $y=b^x$과 $x=\log_b y$의 그래프에 관한 문제이다.

11 세미로그 용지에서의 축과 $y=1.1^x$ 및 $y=10(1.1)^x$의 그래프를 직접 그려라.

12 $y=\log_{10} x$의 그래프가 직선이 되는 축들을 나타내라. 이 축들에서 직선으로 나타나는 다른 식들은 무엇인가?

13 소음이 데시벨 (db)단위로 측정되었을 때, 소음을 A배로 증폭하는 경우 데시벨은 $10\log A$만큼 증가한다. 만약 귓속말이 20db이고 함성이 70db인 경우 $10\log A=50$이고 $A=$ _____이다.

14 $y=10^{1-x}$과 $y=\frac{1}{2}(\sqrt{10})^x$의 세미로그 그래프를 그려라.

15 리히터 규모는 지진의 강도를 $\log_{10}(I/I_0)=R$을 통해 측정한다. 표준 강도 I_0의 지진에 대한 R의 값은 무엇인가? 만약 1989년에 일어난 샌프란시스코 지진이 $R=7$로 측정되었다면 그 지진의 강도 I는 I_0의 몇 배인가? 1906년에 일어난 샌프란시스코 지진은 $R=8.3$이었다. 이 기록적인 지진은 $R=$_____에 비해 네 배만큼 강한 지진이다.

16 피아노에서 가장 가운데 옥타브에 있는 '라' 음의 진동수는 440회/초이다. 한 옥타브 높은 '라' 음에 대한 진동수는 _____이다. $2^{7/12}\approx 1.5$이므로, 660회/초의 진동수를 갖는 건반은 _____이다.

17 세미로그 축을 그린 후 아래의 데이터를 표시하라. 또한 $y=Ab^x$에서 A와 b를 추정하라.

x	0	1/2	1	3/2	2
y	7	11	16	28	44

18 로그-로그 평면에서 $y=x^2$ 및 $y=\sqrt{x}$의 그래프를 그려라.

19 로그-로그 평면에 $x=1,2,3,4,5$에서의 $y=4,11,21,32,45$를 그려라. $y=Ax^k$에서 A와 k를 추정하라.

20~29 다음은 도함수 $dy/dx=cb^x$에 대한 문제이다.

20 $g(x)=b^x$은 기울기 $g'=cg$를 갖는다. $g(f(y))=y$에 연쇄 법칙을 적용하여 $df/dy=1/(cy)$임을 증명하라.

21 $\log x$의 기울기가 $1/(cx)$일 때, $\log(2x)$, $\log(x^2)$, $\log(2^x)$의 기울기를 구하라.

22 $y=10^x$의 $x=0$에서의 접선의 방정식은 무엇인가(c를 포함하라)? $x=1$에서 접선의 방정식도 찾아라.

23 $x=\log_{10} y$의 $y=1$에서 접선의 방정식은 무엇인가? $y=10$에서 접선의 방정식도 찾아라.

24 $b=10$일 때 10^x의 기울기는 $c10^x$이다. 계산기를 사용하여 작은 h의 값에 대하여 $c=\lim_{h\to 0}(10^h-1)/h$의 값을 추정하라.

25 $y=(0.1)^x$의 기울기에서 알려지지 않은 상수는 $L=\lim_{h\to 0}(0.1^h-1)/h$이다.

(a) 작은 h의 값을 선택하여 L을 추정하라.

(b) h를 $-h$로 바꾸어 $L=-c$임을 보여라(c는 문제 24에 정의되어 있다).

26 $(b^h-1)/h\approx 1$이 되는 밑 b를 찾아라. $h=1/4$을 사용하여 직접 계산해보거나 $h=1/10$ 및 $1/100$을 사용하여 계산기를 사용해 보라.

27 $y=b^x$ 및 $x=\log_b y$의 이계도함수를 찾아라.

28 $C=\lim_{h\to 0}(100^h-1)/h$는 $c=\lim_{h\to 0}(10^h-1)/h$의 두 배임을 보여라(마지막의 h를 $2h$로 바꾸어라).

29 문제 28에서 $b=100$일 때의 극한은 $b=10$일 때의 극한의 2배이다. 따라서 c는 아마도 b의 _____와(과) 연관이 있을 것이다.

6.2 지수함수 e^x

앞 절에서는 b^x과 $\log_b y$에 대하여 논의하였다. 여기서 밑 b는 $2, 6, 9.3$과 같이 1이 아닌 어떤 양수도 될 수 있었다. 하지만 실제로는 단지 몇 개의 수만 밑으로 사용된다.

6이나 9.3을 밑으로 하는 로그를 본 적은 없다. 현실적으로는 b로 자주 사용하는 2개의 수가 있으며 10이 그중 하나이다. 이 절에서는 다른 하나의 수에 대해서 다루며 이 수는 매우 주목할 만한 수이다. 이 수는 산수나 기하학에서는 볼 수 없으며 완전히 어색하고 부적절해 보인다. 하지만 미적분학에서 이 수는 그 자체로 자연스럽게 등장한다.

그 수는 바로 e이다. 이 기호는 오일러가 이름을 붙였다(오일러 마음대로 이름 붙였지만, 그는 훌륭한 수학자이다). 이 수는 **자연로그 $\ln x$의 밑**이며, 자연로그보다 지수함수 e^x에서 훨씬 더 중요한 역할을 한다. 또한, 오일러는 원주를 나타내기 위한 기호로 π를 선택하기도 하였다. 어쨌든 우리의 첫 목표는 e를 찾는 것이다.

b^x과 $\log_b y$의 도함수가 b에 의존하는 상수 c를 포함하고 있다는 것을 기억하라. 앞의 절에서 식 (10)과 식 (11)은 다음과 같았다.

$$\frac{d}{dx} b^x = c b^x, \qquad \frac{d}{dy} \log_b y = \frac{1}{cy} \tag{1}$$

$x = 0$에서 b^x의 그래프는 $b^0 = 1$부터 시작하며 그 기울기는 c이다. $y = 1$에서 $\log_b y$는 $\log_b 1 = 0$부터 시작하고 이 로그는 기울기 $1/c$을 가진다. **c가 1이 되도록 밑 b를 적당히 선택하면 이 두 기울기는 모두 1이 될 것이다.**

$y = 2^x$의 그 기울기 c는 0.7에 가깝다. 우리는 이미 $\Delta x = 0.1$일 때 $\Delta y \approx 0.07$임을 살펴보았다. 따라서 기울기 $c = 1$로 시작하기 위해서는 밑은 2보다 커야 한다.

$\log_b y$에 대하여 $y = 1$에서 기울기를 직접 계산하며 시작하자.

$$\frac{1}{c} = (1\text{에서의 기울기}) = \lim_{h \to 0} \frac{1}{h} [\log_b(1+h) - \log_b 1] = \lim_{h \to 0} \log_b [(1+h)^{1/h}] \tag{2}$$

여기서 항상 $\log_b 1 = 0$임이 사용된다. 가운데 식의 분수는 $\log_b(1+h)$와 숫자 $1/h$의 곱이다. 이 수 $1/h$은 지수로 올라갈 수 있으며 실제로 이 기법이 사용되었다.

양 $(1+h)^{1/h}$은 간단히 하기에는 흔하지 않은 형태이다. $h \to 0$일 때 수 $1+h$는 1로 접근하고 동시에 $1/h$은 무한대로 접근한다. 이때 **극한에서 우리는 1^∞을 얻는다**. 하지만 이 표현은 $0/0$과 같이 의미가 없다. 이 극한의 값은 '1에 가까운' 정도와 '∞에 가까운' 정도 사이의 균형에 달려 있다. 이 균형이 아주 특별한 숫자 e를 만들어낸다.

정의 수 e는 $\lim_{h \to 0} (1+h)^{1/h}$과 같다. 즉 $e = \lim_{n \to \infty} \left(1 + \frac{1}{n}\right)^n$이다.

e를 계산하기 전에 기울기 $1/c$을 다시 살펴보자. 식 (2)의 마지막은 e의 로그값과 같다.

$$1/c = \log_b e \qquad (3)$$

밑이 $b = e$인 경우에 기울기는 $\log_e e = 1$이다. 이 밑 e는 원하는 $c = 1$의 값을 가진다.

$$e^x\text{의 도함수는 } 1 \cdot e^x \text{이고 } \log_e y\text{의 도함수는 } \frac{1}{1 \cdot y}\text{이다.} \qquad (4)$$

밑이 e일 때 $c = 1$이 되기 때문에 밑이 e인 로그는 미적분학에서 매우 중요하다.

실제로 수 $(1+h)^{1/h}$으로부터 e를 계산하기 위하여 $h = 1, 1/10, 1/100, \cdots$을 택하여보자. 이때 지수 $1/h$은 $n = 1, 10, 100, \cdots$이 된다(모든 극한과 도함수는 6.4절에서 본격적으로 설명할 것이다). 다음 표는 $(1+h)^{1/h}$이 $h \to 0$ 및 $n \to \infty$일 때 e로 접근함을 보여준다.

n	$h = \frac{1}{n}$	$1+h = 1+\frac{1}{n}$	$(1+h)^{1/h} = \left(1+\frac{1}{n}\right)^n$
1	1.0	2.0	2.0
2	0.5	1.5	2.25
10	0.1	1.1	2.593742
100	0.01	1.01	2.704814
1000	0.001	1.001	2.716924
10000	0.0001	1.0001	2.718146

마지막 열은 e로 수렴하고 있다(수렴이 빠르지는 않다). 이보다 훨씬 더 빠르게 수렴하는 무한급수도 있다. 현재 e는 125000자리까지 알려져 있다(그리고 π는 10억 자리까지 알려져 있다). e의 처음 16자리의 수를 보고 특정한 패턴이 있을 것이라 생각할지도 모르지만, 수 e에 특정한 패턴은 없다.

$$e = 2.7\,1828\,1828\,45\,90\,45 \cdots \text{(그리고 } 1/e \approx 0.37\text{이다)}$$

e의 거듭제곱은 $y = e^x$을 생성한다. $x = 2.3$과 5에서 그 값은 각각 $y = 10$과 150에 가깝다.

지수함수 $y = e^x$의 역함수는 로그함수이다. 150과 10의 밑이 e인 로그는 각각 $x = 5$와 $x = 2.3$에 가깝다. 밑이 e인 로그의 특별한 이름은 **자연로그**이다. 또한 로그의 밑이 e임을 나타내기 위하여 특별한 표기법인 'ln'을 사용한다.

$\ln y$는 $\log_e y$와 같은 의미이다. 자연로그는 $e^x = y$에서의 지수이다.

표기법 $\ln y$(혹은 $\ln x$, 함수가 중요한 것이지 변수가 중요한 것은 아니다)는 미적분학 과정에서는 표준이다. 미적분학을 배우고 난 다음에는 통상적으로 로그의 밑은 e로 본다. 대부분의 과학 및 공학에서는 자동적으로 자연로그를 선택한다. 기호 'exp(x)'는 e^x을 의미하며 기호 'log$x$'는 일반적으로 ln$x$를 나타낸다. ln이라는 기호가 없더라도 밑은 e인 것으로 받아들여진다. 하지만 의심의 여지가 있는 경우(예를 들면 계산기의 버튼을 누를 때) 밑이 e임을 강조하기 위하여 기호 'ln$x$'를 사용한다.

e^x과 $\ln x$의 도함수

도함수와 기울기로 돌아오자. b^x의 도함수는 cb^x이며 $\log_b y$의 도함수는 $1/(cy)$이다. **만일 $b=e$이면 $c=1$이다.** 임의의 밑에 대하여 식 (3)은 $1/c=\log_b e$이다. 이 식으로부터 b^x의 $x=0$에서의 기울기인 c를 얻을 수 있다.

> 5 수 c는 $1/\log_b e=\log_e b$이다. 따라서 c는 $\ln b$와 같다. (5)

$c=\ln b$가 바로 이전에는 알 수 없었던 미지의 상수였다. 예를 들어 2^x의 기울기는 $\ln 2$와 2^x의 곱이고, e^x의 기울기는 $\ln e$와 e^x의 곱이다(이때 $\ln e=1$이다). 이로써 이 장에서 찾으려 했던 도함수들을 얻었다.

> 6 e^x과 $\ln y$의 도함수는 각각 e^x과 $1/y$이다. 다른 밑에 대해서는 다음과 같다.
> $$\frac{d}{dx}b^x=(\ln b)b^x,\quad \frac{d}{dy}\log_b y=\frac{1}{(\ln b)y}\text{ 이다.} \tag{6}$$

이들 도함수가 더미 변수가 아닌 함수로부터 나왔다는 것을 확실히 하기 위하여 이 도함수들을 t와 x에 대하여 다시 써보기로 한다.

$$\frac{d}{dt}e^t=e^t,\qquad \frac{d}{dx}\ln x=\frac{1}{x} \tag{7}$$

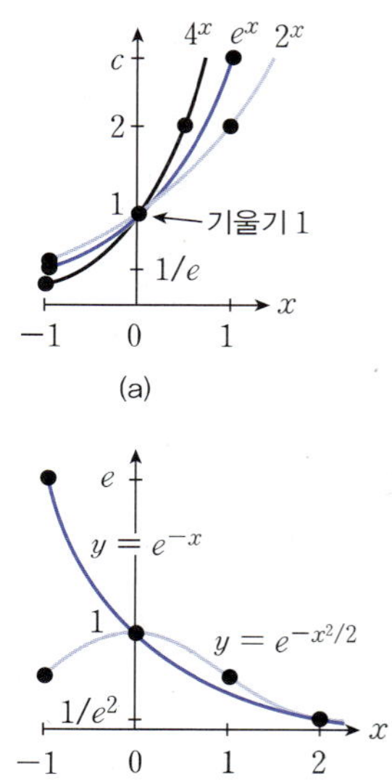

[그림 6-6] (a) e^x은 2^x보다 빨리 증가하며 4^x보다는 느리게 증가한다. (b) e^{-x}의 감소와 $e^{-x^2/2}$의 더 빠른 감소

이번엔 $x=0$에서의 기울기에 대해 알아보자. 2^x의 $x=0$에서의 기울기는 1보다 작고, 4^x의 $x=0$에서의 기울기는 1보다 큼을 직접 확인해보자. 빠른 증명으로 'e는 2와 4사이의 수이기 때문이다.'라고 할 수 있다. 하지만 그림을 통해 기울기를 확인할 수도 있다. 이는 즐겁게 해결할 수 있는 간단한 퍼즐과도 같지만 건너뛰어도 되는 과정이다. 2^x은 $x=0$일 때 1로 시작하여 $x=1$일 때 2까지 증가한다. 이 구간에서의 평균 기울기는 1이다. 시작점에서 2^x의 기울기는 평균보다 작으므로 예상한 대로 그 값은 1보다 작아야 한다. 한편 4^x은 $x=-\frac{1}{2}$일 때 $\frac{1}{2}$로 시작하여 $x=0$일 때 1로 증가한다. 마찬가지로 이 구간에서의 평균 기울기는 $\frac{1}{2}\Big/\frac{1}{2}=1$이다. $x=0$은 이 새로운 구간의 끝에 있기 때문에, 4^x의 $x=0$에서의 기울기는 1보다 크다. 2^x와 4^x 사이의 어

딘가에 e^x이 있고, e^x은 $x=0$에서 기울기 1을 가진다.

이것이 그래프를 이용한 e에 대한 접근이다. 이뿐만 아니라 e를 무한급수로 표현할 수도 있다. e에 대한 다음 접근 방법들 중 적분을 통한 5번째 정의는 기록을 남겨 두기 위하여 적어 놓았다.

1. e는 e^x의 $x=0$에서의 기울기가 1이 되는 수이다.
2. e는 $\ln y = \log_e y$의 $y=1$에서의 기울기가 1이 될 때의 밑이다.
3. e는 $n \to \infty$일 때 $\left(1+\dfrac{1}{n}\right)^n$의 극한이다.
4. $e = \dfrac{1}{0!}+\dfrac{1}{1!}+\dfrac{1}{2!}+\dfrac{1}{3!}+\cdots = 1+1+\dfrac{1}{2}+\dfrac{1}{6}+\cdots$
5. 넓이 $\displaystyle\int_1^e x^{-1}\,dx$가 1이 된다.

1, 2와 3 사이의 관계는 이미 살펴보았다. e가 $(1+1/n)^n$의 극한일 때 기울기는 1이 된다. $(1+1/n)^n$를 전개하여 각 항에 극한을 취하면 6.6절에서 나오는 무한급수인 4를 얻는다. $\ln x$의 공식적인 정의는 $\int dx/x$로부터 나오며 이때 5는 $\ln e = 1$임을 말해준다. e에 대한 이러한 접근(6.4절)은 다른 정의들보다 덜 직관적이다.

[그림 6-6(b)]는 e^{-x}의 그래프를 보여준다. 이 그래프는 e^x의 그래프를 y축에 대하여 대칭이동한 것이다. 그 둘의 곱은 $e^x e^{-x}=1$이다. e^x가 지수적으로 증가하므로, e^{-x}는 지수적으로 감소한다(혹은 x가 $-\infty$에 접근함에 다라 y는 지수적으로 증가한다). **이 함수들의 증가율과 감소율은 x의 어떤 거듭제곱보다도 빠르다.** 지수함수적인 증가는 다항함수적인 증가보다 빠르며 따라서 e^x/x^n은 무한대로 접근한다([연습문제 6.2.59]). 함수 e^x의 기울기가 e^x이므로 함수가 아주 빨리 증가하도록 유지시켜주기 때문이다.

다른 곡선은 $y=e^{-x^2/2}$이다. 이 곡선은 확률론의 유명한 '종 모양 곡선'이다. 이 함수를 $\sqrt{2\pi}$로 나누면 많은 평균과 실험에 나오는 **정규 분포**를 얻을 수 있다. 8.4절의 SAT 점수가 하나의 예시가 될 것이다. x를 $-x$로 바꾸는 것이 x^2에 아무런 영향을 미치지 않으므로 이 곡선은 평균값인 $x=0$을 기준으로 서로 대칭이다.

$x=-1$과 $x=1$ 사이의 넓이는 대략 이 곡선 아래 전체 넓이의 $2/3$이다. 이는 만약 여러분이 그래프 아래의 점을 임의로 고른다면 샘플의 $2/3$가 이 구간에 있을 것으로 예측된다는 뜻이다. 두 점 $x=-2$와 $x=2$는 중심으로부터 '표준편차의 두 배'만큼 떨어진 점들이며, 넓이의 95%를 차지한다. 즉 이 점들 밖에 있을 가능성은 5%에 불과하다. x 대신 $\frac{1}{2}x^2$이 포함되어 있으므로 감소율은 심지어 보통의 지수함수보다 훨씬 더 빠르다.

e^{cx}과 $e^{u(x)}$의 도함수

e^x의 기울기는 e^x이다. 이 사실은 미적분학이 다룰 수 있는 모든 함수의 세계를 열어주는 문이 된다. 연쇄 법칙을 사용하여 e^{3x}과 $e^{\sin x}$ 및 모든 $e^{u(x)}$의 기울기를 구할 수 있다.

> 7 $e^{u(x)}$의 도함수는 $e^{u(x)}$과 du/dx의 곱이다. (8)
>
> $u = cx$인 특별한 경우 : e^{cx}의 도함수는 ce^{cx}이다. (9)

예제 1 e^{3x}의 도함수는 $3e^{3x}$이다(여기서 $c = 3$이다). $e^{\sin x}$의 도함수는 $e^{\sin x}\cos x$ (여기서 $u = \sin x$이다). $f(u(x))$의 도함수는 df/du과 du/dx의 곱이다. 여기서 $f = e^u$이므로 $df/du = e^u$이다. 이때 **연쇄 법칙은 두 번째 인자 du/dx를 요구한다.**

예제 2 $e^{(\ln 2)x}$은 2^x과 같으며, 따라서 이 함수의 도함수는 $\ln 2$와 2^x의 곱이다. 연쇄 법칙을 통해 우리는 상수 c가 $c = \ln 2$라는 것을 알 수 있다. 이로부터 b^x의 기울기에서 연쇄 법칙은 인자 $c = \ln b$를 다시 발견한다.

일반적으로 b^x보다는 e^{cx}이 선호된다. 도함수는 상수 c를 아래로 가져오기만 하면 된다. **e를 밑으로 사용하는 것으로 합의하고** $c = \ln b$와 같이 복잡한 것들은 지수 위에 두는 것이 낫다. 이때 e^{cx}의 이계도함수는 c^2e^{cx}이다.

예제 3 $e^{-x^2/2}$의 도함수는 $-xe^{-x^2/2}$이다($u = -x^2/2$이므로 $du/dx = -x$이다).

예제 4 $f = e^{-x^2/2}$의 이계도함수는 연쇄 법칙과 곱 미분 법칙에 의하여 다음과 같다.

$$f'' = (-1)\cdot e^{-x^2/2} + (-x)^2 e^{-x^2/2} = (x^2 - 1)e^{-x^2/2} \tag{10}$$

어떻게 모든 **지수함수 부분이 남을 수 있었는지** 주목해보라. 도함수를 취할 때마다 많은 인자들이 곱해지지만 지수함수 부분은 증가 혹은 감소를 지배하며 도함수에 여전히 남아 있다. 종 모양 곡선에서의 변곡점, 즉 식 (10)에서 $f'' = 0$이 되는 점은 $x = 1$과 $x = -1$이다.

예제 5 ($u = n\ln x$인 경우) $e^{n\ln x}$은 x^n의 다른 형태이므로 그 기울기는 nx^{n-1}이어야 한다.

$$\text{기울기} = e^{n\ln x}\frac{d}{dx}(n\ln x) = x^n\left(\frac{n}{x}\right) = nx^{n-1} \tag{11}$$

이 기울기는 n이 정수이든 아니든 모든 n에 대하여 옳다. 2장에서 항 정리로부터 도함수 $3x^2$과 $4x^3$을 구했다. 이제는 ln과 exp, 연쇄 법칙으로부터 nx^{n-1}을 배웠다. ❯

예제 6 $x^x = (e^{\ln x})^x$과 같이 극단적인 경우를 살펴보자. 여기서 $u = x\ln x$이고 이때 du/dx를 이용한다.

$$\frac{d}{dx}(x^x) = e^{x\ln x}\left(\ln x + x \cdot \frac{1}{x}\right) = x^x(\ln x + 1)$$ ❯

---

e^{cx}과 $e^u\,du/dx$의 적분

e^x의 적분은 e^x이지만 e^{cx}의 적분은 e^{cx}이 아니다. 미분은 c를 곱해야 하므로 적분은 c로 나누어야 한다. 즉 e^{cx}의 적분은 e^{cx}/c(+ 적분상수)이다.

$$\int e^{2x}dx = \frac{1}{2}e^{2x} + C \qquad \int b^x dx = \frac{b^x}{\ln b} + C$$

$$\int e^{3(x+1)}dx = \frac{1}{3}e^{3(x+1)} + C \qquad \int e^{-x^2/2}dx \to \text{실패}$$

첫 예시에서는 $c = 2$이고, 두 번째 예시에서는 $c = \ln b$이다. 여기서 $b^x = e^{(\ln b)x}$임을 기억하자. 적분은 $\ln b$를 나누어 구한다. 세 번째 예시에서 $e^{3(x+1)}$는 e^{3x}과 수 e^3의 곱이고 이는 적분에서 그대로 유지된다. 혹은 $e^{3(x+1)}$을 e^u으로 볼 때 빠진 $du/dx = 3$는 3을 나눔으로써 보정할 수 있다. 마지막 예시에서는 du/dx가 없으므로 적분을 구할 수 없다. du/dx 없이는 적분할 수 없다.

> 8 부정적분 $\int e^u \frac{du}{dx}dx$는 $e^{u(x)} + C$와 같다.

다음 예시 중 세 개는 du/dx를 이용하여 적분할 수 있다.

$$\int e^{\sin x}\cos x\,dx = e^{\sin x} + C \qquad \int xe^{x^2/2}dx = e^{x^2/2} + C$$

$$\int \frac{e^{\sqrt{x}}dx}{\sqrt{x}} = 2e^{\sqrt{x}} + C \qquad \int \frac{e^x dx}{(1+e^x)^2}dx = \frac{-1}{(1+e^x)} + C$$

첫 예시는 완벽한 $e^u du$의 형태이다. 두 번째 예시도 마찬가지이다. 세 번째 예시에서는 $u = \sqrt{x}$이며 $du/dx = 1/(2\sqrt{x})$이므로 인자 2만 수정해주면 된다. 네 번째 예시는 다른 예시들과 다르다. 이 예시는 $e^u du$의 적분이 아닌 du/u^2의 적분이다. 여기서 어떤 치환이 가장 좋은지를 어떻게 설명할지 잘 모르겠다. 단지 복잡한 부분이 $1+e^x$이며 이 부분을 u로 치환하는 것이 자연스럽다고 받아들이기 바란다. 만약 이 방법이 통한다면 적분은 성공한 것이나 마찬가지이다.

du/dx로 추가적인 e^x가 없는 경우인 적분 $\int dx/(1+e^x)^2$은 적분할 수 없을 것 같아 보인다. 하지만 $u=1+e^x$은 시도해볼 만하다. 이때 $du=e^x dx=(u-1)dx$이다.

$$\int \frac{dx}{(1+e^x)^2}=\int \frac{du}{(u-1)u^2}=\int\left(\frac{1}{u-1}-\frac{1}{u}-\frac{1}{u^2}\right)du \tag{12}$$

마지막 단계에서는 '부분분수'를 사용하였다. 적분은 더 간단한 부분들(7.4절에서 설명한다)로 나뉘며 우리는 각 부분들을 적분한다. 다음은 세 개의 다른 적분들이다.

$$\int e^{1/x}dx \qquad \int e^x(4+e^x)dx \qquad \int e^{-x}(4+e^x)dx$$

첫 번째 적분은 $-\int e^u du/u^2$로 바뀔 수 있지만 더 좋지는 않다(이 적분은 계산이 거의 불가능하다). 두 번째 적분은 사실 $\int u\,du$이지만 $\int 4e^x dx$와 $\int e^{2x}dx$로 분해하여 각각 계산하는 것이 안전하며 필자는 이를 선호한다. 세 번째 적분은 $\int(4e^{-x}+1)dx$이며, 이 역시 분해할 수 있다. 이 절의 연습문제에서 적분될 수 있게 준비된 형태인 $e^u du/dx$에 도달하는 연습을 할 것이다.

⊘ **주의** 적분의 하한이 $x=0$일 때 자연스럽게 $f(0)=0$일 것이라 기대하는 경향이 있다. 이 경우 적분의 하한은 적분에 아무 영향을 미치지 못한다. 거듭제곱함수인 $f=x^3$는 이것이 참이다. 지수함수인 $f=e^{3x}$에 대해서는 $f(0)=1$이므로 이것은 완전히 참이 아니다.

$$\int_0^1 e^{3x}dx=\frac{1}{3}e^{3x}\Big]_0^1=\frac{1}{3}(e^3-1) \qquad \int_0^1 xe^{x^2}dx=\frac{1}{2}e^{x^2}\Big]_0^1=\frac{1}{2}(e-1)$$

6.2 문장제 문제

01 수 e는 대략 ___a___이다. 이 수는 $(1+h)$의 ___b___ 거듭제곱의 극한이며 그 값은 $h=$___c___일 때 1.01^{100}이 된다. 이와 동치인 식은 $e=\lim_{n\to\infty}($___d___$)^n$이다.

02 밑이 $b=e$일 때, 6.1절의 상수 c는 ___e___이다. 따라서 $y=e^x$의 도함수는 $dy/dx=$___f___이고, $x=\log_e y$의 도함수는 $dx/dy=$___g___이다.

$x=0$과 $y=1$에서의 기울기는 모두 __h__이다. $\log_e y$의 표기법으로 __i__을(를) 사용하며, y의 __j__로그라고 부른다.

03 b^x의 기울기에서의 상수 c는 $c=$__k__이다. 함수 b^x은 __l__(으)로 다시 쓰여질 수 있으며 그 도함수는 __m__이다. $e^{u(x)}$의 도함수는 __n__이고, $e^{\sin x}$의 도함수는 __o__이다. e^{cx}의 도함수는 인자 __p__을(를) 아래로 가져온다.

04 e^x의 적분은 __q__이고, e^{cx}의 적분은 __r__이며 $e^{u(x)}du/dx$의 적분은 __s__이다. 일반적으로 $e^{u(x)}$의 적분을 그 자체로 찾는 것은 __t__다.

6.2 연습문제

01~18 주어진 함수의 도함수를 찾아라.

01 $7e^{7x}$

02 $-7e^{-7x}$

03 $(e^x)^8$

04 $(x^{-x})^{-8}$

05 3^x

06 $e^{x\ln 3}$

07 $(2/3)^x$

08 4^{4x}

09 $1/(1+e^x)$

10 $e^{1/(1+x)}$

11 $e^{\ln x}+x^{\ln e}$

12 $xe^{1/x}$

13 xe^x-e^x

14 $x^2e^x-2xe^x+2e^x$

15 $\dfrac{e^x-e^{-x}}{e^x+e^{-x}}$

16 $e^{\ln(x^2)}+\ln(e^{x^2})$

17 $e^{\sin x}+\sin e^x$

18 $x^{-1/x}$ (힌트 : 밑을 e로 바꾸어보라)

19 e와 $(1+1/n)^n$의 차는 대략 Ce/n이다. $n=10,\ 100,\ 1000$에 대하여 계산된 값을 2.7183에서 뺀 후 C를 찾아라.

20 문자를 사용하여 계산하거나 계산기를 사용하여 $(1+1/n)^{2n}$ 및 $(1+1/n)^{\sqrt{n}}$의 극한을 찾아라.

21 $(11/10)^{10}, (101/100)^{100}, \cdots$의 극한은 e이다. 따라서 $(10/11)^{10}$, $(100/101)^{100}, \cdots$의 극한은 ______이다. 또한 $(10/11)^{11}$, $(100/101)^{101}, \cdots$의 극한은 ______이다. 마지막 수열은 $(1-1/n)^n$이다.

22 $(1.001)^{1000}$과 $(1.0001)^{10000}$ 그리고 가능하다면 $(1.00001)^{100000}$을 계산하여 e와 소수점 이하로 몇 개의 숫자가 일치하는지 비교하라. 2.71828과 모든 자릿수가 일치하는 지수 n은 얼마인가?

23 함수 $y=e^x$은 $dy/dx=y$의 해이다. 이 방정식을 $\Delta Y/\Delta x=Y$, 즉 $Y(x+h)-Y(x)=hY(x)$로 근사하자. $h=\frac{1}{10}$로 할 때, $Y(0)=1$로부터 시작하여 얻어낸 한 단계 후의 $Y(h)$를 구하라. 열 단계 이후의 $Y(1)$의 값은 얼마인가?

24 $dy/dx=-y$이며 $x=0$일 때 $y=1$인 함수는 ______이다. 이를 $Y(x+h)-Y(x)=-hY(x)$로 근사하자. $h=\frac{1}{4}$일 때 한 단계 후의 $Y(h)$ 및 네 단계 후의 $Y(1)$는 얼마인가?

25 $x>10$일 때 다음 부등식을 만족하는 세 함수 f, g, h를 찾아라.

$$(1+1/x)^x<f(x)<e^x<g(x)<e^{2x}<h(x)<x^x$$

26 e^x과 $\sqrt{e^x}$의 그래프를 $x=-2,-1,0,1,2$에서 그려라. $\sqrt{e^x}$을 다른 형태로 쓰면 ______이다.

27~36 주어진 함수의 역도함수를 찾아라.

27 $e^{3x}-e^{7x}$

28 $(e^{3x})(e^{7x})$

29 $1^x+2^x+3^x$

30 2^{-x}

31 $(2e)^x+2e^x$

32 $(1/e^x)+(1/x^e)$

33 $xe^{x^2}+xe^{-x^2}$

34 $(\sin x)e^{\cos x}+(\cos x)e^{\sin x}$

35 $\sqrt{e^x}+(e^x)^2$

36 xe^x (여러 가지 시도를 해보라)

37 e^{-x}을 e^{-x^2}과 비교하라. $x=\infty$ 근처에서 어떤 함수가 더 빨리 감소하는가? 이 그래프들은 어디에서 다시 만나는가? e^{-x}에 대한 e^{-x^2}의 비율이 1/100보다 작아질 때는 언제인가?

38 e^x과 x^e을 비교하라. 이 그래프는 어디에서 만나는가? 그 점에

서 각각의 기울기는 얼마인가? x^x을 e^x으로 나누어 그 비율이 무한대로 접근함을 보여라.

39 $y=e^x$의 $x=a$에서의 접선을 구하라. 구한 식으로부터 접선이 원점을 지나도록 하는 그래프 위의 점을 찾아라.

40 기울기를 비교하여 $x>0$일 때 다음이 성립함을 증명하라.

(a) $e^x > 1+x$ (b) $e^{-x} > 1-x$

41 $x>0$에서 $y=x^x$의 최솟값을 찾아라. d^2y/dx^2를 계산하여 곡선이 아래로 볼록함을 보여라.

42 $y=x^{1/x}$의 기울기를 찾고 $dy/dx=0$이 되는 점을 찾아라. 그 점에서 d^2y/dx^2를 확인하여 $x^{1/x}$의 최댓값이 ______임을 보여라.

43 만약 $dy/dx=y$일 때, $e^{-x}y$의 도함수를 곱 미분 법칙으로 찾아라. 이로부터 적당한 상수 C에 대하여 $y(x)=Ce^x$임을 유도하라.

44 $x^e=e^x$이 딱 한 개의 양의 해를 가짐을 증명하라.

45~54 주어진 적분을 계산하라. 무한대로의 극한을 포함하고 있는 문제 49~50은 '이상적분'이다.

45 $\int_0^1 e^{2x}dx$

46 $\int_0^{\pi} \sin x e^{\cos x}dx$

47 $\int_{-1}^1 2^x dx$

48 $\int_{-1}^1 2^{-x}dx$

49 $\int_0^{\infty} e^{-x}dx$

50 $\int_0^{\infty} xe^{-x^2}dx$

51 $\int_0^1 e^{1+x}dx$

52 $\int_0^1 e^{1+x^2}x\,dx$

53 $\int_0^{\pi} 2^{\sin x}\cos x\,dx$

54 $\int_0^1 (1-e^x)^{10}e^x\,dx$

55 다음 중 적분 가능한 것을 계산하라.

$$\int \frac{e^u}{du/dx}dx \qquad \int \frac{du/dx}{e^u}dx$$

$$\int e^u\left(\frac{du}{dx}\right)^2 dx \qquad \int (e^u)^2\frac{du}{dx}dx$$

56 $y'(x)=5y(x)$이며 $y(0)=2$인 함수를 찾아라.

57 $y'(x)=1/y(x)$이며 $y(0)=2$인 함수를 찾아라.

58 전자기기의 도움을 받아 함수 $(1+1/x)^x$의 그래프를 그려라. 이 그래프의 점근선은 무엇인가? 왜 그런가?

59 이 문제에서는 $x\to\infty$일 때 $F(x)=x^n/e^x\to 0$임을 보인다.

(a) dF/dx를 구하라. $F(x)$가 $x>n>0$일 때 감소함에 주목하라. x^n/e^x의 최댓값은 $x=n$에서 n^n/e^n이다.

(b) $F(2x)=(2x)^n/e^{2x}=2^n x^n/(e^x\cdot e^x)\le 2^n n^n/(e^n\cdot e^x)$이다. 이로부터 $x\to\infty$일 때 $F(2x)\to 0$임을 유도하라. 따라서 $F(x)\to 0$이다.

60 $n=6$일 때, $F(x)=x^6/e^x$의 그래프를 계산기 혹은 컴퓨터를 사용하여 그려라. 이 함수의 최댓값을 추정하라. $F(x)=1$이 되는 x의 값을 추정하라. 또한, $F(x)=\frac{1}{2}$이 되는 x의 값도 추정하라.

61 스털링의 공식은 $n!\approx\sqrt{2\pi n}\,n^n/e^n$이다. 이를 사용하여 $6^6/e^6$을 가능한 가까운 정수로 추정하라. 그 값은 옳은가? $10!$은 몇 자리의 수인가?

62 $x\to\infty$일 때 $x^6/e^x\to 0$임은 로피탈의 법칙으로도 증명할 수 있다. 다음 빈칸을 채워라.

$$\lim_{x\to\infty} x^6/e^x = \lim_{x\to\infty} 6x^5/e^x = \_\_\_\_\_\_ = 0$$

6.3 과학과 경제학에서의 성장과 감소

$y=e^{cx}$의 도함수를 구하기 위하여 시간과 노력을 들였다. **구한 도함수는 $y'=ce^{cx}$이었으며, 이는 $y'=cy$를 의미한다.** 이 계산은 사실상 다른 것들(b^x, x^x 및 $e^{u(x)}$)의 도함수까지 구하게 해준 셈이다. 하지만 지금은 응용 수학에서 가장 중요한 미분방정식인 $y'=cy$를 좀 더 살펴보려 한다.

$y' = x$를 $y' = y$와 비교해보자. 첫 번째 미분방정식은 단지 x에 대한 역도함수를 구하는 문제이며 여기서 바로 $y = \frac{1}{2}x^2 + C$를 찾을 수 있다. 두 번째 미분방정식은 dy/dx가 y 그 자체와 같으며, 이 식을 $dy/y = dx$로 다시 쓸 수 있다. 양변에 적분을 취하면 $\ln y = x + C$이다. 이때 y는 $e^x e^c$이다. 첫 번째 미분방정식의 해는 $\frac{1}{2}x^2 +$ (상수)이고, 두 번째 미분방정식의 해는 $e^x \times$(상수)임에 주목하라.

x에서의 기울기와 y에서의 기울기를 그림으로 나타내는 방법이 있다. [그림 6-7]은 각 x와 y에서의 기울기를 나타내는 '접선 방향의 화살표tangent arrow'를 보여준다. 포물선의 경우 화살표는 x가 커짐에 따라 화살표가 더 가팔라지는데, 이는 y' = 기울기 $= x$이기 때문이다. 지수함수의 경우 화살표는 y가 커짐에 따라 화살표가 더 가파르게 되며 이는 방정식이 y' = 기울기 $= y$이기 때문이다. 이 화살표들은 $y = Ae^x$에 의하여 연결된다. 하나의 미분방정식이 주어지면 화살표들(기울기들)을 얻을 수 있다. 미분방정식의 해는 이 화살표들에 모두 접하는 곡선이며, 이때 그 곡선은 방정식에 부합하는 올바른 기울기를 갖는다.

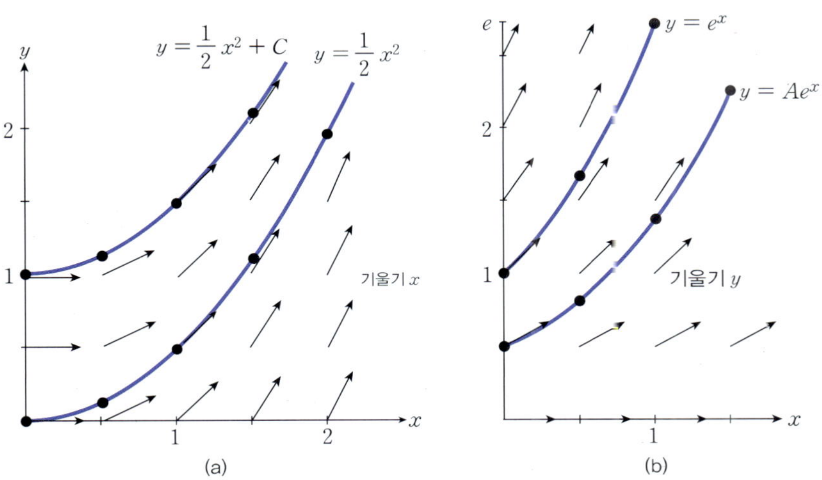

[그림 6-7] $y' = x$와 $y' = y$의 기울기들. 해 곡선은 이 기울기들과 딱 맞는다.

화살표들은 많은 해들을 한번에 보여줄 수 있다(이는 미분방정식에서 배운다). 대개는 하나의 y_0만으로 모든 해를 알 수는 없다. 방정식을 이해하기 위하여 많은 y_0로부터 시작한다. 왼쪽에서 포물선은 x축에 평행하며, 오른쪽에서 높이들은 비례 관계를 유지한다. $y' = -y$에 대한 모든 해 곡선은 0으로 접근한다

$y' = y$로부터 $y' = cy$로 가는 것은 간단하다. c를 도함수에 나타내려면 c를 지수에 두어라. $y = e^{cx}$의 도함수는 ce^{cx}이며 이는 $c \times y$이다. 이로써 초깃값(시작점에서의 값) y_0과 함께 주어지는 중요한 미분방정식에 도달하였다.

$$dy/dt = cy\,,\ t = 0\text{에서 } y = y_0 \qquad (1)$$

x가 t로 바뀐 작은 변화가 있는데, 이는 대부분의 응용에서 시간이 공간보다 자연스러운 변수이기 때문이다. 인자 c는 '성장률' 혹은 '감소율'이 되며 e^{cx}은 e^{ct}이 된다. 마지막 단계는 초기 조건에 맞추는 것이다. 문제는 $t = 0$일 때 $y = y_0$이 되기를 요구한다. e^{ct}은 $e^{c0} = 1$로부터 시작하므로 이때 적분상수가 필요하다. 해들은 $y = Ae^{ct}$이다. $A = y_0$으로 선택함으로써 초기 조건에 맞게 되며 이렇게 방정식 (1)이 풀린다. **기억할 공식은 y_0e^{ct}이다.**

> 9 **지수함수 법칙** $y = y_0e^{ct}$은 초깃값이 y_0인 미분방정식 $y' = cy$의 해이다.

성장률 혹은 감소율은 c이다. 여기에서 기본적인 사실 하나를 환기시켜도 되겠는가? 공식 y_0e^{ct}은 세 개의 양 y_0, c, t를 포함하고 있다. 만약 이들 중 두 개가 주어지고 하나의 추가적인 정보가 주어진다면 세 번째 변수는 결정된다. 많은 응용은 **t, c, y_0을 찾으라**는 세 형태 중 하나이다.

Q1_ $c = 1/10$일 때, 두 배가 되는 시간 T를 찾아라. 이 시간에서 y_0e^{cT}은 $2y_0$과 같다.

$$e^{cT} = 2\text{로부터 } cT = \ln 2,\ \text{따라서 } T = \frac{\ln 2}{c} \approx \frac{0.7}{0.1}\text{이다.} \qquad (2)$$

A_ 이 질문의 답은 지수 T이며 이는 로그를 포함하고 있다. 만약 세포가 하루에 $c = 10\%$의 연속적인 비율로 성장한다면, 세포의 크기가 2배가 되기 위해서는 대략 $0.7/0.1 = 7$일이 걸린다(0.7이 $\ln 2$에 가까운 것에 주목하라). 만약 저축 계좌에 연 10%의 연속 복리가 붙는다면, 7년이 지난 후 원금은 두 배가 된다.

이 문제에서는 c의 값이 주어졌다. 다음 문제는 T의 값이 주어진다.

Q2_ $y = \frac{1}{2}y_0$이 되는 때가 $T = 5568$년일 때, 탄소-14의 감쇠 상수 c를 찾아라.

A_ $e^{cT} = \frac{1}{2}$로부터 $cT = \ln\frac{1}{2}$이므로 $c = \left(\ln\frac{1}{2}\right)/5568$이다. (3)

반감기 $T = 5568$년이 지난 후에 e^{cT}은 $\frac{1}{2}$과 같다. 이때의 c는 음수이다 $\left(\ln\frac{1}{2} = -\ln 2\right)$.

Q1은 성장에 관한 것인 반면 Q2는 감소에 관한 것이다. 두 개의 답 모두 e^{cT}을 비율 $y(T)/y(0)$로써 찾았다. 이때 cT는 이 비율의 로그이다. c와 T가 어떻게 연관되어 있는지 주목하라. T는 시간의 단위를 가지며, c는 '1/시간'의 단위를 가진다.

두 배가 되는 데 걸리는 시간은 $cT = \ln 2$에서 $(\ln 2)/c$이고, e배가 되는 데 걸리는 시간은 $1/c$이며 열 배가 되는데 걸리는 시간은 $(\ln 10)/c$이다. c가 음수인 경우 감소를 나타내며 이때 전체 양의 $1/e$가 되는 데 걸리는 시간은 $-1/c$이다.

Q3_ $c = 2$이고 $y(1) = 5$일 때, 초깃값 y_0을 찾아라.

A_ $y(t) = y_0 e^{ct}$으로부터 $y_0 = y(t)e^{-ct} = 5e^{-2}$이다.

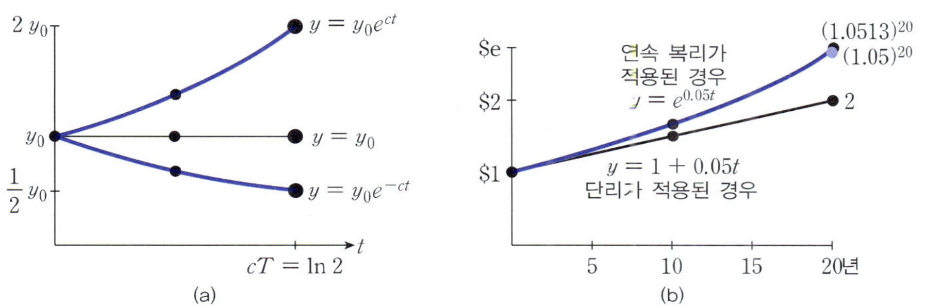

[그림 6-8] (a) 성장($c>0$)과 감소($c<0$), 두 배가 되는 시간 $T = (\ln 2)/c$, (b) 이자율이 5%일 때 미래의 가치

우리가 한 모든 것은 해를 찾는 과정을 거꾸로 한 것이다. Q3의 경우 5에서 시작하여 y_0으로 돌아갔다. 시간이 거꾸로 흐를 때, e^{ct}은 e^{-ct}가 된다. e^2과 e^{-2}의 곱은 1이고, 시간이 앞으로 흐를 때 성장하며 거꾸로 흐를 때 감소한다.

마찬가지로 $T+t$도 중요하다. **시간 T까지 진행한 후 t만큼 더 간다.**

$$y(T+t)\text{는 } y_0 e^{c(T+t)}\text{이며 이는 } (y_0 e^{cT})e^{ct}\text{과 같다.} \tag{4}$$

시작이든 그 이후든 간에 시간 간격이 t이면 같은 e^{ct}을 곱한다. 이는 지수함수의 기본 성질인 $e^{T+t} = e^T e^t$을 이용한 것이다.

예제 1 출생률이 b이고 사망률이 d인 인구의 성장(b와 d는 상수)

$$dy/dt = by - dy = cy\text{(순 비율은 } c = b - d\text{)}$$

이 예제에서의 인구는 $y_0 e^{ct} = y_0 e^{bt} e^{-dt}$이다. $b > d$이면(이 경우 $c > 0$) 인구는 증가한다. 증가율에 대한 하나의 추정치는 $c = 0.02$/년이다.

$$\text{지구의 인구는 } T = \frac{\ln 2}{c} \approx \frac{0.7}{0.02} = 35\text{년 후에 두 배가 된다.}$$

NOTE 1_ 우리는 c의 값에 기반을 두고 미래를 예측하고 있으며 과거의 인구를 세어 c의 값을 찾는다. 이 경우 c값의 변화는 심각한 문제가 될 수 있다.

NOTE 2_ y_0e^{ct}은 정수가 아니다. 그러므로 여러분은 사람의 인구수 대신 박테리아의 개체수로 생각하는 것을 더 선호할 수도 있겠다(이 절에서는 경제학 및 생물학에서의 수학의 주요 응용을 시작한다). 맬서스Malthus는 인구수에 관한 그의 이론의 기반을 방정식 $y' = cy$에 두었으며, 인구수가 많을 경우 인구수가 분수가 나오는 것은 크게 중요하지 않다고 보았다. 미적분학을 사용하기 위하여 우리는 이산에서 연속으로 나아간다. 인구가 기하급수적으로 영원히 성장할 수는 없으므로 이 이론은 t가 아주 클 때는 옳지 않아야 한다. 6.5절에서는 성장을 저해하는 경쟁 항인 $-by^2$이 있는 로지스틱 방정식 $y' = cy - by^2$에 대하여 소개한다.

NOTE 3_ b, c, d의 차원은 '1/시간'이다. 사전에서는 출생률을 단위 시간 동안 전체 인구에 대한 태어난 사람의 비율로 정의한다. 이는 상대적인 비율로, 사람 수를 사람 수와 시간으로 나눈 것이다. 곱 ct는 차원이 없으며 e^{ct} 역시 차원이 없으므로 합리적이다. 몇몇 책에서는 c를 λ(람다)로 대체한다. 이때 $1/\lambda$은 성장 시간, 감소 시간 혹은 약물이 흡수되는 데 걸리는 시간, 확산 시간을 나타낸다.

예제 2 **방사성 연대측정법** 프랑스 라스코 동굴 벽화의 숯 1g은 분당 0.97의 붕괴를 일으키고, 살아 있는 나무 1g은 분당 6.68의 붕괴가 발생한다. 라스코 벽화의 연대를 측정하라.

숯이 $t = 0$에서 태워질 때 방사성 탄소가 더해지는 것이 중단되면서 방사성 탄소의 양은 y_0e^{ct}으로 감소한다. 살아 있는 나무에서는 이 양은 우주선cosmic ray에 의해 균형이 유지되므로 여전히 y_0이고, 양의 비율은 $e^{ct} = 0.97/6.68$이다. 앞 Q2로부터 감소율 c를 안다면 연대 t를 알 수 있다.

$$ct = \ln\left(\frac{0.97}{6.68}\right) \text{로부터 } t = \frac{5568}{-0.7}\ln\left(\frac{0.97}{6.68}\right) = 14400 \text{년이 된다.}$$

우라늄의 연대를 측정하는 것도 이와 연관된 문제이다. 현재는 U − 238이 U − 235의 140배만큼 더 많이 존재한다. 처음에 이 두 동위원소는 거의 같은 양이 생성되었으며, 각각의 반감기는 $(4.5)10^9$년, $(0.7)10^9$년이다.

Q_ 우라늄이 만들어진 지 얼마나 되었을까?

A_ $c = \left(\ln\frac{1}{2}\right)/((4.5)10^9)$과 $C = \left(\ln\frac{1}{2}\right)/((0.7)10^9)$을 대입하여 t를 찾는다.

$$e^{ct}/e^{Ct} = 140 \Rightarrow ct - Ct = \ln 140 \Rightarrow t = \frac{\ln 140}{c - C} = 6(10^9)\text{년}$$

예제 3 **경제학에서의 미적분학 : 가격 인플레이션과 화폐의 가치**

연속 비율과 연간 비율 두 종류의 인플레이션 비율로부터 시작하자. 1년에 걸쳐 가격의 변화가 Δy인 경우 연간 비율을 사용한다.

$$\Delta y = (\text{연간 비율}) \times (y) \times (\Delta t) \tag{5}$$

미적분학은 각 순간 dt에 대한 연속 비율에 적용된다. 가격 변화는 dy이다.

$$dy = (\text{연속 비율}) \times (y) \times (dt) \tag{6}$$

dt로 나누면 가격에 대한 미분방정식이 된다.

$$dy/dt = (\text{연속 비율}) \times (y) = 0.05y$$

위 식의 해는 $y_0 e^{0.05t}$이다. $t = 1$로 두자. 이때 $e^{0.05} \approx 1.0513$이고 연간 비율은 5.13%이다.

여러분이 은행에 이자율을 물어보았을 때, 은행은 아마도 두 비율 8%와 8.33%를 제시할 것이다. 그들이 제시하는 것 중 높은 비율은 '실질 이자율'이다. 이 비율은 복리이다(그리고 얼마나 자주 이자를 지급하는지에 달려 있다). 만약 복리가 연속적이라면 모든 dt는 dy의 증가를 가져오며 이때 $e^{0.08}$은 1.0833에 가깝다.

6.6절에서 복리에 대하여 다시 살펴볼 것이다. 구간은 한 달부터 하루, 그리고 초 단위까지 좁아진다. 이 과정은 $\left(1 + \frac{1}{n}\right)^n$으로 이어지며 극한값은 e가 된다. 여기에서는 5% 연속 복리의 효과를 계산해본다.

미래 가치 현재 1달러는 T년 후에 $e^{0.05T}$달러와 같은 가치이다.
현재 가치 T년 후의 1달러는 현재 $e^{-0.05T}$달러와 같은 가치이다.
두 배가 되는 시간 가격은 $T = \ln 2/0.05 \approx 14$년 후에 두 배($e^{0.05T} = 2$)가 된다.

복리가 아니었다면 두 배가 되는 시간은 20년이 될 것이다. 20년 동안 이자를 단리로 받으면 총 이자는 원금의 $20 \times 5\% = 100\%$가 된다. 연속 복리에서는 원금의 두 배가 되는 시간이 이자율에 상관없이 $\ln 2 \approx 0.7$배 만큼 줄어든다.

예제 4 1626년 인디언은 맨해튼을 네덜란드인에게 24달러에 팔았다. 지금까지 우리가 한 계산에 따르면 인디언은 매우 현명한 선택을 한 것으로 볼 수 있다. 8%의 복리 이자를 가정하였을 때 24달러는 $e^{0.08t}$배가 된다. $t = 365$년 후에 배수는 $e^{29.2}$이 되며 24달러는 115조 달러가 된다. 복리로 이렇게 많은 돈을 얻는다면 인디언은 팔았던 땅을 다시 살 수 있으며 심지어 국가 부채를 갚을 수도 있다.

이 계산은 너무 지나친 것 같다. 아마도 모델에 큰 결함이 있을 수 있다. 벤 프랭클린Ben Franklin이 사망할 때 보스턴과 필라델피아에 투자 기금을 남긴 것은 사실이다. 200년이 지난 1990년에 이 돈은 수백만 달러가 되었다(수조 달러가 되지는 않았다. 그렇게까지 되기 위해서는 더 오랜 시간이 필요하다). 다음 단계는 이를 보완한 새로운 모델이다.

Q_ 여러분은 log는 있지만 ln은 없는 24달러짜리 계산기로 어떻게 $e^{29.2}$의 값을 추정할 수 있는가?

A_ 29.2에 $\log_{10} e = 0.434$를 곱하여 12.7을 얻는다. 이 수는 밑이 10일 때의 지수이다. 이러한 밑 변환을 통하여 $e^{29.2}$의 값이 $10^{12.7}$, 즉 1조보다 더 크다는 것을 알 수 있다.

원천 항이 있는 성장과 감소

미분방정식 $y' = y$에 새로운 항이 주어질 것이다. 지금까지의 모든 성장과 감소는 y_0으로부터 시작하였으며 그 이후에는 어떠한 입금도 출금도 없었다. 투자금은 순수하게 그 자체로서 기하급수적으로 증가하였다. 이제 **새로운 항 s를 도입하여 계좌에 입금하거나 출금할 수 있다**. 이 새로운 항은 바로 '원천source'이다. s가 음수라면 '감소'를 나타낸다. 원천 $s = 5$는 dt에 비례하지만 y에는 비례하지 않는 항 $5dt$를 더해준다.

상수 원천 항 : $y = y_0$으로부터 시작하는 $dy/dt = y + 5$

양변에 있는 y에 주목하라! 필자는 처음에 $y = e^{t+5}$일 것으로 추측해보았지만 완벽하게 실패하였다. 이때의 도함수는 다시 e^{t+5}이며, $y+5$가 아니다. 함수 $y = e^t + 5t$의 도함수 역시 $e^t + 5$이며 여전히 $y+5$가 아니다. 이때 다른 방식으로 dy/dt에 포함되어 있는 5를 만들려고 할 것이다. 이러한 생각은 필연적으로 실패할 수밖에 없다. 최종적으로 $y = Ae^t - 5$를 생각하게 되며 이 함수의 도함수는 $y' = Ae^t = y + 5$이므로 원하는 결과를 얻게 된다.

중요한 점은 A가 y_0이 아니라는 것이다. $t = 0$으로 두면 $y_0 = A - 5$를 얻는다. 원천 항은 $(5e^t - 5)$만큼 기여한다.[3]

해는 $(y_0 + 5)e^t - 5$이다. 이 해는 $y_0 e^t + 5(e^t - 1)$과 같다.

3 원천 항이 없는 미분방정식의 해는 $y_0 e^t$이므로 원천 항이 기여하는 부분이 $5(e^t - 1)$이다.

$s = 5$는 0부터 시작하는 성장 항 $e^t - 1$에 곱해진다. $y_0 e^t$은 이전과 같이 성장한다.

예제 5 $dy/dt = -y + 5$의 해는 $y = (y_0 - 5)e^{-t} + 5$이며 $y_0 e^{-t} + 5(1 - e^{-t})$과 같다.

원천으로부터 나온 위의 마지막 항은 여전히 양수이며 다른 항인 y_0e^{-t}은 0으로 감소한다. $t \to \infty$일 때의 **극한**은 $y_\infty = 5$이다. c가 음수일 때는 정상 상태 y_∞로 이어진다.

$c=1$과 $c=-1$일 때의 예시들을 바탕으로 어떠한 c 및 s의 값이 주어져도 y를 찾을 수 있다.

원천 항이 있는 방정식 : $t=0$일 때 $y=y_0$로부터 시작하는 $\frac{dy}{dt} = cy + s$ (7)

초기 투자금 $y_0 = 8000$달러 이후의 원천은 $s=1000$달러/년과 같은 입금의 형태일 수도 있고, $s=-200$달러/년과 같은 출금일 수 있다. 단위는 dy/dt에 맞추기 위하여 '달러/년'이다. 이 방정식은 한 번에 1000달러를 더하거나 200달러를 빼는 것이 아니라 연속적으로 더하고 뺀다.

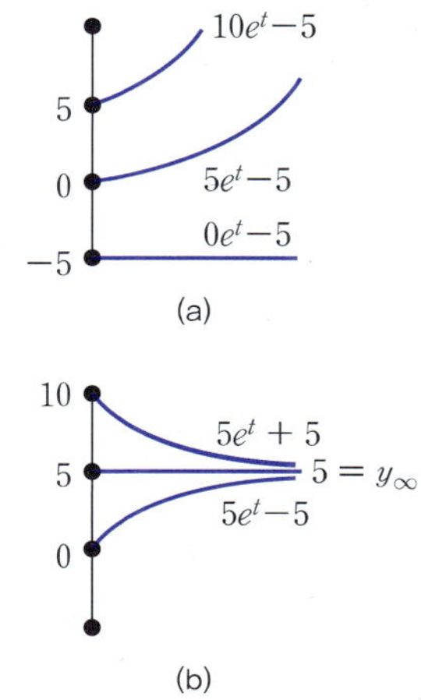

[그림 6-9]

$y = e^{(c+s)t}$이 해가 아니라는 것에 다시 주목하라. 이 함수의 도함수는 $(c+s)y$이다. $y=e^{ct}+s$의 조합도 올바른 해의 형태에 가깝긴 하지만, 해는 아니다. **이 절에서 수행하는 $y' = cy+s$에 대한 분석은 미분방정식에 대한 우리의 주요 성과가 될 것이다.** 이 방정식은 금융에만 제한된 것은 아니지만 금융에 적용하면 훌륭한 예시가 된다.

이 책에서는 y를 찾는 4가지 방법을 제안한다. 여러분은 하나의 방법으로 충분하다 느낄지도 모르겠다.[4] **방법 1**은 가장 빠르지만 부디 다른 방법들도 살펴보기 바란다. **방법 1**에는 이 문제를 정확히 풀지 않는다면, 실제 문제를 풀 대 쓰일 만한 아무런 요령도 포함하고 있지 않기 때문이다.

4 수업을 듣는 대부분의 학생들은 답만을 원하기 때문에 하나의 방법만으로 충분하다고 말한다. 때때로 필자는 이에 굴복하여 다음 공식을 적는다. y는 y_0e^{ct}+원천 항으로부터 나온 $s(e^{ct}-1)/c$이다.

방법 1(빠른 방법). $y = Ae^{ct}+B$의 조합을 대입하자. **해는 지수함수와 상수의 합과 같은 형태를 가진다.** 다음 두 가지 사실로부터 A와 B를 찾을 수 있다.

방정식 $y' = cy+s$로부터 $cAe^{ct} = c(Ae^{ct}+B)+s$

$t=0$에서의 초깃값으로부터 $A+B = y_0$

첫 식은 양변에 모두 cAe^{ct} 항을 가진다. 이 두 변을 빼면 $cB+s=0$, 즉 $B=-s/c$이다. 이때 두 번째 식은 $A = y_0 - B = y_0 + (s/c)$가 된다.

$$\text{핵심 공식 } y = \left(y_0 + \frac{s}{c}\right)e^{ct} - \frac{s}{c} \quad \text{혹은} \quad y = y_0e^{ct} + \frac{s}{c}(e^{ct}-1) \qquad (8)$$

$s=0$일 때 이 식은 원천이 없을 때의 해인 y_0e^{ct}이다. $c=1$ 및 $s=5$일 때의 예시에서는 해 $(y_0+5)e^t-5$를 얻었다. 원천 항을 분리하면 $y_0e^t+5(e^t-1)$이다.

방법 2(느린 방법). 초깃값이 y_0인 경우 결과 y_0e^{ct}을 얻는다. t년 후에 얼마를 입금했든 e^{ct}배가 된다. 이는 계좌가 개설된 시점 이후에 입금된 돈에 대해서도 적용된다. 만약 시간 T에서 입금이 이루어지면 입금된 돈이 성장할 시간은 $t-T$뿐이다. 따라서 배가 되는 양은 단지 $e^{c(t-T)}$이다. 이 성장률은 시간 T와 $T+dT$ 사이에 입금된 작은 양의 돈 $s\,dT$만큼에 적용된다.

이제 시간 t에서의 모든 결과물을 합치자. y_0으로부터의 결과물은 y_0e^{ct}이다. 시간 T 근처에서 이루어진 작은 입금액 $s\,dT$는 $e^{c(t-T)}s\,dT$가 된다. 총합은 다음과 같이 적분이다.

$$y(t) = y_0e^{ct} + \int_{T=0}^{t} e^{c(t-T)}s\,dT \tag{9}$$

뒤아멜의 원리는 원천 s가 시간에 따라 변할 때도 적용된다. 여기서는 s는 상수이며 부정적분은 c로 나누어 구해진다.

$$s\int_{T=0}^{t} e^{c(t-T)}\,dT = \left.\frac{se^{c(t-T)}}{-c}\right]_0^t = -\frac{s}{c} + \frac{s}{c}e^{ct} \tag{10}$$

이는 **방법 1**에서 얻은 원천 항이 포함된 식 (8)과 일치한다. **방법 1**에서는 지수함수와 상수의 합 꼴을 찾으려 했지만, **방법 2**에서는 결과들을 합하여 구하였다.

방법 1이 더 쉽다. 그 방법이 성공할 수 있었던 것은 미정계수의 형태 $Ae^{ct}+B$를 알고 있었기 때문이다. **방법 2**는 더 완전하다. y의 형태는 결과의 일부분이지만, 그 형태를 미리 알고 있어야 하는 것은 아니다. 원천 s는 새로 입금된 금액 각각에 이자가 독립적으로 붙은 연속적인 공급이다. 6.5절에서는 $y' = cy + s$를 직접 적분하여 처음부터 다시 해를 구할 것이다.

방법 2는 적분 인자라는 용어로 종종 묘사된다. 우선 방정식을 $y' - cy = s$로 쓰자. 그 다음, 이 식을 적분할 수 있게 해 주는 마법의 항을 곱하자.

$(y' - cy)e^{-ct} = se^{-ct}$	항 e^{-ct}을 곱함
$\left. ye^{-ct}\right]_0^t = \left. -\frac{s}{c}e^{-ct}\right]_0^t$	양변을 적분
$ye^{-ct} - y_0 = -\frac{s}{c}(e^{-ct}-1)$	0과 t를 대입
$y = e^{ct}y_0 + \frac{s}{c}(e^{ct}-1)$	좌변에 y만 남겨서 공식 (8)을 얻기

적분 인자는 첫 번째 줄에서 완벽한 도함수의 형태를 만들어낸다. 필자는 y_0과 s의 모든 투입량이 같은 방법으로 증가한다는 뒤아멜의 생각을 더 선호한다. 하지만 어떤 방

법이든 y에 대한 공식 (8)을 얻을 수 있다.

(연속적인 비율에서의) 금융 수학

금융 분야에서는 다음과 같은 질문을 한다. 어떤 투입량이 어떤 결과물을 주는가? 투입량은 처음에 y_0만큼일 수 있고, 혹은 연속적으로 s만큼일 수도 있다. 즉 결과물은 마지막 혹은 연속적으로 지불될 수 있다. 이때 경제학에 대해 6개의 기본적인 질문이 있으며, 이들 중 2개는 미래 가치와 현재 가치에 대한 것으로, 앞의 [예제 3]에서 이미 다루었다. 이제 Q3부터 살펴보자.

y_0만큼 예금을 하였을 때, 미래 시점에서 예금의 가치는 y_0e^{ct}이다. 미래에 y만큼을 만들기 위해서는 현재 가치 ye^{-ct}만큼을 예금한다. Q3~Q6은 원천 항 s와 관련된 것이다. 매년 5%($c=0.05$)의 연속 비율을 가정하고 초기 계좌는 $y_0=0$으로부터 시작한다. 식 (8)로부터 답을 빨리 얻을 수 있다.

Q3_ $s=1000$달러/년일 때, 20년 후에 y는 얼마나 커지는가?

A_ $y=\frac{s}{c}(e^{ct}-1)=\frac{1000}{0.05}(e^{(0.05)(20)}-1)=20000(e-1)\approx 34400$

총 예금액 20000달러를 한 번에 예금하면 $20000e\approx 54000$달러를 얻는다. 매년 $s=1000$으로 20번에 걸쳐 예금하면 34400달러를 얻는다.

다음과 같은 작은 따름 결과에 주목하라(특히 수학자들은). 이자율이 $c=0$일 때 우리의 공식 $s(e^{ct}-1)/c$은 $0/0$이 된다. 1000달러/년으로 이자 없이 입금하면 20년 후에 20000달러가 된다는 것은 확실하다. 하지만 이는 $0/0$으로부터는 명백하지 않다. 로피탈의 법칙을 사용하여 분자와 분모를 각각 c로 미분하면 다음과 같다.

$$\lim_{c\to 0}\frac{s(e^{ct}-1)}{c}=\lim_{c\to 0}\frac{ste^{ct}}{1}=st \tag{11}$$

이는 $(1000)(20)=20000$이다.

Q4_ 20년 후에 20000달러를 얻으려면 매년 입금해야 하는 s는 얼마인가?

A_ $20000=\frac{s}{0.05}(e^{(0.05)(20)}-1)$으로부터 $s=\frac{1000}{e-1}\approx 582$이다.

582달러씩 20년 동안 예금한 금액은 총 11640달러이다. $y_0=20000/e=7360$달러를 한 번에 입금하면 20년 후에 같은 20000달러를 얻을 수 있다. 결론적으로 $t=0$일 때 부유한 것이 더 좋다.

Q3과 Q4에서는 계좌에 초기 예금액이 없었으므로 $y_0=0$이었다. 이제 우리는 $y=0$을 살펴본다. Q5에서는 모든 돈은 **연 단위**로 지급되고, Q6에서는 모든 돈은 **대출**을 갚

는 것에 지불된다.

Q5_ 20년간 1000달러/년을 얻으려면 초기 예금액 y_0를 얼마로 해야 하는가? 20년 후에 $y=0$이 되도록 하라.

A_ $y=y_0e^{ct}+\frac{s}{c}(e^{ct}-1)=0$으로부터 $y_0=\frac{-s}{c}(1-e^{-ct})$이다.

$s=-1000,\ c=0.05,\ t=20$을 대입하면 $y_0\approx 12640$을 얻는다. 만약 여러분이 복권에서 20000달러에 당첨되며 당첨금이 20년 동안 지급된다면 복권 회사는 12640달러를 여러분의 계좌에 입금할 것이다. 만약 이자율이 5%보다 높다면 그 금액은 더 줄어들 것이다.

Q6_ 20년 동안 대출 $y_0=20000$달러를 갚으려면 매년 지불해야 할 금액 s는 얼마인가?

A_ 불운하게도 s는 매년 1000달러를 넘는다. 은행이 빌려준(차를 사거나 학비를 내는 등으로 사용할) 20000달러 이상을 포기해야 한다. 왜냐하면 그 대출금에 대한 이자까지 포기해야 하기 때문이다. 여러분은 그 이자 또한 상환해야 하지만, 매 순간마다 공평하게 갚을 필요는 없다. 대신 여러분은 20년 동안 일정한 비율로 갚아 나간다. 여러분이 갚은 돈은 처음에는 대부분 이자에 대한 것이고 마지막에는 원금에 대한 것이다. $t=20$년 후가 되어서야 여러분은 빚을 모두 갚고 $y=0$이 된다.

여기서도 $y=0$이기에 Q5와 비슷하지만, 지금은 y_0을 알고 있을 때 s를 찾는 것이다.

$$y=y_0e^{ct}+\frac{s}{c}(e^{ct}-1)=0\text{으로부터 } s=-cy_0e^{ct}/(e^{ct}-1)\text{이다.}$$

대출금은 $y_0=20000$이며 이자율은 $c=0.05$/년이고, 시간은 $t=20$년이다. 이를 s에 대한 공식에 대입하면 여러분의 상환금은 매년 1582달러이다.

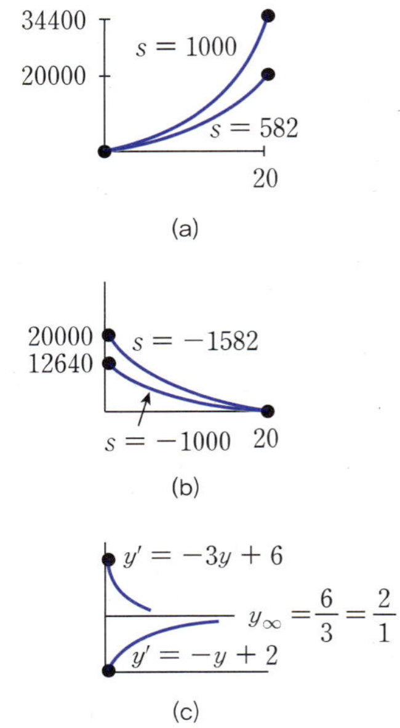

[그림 6-10] (a) Q3~Q4에서의 예금액 s, (b) Q5~Q6에서의 대출 상환 혹은 연 단위의 예금, (c) 정상 상태 $-s/c$

대출금에 대한 상환금 $s=1582$달러는 예금에 대한 $s=582$달러와 어떻게 연관이 있는가?

$$0\rightarrow 582\text{달러/년}\rightarrow 20000\text{달러},\quad 20000\text{달러}\rightarrow -1582\text{달러/년}\rightarrow 0$$

두 금액의 차가 정확히 1000달러인 것은 우연이 아니다. 1582달러와 582달러는 다음과 같이 얻어진 것이다.

$$1000\frac{e}{e-1}\text{와 }1000\frac{1}{e-1}\text{의 차는 }1000\frac{e-1}{e-1}=1000\text{이다.}$$

왜 그럴까? 다음은 이에 대한 실제 이유이다. 1582달러를 상환하는 대신에 1000달러를 상환한다(20000달러에 대한 이자를 유지하기 위함이다). 남은 582달러는 별도의 계좌에 입금한다. 매년 연속적으로 입금한 582달러는 20년 후에 20000달러가 된다(Q4와 같이 이자를 포함하여). 이 계좌에서 우리는 원금을 상환할 수 있다.

6.6절에서는 매일 이자가 붙는 상황에 대하여 다루며, 이는 연속적으로 이자가 붙는 상황과 단지 몇 센트밖에 차이가 나지 않는다. 연 단위로 이자가 붙는 경우 몇 달러의 차이가 난다.

일시적 상태와 정상 상태

성장 대신에 감소가 있는 상황을 생각해보자. 상수 c는 음수이고 y_0e^{ct}은 시간이 지남에 따라 줄어든다. 이 항은 $t \to \infty$에 따라 사라지는 '일시적인 transient' 항이며 남는 항은 '정상 상태 steady state'이다. 우리는 그 극한을 y_∞로 표기한다.

원천이 없을 때 y는 완벽히 소멸되며 y_∞는 0이다. s가 있을 때는 $y_\infty = -s/c$이다.

> 10 해 $y = \left(y_0 + \frac{s}{c}\right)e^{ct} - \frac{s}{c}$는 $e^{ct} \to 0$일 때 $y_\infty = -\frac{s}{c}$로 접근한다.

이 정상 상태에서 원천 항 s는 감소량 cy와 정확히 같아진다. 즉 $cy + s = 0$이다. 미분방정식의 좌변을 참고하면 이는 $dy/dt = 0$을 의미한다. 즉 아무런 변화가 없다. 이것이 바로 y_∞가 유지되는 이유이다.

y_∞는 원천과 c에 의존하지만 y_0에는 의존하지 않음에 주목하라.

예제 6 버뮤다의 출생률은 $b = 0.02$이고 사망률은 $d = 0.03$이라 가정하자. 인구의 순수 감소비율은 $c = -0.01$이다. 한편 버뮤다 외부에서 버뮤다로 이민을 오는 이민자는 $s = 1200/$년이다. 초기 인구는 $y_0 = 5000$ 혹은 $y_0 = 5000000$일 수 있지만 이 수는 y_∞에 아무런 영향이 없다. **정상 상태는 y_0와 무관하다.**

이 경우는 $y_\infty = -s/c = 1200/0.01 = 120000$이다. 인구는 y_0이 더 작은 경우 120000으로 성장한다. 만약 y_0이 더 크다면 인구는 120000으로 감소한다.

예제 7 뉴턴의 냉각 법칙 : $dy/dt = c(y - y_\infty)$ (12)

이 예제는 물리에 관한 것이다. 물체의 온도는 y이고, 그 물체 주변의 온도는 y_∞이다. 이때 y는 y_0에서 시작하여 온도 변화의 비율은 $y - y_\infty$에 비례한다는 뉴턴의 법칙에 따라 y_∞로 접근한다. 즉 온도 차이가 크면 클수록 열의 흐름이 더 빨라진다.

방정식은 원천 항으로 $-cy_\infty$를 가진다(이전 식들에서는 s이었다). 이는 $y_\infty = -s/c$

와 일치한다. 해를 얻으려면 공식 (8)에서 s를 $-cy_\infty$로 바꾸면 된다. 혹은 다음과 같은 새로운 방법을 사용하라.

방법 3. 새로운 아이디어는 $y-y_\infty$를 살펴보는 것이다. y_∞가 상수이므로 이 차의 도함수는 dy/dt와 같다. 하지만 방정식으로부터 dy/dt는 $c(y-y_\infty)$와 같다. 차는 y_0-y_∞로부터 시작하여, 지수함수적으로 증가하거나 감소한다.

$$\frac{d}{dt}(y-y_\infty)=c(y-y_\infty)\text{는 해 }(y-y_\infty)=(y_0-y_\infty)e^{ct}\text{을 가진다.} \quad (13)$$

이로써 냉각 법칙을 풀었다. 방정식에 s와 c가 있는 경우에도 **방법 3**을 반복하면 해를 얻을 수 있다.

$$\frac{d}{dt}\left(y+\frac{s}{c}\right)=c\left(y+\frac{s}{c}\right)\text{의 해는 }\left(y+\frac{s}{c}\right)=\left(y_0+\frac{s}{c}\right)e^{ct}\text{이다.} \quad (14)$$

s/c를 우변으로 옮기면 공식 (8)을 다시 얻을 수 있다. 공식에는 상수항과 지수함수항이 있다. 미분방정식 수업에서는 이 각각을 **특수해**, **일반해**라고 말한다. 미적분학 수업에서는 더 이상 깊이 다루지 않기로 한다.

예제 8 70 °F 의 방에서 뉴턴의 시체가 90 °F 인 상태로 발견되었다고 하자. 하루가 지난 후 시체는 80 °F 가 되었다. 그가 사망한 시점의 온도가 98.6 °F 였다면 그는 언제 죽었을까?

풀이

여기서 $y_\infty=70$이고 $y_0=90$이다. 뉴턴의 방정식 (13)은 $y=20e^{ct}+70$이다. $t=1$일 때 $y=80$이므로 이로부터 $20e^c=10$을 얻는다. 따라서 냉각 비율 c는 $c=\ln\frac{1}{2}$이다. 뉴턴이 죽은 순간은 $20e^{ct}+70=98.6$일 때, 즉 $e^{ct}=1.43$이다. 그 시간은 $t=\ln 1.43/\ln\frac{1}{2}$이며 이는 뉴턴이 발견되기 약 0.5일 전이다.

6.3 문장제 문제

01 $y'=cy$이면 $y(t)=$ __a__ 이다. $dy/dt=7y$이고 $y_0=4$이면 $y(t)=$ __b__ 이다. 이 해는 $t=$ __c__ 일 때 8이 된다. 만약 해가 두 배가 되는 시점이 T이면 $c=$ __d__ 이다. $y'=3y$이고 $y(1)=9$라면 y_0의 값은 __e__ 이었을 것이다. c가 음수인 경우 $t\to\infty$일 때 해는 __f__ (으)로 다가간다.

02 $dy/dt=y+6$의 상수인 해는 $y=$ __g__ 이고 일반해는 $y=Ae^t-6$이다. 만약 $y_0=4$라면 $A=$ __h__ 이다. y_0으로부터 시작하는 $dy/dt=cy+s$의 해는 $y=Ae^{ct}+B=$ __i__ 이다. 원천 항 s로부터 나온 항은 __j__ 이다. 시간 T에서의 들어온 양은 시간 t일 때 __k__ 배만큼 커진다.

03 $c=10\%$일 때, 시간 dt에서의 이자는 $dy=$ __l__ 이다. 이 방정식으로부터 $y(t)=$ __m__ 을(를) 얻는다. y_0 대신 원천 항을 넣는 경우 $s=4000$/년으로 연속적인 예금을 하면 10년 후에 $y=$ __n__ 이(가) 된다. 10년 안에 10000을 얻기 위해 입금해야 하는 금액은 $s=$ __o__ /년(정확히 계산하거나 근삿값을 쓰라)이다. 영원히(!) 4000/년의 수입을 얻기 위해서는 $y_0=$ __p__ 이면 된다. 20년 동안 4000/년을 받기 위한 예금액은 $y_0=$ __q__ 이면 된다. 10000의 대출을 10년 동안 갚기 위한 지불 비율 s는 __r__ 이다.

04 $y'=-3y+s$의 해는 $y_\infty=$ __s__ (으)로 다가간다.

6.3 연습문제

01~04 $y_0=1$ 및 $y_0=-1$로부터 시작하라. 두 경우의 해를 같은 좌표평면에 나타내라.

01 $\dfrac{dy}{dt}=2t$

02 $\dfrac{dy}{dt}=-t$

03 $\dfrac{dy}{dt}=2y$

04 $\dfrac{dy}{dt}=-y$

05~08 $y_0=10$으로부터 시작하여 y가 100으로 증가하거나 1로 감소하는 시간을 구하라.

05 $\dfrac{dy}{dt}=4y$

06 $\dfrac{dy}{dt}=4t$

07 $\dfrac{dy}{dt}=e^{4t}$

08 $\dfrac{dy}{dt}=e^{-4t}$

09 $y'=-y$에 대한 해 곡선 $y=e^{-x}$ 및 $y'=-e^{-x}$와 접벡터장을 그려라.

10 $y'=y-1$에 대한 해 곡선 $y=e^x+1$ 및 $y=1$과 접벡터장을 그려라.

11~27 다음은 y_0e^{ct}과 연관되어 있다. 문제 각각은 c 혹은 t 혹은 y_0에 대하여 묻는다.

11 박테리아의 수가 두 시간에 2배가 된다면, 10배가 되기 위해서는 몇 시간이 걸리는가? 우선 c를 찾아라.

12 박테리아의 수가 10시간에 10배로 증가한다면 100배로 증가하기 위해서는 몇 시간이 걸리는가? c의 값은 무엇인가?

13 현재의 두개골에 비하여 $\frac{1}{5}$의 방사성 탄소를 포함하고 있는 두개골은 얼마나 오래된 것인가?

14 새 물질에 비하여 90%의 방사성 탄소를 포함하고 있는 유물은 기원전의 것인가? 아니면 기원후의 것인가?

15 카이로의 인구는 20년 동안 500만 명에서 1000만 명으로 증가하였다. $y'=cy$에서 c를 찾아라. 언제 $y=800$만인가?

16 뉴욕과 로스앤젤레스의 인구는 1년에 각각 1%, 1.4% 증가하였다. 뉴욕의 처음 인구가 800만 명, 로스앤젤레스의 처음 인구가 600만 명이었다면 두 도시의 인구가 같아지는 때는 언제인가?

17 1달러에 해당하는 일본 엔화의 가치가 매년 2%씩 감소한다고 가정하자. 1달러=240엔으로부터 시작할 때, 1달러가 1엔과 같아지는 때는 언제인가?

18 광고의 효과는 지수함수적으로 감소한다. 만약 광고 3일 후에 새 제품을 소비자의 40%가 기억한다고 할 때, c를 찾아라. 소비자의 20%가 그 제품을 기억하는 기간은 얼마인가?

19 지수함수적으로 성장하는 모형에서 $t=3$일 때 $y=1000$이고, $t=4$일 때 $y=3000$이었다. $t=0$일 때의 y_0는 얼마이었겠는가?

20 지수함수적으로 감소하는 모형에서 $t=4$일 때 $y=100$이고, $t=8$일 때 $y=10$이었다면 $y=1$이 될 때는 언제인가? y_0는 얼마인가?

21 대기압은 높이에 따라 $dp/dh=cp$의 관계를 만족하면서 감소한

다. $h=0$(해수면) 및 $h=20\text{km}$에서의 압력은 각각 1013, 50 밀리바이었다. c를 찾아라. 두 높이의 중간 지점인 $h=10$에서 압력이 왜 $p=\sqrt{1013\cdot 50}$ 인지 설명하라.

22 지수함수적인 감소 모형에서 $y(t)$는 $\sqrt{y(0)y(2t)}$ 와 같음을 보여라. $y(t)$와 $y(2t)$가 주어졌을 때 $y(3t)$를 어떻게 찾을 수 있는가?

23 혈액 속의 대부분의 약물들은 $y'=cy$의 관계(1차 동역학)를 만족하면서 감소한다. (a) 모르핀의 반감기는 3시간이다. 모르핀의 감쇠 상수 c를 구하라(단위도 적어라). (b) 니코틴의 반감기는 2시간이다. 6시간의 비행 후 남아 있는 니코틴의 농도는 얼마인가?

24 어떤 사람은 약을 한 번에 3mg씩 섭취하며 그 약이 혈액에서 사라지는 비율은 $c=0.01$/시간이다. 만약 혈액 속에 항상 1mg 이상의 약이 필요하다면 이 사람은 약을 얼마나 자주 복용해야 하는가?

25 항경련제 페니토인은 $y=y_1$일 때까지는 $y'=-a$의 일정한 비율로 없어지며 그 이후에는 $y'=-ay/y_1$의 비율로 없어진다. 초기양 y_0에서 시작하여 두 부분으로 나누어 $y(t)$를 구하라. y가 y_1이 될 때는 언제인가?

26 니코틴은 실제로 다중 지수함수 $y=Ae^{ct}+Be^{Ct}$을 따라 없어진다. 1차 미분방정식 $(d/dt-c)y=0$이 2차 미분방정식 $(d/dt-c)(d/dt-C)y=0$으로 바뀐다. 이 방정식을 y''으로 시작하는 미분방정식으로 바꾸어 쓰고 주어진 y에 대하여 이 방정식이 만족함을 보여라.

27 다음의 참 또는 거짓을 판별하라. 만약 거짓이라면 참이 되도록 바꾸어라.

(a) $y=e^{ct}$이 두 배가 되는 시간은 $(\ln 2)/(\ln c)$이다.

(b) $y'=cy$이고 $z'=cz$이면 $(y+z)'=2c(y+z)$이다.

(c) $y'=cy$이고 $z'=cz$이면 $(y/z)'=0$이다.

(d) $y'=cy$이고 $z'=Cz$이면 $(yz)'=(c+C)yz$이다.

28 로켓의 속도가 v이다. Δm의 질량을 가지는 연소된 연료가 속도 $v-7$로 분출된다. 이때 전체 운동량은 상수이다.

$$mv=(m-\Delta m)(v+\Delta v)+\Delta m(v-7)$$

m을 v와 연관시키는 미분방정식은 무엇인가? $v_0=20$, $m_0=4$에서 시작하여 $v(t)$가 아닌 $v(m)$에 대하여 풀어라.

29~30 다음은 $y'=cy+s$의 해에 관한 문제이다.

29 $y'=3y+1$, $y_0=0$을 $y=Ae^{3t}+B$의 형태로 가정하고 A, B의 값을 결정하여 풀어라.

30 $y'=8-y$를 y_0로부터 시작하여 $y=Ae^{-t}+B$의 형태로 가정하고 풀어라.

31~34 $y_0=0$으로 두고 해의 그래프를 그려라.

31 $\dfrac{dy}{dt}=y+1$

32 $\dfrac{dy}{dt}=y-1$

33 $\dfrac{dy}{dt}=-y+1$

34 $\dfrac{dy}{dt}=-y-1$

35 (a) $y=c$가 $dy/dt=-2y+12$의 해가 되는 상수 c의 값은 얼마인가?

(b) 임의의 상수 A를 가지는 해를 찾아라.

(c) $y_0=0$ 및 $y_0=10$에서 시작하는 해를 각각 찾아라.

(d) 정상 상태에서의 해의 값 y_∞는 얼마인가?

36 $dy/dt=\pm 3y\pm 6$에서 ±부호를 택하여 $y_0=1$에서 시작할 때 다음 결과를 얻도록 하라. 각각의 해의 그래프를 그려라.

(a) y가 ∞로 증가한다. (b) y가 2로 증가한다.

(c) y가 -2로 감소한다. (d) y가 $-\infty$로 감소한다.

37 $y=c$가 $dy/dt=4-y$의 해가 되는 상수 c의 값은 얼마인가? $y(t)=Ae^{-t}+4$ 또한 해가 됨을 보여라. $y_0=3$인 경우 $y(1)$과 y_∞를 구하라.

38 두 번째 방법을 사용하여 $y'=y+e^t$을 $y_0=0$으로부터 시작하여 풀어라. 여기서 시간 T에서 입금한 e^T은 e^{t-T}에 곱해질 것이다. 따라서 시간 t에서의 최종 금액은 $y(t)=\int_0^t e^T e^{t-T}dT=$ _____이다. 이를 방정식 $y'=y+e^t$에 다시 대입하여 성립하는지 확인하라.

39 $y'=y+e^t$을 $y'-y=e^t$으로 다시 써라. 양변에 e^{-t}을 곱하면 좌변은 _____의 도함수이다. 양변을 $y_0=0$부터 적분하여 $y(t)$를 구하라.

40 $y'=-y+1$, $y_0=0$을 $y'+y=1$로 정리하여 쓴 후 e^t을 곱하고 양변을 적분하여 풀어라.

41 $y'=y+t$, $y_0=0$을 $y=Ae^t+Bt+C$의 꼴로 가정하여 해를 구하라.

42~57 다음은 금융 수학에 관한 문제이다.

42 달러 지폐는 인플레이션의 영향으로 매년 $c=-0.04$의 비율만큼 가치가 하락한다. 만약 여러분이 1000달러를 가지고 있을 때 dt 년 동안 그 가치가 얼마나 하락하겠는가? 가치를 똑같이 유지하기 위해서 여러분이 발행해야 하는 지폐의 비율 s는 얼마인가?

43 은행에서 연이자 7.5% 혹은 7.25%의 연속 이자 중 하나를 택하라고 하였을 때, 어떤 이자를 선택하는 것이 더 유리한가?

44 연이자 9%와 동일한 연속 이자는 얼마이겠는가?

45 100%의 이자율($c=1$)일 때 매년 s를 연속적으로 입금하면 1년 후에는 얼마가 되는가? 만약 초기 예치금을 y_0이라 하였을 때는 같은 금액을 얻기 위해서 초기에 얼마를 넣어야 하는가?

46 20년 후 자녀의 대학교 등록금으로 사용하기 위해 50000달러를 모으려면, (a) 얼마만큼의 현금 y_0를 예치하면 되는가? (b) 20년 동안 부모는 매년 얼마를 입금해야 하는가? (c) 만약 부모가 $s=1000$달러를 매년 저축한다면 50000달러에 도달하는 때는 언제인가? $c=10\%$로 가정하라.

47 한 사람당 수입이 매년 3% 증가하고, 인구가 매년 2% 증가하였을 때 총 수입은 ____% 커진다. 이 질문을 (a) 연이자인 경우 (b) 연속 이자인 경우에 대하여 답하라.

48 $dy/dt=cy+4$일 때, 시간 T에서의 입금액 $4dT$는 이후 시간 t에서 얼마가 되는가? $4dT$의 $T=0$부터 $T=1$까지의 입금액은 $t=2$에서 얼마가 되는가?

49 $s=1000$달러를 매년 예금하면 20년 후에 34400달러가 된다 (Q3). 20000달러를 한 번에 예금하여 같은 금액에 도달하려면 예금 시기는 언제가 되어야 하는가?

50 $y_0=5000$달러를 이자율 8%로 예금한 후 매년 500달러씩 인출한다면 통장의 잔고가 바닥나기 전에 얼마나 오래 인출할 수 있는가?

51 1000달러 대출을 60일 동안 갚기 위한 연속 지불액 s를 구하라 (단, 고리대금업자는 매일 1%의 연속 이자를 부과한다).

52 여러분은 고리대금업자이다. 원금 1달러에 1년 동안 매일 1%의 연속 복리를 적용하였을 때 1년 후에는 받을 금액이 얼마가 되는가?

53 여러분은 48개월 동안 최대 $s=100$달러만큼 지불할 수 있다. 만약 사채업자가 $c=6\%$의 이자를 부과한다면 여러분은 얼마나 빌릴 수 있는가?

54 여러분의 수입은 연간 I_0e^{2ct}이고, 지출은 연간 E_0e^{ct}이다. (a) 수입과 지출이 같아지는 때는 언제인가? (b) 만약 여러분이 수입과 지출이 같아질 때까지 수입과 지출의 차만큼을 빌린다면, 빌린 금액은 총 얼마이겠는가?

55 여러분이 대학교 1학년 때 빌린 학생 대출을 4년 후에 20% 비싼 금액으로 갚았을 때, 실질적인 이자율은 얼마인가?

56 20년 간의 변동 이자율 $c=0.09+0.001t$를 적용하는 것은 고정 이자율 10%를 적용하는 것에 비해 이득인가? 아니면 손해인가?

57 이자율이 8%가 아닌 10%이었다면 24달러에 사들였던 맨해튼은 365년 후에 ______달러의 가치일 것이다.

58~65 다음은 $t\to\infty$일 때 정상 상태 y_∞에 접근한다.

58 $dy/dt=-y+7$일 때, y_∞는 얼마인가? $y-y_\infty$의 도함수는 무엇인가? 이때 $y-y_\infty$는 y_0-y_∞의 ____배이다.

59 $y'=3y-12$이고 y_0이 다음과 같을 때 $y(t)$의 그래프를 그려라.

(a) 4보다 작을 때　(b) 4일 때　(c) 4보다 클 때

60 $dy/dt=c(y-12)$의 해는 c가 _____일 때, $y_\infty=$_____(으)로 접근한다.

61 $dy/dt=cy$에서의 시간 단위가 분에서 시간으로 바뀌었다고 가정하자. 방정식은 어떻게 바뀌겠는가? $dy/dt=-y+5$는 어떻게 변하겠는가? y_∞는 어떻게 바뀌는가?

62 y_1과 y_2가 모두 $y'=cy+s$를 만족할 때, 다음이 참 또는 거짓인지를 판별하라.

(a) 합 $y=y_1+y_2$도 이 방정식을 만족한다.

(b) 평균 $y=\frac{1}{2}(y_1+y_2)$도 같은 방정식을 만족한다.

(c) 도함수 $y=y_1'$도 같은 방정식을 만족한다.

63 뉴턴의 커피가 12분 만에 80℃에서 60℃로 식었을 때 c의 값을 찾아라(단, 방의 온도는 20℃이다). 커피가 100℃이었을 때는 언제였겠는가?

64 $y_0=100,\ y(1)=90,\ y(2)=84$이면 y_∞는 얼마인가?

65 $y_0=100,\ y(1)=90,\ y(2)=81$이면 y_∞는 얼마인가?

66 커피는 70℃이고 우유는 10℃이며 방의 온도는 20℃라 할 때 커피를 식히기 위하여 우유를 지금 첨가해야 하는지 아니면 나중에 첨가해야 하는지를 다음 과정을 통해 살펴보려고 한다. 빈칸

을 알맞게 채워라.

(a) 커피의 1/5에 해당하는 양만큼의 우유를 첨가하면 커피는 60℃가 된다. $y_\infty = 20$℃이므로 현재 우유를 첨가했을 때의 커피의 온도는 $y(t) =$ ______이다.

(b) 우유를 섞지 않은 커피의 온도는 $y_c(t) =$ ______이고, 우유는 $y_m(t) =$ ______의 온도로 데워진다. 시간 t에서 이들을 섞으면 온도는 $(5y_c + y_m)/6 =$ ______이(가) 된다.

6.4 로그함수

우리는 e^x을 먼저 배웠고 그 다음에 $\ln x$를 배웠다. 응용의 관점에서 이는 완전히 옳은 것이다. 하지만 로그는 하나의 중요한 이론적 이점을 가지고 있으며, 그 자체로도 다양하게 응용할 수 있다. 여기서 로그의 이점은 e^x의 미분은 e^x인 반면에 $\ln x$의 도함수는 $1/x$이라는 점이다. e^x을 그 자체의 적분으로 정의하게 되면 순환 논리에 빠지게 된다. 반면 $\ln x$(**자연로그**)는 $1/x(-1$ 제곱)의 적분으로써 정의할 수 있으며, 실제로도 다음과 같이 정의한다.

$$\ln x = \int_1^x \frac{1}{x} dx \quad \text{혹은} \quad \ln y = \int_1^y \frac{1}{u} du \tag{1}$$

처음 식의 더미 변수는 x이고, 그 다음 식에서는 u이다. 또한 적분 후 살아남는 변수가 처음 식에서는 x이고 그 다음 식에서는 y이다. 특히 적분의 하한이 0이 아닌 1임에 주목하라. **로그는 1부터 측정한 넓이이다**. 따라서 요구되는 대로 그 시작점에서 $\ln 1 = 0$이다.

이전 장들에서는 -1제곱을 제외한 모든 거듭제곱들을 적분하였다. 즉 로그는 빠져 있는 적분이었다. [그림 6-11]의 곡선의 높이는 $y = 1/x$이며, 이는 쌍곡선이다. $x = 0$에서 높이는 무한대로 가며 넓이는 무한대가 된다. 이는 $\log 0 = -\infty$임을 말해준다. 마이너스 부호는 적분이 1부터 0으로 거꾸로 가기 때문이다. 적분은 0을 넘어 음수로는 확장되지 않는다. 우리는 $\ln x$를 $x > 0$일 때만 정의하였다.[5]

이 새로운 접근법으로부터 $\ln x$는 직접적인 정의를 가진다. 그것은 적분(혹은 넓이)이다. 로그의 핵심적인 두 가지 성질도 이 정의로부터 나와야만 한다. 이 단계는 적분으로부터 나온 이론의 멋진 응용이다.

성질 1. $\ln ab = \ln a + \ln b$

1부터 a까지의 넓이와 a부터 ab까지의 넓이는 합쳐서 [그림 6-11(b)]에서 1부터 ab까지의 넓이가 된다.

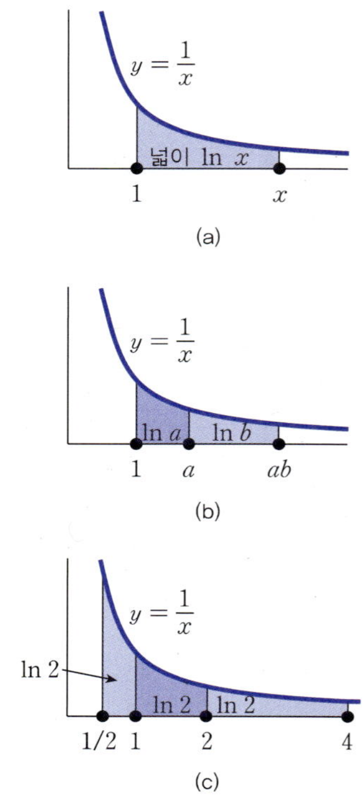

[그림 6-11] 넓이로서의 로그함수이다. 이웃하는 넓이의 합은 $\ln a + \ln b = \ln ab$이며, $-\ln\frac{1}{2} = \ln 2 = \frac{1}{2}\ln 4$는 넓이가 같다.

5 -1의 로그는 πi(허수)인데, $e^{\pi i} = -1$이기 때문이다. i의 로그 역시 허수이며 $\frac{1}{2}\pi i$이다. 일반적으로 로그는 복소수이다.

$$\text{이웃하는 넓이의 합} : \int_1^a \frac{1}{x}dx + \int_a^{ab} \frac{1}{x}dx = \int_1^{ab} \frac{1}{x}dx \tag{2}$$

정의 (1)에 의해 우변은 $\ln ab$이고, 좌변의 첫 번째 항은 $\ln a$이다. 문제가 되는 부분은 두 번째 항인 a부터 ab까지의 적분이 $\ln b$임을 보이는 것이다.

$$\int_a^{ab} \frac{1}{x}dx \overset{(?)}{=} \int_1^b \frac{1}{u}du = \ln b \tag{3}$$

정의에 대해 생각해볼 때, 우리는 적분의 하한인 $x=a$일 때 $u=1$이 필요하며, 적분의 상한인 $x=ab$일 때 $u=b$가 필요하다. $u=x/a$의 선택은 이를 만족한다. $x=au$와 $dx=a\,du$를 대입하면 $dx/x=du/u$를 얻는다. 따라서 식 (3)은 $\ln b$이며, 식 (2)는 $\ln a+\ln b=\ln ab$가 된다.

성질 2. $\ln b^n = n\ln b$

이는 각각 다음 식의 좌변과 우변이다.

$$\int_1^{b^n} \frac{1}{x}dx \overset{(?)}{=} n\int_1^b \frac{1}{u}du \tag{4}$$

이 식은 $x=u^n$으로 치환하여 구한다. 적분의 하한 $x=1$은 $u=1$에 대응되며 $x=b^n$은 $u=b$에 대응된다. 미분연산자 dx는 $nu^{n-1}du$이다. 이를 $x=u^n$으로 나누면 $dx/x=n\,du/u$이다. 이때 식 (4)는 $\ln b^n=n\ln b$가 된다.

예제 1 $\int_x^{3x} \frac{1}{t}dt$를 계산하라.

풀이

$\ln 3x-\ln x=\ln\frac{3x}{x}=\ln 3$

예제 2 $\int_{0.1}^{1} \frac{1}{x}dx$를 계산하라.

풀이

$\ln 1-\ln 0.1=\ln 10$(왜 그런가?)

예제 3 $\int_1^{e^2} \frac{1}{u}du$를 계산하라.

풀이

$\ln e^2=2$이다. 1부터 e^2까지의 넓이는 2이다.

이론들을 공부하는 도중에 지금이야말로 오래된 빚을 정리할 수 있는 기회이다. 이 책에서는 함수 e^x, b^x, x^n을 적절히 정의하지 않은 채로 논의하고 계산하며 심지어 미분까지 하였다. 지수가 π와 같은 무리수라면 **우리는 어떻게 e 그 자체를 π번 곱할 수 있겠는가?** 한 가지 접근법(여기서는 선택하지 않는 방법)은 $22/7$와 같은 유리수인 지수들을 통해 π에 가깝게 다가가는 것이다. 또 다른 접근법(지금 여기서 선택하는 방법)은 수 $e^\pi = 23.1\cdots$을 그 수의 로그로 결정하는 것이다.[6] e 자체에서 시작하자.

6 9장에서 허수인 지수에 대하여 다룰 것이며, 중요한 공식인 $e^{\pi i} = -1$을 증명할 것이다.

e는(정의에 의하여) 로그값이 1이 되는 수이다.

e^π은(정의에 의하여) 로그값이 π가 되는 수이다.

[그림 6-12]에서 넓이가 1이 될 때, 그 기준점은 e이다. 넓이가 π가 될 때, 그 기준점은 e^π이다. 우리는 역함수를 만들고 있으며, 그것은 바로 e^x이다. 하지만 여기서 넓이가 정확히 한 점에서 π, 1000, -1000에 도달한다는 것을 알 수 있을까(넓이는 먼 곳 e^{1000}에서 1000이 되며, 0에 아주 가까운 e^{-1000}에서 -1000이 된다)? e를 정의하기 위해서는 어떤 곳에서 넓이가 1이 된다는 것을 알아야만 한다.

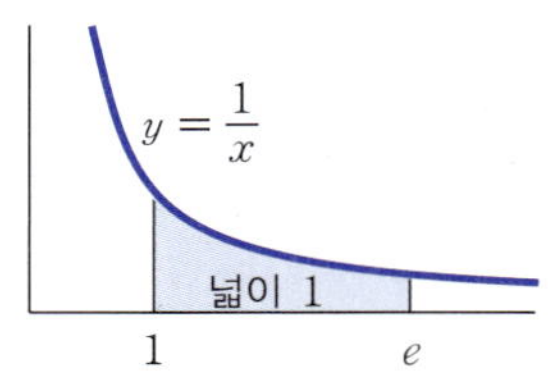

(a)

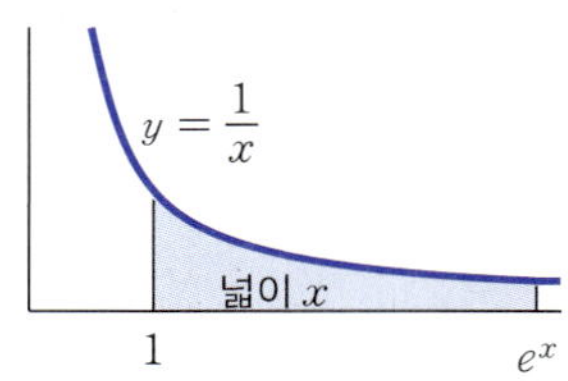

(b)

[그림 6-12] 넓이는 기준점의 로그와 같다.

두 단계에 걸친 증명을 위해 [그림 6-11(c)]로 돌아가자. 1부터 2까지의 넓이는 $1/2$ 이상인데, 이는 길이 1의 이 구간에서 $1/x$이 $\frac{1}{2}$ 이상이기 때문이다. 1부터 4까지 합쳐진 넓이는 1 이상이다. 따라서 우리는 **4에 도달하기 전에 넓이 = 1이 되는 점에 도달하게 된다**(실제로 $e = 2.718\cdots$이다). $1/x$이 양수이므로 넓이는 증가하며 다시 1이 되지는 않는다.

면적을 2배로 하려면 거리를 제곱하여야 한다. 로그는 위를 향해 천천히 증가한다.

$$\ln x \to \infty \text{ 이지만 } \frac{\ln x}{x} \to 0 \text{이다.} \tag{5}$$

e^x이 아주 빠르게 증가하므로 로그는 천천히 증가한다(두 함수는 서로 역함수이므로 이의 역도 성립한다). e^x은 모든 거듭제곱 x^n을 추월함을 기억하라. 따라서 $\ln x$는 모든 거듭제곱근 $x^{1/n}$에 의해 추월당한다. [연습문제 6.4.60~61]은 $(\ln x)/x^{1/n}$가 0으로 다가간다는 두 가지 증명법을 제시한다.

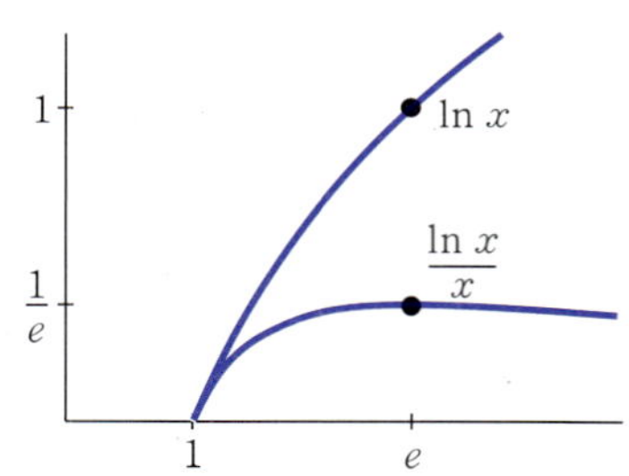

[그림 6-13] $\ln x$는 x보다 느리게 증가한다.

이제 $\ln x$와 $\sqrt{x}$를 비교해보자. $x = 10$에서 이 두 값은 각각 2.3, 3.2로 비슷하다. 하지만 0에서 멀리 떨어진 $x = e^{10}$에서 값을 비교하면 두 함수의 값은 각각 $10, e^5$이므로 $\ln x$는 $\sqrt{x}$에 비해 느리게 증가함을 알 수 있다.

로그의 근사

$\ln 0 = -\infty$와 $\ln \infty = +\infty$의 극한은 중요하다. 더 중요한 사실은 시작점에서의 로그값 $\ln 1 = 0$이다. 우리의 질문은 다음과 같다. **x가 0 근처일 때 $\ln(1+x)$는 얼마일까?** 정확한 답은 넓이이다. 근사적으로 답을 구하는 것이 훨씬 간단하다. 만일 x(양수든 음수든 간에)의 절댓값이 작다면 다음이 성립한다.

$$\ln(1+x) \approx x, \quad e^x \approx 1+x \tag{6}$$

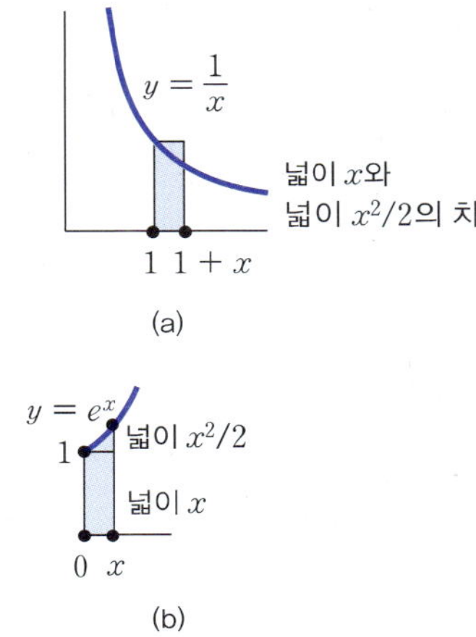

[그림 6-14]

계산기에서 $\ln 1.01$을 계산하면 0.0099503이 된다. 이 값은 $x = 0.01$에 가깝다. 1과 $1+x$ 사이에서 $1/x$의 그래프 아래의 넓이는 직사각형과 거의 같다. 직사각형의 밑변은 x이며 높이는 1이다. 따라서 곡선 아래의 넓이 $\ln(1+x)$는 직사각형의 넓이 x에 가깝다. [그림 6-14]는 작은 삼각형이 위에서 잘리는 모습을 보여준다.

실제 값인 0.0099503과 선형 근삿값인 0.01의 차는 -0.0000497이다. 이 차는 이계도함수에 의하여 거의 정확하게 예측될 수 있다. $\frac{1}{2} \times (\Delta x)^2 \times (\ln x)''$의 값은 $\frac{1}{2}(0.01)^2(-1) = -0.00005$이다. **이것은 작은 삼각형의 넓이이다!**

$$\ln(1+x) \approx (\text{직사각형의 넓이와 삼각형의 넓이의 차}) = x - \frac{1}{2}x^2$$

남은 0.0000003의 오차는 $\frac{1}{3}x^3$에 가깝다([연습문제 6.4.65]).

e^x에 대하여 같은 논의를 해보자. 함수의 기울기는 $e^0 = 1$로 시작하며, 따라서 e^x의 선형 근사는 $1+x$이다. 이때 $\ln(e^x) \approx \ln(1+x) \approx x$이다. 두 번의 오차가 발생하여 정확한 공식 $\ln(e^x) = x$를 만들었다.

계산기에서 $e^{0.01}$을 계산하면 선형 근삿값 1.01 대신 참값에 가까운 1.0100502를 출력한다. 2차 보정은 또 다시 작은 삼각형이며 그 넓이는 $\frac{1}{2}x^2 = 0.00005$이다. $\ln(1+x)$와 e^x에 대한 전체 급수는 각각 10.1절과 6.6절에서 다루기로 한다.

$$\ln(1+x) = x - x^2/2 + x^3/3 - \cdots \qquad e^x = 1 + x + x^2/2 + x^3/6 + \cdots$$

로그를 기초로 하는 도함수

로그는 많은 경우에 역도함수가 된다. 적분 모음을 만들기 위하여 $\ln u(x)$를 연쇄 법칙을 통해 미분하면 다음과 같다.

11	$\ln x$의 도함수는 $\dfrac{1}{x}$이다. **$\ln u(x)$의 도함수는 $\dfrac{1}{u}\dfrac{du}{dx}$이다.**

$\ln x$의 기울기는 6.2절에서 어렵게 구하였다. $1/x$의 적분으로 정의한 로그의 새로운 정의를 이용하면 이 작업이 필요 없다. 미적분학의 기본 정리에 의해 기울기는 반드시 $1/x$이어야 한다.

$\ln u(x)$의 도함수는 연쇄 법칙에 의하여 나온다. 내부 함수는 u이고, 외부 함수는 $\ln$이다. 단, 여기서 $\ln u$를 정의하기 위하여 $u>0$이라는 조건이 제시되어야 한다. 연쇄 법칙에 의하여 다음 식들을 얻을 수 있다.

$$\frac{d}{dx}\ln cx = \frac{1}{cx}c = \frac{1}{x} \qquad \frac{d}{dx}\ln x^3 = 3x^2/x^3 = \frac{3}{x}$$

$$\frac{d}{dx}\ln(x^2+1) = 2x/(x^2+1) \qquad \frac{d}{dx}\ln\cos x = \frac{-\sin x}{\cos x} = -\tan x$$

$$\frac{d}{dx}\ln e^x = e^x/e^x = 1 \qquad \frac{d}{dx}\ln(\ln x) = \frac{1}{\ln x}\frac{1}{x}$$

이 결과들은, 특히 첫 번째 결과는 다른 관점에서 살펴볼 필요가 있다. 합리적인 사람은 $\ln 3x$의 기울기가 $3/x$일 것이라고 예측할 수 있다. **하지만 그렇지 않다**. 3은 없어지고, $\ln 3x$는 $\ln x$와 같은 기울기를 갖는다. 그 이유는 $\ln 3x = \ln 3 + \ln x$이기 때문이다. $3/x$의 역도함수는 $\ln 3x$가 아닌 $3\ln x$, 혹은 $\ln x^3$이다.

적분으로 가기 전에 도함수를 구하기 위한 새로운 방법인 **로그 미분법**에 대하여 알아보자. 이 미분법은 곱 혹은 거듭제곱에 적용할 수 있다. 곱 미분 법칙과 거듭제곱 미분의 법칙은 항상 사용 가능하지만 때때로 더 쉬운 방법이 있을 수 있다.

곱 $p(x)$의 로그는 로그의 합이다. $\ln p$로 바꾸면 함수의 합에 대한 미분법에 의하여 단지 도함수들을 더하기만 하면 된다. 하지만 다음 예제에서 볼 수 있듯이 마지막에 하나의 함정이 있다.

예제 4 $p(x) = x^x\sqrt{x-1}$인 경우 dp/dx를 구하라.

풀이

여기서 $\ln p(x) = x\ln x + \dfrac{1}{2}\ln(x-1)$이고

$\ln p$의 도함수를 취한다 : $\dfrac{1}{p}\dfrac{dp}{dx} = x\cdot\dfrac{1}{x} + \ln x + \dfrac{1}{2(x-1)}$

$p(x)$를 곱한다 : $\dfrac{dp}{dx} = p\left(1 + \ln x + \dfrac{1}{2(x-1)}\right)$

마지막 과정이 바로 함정이다. p를 곱함으로써 답이 복잡해진다. 하지만 이 과정은 어쩔 수 없으며, 로그 미분법은 마법이 아니다. 로그 미분법은 사실 곱 미븐 법칙으로부터 얻은 결과와 같다. $p = fg$일 때, $\ln p = \ln f + \ln g$에서 다음을 얻는다.

$$\frac{p'}{p} = \frac{f'}{f} + \frac{g'}{g} \quad \text{및} \quad p' = p\left(\frac{f'}{f} + \frac{g'}{g}\right) = f'g + fg' \tag{7}$$

세 함수의 곱으로 이루어진 $p = xe^x \sin x$의 경우, 합은 세 개의 항을 가진다.

$$\ln p = \ln x + x + \ln \sin x, \quad p' = p\left[\frac{1}{x} + 1 + \frac{\cos x}{\sin x}\right]$$

p의 도함수를 얻기 위하여 $\ln p$의 도함수인 p'/p에 p를 곱한다. 거듭제곱에 대하여서도 이는 동일하다.

예제 5 $p = x^{1/x} \Rightarrow \ln p = \frac{1}{x}\ln x \Rightarrow \frac{dp}{dx} = p\left[\frac{1}{x^2} - \frac{\ln x}{x^2}\right]$

예제 6 $p = x^{\ln x} \Rightarrow \ln p = (\ln x)^2 \Rightarrow \frac{dp}{dx} = p\left[\frac{2\ln x}{x}\right]$

예제 7 $p = x^{1/\ln x} \Rightarrow \ln p = \frac{1}{\ln x}\ln x = 1 \Rightarrow \frac{dp}{dx} = 0(!)$

로그를 기초로 하는 적분

이제 중요한 단계로 왔다. 많은 적분의 결과는 로그를 포함한다. 가장 흔한 예시는 $1/x$으로 그 적분은 $\ln x$이다. 어떻게 보면 이것이 유일한 예시지만, 이 예시는 연쇄 법칙에 의해 광범위하게 확장될 수 있다. $\ln u(x)$의 도함수는 u'/u이므로 u'/u의 적분은 $\ln u$가 된다.

$$\int \frac{du/dx}{u(x)}dx = \ln u(x) \quad \text{혹은 이와 동치인 식은} \quad \int \frac{du}{u} = \ln u$$

적분이 du/dx를 u로 나눈 것을 포함한 형태가 되도록 $u(x)$를 선택하라.

예시들 $\int \frac{dx}{x+7} = \ln|x+7| \qquad \int \frac{dx}{cx+7} = \frac{1}{c}\ln|cx+7|$

u가 음수이면 $\ln u$는 $1/u$의 적분일 수 없다. $u < 0$일 때 로그는 정의되지 않기 때문이다. 하지만 적분은 $-u$로 바꿈으로써 진행될 수 있다

$$\int \frac{du/dx}{u}dx = \int \frac{-du/dx}{-u}dx = \ln(-u) \tag{8}$$

따라서 $\ln u$가 실패할 때, $\ln(-u)$는 성공한다.[7] **$u=0$이어서는 안 된다.** 0을 기준으로 양수 부분과 음수 부분일 때의 두 적분 $\ln u$와 $\ln(-u)$는 $\ln|u|$로 통합될 수 있다. 즉 적분 결과로 로그가 나올 때에는 u를 절댓값 $|u|$로 바꿈으로써 $u<0$을 허용할 수 있다.

7 홀함수인 $1/x$의 적분은 $\ln|x|$로 짝함수이다. 여전히 $x=0$을 배제해야 한다.

$$\int_{-e}^{-1}\frac{dx}{x} = \Big[\ln|x|\Big]_{-e}^{-1} = \ln 1 - \ln e \qquad \int_2^4 \frac{dx}{x-5} = \Big[\ln|x-5|\Big]_2^4 = \ln 1 - \ln 3$$

각각의 넓이는 -1과 $-\ln 3$이다. $1/x$과 $1/(x-5)$의 그래프는 x축 아래에 있다. 우리는 음수의 로그를 허용하지 않으며, 또한 $1/(x-5)$의 그래프를 2부터 6까지 적분하지는 않을 것이다. 이 그래프는 적분 범위에 금지된 점 $x=5$를 포함하고 있으며, 이 점 양쪽으로 무한의 넓이를 가진다.

du/u는 중요한 적분으로 이어진다. $u=\cos x$ 혹은 $u=\sin x$일 때 우리는 tan와 cot의 적분을 얻는다. $u<0$일 가능성이 있을 때 적분을 $\ln|u|$로 쓰라.

$$\int \tan x\,dx = \int \frac{\sin x}{\cos x}dx = -\ln|\cos x| \qquad \int \frac{x\,dx}{x^2+7} = \frac{1}{2}\ln(x^2+7)$$

$$\int \cot x\,dx = \int \frac{\cos x}{\sin x}dx = \ln|\sin x| \qquad \int \frac{dx}{x\ln x} = \ln|\ln x|$$

이제 sec와 csc에 대하여 살펴본다. $1/\cos x$과 $1/\sin x$의 적분도 절묘한 기술에 기반을 둔 로그의 공격에 백기를 든다.

$$\int \sec x\,dx = \int \sec x\left(\frac{\sec x + \tan x}{\sec x + \tan x}\right)dx = \ln|\sec x + \tan x| \tag{9}$$

$$\int \csc x\,dx = \int \csc x\left(\frac{\csc x - \cot x}{\csc x - \cot x}\right)dx = \ln|\csc x + \cot x| \tag{10}$$

여기서 $u=\sec x+\tan x$는 분모에 있고, $du/dx = \sec x\tan x + \sec^2 x$는 분자에 있다. 적분은 $\ln|u|$이다. 이와 마찬가지로 식 (10)에서도 $u=\csc x - \cot x$에 대하여 du/dx가 분자에 있다.

이 절을 마무리하며 $\ln x$를 적분해보자. $x\ln x$의 도함수는 $\ln x + 1$이다. 추가로 생긴 1을 제거하기 위하여 적분에서 x를 뺀다. 즉 $\int \ln x\,dx = x\ln x - x$이다.

한편 $1/(\ln x)$ 아래의 넓이에 대하여서는 기초적인 공식이 없다. 그럼에도 불구하고 이 적분은 수학에서 가장 큰 근사인 **소수 정리**prime number theorem의 핵심 요소이다. 넓이

$\int_a^b dx/\ln x$는 대략 a와 b 사이의 소수의 개수이다. e^{000} 근처에서 대략 정수의 $1/1000$은 소수이다.

6.4 문장제 문제

01 x의 자연로그는 $\int_1^x$ __a__이다. 이 정의를 사용하면 $\ln xy=$__b__ 및 $\ln x^n=$__c__을(를) 얻을 수 있다. 이때 e는 $1/x$ 곡선 아래의 넓이인 로그값이 __d__인 수이다. 마찬가지로 e^x은 이 수의 자연로그가 __e__인 수로 정의된다. $x\to\infty$일 때 $\ln x$는 __f__(으)로 다가간다. 하지만 비율 $(\ln x)/\sqrt{x}$는 __g__(으)로 다가간다. $\ln x$의 정의역과 치역은 __h__이다.

02 $\ln x$의 도함수는 __i__이고, $\ln(1+x)$의 도함수는 __j__이다. $\ln(1+x)$의 $x=0$에서의 접선을 통한 근사는 __k__이고, 2차 근사는 __l__이다. e^x에 대한 2차 근사는 __m__이다.

03 연쇄 법칙을 통해 $\ln u(x)$의 도함수를 구하면 __n__이다. 따라서 $(\ln\cos x)'=$__o__이다. $\tan x$의 역도함수는 __p__이다. 곱 $p=xe^{5x}$에 대하여 $\ln p=$__q__이다. 이 식의 양변에 미분을 취하면 __r__이다. p를 곱하여 $p'=$__s__을(를) 얻으며, 이를 로그 미분법이라 한다.

04 $u'(x)/u(x)$의 적분은 __t__이다. 즉, $2x/(x^2+4)$의 적분은 __u__이다. $1/(cx)$의 적분은 __v__이고, $1/(ct+s)$의 적분은 __w__이다. $1/\cos x$의 적분은 __x__임을 얻을 수 있다. $1/x$의 역도함수를 구할 때 $\ln|x|$라고 써야 하는데, 이는 이렇게 써야만 __y__인 경우를 허용하기 때문이다. 마찬가지로 $\int du/u$도 __z__(으)로 써야 한다.

6.4 연습문제

01~10 도함수 dy/dx를 구하라.

01 $y=\ln(2x)$

02 $y=\ln(2x+1)$

03 $y=(\ln x)^{-1}$

04 $y=(\ln x)/x$

05 $y=x\ln x-x$

06 $y=\log_{10}x$

07 $y=\ln(\sin x)$

08 $y=\ln(\ln x)$

09 $y=7\ln 4x$

10 $y=\ln((4x)^7)$

11~24 부정적분 혹은 정적분을 구하라.

11 $\int \frac{dt}{3t}$

12 $\int \frac{dx}{1+x}$

13 $\int_0^1 \frac{dx}{3+x}$

14 $\int_0^1 \frac{dt}{3+2t}$

15 $\int_0^2 \frac{x\,dx}{x^2+1}$

16 $\int_0^2 \frac{x^3\,dx}{x^2+1}$

17 $\int_2^e \frac{dx}{x(\ln x)}$

18 $\int_2^e \frac{dx}{x(\ln x)^2}$

19 $\int \frac{\cos x\,dx}{\sin x}$

20 $\int_0^{\pi/4} \tan x\,dx$

21 $\int \tan 3x\,dx$

22 $\int \cot 3x\,dx$

23 $\int \frac{(\ln x)^2 dx}{x}$

24 $\int \frac{dx}{x(\ln x)(\ln(\ln x))}$

25 $y=\ln(1+x)$의 그래프를 그려라.

26 $y=\ln(\sin x)$의 그래프를 그려라.

27~36 $\ln y$를 미분하여 dy/dx를 계산하라. 이 방법이 로그 미분법이다.

27 $y=\sqrt{x^2+1}$

28 $y=\sqrt{x^2+1}\sqrt{x^2-1}$

29 $y=e^{\sin x}$

30 $y=x^{-1/x}$

31 $y=e^{(e^x)}$

32 $y=x^e$

33 $y=x^{(e^x)}$

34 $y=(\sqrt{x})(\sqrt[3]{x})(\sqrt[6]{x})$

35 $y=x^{-1/\ln x}$

36 $y=e^{-\ln x}$

37~42 다양한 방법을 이용하여 다음을 계산하라.

37 $\int_5^{10}\frac{dt}{t}-\int_{5x}^{10x}\frac{dt}{t}$

38 $\int_1^{e^x}\frac{dx}{x}+\int_{-2}^{-1}\frac{dx}{x}$

39 $\frac{d}{dx}\int_x^1\frac{dt}{t}$

40 $\frac{d}{dx}\int_x^{x^2}\frac{dt}{t}$

41 $\frac{d}{dx}\ln(\sec x+\tan x)$

42 $\int\frac{\sec^2x+\sec x\tan x}{\sec x+\tan x}dx$

43~46 주어진 식을 증명하라(이들 미분 식은 유용한 역도함수를 제공한다).

43 $\frac{d}{dx}\ln(x+\sqrt{x^2+1})=\frac{1}{\sqrt{1+x^2}}$

44 $\frac{d}{dx}\ln\left(\frac{x-a}{x+a}\right)=\frac{2a}{x^2-a^2}$

45 $\frac{d}{dx}\ln\left(\frac{1+\sqrt{1-x^2}}{x}\right)=\frac{-1}{x\sqrt{1-x^2}}$

46 $\frac{d}{dx}\ln(x+\sqrt{x^2-a^2})=\frac{1}{\sqrt{x^2-a^2}}$

47~50 주어진 양을 $e^x\approx 1+x+\frac{1}{2}x^2$을 사용하여 1차 정확도, 2차 정확도로 추정하라. 그 후 계산기를 사용하라.

47 $\ln(1.1)$

48 $e^{0.1}$

49 $\ln(0.99)$

50 e^2

51 $\lim_{x\to 0}\frac{\ln(1+x)}{x}$를 계산하라.

52 $\lim_{x\to 0}\frac{e^x-1}{x}$을 계산하라.

53 $\lim_{x\to 0}\frac{\log_b(1+x)}{x}$를 계산하라.

54 $\lim_{x\to 0}\frac{b^x-1}{x}$을 계산하라.

55 $x=2$와 $y=2$로 둘러싸인 $y=1/x$ 윗부분의 '쌍곡 사분원'의 넓이를 찾아라.

56 $y=1/x$의 4부터 8까지의 넓이를 네 개의 위쪽 직사각형과 아래쪽 직사각형을 사용하여 추정하라. 그리고 그 답들의 평균을 구하라(사다리꼴 법칙). 정확한 넓이는 얼마인가?

57 $\frac{1}{2}+\frac{1}{3}+\cdots+\frac{1}{n}$이 $\ln n$에 가까운 이유는 무엇인가? 이 값은 $\ln n$보다 큰가? 아니면 작은가?

58 $x>1$일 때, $\ln x\leq 2(\sqrt{x}-1)$임을 증명하라. $\frac{1}{t}$과 $\frac{1}{\sqrt{t}}$의 1부터 x까지의 적분을 비교하라.

59 문제 58을 x로 나누어 $(\ln x)/x\leq 2(\sqrt{x}-1)/x$을 얻는다. 이로부터 $x\to\infty$일 때, $(\ln x)/x\to 0$임을 이끌어내라. $(\ln x)/x$가 최댓값을 갖는 곳은 어디인가?

60 $(\ln x)/x^{1/n}$도 0으로 다가감을 증명하라($(\ln x^{1/n})/x^{1/n}\to 0$으로부터 시작하라). 이 함수가 최댓값을 갖는 곳은 어디인가?

61 임의의 지수 n에 대하여 [연습문제 6.2.59]에서는 충분히 큰 x에 대하여 $e^x>x^n$이 성립함을 보였다. 로그를 취하면 $x>n\ln x$이다. $(\ln x)/x$는 $1/n$ 미만으로 가며 계속 그 아래에 머물러 있으므로 이 값은 _____으로 수렴한다.

62 y를 $1/x$로 바꾸어 $y\ln y$는 $y\to 0$일 때 0으로 다가감을 증명하라. y^y의 $y\to 0$일 때의 극한을 구하라($y\to 0$일 때 이 함수에 로그를 취하라). 여러분의 계산기에서 $0.1^{0.1}$의 값은 얼마로 나오는가?

63 $x\to\infty$일 때 $\ln x/\log_{10}x$의 극한을 구하라.

64 $\int_1^x t^{h-1}dt=[t^h/h]_1^x=(x^h-1)/h$이다. 이 함수의 $h\to 0$일 때의 극한은 _____이다.

65 e^{-x} 및 2^x에 대하여 $x=0$ 근방에서 선형 근사를 구하라.

66 $\ln(1+x)$에 대해 x^3까지 보정을 하면 $x-\frac{1}{2}x^2+\frac{1}{3}x^3$이다. $\ln 1.01 \approx 0.0099503$임을 확인하고 $\ln 1.02$의 값을 근사하라.

67 개미가 처음 길이가 2피트인 고무 밴드 위에서 1피트/초의 속력으로 기어간다. 이 고무 밴드의 반대쪽을 잡아당겨 1피트/초의 속력으로 늘어나고 있다고 하자. 만약 가능하다면, 개미가 밴드의 반대쪽 끝에 도달하는 시간 T는 얼마인가?

하나의 접근법 : 시간 t에서 밴드의 길이는 $t+2$이다. $y(t)$를 개미가 기어간 부분의 비율이라 할 때, 다음을 설명하라.

(a) $y'=1/(t+2)$ (b) $y=\ln(t+2)-\ln 2$

(c) $T=2e-2$

68 만약 고무 밴드가 8 피트/초의 속력으로 늘어난다면, 같은 개미가 끝에 도달하는 시간을(존재한다면) 구하라.

69 나약한 개미는 $2/(t+2)$ 피트/초의 속력으로 점점 느리게 기어간다. 이때 방정식은 $y'=2/(t+2)^2$이다. 이 개미는 반대쪽 끝에 도달할 수 없음을 보여라.

70 $p=x^x$의 기울기는 $\ln p = x\ln x$로부터 두 가지 방법으로 구할 수 있다.

(1) 로그 미분법 : $(\ln p)'$을 계산한 후 p를 곱한다.

(2) 지수 미분법 : $x^x=e^{x\ln x}$로 쓴 후, 도함수를 구하고 x^x으로 되돌린다.

71 $p=2^x$이면 $\ln p=$ _____이다. 로그 미분법은 $p'=(p)(\ln p)'=$ _____이고, 지수 미분법은 $p=e^{\text{——}}$으로부터 $p'=$ _____이다.

72 ln2를 사다리꼴 법칙 혹은 심프슨 법칙으로 계산하여 소수점 이하 다섯 째 자리까지 일치하도록 구하라.

73 ln10을 $\Delta x=1$인 사다리꼴 혹은 심프슨 법칙 중 하나의 방법을 사용하여 구하고 여러분의 계산기에서 계산된 값과 비교하라.

74 90,000 근처의 소수의 비율인 $1/\ln(90000)$을 추정하라(90000 다음의 수 10000개 중 879개가 실제로 소수이다).

75 $x^y=y^x$인 양의 정수 순서쌍 (x,y)를 찾아라. 이 방정식을 $(\ln x)/x=(\ln y)/y$로 어떻게 바꿀 수 있는지 보여라. 따라서 [그림 6-13]에서 같은 높이에 있는 두 점을 찾아라. 여러분이 찾은 해가 모든 정수해임을 보여라.

76 $(\ln x)/x=(\ln y)/y$가 $t\neq 0$에 대하여

$$x=\left(\frac{t+1}{t}\right)^t,\quad y=\left(\frac{t+1}{t}\right)^{t+1}$$

일 때 성립함을 보여라. 이 점들의 그래프를 그려 곡선 $x^y=y^x$임을 보여라. 이 곡선은 $y=x$와 $x=$ _____일 때 지나가며 이는 $t\to\infty$일 때이다.

6.5 로지스틱 방정식을 포함한 변수 분리형 방정식

이 절에서는 다음의 두 기초적인 미분방정식을 푸는 적분에서 시작한다.

$$\frac{dy}{dt}=cy,\quad \frac{dy}{dt}=cy+s \tag{1}$$

우리는 이미 해를 알고 있다. 여기서 'e^{ct} 꼴을 시도해보라'는 제안이 없을 때 어떻게 이 해들을 찾아내는가에 대한 것은 아직 모른다. 이 방정식들을 포함하여 많은 중요한 방정식에서는 y에 대한 적분과 t에 대한 적분을 분리한다. 답은 두 개의 분리된 적분으로부터 바로 나온다. 미분방정식이 우리가 알고 있거나 찾아볼 수 있는 적분의 형태로 바뀌면 그 미분방정식은 풀린 것이다.

하나의 특별한 방정식을 살펴보자. **로지스틱 방정식**은 성장의 가속 혹은 감속을 묘사하

는 방정식이다. 이 방정식의 해는 천천히 증가하다 급격히 증가한 후 일정한 수준으로 수렴하는 **S자 형태의 곡선**이다(세계 인구에 대한 예측이 옳다면, 1990년대의 인구는 S자의 중간에 가까운 곳에 위치한다). S자 형태의 곡선은 **비선형**방정식의 해이며 우리는 처음으로 비선형 모델을 풀게 될 것이다. 비선형 모델은 생물학 및 모든 생명과학 분야에서 아주 중요하다.

변수 분리형 방정식

방정식 $dy/dt = cy$ 및 $dy/dt = cy + s$ (상수 원천 항 s)는 직접적인 방법을 사용하여 풀 수 있다. 그 아이디어는 **y를 t와 분리**하는 것이다.

$$\frac{dy}{y} = c\,dt, \quad \frac{dy}{y + (s/c)} = c\,dt \tag{2}$$

모든 y는 좌변에 있고, 모든 t는 우변에 있다(그리고 c는 어디에 있어도 좋다). $dy/dt = y + t$에 대해서는 이렇게 분리하는 것이 불가능할 것이다.

식 (2)는 미분연산자를 포함하고 있다. 이 미분연산자들로부터 적분을 떠올려볼 수 있다. t에 대한 적분은 ct가 되며 y에 대한 적분은 로그가 된다.

$$\ln y = ct + \text{상수}, \quad \ln\left(y + \frac{s}{c}\right) = ct + \text{상수} \tag{3}$$

상수는 초기 조건에 의하여 결정된다. $t = 0$에서 우리는 $y = y_0$이길 원하며 적절한 상수를 선택하면 다음이 가능하다.

$$\ln y = ct + \ln y_0, \quad \ln(y + \frac{s}{c}) = ct + \ln\left(y_0 + \frac{s}{c}\right) \tag{4}$$

이제 마지막 단계로 y를 분리한다. 목표는 y 그 자체에 대한 식을 찾는 것이지 그 로그값을 찾는 것이 아니므로 양변에 지수함수를 취한다($e^{\ln y}$은 y이다).

$$y = y_0 e^{ct}, \quad y + \frac{s}{c} = \left(y_0 + \frac{s}{c}\right)e^{ct} \tag{5}$$

확인을 위해 y를 미분방정식에 다시 대입하는 것이 현명할 것이다.

이것이 바로 $y' = cy + s$에 대한 우리의 네 번째 방법이다. 첫 번째 방법은 처음부터 $y = Ae^{ct} + B$임을 가정하였다. 두 번째 방법은 모든 투입량을 그 성장 비율인 $e^{c(t-T)}$ 만큼 곱하여 모든 결과물을 더하였다. 세 번째 방법은 $y - y_\infty$에 대하여 풀었다. 네 번째 방법은 **변수 분리법**이다. 그리고 모든 방법들에서 도출되는 답은 같다. 이 변수 분리법은 아주 유용하므로 아래에 그 주요 아이디어를 반복한 후 이를 사용하면서 다시 설명하기로 한다.

$dy/dt = u(y)v(t)$를 풀기 위하여 $v(t)dt$로부터 $dy/u(y)$를 분리한 후 양변을 적분하라.

$$\int dy/u(y) = \int v(t)dt + C \tag{6}$$

그 후 초기 조건을 대입하여 C를 결정하고, $y(t)$에 대하여 풀어라.

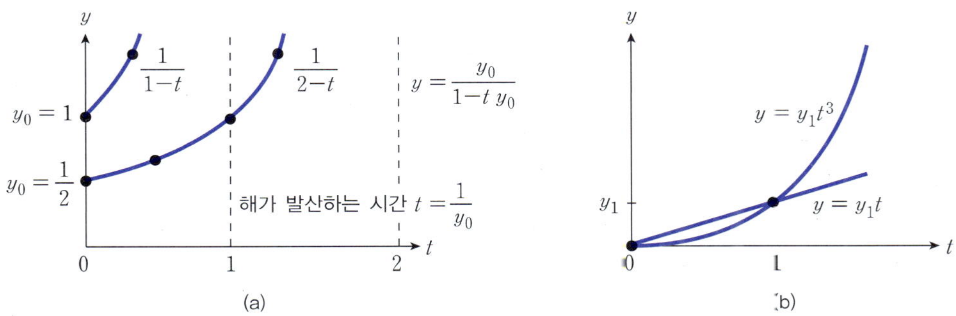

[그림 6-15] 변수 분리형 방정식 $\frac{dy}{dt} = y^2$ 및 $\frac{dy}{dt} = n\frac{y}{t}$ 혹은 $\frac{dy}{y} = n\frac{dt}{t}$의 해들

예제 1 $dy/dt = y^2$은 $dy/y^2 = dt$로 분리된다. 양변을 적분하여 $-1/y = t + C$를 얻는다. $t = 0$과 $y = y_0$을 대입하면 $C = -1/y_0$를 찾을 수 있다. 이제 y에 대하여 푼다.

$$-\frac{1}{y} = t - \frac{1}{y_0}, \quad y = \frac{y_0}{1 - ty_0}$$

이 해는 t가 $1/y_0$이 될 때 발산한다([그림 6-15(a)]). 만약 은행이 여러분이 예금한 금액의 제곱에 해당하는 이자를 준다면($y' = y^2$), 여러분은 곧 전 세계의 모든 돈을 가지게 될 것이다.

예제 2 $dy/dt = ty$는 $dy/y = t\,dt$로 분리된다. 양변을 적분하면 $\ln y = \frac{1}{2}t^2 + C$이다. $t = 0$과 $y = y_0$을 대입하여 $C = \ln y_0$을 찾는다. $\frac{1}{2}t^2 + \ln y_0$에 지수함수를 취하면 $y = y_0 e^{t^2/2}$을 얻는다. 이자율이 $c = t$이면 지수는 $t^2/2$이 된다.

예제 3 $dy/dt = y + t$는 분리할 수 없다. [연습문제 6.5.35]에 나오는 추가 항 D를 넣은 $y = Ae^t + B + Dt$라 가정하면 첫 번째 방법은 살아남는다. 두 번째 방법으로도 역시 해를 얻을 수 있다. 하지만 변수 분리법으로는 불가능하다.

예제 4 $dy/dt = ny/t$를 $dy/y = n\,dt/t$로 분리하자. 적분하면 $\ln y = n \ln t + C$이다. $t = 0$을 대입하면 $\ln 0$이 나오고 재앙이 일어난다. 이 방정식은 시간 t가 0일 때부터 시작할 수 없다(이 방정식은 t로 나누는 항이 있기 때문이다). 하지만 y는 $t = 1$일 때의 y_1로부터 시작할 수 있으며 이때의 C는 $\ln y_1$이다. 해는 거듭제곱함수 $y = y_1 t^n$이다.

이 방정식은 이 책에서의 첫 번째 미분방정식이었다(2.2절을 보라). dy/y와 dt/t의 비율은 경제학에서의 '탄력성'이다. 이 상대적인 변화는 달러/달러와 같은 단위를 가지며, 따라서 단위가 없다. 그리고 $y = t^n$은 상수 탄력성 n을 가진다.

로그-로그 평면에서 $\ln y = n \ln t + C$는 기울기가 n인 직선이다.

로지스틱 방정식

인구 성장에 관한 가장 간단한 모델은 $dy/dt = cy$이다. 성장률 c는 출생률과 사망률의 차이다. 만일 c가 상수인 경우 모델이 합리적인 지점을 넘어서도 성장이 영원히 계속된다. 인구는 무한대까지 계속해서 성장할 수는 없다! 결국 식량과 공간에 대한 경쟁이 있게 되며 $y = e^{ct}$의 성장은 반드시 느려져야 한다.

올바른 비율 c는 인구의 크기 y에 따라 달라진다. 즉 비율은 상수가 아닌 함수 $c(y)$이어야 한다. 적절한 모델의 선택이 적어도 문제의 절반은 차지한다.

생물학, 생태학에서의 문제 : $c(y)$를 찾아라.
수학에서의 문제 : $dy/dt = c(y)y$를 풀어라.

모든 모형은 작은 범위의 y에서는 선형처럼 보이지만 넓은 범위에서는 그렇지 않다. 비율이 떨어지는 경우 다음 두 모형이 가장 중요하다. 미하엘리스-멘텐 방정식에서는 $c(y) = c/(y+K)$이고, 로지스틱 방정식에서는 $c(y) = c - by$이다. 이 로지스틱 방정식을 먼저 다루어보겠다.

비선형적인 효과는 '상호작용'으로부터 온다. 인구수가 y, z인 두 집단에 대하여 상호작용의 수는 y와 z의 곱에 비례한다. **질량 작용의 법칙은 2차 항 byz를 만든다.** 이 모형은 상호작용 및 경쟁에 관한 기본 모형이다. 여기에서는 하나의 집단 내부에서 그들 간에 경쟁하는 것이므로 z는 y와 같다. 방정식에 $-by^2$이 포함되므로 이 경쟁은 성장을 저해하게 된다.

성장과 경쟁에 대한 기본 모형은 다음 로지스틱 방정식으로 알려져 있다.

$$dy/dt = cy - by^2 \tag{7}$$

일반적으로 b는 c에 비하여 아주 작다. 성장은 원래와 같이 e^{ct}에 가깝게 시작한다. y가 커지기 전에는 경쟁 항 by^2은 cy보다 아주 작다. y가 커진 후에는 by^2(음의 부호가 있다)이 성장을 저해한다. 해는 우리가 정확히 계산할 수 있는 S자 형태의 곡선을 따른다.

인구수에 대한 b와 c의 값은 무엇일까? 생태학자들은 자연 성장률을 $c = 0.029$/년으로 추정한다. 이는 b 때문에 실제 비율과 다르다. 1930년 즈음에 세계 인구는 대략 30억이었다. cy 항은 매년 $(0.029)(30\text{억}) = 8700\text{만}$의 성장을 예측하지만 실제 성장 비율은 대략 $dy/dt = 6000\text{만/년}$이었다. 2700만/년의 차이가 by^2에 기인한 것이다.

$$2700\text{만/년} = b(30\text{억})^2 \text{으로부터 } b = 3\cdot 10^{-12}/\text{년을 얻는다.}$$

확실히 b는 작은 수(3조 분의 1)이지만 그 효과는 작지 않다. 그 효과로 인해 인구 증가가 8700만에서 6000만으로 줄었다. 새 항 by^2이 원래의 항 cy와 같을 때인 **정상 상태**를 계산하는 것은 더 매혹적이다. 이 항들이 서로 상쇄되면 $dy/dt = cy - by^2$은 0이다. 경쟁으로 인한 인구의 손실이 성장률로부터의 인구 증가와 균형을 이룬다. 즉 $cy = by^2$이고 $y = c/b$이다. 성장은 이 균형점에서 멈추며 이 곳이 바로 S자 곡선의 최고점이다.

$$y_\infty = \frac{c}{b} = \frac{0.029}{3}10^{12} \approx 100\text{억 명}$$

페르휠스트Verhulst의 로지스틱 방정식에 따르면 세계의 인구는 100억으로 수렴한다. 이 결과는 모델로부터 나온 것이다. 현재의 인구수로 볼 때 인류의 인구수는 훨씬 더 빨리 커지고 있다. 아마도 인구수는 100억을 곧 넘어가게 될 것이다. 3.3절에서 나온 유엔 보고서에서는 인구수를 110억~140억으로 예측하고 있다.

특별한 점으로 $y_\infty = c/b$의 절반이 되는 지점에 주목하라(모델에서는 50억이다). 이 점은 S자 형태 곡선의 변곡점으로서 곡선이 아래로 휘기 시작하는 점이다. 이때 이계도함수 d^2y/dt^2는 0이 되고, 따라서 기울기 dy/dt는 최대가 된다. y에서 이 점을 찾는 것보다 dy/dt를 주는 미분방정식에서 이 점을 찾는 것이 쉽다. 미분방정식에 한 번 더 미분을 취해보자.

$$y'' = (cy - by^2)' = cy' - 2byy' = (c - 2by)y' \tag{8}$$

인수 $c - 2by$는 변곡점 $y = c/(2b)$에서 0이 되며, 이 점은 S자 형태 곡선 높이의 절반에 해당하는 점이다.

S자 형태의 곡선

로지스틱 방정식은 변수 y와 t를 분리하여 풀 수 있다.

$$dy/dt = cy - by^2 \text{은 } \int dy/(cy - by^2) = \int dt \text{가 된다.} \tag{9}$$

첫 번째 질문은 이 y에 대한 적분을 우리가 본 적이 있느냐는 것이다. 그렇지 않다. 두 번째 질문은 이 적분이 책의 부록에 나열되어 있었냐는 것이다. 그렇지 않다. 가장 비슷해 보이는 적분은 $\int dx/(a^2-x^2)$이며 상당한 조작을 거쳐 얻을 수 있다([연습문제 6.5.36]). 세 번째 질문은 일반적인 방법이 가능하냐는 것이다. 그렇다. '부분분수'는 $1/(cy-by^2)$에 완벽하게 맞는 형태이며 7.4절에서 식 (9)를 다음과 같이 적분할 것이다.

$$\ln\frac{y}{c-by}=ct+C\,,\quad \ln\frac{y_0}{c-by_0}=C \tag{10}$$

이 상수 C는 $t=0$일 때의 해를 올바른 값으로 만들어 준다. 로지스틱 방정식은 적분되었지만 해는 더 나아질 수 있다. 양변에 지수함수를 취하여 로그를 제거하자.

$$\frac{y}{c-by}=e^{ct}\frac{y_0}{c-by_0} \tag{11}$$

이 식은 선형방정식과 마찬가지로 같은 성장 인자 e^{ct}을 포함한다. 하지만 로지스틱 방정식은 선형이 아니다. 다시 말해 아주 빨리 증가하는 y가 아니다. 식 (11)에 의하면 $y/(c-by)$는 무한대로 커지며 이는 $c-by$가 0으로 다가갈 때 발생한다.

성장은 $y=c/b$일 때 멈춘다. 이 값이 전 세계 인구의 최종 값이다(100억?).

아직 y에 대한 공식이 필요하다. 완벽한 S자 형태의 곡선은 $y=1/(1+e^{-t})$의 그래프이다. 이 곡선은 $t=\infty$일 때 1이 되며, $t=0$일 때는 $\frac{1}{2}$과 같고, $t=-\infty$일 때는 0이 된다. 또한 이 곡선은 $c=b=1$인 $y'=y-y^2$을 만족한다. 일반적인 공식은 어떠한 c, b, y_0에서라도 허용되기 때문에 그렇게 아름답지는 않다. S자 형태의 곡선을 찾기 위해 식 (11)에 $c-by$를 곱하여 y에 대하여 푼다.

$$y=\frac{c}{b+e^{-ct}(c-by_0)/y_0}\qquad \text{혹은}\qquad y=\frac{c}{b+de^{-ct}} \tag{12}$$

t가 무한대로 접근할 때, e^{-ct}은 0으로 접근한다. 이로써 공식의 복잡한 부분은 사라진다. 이때 y는 그 정상 상태인 c/b로 접근하며 이는 [그림 6-16]에 점근선으로 표시되어 있다. S자 형태의 곡선은 최대 높이의 절반일 때 변곡점에 도달한다.

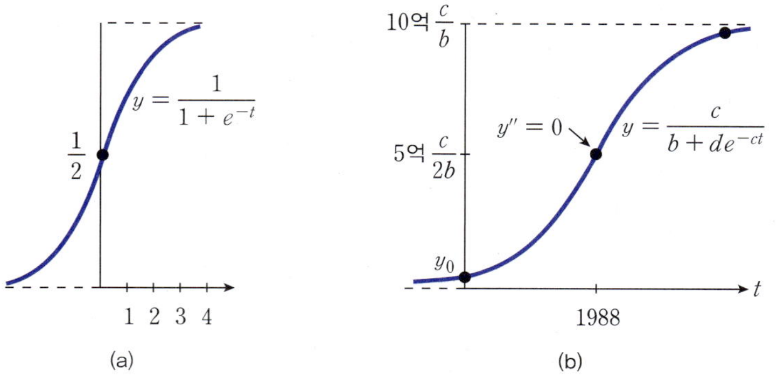

[그림 6-16] (a) 표준적인 S자 형태의 곡선 $y=1/(1+e^{-t})$, (b) 인구수에 대한 S자 형태의 곡선(예측치)

$z=1/y$은 선형 미분방정식을 만족한다. 미분을 하면 $z'=-y'/y^2$이므로 다음과 같다.

$$z'=\frac{-cy+by^2}{y^2}=-\frac{c}{y}+b=-cz+b \qquad (13)$$

이 방정식 $z'=-cz+b$는 앞에서 이미 지수함수 e^{-ct}과 상수의 합에 의해 풀었다.

$$z=Ae^{-ct}+\frac{a}{b}=\left(\frac{1}{y_0}-\frac{b}{c}\right)e^{-ct}-\frac{b}{c} \qquad (14)$$

분자와 분모를 바꾸면 $y=1/z$은 S자 형태의 곡선 (12)와 같다. z가 b/c에 다가갈 때, S자 형태의 곡선은 c/b에 다가간다. z가 $1/y_0$부터 시작함에 주목하라.

예제 5 **(미국의 인구)** 다음 표는 실제 인구와 모델에서 예측한 인구를 보여준다. 펄Pearl과 리드Reed는 1790년, 1850년, 1910년의 인구조사 수치를 사용하여 c와 b를 계산하였다. 이 기간 동안 예측치는 괜찮은 편이지만 아주 좋은 수치는 아니다. 그 이유 중 하나는 전쟁이고, 다른 하나는 대공황이다. 아마도 더 주요 원인은 이민일 것이다.[8] 실제로 펄과 리드가 구한 정상 상태는 2억 명 이하였고, 이미 미국의 인구는 이 수를 초과하였다. 확실히 그들의 모델은 향상될 수 있었고, 실제로 발전되어 왔다. **1990년의 인구조사에서는 3억 명 이전에 인구 증가가 멈출 것이라 예측하였다.** 일정한 이민자 s명이 있다면 $y'=cy-by^2+s$를 부분분수를 활용하여 풀 수 있지만 현실에서는 컴퓨터가 이 미분방정식을 푼다. 오른쪽의 표는 브라운Braun의 『미분방정식』(Springer, 1975)에서 발췌한 것이다.

과학이 훌륭하다면 y^2 항을 설명하고 정당화해야만 한다. 이 모델은 완전히 풀수 있는 비선형 모델을 주지만, 단순한 것이 반드시 사실일 필요는 없다. 기본적인 정당화는 다음과 같다. 크기 y의 집단에서 서로 마주하는 횟수는 y^2에 비례한다. 만약 마주하는 것이 인구수의 증가를 방해한다면 그 항은 $-by^2$이다. 이 마주하는 것이 인구수를 증가시킨다면 항 by^2이 추가되며 이때 인구는 매우 빠르게 증가한다.

8 이민은 세계 인구수 모델에 포함되지 않았다(적어도 아직까지 필자가 아는 바로는).

연도	미국 실제 인구		예측 인구
1790	3.9	=	3.9
1800	5.3		5.3
1810	7.2		7.2
1820	9.6		9.8
1830	12.9		13.1
1840	17.1		17.5
1850	23.2	=	23.2
1860	31.4		30.4
1870	38.6		39.4
1880	50.2		50.2
1890	62.9		62.8
1900	76.0		76.9
1910	92.0	=	92.0
1920	105.7		107.6
1930	122.8		123.1
1940	131.7	≠	136.7
1950	150.7		149.1

예제 6 $y'=cy+by^2$: y는 유한한 시간 안에 무한대가 된다.

예제 7 $y'=-dy+by^2$: $y_0<d/b$이면 멸종하게 된다.

[예제 7]에서는 사망률이 더 빠르다. 협력 by^2이 적은 인구를 구하기 전에 멸종하게 된다. 즉 d/b 미만의 인구는 멸종 위기인 셈이다.

로지스틱 방정식은 진동을 예측할 수 없다. 이 진동은 $dy/dt=f(y)$로는 표현이 되지 않는다.

모든 비선형방정식 $y' = f(y)$를 이해할 수 있는 방법이 있다. 바로 '위상도$^{y\ \text{line}}$'를 그리는 것이다.[9] $f(y)$의 부호를 나타내기 위해 화살표를 그려라. $y' = f(y)$가 양수인 경우 y는 증가한다(**우측으로 향하는 화살표를 따라 움직인다**). 반면 f가 음수이면 y는 좌측으로 움직인다. f가 0인 경우 방정식은 $y' = 0$이고 y는 움직이지 않는다.

9 y선$^{y\ \text{line}}$은 일반적으로 위상도$^{\text{phase line, phase diagram}}$라는 용어를 사용한다.

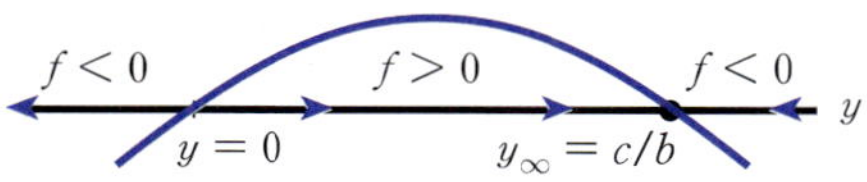

$y' = cy - by^2$(이 식이 $f(y)$이다)

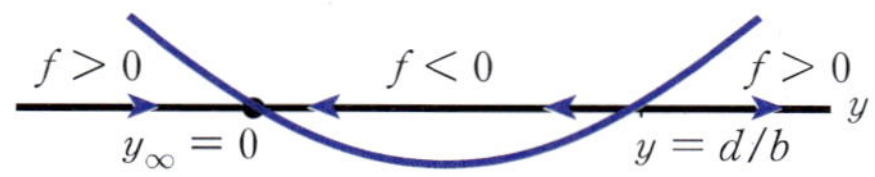

$y' = -dy + by^2$(이 식이 $f(y)$이다)

화살표에 따라 y축이 좌측 혹은 우측으로, 정상 상태 혹은 무한대로 이동한다. 화살표들은 안정적인 정상 상태를 향한다. 움직이지 않는 점이 불안정적인 경우 화살표는 그 점에서 벗어나는 방향이다. ***y*****선**은 y가 어떤 경로로 움직이는지 그리고 어디에서 정지하는지를 보여준다.

[연습문제 6.7.54]에서 낙하하는 물체의 종단 속도[10]는 $v_\infty = \sqrt{g}$이다. $f(y) = \sin y$의 경우에는 여러 정상 상태가 존재한다.

10 물체의 속도가 일정해지는 최종 속도를 말한다.

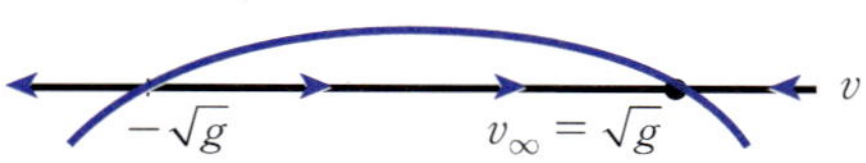

낙하하는 물체 : $dv/dt = g - v^2$

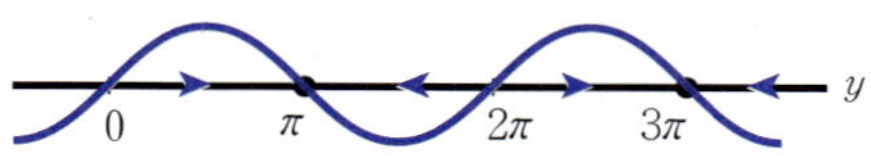

$dy/dt = \sin y$

예제 8 화학 반응 $mA + nB \to pC$의 역학 반응은 물질 A의 m개의 분자와 물질 B의 n개의 분자를 혼합하여 물질 C의 p개 분자를 만든다. 염화수소(HCl)의 경우 m, n, p는 각각 $1, 1, 2$이다($H_2 + Cl_2 = 2HCl$). **질량 작용의 법칙**으로부터 반응률은 반응물의 농도 $[A]$와 $[B]$의 곱에 비례한다. 이때 생성물의 농도 $[C]$가 증가함에 따라 $[A]$는 감소한다.

$$d[A]/dt = -r[A][B], \qquad d[C]/dt = +k[A][B] \tag{15}$$

화학에서는 r와 k를 측정하는 반면 수학에서는 $[A]$와 $[C]$에 대하여 푼다. y를 생성물의 농도 $[C]$, 즉 단위 부피당 분자의 수로 나타낸다. 이러한 y개의 분자를 생성하기 위해서 반응물의 농도 $[A]$는 a_0에서 $a_0 - (m/p)y$로 감소한다. 마찬가지로 $[B]$는 b_0에서 $b_0 - (n/p)y$로 감소한다. 질량 작용의 법칙 (15)는 y^2을 포함한다.

$$\frac{dy}{dt} = k\left(a_0 - \frac{m}{p}y\right)\left(b_0 - \frac{n}{p}y\right) \tag{16}$$

이 방정식은 비선형 모델의 형태이다([연습문제 6.5.33~34]). 이제 같은 질량 작용의 법칙을 생물학에서 찾아보자. 두 농도의 곱이 있는 경우 이를 발견할 수 있다.

미하엘리스-멘텐 방정식 $dy/dt = -cy/(y+K)$

생명체에 있어 생화학적 반응은 핵심이며 모든 생명 유기체에서 연속적으로 일어나고 있다. 그 반응에 대한 수학적 묘사는 쉽지 않다! 공학과 물리학은 선형 모델로도 꽤 많이 나아가는 반면, 생물학은 금방 비선형적이 된다. $y' = cy$는 1차 역학(6.3절 참고)에서도 아주 효과적이지만, 자연은 비선형적 조절 장치를 가지고 있다.

효소는 반응의 속도를 높여준다. 효소가 없다면 여러분의 삶은 아주 느려질 것이다. 예를 들어 혈액이 응고할 때까지 몇 년이 걸릴 것이고, 스테이크가 소화되는 데에는 수십 년이 걸릴 것이다. 또한 미적분학을 배우는 데에는 몇 세기가 걸릴 것이다. 우리 몸의 전체 시스템은 아주 아름답다. DNA는 아미노산에게 유용한 단백질을 결합하는 방법을 알려주며 효소와 모든 생명체가 존재할 수 있는 원인이 된다.

간단히 말해, 효소는 반응을 촉진시키고 다시 나온다. 이것이 바로 **촉매**이다. 촉매와 기질과의 결합은 불안정한 중간체이므로 새로운 물질과 효소로 다시 분해된다. 이 효소는 다시 반응을 촉진시킬 준비를 한다.

다음은 촉매의 예시들이다. 몇몇은 좋은 촉매인 반면 몇몇은 좋지 않다.

1. 촉매 변환기의 백금은 자동차 엔진의 오염 물질과 반응한다(하지만 백금은 납과도 반응한다. 10갤런의 유연휘발유(납성분이 포함된 휘발유)이면 백금은 거의 없어진다).
2. 스프레이 추진제(CFC)는 오존(O_3)에서 일반적인 산소(O_2)로의 변화를 촉진한다. 이 반응은 지구를 보호하는 대기권의 오존층을 파괴한다.
3. 우유는 요구르트가 되고, 포도주스는 와인이 된다.
4. 혈액의 응고는 매 단계 반응을 증폭시키기 위하여 모든 효소가 필요하다. '왕가의 병[11]'이라고도 불리는 혈우병은 '제8응고인자' 효소가 없는 것이다. 혈우병을 앓는 사람에게 작은 사고는 재앙이 될 것이다. 출혈이 멈추지 않기 때문이다.
5. 고기 연화제에는 파파야로부터 나온 단백질 분해 효소를 사용한다. 그것은 스테이크를 소화하기 쉽게 만든다. 같은 효소인 키모파파인은 허리 디스크를 완화하기 위해 투입되기도 한다.
6. 효모로 빵을 만들 수 있다. 효소는 사워도[sourdough]에 시큼한 맛이 나도록 한다.

11 혈우병이 '왕가의 병'으로 불리는 이유는 대영제국을 이끌었던 빅토리아 여왕이 혈우병 보인자였기 때문이다. 빅토리아 여왕의 자손들은 다른 나라의 왕가와 서로 결혼하면서 혈우병은 유럽의 여러 왕가로 퍼지게 되었다.

물론, 효소를 만들기 위해서도 효소가 필요하다. 모체의 난자에는 세포를 위한 물질과 DNA의 절반을 위한 물질을 포함하고 있다. 수정된 난자에는 모든 물질들이 포함되어 있다.

이제 이러한 반응들을 설명하기 위하여 미하엘리스-멘텐 방정식에 대하여 살펴보자. 이 방정식은 **질량 작용의 법칙**에 기초하고 있다. 농도 z의 효소는 농도 y의 기질로서 $dy/dt = -byz$를 만족하며 바뀐다. 비율 상수는 b이고, '효소와 기질의 곱'의 항을 볼 수 있다. 마찬가지로 비슷한 법칙이 다른 반응들에도 적용된다(몇몇 반응은 거꾸로 진행된다). 방정식들은 비선형이며, 정확한 해를 찾을 수 없다. 이러한 방정식은 응용수학(및 자연)에서 전형적으로 나타나며 해는 정확히 찾지 못하더라도 여전히 패턴은 찾을 수 있다.

효소의 농도 $z(t)$는 $z_0K/(y+K)$로 급격히 떨어지는 일이 발생하게 된다. 미하엘리스 상수 K는 질량 작용의 법칙에서의 비율(b)에 의존한다. 이후에 효소는 다시 생겨나 $z_\infty = z_0$이 된다. 하지만 그때까지는 첫 번째 반응이 끝나게 된다. 이때 첫 번째 반응에서의 질량 작용의 법칙은 다음과 같다.

$$\frac{dy}{dt} = -byz = -\frac{cy}{y+K} \tag{17}$$

여기서 $c = bz_0K$이다. 이 식이 **미하엘리스-멘텐 방정식**으로서 생화학의 기본이다. dy/dt는 생물학에서도 매우 중요하다. 함수 $cy/(y+K)$를 살펴보자.

y가 큰 경우, $dy/dt \approx -c$이다. y가 작은 경우, $dy/dt \approx -cy/K$

시작과 종료는 y가 K를 지배하느냐 혹은 K가 y를 지배하느냐에 따라 다른 비율로 작동하게 된다. 가장 빠른 비율은 c이다.

생화학자는 변수를 분리하여 미하엘리스-멘텐 방정식을 다음과 같이 푼다.

$$\int \frac{y+K}{y} dy = -\int c\,dt \text{로부터 } y + K\ln y = -ct + C\text{이다.} \tag{18}$$

평소처럼 $t = 0$일 때를 y_0으로 두면 $C = y_0 + K\ln y_0$이다. 양변에 지수함수를 취하면 다음과 같은 결론을 얻는다.

$$e^y y^K = e^{-ct} e^{y_0} y_0^K \tag{19}$$

여기서 y에 관한 간단한 공식을 얻지는 못한다. 우리가 이 정도라도 가까이 접근할 수 있었던 것이 운이 좋았던 셈이다. 컴퓨터로는 $y(t)$의 그래프를 빠르게 그려낼 수 있으며 효소의 동역학을 살펴볼 수 있다.

[연습문제 6.5.27~32]에서는 미하엘리스-멘텐 이론을 살펴본다. 과학에서 농도와 비율 상수들은 단위를 가진다. 수학에서는 변수들은 차원을 가지지 않도록 만들 수 있고 상수들은 1이 되도록 할 수 있다. 우리는 $dY/dT = Y/(Y+1)$를 푼 후 y, t, c, K로 되돌릴 것이다. 이 아이디어는 다른 방정식들에도 마찬가지로 적용된다.

대부분 미적분학의 응용은 미분방정식을 통해 등장한다. 미분방정식은 수학의 언어이다. 인구수와 화학 반응, 그리고 전염병의 확산까지도 같은 방정식을 만족한다. 다음 절에서는 $dy/dt = cy$의 경우와 비슷하게 해를 구하는 차분방정식에 대해 알아볼 것이다.

6.5 문장제 문제

01 미분방정식 $dy/dt=cy$, $dy/dt=cy+s$ 및 $dy/dt=u(y)v(t)$는 y를 t로부터 분리할 수 있기에 __a__(이)라고 불린다. $\int dy/y=\int c dt$의 적분을 하면 __b__을(를) 얻는다. $\int dy/(y+s/c)=\int c dt$의 적분을 하면 __c__을(를) 얻을 수 있다. 미분방정식 $dy/dx=-x/y$는 __d__ 이(가) 되며, 이때 $y^2+x^2=$ __e__이(가) 되어 해는 원 위에 더무르게 된다.

02 로지스틱 방정식은 $dy/dt=$ __f__이다. 여기서 cy는 성장을 나타내고, 새로운 항 $-by^2$은 __g__을(를) 나타낸다. 변수 분리를 시행하면 $\int dy/(cy-by^2)=\int dt$가 되며 y에 대한 적분은 $1/c$과 ln__h__의 곱이다. $t=0$일 때 y_0을 대입하고 지수함수를 취하면 $y/(c-by)=e^{ct}$ __i__을(를) 얻는다. $t\to\infty$일 때, y는 __j__(으)로 다가간다. 이 값은 $cy-by^2=$__k__이(가) 되는 정상 상태이다. y의 그래프는 __l__ 형태이며 그 이유는 $y=$ __m__에서 변곡점을 가지기 때문이다.

03 생물학과 화학에서 y와 z의 농도를 가지는 물질의 반응은 y와 __n__의 곱에 비례하는 비율로 반응한다. 이것은 __o__의 법칙이다. 모델 방정식 $dy/dt=c(y)y$에서 비율 c는 __p__에 의존한다. 미하엘리스-멘텐 방정식은 $dy/dt=$__q__이다. 변수 분리를 시행하면 $\int$ __r__ dy $=$ __s__ $=-ct+C$를 얻는다.

6.5 연습문제

01~08 변수 분리를 시행하고, 적분하여 미분방정식의 해를 구하라.

01 $dy/dt=y+5$, $y_0=2$

02 $dy/dt=1/y$, $y_0=1$

03 $dy/dx=x/y^2$, $y_0=1$

04 $dy/dx=y^2+1$, $y_0=0$

05 $dy/dx=(y+1)/(x+1)$, $y_0=0$

06 $dy/dx=\tan y\cos x$, $y_0=1$

07 $dy/dt=y\sin t$, $y_0=1$

08 $dy/dt=e^{t-y}$, $y_0=e$

09 성장률이 y가 아닌 $\sqrt{y}$에 비례한다고 가정하자. y_0로부터 시작하며 $dy/dt=c\sqrt{y}$를 만족하는 해를 찾아라.

10 상수 탄력성에 대한 방정식 $dy/dx=ny/x$는 $d(\ln y)/d(\ln x)=$ ______와(과) 같다. 그 해는 $\ln y=$______이다.

11 로지스틱 방정식에서 $c=0$일 때 남는 항은 $y'=-by^2$이다. 정상상태 y_∞는 무엇인가? y가 y_0에서 $\frac{1}{2}y_0$으로 떨어질 때까지 얼마나 걸리는가?

12 문제 11의 부호를 반대로 뒤집어 $y'=+by^2$이라 하자. $y_0=2$(아담과 하와)로부터 시작할 때 인구가 $y=\infty$로 폭발하게 되는 때는 언제인가?

13~26 다음은 로지스틱 방정식 $y'=cy-by^2$에 대한 내용이다.

13 $y=1/(1+e^{-t})$이 방정식 $y'=y-y^2$의 해임을 보여라. $\frac{1}{2}$과 $\frac{1}{3}$로부터 시작하는 y의 그래프를 그려라.

14 (a) $y=2/(1+e^{-t})$가 해가 되는 로지스틱 방정식은 무엇인가?

(b) $y=1/(1+e^{-3t})$가 해가 되는 로지스틱 방정식에서의 c와 b의 값을 구하라.

15 $z'=-z+1$, $z_0=2$를 풀어라. 식 (13)에서와 같이 역수를 취하면 $y=1/z$은 무엇인가?

16 식 (14)의 $y=1/z$로부터 S자 형태의 곡선 (12)를 직접 계산하여 구하라.

17 $y_0 = \frac{1}{2}c/b$로부터 $y = \frac{3}{4}c/b$까지 증가하는 데 몇 년이 걸리겠는가? 식 (10)에서 변곡점인 1988년으로부터의 시간 t를 사용하라. y 값이 90억 $= 0.9c/b$에 도달하는 때는 언제인가?

18 $u = y/(c-by)$를 미분하여 $y' = cy - by^2$이면 $u' = cu$임을 보여라. 이로부터 $u = u_0 e^{ct}$이고, 이는 로지스틱 방정식의 해 (11)을 설명해준다.

19 피츠버그의 인구는 1900년 $y_0 = 100$만 명으로 시작하여 2000년에는 $y = 300$만 명이 되었다. 만약 1900년의 인구 성장률이 $y' = 12000$/년이었고, 2000년에는 $y' = 30000$/년이었다면 이 사실을 로지스틱 방정식에 대입하여 c와 b를 찾아라. 정상 상태는 무엇인가?

보너스 문제 : $y = y_\infty/2 = c/(2b)$가 될 때는 언제인가?

20 $c = 1$이지만 $b = -1$이라고 가정하면 협력 효과가 나타나는 로지스틱 방정식은 $y' = y + y^2$이 된다. $y_0 = 1$일 때 $y(t)$를 구하라. y가 무한대가 될 때는 언제인가?

21 수평 점근선 $y = -1$ 및 $y = 1$을 갖고 (0,0)을 지나는 S자 형태의 곡선을 그려라. $y = (e^t - e^{-t})/(e^t + e^{-t})$이 위 세 가지 성질을 가짐을 보여라. y^2의 그래프는 ______와(과) 비슷한 형태이다.

22 $y' = cy - by^3$을 풀기 위하여 $u = 1/y^2$로 바꾸자. $u' = -2y'/y^3$에서 y'을 대입하여 얻어지는 u에 대한 선형 미분방정식을 구하라. 식 (14)처럼 푸는데, 이때 $u_0 = 1/y_0^2$이다. 그 후 $y = 1/\sqrt{u}$로 y를 구할 수 있다.

23 $y = rY$와 $t = sT$로 변수를 바꾸었을 때, 미분방정식 $dy/dt = cy - by^2$은 $dY/dT = Y - Y^2$이 된다고 한다. 이때 r과 s를 구하라.

24 $y = rY$와 $t = sT$로 변수를 바꾸면 초깃값 y_0과 y_0'은 Y_0 및 Y_0'과 어떤 관계가 있는가?

25 어떤 소문은 미분방정식 $y' = y(N-y)$를 만족하며 퍼진다고 한다. 만약 y명의 사람이 이 소문을 알고 있을 때, $N-y$명의 사람은 이 소문을 모른다. 곱 $y(N-y)$는 소문이 퍼지기 위하여 이들이 만나는 횟수를 측정한다.

(a) $dy/dt = y(N-y)$를 $y_0 = 1$부터 시작하라.

(b) $N/2$명의 사람이 소문을 듣게 되는 시간 T는 무엇인가?

(c) 이 모형은 $N \to \infty$일 때 T가 ______에 다가가므로 좋지 않다. 더 나은 모형은 $y' = by(N-y)$이다.

26 b와 c가 모두 10배가 되었다고 가정하자. S자 형태의 곡선의 중간 부분은 더 가팔라지는가? 아니면 더 평평해지는가?

27~34 다음은 질량 작용의 법칙과 미하엘리스-멘텐 방정식 $y' = -cy/(y+K)$에 대한 내용이다.

27 대부분의 약물은 $y' = -cy$을 따라 흡수되지만 아스피린은 미하엘리스-멘텐 방정식을 따라 흡수된다. $c = K = y_0 = 1$일 때, 아스피린은 보통의 약물보다 더 빨리 흡수되는가?

28 만약 여러분이 아스피린을 일정한 비율 d로 복용한다면(유지량[12]), $d = cy/(y+K)$에서 정상 상태를 찾아라. 이때 $y' = 0$이다.

29 미하엘리스-멘텐 방정식에서의 비율 $R = cy/(y+K)$는 y가 증가함에 따라 증가한다는 것을 보이고, $y \to \infty$일 때의 최댓값을 찾아라.

30 $K = 1$ 및 $K = 10$일 때 비율 R을 y의 함수로 보아 그래프를 그려라($c = 1$로 택하라). 미하엘리스 상수가 증가함에 따라 비율은 ______한다. $R = \frac{1}{2}c$인 y는 무엇인가?

31 $y = KY$ 및 $ct = KT$로 두어 dY/dT에 대한 '무차원의' 미하엘리스-멘텐 방정식을 구하라. 이 방정식의 해 $e^Y Y = e^{-T} e^{Y_0} Y_0$으로부터 y의 t에 관한 함수 해 (19)를 복원하라.

32 컴퓨터를 사용하여 다른 c와 K의 값에 대하여 식 (19)의 $y(t)$의 그래프를 그려라.

33 화학반응 $A + B \to C$에 대한 질량 작용의 법칙을 식으로 나타내면 $y' = k(a_0 - -y)(b_0 - y)$이다. $y_0 = 0$, $a_0 = b_0 = 3$, $k = 1$이라 가정하자. y는 얼마이며 $y = 2$가 되는 때는 언제인가?

34 $d[C]/dt$에 대한 미분방정식뿐만 아니라, 질량 작용의 법칙으로 $d[A]/dt$를 구하면 ______이다.

---

35 $y_0 = 0$으로 시작하는 $y' = y + t$의 해를 $y = Ae^t + B + Dt$의 형태로 가정하여 풀어라. A, B, D를 구하라.

36 $cy - by^2$을 $x = \sqrt{b}y - c/(2\sqrt{b})$ 및 $a =$ ______(으)로 두고 다시 쓰면 $a^2 - x^2$이 된다. 적분표에서 찾을 수 있는 a 및 x에 관한 적분에 대입하여 본문의 y에 대한 적분을 구하라.

$$\int \frac{dx}{a^2 - x^2} = \frac{1}{2a}\ln\frac{a+x}{a-x} \qquad \int \frac{dy}{cy - by^2} = \frac{1}{c}\ln\frac{y}{c-by}$$

---

12 일정한 상태를 유지하기 위하여 복용하는 약의 양

37 **(중요)** $y' = y/(1-y)$ 및 $y' = y - y^3$에 대하여 본문에서 화살표로 표시했던 것처럼 위상도를 그려라. 초깃값 y_0으로부터 접근하는 정상 상태는 무엇인가?

38 위상도의 개념을 여러분 자신만의 방법으로 설명하라.

39 (a) $y_0 = \pi/6$로부터 시작하는 $y' = \tan y$의 해를 구하여 $\sin y = \frac{1}{2}e^t$을 만족함을 보여라.

(b) $t = 1$에 절대 도달할 수 없는 이유를 설명하라.

(c) 위상도에 화살표를 그려서 y가 $\pi/2$에 접근함을 설명하라. 언제 $\pi/2$에 도달하는가?

40 로지스틱 방정식을 $y' = cy(1-y/K)$와 같이 쓰자. y'이 0에 접근함에 따라 y는 ______에 접근한다. 변곡점에서 y, y', y''의 값을 구하라.

6.6 지수 대신 거듭제곱

우리가 처음으로 e를 보았을 때를 기억할 것이다. 수 e는 e^x이 $x = 0$에서 기울기 1을 가지는 특별한 밑이었다. 이로 인해 기하급수적인 성장에 관한 위대한 방정식이 생겨났다. e^x의 도함수는 자기 자신인 e^x과 같다. 하지만 실제 수 $e = 2.71828\cdots$에 대한 관찰은 매우 짧게 진행되었다. 이 수는 $(1+1/n)^n$의 극한에서 나타났다. 이런 중요한 수인 e를 부자연스러운 방법으로 표현한 것 같아 보일 것이다.

여기에서는 $(1+1/n)^n$ 및 $(1+x/n)^n$을 자연스럽게 유도하고 싶다. 이는 **유한 단계에서의 이산적인 성장**을 나타내며, 대표적인 응용으로는 복리가 있다. 대출 및 생명 보험, 그리고 대부시장에서는 $y' = cy + s$의 이산적인 형태를 사용한다(언젠가 유용할 것이라 기대하며 은행 금리에 대한 추가 정보를 포함한다). 과학과 공학에서의 응용 역시 중요하다. 회계와 같은 과학 계산에서는 미분방정식과 유사한 차분방정식을 사용한다.

이 절은 수식으로 가득한 것이므로 미리 가장 바람직한 결과를 말해주겠다. 그 결과는 e^x에 대한 무한급수이다. 이 급수가 아름다운 이유는 **도함수가 자기 자신**이기 때문이다. $y = 1 + x$에서 시작하자. 이 식은 $x = 0$일 때 $y = 1$이고 $x = 0$에서 $y' = 1$이다. 하지만 y''은 1이 아닌 0이다. 이렇게 간단한 함수는 e^x이 될 기회를 얻지 못한다! 다항식은 도함수가 자기 자신이 될 수 없는데, 이는 가장 높은 차수의 항인 x^n이 미분을 통해 nx^{n-1}으로 차수가 떨어지기 때문이다. 유일한 방법은 가장 높은 차수를 가지지 않는 것이다. 따라서 우리는 '도함수가 원래 함수와 같아지기' 위하여 무한히 많은 항을 가지는 거듭제곱급수를 고려해야 한다.

도함수 $1 + x$를 만들려면 $1 + x + \frac{1}{2}x^2$이 필요하다. 이때 $\frac{1}{2}x^2$은 $\frac{1}{6}x^3$의 미분이고, 이는 다시 $\frac{1}{24}x^4$의 미분이다. 가장 좋은 방법은 모든 급수를 한 번에 쓰는 것이다.

$$\text{무한급수}\quad e^x = 1 + x + \frac{1}{2}x^2 + \frac{1}{6}x^3 + \frac{1}{24}x^4 + \cdots \tag{1}$$

이 무한급수는 지금까지 발견된 모든 무한급수 중 가장 위대하다. 그 도함수는 자기 자신과 같다.

$$de^x/dx = 0 + 1 + x + \frac{1}{2}x^2 + \frac{1}{6}x^3 + \cdots = e^x \tag{2}$$

각 항의 미분은 그 항의 이전 항과 같고, 각 항의 적분은 그 항 뒤에 나오는 항과 같다(따라서 $\int e^x dx = e^x + C$이다). 근사 $e^x \approx 1 + x$는 처음 두 개의 항에서 나온다. $(e^x)(e^x) = e^{2x}$과 같은 다른 성질들은 그리 명백해 보이지는 않는다(급수를 곱하는 것은 어렵지만 흥미로운 일이다). 심지어 $x = 1$일 때 이 합이 왜 $2.718\cdots$인지도 명확하지 않다. 어쨌든 $1 + 1 + \frac{1}{2} + \frac{1}{6} + \cdots$은 e와 같다. 여기서 $(1 + 1/n)^n$이 나오게 된다.

x^n이 곱 $1 \cdot 2 \cdot 3 \cdots n$으로 나누어짐에 주목하라. 이 곱은 '$n$ 팩토리얼'이다. 따라서 x^4은 $1 \cdot 2 \cdot 3 \cdot 4 = 4! = 24$로 나누어지며 x^5은 $5! = 120$으로 나누어진다. $x^5/120$의 미분은 $x^4/24$이며, 이는 미분으로부터 나온 5가 팩토리얼에 있는 5를 상쇄하기 때문이다. 일반적으로 $x^n/n!$의 미분은 $x^{n-1}/(n-1)!$이며 놀랍게도 $0!$은 1이다.

10장에서는 n이 증가함에 따라 $x^n/n!$이 아주 작아짐을 강조할 것이다. 이 무한급수는 합하여 유한한 수가 되며 이 수가 바로 e^x이다. 이제 우리는 이산적인 성장에 대해 살펴볼 것이며 여기에 극한을 취하면 같은 무한급수를 얻게 될 것이다.

다음 헤드라인은 1990년 5월 27일 뉴욕타임즈 1면에 실린 것이다.

대출 213년 후, 엉클 샘[13]은 채무에 시달리고 있다.

200년도 더 전의 5월 26일, 샌안토니오에서 부유한 펜실베이니아 상인 제이콥 디헤븐Jacob Dehaven은 벨리 계곡에서 군대를 구하기 위하여 대륙 회의[14]에 450000달러를 빌려주었다. 그 대출금은 제대로 상환되지 않았다.
따라서 디헤븐의 자손들은 그들이 미국 정부가 빚지고 있다 믿고 있는 돈을 받기 위해 법원에 소송을 제기하였다. 그 총액은 당시의 이자율인 매일 6%의 복리로 계산되었을 경우 1410억 달러이다. 만약 그 금액이 매년 복리로 계산된다면 그 금액은 단지 980억 달러에 불과하다.
전국에 흩어져 있는 수천 명의 후손들은 그들이 욕심내는 것이 아니라고 말한다.

13 미국 정부를 의인화한 것으로 흰머리와 턱수염이 있는 모습으로 표현된다.

14 미국 독립 혁명 당시 미국 13개 식민지의 대표자 회의를 말한다.

디헤븐의 친가 쪽 사람으로서 샌안토니오에 거주 중인 카롤린 코커햄은 "돈의 문제가 아니라 원칙의 문제이다."라 말하며, "디헤븐이 했던 희생이 없었다면 현재의 미국이 있을 수 있는지 생각해보아야 한다. 그는 국가를 위해 자신이 가진 모든 것을 주었다."라고 하였다. 후손들은 합의금에 대해 협상의 여지가 있다고 말한다. 그러나 그들은 이자가 1초당 190달러씩 쌓여가고 있음을 고지했다.

텍사스 주 스태포드의 변호사인 조 베스 클로커는 "이들 중 누구도 정부를 파산시키고자 하는 의도를 가진 사람은 없다."라고 말한다. 클로커는 법률 학교를 나온 후 일반적인 수임료보다 30퍼센트 적은 액수로 사건을 맡게 되었다. 클로커는 각 세대마다 4명의 자녀를 두었다면 10세대를 기준으로 했을 때 총 50만 명의 후손이 있을 수 있다고 추정하였다.

초기 소송은 연방 정부에 대한 소송은 6년의 제한이 있다는 규정에 의해 기각되었다. 후손들은 이것이 헌법이 채택되기 전의 정부가 빚진 모든 채무를 유효한 것으로 선언한 헌법 제 6조를 위반한다고 주장한다.

참고로 디헤븐은 1812년에 무일푼인 상태로 사망하였다. 그는 자녀가 없었다.

복리

복리에 대한 원리는 바로 적용할 수 있다. 1000달러를 이자율 100%로 투자한다고 가정하자. 만약 이 비율이 연간 이자율이라면, 1년 후의 이자는 1000달러이고, 여러분은 합하여 2000달러를 받게 된다. 그러나 이자가 반년마다 복리로 적용되면 여러분은 더 많은 금액을 받을 수 있다. 6달 후에는 이자 500달러가 추가되어 1500달러가 되고, 연말에는 새로운 이자 750달러(1500달러의 50%)가 더해져 총 2250달러가 된다. 은행은 원금에 1.5를 두 번 곱하게 된다(1000에서 1500으로, 그리고 2250으로). 분기마다 복리를 적용하면 1.25(원금에 대한 1과 이자에 대한 0.25)를 네 번 곱하게 된다.

$$\text{3달 후의 총합은 } 1000 + (0.25)(1000) = 1250$$
$$\text{6달 후의 총합은 } 1250 + (0.25)(1250) = 1562.50$$
$$\text{9달 후의 총합은 } 1562.50 + (0.25)(1562.50) = 1953.12$$
$$\text{1년 후의 총합은 } 1953.12 + (0.25)(1953.12) = 2441.41$$

1년 총 이자인 100%를 n번에 받기 위해 각 단계마다 $1 + (1/n)$이 곱해진다.

$$\text{분기별 이자로의 변환 : } (1 + 1/4)^4 \times 1000 = 2441.41$$
$$\text{월별 이자로의 변환 : } (1 + 1/12)^{12} \times 1000 = 2613.04$$
$$\text{일별 이자로의 변환 : } (1 + 1/365)^{365} \times 1000 = 2714.57$$

많은 은행들은 계산의 편의를 위해 1년을 360일로 계산한다(비록 컴퓨터가 이러한 계산의 편의를 쓸모없게 만들 정도로 계산을 해주지만). 아주 드물게 몇몇 은행은 분을 사용한다(1년에 525600분). 아무도 매초 복리를 적용하지는 않는다($n=31536000$). 하지만 일부 은행은 **연속적인 복리 체계**를 사용한다. 다음과 같이 e를 만들어내는 극한($n \to \infty$)이 응용의 한 예이다.

$$\left(1+\frac{1}{n}\right)^n \times 1000\text{은 } e \times 1000 = 2718.28\text{로 접근한다.}$$

1. $(1+1/n)^n$을 계산하기 위한 빠른 방법 : **이 수에 로그를 취해 보자**. 그리고 $\ln(1+x) \approx x$를 $x=\dfrac{1}{n}$에 사용하자.

$$\ln\left(1+\frac{1}{n}\right)^n = n\ln\left(1+\frac{1}{n}\right) \approx n\left(\frac{1}{n}\right) = 1 \tag{3}$$

$1/n$이 더 작아짐에 따라 이 근사는 더 좋아진다. 이때 극한은 1이다. 결론적으로 $(1+1/n)^n$은 로그값이 1인 수로 접근한다. 6.2절과 6.4절에서 같은 수를 정의하였다(그리고 그 수는 e이다).

2. $(1+1/n)^n$을 계산하기 위한 느린 방법 : **모든 항을 곱한 후 $n \to \infty$이라 하자.**

이는 이항정리를 직접 사용하는 경우이다. 로그를 사용하는 것처럼 현명한 방법을 포함하지는 않지만 e에 대한 환상적인 새로운 공식을 얻을 수 있다.

$$n=3\text{인 경우의 연습 : } \left(1+\frac{1}{3}\right)^3 = 1+3\left(\frac{1}{3}\right)+\frac{3\cdot 2}{1\cdot 2}\left(\frac{1}{3}\right)^2+\frac{3\cdot 2\cdot 1}{1\cdot 2\cdot 3}\left(\frac{1}{3}\right)^3$$

임의의 양의 정수 n에 대한 이항정리 :

$$\left(1+\frac{1}{n}\right)^n = 1+n\left(\frac{1}{n}\right)+\frac{n(n-1)}{1\cdot 2}\left(\frac{1}{n}\right)^2+\frac{n(n-1)(n-2)}{1\cdot 2\cdot 3}\left(\frac{1}{n}\right)^3+\cdots+\left(\frac{1}{n}\right)^n \tag{4}$$

식 (4)의 각 항은 $n \to \infty$일 때 극한값을 가진다. 전형적인 항들은 다음과 같다.

$$\frac{n(n-1)}{1\cdot 2}\left(\frac{1}{n}\right)^2 \to \frac{1}{1\cdot 2}, \qquad \frac{n(n-1)(n-2)}{1\cdot 2\cdot 3}\left(\frac{1}{n}\right)^3 \to \frac{1}{1\cdot 2\cdot 3}$$

이 다음에는 $1/(1\cdot 2\cdot 3\cdot 4)$이 온다. 식 (4)에서 이들 극한의 합은 다음과 같이 e에 대한 새로운 공식이다.

$$\lim_{n\to\infty}\left(1+\frac{1}{n}\right)^n = 1+1+\frac{1}{1\cdot 2}+\frac{1}{1\cdot 2\cdot 3}+\frac{1}{1\cdot 2\cdot 3\cdot 4}+\cdots = e \tag{5}$$

합의 기호로 쓰면 이는 $\sum_{k=0}^{\infty} 1/k! = e$ 이며, 이는 팩토리얼로 인해 빠르게 수렴한다.

$$1+1+0.5+0.16667+0.04167+0.00833+0.00139+0.00020+0.00002=2.71828$$

이 9개의 항은 $n=365$ 회의 복리에 의해 도달하지 못했던 정확도를 준다. 전체 급수를 더하기 위하여 극한은 여전히 포함된다. **극한 없이는 절대 e를 볼 수 없다!** 이 수는 미분, 적분, 거듭제곱 $(1+1/n)^n$ 무한급수로 정의될 수 있다. 무엇이든 0 혹은 무한으로 다가가는 것은 주의가 필요하다.

식 (4)의 각 항은 식 (5)에 대응되는 각각의 항보다 작다. **거듭제곱 $(1+1/n)^n$은 아래로부터 e에 접근한다.** 이 거듭제곱은 n이 증가함에 따라 꾸준히 증가하므로 더 빠른 복리는 더 많은 이자를 생산한다. 100%의 연속 복리로부터 e를 얻을 수 있으며 이때 식 (4)의 각 항은 각각의 극한인 식 (5)의 각 항으로 증가한다.

이때 $(1+1/n)^n$을 $(1+x/n)^n$으로 바꾸어라. 이제 이항정리로부터 e^x을 얻는다.

$$\left(1+\frac{x}{n}\right)^n = 1+n\left(\frac{x}{n}\right)+\frac{n(n-1)}{1\cdot 2}\left(\frac{x}{n}\right)^2+\cdots \text{는 } 1+x+\frac{x^2}{1\cdot 2}+\cdots \text{으로 접근한다.} \tag{6}$$

여러분이 우변의 e^x을 알아차렸기를 바란다! 이 식은 식 (1)에서의 무한급수이다. 다음 항은 $x^3/6$이며 여기서 x는 양수일 수도 있고 음수일 수도 있다. 이 식이 e^x에 대한 마지막 공식이다.

> 12 $(1+x/n)^n$의 극한은 e^x이다. $x=1$에서 e를 발견할 수 있다.

이 거듭제곱의 로그는 $n\ln(1+x/n) \approx n(x/n) = x$이다. 따라서 거듭제곱은 e^x에 접근한다.

요약하자면, 로그를 취하는 빠른 방법으로 $(1+1/n)^n \to e$를 증명할 수 있다. 모든 항을 곱하는 느린 방법을 통해서도 무한급수를 얻을 수 있다. 두 방법 모두 앞에서 살펴봤던 e의 모든 정의가 일치함을 확인할 수 있다.

차분방정식과 미분방정식

이제 응용 수학의 중요한 부분을 공부할 기회를 얻었다. 이 책은 미분방정식을 배우기 위한 과정이 아니며, 차분방정식을 배우기 위한 과정도 아니다. 하지만 지금 밟고 있는 과정은 우리가 알고 있는 것을 적용하려고 하는 것이다. 우리에게 e의 주요 응용은 $y'=cy$ 및 $y'=cy+s$를 풀기 위한 것이었다. 이제 여기에 대응되는 차분방정식을 풀 것이다.

무엇보다 여기서의 목표는 연결 고리를 보는 것이다. 수학의 목적은 패턴을 이해하고 설명하는 것이다. '이산에서 연속'까지 이어지는 과정은 이들 방정식을 통해 아름답게 설명될 수 있다. 모든 수업이 그 방정식들을 끝까지 추구하지는 않지만, **차분방정식**에서 이러한 패턴을 여러분에게 보여주고자 한다.

$$y(t+1) = ay(t) \tag{7}$$

각 단계마다 같은 수 a가 곱해진다. 시작값 y_0은 ay_0, a^2y_0, a^3y_0로 이어진다. 이산적인 시간 $t=0, 1, 2, \cdots$에서 해는 $y(t) = a^t y_0$이다.

이 공식 $a^t y_0$은 미분방정식의 해인 연속적인 해 $e^{ct}y_0$을 대체한다.

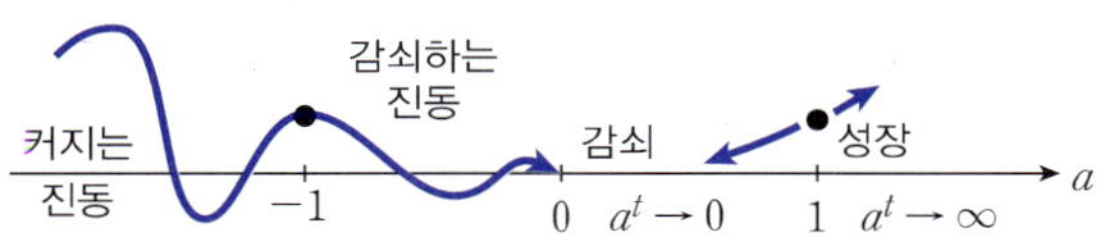

[그림 6-17] $|a|>1$일 때의 성장, $|a|<1$일 때의 감쇠. 성장 인자 a는 e^c과 유사하다.

원천 혹은 흡입sink(출생 혹은 사망, 예금 혹은 인출)는 $y' = cy + s$와 비슷하다.

$$y(t+1) = ay(t) + s \tag{8}$$

각 단계마다 a가 곱해지며 s가 더해진다. 처음 몇몇의 결과들은 다음과 같다.

$$y(1) = ay_0 + s, \quad y(2) = a^2y_0 + as + s, \quad y(3) = a^3y_0 + a^2s + as + s$$

모든 입력값 s는 새로운 시작점이 되며 우리는 이러한 패턴을 미분방정식에서 본 바 있다. 그것은 a의 거듭제곱으로 곱해진다. s는 y_0 이후에 들어오므로 지수는 $t-1$에서 멈춘다. 대수적인 과정을 통해 등비급수를 더하여 합을 말끔한 공식으로 바꿀 수 있다.

$$y(t) = a^t y_0 + s\left[a^{t-1} + a^{t-2} + \cdots + a + 1\right] = a^t y_0 + s(a^t - 1)/(a-1) \tag{9}$$

예제 1 연간 개인 퇴직 연금 $s = 2000$달러에 이자 8%가 붙는 경우($y_0 = 0$)

첫 예금은 $t=1$에 행해진다. 이자로 8%가 더해지므로 1년 후에 이 금액은 $a = 1.08$배가 되고, 동시에 새로운 $s = 2000$이 들어온다. $t=3$에서 첫 예금은 $(1.08)^2$배가 되고 두 번째 예금은 1.08배가 되며 또 다른 $s=2000$이 들어온다. 따라서 t년 후에 총 금액은 다음과 같다.

$$y(t) = 2000(1.08^t - 1)/(1.08 - 1) \tag{10}$$

$t=1$일 때 이 값은 2000이다. $t=2$일 때 이 값은 $2000(1.08+1)$으로 2000이 두

번 들어온 후의 금액이다. 식 (9)에서 분모에 $a-1$(이자율인 0.08)이 어떻게 나타나게 되었는지에 주목하라.

예제 2 $|a|<1$일 때 정상 상태에 접근한다. 이를 $c<0$인 경우와 비교하라.

풀이

$a>1$일 때는 모든 것이 증가한다. 이 경우는 미분방정식에서 $c>0$인 경우(성장)와 대응된다. 하지만 모든 생물은 사망하고, 돈은 사용되기에 a는 1보다 작을 수 있다. 이 경우에 $a^t y_0$은 0으로 접근하며 예금 잔고는 사라진다. 만약 이때 원천이 있다면 어떻게 될까? 예를 들어 매년 잔고 $y(t)$의 절반이 사용되고 새로운 2000달러가 입금된다고 하자. 이제 $a=\frac{1}{2}$이다.

$y(t+1)=\frac{1}{2}y(t)+2000$으로부터 $y(t)=\left(\frac{1}{2}\right)^t y_0+2000\left[\left(\left(\frac{1}{2}\right)^t-1\right)\Big/\left(\frac{1}{2}-1\right)\right]$

$t\to\infty$일 때의 극한은 평형점이다. $\left(\frac{1}{2}\right)^t$이 0에 접근함에 따라 $y(t)$는

$$y_\infty=2000(0-1)\Big/\left(\frac{1}{2}-1\right)=4000 \text{인 정상 상태} \tag{11}$$

로 안정화된다. 왜 4000이 정상 상태일까? 그 이유는 절반인 2000을 소비한 만큼 그 2000이 메워지기 때문이다. $y_{n+1}=\frac{1}{2}y_n+2000$의 **과정이 반복**되며, 이 **반복의 고정점**은 $y_\infty=\frac{1}{2}y_\infty+2000$인 y_∞이다.

일반적으로 정상 상태의 방정식은 $y_\infty=ay_\infty+s$이다. y_∞에 대하여 풀면 $s/(1-a)$를 얻는다. 미분방정식 $y'=cy+s=0$의 정상 상태와 비교하라.

$$y_\infty=-\frac{s}{c}\text{(미분방정식)},\qquad y_\infty=\frac{s}{1-a}\text{(차분방정식)} \tag{12}$$

예제 3 가격이 적당할 때 수요는 공급과 일치한다.

차분방정식은 경제의 기초이다. 의사결정은 매년(농부에 의해), 또는 매일(은행에서) 또는 매분(주식 시장에서)마다 이루어진다. 다음과 같은 세 가지 과정을 살펴보자.

1. 다음 시점에서의 공급은 현 시점에서의 가격에 의존한다.
   $S(t+1)=cP(t)$
2. 다음 시점에서의 수요는 다음 시점에서의 가격에 의존한다.
   $D(t+1)=-dP(t+1)+b$
3. 다음 시점에서의 수요는 다음 시점에서의 공급과 일치한다.
   $D(t+1)=S(t+1)$

3에 대해 살펴보면, 가격은 **수요 = 공급**을 맞추기 위해 자체적으로 설정된다. 수요 기울기 $-d$는 음수이고, 공급 기울기 c는 양수이다. 이 선들은 공급이 수요와 일치하는 경쟁 가격에서 만나게 된다. 차분방정식을 찾기 위하여 1과 2를 3에 대입하자.

차분방정식 : $-dP(t+1)+b=cP(t)$
정상 상태 가격 : $-dP_\infty+b=cP_\infty$ 따라서 $P_\infty=b/(c+d)$

만약 가격이 P_∞보다 높게 시작하면 차분방정식에 의해 가격은 떨어진다. 만약 가격이 P_∞보다 낮게 시작하면 가격은 상승한다. 가격이 P_∞일 때는 그 가격에 머무른다. 이 사실은 새로운 것이 아니며 경제학 이론들은 정상 상태로 접근하는 것에 의존한다. 하지만 가격의 수렴은 $c<d$인 경우에만 발생한다. 만약 공급이 수요보다 덜 민감하면 그 경제는 안정적이다.

발산하는 예 : $c=2,\ b=d=1$일 때 차분방정식은 $-P(t+1)+1=2P(t)$이다. $P(0)=1$으로부터 $P=-1,3,-5,11,\cdots$과 같이 가격은 진동하며 커진다.

안정적인 예 : $c=1/2,\ b=d=1$일 때 가격은 $P(0)=1$로부터 $P(\infty)=2/3$로 움직인다.

$$-P(t+1)+1=\frac{1}{2}P(t)\text{는 } P=1,\frac{1}{2},\frac{3}{4},\frac{5}{8},\cdots \text{에서 } \frac{2}{3}\text{으로 접근한다.}$$

d의 값이 커지면 안정성은 더 높아진다. 이것이 바로 가격 지지[15]의 효과이다. 가격에 상관없이 수요가 고정되어 $d=0$인 경우, 경제는 통제 불가 상태이다.

15 특정 상품의 가격이 최소 수준 이하로 하락하지 않도록 보장해 주는 제도를 말한다.

금융에서의 수학

직선이 아닌 곡선을 이용해 이 공급-수요 모형을 더욱 현실적으로 만들면 좋을 것이다. 모형의 안정성은 기울기에 따라 달라지므로 미적분학이 여기에 관여할 수 있다. 그러나 현실적으로는 이를 수업 시간 안에 해내야 한다. 필자는 가장 실용적인 응용이 **금융의 기초 문제들**을 해결하는 것이라 믿는다. 6.3절에서 연속 복리에 관한 여섯 가지 질문에 답하였다. 이제 이 여섯 개의 질문을 연간 이자율이 $x=0.05=5\%$이고 **이자가 1년에 n번의 복리로 적용될 때**에 대하여 답할 것이다.

우선 복리에 의해 발생하는 0.05보다 큰 **실질 이자율**을 계산한다.

분기마다 복리가 적용되는 경우 $\left(1+\dfrac{0.05}{4}\right)^4=1.0509$ [실질 이자율 $0.0509=5.09\%$]
연속적으로 복리가 적용되는 경우 $e^{1.05}=1.0513$ [실질 이자율 5.13%]

이제 여섯 개의 질문과 답을 살펴보자. 이산적인 경우의 새로운 답 옆에 이전에 대답했던 연속적인 경우의 답을 써놓았다. 하나는 일반적인 계산이며 다른 하나는 미적분이다. 20년 동안 y_0에 5% 단리를 적용하는 경우 y_0에 이자 $(0.05)(20)(y_0)$이 붙으므로 20년 후에 원금이 두 배가 된다.

Q1과 Q2는 1년에 n번 복리 이자를 적용할 때 **미래의 가치 y**와 **현재의 가치 y_0**에 대하여 묻는다.

Q1_ y_0로부터 커진 y

A_ $y=\left(1+\frac{0.05}{n}\right)^{20n}y_0 \qquad y=e^{(0.05)(20)}y_0$

Q2_ y에 도달하기 위한 예금액 y_0

A_ $y_0=\left(1+\frac{0.05}{n}\right)^{-20n}y \qquad y_0=e^{(-0.05)(20)}y$

각 단계마다 $a=(1+0.05/n)$가 곱해지며 20년 동안 $20n$번의 단계가 있다. Q2에서는 시간이 거꾸로 흐른다. 따라서 우리는 성장 인자를 곱하는 대신 나누어준다. 이자율이 음수가 아니라면 미래의 가치는 현재의 가치보다 크다. $n\to\infty$일 때 좌측의 이산적일 때의 y값은 우측의 연속적일 때의 y값으로 다가간다

다음 Q3과 Q4는 y와 s의 관계이다(처음에 $y_0=0$이라 한다). 매 단계마다 s를 예금하면 그 돈은 커지기 시작한다. 이때 $y=s+as+a^2s+\cdots$이다.

Q3_ 정기예금액 s로부터 커진 y

A_ $y=s\left[\frac{(1+0.05/n)^{20n}-1}{0.05/n}\right] \qquad y=s\left[\frac{e^{(0.05)(20)}-1}{0.05}\right]$

Q4_ y에 도달하기 위한 정기예금액 s

A_ $s=y\left[\frac{0.05/n}{(1+0.05/n)^{20n}-1}\right] \qquad s=y\left[\frac{0.05}{e^{(0.05)(20)}-1}\right]$

다음 Q5와 Q6은 y_0과 s의 관계이다. 이번에는 y가 0이며 **마지막에는 한 푼도 남지 않는다**. 즉 모든 돈은 지불된다. 초기 예금액 y_0은 매 단계 s씩 지불하기에 딱 알맞은 금액이다. 이것은 **연금**의 개념이며 은행은 여러분의 y_0으로부터 이자를 벌어들이는 동시에 여러분에게 20년간 매년 n번씩 s를 지급한다. 따라서 Q5에서 여러분의 예금액은 $20ns$ 이하이다.

Q6은 이와 반대인 **대출**이다. 처음 여러분은 y_0을 빌린다(반면 연금의 경우에는 은행에 y_0을 준다). 은행은 여러분이 빌린 금액으로부터 이자를 얻을 수 있으므로 여러분은

y_0보다 많은 금액을 갚아야 한다. 이것이 자동차 대출 혹은 모기지론의 계산법이다.

Q5_ 연금 : s를 $20n$번 받기 위하여 y_0을 예금한다.

A_ $y_0 = s\left[\dfrac{1-(1+0.05/n)^{-20n}}{0.05/n}\right]$ $\qquad y_0 = s\left[\dfrac{1-e^{(-0.05)(20)}}{0.05}\right]$

Q6_ 대출 : s를 $20n$번 지불하여 y_0을 되갚는다.

A_ $s = y_0\left[\dfrac{0.05/n}{1-(1+0.05/n)^{-20n}}\right]$ $\qquad s = y_0\left[\dfrac{0.05}{1-e^{(-0.05)(20)}}\right]$

Q2, Q4, Q6은 질문 Q1, Q3, Q5의 역이다. 패턴에 주목하라. y, y_0, s의 세 개의 수가 있다. 각 경우마다 이 세 수 중 하나는 0이다. 만약 세 수가 모두 0이 아니라면 식 (9)로 돌아가라.

위 대답들에 대한 계산은 연습문제로 남긴다. 이 계산들에서는 Δt가 dt가 아니기 때문에 이는 미적분학이 아니다. 대괄호 [ ] 안에 있는 모든 요소들은 표로 나열되어 있으며, 은행에서는 이 표들의 복사본을 가지고 있다. 은행에서 사용하는 표기법을 아는 것도 도움이 될 수 있다. 만약 은행이 기간 N에 걸쳐 매 기간마다 이자율 i를 적용할 때 우리의 표기법에 따르면 $a = 1 + i = 1 + 0.05/n$이고 $t = N = 20n$이다.

$$y_0 = 1\text{달러의 미래 가치(Q1)} : y(N) = (1+i)^N$$

$$y = 1\text{달러의 현재 가치(Q2)} : y_0 = (1+i)^{-N}$$

$$s = 1\text{달러의 미래 가치(Q3)} : y(N) = s_{\overline{N}|\,i} = \left[(1+i)^N - 1\right]/i$$

$$s = 1\text{달러의 현재 가치(Q5)} : y_0 = a_{\overline{N}|\,i} = \left[1-(1+i)^{-N}\right]/i$$

집을 담보로 한 필자의 대출은 이자율 $i = 0.07/12$로 $N = (12)(25)$번 매월 갚는 것이다. 1972년의 집의 가치는 42000달러였고, 이 금액은 빌린 금액과 같다. 이제 필자는 은행이 정직한지 살펴보려 한다.[16]

16 필자는 은행이 정직하지 않고, s는 너무 크다는 사실을 알고 있었다.

대부분의 대출 체계에서 은행은 빌린 금액이 아니라 갚을 금액에 대하여 이자를 계산한다. 이러한 대출을 '**할인 대출**'이라 한다. 1년 동안 5%의 이자로 1000달러를 대출받는 경우 매년 50달러의 이자가 붙는다. 일반적인 대출의 경우 1000달러를 대출받으면 1050달러를 갚아야 한다. 하지만 할인 대출의 경우는 5%의 이자를 제한 950달러를 받은 후 은행에 1000달러를 갚게 된다. 이때 진정한 이자율은 5%보다 높다. 더 적은 금액인 950달러에도 50달러의 이자를 지불해야하기 때문이다. 이 경우 이자율은 $50/950 = 5.26\%$이다.

과학 계산 : 차분방정식을 통해 미분방정식 풀기

생물학과 경영학에서 대부분의 사건은 이산적인 반면 공학과 물리학에서는 시간과 공간은 연속적이다. 어쩌면 일부 양자 수준에서는 모든 것이 같을 수도 있지만, 뉴턴의 법칙 $F = ma$로부터 시작하는 물리학의 방정식들은 미분방정식들이다. 미적분학은 자연에서 보는 변화의 비율을 모델링하는 데 크게 공헌했다. 하지만 컴퓨터로 이 모델을 풀기 위해서는 모델을 디지털화하여 이산적으로 만들어야 한다.

이 단락에서는 $dy/dt = cy$를 다룬다. 이 미분방정식은 새로운 계산법이 고안되자마자 모든 분석가가 검증을 위해 사용해보는 방정식이다. $y_0 = 1$부터 시작하는 해는 이 방정식의 해는 $y = e^{ct}$이다. 여기에서는 오일러 방법(아주 오래된 방법으로서 잘 고안되지는 않았다)을 검증해본다. 오일러는 dy/dt를 $\Delta y/\Delta t$로 대체하였다.

$$\text{오일러 방법} \quad \frac{y(t+\Delta t) - y(t)}{\Delta t} = cy(t) \tag{13}$$

좌변에 $\Delta t \to 0$의 극한을 취하면 dy/dt이다. 이때 Δt는 0까지 가지 않고 $\Delta t > 0$일 때 멈춘다.

문제는 식 (13)을 푸는 것이다. Δt를 곱하면 방정식은 다음과 같다.

$$y(t+\Delta t) = (1 + c\Delta t)y(t) \quad (y(0) = 1\text{일 때})$$

각 단계마다 $a = 1 + c\Delta t$가 곱해지므로, n번째 단계에서는 a^n이 곱해진다.

$$\text{시간 } n\Delta t\text{에서} \quad y = a^n = (1 + c\Delta t)^n \tag{14}$$

이는 a의 값에 따라 성장 혹은 감소를 나타낸다. 올바른 해인 e^{ct}도 c에 따라 성장 혹은 감소를 나타낸다. **의문점은 과연 a^n과 e^{ct}이 가까울 것인가이다.** 이들 중 하나는 성장하지만 다른 하나는 감소할 수 있을까? 이때 차분방정식이 $y' = cy$와 같은 형태를 가지기를 원하지만 이는 잘못된 것일 수 있다.

좋은 예는 $y' = -y$이다. 이때 $c = -1$이고 $y = e^{-t}$이므로 실제 해는 감소한다. 계산기를 통해 $n = 2, 10, 20$일 때 다음과 같은 a^n의 값을 얻을 수 있다.

Δt	$a = 1 + c\Delta t$	a^2	a^{10}	a^{20}
3	-2	4	1024	1048576
1	0	0	0	0
1/10	0.90	0.81	0.35	0.12
1/20	0.95	0.90	0.60	0.36

큰 단계인 $\Delta t = 3$의 경우 완전한 불안정성을 보인다(맨 윗줄). 그 값들이 감소해야

함에도 불구하고 수들은 무한대로 발산한다. $\Delta t = 1$인 행에서는 모든 값이 0으로 쓸모없게 된다. 실제로 $c\Delta t$의 값이 0.1 혹은 0.05 정도로 줄어들어야 한다. 정확한 계산을 위해서는 이 값이 더 작은 값으로 줄어들어야 할 수도 있으며, 그렇지 않다면 더 나은 차분방정식으로 바꾸어야 한다. 이것이 바로 우리가 해야 할 일이다.

합리적인 두 수에 주목하자. 그 수는 0.35와 0.36이며 $e^{-1} = 0.37$에 접근한다. 그 값들은 $n = 10(\Delta t = 1/10)$ 및 $n = 20(\Delta t = 1/20)$으로부터 나왔다. 이 값들은 동일한 시간 $n\Delta t = 1$을 가진다.

$$\left(1 - \frac{1}{10}\right)^{10} = 0.35 \qquad \left(1 - \frac{1}{20}\right)^{20} = 0.36 \qquad \left(1 - \frac{1}{n}\right)^{n} \to e^{-1} = 0.37$$

표의 대각선은 $x = -1$인 경우에 $(1 + x/n)^n \to e^x$을 계산하고 있다.

마지막 질문이다. **0.35와 0.36은 얼마나 빠르게 $e^{-1} = 0.37$로 수렴할까?** $\Delta t = 0.1$일 때 오차는 0.02이고, $\Delta t = 0.05$일 때 오차는 0.01이다. 시간 간격을 절반으로 줄이면 오차도 절반으로 줄어든다. 우리는 이 값이 0.37로 수렴함을 알고 있으므로 충분한 자릿수가 필요하지는 않지만, 오차는 대략 $\frac{1}{5}\Delta t$에 가까워보인다. 이를 검증하기 위하여 '빠른 방법'을 적용하여 로그값으로부터 $a^n = (1 - \Delta t)^n$을 추정해보자.

$$\ln(1 - \Delta t)^n = n\ln(1 - \Delta t) \approx n\left[-\Delta t - \frac{1}{2}(\Delta t)^2\right] = -1 - \frac{1}{2}\Delta t \tag{15}$$

시간은 $n\Delta t = 1$이다. 이제 식 (15)의 가장 왼쪽과 오른쪽에 지수를 취하면 다음과 같다.

$$a^n = (1 - \Delta t)^n \approx e^{-1}e^{-\Delta t/2} \approx e^{-1}(1 - \frac{1}{2}\Delta t) \tag{16}$$

a^n과 e^{-1}의 차는 마지막 항 $\frac{1}{2}\Delta t e^{-1}$이다. 모든 것은 하나의 질문으로 귀결된다. 오차가 $\frac{1}{5}\Delta t$와 같은가? 그 답은 '그렇다'이며, 그 이유는 $e^{-1}/2$이 $1/5$이기 때문이다. 만약 우리가 하나의 자릿수만을 가지고 있다면, 예측은 완벽하다!

이 예측을 설명하기 위해 한 시간이 걸렸고, 여러분이 이를 읽는 데 Δt보다는 오래 걸렸기를 바란다. 여러분이 $\ln x$와 e^x의 성질들을 어떻게 사용하는지 알게 되기를 바란다. 식 (15)의 중간에서는 중요한 근사인 $\ln(1 + x) \approx x - \frac{1}{2}x^2$이 $x = -\Delta t$로 사용되었다. 이 x^2 항은 이계도함수를 사용했고(6.4절 참고), 마지막에는 $e^x \approx 1 + x$가 사용되었다.

선형 근사는 $(1 + x/n)^n \to e^x$의 수렴성을 보여준다. 이차 근사는 $\Delta t = 1/n$에 비례하는 오차를 가짐을 보여준다. 이것은 직사각형으로 넓이를 근사할 때 그 오차가 Δx

에 비례하는 것과 유사하다. 이 최소한의 정확도는 적분을 정의하기에 충분하였고, 여기서는 e를 정의하기에 충분하였다. 하지만 과학 계산에서는 이러한 정확도를 받아들일 수는 없다.

적분 혹은 $y' = cy$에 대한 사다리꼴 법칙은 $(\Delta x)^2$ 및 $(\Delta t)^2$ 차수의 오차를 가진다. 모든 좋은 소프트웨어들은 이보다 더 높은 정확도를 가진다. 오일러의 1차 방법으로는 기상현상과 같이 복잡한 현상이 발생하기 전의 상황을 예측할 수 없다.

$\frac{dy}{dt} = F(y,t)$**에 대한 오일러 법칙** : $\frac{y(t+\Delta t) - y(t)}{\Delta t} = F(y(t), t)$

6.6 문장제 문제

01 e^x에 대한 무한급수는 __a__ 이고, 이 식의 도함수는 __b__ 이다. 분모 $n!$은 '__c__'(이)라고 불리며 __d__ 와(과) 같다. $x=1$에서 e에 대한 급수는 __e__ 이다.

02 e의 원래 정의와 일치시키기 위하여 $(1+1/n)^n$을 전개하면 __f__ (처음 세 항만 적어라)이다. $n \to \infty$일 때 이 항들은 __g__ (으)로 다가가며 e의 항들과 일치하게 된다. $(1+x/n)^n$의 (낮은 차수부터의) 처음 세 항은 __h__ 이다. $n \to \infty$일 때 이 항들은 __i__ (으)로 다가가며 e^x의 항들과 일치하게 된다. 따라서 $(1+x/n)^n$은 __j__ (으)로 다가간다. 빠른 방법은 $\ln(1+x/n)^n \approx$ __k__ (첫 항만 적어라)을(를) 계산한 후 지수함수를 취하여 e^x을 얻는다.

03 연이율 x로 1년에 n번 복리를 적용하는 경우 총 금액은 원금에 (__l__)^{n}을(를) 곱한 것이다. $n \to \infty$일 때 연속 복리는 __m__ 을(를) 곱하게 된다. $x = 10\%$로 연속 복리를 적용하면 \$1은 1년 후에 __n__ 이(가) 된다.

04 차분방정식 $y(t+1) = ay(t)$를 풀면 $y(t) =$ __o__ $\times y_0$를 얻는다. 방정식 $y(t+1) = ay(t) + s$는 $y = a^t y_0 + s[1 + a + \cdots + a^{t-1}]$을 해로 가지며 대괄호 안에 있는 합은 __p__ 이다. $a = 1.08$이고 $y = 0$일 때, 매년 $s = 1$을 예금하면 t년 후에는 $y =$ __q__ 이(가) 된다. $a = \frac{1}{2}$ 및 $y_0 = 0$인 경우 매년 $s = 6$을 예금하면 t년 후에 __r__ 이(가) 되며 $y_\infty =$ __s__ (으)로 다가간다. 정상 상태에 대한 방정식 $y_\infty = ay_\infty + s$로부터 $y_\infty =$ __t__ 을(를) 얻는다.

05 i가 한 기간 동안의 이자율일 때, $y_0 = 1$달러의 N 기간 후의 가치는 $y(N) =$ __u__ 이다. $y(N) = 1$이 되기 위한 예금액은 $y_0 =$ __v__ 이다. $s = 1$달러를 매 기간 끝에 예금하는 경우 N 기간 후에는 $y(N) =$ __w__ 이(가) 된다. $y(N) = 1$이 되기 위한 매 기간 끝의 예금액은 $s =$ __x__ 이다.

오일러 방법은 $y' = cy$를 $\Delta y = cy\Delta t$로 대체한다. 각 단계마다 y를 __y__ 만큼 곱해간다. 따라서 y의 $t = 1$에서의 값은 $(1 + c\Delta t)^{1/\Delta t} y_0$이며, 이 값은 $\Delta t \to 0$일 때 __z__ (으)로 수렴한다. 이때의 오차는 __A__ 에 비례하며 과학 계산에서 쓰기에는 너무 __B__ 다.

6.6 연습문제

01 도함수가 $-y$가 되는 무한급수 $y=1-x+\cdots$ 을 적어라.

02 도함수가 $2y$가 되는 무한급수 $y=1+2x+\cdots$ 을 적어라.

03 이계도함수가 같은 두 무한급수를 찾아라.

04 $e=1+1+\frac{1}{2}+\frac{1}{6}+\frac{1}{24}+\cdots$를 이보다 더 크며 쉽게 더할 수 있는 급수와 비교하여 $e<3$임을 보여라.

05 이자율이 5%일 때, 6달, 3달, 그리고 매주 복리를 적용한 경우에 1000달러가 각각 얼마가 되는지 구하라.

06 빠른 방법 $\ln(1+x)\approx x$를 사용하여 $\ln(1-1/n)^n$과 $\ln(1+2/n)^n$을 추정하라. 그리고 지수함수를 취하여 이 두 값의 극한을 구하라.

07 느린 방법을 사용하여 $\left(1-\frac{1}{2}\right)^2$의 세 개의 항과 $\left(1-\frac{1}{4}\right)^4$의 다섯 개의 항을 전개하라. $\left(1-\frac{1}{n}\right)^n$의 처음 세 개의 항은 무엇이며, $n\to\infty$일 때 각각의 극한은 무엇인가?

08 느린 방법을 사용하면 $(1-1/n)^n$의 극한이 $1-1+1/2!-1/3!+\cdots$임을 얻을 수 있다. 이 무한급수의 합은 얼마인가? 정확한 합과 처음 5개의 항을 합한 결과를 구하라.

09 $(1+1/n)^n\to e$임을 알고 있을 때, $(1+1/n)^{2n}\to e^2$ 및 $(1+2/N)^N\to e^2$을 설명하라.

10 $(1+1/n^2)^n$ 및 $(1+1/n)^{n^2}$의 극한은 얼마인가? 이들 극한을 계산하기 위하여 계산기를 사용해도 좋다.

11 (a) 거듭제곱 $(1+1/n)^n$은 복리를 적용하는 횟수인 n이 증가함에 따라 (증가한다, 감소한다)

(b) 함수 $f(x)=x\ln(1+1/x)$의 도함수는 ______이며 (양수, 음수)이어야 한다. 이 사실은 다음 문제 12에 의하여 확인된다.

12 $1/t$의 그래프를 그려서 $\ln(1+1/x)>1/(x+1)$임을 보여라. $t=1$부터 $1+1/x$까지의 넓이는 ______이다. 이 영역 안에 들어가는 직사각형의 넓이는 ______이다.

13 $y(t+1)=2y(t)$를 $y_0=1$로부터 시작하여 세 단계로 계산하라.

14 $y(t+1)=2y(t)+1$을 $y_0=0$으로부터 시작하여 세 단계로 계산하라.

15~22 주어진 차분방정식을 풀어라.

15 $y(t+1)=3y(t),\ y_0=4$

16 $y(t+1)=\frac{1}{2}y(t),\ y_0=1$

17 $y(t+1)=y(t)+1,\ y_0=0$

18 $y(t+1)=y(t)-1,\ y_0=0$

19 $y(t+1)=3y(t)+1,\ y_0=0$

20 $y(t+1)=3y(t)+s,\ y_0=1$

21 $y(t+1)=ay(t)+s,\ y_0=0$

22 $y(t+1)=ay(t)+s,\ y_0=5$

23~26 정상 상태 $y_1=y_0$가 되도록 하는 초깃값을 구하라.

23 $y(t+1)=2y(t)-6$

24 $y(t+1)=\frac{1}{2}y(t)-6$

25 $y(t+1)=-y(t)+6$

26 $y(t+1)=-\frac{1}{2}y(t)+6$

27 문제 23과 문제 24에서 $y_0=2$로부터 시작하여 y_3에 도달할 때까지 세 단계로 계산하라. 이 값들은 정상 상태로 다가가는가?

28 $(1-a^t)/(1-a)$이 극한값을 갖게 하는 수 a는 무엇이며, 그때의 극한은 무엇인가?

29 가격 P는 공급=수요, 즉 $-dP(t+1)+b=cP(t)$에 의하여 결정된다. 가격 P가 얼마일 때 그 다음 해의 가격이 변하지 않겠는가?

30 $c=1,\ d=2,\ b=8,\ P(0)=0$일 때 공급-수요 방정식으로부터 $P(t)$를 구하라. $t\to\infty$일 때의 정상 상태는 얼마인가?

31~38 연 이자율이 10%라고 가정하라(따라서 $a=1+i=1.1$이다).

31 10%의 연 이자율이 매 분기 복리로 적용되면 실질 이자율은 얼마인가?

32 10%의 연 이자율이 매일 복리로 적용되면 실질 이자율은 얼마인가?

33 지금 현재 예금된 100달러의 20년 후의 가치를 구하라.

34 20년 후에 1000달러의 가치가 보장된 돈의 현재 가치를 구하여라.

35 20년간 100000달러의 모기지론을 갚기 위하여 매달 얼마씩 갚아나가야 하는가?

36 6년 동안의 10000달러의 자동차 담보 대출을 갚기 위하여 매달 얼마씩 갚아나가야 하는가?

37 매년 $s=1000$달러를 예금하는 복리에서 20년 후의 잔고는 얼마인가?

38 8000달러의 대출에서 매년 $s=1000$달러를 갚는다면 몇 년 만에 다 갚을 수 있는가(이자를 잊지 마라)?

---

39 매년 거래 가능한 집의 2/3는 팔리고, 1000채가 새롭게 지어진다. 부동산 시장의 정상 상태는 얼마이며, 그들 중 몇 채나 거래 가능한가?

40 만약 고리대금업자가 여러분이 대출한 1000달러에 대하여 5%의 이자를 부과하며 여러분이 한 달에 60달러를 지불한다면 한 달 후에(그리고 1년 후에) 여러분에게 남은 빚은 얼마인가?

41 오일러가 e를 발견한 값으로 1달러에 $c=100\%$의 이자를 부과하였다면 여러분은 1년 후에 1달러를 포함하여 얼마를 빚지고 있는가? 다음 각 경우에 대하여 답하라.

(a) 복리가 적용되지 않는 경우

(b) 매주 복리가 적용되는 경우

(c) 연속 복리가 적용되는 경우

42 $(1+1/n)^n$을 식 (15)와 식 (16)과 같이 근사하여 여러분이 오일러에게 대략 $e-e/2n$만큼 빚지고 있음을 보여라. [연습문제 6.2.5]와 비교하라.

43 비자카드 계산서에 월 이자율 $=1.42\%$ 및 연 이자율 $=17\%$라 적혀 있다. 비자가 이자를 복리로 적용할 때, 실제 연 이자율은 얼마인가? 식 혹은 숫자로 답하라.

44 여러분이 집을 사기 위하여 $y_0=80000$달러를 9%의 이자율로 빌렸다고 가정하자.

(a) 30년 동안 갚기 위한 월 지불액 s는 얼마인가?

(b) 여러분이 돈을 갚기 위해 총 지불한 금액은 얼마인가?

6.7 쌍곡함수

이 절에서는 e^x과 e^{-x}을 혼합한다. 지금까지 이 함수들은 서로 다른 방식으로 움직였다. 한 함수는 증가하고 다른 하나의 함수는 감소한다. 그러나 이들 함수의 두 특별한 조합은 그 자체로 특별한 이름으로 불린다($\cosh x$와 $\sinh x$).

$$\text{쌍곡코사인 함수 } \cosh x = \frac{e^x+e^{-x}}{2} \qquad \text{쌍곡사인 함수 } \sinh x = \frac{e^x-e^{-x}}{2}$$

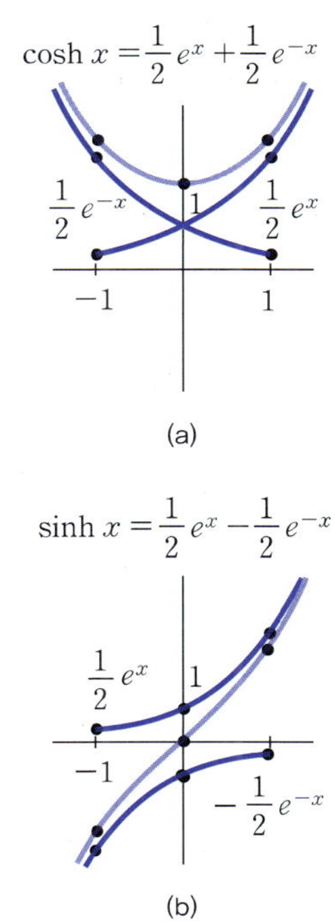

[그림 6-18] $\cosh x$와 $\sinh x$. 쌍곡함수는 $\frac{1}{2}e^x$과 $\frac{1}{2}e^{-x}$을 결합하여 얻어진다.

[그림 6-18]의 그래프로부터 $\cosh x > \sinh x$임을 볼 수 있다. 아주 큰 x의 값에 대하여서는 두 쌍곡함수 모두 $\frac{1}{2}e^x$에 매우 가깝다. x가 절댓값이 아주 큰 음수이면, 지배하는 항은 e^{-x}이다. $\cosh x$는 $+\infty$로 증가하는 반면 $\sinh x$는 $-\infty$로 감소한다($\sinh x$는 e^{-x} 앞에 음의 부호가 있기 때문이다).

다음 사실들은 $\frac{1}{2}(e^x+e^{-x})$과 $\frac{1}{2}(e^x-e^{-x})$으로부터 바로 나온다.

$\cosh(-x)=\cosh x,\ \cosh 0=1$ (cosh는 cos과 같이 **짝함수**이다)

$\sinh(-x)=-\sinh x,\ \sinh 0=0$ (sinh는 sin과 같이 **홀함수**이다)

$\cosh x$의 그래프는 걸려 있는 케이블(그 무게 때문에 늘어져 있는)에 해당한다. 이를 거꾸로 뒤집으면 세인트루이스에 있는 게이트웨이 아치와 같은 모양을 갖는다. 이는 그동안 지어진 것들 중에 가장 큰 거꾸로 된 쌍곡코사인 함수이다. 케이블은 중력이 작용하기 때문에 건설하기가 쉽다. [연습문제 6.7.55]의 올바른 축을 사용하면 케이블의 높이는 **현수선**이라고 불리는 펼쳐진 쌍곡코사인 함수의 형태이다.

$$y = a\cosh(x/a) \quad (\text{여기서 케이블의 장력/케이블의 밀도} = a\text{이다})$$

[그림 6-19] 세인트루이스 관광 위원회의 지원에 의해 무료로 관광할 수 있는 게이트웨이 아치

세인트루이스에 있는 부시 스타디움[17]에는 아치와 일치하는 96개의 현수선이 있다.

쌍곡 함수의 성질은 정의로부터 바로 나온다. 기억해야 할 성질들이 상당히 많지만, 이를 모두 기억할 필요는 없다! 하나의 가장 중요한 법칙이 있다. **모든 $\sin x$와 $\cos x$에 관한 법칙이 $\sinh x$와 $\cosh x$의 법칙에 대응된다.** 종종 그 차이는 음의 부호에 있다. 다음은 쌍곡함수의 네 가지 성질이다.

1. $(\cosh x)^2 - (\sinh x)^2 = 1 \quad ((\cos x)^2 + (\sin x)^2 = 1 \text{ 대신에})$

   확인 : $\left[\dfrac{e^x + e^{-x}}{2}\right]^2 - \left[\dfrac{e^x - e^{-x}}{2}\right]^2 = \dfrac{e^{2x} + 2 + e^{-2x} - e^{2x} + 2 - e^{-2x}}{4} = 1$

2. $\dfrac{d}{dx}(\cosh x) = \sinh x \quad \left(\dfrac{d}{dx}(\cos x) = -\sin x \text{ 대신에}\right)$

3. $\dfrac{oldd}{dx}(\sinh x) = \cosh x \quad \left(\dfrac{d}{dx}(\sin x) = \cos x\text{와 마찬가지로}\right)$

4. $\displaystyle\int \sinh x\,dx = \cosh x + C, \quad \int \cosh x\,dx = \sinh x + C$

1은 쌍곡선과 연관이 있다. 이는 cosh와 sinh에 사용되는 'h'의 의미이기도 하다. $(\cos x)^2 + (\sin x)^2 = 1$이 점 $(\cos x, \sin x)$를 단위원 위에 위치시킴을 기억하라. x가 바뀜에 따라 점들은 원 위에 놓인다. 일반적인 사인함수와 코사인함수는 '원형의 함수'이다. 이제 $(\cosh x, \sinh x)$를 살펴보자. 1은 $(\cosh x)^2 - (\sinh x)^2 = 1$이므로 이 점들은 [그림 6-20]의 단위 쌍곡선 위를 움직인다.

여러분은 다른 네 종류의 쌍곡함수의 정의를 추측할 것이다.

$$\tanh x = \frac{\sinh x}{\cosh x} = \frac{e^x - e^{-x}}{e^x + e^{-x}} \qquad \coth x = \frac{\cosh x}{\sinh x} = \frac{e^x + e^{-x}}{e^x - e^{-x}}$$

$$\operatorname{sech} x = \frac{1}{\cosh x} = \frac{2}{e^x + e^{-x}} \qquad \operatorname{csch} x = \frac{1}{\sinh x} = \frac{2}{e^x - e^{-x}}$$

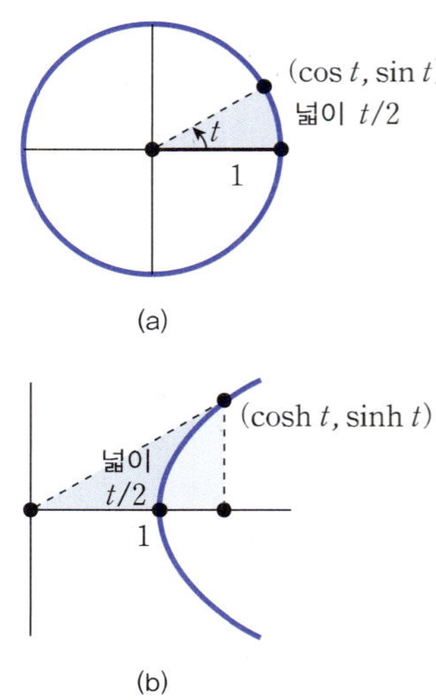

[그림 6-20] 단위원 $\cos^2 t + \sin^2 t = 1$과 단위 쌍곡선 $\cosh^2 t - \sinh^2 t = 1$

다른 쌍곡함수들의 성질은 $\cosh^2 x - \sinh^2 x = 1$로부터 바로 얻을 수 있다. $\cosh^2 x$와 $\sinh^2 x$로 나누어보라.

17 미국 메이저리그 야구팀 세인트루이스 카디널스의 홈 구장 명칭이다.

$$1-\tanh^2 x = \text{sech}^2 x, \quad \coth^2 x - 1 = \text{csch}^2 x$$

$$(\tanh x)' = \text{sech}^2 x, \quad (\text{sech}\, x)' = -\text{sech}\, x \tanh x$$

$$\int \tanh x\, dx = \int \frac{\sinh x}{\cosh x} dx = \ln(\cosh x) + C$$

역쌍곡함수

여러분은 각 $\sin^{-1}x$, $\tan^{-1}x$, $\sec^{-1}x$를 기억할 것이다. 4.4절에서 연쇄 법칙을 사용하여 이 역함수들을 미분하였다. 이들의 주요 응용은 적분에서 나왔다. 예를 들어 $\int dx/(1+x^2)$에서 그 적분이 $\tan^{-1}x + C$임을 알 수 있었다. $\sinh^{-1}x$, $\tanh^{-1}x$, $\text{sech}^{-1}x$에 대한 상황도 쌍곡함수에서 예상되는 부호 변화를 제외하고는 동일하다. 다음 **새로운 세 도함수 식**을 살펴보자.

$y = \sinh^{-1}x$ ($x = \sinh y$를 의미한다)의 도함수는 $\dfrac{dy}{dx} = \dfrac{1}{\sqrt{x^2+1}}$이다. (1)

$y = \tanh^{-1}x$ ($x = \tanh y$를 의미한다)의 도함수는 $\dfrac{dy}{dx} = \dfrac{1}{1-x^2}$이다. (2)

$y = \text{sech}^{-1}x$ ($x = \text{sech}\, y$를 의미한다)의 도함수는 $\dfrac{dy}{dx} = \dfrac{-1}{x\sqrt{1-x^2}}$이다. (3)

[연습문제 6.7.44~46]에서는 dy/dx를 $1/(dx/dy)$로부터 계산한다. 다른 방법으로는 로그를 사용하는 방법이 있다. $\ln x$는 e^x의 역함수이므로 $\sinh^{-1}x$, $\tanh^{-1}x$, $\text{sech}^{-1}x$를 로그로 표현할 수 있다. 다음은 $y = \tanh^{-1}x$의 예시이다.

$y = \dfrac{1}{2}\ln\left[\dfrac{1+x}{1-x}\right]$의 기울기는 $\dfrac{dy}{dx} = \dfrac{1}{2}\dfrac{1}{1+x} - \dfrac{1}{2}\dfrac{1}{1-x} = \dfrac{1}{1-x^2}$이다. (4)

마지막 단계는 $\frac{1}{2}\ln(1+x) - \frac{1}{2}\ln(1-x)$의 단순한 미분이다. 답을 빼고는 전혀 새로운 것이 없다. 하지만 로그는 어디서 나온 것일까? 다음 공식의 중간에서 분자와 분모에 $\cosh y$를 곱하라.

$$\frac{1+x}{1-x} = \frac{1+\tanh y}{1-\tanh y} = \frac{\cosh y + \sinh y}{\cosh y - \sinh y} = \frac{e^y}{e^{-y}} = e^{2y}$$

이때 $2y$는 좌변 $\dfrac{1+x}{1-x}$에 로그를 취한 것과 같다. 이 식이 식 (4)에서의 첫 번째 식이며 다음 목록에서의 세 번째 공식이다.

$$\sinh^{-1}x = \ln[x + \sqrt{x^2+1}] \qquad \cosh^{-1}x = \ln[x + \sqrt{x^2-1}]$$

$$\tanh^{-1}x = \frac{1}{2}\ln\left[\frac{1+x}{1-x}\right] \qquad \operatorname{sech}^{-1}x = \ln\left[\frac{1+\sqrt{1-x^2}}{x}\right]$$

1. 이 목록들은 단순한 참고용이다. 굳이 다음 사실을 외우지는 말자. 세 식 (1), (2), (3)에서의 도함수는 역도함수를 선택할 수 있게 한다. 역도함수를 역함수 또는 로그로 표현할 수 있다(대부분의 적분표에서는 로그를 선호한다). 이 책의 부록에는 다음과 같이 적혀 있다.

$$\int \frac{dx}{1-x^2} = \frac{1}{2}\ln\left[\frac{1+x}{1-x}\right] + C \quad (\tanh^{-1}x + C \text{ 대신에})$$

2. $\sin^{-1}x, \tan^{-1}x, \sec^{-1}x$에는 로그가 보이지 않았다. 그 이유가 궁금할 것이다. $\tanh^{-1}x$는 로그에 의하여 표현되는데 $\tan^{-1}x$에 대한 유사한 공식에는 로그가 어떻게 없을 수 있을까? 반드시 유사한 공식이 있어야만 할 것이다. 이를 보여주기 위하여 이 절 내내 숨겨져 있던 비밀을 밝히도록 하겠다.

비밀은 바로 수학에서의 위대한 방정식 중의 하나이다. **$\cos x$와 $\sin x$의 어떤 공식이 $\frac{1}{2}(e^x + e^{-x})$, $\frac{1}{2}(e^x - e^{-x})$와 대응될까?** 많은 유사점(원형과 쌍곡형)을 보며 여러분은 무언가를 찾기를 기대할 것이다. 실제로 그러한 공식이 존재하지만 이 공식은 **복소수를 포함한다**. 다행히도 그 공식은 아주 간단하며 이는 다음과 같다.

$$\cos x = \frac{1}{2}(e^{ix} + e^{-ix}), \quad \sin x = \frac{1}{2i}(e^{ix} - e^{-ix}) \tag{5}$$

이 공식들을 여전히 숨겨진 상태로 만드는 것은 바로 허수 지수이다. $\sin x$에 i를 곱하여 $\cos x$에 더하면 믿기지 않을 정도로 아름다운 다음 오일러 공식을 얻는다.

$$\cos x + i\sin x = e^{ix} \tag{6}$$

식 (6)은 쌍곡함수보다 훨씬 더 중요하다. 또한 sinh, cosh보다 sin, cos이 훨씬 더 유용하다. 따라서 우리는 쌍곡함수의 주요 성질을 기록하는 것을 그만두고, 연습문제에서 그 응용들을 다루기로 한다.

6.7 문장제 문제

01 $\cosh x =$ ___a___ 이고, $\sinh x =$ ___b___ 이며 $\cosh^2 x - \sinh^2 x =$ ___c___ 이다. 이 함수들의 도함수는 각각 ___d___, ___e___, ___f___ 이다. 점 $(x, y) = (\cosh t, \sinh t)$는 쌍곡선 ___g___ 위를 움직인다. 케이블은 현수선 모양으로 늘어지며 현수선의 식은 $y =$ ___h___ 이다.

02 역쌍곡함수 $\sinh^{-1} x$, $\tanh^{-1} x$는 각각 $\ln[x + \sqrt{x^2+1}]$, $\frac{1}{2}\ln$ ___i___ 와(과) 같다. 이 함수들의 도함수는 각각 ___j___, ___k___ 이다. 따라서 우리는 역 ___l___ 을(를) 구하는 두 가지 방법을 가지게 된다. $\cosh x + \sinh x = e^x$과 유사한 공식은 오일러 공식 ___m___ 이다. 공식 $\cos x = \frac{1}{2}(e^{ix} + e^{-ix})$은 ___n___ 지수를 포함한다. $\sin x$에 대한 유사한 공식은 ___o___ 이다.

6.7 연습문제

01 $\cosh x + \sinh x$, $\cosh x - \sinh x$, $\cosh x \sinh x$를 간단히 하라.

02 $\cosh x$와 $\sinh x$의 정의로부터 이 함수들의 도함수를 각각 구하라.

03 $\cosh x$와 $\sinh x$가 모두 $y'' = y$를 만족시킴을 보여라.

04 몫의 미분법을 사용하여 $(\tanh x)' = \text{sech}^2 x$임을 보여라.

05 정의로부터 $\cosh^2 x + \sinh^2 x = \cosh(2x)$임을 보여라.

06 문제 05의 결과를 미분하여 $\sinh(2x)$를 구하라.

07 $(\cos x + i\sin x)^n = \cos nx + i\sin nx$와 유사한 공식은 쌍곡 공식 $(\cosh x + \sinh x)^n = \cosh(nx) +$ ____ 이다.

08 $\sinh(x+y) = \sinh x \cosh y + \cosh x \sinh y$를 지수함수로 바꾸어 증명하라. 이 식을 x에 대하여 미분하면 $\cosh(x+y) =$ ____ 을(를) 얻는다.

09~18 주어진 함수에 대한 도함수를 구하라.

09 $\cosh(3x+1)$

10 $\sinh x^2$

11 $1/\cosh x$

12 $\sinh(\ln x)$

13 $\cosh^2 x + \sinh^2 x$

14 $\cosh^2 x - \sinh^2 x$

15 $\tanh\sqrt{x^2+1}$

16 $(1+\tanh x)/(1-\tanh x)$

17 $\sinh^6 x$

18 $\ln(\text{sech}\, x + \tanh x)$

19 $x > 0$일 때, $\cosh(\ln x)$의 최솟값을 구하라.

20 $\tanh x = \frac{3}{5}$으로부터 $\text{sech}\, x$, $\cosh x$, $\sinh x$, $\coth x$, $\text{csch}\, x$를 구하라.

21 $\tanh x = -\frac{12}{13}$일 때 문제 20을 반복하라.

22 $\sinh x = 2$일 때, 나머지 다른 다섯 개의 쌍곡함수의 값을 구하라.

23 $\cosh x = 1$일 때, 나머지 다른 다섯 쌍곡함수의 값을 구하라.

24 $\sinh(\ln 5)$ 및 $\tanh(2\ln 4)$의 값을 구하라.

25~32 주어진 함수의 역도함수를 찾아라.

25 $\cosh(2x+1)$

26 $x\cosh(x^2)$

27 $\cosh^2 x \sinh x$

28 $\tanh^2 x\, \text{sech}^2 x$

29 $\dfrac{\sinh x}{1+\cosh x}$

30 $\coth x = \dfrac{e^x + e^{-x}}{e^x - e^{-x}}$

31 $\sinh x + \cosh x$

32 $(\sinh x + \cosh x)^n$

33 [그림 6-20]의 삼각형은 넓이 $\frac{1}{2}\cosh t \sinh t$를 가진다.

(a) 적분하여 쌍곡선 아래의 연하게 색칠된 영역의 넓이를 구하라.

(b) 표시된 부분의 넓이 A에 대하여 $dA/dt = \frac{1}{2}$임을 입증하라.

(c) $A=\frac{1}{2}t+C$임을 결론짓고, $C=0$임을 보여라.

34~40 주어진 함수의 그래프를 그려라.

34 $y=\tanh x$(변곡점을 포함하여 그려라)

35 $y=\coth x$($x\to\infty$으로의 극한도 표시하라)

36 $y=\operatorname{sech} x$

37 $y=\sinh^{-1}x$

38 $x\ge 1$일 때 $y=\cosh^{-1}x$

39 $0<x\le 1$일 때 $y=\operatorname{sech}^{-1}x$

40 $|x|<1$일 때 $y=\tanh^{-1}x=\frac{1}{2}\ln\left(\frac{1+x}{1-x}\right)$

41 (a) $x=\sinh y=\frac{1}{2}(e^y-e^{-y})$에 $2e^y$을 곱하면 $(e^y)^2-2x(e^y)-1=0$을 얻는다. e^y에 대한 이차방정식을 풀어 e^y을 구하라.

(b) 얻은 해에 로그를 취하여 $y=\sinh^{-1}x$를 구하고 본문의 결과와 비교하라.

42 (a) $x=\cosh y=\frac{1}{2}(e^y+e^{-y})$에 $2e^y$을 곱하면 $(e^y)^2-2x(e^y)+1=0$을 얻는다. e^y에 대한 이차방정식을 풀어 e^y을 구하라.

(b) 얻은 해에 로그를 취하여 $y=\cosh^{-1}x$를 구하고 본문의 결과와 비교하라.

43 식 (4)를 거꾸로 뒤집어 $y=\coth^{-1}x$일 때 $y'=-1/(1-x^2)$을 증명하라.

44 $x=\sinh y$를 미분하고 $\cosh^2 y-\sinh^2 y=1$임을 사용하여 $dy/dx=1/\sqrt{x^2+1}$을 계산하라.

45 $x=\tanh y$를 미분하고 $\operatorname{sech}^2 y+\tanh^2 y=1$임을 사용하여 $y=\tanh^{-1}x$일 때 $dy/dx=1/(1-x^2)$을 계산하라.

46 $x=\operatorname{sech} y$를 미분하여 $dy/dx=-1/(x\sqrt{1-x^2})$을 계산하라(이때 $y=\operatorname{sech}^{-1}x$).

47~52 공식 (1),(2),(3)을 사용하거나 다른 방법을 사용하여 역도함수를 구하라.

47 $\int dx/(4-x^2)$

48 $\int dx/(a^2-x^2)$

49 $\int dx/\sqrt{x^2+1}$

50 $\int x\,dx/\sqrt{x^2+1}$

51 $\int dx/(x\sqrt{1-x^2})$

52 $\int dx/\sqrt{1-x^2}$

53 $\int_0^{1/2}\frac{dx}{1-x^2}$와 $\int_0^1\frac{dx}{1-x^2}$를 계산하라.

54 마찰력이 속도의 제곱인 낙하하는 물체는 식 $dv/dt=g-v^2$을 만족한다.

(a) $v(t)=\sqrt{g}\tanh(\sqrt{g}\,t)$가 이 방정식을 만족함을 보여라.

(b) $dv/(g-v^2)=dt$를 적분하여 이 v를 여러분이 직접 유도하라.

(c) $v(t)$를 적분하여 거리 $f(t)$를 구하라.

55 그 자신의 무게에 의하여 걸려 있는 케이블의 기울기 $S=dy/dx$는 방정식 $dS/dx=c\sqrt{1+S^2}$을 만족한다. 상수 c는 케이블의 밀도와 장력의 비이다.

(a) $S=\sinh(cx)$가 이 방정식을 만족함을 보여라.

(b) $dy/dx=\sinh(cx)$를 적분하여 만일 $y(0)=1/c$인 경우 케이블의 높이 $y(x)$를 구하라.

(c) $x=-L$과 $x=L$ 사이에 걸려 있는 케이블을 그린 다음 케이블이 $x=0$에서 얼마나 아래로 쳐져 있는지 구하라.

56 가장 간단한 비선형 파동 방정식(버거스 방정식[Burgers' equation])을 파동 함수 $W(x)$로 나타내면 $W''=WW'-W'$을 만족한다. 이 식을 한 번 적분하면 $W'=\frac{1}{2}W^2-W$가 된다.

(a) 변수 분리를 시행한 후 적분하라.

$$dx=dW/\left(\frac{1}{2}W^2-W\right)=-dW/(2-W)-dW/W$$

(b) $W'=\frac{1}{2}W^2-W$ 인지 확인하라.

57 고립파는 KdV 방정식이라 불리는 $y'''=y'-6yy'$을 만족시키는 모양을 가진다.

(a) 한 번 적분하여 y''을 찾아라. 답에 y'을 곱하라.

(b) 다시 적분하여 y'을 찾아라(모든 적분상수는 0으로 두어라).

(c) (b)를 이용하여 $y=\frac{1}{2}\operatorname{sech}^2(x/2)$가 임을 보여라.

58 식 (5)로부터 $\cos ix=\cosh x$를 유도하라. 허수 각 $i=\sqrt{-1}$에 대한 코사인값은 얼마인가?

59 식 (5)로부터 $\sin ix=i\sinh x$를 유도하라. $\sin i$의 값은 얼마인가?

60 $e^{ix}=\cos x+i\sin x$의 도함수는 _____이다.

7장 적분법

Techniques of Integration

5장에서는 급수의 수렴성으로 적분을 소개했다. 이때 손으로 직접 풀거나 컴퓨터를 활용하여 넓이를 계산하기 시작했다. 6장에서는 적분에 대한 다른 문을 열었다. 새로운 함수 e^x와 $\ln x$로 미분방정식을 만들었다. 또한 특별한 미분방정식 $df/dx = v(x)$를 풀 수도 있다. 이 미분방정식의 답은 $f = \int v(x)\,dx$이다. $dy/dx = cy$의 단계는 중대한 발견이었다.

우리는 놀라운 것들을 해낼 수 있다. **수학은 새로운 언어이고, 우리는 이 언어로 말하는 방법을 배우는 것이다.** 얼마 전까지도 dy/dx 기호 및 $\int v(x)\,dx$ 기호는 수수께끼였다(필자의 수업에서조차도 함수에 대한 기호인 $v(x)$ 자체를 확신하지 못했다). 앞으로 무엇을 배울지를 미리 보는 과정에서 지금까지 얼마나 많은 것을 배워왔는지 잊을 수도 있다.

앞으로 해야 할 일을 예측해보자. 적분의 경우 더 많은 함수와 응용을 다루기 위한 두 단계가 있다. **수학을 통해 이 두 단계는 현실에서 실현된다.** 응용은 적분을 알 때 더 완전해진다. 이 짧은 장에서는 적분할 수 있는 함수의 범위를 넓힐 것이다. 기호 계산symbolic algebra을 가진 컴퓨터가 그것을 더 넓힌다.

$v(x) = \sec^2 x$이면 $f(x) = \tan x$인 것처럼, 지금까지는 적분을 구할 때 도함수를 먼저 생각하였다. 이제는 $\tan x$를 적분하기 위해 다음과 같이 치환을 이용해보자.

$$\int \frac{\sin x}{\cos x}dx = -\int \frac{du}{u} = -\ln u = -\ln\cos x$$

이제 필요한 것은 **적분법**이며, 이를 활용할 수 있을 때까지 식을 변화시킬 것이다. $\int x\cos x\,dx$와 $\int \sqrt{1-x^2}\,dx$를 예로 들면, 이들의 적분을 바로 인식할 수는 없다. 부분적분integration by part과 새로운 치환으로 식을 단순하게 만들 것이다.

이 예들은 이번 장의 시작이자 끝이다. 합리적인 노력(그리고 상당한 표의 도움)을 통해 중요한 함수를 적분할 수 있다. 많은 노력을 통해 더 많은 함수까지도 적분할 수 있다. 그동안 적분법은 많은 미적분학 교재에서 가장 중요한 부분을 차지하곤 했다. 그들은 $\int (x+1)\,dx/\sqrt{2x^2-6x+4}$와 같은 적분을 가능하게 한다. **이를 위해 투자한 시간은 그만큼 가치가 있다!** 나눗셈과 마찬가지로, 우리는 개념을 알면 되고 복잡하고 정교한 계산 작업은 컴퓨터가 할 것이다.

부분적분을 먼저 살펴본 후 새로운 치환을 시도할 것이다. 부분분수는 유용한 아이디어이다(이미 로지스틱 방정식 $y' = cy - by^2$에 적용되었다). 마지막 절에서 x나 $y(x)$가 무한대로 가까이 가겠지만 넓이는 유한한 상태로 유지된다. 이러한 이상적분은 매우 일반적이다. 8장에서는 이에 대한 응용을 살펴 볼 것이다.

7.1 부분적분

적분을 다루는 두 가지 주요 방법이 있다(적분을 더 쉽게 만들 수 있을 것이다). 치환은 연쇄 법칙chain rule을 기반으로 하며 더 많은 것들이 있다. 여기서는 곱 미분 법칙에 따른 다른 방법을 제시한다. 미분에서의 곱 미분 법칙의 역은 적분에서의 **부분적분**이다.

앞에서 $\int \cos^2 x\,dx$와 $\int \ln x\,dx$를 언급했다. 지금이 (더 많은 예제를 포함하여) 그 예제를 계산하기에 적절한 시기이다. $\int \ln x\,dx$가 어떻게 $\int 1\,dx$ 로 바뀌는지 볼 것이다(이는 매우 개선된 과정이다). 또한 $\int xe^x\,dx$는 $\int e^x\,dx$로 바뀐다. 더 어려운 적분과 쉬운 적분의 차이점은 알려진 항이 있는지의 여부이다. 바로 이것이 적분의 요점이다.

시작하기 전에 한 가지 주의 사항이 있다. 부분적분은 의미가 없는 단순한 속임수가 아니다. 그것은 평형과 힘 균형의 기본적인 물리적 법칙을 표현하며 미분방정식 이론(델타함수도 포함)의 기초이다. 완전히 선택 사항인 이 절의 마지막 부분에서 이러한 점을 설명할 것이다.

$u(x)$와 $v(x)$의 곱 미분 법칙부터 시작해보자.

$$u(x)\frac{dv}{dx} + v(x)\frac{du}{dx} = \frac{d}{dx}(u(x)v(x)) \qquad (1)$$

양변을 적분하면 우변은 $u(x)v(x)$가 된다. 좌변에는 두 적분이 있으며, 그중 하나를 음의 부호를 이용하여 다른 변으로 옮긴다.

$$\int u(x)\frac{dv}{dx}dx = u(x)v(x) - \int v(x)\frac{du}{dx}dx \qquad (2)$$

아주 인상적이지는 않지만 매우 강력한 식 (2)가 바로 이번 절의 핵심이다. 이것이 **부분적분**이다('부분'은 u와 v이다). 부분적분을 x 없이 다음과 같이 쓴다.

1 부분적분의 수식은 $\int u\,dv = uv - \int v\,du$이다. (3)

$u\,dv/dx$를 적분하는 문제는 $v\,du/dx$를 적분하는 문제로 바뀐다. 이때 음의 부호를 반드시 기억해야 한다. '적분된 항' $u(x)v(x)$에 주목하자. 정적분에서 곱 $u(x)v(x)$는 끝점 a와 b에서 계산된다.

$$\int_a^b u\frac{dv}{dx}dx = u(b)v(b) - u(a)v(a) - \int_a^b v\frac{du}{dx}dx \qquad (4)$$

u와 v를 선택하는 것이 핵심이다. 그 선택의 목표는 $\int u\,dv$보다 $\int v\,du$를 더 쉽게 만드는 것이다. 예제를 통해 이를 이해하는 것이 가장 좋다.

예제 1 $\int \ln x\,dx$를 계산하기 위해서 $u = \ln x$이고 $dv = dx$(또는 $v = x$)를 고르자.

$$\int \ln x\,dx = uv - \int v du = x\ln x - \int x\frac{1}{x}\,dx$$

이때 기본 공식인 (3)을 사용하였다. 이제 $\ln x$의 역도함수를 찾는 대신에 우변을 계산하면 된다. x와 $1/x$의 곱은 1이고, 1의 적분은 x이다. 음의 부호와 적분된 항 $uv = x\ln x$와 상수 C를 포함하면 답은 다음과 같다.

$$\int \ln x\,dx = x\ln x - x + C \tag{5}$$

제대로 적분되었는지 확인하기 위해 미분해보자. 곱 미분 법칙은 $\ln x + x(1/x) - 1$을 만들고, 이는 $\ln x$이다. 2에서 3까지 $y = \ln x$에 의한 넓이는 $3\ln 3 - 3 - 2\ln 2 + 2$이다. 이는 $\ln x$의 적분을 1의 적분으로 바꾼 것이다.

예제 2 $\int x\cos x\,dx$를 계산하기 위해서 $u = x$이고 $dv = \cos x\,dx$라고 하자(즉 $v(x) = \sin x$이다).

$$\int x\cos x\,dx = uv - \int v\,du = x\sin x - \int \sin x\,dx \tag{6}$$

우변은 간단한 적분을 포함하고 답은 다음과 같다.

$$\int x\cos x\,dx = x\sin x + \cos x + C \tag{7}$$

NOTE 새로운 적분이 항상 간단해지는 것은 아니다. $u = \cos x$, $dv = x\,dx$로 선택했다고 하자. 그러면 $v = \frac{1}{2}x^2$이다. 이를 이용하여 적분하면 다음과 같은 의미 없는 결과가 나온다.

$$\int x\cos x\,dx = uv - \int v du = \frac{1}{2}x^2\cos x + \int \frac{1}{2}x^2 \sin x\,dx$$

마지막 적분은 오히려 더 어려워졌다(x^2은 x보다 계산이 더 복잡하다). 적분 계산에서 이것은 도움이 되지 않는다. 그러나 반대 방향에서 $\int \frac{1}{2}x^2\sin x\,dx$는 간단해진다. u와 v를 선택할 때의 아이디어는 다음과 같다. **좋은 미분을 갖는 u와 멋진 적분을 갖는 dv에 대해서 부분적분을 시도하라.**

예제 3 $\int (\cos x)^2 dx$를 계산하기 위해서 $u = \cos x$이고 $dv = \cos x\,dx$, 즉 $v = \sin x$라고 하자.

$$\int (\cos x)^2 dx = uv - \int v\,du = \cos x \sin x + \int (\sin x)^2 dx$$

$(\sin x)^2$의 적분은 $(\cos x)^2$의 적분과 비슷하다. 그렇지만 $(\sin x)^2$을 봤을 때 바로 $1-(\cos x)^2$을 떠올릴 수 있다. 그러므로 $(\sin x)^2$을 치환하면 다음을 얻는다.

$$\int (\cos x)^2 dx = \cos x \sin x + \int 1\,dx - \int (\cos x)^2 dx$$

우변의 마지막 적분은 좌변의 적분과 같고, $\int 1\,dx = x$이므로 다음을 얻는다.

$$2\int (\cos x)^2\, dx = \cos x \sin x + x$$

양변을 2로 나누면 답을 얻을 수 있고 이는 명백히 $\frac{1}{3}(\cos x)^3$가 아니다. 상수 C를 더하면 다음을 얻는다.

$$\int (\cos x)^2 dx = \frac{1}{2}(\cos x + \sin x + x) + C \tag{8}$$

Q_ 0에서 2π까지 $(\cos x)^2$을 적분하라. 넓이는 왜 π인가?

A_ 정적분은 $\frac{1}{2}(\cos x + \sin x + x)]_0^{2\pi}$이고, 이는 π이다. $(\cos x)^2 + (\sin x)^2 = 1$에서 시작하여 도형을 이용해 넓이를 찾을 수도 있다. 1 아래의 넓이는 2π이다. $(\cos x)^2$와 $(\sin x)^2$ 아래 넓이는 같으므로 각각은 π이다.

예제 4 $u = \tan^{-1}x$와 $v = x$를 이용하여 $\int \tan^{-1}x\,dx$를 계산하라.

$$\int \tan^{-1}x dx = uv - \int v\,du = x\tan^{-1}x - \int x\frac{dx}{1+x^2} \tag{9}$$

마지막 적분은 $w = 1+x^2$으로 치환한 다음 $dw = 2xdx$를 이용하여 구할 수 있다.

$$\int \frac{x\,dx}{1+x^2} = \frac{1}{2}\int \frac{dw}{w} = \frac{1}{2}\ln w = \frac{1}{2}\ln(1+x^2)$$

식 (9)를 다시 치환하면 $\int \tan^{-1}x\,dx$는 $x\tan^{-1}x - \frac{1}{2}\ln(1+x^2)$을 얻는다. 모든 익숙한 역함수는 부분적분을 가능하게 한다($v = x$로 하여 끝에 $+C$를 추가하자).

마지막 예제는 처음 한 번의 부분적분이 문제를 절반 정도만 단순화하여 **두 번의 부분적분**이 필요함을 보여준다.

예제 5 $\int x^2 e^x dx$를 계산하기 위해서 $u = x^2$이고 $dv = e^x dx$, 즉 $v = e^x$라고 하자.

$$\int x^2 e^x \, dx = uv - \int v \, du = x^2 e^x - \int e^x (2x \, dx) \tag{10}$$

마지막 적분은 xe^x을 포함하고 있다. 이것은 $x^2 e^x$보다 더 낫지만 여전히 부분적분이 필요하다.

$$\int xe^x \, dx = uv - \int v \, du = xe^x - \int e^x \, dx \quad (\text{이제 } u = x \text{이다}) \tag{11}$$

마지막으로 e^x에 대한 적분 하나만 남는다. 두 번의 부분적분 후에 $\int e^x dx$에 도달한 것이다. 식 (11)에서 **xe^x의 적분은 $xe^x - x$이다.** 식 (10)을 다시 치환하면 다음을 얻는다.

$$\int x^2 e^x dx = x^2 e^x - 2[xe^x - e^x] + C \tag{12}$$

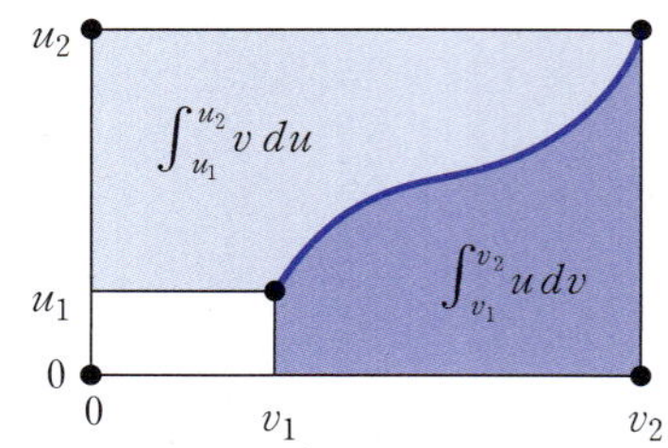

(a)

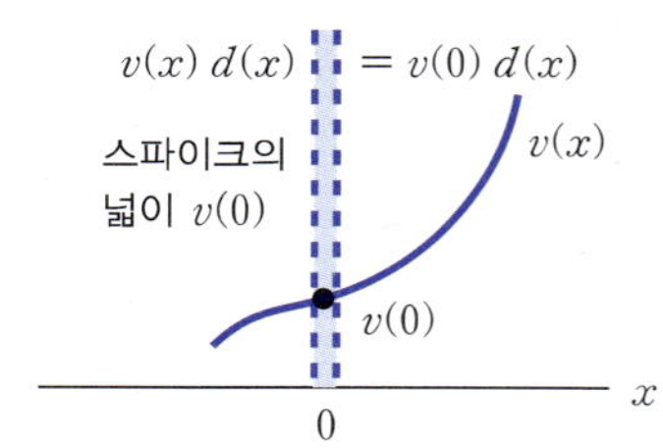

(b)

[그림 7-1] (a) 부분적분의 기하적 의미, (b) $x = 0$에서 델타함수 (넓이 1)와 $v(x)$의 곱

지금까지 살펴본 다섯 개의 예제는 부분적분을 위한 다음 주요한 후보들의 목록 안에 있다.

$$x^n e^x, \; x^n \sin x, \; x^n \cos x, \; x^n \ln x, \; e^x \sin x, \; e^x \cos x, \; \sin^{-1} x, \; \tan^{-1} x, \cdots$$

이것으로 간단하고 직접적인 설명을 마친다. [그림 7-1(a)]는 큰 사각형 넓이 $u_2 v_2$와 작은 사각형 넓이 $u_1 v_1$의 차이를 채우는 넓이가 $\int u \, dv$와 $\int v \, du$의 합이 됨을 보여준다.

영화 '스탠드업 Stand and Deliver'에서 하이메 에스칼란테 Jaime Escalante 선생님은 두 번의 부분적분을 통해 $\int x^2 \sin x \, dx$을 계산했다. 그는 u와 v를 선택할 때 통찰력을 발휘한 예제를 통해 적분에 성공했다($\int x \sin x^2 \, dx$와의 차이점을 확인하라. 다른 방법으로 치환한다). 영화 속에서 이 선생님이 맡은 반은 AP시험 Advanced Placement Exam에서 좋은 결과를 받았다. 이 영화를 보았다면 채점관이 이를 가능하다고 믿지 않았음을 기억해보자. 연습이 이를 가능하게 하는 핵심이다.

델타함수

지금까지 다른 함수와 달리 낯선 함수를 살펴볼 것이다. **델타함수는 계단함수의 미분이다.** 계단함수 $U(x)$는 0에서 1로 점프한다. 델타함수는 $\delta(x) = dU/dx$라고 쓰는데, 우리는 함수가 점프할 때 미분이 존재하지 않는다는 것을 알고 있다. 델타함수는 1.2절에서 봤던 더 높은 스파이크 및 이 스파이크의 수렴값이다. 그들은 단일 지점(U가 점프하는 곳)에 집중된 무한히 높은 스파이크에 접근한다. 이 '함수가 아닌 것'은 틀에 얽매이지 않고 새롭겠지만 (이는 확실히 선택적인 사항이다) 다시 함수로 돌아가야 한다. 계단함수의 기울기 dU/dx는 점프가 있는 $x=0$을 제외하면 0이다. 그러므로 델타함수가 '스파이크'를 갖는 한 점을 제외하면 $\delta(x)=0$이다. $x=0$에서 δ의 값을 줄 수 없지만 **점프를 가로지르는 적분은 알 수 있다**. $-A$와 $+A$ 사이의 구간에서 dU/dx의 적분은 U로 돌아와서 구할 수 있다.

$$\int_{-A}^{A}\delta(x)dx=\int_{-A}^{A}\frac{dU}{dx}dx=U(x)]_{-A}^{A}=1 \tag{13}$$

무한히 크고 무한히 얇은 스파이크 $\delta(x)$ 아래 넓이는 1이다.

지금까지는 그런대로 잘 진행됐다. $\delta(x)$의 적분은 $U(x)$이다. 이제 중요한 목표인 **$v(x)\delta(x)$에 의한 넓이를 찾기 위해서** 부분적분을 할 것이다. $v(x)\delta(x)$는 일반 함수와 델타함수의 곱이다. 어떤 의미에서 $v(x)\times\delta(x)$는 $v(0)\times\delta(x)$과 같다. $x=0$을 제외한 곳에서의 곱은 항상 0이기 때문이다. 따라서 $e^x\delta(x)$는 $\delta(x)$와 같고 $\sin(x)\delta(x)=0$이다.

$v(x)\delta(x)$ 아래의 넓이는 $v(0)$이다. 이 부분에 대한 적분은 다음과 같이 증명된다.

> 2 $v(x)\times\delta(x)$의 적분은 $\int_{-A}^{A}v(x)\delta(x)dx=v(0)$이다.

스파이크는 $v(0)$(스파이크에서 매끄러운 함수 $v(x)$의 값)에 의해서 곱해지기 때문에 넓이는 $v(0)$이다. 그러나 무한대를 곱하는 것은 위험한 일이다(무한대의 2배 역시 무한대이다). 델타함수를 직접 다룰 수는 없다. 델타함수는 적분에 의해서만 알려져 있다! 응용을 통해 적분을 만드는 한, δ도 우리가 다룬 함수와 같이 보통의 함수임을 알 수 있다.

$v(x)\delta(x)=v(x)dU/dx$의 적분은 '부분에 의해서' 계산된다.

$$\int_{-A}^{A}v(x)\delta(x)dx=v(x)U(x)]_{-A}^{A}-\int_{-A}^{A}U(x)\frac{dv}{dx}dx \tag{14}$$

$U=0$ 또는 $U=1$임을 기억하자. 식 (14)의 우변은 넓이 $v(0)$과 같다.

$$v(A)\cdot 1-\int_{0}^{A}1\frac{dv}{dx}dx=v(A)-(v(A)-v(0))=v(0) \tag{15}$$

$v(x)=1$일 때 이 답은 $\int\delta dx=1$과 맞는다. 다음 세 가지 예를 보자.

$$\int_{-2}^{2} \cos x\, \delta(x)dx = 1 \qquad \int_{-5}^{6} (U(x) + \delta(x))dx = 7 \qquad \int_{-1}^{1} (\delta(x))^2 dx = \infty$$

이제 더 어려운 과제가 생겼다. 델타함수의 미분은 무엇인가?

공학에서의 부분적분

물리학과 공학 및 경제학은 종종 곱을 포함한다. 일은 힘과 거리의 곱이고 전력은 전압과 전류의 곱이며 소득은 가격과 수량의 곱이다. 몇 가지 힘이나 전기 흐름 또는 판매가 있을 때 우리는 곱을 추가한다. 무한히 많이 있을 때 적분(아마도 부분적분)을 하게 될 것이다. 막대의 점 x에서 변위 u에 대한 다음 미분방정식으로 시작해보자.

$$-\frac{dv}{dx} = f(x), \quad v(x) = k\frac{du}{dx} \tag{16}$$

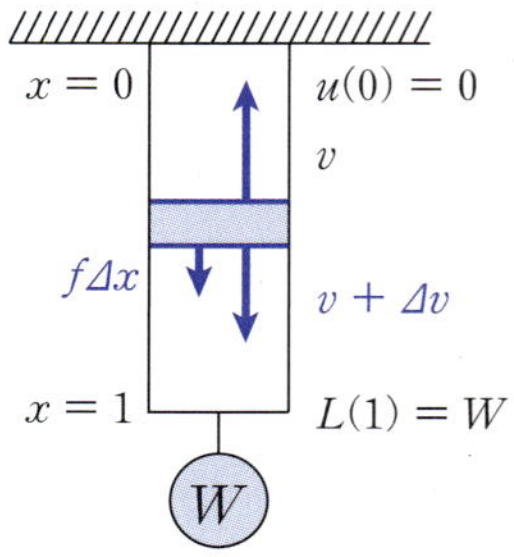

[그림 7-2] 내부 힘의 차이는 외부 힘과 균형을 이룬다. $-\Delta v = f\Delta x$ 또는 $-dv/dx = f(x)$ $x=1$에서 $v=W$는 매달린 무게의 균형을 맞춘다.

이것은 힘 $f(x)$에 의해 당겨진 매달린 막대를 설명한다. 각 점 x는 거리 $u(x)$를 통해 이동하며 막대의 상단은 고정되어 있으므로 $u(0)=0$이다. 막대에서의 늘어지는 정도는 du/dx이고 늘어짐에 생기는 내부 힘은 $v = k\,du/dx$이다(이것은 훅의 법칙 Hooke's law이다). 방정식 (16)은 [그림 7-2]에서 막대의 작은 부분에 대한 **힘의 균형**이다.

예제 6 $f(x) = F$를 단위 길이당 가해지는 일정한 힘이라고 하자. 이제 식 (16)을 풀 수 있다.

$$v(x) = -Fx + C, \quad ku(x) = -\frac{1}{2}Fx^2 + Cx + D \tag{17}$$

상수 C와 D는 (보통의 적분에서처럼) 끝점에 의해서 정해진다. $x=0$에서 $u=0$이므로 $D=0$이다. $x=1$에서 우리는 $v=W$를 얻으므로 $C=W+F$이다. 그 후 $v(x)$와 $u(x)$는 막대에서의 힘과 변위를 준다.

부분적분을 보기 위해서 $-dv/dx = f(x)$에 $u(x)$를 곱하고 적분해보자.

$$\int_0^1 f(x)u(x)dx = -\int_0^1 \frac{dv}{dx}u(x)dx = -u(x)v(x)]_0^1 + \int_0^1 v(x)\frac{du}{dx}dx \tag{18}$$

좌변은 힘과 변위의 곱 또는 외부의 일이다. 마지막 항은 내부 힘과 늘어진 정도의 곱 또는 내부의 일이다. 적분된 항은 $u(0)=0$이며 이는 고정된 버팀대가 한 일이 0이라는 것을 의미한다. 그것은 또한 매달려있는 무게에 의해 $-u(1)W$만큼 일을 한다. 힘의 균형은 **일의 균형**으로 치환되었다.

이것은 공학수학에서 다루는 것이며 여기에 요점이 있다. 부분적분은 물리적 감각을 만든다. $-dv/dx=f$가 테스트 함수 혹은 가상 변위로 불리우는 다른 함수에 의해 곱해진 경우 방정식 (18)은 역학에서 절대적인 기초가 되는 **가상 일의 원리**principle of virtual work가 된다.

7.1 문장제 문제

01 부분적분은 __a__ 법칙의 역이다. 그것은 $\int u dv$를 __b__에서 __c__을(를) 뺀 것으로 바꾼다. $u=x$와 $dv=e^{2x}dx$의 경우 $\int xe^{2x}dx$를 __d__에서 __e__을(를) 뺀 것으로 바꾼다. 마찬가지로 정적분 $\int_0^2 xe^{2x}dx$가 __f__에서 __g__을(를) 뺀 것으로 바뀐다.

02 u와 dv를 선택할 때 u의 __h__와(과) dv/dx의 __i__은(는) 가능한 한 간단하게 해야만 한다. 일반적으로 $\ln x$는 __j__(으)로 바뀌고 e^x은 __k__이(가) 된다. 주요 후보는 $u=x$ 또는 x^2이고 $v=\sin x$이거나 __l__ 또는 __m__이다. $u=x^2$일 때 __n__번의 부분적분이 필요하다. $\int \sin^{-1}x dx$를 계산하기 위해 $dv=dx$을 선택하여 __o__에서 __p__을(를) 뺀 것을 도출한다.

03 U가 단위 계단함수일 때, $dU/dx=\delta$는 단위 __q__함수이다. $-A$부터 A까지의 적분은 $U(A)-U(-A)=$ __r__이다. $v(x)\delta(x)$의 적분은 __s__와(과) 같다. $\int_{-1}^{1}\cos x\,\delta(x)\,dx$는 __t__와(과) 같다. 공학에서 힘의 균형 $-dv/dx=f$는 변위 $u(x)$를 곱한 뒤 적분하여 __u__의 균형을 준다.

7.1 연습문제

01~26 부분적분을 (필요하다면 두 번까지) 이용해서 적분값을 구하라.

01 $\int x\sin x\,dx$

02 $\int xe^{4x}\,dx$

03 $\int xe^{-x}\,dx$

04 $\int x\cos 3x\,dx$

05 $\int x^2\cos dx$ (문제 **01**을 이용하여)

06 $\int x\ln x dx$

07 $\int \ln(2x+1)dx$

08 $\int x^2e^{4x}\,dx$ (문제 **02**를 이용하여)

09 $\int e^x\sin x\,dx$

10 $\int e^x\cos x\,dx$

[문제 **09**, **10**은 두 번의 적분을 필요로 한다. e^x을 u 또는 v로 치환하라.]

11 $\int e^{ax}\sin bx\,dx$

12 $\int xe^{-x^2}dx$

13 $\int \sin(\ln x)dx$

14 $\int \cos(\ln x)dx$

15 $\int (\ln x)^2dx$

16 $\int x^2\ln x dx$

17 $\int \sin^{-1}x dx$

18 $\int \cos^{-1}(2x)\,dx$

19 $\int x\tan^{-1}x dx$

20 $\int x^2\sin x\,dx$

21 $\int x^3\cos x dx$

22 $\int x^3\sin x\,dx$

23 $\int x^3e^x dx$

24 $\int x\sec^{-1}x\,dx$

25 $\int x\sec^2 x\,dx$

26 $\int x\cosh x\,dx$

27~34 정적분을 계산하라.

27 $\int_0^1 \ln x\,dx$

28 $\int_0^1 e^{\sqrt{x}}\,dx$ ($u=\sqrt{x}$로 치환하라)

29 $\int_0^1 x e^{-2x}\,dx$

30 $\int_1^e \ln(x^2)dx$

31 $\int_0^{\pi} x\cos x\,dx$

32 $\int_{-\pi}^{\pi} x\sin x\,dx$

33 $\int_0^3 \ln(x^2+1)dx$

34 $\int_0^{\pi/2} x^2\sin x\,dx$

35~40 높은 지수를 낮은 지수로 바꾸는 '환원 공식[reduction formula]'을 이끌어내라.

35 $\int x^n e^x\,dx = x^n e^x - n\int x^{n-1}e^x\,dx$

36 $\int x^n e^{ax}\,dx =$ ________

37 $\int x^n \cos x\,dx = x^n\sin x - n\int x^{n-1}\sin x\,dx$

38 $\int x^n \sin x\,dx =$ ________

39 $\int (\ln x)^n\,dx = x(\ln x)^n - n\int(\ln x)^{n-1}\,dx$

40 $\int x(\ln x)^n\,dx =$ ________

41 문제 **09**를 이용하여 $\int x\sin x\, e^x\,dx$를 어떻게 계산하는가? 계산할 필요는 없다.

42 $\int xe^x\tan^{-1}x\,dx$는 어떻게 계산할 수 있는가? 계산할 필요는 없다.

43 (a) 치환과 부분적분을 이용하여 $\int x^3\sin x^2 dx$를 계산하라.

(b) n이 ______일 때, 적분 $\int x^n\sin x^2 dx$는 계산 가능하다.

44~54 다음은 이번 절의 끝에 있던 선택적인 내용에 관한 것이다.

44 델타함수 $\delta(x)$가 있는 다음 적분을 구하라.

(a) $\int_{-1}^{1} e^{2x}\delta(x)dx$　　(b) $\int_{-1}^{3} v(x)\delta(x)dx$

(c) $\int_2^4 \cos x\,\delta(x)dx$

45 $dy/dx=3\delta(x)$, $dy/dx=3\delta(x)+y(x)$를 풀어라.

46 **(이상한 사실)** $\delta(2x)$와 $\delta(x)$는 다르다. -1부터 1까지 두 함수를 적분하라.

47 $\delta(x)$의 적분은 단위 계단함수 $U(x)$이다. 다음 적분 $R(x)=\int U(x)\,dx$와 $Q(x)=\int R(x)\,dx$의 그래프를 그려라. 이때 경사 R과 2차 스플라인[spline 1] Q는 $x=0$에서 0이다.

48 $\delta\left(x-\frac{1}{2}\right)$에서 스파이크는 $x=\frac{1}{2}$로 이동한다. 이것은 평행이동한 계단함수 $U\left(x-\frac{1}{2}\right)$의 미분이다. $v(x)\delta\left(x-\frac{1}{2}\right)$의 적분은 $x=\frac{1}{2}$에서 v의 값과 같다. 다음을 계산하라.

(a) $\int_0^1 \delta\left(x-\frac{1}{2}\right)dx$　　(b) $\int_0^1 e^x\delta\left(x-\frac{1}{2}\right)dx$

(c) $\int_{-1}^{1}\delta(x)\delta\left(x-\frac{1}{2}\right)dx$

49 $\delta(x)$의 미분은 매우 독특하다. 그것은 적분에 의해 알려진 '쌍극자[dipole]'이다. (b)와 (c)는 부분적분하라.

(a) $\int_{-1}^{1}\frac{d\delta}{dx}dx$　　(b) $\int_{-1}^{1} x\frac{d\delta}{dx}dx$

(c) $\int_{-1}^{1} v(x)\frac{d\delta}{dx}dx = -v'(0)$

50 $\int_{-1}^{1} U(x)\delta(x)dx$가 $\frac{1}{2}$과 같은 이유는 무엇인가(부분적분하라)?

51 $dv/dx=-f(x)$이고 $x=1$에서 $v=0$인 적분 $v(x)=\int f(x)dx$의 수렴값을 선택하라.

52 $v(1)=0$이고 $-dv/dx=f(x)$일 때, $v(x)$의 그래프를 그려라.

(a) $f=x$　　(b) $f=U\left(x-\frac{1}{2}\right)$

(c) $f=\delta\left(x-\frac{1}{2}\right)$

53 끝점 조건이 $u(0)=0$인 $k\,du/dx=v(x)$를 푸는 적분 $u(x)$는 무엇인가? 문제 **52**에 있는 세 가지 (f가 아닌) v에 대해서 $u(x)$를 찾고 세 가지 u의 그래프를 그려라.

1 매끄러운 조건을 가진 다항식의 조각들로 이루어진 함수를 말한다.

54 $\Delta U/\Delta x = [U(x+\Delta x) - U(x)]/\Delta x$의 그래프를 그려라. 이 그래프에 의한 면적은 얼마인가?

55~62 다음은 두 번 이상의 적분이 필요하다.

55 두 번의 부분적분을 통해 $V = v$의 적분임을 알 수 있다.

$$\int uv'\,dx = uv - Vu' + \int Vu''\,dx$$

이 규칙을 $\int x^2 \sin x\,dx$에 적용하라.

56 n번의 부분적분 이후에 $\int u(dv/dx)dx$는 다음과 같아진다.

$$uv - u^{(1)}v_{(1)} + u^{(2)}v_{(2)} - \cdots + (-1)^n \int u^{(n)}v_{(n-1)}dx$$

$u^{(n)}$은 u의 n번째 도함수이고, $v_{(n)}$은 v의 n번째 적분이다. 마지막 항을 부분적분 하여 이 공식을 $(n+1)$번 부분적분한 공식으로 확장하여라.

57 문제 56을 이용하여 $\int x^3 e^x\,dx$를 찾아라.

58 $f(x) - f(0) = \int_0^x f'(t)dt$로부터 ($dx$가 아니라 dt로) 부분적분 하여 $f(x) = f(0) + f'(0)x + \int_0^x f''(t)(x-t)dt$임을 보여라. 문제 56처럼 반복하면 다음 **테일러 공식**Taylor's formula을 찾을 수 있다.

$$f(x) = f(0) + f'(0)x + \frac{1}{2!}f''(0)x^2 + \cdots + \int_0^x f^{(n+1)}(t)\frac{(x-t)^n}{n!}dt$$

59 $\int_0^1 uw''\,dx$와 $\int_0^1 u''w\,dx$의 차이점은 무엇인가?

60 넓이 $A = \int_1^e \ln x\,dx$와 $B = \int_0^1 e^y\,dy$를 계산하라. $(0,0)$, $(e,0)$, $(e,1)$, $(0,1)$을 꼭짓점으로 갖는 직사각형 위에 두 넓이를 표시하라.

61 다음 계산 과정에서 실수를 찾아라. 필자는 $e^x \cosh x = e^x \sinh x$가 옳지 않다고 생각한다.

$$\int e^x \sinh x\,dx = e^x \cosh x - \int e^x \cosh x\,dx$$
$$= e^x \cosh x - e^x \sinh x + \int e^x \sinh x\,dx$$

62 $Ce^{ax}\cos bx + De^{ax}\sin bx$의 도함수가 $e^{ax}\cos bx$가 되도록 하는 C와 D를 찾아라. 이 과정은 $e^{ax}\cos bx$를 두 번 부분적분 하는 것보다 쉬운가?

7.2 삼각적분

다음 절에서는 앞에서 다룬 적분을 새로운 형식으로 만들 것이다. 예를 들어 $\int x^2\sqrt{1-x^2}\,dx$는 $\int \sin^2\theta\cos^2\theta\,d\theta$가 된다. 새로 바꾼 적분은 제곱근이 없어졌기 때문에 이전 적분보다 더 간단해 보인다. 하지만 이 경우에도 $\sin^2\theta\cos^2\theta$를 적분해야 한다. **이번 절에서는 다소 간단하게 사인, 코사인, 시컨트, 탄젠트와 관련된 함수를 적분할 것이다.**

선택할 수 있는 방법은 두 가지가 있다. 하나는 부분적분을 사용하는 방법이고, 다른 하나는 삼각법을 기반으로 한 방법이다. 두 방법 모두 적분을 쉽게 만들기 위한 것이지만 시간은 다소 걸릴 수 있다. 이때 일반적으로 문자 θ는 x로 되돌린다.

$\sin^4 x\cos x\,dx$는 $u^4 du$와 같이 치환하여 쉽게 적분할 수 있다. 이는 [예제 1]에서의 목표인데, 바로 $\sin^4 x$와 $\cos x\,dx$로 분리하는 것이다. $\cos x\,dx$는 du가 되며 $\sin x$는 u이다.

예제 1 $\int \sin^2 x \cos^3 x\, dx$ (지수 3은 홀수이다)

풀이

$\cos x\, dx$를 du로 놓자. 그러면 $\cos^2 x$는 $1-\sin^2 x$로 바꿀 수 있다.

$$\int \sin^2 x \cos^3 x\, dx = \int \sin^2 x(1-\sin^2 x)\cos x\, dx = \frac{\sin^3 x}{3} - \frac{\sin^5 x}{5} + C$$

예제 2 $\int \sin^5 x\, dx$ (지수 5는 홀수이다)

풀이

$\sin x\, dx$를 그대로 두고 나머지는 모두 코사인으로 바꾸자. 항상 $\sin^2 x + \cos^2 x = 1$을 기본으로 하여 변형한다.

$$\int (1-\cos^2 x)^2 \sin x\, dx = \int (1-2\cos^2 x + \cos^4 x)\sin x\, dx$$

이제 $\cos x$는 u이고, $-\sin x\, dx$는 du이다. 즉 $\int (-1+2u^2-u^4)du$를 얻는다.

m이나 n이 홀수인 $\int \sin^m x \cos^n x\, dx$를 구하기 위한 일반적인 방법

1. n이 홀수이면 하나의 $\cos x\, dx$로 분리한다. 이때 코사인은 짝수 차수로 남는다.
2. 남은 코사인을 사인으로 바꾸자. 그러면 $\cos x\, dx$는 du이고, 사인은 u로 표현된다.
3. m이 홀수이면 하나의 $\sin x\, dx$로 분리하고, 나머지는 모두 코사인으로 바꾼다.
4. m과 n이 둘 다 홀수이면 이전의 방법을 사용한다.
5. m과 n이 둘 다 짝수이면 새로운 방법이 필요하다.

다음 두 가지 예제를 살펴보자.

예제 3 $\int \cos^2 x\, dx$ ($m=0$, $n=2$이므로 둘 다 짝수이다)

$\cos^2 x$를 적분하는 좋은 두 가지 방법이 있지만 둘 다 치환을 이용하는 것은 아니다. u를 $\cos x$로 놓으면 du는 존재하지 않는다. $\cos^2 x$를 적분하려면 부분적분과 배각공식을 이용해야 한다. 적분 방법은 식 (2)에 있다. 둘 중에서 어느 하나가 더 효과적인 방법이라고는 말할 수 없다.

$\cos^2 x$의 부분적분은 7.1절의 [예제 3]에 있다. 배각공식을 이용한 다른 방법은 삼각법에서 온 다음 공식들을 바탕으로 한다.

$$\cos^2 x = \frac{1}{2}(1+\cos 2x) \qquad \sin^2 x = \frac{1}{2}(1-\cos 2x) \tag{1}$$

$\cos 2x$ 의 적분은 $\frac{1}{2}\sin 2x$ 이다. 그러므로 이들 공식은 직접 적분할 수 있다. 부분적분의 형식이나 배각공식에 의한 결과는 다음과 같이 우리가 꼭 기억해야 하는 적분들로만 이루어져 있다.

$\int \cos^2 x\,dx$는 $\frac{1}{2}(x+\sin x\cos x)+C$ 또는 $\frac{1}{2}x+\frac{1}{4}\sin 2x+C$와 같다. (2)

$\int \sin^2 x\,dx$는 $\frac{1}{2}(x-\sin x\cos x)+C$ 또는 $\frac{1}{2}x-\frac{1}{4}\sin 2x+C$와 같다. (3)

예제 4 $\int \cos^4 x\,dx$ ($m=0$, $n=4$이므로 둘 다 짝수이다)

$\cos^2 x$를 $1-\sin^2 x$로 바꾸어서 적분하는 것은 불가능하다. 모든 지수는 짝수이므로 $u=\sin x$로 치환하면 du가 없어서 $\sin^4 x\,dx$를 간단히 만들 수 없다. 부분적분 또는 배각공식을 이용하자.

풀이 1(부분적분 이용)

$u=\cos^3 x$, $dv=\cos x\,dx$로 놓자.

$$\int(\cos^3 x)(\cos x)dx = uv-\int v du = \cos^3 x\sin x-\int(\sin x)(-3\cos^2 x\sin x\,dx)$$

마지막 적분은 짝수 승인 $\sin^2 x$와 $\cos^2 x$를 포함한다. 이것은 아무런 진전이 없는 것처럼 보이지만 $\sin^2 x$를 $1-\cos^2 x$로 바꾸면 다음과 같이 우변에 $\cos^4 x$가 생긴다.

$$\int\cos^4 x\,dx = \cos^3 x\sin x+3\int\cos^2 x(1-\cos^2 x)dx$$

적분에는 모두 짝수 승만 남는다. 그러나 $3\int\cos^4 x\,dx$를 좌변으로 옮기면 다음을 얻는다.

환원 공식 $$4\int\cos^4 x\,dx = \cos^3 x\sin x+3\int\cos^2 x\,dx \tag{4}$$

이는 부분적인 성공이다. 이제 $\cos^4 x$에서 $\cos^2 x$로 지수가 감소하였다. 여전히 짝수 승을 가지지만 더 작은 지수가 된 것이다. 우리는 $\cos^2 x$의 적분은 이미 알고 있다. 방정식 (4)에 사용해보자.

$$\int\cos^4 x\,dx = \frac{1}{4}\cos^3 x\sin x+\frac{3}{4}\cdot\frac{1}{2}(x+\sin x\cos x)+C \tag{5}$$

풀이 2(치환과 배각공식 이용)

$\cos^2 x = \frac{1}{2} + \frac{1}{2}\cos 2x$를 이용해보자.

$$\int \cos^4 x\,dx = \int \left(\frac{1}{2} + \frac{1}{2}\cos 2x\right)^2 dx = \frac{1}{4}\int (1 + 2\cos 2x + \cos^2 2x)dx$$

$\int dx = x$이고 $2\int \cos 2x\,dx = \sin 2x$이다. 이제 코사인의 제곱만 남는다.

$$\int \cos^2 2x = \int \frac{1}{2}(1 + \cos 4x)dx = \frac{1}{2}x + \frac{1}{8}\sin 4x + C$$

배각공식을 이용한 $\cos^4 x$의 적분은 다음과 같다.

$$\frac{1}{4}\left(x + \sin 2x + \frac{1}{2}x + \frac{1}{8}\sin 4x\right) + C \tag{6}$$

구한 해가 방정식 (5)와 다르게 보일 수 있지만 그렇지 않다. 여기에 있는 모든 각은 x, $2x$, $4x$이다. 이때 $\cos^4 x$에서 $\cos^2 2x$로, $\cos^2 2x$에서 $\cos 4x$로 바로 적분되었다. 즉 각이 2배가 될 때마다 지수는 절반이 된 것이다.

m과 n이 짝수일 때, $\int \sin^m x \cos^n x\,dx$에서 배각공식을 이용하는 방법

$\sin^2 x$를 $\frac{1}{2}(1 - \cos 2x)$로 바꾸고 $\cos^2 x$를 $\frac{1}{2}(1 + \cos 2x)$로 바꾸자. 지수는 $m/2$과 $n/2$으로 떨어진다. $m/2$과 $n/2$이 짝수이면 같은 과정을 반복하자($2x$가 $4x$가 된다). 만일 $m/2$ 혹은 $n/2$이 홀수이면 치환을 사용한 '일반적인 방법'을 적용한다. 홀수 승일 때 du를 얻는다.

예제 5 (배각) $\int \sin^2 x \cos^2 x\,dx = \int \frac{1}{4}(1 - \cos 2x)(1 + \cos 2x)dx$

우변의 적분에서 $1 - \cos^2 2x$를 남긴다. 이 식은 친숙해 보이지만 결코 쉬운 것은 아니다. 앞의 예제를 다시 보거나(가장 안전함) 이 적분을 외워서 쓰거나(가장 빠름) 배각공식을 한 번 더 사용하여 계산할 수 있다.

$$\frac{1}{4}\int (1 - \cos^2 2x)dx = \frac{1}{4}\int \left(1 - \frac{1}{2} - \frac{1}{2}\cos 4x\right)dx = \frac{x}{8} - \frac{\sin 4x}{32} + C$$

결론적으로 모든 $\sin^m x \cos^n x$는 적분 가능하다. 여기에는 m과 n이 음수일 때도 포함된다(곧 소개할 시컨트와 탄젠트를 참고하라). MACSYMA나 Mathematica와 같은 수학 소프트웨어는 답을 바로 계산한다. 이와 같은 프로그램도 배각이나 부분적분을 사용할까?

부분적분된 답을 선호할 수도 있다(보통 그렇다). $2x$, $4x$와 같은 요소가 나오지 않기 때문이다. 그러나 부분적분처럼 매번 모든 단계를 거쳐 적분하는 것은 매우 비효율적이다. 따라서 컴퓨터로 계산을 수행하거나 다음과 같은 n에서 $n-2$까지의 '환원 공식'을 사용한다.

환원 공식 $$n\int \cos^n x\,dx = \cos^{n-1}x\sin x + (n-1)\int \cos^{n-2}x\,dx \qquad (7)$$

$n=2$일 때 식 (7)은 $\int \cos^2 x\,dx$와 같다(이미 배운 적분이다). $n=4$일 때 환원 공식을 사용하면 $\cos^2 x$가 나오고, 마찬가지로 $\cos^6 x$의 적분은 $\cos^4 x$를 만든다. $\sin^m x$와 $\sin^m x\cos^n x$에 대해서도 비슷한 환원 공식이 존재하는데, 이를 굳이 외울 필요는 없다.

각 px와 qx에 대한 적분

$\sin^8 x\times\cos^6 x$ 대신에 이제 $\sin 8x\times\cos 6x$를 생각해보자. 이 식을 어떻게 적분할 것인가? 분리된 사인과 코사인은 다루기 쉽다. 여기서 새로운 질문은 곱의 적분이다.

예제 6 $\int_0^{2\pi}\sin 8x\cos 6x\,dx$를 찾고 일반식 $\int_0^{2\pi}\sin px\cos qx\,dx$를 찾아보자.

이 예제는 단순히 새로운 문제를 위한 목적으로 만들어진 문제가 아니다. 이러한 형태의 적분이 이번 장에서 가장 중요한 정적분일 수도 있다(p와 q는 $0, 1, 2, \cdots$). 특히 이 적분은 그 답이 수학적으로 아름답기 때문에 모든 수학 분야에 걸쳐 중요하다. **적분값은 0이다.** 푸리에 급수[Fourier series]의 성공적인 전개와 신호 처리 업계 전체가 이 사실에 달려 있다.

하나의 (다소 느린) 방법은 $\sin 8x$와 $\cos 6x$를 코사인의 지수 승으로 치환하는 것이다. 그것은 $\cos^{14}x$를 포함하므로 적분이 까다로워진다. 모든 각 px와 qx에 적용 가능한 더 나은 방법은 다음 공식을 사용하는 것이다.

$$\sin px\cos qx = \frac{1}{2}\sin(p+q)x + \frac{1}{2}\sin(p-q)x \qquad (8)$$

그러므로 $\sin 8x\cos 6x = \frac{1}{2}\sin 14x + \frac{1}{2}\sin 2x$이다. 이런 식으로 분리하면 사인은 쉽게 적분할 수 있다.

$$\int_0^{2\pi}\sin 8x\cos 6x\,dx = \left[-\frac{1}{2}\frac{\cos 14x}{14} - \frac{1}{2}\frac{\cos 2x}{2}\right]_0^{2\pi} = 0$$

$\cos 14x$가 주기적이어서 0과 2π에서 같은 값을 갖기 때문에 $\left[-\frac{1}{2}\frac{\cos 14x}{14}\right]_0^{2\pi}$은 0

이 된다. $\cos 2x$에 대해서도 마찬가지이다. 사인과 코사인의 곱의 적분은 0과 2π와 같은 완전한 주기에서 항상 0이다.

$\sin px \sin qx$와 $\cos px \cos qx$는 어떠한가? p와 q가 다르기 때문에 뺄셈을 통해 0이 된다. $p=q$일 때에는 완전 제곱을 갖는다. 이 경우 양수 부분을 소거시키는 음수 부분이 없다. 즉 $\cos^2 px$ 또는 $\sin^2 px$의 적분은 π이다.

예제 7 $\int_0^{2\pi} \sin 8x \sin 7x\, dx = 0$ 이고, $\int_0^{2\pi} \sin^2 8x\, dx = \pi$이다.

(사인과 코사인의 곱 대신에) 두 개의 사인과 두 개의 코사인을 처리하기 위해서는 1.5절의 덧셈공식으로 돌아가야 한다. [연습문제 7.2.24]는 다음 두 공식을 이끌어낸다.

$$\sin px \sin qx = -\frac{1}{2}\cos(p+q)x + \frac{1}{2}\cos(p-q)x \quad (9)$$

$$\cos px \cos qx = \frac{1}{2}\cos(p+q)x + \frac{1}{2}\cos(p-q)x \quad (10)$$

$p=8,\ q=7$일 때 $\cos 15x$와 $\cos x$를 얻으며 이들의 정적분은 0이다. $p=8,\ q=8$일 때 $\cos 16x$와 $\cos 0x$(정적분은 1이다)을 얻으며 공식 (9)와 (10)은 $\frac{1}{2}$을 인수로 가진다. 이때 $\frac{1}{2}$을 적분하면 다음과 같이 π가 된다.

$$\int_0^{2\pi} \sin 8x \sin 7x\, dx = -\frac{1}{2}\int_0^{2\pi} \cos 15x\, dx + \frac{1}{2}\int_0^{2\pi} \cos x\, dx = 0 + 0$$

$$\int_0^{2\pi} \sin 8x \sin 8x\, dx = -\frac{1}{2}\int_0^{2\pi} \cos 16x\, dx + \frac{1}{2}\int_0^{2\pi} \cos 0x\, dx = 0 + \pi$$

답인 0은 특별한 수이며 또 다른 답인 π는 푸리에 급수에서 일정하게 나타난다. 이 적분에서 일반적인 수는 보이지 않는다. $p=q=1$일 때 $\int \cos^2 x dx = \frac{1}{2} + \frac{1}{4}\sin 2x$와 같은 적분식으로 돌아간다.

시컨트와 탄젠트

m과 n이 음수일 때, 즉 음수인 지수 승일 때에도 앞에서 알아본 주요한 공식들이 성립한다. 모든 $\int \sin^m x \cos^n x\, dx$ 꼴의 적분은 알려진 함수들로 표현할 수 있다. 음수인 지수의 새로운 점은 로그가 나타난다는 것이다. 다음과 같이 $\sin x/\cos x$와 $1/\cos x$(즉 탄젠트와 시컨트)에 대해서 처음부터 로그가 바로 나타난다.

$$\int \tan x\,dx = -\int du/u = -\ln|\cos x| \qquad (\text{단, } u=\cos x)$$

$$\int \sec x\,dx = \int du/u = \ln|\sec x + \tan x| \quad (\text{단, } u=\sec x+\tan x)$$

더 높은 차수를 다룰 때에 $1+\tan^2 x = \sec^2 x$라는 등식이 하나의 핵심이 된다. 이는 잘 알고 있는 기본 공식 $\cos^2 x+\sin^2 x = 1$을 $\cos^2 x$로 나누어 변형한 형태이다. 사인을 코사인으로 바꿨듯이 탄젠트를 시컨트로 바꿀 수 있다. $(\tan x)' = \sec^2 x$이고 $(\sec x)' = \sec x \tan x$이므로 그 밖의 삼각함수는 따로 필요하지 않다.

예제 8 $\int \tan^2 x\,dx = \int (\sec^2 x - 1)dx = \tan x - x + C$

예제 9 $\int \tan^3 x\,dx = \int \tan x(\sec^2 x - 1)dx$

우변에 있는 첫 번째 항의 적분은 $u=\tan x$일 때 $\int u\,du = \frac{1}{2}u^2$이고, 두 번째 항의 적분은 $-\int \tan x\,dx$이다. 따라서 완전한 답은 $\frac{1}{2}(\tan x)^2 + \ln|\cos x| + C$이다. 절댓값을 취하므로 $-\cos x$ 역시 허용된다. 이때 $\cos x = 0$인 경우만 피하자.

예제 10 **환원 공식** $\int (\tan x)^m dx = \frac{(\tan x)^{m-1}}{m-1} - \int (\tan x)^{m-2} dx$

$(\tan x)^2$을 $\sec^2 x - 1$로 분리하자. 그리고 $(\tan x)^{m-2}\sec^2 x\,dx$, 즉 $u^{m-2}du$를 적분하라. 이것은 우변의 적분에 지수가 2만큼 감소한 항을 남긴다. 모든 $(\tan x)^m$은 궁극적으로 [예제 8] 또는 [예제 9]를 이용하여 그 차수를 줄일 수 있다.

예제 11 $\int \sec^3 x\,dx = uv - \int v\,du = \sec x \tan x - \int \tan^2 x \sec x\,dx$

이것은 $u=\sec x$이고 $v=\tan x$일 때의 부분적분이다. 우변을 적분하기 위해 $\tan^2 x$를 $\sec^2 x - 1$로 변형하자(이 변형 공식은 기본적인 것이다).

$$\int \sec^3 x\,dx = \sec x \tan x - \int \sec^3 x\,dx + \int \sec x\,dx$$

$\int \sec^3 x\,dx$를 좌변으로 옮기면 우변은 $\sec^3 x$에서 $\sec x$로 지수가 줄어든다.

삼각함수는 적분 가능하다. 모든 $\tan^m x \sec^n x$는 앞에서 살펴본 예제 중 하나로 그 차수를 줄일 수 있다. n이 짝수이면 $u=\tan x$로 치환하고, m이 홀수이면 $u=\sec x$로 치환한다. m이 짝수이고 n이 홀수인 경우 환원 공식을 사용한다(그리고 공식 $\tan^2 x = \sec^2 x - 1$도 항상 사용한다).

완전히 다른 치환인 $u = \tan\frac{1}{2}x$를 아주 간략하게 언급하겠다. 이것은 학생들과 강사들이 느끼기에는 느닷없이 (하지만 완전히 적절하게) 나오는 것처럼 보일 것이다.

$$\sin x = \frac{2u}{1+u^2},\ \cos x = \frac{1-u^2}{1+u^2},\ dx = \frac{2du}{1+u^2} \tag{11}$$

x에 대한 적분은 $\sin^m x \cos^n x$뿐만 아니라 $1/(5+\sin x - \tan x)$과 같은 합을 포함할 수 있다(제곱근은 제외). u에 대한 적분은 일반적인 다항식의 비이며 이는 부분분수로 행해진다.

지도상에서 $\int \sec x\, dx$의 응용 (메르카토르 사영Mercator projection)

$\ln(\sec x + \tan x)$와 같은 다소 낯선 적분은 많은 응용에서 사용된다. 예를 들어 해당식은 메르카토르 세계지도에서 적도부터 위도 x까지의 거리를 측정한다.

모든 지도 제작자는 구체의 일부를 평면 페이지에 넣을 수 없다는 문제에 직면한다. 지구의 겉껍질을 벗겨서 펴면 거리를 실제 거리와 같도록 유지할 수 없다. 그러나 각도는 유지될 수 있으며 메르카토르는 이를 해결할 방법을 찾았다. 그의 지도는 뉴턴Newton과 라이프니츠Leibniz보다 먼저 나왔다. 놀랍게도 우연히 누군가가 지도의 거리를 로그의 표와 일치시켰으며 미적분이 나오기도 전에 $\int \sec x\, dx$를 발견했다. 여러분은 이제 $\sin x$를 접하는 것에 아무 놀라움이 없겠지만 어느 누가 과거에 $\ln(\sec x + \tan x)$를 인식할 수 있었을까?

지도는 모든 위도 x에서 가느다란 조각으로 시작한다. 높이는 dx이고, 길이는 $\cos x$에 비례한다. **조각을 $1/\cos x$로 늘려보자**. 그러면 [그림 7-3(c)]와 같이 위도가 지도에 고르게 늘어서게 된다. dx도 $\cos x$로 나누면 각은 보존된다(이때 작은 사각형이 더 큰 사각형이 된다).

북쪽으로의 거리는 조각의 높이 $dx/\cos x$를 더해나가며 얻을 수 있고, 이것은 $\int \sec x\, dx$가 된다. 이렇게 계산하면 북극까지의 거리는 무한한 값을 갖는다! 극 가까이에서 지도는 완전히 잘못된 모양을 하고 있다.

과거의 선원들은 북극성과 일정한 각도로 A에서 B로 가고 싶을 때, 각도를 찾기 위해 메르카토르의 지도를 보았다.

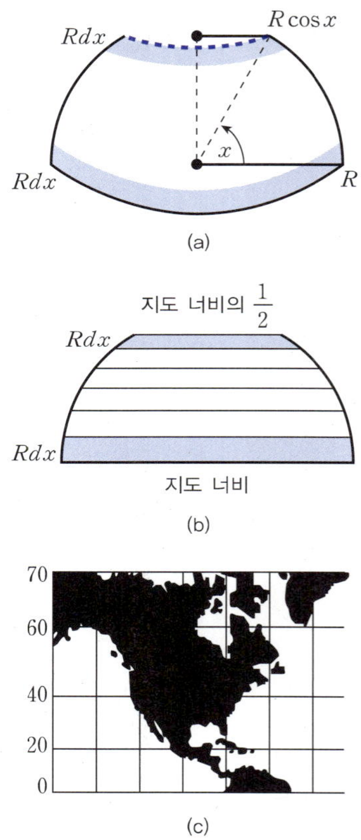

[그림 7-3] 위도 x의 조각은 $\sec x$로 계산된다. 이렇게 하면 지도상에서 그린란드가 실제보다 너무 커진다.

7.2 문장제 문제

01 $\sin^4 x\cos^3 x$를 적분하기 위해서 $\cos^2 x$를 ___a___(으)로 치환한다. 그러면 $(\sin^4 x - \sin^6 x)\cos x\,dx$ ___b___du이다. $u=\sin x$일 때, 적분은 ___c___이다. 이 아이디어를 이용하면 m 혹은 n이 ___d___인 $\sin^m x\cos^n x$의 적분을 할 수 있다.

02 m과 n이 둘 다 ___e___인 경우에 적분하는 한 가지 방법은 ___f___이다. $\int \sin^4 x\,dx$를 위해서 $dv=\sin x\,dx$로 두자. 그러면 $-\int v\,du$는 ___g___이다. $\cos^2 x$를 ___h___(으)로 치환하는 것은 새롭게 $\sin^4 x\,dx$를 만들며 원래의 적분과 결합할 수 있다. 그 결과는 $\int \sin^2 x dx$로의 환원 공식이며 ___i___와(과) 같다고 알려져 있다.

03 두 번째 방법은 배각공식 $\sin^2 x=$ ___j___을(를) 사용한다. 그러면 $\sin^4 x$는 $\cos^2 x$ ___k___을(를) 포함하게 된다. 또 다른 배각은 $\cos^2 2x=$ ___l___(으)로부터 오며 적분은 ___m___의 사인을 포함하게 된다.

04 $\sin 6x\cos 4x$를 적분하기 위해 그것은 $\frac{1}{2}\sin 10x+$ ___n___(으)로 다시 쓰일 수 있다. 부정적분은 ___o___이며 0에서 2π까지의 정적분은 ___p___이다. 곱 $\cos px\cos qx$는 $\frac{1}{2}\cos(p+q)x+$ ___q___(으)로 다시 쓰인다. 그 적분은 ___r___인 경우를 제외하면 0이다. 이때의 답은 ___s___이다.

05 $u=\tan x$일 때 $\tan^9 x\sec^2 x$의 적분은 ___t___이다. 비슷하게 $\int \sec^9 x(\sec x\tan x\,dx)=$ ___u___이다. $\tan^m x\sec^n x$를 적분하기 위해 $\tan^2 x=$ ___v___ 을(를) 적용한다. 차수가 감소한 이후 $\int \tan x\,dx=$ ___w___와(과) $\int \sec x\,dx=$ ___x___와(과) 같은 공식이 필요할 수 있다.

7.2 연습문제

01~08 m과 n이 홀수일 때 '일반적인 방법'을 통해서 다음을 계산하라.

01 $\int \sin^3 x\,dx$

02 $\int \cos^3 x\,dx$

03 $\int \sin x\cos x\,dx$

04 $\int \cos^5 x\,dx$

05 $\int \sin^5 x\cos^2 x\,dx$

06 $\int \sin^3 x\cos^3 x\,dx$

07 $\int \sqrt{\sin x}\cos x\,dx$

08 $\int \sqrt{\sin x}\cos^3 x\,dx$

09 $\sin x\cos x=\frac{1}{2}\sin 2x$를 이용하여 문제 06을 다시 풀어라.

10 $\int \sin^2 ax\cos ax\,dx$와 $\int \sin ax\cos ax\,dx$를 찾아라.

11~16 배각공식을 사용하여 다음을 계산하라(m, n은 짝수이다).

11 $\int_0^\pi \sin^2 x\,dx$

12 $\int_0^\pi \sin^4 x\,dx$

13 $\int \cos^2 3x\,dx$

14 $\int \sin^2 x\cos^2 x\,dx$

15 $\int \sin^2 x\,dx+\int \cos^2 x\,dx$

16 $\int \sin^2 x\cos^2 2x\,dx$

17 환원 공식 (7)을 사용하여 $\cos^6 x$를 적분하라.

18 $n>1$일 때 공식 (7)을 사용하여 다음을 증명하라.

$$\int_0^{\pi/2}\cos^n x\,dx=\frac{n-1}{n}\int_0^{\pi/2}\cos^{n-2}x\,dx$$

19 $n=2,4,6,\cdots$일 때 문제 18로부터 다음을 추론하라.

$$\int_0^{\pi/2}\cos^n x\,dx=\frac{\pi}{2}\frac{(1)(3)\cdots(n-1)}{(2)(4)\cdots(n)}$$

20 $n=3,5,7,\cdots$일 때 문제 18로부터 다음을 추론하라.

$$\int_0^{\pi/2} \cos^n x\,dx = \frac{(2)(4)\cdots(n-1)}{(3)(5)\cdots(n)}$$

21 (a) $u = \sin^{n-1}x$로부터 $dv = \sin x\,dx$를 분리하고 부분적분으로 $\int \sin^n x\,dx$를 적분하라.

(b) $1-\sin^2 x$를 $\cos^2 x$로 치환하여 식 (7)과 비슷한 환원 공식을 찾아라.

22 $\int_0^{\pi} \cos^n x\,dx = 0$이 되도록 하는 n은 어떤 수인가?

23 (a)~(f)는 양수, 음수, 0 중 어떤 값을 갖는가?

(a) $\int_0^{\pi} \cos 3x \sin 3x\,dx$ (b) $\int_0^{\pi} \cos x \sin 2x\,dx$

(c) $\int_{-2\pi}^{0} \cos x \sin x\,dx$ (d) $\int_0^{\pi} (\cos^2 x - \sin^2 x)dx$

(e) $\int_{\pi}^{3\pi} \cos px \sin qx\,dx$ (f) $\int_{\pi}^{0} \cos^4 x\,dx$

24 $p=q=1$일 때 식 (9)와 $p=2, q=1$일 때 식 (10)을 써라. 1.5절에서 다루었던 $\cos(s+t)$와 $\cos(s-t)$의 덧셈공식을 이용하여 식 (9)를 유도하라.

25~32 먼저 부정적분을 구하고 그 다음에 정적분을 계산하라.

25 $\int_0^{2\pi} \cos x \sin 2x\,dx$

26 $\int_0^{\pi} \sin 3x \sin 5x\,dx$

27 $\int_0^{\pi} \cos 99x \sin 101x\,dx$

28 $\int_{-\pi}^{\pi} \cos^2 3x\,dx$

29 $\int_0^{\pi} \cos 99x \cos 101x\,dx$

30 $\int_0^{2\pi} \sin x \sin 2x \sin 3x\,dx$

31 $\int_0^{4\pi} \cos\frac{x}{2} \sin\frac{x}{2}\,dx$

32 $\int_0^{\pi} x \cos x\,dx$ (부분적분)

---

33 0에서 π 사이에 있는 x에 대하여 푸리에 사인 급수 $A\sin x + B\sin 2x + C\sin 3x + \cdots$가 x가 될 때까지 더한다고 가정해보자. x와 푸리에 사인 급수가 같다는 사실을 이용하여 $x\sin x$를 0에서 π까지 적분했을 때 A를 찾아라(B와 C가 사라질 것이다).

34 0에서 π사이에 있는 1에 대하여 푸리에 사인급수 $A\sin x + B\sin 2x + C\sin 3x + \cdots$가 1이 될때까지 더한다고 가정해보자. 1과 푸리에 사인 급수가 같다는 사실을 이용하여 $\sin 3x$를 0에서 π까지 적분했을 때 C를 찾아라(A와 B가 사라질 것이다).

35 문제 33에서 모든 함수가 홀함수이기 때문에 급수는 또한 $-\pi$에서 0 사이의 x와도 같다. $-\pi$에서 π까지 x와 같고 주기가 2π인 '톱니모양의 함수'를 그려라. $x=\pi$에서 사인 급수의 합은 얼마인가?

36 문제 34에서 사인함수가 모두 홀함수이기 때문에 $-\pi$에서 0 사이의 -1과 급수가 같다. -1과 1을 반복하는 '사각형 모양의 파동'을 그리고, A와 B를 찾아라.

37 0부터 π까지 $y=\sin x$에 의한 넓이는 양수이다. $\int_0^{\pi} \sin px\,dx = 0$인 진동수 p를 찾아라.

38 $\int_0^{\pi} \cos qx\,dx = 0$을 만족시키는 진동수 q는 어떤 수일까?

39 $\int_0^{\pi} \sin px \cos qx\,dx = 0$을 만족시키는 진동수 p, q는 어떤 수일까?

40 $\int_0^{\pi} \sin px \sin qx\,dx$는 항상 0임을 보여라.

41~52 부분적분을 계산하라.

41 $\int \sec x \tan x\,dx$

42 $\int \tan 5x\,dx$

43 $\int \tan^2 x \sec^2 x\,dx$

44 $\int \tan^2 x \sec x\,dx$

45 $\int \tan x \sec^3 x\,dx$

46 $\int \sec^4 x\,dx$

47 $\int \tan^4 x\,dx$

48 $\int \tan^5 x\,dx$

49 $\int \cot x\,dx$

50 $\int \csc x\,dx$

51 $\int \frac{\sin x}{\cos^3 x}dx$

52 $\int \frac{\sin^6 x}{\cos^3 x}dx$

---

53 $\cos x - \sin x = A\cos(x+\pi/4)$를 만족시키는 A를 찾아라. $1/(\cos x - \sin x)$를 적분하라.

54 $\cos x - \sqrt{3}\sin x = A\cos(x+\pi/3)$를 만족시키는 A를 찾아라. $1/(\cos x - \sqrt{3}\sin x)^2$을 적분하라.

55 $\int_0^{2\pi} |\cos x - \sin x|\,dx$를 계산하라.

56 $a\cos x + b\sin x = \sqrt{a^2+b^2}\cos(x-\alpha)$임을 보이고 위상각 phase angle α를 정확히 찾아라.

57 사각형 모양의 메르카토르 지도에서 위도 30° 에 1000마일을 표시하면 위도 60° 에서는 몇 마일이겠는가?

58 길이가 $\sec x$에 의해 조정될 때 넓이는 _____에 의해 조정된다. 적도에서 위도 x까지의 넓이가 $\tan x$에 비례하는 이유는 무엇인가?

59 치환 (11)을 사용하여 $\int dx/(1+\cos x)$를 찾아라.

60 $\int_0^\pi \sin^2 x dx = \int_0^\pi \cos^2 x\, dx$가 성립하는 이유를 넓이로 설명하라. 이 두 적분을 더하면 $\int_0^\pi 1 dx$이 된다. 그러면 둘 다 ____와(과) 같다.

61 아래의 그래프를 갖는 곱 $\sin px \sin qx$는 무엇인가? $(p\cos px \sin qx - q\sin px \cos qx)/(q^2-p^2)$의 미분이 $\sin px \sin qx$이 됨을 보여라.

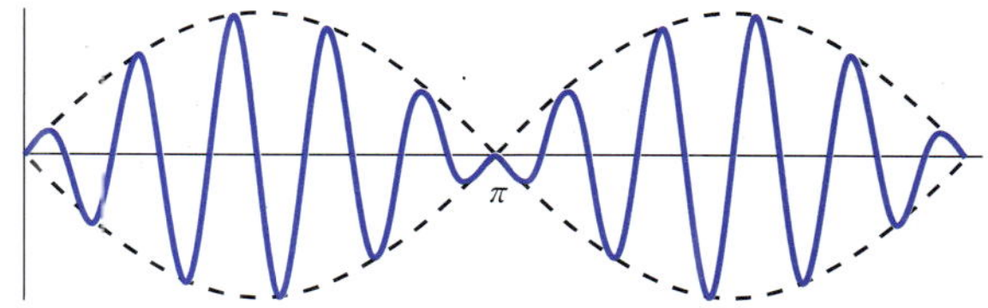

62 문제 11에 있는 $\int \sec^3 x dx$를 찾아라. 이것은 포물선과 나선형의 길이를 필요로 한다([연습문제 7.3.8], 8.2절, 9.3절 참고).

7.3 삼각치환

연필과 종이, 두뇌를 사용하여 적분하기 위한 가장 강력한 도구는 치환 방법method of substitution이다. 이를 수행하려면 일단 적분을 더 간단하게 만드는 좋은 치환을 생각해야 한다. 이번 절에서는 가장 가치 있는 치환들을 집중적으로 다룬다. 이는 반드시 암기해야 할 것들이다. 두 가지 예를 바로 살펴보자.

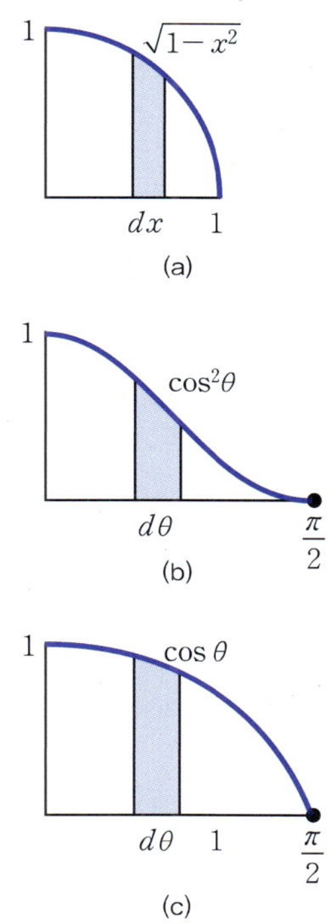

[그림 7-4] $\sqrt{1-x^2}\,dx$와 $\cos^2\theta\, d\theta$에 대한 같은 넓이. (c)의 넓이는 잘못되었다($dx \neq d\theta$).

$\sqrt{1-x^2}$을 적분하기 위해서 $x=\sin\theta$로 치환하자. $u = 1 - x^2\left(\frac{du}{dx}\text{는 소거된다}\right)$**와 같이 치환하지 않도록 주의한다.**

$$\int \sqrt{1-x^2}\,dx \rightarrow \int (\cos\theta)(\cos\theta\, d\theta) \qquad \int \frac{dx}{\sqrt{1-x^2}} \rightarrow \int \frac{\cos\theta\, d\theta}{\cos\theta}$$

x에 대한 함수로서 $\sqrt{1-x^2}$과 같은 형태는 다소 어색하다. 이를 다음과 같이 θ에 대한 함수로 우아하게 바꿀 수 있다. 실제로 이때 방정식 $1-(\sin\theta)^2 = (\cos\theta)^2$를 사용한다. 그러면 제곱근은 $\cos\theta$로 간단해진다(이 코사인은 양수이어야 한다).

dx에 생긴 변화에 주목하자. x가 $\sin\theta$일 때 $dx = \cos\theta\, d\theta$이다. [그림 7-4(a)]는 새로운 문자에 대하여 원래의 넓이를 보여준다. [그림 7-4(b)]는 $\int(\cos\theta)(\cos\theta d\theta)$를 $\int(\cos^2\theta)d\theta$로 다시 썼을 때 같은 넓이를 보여준다. x를 θ로 바꾸면 높이와 너비는 달라지지만 넓이에는 변화가 없다. 이것이 바로 치환의 요점이다.

이때 $\sqrt{1-x^2}$을 $\cos\theta$로 바꾸고 dx와 $d\theta$의 차이점을 무시한 채 $\int \cos\theta d\theta$를 계산하면 답은 완전히 틀리게 된다.

우리는 여전히 $\cos^2\theta$의 적분이 필요하다. 이것은 부분적분을 이용했던 7.2절의 [예제 3]과 식 (2)에서 다루었고, 이 공식들은 외워두면 좋다. 다음 예제는 θ에 대해 적분한 다음 x로 돌아온다.

예제 1 치환하여 적분하면 $\int \cos^2\theta\, d\theta = \frac{1}{2}\sin\theta\cos\theta + \frac{1}{2}\theta$가 나온다.
문자 x로 다시 쓰면 $\int \sqrt{1-x^2}\, dx = \frac{1}{2}x\sqrt{1-x^2} + \frac{1}{2}\sin^{-1}x$이다.
이때 $\sin\theta$는 x로, $\cos\theta$는 $\sqrt{1-x^2}$으로 바뀐다. 즉 θ는 $\sin^{-1}x$이고, 답은 원호 밑의 넓이를 예측하는 것보다 더 까다롭다. [그림 7-5(a)]는 두 개의 적분이 각각 부채꼴과 삼각형의 넓이임을 보여준다.

예제 2 $\int \frac{dx}{\sqrt{1-x^2}} = \int \frac{\cos\theta\, d\theta}{\cos\theta} = \theta + C = \sin^{-1}x + C$

기억하자. 우리는 이미 $\sin^{-1}x$를 알고 있다. 4.4절에서 $\sin^{-1}x$의 미분이 $1/\sqrt{1-x^2}$임을 계산하였다. 이를 이용하면 예제가 바로 풀린다. 한편 4장에서의 공식 대신에 $x=\sin\theta$로 치환하여 예제를 풀면 $\int d\theta = \theta$에서 $\sin^{-1}x$임을 알 수 있다.

이번 장의 나머지에서 다룰 내용은 다른 치환에 대한 것이다. 그들은 $x=\sin\theta$보다 더 복잡하다(그러나 밀접하게 관련되어 있다). $\sin\theta, \tan\theta, \sec\theta$을 이용한 세 가지 주요 치환 방법과 그들의 사용법에 대해서 알아볼 것이다.

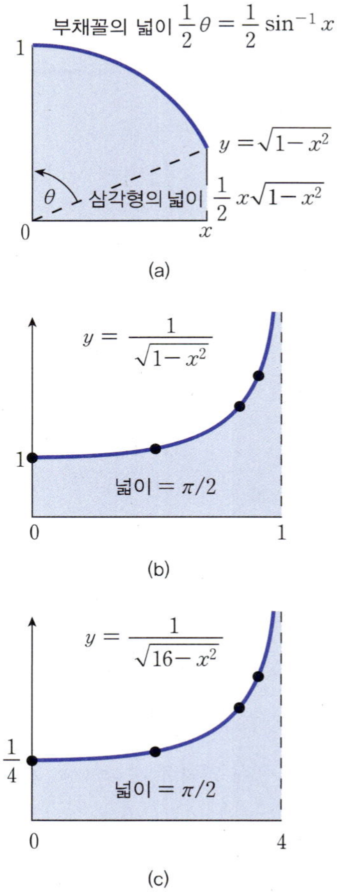

[그림 7-5] $\int \sqrt{1-x^2}\, dx$는 간단한 넓이들의 합이다. 그래프는 무한하지만 넓이는 유한하다.

삼각치환

$\sqrt{1-x^2}$에 관한 작업 후의 다음 단계는 $\sqrt{4-x^2}$이다. $x=\sin\theta$로 치환하면 첫 번째 함수는 간단하게 하지만 두 번째 함수는 그렇지 않다. $4-\sin^2\theta$는 익숙지 않은 것처럼 말이다. 그럼에도 불구하고 2라는 요소는 치환을 다시 가능하게 한다. 아이디어는 $x=\sin\theta$ 대신 $x=2\sin\theta$로 치환하는 것이다.

$$\sqrt{4-x^2} = \sqrt{4-4\sin^2\theta} = 2\cos\theta, \qquad dx = 2\cos\theta\, d\theta$$

여기서 두 개의 2를 살펴보자. 적분은 $4\int \cos^2\theta d\theta = 2\sin\theta\cos\theta + 2\theta$이다. 좀 더 자세히 살펴보면 이것은 이전의 적분인 $\int \cos^2\theta\, d\theta$의 4배가 아니다! x는 $2\sin\theta$이기 때문에 θ는 지금 $\sin^{-1}(x/2)$와 같다.

예제 3 $\int \sqrt{4-x^2}\, dx = 4\int \cos^2\theta d\theta = x\sqrt{1-(x/2)^2} + 2\sin^{-1}(x/2)$

$\sqrt{1-x^2}$ 과 $\sqrt{4-x^2}$ 을 기반으로 하는 $\sqrt{a^2-x^2}$ 에 관한 일반적인 규칙을 소개하겠다. $x=a\sin\theta$ 로 치환하자. 그러면 a는 다음과 같이 분리된다.

$$\sqrt{a^2-x^2} = \sqrt{a^2-a^2\sin^2\theta} = a\cos\theta, \quad dx = a\cos\theta d\theta$$

이것은 제곱근이 나올 때마다 자동적으로 시도해야 하는 치환 방법이다.

예제 4 $\displaystyle\int_{x=0}^{4}\frac{dx}{\sqrt{16-x^2}} = \int_{\theta=0}^{\pi/2}\frac{4\cos\theta\, d\theta}{\sqrt{4^2-4^2(\sin\theta)^2}} = \int_{\theta=0}^{\pi/2}d\theta = \frac{\pi}{2}$

이때 $a^2=16$이므로 $a=4$, $x=4\sin\theta$이다. 적분은 분자와 분모에 모두 $4\cos\theta$를 가지므로 그것은 $\int d\theta$이고, 역도함수는 단지 θ이다. 정적분에서 $x=4$는 $\sin\theta=1$을 의미하며 이것은 $\theta=\pi/2$임을 말한다.

적분 표에는 이러한 치환이 함축되어 있을 것이다. 이 표는 $\sin^{-1}(x/4)$은 알려주지만 $\int d\theta=\theta$을 말해주지는 않는다. 이때 $16-x^2$이 x^2-16으로 바뀌면 어떻게 될까?

예제 5 $\displaystyle\int_{x=4}^{8}\frac{dx}{\sqrt{x^2-16}}$는 무엇인가?

풀이

두 가지 변화, 즉 제곱근의 부호와 x의 범위에 주목해보자. [예제 4]는 $|x|\le 4$ 범위 안에 있었다. 이 범위에서 $16-x^2$는 제곱근을 가진다. [예제 5]는 이 범위 밖에 있으며 이때 x^2-16이 제곱근을 가진다. 우리는 $-\cos^2\theta$의 제곱근을 원하지는 않기 때문에 [예제 5]에서는 $x=4\sin\theta$로 치환할 수 없다.

새로운 치환은 $x=4\sec\theta$ 이다. 이것은 제곱근을 $4\tan\theta$ 로 만든다.

$x=4\sec\theta$로 치환하면 $dx=4\sec\theta\tan\theta\, d\theta$와 $x^2-16=16\sec^2\theta-16=16\tan^2\theta$를 준다.

이 치환은 범위를 θ에 대해서 바꾸면서 다음과 같이 적분 가능하도록 만든다.

$$\int_0^{\pi/3}\frac{4\sec\theta\tan\theta\, d\theta}{4\tan\theta} = \int_0^{\pi/3}\sec\theta\, d\theta = \ln(\sec\theta+\tan\theta)\Big]_0^{\pi/3} = \ln(2+\sqrt{3})$$

세 단계를 강조하고 싶다. 처음에는 $x=4\sec\theta$로 치환하였다. 이로 인해 적분은 $\int\sec\theta\, d\theta$가 되었다. 두 번째로 새로운 범위가 나타난다($x=4$일 때 $\theta=0$이고, $x=8$일 때 $\theta=\pi/3$이다). 그런 다음 $\sec\theta$를 적분했다.

[예제 6]은 [예제 5]처럼 x^2-16을 포함한다. 따라서 다시 $x=4\sec\theta$로 치환한다.

예제 6 $$\int_{x=8}^{\infty}\frac{16\,dx}{(x^2-16)^{3/2}}=\int_{\theta=\pi/3}^{\pi/2}\frac{64\sec\theta\tan\theta\,d\theta}{(4\tan\theta)^3}=\int_{\pi/3}^{\pi/2}\frac{\cos\theta\,d\theta}{\sin^2\theta}$$

첫 번째 단계는 $x=4\sec\theta$로 치환한다. 두 번째 단계에서는 θ에 대한 구간으로 바꾼다. 상한인 $x=\infty$는 시컨트가 무한대가 되는 $\theta=\pi/2$가 되며, 하한 $x=8$은 다시 $\theta=\pi/3$임을 의미한다. 또한 적분을 위해서 사인을 코사인으로 바꿨다.

$\cos\theta/\sin^2\theta$(이는 $\cot\theta\csc\theta$와 같다는 것을 인식하자)의 적분은 또 다른 치환을 필요로 한다! $u=\sin\theta$로 치환하면 $\int du/u^2=-1/u=-1/\sin\theta$를 갖는다.

풀이

$$\int_{\pi/3}^{\pi/2}\frac{\cos\theta\,d\theta}{\sin^2\theta}=\frac{-1}{\sin\theta}\Bigg]_{\pi/3}^{\pi/2}=-1+\frac{2}{\sqrt{3}}$$

⊘ 주의 범위의 하한인 $\theta=0$(또는 $x=4$)에서 이 적분은 문제가 생긴다. $\sin 0=0$으로 나눠지게 된다. 이때 넓이는 무한대가 된다.

[예제 5] 또한 $x=4$에서 폭발적으로 그 값이 커지지만 넓이는 무한대가 아니다. 요점을 직접 알고 싶다면 $x^{-1/2}$과 $x^{-3/2}$을 비교하자. 둘 다 $x=0$에서 무한대로 증가하지만, 첫 번째 넓이는 유한하다.

$$\int_0^1\frac{1}{\sqrt{x}}dx=2\sqrt{x}\,\Big]_0^1=2 \qquad \int_0^1\frac{1}{x^{3/2}}dx=\frac{-2}{\sqrt{x}}\Bigg]_0^1=\infty$$

7.5절에서는 무한한 넓이(빠르게 증가하는 $x^{-3/2}$)로부터 유한한 넓이(천천히 증가하는 $1/\sqrt{x}$)를 분리할 것이다.

마지막 치환 $16-x^2$과 x^2-16은 $16+x^2$의 치환 가능성을 생각하게 한다($-16-x^2$에 대해서 물어볼지도 모르겠지만 명백한 이유로 그것의 제곱근을 취하지 않기로 한다). 이 세 번째 형식 $16+x^2$은 세 번째 치환 $x=4\tan\theta$를 요구한다. 그러면 $16+x^2=16+16\tan^2\theta=16\sec^2\theta$이다. 다음 예제를 살펴보자.

예제 7 $$\int_{x=0}^{\infty}\frac{dx}{16+x^2}=\int_{\theta=0}^{\pi/2}\frac{4\sec^2\theta\,d\theta}{16\sec^2\theta}=\frac{1}{4}\theta\,\Bigg]_0^{\pi/2}=\frac{\pi}{8}$$

$a^2-x^2, a^2+x^2, x^2-a^2$의 치환에 대한 정리

$x=a\sin\theta$는 a^2-x^2을 $a^2\cos^2\theta$로 치환하고, dx를 $a\cos\theta\,d\theta$로 치환한다.

$x=a\tan\theta$는 a^2+x^2을 $a^2\sec^2\theta$로 치환하고, dx를 $a\sec^2\theta\,d\theta$로 치환한다.

$x=a\sec\theta$는 x^2-a^2을 $a^2\tan^2\theta$로 치환하고, dx를 $a\sec\theta\tan\theta\,d\theta$로 치환한다.

NOTE _ x를 $\sin\theta$로 바꾸고 $\sin\theta$를 u로 바꾸는 것 사이에는 미묘한 차이가 있다. [예제 1]에서 dx는 $\cos\theta\,d\theta$로 치환된다(새로운 방법). [예제 6]에서 $\cos\theta\,d\theta$는 이미 존재하고, 이는 다시 du가 된다(기존의 방법). 항 $\cos\theta d\theta$는 첫 번째 방법에서는 추가되었고, 두 번째 방법에서는 대체되었다.

여기서 요점은 5장에서 공부했듯이 적분 내부에 du/dx가 필요하다는 것이다. 그렇다면 $(du/dx)dx$는 du가 된다. **이제는 더 이상 자세히 볼 필요가 없다.** 우리는 어떤 치환도 시도할 수 있다. 계산만 잘되면 되는 것이다. 이 장에서는 $x=\sin\theta$ 또는 $\sec\theta$ 또는 $\tan\theta$으로 치환하여 적분하는 경우로 제한한다.

새로운 방법 $x=\tan\theta$로 치환하면 $\int\frac{dx}{1+x^2}=\int d\theta$이 된다.

기존의 방법 du에 의해서 $\int\frac{x\,dx}{1+x^2}=\int\frac{du}{2u}$

이제 $\tanh\theta$, $\sinh\theta$, $\cosh\theta$인 쌍곡치환을 살펴볼 것이다. 다음은 그들의 사용법을 보여준다. 쌍곡치환은 같은 적분에 대해 새로운 형태를 제공한다. 쌍곡 함수에 익숙하다면 [예제 8]에서와 같이 새로운 형식이 더 단순해 보일 수 있다.

$x=a\tanh\theta$는 a^2-x^2을 $a^2\operatorname{sech}^2\theta$로 치환하고 dx를 $a\operatorname{sech}^2\theta\,d\theta$로 치환한다.

$x=a\sinh\theta$는 a^2+x^2을 $a^2\cosh^2\theta$로 치환하고 dx를 $a\cosh\theta\,d\theta$로 치환한다.

$x=a\cosh\theta$는 x^2-a^2을 $a^2\sinh^2\theta$로 치환하고 dx를 $a\sinh\theta\,d\theta$로 치환한다.

예제 8 $\int\frac{dx}{\sqrt{x^2-1}}=\int\frac{\sinh\theta\,d\theta}{\sinh\theta}=\theta+C=\cosh^{-1}x+C$

$\int d\theta$는 간단하지만, 끝에 있는 $\cosh^{-1}x$는 다소 복잡해 보인다. $x=\sec\theta$일 때와 비교해보자.

$$\int\frac{dx}{\sqrt{x^2-1}}=\int\frac{\sec\theta\tan\theta\,d\theta}{\tan\theta}=\ln(\sec\theta+\tan\theta)+C=\ln(x+\sqrt{x^2-1})+C$$

이 방법이 더 어려워 보이지만 대부분의 적분 표는 마지막 로그함수를 더 선호한다. 많은 공간을 차지하더라도 $\cosh^{-1}x$보다 더 깔끔한 답이라고 할 수 있다. [연습문제 7.3.35]를 풀어 [예제 8]의 결과를 증명할 수 있다.

완전 제곱식

$\sqrt{x^2-2x+2}$ 또는 $\sqrt{-x^2+2x}$ 와 같은 식의 적분을 구하는 방법은 다루지 않았다. 이런 제곱근들은 선형화된 항, 즉 x의 배수를 포함한다. 이러한 선형 항을 제거하는 것이 중요하다. 그것은 **완전 제곱식**이라고 불리며, 두 예제를 통해 이를 설명할 것이다.

$$x^2-2x+2=(x-1)^2+1=u^2+1$$
$$-x^2+2x=-(x-1)^2+1=1-u^2$$

이 아이디어는 세 단계를 가진다. 먼저 x^2과 x 항을 하나의 제곱으로 만든다. 여기서 제곱은 $(x-1)^2=x^2-2x+1$이다. 두 번째, 상수항을 수정한다. 이때 1을 더하여 원래 함수를 유지한다. 세 번째, $u=x-1$을 설정하여 선형 항을 없앤다. 그러면 이 절의 치환 방법에 따라 다음과 같이 적분이 진행된다.

$$\int\frac{dx}{\sqrt{x^2-2x+1}}=\int\frac{du}{\sqrt{u^2+1}} \qquad \int\frac{dx}{\sqrt{2x-x^2}}=\int\frac{du}{\sqrt{1-u^2}}$$

같은 아이디어를 선형 항 $2bx$를 포함한 이차함수에 적용한다.

$x^2+2bx+c$를 $C=c-b^2$일 때 $(x+b)^2+C$로 다시 쓴다.

$-x^2+2bx+c$를 $C=c+b^2$일 때 $-(x-b)^2+C$로 다시 쓴다.

원래 식을 유지하도록 제곱된 식에서 상수를 고친다.

$x^2+10x+16=(x+5)^2+C$는 $C=16-25=-9$를 만든다.

$-x^2+10x+16=(x-5)^2+C$는 $C=16+25=41$을 만든다.

예제 9 $\displaystyle\int\frac{dx}{x^2+10x+16}=\int\frac{dx}{(x+5)^2-9}=\int\frac{du}{u^2-9}$

여기 $u=x+5$와 $du=dx$가 있다. 이제 $u=3\sec\theta$로 치환하여 적분값을 구할지 아니면 앞에서 구한 $\int du/(u^2-a^2)$를 찾아볼지 선택하여 적분한 후 $a=3$으로 정하면 다음과 같다.

$$\int\frac{du}{u^2-9}=\frac{1}{6}\ln\left|\frac{u-3}{u+3}\right|=\frac{1}{6}\ln\left|\frac{x+2}{x+8}\right|$$

이차함수가 $5x^2$으로 시작한다면 먼저 5로 묶어라.

$$5x^2-10x+25=5(x^2-2x+5)=5[(x-1)^2+4]$$

이제 $u = x - 1$로 치환하면 $5[u^2 + 4]$이다. $u = 2\tan\theta$를 사용하거나 표를 보면 된다.

예제 10 $$\int \frac{dx}{5x^2 - 10x + 25} = \int \frac{du}{5[u^2+4]} = \int \frac{2\sec^2\theta d\theta}{5[4\sec^2\theta]} = \frac{1}{10}\int d\theta$$

이 답은 $\theta/10 + C$이다. 이제 이를 x에 대해 정리하여 정확한 답을 구해보자.
$\theta/10 = \left(\tan^{-1}\frac{1}{2}u\right)\Big/10 = \left(\tan^{-1}\frac{1}{2}(x-1)\right)\Big/10$이 된다.

이를 처음부터 한 번에 알 수 있는 사람은 없다. x에서 u로, u에서 θ로의 이중 치환은 연습이 필요하다. 그런 다음 다시 θ에서 u로, u에서 x로 이동하자.

NOTE _ $u^2 + a^2$의 경우 $u = a\tan\theta$로 치환하고, $u^2 - a^2$의 경우에는 $u = a\sec\theta$로 치환한다. 두 방법 중 어떤 치환을 하게 될지는 완전 제곱을 한 후의 상수 C가 양수인지 또는 음수인지에 달렸다. 즉 $C = a^2$ 또는 $C = -a^2$가 된다. C가 무엇인지는 원래의 $x^2 + 2bx + c$에서 보면 $c > b^2$인지 $c < b^2$에 달려있다. $c = b^2$인 경우 완전 제곱인 $(x+b)^2$가 되므로 삼각법에 의한 치환을 사용할 필요가 없다.

7.3 문장제 문제

01 함수 $\sqrt{1-x^2}$은 치환 $x =$ __a__ 을(를) 제안한다. 제곱근은 __b__ 이(가) 되고 dx는 __c__ (으)로 변한다. 적분 $\int (1-x^2)^{3/2}dx$는 $\int$ __d__ $d\theta$가 된다. 구간 $\frac{1}{2} \le x \le 1$은 __e__ $\le \theta \le$ __f__ (으)로 바뀐다.

02 $\sqrt{a^2 - x^2}$를 위해서 치환 $x =$ __g__ 와(과) $dx =$ __h__ 을(를) 사용하고, $x^2 - c^2$을 위해서는 $x =$ __i__ 와(과) $dx =$ __j__ 을(를) 사용한다. $1 + \tan^2\theta =$ __k__ 이기 때문에 그 후 $\int dx/(1+x^2)$가 $\int d\theta$가 된다. 이때 답은 $\theta = \tan^{-1}x$이다. 우리는 이미 __l__ 이(가) $\tan^{-1}x$의 도함수라는 것을 알고 있다.

03 이차함수 $x^2 + 2bx + c$는 __m__ 항인 $2bx$를 포함한다. 그것을 없애기 위해서 __n__ 제곱식을 사용한다. 이것은 $C =$ __o__ 일 때 $(x+b)^2 + C$이 된다. 예를 들어 $x^2 + 4x + 9$는 __p__ 이(가) 된다. 그러면 $u = x + 2$이다. x^2에 음수 부호가 붙으면 $-x^2 + 4x + 9$는 (__q__ $)^2$ + __r__ 이다. 이차함수가 $4x^2$을 포함하면 __s__ 을(를) 배재한 상태에서 시작한다.

7.3 연습문제

01~20 치환하여 적분하라. 적분 후에 θ는 다시 x로 되돌려 놓아라.

01 $\int \frac{dx}{\sqrt{4-x^2}}$

02 $\int \frac{dx}{\sqrt{x^2-a^2}}$

03 $\int \sqrt{4-x^2}\,dx$

04 $\int \frac{dx}{\sqrt{1+9x^2}}$

05 $\int \frac{x^2 dx}{\sqrt{1-x^2}}$

06 $\int \frac{dx}{x^2\sqrt{1-x^2}}$

07 $\int \frac{dx}{(1+x^2)^2}$

08 $\int \sqrt{x^2+a^2}\,dx$ ([연습문제 7.2.62] 참고)

09 $\int \frac{\sqrt{x^2-25}}{x}dx$

10 $\int \frac{x^3dx}{\sqrt{9-x^2}}$

11 $\int \frac{dx}{\sqrt{x^6-x^4}}$

12 $\int \sqrt{x^6-x^8}\,dx$

13 $\int \frac{dx}{(1+x^2)^{3/2}}$

14 $\int \frac{dx}{(1-x^2)^{3/2}}$

15 $\int \frac{dx}{(x^2-9)^{3/2}}$

16 $\int \frac{\sqrt{1+x^2}\,dx}{x}$

17 $\int \frac{x^2dx}{\sqrt{x^2-1}}$

18 $\int \frac{x^2dx}{x^2+4}$

19 $\int \frac{dx}{x^2\sqrt{x^2+1}}$

20 $\int \frac{x^2dx}{\sqrt{1+x^2}}$

21 **(중요)** $x=\sin\theta$와 $\int dx/\sqrt{1-x^2}=\int d\theta=\theta=\sin^{-1}x$으로 이번 절을 시작했다.

(a) $x=\cos\theta$를 사용하여 다른 답을 얻어라.

(b) 같은 적분이 어떻게 두 답을 줄 수 있는가?

22 $x=\sec\theta$로 치환하여 $\int dx/(x\sqrt{x^2-1})$를 계산하라. $x=\csc\theta$로 치환하여 다시 계산하라. 두 답은 어떻게 일치하는가?

23 $x=\tan\theta$로 하여 $\frac{x}{x^2+1}$를 적분하고, 또한 로그를 이용하여 직접적으로도 적분하라. 이때 두 결과가 일치함을 보여라.

24 $\int dx/(x\sqrt{x^4-1})=\frac{1}{2}\sec^{-1}(x^2)$임을 보여라.

25~32 정적분을 계산하라.

25 $\int_{-a}^{a}\sqrt{a^2-x^2}\,dx=$ ______의 넓이

26 $\int_{-1}^{1}(1-x^2)^{3/2}dx$

27 $\int_{0.5}^{1}\frac{dx}{\sqrt{1-x^2}}$

28 $\int_{1}^{4}\frac{dx}{\sqrt{x^2-1}}$

29 $\int_{2}^{\infty}\frac{dx}{(x^2-1)^{3/2}}$

30 $\int_{-1}^{1}\frac{x\,dx}{x^2+1}$

31 $\int_{-\infty}^{\infty}\frac{dx}{x^2+9}$

32 $\int_{1/2}^{1}\sqrt{1-x^2}\,dx=$ ______의 넓이

33 적분을 결합하여 다음 환원 공식을 증명하라($n\neq 0$).

$$\int \frac{x^{n+1}}{x^2+1}dx=\frac{x^n}{n}-\int \frac{x^{n-1}}{x^2+1}dx$$

34 $1/\cos x$, $1/(1+\cos x)$, $\sqrt{1+\cos\theta}$을 각각 적분하라.

35 (a) $x=$ ______은(는) $\int dx/\sqrt{x^2-1}=\ln(\sec\theta+\tan\theta)$를 만든다.

(b) 아래 왼쪽 삼각형으로부터 이 답은 $f=\ln(x+\sqrt{x^2-1})$이 된다. $df/dx=1/\sqrt{x^2-1}$이 됨을 확인하라.

(c) $\cosh f=\frac{1}{2}(e^f+e^{-f})=x$임을 보여라. 그러면 $f=\cosh^{-1}x$이고 답은 [예제 8]에 있다.

36 (a) $x=$ ______은(는) $\int dx/\sqrt{x^2+1}=\ln(\sec\theta+\tan\theta)$를 만든다.

(b) 오른쪽 삼각형은 이 답을 $g=\ln(x+\sqrt{x^2+1})$로 바꾼다. $dg/dx=1/\sqrt{x^2+1}$이 됨을 확인하라.

(c) $\sinh g=\frac{1}{2}(e^g-e^{-g})=x$임을 보여라. 그러면 $g=\sinh^{-1}x$이다.

(d) $x=\sinh g$로 치환하여 $\int dx/\sqrt{x^2+1}$를 적분하라.

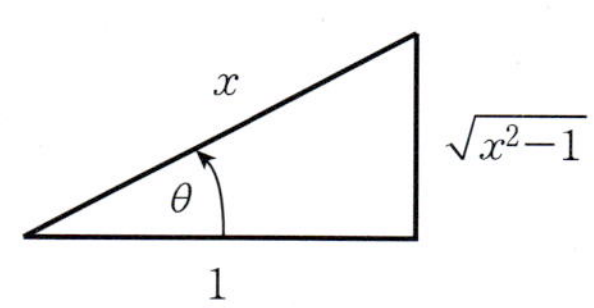

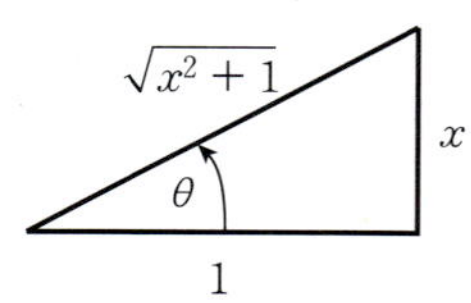

37~42 $x=\sinh\theta$, $\cosh\theta$, $\tanh\theta$로 치환하라. 적분 후에 다시 x에 대한 함수로 바꿔라.

37 $\int \frac{dx}{\sqrt{x^2-1}}$

38 $\int \frac{dx}{x\sqrt{1-x^2}}$

39 $\int \sqrt{x^2-1}\,dx$

40 $\int \frac{\sqrt{x^2-1}}{x^2}dx$

41 $\int \frac{dx}{1-x^2}$

42 $\int \frac{\sqrt{1+x^2}}{x^2}dx$

43~48 완전 제곱식을 사용하여 $(x+b)^2+C$ 또는 $-(x-b)^2+C$ 꼴로 다시 써라.

43 x^2-4x+8

44 $-x^2+2x+8$

45 x^2-6x

46 $-x^2+10$

47 x^2+2x+1

48 $x^2+4x-12$

---

49 문제 **43**, **45**, **47**에 있는 세 함수 $f(x)$에 대해서 $1/f(x)$을 적분하라.

50 문제 **44**, **46**, **48**에 있는 세 함수 $g(x)$에 대해서 $1/\sqrt{g(x)}$을 적분하라.

51 $\int dx/(x^2+2bx+c)$의 답은 왜 $b^2>c$에서와 $b^2<c$에서 서로 다른 형식을 가지는가? $b^2=c$일 때의 답이 무엇인가?

52 $u=x+b$와 $u=x-b$ 중 어떤 치환이 선형 항을 제거하는가?

(a) $\int \frac{dx}{x^2-4x+c}$ (b) $\int \frac{dx}{3x^2+6x}$

(c) $\int \frac{dx}{-x^2+10x+c}$ (d) $\int \frac{dx}{2x^2-x}$

53 다음 풀이 과정에서 잘못된 부분을 찾아라.

$x=\sin\theta$와 $\sqrt{1-x^2}=\cos\theta$에 대해서 치환 $dx=\cos\theta\,d\theta$는 $\int_0^{2\pi}\cos^2\theta\,d\theta$를 $\int_0^0\sqrt{1-x^2}\,dx$로 변화시킨다.

54 (a) $x=\tan\theta$이면 $\int\sqrt{1+x^2}\,dx=\int$ ______ $d\theta$이다.

(b) $\frac{1}{2}[\sec\theta\tan\theta+\ln(\sec\theta+\tan\theta)]$를 x에 대한 함수로 바꿔라.

(c) $x=\sinh\theta$이면 $\int\sqrt{1+x^2}\,dx=\int$ ______ $d\theta$이다.

(d) $\frac{1}{2}[\sinh\theta\cosh\theta+\theta]$를 x에 대한 함수로 바꿔라.

위 네 답은 모두 같다. 이들은 8.2절에서 포물선의 길이가 될 것이다. [연습문제 7.2.62]와 비교하라.

55 [그림 7-5(c)]의 넓이 $\int y\,dx$가 [그림 7-5(b)]의 넓이와 같아지도록 x와 y를 재조정하라. y와 dx에 각각 무슨 일이 일어나는가?

56 같은 크기의 좌표축에 $y=1/\sqrt{1-x^2}$과 $y=1/\sqrt{16-x^2}$을 그려라(첫 번째 그래프는 1보다 위에 그려지고, -1과 1사이에 그려진다. 두 번째 그래프는 -4와 4사이에 그려지고 $\frac{1}{4}$보다 위에 그려진다).

57 다음에서 틀린 부분이 있다면 무엇인가?

$$\int_0^2\frac{dx}{\sqrt{1-x^2}}=\sin^{-1}2$$

7.4 부분분수

이번 절에서는 유리함수 $P(x)/Q(x)$에 대해서 볼 것이다. 유리함수의 적분 역시 유리함수(다항함수의 비)인 경우가 있지만 대부분은 그렇지 않다. P/Q의 적분은 로그를 포함하는 것이 일반적이다. $1/(x-2)$과 같은 간단한 경우에는 $\ln|x-2|+C$처럼 즉시 로그를 만들어 적분할 수 있다. 간단한 경우들의 합에서도 다시 로그가 나타난다.

$$\int\left[\frac{1}{x-2}+\frac{3}{x+2}-\frac{4}{x}\right]dx=\ln|x-2|+3\ln|x+2|-4\ln|x|+C$$

우리의 계획은 P/Q를 이와 같은 합으로 분리하여 각 조각을 적분하는 것이다.

어떤 유리함수가 이렇게 특별한 합을 만드는가? 예를 들면 다음과 같다

$$\frac{1}{x-2}+\frac{3}{x+2}-\frac{4}{x}=\frac{(x+2)(x)+3(x-2)(x)-4(x-2)(x+2)}{(x-2)(x+2)(x)}$$

$$=\frac{-4x+16}{(x-2)(x+2)(x)}$$

이것은 P/Q이다. 즉 1차 함수와 3차 함수의 비이다. P의 조각들은 $-4x+16$이 된다. 공통분모 $(x-2)(x+2)(x)=x^3-4x$는 Q이다. P/Q에서 시작할 때, 그리고 각 유리함수의 조각들의 합으로 그것을 분리할 때, 우리에게 첫 번째로 필요한 것은 Q의 인자이다. 따라서 이렇게 항들을 분리한다.

일반적인 문제 P/Q가 주어졌다고 하자. 이를 적분하기 위해서는 식을 분리해야 한다. 유리함수의 목표는 적분을 하기 위한 조각들을 찾는 것이다. 이것이 이 절에서 배울 적분법이다. 예제를 통해 기술을 익혀보자.

예제 1 Q는 앞에서 살펴본 Q와 같지만, P는 다른 유리함수 P/Q를 살펴보자.

$$\frac{P}{Q}=\frac{3x^2+8x-4}{(x-2)(x+2)(x)}=\frac{A}{x-2}+\frac{B}{x+2}+\frac{C}{x} \tag{1}$$

조각의 형태에 주목하자! 그것들은 P/Q를 덧셈 형태로 나타낸 **부분분수**이다. A, B, C는 Q의 인자로 나눈 상수이다. 우리는 Q의 인자 $x-2$, $x+2$, x를 알고 있지만 세 상수 A, B, C는 알지 못한다. 이 예제에서는 두 가지 방법으로 세 상수를 찾을 수 있다.

방법 1(느림)

(1)의 우변을 공통분모 Q로 통분하자.

$$\frac{3x^2+8x-4}{Q}=\frac{A(x+2)(x)+B(x-2)(x)+C(x-2)(x+2)}{(x-2)(x+2)(x)} \tag{2}$$

A에 $(x+2)x$를 곱하는 이유는 무엇일까? 약분을 하면 식 (1)에서와 같이 $A/(x-2)$를 남길 것이기 때문이다. $B/(x+2)$와 C/x도 마찬가지로 적절한 항을 곱한다. 분자가 일치하도록 세 수 A, B, C를 선택하자. 세 수를 구하면 부분분수로 정확하게 표현할 수 있다.

방법 2(더 빠름)

방정식 (1)에 $x-2$를 곱한다.

$$\frac{3x^2+8x-4}{(x+2)(x)}=A+\frac{B(x-2)}{x+2}+\frac{C(x-2)}{x} \tag{3}$$

이제 $x=2$를 대입하면 즉시 A를 얻을 수 있다. $x=2$일 때 $x-2$가 0이기 때문에 식 (3)의 나머지 두 항은 0이다. $x=2$일 때 좌변은 다음과 같아진다.

$$\frac{3(2)^2+8(2)-4}{(2+2)(2)}=\frac{24}{8}=3=A$$

$x-2$를 곱하면서 좌변에 구멍이 생겼다. **방법 2는 '은폐 방법**cover-up method**'**이다. $x-2$를 은폐한 다음 $x=2$를 대입하는 것이다. 이를 통해 우리가 원하는 결과 $3=A+0+0$를 얻을 수 있다.

방법 1에서 식 (2)의 분자는 반드시 일치해야 한다. B와 C에 곱하는 인자는 다시 $x=2$에서 0이 된다. 두 방법 모두 같은 A를 도출하지만 은폐 방법은 식 (2)를 적는 불필요한 과정을 생략할 수 있다.

B의 계산 $(x+2)$를 은폐하기 위해 식 (1)에 $x+2$를 곱하자.

$$\frac{3x^2+8x-4}{(x-2)(x)}=\frac{A(x+2)}{x-2}+B+\frac{C(x+2)}{x} \tag{4}$$

이제 $x=-2$라 하면 A와 C는 0과 곱하여 소거된다.

$$\frac{3(-2)^2+8(-2)-4}{(-2-2)(-2)}=\frac{-8}{8}=-1=B$$

이것은 매우 빠른 방법이지만, 식 (4)는 필요하지 않았다. 그냥 바로 Q에서 은폐하고 x에 은폐한 인수를 0으로 만드는 올바른 값을 대입한다.

C의 계산(가장 빠름) 식 (1)에서 인자 (x)를 은폐하고 $x=0$을 대입하자.

$$\frac{3(0)^2+8(0)-4}{(0-2)(0+2)}=\frac{-4}{-4}=1=C \tag{5}$$

이를 통해 **방법 1**과 같은 결과 $A=3,\ B=-1,\ C=1$를 얻을 수 있다.

예제 2 $\dfrac{x+2}{(x-1)(x+3)}=\dfrac{A}{x-1}+\dfrac{B}{x+3}$

먼저 좌변에서 $(x-1)$을 은폐하고 $x=1$을 대입한다. 다음은 $x+3$을 은폐하고 $x=-3$을 대입한다.

$$\frac{1+2}{(\qquad)(1+3)}=\frac{3}{4}=A \qquad \frac{-3+2}{(-3-1)(\qquad)}=\frac{-1}{-4}=B$$

적분은 $\frac{3}{4}\ln|x-1|+\frac{1}{4}\ln|x+3|+C$이다.

예제 3 다음은 6.5절에서 공부한 로지스틱 방정식을 풀기 위해 필요한 식이다.

$$\frac{1}{y(c-by)}=\frac{A}{y}+\frac{B}{c-by} \tag{6}$$

먼저 y를 곱하자. 그러면 좌변의 항과 우변의 첫 번째 항에 있는 y가 은폐되며 B는 By로 변화한다. 이때 $y=0$로 정하면 식은 $1/c=A$가 된다.

B를 찾기 위해 $c-by$를 곱하여 좌변의 항과 우변의 두 번째 항에 있는 $c-by$를 은폐하자. 중간에서 A와 $c-by$의 곱은 $y=c/b$에서 0이 될 것이다. 이것은 우변에 남은 B는 좌변에 있는 $1/y=b/c$와 같아진다. 그러면 $A=1/c$과 $B=b/c$는 6.5절의 식 (9)에서 알려진 다음 적분을 준다.

$$\int\frac{dy}{cy-by^2}=\int\frac{dy}{cy}+\int\frac{b\,dy}{c(c-by)}=\frac{\ln y}{c}-\frac{\ln(c-by)}{c} \tag{7}$$

부분분수의 일반적인 방법은 매우 귀찮을지도 모른다. 우선 분모 Q의 인자가 필요하다. Q가 이차함수인 ax^2+bx+c일 때, 우리는 그 근과 인자를 찾을 수 있다. 이론적으로 삼차 또는 사차함수도 인수분해할 수 있지만 실제로는 단지 몇 가지만 가능하다.

예를 들어 x^4-1은 $(x^2-1)(x^2+1)$이다. 심지어 이 좋은 예제를 보더라도 근 두 개는 허수이다. x^2-1을 $(x+1)(x-1)$로 인수분해할 수 있지만 i 없이 x^2+1을 인수분해할 수 없기 때문이다. 분모가 x^2+1일 때 부분분수 방법을 직접적으로 적용할 수 있다. 이제 그 예를 살펴보자.

예제 4 $\int\frac{3x^2+2x+7}{x^2+1}dx$ (이차함수가 이차함수에 의해 나눠진다)

여기에는 또 다른 어려운 점이 있다. P의 차수와 Q의 차수는 2로 같다. **부분분수는 P가 Q의 차수보다 낮을 때 만들 수 있다.** 따라서 가장 높은 $3x^2$을 x^2으로 나누면 다음과 같이 몫 3이 분리된다.

$$\frac{3x^2+2x+7}{x^2+1}=3+\frac{2x+4}{x^2+1} \tag{8}$$

분리된 3은 원래의 분자에서 $3x^2+3$을 의미한다. 그로 인해 분자에는 $2x+4$가 남는다. 이때 **부분분수는 위에 있는 이차함수의 선형 인자 $2x+4$(A가 아닌 $Ax+B$꼴)를 허용한다.**

이 예제는 $2x/(x^2+1)$를 포함하고 이는 $\ln(x^2+1)$로 적분되며 마지막 $4/(x^2+1)$는 $4\tan^{-1}x$로 적분된다.

분모가 x^2+x+1인 경우, 적분하려면 일단 식을 완전 제곱으로 만들어야 한다. 7.2절과 7.3절에서의 요점은 이러한 식의 적분을 가능하게 하는 것이었다. 이번 절에서는 부분분수로 만들어 적분 가능하도록 만드는 것에 집중한다.

핵심적인 부분은 이차함수보다 더 높은 차수까지 다루지 않아도 된다는 것이다. **모든 분모 Q는 선형 인자와 이차 인자로 분리될 수 있다.** 이러한 인자를 찾는 마법 같은 방법은 없으므로 앞으로 살펴볼 예제를 통해 익히도록 하자. 이들은 원래 분수의 분모에 포함되며, 앞에서 계산했던 A, B, $2x+4$와 같은 자신의 분자를 각각 갖고 있다.

남은 문제 중 하나는 **인자가 반복될 경우 어떻게 부분분수로 간드는가** 하는 것이다. 이것은 [예제 5]에서 다룬다.

예제 5 $\dfrac{2x+3}{(x-1)^2}=\dfrac{A}{(x-1)}+\dfrac{B}{(x-1)^2}$

핵심은 새로운 항인 $B/(x-1)^2$이다. 우변은 우리가 기대한 대로 적당한 형태이다. 분모가 $(x-1)(x-2)$이었다면 이는 $B/(x-2)$항을 가졌을 것이다. 하지만 $(x-1)$이 반복될 때, 새로운 항이 필요해진다. B를 찾기 위해서 $(x-1)^2$을 곱하고 $x=1$로 정하자.

$$2x+3=A(x-1)+B\text{는 } x=1\text{일 때 } 5=B\text{가 된다.}$$

이 은폐 방법으로 B를 얻을 수 있다. 그러면 쉽게 $A=2$를 얻을 수 있고, 적분은 $2\ln|x-1|-5/(x-1)$이 된다. 이때 항 $5/(x-1)^2$는 로그 없는 적분을 가진다.

예제 6 $\dfrac{2x^3+9x^2+4}{x^2(x^2+4)(x-1)}=\dfrac{A}{x}+\dfrac{B}{x^2}+\dfrac{Cx+D}{x^2+4}+\dfrac{E}{x-1}$

이 마지막 예제는 부분분수에 대한 거의 모든 것을 보여준다! 그것은 미적분 문제라기보다 게임과 더 비슷하다. 사실 우리가 적분할 때까지 미적분학이 적용되지 않는다(더 새로운 점도 없다). A, B, C, D, E를 계산하기 전에 부분분수에 대한 전반적인 규칙에 대해 알아보자.

1. P의 차수가 Q의 차수보다 작아야만 한다. 아닌 경우 P의 차수를 낮추기 위해 식 (8)과 같이 가장 높은 차수의 항끼리 나누자. 이 예제의 경우 분자의 차수와 분모의 차수를 비교하면 $3<5$이다.
2. [예제 6]에서 부분분수가 어떻게 나누어질지 예상해보자. 선형 인자 $x, x-1$ (그리고 반복된 x^2)은 상수 아래에 있다. 이차항 x^2+4는 선형 항 아래에 있다. 만약 식에 $(x^2+4)^2$과 같이 이차 항이 반복된다면 이때는 새로운 선형 항 $Fx+G$ 아래에 두면 되다.

3. 은폐를 포함한 어떤 방법을 사용하여 미정계수 $A, B, C, \cdots$를 찾는다.

4. 각 항을 분리하여 적분한 뒤 더한다.

부분분수로 나타낼 때 이 방법이 항상 효과적임을 증명할 수 있다. [예제 6]에서 이를 한번 확인해보자.

E를 찾기 위해 좌변에 있는 $(x-1)$을 은폐하고 $x=1$을 대입하자. 그러면 $E=3$이 도출된다. B를 찾기 위해 좌변에 있는 x^2을 은폐하고 $x=0$으로 정하자. 그러면 $B=4/(0+4)(0-1)=-1$이다. 은폐 방법은 역할을 다 했고, A, C, D를 찾기 위한 몇 가지 방법이 있다. 공통분모 Q로 통분하여 양변의 분자를 비교하라.

$$2x^3+9x^2+4=Ax(x^2+4)(x-1)-(x^2+4)(x-1)+(Cx+D)(x^2)(x-1)$$
$$+3x^2(x^2+4)$$

우변에서 $B=-1$, $E=3$에 의해 알려진 항들은 좌변으로 이항한다.

$$-3x^4+3x^3-4x^2+4x=Ax(x^2+4)(x-1)+(Cx+D)x^2(x-1)$$

B와 E를 정확하게 구했는지 확인하기 위해 x와 $x-1$로 나눌 수 있다.

$$-3x^2-4=A(x^2+4)+(Cx+D)x$$

마지막으로 $x=0$이므로 $A=-1$이다. 이것은 $-2x^2=(Cx+D)x$를 남긴다. 그러면 $C=-2$이고 $D=0$이다.

이 문제를 푸는 데 어떤 어려움도 있으면 안 된다! 다른 방법은 전혀 제시하지 않았다. 이 문제를 푸는 핵심은 올바른 형태로 분자를 일치시키는 것에 달려 있다. x^4, x^3, x^2, x, 1의 계수를 비교하여 A, B, C, D, E에 대한 다섯 개의 방정식을 나타낼 수도 있지만 이런 방법은 실수를 유발할 수 있다. 시작부터 끝까지 은폐를 사용하자. 반복되는 인자 및 이차 인자들과 함께 마지막에 분자를 일치시키자.

7.4 문장제 문제

01 __a__ 분수를 위한 아이디어는 $P(x)/Q(x)$를 간단한 항들의 __b__(으)로 표현하여 각각을 적분하기 쉽도록 하는 것이다. 이를 시작하려면 P의 차수는 Q의 차수보다 __c__야만 한다. 그러면 Q는 (가능한 한 반복된) $x-5$와 같은 __d__ 인자들과 x^2+x+1과 같은 이차 인자들로 나눈다. 이차 인자는 두 개의 __e__ 근을 갖고 실수계수의 선형인자로 분리할 수 없다.

02 $x-5$와 같은 인자는 부분분수 $A/$ __f__에 기여하고, 그것의 적분은 __g__이다. A를 계산하기 위해 P/Q의 분모에 있는 __h__을(를) 은폐하자. 그리고 $x=$ __i__(으)로 정하고, P/Q의 나머지 부분은 A가 된다. 동등한 방법을 공통분모를 가진 모든 부분분수에 적용하자(그것은 __j__이다). 그리고 __k__을(를) 일치시킨다. 같은 점 $x=$ __l__에서 이 일치는 A를 준다.

03 반복된 선형 인자 $(x-5)^2$은 $A/(x-5)$뿐만 아니라 $B/$ __m__에 기여한다. x^2+x+1과 같은 이차 인자는 C와 D를 포함하는 부분분수 __n__$/(x^2+x+1)$에 기여한다. 이차 인자 혹은 선형 인자가 세 번 반복된 것은 $(Ex+F)/(x^2+x+1)^2$와 $G/(x-5)^3$를 만든다. 결론은 어떤 P/Q이든지 항상 적분 가능한 부분 __o__(으)로 나눌 수 있다.

7.4 연습문제

01 $1/(x^2-x)$을 부분분수로 나타내기 위하여 두 수 숫자 A와 B를 찾아라.

$$\frac{1}{x(x-1)}=\frac{A}{x}+\frac{B}{x-1}$$

x를 은폐하고 $x=0$으로 정하여 A를 찾아라. $x-1$을 은폐하고 $x=1$로 정하여 B를 찾아라. 그리고 적분하라.

02 $1/(x^2-1)$을 부분분수로 나타내기 위하여 두 수 A와 B를 찾아라.

$$\frac{1}{x^2-1}=\frac{A}{x-1}+\frac{B}{x+1}$$

$x-1$을 곱하고 $x=1$을 대입하라. $x+1$을 곱하고 $x=-1$을 대입한 후 적분하라. 분자 $A(x+1)+B(x-1)$이 1과 같아지게 하는 **방법 1**을 이용해서 다시 A와 B를 찾아라.

03~16 다음 유리함수를 부분분수로 표현하라.

03 $\dfrac{1}{(x-3)(x-2)}$

04 $\dfrac{x}{(x-3)(x-2)}$

05 $\dfrac{x^2+1}{(x)(x+1)(x+2)}$

06 $\dfrac{1}{x^3-x}$

07 $\dfrac{3x+1}{x^2}$

08 $\dfrac{3x+1}{(x-1)^2}$

09 $\dfrac{3x^2}{x^2+1}$ (우선 분모를 분자로 나누어라)

10 $\dfrac{1}{(x-1)(x^2+1)}$

11 $\dfrac{1}{x^2(x-1)}$

12 $\dfrac{x}{x^2-4}$

13 $\dfrac{1}{x(x-1)(x-2)(x-3)}$

14 $\dfrac{x^2+1}{x+1}$ (우선 분모를 분자로 나누어라)

15 $\dfrac{1}{x^4-1}=\dfrac{1}{(x+1)(x-1)(x^2+1)}$

16 $\dfrac{\text{[illegible]}}{x^2(x-1)}$ ($\dfrac{A}{x}$ 항을 기억하라)

17 (분자를 일치시키는) **방법 1**을 [예제 3]에 적용하자.

$$\frac{1}{cy-by^2}=\frac{A}{y}+\frac{B}{c-by}=\frac{A(c-by)+By}{y(c-by)}$$

맨 왼쪽과 맨 오른쪽에 있는 분자를 맞추어라. $Ac=1$이고 $-bA+B=0$인 이유는 각각 무엇인가? A와 B는 얼마인가?

18 다음을 만족하는 A와 B를 찾는다고 할 때, 무엇이 잘못되었는가? 공통분모로 통분하여 분자를 구하라. 먼저 무엇을 해야 하는가?

$$\frac{x^2}{(x-3)(x+3)}=\frac{A}{x-3}+\frac{B}{x+3}$$

19 $\dfrac{3x^2}{x^3-1}=\dfrac{3x^2}{(x-1)(x^2+x+1)}$을 $\dfrac{A}{x-1}+\dfrac{Bx+C}{x^2+x+1}$로 나누자.

(a) $x-1$을 은폐하고 $x=1$로 정하여 A를 찾아라.

(b) 좌변에서 $A/(x-1)$를 빼어 $Bx+C$를 찾아라.

(c) 모든 항을 적분하라. 이때 적분이 다음과 같음을 알 수 있는 이유는 무엇인가?

$$\ln(x^3-1)=\ln(x-1)+\ln(x^2+x+1)$$

20 $\int dy/(1-y^2) = \int dt$를 분리하여 $dy/dt = 1-y^2$을 풀어라. 그러면 다음을 얻는다.

$$\frac{1}{1-y^2} = \frac{1}{(1-y)(1+y)} = \frac{1/2}{1-y} + \frac{1/2}{1+y}$$

적분은 $\frac{1}{2}\ln$ ________ $= t + C$이고, $y_0 = 0$이면 적분상수는 $C =$ ____이다. 지수를 취하면 ____을(를) 준다. 해는 $y =$ ____이다. 이것은 S-곡선이다.

21~28 적분 가능하도록 치환을 이용하여 다음을 부분분수로 변화시켜라. 문제 **23**은 특별한 속임수 없이 $1/\sin\theta$을 적분하라.

21 $\int \frac{e^x dx}{e^{2x} - e^x}$

22 $\int \frac{1-\sqrt{x}}{1+\sqrt{x}} dx$

23 $\int \frac{\sin\theta \, d\theta}{1-\cos^2\theta}$

24 $\int \frac{dt}{(e^t - e^{-t})^2}$

25 $\int \frac{1+e^x}{1-e^x} dx$

26 $\int \frac{\sqrt[3]{x-8}}{x} dx$

27 $\int \frac{dx}{1+\sqrt{x+1}}$

28 $\int \frac{dx}{\sqrt{x} + \sqrt[4]{x}}$

29 이 부분분수에 $x-a$를 곱하라. 그리고 $x \to a$인 극한을 취하라.

$$\frac{1}{Q(x)} = \frac{A}{x-a} + \cdots$$

$A = 1/Q'(a)$임을 보여라. $x = a$에서 중근을 가지면 $Q'(a) =$ ____이기 때문에 이 방법은 실패한다.

30 $\frac{1}{x^8 - 1} = \frac{A}{x-1} + \cdots$에서 A를 찾아라. 문제 **29**를 이용하라.

31 **(심화)** 도함수로 (로그가 없는) 또 다른 유리함수를 갖는 유리함수 P/Q는 어떤 꼴인가?

7.5 이상적분

이상improper의 뜻은 $\int_a^b y(x)dx$의 어떤 부분이 **무한대**가 됨을 의미한다. 무한대가 되는 부분은 b나 a, 또는 함수 y일지도 모른다. 그래프에 의한 넓이는 무한히 멀리 오른쪽 또는 왼쪽 또는 위 또는 아래에 도달한다(그것들은 각각 $b = \infty$, $a = -\infty$, $y \to \infty$과 $y \to -\infty$에서 오는 것이다). 그럼에도 불구하고 적분은 '수렴'할 수도 있다. 영역이 무한하다고 해서 그 넓이까지 무한하다고 단정하면 안 된다. 이상적분이 적절한 답을 가지고 있을 때를 결정하는 것이 이번 절의 요지이다.

첫 번째 예는 $b = \infty$ 또는 $a = -\infty$ 또는 $x = 0$에서 $y = 1/\sqrt{x}$일 때 유한한 넓이를 가짐을 보여준다. [그림 7-6]에 있는 넓이는 각각 $1, 1, 2$이다.

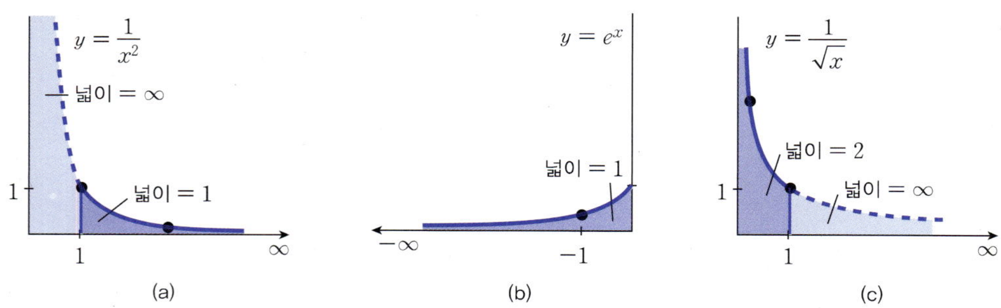

[그림 7-6] 진하게 색칠된 넓이는 유한하지만 영역은 무한대로 간다.

$$\int_1^\infty \frac{dx}{x^2} = -\frac{1}{x}\bigg]_1^\infty = 1 \qquad \int_{-\infty}^0 e^x dx = e^x\bigg]_{-\infty}^0 = 1 \qquad \int_0^1 \frac{dx}{\sqrt{x}} = 2\sqrt{x}\bigg]_0^1 = 2$$

실제로 우리는 위험한 수렴값을 치환하여 어떤 일이 일어날지 지켜볼 것이다. 적분이 $-1/x$ 일 때, $b=\infty$ 를 치환하면 '$-1/\infty = 0$'이 된다. 적분이 e^x 일 때 $a=-\infty$ 를 치환하면 '$e^{-\infty}=0$'이 된다. 이것이 타당하며 성공적이라는 것을 알고 있다. 그러나 아직 완벽하게 증명된 것은 아니다.

이를 수학적으로 엄밀하게 증명하기 위해서는 극한을 이용해야 한다. 미적분은 0/0으로 천천히 다가가는 것처럼 $1/\infty$ 와 $e^{-\infty}$ 으로도 다가간다. 무한한 영역에 대한 넓이이지만 그 값(이상적분의 공식적인 정의)은 극한에 도달한다.

정의 $\displaystyle\int_a^\infty y(x)dx = \lim_{b\to\infty}\int_a^b y(x)dx \qquad \int_{-\infty}^b y(x)dx = \lim_{a\to-\infty}\int_a^b y(x)dx$

결론은 같다. 첫 번째 예는 1, 1, 2로 수렴한다. 이제 $b=\infty$ 인 두 가지 예가 추가로 나온다.

$$1/x \text{ 아래 넓이는 무한대이다. } \int_1^\infty \frac{dx}{x} = \ln x\bigg]_1^\infty = \infty \qquad (1)$$

$$p>1 \text{이면 } 1/x^p \text{ 아래 넓이는 유한하다. } \int_1^\infty \frac{dx}{x^p} = \frac{x^{1-p}}{1-p}\bigg]_1^\infty = \frac{1}{p-1} \qquad (2)$$

$1/x$ 아래의 넓이는 $1+\frac{1}{2}+\frac{1}{3}+\frac{1}{4}+\cdots$ 과 같으며 이 또한 무한대이다. 사실 급수는 적분을 근사한다(곡선으로 된 넓이는 직사각형 넓이와 가까워진다). 그들은 천천히 무한대로 간다.

p가 클수록 그래프는 더 빠르게 0으로 간다. [그림 7-7(a)]는 유한한 넓이 $1/(p-1)=100$을 보여준다. 이 부분은 여전히 무한하지만 사각형으로 잘라낸 조각들로 덮을 수 있다! 유한한 넓이의 경계는 $p=1$이다. 이를 경계라고 불렀지만, 엄밀히 보면 $p=1$에서 발산한다.

함수가 y축으로 오를 때의 경계도 $p=1$이다. $x=0$에서 $y=1/x^p$의 그래프는 무한대로 발산한다. $p=1$일 때 $1/x$ 아래의 넓이는 다시 무한대이다. 그러나 $x=0$에서 $p<1$인 작은 p일 때 유한한 면적을 만들어낸다.

$$\int_0^1 \frac{dx}{x} = \ln x\bigg]_0^1 = \infty \qquad p<1 \text{일 때 } \int_0^1 \frac{dx}{x^p} = \frac{x^{1-p}}{1-p}\bigg]_0^1 = \frac{1}{1-p} \qquad (3)$$

쉽게 얘기하면 '$-\ln 0 = \infty$'이다. 엄밀하게 말하면 우리는 $\int_a^1 dx/x = -\ln a$를 얻기 위하여 0에 가까운 $x = a$로부터 적분한다. a가 0으로 가까이 감에 따라 넓이는 그 자체로 무한대로 발산하는 것처럼 보여진다. $y = 1/x^2$은 더 빠르게 폭발적으로 증가하기 때문에 넓이 $-1/x]_0^1$은 다시 무한대가 된다.

$y = 1/\sqrt{x}$일 때 0에서 1까지의 넓이는 2이다. 즉 $p = \frac{1}{2}$인 경우이다. $p = 99/100$일 때 넓이는 $1/(1-p) = 100$이다. $p = 1$로 가까이 가는 [그림 7-7]의 경계는 명확하다. 그러나 경계인 $p = 1$에서의 그래프는 그림에서 볼 수 있듯이 다른 경우에 비해서 가파르게 증가하거나 감소하지 않는다.

더 좁은 경계 $1/x$ 그래프 아래의 넓이는 무한대이다. $\ln x$ 또는 $(\ln x)^2$으로 나눌 때 경계선은 중간에 있게 된다. 하나는 ($x = \infty$로 발산하는) 무한의 넓이를 가지고 다른 넓이는 유한하다.

$$\int_e^\infty \frac{dx}{x(\ln x)} = \ln(\ln x)\Big]_e^\infty = \infty \qquad \int_e^\infty \frac{dx}{x(\ln x)^2} = -\frac{1}{\ln x}\Big]_e^\infty = 1 \qquad (4)$$

첫 번째 식은 $u = \ln x$일 때 $\int du/u$이다. $\ln x$의 로그는 결국 무한대로 발산하게 만든다. $x = 10^{10}$에서 $\ln x$는 23에 가깝고 $\ln(\ln x)$는 3에 가깝다. $\ln(\ln x)$가 더 느리게 발산한다! 심지어 [연습문제 7.5.11]에서 $\ln(\ln(\ln x))$는 더 느리게 발산한다. 경계선에서 함수는 정확하지 않다.

방정식 (4)의 두 번째 적분은 (1로) 수렴한다. 그것은 $u = \ln x$일 때 $\int du/u^2$이다. 앞에서 x가 0에서 $1/x^p$가 무한대로 간다고 설명했다. 그런데 이로 인해 다음과 같은 믿기 힘든 결과가 나왔다.

$$\int_0^\infty \frac{dx}{x(\ln x)^2} = -\frac{1}{\ln x}\Big]_0^\infty = 0 \quad (??)$$

우리는 양의 함수를 적분하고 있기 때문에 이 과정에서 실수가 있었을 것이다. 넓이는 0이 될 수 없다. $b \to \infty$로 감에 따라 $1/\ln b$이 0으로 가는 것은 사실이다. $a \to 0$으로 감에 따라 $1/\ln a$은 0으로 간다. 그러나 이 적분에는 또 다른 무한대가 있다. 문제는 $x = 1$에 있으며, 여기서 $\ln x$는 0이고 그 넓이는 무한하다.

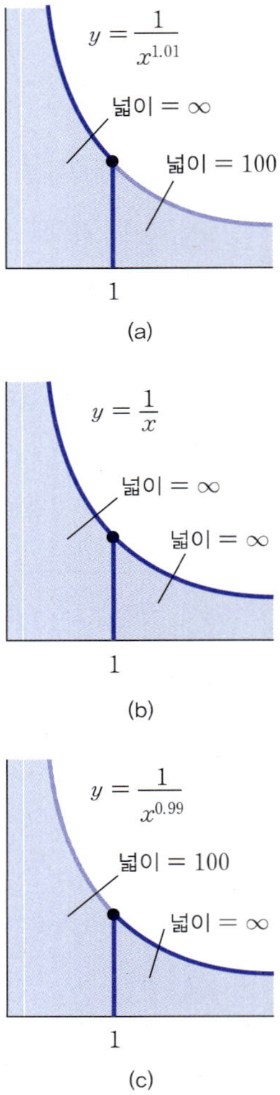

[그림 7-7] (b) $p = 1$일 때 $1/x^p$의 그래프. (a)와 (c) $p = 1$보다 더 크고 작을 때 $1/x^p$의 그래프. 모두 같은 곡선으로 그렸다.

예제 1 인자 e^{-x}에 임의의 지수의 x^p을 곱하자($x \to \infty$인 경우).

$$\int_0^\infty x^{50} e^{-x} dx = 50! \text{ 이지만 } \int_0^\infty x^{-1} e^{-x} dx = \infty \text{ 이다.}$$

첫 번째 적분은 $(50)(49)(48)\cdots(1)$이다. 이것은 부분적분을 50번 하여 구해진다(권장하지는 않는다). 50을 $\frac{1}{2}$로 바꾸면, 적분은 '$\frac{1}{2}$ 팩토리얼factorial'로 정의된다. 곱 $\frac{1}{2}\left(-\frac{1}{2}\right)\left(-\frac{3}{2}\right)\cdots$는 멈출 방법이 없지만 아무튼 $\frac{1}{2}!$이다. [연습문제 7.5.28]을 참조하라. 적분 $\int_0^{\infty} x^0 e^{-x}dx = 1$이 성립하는 것은 '$0! = 1$'이기 때문이다. 이는 놀라운 사실이다.

e^{-x}/x에 의한 넓이는 $(-1)! = \infty$이다. 인자 e^{-x}은 $x=0$에서 절대적으로 도움이 되지 않는다. 그것은 역도함수를 아직 모르는 (많은 것 중 첫 번째) 예제이지만 이상적분이 유한인지 무한인지는 결정할 수 있다. e^{-x}/x을 적분하려면 컴퓨터가 필요하다. 그러나 이상적분이 무한(예제의 경우)인지 유한(다른 경우)인지 결정하려면 다음과 같은 비교 판정법을 사용한다.

3 비교 판정법 $0 \le u(x) \le v(x)$라고 하자. 그러면 $u(x)$에 의한 넓이는 $v(x)$에 의한 넓이보다 더 작다.

$$\int v(x)dx < \infty \text{ 이면 } \int u(x)dx < \infty$$

$$\int u(x)dx = \infty \text{ 이면 } \int v(x)dx = \infty$$

비교 판정법으로 넓이가 유한한지 알 수 있다. 이때 정확한 넓이를 얻지는 못하지만 다른 함수로부터 하나의 함수에 대한 정보를 얻는다. 이 적분법은 주어진 함수보다 크거나 작은 ($1/x^p$과 같은) 간단한 함수를 만들어 그 함수에 가깝게 유지하는 것이다.

예제 2 $\int_1^{\infty}\frac{dx}{x^2+4x}$는 $\int_1^{\infty}\frac{dx}{x^2}=1$과 비교하면 수렴한다.

예제 3 $\int_1^{\infty}\frac{dx}{\sqrt{x}+1}$는 $\int_1^{\infty}\frac{dx}{2\sqrt{x}}=\infty$와 비교하면 발산한다.

예제 4 $\int_0^{1}\frac{dx}{x^2+4x}$는 $\int_0^{1}\frac{dx}{5x}=\infty$와 비교하면 발산한다.

예제 5 $\int_0^{1}\frac{dx}{\sqrt{x}+1}$는 $\int_0^{1}\frac{dx}{1}=1$과 비교하면 수렴한다.

[예제 2]와 [예제 5]에서 오른쪽의 적분값은 왼쪽의 적분값보다 크다. 각각 $4x$와 $\sqrt{x}$를 제거함으로 인해 넓이가 증가했다. 따라서 왼쪽의 적분값은 0과 1 사이이다.

[예제 3]과 [예제 4]에서는 분모를 증가시켰다. 오른쪽에 있는 적분은 더 작지만 여전히 발산한다. 그래서 왼쪽의 적분은 발산한다. 함수를 비교하는 아이디어는 다음 예제

와 [그림 7-8]에서 볼 수 있다.

예제 6 $\int_0^\infty e^{-x^2}dx$는 $\int_0^1 1dx + \int_1^\infty e^{-x}dx = 1+1$보다 아래에 있다.

예제 7 $\int_1^e \frac{dx}{\ln x}$는 $\int_1^e \frac{dx}{x\ln x} = \infty$ 보다 위에 있다.

예제 8 $\int_0^1 \frac{dx}{\sqrt{x-x^2}}$는 $\int_0^1 \frac{dx}{\sqrt{x}} + \int_0^1 \frac{dx}{\sqrt{1-x}} = 2+2$보다 아래에 있다.

아직 언급되지 않은 일반적인 두 가지 상황을 소개한다. 첫 번째는 $a=-\infty$에서 $b=+\infty$까지의 적분이다. 그것은 두 부분으로 나뉘고 **각 부분은 수렴해야만 한다**. 정의에 따르면 $-\infty$과 $+\infty$에서의 수렴은 다음과 같이 분리되어 있다.

$$\int_{-\infty}^{\infty} y(x)dx = \int_{-\infty}^{0} y(x)dx + \int_0^\infty y(x)dx = \lim_{a\to-\infty}\int_a^0 y(x)dx + \lim_{b\to\infty}\int_0^b y(x)dx$$

종 모양의 곡선 $y=e^{-x^2}$은 유한한 넓이로 덮인다(정확히 $\sqrt{\pi}$ 이다). 이 영역은 양방향으로 무한대로 확장되며 나눠진 넓이는 $\frac{1}{2}\sqrt{\pi}$ 이다. 그러나 다음을 주의하자.

> 모든 b에 대해 $\int_{-b}^{b} x\,dx = 0$일지라도 $\int_{-\infty}^{\infty} x\,dx$는 정의되지 않는다.

$y=x$에 의한 넓이는 0을 기준으로 한쪽 면에서 $+\infty$이고, 다른 면에서의 넓이는 $-\infty$이다. **이때 $\infty-\infty=0$으로 계산하면 안 된다**. 분리된 두 영역은 각각 유한해야 하나 이 경우에는 그렇지 않기 때문이다.

예제 9 $1/x$는 $x=0$의 왼쪽과 오른쪽에서 균형적인 영역을 가진다. $\int_{-1}^{1} dx/x$를 계산하라.

풀이

이 적분값은 존재하지 않는다. [그림 7-8(c)]에서도 알 수 있듯이 넓이를 정의할 수 없다($1/x$은 홀함수이기 때문에 그것은 거울상이다). -1에서 1까지 결합된 적분은 0이어야한다고 느낄 수 있을지 모른다. 코시[Cauchy]는 그의 '주윳값 적분'이 0이라는 것에 동의했다. 그러나 여러 규칙들은 $\infty-\infty$이 무엇인지 말해주지 않으며 $\infty-\infty$은 0이 아니다.

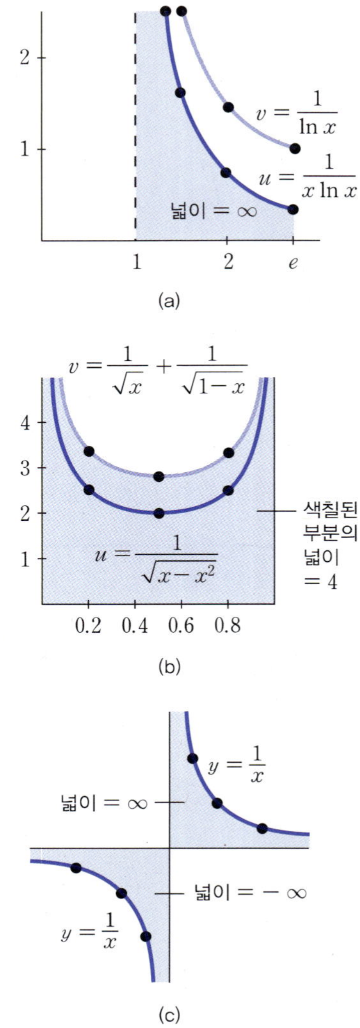

[그림 7-8] $u(x)$와 $v(x)$의 비교 : $\int_1^e dx/\ln x = \infty$와 $\int_0^1 dx/\sqrt{x-x^2} < 4$이다. 그러나 $\infty - \infty \neq 0$이다.

7.5 문장제 문제

01 이상적분 $\int_a^b y(x)dx$는 하한 $a=$ ___a___ 또는 상한 $b=$ ___b___ 을(를) 가지거나 또는 범위 $a \le x \le b$에서 y가 ___c___ 이(가) 된다. ___d___ 이기 때문에 예제 $\int_1^\infty dx/x^3$은 이상적분이다. 우리는 ___e___ 에 따라서 $\int_1^b dx/x^3$가 수렴한다고 추측할 수 있다. 실제로 $-\left.\frac{1}{2}x^{-2}\right]_1^\infty =$ ___f___ 을(를) 직접적으로 얻을 수 있다. $p>1$일 때 이상적분 ___g___ 은(는) 유한하며 $p<1$일 때 이상적분 ___h___ 은(는) 유한하다. $y=e^{-x}$일 때 0에서 ∞까지의 적분은 ___i___ 이다.

02 모든 x에 대해서 $0 \le u(x) \le v(x)$라고 가정하자. ___j___ 이(가) 수렴하면 ___k___ 도 수렴한다. $\int u(x)\,dx$가 발산하면 $\int v(x)\,dx$는 발산 ___l___. $-\infty$에서 ∞까지 $1/(e^x+e^{-x})$의 적분은 ___m___ 와(과)의 비교를 통해 수렴함을 알 수 있다. 엄밀히 말하면 우리는 $(-\infty, \infty)$를 구간 (___n___, 0)과 (0, ___o___)(으)로 나눈다. ___p___ 이기 때문에 $1/(e^x-e^{-x})$으로 변화시키면 발산하게 된다. ___q___ 와(과) 비교하면 $\int_{-\pi}^{\pi} dx/\sin x$ 또한 발산한다. $\infty-\infty$는 ___r___ 이기 때문에 0을 기준으로 왼쪽과 오른쪽의 넓이는 서로 소거되지 않는다.

7.5 연습문제

01~16 적분이 수렴하는지 아니면 발산하는지 결정하라. 수렴하는 적분은 계산하라.

01 $\int_1^\infty \frac{dx}{x^e}$ 02 $\int_0^1 \frac{dx}{x^\pi}$

03 $\int_0^1 \frac{dx}{\sqrt{1-x}}$ 04 $\int_0^1 \frac{dx}{1-x}$

05 $\int_{-\infty}^0 \frac{dx}{x^2+1}$ 06 $\int_{-1}^1 \frac{dx}{\sqrt{1-x^2}}$

07 $\int_0^1 \frac{\ln x}{x}dx$ 08 $\int_{-\infty}^\infty \sin x\,dx$

09 $\int_0^e \ln x\,dx$ (부분적분 이용) 10 $\int_0^\infty xe^{-x}dx$ (부분적분 이용)

11 $\int_{100}^\infty \frac{dx}{x(\ln x)(\ln(\ln x))}$ 12 $\int_{-\infty}^\infty \frac{x\,dx}{(x^2-1)^2}$

13 $\int_0^\infty \cos^2 x\,dx$ 14 $\int_0^{\pi/2} \tan x\,dx$

15 $\int_0^\infty \frac{dx}{x^p}$ 16 $\int_0^\infty \frac{e^x\,dx}{(e^x-1)^p}$

17~26 주어진 적분보다 더 큰 수렴하는 적분 혹은 더 작은 발산하는 적분을 찾아라.

17 $\int_1^\infty \frac{dx}{x^6+1}$ 18 $\int_0^1 \frac{dx}{x^6+1}$

19 $\int_0^\infty \frac{\sqrt{x}\,dx}{x^2+1}$ 20 $\int_0^1 \frac{e^{-x}dx}{1-x}$

21 $\int_1^\infty e^{-x}\sin x\,dx$ 22 $\int_1^\infty x^{-x}dx$

23 $\int_0^\infty e^{2x}e^{-x^2}dx$ 24 $\int_0^1 \sqrt{-\ln x}\,dx$

25 $\int_0^\infty \frac{\sin^2 x}{x^2}dx$ 26 $\int_1^\infty \left(\frac{1}{x}-\frac{1}{1+x}\right)dx$

27 $p>0$일 때 부분적분을 이용하여 다음을 보여라.

$$\int_0^\infty x^p e^{-x}dx = p\int_0^\infty x^{p-1}e^{-x}dx$$

앞의 적분은 $p!$로 정의된다. 식은 $p!=$ ______ 이고, 특히 $0!=$ ______ 이다. $p!$의 또 다른 표기법은 감마gamma 함수를 이용한 $\Gamma(p+1)$이다. 이때 p가 정수일 필요는 없다.

28 $x=u^2$으로 치환하여 $\left(-\frac{1}{2}\right)!$을 계산하라.

$$\int_0^\infty x^{-1/2}e^{-x}dx = \_\_\_\_\_\_ = \sqrt{\pi} \text{ (알고 있는 값)}$$

$\left(-\frac{1}{2}\right)!$을 찾기 위해 문제 27을 적용하라.

29 부분적분으로 $\int_0^\infty x^2 e^{-x^2} dx$를 계산하라.

30 m과 n이 ______보다 크면 베타[beta] 함수 $B(m,n)=\int_0^1 x^{m-1}(1-x)^{n-1}dx$는 유한하다.

31 종신연금은 1년에 s달러씩 영원히 지불한다. 지속적인 이자율 c에 대해서 현재 값은 $y_0=\int_0^\infty se^{-ct}dt$이다. $c=10\%$일 때 1000달러/년을 받기 위해서는 $y_0=$______을 예치해야 한다.

32 1년에 1회 지불하는 종신연금에서 현재 가치는 $y_0=s/a+s/a^2+\cdots=$_____이다(여기서 $a=1.1$). 10%에서 1000달러/년을 받기 위해서는 $y_0=$______을(를) 다시 예치해야 한다. 이렇듯 무한급수는 이상적분과 비슷하다.

33 지구(반지름 R, 질량 M)에서 무한히 멀어지는 위성(질량 m)이 이동하는 일은 $W=\int_R^\infty GMm\,dx/x^2$이다. 이때 W를 계산하라. 에너지 $\frac{1}{2}mv_0^2$이 W와 같게 되는 이륙 시 탈출 속도는 얼마인가?

34 블랙홀에서 탈출 속도는 빛의 속력보다 크다. 즉 $v_0>3\cdot10^8\,\mathrm{m/s}$이다. 지구는 $GM=4\cdot10^{14}\,\mathrm{m^3/s^2}$을 갖는다. 반지름 $R=$_____(으)로 압축된 경우 지구는 블랙홀이 될지도 모른다.

35 $y=1/2^x$ 아래의 영역이 넓이 $1+\frac{1}{2}+\frac{1}{4}+\cdots=2$의 직사각형들로 덮여지는 방법을 (그래프로 그려서) 보여라. $x=0$에서 $x=\infty$까지의 정확한 넓이는 얼마인가?

36 다음 역설에 대해 설명하라.

모든 b에 대해서 $\int_{-b}^{b}\frac{x\,dx}{1+x^2}=0$이지만 $\int_{-\infty}^{\infty}\frac{x\,dx}{1+x^2}$는 발산한다.

37 $0\le x\le\pi/2$에서 $y=\sec x$와 $y=\tan x$ 사이의 넓이를 계산하라. 이 적분이 이상적분이 되는 이유는 무엇인가?

38 천재들에 의해 발견된 다음 네 적분을 계산해서 답을 확인하라.

$$\int\frac{x^{-1/2}dx}{1+x}=\pi \qquad \int_0^\infty\frac{e^{-x}-e^{-2x}}{x}dx=\ln 2$$

$$\int_0^\infty xe^{-x}\cos x\,dx=0 \qquad \int_0^\infty \cos x^2\,dx=\sqrt{\pi/8}$$

39 $\int_0^\infty\frac{dx}{x^p+x^{-p}}=\infty$가 성립하도록 하는 p는 어떤 수인가?

40 [그림 7-6(a)]에서 진하게 색칠된 부분의 넓이가 1일 때 [그림 7-6(c)]에서 진하게 색칠된 부분의 넓이가 2인 이유를 설명하라.

8장 적분의 응용

Applications of the Integral

이제 우리는 적분의 한 응용 분야인 곡선 아래 넓이를 구하는 일에 있어서만큼은 전문가이다. 곡선은 왼쪽의 $x=a$에서부터 오른쪽의 $x=b$까지 확장된 $y=v(x)$의 그래프이다. 곡선과 x축 사이의 넓이는 정적분이다.

이 적분을 여러 방법으로 생각할 수 있다. 영역은 **얇은 띠**로 만들어져 있다. 그들의 두께는 dx이고 높이는 $v(x)$이다. 따라서 띠의 넓이는 $v(x)\times dx$이고, 나아가 모든 띠의 넓이는 $\int_a^b v(x)dx$이다. 엄밀하게 말하면, 띠 한 개의 넓이만 생각하는 것은 의미가 없다(실제 직사각형 띠의 너비는 Δx이다). 여기서 요점은 얇은 띠의 그림이 올바른 접근을 돕는다는 것이다.

우리는 그림을 통해 적분해야 할 함수를 알고, 여러 과정과 계산기의 도움을 얻어서 적분을 어떻게 해야 할지도 안다. 부피와 길이, 넓이에 대해 새로운 방법으로 잘린 작은 조각들은 우리에게 새로운 응용을 제시한다. 이번 장에서는 어떻게 적분하는지보다 무엇을 적분하는지가 더 중요하다.

8.1 조각에 의한 넓이와 부피

이 절은 곡선 사이의 넓이를 구하며 시작한다. 그런 후 **부피**를 구하는데, 여기서는 띠가 조각이 된다. 이는 빵조각들의 무게를 더하여 빵 한 덩어리의 무게를 구하는 작업과 같다. 예제와 그림으로 논의를 구체화할 것이다. 이때 이론은 최소화한다. 실제 문제는 올바른 적분을 설정하는 것이기 때문이다. 마지막으로 얇은 껍질을 통해서 부피를 자르는 다른 방법을 볼 것이다. 모든 식은 이 절의 마지막에 정리해 놓았다.

[그림 8-1]은 **두 곡선 사이의 넓이**를 보여준다. 위의 곡선은 $y=v(x)$의 그래프이고, 아래의 곡선은 $y=w(x)$의 그래프이다. 띠의 높이는 위 곡선과 아래 곡선의 차인 $v(x)-w(x)$이고, (비공식적으로 말하면) 너비는 dx이다. 전체 넓이는 '위와 아래의 차'의 적분이다.

$$\text{두 곡선 사이의 넓이} = \int_a^b [v(x)-w(x)]dx \qquad (1)$$

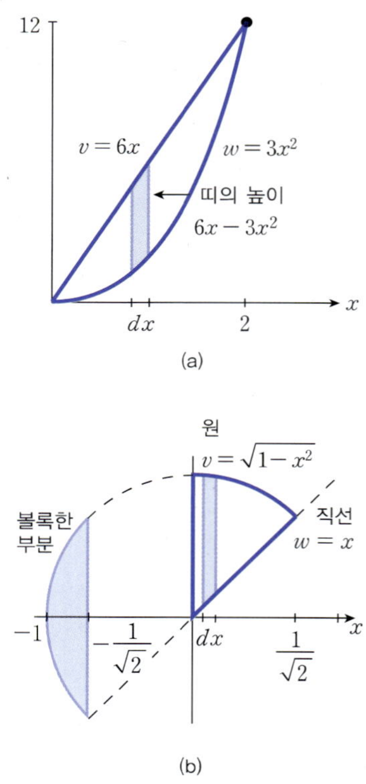

[그림 8-1] (a) 곡선 사이의 넓이는 $v-w$의 적분과 같다. (b) [예제 2]에서의 넓이는 $x\geq 0$에서 시작한다.

예제 1 [그림 8-1(a)]에서 위의 곡선은 $y=6x$ (직선)이고, 아래의 곡선은 $y=3x^2$ (포물선)이다. 두 곡선 사이의 넓이는 두 곡선이 만나는 점에 달려 있다.

교점을 찾기 위해 $v(x)=w(x)$ 또는 $6x=3x^2$을 푼다.

두 곡선은 두 점에서 만나는데 하나는 $x=0$에서, 다른 하나는 $x=2$에서 만난다. 따라서 넓이는 다음과 같이 0부터 2까지의 적분과 같다.

$$\text{넓이} = \int_a^b (v-w)dx = \int_0^2 (6x-3x^2)dx = 3x^2 - x^3\Big]_0^2 = 4$$

예제 2 원 $v=\sqrt{1-x^2}$ 과 45° 직선 $w=x$ 사이의 넓이를 구하라.

풀이

찾고자 하는 것은 어떤 넓이이며 이 넓이는 무엇의 극한값인가?

[그림 8-1(b)]와 같은 부채꼴 모양에서 시작해보자. 넓이는 y축에서 시작하여 원이 직선을 만나는 곳에서 끝난다. 이때 원과 직선의 교점에서 $v(x)=w(x)$를 얻는다.

$\sqrt{1-x^2}=x$에서 이를 제곱하면 $1-x^2=x^2$이 되고, 이는 $2x^2=1$이다.

따라서 $x^2=\frac{1}{2}$이고, $x=1/\sqrt{2}$에서 끝점을 갖는다. 이제 띠의 높이 $v-w$를 적분한다.

$$\int_0^{1/\sqrt{2}} (\sqrt{1-x^2}-x)dx = \frac{1}{2}\sin^{-1}x + \frac{1}{2}x\sqrt{1-x^2} - \frac{1}{2}x^2\Big]_0^{1/\sqrt{2}}$$

$$= \frac{1}{2}\sin^{-1}\left(\frac{1}{\sqrt{2}}\right) + \frac{1}{4} - \frac{1}{4} = \frac{1}{2}\left(\frac{\pi}{4}\right)$$

위 식에서 넓이는 $\pi/8$이다(원의 8분의 1). $\sqrt{1-x^2}\,dx$를 적분하기 위해 7장에서의 적분법을 적용하여 $x=\sin\theta$로 두고 $\int\cos^2\theta d\theta = \frac{1}{2}(\theta+\sin\theta\cos\theta)$로 변환한 후, $\theta=\sin^{-1}x$를 사용해서 다시 x에 대하여 나타내었다. 친숙한 형태이지만, 실전에서는 생각보다 어렵다는 것을 알 수 있다.

NOTE 원과 직선 사이의 전체 영역을 찾는 문제를 가정하자. [그림 8-1(b)]는 두 점에서 $v=w$임을 보여주는데, 한 점은(이미 사용한) $x=1/\sqrt{2}$이고 다른 한 점은 $x=-1/\sqrt{2}$이다. 원의 $\frac{1}{8}$을 구하기 위해서 $x=0$에서 시작했던 것 대신 이제는 원의 왼쪽을 포함시켜야 한다.

$x=-1/\sqrt{2}$에서 $x=1/\sqrt{2}$까지 적분하면 잘못된 답이 도출된다. 이는 맨 왼쪽에 있는 원의 튀어나온 일부분을 놓치기 때문이다. 그 부분에서 띠는 $v-w$ 대신에 높이 $2v$를 가진다. 이 반원의 제대로 된 넓이를 얻기 위해서는 그림을 그리는 것이 필수이다.

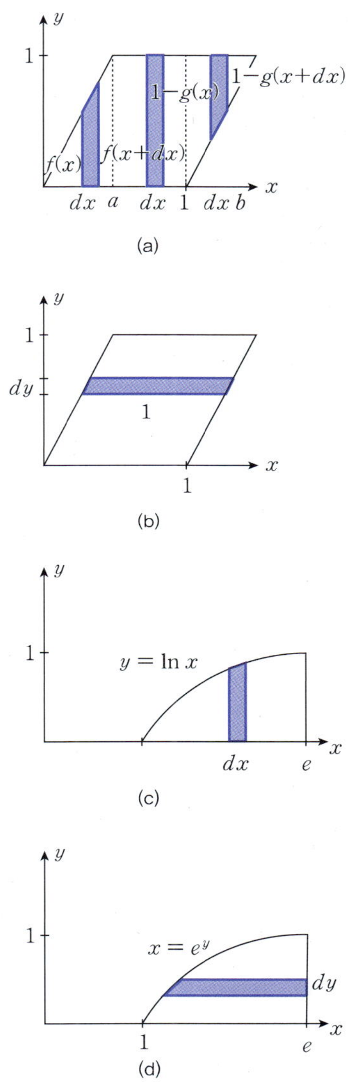

[그림 8-2] 수직 조각(x에 대한 적분)과 수평 조각(y에 대한 적분)

수직 띠를 대신하는 수평 띠

영역을 조각내는 방법에는 여러 가지가 있다. 수직 조각을 이용해 x에 대한 적분값을 구할 수 있는 반면 **수평 조각을 이용해 y에 대한 적분값을 구할 수 있다.** 우리는 두 방법을 자유자재로 쓸 줄 알아야 하며 때때로 y에 대한 적분이 더 편리할 때가 있다.

[그림 8-2]의 (a)와 (b)는 밑변이 1이고 높이가 1인 단위 평행사변형을 보여준다.

$x=0$에서 a까지의 직선의 방정식을 $y=f(x)$, $x=1$에서 b까지의 직선의 방정식을 $y=g(x)$라고 하자. 그러면 [그림 8-2(a)]에서의 평행사변형의 넓이는 0에서 a까지의 사다리꼴 $(1/2)dx(f(x)+f(x+dx))$들의 합과 a에서 1까지의 직사각형 $(1-a)$, 그리고 1에서 b까지의 사다리꼴 $(1/2)dx((1-g(x))+(1-g(x+dx)))$의 합과 같이 독립적인 세 가지 적분을 통해서 구할 수 있다. 여러분은 그 이유를 확인해야 한다! 길이가 1이고 두께가 dy인 수평 조각을 통해 이 넓이는 간단히 $\int_0^1 dy = 1$임을 알 수 있다.

예제 3 $x=e$까지 $y=\ln x$ 아래(또는 $x=e^y$ 위)의 넓이를 찾아라.

풀이

수직 조각을 통한 x에 대한 적분은 [그림 8-2(c)]에 있고, y에 대한 적분은 [그림 8-2(d)]에 있다. 넓이는 두 적분 중 하나를 자유롭게 선택하여 구하면 된다(여기서는 y에 대한 적분을 선택하였다).

$$\int_{x=1}^{e} \ln x\, dx = [x\ln x - x]_1^e = 1 \quad \text{또는} \quad \int_{y=0}^{1} (e-e^y)dy = [ey - e^y]_0^1 = 1$$

조각에 의한 부피

이 책에서 처음으로 부피를 살펴본다. **이때 영역은 삼차원에서의 입체이다.** 따라서 세 개의 좌표 x, y, z가 있다. 그리고 입체를 자르는 많은 방법들이 있다.

[그림 8-3]은 **조각**을 이용한 한 가지 간단한 방법을 보여준다. 조각은 평면에서의 띠와 같이 두께 dx를 가진다. 띠의 높이 y 대신에, 이제 **횡단면의 넓이** A를 가진다. 이 넓이는 다른 조각과는 다르다. A는 x에 의존하며 조각의 부피는 횡단면의 넓이와 두께의 곱과 같다. 즉 $dV = A(x)dx$이다. 이때 전체 입체의 부피는 다음과 같은 적분이다.

$$\text{부피} = \text{넓이와 두께의 곱의 적분} = \int A(x)dx \tag{2}$$

실제 조각에서 양 밑변은 같은 넓이를 가지지 않는다! 그것의 두께는(dx가 아니라) Δx이므로 부피는 대략적으로 $A(x)\Delta x$이다(하지만 정확하지는 않다). 극한을 취하면 두께는 0에 가까이 가고 부피의 합은 적분에 가까이 간다.

기둥에서 모든 조각들은 같다. [그림 8-3(b)]는 기둥을 보여주는데, 기둥 모양이 원기둥은 아니다. 넓이는 고정된 수 A이고, 따라서 당연히 적분할 수 있다. 부피는 $A\times h$이다. 높이[height]를 상징하는 문자 h는 보통 기둥이 밑면을 바닥으로 둔 채 올곧게 서있음을 말해준다. 그리고 조각들은 수평이며 y에 대한 적분 또는 z에 대한 적분은 0에서 h까지 간다. 횡단면이 원일 때, 기둥의 부피는 $\pi r^2 h$이다.

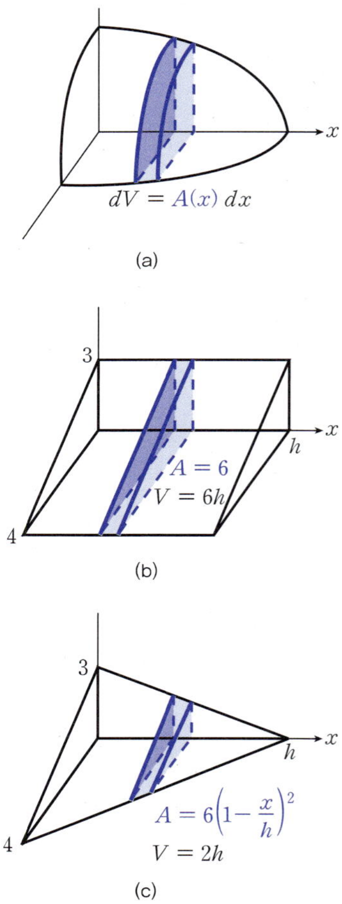

[그림 8-3] 횡단면은 넓이 $A(x)$를 가진다. 부피는 $\int A(x)dx$이다.

예제 4 [그림 8-3(b)]에서의 삼각기둥은 넓이가 $A=\frac{1}{2}(3)(4)=6$과 같이 상수인 횡단면을 가진다. 이때 부피는 $6h$이다.

예제 5 [그림 8-3(c)]에서의 각뿔에서 넓이 $A(x)$는 6에서 0으로 떨어진다. 각뿔이나 원뿔을 위한 일반적인 법칙은 그들의 부피가 (기둥과 비교했을 때) 추가 인자 $\frac{1}{3}$을 가진다는 것이다. 부피는 이제 $6h$ 대신 $2h$이다. 밑면의 넓이가 πr^2인 뿔에서 부피는 $\frac{1}{3}\pi r^2 h$이다. 뿔은 밑면의 넓이가 0까지 점점 가늘어지므로 기둥 부피의 $\frac{1}{3}$만 남는다.

여기서 $\frac{1}{3}$과 같은 수치는 어떻게 나온 것일까? 각뿔에서 잘려진 삼각형은 짧은 변을 가진다. 3과 4에서 시작하면, 변의 길이 $3(1-x/h)$와 $4(1-x/h)$는 $x=h$에서 0으로 떨어진다. 이때 넓이는 $A=6(1-x/h)^2$이다. 변의 길이는 일차적으로 감소하고, 넓이는 이차적으로 감소한다. 인자 $\frac{1}{3}$은 실제로 x^2을 적분해서 얻어지는 $\frac{1}{3}x^3$의 계수이다.

$$\int_0^h A(x)dx=\int_0^h 6\left(1-\frac{x}{h}\right)^2 dx=-2h\left(1-\frac{x}{h}\right)^3\bigg]_0^h=2h$$

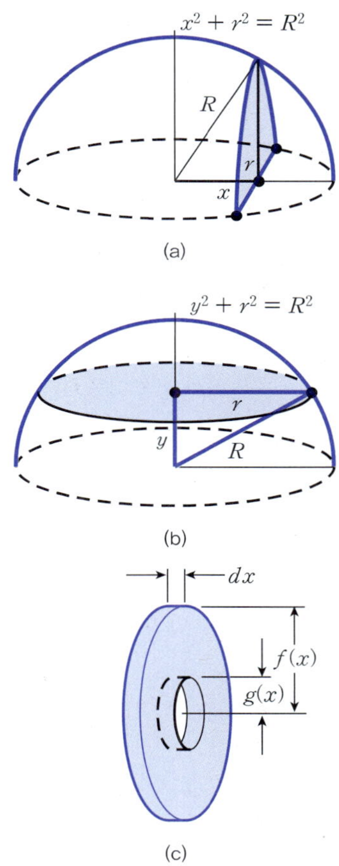

[그림 8-4] 수직 또는 수평 조각으로 나누어진 반구. 와셔의 넓이는 $\pi f^2-\pi g^2$이다.

예제 6 반지름이 R인 반구의 부피는 $\frac{1}{2}\left(\frac{4}{3}\pi R^3\right)$임이 알려져 있다. 이 반구의 횡단면은 반원이다. 핵심적인 관계식은 $x^2+r^2=R^2$인데, 이는 [그림 8-4(a)]에서 직각삼각형에 대한 관계식이다. 반원의 넓이는 $A=\frac{1}{2}\pi r^2=\frac{1}{2}\pi(R^2-x^2)$이다. 따라서 다음과 같이 $A(x)$를 적분할 수 있다.

$$\text{부피}=\int_{-R}^{R}A(x)dx=\frac{1}{2}\pi\left(R^2x-\frac{1}{3}x^3\right)\bigg]_{-R}^{R}=\frac{2}{3}\pi R^3$$

예제 7 수평 조각을 사용해 같은 반구의 부피를 찾아라([그림 8-4(b)]). 구는 여전히 반지름이 R이고, 새로운 직각삼각형은 $y^2+r^2=R^2$을 준다. 우리는 전체 원을 갖고 있기 때문에 넓이는 $\pi r^2=\pi(R^2-y^2)$이다. 이는 $A(x)$가 아닌 $A(y)$임에 주목하라. 그리고 y에 대한 적분은 x에 대한 적분에서와 다르게 0에서 시작한다.

$$\text{부피}=\int_0^R A(y)dy=\pi\left(R^2y-\frac{1}{3}y^3\right)\bigg]_0^R=\frac{2}{3}\pi R^3 \quad \text{([예제 6]의 답과 같다)}$$

회전체

뿔과 구, 원기둥은 모두 '회전체'이다. 수평선을 x축에 대해 회전시키면 원기둥이 된다. 기울어진 직선을 돌리면 뿔이 되고, 반원을 돌리면 구가 된다. 원이 축으로부터 떨어져 있다면, 회전은 토러스(도넛)가 된다. 다시 말해 임의의 곡선 $y=f(x)$의 회전은

회전체를 만든다.

이러한 입체의 부피는 쉽게 구할 수 있는데 **모든 횡단면이 원이기 때문이다**. 모든 조각은 팬케이크(또는 피자)라고 생각할 수 있다. 곡선 $y=f(x)$를 x축에 대해 회전하는 것은 반지름이 y인 원판을 주고, 따라서 넓이는 $A=\pi y^2=\pi[f(x)]^2$이다. 이 조각들을 더하여 부피를 구하자.

$$\text{회전체의 부피} = \int_a^b \pi y^2 dx = \int_a^b \pi[f(x)]^2 dx$$

예제 8 $A=\pi(\sqrt{x^2})^2$인 $y=\sqrt{x}$를 회전시키면 '헤드라이트'가 된다([그림 8-5(a)]).

$$\text{헤드라이트의 부피} = \int_0^2 A dx = \int_0^2 \pi x dx = \frac{1}{2}\pi x^2 \Big]_0^2 = 2\pi$$

만약 같은 곡선을 y축에 대해 회전시킨다면 샴페인 잔이 만들어질 것이다. 이때 조각들은 수평이다. 즉 조각의 넓이는 πy^2이 아닌 πx^2이다. $y=\sqrt{x}$일 때, 이 넓이는 πy^4이고, $y=0$에서 $\sqrt{2}$까지 적분하면 샴페인 잔의 부피는 $\pi(\sqrt{2})^5/5$이 된다.

$$y\text{축에 대한 회전 : 부피} = \int \pi x^2 dy$$

예제 9 헤드라이트는 가운데에 구멍이 있다([그림 8-5(b)]). 부피는 얼마인가?

구멍의 반지름은 1이다. $\sqrt{x}$가 1에 도달하는 점까지 모든 $\sqrt{x}$ 입체는 제거된다. 그 이후 $x=1$에서 $x=2$까지, 각각 횡단면은 구멍이 있는 원판이다. 이 원판의 반지름은 $f=\sqrt{x}$이고 구멍의 반지름은 $g=1$이다. 조각은 평평한 반지 모양 또는 **와셔** washer [1]이다. 이것의 넓이는 전체 원반의 넓이에서 구멍의 넓이를 뺀 값이다.

$$\text{와셔의 넓이} = \pi f^2 - \pi g^2 = \pi(\sqrt{x})^2 - \pi(1)^2 = \pi x - \pi$$

이것이 와셔의 방법에서의 넓이 $A(x)$이다. 이를 적분하면 부피가 된다.

$$\int_1^2 A dx = \int_1^2 (\pi x - \pi) dx = \left[\frac{1}{2}\pi x^2 - \pi x\right]_1^2 = \frac{1}{2}\pi$$

NOTE _ 와셔의 넓이는 $\pi(f-g)^2$이 아닌 $A=\pi f^2-\pi g^2$이다.

예제 10 (와셔 모양으로 조각낸 도넛) 반지름이 a인 원을 x축에 대해 회전시킨 원의 중심은 원점으로부터 거리 b만큼 떨어져 있다(이때 $b>a$). 이때 도넛(또는 토러스)의 부피는 $2\pi^2 a^2 b$임을 보여라.

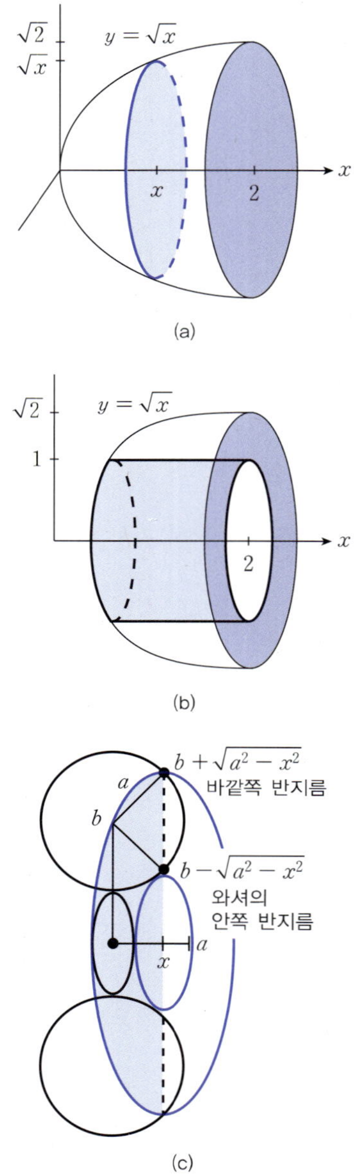

[그림 8-5] (a) $y=\sqrt{x}$이 회전한다. (b) $y=1$은 안쪽에서 회전한다. (c) 원이 회전하여 토러스가 된다.

1 와셔란 볼트나 너트로 물건을 고정할 때 사이에 삽입하는 둥글고 얇은 고리 모양의 쇠붙이를 뜻한다.

풀이

원의 절반의 바깥쪽은 도넛의 바깥쪽을 만들고, 안쪽의 반은 구멍을 만든다. 중앙의 평면을 지나는 가장 큰 조각의 바깥 반지름은 $b+a$이고 안쪽 반지름은 $b-a$이다.

x만큼 옮기면 바깥 반지름은 $f=b+\sqrt{a^2-x^2}$이고 안쪽 반지름은 $g=b-\sqrt{a^2-x^2}$이다. [그림 8-5(c)]는 넓이 $\pi f^2-\pi g^2$인 조각(와셔)을 보여준다.

$$\text{넓이 } A=\pi(b+\sqrt{a^2-x^2})^2-\pi(b-\sqrt{a^2-x^2})^2=4\pi b\sqrt{a^2-x^2}$$

이제 도넛의 부피를 찾기 위해 와셔를 적분한다.

$$\int_{-a}^{a}A(x)dx=4\pi b\int_{-a}^{a}\sqrt{a^2-x^2}\,dx=(4\pi b)\left(\frac{1}{2}\pi a^2\right)=2\pi^2a^2b$$

이때 적분된 값 $\frac{1}{2}\pi a^2$은 반원의 넓이이다. $x=a\sin\theta$로 설정하면 넓이는 $\int a^2\cos^2\theta\,d\theta$이다. $\cos^2\theta$에 대한 적분은 앞에서도 다루었다.

가장 어려운 부분은 와셔를 도식화하는 것인데, 도넛을 일반적으로 와셔 고양으로 자르지 않기 때문이다. 더 좋은 묘사는 버터를 바르기 위해서 긴 방향으로 조각내는 **베이글**이다.

기둥의 껍질에 의한 부피

마지막으로 회전체를 자르는 다른 방법을 살펴보자. 이제까지 그것은 조각들로 잘려졌다. 이때 조각은 회전축에 수직이었다. 이제 잘려진 부분들은 축에 평행이고 각각의 조각들은 **얇은 기둥의 껍질**인 경우를 다룰 것이다. 새로운 식을 사용해도 같은 부피를 얻지만, 적분 계산이 더 쉬워질 수도 있다.

[그림 8-6(a)]는 입체 원뿔을 보여준다. 이때 껍질은 안쪽에 있다. 안쪽 반지름은 x이고 바깥쪽 반지름은 $x+dx$이다. 껍질의 부피는 바깥쪽 기둥에서 안쪽 기둥의 부피를 뺀 값이다.

$$\text{껍질의 부피 } \pi(x+dx)^2h-\pi x^2h=\pi x^2h+2\pi x(dx)h+\pi(dx)^2h-\pi x^2h \quad (3)$$

여기서 중요한 항은 $2\pi x(dx)h$이다. **껍질의 부피는** $2\pi x$(둘레)$\times dx$(두께)$\times h$(높이)이다. 입체의 부피는 다음과 같이 껍질의 부피를 모두 합침으로써 얻을 수 있다.

$$\text{입체의 부피}=\text{껍질의 부피의 적분}=\int 2\pi xh\,dx \quad (4)$$

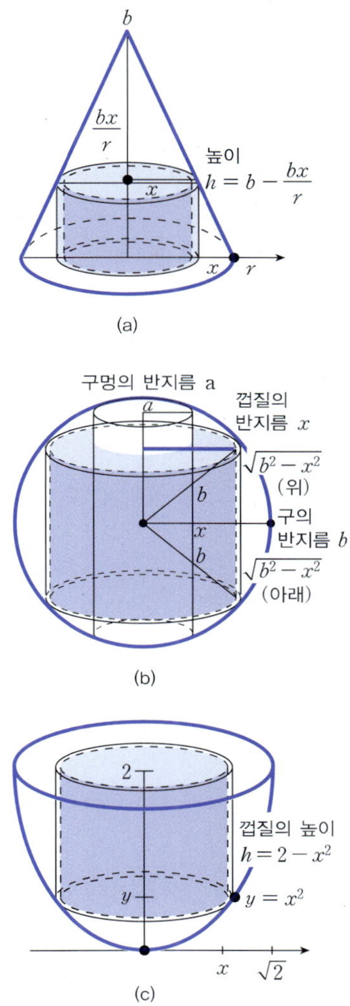

[그림 8-6] (a) 뿔, (b) 구멍이 있는 구, (c) 원뿔면 안의 부피가 $2\pi xh\,dx$인 껍질들

위 식이 껍질 방법의 핵심이다. 이제 예제를 살펴보자.

NOTE _ **부피 식 (4)에 대하여** 이는 $(dx)^2$과 $(\Delta x)^2$이 사라지는 완전히 전형적인 적분이다. 그 이유는 다음과 같다. 껍질의 개수는 $1/\Delta x$과 같이 증가한다. $(\Delta x)^2$와 관련된 항은 (0으로 가까이 가는) Δx와 관련된 항의 부피에 더해진다. **Δx 또는 dx가 포함된 항이 바로 올바른 결과를 내는 항이다.** 이것의 극한은 적분 $\int 2\pi xh\,dx$를 준다. 핵심은 입체를 껍질 밖에 만든 다음 각 조각들의 넓이 또는 부피를 찾는 것이다.

예제 11 껍질들로 잘린 뿔(밑면의 넓이 πr^2, 높이 b)의 부피를 찾아라.

풀이

중심에서 높은 껍질은 b와 가까운 h를 가지고, 바깥쪽의 짧은 껍질은 0과 가까운 h를 가진다. 이 사이에서 껍질의 높이 h는 선형으로 감소하고, $x=r$에서 0에 도달한다. [그림 8-6(a)]에서 높이는 $h=b-bx/r$이다. 모든 껍질에 대해 적분하면 다음과 같이 (예상한 인자 $\frac{1}{3}$과 함께) 뿔의 부피를 얻는다.

$$\int_0^r 2\pi x\left(b-b\frac{x}{r}\right)dx=\left[\pi x^2 b-\frac{2\pi x^3 b}{3r}\right]_0^r=\frac{1}{3}\pi r^2 b$$

예제 12 반지름이 b인 구를 통과하는 반지름이 a인 구멍을 뚫어라(이때 $b>a$이다).

풀이

껍질이 시작하는 구멍은 $x=a$까지의 모든 점들을 제거한다. 껍질의 높이는 $h=2\sqrt{b^2-x^2}$이다(핵심은 [그림 8-6(b)]에서의 직각삼각형이다. 위쪽의 높이는 $\sqrt{b^2-x^2}$이며 이는 껍질의 높이의 절반이다). 따라서 구멍을 가진 구는 다음과 같은 부피를 가진다.

$$\text{부피}=\int_a^b 2\pi xh\,dx=\int_a^b 4\pi x\sqrt{b^2-x^2}\,dx$$

$u=b^2-x^2$로 치환하면 du를 거의 확인할 수 있다. $du=-2x\,dx$에서 -2에 의해 계수 4π는 -2π가 된다.

$$\text{부피}=-2\pi\int\sqrt{u}\,du=-2\pi\left(\frac{2}{3}u^{3/2}\right)$$

u에 대한 극한을 찾거나 $u=b^2-x^2$을 다시 집어넣어 그 값을 구할 수 있다.

$$\text{부피}=-\frac{4\pi}{3}(b^2-x^2)^{3/2}\Big]_a^b=\frac{4\pi}{3}(b^2-a^2)^{3/2}$$

$a=b$(구멍이 구만큼 큰 경우)일 때 부피는 0이고, $a=0$(구멍이 없는 경우)일 때 완전한 구의 부피인 $4\pi b^3/3$을 얻는다.

Q_ 구멍이 있는 구가 껍질 대신 조각들로 잘린다면 어떻게 되는가?

A_ 수평 조각은 와셔가 된다([연습문제 8.1.66]). 수직 조각은 부피를 구하기에 적합하지 않은 선택이다.

예제 13 그릇 모양을 만들기 위해 포물선 $y = x^2$을 y축에 대해 회전시켜라.

풀이

이 경우에는 $x = \sqrt{2}$까지(그리고 $y = 2$까지) 간다. [그림 8-6(c)]에서 껍질은 높이 $h = 2 - x^2$을 가진다. 그릇(또는 포물면)은 [예제 8]의 하드라이트와 같지만 이 경우 조각이 아닌 껍질을 가진다.

$$\int_0^{\sqrt{2}} 2\pi x(2 - x^2)dx = \left[2\pi x^2 - \frac{2\pi x^4}{4}\right]_0^{\sqrt{2}} = 2\pi$$

넓이와 부피에 대한 정리

곡선 사이의 넓이 : $A = \int (v(x) - w(x))dx$

조각들로 잘려진 고체의 부피 : $V = \int A(x)dx$ 또는 $\int A(y)dy$

회전체의 부피 : 횡단면 $A = \pi y^2$ 또는 πx^2

구멍을 가진 입체 : 와셔의 넓이 $A = \pi f^2 - \pi g^2$

껍질들로 잘려진 회전체의 부피 : $V = \int 2\pi x h dx$

조각과 껍질 중 어떤 것을 사용할 것인가? $y = \cos x$에서 x축에 수직한 직선으로 시작해 보자. 이 직선을 x축에 대해 회전시키면 조각(원판)을 얻고, 반지름은 $\cos x$이다. 이 직선을 y축에 대해 회전시키면 껍질(원기둥의 바깥면)을 얻고, 높이는 $\cos x$이다. [그림 8-7]에서 조각과 껍질을 확인하라. 부피를 구하려면 $\pi \cos^2 x\,dx$(조각의 부피)를 적분하거나 $2\pi x \cos x\,dx$(껍질의 부피)를 적분하기만 하면 된다.

x축에 대해서는 조각을, y축에 대해서는 껍질을 선택하는 것이 일반적이다. 그러면 $y = f(x)$로 원판의 반지름과 껍질의 높이를 얻을 수 있다. 만약 안쪽 반지름 $g(x)$가 있다면 조각은 원판이 아닌 와셔가 된다. 그래도 적분을 구하는 데에는 문제가 없다. 그저 작은 부피들을 적분하면 된다.

만약 조각을 y축에 대해 회전시키면 어떻게 될까? 원판은 [그림 8-7(b)]에 있고 그들의 반지름은 x이다. 예를 들어 $x = \cos^{-1}y$라고 하면 이는 일반적으로 $x = f^{-1}(y)$라고 하고, 이때 y에 대한 x의 관계식을 찾기 위해 $y = f(x)$를 풀어야 한다. 마찬가

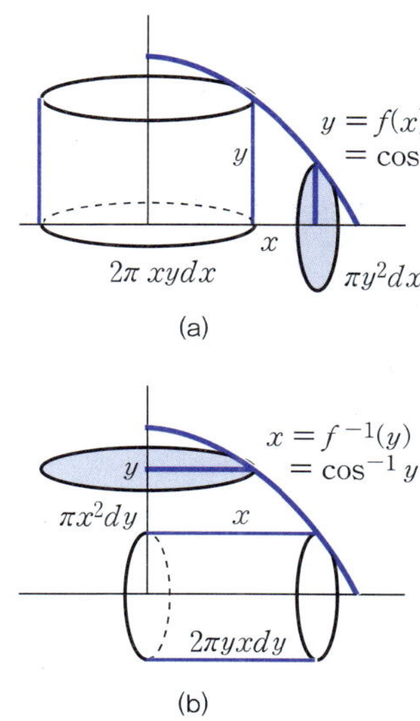

[그림 8-7] (a) x축에 대해서 조각으로 적분하는 것과 y축에 대해서 껍질로 적분하는 것(좋은 방법). (b) 반대 방향은 $f^{-1}(y)$를 필요로 한다.

지로 껍질을 x축에 대해 회전시키면 껍질의 길이는 $x = f^{-1}(y)$이다. 적분이 매우 어렵거나 불가능할지도 모른다.

$y = \cos x$를 x축에 대해서 회전시킬 때, 부피를 위한 다음의 선택지들이 있다.

(조각이 더 좋은 경우) $\int \pi \cos^2 x\, dx$ **(껍질이 더 나쁜 경우)** $\int 2\pi y \cos^{-1} y\, dy$

8.1 문장제 문제

01 $y=x^3$과 $y=x^4$ 사이의 넓이는 __a__의 적분과 같다. 만약 범위가 곡선이 만나는 곳에서 끝나면 __b__을(를) 풀어냄으로써 x의 극한을 찾을 수 있다. 그러면 넓이는 __c__와(과) 같다. $y=\sqrt{x}$와 y축 사이의 넓이가 수평으로 조각되어 있을 때, 계산해야 할 적분은 __d__이다.

02 3차원에서 조각의 부피는 그것의 두께 dx와 그것의 __e__의 곱이다. 만약 횡단면이 한 변의 길이가 $1-x$인 정사각형이라면 부피는 $\int$ __f__ (으)로 구해진다. $x=0$에서 $x=1$까지 이 적분은 정사각 __g__의 부피 __h__을(를) 준다. 만약 횡단면이 반지름이 $1-x$인 원이라면 부피는 $\int$ __i__ (으)로 구해진다. 이는 원형의 __j__ 의 부피 __k__을(를) 준다.

03 회전체의 횡단면은 항상 __l__이다. $y=f(x)$의 그래프를 x축에 대해 회전시키는 것은 입체의 부피 $\int$ __m__을(를) 주며 y축에 대한 회전은 $\int$ __n__의 결과를 준다. $y=f(x)$와 $y=g(x)$ 사이의 넓이를 x축에 대해 회전시키면 조각은 __o__ 모양이 된다. 그들의 넓이는 __p__ 이고 따라서 부피는 $\int$ __q__이다.

04 다른 방법은 입체를 얇은 기둥의 __r__(으)로 자르는 것이다. y축에 대해서 $y=f(x)$ 아래의 넓이를 회전시키면 껍질은 높이 __s__와(과) 두께 dx와 부피 __t__ 을(를) 가진다. 총 부피는 $\int$ __u__이다.

8.1 연습문제

01~12 다음 곡선들이 어디서 만나는지를 찾고, 개략적인 그래프를 그려서 그들 사이의 넓이를 계산하라.

01 $y=x^2-3$과 $y=1$

02 $y=x^2-2$와 $y=0$

03 $y^2=x$와 $x=9$

04 $y^2=x$와 $x=y+2$

05 $y=x^4-2x^2$과 $y=2x^2$

06 $x=y^5$과 $y=x^4$

07 $y=x^2$과 $y=-x^2+18x$

08 $y=1/x$과 $y=1/x^2$과 $x=3$

09 $y=\cos x$와 $y=\cos^2 x$

10 $y=\sin \pi x$와 $y=2x$와 $x=0$

11 $y=e^x$과 $y=e^{2x-1}$과 $x=0$

12 $y=e$와 $y=e^x$과 $y=e^{-x}$

13 세 개의 직선 $y=4-x$, $y=3x$, $y=x$로 둘러싸인 넓이를 구하라.

14 $y=12-x$, $y=\sqrt{x}$, $y=1$로 둘러싸인 넓이를 구하라.

15 포물선 $y=1-x^2$은 $x=1$에서 단위원 $x^2+y^2=1$의 안쪽 또는

바깥쪽에 위치해 있는가? 이 두 곡선으로 둘러싸인 부분의 넓이를 구하라.

16 (a) 단위원 안에 (b) 문제 15의 포물선 안에 내접하는 밑변이 x축 위에 있는 가장 큰 삼각형의 넓이를 구하라.

17 럭비공의 부피를 찾기 위해 타원 $x^2/a^2+y^2/b^2=1$을 x축 기준으로 회전시켜라. y축을 기준으로 회전시킨 부피는 무엇인가? $a=2$이고 $b=1$일 때 한 럭비공에는 있지만 다른 럭비공에는 없는 점 (x, y, z)를 찾아라.

18 $y=\sin x\,(0\le x\le\pi)$를 x축 기준으로 회전시켜서 얻는 도형의 부피는 무엇인가?

19 $y=\sin x\,(0\le x\le\pi)$를 y축 기준으로 회전시켜서 얻는 도형의 부피는 무엇인가?

20 $y=\sin x\,(0\le x\le\pi)$를 x축 기준으로 회전시키고 전체를 y축 기준으로 회전시켜서 얻는 도형의 부피는 무엇인가?

21~28 다음 곡선으로 둘러싸인 영역을 그려라. 영역을 (a) x축 기준으로, (b) y축 기준으로 회전시켰을 때의 부피를 각각 찾아라.

21 $x+y=8,\ x=0,\ y=0$

22 $y-e^x=1,\ x=1,\ y=0,\ x=0$

23 $y=x^4,\ y=1,\ x=0$

24 $y=\sin x,\ y=\cos x,\ x=0$

25 $xy=1,\ x=2,\ y=3$

26 $x^2-y^2=9,\ x+y=9$ ($y\ge 0$인 영역을 회전시켜라)

27 $x^2=y^3,\ x^3=y^2$

28 $(x-2)^2+(y-1)^2=1$

29~34 부피를 찾고 전형적인 조각을 그려라.

29 높이가 h인 모자는 반지름이 R인 구의 윗부분을 자른 것이다. $y=R-h$에서 시작해서 구를 수평하게 조각내라.

30 각뿔 P의 밑면은 높이 6과 한 변의 길이가 2인 정사각형이다. 이 각뿔의 부피는 $\frac{1}{3}(6)(2)^2=8$이다.

(a) 수평 조각을 이용하여 높이 3까지의 부피를 찾아라. 높이 y에서 변의 길이는 무엇인가?

(b) P에서 작은 각뿔을 제거하고 다시 계산하라.

31 밑면은 반지름이 a인 원판이다. 밑면에 수직인 조각들은 정사각형이다.

32 밑면은 포물선 $y=1-x^2$ 아래의 영역이다. x축에 수직인 조각들은 정사각형이다.

33 밑면은 포물선 $y=1-x^2$ 아래의 영역이다. y축에 수직인 조각들은 정사각형이다.

34 밑면은 꼭짓점으로 $(0, 0), (1, 0), (0, 1)$을 가지는 삼각형이다. x축에 수직인 조각들은 반원이다.

---

35 넓이에 대한 카발리에리의 원리[Cavalieri's principle] : 만약 두 영역이 같은 높이의 띠를 가지면, 영역은 같은 넓이를 가진다. 단위 정사각형과 같은 높이의 띠를 가진 평행사변형과 휘어진 영역을 그려라. 이들의 넓이는 왜 같은가?

36 부피에 대한 카발리에리의 원리 : 만약 두 입체가 같은 넓이의 조각을 가지면 입체는 같은 부피를 가진다. 이를 이용하여 그림에서 휘어진 원기둥의 부피를 구하라.

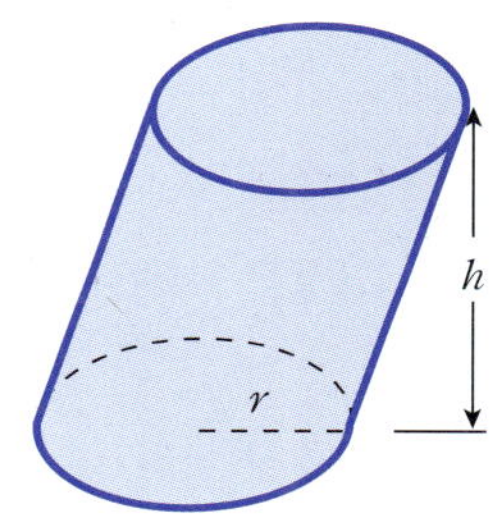

37 기울어진 원기둥과 같은 조각을 가진 다른 영역을 그려라. 모든 넓이가 $A(x)$로 같을 때, 부피는 $\int$ ____(으)로 같다.

38 다음 그림에서 반지름이 a인 두 원기둥의 공통 부분의 부피를 찾아라. 이 영역의 8분의 1은 그림과 같다(축은 서로 수직이고 수평 조각은 정사각형이다).

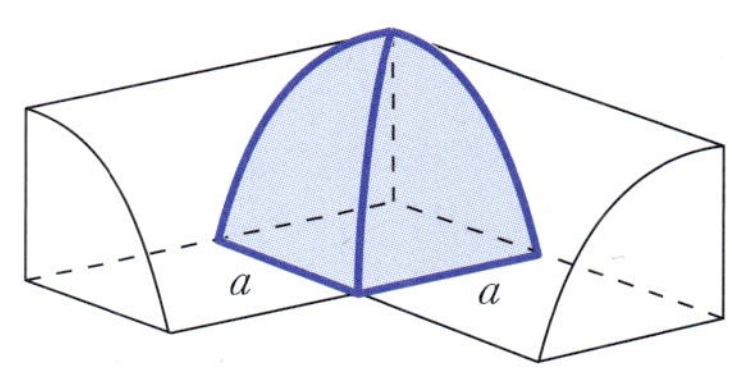

39 쐐기는 나무 기둥으로부터 잘려진 부분이다(그림 (a)를 보라). 첫 번째 절단은 x축까지 바닥을 따라 진행된다. 두 번째 절단은 각 θ를 이루고 역시 x축에서 멈춘다.

(a) 곡선 C는 (원, 타원, 포물선)의 일부이다.

(b) 점 P의 높이를 x로 나타내면 _____이다.

(c) 삼각형 조각의 넓이 $A(x)$는 _____이다.

(d) 쐐기의 부피는 _____이다.

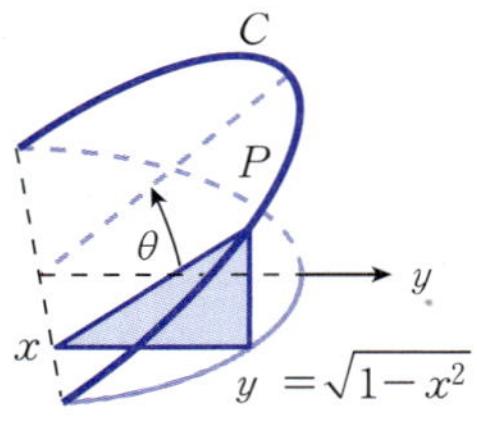

(a)

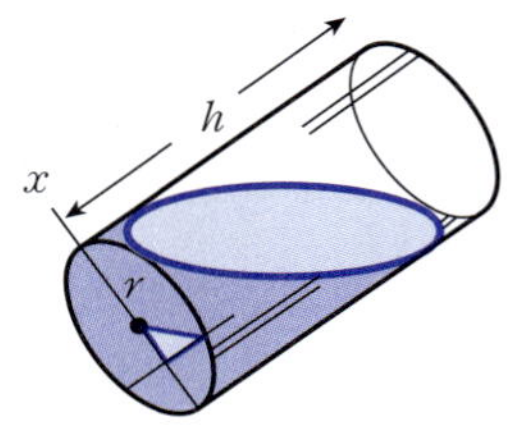

(b)

40 같은 쐐기가 y축에 수직이 되도록 조각된다고 가정하자.

(a) 이 조각은 이제 (삼각형, 사각형, 곡선)이다.

(b) 조각의 넓이는 ______이다(조각의 높이는 $y\tan\theta$).

(c) 쐐기의 부피는 ____의 적분이다.

(d) 반지름을 1에서 r까지 변화시키면 부피는 _____만큼 곱해진다.

41 반지름이 r이고 높이가 h인 원기둥의 절반이 물로 채워져 있다. 위의 그림 (b)와 같이 물이 밑면을 덮을 수 있도록 원기둥을 기울인다고 하자.

(a) 상식적으로 물의 부피를 찾아라.

(b) x축에 수직인 조각들은 (삼각형, 사다리꼴, 곡선)이다. 이 문제를 풀기 위해 실제로 유리잔을 기울여도 좋다.

42 문제 **41**의 조각의 넓이를 찾아라(기울이는 각 θ에 대하여 $\tan\theta = 2h/r$이다). 물의 부피를 찾기 위해 적분하라.

43~46 다음 조각들은 와셔이다. 조각의 넓이와 전체 부피를 찾아라.

43 네 변 $x=1, x=3, y=2, y=5$를 가진 직사각형을 x축에 대해 회전시켰다.

44 문제 **43**과 같은 사각형을 y축에 대해 회전시켰다.

45 문제 **43**과 같은 사각형을 직선 $y=1$에 대해 회전시켰다.

46 꼭짓점이 $(1,0), (1,1), (0,1)$인 삼각형을 그려라. 이 삼각형을 x축에 대해 회전시킨 후, 입체를 묘사하고 이 도형의 부피를 찾아라.

47 뿔의 축 아래로 반지름이 b인 밑면에 반지름이 a인 구멍을 뚫는다. 이 뿔을 축을 지나는 평면으로 잘랐을 때 두 모선이 이루는 각이 45°라면(높이도 b), 남은 부피는 무엇인가? $a=0$과 $a=b$일 때를 각각 확인하라.

48 반지름이 r인 두 구의 중심이 서로 $2(r-h)$만큼 떨어져 있을 때 두 구의 공통 부분의 부피를 찾아라. 구 형태의 모자에 대한 문제 **29**를 이용하라.

49 **(껍질과 원판)** $y=3-x$를 $x=0$에서 $x=2$까지 x축에 대해 회전시켜라. 껍질과 원판에 의한 부피 적분을 각각 써라.

50 **(껍질과 원판)** $y=x^3$을 $y=0$에서 $y=8$까지 y축에 대해 회전시켜라. 껍질과 원판에 의한 부피 적분을 쓰고 두 방법 다 계산하라.

51 떠먹는 요구르트는 회전체를 통해 얻어진다. $y=a$와 $y=b$ 사이의 부피를 찾기 위해 직선 $y=mx$를 y축에 대해 회전시켜라.

52 $y=f(x)$가 $f(0)=b$에서 $f(1)=0$까지 감소한다고 가정하자. 이 곡선을 y축에 대해 회전시켰을 때, 다음과 같이 주어진 껍질과 원판을 비교하라.

$$\int_0^1 2\pi x f(x)\,dx = \int_0^b \pi(f^{-1}(Y))^2\,dy$$

두 번째 식에 $y=f(x)$를 대입하라. 또한 $dy=f'(x)dx$를 대입하라. 첫 번째 식에 도달하기 위해 부분적분하라.

53 안쪽 반지름 2cm와 바깥쪽 반지름 10cm를 가진 종이의 롤이 1cm당 대략적으로 두께 10을 갖는다면, 펼친 종이의 길이는 대략적으로 얼마인가?

54 여러분의 뇌의 대략적인 부피를 찾아라. 눈 위의 모든 신체(예를 들어 두개골)를 포함시켜도 좋다.

55~63 껍질을 사용하여 다음의 부피를 찾아라. 회전된 영역은 x축과 곡선 사이에 놓여 있다.

55 $y=1-x^2, 0\le x\le 1$ (y축에 대해서)

56 $y=1/x, 1\le x\le 100$ (y축에 대해서)

57 $y=\sqrt{1-x^2}, 0\le x\le 1$ (모든 축에 대해서)

58 $y=1/(1+x^2), 0\le x\le 3$ (y축에 대해서)

59 $y=\sin(x^2), 0\le x\le\sqrt{\pi}$ (y축에 대해서)

60 $y=1/\sqrt{1-x^2}, 0\le x\le 1$ (y축에 대해서)

61 $y=x^2, 0\le x\le 2$ (x축에 대해서)

62 $y=e^x, 0\le x\le 1$ (x축에 대해서)

63 $y=\ln x, 1 \le x \le e$ (x축에 대해서)

64 $y=x^2$과 $y=x$ 사이의 영역을 y축에 대해 회전시켰다. (a) 껍질로 잘라서 부피를 찾아라. (b) 와셔로 조각내서 부피를 찾아라.

65 $y=f(x)$와 $y=1+f(x)$ 사이의 영역을 y축에 대해 회전시켰을 때 껍질은 높이 _____을(를) 가진다. $x=a$까지의 부피는 _____이다. 이는 _____의 부피와 같은데 껍질들이 같기 때문이다.

66 [그림 8-6(b)]에서 구멍을 가진 구의 평면 조각은 와셔이다. 이 와셔의 넓이는 $\pi x^2 - \pi a^2 = \pi(b^2 - y^2 - a^2)$이다.

(a) y의 상한을 찾아라(구멍의 위쪽).

(b) [예제 12]의 부피를 확인하기 위해 넓이를 적분하라.

67 구의 구멍을 원기둥으로 봤을 때 이 원기둥의 높이가 2라면, 부피는 반지름 a와 b에 관계없이 $4\pi/3$임을 보여라.

68 반지름이 r인 직원기둥이 각도 α의 두 개의 평행한 평면으로 조각되어 있다. 하나는 다른 하나보다 h만큼 더 높은 곳에 있다.

(a) 평면 사이의 부피는 $\pi r^2 h$임을 보이기 위해 그림을 그려라.

(b) 그림을 각도 α만큼 기울여서 밑면과 윗면이 평평해지도록 한다. 밑면의 형상은 무엇이며 밑면의 넓이 A는 무엇인가? 기울어진 원기둥의 높이 H는 무엇인가?

69 이유와 함께 참 또는 거짓임을 판별하라.

(a) 정육면체는 정사각형으로만 조각된다.

(b) 정육면체는 기둥 껍질로 자를 수 없다.

(c) 반지름이 r과 R인 와셔의 넓이는 $\pi(R-r)^2$이다.

(d) 평면 $w=\frac{1}{2}$는 4차원 구 $x^2+y^2+z^2+w^2=1$을 3차원 구로 조각낸다.

8.2 평면 곡선의 길이

$y=x^{3/2}$의 그래프는 xy 평면 위의 곡선이다. **이 곡선의 길이는 얼마나 긴가**? 정적분은 끝점을 필요로 하므로, $x=0$과 $x=4$로 구체화해보자. 첫 번째 문제는 적분하는 '길이 함수'가 무엇인지를 아는 것이다.

곡선을 따르는 거리는 호의 길이이다. 적분을 설정하기 위해 문제를 작은 조각들로 나누면 개략적으로 **매끄러운 곡선의 작은 조각들은 거의 직선과 같아진다**. 우리는 직선 조각의 정확한 길이 Δs를 알고 [그림 8-8]은 이 직선 조각들이 어떻게 곡선 조각들과 가까워지는지 보여준다.

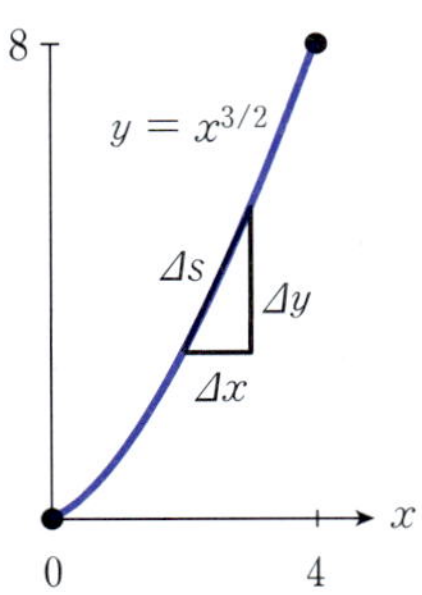

$$(\Delta s)^2 = (\Delta x)^2 + (\Delta y)^2$$
$$(ds)^2 = (dx)^2 + \left(\frac{dy}{dx}\right)^2 (dx)^2$$
$$ds = \sqrt{1+(dy/dx)^2}\,dx$$

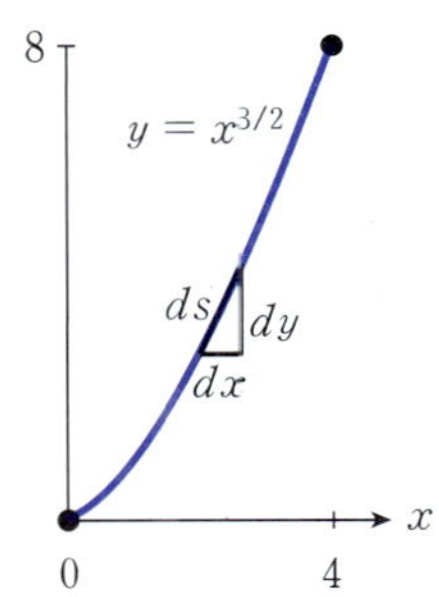

[그림 8-8] 짧은 선분의 길이 Δs와 매우 짧은 곡선의 길이 ds

곡선 길이의 식에 대해 직관적으로 설명하면, 직선 조각은 $(\Delta s)^2 = (\Delta x)^2 + (\Delta y)^2$을 가진다. 직각삼각형에서 높이 Δy는 기울기 $(\Delta y/\Delta x)$와 Δx의 곱이다. 이 할선의 기울기는 곡선의 기울기에 가깝다. 따라서 Δy는 근사적으로 $(dy/dx)\Delta x$이다.

$$\Delta s \approx \sqrt{(\Delta x)^2 + (dy/dx)^2(\Delta x)^2} = \sqrt{1+(dy/dx)^2}\,\Delta x \tag{1}$$

이제 이 조각들을 더하고 더 작게 만들면 무한소 삼각형은 $(ds)^2 = (dx)^2 + (dy)^2$을 가진다. ds를 $\sqrt{1+(dy/dx)^2}$으로 생각하고 다음과 같이 적분하여 곡선의 길이를 구할 수 있다.

$$\text{곡선의 길이} = \int ds = \int \sqrt{1+(dy/dx)^2}\,dx \tag{2}$$

예제 1 $y = x^{3/2}$과 $dy/dx = \frac{3}{2}x^{1/2}$에 대하여 다음과 같이 $\frac{3}{2}$과 $\frac{9}{4}$에 주의하여 길이를 구한다.

$$\text{길이} = \int_0^4 \sqrt{1+\frac{9}{4}x}\,dx = \left(\frac{2}{3}\right)\left(\frac{4}{9}\right)\left(1+\frac{9}{4}x\right)^{3/2}\Bigg]_0^4 = \frac{8}{27}(10^{3/2} - 1^{3/2}) \tag{3}$$

위 식의 값은 9보다 조금 크다. $(0,0)$에서 $(4,8)$까지 직선의 길이는 $4^2+8^2=80$이므로 정확히 $\sqrt{80}$이다. $\sqrt{80}$은 9보다 조금 작기 때문에, 놀랍게도 곡선은 직선과 비슷한 모양인 셈이다.

여러분은 이렇게 나온 수(또는 이에 대한 추론 과정)를 받아들이지 못할 수도 있다. 이때 위 추론 과정을 수정할 수는 있지만, 이 수들은 고칠 수 없다. [예제 1]의 $y = x^{3/2}$은 적분이 가능하도록 신중하게 선택한 곡선이다. 길이 적분은 보통 제곱근 때문에 어렵다. 대부분의 경우에 수치적으로 적분하여 길이를 구한다.

예제 2 $x=0$에서 $x=4$까지의 직선 $y=2x$는 $dy/dx=2$를 가진다.

$\text{길이} = \int_0^4 \sqrt{1+4}\,dx = 4\sqrt{5} = \sqrt{80}$이다. 이는 [예제 1]에서 언급한 직선의 길이와 같다.

다시 간단하게 추론으로 돌아가보자. 곡선은 $y=f(x)$의 그래프이다. 각 조각들은 할선의 기울기가 접선의 기울기와 같은 점을 적어도 하나 포함하고 있다. 그러므로 $\Delta y/\Delta x = f'(c)$인 c가 존재한다.

기울기가 연속일 때 평균값 정리를 적용하는데, 이 정리를 적용하려면 매끄러운 곡선이 필요하다. 직선의 길이 Δs는 정확히 $\sqrt{(\Delta x)^2 + (f'(c)\Delta x)^2}$이다. n개의 조각을 더하는 것은 다음과 같이 (곡선과 가까운) 부서진 직선의 길이를 제공한다.

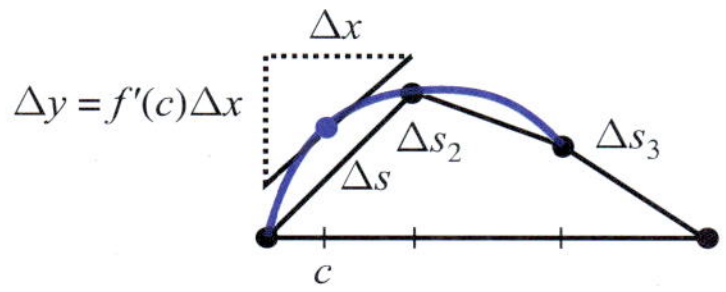

$$\sum_1^n \Delta s_i = \sum_1^n \sqrt{1+[f'(c_i)]^2}\,\Delta x_i$$

$n \to \infty$ 와 $\Delta x_{\text{최대}} \to 0$ 일 때 이는 호의 길이를 구하는 적분에 가까워진다.

> [I] $x=a$에서 $x=b$까지 곡선 $y=f(x)$의 길이는 다음과 같다.
>
> $$s = \int ds = \int_a^b \sqrt{1+[f'(x)]^2}\,dx = \int_a^b \sqrt{1+(dy/dx)^2}\,dx \tag{4}$$

예제 3 제1사분면의 원 $y = \sqrt{1-x^2}$ 의 길이를 찾아라

풀이

여기서 $dy/dx = -x/\sqrt{1-x^2}$ 이다. [그림 8-9(a)]로부터 적분 범위는 $x=0$에서 $x=1$까지다.

$$\text{길이} = \int_0^1 \sqrt{1+(dy/dx)^2}\,dx = \int_0^1 \sqrt{1+\frac{x^2}{1-x^2}}\,dx = \int_0^1 \frac{dx}{\sqrt{1-x^2}}$$

역도함수는 $\sin^{-1}x$이고, $x=1$에서의 값은 $\pi/2$와 같다. 이 길이 $\pi/2$는 전체 원주인 2π의 $1/4$이다.

예제 4 타원 $y^2+2x^2=2$의 $1/4$에 해당하는 길이를 계산하라.

풀이

식은 $y=\sqrt{2-2x^2}$ 이고 기울기는 $dy/dx = -2x/\sqrt{2-2x^2}$ 이다. 따라서 $\int ds$ 는 다음과 같다.

$$\int_0^1 \sqrt{1+\frac{4x^2}{2-2x^2}}\,dx = \int_0^1 \sqrt{\frac{2+2x^2}{2-2x^2}}\,dx = \int_0^1 \sqrt{\frac{1+x^2}{1-x^2}}\,dx \tag{5}$$

이 적분은 계산해서 식으로 나타낼 수 없다. 타원의 길이는 수치적으로만 계산될 수 있다. 분모는 $x=1$에서 0이므로 사다리꼴 법칙이나 심프슨 법칙을 그대로 적용한다면 길이는 ∞이다. 수많은 구간을 이용한 중점 법칙을 이용하면 길이$=1.91$이다.

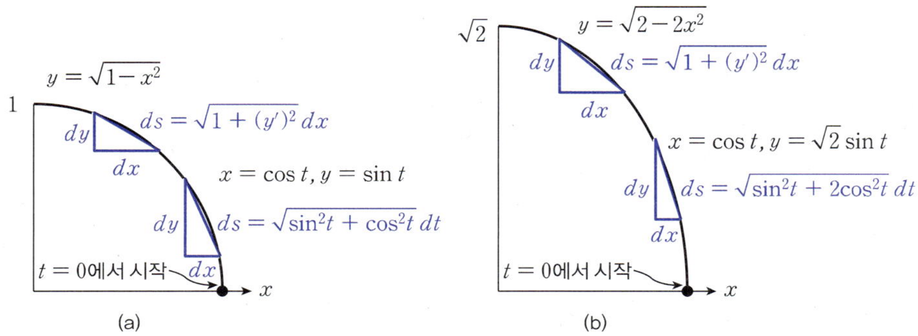

[그림 8-9] $y=f(x)$에 의해 직접 표현된 원과 $x(t)$와 $y(t)$로 매개화된 타원

매개변수 방정식으로부터 곡선의 길이 : $x(f)$와 $y(f)$

우리는 단위원을 두 형태로 만났다. 하나는 $x^2+y^2=1$이고, 다른 하나는 $x=\cos t$, $y=\sin t$이다. $\cos^2 t+\sin^2 t=1$이므로 이 점은 단위원 위에 있다. '**매개변수** parameter', t의 장점 중 하나는 여분의 정보를 알려준다는 것이다. 즉 점이 언제 어디에 있는지를 말해준다. 1장에서 변수는 시간 그리고 각이었다. 왜냐하면 1의 속도로 원주위를 움직이기 때문이다.

t를 사용하여 입자 또는 우주선의 위치를 자연스럽게 나타낼 수 있다. 우리는 모든 시간에서 x와 y를 알면 속도를 다시 얻을 수 있다. 식 $y=f(x)$는 속도가 아닌 경로의 형상을 말해준다.

곡선에 대한 매개변수 방정식은 12장에서 다룬다. 여기에서는 경로의 길이에 집중한다. 이때 경로의 길이는 너무 많은 세부사항 없이도 매개변수 t에 대한 아이디어를 살펴볼 수 있도록 한다. 이제 x와 y를 t에 관한 함수로 둔다. 곡선은 여전히 작은 직선 조각들에 의해 근사되고 각각의 조각들은 $(\Delta s)^2=(\Delta x)^2+(\Delta y)^2$을 만족한다. 이때 $\Delta y \approx (dy/dx)\Delta x$ 대신에, Δx와 Δy를 각각 다음과 같이 근사한다.

$$\Delta x \approx (dx/dt)\Delta t,\ \Delta y \approx (dy/dt)\Delta t,\ \Delta s \approx \sqrt{(dx/dt)^2+(dy/dt)^2}\,\Delta t$$

2 매개화된 곡선의 길이는 t에 관한 적분이다.

$$\int ds=\int (ds/dt)dt=\int \sqrt{(dx/dt)^2+(dy/dt)^2}\,dt \qquad (6)$$

예제 5 $x=\cos t$와 $y=\sin t$를 이용해 원의 4분의 1에 해당하는 길이를 찾아라.

풀이

$$\int_0^{\pi/2}\sqrt{(dx/dt)^2+(dy/dt)^2}\,dt=\int_0^{\pi/2}\sqrt{\sin^2 t+\cos^2 t}\,dt=\int_0^{\pi/2}dt=\frac{\pi}{2}$$

이 적분은 $1/\sqrt{1-x^2}$ 보다 간단하며 하나의 새로운 장점이 있다. 전체 원을 아무 문제없이 적분할 수 있다는 것이다. 매개변수 식은 닫힌 경로 또는 교차를 허용한다. 시간 t는 계속 진행되고 점 $(x(t), y(t))$도 계속 움직인다. 이와 대조적으로 $y=f(x)$는 각각의 x에 대해 하나의 y로 제한되어 있다.

예제 6 $x=\cos t$와 $y=\sqrt{2}\sin t$로 놓고 타원의 4분의 1에 해당하는 길이를 찾아라.

풀이

이 경로에서 y^2+2x^2은 $2\sin^2 t+2\cos^2 t=2$이다(같은 타원). **매개변수로 표현하지 않은** 식 $y=\sqrt{2-2x^2}$ 은 t를 제거하여 얻을 수 있다. 여기서는 t를 유지하여 다음과 같이 적분한다.

$$\text{길이} = \int_0^{\pi/2}\sqrt{(dx/dt)^2+(dy/dt)^2}\,dt = \int_0^{\pi/2}\sqrt{\sin^2 t+2\cos^2 t}\,dt \qquad (7)$$

적분 (7)의 값은 식 (5)의 값과 같아야 한다. 만약 한쪽을 구할 수 없다면, 다른 한 쪽도 구할 수 없다. 그들은 $x=\cos t$에 의해서 연관되어 있지만, 식 (7)은 끝점에서 발산하지 않는다. 사다리꼴 법칙을 사용하면 0과 $\pi/2$를 100개보다 작은 개수의 점으로 나눈 구간에서 1.9101을 얻을 수 있다. 5.8절에서는 식 (5)과 식 (7)이 더 비슷해지도록 대체하는 작업이 자동적으로 계산기에서 이루어진다고 언급할 것이다.

예제 7 경로 $x=t^2, y=t^3$은 $(0,0)$에서 $(4,8)$로 가고, $t=2$에서 멈춘다.

매개변수 t 없이 이 경로를 찾기 위해 우선 $t=x^{1/2}$을 푼다. 그런 후 y에 대한 식에 대입하면 $y=t^3=x^{3/2}$이다. (t를 제거한) **비매개화 형식은 [예제 1]에서와 같은 곡선 $y=x^{3/2}$이다.**

t에 대한 적분에서의 길이는 x에 대한 적분에서의 길이와 같다. 이는 [연습문제 8.2.22]에서 확인할 수 있다.

예제 8 **매개변수의 특별한 선택** : t를 x로 선택하면 곡선은 $x=t$, $y=t^{3/2}$이 된다.

만약 $x=t$이면 $dx/dt=1$이다. 식 (6)에서의 제곱근은 식 (4)에서의 제곱근과 같다. 따라서 비매개화 형식 $y=f(x)$는 매개화 형식의 특별한 경우이다. 즉 그냥 $t=x$로 둔 것과 같다.

$x=t$, $y=t^{3/2}$을 $x=t^2$, $y=t^3$과 비교하면, **곡선과 길이는 같고 속력은 다르다.**

예제 9 '속력'을 $\dfrac{\text{짧은 거리}}{\text{짧은 시간}}=\dfrac{ds}{dt}$로 정의하자. 이는 $\sqrt{\left(\dfrac{dx}{dt}\right)^2+\left(\dfrac{dy}{dt}\right)^2}$ 이다.

공을 똑바로 위로 던졌을 때, dx/dt는 0이다. 이때 속력은 dy/dt가 아닌 $|dy/dt|$이다. 즉 속력은 위뿐만 아니라 아래로 운동할 때에도 양수이다.

8.2 문장제 문제

01 선분의 길이(가로 Δx, 세로 Δy)는 $\Delta s =$ ___a___ 이다. $y = g(x)$의 그래프의 두 점 사이에서 Δy는 대략적으로 dy/dx와 ___b___ 의 곱이다. 이 조각의 길이는 대략적으로 $\sqrt{(\Delta x)^2 + \underline{\quad c \quad}}$ 이다. 곡선의 무한소 조각은 길이 $ds =$ ___d___ 을(를) 가진다. 그러면 호의 길이 적분은 $\int$ ___e___ 이다.

02 $x = 0$에서 $x = 3$까지 $y = 4 - x$에 대해서 호의 길이는 $\int$ ___f___ = ___g___ 이다. $y = x^3$에 대해서 호의 길이 적분은 ___h___ 이다.

03 곡선 $x = \cos t$, $y = \sin t$는 ___i___ 와(과) 같다. $x(t)$, $y(t)$에 의해 주어지는 곡선의 길이는 $\int \sqrt{\underline{\quad j \quad}}\, dt$이다. 예를 들어 $t = \pi/3$에서 $t = \pi/2$까지 $x = \cos t$, $y = \sin t$의 길이는 ___k___ 이고, 속력은 $ds/dt =$ ___l___ 이다. $x = t$, $y = f(t)$인 특별한 경우에 길이 식은 $\int \sqrt{\underline{\quad m \quad}}\, dx$로 돌아간다.

8.2 연습문제

01~08 곡선의 길이를 찾아라.

01 $(0, 0)$에서 $(1, 1)$까지 $y = x^{3/2}$

02 $(0, 0)$에서 $(1, 1)$까지 $y = x^{2/3}$ (문제 **01**과 비교하거나 길이 적분에서 $u = \dfrac{4}{9} + x^{2/3}$을 대입하라)

03 $x = 0$에서 $x = 1$까지 $y = \dfrac{1}{3}(x^2 + 2)^{3/2}$

04 $x = 2$에서 $x = 4$까지 $y = \dfrac{1}{3}(x^2 - 2)^{3/2}$

05 $x = 1$에서 $x = 3$까지 $y = \dfrac{x^3}{3} + \dfrac{1}{4x}$

06 $x = 1$에서 $x = 2$까지 $y = \dfrac{x^4}{4} + \dfrac{1}{8x^2}$

07 $x = 1$에서 $x = 4$까지 $y = \dfrac{2}{3}x^{3/2} - \dfrac{1}{2}x^{1/2}$

08 $(0, 0)$에서 $(1, 1)$까지 $y = x^2$

09 $x = \cos^3 t, y = \sin^3 t$로 주어진 곡선을 아스트로이드[astroid]라고 한다. 이 곡선의 비매개화 형식은 $x^{2/3} + y^{2/3} = 1$이다. $t = 0$에서 $t = \pi/2$까지의 곡선을 그린 다음 이 곡선의 길이를 찾아라.

10 $t = 0$에서 $t = \pi$까지 $x = \cos t + \sin t$, $y = \cos t - \sin t$로 주어진 곡선의 길이를 찾아라. 이 곡선은 원임을 보여라(반지름은 얼마인가?).

11 $t = 0$에서 $t = \pi/2$까지 $x = \cos t$, $y = t - \sin t$로 주어진 곡선의 길이를 찾아라.

12 아르키메데스의 나선의 길이가 $x = t\cos t, y = t\sin t$가 되기 위해서는 어떤 식을 적분해야 하는가?

13 $x = \dfrac{1}{2}t^2$, $y = \dfrac{1}{3}(2t + 1)^{3/2}$일 때, 첫 번째 시간($t = 1$까지)동안 이동한 거리를 찾아라.

14 $x = \left(1 - \dfrac{1}{2}\cos 2t\right)\cos t$와 $y = \left(1 + \dfrac{1}{2}\cos 2t\right)\sin t$에서 $4(1 - x^2 - y^2)^3 = 27(x^2 - y^2)^2$을 얻는다. $t = 0$에서 $\pi/4$까지 호의 길이는 얼마인가?

15~18 수치적분을 통해 호의 길이를 찾아라.

15 $x=0$에서 $x=\pi$까지 $y=\sin x$의 한 부분

16 $x=0$에서 $x=1$까지 $y=e^x$

17 $x=1$에서 $x=e$까지 $y=\ln x$의 한 부분

18 $x=\cos t, y=3\sin t,\ 0\le x\le 2\pi$

---

19 $y=x^{10}$의 그래프의 개형을 그려라. $(0,0)$에서 $(1,1)$까지의 $y=x^n$의 길이를 계산하지 않고, $n\to\infty$일 때 길이의 극한을 구하라.

20 $(1,1)$과 $\left(2,\frac{1}{2}\right)$ 사이에서 쌍곡선 $1/x$과 $x+2y=3$의 그래프 중 어떤 것이 더 긴가?

21 원 $x=2\cos 3t, y=2\sin 3t$ 위에서의 속력 ds/dt를 찾아라.

22 [예제 1]과 [예제 7]의 곡선은 각각 $y=x^{3/2}$과 $x=t^2,\ y=t^3$이다.

$$\text{길이}=\int_0^4\sqrt{1+\frac{9}{4}x}\,dx,\ \text{길이}=\int_0^2\sqrt{4t^2+9t^4}\,dt$$

$x=$ _____을(를) 대입함으로써 이 두 적분이 일치함을 보여라.

23 곡선은 $y=f(x)$ 대신에 $x=g(y)$가 주어질 수 있다. 그러면 다음과 같다.

$$ds=\sqrt{(dx)^2+(dy)^2}=\sqrt{(dx/dy)^2+1}\,dy$$

$y=0$에서 $y=1$까지 $x=5y$를 그린 다음 이 곡선의 길이를 찾아라.

24 $(0,0)$에서 $(1,1)$까지 $x=y^{3/2}$의 길이는 $\int ds=\int\sqrt{\frac{9}{4}y+1}\,dy$이다. 문제 **01**의 곡선과 비교하라. 같은 길이인가? 같은 곡선인가?

25 $y=-1$에서 $y=1$까지 $x=\frac{1}{2}(e^y+e^{-y})$의 길이를 찾고 곡선을 그려라.

26 $x=g(y)$의 길이는 식 (6)에서 $y=t$와 $x=g(t)$의 특별한 경우이다. 길이 적분은 _____이(가) 된다.

27 다섯 개의 시점 $t=0,\ \pi/2,\ \pi,\ 3\pi/2,\ 2\pi$에서 점 $x=3\cos t,\ y=4\sin t$을 그려라. 곡선의 식은 $(x/3)^2+(y/4)^2=1$인데, 이는 원은 아니지만 _____이다. 이 곡선은 $y=f(x)$로 쓸 수 없는데 이는 _______ 때문이다.

28 (a) $0\le t\le\pi$에서 $x=\cos^2 t,\ y=\sin^2 t$의 길이를 찾아라.

(b) 이 경로가 직선 $x+y=1$ 위에 머물러 있는 이유는 무엇인가?

(c) 이 경로의 길이가 $\sqrt{2}$와 같지 않은 이유는 무엇인가?

29 **(중요)** 직선 $y=x$는 앞으로 또는 위로 곧게 나아가는 조각의 계단에 가깝다. 길이 $\Delta x=1/100$ 또는 $\Delta y=1/100$인 100개의 조각의 계단 위에 양탄자를 깔 때, 그 길이를 찾아라($45°$ 직선의 길이는 $\sqrt{2}$이다. 길이가 가깝지 않아도 계단은 가까울 수 있다).

30 타원의 넓이는 πab이다. 이 타원을 둘러싼 끈의 넓이(너비는 Δ)는 $\pi(a+\Delta)(b+\Delta)-\pi ab\approx\pi(a+b)\Delta$이다. 타원의 둘레는 $\pi(a+b)$인 것처럼 보인다. 하지만 이 길이를 찾는 것은 불가능하다. 이유가 무엇인가?

31 점 $x=\cos t,\ y=\sin t,\ z=t$는 공간 곡선 위를 움직인다.

(a) 3차원 공간에서 $(ds)^2$은 $(dx)^2+$_____와(과) 같다. 식 (6)에서 ds는 이제 ____dt이다.

(b) 이 특별한 곡선은 $ds=$____을(를) 가진다. $t=0$에서 $t=2\pi$까지의 길이를 찾아라.

(c) 이 곡선과 곡선의 xy평면 위로의 그림자를 묘사하라.

32 매개변수로 표현하지 않은 식 $y=f(x)$와 두 개의 매개변수 방정식 $x=x(t),\ y=y(t)$의 차이를 50자 이내로 설명하라.

33 $(0,0)$에서 $(1,1)$까지 $y=x^2$의 길이를 구하는 적분을 찾아라. $(0,0)$에서 $(2,2)$까지 $y=\frac{1}{2}x^2$은 앞 곡선 길이의 정확히 두 배임을 보여라. 가능하다면 그래프를 사용하여 이유를 제시하라.

34 **(심화)** $(0,0)$에서 (b,b^2)까지 포물선 $y=x^2$과 직선 $y=bx$의 길이를 계산하라. 길이의 차이는 $b\to\infty$일 때 0에 가까워지는가?

8.3 회전체 표면의 넓이

이 절은 표면을 작도하는 것으로 시작한다. 곡선 $y=f(x)$는 한 축에 대해서 회전된다. 이는 '회전체의 표면'을 생산하는데, 이 표면은 축에 대해서 대칭이다. 기울어진 직선

을 회전시키면, 결과는 원뿔이다. 직선이 축과 평행이면 원기둥(파이프)을 얻는다. 곡선을 회전시킴으로써 전등 또는 전등갓(심지어 전구까지도)을 얻을 수도 있다.

8.1절에서는 표면 안의 부피를 계산했다. **이 절에서는 표면의 넓이를 계산한다.** 앞에서는 고체를 조각이나 껍질로 잘랐다. 이제 표면을 자르는 좋은 방법에 대해 알아볼 것이다.

주요 아이디어는 짧고 올곧은 선분을 회전시키는 것이다. 그들의 기울기는 $\Delta y/\Delta x$이다. 그들은 길이를 찾을 때 사용되었던 길이 Δs의 조각과 같은 조각이며 이제 넓이를 계산할 것이다. 회전시켰을 때, 올곧은 조각들은 **'얇은 띠'**를 생산한다([그림 8-10]). $y=f(x)$의 회전으로부터 얻어진 곡면은 이 띠에 가깝다. 첫 번째 단계는 **띠의 넓이를 계산하는 것**이다.

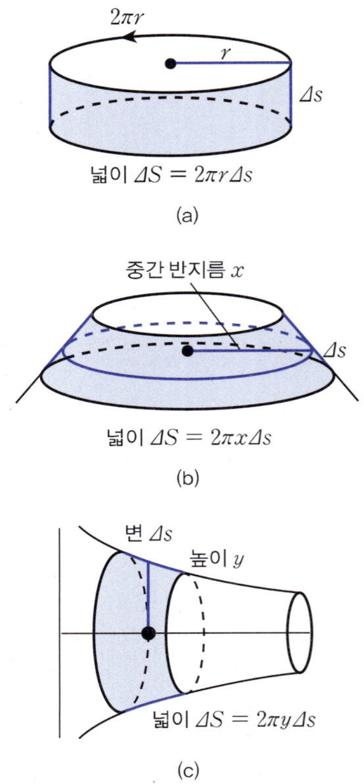

[그림 8-10] 올곧은 조각과 곡선을 y축과 x축에 대해 회전시키기

NOTE _ 곡면은 작은 패치patch(조각)들로도 잘려질 수 있다. 각 패치들은 작은 정사각형처럼 거의 평평하다. 이 패치들의 합은 ($dx\,dy$와 함께) 이중 적분을 필요로 한다. 여기서 적분은 1차원으로 유지된다(dx 또는 dy 또는 dt). 회전체 표면의 넓이는 표면을 둘러싸는 띠로 그 표면을 개략적으로 근사할 수 있다는 점에서 특별하다. 띠는 단지 기울기를 가지는 벨트일 뿐이고, 이 기울기는 띠의 넓이에 영향을 준다.

짧고 올곧은 조각을 회전시키자(이때 길이는 Δx가 아닌 Δs이다). 조각의 중심은 반지름이 r인 원 주위를 돈다. 띠는 **원뿔의 조각**이다. 이를 평평하게 만들면([연습문제 8.3.11~13]), 띠의 넓이를 발견하게 된다. 넓이는 변의 길이 Δs와 중간 원주 $2\pi r$의 곱이다.

띠의 표면적은 $2\pi r\Delta s = 2\pi r\sqrt{1+(\Delta y/\Delta x)^2}\,\Delta x$이다.

y축에 대해 회전시키면 반지름은 $r=x$이고, x축에 대해 회전시키면 반지름은 높이이다. 즉 $r=y=f(x)$이다. [그림 8-10]은 양쪽 띠를 보여준다. 우리는 각 문제를 통해 둘 중 어떤 회전 방법을 사용해야 할지 알 수 있다. 띠의 넓이의 합 $2\pi r\Delta s$는 곡면의 넓이 S와 가깝다. 띠의 길이가 무수히 작아질 때 다음과 같이 $2\pi r\,ds$를 적분한다.

3 $x=a$와 $x=b$ 사이에서 곡선 $y=f(x)$를 회전하여 얻어지는 표면적은 다음과 같다.

x축에 대해서 $$S=\int_a^b 2\pi y\sqrt{1+(dy/dx)^2}\,dx \quad (r=y) \qquad (1)$$

y축에 대해서 $$S=\int_a^b 2\pi x\sqrt{1+(dy/dx)^2}\,dx \quad (r=x) \qquad (2)$$

예제 1 완전한 반원 $y=\sqrt{R^2-x^2}$ 을 x축에 대해 회전시켜라.

풀이

회전체 표면은 **구**이다. 앞에서 살펴봤듯이 구의 넓이는 $4\pi R^2$이다. x에 대한 범위는 $-R$에서 R까지이고, $y=\sqrt{R^2-x^2}$ 의 기울기는 $dy/dx=-x/\sqrt{R^2-x^2}$ 이다.

$$\text{넓이 } S=\int_{-R}^{R} 2\pi\sqrt{R^2-x^2}\sqrt{1+\frac{x^2}{R^2-x^2}}\,dx=\int_{-R}^{R} 2\pi R\,dx=4\pi R^2$$

예제 2 직선 $y=2x$의 조각을 x축에 대해 회전시켜라.

풀이

표면은 $(dy/dx)^2=4$인 **원뿔**이다. $x=0$에서 $x=1$까지 띠의 넓이는 $2\pi\sqrt{5}$ 이다.

$$S=\int 2\pi y\,ds=\int_0^1 2\pi(2x)\sqrt{1+4}\,dx=2\pi\sqrt{5}$$

이 답은 식 앞에서 구한 띠의 표면적 $2\pi r\Delta s$와 일치해야 한다. $(0,0)$에서 $(1,2)$까지 직선의 길이는 $\Delta s=\sqrt{5}$ 이고, 두 점의 중점은 $\left(\frac{1}{2},1\right)$이다. x축에 대해서 중간 반지름은 $r=1$이고 넓이는 $2\pi\sqrt{5}$ 이다.

예제 3 [예제 2]와 같은 직선을 y축에 대해 회전시켜라. 이제 반지름은 $y=2x$가 아닌 x이다.

풀이

다음과 같이 [예제 2]의 넓이는 반으로 잘린다.

$$S=\int 2\pi x\,ds=\int_0^1 2\pi x\sqrt{1+4}\,dx=\pi\sqrt{5}$$

표면에 대해서도 호의 길이와 같이, 오직 몇 개의 예제들만이 답을 쉽게 구할 수 있다. 수박과 농구공, 전구와 같은 쉬운 예제들은 연습문제에서 찾을 수 있다. 이 절에서 더 어려운 내용을 다루기보다는, 최종 넓이 공식을 제시하고 그것을 어떻게 사용하는지를 보일 것이다.

공식은 **매개변수** t가 있을 때 적용할 수 있다. 이때 곡선 위의 점 $(x,f(x))$는 $(x(t),y(t))$로 표현된다. t가 변함에 따라, 점은 곡선을 따라 움직인다. 길이 공식 $(ds)^2=(dx)^2+(dy)^2$은 t에 대해서 표현된다.

x축에 대한 회전체 표면에 대해서 넓이는 다음과 같이 t에 대한 적분이 된다.

> 4 표면의 넓이는 $\int 2\pi y\, ds = \int 2\pi y(t)\sqrt{(dx/dt)^2+(dy/dt)^2}\, dt$이다. (3)

예제 4 점 $x=\cos t,\ y=5+\sin t$는 $(0,5)$가 중심인 원 위를 움직인다. 원을 x축에 대해 회전시키면 도넛이 만들어진다. 이 도넛의 표면의 넓이를 구하여라.

풀이

$(dx/dt)^2+(dy/dt)^2=\sin^2 t+\cos^2 t=1$이다. 원은 $t=2\pi$에서 완전하다. 따라서 구하는 넓이는 다음과 같다.

$$\int 2\pi y\, ds = \int_0^{2\pi} 2\pi(5+\sin t)dt = [2\pi(5t-\cos t)]_0^{2\pi} = 20\pi^2$$

8.3 문장제 문제

01 회전체의 표면은 __a__을(를) __b__에 대해 회전시킴으로써 얻는다. 이 절에서는 __c__을(를) 계산한다. 곡선이 짧고 올곧은 조각(길이 Δs)이면 표면은 __d__이다. 이 표면의 넓이는 $\Delta S=$__e__이다. 이 식(문제 13)에서 r은 __f__의 반지름이다. $(0,0)$와 $(1,1)$을 지나는 직선의 길이는 __g__이고, 이 직선을 회전시키면 넓이 __h__을(를) 얻는다.

02 곡선 $y=f(x)$를 x축에 대해 회전시키면, 표면의 넓이는 적분 __i__이다. $y=x^2$에 대해서 계산해야 할 적분은 __j__이다. $y=x^2$을 y축에 대해 회전시켰을 때, 넓이는 $S=$__k__이다. $x=2t, y=t^2$에 의해서 주어진 곡선에 대해서 ds는 __l__dt로 변화된다.

8.3 연습문제

01~06 다음 곡선을 x축에 대해 회전시켰을 때 표면의 넓이를 찾아라.

01 $y=\sqrt{x},\ 2\le x\le 6$

02 $y=x^3,\ 0\le x\le 1$

03 $y=7x,\ -1\le x\le 1$(부호에 주의하라)

04 $y=\sqrt{4-x^2},\ 0\le x\le 2$

05 $y=\sqrt{4-x^2},\ -1\le x\le 1$

06 $y=\cosh x,\ 0\le x\le 1$

07~10 다음 곡선을 y축에 대해 회전시킨 표면의 넓이를 구하라.

07 $y=x^2,\ 0\le x\le 2$

08 $y=\frac{1}{2}x^2+\frac{1}{2},\ 0\le x\le 1$

09 $y=x+1,\ 0\le x\le 3$

10 $y=x^{1/3},\ 0\le x\le 1$

11 밑면의 반지름이 R이고 모선의 길이가 s인 원뿔이 평평하게 펼쳐져 있다. 각(라디안)이 왜 $\theta=2\pi R/s$인지 설명하라. 그리고 표면의 넓이는 원의 일부이다.

$$넓이=\left(\frac{\theta}{2\pi}\right)\pi s^2=\left(\frac{R}{s}\right)\pi s^2=\pi Rs$$

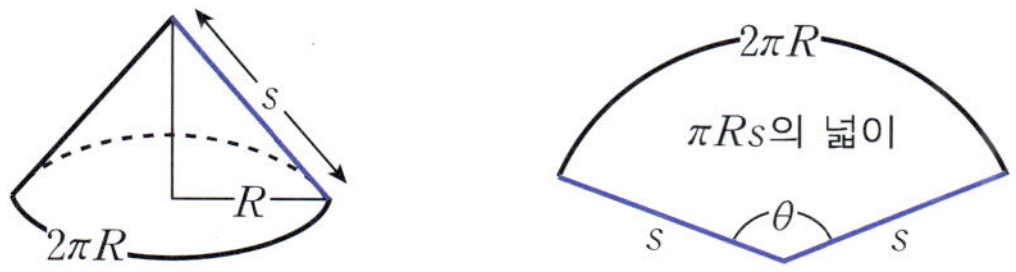

12 모선의 길이가 $\Delta s=s-s'$이고 반지름이 R과 R'인 띠가 평평하게 펼쳐져 있다. 이 표면의 넓이가 왜 $\pi Rs-\pi R's'$인지 한 줄로 설명하라.

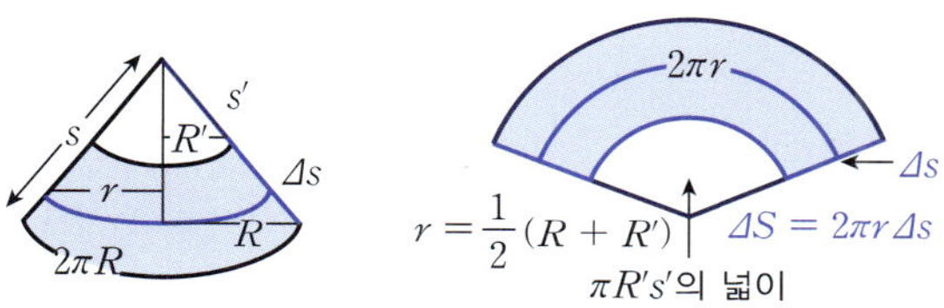

13 위 그림에서 닮은 삼각형에 의해서 $R/s=R'/s'$ 또는 $Rs'=R's$이다. 중간 반지름 r은 $\frac{1}{2}(R+R')$이다. 제안된 넓이 식 $2\pi r\Delta s$에 r과 Δs를 대입해서, 올바른 넓이인 $\pi Rs-\pi R's'$가 얻어짐을 확인하라.

14 동일한 두께를 가진 농구공을 이루고 있는 조각들의 모든 영역이 동일하다.

(a) $y=\sqrt{1-x^2}$을 x축에 대해 회전시켜라. $dS=2\pi\,dx$임을 보여라.

(b) $x=a$와 $x=a+h$ 사이의 넓이는 ______이다.

(c) 지구 넓이의 $\frac{1}{4}$는 위도 위로 _____부분이다.

15 [예제 4]의 원에 $x=a\cos t$와 $y=b+a\sin t$를 대입하라. 이 원의 반지름은 _____이고 중심은 _____이다. 이 원을 x축에 대해 회전시킨 토러스 표면의 넓이를 찾아라.

16 반구의 윗부분을 얻기 위해서 원 $x=R\cos t, y=R\sin t$의 어떤 부분을 y축에 대해 회전시켜야 하는가? t에 대한 극한값을 결정하고 넓이를 확인하라.

17 전등의 밑면은 사분원인 $y=\sqrt{2x-x^2}$ ($x=1$에서 $x=2$까지)를 y축에 대해 회전시킴으로써 얻어진다. 사분원을 그린 다음 넓이 적분을 찾고, 넓이를 계산하라.

18 전구는 반지름이 $1/2$인 구가 아래에 있는 반지름이 $1/4$이고 높이가 $1/3$인 원기둥에 끼어 있는 형태이다. 전구를 그린 다음 이 전구의 표면적을 구하라(원기둥의 끝은 포함하지 않는다).

19 전등갓은 $y=1/x$을 y축에 대해 회전시키고, $y=1$에서 $y=2$까지의 부분을 유지하여 구성된다. 이 전등갓의 표면적을 주는 정적분을 설정하라.

20 위 전등갓의 넓이를 계산하라.

21 $y=1/x$을 x축에 대해 회전시켰을 때 $(1\le x<\infty)$ 표면의 넓이가 왜 무한대인지 설명하라. 하지만 이 회전체 '가브리엘의 나팔'의 부피는 _____이다. 이 나팔의 표면을 칠하려면 페인트가 무한히 많이 필요하다.

22 반지름이 1인치인 원판은 네 개의 테이프(너비 $\frac{1}{2}$인치)의 띠로 덮을 수 있다. 만약 띠들이 평행하지 않다면, 이 띠들로 원판을 덮을 수 없음을 보여라.

힌트 : $\frac{1}{2}$인치만큼 떨어진 평면에 의해 조각된 단위구로 바꿔라. 문제 **14**는 각각의 조각에 대해 표면의 넓이 π를 준다.

23 수박(또는 축구공)은 타원 $x=\sqrt{2}\cos t, y=\sin t\,(x^2+2y^2=2$를 의미한다)의 절반을 회전시킨 결과이다. 매개화를 하거나 하지 않고 표면의 넓이를 찾아라.

24 계란의 표면적을 추정하라.

8.4 확률과 미적분

이산 확률은 대개 신중한 계산이 필요하다. 이산 확률은 일반적으로 표본의 숫자가 적고 실험의 숫자도 적다. 하지만 확률은 빨간색 카드나 검은색 카드를 고르는 것 같은 단순한 경우보다 훨씬 복잡하다. 실제 질문은 훨씬 더 실용적이다.

1. 항공편에 너무 많은 승객들이 몰리는 때는 얼마나 자주 있는가?
2. 시험을 볼 때 실수를 하는 문제는 얼마나 많은가?
3. 규모가 큰 복권 회사의 복권에서 당첨자가 정확히 한 명만 나올 가능성은 얼마인가?

이들은 중요한 질문들이고 이제부터 이 질문에 답하기 위한 모델을 만들 것이다.

여기에 다른 관점이 있다. 이산 모델은 미적분과 관련이 없다. 오답의 개수 또는 좌석에 앉지 못하게 되는 승객들 또는 복권 당첨자들은 작은 자연수이다. **미적분학은 연속확률과 연결된다.** 1이나 2, 3과 같은 정확한 결과 대신 미적분학은 수들의 범위 안에 들어가는 결과를 다룬다. 연속확률은 적어도 다음 두 가지 방법으로 나타난다.

A. 실험은 무수히 많이 반복되고 이들의 평균을 취한다.
B. 산출물은 수의 범위 내의 임의의 곳에 놓인다.

연속의 경우 특정한 값 $x = n$을 나타내는 확률 p_n은 0이다. 대신에 우리는 **확률 밀도** $p(x)$를 가진다. 이 점이 바로 주요 아이디어이다. 확률변수 X가 a와 b 사이에 있을 기회는 밀도 $p(x)$를 적분함으로써 얻을 수 있다.

$$\text{Prob}\{a \le X \le b\} = \int_a^b p(x)\,dx \tag{1}$$

개략적으로 말하면 $p(x)\,dx$는 x와 $x+dx$ 사이에 있을 확률이다. 이때 당연히 $p(x) \ge 0$이다. 만약 a와 b가 모든 가능한 산출물을 포함하는 극단적인 극한 $-\infty$와 ∞라면 다음과 같이 확률은 반드시 1이 된다.

$$\text{Prob}\{-\infty < X < \infty\} = \int_{-\infty}^{\infty} p(x)\,dx = 1 \tag{2}$$

이는 적분에서 극한이 자연스럽고 피할 수 없는 것임을 의미한다. 확률을 공부할 때 이들은 큰 어려움을 만들지 않는다. 심지어 무한대까지의 넓이는 때때로 더 쉬울 때도 있다. 여기에 연속확률과 미적분과 관련된 전형적인 질문들이 있다.

4. 2500명의 투표자 중에서 투표율이 53% 대 47%인 투표는 얼마나 결정적인가?
5. 3600파운드를 수용할 수 있는 엘리베이터에 무작위로 16명의 풋볼 선수들이 타면 안전한가?
6. 자동차 사고가 발생할 확률은 얼마인가?

이 질문들은 미적분 과정에서 그렇게 보편적이지 않다. 그들은 적분 계산을 넘어서 생각을 더 깊게 해야한다(따라서 이 절은 이 책의 내용 중에서는 어려운 편이다). 하지만 확률은 몇몇 전통적인 주제들보다 더 중요하고 더 흥미롭다. 주요 응용 분야는 시약 테스트와 유전자 확인, 시장 조사 등이다. 질문 1~3과 질문 4~6의 비교를 통해 **이산**과 **연속**의 관계, 즉 그들 사이의 차이점과 유사점을 알 수 있다.

여기서 확률론 전체를 다루는 것은 불가능하겠지만 여기서 다루는 예제를 통해 요점(그리고 미적분학의 사용)을 확인할 수 있을 것이라 믿는다.

이산 확률변수

이산 확률변수 X는 가능한 값들의 목록을 가진다. 두 개의 주사위에 대해서 주사위의 합에 대한 산출물은 $X = 2, 3, \cdots, 12$이다. 동전 던지기(아래를 보라)에서 목록은 무한하다. $X = 1, 2, 3, \cdots$과 같이 무한하다.

연속 변수는 범위 $a \le X \le b$에 놓여 있다.

예제 1 앞면이 나올 때까지 똑같은 동전을 계속 던지면 결과 X는 **던진 횟수**이다. X의 값은 1 또는 2 또는 3 또는 $\cdots$ 이고 $X = 1$(첫 번째 던질 때 앞면)일 확률은 $\frac{1}{2}$이다. 뒷면이 나온 다음에 앞면이 나올 확률은 $p_2 = \frac{1}{4}$이다. $X = n$일 확률은 $p_n = \left(\frac{1}{2}\right)^n$이다. 이는 뒷면이 $n-1$번 나온 다음 앞면이 나올 확률이다. 다음과 같이 **모든 확률의 합은 반드시 1이다.**

$$p_1 + p_2 + p_3 + \cdots = \frac{1}{2} + \frac{1}{4} + \frac{1}{8} + \cdots = 1$$

예제 2 한 학생이 1시간 동안 보는 시험에서 평균적으로 2문제를 실수한다고 가정하자. 다음 시험에서 실제 실수한 문제의 개수는 $X = 0$ 또는 1 또는 2 또는 $\cdots$ 이다. 이 개수들이 랜덤하고 독립적일 때 n개의 문제를 실수할 확률에 대한 합리적인 모델은 다음과 같은 **푸아송 모델**Poisson model이다.

$$p_n = n\text{개의 문제를 실수할 확률} = \frac{2^n}{n!}e^{-2}$$

실수를 안 할 때와 한 문제를 실수할 때, 두 문제를 실수할 때의 확률은 각각 p_0, p_1, p_2이다.

$$p_0 = \frac{2^0}{0!}e^{-2} = \frac{1}{1}e^{-2} \approx 0.135 \qquad p_1 = \frac{2^1}{1!}e^{-2} \approx 0.27 \qquad p_2 = \frac{2^2}{2!}e^{-2} \approx 0.27$$

두 번의 실수보다 더 많은 실수를 할 확률은 $1 - 0.135 - 0.27 - 0.27 = 0.325$이다.

이 푸아송 모델은 시험을 통한 실험적인 방법을 이용하거나 이론적으로 유도할 수 있다. 전체 확률은 역시 1인데, 이는 e^2의 무한 합(6.6절)으로부터 얻어진다.

$$p_0 + p_1 + p_2 + \cdots = \left(\frac{2^0}{0!} + \frac{2^1}{1!} + \frac{2^2}{2!} + \cdots\right)e^{-2} = e^2 e^{-2} = 1 \quad (3)$$

예제 3 예약을 한 100명의 승객 중 평균적으로 3명은 비행기 탑승을 하지 않는다. 100명의 승객이 예약한 비행기가 98개의 좌석만 보유하고 있다면, 좌석에 앉지 못하는 승객이 생길 확률은 얼마인가?

풀이

승객들이 공항에 독립적으로 온다고 가정하고 2를 3으로 바꾼 푸아송 모델을 사용한다. X는 탑승하지 않는 승객의 수이고, $X=n$은 확률 p_n에 의해 발생한다.

$$p_n = \frac{3^n}{n!}e^{-3} \qquad p_0 = \frac{3^0}{0!}e^{-3} \qquad p_1 = \frac{3^1}{1!}e^{-3} = 3e^{-3}$$

좌석은 98개 있고 예약자는 100명이므로 $X=0$이거나 $X=1$이면 누군가는 좌석에 앉지 못하게 된다.

$$\text{좌석에 앉지 못하는 승객이 생길 확률} = p_0 + p_1 = e^{-3} + 3e^{-3} \approx 4/20$$

이제 곧 X의 **평균**average 또는 mean 또는 **기댓값**expected value을 정의할 것이고, 이 모델은 $\mu = 3$을 가진다.

연속확률변수

X가 디지털카메라의 수명이라 하면 X는 모든 양수가 될 수 있으므로 $X \geq 0$이다. 만약 X가 SAT 점수라면 $200 \leq X \leq 800$이다. X가 600명의 사람 중 컴퓨터를 소유한 사람들의 비율이라면 X는 0과 1 사이이다. 여러분은 아마도 SAT 점수는 정수이고 컴퓨터 소유자의 비율은 0 또는 1/600 또는 2/600 또는 $\cdots$ 라고 위 설명에 반박할 수도 있을 것이다. 하지만 601개의 이산 확률들을 가지고 작업하는 것은 완전히 비현실적이다. 대신에 X가 $X \geq 0$ 또는 $[200, 800]$ 또는 $0 \leq X \leq 1$의 어디든 위치하도록 **연속확률변수**로 취할 수 있다. 물론 X의 다양한 값들이 똑같은 확률로 가능한 것은 아니다.

예제 4 디지털카메라의 평균 수명은 4년이다. 고장이 나기까지 걸리는 시간의 합리적인 모델은 **지수확률변수**이다. 이 모델의 확률 밀도는 다음과 같다.

$$0 \le x < \infty \text{에 대해서 } p(x) = \frac{1}{4}e^{-x/4}$$

또한 디지털카메라가 결국 고장 날 확률은 1이다.

$$\int_0^\infty \frac{1}{4}e^{-x/4}dx = [-e^{-x/4}]_0^\infty = 0-(-1) = 1 \tag{4}$$

12년(X는 0에서 12까지) 안에 고장 날 확률은 0.95이다.

$$\int_0^{12} \frac{1}{4}e^{-x/4}dx = [-e^{-x/4}]_0^{12} = -e^{-3}+1 \approx 0.95 \tag{5}$$

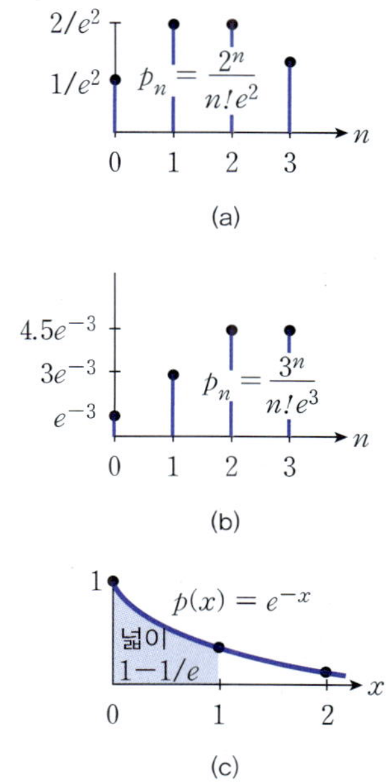

[그림 8-11] 확률을 더하면 $\sum p_n = 1$이다. 연속적인 밀도를 적분하면 $\int p(x)\,dx = 1$이다.

지수 분포는 $p(x) = ae^{-ax}$을 갖고, 이 분포를 0에서 x까지 적분하면 그 값은 $F(x) = 1-e^{-ax}$이다. [그림 8-11(c)]는 $a=1$에서의 그래프이다. 이는 $x=1$까지의 넓이를 보여준다.

반복하자면, **$a \le X \le b$인 확률은 a에서 b까지 $p(x)$의 적분이다.**

예제 5 이제 가장 중요한 밀도 함수를 정의할 것이다. 평균 SAT 점수는 500점이고 표준편차(아래에 정의된다. 이는 평균 주위의 퍼짐을 측정한다)는 200이라 가정하자. 그러면 점수의 **정규 분포**normal distribution는 다음과 같다.

$$-\infty < x < \infty \text{에 대해서 } p(x) = \frac{1}{200\sqrt{2\pi}}e^{-(x-500)^2/2(200)^2}$$

이는 평균 500점과 표준편차 200을 가진 정규(가우시안) 분포이다. $p(x)$의 그래프는 [그림 8-12]와 같은 유명한 **종 모양 곡선**이다.

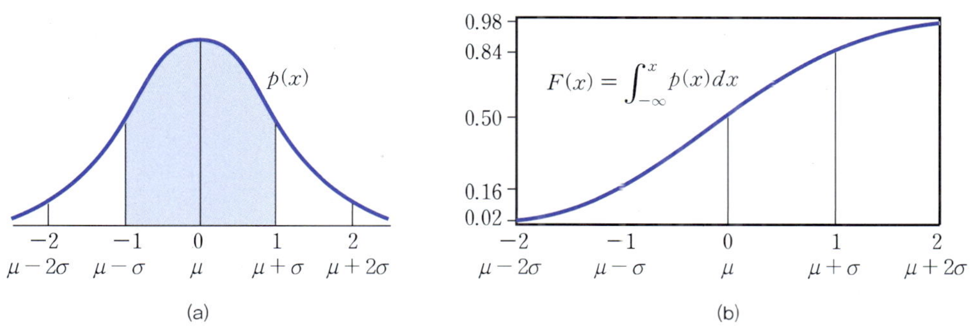

[그림 8-12] 정규 분포(종 모양 곡선)와 이 분포의 누적 밀도 $F(x)$

다른 관점에서 위 내용을 살펴보자. 실제 점수는 200점과 800점 사이인 반면, 밀도

$p(x)$는 $-\infty$에서 ∞까지 모든 방향으로 확장된다. 필자는 교육 시험 서비스^Educational Testing Service^(ETS)[2]가 800점 이상의 모든 점수는 800점으로 간주한다고 생각한다(그러한 점수의 비율은 매우 작다). 실제로 ETS 점수의 정규 분포는 다음과 같다.

2 다양한 평가 시험을 개발하고 시행하는 기관이다.

$$\text{Prob}\{X \geq 800\} = \int_{800}^{\infty} \frac{1}{200\sqrt{2\pi}} e^{-(x-500)^2/2(200)^2} dx \approx 0.0013 \quad (6)$$

유감스럽게도 e^{-x^2}은 기초적인 역도함수를 가지지 않는다. 이 경우 수치적분이 필요하다. 하지만 그것과 관련한 문제는 전혀 없다! 이 적분은 '오차 함수'라 불리고, 특별한 표는 엄청난 정확도로 이 값들을 제공한다. $-\infty$에서 ∞까지 $e^{-x^2/2}$의 적분은 정확히 $\sqrt{2\pi}$이다. 따라서 $\sqrt{2\pi}$로 나누는 것은 $\int p(x)\,dx = 1$을 유지시킨다.

정규 분포는 두 개의 변수와 관련 있다는 것에 주목하자. 이 두 변수는 바로 평균(이 경우 $\mu = 500$)과 표준편차(이 경우 $\sigma = 200$)이다. 평균과 표준편차는 종종 다음과 같이 '정규화'된 값 $\mu = 0$과 $\sigma = 1$로 주어진다.

$$p(x) = \frac{1}{\sigma\sqrt{2\pi}} e^{-(x-\mu)^2/2\sigma^2} \text{은 } p(x) = \frac{1}{\sqrt{2\pi}} e^{-e^2/2} \text{이 된다.}$$

p의 종 모양 그래프는 중점 $x = \mu$에 대해 대칭이다. 그래프의 너비는 두 번째 변수 σ에 의해 결정되고, 이는 전체 넓이를 1로 유지하면서 x축의 확장과 y축의 축소를 결정한다. 축은 표준 정규 분포인 $\mu = 0$, $\sigma = 1$을 나타내기 위해 표시되고 다른 μ와 σ에 대해서도 마찬가지로 표시된다.

이제 $p(x)$의 적분에 이름을 붙일 것이다. 적분 구간은 $-\infty$과 x이고, 따라서 적분 $F(x)$는 **확률변수가 x 아래에 있을 확률**을 측정한다.

$$\text{Prob}\{X \leq x\} = \int_{-\infty}^{x} p(x)dx = \text{누적 밀도 함수 } F(x) \quad (7)$$

$F(x)$는 $p(x)$로 주어진 확률을 누적시키므로 $dF/dx = p(x)$이다. 전체 확률은 $F(\infty) = 1$이다. $p(x)$를 $-\infty$에서 ∞까지 적분하면 모든 결과를 포함한다.

[그림 8-12(b)]는 종 모양 정규 분포의 적분을 보여준다. 이때 중점 $x = \mu$는 $F = \frac{1}{2}$을 가진다. 대칭에 의해 평균 이하의 산출물일 확률은 50%이다. 누적 밀도 $F(x)$는 $\mu - \sigma$에서 0.16 근처이고 $\mu + \sigma$에서 0.84 근처이다. 따라서 이 사이에 떨어질 확률은 $0.84 - 0.16 = 0.68$이다. 즉 산출물의 68%는 중심 μ로부터의 거리가 한 편차 σ보다 작은 구간에 속해 있다.

$\mu - 2\sigma$와 $\mu + 2\sigma$일 때를 살펴보면, 둘 사이의 넓이는 95%이다. **95%의 신뢰도로 X는 평균에서의 거리가 두 편차보다 작은 구간에 속해 있다**. 20개 중에 오직 한 샘플이 평

균으로부터 멀리 떨어져있다.

$\sigma = 200$은 SAT을 위한 정확한 값이 아니라는 것에 주목하라!

평균, 분산, 표준편차

[예제 1]에서 앞면이 나올 때까지 동전을 던지는 횟수를 X로 놓았다. 이때 확률은 $p_1 = \frac{1}{2}$, $p_2 = \frac{1}{4}$, $p_3 = \frac{1}{8}$, $\cdots$ 이었다. 던지는 횟수의 **평균**은 얼마인가? 이제 내장된 숫자 μ를 평균으로 가지며 대칭이 보장된 정규 분포뿐만 아니라 임의의 분포 $p(x)$에 대해서도 '평균' μ를 찾을 것이다.

μ를 찾기 위해 산출물에 확률을 곱하고 더한다.

$$\mu = \text{평균} = \sum np_n = 1(p_1) + 2(p_2) + 3(p_3) + \cdots \tag{8}$$

동전 던지기의 평균 횟수는 $1\left(\frac{1}{2}\right) + 2\left(\frac{1}{4}\right) + 3\left(\frac{1}{8}\right) + \cdots$이다. 이 급수의 합은 (10.1절에서) $\mu = 2$이다. 실험을 10번까지 해보라. 평균이 거의 2 근처로 나올 것이라고 확신한다.

실수한 문제 개수에 대하여 평균이 $\lambda = 2$이고, 탑승하지 않는 승객에 대하여 평균이 $\lambda = 3$일 때, 푸아송 분포는 $p_n = \lambda^n e^{-\lambda}/n!$이다. 다음과 같이 식 $\mu = \sum np_n$은 평균으로 λ를 주는 것을 확인할 수 있다.

$$\left[1\frac{\lambda}{1!} + 2\frac{\lambda^2}{2!} + 3\frac{\lambda^3}{3!} + \cdots\right]e^{-\lambda} = \lambda\left[1 + \frac{\lambda}{1!} + \frac{\lambda^2}{2!} + \cdots\right]e^{-\lambda} = \lambda e^{\lambda} e^{-\lambda} = \lambda$$

연속확률에서 합 $\mu = \sum np_n$은 $\mu = \int xp(x)dx$로 바뀐다. 즉 산출물 x에 확률 $p(x)$를 곱하고 적분한다. 디지털카메라의 예에서 부분적분은 고장 날 때까지 걸리는 평균 시간 $\mu = 4$를 준다.

$$\int xp(x)dx = \int_0^{\infty} x\left(\frac{1}{4}e^{-x/4}\right)dx = [-xe^{-x/4} - 4e^{-x/4}]_0^{\infty} = 4 \tag{9}$$

평균과 함께 **분산**variance을 소개한다. 이는 항상 σ^2으로 쓰고, 정규 분포에서는 곡선의 '너비'를 결정한다. σ^2이 200^2이면 SAT 점수는 매우 멀리까지 퍼진다. 만약 시험의 분산이 $\sigma^2 = 1^2$으로 바뀐다면 끔찍할 것이다. 이 경우 점수의 95%가 평균의 ± 2 안에 있다. 예를 들어 선생님이 평균 점수가 72점이라고 발표할 때, 분산도 같이 발표되어야 한다. 만약 분산이 크다면 60점을 받은 학생도 안도할 수 있다. 적어도 비슷한 점수를 받은 학생이 더 있다는 의미이기 때문이다.

5 평균 μ는 X의 기댓값이다. 분산 σ^2은 $(X-\text{평균})^2=(X-\mu)^2$의 기댓값이다. 산출물에 확률을 곱하고 더한다.

(이산) $\mu=\sum np_n$ $\sigma^2=\sum(n-\mu)^2 p_n$

(연속) $\mu=\int_{-\infty}^{\infty} xp(x)\,dx$ $\sigma^2=\int_{-\infty}^{\infty}(x-\mu)^2 p(x)\,dx$

표준편차(σ로 쓴다)는 σ^2의 제곱근이다.

예제 6 한 사람에게 OX퀴즈를 내면, O, X로 답할 확률은 각각 p, $1-p$이다. 어떤 질문에 대해 인구의 $p=\frac{1}{3}$의 비율은 O로 대답하고, 나머지 $1-p=\frac{2}{3}$의 비율은 X로 대답한다고 할 때, 오직 한사람에게만 질문하는 상황을 가정하자. O일 경우 $X=1$, X일 경우 $X=0$이라고 한다면 X의 기댓값은 $\mu=p=\frac{1}{3}$이고, 분산은 $\sigma^2=p(1-p)=\frac{2}{9}$이다.

$$\mu=0\left(\frac{2}{3}\right)+1\left(\frac{1}{3}\right)=\frac{1}{3} \text{이고} \quad \sigma^2=\left(0-\frac{1}{3}\right)^2\left(\frac{2}{3}\right)+\left(1-\frac{1}{3}\right)^2\left(\frac{1}{3}\right)=\frac{2}{9}$$

표준편차는 $\sigma=\sqrt{2/9}$이다. 표준편차는 비율 p가 1 또는 0에 가까울 때 작게 퍼진다. $\sigma^2=p(1-p)$의 최대치는 $p=\frac{1}{2}$에서인데, 이때 $\sigma=\frac{1}{2}$이다.

아래 표는 중요한 확률분포에 대한 μ와 σ^2을 보여준다.

모델	평균	분산	응용분야
$p_1=p, p_0=1-p$	p	$p(1-p)$	OX퀴즈
푸아송 $p_n=\lambda^n e^{-\lambda}/n!$	λ	λ	랜덤 사건
지수 $p(x)=ae^{-ax}$	$1/a$	$1/a^2$	기다리는 시간
정규 $p(x)=\frac{1}{\sqrt{2\pi}\,\sigma}e^{-(x-\mu)^2/2\sigma^2}$	μ	σ^2	평균 주위의 분포

평균의 법칙 및 중심 극한 정리

우리는 이제 확률론의 중심에 왔다(증명을 제시하지는 않는다). 주요 아이디어는 실험을 무수히 많이 반복하는 것이다(예를 들어 많은 투표자들이 투표를 하거나 많은 주사위를 던지거나 포커 게임을 많이 한다). 각각의 독립적인 시행은 결과 X를 생산하고, N번의 실험으로부터의 평균은 $\overline{X}$이다. 이는 '엑스바'라 읽는다.

$$\overline{X} = \frac{X_1 + X_2 + \cdots + X_N}{N} = \text{평균}$$

$p(x)$에 대해서 우리가 아는 모든 것은 평균 μ와 분산 σ^2이다. 이 두 값이 평균 $\overline{X}$에 대해서 많은 정보를 제공하는 것에 매우 놀랄 것이다.

> 6 **평균의 법칙** : $\overline{X}$는 $N \to \infty$일 때 거의 확실히 μ에 가까이 간다.
> **중심 극한 정리** : $\overline{X}$의 확률 밀도 $p_N(x)$는 같은 평균 μ와 분산 σ^2/N을 가지는 정규 분포에 가까이 간다.

X의 확률이 어떻든지 $\overline{X}$의 확률은 정규 종 모양 곡선을 따라 움직인다. 표준편차는 실험이 N번 반복될 때 $\sigma/\sqrt{N}$에 가까워진다. 평균의 법칙에서 '거의 확실히'는 μ에 가까이 가지 않는 $\overline{X}$의 확률은 0이라는 것을 의미한다. 그것은 일어날 수 있지만, 일어나게 하진 않을 것이라는 의미이다.

예제 7 $N = 2500$명의 투표자가 찬반투표를 할 때, **53% 대 47%의 결과가 나왔다면 이 결과는 전체 인구에서 결정적인가?**

풀이

전체 인구에서 '찬성'을 투표하는 투표자의 비율 p는 알려지지 않았다. 비밀투표의 원칙이 있기 때문이다. 편차 $\sigma = \sqrt{p(1-p)}$도 역시 알려지지 않았지만, 한 투표자에 대해서 이는 절대로 $\frac{1}{2}$($p = \frac{1}{2}$일 때)보다 클 수 없다. 따라서 2500명의 투표자에 대한 $\sigma/\sqrt{N}$는 $\frac{1}{2}/\sqrt{2500}$보다 클 수 없는데, 이는 1%이다.

투표의 결과는 $\overline{X} = 53\%$이었다. 95%의 신뢰도로 이 샘플은 평균의 ± 2 표준편차(여기서는 2%) 범위 내에 있다. 따라서 95%의 신뢰도로, **전체 인구의 알려지지 않은 평균 $\mu = p$는 51%에서 55% 사이이다.** 이 투표는 결정적이다.

만약 실제 평균이 $p = 50\%$라면 투표 결과는 오직 0.0013의 확률로 53%에 도달할 것이다. 투표의 각 부분의 오차 차이는 놀라울 정도로 간단하다. 이는 항상 $1\sqrt{N}$이다.

NOTE _ 뉴욕 타임즈는 좋은 수학자를 데리고 있다. 부시가 두카키스를 패배시킨 이틀 후, 그들이 조사한 $N = 11645$명의 투표자들의 투표 결과는 다음의 설명과 함께 출판되었다. '이론상으로는 20명 중 19명(95%)에서 얻은 결과는 미국의 모든 유권자를 조사함으로써 얻을 수 있었던 것보다 1% 이상 차이가 없어야 한다.'

예제 8 어느 대학 풋볼 선수의 몸무게는 평균이 $\mu = 210$파운드이고 표준편차가 $\sigma = 30$파운드이다. $N = 16$명의 선수들은 3600파운드를 수용할 수 있는 엘리베이터에 모두 안전하게 탈 수 있는가(이때 210의 16배는 3360이다)?

풀이

평균 무게 $\overline{X}$는 대략적으로 $\overline{\mu} = 210$과 $\overline{\sigma} = 30/\sqrt{N} = 30/4$인 정규 확률변수이다. $\overline{X}$가 $\overline{\mu} + 2\overline{\sigma} = 225$보다 클 확률은 오직 2%이다([그림 8-12(b)]를 보면 평균 이하의 몸무게는 엘리베이터에서 전혀 문제가 되지 않는다는 것을 알 수 있다). 225의 16배는 3600이므로 통계학자들은 98%의 신뢰도로 엘리베이터에 타는 것을 안전하다고 할 것이다. 이 경우 98%의 확률은 충분히 안전한 수치가 아니다. 엘리베이터에 타지 않는 것을 추천하겠다.

예제 9 (웰돈 주사위[Weldon Dice]) 웰돈은 12개의 주사위를 26306번 던져 나온 눈의 수 수가 5와 6인 횟수를 세었다. 5와 6은 315672번의 독립적인 시행에서 33.77%의 확률로 등장했다. 따라서 5와 6의 확률은 $p = \dfrac{1}{3}$이 아닌 $\overline{X} = 0.3377$이다. 이 12개의 주사위는 공정하게 만들어졌다고 말할 수 있는가?

풀이

각각의 시행에서 분산은 $\sigma^2 = p(1-p) = 2/9$이고, $\overline{X}$의 표준편차는 $\overline{\sigma} = \sigma/\sqrt{N} = \sqrt{2/9}\,/\sqrt{315672} \approx 0.00084$이다. 공정한 주사위에 대해 $\overline{X}$가 $\dfrac{1}{3}$에서 $2\overline{\sigma}$만큼 작은 범위에 있을 확률은 95%이다(푸아송 분포에서 이는 거짓이다. 여기서 $\overline{X}$는 정규분포를 따른다). 하지만 0.3377은 0.3333에서 $5\overline{\sigma}$보다 더 차이가 난다. 평균에서 5 표준편차만큼 떨어질 확률은 약 10000분의 1밖에 되지 않는다.

따라서 각 주사위의 눈의 수가 나올 확률은 공정하지 않다. 즉 5 또는 6이 새겨진 면은 다른 면들보다 가벼워서 등장하기 조금 더 쉽다. 현대의 주사위는 이를 보완하여 만들어졌지만 웰돈은 다시 시도하지는 않았다.

8.4 문장제 문제

01 이산 확률은 덧셈을 사용하고, __a__ 확률은 미적분을 사용한다. 함수 $p(x)$는 확률 __b__이다. 확률변수가 a와 b 사이에 떨어진 확률은 __c__이고, 전체 확률은 $\int_{-\infty}^{\infty} p(x)\,dx =$ __d__이다. 이산의 경우에 $\sum p_n =$ __e__이다. 평균(또는 기댓값)은 연속의 경우에 $\mu = \int$ __f__ 이고, __g__에서 $\mu = \sum np_n$이다.

02 평균이 λ인 푸아송 분포는 $p_n =$ ___h___ 을(를) 가진다. 합 $\sum p_n = 1$은 ___i___ 급수로부터 얻어진다. 지수 분포는 $p(x) = e^{-x}$ 또는 $2e^{-2x}$ 또는 ___j___ 이다. 표준 가우시안(또는 ___k___) 분포는 $\sqrt{2\pi}\, p(x) = e^{-x^2/2}$을 가진다. 이 분포의 그래프는 잘 알려진 ___l___ 곡선이다. 변수가 x 이하에 떨어질 확률은 $F(x) =$ ___m___ 이다. F는 ___n___ 밀도 함수이다. 차 $F(x+dx) - F(x)$는 약 ___o___ 인데, 이는 X가 x와 $x+dx$ 사이에 있을 확률이다.

03 μ 주위의 퍼짐을 측정하는 분산은 연속인 경우에 $\sigma^2 = \int$ ___p___ 이고 이산인 경우에 $\sigma^2 = \sum$ ___q___ 이다. 이때 분산의 제곱근은 ___r___ 이다. 정규 분포는 $p(x) =$ ___s___ 을(를) 가진다. 만약 $\overline{X}$가 평균 μ와 분산 σ^2을 가지는 임의의 인구로부터 얻어진 N명의 샘플의 ___t___(이)라면, 평균의 법칙은 $\overline{X}$는 ___u___ 에 가까워질 것이라는 것을 말해준다. 중심 극한 정리는 $\overline{X}$의 분포는 ___v___ 에 가까워진다는 것을 말해준다. 이의 평균은 ___w___ 이고 분산은 ___x___ 이다.

04 찬반투표에서 찬반의 비율이 50 대 50일 때, 한 투표자에 대한 평균은 $\mu = 0\left(\frac{1}{2}\right) + 1\left(\frac{1}{2}\right) =$ ___y___ 이고, 분산은 $(0-\mu)^2 p_0 + (1-\mu)^2 p_1 =$ ___z___ 이다. $N = 100$인 투표에서 $\bar{\sigma}$는 ___A___ 이다. $\overline{X}$(찬성이라고 말할 비율)가 ___B___ 와(과) ___C___ 사이에 있을 확률은 95%이다.

8.4 연습문제

01 $p_1 = \frac{1}{2}, p_2 = \frac{1}{4}, p_3 = \frac{1}{8}, \cdots$라면, 산출물이 $X < 4$일 확률은 얼마인가? $X = 4$와 $X > 4$일 때의 확률은 각각 얼마인가?

02 문제 01과 같은 $p_n = \left(\frac{1}{2}\right)^n$에서 X가 홀수일 확률은 얼마인가? 확률의 집합에 대해 $p_n = \left(\frac{1}{3}\right)^n$이 불가능한 이유는 무엇인가? $c\left(\frac{1}{3}\right)^n$이 확률로 가능하도록 하는 배수 c는 어떤 수인가?

03 $x \geq 0$에 대해 $p(x) = e^{-2x}$을 확률 밀도로 받아들일 수 없는 이유는 무엇인가? $p(x) = 4e^{-2x} - e^{-x}$는 왜 받아들여질 수 없는가?

04 $p_n = \left(\frac{1}{2}\right)^n$일 때, X가 소수일 확률 P는 $6/16 \leq P \leq 7/16$임을 보여라.

05 $x \geq 0$에 대해 $p(x) = e^{-x}$일 때, $X \geq 2$인 확률과 $1 \leq X \leq 1.01$일 때의 대략적인 확률을 각각 찾아라.

06 $X \geq 1$에 대해 $p(x) = C/x^3$가 확률 밀도일 때 상수 C와 $X \leq 2$인 확률을 각각 찾아라.

07 만약 여러분이 0에서 π까지 수 중 무작위로 x를 선택했다면, 밀도 함수 $p(x)$와 누적된 밀도 $F(x)$는 각각 무엇인가?

08~13 평균값 $\mu = \sum n p_n$ 또는 $\mu = \int x p(x)\, dx$를 찾아라.

08 $p_0 = 1/2, p_1 = 1/4, p_2 = 1/4$

09 $p_1 = 1/7, p_2 = 1/7, \cdots, p_7 = 1/7$

10 $p_n = 1/n!e\ (p_0 = 1/e,\ p_1 = 1/e,\ p_2 = 1/2e, \cdots)$

11 $p(x) = 2/\pi(1+x^2),\ x \geq 0$

12 $p(x) = e^{-x}$ (부분적분)

13 $p(x) = ae^{-ax}$ (부분적분)

14 치환에 의해 다음을 보여라.

$$\int_{-\infty}^{\infty} e^{-x^2/2\sigma^2} dx = \sqrt{2}\,\sigma \int_{-\infty}^{\infty} e^{-u^2} du = \sqrt{2\pi}\,\sigma$$

15 문제 11, 12, 13에서 누적 확률 F(p의 적분)를 찾아라. F에 대해서 a와 b 사이에 확률변수가 놓여 있을 확률은 무엇인가?

16 어느 항공사는 그들의 항공기가 98명의 승객만을 태울 때 100명의 승객을 예약 받는다. 만약 실제로 탑승하지 않는 승객 수의 평균이 2명이라면 좌석에 앉지 못하는 승객이 있을 푸아송 확률은 얼마인가?

17 버스를 기다리는 시간은 $\mu = 10$분인 확률 밀도 $(1/10)e^{-x/10}$을 가진다. 10분보다 더 기다릴 확률을 얼마인가?

18 3분 동안 전화 통화를 할 때, 다음 통화할 때까지 기다리는 시간이 $p(x) = e^{-x}$이라면, 통화 중일 확률은 얼마인가?

19 육안으로 관측할 수 있는 초신성은 약 100년에 한 번씩 나타나는 걸로 기대되어진다. 다음 초신성이 나타날 때 여러분이 살아 있을 확률은 얼마인가? $\lambda=0.01$인 푸아송 모델을 사용해서 여러분의 수명을 추정하라(초신성은 1054년, 1572년, 1604년, 1987년에 관측되었다. 하지만 미래의 분포는 마지막 초신성이 관측된 날짜에 의존하지 않는다).

20 (a) 아무런 조작도 하지 않은 동전이 10번 연속 앞면이 나왔다. 다음 번 던질 때 앞면과 뒷면 중 무엇이 나오기 쉬운가?

(b) N번 던진 후에 앞면의 비율은 α이다. $2N$번 던진 후의 앞면의 기대 비율은 _____이다.

21 $y=$_____(으)로 치환해서 종 모양의 곡선 아래의 μ와 $\mu+\sigma$ 사이의 넓이는 (1/3 근처)고정된 수임을 보여라.

$$\int_{\mu}^{\mu+\sigma}\frac{1}{\sigma\sqrt{2\pi}}e^{-(x-\mu)^2/2\sigma^2}dx=\int_0^1\frac{1}{\sqrt{2\pi}}e^{-y^2/2}dy$$

$\mu-\sigma$와 μ 사이의 넓이는 무엇인가? $(\mu-\sigma,\mu+\sigma)$ 바깥의 넓이는 무엇인가?

22 두 투표자의 찬반투표에서 다음이 성립함을 보여라.

$$p_0=(1-p)^2,\ p_1=2p-2p^2,\ p_2=p^2$$

또한 μ와 σ^2을 찾아라. N명의 투표자는 '이항 분포'를 준다.

23 σ^2에 대한 다음 식 중 마지막 식에 대해 설명하라.

$$\begin{aligned}\sigma^2&=\int(x-\mu)^2p(x)\,dx=\int(x^2-2x\mu+\mu^2)p(x)\,dx\\&=\int x^2p(x)\,dx-2\mu\int xp(x)\,dx+\mu^2\int p(x)\,dx\\&=\int x^2p(x)\,dx-\mu^2\end{aligned}$$

24 $\int(x-\mu)^2p(x)\,dx$와 $\int x^2p(x)\,dx-\mu^2$을 사용하여 **균등 분포** $(0\le x\le 1$일 때 $p(x)=1)$에 대한 σ^2을 찾아라.

25 $p_0=1/3,\ p_1=1/3,\ p_2=1/3$일 때 σ^2을 찾아라. $\sum(n-\mu)^2p_n$과 $\sum n^2p_n-\mu^2$을 사용하라.

26 문제 **23**과 부분적분(7.1절의 식 (10))을 사용하여 $x\ge 0$일 때 평균 $\frac{1}{2}$을 가지는 지수 분포 $p(x)=2e^{-2x}$에 대한 σ^2을 찾아라.

27 자동차 사고가 날 확률은 확률 밀도 $p(x)=\frac{1}{2}e^{-x/2}$을 가진다. 이때 μ는 얼마인가? 다음 4년 동안 무사고일 확률은 얼마인가?

28 $p=\frac{1}{2},\frac{1}{4},\frac{1}{8},\cdots$일 때, $p_1+2p_2+3p_3+\cdots$를 $(p_1+p_2+p_3+\cdots)+(p_2+p_3+p_4+\cdots)+(p_3+p_4+p_5+\cdots)+\cdots$로 써서 동전 던지기에서 앞면이 나올 때까지 동전을 던진 횟수의 평균 숫자 μ를 찾아라.

29 900명의 미국인을 대상으로 한 투표에서, 30명은 전쟁을 찬성한다. 95%의 신뢰도로 평화로운 미국인들의 백분율은 어떤 범위에 속해 있는가?

30 똑같은 동전을 4번 던졌을 때, 그리고 16번 던졌을 때 앞면이 나오는 비율 x에 대한 $p(x)$의 그래프의 개형을 그려라. 이때 평균값은 $\frac{1}{2}$이다.

31 심판은 동전을 2500번 던진다. 동전이 공평하지 않음을 95%의 신뢰도로 증명하기 위해 얼마나 많은 앞면이 나와야하는가?

32 표준편차가 150시간인, 긴 수명을 가진 전구는 평균적으로 2000시간 빛난다. 이때 95%의 신뢰도로 전구가 _____와(과) _____시간 사이에 고장 난다고 할 수 있다.

33 점수는 평균 70점과 표준편차 10인 정규 분포를 따른다. 만약 300명의 학생이 시험을 치고 합격 커트라인이 55점이라면 몇 명이 불합격할 것으로 기대되는가([그림 8-12(b)]로부터 추정하라)? 한 학급 학생의 1/10이 불합격하게 되는 합격 커트라인 점수는 몇 점인가?

34 수하물의 평균 무게는 표준편차 $\sigma=8$파운드, $\mu=30$파운드이다. 64명의 승객의 수하물이 2000파운드를 초과할 확률은 얼마인가? 256명의 승객의 수하물이 8000파운드를 초과할 확률은 얼마인가?

35 천 명의 사람들이 1부터 1000까지의 수 중 한 수를 독립적으로 추측하려 한다. 이는 복권과 같다.

(a) 첫 번째 사람이 실패할 확률은 얼마인가?

(b) 모든 사람들이 실패할 확률 P_0은 얼마인가?

(c) P_0은 근사적으로 $1/e$임을 설명하라.

36 (a) 문제 **35**에서 첫 번째 사람은 맞히고 나머지 모든 사람이 틀릴 확률은 얼마인가?

(b) 정확히 한 명의 당첨자만 있을 확률 P_1도 $1/e$에 가까움을 보여라.

(c) n명의 당첨자가 있을 확률 P_n을 추측하라.

8.5 질량과 모멘트

이 장은 공학, 물리학과 관련된 두 절로 마무리된다. 각각의 응용분야는 유한한 수의 질량 또는 힘으로 시작한다. 그들의 합은 총 질량 또는 총 힘이다. 그 다음 '연속인 경우'가 등장하는데, 이 경우는 질량이 집중되어 있지 않고 퍼져 있다. 이 경우의 분포는 **밀도 함수** ρ에 의해 주어지고, 합은 적분으로 바뀐다.

첫 번째 단계(가장 어려운 단계?)는 곧바로 물리량을 얻는 것이다. 두 번째 단계는 합에서 적분으로(이산에서 연속으로, 집중된 것에서 분포된 것으로) 이동하는 것이다. 이것은 적분과 관련된 미적분학의 주요 원리이기 때문에, 지금까지 끊임없이 다루었다. 세 번째 단계는 적분을 계산하는 것이다. 이를 위해 우리는 치환 또는 부분적분 또는 표 또는 컴퓨터를 사용할 수 있다.

[그림 8-13]은 1차원의 경우를 보여준다. x축을 따라 질량들이 있다. 전체 질량은 모든 질량의 합이다. 새로운 아이디어는 **모멘트**[3](질량 또는 힘이 거리에 의해서 곱해질 때 생긴다)이다.

3 물체를 회전시키려고 하는 힘을 모멘트라고 한다. 모멘트의 크기는 질량과 축까지의 거리의 곱이다.

$$y\text{축에 대한 질량의 } \textbf{모멘트} = mx = (\text{질량}) \times (\text{축까지의 거리})$$

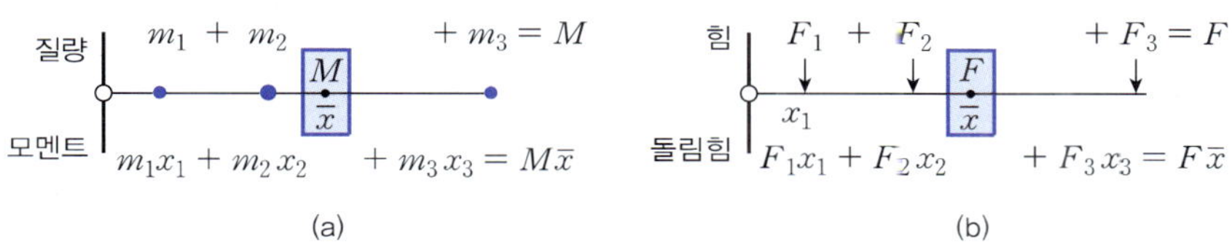

[그림 8-13] 질량의 위치는 $\bar{x}$ = (전체 모멘트)/(전체 질량) = 평균 거리이다.

[그림 8-13(a)]에서 파란색 점으로 표시한 물체들의 질량은 왼쪽부터 각각 1, 3, 2이고, 전체 질량은 6이다. '응력 중심 간 거리(lever arms)' 또는 '모멘트 거리(moment arms)'는 거리 $x = 1, 3, 7$이다. 질량들은 모멘트 1과 9, 14(mx는 2×7이기 때문이다)를 가진다. 따라서 총 모멘트는 $1 + 9 + 14 = 24$이다. 그러면 균형점은 $\bar{x} = M_x/M = 24/6 = 4$에 있다.

총 질량은 m의 합이고, 전체 모멘트는 m_n과 x_n($x = 0$의 반대편에서는 음수)의 곱의 합이다. 질량을 시소 위 아이들의 무게라고 보면 균형점은 중력의 중심 $\bar{x}$가 된다는 것을 쉽게 알 수 있다(이는 **질량중심**이라고도 부른다).

정의
$$\bar{x} = \frac{\sum m_n x_n}{\sum m_n} = \frac{\text{총 모멘트}}{\text{총 질량}} \qquad (1)$$

만약 모든 질량이 $\bar{x}$로 이동된다면 총 모멘트(6×4)는 여전히 24이다. 모멘트는 질량 $\sum m_n$과 $\bar{x}$의 곱과 같다. 이때 **질량들은 $\bar{x}$에서 하나의 질량처럼 행동한다**.

또한, 만약 축을 $\bar{x}$로 옮기고 시소 위 아이들을 자리에 그대로 남겨둔다면, 시소는 균형을 이룬다. $\bar{x}=4$ 왼쪽의 질량들은 오른쪽의 질량을 상쇄한다. 새로운 축까지의 거리는 $x_n-\bar{x}$이기 때문이다. 식 (1)에 의해서 모멘트는 다음과 같이 0이 된다.

$$\text{새로운 축에 대한 모멘트} = \sum m_n(x_n-\bar{x}) = \sum m_n x_n - \sum m_n \bar{x} = 0$$

이제 질량이 직선을 따라서 펼쳐진 연속적인 경우로 돌아가자. 길이 Δx의 각 조각은 평균 밀도 $\rho_n=$(조각의 질량)/(조각의 길이)$=\Delta m/\Delta x$를 가진다. 조각이 짧아짐에 따라, 이는 dm/dx(점에서의 밀도)에 가까워진다. **(작은 질량)/(작은 길이)의 극한은 밀도 $\rho(x)$이다**.

따라서 미분 $\rho=dm/dx$를 적분하면 총 질량을 얻는다. 즉 $\sum \rho_n \Delta x$는 다음과 같다.

$$\text{총 질량 } M=\int \rho(x)dx \tag{2}$$

만약 질량이 균일하게 퍼져 있을 때, ρ는 상수이다. 그러면 $M=\rho L=$밀도와 길이의 곱이다.

모멘트의 식도 비슷하다. 각 조각에 대해 모멘트는 질량 $\rho_n\Delta x$를 거리 x에 곱한 것이다(그리고 더한다). 연속적인 극한에서 $\rho(x)\,dx$에 x를 곱하고 다음과 같이 적분한다.

$$y\text{축에 대한 총 모멘트} = M_y = \int x\rho(x)\,dx \tag{3}$$

모멘트는 질량과 거리의 곱이다. 총 질량으로 나누면 '평균 거리'를 구할 수 있다.

$$\text{질량중심 } \bar{x} = \frac{\text{모멘트}}{\text{질량}} = \frac{M_y}{M} = \frac{\int x\rho(x)\,dx}{\int \rho(x)\,dx} \tag{4}$$

8.4절에서 공부한 확률을 이용하면 위 수식들이 어떻게 서로 일치하는지 알 수 있다. 질량 $\int \rho(x)\,dx$는 전체 확률 $\int p(x)\,dx$와 비슷하고, 모멘트 $\int x\rho(x)\,dx$는 평균 $\int xp(x)\,dx$와 비슷하다. 관성의 모멘트 $\int (x-\bar{x})^2\rho(x)\,dx$는 분산이다. 같은 아이디어로 수학이 쓰이고 있는 것이다! 이때 유일한 차이점은 전체 확률은 항상 1이라는

것이다. 평균은 실제로 질량의 중심 $\bar{x}$ 에 상응하지만, 확률에서는 $\int p(x)\,dx = 1$ 로 나누는 것을 인지하지 못했다.

예제 1 0 에서 L까지 상수 밀도 ρ에 대하여 질량은 $M = \rho L$이다. 모멘트는 다음과 같다.

$$M_y = \int_0^L x\rho\,dx = \frac{1}{2}\rho x^2\Big]_0^L = \frac{1}{2}\rho L^2$$

질량중심은 $\bar{x} = M_y/M = L/2$이다. 이는 중간에 위치한다.

예제 2 밀도 e^{-x}에 대하여 다음과 같이 질량은 1이며 모멘트는 1이고, $\bar{x}$는 1이다.

$$\int_0^\infty e^{-x}dx = [-e^{-x}]_0^\infty = 1, \quad \int_0^\infty xe^{-x}\,dx = [-xe^{-x} - e^{-x}]_0^\infty = 1$$

2차원에서 질량과 모멘트

질량 m_1이 x축 위가 아닌 평면에서 점 (x_1, y_1)에 있다고 가정하자. 비슷하게 m_n은 점 (x_n, y_n)에 있다. 이제 생각해야 될 두 개의 모멘트가 있다. y축에 대한 $M_y = \sum m_n x_n$과 x축에 대한 $M_x = \sum m_n y_n$이다. **x는 모멘트 M_y에 들어 있다는 것에 주목하라.** x좌표는 y축과의 거리를 나타내기 때문이다.

x축에 대해서 거리는 y이고 모멘트는 M_x이다. **질량중심**은 모든 것이 균형을 이루는 점 $(\bar{x}, \bar{y})$이다.

$$\bar{x} = \frac{M_y}{M} = \frac{\sum m_n x_n}{\sum m_n}, \quad \bar{y} = \frac{M_x}{M} = \frac{\sum m_n y_n}{\sum m_n} \tag{5}$$

연속의 경우에 이 합들은 2차원 적분이 된다. 밀도가 ρ = 단위 넓이당 질량일 때, 총 질량은 $\iint \rho(x, y)\,dx\,dy$이다. 이 '이중 적분'은 14.1절에서 다룰 것이다. 여기서 우리는 가장 중요한 경우인 ρ = 상수일 때를 생각하자. 일정한 밀도($\rho = 1$이라 하자)의 재료로 만들어진 얇은 판에 대하여 질량과 모멘트를 계산하기 위해 판을 [그림 8-14]와 같은 띠로 자른다.

질량 M = 판의 넓이 (6)

모멘트 $M_y = \int$ (거리 x)(수직 띠의 길이)dx (7)

모멘트 $M_x = \int$ (높이 y)(수평 띠의 길이)dy (8)

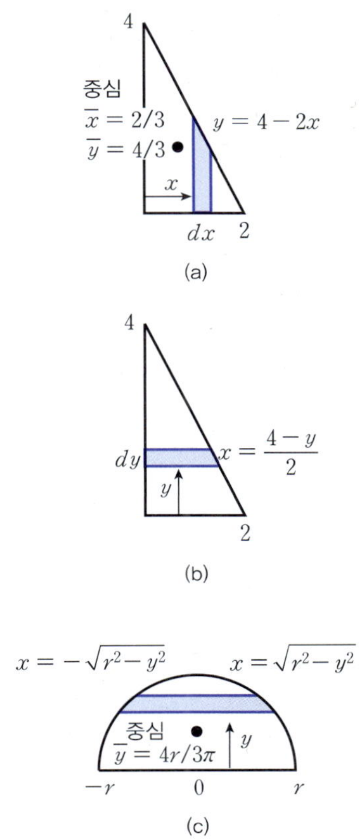

[그림 8-14] 질량과 모멘트 그리고 중심을 계산하기 위해 판을 띠로 자른다.

질량은 넓이와 같은데 이는 $\rho = 1$이기 때문이다. 모멘트에 대해서 수직 띠 안의 모든 점들은 y축으로부터 같은 거리에 있는데, 이 거리는 x이다. 모멘트는 x와 넓이의 곱 또는 x와 길이와 dx의 곱이다. 그리고 적분은 모든 띠에서 고려된다.

이와 비슷하게 수평 띠의 x축에 대한 모멘트는 y와 띠의 길이와 dy의 곱이다.

예제 3 $x = 0$과 $y = 0$, $y = 4 - 2x$로 이루어진 판에 대하여 M, M_y, M_x를 찾아라.

풀이

$$\text{질량 } M = \text{넓이} = \int_0^2 y\,dx = \int_0^2 (4-2x)\,dx = [4x - x^2]_0^2 = 4$$

수직 띠는 $y = 4 - 2x$까지 가고, 수평 띠는 $x = \frac{1}{2}(4-y)$까지 간다.

$$\text{모멘트 } M_y = \int_0^2 x(4-2x)\,dx = \left[2x^2 - \frac{2}{3}x^3\right]_0^2 = \frac{8}{3}$$

$$\text{모멘트 } M_x = \int_0^4 y\frac{1}{2}(4-y)\,dy = \left[y^2 - \frac{1}{6}y^3\right]_0^4 = \frac{16}{3}$$

'질량중심'은 $\overline{x} = M_y/M = 2/3$와 $\overline{y} = M_x/M = 4/3$를 가진다. 이는 삼각형의 **무게중심**centroid(또는 '중력의 중심')이다. $\rho = 1$일 때 이 용어들은 모두 같은 균형점 $(\overline{x}, \overline{y})$를 나타낸다. 만약 판이 그 점에 위치하면, 판은 뒤집어지지 않는다.

예제 4 $x^2 + y^2 = r^2$ 아래의 반원에 대한 M_y와 M_x를 찾아라.

풀이

$M_y = 0$인데 이는 영역이 y축에 대하여 대칭이기 때문이다([그림 8-14]는 y축에서 균형을 이룬다). x축에 대한 모멘트를 구하기 위해서 다음과 같이 y와 수평 띠의 길이의 곱을 적분한다(인수 2에 주목하라).

$$M_x = \int_0^r y \cdot 2\sqrt{x^2 - y^2}\,dy = -\frac{2}{3}(r^2 - y^2)^{3/2}\Big]_0^r = \frac{2}{3}r^3$$

위 식을 질량(넓이 $\frac{1}{2}\pi r^2$)으로 나눠서 중심의 높이를 찾으면 $\overline{y} = M_x/M = 4r/3\pi$이다. 반원의 바닥이 꼭대기보다 넓기 때문에 $\frac{1}{2}r$보다 작다.

관성 모멘트

관성 모멘트는 각각의 질량을 축까지의 거리의 **제곱**에 곱함으로써 얻어진다. y축에 대해서 거리는 x이고, 원점에 대해서 거리는 r이므로 각각에 대하여 관성 모멘트는 다음과 같다.

$$I_y = \sum x_n^2 m_n, \quad I_x = \sum y_n^2 m_n, \quad I_0 = \sum r_n^2 m_n$$

$x_n^2 + y_n^2 = r_n^2$이기 때문에 $I_x + I_y = I_0$임에 주목하라. 연속적인 경우에는 적분한다.

y축에 대한 관성 모멘트는 $I_y = \iint x^2 \rho(x, y)\,dx\,dy$이다. 일정한 밀도 $\rho = 1$과 함께 띠 위의 점들을 다시 합치면 수직 띠에서 그들은 같은 x를 공유하며 수평 띠에서 그들은 y를 공유한다.

$$I_y = \int (x^2)(\text{수직 띠 길이})\,dx, \quad I_x = \int (y^2)(\text{수평 띠 길이})\,dy$$

공학과 물리학에서 관성 모멘트를 이끄는 것은 **회전**rotation이다. 반지름이 r인 원 주변을 도는 질량 m의 에너지를 살펴보자. 이는 $I_0 = mr^2$을 가진다.

$$\text{운동에너지} = \frac{1}{2}mv^2 = \frac{1}{2}m(r\omega)^2 = \frac{1}{2}I_0\omega^2 \qquad (9)$$

각속도는 ω(초당 라디안)이고, 속도는 $v = r\omega$(초당 m)이다.

스케이트 선수는 팔을 밖으로 하는 대신에 위로 올림으로써 I_0을 줄인다. 또한 스케이트 선수는 회전축에 가까이 머무른다(r은 작다). 이때 회전 에너지 $\frac{1}{2}I_0\omega^2$은 변하지 않기 때문에 I_0이 감소함에 따라 ω는 증가한다. 그러면 선수는 더 빨리 돌게 된다.

다른 예를 들어보면, 회전문을 돌리는 데에는 힘이 든다. 더 정확하게 말하면 **돌림힘**torque이 든다. $T = Fx$와 같이 돌리는 축으로부터의 거리에 힘이 곱해진다. 따라서 적은 힘을 들이려면 밖으로 멀리 미는 것이 더 효과적이다.

물리학의 관점에서 살펴보기 위해 뉴턴의 법칙 $F = ma = m\,dv/dt$를 회전의 형태로 대체하면 $T = I\,d\omega/dt$이다. 돌림힘 T는 F가 질량을 움직이게 만드는 곳에서 그것을 회전하게 만든다. I는 질량 m이 속도를 변하게 하는 반항력을 측정하는 위치에서 회전을 변하게 하는 반항력을 측정한다.

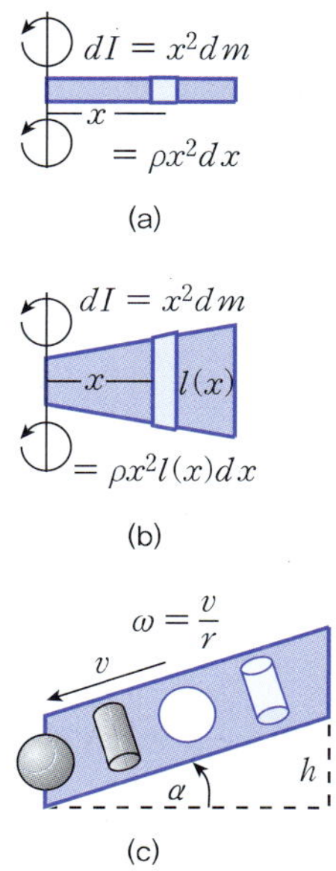

[그림 8-15] (a), (b) 막대기와 프로펠러에 대한 관성 모멘트, (c) 공을 굴리면 원기둥보다 빨리 내려간다.

예제 5 막대기의 관성 모멘트를 (a) 막대기의 끝에 대해 (b) 막대기의 중심에 대해 각각 구하라.

풀이

막대기의 끝에서부터의 거리 x는 0에서 L까지이고, 중심으로부터의 거리는 $-L/2$에서 $L/2$까지이다. 중심 근처에서 회전하는 것은 쉬운데, 이는 I가 작기 때문이다.

$$I_{\text{끝}} = \int_0^L x^2\,dx = \frac{1}{3}L^3 \qquad I_{\text{중심}} = \int_{-L/2}^{L/2} x^2\,dx = \frac{1}{12}L^3 \tag{10}$$

관성 모멘트 실험

실험 : 고체 원기둥(동전), 속이 빈 원기둥(반지), 고체 공(구슬), (탁구공보다 무거운) 속이 빈 공을 경사면 아래로 굴린다. 갈릴레오는 기울어진 탑에서 물건들을 떨어트렸다. 이 실험은 기울어진 테이블이 필요하다. 탑에서 동시에 떨어지는 물체들이 테이블에서는 동시에 굴러서 내려오지 않는다.

Q1_ 떨어지는 순서는 어떤가? 예상한 순서를 먼저 기록하라!

A_ ______________________________

Q2_ 물체의 모양과 밀도가 같다면 크기는 차이를 만드는가?

A_ ______________________________

Q3_ 물체의 크기와 모양이 같다면 밀도는 차이를 만드는가?

A_ ______________________________

Q4_ 속도 v와 최종 시간 T에 관한 식을 찾아라.

A_ ______________________________

v를 계산하기 위한 요점은 위치에너지와 운동에너지의 합은 실제로 상수라는 것이다. 굴리는 마찰에 의한 에너지 손실은 매우 작다. 질량이 m이고 수직 높이가 h이면 꼭대기에서의 에너지(모든 에너지는 위치에너지)는 mgh이다. 바닥에서의 에너지(모든 에너지는 운동에너지)는 두 부분을 가진다. 평면을 따라 움직인 것에 의한 $\frac{1}{2}mv^2$과 회전으로 인한 $\frac{1}{2}I\omega^2$의 합이다. 이때 중요한 사실은 원기둥 또는 반지름이 r인 공을 굴릴 때 $v = \omega r$이라는 것이다.

에너지를 같다고 두고 $\omega = v/r$로 놓으면 전체 에너지는 다음과 같다.

$$mgh = \frac{1}{2}mv^2 + \frac{1}{2}I\omega^2 = \frac{1}{2}mv^2\left(1 + \frac{I}{mr^2}\right) \tag{11}$$

여기서 **비율 I/mr^2는 중요하다**. 이를 J라 하고 식 (11)을 풀어서 다음과 같이 v^2을 얻는다.

$$v^2 = \frac{2gh}{1+J} \; (J\text{가 작을수록 속도가 크다}) \tag{12}$$

다른 모양과 크기에 대해서 J의 크기는 속도에 영향을 미친다. 명백하게 밀도는 중요하지 않은데, 이는 I와 m 모두의 인자이기 때문이다. 따라서 $J=I/mr^2$에서 약분된다. 구멍 난 원기둥은 $J=1$을 갖는데, 이는 가능한 한 가장 큰 경우로 이때 원기둥의 모든 질량은 거리 r에 모두 집중되어 있다. 따라서 속이 빈 원기둥이 이론적으로는 가장 마지막에 도착해야 한다. 이 실험은 다니엘 드러커Daniel Drucker에 의해서 개발되었다.

[연습문제 8.5.35~37]은 서로 다른 세 가지 J들을 찾는다. [연습문제 8.5.40]은 적분하여 시간 T를 찾는다. 이때의 실험은 측정된 시간과 얼마나 가까운지를 보여준다.

8.5 문장제 문제

01 질량 m_n이 거리 x_n에 있다면, 총 질량은 $M=$ __a__ 이다. $x=0$에 대한 총 모멘트는 $M_y=$ __b__ 이다. 질량중심은 $\bar{x}=$ __c__ 이다. 연속적인 경우에서 질량 분배는 __d__ $\rho(x)$에 의해 주어진다. 전체 질량은 $M=$ __e__ 이고 질량의 중심은 $\bar{x}=$ __f__ 에서이다. $\rho=x$와 함께 0에서부터 L까지의 적분은 $M=$ __g__ 을(를) 주고 $\int x\rho(x)\,dx=$ __ㄱ__ 와(과) $\bar{x}=$ __i__ 을(를) 준다. 전체 질량 M이 __j__ 에 위치해 있다면 총 모멘트는 같다.

02 평면에서 점 (x_n, y_n)에서의 질량 m_n과 함께 y축에 대한 모멘트는 __k__ 이다. 질량중심은 $\bar{x}=$ __l__ 와(과) $\bar{y}=$ __m__ 을(를) 가진다. 밀도가 $\rho=1$인 판에 대해 질량 M은 __n__ 와(과) 같다. 만약 판이 높이 $y(x)$인 수직 띠로 나눠진다면 $M=\int y(x)\,dx$이고 $M_y=\int$ __o__ dx이다. $0\le x,\ y\le L$인 정사각 판에 대해서 질량은 $M=$ __p__ 이고 y축에 대한 모멘트는 $M_y=$ __q__ 이다. 이때 질량중심은 $(\bar{x},\bar{y})=$ __r__ 에 있다. 이 점은 __s__ 인데, 여기서 판은 균형을 이룬다.

03 축에서 거리 x만큼 있는 질량 m는 관성 모멘트 $I=$ __t__ 을(를) 가진다. $x=a$에서 $x=b$까지 $\rho=1$인 막대기는 $I_y=$ __u__ 을(를) 가진다. $\rho=1$과 높이 $y(x)$인 띠를 가지는 판에 대해서, 이 모멘트는 $I_y=\int$ __v__ 이(가) 된다. 돌림힘 T는 __w__ 와(과) __x__ 의 곱이다.

8.5 연습문제

01~06 x축을 따라서 질량 M, $x=0$에 대한 모멘트 M_y, 질량중심 $\bar{x}=M_y/M$를 계산하라.

01 $x_1=1$에서 $m_1=2$, $x_2=2$에서 $m_2=4$

02 $x=0, 1, 2, 6$에서 $m=3$

03 $-1\le x\le 3$에 대해 $\rho=1$

04 $0\le x\le L$에 대해 $\rho=x^2$

05 $0\le x<1$에 대해 $\rho=1$, $1\le x\le 2$에 대해 $\rho=2$

06 $0\le x\le \pi$에 대해 $\rho=\sin x$

07~10 질량 M, 모멘트 M_y와 M_x, 질량중심 $(\bar{x},\bar{y})$를 찾아라.

07 $(x,y)=(1,0),\ (0,1),\ (1,1)$에서 단위 질량들

08 $(1,0)$에서 $m_1=1$, $(0,1)$에서 $m_2=4$

09 정사각형 $0\le x\le 1,\ 0\le y\le 1$에서 $\rho=7$

10 꼭짓점 $(0,0),\ (a,0),\ (0,b)$를 가지는 삼각형 안에서 $\rho=3$

11~16 다음 곡선 안에서 넓이 M과 중심 $(\bar{x}, \bar{y})$을 찾아라.

11 $y=\sqrt{1-x^2},\ y=0,\ x=0$ (사분원)

12 $y=x,\ y=2-x,\ y=0$ (삼각형)

13 $y=e^{-2x},\ y=0,\ x=0$ (무한히 길어지는 단검)

14 $y=x^2,\ y=x$ (렌즈)

15 $x^2+y^2=1,\ x^2+y^2=4$ (반지)

16 $x^2+y^2=1,\ x^2+y^2=4,\ y=0$ (반쪽 반지)

17~20 $\rho=1$일 때 I_y에 대한 다음 공학 식들을 확인하라.

17 $x=0, x=a, y=0, y=b$로 둘러싸인 직사각형 : $I_y=a^3b/3$

18 $x=-\frac{1}{2}a,\ x=\frac{1}{2}a,\ y=-\frac{1}{2}a,\ y=\frac{1}{2}a$로 둘러싸인 정사각형 : $I_y=a^4/12$

19 $x=0, y=0, x+y=a$로 둘러싸인 삼각형 : $I_y=a^4/12$

20 $x=y=0$에 중심을 둔 반지름이 a인 원판 : $I_y=\pi a^4/4$

---

21 밀도 $\rho(x)$인 막대의 점 $x=t$에 대한 관성 모멘트는 $I=\int (x-t)^2\rho(x)\,dx$이다. $(x-t)^2$과 I를 세 개의 항으로 전개하라. $t=\bar{x}$일 때 $dI/dt=0$임을 보여라. 관성 모멘트는 질량중심에 대해서 가장 작다.

22 $M_y=\int x(\text{띠의 높이})dx=0$일 때 영역은 $\bar{x}=0$을 가진다. 다른 임의의 축 $x=c$에 대한 관성 모멘트는 $I=\int (x-c)^2(\text{띠의 높이})dx$이다. $I=I_y+(\text{넓이})(c^2)$임을 보여라. I는 균형 축 $c=0$에 대해서 가장 작은데, 이를 평행 축 정리라 한다.

23 (트리비얼 퍼슈트Trivial Pursuit [4]에 감사하며) 미국의 중력의 중심, 즉 '지질학적 중심' 또는 무게중심은 어떤 주 안에 있는가?

24 파푸스Pappus(고대 그리스인)는 넓이 M인 영역을 x축에 대해 회전시켰을 때 부피가 다음과 같음을 알아냈다.

$$V=\int 2\pi y(\text{띠의 너비})\,dy=2\pi M_x=2\pi\bar{y}M$$

첫 번째 단계에서 입체는 _____(으)로 잘려진다.

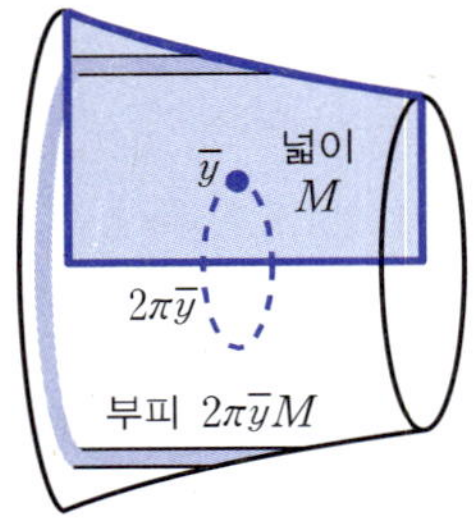

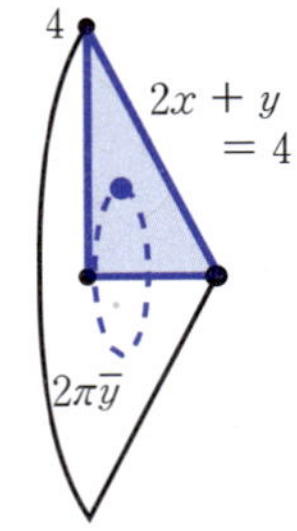

25 문제 **24**에서 파푸스의 정리를 이용해서 토러스의 부피를 찾아라. 중심이 높이 $\bar{y}=b>a$에 위치하는 반지름이 a인 원판을 회전시켜라.

26 [예제 3]의 삼각형을 x축에 대해 회전시키고 결과로 얻어진 뿔의 부피를 첫 번째는 $V=2\pi\bar{y}M$으로부터, 두 번째는 $\frac{1}{3}\pi r^2h$로부터 찾아라.

27 반원 $y=\sqrt{1-x^2}$ 위를 따르는 얇은 철사에 대한 M_x와 M_y를 찾아라. $\rho=1$로 택해서 $M=$길이$=\pi$가 되게 하라.

28 파푸스의 두 번째 정리에 따르면 길이 L인 철사를 x축에 대해 회전시켰을 때 $A=2\pi\bar{y}L$이 표면의 넓이가 된다. $y=3$을 따르는 수평 철사($x=0$에서 $x=L$까지)와 수직 철사($y=1$에서 $y=L+1$까지)에 대해서 그의 정리를 확인하라.

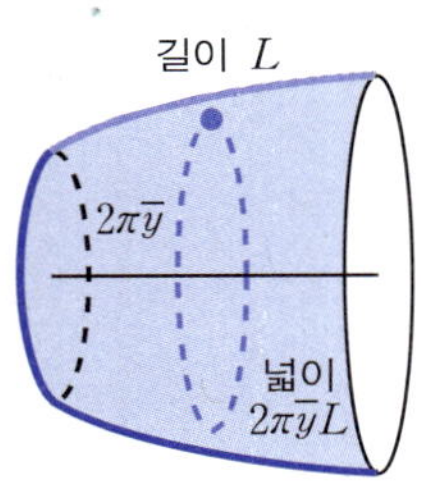

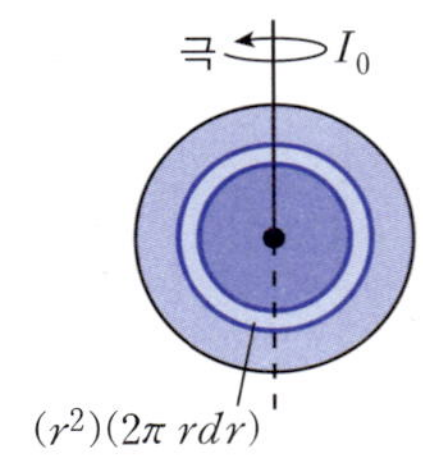

29 구의 표면적은 $r=1$일 때 $A=4\pi$이다. 따라서 문제 **27**의 반원의 철사에서 $A=2\pi\bar{y}L$는 $\bar{y}=$_____의 결과를 준다.

30 $x=0$과 $x=1$ 사이에서 $y=mx$를 x축에 대해 회전시키는 것은 표면적 $A=$_____을(를) 생산한다.

31 점 $(x, 0)$에 질량 m을 두자. 원점에 대해서 중력에 대한 돌림힘은 힘 mg와 거리 x의 곱이다. 이는 g와 ____ mx의 곱과 같다.

32 열 개의 똑같은 힘 F가 $x=1, 2, \cdots, 10$에서 번갈아가면서 위아래로 움직일 때, 그들의 돌림힘은 얼마인가?

33 태양열 시스템은 각속도 ω_n과 함께 거리 r_n에 아홉 개의 질량 m_n을 갖는다. 태양에 대해서 관성 모멘트는 무엇인가? 회전에너지는 무엇인가? 태양에 의해 제공되는 돌림힘은 얼마인가?

---

4 일반상식 등 다양한 퀴즈의 정답을 맞히는 보드게임의 이름이다.

34 원판 $x^2+y^2 \le a^2$은 $I_0 = \int_0^a r^2 2\pi r\, dr = \frac{1}{2}\pi a^4$을 가진다. 이는 왜 문제 20의 I_y와 다른가? 회전 반지름 $\bar{r} = \sqrt{I_0/M}$을 구하라 (모든 질량이 반지름 $\bar{r}$에서 회전할 때 회전에너지 $\frac{1}{2}I_0\omega^2$은 $\frac{1}{2}M\bar{r}^2\omega^2$와 같다).

35~42 다음은 관성 모멘트 실험에 대한 내용이다.

35 반지름이 r인 고체 원기둥은 길이 l, 반지름 x, 부피 $(2\pi x)(l)(dx)$인 구멍 난 원기둥으로부터 만들어진다. 입체 원기둥은

$$\text{질량 } M = \int_0^r 2\pi x l \rho dx \text{과 } I = \int_0^r x^2 2\pi x l \rho dx$$

를 가진다. $\rho = 7$일 때 M과 I, $J = I/Mr^2$를 찾아라.

36 [연습문제 14.4.40]은 입체 공에 대해서 $J = 2/5$를 찾는다. 이는 입체 원기둥의 J보다 작은데, 입체 공의 질량이 ____ 근처에 더 집중되어 있기 때문이다.

37 [연습문제 14.4.39]는 속이 빈 공에 대해서 $J = \frac{1}{2}\int_0^\pi \sin^3\phi\, d\phi$ =_____임을 찾는다. 굴리는 네 물체는 _____의 순서로 멈춘다.

38 공의 밀도를 변화시켜서 주어진 모양에 비해 빠르게 굴러가게 하는 방법은 무엇인가?

39 실험에 관한 Q2에 답하라.

40 y가 수직 낙하 한다고 할 때 식 (12)는 평면을 따르는 속도 $v^2 = 2gy/(1+J)$를 준다. 따라서 c=_____에 대해서 $v = cy^{1/2}$이다. 수직 속도는 $dy/dt = v\sin\alpha$이다.

$$dy/dt = cy^{1/2}\sin\alpha \text{이고 } \int y^{-1/2}dy = \int c\sin\alpha dt$$

$y(t)$를 찾기 위해 적분하라. 시간 $T = 2\sqrt{h}/c\sin\alpha$에 바닥$(y=h)$에 도달함을 보여라.

41 본문에서 다르게 표현된 네 가지 도착 시간에 대한 이론적 비율은 무엇인가?

42 참 또는 거짓임을 판별하라.

(a) 농구공은 야구공보다 언덕을 더 빨리 내려간다.

(b) 질량중심은 항상 무게중심이다.

(c) 팔을 위로 올리면 I_x와 I_y를 줄인다.

(d) 높이뛰기 선수의 질량중심은 봉을 넘는다(성공적으로 뛰었을 때).

8.6 힘, 일, 에너지

1장에서 미분 df/dt와 df/dx를 소개했다. 이렇듯 독립 변수는 t나 x가 될 수 있다. 속도에 대해서는 문자 t를 사용하는 것이 자연스럽다. 이 절은 두 가지 중요한 물리량인 **힘**과 **일**에 관한 절이고 따라서 x는 올바른 선택이다.

기본 식은 $W = Fx$이다. **일은 힘과 움직인 거리**(F의 방향으로의 거리)**의 곱이다**. 차에 100파운드의 힘을 가해서 20피트를 움직이면, 일은 2000풋파운드다.[5] 만약 멈춰있는 차를 100파운드의 힘으로 뒤로 20피트 민다면 일은 -2000풋파운드이다. 미는 힘이 80파운드 밖에 되지 않고 차가 움직이지 않는다면, 일은 0이다. 각각의 예에서 힘은 일정하다.

5 1풋파운드는 1파운드의 무게를 1피트 들어올리는 일의 양이다.

$W = Fx$는 $f = vt$와 완전히 평행선 상의 공식이다. v가 상수이면 곱하기만 하면 된다. 미적분이 필요한 때는 속도가 변하는 경우이다. 적분 $\int v(t)\,dt$는 짧은 시간에 작은 곱셈들을 더한다. 이와 마찬가지로 변하는 힘에 대해서 다음과 같이 짧은 거리에 작은 일의 조각 $F dx$를 더한다.

$$W = Fx \text{ (일정한 힘)} \qquad W = \int F(x)\,dx \text{ (변하는 힘)}$$

첫 번째 경우에 대한 예로 무게가 $F = 30$ 파운드인 여행 가방을 $x = 20$ 피트의 계단으로 들어 올리면 일은 $W = 600$ 풋파운드이다. 계단을 올라감에 따라 여행 가방이 더 무거워지지는 않는다. 단지 그렇게 느껴질 뿐이다. 실제로 이 가방은 더 가벼워진다(앞으로 중력을 배울 것이다).

두 번째 경우에 대한 예로 x가 증가함에 따라 힘이 더 필요한 용수철을 늘이는 것을 생각해보자. 훅의 법칙은 $F(x) = kx$를 말한다. 즉 힘은 늘어나는 거리 x에 비례한다. $x = 0$에서 시작해서 일은 x의 제곱으로 증가한다.

$$F = kx \text{ 이고 } W = \int_0^x kx\,dx = \frac{1}{2}kx^2 \qquad (1)$$

미터법의 단위에서 힘은 뉴턴으로 측정되고 거리는 m로 측정된다. 일의 단위는 뉴턴미터(줄)이다. 미국에서의 600 풋파운드는 프랑스에서는 약 800줄이 될 것이다.

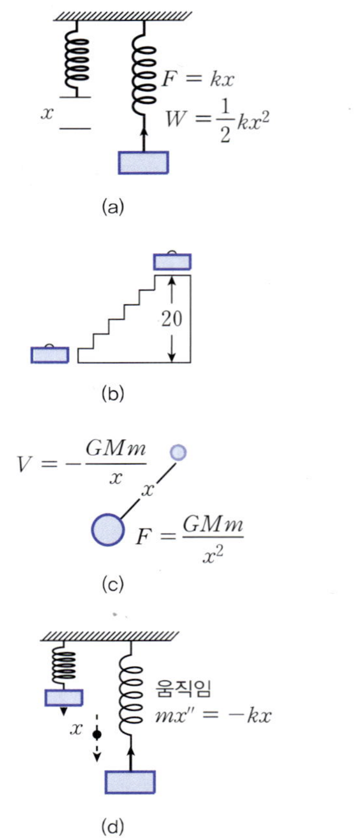

[그림 8-16] (a) 늘어난 용수철, (b) 여행 가방 20피트 올리기, (c) 질량이 m인 달, (d) 진동하는 용수철

예제 1 힘 $F = 20$ 파운드는 용수철 1피트를 늘인다고 가정하자.

(a) k를 찾아라. 탄성 계수는 $k = F/x = 20$ 피트/파운드이다.

(b) W를 찾아라. 일은 $\frac{1}{2}kx^2 = \frac{1}{2} \cdot 20 \cdot 1^2 = 10$ 풋파운드이다.

(c) $F = -10$ 파운드일 때 x를 찾아라(이는 늘임이 아닌 압축이다). $x = -\frac{1}{2}$ 피트이다.

같은 용수철을 같은 길이만큼 압축하는 것은 같은 크기의 일을 필요로 한다. 압축에 대해서 x와 F는 음수이다. 하지만 일 $W = \frac{1}{2}kx^2$은 여전히 양수이다. W는 kx와 x의 곱이 아님에 주목하라! 이것이 변하는 힘에 대한 전체 요점이다(Fx를 $\int F(x)\,dx$로 바꿔라).

이번에는 물리학에서 다른 중요한 물리량을 추가하겠다. 이는 용수철의 관점에서 상황을 살펴봄으로써 나타난다. 적당한 위치에서 용수철은 안정적인 상태가 된다. 이때 용수철은 아무 변화를 느끼지 않고 에너지도 없다. 장력 또는 압축은 위치에너지를 만든다. 더 늘이거나 더 압축하는 것은 에너지가 더 필요하다는 것을 의미한다. **에너지의 변화는 일과 같다.** 여행 가방을 20피트만큼 들어 올릴 때, 여행 가방의 위치에너지는 600 풋파운드만큼 증가한다.

위치에너지는 $V(x)$로 쓴다. 여기서 x는 여행 가방의 높이 또는 용수철을 늘인 길이이다. $x = a$에서 $x = b$로 움직일 때, **일 = 위치에너지의 증가량**이다.

$$W = \int_a^b F(x)\,dx = V(b) - V(a) \tag{2}$$

위 식은 완벽히 아름다운 공식이다. 일 W는 **정적분**이고, 위치에너지 V는 **부정적분**이다. 만약 여러분이 여행 가방을 계단 위로 올렸다가 다시 내리면, 여러분이 한 총 일은 0이 된다. 다소 피곤할 수 있지만, 가방을 다시 내려놓는 행위는 여러븐의 에너지를 돌려주는 것과 같다(이 에너지는 여행 가방 안에 있다). 1피트만큼 압축된 용수철에서 시작해서 1피트만큼 늘어난 용수철로 끝날 때, 마친가지로 여러분은 아무 일도 하지 않은 셈이다. $x = -1$과 $x = 1$에 대해서 $V = \frac{1}{2}kx^2$은 같다. 하지만 $x = 1$에서 $x = 3$으로의 확장은 다음과 같이 일을 필요로 한다.

$$W = V\text{의 변화} = \frac{1}{2}k(3)^2 - \frac{1}{2}k(1)^2$$

V와 같은 부정적분은 우리가 잘 아는 성질들을 가진다. 그들은 임의의 상수 C를 포함한다. 올바른 위치에너지는 간단히 $\frac{1}{2}kx^2$가 아니고, $\frac{1}{2}kx^2 + C$이다. 위치에너지의 변화를 계산할 때 C는 필요하지 않다. 상수는 소거되기 대문이다. 하지만 V 자체를 결정할 때에는 C를 선택해야 한다. 한 점에서 $V = 0$으로 고정하면 다른 모든 점에서 위치에너지가 결정된다. 보통의 선택은 $x = 0$에서 $V = 0$이다. 때때로 (중력에 대해) $x = \infty$에서 $V = 0$일 때도 있다.

위치에너지 V와 힘 F 사이에 다른 관계가 있다. 식 (2)에 따르면 V는 F의 부정적분이고, 따라서 $F(x)$는 $V(x)$의 미분이다. 미적분학의 기본 정리는 물리학에서도 기본이 되는 정리이다.

$$\text{용수철에 가해지는 힘} : F = \ \ dV/dx \tag{3a}$$
$$\text{용수철에서 발생하는 힘} : F = -dV/dx \tag{3b}$$

위 두 식은 같은 의미이다. 하나는 용수철을 당기는 우리의 힘이고, 다른 하나는 다시 돌아가는 '원상복귀의 힘'이다. 식 (3a)와 식 (3b)를 통해 관점에 따라 F의 부호가 바뀐다는 것을 알 수 있다. 전기공학자와 물리학자들은 음의 부호를 사용한다. 기계공학에서는 양의 부호가 더 보편적이다. $F = V'$인 반면 거리와 속도는 $v = f'$로, 이 문자들이 거꾸로 쓰인다는 것은 운명의 장난 중 하나이다. 두 문자가 대문자로 바뀌고, 변수 t가 x로 바뀐 것에 주목하라.

예제 2 **뉴턴의 중력 법칙**(역제곱 법칙)

$$\text{중력을 극복하는 힘} = GMm/x^2 \qquad \text{중력에 의한 힘} = -GMm/x^2$$

엔진은 로켓을 앞으로 밀고, 중력은 로켓을 뒤로 당긴다. 중력 상수는 G이고 지구의 질량은 M이다. 이때 로켓 또는 위성 또는 여행 가방의 질량은 m이고, 위치에너지는 부정적분이다.

$$V(x) = \int F(x)dx = -GMm/x + C \tag{4}$$

보통 $C=0$으로 두는데 이는 $x=\infty$에서 위치에너지를 0으로 만든다.

여행 가방을 위층으로 옮길 때, x는 20피트만큼 변한다. 무게는 거의 상수로 간주된다. 하지만 일의 실제 계산은 단지 30×20이 아닌 $F(x)$의 적분을 사용한다. 심각한 차이는 여행 가방을 $x=\infty$까지 옮길 때 생긴다. 이때 일정한 힘으로 무한한 일을 하기를 요구한다. 올바른(감소하는) 힘으로, 일은 무한대에서의 V(이는 0이다)에서 시작점 x_0에서의 V를 뺀 값과 같다. V에서의 변화는 $W=GMm/x_0$이다.

운동에너지

이번에 소개할 내용은 선택 사항인데, 여기서는 한 단계 더 높은 물리학을 다룰 것이다. 용수철을 놓거나 여행 가방을 떨어트린다고 가정하자. 외부에서 가해지는 힘은 $F=0$으로 바뀐다. 하지만 내부 힘은 여전히 용수철에 작용하고, 중력도 여전히 여행 가방에 작용한다. 그들은 양쪽 모두가 움직이도록 한다. 계단의 바닥에 닿을 때까지 여행 가방의 위치에너지는 운동에너지로 변환된다.

뉴턴의 법칙과 아인슈타인의 법칙 모두에서 시간이라는 요소가 포함된다.

$$(\text{뉴턴})\quad F = ma = m\frac{dv}{dt} \qquad (\text{아인슈타인})\quad F = \frac{d}{dt}(mv) \tag{5}$$

여기서 우리는 뉴턴의 법칙까지만 다룰 것이고, 이때 질량은 일정하다고 가정한다. [연습문제 8.6.21]에서는 질량이 속도에 따라 증가하는 아인슈타인의 법칙을 따른다. $m = m_0/\sqrt{1-v^2/c^2}$ 은 v가 빛의 속도인 c에 가까워짐에 따라 무한대에 가까워진다. 이와 같은 수정은 상대성 이론에 의한 것이고 여행 가방에 대해서는 필요하지 않다.

여행 가방이 떨어지면서 무슨 일이 일어나는가? 계단의 꼭대기인 $x=a$에서 바닥인 $x=b$까지 내려오면서 위치에너지는 사라진다. 반면 운동에너지 $\frac{1}{2}mv^2$이 얻어지고, 이는 뉴턴의 법칙을 적분하여 다음과 같이 확인할 수 있다.

$$\text{힘}\quad F = m\frac{dv}{dt} = m\frac{dv}{dx}\frac{dx}{dt} = mv\frac{dv}{dx}$$

$$\text{일}\quad \int_a^b F dx = \int_a^b mv\frac{dv}{dx}dx = \frac{1}{2}mv^2(b) - \frac{1}{2}mv^2(a) \tag{6}$$

이 같은 힘 F는 $-dV/dx$에 의해 주어진다. 따라서 일도 역시 V에서의 변화이다.

$$일 \int_a^b F dx = \int_a^b \left(-\frac{dV}{dx}\right) dx = -V(b) + V(a) \tag{7}$$

(6) = (7)이므로 총 에너지 $\frac{1}{2}mv^2 + V$(운동에너지와 위치에너지의 합)는 상수이다.

$$\frac{1}{2}mv^2(b) + V(b) = \frac{1}{2}mv^2(a) + V(a) \tag{8}$$

이는 **에너지 보존 법칙**으로, 총 에너지는 보존된다.

예제 3 늘어난 용수철의 끝에 질량이 m인 물체를 매달자. 그러면 용수철의 에너지 $V = \frac{1}{2}kx^2$은 점진적으로 질량의 운동에너지로 바뀌며 $x = 0$에서 완전히 운동에너지로 바뀐다. 즉 원래의 $\frac{1}{2}kx^2$은 $\frac{1}{2}mv^2$이 된다. $x = 0$을 지나면 위치에너지는 증가하고, 힘은 부호를 바꾸고 뒤로 당기면서 운동에너지가 사라진다. 결국 이때(질량이 다른 극점에 도달했을 때)의 모든 에너지는 위치에너지이다. 이는 정확히 1장(질량은 원운동하는 공의 그림자였다)에서와 같은 간단한 조화운동이다. 운동 방정식은 **에너지 변화율이 0이라는 것**을 말해준다(그리고 우리는 $v = dx/dt$를 소거시킨다).

$$\frac{d}{dt}\left(\frac{1}{2}mv^2 + \frac{1}{2}kx^2\right) = mv\frac{dv}{dt} + kx\frac{dx}{dt} = 0 \quad 또는 \quad m\frac{d^2x}{dt^2} + kx = 0 \tag{9}$$

이는 $F = ma$를 다르게 표현한 식이다. 용수철에 대해서라면 근 $x = \cos\sqrt{k/m}\,t$는 이 책에서 찾을 수 있다. 그러나 공학자들은 더 복잡한 구조의 근을 계산하기 위해 1년에 백만 달러를 쓰고 있다.

압력과 수압

그동안 다룬 힘은 한 점에 집중되어 있었다. 하지만 **압력**의 경우는 다르다. 유체는 그것을 담고 있는 용기의 모든 밑면과 옆면에 힘을 가한다. 플랭크 또는 수영장이 일정한 깊이 h(미터 또는 피트)를 가진다고 가정하자. 물의 비중량은 일반적으로 무게/밀도 $\omega \approx 9800$뉴턴/미터$^3 \approx 62$파운드/피트^{3}이다. 밑면에서 압력은 $\omega \times h$이고, 힘은 ωh와 밑면의 넓이 A의 곱이다.

$$F = \omega hA\,(파운드 또는 뉴턴) \qquad p = F/A = \omega h\,(파운드/피트^2 또는 뉴턴/미터^2) \tag{10}$$

압력은 단위 넓이당 힘이다. 여기서 p와 F는 곱셈에 의해서 계산되는데, 이는 높이 h가 상수이기 때문이다. 압력은 깊이에 비례한다(잠수부는 잘 알 것이다). 옆면을 따라 내려가면 h는 변하는데, 이때 미적분이 필요하다.

옆면의 압력은 여전히 모든 방향에서 ωh이다. 옆면을 두께가 Δh인 수평 띠로 나눈다. 기하학은 깊이 h에서의 길이 $l(h)$를 준다([그림 8-17]). 띠의 넓이는 $l(h)\Delta h$이다. 압력 ωh는 띠 위에서는 거의 상수이다(길이는 Δh만큼만 변한다). 따라서 **이 띠에 가해지는 힘은 $\Delta F = \omega h l \Delta h$이다.** 이 힘들을 합하고 $\Delta h \to 0$이 되게끔 띠를 얇게 하면 전체 힘은 다음과 같은 적분에 가까워진다.

$$\text{전체 힘 } F = \int \omega h\, l(h)\, dh \tag{11}$$

예제 4 [그림 8-17]의 사다리꼴 댐에 가해지는 총 힘을 찾아라.

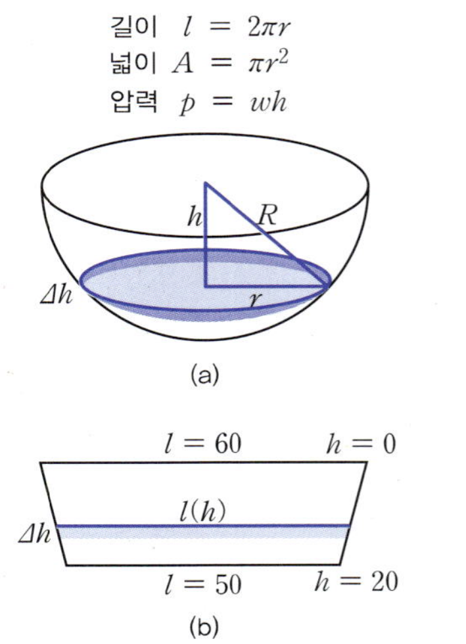

[그림 8-17] 물탱크와 댐 : 옆면 띠의 길이$=l$, 층의 넓이$=A$

풀이

$h=0$일 때 옆면의 길이는 $l=60$이고, 깊이 h는 0에서 20으로 증가한다. 주요 문제는 깊이 h 사이에서 l을 찾는 것이다. 직선인 변에서 관계는 $l = 60 + ch$와 같이 선형이다. $h=20$일 때 $l=50$이 되도록 c를 선택하면 $50 = 60 + c(20)$은 $c = -\dfrac{1}{2}$을 준다.

전체 힘은 $\omega h l$의 적분이다. 따라서 $l = 60 - \dfrac{1}{2}h$를 대입하면 힘은 다음과 같다.

$$F = \int_0^{20} \omega h\left(60 - \frac{1}{2}h\right)dh = \left[30\omega h^2 - \frac{1}{6}\omega h^3\right]_0^{20} = 12000\omega - \frac{1}{6}(8000\omega)$$

거리의 단위가 피트이면 $\omega = 62$ 파운드/피트^{3}이고 F는 파운드 단위이다. 마찬가지로 거리의 단위가 미터이면 $\omega = 9800$ 뉴턴/미터^{3}이고 힘은 뉴턴 단위이다.

(무게/밀도 ω)=(질량/밀도 ρ)$\times(g) = (1000)(9.8)$임에 주목하라. 이 SI 단위들은 0°C에서 물의 밀도가 정확히 $\rho = 1000\,\text{kg/m}^3$이 되게끔 선택되어졌다.

예제 5 탱크에서 물을 빼내는 펌프가 하는 일의 양을 구하라. 깊이 h에서의 넓이는 $A(h)$이다.

풀이

한 시간에 물의 한 층을 옮기는 것을 상상하라. 이 층의 무게는 $wA(h)\Delta h$이다. 이를 위로 들 때의 일은 이 층의 무게와 거리 h의 곱, 또는 $\omega h A(h)\Delta h$이다. 전체 탱크를 비우는 일은 적분이다.

$$W = \int wh\, A(h)\, dh \tag{12}$$

탱크가 반지름이 R인 반구의 바닥이라 가정하자. 깊이 h에서 횡단면의 넓이는

$A=\pi(R^2-h^2)$이다. 그러면 일은 0에서 R까지 적분 (12)이고, 이는 $W=\pi\omega R^4/4$과 같다.

$\omega=$ 힘/(거리)^{3}과 $R^4=$(거리)^{4}의 곱은 일 $W=$(힘)(거리)이다.

8.6 문장제 문제

01 일은 __a__ 와(과) __b__ 의 곱이다. 용수철에 대해 힘은 장력 x에 비례하는 $F=$ __c__ 이다(이는 __d__ 법칙이다). 변하는 힘과 함께 0에서 x까지 늘리는 일은 $W=\int$ __e__ $=$ __f__ 이다. 이는 __g__ 에너지 V의 증가와 같다. 따라서 W는 __h__ 적분이고 V는 상응하는 __i__ 적분인데 이는 임의의 __j__ 을(를) 포함하고 있다. 미분 dV/dx는 __k__ 와(과) 같다. 중력의 힘은 $F=$ __l__ 이고 위치에너지는 $V=$ __m__ 이다. 물체가 떨어질 때, V는 __n__ 에너지 $K=$ __o__ (으)로 바뀐다. 전체 에너지 $K+V$는 __p__ 이다(이는 외부에서 작용하는 힘이 없을 때 __q__ 의 법칙이다).

02 압력은 단위 __r__ 당 힘이다. 길이 h와 넓이 A인 수영장의 밀도 w인 물은 밑면에 대해 아래로 $F=$ __s__ 의 힘을 가한다. 압력은 $p=$ __t__ 이다. 옆면에서 __u__ 은(는) 깊이 h에서 여전히 wh이고 따라서 전체 힘은 $\int whl\,dh$인데 여기서 l은 __v__ 이다. 옆면이 s인 정육면체 수영장에서 밑면에 가해지는 힘은 $F=$ __w__ 이고, 옆면의 둘레는 $l=$ __x__ 이고 네 면에 가해지는 총 힘은 $F=$ __y__ 이다. 수영장으로부터 물을 퍼낼 때의 일은 $W=\int whA\,dh=$ __z__ 이다.

8.6 연습문제

01 (a) 일정한 힘 $F=12$파운드가 물체를 $x=0.9$피트에서 $x=1.1$피트로 움직일 때 일 W를 구하라.

(b) 힘 $F=12/x^2$가 x에 따라 변할 때 적분으로 W를 계산하라.

02 12인치의 용수철이 힘 75파운드에 의해서 15인치까지 늘어났다.

(a) 1피트당 파운드 단위에서 용수철의 탄성 계수 k는 무엇인가?

(b) 용수철을 늘일 때의 일을 찾아라.

(c) 용수철을 3인치 더 늘일 때의 일을 찾아라.

03 충격 흡수기는 1톤의 무게에 의해 1인치만큼 압축된다. 1피트당 파운드로 충격 흡수기의 용수철 탄성 계수 k를 찾아라. 충격 흡수기에 저장된 위치에너지는 얼마인가?

04 힘 $F=20x-x^3$은 비선형 용수철을 x만큼 늘린다.

(a) $x=0$에서 $x=2$까지 늘릴 때 필요한 일은 무엇인가?

(b) $V(0)=5$일 때, $x=2$에서 위치에너지 V는 얼마인가?

(c) $x=2$에서 작은 추가 확장에 대한 $k=dF/dx$는 얼마인가?

05 (a) 무게가 120파운드인 사람은 저울을 x인치만큼 밑으로 내려가게끔 한다. 이 사람은 저울에 얼마만큼의 일을 했는가?

(b) 같은 사람이 계단을 x인치만큼 내려간다면, 얼마나 많은 위치에너지를 잃는가?

06 로켓은 100 kg의 연료를 사용하여 높이 25 km에 도달한다.

(a) 높이 h에서 남은 연료의 무게를 찾아라.

(b) 연료를 들어올리기 위해 얼마의 일을 했는가?

07 길이가 100피트이고 무게 밀도가 5파운드/피트인 걸려 있는 케이블을 감아서 올리는 데 드는 일을 찾기 위해 적분하라. 케이블의 끝에 200파운드의 무게를 거는 것은 얼마의 추가 일을 발생시키는가?

08 대피라미드(높이가 500피트이며 카이로에서 볼 수 있다)는 800

피트×800피트의 정사각형의 밑면을 가진다. 높이 h에서의 넓이 A를 찾아라. 만약 돌의 무게가 $w=100$파운드/피트^{3}이라면 대략적으로 모든 돌을 들어 올리는 데 얼마의 일이 행해졌겠는가?

09 질량 m에 작용하는 중력의 힘은 $F=-GMm/x^2$이다. 중력 상수 $G=6\cdot10^{-11}$과 지구의 질량 $M=6\cdot10^{24}$, 로켓의 질량 $m=1000$이라고 할 때 로켓을 $x=6400$에서 $x=6500$까지 들어 올리는 일을 계산하라(각각의 단위는 kg와 km, 뉴턴이다. 이들은 일에서 뉴턴/km의 단위를 준다).

10 30파운드의 여행 가방을 20피트 들어 올리는 데 든 대략적인 일은 600풋파운드이다. 정확한 일은 위치에너지 $V=-GmM/x$의 변화이다. ΔV는 600과 수정 인자 $R^2/(R^2-10^2)$을 곱한 것임을 보여라. 여기서 x는 $R-10$에서 $R+10$까지 변한다(이 인자는 R=지구의 반지름일 때 실용적으로 1이 된다).

11 문제 **09**에서의 로켓을 $x=6400$에서 $x=\infty$까지 들어 올리는 데 든 일을 찾아라. 만약 이 일이 원래의 운동에너지 $\frac{1}{2}mv^2$과 같다면, 원래의 속도 v(탈출 속도)는 얼마인가?

12 로켓의 운동에너지 $\frac{1}{2}mv^2$은 위치에너지 $-GMm/x$로 변환된다. 지구의 반지름 $x=R$부터 시작하면 로켓이 도달하는 위치 x는 무엇인가? 만약 $x=\infty$에 도착한다면 $v=\sqrt{2GM/R}$임을 보여라. 이 탈출 속력은 시간당 25000마일이다.

13 용수철을 2피트 늘이기 위해 20풋파운드의 일을 했다. 1피트를 더 늘이기 위해 얼마의 일이 필요한가?

14 맥주가 가득한 통은 높이가 4피트이고 반지름이 1피트이며 아래가 뚫려 있다. 맥주가 통에서 나옴에 따라 얼마의 위치에너지를 잃는가?

15 사각형 댐은 높이가 40피트이고 너비가 60피트이다. (a) 물이 꼭대기에 있을 때, (b) 수위가 중간일 때 댐에 가해지는 총 옆면의 힘 F를 계산하라.

16 삼각형 댐은 높이 30m에서 80m의 밑면을 가진다. 물이 삼각형을 덮을 때, 다음을 찾아라.

(a) 깊이 h에서의 압력

(b) 깊이 h에서의 댐의 길이 l

(c) 댐에 가해지는 전체 힘

17 깊이가 H이고 횡단면의 넓이가 A인 원기둥이 물이 가득 차 있는 채로 서 있다(밀도는 w이다). (a) 꼭대기의 모든 물을 들어올리는 데 드는 일 $W=\int \omega Ah\,dh$를 계산하라. (b) W의 단위를 확인하라. (c) 원기둥이 반만 찼을 때의 일 W는 무엇인가?

18 문제 **17**에서 $H=20$피트이고 $w=62$파운드/피트^{3}이고, 밑면이 $r=5$피트인 원일 때 모든 경우에 대해 W를 계산하라.

19 밑면의 넓이가 800피트 제곱이고, 물의 깊이는 4피트, 꼭대기는 수위보다 1피트 높을 때, 수영장의 물을 빼는 데 얼마의 일이 드는가?

20 원뿔 모양의 탱크에 대해서 $A=\pi r^2h^2/H^2$과 같이 횡단면의 깊이에 따라 증가한다. 이 탱크를 비우는 데 드는 일은 같은 높이와 밑면을 가지는 원기둥을 비우는 데 드는 일의 절반임을 보여라. 물의 부피의 비율은 무엇인가?

21 상대성 이론에서 질량은 $m=m_0/\sqrt{1-v^2/c^2}$이다. 뉴턴의 방정식 $F=m_0a$가 아인슈타인의 방정식 $F=d(mv)/dt=(d(mv)/dv)(dv/dt)=$____$m_0a$가 되도록 수정 인자를 찾아라.

22 타이타닉의 깊이와 그 깊이에서의 압력, 그리고 선실 문에서의 힘을 추정하라. 대서양의 바닥에서 모든 문이 붕괴되지 않은 이유는 무엇인가?

23 너비가 4m이고 길이가 10m, 깊이가 2m인 수영장에 대하여 물의 무게를 구하고 바닥에 가해지는 총 힘을 찾아라.

24 문제 **23**에서 수영장의 한쪽 깊이가 1m로 얕아진다고 가정하자. 문제 **23**과 비교하여 저장된 물은 몇 %인가? 횡단면(사다리꼴)을 그리고 옆면과 기울어진 바닥에서의 힘의 방향을 보여라.

25 어떤 면에서 정적분은 일과 같고 부정적분은 에너지와 같은가? 그들의 미분은 ____이다.

9장 극좌표와 복소수

Polar Coordinates and Complex Numbers

9.1 극좌표

지금까지의 점은 x좌표와 y좌표에 의해 위치가 정해졌다. 하지만 만약 여러분이 비행 관제사이고 한 비행기가 화면에 나타난다면, 여러분은 비행기의 위치를 그런 식으로 지정하지 않을 것이다. 비행 관제사는 x와 y 대신에 비행기의 **방향**과 **거리**를 읽을 것이다. 방향은 각 θ이고, 거리는 어떤 양수 r이다. 직교좌표 x와 y로 표현된 점을 θ와 r로 표현한 것을 **극좌표**polar coordinate라고 한다.

각 θ는 수평선에서부터 측정된다. 거리가 2이고 각이 30° 또는 $\pi/6$(비행 관제사들은 도를 선호하고, 수학자들은 라디안을 선호한다)이다. x축을 따라 보고 있는 조종사는 비행기의 방향을 '11시 방향'으로 지정할 것이다. 이것은 시간 단위로 방향을 측정하여 단위 체계를 완전히 파괴한다. 하지만 각과 거리는 비행기의 위치를 보여준다.

$r=1$, $\theta=-\pi/2$에서 활주로까지는 얼마나 먼가? 극좌표는 이 질문에 답하기에 별로 적절하지 않다. 원점으로부터의 거리(이것은 r과 같다)를 나타내기에는 완벽하지만, 이 책에서는 대부분의 다른 거리들에 대해 x와 y로 바꿔서 나타낼 것이다. r과 θ로부터 x와 y를 찾는 것은 매우 간단하고, 앞으로 끊임없이 이 변환을 할 것이다. 이 장에서 가장 많이 사용되는 수식은 [그림 9-1]에서 볼 수 있는데, 여기서 직각삼각형은 각 θ와 빗변 r을 가진다. 이때 나머지 두 변은 x와 y이다.

$$x = r\cos\theta, \quad y = r\sin\theta \tag{1}$$

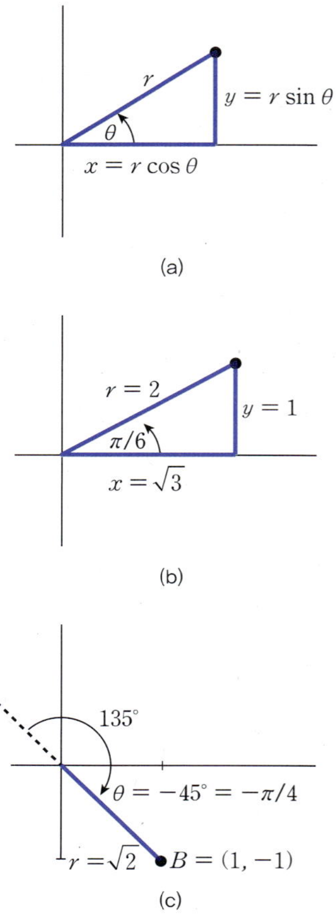

[그림 9-1] 극좌표 r, θ와 직교좌표 $x = r\cos\theta$, $y = r\sin\theta$

[그림 9-1(b)]에서 $r=2$, $\theta=\pi/6$에서의 점은 $x=2\cos(\pi/6)$이고 $y=2\sin(\pi/6)$이다. $\pi/6$의 코사인은 $\sqrt{3}/2$이고 사인은 $1/2$이므로 $x=\sqrt{3}$이고 $y=1$이다. 극좌표는 쉽게 xy좌표로 변환된다.

이제 xy좌표를 극좌표로 바꿔보자. 항상 $x^2+y^2=r^2$이다. 위 예에서도 $(\sqrt{3})^2+(1)^2=(2)^2$이다. 피타고라스 정리는 x와 y로부터 r을 도출해낸다. 방향을 나타내는 θ도 x, y로 나타낼 수 있지만, 그 공식은 그리 실용적이지 않다.

$$r=\sqrt{x^2+y^2}\text{이고 } \tan\theta=\frac{y}{x}\text{이고 (대부분) } \theta=\tan^{-1}\frac{y}{x}\text{이다.} \tag{2}$$

$y/x=1/\sqrt{3}$이고, 이 값을 탄젠트로 갖는 각은 $\theta=\tan^{-1}(1/\sqrt{3})=\pi/6$이다.

예제 1 [그림 9-1(c)]에서 점 B는 음의 각 $\theta=-\pi/4$이다. 이때 x좌표 $r\cos(-\pi/4)$는 $r\cos(\pi/4)$와 같다(코사인은 짝함수이다). 하지만 y좌표 $r\sin(-\pi/4)$는 음수이다. $x=1$과 $y=1$로부터 r과 θ를 계산하면 그 거리는 $r=\sqrt{1+1}$이고 $\tan\theta$는 $-1/1$이다.

⊘ **주의** 각을 $360°$ 만큼 돌리면 그 각은 원래 방향과 위치가 동일하므로 어떤 각이든지 2π를 더하거나 빼도 그 각은 처음 각과 같다. 따라서 $-\pi/4$는 $7\pi/4$와 같은 각이고, $-45°$는 $315°$와 같은 각이다. $15\pi/4$와 $675°$도 마찬가지이다.

$180°$를 더하거나 빼도 탄젠트는 변하지 않는다. 점 $(1, -1)$은 $r = \sqrt{2}$에서 $-45°$ 선 위에 있다. 또한 점 $(-1, 1)$은 $r = \sqrt{2}$를 가진 $135°$ 선 위에 있기도 하다. 둘 다 $\tan\theta = -1$을 가진다. 방정식 (2)에서 한 점은 많은 θ를 가지고 두 점들은 같은 r과 $\tan\theta$를 가지기 때문에 '대부분'과 같은 표현을 써야 했다.

더 난감한 사실은 $B = (1, -1)$이 $135°$ 선 위에 있지만 **음의 거리** $r = -\sqrt{2}$에 있다고 말할 수 있다는 것이다. 음수 r은 $135°$ 선을 따라서 그 점을 역방향으로 이동시키지만, 이는 B를 향해 가는 방향이기도 하다. B의 위치를 표현할 때, 필자는 항상 $r > 0$에서만 나타낼 것이다. 그러나 극방정식의 그래프를 그릴 때는 $r < 0$이 허용된다. 그래프를 통해 이와 같은 내용을 확인해보자.

원 $r = \cos\theta$

8장까지 다루었던 기본 함수는 $y = f(x)$였지만 이번 장의 핵심은 $r = F(\theta)$이다. 그것은 극좌표 사이의 관계식이고, $r = \cos\theta$와 같은 방정식을 만족하는 점은 **극 그래프** polar graph를 만들어낸다.

$r = \cos\theta$가 왜 원을 뜻하는가는 분명하지 않다. 방정식들 $r = \cos 2\theta$, $r = \cos^2\theta$, $r = 1 + \cos\theta$은 원이 아닌 완전히 다른 그래프를 만들어낸다. 이 식이 원을 나타냄을 직접적으로 보려면 $\theta = 0°$, $30°$, $60°$, $\cdots$를 취하고 각각의 반직선 위에서 거리 $r = \cos\theta$만큼 나아가보자. 그러면 점 $\left(\frac{1}{2}, 0\right)$을 중심으로 하고 반경이 $\frac{1}{2}$인 원이 나올 것이다. 이때 $r = \cos\theta$가 **이동된 원**을 나타낸다는 것을 수학적으로 증명해야 한다.

한 가지 짚고 넘어가자. **0에서 π까지의 각은 전체 원을 나타낸다.** 수 $r = \cos\theta$는 $\pi/2$ 이후에 음수가 되고, 이 경우 각 선을 따라 역방향으로 이동한다.

$\theta = \pi$(원점의 왼쪽으로)에서 코사인은 -1이다. 역방향으로 이동하면 $\theta = 0$과 $r = 1$의 점으로 되돌아오고, 원이 완성된다.

θ가 π에서 2π까지 계속될 때 마찬가지로 한 원을 만든다. 즉 극방정식은 두 번 원을 그린다(θ가 2π를 넘어 계속되면 더 많은 원을 만든다). 음수인 r과 여러 개의 원이 반복되는 것을 피하고 싶다면 θ의 범위를 $-\pi/2$에서 $\pi/2$까지로 제한하라. 우리는 여전히 $r = \cos\theta$의 그래프가 왜 원이 되는지를 알아야 한다.

방법 1 r을 곱하고 직교좌표인 x와 y로 전환하라.

$$r = \cos\theta \quad \Rightarrow \quad r^2 = r\cos\theta \quad \Rightarrow \quad x^2 + y^2 = x \qquad (3)$$

여기서 $x^2 + y^2$ 때문에 이는 원이다. $\left(x - \frac{1}{2}\right)^2 + y^2 = \left(\frac{1}{2}\right)^2$으로 다시 쓰면 이 원의 중심과 반지름을 알 수 있다. $x = \frac{1}{2}$, $y = 0$이 중심이고 반지름은 $\frac{1}{2}$인 원임이 증명된 것이다.

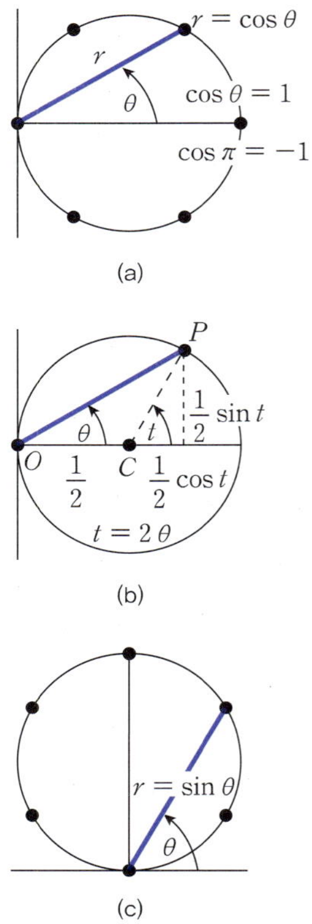

[그림 9-2] 원 $r = \cos\theta$에 대하여 x, y를 서로 바꾸는 과정. 원 $r = \sin\theta$.

방법 2 x와 y를 각각 θ의 함수로 써라. 그러면 θ는 다음과 같이 '매개변수'가 된다.

$$x = r\cos\theta = \cos^2\theta \text{ 이고 } y = r\sin\theta = \sin\theta\cos\theta \text{ 이다.} \qquad (4)$$

이들은 극방정식은 아니지만 **매개변수 방정식**이다. 매개변수 θ는 각이지만 시간이 될 수도 있다(그래도 같은 곡선일 것이다). 12장에서는 매개변수 방정식을 자세히 살펴볼 것이고, 여기에서는 원에 한하여 살펴보자.

원을 찾기 위해 x와 y를 각각 제곱하고 더해보자. 이것은 [연습문제 9.1.26]에서 $x^2 + y^2 = x$를 만들어낸다. 하지만 여기서 새로운 시도를 할 것이다. **원에서 출발하여 방정식 (4)를 찾아라**(12장까지 학습하지 않은 경우에, 이 아이디어를 가지고 접근하면 된다). 즉 벡터 OC를 중심으로, CP를 반지름으로 하라.

[그림 9-2(b)]에서 점 P는 $(x, y) = OC + CP = \left(\frac{1}{2}, 0\right) + \left(\frac{1}{2}\cos t, \frac{1}{2}\sin t\right)$이다.

매개변수 t는 원의 중심에서의 각이고, 방정식은 $x = \frac{1}{2} + \frac{1}{2}\cos t$와 $y = \frac{1}{2}\sin t$이다. 삼각법에 익숙한 사람은 두 배인 각을 $t = 2\theta$로 설정한다. 그 결과는 식 (4)를 원에 대해 나타낸 것이다.

$$x = \frac{1}{2} + \frac{1}{2}\cos 2\theta = \cos^2\theta, \quad y = \frac{1}{2}\sin 2\theta = \sin\theta\cos\theta \qquad (5)$$

이 단계로 기하학의 기본 정리를 재발견한다. 중심에서의 각 t는 원주에서의 각의 두 배이다. 이로써 매개변수를 통한 설명이 끝났다.

[그림 9-2(c)]에 그려진 원은 $r = \sin\theta$이다. 원을 나타내는 다른 하나의 방정식은 그려지지 않은 $r = \cos\theta + \sin\theta$이다. [연습문제 9.1.27]은 그것의 xy 방정식과 반지름을 찾으라고 한다. 모든 계산들은 극좌표의 기본인 $x = r\cos\theta$와 $y = r\sin\theta$로 돌아간다. 마지막 연습문제는 아름다운 그래프를 가진 하나의 매개변수 방정식을 보여준다. 지금이라면 그 그래프를 그리는 것이 가능할지도 모르겠다. 이제 다음 절은 $r = F(\theta)$에 집중할 것이고, 원 너머까지 나아갈 것이다.

9.1 문장제 문제

01 극좌표 r과 θ는 $x=$ __a__ 와(과) $y=$ __b__ 에 대응된다. $r>0$과 $\theta=\pi$인 점들은 __c__ 에 위치한다. $r=1$과 $0\le\theta\le\pi$인 점들은 __d__ 에 위치해 있다. θ의 부호를 반대로 하는 것은 점 (x, y)를 __e__ (으)로 이동시킨다.

02 주어진 x와 y에 대해 거리는 $r=$ __f__ 이며 θ의 탄젠트는 __g__ 이다. 점 $(6, 8)$은 $r=$ __h__ 와(과) $\theta=$ __i__ 을(를) 가진다. 같은 θ를 가지는 다른 점은 __j__ 이고, 같은 r을 가지는 다른 점은 __k__ 이다. 또한 같은 r과 $\tan\theta$를 가지는 다른 점은 __l__ 이다.

03 극방정식 $r=\cos\theta$는 이동된 __m__ 을(를) 만들어낸다. 그 꼭대기 점은 $\theta=$ __n__ 에 있고, 이것은 $r=$ __o__ 을(를) 준다. θ가 0에서 2π로 갈 때, 그 그래프 주위를 __p__ 번 돈다. $r^2=r\cos\theta$로 다시 쓰는 것은 xy 방정식 __q__ (으)로 이어진다. $r=\cos\theta$를 $x=r\cos\theta$에 대입하는 것은 $x=$ __r__ 을(를) 도출하고 비슷하게 $y=$ __s__ 을(를) 도출한다. 이 형태에서 x와 y는 __t__ θ의 함수들이다.

9.1 연습문제

01~06 다음 점의 극좌표를 찾아라(단, $r\ge 0$, $0\le\theta<2\pi$).

01 $(x, y)=(0, 1)$

02 $(x, y)=(-4, 0)$

03 $(x, y)=(\sqrt{2}, \sqrt{2})$

04 $(x, y)=(-1, \sqrt{3})$

05 $(x, y)=(-1, -1)$

06 $(x, y)=(3, 4)$

07~12 극좌표로부터 직교좌표 (x, y)를 찾아라.

07 $(r, \theta)=(2, \pi/2)$

08 $(r, \theta)=(1, 3\pi/2)$

09 $(r, \theta)=(\sqrt{20}, \pi/4)$

10 $(r, \theta)=(3\pi, 3\pi)$

11 $(r, \theta)=(2, -\pi/6)$

12 $(r, \theta)=(2, 5\pi/6)$

13 직교좌표에서 두 점 $(x, y)=(\sqrt{3}, 1)$ $(1, -\sqrt{3})$ 사이의 거리는 얼마인가?

14 점 $r=3, \theta=\pi/2$는 $r=4, \theta=\pi$로부터 얼마나 멀리 떨어져 있는가?

15 $(x, y)=(r\cos\theta, r\sin\theta)$는 $(X, Y)=(R\cos\phi, R\sin\phi)$로부터 얼마나 멀리 떨어져 있는가? $\cos(\theta-\phi)=\cos\theta\cos\phi+\sin\theta\sin\phi$를 이용하여 $(x-X)^2+(y-Y)^2$을 간단히 하라.

16 다음 점들에 대해 극좌표의 두 번째 집합(다른 r 또는 다른 θ)을 찾아라.

$$(r, \theta)=(-1, \pi/2),\ (-1, 3\pi/4),\ (1, -\pi/2),\ (0, 0)$$

17 극좌표를 이용하여 (a) 반평면 $x>0$, (b) 반평면 $y\le 0$, (c) x^2+y^2이 4와 5 사이에 있는 반지 모양, (d) 쐐기 모양 $x\ge|y|$을 각각 표현하라.

18 반례나 이유를 들어서 참 또는 거짓임을 판별하라.

(a) $-r$ 과 $-\theta$로 바꾸면 같은 점을 만든다.

(b) $r<0$이 허용되지 않을 때, 각 점은 단지 하나의 r과 θ를 가진다.

(c) $r=1/\sin\theta$의 그래프는 직선이다.

19 x와 θ로부터 y와 r을 찾아라.

20 [그림 9-1(b)]에서 $x=\sqrt{3}$, $y=1$과 같은 r과 $\tan\theta$를 갖는 또 다른 점은 무엇인가?

21 직교방정식을 극방정식으로 전환하라.

(a) $y=x$ (b) $x+y=1$ (c) $x^2+y^2=x+y$

22 $(0, 0)$, (r_1, θ_1), (r_2, θ_2)을 꼭짓점으로 갖는 삼각형의 넓이는 $A=\frac{1}{2}r_1r_2\sin(\theta_2-\theta_1)$임을 보여라. $0\le\theta_1\le\theta_2\le\pi$라고 가정하고 밑변과 높이를 찾아라.

23~28 다음은 원을 만드는 극방정식에 관한 것이다.

23 $r=\sin\theta$를 xy 방정식으로 전환하라. 우선 r을 곱하라.

24 $\theta=0^\circ, 30^\circ, 60^\circ, \cdots, 360^\circ$ 에서 $r=\sin\theta$의 그래프를 그려라. θ에 대한 이 13개의 값들은 그래프에서 ________다른 점들을 준다. θ가 어떤 범위일 때 원 주위를 한 번 도는가?

25 변수 θ에 관하여 x와 y를 찾기 위해 $r=\sin\theta$를 $x=r\cos\theta$와 $y=r\sin\theta$에 대입하라. 그런 다음 xy 방정식에 도달하기 위해 x^2+y^2을 계산하라.

26 식 (4)에서의 매개변수 방정식 $x=\cos^2\theta$와 $y=\sin\theta\cos\theta$로부터 xy 방정식을 복원하라. 제곱하고, 더하고, θ를 제거하라.

27 (a) $r=\cos\theta+\sin\theta$에 r을 곱해서 xy 방정식으로 전환하라.

(b) 방정식을 $\left(x-\frac{1}{2}\right)^2+\left(y-\frac{1}{2}\right)^2=R^2$으로 다시 써서 반경 R을 찾아라.

(c) 그래프를 그려라.

28 $r=a\cos\theta+b\sin\theta$의 반경을 구하라($r$을 곱하라).

---

29 $x+y=1$을 $r\theta$ 방정식으로 전환하고 r에 관하여 풀어라. 그런 다음 이 r을 $x=r\cos\theta$와 $y=r\sin\theta$에 대입하여 이 직선에 대한 매개변수 방정식을 찾아라.

30 방정식 $x=\cos^2\theta$와 $y=\sin^2\theta$ 또한 $x+y=1$에 이르게 한다(하지만 이는 문제 **29**에 대한 답과 다르다).

설명 : 문제 **29**에서 θ는 더 이상 극 각이 아니어서 우리는 t를 써야 했다. 각 θ에서가 아닌 점 $x=\cos^2\theta$, $y=\sin^2\theta$를 찾아라.

31 $r=\cos^2\theta$를 (6개 각의) xy 방정식으로 전환하라.

32 매개변수 곡선들에 대한 그래프 패키지를 가진 경우, 하이포사이클로이드(내파선)를 그래프로 표시하라. 이때 방정식은 $x=(1-b)\cos t+b\cos(1-b)t/b$, $y=(1-b)\sin t-b\sin(1-b)t/b$이다. 그림은 $b=\frac{3}{10}$과 $b=0.31831$의 부분을 보여준다.

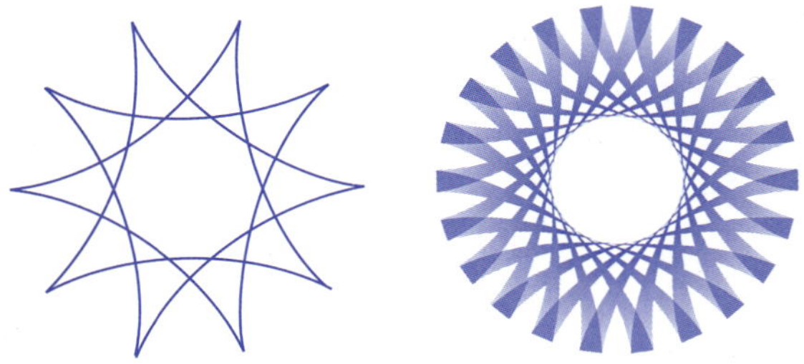

9.2 극방정식과 그래프

지금까지 극좌표계에서 가장 중요한 방정식은 $r=1$이다. 이때 각 θ는 나타나지 않는다. 방정식은 너무 쉽게 보이지만, 이 점이 바로 핵심이다! 그래프는 원점을 중심으로 한 단위원이다. 직선 $x=1$과 비교하라. 더 중요한 것은 $r=1$의 단순성과 $y=\pm\sqrt{1-x^2}$의 복잡성을 비교하는 것이다. 원은 응용 분야에서 매우 일반적인 도형이므로 극좌표가 필요하다.

이 절에서는 극 곡선 $r=F(\theta)$를 살펴보자. 심장형 곡선[Cardioid]은 다소 감성적인 곡선이다. 아마도 포물선이 더 실용적일 수 있다. 심장형 곡선은 $r=1+\cos\theta$이고, 포물선은 $r=1/(1+\cos\theta)$이다. 12.2절은 여기에 사이클로이드[cycloid](굴렁쇠선)와 아스트로이드[astroid](성망형)를 추가한다.[1] 프로그램으로 이를 그릴 수 있으며 직접 그릴 수도 있다.

원 $r=$ 상수와 함께 직선 $\theta=$상수로 이동하자. 방정식 $\theta=\pi/4$는 한 고정된 각에서, 원점으로부터의 반직선이다. $r<0$을 허용하면, 그래프를 그릴 때처럼 한 방향의 반직선은 전체 선으로 바뀐다. 중요한 점은 **원이 반직선에 수직이라는 점이다.** 우리는 수직인 선들의 xy 격자[grid]보다 더 흥미로운 '직교 좌표'를 가지고 있다. 원칙적으로 x는 (직각이 아닌) θ와 섞일 수 있지만, 실제로 이런 일은 결코 발생하지 않는다.

1 사이클로이드는 원이 직선 위를 굴러갈 때 원 위의 한 점이 그리는 원을 말한다. 아스트로이드는 반지름이 r인 원 안쪽을 따라 반지름이 $r/4$인 원이 구를 때 작은 원 위의 한 점이 그리는 별 모양의 곡선을 말한다.

다른 곡선들은 극좌표에서 그 매력을 발휘한다. 우선 다섯 가지 예제들을 살펴보자. 그래프를 알아보기 위해 다시 $x = r\cos\theta$와 $y = r\sin\theta$로 바꾸기도 할 것이다.

예제 1 $r = 1/\cos\theta$의 그래프는 **직선** $x = 1$이다($r\cos\theta = 1$이기 때문이다).

예제 2 $r = \cos 2\theta$의 그래프는 [그림 9-3]과 같이 **사엽 장미형**four-petal flower이다.

$\theta = 30°, -30°, 150°, -150°$에서의 점들이 꽃에 표시되어 있다. 그들은 모두 $r = \cos 2\theta = \dfrac{1}{2}$을 가진다. 여기서 **세 가지의 중요한 대칭이 있다. 바로 x축, y축, 원점에 대한 대칭이다.** 이 사엽 곡선은 세 가지 대칭을 모두 만족한다. 수직 꽃 $r = \sin 2\theta$도 마찬가지이다. 하지만 놀랍게도 통과하는 검증은 다르다.

(x축 대칭 : y에서 $-y$로) 이 경우 두 가지의 교차 방법이 있다. 우선 θ를 $-\theta$로 바꿔라. 그러면 방정식 $r = \cos 2\theta$는 동일하게 유지된다. 두 번째, θ를 $\pi - \theta$로, r을 $-r$로 바꿔라. 그러면 방정식 $r = \sin 2\theta$는 동일하게 유지된다. 두 꽃은 x축 대칭성을 가진다.

(y축 대칭 : x에서 $-x$로) 이 경우에도 두 가지의 교차 방법이 있다. 우선 θ를 $\pi - \theta$로 바꿔라. 그러면 방정식 $r = \cos 2\theta$는 동일하게 유지된다. 두 번째, θ를 $-\theta$로, r을 $-r$로 바꿔라. 그러면 방정식 $r = \sin 2\theta$는 동일하게 유지된다(사인은 홀함수이다). 두 곡선은 y축 대칭성을 가진다.

(원점 대칭) 이 경우 r을 $-r$로 **또는** θ를 $\theta + \pi$로 바꾼다. 꽃 방정식은 $\cos 2(\theta + \pi) = \cos 2\theta$이고 $\sin 2(\theta + \pi) = \sin 2\theta$과 같이 단지 두 번째 검증만을 통과한다. 모든 방정식 $r^2 = F(\theta)$는 $(-r)^2 = r^2$이므로 첫 번째 검증을 통과한다.

원 $r = \cos\theta$는 x축 대칭성을 갖지만, y나 r에 대해서는 아니다. 나선형 $r = \theta^3$은 $-r = (-\theta)^3$이기 때문에 y축 대칭성을 가진다.

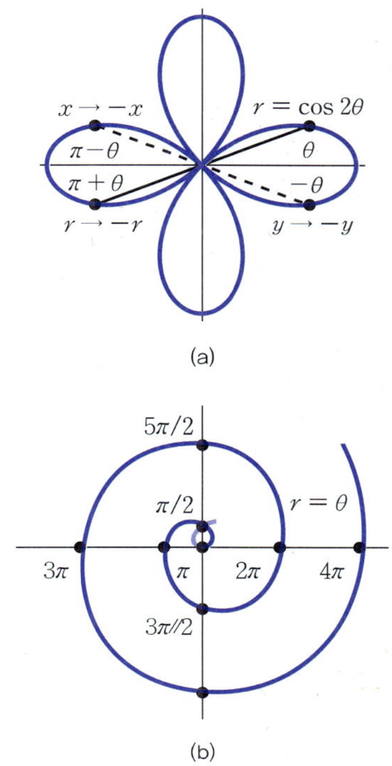

[그림 9-3] 사엽 장미형 $r = \cos 2\theta$와 나선형 $r = \theta$ $(r > 0)$

Q_ r을 $-r$로, θ를 $\theta + \pi$로 바꾸면 무슨 일이 일어나는가?

A_ 아무 일도 일어나지 않는다. 왜냐하면 (r, θ)와 $(-r, \theta + \pi)$는 항상 같은 점이기 때문이다.

예제 3 $r = \theta$의 그래프는 **아르키메데스의 나선**(아마도 두 개의 나선형)이다.

θ가 증가해서 2π를 넘어서면 나선형은 새로운 점들을 더한다. 그동안 다룬 예제들은 '주기적'이었다. $\theta = 2\pi$는 $\theta = 0$과 같은 점을 나타내므로, 주기적인 곡선이 반복되었다. 반면 나선형은 돌아올 때마다 2π씩 움직인다. 음의 각과 음의 $r = \theta$를 허용하면 두 번째 나선형이 나타난다.

예제 4 $r = 1 + \cos\theta$의 그래프는 **심장형 곡선**이다. [그림 9-4(c)]에 그려져 있다.

심장형 곡선은 간단한 xy 방정식으로 전환할 수 없다. 여전히 그 곡선은 매우 매력적이다. 원점에서 뾰족한 끝을 가지는 심장 모양이라 심장형 곡선이라고 이름지어졌다. 이 곡선을 그리기 위해 30° 간격마다 $r = 1 + \cos\theta$을 그리고 그 점들을 연결하라. 이 곡선의 경우 $\cos\theta$가 절대로 -1 아래로 가지 않기 때문에 r은 음수가 아니다.

여러분 심장의 전기적인 벡터 모양이 대략적인 심장형 곡선을 그린다는 것도 흥미로운 사실이다. 심전도에 대해서는 11.1절을 참조하라. 그것이 완벽한 심장형이라면, 여러분 건강에 약간의 문제가 있다는 뜻이다.

예제 5 $r = 1 + b\cos\theta$의 그래프는 **리마송**[Limaçons]이다 ($b = 1$일 때 심장형 곡선이다).

리마송(부드러운 c)은 식용 달팽이[escargot]만큼 잘 알려지지는 않았지만 비식용 달팽이를 뜻하는 프랑스어이다. [그림 9-4]는 b가 증가함에 따라 딤플(옴폭 들어간 곳)이 어떻게 나타나는지 보여준다. 그런 다음 내부 닫힌 곡선이 $b = 1$ 너머에 나타난다($b = 1$의 심장형 곡선은 닫힌 곡선을 만들어낸다). 큰 b의 경우 곡선은 두 개의 원과 같다. 이와 같이 제한적인 경우는 내부 닫힌 곡선이 외부 닫힌 곡선과 동일할 때 나타나는데, 결국 이중 원이 된다. $r = \cos\theta$가 원 주위를 두 번 돌았다는 것을 기억하라.

우리는 인자 c로 $r = c(1 + b\cos\theta)$를 변경하면서 리마송을 확대할 수 있다. 또한 180° 만큼 회전시켜 $r = 1 - b\cos\theta$를 줄 수 있다. 그러나 진정한 관심은 응용 분야에서 이러한 수치의 발생 여부이다. 도날드 사리[Donald Saari]의 멋진 예를 살펴보자.

지구에서 보는 화성 지구와 화성은 태양 주위를 돈다. 대략적으로 설명하면 화성은 지구와 태양의 거리의 1.5배만큼 태양으로부터 떨어져 있고, 지구에서의 두 해 동안 이 궤도를 완성한다.

이 궤도를 원으로 생각해보자. 지구의 경우 $r = 2$이고 화성의 경우 $r = 3$이다. 이 방정식은 두 행성의 위치는 알려줄 뿐 어느 때인지는 알려주지 않는다. 시간을 매개변수로 하면 다음과 같이 지구와 화성의 좌표는 매 순간 t로 주어진다.

$$x_{\text{지구}} = 2\cos 2\pi t,\ \ y_{\text{지구}} = 2\sin 2\pi t \ \ \text{그리고}\ \ x_{\text{화성}} = 3\cos \pi t,\ \ y_{\text{화성}} = 3\sin \pi t$$

$t = 1$, 즉 1년 동안 지구는 한 원(각$= 2\pi$)을 완성하지만 화성은 궤도의 반만 완성한다. 이제 핵심 단계이다. 지구에 관한 화성의 위치를 찾기 위해 뺄셈을 해보자.

$$x_{\text{화성-지구}} = 3\cos\pi t - 2\cos 2\pi t \ \ \text{그리고}\ \ y_{\text{화성-지구}} = 3\sin\pi t - 2\sin 2\pi t$$

$\cos 2\pi t$를 $2\cos^2 \pi t - 1$로, $\sin 2\pi t$를 $2\sin\pi t\cos\pi t$로 대신하면 이들은 다음과

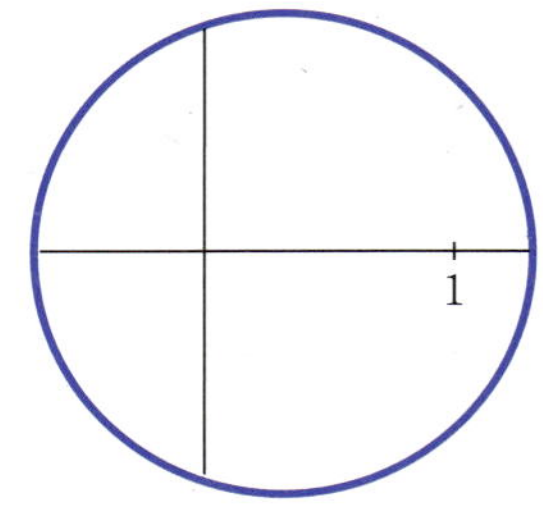

$r = 1 + \frac{1}{3}\cos\theta$

(a) 옴폭 들어간 곳이 없음

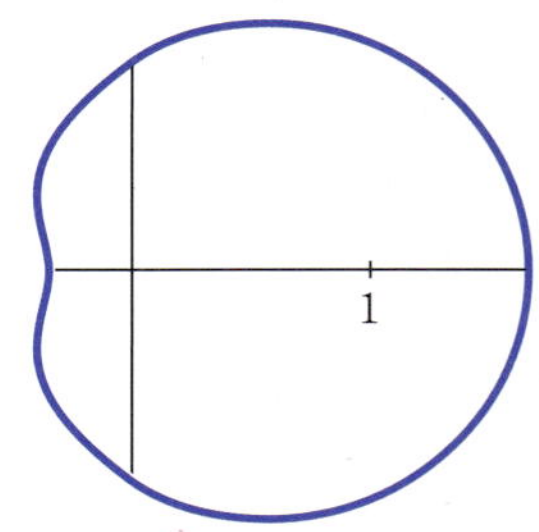

$r = 1 + \frac{2}{3}\cos\theta$

(b) 옴폭 들어간 곳

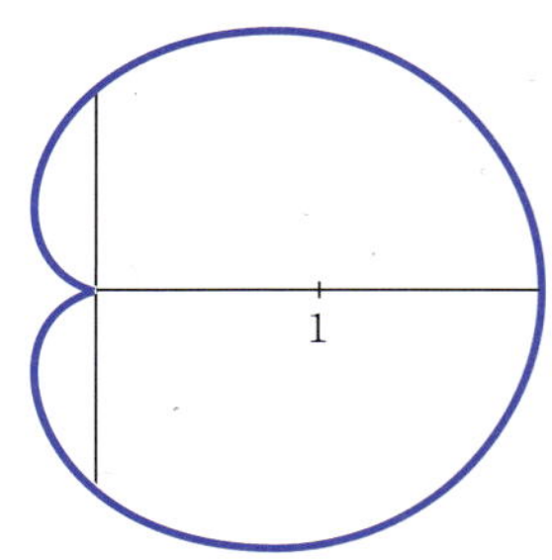

$r = 1 + \cos\theta$

(c) 심장형 곡선[cardioid]

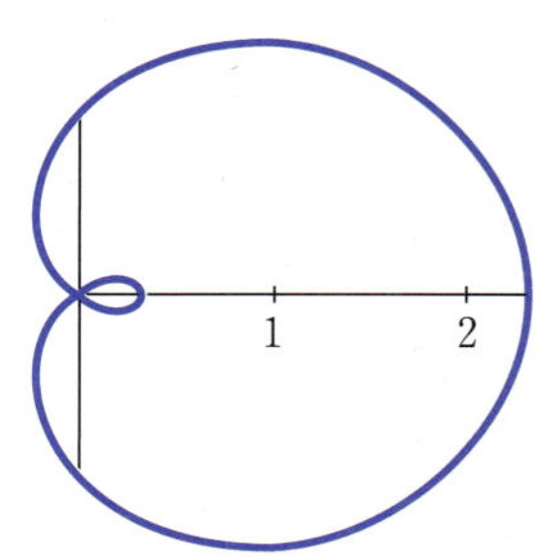

$r = 1 + \frac{4}{3}\cos\theta$

(d) 내부 고리

[그림 9-4] 리마송 $r = 1 + b\cos\theta$: 지구에서 본 화성과 심장형 곡선을 포함한다.

같다.

$$x_{\text{화성-지구}} = (3 - 4\cos\pi t)\cos\pi t + 2 \quad \text{그리고} \quad y_{\text{화성-지구}} = (3 - 4\cos\tau t)\sin\pi t$$

지구에서 보면, 화성은 하늘에서 닫힌 곡선을 만든다! $3 - 4\cos\pi t = 0$(또는 $\cos\pi t = \frac{3}{4}$)을 만족하는 두 개의 t가 있다. 두 번 모두, 화성은 지구에서의 단위의 2배이다($x_{\text{화성-지구}} = 2$ 또는 $y_{\text{화성-지구}} = 0$). 원점을 그 점으로 옮길 때 (2가 빠질 때) 화성-지구 좌표계는 $r = 3 - 4\cos\pi t$인 $x = r\cos\tau t$와 $y = r\sin\pi t$가 된다. 그것은 [그림 9-4(d)]에서와 같이 닫힌 곡선을 가진 리마송이다.

극좌표에서의 원뿔곡선

연습문제는 쌍엽곡선과 200개의 꽃잎 곡선과 같은 극 곡선들을 포함한다. 이 시점에서 냉정하게 바라보면 가장 중요한 곡선은 **타원, 포물선, 쌍곡선**이다. 3.5절에서 그들의 방정식들은 $1, x, y, x^2, xy, y^2$을 수반함을 알아보았다. 원점에 초점을 맞추면, 극방정식의 형태가 훨씬 좋아진다.

> 1 $r = A/(1 + e\cos\theta)$의 그래프는 '이심률'이 e인 원뿔곡선이다.
> $e = 0$이면 원, $0 < e < 1$이면 타원, $e = 1$이면 포물선, $e > 1$이면 쌍곡선

예제 6 ($e = 1$일 때) $r = 1/(1 + \cos\theta)$의 그래프는 포물선이다. 이 방정식은 $r + r\cos\theta = 1$ 또는 $r = 1 - x$이다. 양변을 제곱하면 $x^2 + y^2 = 1 - 2x + x^2$이다. x^2을 제거하면 $y^2 = 1 - 2x$이 되고 이것은 [그림 9-5(b)]에서의 포물선이다.

증폭 인자 A는 모양을 변화시키지 않고 모든 곡선을 확대한다.

예제 7 ($e = 2$일 때) [예제 6]과 같은 과정에 의해 $r(1 + 2\cos\theta) = 1$이 $r = 1 - 2x$가 된다. 이를 제곱하면 $x^2 + y^2 = 1 - 4x + 4x^2$이 되고 이때 x^2 항들은 제거되지 않는다. 대신에 $y^2 - 3x^2 = 1 - 4x$를 가진다. 것은 [그림 9-5(c)]에서의 $(0, 0)$에 초점을 가진 포물선이다.

($-4x$를 가지지 않은) 포물선 $y^2 - 3x^2 = 1$은 $(0, 0)$에서 중심을 가진다.

예제 8 $\left(e = \frac{1}{2}\text{일 때}\right)$ 위 예제들과 같은 과정에 의해 $r\left(1 + \frac{1}{2}\cos\theta\right) = 1$은 $r = 1 - \frac{1}{2}x$가 된다. 제곱하면 타원 $x^2 + y^2 = 1 - x + \frac{1}{4}x^2$이 된다. 극방정식은 새로운 방식으로 원뿔곡선을 보는데, 이것은 태양과 행성에 완벽하게 대응한다. $(0, 0)$에

있는 태양은 공전 궤도의 중심이 아니라 초점이다.

마침내 $e=0$은 원 $r=1$을 준다. 원의 중심 = 두 초점 = $(0,0)$

[그림 9-5]는 각 곡선에 대한 선 d(준선directrix)를 보여준다. 곡선 위의 모든 점 P는 $r=|PF|=e|Pd|$를 만족한다. **초점까지의 거리는 e와 준선까지의 거리의 곱이다**(e는 여전히 이심률이고, 지수와는 관계가 없다). 기하학자는 이와 같은 속성 $r=e|Pd|$로부터 시작하여 곡선을 만들 것이다. 방정식으로부터 그 속성을 유도해보자.

$$r=\frac{A}{1+e\cos\theta} \quad\Rightarrow\quad r+ex=A \quad\Rightarrow\quad r=e\left(\frac{A}{e}-x\right)$$

준선은 $x=A/e$에서의 선이므로 마지막 방정식은 정확히 $|PF|=e|Pd|$이다.

두 수 A, e가 곡선들을 어떻게 결정하는지 주목하여라. 3.5절에서 그들은 a와 b이었다(타원은 $x^2/a^2+y^2/b^2=1$이었다). A와 e를 통해 타원으로부터 포물선($e=1$)과 쌍곡선으로 순조롭게 진행한다. 3개의 숫자가 더 있으면 초점을 어떤 점으로든지 이동시킬 수 있고, 곡선을 어떤 각으로든 회전시킬 수 있다. 즉 **원뿔곡선은 다섯 개의 수로 결정된다.**

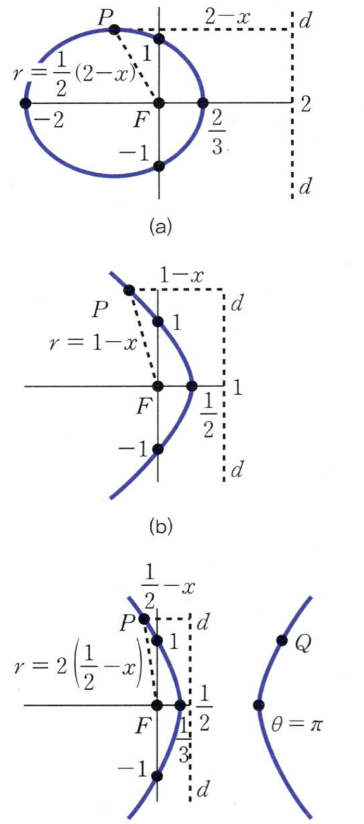

[그림 9-5] $r=1/(1+e\cos\theta)$은 $e=\frac{1}{2}$인 경우에 타원이고, $e=1$인 경우에 포물선, $e=2$인 경우에 쌍곡선이다.

9.2 문장제 문제

01 원점을 중심으로 반지름이 3인 원은 극방정식이 __a__이다. $45°$ 선은 극방정식 __b__을(를) 가진다. 그 그래프들은 각 __c__에서 만난다. $r=4\cos\theta$에 r을 곱하면 xy 방정식 __d__이(가) 된다. 그것의 그래프는 __e__에 중심을 둔 __f__이다. $r=4/\cos\theta$의 그래프는 직선 $x=$ __g__이다. 방정식 $r^2=\cos 2\theta$는 $\theta\to-\theta$(__h__에 대해 대칭)일 때와 $\theta\to\pi+\theta$(또는 $r\to$ __i__)일 때 변하지 않는다. $r=1+\cos\theta$의 그래프는 __j__이다.

02 $r=A/($__k__$)$의 그래프는 __l__에서 한 초점을 가진 원뿔곡선이다. 그것은 __m__이면 타원이고, __n__이면 포물선이다. 방정식 $r=1/(1+\cos\theta)$는 $r+x=1$로 이어지고, 이것은 __o__을(를) 준다. 그런 다음 $r=$원점으로부터의 거리는 $1-x=$ __p__(으)로부터의 거리와 같다. 방정식들 $r=3(1-x)$와 $r=\frac{1}{3}(1-x)$는 __q__와(과) __r__을(를) 나타낸다. 이동과 회전을 포함하여 원뿔곡선은 __s__개의 수에 의해 결정된다.

9.2 연습문제

01~06 xy 좌표로 바꾸어서 다음 곡선을 파악한 후 그려라.

01 $r\sin\theta=1$

02 $r(\cos\theta-\sin\theta)=2$

03 $r=2\cos\theta$

04 $r=-2\sin\theta$

05 $r=1/(2+\cos\theta)$

06 $r=1/(1+2\cos\theta)$

07~14 다음 곡선을 대략적으로 그리고, x, y, r 대칭성에 대해 확인하라.

07 $r^2=4\cos 2\theta$ (쌍엽곡선)

08 $r^2=4\sin 2\theta$ (쌍엽곡선)

09 $r=\cos 3\theta$ (삼엽 장미형)

10 $r^2=10+6\cos 4\theta$

11 $r=e^{\theta}$ (로그함수 나선형)

12 $r=1/\theta$ (쌍곡선 나선형)

13 $r=\tan\theta$

14 $r=1-2\sin 3\theta$ (장미 안에 장미)

15 $r=6\sin\theta+8\cos\theta$를 원의 xy 방정식으로 전환하라(반지름과 중심은 무엇인가?).

16 화성-지구 방정식에서 제곱하고 더하면 $x_{\text{화성-지구}}+y_{\text{화성-지구}}=13-12\cos\pi t$이 된다. $r^2=13-12\cos\theta$의 그래프는 [그림 9-4(d)]와 모두 다르다. 무엇이 잘못되었는가?

17~23 두 곡선이 만나는 점을 모두 찾아라.

17 $r=2\cos\theta$와 $r=1+\cos\theta$

경고 : 여러분은 $\cos\theta=1$을 구하기 위해 $2\cos\theta=1+\cos\theta$로 설정할지도 모른다. 하지만 이 두 그래프는 서로 다른 교차점을 갖는다. 모든 교차점을 찾기 위해 그래프를 그려라.

18 $r^2=\sin 2\theta$와 $r^2=\cos 2\theta$

19 $r=1+\cos\theta$와 $r=1-\sin\theta$

20 $r=1+\cos\theta$와 $r=1-\cos\theta$

21 $r=2$와 $r=4\sin 2\theta$

22 $r^2=4\cos\theta$와 $r=1-\cos\theta$

23 $r\sin\theta=1$과 $r\cos(\theta-\pi/4)=\sqrt{2}$ (직선)

24 언제 $r=1+b\cos\theta$에 딤플(옴폭 들어간 곳)이 있는가? $x=(1+b\cos\theta)\cos\theta$로부터 $\theta=\pi$에서의 $dx/d\theta$와 $dx^2/d\theta^2$를 찾아라(이 계도함수가 음수일 때, 리마송은 딤플을 가진다).

25 $r=\cos 5\theta$에는 몇 개의 꽃잎이 있는가? $r=\cos\theta$의 경우에는 하나가 있고, $r=\cos 2\theta$의 경우에는 네 개가 있다.

26 $r=\cos 100\theta$는 200개의 꽃잎을 갖지만 $r=\cos 101\theta$는 단지 101개의 꽃잎만을 갖는 이유를 설명하라. 이때 101개의 꽃잎은 ______이다. $r=\cos\frac{1}{2}\theta$에 대해서는 어떠한가?

27 심장형 곡선 $r=1+\cos\theta$에 대한 xy 방정식을 찾아라.

28 (a) 꽃 $r=\cos 2\theta$는 x축과 y축에 대해 대칭이다. 이 두 대칭성이 원점에 대해서도 대칭이 되는가(두 대칭성이 원점 대칭을 의미해서, $-r=\cos\theta$이 같은 곡선을 만들어내는가?)?

(b) $r=1,\ \theta=\pi/2$가 곡선 위에 있지만 방정식을 만족시키지 않는 이유는 무엇인가?

29 꽃 $r=\cos 2\theta$에 대한 xy 방정식을 찾아라.

30 다음 성질을 가진 곡선에 대한 방정식을 찾아라.

(a) 원점에 대해 대칭이지만 x축에 대해서는 대칭이 아닌 경우

(b) 45° 선에 대해 대칭이지만 x나 y나 r에 대해서는 대칭이 아닌 경우

(c) (꽃처럼) x와 y와 r에 대해 대칭이지만(45° 선에 대해서는 대칭이 아님) $x\leftrightarrow y$일 때 변하는 경우

31~37 다음은 원뿔곡선, 특히 타원에 관한 것이다.

31 $y=r\sin\theta=\sin\theta\Big/\left(1+\frac{1}{2}\cos\theta\right)$를 최대화함으로써 [그림 9-5(a)]의 타원에서 가장 높은 지점의 점을 찾아라.

32 (a) 모든 원뿔곡선 $r=1/(1+e\cos\theta)$은 $x=0, y=1$을 통과함을 보여라.

(b) 타원과 쌍곡선의 두 번째 초점을 찾아라. 포물선($e=1$)의 경우 두 번째 초점은 어디인가?

33 [그림 9-5(c)]에서의 점 Q는 $y=1$을 가진다. 대칭성에 의해 x, 그 다음에 r(음수)을 찾아라. $x^2+y^2=r^2$이고 $|QF|=2|Qd|$임을 확인하라.

34 방정식 $r=A/(1+e\cos\theta)$와 $r=1/(C+D\cos\theta)$는 $C=$____이고 $D=$____이면 같다. y축에 대한 거울상을 위해 θ를 ____(으)로 바꿔라. 이것은 태양 주위의 행성에 대하여 [그림 12-10]에서처럼 $r=1/(C-D\cos\theta)$를 준다.

35 타원 $r=A/(1+e\cos\theta)$는 x축에서 길이 $2a$를 가진다. $a=A/(1-e^2)$을 증명하기 위해 $\theta=0$에서의 r을 $\theta=\pi$에서의 r에 더해라. 지구의 궤도는 $a=92600000$마일$=1\,\mathrm{AU}$(천문 단위)이다.

36 $y=r\sin\theta=A\sin\theta/(1+e\cos\theta)$일 때 최대 높이 b는 $dy/d\theta=0$을 가진다. $b=y_{최대}=A/\sqrt{1-e^2}$ 임을 보여라.

37 $c=\sqrt{a^2-b^2}=Ae/(1-e^2)$를 구하기 위해 문제 35와 36으로부터 a와 b를 결합하여라. 그러면 이심률 e는 c/a이다. 핼리의 혜성은 $a=18.1\mathrm{AU}$와 $b=4.6\mathrm{AU}$를 가진 타원이므로 $e=$____이다.

38 극 그래프를 작성하는 소프트웨어가 있다면, 다음 그래프를 그려보아라.

(a) 꽃 $r=A+\cos n\theta$ $\left(n=\frac{1}{2}, 3, 7, 8;\ A=0, 1, 2\right)$

(b) 꽃잎 $r=(\cos m\theta+4\cos n\theta)/\cos\theta$, $(m, n)=(5, 3), (3, 5), (9, 1), (2, 3)$

(c) 로그함수 나선형 $r=e^{\theta/2\pi}$

(d) 찻잔의 밑바닥으로부터 신장형 곡선nephroid $r=1+2\sin\frac{1}{2}\theta$

(e) 페이 박사의 나비 $r=e^{\cos\theta}-2\cos 4\theta+\sin^5(\theta/12)$

그런 다음 자신만의 곡선을 만들고 이름을 지정하라.

9.3 극 곡선의 기울기, 길이와 넓이

이전 절에서는 극좌표 및 극방정식과 극 그래프를 소개하였다. 그러나 여기에 미적분은 없었다! 이제 방정식 $r=F(\theta)$일 때의 **넓이**(적분) 및 **기울기**(미분) 문제를 다룬다. f 대신에 F를 사용하여 기울기는 $dF/d\theta$가 아니고 넓이는 $\int F(\theta)\,d\theta$가 아님을 상기시킨다.

넓이부터 시작하자. 넓이는 항상 조각들로 나눠진다. 조각의 모양은 어떠한가? [그림 9-6(a)]에서 각 θ와 $\theta+\Delta\theta$ 사이를 보라. 곡선의 내부는 좁은 쐐기 모양이고, 이것은 $\Delta\theta$를 작은 각으로 가지는 삼각형과 흡사하다. 반경이 상수이면 쐐기는 원의 한 부분이다. 매우 좁은 각 $\Delta\theta$로 잘려진 파이 한 조각의 넓이는 전체 넓이가 πr^2인 원의 한 부분(각 $\Delta\theta$를 전체 각 2π로 나눈 부분)이다.

$$\textbf{쐐기의 넓이} = \frac{\Delta\theta}{2\pi}\pi r^2 = \frac{1}{2}r^2\Delta\theta = \frac{1}{2}[F(\theta)]^2\Delta\theta \qquad (1)$$

이때 정확한 모양이 원형이 아니라는 것을 알 것이다. 참인 반지름 $F(\theta)$는 θ에 따라 변하지만 좁은 각에서의 변화는 작다. 쐐기들을 더하고 $\Delta\theta$를 0으로 근접시키면 넓이는 적분이 된다.

② 극 곡선 $r=F(\theta)$의 내부 영역의 넓이는 $\sum \frac{1}{2}r^2\Delta\theta = \sum \frac{1}{2}F^2\Delta\theta$의 극한이다.

$$\text{넓이} = \int \frac{1}{2}r^2 d\theta = \int \frac{1}{2}[F(\theta)]^2 d\theta \qquad (2)$$

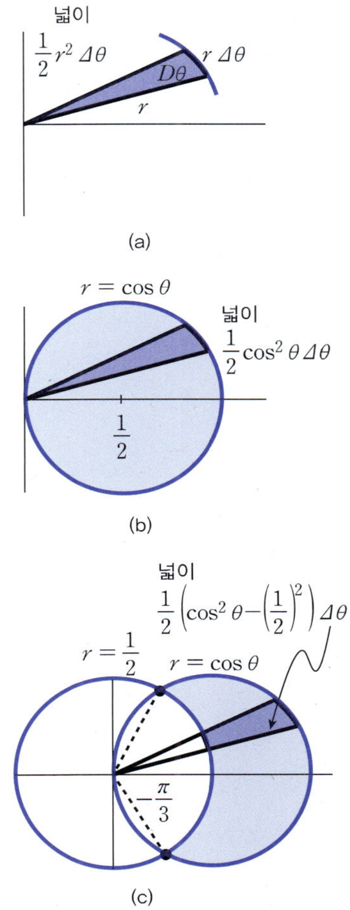

[그림 9-6] 쐐기와 원과 원들의 교차 부분의 넓이

예제 1 반지름 $\frac{1}{2}$인 원 $r=\cos\theta$의 내부 영역의 넓이를 구하라([그림 9-6]).

풀이

$$\text{넓이} = \int_0^{2\pi} \frac{1}{2}\cos^2\theta\, d\theta = \frac{\cos\theta\sin\theta+\theta}{4}\Big]_0^{2\pi} = \frac{2\pi}{4}$$

이 풀이는 틀렸다! 반경 $\frac{1}{2}$을 가진 원의 정확한 넓이는 $\pi/4$이다. 여기서 실수는 θ가 2π까지 증가하면서 원 주위를 두 번 돌았다는 것이다. 0에서 π까지 적분하면 원래 답인 $\pi/4$가 나온다.

예제 2 원 $r=\cos\theta$와 $r=\frac{1}{2}$ 사이 영역의 넓이를 구하라.

풀이

원은 $r=\cos\theta$와 $r=\frac{1}{2}$이 일치하는 점들에서 교차한다. [그림 9-6]은 이 점들이 $\pm 60°$, 또는 $\pm\pi/3$임을 보여준다. 그것들은 $\cos\theta=\frac{1}{2}$인 적분의 극한들이다.

적분은 두 쐐기 사이의 차를 더한다. 바깥쪽은 $r=\cos\theta$로, 다른 작은 것은 $r=\frac{1}{2}$로 두면 적분은 다음과 같다.

$$\text{넓이} = \int_{-\pi/3}^{\pi/3} \frac{1}{2}\left[(\cos\theta)^2 - \left(\frac{1}{2}\right)^2\right] d\theta$$

잘린 쐐기의 넓이는 $\frac{1}{2}(F_1-F_2)^2\Delta\theta$가 아닌 $\frac{1}{2}(F_1^2-F_2^2)\Delta\theta$임에 주의하라.

예제 3 심장형 곡선 $r=1+\cos\theta$와 원 $r=1$ 사이 영역의 넓이를 찾아라.

풀이

$1+\cos\theta=1$을 만족하는 값 $\theta=\pm\frac{\pi}{2}$일 때 넓이는 다음과 같다.

$$\text{넓이} = \int_{-\pi/2}^{\pi/2} \frac{1}{2}[(1+\cos\theta)^2 - 1^2]\, d\theta$$

극 곡선의 기울기

심장형 곡선 $r = 1 + \cos\theta$ 의 가장 높은 점은 어디인가? $\theta = \pi/4$ 에서의 기울기는 얼마인가? 이것은 미적분학에서 가장 중요한 질문은 아니지만 그래도 우리는 이에 대답할 줄 알아야 한다. 직교좌표로 전환하여 이 방법을 빨리 설명하겠다.

$$x = r\cos\theta = (1+\cos\theta)\cos\theta, \quad y = r\sin\theta = (1+\cos\theta)\sin\theta$$

가장 높은 점의 경우에는 도함수를 0으로 설정하여 y를 최대화하자.

$$dy/d\theta = (1+\cos\theta)(\cos\theta) + (-\sin\theta)(\sin\theta) = 0 \tag{3}$$

따라서 $\cos\theta + \cos 2\theta = 0$이고, 이때 θ는 $60°$이다. 높이는 $y = \left(1+\frac{1}{2}\right)(\sqrt{3}/2)$이다.

기울기의 경우에는 연쇄 법칙 $dy/d\theta = (dy/dx)(dx/d\theta)$를 이용하라.

$$\frac{dy}{dx} = \frac{dy/d\theta}{dx/d\theta} = \frac{(1+\cos\theta)(\cos\theta) + (-\sin\theta)(\sin\theta)}{(1+\cos\theta)(-\sin\theta) + (-\sin\theta)\cos\theta} \tag{4}$$

방정식 (3)과 (4)는 θ를 제거하기 곤란한 (또는 불가능한) 단계를 피한다. y를 x의 함수로 구하는 대신에, x와 y를 θ의 함수들로 유지한다. $\theta = \pi/4$일 때 방정식 (4)에서 $dy/dx = -1/(1+\sqrt{2})$이다.

[연습문제 9.3.18]은 $dy/dx = (dy/d\theta)/(dx/d\theta)$를 이용하여 기울기에 대한 일반적인 공식을 구한다. [연습문제 9.3.20]은 질문들을 다르게 봄으로써, 좀 더 우아한 공식을 구한다.

극 곡선의 길이

길이 적분은 항상 $ds = \sqrt{(dx)^2 + (dy)^2}$ 으로 시작한다. 극 곡선은 $x = r\cos\theta = F(\theta)\cos\theta$와 $y = F(\theta)\sin\theta$를 가진다. 이제 곱 미분 법칙으로 미분을 하자.

$$dx = (F'(\theta)\cos\theta - F(\theta)\sin\theta)\,d\theta, \quad dy = (F'(\theta)\sin\theta + F(\theta)\cos\theta)\,d\theta$$

제곱하고 더하는 것($\cos^2\theta + \sin^2\theta$에 주목하라)이 길이 d를 구하는 기본이다.

$$ds = \sqrt{[F'(\theta)]^2 + [F(\theta)]^2}\,d\theta \tag{5}$$

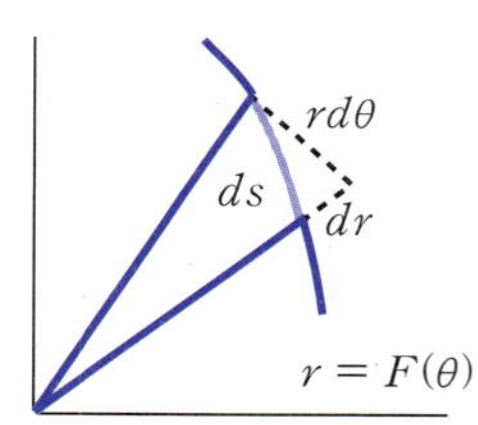

$(ds)^2 = (dr)^2 + (rd\theta)^2$

[그림 9-7]

[그림 9-7]은 다른 문자를 가진 같은 공식인 $(ds)^2 = (dr)^2 + (rd\theta)^2$을 보여준다. 전체 호의 길이는 $\int ds$이다.

회전면의 넓이는 (x축을 중심으로) $\int 2\pi y\, ds$ 또는 (y축을 중심으로) $\int 2\pi x\, ds$이다. **x, y와 ds를 θ와 $d\theta$에 관하여 써라.** 그런 다음 적분하라.

예제 4 원 $r = \cos\theta$는 $ds = \sqrt{1}\, d\theta$을 가지므로 길이는 π이다(2π가 아니다! 두 번 돌지 마라). y축을 중심으로 회전한다면 원은 구멍이 없는 도넛 모양이 된다. 이때 $x = r\cos\theta = \cos^2\theta$이므로 도넛의 회전면의 넓이는 다음과 같다.

$$\int 2\pi x\, ds = \int_0^{\pi} 2\pi\cos^2\theta\, d\theta = \pi^2$$

예제 5 $r = 1 + \cos\theta$의 길이는 대칭성에 의해 0부터 π까지 적분한 값의 두 배이다.

$$\text{심장형 곡선의 길이} = 2\int_0^{\pi}\sqrt{(-\sin\theta)^2 + (1+\cos\theta)^2}\, d\theta$$
$$= 2\int_0^{\pi}\sqrt{2 + 2\cos\theta}\, d\theta = 4\int_0^{\pi}\cos\frac{\theta}{2}\, d\theta = 8$$

제곱근에서 $2 + 2\cos\theta$를 $4\cos^2\frac{1}{2}\theta$로 대체했다. 대칭성을 무시하고 0부터 2π까지 적분할 수는 있지만 양의 제곱근을 유지하기 위해 절댓값 $\left|\cos\frac{1}{2}\theta\right|$이 필요하다.

예제 6 로그함수 나선형 $r = e^{-\theta}$은 $ds = \sqrt{e^{-2\theta} + e^{-2\theta}}\, d\theta$를 가진다. 그것은 θ가 무한대로 감에 따라 0으로 가는 나선형이 되고, 전체 길이는 유한하다.

$$\int ds = \int_0^{\infty}\sqrt{2}\, e^{-\theta} d\theta = -\sqrt{2}\, e^{-\theta}\Big]_0^{\infty} = \sqrt{2}$$

넓이가 $\int_0^{\infty}(2\pi e^{-\theta}\cos\theta)\sqrt{2}\, e^{-\theta} d\theta$인 조개껍데기 모양을 위해 이 나선형을 회전시켜라.

9.3 문장제 문제

01 각 $\Delta\theta$를 가지는 원형 쐐기는 전체 원의 부분 __a__이다. 반지름이 r이면 쐐기의 영역은 __b__이다. 그러면 $r = F(\theta)$의 내부 영역의 넓이는 $\int$ __c__이다. 0에서 π까지 $r = \theta^2$의 내부 영역의 넓이는 __d__이다. 그 나선형은 원 $r = 1$과 $\theta =$ __e__에서 만난다. 그 원의 내부와 나선형의 외부의 넓이는 __f__이다. r_1과 r_2 사이에서 각 $\Delta\theta$로 잘린 쐐기는 넓이 __g__을(를) 가진다.

02 곡선 $r = F(\theta)$는 $x = r\cos\theta =$ __h__와(과) $y =$ __i__을(를) 가진다. 기울기 dy/dx는 $dy/d\theta$를 __j__(으)로 나눈 것이다. 길이의 경우에 $(ds)^2 = (dx)^2 + (dy)^2 =$ __k__이다. (적분을 계산하지 않기 위해) 나선형 $r = \theta$에서 $\theta = \pi$까지 길이는 $\int$ __l__이다. $r = \theta$가 x축을 중심으

로 회전되었을 때 회전면의 넓이는 $\int 2\pi y\,ds = \int$ ___m___ 이다. 그 고체의 부피는 $\int \pi y^2\,dx = \int$ ___n___ 이다.

9.3 연습문제

01~06 다음 곡선을 그리고 그 내부 영역의 넓이를 찾아라.

01 $r=1+\cos\theta$

02 $r=\sin\theta+\cos\theta$ (0에서 π까지)

03 $r=2+\cos\theta$

04 $r=1+2\cos\theta$ (내부 루프만)

05 $r=\cos 2\theta$ (꽃잎 하나만)

06 $r=\cos 3\theta$ (꽃잎 하나만)

07~12 다음 곡선을 모두 그리고 그 교차점을 모두 찾아 곡선 사이의 영역의 넓이를 찾아라.

07 원 $r=\cos\theta$과 원 $r=\sin\theta$

08 나선형 $r=\theta$와 y축 (처음에는 아치형)

09 심장형 곡선 $r=1+\cos\theta$의 외부와 원 $r=3\cos\theta$의 내부

10 $r=\sqrt{2}$ 의 외부에 있는 쌍엽곡선 $r^2=4\cos 2\theta$

11 직선 $r\cos\theta=4$ 너머의 원 $r=8\cos\theta$

12 직선 $r\cos\theta=6$ 너머의 원 $r=10$

13 다음 식에서 실수를 찾고 쌍엽곡선 $r^2=\cos 2\theta$의 정확한 영역의 넓이를 찾아라.

$$\text{넓이}=\int_0^{\pi}\frac{1}{2}r^2\,d\theta=\int_0^{\pi}\frac{1}{2}\cos 2\theta\,d\theta=0$$

14 [예제 2]에 있는 두 원 사이 영역의 넓이를 찾아라.

15 [예제 3]에 있는 심장형 곡선과 원 사이 영역의 넓이를 계산하라.

16 나선형 $r=e^{-\theta}(\theta\geq 0)$과 원점 사이에 완전한 영역의 넓이를 (신중하게) 찾아라.

17 심장형 곡선 $r=1+\cos\theta$은 어떤 θ에서 무한대의 기울기를 가지는가? 어떤 점들이 왼쪽(최소 x)에서 가장 멀리 떨어져 있는가?

18 연쇄 법칙 $dy/dx=(dy/d\theta)/(dx/d\theta)$를 $x=F(\theta)\cos\theta$, $y=F(\theta)\sin\theta$에 적용하라. 다음 식에 도달하기 위해 단순화하라.

$$\frac{dy}{dx}=\frac{F+\tan\theta\,dF/d\theta}{-F\tan\theta+dF/d\theta}$$

19 레코드판의 홈은 거의 나선형 $r=c\theta$이다.

$$\text{길이}=\int\sqrt{r^2+(dr/d\theta)^2}\,d\theta=\int_6^{14}\sqrt{r^2+c^2}\,dr/c$$

외부 반지름 14cm와 내부 반지름 6cm 사이에서 636번의 회전을 주기 위해 $c=0.002$로 하라($(14-6)$은 $0.002(636)2\pi$와 거의 같다).

(a) c^2을 빼고 $r\,dr/c$만을 적분하라.

(b) 길이 적분을 계산하라. 표와 계산기를 사용할 수 있다. 여러분은 다시는 적분을 신뢰하지 않을 것이다.

20 원점으로부터의 반직선과 접선 사이의 각 ψ는 $\psi=F/(dF/d\theta)$를 가짐을 보여라.

힌트 : 접선이 수평선과 각 ϕ를 이룬다면 $\tan\phi$는 문제 **18**에서 기울기 dy/dx이다. 그러므로 다음과 같다.

$$\tan\psi=\tan(\phi-\theta)=\frac{\tan\phi-\tan\theta}{1+\tan\phi\tan\theta}$$

$\tan\phi$를 대체하고 단순화시켜라.

21 원 $r=F(\theta)=4\sin\theta$는 $\psi=\theta$를 가진다. θ, ϕ, ψ를 포함하는 그림을 그리고 $\tan\psi$를 확인하라.

22 음의 부호에 주목하여 심장형 곡선 $r=1-\cos\theta$를 그려라. 세 각 θ, ϕ, ψ를 포함하고 $\tan\psi=\theta/2$임을 보여라.

23 [그림 9-4]의 첫 번째 리마송은 $\left(\frac{1}{3},0\right)$에서 중심을 갖는 원처럼 보인다. 사실은 그렇지 않음을 증명하라.

24 $\theta=\pi/6$에서 원 $r=\cos\theta$의 접선의 방정식을 찾아라.

25~28 다음 곡선의 길이를 계산하라.

25 $r=\theta$ (0에서 2π까지)

26 $r=\sec\theta$ (0에서 $\pi/4$까지)

27 $r=\sin^3(\theta/3)$ (0에서 3π까지)

28 $r=\theta^2$ (0에서 π까지)

---

29 [그림 9-6]에서 좁은 쐐기는 거의 삼각형이다. 그것은 원형의 부분으로 취급되었지만 삼각형 모양이 더 친숙하다. 영역의 대략적인 넓이가 $\frac{1}{2}r^2\Delta\theta$인 이유는 무엇인가?

30 [예제 4]에서 x축을 중심으로 원을 회전시키고 회전면의 넓이를 찾아라. 실제로는 반원만 회전시키는 셈이다.

31 두 개의 부분적분을 이용하여 조개껍데기 영역의 넓이 $2\pi\sqrt{2}\int_0^\infty e^{-2\theta}\cos\theta\,d\theta$를 계산하라.

32 심장형 곡선 $r=1+\cos\theta$가 x축을 중심으로 회전하였을 때 회전면의 넓이를 찾아라.

33 쌍엽곡선 $r^2=\cos 2\theta$가 x축을 중심으로 회전하였을 때 회전면의 넓이를 찾아라. 한 꽃잎에 대한 각 θ는 얼마인가?

34 $y=f(x)$가 x축을 중심으로 회전하였을 때 부피는 $\int \pi y^2\,dx$이다. 원 $r=\cos\theta$가 회전하였을 때, 0에서 $\pi/2$까지 θ에 대한 적분으로 바꾸고 구의 부피를 확인하라.

35 심장형 곡선 $r=1+\cos\theta$가 x축을 중심으로 회전하였을 때 부피를 찾아라.

36 $r=1/\cos\theta\,(0\le\theta\le\pi/4)$이 y축을 중심으로 회전하였을 때 회전면의 넓이와 부피를 찾아라.

37 두 나선 $r=\theta$와 $r=1/\theta$은 $\theta=1$에서 수직으로 만남을 보여라.

38 서로 만나고 반지름 1을 가지는 3개의 원을 그린 다음 그 사이의 구부러진 삼각형의 넓이를 찾아라.

39 단위 사각형 $0\le x\le 1,\ 0\le y\le 1$을 그려라. 극좌표에서 사각형의 오른쪽 변은 $r=$ ______이다. $\int \frac{1}{2}r^2\,d\theta$로부터 넓이를 찾아라.

40 **(역설을 해결하라)** 타원 $x=4\cos\theta,\ y=3\sin\theta$의 넓이는 $\pi\cdot 4\cdot 3=12\pi$이다. 그러나 $\frac{1}{2}r^2\,d\theta$의 적분은 다음과 같다.

$$\int_0^{2\pi}\frac{1}{2}(16\cos^2\theta+9\sin^2\theta)\,d\theta=12\frac{1}{2}\pi$$

9.4 복소수

대부분의 계산은 실수로도 충분하다. 예를 들어 x^2+4의 적분 $\frac{1}{3}x^3+4x+C$ 또한 실수이다. x^3-1의 미분 $3x^2$ 역시 실수이다. 하지만 그 다항식들의 **근**(또는 **0인 값**)은 복소수이다.

$x^2+4=0$과 $x^3-1=0$은 복소수 해를 가진다.

이때 -4에 대한 두 개의 제곱근과 1의 세제곱근들을 기대할 것이다. n차 다항식에 대한 n개의 근을 찾기 위해서는 복소수가 불가피하다. 이 절에서는 복소수로 작업하는 방법을 설명한다. 여기서 여러분은 극좌표와 복소수의 관계를 볼 수 있을 것이다. 결국 우리는 미분방정식을 푸는 데 이 관계를 이용한다.

허수 i부터 시작하자. $x^2=-1$은 실수 해를 가지지 않는다는 것을 모두가 알고 있다. 실수를 제곱하면 그 값은 절대 음수가 나오지 않기 때문에 i라는 문자를 사용하기로 약속했다(전기공학에서는 이를 j로 쓴다). 허수는 덧셈, 뺄셈, 곱셈, 나눗셈의 일반적인 규칙을 따르지만 하나의 차이점이 있다. **i^2은 -1로 대체된다.** 특히 $-i\times -i$는

$+i^2=-1$이다. 다시 말해 $-i$ 또한 -1의 제곱근이다. 따라서 방정식 $x^2+1=0$의 해는 i, $-i$ 두 개이다.

1의 세제곱근을 찾으면서 복소수에 대해 더 알아보자. 여기서 실수와 허수의 합인 복소수가 필요하다.

---

3 **복소수 $1+3i$는 실수인 1과 순허수인 $3i$의 합이다.** 덧셈은 그 부분들을 분리된 상태로 유지시키며 곱셈은 $i^2=-1$을 이용한다.

덧셈 : $(1+3i)+(1+3i)=1+1+i(3+3)=2+6i$

곱셈 : $(1+3i)(1+3i)=1+3i+3i+9i^2=-8+6i$

$1+3i$를 $5-i$에 더하는 것은 쉽다$(6+2i)$. 곱하는 것은 덧셈처럼 간단하지는 않지만, 여러분은 이미 규칙을 알고 있다.

$$(1+3i)(5-i)=5+15i-i-3i^2=8+14i$$

여기서 핵심은 더 이상의 새로운 수를 상상할 필요가 없다는 것이다. i를 인정하면 나머지는 간단해진다. 실수는 단지 허수부가 없는 복소수이다! $1+3i$가 **켤레 복소수** complex conjugate $1-3i$와 (더하거나 곱하여) 결합하면 답은 실수이다.

$$(1+3i)+(1-3i)=2 \qquad \text{(실수)}$$
$$(1+3i)(1-3i)=1-3i+3i-9i^2=10 \qquad \text{(실수)} \qquad (1)$$

켤레 복소수는 분모를 실수로 만들어 복소수의 나눗셈이 가능해진다.

$$\frac{1}{1+3i}=\frac{1}{1+3i}\,\frac{1-3i}{1-3i}=\frac{1-3i}{10}$$

그리고 $$\frac{1}{x+iy}=\frac{1}{x+iy}\,\frac{x-iy}{x-iy}=\frac{x-iy}{x^2+y^2}$$

---

4 복소수 $x+iy$는 실수부 x와 허수부 y를 가지며 켤레 복소수는 $x-iy$이다. 곱 $(x+iy)(x-iy)$는 $x^2+y^2=r^2$과 같다. **절댓값** absolute value 또는 modulus은 $r=|x+iy|=\sqrt{x^2+y^2}$이다.

복소평면

복소수는 평면 위의 점에 대응한다. 예를 들어 수 $1+3i$는 점 $(1,3)$에 대응한다. 비슷하게 $x+iy$는 (x,y)와 쌍을 이루며 이는 '실수 축'을 따르는 x 단위이고 '허수 축'의 y 단위이다. 보통 평면이 **복소평면**으로 바뀐다. 절댓값 r은 극좌표 r과 동일하다([그림 9-8(a)]).

[그림 9-8]은 복소평면을 두 개 더 보여준다. [그림 9-8(b)]는 덧셈과 뺄셈이며 이는 직교좌표를 사용한다. [그림 9-8(c)]는 곱셈, 나눗셈, 제곱을 위한 것이며 극좌표를 사용한다. 복소수를 제곱할 때 [그림 9-8(c)]와 방정식 (3)에서 보여주는 것과 같이 r은 제곱되고 θ는 두 배가 된다.

복소수를 더하는 것은 벡터를 더하는 것과 같다(11장). 실수부는 $3-1$이고 허수부는 $1+1$이다. 합벡터 $(2,2)$는 복소수 합 $2+2i$와 일치한다. 켤레 복소수 $3-i$는 실수축에 대한 거울상으로, 허수부 i는 $-i$로 바뀐다. r과 θ에 대한 관련성도 전과 같다(삼각형을 통해 알 수 있다).

$x = r\cos\theta$와 $y = r\sin\theta$가 $x+iy = r(\cos\theta + i\sin\theta)$가 되도록 한다. (2)

[그림 9-8(c)]에서 $1+i$는 $r=\sqrt{2}$와 $\theta = \pi/4$를 갖고, 극 형태는 $\sqrt{2}\cos\pi/4 + \sqrt{2}\,i\sin\pi/4$이다. 이 수가 제곱될 때, 그것의 각 45°는 90°가 되며 실제로 제곱은 $(1+i)^2 = 1+2i-1 = 2i$이다. 그것의 극 형태는 $2\cos\pi/2 + 2i\sin\pi/2$이다.

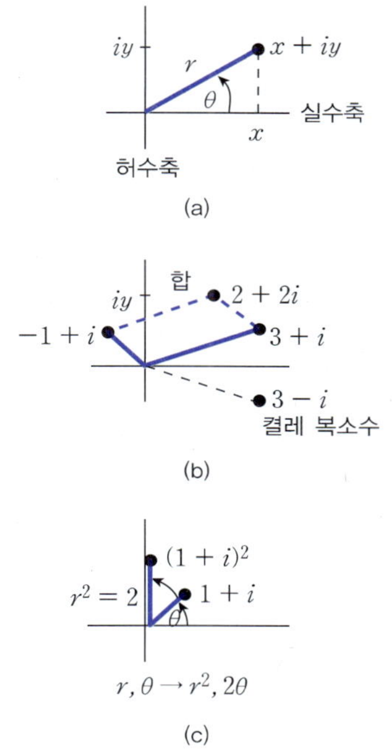

[그림 9-8] 복소평면은 x, y, r, θ를 보여준다. x와 y를 더하고, r과 θ를 곱하라.

---

5 곱셈은 각을 더하고 나눗셈은 각을 빼며 제곱은 각을 두 배로 만든다. 절댓값은 곱해지고, 나눠지고, 제곱된다.

$$(r\cos\theta + ir\sin\theta)^2 = r^2\cos 2\theta + ir^2\sin 2\theta \quad (3)$$

---

n제곱의 경우에 r^n과 $n\theta$에 도달한다. 제곱근의 경우에 r은 $\sqrt{r}$로 가고 θ는 $\frac{1}{2}\theta$로 간다. 수 -1은 180°에 있으므로, 제곱근인 i는 90°에 있다.

방정식 (3)에서 θ가 왜 두 배가 되는지를 알기 위해 r^2을 배제하고 평소처럼 곱하면 다음과 같다.

$$(\cos\theta + i\sin\theta)(\cos\theta + i\sin\theta) = \cos^2\theta - \sin^2\theta + 2i\sin\theta\cos\theta$$

배각공식을 대입해보면 우변은 $\cos 2\theta + i\sin 2\theta$이다. 삼각법의 배각공식은 복소수의 제곱과 대응한다. 세제곱은 $\cos 3\theta + i\sin 3\theta$일 것이다(왜냐하면 2θ와 θ는 더해서 3θ이고, r은 여전히 1이기 때문이다). n제곱에 대한 식은 **드무아브르 공식**de Moivre's formula에 있다.

$$(\cos\theta + i\sin\theta)^n = \cos n\theta + i\sin n\theta \quad (4)$$

이 공식을 통해 $n=-1$을 가지고 $\cos(-\theta) + i\sin(-\theta)$를 얻는다. 이것은 켤레 복소수인 $\cos\theta - i\sin\theta$이다.

$$\frac{1}{\cos\theta + i\sin\theta} = \frac{1}{\cos\theta + i\sin\theta}\frac{\cos\theta - i\sin\theta}{\cos\theta - i\sin\theta} = \frac{\cos\theta - i\sin\theta}{1} \quad (5)$$

이로써 **오일러 공식**, 즉 단위원 위의 모든 수에 대한 열쇠를 얻게 된 셈이다.

$$\textbf{오일러 공식} : \cos\theta + i\sin\theta = e^{i\theta} \quad (6)$$

양변을 제곱하면 $(e^{i\theta})(e^{i\theta}) = e^{2i\theta}$이 되며 이는 방정식 (3)과 같다. -1제곱하면 $1/e^{i\theta} = e^{-i\theta}$이며 이는 방정식 (5)와 같다. $e^{i\phi}$을 어떤 $e^{i\theta}$에 곱하면 $e^{i(\theta+\phi)}$이 된다. 특별한 경우인 $\phi = \theta$는 제곱이 되고, 또 다른 특별한 경우인 $\phi = -\theta$는 $e^{i\theta}e^{-i\theta} = 1$이 된다.

e^x의 급수에서 x를 $i\theta$로 바꾸면 6.7절에서 언급된 다음과 같은 오일러 공식이 나온다.

$$e^x = 1 + x + \frac{x^2}{2} + \frac{x^3}{6} + \cdots \text{는 } e^{i\theta} = 1 + i\theta - \frac{\theta^2}{2} - i\frac{\theta^3}{6} + \cdots \text{가 된다.}$$

10장의 핵심은 오른쪽의 두 새로운 급수를 인식하는 것이다. 실수부 $1 - \frac{1}{2}\theta^2 + \cdots$은 더해서 $\cos\theta$가 되고, 허수부 $\theta - \frac{1}{6}\theta^3 + \cdots$은 더해서 $\sin\theta$가 된다. 그러므로 $e^{i\theta}$은 $\cos\theta + i\sin\theta$와 같다. 모든 수학에서 가장 중요한 주기함수들이 이 우아한 방법으로 결합된다는 것은 정말 환상적인 일이다.

이제 오일러 공식을 이용하여 $e^{2\pi i} = 1$임을 알아볼 것이다. 2π의 코사인은 1이고 사인은 0이다. $x = 2\pi i$를 무한급수에 넣으면 어쨌든 1을 제외한 모든 것은 사라진다 (이는 거의 기적이다). 각의 관점에서 $\theta = 2\pi$는 원을 완성한 후 $e^{2\pi i} = 1$로 돌아간다. 오일러 공식에 r을 곱함으로써 복소수를 쓰는 다음 세 번째 방법을 얻는다.

$$\textbf{모든 복소수는 } x + iy = r\cos\theta + ir\sin\theta = re^{i\theta} \textbf{ 이다.} \quad (7)$$

예제 1 $2e^{i\theta} \times 3e^{i\theta}$은 $6e^{2i\theta}$과 같다. $\theta = \pi/2$의 경우에 $2i \times 3i$는 -6이다.

예제 2 $w = e^{i\pi/4}$일 때 w^2, w^4, w^8, w^{25}을 찾아라.

풀이

$e^{i\pi/4}$은 $1/\sqrt{2} + i/\sqrt{2}$이다. $r^2 = \frac{1}{2} + \frac{1}{2} = 1$임에 주목하라. 이제 각을 보자.

$$w^2 = e^{i\pi/2} = i, \quad w^4 = e^{i\pi} = -1, \quad w^8 = 1, \quad w^{25} = w^8w^8w^8w = w$$

[그림 9-9(a)]는 w의 8제곱을 나타낸다. **그들은 1의 8제곱근들이다.**

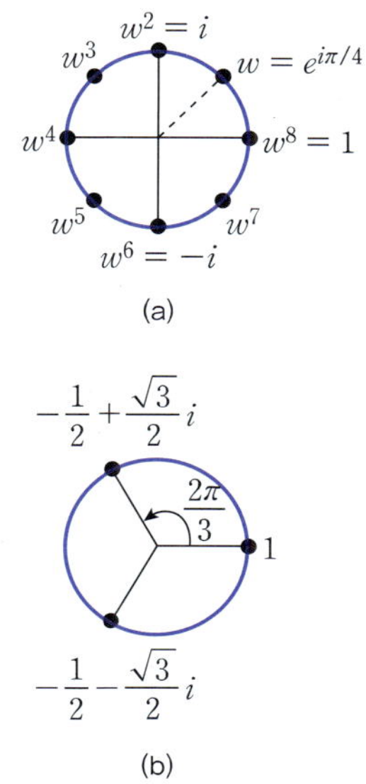

[그림 9-9] w의 8제곱과 1의 세제곱근

예제 3 **($x^2 + 4 = 0$)** -4의 제곱근은 $2i$와 $-2i$이다. $(i)(i) = -1$ 대신에 $(2i)(2i) = -4$를 가진다. 오일러 공식에 의하면 $2i$와 $-2i$는 $2e^{i\pi/2}$와 $2e^{i3\pi/2}$으로 쓸 수 있다.

예제 4 **(1의 세제곱근)** 직교좌표계에서 $(x + iy)^3 = 1$을 풀어야 하지만, 이것은 쉽지 않다. 극좌표계에서 위 방정식은 $r^3 e^{3i\theta} = 1$이다. 여기서 $r = 1$임을 바로 알 수 있으며 각 θ는 $2\pi/3$ 또는 $4\pi/3$ 또는 $6\pi/3$가 될 수 있다. [그림 9-9(b)]에서 **세제곱근은 고르게 떨어져 있다.**

$$(e^{2\pi i/3})^3 = e^{2\pi i} = 1, \quad (e^{4\pi i/3})^3 = e^{4\pi i} = 1, \quad (e^{6\pi i/3})^3 = e^{6\pi i} = 1$$

여러분은 이미 $8\pi/3$가 새로운 각 θ가 될 수 있는지 없는지 안다. 그것은 이미 한 바퀴를 돌아 원을 만든 후 $2\pi/3$에 도달하기 때문이다.

1의 n제곱근은 $e^{2\pi i/n}$, $e^{4\pi i/n}$, $\cdots$, 1이다. 모두 n개이다.
그것들은 단위원 위에서 각 $2\pi/n, 4\pi/n, \cdots, 2\pi$에 있다.

미분방정식의 해

복소수의 계산은 이제 복잡한 함수의 미적분에 적용된다. 복소수는 c이고, 복소함수는 e^{ct}인데, 방정식 $y'' = -4y$와 $y''' = y$를 $c^2 = -4$와 $c^3 = 1$에 연결하여 그들을 풀 것이다. 16장은 상수 계수가 있는 모든 선형 미분방정식에 대해 동일한 작업을 수행한다(이는 선택 사항이다).

다음 핵심 아이디어를 기억하라. **$y = e^{ct}$을 미분방정식에 더입하고 c에 대해 풀어라.** 각 미분은 인자 c를 가져와서 $y' = ce^{ct}$이고 $y'' = c^2 e^{ct}$이다.

$$d^2y/dt^2 = -4y\text{는 } c^2 e^{ct} = -4e^{ct}\text{으로 이어지고, 이것은 } c^2 = -4\text{를 준다.} \tag{8}$$

이 미분방정식의 경우에 c는 -4의 한 제곱근임에 틀림없다. 우리는 이미 제곱근의 두 후보 $c = 2i$, $c = -2i$를 안다. 방정식은 두 개의 '순수 지수 해'를 가진다.

$$y = e^{2it}\text{과 } y = e^{-2it} \tag{9}$$

그들의 조합 $y = Ae^{2it} + Be^{-2it}$은 모든 해를 준다. 16장에서 우리는 $t = 0$에서 두 초기 조건들이 일치하도록 두 수 A와 B를 선택해야 할 것이다.

해 $y = e^{2it} = \cos 2t + i\sin 2t$는 복소수이며 미분방정식은 실수이다. 실수 y의 경

우에, **복소 해의 실수부와 허수부를** 가져오면 다음과 같다.

$$y_{\text{실수}} = \cos 2t \quad \text{그리고} \quad y_{\text{허수}} = \sin 2t \tag{10}$$

이것들은 '순수 진동 해'이다. $y = e^{2it}$이 단위원 주위를 돌 때, 허수부 $\sin 2t$는 위아래로 움직인다(그것은 1.4절에 있는 공과 그림자 같지만, $2t$ 때문에 2배로 빠르다). 실수부 $\cos 2t$는 앞뒤로 이동한다. 연쇄 법칙에 의해 $\cos 2t$의 이계도함수는 $-4\cos 2t$이다. 따라서 $d^2y/dt^2 = -4y$이고 실수 해들을 가진다.

예제 5 $d^3y/dt^3 = y$의 세 개의 해를 구한 다음 세 개의 실수 해를 찾아라.

풀이

$y = e^{ct}$을 대입하라. 결과는 $c^3e^{ct} = e^{ct}$이다. 따라서 $c^3 = 1$이고 c는 1의 세제곱근 중 하나이다. 후보 $c = 1$로 두면 $y = e^t$이다(우리의 첫 번째 해이다). 그 다음 c는 복소수이다.

$$c = e^{2\pi i/3} = -\frac{1}{2} + i\frac{\sqrt{3}}{2} \text{는 } y = e^{ct} = e^{-t/2}e^{i\sqrt{3}t/2}\text{에 이르게 한다.} \tag{11}$$

지수의 실수 부분은 절댓값 $|y| = e^{-t/2}$로 이어진다. 이 값은 t가 커짐에 따라 줄어들고, 따라서 y는 0으로 다가간다. 동시에 인자 $e^{i\sqrt{3}t/2}$은 단위원 주위를 돈다. 그러므로 y는 0으로 나선형을 그린다([그림 9-10]). 켤레 복소수도 마찬가지이고, 이것이 세 번째 지수이다. 식 (11)에서 i를 $-i$로 바꾸는 것은 1의 세 번째 세제곱근과 세 번째 해 $e^{-t/2}e^{-i\sqrt{3}t/2}$을 준다.

첫 번째 실수 해는 $y = e^t$이다. 다른 것들은 나선형의 두 부분이다.

$$y_{\text{실수}} = e^{-t/2}\cos\sqrt{3}t/2 \quad \text{그리고} \quad y_{\text{허수}} = e^{-t/2}\sin\sqrt{3}t/2 \tag{12}$$

위 식은 각각 $r\cos\theta$와 $r\sin\theta$이며 이는 16장까지 극좌표와 복소수에서 궁극적으로 사용되는 식이다. $y'' = -4y$의 경우 $\cos 2t$와 $\sin 2t$를 어려움 없이 구할 수 있을 것이다. 필자는 $y''' = y$의 해는 이런 형식이 아닐 것이라고 생각한다.

예제 6 $y = e^{ct}$을 대입함으로써 $d^4y/dt^4 = y$에 대한 네 가지 해를 찾아라.

풀이

네 번 미분은 $c^4 = 1$로 이어진다. 그러므로 c는 i 또는 -1 또는 $-i$ 또는 1이며 해는 $y = e^{it}$, e^{-t}, e^{-it}, e^t이다. 실수 해들을 원한다면, e^{it}과 e^{-it}을 $\cos t$와 $\sin t$로 결합시키면 된다. 모든 경우에서 $y'''' = y$이다.

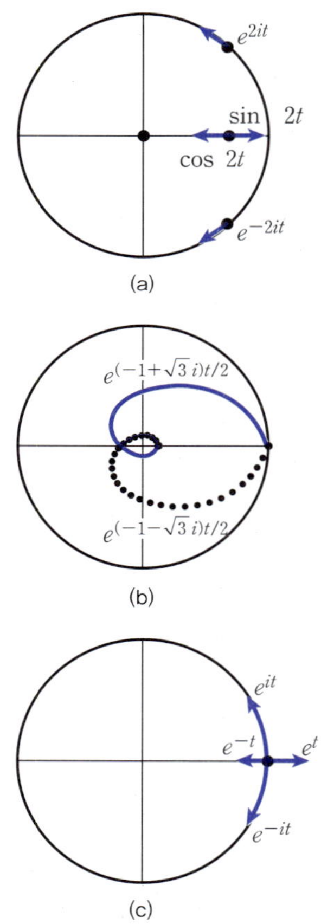

[그림 9-10] 모든 해는 복소평면에서 움직인다.
$y'' = -4y$와 $y''' = y$와 $y'''' = y$

9.4 문장제 문제

01 복소수 $3+4i$는 실수부 ___a___ 와(과) 허수부 ___b___ 을(를) 가진다 그것의 절댓값은 $r=$ ___c___ 이고 켤레 복소수는 ___d___ 이다. 복소평면에서의 위치는 ___e___ 에 있다. 극 형태는 $r\cos\theta+ir\sin\theta=$ ___f___ $e^{i\theta}$이며 제곱은 ___g___ + ___h___ i이다. n제곱은 ___i___ $e^{in\theta}$이다.

02 $1+i$와 $1-i$의 합은 ___j___ 이고, $1+i$와 $1-i$의 곱은 ___k___ 이다. 극 형태에서 이것은 $\sqrt{2}\,e^{i\pi/4}$ 곱하기 ___l___ 이다. 몫 $(1+i)/(1-i)$는 허수인 ___m___ 와(과) 같다. 수 $(1+i)^8$은 ___n___ 와(과) 같다. 1의 8제곱근 중 하나는 $w=$ ___o___ 이다. 다른 8제곱근들은 ___p___ 이다.

03 $d^8y/dt^8=y$를 풀기 위해 $y=$ ___q___ 형태의 해를 찾아라. e^{ct}을 대체하고 없애는 것은 방정식 ___r___ (으)로 이어진다. c에 대해 ___s___ 을(를) 선택할 수 있고, 그중 하나는 $(-1+i)/\sqrt{2}$이다. 그 선택으로 $|e^{ct}|=$ ___t___ 이다. 실수 해는 $\mathrm{Re}\,e^{ct}=$ ___u___ 와(과) $\mathrm{Im}\,e^{ct}=$ ___v___ 이다.

9.4 연습문제

01~06 복소평면에서 각각을 그려라.

01 $2+i$와 켤레 복소수 $2-i$와 그들의 합과 곱

02 $1+i$와 제곱 $(1+i)^2$과 역수 $1/(1+i)$

03 $2e^{i\pi/6}$과 역수 $\frac{1}{2}e^{-i\pi/6}$과 그들의 제곱들

04 1의 6제곱근 (모두 6개)

05 $\cos 3\pi/4+i\sin 3\pi/4$와 그것의 제곱과 세제곱

06 $4e^{i\pi/3}$과 그것의 제곱근

---

07 복소수 $c=x+iy=re^{i\theta}$과 그들의 켤레 $\bar{c}=x-iy=re^{-i\theta}$에 대해 복소평면에서 다음의 모든 가능한 위치를 찾아라.

(1) $c+\bar{c}$ (2) $c-\bar{c}$ (3) $c\bar{c}$ (4) $c/\bar{c}$

08 단위원 위에서 각 $\theta=45°, 90°, 135°$에서의 복소수 $x+iy$를 각각 찾아라. 첫 번째 값의 제곱은 두 번째 값이고, 첫 번째 값의 세제곱은 세 번째 값임을 직접 증명하라.

09 $c=2+i$, $d=4+3i$일 때 cd와 c/d를 찾아라. 절댓값 $|cd|$는 $|c|\times|d|$와 같고, $|c/d|$는 $|c|/|d|$와 같음을 증명하라.

10 $e^{ix}=i$에 대한 해 x와 $e^{ix}=1/e$에 대한 해를 찾아라. 그런 다음 두 번째 해를 찾아라.

11~14 수의 합과 곱을 찾아라.

11 $e^{i\theta}$와 $e^{-i\theta}$ 또한 $e^{2\pi i/3}$과 $e^{4\pi i/3}$

12 $e^{i\theta}$과 $e^{i\phi}$ 또한 $e^{\pi i/4}$와 $e^{-\pi i/4}$

13 1의 6제곱근 (여섯 개 모두를 더하고 곱하라)

14 $c^2-4c+5=0$의 두 근

---

15 $c=re^{i\theta}$이 0이 아니면 c^4과 c^{-1}과 c^{-4}은 각각 무엇인가?

16 $(\cos\theta+i\sin\theta)^3=e^{i3\theta}$에서 실수부 $\cos 3\theta$와 허수부 $\sin 3\theta$를 $\cos\theta$와 $\sin\theta$에 관하여 찾아라.

17 일반적인 수 $re^{i\theta}$의 세 개의 세제곱근을 그려라. 세 개의 세제곱근을 더하면 0이 되는 이유를 설명하라. 이때 하나의 세제곱근은 $r^{1/3}e^{i\theta/3}$이다.

18 $re^{i\theta}$의 네 개의 네제곱근을 곱하면 $-re^{i\theta}$임을 증명하라.

19~22 $y=e^{ct}$ 형태의 모든 해들을 찾아라.

19 $y''+y=0$

20 $y'''+y=0$

21 $y'''-y'=0$

22 $y''+6y'+5y=0$

23~24 e^{ct}의 실수부와 허수부로부터 두 개의 실수 해를 만들어라 (우선 c를 찾아라).

23 $y''+49y=0$

24 $y''-2y'+2y=0$

25~27 t가 0에서 증가함에 따라 $y=e^{ct}$의 경로를 대략적으로 그런 다음, $y=e^{c}$을 표시하라.

25 $c=1-i$

26 $c=-1+i$

27 $c=\pi i/4$

---

28 $y_0=1$에서 시작하여 $dy/dt=iy$의 해는 무엇인가? 이 해의 경우에 $dy/dt=iy$의 실수부와 허수부를 짝지으면 ______와(과) ______이(가) 된다.

29 [그림 9-10(b)]에서 나선이 맨 왼쪽에서 실수축을 가로지르는 시점은 언제인가? 그 때 y는 무엇과 같은가?

30 $\cos\theta=\frac{1}{2}(e^{i\theta}+e^{-i\theta})$임을 보이고 $\sin\theta$에 대한 비슷한 공식을 찾아라.

31 반례나 이유와 함께 참 또는 거짓임을 판별하라.

(a) c_1+c_2가 실수이면, 이때의 c들은 켤레 복소수이다.

(b) $|c_1|=2$이고 $|c_2|=4$이면, c_1c_2는 절댓값 8을 가진다.

(c) $|c_1|=1$이고 $|c_2|=1$이면, $|c_1+c_2|$는 (최소한 1이다, 기껏해야 2이다, 2와 같다).

(d) $t\to\infty$일 때, e^{ct}이 0으로 근접하면 (c는 음수이다, c의 실수부는 음수이다, $|c|$는 1보다 작다).

32 $re^{i\theta}\times Re^{i\phi}$의 극 형태는 _____이고, 직교 형태는 _____이다. $rR\cos(\theta+\phi)$를 나타내는 항들에 동그라미 표시를 하라.

33 복소수 $1/(re^{i\theta})$은 극 형태 _____와(과) 직교좌표 형태 _____와(과) 제곱근 _____을(를) 가진다.

34 $\cos ix=\cosh x$와 $\sin ix=i\sinh x$임을 보여라. i의 코사인은 무엇인가?

10장 무한급수

Infinite Series

무한급수는 (때때로) 즐거울 수 있다. 그들은 $\sin x$와 $\cos x$가 돋보이게 하며 e와 π 같은 특별한 수를 알려주곤 한다. 무한급수는 보통 전혀 알려지지 않은 함수들을 만들어낸다. 이는 좋은 점일 수는 있지만 무한히 많은 항을 가지고 있다는 사실은 고통스럽다.

무한급수를 구성하는 항들의 합을 알기는 쉽지 않다. 더 나아가서, 합이 존재한다는 것이 확실하지도 않다. 이때 급수가 수렴하는지를 알기 위해 판정법이 필요하며, 어디로 수렴하는지 찾기 위해 아이디어가 필요하다. 아래에 **수렴**, **발산**, **진동**의 예시를 소개한다.

$$1+\frac{1}{2}+\frac{1}{4}+\cdots=2 \qquad 1+1+1+\cdots=\infty \qquad 1-1+1-\cdots=?$$

첫 번째 급수는 수렴한다. 다음에 나올 항은 $1/8$이고, 그다음 항은 $1/16$이며 매 단계마다 합은 2에 부분적으로 가까워진다. 두 번째 급수(1들의 합)은 자명하게 무한대로 발산한다. 세 번째 급수인 진동하는 예시(1과 -1로 이루어져 있다) 역시 당연히 수렴하지 않는다.

위의 세 가지 예시를 포함하여, 가장 중요하고 특수한 무한급수를 살펴보자.

$$\text{등비급수는 } 1+x+x^2+x^3+\cdots=\frac{1}{1-x}\text{ 이다.}$$

이는 함수의 급수이며 '거듭제곱급수'라고 한다. x에 수를 대입하면 좌변의 급수는 우변으로 수렴한다. 우리는 언제 이와 같이 수렴하지 않는지 알아야 한다. $x=\frac{1}{2}$, $x=1$, $x=-1$일 때를 보자.

$1+\frac{1}{2}+\left(\frac{1}{2}\right)^2+\cdots$은 수렴하는 급수이며 합은 $\dfrac{1}{1-\frac{1}{2}}=2$이다.

$1+1+1+\cdots$은 발산하는 급수이며 합은 $\dfrac{1}{1-1}=\dfrac{1}{0}=\infty$ 이다.

$1+(-1)+(-1)^2+\cdots$는 진동하는 급수이며 합은 $\dfrac{1}{1-(-1)}=\dfrac{1}{2}$이어야 한다.

마지막의 결과는 1과 0 사이를 왔다 갔다 하므로 평균은 최소한 $\frac{1}{2}$이다. $x=2$일 때인 $1+2+4+8+\cdots$은 $1/(1-2)$과 같을 수가 없다.

이는 거듭제곱급수에서 흔하게 나타난다. x에 대한 구간에서 수렴하지만 x가 크면 발산한다. 등비급수는 -1과 1 사이의 x에 대해선 수렴하지만 이 밖의 구간에서는 발산할 것이다.

다음 예시는 **순환소수** 1.111 ⋯ 이다.

$$x=\frac{1}{10}\text{ 이라고 하면 등비급수는 } 1+\frac{1}{10}+\left(\frac{1}{10}\right)^2+\left(\frac{1}{10}\right)^3+\cdots\text{ 이다.}$$

소수 1.111 ⋯ 은 값이 10/9인 분수 $1\Big/\left(1-\frac{1}{10}\right)$과도 같다. **모든 분수는 순환소수이다. 또 모든 순환소수는** (등비급수를 통해) **더해져서 분수가 된다.**

3.333 ⋯ 을 얻기 위해 3을 곱하면 10/3이 된다. 1.0101 ⋯ 을 얻기 위해 $x=1/100$을 대입하자. 이는 값이 100/99인 분수 $1\Big/\left(1-\frac{1}{100}\right)$과 같다.

아래에 흔하지 않은 (결국에는 순환하는) 소수를 소개한다. 사실 잘 이해되지 않는 예이다.

$$\frac{1}{243}=0.004\,115\,226\,337\,448\cdots$$

대부분의 수는 분수(혹은 순환소수)가 아니다. 아주 좋은 예로는 π가 있다.

$$\pi=3+\frac{1}{10}+\frac{4}{100}+\frac{1}{1000}+\frac{5}{10000}+\cdots$$

이는 수렴하는 급수인 3.1415 ⋯ 이다. 처음 10억 개의 항을 알 수는 있겠지만(오른쪽에 10억 번째 항을 소개한다[1]) 20억 번째 항을 알 수는 없다. 마찬가지로 π값을 갖는 다음 급수를 위 급수와 비교해보자.

$$\pi=4-\frac{4}{3}+\frac{4}{5}-\frac{4}{7}+\cdots$$

이 교대급수에 주목하자. 규칙이 확실한 급수이므로 이 장에서 많이 등장할 것이다. 이 급수에서는 20억 번째 항(음의 부호를 지닌다)을 알 수 있다. 이는 등비급수가 아니지만, 10.1절에서 이것이 등비급수로부터 온다는 것을 알게 될 것이다.

Q_ 이 급수는 진짜 수렴할까? 만약 모든 부호가 +라면 어떨까?

A_ 교대급수는 π로 수렴한다(10.3절). 모든 항이 양수인 급수는 무한대로 발산한다(10.2절). 각 항은 0으로 가지만, 이들의 합은 구한하다.

지금까지의 예시는 10장이 무엇에 관한 것인지 알려준다. 주제 일부는 더해서 10/9나 π, e^x을 얻는 특별한 급수에 대해 다룬다. 또 다른 부분에서는 더해서 아무도 들어보지 못한 수나 함수들을 얻는, 좀 더 일반적인 급수에 대해 다룬다. 적분에서도 상황은 비슷하다. 예를 들어 우리가 알고 있는 $\ln x$가 답일 때도 있고 $\int x^x dx$와 같이 잘

1 π에 대한 기록은 일본에서 발견할 수 있었다. π의 소수점 아래 10억 7000만 번째를 넘는 자리까지를 말이다. 걸린 시간은 100시간이었다(NEC기계를 통해 CPU로 75시간이 소요되었다). π의 소수점 아래 10억 번째 자리는 9이다.

알려지지 않은 것이 답일 때도 있다. $1+1/8+1/27+\cdots$ 의 합은 많은 수학자가 시도했음에도 아직 알려지지 않았다.

이 장은 길지 않지만, 내용은 알차다. 마지막 절에서 우리는 거듭제곱급수를 배울 것이다. $1+x$와 같은 선형 근사에서 시작하여 그다음에는 $1+x+x^2$과 같은 2차 함수로의 근사를 다룬다. 결국 우리는 $f(x)$의 모든 도함수를 보게 될 것이다. 이는 공식이나 적분이 아닌 무한급수로부터 함수를 생성하는 새로운 방식인 '**테일러 급수**'이다.

10.1절을 아우르는 $1/(1-x)$보다 좋은 예시는 없을 것이다. 그 후 수렴과 이에 대한 판정법을 정의할 것이다(대부분의 판정법은 등비급수와의 비교이다). 수학에서 두 번째로 중요한 급수는 지수함수의 급수 $e^x=1+x+\frac{1}{2}x^2+\frac{1}{6}x^3+\cdots$이다. 이는 $e^{ix}=\cos x+i\sin x$ 공식에 의해 $\sin x$와 $\cos x$의 급수를 포함한다. 결국에는 새로운 함수들과 지금껏 봐왔던 모든 함수의 테일러 급수를 볼 것이다.

마지막으로 (계단함수를 제외하고) 미적분학에서 모든 중요한 함수들은 '무한 차수의 다항식' 모양으로 나타날 것이다. 이는 일차함수 $y=mx+b$부터의 궁극적인 여행이다.

10.1 등비급수

우선 등비급수의 양변을 살펴보자.

$$1+x+x^2+x^3+\cdots=\frac{1}{1-x} \tag{1}$$

좌변의 급수가 어떻게 오른쪽의 함수를 만들어낼까? 또 $1/(1-x)$의 함수가 어떻게 급수와 같을까? 급수를 구성하는 두 개의 항, 세 개의 항, n개의 항을 각각 더해보자.

$$1+x=\frac{1-x^2}{1-x}, \qquad 1+x+x^2=\frac{1-x^3}{1-x}, \qquad 1+\cdots+x^{n-1}=\frac{1-x^n}{1-x} \tag{2}$$

첫째로 $1+x$와 $1-x$를 곱하면 일반적인 계산을 통해 $1-x^2$을 얻는다. 두 번째부터 중요한 점은 $1+x+x^2$와 $1-x$의 곱이 $1-x+x-x^2+x^2-x^3$이라는 것이다. 여기서 처음 항 1과 마지막 항 $-x^3$ 사이에 모든 것들이 소거된다. 이와 같은 결과가 모든 경우에 나타난다. $1+\cdots+x^{n-1}$과 $1-x$의 곱은 처음 항 1과 마지막 항 $-x^n$만 남긴다. 이는 n개의 항의 합인 방정식 (2)를 증명한다.

전체 급수에 대해 우리는 n을 무한대로 보낼 것이다. 그러면 그래프에서 어떤 일이 일어나는지 확인할 수 있다. [그림 10-1]은 $n=1$, $n=2$, $n=3$일 때와 $n=\infty$일 때를 보여준다.

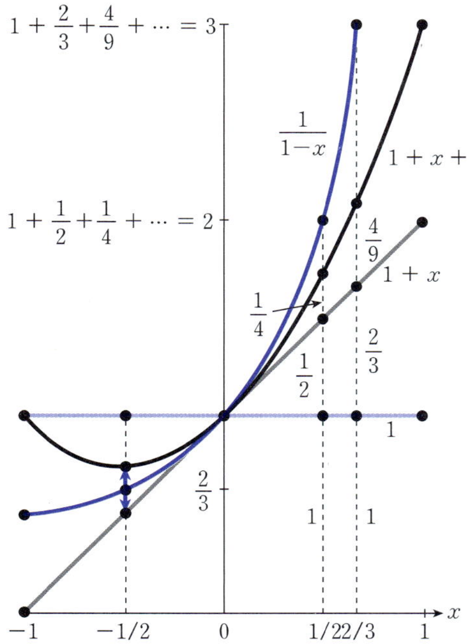

[그림 10-1] 한 항, 두 항, 세 항 그리고 급수 전체의 합

$$1+x+x^2+\cdots=\frac{1}{1-x}$$

$$\begin{array}{r l} & 1+x+x^2+\cdots \\ 1-x\ \big) & 1 \\ & \underline{1-x} \\ & \quad x \\ & \quad \underline{x-x^2} \\ & \qquad x^2 \\ & \qquad \underline{x^2-x^3} \\ & \qquad\quad \cdots \end{array}$$

두한한 합은 x가 -1과 1 사이일 때 유한한 답을 준다. 그 후 다음과 같이 x^n이 0으로 간다.

$$\frac{1-x^n}{1-x}\to\frac{1}{1-x}$$

이제 함수 $1/(1-x)$부터 시작해보자. 이 함수가 어떻게 급수를 만들어낼까? 한 가지 방법은 기초적이지만, 다소 수준이 낮은 방식이다. 이는 1을 $1-x$로 나누어 '나눗셈'을 하는 것이다([그림 10-1] 옆을 보아라). 또 다른 방법은 $(1-x)^{-1}$의 이항정리를 살펴보는 것이지만 이는 반칙이다. 공식을 통해 급수를 발견하거나 외우는 것이 목적이 아니기 때문이다. 성공적인 접근은 미적분학을 사용하는 것이다. **$f(x)=1/(1-x)$의 도함수를 계산하자.**

$$f'=(1-x)^{-2} \qquad f''=2(1-x)^{-3} \qquad f'''=6(1-x)^{-4} \qquad \cdots \tag{3}$$

$x=0$일 때 미분값은 $1, 2, 6, 24, \cdots$이다. 연쇄 법칙으로 생긴 -1이 미분값들을 양수로 만드는 것을 명심해라. $x=0$에서 n번째 미분값은 n팩토리얼이다.

$$f(0)=1, \quad f'(0)=1, \quad f''(0)=2, \quad f'''(0)=6 \quad \cdots, \quad f^{(n)}(0)=n!$$

이제 아이디어를 살펴보자. **$1/(1-x)$과 급수를 맞추기 위해 $x=0$에서의 미분값을 비교하자.** 각 거듭제곱 x^n을 미분할 때 $x=0$을 대입하면 이 미분값은 n번 미분한 값을 제외하고는 모두 0이다. 모든 거듭제곱을 더하여 모든 미분값들을 알맞게 얻을 수 있다. 따라서 등비급수는 함수와 일치한다.

$1+x+x^2+x^3+\cdots$은 $x=0$에서 $1/(1-x)$과 같은 미분값들을 가진다.

선형 근사는 $1+x$이다. 다음으로 $\frac{1}{2}f''(0)x^2=x^2$이 있다. 세 번 미분한 값은 6이어야 하고 따라서 우리는 x^3을 필요로 한다. 이 미분값들을 통해 함수가 급수를 만들어낸다.

위 예시를 통해 주제 일부를 확인할 수 있다. 등비급수는 $|x| \geq 1$일 때 발산한다. 다른 경우($-1 < x < 1$일 때)에 이는 더해져서 등비급수를 만드는 함수가 된다. 다른 급수들에 익숙해지기 위해서 이제 계산과 미적분을 적용할 것이다. 이제 $1/(1-x)$의 제곱, 도함수, 적분을 각각 얻고자 한다. 요점은 이런 연산들이 급수에도 적용된다는 것이다.

이제 여덟 가지 연산을 시행하여 결과적으로 $\ln 2$와 π에 대한 급수를 발견할 것이다.

1. 등비급수에 a나 ax를 곱한다.

$$a + ax + ax^2 + \cdots = \frac{a}{1-x} \qquad ax + ax^2 + ax^3 + \cdots = \frac{ax}{1-x} \tag{4}$$

위의 급수는 $a = 3$이고 $x = \frac{1}{10}$일 때 $3.333\cdots$에 알맞은 결과이다. $x = \frac{1}{10}$일 때 등비급수는 $1.111\cdots = 10/9$이고, 첫 번째 급수는 이보다 3배 클 뿐이다. 그 값은 $10/3$이다.

아래의 급수는 분수로 표현한 다른 소수들과 결과가 일치한다. $12/99$를 얻기 위해 $a = 12$와 $x = 1/100$를 고르면 된다.

$$0.121212\cdots = \frac{12}{100} + \frac{12}{100^2} + \frac{12}{100^3} + \cdots = \frac{12/100}{1-1/100} = \frac{12}{99}$$

[연습문제 10.1.13]은 $0.8787\cdots$과 $0.123123\cdots$에 관한 문제이다. 미적분학을 배우기 전에는 주로 $a + ar + ar^2 + \cdots = a/(1-r)$을 사용하였다. 그러나 이제는 r 대신 x를 사용하여 이것이 미분 가능한 함수임을 강조하고자 한다.

2. 등비급수 $1 + x + x^2 + \cdots$의 도함수는 $1/(1-x)^2$이다.

$$1 + 2x + 3x^2 + 4x^3 + \cdots = \frac{d}{dx}\left(\frac{1}{1-x}\right) = \frac{1}{(1-x)^2} \tag{5}$$

$x = \frac{1}{10}$일 때 좌변은 1.23456789로 시작하고 우변은 값이 $100/81$인 $1\Big/\left(1-\frac{1}{10}\right)^2 = 1/(9/10)^2$이다. 계산기가 있다면 100을 81로 나누어 보아라.

답 또한 1.23456789인 $(1.11111111)^2$에 가까울 것이다.

3. 함수에서 함수를 빼듯이 $1 + 2x + 3x^2 + \cdots$에서 $1 + x + x^2 + \cdots$을 빼보자.

$$x + 2x^2 + 3x^3 + \cdots = \frac{1}{(1-x)^2} - \frac{1}{(1-x)} = \frac{x}{(1-x)^2} \tag{6}$$

흥미롭게도 이는 식 (5)에 x를 곱한 급수와 같다. 이는 8.4절에서 답하지 못했던 앞면이 나올 때까지 동전을 던지게 되는 횟수의 평균에 답해준다. 이는 확률에서의 덧셈 $1(p_1)+2(p_2)+\cdots$ 이고, 식 (6)에서 $x=\frac{1}{2}$일 때와 같다.

$$1\left(\frac{1}{2}\right)+2\left(\frac{1}{2}\right)^2+3\left(\frac{1}{2}\right)^3+\cdots=\frac{\frac{1}{2}}{\left(1-\frac{1}{2}\right)^2}=2 \tag{7}$$

앞면이 나올 때까지 동전을 n번 던질 확률은 $p_n=\left(\frac{1}{2}\right)^n$이다. 이때 기댓값은 두 번 던지는 것이다. 8장에서는 직접 실험해보는 것을 추천했지만, 지금 구한 기댓값은 정확하다.

4. 급수를 곱하자. 등비급수와 자기 자신을 곱한 것은 $1/(1-x)$을 제곱한 것이다.

$$(1+x+x^2+\cdots)(1+x+x^2+\cdots)=1+2x+3x^2+\cdots \tag{8}$$

오른쪽에 있는 급수는 새롭지 않다! 방정식 (5)에서 이는 $y=1/(1-x)$의 **도함수**이면서 y의 **제곱**과 같다. 등비급수는 식 $dy/dx=y^2$을 만족하고 함수 역시 마찬가지이다. 우리는 우연히 미분방정식을 발견한 셈이다.

급수가 어떻게 제곱이 됐는지 주목하자. 방정식 (8)에서 전형적인 항은 $1\times x^2$과 $x\times x$와 $x^2\times 1$로부터 오는 $3x^2$이다. $1/(1-x)$를 제곱하는 것이 훨씬 빠르기는 하지만 급수가 우리가 아는 함수로 표현되지 않을 때 이렇게 급수들끼리 곱할 수 있다.

5. $dy/dx=y^2$을 임의의 초기 조건에 대해서 풀어라. 이는 급수의 새로운 응용이다.

$x=0$일 때 초깃값이 $y=1$이라고 하자. 방정식 $y'=y^2$은 미분값이 1^2임을 알려준다. 이제 중요한 단계이다. **방정식의 미분은 $y''=2yy'$임을 알려준다.** $x=0$일 때 이는 $2\cdot 1\cdot 1$이다. 이를 계속하면 $2yy'$의 도함수는 $2yy''+2(y')^2$이고 $x=0$일 때 이는 $y'''=4+2=6$ 이다.

모든 미분값은 $1, 2, 6, 24, \cdots$와 같은 팩토리얼이다. 우리는 등비급수 $1+x+x^2+\cdots$의 미분값들을 대응시키고 있다. 각 항을 비교하면 $y'=y^2$의 결과를 얻는다. $y(0)=1$로 시작하면 정답은 $y=1/(1-x)$이다.

또 다른 초깃값 -1에 대해 해보면 이전과 마찬가지로 $y'=(-1)^2=1$이다. 합성함수의 미분법에 의해 $y''=2yy'=-2$이고 그러면 $y'''=6$이다. 부호가 번갈아 나오는 것을 고려해서 미분값을 맞춰보면 -1로 시작하는 해는 다음과 같다.

$$y=-1+x-x^2+x^3+\cdots=-1/(1+x) \tag{9}$$

왼쪽에 있는 급수로 오른쪽에 있는 함수를 알아보는 것은 약간의 도전이다. 이 급수는 기존 등비급수의 x 자리에 $-x$를 가지며 -1을 곱한 것이다. 합 $y=-1/(1+x)$ 또한 $y'=y^2$ 식을 만족한다. 우리는 모든 초깃값에 대해 무한급수로 미분방정식을 풀 수 있다. 본질적으로 미지의 급수를 방정식에 대입하고, 각 항을 따로따로 계산하여 푼다.

6. $1+x+x^2+\cdots$과 $1-x+x^2-\cdots$의 적분은 로그함수이다.

$$x+\frac{1}{2}x^2+\frac{1}{3}x^3+\cdots=\int_0^x\frac{dx}{1-x}=-\ln(1-x) \qquad \text{(10a)}$$

$$x-\frac{1}{2}x^2+\frac{1}{3}x^3-\cdots=\int_0^x\frac{dx}{1+x}=+\ln(1+x) \qquad \text{(10b)}$$

식 (10a)의 도함수는 원래의 등비급수가 된다. 로그함수에 대해 우리는 $1/n!$이 아닌 $1/n$의 결과를 얻는다. 첫 번째 항 x와 두 번째 항 $\frac{1}{2}x^2$은 선형, 그리고 2차 근사를 알려준다. 이제 우리는 급수 전체를 갖고 있으며 1과 $\frac{1}{2}$을 대입함으로써 다음과 같이 $\ln(1-1)$과 $\ln(1+1)$과 $\ln\left(1-\frac{1}{2}\right)$의 값을 계산할 수 있다.

$$x=1\ :\quad 1+\frac{1}{2}+\frac{1}{3}+\frac{1}{4}+\cdots=-\ln 0=+\infty \qquad \text{(11a)}$$

$$x=1\ :\quad 1-\frac{1}{2}+\frac{1}{3}-\frac{1}{4}+\cdots=\ln 2=0.693 \qquad \text{(11b)}$$

$$x=\frac{1}{2}:\quad \frac{1}{2}+\frac{1}{8}+\frac{1}{24}+\frac{1}{64}+\cdots=-\ln\frac{1}{2}=\ln 2 \qquad \text{(12)}$$

첫 번째 급수는 무한대로 발산한다. 이 **조화급수** $1+\frac{1}{2}+\frac{1}{3}+\cdots$은 극한에 대해 처음 살펴볼 때(2.6절) 다루었다. 두 번째 급수는 부호가 계속 바뀌고 $\ln 2$로 수렴한다. 세 번째 급수의 각 항은 양수이고, $\ln 2$로 수렴한다. 이들은 무한급수의 주요 주제인 수렴 판정법의 예시가 될 것이다.

이 책에서 처음으로 우리는 로그함수를 계산할 수 있다! 여기서 주목할 만한 것이 있다. 식 (11)과 식 (12)에 나오는 수들의 합은 식 (10)의 함수로부터 발견되었다. $\ln 2$를 계산하기 위해 수만 생각하는 것이 더 쉽다고 생각할 수도 있지만 그렇게 하면 $1/(1-x)$에 대한 급수를 적분하지 못했을 것이고, 따라서 식 (10)을 발견하지도 못했을 것이다. x부터 시작해서 $\frac{1}{2}$과 같은 특별한 값을 마지막에 대입하는 것이 더 좋다.

이 급수를 이용한 두 개의 실용적인 문제가 있다. $\ln 2$의 경우 이들은 느리게 수렴하고, x에 $e-1$을 대입한 $\ln e$의 경우 급수는 무한대로 발산한다. 올바른 정답은

$\ln e = 1$이지만, 급수에서는 이와 같은 결과를 얻을 수 없다. 두 문제 모두 식 (10a)와 식 (10b)를 더해서 풀게 된다. 두 식을 더함으로써 짝수 차수인 항이 소거된다.

$$2\left(x+\frac{x^3}{3}+\frac{x^5}{5}+\cdots\right)=\ln(1+x)-\ln(1-x)=\ln\frac{1+x}{1-x} \tag{13}$$

$x=\frac{1}{3}$일 때 우변은 $\ln\frac{4}{3}-\ln\frac{2}{3}=\ln 2$이다. $\frac{1}{3}$의 거듭제곱은 1 또는 $\frac{1}{2}$의 거듭제곱보다 훨씬 작으므로 더 빠르게 계산할 수 있다. 모든 로그함수의 값은 식 (13)을 활용한 급수로부터 찾을 수 있다.

7. 등비급수에서 변수를 바꾼다(x를 x^2이나 $-x^2$으로 대신한다).

$$1+x^2+x^4+x^6+\cdots=1/(1-x^2) \tag{14}$$

$$1-x^2+x^4-x^6+\cdots=1/(1+x^2) \tag{15}$$

이는 새로운 함수를 만들어낸다(우리가 언제나 목표로 하는 것이다). 이들을 보면 x의 짝수 차수 항들이 나타난다. 두 번째 급수는 곧 π를 계산하기 위해 사용될 것이다. 다음과 같이 x 대신에 다른 변수로 바꾸어 표현하는 것도 중요하다.

$$x \text{ 대신에 } \frac{x}{2}:\ 1+\frac{x}{2}+\left(\frac{x}{2}\right)^2+\cdots=\frac{1}{1-(x/2)}=\frac{2}{2-x} \tag{16}$$

$$x \text{ 대신에 } \frac{1}{x}:\ 1+\frac{1}{x}+\frac{1}{x^2}\ +\cdots=\frac{1}{1-(1/x)}=\frac{x}{x-1} \tag{17}$$

방정식 (17)은 지수가 음수인 거듭제곱 x^{-n}의 급수이다. 이는 $|x|$가 1보다 클 때 수렴한다. 즉 식 (17)은 큰 x에 대해서 수렴한다. 식 (16)에서는 $|x|<2$일 때 수렴한다.

8. $1-x^2+x^4-x^6+\cdots$의 적분은 x에 대한 탄젠트의 역함수를 이끌어낸다.

$$x-\frac{1}{3}x^3+\frac{1}{5}x^5-\frac{1}{7}x^7+\cdots=\int\frac{dx}{1+x^2}=\tan^{-1}x \tag{18}$$

우리는 식 (15)의 함수를 적분했고 지수가 홀수인 거듭제곱(라이프니츠가 발견한)을 얻었다. π에 관한 마법같은 공식은 $x=1$일 때 나타난다. 탄젠트값이 1인 각은 다음과 같이 $\pi/4$이다.

$$1-\frac{1}{3}+\frac{1}{5}-\frac{1}{7}+\cdots=\frac{\pi}{4} \tag{19}$$

처음 세 개의 항을 계산하면 $\pi\approx 3.47$(원래의 값에 그리 가깝지는 않다)이다. 5000번째 항도 여전히 0.0001과 큰 차이가 나지 않기 때문에 네 번째 소수점도 정해지지 않는다. $x=1/\sqrt{3}$ 로 바꿈으로써, 천문학자 헬리[Halley]와 그의 제자들은(혜성을 기다리면서) $\pi/6$를 소수점 아래 71번째 자리까지 정확하게 구했다. 이는 π를 계산하는 길고 놀라운 역사의 한 발자국이었다. 처드노브스키[Chudnovsky] 형제 역시 슈퍼컴퓨터를 사용하여 역사의 한 획을 그었다. 이들은 π의 **10억 개**보다 많은 소수점을 구하였다. 소수점들은 모두가 기대했듯이, 완전히 랜덤하게 나타나는 것으로 보인다. 하지만 우리는 모든 10자리 수가 $\frac{1}{10}$의 비율로 나타난다는 증명을 해내지 못했다.

π에 대한 역사적 사실 아르키메데스는 π를 3.14보다 크고 $3\frac{1}{7}$보다 작다고 했다. 원 안의 다각형을 이용하는 그의 방법을 변형하여 사용하면 소수점 아래 34자리까지 맞힐 수 있었다. 하지만 1800년 동안 이것이 최선의 결과는 아니었다. 헬리는 식 (18)로 $\pi/6$를 소수점 아래 71번째 자리까지 찾았다. 더 빠른 수렴을 위해 급수는 더 작은 x를 이용한 다음과 같은 식으로 바뀌었다.

$$\frac{\pi}{4}=\tan^{-1}\frac{1}{2}+\tan^{-1}\frac{1}{3}=4\tan^{-1}\frac{1}{5}-\tan^{-1}\frac{1}{239} \tag{20}$$

8시간 이내에 100자리 수 곱셈을 암산할 수 있었던 데이즈[Dase]라는 이름을 가진 영재는 π를 소수점 아래 200자리 넘게 계산하였다. 손으로 하는 계산의 절정은 섕스[Shanks]가 607자리까지 계산한 것을 출판했을 때였다. 하지만 실제로 맞힌 소수점은 527자리까지였다고 말하게 되어서 유감이다(수년간의 계산을 통해 그는 707자리까지 계산했지만, 여전히 527자리까지만 맞았다). 그의 실수는 1945년까지 발견되지 않았다! 그리고 퍼거슨은 탁상 계산기로 π의 소수점 아래 808자리까지 알게 되었다.

오늘날은 컴퓨터를 활용하는 시대이다. ENIAC(1949)으로 3일 동안 계산한 결과 π에 대해 소수점 아래 2000자리까지 결과를 얻었다. IBM 704(1958)을 100분 동안 사용한 결과 10000자리까지 계산할 수 있었다. 섕스[Shanks](앞사람과 관련이 없다)는 100000자리까지 알 수 있었다. 그리고 마침내 소수점 아래 백만 자리는 1973년 어느 날에 CDC 7600을 통해 계산되었다. 이 모든 계산은 식 (20)을 변형해서 사용하였다. 이 이후의 기록은 크레이[Cray]와 히타치[Hitachi] 그리고 IBM에 의해 갱신되었다. 하지만 방법이 바뀌었다. 이 계산 방법은 가우스의 '산술-기하 평균 반복법'에 기반을 둔, 놀라울 정도로 정확한 알고리즘에 의존하였다. 이는 믿기 어려울 정도로 단순해서 다음만 고려하면 된다.

$$a_{n+1}=\frac{a_n+b_n}{2},\qquad b_{n+1}=\sqrt{a_n b_n},\qquad \pi_n=2a_{n+1}^2\bigg/\left(1-\sum_{k=0}^{n}2^k\left(a_k^2-b_k^2\right)\right)$$

정확한 소수점의 개수는 매번 두 배 이상으로 커진다. $n=9$일 때 우리는 섕스(손으로 계산한 사람)보다 훨씬 많은 자리 수를 얻는다. 끝이 보이지 않을 정도이다. 처드노브스키의 방법은 다시 처음부터 시작하지 않아도 되기에, 대부분 사람은 10억 자리 이상까지 계산할 수 있다.

이제 π에 대한 논의는 접어두자. 여러분은 등비급수로 더 이상 할 수 있는 것이 없다고 생각할 것이다(혹은 그러기를 희망할 것이다). 우리는 $1/(1-x)$에서부터 긴 여정을 치렀다. 하지만 이렇게 해서는 영원히 알지 못하는 함수들이 있다. 하나는 e^x(그리고 이와 관계된 $\sin x, \cos x, \sinh x, \cosh x$)이고 또 하나는 $\sqrt{1-x}$(그리고 이와 관계된 $1/\sqrt{1-x^2}, \sin^{-1}x, \sec^{-1}x, \cdots$)이다. 지수함수는 10.4절에서 나오고 이들의 급수는 모든 x에 대해 수렴할 것이다. 제곱근들은 10.5절에서 나오며 등비급수에 보다 가깝고 $|x| < 1$일 때 수렴할 것이다. 그전에 우리는 수렴이 무엇을 의미하는지 알아야 한다.

급수를 빨리 설명했지만 여러분이 급수에 대해 뺄셈, 곱셈, 미분, 적분을 포함하여 어떤 것들이 가능한지 보기를 바란다. 덧셈은 쉽고 나눗셈은 상대적으로 더 어렵지만 모두 가능하다. 기대하지 않았던 어떤 수들은 급수의 무한한 합이기도 하다.

10.1 문장제 문제

01 등비급수 $1+x+x^2+\cdots$은 더해져서 __a__ 이(가) 된다. 이는 $|x|<$ __b__ (이)라는 조건 아래 수렴한다. n개 항의 합은 __c__ 이다. $x=$ __d__ 일 때 급수의 미분값은 $1/(1-x)$의 미분값과 같다. 그리고 n번 미분한 값은 __e__ 이다. 소수 $1.111\cdots$은 $x=$ __f__ 일 때의 등비급수이고 이는 분수 __g__ 와(과) 같다. 소수 $0.666\cdots$은 이것에 __h__ 을(를) 곱한 것이다. 소수 $0.999\cdots$는 __i__ 와(과) 같다.

02 등비급수의 미분값은 __j__ = __k__ 이다. 이는 또한 __l__ 급수를 제곱함으로써 얻을 수 있다. $x=0.01$일 때 소수 1.02030405는 __m__ 와(과) 아주 가깝다. 미분방정식 $dy/dx=y^2$은 $y(0)=$ __n__ 부터 시작해서 각 항을 고려하면 등비급수로 풀 수 있다.

03 등비급수의 적분은 __o__ = __p__ 이다. $x=1$일 때 이는 __q__ 급수가 되고 이는 발산한다. $x=$ __r__ 이면 $\ln 2=$ __s__ 이다. x에서 $-x$로 바꾸면 새로운 급수 $1/(1+x)=$ __t__ 와(과) $\ln(1+x)=$ __u__ 을(를) 얻는다.

04 등비급수에서 x^2이나 $-x^2$으로 바꾸면 $1/(1-x^2)=$ __v__ 와(과) $1/(1+x^2)=$ __w__ 의 결과를 얻는다. 마지막 것을 적분함으로써 우리는 $x-\frac{1}{3}x^3+\frac{1}{5}x^5-\cdots=$ __x__ 을(를) 얻는다. 탄젠트값이 $x=1$인 각은 $\tan^{-1}=$ __y__ 이다. 그러면 $x=1$을 대입함으로써 우리는 급수 $\pi=$ __z__ 을(를) 얻는다.

10.1 연습문제

01 등비급수는 $1+x+x^2+\cdots=G$이다. G를 찾는 다른 방법은 x를 곱하는 것이다. 그러면 $x+x^2+x^3+\cdots=xG$가 되고 여기에 원래 급수를 뺄 수 있다. 뺄셈을 한 결과는 무엇이고, G는 무엇인가?

02 농구공이 10피트에서 떨어져서 다시 6피트만큼 튀어 오른다. 떨어질 때 공은 $\frac{3}{5}$의 높이만큼 다시 튀어 오르면서 무한히 튕길 때 농구공이 이동한 총 거리는 얼마인가?

03 $\frac{1}{3}+\frac{1}{9}+\frac{1}{27}+\cdots$, $1-\frac{1}{4}+\frac{1}{16}-\cdots$, $10-1+0.1-0.01+\cdots$, $3.040404\cdots$의 값을 각각 구하라.

04 x를 $1-x$로 대체해서 $1/x$의 급수를 구하라. 적분을 해서 $\ln x$의 급수를 구하라. 이는 '점 $x=1$ 주변'에서의 거듭제곱급수이다. $x=0$일 때 급수 합은 얼마인가?

05 등비급수의 이계도함수는 무엇인가? 그리고 $x=\frac{1}{2}$일 때 급수 합은 얼마인가?

06 두 급수의 곱 $(1+x+x^2+\cdots)(1-x+x^2-\cdots)$을 식 (14)와 비교하여 곱을 구하라.

07 $\frac{1}{7}$부터 시작하여 숫자들이 반복될 때까지 $1.000\cdots$을 7로 나누자(긴 나눗셈이나 계산기로). 처음 반복되는 숫자는 무엇인가? 여러분은 다음 자리가 처음과 반복된다는 것을 어떻게 아는가?

분수에 대한 정리 : $1/q$, $10/q$, $100/q$, $\cdots$과 같은 나눗셈에서 모든 나머지는 q보다 작다. 따라서 결국 나머지들 중에 두 가지가 같게 될 것이다. 10^N과 더 작은 10^{N-n}을 뺀 것을 q로 나누면 나누어 떨어진다. 따라서 어떤 c에 대해 $qc=10^N-10^{N-n}$이고 $1/q$은 반복하는 자릿수를 갖는다.

$$\frac{1}{q}=\frac{c}{10^N-10^{N-n}}=\frac{c}{10^N}\frac{1}{1-10^{-n}}$$
$$=\frac{c}{10^N}\left(1+\frac{1}{10^n}+\frac{1}{10^{2n}}+\cdots\right)$$

결론 : 모든 분수는 반복하는 자릿수를 가진다.

08 $\frac{1}{13}$에 대해 반복하는 소수를 찾고 c를 읽어내라. 몇 번째 소수점 자리에서 순환이 시작되는가?

09 10^N과 N보다 작은 지수를 갖는 10의 거듭제곱의 차를 모든 q로 나누면 나누어 떨어진다는 것을 이용하여 2와 5를 제외한 소수들이 9나 99나 999를 나누어 떨어지게 함을 보여라.

10 $0.10010001\cdots$이 분수가 될 수 없음을 설명하라(0의 개수가 증가한다).

11 $0.123456789101112\cdots$가 분수가 아님을 보여라.

12 등비급수로부터 순환소수 $1.065065\cdots$와 같은 분수를 찾아라. 모든 순환소수는 분수임을 설명하라.

13 $0.878787\cdots$과 $0.123123\cdots$을 각각 분수와 등비급수로 써라.

14 무한급수로 $1.111\cdots$의 제곱을 찾아라.

15~24 다음 수열의 합과 같은 함수를 찾아라.

15 $x+x^3+x^5+\cdots$

16 $1-2x+4x^2-\cdots$

17 $x^3+x^6+x^9+\cdots$

18 $\frac{1}{2}x-\frac{1}{4}x^2+\frac{1}{8}x^3-\cdots$

19 $\ln x+(\ln x)^2+(\ln x)^3+\cdots$

20 $x-2x^2+3x^3-\cdots$

21 $\frac{1}{x}+\frac{1}{x^2}+\frac{1}{x^3}+\cdots$

22 $x+\frac{x}{1+x}+\frac{x}{(1+x)^2}+\cdots$

23 $\tan x-\frac{1}{3}\tan^3 x+\frac{1}{5}\tan^5 x-\cdots$

24 $e^x+e^{2x}+e^{3x}+\cdots$

25 $1/(1-x)$과 $1/(1+x)$에 대한 두 급수를 곱해서 x, x^2, x^3, x^n의 계수를 찾아라.

26 식 (13)과 $1+x^2+x^4+\cdots$의 적분을 비교하고 $\int dx/(1-x^2)$를 찾아라.

27 0.2468과 0.987654321에 가까운 분수는 각각 무엇인가?

28 급수 $1/(1-x)^3$의 처음 세 개의 항을 찾아라.

29~34 다음 합을 구하라.

29 $\frac{2}{3}+\frac{2}{3^2}+\frac{2}{3^3}+\cdots$

30 $0.1+0.02+0.003+\cdots$

31 $0.1+\frac{1}{2}(0.01)+\frac{1}{3}(0.001)+\cdots$

32 $0.1-\frac{1}{2}(0.01)+\frac{1}{3}(0.001)-\cdots$

33 $0.1+\frac{1}{3}(0.001)+\frac{1}{5}(0.00001)+\cdots$

34 $1-\frac{1}{3\cdot 3}+\frac{1}{5\cdot 3^2}-\cdots$ (식 (18)에서)

35 $x=0$일 때 $1+2x+3x^2+\cdots$을 n번 미분한 값을 구하라. 또 $(1-x)^{-2}$의 n계도함수를 구하라.

36 미분방정식 $dy/dx=y^2$이 $y(0)=b$로 시작한다고 하자. 이로부터 $x=0$일 때 미분값 y', y'', y'''을 구하라. 그리고 이와 일치하는 급수를 만들어라. $y(x)$가 무엇인지 알 수 있는가?

37 방정식 $dy/dx=y^2$은 다른 형태 $dy/y^2=dx$의 꼴을 지니고 있다. 양변을 적분하고 $x=0$일 때 $y=b$가 되도록 적분상수를 정하라. $y(x)$를 구하고 문제 **36**과 비교하라.

38 브리지 게임[bridge game]에서 최고의 패를 가질 때까지 해야 할 게임 횟수의 기댓값 μ는 무엇인가? 첫 번째 게임에서 최고의 패를 가질 확률은 $p_1=\frac{1}{4}$이다. 그리고 $p_2=\left(\frac{3}{4}\right)\left(\frac{1}{4}\right)=$(첫 번째에서 실패할 확률)×(두 번째에서 성공할 확률)이다. 일반적으로 $p_n=\left(\frac{3}{4}\right)^{n-1}\left(\frac{1}{4}\right)$이다. 평균값 μ는 $p_1+2p_2+3p_3+\cdots=$ _____이다.

39 $\left(\sum a_n\right)\left(\sum b_n\right)=\sum a_n b_n$은 일반적으로 성립하지 않음을 보여라.

40 식 (10b)에서 적절한 x를 대입하여 $\ln\frac{1}{3}$에 대한 급수를 구하라. 식 (13)에서 적절한 x를 대입하여 $\ln 3$에 대한 급수를 구하라. $\ln\frac{1}{3}$과 $\ln 3$이 어떻게 관계되어 있는가? 또 어떤 급수가 더 빨리 수렴하는가?

41 $\ln 3$을 소수점 아래 둘째 자리까지 계산기를 사용하지 않고(답을 확인하기 위해서 사용하는 것은 괜찮다) 계산하라.

42 탄젠트값이 $x=\frac{1}{10}$인 각도를 소수점 아래 넷째 자리까지 찾아라.

43 두 명의 테니스 선수가 공을 맞받아치며 네트로 이동하고 있다. 동시에 출발해서 둘 다 39피트의 거리를 13피트/초의 속력으로 이동한다. 공은 26피트/초의 속력으로 왔다 갔다 한다. 네트에 충돌하기 전에 얼마나 많이 이동하는가(무한급수로 푸는 방법과 쉬운 방법 모두 생각해 보아라)?

44 소수점 첫째 자리를 유지하기 위해서 급수 $1-\frac{1}{2}+\frac{1}{3}-\frac{1}{4}+\cdots$의 얼마나 많은 항이 필요한가? $\frac{1}{4}$을 몇 제곱해야 $\frac{1}{2}$의 100제곱과 같은가? $1/a^n$을 얼마나 거듭제곱해야 $1/2^{100}$과 같은가?

45 $\tan y=\frac{1}{2}$이고 $\tan z=\frac{1}{3}$이면 $y+z$의 탄젠트값은 다음과 같다.

$$(\tan y+\tan z)/(1-\tan y\tan z)=1$$

$\tan y=\frac{1}{5}$이고 $\tan z=$_____이면 $\tan(y+z)=1$이다. $\pi/4$를 구하기 위한 방법으로서 이와 같은 과정이 식 (20)보다는 좋지 않다. 그 이유는 무엇인가?

46 $4\tan^{-1}\frac{1}{2}$의 급수와 $4\tan^{-1}\frac{1}{3}$의 급수를 통해 π의 세 번째 소수점, 즉 3.14 다음에 오는 숫자를 찾아라. 각 급수에서 얼마나 많은 항이 필요한가?

47 **(계산기)** 같은 방법으로 3.14159보다 더 정확한 값을 찾아라. 얼마나 많은 항이 필요한가?

48 식 (10a)로부터 $\sum e^{in}/n$은 무엇인가?

49 제논의 역설은 여러분이 도달하고자 하는 곳까지 총 거리의 절반을 가고 그 다음에는 남은 거리의 절반을 가고, 또 남은 거리의 절반을 가는 상황을 반복한다면 절대 그곳에 도달하지 못할 것이라는 것이다. 여러분은 $\frac{1}{2}+\frac{1}{4}+\frac{1}{8}+\cdots$이 1로 수렴한다는 사실에 동의하는가?

10.2 수렴 판정법 : 양항 수열

계산을 멈추고 정의에 대해 배우는 세 번째 시간이다. 2장에서는 미분이 무엇인지 5장에서는 적분이 무엇인지를 다루었다. 이제 (만약 존재한다면) 수열의 합이 무엇인지 말하고자 한다. 이 세 경우 모두 **극한과 관련이 있다**.

급수 $\frac{1}{2}+\frac{1}{4}+\frac{1}{8}+\cdots$은 1로 수렴하는 반면 급수 $1+\frac{1}{2}+\frac{1}{3}+\cdots$은 무한대로 발산한다. 또한 급수 $1-\frac{1}{2}+\frac{1}{3}-\cdots$는 $\ln 2$로 수렴한다. 급수의 수렴과 발산은 '부분합'의 수렴 또는 발산과 같다.

정의 급수 $a_1 + a_2 + a_3 + \cdots$ 의 **부분합** s_n은 a_n까지의 합이다.

$$s_n = \text{첫 항부터 } n\text{항까지 합} = a_1 + a_2 + \cdots + a_n$$

따라서 s_n는 총합의 일부이다. 예시 $\frac{1}{2}+\frac{1}{4}+\frac{1}{8}+\cdots$은 다음과 같은 부분합을 지닌다.

$$s_1 = \frac{1}{2} \qquad s_2 = \frac{3}{4} \qquad s_3 = \frac{7}{8} \qquad \cdots \qquad s_n = 1 - \frac{1}{2^n}$$

더해지는 항의 개수를 점점 늘려보자. 그렇다면 급수의 총합은 얼마일까? 답은 다음과 같다. **급수 $\frac{1}{2}+\frac{1}{4}+\cdots$은 1로 수렴한다. 왜냐하면 부분합 s_n이 1로 수렴하기 때문이다.** 급수 $a_1 + a_2 + a_3 + \cdots$은 부분합의 (더 멀리 갈 때의) 극한이 s일 때 s로 수렴한다. **s가 아닌 a들을 더해라.**

정의 수열의 합은 부분합 s_n의 극한이다.

반복하면, a_n의 극한이 존재할지라도 s_n의 수열은 극한이 존재하지 않을 수 있다. 부분합이 왔다 갔다 할 때 전체 급수는 어떤 값도 가지지 않는다. 그러면 급수는 수렴하지 않는다. 부분합이 s로 향할 때, 동떨어진 a_n은 0으로 향한다. 더 나아가서 이들의 합 역시 0에 가까워진다.

새로운 아이디어$\left(\sum a_n = s\right)$는 이전에 나온 아이디어$(s_n \to s)$로 변환되었다.

예제 1 등비급수 $\frac{1}{10}+\frac{1}{100}+\frac{1}{1000}+\cdots$은 $s=\frac{1}{9}$로 수렴한다.

부분합 s_1, s_2, s_3, s_4는 각각 $0.1, 0.11, 0.111, 0.1111$이며 이들은 $s=\frac{1}{9}$에 가까워진다. 급수 a와 수열 s의 차이점에 다시 주의하라. 급수 $1+1+1+\cdots$는 s의 수열이 $1, 2, 3\cdots$이기 때문에 발산한다. 더 분명한 예시는 조화급수이다. $1+\frac{1}{2}+\frac{1}{3}+\cdots$은 부분합 $1, 1\frac{1}{2}, \cdots$이 결국 모든 s를 넘어가기 때문에 발산한다. 2.6절에서 이를 다루었으며 지금 또 보게 되었다.

$a_n \to 0$인 것과 $s_n \to s$인 것을 혼동해서는 안 된다. $a_n \to 0$이라는 것만으로 급수가 수렴한다고 말할 수 없다. $a_n = 1/n \to 0$이지만 $s_n \to \infty$인 조화급수는 이에 대한 최고의 예시이다. 이는 무한급수를 수학자들이 즐거워하는 섬세한 문제로 만든다. 수렴과 발산의 경계를 찾기는 어렵지만 그 경계를 넘나들기는 쉽다. 조그만 변화는 $a_n \to 0$을 더 빠르게 만들 것이고 s_n을 수렴하게 할 것이다. $a_n \to 0$이 수렴을 보장하지는 못해도 이는 첫 번째로 필요한 조건이다.

1 만약 급수가 수렴한다면($s_n \to s$) 급수의 항은 0과 가까워져야 한다($a_n \to 0$).

증명 s_n이 s에 가까워진다 하자(수렴의 조건이다). 그러면 s_{n-1} 역시 s에 가까워져야 하고 $s_n - s_{n-1}$은 0에 가까워져야 한다. 이 차는 a_n이므로 $a_n \to 0$이다.

예제 1 (계속) 등비급수 $1 + x + x^2 + \cdots$에 대해서 $a_n \to 0$의 판정은 $x^n \to 0$에 대한 판정과 같다. 이 판정법은 $|x| \geq 1$이면 실패한다. 왜냐하면 x의 거듭제곱이 0으로 가지 않기 때문이다. 이 경우 자동적으로 급수는 발산한다. $-1 < x < 1$일 때 판정법이 성립한다. 그러나 수렴을 증명하기 위해서는 $a_n \to 0$이라는 사실만으로는 부족하다. 다음과 같이 급수의 부분합이 수렴해야 급수가 수렴한다.

$$s_n = 1 + x + \cdots + x^{n-1} = \frac{1 - x^n}{1 - x} \text{이고 } s_n \to \frac{1}{1 - x} \text{이다. 이는 } s \text{이다.}$$

먼저 다른 급수에 대해 $a_n \to 0$인지 확인해라(아닐 경우 수렴할 수가 없다). a_n은 x^n과 같은 특별한 형태가 아닐 것이다. 따라서 우리는 조금 더 예리한 판정법이 필요하다. 대부분의 수렴 판정법은 등비급수와 비교하는 방법이다. 정확한 비교로 충분한 정보를 얻을 수 있다.

만약 $|a_1| < \frac{1}{2}$, $|a_2| < \frac{1}{4}$, $\cdots$이면 $a_1 + a_2 + \cdots$ 는 $\frac{1}{2} + \frac{1}{4} + \cdots$보다 빠르게 수렴한다.

더 일반적으로 말하면 $a_1 + a_2 + a_3 + \cdots$의 항은 $ax + ax^2 + ax^3 + \cdots$보다 작을 것이고, $x < 1$이라 할 때 두 번째 급수는 수렴한다. 그리고 이 경우 $\sum a_n$ 역시 수렴한다. 우리는 이제 **비교에 의한 수렴**과 **비교에 의한 발산**을 살펴볼 것이다.

비교 판정법과 적분 판정법

문제를 다룰 때 부분합 $s_n = a_1 + a_2 + \cdots + a_n$을 직접 계산하는 경우는 드물다. 보통 간단한 공식을 찾을 수 없으며 정확한 극한 s를 영원히 모를 수도 있다. 하지만 이미 수렴한다고 알려져 있는 다른 급수와 비교함으로써 수렴하는지(합이 존재하는지)를 알 수 있다.

2 **비교 판정법** $0 \leq a_n \leq b_n$이고 $\sum b_n$이 수렴하면 $\sum a_n$도 수렴한다.

더 작은 항 a_n은 더 작은 합을 만든다. 따라서 $\sum a_n$은 $\sum b_n$보다 작고, 수렴해야만 한다. 한편 $a_n \geq c_n$이고 $\sum c_n = \infty$라고 하자. 그러면 $\sum a_n = \infty$가 될 수밖에 없다. **만약 급수가 발산하는 다른 급수보다 크다면 그 급수는 발산한다.**

모든 항이 양수인 급수는 '무한대'로만 발산함을 기억하라. 이는 진동할 수 없다. 왜냐하면 각 항은 양의 방향으로만 더해지기 때문이다. s_n은 s 아래에 있는 수를 다 넘어 s를 향해 올라오거나 모든 수를 넘어 발산하거나 둘 중 하나일 것이다. 만약 증가하는 수열 s_n이 위로 유계라면 수렴해야 한다. 실수축은 완벽하므로 구멍이 있을 수 없기 때문이다.

예제 2 조화급수 $1+\frac{1}{2}+\frac{1}{3}+\frac{1}{4}+\cdots$은 무한대로 발산한다.

위 조화급수와 비교할 급수는 $1+\frac{1}{2}+\frac{1}{4}+\frac{1}{4}+\frac{1}{8}+\frac{1}{8}+\frac{1}{8}+\frac{1}{8}+\cdots$이다. 이 급수보다 조화급수가 더 크다. 하지만 비교하는 급수는 사실 $1+\frac{1}{2}+\frac{1}{2}+\frac{1}{2}+\cdots$과 같다. 왜냐하면 $\frac{1}{2}=\frac{2}{4}=\frac{4}{8}$이기 때문이다.

비교한 급수는 발산한다. 그렇다면 이보다 큰 조화급수 또한 발산해야만 한다.

비교 판정법을 적용하기 위해서 우리는 비교할 무엇인가가 필요하다. [예제 2]에서 우리는 다른 급수를 생각하였다. 이는 $\frac{1}{2}$을 사용한 덕분에 편리하게 계산할 수 있었다. 하지만 다른 급수라면 비교 역시 달라야 한다. 이는 어디서 찾아낼까? 비교 판정법의 아이디어가 자동으로 떠오르는 방법이 있다. 이는 **적분 판정법**에서 시작된다.

이번에는 위에서 다룬 예에 적분 판정법을 써보자. **적분 판정법을 이해하기 위해 [그림 10-2] 그래프의 넓이를 보자.** 이 판정법은 직사각형과 곡선의 넓이를 비교한다.

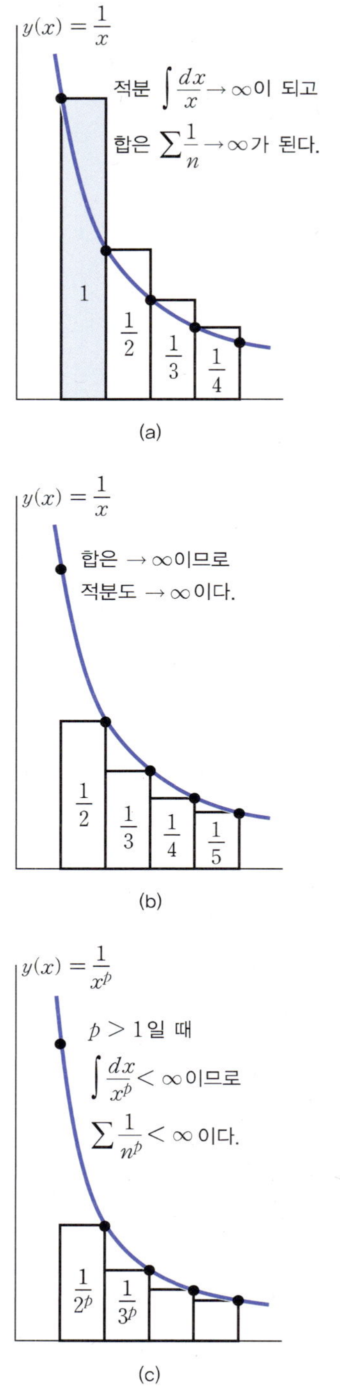

[그림 10-2] 적분 판정법 : 합과 적분은 $p=1$일 때 모두 발산하고, $p>1$일 때 모두 수렴한다.

예제 2 **(다시) $1+\frac{1}{2}+\frac{1}{3}+\cdots$과 곡선 $y=1/x$ 아래의 넓이를 비교하라.** 모든 항 $a_n=1/n$은 직사각형의 넓이이다. 이를 곡선 아래의 넓이 c_n과 비교하면, 두 넓이 모두 $x=n$과 $x=n+1$ 사이에 있고, **사각형은 곡선보다 위에 있다.** 따라서 $a_n > c_n$이다.

$$\text{직사각형의 넓이 } a_n=\frac{1}{n}\text{은 곡선 아래의 넓이 } c_n=\int_n^{n+1}\frac{dx}{x}\text{를 초과한다.}$$

c_n은 복잡해 보이지만 우리는 이들을 더할 수 있다. 합 $c_1+\cdots+c_n$은 1부터 $n+1$까지 전체의 넓이이다. 이때 우리는 $1/x$의 적분이 $\ln(n+1)$과 같음을 확인했다. 또한 로그가 무한대로 간다는 사실도 안다. 직사각형의 넓이 $1+1/2+\cdots+1/n$은 곡선 아래의 도형을 완전히 덮고 있다. 넓이 비교를 통해 조화급수는 ($\ln(n+1)$보다 빠르게) 무한대로 간다는 것을 알 수 있다.

$1/x$의 적분은 $\frac{1}{2}$이 나오는 급수와는 또 다른 이점이 있다. 첫째로 적분 판정법은 자동적이다. $1/n$의 급수에서 우리는 $1/x$의 적분을 이끌어냈다. 두 번째, 비교가 조금 더 수월하다. 항의 개수가 두 배가 됐을 때 $\frac{1}{2}$을 더하는 대신 진짜 부분합은 $\ln n$과 비슷하게 증가한다. 이를 증명하기 위해 직사각형을 곡선 **아래**에 넣자.

곡선 아래의 직사각형은 적분보다 작은 넓이를 준다. [그림 10-2(b)]는 곡선 아래에 들어가기 위해 첫 번째 직사각형을 생략했다. 그러면 우리는 첫 번째 비교와 반대의 결과를 얻는다. 이제 합은 다음과 같이 적분값보다 작다.

$$\frac{1}{2}+\frac{1}{3}+\cdots+\frac{1}{n}<\int_1^n \frac{dx}{x}=\ln n$$

양변에 1을 더함으로써 s_n은 $1+\ln n$보다 작아진다. 이전 판정법으로부터 s_n은 $\ln(n+1)$보다 크다. 이는 아주 좁은 범위이고 우리는 s_n에 대한 좋은 근삿값을 얻는다. $1/n$의 합과 $1/x$의 적분은 같이 발산한다. [연습문제 10.2.43]은 s_n과 $\ln n$이 $\gamma=0.577\cdots$인 '오일러 상수'로 접근할 때의 차이점을 알려줄 것이다.

NOTE_ 직사각형 넓이는 s_n이다. 곡선의 넓이와 비슷하다. 우리는 수열의 합에 대해 알기 위해 적분을 사용하고 있다(반대로 사용하기도 한다).

Q_ 만약 컴퓨터가 매초 백만 개의 항을 백만 년 동안 더한다면, 조화급수의 부분합은 얼마나 커질까?

A_ 항의 개수는 $n=60^2\cdot 24\cdot 365\cdot 10^{12}<3.2\cdot 10^{19}$이다. 따라서 $\ln n$은 $\ln 3.2+19\ln 10<45$보다 작다. 적분 판정법을 통해 $s_n<1+\ln n$이고, 백만 년 후의 부분합은 아직 46보다 크지 않은 셈이다.

다른 급수에서는 $1/x$ 대신 다른 함수 $y(x)$를 사용한다. $x=n$일 때 이 함수는 a_n과 그 값이 같아야 한다. 또한 $y(x)$는 감소함수이어야 한다. 그러면 높이 a_n의 직사각형은 $x=n$ 오른쪽의 그래프보다 위에 있게 되고, $x=n$ 왼쪽의 그래프보다는 아래에 있게 된다. **급수와 적분은 다음과 같이 부등호로 표현할 수 있다. 왼쪽 합 ≥ 적분값 ≥ 오른쪽 합**. 이렇게 되는 이유는 $a_n=1/n$이고 $y(x)=1/x$일 때와 같은데, 바로 곡선 아래의 넓이가 유한할 때에는 곡선 위 직사각형들의 넓이도 유한하기 때문이다.

a를 더할 수 없을 때에는 다음과 같이 $y(x)$를 적분해서 비교한다.

3 **적분 판정법** $y(x)$가 감소함수이고 수열 a_n에 대해 $y(n)$이 a_n이라면
$a_1+a_2+a_3+\cdots$과 $\int_1^\infty y(x)dx$는 둘 다 수렴하거나 둘 다 발산한다.

예제 3 ‘p-급수’ $\frac{1}{2^p}+\frac{1}{3^p}+\frac{1}{4^p}+\cdots$은 $p>1$일 때 수렴한다. $y=\frac{1}{x^p}$을 적분하자.

$$\frac{1}{n^p}<\int_{n-1}^{n}\frac{dx}{x^p} \text{이고 더하면 } \sum_{n=2}^{\infty}\frac{1}{n^p}<\int_{1}^{\infty}\frac{dx}{x^p} \text{이다.}$$

[그림 10-2(c)]에서 $p>1$일 때 넓이는 유한하다. 적분값은 $[x^{1-p}/(1-p)]_1^{\infty}$, 즉 $1/(p-1)$이다. **넓이가 유한하면 급수는 수렴한다.** 만약 $1/1^p$이 첫 번째 항이면 1을 곡선의 넓이에 더해라.

$$\frac{1}{1^p}+\frac{1}{2^p}+\frac{1}{3^p}+\cdots<1+\frac{1}{p-1}=\frac{p}{p-1}$$

경계인 $p=1$은 조화급수(발산한다)이다. 비교 판정법에 의해 $p<1$일 때는 조화급수가 발산함을 안다. 따라서 $\sum 1/\sqrt{n}$도 $\int dx/\sqrt{x}$와의 비교를 통해 발산함을 알 수 있다(물론 $\sum 1/n$과 비교할 수 있다). 7.5절의 이상적분은 지금 이 절의 ‘특이 합’(무한급수)과 대응된다.

$p=2$이나 $p=3$인 특수한 경우를 보자. $1+\frac{1}{4}+\frac{1}{9}+\cdots$은 수렴한다. 오일러는 그 합이 $\pi^2/6$임을 발견했다. 급수 $1+\frac{1}{8}+\frac{1}{27}+\cdots$ 역시 수렴한다. 이는 $\sum 1/n^3$을 $\sum 1/n^2$과 비교하거나 $\int dx/x^3$과 비교하면 알 수 있다. 하지만 $p=3$일 때 수열의 합은 아직 알려진 바가 없다.

NOTE _ p-수열의 합은 순수수학에서 제일 중요한 문제 중 하나다. ‘제타함수’는 $Z(p)=\sum 1/n^p$이다. 따라서 $Z(2)=\pi^2/6$이고 $Z(3)$의 값은 알려지지 않았다. 리만은 $Z(p)=0$인 복소수 p(무한히 많다)에 대해 공부하였다. 그는 이러한 p의 실수부가 항상 $\frac{1}{2}$라고 짐작하였다. 이는 첫 10억 개의 해들에 대해서는 검증되었지만, 해가 맞는지는 증명되지 않았다.

등비급수와의 비교

우리는 새로운 급수 $a_1+a_2+\cdots$를 $1+x+\cdots$와 비교할 수 있다. 처음 백만 개의 항은 수렴과 전혀 관련이 없다는 것을 기억해라. 이보다 더 멀리, 즉 $n\to\infty$일 때 비교가 의미가 있다. 여전히 $a_n>0$이라고 가정하자.

4 **비율 판정법** $\lim\frac{a_{n+1}}{a_n}=L$이 $L<1$로 수렴하면 급수도 수렴한다.

5 **거듭제곱근 판정법** n제곱근인 $(a_n)^{1/n}$이 $L<1$로 접근하면 급수도 수렴한다.

간단히 말하자면, 이 판정법은 a_n을 L^n과 비교하는 것이다. 따라서 $L < 1$이면 수렴한다. 이 판정법들은 또한 $L > 1$일 때 발산한다. 하지만 $L = 1$일 때는 아무것도 알 수 없다. 그리고 불행하게도 $L = 1$일 때가 가장 중요하고 어려운 경우이다.

한편, 이제 비율판정법이 더 쉽다는 것을 알게 될 것이다

예제 4 등비급수 $x + x^2 + \cdots$의 비율은 정확히 x이다. n제곱근 역시 x이다. 따라서 $L = x$이다. 이 급수는 $x < 1$일 때 수렴하고(잘 알려져 있다) $x > 1$일 때 발산한다(역시 잘 알려져 있다). $1 + 1 + \cdots$에서는 $L = 1$이므로 발산 여부를 비율 판정법이나 거듭제곱근 판정법으로 판단하기가 어렵다.

예제 5 p-급수는 $a_n = 1/n^p$이고 $a_{n+1}/a_n = n^p/(n+1)^p$이다. 모든 p에 대해 $n \to \infty$일 때의 극한은 $L = 1$이다. 따라서 비율 판정법은 $p = 2$(수렴할 때)와 $p = 1$(발산할 때), 더 나아가서 $p = -1$(완전히 발산할 때)와의 차이점을 말해주지 않는다. 거듭제곱근 판정법 역시 마찬가지이다. 따라서 적분 판정법이 조금 더 자세히 구분할 수 있다고 할 수 있다.

예제 6 이제는 p-급수와 등비급수의 조합으로 이루어진 급수의 수렴도 판정할 수 있다. $\frac{x}{1^p} + \frac{x^2}{2^p} + \cdots + \frac{x^n}{n^p} + \cdots$에 대해 비 $\frac{a_{n+1}}{a_n} = \frac{x^{n+1}}{(n+1)^p} \frac{n^p}{x^n}$은 $L = x$로 수렴한다.

p의 값이 아닌 $|x| < 1$이란 사실이 수렴을 결정한다. 거듭제곱 x^n은 어떤 n^p보다도 영향력이 세다. 이제는 팩토리얼 $n!$이 어떤 x^n보다도 영향력이 세다는 것을 살펴볼 것이다.

예제 7 지수함수의 급수 $e^x = 1 + x + \frac{1}{2}x^2 + \frac{1}{6}x^3 + \cdots$은 모든 x에 대해 수렴한다.

이 급수의 각 항은 $x^n/n!$이다. 이웃한 항과 분수꼴로 표현한 비율은

$$\frac{x^{n+1}/(n+1)!}{x^n/n!} = \frac{x}{n+1} \text{이며 } n \to \infty \text{일 때 } L = 0\text{으로 수렴한다.}$$

$x = 1$일 때 비율 판정법은 $\sum 1/n!$의 수렴을 알려주고, 그 합은 e이다. $x = 4$일 때 더 큰 급수 $\sum 4^n/n!$ 역시 수렴한다. 우리는 이 값 역시 안다. 바로 e^4이다. 또한 $x^n n^p/n!$의 합은 임의의 x와 p에 대해 수렴한다. 여전히 비율 판정법으로는 $L = 0$은 발산할 여지조차 없다. 팩토리얼이 가장 많은 영향을 끼치고, 이는 급수를 수렴하게 한다.

이제 비율이 극한 $L < 1$로 수렴할 때 급수가 수렴한다는 것을 증명하고자 한다. x를

L과 1 사이의 수로 선택하자. 그러면 $x < 1$이다. 결국 비율은 x보다 작아지게 되고, n이 더 커져도 여전히 작다.

$$a_{N+1}/a_N < x \qquad a_{N+2}/a_{N+1} < x \qquad a_{N+3}/a_{N+2} < x \qquad \cdots$$

첫 두 부등식을 곱하고 세 부등식을 모두 곱하면 다음과 같다.

$$a_{N+1}/a_N < x \qquad a_{N+2}/a_N < x^2 \qquad a_{N+3}/a_N < x^3 \qquad \cdots$$

따라서 $a_{N+1} + a_{N+2} + a_{N+3} + \cdots$은 $a_N(x + x^2 + x^3 + \cdots)$보다 작다. $x < 1$보다 작기 때문에 등비급수와의 비교를 통해 수렴함을 알 수 있다.

예제 8 급수 $\sum 1/n^n$은 거듭제곱근 판정법을 사용하기에 아주 이상적이다. n제곱근은 $1/n$이며 이 극한은 $L = 0$이고, $e = \sum 1/n!$보다도 수렴이 빠르다. 거듭제곱근 판정법을 이용하면 이는 아주 쉽게 설명이 된다. $(a_n)^{1/n} < x$는 $a_n < x^n$을 야기하고 x는 $L < 1$과 가깝다. 따라서 이를 등비급수와 비교할 수 있다.

양항 급수 positive series 에 대한 정리

등비급수와 p-급수, 지수 급수에 대한 수렴성은 정리되었다. 이제 이 a_n들을 가장 빨리 발산하는 것부터 가장 빨리 수렴하는 것까지, 한 줄에 정리할 것이다.

다음과 같이 발산과 수렴의 경계는 $1/n$이다.

$1 + 1 + \cdots$	$(p < 1)\dfrac{1}{n^p}\ \dfrac{1}{n}\ \dfrac{1}{n^p}(p > 1)$	$\dfrac{n}{2^n}\ \dfrac{1}{2^n}\ \dfrac{4^n}{n!}\ \dfrac{1}{n!}\ \dfrac{1}{n^n}$
1	2와 3	4와 5
$(a_n \not\to 0)$	(비교와 적분)	(비율과 거듭제곱근)

이 경계들이 보이는 것만큼 명확하지는 않다. 수렴하는 쪽에서 $1/n(\ln n)^2$은 모든 p 급수와 $\dfrac{1}{n}$ 사이에 있다. 한편 발산하는 쪽에서 $1/n(\ln n)$과 $1/n(\ln n)(\ln \ln n)$은 $1/n$ 이후에 위치해야 한다. 임의의 발산하는(혹은 수렴하는) 급수에 대해 항상 더 느리게 발산(혹은 수렴) 하는 급수가 존재한다.

따라서 모든 목적에 맞는 궁극의 비교 판정법이 존재하지는 않는다. 하지만 비교 판정법이 지금까지 소개한 판정법 중에 최고의 방법이다. 위에 있는 모든 급수는 이웃한 급수들과 비교 가능하다. 그리고 다른 급수들은 이들 사이에 들어갈 수 있다. 이는 예제를 통해 쉽게 이해할 수 있다.

예제 9 $\sum \frac{1}{n}$이 발산하므로 $\sum \frac{1}{\ln n}$은 발산한다. $\ln n < n$이라는 사실로부터 비교 판정법을 적용하였다.

예제 10 $\sum \frac{1}{n(\ln n)^2} \approx \int \frac{dx}{x(\ln x)^2} < \infty \qquad \sum \frac{1}{n(\ln n)} \approx \int \frac{dx}{x(\ln x)} = \infty$

부정적분은 $-1/\ln x$과 $\ln(\ln x)$이다. 첫 번째 부정적분은 $x \to \infty$일 때 0으로 가고 적분과 급수 모두 수렴한다. 두 번째 적분 $\ln(\ln x)$는 무한대로 간다(매우 느리지만 결국 무한대로 발산한다). 따라서 두 번째 급수는 발산한다. 이 예제들은 우리가 아는 수렴하는 급수들 사이에 위치하고 $\frac{1}{n}$에 더 가깝다.

예제 11 $\frac{1}{n^2+1} < \frac{1}{n^2}$이므로 $\frac{1}{2}+\frac{1}{5}+\frac{1}{10}+\cdots < \frac{1}{1}+\frac{1}{4}+\frac{1}{9}+\cdots$ (수렴)

분모의 상수 1은 아무 효과가 없다. 이는 다음 예제에서도 확인할 수 있다.

예제 12 $\frac{1}{2n-1} > \frac{1}{2n}$이고 따라서 $\frac{1}{1}+\frac{1}{3}+\frac{1}{5}+\cdots > \frac{1}{2}+\frac{1}{4}+\frac{1}{6}+\cdots$이다.

$\sum 1/2n$은 $1/2$과 $\sum 1/n$의 곱이고, 따라서 두 급수는 모두 발산한다. **두 급수는 비율 a_n/b_n이 극한 $L>0$으로 수렴할 때 두 급수의 수렴, 발산이 같아진다.**

[예제 11]과 [예제 12]에서 $n^2/(n^2+1) \to 1$이고, $2n/(2n-1) \to 1$이다. 이를 통해 우리의 마지막 판정법을 알 수 있다.

> 6 **극한 비교 판정법** a_n/b_n이 양수인 극한 L로 수렴한다면 $\sum a_n$과 $\sum b_n$은 동시에 수렴하거나 발산한다.

이는 n이 충분히 클 때 a_n은 $2Lb_n$보다 작고 $\frac{1}{2}Lb_n$보다 크기 때문이다. 따라서 두 급수는 동시에 수렴하거나 발산한다. 예를 들어 $\sum \sin(7/n^p)$은 $p>1$일 때 수렴하고 $p \le 1$일 때 발산한다. 이는 $\sum 1/n^p$처럼 행동한다(여기서 $L=7$이다). 급수의 뒷부분(충분히 큰 n들)이 수렴 여부를 결정한다. 앞부분(작은 n들)은 수렴값의 대부분을 결정한다.

비교를 통해 많은 급수의 수렴 여부를 확인할 수 있다.

10.2 문장제 문제

01 $a_1+a_2+\cdots$의 수렴은 부분합 $s_n=$ ___a___ (으)로 결정할 수 있다. 만약 s_n이 s로 수렴한다면 $\sum a_n=$ ___b___ 이다. ___c___ 급수 $1+x+\cdots$에 대한 부분합은 $s_n=$ ___d___ 이다. 이 경우 ___e___ 인 경우에만 $s_n \to 1/(1-x)$로 수렴한다. 모든 경우에 $s_n \to s$로 수렴하기 위해서 $a_n \to$ ___f___ (으)로 수렴해야 한다. 하지만 조화급수 $a_n=1/n$은 $a_n \to$ ___g___ 이지만 급수는 ___h___ 할 수 있음을 보여준다.

02 비교 판정법은 $0 \le a_n \le b_n$이면 ___i___ 임을 말해준다. 감소하는 함수 $y(x)$가 $x=n$일 때 a_n과 함수값이 같은 경우, 우리는 ___j___ 판정법을 적용할 수 있다. 합 $\sum a_n$은 ___k___ 인 경우에만 수렴한다. 이 판정법을 통해 p-급수 $\sum 1/n^p$은 p가 ___l___ 인 경우에만 수렴함을 알 수 있다. 조화급수$(p=1)$의 $s_n=1+\cdots+\frac{1}{n}$은 적분 $f(n)=$ ___m___ 와(과) 비슷하다.

03 ___n___ 판정법은 $a_{n+1}/a_n \to L$일 때 적용한다. 만약 ___o___ 이면 수렴하고, ___p___ 이면 발산하고, ___q___ 이면 판단할 수 없다. 이는 $(a_n)^{1/n} \to L$일 때 ___r___ 판정법과 똑같다. 등비급수와 p-급수의 조합 $a_n=x^n/n^p$에 대해 비율 a_{n+1}/a_n은 ___s___ 와(과) 같다. 이의 극한은 $L=$ ___t___ 이고 따라서 ___u___ 이면 수렴한다. 지수 급수 $e^x=\sum x^n/n!$에서 비율 a_{n+1}/a_n의 극한은 $L=$ ___v___ 이다. 이 급수는 $n!$이 x^n이나 n^p보다 훨씬 빠르게 증가하기 때문에 항상 ___w___ 한다.

04 ___x___ 와(과) ___y___ 을(를) 구분하는 명확한 선은 없다. 하지만 $\sum b_n$이 수렴하고 $a_n/b_n \to L$이면 ___z___ 판정법을 통해 $\sum a_n$ 역시 수렴한다.

10.2 연습문제

01 이제 $1+\frac{1}{2}+\frac{1}{3}+\cdots=s$가 유한한 값을 가지지 않음을 증명하고자 한다. 식을 2로 나누면 $\frac{1}{2}+\frac{1}{4}+\frac{1}{6}+\cdots=\frac{1}{2}s$이다. 위 식에서 이를 빼면 $1+\frac{1}{3}+\frac{1}{5}+\cdots=\frac{1}{2}s$이다. _____이기 때문에 마지막 두 급수는 둘 다 $\frac{1}{2}s$일 수 없다.

02 모든 소수 $s=0.abc\cdots$는 $a/10+b/100+$_____$+\cdots$인 수렴하는 급수이다. 비교 판정법을 통해 이 급수가 수렴함을 증명하여라.

03 부분합 s_n을 통해 a_n을 찾고, $s=\sum_1^\infty a_n$도 찾아라.

(a) $s_n=1-\frac{1}{n}$ (b) $s_n=4n$ (c) $s_n=\ln\frac{2n}{n+1}$

04 부분합 $s_n=a_1+a_2+\cdots+a_n$을 찾아라.

(a) $a_n=1/3^{n-1}$ (b) $a_n=\ln\frac{n}{n+1}$ (c) $a_n=n$

05 $0<a_n<b_n$이고 $\sum a_n$이 수렴한다고 하자. $\sum b_n$에 대해 무엇을 추론할 수 있을까? 예를 들어 설명하라.

06 (a) $b_n+c_n<a_n$(모두 양수)라고 하고 $\sum a_n$이 수렴한다고 하자. $\sum b_n$과 $\sum c_n$에 대해 무엇을 말할 수 있을까?

(b) $a_n<b_n+c_n$(모두 양수)라고 하고 $\sum a_n$이 발산한다고 하자. $\sum b_n$과 $\sum c_n$에 대해 무엇을 말할 수 있을까?

07~10 수렴 여부를 판정하고 그 이유도 말하라.

07 $\frac{1}{100}+\frac{1}{200}+\frac{1}{300}+\cdots$

08 $\frac{1}{100}+\frac{1}{105}+\frac{1}{110}+\cdots$

09 $\frac{1}{101}+\frac{1}{104}+\frac{1}{109}+\cdots$

10 $\frac{1}{101}+\frac{2}{108}+\frac{3}{127}+\cdots$

11~20 비교 판정법을 통해 수렴 여부를 판정하라.

11 $\sum\frac{1}{n^2+10}$

12 $\sum\frac{1}{\sqrt{n^2+10}}$

13 $\sum\frac{1}{n+\sqrt{n}}$

14 $\sum\frac{\sqrt{n}}{n^2+4}$

15 $\sum\frac{n^3}{n^2+n^4}$

16 $\sum\frac{1}{n^2}\cos\left(\frac{1}{n}\right)$

17 $\sum \frac{1}{2^n-1}$　　18 $\sum \sin^2\left(\frac{1}{n}\right)$

19 $\sum \frac{1}{3^n-2^n}$　　20 $\sum \frac{1}{e^n-n^e}$

21~28 비율 판정법이나 거듭제곱근 판정법을 통해 극한 L을 구하라.

21 $\sum \frac{3^n}{n!}$　　22 $\sum \frac{1}{n^2}$

23 $\sum \frac{n^2 2^n}{n!}$　　24 $\sum \left(\frac{n-1}{n}\right)^n$

25 $\sum \frac{n}{2^n}$　　26 $\sum \frac{n!}{e^{n^2}}$

27 $\sum \left(\frac{n-1}{n}\right)^{n^2}$　　28 $\sum \frac{n!}{n^n}$

29 $\left(\frac{1}{1}-\frac{1}{2}\right)+\left(\frac{1}{2}-\frac{1}{3}\right)+\left(\frac{1}{3}-\frac{1}{4}\right)$은 $\frac{1}{2}$과 $\frac{1}{3}$이 $-\frac{1}{2}$와 $-\frac{1}{3}$를 소거하는, 다시 말해 a_n의 항이 a_{n-1}항의 일부를 소거하는 '망원급수telescoping series'이다. 이 망원급수의 무한합인 $s=\sum_1^\infty\left(\frac{1}{n}-\frac{1}{n+1}\right)=\sum_1^\infty\left(\frac{1}{n(n+1)}\right)$을 구하여라.

30 '망원급수'의 합 s을 구하라.

(a) $\left(\frac{1}{1}-\frac{1}{3}\right)+\left(\frac{1}{2}-\frac{1}{4}\right)+\left(\frac{1}{3}-\frac{1}{5}\right)+\cdots$

(b) $\ln\frac{1}{2}+\ln\frac{2}{3}+\ln\frac{3}{4}+\cdots$

31 적분 판정법에서 $\int_1^n y(x)dx$보다 큰 합은 무엇이고 작은 합은 무엇인가? 그림을 그려 설명하라.

32 합을 적분이랑 비교할 때 다음보다 크고 작은 수들을 구하라.

$$s_n=1+\frac{1}{3}+\cdots+\frac{1}{2n-1}\text{과 } s_n=1+\frac{1}{8}+\cdots+\frac{1}{n^3}$$

33 어떤 적분 판정법이 $\sum_1^\infty 1/e^n$이 수렴함을 알려주는가? 수열의 합은 얼마인가?

34 어떤 적분 판정법이 $\sum_1^\infty n/e^n$이 수렴함을 알려주는가? 수열의 합은 얼마인가?

35~42 $\int y(x)dx$를 기반으로 수렴 여부를 판단하라.

35 $\sum \frac{1}{n^2+1}$　　36 $\sum \frac{1}{3n+5}$

37 $\sum \frac{n}{n^2+1}$　　38 $\sum \frac{\ln n}{n}$ $\left(\frac{\ln x}{x}\text{는 감소하는가?}\right)$

39 $\sum n^e/n^\pi$　　40 $\sum_2^\infty \frac{1}{n(\ln n)(\ln\ln n)}$

41 $\sum e^n/\pi^n$　　42 $\sum n/e^{n^2}$

43 (a) $D_n=\left(1+\frac{1}{2}+\cdots+\frac{1}{n}\right)-\ln n$이 양수인 이유를 [그림 10-2]의 직사각형들을 이용하여 설명하라.

(b) D_{n+1}이 D_n보다 작음을 아래를 증명함으로써 보여라.

$$\frac{1}{n+1}<\int_n^{n+1}\frac{dx}{x}$$

(c) **(계산기)** 감소하는 D_n은 극한에 수렴하여야 한다. D_n이 0.6보다 작아질 때까지, 그리고 0.58보다(어떤 n에 대해 그렇게 되는가?) 작아질 때까지 계산하라(D_n의 극한은 오일러 상수 $\gamma=0.577\cdots$이다).

44 조화급수에서 $s_n\approx 0.577+\ln n$임을 이용하여 $s_n=1+\frac{1}{2}+\cdots+\frac{1}{n}$이 $s_n>7$의 결과를 얻기 위해 600개보다 더 많은 항이 필요함을 보여라. $s_n>10$이기 위해서는 얼마나 많은 항이 필요한가?

45 (a) 양변에 $2\left(\frac{1}{2}+\frac{1}{4}+\cdots+\frac{1}{2n}\right)$을 더함으로써 다음 식이 성립함을 보여라.

$$1-\frac{1}{2}+\frac{1}{3}-\frac{1}{4}+\cdots-\frac{1}{2n}=\frac{1}{n+1}+\cdots+\frac{1}{2n}$$

(b) 우변이 $\ln 2n-\ln n$과 가까운 이유는 무엇인가? $1-\frac{1}{2}+\frac{1}{3}-\frac{1}{4}+\cdots$이 $\ln 2$로 수렴함을 추론하라.

46 매초 컴퓨터가 $\sum 1/(n\ln n)$의 백만 개의 항을 더한다고 하자. $\int dx/(x\ln x)$와의 비교를 통해 백만 년 뒤의 부분합을 계산하라(본문 참고).

47 $\sum_{100}^{1000}\frac{1}{n^2}$의 값을 적분을 통해 추정하라.

48 $\sum a_n$이 수렴할 때($a_n>0$) $\sum a_n^2$도 수렴함을 보여라.

49 $\sum a_n$이 수렴할 때($a_n>0$) $\sum \sin a_n$도 수렴함을 보여라. $\sum a_n$이 발산할 때 $\sum \sin a_n$이 수렴할 수 있는가?

50 n번째 소수 p_n이 $p_n/n\ln n \to 1$을 만족할 때 다음이 발산함을 보여라.

$$\sum \frac{1}{p_n} = \frac{1}{2} + \frac{1}{3} + \frac{1}{5} + \frac{1}{7} + \frac{1}{11} + \cdots$$

51~54 $\sum b_n$보다 빠르게 수렴하지만, $\sum c_n$보다 느리게 수렴하는 급수 $\sum a_n$을 만들어라($a_n/b_n \to 0$이고 $a_n/c_n \to \infty$임을 의미한다).

51 $b_n = 1/n^2,\ c_n = 1/n^3$

52 $b_n = n\left(\frac{1}{2}\right)^n,\ c_n = \left(\frac{1}{2}\right)^n$

53 $b_n = 1/n!,\ c_n = 1/n^n$

54 $b_n = 1/n^e, c_n = 1/e^n$

문제 53에서는 스털링의 공식 $\sqrt{2\pi n}\, n^n/e^n n! \to 1$을 사용하라.

55 급수 $\frac{1}{2} + \frac{1}{2} + \frac{1}{4} + \frac{1}{4} + \frac{1}{8} + \frac{1}{8} + \cdots$을 비율판정법으로 판정할 수 없음을 보여라. 거듭제곱근 $(a_n)^{1/n}$은 극한 L로 수렴한다. L을 짝수 항 $a_{2k} = 1/2^k$로부터 찾아라. 이 급수는 수렴하는가?

56 **(심화)** 만약 비율 a_{n+1}/a_n이 양수인 극한 L로 수렴할 때 $(a_n)^{1/n}$ 역시 L로 수렴함을 증명하라.

57~66 수렴 여부를 판정하고, 어떤 판정법을 썼는지 말하라.

57 $\sum \frac{1}{(\ln n)^n}$

58 $\sum \frac{1}{n^{\ln n}}$

59 $\sum \frac{1}{10^n}$

60 $\sum \frac{1}{\ln(10^n)}$

61 $\sum \ln \frac{n+2}{n+1}$

62 $\sum n^{-1/n}$

63 $\sum \frac{1}{(\ln n)^p}$ (모든 p에 대해 확인하라)

64 $\sum \frac{\ln n}{n^p}$ (모든 p에 대해 확인하라)

65 $\sum \frac{3^n}{4^n - 2^n}$

66 $\sum \frac{n^p}{(n!)^q}$ (모든 p,q에 대해 확인하라)

67 극한 비교 판정법에서 $a_n/b_n \to 0$이라고 하자. $\sum b_n$이 수렴할 때 $\sum a_n$이 수렴함을 증명하라.

68 여러분은 여러분 자신과 교수님, 또는 조교님이 수렴여부를 판정할 수 없는 급수를 만들어 낼 수 있는가?

10.3 수렴 판정법 : 모든 급수

이 절에서 드디어 우리는 a_n이 음수인 경우도 다룬다. $1 - \frac{1}{2} + \frac{1}{4} - \frac{1}{8} + \cdots = \frac{1}{3}$과 같은 등비급수나 급수 $\pi = 4 - \frac{4}{3} + \frac{4}{5} - \frac{4}{7} + \cdots$와 같은 것도 가능하다. 만약 우리가 모든 부호를 $+$로 바꾸어도 위의 등비급수는 여전히 수렴할 것이다(더 큰 값인 2로 수렴한다). 첫 번째 판정법은 **절댓값** $|a_n|$을 모든 항에 취하여 급수를 모든 항이 양수인 급수로 바꾸는 것이다.

> **정의** 급수 $\sum |a_n|$이 수렴할 때 $\sum a_n$은 **절대수렴**absolutely convergent한다고 한다.

음수 a_n을 양수 $|a_n|$으로 바꾸면 합이 증가한다. 더 작은 급수 $\sum a_n$은 $\sum |a_n|$이 수렴한다면 수렴할 것이다.

7 $\sum|a_n|$이 수렴한다면 $\sum a_n$도 수렴할 것이다(절대수렴). 하지만 π에 대한 급수처럼 $\sum|a_n|$이 무한대로 발산해도 $\sum a_n$이 수렴할 수 있다.

예제 1 양항 수열 $\frac{1}{2}+\frac{1}{4}+\frac{1}{8}+\cdots$로 시작하자. 아무 부호나 음수로 바꾸어보자. 새 급수는 (절대적으로) 수렴할 것이다. 부호를 적절하게 선택하기만 하면 이 급수를 -1과 1 사이의 임의의 수로 수렴시킬 수 있다.

예제 2 $\ln 2$로 수렴하는 교대급수 $1-\frac{1}{2}+\frac{1}{3}-\frac{1}{4}+\cdots$로 시작하자. 양수 부호로 바꾼 새 급수 $1+\frac{1}{2}+\frac{1}{3}+\cdots$은 무한대로 발산한다. 반면 원래의 교대급수는 절대수렴하지 않는다. 이를 '**조건수렴**[conditionally convergent]'한다고 한다. $\sum|a_n|=\infty$ 일지라도 적당한 부호를 선택하면 급수를 (조건적으로) 수렴하도록 만들 수 있다.

만약 $\sum|a_n|$이 수렴하면 $\sum a_n$도 수렴한다. 이를 간단히 증명하고자 한다. $a_n+|a_n|$은 $2|a_n|$이거나 (a_n이 음수라면) 0이다. 수렴하는 급수 $\sum 2|a_n|$과의 비교를 통해 $\sum(a_n+|a_n|)$은 수렴한다. 이제 수렴하는 급수 $\sum|a_n|$을 빼보자. 그 결과인 $\sum a_n$ 역시 수렴해야 한다. 이로써 증명이 끝났다. 이 경우 $|a_n|$으로 바꾸므로, 절대수렴을 판정할 때 모든 항이 양수인 수열에 대한 판정법(적분, 비율, 비교, $\cdots$)을 사용할 수 있다.

예제 3 $\frac{1}{2}$로 수렴하는 등비급수 $\frac{1}{3}+\frac{1}{9}+\frac{1}{27}+\cdots$로 시작하자. **급수의 부호 중 아무거나 선택하여 마이너스로 바꾸어보자.** 그러면 새 급수는 수렴해야한다(절대수렴). 하지만 부호를 바꿔도 $-\frac{1}{2}$과 $\frac{1}{2}$ 사이의 임의의 값을 얻을 순 없다. 이 경우 합은 유명한 (그리고 아주 얇은) 3.7절의 칸토어 집합에 속한다.

예제 4 **(미리보기)** $\sum a_nx^n$이 특정한 x에 대해 수렴한다고 하자. 그러면 0에 가까운 x에 대해 이는 절대수렴한다. 이는 이 이론에서 가장 중요한 부분인 거듭제곱급수를 다루는 10.5절에서 증명하고 사용할 것이다.

예제 5 $\sum 1/n^2$이 수렴하므로 $\sum(\cos n)/n^2$ 역시 수렴한다. 두 번째 급수의 부호는 불규칙적이지만 이는 첫 번째 급수와의 비교 판정법에 따라 절대수렴한다($|\cos n|<1$이므로). 탄젠트 함수는 코사인 함수처럼 유계이지 않으므로, $\sum(\tan n)/n^2$은 수렴하지 않을 것이다.

교대급수

급수 $1-\frac{1}{2}+\frac{1}{3}-\frac{1}{4}+\cdots$은 $\ln 2$로 수렴한다. 앞에서 이에 대해 증명하지는 않았다. 이 급수는 양수와 음수를 교대로 왔다 갔다 하는 **교대급수**의 한 예이다. 또 다른 특징은 수열의 절댓값인 $1, \frac{1}{2}, \frac{1}{3}, \frac{1}{4}, \cdots$이 0으로 감소한다는 것이다. 0으로 감소하고, 부호가 교대로 나오는 이 두 가지 특징은 수렴을 보장한다.

> 8 교대급수 $a_1-a_2+a_3-a_4+\cdots$는 $a_{n+1} \le a_n$이고 $a_n \to 0$이면 수렴한다 (절대수렴이 아닐지라도, 조건수렴한다).

가장 좋은 증명은 [그림 10-3]에 있다. $a_1-a_2+a_3$를 살펴보자. a_3(양의 부호)이 a_2(음의 부호)보다 작으므로 $a_1-a_2+a_3$의 값은 a_1보다 작다. 5개 항의 합은 3개 항의 합보다 작다. 이는 a_5가 a_4보다 작기 때문이다. 홀수 개의 항을 더한 부분합 $s_1, s_3, s_5, \cdots$는 감소한다.

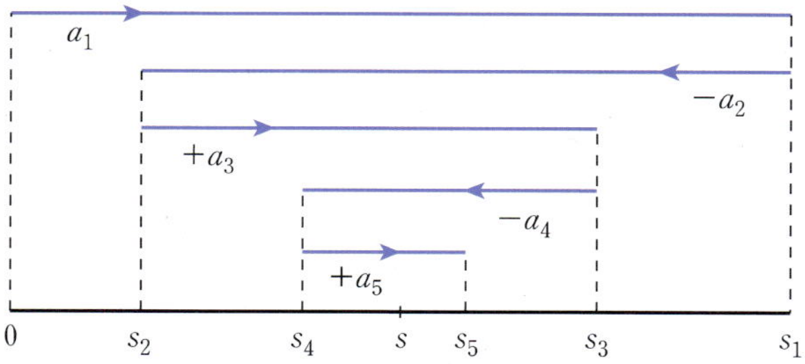

[그림 10-3] 교대급수는 절댓값이 0으로 감소할 때 수렴한다.

이제 두 개의 항 a_1-a_2, 네 개의 항, 여섯 개의 항을 보자. a_3-a_4를 더하면 합이 증가한다($a_3 \ge a_4$). 비슷하게 s_6은 s_4보다 크다(이는 양수인 a_5-a_6이 더해졌기 때문이다.) 따라서 합 $s_2, s_4, s_6, \cdots$는 증가한다.

s_{n-1}과 s_n의 차이는 한 항 $\pm a_n$뿐이다. 8을 보면 a_n이 0으로 감소한다는 조건이 있다. 따라서 감소하는 수열 $s_1, s_3, \cdots$과 증가하는 수열 $s_2, s_4, \cdots$는 같은 극한값 s를 가진다. 이 급수는 항상 s_{n-1}과 s_n 사이에 있는 s로 수렴한다.

$+$와 $-$가 교대로 나오는 규칙은 특별하며 중요하다. 양항수열 $\sum a_n$은 수렴하지 않을지도 모른다. 교대급수는 $\sum(-1)^{n+1}a_n$이다.

예제 6 교대급수 $4-\frac{4}{3}+\frac{4}{5}-\frac{4}{7}+\cdots$는 π로 조건수렴하며 절댓값은 0으로 감소한다. 이 급수는 절대수렴하는가? 아니다. 양의 부호로 바꾼 급수 $4\left(1+\frac{1}{3}+\frac{1}{5}+\cdots\right)$는 조화급수처럼 발산한다.

예제 7 교대급수 $1-1+1-1+\cdots$는 수렴하지 않는다. 8의 어떤 조건을 만족하지 못하였는가? 부분합 $s_1, s_3, s_5, \cdots$는 모두 1과 같고, $s_2, s_4, s_6, \cdots$는 모두 0과 같다. 즉 이들은 같은 극한값으로 수렴하지 않는다.

급수의 곱셈과 재배열

10.1절에서 우리는 급수를 더하기도 하고 빼기도 하고 곱하기도 하였다. 당연하게도 덧셈과 뺄셈에서는 아무 문제가 없었다. 만약 부분합 $s_n \to s$가 있고 다른 부분합 $t_n \to t$가 있다면, 둘을 더하면 부분합 $s_n + t_n \to s+t$를 얻는다. 하지만 곱셈도 이렇게 접근하는 것은 위험하다. 이는 곱셈의 순서가 차이점을 만들기 때문이다. 조금 더 자세히 말하면, **조건수렴의 경우 항의 순서가 중요하다.** 절대수렴하는 수열은 항의 순서가 아무 차이도 만들어 내지 않는다. 따라서 수열의 항을 재배열하고 어떤 순서로 곱해도 된다. 이렇게 해도 합과 곱은 바르게 나온다.

9 $\sum a_n$이 절대수렴한다고 하자. 만약 $A_1, A_2, \cdots$가 수열 a의 재배열이라면 $\sum A_n = \sum a_n$이다. 새로운 배열의 급수 $\sum A_n$ 역시 절대수렴한다.

10 $\sum a_n = s$이고 $\sum b_n = t$가 절대수렴한다고 하자. 그러면 이 둘의 곱의 무한히 많은 항 $a_i b_j$를 모두 더하면 st로 수렴한다.

9와 10을 증명하는 것보다는 조건수렴할 때 어떤 일이 벌어지는지 말하고 싶다. 우리가 좋아하는 급수인, $\ln 2$로 조건수렴하는 $1-\frac{1}{2}+\frac{1}{3}-\frac{1}{4}+\cdots$를 살펴보자. 이를 재배열하면 이는 어떤 수로든 조건수렴할 수 있다. 만약 원하는 합이 1000이라고 하자. 그러면 양수 항 $1+\frac{1}{3}+\cdots$ 중 몇 개를 골라서 1000을 넘길 때까지 더하자. 그 후 음수 항인 $-\frac{1}{2}-\frac{1}{4}-\cdots$을 총합이 1000보다 작아질 때까지 더하자. 이러한 작업을 계속 반복하면 매 단계마다 새로운 항이 사용되기 때문에 결국 모든 항이 포함될 것이다. 이 극한은 $s=1000$이다.

또 급수가 절대수렴하지 않는 이상한 곱셈을 살펴볼 것이다.

$$\left(1-\frac{1}{\sqrt{2}}+\frac{1}{\sqrt{3}}-\cdots\right)\left(1-\frac{1}{\sqrt{2}}+\frac{1}{\sqrt{3}}-\cdots\right)=1-\left(\frac{1}{\sqrt{2}}+\frac{1}{\sqrt{2}}\right)+\left(\frac{1}{\sqrt{3}}+\frac{1}{\sqrt{4}}+\frac{1}{\sqrt{3}}\right)-\cdots$$

좌변의 각 급수는 수렴한다(조건수렴). 교대하는 각 항은 0으로 수렴하기 때문이다. 한편 우변의 급수는 발산한다. 괄호 안의 값은 0으로 수렴하지도 않기 때문이다. 따라서 위 식은 완전히 틀린 곱셈이다.

절대수렴이 가장 중요하다는 것을 강조하면서 이 절을 마무리하고자 한다. **가장 중요한**

급수는 거듭제곱급수 $\sum a_n x^n$ 이다. 등비급수처럼(모든 $a_n = 1$일 때) 거듭제곱급수는 특정 구간에 들어간 x에 대해 절대수렴한다. 이들은 우리가 미적분학에서 필요로 하고, 또 원하는 x에 대한 함수를 준다.

다음에는 e^x의 급수에 대해 알아볼 것이다. 이는 모든 곳에서 절대수렴한다. 수렴 판정법을 통해 살펴보면 매우 쉽다(발산할 위험은 없다). 미적분학과 그 응용의 관점에서 보자면 e^x은 무조건 최고의 함수이다.

10.3 문장제 문제

01 급수 $\sum a_n$은 급수 ___a___ 이(가) 수렴할 때 절대수렴한다고 한다. 그러면 원래 급수 $\sum a_n$도 ___b___ 한다. 하지만 급수 $\sum a_n$은 절대수렴하지 않아도 수렴할 수 있다. 이는 ___c___ 수렴이라고 한다. 그리고 급수 ___d___ 이(가) 이에 대한 예이다.

02 교대급수에서 a_{n+1}의 부호는 a_n의 부호와 ___e___ 이다. 추가적인 조건 ___f___ 와(과) ___g___ 이(가) 있으면 이 수열은 수렴한다(적어도 조건수렴). 부분합 $s_1, s_3, \cdots$는 ___h___ 하고 부분합 $s_2, s_4, \cdots$는 ___i___ 한다. s_n과 s_{n-1}과의 차이는 ___j___ 이다. 따라서 두 급수는 같은 값 s로 수렴한다. 절대수렴 하는[조건수렴 하는](수렴하지 않는) 교대급수는 ___k___ [___l___](___m___) 한다. 절대수렴 [조건수렴]한다면 재배열은 합을 (바꿀 수 있다, 바꿀 수 없다).

10.3 연습문제

01~12 다음 급수는 절대수렴하는가? 아니면 조건수렴하는가?

01 $\sum(-1)^{n+1}\dfrac{n}{n+3}$

02 $\sum(-1)^{n-1}/\sqrt{n+3}$

03 $\sum(-1)^{n+1}\dfrac{1}{n!}$

04 $\sum(-1)^{n+1}\dfrac{3^n}{n!}$

05 $\sum(-1)^{n+1}3\sqrt{n}/(n+1)$

06 $\sum(-1)^{n+1}\sin^2 n$

07 $\sum(-1)^{n+1}\ln\left(\dfrac{1}{n}\right)$

08 $\sum(-1)^{n+1}\dfrac{\sin^2 n}{n}$

09 $\sum(-1)^{n+1}n^2/(1+n^4)$

10 $\sum(-1)^{n+1}2^{1/n}$

11 $\sum(-1)^{n+1}n^{1/n}$

12 $\sum(-1)^{n+1}(1-n^{1/n})$

13 $\sum a_n$이 절대수렴한다고 하자. a의 항들을 모두 양수로 만들면 수렴하는 다른 급수가 되는 이유를 설명하여라.

14 모든 a_n이 음수일 때 $\sum a_n$이 절대수렴할 수 있는가?

15 부분합 $s_2, s_4, \cdots$를 계산함으로써 교대급수 $1-\dfrac{1}{2}+\dfrac{1}{2}-\dfrac{1}{4}+\dfrac{1}{3}-\dfrac{1}{6}+\cdots$이 수렴하지 않음을 보여라. 8의 어떤 조건을 만족하지 못했는가?

16 $\dfrac{2}{3}-\dfrac{3}{5}+\dfrac{4}{7}-\dfrac{5}{9}+\cdots$가 수렴하지 않음을 보여라. 8의 어떤 조건을 만족하지 못했는가?

17 (a) 항이 0으로 감소하는 교대급수에 대해 합 s가 s_{n-1}과 s_n 사이에 위치하는 이유는 무엇인가?

(b) s_n이 양수인 항 a_n으로 끝날 때 $s-s_n$은 양수인가? 아니면 음수인가?

18 문제 17을 이용해서, $s_5 = 1-\dfrac{1}{2}+\dfrac{1}{3}-\dfrac{1}{4}+\dfrac{1}{5}$과 무한급수의 합 $s=\ln 2$의 차이가 $|s_5 - s| \le C$가 되는 상수 C를 구하라.

$$32+80(x-1)+80(x-1)^2+40(x-1)^3+10(x-1)^4+(x-1)^5 \tag{5}$$

이 테일러 급수($n=5$에서 멈춘다)는 $(1+x)^5$과 같아야 한다. 실제로 그러하다. $1+x$를 $2+(x-1)$로 쓸 수 있고 다섯 제곱을 직접 계산할 수 있다. 그러면 32, 16, 8, 4, 2, 1은 각각 원래의 계수 1, 5, 10, 10, 5, 1과 곱해지고 그러면 테일러 계수 32, 80, 80, 40, 10, 1을 얻는다. 이 급수는 어떤 다항식에 대해서든 멈출 것이다. 왜냐하면 고계도함수의 값이 모두 0이기 때문이다.

예제 6 $x=1$을 중심으로 $f(x)=e^x$의 테일러 급수를 찾아라.

풀이

$x=1$에서 모든 도함수는 e와 같다. 따라서 테일러 급수는 공통 상수를 가진다. 이때 x의 거듭제곱이 아닌 $x-1$의 거듭제곱임을 주의하자.

$$e^x=e+e(x-1)+\frac{e}{2!}(x-1)^2+\frac{e}{3!}(x-1)^3+\cdots \tag{6}$$

함수를 급수로 정의하기

보통 $\sin x$와 $\cos x$를 삼각형의 변으로 정의한다. 이제 삼각형의 변 대신에 급수로 $\sin x$와 $\cos x$를 정의할 수 있다. $\sin x$를 식 (2)로 정의하자. 이때 모든 논리는 거꾸로 가지만 모두 맞는 내용이다.

첫 번째, 급수가 수렴함을 증명하라.

두 번째, $(\sin x)'=\cos x$와 같은 성질들을 증명하라.

세 번째, 급수로의 정의로부터 $\cos x$와 $\sin x$의 삼각형으로 정의를 이끌어내라.

이 모든 과정을 할 필요는 없다. 원래의 정의로도 충분하기 때문이다. 이때 기억해야 할 것은 수렴에는 아무 문제가 없다는 것이다. $\sin x$와 $\cos x$와 e^x은 모두 $\pm x^n/n!$ 항을 가진다. 이 팩토리얼들은 모든 x에 대해 급수를 수렴하게 한다. e^x과 e^y을 곱하는 일반적인 지수법칙도 급수에 기반을 둘 수 있다. e가 $(x-1)$의 거듭제곱과 곱해지는 식 (6)은 전형적이다. 이와 같은 $(x-1)$의 거듭제곱들을 더하면 e^{x-1}을 얻는다. 따라서 이 급수가 $e^x=ee^{x-1}$임을 증명해준다. 이는 $(e^x)(e^y)=e^{x+y}$의 한 가지 예이다.

$$\left(1+x+\frac{x^2}{2}+\cdots\right)\left(1+y+\frac{y^2}{2}+\cdots\right)=1+x+y+\frac{x^2}{2}+xy+\frac{y^2}{2}+\cdots \tag{7}$$

각각의 항을 보면 곱셈은 e^{x+y}의 급수를 알려준다. e^x의 각 항을 미분함으로써 e^x을 얻고, $\sin x$의 각 항을 미분하면 $\cos x$를 얻는다.

$$\frac{d}{dx}\left(x-\frac{x^3}{3!}+\frac{x^5}{5!}-\cdots\right)=1-\frac{x^2}{2!}+\frac{x^4}{4!}-\cdots \tag{8}$$

기하학을 통해 이해했던 극한 $(\sin x)/x \to 1$으로 미분을 유도할 필요가 없다. 삼각함수 공식은 무한급수의 공식으로 바뀐다. 우리는 π를 $x-\frac{1}{6}x^3+\cdots$가 0이 되는 첫 번째 양수 x로 정의할 수도 있다. 하지만 사인함수의 급수의 값이 0이 되는 것이 눈에 보이지 않으며 또 그 값이 3.14 근처라는 것도 잘 파악이 되지 않는다.

무한급수로 정의될 함수는 $e^{i\theta}$이다. 이는 **허수** $i\theta$($i=\sqrt{-1}$의 배수)의 지수함수이다. $e^{i\theta}$은 **복소수**이고, 우리의 목표는 이것이 무엇인지 알아내는 것이다(9.4절의 내용을 확인할 것이다). 중요한 기술은 $i\theta$를 다른 수들과 똑같이 다루는 것이다. 실수이든 복소수이든 이 수를 급수에 간단하게 대입하자.

정의 $e^{i\theta}$은 $1+(i\theta)+\frac{1}{2!}(i\theta)^2+\frac{1}{3!}(i\theta)^3+\cdots$이다. (9)

이제 $i^2=-1$이라는 것을 이용하자. 지수가 짝수인 거듭제곱은 $i^4=+1$, $i^6=-1$, $i^8=+1,\cdots$이다. 우리는 그저 -1과 -1을 곱해서 1을 얻고 있을 뿐이다. 지수가 홀수인 거듭제곱은 $i^3=-i$, $i^5=+i,\cdots$이다. 따라서 $e^{i\theta}$은 (i가 없는) 실수부와 (i가 곱해진) 허수부로 나누어진다.

$$e^{i\theta}=\left(1-\frac{1}{2!}\theta^2+\frac{1}{4!}\theta^4-\cdots\right)+i\left(\theta-\frac{1}{3!}\theta^3+\frac{1}{5!}\theta^5-\cdots\right) \tag{10}$$

이제 이 두 급수를 알아볼 수 있을 것이다. 두 급수는 각각 $\cos\theta$와 $\sin\theta$이다. 따라서

오일러 공식은 $e^{i\theta}=\cos\theta+i\sin\theta$이다. $e^{2\pi i}=1$임을 명심하라.

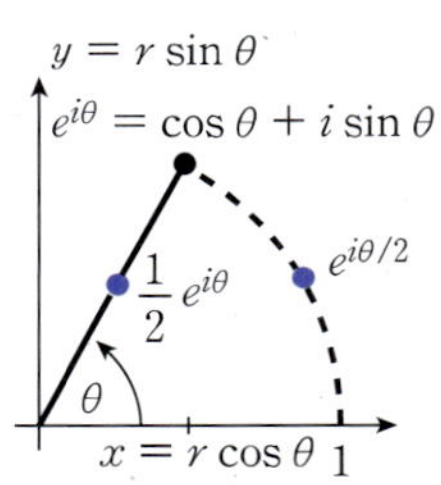

[그림 10-5]

실수부는 $x=\cos\theta$이고 허수부는 $y=\sin\theta$이다. 이 좌표들은 $e^{i\theta}$을 복소평면에 나타낸 결과이다. 원점 $(0,0)$과의 거리는 $(\cos\theta)^2+(\sin\theta)^2=1$이므로 $r=1$이다. 점의 각도는 [그림 10-5]에 나타난 것처럼 θ이다. -1은 길이가 $r=1$이고 각도가 $\theta=\pi$일 때인 $e^{i\pi}$이다. 이는 실수 축에서 원점의 왼쪽에 있다. 만약 $e^{i\theta}$이 $r=2$나 $r=\frac{1}{2}$과 같은 $r\geq 0$인 임의의 r에 곱해진다면 결과는 원점과의 거리가 r인 복소수이다.

복소수 : $re^{i\theta}=r(\cos\theta+i\sin\theta)=r\cos\theta+ir\sin\theta=x+iy$

$e^{i\theta}$을 참고하면 음수도 로그값을 가질 수 있다. **-1의 로그는 허수이다**(이는 $e^{i\pi}=-1$이므로 $i\pi$이다). 음수 역시 지수가 분수인 거듭제곱을 가질 수 있다. -1의 네제곱근은 $(-1)^{1/4}=e^{i\pi/4}$이다. 미적분학에 더 중요한 것은 $x^{5/4}$의 도함수가 $\frac{5}{4}x^{1/4}$이라는 것이다. 이는 우리에게 매우 익숙한 과정이다. 하지만 $x=-1$일 때 이는 허용되지 않는다.

복소수는 실수에서 하지 못했던 것들의 한계를 넘어선다. 공식 $e^{i\theta}=\cos\theta+i\sin\theta$는 '대학생에게 가장 큰 불가사의 중 하나'였다. 저자들은 무한급수를 사용하지 않고 이를 설명하기 위해 다양한 방법들을 사용했다. 아마 식 (10)의 증명이 가장 명확한 것이었다. 하지만 이제 $\frac{d}{dx}(e^{ix})=ie^{ix}$로부터 시작하는 방법이 여기에 있다.

오일러 공식의 다른 증명 복소수는 적당한 r과 θ에 대해 $e^{ix}=r(\cos\theta+i\sin\theta)$로 표현할 수 있다. 이제 양변을 x로 미분하고 ie^{ix}에 대입하자.

$$ir(\cos\theta+i\sin\theta)=(\cos\theta+i\sin\theta)dr/dx+r(-\sin\theta+i\cos\theta)d\theta/dx$$

실수부와 허수부를 비교하면 $dr/dx=0$이고 $d\theta/dx=1$을 얻는다. 시작값 $e^{i0}=1$에 대해 $r=1$과 $\theta=0$이 알려져 있다. 따라서 r은 항상 1이고 θ는 항상 x이다. 증명의 첫 번째 줄에 대입하면 오일러 공식 $e^{i\theta}=1(\cos\theta+i\sin\theta)$를 얻는다.

10.4 문장제 문제

01 ___a___ 급수는 중심점에서 $f(x)$와 이의 모든 ___b___ 이(가) 일치하도록 고른다. $x=0$ 근처에서 급수는 $f(0)+$___c___$x+$___d___x^2(으)로 시작하고 x^n의 계수는 ___e___이다. $f(x)=e^x$에 대해 이 급수는 ___f___이다. $f(x)=\cos x$에 대해 급수는 ___g___이다. $f(x)=\sin x$에 대한 급수는 ___h___이다. 만약 모든 부호가 양수라면 함수는 $\cosh x$와 ___i___이다. 이를 더하면 $\cosh x+\sinh x=$___j___(이)라는 결과를 얻는다.

02 $x=a$ 근처 $f(x)$의 테일러 급수에서 $(x-a)^n$의 계수는 $b_n=$___k___이다. 그러면 $b_n(x-a)^n$은 f와 중심점에서 같은 ___l___을(를) 가지고 있다. 예를 들어 $f=x^2$에 대해 테일러 계수는 $b_0=$___m___, $b_1=$___n___, $b_2=$___o___이다. 급수 $b_0+b_1(x-a)+b_2(x-a)^2$은 원래 ___p___와(과) 일치한다. $x=a$ 근처에서 e^x의 급수는 $b_n=$___q___을(를) 가진다. 이때 테일러 급수는 항등식 $e^x=$(___r___)(___s___)을(를) 다시 보여준다.

03 우리는 e^x, $\sin x$, $\cos x$, $e^{i\theta}$을 이들의 급수로 정의하였다. 도함수 $d/dx\left(1+x+\frac{1}{2}x^2+\cdots\right)=1+x+\cdots$는 ___t___(으)로 해석된다. $1-\frac{1}{2}x^2+\cdots$의 도함수는 ___u___이다. $i^2=-1$이라는 것을 통해 $1+i\theta+\frac{1}{2}(i\theta)^2+\cdots$는 $e^{i\theta}=$___v___(으)로 나누어진다. 제곱을 하면 $e^{2i\theta}=$___w___을(를) 얻고 역수는 $e^{-i\theta}=$___x___이다. r을 곱함으로 $re^{i\theta}=$___y___$+i$___z___을(를) 얻는다. 이는 ___A___수의 극좌표와 직교좌표를 연결해준다. $e^{i\theta}$의 로그값은 ___B___이다.

10.4 연습문제

01 $x=0$ 근처에서의 e^{2x}의 급수를 찾아라. 그리고 중심점에서 모든 도함수를 계산하라. e^2의 결과를 주는 급수를 찾아라.

02 $x=0$ 근처에서 $\sin 2x$의 급수를 찾아라. 그리고 세 번 미분한 값을 확인하라. $\sin 2\pi = 0$의 결과를 주는 급수를 찾아라.

03~08 $x=0$에서 $f(x)$의 미분값과 이때 구한 도함수로 테일러 급수(x의 거듭제곱)를 구하라.

03 $f(x)=e^{ix}$

04 $f(x)=1/(1+x)$

05 $f(x)=1/(1-2x)$

06 $f(x)=\cosh x$

07 $f(x)=\ln(1-x)$

08 $f(x)=\ln(1+x)$

09~14 급수를 이용해 다음 미분방정식을 풀어라.

09 방정식 $dy/dx = y-2$에 대하여 $x=0$에서 $y(0)=1$로 시작해서 모든 y의 미분값을 구하라. y의 무한급수를 만들고 만약 아는 함수라면 무엇인지 적어라. 그리고 함수가 $y'=y-2$를 만족하는지 확인하라.

10 $x=0$에서 y의 도함수를 찾기 위해 $y'=cy+s$(c, s는 상수) 방정식을 미분하라. 시작하는 점이 $y_0=0$일 때 y의 테일러 급수를 적고 6.3절의 $y'=cy+s$의 해와 비교하라.

11 $x=0$일 때 $y=0$, $y'=1$로 시작하고 $y''=-y$를 만족하는 무한급수를 구하라.

12 $x=3$일 때($x-3$의 거듭제곱을 사용하라) $y=1$로 시작하고 $y'=y$를 만족하는 무한급수를 구하라. 만약 아는 함수면 무엇인지 확인하라.

13 $x=0$에서 $y=0$과 $y'=1$로 시작하고 방정식 $y''=2y'-y$를 만족하는 무한급수(x의 거듭제곱들)을 구하라.

14 $x=0$에서 $y=1$과 $y'=0$으로 시작하고 $y''=y$를 만족하는 급수를 구하라. 만약 아는 함수라면 무엇인지 확인하라.

15 $x=a=0$과 $x=a=1$($x-1$의 거듭제곱)에서 $f(x)=(1+x)^2$의 테일러 급수를 구하라. 두 급수 모두 $(1+x)^2$과 같음을 확인하라.

16 $x=a$에서 $f(x)=x^3$의 모든 미분값을 찾아라. 그리고 $x=a$ 근처에서 테일러 급수를 적어라. 그것이 x^3과 같은지 확인하라.

17 $a=1$ 근처에서 $(1-x)^5$의 급수는 무엇인가?

18 $x=2\pi$ 근처에서 $f=\cos x$의 테일러 급수를 적어라. 또 $x=0$ 근처에서 $f=\cos(x-2\pi)$의 테일러 급수도 적어라.

19~24 $x=1$에서 f의 도함수를 구하고 테일러 급수를 구하라.

19 $f(x)=1/x$

20 $f(x)=1/(2-x)$

21 $f(x)=\ln x$

22 $f(x)=x^4$

23 $f(x)=e^{-x}$

24 $f(x)=e^{2x}$

25~33 e^x, $\cos x$, $\sin x$의 급수를 참고해서 $x=0$ 근처에서 테일러 급수의 0이 아닌 처음 세 개의 항을 적어라.

25 xe^{2x}

26 $\cos\sqrt{x}$

27 $(1-\cos x)/x^2$

28 $\dfrac{\sin x}{x}$

29 $\displaystyle\int_0^x \frac{\sin x}{x}dx$

30 $\sin x^2$

31 e^{x^2}

32 $b^x = e^{x\ln b}$

33 $e^x\cos x$

34 $x<0$에 대해 x^n의 도함수는 여전히 nx^{n-1}이므로 다음과 같다.

$$\frac{d}{dx}(x^n)=\frac{d}{dx}(|x|^n e^{in\pi}) = n|x|^{n-1}e^{in\pi}\frac{d|x|}{dx}$$

$d|x|/dx$는 무엇인가? 위 nx^{n-1}처럼 답을 다시 구하여라.

35 $f(x)=\sqrt{x}$의 $x=0$ 근처에서의 테일러 급수는 왜 존재하지 않는가? $x=1$에서의 처음 두 개의 항을 찾아라.

36 $x=0$ 근처에서 2^x의 테일러 급수를 구하라.

37~44 $x=0$ 근방의 테일러 급수의 처음 세 개의 항을 구하라.

37 $f(x)=\tan^{-1}x$

38 $f(x)=\sin^{-1}x$

39 $f(x)=\tan x$

40 $f(x)=\ln(\cos x)$

41 $f(x)=e^{\sin x}$

42 $f(x)=\tanh^{-1}x$

43 $f(x)=\cos^2 x$

44 $f(x)=\sec^2 x$

---

45 $e^{i\theta}=\cos\theta+i\sin\theta$와 $e^{-i\theta}=\cos\theta-i\sin\theta$를 서로 더하고 빼서 $\cos\theta$와 $\sin\theta$를 찾아라.

46 $(e^{i\theta})^2$이 $\cos^2\theta+i\sin^2\theta$와 같은가? 아니면 $\cos\theta^2+i\sin\theta^2$과 같은가?

47 $e^{i\pi}$, $e^{i\pi/2}$, $e^{i\pi/4}$, $e^{-i\pi/6}$을 99번 거듭제곱한 것의 실수부와 허수부를 각각 구하라.

48 1의 세제곱근은 1, $e^{2\pi i/3}$, $e^{4\pi i/3}$이다.

(a) $e^{2\pi i/3}$의 실수부와 허수부를 찾아라.

(b) $(e^{2\pi i/3})^3=1$인 이유를 설명하라.

(c) 이를 직교좌표계로 확인하라.

49 $-1=e^{i\pi}$의 세제곱근은 $e^{i\pi/3}$, ____, ____이다. 이들의 합과 곱을 구하라.

50 $2e^{i\pi/3}=1+\sqrt{3}i$와 $4e^{i\pi/4}=2\sqrt{2}+i2\sqrt{2}$의 제곱을 극좌표와 직교좌표로 모두 표현하라.

51 $e^{is}=\cos s+i\sin s$와 $e^{it}=\cos t+i\sin t$를 곱해서 $\cos(s+t)$와 $\sin(s+t)$의 공식을 구하라.

52 e^{is}과 e^{-it}을 곱해서 $\cos(s-t)$와 $\sin(s-t)$의 공식을 구하라.

53 i의 로그를 구하라. 그리고 다른 i의 로그값도 구하라(결과를 바꾸지 않으면서 어떤 것을 $e^{\ln i}$의 지수에 더할 수 있는가?)

54 (e가 무리수임을 보여라) 만약 $e=p/q$이면

$$N=p!\left[\frac{1}{e}-\left(1-\frac{1}{1!}+\frac{1}{2!}-\cdots\pm\frac{1}{p!}\right)\right]$$

는 정수일 것이다(왜 그런가?). 괄호 안의 숫자(교대급수와 그 결과인 $1/e$의 차)는 마지막 항 $1/p!$보다 작다. $|N|<1$임을 추론하고 모순을 이끌어내어 e가 p/q가 되지 못함을 보여라.

55 $x=0$에서 $y=2$로부터 시작하고 $dy/dx=y$를 만족하는 무한급수를 구하라.

10.5 거듭제곱급수

이 절에서는 거듭제곱급수의 성질을 공부할 것이다. 중심점이 0일 때 거듭제곱은 x^n이며, 급수는 $\sum a_n x^n$이다. 중심점이 $x=a$일 때 거듭지곱은 $(x-a)^n$이다. 우리는 언제, 어디서(또 얼마나 빠르게) 급수가 주어진 함수로 수렴하는지 알고 싶다. e^x, $\cos x$, $\sin x$의 경우 모든 x에 대해 수렴하였다. 하지만 이는 $1/(1-x)$에 대해서는 참이 아니었다. 함수가 매끄러울 때 수렴이 가장 좋다.

우선은 거듭제곱급수가 유일한 급수가 아님을 강조하고 싶다. 많은 응용 분야에서 거듭제곱급수가 최고의 선택이라고는 할 수 없다. 대체할 만한 급수는 사인함수의 합, 즉 $f(x)=\sum b_n \sin nx$이다. 이를 '푸리에 사인 급수'라고 한다. 이는 중심점을 고르지 않고 모든 x에 대해 균등하다. 푸리에 급수는 점프와 급격한 꺾임을 허용하기 때문에 거친 부분도 표현 가능하다. 한편 거듭제곱급수는 중심점 근처에서 아주 훌륭하고 멀어질수록 나빠진다. 테일러 계수 a_n은 중심점(모든 도함수가 계산되는 곳)에서 완전히 결정된다. 다음 테일러 급수의 법칙을 기억해라.

$$a_n = (\text{중심점에서 } n\text{번 미분한 값})/n! = f^{(n)}(a)/n! \qquad (1)$$

주목할 만한 사실은 수렴이 $x = a$ 근처 구간에서 대칭으로 일어난다는 것이다.

---

13 거듭제곱급수 $\sum a_n x^n$은 모든 x에 대해 수렴하거나 중심점 $x = 0$에서만 수렴하거나 **수렴반지름 r을 가진다.**

$\sum a_n x^n$은 $|x| < r$이면 절대수렴하고, $|x| > r$이면 발산한다.

급수 $\sum x^n/n!$은 모든 x에 대해 수렴한다(합은 e^x이다). 급수 $\sum n!x^n$은 ($x = 0$을 제외하고) 모든 x에 대해 수렴하지는 않는다. 등비급수 $\sum x^n$은 $|x| < 1$이면 절대수렴하고, $|x| > 1$이면 발산한다. **이는 수렴반지름 $r = 1$이다.** 그 합인 $1/(1-x)$은 $|x| > 1$일 때 아무 문제가 없다는 것을 명심해라(함수에는 문제가 없지만 급수는 수렴하지 않는다). 만약 거리 r에서 문제가 생기면 거듭제곱급수는 그 점을 지날 수 없다. $x = a$가 중심점이면 수렴하는 구간은 $|x-a| < r$로 이동한다. 즉 급수는 a에 대해 대칭구간인 $a-r$과 $a+r$ 사이의 x에 대해서는 수렴한다. 이때 양 끝점 $a \pm r$에서 발산하는지, 또는 수렴하는지(절대수렴인지, 또는 조건수렴인지)는 말할 수 없다. 구간 안에서는 간단한 비교 판정법을 이용하여 수렴을 증명할 것이다.

증명 $\sum a_n X^n$이 한 점 X에서 수렴한다고 하자. $|X|$보다 $|x|$가 작을 때의 x에 대하여 $\sum a_n x^n$이 수렴한다고 증명할 것이다. X에서의 수렴은 더 가까운 점 x에서의 수렴을 말해준다(가깝다는 것은 중심점 0과 가깝다는 것을 뜻한다). $\sum a_n X^n$이 수렴하므로 각 항은 0으로 수렴한다. 결국 $|a_n X^n| < 1$이 될 것이고, 그러면 다음과 같다.

$$|a_n x^n| = |a_n X^n||x/X|^n < |x/X|^n$$

급수 $\sum a_n x^n$은 $|x/X| < 1$이므로 수렴하는 $|x/X|$의 등비급수와의 비교 판정법을 통해 절대수렴한다.

예제 1 급수 $\sum nx^n/4^n$의 수렴반지름은 $r = 4$이다.

비율 판정법과 거듭제곱근 판정법은 거듭제곱급수의 수렴 여부를 판정할 때 가장 좋은 방법이다. 각 항의 비율은 $x/4$로 수렴한다($nx^n/4^n$의 n제곱근 역시 마찬가지이다).

$$\frac{(n+1)x^{n+1}}{4^{n+1}} \Big/ \frac{nx^n}{4^n} = \frac{x}{4}\frac{n+1}{n} \text{은 } L = \frac{x}{4} \text{로 수렴한다.}$$

비율 판정법은 $L<1$일 때 수렴임을 말해주고, 이는 $|x|<4$임을 의미한다.

예제 2 사인 급수 $x-\dfrac{x^3}{3!}+\dfrac{x^5}{5!}-\cdots$에서 $r=\infty$이다(이는 모든 곳에서 수렴한다). $x^n/n!$에 대한 $x^{n+2}/(n+2)!$의 비율은 $x^2/(n+2)(n+1)$이다. 이는 $L=0$으로 수렴한다.

예제 3 급수 $\sum(x-5)^n/n^2$은 중심점 $a=5$ 근처 수렴반지름 $r=1$을 가진다. 항 사이의 비율은 $L=x-5$로 수렴한다($n^2/(n+1)^2$은 1로 수렴한다). $|x-5|<1$이면 절대수렴한다. 이는 구간 $4<x<6$이고 중심점으로부터 대칭이다. 급수는 끝점 4와 6에서도 수렴하는데, 이는 공통인수 $1/n^2$ 때문이다. 끝점에서의 수렴성을 인수가 결정한다. 한편 n 거듭제곱은 **$4<x<6$ 구간에서의 수렴이 가능하게 한다**.

함수로의 수렴 : 나머지 항과 수렴반지름 r

함수 $f(x)$로부터 테일러 급수가 시작되었음을 기억하라. 중심점에서의 도함수가 급수를 만들었다. 급수가 수렴한다고 가정하자. 이 급수는 **원래 함수로 수렴할까**? 이는 나머지 $R_n(x)=f(x)-s_n(x)$, 즉 f와 부분합 $s_n=a_0+\cdots+a_n(x-a)^n$의 차에 관한 질문이다. **나머지 R_n은 우리가 n번째 도함수를 포함한 항 $a_n(x-a)^n$으로 급수를 멈출 때의 오차**이다.

> 14 중심점 a에서 x까지 f의 $(n+1)$번 미분한 값이 존재한다고 하자. 그러면 그 사이에 존재하는 어떤 점 c에 대해(정확한 위치는 모른다) x에서의 나머지는 다음과 같다.
>
> $$R_n(x)=f(x)-s_n(x)=f^{(n+1)}(c)(x-a)^{n-1}/(n+1)! \qquad (2)$$

n번 미분한 값에서 멈출 때의 오차는 $(n+1)$번 미분한 값에 의해 결정된다.

여러분은 알려지지 않은 점 c가 평균값 정리로부터 온 것임을 추측할 수 있다. $n=1$일 때의 증명은 3.8절 뒷부분에 나온다. 이는 선형 근사에서의 오차 $e(x)$였다.

$$R_1(x)=f(x)-f(a)-f'(a)(x-a)=\frac{1}{2}f''(c)(x-a)^2$$

모든 n에 대해 증명은 R_n과 $(x-a)^{n+1}$을 비교한다. 이의 $n+1$번째 도함수는 각각 $f^{(n+1)}$과 $(n+1)!$이다. 일반화된 평균값 정리에 의하면 $(x-a)^{n+1}$에 대한 R_n의 비가 점 c에서 이들의 도함수의 비와 같고 이는 곧 식 (2)와 같다. 우리가 보고자 하는 것은 중요한 핵심 내용이기에 자세한 풀이는 3.8절과 [연습문제 10.5.23]으로 넘기도록 하겠다. $(n+1)$번 미분한 값에서 중심점 a 대신 c가 들어간다는 것을 빼고는 **오차는 그 다음 항인 $a_{n+1}(x-a)^{n+1}$과 정말 똑같이 생겼다.**

예제 4 f가 e^x일 때 $(n+1)$번째 도함수는 e^x이다. 따라서 오차는 다음과 같다.

$$R_n = e^x - \left(1 + x + \cdots + \frac{x^n}{n!}\right) = e^c \frac{x^{n+1}}{(n+1)!} \tag{3}$$

$x=1,\ n=2$에서 오차는 $e - \left(1+1+\frac{1}{2}\right) \approx 0.218$이다. 이때 우변은 $e^c/6$이고 알려지지 않은 점인 c는 $c = \ln(0.218 \cdot 6) = 0.27$이다. 따라서 c는 정리 14에서 요구하는 대로 중심점인 $a=0$과 오차를 측정하고자 하는 점 $x=1$ 사이에 위치한다. 이때 $R_n \to 0$이기 때문에 급수는 함수로 수렴한다.

실제로 n은 미분하는 횟수이다. 우리는 오차 $|R_n|$이 10^{-6}보다 작아지길 원한다. 불행하게도 (e^x 같은 경우를 제외하면) 공식 (2)에서 고계도함수를 계산하기에는 곤란하다. 그리고 식 (1)에서 역시 고계도함수를 계산하기 어렵다. 실제로 계산할 때 이는 테일러 급수의 몇몇 항을 사용한다. 더 정확하게 하려면 중심점을 옮기거나, 다른 급수로 바꿔야 한다.

함수와 수렴반지름 r은 직접적으로 관련되어 있다. 힌트는 $f(x) = 1/(1-x)$에서 볼 수 있다. 이 함수는 $x=1$에서 무한대로 발산하며 $x=1$은 급수가 수렴하는 구간의 끝점이다. 또 다른 힌트는 $f = 1/x$을 $x=a=1$ 근처에서 전개한 식에서 볼 수 있다.

$$\frac{1}{x} = \frac{1}{1-(1-x)} = 1 + (1-x) + (1-x)^2 + \cdots \tag{4}$$

이 등비급수는 $|1-x| < 1$에 대해 수렴한다. $x=0$일 때, 즉 $1/x$이 발산할 때 급수는 수렴을 멈춘다. 다시 말해 **함수가 정의되지 않을 때 급수의 수렴이 멈춘다.** 하지만 모든 x에서 정의되는 함수인 $1/(1+x^2)$ 역시 수렴반지름 $r=1$임을 명심하라.

$$1/(1+x^2) = 1 - x^2 + x^4 - x^6 + \cdots \text{는 } |x| < 1\text{일 때만 수렴한다.}$$

그 이유를 알게 된다면 여러분은 왜 r이 '반지름'인지 알게 될 것이다. 실수에서는 구간이 존재했지만 복소수에서는 구간 대신 원이 있고, 따라서 함수는 원의 끝부분에서 잘 정의되지 않는다. 이 원은 실수뿐만 아니라 복소수도 포함하고 있다. 허수 i와 $-i$는 원의 가장자리에 위치한다. **$1/(1+i^2) = \infty$이기 때문에 함수는 이 점들에서 정의되지 않는다.**

복소수는 눈에 보이지 않는 곳에서 영향력을 행사한다. 수렴원은 x가 실수이든 허수이든 복소수이든 간에 가장 가까운 $f(x)$의 '특이점'에 닿아 있다. $1/(1+x^2)$의 경우 특이점 i와 $-i$는 r을 $r=1$로 만들 것이다. 만약 $a=3$ 근처에서 전개하면 이 점에서 i까지의 거리와 $-i$까지의 거리는 모두 $r=\sqrt{10}$이다. 만약 함수를 $x=-1$에서 무한대로 가는 $\ln(1+x)$로 바꾼다면 $x-\frac{1}{2}x^2+\frac{1}{3}x^3-\cdots$의 수렴반지름은 $r=1$이 된다.

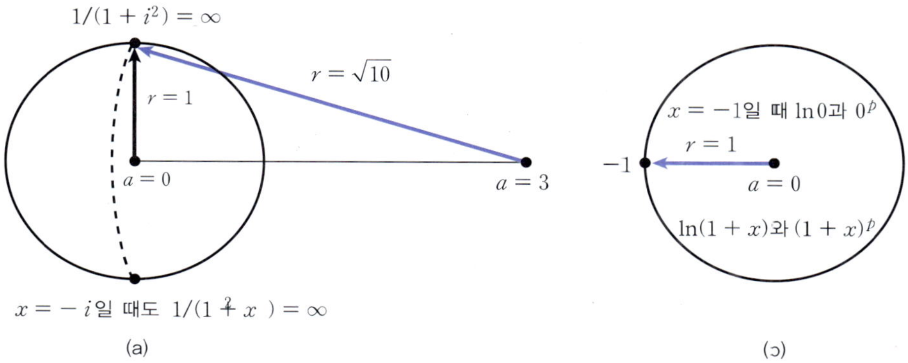

[그림 10-6] 수렴반지름 r은 a와 가장 가까운 특이점까지의 거리이다.

이항급수

또 다른 급수와 함께 이 장을 마무리하겠다. 마지막으로 다룰 급수는 $x=0$ 근처에서 $(1+x)^p$의 테일러 급수이다. 특별한 경우는 $p=\frac{1}{2}$일 때이며 다음과 같은 꼴의 식을 완성시키고자 한다.

$$\sqrt{1+x}=1+\frac{1}{2}x+a_2x^2+\cdots$$

느린 방법은 양변을 제곱하는 것이다. 우변의 제곱은 $1+x+\left(2a_2+\frac{1}{4}\right)x^2+\cdots$이다. 좌변에는 $1+x$뿐이므로 x^2 항을 없애기 위해서는 $a_2=-\frac{1}{8}$이어야 한다. 이런 식으로 a_3 역시 찾을 수 있다. 하지만 이보다 더 빠른 방법은 $f=(1+x)^{1/2}$의 도함수와 일치시키는 것이다.

$$f'=\frac{1}{2}(1+x)^{-1/2} \qquad f''=\left(\frac{1}{2}\right)\left(-\frac{1}{2}\right)(1+x)^{-3/2} \qquad f'''=\left(\frac{1}{2}\right)\left(-\frac{1}{2}\right)\left(-\frac{3}{2}\right)(1+x)^{-5/2}$$

$x=0$일 때의 미분값은 각각 $\frac{1}{2}, -\frac{1}{4}, \frac{3}{8}$이고, 이를 각각 1!, 2!, 3!으로 나누어주면 다음과 같다.

$$a_1=\frac{1}{2} \qquad a_2=-\frac{1}{8} \qquad a_3=\frac{1}{16} \qquad a_n=\frac{1}{n!}\left(\frac{1}{2}\right)\left(\frac{1}{2}-1\right)\cdots\left(\frac{1}{2}-n+1\right)$$

이는 $p=\frac{1}{2}$일 때 거듭제곱급수의 **이항계수**이다.

2장에서의 이항정리와의 차이점을 인지해라. 앞에서 거듭제곱 p는 양의 정수였다. 급수 $(1+x)^2=1+2x+x^2$는 x^2에서 멈췄다. 즉 $p=2$일 때의 계수는 $1, 2, 1, 0, 0, 0, \cdots$이었다. 분수 p나 음수 p에 대해서는 뒤의 계수들이 0이 아니다. 그리고 이들을 다음과 같이 $(1+x)^p$의 도함수로부터 찾는다.

$$(1+x)^p \quad p(1+x)^{p-1} \quad p(p-1)(1+x)^{p-2}$$
$$f^{(n)}=p(p-1)\cdots(p-n+1)(1+x)^{p-n}$$

$x=0$일 때 이를 각각 $0!, 1!, 2!, \cdots, n!$으로 나누어주면 이항계수는 다음과 같다.

$$1 \quad p \quad \frac{p(p-1)}{2} \quad \cdots \quad \frac{f^{(n)}(0)}{n!}=\frac{p(p-1)\cdots(p-n+1)}{n!} \tag{5}$$

$p=n$일 때 마지막 이항계수는 $n!/n!=1$이다. 이는 $(1+x)^n$에서 마지막 x^n을 알려준다. 다른 p값에 대해 이항급수는 절대 멈추지 않는다. **이는 $|x|<1$에 대해 수렴한다.**

$$(1+x)^p=1+px+\frac{p(p-1)}{2}x^2+\cdots=\sum_{n=0}^{\infty}\frac{p(p-1)\cdots(p-n+1)}{n!}x^n \tag{6}$$

$p=1, 2, 3, \cdots$일 때 **이항계수 $p!/n!(n-p)!$은 p명의 친구 중에 n명의 그룹을 뽑는 경우의 수이다.** 예를 들어 여러분에게 20명의 친구가 있다면 그중 2명을 뽑는 경우의 수는 $(20)(19)/2=190$이다.

p가 양의 정수가 아니라고 하자. $(1+x)^p$의 급수가 $|x|=1$일 때 수렴하지 않는 이유는 무엇일까? $x=-1$에서 문제가 된다. 이 경우 p가 음수이면 $(1+x)^p$은 무한대로 발산한다. 만약 $\sqrt{1+x}$ 처럼 p가 양수이면 고계도함수가 발산한다. 오직 양의 정수 $p=n$에 대해서만 수렴반지름이 $r=\infty$로 확장된다. 이 경우 $(1+x)^n$의 급수는 x^n에서 멈추고 f는 아무 문제가 생기지 않는다.

거듭제곱급수는 함수의 새로운 꼴이다. 이는 간단한 꼴은 아니지만 가끔은 함수를 나타내는 유일한 방법이기도 하다. f를 계산하기 위해서는 급수를 더해야 하고, f를 제곱하기 위해서는 급수를 곱해야 한다. 하지만 미적분의 계산(미분과 적분)은 더 쉽다. 이는 새로운 함수들을 많이 알려주는 미분방정식을 풀 때 거듭제곱급수가 왜 도움이 되는지 알려준다(수치적으로 급수는 항상 좋지만은 않다). 필자는 미분과 적분이 각 항 a_nx^n에 대해 쉽다고 말했어야 한다. 그리고 이 경우에 다행히도 전체 급수의 수렴반지름이 변하지 않는다.

$f(x)=\sum a_n x^n$의 수렴반지름이 r이면, 이의 미분과 적분 역시 같은 수렴반지름을 갖는다.

$$df/dx=\sum n a_n x^{n-1}\text{과 } \int f(x)dx=\sum a_n x^{n+1}/(n+1)\text{도}$$

$$|x|<r\text{에 대해 수렴한다.}$$

예제 5 $1/(1-x)$의 급수와 도함수 $1/(1-x)^2$, 적분 $-\ln(1-x)$ 모두 $r=1$이다 (이들은 모두 $x=1$일 때 문제가 생기기 때문이다). 세 함수의 급수는 각각 $\sum x^n$, $\sum nx^{n-1}$, $\sum x^{n+1}/(n+1)$이다.

예제 6 급수의 모든 항을 적분해서 (전에는 불가능했던) e^{x^2}을 적분할 수 있다.

$$\int e^{x^2}dx=\int\left(1+x^2+\frac{1}{2!}x^4+\cdots\right)dx=x+\frac{x^3}{3}+\frac{1}{2!}\left(\frac{x^5}{5}\right)+\frac{1}{3!}\left(\frac{x^7}{7}\right)+\cdots$$

이는 항상 수렴한다($r=\infty$). 이때 e^{x^2}의 미분에서 막혔던 적은 없다.

10.5 문장제 문제

01 $|x|<|X|$이고 $\sum a_n X^n$이 수렴하면 $\sum a_n x^n$ 역시 ___a___ 한다. ___b___ 근처의 ___c___ 구간에서 이는 수렴한다. $\sum(2x)^n$의 수렴반지름은 $r=$ ___d___ 이고 $\sum x^n/n!$에서 수렴반지름은 $r=$ ___e___ 이다. $\sum(x-3)^n$은 $|x-3|<$ ___f___ 일 때 수렴한다. 그러면 x는 ___g___ 와(과) ___h___ 사이에 있다.

02 $f(x)$의 테일러 급수 $\sum a_n x^n$에서 $a_n=$ ___i___ 이다. 중심점 a에 대해 $(x-a)^n$의 테일러 계수는 ___j___ 이다. x^n 항 이후의 오차는 ___k___ $R_n(x)$라고 불린다. 이는 ___l___ 사이의 알려지지 않은 점 c에 대해 ___m___ 와(과) 같다. 따라서 오차는 ___n___ 도함수에 의해 결정된다.

수렴원의 내부에서는 수렴하다가 수렴원의 경계에서 $f(x)$가 처음 발산한다. $f=4/(2-x)$에 대해 이 점은 $x=$ ___o___ 이다. $a=5$를 중심으로 하면, 수렴반지름은 $r=$ ___p___ 일 것이다. $\sin x$와 $\cos x$에 대한 수렴반지름은 $r=$ ___q___ 이다.

03 $\sqrt{1+x}$의 급수는 $p=\frac{1}{2}$일 때의 ___r___ 급수이다. 이 급수의 계수는 $a_n=$ ___s___ 이고 수렴반지름은 ___t___ 이다. 급수의 제곱은 아주 짧은 급수 $1+x$이다.

10.5 연습문제

01~06 $f(x)$의 $x=0$ 근처의 테일러 급수와 이의 수렴반지름 r을 찾아라. 어떤 점에서 $f(x)$가 발산하는가?

01 $f(x)=1/(1-4x)$

02 $f(x)=1/(1-4x^2)$

03 $f(x)=e^{1-x}$

04 $f(x)=\tan x$ (x^3을 통해서)

05 $f(x)=\ln(e+x)$

06 $f(x)=1/(1+4x^2)$

07~10 수렴하는 구간을 찾아라.

07 $f(x)=\sum_0^\infty\left(\frac{x-1}{2}\right)^n$

08 $f(x)=\sum_0^\infty n(x-a)^{n-1}$

09 $f(x)=\sum_0^\infty \frac{1}{n+1}(x-a)^{n+1}$

10 $f(x)=(x-2\pi)-\frac{(x-2\pi)^3}{3!}+\cdots$

---

11 e^x의 테일러 급수를 참고하여 $(e^x-1)/x$의 테일러 급수를 적어라. $x=0$에서 함수는 $0/0$이다. $x=0$에서 급수 값을 계산하라. $(e^x-1)/x$에 로피탈 정리를 적용해 구한 값을 확인하라.

12 $x=0$ 근처에서 xe^x의 테일러 급수를 써라. 적분하고 $x=1$을 대입해서 $1/n!(n+2)$의 합을 구하라.

13 $f(x)$가 짝함수, 즉 $f(-x)=f(x)$일 때 $f=\sum a_n x^n$의 테일러 계수에 대해 어떤 것을 말할 수 있는가?

14 다음은 어떤 수열의 합인지 찾아라.

(a) $x+x^2-x^3+x^4+x^5-x^6+\cdots$

(b) $1+\frac{x^4}{4!}+\frac{x^8}{8!}+\cdots$

(c) $(x-1)-\frac{1}{2}(x-1)^2+\frac{1}{3}(x-1)^3-\cdots$

15 $(1-\cos x)/x^2$ 급수로부터 $x\to 0$의 극한을 로피탈 정리보다 빠르게 구하라.

16 $0<x<2\pi$에서 수렴하는 거듭제곱급수를 만들어라.

17~32 문제 **17**부터 **24**까지는 나머지 항에 관한 것이고 문제 **25**부터는 이항에 관한 것이다.

17 식 (2)를 이용하여 코사인 급수가 $x^8/8!$ 직전에 멈춘다면 R_7이 $x^8/8!$보다 작음을 보여라. 이는 코사인 급수가 교대급수라서 생기는 일인가?

18 만약 $x=2\pi$ 근처의 사인 급수가 문제 **10**의 항 이후에 멈출 때 식 (2)를 통해 나머지를 구하라.

19 식 (2)를 통해 등비급수에서 나머지 $R_n=x^{n+1}+x^{n+2}+\cdots$를 구하라. 그리고 $n=2$, $x=\frac{1}{2}$에 대해 R_n과 알려지지 않은 점 c를 계산해라.

20 $-\ln(1-x)=x+\frac{1}{2}x^2+\frac{1}{3}x^3+R_3$에 대해 식 (2)를 사용하여 $x=\frac{1}{2}$일 때 $R_3\le\frac{1}{8}$임을 보여라.

21 문제 **20**에서 R_n을 구하고 $x=\frac{1}{2}$일 때 급수가 함수로 수렴함을 보여라($R_n\to 0$임을 보여라).

22 e^x에 관한 R_n을 계산해서 e^x의 $x=1$ 근처의 테일러 급수가 $n\to\infty$일 때 e^x으로 수렴함을 보여라.

23 **($n=2$일 때 나머지정리의 증명)**

(a) $x=a$일 때 R_2, R'_2, R''_2, R'''_2를 찾아라.

(b) $x=a$일 때 $g(x)=(x-a)^3$을 구하고 g', g'', g'''을 찾아라.

(c) 어떤 정리를 통해 $\frac{R_2(x)-R_2(a)}{g(x)-g(a)}=\frac{R'_2(c_1)}{g'(c_1)}$을 얻는가?

(d) $\frac{R'_2(c_1)-R'_2(a)}{g'(c_1)-g'(a)}=\frac{R''_2(c_2)}{g''(c_2)}$와 $\frac{R''_2(c_2)-R''_2(a)}{g''(c_2)-g''(a)}=\frac{R'''_2(c)}{g'''(c)}$에서 c_1, c_2, c는 각각 어디에 있는가?

(e) (a)~(d)를 합쳐서 나머지정리에 대한 식 (2)에 대입해라.

24 $x=0$에서 $f(0)=0$을 포함한 $f(x)=e^{-1/x^2}$의 모든 도함수는 0이다. $f(0.1)$은 얼마인가? $x=0$에서의 테일러 급수는 무엇인가? 수렴반지름은 무엇인가? 어디에서 급수가 $f(x)$로 수렴하는가? $x=1$, $n=1$에서 식 (2)에서의 나머지는 무엇인가?

25 (a) $1/\sqrt{1-x^2}$의 이항급수의 처음 세 개의 항을 구하라.

(b) $\sin^{-1}x$를 적분해서 테일러 급수의 처음 세 개의 항을 구하라.

26 $1/\sqrt{1-x}=\sum a_n x^n$의 이항계수가 $a_n=1\cdot3\cdot5\cdots(2n-1)/2^n n!$임을 보여라.

27 $p=-1$과 $p=-2$에 대해 이항계수에 대한 깔끔한 공식을 구하라.

28 $\sum^{\infty} nx^{n-1}=\sum^{\infty}(n+1)x^n$ 식이 성립하도록 더미 변수를 바꾸고, n이 작을 때의 극한을 더해라.

29 $(1-x)^{-1}=\sum x^n$에서 x^n의 계수는 한 명의 친구가 있을 때 n명씩 그룹을 만드는 경우의 수이다(이는 중복해서 뽑는 것도 허용하므로 이항계수가 아니다). 계수는 1이고 동일한 친구를 n번 뽑는 경우인 오직 한 가지 경우만 있다.

(a) 2명의 친구들을 중복하여 뽑아 n명 크기의 그룹을 만드는 경우의 수를 설명하라($n+1$개의 그룹이 있다).

(b) 3명의 친구들을 중복하여 뽑아 5명 크기의 그룹을 만드는 경우는 몇 가지인가?

30 (a) $1+x+x^2+\cdots$과 $1+x+x^2+\cdots$을 곱할 때 x^n의 계수는 무엇인가? 처음 세 개의 항을 구하라.

(b) $\left(\sum x^k\right)^3$에서 x^5의 계수는 무엇인가?

31 $\sqrt{1+4x}$의 이항급수가 정수 계수를 가짐을 보여라(x^n이 $(4x)^n$으로 바뀌는 것을 명심하라. 이 계수는 경우의 수를 셀 때 중요하다).

32 $1/\sqrt{1+4x}$의 급수에서 x^n의 계수가 $(2n)!$이고 이는 $(n!)^2$으로 나누어짐을 보여라.

33~36 이항급수를 사용해서 다음을 1/1000보다 작은 오차 범위로 구하라.

33 $(15)^{1/4}$

34 $(1001)^{1/3}$

35 $(1.1)^{1.1}$

36 $e^{1/1000}$

37 $\sec x=1/[1-(1-\cos x)]$에서 x^6까지 테일러 급수를 구하라. 수렴반지름 r(발산하는 점까지의 거리)은 얼마인가?

38 $\sec^2 x=1/[1-\sin^2 x]$에서 x^2까지 테일러 급수를 구하라. 문제 37의 시컨트 급수를 제곱해서 확인하고, 문제 39의 탄젠트 급수를 미분해서 확인하라.

39 **(급수의 나눗셈)** $\sin x/\cos x$의 긴 나눗셈을 통해 $\tan x$를 구하라.

$$\left(x-\frac{x^3}{6}+\frac{x^5}{120}-\cdots\right)\Big/\left(1-\frac{x^2}{2}+\frac{x^4}{24}-\cdots\right)=x+\frac{x^3}{3}+\frac{2x^5}{15}+\cdots$$

40 **(급수의 합성)** $f=a_0+a_1x+a_2x^2+\cdots$과 $g=b_1x+b_2x^2+\cdots$일 때 $f(g(x))$의 $1, x, x^2$의 계수를 찾아라. 이를 $f(g(x))=1-x$인 $f=1/(1+x)$, $g=x/(1-x)$으로 검증하라.

41 **(급수의 곱셈)** $\sin x$와 $1/(1-x)$에 대한 두 급수를 곱해서 $f=\sin x/(1-x)$의 처음 네 개의 항을 구하라.

42 **(급수의 역함수)** $f=a_1x+a_2x^2+\cdots$에 대해 $f(g(x))=x$를 만족하는 $g=b_1x+b_2x^2+\cdots$의 계수 b_1, b_2를 구하라. $f=e^x-1$, $g=f^{-1}=\ln(1+x)$에 대해 b_1, b_2를 구하라.

43 $(\sin x)(\sin x)$의 곱이나 $f(x)=\sin^2 x$의 미분을 사용하여 급수의 처음 세 개의 항을 구하라. 쉽고 교묘한 방법을 사용하여 $\cos^2 x$ 급수의 처음 네 개의 항을 구하라.

44 어떤 방법을 사용해서든 $f=(1-x)/(1-x^3)$에 대해 0이 아닌 처음 여섯 개의 항을 구하라.

45 $1/\sqrt{1-x}$ 급수의 처음 네 개의 항을 구하라. 이를 제곱해서 원래의 등비급수를 얻어라.

46 거듭제곱급수를 적분해서 $\int_0^1 e^{-x^2}dx$를 소수점 아래 셋째 자리까지 구하라.

47 거듭제곱급수를 이용하여 $\int_0^1 \sin^2 t\,dt$을 소수점 아래 넷째 자리까지 구하여라.

48 $x=-1$에서 도함수 $\sum x^{n-1}$이 발산해도, 원래의 함수 $\sum x^n/n$은 수렴함을 보여라. 이들은 어떻게 같은 수렴반지름을 가질 수 있는가?

49 급수로부터 극한 $\lim_{x\to 0}(\sin x - \tan x)/x^3$를 계산하라.

50 a_n의 n제곱이 $L>0$으로 수렴하면 $\sum a_n x^n$이 수렴반지름 $r=1/L$을 갖는 이유를 설명하라.

51 함수가 발산하는 점들을 이용하여 $(1+\tan x)/(1+x^2)$에 대해 중심점 $a=0$ 근처와 $a=1$ 근처의 수렴반지름 r을 각각 찾아라.

11장 벡터와 행렬

Vectors and Matrices

이 장에서는 미적분의 새로운 부분을 다룬다. 그 새로운 부분은 다차원 미적분학으로, 주제가 더 많은 차원을 가진 것으로 바뀐다. 1장부터 10장까지는 모든 함수가 시간 t 혹은 위치 x의 함수였지만, 둘 모두에 의존하는 함수는 아니었다. 즉 우리는 $f(t)$ 혹은 $y(x)$와 같은 함수를 다루었으며 이 함수들의 그래프는 평면에서의 곡선이었다. 그 함수들은 하나의 독립변수(x 또는 t)와 하나의 종속변수(y 혹은 f)를 가지고 있었다. 이제 우리는 x와 t 모두에 의존하는 함수 $f(x,t)$를 만나게 된다. 그들의 그래프는 곡선이 아닌 **곡면**이다. 이들은 우리에게 **다변수 미적분학**을 알려준다.

$f(x,t)$ 혹은 $f(x,y)$, $f(x,y,t)$를 나타내는 곡면으로부터 시작하자. 함수들을 강조하는 이유는 미적분학이 다루고자 하는 대상이 바로 함수이기 때문이다.

예제 1 $f(x,t)=\cos(x-t)$는 움직이는 파동이다(움직이는 코사인 곡선이다).

$t=0$일 때 곡선은 $f=\cos x$이다. $t=0$ 이후에 곡선은 오른쪽으로 움직인다([그림 11-1]). 각 t마다 전체 $x-t$ 곡면에서의 단면을 얻을 수 있다. 줄을 따라 움직이는 파동에서 높이는 위치뿐만 아니라 시간에도 의존한다.

함수는 경기장에서 관중이 파도타기 응원을 할 때처럼 파동 모양으로 움직인다.

예제 2 $f(x,y)=3x+y+1$은 경사진 지붕이다(시간이 고정되어 있을 때).

곡면은 2차원이다. 여러분은 곡면 위를 걸을 수 있다. 이 함수는 $3x+y+1$이 선형함수이기 때문에 평평하다. y 방향으로 곡면은 $45°$각도로 위를 향하고 있다. y가 1만큼 증가할 때 f도 1만큼 증가하므로 그 기울기는 1이다. x 방향으로는 지붕은 더 가파르다(기울기 3). 이 두 방향 사이에 지붕이 가장 가파른(기울기 $\sqrt{10}$) 방향이 있다.

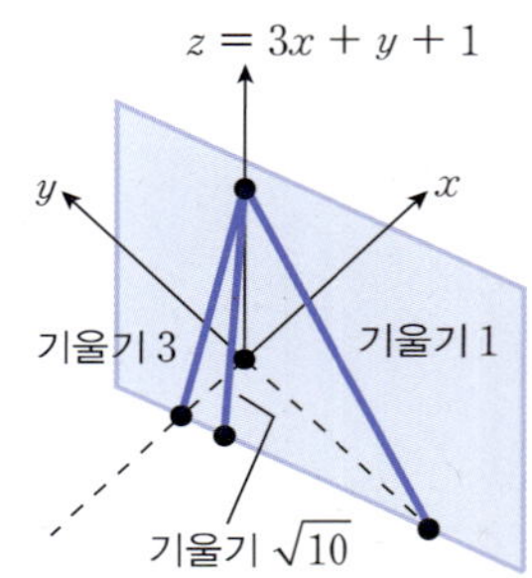

[그림 11-1] 선형함수는 평면을 나타낸다.

예제 3 $f(x,y,t)=\cos(x-y-t)$는 파도가 치는 해수면이다.

이 곡면은 움직인다. 각 시간 t마다 우리는 새로운 xy 곡면을 얻는다. 위치에 대한 x,y 변수와 시간에 대한 변수 t까지 총 세 개의 변수가 있다. 이 함수를 그리려면 4차원이 필요하므로 그림을 그릴 수 없다. 기초 좌표는 x,y,t이며 높이가 f이다. 이 함수를 보기 위한 다른 방법은 시간 t에 따라 바뀌는 xy 곡면을 보여주는 영상을 보는 것이다.

시간 $t=0$일 때 해수면은 $\cos(x-y)$로 주어지며 파도들은 직선 형태이다. 직선 $x-y=0$은 파도의 꼭대기를 따라가는데 그 이유는 $\cos 0=1$이기 때문이다. 다음 파도의 꼭대기 점들은 평행한 직선 $x-y=2\pi$이며 이는 $\cos 2\pi=1$이기 때문이다. [그림 11-1]은 고정된 시간일 때 해수면을 보여준다.

[그림 11-2] 움직이는 코사인은 작은 착시 현상을 일으킨다. 영상을 재생하면 어두운 띠는 위에서 아래로 가는 것처럼 보인다.

직선 $x-y=t$는 시간 t에서의 꼭대기를 나타낸다. (경기장에서의 관중처럼) 물은 위아래로 진동한다. **파도는 육지로 가지만, 물은 바다에 머무른다.**

물론 다차원 미적분학은 파동을 위한 것만은 아니다. 경영학에서 수요는 가격과 날짜의 함수이다. 공학에서 속도와 온도는 위치 x와 시간 t에 의존한다. 생물학에서는 한 번에 많은 변수들을 다룬다(그리고 통계학은 항상 $z=x+2y$와 같은 선형 관계를 찾으려 한다). 미분과 적분을 더 높은 차원으로 옮기기 위해 더러운 작업을 해야 한다.

11.1 벡터와 내적

평면에서 모든 점은 두 개의 수로 표시할 수 있다. 가로 방향으로 x를 측정한 후 세로 방향으로 y를 측정한다. 우리는 원점으로부터 시작하여 (x, y)인 좌표를 구할 수 있다. 이제 이러한 움직임을 $(0, 0)$으로부터 출발하여 (x, y)에서 끝나는 직선인 **벡터**를 통해 묘사하고자 한다. 이 벡터 $\mathbf{v}$는 **방향**을 가지며 그 방향은 $(0, 0)$에서 (x, y)로 향하는 방향이다.

[그림 11-3]에서 벡터는 화살표로 표시된다. $\mathbf{v}$는 두 개의 성분을 통해 주어진다. 열벡터의 경우 x를 y 위에 쓴다.

$$\mathbf{v}=\begin{bmatrix} x \\ y \end{bmatrix} \quad (x\text{와 } y\text{는 } \mathbf{v}\text{의 성분이다}) \tag{1}$$

$\mathbf{v}$가 굵은 글씨로 인쇄되어 있음에 주목하라. 그 성분인 x, y는 가는 글씨체로 인쇄되어 있다.[1] 벡터 $-\mathbf{v}$는 $\mathbf{v}$와 반대 방향이며 반대 부호를 가진다. $\mathbf{v}$에 $-\mathbf{v}$를 더하면 **영벡터**가 된다(수 0과는 다르며 굵은 글씨로 인쇄된다).

1 벡터를 나타내는 다른 방법은 $\vec{v}$이다. 여러분은 화살표 없이도 벡터를 인지하게 될 것이다.

$$-\mathbf{v}=\begin{bmatrix} -x \\ -y \end{bmatrix} \quad \text{및} \quad \mathbf{v}-\mathbf{v}=\begin{bmatrix} x-x \\ y-y \end{bmatrix}=\begin{bmatrix} 0 \\ 0 \end{bmatrix}=\mathbf{0} \tag{2}$$

x와 y 각각에 대하여 벡터의 덧셈과 뺄셈이 어떻게 행해지는지 살펴보라.

$$\mathbf{v}+\mathbf{w}=\begin{bmatrix} 3 \\ 1 \end{bmatrix}+\begin{bmatrix} -1 \\ 2 \end{bmatrix}=\begin{bmatrix} 2 \\ 3 \end{bmatrix} \tag{3}$$

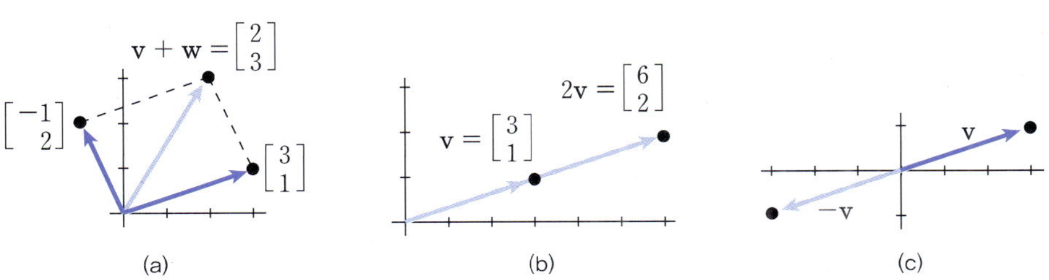

[그림 11-3] (a) $\mathbf{v}+\mathbf{w}$에 대한 평행사변형, (b) $2\mathbf{v}$의 경우 늘어남, (c) $-\mathbf{v}$의 경우 부호가 바뀜

벡터 $\mathbf{v}$는 성분 $v_1 = 3$과 $v_2 = 1$을 가진다(여기서는 첫 번째 성분에 대하여 v_1, 두 번째 성분에 대하여 v_2라 표기하였다. 두 개의 성분을 가진 경우 x, y로도 표기할 수 있다). 벡터 $\mathbf{w}$는 $w_1 = -1$ 및 $w_2 = 2$를 성분으로 가진다. 벡터들을 더하기 위해서는 성분들을 각각 더하라. **이 덧셈을 그리려면 w의 시작점을 v의 끝점에 두어라.** [그림 11-3]은 $\mathbf{v}$가 끝나는 곳에서 $\mathbf{w}$가 어떻게 시작되는지를 보여준다.

성분이 없는 벡터들

앞에서 다룬 머리와 꼬리를 이어 더하는 $\mathbf{v}+\mathbf{w}$에서 우리는 새로운 것을 하였다. 벡터 $\mathbf{w}$는 원점으로부터 옮겨졌으며 그 길이와 방향은 바뀌지 않았다! 새로운 화살표는 이전 화살표와 평행하며 시작점만 다르다. 즉 벡터는 처음과 같다.

벡터는 원점과 x축, y축 없이도 정의될 수 있다. 축의 목적은 두 개의 독립적인 거리 x와 y로 나타내어지는 성분을 나타내기 위한 것이다. 이 수들은 계산을 할 때 필요하다. 하지만 x좌표와 y좌표는 머리부터 꼬리까지 이은 $\mathbf{v}+\mathbf{w}$를 계산할 때, 벡터 $\mathbf{v}$를 $2\mathbf{v}$로 늘일 때, 혹은 선형 결합 $2\mathbf{v}+3\mathbf{w}$를 계산할 때는 필요하지 않다. 몇몇 응용에서는 좌표에 의존하지만 다른 응용들에서는 그렇지 않다.

일반적으로 말하면 물리학은 좌표축 없이도 잘 동작한다. 즉 좌표축에 대해 자유롭다. **속도**는 방향과 크기를 가지지만, 한 점에 메여 있을 필요는 없다. **힘** 또한 방향과 크기를 가지지만 원점이 아닌 어느 곳에든 작용할 수 있다. 반면에 다섯 주의 주식값을 나타내는 벡터는 공간에 자유롭게 떠다닐 수 없다. 각 성분에 의미가 있다. 이 경우 다섯 개의 축이 있으며, 우리는 언제 가격이 0이 될지를 안다. 좌표축이 없는 기하학과 물리학의 예를 살펴본 후에 성분을 가진 벡터로 다시 돌아올 것이다.

예제 1 **(기하학)** 공간에서 임의로 네 변을 가진 그림을 택하자. 직선인 네 변의 중점을 이어라. **이 네 개의 중점은 같은 평면 위의 점이다.** 뿐만 아니라 이 네 개의 점은 평행사변형을 이룬다.

솔직히 말해 이 사실은 놀랍다. [그림 11-4(a)]는 이 문제의 답을 제대로 보여주지 못한다. 왜냐하면 모든 점이 종이 위(한 평면)에 인쇄되어 있기 때문이다. 벡터 $\mathbf{A}$와 $\mathbf{D}$가 위를 향해있다고 상상해보자. $\mathbf{B}$와 $\mathbf{C}$는 다른 각도로 아래를 향해 내려간다. 축이나 원점을 고려하지 않고도 네 변을 벡터로 얼마나 쉽게 나타낼 수 있는지 살펴보자.

이제 $\mathbf{V}=\mathbf{W}$임을 증명할 것이다. 이 사실이 중점들이 평행사변형을 형성함을 보자. $\mathbf{V}$는 무엇인가? 이 벡터는 $\mathbf{A}$의 절반 지점에서 시작하여 $\mathbf{B}$의 절반 지점에서 끝난다. 아래쪽의 작은 삼각형은 $\mathbf{V} = \frac{1}{2}\mathbf{A} + \frac{1}{2}\mathbf{B}$임을 보여준다. 이것이 벡터의 덧셈이다. $\frac{1}{2}\mathbf{B}$의 꼬리는 $\frac{1}{2}\mathbf{A}$의 머리에 있다. 이 둘을 합치면 지름길인 $\mathbf{V}$와 같다. 같은 이유로

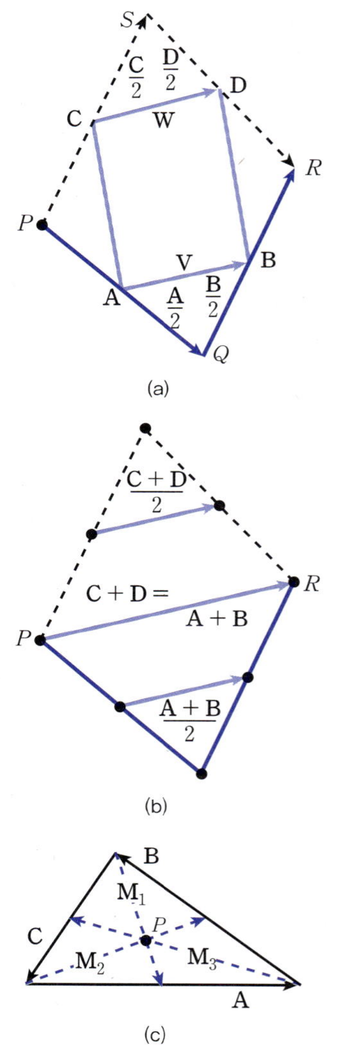

[그림 11-4] (a), (b) 네 중점은 평행사변형을 형성한다($\mathbf{V}=\mathbf{W}$). (c) 세 중선은 점 P에서 만난다.

$W = \frac{1}{2}C + \frac{1}{2}D$와 같다. 증명의 핵심은 이들 간의 관계를 보는 것이다.

한 단계가 남았다. $\frac{1}{2}A + \frac{1}{2}B$가 $\frac{1}{2}C + \frac{1}{2}D$와 같은 이유는 무엇인가? 즉 $A + B$가 $C + D$와 같은 이유는 무엇인가(2를 곱하였다)? 올바른 질문을 하면 답이 자동으로 나온다. 머리부터 꼬리까지 이어 더하면 $A + B$는 점 R로 이어진다. **또한 $C + D$도 점 R로 이어진다.** 증명은 다음과 같이 한 줄로 끝난다.

> $A + B = PR = C + D$이다. 이때 $V = \frac{1}{2}A + \frac{1}{2}B$는 $W = \frac{1}{2}C + \frac{1}{2}D$와 같다.

예제 2 **(기하학)** 임의의 삼각형에 대하여 각 꼭지점에서 그 대변의 중점을 잇는 선을 그려라. 벡터를 통해 증명할 사실은 **'이 세 선들은 한 점에서 만난다'**이다. [연습문제 11.1.38]에서는 [그림 11-4(c)]에서 만나는 점을 찾는다. [연습문제 11.1.37]은 이 **세 벡터의 합이 영벡터**임을 설명한다.

예제 3 **(의학)** 심전도는 많은 작은 벡터들의 합인 심장 벽에서의 전압을 보여준다. 심장 전문의가 살펴보는 두 가지 경우에서 벡터들의 합(심장 벡터 V)은 어떻게 될까?

1. 심장의 일부가 죽은 경우(**경색**)
2. 심장의 일부가 비정상적으로 두꺼운 경우(**비대증**)

심장 마비는 근육의 일부를 죽인다. 결함이 있는 혈관 혹은 고혈압이 근육에 무리를 준다. 1에서는 혈관이 막혀 산소 부족으로 세포가 죽는다. 2에서는 과도한 압력으로 인해 심장 벽의 크기가 3배가 된다. 여기에는 화학적 또는 물리적 요인이 있을 수 있다. 우리가 보는 효과는 전기적인 것이다.

기계는 작은 벡터들을 더하고 이를 12개의 방향으로 '정사영'한다.

팔, 왼쪽 다리 및 가슴에 연결된 전극 케이블은 몸의 열두 방향에서 심장의 전기 신호를 파악한다. 각 그래프는 이러한 방향 중 하나에 대한 V의 성분을 보여준다. 세 개의 **정사영**(이들 중 두 개는 수직인 평면, 나머지 하나는 2번째 전극 케이블의 앞뒤 방향)된 벡터들이 [그림 11-5]의 '평균 QRS 벡터'를 생성한다. 이것이 심실이 수축하기 시작할 때의 합 V이다. 좌심실은 커지고, 이에 따라 심장 벡터는 일반적으로 좌측 아래를 가리키게 된다.

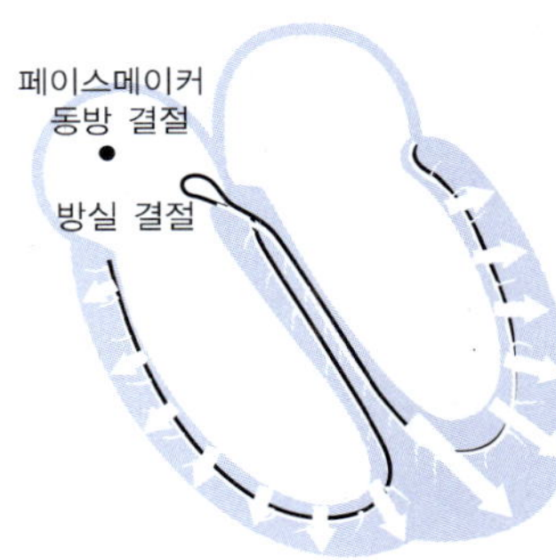

(a)

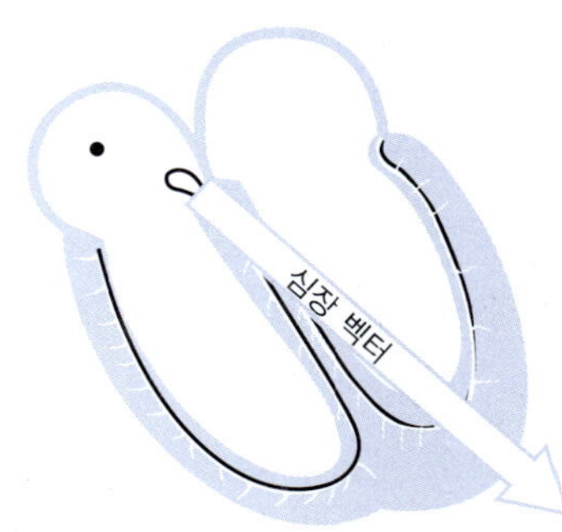

(b)

[그림 11-5] V는 탈분극의 순간에 작은 전압 벡터들의 합이다.

우리는 곧 **정사영**에 대하여 살펴보게 될 것이지만 여기에서의 질문은 V 자체에 대한 것이다. 심전도가 어떻게 문제를 찾아낼까?

1. 심장 마비 죽은 세포들은 전기 에너지를 만들어내지 못한다. 즉 몇몇 작은 벡터들이 빠지게 된다. 따라서 합 **V**는 경색된 부분으로부터 멀어지게 된다.
2. 비대증 거대해진 부분은 퍼텐셜에 미치는 영향이 증가한다. 즉 몇몇 벡터들이 다른 벡터들보다 커진다. 따라서 **V**는 두꺼워진 부분을 향하게 된다.

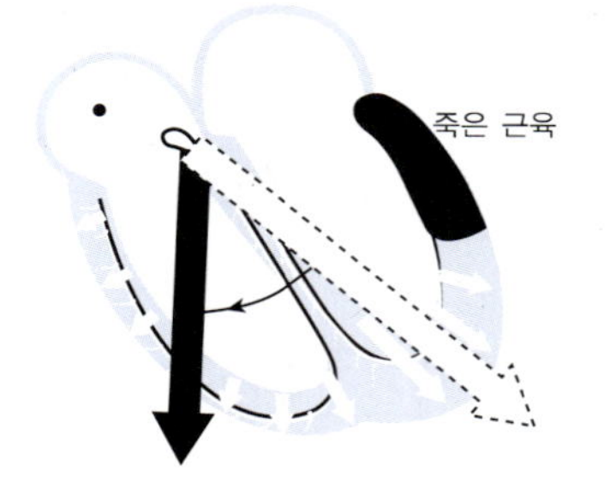

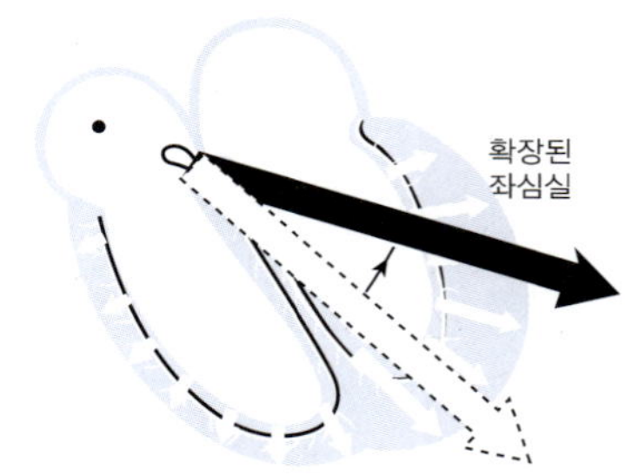

[그림 11-6] **V**의 변화가 죽은 근육과 무리가 간 근육을 보여준다.

V가 비정상적인 방향을 향하면 심전도 그래프는 문제가 발생한 위치를 찾는다. P, Q, R, S, T 파동 각각의 그래프는 심장의 다른 영역에서 비대증이 일어났는지를 알려줄 수 있다. 경색은 주로 혈액 공급이 가장 많이 필요한 좌심실에서 일어난다. 산소 공급이 줄어들면 좌심실이 이를 가장 먼저 느낀다. 산소 공급 부족의 결과는 심장 마비(=심근 경색=관상 동맥 폐색)이다. 11.2절에서는 심전도의 정사영이 그 위치를 어떻게 가리키게 되는지 보여줄 것이다.

우선 벡터의 기본 개념인 성분, 길이, 내적을 살펴보자.

좌표 벡터와 길이

벡터들로 계산하기 위해서는 축과 좌표가 필요하다. 심장의 그림은 '좌표'에 의존하지는 않지만 계산하기 위해서는 수가 필요하다. 벡터는 그 성분들을 통해 알 수 있다. 단위 벡터들은 평면에서 **i**, **j**로, 공간에서는 **i**, **j**, **k**로 표시한다.

$$\text{2차원}: \ \mathbf{i} = \begin{bmatrix} 1 \\ 0 \end{bmatrix}, \ \mathbf{j} = \begin{bmatrix} 0 \\ 1 \end{bmatrix} \qquad \text{3차원}: \ \mathbf{i} = \begin{bmatrix} 1 \\ 0 \\ 0 \end{bmatrix}, \ \mathbf{j} = \begin{bmatrix} 0 \\ 1 \\ 0 \end{bmatrix}, \ \mathbf{k} = \begin{bmatrix} 0 \\ 0 \\ 1 \end{bmatrix}$$

우리가 얼마나 쉽게 3차원으로 오게 되었는지 보아라! 유일한 차이점은 벡터가 세 개의 성분을 갖게 되었다는 것뿐이다. **i**, **j** (혹은 **i**, **j**, **k**)의 조합은 평면의 모든 벡터 **v**(혹은 공간의 모든 벡터 **V**)를 생성한다.

$$\mathbf{v} = 3\mathbf{i} + \mathbf{j} = \begin{bmatrix} 3 \\ 1 \end{bmatrix} \qquad \mathbf{V} = \mathbf{i} + 2\mathbf{j} - 2\mathbf{k} = \begin{bmatrix} 1 \\ 2 \\ -2 \end{bmatrix}$$

이 벡터들은 $\mathbf{v} = (3,1)$ 및 $\mathbf{V} = (1,2,-2)$로 나타낼 수도 있다. 벡터의 성분은 또한 점의 좌표이기도 하다(벡터는 원점에서 그 점까지 진행한다). 점과 벡터의 이러한 관계는 매우 밀접하여 그 둘을 $P = (x, y, z)$ 및 $\mathbf{v} = (x, y, z) = x\mathbf{i} + y\mathbf{j} + z\mathbf{k}$처럼 같은 표기법으로 사용할 수 있다.

합 $\mathbf{v} + \mathbf{V}$는 전혀 의미가 없는 연산이다. 이 두 벡터는 다른 차원에 살고 있기 때문이다.

성분으로부터 벡터의 길이를 찾을 수 있다. $(3,1)$의 길이는 $\sqrt{3^2 + 1^2} = \sqrt{10}$ 이다.

이 길이는 직각삼각형으로부터 바로 나온다. 3차원의 경우 $\mathbf{V}$는 세 번째 성분을 가지며 이 성분도 제곱한 후 더해야 한다. 즉 $\mathbf{V}=(x,y,z)$의 길이는 $|\mathbf{V}|=\sqrt{x^2+y^2+z^2}$이다.

수직선 기호는 절댓값을 뜻하며 이 경우 길이를 나타낸다. $\mathbf{v}=3\mathbf{i}+\mathbf{j}$의 길이는 점 $(0,0)$에서 $(3,1)$까지의 거리이다.

$$|\mathbf{v}|=\sqrt{v_1^2+v_2^2}=\sqrt{10} \qquad \mathbf{V}=\sqrt{1^2+2^2+(-2)^2}=3$$

단위 벡터는 길이가 1인 벡터이다. $\mathbf{v}$와 $\mathbf{V}$를 그들의 길이로 나눔으로써 같은 방향을 나타내는 단위 벡터를 얻을 수 있다.

$$\frac{\mathbf{v}}{|\mathbf{v}|}=\begin{bmatrix}3/\sqrt{10}\\1/\sqrt{10}\end{bmatrix} \text{과 } \frac{\mathbf{V}}{|\mathbf{V}|}=\begin{bmatrix}1/3\\2/3\\-2/3\end{bmatrix} \text{는 단위 벡터이다.}$$

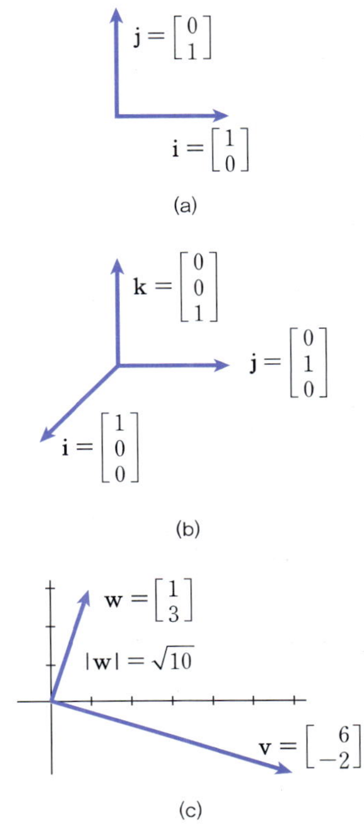

[그림 11-7] 좌표 벡터 $\mathbf{i},\mathbf{j},\mathbf{k}$. 서로 수직인 벡터 $\mathbf{v}\cdot\mathbf{w}=(6)(1)+(-2)(3)=0$

> [I] 영벡터가 아닌 각각의 벡터 $\mathbf{v}$는 양수인 길이 $|\mathbf{v}|$를 가진다. $\mathbf{v}$의 방향은 단위 벡터 $\mathbf{u}=\mathbf{v}/|\mathbf{v}|$에 의하여 주어진다. 길이와 방향을 곱하면 $\mathbf{v}$와 같다.

평면에서의 단위 벡터는 x축의 양의 방향과 이루는 각도 θ에 의하여 결정된다.

$$\mathbf{u}=\begin{bmatrix}\cos\theta\\\sin\theta\end{bmatrix}=(\cos\theta)\mathbf{i}+(\sin\theta)\mathbf{j}\text{는 단위 벡터이다.}$$

$$\text{즉 } |\mathbf{u}|^2=\cos^2\theta+\sin^2\theta=1\text{이다.}$$

3차원에서 단위 벡터의 성분들은 그 단위 벡터의 '방향 코사인'이다.

$$\mathbf{U}=(\cos\alpha)\mathbf{i}+(\cos\beta)\mathbf{j}+(\cos\gamma)\mathbf{k}$$
$$(\alpha,\beta,\gamma=x\text{축, } y\text{축, } z\text{축과 } \mathbf{U}\text{가 이루는 각도})$$

이때 $\cos^2\alpha+\cos^2\beta+\cos^2\gamma=1$이다. 우리는 수를 가지고 계산을 하고 있지만 동시에 벡터들로 기하학을 하고 있다. 대수학과 기하학을 동시에 공부할 수 있게 된 것은 데카르트의 훌륭한 업적 덕분이다.

두 벡터의 내적

벡터에는 두 가지의 기본 연산이 있다. 첫 번째는 벡터의 덧셈이다($\mathbf{v}+\mathbf{w}$). 두 번째로는 벡터의 스칼라 배이다($7\mathbf{v}$ 혹은 $-2\mathbf{w}$). 이제 자연스러운 질문이 떠오를 것이다. 두 벡터를 어떻게 곱할 것인가? 이 질문에 대한 답은 벡터끼리 곱할 필요가 없다는 것이다. 하지만 두 벡터로부터 시작하여 하나의 수를 만드는 아주 중요한 연산이 있다. 이 연산은 $\mathbf{v} \cdot \mathbf{w}$와 같이 두 벡터 사이에 점을 찍어 표시하며 **내적**이라고 부른다.

> **정의 1** 두 벡터의 내적은 두 벡터의 길이 $|\mathbf{v}|$와 $|\mathbf{w}|$를 곱한 후 두 벡터가 이루는 각의 코사인 값을 곱한다.
>
> $$\mathbf{v} \cdot \mathbf{w} = |\mathbf{v}||\mathbf{w}|\cos\theta, \quad \theta = \mathbf{v}\text{와 } \mathbf{w}\text{가 이루는 각}$$

예시 $\begin{bmatrix} 3 \\ 0 \end{bmatrix}$의 크기는 3이며, $\begin{bmatrix} 2 \\ 2 \end{bmatrix}$의 크기는 $\sqrt{8}$이고 두 벡터가 이루는 각은 45°이다. 이 두 벡터의 내적은 $|\mathbf{v}||\mathbf{w}|\cos\theta = (3)(\sqrt{8})(1/\sqrt{2}) = 6$이다. 길이를 구할 때 나온 제곱근은 코사인 값에서 나온 제곱근에 의해 상쇄된다. $\mathbf{v} \cdot \mathbf{w}$를 계산하기 위한 두 번째 방법은 훨씬 더 간단하며 제곱근을 포함하지 않는다.

> **정의 2** 두 벡터의 내적 $\mathbf{v} \cdot \mathbf{w}$는 성분별로 곱한 후 더하여 얻을 수 있다.
>
> $$\mathbf{v} \cdot \mathbf{w} = v_1 w_1 + v_2 w_2, \quad \begin{bmatrix} 3 \\ 0 \end{bmatrix} \cdot \begin{bmatrix} 2 \\ 2 \end{bmatrix} = (3)(2) + (0)(2) = 6$$

첫 번째 형태인 $|\mathbf{v}||\mathbf{w}|\cos\theta$는 좌표에 무관한 반면 두 번째 형태인 $v_1 w_1 + v_2 w_2$는 좌표를 통하여 계산한다. **성질 4**에서는 이 두 형태가 왜 같은지에 대하여 설명한다.

> [2] 삼차원 벡터의 **내적**(혹은 **스칼라 곱**, **점 곱**)은 다음과 같다.
>
> $$\mathbf{V} \cdot \mathbf{W} = |\mathbf{V}||\mathbf{W}|\cos\theta = V_1 W_1 + V_2 W_2 + V_3 W_3 \tag{4}$$
>
> 만약 두 벡터가 서로 수직이면 $\theta = 90°$이므로 $\cos\theta = 0$이고 $\mathbf{V} \cdot \mathbf{W} = 0$이다.

$$\begin{bmatrix} 1 \\ 2 \\ 3 \end{bmatrix} \cdot \begin{bmatrix} 4 \\ 5 \\ 6 \end{bmatrix} = 32\,(\text{수직이 아니다}) \qquad \begin{bmatrix} 2 \\ 2 \\ -1 \end{bmatrix} \cdot \begin{bmatrix} -1 \\ 2 \\ 2 \end{bmatrix} = 0\,(\text{수직이다})$$

내적값 32와 0은 각각 $|\mathbf{V}||\mathbf{W}|\cos\theta$와 같다. 따라서 두 번째 경우는 $\cos\theta$가 반드시 0이어야 하며 두 벡터가 이루는 각은 $\pi/2$거나 $-\pi/2$이다. 어떤 경우이든지 두 벡터가 이루는 각은 직각이다. 다행히도 코사인은 θ와 $-\theta$에 대한 값이 같으므로 θ의 부호를 결정할 필요는 없다.

성질 1. $\mathbf{V} = \mathbf{W}$일 때 각은 0이지만 코사인값은 0이 아니다. 이 경우에는 $\cos\theta = 1$이고 $\mathbf{V} \cdot \mathbf{V} = |\mathbf{V}|^2$이다. **벡터 $\mathbf{V}$와 그 자신과의 내적은 길이의 제곱이다.**

$$\mathbf{V}\cdot\mathbf{V}=(V_1, V_2, V_3)\cdot(V_1, V_2, V_3)=V_1^2+V_2^2-V_3^2=|\mathbf{V}|^2 \qquad (5)$$

성질 2. $\mathbf{i}=(1,0,0)$과 $\mathbf{j}=(0,1,0)$의 내적은 $\mathbf{i}\cdot\mathbf{j}=0$이다. 다시 말해 축들은 서로 수직이다. 마찬가지로 $\mathbf{i}\cdot\mathbf{k}=0$ 및 $\mathbf{j}\cdot\mathbf{k}=0$이다. 이들은 단위 벡터이다. 따라서 $\mathbf{i}\cdot\mathbf{i}=\mathbf{j}\cdot\mathbf{j}=\mathbf{k}\cdot\mathbf{k}=1$이다.

성질 3. 벡터의 내적은 계산을 간단하게 유지해주는 다음 세 가지 성질을 가진다.

1. $\mathbf{V}\cdot\mathbf{W}=\mathbf{W}\cdot\mathbf{V}$
2. $(c\mathbf{V})\cdot\mathbf{W}=c(\mathbf{V}\cdot\mathbf{W})$
3. $(\mathbf{U}+\mathbf{V})\cdot\mathbf{W}=\mathbf{U}\cdot\mathbf{W}+\mathbf{V}\cdot\mathbf{W}$

$\mathbf{V}$가 두 배가 될 때($c=2$), 내적도 두 배가 된다. $\mathbf{V}$가 $\mathbf{i}, \mathbf{j}, \mathbf{k}$ 성분으로 나누어질 때 내적도 세 부분으로 나누어진다. $\mathbf{V}\cdot\mathbf{W}=\mathbf{W}\cdot\mathbf{V}$이므로 같은 법칙이 $\mathbf{W}$에도 적용된다. $\mathbf{i}, \mathbf{j}, \mathbf{k}$에 대한 총 9개의 내적은 0 또는 1이므로 $\mathbf{V}$와 $\mathbf{W}$ 모두를 성분으로 나누어도 올바른 $\mathbf{V}\cdot\mathbf{W}$를 구할 수 있다.

$$\begin{aligned}\mathbf{V}\cdot\mathbf{W} &= V_1\mathbf{i}\cdot W_1\mathbf{i}+V_2\mathbf{j}\cdot W_2\mathbf{j}+V_3\mathbf{k}\cdot W_3\mathbf{k}+(6\text{개의 } 0)\\ &= V_1W_1+V_2W_2+V_3W_3\end{aligned}$$

성질 4. **두 가지 형태의 벡터 내적은 같다.** 이 사실은 $|\mathbf{V}-\mathbf{W}|^2$을 성분별로 계산하고 '코사인 법칙'을 적용하여 얻을 수 있다.

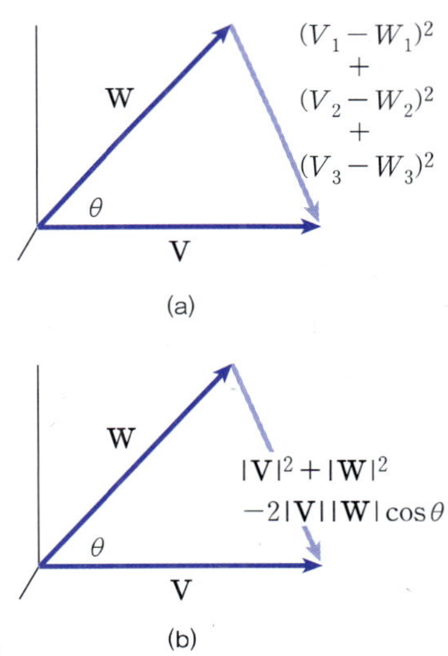

[그림 11-8] $(\mathbf{V}-\mathbf{W})\cdot(\mathbf{V}-\mathbf{W})=$ 길이의 제곱, 좌표와 코사인 법칙으로부터 얻는다.

성분으로 쓰면 $|\mathbf{V}-\mathbf{W}|^2=(V_1-W_1)^2+(V_2-W_2)^2+(V_3-W_3)^2$

코사인 법칙으로부터 $|\mathbf{V}-\mathbf{W}|^2=|\mathbf{V}|^2+|\mathbf{W}|^2-2|\mathbf{V}||\mathbf{W}|\cos\theta$

앞 두 줄을 비교해보라. 첫 줄에서는 V_1^2, V_2^2, V_3^2을 포함하고 있다. 이들의 합은 코사인 법칙에서의 $|\mathbf{V}|^2$과 일치한다. 또한 $W_1^2+W_2^2+W_3^2$은 $|\mathbf{W}|^2$과 일치한다. 나머지 -2를 포함하고 있는 항도 같다(여러분은 -2를 마음속에서 소거할 수 있을 것이다). 즉 두 정의는 일치한다.

$-2(V_1W_1+V_2W_2+V_3W_3)$은 $-2|\mathbf{V}||\mathbf{W}|\cos\theta$와 일치하며 이는 $-2\mathbf{V}\cdot\mathbf{W}$와 같다.

이 법칙은 모든 삼각형에 (심지어는 n차원에서도) 적용된다. [그림 11-8]에서 이 법칙의 벡터 형태는 $|\mathbf{V}-\mathbf{W}|^2=|\mathbf{V}|^2-2\mathbf{V}\cdot\mathbf{W}+|\mathbf{W}|^2$이다. 코사인 법칙은 좌표와 무관한데 $\mathbf{V}\cdot\mathbf{W}$에서 이를 잠깐 응용한 셈이다.

성질 5. 내적은 두 벡터가 이루는 각 θ의 코사인 값을 계산하기에 가장 좋은 방법이다.

$$\cos\theta = \frac{\mathbf{V}\cdot\mathbf{W}}{|\mathbf{V}||\mathbf{W}|} \qquad (6)$$

여기에 0부터 π까지의 각을 가지는 벡터 $\mathbf{V}$와 $\mathbf{W}$의 예시가 있다.

$\mathbf{i}$와 $3\mathbf{i}$는 같은 방향이다.	$\cos\theta = 1$	$\theta = 0$
$\mathbf{i}\cdot(\mathbf{i}+\mathbf{j}) = 1$은 양수이다.	$\cos\theta = 1/\sqrt{2}$	$\theta = \pi/4$
$\mathbf{i}$와 $\mathbf{j}$는 수직이다. 즉 $\mathbf{i}\cdot\mathbf{j} = 0$	$\cos\theta = 0$	$\theta = \pi/2$
$\mathbf{i}\cdot(-\mathbf{i}+\mathbf{j}) = -1$은 음수이다.	$\cos\theta = -1/\sqrt{2}$	$\theta = 3\pi/4$
$\mathbf{i}$와 $-3\mathbf{i}$는 반대 방향이다.	$\cos\theta = -1$	$\theta = \pi$

성질 6. 코시-슈바르츠 부등식 $|\mathbf{V}\cdot\mathbf{W}| \le |\mathbf{V}||\mathbf{W}|$는 $|\cos\theta| \le 1$로부터 얻을 수 있다.

좌변은 $|\mathbf{V}||\mathbf{W}||\cos\theta|$이다. 이 값은 우변의 $|\mathbf{V}||\mathbf{W}|$를 넘을 수 없다. 이 부등식은 수학에서 아주 중요한 부등식이며 이로부터 다음과 같은 많은 부등식들이 나온다.

기하평균 $\sqrt{xy} \le$ **산술평균** $\frac{1}{2}(x+y)$ (임의의 $x \ge 0$ 및 $y \ge 0$에 대하여 성립한다)

삼각부등식 $|\mathbf{V}+\mathbf{W}| \le |\mathbf{V}|+|\mathbf{W}|$ ($|\mathbf{V}|, |\mathbf{W}|, |\mathbf{V}+\mathbf{W}|$는 변들의 길이이다)

이들과 다른 예시들은 [연습문제 11.1.39~44]에 나와 있다. 슈바르츠 부등식 $|\mathbf{V}\cdot\mathbf{W}| \le |\mathbf{V}||\mathbf{W}|$는 $|\cos\theta| = 1$일 때 등호가 성립하며 이때 벡터들은 ____하다.

11.1 문장제 문제

01 벡터는 길이와 __a__를 가진다. 만약 벡터 $\mathbf{v}$가 6과 -8을 성분으로 가진다면 길이 $|\mathbf{v}|=$ __b__이며 방향 벡터는 $\mathbf{u}=$ __c__이다. 이때 $|\mathbf{v}|$와 $\mathbf{u}$의 곱은 __d__이다. 이 벡터는 $(0,0)$부터 점 $x=$__e__, $y=$__f__까지 진행한다. 좌표 벡터 $\mathbf{i}=$__g__와(과) $\mathbf{j}=$ __h__의 결합으로 쓰면 $\mathbf{v}=$ __i__$\mathbf{i}+$ __j__$\mathbf{j}$이다.

02 벡터를 더하기 위해서는 그 벡터들의 __k__을(를) 더한다. $\mathbf{v}=(6,-8)$과 $(1,0)$의 합은 __l__이다. $\mathbf{v}+\mathbf{i}$를 기하적으로 보기 위해서는 $\mathbf{i}$의 __m__을(를) $\mathbf{v}$의 __n__에 두어라. 이 벡터들은 대각선이 $\mathbf{v}+\mathbf{i}$인 __o__을(를) 형성한다(이때 다른 대각선은 __p__이다). 벡터 $2\mathbf{v}$와 $-\mathbf{v}$는 각각 __q__와(과) __r__이고 이 벡터들의 길이는 __s__와(과) __t__이다.

03 축과 좌표가 없는 공간에서 $\mathbf{V}$의 꼬리는 __u__에 위치할 수 있다. 같은 __v__을(를) 가지는 두 벡터는 같은 벡터이다. 만약 삼각형이 $\mathbf{V}$에서 시작하여 $\mathbf{W}$로 이어진다면 세 번째 변은 벡터 __w__이다. $\mathbf{V}$의 중점과 $\mathbf{W}$의 중점을 연결하는 벡터는 __x__이고, 이 벡터는 세 번째 변의 __y__이다. 좌표와 상관없는 이 형태에서 내적은 $\mathbf{V}\cdot\mathbf{W}=$ __z__이다.

04 성분을 사용하면 $\mathbf{V}\cdot\mathbf{W}=$ ___A___이며 $(1,2,1)\cdot(2,-3,7)=$ ___B___이다. ___C___이면 두 벡터는 서로 수직이다. ___D___이면 두 벡터는 평행하다. $\mathbf{V}\cdot\mathbf{V}$는 ___E___와(과) 같다. $\mathbf{U}+\mathbf{V}$와 $\mathbf{W}$의 내적은 ___F___와(과) 같다. $\mathbf{V}$와 $\mathbf{W}$ 사잇각 θ는 $\cos\theta=$ ___G___을(를) 만족하며 $\mathbf{V}\cdot\mathbf{W}$가 음수이면 θ는 ___H___이다. $\mathbf{i}+\mathbf{j}$와 $\mathbf{i}+\mathbf{k}$ 사이의 각은 ___I___이다. 크시-슈바르츠 부등식은 ___J___이며 $\mathbf{V}=\mathbf{i}+\mathbf{j}$ 및 $\mathbf{W}=\mathbf{i}+\mathbf{k}$에 이를 적용하면 $1\le$ ___K___이다.

11.1 연습문제

01~04 $\mathbf{V}+\mathbf{W}$, $2\mathbf{V}-3\mathbf{W}$, $|\mathbf{V}|^2$, $\mathbf{V}\cdot\mathbf{W}$, $\cos\theta$의 값을 계산하라.

01 $\mathbf{V}=(1,1,1)$, $\mathbf{W}=(-1,-1,-1)$

02 $\mathbf{V}=\mathbf{i}+\mathbf{j}$, $\mathbf{W}=\mathbf{j}-\mathbf{k}$

03 $\mathbf{V}=\mathbf{i}-2\mathbf{j}+\mathbf{k}$, $\mathbf{W}=\mathbf{i}+\mathbf{j}-2\mathbf{k}$

04 $\mathbf{V}=(1,1,1,1)$, $\mathbf{W}=(1,2,3,4)$

---

05 (a) (v_1,v_2)에 수직인 벡터를 한 개 찾아라.

(b) (v_1,v_2,v_3)에 수직인 벡터를 두 개 찾아라.

06 $(1,1,0)$에 수직이며 각각이 서로 수직인 두 벡터를 찾아라.

07 모든 2차원 벡터에 수직인 벡터는 무엇인가? 모든 3차원 벡터에 평행인 벡터는 무엇인가?

08 문제 01~04에서 $\mathbf{V}$와 같은 방향을 가지는 단위 벡터를 구하라.

09 만약 $\mathbf{v}$와 $\mathbf{w}$가 단위 벡터이면 $\mathbf{v}\cdot\mathbf{w}$의 기하학적인 의미는 무엇인가? $(\mathbf{v}\cdot\mathbf{w})\mathbf{v}$의 기하학적인 의미는 무엇인가? $\mathbf{v}=\mathbf{i}$ 및 $\mathbf{w}=(3/5)\mathbf{i}+(4/5)\mathbf{j}$인 경우의 그림을 그려라.

10 벡터 $(1,0)$과 θ의 각을 이루는 모든 단위 벡터를 적어라. 또한 벡터 $(1,0)$과 θ의 각을 이루는 모든 벡터를 적어라.

11 3차원에서 다음이 참인지 거짓인지 판별하라.

(a) 만일 $\mathbf{U},\mathbf{V}$가 $\mathbf{W}$와 모두 30°의 각을 이룬다면 $\mathbf{U}+\mathbf{V}$도 $\mathbf{W}$와 30°의 각을 이룬다.

(b) $\mathbf{U},\mathbf{V}$가 $\mathbf{W}$와 모두 90°의 각을 이룬다면 $\mathbf{U}+\mathbf{V}$도 $\mathbf{W}$와 90°의 각을 이룬다.

(c) $\mathbf{U},\mathbf{V}$가 $\mathbf{W}$와 모두 90°의 각을 이룬다면 이들도 서로 수직이다. 즉 $\mathbf{U}\cdot\mathbf{V}=0$이다.

12 $\mathbf{W}=(1,2,3)$에서 $\mathbf{V}=(1,1,1)$의 스칼라 배를 빼서 $\mathbf{W}-c\mathbf{V}$가 $\mathbf{V}$에 수직이 되도록 한다. 이때의 $\mathbf{V}$와 $\mathbf{W}$, $\mathbf{W}-c\mathbf{V}$를 그려라.

13 (a) 시계의 중앙에서 정시를 향하는 12개의 벡터의 합 $\mathbf{V}$는 무엇인가?

(b) 4시를 나타내는 벡터를 제거한 후 남는 다른 11개의 벡터의 합 $\mathbf{V}$를 구하라.

(c) 1시, 2시, 3시를 나타내는 벡터를 절반으로 줄일 때 이 12개의 벡터의 합 $\mathbf{V}$를 구하라.

14 (a) 정시를 향하는 12개의 벡터 중 하나 혹은 그 이상을 제거하여 그 합을 나타내는 벡터 $|\mathbf{V}|$를 가능한 한 크게 만들어라.

(b) 이 벡터들이 중앙이 아닌 시계의 꼭대기에서부터 시작한다고 가정하자(원점이 12시로 옮겨갔으므로, $\mathbf{v}_{12}=\mathbf{0}$이다). 새로운 합 벡터 $\mathbf{V}^*$는 무엇인가?

15 $P=(1,1,0)$, $O=(0,0,0)$, $Q=(1,2,-2)$일 때 각 POQ를 벡터를 활용한 방법으로 구하라.

16 (a) 단위 벡터 $\mathbf{u}_1=(\cos\theta,\sin\theta)$와 $\mathbf{u}_2=(\cos\phi,\sin\phi)$를 그려라. 내적을 사용하여 $\cos(\theta-\phi)$에 대한 공식을 찾아라.

(b) $\mathbf{u}_2$를 반시계 방향으로 90°회전한 $\mathbf{u}_3$을 그려라. 내적을 사용하여 $\sin(\theta+\phi)$에 대한 공식을 찾아라.

17 $\mathbf{v}=x\mathbf{i}+y\mathbf{j}$가 다음을 만족하게 하는 모든 점 (x,y)를 묘사하라.

(a) $|\mathbf{v}|=2$ (b) $|\mathbf{v}-\mathbf{i}|=2$

(c) $\mathbf{v}\cdot\mathbf{i}=2$ (d) $\mathbf{v}\cdot\mathbf{i}=|\mathbf{v}|$

18 (중요) 만약 $\mathbf{A}$와 $\mathbf{B}$가 원점으로부터 시작하며 평행하지 않은 벡터일 때, 다음을 묘사하라.

(a) 모든 수 t에 대하여 $t\mathbf{B}$의 끝점

(b) 모든 t에 대하여 $\mathbf{A}+t\mathbf{B}$의 끝점

(c) 모든 s,t에 대하여 $s\mathbf{A}+t\mathbf{B}$의 끝점

(d) $\mathbf{v}\cdot\mathbf{A}=\mathbf{v}\cdot\mathbf{B}$를 만족하는 벡터 $\mathbf{v}$

19 (a) $\mathbf{v}+2\mathbf{w}=\mathbf{i}$이며 $2\mathbf{v}+3\mathbf{w}=\mathbf{j}$일 때 $\mathbf{v},\mathbf{w}$를 구하라.

(b) $\mathbf{v}=\mathbf{i}+\mathbf{j}$이고 $\mathbf{w}=3\mathbf{i}+4\mathbf{j}$일 때, $\mathbf{i}=$ ____$\mathbf{v}+$ ____$\mathbf{w}$이다.

20 $P=(0,0), R=(0,1)$일 때 각 PQR이 $90°$가 되게 하는 모든 가능한 Q는 ________ 위에 놓인다.

21 (a) $\mathbf{A}=2\mathbf{i}+3\mathbf{j}$가 $\mathbf{B}=9\mathbf{i}+d\mathbf{j}$와 수직이 되도록 d를 정하라.

(b) $\mathbf{A}=\mathbf{i}+\mathbf{j}+\mathbf{k}$와 $\mathbf{B}=\mathbf{i}-\mathbf{k}$에 수직인 벡터 $\mathbf{C}$를 구하라.

22 만약 물에 대한 보트의 속도가 $\mathbf{V}$이고 지면에 대한 물의 속도는 $\mathbf{W}$일 때 배의 속력은 $|\mathbf{V}|+|\mathbf{W}|$가 아닌 ______이다.

23 정육면체의 한 대각선과 (a) 모서리 (b) 면의 대각선 (c) 다른 대각선이 이루는 각도를 구하라. 각 선을 고를 때는 대각선과 만나는 선을 골라라.

24 [예제 1](공간에서 네 변을 가진 도형)에서 삼각형 PQR을 그려라. 벡터를 사용하지 않는 기하학적인 방법을 통해 변 PR의 길이가 $\mathbf{V}$ 길이의 2배임을 보여라. 이와 마찬가지로 $|PR|=2|\mathbf{W}|$이다. 또한 $\mathbf{V}$는 $\mathbf{W}$와 평행한데, 이는 두 벡터가 모두 ______에 평행하기 때문이다. 따라서 앞과 마찬가지로 $\mathbf{V}=\mathbf{W}$이다.

25 (a) 만일 $\mathbf{A}$와 $\mathbf{B}$가 단위 벡터이면 이 두 벡터는 모두 $\mathbf{A}+\mathbf{B}$와 같은 각도를 이룸을 보여라.

(b) 만일 $\mathbf{A}, \mathbf{B}, \mathbf{C}$가 단위 벡터이고 $\mathbf{A}+\mathbf{B}+\mathbf{C}=0$이면 이 세 벡터는 ______삼각형을 이루며 어떠한 두 벡터에 대하여서도 그 사잇각은 ______이다.

26 (a) 평면에서 $\mathbf{i}$와 $\mathbf{j}$가 아닌 서로 수직인 두 단위 벡터 $\mathbf{I}$와 $\mathbf{J}$를 찾아라.

(b) 공간에서 $\mathbf{i}, \mathbf{j}, \mathbf{k}$가 아닌 서로 수직인 세 단위 벡터 $\mathbf{I}, \mathbf{J}, \mathbf{K}$를 찾아라.

27 $\mathbf{I}, \mathbf{J}$가 서로 수직일 때 $\mathbf{A}=a\mathbf{I}+b\mathbf{J}$와 내적을 취하여 a와 b를 구하라.

28 $\mathbf{I}=(\mathbf{i}+\mathbf{j})/\sqrt{2}$ 및 $\mathbf{J}=(\mathbf{i}-\mathbf{j})/\sqrt{2}$라 가정하자. $\mathbf{I}\cdot\mathbf{J}=0$임을 확인하고 $\mathbf{A}=2\mathbf{i}+3\mathbf{j}$를 결합 $a\mathbf{I}+b\mathbf{J}$로 나타내어라

가장 좋은 방법 : 문제 27에서의 a와 b를 사용한다.

다른 방법 : $\mathbf{I}, \mathbf{J}$로부터 $\mathbf{i}, \mathbf{j}$를 찾은 후 $\mathbf{A}$에 대입한다.

29 (a) 점 P가 단위원 위를 1의 속력으로 움직일 때(아래 그림 참조) 위치 벡터 OP와 속도 벡터 PQ를 구하라.

(b) 속력이 2인 경우로 바꾸어보라.

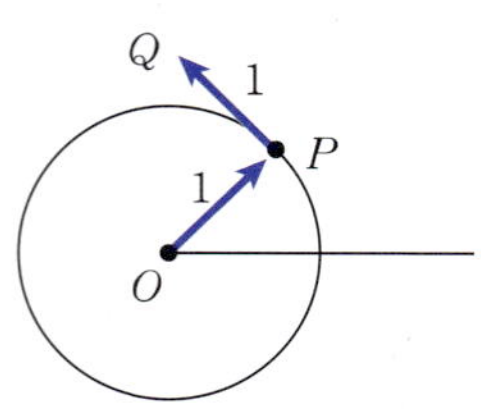

30 합 $(\mathbf{A}\cdot\mathbf{i})^2+(\mathbf{A}\cdot\mathbf{j})^2+(\mathbf{A}\cdot\mathbf{k})^2$은 ______와(과) 같다.

31 반원에서 벡터 $\mathbf{C}, \mathbf{D}$를 $\mathbf{A}, \mathbf{B}$로 나타내어라. $\mathbf{C}\cdot\mathbf{D}=0$임을 보여라(두 벡터는 수직으로 만난다).

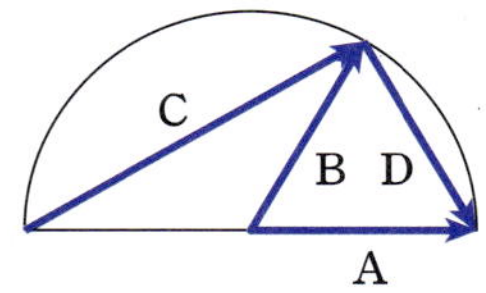

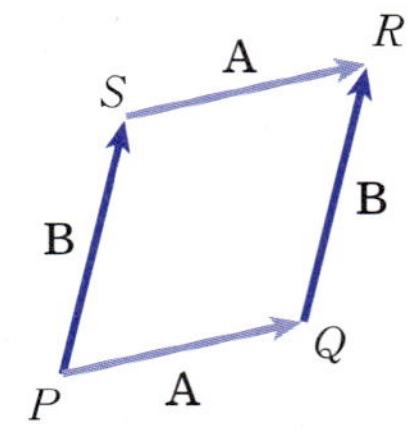

32 대각선 PR의 길이의 제곱은 다음과 같다.

$$|PR|^2=(\mathbf{A}+\mathbf{B})\cdot(\mathbf{A}+\mathbf{B})=\mathbf{A}\cdot\mathbf{A}+\mathbf{A}\cdot\mathbf{B}+\mathbf{B}\cdot\mathbf{A}+\mathbf{B}\cdot\mathbf{B}$$

다른 대각선 길이의 제곱인 $|QS|^2$을 더하여 다음 평행사변형 법칙을 증명하라.

$$|PR|^2+|QS|^2=(\text{네 변의 길이 제곱의 합})$$

33 만일 $(1,2,3), (3,4,7), (2,1,2)$가 평행사변형의 꼭짓점인 경우 가능한 마지막 꼭짓점을 모두 찾아라.

34 위 그림에서 평행사변형의 대각선은 $\mathbf{A}+\mathbf{B}$와 ______이다. 만일 두 대각선의 길이가 같다면 $\mathbf{A}\cdot\mathbf{B}=0$임을 증명하라. 이때 평행사변형의 넓이는 ______이다.

35 지구의 중심으로부터 시애틀까지의 벡터는 $a\mathbf{i}+b\mathbf{j}+c\mathbf{k}$이다.

(a) 시애틀과 같은 위도에 있는 지점을 이은 원에서 a, b, c에 대한 어떤 두 함수가 상수인가? $\mathbf{k}$는 북극을 향하는 벡터이다.

(b) 시애틀과 같은 경도에 있는 지점을 이은 원(경선)에서 a, b, c에 대한 어떤 두 함수가 상수인가?

(c) 보너스 문제 : 여러분의 현재 위치에 대한 a, b, c를 추정하라. 그리니치를 지나는 $0°$경도선에서는 $b=0$이다.

36 $|\mathbf{A}+\mathbf{B}|^2=|\mathbf{A}|^2+|\mathbf{B}|^2$이면 $\mathbf{A}$와 $\mathbf{B}$는 수직임을 증명하라.

37 [그림 11-4]에서 중선은 한 꼭짓점에서 그 대변의 중점으로 향하는 선이다. $\mathbf{A}, \mathbf{B}, \mathbf{C}$를 사용하여 $\mathbf{M}_1, \mathbf{M}_2, \mathbf{M}_3$을 나타내어라. $\mathbf{M}_1+\mathbf{M}_2+\mathbf{M}_3=0$임을 증명하라. $\mathbf{A}, \mathbf{B}, \mathbf{C}$ 사이에는 어떤 관계가 성립하는가?

38 삼각형의 세 중선에 대하여 각각의 $\frac{2}{3}$ 지점은 모두 동일하다. 이 사실로부터 $\mathbf{A}+\frac{2}{3}\mathbf{M}_3=\frac{2}{3}\mathbf{M}_2=$ ______이다. 이 세 벡터가 모두 같음을 보여라.

39 (a) $\mathbf{V}=\mathbf{i}+2\mathbf{j}+2\mathbf{k}$, $\mathbf{W}=2\mathbf{i}+2\mathbf{j}+\mathbf{k}$에 대하여 슈바르츠 부등식 $|\mathbf{V}\cdot\mathbf{W}|\le|\mathbf{V}||\mathbf{W}|$를 증명하라.

(b) $\mathbf{V}=(\sqrt{x}, \sqrt{y})$, $\mathbf{W}=(\sqrt{y}, \sqrt{x})$일 때 이 부등식은 어떻게 되는가?

40 슈바르츠 부등식에서 올바른 벡터 $\mathbf{W}$를 선택하여 다음이 성립함을 보여라.

$$(V_1+V_2+V_3)^2 \leq 3(V_1^2+V_2^2+V_3^2)$$

이때 $\mathbf{W}$는 어떻게 선택해야 하는가?

41 $a\mathbf{i}+b\mathbf{j}$와 $c\mathbf{i}+d\mathbf{j}$에 슈바르츠 부등식을 적용하면 다음과 같다. 이 식을 전개하여 좌변에서 우변을 뺀 값이 0보다 큰 것을 보여라.

$$(a^2+b^2)(c^2+d^2) \geq (ac+bd)^2$$

42 $\mathbf{A}+\mathbf{B}+\mathbf{C}=0$이면 세 벡터 $\mathbf{A}, \mathbf{B}, \mathbf{C}$는 삼각형을 이룬다. **삼각부등식** $|\mathbf{A}+\mathbf{B}| \leq |\mathbf{A}|+|\mathbf{B}|$는 어떤 한 변의 길이도 ______ 보다 작음을 말해준다. 슈바르츠 부등식으로부터 이를 증명할 수 있다.

$$|\mathbf{A}+\mathbf{B}|^2 = \mathbf{A}\cdot\mathbf{A}+2\mathbf{A}\cdot\mathbf{B}+\mathbf{B}\cdot\mathbf{B}$$
$$\leq |\mathbf{A}|^2 + \_\_\_\_\_\_ + |\mathbf{B}|^2 = (|\mathbf{A}|+|\mathbf{B}|)^2$$

43 다음이 참 또는 거짓임을 이유와 함께 판별하라.

(a) $|\mathbf{V}+\mathbf{W}|^2$은 $|\mathbf{V}|^2+|\mathbf{W}|^2$보다 클 수 없다.

(b) 실제 삼각형에서 $|\mathbf{V}+\mathbf{W}|$는 $|\mathbf{V}|+|\mathbf{W}|$와 같을 수 없다.

(c) $\mathbf{V}\cdot\mathbf{W}=\mathbf{W}\cdot\mathbf{V}$이다.

(d) $\boldsymbol{i}-\boldsymbol{j}+\boldsymbol{k}$와 수직인 벡터들은 모두 한 직선 위에 놓인다.

44 $\boldsymbol{V}=\boldsymbol{i}-2\boldsymbol{k}$일 때, $\mathbf{V}\cdot\mathbf{W}=|\mathbf{V}||\mathbf{W}|$ 및 $|\mathbf{V}+\mathbf{W}|=|\mathbf{V}|+|\mathbf{W}|$가 되도록 하는 $\mathbf{W}$를 구하라.

45 메탄 분자는 $(0,0,0)$에 탄소 원자를, $(1,1,-1)$, $(1,-1,1)$, $(-1,1,1)$, $(-1,-1,-1)$에 수소 원자를 가지고 있다. 다음 값을 구하라.

(a) 수소 원자 간의 거리

(b) 탄소 원자로부터 수소 원자로 향하는 벡터들의 사잇각

46 (a) $\mathbf{i}, \mathbf{j}$와 $45°$의 각도를 이루는 벡터 $\mathbf{V}$를 찾아라.

(b) $\mathbf{i}, \mathbf{j}$와 $60°$의 각도를 이루는 벡터 $\mathbf{W}$를 찾아라.

(c) $\mathbf{i}, \mathbf{j}$와 $30°$의 각도를 이루는 벡터가 없는 이유를 설명하라.

11.2 평면과 정사영

가장 중요한 '곡선'은 직선이다. 따라서 가장 중요한 함수는 선형함수이다. 우리는 이 책의 첫 장에서 $y=mx+b$의 그래프가 직선임을 배운 적이 있다. 지금의 목표는 3차원으로 옮겨가는 것이며, 3차원에서의 그래프는 **곡면**이다. 결과적으로 곡면은 휘어지게 된다. 하지만 미적분학은 직선에 대응하는 평평한 곡면으로부터 시작한다.

평면의 기하학적인 아이디어는 **평면의 방정식**을 찾음으로써 계산 문제로 바뀌게 된다. 일반적인 공식뿐만 아니라 특수한 평면에 대한 특별한 방정식까지도 찾을 수 있다.

직선은 한 점 (x_0, y_0)과 기울기 m에 의하여 결정되었다. 점-기울기형 직선의 방정식은 $y-y_0=m(x-x_0)$이다. 이 식은 선형방정식이고 $y=y_0$ 및 $x=x_0$일 때 성립하며 dy/dx의 값은 m이다. 평면의 경우 직선과 마찬가지로 특별한 점 (x_0, y_0, z_0)으로부터 시작한다. 하지만 평면의 기울기는 간단하지 않다. 예를 들어 $45°$의 각도를 이루며 '기울기 1'로 올라가는 많은 평면들이 있기에 이와 같은 평면을 결정하기 위해서는 더 많은 정보가 필요하다.

평면의 방향은 벡터 $\mathbf{N}$에 의하여 묘사된다. 이 벡터는 평면에 속해 있지는 않지만 평면에 수직이다. 평면 위에는 각기 다른 방향을 가진 수많은 벡터가 있다. 여기서 평면에

수직인 방향은 단 하나뿐이다. 이 수직인 방향을 향하는 벡터를 **법선 벡터**라 한다. 법선 벡터 $\mathbf{N}$은 '위' 혹은 '아래'를 향할 수 있다. 이때 $\mathbf{N}$의 길이는 중요하지 않다(종종 이 법선 벡터를 단위 벡터로 만든 후 $\mathbf{n}$이라 부를 것이다). $\mathbf{N}$과 한 점 $\boldsymbol{P_0}=(x_0, y_0, z_0)$을 알면 우리는 평면을 알 수 있다([그림 11-9]). 이 평면의 방정식을 구하기 위하여 내적을 사용하기로 한다. 두 벡터가 수직인지를 알려주는 핵심이 바로 내적이기 때문이다.

법선 벡터 $\mathbf{N}$은 그 성분들을 통해 (a,b,c)로 표시된다. 즉 $\mathbf{N}=a\mathbf{i}+b\mathbf{j}+c\mathbf{k}$이다. **이 벡터는 평면의 모든 방향과 수직이다.** 대표적인 방향으로 평면 위의 점 P_0에서 평면에 속한 다른 점 $P=(x,y,z)$를 향하는 방향을 생각하면 P_0부터 P까지 향하는 벡터는 성분 $(x-x_0, y-y_0, z-z_0)$을 가진다. 이 벡터는 평면 위의 벡터이므로 $\mathbf{N}$과의 내적을 취하면 0이 된다.

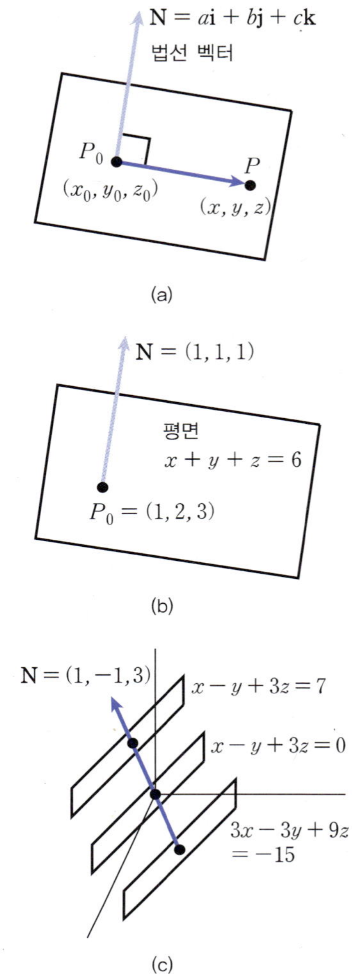

[그림 11-9] 평면의 법선 벡터. 평행한 평면들은 같은 법선 벡터 N을 갖는다.

---

3 P_0을 지나며 벡터 $\mathbf{N}=(a,b,c)$에 수직인 평면의 방정식은 다음과 같다.

$$(a,b,c)\cdot(x-x_0, y-y_0, z-z_0)=0 \quad \text{혹은}$$

$$a(x-x_0)+b(y-y_0)+c(z-z_0)=0 \tag{1}$$

점 P의 세 좌표 x,y,z가 이 방정식을 만족하면 점 P는 이 평면 위의 점이다.

예제 1 $P_0=(1,2,3)$을 지나며 $\mathbf{N}=(1,1,1)$을 지나는 평면을 나타내는 방정식은 $(x-1)+(y-2)+(z-3)=0$이다. 이 식은 $x+y+z=6$으로 다시 쓸 수 있다.

세 가지 사실에 주목하자. 첫째로, $1+2+3=6$이므로 P_0은 이 평면 위의 점이다. 둘째로, 식 $x+y+z=6$에서 x,y,z 각각의 계수를 통해 이 평면의 법선 벡터가 $\mathbf{N}=(1,1,1)$임을 알 수 있다. 셋째로, 법선 벡터를 $\mathbf{N}=(2,2,2)$로 바꿀 수 있으며 P_0을 $(8,2,-4)$로 바꿀 수 있다. 이는 $\mathbf{N}$이 여전히 평면에 수직이며 $8+2-4=6$이므로 P_0은 여전히 평면 위에 있기 때문이다.

새 법선 벡터 $\mathbf{N}=(2,2,2)$에 대한 평면의 식은 $2(x-1)+2(y-2)+2(z-3)=0$이고 이 식을 다시 쓰면 $2x+2y+2z=12$이다. 두 법선 벡터는 같은 방향이며 같은 평면이다.

새로운 점 $P_0=(8,2,-4)$에 대한 평면의 식은 $(x-8)+(y-2)+(z+4)=0$이다. 이 식은 $x+y+z=6$의 또 다른 형태이다. 평면을 결정하기 위해 필요한 모든 것은 법선 벡터 $\mathbf{N}$과 평면 위의 한 점 P_0이다.

예제 2 같은 법선 벡터 $\mathbf{N}=(1,1,1)$을 가지며 점 $(1,2,4)$를 지나는 평면은 다른 방정식 $(x-1)+(y-2)+(z-4)=0$을 가진다. 이 식은 $x+y+z=7$(6이 아니다)

이다. 상수항만 7과 6으로 다른 이 두 평면은 서로 평행하다.

$a(x-x_0)+b(y-y_0)+c(z-z_0)=0$에 대하여 종종 $ax_0+by_0+cz_0$을 우변으로 옮겨 상수 d라 부르기도 한다.

4 P_0 항들을 우변에 놓으면 평면의 방정식은 $\mathbf{N}\cdot\mathbf{P}=d$이다.

$$ax+by+cz=ax_0+by_0+cz_0=d \quad (2)$$

다른 d의 값은 평행한 평면을 만든다. $d=0$일 때는 원점을 지나는 평면이 된다.

예제 3 평면 $x-y+3z=0$은 원점 $(0,0,0)$을 지난다. 이 평면의 법선 벡터는 방정식으로부터 바로 읽을 수 있으며 $\mathbf{N}=(1,-1,3)$이다. 점 $P_0=(1,1,0)$과 $P=(1,4,1)$은 방정식을 만족한다. 이 두 점의 좌표의 차에 해당하는 벡터 $\mathbf{V}=(0,3,1)$은 이 평면 위에 있으며 $\mathbf{N}\cdot\mathbf{V}=0$이다.

위 평면과 평행인 평면들을 나타내는 $x-y+3z=d$는 같은 법선 벡터 $\mathbf{N}$을 가지지만 d값은 다르다. 이 평면들은 d가 0이 아니기 때문에 원점을 지나지 않는다(좌변에서 $x=0,\ y=0,\ z=0$이려면 우변에서 $d=0$이어야 한다). $3x-3y+9z=-15$는 [그림 11-9]의 두 평면에 모두 평행하다. [그림 11-9]의 $\mathbf{N}$이 $3\mathbf{N}$으로 바뀌었지만 그 방향은 바뀌지 않았다.

예제 4 두 평면이 이루는 각은 그 평면의 법선 벡터들이 이루는 각이다.

평면 $x-y+3z=0$과 평면 $3y+z=0$은 $(1,-1,3)\cdot(0,3,1)=0$이므로 수직이다. 평면 $z=0$과 평면 $y=0$도 $(0,0,1)\cdot(0,1,0)=0$이므로 수직이다(이 두 평면은 각각 xy 평면과 xz 평면이다). 평면 $x+y=0$과 평면 $x+z=0$은 $\cos 60°=(1,1,0)\cdot(1,0,1)/(\sqrt{2}\sqrt{2})=\frac{1}{2}$이므로 $60°$의 각을 이룬다.

두 평면이 이루는 사잇각의 코사인 값은 $|\mathbf{N}_1\cdot\mathbf{N}_2|/(|\mathbf{N}_1||\mathbf{N}_2|)$이다. [그림 11-10]을 보라.

평면에서 (m을 사용하여) 직선의 '점-기울기' 방정식 및 공간에서($\mathbf{N}$을 사용하여) 평면의 '점-법선 벡터' 방정식을 살펴보았다. 평면에서의 직선에 대하여 법선 벡터 $\mathbf{N}$은 무엇인가?

벡터 $\mathbf{V}=(1,m)$은 직선 $y=mx+b$에 평행하다. 이 직선은 x축의 방향으로 1만큼 진행할 때 y축의 방향으로 m만큼 진행한다. 이 직선에 수직인 벡터는 $\mathbf{N}=(-m,1)$이며 따라서 내적 $\mathbf{N}\cdot\mathbf{V}$는 $-m+m=0$이다. 이때 점-법선 벡터 방정식은 점-기울기형 직선의 방정식과 일치한다.

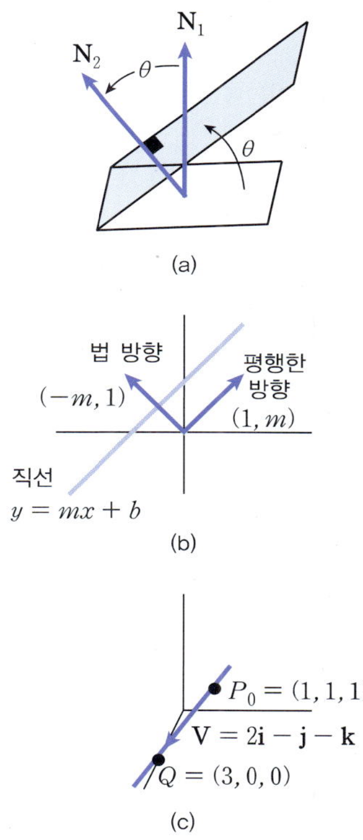

[그림 11-10] (a) 평면의 사잇각 = 법선 벡터의 사잇각, (b) 직선에 수직인 방향과 평행한 방향, (c) 공간에서 P_0과 Q를 지나는 직선

$$-m(x-x_0)+1(y-y_0)=0\text{은 } y-y_0=m(x-x_0)\text{과 같다.} \quad (3)$$

그렇다면 평면에 대한 점-기울기 방정식은 무엇일까? 어려운 점은 평면은 x방향, y방향으로 다른 기울기를 가진다는 점이다. 함수 $f(x,y)=m(x-x_0)+M(y-y_0)$은 **두 개의 도함수** m,M을 가진다.

이 내용은 여기서 멈추어야만 한다. 13장에서 '기울기'는 **편도함수**가 된다.

공간에서의 직선

3차원에서 직선은 평면과 같이 간단하지 않다. **공간에서의 직선은 두 개의 방정식이 필요하다.** 이때 각 방정식은 평면을 정의하며 **직선은 두 평면의 교선**이다.

두 개의 식 $x+y+z=3$ 및 $2x+3y+z=6$은 직선을 결정한다.

이 직선 위의 두 점으로 $P_0=(1,1,1)$과 $Q=(3,0,0)$이 있다. 이 두 점은 두 방정식 모두를 만족하므로 모두 두 평면 위의 점이다. 따라서 이 두 점은 두 평면의 교선 위의 점이다. 이 직선의 방향은 점 Q의 좌표에서 점 P_0의 좌표를 빼서 얻는 벡터인 $\mathbf{V}=2\mathbf{i}-\mathbf{j}-\mathbf{k}$이다.

이 직선은 $P_0=(1,1,1)$를 지나며 그 방향은 $\mathbf{V}=2\mathbf{i}-\mathbf{j}-\mathbf{k}$이다.

$(x_0,y_0,z_0)=(1,1,1)$으로부터 출발하여 $\mathbf{V}$의 임의의 상수 배인 $t\mathbf{V}$를 더하라. 이때 $x=1+2t$, $y=1-t$, $z=1-t$으로, 직선을 나타내는 벡터 방정식 $\mathbf{P}=\mathbf{P}_0+t\mathbf{V}$의 각 성분을 나타낸다.

문제는 다음과 같다. 직선을 정의하기 위해서는 두 개의 방정식 혹은 매개변수 t를 포함하는 벡터 방정식이 필요하다. 두 형태 모두 $ax+by+cz=d$처럼 간단하지 않다. 몇몇 미적분 책들은 이 두 형태에 대한 세부 내용들을 알려주기 위하여 계속 나아간다. 필자도 이러한 접근을 시도해 보았지만 결국 이 세부 내용들은 이후에 다루는 것이 좋다고 믿게 되었다. 매개변수를 포함한 방정식은 12장의 주제이며 공간에서의 직선이 첫 번째 예시가 될 것이다. 벡터들과 평면들은 그 자체로도 이 장에서 할 충분한 내용을 담고 있다. 여기서는 특히 하나의 벡터가 다른 벡터 혹은 평면에 정사영되는 경우를 살펴보기로 한다.

벡터의 정사영

기하학에서 정사영은 $\cos\theta$를 포함하며 계산을 할 때에는 내적($\cos\theta$와 밀접한 연관이 있다)을 사용한다. 응용에서 벡터 $\mathbf{B}$는 속도 $\mathbf{V}$ 혹은 힘 $\mathbf{F}$가 될 수 있다.

비행기가 북동쪽으로 비행하고 있으며, 100마일/시간의 바람이 동쪽으로 불고 있다. $\mathbf{V}=(100,0)$의 비행 방향 $\mathbf{A}$ 위로의 정사영은 무엇인가?

중력은 공을 평면 $2x+2y+z=0$에서 굴러 내려오게 한다. 중력 $\mathbf{F}=(0,0,-mg)$의 평면 위로의 정사영 및 평면에 수직인 방향으로의 정사영은 무엇인가?

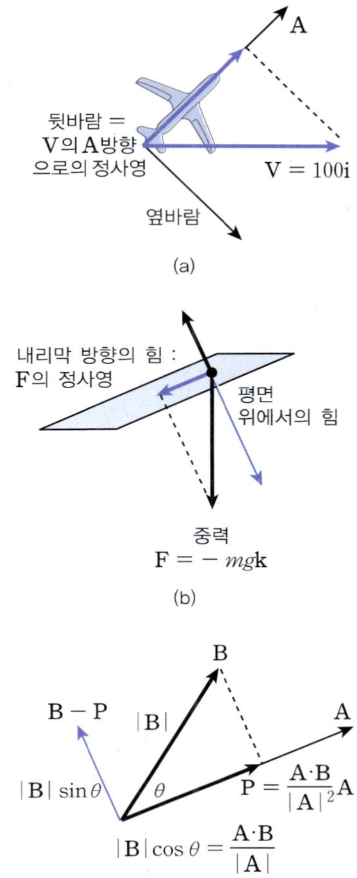

(a)

(b)

(c)

[그림 11-11] (a) 바람 속도 $\mathbf{V}$, (b) 힘 $\mathbf{F}$, (c) 벡터 $\mathbf{B}$의 $\mathbf{A}$ 방향으로의 정사영

$\mathbf{V}$의 $\mathbf{A}$ 방향 성분은 바람이 비행기를 미는 성분이다(뒷바람). $\mathbf{V}$의 다른 성분은 바람이 비행기를 옆에서 미는 성분이다(옆바람). 이와 유사하게 평면에 평행한 방향의 힘은 공을 움직이게 만든다. 이들 두 성분을 더하면 원래의 $\mathbf{V}$ 혹은 $\mathbf{F}$를 다시 얻을 수 있다.

벡터 $\mathbf{B}$의 다른 벡터 $\mathbf{A}$ 위로의 정사영은 무엇일까? $\mathbf{B}$의 한 부분은 $\boldsymbol{A}$와 나란하게 되며 이것이 정사영이다. $\mathbf{B}$의 남은 다른 부분은 $\mathbf{A}$에 수직이다. 이제 이 두 부분 $\mathbf{P}$와 $\mathbf{B}-\mathbf{P}$를 계산한다.

이번에는 벡터 $\mathbf{B}$의 벡터 $\mathbf{A}$ 위로의 정사영을 계산해보자. 이 정사영을 $\mathbf{P}$라 하면 $\mathbf{P}$의 방향이 $\mathbf{A}$와 같은 방향임을 알고 있으므로 $\mathbf{P}$를 다음과 같이 두 가지 방법을 통해 묘사할 수 있다.

1. $\mathbf{P}$의 $\mathbf{A}$ 방향으로의 길이를 제시한다.
2. 벡터 $\mathbf{P}$를 $\mathbf{A}$의 상수 배로 제시한다.

[그림 11-11(c)]에서는 정사영 $\mathbf{P}$와 그 길이를 보여준다. 빗변의 길이는 $|\mathbf{B}|$이므로 정사영의 길이는 $|\mathbf{P}|=|\mathbf{B}|\cos\theta$이다. 수직 성분 $\mathbf{B}-\mathbf{P}$의 길이는 $|\mathbf{B}|\sin\theta$이다. 코사인값은 $90°$보다 작은 예각에 대하여 양수이고 코사인(그리고 $\mathbf{P}$)값은 $\mathbf{A}$와 $\mathbf{B}$가 수직인 경우 0이다. $|\mathbf{B}|\cos\theta$는 $90°$보다 큰 둔각에 대하여 음수이며 이때의 정사영은 $-\mathbf{A}$와 평행한 방향을 가리킨다(그리고 그 길이는 $|\mathbf{B}||\cos\theta|$이다). 각도가 $0°$, $30°$, $45°$, $60°$, $90°$가 아니라면 코사인값을 계산하는 경우는 거의 없다. 이 과정은 다음과 같이 내적을 통해 자동적으로 이루어진다.

$$|\mathbf{A}||\mathbf{B}|\cos\theta=\mathbf{A}\cdot\mathbf{B}\text{이므로 }\mathbf{P}\text{의 }\mathbf{A}\text{ 방향으로의 길이는 }|\mathbf{B}|\cos\theta=\frac{\mathbf{A}\cdot\mathbf{B}}{|\mathbf{A}|}\text{이다.} \tag{4}$$

$\mathbf{A}$의 길이가 식 (4)의 끝에서 상쇄됨에 주목하라. 만약 $\mathbf{A}$가 두 배가 되더라도 $\boldsymbol{P}$는 바뀌지 않는다. 하지만 $\mathbf{B}$가 두 배가 되면 정사영은 두 배가 된다.

벡터 $\mathbf{P}$는 무엇인가? $\mathbf{P}$의 $\mathbf{A}$ 방향으로의 길이는 $\mathbf{A}\cdot\mathbf{B}/|\mathbf{A}|$이다. 만약 $\mathbf{A}$가 단위 벡터라면 $|\mathbf{A}|=1$이고 정사영은 $\mathbf{A}\cdot\mathbf{B}$와 $\mathbf{A}$의 곱이다. 일반적으로 $\mathbf{A}$는 $|\mathbf{A}|$를 나누지 않으면 단위 벡터가 아니다. 벡터 $\mathbf{B}$의 $\mathbf{A}$ 위로의 정사영은 다음과 같다.

$$\mathbf{P} = (\mathbf{P}\text{의 길이})(\text{단위 벡터}) = \left(\frac{\mathbf{A}\cdot\mathbf{B}}{|\mathbf{A}|}\right)\left(\frac{\mathbf{A}}{|\mathbf{A}|}\right) = \frac{\mathbf{A}\cdot\mathbf{B}}{|\mathbf{A}|^2}\mathbf{A} \qquad (5)$$

예제 5 바람의 속도 $\mathbf{V} = (100, 0)$ 및 비행 방향 $\mathbf{A} = (1, 1)$에 대하여 $\mathbf{P}$를 구하라. 여기에서 $\mathbf{V}$는 동쪽을 향하고 있으며 $\mathbf{A}$는 북동쪽을 향하고 있다. $\mathbf{V}$의 $\mathbf{A}$ 위로의 정사영은 $\mathbf{P}$이다.

풀이

$|\mathbf{P}|$의 길이 $= \dfrac{\mathbf{A}\cdot\mathbf{V}}{|\mathbf{A}|} = \dfrac{100}{\sqrt{2}}$, 벡터 $\mathbf{P} = \dfrac{\mathbf{A}\cdot\mathbf{V}}{|\mathbf{A}|^2}\mathbf{A} = \dfrac{100}{2}(1, 1) = (50, 50)$

예제 6 $\mathbf{F} = (0, 0 - mg)$를 법선 벡터가 $\mathbf{N} = (2, 2, 1)$인 평면 위로 정사영시켜라.

풀이

답은 $\mathbf{F}$의 $\mathbf{N}$ 방향으로의 정사영이 아니다. 하지만 그 정사영부터 먼저 계산하자.

$$\frac{\mathbf{F}\cdot\mathbf{N}}{|\mathbf{N}|} = -\frac{mg}{3}, \quad \mathbf{P} = \frac{\mathbf{F}\cdot\mathbf{N}}{|\mathbf{N}|^2}\mathbf{N} = -\frac{mg}{9}(2, 2, 1)$$

$\mathbf{P}$는 평면에 수직인 $\mathbf{F}$의 성분이다. 이 성분은 공을 움직이게 하지 않는다. 평면 안의 성분은 차 $\mathbf{F} - \mathbf{P}$ 이다. 어떠한 벡터 $\mathbf{B}$에 대해서도 $\mathbf{A}$ 방향으로의 정사영과 $\mathbf{A}$에 수직인 방향으로의 정사영이 있다.

정사영 $\mathbf{P} = \dfrac{\mathbf{A}\cdot\mathbf{B}}{|\mathbf{A}|^2}\mathbf{A}$는 나머지 성분 $\mathbf{B} - \mathbf{P}$에 수직이다.

예제 7 $\mathbf{B} = \mathbf{i} - \mathbf{j}$를 $\mathbf{A} = 3\mathbf{i} + \mathbf{j}$에 평행한 벡터 $\mathbf{P}$와 $\mathbf{A}$에 수직인 벡터 $\mathbf{B} - \mathbf{P}$의 합으로 표현하라. $\mathbf{A}\cdot\mathbf{B} = 2$임에 주목하라.

풀이

$\mathbf{P} = \dfrac{\mathbf{A}\cdot\mathbf{B}}{|\mathbf{A}|^2}\mathbf{A} = \dfrac{2}{10}\mathbf{A} = \dfrac{6}{10}\mathbf{i} + \dfrac{2}{10}\mathbf{j}$ 이다. 이때 $\mathbf{B} - \mathbf{P} = \dfrac{4}{10}\mathbf{i} - \dfrac{12}{10}\mathbf{j}$ 이다.

확인 $\mathbf{P}\cdot(\mathbf{B} - \mathbf{P}) = \left(\dfrac{6}{10}\right)\left(\dfrac{4}{10}\right) - \left(\dfrac{2}{10}\right)\left(\dfrac{12}{10}\right) = 0$이므로 이들은 서로 수직이다.

피타고라스 정리에 의해 $|\mathbf{P}|^2 + |\mathbf{B} - \mathbf{P}|^2$은 $|\mathbf{B}|^2$과 같다. $0.4 + 1.6 = 2.0$ 또한 확인해보라.

Q_ 언제 $\mathbf{P} = 0$인가?

A_ $\mathbf{A}$와 $\mathbf{B}$가 서로 수직일 때이다.

예제 8 평면 $x+2y+2z=5$ 위의 점 중 원점과 가장 가까운 점을 구하라.

풀이

원점으로부터 가장 가까운 거리는 법선 벡터 N 의 방향을 따를 것이다. 가장 가까운 점을 향하는 벡터 $\mathbf{P}$ ([그림 11-12] 참고)는 t와 $\mathbf{N}$의 곱이다. 여기서 t는 알려지지 않은 수이므로 $\mathbf{P}=t\mathbf{N}$이 평면 위에 있도록 t를 찾는다.

평면 $x+2y+2z=5$의 법선 벡터는 $\mathbf{N}=(1,2,2)$이다. 따라서 $\mathbf{P}=t\mathbf{N}=(t,2t,2t)$이다. 평면 위에 놓이기 위하여 이 점은 반드시 $x+2y+2z=5$를 만족해야 한다.

$$t+2(2t)+2(2t)=5, \qquad 9t=5 \qquad \therefore\ t=\frac{5}{9} \tag{6}$$

이때 $\mathbf{P}=\frac{5}{9}\mathbf{N}=\left(\frac{5}{9},\frac{10}{9},\frac{10}{9}\right)$이다. 이 점이 원점에서 가장 가까운 평면 위의 점이며 그 점까지의 거리는 $\frac{5}{9}|\mathbf{N}|=\frac{5}{3}$이다. 이 예시는 수가 아닌 문자로 기억할 필요가 있을 정도로 중요한 예시이다.

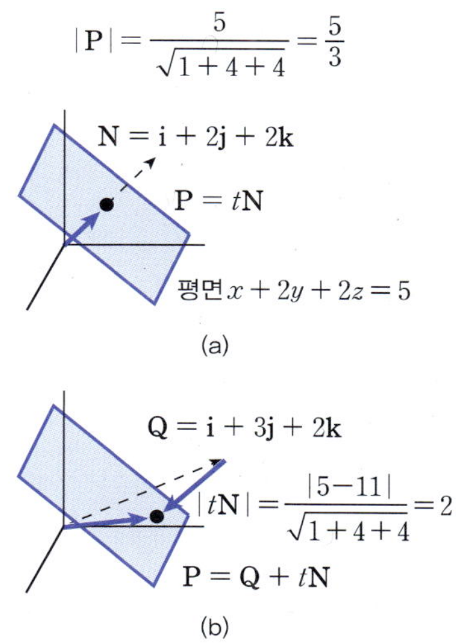

[그림 11-12] 가장 가까운 점 P로의 벡터는 법선 벡터 $\boldsymbol{N}$의 상수 배인 $t\boldsymbol{N}$이다. 그 거리는 식 (7)과 식 (9)에 주어져 있다.

5 평면 $ax+by+cz=d$ 위에서 원점 $(0,0,0)$에 가장 가까운 점은

$$P=\frac{(da,db,dc)}{a^2+b^2+c^2}\text{이다. 그때의 거리는 }\frac{|d|}{\sqrt{a^2+b^2+c^2}}\text{이다.} \tag{7}$$

위를 얻는 과정은 똑같다. $\mathbf{N}$은 세 성분 a,b,c를 가진다. 평면 위의 점 중에서 원점에 가장 가까운 점은 법선 벡터의 상수 배 (ta,tb,tc)이며 이 점이 평면 위에 있으려면 $a(ta)+b(tb)+c(tc)=d$를 만족해야 한다. 따라서 $t=d/(a^2+b^2+c^2)$이다. 그리고 그 점은 $(ta,tb,tc)=t\mathbf{N}$이며 식 (7)에 주어져 있다. 평면까지의 거리는 $|t\mathbf{N}|=|d|/|\mathbf{N}|$이다.

Q_ 임의의 점 $Q=(x_1,y_1,z_1)$로부터 평면은 얼마나 떨어져 있는가?

A_ Q로부터 P로 향하는 벡터는 법선 벡터의 상수 배인 $t\mathbf{N}$이어야 한다. 이를 벡터로 나타내면 $\mathbf{P}=\mathbf{Q}+t\mathbf{N}$이다. 이 점이 평면 위에 있으려면 $\mathbf{P}\cdot\mathbf{N}=d$이어야 하므로 다시 t를 찾을 수 있다.

$$(\mathbf{Q}+t\mathbf{N})\cdot\mathbf{N}=d\text{로부터 } t=(d-\mathbf{Q}\cdot\mathbf{N})/|\mathbf{N}|^2\text{을 얻는다.} \tag{8}$$

새로운 항 $\mathbf{Q}\cdot\mathbf{N}$은 Q로부터 평면까지의 거리를 나타내는 공식에 등장한다.

$$\text{거리}=|t\mathbf{N}|=|d-\mathbf{Q}\cdot\mathbf{N}|/|\mathbf{N}| \;=|d-ax_1-by_1-cz_1|/\sqrt{a^2+b^2+c^2} \tag{9}$$

점이 평면 위에 있을 때, $ax_1+by_1+cz_1=d$이므로 이 거리는 0이 된다. $\mathbf{Q}$가 $\mathbf{i}+3\mathbf{j}+2\mathbf{k}$일 때 [그림 11-12]는 $\mathbf{Q}\cdot\mathbf{N}=11$ 및 거리가 2임을 보여준다.

심장 벡터의 정사영

심전도를 측정하기 위해 환자의 오른팔-왼팔-왼다리에 전극 케이블을 연결한다고 하자. 그러면 기계는 환자가 만들어내는 전압을 증폭시켜 기록한다. 심장을 가로지르는 앞뒤 방향도 살펴보기 위해 심장 부분에 6개의 전극 케이블을 연결한다. 이때 심전도를 발명한 사람의 이름을 따 명명된 커다란 에인트호벤 삼각형[Einthoven Triangle]을 집중적으로 살펴볼 것이다.

그래프는 시간에 따른 전압 변화를 보여준다. 삼각형은 세 변을 가지고 있으므로 유도 방법에는 세 가지 종류가 있다. 유도 I은 양 팔 사이의 전압차를 나타낸다([그림 A(a)]). 유도 II는 왼 다리와 오른팔의 전압차를 나타낸다([그림 A(b)]). 유도 III은 왼 다리와 왼팔의 전압차를 나타낸다([그림 A(c)]). 6개의 전극 케이블을 연결하여 삼각형을 완성하고, 이 삼각형 세 변의 길이는 거의 같다(여러분의 신체가 약간 기울어져 있다면). 따라서 정사영은 60° 및 120°각을 기반으로 하고 있다.

심장 벡터 V는 많은 작은 벡터들의 합이며 이 벡터들은 모두 같은 원점으로 옮겨진다. V는 작은 쌍극자들이 하나의 쌍극자로 합쳐진 세포로부터 나온 활동 전위의 순 효과이다. 페이스메이커(방실 결절)가 충격을 주기 시작하고 이때 심방은 탈분극하면서 그래프에 P파가 나타난다. 이것은 실제로 심장 벡터의 P 루프이며, 그래프는 P 루프의 투영만을 보여준다. 이 충격은 방실 결절에 도달하여 잠시 머무른 다음 심실을 통해 빠르게 이동한다. 이 과정을 통해 그래프에서 크고 날카로운 움직임을 나타내는 QRS군이 생성된다.

QRS의 총 구간은 1/10초([그림 A]의 모눈종이들 기준으로 $2\frac{1}{2}$칸)를 초과해서는 안 된다. *V*는 처음에 우측 어깨를 향하는 방향이다. 이 방향은 유도들과 반대 방향이므로 그래프는 약간 내려간다. 이것이 바로 Q파이며 작은 음의 값을 가진다. 이 다음에 심장 벡터가 왼쪽 다리 쪽으로 방향을 바꾼다. 3번과 4번 위치에서 심장 벡터의 유도 I 위로의 정사영은 강한 양의 방향이다.

R파는 각 전극의 첫 번째 위쪽으로 치우친 부분이다. 루프가 끝날 때에 S파가 음의 값을 가지며 이는 유도 I과 aVR에서 가장 잘 관찰된다.

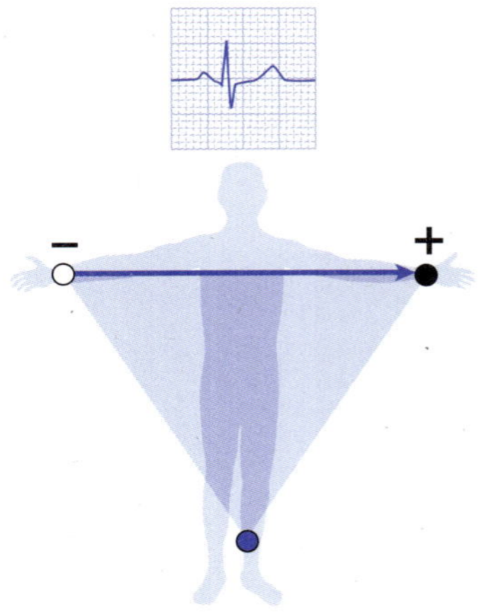

(a) 유도 I

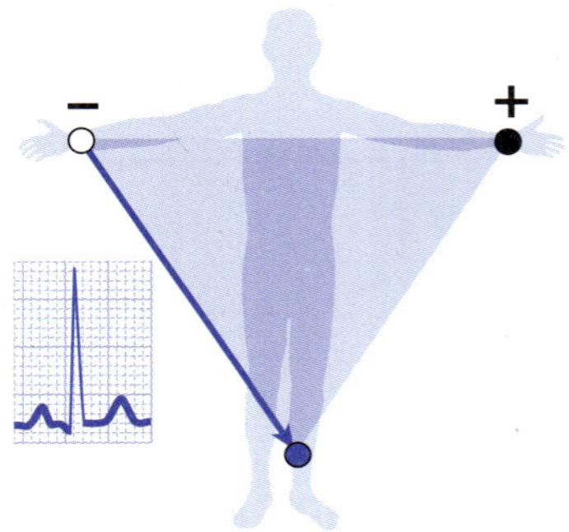

(b) 유도 II

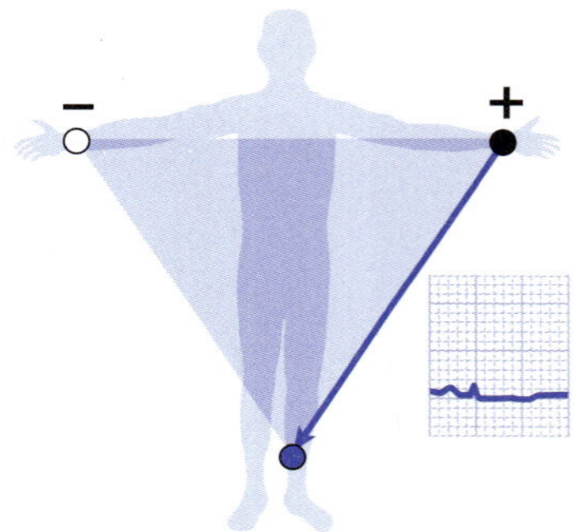

(c) 유도 III

[그림 A] 그래프는 각 전극별로 심장 벡터가 움직이는 성분을 보여준다. 이 세 그림은 CIBA Collection of Medical Illustrations by Frank H.Netter, M.D. Copyright 1978 CIBA-GEIGY에서 허락을 받아 발췌한 그림으로 저작권의 보호를 받는다.

Q1_ 팔과 다리로부터의 그래프 중 서로 독립인 그래프는 몇 개인가?

A_ 단 두 개뿐이다! 평면에서 심장 벡터 V는 두 개의 성분을 가진다. 만일 우리가 두 정사영을 안다면 다른 정사영도 계산할 수 있다(심전도는 실제로 이를 수행해 준다). 다른 벡터들은 다른 정사영을 통해 더 잘 보일 수 있다. 수학자라면 환자의 목에 전극 케이블을 부착한 후 90°의 각도를 사용했을 것이다.

Q2_ 전압들은 서로 어떻게 연관되어 있을까? aVR 전극은 무엇인가?

A_ 심장 벡터 V를 삼각형의 변들 위로 정사영시켜라.

전극 벡터들은 $L_I - L_{II} + L_{III} = 0$을 만족하며 그들은 삼각형을 형성한다.

정사영들은 $V_I - V_{II} + V_{III} = V \cdot L_I - V \cdot L_{II} + V \cdot L_{III} = 0$을 만족한다.

aVR 유도는 $-\frac{1}{2}L_I - \frac{1}{2}L_{II}$ 이다. 이것은 전선 없이도 가능하므로 순수한 계산이다. 벡터의 덧셈에 의해 이 벡터는 오른팔의 전극을 향하게 된다. 만약 다른 길이들이 2라면 이 벡터의 길이는 $\sqrt{3}$ 이 된다.

왼팔과 왼다리를 향하는 aVL 및 aVF 유도를 포함하면 같은 각도로 만나는 전극은 6개가 된다. 이들을 시각화하면 한 점에서 뻗어 나가는 벡터들이다(원점은 심장이다).

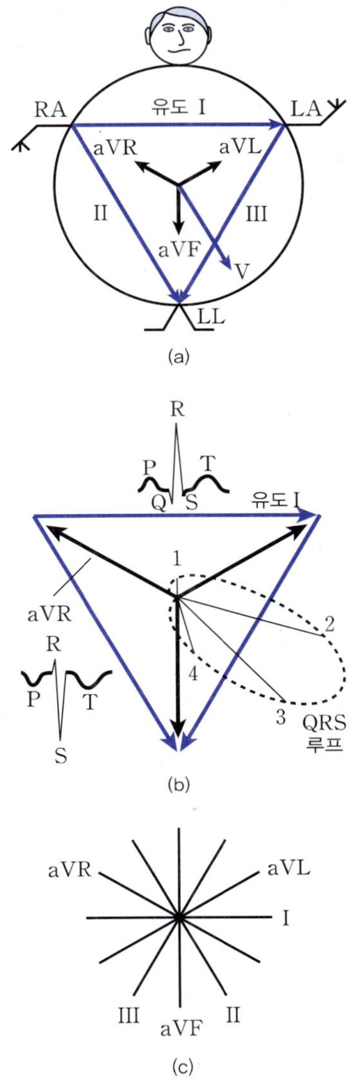

[그림 B] 심장 벡터는 QRS 루프 둘레를 움직인다. 정사영은 심전도에서 스파이크이다.

Q3_ 만약 심장 벡터가 $\mathbf{V} = 2\mathbf{i} - \mathbf{j}$ 라면 어떤 전압 차이가 기록되겠는가?

A_ 삼각형을 둘러싸고 있는 전극들은 길이가 2이다. 기계는 $\mathbf{V}$를 정사영한다.
유도 I은 수평 방향의 벡터 $2i$이다. 따라서 $\mathbf{V} \cdot \mathbf{L}_{\mathrm{I}} = 4$이다.
유도 II는 $-60°$방향의 벡터 $\mathbf{i} - \sqrt{3}\,\mathbf{j}$ 이다. 따라서 $\mathbf{V} \cdot \mathbf{L}_{\mathrm{II}} = 2 + \sqrt{3}$ 이다.
유도 III은 $-120°$방향의 벡터 $-\mathbf{i} - \sqrt{3}\,\mathbf{j}$ 이다. 따라서 $\mathbf{V} \cdot \mathbf{L}_{\mathrm{III}} = -2 + \sqrt{3}$ 이다.

첫 번째와 세 번째 결과를 더하면 두 번째 결과가 나온다. 가장 큰 R파는 유도 I과 유도 II에서 나타난다. aVR에서 $\mathbf{V}$의 정사영은 음의 방향이 되며([연습문제 11.2.46] 참고), 이는 S파로 분류될 것이다.

Q4_ 전압의 차가 아닌 퍼텐셜에 대하여서는 어떠한가? 중심에서 그 값은 0인가?

A_ 말하기 나름이지만 0이라 할 수 있다. 퍼텐셜은 임의의 상수 C를 포함한다(부정적분과 비슷하다. 또한 퍼텐셜의 차는 정적분과 유사하다). 심장 전문의들은 퍼텐셜이 0이 되는 곳을 '중앙 터미널'로 정의한다.

루프에서 $\mathbf{V}$의 평균은 평균 심장 벡터 $\mathbf{H}$이다. 5장의 내용에 따르면 이 평균을 구하려면 $\int \mathbf{V}\,dt$를 계산해야 한다. 하지만 의사들은 적분할 시간이 없으므로 QRS군 아래의 넓이가 0이 되는 전극을 찾는다. 이때 $\mathbf{H}$의 방향(축)은 이 전극에 수직이다. 이와 같이 의학 분야에서도 미적분학이 많이 사용된다.

11.2 문장제 문제

01 공간에서의 평면은 한 점 $P_0=(x_0,y_0,z_0)$과 성분이 (a,b,c)인 ___a___ 벡터에 의하여 결정된다. 만일 $\boldsymbol{N}$과 ___b___ 이(가) 0이면 점 $P=(x,y,z)$는 이 평면 위의 점이다(b의 정답은 P가 아니다!). 이 평면의 방정식은 $a($___c___$)+b($___d___$)+c($___e___$)=0$이다. 이 방정식은 또한 $ax+by+cz=d$로 쓰기도 하며, 여기서 d는 ___f___와(과) 같다. 평행한 평면은 같은 ___g___을(를) 가지며 다른 ___h___을(를) 가진다. 원점을 지나는 평면의 경우 $d=$___i___이다.

02 $P_0=(2,1,0)$을 지나고 $\boldsymbol{N}=(3,4,5)$에 수직인 평면의 방정식은 ___j___이다. 평면 위에 있는 두 번째 점으로 $P=(0,0,$___k___$)$이(가) 있다. P_0에서 P를 향하는 벡터는 ___l___이며 이 벡터는 $\mathbf{N}$과 ___m___이다(내적을 통해 확인하라). $P_0=(2,1,0)$을 지나며 z축에 수직인 평면은 법선 벡터 $\mathbf{N}=$___n___을(를) 가지며 이 평면의 방정식은 ___o___이다.

03 $\mathbf{B}$의 $\mathbf{A}$ 방향 성분은 ___p___이며 여기서 θ는 두 벡터가 이루는 사잇각이다. 이 값은 $\mathbf{A}\cdot\mathbf{B}$를 ___q___(으)로 나눈 것이다. 정사영 벡터 $\mathbf{P}$는 $|\mathbf{B}|\cos\theta$와 $\mathbf{A}$ 방향의 ___r___벡터의 곱이다. 이때 $\mathbf{P}=(|\mathbf{B}|\cos\theta)(\mathbf{A}/|\mathbf{A}|)$이며 이를 간단히 하면 ___s___이다. $\mathbf{B}$가 두 배가 되는 경우 $\mathbf{P}$는 ___t___배가 된다. $\mathbf{A}$가 두 배가 되는 경우 $\mathbf{P}$는 ___u___배가 된다. 만약 $\mathbf{B}$의 방향이 반대로 되면 $\mathbf{P}$는 ___v___이다. 만약 $\mathbf{A}$의 방향이 반대로 되면 $\mathbf{P}$는 ___w___이다.

04 $\mathbf{B}$가 속도 벡터일 때 $\mathbf{P}$는 ___x___을(를) 나타낸다. $\mathbf{B}$가 힘 벡터일 때 $\mathbf{P}$는 ___y___이다. $\mathbf{B}$의 성분 중 $\mathbf{A}$에 수직인 것은 ___z___이다. $(0,0,0)$에서 평면 $ax+by+cz=d$에 가장 가까운 거리는 ___A___ 벡터의 방향이다. 그 거리는 ___B___이며 평면 위에서 가장 가까운 점은 $P=$___C___이다. $\boldsymbol{Q}=(x_1,y_1,z_1)$에서 평면까지의 거리는 ___D___ 이다.

11.2 연습문제

01~06 주어진 평면 위의 두 점 P와 P_0 및 법선 벡터 $\mathbf{N}$을 찾아라. 그리고 $\mathbf{N}\cdot(P-P_0)=0$임을 입증하라.

01 $x+2y+3z=0$

02 $x+2y+3z=6$

03 yz 평면

04 $(0,0,0)$을 지나며 $\mathbf{i}+\mathbf{j}-\mathbf{k}$에 수직인 평면

05 $(1,1,1)$을 지나며 $\mathbf{i}+\mathbf{j}-\mathbf{k}$에 수직인 평면

06 세 점 $(0,0,0),(1,0,0),(0,1,1)$을 지나는 평면

07~10 주어진 평면의 x,y,z에 대한 방정식을 구하라.

07 $P_0=(1,2,-1)$을 지나며 $\mathbf{N}=\mathbf{i}+\mathbf{j}$에 수직인 평면

08 $P_0=(1,2,-1)$을 지나며 $\mathbf{N}=\mathbf{i}+2\mathbf{j}-\mathbf{k}$에 수직인 평면

09 $(1,0,1)$을 지나며 $x+2y+z=0$에 평행한 평면

10 (x_0,y_0,z_0)을 지나며 $x+y+z=1$에 평행한 평면

11 법선 벡터가 $\mathbf{N}$인 평면이 주어진 벡터 $\mathbf{V}$와 평행하기 위한 조건은 무엇인가? 수직이기 위한 조건은 무엇인가?

12 (a) 만약 두 평면이 서로 수직이라면(앞쪽 벽과 옆쪽 벽과 같이) 한 평면에서의 모든 직선은 다른 평면에서의 모든 직선과 수직인가?

(b) 만약 세 번째 평면이 첫 번째 평면과 수직이라면 세 번째 평면은 두 번째 평면과 (평행할 수 있다, 수직일 수 있다, 45° 각도를 이룰 수 있다).

13 평면에서 다음이 성립할 수 없는 이유를 설명하라.

(a) $(1,2,3)$과 $(2,3,4)$를 포함하며 $\mathbf{N}=\mathbf{i}+\mathbf{j}$에 수직이다.

(b) $\mathbf{N}=\mathbf{i}+\mathbf{j}$에 수직이며 $\mathbf{V}=\mathbf{i}+\mathbf{k}$에 평행하다.

(c) $(1,0,0),(0,1,0),(0,0,1),(1,1,1)$을 포함하고 있다.

(d) $\mathbf{N}=\mathbf{i}+\mathbf{j}-\mathbf{k}$를 가지면서 $(1,1,-1)$을 포함한다(이 경우는 가능할 수도 있다).

(e) 원점을 지나며 방정식은 $ax+by+cz=1$이다.

14 식 $3x+4y+7z-t=0$은 4차원에서의 초평면이다. 이 평면의 법선 벡터 $\mathbf{N}$과 초평면 위의 두 점 P, Q를 찾아라. $(P-Q)\cdot\mathbf{N}=0$임을 확인하라.

15 (x,y,z)를 지나며 $a\mathbf{i}+b\mathbf{j}+c\mathbf{k}$에 수직인 평면에 대하여 ______ 이면 $(0,0,0)$을 지난다. 이 평면이 만약 ______이면 (x_0,y_0,z_0)을 지난다.

16 3차원에서 곡선은 ______ 곡면의 교선이다. 4차원에서 직선은 ______ 초평면의 교선이다.

17 **(두 평면이 이루는 사잇각)** 평면 $x+2y+2z=0$과 다음 평면 (a) $x+2z=0$ (b) $x+2z=5$ (c) $x=0$이 이루는 사잇각의 코사인값을 구하라.

18 $\boldsymbol{N}$은 평면에 수직이며 $\mathbf{V}$는 직선 위의 방향이다. 평면과 직선이 이루는 사잇각 θ를 그린 다음 $\mathbf{V}\cdot\mathbf{N}/(|\mathbf{V}||\mathbf{N}|)$이 $\cos\theta$가 아닌 $\sin\theta$인 이유를 설명하라. 그리고 xy 평면과 $\mathbf{V}=\mathbf{i}+\mathbf{j}+\sqrt{2}\,\mathbf{k}$가 이루는 사잇각을 구하라.

19~26 $\mathbf{B}$의 $\mathbf{A}$ 위로의 정사영 $\mathbf{P}$를 구하라. 또한 $|\mathbf{P}|$도 구하라.

19 $\mathbf{A}=(4,2,4), \mathbf{B}=(1,-1,0)$

20 $\mathbf{A}=(1,-1,0), \mathbf{B}=(4,2,4)$

21 $\mathbf{B}=\mathbf{A}$와 $60°$의 각을 이루는 단위 벡터

22 $\mathbf{B}=\mathbf{A}$와 $60°$의 각을 이루는 크기가 2인 벡터

23 $\mathbf{B}=-\mathbf{A}$

24 $\mathbf{A}=\mathbf{i}+\mathbf{j}, \mathbf{B}=\mathbf{i}+\mathbf{k}$

25 $\mathbf{A}$는 $x-y+z=0$에 수직이며 $\mathbf{B}=\mathbf{i}+\mathbf{j}$

26 $\mathbf{A}$는 $x-y+z=5$에 수직이며 $\mathbf{B}=\mathbf{i}+\mathbf{j}+5\mathbf{k}$

---

27 힘 $\mathbf{F}=3\mathbf{i}-4\mathbf{k}$가 점 $(1,2,2)$에 작용하고 있다. 이 힘은 원점을 향해 얼마나 잡아당기고 있는가? 수직 아래 방향으로 이 힘은 얼마나 잡아당기고 있는가? 힘 $\mathbf{F}$가 작용할 때 질량을 가진 물체가 움직이는 방향은 어디인가?

28 $\mathbf{B}$의 $\mathbf{A}$ 위로의 정사영은 $\mathbf{P}=$______이다. $\mathbf{B}$의 $\mathbf{A}$에 수직인 방향으로의 정사영은 ______이다. 이 두 정사영의 내적을 확인해보라.

29 만일 $\mathbf{P}\cdot\mathbf{N}=|\mathbf{P}||\mathbf{N}|\cos\theta=5$이면 $\mathbf{P}=(x,y,z)$는 평면 $ax+by+cz=5$ 위의 점이다. $\cos\theta$의 최댓값은 1이므로 $|\mathbf{P}|$의 최솟값은 ______이다. 이 값은 ______ 사이의 거리이다.

30 만약 공기 중 제트기의 속력이 500이고 풍속이 50이라면 지면에 대한 제트기의 속력을 계산하기 위하여 어떤 정보가 필요한가? 그 속력은 얼마인가?

31 평면 $x+y-z=1$의 $(0,0,0)$으로부터의 거리와 $(1,1,-1)$로부터의 거리는 각각 얼마인가? 각 경우에 가장 가까운 점들을 찾아라.

32 평면 $x+2y+2z=3$으로부터 거리가 1인 모든 점을 구하라.

33 $Q=(2,1,1)$로부터 평면 $x+y+z=0$에 가장 가까운 거리는 벡터 ______의 방향이다. 점 $\mathbf{P}=\mathbf{Q}+t\mathbf{N}=(2+t,1+t,1+t)$는 $t=$______일 때 평면 위에 놓인다. 이때 $\mathbf{P}=$ ______이고 가장 짧은 거리는 ______이다(이 거리는 $|\mathbf{P}|$가 아니다).

34 $(1,1,1)$을 지나고 $\mathbf{N}=\mathbf{i}+2\mathbf{j}+2\mathbf{k}$에 수직인 평면의 원점으로부터의 거리는 ______이다.

35 **(평면 사이의 거리)** 평면 $2x-2y+z=1$과 $2x-2y+z=3$은 평행이며, 그 이유는 ______이기 때문이다. 첫 번째 평면에서 벡터 $\mathbf{Q}$를 택하고 $\mathbf{Q}+t\mathbf{N}$이 두 번째 평면 위에 놓이도록 t를 찾아라. 이때 두 평면 사이의 거리는 $|t\mathbf{N}|=$______이다.

36 두 평면 $x+y+5z=7$과 $3x+2y+z=1$ 사이의 거리는 0이며 그 이유는 ______이기 때문이다.

37~41 모든 점과 벡터들은 xy 평면에 있다.

37 직선 $3x+4y=10$은 벡터 $\mathbf{N}=$______에 수직이다. 이 직선 위에서 원점에 가까운 점은 $P=t\mathbf{N}$이다. t, P, $|P|$를 구하라.

38 직선 $x+2y=4$와 벡터 $\mathbf{N}=\mathbf{i}+2\mathbf{j}$를 그려라. $Q=(3,3)$에 가장 가까운 점은 $P=Q+t\mathbf{N}$이다. t와 P를 구하라.

39 P를 찾기 위한 새로운 방법은 $x^2+y^2=x^2+\left(\frac{10}{4}-\frac{3}{4}x\right)^2$을 최소화하는 것이다(문제 37). 미적분학을 사용하여 가장 좋은 x와 y의 값을 구하라.

40 $(0,0)$부터 $(4,0)$까지 8m/s의 속력으로 도망가는 범인을 붙잡기 위하여 경찰은 $(0,3)$부터 $(4,0)$까지 ____m/s의 속력으로 가야 한다. 경찰의 속도 벡터를 범인의 속도 벡터 위로 정사영한 벡터의 크기는 ______이다.

41 벡터를 이용하여 한 점 (x_1,y_1)로부터 직선 $ax+by=d$에 이르는 거리가 $|d-ax_1-by_1|/\sqrt{a^2+b^2}$임을 보여라.

42 한 평면을 결정하려면 세 점이 필요하다. $ax+by+cz=d$는 왜 네 개의 수 a,b,c,d를 포함하고 있는가? $ex+fy+gz=1$이 같은 평면을 나타낼 때는 언제인가?

43 (미적분학을 활용하여 정사영 찾기) $\mathbf{B}-t\mathbf{A}$와 그 자신을 내적하면 $|\mathbf{B}|^2-2t\mathbf{A}\cdot\mathbf{B}+t^2|\mathbf{A}|^2$이다. (a) 이 식은 $t=$ ______일 때 최소이다. (b) 이때 $t\mathbf{A}$는 ______의 정사영이다. $\mathbf{B}, t\mathbf{A}, \mathbf{B}-t\mathbf{A}$를 보여주는 그림은 매우 큰 가치가 있다.

44 두 평면 각각의 방정식으로부터 두 평면이 (a) 평행이다. (b) 수직이다. (c) 45°의 각을 이룬다. 라는 것을 각각 어떻게 설명할 수 있겠는가?

45~48 다음은 심전도와 심장 벡터에 대하여 다룬다.

45 aVR 전극은 $-\frac{1}{2}\mathbf{L}_\mathrm{I}-\frac{1}{2}\mathbf{L}_\mathrm{II}$이다. 왼팔과 왼다리를 향하는 aVL과 aVF를 구하라. 또한 aVR+aVL+aVF$=0$임을 보여라. 이 벡터들은 중심으로부터 120°의 각도를 이루며 뻗어나간다.

46 Q3의 $\mathbf{V}=2\mathbf{i}-\mathbf{j}$에 대하여 aVR 전극 위로의 정사영을 구하라.

47 만약 전기 에너지값들이 $\varphi_{RA}=1$(오른팔), $\varphi_{LA}=2$, $\varphi_{LL}=-3$으로 주어질 때, 심장 벡터 $\mathbf{V}$를 구하라. 전기 에너지의 차이는 $\mathbf{V}$의 정사영들이다.

48 만약 $\mathbf{V}$가 전극 $\mathbf{L}$과 수직이면 이 전극에서 심전도의 값은 ______이다. 만약 $\int \mathbf{V}(t)dt$가 전극 $\mathbf{L}$에서 수직이면 심전도 그래프 아래의 넓이는 왜 0이 되는가?

11.3 외적과 행렬식

앞에서 벡터끼리의 곱셈은 없다고 말하며 내적을 제시하였다. 이제 우리는 외적을 정의함으로써 위 언급을 모순되게 할 것이다. $\mathbf{A}\cdot\mathbf{B}$는 수인 반면 **외적**cross product **$\mathbf{A}\times\mathbf{B}$는 벡터로서 다음과 같이 길이와 방향이 있다.**

길이는 $|\mathbf{A}||\mathbf{B}||\sin\theta|$이다. 방향은 $\mathbf{A}$와 $\mathbf{B}$에 수직이다.

외적(벡터 곱으로 불리기도 한다)은 3차원에서만 정의된다. 원점을 지나는 평면에 놓인 두 벡터 $\mathbf{A}, \mathbf{B}$를 생각해보자. $\mathbf{A}\times\mathbf{B}$는 그 평면에 수직인 법선 벡터 $\mathbf{N}$과 평행하다. 우리는 여전히 이 벡터가 $\mathbf{N}$과 '같은 방향'일지 '반대 방향'일지를 살펴봐야 한다. $\mathbf{A}\times\mathbf{B}$의 길이는 $\sin\theta$에 의존하며 $\mathbf{A}\cdot\mathbf{B}$는 $\cos\theta$를 포함하고 있다. 내적은 두 벡터가 평행할 때 가장 큰 값을 가진다($\cos 0=1$). 반면 외적은 $\mathbf{A}$가 $\mathbf{B}$에 수직일 때 ($\sin(\pi/2)=1$) 가장 크다. 모든 각 θ에 대하여 다음이 성립한다.

$$|\mathbf{A}\cdot\mathbf{B}|^2+|\mathbf{A}\times\mathbf{B}|^2=|\mathbf{A}|^2|\mathbf{B}|^2\cos^2\theta+|\mathbf{A}|^2|\mathbf{B}|^2\sin^2\theta=|\mathbf{A}|^2|\mathbf{B}|^2 \qquad (1)$$

이 식이 기하학에서 대수학을 연결해주는 다리가 된다. **이 절은 정의로부터 공식으로, 부피로 그리고 행렬식으로 나아간다.** 식 (6)과 식 (14)는 $\mathbf{A}\times\mathbf{B}$에 대한 핵심 공식들이다.

$\mathbf{A}\times\mathbf{A}=\mathbf{0}$임에 주목하라(우변은 수 0이 아니라 영벡터이다). $\mathbf{B}$가 $\mathbf{A}$에 평행할 때 두 벡터의 사잇각은 0이며 그 사인값도 0이다. 평행한 두 벡터 $\mathbf{A}, \mathbf{B}$에 대하여 $\mathbf{A}\times\mathbf{B}=\mathbf{0}$이다. 수직인 벡터들에 대해서는 $\sin\theta=1$이고 $|\mathbf{A}\times\mathbf{B}|=|\mathbf{A}||\mathbf{B}|=$

A, B가 두 변인 직사각형의 넓이이다.

A × B로 이어지는 네 가지 예시를 제시하기로 한다.

예제 1 (기하학에서의 예시) 평행사변형과 삼각형의 넓이를 구하라.

풀이

원점으로부터의 벡터 A와 B는 삼각형의 두 변을 형성한다. [그림 11-13(a)]에서 이 두 벡터가 삼각형의 두 배의 크기인 평행사변형을 만드는 것을 볼 수 있다.

평행사변형의 넓이는 밑변과 높이(여기서 높이는 밑변에 수직인 높이이며, 경사진 높이가 아니다)의 곱이다. 이때 밑변의 길이는 $|\mathbf{A}|$이고 높이는 $|\mathbf{B}||\sin\theta|$이다. 높이와 면적이 음수일 수 없기 때문에 절댓값을 취하였으며 넓이는 바로 외적의 크기이다.

$$\text{평행사변형의 넓이} = |\mathbf{A}||\mathbf{B}||\sin\theta| = |\mathbf{A}\times\mathbf{B}| \qquad (2)$$

예제 2 (물리학에서의 예제) 돌림힘 벡터 $\mathbf{T}=\mathbf{R}\times\mathbf{F}$는 회전을 유발한다.

힘 F는 점 (x, y, z)에 작용한다. F가 위치 벡터 $\mathbf{R}=x\mathbf{i}+y\mathbf{j}+z\mathbf{k}$에 평행하면 (회전 없이) 바깥 방향으로 미는 힘이 작용하게 된다. F가 R에 수직일 때, 이 힘은 회전을 유발한다. 이 사이의 각에 대해서는 바깥 방향의 힘 $|\mathbf{F}|\cos\theta$와 회전력 $|\mathbf{F}|\sin\theta$가 동시에 있다. 회전력과 거리 $|\mathbf{R}|$의 곱은 모멘트 $|\mathbf{R}||\mathbf{F}|\sin\theta$이다.

모멘트는 돌림힘 벡터 $\mathbf{T}=\mathbf{R}\times\mathbf{F}$의 부호와 크기를 준다. T의 방향은 회전축과 평행하며 R 및 F와 직각을 이룬다.

예제 3 외적의 방향은 어떻게 결정하는가? 오른손 법칙을 사용하라.

힘과 돌림힘은 물리학자들에게는 아마도 익숙할 것이다. 타고난 물리학자가 아닌 사람들은 돌림힘 대신 무엇인가 실제로 회전하는 것을 보고 싶어 한다.[2] 우리는 축을 중심으로 회전하는 레코드판 혹은 CD를 시각화할 수 있다.

원판 위의 한 점에서 힘을 줄 수 있다. 이 힘의 방향이 바깥쪽이라면(이렇게 힘을 주기는 어렵다) 회전하지 않는다. 회전은 축 방향의 힘으로부터 나온다. 원판은 힘과 위치 사이의 각에 따라 어떤 방식으로든 회전할 수 있다. 이때 부호에 대한 규약이 필요하며, 이것이 바로 오른손 법칙이다.

> A × B는 오른손의 손가락을 A로부터 B를 향해 감아쥘 때 오른손 엄지가 향하는 방향이다.

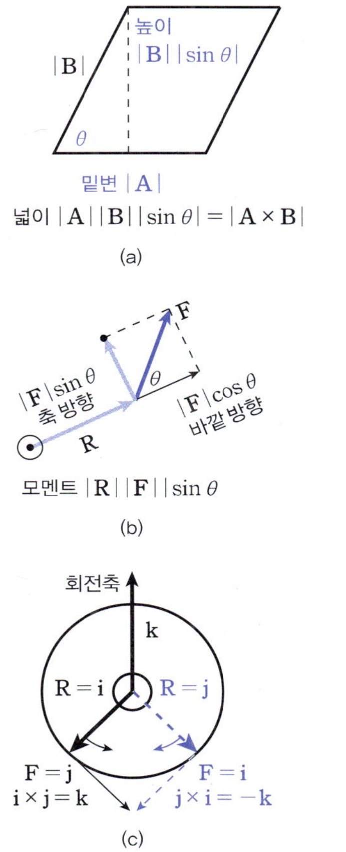

[그림 11-13] 넓이 $|\mathbf{A}\times\mathbf{B}|$ 및 모멘트 $|\mathbf{R}\times\mathbf{F}|$. 외적은 우리가 보고 있는 지면에 수직이다.

2 모든 사람은 타고난 수학자이다. 이 사실은 이 책에 숨겨진 공리이다.

이 법칙은 [그림 11-14]의 세 벡터 $\mathbf{i}, \mathbf{j}, \mathbf{k}$의 경우 가장 간단히 적용될 수 있으며, 이것이 우리에게 필요한 전부이다.

손가락을 $\mathbf{i}$로부터 $\mathbf{j}$로 감아쥐었다고 가정해보자. 이때 엄지는 $\mathbf{k}$ 방향을 향하고 있다. **따라서 xyz축은 '오른손잡이의 세 축'이다.** $|\mathbf{i}|=1$이고 $|\mathbf{j}|=1$이며 $\sin(\pi/2)=1$이므로 $\mathbf{i}\times\mathbf{j}$의 길이는 1이다. 따라서 **외적** $\mathbf{i}\times\mathbf{j}=\mathbf{k}$이다. 힘이 $\mathbf{i}$ 지점에서 $\mathbf{j}$ 방향으로 작용할 때, 원판은 반시계 방향으로 회전하며 이때의 각속도는 위를 향한다.

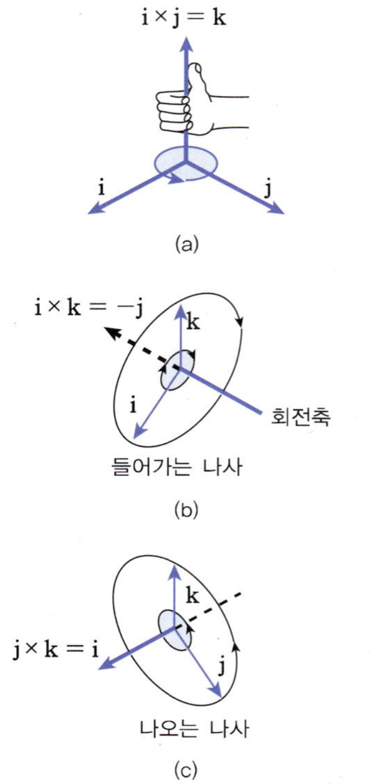

[그림 11-14] (a) $\mathbf{i}\times\mathbf{j}=\mathbf{k}=-(\mathbf{j}\times\mathbf{i})$
(b) $\mathbf{i}\times\mathbf{k}=-\mathbf{j}=-(\mathbf{k}\times\mathbf{i})$
(c) $\mathbf{j}\times\mathbf{k}=\mathbf{i}=-(\mathbf{k}\times\mathbf{j})$

[그림 11-14(b)]에서는 $\mathbf{i}$와 $\mathbf{j}$가 서로 바뀌었다. 즉 힘이 $\mathbf{j}$ 지점에서 $\mathbf{i}$ 방향으로 작용한다. 이때 원판은 시계 방향(실제로 레코드판이나 CD가 회전하는 방식이다)으로 회전한다. 손가락을 $\mathbf{j}$부터 $\mathbf{i}$로 감아쥐면 오른손 엄지는 아래를 향한다. 따라서 $\mathbf{j}\times\mathbf{i}=-\mathbf{k}$이다. 이는 놀라운 오른손 법칙의 특수한 경우이다.

$$\text{외적은 반교환적이다. : } \mathbf{B}\times\mathbf{A}=-(\mathbf{A}\times\mathbf{B}) \qquad (3)$$

이는 꽤 주목할 만한 사실이다. 해밀턴[Hamilton]이 발견한 이 사실은 $AB=BA$에 완전히 익숙해져 있던 19세기 수학에 지적 혁명을 불러왔다. 지금까지 살펴본 수에 대한 교환법칙은 당연한 결과였다(내적에 대한 교환법칙은 새롭지만 여전히 당연하다). 이제 우리는 지금까지의 교환법칙과는 다른 외적 $\mathbf{A}\times\mathbf{B}$를 살펴보았다. 행렬의 곱에서는 교환법칙과 반교환법칙이 성립하지 않는다.

예제 4 나사가 벽에 들어가거나 나올 때 오른손 법칙을 따른다.

원판은 xy 평면에 있었고 그때의 힘도 xy 평면에 있었다(이때 레코드판을 부수지는 않는다고 하자). 따라서 회전축은 위 혹은 아래 방향이었다. 외적을 더 완전히 살펴보기 위하여 나사를 벽에서 회전시킬 필요가 있다.

[그림 11-14(b)]에서는 xz 평면을 벽으로 나타내었으며 나사는 y 방향에 있다. x 방향에서 z 방향을 향해 회전하면 나사는 벽에 들어가게 되며 이때의 방향은 $-y$ 방향이다. 즉 $\mathbf{i}\times\mathbf{k}$는 $-\mathbf{j}$이다. 나사를 시계 방향으로 회전하면 벽에 들어가게 되고 나사를 벽에서 나오게 하려면 $\mathbf{k}$ 방향에서 $\mathbf{i}$ 방향으로 비틀어야 한다. 이때 $\mathbf{k}\times\mathbf{i}$는 $+\mathbf{j}$와 같다.

요약하자면 $\mathbf{k}\times\mathbf{i}=\mathbf{j}$ 및 $\mathbf{j}\times\mathbf{k}=\mathbf{i}$는 양의 부호를 가지며 이는 $\mathbf{kij}$ 및 $\mathbf{jki}$가 $\mathbf{ijk}$와 **같은 순서로 순환**[cyclic order]하기 때문이다(반대 순서로 순환하는 경우 음의 부호가 붙는다). zxy 및 yzx는 xyz와 같이 오른손잡이의 세 축을 형성한다.

외적에 대한 공식

$\mathbf{A} \times \mathbf{B}$의 계산부터 시작하기로 한다. 이는 필수적인 과정이며 아름다운 결과가 나온다. $\mathbf{A} \times \mathbf{B}$에 대한 공식 (6)에서는 $|\mathbf{A}||\mathbf{B}||\sin\theta|$의 제곱근이 사라지게 된다(제곱근은 $\mathbf{A} \cdot \mathbf{B} = |\mathbf{A}||\mathbf{B}||\cos\theta|$에서도 사라졌었다. 하지만 $|\mathbf{A}||\mathbf{B}||\tan\theta|$의 경우라면 끔찍할 것이다). $\mathbf{A} \times \mathbf{B}$는 벡터이므로 이 벡터의 세 성분을 찾아야 할 필요가 있다.

2차원의 경우부터 시작해보자. 두 벡터 $a_1\mathbf{i} + a_2\mathbf{j}$와 $b_1\mathbf{i} + b_2\mathbf{j}$는 xy 평면에 있다. 이들의 외적은 반드시 z 방향을 향해야 한다. 따라서 $\mathbf{A} \times \mathbf{B} =$ ____$\mathbf{k}$이며 단 하나의 성분만 0이 아니고 (올바른 부호를 가진다면) 그 성분은 반드시 $|\mathbf{A}||\mathbf{B}|\sin\theta$이어야 한다. 하지만 우리는 더 나은 공식을 찾고자 한다. $\mathbf{A} \times \mathbf{B}$를 계산하기 위한 두 가지 깔끔한 방법이 있는데, 첫째는 문자를 사용한 계산 (a)를 이용하는 방법이며 두 번째는 내적과 기하학을 연결하는 다리인 (b)를 이용하는 방법이다.

(a) $$(a_1\boldsymbol{i} + a_2\boldsymbol{j}) \times (b_1\boldsymbol{i} + b_2\boldsymbol{j}) = a_1b_1\,\boldsymbol{i}\times\boldsymbol{i} + a_1b_2\,\boldsymbol{i}\times\boldsymbol{j} + a_2b_1\,\boldsymbol{j}\times\boldsymbol{i} + a_2b_2\,\boldsymbol{j}\times\boldsymbol{j} \quad (4)$$

우변의 네 항은 각각 0, $a_1b_2\boldsymbol{k}$, $-a_2b_1\boldsymbol{k}$, 0이다. **따라서 외적은 $(a_1b_2 - a_2b_1)\boldsymbol{k}$이다.**

(b) $\mathbf{B} = b_1\mathbf{i} + b_2\mathbf{j}$를 시계 방향으로 90° 회전시킨 벡터를 $\mathbf{B}^* = b_2\mathbf{i} - b_1\mathbf{j}$라 하자. 이 벡터의 길이는 바뀌지 않는다(그리고 $\mathbf{B} \cdot \mathbf{B}^* = 0$이다). 이때 $|\mathbf{A}||\mathbf{B}|\sin\theta$는 $|\mathbf{A}||\mathbf{B}^*|\cos\theta$이며 이는 $\mathbf{A} \cdot \mathbf{B}^*$와 같다.

$$|\mathbf{A}||\mathbf{B}|\sin\theta = \mathbf{A} \cdot \mathbf{B}^* = \begin{bmatrix} a_1 \\ a_2 \end{bmatrix} \cdot \begin{bmatrix} b_2 \\ -b_1 \end{bmatrix} = a_1b_2 - a_2b_1 \quad (5)$$

6 xy 평면에서 $\mathbf{A} \times \mathbf{B}$는 $(a_1b_2 - a_2b_1)\mathbf{k}$와 같다. 평행하지 않은 두 변이 각각 $\mathbf{A}, \mathbf{B}$인 평행사변형의 넓이는 $|a_1b_2 - a_2b_1|$이고 삼각형 OAB의 넓이는 $\frac{1}{2}|a_1b_2 - a_2b_1|$이다.

예제 5 $\mathbf{A} = \mathbf{i} + 2\mathbf{j}$와 $\mathbf{B} = 4\mathbf{i} + 5\mathbf{j}$에 대하여 외적은 $(1\cdot5 - 2\cdot4)\mathbf{k} = -3\mathbf{k}$이다. 평행사변형의 넓이는 3이며 삼각형의 넓이는 3/2이다. $\mathbf{A} \times \mathbf{B} = -3\mathbf{k}$에서의 음의 부호는 넓이에서는 나타나지 않는다.

NOTE _ $\mathbf{A} \times \mathbf{B}$를 네 개의 독립적인 외적으로 분리하는 것도 옳지만, 이를 $|\mathbf{A}||\mathbf{B}|\sin\theta$로부터 쉽게 얻을 수는 없다. 방법 (a)는 성질 1이 나올 때 까지는 정당화될 수 없다. 대수학자는 분배법칙(분리 규칙)과 반교환법칙으로 시작하여 다음과 같이 $\mathbf{A} \times \mathbf{B}$가 정의되도록 바꿀 수도 있다.

$$\mathbf{A} \times (\mathbf{B} + \mathbf{C}) = (\mathbf{A} \times \mathbf{B}) + (\mathbf{A} \times \mathbf{C}) \quad \text{및} \quad \mathbf{A} \times \mathbf{B} = -(\mathbf{B} \times \mathbf{A})$$

외적에 대한 공식(3개의 성분을 가진 벡터)

이제 우리는 3차원으로 이동한다. 목표는 $\mathbf{A}\times\mathbf{B}$의 세 성분(길이뿐만 아니라)을 모두 계산하는 것이다. 방법 (a)는 각 벡터를 그 벡터의 $\mathbf{i}, \mathbf{j}, \mathbf{k}$ 성분으로 분해한 다음 9개의 독립적인 외적을 만든다.

$$(a_1\mathbf{i}+a_2\mathbf{j}+a_3\mathbf{k})\times(b_1\mathbf{i}+b_2\mathbf{j}+b_3\mathbf{k})=a_1b_2(\mathbf{i}\times\mathbf{i})+a_1b_2(\mathbf{i}\times\mathbf{j})+(7\text{개의 항})$$

$\mathbf{i}\times\mathbf{i}=\mathbf{j}\times\mathbf{j}=\mathbf{k}\times\mathbf{k}=\mathbf{0}$임을 상기하라. 따라서 이 세 개의 항은 사라진다. 나머지 6개의 항이 쌍으로 나오게 되며 이때 순환되는 패턴에 주목하기 바란다.

$$\mathbf{A}\times\mathbf{B}=(a_2b_3-a_3b_2)\mathbf{i}+(a_3b_1-a_1b_3)\mathbf{j}+(a_1b_2-a_2b_1)\mathbf{k} \quad (6)$$

$\mathbf{k}$ 성분은 $a_3=b_3=0$이었던 2×2 경우의 답이다. $\mathbf{i}$ 성분은 첨자 2와 3을, $\mathbf{j}$ 성분은 3과 1, $\mathbf{k}$ 성분은 1과 2를 포함한다. 외적에 대한 공식은 앞으로 나올 식 (14)에서 '행렬식'으로 써지며 많은 사람들이 $\mathbf{A}\times\mathbf{B}$를 계산하기 위하여 이 형태를 사용한다.

예제 6 $(\mathbf{i}+2\mathbf{j}+3\mathbf{k})\times(4\mathbf{i}+5\mathbf{j}+6\mathbf{k})=(2\cdot6-3\cdot5)\mathbf{i}+(3\cdot4-1\cdot6)\mathbf{j}+(1\cdot5-2\cdot4)\mathbf{k}$이다. $\mathbf{i}, \mathbf{j}, \mathbf{k}$ 성분들은 $\mathbf{A}\times\mathbf{B}=-3\mathbf{i}+6\mathbf{j}-3\mathbf{k}$임을 알려준다(이때 $-3, 6, -3$을 절대 더하면 안 된다).

성질 1. 3차원에서의 공식 (6)은 기하학으로부터 유도된 $\mathbf{A}\times\mathbf{B}$와 일치해야만 한다. 하나의 방법은 $\mathbf{B}$를 이전과 같이 $\mathbf{A}$와 $\mathbf{B}$를 포함하는 평면 안에서 $\mathbf{B}^*$로 회전하는 것이다. 다행히도 더 쉬운 검증법이 있다. 식 (6)의 벡터는 $\mathbf{A}\times\mathbf{B}$가 만족해야 하는 네 가지 기하학적인 조건을 모두 만족한다. 그 네 가지 조건은 $\mathbf{A}$에 수직, $\mathbf{B}$에 수직, 올바른 길이, 오른손 법칙이다. 이들 중 길이는 [연습문제 11.3.16]에서 확인한다. 이번에는 $\mathbf{A}$와의 내적이 0임을 설명한다.

$$\boldsymbol{A}\cdot(\boldsymbol{A}\times\boldsymbol{B})=a_1(a_2b_3-a_3b_2)+a_2(a_3b_1-a_1b_3)+a_3(a_1b_2-a_2b_1)=0 \quad (7)$$

성질 2(선택 사항). 피타고라스 정리 $a^2+b^2=c^2$을 멋지게 확장할 수 있다. 삼각형의 세 변 대신에 yz, xz, xy 평면으로의 정사영의 넓이로 생각한다. $3^2+6^2+3^2$은 [예제 6]의 평행사변형 넓이의 제곱이다.

삼각형의 경우 이 넓이는 절반으로 줄어든다. [그림 11-15(a)]에서는 세 개의 정사영된 삼각형들의 넓이가 각각 $\frac{1}{2}$임을 보여준다. 이 삼각형에서의 피타고라스 정리는 $\left(\frac{1}{2}\right)^2+\left(\frac{1}{2}\right)^2+\left(\frac{1}{2}\right)^2=(PQR\text{의 넓이})^2$이다.

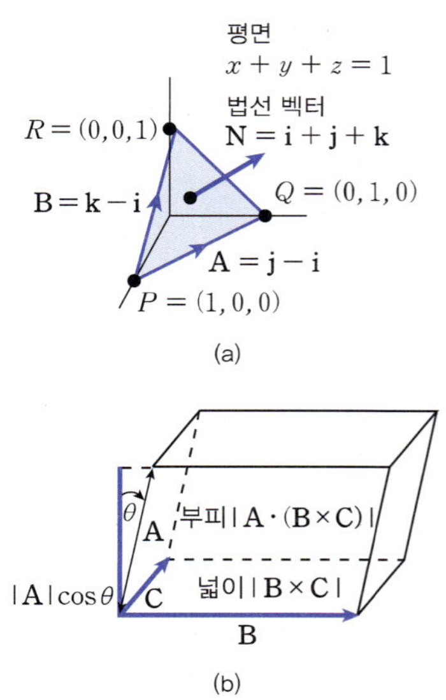

[그림 11-15] (a) 삼각형 PQR의 넓이는 $\sqrt{3}/2$이다. $\mathbf{N}$은 $\mathbf{PQ}\times\mathbf{PR}$이다. (b) 상자의 부피는 $|\mathbf{A}\cdot(\mathbf{B}\times\mathbf{C})|$이다.

예제 7 $P=(1,0,0), Q=(0,1,0), R=(0,0,1)$은 한 평면 위에 있다. 이 평면의 방정식을 찾아라.

임의의 P, Q, R에 대한 아이디어 : 평면에 있는 벡터 $\mathbf{A}$와 $\mathbf{B}$를 찾아라. 법선 벡터 $\mathbf{N}=\mathbf{A}\times\mathbf{B}$를 계산하라.

풀이

P에서 Q를 향하는 벡터는 세 성분 $-1,1,0$을 가진다. 이 벡터는 $\mathbf{A}=\mathbf{j}-\mathbf{i}$이며($Q$에서 P를 빼어라). 마찬가지로 P에서 R로 향하는 벡터는 $\mathbf{B}=\mathbf{k}-\mathbf{i}$이다. $\mathbf{A}$와 $\mathbf{B}$가 [그림 11-15]의 평면에 있으므로 $\mathbf{N}=\mathbf{A}\times\mathbf{B}$는 평면에 수직이다.

$$(\mathbf{j}-\mathbf{i})\times(\mathbf{k}-\mathbf{i})=(\mathbf{j}\times\mathbf{k})-(\mathbf{i}\times\mathbf{k})-(\mathbf{j}\times\mathbf{i})+(\mathbf{i}\times\mathbf{i})=\mathbf{i}+\mathbf{j}+\mathbf{k} \tag{8}$$

법선 벡터는 $\mathbf{N}=\mathbf{i}+\mathbf{j}+\mathbf{k}$이고 평면의 방정식은 $1x+1y+1z=d$이다.

$d=1$을 올바르게 선택하면 이 평면은 P, Q, R을 포함하며 방정식은 $x+y+z=1$이다.

예제 8 [예제 7]의 세 점 P, Q, R에 대하여 삼각형 PQR의 넓이는 얼마인가?

풀이

넓이는 외적벡터 길이의 절반인 $|\mathbf{A}\times\mathbf{B}|/2=|\mathbf{i}+\mathbf{j}+\mathbf{k}|/2=\sqrt{3}/2$이다.

행렬식과 부피

이제 좋은 계산에 가까워졌다. 두 평면벡터 $a_1\mathbf{i}+a_2\mathbf{j}$와 $b_1\mathbf{i}+b_2\mathbf{j}$는 평행사변형의 두 변이다. 이 평행사변형의 넓이는 $a_1b_2-a_2b_1$이며 여기에는 부호 변화가 동반될 수 있다. 여기에 네 개의 수를 쓰는 특별한 방법이 있다. 바로 '**정사각행렬**'에 네 개의 수를 쓰는 것이다. 또한 평행사변형의 넓이를 나타내는 조합에 대한 특별한 명칭이 있다. 그것은 바로 **행렬의 행렬식**determinant of the matrix이다.

$$\text{행렬은 } \begin{bmatrix} a_1 & a_2 \\ b_1 & b_2 \end{bmatrix} \text{이며, 행렬식은 } \begin{vmatrix} a_1 & a_2 \\ b_1 & b_2 \end{vmatrix} = a_1b_2-a_2b_1 \text{이다.}$$

위 식은 각각 2×2행렬(나타내는 기호는 대괄호), 2×2행렬의 행렬식(나타내는 기호는 수직 막대)이다. 위 행렬은 네 수의 배열이며 행렬식은 하나의 수이다.

$$\text{행렬식의 예시 : } \begin{vmatrix} 2 & 1 \\ 4 & 3 \end{vmatrix}=6-4=2,\quad \begin{vmatrix} 2 & 1 \\ 2 & 1 \end{vmatrix}=0,\quad \begin{vmatrix} 1 & 0 \\ 0 & 1 \end{vmatrix}=1$$

두 번째 예시에서는 $\mathbf{A}=\mathbf{B}$ 이므로 넓이가 0이며, 세 번째 예시는 단위 정사각형이다

$(\mathbf{A} = \mathbf{i}, \mathbf{B} = \mathbf{j})$.

이제 행렬식이 가장 유용하게 쓰이는 3차원의 경우를 살펴보자. 이 경우 평행사변형은 평행육면체가 된다. 평행육면체라는 단어보다 '상자'라는 단어가 훨씬 짧으므로 이 용어를 사용할 것이지만, 이 상자는 찌그러져 있음을 꼭 기억하라(직사각형이 찌그러져 평행사변형이 되는 것과 마찬가지이다. 이 경우 두 모서리가 이루는 각은 일반적으로 90°가 아니다). 원점에서의 세 변은 각각 $\mathbf{A} = (a_1, a_2, a_3)$, $\mathbf{B} = (b_1, b_2, b_3)$, $\mathbf{C} = (c_1, c_2, c_3)$이다. 이 변들은 $\mathbf{A} \cdot \mathbf{B} = \mathbf{A} \cdot \mathbf{C} = \mathbf{B} \cdot \mathbf{C} = 0$일 때에만 직각을 이룬다.

Q_ 이 상자의 부피는 얼마인가?

A_ 각 변들이 직각을 이루는 경우는 간단하다. 부피는 가로, 세로, 높이의 곱, 즉 $|\mathbf{A}| \times |\mathbf{B}| \times |\mathbf{C}|$이다. 찌그러진 상자([그림 11-15(b)])의 경우 기울어진 높이가 아닌 밑면에 수직인 높이를 구해야 한다.

부피에 대한 아름다운 공식이 있다. $\mathbf{B}$와 $\mathbf{C}$는 밑면에서 평행사변형을 이루며 $|\mathbf{B} \times \mathbf{C}|$는 밑넓이가 된다. 이 외적은 밑면과 수직이며 위를 향한다. 세 번째 벡터 $\mathbf{A}$도 위를 향하지만 외적 $\mathbf{B} \times \mathbf{C}$와 각을 이룬다. 이때 수직 방향의 높이는 $|\mathbf{A}| \cos\theta$이다. 따라서 부피는 밑넓이 $|\mathbf{B} \times \mathbf{C}| \times |\mathbf{A}| \times \cos\theta$이다. 즉 부피는 $\mathbf{A}$와 $\mathbf{B} \times \mathbf{C}$의 내적이다.

7 스칼라 삼중적은 $\mathbf{A} \cdot (\mathbf{B} \times \mathbf{C})$이다. 상자의 부피 $= |\mathbf{A} \cdot (\mathbf{B} \times \mathbf{C})|$

$\mathbf{A} \cdot (\mathbf{B} \times \mathbf{C})$는 벡터가 아닌 수이다. 이 부피는 $\mathbf{A}$가 $\mathbf{B}$, $\mathbf{C}$와 같은 평면에 있을 때(상자가 완전히 찌그러졌을 때) 0이 된다. 이때 $\mathbf{B} \times \mathbf{C}$는 $\mathbf{A}$와 수직이 되며 그들의 내적은 0이 된다.

유용한 사실 : $\mathbf{A} \cdot (\mathbf{B} \times \mathbf{C}) = (\mathbf{A} \times \mathbf{B}) \cdot \mathbf{C} = \mathbf{C} \cdot (\mathbf{A} \times \mathbf{B}) = \mathbf{B} \cdot (\mathbf{C} \times \mathbf{A})$

위 모든 식들은 서로 다른 변들로 이루어진 면을 밑면으로 택하여 같은 상자로부터 구한 것이므로, 부피에는 변화가 없다. [그림 11-15]에서는 $\mathbf{B}$와 $\mathbf{C}$가 이루는 면을 밑면으로 택하였지만 $\mathbf{A}$와 $\mathbf{B}$ 혹은 $\mathbf{A}$와 $\mathbf{C}$가 이루는 면을 밑면으로 할 수도 있을 것이다. $\mathbf{C} \times \mathbf{B} = -(\mathbf{B} \times \mathbf{C})$이므로 스칼라 삼중적 $\mathbf{A} \cdot (\mathbf{C} \times \mathbf{B})$는 $\mathbf{A} \cdot (\mathbf{B} \times \mathbf{C})$와 반대 부호를 가진다. 이 순서 $\mathbf{ACB}$는 $\mathbf{ABC}$, $\mathbf{CAB}$, $\mathbf{BCA}$와 같은 순서로 순환하지는 않는다.

삼중적 $\mathbf{A} \cdot (\mathbf{B} \times \mathbf{C})$를 계산하기 위하여 식 (6)으로부터 $\mathbf{B} \times \mathbf{C}$를 계산한다.

$$\mathbf{A} \cdot (\mathbf{B} \times \mathbf{C}) = a_1(b_2c_3 - b_3c_2) + a_2(b_3c_1 - b_1c_3) + a_3(b_1c_2 - b_2c_1) \quad (9)$$

2×2 행렬식들에 세 수 a_1, a_2, a_3을 각각 곱하여 더하면 3×3 행렬의 행렬식이 된다! 이 행렬식에는 ($a_1b_2c_3$와 같은) 양의 부호를 가진 항이 있다. 다른 세 개의 항은 ($-a_1b_3c_2$와 같은) 음의 부호를 가진다. 양의 부호를 갖는 항의 첨자들은 123, 231, 312로 순환한다. 음의 부호를 갖는 항의 첨자들은 132, 213, 321과 같이 반대로 순환한다. 이전과 마찬가지로 A, B, C 의 성분 9개를 쓰기 위한 특별한 방법이 있다. 그 방법은 '3×3 행렬'이다. 식 (9)에서의 부피에 대한 조합은 '3×3 행렬식'이다.

$$\text{행렬} = \begin{bmatrix} a_1 & a_2 & a_3 \\ b_1 & b_2 & b_3 \\ c_1 & c_2 & c_3 \end{bmatrix}, \quad \text{행렬식} = \boldsymbol{A}\cdot(\boldsymbol{B}\times\boldsymbol{C}) = \begin{vmatrix} a_1 & a_2 & a_3 \\ b_1 & b_2 & b_3 \\ c_1 & c_2 & c_3 \end{vmatrix}$$

공식 (9)에 의하여 아홉 개의 수로부터 하나의 수가 만들어진다. 아홉 개의 수는 한 번에 세 개씩 곱해지지만 $a_1b_1c_2$와 같은 곱은 허용되지 않는다 **각 행과 열은 한 번만 나타나야 한다**. 이 조건이 행렬식에서의 여섯 개 항을 결정한다.

$$\begin{vmatrix} a_1 & a_2 & a_3 \\ b_1 & b_2 & b_3 \\ c_1 & c_2 & c_3 \end{vmatrix} = a_1b_2c_3 + a_2b_3c_1 + a_3b_1c_2 - a_1b_3c_2 - a_2b_1c_3 - a_3b_2c_1 \tag{10}$$

주의해야 할 것은 ± 부호이다. 오른쪽 아래로 행해지는 곱들은 '+'이다.

$$\begin{vmatrix} 2 & 1 & \underline{1} \\ \underline{1} & 2 & 1 \\ 1 & \underline{1} & 2 \end{vmatrix} = \begin{matrix} 2\cdot2\cdot2 + 1\cdot1\cdot1 + \underline{1}\cdot\underline{1}\cdot\underline{1} \\ -2\cdot1\cdot1 - 1\cdot1\cdot2 - 1\cdot2\cdot1 \end{matrix} = \begin{matrix} 8+1+1 \\ -2-2-2 \end{matrix} = 4$$

연습을 통해 $2\cdot2\cdot2$와 같은 6개의 곱들을 여러분의 머릿속에서 계산할 수 있을 것이다. $8+1+1-2-2-2=4$만 적도록 하라. 이 값이 행렬식이자 부피이다.

세 벡터들이 $\mathbf{i}, \mathbf{j}, \mathbf{k}$인 특별한 경우에 주목하자. 이때 상자는 단위 정육면체이다.

$$\text{단위 정육면체의 부피} = \begin{vmatrix} 1 & 0 & 0 \\ 0 & 1 & 0 \\ 0 & 0 & 1 \end{vmatrix} = \begin{matrix} 1+0+0 \\ -0-0-0 \end{matrix} = 1$$

A, B, C 가 같은 평면에 놓여 있다면 부피는 0이다. 행렬식이 0의 값을 갖는가를 통해 세 벡터가 같은 평면에 놓이는지 확인할 수 있다. 다음 예시에서는 행 A = 행 B − 행 C 이다.

$$\begin{vmatrix} 0 & 1 & -1 \\ -1 & 1 & 0 \\ -1 & 0 & 1 \end{vmatrix} = \begin{matrix} 0\cdot1\cdot1 + 1\cdot0\cdot(-1) + (-1)\cdot(-1)\cdot0 \\ -0\cdot0\cdot0 - 1\cdot(-1)\cdot1 - (-1)\cdot1\cdot(-1) \end{matrix} = 0 \tag{11}$$

행렬에서의 0들은 계산을 간단히 해준다. 양의 부호를 갖는 (오른쪽 아래 방향으로의) 세 개의 곱은 모두 0이다. 곱이 0이 아닌 두 개의 항은 서로 소거된다.

만일 세 개의 -1이 $+1$로 바뀐다면 행렬식은 -2가 된다. 모든 아홉 개의 성분들이 양수이더라도 행렬식은 음수가 될 수 있다! 음의 행렬식 값은 세 행 **A**, **B**, **C**가 '왼손잡이의 세 축'이라는 것을 의미할 뿐이다. 부호를 통해 오른손잡이의 세 축인지 왼손잡이의 세 축인지 자연스럽게 알게 되지만 부피는 절댓값이다.

행렬식은 더 높은 차원에서의 부피도 얻을 수 있게 한다. 물리학에서 4차원은 시공간을 나타낸다. 10차원에서는 초끈이 나온다. 수학은 모든 차원을 사용한다. 8×8행렬의 64개의 수들은 8차원 상자의 부피를 준다. 이 8차원 상자의 부피 공식에는 3차원 상자의 부피 공식에 있었던 $3!=6$개의 항보다 훨씬 많은 $8!=40320$개의 항이 있다. 여러분이 보내는 따가운 눈총 때문에 이 공식은 생략하기로 하겠다.

Q_ 점 (x, y, z)가 원점을 지나며 **B**, **C**를 포함하는 평면 위에 있을 때는 언제인가?

A_ $\mathbf{A}=x\mathbf{i}+y\mathbf{j}+z\mathbf{k}$가 이 평면에 놓이기 위해서는 부피 $\mathbf{A}\cdot(\mathbf{B}\times\mathbf{C})$가 0이어야 한다. 따라서 이 평면의 방정식은 (행렬식)$=0$이다.

이 예시를 $\mathbf{B}=\mathbf{j}-\mathbf{i}$와 $\mathbf{C}=\mathbf{k}-\mathbf{i}$에 적용하여 **B**와 **C**에 평행한 평면을 찾도록 하자.

$$\begin{vmatrix} x & y & z \\ -1 & 1 & 0 \\ -1 & 0 & 1 \end{vmatrix} = \begin{matrix} x\cdot 1\cdot 1 + y\cdot 0\cdot(-1) + z\cdot 0\cdot(-1) \\ -x\cdot 0\cdot 0 - y\cdot 1\cdot(-1) - z\cdot 1\cdot(-1) \end{matrix} = 0 \tag{12}$$

이 방정식은 $x+y+z=0$이다. 따라서 법선 벡터 $\mathbf{N}=\mathbf{B}\times\mathbf{C}$는 성분 1,1,1을 가진다.

행렬식으로서의 외적

반드시 봐야 하는 3×3행렬식과 2×2행렬식 간의 관계가 있다. 맨 위 행의 수들이 남은 다른 행들의 행렬식들과 곱해진다.

$$\begin{vmatrix} \underline{a_1} & a_2 & a_3 \\ b_1 & \underline{b_2} & \underline{b_3} \\ c_1 & \underline{c_2} & \underline{c_3} \end{vmatrix} = a_1\begin{vmatrix} \underline{b_2} & \underline{b_3} \\ \underline{c_2} & \underline{c_3} \end{vmatrix} - a_2\begin{vmatrix} b_1 & b_3 \\ c_1 & c_3 \end{vmatrix} + a_3\begin{vmatrix} b_1 & b_2 \\ c_1 & c_2 \end{vmatrix} \tag{13}$$

밑줄 친 곱 $a_1(b_2c_3-b_3c_2)$는 6개의 항 중 2개에 해당된다. 모든 여섯 개의 곱들은 a, b, c를 각각 다른 열에서 포함하고 있다. 열 1,2,3에 대한 $3!=6$가지 종류의 나열법이 있다. a_3이 어떻게 1열과 2열의 행렬식에 곱해지는지에 주목하라.

식 (13)은 식 (9), 식 (10)과 동일하다. 우리는 같은 여섯 개의 항을 다른 방식으로 마주하고 있다. 새로운 특징은 a_2 앞의 음의 부호이며 흔한 실수는 이 부호를 잊어버리는 것이다. 4×4행렬식에서는 $a_1, -a_2, a_3, -a_4$가 3×3행렬식들에 곱해질 것이다.

이제 핵심 단계에 접어든다. 이제 $\mathbf{A}\times\mathbf{B}$를 행렬식으로 쓴다. 세 벡터 $\mathbf{i}, \mathbf{j}, \mathbf{k}$가 가장 위의 행에 오며 $\mathbf{A}$와 $\mathbf{B}$의 성분들이 다른 행에 온다. **이 행렬의 행렬식은 정확히 $\mathbf{A}\times\mathbf{B}$이다.**

$$\mathbf{A}\times\mathbf{B}=\begin{vmatrix}\mathbf{i} & \mathbf{j} & \mathbf{k}\\ \underline{a_1} & a_2 & \underline{a_3}\\ \underline{b_1} & b_2 & \underline{b_3}\end{vmatrix}=\mathbf{i}\begin{vmatrix}a_2 & a_3\\ b_2 & b_3\end{vmatrix}-\mathbf{j}\begin{vmatrix}\underline{a_1} & \underline{a_3}\\ \underline{b_1} & \underline{b_3}\end{vmatrix}+\mathbf{k}\begin{vmatrix}a_1 & a_2\\ b_1 & b_2\end{vmatrix} \tag{14}$$

이번에는 음의 부호를 갖는 $\mathbf{j}$ 성분에 밑줄을 쳤다. 공식 (14)에 적용되는 거창한 수학 내용은 없으며, 여섯 개의 수와 세 벡터 $\mathbf{i}, \mathbf{j}, \mathbf{k}$를 행렬에 섞는 것이 허용되지 않을 것이지만 어쨌든 이는 성립한다. 이 방법은 $\mathbf{A}\times\mathbf{B}$를 기억하고 계산하기에 좋은 방법이다. 식 (8)로부터 $(\mathbf{j}-\mathbf{i})\times(\mathbf{k}-\mathbf{i})$를 계산하는 예시에서의 두 벡터는 마지막 두 행으로 간다.

$$\begin{vmatrix}\mathbf{i} & \mathbf{j} & \mathbf{k}\\ \underline{-1} & \underline{1} & 0\\ \underline{-1} & \underline{0} & 1\end{vmatrix}=\mathbf{i}\begin{vmatrix}1 & 0\\ 0 & 1\end{vmatrix}-\mathbf{j}\begin{vmatrix}-1 & 0\\ -1 & 1\end{vmatrix}+\underline{\mathbf{k}}\begin{vmatrix}\underline{-1} & \underline{1}\\ \underline{-1} & \underline{0}\end{vmatrix}=\mathbf{i}+\mathbf{j}+\underline{\mathbf{k}}$$

$\mathbf{k}$ 성분에 밑줄이 쳐져 있으며 $a_1b_2-a_2b_1$을 다시 볼 수 있다. 맨 위에 있는 행에 $0, 1, -1$이 있었던 식 (11)에서의 변화에 주목하라. 이 삼중적은 수(0)였던 반면 외적은 벡터 $\mathbf{i}+\mathbf{j}+\mathbf{k}$이다.

다음은 복습을 위한 다섯 개의 질문이다.

Q1_ $\mathbf{i}, \mathbf{j}, \mathbf{k}$ 행이 3,4,5로 바뀌는 경우에 행렬식은 얼마인가?

A_ $3\cdot1+4\cdot1+5\cdot1=12$. 이 삼중적은 상자의 부피이다.

Q2_ $\mathbf{A}\times\mathbf{B}=\mathbf{0}$(영벡터)일 때와 $\mathbf{A}\cdot(\mathbf{B}\times\mathbf{C})=0$(수 0)일 때는 각각 언제인가?

A_ $\mathbf{A}, \mathbf{B}$가 같은 직선 위에 있을 때와 $\mathbf{A}, \mathbf{B}, \mathbf{C}$가 같은 평면 위에 있을 때이다.

Q3_ 평행사변형의 넓이 $|\mathbf{A}\times\mathbf{B}|$는 2×2행렬식과 같은가?

A_ $\mathbf{A}$와 $\mathbf{B}$가 xy 평면에 있는 경우에만 그렇다. 일반적으로는 아니다.

Q4_ 벡터 삼중곱 $(\mathbf{A}\times\mathbf{B})\times\mathbf{C}$와 $\mathbf{A}\times(\mathbf{B}\times\mathbf{C})$는 무엇인가?

A_ 아직 계산해보지 않았다. 이 새로운 두 벡터는 [연습문제 11.3.47]에 있다.

Q5_ 원점을 지나며 $\mathbf{A}=\mathbf{i}+\mathbf{j}+2\mathbf{k}$와 $\mathbf{B}=\mathbf{i}+\mathbf{k}$를 포함하고 있는 평면을 찾아라. 이 두 벡터 $\mathbf{A}, \mathbf{B}$에 대하여 외적을 구하라.

A_ 위치 벡터 $\mathbf{P}=x\mathbf{i}+y\mathbf{j}+z\mathbf{k}$는 $\mathbf{N}=\mathbf{A}\times\mathbf{B}$에 수직이다.

$$\mathbf{P}\cdot(\mathbf{A}\times\mathbf{B}) = \begin{vmatrix} x & y & z \\ 1 & 1 & 2 \\ 1 & 0 & 1 \end{vmatrix} = x+y-z=0$$

$$\mathbf{A}\times\mathbf{B} = \begin{vmatrix} \mathbf{i} & \mathbf{j} & \mathbf{k} \\ 1 & 1 & 2 \\ 1 & 0 & 1 \end{vmatrix} = \mathbf{i}+\mathbf{j}-\mathbf{k}$$

11.3 문장제 문제

01 외적 $\mathbf{A}\times\mathbf{B}$는 __a__이며 그 길이는 __b__이다. 이 벡터의 방향은 $\mathbf{A}$와 $\mathbf{B}$에 __c__이다. 이 길이는 밑변이 $|\mathbf{A}|$이고 높이가 __d__인 __e__의 넓이이다. $\mathbf{A}=a_1\mathbf{i}+a_2\mathbf{j}$ 이고 $\mathbf{B}=b_1\mathbf{i}+b_2\mathbf{j}$ 일 때 넓이는 __f__이며 2×2 __g__와(과) 같다. 일반적으로 $|\mathbf{A}\cdot\mathbf{B}|^2+|\mathbf{A}\times\mathbf{B}|^2=$ __h__이다.

02 외적의 법칙들은 $\mathbf{A}\times\mathbf{A}=$__i__. $\mathbf{A}\times\mathbf{B}=-($__j__$)$, $\mathbf{A}\times(\mathbf{B}+\mathbf{C})=\mathbf{A}\times\mathbf{B}+$__k__이다. 특히 $\mathbf{A}\times\mathbf{B}$의 방향을 정하기 위하여 __l__손 법칙이 필요하다. 손가락을 $\mathbf{A}$에서 $\mathbf{B}$로 감아쥐면(180°를 넘지 않게), __m__은(는) __n__을(를) 향한다. 이 법칙에 따라 $\mathbf{i}\times\mathbf{j}=$__o__이고 $\mathbf{i}\times\mathbf{k}=$__p__이며 $\mathbf{j}\times\mathbf{k}=$__q__이다.

03 두 벡터 $a_1\mathbf{i}+a_2\mathbf{j}+a_3\mathbf{k}$와 $b_1\mathbf{i}+b_2\mathbf{j}+b_3\mathbf{k}$의 외적은 __r__$\mathbf{i}+$__s__$\mathbf{j}+$__t__$\mathbf{k}$이다. $\mathbf{A}=\mathbf{i}+\mathbf{j}+\mathbf{k}$, $\mathbf{B}=\mathbf{i}+\mathbf{j}$일 때 $\mathbf{A}\times\mathbf{B}=$__u__이다(이는 또한 3×3행렬식 __v__와(과) 같다). $(0,0,0),(1,1,1),(1,1,0)$을 포함하고 있는 평면과 수직인 법선 벡터는 $\mathbf{N}=$__w__이다. 이 세 점을 꼭짓점으로 하는 삼각형의 넓이는 __x__이며, 네 번째 꼭짓점이 __y__인 평행사변형 넓이의 절반과 같다.

04 시점이 원점인 세 벡터 $\mathbf{A},\mathbf{B},\mathbf{C}$는 __z__을(를) 결정한다. 그 부피 $|\mathbf{A}\cdot($__A__$)|$은(는) 3×3 __B__와(과) 같다. 여기에는 여섯 개의 항이 있는데, 그 중 __C__개는 양의 부호이며 __D__개는 음의 부호이다. 모든 항에는 각 행과 각 __E__이(가) 한 번씩만 나타난다. 행들이 순서대로 $(1,0,0)$, $(0,0,1)$, $(0,1,0)$으로 이루어진 행렬의 행렬식은 __F__이다. 이 상자는 __G__이지만 그 변들은 주어진 순서대로 __H__손잡이의 세 축을 이룬다.

05 만일 $\mathbf{A},\mathbf{B},\mathbf{C}$가 같은 평면에 놓여 있으면 $\mathbf{A}\cdot(\mathbf{B}\times\mathbf{C})$는 __I__이다. $\mathbf{A}=x\mathbf{i}+y\mathbf{j}+z\mathbf{k}$에 대하여 첫 번째 행은 문자 __J__을(를) 포함한다. 따라서 $\mathbf{B}$와 $\mathbf{C}$를 포함하는 평면의 방정식은 __K__$=0$이다. $\mathbf{B}=\mathbf{i}+\mathbf{j}$, $\mathbf{C}=\mathbf{k}$일 때 이 방정식은 __L__이며 $\mathbf{B}\times\mathbf{C}$는 __M__이다.

06 3×3 행렬식은 __N__개의 2×2행렬식들로 분해된다. 그 행렬식들은 2행과 3행에서 나오며 1행의 숫자들에 곱해진다. $\mathbf{i},\mathbf{j},\mathbf{k}$가 1행에 있을 때, 이 행렬식은 __O__와(과) 같다. $\mathbf{j}$ 성분은 __P__이며 잊어버리기 쉬운 __Q__부호를 포함하고 있다.

11.3 연습문제

01~08 공식 (6) 혹은 행렬식 (14)로부터 외적을 계산하라. 이중 적어도 한 문제에 대해서는 두 방법을 모두 사용해보라.

01 $(\mathbf{i}\times\mathbf{j})\times\mathbf{k}$

02 $(\mathbf{i}\times\mathbf{j})\times\mathbf{i}$

03 $(2i+3j)\times(i+k)$

04 $(2\mathbf{i}+3\mathbf{j}+\mathbf{k})\times(2\mathbf{i}+3\mathbf{j}-\mathbf{k})$

05 $(2\mathbf{i}+3\mathbf{j}+\mathbf{k})\times(\mathbf{i}-\mathbf{j}-\mathbf{k})$

06 $(\mathbf{i}+\mathbf{j}-\mathbf{k})\times(\mathbf{i}-\mathbf{j}+\mathbf{k})$

07 $(\mathbf{i}+2\mathbf{j}+3\mathbf{k})\times(4\mathbf{i}-9\mathbf{j})$

08 $(\mathbf{i}\cos\theta+\mathbf{j}\sin\theta)\times(\mathbf{i}\sin\theta-\mathbf{j}\cos\theta)$

09 $|\mathbf{A}\times\mathbf{B}|=|\mathbf{A}||\mathbf{B}|$일 때와 $|\mathbf{A}\cdot(\mathbf{B}\times\mathbf{C})|=|\mathbf{A}||\mathbf{B}||\mathbf{C}|$일 때는 각각 언제인가?

10 다음이 참 또는 거짓임을 판별하라.

(a) $\mathbf{A}\times\mathbf{B}$는 $\mathbf{A}\cdot\mathbf{B}$와 절대 같을 수 없다.

(b) $\mathbf{A}\times\mathbf{B}=\mathbf{0}$이고 $\mathbf{A}\cdot\mathbf{B}=0$이면 $\mathbf{A}=\mathbf{0}$ 또는 $\mathbf{B}=\mathbf{0}$이다.

(c) $\mathbf{A}\times\mathbf{B}=\mathbf{A}\times\mathbf{C}$ 이고 $\mathbf{A}\neq\mathbf{0}$이면 $\mathbf{B}=\mathbf{C}$이다.

11~16 식 (1)을 사용하여 $|\mathbf{A}\times\mathbf{B}|$를 구한 다음 $\mathbf{A}\times\mathbf{B}$ 및 그 길이를 구하라.

11 $\mathbf{A}=\mathbf{i}+\mathbf{j}+\mathbf{k},\ \mathbf{B}=\mathbf{i}$

12 $\mathbf{A}=\mathbf{i}+\mathbf{j},\ \mathbf{B}=\mathbf{i}-\mathbf{j}$

13 $\mathbf{A}=-\mathbf{B}$

14 $\mathbf{A}=\mathbf{i}+\mathbf{j},\ \mathbf{B}=\mathbf{j}+\mathbf{k}$

15 $\mathbf{A}=a_1\mathbf{i}+a_2\mathbf{j},\ \mathbf{B}=b_1\mathbf{i}+b_2\mathbf{j}$

16 $\mathbf{A}=(a_1,a_2,a_3),\ \mathbf{B}=(b_1,b_2,b_3)$

문제 16(일반적인 경우)에서 식 (1)은 식 (6)으로부터 얻은 길이가 옳음을 증명해준다.

17 $\mathbf{A}=\mathbf{i},\mathbf{B}=\mathbf{j},\mathbf{C}=\mathbf{k}$으로 검증하여 다음이 참 또는 거짓임을 판별하라.

(a) $\mathbf{A}\times(\mathbf{A}\times\mathbf{B})=\mathbf{0}$

(b) $\mathbf{A}\cdot(\mathbf{B}\times\mathbf{C})=(\mathbf{A}\times\mathbf{B})\cdot\mathbf{C}$

(c) $\mathbf{A}\cdot(\mathbf{B}\times\mathbf{C})=\mathbf{C}\cdot(\mathbf{B}\times\mathbf{A})$

(d) $(\mathbf{A}-\mathbf{B})\times(\mathbf{A}+\mathbf{B})=2(\mathbf{A}\times\mathbf{B})$

18 (a) $\mathbf{A}\times\mathbf{B}=-\mathbf{B}\times\mathbf{A}$로부터 $\mathbf{A}\times\mathbf{A}=\mathbf{0}$임을 유도하라.

(b) $(\mathbf{A}+\mathbf{B})\times(\mathbf{A}+\mathbf{B})$를 네 개의 항으로 분리하여 $(\mathbf{A}\times\mathbf{B})=-(\mathbf{B}\times\mathbf{A})$임을 유도하라.

19~22 주어진 평면의 법선 벡터를 구하라.

19 $(2,1,0)\cdot(x,y,z)=4$

20 $3x+4z=5$

21 $\begin{vmatrix} x & y & z \\ 1 & 1 & 0 \\ 0 & 1 & 1 \end{vmatrix}=2$

22 $\begin{vmatrix} x & y & z \\ 1 & 1 & 1 \\ 1 & 1 & 2 \end{vmatrix}=0$

23~29 주어진 평면의 법선 벡터 $\mathbf{N}$과 그 평면의 방정식을 구하라.

23 $(2,1,1),(1,2,1),(1,1,2)$를 포함하는 평면

24 $(0,1,2),(1,2,3),(2,3,4)$를 포함하는 평면

25 $(0,0,0),(1,1,1),(a,b,c)$를 지나는 평면($a=b=c$이면 어떻게 되는가?)

26 $\mathbf{i}+\mathbf{j},\ \mathbf{k}$와 평행한 평면

27 $\mathbf{N}$이 $\mathbf{i},\mathbf{j}$와 각각 45°의 각을 이루는 평면

28 $\mathbf{N}$이 $\mathbf{i},\mathbf{j}$와 각각 60°의 각을 이루는 평면

29 $\mathbf{N}$이 $\mathbf{i},\mathbf{j}$와 각각 90°의 각을 이루는 평면

30 이웃한 두 변이 $\mathbf{i}$와 $\mathbf{j}$인 삼각형은 같은 변들을 이웃한 두 변으로 가지는 평행사변형 크기의 ______이다. $\mathbf{i},\mathbf{j},\mathbf{k}$를 세 모서리로 갖는 사면체는 이들을 모서리로 가지는 상자 크기의 ______이다.

보너스 문제 : 4차원에서 변이 $\mathbf{i},\mathbf{j},\mathbf{k},\mathbf{l}$이 변인 '심플렉스simplex'의 부피는 ______이다.

31 만약 원점을 지나는 평면 위에 세 점 $(x,y,z),(1,1,0),(1,2,1)$이 있을 때, 어떤 행렬식이 0인가? 이 행렬식은 어떤 평면의 식을 나타내는가?

32 오른손잡이의 세 축 및 왼손잡이의 세 축의 예를 들어라. 이때 단순한 $\mathbf{i},\mathbf{j},\mathbf{k}$ 이외의 벡터를 사용하라.

33 $\mathbf{B}=3\mathbf{i}+\mathbf{j}$를 xy 평면에서 시계 방향으로 90° 회전하면 $\mathbf{B}^*=$ ______이다. $\mathbf{B}$를 반시계 방향으로 90° 회전하면 ______이고 180° 회전하면 ______이다.

34 공식 (6)으로부터 $\mathbf{B}\cdot(\mathbf{A}\times\mathbf{B})=0$임을 증명하라.

35 다음 행렬식들을 계산하라.

$$\begin{vmatrix} 1 & 2 & 3 \\ 2 & 3 & 4 \\ 3 & 4 & 6 \end{vmatrix},\quad \begin{vmatrix} 2 & 1 & 0 \\ 1 & 2 & 1 \\ 0 & 1 & 2 \end{vmatrix},\quad \begin{vmatrix} 1 & 0 & 2 \\ 0 & 3 & 0 \\ 2 & 0 & 1 \end{vmatrix}$$

36 다음 중 어느 식이 $\mathbf{A}\times\mathbf{B}$와 같은가?

$$(\mathbf{A}+\mathbf{B})\times\mathbf{B},\ (-\mathbf{B})\times(-\mathbf{A}),\ |\mathbf{A}||\mathbf{B}|\sin\theta,$$
$$(\mathbf{A}+\mathbf{C})\times(\mathbf{B}-\mathbf{C}),\ \frac{1}{2}(\mathbf{A}-\mathbf{B})\times(\mathbf{A}+\mathbf{B})$$

37 양변의 여섯 개의 항들을 비교하여 다음을 증명하라.

$$\begin{vmatrix} a_1 & b_1 & c_1 \\ a_2 & b_2 & c_2 \\ a_3 & b_3 & c_3 \end{vmatrix} = \begin{vmatrix} a_1 & a_2 & a_3 \\ b_1 & b_2 & b_3 \\ c_1 & c_2 & c_3 \end{vmatrix}$$

행렬이 '전치[3]'되어도 행렬식은 같다.

38 여섯 개의 항들을 비교하여 다음을 증명하라.

$$\begin{vmatrix} a_1 & a_2 & a_3 \\ b_1 & b_2 & b_3 \\ c_1 & c_2 & c_3 \end{vmatrix} = -b_1\begin{vmatrix} a_2 & a_3 \\ c_2 & c_3 \end{vmatrix} + b_2\begin{vmatrix} a_1 & a_3 \\ c_1 & c_3 \end{vmatrix} - b_3\begin{vmatrix} a_1 & a_2 \\ c_1 & c_2 \end{vmatrix}$$

이 식은 '2행에 대한 전개'이다. 음의 부호에 주목하라.

39 다음 식에서 올바른 부호를 고르고 2×2 행렬식을 채워라.

$$\begin{vmatrix} a_1 & a_2 & a_3 \\ b_1 & b_2 & b_3 \\ c_1 & c_2 & c_3 \end{vmatrix} = \pm c_1\begin{vmatrix} a_2 & a_3 \\ b_2 & b_3 \end{vmatrix} \pm c_2 \_\_\_\_\_\_ \pm c_3 \_\_\_\_\_\_$$

40 $(\mathbf{A}\times\mathbf{B})+(\mathbf{B}\times\mathbf{C})+(\mathbf{C}\times\mathbf{A})$는 $\mathbf{B}-\mathbf{A}, \mathbf{C}-\mathbf{B}, \mathbf{A}-\mathbf{C}$ 모두에 수직임을 보여라.

41~44 삼각형의 넓이를 계산하라.

41 [예제 7]의 삼각형 PQR에 대하여 넓이의 제곱은 $(\sqrt{3}/2)^2 = \left(\frac{1}{2}\right)^2+\left(\frac{1}{2}\right)^2+\left(\frac{1}{2}\right)^2$이며 이는 성질 2에서 살펴본 피타고라스 정리의 3차원 버전이다.

$P=(a,0,0),\ Q=(0,b,0),\ R=(0,0,c)$일 때 삼각형 PQR의 넓이를 구하라. 그리고 이 값이 $\frac{1}{2}|\mathbf{A}\times\mathbf{B}|$와 같음을 확인하라.

42 xy 평면에서의 삼각형의 세 꼭짓점이 각각 $(a_1,b_1), (a_2,b_2), (a_3,b_3)$이다. 이 삼각형의 넓이는 평행사변형 넓이의 절반이다. 평행사변형의 두 변을 구하고 다음이 성립하는 이유를 설명하라.

$$A=\frac{1}{2}|(a_2-a_1)(b_3-b_1)-(a_3-a_1)(b_2-b_1)|$$

43 문제 42를 이용하여 $(2,1), (4,2), (1,2)$를 세 꼭짓점으로 가지는 삼각형의 넓이 A를 구하라. 네 번째 꼭짓점을 어디에 추가해야 평행사변형이 만들어지겠는가?

44 문제 42의 삼각형을 평면 $z=1$ 위로 올리면 삼각형의 세 꼭짓점은 $(a_1,b_1,1), (a_2,b_2,1), (a_3,b_3,1)$이 된다. 이 삼각형의 넓이와 $\frac{1}{3}$의 곱은 $(0,0,0)$에서 이 꼭짓점들로 연결되어 있는 뒤집어진 각뿔의 부피이다. 이 각뿔의 부피는 상자 부피의 $\frac{1}{6}$이므로 $\frac{1}{3}$(삼각형의 넓이)$=\frac{1}{6}$(상자의 부피)이다.

$$(\text{삼각형의 넓이})=\frac{1}{2}\begin{vmatrix} a_1 & b_1 & 1 \\ a_2 & b_2 & 1 \\ a_3 & b_3 & 1 \end{vmatrix}$$

이 행렬식으로부터 문제 43에서의 넓이 A를 구하라.

45 (a) $\mathbf{A}=a_1\mathbf{i}+a_2\mathbf{j}+a_3\mathbf{k}$와 $\mathbf{B}=b_1\mathbf{i}+b_2\mathbf{j}+b_3\mathbf{k}$의 xy 평면 위로의 정사영은 각각 ______이다.

(b) 두 변이 $\mathbf{A}, \mathbf{B}$인 평행사변형의 정사영은 넓이가 ______인 평행사변형이다.

(c) 일반적 사실 : 단위 벡터 $\mathbf{n}$에 수직인 평면 위로의 정사영의 넓이는 $(\mathbf{A}\times\mathbf{B})\cdot\mathbf{n}$이다. $\mathbf{n}=\mathbf{k}$인 경우에 이를 증명하라.

46 (a) $\mathbf{A}=\mathbf{i}+\mathbf{j}-4\mathbf{k}, \mathbf{B}=-\mathbf{i}+\mathbf{j}$에 대하여 $(\mathbf{A}\times\mathbf{B})\cdot\mathbf{i}, (\mathbf{A}\times\mathbf{B})\cdot\mathbf{j}, (\mathbf{A}\times\mathbf{B})\cdot\mathbf{k}$를 구하라. 문제 45에 의하여 이들은 각각 yz 평면, xz 평면, xy 평면 위로의 정사영의 넓이이다.

(b) 이들 넓이를 제곱해서 더하여 $|\mathbf{A}\times\mathbf{B}|^2$을 구하라. 이것은 공간에서의 피타고라스 정리이다(성질 2).

47 (a) 벡터 삼중곱 $(\mathbf{A}\times\mathbf{B})\times\mathbf{C}$은 $\mathbf{A}, \mathbf{B}$가 이루는 평면에 있다. 그 이유는 이 벡터 삼중곱이 외적 _____에 수직이기 때문이다.

(b) $\mathbf{A}=a_1\mathbf{i}+a_2\mathbf{j}+a_3\mathbf{k},\quad \mathbf{B}=b_1\mathbf{i}+b_2\mathbf{j}+b_3\mathbf{k},\quad \mathbf{C}=\mathbf{i}$인 경우에 $(\mathbf{A}\times\mathbf{B})\times\mathbf{C}$를 계산하라.

(c) $\mathbf{C}=\mathbf{i}$일 때, $(\mathbf{A}\cdot\mathbf{C})\mathbf{B}-(\mathbf{B}\cdot\mathbf{C})\mathbf{A}$를 계산하라. (b)와 (c)에서의 답은 일치해야만 한다. 이는 $\mathbf{C}=\mathbf{j}$ 혹은 $\mathbf{C}=\mathbf{k}$, $\mathbf{C}=c_1\mathbf{i}+c_2\mathbf{j}+c_3\mathbf{k}$인 경우에도 참이다. 이 사실이 다소 까다로운 다음 공식을 증명해준다.

$$(\mathbf{A}\times\mathbf{B})\times\mathbf{C}=(\mathbf{A}\cdot\mathbf{C})\mathbf{B}-(\mathbf{B}\cdot\mathbf{C})\mathbf{A} \qquad (*)$$

48 문제 47의 식 (*)와 $\mathbf{D}$의 내적을 취하여 다음을 증명하라.

$$(\mathbf{A}\times\mathbf{B})\cdot(\mathbf{C}\times\mathbf{D})=(\mathbf{A}\cdot\mathbf{C})(\mathbf{B}\cdot\mathbf{D})-(\mathbf{B}\cdot\mathbf{C})(\mathbf{A}\cdot\mathbf{D})$$

49 $P=(0,1,1), Q=(1,0,1), R=(1,1,0)$을 포함하는 평면은 외적 $\mathbf{N}=$ ______에 수직이다. 이 평면의 방정식과 삼각형 PQR의 넓이를 구하라.

50 $P=(1,0,-1), Q=(1,1,1), R=(2,2,1)$이라 하자. 공간의 한 점 S를 선택하여 $PQRS$가 평행사변형이 되게 하고 그 평행사변형의 넓이를 계산하라. T, U, V를 선택하여 $OPQRSTUV$가 상자(평행육면체)가 되도록 하고 그 상자의 부피를 계산하라.

---

3 행렬의 행과 열을 뒤집어 놓는 것이다.

11.4 행렬과 선형방정식

우리는 기하학에서 계산으로 넘어오고 있다. 결과적으로 함수들이 비선형인 미적분학으로 돌아오게 될 것이다. 하지만 선형방정식이 먼저 나온다. 1장에서 $y = mx + b$는 직선 하나를 나타냈다. 두 개의 식은 두 직선을 나타낸다. 만약 이 두 직선이 교차한다면 교점은 두 방정식 모두를 만족하며, 우리는 이 교점을 찾기를 원한다.

변수 x, y, z가 있는 세 개의 방정식은 세 평면을 나타낸다. 직선과 마찬가지로 (보통의 경우) 이 세 평면은 한 점을 지난다. 여기서 문제는 교점을 찾는 것이며 이때 교점은 세 방정식 모두를 만족한다.

궁극적인 문제는 n개의 변수가 있는 n개의 방정식을 푸는 것이다. n차원에서 n개의 초평면들이 해에서 만난다. 그 평면들이 만난다는 것을 확신하기 위하여 검증해볼 필요가 있으며 그 해를 찾기를 원한다. 이러한 것들이 순수수학과 응용수학의 중심에서 미적분학과 함께 만나게 되는 **선형대수학**[4]의 목적이다.

모든 주제와 마찬가지로 선형대수학에서는 좋은 표기법이 필요하다. 방정식들을 서술하고 풀기 위하여 '행렬'을 도입한다. 따라서 문제는 $A\boldsymbol{u} = \boldsymbol{d}$의 형태가 될 것이며 그 해는 $\boldsymbol{u} = A^{-1}\boldsymbol{d}$ 가 될 것이다. 이제 남은 일은 방정식들과 그 답이 어디서 나오는지, 그리고 행렬 A와 A^{-1}가 무엇을 나타내는 것인지 이해하는 것이다.

4 선형대수학은 일부 응용에서 지배적이지만 미적분학은 다른 응용들에서 지배적이다. 두 분야 다 필수적이다.

두 개의 미지수가 있는 두 개의 방정식

선형대수학은 하나의 변수를 특별한 것으로 선택할 이유가 없다. 방정식 $y - y_0 = m(x - x_0)$에서는 y와 x가 분리되어 있다. 더 나은 직선 방정식은 $ax + by = d$이다 ($b = 0$일 때 $x = 5$와 같은 수직선이 나타난다. 첫 번째 형태는 $b = 0$일 때와 같은 기울기 $m = \infty$인 경우를 허용하지 않는다). 이 절에서는 두 개의 직선에 대하여 살펴본다.

$$\begin{aligned} a_1x + b_1y = d_1 \\ a_2x + b_2y = d_2 \end{aligned} \qquad (1)$$

두 방정식을 한 번에 풀어 우리는 점 (x, y)가 두 직선 위에 모두 놓이도록 할 수 있다. 실용적인 질문은 바로 '이 직선들이 어디서 교차하는가?'이다. 수학자의 질문은 '해가 존재하며 그 해가 유일한가?'이다.

모든 것을 이해하는 것은 불가능하다. 살다보면 무슨 일이 일어나고 있는지(너무 늦을 때까지) 알 수 없는 경우가 있다. 하지만 두 개의 미지수가 있는 두 개의 방정식에는 어떠한 신비도 없다. 이 시스템을 쓰기 위한 세 가지 방식이 있다. 바로 그 방식은 **행**으로, **열**로 그리고 **행렬**로 쓰는 것이다. 문제를 푸는 것보다 문제를 설정하는 것이 일반적으로 더 어려우면서도 중요하기 때문에 이 모든 방식을 살펴봐두길 바란다. 이 과정이 완료된 후 우리는 x와 y를 계산할 것이다.

예제 1 여러분에게 투자를 위한 5000달러가 있다. 금융 시장에서 이자는 5%이고 예금 계좌의 이자가 10%라면 연간 400달러의 이자를 얻기 위해서는 돈을 어떻게 투자해야 하는가?

풀이

1. **행으로 방정식 만들기** x달러의 5% 이자는 $0.05x$이고 y달러의 10% 이자는 $0.1y$이다. 한 행은 원금에 대하여, 다른 행은 이자에 대하여 방정식을 세운다.

$$\begin{aligned} x + \quad y &= 5000 \\ 0.05x + 0.1y &= 400 \end{aligned} \tag{2}$$

2. **열로 방정식 만들기** (2)의 좌변은 x와 하나의 벡터의 곱에 y와 다른 벡터의 곱을 더한 것을 포함하고 있다. 우변은 세 번째 벡터이다. 식을 열로 쓰면 다음과 같다.

$$x\begin{bmatrix} 1 \\ 0.05 \end{bmatrix} + y\begin{bmatrix} 1 \\ 0.1 \end{bmatrix} = \begin{bmatrix} 5000 \\ 400 \end{bmatrix} \tag{3}$$

3. **행렬로 같은 방정식 만들기** 좌변을 다시 살펴보자. 좌변에는 두 개의 미지수 x, y가 있으며 이 미지수들이 벡터 $\mathbf{u}$에 들어간다. 이 벡터는 네 개의 수 1, 0.05, 1, 0.1과 곱해지며 이 수들이 2×2행렬 A에 들어간다. 좌변은 **행렬과 벡터의 곱**이 된다.

$$A\mathbf{u} = \begin{bmatrix} 1 & 1 \\ 0.05 & 0.1 \end{bmatrix}\begin{bmatrix} x \\ y \end{bmatrix} = \begin{bmatrix} 5000 \\ 400 \end{bmatrix} \tag{4}$$

이제 어디에서 '행'과 '열'이 나왔는지 볼 수 있을 것이다. 그들은 행렬의 행과 열이다. 행들은 분리되어 있는 방정식 (2)에 나오며 열들은 벡터 방정식 (3)에 나온다. 행렬과 벡터의 곱 $A\mathbf{u}$는 이 모든 방정식이 같아지도록 정의된다.

$A\mathbf{u}$를 행으로 보기 : $\begin{bmatrix} a_1 & b_1 \\ a_2 & b_2 \end{bmatrix}\begin{bmatrix} x \\ y \end{bmatrix} = \begin{bmatrix} a_1x + b_1y \\ a_2x + b_2y \end{bmatrix}$ (각 행은 내적이다)

$A\mathbf{u}$를 열로 보기 : $\begin{bmatrix} a_1 & b_1 \\ a_2 & b_2 \end{bmatrix}\begin{bmatrix} x \\ y \end{bmatrix} = x\begin{bmatrix} a_1 \\ a_2 \end{bmatrix} + y\begin{bmatrix} b_1 \\ b_2 \end{bmatrix}$ (열벡터의 조합)

A는 **계수 행렬**이며 미지수로 이루어진 벡터는 $\mathbf{u}$이다. 우변에서 성분이 5000과 400으로서 값이 알려진 벡터는 $\mathbf{d}$이다. 이때 행렬 방정식은 $A\mathbf{u} = \mathbf{d}$이다.

이 표기법 $A\mathbf{u}=\mathbf{d}$는 식이나 미지수가 더 많은 경우에도 적용될 수 있다. 행렬 A는 각 방정식에 대한 행(일반적으로는 m개의 행)과 각 미지수에 대한 열(일반적으로는 n개의 열)을 가지고 있다. 3개의 미지수를 가지는 2개의 식에 대한 행렬은 2×3 행렬(따라서 직사각행렬)이다. 6개의 미지수를 가지는 6개의 식에 대한 행렬은 6×6 행렬(따라서 정사각행렬)이다. 행렬에 익숙해지는 가장 좋은 방법은 행렬을 많이 다루어보는 것이다.

실용적인 질문인 [예제 1]에 대한 해는 $x=2000,\ y=3000$이다. 이 값은 행 그림([그림 11-16(a)])에서의 교점이다. 이때 열 그림은 [그림 11-16(b)]와 같으며 해 $x=2000,\ y=3000$은 벡터 $(5000, 400)$을 만들기 위한 $(1, 0.05)$와 $(1, 0.1)$의 올바른 조합이다. 행렬 방정식은 이 두 가지를 동시에 확인하는데, 이는 행렬은 행으로 곱해지기도 하며 열로 곱해지기도 하기 때문이다. 그 곱은 어떤 방식으로든 $\mathbf{d}$이다.

$$\begin{bmatrix} 1 & 1 \\ 0.05 & 0.1 \end{bmatrix}\begin{bmatrix} 2000 \\ 3000 \end{bmatrix}=\begin{bmatrix} 2000+\quad 3000 \\ (0.05)2000+(0.1)3000 \end{bmatrix}=\begin{bmatrix} 5000 \\ 400 \end{bmatrix}=\mathbf{d}$$

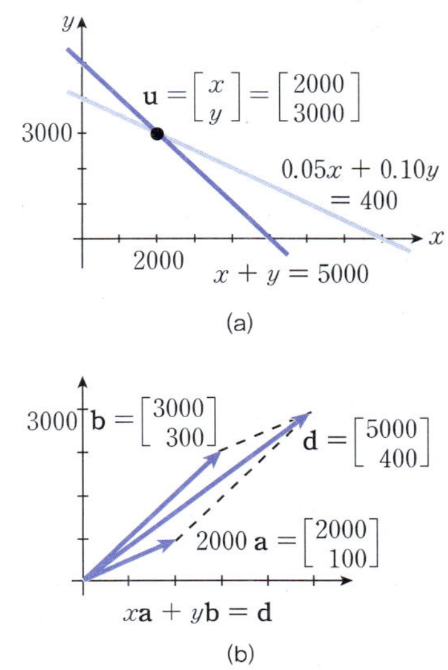

[그림 11-16] $A\mathbf{u}=\mathbf{d}$의 각 행은 직선을 나타내고 각 열은 벡터를 나타낸다.

특수한 경우 행 그림에서 두 직선은 해에서 교차한다. 하지만 두 직선이 평행하면 그들은 교차하지 않으며 해도 존재하지 않는다. 반면 두 직선이 같으면 해는 무수히 많다.

$$\text{평행한 직선들}\quad \begin{matrix} 2x+y=0 \\ 2x+y=1 \end{matrix}\qquad \text{같은 직선}\quad \begin{matrix} 2x+y=0 \\ 4x+2y=0 \end{matrix} \tag{5}$$

이러한 어려움은 열에 대한 그림에서도 나타난다. 두 열은 벡터 $\mathbf{a}, \mathbf{b}$이다. 방정식 $A\mathbf{u}=\mathbf{d}$는 $x\mathbf{a}+y\mathbf{b}=\mathbf{d}$와 같다. 우리는 $\mathbf{d}$가 되는 $\mathbf{a}, \mathbf{b}$(x와 y의 계수)의 조합을 찾아야 한다. 특수한 경우 $\mathbf{a}$와 $\mathbf{b}$는 같은 직선 위에 놓인다([그림 11-17]). $\mathbf{d}$가 이 직선 위에 놓이지 않는 이상 어떤 조합도 $\mathbf{d}$를 만들어낼 수 없다.

투자 문제는 평범한 문제였으며 $2000\mathbf{a}+3000\mathbf{b}$와 $\mathbf{d}$가 같다.

예제 2 행렬 A에 $\mathbf{u}=(1,1)$을 곱하여 $x+2y=3$과 $x-y=0$을 풀 수 있다.

$$A\mathbf{u}=\begin{bmatrix} 1 & 2 \\ 1 & -1 \end{bmatrix}\begin{bmatrix} 1 \\ 1 \end{bmatrix}=\begin{bmatrix} 1+2 \\ 1-1 \end{bmatrix}=\begin{bmatrix} 3 \\ 0 \end{bmatrix}$$

$$\text{열로는}\quad \begin{bmatrix} 1 \\ 1 \end{bmatrix}+\begin{bmatrix} 2 \\ -1 \end{bmatrix}=\begin{bmatrix} 3 \\ 0 \end{bmatrix}$$

행에 대한 그림에서 교점은 $(1,1)$이다. 열에 대한 그림에서 해는 $x=1,\ y=1$이다([그림 11-17(b)]). 이때 $1\times\mathbf{a}+1\times\mathbf{b}$는 우변의 $\mathbf{d}$와 같다.

행렬식으로 표현한 해

지금까지는 답만을 살펴봤다. 실제 문제는 x와 y가 알려져 있지 않을 때 그 값을 찾는 것이다. 이제 수가 아닌 문자가 포함된 두 방정식을 풀 것이다.

$$\begin{aligned} a_1x + b_1y &= d_1 \\ a_2x + b_2y &= d_2 \end{aligned}$$

핵심은 x를 제거하는 것이다. 처음 방정식에 a_2를 곱하고 두 번째 방정식에 a_1을 곱하라. 첫 번째 식에서 두 번째 식을 빼면 x가 사라진다.

$$(a_1b_2 - a_2b_1)y = (a_1d_2 - a_2d_1) \tag{6}$$

y를 제거하기 위하여 첫 번째 방정식에 b_2를 곱한 것에서 두 번째 방정식에 b_1을 곱한 것을 빼보자.

$$(b_2a_1 - b_1a_2)x = (b_2d_1 - b_1d_2) \tag{7}$$

위 식들의 괄호 안에서 볼 수 있는 것은 2×2행렬의 행렬식이다! 11.3절의 내용을 떠올려보라.

$$\begin{bmatrix} a_1 & b_1 \\ a_2 & b_2 \end{bmatrix} \text{의 행렬식은 수 } \begin{vmatrix} a_1 & b_1 \\ a_2 & b_2 \end{vmatrix} = a_1b_2 - a_2b_1 \text{이다.}$$

이 수는 식 (6)과 식 (7)의 좌변에 나타난다. 식 (7)의 우변 또한 a 대신 d를 성분으로 가지는 행렬의 행렬식으로 볼 수 있다. 마찬가지로 식 (6)의 우변은 b 대신 d를 성분으로 가지는 행렬의 행렬식으로 볼 수 있다. 따라서 x와 y는 **행렬식의 비**이며 이것이 바로 크래머의 법칙이다.

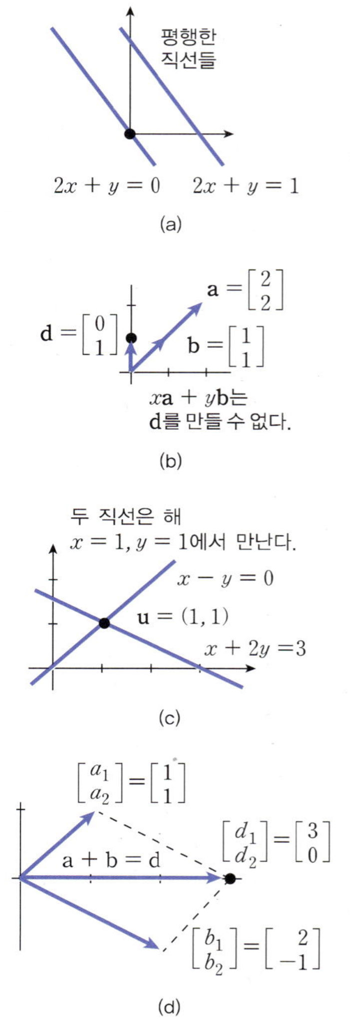

[그림 11-17] 행과 열 그림 : 특수한 경우(해가 없는 경우)와 $x = y = 1$인 경우

8 크래머의 법칙

$$\text{해는 } x = \frac{\begin{vmatrix} d_1 & b_1 \\ d_2 & b_2 \end{vmatrix}}{\begin{vmatrix} a_1 & b_1 \\ a_2 & b_2 \end{vmatrix}},\ y = \frac{\begin{vmatrix} a_1 & d_1 \\ a_2 & d_2 \end{vmatrix}}{\begin{vmatrix} a_1 & b_1 \\ a_2 & b_2 \end{vmatrix}} \text{이다.}$$

앞의 투자 예제는 세 열로부터 나오는 세 행렬식의 값으로 풀 수 있다.

$$\begin{vmatrix} 1 & 1 \\ 0.05 & 0.1 \end{vmatrix} = 0.05 \qquad \begin{vmatrix} 5000 & 1 \\ 400 & 0.1 \end{vmatrix} = 100 \qquad \begin{vmatrix} 1 & 5000 \\ 0.05 & 400 \end{vmatrix} = 150$$

크래머의 법칙은 $x=100/0.05=2000$, $y=150/0.05=3000$임을 말해준다. 이 값들은 해이다. 특수한 경우는 A의 행렬식이 0인 경우($\det A=0$)이며 0으로 나눌 수 없으므로 해가 없다.

> 9 크래머의 법칙은 $\det A=0$일 때 성립하지 않으며 이때가 특수한 경우이다. 이 경우 행 그림에서의 두 직선은 평행하며 한 열은 다른 열의 상수 배이다.

예제 3 직선 $2x+y=0$과 $2x+y=1$은 평행하다. 이때 행렬식은 0이다.

$$\begin{bmatrix} 2 & 1 \\ 2 & 1 \end{bmatrix}\begin{bmatrix} x \\ y \end{bmatrix}=\begin{bmatrix} 0 \\ 1 \end{bmatrix} \text{에서 } \det A=\begin{vmatrix} 2 & 1 \\ 2 & 1 \end{vmatrix}=0\text{이다.}$$

[그림 11-17]의 직선들은 만나지 않는다. 열을 보면 $\begin{bmatrix} 2 \\ 2 \end{bmatrix}$은 $\begin{bmatrix} 1 \\ 1 \end{bmatrix}$의 상수 배이다.

2×2 시스템에 대한 마지막 언급을 하려 한다. 이 시스템은 크기가 작아 해를 구하는 모든 방법이 적용될 수 있다. 크래머의 법칙은 행렬식을 사용한다. 더 큰 시스템은 소거법을 사용한다(3×3행렬들은 그 경계에 있다). 세 번째 방법(같은 해를 얻는다!)은 역행렬 A^{-1}으로부터 나오며 다음에 설명된다. 하지만 역행렬은 A^{-1}를 찾기 위하여 행렬식 혹은 소거법을 사용해야 하기 때문에 해에 대한 새로운 계산법이라기보다는 해를 표현하기 위한 기호라고 할 수 있다.

역행렬

기호 A^{-1}는 'A의 역행렬'이라 읽는다. 이 행렬은 $A\mathbf{u}=\mathbf{c}$를 풀기 위한 행렬을 나타낸다. A가 $\mathbf{u}$를 $\mathbf{d}$로 만들어주는 행렬이라면 이때 A^{-1}는 $\mathbf{d}$를 $\mathbf{u}$로 되돌려주는 행렬이다. 만일 $A\mathbf{u}=\mathbf{d}$이면 $\mathbf{u}=A^{-1}\mathbf{d}$이다(단, 역행렬이 존재하는 경우에만). 이는 함수와 그 역함수의 관계와 완벽히 같다. $g(x)=y$이고 $x=g^{-1}(y)$이다. 우리의 목표는 A를 알고 있을 때 A^{-1}를 찾는 것이다.

첫 접근법은 아주 직접적일 것이다. 크래머의 법칙은 $\mathbf{u}$의 성분들인 x와 y에 대한 공식을 준다. 이 법칙으로부터 $D=a_1b_2-a_2b_1$이 0이 아니라면 A^{-1}를 읽어낼 수 있다. 다음 식에서 D는 $\det A$이며 해를 구하기 위해 D가 분모로 들어간다.

$$\text{크래머의 법칙 } \mathbf{u}=\frac{1}{D}\begin{bmatrix} b_2d_1-b_1d_2 \\ -a_2d_1+a_1d_2 \end{bmatrix} \text{이며 이는 } A^{-1}\mathbf{d}=\frac{1}{D}\begin{bmatrix} b_2 & -b_1 \\ -a_2 & a_1 \end{bmatrix}\begin{bmatrix} d_1 \\ d_2 \end{bmatrix}\text{이다.} \tag{8}$$

네 개의 성분에 $1/D$을 포함하는 우변의 행렬이 A^{-1}이다. 부호 및 첨자의 패턴에 주목하라. D가 0이 아니면 역행렬은 존재하며 이것은 매우 중요한 사실이다. 이때 해는 행렬과 벡터의 곱으로부터 나오며 그 곱은 A^{-1}와 $\mathbf{d}$의 곱이다. 이 곱에 대한 규칙을 다시 상기해보자.

정의 행렬 M과 벡터 v의 곱은 내적으로 이루어진 벡터와 같다.

$$M\mathbf{v} = \begin{bmatrix} 행\,1 \\ 행\,2 \end{bmatrix} \begin{bmatrix} \mathbf{v} \end{bmatrix} = \begin{bmatrix} (행\,1) \cdot \mathbf{v} \\ (행\,2) \cdot \mathbf{v} \end{bmatrix} \tag{9}$$

식 (8)은 $M = A^{-1}$와 $\mathbf{v} = \mathbf{d}$인 경우로부터 나온다. [예제 1]을 다시 살펴보자.

$$A = \begin{bmatrix} 1 & 1 \\ 0.05 & 0.1 \end{bmatrix}, \quad \det A = 0.05, \quad A^{-1} = \frac{1}{0.05} \begin{bmatrix} 0.1 & -1 \\ -0.05 & 1 \end{bmatrix} = \begin{bmatrix} 2 & -20 \\ -1 & 20 \end{bmatrix}$$

위에서 역행렬을 구했다. 이 역행렬에 $\mathbf{d}$를 곱하면 해 $\mathbf{u}$를 얻는다.

$$A^{-1}\mathbf{d} = \begin{bmatrix} 2 & -20 \\ -1 & 20 \end{bmatrix} \begin{bmatrix} 5000 \\ 400 \end{bmatrix} = \begin{bmatrix} (2)(5000) - (20)(400) \\ (-1)(5000) + (20)(400) \end{bmatrix} = \begin{bmatrix} 2000 \\ 3000 \end{bmatrix}$$

공식들은 완벽하게 적용되지만 여러분은 $A^{-1}\mathbf{d}$에 직접적으로 도달하는 방법을 알 필요가 있다. $A\mathbf{u} = \mathbf{d}$의 양변에 A^{-1}를 곱하라. 이 곱셈은 좌변의 A를 '상쇄'하며 $\mathbf{u} = A^{-1}\mathbf{d}$를 남긴다. 이 접근법이 다음에 다루어진다.

행렬 곱

행렬의 거듭제곱을 이해하려면 행렬을 직접 곱해봐야 한다. A^{-1}를 $A\mathbf{u}$와 곱하는 것은 행렬과 벡터의 곱이다. 하지만 이 곱셈을 다른 방식으로 수행할 수 있다. 우선 A^{-1}을 A와 곱한다(이는 행렬과 행렬의 곱이다). 그 곱 $A^{-1}A$는 새로운 행렬이다(그리고 아주 특별한 행렬이다). 그 후 이 새 행렬에 $\mathbf{u}$를 곱한다.

이 행렬 간의 곱셈에 대한 규칙은 행렬과 벡터의 곱에 대한 규칙으로부터 바로 나온다. 실질적으로 벡터 $\mathbf{v}$는 열이 하나만 있는 행렬 V이다. 열이 더 많이 있는 경우 M과 V의 곱은 행렬과 벡터의 곱들로 나란하게 분리될 수 있다.

정의 행렬 M과 행렬 V의 곱은 내적으로 이루어진 행렬과 같다.

$$MV = \begin{bmatrix} 행\,1 \\ 행\,2 \end{bmatrix} \begin{bmatrix} \mathbf{v}_1 & \mathbf{v}_2 \end{bmatrix} = \begin{bmatrix} (행\,1) \cdot \mathbf{v}_1 & (행\,1) \cdot \mathbf{v}_2 \\ (행\,2) \cdot \mathbf{v}_1 & (행\,2) \cdot \mathbf{v}_2 \end{bmatrix} \tag{10}$$

예제 4 $\begin{bmatrix}1 & 2\\3 & 4\end{bmatrix}\begin{bmatrix}5 & 6\\7 & 8\end{bmatrix} = \begin{bmatrix}1\cdot5+2\cdot7 & 1\cdot6+2\cdot8\\3\cdot5+4\cdot7 & 3\cdot6+4\cdot8\end{bmatrix} = \begin{bmatrix}19 & 22\\43 & 50\end{bmatrix}$

예제 5 A^{-1}에 A를 곱하면 '단위행렬' $\begin{bmatrix}1\,0\\0\,1\end{bmatrix}$이 된다.

$$A^{-1}A = \frac{\begin{bmatrix}b_2 & -b_1\\-a_2 & a_1\end{bmatrix}}{D}\begin{bmatrix}a_1 & b_1\\a_2 & b_2\end{bmatrix} = \frac{\begin{bmatrix}a_1b_2-a_2b_1 & 0\\0 & -a_2b_1+a_1b_2\end{bmatrix}}{D} = \begin{bmatrix}1 & 0\\0 & 1\end{bmatrix} \quad (11)$$

이 단위행렬은 I로 표시된다. 단위행렬은 대각선 위치에 성분 1을 가지며, 대각선 이외의 성분은 0이다. 단위행렬은 숫자 1과 유사하게 행동한다. 즉 모든 벡터에 대하여 $I\mathbf{u}=\mathbf{u}$가 성립한다.

> 10 **역행렬과 단위행렬** $AA^{-1}=I$이고 $A^{-1}A=I$이며 $I\mathbf{u}=\mathbf{u}$이다.
>
> $$A = \begin{bmatrix}a & b\\c & d\end{bmatrix} \qquad A^{-1} = \frac{1}{D}\begin{bmatrix}d & -b\\-c & a\end{bmatrix} \qquad \begin{bmatrix}1 & 0\\0 & 1\end{bmatrix}\begin{bmatrix}x\\y\end{bmatrix} = \begin{bmatrix}x\\y\end{bmatrix} \quad (12)$$
>
> a,b,c,d의 위치에 주목하라. 이때 D는 $ad-bc$이다.

다음 절에서는 세 개의 방정식이 있는 경우를 다룰 것이다. 이 경우 계산은 더 복잡해진다(4×4의 경우에는 더 심각하다). A^{-1}를 쓰는 것은 쉽지 않다. 따라서 우리는 2×2 공식에 좀 더 오래 머무르면서 각 단계를 확인할 것이다. $A\boldsymbol{u}=\boldsymbol{d}$에 역행렬을 곱하면 $A^{-1}A\boldsymbol{u}=A^{-1}\boldsymbol{d}$가 되며 좌변은 $I\boldsymbol{u}=\boldsymbol{u}$가 된다.

예제 6 $A = \begin{bmatrix}\cos\theta & -\sin\theta\\\sin\theta & \cos\theta\end{bmatrix}$는 $\mathbf{v}$를 $A\mathbf{v}$로 각 θ만큼 회전시킨다.

Q1_ $\mathbf{v} = \begin{bmatrix}1\\0\end{bmatrix}$을 회전한 벡터는?

A_ $\mathbf{v}$는 회전하여 $A\mathbf{v} = \begin{bmatrix}\cos\theta & -\sin\theta\\\sin\theta & \cos\theta\end{bmatrix}\begin{bmatrix}1\\0\end{bmatrix} = \begin{bmatrix}\cos\theta\\\sin\theta\end{bmatrix}$가 된다.

Q2_ A^{-1}는 무엇인가?

A_ $\det A = 1$이므로 $A^{-1} = \begin{bmatrix}\cos\theta & \sin\theta\\-\sin\theta & \cos\theta\end{bmatrix} = -\theta$만큼 회전을 뜻한다.

Q3_ 회전하여 $\mathbf{d} = \begin{bmatrix}0\\1\end{bmatrix}$이 되는 벡터 $\mathbf{u}$는 무엇인가?

A_ 만일 $A\mathbf{u}=\mathbf{d}$이면 $\mathbf{u} = A^{-1}\mathbf{d} = \begin{bmatrix}\cos\theta & \sin\theta\\-\sin\theta & \cos\theta\end{bmatrix}\begin{bmatrix}0\\1\end{bmatrix} = \begin{bmatrix}\sin\theta\\\cos\theta\end{bmatrix}$이다.

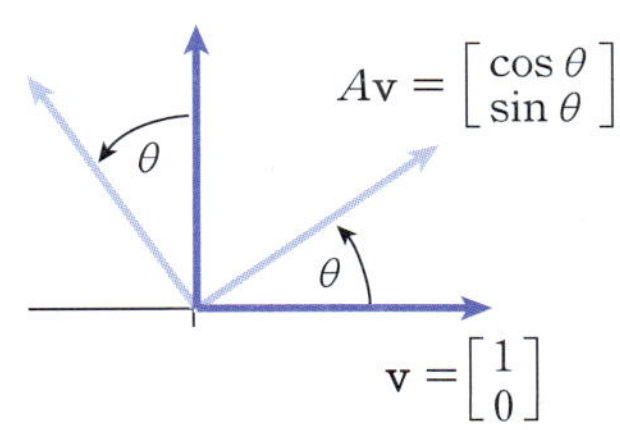

(a)

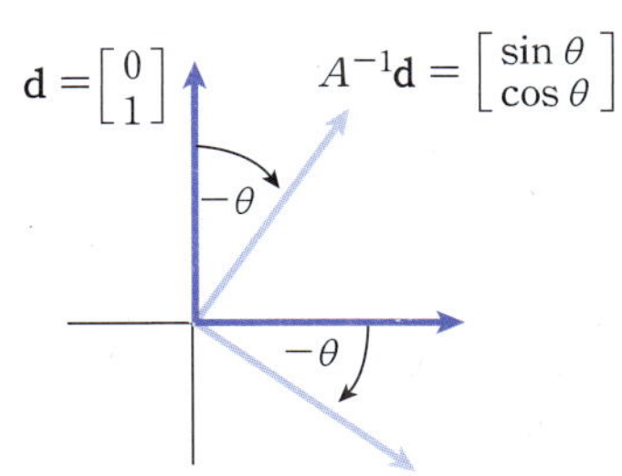

(b)

[그림 11-18] (a) $\mathbf{v}$를 $A\mathbf{v}$로 회전, (b) $\mathbf{d}$를 $A^{-1}\mathbf{d}$로 거꾸로 회전

NOTE_ 행렬에 대해 우리가 사용하는 기호를 제안한 사람이 라이프니츠(또!)임은 매우 놀라운 사실이다. i행 j열의 성분은 a_{ij}이다. 따라서 단위행렬은 $a_{11} = a_{22} = 1$이고 $a_{12} = a_{21} = 0$이다. 이는 찰스 도지슨[charles Dodgson](『이상한 나라의 앨리스』의 저자인 루이스 캐럴로 더 잘 알려진)의 선형대수학 책에 나온 내용이다. 필자는 그가 a_{ij} 대신 자신 만의 표현 $i\wr j$를 더 선호했다는 점이 아쉽다. "$\int$ 기호와 혼동할 수 있는 모든 가능성을 배제하기 위하여 나는 기호를 좌측으로 비틀었다"라고 그는 말했다. 이것은 아마 조판자를 힘들게 했을 것이다.

평면 위로의 정사영 = 직선을 이용한 최소제곱법

실제 응용과 함께 이 절을 마무리한다. 이 응용은 세 개의 3차원 벡터 $\boldsymbol{a}, \boldsymbol{b}, \boldsymbol{d}$로부터 시작하여 2×2 시스템으로 이어진다. 하나의 좋은 특징은 $\boldsymbol{a}, \boldsymbol{b}, \boldsymbol{d}$가 문자의 변화 없이 n차원일 수도 있다는 것이다. 이러한 상황은 실제 응용에서 종종 발생한다. 또 하나의 좋은 특징은 그 배경에 미적분학의 문제가 있다는 점이다. 아래 제시할 예시는 점들을 알맞은 직선으로 맞추는 것이다.

이 문제를 서술하는 다음 세 가지 방법이 있으며, 이들은 서로 달라 보인다.

1. $x\mathbf{a} + y\mathbf{b} = \mathbf{d}$를 가능한 한 잘 푼다(두 개의 미지수 x, y와 세 개의 방정식이 있는 경우)
2. 벡터 $\mathbf{d}$를 $\mathbf{a}$와 $\mathbf{b}$가 이루는 평면으로 정사영한다.
3. 주어진 세 개의 점에 가장 가까운 직선('최소제곱')을 찾는다.

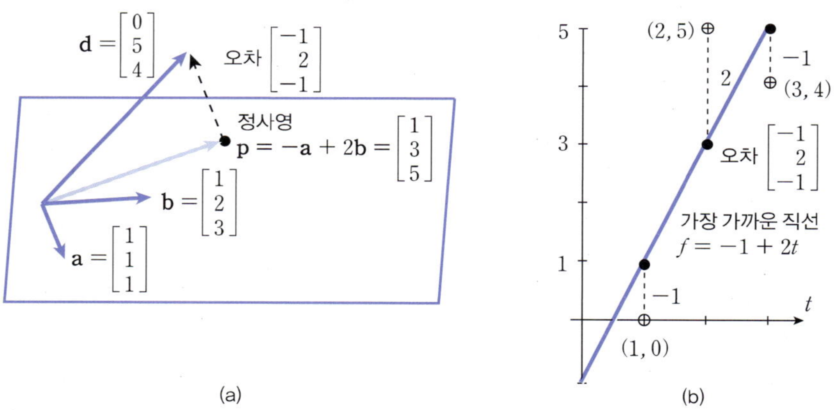

[그림 11-19] 평면 위로의 정사영은 $(1,3,5)$이며 계수는 $-1, 2$이다. 가장 가까운 직선은 높이 $1,3,5$를 가지며 계수는 $-1, 2$이다. 두 그림에서의 오차는 모두 $-1, 2, -1$이다.

[그림 11-19]는 $\mathbf{a}$와 $\mathbf{b}$가 이루는 평면의 위쪽에 있는 3차원 벡터 $\mathbf{d}$를 보여준다. 이 벡터의 평면 위로의 정사영은 $\mathbf{p} = x\mathbf{a} + y\mathbf{b}$이다. 두 수 x와 y는 미지수이며 우리의 목표는 이 수들을 찾는 것이다. 계산에는 내적이 사용될 것이며 내적은 항상 직각인

경우가 핵심이다.

차이를 나타내는 벡터 $\mathbf{d}-\mathbf{p}$는 '오차'이다. $\mathbf{a}$와 $\mathbf{b}$를 어떻게 조합해도 정확한 $\mathbf{d}$를 만들 수는 없으므로 항상 오차가 있어야만 한다(그렇지 않다면 $\mathbf{d}$는 평면에 있어야 한다). 정사영 $\mathbf{p}$는 $\mathbf{d}$에 가장 가까운 점이며 이 점은 오차는 평면에 수직이어야 한다는 하나의 기본적인 법칙을 따른다. 이로부터 오차는 두 벡터 $\mathbf{a}$와 $\mathbf{b}$에 수직이어야 한다.

$$\mathbf{a}\cdot(x\mathbf{a}+y\mathbf{b}-\mathbf{d})=0,\quad \mathbf{b}\cdot(x\mathbf{a}+y\mathbf{b}-\mathbf{d})=0 \qquad (13)$$

이 두 방정식을 두 미지수 x,y에 대하여 다시 쓰면 다음과 같다.

$$\begin{aligned}(\mathbf{a}\cdot\mathbf{a})x+(\mathbf{a}\cdot\mathbf{b})y&=\mathbf{a}\cdot\mathbf{d}\\(\mathbf{b}\cdot\mathbf{a})x+(\mathbf{b}\cdot\mathbf{b})y&=\mathbf{b}\cdot\mathbf{d}\end{aligned} \qquad (14)$$

이 방정식들은 통계학에서 유명한 '**정규 방정식**normal equation'이며 이 식으로부터 x와 y, p를 계산할 수 있다.

예제 7 $\mathbf{a}=(1,1,1)$, $\mathbf{b}=(1,2,3)$, $\mathbf{d}=(0,5,4)$에 대하여 방정식 (14)를 풀어라.

풀이

$$\begin{aligned}3x+6y&=9\\6x+14y&=22\end{aligned}\ \text{로부터}\ \begin{aligned}x&=-1\\y&=2\end{aligned}\ \text{를 얻으며}$$

따라서 $\mathbf{p}=-\mathbf{a}+2\mathbf{b}=(1,3,5)=$(정사영)이다.

우리가 풀지 않은(실제로 풀 수 없는) 세 방정식 $x\mathbf{a}+y\mathbf{b}=\mathbf{d}$는 다음과 같음에 주목하라.

$$\begin{aligned}x+\ y&=0\\x+2y&=5\\x+3y&=4\end{aligned},\ \text{이때}\ A=\begin{bmatrix}1&1\\1&2\\1&3\end{bmatrix}\text{은 }3\times2\text{ 행렬이다.} \qquad (15)$$

$\mathbf{d}=(0,5,4)$일 때 해는 없다. $\mathbf{d}$는 $\mathbf{a},\mathbf{b}$가 이루는 평면에 있지 않다. $\mathbf{p}=(1,3,5)$일 때는 $x=-1$과 $y=2$가 해가 된다. 이때 벡터 $\mathbf{p}$는 평면에 있다. 오차 $\mathbf{d}-\mathbf{p}$는 $(-1,2,-1)$이고 이 오차는 두 열 $(1,1,1)$과 $(1,2,3)$에 수직이므로 그들로 이루어진 평면에 수직이다.

예제 7 **(직선 맞춤 문제로 쓰여진 같은 예시)** $(1,0)$, $(2,5)$, $(3,4)$를 직선으로 가능한 한 가깝게(최소제곱) 맞추어라.

풀이

두 점은 직선을 결정한다. 이 예시는 직선 $f=x+yt$가 세 점을 지나가기를 요구한다. 이로부터 식 (15)의 세 방정식을 얻지만 두 개의 미지수만으로는 이 세 방정식을 풀

수 없다. 따라서 우리는 가장 가까운 직선에 만족해야만 하며 그 직선은 [그림 11-19(b)]에 그려져 있다. 이 직선이 미적분학을 통해 다시 계산된다.

가장 가까운 직선은 높이가 1,3,5이며 주어진 데이터 점은 높이가 0,5,4이다. 이 수들은 $\mathbf{p}$와 $\mathbf{d}$에 있는 수들이다. 높이 1,3,5는 직선에 맞추어지지만 높이 0,5,4는 그렇지 않다. 첫 번째 그림에서 $\mathbf{p}=(1,3,5)$는 평면에 있고 $\mathbf{d}=(0,5,4)$는 평면에 있지 않다. 평면에 있는 벡터들은 높이들이 직선 위에 놓이도록 한다.

또 다른 우연에 주목하라. 계수 $x=-1$ 및 $y=2$는 정사영 $-\mathbf{a}+2\mathbf{b}$를 도출한다. 이들은 또한 가장 가까운 직선 $f=-1+2t$를 준다. 모든 수들은 [그림 11-19]에 나타나 있다.

가장 가까운 직선을 찾는 것은 미적분학의 문제이다. **제곱의 합을 최소화하라**. E를 최소화하는 두 수 x,y는 최소제곱법의 해이다.

$$E(x,y)=(x+y-0)^2+(x+2y-5)^2+(x+3y-4)^2 \tag{16}$$

이는 식 (15)에서의 세 오차를 제곱하고 더한 것이다. 이는 또한 직선으로 맞추는 문제에서 직선과 데이터 점간의 오차이기도 하다. 정사영은 (기하학에 의해) 오차를 최소화하며 정규 방정식 (14)는 (계산에 의해) 오차를 최소화하고, 이제 미적분학이 E의 도함수들을 0으로 둠으로써 오차를 최소화할 것이다.

새로운 특징은 다음과 같다. E는 두 변수 x,y에 의존한다. 따라서 E는 두 개의 도함수를 가진다. 최솟값에서 이 두 도함수는 모두 0이 되어야 할 것이다. 이 사실이 x와 y에 대한 두 식을 제공한다.

x에 대한 E의 미분은 0 : $2(x+y)+2(x+2y-5)+2(x+3y-4)=0$

y에 대한 E의 미분은 0 : $2(x+y)+2(x+2y-5)(2)+2(x+3y-4)(3)=0$

양변을 2로 나누면 이 식들은 정규 방정식 $3x+6y=9$와 $6x+14y=22$이다. 미적분학으로부터 최솟값을 갖게 하는 x, y는 이전 방법들에서 구한 수와 같은 -1과 2이다.

x에 대한 미분에서는 y를 상수로 취급하고 y에 대한 미분에서는 x를 상수로 취급한다. 이러한 개념이 **편미분**이다. 이 최소제곱법 문제에 대한 미적분학의 접근은 13장에서 편미분의 응용으로써 다루어질 것이다.

이제 최소제곱법 문제를 요약한다. 최소제곱법 문제는 n개의 데이터 점에 가장 가까운 직선을 찾는 것이다. 실제 문제에서 n은 3이 아닌 1000일 수 있다. 이 점들은 수평 좌표 $b_1,b_2,\cdots,b_n$과 수직 좌표 $d_1,d_2,\cdots,d_n$을 가진다. 이 벡터들 $\mathbf{b}$, $\mathbf{d}$와 $\mathbf{a}=(1,1,\cdots,1)$이 정사영, 즉 $\mathbf{d}$에 가장 가까운 조합 $\mathbf{p}=x\mathbf{a}+y\mathbf{b}$를 결정한다. 이 문제는 n차원에서도 똑같다. 오차 $\mathbf{d}-\mathbf{p}$는 $\mathbf{a}$, $\mathbf{b}$에 수직이다. 이는 여전히 내적에 의하여 확인될

수 있다. 확인해야 할 식은 $\mathbf{p}\cdot\mathbf{a}=\mathbf{d}\cdot\mathbf{a}$ 및 $\mathbf{p}\cdot\mathbf{b}=\mathbf{d}\cdot\mathbf{b}$이고, 이는 x와 y에 대한 정규 방정식을 제공한다.

$$\begin{aligned}(\mathbf{a}\cdot\mathbf{a})x+(\mathbf{a}\cdot\mathbf{b})y&=\mathbf{a}\cdot\mathbf{d}\\(\mathbf{b}\cdot\mathbf{a})x+(\mathbf{b}\cdot\mathbf{b})y&=\mathbf{b}\cdot\mathbf{d}\end{aligned}\quad \text{혹은} \quad \begin{aligned}(n)x+(\textstyle\sum b_i)y&=\textstyle\sum d_i\\(\textstyle\sum b_i)x+(\textstyle\sum b_i^2)y&=\textstyle\sum b_i d_i\end{aligned} \tag{17}$$

11 최소제곱법 문제는 $\mathbf{d}$를 $\mathbf{a},\mathbf{b}$가 이루는 평면 위로 정사영한다. n차원에서 정사영은 $\mathbf{p}=x\mathbf{a}+y\mathbf{b}$이다. 2차원에서 가장 가까운 직선은 $f=x+yt$이다. 정규 방정식 (17)은 가장 좋은 x와 y의 값을 제공한다.

11.4 문장제 문제

01 두 방정식 $3x+y=8$ 및 $x+y=6$을 결합하여 벡터 방정식 x__a__$+y$__b__ $=$ __c__ $=\mathbf{d}$로 쓸 수 있다. 좌변은 $A\mathbf{u}$이며 여기서 계수 행렬은 $A=$__d__이고 미지수로 이루어진 벡터는 $\mathbf{u}=$__e__이다 A의 행렬식은 __f__이며 따라서 이 문제는 __g__ 경우가 아니다. 행에 대한 그림은 두 개의 만나는 __h__을(를) 보여준다. 열에 대한 그림은 $x\mathbf{a}+y\mathbf{b}=\mathbf{d}$를 보여주며, 여기서 $\mathbf{a}=$__i__이고 $\mathbf{b}=$__j__이다. 역행렬은 $A^{-1}=$ __k__이므로 해는 $\mathbf{u}=A^{-1}\mathbf{d}=$ __l__이다.

02 행렬과 벡터의 곱은 행들로부터 __m__(으)로 이루어진 벡터를 생성하며, 또한 __n__의 조합이기도 하다.

$$\begin{bmatrix}\mathbf{A}\\\mathbf{B}\end{bmatrix}\begin{bmatrix}\mathbf{u}\end{bmatrix}=\begin{bmatrix}-\\-\end{bmatrix},\ \begin{bmatrix}\mathbf{a}&\mathbf{b}\end{bmatrix}\begin{bmatrix}x\\y\end{bmatrix}=\begin{bmatrix}\ \\-\end{bmatrix},\ \begin{bmatrix}3&1\\1&1\end{bmatrix}\begin{bmatrix}1\\5\end{bmatrix}=\begin{bmatrix}-\\-\end{bmatrix}$$

만일 2×2행렬의 성분이 순서대로 a,b,c,d이면 행렬식은 $D=$__o__이다. A^{-1}는 __p__을(를) D로 나눈 것이다. 크래머의 법칙은 $\mathbf{u}=A^{-1}\mathbf{d}$의 성분들이 $x=$__q__$/D$, $y=$__r__$/D$와 같이 행렬식의 비임을 보여준다.

03 행렬과 행렬의 곱셈 MV는 __s__ 행들과 __t__열로부터 나오는 내적들을 성분으로 가지는 행렬이 된다.

$$\begin{bmatrix}\mathbf{A}\\\mathbf{B}\end{bmatrix}\begin{bmatrix}\mathbf{v}_1&\mathbf{v}_2\end{bmatrix}=\begin{bmatrix}-&-\\-&-\end{bmatrix},\ \begin{bmatrix}3&1\\1&1\end{bmatrix}\begin{bmatrix}1&2\\5&6\end{bmatrix}=\begin{bmatrix}-&-\\-&-\end{bmatrix}$$

$$\begin{bmatrix}3&1\\1&1\end{bmatrix}\begin{bmatrix}1/2&-1/2\\-1/2&3/2\end{bmatrix}=\begin{bmatrix}-&-\\-&-\end{bmatrix}\qquad\begin{bmatrix}1&0\\0&1\end{bmatrix}\begin{bmatrix}A\end{bmatrix}=\begin{bmatrix}-&-\\-&-\end{bmatrix}$$

마지막 식은 I라고 표기되는 __u__행렬을 포함하고 있다. 이 행렬은 모든 행렬 A에 대하여 $IA=AI=$ __v__이며 모든 벡터 $\boldsymbol{u}$에 대하여 $I\boldsymbol{u}=$__w__인 성질이 있다. 역행렬은 $A^{-1}A=$__x__을(를) 만족한다. 이때 $A\boldsymbol{u}=\boldsymbol{d}$는 양변에 모두 __y__을(를) 곱하여 풀 수 있으며 그 해는 $\boldsymbol{u}=$ __z__이다. __A__일 때는 역행렬이 없다.

04 조합 $x\mathbf{a}+y\mathbf{b}$는 오차 __B__이(가) __C__와(과) __D__에 수직일 때 $\mathbf{d}$의 정사영이다. 만일 $\mathbf{a}=(1,1,1)$, $\mathbf{b}=(1,2,3)$, $\mathbf{d}=(0,8,4)$일 때 x와 y에 관한 방정식은 __E__이다. 이 방정식들을 풀면 데이터 점 $(1,0)$, __F__, $(3,4)$에 가장 가까운 __G__을(를) 구할 수 있다. 그 해는 $x=0, y=2$이며 이는 가장 좋은 직선이 __H__(이)라는 것이다. 정사영은 $0\mathbf{a}+2\mathbf{b}=$__I__이고, 세 오차 성분은 __J__이다. 오차 벡터가 평면에 수직임을 확인해보면 __K__$=0$ 및 __L__$=0$이다. 이 문제에 미적분학을 적용하면 x와 y는 제곱 합 $E=$__M__을(를) 최소화한다.

11.4 연습문제

01~08 두 직선이 만나는 점 (x, y)를 찾아라(만약 두 직선이 만난다면). 또한 어떻게 우변이 좌변의 열벡터들의 조합으로 써지는지 보여라(만약 써진다면). 또한 행렬식 D를 구하라.

01 $\begin{aligned} x+y&=7 \\ x-y&=3 \end{aligned}$

02 $\begin{aligned} 2x+y&=11 \\ x+y&=6 \end{aligned}$

03 $\begin{aligned} 3x-y&=8 \\ x-3y&=0 \end{aligned}$

04 $\begin{aligned} x+2y&=3 \\ 2x+4y&=7 \end{aligned}$

05 $\begin{aligned} 2x-4y&=0 \\ x-2y&=0 \end{aligned}$

06 $\begin{aligned} 10x+y&=1 \\ x+y&=1 \end{aligned}$

07 $\begin{aligned} ax+by&=0 \\ 2ax+2by&=2 \end{aligned}$

08 $\begin{aligned} ax+by&=1 \\ cx+dy&=1 \end{aligned}$

---

09 문제 03을 크래머의 법칙을 이용하여 풀어라.

10 문제 04를 크래머의 법칙을 이용하여 풀어라.

11 문제 05에서 크래머의 법칙을 적용할 때 그 비는 얼마인가?

12 만약 $A=I$일 때 크래머의 법칙이 어떻게 $A\mathbf{u}=\mathbf{d}$를 푸는지 보여라.

13 문제 01에 대한 행 그림과 열 그림을 그려라.

14 문제 06에 대한 행 그림과 열 그림을 그려라.

15 문제 01에서 A^{-1}를 구하라.

16 문제 08에서 $ad-bc=1$인 경우 A^{-1}를 구하라.

17 2×2 시스템은 행 그림에서의 두 직선이 ______할 때 특수한 해를 가진다. 이 시스템은 만약 한 방정식이 다른 방정식의 ______이면 여전히 풀 수 있다. 이 경우 두 직선은 ______하며 해는 ______개 있다.

18 해가 없거나 무수히 많은 경우 크래머의 법칙을 적용해보라.

$$\begin{aligned} 3x+y&=0 \\ 6x+2y&=2 \end{aligned} \quad \text{혹은} \quad \begin{aligned} 3x+y&=1 \\ 6x+2y&=2 \end{aligned}$$

19 $A\mathbf{u}=\mathbf{d}$는 A의 열들이 ______할 때 특수한 해를 가진다. 해는 우변의 $\mathbf{d}$가 ______일 때 존재한다. 해가 존재하는 경우 해의 개수는 ______이다.

20 방정식 $x-y=d_1$, $9x-9y=d_2$는 ______이면 풀 수 있다.

21 $x=\frac{1}{4}$(단위 : 10억 명)의 사람이 미국에 살며 $y=5$의 사람이 미국 밖에 산다고 하자. 만약 미국 인구의 4%가 미국 밖으로 이주하고 미국 밖 인구의 2%가 미국으로 이주한다면 이주 후 미국 인구 d_1과 미국 밖 인구 d_2를 구하라. 이 과정을 행렬 곱 $A\mathbf{u}=\mathbf{d}$로 표현하고 행렬 A를 구하라.

22 문제 21에서 a_1+a_2와 b_1+b_2(A의 열벡터 각각의 합)의 특별한 의미는 무엇인가? d_1+d_2가 왜 $x+y$와 같은지 설명하라.

23 같은 비율이 이주한다고 가정할 때 이주를 마친 후 $d_1=0.58$(단위 : 십억 명)이 미국 인구이고 $d_2=4.92$가 미국 밖의 인구라고 하자. 각각의 원래 인구 x, y에 대하여 두 방정식을 세우고 풀어라.

24 문제 21~23의 행렬 A에 대하여 행렬식은 무엇인가? A^{-1}는 무엇인가? $A^{-1}A=I$임을 확인하라.

25 방정식 $ax+y=0, x+ay=0$은 해 $x=y=0$을 가진다. 이 해 이외의 다른 해를 갖도록 하는 두 개의 a의 값은 무엇인가(그리고 그 다른 해는 무엇인가?)?

26 방정식 $ax+by=0, cx+dy=0$은 해 $x=y=0$을 가진다. 만약 이 두 직선이 ______하면 위 해 외의 다른 해를 가진다. 이는 a, b, c, d가 ______을(를) 만족할 때 일어난다.

27 $A=\begin{bmatrix} 2 & 4 \\ 3 & 5 \end{bmatrix}$의 행렬식과 역행렬을 구하라. $2A, A^{-1}, -A, I$에 대하여 같은 질문에 답하라.

28 A^{-1}의 행렬식이 $1/(\det A)$임을 보여라.

$$A^{-1}=\begin{bmatrix} d/(ad-bc) & -b/(ad-bc) \\ -c/(ad-bc) & a/(ad-bc) \end{bmatrix}$$

29 AB와 BA를 계산하고 BC와 CB도 계산하라.

$$A=\begin{bmatrix} 1 & 4 \\ 2 & -1 \end{bmatrix} \quad B=\begin{bmatrix} 3 & 1 \\ 1 & 1 \end{bmatrix} \quad C=\begin{bmatrix} 1 & 1 \\ 0 & 2 \end{bmatrix}$$

$AB\times C$는 $A\times BC$와 같다는 것을 입증하라.

30 (a) 위 문제에서 A, B, AB, BA의 행렬식을 각각 찾아라.

(b) BC의 행렬식에 대한 성질을 제안하고 이를 검증해보라.

31 $A=\begin{bmatrix} a & b \\ c & d \end{bmatrix}$와 $B=\begin{bmatrix} e & f \\ g & h \end{bmatrix}$에 대하여 AB를 적고 이 행렬의 행렬식을 인수분해하여 $(ad-bc)(eh-fg)$와 같음을 보여라. 따라서 $\det(AB)=(\det A)(\det B)$이다.

32 보통 $\det(A+B)$는 $\det A + \det B$와 같지 않다. 같지 않은 경우와 같은 경우의 예시를 찾아라.

33 다음 행렬 A, B의 역행렬을 찾고 $A^{-1}A = I$와 $B^{-1}B = I$를 확인하라.

$$A = \begin{bmatrix} 1 & 4 \\ 0 & 2 \end{bmatrix} \quad \text{및} \quad B = \begin{bmatrix} 2 & 2 \\ 0 & 1 \end{bmatrix}$$

34 문제 33에서 AB를 계산하고 AB의 역행렬을 구하라. 이 역행렬이 B^{-1}와 A^{-1}의 곱과 같음을 확인하라.

35 행렬 곱 $ABB^{-1}A^{-1}$는 ______행렬과 같다. 따라서 AB의 역행렬은 ______이다.

중요 : 문제 29의 결합법칙에 의해 BB^{-1}를 먼저 곱할 수 있다.

36 행렬 곱 $C^{-1}B^{-1}A^{-1}ABC$는 ______행렬이 된다. 따라서 ABC의 역행렬은 ______이다.

37 방정식 $x+2y+3z=0$과 $4x+5y+cz=0$은 모두 0이 아닌 해를 항상 갖는다. 벡터 $\mathbf{u}=(x,y,z)$는 $\mathbf{v}=(1,2,3)$와 $\mathbf{w}=(4,5,c)$에 _____이어야 한다. 따라서 $\mathbf{u}=$ _____(으)로 선택하면 된다.

38 $\mathbf{a}=(1,1,1)$, $\mathbf{b}=(-1,0,1)$에 대하여 $\mathbf{d}=(2,6,4)$에 가장 가까운 조합 $\mathbf{p}=x\mathbf{a}+y\mathbf{b}$를 찾아라. (a) x와 y에 대한 정규 방정식 (14)를 풀어라. (b) 오차 $\mathbf{d}-\mathbf{p}$가 $\mathbf{a}, \mathbf{b}$에 수직임을 확인하라.

39 평면에서 세 데이터 점 $(-1,2)$, $(0,6)$, $(1,4)$를 표시하라. 문제 38에서 구한 x와 y에 대하여 직선 $x+yt$를 그려라. 각 데이터 점으로부터의 오차를 위 혹은 아래로 표시하고 문제 38과 비교하라.

40 식 (14)를 풀어 $\mathbf{a}=(1,1,1)$, $\mathbf{b}=(-1,1,2)$인 경우에 $\mathbf{d}=(1,1,3)$에 가장 가까운 조합 $x\mathbf{a}+y\mathbf{b}$를 구하라. 데이터 점 $(-1,1)$, $(1,1)$, $(2,3)$에 대응되는 직선을 그려라. 세 오차의 벡터는 무엇이며 이 오차 벡터는 무엇에 수직인가?

41 세 점 $(0,d_1)$, $(1,d_2)$, $(2,d_3)$이 같은 직선 위에 있기 위한 d_1, d_2, d_3의 조건은 무엇인가?

42 x와 y의 순서를 바꾸는 행렬 M과 x축 위로 정사영하는 행렬 P를 구하라.

$$M\begin{bmatrix} x \\ y \end{bmatrix} = \begin{bmatrix} y \\ x \end{bmatrix}, \quad P\begin{bmatrix} x \\ y \end{bmatrix} = \begin{bmatrix} x \\ 0 \end{bmatrix}$$

43 $P = \begin{bmatrix} 0.5 & 0.5 \\ 0.5 & 0.5 \end{bmatrix}$를 곱하면 $\mathbf{u}$를 $45°$ 선$(y=x)$ 위로 정사영하게 된다.

(a) $\mathbf{u} = \begin{bmatrix} 1 \\ 0 \end{bmatrix}$의 정사영 $P\mathbf{u}$를 구하라.

(b) $P \times P$가 P와 같은 이유는 무엇인가?

(c) P^{-1}는 존재하는가? $P\mathbf{u}=\mathbf{0}$이 되는 벡터 $\mathbf{u}$는 무엇인가?

44 $\mathbf{u}$는 영벡터가 아니며 $A\mathbf{u}=\mathbf{0}$이라 가정하자. 이때 A^{-1}는 존재하지 않는다. 왜냐하면 A^{-1}를 양변에 곱하면 $\mathbf{u}=$ ______이(가) 되기 때문이다.

11.5 선형대수학

이 절에서는 2차원에서 3차원으로 이동한다. 이제 세 개의 미지수 x, y, z와 세 개의 방정식이 있다. 이는 수식과 알고리즘 사이의 교차점에 있으며, 실제 선형대수학이다. 수식은 행렬식을 사용하여 직접적인 해를 제공하고 알고리즘은 소거법을 사용하여 결국 세 수 x, y, z가 마지막에 구해지도록 한다. 실제로 이 최종 결과들은 아주 빠르게 구해진다. 컴퓨터는 소거법을 사용하여 선형방정식을 푼다

비선형방정식을 푸는 상황에서도 유사하다. 이차방정식 $ax^2+bx+c=0$은 공식에 의하여 풀리고 삼차방정식은 뉴턴법(비록 공식이 존재하기는 하지만)에 의하여 풀린다. x^5 혹은 x^{10}을 포함한 방정식들은 대부분 알고리즘을 사용하여 푼다.

우리는 이차원과 삼차원의 교차점에 있으므로 두 방법 모두를 살펴보려 한다. 이 절에서

할 것은 매우 많으며 기하학과 행렬식 그리고 3×3행렬을 연관하여 다루게 될 것이다.

1. 행 그림 : 세 평면이 해에서 교차한다.
2. 열 그림 : 벡터 방정식들은 열들을 조합한다.
3. 공식들 : 행렬식과 크래머의 법칙
4. 행렬 곱과 A^{-1}
5. 알고리즘 : 가우스 소거법

우리 목표의 일부는 3차원 미적분학이고 다른 목표는 n차원 대수학이다. 그리고 세 번째 목표는 만약 여러분이 내년에 수학 과목을 듣지 못하는 일이 발생하더라도 여러분 각자의 분야에서 수학을 사용하는 것이다. 선형방정식은 다양한 응용 분야에서 매우 기본적이며 중요하므로 이 절에서의 노력이 분명 가치가 있을 것이다.

예시가 필요하다. 만일 행렬이 0을 포함하면 현실적이고 편리할 것이다. 실제로 대부분의 방정식들은 아주 간단하며 1000개의 방정식 각각이 990개의 0을 포함하고 있는 형태로 예를 들면 아주 합리적일 것이다. 다음은 세 개의 미지수를 가지는 세 개의 방정식이다.

$$\begin{aligned} x+\ y\qquad &= 1 \\ x\qquad +2z &= 0 \\ -2y+2z &= -4 \end{aligned} \qquad (1)$$

행렬-벡터 형태로서 미지수 $\mathbf{u}$는 성분 x, y, z를 가진다. 우변의 $1, 0, -4$가 $\mathbf{d}$에 포함된다. 3개의 0을 포함한 9개의 계수들은 행렬 A에 들어간다.

$$\begin{bmatrix} 1 & 1 & 0 \\ 1 & 0 & 2 \\ 0 & -2 & 2 \end{bmatrix}\begin{bmatrix} x \\ y \\ z \end{bmatrix} = \begin{bmatrix} 1 \\ 0 \\ -4 \end{bmatrix} \quad \text{혹은} \quad A\mathbf{u} = \mathbf{d} \qquad (2)$$

목표는 이 시스템을 기하학적으로 이해한 후 방정식을 푸는 것이다.

행 그림 : 교차하는 평면

첫 번째 방정식 $x+y=1$로부터 시작하자. xy 평면에서 이 식은 직선을 나타내고 3차원에서 이 식은 평면이다. 이 식은 평면의 일반적인 식 $ax+by+cz=d$의 형태를 가지고 있으며 c가 우연히 0이 된 것뿐이다. 또한 이 평면은 직선을 따라 똑바로 잘리기 때문에 시각화하기 쉽다([그림 11-20(a)]). 방정식 $x+y=1$에서는 z가 임의의 값을 갖는 것이 가능하기 때문에 그 그래프는 직선의 위아래 모든 점을 포함한다.

두 번째 방정식 $x+2z=0$은 원점을 지나는 두 번째 평면을 나타낸다. 우변이 0일 때 점 $(0,0,0)$은 방정식을 만족한다. 이번에는 방정식에 y가 없으므로 이 평면은 y축

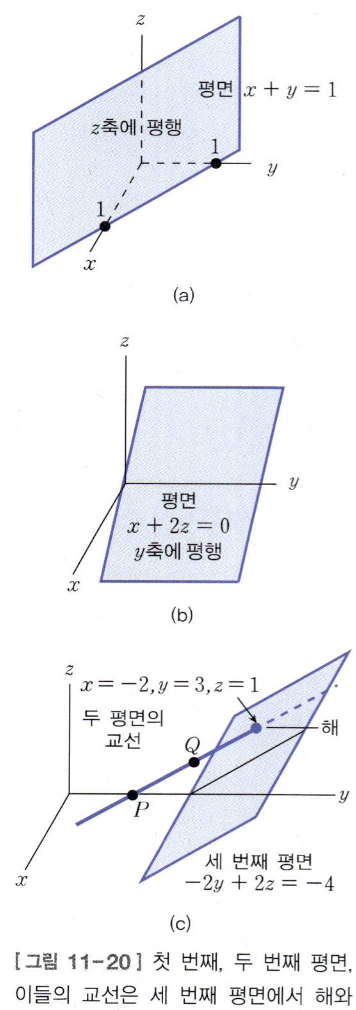

[그림 11-20] 첫 번째, 두 번째 평면, 이들의 교선은 세 번째 평면에서 해와 만난다.

전체를 포함한다. 즉 모든 점 $(0, y, 0)$은 조건 $x+2z=0$을 만족한다. 이 평면의 법선 벡터는 $\mathbf{N}=\mathbf{i}+2\mathbf{k}$이다. 이 평면은 아래로 잘리지 않고 [그림 11-20(b)]에서처럼 가로질러 잘린다.

세 번째 방정식을 보기 전에 앞 두 방정식을 조합해보자. 두 평면의 교집합은 직선이다. 3차원 공간에서는 두 방정식(한 개가 아니다)이 직선을 묘사한다. 직선 위의 점들은 반드시 $x+y=1$ 및 $x+2z=0$을 만족해야 한다. 예를 들면 $P=(0,1,0)$과 $Q=\left(-1, 2, \frac{1}{2}\right)$이 있다. P와 Q를 지나는 직선은 양쪽 방향으로 뻗어 나간다.

해는 이 직선 위에 있어야 한다. 세 번째 평면이 이 직선 위에 해가 어디에 있는지 결정한다.

세 번째 방정식 $-2y+2z=-4$는 세 번째 평면을 나타내며 우변이 0이 아니므로 원점을 지나지 않는다. 중요한 것은 이 세 평면이 만나는 점이다. 처음 두 평면의 교선은 세 번째 평면과 교차한다. 행렬식을 사용하면(하지만 소거법이 더 낫다) $x=-2$, $y=3$, $z=1$을 얻을 수 있다. 이 해는 세 방정식을 만족하며 세 평면 위에 동시에 있는 점이다.

4×4 시스템에 대해 간단히 언급해 보겠다. 첫 번째 방정식은 $x+y+z-t=0$일 수 있다. 이 식은 4차원 공간에서의 3차원 '초평면'을 나타낸다(물리학에서 이는 시공간이다). 두 번째 방정식은 두 번째 초평면을 나타내며, 첫 번째 초평면과의 교집합은 2차원이 된다. 세 번째 방정식(세 번째 초평면)은 이 교집합을 직선으로 축소시킨다. 네 번째 초평면은 직선과 한 점에서 만나며, 이것이 바로 해이다. 그 해는 네 방정식을 만족시키며 네 개의 초평면 위에 있다. 본 과정에서는 3차원으로도 충분하다.

열 그림 : 열벡터의 조합

여기에 세 방정식을 다시 쓰는 매우 중요한 방법이 있다. 식 (1)에서 그 방정식들은 분리되어 있었으며 식 (2)에서 행렬로 나타냈다. 이제 이 방정식들을 벡터 방정식으로 바꾼다.

$$x\begin{bmatrix}1\\1\\0\end{bmatrix}+y\begin{bmatrix}1\\0\\-2\end{bmatrix}+z\begin{bmatrix}0\\2\\2\end{bmatrix}=\begin{bmatrix}1\\0\\-4\end{bmatrix} \tag{3}$$

행렬의 열들이 각각 x, y, z만큼 곱해진다. 이는 행렬과 벡터 간의 곱을 보기 위한 특별한 방법이다. $A\mathbf{u}$는 A의 열벡터들의 조합이다. 이때 그 조합이 우변의 $\mathbf{d}$가 되도록 하는 수 x, y, z를 찾는 것이 목표이다.

[그림 11-21(a)]에 표시된 세 열벡터 $\mathbf{a}, \mathbf{b}, \mathbf{c}$의 벡터 방정식은 $x\mathbf{a}+y\mathbf{b}+z\mathbf{c}=\mathbf{d}$이다. 이 조합으로도 방정식의 해는 역시 $x=-2$, $y=3$, $z=1$이어야 한다. 이 해는 행 그림에서 세 평면의 교점과 일치한다.

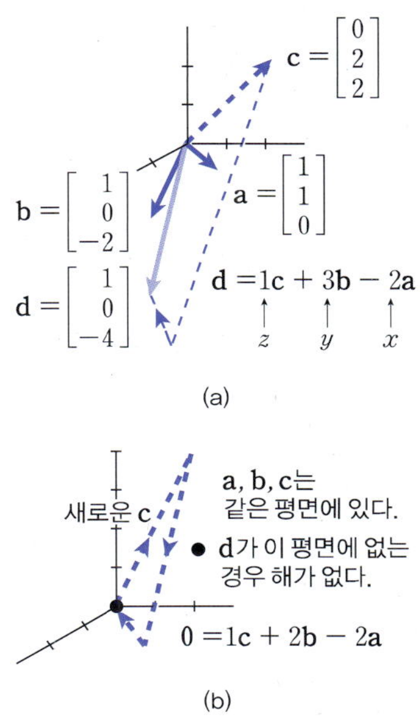

[그림 11-21] (a) 열벡터들을 조합하여 $\mathbf{d}$를 얻는다. (b) 열벡터들을 조합하여 영벡터를 얻는다(특수한 해를 갖는 경우).

행렬식과 역행렬

외적에 대해 다룬 절에서 3×3 행렬식에 대하여 두 가지의 공식을 제시하였다. 그중 하나는 삼중적 $\mathbf{a}\cdot(\mathbf{b}\times\mathbf{c})$이었고 다른 하나는 6개의 항을 썼다.

$$\det A=\mathbf{a}\cdot(\mathbf{b}\times\mathbf{c})=a_1(b_2c_3-b_3c_2)+a_2(b_3c_1-b_1c_3)+a_3(b_1c_2-b_2c_1)$$

기하학적으로 이 행렬식은 상자의 부피였고 세 열 $\mathbf{a},\mathbf{b},\mathbf{c}$는 원점으로부터 나가는 선분이었다. 앞의 예제에서 행렬식과 부피는 2였다.

$$\begin{vmatrix} a_1 & b_1 & c_1 \\ a_2 & b_2 & c_2 \\ a_3 & b_3 & c_3 \end{vmatrix}=\begin{vmatrix} 1 & 1 & 0 \\ 1 & 0 & 2 \\ 0 & -2 & -2 \end{vmatrix}=\begin{matrix}(1)(0)(2)-(1)(-2)(2)+(1)(-2)(0) \\ -(1)(1)(2)+(0)(1)(2)-(0)(0)(0)\end{matrix}=2$$

이 계산에는 약간의 거짓이 포함되어 있으며 지금 이 사실을 인정하고자 한다. 11.3절에서 벡터 $\mathbf{A},\mathbf{B},\mathbf{C}$는 행벡터였다. 이 절에서 $\mathbf{a},\mathbf{b},\mathbf{c}$는 열벡터이다. 어떤 방식이든 간에 행렬식은 같으므로 상관없다. 임의의 행렬은 '전치(행과 열을 교환)'될 수 있으며 이때 행렬식의 값은 변하지 않는다. 여섯 개의 항($a_1b_2c_3$이 첫 번째 항이다)은 다른 순서로 나올 수 있지만, 결국 같은 6개의 항이 나온다. 위 예에서는 행렬에 포함된 0들로 인해 이들 중 4개의 항이 0이다. 따라서 모든 6개 항의 합은 $D=\det A=2$이다. D가 0이 아니므로 방정식을 풀 수 있다. 즉 세 평면은 한 점에서 만난다. 세 열벡터 $\mathbf{a},\mathbf{b},\mathbf{c}$는 상자를 이루며 이 상자는 같은 평면에 있는 부피가 0인 납작한 상자가 아니다. 해는 D로 나누어지는 항을 포함하므로 이는 $D=\det A$가 0이 아닌 경우에만 가능하다.

12 행렬식 D가 0이 아닐 때, A는 역행렬을 가진다($AA^{-1}=A^{-1}A=I$). 이때 방정식 $A\mathbf{u}=\mathbf{d}$는 오직 하나의 해 $\mathbf{u}=A^{-1}\mathbf{d}$를 가진다.

3×3단위행렬 I는 식 (5)의 끝부분에 있다. 항상 $I\mathbf{u}=\mathbf{u}$이다.

이제 A^{-1}를 우선 문자로, 그 다음에는 수들을 통해 계산해 볼 것이다. 가장 깔끔한 공식은 A의 열들의 외적을 사용하는 것이다. 이 공식은 3×3행렬에 대하여 특수한 공식이다.

모든 성분은 D로 나누어진다. 즉 역행렬은 $A^{-1}=\dfrac{1}{D}\begin{bmatrix}\mathbf{b}\times\mathbf{c}\\ \mathbf{c}\times\mathbf{a}\\ \mathbf{a}\times\mathbf{b}\end{bmatrix}$이다. (4)

이 공식을 검증하기 위하여 A를 곱하자. **행렬끼리의 곱은 첫 번째 행렬의 열들과 두 번째 행렬의 열들의 내적으로 이루어진 행렬이 된다.** 따라서 $A^{-1}A=I$이다.

$$\frac{1}{D}\begin{bmatrix} \mathbf{b}\times\mathbf{c} \\ \mathbf{c}\times\mathbf{a} \\ \mathbf{a}\times\mathbf{b} \end{bmatrix}\begin{bmatrix} \mathbf{a}\ \mathbf{b}\ \mathbf{c} \end{bmatrix} = \frac{1}{D}\begin{bmatrix} \mathbf{a}\cdot(\mathbf{b}\times\mathbf{c}) & \mathbf{b}\cdot(\mathbf{b}\times\mathbf{c}) & \mathbf{c}\cdot(\mathbf{b}\times\mathbf{c}) \\ \mathbf{a}\cdot(\mathbf{c}\times\mathbf{a}) & \mathbf{b}\cdot(\mathbf{c}\times\mathbf{a}) & \mathbf{c}\cdot(\mathbf{c}\times\mathbf{a}) \\ \mathbf{a}\cdot(\mathbf{a}\times\mathbf{b}) & \mathbf{b}\cdot(\mathbf{a}\times\mathbf{b}) & \mathbf{c}\cdot(\mathbf{a}\times\mathbf{b}) \end{bmatrix} = \begin{bmatrix} 1 & 0 & 0 \\ 0 & 1 & 0 \\ 0 & 0 & 1 \end{bmatrix} \quad (5)$$

우변에서 6개의 삼중적은 0이다. 그들은 $\mathbf{b}\cdot(\mathbf{b}\times\mathbf{c})$와 같은 대각선 이외의 성분들이며 같은 벡터를 두 번 포함하고 있다. $\mathbf{b}\times\mathbf{c}$는 $\mathbf{b}$에 수직이므로 이 삼중적은 0이다. $\boldsymbol{a}\cdot(\boldsymbol{a}\times\boldsymbol{b})=0$과 같이 다른 삼중적에 대해서도 이는 참이다. 이 식들은 두 개의 같은 변을 가진 상자의 부피이기도 하다. 대각선 성분이 아닌 6개의 0들은 각각 완전히 납작한 상자의 부피이다.

대각선의 성분들에 대하여 삼중적들은 D와 같다. 벡터들의 순서는 $\mathbf{abc}$ 혹은 $\mathbf{bca}$ 혹은 $\mathbf{cab}$가 될 수 있으며 순서에 상관없이 상자의 부피는 모두 같다. 행렬의 밖에 위치해 있는 D로 나누면 대각선의 성분은 모두 단위행렬에서의 1이 된다.

이제 수를 통해 직접 계산해보자. 목표는 A^{-1}를 찾고 이를 검증해보는 것이다.

예제 1 행렬 $A=\begin{bmatrix} 1 & 1 & 0 \\ 1 & 0 & 2 \\ 0 & -2 & 2 \end{bmatrix}$의 역행렬은 $A^{-1}=\frac{1}{2}\begin{bmatrix} 4 & -2 & 2 \\ -2 & 2 & -2 \\ -2 & 2 & -1 \end{bmatrix}$이다.

이는 공식으로부터 나오며 반드시 확인해봐야 한다. $A^{-1}\times A$(혹은 $A\times A^{-1}$)의 계산을 실패하지 말라. 행렬 곱은 A^{-1}에 대한 공식보다 훨씬 쉽다. 아래에 내적이 0인 3행과 1열의 곱에 표시를 해 두었다.

$$\frac{1}{2}\begin{bmatrix} 4 & -2 & 2 \\ -2 & 2 & -2 \\ -2 & 2 & -1 \end{bmatrix}\begin{bmatrix} 1 & 1 & 0 \\ 1 & 0 & 2 \\ 0 & -2 & 2 \end{bmatrix} = \frac{1}{2}\begin{bmatrix} 4-2 & 4-4 & -4+4 \\ -2+2 & -2+4 & 4-4 \\ -2+2 & -2+2 & 4-2 \end{bmatrix} = \begin{bmatrix} 1 & 0 & 0 \\ 0 & 1 & 0 \\ 0 & 0 & 1 \end{bmatrix}$$

역행렬이 존재하려면 $D\neq 0$이어야 한다. 역행렬을 구하려면 $D=\det A$로 나누어야 하기 때문이다. 외적 $\mathbf{b}\times\mathbf{c}$, $\mathbf{c}\times\mathbf{a}$, $\mathbf{a}\times\mathbf{b}$는 A^{-1}를 깔끔한 형태로 제시하지만 실수하기도 쉽다. 이때 $\mathbf{i}$, $\mathbf{j}$, $\mathbf{k}$를 쓰지 않는 것을 선호한다. 9개의 2×2 행렬식이 계산되어야 하며 다음은 A^{-1}를 9개의 **여인수**cofactor [5]를 포함한 완전한 형태로 쓴 것이다.

$$A^{-1}=\frac{1}{D}\begin{bmatrix} b_2c_3-b_3c_2 & b_3c_1-b_1c_3 & b_1c_2-b_2c_1 \\ c_2a_3-c_3a_2 & c_3a_1-c_1a_3 & c_1a_2-c_2a_1 \\ a_2b_3-a_3b_2 & a_3b_1-a_1b_3 & a_1b_2-a_2b_1 \end{bmatrix} \quad (6)$$

[5] 행렬 A의 성분 a_{ij}의 여인수 C_{ij}는 다음과 같이 정의된다.
A에서 i행과 j열을 제외한 행렬의 행렬식을 M_{ij}라 할 때, $C_{ij}=(-1)^{i+j}M_{ij}$

A^{-1}의 첫 번째 행은 A의 첫 번째 열을 사용하지 않는다($1/D$을 제외했을 때). 즉 $\mathbf{b}\times\mathbf{c}$는 $\mathbf{a}$를 포함하고 있지 않다. 다음에 A^{-1}의 맨 위에 있는 행에서 $D=2$로 나누어지는 2×2 행렬식인 $4, -2, 2$를 표시해 두었다.

$$\begin{bmatrix} 1 & 1 & 0 \\ 1 & 0 & 2 \\ 0 & -2 & 2 \end{bmatrix}\begin{bmatrix} 1 & 1 & 0 \\ 1 & 0 & 2 \\ 0 & -2 & 2 \end{bmatrix}\begin{bmatrix} 1 & 1 & 0 \\ 1 & 0 & 2 \\ 0 & -2 & 2 \end{bmatrix} \qquad \begin{bmatrix} + & - & + \\ - & + & - \\ + & - & + \end{bmatrix} \quad (7)$$

(7)의 가운데 있는 행렬에서 색칠된 성분으로 이루어진 행렬의 행렬식은 -2가 아닌 2처럼 보인다. 하지만 오른쪽의 **부호 행렬**이 A^{-1}의 해당 위치에 음의 부호를 부여한다. 우리는 식 (6)의 맨 위에 있는 행의 여인수 $b_3c_1 - b_1c_3$을 구하기 위해 $b_1c_3 - b_3c_1$의 부호를 바꾸어야 한다.

정리하면, A^{-1}의 행에 대하여 A의 같은 순서에 해당하는 열을 지워라. 세 개의 2×2행렬식을 찾고 부호 행렬을 사용한 후 D로 나누어라.

예제 2 $B = \begin{bmatrix} 1 & 1 & 1 \\ 0 & 1 & 1 \\ 0 & 0 & 1 \end{bmatrix}$에 대하여 $D=1$이고 $B^{-1} = \begin{bmatrix} 1 & -1 & 0 \\ 0 & 1 & -1 \\ 0 & 0 & 1 \end{bmatrix}$이다. (8)

곱 $BB^{-1}=I$가 성립함은 직접 계산을 통해 확인할 수 있다. B의 $\begin{matrix} 1 & 1 \\ 1 & 1 \end{matrix}$이 어떻게 B^{-1}의 맨 위에 있는 행에 0을 만들어내는지에 주목하라. B^{-1}의 1행 3열을 찾기 위하여 우리는 B의 1열과 3행을 무시한다(또한 삼각행렬의 역행렬은 삼각행렬이다). 이때 음의 부호는 부호 행렬로부터 나온다.

해 $\mathbf{u} = A^{-1}\mathbf{d}$

A^{-1}를 구하는 목적은 방정식 $A\mathbf{u}=\mathbf{d}$를 풀기 위함이다. 양변에 A^{-1}를 곱하면 $I\mathbf{u} = A^{-1}\mathbf{d}$가 된다. 좌변의 행렬은 단위행렬이 되며 $I\mathbf{u}$는 $\mathbf{u}$이므로 해는 다음과 같이 즉시 나온다.

$$\mathbf{u} = A^{-1}\mathbf{d} = \frac{1}{D}\begin{bmatrix} \mathbf{b}\times\mathbf{c} \\ \mathbf{c}\times\mathbf{a} \\ \mathbf{a}\times\mathbf{b} \end{bmatrix}\begin{bmatrix} \\ \mathbf{d} \\ \\ \end{bmatrix} = \frac{1}{D}\begin{bmatrix} \mathbf{d}\cdot(\mathbf{b}\times\mathbf{c}) \\ \mathbf{d}\cdot(\mathbf{c}\times\mathbf{a}) \\ \mathbf{d}\cdot(\mathbf{a}\times\mathbf{b}) \end{bmatrix} \tag{9}$$

이 x, y, z 성분들을 행렬식의 비로 씀으로써 다음과 같은 크래머의 법칙을 얻는다.

13 크래머의 법칙

해는 $x = \dfrac{|\mathbf{d}\,\mathbf{b}\,\mathbf{c}|}{|\mathbf{a}\,\mathbf{b}\,\mathbf{c}|}$, $y = \dfrac{|\mathbf{a}\,\mathbf{d}\,\mathbf{c}|}{|\mathbf{a}\,\mathbf{b}\,\mathbf{c}|}$, $z = \dfrac{|\mathbf{a}\,\mathbf{b}\,\mathbf{d}|}{|\mathbf{a}\,\mathbf{b}\,\mathbf{c}|}$이다. (10)

우변의 $\mathbf{d}$가 차례대로 열벡터 $\mathbf{a}, \mathbf{b}, \mathbf{c}$로 대체되며 모든 분모는 $D = \mathbf{a}\cdot(\mathbf{b}\times\mathbf{c})$이다. x의 분자는 식 (9)에서의 행렬식 $\mathbf{d}\cdot(\mathbf{b}\times\mathbf{c})$이고 두 번째 분자는 두 번째 성분 $\mathbf{d}\cdot(\mathbf{c}\times\mathbf{a})$와 일치하며, 행렬식은 그 열벡터들이 같은 순환과 순서로 나열되어 계산된 값이다. 열벡터 $\mathbf{a}\mathbf{b}\mathbf{d}$로 이루어진 세 번째 행렬식은 $A^{-1}\mathbf{u}$에서의 삼중적 $\mathbf{d}\cdot(\mathbf{a}\times\mathbf{b})$와 같다. 따라서 식 (10)은 식 (9)와 같다.

예제 3 A^{-1}를 곱하여 알고 있는 해 $x=-2, y=3, z=1$를 찾아보자.

$$\mathbf{u}=A^{-1}\mathbf{d}=\frac{1}{2}\begin{bmatrix}4 & -2 & 2\\ -2 & 2 & -2\\ -2 & 2 & -1\end{bmatrix}\begin{bmatrix}1\\ 0\\ -4\end{bmatrix}=\frac{1}{2}\begin{bmatrix}4-8\\ -2+8\\ -2+4\end{bmatrix}=\begin{bmatrix}-2\\ 3\\ 1\end{bmatrix}$$

예제 4 B^{-1}를 곱하여 $\mathbf{d}$가 열벡터 $(6,5,4)$일 때 $B\mathbf{u}=\mathbf{d}$를 풀어보자.

$\mathbf{u}=B^{-1}\mathbf{d}=\begin{bmatrix}1 & -1 & 0\\ 0 & 1 & -1\\ 0 & 0 & 1\end{bmatrix}\begin{bmatrix}6\\ 5\\ 4\end{bmatrix}=\begin{bmatrix}1\\ 1\\ 4\end{bmatrix}$일 때 $B\mathbf{u}=\begin{bmatrix}1 & 1 & 1\\ 0 & 1 & 1\\ 0 & 0 & 1\end{bmatrix}\begin{bmatrix}1\\ 1\\ 4\end{bmatrix}=\begin{bmatrix}6\\ 5\\ 4\end{bmatrix}$임을 확인하라.

예제 5 $\mathbf{d}=(6,5,4)$를 B의 각 열에 넣어라. 크래머의 법칙을 통해 $\mathbf{u}=(1,1,4)$임을 알 수 있다.

$\begin{vmatrix}6 & 1 & 1\\ 5 & 1 & 1\\ 4 & 0 & 1\end{vmatrix}=1,\quad \begin{vmatrix}1 & 6 & 1\\ 0 & 5 & 1\\ 0 & 4 & 1\end{vmatrix}=1,\quad \begin{vmatrix}1 & 1 & 6\\ 0 & 1 & 5\\ 0 & 0 & 4\end{vmatrix}=4$를 모두 $D=\begin{vmatrix}1 & 1 & 1\\ 0 & 1 & 1\\ 0 & 0 & 1\end{vmatrix}=1$로 나눈다.

이 법칙은 책의 면을 행렬식들로 채운다. (세 개는 +, 세 가는 − 인) 6개의 항을 쓰지 않고도 눈으로 확인하기에 좋은 방법이다. A^{-1}에 대한 공식은 그 공식이 없을 때를 생각하면 그 진가는 높아진다. 하지만 어떤 면에서 아름다운 이 공식이 컴퓨터에서는 사용되지 않는다. 규모가 큰 계산에서 컴퓨터는 절대로 A^{-1}를 찾지 않는다. 컴퓨터는 단지 해를 찾을 뿐이다.

이제 $D=0$일 때 특수한 해를 갖는 경우를 살펴본다. 이 경우 기하학, 대수학, 알고리즘의 모든 방법이 실패할 것이다. 이 다음에는 알고리즘(가우스 소거법)에 대하여 살펴본다.

특수한 해를 갖는 경우

행렬의 한 성분을 바꿈으로써 행렬식을 0으로 만들 수 있다. 삼중적 $\mathbf{a}\cdot(\mathbf{b}\times\mathbf{c})$는 부피이며 $D=0$이 되므로 상자는 납작해지며 행렬은 특수해진다. 이는 우리의 예시에서 가장 아래 오른쪽 성분이 2에서 4로 바뀔 때 일어난다.

$S=\begin{bmatrix}1 & 1 & 0\\ 1 & 0 & 2\\ 0 & -2 & 4\end{bmatrix}$의 행렬식은 $D=0$이다.

성분을 바꿈으로써 단순히 역행렬이 바뀐 것이 아니라 아예 사라져버렸다. 우리는 더 이상 D로 나눌 수 없으며 따라서 S^{-1}는 존재하지 않는다.

이때 행 그림과 열 그림에는 어떤 일이 일어날까? 2×2 시스템에서 특수한 해를 갖는 경우에는 두 개의 평행한 직선이 나왔다. 이제 행 그림에는 세 개의 평면이 있으며 이들 모두가 평행할 필요가 없다. 이 예시에서 평면들은 평행이 아니다. 각 평면의 법선 벡터는 S의 행들이며 이들 각각은 다른 방향을 나타낸다. 하지만 이 평면들은 결코 교차하지 않는다.

어떻게 이런 일이 일어나는지는 매우 미묘하다. 두 평면의 교선은 세 번째 평면을 지나지 않는다. 이 직선이 세 번째 평면과 평행하며 처음 두 평면 위에 있다([그림 11-22(a)]). 세 평면 모두가 그려지면 그 평면들은 열린 터널을 형성한다. 그림은 어떻게 세 평면이 한 점에서 만나지 않는지에 대하여 수들보다 많은 것을 말해준다. [그림 11-22(c)]는 터널의 끝에서 바라본 모습을 나타내며, 이때 평면들은 이 책의 면을 뚫고 들어가는 방향이다. 세 평면 중 임의의 두 평면은 한 직선에서 만나지만 이 세 직선은 한 점에서 만나지 않는다.

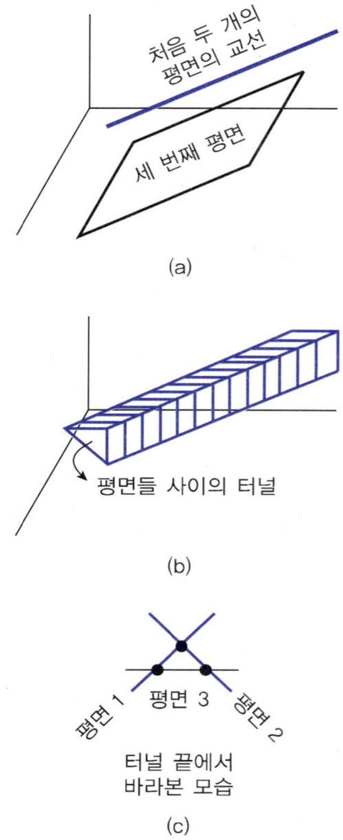

[그림 11-22] 특수한 해를 갖는 경우의 행 그림: 교점이 없고, 해가 없다.

두 평면이 평행할 때 행렬식은 또 다시 0이다. 이때 행렬의 한 행이 다른 행의 상수배이다. 모든 성분이 1인 행렬에서처럼 세 평면 모두가 평행인 극단적인 경우도 있다.

열 그림으로 해를 찾으려는 노력도 반드시 실패할 것이다. 2×2행렬의 경우(이전 절 참고)에서는 열벡터들은 같은 직선 위에 있었다. 이제 세 열벡터는 같은 평면 위에 있다. 이 벡터들의 조합이 $\mathbf{d}$를 생성할 수 있으려면 $\mathbf{d}$가 그 평면 위에 있어야만 가능하다. 대부분의 벡터 $\mathbf{d}$는 이 평면 밖에 있을 것이기 때문에 특수한 해를 가지는 시스템의 대부분은 해를 가지지 않는 경우이다.

행렬식이 0인 경우 $A\mathbf{u}=\mathbf{d}$는 해가 없거나 무수히 많다.

소거법 알고리즘

3×3 예시인 $A\mathbf{u}=\mathbf{d}$로 돌아가보자. 만약 여러분에게 그 방정식들이 주어져 있다면 여러분은 행렬식을 절대 떠올리지 않을 것이다. 여러분은 첫 번째 방정식부터 시작할 것이다(아주 정확하게). 그 방정식으로부터 $x=1-y$를 얻고 다음 방정식에 대입하여 x를 소거할 것이다.

$$\begin{aligned} x+\ \ y \qquad &= \ \ 1 \\ x \qquad +2z &= \ \ 0 \\ -2y+2z &= -4 \end{aligned} \quad \xrightarrow{x=1-y} \quad \begin{aligned} 1-\ \ y+2z &= \ \ 0 \\ -2y+2z &= -4 \end{aligned}$$

여기서 잠시 멈추자. 우변은 y와 z에 대한 2×2 시스템이다. 우리가 원했던 대로 첫 번째 방정식과 첫 번째 미지수가 소거되었다. 하지만 이 단계는 가장 좋은 방식으로 구성되지는 않았다. 왜냐하면 '1'이 좌변에 남아 있기 때문이다. 상수는 반드시 우변에 머물러야 하며 이 패턴은 계속 지켜져야 한다. 따라서 같은 단계를 **첫 번째 식에서 두**

번째 식을 빼서 얻는 것이 더 좋다.

$$\begin{aligned} x+\ y\ \ \ \ \ \ &= \ 1 \\ x\ \ \ \ \ +2z &= \ 0 \\ -2y+2z &=-4 \end{aligned} \longrightarrow \begin{aligned} -\ y+2z &= -1 \\ -2y+2z &= -4 \end{aligned} \tag{11}$$

같은 방정식들이지만 이전보다 나은 구성이다. 이제 첫 식의 첫 항인 $-y$를 살펴보자. 이 항의 계수는 -1이며 이것이 **두 번째 피벗**[6]이다(첫 번째 피벗은 $+1$이며, 이는 첫 번째 식의 첫 번째에 있는 x의 계수이다). 이제 다음 소거 단계를 시행할 준비가 되었다.

6 선형대수학에서 피벗은 일반적으로 소거법의 과정 중 선택되는 행렬의 특정 성분들을 의미한다.

계획 : '피벗 방정식'의 상수 배를 그 아래에 있는 방정식에서 뺀다.
목표 : 피벗 아래에 0을 만들어 y가 소거되도록 한다.
방법 : 피벗 방정식의 2배를 빼어 $-2y$를 소거한다.

$$\begin{aligned} -\ y+2z &= -1 \\ -2y+2z &= -4 \end{aligned} \rightarrow \quad -2z = -2 \tag{12}$$

이때 답은 **후진 대입**을 통해 나온다. 식 (12)에서 $z=1$이다. 이를 통해 식 (11)에서 $y=3$을 얻고, 다시 첫 번째 식으로부터 $x=-2$를 얻는다. 이 방법이 행렬식을 사용한 방법보다 훨씬 빠르다. 여러분은 아마 '왜 크래머의 법칙을 사용하는가?'와 같은 의문이 들 수 있을 것이다. 좋은 질문이다.

수가 주어져 있을 때는 소거법이 훨씬 좋다. 소거법은 훨씬 빠르며 안전하기 때문이다(오류의 발생을 방지하려면 $-2, 3, 1$을 원래 방정식에 대입해보면 된다). 알고리즘은 행렬식, 역행렬 없이 해에 도달한다. 문자로 계산할 때는 $\det A$와 A^{-1}를 사용한다. 다음은 소거법을 사용하는 순서이다.

1. 첫 번째 식의 상수 배를 빼어 식 두 번째 식에서 $0x$를 만든다.
2. 두 번째 식의 상수 배를 빼어 식 세 번째 식에서 $0x$를 만든다.
3. 세 번째 식의 상수 배(새롭게 얻은 식)를 빼어 세 번재 식에서 $0y$를 만든다.

예제 6 (0들이 피벗 아래에 나타남에 주목하라)

$$\begin{aligned} x+\ y+\ z &= 1 \\ 2x+5y+3z &= 7 \\ 4x+7y+6z &= 11 \end{aligned} \rightarrow \begin{aligned} x+\ y+\ z &= 1 \\ 3y+\ z &= 5 \\ 3y+2z &= 7 \end{aligned} \rightarrow \begin{aligned} x+\ y+z &= 1 \\ 3y+z &= 5 \\ z &= 2 \end{aligned}$$

소거법을 통해 **삼각 시스템**을 얻을 수 있다. 대각선 아래의 계수들은 0이다. 우선 $z=2$이며 그 다음으로 $y=1$, $x=-2$가 나온다. 이와 같이 후진 대입으로 삼각 시스템을 풀 수 있다(그리고 빠르다).

마지막 예시로서 특수한 해를 갖는 경우인 $S\mathbf{u}=\mathbf{d}$(구석의 성분이 2에서 4로 바뀌었다)에 대하여 적용해보자. $D=0$이므로 역행렬 S^{-1}는 없다. $0=-2$에 도달하므로 소거법 또한 실패한다.

$$\begin{array}{rcl} x+y \quad\;\; = 1 & & x+y \quad\;\; = 1 \\ x+\quad 2z = 0 & \rightarrow & -y+2z=-1 \\ -2y+\underline{4}z=-4 & & -2y+\underline{4}z=-4 \end{array} \rightarrow \begin{array}{r} x+y \quad\;\; = 1 \\ -y+2z=-1 \\ \underline{0=-2} \end{array}$$

세 평면은 한 점에서 만나지 않는다. 이 사실은 방정식을 처음 풀 때에는 명백해 보이지 않았지만 대수학에서는 $D=0$을 통해 이 사실을 발견한다. 소거법에서는 이 사실을 $0=-2$로부터 발견한다.

마지막으로, 실제로 계산을 할 때에는 전문가에 의해 쓰여진 코드를 사용할 것이며 단계들은 위와 같을 것이다. 첫 번째 식의 상수 배가 그 아래 있는 각각의 식에서 빼어질 것이며, 소거법은 다시 시작된다(병렬 계산이 가능한 컴퓨터는 많은 단계를 한 번에 수행한다). 이때 반올림 오차를 줄이기 위한 추가적인 명령들이 포함되어 있을 것이다. 여러분은 그 결과만 보게 된다! 하지만 컴퓨터가 무엇을 하는지 안다면 더 만족스러울 것이다.

마지막으로 선형방정식을 푸는 것은 비선형방정식을 풀기 위해 중요한 단계이다. 미적분학의 중심 아이디어는 한 점 부근에서 선형화하는 것이다.

11.5 문장제 문제

01 세 개의 미지수를 가지는 세 개의 방정식은 $A\mathbf{u}=\mathbf{d}$로 쓸 수 있다. 이때 __a__ $\mathbf{u}$는 성분 x, y, z를 가지고 A는 __b__이다. 행 그림은 각 방정식마다 __c__(으)로 나타내어진다. 처음 두 개의 평면은 한 __d__에서 만나며 세 평면은 한 __e__에서 만나고 이것이 __f__이다. 열 그림은 __g__의 열벡터 $\mathbf{a}, \mathbf{b}, \mathbf{c}$로부터 시작하여 이들을 조합하여 __h__을(를) 조합한다. 이때 벡터 방정식은 __i__ $=\mathbf{d}$이다.

02 A의 행렬식은 삼중적 __j__이다. 이 값은 원점으로부터 나온 모서리가 __k__인 상자의 부피이다. 만약 $\det A=$ __l__이면 이 시스템은 __m__이다. 이 경우가 아니라면 $A^{-1}A=$ __n__을(를) 만족하는 크기가 __o__인 행렬이 존재한다(이 행렬을 __p__행렬이라 한다). 이 경우 $A\mathbf{u}=\mathbf{d}$의 해는 $\mathbf{u}=$ __q__이다.

03 A^{-1}의 행들은 각각 외적 $\mathbf{b}\times\mathbf{c}$, __r__, __s__을(를) D로 나눈 것들이다. A^{-1}의 성분들은 2×2 __t__들을 D로 나눈 것이다. 이때 왼쪽 위의 성분은 __u__이다. A^{-1}의 특정 행을 계산하기 위해 필요한 2×2행렬식들은 A의 같은 __v__을(를) 사용하지 않는다.

04 해는 $\mathbf{u}=A^{-1}\mathbf{d}$이다. 해의 첫 성분 x는 행렬식의 비이며 $|\mathbf{d}\,\mathbf{b}\,\mathbf{c}|$를 __w__(으)로 나눈 것이다. 크래머의 법칙을 사용하여 $\det A=$ __x__일 때 해를 구할 수 없다. 이때 열벡터 $\mathbf{a}, \mathbf{b}, \mathbf{c}$는 같은 __y__에 놓인다. 만약 $\mathbf{d}$가 이 __z__에 있지 않다면 $x\mathbf{a}+y\mathbf{b}+z\mathbf{c}=\mathbf{d}$의 해는 없다. 특수한 해를 갖는 경우의 행 그림에서 평면 1과 평면 2의 교선은 세 번째 평면에 __A__하다.

05 실제로 $\mathbf{u}$는 __B__에 의하여 계산된다. 알고리즘은 행 1의 상수 배를 빼서 __C__에서 x를 소거하는 것으로부터 시작한다. 만약 처음 두 방정식이 $x-y=1$과 $3x+z=7$이면 소거 단계를 통해 식 __D__이(가) 남는다. 마찬가지로 x는 세 번째 식으로부터 소거될 수 있으며 그 이후 __E__이(가) 소거된다. 방정식들은 후진 __F__을(를) 통해 풀려진다. 시스템에 해가 없다면 우리는 __G__와(과) 같이 성립할 수 없는 방정식의 형태에 도달한다. 예시 $x-y=1, 3x+z=7$의 경우 세 번째 방정식이 __H__이라면 해를 가지지 않는다.

11.5 연습문제

01~04 행렬 방정식 $A\mathbf{u}=\mathbf{d}$로 다시 쓰라(풀지는 말라).

01 $\mathbf{d}=(0,0,8)$은 $\mathbf{a}=(1,2,0)$, $\mathbf{b}=(2,3,2)$, $\mathbf{c}=(2,5,2)$의 조합이다.

02 세 평면 $x+y=0,\ x+y+z=1,\ y+z=0$은 $\mathbf{u}=(x,y,z)$에서 만난다.

03 점 $\mathbf{u}=(x,y,z)$는 평면 $x=y,\ y=z,\ x-z=1$ 위에 있다.

04 $\mathbf{a}=(1,0,0), \mathbf{b}=(0,2,0), \mathbf{c}=(0,0,3)$의 조합은 $\mathbf{d}=(5,2,0)$과 같다.

---

05 문제 03에 해가 없다는 것을 두 가지 방법으로 보여라. A의 행렬식을 구하거나, 식들을 조합하여 $0=1$을 도출해라.

06 문제 02를 두 가지 방법으로 풀어라. 영감을 활용하거나 크래머의 법칙을 사용하라.

07 문제 04를 두 가지 방법으로 풀어라. 조사를 통해 알아내거나 행렬식과 대각행렬[7]의 역행렬을 계산하여 풀어라.

$$A=\begin{bmatrix}1&0&0\\0&2&0\\0&0&3\end{bmatrix}$$

08 소거법을 사용하여 문제 01의 세 방정식을 풀어라.

09 두 벡터 $\mathbf{b}, \mathbf{c}$는 벡터 ______에 수직인 평면 위에 있다. 만약 벡터 $\mathbf{a}$도 이 평면 위에 있다면 그 벡터는 $\mathbf{a}$에도 수직이며 따라서 $\mathbf{a}\cdot$ ______$=0$이다. 열벡터들을 평면에 포함하고 있는 행렬의 ______은(는) ______이다.

10 평면 $a_1x+b_1y+c_1z=d_1$은 그 평면의 법선 벡터 $N_1=$______에 수직이다. 평면 $a_2x+b_2y+c_2z=d_2$는 $N_2=$______에 수직이다. 이 두 평면의 교선은 두 벡터 모두에 수직이므로 이 교선은 두 벡터의 ______에 평행하다. 만약 이 교선이 세 번째 평면과 평행하고 N_3에 수직이라면 시스템은 ______이다. 행렬은 ______을(를) 갖지 않으며 이 경우는 $(N_1\times N_2)\cdot N_3=0$일 때이다.

11~24 다음은 세 행렬 A, B, C를 사용한 문제이다.

$$A=\begin{bmatrix}1&4&0\\0&2&6\\0&0&3\end{bmatrix}\quad B=\begin{bmatrix}0&0&1\\2&1&0\\6&4&0\end{bmatrix}\quad C=\begin{bmatrix}1&-1&-3\\-1&2&0\\0&-1&3\end{bmatrix}$$

11 행렬식 $|A|, |B|, |C|$를 구하라. A는 삼각행렬[8]이므로 행렬식은 곱 ______와(과) 같다.

12 B의 열벡터들 각각의 쌍에 대하여 외적을 계산하라(세 개의 외적).

13 A와 B의 역행렬을 계산하라. $A^{-1}A=I$ 및 $B^{-1}B=I$임을 확인하라.

14 $A\mathbf{u}=\begin{bmatrix}1\\0\\0\end{bmatrix}$과 $B\mathbf{u}=\begin{bmatrix}1\\0\\0\end{bmatrix}$을 풀어라. 이 우변의 $\mathbf{d}$에 대하여 $\mathbf{u}$는 왜 역행렬의 첫 번째 열과 같은가?

15 위의 C와 같이 행렬의 세 열벡터가 각 성분의 합이 0이 된다고 하자. 각 열벡터와 벡터 $\mathbf{v}=(1,1,1)$의 내적은 ______이다. 모든 세 열벡터는 같은 ______에 놓인다. C의 행렬식은 반드시 ______일 것이다.

16 $C\mathbf{u}=\mathbf{0}$의 영벡터가 아닌 해를 하나 찾아라. $C\mathbf{u}=\mathbf{0}$의 모든 해를 구하라.

17 $\mathbf{v}=(1,1,1)$에 수직인 $\mathbf{d}$를 택하여 $C\mathbf{u}=\mathbf{d}$를 풀어라. 그 후 두 번째 해를 찾아라.

18 $\mathbf{v}=(1,1,1)$에 수직하지 않은 $\mathbf{d}$를 택하라. 소거법을 통해 $C\mathbf{u}=\mathbf{d}$의 해가 없음을 보여라(성립할 수 없는 방정식에 도달한다).

19 행렬 곱 AB를 계산하고 그 행렬식을 구하라. $\det AB$와 $\det A$, $\det B$는 어떻게 연관되는가?

20 행렬 곱 BC와 CB를 계산하라. CB의 모든 열은 각 성분의 합이 ______이며 그 행렬식은 ______이다.

21 행렬 A와 C의 합을 A의 각 성분들과 대응되는 C의 각 성분을 더하여 구하라. $A+C$의 행렬식과 $\det A+\det C$가 같은지 확인하라.

22 A의 각 성분에 2를 곱하여 $2A$를 계산하라. $2A$의 행렬식은 A의 행렬식의 ______배이다.

---

7 대각행렬이란 정사각행렬 중에서 대각선 이외의 성분은 모두 0인 행렬을 말한다.

8 삼각행렬에는 상삼각행렬과 하삼각행렬이 있으며, 상삼각행렬은 정사각행렬 등에서 대각선 위의 성분만 0이 아닌 행렬, 하삼각행렬은 대각선 아래의 성분만 0이 아닌 행렬을 말한다.

23 A가 3×3행렬일 때, A^{-1}의 $(1,1)$ 성분을 $D=\det A$로 나눈 값을 나타내는 식에 포함되는 A의 네 성분은 무엇인가? A^{-1}의 1행 2열의 성분 q를 $D=\det A$로 나눈 값을 나타내는 식에 포함되는 A의 네 성분은 무엇인가? p와 q를 구하라.

24 B의 처음 두 행으로부터의 2×2행렬식은 -1(2,3열로부터)과 -2(1,3열로부터), 그리고 ______(1,2열로부터)이다. 이 수들은 B^{-1}의 세 번째 ______(으)로 가되, ______(으)로 나누고 ______의 부호를 바꾸게 된다.

---

25 왜 모든 역행렬 A^{-1}는 역행렬을 가지는가?

26 곱 $ABB^{-1}A^{-1}=I$로부터 AB의 역행렬은 ______임을 알 수 있다. 각각의 역행렬들은 ______순으로 나온다. 예를 들어 여러분이 양말을 신고 신발을 신는다면, 역과정은 ______을(를) 벗는 것으로부터 시작한다.

27 다음 네 치환행렬의 행렬식을 구하라.

$$P=\begin{bmatrix}0&1&0\\1&0&0\\0&0&1\end{bmatrix}\qquad Q=\begin{bmatrix}0&0&1\\0&1&0\\1&0&0\end{bmatrix}\qquad PQ=\begin{bmatrix}0&1&0\\0&0&1\\1&0&0\end{bmatrix}$$

$QP=$__________이다. $\mathbf{u}=(x,y,z)$를 각 치환행렬에 곱하여 $P\mathbf{u}$, $Q\mathbf{u}$, $PQ\mathbf{u}$, $QP\mathbf{u}$를 구하라.

28 각 행과 열에 한 개의 1만을 포함한 (I를 포함하여) 모든 6개의 3×3치환행렬을 찾아라. 이들 중 '짝치환'(행렬식이 1)인 것과 '홀치환'(행렬식이 -1)인 것은 각각 무엇인가?

29 2×2치환행렬은 I를 포함하여 몇 개 있는가? 4×4치환행렬은 몇 개 있는가?

30 임의의 행렬 A를 치환행렬 P와 곱하고 PA와 A가 어떻게 연관되는지 설명하라. 반대 순서로 AP와 A가 어떻게 연관되는지 설명하라.

31 첫 번째 방정식을 마지막 두 방정식 각각에서 빼서 x를 소거하라. 그 후 새롭게 얻은 두 번째 방정식을 이용하여 새로운 세 번째 방정식에서 y를 소거하라.

(a) $\begin{aligned}x+y+z&=2\\x+3y+3z&=0\\x+3y+7z&=2\end{aligned}$ (b) $\begin{aligned}x+y\quad&=1\\x+\quad z&=3\\y+z&=5\end{aligned}$

소거법을 완료한 후 z, y, x를 구하라(후진 대입법).

32 소거법과 후진 대입을 이용하여 다음 방정식을 풀어라.

(a) $\begin{aligned}x+2y+2z&=0\\2x+3y+5z&=0\\2y+2z&=8\end{aligned}$ (b) $\begin{aligned}x-y\quad&=1\\x\quad-z&=4\\y-z&=7\end{aligned}$

33 첫 번째 식을 이용하여 두 번째 식에서 x를 소거하라.

$$\begin{aligned}x+2y+2z&=0\\2x+4y+5z&=0\\2y+2z&=8\end{aligned}$$

새롭게 얻은 두 번째 방정식을 이용하여 세 번째 방정식에서 y를 소거할 수 없는 이유는 무엇인가? 이 방정식의 해가 있는가? 아니면 이 방정식은 특수한 해를 갖는가?

주목할 사항 : 만일 소거법이 '피벗 위치'에서 0이 되면 이 피벗 방정식을 그 아래에 있는 방정식과 바꾸어 보라. 소거법은 피벗 전체가 존재할 때 성공한다.

34 문제 32(a)의 피벗들은 $1, -1, 4$이었다. 소거법 과정 중 대각선을 따라 나타나는 이 피벗들에 동그라미 표시를 하라. 피벗들의 곱이 행렬식과 같음을 확인하라(이것이 행렬식을 계산하는 방법이다).

35 문제 31에서 피벗들과 행렬식을 구하라.

36 $A=\begin{bmatrix}1&1&0\\0&1&1\\0&0&1\end{bmatrix}$의 역행렬과 $B=A^2$의 역행렬을 구하라.

37 기호 a_{ij}는 i행 j열의 성분을 나타낸다. 문제 36에서 a_{12}와 a_{21}을 구하라. 식 $\sum a_{ij}b_{jk}$는 행렬 곱 AB에서 몇 행 몇 열의 성분인가?

38 어떤 두 행도 평행하지 않으며 역행렬이 없는 3×3행렬 S를 적어라. 3행에 평행한 1행과 2행의 조합을 찾아라. 3열에 평행한 1열과 2열의 조합을 찾아라. $S\mathbf{u}=\mathbf{0}$의 영벡터가 아닌 해를 구하라.

39 다음 두 행렬식을 계산하라. 2×2행렬은 ______일 때 역행렬이 존재한다. 3×3 행렬은 역행렬이 (있다, 없다).

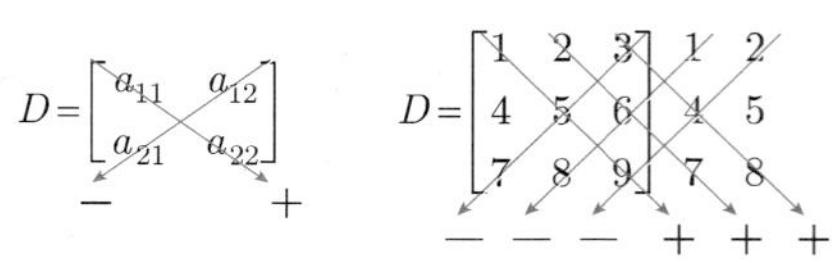

12장 곡선을 따르는 운동

Motion Along a Curve

12.1 위치 벡터

이 장은 '벡터 함수'에 관한 것이다. 벡터 $2\mathbf{i}+4\mathbf{j}+8\mathbf{k}$는 상수인 반면 벡터 $\mathbf{R}(t)=t\mathbf{i}+t^2\mathbf{j}+t^3\mathbf{k}$는 움직이고 있다. 이것은 종종 시간을 나타내는 매개변수 t의 함수이다. 각 시간 t에서 위치 벡터 $\mathbf{R}(t)$는 움직이는 물체의 위치를 정한다.

$$\text{위치 벡터} = \mathbf{R}(t) = x(t)\mathbf{i} + y(t)\mathbf{j} + z(t)\mathbf{k} \tag{1}$$

앞에서 살펴본 예의 경우 $x=t$, $y=t^2$, $z=t^3$이다. t가 변함에 따라 이 점들은 **공간상의 곡선**을 그린다. 매개변수 t는 물체가 곡선 위의 각 점을 언제 지나는지 말해준다. 예를 들어 상수 벡터 $2\mathbf{i}+4\mathbf{j}+8\mathbf{k}$는 $t=2$인 순간의 위치 벡터 $\mathbf{R}(2)$이다.

여기서 제기해야 할 질문은 무엇일까? 미적분을 공부하는 모든 학생들은 첫 번째 질문을 안다. 바로 미분을 찾는 것이다. 매순간마다 곡선을 따라 움직이는 물체는 속도와 방향을 가지고 있다. 이 정보는 다른 벡터 함수, 즉 $\mathbf{R}(t)$의 미분인 속도 벡터 $\mathbf{v}(t)$에 포함되어 있다.

$$\mathbf{v}(t) = \frac{d\mathbf{R}}{dt} = \frac{dx}{dt}\mathbf{i} + \frac{dy}{dt}\mathbf{j} + \frac{dz}{dt}\mathbf{k} \tag{2}$$

$\mathbf{i}, \mathbf{j}, \mathbf{k}$는 고정된 벡터이므로 이들의 미분은 0이다. 극좌표에서 $\mathbf{i}$와 $\mathbf{j}$는 움직이는 벡터에 의해 대체된다. 그러면 곱 미분 법칙에 의해 속도 $\mathbf{v}$는 더 많은 항을 가진다(12.4절).

두 가지 중요한 경우는 **선을 따를 때, 원 주위를 돌 때의 균일한 운동**이다. 앞으로 이러한 운동에 대하여 ($\mathbf{v}$=직선의 경우 상수, $\mathbf{v}$=원에 접함) 자세하게 공부할 것이다. 이 절에서는 또한 임의의 운동 $\mathbf{R}(t)$에 대한 속력 및 거리와 가속도를 찾는다.

방정식 (2)는 속도 $d\mathbf{R}/dt$에 대한 계산 공식인데, 이는 $d\mathbf{R}/dt$의 정의가 아니다. 기본으로 돌아가서 $d\mathbf{R}/dt$의 정의는 좌표에 의존하지 않는다.

$$\frac{d\mathbf{R}}{dt} = \lim_{\Delta t\to 0}\frac{\Delta\mathbf{R}}{\Delta t} = \lim_{\Delta t\to 0}\frac{\mathbf{R}(t+\Delta t)-\mathbf{R}(t)}{\Delta t}$$

반복하면 $\mathbf{R}$이 벡터이므로 $\Delta\mathbf{R}$은 벡터이고 $d\mathbf{R}/dt$ 역시 벡터이다. 이 모든 벡터는 [그림 12-1]에 있다(t는 벡터가 아니다!). 이 그림은 기하에 관한 핵심 사실을 드러낸다. **속도 $\mathbf{v}=d\mathbf{R}/dt$는 곡선에 접한다.**

벡터 $\Delta\mathbf{R}$은 곡선 위의 한 점에서 근처의 점으로 간다. Δt로 나누면 $\Delta\mathbf{R}$의 방향이 아닌 길이가 바뀌며 그 방향은 점들이 가까워짐에 따라 곡선의 접선과 일치한다.

예제 1 $\mathbf{R}(t) = t\mathbf{i} + t^2\mathbf{j} + t^3\mathbf{k} \qquad \mathbf{v}(t) = \mathbf{i} + 2t\mathbf{j} + 3t^2\mathbf{k}$

이 곡선은 t가 증가함에 따라서 상승한다. $t=0$일 때 벡터는 $\mathbf{v} = \mathbf{i}$이다. $\mathbf{j}$와 $\mathbf{k}$ 성분이 0이므로 접선은 x축을 따른다. $t=1$일 때 벡터는 $\mathbf{i}+2\mathbf{j}+3\mathbf{k}$이고 곡선은 올라간다.

xy 평면 위의 그림자의 경우에는 $\mathbf{k}$ 성분을 뺀다. 그림자 우에서의 위치는 $t\mathbf{i}+t^2\mathbf{j}$이며 그림자를 따르는 속도는 $\mathbf{i}+2t\mathbf{j}$이다. 그 그림자는 평면 곡선이다.

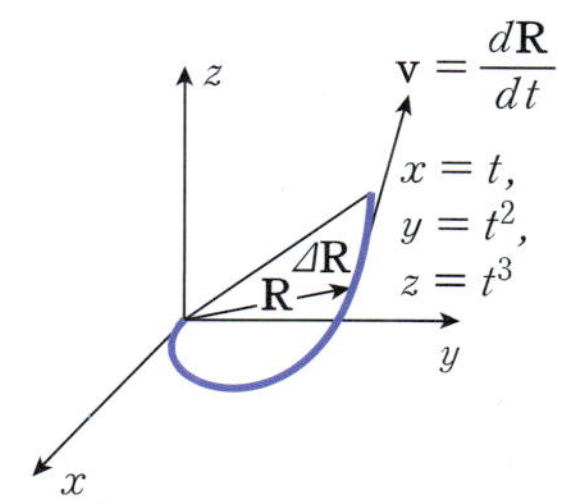

[그림 12-1] 위치 벡터 R, 변화량 ΔR, 속도 $d\mathbf{R}/dt$

예제 2 직선으로 나타나는 균일한 운동에서 **속도 벡터는 상수이다.**

속력과 방향은 변하지 않으며 위치 벡터는 $d\mathbf{R}/dt = \mathbf{v}$와 같은 공식으로 이동한다.

$$\mathbf{R}(t) = \mathbf{R}_0 + t\,\mathbf{v} \text{ (고정된 } \mathbf{R}_0\text{, 고정된 } \mathbf{v}\text{, 변하는 } t\text{)} \tag{3}$$

이것은 벡터 형태로 표현한 **직선의 방정식**이다. 이때 물론 $d\mathbf{R}/dt = \mathbf{v}$이며 시작점 $\mathbf{R}_0 = x_0\mathbf{i} + y_0\mathbf{j} + z_0\mathbf{k}$가 주어지고, 속도 $\mathbf{v} = v_1\mathbf{i} + v_2\mathbf{j} + v_3\mathbf{k}$ 또한 주어진다. 직선의 방정식 (3)을 x, y, z 성분을 분리하여 나타내면 다음과 같다.

$$\text{매개변수가 있는 직선}: x = x_0 + tv_1,\ y = y_0 + tv_2,\ z = z_0 + tv_3 \tag{4}$$

직선을 따르는 속력은 $|\mathbf{v}| = \sqrt{v_1^2 + v_2^2 + v_3^2}$이며 직선의 방향은 단위 벡터 $\mathbf{v}/|\mathbf{v}|$이다. 이때 x, y, z에 관한 세 방정식에서 t를 소거하면 방정식이 두 개 남는다. 매개변수 t는 방정식 (4)로부터 $(x-x_0)/v_1$와 같고, 이는 또한 $(y-y_0)/v_2$와 $(z-z_0)/v_3$과도 같다. 따라서 이 세 비율은 서로 같고, t는 사라진다.

$$\text{매개변수가 없는 직선}: \frac{x-x_0}{v_1} = \frac{y-y_0}{v_2} = \frac{z-z_0}{v_3} \tag{5}$$

$x = y/2 = z/3$를 예로 들어 보자. 이 경우에 $(x_0, y_0, z_0) = (0,0,0)$이므로 직선은 원점을 지나간다. 직선 위의 다른 점은 $(x,y,z) = (2,4,6)$이다. t가 소거되었기 때문에 이 방정식으로는 언제 그 점에 도착하는지와 얼마나 빨리 가고 있는지를 말할 수 없다. 방정식 $x/4 = y/8 = z/12$는 위 방정식과 같은 직선을 나타낸다. 즉 t가 없이는 벡터 $\mathbf{v} = d\mathbf{R}/dt$을 알 수 없다.

예제 3 $P = (0,2,1)$과 $Q = (1,3,3)$을 지나는 직선의 방정식을 찾아라.

풀이

우리는 여러 선택이 가능하다. $\mathbf{R}_0$은 직선 위의 어떤 점이든 될 수 있으며 속도 $\mathbf{v}$는 P에서 Q로 가는 벡터의 어떤 곱도 될 수 있다. $\mathbf{R}_0$에 대한 결정은 출발 지점을 통제하고, $\mathbf{v}$는 속력을 통제한다.

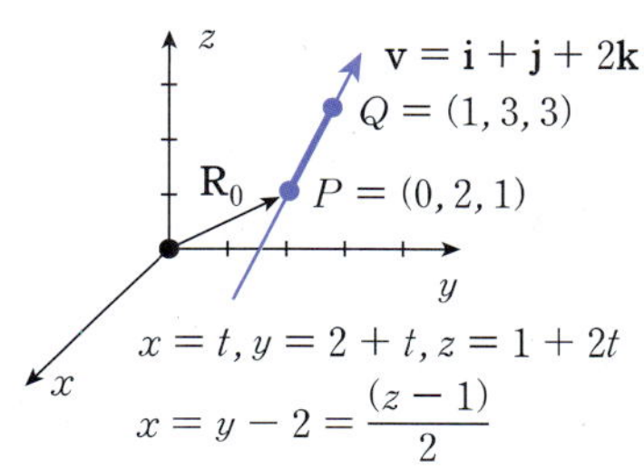

[그림 12-2] 매개변수 t를 갖는 직선과 갖지 않는 직선의 방정식

P에서 Q로의 벡터는 $\mathbf{i}+\mathbf{j}+2\mathbf{k}$이다. 이때 세 수 $1, 1, 2$는 $1, 3, 3$에서 $0, 2, 1$을 뺀 값이다. 벡터 $\mathbf{i}+\mathbf{j}+2\mathbf{k}$를 첫 번째 $\mathbf{v}$로 선택하고, 이 벡터의 두 배를 하여 두 번째 $\mathbf{v}$로 택하자. 그리고 벡터 $\mathbf{R}_0=\mathbf{P}$를 첫 번째 시작점으로 하고 $\mathbf{R}_0=\mathbf{Q}$를 두 번째 시작점으로 선택하자. 그러면 다음과 같이 동일한 직선에 대한 두 가지 표현이 나오고, 이들은 각각 $\mathbf{P}+t\mathbf{v}$와 $\mathbf{Q}+t(2\mathbf{v})$이다.

$$\mathbf{R}(t)=(2\mathbf{j}+\mathbf{k})+t(\mathbf{i}+\mathbf{j}+2\mathbf{k}),\ \ \mathbf{R}^*(t)=(\mathbf{i}+3\mathbf{j}+3\mathbf{k})+t(2\mathbf{i}+2\mathbf{j}+4\mathbf{k})$$

벡터 $\mathbf{R}(t)$는 $x=t,\ y=2+t,\ z=1+2t$에 위치하고, 벡터 $\mathbf{R}^*(t)$는 동시에 같은 직선 위에 다른 점 $x^*=1+2t,\ y^*=3+2t,\ z^*=3+4t$에 위치한다.

$\mathbf{R}$에서 $t=1$과 $\mathbf{R}^*$에서 $t=0$을 고르면 그 점은 $(1, 3, 3)$이다. 하지만 두 벡터에 대하여 다른 시간에 그 점에 도착한다. 여러분은 지금 '어디서'와 언제'를 알기 위해 매개변수가 어떻게 작동하는지 보고 있다. t가 $-\infty$에서 $+\infty$로 가면 한 직선 위의 모든 점들은 또한 다른 직선 위에 있다. 경로는 같지만 이와 같은 '쌍둥이'는 서로 다른 속도로 가고 있는 것이다.

Q1_ 이 쌍둥이는 언제 서로 만나는가? 다시 말해, 언제 $\mathbf{R}(t)=\mathbf{R}^*(t)$인가?

A_ 그들은 $\mathbf{R}=\mathbf{R}^*=-\mathbf{i}+\mathbf{j}-\mathbf{k}$, 즉 $t=-1$일 때 만난다.

Q2_ P와 Q 사이의 선분에 대한 방정식은 무엇인가?

A_ $\mathbf{R}(t)$에 대한 방정식에서 t가 0에서 1로 간다고 하자.

$$x=t, \quad y=2+t, \quad z=1+2t \ \ [\text{선분의 경우 } 0\le t\le 1] \tag{6}$$

$t=0$일 때 $P=(0, 2, 1)$에서 출발하고, $t=1$일 때 $Q=(1, 3, 3)$에 도달한다.

Q3_ 매개변수 t를 가지지 않는 직선의 방정식은 무엇인가?

A_ 방정식 (6)을 t에 관하여 풀거나 식 (5)를 사용하면 다음과 같다.

$$x/1=(y-2)/1=(z-1)/2$$

Q4_ 원점과 가장 가까운 직선 위의 점은 어떤 점인가?

A_ $x^2+y^2+z^2=t^2+(2+t)^2+(1+2t)^2$의 도함수는 $8+8t$이며 이 도함수는 $t=-1$에서 0이다. 따라서 가장 가까운 점은 $(-1, 1, -1)$이다.

Q5_ 이 직선은 평면 $x+y+z=11$과 어디에서 만나는가?

A_ 방정식 (6)에서 $x+y+z=3+4t=11$이므로 $t=2$이다. 따라서 만나는 점은 $x=t=2,\ y=t+2=4,\ z=1+2t=5$이다.

Q6_ $(3, 1, 1)$을 지나는 직선 중 평면 $x-y-z=1$에 수직인 직선은 무엇인가?

A_ 평면에 대한 법선 벡터는 $\mathbf{N}=\mathbf{i}-\mathbf{j}-\mathbf{k}$이다. 다시 말해 이는 $\mathbf{v}$이다. $(3, 1, 1)$로의 위치 벡터는 $\mathbf{R}_0=3\mathbf{i}+\mathbf{j}+\mathbf{k}$이고 따라서 $\mathbf{R}=\mathbf{R}_0+t\mathbf{v}$이다.

직선과 평면의 비교

직선은 하나의 매개변수 또는 두 개의 방정식을 가진다. $(x, y, z) = (x_0, y_0, z_0) + t(v_1, v_2, v_3)$과 같이 시작점과 속도를 알 수 있다. 이것은 직선 위에 어떤 점들이 있는지를 직접적으로 알려준다. 또는 t를 제거하여 식 (5)의 두 방정식을 찾을 수도 있다.

평면은 하나의 방정식 또는 두 개의 매개변수를 가진다! 이때 $ax + by + cz = d$의 식을 가지고, 이는 어떤 점들이 평면 위에 있는지 간접적으로 알려준다(우리는 x, y, z의 값 대신 x, y, z가 만족하는 방정식을 안다. 또한 평면에서의 방향들 $\mathbf{v}$와 $\mathbf{w}$ 대신 이에 수직인 방향 $\mathbf{N} = (a, b, c)$를 알 수 있다). 매개변수를 사용하면 직선은 $\mathbf{R}_0 + t\mathbf{v}$를 포함하고 평면은 $\mathbf{R}_0 + t\mathbf{v} + s\mathbf{w}$를 포함한다. 평면은 두 개의 매개변수($t$와 s)를 갖는다는 점에서 직선이 평면보다 더 나아 보인다.

Q5와 Q6은 직선을 평면에 연결시킨다. 이에 대한 두 가지 주제가 더 있다. [연습문제 12.1.41~44]를 보아라.

Q7_ 직선 $\mathbf{R}_0 + t\mathbf{v}$는 언제 평면에 평행한가? 또한 언제 수직인가?

A_ $\mathbf{v} \cdot \mathbf{N} = 0$일 때 평면에 평행하고, $\mathbf{v} \times \mathbf{N} = \mathbf{0}$일 때 평면에 수직이다.

예제 4 $P_0 = (1, 2, 1)$과 직선 $(1, 0, 0) + t(2, 0, -1)$을 포함하는 평면을 찾아라. 벡터 $\mathbf{v}$는 평면 위에 있을 것이다.

풀이

벡터 $\mathbf{v} = 2\mathbf{i} - \mathbf{k}$는 직선을 따라 가고, 벡터 $\mathbf{w} = 2\mathbf{j} + \mathbf{k}$는 $(1, 0, 0)$에서 $(1, 2, 1)$까지 간다. 그들의 외적은 다음과 같다.

$$\mathbf{N} = \mathbf{v} \times \mathbf{w} = \begin{vmatrix} \mathbf{i} & \mathbf{j} & \mathbf{k} \\ 2 & 0 & -1 \\ 0 & 2 & 1 \end{vmatrix} = 2\mathbf{i} - 2\mathbf{j} + 4\mathbf{k}$$

평면 $2x - 2y + 4z = 2$는 이 법선 벡터 $\mathbf{N}$을 가지며 점 $(1, 2, 1)$을 포함한다.

속력, 방향, 거리, 가속도

이제 $\mathbf{R}(t)$에 의해 추적되는 곡선으로 돌아간다. 도함수 $\mathbf{v}(t) = d\mathbf{R}/dt$은 그 곡선을 따르는 속도 벡터이며 **속력**은 $\mathbf{v}$의 크기이다.

$$\text{속력} = |\mathbf{v}| = \sqrt{(dx/dt)^2 + (dy/dt)^2 + (dz/dt)^2} \tag{7}$$

속도 벡터의 **방향**은 $\mathbf{v}/|\mathbf{v}|$이다. $\mathbf{v}$가 그것의 길이에 의해 나눠지므로 이는 단위 벡터이다. **단위 접벡터 $\mathbf{v}/|\mathbf{v}|$는 $\mathbf{T}$로 표기한다.**

접벡터는 직선에서 일정하고, 곡선에서는 방향이 변한다.

예제 5 **(중요)** 일정한 속력으로 원을 그리는 운동에서 $\mathbf{v}$와 $|\mathbf{v}|$와 $\mathbf{T}$를 찾아라.

$$x = r\cos\omega t, \quad y = r\sin\omega t, \quad z = 0$$

풀이

위치 벡터는 $\mathbf{R} = r\cos\omega t\,\mathbf{i} + r\sin\omega t\,\mathbf{j}$이고, 속도는 다음과 같다.

$\mathbf{v} = d\mathbf{R}/dt = -\omega r\sin\omega t\,\mathbf{i} + \omega r\cos\omega t\,\mathbf{j}$ (접벡터이지만 단위 접벡터는 아니다)

속력은 반지름 r과 각속도 ω의 곱이다.

$$|\mathbf{v}| = \sqrt{(-\omega r\sin\omega t)^2 + (\omega r\cos\omega t)^2} = \omega r$$

단위 접벡터는 $\mathbf{v}/|\mathbf{v}|$이다.

$\mathbf{T} = -\sin\omega t\,\mathbf{i} + \cos\omega t\,\mathbf{j}$ ($\sin^2\omega t + \cos^2\omega t = 1$이므로 길이는 1이다)

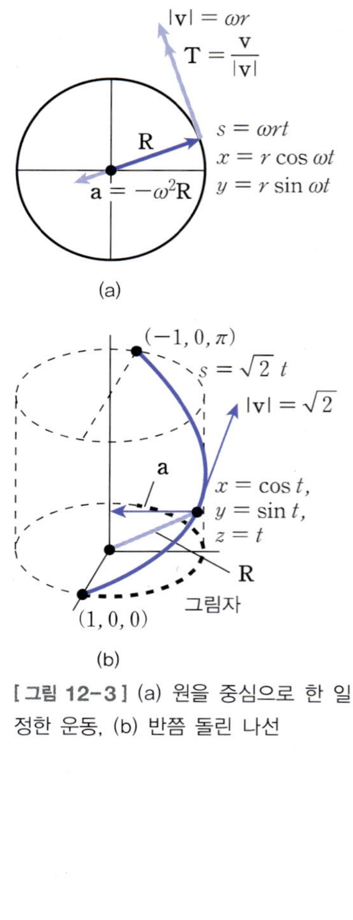

[그림 12-3] (a) 원을 중심으로 한 일정한 운동, (b) 반쯤 돌린 나선

다음으로 움직이는 거리를 생각해보자. 곡선을 따르는 거리는 항상 **호의 길이** s로 표기된다. 왜 이 거리를 s로 써야 하는지는 모른다(물론 속력[speed]의 첫 문자는 아니다). 사실상 속력은 거리를 시간으로 나눈 것이다. s/t는 평균 속력이고, ds/dt는 순간 속력이다. 속력과 거리와의 관계에 대한 1장과 8.3절로 돌아가보자.

$$\text{속력 } |\mathbf{v}| = ds/dt \qquad \text{거리 } s = \int (ds/dt)\,dt = \int |\mathbf{v}(t)|\,dt$$

$|\mathbf{v}|$, s, t는 모두 스칼라임을 주목하라. 이때 방향 벡터는 $\mathbf{T}$이다.

$$\mathbf{T} = \frac{\mathbf{v}}{|\mathbf{v}|} = \frac{d\mathbf{R}/dt}{ds/dt} = \frac{d\mathbf{R}}{ds} = \text{단위 접벡터} \tag{8}$$

[그림 12-3]에서 (직선인) 현의 길이는 $|\Delta\mathbf{R}|$이고, (구부러진) 호의 길이는 Δs이다. $\Delta\mathbf{R}$과 Δs가 0으로 가까이 감에 따라 $|\Delta\mathbf{R}/\Delta s|$는 $|\mathbf{T}| = 1$에 근접한다.

마지막으로 **가속도 벡터** $\mathbf{a}(t)$를 생각해보자. 이는 속력의 변화율이 아닌 속도의 변화율이다.

$$\mathbf{a} = \frac{d\mathbf{v}}{dt} = \frac{d^2\mathbf{R}}{dt^2} = \frac{d^2x}{dt^2}\mathbf{i} + \frac{d^2y}{dt^2}\mathbf{j} + \frac{d^2z}{dt^2}\mathbf{k} \tag{9}$$

$x = t$, $y = 2 + t$, $z = 1 + 2t$처럼 선을 따라 움직이는 일정한 운동 경우에는 가속도가

없다. 이계도함수가 모두 0이기 때문이다. 원을 따라 움직이는 일정한 운동의 경우에는 가속도가 존재한다. 차를 운전할 때 운전자는 가속 페달이나 브레이크를 이용하여 가속을 할 것이다. **또한 운전자는 핸들을 돌리면서 가속했을 것이다.** 그것은 방향이 변하였으므로 속도이지 속력이 아니다.

예제 6 원운동에서 거리 $s(t)$와 가속도 $\mathbf{a}(t)$를 찾아라.

풀이

[예제 5]에서 속력은 $ds/dt=\omega r$이다. 적분하면 거리는 $s=\omega rt$이다. 시간 t에서 각 ωt로 간 것이다. 반지름은 r이고, 따라서 움직인 거리는 ωt와 r의 곱과 일치한다. 이때 ω의 차원은 1/시간임을 주목하라(각들은 차원이 없다). 시간 $t=2\pi/\omega$에서 원주위를 한 번 돌게 된다($s=0$으로 돌아간 것이 아니라 $s=2\pi r$로 간 것이다).

가속도는 $\mathbf{a}=d^2\mathbf{R}/dt^2$이다. $\mathbf{R}=r\cos\omega t\mathbf{i}+r\sin\omega t\mathbf{j}$임을 기억하라.

$$\mathbf{a}(t)=-\omega^2 r\cos\omega t\mathbf{i}-\omega^2 r\sin\omega t\mathbf{j} \tag{10}$$

방향은 $\mathbf{R}$과 반대이다. 이는 운전자가 가속 페달이나 브레이크를 밟지 않는 특별한 운동이다. 모든 가속은 회전으로부터 발생한다. 크기는 거리/(시간)^{2}의 올바른 차원을 가진 $|\mathbf{a}|=\omega^2 r$이다.

예제 7 나선 $\mathbf{R}=\cos t\mathbf{i}+\sin t\mathbf{j}+t\mathbf{k}$ 주위의 $\mathbf{v}$와 s와 $\mathbf{a}$를 찾아라.

풀이

속도 벡터는 $v=-\sin t\mathbf{i}+\cos t\mathbf{j}+t\mathbf{k}$이므로 속력은 다음과 같다.

$$ds/dt=|\mathbf{v}|=\sqrt{\sin^2 t+\cos^2 t+1}=\sqrt{2}\ (\text{상수})$$

그러면 거리는 $s=\sqrt{2}\,t$이다. 시간 $t=\pi$일 때, 반쯤 돈 셈이다. 그림자를 따른 거리는 π(반원)이다. 나선의 45° 경사 때문에 나선을 따른 거리는 $\sqrt{2}\pi$이다.

단위 접벡터는 속도/속력이고, 가속도는 $d\mathbf{v}/dt$이므로 단위 접벡터와 가속도는 다음과 같다.

$$\mathbf{T}=(-\sin t\mathbf{i}+\cos t\mathbf{j}+\mathbf{k})/\sqrt{2} \qquad \mathbf{a}=-\cos t\mathbf{i}-\sin t\mathbf{j}$$

예제 8 타원 $x=\cos t,\ y=2\sin t,\ z=0$ 주위의 $\mathbf{v}$와 s와 $\mathbf{a}$를 찾아라.

풀이

미분을 하면 $\mathbf{v}=-\sin t\mathbf{i}+2\cos t\mathbf{j}$이고 $|\mathbf{v}|=\sqrt{\sin^2 t+4\cos^2 t}$이다. 이것은 속력 ds/dt이다. 거리 s의 경우에 평범하지만 다소 까다로운 일이 일어난다. 속력은

$\sin^2 t + \cos^2 t = 1$에 의해 단순해지지 않는다. s에 대한 공식을 찾기 위해 ds/dt를 적분할 수 없다. 제곱근을 적분할 수 없기 때문이다.

가속도 $-\cos t\mathbf{i} - 2\sin t\mathbf{j}$는 여전히 중심을 가리킨다. 이는 태양 주위를 도는 지구의 가속도가 아니다. 경로는 타원이지만 속력이 잘못되었다. 태양 위치의 끔찍한 오류에 대해서는 12.4절(1파운드 지폐)을 참조하라.

---

1 곡선을 따르는 운동에 대한 기본적인 공식들은 다음과 같다.

$$\mathbf{v} = \frac{d\mathbf{R}}{dt} \qquad \mathbf{a} = \frac{d\mathbf{v}}{dt} \qquad |\mathbf{v}| = \frac{ds}{dt} \qquad \mathbf{T} = \frac{\mathbf{v}}{|\mathbf{v}|} = \frac{d\mathbf{R}/dt}{ds/dt} = \frac{d\mathbf{R}}{ds}$$

가속도 $\mathbf{a}(t)$와 초기 속도 $\mathbf{v}_0$와 위치 $\mathbf{R}_0$을 안다고 가정하자. 그러면 $\mathbf{v}(t)$와 $\mathbf{R}(t)$ 또한 알 수 있다. 이제 각 성분을 적분해보자.

$$\mathbf{a}(t) = \text{상수} \quad \Rightarrow \mathbf{v}(t) = \mathbf{v}_0 + \mathbf{a}t \quad \Rightarrow \mathbf{R}(t) = \mathbf{R}_0 + \mathbf{v}_0 t + \frac{1}{2}\mathbf{a}t^2$$
$$\boldsymbol{a}(t) = \cos t\,\boldsymbol{k} \quad \Rightarrow \mathbf{v}(t) = \mathbf{v}_0 + \sin t\,\mathbf{k} \quad \Rightarrow \mathbf{R}(t) = \mathbf{R}_0 + \mathbf{v}_0 t - \cos t\,\mathbf{k}$$

야구공의 곡선

에드워즈Edwards와 페니Penney의 미적분 책에는 커브 공에 대한 훌륭한 토론이 실려 있다. 여기에 그것을 요약하고자 한다. 공이 땅에서 5피트 떨어진 투수의 손을 떠난다. 그러면 $\mathbf{R}_0 = 0\mathbf{i} + 0\mathbf{j} + 5\mathbf{k}$이고, 초기 속도는 $\mathbf{v}_0 = 120\mathbf{i} - 2\mathbf{j} + 2\mathbf{k}$이다(120피트/초는 시간당 80마일 이상이다). 가속도는 중력으로부터 얻어지는 $-32\mathbf{k}$에 **스핀**으로부터 얻어지는 새로운 항을 더한 것이다. 스핀이 z축 주위에 있고 공이 x축을 따라가면 이 가속도는 y 방향이다(이것은 외적 $\mathbf{k} \times \mathbf{i}$로부터 온다. 공의 측면에 압력차가 있다). 좋은 투수는 $\mathbf{a} = 16\mathbf{j} - 32\mathbf{k}$를 얻을 수 있다. 타자는 가능한 한 빨리 다음과 같이 적분해야 한다.

$$\mathbf{v}(t) = \mathbf{v}_0 + \mathbf{a}t = 120\mathbf{i} + (-2 + 16t)\mathbf{j} + (2 - 32t)\mathbf{k}$$
$$\mathbf{R}(t) = \mathbf{R}_0 + \mathbf{v}_0 t + \frac{1}{2}\mathbf{a}t^2 = 120t\mathbf{i} + (-2t + 8t^2)\mathbf{j} + (5 + 2t - 16t^2)\mathbf{k}$$

t^2에 주목하라. 스핀의 효과는 처음에는 적고, (모든 타자가 알고 있듯이) 갑자기 커진다. 중력의 효과 또한 그러하다(공이 아래로 휘기 시작한다). $t = \frac{1}{2}$에서 $\mathbf{i}$성분은 60피트이고 공은 타자에게 도달한다. 또한 $\mathbf{j}$성분은 1피트이고 $\mathbf{k}$성분은 2피트이다(곡선은 바깥쪽 구석에서 낮아진다).

$t=\frac{1}{4}$에서 타자가 공을 중간에서 볼 때, $\mathbf{j}$ 성분은 0이었다. 공이 홈 플레이트 위로 바로 날아오는 것처럼 보였다.

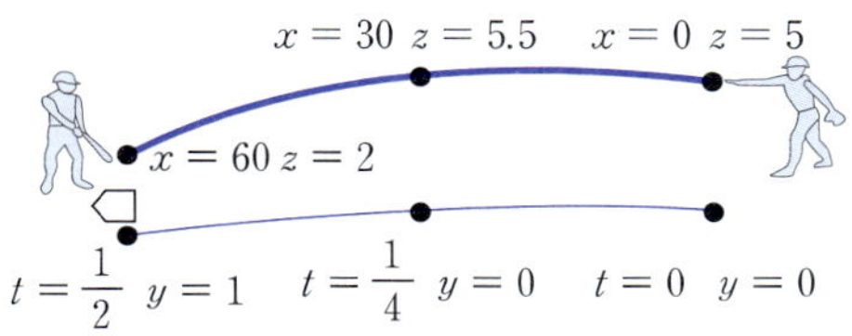

[그림 12-4] 커브 공이 홈 플레이트에 접근한다. 중간에 공은 직선 상에 있다.

12.1 문장제 문제

01 곡선을 따른 위치 벡터 __a__은(는) 매개변수 t에 따라 변한다. 속도는 __b__이고, 가속도는 __c__이다. 위치가 $\mathbf{i}+t\mathbf{j}+t^2\mathbf{k}$이면 $\mathbf{v}=$ __d__이고, $\mathbf{a}=$__e__이다. 이 예에서 속력은 $|\mathbf{v}|=$ __f__이다. 이것은 ds/dt와 같고, 여기서 s는 __g__을(를) 측정한다. 그러면 $s=\int$ __h__이다. 접벡터는 __i__와(과) 같은 방향에 있지만, $\mathbf{T}$는 __j__벡터이다. 일반적으로 $\mathbf{T}=$ __k__이고 이 예에서 $\mathbf{T}=$ __l__이다.

02 직선을 따르는 일정한 운동은 $\mathbf{a}=$ __m__을(를) 가진다. 직선이 $x=y=z$일 때, 단위 접벡터는 $\mathbf{T}=$__n__이다. 속력이 $|\mathbf{v}|=\sqrt{3}$이면 속도 벡터는 $\mathbf{v}=$__o__이다. 초기 위치가 $(1,0,0)$이면 위치 벡터는 $\mathbf{R}(t)=$ __p__이다. 직선의 일반적인 방정식은 $x=x_0+tv_1$, $y=$ __q__, $z=$ __r__이다. 벡터 표기법에서 이것은 $\mathbf{R}(t)=$ __s__이다. t를 소거하는 것은 방정식 $(x-x_0)/v_1=(y-y_0)/v_2=$__t__을(를) 남긴다. 공간에서의 직선은 평면에서 __u__을(를) 필요로 하는 곳에서 공간에서의 직선은 __v__ 방정식을 필요로 한다. 직선은 평면이 __w__을(를) 가지는 곳에서 하나의 매개변수를 가진다. $\mathbf{R}_0=(1,0,0)$에서 $(2,2,2)$로 가고 $|\mathbf{v}|=3$인 직선은 $\mathbf{R}(t)=$__x__이다.

03 원 주위를 도는 일정한 운동(반지름 r, 각속도 ω)은 $x=$__y__, $y=$__z__, $z=0$을 가진다. 이때 속도는 $\mathbf{v}=$__A__이고, 속력은 $|\mathbf{v}|=$ __B__이다. 가속도는 $\mathbf{a}=$__C__이고, 이것은 크기 __D__와(과) 방향 __E__을(를) 가진다. 이 원운동과 위로 향하는 운동 $\mathbf{R}=t\mathbf{k}$를 결합하는 것은 __F__ 주위를 만들어낸다. 그러면 $\mathbf{v}=$__G__이고 $|\mathbf{v}|=$__H__이다.

12.1 연습문제

01 매개변수 방정식 $x=t$, $y=t^3$의 곡선을 그리고, $t=1$에서의 속도 벡터와 속력을 찾아라.

02 매개변수 방정식 $x=1+t$, $y=1-t$의 경로를 그려라. 경로의 xy 방정식과 그것을 따르는 속력을 찾아라.

03 원 $x=\cos t$, $y=\sin t$ 위에서 $dy/dx=-\cot t$인 이유를 연쇄 법칙으로 설명한 다음 기하학으로도 설명하라.

04 곡선 $x=6t$, $y=6t-t^2$ 위의 가장 높은 점을 찾아라. 이 곡선은 ________이다. 가속도 $\mathbf{a}$는 무엇인가?

05 $t=0$에서 $x=e^t$, $y=e^{-t}$의 속도 벡터와 접선의 xy 방정식을 찾아라. 그 곡선의 xy 방정식은 무엇인가?

06 다음 곡선의 모양을 묘사하라.

(a) $x=2^t$, $y=4^t$ (b) $x=4^t$, $y=8^t$ (c) $x=4^t$, $y=4t$

NOTE_ '매개변수 방정식'을 찾는 것은 $x(t)$, $y(t)$와 아마도 $z(t)$를 찾는 것이다.

07 $P=(1,2,4)$와 $Q=(5,5,4)$를 지나는 선에 대한 매개변수 방정식을 찾아라. 현재 속력은 5이다. 속력이 10이 되도록 방정식을 바꿔라. 현재 $\mathbf{R}_0$는 P이다. 시작을 Q로 바꿔라.

08 문제 07에서의 직선에 수직인 어떤 한 평면에 대한 방정식을 찾아라. 또한 수직인 어떤 한 직선에 대한 방정식들을 찾아라.

09 점 $(2,3,4)$를 지나며 속도 $\mathbf{v}=\mathbf{i}-\mathbf{k}$인 직선 상에서 위치 벡터는 $\mathbf{R}(t)=$ ________이다. 속도 벡터가 $t\mathbf{i}-t\mathbf{k}$로 바뀐다면 $\mathbf{R}(t)=$ ________이고, 경로는 여전히 ________이다.

10 한 직선 위에서 $t=0$일 때의 점 $P=(3,1,-2)$에서 $t=3$일 때의 점 $Q=(0,0,0)$까지 일정하게 움직일 때 이 운동에 대한 매개변수 방정식을 찾아라. 속력은 얼마인가? 속력이 e^t이 되도록 매개변수를 바꿔라.

11 방정식 $x-1=\frac{1}{2}(y-2)=\frac{1}{3}(z-2)$는 ______을(를) 묘사한다. 같은 경로는 매개변수에 의해 $x=1+t$, $y=$ ______, $z=$ ______(으)로 주어진다. 같은 경로는 또한 $x=1+2t$, $y=$ ______, $z=$ ______(으)로 주어진다.

12 $x=1$, $y=0$에서 출발하여 속력 e^t으로 단위원 주위를 도는 매개변수 방정식을 찾아라. 원이 완성되는 때는 언제인가?

13 경로 $x=2y=3z=6t$는 속력 ______을(를) 가지고 움직이는 ______이다. t가 $t\geq 1$로 제한된다면 경로는 ______에서 시작한다. t가 $0\leq t\leq 1$로 제한된다면 경로는 ______이다.

14 직선 $x=1+t$, $y=2-t$ 위에서 원점에 가장 가까운 점을 찾아라. 이 직선은 언제 어디에서 원점을 지나는 $45°$ 선을 가로지르는가? 그것이 절대 가로지르지 않는 선에 대한 방정식을 찾아라.

15 (a) 서로 평행한 두 개의 직선 $x=y$와 $x=y+1$은 얼마나 떨어져 있는가?

(b) 점 $x=t$, $y=t$는 점 $x=t$, $y=t+1$로부터 얼마나 떨어져 있는가?

(c) 그들의 속력이 $x=t$, $y=t$와 $x=2t$, $y=2t+1$처럼 서로 다르다면 가장 가까운 거리는 무엇인가?

16 다음 벡터 중 $\mathbf{R}=t\mathbf{i}+t^2\mathbf{j}$와 같은 경로를 따르는 것은 무엇인가(그 경로를 따르는 속력은 다를 수 있다)?

(a) $2t\mathbf{i}+2t^2\mathbf{j}$ (b) $2t\mathbf{i}+4t^2\mathbf{j}$

(c) $-t\mathbf{i}+t^2\mathbf{j}$ (d) $t^3\mathbf{i}+t^6\mathbf{j}$

17 직선 $y=mx+b$에 대한 매개변수 형태를 찾아라.

18 직선 $x=1+v_1t$, $y=2+v_2t$는 ______ v_1+ ______ $v_2=0$이면 원점을 통과한다. 이 직선은 ______ v_1+ ______ $v_2=0$이 아닐 경우에 $y=x$를 가로지른다.

19 다음 운동에 대한 속도 $\mathbf{v}$와 속력 $|\mathbf{v}|$와 접벡터 $\mathbf{T}$를 찾아라.

(a) $\mathbf{R}=t\mathbf{i}+t^{-1}\mathbf{j}$ (b) $\mathbf{R}=t\cos t\mathbf{i}+t\sin t\mathbf{j}$

(c) $\mathbf{R}=(t+1)\mathbf{i}+(2t+1)\mathbf{j}+(2t+2)\mathbf{k}$

20 속도 $dx/dt\,\mathbf{i}+dy/dt\,\mathbf{j}$가 위치 벡터 $x\mathbf{i}+y\mathbf{j}$에 항상 수직이라면 그들의 내적으로부터 x^2+y^2이 상수가 됨을 보여라(그 점은 원 위에 머무른다).

21 $\mathbf{v}=\cos t\mathbf{i}+\sin t\mathbf{j}$를 속도 벡터로 가지는 두 경로 $\mathbf{R}(t)$를 찾아라. 다른 $\mathbf{v}$를 가지지만 같은 가속도를 가지는 세 번째 경로를 찾아라.

22 가속도가 상수 벡터이면 경로는 ______임에 틀림없다. 또한 경로가 직선이면 가속도 벡터는 ______임에 틀림없다.

23 $x=t+\cos t$, $y=t-\sin t$일 때, 최소 및 최대 속력을 찾아라. $|\mathbf{a}|$는 상수이지만 $\mathbf{a}$는 상수가 아님을 보여라. 이 점 (x,y)가 원 주위를 도는 동안 중심은 어떤 직선 위에서 움직이는가?

24 속력 1로 원 $(x-1)^2+(y-3)^2=4$ 주위를 도는 점 $x(t)$, $y(t)$를 찾아라.

25 $x=\cos 2t$, $y=\sin 2t$로 돌고 있는 공은 $t=\pi/8$에서 접선 위에서 벗어난다. 그것의 출발점과 나중 시간 t에서의 위치를 찾아라(선형 운동 : 그것의 상수 속도 $\mathbf{v}$를 계산하라).

26 $|\mathbf{a}|$는 일반적으로 d^2s/dt^2와 다른 이유는 무엇인가? 그 차이점의 예와 그것들이 같은 경우의 예를 제시하라.

27 t를 바꿔서 나선 $\mathbf{R}=\cos t\mathbf{i}+\sin t\mathbf{j}+t\mathbf{k}$를 따른 속력이 $\sqrt{2}$ 대신에 1이 되도록 하라. 새로운 매개변수를 s라 부르자.

28 직선 $x=1+6t$, $y=2+3t$, $z=2t$ 위에서의 속력 ds/dt를 찾아라. $(1,2,0)$에서 $(13,8,4)$까지 길이 s를 찾기 위해 적분하라. $12^2+6^2+4^2$을 이용하여 확인하라.

29 곡선 $x=\tan t$, $y=\sec t$에 대한 $\mathbf{v}$와 $|\mathbf{v}|$와 $\mathbf{a}$를 찾아라. 이 곡선은 무엇인가? 곡선이 무한대로 가는 때는 언제이며, 어떤 직선을 따르는가?

30 속력 t로 나선 위를 이동하는 매개변수 방정식을 만들어라.

31 단위 접벡터 $\mathbf{T}(t)$는 $\mathbf{R}(t)$의 미분임을 가정하자. 이 가정이 속력에 대해 알려주는 것은 무엇인가? 원형이 아닌 예를 제시하라.

32 매개변수 없이 경로 $y=f(x)$ 위를 이동하는 경우 ______을(를) 찾는 것은 불가능하지만 경로의 각 점에서 ______을(를) 찾는 것은 여전히 가능하다.

33~36 다음 경로에 대하여 $x(t)$와 $y(t)$를 찾아라.

33 속력 2로 $x=0$, $x=1$, $y=0$, $y=1$에 의해 둘러싸인 정사각형 주위. 공식은 네 부분으로 이루어진다.

34 속력 e^{-t}을 가지고 단위원 주위. 원 주위를 다 도는가?

35 가속도 $|\mathbf{a}|=1$을 가지고 반지름이 4인 원 주위를 도는 경로

36 $t=10$에서 $(0,0)$으로 돌아오며 상수 가속도 $-\mathbf{j}$를 가지고 y축 위아래로 움직이는 경로

---

37 이유 또는 반례를 들어 참 또는 거짓임을 판별하라.

(a) 모든 t에 대해 $|\mathbf{R}|=1$이면 $|\mathbf{v}|=$ 상수이다.

(b) $\mathbf{a}=0$이면 $\mathbf{R}=$ 상수이다.

(c) $\mathbf{v}\cdot\mathbf{v}=$ 상수이면 $\mathbf{v}\cdot\mathbf{a}=0$이다.

(d) $\mathbf{v}\cdot\mathbf{R}=0$이면 $\mathbf{R}\cdot\mathbf{R}=$ 상수이다.

(e) $\mathbf{v}=\mathbf{a}$를 가진 경로는 없다.

38 xz 평면상의 $t\mathbf{i}+t^2\mathbf{j}+t^3\mathbf{k}$의 그림자에 대한 위치 벡터를 찾아라. 그 곡선은 직선 $x=y=z$에 항상 평행한가?

39 타원 $x=a\cos t$, $y=b\sin t$ 상에서 ________이기 때문에 중심으로부터의 각도 θ는 t와 같지 않다.

40 두 입자가 $(1,0)$에서 $(0,1)$까지 경주하고 있다. 하나는 $x=\cos t$, $y=\sin t$를 따르고, 다른 하나는 $x=1+v_1t$, $y=v_2t$를 따른다. 두 번째 입자가 더 느리지만 경주에서 이길 수 있도록 v_1과 v_2를 선택하라.

41 공간상의 두 직선은 $\mathbf{R}(t)=\mathbf{P}+t\mathbf{v}$와 $\mathbf{R}(t)=\mathbf{Q}+t\mathbf{w}$로 주어진다. 이때 네 가지 가능성이 있다. 두 직선은 서로 평행하거나 같거나 교차하거나 엇갈리게 움직인다. 어떤 것이 세 벡터 $\mathbf{v}$와 $\mathbf{w}$와 (두 선들 사이를 지나가는) $\mathbf{u}=\mathbf{Q}-\mathbf{P}$에 의존하는지를 결정하라.

(a) ______이(가) 평행하면 직선들은 서로 평행하다.

(b) ______이(가) 평행하면 직선들은 서로 같다.

(c) ______이(가) 평행하지 않지만 ______이(가) 같은 평면 위에 놓여 있으면 직선들은 교차한다.

(d) 삼중적 $\mathbf{u}\cdot(\mathbf{v}\times\mathbf{w})$가 ______이면 직선들은 엇갈리게 움직인다.

42 직선들이 엇갈리게 움직일 때(같은 평면 위가 아닐 때), 그들 사이의 거리에 대해 $\mathbf{u}$, $\mathbf{v}$, $\mathbf{w}$에 기반한 공식을 찾아라. 벡터 $\mathbf{u}$는 두 직선에 수직이 아닐 수도 있으므로, $\mathbf{u}$를 두 직선에 수직인 벡터로 사영하라.

43 $\mathbf{Q}$에서 직선 $\mathbf{P}+t\mathbf{v}$까지의 거리는 $\mathbf{v}$에 수직인 $\mathbf{u}=\mathbf{Q}-\mathbf{P}$의 정사영이다. $Q=(9,4,5)$는 직선 $x=1+t$, $y=1+2t$, $z=3+2t$로부터 얼마나 떨어져 있는가?

44 미적분으로 문제 **43**을 풀어라. $(x-9)^2+(y-4)^2+(z-5)^2$에서 x, y, z를 대체하고 최소화하라. 그 직선 위의 어떤 (x,y,z)가 $(9,4,5)$에 가장 가까운가?

45 $x=F(t)$, $y=G(t)$로 시작하여 매개변수들로 연습하라.

(a) $45°$ 선을 가로지르는 거울상은 $x=$_____, $y=$_____이다.

(b) 곡선 $x=t^3$, $y=t^2$을 $y=f(x)$로 써라.

(c) $x=t^2$, $y=t^3$을 $y=f(x)$로 쓸 수 없는 이유는 무엇인가?

(d) F의 역이 존재하면 $t=F^{-1}(x)$이고 $y=$______(x)이다.

46 12시부터 1시까지 달팽이가 분침 위를 한 시간에 1m의 속도로 꾸준히 기어간다. $(0,0)$에서 시작할 때 시간 t에서 달팽이의 위치를 찾아라.

12.2 평면 운동 : 발사체 및 사이클로이드

이전 절은 $\mathbf{R}(t)$로 시작하였다. 이 위치 벡터에서 우리는 $\mathbf{v}$와 $\mathbf{a}$를 계산하였다. 이제 우리는 좀 더 기본적인 정보를 통해 $\mathbf{R}(t)$를 찾아본다. 물리학의 법칙은 발사체를 제어하고, 바퀴의 움직임은 (로봇에서 문제를 일으키는) 사이클로이드를 생성한다. 발사체는 마찰 없이 날아가므로 발사체에 작용하는 유일한 힘은 중력이다.

이러한 움직임은 비행기에서 발생한다. 위치의 두 요소는 x(가로)와 y(세로)이다. 발

사체는 t의 변화에 따라 움직이므로 $x(t)$와 $y(t)$를 찾아야 한다. 우리가 농구를 하거나 총을 발사하거나 평화롭게 잔디밭에 물을 뿌리고 있다면 우리는 (목표물에 직접적으로는 아닌) 옳은 방향으로 목표를 설정해야 한다. 호스에서 $10\,\mathrm{m/s}$의 속력으로 물이 공급된다면, 호스로부터 나온 물이 $12\mathrm{m}$ 떨어진 곳에 있는 차에 도달할 수 있는가?

일반적인 초기 위치는 $(0, 0)$이다. 일부 비행 물체는 좀 더 높은 $(0, h)$에서 시작한다. 초기 속도는 $(v_0 \cos\alpha, v_0 \sin\alpha)$이고, 여기서 v_0는 속력이며 α는 수평선과 이루는 각도이다. 중력 가속도는 전적으로 수직이다. 즉 $d^2y/dt^2 = -g$이다. 따라서 수평 속도는 그것의 초깃값에 머무르고, 수직 속도는 $-gt$만큼 감소한다.

$$dx/dt = v_0 \cos\alpha, \; dy/dt = v_0 \sin\alpha - gt$$

수평 거리 $x(t)$는 꾸준히 증가하고 있다. 높이 $y(t)$는 증가하다가 그 다음에 감소한다. 위치를 찾기 위해 속도를 적분하라(높은 곳에서 시작할 경우 h를 y에 더하라).

발사체의 경로는 $x(t) = (v_0 \cos\alpha)t, \;\; y(t) = (v_0 \sin\alpha)t - \frac{1}{2}gt^2$이다. (1)

이 경로는 포물선이지만 $y = ax^2 + bx + c$ 꼴로 쓰이지 않는다. t를 소거하면 가능할 수 있지만 그러면 시간을 추적할 수 없다. 포물선은 매개변수가 없는 $y(x)$이고, 여기서 우리는 $x(t)$와 $y(t)$를 가진다.

발사체는 어디에서 땅에 닿았을까? 포물선의 경우 $y(x) = 0$을 풀어 위치 x를 구한다. 발사체의 경우에는 $y(t) = 0$을 푼다. 그것은 장소가 아니라 땅에 떨어지는 시간을 나타낸다. 그 시간이 T라면 $x(T)$가 그 위치를 나타낸다.

정보는 바로 여기에 있다. 한 단계만 거치는 포물선에 비해 발사체의 경로는 두 단계가 필요하지만, 여기에서 더 많은 것을 배울 수 있다.

예제 1 호스에서 물이 $10\,\mathrm{m/s}$ (이것은 $\mathbf{v}_0$이다)의 속력으로 공급된다. 그것은 각도 α에서 시작한다. y가 다시 0일 때의 시간 T를 찾고, 물이 어디에 도달하는지 찾아라.

풀이

물은 $y = (10\sin\alpha)\,T - \frac{1}{2}g\,T^2 = 0$일 때 바닥에 도달한다. 비행 시간(공중에 떠 있는 시간)은 $T = (20\sin\alpha)/g$이다. 그 시간에 수평 거리는 $x(T) = (10\cos\alpha)T = (200\cos\alpha\sin\alpha)/g$이다. 이것은 **범위 R**이다.

호스에서 나온 물은 $x = R$에서 땅에 닿는다. 간단히 하기 위해 $200\cos\alpha\,\sin\alpha$를 $100\sin 2\alpha$로 대체하라. $g = 9.8\mathrm{m/s^2}$이므로, **호스에서 나온 물은 12 m 떨어진 차에 도달할 수 없다.**

범위 $R = (100\sin 2\alpha)/9.8$는 거의 $100/9.8$이다. 이것은 12보다 작다.

범위는 $\sin 2\alpha = 1$ (α가 $45°$이다)일 때 가장 크다. 사다리 위에 서면 12 m 떨어진 차에 물이 도달할 수 있다([연습문제 12.2.17]). 공기 저항에 반하여 야구공을 치기 위해, 가장 좋은 각도는 $35°$에 가깝다. [그림 12-5]는 (공기 저항이 없는) 대칭 포물선과 더 가파르게 떨어지는 비대칭 비행 경로를 보여준다.

---

2 비행 시간 T와 수평 범위 $R = x(T)$는 $y = 0$, 즉 $(v_0 \sin\alpha)T = \frac{1}{2}gT^2$일 때 구할 수 있다.

$$T = (2v_0 \sin\alpha)/g, \qquad R = (v_0 \cos\alpha)T = (v_0^2 \sin 2\alpha)/g$$

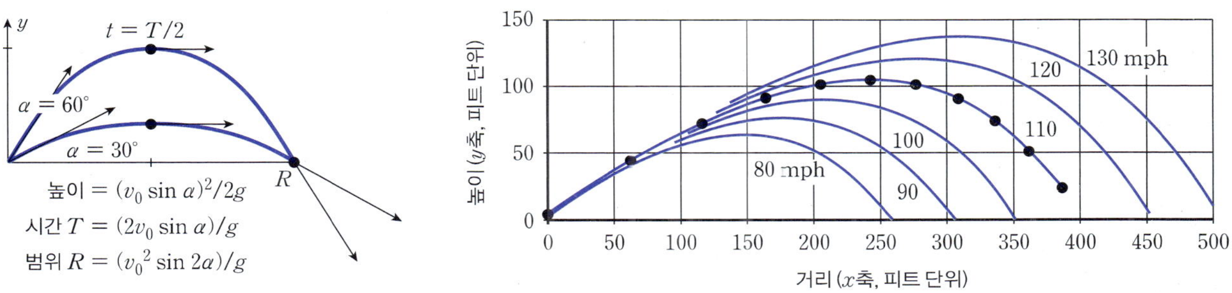

(a) (a)

[그림 12-5] (a) 똑같은 범위 R, 다른 시간들 T, (b) 증가하는 v_0를 가지고 $35°$에서 야구공을 친다(로버트 어데어의 『야구의 물리학』). 점들은 0.5초단위에 있다.

예제 2 주어진 범위 R과 v_0에 대해 올바른 각 α는 각각 무엇인가?

풀이

범위는 $R = (v_0^2 \sin 2\alpha)/g$이다. 이것은 2α의 사인값을 결정하지만 **두 각은 같은 사인값을 가질 수 있다.** 우리는 $2\alpha = 60°$ 또는 $120°$를 구할지도 모른다. [그림 12-5]에서 시작 각도 $\alpha = 30°$와 $\alpha = 60°$는 같은 $\sin 2\alpha$와 같은 범위 R을 준다. 반면 비행 시간은 $\sin\alpha$를 포함하고 두 각도에 대하여 비행 시간은 서로 다르다.

미적분에 의해 최대 높이는 $dy/dt = 0$일 때 발생한다. 그러면 $v_0 \sin\alpha = gt$이고, 이것은 $t = (v_0 \sin\alpha)/g$를 의미하며 총 비행 시간 T의 반이다(증가하는 시간은 줄어드는 시간과 같다). 이 중간 시간 $t = \frac{1}{2}T$에서 y의 값은 다음과 같다.

$$y_{\max} = (v_0 \sin\alpha)(v_0 \sin\alpha)/g - \frac{1}{2}g(v_0 \sin\alpha/g)^2 = (v_0 \sin\alpha)^2/2g \qquad (2)$$

예제 3 스키 점프 선수가 $30°$ 경사면 아래로 $90\,\text{m}$만큼 내려간다고 하면, $28\,\text{m/s}$의 속력으로 점프대를 떠난 후에 비행 시간과 경사로 각도 α에 대한 방정식을 찾아라.

풀이

선수는 점 $x = 90\cos 30°$, $y = -90\sin 30°$(분명한 이유로 인해 음의 부호가 붙었다)에 착륙한다. 기본 방정식 (2)는 $x = (28\cos\alpha)t$, $y = (28\sin\alpha)t - \frac{1}{2}gt^2$이며 이는 α와 t에 대한 두 방정식이다. t는 $y = 0$일 때의 비행 시간 T가 아님에 주목하라.

결론 발사체의 위치는 세 매개변수 v_0, α, t를 포함한다. **세 가지 정보가 비행을 (거의)결정한다.** 여기서 '거의'라고 표현한 이유는 $\sin\alpha$와 $\cos\alpha$의 존재 때문이다. 일부 비행 요구 사항은 충족될 수 없다($12\,\text{m}$ 떨어진 위치의 자동차에 물이 도달할 수 없다). 다른 요구 사항은(자동차가 가까이 있을 때) 두 가지 방법으로 충족될 수 있다. 방정식 $\sin\alpha = c$는 정확히 하나의 해가 아닌 두 개의 해 또는 해가 없을 확률이 더 크다. 각 문제에 대한 세 가지 정보를 살펴보아라.

사이클로이드

발사체의 경로는 포물선이다. 그것을 계산하기 위해, x와 y에 대한 방정식들로부터 t를 소거하라. [연습문제 12.2.5]는 원점을 통과하는 포물선 $y = ax^2 + bx$를 찾는다. 바퀴의 한 점의 경로는 똑같이 단순해 보이지만, t를 제거하는 것은 사실상 불가능하다. 사이클로이드는 매개변수를 필요로 하고 실제로 이를 사용하는 곡선이다.

사이클로이드를 추적하려면 **x축을 따라 반지름 a인 원을 굴려라.** 그리고 원의 맨 아래에서 시작하는 점을 살펴보아라. 그것은 원이 한 바퀴 완전히 구른 후에 $x = 2\pi a$에서 바닥으로 돌아온다. 그 사이의 경로는 [그림 12-6]과 같다. 한 세기 동안 xy 방정식을 찾은 후에, 일련의 위대한 과학자들(갈릴레오, 크리스토퍼 렌, 호이겐스, 베르누이, 심지어 뉴턴과 로피탈)이 매개변수를 도입하여 사이클로이드를 연구하는 올바른 방법을 발견했다. 이 매개변수를 θ라 부르겠지만 t일 수도 있다.

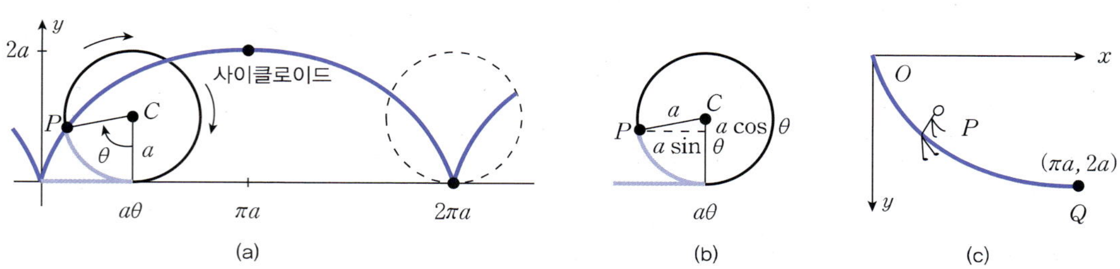

[그림 12-6] (a), (b) 구르는 원 위의 점 P의 경로는 사이클로이드이다. (c) Q로 가장 빠르게 미끄러진다.

매개변수는 원이 회전하는 각도이다(이 각도는 극좌표에서의 θ처럼 원점에 있지 않다). 원은 x축을 따라 거리 $a\theta$(반지름과 각도의 곱)만큼 굴러간다. 따라서 원의 중심은 $x = a\theta$, $y = a$에 있다. 선분 CP에 대해 설명하기 위해 x로부터 $a\sin\theta$를, y로부터 $a\cos\theta$를 빼면 다음과 같다.

$$\text{점 } P\text{는 } x = a(\theta - \sin\theta)\text{와 } y = a(1-\cos\theta)\text{를 가진다.} \quad (3)$$

$\theta = 0$에서 위치는 $(0, 0)$이고, $\theta = 2\pi$에서 위치는 $(2\pi a, 0)$이다. 그 사이의 사이클로이드의 경사를 연쇄 법칙을 이용해 구하면 다음과 같다.

$$\frac{dy}{dx} = \frac{dy/d\theta}{dx/d\theta} = \frac{a\sin\theta}{a(1-\cos\theta)} \quad (4)$$

이것은 $\theta = 0$에서 무한이다. 원 위의 점은 위로 향하는 직선으로 시작하고 사이클로이드는 첨점을 갖는다. 모든 계산에서 매개변수를 사용하는 방법에 주목하라. 빠르게 진행해보자.

Q1_ 사이클로이드의 한 아치 ($\theta = 0$에서 $\theta = 2\pi$) 아래 영역의 넓이를 찾아라.

A_ 넓이는 $\int y\,dx = \int_0^{2\pi} a(1-\cos\theta)\,a(1-\cos\theta)\,d\theta$이며 이는 $3\pi a^2$과 같다.

Q2_ $ds = \sqrt{(dx/d\theta)^2 - (dy/d\theta)^2}\,d\theta$를 이용하여 아치의 길이를 찾아라.

A_ $\int ds = \int_0^{2\pi} a\sqrt{(1-\cos\theta)^2 - (\sin\theta)^2}\,d\theta = \int_0^{2\pi} a\sqrt{2-2\cos\theta}\,d\theta$

이제 $1-\cos\theta = 2\sin^2\frac{1}{2}\theta$를 대입하라. 제곱근은 $2\sin\frac{1}{2}\theta$이고 따라서 길이는 $8a$이다.

Q3_ 사이클로이드가 뒤집어질 때(y가 아래쪽으로), 바닥으로 미끄러지는 시간을 찾아라. $y = 0$에서 $v = 0$으로 시작한다.

A_ 운동에너지와 위치에너지의 합은 $\frac{1}{2}mv^2 - mgy = 0$이다(그것은 0에서 시작하고 값이 변하지 않는다). 따라서 속력은 $v = \sqrt{2gy}$이다. 이것은 ds/dt이고 앞에서 구한 ds를 이용하여 다음과 같이 시간을 구할 수 있다.

$$\text{미끄러지는 시간} = \int dt = \int \frac{ds}{\sqrt{2gy}} = \int_0^{\pi} \frac{a\sqrt{2-2\cos\theta}\,d\theta}{\sqrt{2ga(1-\cos\theta)}} = \pi\sqrt{a/g}$$

차원을 확인하라. $a =$ 거리, $g =$ 거리/(시간)^2, $\pi\sqrt{a/g} =$ 시간. 위에서 구한 시간은 어떤 곡선에서 가장 짧은 미끄러지는 시간이다. 사이클로이드는 '최단강하곡선'을 해결하여 O에서 Q까지 시간을 최소화한다([그림 12-6(c)]). 직선 경로가 더 빠를 것이라고 생각할 수도 있다. 직선 경로가 확실히 더 짧긴 하지만 직선은 방정식 $x=\pi y/2$를 가지므로 미끄러지는 시간은 다음과 같다.

$$\int dt=\int ds/\sqrt{2gy}=\int_0^{2a}\sqrt{(\pi/2)^2+1}\,dy/\sqrt{2gy}=\sqrt{\pi^2+4}\,\sqrt{a/g} \quad (5)$$

이것은 사이클로이드 시간 $\pi\sqrt{a/g}$ 보다 크다. 이는 경로가 더 길어질지라도 수직으로 시작하여 속도가 더 빨라지는 사이클로이드를 택하는 것이 좋은 선택임을 의미한다.

존 베르누이는 자신의 해결책을 게시하는 대신에 사이클로이드를 따라 미끄러질 때가 가장 빠르다는 것을 증명하라는 이 문제를 국제 도전에 제출하였다. 대부분의 수학자들은 이를 풀지 못했지만 아이작 뉴턴은 달랐다(뉴턴의 노년 시기의 이야기이다). 여러분이 예상한 대로 뉴턴은 그것을 풀었다. 모종의 이유로 그는 그 증명을 익명으로 보냈다. 그러나 베르누이는 답을 받아보고 뉴턴이 증명한 것임을 바로 알아차렸다. "나는 사자(뉴턴)의 발톱으로 사자를 인지했다."

놀라운 것은 사이클로이드의 또 다른 속성이다. **경로를 따라 어느 곳에서 출발하든지 Q까지 도달하는 데 걸리는 시간은 같다.** O 대신에 휴식을 취하며 P에서 출발해도 동시에 바닥에 도달한다. 이번에 베르누이는 몹시 흥분했다. "내가 말할 때 여러분은 깜짝 놀랄 것이다."

사이클로이드와 밀접한 관련이 있는 다른 아름다운 곡선들이 있다. **에피사이클로이드**(바깥굴렁쇠선)의 경우, 원은 다른 원의 바깥쪽으로 굴러간다. **하이포사이클로이드**(안쪽굴렁쇠선)의 경우, 구르는 원은 고정된 원 안에 있다. 아스트로이드는 비율 1에서 4 사이의 반지름을 가진 특별한 경우이다. [연습문제 12.2.34]에서 곡선화된 별이 나오는데, 이는 $x=a\cos^3\theta$이고 $y=a\sin^3\theta$이다.

12.2 문장제 문제

01 발사체는 속력 v_0과 각도 α에서 출발한다. 시간 t에서 그것의 속도는 $dx/dt=$ __a__, $dy/dt=$ __b__(아래로 향하는 가속도는 g)이다. $(0,0)$에서 시작하여 시간 t에서의 위치는 $x=$ __c__, $y=$ __d__이다. $y=0$으로 돌아간 비행 시간은 $T=$ __e__이다. 그 시간에서의 수평 범위는 $R=$ __f__이며 비행 경로는 __g__이다.

02 세 가지 양 v_0, __h__, __i__은(는) 발사체의 운동을 결정한다. v_0과 목표물의 위치를 알면 α에 대해 풀 수 (있다, 없다). α와 목표물의 위치를 알면 v_0에 대해 풀 수 (있다, 없다).

03 __j__은(는) 구르는 원의 한 점에 의해 추적된다. 반지름이 a이고 회전 각도가 θ이면 원의 중심은 $x=$ __k__, $y=$ __l__에 있다. 점은 $(0,0)$에서 시작하여 $x=$ __m__, $y=$ __n__에 있다. 원의 전체를 돌 때 거리 __o__을(를) 이동한다. 곡선은 모든 회전의 끝에서 __p__을(를) 가진다. 거꾸로 된 사이클로이드는 두 점 사이의 __q__ 미끄러짐을 준다.

12.2 연습문제

01~18 다음은 발사체에 관한 문제이다.

01 $v_0=16$ 피트/초와 다음 α의 각도로 발사된 발사체의 비행 시간 T, 범위 R과 최대 높이 Y를 찾아라.

(a) $\alpha=30^\circ$ (b) $\alpha=60^\circ$ (c) $\alpha=90^\circ$

02 $v_0=32$ 피트/초이고 발사체가 $T=1$에 땅에 도달할 때, 각도 α와 범위 R을 찾아라.

03 공이 2m 높이의 벽을 지나기 위해 $v_0=20\text{m/s}$의 속도로 60°의 각도에서 던져진다. 벽은 얼마나 멀리 떨어져 있는가?

04 $\mathbf{v}(0)=3\mathbf{i}+3\mathbf{j}$일 때, $\mathbf{v}(t)$, $\mathbf{v}(1)$, $\mathbf{v}(2)$와 $\mathbf{R}(t)$, $\mathbf{R}(1)$, $\mathbf{R}(2)$를 찾아라.

05 (a) $x=t,\ y=t-\frac{1}{2}t^2$으로부터 t를 소거하여 경로의 xy 방정식을 찾아라. 어떤 x에서 $y=0$인가?

(b) 어떤 v_0과 α에 대하여 같은 일을 하라.

06 수평으로 주행하면서 6m를 지날 때, 30m/s로 튕겨진 공의 각도 α를 찾아라.

07 각도 $\alpha=0$에서 속도 v_0로 시작한 돌은 수심 h피트 아래로 얼마나 멀리 떨어지는가?

08 각도 α에서 시작하는 같은 돌은 얼마나 멀리 떨어지는가? 범위를 최대화하는 각도 방정식을 찾아라.

09 공이 $(0, 0)$에서 시작하여 2초 후에 $(5, 2)$를 통과할 때, v_0과 α를 찾아라(단위는 미터이다).

10 방정식 (1)에서의 x와 y를 이용하여 $v_0^2 \geq (gx/v_0)^2+2gy$임을 보여라. 불이 높이 H에 있고 물 속도가 v_0이면 소방관은 불로부터 얼마나 멀리 떨어져서 호스를 사용하면 되는가(이 문제의 포물선은 가능한 모든 경로를 둘러싸고 있는 '테두리'이다)?

11 $\alpha=45^\circ$의 각도로 친 100m 골프 샷의 초기 속도를 측정하라. 공기 저항이 포함되었을 때, 참값 v_0는 커지는가 또는 작아지는가?

12 v_0과 g가 _____ 단위이면 $T=2v_0(\sin\alpha)/g$는 초 단위이고 $R=(v_0^2\sin 2\alpha)/g$는 미터 단위이다.

13 공이 던져질 수 있는 가장 큰 높이는 무엇인가? $v_0=28\text{m/s}$로 설정하라.

14 야구공이 시간당 100마일로 60피트를 간다면, 얼마나 오래 걸리고(초 단위로), 중력으로부터 얼마나 멀리 떨어지는가(피트 단위로)? $\frac{1}{2}gt^2$을 사용하라.

15 v_0을 두 배로 늘리면 범위와 최대 높이는 어떻게 되는가? $d\alpha$로 각도를 변경하면 그 숫자들에 무슨 일이 일어나는가?

16 경로 상에서 발사체의 속도가 (a) 최소 (b) 최대인 지점은 어디인가?

17 $v_0=10\text{m/s}$인 호스가 45° 각도에 있다면, $t=$_____이고 $y=$_____일 때 x는 12m에 도달한다. 물은 _____ 높이의 사다리로부터 차에 도달할 것이다(12m).

18 어떤 큰 속도 v_0로 시작한 골프공이 홀에 바로 도달하기 위해, 골프공이 갈 수 있는 2개의 궤도를 찾아라. (공기 저항이 있는) 현실에서 두 샷 중 어느 것이 홀에 더 가까이 떨어지는가?

19~34 사이클로이드와 관계된 곡선들에 관한 것이다.

19 사이클로이드의 단위 접벡터 $\mathbf{T}$를 찾아라. 또한 바퀴가 $d\theta/dt=1$로 돌 때, $\theta=0$과 $\theta=\pi$에서의 속력을 찾아라.

20 사이클로이드의 기울기는 $\theta=0$에서 무한이다.

$$\frac{dy}{dx}=\frac{dy/d\theta}{dx/d\theta}=\frac{\sin\theta}{1-\cos\theta}$$

누구의 규칙에 의해 위 공식이 성립하는가? $\theta=\frac{1}{10}$과 $\theta=-\frac{1}{10}$에서의 기울기를 측정하라. 기울기가 1일 때의 θ는 얼마인가?

21 [그림 12-6(a)]에서 P에서 사이클로이드의 접선이 $x=a\theta$, $y=2a$를 지나감을 보여라. 이 점은 굴러가는 원 위의 어디에 있는가?

22 **트로코이드**(여파선)의 경우, 점 P는 굴러가는 원의 중심으로부터 거리 d만큼 떨어져 있다. [그림 12-6(b)]를 다시 그려서 $x=a\theta-d\sin\theta$와 $y=$_____을(를) 찾아라.

23 반지름이 a인 원이 반지름이 $2a$인 원 안에서 굴러간다면, 작은 원 위의 한 점이 직선을 따라 지나감을 보여라.

24 사이클로이드의 경우 d^2y/dx^2를 찾아라. 이것은 오목한 _____이다.

25 $d\theta/dt = c$일 때, 사이클로이드를 따르는 속도 dx/dt와 dy/dt를 찾아라. 어디에서 dx/dt가 가장 크고 어디에서 dy/dt가 가장 큰가?

26 컴퓨터를 이용하여 $x = a\cos\theta + b\sin\theta,\ y = c\cos\theta + d\sin\theta$의 그래프를 시험하라. 그들은 어떤 종류의 곡선들인가? 그들은 왜 닫혀 있는가?

27 자전거 타이어에 박힌 돌은 사이클로이드를 따라간다. 그 돌이 위쪽에서 벗어날 때(발사체), 그 돌의 경로에 대한 방정식을 찾아라.

28 컴퓨터에서 $x = a\cos\theta + b\cos 3\theta$와 $y = c\sin\theta + d\sin 3\theta$의 곡선을 그려라. 고리 수에 제한이 있는가?

29 동전이 (같은 크기의) 다른 동전 주위를 완전히 굴러 갈 때, 동전의 머리 부분은 ________ 회전을 한다. 그 동전이 4배가 더 큰 원의 안쪽에서 굴러 가면 (아스트로이드의 경우), 동전의 머리 부분은 ________ 회전을 한다.

30 컴퓨터 그래픽으로 다음 사이클로이드 계열의 곡선을 표시하라.

(a) **사이클로이드**

(b) **에피사이클로이드**

$x = C\cos\theta - \cos C\theta,\ y = C\sin\theta + \sin C\theta$

(c) **하이포사이클로이드**

$x = c\cos\theta + \cos c\theta,\ y = c\sin\theta - \sin c\theta$

(d) **아스트로이드** $(c=3)$

(e) **델토이드** $(c=2)$

31 사이클로이드의 한 아치가 x축을 중심으로 회전할 때 회전체의 표면적과 부피를 찾아라.

32 하이포사이클로이드의 경우 고정된 원은 반지름이 $c+1$이고 안쪽에서 구르는 원은 반지름이 1이다. c가 정수이면 $c+1$개의 첨점이 있다. $c=1/2,\ c=3/2,\ c=\sqrt{2}$의 경우에 몇 개의 첨점이 있는가(가능하면 컴퓨터 그래픽을 이용하라)? $c=1$인 경우에는 어떤 곡선이 되는가?

33 줄을 원에서 풀 때, 점 P에 대한 $x(\theta)$와 $y(\theta)$를 찾아라. 그것의 경로는 원의 '**신개선**involute'이다.

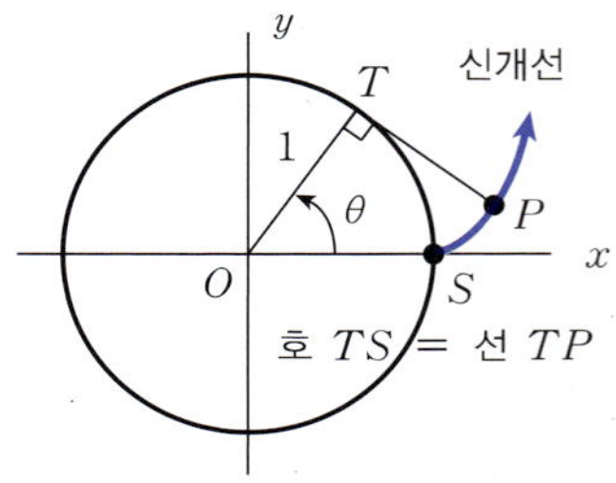

34 **아스트로이드** 위의 점 P의 경우 $x = 3\cos\theta + \cos 3\theta$이고 $y = 3\sin\theta - \sin 3\theta$인 이유를 설명하라. 두 원호가 길이 ____를 가지기 때문에 그림에서 각도는 3θ이다. 삼배각공식을 이용하여 $x = 4\cos^3\theta,\ y = 4\sin^3\theta$로 전환하라.

35 아스트로이드 안의 영역의 넓이를 찾아라.

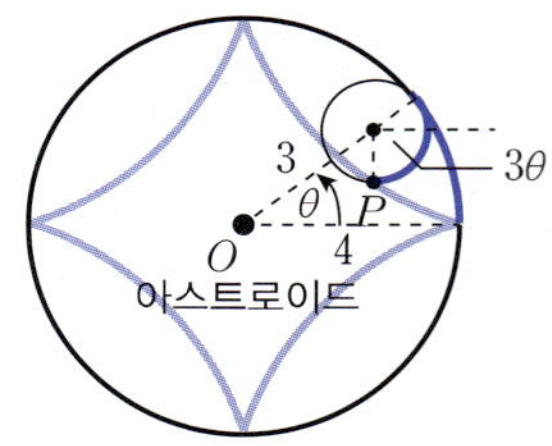

36 **아녜시의 마녀** 위의 점 P의 경우 $x = 2a\cot\theta$이고 $y = 2a\sin^2\theta$인 이유를 설명하라. θ를 소거하여 xy 방정식을 찾아라.

NOTE _ 마리아 아녜시Maria Agnesi는 최초로 3학기 분량의 미적분학 교재를 집필했다(로피탈은 완전한 적분학을 하지 않았다). '마녀'라는 단어는 오역이며, 그녀 또는 곡선과는 아무런 관련이 없다.[1]

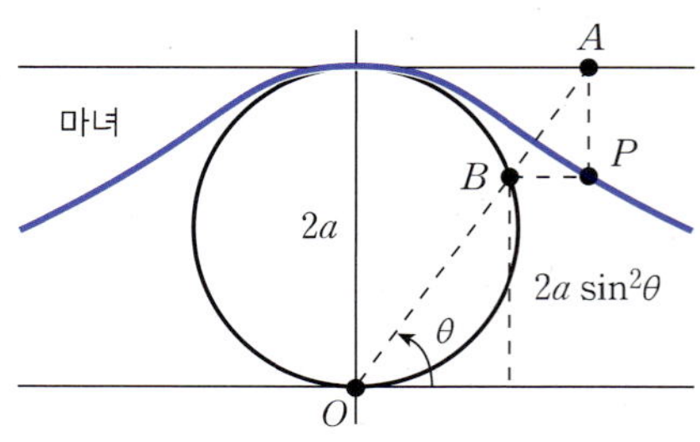

37 **심장형 곡선**의 경우 고정된 원의 반지름 $C-1$은 바깥에서 굴러가는 원의 반지름 1과 같다($C=2$인 에피사이클로이드).

(a) P의 좌표는 $x = -1 + 2\cos\theta - \cos 2\theta,\ y =$ ________이다.

1 아녜시의 책을 영어로 번역할 때 곡선을 뜻하는 이탈리아어를 마녀로 오역하였고, 그 뒤 이 곡선은 '아녜시의 마녀'로 불리게 되었다.

(b) 배각공식은 $x = 2\cos\theta(1-\cos\theta)$, $y=$______을(를) 야기한다.

(c) $x^2+y^2=$ ______이고 그것의 제곱근은 $r=$______이다.

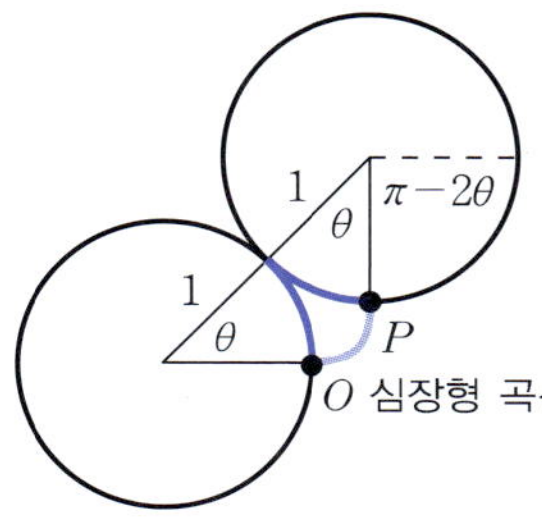

38 직선 경로를 따라 미끄러지는 시간에 대한 방정식 (5)의 마지막 두 단계를 설명하라.

39 뒤집힌 사이클로이드에서는 미끄러지기 시작할 때마다 슬라이더가 동일한 시간 T만큼 아래쪽에 도달한다. $\theta=\alpha$에서 시작하여 다음을 보여주기 위해 $1-\cos\theta = 2\sin^2\theta/2$와 $1-\cos\alpha = 2\sin^2\alpha/2$로 써라.

$$T=\int_\alpha^\pi \frac{\sqrt{2a^2(1-\cos\theta)}\,d\theta}{\sqrt{2ag(\cos\alpha-\cos\theta)}}=\pi\sqrt{\frac{a}{g}}$$

40 굴러가는 원의 상단에 무거운 추를 부착한다고 가정하자. 추의 경로는 무엇인가?

41 펜웨이 파크의 벽은 높이 37피트, 홈 플레이트에서 315피트이다. $v_0=$______이면 $\alpha=22.5°$ 지점에서 야구공이 지상 3피트 위로 치솟고, 벽에 도달하는 시간은 ______이다.

12.3 곡률과 법선 벡터

운전자는 가속 페달, 브레이크, 핸들을 이용한 세 가지 방법으로 가속도를 생성한다. 처음 두 가지는 속력을 변경하는 반면 핸들을 돌리면 방향이 바뀐다. 즉 위 세 가지 방법은 모두 속도를 바꾼다(가속도가 생긴다). 원 주위의 일정한 운동의 경우에 변화는 핸들로부터 생기고, 가속도 $d\mathbf{v}/dt$는 중심을 향한다. 이제 다른 곡선을 따르는 운동을 보고, 방향 $\mathbf{T}$에서의 변화와 속력 $|\mathbf{v}|$에서의 변화를 구분한다.

운동의 방향은 $\mathbf{T}=\mathbf{v}/|\mathbf{v}|$이다. 그것은 속력이 아닌 경로에 의존한다(왜냐하면 $|\mathbf{v}|$로 나누기 때문이다). 회전을 위해 다음 두 가지를 측정한다.

1. $\mathbf{T}$가 얼마나 빨리 회전하는가? 이는 곧 곡률 κ(카파)이다.
2. $\mathbf{T}$가 어느 방향으로 회전하는가? 이는 곧 법선 벡터 $\mathbf{N}$이다.

κ와 $\mathbf{N}$은 s와 $\mathbf{T}$처럼 곡선의 모양에 의존한다. t를 $2t$ 또는 t^2으로 바꾸어도 κ와 $\mathbf{N}$은 변하지 않는다. 앞에서 원의 κ와 $\mathbf{N}$을 미리 살펴보았다. 법선 벡터 $\mathbf{N}$은 중심을 향하고, 곡률 κ는 $1/$반지름이다.

회전하는 더 작은 원은 더 큰 곡률 κ(더 많이 구부러짐)를 의미한다.

곡률 κ는 방향의 변화 $|d\mathbf{T}|$를 위치의 변화 $|ds|$로 나눈 것이다. κ에 대한 세 가지 공식이 있는데, 이는 각각 그래프 $y(x)$를 위한 직접적인 것, 어떤 매개 곡선 $(x(t), y(t))$에 대한 복잡하지만 귀중한 것, 그리고 벡터 $\mathbf{v}$와 $\mathbf{a}$를 사용하는 깔끔한 공식들이다. κ의 정의와 깔끔한 공식으로 시작해보자.

정의 $\kappa = \lvert d\mathbf{T}/ds \rvert$	공식 $\kappa = \lvert \mathbf{v} \times \mathbf{a} \rvert / \lvert \mathbf{v} \rvert^3$	(1)

정의는 매개변수 t를 포함하지 않지만 계산에는 사용된다. 위치 벡터 $\mathbf{R}(t)$는 $\mathbf{v} = d\mathbf{R}/dt$와 $\mathbf{a} = d\mathbf{v}/dt$를 도출한다. t가 $2t$로 변하면 속도 $\mathbf{v}$는 2배가 되고 $\mathbf{a}$는 4배가 된다. 그러면 $\lvert \mathbf{v} \times \mathbf{a} \rvert$와 $\lvert \mathbf{v} \rvert^3$은 각각 8배가 되고, κ는 변하지 않는다.

공식 (1)의 증명 $\mathbf{v} = \lvert \mathbf{v} \rvert \mathbf{T}$로 시작해서 그것의 미분 $\mathbf{a}$를 계산하자.

$$\text{곱 미분 법칙에 의해 } \mathbf{a} = \frac{d\lvert \mathbf{v} \rvert}{dt}\mathbf{T} + \lvert \mathbf{v} \rvert \frac{d\mathbf{T}}{dt}$$

이제 $\mathbf{v} = \lvert \mathbf{v} \rvert \mathbf{T}$를 적용하여 외적을 취하자. $\mathbf{T} \times \mathbf{T} = 0$임을 기억하라.

$$\mathbf{v} \times \mathbf{a} = \lvert \mathbf{v} \rvert \mathbf{T} \times \lvert \mathbf{v} \rvert \frac{d\mathbf{T}}{dt} \tag{2}$$

우리는 $\lvert \mathbf{T} \rvert = 1$임을 안다. 방정식 (4)는 $\mathbf{T}$가 $d\mathbf{T}/dt$에 수직이라는 것을 보여줄 것이다. 따라서 $\lvert \mathbf{v} \times \mathbf{a} \rvert$는 처음 크기 $\lvert \mathbf{v} \rvert$와 두 번째 크기 $\lvert \mathbf{v} \rvert \lvert d\mathbf{T}/dt \rvert$의 곱이다. 외적의 크기에서 요소 $\sin\theta$는 90° 각도에서 1이다. 다시 말해

$$\left\lvert \frac{d\mathbf{T}}{dt} \right\rvert = \frac{\lvert \mathbf{v} \times \mathbf{a} \rvert}{\lvert \mathbf{v} \rvert^2} \text{ 이고 } \kappa = \left\lvert \frac{d\mathbf{T}}{ds} \right\rvert = \left\lvert \frac{d\mathbf{T}/dt}{ds/dt} \right\rvert = \frac{\lvert \mathbf{v} \times \mathbf{a} \rvert}{\lvert \mathbf{v} \rvert^3} \tag{3}$$

연쇄 법칙을 이용하여 분모는 $\lvert ds/dt \rvert = \lvert \mathbf{v} \rvert$가 된다. ∎

예제를 살펴보기 전에 $d\mathbf{T}/dt$가 $\mathbf{T}$에 수직임을 보일 것이다. 수직이 되는 이유는 $\mathbf{T}$가 단위 벡터이기 때문이다. $\mathbf{T} \cdot \mathbf{T} = 1$의 양변을 미분하라.

$$\frac{d\mathbf{T}}{dt} \cdot \mathbf{T} + \mathbf{T} \cdot \frac{d\mathbf{T}}{dt} = 0 \text{ 또는 } 2\mathbf{T} \cdot \frac{d\mathbf{T}}{dt} = 0 \tag{4}$$

$\mathbf{U} \cdot \mathbf{V}$에 대한 곱 미분 법칙 $\mathbf{U}' \cdot \mathbf{V} + \mathbf{U} \cdot \mathbf{V}'$을 사용하여 증명하였다($\mathbf{U} = \mathbf{V} = \mathbf{T}$인 [연습문제 12.3.23] 참고). 단위원 주위를 움직이는 벡터 $\mathbf{T}$를 생각해라. 상수 크기 $(\mathbf{T} + d\mathbf{T}) \cdot (\mathbf{T} + d\mathbf{T}) = 1$을 유지하려면 $2\mathbf{T} \cdot d\mathbf{T} = 0$을 필요로 한다. 즉 이동 $d\mathbf{T}$는 반지름 벡터 $\mathbf{T}$에 수직이다.

우리가 다룰 첫 번째 예제는 **평면 곡선**이다. 위치 벡터 $\mathbf{R}(t)$는 성분 $x(t)$와 $y(t)$를 갖지만 $z(t)$는 아니다. $\mathbf{v}$와 $\mathbf{a}$와 $\mathbf{v} \times \mathbf{a}$의 성분들을 보자($x'$은 dx/dt를 의미한다).

R	$x(t)$	$y(t)$	0	
v	$x'(t)$	$y'(t)$	0	$\|\mathbf{v}\| = \sqrt{\|x'\|^2 + \|y'\|^2}$
a	$x''(t)$	$y''(t)$	0	
v × a	0	0	$x'y'' - y'y''$	$\kappa = \dfrac{\|x'y'' - y'x''\|}{((x')^2 + (y')^2)^{3/2}}$ (5)

방정식 (5)는 κ에 대한 복잡하지만 귀중한 공식이다. 이제 이것을 원 주위의 이동에 적용하자. 이때 $\kappa = 1/$반지름 a라는 것을 알아야 한다.

예제 1 $x = a\cos\omega t$이고 $y = a\sin\omega t$일 때, x', y', x'', y''을 식 (5)에 대입하라.

$$\kappa = \frac{(-\omega a\sin\omega t)(-\omega^2 a\sin\omega t) - (\omega a\cos\omega t)(-\omega^2 a\cos\omega t)}{[(\omega a\sin\omega t)^2 + (\omega a\cos\omega t)^2]^{3/2}} = \frac{\omega^2 a^2}{[\omega^2 a^2]^{3/2}}$$

이것은 $\omega^3 a^2/\omega^3 a^3$이므로 ω는 없어진다. 이때 속력과 $\kappa = 1/a$는 차이가 없다.

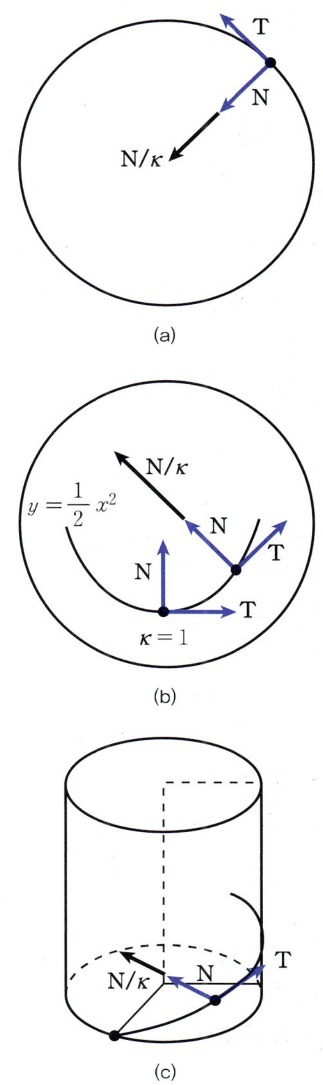

[그림 12-7] 원과 포물선과 단위 나선의 경우 곡률 κ에 의해 나눠지는 법선 벡터 N

κ에 대한 세 번째 공식은 $y(x)$로 주어진 평범한 평면 곡선에 적용된다. 매개변수 t는 x이다! 속력 $|\mathbf{v}| = ds/dx$에서 제곱근을 보게 될 것이다.

R	x	$y(x)$	0	
v	1	dy/dx	0	$\|\mathbf{v}\| = \sqrt{1 + (dy/dx)^2}$
a	0	d^2y/dx^2	0	
v × a	0	0	d^2y/dx^2	$\kappa = \dfrac{\|d^2y/dx^2\|}{(1 + (dy/dx)^2)^{3/2}}$ (6)

이 공식은 실전에서 κ를 다룰 때 가장 많이 쓰인다. 또한 자주 쓰이는 근사는 $|d^2y/dx^2|$이다(분모는 생략된다). 건축 분야에서 보를 굽힐 때 비선형방정식은 κ를 사용하고 선형방정식은 d^2y/dx^2을 사용한다. 포물선에서 그 차이를 볼 수 있다.

예제 2 $y = \frac{1}{2}x^2$의 곡률은 $\kappa = |y''|/(1 + (y')^2)^{3/2} = 1/(1 + x^2)^{3/2}$이다.

근사는 $y'' = 1$이다. 이것은 포물선이 코너에서 회전하는 $x = 0$에서의 κ와 일치한다. 큰 x의 경우 곡률은 0에 근접한다. 포물선에서 $x = 0$에서 멀어질수록, 방향의 변화는 작아진다.

아래로 열리는 포물선 $y = -\frac{1}{2}x^2$은 위 예제와 같은 곡률 κ를 가진다. 이제 공간 곡선의 곡률을 알아보자.

예제 3 단위 나선 $\mathbf{R} = \cos t\mathbf{i} + \sin t\mathbf{j} + t\mathbf{k}$의 곡률을 찾아라.

$\mathbf{v} = -\sin t\mathbf{i} + \cos t\mathbf{j} + \mathbf{k}$와 $\mathbf{a} = -\cos t\mathbf{i} - \sin t\mathbf{j}$의 외적을 취하라.

$$\mathbf{v} \times \mathbf{a} = \begin{vmatrix} \mathbf{i} & \mathbf{j} & \mathbf{k} \\ -\sin t & \cos t & 1 \\ -\cos t & -\sin t & 0 \end{vmatrix} = \sin t\mathbf{i} - \cos t\mathbf{j} + \mathbf{k}$$

이 외적의 길이는 $\sqrt{2}$이다. 또한 속력은 $|\mathbf{v}| = \sqrt{\sin^2 t + \cos^2 t + 1} = \sqrt{2}$이므로 곡률은 다음과 같다.

$$\kappa = |\mathbf{v} \times \mathbf{a}|/|\mathbf{v}|^3 = \sqrt{2}/(\sqrt{2})^3 = \frac{1}{2}$$

단위원과 비교하자. 원의 경우 올라가는 항 $t\mathbf{k}$ 없이 곡률은 1이 될 것이다. 올라가는 항 때문에 나선의 각각의 회전은 더 길어지고 $\kappa = \frac{1}{2}$이 된다.

여기서 한 가지 의문이 들 수 있다. 나선의 길이는 원의 길이의 2배만큼 긴가? 아니다. 회전의 길이는 단지 $|\mathbf{v}| = \sqrt{2}$만큼 증가한다. 다른 $\sqrt{2}$는 접벡터 $\mathbf{T}$가 위로 기울어지기 때문에 생긴다. 바닥의 그림자는 전체 360°를 회전하지만, $\mathbf{T}$는 덜 회전한다.

법선 벡터 N

지금까지의 논의는 중요한 벡터에 대한 내용으로 향한다. κ가 **회전율**을 측정하는 곳에서, 위 벡터 $\mathbf{N}$은 **회전 방향**을 준다. $\mathbf{N}$은 $\mathbf{T}$에 수직이고, 평면에서 $\mathbf{N}$은 실질적으로 선택의 여지가 없다. 왼쪽 또는 오른쪽으로 돌려라. 공간 곡선의 경우, $d\mathbf{T}$를 따라라. $d\mathbf{T}$를 $\mathbf{T}$에 수직으로 만드는 식 (4)를 기억하라.

법선 벡터 $\mathbf{N}$은 $d\mathbf{T}/dt$를 따르는 단위 벡터이며 $\mathbf{T}$에 수직이다.

정의 $\mathbf{N} = \dfrac{d\mathbf{T}/ds}{|d\mathbf{T}/ds|} = \dfrac{1}{\kappa}\dfrac{d\mathbf{T}}{ds}$ **공식** $\mathbf{N} = \dfrac{d\mathbf{T}/dt}{|d\mathbf{T}/dt|}$ (7)

예제 4 나선 $\mathbf{R} = \cos t\mathbf{i} + \sin t\mathbf{j} + t\mathbf{k}$에 대한 법선 벡터 $\mathbf{N}$을 찾아라.

풀이

[예제 3]으로부터 $\mathbf{v}$를 그대로 가져와서 $|\mathbf{v}|$로 나눈 후 $d\mathbf{T}/dt$를 계산하라.

$\mathbf{T} = \mathbf{v}/|\mathbf{v}| = (-\sin t\mathbf{i} + \cos t\mathbf{j} + \mathbf{k})/\sqrt{2}$이고 $d\mathbf{T}/dt = (-\cos t\mathbf{i} - \sin t\mathbf{j})/\sqrt{2}$

$d\mathbf{T}/dt$를 단위 벡터로 바꾸기 위해 $\sqrt{2}$를 제거하라. 법선 벡터는 $\mathbf{N} = -\cos t\mathbf{i} -$

sin t**j 이다**. 그것은 **T**에 수직이다. **k** 성분은 0이기 때문에 **N**은 수평이다. 접벡터 **T**는 45° 각도로 위로 기울어지며 이는 그 고도에서 원 주위를 돈다. 법선 벡터 **N**는 이 원에 접한다(**N**은 접벡터의 경로에 접한다!). 따라서 나선이 위로 올라갈 때 **N**은 수평을 유지한다.

T와 **N**에 수직인 세 번째 방향이 또 있다. 그것은 [연습문제 12.3.25~30]에서 계산될 **종법선**binormal 벡터 **T**, **N**, **B**는 곡선의 평면과 그 평면의 바깥에서 곡선을 따르는 경로에 대해 자연스러운 좌표 체계를 제공한다. 그 이론은 아름답지만 자주 계산되지는 않으므로 여기까지만 다루기로 한다.

가속도의 접 성분과 수직 성분

마지막으로 페달과 브레이크 및 핸들로 돌아가보자. 처음 두 개는 **T**를 따르는 가속도를 주고, 회전은 **N**을 따르는 가속도를 준다. 즉 회전율(곡률)과 방향 **N**이 설정된다. 이때 필요한 힘에 대해 살펴보자. 뉴턴의 법칙은 $\mathbf{F}=m\mathbf{a}$이고, 따라서 가속도 **a**가 필요하다. 특히 **T**를 따르는 성분과 **N**을 따르는 성분이 필요하다.

$$\text{가속도는 } \mathbf{a}=\frac{d^2s}{dt^2}\mathbf{T}+\kappa\left[\frac{ds}{dt}\right]^2\mathbf{N}\text{ 이다.} \tag{8}$$

직선의 경우 $\dfrac{d^2s}{dt^2}$은 (보통의 이계도함수) 가속도이다. 항 $\kappa(ds/dt)^2$은 회전할 때의 가속도이다. 둘 다 길이/(시간)^{2}의 차원을 가진다.

모든 운전자가 알고 있듯이 코너를 돌 때의 힘은 곡률과 속력에 달려 있다. 가속도는 $\mathbf{v}=|\mathbf{v}|\mathbf{T}=(ds/dt)\mathbf{T}$의 미분이다.

$$\mathbf{a}=\frac{d^2s}{dt^2}\mathbf{T}+\frac{ds}{dt}\frac{d\mathbf{T}}{dt}=\frac{d^2s}{dt^2}\mathbf{T}+\frac{ds}{dt}\frac{d\mathbf{T}}{ds}\frac{ds}{dt} \tag{9}$$

공식 (7)에 의해 $d\mathbf{T}/ds=\kappa\mathbf{N}$이므로 마지막 항은 $\kappa(ds/dt)^2\mathbf{N}$이다. 따라서 식 (8)이 증명된다.

예제 5 고정된 속력 $ds/dt=1$은 $d^2s/dt^2=0$을 만족한다. 유일한 가속도는 $\kappa\mathbf{N}$이다.

예제 6 순환 속력 향상 $\mathbf{R}(t)=\cos t^2\mathbf{i}+\sin t^2\mathbf{j}$의 경우 **a**의 성분을 찾아라. 그리고 $d\mathbf{R}/dt=\mathbf{v}$와 $ds/dt=|\mathbf{v}|$와 $\mathbf{v}/|\mathbf{v}|=\mathbf{T}$를 계산하라.

$$\mathbf{v} = -2t\sin t^2\mathbf{i} + 2t\cos t^2\mathbf{j}, \quad |\mathbf{v}| = 2t, \quad \mathbf{T} = -\sin t^2\mathbf{i} + \cos t^2\mathbf{j}$$

풀이

$ds/dt = |\mathbf{v}|$의 미분은 $d^2s/dt^2 = 2$이고, $\mathbf{v}$의 미분은 $\mathbf{a}$이고, 이는 다음과 같다.

$$\mathbf{a} = -2\sin t^2\mathbf{i} + 2\cos t^2\mathbf{j} - 4t^2\cos t^2\mathbf{i} - 4t^2\sin t^2\mathbf{j}$$

$\mathbf{a}$의 처음 두 항에서 $2\mathbf{T}$를 볼 수 있다. 마지막 두 항에서 우리는 $\kappa|\mathbf{v}|^2\mathbf{N}$을 보고 있음에 틀림없다. 물론 원은 반지름 1을 가지므로 $|\mathbf{v}|^2 = 4t^2$이고 $\kappa = 1$이다. 따라서 $\mathbf{a} = 2\mathbf{T} + 4t^2\mathbf{N}$은 접 성분 2와 수직 성분 $4t^2$을 가진다(원을 따르고 중심을 향하는 가속도이다).

공식에 관한 정리

$\mathbf{v} = d\mathbf{R}/dt$	$\mathbf{a} = d\mathbf{v}/dt$
$\lvert\mathbf{v}\rvert = ds/dt$	$\mathbf{T} = \mathbf{v}/\lvert\mathbf{v}\rvert = \lvert d\mathbf{R}/ds\rvert$
곡률	$\kappa = \lvert d\mathbf{T}/ds\rvert = \lvert\mathbf{v}\times\mathbf{a}\rvert/\lvert\mathbf{v}\rvert^3$
평면 곡선	$\kappa = \dfrac{\lvert x'y'' - y'x''\rvert}{((x')^2 + (y')^2)^{3/2}} = \dfrac{\lvert d^2y/dx^2\rvert}{(1 + (dy/dx)^2)^{3/2}}$
법선 벡터	$\mathbf{N} = \dfrac{1}{\kappa}\dfrac{d\mathbf{T}}{ds} = \dfrac{d\mathbf{T}/dt}{\lvert d\mathbf{T}/dt\rvert}$
가속도	$\mathbf{a} = (d^2s/dt^2)\mathbf{T} + \kappa\lvert\mathbf{v}\rvert^2\mathbf{N}$

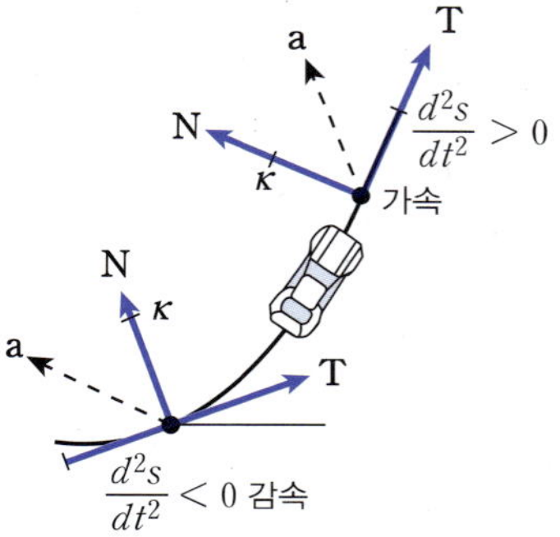

[그림 12-8] 차가 코너를 회전할 때 $\mathbf{a}$의 성분들

12.3 문장제 문제

01 곡률은 곡선이 얼마나 빨리 __a__하는지를 말해준다. 반지름이 a인 원의 경우, 방향은 거리 __b__에서 2π만큼 변하고, 따라서 $\kappa =$ __c__이다. 평면 곡선 $y = f(x)$의 경우 공식은 $\kappa = |y''|/$__d__이다. $y = \sin x$의 곡률은 __e__이다. $y'' = 0$인 점에서 (__f__인 점), 곡선은 순간적으로 곧고 $\kappa =$ __g__이다. 공간 곡선의 경우 $\kappa = |\mathbf{v}\times\mathbf{a}|/$__h__이다.

02 법선 벡터 $\mathbf{N}$은 __i__에 수직이다. 이것은 $\mathbf{T}$의 미분을 따르는 __j__벡터이므로 $\mathbf{N} =$ __k__이다. 원 주위의 운동에서 $\mathbf{N}$은 __l__을(를) 향한다. 나선을 따라 위로 올라가는 경우 $\mathbf{N}$은 또한 __m__을(를) 향한다. 어떤 곡선에서 단위 속도로 움직이면, 시간 t는 __n__s와 같다. 그러면 $|\mathbf{v}| =$ __o__이고 $d^2s/dt^2 =$ __p__이고 $\mathbf{a}$는 __q__의 방향에 있다.

03 가속도는 __r__$\mathbf{T}$ + __s__$\mathbf{N}$과 같다. 단위원 주위의 단위 속력에서 그 성분들은 __t__이다. 반지름 1m에서 1초에 한 번 회전하는 우주 비행사는 $|\mathbf{a}| =$ __u__$\mathrm{m/s^2}$이고 이것은 약 __v__g이다.

12.3 연습문제

01~08 곡률 κ를 계산하라.

01 $y=e^x$

02 $y=\ln x$ (어디에서 κ가 가장 큰가?)

03 $x=2\cos t,\ y=2\sin t$

04 $x=\cos t^2,\ y=\sin t^2$

05 $x=1+t^2,\ \ y=3t^2$ (경로는 ________이다)

06 $x=\cos^3 t,\ \ y=\sin^3 t$

07 $r=\theta=t$ (따라서 $x=t\cos t,\ y=$________)

08 $x=t,\ y=\ln\cos t$

09 문제 04에서 $\mathbf{T}$와 $\mathbf{N}$을 찾아라.

10 문제 06에서 $\mathbf{N}=\sin t\mathbf{i}+\cos t\mathbf{j}$임을 보여라.

11 문제 08에서 $\mathbf{T}$와 $\mathbf{N}$을 계산하라.

12 발사체의 속력 $|\mathbf{v}|$와 곡률 κ를 찾아라.

$$x=(v_0\cos\alpha)t,\ y=(v_0\sin\alpha)t-\frac{1}{2}gt^2$$

13 나선형 $\mathbf{R}=3\cos t\mathbf{i}+3\sin t\mathbf{j}+4t\mathbf{k}$에 대해 $\mathbf{T}$와 $|\mathbf{v}|$와 κ를 찾아라. 나선의 회전이 해당 원보다 얼마나 더 오래 걸리는가? $\mathbf{T}$의 상향 기울기는 무엇인가?

14 $\kappa=0$일 때, 경로는 ______이다. 이것은 $\mathbf{v}$와 $\mathbf{a}$가 ______일 때 일어난다. 그러면 $\mathbf{v}\times\mathbf{a}=$______이다.

15 사이클로이드 $x=a(t-\sin t),\ y=a(1-\cos t)$의 곡률을 찾아라.

16 곡선의 모든 점들이 원점에서 두 배만큼 멀리 이동하면($x\to 2x,\ y\to 2y$), κ에는 어떤 변화가 생길까? $\mathbf{N}$은 어떻게 변할까?

17 하이포사이클로이드 $x=4\cos\theta+\cos 4\theta,\ y=4\sin\theta-\sin 4\theta$에 대하여 $\theta=\pi$에서의 κ와 $\mathbf{N}$을 찾아라.

18 식 (8)의 $\mathbf{v}=|\mathbf{v}|\mathbf{T}$와 $\mathbf{a}$로부터 $\kappa=|\mathbf{v}\times\mathbf{a}|/|\mathbf{v}|^3$를 유도하라.

19 곡선 위의 한 점으로부터 벡터 $\mathbf{N}/\kappa$를 따라가서 **곡률 중심**을 찾아라. 원 $x=\cos t,\ y=\sin t$와 타원 $x=\cos t,\ y=2\sin t$와 포물선 $y=\frac{1}{2}(x^2-1)$ 위의 점 $(1,0)$에 대하여 중심을 정하라. 곡률 중심의 경로는 곡선의 '축폐선'이다.

20 다음 중 어느 것이 곡선의 모양에 의존하고, 어느 것이 속력에 의존하는가?

$$\mathbf{v},\ \mathbf{T},\ |\mathbf{v}|,\ s,\ \kappa,\ \mathbf{a},\ \mathbf{N},\ \mathbf{B}$$

21 상수 곡률 κ를 가지고 $(0,0)$과 $(2,0)$을 통과하는 평면 곡선은 원호 ______이다. 어떤 κ에 대해 이런 곡선이 존재하지 않는가?

22 $(0,0),\ (1,-1),\ (2,0)$을 통과하는 부드러운 곡선을 그려라. 어딘가에서 d^2y/dx^2은 최소한 ______이고, 어딘가에서 곡률은 최소한 ______이다(증명은 강의자들을 위해 남겨 놓는다).

23 평면 벡터의 경우 $U_1V_1+U_2V_2$에 적용된 일반적인 곱 미분 법칙은 $(\mathbf{U}\cdot\mathbf{V})'=\mathbf{U}'\cdot\mathbf{V}+$______임을 보여준다.

24 $\mathbf{v}$와 $\mathbf{a}$가 수직일 때, 속력이 상수임을 증명하라. 또한 다음 문장의 참 또는 거짓임을 판별하라.

$\mathbf{v}$와 $\mathbf{a}$가 수직일 때 경로는 원이다.

25~30 곡선을 따르는, 곡선의 평면 위에 있는, 그 평면에 수직인 $\mathbf{T}-\mathbf{N}-\mathbf{B}$ 시스템에 대한 문제이다.

25 [예제 3-4]에서 나선 $\mathbf{R}=\cos t\mathbf{i}+\sin t\mathbf{j}+t\mathbf{k}$에 대해 $\mathbf{B}=\mathbf{T}\times\mathbf{N}$을 계산하라.

26 문제 23을 이용하여 $\mathbf{B}\cdot\mathbf{T}=0$과 $\mathbf{B}\cdot\mathbf{B}=1$을 미분하여 $\mathbf{B}'$이 $\mathbf{T}$와 $\mathbf{B}$에 수직임을 보여라. 따라서 **비틀림**torsion이라고 불리는 어떤 수 τ에 대해 $d\mathbf{B}/ds=-\tau\mathbf{N}$이다.

27 문제 25에서의 나선에 대해 비틀림 $\tau=|d\mathbf{B}/ds|$를 계산하라.

28 곡선 $x=1,\ y=t,\ z=t^2$에 대해 $\mathbf{B}=\mathbf{TN}$을 찾아라.

29 xy 평면 위에 있는 원에 대하여 그것의 법선 벡터 $\mathbf{N}$은 ______에 놓여 있고 $\mathbf{B}=$______, $\tau=|d\mathbf{B}/ds|=$______이다.

30 세레-프레네Serret-Frenet 공식은 다음과 같다.

$$d\mathbf{T}/ds=\kappa\mathbf{N},\ d\mathbf{N}/ds=-\kappa\mathbf{T}+\tau\mathbf{B},\ d\mathbf{B}/ds=-\tau\mathbf{N}$$

우리는 첫 번째와 세 번째 공식을 알고 있다. 두 번째 공식을 유도하기 위해 $\mathbf{N}=-\mathbf{T}\times\mathbf{B}$을 미분하라.

31 x축으로부터 접선까지의 각도 θ는 $\theta = \tan^{-1}(dy/dx)$이고 dy/dx는 곡선의 기울기이다.

(a) $d\theta/dx$를 계산하라.

(b) $ds/dx = (1+(dy/dx)^2)^{1/2}$으로 나누어 $|d\theta/ds|$가 방정식 (5)에서의 κ임을 보여라. 곡률은 방향의 변화량 $|d\theta|$을 위치의 변화량 $|ds|$로 나눈 것이다.

32 접방향이 각도 θ에서 일어난다면, $\mathbf{T} = \cos\theta\mathbf{i} + \sin\theta\mathbf{j}$이다. 문제 31에서 $|d\mathbf{T}/d\theta| =$ ______이기 때문에 $|d\theta/ds|$는 $\kappa = |d\mathbf{T}/ds|$와 일치한다.

33~37 가속도의 $\mathbf{T}$와 $\mathbf{N}$ 성분을 찾아라.

33 $x = 5\cos\omega t,\ y = 5\sin\omega t,\ z = 0$ (원)

34 $x = 1+t,\ y = 1+2t,\ z = 1+3t$ (직선)

35 $x = t\cos t,\ y = t\sin t,\ z = 0$ (나선)

36 $x = e^t\cos t,\ y = e^t\sin t,\ z = 0$ (나선)

37 $x = 1,\ y = t,\ z = t^2$

38 문제 36에서의 나선의 경우 $\mathbf{R}$과 $\mathbf{a}$(위치와 가속도) 사이의 각도가 상수임을 보이고, 각도를 찾아라.

39 극 곡선 $r = F(\theta)$의 곡률을 찾아라.

12.4 극좌표와 행성 운동

이번 절의 목표는 **극좌표**에서의 벡터 미적분을 수행하는 것이다. 또한 **행성의 중심 힘과 운동**을 공부한다는 특정한 목적도 가지고 있다. 행성의 주요 중력은 태양으로부터 온 것이다. 중심에 있는 태양으로부터 오는 것이기 때문에, 중심 힘이다. 극좌표를 사용하는 것이 자연스럽고 따라서 두 목표를 함께 수행한다.

행성이 너무 오래되었다고 느낄 수도 있다. 그러나 케플러의 법칙은 단순한 정리 이상의 것이며 '역사상 가장 위대한 과학 발견'이다. 우리가 그 영광을 탈환할 수 있다면 그렇게 해야 한다. 위대한 법칙이니만큼 어려움이 뒤따른다. 뉴턴이 미적분학을 발견하여 케플러의 법칙을 증명하기 전까지 60년 동안 케플러의 법칙은 증명하지 못한 채로 사용하고 있었다. 많은 관찰과 훌륭한 추측을 통해 이론이 탄생했다. 우리는 어려움 없이 위대함을 보존하려고 노력하고, 미적분에서 타원 궤도가 어떻게 나오는지를 보여줄 것이다. 첫 번째 결론은 빠르게 알 수 있다.

중심 힘 영역에서의 운동은 항상 한 평면에 머무른다.

$\mathbf{F}$는 원점(중심 힘)으로부터의 벡터 $\mathbf{R}$의 배수이다. $\mathbf{F}$는 또한 $m\mathbf{a}$과 같다(뉴턴의 법칙). 그러므로 $\mathbf{R}$과 $\mathbf{a}$는 같은 방향을 가지고 $\mathbf{R}\times\mathbf{a} = 0$이다. 그러면 $\mathbf{R}\times\mathbf{v}$는 도함수가 0이므로 상수이다.

$$\text{곱 미분 법칙에 의해 } \frac{d}{dt}(\mathbf{R}\times\mathbf{v}) = \mathbf{v}\times\mathbf{v} + \mathbf{R}\times\mathbf{a} = 0 + 0 \tag{1}$$

$\mathbf{R} \times \mathbf{v}$는 상수 벡터 $\mathbf{H}$이다. 따라서 $\mathbf{R}$은 $\mathbf{H}$에 수직인 평면 위에 머무른다.

그 평면에서 행성이 어떻게 움직일까? 극좌표로 돌아가자. 원점(태양이 있는 곳)을 제외한 각 점에서 **$\mathbf{u}_r$은 바깥쪽을 가리키는 단위 벡터**이다. 이는 위치 벡터 $\mathbf{R}$을 그것의 길이 r(이것은 $\sqrt{x^2+y^2}$ 이다)로 나눈 것이다.

$$\mathbf{u}_r = \mathbf{R}/r = (x\mathbf{i} + y\mathbf{j})/r = \cos\theta\,\mathbf{i} + \sin\theta\,\mathbf{j} \tag{2}$$

$\cos^2\theta + \sin^2\theta = 1$이므로 이것은 단위 벡터이고, 중심으로부터 나가는 방향이다. [그림 12-9]는 $\mathbf{u}_r$과 $90°$ 각도에서의 두 번째 단위 벡터 $\mathbf{u}_\theta$를 보여준다.

$$\mathbf{u}_\theta = -\sin\theta\,\mathbf{i} + \cos\theta\,\mathbf{j} \tag{3}$$

내적은 $\mathbf{u}_r \cdot \mathbf{u}_\theta = 0$이다. 이때 첨자 r과 θ은 (미분이 아닌) 방향을 나타낸다.

Q1_ r이 변함에 따라 (광선 밖으로) $\mathbf{u}_r$과 $\mathbf{u}_\theta$는 어떻게 변하는가?

A_ 그들은 변하지 않는다.

Q2_ θ가 변함에 따라 $\mathbf{u}_r$과 $\mathbf{u}_\theta$는 어떻게 변하는가? 미분을 취하라.

A_ $d\mathbf{u}_r/d\theta = -\sin\theta\,\mathbf{i} + \cos\theta\,\mathbf{j} = \mathbf{u}_\theta$

$$d\mathbf{u}_\theta/d\theta = -\cos\theta\,\mathbf{i} + \sin\theta\,\mathbf{j} = -\mathbf{u}_r \tag{4}$$

$\mathbf{u}_r = \mathbf{R}/r$이므로, 한 가지 공식은 단순하다. **위치 벡터는 $\mathbf{R} = r\mathbf{u}_r$이라는 것이다.** 그것의 도함수 $\mathbf{v} = d\mathbf{R}/dt$는 연쇄 법칙 $d\mathbf{u}_r/dt = (d\mathbf{u}_r/d\theta)(d\theta/dt) = (d\theta/dt)\mathbf{u}_\theta$를 이용하라.

$$\text{속도는 } \mathbf{v} = \frac{d}{dt}(r\mathbf{u}_r) = \frac{dr}{dt}\mathbf{u}_r + r\frac{d\theta}{dt}\mathbf{u}_\theta \text{이다.} \tag{5}$$

바깥으로 향하는 속력은 dr/dt이고, 원형 속도는 $r\,d\theta/dt$이다. 제곱의 합은 $|\mathbf{v}|^2$이다.

한 번 더 원 주위를 일정하게 운동하며 돌아가고 $r=3$과 $\theta = 2t$라고 하자. 속도는 모두 원형인 $\mathbf{v} = 6\mathbf{u}_\theta$이며 가속도는 모두 안쪽을 향하는 $-12\mathbf{u}_r$이다. 원들의 경우 $\mathbf{u}_\theta$는 접벡터 $\mathbf{T}$이다. 하지만 단위 벡터 $\mathbf{u}_r$은 바깥을 향하고 (곡선이 회전하는 방식인) $\mathbf{N}$은 안쪽을 향한다.

이제 극좌표에서의 어떤 운동에 대한 가속도를 구할 것이다. r에서 속력이 증가하고 θ에서 속력이 증가(또한 방향 변경)할 수 있다. 곱 미분 법칙으로 식 (5)에서의 $\mathbf{v}$를 미분하라.

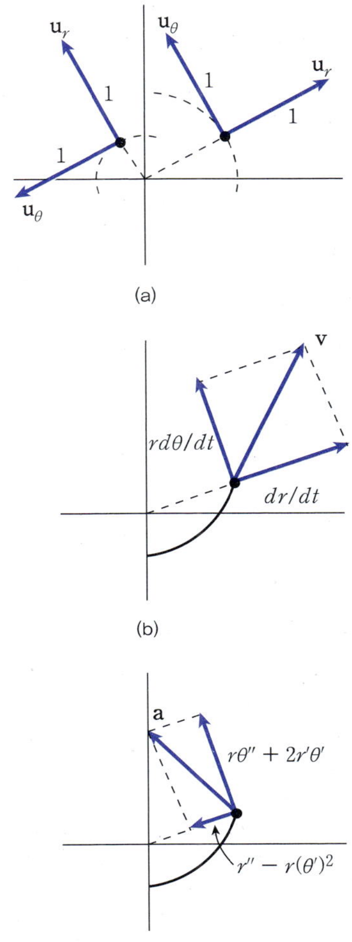

[그림 12-9] $\mathbf{u}_r$은 바깥을 향하고, $\mathbf{u}_\theta$는 중심 주위에 있다. 이 방향들에서의 $\mathbf{v}$와 $\mathbf{a}$의 성분들

$$\frac{d\mathbf{v}}{dt}=\frac{d^2r}{dt^2}\mathbf{u}_r+\frac{dr}{dt}\frac{d\mathbf{u}_r}{dt}+\frac{dr}{dt}\frac{d\theta}{dt}\mathbf{u}_\theta+r\frac{d^2\theta}{dt^2}\mathbf{u}_\theta+r\frac{d\theta}{dt}\frac{d\mathbf{u}_\theta}{dt}$$

$d\mathbf{u}_r/dt$와 $d\mathbf{u}_\theta/dt$를 위해 $d\theta/dt$를 방정식 (4)에 곱하라. 그러면 모든 항은 $\mathbf{u}_r$ 또는 $\mathbf{u}_\theta$를 포함한다. $\mathbf{a}$에 대한 공식은 유명하지만 (인류가 달에 갈 때를 제외하면) 많이 쓰이지는 않는다.

$$\mathbf{a}=\frac{d\mathbf{v}}{dt}=\left(\frac{d^2r}{dt^2}-r\left(\frac{d\theta}{dt}\right)^2\right)\mathbf{u}_r+\left(r\frac{d^2\theta}{dt^2}+2\frac{dr}{dt}\frac{d\theta}{dt}\right)\mathbf{u}_\theta \tag{6}$$

$r=3$과 $\theta=2t$를 가진 일정한 운동에서, $\mathbf{a}=-12\mathbf{u}_r$ 항만이 0이 아니다. 공식 (6)은 (아마도) 기억될 수 있다. [연습문제 12.4.14]는 $re^{i\theta}$을 이용하여 식 (6)에 도달하는 새로운 방법을 제시한다.

예제 1 원 $r=1$ 주위에서 속력이 증가하는 $\theta=t^2$에 대하여 $\mathbf{R}$과 $\mathbf{v}$와 $\mathbf{a}$를 찾아라.

풀이

위치 벡터는 $\mathbf{R}=\mathbf{u}_r$이다. 그러면 $\mathbf{v}$와 $\mathbf{a}$는 (5)~(6)을 이용해 구할 수 있다.

$$\mathbf{v}=(r\,d\theta/dt)\mathbf{u}_\theta=2t\,\mathbf{u}_\theta \qquad \mathbf{a}=-(2t)^2\mathbf{u}_r+2\mathbf{u}_\theta$$

이 질문과 답은 이전 절의 [예제 6]에도 있다. 그때 가속도는 $2\mathbf{T}+4t^2\mathbf{N}$이었다. 원 주위를 돌 때, $\mathbf{T}=\mathbf{u}_\theta$와 $\mathbf{N}=-\mathbf{u}_r$임에 다시 주목하라.

예제 2 나선형 운동 $r=3t,\theta=2t$에 대하여 $\mathbf{R}$과 $\mathbf{v}$와 $|\mathbf{v}|$와 $\mathbf{a}$를 찾아라.

풀이

위치 벡터는 $\mathbf{R}=3t\mathbf{u}_r$이고, 방정식 (5)에서 속도와 속력을 알 수 있다.

$$\mathbf{v}=3\mathbf{u}_r+6t\,\mathbf{u}_\theta \text{ 이고 } |\mathbf{v}|=\sqrt{(3)^2+(6t)^2}$$

운동은 밖으로 나가는 동시에 주위를 돈다. 식 (6)을 이용하면 가속도는 $-12t\,\mathbf{u}_r+12\mathbf{u}_\theta$이다. 이와 같은 답은 $\mathbf{R}=3t\cos 2t\mathbf{i}+3t\sin 2t\mathbf{j}$에서 더 천천히 올 것이다.

이 예제에서는 극좌표를 사용하지만, 운동은 원형이 아니다. 많은 고민 끝에 얻은 케플러의 영감은 원에서 벗어나야 한다는 것으로부터 시작했다.

케플러의 법칙 Kepler's Law

뉴턴과 라이프니츠, 그리고 미적분학과 극좌표가 있기 전에 요하네스 케플러가 행성 운동에 관한 세 가지 법칙을 발견했다는 사실을 여러분은 이미 알고 있을지도 모른다. 케플러는 전쟁에 대해 예언해주길 바랐던 신성 로마 황제의 법정 수학자였다. 케플러는 또한 매년 부활절의 날짜를 결정했는데, 이는 매우 중요한 문제였다. 그의 업적은 천문학자들(특히 티코 브라헤)의 관측에서 패턴을 발견한 것이었다. 갈릴레오와 코페르니쿠스는 원일 것으로 예상했지만 케플러는 타원을 발견했다

법칙 1. 각 행성은 두 개의 초점 중 하나의 초점에 태양이 있는 타원을 따라 움직인다.

법칙 2. 태양에서 행성으로의 벡터는 일정한 속도로 영역을 휩쓸고 간다. 즉 $dA/dt=$상수이다.

법칙 3. 행성의 일 년의 길이는 $T=ka^{3/2}$이고, 여기서 $a=$(태양이 아닌) 중심으로부터의 최대 거리이며 $k=2\pi/\sqrt{GM}$은 모든 행성에 대해 같다.

미적분을 이용하면 이 법칙들을 천 배 정도 더 빨리 증명할 수 있다. 그러나 법칙 2만이 쉬울 것이다. 태양은 중심 힘을 발휘한다. 방정식 (1)은 중심 힘에 대해 $\mathbf{R}\times\mathbf{v}=\mathbf{H}=$상수를 주었다. $\mathbf{R}$을 $r\mathbf{u}_r$로 대체하고 $\mathbf{v}$를 방정식 (5)로 대체하면 다음과 같다.

$$\boldsymbol{H}=r\mathbf{u}_r\times\left(\frac{dr}{dt}\mathbf{u}_r+r\frac{d\theta}{dt}\mathbf{u}_\theta\right)=r^2\frac{d\theta}{dt}(\mathbf{u}_r\times\mathbf{u}_\theta) \tag{7}$$

이 벡터 $\mathbf{H}$는 상수이므로 그것의 길이 $h=r^2d\theta/dt$는 상수이다. 극좌표에서 영역의 넓이는 $dA=\frac{1}{2}r^2d\theta$이며 이 영역의 넓이 dA는 행성에 의해 휩쓸렸고([그림 12-10]), 이로써 법칙 2가 증명되었다.

$$dA/dt=\frac{1}{2}r^2d\theta/dt=\frac{1}{2}h=\text{상수} \tag{8}$$

태양 가까이에서 r은 작다. 따라서 $d\theta/dt$는 크고 행성들은 더 빨리 주위를 돈다.

이제 타원에 대한 법칙 1을 알아보자. 이때 타원의 극방정식인 $1/r=C-D\cos\theta$를 도출하는 것이 목표이다. $1/r$대신에 q를 써서 q에 대한 방정식을 찾는 것이 더 쉽다. 즉 도달해야 할 방정식은 $d^2q/d\theta^2+q=C$이다. 희망했던 $q=C-D\cos\theta$는 이 극방정식의 해이고(이것을 확인해라), 결과적으로 케플러의 타원이다.

첫 번째 단계는 연쇄 법칙에 의해 dr/dt을 $dq/d\theta$에 연결하는 것이다.

$$\frac{dr}{dt}=\frac{d}{dt}\left(\frac{1}{q}\right)=\frac{-1}{q^2}\frac{dq}{dt}=\frac{-1}{q^2}\frac{dq}{d\theta}\frac{d\theta}{dt}=-h\frac{dq}{d\theta} \tag{9}$$

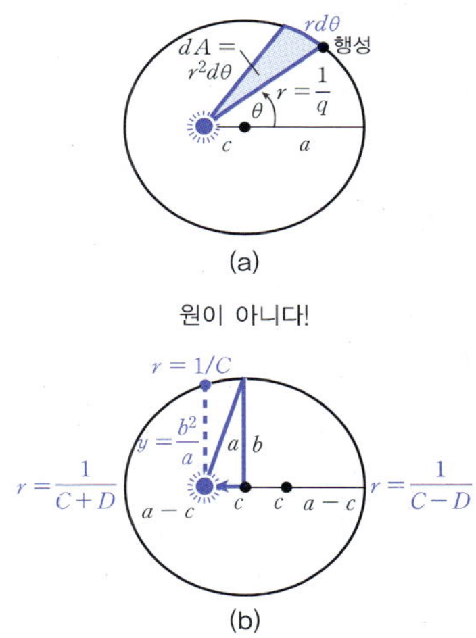

[그림 12-10] 행성은 초점이 태양에 맞춰진 타원 위에 있다. a, b, c, q를 주목하라.

$d\theta/dt = h/r^2 = hq^2$에 특히 주목하라. 우리가 정말로 원하는 것은 이계도함수이다.

$$\frac{d^2r}{dt^2} = -h\frac{d}{dt}\left(\frac{dq}{d\theta}\right) = -h\frac{d}{d\theta}\left(\frac{dq}{d\theta}\right)\frac{d\theta}{dt} = -h^2q^2\frac{d^2q}{d\theta^2} \quad (10)$$

q를 소개하는 이 과정을 마친 후에 물리학에 대한 내용을 준비해보자. 행성은 뉴턴의 법칙 $\mathbf{F} = m\mathbf{a}$를 따르고, 이때 중심 힘 $\mathbf{F}$는 태양의 중력이다.

$$\frac{\mathbf{F}}{m} = \mathbf{a}\text{는 } -\frac{GM}{r^2} = \frac{d^2r}{dt^2} - r\left(\frac{d\theta}{dt}\right)^2 \text{이다.} \quad (11)$$

우변은 식 (6)에서 $\mathbf{a}$의 $\mathbf{u}_r$ 성분이다. r을 $1/q$로 바꾸고 $d\theta/dt$를 hq^2로 바꿔라. 식 (10)에서의 준비는 방정식 (11)에서 d^2r/dt^2을 다시 쓰는 것을 허용한다. 그 방정식은 다음과 같다.

$$-GMq^2 = -h^2q^2\frac{d^2q}{d\theta^2} - \frac{1}{q}(hq^2)^2$$

$-h^2q^2$으로 나누면 우리가 원했던 결과(q에 대한 간단한 방정식)가 나온다.

$$d^2q/d\theta^2 + q = GM/h^2 = C \text{ (상수)} \quad (12)$$

그 해는 $q = C - D\cos\theta$이다. 9.3절에서는 타원이나 포물선 또는 쌍곡선에 대한 극방정식을 제시했다. 이 극방정식이 타원임을 확신하기 위해 천문학자는 태양의 질량 M과 상수 G와 지구의 위치와 속도로부터 C와 D를 계산했고, 이때 요점은 $C > D$라는 것이다. 그러면 q는 결코 0이 아니며 r은 절대로 무한대가 아니다. 따라서 쌍곡선과 포물선은 배제되고, [그림 12-10]의 궤도는 타원임에 틀림없다.[2]

2 아마추어는 행성이 다시 돌아오는 것을 보고, 직관적으로 타원이라고 생각한다.

여기서 천문학은 정말 인상적이다. 핼리가 혜성을 어떻게 관측했는지를 보고 싶다면 런던의 그리니치 천문대를 방문해보라. 핼리는 혜성이 돌아오는 날을 예측하여 세상을 놀라게 했다. 또한 해왕성의 발견은 순수하게 수학적 성과였다. 천왕성의 경로는 태양과 그밖에 알려진 행성으로는 설명되지 않았다. 르베리에[LeVerrier]는 하늘의 한 점을 계산하고 베를린 천문학자에게 그 점을 보라고 했다. 바로 그 점이 해왕성이었다.

NOTE_ 영국 조폐국에 의해 발행된 마지막 1파운드 지폐는 뉴턴이 그의 훌륭한 저서인 『자연 철학의 수학적 원리』[Principia Mathematica]에서 눈을 들어 쳐다보는 것을 보여주었다. 그는 웃지 않고 있는데, 여기서 그 이유를 알 수 있다. 조폐를 디자인한 예술가는 태양을 중심에 두었다! 뉴턴은 태양이 타원의 초점에 있다는 것을 증명했다. 궤도의 중심에 있는 그 선들은 조폐국에게 엄청난 두통을 불러일으켰다. 필자는 골동품 딜러에게 (동전으로) 3파운드를 주고 그 지폐를 샀다.

케플러의 세 번째 법칙은 타원 주위를 도는 시간 T, 즉 행성의 일 년을 제공한다. 수식에서 특별한 것은 $a^{3/2}$이며, 케플러 자신에게 1618년 5월 15일은 잊지 못할 날이 되었다. "브라헤의 관찰에 대하여 17년 동안 연구한 나의 노고로 강력한 증거가 나왔고, 이로 인해 올바른 비율은 내 마음의 근심을 사라지게 했다." 두 번째 법칙 $dA/dt = \frac{1}{2}h$가 핵심이며, 타원형에 관한 두 개의 사실(타원의 넓이 πab와 태양 위로의 높이 b^2/a)도 핵심이다.

1. 영역의 넓이 $A = \int_0^T \frac{dA}{dt}\,dt = \frac{1}{2}hT$는 πab와 같음에 틀림없으므로 $T = \frac{2\pi ab}{h}$이다.
2. $\theta = \pi/2$에서 거리 $r = 1/C$은 b^2/a과 같음에 틀림없으므로 $b = \sqrt{a/C}$이다.

높이 b^2/a은 [그림 12-10]과 [연습문제 12.4.25~26]에 있고, 상수 $C = GM/h^2$은 방정식 (12)에 있다. 이 둘을 합쳐서 다음과 같이 주기를 찾을 수 있다.

$$T = \frac{2\pi ab}{h} = \frac{2\pi a}{h}\sqrt{\frac{a}{C}} = \frac{2\pi}{\sqrt{GM}}a^{3/2} \tag{13}$$

케플러가 $a^{3/2}$을 추측해낸 것은 대단한 일이다. 뉴턴이 미적분학으로 케플러의 법칙을 증명하는 것을 생각해낸 것도 훌륭한 일이다. 우리도 미적분학으로 케플러의 법칙을 증명할 수 있기 때문이다.

예제 3 인공위성이 원을 그리며 궤도를 돌 때, 주기 T를 찾아라.

풀이

r을 반지름이라 하고 ω를 각속도라 하자. 완전한 원(각도 2π)에 대한 시간은 $T=2\pi/\omega$이다. 가속도는 중력으로부터 GM/r^2이고, 그것은 또한 원운동의 경우에 $r\omega^2$이다. 그러므로 다음과 같이 케플러가 옳았음이 증명된다.

$$r\omega^2 = GM/r^2 \;\Rightarrow\; \omega = \sqrt{GM/r^3} \;\Rightarrow\; T = 2\pi/\omega = 2\pi r^{3/2}/\sqrt{GM}$$

12.4 문장제 문제

01 중심 힘은 __a__을(를) 향한다. 그러면 __b__이기 때문에 $\mathbf{R}\times d^2\mathbf{R}/dt^2=0$이다. 그러므로 $\mathbf{R}\times d\mathbf{R}/dt$는 ($\mathbf{H}$라 불리는) __c__이다.

02 극좌표에서 바깥으로 향하는 단위 벡터는 $\mathbf{u}_r=\cos\theta\mathbf{i}+$__d__이다. 90° 만큼 회전하면 이것은 $\mathbf{u}_\theta=$__e__이(가) 된다. 위치 벡터 $\mathbf{R}$은 거리 r과 __f__의 곱이다. 속도 $\mathbf{v}=d\mathbf{R}/dt$는 __g__ $\mathbf{u}_r+$__h__ $\mathbf{u}_\theta$이다. $r=5$와 $\theta=4t$를 가진 원 주위를 도는 일정한 운동의 경우 $\mathbf{v}=$__i__이고 $|\mathbf{v}|$는 __j__이며 $\mathbf{a}$는 __k__이다.

03 원형의 힘을 받는 운동의 경우 r^2과 __l__의 곱은 상수이다. 2로 나누면 케플러의 두 번째 법칙 $dA/dt=$__m__이(가) 된다. 첫 번째 법칙은 궤도가 초점이 __n__에 있는 __o__임을 말한다. 원뿔곡선에 대한 극방정식은 __p__$=C-D\cos\theta$이다. $\mathbf{F}=m\mathbf{a}$를 이용하여 우리는 $q_{\theta\theta}+$__q__$=C$임을 발견했다. 따라서 경로는 원뿔곡선이고, 이것은 __r__이기 때문에 타원임에 틀림없다. 타원의 성질에 의해 주기 $T=$__s__에 이르게 되고, 이것은 케플러의 세 번째 법칙이다.

12.4 연습문제

01 점 $(0,2)$에서 단위 벡터 $\mathbf{u}_r$과 $\mathbf{u}_\theta$를 찾아라. 그 점에서 $\mathbf{v}=\mathbf{i}+\mathbf{j}$의 $\mathbf{u}_r$과 $\mathbf{u}_\theta$ 성분은 ______이다.

02 $(3,3)$에서 $\mathbf{u}_r$과 $\mathbf{u}_\theta$를 찾아라. $\mathbf{v}=\mathbf{i}+\mathbf{j}$이면 $\mathbf{v}=$______ $\mathbf{u}_r$이다. 방정식 (5)는 $dr/dt=$______와(과) $d\theta/dt=$______을(를) 준다.

03 점 $(1,2)$에서 ______ 방향으로의 벡터들은 $dr/dt=0$을 줄 것이고, ______ 방향으로의 벡터들은 $d\theta/dt=0$을 줄 것이다.

04 $d\theta/dt=2$로 심장형 곡선 $r=1-\cos\theta$을 따라 움직이면 $\mathbf{v}$는 무엇인가? 심장형 곡선을 도는 데 얼마나 걸리는가(적분을 이용하지 않고 구하라)?

05 $r=e^\theta$과 $\theta=3t$이면, $t=1$일 때 $\mathbf{v}$와 $\mathbf{a}$를 찾아라.

06 $r=1$이고 $\theta=\sin t$이면 방정식 (5)~(6)으로부터 경로를 묘사하고 $\mathbf{v}$와 $\mathbf{a}$를 찾아라. 영벡터가 있는 곳은 어디인가?

07 (중요) $\mathbf{R}=4\cos 5t\mathbf{i}+4\sin 5t\mathbf{j}=4\mathbf{u}_r$은 $\theta=5t$와 속력 20으로 반지름이 4인 원 위를 움직인다. 세 개의 시스템($\mathbf{i}$와 $\mathbf{j}$, $\mathbf{T}$와 $\mathbf{N}$, $\mathbf{u}_r$과 $\mathbf{u}_\theta$)에서 $\mathbf{v}$와 $\mathbf{a}$의 성분들을 찾아라.

08 속력이 $8t$일 때, 원 $r=4$가 완성되는 때는 언제인가? 시작점 $(4,0)$으로 돌아가는 지점에서의 $\mathbf{v}$와 $\mathbf{a}$를 찾아라.

09 가속도의 $\mathbf{u}_\theta$ 성분은 중심 힘에 대해 ______$=0$이고, 이것은 ______의 방향에 있다. 그러면 $r^2d\theta/dt$는 상수이고 (새로운 증명), 그 이유는 그것의 미분이 r과 ______의 곱이기 때문이다.

10 직선 $x=1$ 위를 따라 운동할 때 $r^2 d\theta/dt=2$이면 $r=\sec\theta$임을 보이기 위해 삼각형을 그리고 다음 $(1,1)$에 도달하는 시간을 찾기 위해 적분하라.

11 인공위성은 지구의 중심으로부터 $r=10000\,\text{km}$에 있고 $4\,\text{km/s}$로 반지름 벡터에 수직으로 이동한다. $d\theta/dt$와 h를 찾아라.

12 $|\mathbf{u}_r|=1$로부터 $d\mathbf{u}_r/dr$과 $d\mathbf{u}_r/d\theta$은 $\mathbf{u}_r$에 ______하다는 것이 나온다(12.3절). 사실상 $d\mathbf{u}_r/dr$은 ______이고 $d\mathbf{u}_r/d\theta$은 ______이다.

13 운동량은 $m\mathbf{v}$이고 그것의 도함수는 $m\mathbf{a}$=힘이다. 각운동량은 $m\mathbf{H}=m\mathbf{R}\times\mathbf{v}$이고 그것의 도함수는 ______$=\tau$(돌림힘) 이다. 각운동량은 ______이 0이기 때문에 중심 힘 아래에서 상수이다.

14 극좌표에서 $\mathbf{v}$와 $\mathbf{a}$를 찾기 (그리고 기억하기) 위해 복소수 $re^{i\theta}$으로 시작하고 그것의 미분을 취하라.

$$\mathbf{R}=re^{i\theta} \qquad \frac{d\mathbf{R}}{dt}=\frac{dr}{dt}e^{i\theta}+ir\frac{d\theta}{dt}e^{i\theta}$$

$$\frac{d^2\mathbf{R}}{dt^2}=\_\_\_\_+\_\_\_\_+\_\_\_\_+\_\_\_\_+\_\_\_\_.$$

핵심 아이디어 : $e^{i\theta}$과 $ie^{i\theta}$의 계수들은 $\mathbf{R}$, $\mathbf{v}$, $\mathbf{a}$의 $\mathbf{u}_r$, $\mathbf{u}_\theta$ 성분들이다.

$$\mathbf{R}=r\mathbf{u}_r+0\mathbf{u}_\theta \qquad \mathbf{v}=\frac{dr}{dt}\mathbf{u}_r+r\frac{d\theta}{dt}\mathbf{u}_\theta \qquad \mathbf{a}=\_\_\_\_$$

(a) $d\mathbf{R}/dt$의 미분을 통해 다섯 개의 항을 채워라.

(b) $\mathbf{a}$를 찾기 위해 $e^{i\theta}$을 $\mathbf{u}_r$로, $ie^{i\theta}$을 $\mathbf{u}_\theta$로 전환하라.

(c) 공식 (5)~(6)과 $\mathbf{R}$, $\mathbf{v}$, $\mathbf{a}$를 비교하라.

(d) **(심화)** 위 방법이 성립하는 이유는 무엇인가?

$e^{i\theta}=\cos\theta+i\sin\theta$가 $\mathbf{u}_r=\cos\theta\mathbf{i}+\sin\theta\mathbf{j}$에 어떻게 대응되는지를 주목하라. 이것은 전기 공학자들이 $\sqrt{-1}$를 i 대신에 j로 표현할 수 있는 한 예이다.

15 주기가 T일 때, 식 (13)으로부터 거리 a에 대한 공식을 찾아라.

16 뉴욕 위에 머무르기 위해, 인공위성의 주기는 얼마이어야 하는가? 지구 중심으로부터 거리 a가 얼마이어야 하는가?

17 T와 a로부터 질량 M에 대한 공식을 찾아라.

18 달이 $a=380000\,\text{km}$의 평균 거리에서 28일의 주기를 가질 때, ______의 질량을 추정하라.

19 지구는 $a\approx 9300$만 마일 ≈ 15000만km의 거리에서 태양 주위를 도는 데 $365\frac{1}{4}$일 걸린다. 태양의 질량을 찾아라.

20 참 또는 거짓임을 판별하라.

(a) 모든 혜성의 경로는 타원이다.

(b) 원형 궤도의 행성은 일정한 속도를 가진다.

(c) 중심 힘 영역의 궤도들은 원뿔곡선이다.

21 지구의 질량 $M=6\cdot 10^{24}\,\text{kg}$과 상수 $G-6.67\cdot 10^{-11}\,\text{Nm}^2/\text{kg}^2$에 기반하여 어떤 단위에서 $\sqrt{GM}\approx 2\cdot 10^7$인가? $\text{kg}\cdot\text{m/s}^2$은 뉴턴 N과 같다.

22 인공위성이 중심에서 9000km만큼 떨어진 지점에서 지구를 도는 경우, 주기 T를 초 단위로 추정하라.

23 화성 주변의 바이킹 2 인공위성은 약 10000초의 주기를 가진다. 화성의 질량이 $M=6.4\cdot 10^{23}\,\text{kg}$일 때, a의 값은 얼마인가?

24 $1/r=C-D\cos\theta$ 또는 $1=Cr-Dx$를 타원의 xy 방정식으로 전환하라.

25 타원에서의 거리 a와 c는 $r=1/(C-D\cos\theta)$에서의 상수 값을 준다. [그림 12-10]에서와 같이 $\theta=0$과 $\theta=\pi$를 대체하여 $D=c/(a^2-c^2)$와 $C=a/(a^2-c^2)=a/b^2$를 찾아라.

26 $x=-c$, $y=b^2/a$은 타원 $x^2/a^2+y^2/b^2=1$ 위에 있음을 보여라. 따라서 y는 [그림 12-10]에서 태양 위로의 높이 $1/C$이다. 또한 태양으로부터 중심까지의 거리는 $c^2=a^2-b^2$을 가진다.

27 점 $x=a\cos 2\pi t/T$, $y=b\sin 2\pi t/T$는 $(0,0)$을 중심으로 가진 타원 주위를 이동한다. 대칭성에 의해 이 점은 주요 축의 양 끝에서 같은 비율로 영역을 휩쓸고 간다. 이는 왜 케플러의 두 번째 법칙을 깨는가?

28 중심 힘이 $\mathbf{F}=-ma(r)\mathbf{u}_r$일 때, 왜 $d^2r/dt^2-r(d\theta/dt)^2=-a(r)$인지를 설명하라. 중력에 대한 $a(r)$은 무엇인가? $q=1/r$에 대한 방정식 (12)는 $q_{\theta\theta}+q=r^2a(r)$에 이르게 한다.

29 $\mathbf{F}=0$일 때, 물체는 똑바른 ______상에서 이동해야 한다. 방정식 $q_{\theta\theta}+q=0$은 $q=\cos\theta$를 허용하고, 이 경우에 경로 $1/r=\cos\theta$는 ______이다.

추가 점수 : 선에서 등거리를 표시하고, 그것들을 태양과 연결하여 삼각형들이 같은 넓이를 가지는 이유를 설명하라. 따라서 dA/dt는 여전히 일정하다.

30 강한 핵력은 거리, 즉 $a(r)=r$에 따라 증가한다. 그것은 쿼크quarks를 매우 단단히 묶고 있어서 지금까지 (확실하게) 아무런 쿼크도 보이지 않았다. 문제 28은 $q_{\theta\theta}+q=1/q^3$을 준다.

(a) q_θ를 곱하고 적분하여 $\frac{1}{2}q_\theta^2+\frac{1}{2}q^2=____+C$를 찾아라.

(b) $u=q^2$, $u_\theta=2qq_\theta$로 설정한 후, (표를 가지고) 다시 적분하라.

31 문제 **30**(b)에서 쿼크의 경로는 $r^2(A+B\cos 2\theta)=1$로 쓸 수 있다. 원점을 중심으로 하는 타원 $(A+B)x^2+(A-B)y^2=1$과 이 경로가 같음을 보여라. 핵은 초점에 있지 않고, 1파운드 지폐는 뉴턴이 쿼크를 보고 있는 것에 대해서는 올바르다(양자 역학은 설명되지 않았다).

32 핼리 혜성은 언제 다시 나타날 것인가? 그것은 1986년에 사라졌고 태양과의 평균 거리($a+c$와 $a-c$의 평균)는 $a=1.6\cdot 10^9\,\text{km}$이다.

33 아이는 10초에 한 번 회전하는 회전목마의 중심을 향해 2피트/초의 속력으로 걷고 있다. $r=20$, $\theta=0$에서 시작하여 $r(t)$, $\theta(t)$, $\mathbf{v}(t)$, $\mathbf{a}(t)$를 찾고, 중심까지 향하는 아이의 경로의 길이도 찾아라.

34 케플러의 법칙 $r=1/(C-D\cos\theta)$와 $r^2\,d\theta/dt=h$로부터 다음을 보여라.

(a) $dr/dt=-Dh\sin\theta$

(b) $d^2r/dt^2=\left(\dfrac{1}{r}-C\right)h^2/r^2$

(c) $d^2r/dt^2-r\,(d\theta/dt)=-Ch^2/r^2$

뉴턴이 (c)에 도달했을 때 그는 케플러의 법칙이 Ch^2/r^2의 중심 힘을 필요로 한다는 것을 알았다. 이것은 역 제곱 법칙이다. 그런 다음 뉴턴은 우리가 앞에서 다룬 방정식 (8)~(12)에서 이 힘이 케플러의 법칙을 야기한다는 것을 보여주기 위해 계산과정을 거꾸로 거슬러 올라갔다.

35 지구의 일 년은 어느 정도로 긴가? 지구의 궤도는 $a=149.57\cdot 10^6\,\text{km}$이다.

13장 편미분

Partial Derivatives

이번 장에서는 다차원 미적분학의 중심까지 왔다. 다른 장들과 다른 주제들은 선택적일 수 있지만 이 장과 이 주제들은 필수적이다. 우리는 미적분학의 기본 아이디어인 **미분**으로 돌아갈 것이다. 이번 장에서 변수들은 아주 조금 움직이는 대신 함수 f가 움직인다. 여기서 질문은 f가 얼마나 많이, 얼마나 빨리 움직이는가이다. 1~4장은 일변수 함수인 $f(x)$에 대한 이 질문에 답을 했다. 이제 우리는 $f(x,y)$ 또는 $f(x,y,z)$를 다룰 것인데, 이때 독립적으로 움직이는 두 개 또는 세 개 또는 더 많은 변수들, 즉 x와 y가 변함에 따라, f는 변한다. 미분학의 기본적인 문제는 Δx와 Δy를 Δf에 연결시키는 것이다. 미적분학은 극한에서 문제를 해결하므로 **이는 dx와 dy를 df에 연결시킨다**. 이 책에서는 이미 잘 만들어진 이론을 토대로 이러한 미적분학의 언어들을 사용하려 한다. 여러분은 이미 df/dx가 $\Delta f/\Delta x$의 극한임을 안다. 또한 미적분학은 접선의 기울기인 변화율을 계산한다. 이 장의 목표는 이 아이디어를 다음과 같은 다변수 함수로 확장하는 것이다.

$$f(x,y)=x^2-y^2 \text{ 또는 } f(x,y)=\sqrt{x^2+y^2} \text{ 또는 } f(x,y,z)=2x+3y+4z$$

이 함수들은 그래프와 도함수를 가지며 따라서 그들은 반드시 접선을 가진다.

이 장의 핵심이 여섯 줄에 요약되어 있다. 주제는 미분학, 즉 작은 시간에서의 작은 변화이다. 더 등장할 수 있는 것은 적분학, 즉 이 작은 변화들을 모두 더하는 것이다. 여기에 $f(x)$에 대한 단어와 기호에 각각 부합하는 $f(x,y)$에 대한 기호와 단어를 소개한다. 이 요약을 활용하여 미적분학이 어떻게 적용되는지 확인하라.

곡선 $y=f(x)$와 **곡면** $z=f(x,y)$

$\dfrac{df}{dx}$는 두 편미분 $\dfrac{\partial f}{\partial x}$와 $\dfrac{\partial f}{\partial y}$가 된다.

$\dfrac{d^2f}{dx^2}$는 네 개의 2차 미분 $\dfrac{\partial^2 f}{\partial x^2}, \dfrac{\partial^2 f}{\partial x\partial y}, \dfrac{\partial^2 f}{\partial y\partial x}, \dfrac{\partial^2 f}{\partial y^2}$가 된다.

$\Delta f\approx\dfrac{df}{dx}\Delta x$는 선형 근사 $\Delta f\approx\dfrac{\partial f}{\partial x}\Delta x+\dfrac{\partial f}{\partial y}\Delta y$가 된다.

접선은 접평면이 된다. $z-z_0=\dfrac{\partial f}{\partial x}(x-x_0)+\dfrac{\partial f}{\partial y}(y-y_0)$

$\dfrac{dy}{dt}=\dfrac{dy}{dx}\dfrac{dx}{dt}$는 연쇄 법칙 $\dfrac{dz}{dt}=\dfrac{\partial z}{\partial x}\dfrac{dx}{dt}+\dfrac{\partial z}{\partial y}\dfrac{dy}{dt}$가 된다.

$\dfrac{df}{dx}=0$은 두 개의 최대·최소 식이 된다. $\dfrac{\partial f}{\partial x}=0$과 $\dfrac{\partial f}{\partial y}=0$

13.1 곡면과 등위 곡선

$y=f(x)$의 그래프는 xy 평면에서의 곡선이다. 이때 두 개의 변수가 존재한다(x는 독립이고 자유로우며 y는 x에 종속된다). 기반 직선인 x축 위쪽은 곡선 위의 점 (x, y)이다. 곡선은 2차원의 인쇄된 면 위에 표시될 수 있는 반면 $z=f(x, y)$의 그래프는 xyz **공간의 곡면**이다. 여기에는 세 개의 변수가 있는데 x, y는 독립이고 z는 종속이다. 기반 평면인 xy평면의 한 점 (x, y)위는 곡면 위의 점 (x, y, z)이다([그림 13-1]). 인쇄된 면은 2차원이기 때문에, 우리는 3차원 표면에 음영을 넣거나 채색하거나 투영하는 식으로 표현한다. 우리의 눈은 2차원 이미지를 3차원으로 이해하도록 변환하는 데 매우 뛰어난 능력을 갖고 있다(이는 수많은 연습을 통해 가능하다). 또한 우리 뇌의 수학적 부분은 새로운 것을 개발하고 있다(**두 개의 편미분**).

이 절은 예제와 그림을 사용해서 표면과 그들의 등위 곡선을 묘사한다. 다음 절 역시 내용은 짧다. 그럼 이제 시작해보자.

예제 1 $z=f(x, y)=\sqrt{x^2+y^2}$ 에 대한 **곡면**과 **등위 곡선**을 묘사하라.

곡면은 원뿔이다. $\sqrt{x^2+y^2}$ 은 기반 평면에서 $(0, 0)$에서 (x, y)까지의 거리이기 때문이다. 기반 평면에서 거리 5만큼 가면 곡면에서 같은 거리 5만큼 올라가게 되며 원뿔은 기울기 1로 올라간다. (x, y)까지 거리는 z까지 세로 거리와 같다(이는 45° 원뿔이다).

등위 곡선은 원들의 모임이다. 높이 5에서, 원뿔은 곡면에서 같은 값인 모든 점으로 이루어진 원을 포함한다. 평면 $z=5$는 이 점들에서 곡면 $z=\sqrt{x^2+y^2}$ 과 만난다([그림 13-1(b)]). 이 곡면 아래의 (기반 평면 안의)원은 등위 곡선이다.

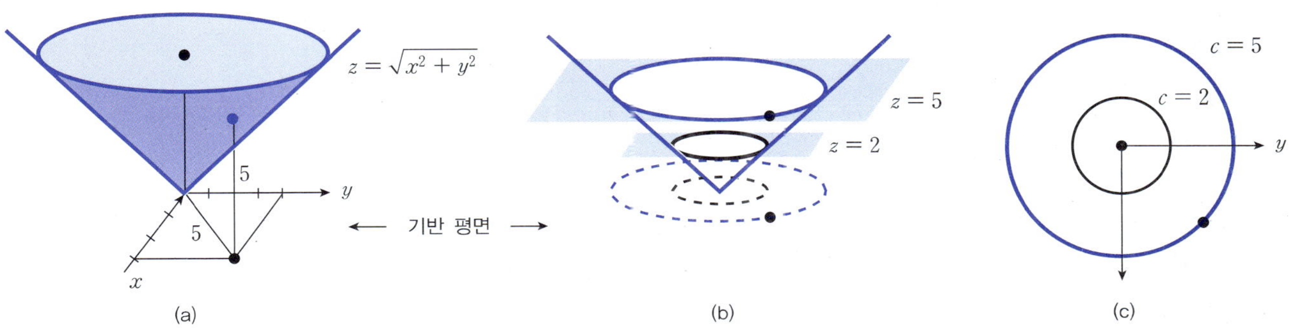

[그림 13-1] $z=f(x, y)=\sqrt{x^2+y^2}$ 의 곡면은 원뿔이며 등위 곡선은 원이다.

> **정의** $z=f(x, y)$의 **등위 곡선**[level curve] 또는 **등위 선**[contour line]은 같은 값 $f(x, y)=c$를 공유하는 모든 점 (x, y)를 포함한다. 이 점들 위에서 곡면은 높이 $z=c$에 있다.

다른 c에 대한 다른 등위 곡선들이 있다. $c=2$에 대한 곡선을 확인하기 위해 수평한 평면 $z=2$로 표면을 잘라라. 이 평면은 $f(x,y)=2$인 점 위의 곡면에서 만난다. **기반 평면에서의 등위 곡선은 식 $f(x,y)=2$를 가진다.** 이 곡선 위는 곡면에서 '함숫값이 2' 또는 '함숫값이 c'인 모든 점들이다.

모든 곡선 $f(x,y)=c$는 이 상수 c로 구분되며 이는 **등위 지도**contour map를 만든다(기반 평면은 곡선으로 가득 차 있다). 원뿔에 대해서 등위 곡선은 $\sqrt{x^2+y^2}=c$로 주어지고, 등위 지도는 반지름 c인 원들로 이루어져 있다.

Q_ $z=f(x,y)=x^2+y^2$의 등위 곡선은 무엇인가?

A_ 여전히 원이다. 하지만 곡면은 원뿔이 아니다(이는 포물선처럼 위로 구부러진다). 반지름이 3인 원은 등위 곡선 $x^2+y^2=9$이다. 곡면 위에서 높이는 9이다.

예제 2 선형함수 $f(x,y)=2x+y$에 대해서 곡면은 평면이며 이 함수의 등위 곡선은 직선들이다. **곡면 $z=2x+y$는 평면 $z=c$와 직선 $2x+y=c$에서 만난다.** 이 직선은 c가 양수일 때 기반 평면 위에 있고, c가 음수일 때 아래에 있다. 등위 선들은 기반 평면 안에 있다. [그림 13-2(b)]는 곡면에서 그들의 높이에 상응하는 평행한 직선들을 표시한다.

Q_ 만약 등위 곡선이 모두 직선이라면 그들은 반드시 서로 평행해야 하는가?

A_ 아니다. 표면 $z=y/x$는 등위 곡선 $y/x=c$를 가진다. 이 직선들 $y=cx$는 표면이 나선형 모양의 놀이터 미끄럼틀처럼 올라가면서 원점 주위를 회전한다.

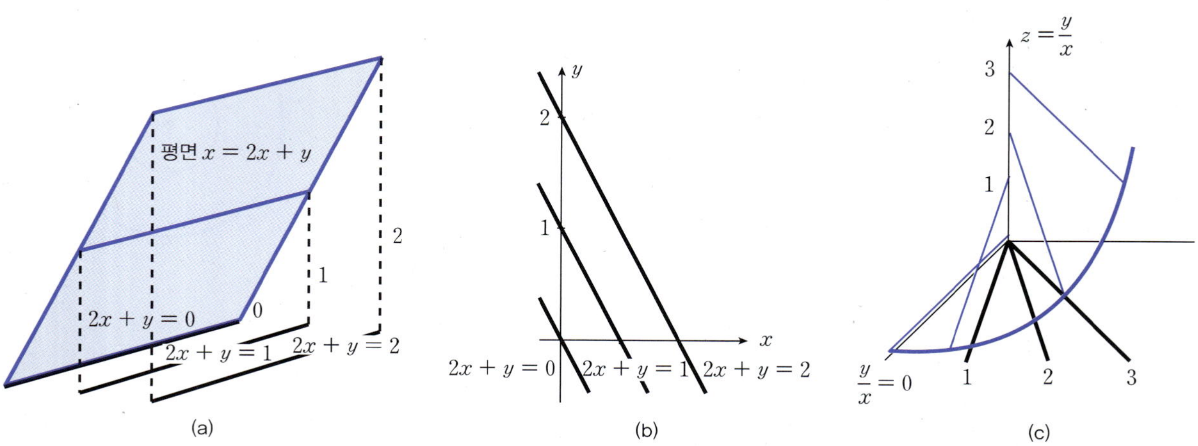

[그림 13-2] 평면은 평행한 등위선들을 가진다. 나선형 미끄럼틀 $z=y/x$는 직선 $y/x=c$를 가진다.

예제 3 날씨 지도는 온도 함수의 등위선들을 보여준다. 각 등위 곡선은 상수 온도의 점들을 연결한다. 하나의 직선은 시애틀에서 오마하를 거쳐서 신시내티와 워싱턴을 지난다. 겨울에 로스앤젤레스와 텍사스 그리고 플로리다를 지나는 직선을 생각해보면 같은 온도인 점들을 찾기가 어려워서 고통스러울 것이다. 일간 신문 『USA 투데이』는 등위를 색깔로 구분하는데, 이것이 더 좋은 방법이다. [그림 13-3]에서 대학교들의 온도를 보여주는 지도를 소개한다.

Q_ 등위 지도로부터 가장 높은 점을 어떻게 찾을 수 있는가?

A_ 등위 곡선은 최댓값을 주는 점을 주위로 닫힌 곡선을 형성한다. c가 증가함에 따라 닫힌 곡선은 더 견고해지고, 비슷하게 c가 감소함에 따라 곡선들은 가장 낮은 점을 찾아낸다.

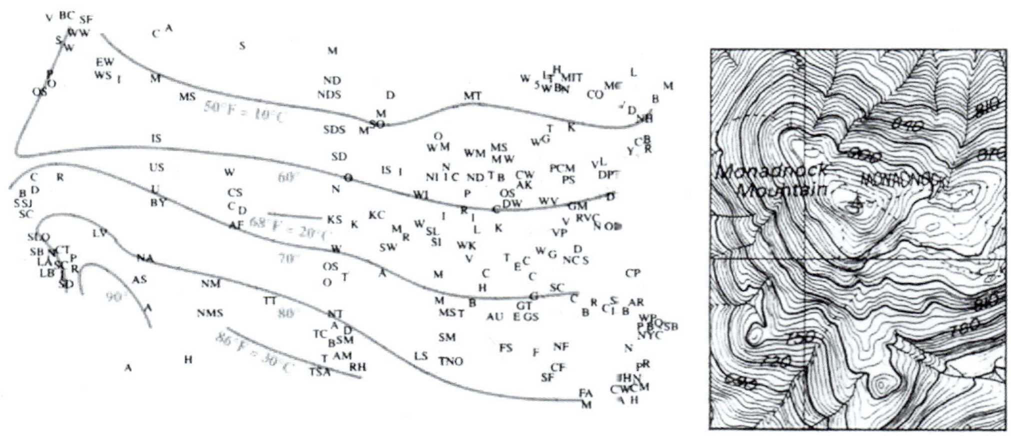

[그림 13-3] 미국과 캐나다의 대학교들에서의 온도. 뉴햄프셔의 모내드녹 산은 125000명/년의 비율로 (후지산을 제외하고?) 가장 많이 등반된 산으로 불린다. 등위 선들은 6m마다 그려졌다.

예제 4 산의 등위 지도는 가장 좋은 예이다. 보통 등위 곡선의 높이는 100피트씩 구분되어져 있다. 가파른 산책길에서 이들은 함께 뭉쳐 있으며 평평한 지역에서 등위 직선들은 멀리 떨어져 있다. 또한 물은 등위 곡선에 수직으로 흐른다.

Q_ 곡면에서의 기반 평면에서 오르막인 방향은 어느 방향인가?

A_ 가장 가파른 방향은 등위 곡선에 수직인 방향이다. 이는 매우 중요하며 곧 증명할 것이다.

예제 5 경제학에서 x^2y는 효용 함수이고 $x^2y = c$는 무차별 곡선이다.

효용 함수 x^2y는 x시간 동안 깨어 있고 y시간 동안 잠들어 있을 때의 함수이다. 예를 들어 2시간 깨어 있고 15분 잠들어 있을 때의 효용은 $f=(2^2)\left(\frac{1}{4}\right)$이다. 이는 x와 y가 각각 1시간인 $f=(1^2)(1)$의 값과 같다.

이들은 [그림 13-4(a)]에서 같은 등위 곡선에 놓여 있다. 이때 등위 곡선에서 임의의 두 점들을 기꺼이 교환할 수 있다.

무차별 곡선은 아래로 볼록하다. 이때 **우리는 임의의 두 점들의 평균을 선호한다.** 두 점을 지나는 직선은 등위 곡선보다 위에 있다.

[그림 13-4(b)]는 극단적인 경우를 보여준다. 등위 곡선들은 직선 $4x+y=c$이다. 4쿼터[1]는 자유롭게 1달러를 대체하며 그 가치는 $f=4x+y$달러이다.

[1] 미국 1달러의 1/4에 해당하는 화폐 단위

[그림 13-4(c)]는 다른 예제를 보여준다. 한쪽 신발만 남아있는 경우는 전혀 쓸모가 없다. 신발들이 가치(또는 효용)가 있으려면 x와 y 중 더 작은 숫자를 택해야 한다. 이는 신발들의 쌍을 세는 역할을 한다.

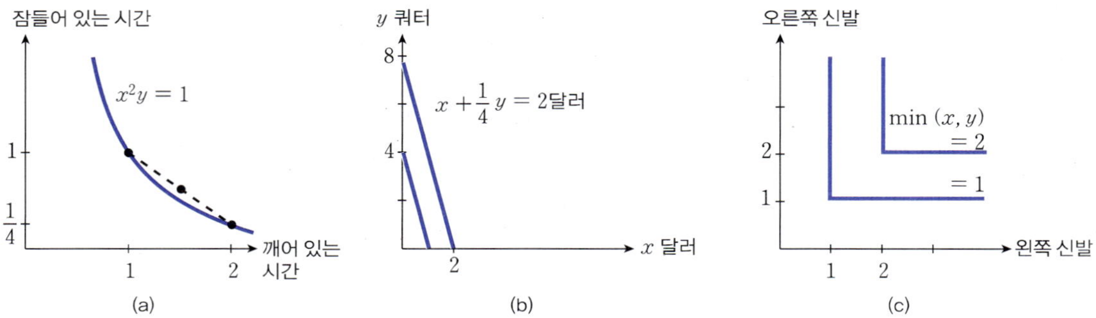

[그림 13-4] 효용 함수 (a) x^2y, (b) $4x+y$, (c) $\min(x,y)$. (a) 볼록, (b) 직선 대체, (c) 보완

13.1 문장제 문제

01 $z=f(x,y)$의 그래프는 __a__차원 공간의 __b__이다. __c__ 곡선 $f(x,y)=7$은 기반 평면에서 위쪽에 놓여 있다. 이 등위 곡선 위에 있는 점들은 곡면에서 높이가 __d__인 모든 점들이다. __e__ $z=7$은 이 점들에서 곡면을 자른다. 등위 곡선 $f(x,y)=$__f__은(는) xy 평면 안에 그려지고 __g__에 의해 구분된다. 구분된 곡선들의 집단은 __h__ 지도이다.

02 $z=f(x,y)=x^2-y^2$에 대해서 등위 곡선에 대한 식은 __i__이며 이 곡선은 __j__이다. $z=x-y$에 대해서 곡선은 __k__이다. 등위 곡선들은 절대로 서로 만나지 않는데 이는 __l__ 때문이다. 곡면이 __m__일 때 그들은 함께 군집한다. __n__일 때 곡선은 점을 모은다. 산에서 가장 가파른 방향은 __o__에 __p__인 방향이다.

13.1 연습문제

01 다음 4개의 함수에 대해서 표면 $z=f(x,y)$를 그려라.

$$f_1=\sqrt{4-x^2-y^2} \qquad f_2=2-\sqrt{x^2+y^2}$$
$$f_3=2-\frac{1}{2}(x^2+y^2) \qquad f_4=1+e^{-x^2-y^2}$$

02 4개의 모든 함수에 대한 등위 곡선은 ____이다. 그들은 ____에서 최댓값을 에워싼다. 네 개의 곡선 $f(x,y)=1$을 그린 다음 증가하는 반지름에 의해 그들의 순위를 매겨라.

03 $y=0$으로 두고 $x=2$에서 각 함수의 x에 대한 미분을 계산하라. 이 점에서 어떤 산이 가장 평평하고 어느 것이 가장 가파른가?

04 $y=1$로 두고 $x=1$에서 각 함수의 x에 대한 미분을 계산하라.

05~10 f_5에서 f_{10}까지 함수에 대하여 등위 곡선 $f=0,1,2$를 그려라. 또한 $f=-4$도 그려라.

05 $f_5=x-y$

06 $f_6=(x+y)^2$

07 $f_7=xe^{-y}$

08 $f_8=\sin(x-y)$

09 $f_9=y-x^2$

10 $f_{10}=y/x^2$

11 등위 곡선들이 평행한 직선들이라 가정하자. 곡면은 평면이 되어야 하는가?

12 등위 곡선 $f=0$에서 두 개의 분리된 조각이 형성되는 함수를 만들어라.

13 $f=0$은 원이고 $f=1$은 원이 아닌 함수를 생성하라.

14 $f=0$이 무한히 많은 조각을 가지는 함수를 찾아라.

15 $f=xy$에서 등위 곡선 $f=-2,-1,0,1,2$인 등위 지도를 그린 다음 표면을 묘사하라.

16 등위 곡선 $f=0$이 원과 원 안의 모든 점들로 이루어진 함수 $f(x,y)$를 찾아라.

17~20 다음 함수에 대하여 두 개의 등위 곡선을 그려라. 그들은 타원 또는 포물선 또는 쌍곡선인가? 양변을 제곱하기 전에 $\sqrt{\quad}-2x=c$를 $\sqrt{\quad}=c+2x$로 써라.

17 $f=\sqrt{4x^2+y^2}$

18 $f=\sqrt{4x^2+y^2}-2x$

19 $f=\sqrt{5x^2+y^2}-2x$

20 $f=\sqrt{3x^2+y^2}-2x$

21 $f=(y-2)/(x-1)$의 등위 곡선은 점 $(1,2)$가 ____이(가) 아니라는 것을 제외하고는 점 $(1,2)$를 통해 ____이다.

22 오늘 자 신문을 참고하여 우리나라 지도에 상수 온도(등온)의 직선을 그려라.

23 (a) $z=x^2+y^2-2x-2y$의 등위 선은 z가 최소인 점 ____ 주위의 원이다.

(b) $f=$____의 등위 선은 $f=c$인 원 $x^2+y^2=c+1$이다.

24 임의의 도 또는 국가의 등위 지도(해수면 위의 일정한 높이의 직선들)를 그려라. 플로리다는 아마 너무 평평할 것이다.

25 $w=F(x,y,z)$의 그래프는 $xyzw$ 공간에서 __차원 곡면이다. 이 함수의 등위 집합 $F(x,y,z)=c$는 xyz 공간에서 __차원 곡면이다. $v=x-2y+z$에 대해서 이 등위 집합은 ____이며 $w=x^2+y^2+z^2$에 대해서 이 등위 집합은 ____이다.

26 곡면 $x^2+y^2-z^2=-1$은 [그림 13-8(c)]에 있다. z^2이 1보다 작을 대 빈 공간이 있는데 이는 ____ 때문이다.

27 $F=x^2+y^2+qz^2$의 등위 집합은 q가 ____일 때에는 럭비공처럼, q가 ____일 때에는 야구공처럼, q가 ____일 때에는 원반처럼 생겼다.

28 $T(x,y)$를 $(0,0)$에서의 집에서 (x,y)에 있는 근처 동네까지 가는 데 걸리는 운전 시간이라 하자. 등위 곡선을 그려라.

29 (a) $f(x,y)=\sin(x-y)$의 등위 곡선은 ____이다.

(b) $g(x,y)=\sin(x^2-y^2)$의 등위 곡선은 ____이다.

(c) $h(x,y)=\sin(x-y^2)$의 등위 곡선은 ____이다.

30 $x_1y_1=1$이고 $x_2y_2=1$이라면 그들의 평균 $x=\frac{1}{2}(x_1+x_2)$, $y=\frac{1}{2}(y_1+y_2)$는 $xy\geq 1$임을 증명하라. 함수 $f=xy$는 볼록한 등위 곡선(쌍곡선)이다.

31 하루는 $x+y=24$로 제한되어 있다. x^2y를 $x^2(24-x)$로 쓰고 깨어 있는 시간의 최적의 수를 찾기 위해 최대화하라.

32 $x=16$ 근처에서 등위 곡선 $x^2y=2048$과 직선 $x+y=24$를 그려라. 곡선은 볼록한 형태이고 직선은 접선임을 보여라.

33 곡면 $z=4x+y$는 ____이며 곡면 $z=\min(x, y)$는 두 개의 ____(으)로부터 형성된다. 우리는 기꺼이 6개의 왼쪽 신발과 2개의 오른쪽 신발을 2개의 왼쪽 신발과 4개의 오른쪽 신발로 교환하지만 더 좋은 것은 평균 ____이다.

34 여러분의 신발에서 가장 높은 부분에 대한 등위 지도를 그려라.

13.2 편미분

미분학의 핵심 아이디어는 미분이다. x에서의 변화는 f에서의 변화를 생산한다. $\Delta f/\Delta x$는 도함수 또는 기울기 또는 변화율에 가까이 간다. f가 x와 y 모두에 의존한다면 무엇을 해야 하는가?

새로운 아이디어는 한 번에 하나씩 x와 y를 변화시키는 것이다. 첫 번째로, x만 움직인다. 함수 f가 $x+xy$일 때, Δf는 $\Delta x+y\Delta x$이며 비율 $\Delta f/\Delta x$는 $1+y$이다. $x+xy$의 'x에 대한 미분'은 $1+y$이다. 모든 함수에 대해서 방법은 다음과 같다. **y를 상수로 유지하고, x를 변화시킨 후 $\Delta f/\Delta x$의 극한을 취한다.**

정의 $$\frac{\partial f}{\partial x}(x, y)=\lim_{\Delta x\to 0}\frac{\Delta f}{\Delta x}=\lim_{\Delta x\to 0}\frac{f(x+\Delta x, y)-f(x, y)}{\Delta x} \tag{1}$$

좌변은 새로운 기호 $\partial f/\partial x$로 나타낸다. 이는 오직 x만 변화하기로 허용되었다는 것을 의미한다($\partial f/\partial x$는 **편미분**partial derivative이다). 같은 문자(여전히 'd'를 얘기한다)의 다른 형태 ∂는 x만이 변수가 아님을 상기시키는 문자이다. 다시 말해 다른 변수 y가 존재하지만 변하지는 않았다는 의미이다.

예제 1 $f(x, y)=x^2y^2+xy+y,\qquad \dfrac{\partial f}{\partial x}(x, y)=2xy^2+y+0$

y를 0으로 취급하지 마라! 이를 6과 같은 상수로 취급하라. 따라서 x에 대한 y의 미분은 0이다. $f(x)=\sin 6x$이면 $df/dx=6\cos 6x$이고, $f(x, y)=\sin xy$이면 $\partial f/\partial x=y\cos xy$이다.

강조하자면 $\partial f/\partial x$는 여전히 'df/dx'이다. 이는 x와 y의 함수이다. 더 자세히 말하면, 이는 'x에 대한 f의 편미분'이라 부른다. 기호 f'은 더 이상 사용할 수 없는데, 이는 이 기호가 x에 대해 특별한 지시를 하지 않기 때문이다. 이 기호를 대체하는 f_x는 '에프 엑스' 또는 '에프 서브 엑스'로 발음되고, 이는 $\partial f/\partial x$와 같은 의미를 가진 기호이다.

미분이 계산되는 점 (x_0, y_0)을 나타낼 때에는 다음과 같이 쓴다.

$$\frac{\partial f}{\partial x}(x_0, y_0) \quad \text{또는} \quad f_x(x_0, y_0) \quad \text{또는} \quad \left.\frac{\partial f}{\partial x}\right|_{(x_0,\, y_0)} \quad \text{또는} \quad \left(\frac{\partial f}{\partial x}\right)_0$$

예제 2 $f(x, y) = \sin 2x \cos y$, $f_x = 2\cos 2x \cos y$ ($\cos y$는 $\partial/\partial x$에 대하여 상수이다)

특별한 점 (x_0, y_0)는 $(0, 0)$이며 표면의 높이는 $f(0, 0) = 0$이다. 이때 x 방향의 기울기는 $f_x = 2$이다. 다른 점 $x_0 = \pi$, $y_0 = \pi$에서 $f_x(\pi, \pi) = -2$를 찾을 수 있다.

이제 x를 상수로 유지하고 y를 변화시켜 보자. 그러면 비율 $\Delta f/\Delta y$는 $\partial f/\partial y$에 가까이 간다.

$$f_y(x, y) = \lim_{\Delta y \to 0} \frac{\Delta f}{\Delta y} = \lim_{\Delta y \to 0} \frac{f(x, y + \Delta y) - f(x, y)}{\Delta y} \qquad (2)$$

이는 y 방향의 기울기이다. 곡면은 x 방향에서 위로 가고 y 방향에서는 아래로 갈 수 있다는 것에 주목하자. 평면 $f(x, y) = 3x - 4y$는 $f_x = 3$(위)이고 $f_y = -4$(아래)이다. 곧 45° 방향에서 무슨 일이 일어나는지 살펴보게 될 것이다.

예제 3 $f(x, y) = \sqrt{x^2 + y^2}$, $\dfrac{\partial f}{\partial x} = \dfrac{x}{\sqrt{x^2 + y^2}} = \dfrac{x}{f}$, $\dfrac{\partial f}{\partial y} = \dfrac{y}{\sqrt{x^2 + y^2}} = \dfrac{y}{f}$

$\sqrt{x^2 + y^2}$의 x에 대한 미분은 실제로 일변수 미적분학인데, 이는 y가 상수이기 때문이다. 지수는 $\frac{1}{2}$에서 $-\frac{1}{2}$로 떨어지고, 연쇄 법칙으로부터 $2x$가 곱해진다. **이 거리 함수는 재미있는 미분 $\partial f/\partial x = x/f$를 가진다.**

이 함수의 그래프는 원뿔이다. 점 $(0, 2)$ 위에서 높이는 $\sqrt{0^2 + 2^2} = 2$이며 편미분은 $f_x = 0/2$과 $f_y = 2/2$이다. [그림 13-5]는 이 점에서 y 방향으로 올라간다는 것을 보여준다. 이는 x 방향에서 수평을 이룬다. 실제 증분 Δx는 $0^2 + 2^2$을 $(\Delta x)^2 + 2^2$으로 증가시킬 것이다. 하지만 이 변화는 $(\Delta x)^2$의 차수만큼이고 x에 대한 미분은 0이다.

[그림 13-5]는 꽤 중요하다. 이는 $\partial f/\partial x$와 $\partial f/\partial y$가 각각 어떻게 $f(x, y_0)$과 $f(x_0, y)$의 보통 미분이 되는지를 보여준다. 이들을 **편미분**이라 부르는 것은 자연스럽다. 첫 번째는 x를 변화시키는 동안 y를 y_0에서 고정한다. 이들의 그래프는 수직 평면 $y = y_0$과 $x = x_0$에 의해 잘린 **곡면 아래로의 횡단면이다.** 등위 곡선은 수평 평면 $z = c$

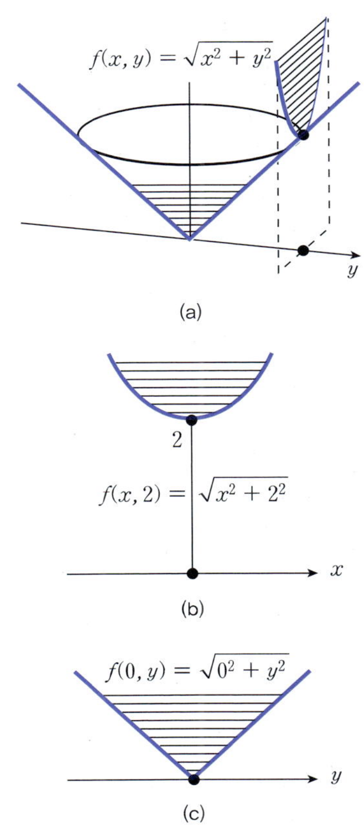

[그림 13-5] 거리 함수 $f = \sqrt{x^2 + y^2}$의 부분 함수 $\sqrt{x^2 + 2^2}$과 $\sqrt{0^2 + y^2}$

에 의해 잘린다는 것을 기억하라.

$\Delta f/\Delta x$와 $\Delta f/\Delta y$의 극한은 원래의 방식대로 계산되었다. 부분 함수와 함께 다시 단일 변수로 돌아가자. **편미분은 부분 함수**partial function**의 보통 미분이다**(상수 y 또는 상수 x). 원뿔에 대해서 $\partial f/\partial y$는 $(0,0)$을 제외한 모든 점에서 존재한다. [그림 13-5]는 원뿔 중심의 아래로 횡단면이 어떻게 절댓값 함수 $f(0,y)=|y|$를 도출하는지를 보여준다. 이 함수는 한방향 미분을 가지지만 양방향 미분을 가지지는 않는다.

비슷하게 $\partial f/\partial x$는 원뿔의 뾰족한 점에서 존재하지 않는다. 따라서 필요한 경우에 연속 함수 $f(x,y)$의 아이디어를 발전시킨다. 각 편미분은 한방향과 관련이 있지만, 극한과 연속은 모든 방향과 관련이 있다. 예를 들어 위 거리 함수는 미분가능하지 않은 점 $(0,0)$에서 연속이다.

예제 4 $f(x,y)=y^2-x^2,\qquad \partial f/\partial x=-2x,\qquad \partial f/\partial y=2y$

$(1,3)$에서 x 방향으로 움직이자. 그러면 y^2-x^2은 부분 함수 $9-x^2$을 가지며 3에서 y를 고정하면 포물선은 아래로 열려 있다. ($x=1$을 따르는) y 방향에서 부분 함수 y^2-1은 위로 열려 있다. [그림 13-6]의 곡면은 쌍곡 포물면이라 불리는데, 이는 등위 곡선 $y^2-x^2=c$가 모두 쌍곡선이기 때문이다. 대부분의 사람들은 이를 안장이라 부르고, 원점에서는 특별히 **안장점**saddle point이라 부른다. 원점은 y^2-x^2에 대해 특별한데 이는 양쪽 미분이 모두 0이기 때문이다. **$(0,0)$에서 y 포물선의 바닥은 x 포물선의 꼭대기이다.** 여기서 곡면은 순간적으로 모든 방향에서 평평하다. 이는 언덕의 꼭대기인 동시에 산맥의 바닥이다. 양쪽 미분이 모두 0이지만 안장점에서 최댓값을 가지지도, 최솟값을 가지지도 않는다.

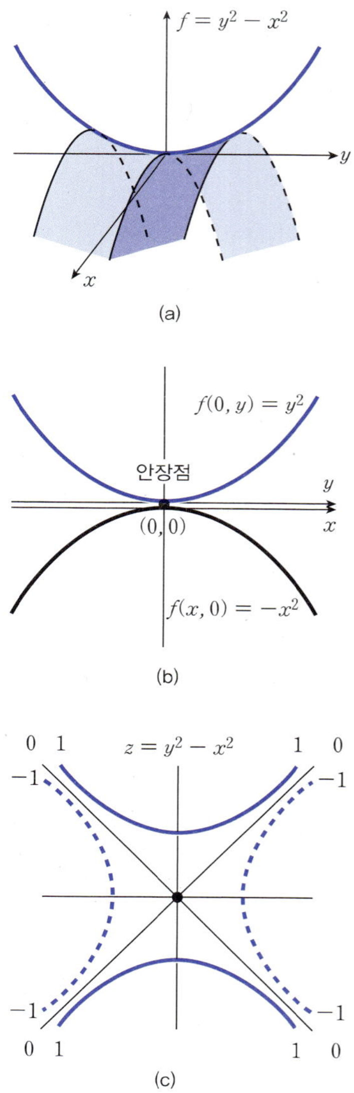

[그림 13-6] (a) 안장 함수, (b) 이 함수의 편미분과 (c) 이 함수의 등위 곡선들

NOTE _ 안장점을 가지려면 $f(x,y)$가 반드시 y^2과 x^2을 포함해야 된다고 생각하지 마라. 함수 $2xy$ 역시 안장점을 가진다. 등위 곡선 $2xy=c$도 여전히 포물선이고, 이 경우 부분 함수 $2xy_0$과 $2x_0y$는 이제 직선이다(이는 주목할 만하다). 45°직선 $x=y$를 따라 가면 함수는 $2x^2$이고 위로 올라간다. 반면 $-45°$직선 $x=-y$를 따라 가면 함수는 $-2x^2$이고 아래로 떨어진다. [그림 13-6]에서 $2xy$의 그래프는 45°만큼 회전되었다.

예제 5 $f(x,y,z)=x^2+y^2+z^2$

예제 6 $P(T,V)=nRT/V$

[예제 5]는 더 많은 변수를 보여주며 [예제 6]은 변수가 x와 y가 아닐 수도 있다는 것을 보여준다. 또한 함수의 이름은 f가 아닐 수도 있다! 압력과 온도 그리고 부피는 각각 P, T, V이다. 문자는 바뀌지만 내용은 그대로이다.

$\partial P/\partial T = nR/V \qquad \partial P/\partial V = -nRT/V^2$ (1/V의 미분에 주목하라)

$\partial P/\partial R$가 없는 이유는 화학에서 R이 상수이기 때문이다(이는 변수가 아니다).

물리는 움직이는 물체에 대해서 6개의 변수를 사용한다(좌표 x, y, z와 운동량 p_x, p_y, p_z). 경제학과 사회과학은 이보다 더 복잡하다. 만약 26개의 생산품이 있다면 26개의 변수가 있다(수량뿐만 아니라 가격을 보여줄 때는 52개이기도 하다). 이익은 이 변수들의 복잡한 함수일 수 있다. 52개의 변수 중 하나가 변할 때, **편미분은 한계 이익이다**. 스프레드시트는 한 변수가 변할 때의 효과와 52개의 값을 브여준다. 또한 무한소의 스프레드시트는 미분을 보여준다.

이계도함수

천재들만이 이계도함수를 다룰 수 있는 것은 아니다. 유일한 어려움은 두 개의 일계도함수 f_x와 f_y가 네 개의 이계도함수 f_{xx}, f_{xy}, f_{yx}, f_{yy}의 결과를 가져온 것이다(f_{xx}의 두 개의 밑첨자는 x에 대한 미분의 x에 대한 미분이다. 다른 기호로 표현하면 각각 $\partial^2 f/\partial x^2$, $\partial^2 f/\partial x \partial y$, $\partial^2 f/\partial y \partial x$, $\partial^2 f/\partial y^2$이다). 우선 예제를 통해 확인할 수 있듯이, 다행히도 f_{xy}와 f_{yx}는 서로 같다.

예제 7 $f = x/y$는 $f_x = 1/y$를 가지며 이는 $f_{xx} = 0$과 $f_{xy} = -1/y^2$을 가진다. 함수 x/y는 x에 대해 선형이다(이는 $f_{xx} = 0$인 이유를 설명한다). 이 함수의 y에 대한 미분은 $f_y = -x/y^2$이며 이는 x에 대한 미분 $f_{yx} = -1/y^2$을 가진다. **혼합된 미분 f_{xy}와 f_{yx}는 서로 같다**.

온전한 y 방향에서 이계도함수는 $f_{yy} = 2x/y^3$이다. 이 모든 미분은 일변수 미적분학으로도 충분한데, 이는 오직 한 변수만 움직이기 때문이다.

예제 8 $f = 4x^2 + 3xy + y^2$은 $f_x = 8x + 3y$와 $f_y = 3x + 2y$를 가진다.

양쪽의 '교차 미분' f_{xy}와 f_{yx}는 3으로 같다. x 방향의 이계도함수는 $\partial^2 f/\partial x^2 = 8$ 또는 $f_{xx} = 8$이다. 마찬가지로 $\partial^2 f/\partial y^2 = 2$이다. 유일한 변화는 d에서 ∂로 바뀌었다는 것이다.

만약 $f(x, y)$가 연속적인 이계도함수를 가진다면 $f_{xy} = f_{yx}$이다. [연습문제 13.2.43]은 평균값 정리에 기반을 둔 증명을 제시한다. 3계도함수에 대한 거의 모든 예제는 $f_{xxy} = f_{xyx} = f_{yxx}$가 $f_{yyx} = f_{yxy} = f_{xyy}$와 다르다는 것을 보여준다.

Q1_ 평면에서 공간 곡선 $x(t)$, $y(t)$, $z(t)$를 어떻게 그릴 수 있는가?

A_ 한 가지 방법은 $(1,1,1)$의 방향과 평행하게 보는 것이다. 여러분의 XY 화면 위에 $X=(y-x)/\sqrt{2}$ 와 $Y=(2z-x-y)/\sqrt{6}$ 을 그려라. 직선 $x=y=z$는 점 $(0,0)$으로 간다!

Q2_ 곡면 $z=f(x,y)$의 그래프를 어떻게 그리는가?

A_ 같은 X와 Y를 사용하라. 곡면에서 한 방향의 곡선을 위해 x를 고정하고 y를 변화시켜라. 그런 다음 다른 부분 함수를 위해서 y를 고정하고 x를 변화시켜라. $x=\left(2+v\sin\frac{1}{2}u\right)\cos u, y=\left(2+v\sin\frac{1}{2}u\right)\sin u,\ z=v\cos\frac{1}{2}u$와 같은 매개화된 곡면에 대해서 u를 변화시키고 그 다음 v를 변화시켜라. 딕 윌리엄슨Dick Williamson은 이 변수들이 어떻게 한방향의 '뫼비우스의 띠'를 그리게 되는지를 보였다.

13.2 문장제 문제

01 __a__ 미분 $\partial f/\partial y$는 __b__ 을(를) 고정하고 __c__ 을(를) 움직여 얻어진다. 이는 __d__ 의 극한이다. $f=e^{2x}\sin y$이면 $\partial f/\partial x=$ __e__ 이고 $\partial f/\partial y=$ __f__ 이다. $f=(x^2+y^2)^{1/2}$이면 $f_x=$ __g__ 이고 $f_y=$ __h__ 이다. (x_0,y_0)에서 편미분 f_x는 __i__ 함수 $f(x,y_0)$의 보통 미분이다. 마찬가지로 f_y는 $f($__j__$)$(으)로부터 얻어진다. 이 함수들은 수직 평면 $x=x_0$과 __k__ 에 의해 잘려지는 반면, 등위 곡선은 __l__ 평면에 의해 잘려진다.

02 4의 이계도함수는 f_{xx}, __m__, __n__, __o__ 이다. $f=xy$에 대해 이 이계도함수들은 __p__ 이고, $f=\cos 2x\cos 3y$에 대해 이 이계도함수들은 __q__ 이다. 이 두 예에서 미분 __r__ 와(과) __s__ 은(는) 같다. 이는 이계도함수가 __t__ 일 때 항상 참이다. 원점에서 $\cos 2x\cos 3y$는 x와 y 방향에서 곡선의 __u__ 인 반면, xy는 $45°$ 방향에서 __v__ (으)로 가고 $-45°$ 방향에서 __w__ (으)로 간다.

13.2 연습문제

01~12 다음 함수에 대해서 $\partial f/\partial x$와 $\partial f/\partial y$를 찾아라.

01 $3x-y+x^2y^2$

02 $\sin(3x-y)+y$

03 $x^3y^2-x^2-e^y$

04 xe^{x+4}

05 $(x+y)/(x-y)$

06 $1/\sqrt{x^2+y^2}$

07 $(x^2+y^2)^{-1}$

08 $\ln(x+2y)$

09 $\ln\sqrt{x^2+y^2}$

10 y^x

11 $\tan^{-1}(y/x)$

12 $\ln(xy)$

13~20 다음 함수에 대해서 $f_{xx}, f_{xy}=f_{yx}, f_{yy}$를 계산하라.

13 $x^2+3xy+2y^2$

14 $(x+3y)^2$

15 $(x+iy)^3$

16 e^{ax+by}

17 $1/\sqrt{x^2+y^2}$

18 $(x+y)^n$

19 $\cos ax \cos by$

20 $1/(x+iy)$

21~26 다음 함수에 대해서 정의역과 치역(모든 입력값과 출력값)을 찾아라. 그리고 f_x, f_y, f_z, f_t를 계산하라.

21 $1/(x-y)^2$

22 $\sqrt{x^2+y^2-t^2}$

23 $(y-x)/(z-t)$

24 $\ln(x+t)$

25 왜 $x^{\ln t}$과 $t^{\ln x}$은 같은가?

26 $\cos x \cos^{-1} y$

---

27 $f=x^m y^n$에 대해서 $f_{xy}=f_{yx}$임을 확인하라. $f_{xy}=0$이면 f_x는 _____에 의존하지 않고 f_y는 _____에 대해 독립적이다. 이 함수는 반드시 $f(x,y)=G(x)+$_____ 형태를 가져야 한다.

28 $f(x,y)=\int_x^y v(t)dt$에 대한 f_x와 f_y를 계산하여 v를 통해 나타내어라. 우선 x를 변화시킨 다음 y를 변화시킨다.

29 $f=\int_0^{xy} v(t)dt$에 대한 $\partial f/\partial x$를 계산하라. y를 상수로 유지시켜라.

30 $f(x,y)=\int_x^y dt/t$는 무엇이고 f_x와 f_y는 무엇인가?

31 $f=x^3y^3$에 대해 8개의 3계도함수 $f_{xxx}, f_{xxy}, \cdots$를 모두 계산하라. 서로 다른 것은 몇 쌍인가?

32~35 $f(x,y)=e^{cx}g(y)$가 다음 식을 만족시키도록 $g(y)$를 선택하라.

32 $f_x+f_y=0$

33 $f_x=7f_y$

34 $f_y=f_{xx}$

35 $f_{xx}=4f_{yy}$

---

36 $t^{-1/2}e^{-x^2/4t}$은 **열 방정식** $f_t=f_{xx}$를 만족시킴을 보여라. 이 $f(x,t)$는 점 원천[point source] $x=0,\ t=0$에서 열로 인한 위치 x와 시간 t에서의 온도이다.

37 xy 평면에서 열 유체에 대한 방정식은 $f_t=f_{xx}+f_{yy}$이다. $f(x,y,t)=e^{-2t}\sin x \sin y$가 이 방정식의 해임을 보여라. $f=e^{____}\sin 2x \sin 3y$의 어떤 지수가 이 방정식의 근이 되는가?

38 열 방정식 $f_t=f_{xx}+f_{yy}$의 근 $f(x,y)=e^{____}\sin mx \cos ny$를 찾아라. $t^{-1}e^{-x^2/4t}e^{-y^2/4t}$도 역시 근임을 보여라.

39 기본적인 **파동 방정식**은 $f_{tt}=f_{xx}$이다. $f(x,t)=\sin(x+t)$와 $f(x,t)=\sin(x-t)$가 이 방정식의 근임을 보여라. $t=\pi/4$에서 양쪽 모두의 그래프를 그려라. 어떤 파동이 왼쪽으로 움직이고 어떤 파동이 오른쪽으로 움직이는가?

40 문제 39에 이어 파동의 꼭대기는 시간 간격 $\Delta t=\pi/4$ 동안 거리 $\Delta x=$_____을(를) 움직인다. 이때 파동의 속도는 $\Delta x/\Delta t=$_____이다.

41 다음 중 어떤 것이 파동 방정식 $f_{tt}=c^2 f_{xx}$를 만족시키는가?

$$\sin(x-ct),\quad \cos(x+ct),\quad e^{x-ct},\quad e^x-e^{ct},\quad e^x\cos ct$$

42 $\partial f/\partial t=\partial f/\partial x$라 가정하자. $\partial^2 f/\partial t^2=\partial^2 f/\partial x^2$임을 보여라.

43 $f_{xy}=f_{yx}$의 증명은 작은 사각형에서 $f(x,y)$를 연구함으로써 가능하다. 꼭대기와 바닥에서의 차이는 $g(x)=f(x,B)-f(x,A)$이다. 꼭짓점 1, 2, 3, 4에서의 차이는 다음과 같다.

$$\begin{aligned}
Q&=[f_4-f_3]-[f_2-f_1]\\
&=g(b)-g(a)\quad (g)\text{의 정의}\\
&=(b-a)g_x(c)\quad (\text{평균값 정리})\\
&=(b-a)[f_x(c,B)-f_x(c,A)]\quad (g_x\text{ 계산})\\
&=(b-a)(B-A)f_{xy}(c,C)\quad (\text{한 번 더 평균값 정리})
\end{aligned}$$

(a) 오른쪽과 왼쪽의 차이는 $h(y)=f(b,y)-f(a,y)$이다. 같은 Q는 $h(B)-h(A)$이다. 위 과정의 순서를 바꿔서 $Q=(B-A)(b-a)f_{yx}(c^*,C^*)$를 얻어라.

(b) Q에 대한 위의 두 식은 (c,C)에서의 f_{xy}와 (c^*,C^*)에서의 f_{yx}를 같게 만든다. 사각형을 점 (a,A)이 될 때까지 줄여라. 보통의 점에서 어떤 가정에 의해 $f_{xy}=f_{yx}$의 결과가 되는가?

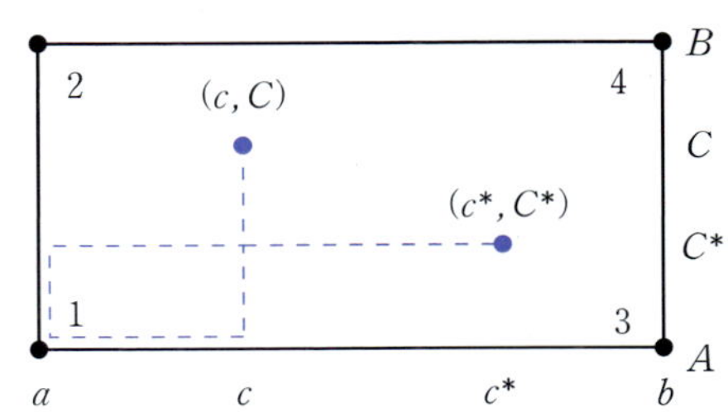

44 식 (1)과 식 (2)에 기반을 둔 편미분이 존재할 때, $\partial f/\partial x$와 $\partial f/\partial y$를 구하라.

(a) $f=|xy|$

(b) $x\neq 0$일 때 $f=x^2+y^2$, $x=0$일 때 $f=0$

45~52 다음은 2차원에서의 극한에 관한 것이다.

45 극한에 대한 다음 4개의 올바른 정의를 완성하라.

1. x_n이 a에 가까이 가고 ____이면 점 (x_n, y_n)은 점 (a, b)에 가까이 간다.
2. (a, b) 주변의 임의의 원에 대해서 점 (x_n, y_n)은 결국 원 ____(으)로 가고 ____에 머무른다.
3. (x_n, y_n)에서 (a, b)까지의 거리는 ____이고 이 거리는 ____에 가까워진다.
4. 임의의 $\varepsilon > 0$에 대하여 모든 $n >$____에 대해서 거리 ____$< \varepsilon$인 N이 존재한다.

46 (x_2, y_2)와 (x_4, y_4)를 찾고 극한이 존재한다면 극한 (a, b)를 찾아라. $(x_0, y_0) = (1, 0)$에서 시작하라.

(a) $(x_n, y_n) = (1/(n+1), n/(n+1))$

(b) $(x_n, y_n) = (x_{n-1}, y_{n-1})$

(c) $(x_n, y_n) = (y_{n-1}, x_{n-1})$

(d) $(x_n, y_n) = (x_{n-1} + y_{n-1}, x_{n-1} - y_{n-1})$

47 $f(x,y)$의 극한에 대한 정의이다.

1. 비공식적인 정의 : 점 (x_n, y_n)이 (a, b)에 가까워질 때 수 $f(x_n, y_n)$은 L에 가까워진다.
2. $\varepsilon - \delta$ 정의 : 각각의 $\varepsilon > 0$에 대해서 (x, y)에서 (a, b)까지 거리가 ____일 때 $|f(x, y) - L|$이 ____보다 작아지게 하는 $\delta > 0$이 있다. 이 정의에서 (a, b)에서 f의 값은 영향을 주지 않는다.

48 $(x, y) \to (a, b)$일 때 극한 L을 써라. $f(x, y)$가 극한을 가지지 않는 점 (a, b)는 무엇인가?

(a) $f(x, y) = \sqrt{x^2 + y^2}$ (b) $f(x, y) = x/y$

(c) $f(x, y) = 1/(x + y)$ (d) $f(x, y) = xy/(x^2 + y^2)$

(d)에서 직선 $y = mx$를 따른 다음 $(0, 0)$에서 극한을 찾아라. 극한은 m과 함께 변하고, 따라서 L은 $(0, 0)$에서 존재하지 않는다. x/y에 대해서도 같다.

49 연속의 정의 : $f(a, b)$가 정의되며 (x, y)가 (a, b)에 가까워짐에 따라 $f(x, y)$가 극한 ____에 가까워지면 $f(x, y)$는 (a, b)에서 연속이다. $(1, 2)$에서 연속이 아닌 함수를 만들어라.

50 모든 직선 $y = mx$를 따라 0에 가까이 갈 때 $x^2y/(x^4 + y^2) \to 0$임을 보여라. 반면 포물선 $y = x^2$을 따라서 아래로 이동하면 위의 비율은 ____와(과) 같다.

51 다음 $f(x, y)$가 $(0, 0)$에서 연속이 되도록 $f(0, 0)$을 정의할 수 있는가?

(a) $f = |x| + |y - 1|$ (b) $f = (1 + x)^y$ (c) $f = x^{1+y}$

52 $(x, y) \to (0, 0)$일 때 어떤 함수가 0에 가까이 가며 그 이유는 무엇인가?

(a) $\dfrac{xy^2}{x^2 + y^2}$ (b) $\dfrac{x^2y^2}{x^4 + y^4}$ (c) $\dfrac{x^m y^n}{x^m + y^n}$

13.3 접평면과 선형 근사

짧은 구간으로 한정하면 매끄러운 곡선 $y = f(x)$는 거의 직선이다. 곡선은 계속해서 방향을 바꾸지만 접선 $y - y_0 = f'(x_0)(x - x_0)$은 영원히 같은 기울기를 유지한다. 접선은 즉시 $y = f(x)$에 대한 선형 근사 $y \approx y_0 + f'(x_0)(x - x_0)$를 준다.

변수가 두 개인 경우 어떤 일이 일어나는가? 함수는 $z = f(x, y)$이고 이 함수의 그래프는 **곡면**이다. 곡면 위의 점 관점에서는 미시적으로 볼 수밖에 없으므로 멀리 보지 못한다. 곡면은 수평선에서 시야가 멀어지면 곡선을 이루거나, 그릇이거나 안장일 수 있다. 미시적인 관점에서 보면 곡면은 평평하게 생겼다. 이 평면(반드시 수평일 필요는 없다)이 존재한다고 생각할 때 우리는 이 **접평면**의 방정식을 구하고자 한다.

기반점은 좌표 x_0과 y_0을 가지며 표면의 높이는 $z_0 = f(x_0, y_0)$이다. 다른 문자들로 나타내는 것도 가능하다. 즉 점은 높이 w를 가진 (a, b)일 수 있다. 밑첨자 $_0$은 이 점에서의 x 또는 y 또는 z 또는 $\partial f/\partial x$ 또는 $\partial f/\partial y$의 값을 가리킨다.

변수가 하나일 때 접선의 기울기는 df/dx이다. 변수가 두 개일 때에는 두 개의 미분 $\partial f/\partial x$와 $\partial f/\partial y$가 있다. 즉 특정한 점에서 $(\partial f/\partial x)_0$과 $(\partial f/\partial y)_0$를 가진다. 이들은 접평면의 기울기이다. 접평면의 기울기 식이 바로 이 장의 핵심이다.

1 (x_0, y_0, z_0)에서 접평면은 표면 $z = f(x, y)$에서와 같은 기울기를 가진다. 접평면의 방정식(선형방정식)은 다음과 같다.

$$z - z_0 = \left(\frac{\partial f}{\partial x}\right)_0 (x - x_0) + \left(\frac{\partial f}{\partial y}\right)_0 (y - y_0) \quad (1)$$

이 평면에 대한 법선 벡터 $\mathbf{N}$의 성분은 $(\partial f/\partial x)_0, (\partial f/\partial y)_0, -1$이다.

예제 1 $(x_0, y_0, z_0) = (1, 2, 9)$에서 $z = 14 - x^2 - y^2$에 대한 접평면을 찾아라.

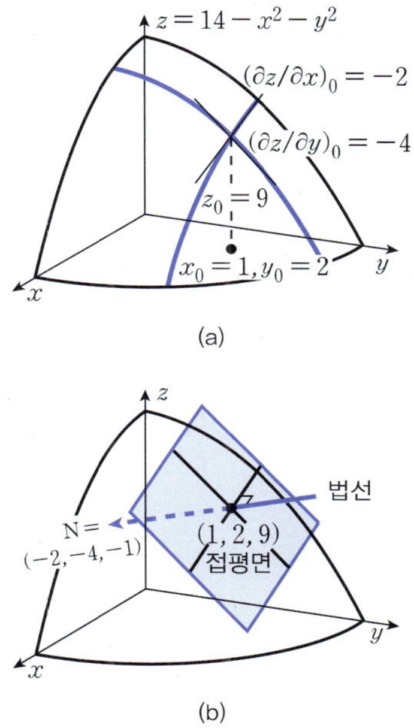

[그림 13-7] 접평면은 $\mathbf{N}$에 수직인 x에 대한 접선과 y에 대한 접선을 모두 포함한다.

풀이

미분은 $\partial f/\partial x = -2x$와 $\partial f/\partial y = -2y$이다. $x = 1$이고 $y = 2$일 때 이들은 $(\partial f/\partial x)_0 = -2$와 $(\partial f/\partial y)_0 = -4$이다. 접평면의 방정식은 다음과 같다.

$$z - 9 = -2(x - 1) - 4(y - 2) \text{ 또는 } z + 2x + 4y = 19 \quad (2)$$

위 $z(x, y)$는 곡면과 마찬가지로 미분 -2와 -4를 가진다. 따라서 평면은 접한다.

법선 벡터 $\mathbf{N}$의 성분은 $-2, -4, -1$이다. 그러므로 법선^normal line^의 방정식은 $(x, y, z) = (1, 2, 9) + t(-2, -4, -1)$이다. $(1, 2, 9)$에서 시작해서 직선은 $\mathbf{N}$을 따라 바깥으로 간다(평면과 표면에 수직이다).

[그림 13-7]은 접평면에 관한 세부사항을 더 보여준다. $(1, 2, 9)$를 지나는 두 직선은 x에 대한 접선, y에 대한 접선이며 이들은 평면에 포함되어 있다. 즉 모든 접선은 접평면에 포함되어 있다! 이 특별한 직선들은 '부분 함수'에 접한다(여기서 y는 $y_0 = 2$로 고정되거나 x는 $x_0 = 1$로 고정된다). 평면은 곡면에서 평형을 이루고 접점에서 표면과 만난다.

이어서 더 많은 사실이 존재한다. 곡면 위의 점을 지나는 모든 곡선은 평면에 접한다. 기하학적으로 설명하면 곡선은 곡면을 따라 점까지 올라가며 결국 평면과 '키스'하게 된다.[2] 곡선에 대한 접선 $\mathbf{T}$와 곡면에 대한 법선 벡터 $\mathbf{N}$은 서로 수직이다. 즉 $\mathbf{T} \cdot \mathbf{N} = 0$이다.

2 더 안전한 단어는 '접촉'이다. 안장점에서 평면은 양 쪽에서 모두 키스한다.

예제 2 $(1, 2, 3)$에서 구 $z^2 = 14 - x^2 - y^2$에 대한 접평면을 찾아라.

풀이

$z^2 = 14 - x^2 - y^2$ 대신에 $z = \sqrt{14 - x^2 - y^2}$ 을 생각하면 $x_0 = 1$, $y_0 = 2$에서 높이는 이제 $z_0 = 3$이다. 곡면은 반지름이 $\sqrt{14}$ 인 구이다. 제곱근의 유일한 골칫거리는 미분인데, 이는 다음과 같다.

$$\frac{\partial z}{\partial x} = \frac{\partial}{\partial x}\sqrt{14 - x^2 - y^2} = \frac{\frac{1}{2}(-2x)}{\sqrt{14 - x^2 - y^2}},$$

$$\frac{\partial z}{\partial y} = \frac{\partial}{\partial y}\sqrt{14 - x^2 - y^2} = \frac{\frac{1}{2}(-2y)}{\sqrt{14 - x^2 - y^2}} \tag{3}$$

$(1, 2)$에서 이 두 기울기는 각각 $-\frac{1}{3}$과 $-\frac{2}{3}$이다. 접평면의 방정식은 선형이다. $z - 3 = -\frac{1}{3}(x-1) - \frac{2}{3}(y-2)$. 이제 이 방정식을 개선하겠다. 양변에 3을 곱하고 모든 항을 좌변으로 이동하면 다음과 같다.

$$\text{구에 대한 접평면}: 1(x-1) + 2(y-2) + 3(z-3) = 0 \tag{4}$$

수학을 '패턴의 과학'이라고 한다면 식 (4)는 가장 좋은 연구대상이다. 여기서 세 수 $1, 2, 3$이 두 번씩 등장했다. 좌표는 $(x_0, y_0, z_0) = (1, 2, 3)$이고, 법선 벡터는 $1\mathbf{i} + 2\mathbf{j} + 3\mathbf{k}$이다. 또한 접평면의 방정식은 $1x + 2y + 3z = 14$이다. 이 모든 일은 우연이 아니지만, $14 - x^2 - y^2$의 제곱근은 단순한 패턴을 복잡해 보이게 만들었다.

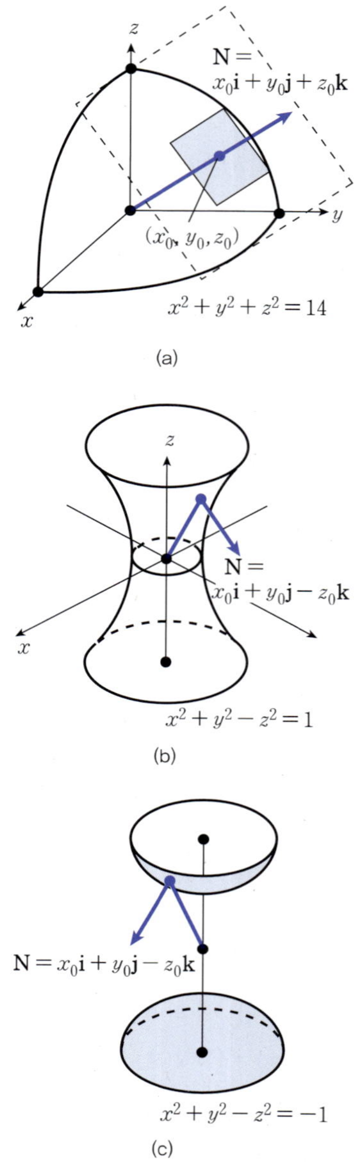

[그림 13-8] (a) 구에 대한 접평면과 법선 벡터 $\mathbf{N}$, (b), (c) 한 장과 두 장의 쌍곡면

이 제곱근은 필수가 아니다. 미적분학은 dz/dx를 찾는 직접적인 방법을 제공한다(음함수 미분법). 모든 항을 x에 관한 함수로 생각하고 합성함수의 미분을 통해 미분하라.

$x^2 + y^2 + z^2 = 14$는 $2x + 2z\,\partial z/\partial x = 0$과 $2y + 2z\,\partial z/\partial y = 0$의 결과를 준다. (5)

여기서 2로 각각 나누면 구에서의 미분은 $-x/z$와 $-y/z$이며 이들은 식 (3)에서와 같다. 접평면에 대한 방정식은 매우 대칭적인 형태를 가진다.

$$z - z_0 = -\frac{x_0}{z_0}(x - x_0) - \frac{y_0}{z_0}(y - y_0)$$

$$\text{또는}\quad x_0(x - x_0) + y_0(y - y_0) + z_0(z - z_0) = 0 \tag{6}$$

마지막 방정식을 $\mathbf{N} = x_0\mathbf{i} + y_0\mathbf{j} + z_0\mathbf{k}$로 읽음으로써 미적분학은 우리가 이미 알고 있는 다음 사실을 증명한다. **구에 대한 법선 벡터는 반지름을 따라 바깥으로 향한다.**

$F(x, y, z) = c$에 대한 접평면

구는 (다른 곡면에서도 중요한) 질문을 제안한다. 표면에 대한 식이 $z = f(x, y)$이 아닌 $F(x, y, z) = c$라 가정하자. 편미분과 접평면은 F로부터 직접 찾을 수 있는가? 결론적으로, 찾을 수 있다. 즉 방정식을 반드시 z에 대해서 먼저 풀 필요가 없다. (x_0, y_0, z_0)에서 계산된 F의 미분은 접평면과 법선 벡터에 대한 두 번째 공식을 준다.

2 곡면 $F(x, y, z) = c$에 대한 접평면은 다음 선형방정식을 가진다.

$$\left(\frac{\partial F}{\partial x}\right)_0 (x - x_0) + \left(\frac{\partial F}{\partial y}\right)_0 (y - y_0) + \left(\frac{\partial F}{\partial z}\right)_0 (z - z_0) = 0 \qquad (7)$$

법선 벡터는 $\mathbf{N} = \left(\frac{\partial F}{\partial x}\right)_0 \mathbf{i} + \left(\frac{\partial F}{\partial y}\right)_0 \mathbf{j} + \left(\frac{\partial F}{\partial z}\right)_0 \mathbf{k}$이다.

위 정리가 원래의 경우인 $z = f(x,y)$를 어떻게 포함하는지에 주목하자. **함수 F는 $f(x,y) - z$가 된다.** 이 함수의 편미분은 $\partial f/\partial x$, $\partial f/\partial y$, -1이다(-1은 $-z$의 미분으로부터 온다). 그러면 식 (7)은 원래 접평면 방정식 (1)과 같다.

예제 3 곡면 $F = x^2 + y^2 - z^2 = c$는 **쌍곡면**이다. 이 곡면의 접평면을 찾아라.

풀이

편미분은 $F_x = 2x, F_y = 2y, F_z = -2z$이다. 식 (7)은

$$\text{접평면} : 2x_0(x - x_0) + 2y_0(y - y_0) - 2z_0(z - z_0) = 0 \qquad (8)$$

이며 이때 2로 나눌 수 있다. 법선 벡터는 $\mathbf{N} = x_0\mathbf{i} + y_0\mathbf{j} - z_0\mathbf{k}$이다. $c > 0$에 대해서 이 포물면은 한 장으로 이루어져있다([그림 13-8(b)]). $c = 0$에 대해서 이 포물면은 원뿔이고 $c < 0$에 대해서 이 포물면은 두 장으로 쪼개진다([연습문제 13.1.26]).

미분소

접평면에 대한 선형방정식 $z - z_0 = (\partial z/\partial x)_0(x - x_0) + (\partial z/\partial y)_0(y - y_0)$으로 돌아가자. 이 식은 이 장에서 가장 중요한 공식일 것이다. 휘어진 곡면 대신에 접평면을 따라서 움직이면 평면에서의 움직임은 dx, dy, dz이다(Δx, Δy, Δz는 표면에서의 움직임이다). 여기서 d는 접평면의 방정식에 의해서 규정된다(Δ는 $z = f(x,y)$에 의해 규정된다). 2장에서 d는 다음과 같이 접선을 따르는 **미분소**였다.

$$dy = (dy/dx)dx\,(\text{직선})\text{과}\ \ \Delta y \approx (dy/dx)\Delta x\ \ (\text{곡선 위에서}) \qquad (9)$$

이제 y는 x처럼 독립적이고 종속 변수는 z이다. 아이디어는 같다. (접평면 위의) 거리 $x-x_0$, $y-y_0$, $z-z_0$은 각각 dx, dy, dz이다. 평면의 방정식은 다음과 같다.

$$dz=(\partial z/\partial x)_0 dx+(\partial z/\partial y)_0 dy \quad \text{또는} \quad df=f_x dx+f_y dy \tag{10}$$

이는 **전미분**total differential이다. 모든 문자 dz, df, dw는 사용 가능하지만, ∂z와 ∂f는 사용되지 않는다. 미분소는 x와 y에서의 작은 움직임을 제안한다. 그러면 dz는 z에서의 결과로 움직이는 움직임이다. 접평면 위에서 식 (10)은 정확하게 성립한다.

'중심으로의 변환'은 x_0, y_0, z_0을 좌표축의 중심으로 둔다. 그리고 '줌 변환'은 표면을 이 표면의 접평면으로 늘인다.

예제 4 삼각형의 넓이는 $A=\frac{1}{2}ab\sin\theta$이다. 전미분 dA를 찾아라.

풀이

밑변은 길이 b를 가지고 빗변은 길이 a를 가지며 이 두 변 사이의 각은 θ이다. 여러분은 $A=\frac{1}{2}bh$를 선호할지도 모른다. 여기서 h는 밑변에 수직인 높이 $a\sin\theta$이다. 어떤 경우이든지 전미분을 구하려면 편미분이 필요하다. $A=\frac{1}{2}ab\sin\theta$이면

$$\frac{\partial A}{\partial a}=\frac{1}{2}b\sin\theta \qquad \frac{\partial A}{\partial b}=\frac{1}{2}a\sin\theta \qquad \frac{\partial A}{\partial \theta}=\frac{1}{2}ab\cos\theta \tag{11}$$

이다. 이는 즉시 전미분 dA로 이어진다(곱 미분 법칙처럼).

$$dA=\left(\frac{\partial A}{\partial a}\right)da+\left(\frac{\partial A}{\partial b}\right)db+\left(\frac{\partial A}{\partial \theta}\right)d\theta=\frac{1}{2}b\sin\theta\,da+\frac{1}{2}a\sin\theta\,db+\frac{1}{2}ab\cos\theta\,d\theta$$

예제 5 원기둥의 부피는 $V=\pi r^2 h$이다. $r=1.0$에서 $r=1.1$로 변할 때와 $h=1.0$에서 $h=1.1$로 변할 때 중 어느 경우에 V가 더 민감한가?

풀이

편미분은 $\partial V/\partial r=2\pi rh$와 $\partial V/\partial h=\pi r^2$이다. **두 편미분은 변화의 민감도를 측정한다**. 물리적으로 이들은 각각 원기둥의 옆면의 넓이와 밑면의 넓이이다. 부피 미분소 dV는 옆면을 둘러싼 껍질과 꼭대기의 층의 합으로부터 얻어진다.

$$dV=\text{껍질}+\text{층}=2\pi rh\,dr+\pi r^2\,dh \tag{12}$$

$r=h=1$에서 시작하면 이 미분소는 $dV=2\pi\,dr+\pi\,dh$이다. $dr=dh=0.1$과 함께 껍질의 부피는 0.2π이고 층의 부피는 오직 0.1π이다. 따라서 V는 dr에 민감하다.

동전과 같은 짧은 원기둥에 대해서 층은 더 큰 부피를 가진다. V는 dh에 더 민감하며 이 경우 $V=\pi r^2h$는 $\pi(1)^3$에서 $\pi(1.1)^3$으로 증가한다. **ΔV를 dV와 비교하라.**

$$\Delta V=\pi(1.1)^3-\pi(1)^3=0.331\pi \text{와 } dV=2\pi(0.1)+\pi(0.1)=0.300\pi$$

차는 $\Delta V-dV=0.031\pi$이다. 이 근사는 [그림 13-9]에서 껍질 바로 위와 층 근처의 작은 부피를 무시했다. 이 실수는 $(dr)^2+(dh)^2$의 차수 때문이다. $V=\pi r^2h$에 대해서 미분소 $dV=2\pi rh\,dr+\pi r^2dh$는 실제 변화 ΔV에 대한 **선형 근사**이다. 이제 이 선형 근사에 대해 알아보자.

선형 근사

접평면(접선)은 즉시 선형 근사로 이어진다. 접선에서와 마찬가지로 이는 접평면에서도 사실이다. 직선이 곡선에 가까이 머무름에 따라, 평면도 곡면에 가까이 머무른다. 선형 함수는 $f(x)$ 또는 $f(x,y)$ 또는 $F(x,y,z)$보다 간단하다. 이때 필요한 모든 것은 그 점에서의 1차 미분이다. 그러면 근사는 적어도 그 근처에서만큼은 좋은 근사이다.

미적분학의 핵심 아이디어는 미분소에서 이미 제시되었다. 평면에서 df는 f_xdx+f_ydy와 같다. 구부러진 곡면에서 이는 Δf의 선형 근사이다.

3 점 (x_0,y_0) 근처에서 $f(x,y)$에 대한 선형 근사는 다음과 같다.

$$f(x,y)\approx f(x_0,y_0)+\left(\frac{\partial f}{\partial x}\right)_0(x-x_0)+\left(\frac{\partial f}{\partial y}\right)_0(y-y_0) \qquad (13)$$

다르게 표현하면 [연습문제 13.3.24]에서 증명할 $\Delta f\approx f_x\Delta x+f_y\Delta y$와 같다. 식 (13)의 우변은 선형함수 $f_L(x,y)$이다. (x_0,y_0)에서 함수 f와 f_L은 같은 기울기를 가진다. 그러면 $f(x,y)$는 f_L로부터 '2차'의 오차로 인해 바깥으로 구부러진다.

$$|f(x,y)-f_L(x,y)|\le M[(x-x_0)^2+(y-y_0)^2] \qquad (14)$$

이는 f_{xx}, f_{xy}, f_{yy}가 연속이고 (x_0,y_0)에서 (x,y)까지의 직선을 따라서 M에 의해 유계되어 있다는 것을 가정한다. 13.5절의 [예제 3]은 이 직선을 따라서 $|f_{tt}|\le 2M$임을 보인다. $2M$은 3.8절의 식 (12)로부터 온 인자 $\frac{1}{2}$이 곱해져 M이 되었는데, 이는 하나의 변수로 이루어진 오차 $f-f_L$로부터이다.

원기둥의 부피에 대해서 r과 h는 1.0에서 1.1로 변했으며 $V=\pi r^2h$의 2차 미분은 $V_{rr}=2\pi h$, $V_{rh}=2\pi r$, $V_{hh}=0$이다. 이들은 $M=2.2\pi$ 아래이다. 그러면 식

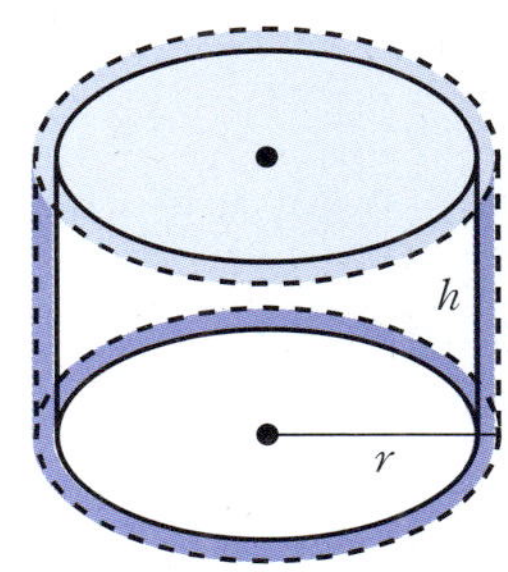

[그림 13-9] 껍질과 층의 합은 $dV=0.300\pi$이다. 꼭대기의 고리를 포함하는 것은 $\Delta V=0.331\pi$이다.

(14)는 오차의 한계 $2.2\pi(0.1^2+0.1^2)=0.044\pi$를 주는데, 이는 실제 오차 0.031π에서 그렇게 멀리 떨어져 있지 않다. 핵심은 **선형 근사에서의 오차가 2차 항에서 온다는 것**이다(이들은 f_L에 의해 무시되는 첫 번째 항이다).

예제 6 거리 함수 $r=\sqrt{x^2+y^2}$에 대한 선형 근사를 찾아라.

풀이

편미분은 x/r와 y/r이다. 그러면 $\Delta r \approx (x/r)\Delta x+(y/r)\Delta y$이다. $(1, 2, \sqrt{5})$ 근처의 (x, y, z)에 대하여 $\sqrt{x^2+y^2} \approx \sqrt{1^2+2^2}+(x-1)/\sqrt{5}+2(y-2)/\sqrt{5}$이다. y를 2로 고정하면 이는 $\sqrt{x^2+2^2}$에 대한 일변수 근사이다. 반면 x를 1로 고정하면 이는 y의 선형 근사이다. 두 변수를 모두 움직일 때, 여러분은 dr이 제곱근에서의 dx, dy와 관련 있다고 생각할 수도 있다. 사실은 그렇지 않다. 거리는 제곱근에서 x, y와 관련이 있다. 하지만 거리의 변화는 1차 근사에 대해서 Δx와 Δy의 선형방정식이다. $(0, 0)$에서 까다로운데, 이때 임의의 움직임은 $\Delta r=\sqrt{(\Delta x)^2+(\Delta y)^2}$을 준다. 제곱근이 다시 생겼다. **편미분 x/r와 y/r는 $(0, 0)$에서 연속이 아니기 때문이다.** 원뿔은 접평면을 가지지 않는 뾰족한 점을 가진다. 이 경우 선형 근사는 불가능하다.

다음 예제는 식이 $F(x, y, z)=c$일 때, Δx와 Δy로부터 Δz를 어떻게 근사하는지를 보여준다. 이 경우 식 (1)에서의 양함수 미분법[explicit derivatives] 대신에 식 (7)에서의 음함수 미분법을 사용한다. 마찬가지로 다음과 같은 아이디어를 가진다. Δz를 찾는 방법으로 z에 대한 방정식 대신에 접평면 방정식을 살펴보자. 다음 예제는 [예제 6]을 새로운 문자로 표현한 것이다.

예제 7 $F=-x^2-y^2+z^2=0$으로부터 Δz에 대한 선형 근사를 찾아라.

풀이

(음함수 미분법) F의 미분을 사용하면 $-2x\Delta x-2y\Delta y+2z\Delta z\approx 0$이다. 그 다음 Δz를 풀면 $\Delta z\approx(x/z)\Delta x+(y/z)\Delta y$이 된다(이는 [예제 6]과 같다).

예제 8 공급 곡선이 변할 때 평형 가격은 어떻게 변하는가?

평형 가격은 공급 곡선과 수요 곡선의 교점(공급=수요)에서 결정된다. 다음과 같이 가격 p가 올라감에 따라 수요 q는 감소한다(이때 기울기는 -0.2이다).

$$\text{수요 곡선 } DD : p=-0.2q+40 \tag{15}$$

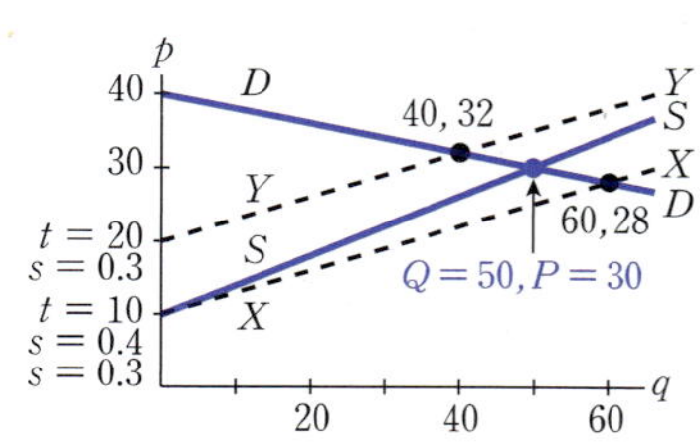

[그림 13-10] 물량 Q와 가격 P는 직선과 함께 움직인다.

공급 q(공급 곡선과 수요 곡선의 교점이므로)는 가격과 함께 위로 상승하며 이때 기울기 s는 양수이다(여기서 $s=0.4$이다).

$$\text{공급 곡선 } SS: p = sq + t = 0.4q + 10$$

이 두 직선은 [그림 13-10]에 있으며 둘은 **평형 가격** $P = 30$달러에서 만난다. 수량 $Q = 50$만큼이 (SS 위) P에서 구매 가능하고 (DD 위) F에서 수요된다. 따라서 이 경우에 상품은 거래된다.

편미분은 어디에서 활용될까? 현실에서 이 두 직선 DD와 SS는 모든 시간에 대하여 고정되어 있지 않다. 기술과 경쟁도 변하고 돈의 가치도 변하기 때문에 직선은 시시각각 움직인다. 그러므로 교점 (Q, P) 역시 변화한다. 이 문장들에 미분의 원리가 숨어 있다는 것을 부디 깨닫기를 바란다.

평형 가격 P는 s와 t의 함수이다. 더 나은 기술로 s를 줄이면 공급 곡선이 $p = 0.3q + 10$으로 낮아지며 수요 곡선은 변하지 않는다. 하지만 가격 P와 수량 Q는 다르다. 새로운 평형은 새로운 두 직선 XX가 DD와 만나는 $Q = 60$에서 $P = 28$달러르 결정된다. 기술이 비싸다면 공급자는 s를 줄일 때 t를 올릴 것이다. 직선 YY는 $p = 0.3q + 20$이고, 이는 더 낮은 수량 $Q = 40$에서 더 높은 평형 가격 $F = 32$달러가 된다(이 경우 기술에 대한 수요가 너무 약했다).

미적분학 질문 $\partial P / \partial s$와 $\partial P / \partial t$를 찾아라. 여기서 어려운 점은 P가 s와 t의 함수로 주어지지 않았다는 것이다. 따라서 공급=수요 방정식에 음함수 미분법을 취하면 다음과 같다.

$$\begin{aligned} &\text{공급=수요}: \quad P = -0.2Q + 40 = sQ + t \qquad (16) \\ &s \text{ 미분}: \ P_s = -0.2Q_s \quad = sQ_s + Q \quad (t_s = 0\text{에 주목하라}) \\ &t \text{ 미분}: \ P_t = -0.2Q_t \quad = sQ_t + 1 \quad (t_t = 1\text{에 주목하라}) \end{aligned}$$

이제 $s = 0.4, t = 10, P = 30, Q = 50$을 대입한다. 이는 선형 근사를 찾는 시작점이며 마지막 두 식은 $P_s = 50/3$과 $P_t = 1/3$을 준다([연습문제 13.3.25]). 선형 근사는 다음과 같다.

$$P = 30 + 50(s - 0.4)/3 + (t - 10)/3 \qquad (17)$$

NOTE _ 어떠한 면에서 이 예제는 풀 수 없다(경제학에서도 마찬가지이다). 필자는 이 예제를 포함시켜야 할지 망설였다. 이 방정식은 선형이고 미분하기 쉽지만, 문제 안의 어떤 점에 대해서는 미분이 어렵다(P에 대한 정확한 식이 없다). 함수 $P(s, t)$는 알려져 있지 않으므로 표면 위의 점 대신 두 직선들의 교점을 따른다. 식이 변함에 따라 근도 변한다. 이때 **근의 미분은 방정식의 미분으로부터 얻어진다.**

요약하자면 이 절은 접평면에 대한 식 (1)에 기반을 두고 있다. 즉 모든 것(전미분, 선형 근사, 작은 변화에 대한 민감도)은 이 식 위에 만들어진다. 이후의 절들에서 연쇄 법칙과 '방향 미분' 그리고 '기울기'에 대해 알아볼 것이다. 미분학의 핵심 아이디어는 $\Delta f \approx f_x \Delta x + f_y \Delta y$이다.

두 방정식에 대한 뉴턴법

선형 근사는 **방정식을 푸는 데** 사용된다. 함수가 어디에서 0인지 찾기 위해 우선 이 함수의 근사가 어디서 0인지를 확인해본다. 즉 그래프가 xy 평면을 지나는 곳을 찾기 위해, 이 그래프의 접평면이 곡면에서 어디를 지나는지 확인해본다.

$f(x)=0$에 대한 뉴턴법을 기억하라. 현재 추측값은 x_n이다. 이 점 근처에서 $f(x)$는 $f(x_n)+(x-x_n)f'(x_n)$과 가깝다. 이는 다음 추측값 $x_{n+1}=x_n-f(x_n)/f'(x_n)$에서 0이며 이 점은 접선이 x축과 만나는 점이다.

두 개의 변수에 대해서도 아이디어는 같다(하지만 두 미지수 x와 y는 두 개의 방정식을 필요로 한다). 이때 $g(x,y)=0$과 $h(x,y)=0$을 풀어야 하는데, 두 함수 모두 미분이 계산된 현재 점 (x_n, y_n)에서 시작한 다음과 같은 선형 근사들이다.

$$\begin{aligned} g(x,y) &\approx g(x_n,y_n)+(\partial g/\partial x)(x-x_n)+(\partial g/\partial y)(y-y_n) \\ h(x,y) &\approx h(x_n,y_n)+(\partial h/\partial x)(x-x_n)+(\partial h/\partial y)(y-y_n) \end{aligned} \tag{18}$$

자연스러운 아이디어는 **위 두 근사를 0으로 두는 것**이다. 이를 통해 $x-x_n$과 $y-y_n$에 대한 선형방정식을 얻을 수 있다. 이들은 뉴턴법의 다음 추측값을 취하게 하는 증분 Δx와 Δy이다.

> **4** $g(x,y)=0$과 $h(x,y)=0$을 푸는 뉴턴법은 (x_n,y_n)에서 (x_{n+1},y_{n+1})로 가는 증분 Δx와 Δy에 대한 다음 선형방정식을 가진다.
>
> $$\left(\frac{\partial g}{\partial x}\right)\Delta x+\left(\frac{\partial g}{\partial y}\right)\Delta y=-g(x_n,y_n),\quad \left(\frac{\partial h}{\partial x}\right)\Delta x+\left(\frac{\partial h}{\partial y}\right)\Delta y=-h(x_n,y_n) \tag{19}$$

예제 9 $g=x^3-y=0$과 $h=y^3-x=0$은 3개의 근 $(1,1),(0,0),(-1,-1)$을 가진다.

서로 다른 점 (x_0,y_0)에서 시작할 것이다. 다음 추측값은 $x_1=x_0+\Delta x$, $y_1=y_0\Delta y$이다. 뉴턴법이 수렴한다면 뉴턴법에 의해 선택될 근이 무엇인지 아는 것이 가장 큰 관심사이다. 다음과 같이 세 가지 실험을 해보자.

1. $(x_0, y_0) = (2, 1)$이라 하면 이 점에서 $g = 2^3 - 1 = 7$이고 $h = 1^3 - 2 = -1$이며 미분은 $g_x = 3x^2 = 12$, $g_y = -1$, $h_x = -1$, $h_y = 3y^2 = 3$이다. 증분 Δx와 Δy는 식 (19)를 풀어냄으로써 다음과 같이 나온다.

$$\begin{aligned} 12\Delta x - \Delta y &= -7 \\ -\Delta x + 3\Delta y &= +1 \end{aligned} \quad \Rightarrow \quad \begin{aligned} \Delta x &= -4/7 \\ \Delta y &= +1/7 \end{aligned} \quad \Rightarrow \quad \begin{aligned} x_1 &= x_0 + \Delta x = 10/7 \\ y_1 &= y_0 + \Delta y = 8/7 \end{aligned}$$

새로운 점 $(10/7, 8/7)$은 $(1, 1)$에서의 근에 더 가깝다. 다음 점은 $(1.1, 1.05)$이고 명백하게 수렴한다. 곧 수렴은 빨라진다.

2. $(x_0, y_0) = \left(\frac{1}{2}, 0\right)$에서 시작하자. 여기서 우리는 $g = 1/8$과 $h = -1/2$을 찾는다.

$$\begin{aligned} (3/4)\Delta x - \Delta y &= -1/8 \\ -\Delta x + 0\Delta y &= +1/2 \end{aligned} \quad \Rightarrow \quad \begin{aligned} \Delta x &= -1/2 \\ \Delta y &= +1/4 \end{aligned} \quad \Rightarrow \quad \begin{aligned} x_1 &= x_0 + \Delta x = 0 \\ y_1 &= y_0 + \Delta y = -1/4 \end{aligned}$$

뉴턴법은 x축 위의 $\left(\frac{1}{2}, 0\right)$에서 y축 위의 $\left(0, -\frac{1}{4}\right)$로 점프했다. 다음 증분은 x축 위의 점 $(1/32, 0)$으로 돌아간다. 이 경우 $(0, 0)$의 '끌림의 분지' 안에 있다.

3. $g = 1$과 $h = -1$인 축에서 좀 더 멀리 떨어진 $(1, 0)$에서 시작하자.

$$\begin{aligned} 3\Delta x - \Delta y &= -1 \\ -\Delta x + 0\Delta y &= +1 \end{aligned} \quad \Rightarrow \quad \begin{aligned} \Delta x &= -1 \\ \Delta y &= -2 \end{aligned} \quad \Rightarrow \quad \begin{aligned} x_1 &= x_0 + \Delta x = 0 \\ y_1 &= y_0 + \Delta y = -2 \end{aligned}$$

뉴턴법은 $(1, 0)$에서 $(0, -2)$로, 그 다음 $(16, 0)$으로 움직인다. 이때 수렴은 실패한다(뉴턴법은 발산한다). 근으로부터 먼 곳에서 시작한 것 자체가 위험한 것이었다.

컴퓨터를 이용하면 놀라운 패턴을 밝혀낼 수 있다는 것을 인지하기를 바란다. 컴퓨터는 수많은 점 (x_0, y_0)에서 시작할 수 있고, 뉴턴법을 따를 수 있다. 각각의 근은 근으로 이어지는 모든 (x_0, y_0)을 포함하는 **끌림의 분지**를 가진다. 무한대로 이어지는 분지도 있다. [그림 13-11]의 분지는 완전히 섞여 있다(색깔이 있는 그림은 이들을 **프랙탈**로 보여준다). 가장 극적인 양상은 뉴턴법이 어느 방향으로 가야할지 결정을 못하는 분지 사이의 경계에서 나타난다. 이러한 경우 종종 혼돈을 확인하게 되기도 한다.

혼돈은 명확한 법칙을 따르는 불규칙한 움직임이다. 뉴턴법은 각 점 (x_n, y_n)에서 다음 점으로의 반복[iteration]을 결정한다. 과학적 문제들에서 이 반복은 보통 우리가 원하는 근에 수렴하게 한다(근과 충분히 가까운 곳에서 시작해야 수렴성을 보장받을 수 있다). 하지만 컴퓨터를 이용하면 멀리 떨어진 점들로부터의 반복에 대한 연구도 가능하다. 이로부터 수학의 새로운 분야가 만들어졌다(당신이 하는 모든 실험이 최초의 시도가 될 확률이 높다는 점에서 이는 새롭다).

3.7절에서 $x^2+1=0$을 풀려고 시도했을 때 혼돈을 찾았다. 하지만 뉴턴법이 좋지 않은 방법이라고 생각하지는 마라. 이와는 대조적으로 뉴턴법은 비선형방정식을 푸는 가장 좋은 방법이다. 알고리즘이 수렴함에 따라 오차는 제곱이 되는데, 이는 선형 근사가 $(\Delta x)^2+(\Delta y)^2$ 차수의 오차를 가지기 때문이다. 근의 근처에서 각 증분은 근과 일치하는 자릿수를 두 배로 만든다. 위의 예제는 근의 근처에서 시작하는 것이 중요한 이유를 보여준다.

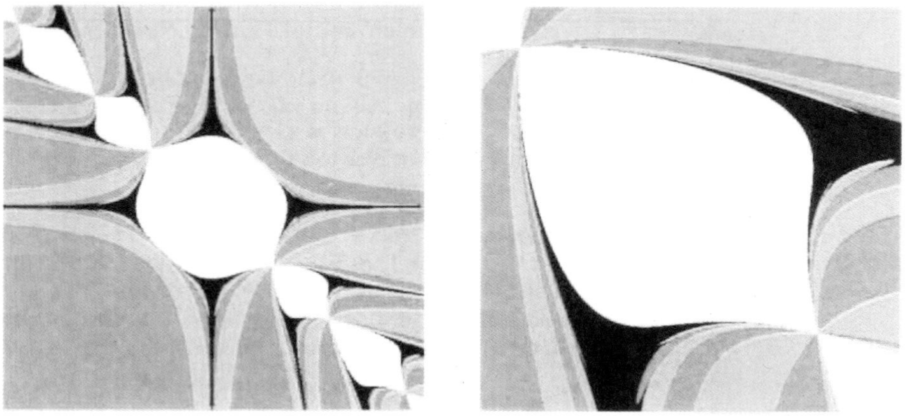

[그림 13-11] $(1,1), (0,0), (-1,-1)$ 그리고 무한대에 대한 끌림의 분지

13.3 문장제 문제

01 $y=f(x)$에 대한 접선은 $y-y_0=$ ___a___ 이고, $w=f(x,y)$에 대한 접평면은 $w-w_0=$ ___b___ 이다. 이때 법선 벡터는 $\boldsymbol{N}=$ ___c___ 이다. $w=x^3+y^3$에 대해서 $(1,1,2)$에서 접평면의 방정식은 ___d___ 이고, 법선 벡터는 $\boldsymbol{N}=$ ___e___ 이다. 구에 대해서 $\mathbf{N}$의 방향은 ___f___ 이다.

02 음함수 미분법을 이용하면 $F(x,y,z)=c$에 의해 주어진 표면은 접평면 방정식 $(\partial F/\partial x)_0(x-x_0)+$ ___g___ 이다. $xyz=6$에 대해 $(1,2,3)$에서의 접평면은 ___h___ 이다. 이 평면에서 미분소는 ___i___ $dx+$ ___j___ $dy+$ ___k___ $dz=0$을 만족시킨다. $z=f(x,y)$의 미분소는 $dz=$ ___l___ 이다. 이는 접평면에서는 정확히 성립하는 반면, $\Delta z\approx$ ___m___ 은(는) ___n___ 에서는 근사적으로 성립한다. 높이 $z=3x+7y$는 x에서보다 ___o___ 에서의 변화에 더 민감한데, 이는 편미분 ___p___ 이(가) ___q___ 보다 크기 때문이다.

03 $f(x,y)$에 대한 선형 근사는 $f(x_0,y_0)+$ ___r___ 이고, 이는 $\Delta f\approx$ ___s___ $\Delta x+$ ___t___ Δy와 같다. 오차는 ___u___ 차수이다. $f=\sin xy$에 대해서 $(0,0)$ 근처의 선형 근사는 $f_L=$ ___v___ 이다. 우리는 ___w___ 대신에 ___x___ 을(를) 따라서 움직인다. 방정식이 $F(x,y,z)=c$로 주어졌을 때, 선형 근사는 ___y___ $\Delta x+$ ___z___ $\Delta y+$ ___A___ $\Delta z=0$이다.

04 뉴턴법은 ___B___ 근사에 의해서 $g(x,y)=0$과 $h(x,y)=0$를 푼다. x_n, y_n에서 시작하면 방정식은 ___C___ 와(과) ___D___ (으)로 대체된다. 증분 Δx와 Δy는 다음 점 ___E___ (으)로 간다. 각각의 근은 ___F___ 의 분지를 가진다. 이 분지들은 ___G___ 이(가) 될 확률이 높다.

13.3 연습문제

01~08 P에서 접평면과 법선 벡터를 찾아라.

01 $z=\sqrt{x^2+y^2}$, $P=(0,1,1)$

02 $x+y+z=17$, $P=(3,4,10)$

03 $z=x/y$, $P=(6,3,2)$

04 $z=e^{x+2y}$, $P=(0,0,1)$

05 $x^2+y^2+z^2=6$, $P=(1,2,1)$

06 $x^2+y^2+2z^2=7$, $P=(1,2,1)$

07 $z=x^y$, $P=(1,1,1)$

08 $V=\pi r^2 h$, $P=(2,2,8\pi)$

---

09 $z^2-x^2-y^2=0$에 대한 접평면은 원점을 지나며 z축과 $45°$의 각을 이룸을 보여라.

10 평면 $z=x+4y$와 $z=2x+3y$는 $(1,1,5)$에서 만나고, 두 평면이 만나는 전체 교선은 $(x,y,z)=(1,1,5)+\mathbf{v}t$이다. $\mathbf{v}=\mathbf{N}_1\times\mathbf{N}_2$를 찾아라.

11 $z=3x-2y$일 때 dx와 dy로부터 dz를 찾아라. $z=x^3/y^2$일 때 $x_0=1, y_0=1$에서 dx와 dy로부터 dz를 찾아라. x가 1.02로 움직이고 y가 1.03으로 움직일 때, 두 함수 모두에 대한 근사 dz와 정확한 Δz를 찾아라. 첫 번째 곡면은 두 번째 곡면에 대한 ____이다.

12 곡면 $z=x^2+4y$와 $z=2x+3y^2$은 $(1,1,5)$에서 만난다. 법선 벡터 $\mathbf{N}_1$과 $\mathbf{N}_2$를 찾고 $v=\mathbf{N}_1\times\mathbf{N}_2$도 찾아라. 이 방향 $\mathbf{v}$에서의 직선은 어떤 곡선에 접하는가?

13 곡면 $F(x,y,z)=0$에 대한 법선 벡터 $\mathbf{N}$은 성분 F_x, F_y, F_z를 가진다. 법선은 $x=x_0+F_x t,\ y=y_0+F_y t,\ z=$_____을(를) 가진다. 곡면 $xyz-24=0$에 대해서 $(4,2,3)$에서의 접평면과 법선을 찾아라.

14 곡면 $x^2y^2-z=0$에 대해서 $(1,2,4)$에서의 법선은 $x=$_____, $y=$_____, $z=$_____을(를) 가진다.

15 구 $x^2+y^2+z^2=9$에 대해서 $(2,1,2)$를 지나는 접평면의 방정식을 찾아라. 또한 법선의 방정식을 찾고 이 법선이 $(0,0,0)$을 지남을 보여라.

16 $F(x,y,z)=0$의 모든 점에서의 법선이 $(0,0,0)$을 지난다면 $F_x=cx, F_y=cy, F_z=cz$임을 보여라. 곡면은 반드시 구여야만 한다.

17 (x_0,y_0) 근처의 $w=xy$에 대해서 선형 근사는 $dw=$_____이다. 이는 미분에서 _____ 법칙과 비슷하게 생겼다. $\Delta w=xy-x_0y_0$과 이 근사의 차이는 _____이다.

18 $f=xyz$(3개의 독립 변수들)에 대하여 df는 무엇인가?

19 한 투자자가 $R=8\%$에서 $P=4000$달러를 투자하여 매년 $I=320$달러를 얻고자 한다. 만약 이 수치들이 dP와 dR로 변한다면 dI는 무엇인가? 만약 이자율이 $dR=0.002$만큼 떨어진다면(7.8%로) $dI=0$으로 유지하는 변화 dP는 얼마인가? R과 P에서의 이 변화들 후의 정확한 이자 I를 찾아라.

20 저항 R_1과 R_2는 $1/R=1/R_1+1/R_2$인 평행으로 연결된 저항 R을 가진다. $R_1=1$과 $R_2=2$이면 R은 ΔR_1과 ΔR_2 중 어느 것에 더 민감한가?

21 (a) 타자의 평균 타율이 $A=(25\text{안타})/(100\text{번의 타석})=0.250$이라고 할 때, 안타로 인한 증가(26/101로)와 아웃으로 인한 감소(25/101로)를 계산하라.

(b) $A=x/y$이면 $dA=$____$dx+$____dy이다. 안타($dx=dy=1$)는 $dA=(1-A)/y$이고, 아웃($dy=1$)은 $dA=-A/y$이다. 따라서 $A=0.250$에서 안타는 아웃의 효과의 ____ 배이다.

22 (a) A가 ____보다 작다면 2번의 안타와 3번의 아웃($dx=2$, $dy=5$)은 당신의 평균($dA>0$)을 올릴 것이다.

(b) 타석에서 $y=400$인 $A=0.500$의 타율을 가진 선수는 그의 평균을 0.505로 올리기 위해서는 $dx=$____의 안타가 필요하다.

23 x와 y가 각각 Δx와 Δy만큼 변할 때, 각 $\theta=\tan^{-1}(y/x)$에서의 근사 변화 $\Delta\theta$를 찾아라.

24 식 (13)에 대한 기본 보조정리는 $\Delta f=a\Delta x+b\Delta y$로 쓴다. 이 보조정리는 $\Delta x\to 0$이고 $\Delta y\to 0$일 때 $a\to f_x(x_0,y_0)$이고 $b\to f_y(x_0,y_0)$임을 말해준다. Δx를 먼저 취한 다음 Δy를 취하여 증명할 수 있다.

1. $f(x_0+\Delta x, x_0)-f(x_0,y_0)=\Delta x f_x(c,y_0)$. 여기서 c는 ____와(과) ____ 사이에 있는 수이다(어떤 정리에 의해서인가?).

2. $f(x_0+\Delta x, y_0+\Delta y)-f(x_0+\Delta x, y_0)=\Delta y f_y(x_0+\Delta x, C)$. 여기서 C는 ____와(과) ____ 사이에 있는 수이다.

3. f_x가 ____이면 $a=f_x(c, y_0)\to f_x(x_0, y_0)$이다.

4. f_y가 ____이면 $b=f_y(x_0+\Delta x, C)\to f_y(x_0, y_0)$이다.

25 공급자가 s를 줄일 때, [그림 13-10]은 P는 감소하고 Q는 _____한다는 것을 보여준다.

(a) Q_s와 Q_t에 대해서 경제 방정식 (17)의 식을 풀어서 $P_s=50/3$과 $P_t=1/3$을 찾아라.

(b) $s=0.4, t=10, P=30, Q=50$ 주위에서 Q에 대한 선형 근사는 무엇인가?

26 P와 Q에 대해서 방정식 $P=-0.2Q+40$과 $P=sQ+t$을 풀어라. 그런 다음 $\partial P/\partial s$과 $\partial P/\partial t$을 정확하게 찾아라. 같은 s, t, P, Q에서 $50/3$과 $1/3$을 확인해라.

27 공급=수요 방정식 (16)이 $P=sQ+t=-Q+50$으로 변할 때, $s=1, t=10$에서 P_s와 P_t를 찾아라.

28 $x^2+bx+c=0$의 근이 b에 따라서 어떻게 변하는지 찾기 위해 이 식을 ___에 관해서 편미분을 취한다. $\partial x/\partial b$를 $\partial x/\partial c$와 비교해서 $x=2$에서의 근은 b에 더 민감함을 보여라.

29 $x=2, y=1$에서 $z=xy$와 $z=x^2-y^2$에 대한 접평면을 찾아라. 이 두 접평면이 xy 평면과 만나는 뉴턴 점을 찾아라(접평면 방정식에서 $z=0$으로 두자).

30 (a) $g(x,y)=0$과 $h(x,y)=0$을 푸는 것은 세 개의 표면 $z=g(x,y)$, $z=h(x,y)$, _____의 교점을 구하는 것이다.

(b) 뉴턴법은 세 개의 평면, 즉 g, ____, ____의 그래프에 대한 접평면의 교점을 찾는다.

31~36 다음은 $g=x^3-y$와 $h=y^3-x$에 대한 뉴턴법에 관해서 더 고민해야 하는 문제들이다. 이는 근 $(1,1), (0,1), (-1,-1)$을 가지는 [예제 9]와 같다.

31 $x_0=1, y_0=1$에서 시작해서 Δx와 Δy를 찾아라. x_1과 y_1은 어디이고, 뉴턴법이 움직이는 직선은 무엇인가?

32 $\left(\frac{1}{2}, \frac{1}{2}\right)$에서 시작해서 다음 점을 찾아라. 이 점은 어떤 근의 끌림의 분지 안에 있는가?

33 $(a,-a)$에서 시작해서 $-\Delta x$이기도 한 Δy를 찾아라. 뉴턴법은 $(0,0)$로 다가간다. 하지만 [그림 13-11]에서 가운데 레몬 모양의 큰 부분이 스페이드 모양의 작은 부분과 만나는 뾰족한 점을 찾을 수 있는가?

34 $(a,0)$에서 시작하면 뉴턴법은 $(0,-2a^3)$으로 감을 보이고, 다음 점 (x_2, y_2)을 찾아라. 어떤 수가 수렴의 결과를 주는가? (x_2, y_2)가 시작 점 $(a,0)$과 같은 순환의 결과를 주는 특별한 수 a는 무엇인가?

35 $x^3=y$, $y^3=x$는 정확히 세 개의 근을 가짐을 보여라.

36 뉴턴법이 발산하는 점을 위치시켜라.

---

37 선형 문제 $g=x+2y-5=0$, $h=3x-3=0$에 뉴턴법을 적용하라. 임의의 시작점에서 (x_1, y_1)은 정확한 근임을 보여라(한 번만에 수렴한다).

38 복소 방정식 $(x+iy)^3=1$은 실수 부분으로부터 $x^3-3xy^2=1$과 허수 부분으로부터 $3x^2y-y^3=0$인 두 개의 실수 방정식을 포함한다. 세 개의 근 $(1,0), (-1/2, \sqrt{3}/2), (-1/2, -\sqrt{3}/2)$에 대한 끌림의 분지를 컴퓨터를 통해 찾아라(이는 1의 세제곱근을 줄 것이다).

39 뉴턴법에서 새로운 추측값은 (x_n, y_n)에서 반복 $x_{n+1}=G(x_n, y_n)$과 $y_{n+1}=H(x_n, y_n)$으로부터 얻어진다. $g=x^2-y=0$, $x-y=0$에 대한 G와 H는 무엇인가? 우선 Δx와 Δy를 찾아라. 그런 다음 $x_n+\Delta x$로 G를 구하고 $y_n+\Delta y$로 H를 구한다.

40 문제 39에서 근 $(0,0)$과 $(1,1)$의 끌림의 분지를 찾아라.

41 뉴턴법에서의 행렬은 다음과 같은 **야코비 행렬**Jacobian이다.

$$J=\begin{bmatrix}\partial g/\partial x & \partial g/\partial y\\ \partial h/\partial x & \partial h/\partial y\end{bmatrix} \text{와 } J\begin{bmatrix}\Delta x\\ \Delta y\end{bmatrix}=\begin{bmatrix}-g_n\\ -h_n\end{bmatrix}$$

$g=e^x-1$, $h=e^y+x$에 대한 J, Δx, Δy를 찾아라.

42 $g=x^2+y^2$이고 $h=xy$일 때 $(1,1)$에서 야코비 행렬을 찾아라. 이 행렬은 ____이고 뉴턴법은 실패한다. g와 h의 그래프는 ____ 접평면을 가진다.

43 세 개의 시작점 $(0,2), (-1,1), (2,0)$에서 뉴턴법을 사용하여 $g=x^2-y^2+1=0$과 $h=2xy=0$을 풀어라. 컴퓨터를 이용해 10단계를 진행하거나 손으로 한 단계를 진행하라. $y_0>0$일 때 근 $(0,1)$을 끌어당긴다. $y_0=0$일 때 당신은 혼돈이 반복된 $x_{n+1}\frac{1}{2}(x_n-x_n^{-1})$을 찾아야만 한다.

13.4 방향 미분과 기울기

우리는 x가 변할 때 $f(x, y)$가 어떻게 변하는지 안다. 편미분 $\partial f/\partial x$는 y를 상수로 취급하며 마찬가지로 $\partial f/\partial y$는 x를 상수로 유지하고, y 방향에서의 기울기를 준다. 하지만 움직일 수 있는 방향이 동서남북만 있는 것은 아닌 것처럼 우리는 $\Delta x = \Delta y$인 $45°$ 직선을 따라서 갈 수도 있다. 원칙적으로 축을 그리기 전에 선호되는 방향은 없다. 그래프는 모든 방향에서 기울기를 가지는 곡면이다.

이 곡면에서 미적분학은 변화율(또는 기울기)을 찾는다. 어떤 방향에서도 **방향 미분** directional derivative이라는 것이 존재한다. $45°$의 경우 Δf를 Δx로 나누는 시도를 하기 쉽지만, 이는 결국 틀린 방향의 미분이 될 것이다. 이제 그 이유를 알아보자. 점 $P=(x_0, y_0)$ 주위에 주어진 $f(x,y)$와 방향 **u(단위 벡터)에 대하여** $D_u f$의 자연스러운 정의가 있어야만 한다(**방향 u에서 f의 미분**). P에서 이 기울기를 계산하기 위해서는 공식이 필요하며 가급적이면 공식은 우리가 이미 알고 있는 $\partial f/\partial x$와 $\partial f/\partial y$에 기반을 두어야 한다.

$45°$방향은 $\mathbf{u} = \mathbf{i}/\sqrt{2} + \mathbf{j}/\sqrt{2}$ 를 가짐에 주목하자. 2의 제곱근이 미분에 포함될 것이다. 이는 Δf를 Δx로 나누는 것이 잘못되었다는 것을 보여준다. 즉 증분의 길이 Δs로 나눠야 한다.

예제 1 곡면 $z = xy$위에 대하여 (x, y)가 $(1, 1)$에서 $45°$방향으로 거리 Δs만큼 움직이면 $\Delta z/\Delta s$는 무엇인가?

풀이

증분은 Δs와 단위 벡터 $\mathbf{u}$를 곱한 것이다. $x = y = 1$에서 시작했을 때 증분은 $x = y = 1 + \Delta s/\sqrt{2}$ 에서 끝난다($\mathbf{u}\Delta s$의 성분은 $\Delta s/\sqrt{2}$ 이다). 그러면 $z = xy$는 $z = (1+\Delta s/\sqrt{2})^2 = 1 + \sqrt{2}\Delta s + \frac{1}{2}(\Delta s)^2$이고, 이는 $\Delta z = \sqrt{2}\Delta s + \frac{1}{2}(\Delta s)^2$을 의미한다.

$\Delta z/\Delta s$는 $\Delta s \to 0$일 때 $\sqrt{2}$에 가까워지며 이는 $45°$ 방향에서의 기울기이다.

정의 점 P에서 방향 $\mathbf{u}$로 f의 미분은 $D_{\mathbf{u}} f(P)$이다.

$$D_{\mathbf{u}} f(P) = \lim_{\Delta s \to 0} \frac{\Delta f}{\Delta s} = \lim_{\Delta s \to 0} \frac{f(P+\mathbf{u}\Delta s) - f(P)}{\Delta s} \tag{1}$$

$P = (x_0, y_0)$에서의 증분은 길이 Δs를 가진다. 이 증분은 $(x_0 + u_1\Delta s,\ y_0 + u_2\Delta s)$을 도출하며 따라서 변화 Δf를 계산하고 Δs로 나누면 된다. 다음 공식 (2)를 활용하

면 빠르게 계산할 수 있다.

x 방향은 $\mathbf{u}=(1,0)$이다. 그러면 $\mathbf{u}\Delta s$는 $(\Delta s, 0)$이고 이로써 $\partial f/\partial x$를 다시 얻는다.

$$\frac{\Delta f}{\Delta s}=\frac{f(x_0+\Delta s, y_0)-f(x_0,y_0)}{\Delta s} \text{는 } D_{(1,0)}f=\frac{\partial f}{\partial x} \text{에 가까이 간다.}$$

비슷하게 $\mathbf{u}=(0,1)$이 y 방향일 때 $D_{\mathbf{u}}f=\dfrac{\partial f}{\partial y}$이다. $\mathbf{u}=(0,-1)$일 때 $D_{\mathbf{u}}f$는 무엇인가? 이는 음의 y 방향이고, 따라서 $D_{\mathbf{u}}f=-\dfrac{\partial f}{\partial y}$이다.

방향 미분 계산하기

$D_{\mathbf{u}}f$는 방향 $\mathbf{u}$에서 곡면 $z=f(x,y)$의 기울기이다. 이를 어떻게 계산하는가? 2차원에서 $\partial f/\partial x$와 $\partial f/\partial y$로부터 모든 방향의 $D_{\mathbf{u}}f$를 계산하는 방법이 있다. **$\mathbf{u}$가 단위 벡터임을 기억하라.**

> 5 방향 $\mathbf{u}=(u_1,u_2)$으로 **방향 미분 $D_{\mathbf{u}}f$**은 다음과 같다.
>
> $$D_{\mathbf{u}}f=\frac{\partial f}{\partial x_1}u_1+\frac{\partial f}{\partial x_2}u_2 \qquad (2)$$

이 공식의 근거를 알아보기 위해 Δf의 선형 근사로 돌아간다.

$$\Delta f \approx \frac{\partial f}{\partial x}\Delta x+\frac{\partial f}{\partial y}\Delta y=\frac{\partial f}{\partial x}u_1\Delta s+\frac{\partial f}{\partial y}u_2\Delta s$$

Δs로 나눈 다음 Δs를 0으로 가게 하면 공식 (2)의 근사가 참값이 되는 때인 $\Delta f/\Delta s$의 극한이 된다. 기반점 (x_0,y_0)에서 f_x와 f_y가 연속일 때인 더 신중한 경우에는 이 극한의 존재를 보장한다. 즉 **모든 방향에서의 기울기는 2차원에서의 기울기로부터 알 수 있다.**

예제 1 **(반복)** $f=xy$이고 $P=(1,1)$, $\mathbf{u}=(1/\sqrt{2}, 1/\sqrt{2})$일 때, $D_{\mathbf{u}}f(P)$를 찾아라.

풀이

미분 $f_x=y$과 $f_y=x$는 P에서 1이다. 45° 미분은 앞에서와 같은 다음 식이다.

$$D_{\mathbf{u}}f(P)=f_xu_1+f_yu_2=1(1/\sqrt{2})+1(1/\sqrt{2})=\sqrt{2}$$

예제 2 선형함수 $f=3x+y+1$은 기울기 $D_{\mathbf{u}}f=3u_1+u_2$를 가진다.

x 방향은 $\mathbf{u}=(1,0)$이고 $D_{\mathbf{u}}f=3$이며 이는 $\partial f/\partial x$이다. y 방향에서는 $D_{\mathbf{u}}f=1$이다. 이때 두 개의 다른 방향($f(x,y)$의 등위 곡선을 따르는 방향과 수직인 방향)은 특별하다.

등위 곡선 방향 : f가 상수이므로 $D_{\mathbf{u}}f$는 0이다.

가장 가파른 방향 : $D_{\mathbf{u}}f$가 가장 크다($u_1^2+u_2^2=1$일 때).

두 방향을 찾기 위해 $D_{\mathbf{u}}f=3u_1+u_2$를 살펴보자. 등위 곡선 방향은 $3u_1+u_2=0$을 가지고, 그러면 u는 $(1,-3)$에 비례한다. x를 1만큼, y를 -3만큼 변화시키는 것은 $f=3x+y+1$에 아무 영향을 주지 않는다.

가장 가파른 방향에서 $\mathbf{u}$는 $(3,1)$에 비례한다. 이때 편미분 $f_x=3$과 $f_y=1$에 주목하자. $(3,1)$과 $(1,-3)$의 내적은 0이다(가장 빠른 방향은 등위 곡선 방향과 수직이다). $(3,1)$을 단위 벡터로 만들기 위해 $\sqrt{10}$으로 나눠라.

가장 가파른 상승 : $D_{\mathbf{u}}f=3(3/\sqrt{10})+1(1/\sqrt{10})=10/\sqrt{10}=\sqrt{10}$

가장 가파른 하강 : 반대 방향 $\mathbf{u}=(-3/\sqrt{10},-1/\sqrt{10})$이고 $D_{\mathbf{u}}f=-\sqrt{10}$

산 주위의 등고선은 $D_{\mathbf{u}}f=0$을 따르며 개울은 이에 수직이다. $f=3x+y+1$과 같은 평면 위에서 이 방향들은 모든 점에서 같게 유지된다([그림 13-12]). 산 위에서 기울기가 변하면 가장 가파른 방향도 변한다.

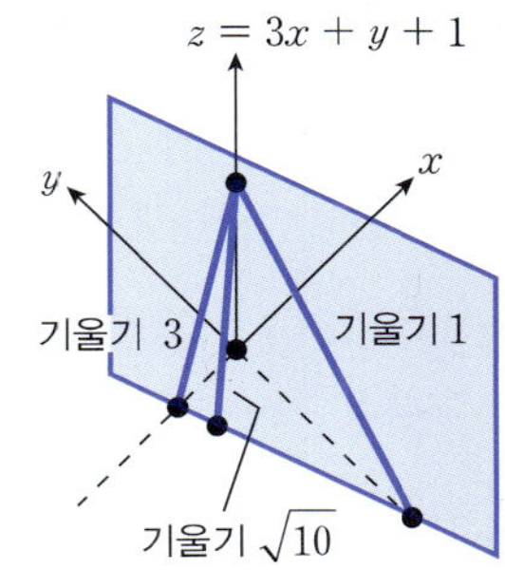

(a)

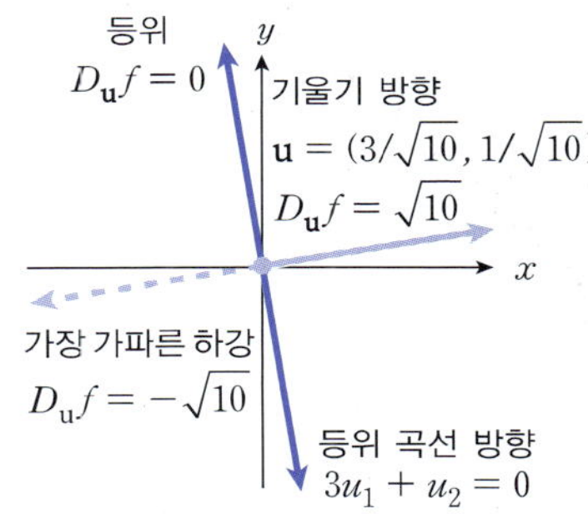

(b)

[그림 13-12] 가장 가파른 방향은 기울기를 따르는 방향이다. 등위 곡선 방향은 이에 수직이다.

기울기 벡터

방향 미분 $D_{\mathbf{u}}f$인 $f_xu_1+f_yu_2$를 다시 한번 살펴보자. 이는 두 벡터의 내적이다. 이 중 한 벡터는 $\mathbf{u}=(u_1,u_2)$이고, 이는 방향을 설정한다. 나머지 한 벡터는 (f_x,f_y)이고, 이는 함수로부터 얻어진다. 이 두 번째 벡터가 바로 기울기(gradient)이다.

> **정의** $f(x,y)$의 기울기는 성분이 $\dfrac{\partial f}{\partial x}$와 $\dfrac{\partial f}{\partial y}$인 벡터이다.
>
> $$\operatorname{grad} f=\nabla f=\frac{\partial f}{\partial x}\mathbf{i}+\frac{\partial f}{\partial y}\mathbf{j}\quad(3\text{차원에서는 }\frac{\partial f}{\partial z}\mathbf{k}\text{를 더한다})$$

공간을 절약하기 위한 기호 ∇는 '그래드(grad)'라 읽는다. 15장에서 이는 '델(del)'이 된다. 선형함수 $3x+y+1$에 대해서 기울기는 상수 벡터 $(3,1)$이다. 이는 평면을 오르는 방향이다. 비선형 함수 x^2+xy에 대해서 기울기는 상수가 아닌 벡터 $(2x+y,x)$이다. $\operatorname{grad} f$는 $\mathbf{N}=(f_x,f_y,-1)$에서의 두 미분값을 공유함에 주목하라. 하지만 기울기는 법선 벡터가 아니다. $\mathbf{N}$은 표면 $z = f(x, y)$로부터 바깥 방향인 3차원에 있다. **기울기 벡터는 xy 평면에 있다!** 기울기는 곡면의 어떤 방향이 올라가고 있는지 말해주지만, 이를 곡면이 아닌 밑면인 xy평면에서 말해준다.

등위 곡선도 역시 xy 평면에 있고, 기울기에 수직이다. 등위 지도는 등반가가 산 위에서 보는 것들을 밑면에 투영한 것이고 벡터 $\text{grad} f$는 등반의 **방향**을 말해주며 이 벡터의 길이 $|\text{grad} f|$는 **가파른 정도**를 준다.

---

6 방향 미분은 $D_{\mathbf{u}} f = (\text{grad} f) \cdot \mathbf{u}$이다. 등위 곡선 방향은 $\text{grad} f$에 수직인데, 이는 $D_{\mathbf{u}} f = 0$이기 때문이다. **기울기 $D_{\mathbf{u}} f$는 $\mathbf{u}$가 $\text{grad} f$에 평행할 때 가장 크다.** 이 최대 기울기는 길이 $|\text{grad} f| = \sqrt{f_x^2 + f_y^2}$를 가진다.

$\mathbf{u} = \dfrac{\text{grad} f}{|\text{grad} f|}$에 대해서 기울기는 $(\text{grad} f) \cdot \mathbf{u} = \dfrac{|\text{grad} f|^2}{|\text{grad} f|} = |\text{grad} f|$이다.

예를 들어 $f = 3x + y + 1$는 $\text{grad} f = (3, 1)$을 가진다. 방향 $\mathbf{u} = (3, 1)/\sqrt{10}$일 때 이 함수는 최대 기울기를 가지며 그 값은 $\sqrt{10}$이다. 이는 $|\text{grad} f| = \sqrt{9+1}$이다.

$(\text{grad} f) \cdot \mathbf{u}$의 최댓값은 길이 $|\text{grad} f|$이다. 비선형의 예에서 기울기[gradient]와 가장 가파른 방향 그리고 기울기[slope]는 변할 것이다.[3] 하지만 [그림 13-13]에서의 특별한 점을 살펴보라. 이 점 뿐만 아니라 임의의 점 근처에서 선형의 그림으로 기울기와 가장 가파른 방향을 나타낸다.

3 일반적으로 gradient, slope 모두 기울기를 의미하지만 gradient는 방향을 포함한 벡터의 의미에서의 기울기를, slope는 증분의 비율을 나타낸 스칼라의 의미에서의 기울기를 나타내는 경우가 많다.

f의 그래프에서 특별한 벡터는 등위 곡선 방향 $\mathbf{L} = (f_y, -f_x, 0)$이고 꼭대기 방향 $\mathbf{U} = (f_x, f_y, f_x^2 + f_y^2)$과 법선 벡터 $\mathbf{N} = (f_x, f_y, -1)$이다. [연습문제 13.4.18]은 이들이 서로 수직이라는 것을 확인한다.

예제 3 $f(x, y) = (14 - x^2 - y^2)/3$의 기울기는 $\nabla f = (-2x/3, -2y/3)$이다. 표면 위에서 법선 벡터는 $\mathbf{N} = (-2x/3, -2y/3, -1)$이다. 점 $(1, 2, 3)$에서 이 법선 벡터는 $\mathbf{N} = (-2/3, -4/3, -1)$이다. 아래에 있는 밑면의 점 $(1, 2)$에서 기울기는 $(-2/3, -4/3)$이고, $\text{grad} f$의 길이는 기울기 $\sqrt{20}/3$이다.

아마도 등반가는 직선으로 올라가지 않을 것이다. $\sqrt{20}/3$의 '가파른 정도'는 상당하다(거의 150%). 다른 방향의 기울기를 추정하기 위해 두 등고선 사이 길의 거리를 측정하자. 만약 거리 $\Delta s = 3$에서 $\Delta f = 1$라면 기울기는 약 $1/3$이다. 이 계산은 $D_{\mathbf{u}} f$인 $\Delta f / \Delta s$가 극한에 도달할 때까지는 정확하지 않다.

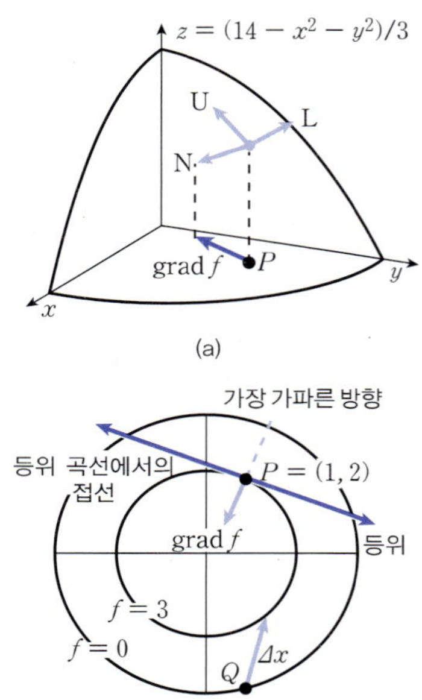

(b)

[그림 13-13] $\mathbf{N}$은 표면에 수직이고 f는 등위 곡선에 (밑면에서) 수직이다.

예제 4 $f(x, y, z) = xy + yz + xz$의 기울기는 세 개의 성분을 가진다.

패턴은 $f(x, y)$에서 $f(x, y, z)$로 확장된다. 기울기는 이제 3차원 벡터 (f_x, f_y, f_z)이고, 이 함수에 대해서 $\text{grad} f$는 $(y+z, x+z, x+y)$이다. $w = f(x, y, z)$의 그래프를 그리는 것은 $xyzw$ 방향의 축과 함께 4차원 그림이 필요할 수도 있다.

차원에 주목하자. 그래프는 4차원 공간에서의 3차원 '곡면'이다. 기울기는 한 차원 아래인 3차원 밑면에 있다. f의 등위 집합은 $xy + yz + zx = c$로부터 얻어진다(이들은 2차원이다). 기울기는 이 등위 집합(여전히 3차원에 있다)에 수직이다. 기울기는 $\mathbf{N}$이 아니며 법선 벡터는 $(f_x, f_y, f_z, -1)$이고, 이는 4차원 공간의 표면에 수직이다.

예제 5 $z(x, y)$가 $F(x, y, z) = x^2 + y^2 - z^2 = 0$과 같이 암시적으로 주어졌을 때 $\text{grad} z$를 찾아라.

풀이

이 경우 $z = \pm\sqrt{x^2 + y^2}$이다. 미분은 $\pm x/\sqrt{x^2 + y^2}$와 $\pm y/\sqrt{x^2 + y^2}$이고 이는 $\text{grad} z$ 안으로 들어간다. 하지만 요점은 기울기를 빠르게 찾기 위해 $F(x, y, z)$를 이 곡면이 상징하는 그대로 미분해야 한다는 것이다. 그러고 나서 F_z로 나누면 다음과 같다.

$$F_x dx + F_y dy + F_z dz = 0 \quad \text{또는} \quad dz = (-F_x dx - F_y dy)/F_z \tag{3}$$

기울기는 $(-F_x/F_z, -F_y/F_z)$이다. (x_0, y_0)에서 미분하며 이때 계산은 양함수 $z = f(x, y)$가 필요하지 않다.

$$F = x^2 + y^2 - z^2 \quad \Rightarrow \quad F_x = 2x,\ F_y = 2y,\ F_z = -2z \quad \Rightarrow \quad \text{grad} z = (x/z, y/z)$$

원뿔에서 꼭대기로 가기 위해 $(x/z, y/z)$ 방향으로 움직여라. 이 기울기 방향은 반지름 방향의 바깥쪽인 원의 중심과 반대방향으로 간다. 원뿔의 가파른 정도는 기울기 벡터의 길이와 같다.

원뿔 위에서 $z^2 = x^2 + y^2$이므로 $|\text{grad} z| = \sqrt{(x/z)^2 + (y/z)^2} = 1$이다.

구부러진 경로를 따르는 미분

직선 경로에서 f의 미분은 $D_{\mathbf{u}} f = (\text{grad} f) \cdot \mathbf{u}$이다. 곡선 경로에서의 미분은 무엇인가? **경로 방향 $\mathbf{u}$는 접벡터 T이다.** 따라서 $\mathbf{u}$를 곡선의 '방향'을 알려주는 $\mathbf{T}$로 대체하자.

경로는 위치 벡터 $\mathbf{R}(t) = x(t)\mathbf{i} + y(t)\mathbf{j}$로 주어지며 속도는 $\mathbf{v} = (dx/dt)\mathbf{i} + (dy/dt)\mathbf{j}$이다. 이때 접벡터는 $\mathbf{T} = \mathbf{v}/|\mathbf{v}|$이다. 임의의 속도($\mathbf{v}$)로 움직일 것인지 아니면 단위 속도($\mathbf{T}$)로 움직일 것인지에 대한 선택에 주의하라. 이 곡선을 따르는 $f(x, y)$의 미분

에 대한 같은 두 선택은 다음과 같다.

$$\text{변화율} \quad \frac{df}{dt} = (\text{grad} f) \cdot \mathbf{v} = \frac{\partial f}{\partial x}\frac{dx}{dt} + \frac{\partial f}{\partial y}\frac{dy}{dt} \tag{4}$$

$$\text{기울기} \quad \frac{df}{dx} = (\text{grad} f) \cdot \mathbf{T} = \frac{\partial f}{\partial x}\frac{dx}{ds} + \frac{\partial f}{\partial y}\frac{dy}{ds} \tag{5}$$

첫 번째는 시간과 관련이 있다. 빨리 움직이면 df/dt는 증가한다. 반면 두 번째는 거리와 관련이 있다. 임의의 속력으로 거리 ds만큼 움직이면 함수는 df만큼 변한다. 따라서 이 방향에서의 기울기는 df/ds이다. 1장에서 속도를 df/dt로, 기울기를 dy/dx로 소개하고 이 둘을 섞어서 사용했다. 이제 드디어 둘의 차이점을 알 수 있다. 직선에서 균일한 움직임은 $\mathbf{R} = \mathbf{R}_0 + \mathbf{v}t$를 가지며 속도 $\mathbf{v}$는 상수이다. 방향 $\mathbf{T} = \mathbf{u} = \mathbf{v}/|\mathbf{v}|$ 역시 상수이다. 이때 방향 미분은 $(\text{grad} f) \cdot \mathbf{u}$이지만 변화율은 $(\text{grad} f) \cdot \mathbf{v}$이다.

식 (4)와 식 (5)는 연쇄 법칙처럼 생겼는데, 실제로 두 식은 연쇄 법칙이다. 다음 절은 식 (4)와 식 (5)를 증명함으로써 $df/dt = (df/dx)(dx/dt)$를 더 많은 변수일 때로 확장한다. 이 의미는 다음과 같다. **df/ds는 곡선을 따르는 방향 $\mathbf{u} = \mathbf{T}$으로 f의 미분이다.**

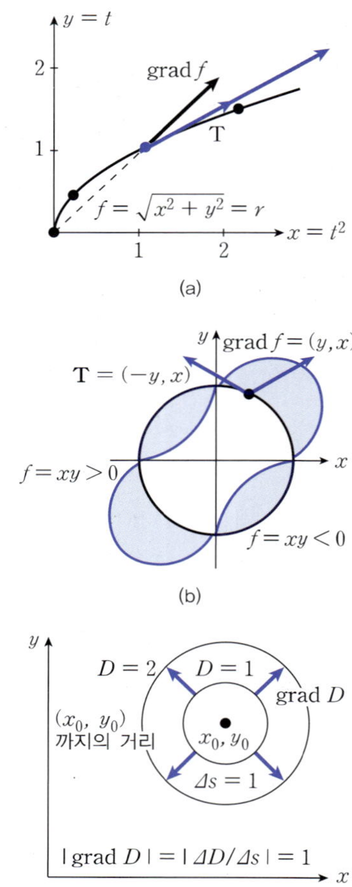

[그림 13-14] (a) 거리 $f = r$은 곡선을 따라서 변한다. (b) 롤러코스터의 기울기는 $(\text{grad} f) \cdot \mathbf{T}$이다. (c) (x_0, y_0)에서의 거리 D는 $\text{grad} D$=단위 벡터를 가진다.

예제 6 $f = r$에 대해서 df/dt와 df/ds를 찾아라. 곡선은 [그림 13-14(a)]에서 $x = t^2$, $y = t$이다.

풀이

곡선을 따르는 속도는 $\mathbf{v} = 2t\mathbf{i} + \mathbf{j}$이다. 전형적인 점 $t = 1$에서 이는 $\mathbf{v} = 2\mathbf{i} + \mathbf{j}$이다. 단위 접벡터는 $\mathbf{T} = \mathbf{v}/\sqrt{5}$이다. $f(x,y)$가 중심으로부터의 거리 r일 때, 기울기는 바깥으로 향하는 단위 벡터 $\mathbf{i}/\sqrt{2} + \mathbf{j}/\sqrt{2}$이다. $\mathbf{v}$와의 내적은 $df/dt = 3/\sqrt{2}$이고, $\mathbf{T}$와의 내적은 $df/ds = 3/\sqrt{10}$이다.

속도가 $1(\mathbf{T})$로 늦춰질 때, $f(x,y)$의 변화 역시 늦춰진다.

예제 7 원형 경로 $x = \cos t$, $y = \sin t$를 따르는 $f = xy$에 대한 df/ds를 찾아라.

풀이

첫 번째로, 직접적인 접근법을 택해보자. 원 위에서 xy는 $(\cos t)(\sin t)$와 같다. 이 함수의 미분은 곱 미분 법칙으로부터 $df/dt = \cos^2 t - \sin^2 t$이다. 보통 이는 df/dx와 다른데, 시간 t는 호의 길이 s와 같을 필요가 없기 때문이다. 이때 나누어져야 할 속도 인자 ds/dt가 있다(하지만 여기서 속도는 1이다). 길이가 $s = 2\pi$인 원은 $t = 2\pi$에서 완전히 한 바퀴 돈다. 따라서 [그림 13-14(b)]의 롤러코스터를 따르는 기울기 df/dx는 $\cos^2 t - \sin^2 t$이다.

두 번째 접근법은 벡터 grad$f$와 $\mathbf{T}$를 사용한다. $f = xy$의 기울기는 $(y, x) = (\sin t, \cos t)$이고 경로에 대한 단위 접벡터는 $\mathbf{T} = (-\sin t, \cos t)$이다. 그들의 내적은 df/ds와 같다.

$$\text{경로를 따르는 기울기} = (\text{grad} f) \cdot \mathbf{T} = -\sin^2 t + \cos^2 t$$

좌표가 없을 때의 기울기

이번 절은 약간 '철학적인' 내용으로 마무리한다. 기울기의 좌표축과 무관한 정의는 무엇인가? 지금까지 grad $f = (f_x, f_y)$는 x와 y축의 선택에 전적으로 의존했다. 하지만 표면의 가파름의 정도는 축과는 독립적이다. 이 축들은 계산을 위해 나중에 추가되었다. 가파른 정도 df/ds는 오직 f와 방향만 관련이 있을 뿐 다른 것과는 관련이 없다. 기울기는 '텐서[tensor]'[4]이어야 한다. 이 텐서의 의미는 좌표 시스템에 의존하지 않는다. 기울기는 서로 다른 시스템(xy 또는 $r\theta$ 또는 $\cdots$)에서 서로 다른 공식들을 가지지만, 방향과 grad f의 길이는 축과는 관계없이 df/dx에 의해 결정된다.

4 텐서는 선형 관계를 나타내는 행렬이다.

grad f의 **방향**은 df/dx의 크기가 가장 큰 방향이다.
길이 $|\text{grad} f|$는 가장 큰 기울기이다.

핵심이 되는 식은 **(f에서의 변화) ≈ (f의 기울기) · (위치의 변화)**이다. 이 식은 $\Delta f \approx f_x \Delta x + f_y \Delta y$를 다르게 쓴 것이며 기본 선형 근사 $\Delta y \approx (dy/dx)\Delta x$의 다변수 형태(우리는 두 변수를 사용했다)이다.

예제 8 $D(x, y)$를 (x, y)에서 (x_0, y_0)까지의 거리라 할 때, 미분 없이 $|\text{grad} D| = 1$임을 증명하라. $D(x, y)$의 그래프는 기울기가 1이고 뾰족한 점이 (x_0, y_0)인 원뿔이다.

풀이

Q1_ 거리 $D(x, y)$는 어떤 방향에서 가장 빨리 증가하는가?
A_ (x_0, y_0)에서 직접 (x, y)로 갈 때이다. 따라서 이는 grad D의 방향이다.

Q2_ 이 가장 가파른 방향에서 D는 얼마나 빨리 증가하는가?
A_ 길이 Δs의 증분은 D를 Δs만큼 증가시킨다. 따라서 $|\text{grad} D| = \Delta s / \Delta s = 1$이다.

결론적으로 grad D는 단위 벡터이다. [연습문제 13.4.48]에서 D의 미분은 $(x - x_0)/D$와 $(y - y_0)/D$임을 알 수 있다. 그들의 제곱의 합은 1인데, 이는 $(x - x_0)^2 + (y - y_0)^2$은 D^2과 같기 때문이다.

13.4 문장제 문제

01 $D_{\mathbf{u}}f$는 방향 __a__(으)로 __b__의 변화율을 준다. 이는 특별한 방향 __c__에서의 두 개의 미분 __d__(으)로부터 계산될 수 있다. u_1, u_2에 대한 식으로써 공식은 $D_{\mathbf{u}}f=$__e__이다. 이는 $\mathbf{u}$와 __f__(이)라 불리는 벡터 __g__의 __h__이다. 선형함수 $f=ax+by$에 대해서 기울기는 $\text{grad}\, f=$__i__이고 방향 벡터는 $D_{\mathbf{u}}f=$__j__ · __k__이다.

02 기울기 $\nabla f=(f_x, f_y)$는 __l__ 차원의 벡터가 아니고, 이는 __m__에서의 벡터이다. 기울기 벡터는 __n__ 직선들과 수직이다. 기울기 벡터는 __o__ 상승의 방향을 가리킨다. 기울기 벡터의 크기 $|\text{grad} f|$는 __p__이다. $f=x^2+y^2$에 대해서 기울기 벡터는 __q__을(를) 가리키고 이 가장 가파른 방향의 기울기의 크기는 __r__이다.

03 $f(x, y, z)$의 기울기는 __s__이다. 이는 곡면 $F(x, y, z)=0$위의 기울기인 $-(F_x/F_z)\mathbf{i}+$__t__와(과)는 다르다. 구부러진 경로 위에서 속도 $\mathbf{v}$로 움직일 때, f의 변화율은 $df/dt=$__u__이다. 접벡터의 방향이 $\mathbf{T}$라면, f의 기울기는 $df/ds=$__v__이다. 올곧은 방향 $\mathbf{u}$에서 df/ds는 __w__와(과) 같다.

13.4 연습문제

01~05 $\text{grad}\, f$를 계산한 다음 $D_{\mathbf{u}}f=(\text{grad} f)\cdot\mathbf{u}$를 계산해서 P에서의 $D_{\mathbf{u}}f$를 계산하라.

01 $f(x, y)=x^2-y^2$ $\quad \mathbf{u}=(\sqrt{3}/2, 1/2)$ $\quad P=(1, 0)$

02 $f(x, y)=3x+4y+7$ $\quad \mathbf{u}=(3/5, 4/5)$ $\quad P=(0, \pi/2)$

03 $f(x, y)=e^x\cos y$ $\quad \mathbf{u}=(0, 1)$ $\quad P=(0, \pi/2)$

04 $f(x, y)=y^{10}$ $\quad \mathbf{u}=(0, -1)$ $\quad P=(1, -1)$

05 $f(x, y)=(0, 3)$까지의 거리 $\quad \mathbf{u}=(1, 0)$ $\quad P=(1, 1)$

06~08 물리학에서의 다음 함수에 대해서 $\text{grad} f=(f_x, f_y, f_z)$를 구하라.

06 $1/\sqrt{x^2+y^2+z^2}$ (원점에서의 점원)

07 $\ln(x^2+y^2)$ (z축을 따르는 직선 광원)

08 $1/\sqrt{(x-1)^2+y^2+z^2}-1/\sqrt{(x+1)^2+y^2+z^2}$ (쌍극)

09 $f=3x^2+2y^2$에 대해서 $(1, 2)$에서 가장 가파른 방향과 등위 곡선 방향을 찾아라. 이 방향에서의 $D_{\mathbf{u}}f$를 계산하라.

10 [예제 2]에서 $f=3x+y+1$은 가장 가파른 기울기 $\sqrt{10}$을 가진다고 주장했다. $D_{\mathbf{u}}f=3u_1+u_2=3u_1+\sqrt{1-u_1^2}$을 최대화하라.

11 $f(x, y)$가 임의의 매끄러운 함수일 때 참 또는 거짓임을 판별하라.

(a) P에서 $D_{\mathbf{u}}f=0$인 방향 $\mathbf{u}$가 있다.

(b) $D_{\mathbf{u}}f=\text{grad}\, f$인 방향 $\mathbf{u}$가 있다.

(c) $D_{\mathbf{u}}f=1$인 방향 $\mathbf{u}$가 있다.

(d) $f(x)g(x)$의 기울기 벡터는 $g\,\text{grad}\, f+f\,\text{grad}\, g$와 같다.

12 (a) $f(x)$의 기울기 벡터는 무엇인가(하나의 성분만 있다)?

(b) 두 개의 가능한 방향 $\mathbf{u}$와 미분 $D_{\mathbf{u}}f$는 무엇인가?

(c) 곡선 $y=f(x)$의 수직 벡터 $\mathbf{N}$은 무엇인가(두 개의 성분)?

13~16 $P=(1, 2)$에서 f가 가장 빠르게 증가하는 방향 $\mathbf{u}$를 찾아라. 얼마나 빠른가?

13 $f(x, y)=ax+by$

14 $f(x, y)=2x$와 y 중 작은 수

15 $f(x, y)=e^{x-y}$

16 $f(x, y)=\sqrt{5-x^2-y^2}$ (주의)

17 (미리보기) $f(x,y)$가 최댓값을 가지는 점에서 $\mathrm{grad}\,f$는 무엇인가? 최댓값을 주는 점 (x,y)를 포함한 등위 곡선을 묘사하라.

18 (a) 내적을 이용하여 그래프에서 법선 벡터, 꼭대기 방향, 등위 곡선들은 모두 서로 수직임을 보여라.

$$\mathbf{N}=(f_x, f_y, -1),\ \ \mathbf{U}=(f_x, f_y, f_x^2+f_y^2),\ \ \mathbf{L}=(f_y, -f_x, 0)$$

(b) $\mathbf{N}$은 접평면에 _____이고, $\mathbf{U}$와 $\mathbf{L}$은 접평면에 _____이다.

(c) 기울기 벡터는 ____의 xy 위로의 정사영이고 또한 ____이다. $\mathbf{L}$의 xy평면위로의 정사영은 ___방향이다.

19 $f=1-x+y$에 대해서 $\mathbf{N},\mathbf{U},\mathbf{L}$을 계산하고 평평한 표면의 한 점에서 이들을 그려라.

20 $x^2+y^2-z^2=0$에 대해서 $\mathbf{N},\mathbf{U},\mathbf{L}$을 계산하고 원뿔의 한 점에서 이들을 그려라.

21~24 음의 z 방향으로 중력이 작용할 때 다음 지붕으로부터 물이 어떤 방향 $-U$에서 아래로 흐르는가?

21 $z=2x$ (평평한 지붕) 22 $z=4x-3y$(평평한 지붕)

23 $z=\sqrt{1-x^2-y^2}$ (구) 23 $z=-\sqrt{x^2+y^2}$ (원뿔)

---

25 $x+2y$에만 의존하는 두 개의 함수 $f(x,y)$를 선택하라. $(1,1)$에서 그들의 기울기 벡터는 _____ 방향이다. 그들의 등위 곡선은 _____이다.

26 $(1,1)$을 지나는 $f=y/x$의 등위 곡선은 _____이다. 기울기 벡터의 방향은 반드시 _____이어야 한다. $\mathrm{grad}\,f$를 확인하라.

27 $\mathrm{grad}\,f$는 길이가 1이며 $2\mathbf{i}+\mathbf{j}$에 수직이고, $\mathrm{grad}\,g$는 길이가 5이며 $2\mathbf{i}+\mathbf{j}$에 수직이다. $\mathrm{grad}\,f$, $\mathrm{grad}\,g$, f, g를 찾아라.

28 참 또는 거짓임을 판별하라.

(a) $\mathrm{grad}\,f$를 알면 f 역시 알 수 있다.

(b) 직선 $x=y=-z$는 평면 $z=x+y$에 수직이다.

(c) $z=x+y$의 기울기 벡터는 (b)의 직선을 따른다.

29 점 $(3,4)$에서 $\theta=\tan^{-1}(y/x)$에 대한 등위 곡선 방향 $\mathbf{u}$를 써라. 그 다음 $\mathrm{grad}\,\theta$를 계산하고 $D_{\mathbf{u}}\theta=0$임을 확인하라.

30 원점을 중심으로 한 원에서 거리는 $\Delta s=r\,\Delta\theta$이다. 그러면 $d\theta/ds=1/r$이다. $\mathrm{grad}\,\theta$와 $\mathbf{T}$, $(\mathrm{grad}\,\theta)\cdot\mathbf{T}$를 계산하여 확인하라.

31 산 $z=9-x-y^2$ 위의 점 $(2,1,6)$에서 어느 방향이 위쪽인가? 지붕 $z=x+2y+2$에서 어느 방향이 아래쪽인가? 지붕은 산에 대해 ____이다.

32 점 $(1,-2)$ 근처에서 온도 $T=e^{-x^2-y^2}$은 $\Delta T\approx$____$\Delta x+$____Δy이다. 어떤 방향 $\mathbf{u}$에서 이 온도가 가장 빨리 뜨거워지는가?

33 그림 (a)는 $z=f(x,y)$의 등위 곡선들을 보여준다.

(a) P, Q, R에서 $\mathrm{grad}\,f$의 방향과 길이를 추정하라.

(b) $\mathrm{grad}\,f$와 $\mathbf{i}+\mathbf{j}$가 평행한 두 점을 위치시켜라.

(c) 어디서 $|\mathrm{grad}\,f|$가 가장 큰가? 또한 어디서 가장 작은가?

(d) 이 그림에서 $z_{\max}$에 대한 여러분의 추정치는 무엇인가?

(e) P에서 R로 가는 직선 위에서 z를 묘사하고 이 함수의 최댓값을 추정하라.

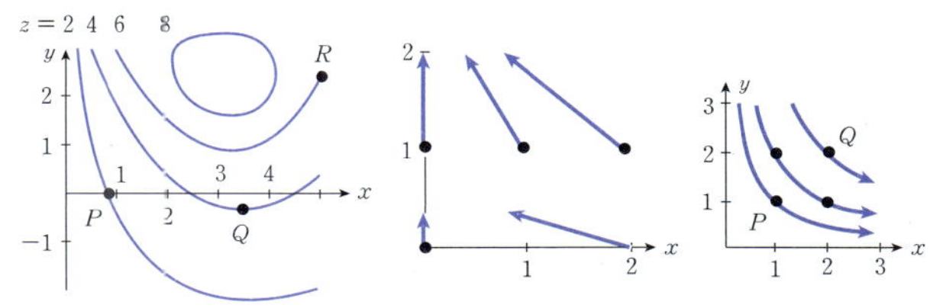

(a) (b) (c)

34 2차 함수 $ax^2+by^2+cx+dy$는 그림 (b)와 같은 기울기들을 가진다. c, b, c, d를 추정하고 두 등위 곡선을 스케치하라.

35 $f(x,y)$의 등위 곡선들은 $(1,1)$을 중심으로 한 원들이다. 곡선 $f=c$는 반지름 $2c$를 가진다. f는 무엇인가? $(0,0)$에서 $\mathrm{grad}\,f$는 무엇인가?

36 $\mathrm{grad}\,f$가 그림 (c)의 쌍곡선 $xy=$상수에 접한다고 가정하자. $f(x,y)$의 세 개의 등위 곡선을 그려라. $|\mathrm{grad}\,f|$는 P 또는 Q 중 어디에서 더 큰가? $|\mathrm{grad}\,f|$는 쌍곡선을 따라서 상수인가? 세 함수 $x^2+y^2, x^2-y^2, xy, x^2y^2$ 중에서 f가 될 수 있는 함수를 선택하라.

37 $\mathrm{grad}\,f$가 그림 (c)의 쌍곡선에 수직일 때, 문제 **36**을 반복하라.

38 세 점 $(0,1), (1,0), (2,1)$에서 $f=0,1,2$일 때, $f=Ax+By+C$로 가정해서 $\mathrm{grad}\,f$를 추정하라.

39 어떤 함수가 다음의 기울기를 가지는가?

(a) $(2x+y, x)$ (b) $(e^{x-y}, -e^{x-y})$

(c) $(y, -x)$ (주의)

40 $\mathrm{grad}\,f=(y,x)$일 때 $f(x,y)$의 등위 곡선을 그려라.

41~46 속도 $\mathbf{v}$와 접벡터 $\mathbf{T}$를 찾아라. 그리고 변화율 $df/dx = \text{grad}\, f \cdot \mathbf{v}$와 기울기 $df/ds = \text{grad} f \cdot \mathbf{T}$를 계산하라.

41 $f = x^2 + y^2$ $\quad x = t$ $\quad y = t^2$

42 $f = x$ $\quad x = \cos 2t$ $\quad y = \sin 2t$

43 $f = x^2 - y^2$ $\quad x = x_0 + 2t$ $\quad y = y_0 + 3t$

44 $f = xy$ $\quad x = t^2 + 1$ $\quad y = 3$

45 $f = \ln xyz$ $\quad x = e^t$ $\quad y = e^{2t}$ $\quad z = e^{-t}$

46 $f = 2x^2 + 3y^2 + z^2$ $\quad x = t$ $\quad y = t^2$ $\quad z = t^3$

---

47 (a) 경로 $x = \cos 2t$, $y = \sin 2t$를 따르는 롤러코스터 $f = xy$에 대하여 df/ds와 df/dt를 찾아라.

(b) $f = x^2 + y^2$으로 바꾸고 기울기가 0인 이유를 설명하라.

48 (x, y)에서 $(1, 2)$까지 거리 D는 $D^2 = (x-1)^2 + (y-2)^2$이다. $\partial D/\partial x = (x-1)/D$와 $\partial D/\partial y = (y-2)/D$, $|\text{grad} D| = 1$임을 보여라. $D(x, y)$의 그래프는 ____이고 이 함수의 꼭짓점은 ____에 있다.

49 점 $(4, 5)$에서 $f = 1$이고 $\text{grad} f = (2, 3)$일 때, $(4, 5)$에서의 접평면을 찾아라. f가 선형함수일 때 $f(x, y)$를 찾아라.

50 점 $P = (x_0, y_0)$에서 방향 $\mathbf{u} = (u_1, u_2)$으로 $f(x, y)$의 미분을 정의하자. (근사적으로) Δf는 무엇인가? $D_{\mathbf{u}} f$는 (정확히) 무엇인가?

51 등위 곡선을 따르는 f의 기울기는 $df/ds =$ _____ $= 0$이다. 이는 $\text{grad} f$가 등위 곡선 방향의 벡터 _____에 수직임을 말해준다.

13.5 연쇄 법칙

미적분학은 문제를 풀 때는 물론이고, 더 어려운 문제를 위한 준비 과정에서도 활용된다. 첫 번째 과정은 '응용'이고, 두 번째 과정은 '이론'처럼 보인다. 만약 우리가 시간이나 돈 또는 에너지를 절약하기 위해 f를 최소화한다면 이는 응용이다. 반면 미분을 취해도 최솟값을 구할 수 없다면(아마도 이는 f가 다른 함수의 함수이고 연쇄 법칙을 사용하지 않았기 때문일 것이다), 더 많은 이론이 필요한 시점이다. 연쇄 법칙은 기본적인 작업 도구인데, 이는 대부분의 응용에서 $f(g(x))$가 등장하기 때문이다. 이는 $f(g(x, y))$와 $f(x(t), y(t))$, 그리고 이보다 더 복잡한 형태로 등장한다. 우리는 여러 함수의 미분을 알아야 한다. 그렇지 않으면 미적분학은 다양하게 응용하기 힘들다.

여러분은 본능적으로 이렇게 말할 수도 있다. "이론으로 괴롭히지 말고 그냥 공식만 가르쳐 달라고!" 하지만 이는 불가능하다. 이제 $\sin 2x$의 미분을 굳이 답할 가치도 없는 사소한 문제로 여기겠지만 사실은 사소하지 않다. 연쇄 법칙이 나오기 전에 $\sin 2x$와 $\sin x^2$ 및 $\sin^2 x^2$의 미분은 $\Delta f / \Delta x$를 사용하여 계산하기 어려웠다. 이제 $f(x, y)$에 대해서 이와 같은 맥락을 살펴보아야 할 시점이다. $\partial f / \partial x$의 의미는 알지만 $f = r \tan \theta$이고 $x = r \cos \theta$, $y = r \sin \theta$인 경우에는 추가로 $\partial f / \partial x$를 계산하는 방법이 필요하다. 미적분학의 문제 풀이를 지속하기 위해서는 약간의 이론은 필수이다.

정리하자면 **연쇄 법칙은 함수의 함수에 적용된다**. 일변수에서 이는 $f(g(x))$이었다. 2개의 변수인 경우 다음과 같이 더 많은 가능성이 있다.

1. $z = g(x, y)$일 때 $f(z)$에서 $\partial f/\partial x$와 $\partial f/\partial y$를 찾아라.
2. $x = x(t), y = y(t)$일 때 $f(x, y)$에서 df/dt를 찾아라.
3. $x = x(t, u), y = y(t, u)$일 때 $f(x, y)$에서 $\partial f/\partial t$와 $\partial f/\partial u$를 찾아라.

모든 미분은 연속이라 가정한다. 더 정확하게 말하면 $\partial g/\partial x$, dx/dt, $\partial x/\partial u$와 같은 입력 미분들은 연속이다. 그러면 연쇄 법칙으로부터 $\partial f/\partial x$, df/dt, $\partial f/\partial u$과 같은 출력 미분들도 연속일 것이다. 앞으로 극좌표의 $r = 0$과 같은 점은 피할 것이다. 이 점에서 $\partial r/\partial x = x/r$은 0으로 나누는 경우를 가지기 때문이다.

예를 들어 xy와 같은 x와 y의 함수로 시작해보자. $f(x, y) = xy$에서 x를 $r\cos\theta$로, y를 $r\sin\theta$로 바꾸면 함수는 $(r\cos\theta)$와 $(r\sin\theta)$의 곱이 된다. 우리는 이 함수의 미분이 r과 θ에 대한 미분이기를 원한다. 우선 이 미분의 이름을 정해야만 한다.

혼란을 방지하기 위해서는 문자 f를 재사용해서는 안 된다. 따라서 새로운 함수를 F로 놓으면 다음과 같다.

$$f(x, y) = xy \qquad f(r\cos\theta, r\sin\theta) = (r\cos\theta)(r\sin\theta) = F(r, \theta)$$

이 함수를 $f(r, \theta)$로 부르면 안 되는 이유가 뭘까? 엄격하게 말하면 $f(r, \theta)$는 $r\theta$이기 때문이다! 규칙을 따르면 $f(x, y)$는 xy이므로 $f(r, \theta)$는 $r\theta$이어야 한다. 따라서 새로운 함수 F를 쓰는 것이 옳다(이 함수는 $(r\cos\theta)(r\sin\theta)$의 곱을 한다). 하지만 많은 경우에서 이 규칙을 무시하고 문자 F를 다시 f로 바꿔 쓴다.

이러한 사건은 이미 일어났다. 이전 절의 끝에서 $\partial F/\partial t$라고 말했어야 했지만 편의상 $\partial f/\partial t$를 써넣었다. 연쇄 법칙의 목적은 새로운 변수 t와 u(또는 r과 θ)에 대한 미분을 찾는 것이다. 예제에서 우리는 **r에 대한 F의 미분을 원한다**. 다음은 연쇄 법칙이다.

$$\frac{\partial F}{\partial r} = \frac{\partial f}{\partial x}\frac{\partial x}{\partial r} + \frac{\partial f}{\partial y}\frac{\partial y}{\partial r} = (y)(\cos\theta) + (x)(\sin\theta) = 2r\sin\theta\cos\theta$$

여기에서 y와 x에 각각 $r\sin\theta$와 $r\cos\theta$를 대입해보자. $F(r, \theta) = r^2\cos\theta\sin\theta$는 $\partial F/\partial r = 2r\cos\theta\sin\theta$의 결과를 도출하므로 미분은 올바르다. 여기서 유일하게 잘못된 것(하지만 계속 이렇게 진행할 것이다)은 F 대신에 f를 쓴 것이다.

Q_ $\dfrac{\partial f}{\partial \theta}$는 무엇인가?

A_ 이는 $\dfrac{\partial f}{\partial x}\dfrac{\partial x}{\partial \theta} + \dfrac{\partial f}{\partial y}\dfrac{\partial y}{\partial \theta}$이다.

$f(g(x,y))$의 미분

여기서 g는 x와 y에 의존하고, f는 g에 의존한다. x는 dx만큼 움직이는 반면, y는 상수로 유지된다고 가정하자. 그러면 g는 $dg = (\partial g/\partial x)dx$만큼 움직인다. g가 변할 때, f도 역시 $df = (df/dg)dg$와 같이 변한다. 이제 dg에 대입해서 연쇄를 만들면 $df = (df/dg)(\partial g/\partial x)dx$가 된다. 이것이 첫 번째 규칙이다.

7 $f(g(x,y))$에 대한 연쇄 법칙 $\dfrac{\partial f}{\partial x} = \dfrac{df}{dg}\dfrac{\partial g}{\partial x}, \quad \dfrac{\partial f}{\partial y} = \dfrac{df}{dg}\dfrac{\partial g}{\partial y}$ (1)

예제 1 모든 $f(x+cy)$는 한방향 파동 방정식 $\partial f/\partial y = c\,\partial f/\partial x$를 만족시킨다.

안쪽 함수는 $g = x + cy$이고, 바깥쪽 함수는 g^2, $\sin g$, e^g과 같은 어떤 함수든지 될 수 있다. 그러면 합성함수는 각각 $(x+cy)^2$, $\sin(x+cy)$, e^{x+cy}이다. 각각의 경우에서 $\partial f/\partial y = c\,\partial f/\partial x$임을 확인할 수 있다. 연쇄 법칙은 다음과 같이 이 식을 모든 경우에서 $\partial g/\partial x = 1$과 $\partial g/\partial y = c$로부터 한 번에 도출한다.

$$\frac{\partial f}{\partial x} = \frac{df}{dg}\frac{\partial g}{\partial x} = 1\frac{df}{dg} \text{와 } \frac{\partial f}{\partial y} = \frac{df}{dg}\frac{\partial g}{\partial y} = c\frac{df}{dg} \text{이므로 } \frac{\partial f}{\partial y} = c\frac{\partial f}{\partial x} \text{이다.} \quad (2)$$

여기서 식 $\partial f/\partial y = c\,\partial f/\partial x$는 매우 중요하다. 이는 **편미분방정식**partial differential equation에 대한 우리의 첫 번째 예제이다. 미지수 $f(x,y)$는 두 개의 변수를 가지며 두 편미분이 방정식에 모두 들어있다.

지금까지 우리는 dy/dt와 **상미분방정식**ordinary differential equation을 다루었다. 이때 독립변수는 시간 또는 공간이었다(그리고 공간에 대해선 오직 1차원이었다). 반면 편미분방정식에서 변수는 시간과 공간이다(공간에 대해서 더 높은 차원이 가능하다). 수리 물리학에서 열 방정식, 파동 방정식, 라플라스 방정식과 같은 주요 공식은 모두 편미분방정식이다.

연쇄 법칙이 $f = \sin xy$에 어떻게 적용되는지에 주목하라. 이 함수의 x에 대한 미분은 $y\cos xy$이다. 참을성 있는 독자는 f는 $\sin g$이고 g는 xy이며 f_x는 $f_g g_x$임을 확인할 것이다. 하지만 대부분의 독자들은 그렇게 참을성이 있지 않을 것이다($\sin xy$의 미분을 이미 알고 있기 때문이다). 따라서 다음 연쇄 법칙으로 빠르게 넘어가기로 한다. 다음 연쇄 법칙의 바깥쪽 함수는 두 개의 안쪽 함수에 의존하고 각각의 안쪽 함수는 t에 의존한다. 이때 우리는 df/dt를 구하고자 한다.

$f(x(t), y(t))$의 미분

다음 연쇄 법칙을 말하기에 앞서, 다음 아이디어를 살펴보자. t가 Δt만큼 변한다고 가정하면 이는 x와 y에 영향을 준다. 즉 그들은 각각 Δx와 Δy만큼 변한다. 이와 같이 변화가 도미노처럼 f에 영향을 미치게 되면 f는 Δf만큼 변하게 된다. 이 과정을 거꾸로 추적하면 다음과 같다.

$$\Delta f \approx \frac{\partial f}{\partial x}\Delta x + \frac{\partial f}{\partial y}\Delta y, \quad \Delta x \approx \frac{dx}{dt}\Delta t, \quad \Delta y \approx \frac{dy}{dt}\Delta t$$

Δf를 Δt와 연결하기 위해 마지막 두 식을 첫 번째 식에 대입하자. 그리고 $\Delta t \to 0$으로 두면 다음과 같은 연쇄 법칙이 나온다.

8 $f(x(t), y(t))$에 대한 연쇄 법칙 $\quad \dfrac{df}{dt} = \dfrac{\partial f}{\partial x}\dfrac{dx}{dt} + \dfrac{\partial f}{\partial y}\dfrac{dy}{dt}$ (3)

이는 일변수에서의 연쇄 법칙 $dz/dx = (dz/dy)(dy/dz)$와 비슷하다. 이때 dy를 '상쇄'할 수 있었다(우리는 실제로 Δy를 $(\Delta z/\Delta y)(\Delta y/\Delta x)$에서 상쇄했고, Δx를 0으로 보냈다). 이제 Δt는 x, y를 통해 Δf에 두 가지 방식으로 영향을 준다. 즉 연쇄 법칙은 두 개의 항을 가진다. 만약 $(\partial f/\partial x)(dx/dt)$에서 ∂x와 dx를 상쇄한다면 우리는 이 두 항 중 오직 하나의 항만 얻는다!

원칙에 따라 $f(x(t), y(t))$에 이름 붙이면 $f(t)$가 아니라 $F(t)$여야 함을 다시 언급한다. $f(x, y, z)$에 대해서 법칙은 $f_x x_t + f_y y_t + f_z z_t$와 같은 세 개의 항을 가진다. 이는 곧 f_t(더 정확한 표현은 dF/dt)이다.

예제 2 플로리다로 운전할 때 온도는 얼마나 빨리 변하는가?

풀이

중서부는 30°F이고 플로리다는 80°F라 가정하자. 남쪽으로 1000마일 가면 온도 $f(x,y)$가 50°F만큼, 즉 1마일당 0.05°F만큼 증가한다. 시간당 70마일의 속도로 남쪽으로 직진 주행할 때, 증가율은 1시간당 $(0.05)(70) = 3.5$도이다. (도/마일)과 (마일/시간)의 곱이 (도/시간)과 어떻게 같은지에 주목하라. 이는 원래의 연쇄 법칙 $(df/dx)(dx/dt) = (df/dt)$이다(남쪽으로 가는 y 변수는 없다).

예제 2 (이어서) 만약 남동쪽으로 간다면 온도는 $f = 30 + 0.05x + 0.01y$이다. 이 경우 $x(t)$는 남쪽으로의 거리이고 $y(t)$는 동쪽으로의 거리이다. 속력이 여전히 70일 때 df/dt는 얼마인가?

풀이

$$\frac{df}{dt}=\frac{\partial f}{\partial x}\frac{dx}{dt}+\frac{\partial f}{\partial y}\frac{dy}{dt}=0.05\frac{70}{\sqrt{2}}+0.01\frac{70}{\sqrt{2}}\approx 3\text{도/시간}$$

현실에서는 다른 항이 존재한다. 온도는 t에도 영향을 받는데, 이는 낮과 밤 때문이다. 인자 $\cos(2\pi t/24)$는 24시간의 주기를 가지며 이 인자는 연쇄 법칙 안에 다음과 같이 여분의 항을 추가한다.

$f(x, y, t)$에 대해서 연쇄 법칙은 $\dfrac{df}{dt}=\dfrac{\partial f}{\partial t}\dfrac{dx}{dt}+\dfrac{\partial f}{\partial x}\dfrac{dy}{dt}+\dfrac{\partial f}{\partial t}$이다. (4)

이는 모든 요인에서의 **전미분** df/dt이다. x, y, t의 변화는 모두 f에 영향을 주는 반면 편미분 $\partial f/\partial t$는 df/dt의 오직 하나의 부분이다($dt/dt=1$임에 주목하라). 낮과 밤의 변화에 의해 f에 $12\cos(2\pi t/24)$를 더하면 여분의 항은 $\partial f/\partial t=-\pi\sin(2\pi t/24)$이다. 해가 질 무렵에 이는 시간당 $-\pi$도이다. 낮 동안 목적지로 가려면 70마일/시간보다 더 빨리 운전해야 한다.

이계도함수

d^2f/dt^2은 무엇인가? 이에 답하기 위해서는 (매우 귀찮은 계산일) 식 (4)를 미분해야 한다. 이는 12장에서 보았던 많은 항을 가진 가속도와 비슷하다. 따라서 직선에서의 움직임으로 시작해보자.

$x=x_0+t\cos\theta$와 $y=y_0+t\sin\theta$라 가정하자. 이 경우 속도 1을 유지하면서 고정된 각으로 움직이고 있으며 미분은 $x_t=\cos\theta$와 $y_t=\sin\theta$이고 $\cos^2\theta+\sin^2\theta=1$이다. 그러면 다음과 같이 연쇄 법칙으로부터 df/dt를 바로 얻을 수 있다.

$$f_t=f_x x_t+f_y y_t=f_x\cos\theta+f_y\sin\theta \tag{5}$$

2차 미분 f_{tt}를 얻기 위해 f_t에 위 법칙을 적용하고 정리하면 f_{tt}는 다음과 같다.

$$(f_t)_x\cos\theta+(f_t)_y\sin\theta=(f_{xx}\cos\theta+f_{yx}\sin\theta)\cos\theta+(f_{xy}\cos\theta+f_{yy}\sin\theta)\sin\theta$$

$$f_{tt}=f_{xx}\cos^2\theta+2f_{xy}\cos\theta\sin\theta+f_{yy}\sin^2\theta \tag{6}$$

극좌표계에서 t는 r로 바뀌며 r 방향으로 움직일 때, θ는 고정된다. 식 (6)은 f_{xx}, f_{xy}, f_{yy}를 통해 f_{rr}을 준다. 구부러진 경로에서의 2차 미분(구부러짐을 통한 새로운 항들과 함께)은 연습문제를 위해 남겨둔다.

예제 3 f_{xx}, f_{xy}, f_{yy}가 모두 연속이고 M에 의해 유계되어 있을 때, f_{tt}에 대한 유계를 찾아라. 이는 임의의 직선을 따르는 2차 미분이다.

풀이

식 (6)은 $|f_{tt}| \le M\cos^2\theta + M\sin 2\theta + M\sin^2\theta \le 2M$이다. 이 위로의 유계 $2M$는 13.3절의 식 (14)에서 선형 근사에서의 오차를 구할 때 필요했던 것이다.

$f(x(t,u), y(t,u))$의 미분

f에 두 개의 안쪽 함수 x와 y가 있고, x와 y는 각각 안쪽 함수 t와 u에 의존한다고 가정하자. 그러면 t가 움직일 때, x와 y 모두 $dx = x_t dt$와 $dy = y_t dt$만큼 움직인다. 이로 인해 dx와 dy는 f에 대하여 $df = f_x dx + f_y dy$만큼의 변화를 준다. 이 과정을 이해하면 $\partial f/\partial t$에 대한 다음 연쇄 법칙은 놀랍지 않을 것이다.

9 $f(x(t,u), y(t,u))$에 대한 연쇄 법칙 $$\frac{\partial f}{\partial t} = \frac{\partial f}{\partial x}\frac{\partial x}{\partial t} + \frac{\partial f}{\partial y}\frac{\partial y}{\partial t} \quad (7)$$

이 법칙은 d/dt 대신에 $\partial/\partial t$를 가지는데 이는 추가 변수 u 때문이다. 이 기호는 u를 상수로 취급함을 상기시켜준다. 마찬가지로 t는 u가 움직이는 동안 상수이고, 이는 $\partial f/\partial u$에 대한 두 번째 연쇄 법칙 $f_u = f_x x_u + f_y y_u$을 준다.

예제 4 극좌표계에서 f_θ와 $f_{\theta\theta}$를 찾아라. $f(x, y) = f(r\cos\theta, r\sin\theta)$로 시작하라.

풀이

연쇄 법칙을 쓰려면 x와 y를 θ에 대해 미분해야 한다.

$$\frac{\partial f}{\partial \theta} = \frac{\partial f}{\partial x}\frac{\partial x}{\partial \theta} + \frac{\partial f}{\partial y}\frac{\partial y}{\partial \theta} = \left(\frac{\partial f}{\partial x}\right)(-r\sin\theta) + \left(\frac{\partial f}{\partial y}\right)(r\cos\theta) \quad (8)$$

θ에 대한 2차 미분은 더 어려운데, 이는 식 (8)이 θ에 의존하는 4개의 항을 가지고 있기 때문이다. 첫 번째 항 $\partial f/\partial x$에 연쇄 법칙을 적용하자. 이는 x와 y의 함수이고, x와 y는 θ의 함수이다.

$$\frac{\partial}{\partial \theta}\left(\frac{\partial f}{\partial x}\right) = \frac{\partial}{\partial x}\left(\frac{\partial f}{\partial x}\right)\frac{\partial x}{\partial \theta} + \frac{\partial}{\partial y}\left(\frac{\partial f}{\partial x}\right)\frac{\partial y}{\partial \theta} = f_{xx}(-r\sin\theta) + f_{xy}(r\cos\theta)$$

$\partial f/\partial y$의 θ에 대한 미분도 비슷하다. 따라서 식 (8)에 곱 미분 법칙을 적용하면 다음과 같다.

$$f_{\theta\theta} = [f_{xx}(-r\sin\theta) + f_{xy}(r\cos\theta)](-r\sin\theta) + f_x(-r\cos\theta)$$
$$+ [f_{yx}(-r\sin\theta) + f_{yy}(r\cos\theta)](r\cos\theta) + f_y(-r\sin\theta) \qquad (9)$$

이 공식은 매력적이지 않다. 수학에서 지저분한 공식은 거의 항상 질문이 잘못되었다는 신호이다. 사실 $f_{xx} + f_{yy}$로 된 조합이 각각의 미분보다 훨씬 더 특별하다. $f_{rr} + f_{\theta\theta}$가 $f_{xx} + f_{yy}$와 같으면 좋겠지만 차원적으로 이는 불가능하다(r은 길이이고 θ는 각이기 때문이다). f_{xx}, f_{yy}의 차원은 f_{rr}, f_r/r, $f_{\theta\theta}/r^2$의 차원과 일치한다. 따라서 다음과 같은 식이 나오기를 바랄 수 있다.

$$f_{xx} + f_{yy} = f_{rr} + \frac{1}{r}f_r + \frac{1}{r^2}f_{\theta\theta} \qquad (10)$$

실제로 이 식은 참이다. t를 r로 바꿔서 (5)+(6)+(9)를 해보면 확인할 수 있다. **라플라스 방정식 $f_{xx} + f_{yy} = 0$은 이제 극좌표계로 $f_{rr} + f_r/r + f_{\theta\theta}/r^2 = 0$과 같이 표현된다.**

역설

극좌표계에서 벗어나기 전에 질문 하나가 더 남아 있다. 이는 편미분의 첫 번째 예제였던 $\partial r/\partial x$로 돌아가보자.

$$\frac{\partial r}{\partial x} = \frac{\partial}{\partial x}\sqrt{x^2+y^2} = x/\sqrt{x^2+y^2} = x/r \qquad (11)$$

이때 x가 $r\cos\theta$라는 것을 안다. 따라서 우변의 x/r는 $\cos\theta$인데, r은 $x/\cos\theta$이므로 $\partial r/\partial x$는 $1/\cos\theta$이다. **어떻게 $\partial r/\partial x$가 한 쪽에서는 $\cos\theta$이고 다른 한 쪽에서는 $1/\cos\theta$일 수 있는가?**

이 질문 때문에 필자는 잠을 이루지 못했다. $\cos\theta = 1/\cos\theta$로 끝날 순 없으므로 설명이 필요하다. 이 역설은 편미분에 대한 새로운 주의점을 가져다준다. 필자가 최종적으로 알아차린 것을 말해보겠다. 다음 단락을 가리고 이 질문에 대해서 먼저 생각해보라.

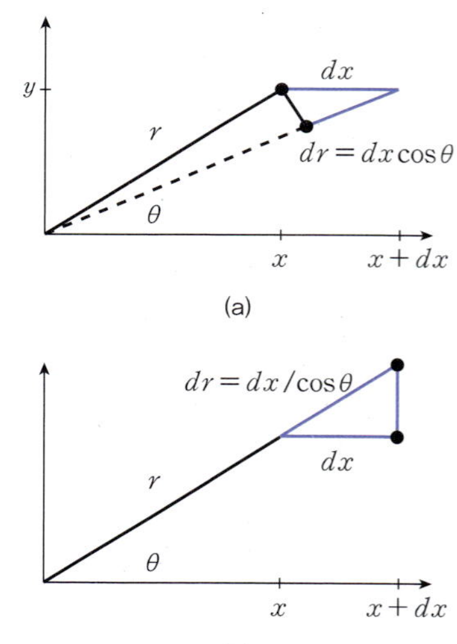

[그림 13-15] (a) y가 상수일 때 $dr = dr = dx\cos\theta$, (b) θ가 상수일 때 $dr = dx/\cos\theta$

편미분에서의 핵심은 다음 질문이다. **어떤 변수가 상수로 유지되는가?** 식 (11)에서는 y가 상수이다. 하지만 $r = x/\cos\theta$가 $\partial r/\partial x = 1/\cos\theta$를 줄 때, θ가 상수이었다. 양쪽 경우 모두에서 x를 바꾸고 r의 영향을 살펴보자. 움직임은 수평선 위(상수 y)이거나 반지름 방향의 직선 위(상수 θ)이다. [그림 13-15]는 이 둘의 차이를 보여준다. 위 예는 $\partial r/\partial x$이 $1/(\partial x/\partial r)$과 다르다는 것을 보여준다. 정렬된 공식 $(\partial r/\partial x)(\partial x/\partial r) = 1$은 일반적으로 사실이 아니다. 어디서 이런 일이 발생하는 걸까? 반드시

$(\partial r/\partial y)(\partial y/\partial r)$를 포함시켜야 한다. 2개의 변수 xy와 2개의 변수 $r\theta$와 함께 다음과 같은 2×2 행렬들이 필요하다! 자세한 내용은 14.4절에서 다룰 것이다.

$$\begin{bmatrix}\partial r/\partial x & \partial r/\partial y\\ \partial\theta/\partial x & \partial\theta/\partial y\end{bmatrix}\begin{bmatrix}\partial x/\partial r & \partial x/\partial\theta\\ \partial y/\partial r & \partial y/\partial\theta\end{bmatrix}=\begin{bmatrix}1 & 0\\ 0 & 1\end{bmatrix}$$

독립이 아닌 변수들

이 역설은 심각한 문제를 지적한다. $f(x, y, z)$의 편미분 계산에서 우리는 x, y, z가 독립이라고 가정했다. 지금까지 x는 움직일 수 있는 반면 y와 z는 고정되어 있었다. 물리학과 화학 및 경제학에서 이는 불가능할 수도 있다. x, y, z 사이의 관계식이 존재하는 경우에 x는 스스로 움직일 수 없다.

예제 5 이상기체 상태 방정식 $PV=nRT$에 의하면 압력은 부피, 온도와 관련이 있다. 이때 P, V, T는 독립이 아니다. $\partial V/\partial P$의 의미는 무엇인가? 이는 $1/(\partial P/\partial V)$와 같은가?

풀이

어떤 것을 상수로 유지할지 정하지 않는다면 이 질문에 답할 수 없다. 역설에서 $\partial r/\partial x$는 고정된 y에 대해서 하나의 의미를 가지고, 고정된 θ에 대해서는 다른 의미를 가진다. **어떤 것이 상수인지를 가리키기 위해서 추가의** (미분을 의미하는 것이 아닌) **밑 첨자를 사용하라**.

$$(\partial r/\partial x)_y=\cos\theta \qquad (\partial r/\partial x)_\theta=1/\cos\theta \tag{12}$$

$(\partial f/\partial P)_V$는 부피가 상수이고 $(\partial f/\partial P)_T$는 온도가 상수이다. 보통의 $\partial f/\partial P$는 V와 T 모두 상수이다. 하지만 이상기체 상태 방정식은 P의 변화를 허용하지 않는다.

예제 6 $f=3x+2y+z$라 할 때, 평면 $z=4x+y$에서 $\partial f/\partial x$를 계산하라.

풀이 1

x와 y를 독립적인 변수들로 생각하자. z를 $4x+y$로 대체하면

$f=3x+2y+(4x+y)$이므로 $(\partial f/\partial x)_y=7$이다.

풀이 2

x와 y를 독립적으로 유지하자. 연쇄 법칙을 이용해 z를 다루면 다음과 같다.

$$(\partial f/\partial x)_y=\partial f/\partial x+(\partial f/\partial z)(\partial z/\partial x)=3+(1)(4)=7$$

풀이 3

(다르다) x와 z를 독립적인 변수로 두자. 그러면 $y = z - 4x$이다.

$$(\partial f/\partial x)_z = \partial f/\partial x + (\partial f/\partial y)(\partial y/\partial x) = 3 + (2)(-4) = -5$$

밑첨자가 없는 $\partial f/\partial x$는 보통의 방법으로 x에 대한 미분을 취한다는 것을 의미한다. 정답은 y와 z가 움직이지 않는 경우인 $\partial f/\partial x = 3$이다. 하지만 평면 $z = 4x + y$에서 이들 중 하나는 움직여야만 한다! $\partial f/\partial x = 3$은 $(\partial f/\partial x)_y = 7$ 또는 $(\partial f/\partial x)_z = -5$를 포함한 전체 정답의 한 부분이다.

이에 대한 기하학적인 의미는 다음과 같다. 평면 $z = 4x + y$에 대하여 미분 $(\partial f/\partial x)_y$는 x는 움직이지만 y는 움직이지 않는다. 평면 위에 머무를 때 dz는 $4dx$이므로 $f = 3x + 2y + z$에서의 변화는 $df = 3dx + 0 + dz = 7dx$이다.

예제 7 세계선[5] $x^2 + y^2 + z^2 = t^2$ 위에서 $f = xyzt$에 대한 $(\partial f/\partial y)_{x,z}$를 찾아라.

5 어떤 물체의 세계선world line은 4차원 시공간에서의 물체의 경로를 나타낸 것이다.

풀이

밑첨자 x, z는 x와 z가 고정되어 있다는 것을 의미한다. 연쇄 법칙을 이용하면 $\partial f/\partial x$와 $\partial f/\partial z$ 계산을 생략할 수 있다.

$$(\partial f/\partial y)_{x,z} = \partial f/\partial y + (\partial f/\partial t)(\partial t/\partial y) = xzt + (xyz)(y/t)$$

이때 y/t인 이유는 무엇인가?

예제 8 법칙 $PV = T$로부터 곱 $(\partial P/\partial V)_T(\partial V/\partial T)_P(\partial T/\partial P)_V$를 계산하라.

풀이

암산을 잘하는 사람은 ∂V, ∂T, ∂P를 상쇄해서 1을 얻는다. 하지만 올바른 답은 -1이다.

$$(\partial P/\partial V)_T = -T/V^2 \qquad (\partial V/\partial T)_P = 1/P \qquad (\partial T/\partial P)_V = V$$

곱은 $-T/PV$이다. **이는 $+1$이 아닌 -1이다!** 이렇듯 연쇄 법칙은 까다롭다([연습문제 13.5.42]).

예제 9 음함수 미분법은 4장에서 사용되었다. 연쇄 법칙은 이를 다음과 같이 설명한다.

$$F(x,y) = 0\text{이면 } F_x + F_y y_x = 0\text{이고 따라서 } dy/dx = -F_x/F_y\text{이다.} \qquad (13)$$

13.5 문장제 문제

01 연쇄 법칙은 ___a___의 함수에 적용된다. $f(g(x,y))$의 x에 대한 미분은 $\partial f/\partial x=$ ___b___이고, y에 대한 미분은 $\partial f/\partial y=$ ___c___이다. 예를 들어 $f=(x+y)^n$은 $g=$ ___d___을(를) 가진다. $\partial g/\partial x=\partial g/\partial y$이므로 ___e___ = ___f___임을 알 수 있다. 이 ___g___ 미분방정식은 $x+y$의 어떤 함수에 대해서도 만족한다.

02 경로를 따르는 $f(x(t), y(t))$의 미분은 $df/dt=$ ___h___이고, $f(x(t), y(t), z(t))$의 미분은 ___i___이다. $f=xy$이면 연쇄 법칙은 $df/dt=$ ___j___을(를) 준다. 이는 ___k___ 법칙과 같다! $x=u_1t$, $y=u_2t$일 때 경로는 ___l___이며 $f(x,y)$에 대한 연쇄 법칙은 $df/dt=$ ___m___을(를) 준다. 이는 ___n___ 미분 $D_{\mathbf{u}}f$이다.

03 $f(x(t,u), y(t,u))$에 대한 연쇄 법칙은 $\partial f/\partial t=$ ___o___이다. 이때 df/dt로 쓰지 않는데 이는 ___p___ 때문이다. $x=r\cos\theta$와 $y=r\sin\theta$이면 변수 t, u는 ___q___(으)로 바뀐다. 이 경우 $\partial f/\partial r=$ ___r___이고 $\partial f/\partial\theta=$ ___s___이다. 이는 ___t___와(과) ___u___ 좌표계의 미분을 연결시킨다. $\partial r/\partial x=x/r$과 $\partial r/\partial x=1/\cos\theta$가 서로 다른 이유는 첫 번째에서 ___v___은(는) 상수이고 두 번째에서 ___w___은(는) 상수이기 때문이다.

04 $xyz=1$과 같은 관계에서, 세 변수는 독립이 ___x___. 미분 $(\partial f/\partial z)_y$, $(\partial f/\partial x)_z$, $(\partial f/\partial x)$는 각각 ___y___, ___z___, ___A___을(를) 의미한다. $xyz=1$인 $f=x^2+y^2+z^2$에 대해서 연쇄 법칙 ___B___(으)로부터 $(\partial f/\partial x)_z$를 계산할 수 있다. 또한 관계식 $xyz=1$로부터 이 법칙을 활용하면 $\partial z/\partial x=$ ___C___이다.

13.5 연습문제

01~04 f_x와 f_y를 찾아라. 이 둘을 연결하는 식은 무엇인가?

01 $f(x,y)=\sin(x+cy)$

02 $f(x,y)=(ax+by)^{10}$

03 $f(x,y)=e^{x+7y}$

04 $f(x,y)=\ln(x+7y)$

05 $(g(x(t), y(t)))^3$을 t에 대하여 미분하여 두 항을 모두 찾아라.

06 $f(x,y)=xy$이고 $x=u(t)$, $y=v(t)$일 때, df/dt는 무엇인가(아마도 다른 모든 미분에 대한 법칙들은 연쇄 법칙을 따를 것이다)?

07 계단함수 $f(x)$는 $x<0$일 때 0이고 $x>0$일 때 1이다. $f(x)$, $g(x)=f(x+2)$, $h(x)=f(x+4)$의 그래프를 그려라. $f(x+2t)$가 물의 벽(해일)을 나타낸다면, 어느 방향으로 움직이고 얼마나 빠른가?

08 파동 방정식은 $f_{tt}=c^2f_{xx}$이다.

(a) $(x+ct)^n$은 파동 방정식의 해임을 보여라.

(b) $(x+Ct)^n$도 해가 되도록 하는 c와는 다른 값을 가진 C를 찾아라.

09 $f=\sin(x-t)$일 때, $f=0$을 따르는 xt 평면의 두 직선을 그려라. 이 두 직선 사이에서 사인파를 그려라. 사인파 꼭대기에서 스키를 타는 사람의 속력 dx/dt는 무엇인가?

10 문제 09의 $x=0$에서 떠 있는 사람은 위로 먼저 올라가는가? 아니면 아래로 먼저 내려가는가? 시간 $t=4$에서 이 사람의 높이와 위쪽으로의 속도는 무엇인가?

11 라플라스 방정식은 $f_{xx}+f_{yy}=0$이다. 연쇄 법칙으로부터 $i^2=-1$일 때 임의의 함수 $f(x+iy)$는 이 방정식을 만족시킴을 보여라. $f=(x+iy)^2$과 이 함수의 실수부 ____ 및 허수부 ____은(는) 모두 라플라스 방정식을 만족시킴을 확인하라.

12 식 (1C)에 따라 라플라스 방정식은 $f_{rr}+f_r/r+f_{\theta\theta}/r^2=0$처럼 극좌표 형태의 식으로 표현된다.

(a) $f=r^2e^{2i\theta}$과 이 함수의 실수부 $r^2\cos 2\theta$ 및 허수부 $r^2\sin 2\theta$는 모두 라플라스 방정식을 만족시킴을 보여라.

(b) $i^2=-1$일 때 연쇄 법칙으로부터 임의의 함수 $f(re^{i\theta})$은 라플라스 방정식을 만족시킴을 보여라.

13~18 연쇄 법칙 (3)으로부터 df/dt를 찾아라.

13 $f=x^2+y^2,\ x=t,\ y=t^2$

14 $f=\sqrt{x^2+y^2},\ x=t,\ y=t^2$

15 $f=xy,\ x=1-\sqrt{t},\ y=1+\sqrt{t}$

16 $f=x/y,\ x=e^t,\ y=2e^t$

17 $f=\ln(x+y),\ x=e^t,\ y=e^t$

18 $f=x^4,\ x=t,\ y=t$

---

19 원뿔의 높이가 $dh/dt=1$만큼 증가하고 반지름이 $dr/dt=2$만큼 증가하며 반지름이 0에서 시작할 경우 원뿔의 부피는 $t=3$에서 얼마나 빨리 증가하는가?

20 로켓이 횡단 속력 $dx/dt=6$와 종단 속력 $dy/dt=2t$를 가질 때, 발사점 $(0,0)$으로부터 얼마나 빨리 멀어지는가? $\tan\theta=y/x$일 때, 각 θ는 얼마나 빨리 변하는가?

21 기차가 60마일/시간의 속력으로 교차로에 접근하고 자동차의 속력이 45마일/시간으로 (수직으로) 접근할 때, 그들은 얼마나 빨리 만나게 되는가?

(a) 기차와 자동차는 모두 교차로에서 90마일만큼 떨어져 있다고 가정하라.

(b) 기차와 자동차는 부딪힐 것이라고 가정하라.

22 [예제 2]에서 정남쪽으로 70마일/시간의 속력 또는 남동쪽으로 80마일/시간의 속력으로 운전하는 것 중 어느 쪽의 온도가 더 빨리 증가하는가?

23 직선 $x=u_1t,\ y=u_2t,\ z=u_3t$에서 df/dt를 만드는 f_x, f_y, f_z의 조합은 무엇인가? 이는 3차원에서의 방향 미분이다.

24 같은 직선 $x=u_1t,\ y=u_2t,\ z=u_3t$에서 d^2f/dt^2에 대한 공식을 찾아라. 이를 $f=xyz$에 적용하라.

25 $f(x,y,t)=x+y+t$에 대해서 $x=2t,\ y=3t$일 때 $\partial f/\partial t$와 df/dt를 찾고, 둘의 차이점을 설명하라.

26 $z=(x+y)^2$이면 $x=\sqrt{z}-y$이다. 이때 $(\partial z/\partial x)(\partial x/\partial z)=1$인가?

27 식 (5)와 식 (6)과 같이 $x_t,\ y_t$를 상수가 아닌 $x_t=t,\ y_t=2t$라 가정하자. $f(x,y)$에 대해서 f_t와 f_{tt}를 찾아라. 정답은 $f_x, f_y, f_{xx}, f_{xy}, f_{yy}$와 관련이 있다.

28 $x_t=t,\ y_t=t^2$이라 가정하자. $f=(x+y)^3$에 대해서 f_t를 찾고 연쇄 법칙으로부터 f_{tt}를 찾아라.

29 연쇄 법칙으로부터 $\partial f/\partial r=(\partial f/\partial x)\cos\theta+(\partial f/\partial y)\sin\theta$를 도출하라. 이때 $\partial x/\partial r$를 $1/\cos\theta$이 아닌 $\cos\theta$로 택하는 이유는 무엇인가?

30 $f(x,y)=(ax+by+c)^{10}$에 대한 f_{xx}를 계산하라. $x=t,\ y=t$일 때 f_{tt}를 계산하라. 식 $(\partial f/\partial x)(\partial x/\partial t)=\partial f/\partial t$가 참 또는 거짓인지 판별하라.

31 다음 두 가지 방법으로 $\partial^2 r/\partial x^2=y^2/r^3$임을 보여라.

(a) $\partial r/\partial x=x/\sqrt{x^2+y^2}$의 x에 대한 미분을 찾아라.

(b) $\partial r/\partial x=x/r$의 x에 대한 미분을 연쇄 법칙에 의해서 찾아라.

32 문제 31에서 x와 y를 바꾼 결과는 $r_{yy}=x^2/r^3$이다. 반면 $r_{xy}=-xy/r^3$임을 보여라.

33 $\sin z=x+y$일 때, 다음 두 가지 방법으로 $(\partial z/\partial x)_y$를 찾아라.

(a) $z=\sin^{-1}(x+y)$로 쓰고 이 함수의 미분을 계산하라.

(b) $\sin z=x+y$의 x에 대한 미분을 구하라. 구하는 방법은 다르지만 (a)와 (b)에서 구한 답들이 서로 같음을 확인하라.

34 $f=\sqrt{x^2+y^2}$에 대한 $f_x,\ f_{xx},\ f_{xy}$를 직접 계산하여 구하라.

35 $f(x,y)$의 x에 대한 미분과 y에 대한 미분에 관한 $\partial^2 f/\partial r\,\partial\theta$의 공식을 찾아라.

36 $z=f(x,y)$를 x에 대해서 풀면 $x=g(y,z)$이라고 가정하자. $\partial z/\partial x=1/(\partial x/\partial z)$는 참인가? 예를 들어서 판별하라.

37 $z=e^{xy}$이고 따라서 $x=(\ln z)/y$라 가정하자. 다음 식의 참 또는 거짓을 판별하라.

$$(\partial z/\partial x)=1/(\partial x/\partial z)$$

38 $x=x(t,u,v),\ y=y(t,u,v),\ z=z(t,u,v)$일 때, $f(x,y,z)$의 t에 대한 미분을 찾아라.

39 $f(x(t,u),\ y(t,u))$의 t에 대한 미분은 식 (7)에 있다. f_{tt}는 무엇인가?

40 (a) $f=x^2+y^2+z^2$에 대해서 $\partial f/\partial x$를 계산하라(밑 첨자는 없으며 x, y, z는 모두 독립이다).

(b) 추가 관계식 $z=x^2+y^2$이 있을 때, 이를 사용하여 z를 소거하고 $(\partial f/\partial x)_y$를 계산하라.

(c) 연쇄 법칙 $(\partial f/\partial x)+(\partial f/\partial z)(\partial z/\partial x)$를 사용해서 $(\partial f/\partial x)_y$를 계산하라.

(d) 연쇄 법칙은 왜 $(\partial f/\partial y)(\partial y/\partial x)$를 포함하지 않는가?

41 평면 $z=3x+5y$ 위의 $f=ax+by$에 대해서 $(\partial f/\partial x)_z$, $(\partial f/\partial x)_y$, $(\partial f/\partial z)_x$를 찾아라.

42 물리학에서 이상기체 상태 방정식은 $PV=nRT$이거나 더 일반적인 관계 $F(P, V, T)=0$이다. [예제 8]에서의 세 미분은 여전히 서로 곱해서 -1이 됨을 보여라. 우선 $\partial F/\partial V+(\partial F/\partial P)(\partial P/\partial V)_T=0$으로부터 $(\partial P/\partial V)_T$를 찾아라.

43 문제 42가 $F(x,y,z,t)=0$과 관련된 네 변수로 바뀐다면, 상응하는 네 미분의 곱은 무엇인가?

44 $x=t+u$, $y=tu$라 가정하자. $f(x,y)$의 t에 대한 미분과 u에 대한 미분을 찾아라. $f(x,y)=x^2-2y$일 때 이를 확인하라.

45 (a) $f=r^2\sin^2\theta$에 대해서 f_x와 f_y를 찾아라.

(b) $f=x^2+y^2$에 대해서 f_r과 f_θ를 찾아라.

46 곡선 $\sin x+\sin y=0$ 위에서 음함수 미분법에 의해 dy/dx와 d^2y/dx^2를 찾아라.

47 $f_{xx}+f_{yy}=0$이라 가정하자. $x=u+v$, $y=u-v$이고 $f(x,y)=g(u,v)$일 때, g_u와 g_v를 찾아라. $g_{uu}+g_{vv}=0$임을 보여라.

48 $f(cx,cy)=cf(x,y)$일 때 함수는 비례상수로 돌아오는 상수를 가진다. x와 y가 두 배가 되면 $f=\sqrt{x^2+y^2}$과 $f=\sqrt{xy}$도 두 배가 돈다. 경제학에서 입력, 출력은 상수이다. 수학에서 f는 계수가 1로 동차이다.

$c=1$에서 c에 대한 미분을 계산하여 $x\partial f/\partial x+y\partial f/\partial y=f(x,y)$임을 증명하라. 두 예에 대해서 이 식을 검증하고 세 번째 예를 찾아라.

49 다음의 참 또는 거짓을 판별하라.

$\mathbf{u}_\theta$의 방향에서 $f(r,\theta)$의 방향 미분은 $\partial f/\partial\theta$이다.

13.6 최대, 최소, 그리고 안장점

미분학에서 중요한 식 $df/dx=0$은 가장 간단하기도 하다. 이때 기울기는 0이고 접선은 수평이다. 대부분은 그래프의 꼭대기나 바닥(최대 또는 최소)에 집중한다. 이것이 바로 공학자, 경영자, 과학자, 투자자가 찾는 요점이다(최대의 힘, 속도, 이익). $f(x,y)$와 $f(x,y,z)$처럼 더 많은 변수를 가진 경우, 더 현실적인 문제가 나온다. 질문은 여전히 다음과 같다. **최댓값과 최솟값을 어떻게 위치시킬 것인가?**

정답은 편미분 안에 있다. 그래프가 수평할 때, 편미분은 0이다. 식 $f_x=0$과 $f_y=0$을 도출하는 것은 순수 수학이며 이는 순수한 즐거움이다. 이들을 최대, 최소에 적용하려면 매우 신중해야 한다. 안장점인지 확인해야 하며 경계에서의 최솟값과도 비교해야 한다. 이번 절은 이와 같은 내용을 다룰 것이다. 일변수 미적분학에서의 $f(x)$에 대한 단계들을 기억하라.

1. 주요 후보는 ($df/dx=0$이 되는) **정류점**stationary point이다.
2. 다른 후보는 (미분이 없는) **거친 점**rough point과 **끝점**(c 또는 b)이다.
3. 최대와 최소는 **이계도함수**의 부호에 따라 결정된다.

2차원에서 정류점은 $\partial f/\partial x=0$과 $\partial f/\partial y=0$을 요구하며 접선은 접평면이 된다. 끝

점 a와 b는 **경계 곡선**으로 대체된다.

마지막으로 2차 미분 f_{xx}, f_{xy}, f_{yy}들이 있다. 이들은 그래프에서 접평면이 최솟값에서는 위로, 최댓값에서는 아래로, 안장점에서는 양쪽 모두 방향으로 얼마나 굽어 있는지를 말해준다. 이는 $(f_{xx})(f_{yy})$를 $(f_{xy})^2$과 비교하여 결정할 수 있다.

정류점 → 수평한 접평면 → 미분이 0

f가 점 (x_0, y_0)에서 최솟값을 가진다고 가정하자. 이는 **절대 최솟값**absolute minimum 이거나 **극솟값**local minimum일 것이다. 두 경우 모두 점 근처에서 $f(x_0, y_0) \le f(x, y)$이다. 절대 최솟값의 경우 f가 정의된 어디에서든 이 부등식이 성립한다. 극솟값의 경우엔 이 부등식은 (x_0, y_0)으로부터 멀리 떨어졌을 때 실패할 수 있다. 신체에 비유하자면 발끝은 절대 최솟값, 손끝은 극솟값이라고 할 수 있다. 이제 (x_0, y_0)을 f의 정의역의 내부 점interior point이라 가정하자. 경계 점에서는 수평의 접평면과 미분이 0인 점을 기대할 수 없다.

결론적으로 최솟값 또는 최댓값(또는 극소, 극대)에서 0이 아닌 미분은 불가능하다. 이 경우 접평면은 기울어질 것이며 어떤 방향에서 f는 감소할 것이다. 최솟값을 갖는 점은 (x_0, y_0)이고, 최솟값은 $f(x_0, y_0)$임에 주목하자.

> 10 내부의 최솟값 또는 최댓값에서 미분이 존재한다면 그 값은 0이다.
>
> $\partial f/\partial x = 0$, $\partial f/\partial y = 0$ **(합쳐서 이는** $\text{grad} f = \mathbf{0}$**이다)** (1)

세 변수의 함수 $f(x, y, z)$에 대해서는 세 번째 식 $\partial f/\partial z = 0$을 추가한다.

일변수 함수로 돌아가서 이에 대한 이유를 찾아보자. 이는 우리가 두 직선 $x = x_0$과 $y = y_0$ 위에서 각각 보고 있기 때문이다. $f(x, y)$의 최솟값은 두 직선이 만나는 점에서 생긴다. 따라서 이는 **각각의 직선을 분리해서 따를 때도** 최솟값이 된다.

$y = y_0$을 따라서 x 방향으로 이동하면 $\partial f/\partial x = 0$을 찾을 수 있다. 또한 y 방향으로 이동하면 같은 점에서 $\partial f/\partial y = 0$을 얻는다. **모든 방향에서의 기울기는 0이다**. 다시 말해 $\text{grad}\, f = 0$이다.

그래프에서 (x_0, y_0)은 이제 곡면 $z = f(x, y)$ 위의 낮은 점이다. [그림 13-16]의 양 횡단면은 바닥을 지난다. '미분이 존재한다'라는 조건은 **거친 점**인 원뿔의 꼭짓점을 배제시킨다. 절댓값 $f = |x|$는 $df/dx = 0$과 같은 식 없이 최솟값을 가지고, 거리 $f = r$도 마찬가지이다. 이때 거친 점은 $(0, 0)$이다.

예제 1 2차 함수 $f(x, y) = x^2 + xy + y^2 - x - y + 1$을 최소화하라.

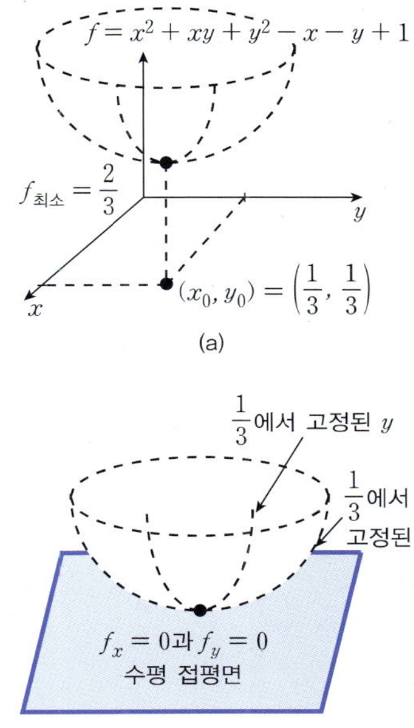

[그림 13-16] 최솟값에서 $\partial f/\partial x = 0$과 $\partial f/\partial y = 0$. 2차 함수 f는 선형 미분을 가진다.

풀이

최솟값(또는 최댓값)을 위치시키기 위해 $f_x = 0$과 $f_y = 0$으로 두자.

$$f_x = 2x + y - 1 = 0, \ f_y = x + 2y - 1 = 0 \tag{2}$$

무엇이 중요한지에 주목하라. **두 미지수 x와 y에 대한 두 식이 있다.** f가 2차이므로 두 식 모두 선형이며 이 연립방정식의 해는 $x_0 = \frac{1}{3}$, $y_0 = \frac{1}{3}$이다(정류점). 이는 실제로 최솟값이지만, 이를 증명하기 위해서는 시간이 좀 더 필요하다.

상수 1은 최솟값 $f = \frac{2}{3}$에 영향을 준다(하지만 최솟값을 갖는 점에는 영향을 주지 않는다). 즉 그래프는 1만큼 위로 평행이동한다. 선형 항 $-x-y$는 f_x와 f_y에 영향을 끼친다. 그들은 최솟값을 $(0, 0)$에서 멀리 이동시킨다. 2차 부분 $x^2 + xy + y^2$은 표면을 위로 구부러지게 만든다. 구부러지는 부분이 없다면, 평면은 경계점에서 최댓값과 최솟값을 가진다.

예제 2 **(스테이너[Steiner]의 문제)** 주어진 세 점과 가장 가까운 점을 찾아라.

풀이

이 예제에 집중할 필요가 있다. 세 도시와 모두 가까운 공항의 위치를 구하거나 세 직장과 모두 가까운 집을 고르는 상황을 생각해보자. 이 문제는 삼각형의 꼭짓점에서 가능한 한 가까운 점을 얻는 것과 같다. 이때 최적의 점은 '가까운'의 의미에 의존한다.

첫 번째 꼭짓점 (x_1, y_1)까지의 거리는 $d_1 = \sqrt{(x-x_1)^2 + (y-y_1)^2}$이다. 다른 꼭짓점 (x_2, y_2)와 (x_3, y_3)까지의 거리는 각각 d_2와 d_3이다. 비용 함수가 (거리) 또는 (거리)^2 또는 (거리)^{p}과 같은지에 따라서 우리의 문제는 다음과 같을 것이다.

$$d_1 + d_2 + d_3 \text{ 또는 } d_1^2 + d_2^2 + d_3^2 \text{ 또는 } d_1^p + d_2^p + d_3^p\text{을 최소화하라.}$$

d_1^2, d_2^2, d_3^2이 2차일 때가 가장 쉽다.

$$f(x, y) = (x-x_1)^2 + (y-y_1)^2 + (x-x_2)^2 + (y-y_2)^2 + (x-x_3)^2 + (y-y_3)^2$$
$$\partial f/\partial x = 2[x - x_1 + x - x_2 + x - x_3] = 0$$
$$\partial f/\partial y = 2[y - y_1 + y - y_2 + y - y_3] = 0$$

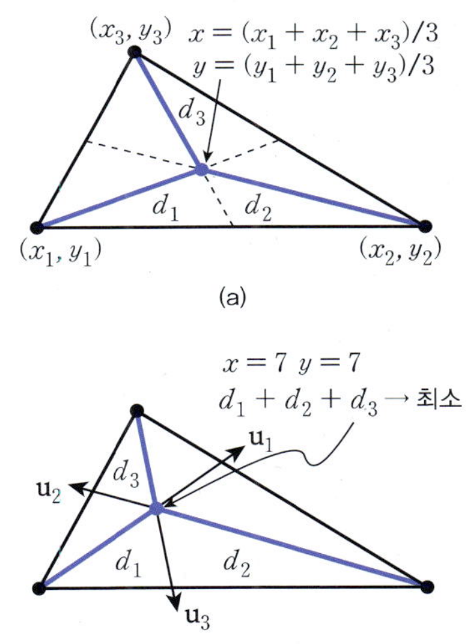

[그림 13-17] (a) 무게중심은 $d_1^2 + d_2^2 + d_3^2$을 최소화한다. (b) 스테이너의 점은 $d_1 + d_2 + d_3$을 최소화한다.

$\partial f/\partial x = 0$을 풀면 $x = \frac{1}{3}(x_1 + x_2 + x_3)$이 나오며 마찬가지로 $\partial f/\partial y = 0$을 풀면 $y = \frac{1}{3}(y_1 + y_2 + y_3)$이 나온다. 최적의 점은 **삼각형의 무게중심이다**([그림 13-17(a)]). 이는 비용 함수가 (거리)^{2}일 때 꼭짓점에서 가장 가까운 점이다. 제곱이 미분을 어떻게

선형으로 만드는지에 주목하라. **최소제곱**least square은 응용 수학의 매우 많은 부분을 지배한다.

진짜 '스테이너의 문제'는 $f(x,y)=d_1+d_2+d_3$을 최소화하는 것이다. 길이에 비례하는 비용 함수와 함께 우리는 꼭짓점에서 삼각형의 변인 도로를 내려오고 있다. 식 $f_x=0$과 $f_y=0$은 복잡하게 생겼는데 이는 제곱근 때문이다. 하지만 [그림 13-17(b)]에서 가장 가까운 점은 우리가 고마워해야 할 정도로 뛰어난 성질을 가지고 있다.

미적분학을 통해 $d_1^2=(x-x_1)^2+(y-y_1)^2$의 미분을 구할 수 있다. x에 대한 미분은 $2d_1(\partial d_1/\partial x)=2(x-x_1)$을 준다. 양변을 $2d_1$로 나누자.

$$\frac{\partial d_1}{\partial x}=\frac{x-x_1}{d_1},\quad \frac{\partial d_1}{\partial y}=\frac{y-y_1}{d_1}\text{이므로 }\operatorname{grad}d_1=\left(\frac{x-x_1}{d_1},\frac{y-y_1}{d_1}\right)\text{이다.}\qquad(3)$$

이 기울기 벡터는 단위 벡터이다. $(x-x_1)^2/d_1^2$과 $(y-y_1)^2/d_1^2$의 합은 $d_1^2/d_1^2=1$이다. 이는 이미 13.4절에서 알아본 사실이다. 중심으로부터 멀어질 때 그 거리는 기울기 1로 증가한다는 것을 확인했기 때문이다. d_1의 기울기 벡터(이를 $\mathbf{u}_1$라 부른다)는 중심점 (x_1,y_1)에서의 단위 벡터이다.

비슷하게 d_2, d_3의 기울기 벡터는 단위 벡터 $\mathbf{u}_2$, $\mathbf{u}_3$이다. 그들은 삼각형의 다른 꼭짓점에서 멀어지는 방향을 직접 가리킨다. 이때 전체 비용은 $f(x,y)=d_1+d_2+d_3$이고, 이 함수의 기울기 벡터를 구해서 각각을 더하면 된다. 식 $f_x=0$과 $f_y=0$은 다음과 같은 벡터 방정식으로 합쳐진다.

$$\text{최솟값에서 }\operatorname{grad}f=\mathbf{u}_1+\mathbf{u}_2+\mathbf{u}_3=\mathbf{0}$$

세 단위 벡터는 합쳐서 0이 된다! 하나의 꼭짓점으로부터 멀어지는 것은 다른 꼭짓점에 가까이 간다는 것을 뜻한다. 세 꼭짓점에 가장 가까운 점은 이러한 움직임이 소거되는 곳이다. 이것이 바로 '최솟값에서 $\operatorname{grad}f=0$'의 의미이다.

세 단위 벡터를 더해서 0이 된다는 것은 흔치 않은 일이다(이것은 오직 한 가지 방법뿐이다). **세 방향은 반드시 120°의 각도를 이루어야 한다.** 벡터의 끝점들의 무게중심과도 같은 이 최적의 점은 이 성질을 가지는데, 이는 [그림 13-18(a)]에서 다시 볼 수 있다. 단위 벡터는 서로를 소거시킨다. '스테이너 점'에서 꼭짓점까지 이은 선분은 120°의 각도를 만든다. 이 최적의 점은 하나의 가능성을 제외하고 스테이너의 문제를 푸는 열쇠가 된다.

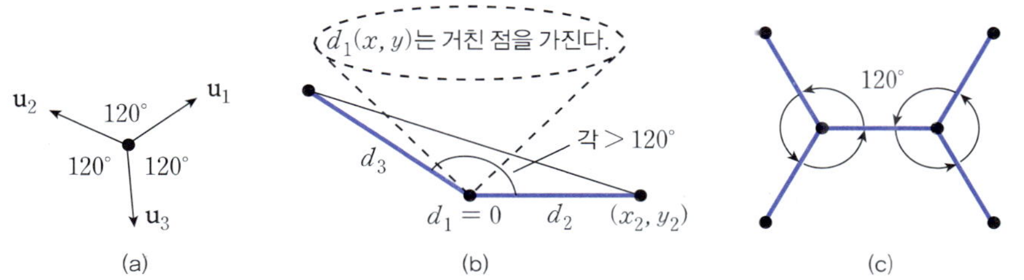

[그림 13-18] (a) 120° 의 기울기 $\mathbf{u}_1 + \mathbf{u}_2 + \mathbf{u}_3 = 0$. (b) 꼭짓점은 넓은 각에서 스테이너 점을 얻는다. (c) 4개의 꼭짓점. 이 경우에서 두 개의 분기점이 더 낫다(여전히 120° 이다).

다른 가능성은 거친 점에서 최솟값을 가지는 것이다. 거리 함수 $d_1(x, y)$의 그래프는 원뿔이며 이 원뿔은 중심 (x_1, y_1)에서 뾰족한 점을 가진다. 삼각형의 모든 세 꼭짓점은 $d_1 + d_2 + d_3$에 대한 거친 점들이고, 따라서 이 모든 점들이 바로 가능한 최솟값을 주는 점이다.

꼭짓점에서의 각이 120°를 초과한다고 가정하자. 그러면 스테이너 점은 없다. 심지어 삼각형의 안쪽에서 각은 더 커질 것이다. 따라서 스테이너 문제를 만족하는 최적의 점은 꼭짓점 중 하나인 거친 점이어야 한다. 스테이너 점은 큰 각을 가진 꼭짓점이다. [그림 13-18(b)]에서 이는 $d_1 = 0$을 의미한다. 그러면 합 $d_2 + d_3$은 두 개의 가장 짧은 변으로부터 얻어진다.

결론적으로 120°점 또는 큰 각을 가진 꼭짓점에서 해를 가진다. 이는 이론일 뿐이며 실전에서는 스테이너 점을 직접 계산해야 한다(여러분은 해낼 수 있다).

네 점에 대한 스테이너의 문제는 놀랍다. $d_1 + d_2 + d_3 + d_4$를 최소화하지 않아도 더 좋은 문제가 있다. 네 점을 길로 연결시키고, 그들의 총 길이를 최소화시켜서 도로에서 분기점을 가지도록 하자. 전형적인 해는 [그림 13-18(c)]에 있다. 분기점에서의 각은 120°이다. 이때 기껏해야 (꼭짓점보다 2개가 적은) 두 개의 분기점이 있다.

다른 거듭제곱 p에 대해서 비용 함수는 $(d_1)^p + (d_2)^p + (d_3)^p$이다. x에 대한 미분은 다음과 같다.

$$\partial f / \partial x = p(d_1)^{p-2}(x - x_1) + p(d_2)^{p-2}(x - x_2) + p(d_1)^{p-2}(x - x_3) \qquad (4)$$

핵심 식은 여전히 $\partial f / \partial x = 0$이고 $\partial f / \partial y = 0$이다. 이들을 풀기 위해서는 컴퓨터와 알고리즘이 필요하다. 공평하게 작업을 공유하기 위해 여러분이 컴퓨터를 제공한다면 이 책에서 알고리즘(뉴턴법)을 제공할 것이다. 진지하게 말하지만 위 핵심 식은 훌륭한 예이며 실제로 여러 문제의 전형적인 형태이다(우리는 $\partial f / \partial x$와 $\partial f / \partial y$를 알지만 그들이 0이 되는 점은 모른다). 이때 우리는 p가 변함에 따라 같이 변하는 가장 가까운 점은 계산할 수 있다. 점이 어떻게 움직이는가에 관한 새로운 수학도 발견할 수 있다.

필자가 받은 모든 답변을 [연습문제 13.6.38~39]에 모아놓을 것이다.

경계에서 최소 또는 최대

스테이너의 문제는 경계를 가지지 않는다. 즉 도로는 어디로든 날 수 있다. 하지만 대부분의 응용 분야는 $x \ge 0$ 또는 $y \le 0$ 또는 $x^2 + y^2 \ge 1$과 같이 x와 y에 대해 제한한다. 이 제한에서의 최솟값은 아마도 절대 최솟값보다 클 것이며 이것이 가능한 점은 다음의 세 가지 점이다.

1. 정류점 $f_x = 0, f_y = 0$ 2. 거친 점 3. 경계 점

세 번째 가능성은 경계를 따라서 $f(x, y)$의 최댓값 또는 최솟값을 구해야 한다.

예제 3 반평면 $x \ge 0$에서 $f(x, y) = x^2 + xy + y^2 - x - y + 1$를 최소화하라.

풀이

[예제 1]에서의 최솟값은 $\frac{2}{3}$이었으며 이 최솟값은 $x_0 = \frac{1}{3}$, $y_0 = \frac{1}{3}$에서 얻어진다. 이 점은 여전히 허용되는데, 제한 $x \ge 0$을 만족하기 때문이다. 따라서 최솟값은 움직이지 않는다.

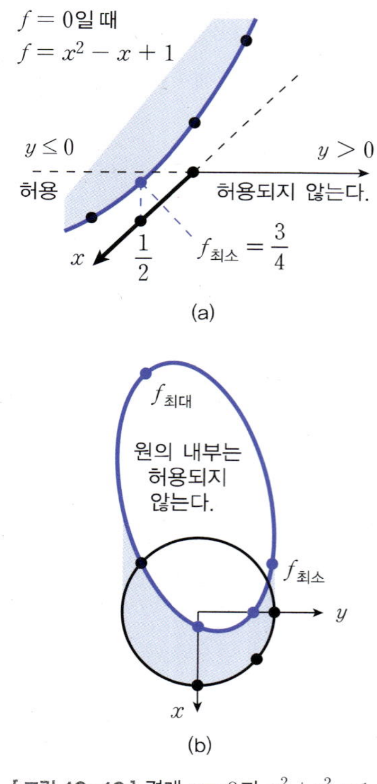

(a)

(b)

[그림 13-19] 경계 $y = 0$과 $x^2 + y^2 = 1$은 최솟값을 가지는 점들을 포함한다.

예제 4 동일한 $f(x, y)$에 대하여 반평면 $y \le 0$에서 최솟값을 구하라.

풀이

이제 $\left(\frac{1}{3}, \frac{1}{3}\right)$에서의 절대 최솟값은 허용되지 않는다. 또한 거친 점도 없다. 이제 [그림 13-19(a)]에서 경계선 $y = 0$에서의 최솟값을 찾는다. $y = 0$으로 두면 f는 x에만 의존한다. 그런 다음 최적의 x를 선택해보자.

$$f(x, 0) = x^2 + 0 - x - 0 + 1, \ f_x = 2x - 1 = 0$$

최솟값은 $x = \frac{1}{2}$과 $y = 0$에서의 $f = \frac{3}{4}$이다. 이는 $\frac{2}{3}$보다 큰 값이다.

예제 5 원 $x^2 + y^2 = 1$의 외부 또는 경계에서 [예제 3]의 $f(x, y)$를 최소화하라.

풀이

하나의 가능성은 $f_x = 0$과 $f_y = 0$이다. 하지만 이는 $\left(\frac{1}{3}, \frac{1}{3}\right)$에서이므로 원의 내부의 점이다. 다른 가능성은 경계에서 최솟값을 가지는 것이다.

이 경계를 따라가기 위해 $y = \sqrt{1 - x^2}$으로 두자. 함수 f는 복잡해지고 df/dx는 더

계산이 까다로워지지만 제곱근을 피하는 하나의 방법이 있다. $x = \cos t$와 $y = \sin t$로 두자. 그러면 $f = x^2 + xy + y^2 - x - y + 1$은 다음과 같이 각 t의 함수이다.

$$f(t) = 1 + \cos t \sin t - \cos t - \sin t + 1$$
$$df/dt = \cos^2 t - \sin^2 t + \sin t - \cos t = (\cos t - \sin t)(\cos t + \sin t - 1)$$

이제 $df/dt = 0$은 경계를 따라서 최소 또는 최댓값을 위치시킨다. 첫 번째 인자 $(\cos t - \sin t)$는 $x = y$일 때 0이고, 두 번째 인자 $\cos t + \sin t = 1$는 $x + y = 1$일 때 0이다. 즉 원 위의 이 점들은 후보가 된다. [연습문제 13.6.24]는 그들을 나열하고, 13.7절에서는 새로운 방법(**라그랑주 승수**Lagrange multiplier를 사용)으로 최솟값을 찾는다. 경계에서의 최소화는 심각한 문제(이는 빠르게 어려워진다)이고 승수들은 궁극적으로 최적의 해이다.

최댓값, 최솟값, 안장점

최댓값과 최솟값을 어떻게 구분하는가? 가능하다면 모든 후보를 시도하여 결정하면 된다. 모든 정류점과 다른 임계점(아마도 무한대도 있을 것이다)에서 f를 계산하고 비교하는 것이다. 하지만 미적분학은 **2차 미분**에 기반을 둔 다른 접근법을 제공한다.

변수에 대해서 2차 미분 검증은 간단했다. 최솟값에서 $f_{xx} > 0$, 변곡점에서 $f_{xx} = 0$, 최댓값에서 $f_{xx} < 0$인지 확인하면 된다. 이는 짧은 구간에서의 검증이므로 전 구간에서의 해는 아닐 수도 있다. 하지만 이 검증을 통해 기울기가 증가(그래프의 바닥)하는지 또는 감소(그래프의 꼭대기)하는지를 알 수 있다. 이제 $f(x, y)$에 대한 비슷한 검증법을 찾으려 한다.

새로운 검증은 세 개의 모든 2차 미분과 관련이 있다. 이 검증은 $f_x = 0$과 $f_y = 0$에 적용된다. 접평면은 수평이다. **이때 f의 그래프가 이 접평면의 위 또는 아래로 가는지를 시험할 것이다.** 검증 결과 $f_{xx} > 0$과 $f_{yy} > 0$은 x와 y 방향에서의 최솟값을 보장해 주지만, 다른 방향들에 대해서는 그렇지 않다.

예제 6 $f(x, y) = x^2 + 10xy + y^2$에 대해 $f_{xx} = 2$, $f_{xy} = 10$, $f_{yy} = 2$이다. 정류점은 최솟값을 가지는가?

풀이

모든 2차 미분은 양수이다(하지만 확인해봐야 한다). 정류점은 $(0, 0)$이고, 여기서 $\partial f/\partial x$와 $\partial f/\partial y$ 모두 0이다. 함수 $f(x, y)$는 위쪽으로 올라가는 $x^2 + y^2$과 안장점을 가지는 $10xy$의 합이다. 2차 미분은 $x^2 + y^2$과 $10xy$ 중 어떤 것이 더 강력한지를 결정할 것이다.

$y=0$이고 $f=x^2$인 x축을 따를 때, 정류점은 바닥에 있다. 즉 x 방향에서의 최솟값은 $(0,0)$일 때이다. y축에 대해서도 비슷하다. 하지만 $(0,0)$은 전체 함수에 대해서 **최솟값을 주는 점이 아닌데**, 이는 $10xy$ 때문이다.

$x=1, y=-1$을 시도해보라. 그러면 $f=1-10+1$이고 이는 음수이다. 이 방향에서 그래프는 xy 평면 아래로 간다. $x=y=0$에서의 정류점은 **안장점**이다.

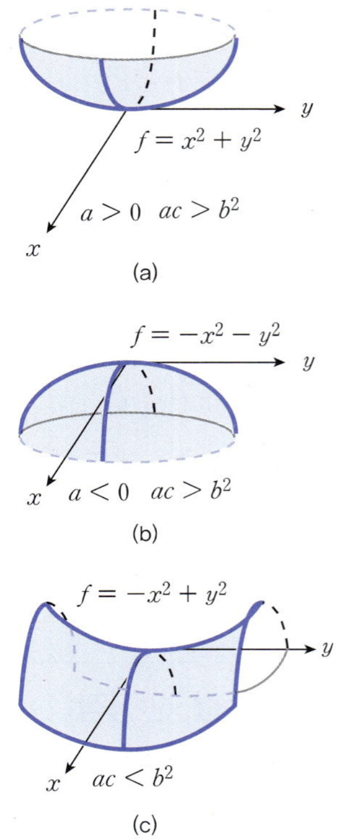

[그림 13-20] a와 $ac-b^2$의 부호에 기반을 둔 최소, 최대, 안장점

예제 7 $f(x,y)=x^2+xy+y^2$에 대해 $f_{xx}=2, f_{xy}=1, f_{yy}=2$이다. 정류점에서 최솟값을 가지는가?

풀이

[예제 6]과 마찬가지로 2차 미분 $2,1,2$는 모두 양수이다. 그래프는 x와 y 방향에서 위로 구부러져 있다. 하지만 [예제 6]과 큰 차이가 있다. f_{xy}는 10에서 1로 줄어든다는 점이다. **이때 이 차이점을 만드는 것은 f_{xy}의 (부호가 아닌) 크기이다.** [예제 1]의 추가항 $-x-y+4$는 정류점을 $\left(\frac{1}{3}, \frac{1}{3}\right)$으로 이동시킨다. 2차 미분은 여전히 $2,1,2$이고, 그들은 최솟값을 위한 다음 검증을 거치게 된다.

> Ⅱ $(0,0)$에서 2차 함수 $f(x,y)=ax^2+2bxy+cy^2$은
>
> $\begin{matrix} a>0 \\ ac>b^2 \end{matrix}$이면 **최솟값**, $\begin{matrix} a<0 \\ ac>b^2 \end{matrix}$이면 **최댓값**, $ac<b^2$이면 **안장점**을 가진다.

직접적인 증명을 위해 완전 제곱식으로 만들어서 $f(x,y)$를 두 부분으로 나누자.

$$ax^2+2bxy+cy^2=a\left(x+\frac{b}{a}y\right)^2+\frac{ac-b^2}{a}y^2$$

$2b$에 집중하면 위 식을 직접 유도할 수 있으며 이는 다음과 같은 중요한 결론을 준다.

$a>0$이고 $ac>b^2$이면 두 부분 모두 양수이며 $(0,0)$에서 **최소**이다.
$a<0$이고 $ac>b^2$이면 두 부분 모두 음수이며 $(0,0)$에서 **최대**이다.
$ac<b^2$이면 두 부분은 서로 반대의 부호를 가지며 $(0,0)$에서 **안장점**이다.

검증은 b의 제곱과 관련이 있으므로 b의 부호는 중요하지 않다. [예제 6]은 $b=5$와 안장점을 가지고, [예제 7]은 $b=\frac{1}{2}$과 최솟값을 가진다. $-x^2-xy-y^2$으로 부호를 바꾸면 최댓값이 된다. $-x^2+xy-y^2$에 대해서도 마찬가지다.

이제 $ax^2+2bxy+cy^2$까지 확인함으로써 최종 단계인 일반적인 함수 $f(x,y)$를 다룰 차례가 왔다. 2차 함수를 포함한 임의의 모든 함수에 대해서 확인해 볼 것은 **2차 항**이다.

예제 8 $f(x, y) = e^x - x - \cos y$는 $x = 0, y = 0$에서 정류점을 가진다.

풀이

1차 미분은 $e^x - 1$과 $\sin y$이고, 모두 정류점에서 0이다. 2차 미분은 $f_{xx} = e^x = 1$, $f_{yy} = \cos y = 1$, $f_{xy} = 0$이다. 이때 정류점에서의 미분만을 사용한다. 1차 미분은 0이므로 2차 항은 $e^x - x - \cos y$의 급수에서 앞쪽에 등장한다.

$$\left(1 + x + \frac{1}{2}x^2 + \cdots\right) - x - \left(1 - \frac{1}{2}y^2 + \cdots\right) = \frac{1}{2}x^2 + \frac{1}{2}y^2 + \text{높은 차수의 항들}$$

원점에서 최솟값을 가지며 2차 부분 $\frac{1}{2}x^2 + \frac{1}{2}y^2$은 위쪽으로 올라간다. x^3과 y^4 항은 이 움직임을 저지하기에 너무 작다. 결과적으로 이 항들은 커지지만, 정류점 근처에서 중요한 것은 2차 항이다. 이때 전체 급수가 필요하지는 않은데, 이는 $f_{xx} = f_{yy} = 1$과 $f_{xy} = 0$으로부터 급수가 $\frac{1}{2}x^2 + \frac{1}{2}y^2$으로 시작한다는 것을 알 수 있기 때문이다.

> 12 11에서의 검증은 임의의 정류점에서 임의의 $f(x, y)$의 2차 미분 $a = f_{xx}$, $b = f_{xy}$, $c = f_{yy}$에 적용 가능하다. 모든 점에서 이 검증은 그래프가 위로 오목한지 또는 아래로 오목한지 아니면 '불명확'한지를 결정한다.

예제 9 $f(x, y) = e^{xy}$은 $f_x = ye^{xy}$, $f_y = xe^{xy}$을 가지며 정류점은 $(0, 0)$이다.

정류점에서 2차 미분은 $a = f_{xx} = 0, b = f_{xy} = 1, c = f_{yy} = 0$이다. 검증법 $b^2 > ac$는 이 점을 안장점으로 만든다. f의 무한급수를 살펴보자.

$$e^{xy} = 1 + xy + \frac{1}{2}x^2y^2 + \cdots$$

$f_x = f_y = 0$이므로 선형 항이 없다(원점은 정류점이다). 또한 x^2 또는 y^2 항 역시 없다(xy 항만 있다). 따라서 정류점은 곧 안장점이다.

$x = 2$, $y = -2$에서 $f_{xx}f_{yy} > (f_{xy})^2$임을 알 수 있다. 즉 그래프는 이 점에서 위로 오목하다(하지만 이 점에서 최솟값을 갖지는 않는데, 이는 1차 미분이 0이 아니기 때문이다).

급수는 상수에서 시작한다(그다지 중요하지 않다). 그 다음 선형 항이 등장한다(매우 중요하다). 이 항들은 1차 미분에 의해서 결정되고, 그들은 접평면을 준다. 오직 정류점(선형 부분이 사라지고 접평면이 수평일 때)에서만 2차 미분을 고려한다. 임의의 기반 점 주변에서 이와 같은 상수-선형항-2차 항들은 테일러 급수의 출발점이 된다.

테일러 급수

이제 전체 무한급수를 만들 것이다. 이는 '테일러 급수'이다. 테일러 급수는 (기반점에서) **f의 모든 미분과 일치하는 거듭제곱급수**를 의미한다. 변수가 하나일 때, 기반점이 0인 경우 거듭제곱은 x^n이었다. 변수가 두 개일 때, 기반점이 $(0,0)$인 경우 거듭제곱은 x^n과 y^m의 곱이다. 10장에서 n번째 미분 $d^n f/dx^n$에 $x^n/n!$을 곱했다. 이제 기반점(밑첨자 $_0$)에서 모든 교차 미분 $(\partial/\partial x)^n(\partial/\partial y)^m f(x,y)$가 계산된다.

이제 $f(x,y)$의 각각의 미분과 일치시키기 위해 이 수들에 $x^n y^m/n!m!$을 곱한다.

---

13 기반점이 $(0,0)$일 때, 테일러 급수는 이중 합 $\sum\sum a_{nm}x^n y^m$이다. 항 $a_{nm}x^n y^m$은 $(0,0)$에서 $f(x,y)$와 같은 교차 미분을 가지며 급수는 다음과 같다.

$$f(0,0)+x\left(\frac{\partial f}{\partial x}\right)_0+y\left(\frac{\partial f}{\partial y}\right)_0+\frac{x^2}{2}\left(\frac{\partial^2 f}{\partial x^2}\right)_0+xy\left(\frac{\partial^2 f}{\partial x\partial y}\right)_0$$

$$+\frac{y^2}{2}\left(\frac{\partial^2 f}{\partial y^2}\right)_0+\sum\sum_{n+m>2}\frac{x^n y^m}{n!m!}\left(\frac{\partial^{n+m} f}{\partial x^n \partial y^m}\right)_0$$

이 급수의 미분은 기반점에서 $f(x,y)$의 미분과 일치한다.

처음 세 항들은 $f(x,y)$의 선형 근사이며 기반점에서 접평면을 준다. x^2 항은 $n=2$와 $m=0$이므로 $n!m!=2$이다. xy 항은 $n=m=1$이므로 $n!m!=1$이다. **2차 부분 $\frac{1}{2}(ax^2+2bxy+cy^2)$은 선형 항이 0일 때 제어 가능하다.**

예제10 원점에서 e^{x+y}의 모든 미분은 1과 같다. 이때 테일러 급수는 다음과 같다.

$$e^{x+y}=1+x+y+\frac{x^2}{2}+xy+\frac{y^2}{2}+\cdots=\sum\sum\frac{x^n y^m}{n!m!}$$

[예제 10]의 급수는 11과 12에서 고려하지 않은 특별한 경우인 $ac=b^2$를 가진다. 이는 이변수의 변곡점이다. 이 경우 2차 미분으로는 오목한지 여부를 확인할 수 없으며, $f_{xx}f_{yy}=(f_{xy})^2$일 때, 더 높은 차수의 도함수를 통해서 오목한지 여부를 알 수 있다. 하지만 관습적으로 2차 항 이후의 테일러 급수는 계산하지 않는다.

기반점이 (x_0,y_0)으로 이동한다면 거듭제곱은 $(x-x_0)^n(y-y_0)^m$이 된다(그리고 모든 미분은 이 새로운 기반점에서 계산된다).

마지막 질문이다. **최솟값을 수치적으로 어떻게 계산할 수 있는가**? 하나의 좋은 방법은 $f_x = 0$, $f_y = 0$을 푸는 것이다. 이들은 뉴턴법에서 함수 g와 h이다(13.3절). 현재 점 (x_n, y_n)에서 $g = f_x$와 $h = f_y$의 미분은 증분 Δx와 Δy에 대한 선형 근사를 준다. 그런 후 다음 점 $x_{n+1} = x_n + \Delta x$, $y_{n+1} = y_n + \Delta y$는 이 증분들로부터 얻어진다. 입력은 (x_n, y_n)이고, 출력은 새로운 점이며 선형방정식은 다음과 같다.

$$\begin{aligned}(g_x)\Delta x + (g_y)\Delta y &= -g(x_n, y_n)\\ (h_x)\Delta x + (h_y)\Delta y &= -h(x_n, y_n)\end{aligned} \quad \text{또는} \quad \begin{aligned}(f_{xx})\Delta x + (f_{xy})\Delta y &= -f_x(x_n, y_n)\\ (f_{xy})\Delta x + (f_{yy})\Delta y &= -f_y(x_n, y_n)\end{aligned} \qquad (5)$$

f의 2차 미분을 구할 수 있다면 뉴턴법을 써라.

1차 미분 이외의 정보를 사용하기에는 문제가 너무 복잡할 경우 다른 대안이 있다(**가장 가파른 하강**steepest descent). 목표는 산 아래로 바위를 굴리듯 $f(x, y)$의 그래프 아래로 움직이는 것이다. 임의의 점에서 가장 가파른 방향은 기울기 벡터에 의해 주어지는데, 위가 아닌 아래 방향이므로 음의 부호를 곱해야 한다. 따라서 방향 $\Delta x = -s\,\partial f/\partial x$와 $\Delta y = -s\,\partial f/\partial y$로 움직여야 한다.

질문은 다음과 같다. 얼마나 멀리 움직여야 하는가? 마치 바위처럼 경사의 시작은 직접적으로 최솟값을 향하지 않을 수 있다. 함수 f의 값이 다시 증가하는 증분의 끝에서 증분의 크기 s를 확인한다([연습문제 13.6.54]). 각 증분의 끝에서 1차 미분을 계산하고 다시 가장 가파른 방향에서 새롭게 시작한다.

13.6 문장제 문제

01 최솟값은 __a__ 점($f_x = f_y = 0$인 곳) 또는 __b__ 점(미분이 없는 곳) 또는 __c__ 점에서 얻어진다. $f = x^2 - xy + 2y$는 $f_x =$ __d__ 와(과) $f_y =$ __e__ 을(를) 가지므로 정류점은 $x =$ __f__, $y =$ __g__ 이다. 이는 최솟값을 주는 점이 아닌데, f는 __h__ 때 감소하기 때문이다.

02 $d^2 = (x - x_1)^2 + (y - y_1)^2$의 최솟값은 거친 점 __i__ 에서 얻어진다. d의 그래프는 __j__ 이고, grad$d$는 __k__ 을(를) 가리키는 __l__ 벡터이다. $f = |xy|$의 그래프는 직선 __m__ 을(를) 따라 바닥에 도달한다. 이들은 '거친 직선'인데 미분 __n__ 때문이다. d와 f의 최댓값은 허용된 영역의 __o__ 에서 얻어지는데 이는 __p__ 이(가) 일어나지 않기 때문이다.

03 경계 곡선이 $x = x(t)$, $y = y(t)$일 때, 경계를 따르는 $f(x, y)$의 미분은 __q__ 이다(연쇄 법칙). $f = x^2 + 2y^2$에 대하여 경계가 $x = \cos t$, $y = \sin t$이면 $df/dt =$ __r__ 이다. 이는 점 __s__ 에서 0이며 최댓값은 __t__ 에서, 최솟값은 __u__ 에서 얻어진다. 원 안에서 f는 __v__ 에서 절대 최솟값을 가진다.

04 최댓값을 최솟값과 __w__ (으)로부터 구분하기 위해 __x__ 미분을 __y__ 점에서 계산한다. 최솟값에 대한 검증은 __z__ 이고, 최댓값에 대한

검증은 __A__ 이다. $ac <$ __B__ 또는 $f_{xx}f_{yy} <$ __C__ 인 경우 우리는 __D__ 을(를) 가진다. 모든 점에서 이 검증은 위로 오목, __E__ 그리고 '불명확'한지를 결정한다. $f = 8x^2 - 6xy + y^2$일 때, 원점은 __F__ 이다. $(1,0)$과 $(1,3)$에서 f의 부호는 __G__ 이다.

05 $f(x, y)$의 테일러 급수는 여섯 개의 항 __H__ (으)로 시작한다. $x^n y^m$의 계수는 __I__ 이다. 정류점을 수치적으로 찾기 위해 __J__ 또는 __K__ 을(를) 사용하라.

13.6 연습문제

01~16 모든 정류점($f_x = f_y = 0$)을 찾아라. 최솟값을 최댓값과 안장점으로부터 구분하라. [11]를 $a = f_{xx}$, $b = f_{xy}$, $c = f_{yy}$에 적용하라.

01 $x^2 + 2xy + 3y^2$

02 $xy - x + y$

03 $x^2 + 4xy + 3y^2 - 6x - 12y$

04 $x^2 - y^2 + 4y$

05 $x^2y^2 - x$

06 $xe^y - e^x$

07 $-x^2 + 2xy - 3y^2$

08 $(x+y)^2 + (x+2y-6)^2$

09 $x^2 + y^2 + z^2 - 4z$

10 $(x+y) + (x+2y-6)$

11 $(x-y)^2$

12 $(1+x^2)/(1+y^2)$

13 $(x+y)^2 - (x+2y)^2$

14 $\sin x - \cos y$

15 $x^3 + y^3 - 3x^2 + 3y^2$

16 $8xy - x^4 - y^4$

17 사각형의 모든 변이 x축 또는 y축에 포함되어 있고 꼭짓점은 $x + 3y = 12$이라고 하자. 이 사각형의 최대 넓이를 구하라.

18 $(0,0,0)$에서 꼭짓점을 가지고 있고 모든 변은 축에 평행인 사각형이 있다고 하자. 만약 반대편 꼭짓점이 평면 $3x + 2y + z = 0$ 위에 있다면, 이 꼭짓점이 어디에 있을 때 부피가 최대인가? 우선 이 문제는 $xy - 3x^2y - 2xy^2$을 최대화함을 보여라.

19 (최소제곱, 11.4절) 아래의 오차를 최소화하는 x와 y를 찾아라.

$$E = (x+y)^2 + (x+2y-5)^2 + (x+3y-4)^2$$

이는 안장점이 아닌 최솟값을 준다는 것을 보여라.

20 (최소제곱) 어떤 수 x, y가 세 방정식 $x - y = 1$, $2x + y = -1$, $x + 2y = 1$에 가장 가까운가? 제곱하고 오차 $(x-y-1)^2 +$ ____ $+$ ____ 을(를) 더하라. 그리고 최소화하라.

21 다음의 제한 영역에서 $f = x^2 + xy + y^2 - x - y$를 최소화하라.

(a) $x \le 0$ (b) $y \ge 1$ (c) $x \le 0$과 $y \ge 1$

22 다음 영역에서 $f = x^2 + y^2 + 2x + 4y$를 최소화하라.

(a) 모든 x, y (b) $y \ge 0$ (c) $x \ge 0, y \ge 0$

23 $f = x + \sqrt{3}y$를 원 $x = \cos t$, $y = \sin t$ 위에서 최대화하고, 최소화하라.

24 [예제 5]는 원 $x^2 + y^2 = 1$ 주위에서 $f = x^2 + xy + y^2 - x - y + 1$을 따른다. 네 개의 정류점은 $x = y$ 또는 $x + y = 1$을 만족한다. 이 점에서 f를 계산하고 최솟값을 위치시켜라.

25 (a) 원 $x^2 + y^2 = 1$ 위에서 $f = ax + by$를 최대화하라.

(b) 직선 $ax + by = 1$ 위에서 $x^2 + y^2$을 최소화하라.

26 $f(x,y) = \frac{1}{4}x^4 - xy + \frac{1}{4}y^4$에 대해서 $f_x = 0$과 $f_y = 0$의 식은 무엇인가? 이 방정식의 근은 무엇인가? $f_{최소}$는 무엇인가?

27 $f = x^2 + xy + cy^2$이 $(0,0)$에서 안장점을 가지도록 하는 $c > 0$을 선택하라. 직선 $x = 0$과 $y = 0$ 그리고 $y = x$와 $y = -x$ 위에서 $f > 0$임에 주목하고, 이 네 방향은 최솟값을 보장해주지 않음을 확인하라.

28~42 다음은 스테이너의 거리 $f = d_1 + d_2 + d_3$과 관련된 함수를 최소화한다. 문제 **33**과 문제 **36~39**를 풀 때는 컴퓨터가 필요하다.

28 $(0,0)$, $(1,1)$, $(1,-1)$에서 꼭짓점을 가지는 삼각형을 그려라. 대칭성에 의해 스테이너의 점은 x축 위에 있을 것이다. $(x,0)$까지의 거리 d_1, d_2, d_3을 쓰고, $d_1 + d_2 + d_3$을 최소화하는 x를 찾아라. 각 $120°$를 확인하라.

29 세 단위 벡터를 더하면 0이라 가정하자. 이 세 벡터 사이의 각은 반드시 $120°$임을 증명하라.

30 3차원에서 스테이너의 문제는 네 개의 점으로부터 전체 거리 $f(x,y,z)=d_1+d_2+d_3+d_4$를 최소화한다. $\text{grad}\, d_1$은 여전히 단위 벡터(어떤 방향인가?)임을 보여라. 각이 몇 도일 때 네 벡터는 더해서 0이 되는가?

31 평면에서의 네 점에 대해 스테이너의 문제는 분기점을 허용한다([그림 13-18(c)]). 변의 길이가 (a) 1과 2 (b) 1과 1 (제곱에 대해서는 2개의 근) (c) 1과 0.1일 때, 사각형의 꼭짓점을 연결하는 가장 짧은 네트워크를 찾아라.

32 스테이너의 점($120°$의 각도)은 절대로 삼각형 밖에 존재할 수 없음을 보여라.

33 식 (5)에서의 뉴턴법을 이용하여 $f(x,y)=d_1+d_2+d_3$을 최소화하는 프로그램을 작성하라. 두 꼭짓점은 $(0,0)$, $(3,0)$에 고정하고 세 번째 꼭짓점을 $(1,1)$으로부터 $(2,1)$ 또는 $(3,1)$ 또는 $(4,1)$로 변화시키면서 스테이너의 점을 계산하라.

34 삼각형의 한 변은 $(-1,0)$에서 $(1,0)$으로 간다고 가정하자. 이 변 위쪽에 $(-1,0)$과 $(1,0)$에서 각각 그은 직선이 $120°$의 각도로 만나는 점들이 있다. 이 점들은 원의 호 위에 있다. 이 원을 그린 다음 원의 중심과 반지름을 찾아라.

35 문제 **34**의 삼각형의 모든 세 변에 대한 원 호가 존재한다. 이 호 위에서 모든 점은 $120°$각의 삼각형의 한 변을 마주 본다. 스테이너의 점은 어디인가(세 변을 상응하는 호들과 함께 그려라)?

36 문제 **35**에 기반을 두어서 스테이너의 점으로 수렴하는 알고리즘을 개발하라. 이 프로그램을 문제 **33**의 삼각형에 검증하라.

37 $f_x=0$과 $f_y=0$을 풀어서 $f=d_1^4+d_2^4+d_3^4$을 최소화하는 코드를 작성하라. 식 (5)에서의 뉴턴법을 사용하라.

38 문제 **37**의 코드를 $p=4$뿐이 아닌 모든 거듭제곱 $p\ge 1$에 대해서 허용되도록 코드를 확장하라. $p=2$일 때 중심으로부터 최소 거리만큼 떨어진 점에서 $p=1$일 때 스테이너의 점까지 이 코드를 적용해보라($p=1.8$, 1.6, 1.4, 1.2를 시도하라).

39 여러분이 만든 코드를 통해 p가 $p=2$, $p=4$, $p=8$, $p=16$으로 증가할 때, 최소 거리를 찾아라. $p=\infty$에서 극한을 추측하고 이 극한이 세 꼭짓점으로부터 같은 거리에 있는지를 검증하라.

40 $p=\infty$에서 세 거리 d_1, d_2, d_3 중 최대 거리를 가능한 한 작게 만들려 한다. 변 $1, 1, \sqrt{2}$를 가진 직각삼각형에 대한 최적의 점은 ____이다.

41 꼭짓점 1에서의 도로가 다른 꼭짓점에서보다 더 넓으며 총 비용 함수는 $f(x,y)=\sqrt{2}\,d_1+d_2+d_3$이라 가정하자. f의 기울기 벡터를 찾고 도로들이 만나는 최적의 각을 찾아라.

42 두 점에 대한 스테이너의 문제를 풀어라. d_1+d_2는 어디서 최소인가? 세 꼭짓점이 주어진 경우 세 점에 대한 스테이너의 문제도 풀어라

43~45 $(0,0)$에서 모든 미분을 찾아라. 테일러 급수를 찾아라.

43 $f(x,y)=(x+y)^3$

44 $f(x,y)=xe^y$

45 $f(x,y)=\ln(1-xy)$

46~49 기반점에서 $f_x, f_y, f_{xx}, f_{xy}, f_{yy}$를 찾아라. 2차 항까지의 테일러 급수를 통해 $f(x,y)$의 2차 근사를 써라.

46 $(0,0)$에서 $f=e^{x+y}$

47 $(1,1)$에서 $f=e^{x+y}$

48 $(0,0)$에서 $f=\sin x\cos y$

49 $(1,-1)$에서 $f=x^2+y^2$

---

50 (x,y) 근처의 테일러 급수도 증분 h와 k에 대해서 $f(x+h,y+k)=f(x,y)+h$____$+k$____$+\frac{1}{2}h^2$____$+hk$____$+\cdots$ 와 같이 쓰인다. 네 개의 빈칸을 채워라.

51 $f(x,y)$가 상수인 직선을 찾아라(이 함수들은 $f_{xx}f_{yy}=f_{xy}^2$ 또는 $ac=b^2$을 가진다).

(a) $f=x^2-4xy+4y^2$ (b) $f=e^xe^y$

52 $f(x,y,z)$에 대해서 테일러 급수의 $f(0,0,0)$ 다음 세 개의 항은 ____이다. 다음 여섯 개의 항은 ____이다.

53 (a) 선형 근사에서의 오차 $f-f_L$에 대해서 $(0,0)$에서의 테일러 급수는 2차 항 ____(으)로 시작한다.

(b) f의 그래프는 ____일 때 이 함수의 접평면으로부터 위로 간다(그리고 $f>f_L$이다). 그러면 f는 위쪽으로 오목하다.

(c) $(0,0)$이 최솟값을 주는 점이 되기 위해 ____도 필요하다.

54 점 $(1,1)$에서 x^2+2y^2의 기울기 벡터는 $(2,4)$이다. 가장 가파르게 내려가는 직선 $x=1-2s$, $y=1-4s$를 따른다(아래쪽으로 가기 위해 음의 부호를 택했다). 증분 크기 s에 관해서 x^2+2y^2을 최소화하라. 이는 가장 가파른 강하가 다시 시작하는 다음 점을 ____에 위치시킨다.

55 뉴턴법은 한 번의 증분에서 x^2+2y^2을 최소화시킨다. $(x_0, y_0)=(1,1)$에서 시작해서 식 (5)로부터 Δx와 Δy를 찾아라.

56 $f_{xx}+f_{yy}=0$일 때, $f(x,y)$는 내부에서 최댓값과 최솟값을 가질 수 없음을 보여라(오직 안장점만 내부에서 가능하다).

57 수학에서 x개의 정리를 이해하기 위해 y번 연습하면 그 가치는 $f=x^2y$이다(아마도). 학생 또는 저자가 다룰 수 있는 대부분은 $4x+y=12$이다. $y=12-4x$를 대입하고 f를 최대화하라. 직선 $4x+y=12$는 등위 곡선 $x^2y=f_{최대}$에 접함을 보여라.

58 x개의 집과 y개의 요트에 대한 바람직한 가격은 $f(x,y)$이다. 조건 $px+qy=k$는 사용 가능한 돈을 제한한다. 집의 비용은 ____이고, 요트의 비용은 ____이다. $y=(k-px)/q$를 $f(x,y)=F(x)$에 대입하고 dF/dx에 대한 연쇄 법칙을 사용하라. x에서의 최선의 기울기 $-f_x/f_y$는 $-p/q$임을 보여라.

59 야구장의 가장 먼 지점에서 담장은 홈 플레이트로부터의 직선에 왜 수직인지를 설명하라. 이 먼 지점이 거친 점(꼭짓점) 또는 끝점(파울 라인) 중 그 어느 것도 아니라고 가정하라.

13.7 제한과 라그랑주 승수

이 절에서는 실전 문제를 다룰 것이다. 종종 다른 함수 $g(x,y)$가 고정되어 있을 때 어떤 함수 $f(x,y)$를 최소화하는 경우가 있다. 이 경우에는 $g(x,y)=k$에 의해 주어진 x와 y에 대한 **제한**constraint이 있다. 예를 들어 사용 가능한 재료 또는 사용 가능한 펀드 또는 사용 가능한 에너지를 제한하는 것이다. 이 제한을 만족하면서 가능한 한 최적($f_{최대}$ 또는 $f_{최소}$)을 찾는 것이 목표이다.

$f(x,y)$의 절대 최솟값에서 요구 조건 $g(x,y)=k$는 위반될 수도 있는데, 이 경우 최솟값을 주는 점은 허용되지 않는다. 즉 이때에는 $f_x=0$과 $f_y=0$을 사용할 수 없다(이 두 식은 g를 고려하지 않는다).

1단계 제한된 최솟값 또는 제한된 최댓값에 대한 식을 찾아라. 이들은 f와 g에 관한 국소적인 정보를 주는 f_x와 f_y 그리고 g_x와 g_y와도 관련이 있다. 식을 확인하기 위해 다음 두 예제를 살펴보자.

예제 1 제한 $g=2x+y=k$에 대해 $f=x^2+y^2$을 최소화하라.

시도

제한은 $f=k^2$인 $x=0$, $y=k$를 허용한다. 또한 $\left(\frac{1}{2}k,\ 0\right)$은 제한을 만족하고 이때의 $f=\frac{1}{4}k^2$은 더 작다. 또한 $x=y=\frac{1}{3}k$는 $f=\frac{2}{9}k^2$을 준다(현재까지 가장 답에 근접하다).

해에 관한 아이디어

[그림 13-21]에서 $f(x,y)$의 등위 곡선들을 살펴보자. 그들은 원 $x^2+y^2=c$이다. c가 작을 때, 원은 직선 $2x+y=k$와 만나지 않는다. 즉 c가 너무 작으면 제한을 만

족시키는 점은 없다. 이제 c를 증가시키자.

증가하는 원 $x^2+y^2=c$는 마침내 직선 $x+2y=k$와 만나게 될 것이다. 두 도형이 만나는 점은 바로 답을 준다. 이 점은 직선 위에서 얻을 수 있는 가장 작은 c의 값을 준다. 만나는 점은 $(x_{최소}, y_{최소})$이고, c의 값은 $f_{최소}$이다.

어떤 식이 이 점을 묘사하는가? 원과 직선이 만나는 순간 그들은 접한다. 즉 둘의 기울기는 같다. 원에는 수직하고 직선은 둘은 같은 방향으로 간다. 여러분이 [그림 13-21(a)]에서 확인할 수 있는 것이 바로 핵심이다. $f=c$에 수직인 방향은 $\text{grad}\, f=(f_x, f_y)$에 의해 주어진다. $g=k$에 수직인 방향은 $\text{grad}\, g=(g_x, g_y)$에 의해 주어진다. 핵심 식은 이 두 벡터는 평행하다는 것을 말해준다. 하나의 기울기 벡터는 다른 기울기 벡터의 상수 배인데, 이때의 상수는 미지수인 승수 λ(람다)이다.

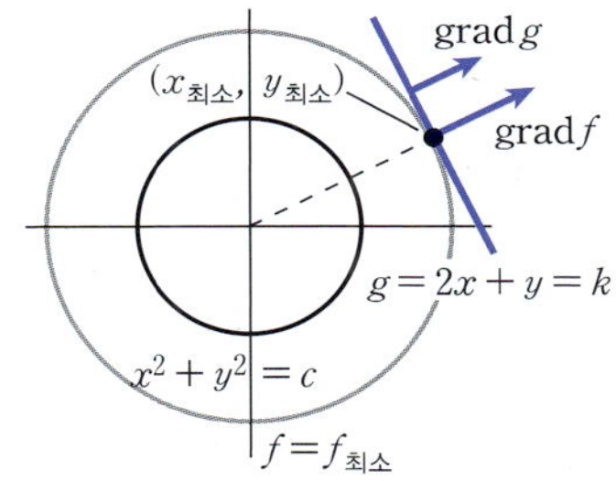

(a)

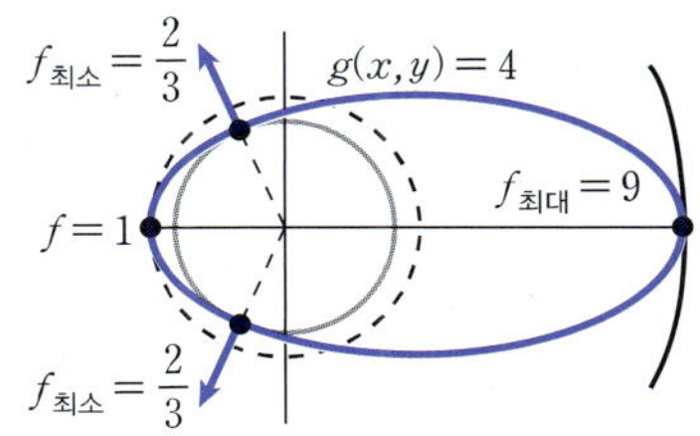

(b)

[그림 13-21] 원 $f=c$는 직선 $g=k$와 타원 $g=4$에 접한다. 둘은 평행한 기울기 벡터를 가진다.

> 14 $g(x,y)=k$일 때 $f(x,y)$의 최솟값에서 f의 기울기 벡터는 (승수로서 미지의 숫자 λ와 함께) g의 기울기 벡터에 평행이다.
>
> $\text{grad}\, f=\lambda\, \text{grad}\, g$이고 따라서 $\dfrac{\partial f}{\partial x}=\lambda\dfrac{\partial g}{\partial x}$, $\dfrac{\partial f}{\partial y}=\lambda\dfrac{\partial g}{\partial y}$ 이다. (1)

2단계 세 개의 미지수 x, y, λ에 대하여 다음 세 방정식이 성립한다.

$$
\begin{aligned}
&\partial f/\partial x=\lambda\partial g/\partial x\text{는} && 2x=2\lambda\text{이다.}\\
&\partial f/\partial y=\lambda\partial g/\partial y\text{는} && 2y=\lambda\text{이다.}\\
&g(x,y)=k\text{는} && 2x+y=k\text{이다.}
\end{aligned}
\qquad (2)
$$

세 번째 방정식에서 $2x$에 2λ를, y에 $\frac{1}{2}\lambda$를 대입한다. 그러면 $2x+y$는 $\frac{5}{2}\lambda$와 같고 이는 곧 k이다. $\lambda=\frac{2}{5}k$와 함께 $x, y, f_{최소}$에 대한 처음 두 방정식에 돌아가면 다음과 같다.

$$x=\lambda=\frac{2}{5}k, \quad y=\frac{1}{2}\lambda=\frac{1}{5}k, \quad f_{최소}=\left(\frac{2}{5}k\right)^2+\left(\frac{1}{5}k\right)^2=\frac{5}{25}k^2=\frac{1}{5}k^2$$

따라서 답을 주는 점 $(x_{최소}, y_{최소})$은 $\left(\frac{2}{5}k, \frac{1}{5}k\right)$이다. 이는 원점에서 직선까지의 거리의 제곱, 즉 $f=x^2+y^2=\frac{1}{5}k^2$을 최소화한다.

Q_ 라그랑주 승수 λ의 의미는 무엇인가?

A_ $\frac{1}{5}k^2$의 미분은 $\frac{2}{5}k$이고 이는 λ와 같다. λ는 $f_{최소}$의 k에 대한 미분이다. 직선을 Δk만큼 이동시키면 $f_{최소}$는 약 $\lambda\Delta k$만큼 변한다. 따라서 라그랑주 승수는 k에 대한 민감도를 측정한다.

예제 2 타원 $g=(x-1)^2+4y^2=4$ 위에서 $f=x^2+y^2$을 최대화하고, 최소화하라.

아이디어와 추가 질문

원 $x^2+y^2=c$는 타원과 만날 때까지 계속 증가한다. 만나는 점은 $(x_{최소},\ y_{최소})$이고 이 c의 가장 작은 값은 $f_{최소}$이다. 원이 증가할 때 원은 타원을 자르면서 통과한다. 최종적으로 마지막 원이 만나는 점이 바로 $(x_{최대},\ y_{최대})$이고 c의 가장 큰 값은 $f_{최대}$이다.

최소와 최대는 다음과 같은 법칙에 의해 설명된다. 원은 타원에 접하며([그림 13-21(b)]) 이 점에서 서로 수직한 벡터들은 같은 방향으로 간다. 따라서 (f_x, f_y)는 (g_x, g_y)의 상수 배이고, 미지수인 승수는 λ이다.

$$\begin{aligned} f_x=\lambda g_x: &\qquad 2x=\lambda 2(x-1) \\ f_y=\lambda g_y: &\qquad 2y=\lambda 8y \\ g=k: &\qquad (x-1)^2+4y^2=4 \end{aligned} \tag{3}$$

풀이

두 번째 식은 두 가지 가능성 $y=0$ 또는 $\lambda=\frac{1}{4}$을 허용한다. $y=0$이면 마지막 식은 $(x-1)^2=4$이 되며 따라서 $x=3$ 또는 $x=-1$이다. 그러면 첫 번째 식은 $\lambda=3/2$ 또는 $\lambda=1/2$를 준다. 이때 f의 값은 각각 $x^2+y^2=3^2+0^2=9$와 $x^2+y^2=(-1)^2+0^2=1$이다.

이제 $\lambda=1/4$인 경우를 생각하자. 첫 번째 식은 $x=-1/3$이 되며 그러면 마지막 식은 $y^2=5/9$이 된다. $x^2=1/9$이므로 $x^2+y^2=6/9=2/3$임을 알 수 있고 이는 $f_{최소}$이다.

결론

식 (3)은 원과 타원이 만나는 점인 네 개의 근을 가진다. 이때 네 개의 점들은 $(3,0)$, $(-1,0)$, $(-1/3,\ \sqrt{5}/3)$, $(-1/3,-\sqrt{5}/3)$이며 f의 네 개의 값은 각각 $9, 1, \frac{2}{3}, \frac{2}{3}$이다.

세 개의 식은 $f_x=\lambda g_x$와 $f_y=\lambda g_y$, $g=k$이다. 미지수는 x, y, λ이다. (선형이 아닌 이상) 이 세 식의 절대적인 해법은 없다(세 식이 선형이면 소거법 또는 크래머의 법칙을 쓴다). 보통 처음 두 식은 λ 항으로 표현된 x와 y를 주고, $g=k$에 대입하면 λ에 관한 식을 준다.

최솟값에서 등위 곡선 $f(x,y)=c$는 제한 곡선 $g(x,y)=k$에 접한다. 이 제한 곡선이 $x(t)$와 $y(t)$에 의해 매개화됐을 때, 다음과 같이 연쇄 법칙을 사용하여 $f(x(t), y(t))$를 최소화한다.

$$\frac{df}{dt}=\frac{\partial f}{\partial x}\frac{dx}{dt}+\frac{\partial f}{\partial y}\frac{dy}{dt}=0 \text{ 또는 } (\text{grad}\, f)\cdot(\text{곡선의 접선의 기울기})=0$$

이는 grad f가 곡선에 수직이라는 미적분학에서의 증명이다. 따라서 grad f는 grad g와 평행하며 $(f_x, f_y)=\lambda(g_x, g_y)$와 같이 나타낸다.

지금까지 $f_x=0$과 $f_y=0$을 활용할 수 없었다. 하지만 새로운 함수 L은 다음과 같이 값이 0인 미분 세 개를 가진다.

> 15 라그랑주 함수는 $L(x,y,\lambda)=f(x,y)-\lambda(g(x,y)-k)$이다. 근에서 이 함수의 세 개의 미분은 $L_x=L_y=L_\lambda=0$이다.
>
> $$\frac{\partial L}{\partial x}=\frac{\partial f}{\partial x}-\lambda\frac{\partial g}{\partial x}=0,\quad \frac{\partial L}{\partial y}=\frac{\partial f}{\partial y}-\lambda\frac{\partial g}{\partial y}=0,\quad \frac{\partial L}{\partial \lambda}=-g+k=0 \qquad (4)$$

$\partial L/\partial\lambda=0$은 자동적으로 $g=k$를 생산함에 주목하라. 제한은 L에 '**내장**'되어 있는 셈이다. 라그랑주 함수는 0이 되어야만 하는 $\lambda(g-k)$ 항을 포함한다(하지만 식에서 이 항의 미분은 반드시 필요하다!) 근에서 $g=k$이고 $L=f$이며 $\partial L/\partial k=\lambda$이다.

중요한 것은 $L_x=L_y=0$으로부터 $f_x=\lambda g_x$, $f_y=\lambda g_y$가 얻어진다는 것이다. 쉽게 말해 제한 $g=k$는 $dg=g_x\,dx+g_y\,dy$를 강제한다. 이는 dx와 dy의 움직임을 제한하며 동시에 곡선을 유지해야 한다. 위 식은 $df=f_x\,dx+f_y\,dy$는 $\lambda\,dg$와 같다는 것을 말해준다. 따라서 허용된 방향에서 df는 0이다(이것이 핵심이다).

두 개의 제한을 가진 최대와 최소

최소(최대)화의 전체 주제는 **최적화**optimization라 불린다. 사업상의 결정에서 최적화의 응용은 운용 과학operation research이라는 분야를 구성한다. 이 분야에서 선형함수와 같은 특별한 경우는 항상 중요하다(수학의 이 부분을 운용 과학에서는 **선형 프로그래밍**linear programming이라 부른다). 이 주제를 미적분학 책에서 자세히 다룰 수는 없지만, 두 번째 제한을 허용하는 하나의 단계를 더 취함으로써 약간의 운용 과학을 체험할 수 있다.

최소화 또는 최대화하는 함수는 이제 $f(x, y, z)$이며 제한은 $g(x, y, z) = k_1$과 $h(x, y, z) = k_2$이고 승수는 λ_1과 λ_2이다. 최소 세 개의 변수 x, y, z가 필요한데 이는 두 제한이 x와 y를 완전히 결정하기 때문이다.

16 $g(x, y, z) = k_1$과 $h(x, y, z) = k_2$에 대해서 $f(x,y,z)$를 최소화하기 위해 $x, y, z, \lambda_1, \lambda_2$에 대한 다섯 개의 식을 풀어라. $g = k_1$과 $h = k_2$를 다음과 같이 푼다.

$$\frac{\partial f}{\partial x} = \lambda_1 \frac{\partial g}{\partial x} + \lambda_2 \frac{\partial h}{\partial x}, \quad \frac{\partial f}{\partial y} = \lambda_1 \frac{\partial g}{\partial y} + \lambda_2 \frac{\partial h}{\partial y}, \quad \frac{\partial f}{\partial z} = \lambda_1 \frac{\partial g}{\partial z} + \lambda_2 \frac{\partial h}{\partial z} \tag{5}$$

[그림 13-22(a)]는 이 식을 기하학적으로 보여준다. 간단히 $f = x^2 + y^2 + z^2$이고 (제곱된) 거리를 최소화한다고 하자. 제한 $g = x + y + z = 9$와 $h = x + 2y + 3z = 20$은 선형이다(이들의 그래프는 평면이다). 제한은 (x,y,z)를 두 평면 위에 있도록 한다(따라서 이 두 평면이 만날 때 생기는 직선 위에 있다). 이때 우리는 $(0,0,0)$에서 직선에 이르는 거리의 제곱을 찾는다.

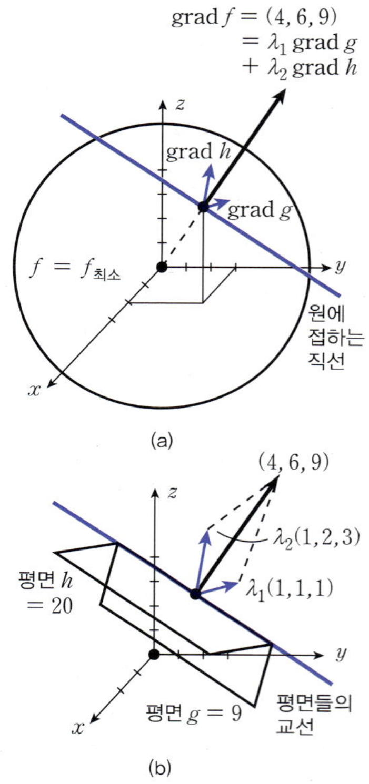

[그림 13-22] 법선 벡터 grad f는 결합 $\lambda_1 \text{grad}\, g + \lambda_2 \text{grad}\, h$이다.

여기서 풀어야 하는 방정식은 무엇인가? 등위 표면 $x^2 + y^2 + z^2 = c$는 구이며 구는 c가 증가할 때 증가한다. 직선과 만나는 첫 번째 구는 구에 접하고, 이 점은 근을 준다(가장 작은 c). **모든 세 벡터 grad f, grad g, grad h는 이 직선들에 수직이다.**

구에 접하는 직선 ⇒ grad f는 직선에 수직
두 평면이 만날 때 생기는 직선 ⇒ grad g와 grad h는 직선에 수직

따라서 grad f, grad g, grad h는 직선에 수직인 같은 평면에 있다. 평면에서의 세 벡터와 함께, grad f는 다음과 같이 grad g와 grad h의 결합이다.

$$(f_x, f_y, f_z) = \lambda_1 (g_x, g_y, g_z) + \lambda_2 (h_x, h_y, h_z) \tag{6}$$

이는 핵심 방정식 (5)와 같다. 이 식은 평면뿐 아니라 곡면에도 적용된다.

예제 3 $x + y + z = 9$, $x + 2y + 3z = 20$일 때 $x^2 + y^2 + z^2$을 최소화하라.

풀이

[그림 13-22(b)]에서 두 평면에 대한 법선 벡터는 각각 grad $g = (1, 1, 1)$, grad $h = (1, 2, 3)$이다. $f = x^2 + y^2 + z^2$의 기울기 벡터는 $(2x, 2y, 2z)$이다. 식 (5)와 식

(6)은 다음과 같다.

$$2x = \lambda_1 + \lambda_2,\ \ 2y = \lambda_1 + 2\lambda_2,\ \ 2z = \lambda_1 + 3\lambda_2$$

위 x, y, z를 다른 두 식 $g = x + y + z = 9$와 $h = 20$에 대입하자.

$$\frac{\lambda_1 + \lambda_2}{2} + \frac{\lambda_1 + 2\lambda_2}{2} + \frac{\lambda_1 + 3\lambda_2}{2} = 9,\ \ \frac{\lambda_1 + \lambda_2}{2} + 2\frac{\lambda_1 + 2\lambda_2}{2} + 3\frac{\lambda_1 + 3\lambda_2}{2} = 20$$

2를 곱하면 위 식은 $3\lambda_1 + 6\lambda_2 = 18$, $6\lambda_1 + 14\lambda_2 = 40$으로 간단해진다. 근은 $\lambda_1 = 2$와 $\lambda_2 = 2$이다. 이제 이전 식은 $(x, y, z) = (2, 3, 4)$를 준다.

두 제한을 가진 라그랑주 함수는 $L(x, y, z, \lambda_1, \lambda_2) = f - \lambda_1(g - k_1) - \lambda_2(h - k_2)$이다. 이 함수의 다섯 개의 미분은 0이다(이들은 우리의 다섯 개의 식이다). λ_1과 λ_2를 추가함으로써 라그랑주 함수는 미지수의 개수가 3개에서 5개로 늘었다. 최적의 점 $(2, 3, 4)$는 $f_{최소} = 29$를 주며 λ는 $\partial f / \partial k$(9와 20으로 변함에 따른 민감도) $\partial f / \partial k$를 준다.

부등식 제한

실제로 응용은 등식뿐만 아니라 **부등식**과도 관련이 있다. 제한이 부등식으로 주어질 때엔 $g \le k$와 $h \ge 0$과 같은 꼴일 것이다. 첫 번째 부등식은 다음을 의미한다. 자원 k 전체를 사용할 필요는 없지만 그보다 더 많이 사용할 순 없다. 두 번째 부등식은 다음을 의미한다. h는 음수가 될 수 없는 양을 측정한다. **최솟값을 주는 점에서 승수는 같은 부등식 $\lambda_1 \le 0$과 $\lambda_2 \ge 0$을 만족해야 한다.** 즉 제한이 부등식으로 주어질 경우 λ에 관한 부등식들이 생긴다.

$g \le k$일 때 최솟값은 제한된 곡선의 안쪽이거나 곡선 위에서 발생할 수 있다. $g < k$인 곡선 내부에서는 모든 방향으로 자유롭게 움직일 수 있다 이 경우에는 제한이 없는 셈이다. 이는 $f_x = 0$, $f_y = 0$, $\lambda = 0$(보통의 최솟값)을 다시 준다. $g = k$가 최솟값이 낮아지지 않도록 제한하는 곡선 위에서 우리는 $\lambda < 0$을 가진다. 이때 앞으로 어떤 일이 일어날지 아직 예상하기는 힘들다.

100개의 제한 $g_i \le k_i$에 대해서 100개의 λ가 존재한다. 어떤 λ는 0이고($g_i < k_i$일 때) 몇몇은 0이 아니다($g_i = k_i$일 때). 최적화를 흥미롭게 만드는 것이 이 2^{100}개의 가능성들이다. 예를 들어 변수가 두 개인 **선형 프로그래밍**에서 제한은 $x \ge 0, y \ge 0$이다.

예제 4 $g = x + y = 4$, $h = x \ge 0$, $H = y \ge 0$일 때, $f = 5x + 6y$를 최대화하라.

풀이

제한 $g = 4$는 식이고, h와 H는 부등식이다. 각각은 그들 자신의 라그랑주 승수를 가진다(그리고 두 부등식은 각각 $\lambda_2 \geq 0$과 $\lambda_3 \geq 0$을 요구한다). 이때 f, g, h, H의 미분을 계산하는 것은 문제가 되지 않는다.

$$\frac{\partial f}{\partial x} = \lambda_1 \frac{\partial g}{\partial x} + \lambda_2 \frac{\partial h}{\partial x} + \lambda_3 \frac{\partial H}{\partial x} \text{ 이면 } 5 = \lambda_1 + \lambda_2 \text{이다.}$$
$$\frac{\partial f}{\partial y} = \lambda_1 \frac{\partial g}{\partial y} + \lambda_2 \frac{\partial h}{\partial y} + \lambda_3 \frac{\partial H}{\partial y} \text{ 이면 } 6 = \lambda_1 + \lambda_3 \text{이다.} \quad (7)$$

식 (7)은 λ_3을 λ_2보다 크게 만든다. 따라서 $\lambda_3 > 0$이고, 이는 H에 대한 제한이 등식이어야 한다는 것을 의미한다(승수에 대한 부등식은 제한에 대한 식을 의미한다). 다시 말해 $H = y = 0$이다. 그러면 $x + y = 4$는 $x = 4$이며 근은 $(x_{최소}, y_{최소}) = (4, 0)$이고 $f_{최소} = 20$이다.

이 최솟값에서 $h = x = 4$는 제한 $x \geq 0$을 만족시킨다. 또한 제한 $h \geq 0$에 대한 승수는 $\lambda_2 = 0$이어야 한다. 그러면 첫 번째 식은 $\lambda_1 = 5$를 준다. 언제나 그랬듯이 승수는 민감도를 측정한다. $g = 4$가 Δk만큼 증가했을 때, 비용 $f_{최소} = 20$은 $5\Delta k$만큼 증가한다. 경제학에서 $\lambda_1 = 5$는 **잠재 가격**shadow price이라 불린다(이는 제한을 증가시키는 비용이다).

이 예제를 기반으로 한 좋은 기하학 문제가 있다. 제한 곡선 $x + y = 4$는 직선이다. 부등식 $x \geq 0$과 $y \geq 0$은 이 직선의 일부를 잘라낸다([그림 13-23]에서 P부터 Q까지). 등위 곡선 $f = 5x + 6y = c$는 c가 증가할 때 직선과 만날 때까지 밖으로 움직인다. **첫 번째로 만나는 점은 근인 $Q = (4,0)$이다. 이 점은 항상 끝점이다**(또는 삼각형 PQR의 꼭짓점이다). 이 점은 최소 비용 $f_{최소}$인 $c = 20$을 준다.

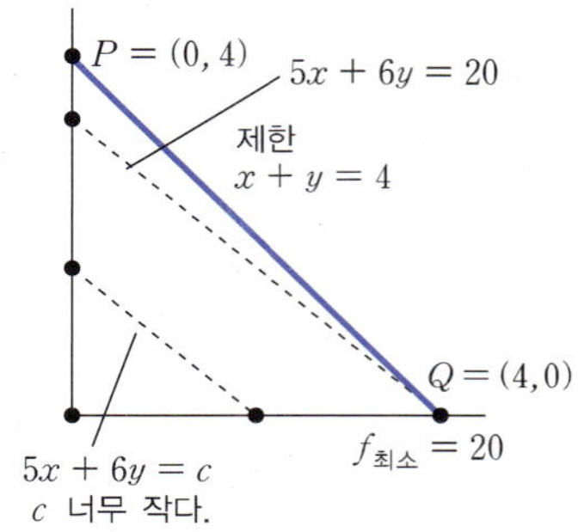

(a)

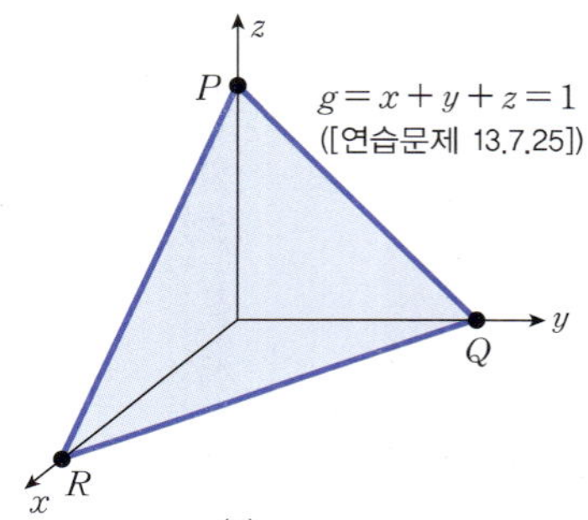

(b)

[그림 13-23] 선형 프로그래밍 : f와 g는 선형이다. 부등식은 x와 y를 자른다.

13.7 문장제 문제

01 제한 $g(x, y) = k$는 __a__(이)라 불린다. $g = k$에 대한 $f(x, y)$를 최소화하는 식은 __b__이다. 숫자 λ는 라그랑주 __c__이다. 기하학적으로 $\text{grad}\, f$는 최솟값에서 $\text{grad}\, g$에 __d__이다. 이는 __e__ 곡선 $f = f_{최소}$이 제한 곡선 $g = k$과 __f__이기 때문이다. 수 λ는 __g__에 대한 __h__의 미분으로 밝혀졌다. 라그랑주 함수는 $L =$ __i__이고 x, y, λ에 대한 세 개의 방정식은 __j__, __k__, __l__이다.

02 $g = x - y = 0$에 대해 $f = x^2 - y$를 최소화하는 x, y, λ에 대한 세 개의 방정식은 __m__이며 근은 __n__이다. 이 예에서 곡선 $f(x, y) = f_{최소}$ = __o__은(는) $(x_{최소}, y_{최소})$에서 직선 $g = 0$에 __p__인 __q__이다.

03 두 개의 제한 $g(x, y, z) = k_1$, $h(x, y, z) = k_2$가 있을 때 __r__개의 승수가 있다. 이때 다섯 개의 미지수는 __s__이고, 다섯 개의 식은 __t__이다. 등위 곡면 $f = f_{최소}$은 $g = k_1$과 $h = k_2$인 곡선에 __u__이다. 그러면 $\text{grad}\, f$는 이 곡선에 __v__이고, $\text{grad}\, g$와 __w__에 대해서도 마찬가지이다. 따라서 __x__은(는) $\text{grad}\, g$와 __y__의 결합이다. 9개의 변수와 6개의 제한이 있을 때, __z__개의 승수가 있고 결과적으로 __A__개의 방정식이 있다. 제한이 __B__ $g \leq k$라면, 이 제한에 대한 승수는 최솟값에서 $\lambda \leq 0$을 만족한다.

13.7 연습문제

01 [예제 1]에서는 $2x+y=k$에 대해서 $f=x^2+y^2$을 최소화했다. $y=k-2x$에 대한 제한 방정식을 풀고, f에 대입하여 x에 대한 이 함수를 최소화하라. $(x, y)=$____에서 최솟값을 가지고, 이때 $f=$____이다.

참고 : 이 직접적인 접근은 미지수의 개수를 하나의 미지수 x로 줄여준다. 라그랑주 함수는 x, y, λ로 미지수의 개수를 늘린다. 하지만 y를 푸는 첫 번째 단계가 어렵거나 불가능할 때 라그랑주 함수를 활용하는 것이 더 낫다.

02~06 $f(x, y)$를 최대화하고 최소화하라. x, y, λ를 찾아라.

02 $g=x^2+y^2=1$일 때 $f=x^2y$

03 $g=\dfrac{1}{x}+\dfrac{1}{y}=1$일 때 $f=x+y$

04 $g=x^2+9y^2=1$일 때 $f=3x+y$

05 $g=x^6+y^6=2$일 때 $f=x^2+y^2$

06 $g=x^{1/3}y^{2/3}=k$일 때 $f=x+y$. $x=$자본과 $y=$노동력일 때, g는 경제학에서 콥-더글라스Cobb-Douglas 함수이다. 이 함수의 두 개의 등위 곡선을 찾아라.

07 원 $x^2+y^2=13$ 위의 점 중에 $f=2x-3y$가 최대인 점을 찾아라. 정답에 대해 설명하라.

08 $x^2+y^2+z^2=k^2$에 대해 $ax+by+cz$를 최대화하고 그 답을 내적에 대한 슈바르츠 부등식으로 써라. $(a, b, c)\cdot(x, y, z)\le$____$k$

09 점 $(x, y, z)=(0, 0, 1)$, $(1, 0, 0)$, $(1, 1, 2)$, $(0, 1, 2)$를 가장 잘 맞춤fitting하는 평면 $z=ax+by+c$를 찾아라. 정답 a, b, c는 네 점에서 $(z-ax-by-c)^2$의 합을 최소화한다.

10 삼각형의 밑변은 사각형의 윗변이다(5개의 변, 합친 넓이$=1$). 둘레의 길이를 최소화하는 차원은 얼마인가?

11 원 $g=x^2+y^2=2$에 접촉하는 쌍곡선 $xy=-1$을 그려라. 원 위에서 $f=xy$의 최솟값은 점 ____에 도달한다. 이 점들에서 $\lambda=$____일 때, 식 $f_x=\lambda g_x$와 $f_y=\lambda g_y$를 만족한다.

12 $f_x=\lambda g_x$와 $f_y=\lambda g_y$를 통해서 원 $g=x^2+y^2=2$ 위에서 $f=xy$의 최댓값을 찾고 f에 x와 y를 대입하라. 원과 만나는 등위 곡선 $f=f_{최대}$를 그려라.

13 닫힌 곡선 C를 가지는 $f=x^2+y^2$의 등위 곡선을 그려서 $g(x, y)=k$를 나타내라. C가 등위 곡선을 지나는 점을 표시하라. C 위에서의 f의 최솟값을 이 점에서 갖지 않는 이유는 무엇인가? C가 등위 곡선에 접하는 점을 표시하라. C 위에서의 f의 최솟값을 이 점에서 갖는가?

14 원 $g=x^2+y^2=1$ 위에서 13.6절 [예제 5]는 $f=xy-x-y$를 최소화했다.

(a) x, y, λ에 대한 세 개의 라그랑주 식을 구하라.

(b) 처음 두 식은 $x=y=$____을(를) 준다.

(c) 식이 ____일 때, 특별한 값 $\lambda=-\dfrac{1}{2}$에 대한 다른 근이 있다. 놓치기 쉽지만 이 근은 점 ____에서 $f_{최소}=-1$을 도출한다.

15~18 다음은 라그랑주 승수의 이론을 발전시킨 문제이다.

15 **(민감도)** $L=f-\lambda(g-k)$는 당연히 $\partial L/\partial k=\lambda$를 가진다. 최솟값을 주는 점에서 $L=f_{최소}$이고 $g=k$이므로 이는 핵심 식인 $df_{최소}/dk=\lambda$를 증명하는 것처럼 보인다. 하지만 $x_{최소}$, $y_{최소}$, λ, $f_{최소}$는 k와 함께 모두 변한다. 따라서 다음과 같은 $L(x, y, \lambda, k)$의 전미분이 필요하다.

$$\frac{dL}{dk}=\frac{\partial L}{\partial x}\frac{dx}{dk}+\frac{\partial L}{\partial y}\frac{dy}{dk}+\frac{\partial L}{\partial \lambda}\frac{d\lambda}{dk}+\frac{\partial L}{\partial k}\frac{dk}{dk}$$

최솟값을 주는 점에서 식 (1)은 이제 민감도 공식 $df_{최소}/dk=\lambda$를 주어야 한다. 실제로 $df_{최소}/dk=\lambda$임을 확인하라.

16 **(λ에 관한 이론)** y에 대해 $g(x, y)=k$를 풀면 곡선 $y=R(x)$를 얻는다. 그러면 이 곡선을 따라 $f(x, y)$를 최소화하는 것은 다음 식을 준다.

$$\frac{\partial f}{\partial x}+\frac{\partial f}{\partial y}\frac{dR}{dx}=0,\quad \frac{\partial g}{\partial x}+\frac{\partial g}{\partial y}\frac{dR}{dx}=0$$

위 식은 ____ 법칙에서 얻는다. 최솟값에서는 $df/dx=0$이고 곡선을 따르면 $dg/dx=0$인데 이는 $g=$____이기 때문이다. 두 번째 식에 $\lambda=(\partial f/\partial y)/(\partial g/\partial y)$를 곱하고 첫 번째 식에서 이를 빼는 것인 ____$=0$이다. 또한 $\partial f/\partial y=\lambda\partial g/\partial y$이다. 이들은 x, y, λ에 대한 식 (1)이다.

17 **(실패 사례)** 최솟값을 가지는 점에서 $g_y=0$이면 $\lambda=f_y/g_y$는 발산한다.

(a) $g=x^2-y^3=0$은 음수의 y를 허용하지 않는데 이는 ____ 때문이다.

(b) $g=0$일 때, $f=x^2+y$의 최솟값은 점 ____에서이다.

(c) 문제 (b)의 점에서 $f_y=\lambda g_y$는 _____이 되는데 이는 불가능하다.

(d) $g=0$인 점들의 곡선을 그려서 이 곡선이 f의 등위 곡선에 접하지 않는 이유를 확인하라.

18 **(최댓값이 없다)** 직선 $g=x+y=1$ 위의 점 중 $f(x,y)=2x+y$가 100(또는 1000)보다 큰 점을 찾아라. $\text{grad}\, f=\lambda\, \text{grad}\, g$를 써서 근이 없다는 것을 확인하라.

19 (x,y,z)가 평면 $g=x+y+z=0$과 $h=x-z=1$에 제한되어 있을 때 $f=x^2+2y^2+z^2$의 최솟값을 찾아라.

20 (a) 라그랑주 승수를 통해 변의 합이 $x+y+z=k$인 가장 큰 상자의 부피 $V=xyz$를 찾아라.

(b) $\lambda=dV_{\max}/dk$임을 확인하라.

(c) 미국의 항공사는 $x+y+z=108$인치인 짐을 허용한다. 만약 허용 길이가 111인치로 바뀐다면, 대략적으로 최대 허용치인 상자의 부피 $V_{최대}$가 얼마나 많이(λ를 통해) 증가하는가? 그리고 정확하게는 얼마나 많이 $V_{최대}$가 증가하는가?

21 평면 $x=0$과 $y=0$은 z축인 직선 $x=y=0$에서 만난다. 평면 $x=0$에 수직인 벡터와 평면 $y=0$에 수직인 벡터를 써라. 첫 번째 벡터의 λ_1배에 두 번째 벡터의 λ_2배를 더한 벡터를 찾아라. 이 결합은 직선 ____에 수직이다.

22 평면 $ax+by+cz=d$ 위에서 $f=x^2+y^2+z^2$을 최소화하라(하나의 제한과 하나의 승수). 11.2절의 거리 공식 $|d|/\sqrt{a^2+b^2+c^2}$과 $f_{최소}$을 비교하라.

23 $f(x,y)$의 절대 최솟값에서 미분 ____들은 0이다. 만약 이 최솟값을 주는 점이 곡선 $g(x,y)=k$ 위에 있다면 식 $f_x=\lambda g_x$와 $f_y=\lambda g_y$는 $\lambda=$____일 때 성립한다.

24~33 다음은 부등식 제한을 허용한다. 선택적인 문제들이지만 풀어보기를 추천한다.

24 식 (7)을 사용해서, 제한 $g=x+2y=4,\ h=x\ge 0,\ H=y\ge 0$에서 $f=3x+5y$의 최솟값을 찾아라. 어떤 승수가 0인가?

25 [그림 13-23]은 제한된 평면 $g=x+y+z=1$이 부등식 $x\ge 0$, $y\ge 0, z\ge 0$에 의해 잘려진 것을 보여준다. 이 삼각형의 세 '끝점'은 무엇인가? 끝점에서 f를 검증함으로써 이 삼각형 위에서 $f=4x-2y+5z$의 최댓값과 최솟값을 찾아라.

26 부등식 제한 $g\le k$이 있을 때, 최솟값에서의 승수는 $\lambda\le 0$을 만족한다. k가 증가하면 $f_{최소}$의 값은 감소한다($\lambda=df_{최소}/dk$이므로). 다음 추론을 설명하라. k가 증가함에 따라 제한을 만족시키는 점이 (더 많아진다, 더 적어진다). 따라서 f를 최소화하기 위해 (더 많은, 더 적은) 점을 사용할 수 있다. 그러므로 $f_{최소}$는 (위, 아래)로 간다.

27 부등식 제한 $g\le k$이 있을 때, 최댓값을 주는 점에서의 승수는 $\lambda\ge 0$을 만족한다. 문제 26에서의 추론을 변화시켜라.

28 제한 $h\ge k$가 최솟값에서 엄격한 부등식 $h>k$일 때, 승수는 $\lambda=0$이다. 다음 추론을 설명하라. k에서의 작은 증가에 대해서 같은 최솟값을 주는 점은 여전히 사용 가능하다($h>k$가 움직일 수 있는 공간을 남겨두므로). 따라서 $f_{최소}$은 (변하고, 변하지 않고), $\lambda=df_{최소}/dk$는 ____이다.

29 부등식 제한 $x+y\le 4$에 대해서 $f=x^2+y^2$을 최소화하라. 최솟값은 명백히 f_x와 f_y가 0인 ____에서이다. 승수는 $\lambda=$____이다. 4에서의 작은 변화는 $f_{최소}=$____을(를) 유지시키고 따라서 민감도 $df_{최소}/dk$는 여전히 λ와 같다.

30 부등식 제한 $x+y\ge 4$에 대해서 $f=x^2+y^2$을 최소화하라. 이제 최솟값은 ____에서이고 승수는 $\lambda=$___이며 $f_{최소}=$____이다. $4+dk$로의 작은 변화는 $f_{최소}$를 dk의 몇 배만큼 변화시키는가?

31 $g=x+y=4,\ h=x\ge 0,\ H=y\le 0$일 때 $f=5x+6y$를 최소화하라. 이제 $\lambda_3\le 0$이고 부호의 변화는 [예제 4]를 풀지 못하게 된다. 식 (7)의 근이 없다는 것을 보이고, $5x+6y<-1000$를 만드는 x,y를 선택하라.

32 $g=x+y+z=1,\ x,y,z\ge 0$에 대해서 $f=2x+3y+4z$를 최소화하라. 이 제한들은 승수 $\lambda_2\ge 0, \lambda_3\ge 0, \lambda_4\ge 0$를 가지며 식은 $2=\lambda_1+\lambda_2$, ____, $4=\lambda_1+\lambda_4$이다. $\lambda_3>0,\ \lambda_4>0,\ f_{최소}=2$인 이유를 설명하라.

33 40인치 길이의 철사가 하나 또는 (한 변의 길이가 각각 x,y인) 두 개의 정사각형을 에워싸는 데 쓰인다고 하자. $x\ge 0, y\ge 0$, $4x+4y=40$에 대해서 전체 넓이 x^2+y^2을 최대화하라.

14장 다중적분

Multiple Integrals

14.1 이중적분

이 장에서는 두 개 이상의 변수에 대한 함수를 적분하는 방법을 보여준다. 먼저 이중적분을 합의 극한으로 정의한 다음 그것을 계산하는 빠른 방법을 찾을 것이다. **핵심 개념은 이중적분을 두 개의 일반적인 '단일'적분으로 대신하는 것이다.**

이중적분 $\iint f(x,y)dy\,dx$는 $\int f(x,y)dy$에서 시작한다. 이때 x를 고정하고 y에 대해서 적분한다. 따라서 답은 x에 따라 달라진다. 그 다음에는 x에 대해서 적분하면 된다. 이때 적분 범위의 상한과 하한에 주의해야 한다. 종종 y와 x에 대한 적분 범위의 상한과 하한을 계산하는 것이 가장 어려울 때가 있다.

왜 처음부터 급수와 극한을 다루며 머리를 싸매야 하는가? 두 가지 이유가 있다. 단일적분이 어려울 때 또는 불가능할 때 다시 돌아갈 수 있는 정의와 계산을 알아두어야 한다. 또한 다중적분은 넓이와 부피 이상의 것을 나타내므로 정확한 정의를 알아야 한다. 이런 단어들과 그림들은 여러분의 이해를 도울 것이다. 부피는 거의 '얇은 조각[slice]들의 합' 또는 '얇은 막대의 이중 합'으로 볼 수 있다. 실제 응용은 대부분 다른 것들과 관련이 있지만 핵심 개념은 항상 동일하다. **작은 조각의 넓이를 모두 더하고 극한을 취하자.** R의 넓이와 V의 부피를 구함으로써 이중적분에 대해 알아보자.

합의 극한

$z=f(x,y)$의 그래프는 xy 평면 위의 곡면이다. 평면에서의 점 (x,y)에서 곡면의 높이는 z이다(z가 양수인 경우에만 곡면은 xy 평면 위에 있다. 평면 아래의 부피는 x축 아래의 넓이처럼 음의 부호를 갖는다). $z=1+x^2+y^2$과 같은 양의 함수를 예로 들어서 살펴보자.

우리가 택한 입체의 밑면은 xy 평면의 영역 R이다. 이 영역은 (Δx와 Δy를 면으로 갖는) 작은 직사각형으로 잘라진다. R 자체가 직사각형 $0 \le x \le 1$, $0 \le y \le 2$인 경우 얇은 조각들은 완벽하게 맞춰진다. R이 삼각형 또는 원일 경우 직사각형은 R의 일부를 놓치지만 극한을 취하여 맞춰질 수 있으며 조각적으로 매끄러운 경계를 가진 영역은 모두 허용된다.

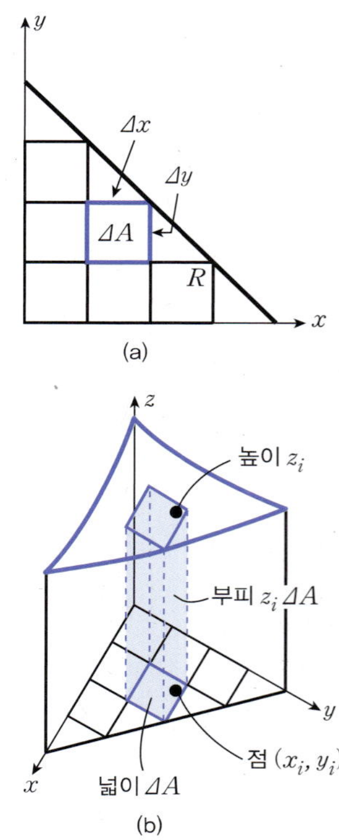

[그림 14-1] (a) 밑면 R을 작은 조각들 ΔA로 자른다. (b) 입체 V를 얇은 막대 $\Delta V = z\Delta A$로 자른다.

Q_ R의 위와 $z=f(x,y)$의 그래프 아래 놓이는 입체의 부피는 무엇인가?

A_ **R 위에서 $f(x,y)$의 적분인** 이중적분이다. 이에 대해 알아보기 위해서 [그림 14-1]에 제시된 바와 같이 합으로 시작해보자.

단일적분의 경우 구간 $[a,b]$를 길이가 Δx인 작은 조각으로 나누는 반면 이중적분은 R을 넓이가 $\Delta A=(\Delta x)(\Delta y)$인 작은 직사각형으로 나눈다. i번째 직사각형 위에 작은 부피를 갖는 '얇은 막대'가 있다. 이 막대의 부피는 밑던의 넓이인 ΔA와 높이를 곱한 것이다. 단, 이 높이 $z=f(x,y)$는 위치마다 다르다. 따라서 i번째 직사각형에서 점 (x_i, y_i)를 선택하고 그 점에서의 높이로 부피를 계산한다.

$$\text{한 막대의 부피} = f(x_i, y_i)\Delta A, \quad \text{모든 막대의 부피} = \sum f(x_i, y_i)\Delta A$$

이는 모든 적분에서 중요한 단계로서 적분을 얇은 조각들의 합으로 보는 것이다.

이제 $\Delta x \to 0$ 및 $\Delta y \to 0$과 같이 극한을 취해보자. 높이 $z=f(x,y)$는 각 직사각형마다 거의 일정하다(f는 연속함수라고 가정한다). 합은 밑견 R과 그 위에 있는 곡면에만 의존하는 극한에 접근한다. 이때 극한은 입체의 부피이며 다음과 같은 R 위에서 f의 **이중적분**이다.

$$\iint_R f(x,y)dA = \lim_{\substack{\Delta x \to 0 \\ \Delta y \to 0}} \sum f(x_i, y_i)\Delta A \tag{1}$$

반복하자면, 극한은 어떤 직사각형과 점 (x_i, y_i)을 선택해도 그 값이 동일하다. 한편 밑면이 구부러진 경우에는 나누어진 사각형들이 R에 정확히 맞지 않을 것이다. 곡면 $z=f(x,y)$ 역시 구부러져 있는 경우에는 높이들이 정확하지 않다. 그러나 얇은 조각이 딱 맞지 않아서 생긴 측면의 오차와 높이가 잘못된 상단의 오차 모두 0에 가까워진다. 그 오차는 입체 주변에 있는 '성에'의 부피에 비유할 수 있으며 $\Delta x \to 0$, $\Delta y \to 0$이 됨에 따라 그 부피는 더 얇아진다. 이에 대한 증명을 위해서는 우리 생각보다 더 많은 공간이 필요하다. 그러나 적분의 성질은 충분히 주의를 기울일 필요가 있다.

1. 선형성 $\iint (f+g)dA = \iint f\,dA + \iint g\,dA$
2. 상수가 밖으로 나올 수 있다. $\iint cf(x,y)dA = c\iint f(x,y)dA$
3. R이 (서로 겹치지 않는) S와 T로 나뉜다. $\iint_R f\,dA = \iint_S f\,dA + \iint_T f\,dA$

1에서 $f+g$에 의한 부피는 두 부분을 갖는다. 즉 높이 $f+g$의 '얇은 막대'는 f 아래의 얇은 막대와 g 아래의 얇은 막대로 나뉜다. 2에서 전체 부피는 c배만큼 위로 늘어난다. 3에서는 부피를 나란히 놓을 수 있다. 단일적분과 마찬가지로 이러한 성질들은 계산에 도움이 된다.

dA를 사용하면 직사각형이 아닌 다른 도형의 영역에서도 적분을 구할 수 있다. 극좌표의 경우 $dA = r\,dr\,d\theta$에 추가 인자 r이 있다. 이제 비교적 간단한 $dxdy$를 쓰기 위해 직교좌표를 택하여 이중적분을 위한 분할을 시작하려고 한다.

이중적분을 두 개의 단일적분으로 분할

이중적분 $\iint f(x, y)dy\,dx$는 이제 y에서 x에 대한 단일적분으로 줄어들 것이다(순서가 반대가 되어 첫 번째 적분 $\int f(x, y)dy$가 $\int f(x, y)dx$가 될 수도 있다). 8장에서는 회전체에 대해 동일한 아이디어를 다루었다. 먼저 각 조각의 넓이를 구한다. 그 다음 두 번째 적분인 얇은 조각들을 더하는 과정을 거친다. 곡선을 회전하여 형성된 입체의 경우 모든 조각이 원판circular disk 모양이다. 이제 다른 형태를 고려해보자.

[그림 14-2(a)]는 넓이가 $A(x)$인 얇은 조각을 보여준다. 이는 x를 고정하여 그 값에서 입체를 잘라낸 것이다. R의 한쪽 면 위의 $y=c$에서 자르기 시작하고, 다른 면 위의 $y=d$에서 끝난다. [예제 1]에서는 $y=0$에서 $y=2$로 움직인다(R은 직사각형이다). 이때 얇은 조각의 넓이는 $f(x,y)$의 y에 대한 적분이며 따라서 x는 고정되어 있고 y는 c에서 d로 움직인다는 것을 기억해라.

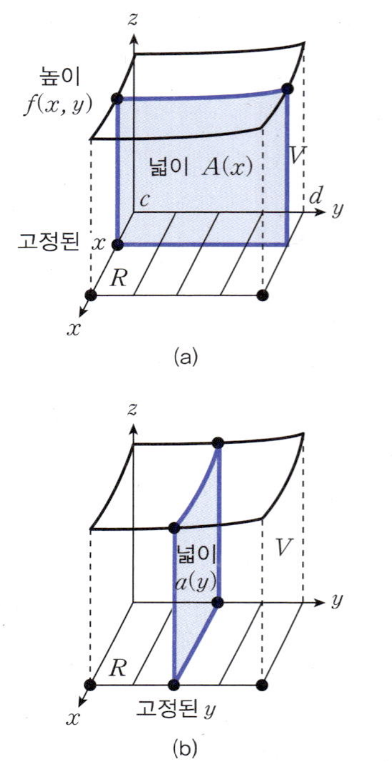

[그림 14-2] 고정된 x에서 V의 얇은 조각의 넓이는 $A(x)=\int f(x,y)dy$를 갖는다.

$$A(x) = \text{슬라이스의 넓이} = \int_c^d f(x,y)dy \quad (\text{답은 } x\text{의 함수이다})$$

예제 1 $A = \int_{y=0}^{2}(1+x^2+y^2)dy = \left[y+x^2y+\frac{y^3}{3}\right]_{y=0}^{y=2} = 2+2x^2+\frac{8}{3}$

이것은 편미분의 역이다! x을 상수로 보면 $x^2\,dy$의 적분은 x^2y이다. 이 '편적분partial integral'은 **내부 적분**inner integral이라고 부른다. 상한과 하한 $y=2$, $y=0$을 대입하여 빼면 넓이는 $A(x)=2+2x^2+\frac{8}{3}$이 된다. 이제 얇은 조각을 추가하여 **외부 적분**outer integral인 부피 $\int A(x)dx$를 찾는다. 이때 결과는 상수로 나온다.

$$\text{부피} = \int_{x=0}^{1}\left(2+2x^2+\frac{8}{3}\right)dx = \left[2x+\frac{2x^3}{3}+\frac{8}{3}x\right]_0^1 = 2+\frac{2}{3}+\frac{8}{3} = \frac{16}{3}$$

이 예제를 완성하기 위해서 첫 번째가 x에 대한 적분인 경우의 부피를 확인해보자.

$$\text{내부 적분} = \int_{x=0}^{1}(1+x^2+y^2)dx = \left[x+\frac{1}{3}x^3+y^2x\right]_{x=0}^{x=1} = \frac{4}{3}+y^2$$

$$\text{외부 적분} = \int_{y=0}^{2}\left(\frac{4}{3}+y^2\right)dy = \left[\frac{4}{3}y+\frac{1}{3}y^3\right]_{y=0}^{y=2} = \frac{8}{3}+\frac{8}{3} = \frac{16}{3}$$

이중적분이 단일적분으로 나뉠 수 있다는 사실은 **푸비니의 정리**Fubini's theorem에서 왔다.

> **1 푸비니의 정리** $f(x,y)$이 직사각형인 영역 R에서 연속이면 다음을 만족한다.
>
> $$\iint_R f(x,y)dA = \int_a^b\left[\int_c^d f(x,y)dy\right]dx = \int_c^d\left[\int_a^b f(x,y)dx\right]dy \qquad (2)$$

내부 적분은 얇은 조각들의 단면적 $A(x)$ 및 $a(y)$이며 외부 적분은 각각의 부피 $A(x)dx$와 $a(y)dy$를 더한 것이다. 극한의 역에 유의하라. 일반적으로 식 (2)의 대괄호는 생략된다. 즉 y에 대한 적분이 먼저인 경우 dy가 dx 안쪽에 쓰인다. **y의 상한과 하한 역시 안쪽에 있다**. 한 줄에 내부 적분을 계산하고 다른 줄에 외부 적분을 계산하는 것을 추천한다.

예제 2 삼각형인 밑면 R의 위와 평면 $z = x - 2y$ 아래 놓이는 입체의 부피를 구하라.

풀이

삼각형 R은 x축, y축, 직선 $x + y = 1$을 세 변으로 갖는다. y 방향의 얇은 조각들은 다양한 길이를 갖는다(그래서 x 방향으로 얇은 조각들을 만든다). 이때 밑면은 사각형이 아니며 x가 변하면 내부 적분의 상한이 바뀐다. 이 점이 바로 [예제 2]의 핵심이다. 삼각형의 윗부분은 $y = 1 - x$에 있다.

[그림 14-3]은 가느다란 조각들을 보여준다. 이와 같이 (직사각형을 제외한) 영역을 항상 그려 놓아야 한다. 그림이 없으면 상한과 하한을 찾기 어렵기 때문으로, R을 그리면 상한, 하한을 쉽게 찾을 수 있다.

y는 $c = 0$에서 $d = 1 - x$로 움직인다. 그러면 x는 $a = 0$에서 $b = 1$로 움직인다.

내부 적분은 변수를 포함한 상한과 하한을 갖고, 외부 적분은 상수인 상한과 하한을 갖는다.

$$\text{내부}: \int_{y=0}^{y=1-x} (x - 2y)dy = \left[xy - y^2\right]_{y=0}^{y=1-x} = x(1-x) - (1-x)^2$$
$$= -1 + 3x - 2x^2$$

$$\text{외부}: \int_{x=0}^{1} (-1 + 3x - 2x^2)dx = \left[-x + \frac{3}{2}x^2 - \frac{2}{3}x^3\right]_0^1 = -1 + \frac{3}{2} - \frac{2}{3} = -\frac{1}{6}$$

위 식에서 부피가 음수로 나왔다. 이는 입체의 대부분이 xy 평면 밑에 있기 때문이다. 답이 $-\frac{1}{6}$이 맞는지 확인하기 위해 x에 대한 적분을 먼저 해보자. x는 0에서 $1 - y$까지 움직이며 y는 0에서 1까지 움직인다.

$$\text{내부}: \int_{x=0}^{1-y} (x - 2y)dx = \left[\frac{1}{2}x^2 - 2xy\right]_0^{1-y} = \frac{1}{2}(1-y)^2 - 2(1-y)y$$
$$= \frac{1}{2} - 3y + \frac{5}{2}y^2$$

$$\text{외부}: \int_{y=0}^{1} \left(\frac{1}{2} - 3y + \frac{5}{2}y^2\right)dy = \left[\frac{1}{2}y - \frac{3}{2}y^2 + \frac{5}{6}y^3\right]_0^1 = \frac{1}{2} - \frac{3}{1} + \frac{5}{6} = -\frac{1}{6}$$

따라서 두 경우 모두 답은 같다.

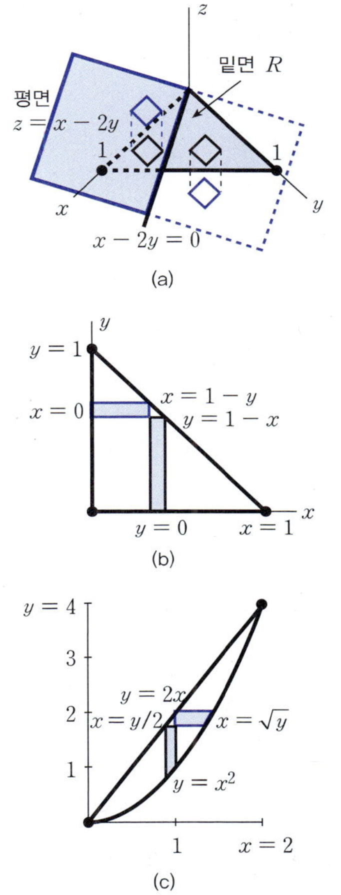

[그림 14-3] (a) ([예제 2]의) 얇은 조각들의 위와 아래. (b), (c) 역순([예제 3]과 [예제 4])

다음 예제에서는 $\iint 1\,dxdy = R$의 면적임을 확인할 수 있는 계산을 하고자 한다.

예제 3 R의 넓이는 $\int_{x=0}^{1}\int_{y=0}^{1-x} dydx$ 이고 또한 $\int_{y=0}^{1}\int_{x=0}^{1-y} dxdy$ 이다.

첫 번째는 수직인 가느다란 조각들을 가지며 내부 적분은 $1-x$가 된다. 그리고 외부 적분 $1-x$의 하한은 0, 상한은 1이고 그 넓이는 $\frac{1}{2}$이다. 이는 정적분 내부의 부정적분과 비슷하다.

예제 4 $\int_{x=0}^{2}\int_{y=x^2}^{2x} x^3 dydx$ 의 적분의 순서를 바꿔서 계산하라.

풀이

그림을 그려보면, 내부 적분은 이차곡선 $y=x^2$에서 직선 $y=2x$까지 움직인다. 이것은 수직인 얇은 조각들을 만들며 조각들은 $x=0$과 $x=2$ 사이에 나란히 있다. 그들은 $2x$와 x^2의 값이 같은 곳, 즉 직선과 포물선이 만나는 곳에서 멈춘다.

문제는 x를 먼저 적분할 때이다. 이 경우 수평의 얇은 조각들을 따라간다. 각 직선 $y=$ 상수에 대해 x의 진입값[entry value]과 종료값[exit value]이 필요하다. [그림14-3(c)]에서 x는 $\frac{1}{2}y$에서 $\sqrt{y}$까지 움직이는데, 이는 내부 적분의 상한과 하한이다. 이제 y를 적용해야 하기 때문에 외부 적분의 상한과 하한에도 주의를 기울이자. 영역은 $y=0$에서 시작하고 $y=4$에서 끝난다. 이때 입체의 높이인 피적분함수 x^3은 변하지 않는다.

$\int_{x=0}^{2}\int_{y=x^2}^{2x} x^3\,dydx$의 적분 순서를 바꾸면 $\int_{y=0}^{4}\int_{x=\frac{1}{2}y}^{\sqrt{y}} x^3\,dxdy$가 된다. (3)

예제 5 세 평면 $x=0, y=0, z=0$과 $2x+y+z=4$에 의한 영역의 부피를 찾아라.

풀이

이 영역은 사면체이며 이는 $z=0$(xy 평면)에서 평면 $2x+y+z=4$까지 위로 움직인다. 따라서 위로 올라간 부분은 $z=4-2x-y$ 위에 있으며 이는 적분할 높이 함수 $f(x,y)$이다.

[그림 14-4(a)]는 밑면 R을 보여준다. $z=0$에서 R의 변을 찾으면 세 직선 $x=0$, $y=0$, $2x+y=4$이다. 수직의 얇은 조각들을 취하면 dy는 안쪽에 있게 된다.

$$\text{내부 : } \int_{y=0}^{4-2x}(4-2x-y)\,dy = \left[(4-2x)y - \frac{1}{2}y^2\right]_0^{4-2x} = \frac{1}{2}(4-2x)^2$$

$$\text{외부 : } \int_{x=0}^{2}\frac{1}{2}(4-2x)^2\,dx = \left[-\frac{(4-2x)^3}{2\cdot 3\cdot 2}\right]_0^2 = \frac{4^3}{2\cdot 3\cdot 2} = \frac{16}{3}$$

Q_ 내부 적분 $\frac{1}{2}(4-2x)^2$의 의미는 무엇인가? (또한 $\frac{16}{3}$의 의미는 무엇인가?)

A_ 내부 적분은 얇은 조각들의 면적 $A(x)$이다. $\frac{16}{3}$은 입체의 부피이다.

Q_ 내부 적분 $\int f(x,y)dy$가 y에 대한 상한과 하한을 갖는다면 어떻게 될까?

A_ 이는 불가능하다. 상한과 하한을 잘못 찾은 것이므로 바르게 다시 잡아야 한다.

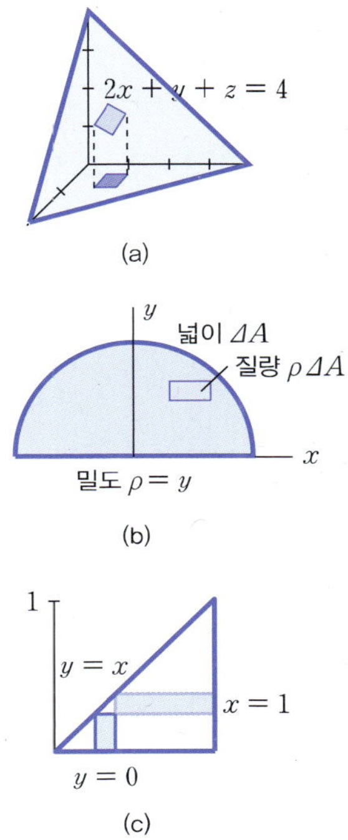

[그림 14-4] (a) [예제 5]의 사면체, (b) [예제 6]의 반원, (c) [예제 7]의 삼각형

예제 6 밀도가 $\rho=y$일 때, 반원 $0\le y\le\sqrt{1-x^2}$ 내부의 질량을 찾아라.

이것은 이중적분의 새로운 응용이다. 전체 질량은 넓이가 ΔA인 직사각형들의 작은 질량들(ρ와 ΔA의 곱)의 합이다. 직사각형은 반원 R에 완전히 들어맞지 않으며 밀도는 각 직사각형에서 일정하지 않지만 이러한 문제는 극한을 취하면 해결된다. 그런 다음 이중적분을 풀어야 한다.

$$\text{전체 질량 } M=\iint_R \rho\,dA=\iint_R \rho(x,y)\,dx\,dy \tag{4}$$

$\rho=y$라 하면 [그림 14-4(b)]는 x와 y의 상한 및 하한을 보여준다($dydx$와 $dxdy$ 모두 시도해보자).

$$\text{질량 } M=\int_{x=-1}^{1}\int_{y=0}^{\sqrt{1-x^2}} y\,dydx \quad \text{또는} \quad M=\int_{y=0}^{1}\int_{-\sqrt{1-y^2}}^{\sqrt{1-y^2}} y\,dxdy$$

첫 번째 내부 적분은 $\frac{1}{2}y^2$이고, 상한과 하한을 대입하여 서로 빼면 $\frac{1}{2}(1-x^2)$이다. 그리고 $\frac{1}{2}(1-x^2)$의 외부 적분은 전체 질량 $M=\frac{2}{3}$이다.

두 번째 내부 적분은 xy이다. x의 상한과 하한을 대입하여 서로 빼면 ______이다. 그리고 외부 적분은 $-\frac{2}{3}(1-y^2)^{3/2}$이다. $y=1$과 $y=0$을 대입하면 $M=$______을(를) 얻는다.

NOTE_ 밀도가 $\rho=1$일 때 이러한 계산은 x축 주변의 모멘트moment를 만든다. 이때 인자 y는 x축까지의 거리이며 모멘트는 $M_x=\iint y\,dA=\frac{2}{3}$이다. 이를 반원의 넓이($\pi/2$)로 나누면 중심에 위치한다. 대칭성에 의해 $\bar{x}=0$이고

$$\bar{y}=\text{중심의 높이}=\frac{\text{모멘트}}{\text{넓이}}=\frac{2/3}{\pi/2}=\frac{4}{3\pi} \tag{5}$$

이것은 8.5절에서 이미 확인한 반원 내부의 점들의 '평균 높이'이다.

예제 7 불가능한 적분 $\int\cos x^2dx$를 계산하지 않고 $\int_{y=0}^{y=1}\int_{x=y}^{x=1}\cos x^2dx\,dy$를 적분하라.

풀이

이는 적분 순서를 바꾸면 계산이 가능해지는 유명한 예제이다. 밑면 R은 [그림 14-4(c)]의 삼각형이다(x는 y에서 1로 움직인다). 순서를 반대로 하면 **y는 0에서 x로 이동한다.** 그러면 $\int \cos x^2 dy = x\cos x^2$은 우리가 필요로 하는 인자 x를 포함하여 다음과 같이 계산된다.

$$\text{외부 적분}: \int_0^1 x\cos x^2 dx = \left[\frac{1}{2}\sin x^2\right]_0^1 = \frac{1}{2}\sin 1$$

14.1 문장제 문제

01 이중적분 $\iint_R f(x,y)\,dA$는 R과 __a__ 사이의 부피이다. 밑면을 먼저 넓이가 ΔA인 작은 __b__(으)로 자른다. i번째 얇은 조각 위의 부피는 근사적으로 __c__이다. 합 __d__의 극한은 부피에 관한 적분이다. 이중적분의 세 가지 성질은 __e__(선형성), __f__, __g__이다.

02 R이 직사각형 $0 \le x \le 4,\ 4 \le y \le 6$이면 적분 $\iint x\,dA$는 두 가지 방법으로 계산될 수 있다. 하나는 내부 적분이 __h__$\Big]_4^6$ = __i__ 인 $\iint x\,dydx$이고, 외부 적분은 __j__$\Big]_0^4$ = __k__이(가) 된다. x에 대한 적분을 먼저 하면 $\int x\,dx$ = __l__$\Big]_0^4$ = __m__이다. 그러면 y에 대한 적분은 __n__와(과) 같다. 이것은 (V로 묘사되는) __o__사이의 부피이다.

03 R의 넓이는 $\iint$ __p__ $dydx$이다. R이 $x=0,\ y=2x,\ y=1$ 사이의 삼각형이면 내부의 y에서 상한과 하한은 __q__이다. 이것은 __r__ 조각들의 길이이다. (외부) x의 상한과 하한은 __s__ 이며 넓이는 __t__ 이다. 순서를 바꾸면 (내부) x의 상한과 하한은 __u__이다. 이제 작은 조각들은 __v__ 이며 외부 적분은 __w__이다. 밀도가 $\rho(x,y)$일 때, 영역 R에서의 전체 질량은 $\iint$ __x__ 이다. 모멘트는 M_y = __y__ 이고 M_x = __z__ 이며 중심은 $\bar{x} = M_y/M$이다.

14.1 연습문제

01~04 두 번 적분하여 다음 이중적분을 계산하라.

01 $\int_{y=0}^{1}\int_{x=0}^{2} x^2\,dxdy$ 와 $\int_{y=0}^{1}\int_{x=0}^{2} y^2\,dxdy$

02 $\int_{y=2}^{2e}\int_{x=1}^{e} 2xy\,dxdy$ 와 $\int_{y=2}^{2e}\int_{x=1}^{e} dx\,dy/xy$

03 $\int_0^{\pi/2}\int_0^{\pi/4} \sin(x+y)\,dx\,dy$ 와 $\int_1^2\int_0^2 dydx/(x+y)^2$

04 $\int_0^1\int_1^2 ye^{xy}\,dx\,dy$ 와 $\int_{-1}^{1}\int_0^3 dydx/\sqrt{3+2x+y}$

05~10 영역을 그린 다음 넓이를 계산하라.

05 $\int_{x=1}^{2}\int_{y=1}^{2x} dydx$

06 $\int_0^1\int_{x^3}^{x} dydx$

07 $\int_0^{\infty}\int_{e^{-2x}}^{e^{-x}} dydx$

08 $\int_{-1}^{1}\int_{x^2-1}^{1-x^2} dydx$

09 $\int_{-1}^{1}\int_{y^2}^{1} dxdy$

10 $\int_{-1}^{1}\int_{x=y}^{|y|} dxdy$

11~16 문제 05~10에 있는 적분의 순서를 바꿔서 계산하라(그리고 새로운 상한과 하한을 찾아라).

17~24 $\iint dydx$와 $\iint dxdy$의 상한과 하한을 찾아라. R을 그린 다음 R의 넓이를 계산하라.

17 R=세 직선 $x=0, y=1, y=2x$ 내부의 삼각형

18 R=세 직선 $x=-1, y=0, x+y=0$ 내부의 삼각형

19 R=세 직선 $y=x, y=-x, y=3$ 내부의 삼각형

20 R=세 직선 $y=x, y=2x, y=4$ 내부의 삼각형

21 R=꼭짓점이 $(0,0), (4,4), (4,8)$인 삼각형

22 R=꼭짓점이 $(0,0), (-2,-1), (1,-2)$인 삼각형

23 R=꼭짓점이 $(0,0), (2,0), (1,b)$인 삼각형 (단, $b>0$)

24 R=꼭짓점이 $(0,0), (a,b), (c,d)$인 삼각형. 이때 세변은 $y=bx/a$, $y=dx/c$, $y=b+(x-a)(d-b)/(c-a)$위에 있다. $0<a<c$, $0<d<b$일 때 $A=\iint dydx$를 찾아라.

25 $\int_0^b\int_0^a \partial^2 f/\partial x\partial y\,dxdy$를 계산하라.

26 $\int_0^b\int_0^a \partial f/\partial x\,dxdy$를 계산하라.

27~28 단위 정사각형 R을 두 삼각형 S와 T로 나누고, $\iint_R f\,dA=\iint_S f\,dA+\iint_T f\,dA$을 검증하라.

27 $f(x,y)=2x-3y+1$ **28** $f(x,y)=xe^y-ye^x$

29 $y=f(x)$에 의한 넓이는 다음과 같이 a에서 b까지의 단일적분 또는 이중적분이다. 이때 이중적분의 상한 및 하한을 찾아라.

$$\int_a^b f(x)\,dx=\iint 1\,dydx$$

30 $y=1-x^2$ 아래의 넓이와 상한 및 하한을 찾아라.

$$\int(1-x^2)\,dx\text{와 }\iint 1\,dxdy\text{ (문제 29번의 역순)}$$

31 원 $x^2+y^2=100$ 내부 모양인 도시의 인구밀도가 $\rho(x,y)=10(100-x^2-y^2)$이라고 하자. 이 도시의 인구를 찾기 위해 적분을 계산하라.

32 평면 $x=0, y=0, z=0$과 $ax+by+cz=1$에 둘러싸인 입체의 부피를 찾아라.

33~34 꼭짓점이 $(1,1), (1,3), (2,1), (2,3)$인 직사각형이 밀도 $\rho(x,y)=x^2$을 갖는다고 하자. 모멘트는 $M_y=\iint x\rho\,dA$이고 $M_x=\iint y\rho\,dA$이다.

33 질량을 찾아라. **34** 질량의 중심을 찾아라.

35~36 주어진 영역이 $y=x$와 $y=-x$ 사이의 반지름 1인 원형 쐐기라고 하자.

35 넓이를 찾아라. **36** 중심 $(\bar{x}, \bar{y})$을 찾아라.

37 중점 법칙(n^2개의 작은 정사각형의 중간 점)에 의해 $\int_0^1\int_0^1 f(x,y)dxdy$를 계산하는 프로그램을 작성하라. 작성한 프로그램으로 정확하게 적분되는 $f(x,y)$는 무엇인가?

38 중점 법칙에 관한 코드를 x^2, xy, y^2을 적분하는 데 적용하라. 오차는 $\Delta x=\Delta y=1/n$의 어떤 거듭제곱에 대해서 감소하는가?

39~42 $f(x,y)$에 의한 부피를 계산하는 프로그램을 사용하라. 정확히 적분하거나 n을 두 배로 늘려서 확인하라.

39 $f(x,y)=3x+4y+5$ **40** $f(x,y)=1/\sqrt{x^2+y^2}$

41 $f(x,y)=x^y$ **42** $f(x,y)=e^x\sin\pi y$

43 $0\le x\le 1, 0\le y\le 1$에서 적분할 때 $\iint x^y\,dx\,dy=\iint x^y\,dydx$ 중 어떤 순서로 적분하는 것이 더 쉬운가? 순서를 바꿈에 따라 $(x-1)/\ln x$을 0에서 1까지 적분하게 되는데 그것의 역도함수는 알려져 있지 않다.

44 영역 R에서 $f(x,y)$의 이중적분에 대한 정의를 여러분의 언어로 설명하라.

45 $\Delta A\to 0$임을 알고 있을 때, $\sum y_i\Delta A$는 $\iint y\,dA$로 접근하지 않을지도 모른다. 정사각형 $0\le x, y\le 1$에서(Δx와 Δy가 아닌) Δx와 1을 변으로 갖는 직사각형을 취해보자. $y_i=1$이고 (x_i, y_i)가 직사각형의 점이라면 $\sum y_i\Delta A=$_____이다. 그러나 $\iint y\,dA=$_____이다.

14.2 더 나은 좌표로의 치환

변수를 바꾸는 방법을 배우지 않는다면 다양한 이중적분을 다루기 힘들다. 많은 영역이 단순히 x축과 y축에 꼭 맞지는 않는다. [그림 14-5]의 두 가지 예는 기울어진 사각형과 반지 모양을 나타낸다. 이들은 올바른 좌표에서 훌륭한 모양이 된다.

우리는 다음과 같은 기본적인 질문에 대답할 수 있어야 한다.

> 넓이 $\iint dA$, 모멘트 $\iint x\,dA$와 관성 모멘트 $\iint x^2\,dA$를 찾아라.

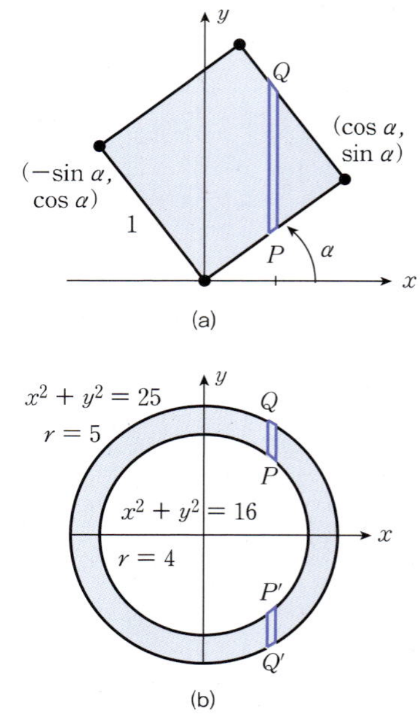

[그림 14-5] (a) 단위 사각형은 각도 α만큼 회전했다. (b) 반지 모양의 반지름은 4와 5이다.

문제는 'dA는 무엇인가?'이다. $dA = dxdy$인 x, y변수들을 떠나서 다른 좌표계를 보고자 한다.

좌표를 변화시키는 이유는 다음과 같다. 실제로 잘 알지 못하고 또 알고 싶지도 않을 정도로 y방향의 적분 범위는 매우 복잡하다. 모든 x에 대해 $x =$상수인 직선의 시작점 P와 끝점 Q가 필요하기 때문이다. 이때 P와 Q의 높이는 내부 적분인 $\int dy$의 범위가 된다. 우리가 x와 y에만 너무 치중하여 생각하면 사각형과 반지 모양의 기하학은 완전히 놓치게 된다.

그렇다면 어떤 좌표로 바꾸는 것이 좋을까? 분별력이 있는 사람이라면 기울어진 사각형의 넓이가 1이라는 것에 동의할 것이다. 돌리면 넓이가 더 분명히 보인다. 그러나 모멘트나 질량중심이나 관성 모멘트까지는 알지 못할 수도 있다. 그러므로 우리는 실제로 돌려서 확인해봐야 한다.

새로운 좌표 u와 v는 [그림 14-6]에 있다. v에 대한 적분 범위는 0과 1이며 u에 대한 범위도 같다. 그러나 변수를 변경할 때 단지 범위만 변경하는 것이 아니다. 다음과 같이 새로운 변수로 인한 두 가지 치환이 더 있다.

1. 작은 면적소 $dA = dx\,dy$는 $dA =$ _____ $dudv$가 된다.
2. x에 대한 적분은 ______에 대한 적분이 된다.

단일적분에서 $u = \sqrt{x}$로 치환하면 같은 변화를 만든다. 적분 범위 $x = 0$, $x = 4$는 각각 $u = 0$, $u = 2$가 된다. x는 u^2이므로 dx는 $2udu$이다. 치환의 목적은 역도함수를 찾는 것이다. 일반적인 이중적분의 목표는 적분 범위를 개선하는 것이지만 전체가 바뀐다는 사실을 받아들여야 한다.

사각형을 회전시키려면 x와 y를 u와 v에 연결하는 수식이 있어야 한다. 축을 α만큼 회전시키는 것은 기하학적으로는 명확하게 이해되지만 이를 다음과 같이 식으로 변환해야 한다.

$$u = x\cos\alpha + y\sin\alpha \qquad\qquad x = u\cos\alpha - v\sin\alpha$$
와 역순으로 (1)
$$v = -x\sin\alpha + y\cos\alpha \qquad\qquad y = u\sin\alpha + v\cos\alpha$$

[그림 14-6]은 회전을 보여준다. 점들의 움직임에 따라 전체 사각형이 회전한다. 식 (1)을 기억하기 위한 좋은 방법 중 하나는 $(1, 0)$이 $(0, 1)$이 됨에 따라 모서리가 어떻게 이동하는지 따라가는 것이다.

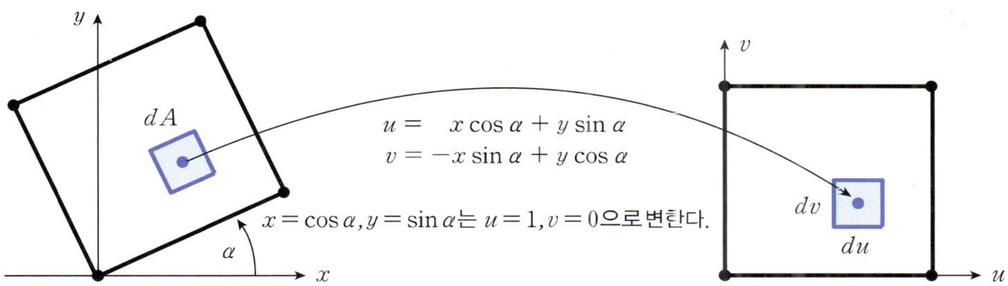

[그림 14-6] 축이 α에 의해 회전되면서 좌표가 변한다. 회전에 의해 dA는 $dudv$가 된다.

$\iint x\,dA$에서 $\iint$ ____ $dudv$로의 치환은 식 (1)에 의해 부분적으로 결정된다. 일단 x를 u와 v에 대한 함수로 표현해야 하며 dA도 필요하다. 순수한 회전의 경우 첫 번째 추측인 **면적소 $dxdy$는 면적소 $dudv$와 같다**는 것은 정확한 사실이다. 하지만 **대부분의 변수 치환에 대해서 이는 거짓이다**. dA에 대한 일반 공식은 다음 예제에 나와 있다.

예제 1 기울어진 사각형에 대한 $\iint dA$, $\iint x\,dA$, $\bar{x}$, $\iint x^2\,dA$를 찾아라.

풀이

사각형의 넓이는 $\int_0^1\int_0^1 dudv = 1$이다. 이때 좋은 적분 범위를 갖는다는 것에 주목하라. 그러면 $\iint x\,dA$는 다음과 같다.

$$\iint x\,dA = \int_0^1\int_0^1 (u\cos\alpha - v\sin\alpha)du\,dv = \frac{1}{2}\cos\alpha - \frac{1}{2}\sin\alpha \qquad (2)$$

이것은 **y축 주변의 모멘트**이다. 또한 인자 $\frac{1}{2}$은 $\frac{1}{2}u^2$과 $\frac{1}{2}v^2$으로부터 온다. 중력의 중심의 x좌표는 다음과 같다.

$$\bar{x} = \iint x\,dA \Big/ \iint dA = \left(\frac{1}{2}\cos\alpha - \frac{1}{2}\sin\alpha\right)\Big/ 1$$

마찬가지로 y에 대한 적분으로 $\bar{y}$를 구할 수 있다. 여러분은 이 점의 위치를 충분히 알 수 있다. 점 $(\bar{x}, \bar{y})$는 정사각형의 중심에 있다! $x = u\cos\alpha - v\sin\alpha$를 대입하면

$x\,dA$가 복잡해질 것 같지만 적분 범위의 상한과 하한이 각각 $1, 0$이 되므로 더 간단해진다.

y축 주변의 관성 모멘트 I_y 또한 다음과 같이 간단해진다.

$$\iint x^2\,dA = \int_0^1\int_0^1 (u\cos\alpha - v\sin\alpha)^2 du\,dv = \frac{\cos^2\alpha}{3} - \frac{\cos\alpha\sin\alpha}{2} + \frac{\sin^2\alpha}{3} \quad (3)$$

답이 u 또는 v를 포함하지 않는다는 사실을 알 수 있다. 이들은 x, y와 같은 더미 변수이다. 또한 사각형이 바뀌었기 때문에 결과는 α를 포함한다(넓이는 1로 고정되어 있다). 관성 모멘트 $I_x = \iint y^2\,dA$는 방정식 (3)과 같지만 모든 항은 양의 부호이다.

Q_ 합 $I_x + I_y$는 $\frac{2}{3}$(상수)로 간단해진다. 이는 왜 α에 의존하지 않는가?

A_ $I_x + I_y$는 I_0과 같다. 이 $(0, 0)$ 주변의 관성 모멘트는 회전에 의해 변하지 않으며 사각형의 한 모서리의 주변에서 사각형은 회전하고 있다.

극좌표 치환

다음 치환은 r과 θ에 대한 것이다. 이때 작은 넓이는 $dA = r\,dr\,d\theta$가 된다(확실히 $drd\theta$가 아니다). 넓이는 항상 두 개의 길이를 곱하는 것에서 비롯되며 $d\theta$는 길이가 아니다. [그림 14-7]은 선과 원으로 잘라낸 중요한 영역 '극 직사각형'을 보여준다. 이 극 직사각형의 넓이 ΔA는 두 가지 방법으로 구할 수 있으며 모두 $r\,drd\theta$로 유도된다.

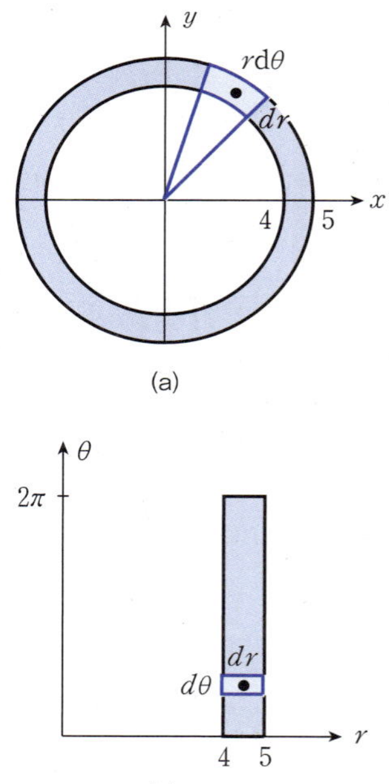

[그림 14-7] 변형 인자 $r = 4.5$일 때 (a) xy 좌표에 대한 반지 모양과 (b) 극좌표에 대한 직사각형

(근사치) 측면에 있는 변, 즉 직선의 길이는 Δr이며 원호는 $r\Delta\theta$에 가깝다. 각도는 $90°$이므로 ΔA는 $(\Delta r)(r\Delta\theta)$에 가깝다.

(정확한 값) 쐐기의 넓이는 $\frac{1}{2}r^2\Delta\theta$이다. 또한 큰 쐐기와 작은 쐐기의 차는 ΔA이므로 ΔA는 다음과 같다.

$$\Delta A = \frac{1}{2}\left(r + \frac{\Delta r}{2}\right)^2\Delta\theta - \frac{1}{2}\left(r - \frac{\Delta r}{2}\right)^2\Delta\theta = r\,\Delta r\,\Delta\theta$$

정확한 방법은 r을 고정된 중심으로 배치하는 것이다(그림 참조). 근사치는 다음과 같이 생각하여 구한다. 바깥쪽으로 이동할 때 $r\Delta\theta$의 변화를 잊어버려라. 오직 첫 번째 항만 유지하자.

그림과 기하학이 필요 없는 세 번째 방법이 있다. 이렇듯 미적분에는 항상 차선책이 있다! 변수를 치환한 $x = r\cos\theta$, $y = r\sin\theta$는 dA에 대한 일반적인 공식을 도출할 것이고, 이를 통해 넓이 $r\,dr\,d\theta$를 구할 수 있을 것이다.

예제 2 반지의 넓이와 무게중심을 찾아라. 또한 $\iint x^2\,dA$를 찾아라.

풀이

r의 적분 범위의 상한과 하한은 4와 5이고, θ의 적분 범위에서 상한과 하한은 0과 2π이다. 극좌표는 반지와 일치한다. $x=\sqrt{25-y^2}$ 일 때의 상한과 하한을 비교했을 때 $r\,dr\,d\theta$로의 치환은 상한과 하한을 더 간단하게 만든다.

$$\text{넓이} = \int_0^{2\pi}\int_4^5 r\,dr\,d\theta = 2\pi\left[\frac{1}{2}r^2\right]_4^5 = \pi 5^2 - \pi 4^2 = 9\pi$$

θ의 적분은 2π이다(완전한 원). 실제로 반지는 거대한 극 직사각형이다. 이때 $\Delta\theta = 2\pi$, $\Delta r = 5-4$를 이용하여 정확한 수식 $r\Delta r\Delta\theta$를 사용할 수도 있다. 반지를 r이 4.5에 위치하면 곱 $r\Delta r\Delta\theta$는 위와 같이 $(4.5)(1)(2\pi) = 9\pi$이다.

반지는 $(0,0)$ 주변에서 대칭이기 때문에 $x\,dA$의 적분은 0이어야 한다.

$$\iint_R x\,dA = \int_0^{2\pi}\int_4^5 (r\cos\theta)r\,dr\,d\theta = \left[\frac{1}{3}r^3\right]_4^5 [\sin\theta]_0^{2\pi} = 0$$

x로부터 $r\cos\theta$가 나오고 dA로부터 다른 r이 나옴에 주목하자. 관성 모멘트는 다음과 같다.

$$\iint_R x^2 dA = \int_0^{2\pi}\int_4^5 r^2\cos^2\theta\, r\,dr\,d\theta = \left[\frac{1}{4}r^4\right]_4^5\int_0^{2\pi}\cos^2\theta\,d\theta = \frac{1}{4}(5^4-4^4)\pi$$

$\cos^2\theta$의 평균이 1이 아니라 $\frac{1}{2}$이므로 θ에 대한 적분은 2π가 아닌 π이다.

참고를 위해 밀도가 $\rho(x,y)$일 때 관성 모멘트를 소개한다

$$I_y = \iint x^2\rho\,dA,\quad I_x = \iint y^2\rho\,dA,\quad I_0 = \iint r^2\rho\,dA = \text{극 모멘트} = I_x + I_y \tag{4}$$

예제 3 $\rho=1$과 $\rho=1-r$에 대한 반원 판을 위한 질량과 모멘트를 각각 찾아라.

풀이

[그림 14-8]에 있는 반원들은 $r=1$을 가지며 각도는 0에서 π로 간다(상반원). 이 경우 극좌표를 활용하는 것이 가장 좋다. **질량은 밀도 ρ의 적분이다.**

$$M = \int_0^{\pi}\int_0^1 r\,dr\,d\theta = \left(\frac{1}{2}\right)(\pi),\quad M = \int_0^{\pi}\int_0^1 (1-r)r\,dr\,d\theta = \left(\frac{1}{6}\right)(\pi)$$

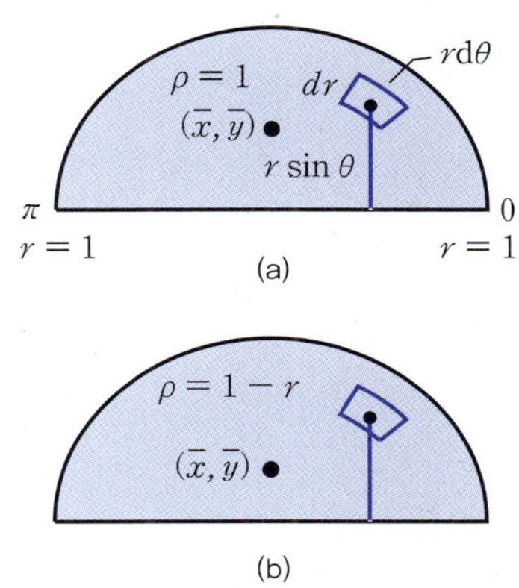

[그림 14-8] 영역 위에서 밀도를 가지는 반원

첫 번째 질량 $\pi/2$는 $\rho=1$이므로 넓이와 같다. 두 번째 질량 $\pi/6$의 경우 $\rho<1$이므로 넓이보다 더 작다. 높이가 $z=1$일 때(원통 부분) $\rho=1$을 적분하는 것은 부피를 찾는 것과 같다. 한편 $\rho=1-r$을 적분하는 것은 높이가 $z=1-r$일 때(원뿔 부분)의 부피를 찾는 것과 같다. 원뿔의 부피는 인자 $\frac{1}{3}$을 추가로 가진다. 무게중심은 모멘트 $M_x=\iint y\rho\, dA$를 포함한다. **x축으로부터의 거리는 y이고 작은 조각의 질량은 $\rho\, dA$이다. 이러한 질량과 거리의 곱을 합하기 위해 적분하자.** 여전히 $y=r\sin\theta$인 극좌표를 선택하는 것이 가장 좋다. 다시 $\rho=1$이고 $\rho=1-r$인 경우에 각각의 모멘트를 구해보자.

$$\iint y\, dA=\int_0^{\pi}\int_0^1 r\sin\theta\, r\, dr\, d\theta=\frac{2}{3}$$
$$\iint y(1-r)\, dA=\int_0^{\pi}\int_0^1 r\sin\theta(1-r)r\, dr\, d\theta=\frac{1}{6}$$

무게중심의 높이는 **$\bar{y}=M_x/M=$ 모멘트를 질량으로 나눈 값**이다.

$$\rho=1\text{일 때 } \bar{y}=\frac{2/3}{\pi/2}=\frac{4}{3\pi} \qquad \rho=1-r\text{일 때 } \bar{y}=\frac{1/6}{\pi/6}=\frac{1}{\pi}$$

Q_ $\rho=1$ 또는 $\rho=$다른 양의 상수 또는 $\rho=1-r$일 때 $\bar{y}$를 비교하라.

A_ 임의의 상수 ρ는 $\bar{y}=4/3\pi$를 준다. $1-r$이 $r=0$에서 조밀하기 때문에 $\bar{y}$값은 $1/\pi$까지 감소한다.

Q_ $\bar{y}=4/3\pi$는 반원에서 y의 '평균'과 어떻게 연관되는가?

A_ 두 값은 동일하다. 이는 $\bar{y}$의 점이다. 평균을 구하기 위해 다음과 같이 적분을 넓이로 나누자.

$$\text{함수의 평균값은 } \iint f(x,y)\, dA \Big/ \iint dA \text{ 이다.} \tag{5}$$

f의 적분은 1의 적분(넓이)으로 나눠진다. 1차원에서 $\int_a^b v(x)\, dx$는 $\int_a^b 1\, dx$(길이 $b-a$)로 나누어졌다. 이것은 5.6절에서 봤던 $v(x)$의 평균값을 준다. $f(x,y)$에 대해 이와 같은 아이디어를 적용한 것이 식 (5)이다.

예제 4 $A^2=\int_{-\infty}^{\infty}e^{-x^2}dx\int_{-\infty}^{\infty}e^{-y^2}dy=\pi$를 이용하여 $A=\int_{-\infty}^{\infty}e^{-x^2}dx=\sqrt{\pi}$를 계산하라.

풀이

A는 '종 모양 곡선'에 의한 넓이이다([그림 14-9]). 이것은 확률 연구에서 가장 중요한 정적분이다. 인자 $2x$가 없기 때문에 적분 계산이 어렵다. 다시 말해 $2xe^{-x^2}$을 적

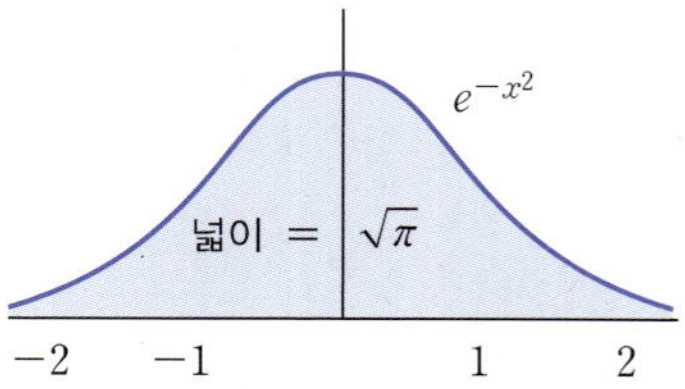

[그림 14-9] 종 모양 곡선

분하면 $-e^{-x^2}$이 되지만 컴퓨터를 이용하지 않고서는 e^{-x^2}을 적분하는 것은 불가능하다. 어떻게 하면 A가 정확히 $\sqrt{\pi}$ 임을 보일 수 있을까? 요령은 넓이 적분 A에서 부피 적분 A^2으로 이동하는 것이다. 이것은 비정상적으로 보이지만 결과는 도출할 수 있다.

$$A^2 = \int_{x=-\infty}^{\infty}\int_{y=-\infty}^{\infty} e^{-x^2}e^{-y^2}dydx = \int_{\theta=0}^{2\pi}\int_{r=0}^{\infty} e^{-r^2} r\,dr\,d\theta. \tag{6}$$

이중적분은 전체 평면을 포함한다. r^2는 x^2+y^2에서 오며 핵심 인자 r은 극좌표에서 나타난다. 이제 치환 $u=r^2$이 가능해진다. r에 대한 적분은 $\frac{1}{2}\int_0^{\infty} e^{-u}du = \frac{1}{2}$이고, θ에 대한 적분은 2π이다. 따라서 이중적분은 $\left(\frac{1}{2}\right)(2\pi)$이고 $A^2=\pi$로부터 단일 적분은 $A=\sqrt{\pi}$ 임을 알 수 있다.

예제 5 [예제 4]를 **정규 분포** $p(x)=e^{-x^2/2}/\sqrt{2\pi}$에 적용하라.

8.4절에서 확률에 대해 논의했으며 이 특별한 $p(x)$의 중요성을 강조했다. 그 당시 우리는 $\int p(x)dx = 1$을 검증할 수 없었지만 지금은 다음과 같이 가능하다.

$$x=\sqrt{2}\,y\text{는 } \frac{1}{\sqrt{2\pi}}\int_{-\infty}^{\infty} e^{-x^2/2}dx = \frac{1}{\sqrt{\pi}}\int_{-\infty}^{\infty} e^{-y^2}dy = 1\text{을 도출한다.} \tag{7}$$

Q_ 2개의 2가 $p(x)$에 포함되어 있는 이유는 무엇인가? $e^{-x^2}/\sqrt{\pi}$의 적분 또한 1이다.

A_ 2들이 있기 때문에 **분산**은 $\int x^2 p(x)\,dx = 1$이다. 이는 통계에서 매우 편리한 수치이다.

다른 좌표로의 치환

앞에서, 기하학을 이용하지 않고 세 번째 방법을 이용하여 그림과 $r\,dr\,d\theta$를 찾기로 했다. 이 방법은 $x=r\cos\theta$, $y=r\sin\theta$에서 직접 작동한다. 또한 축을 회전하여 $dudv$에 있는 1을 찾는다. 가장 중요한 점은 이 새로운 방법이 임의의 치환을 위한 면적소 $dA=J\,du\,dv$에서 인자 J를 찾는다는 것이다. 즉 이는 xy에서 uv로 치환한다.

단일적분의 경우 원래의 dx와 새로운 du 사이의 **변형 인자** J는 (놀랍지 않은) 비율 dx/du이다. dx를 얻었을 때엔 $(dx/du)du$라고 쓰며 $(du/dx)dx$이면 du로 쓴다. 이는 적분을 단순화하는 주요 방법인 치환에 대한 아이디어였다.

이중적분의 경우 변형 인자가 넓이에 나타난다. 즉 $dxdy$는 $|J|\,du\,dv$가 된다. **이전**

변수와 새로운 변수는 $x = x(u, v)$, $y = y(u, v)$로 관계된다. uv 좌표 위의 점은 xy 좌표 위의 점에서 온다. 다시 말해 uv 평면의 점으로 가득 찬 전체 영역 S는 xy 평면에서 uv 평면의 점에 각각 대응하는 점으로 가득 찬 영역 R에서 온다. 마찬가지로 넓이 $|J|\,du\,dv$를 갖는 작은 조각은 넓이가 $dx\,dy$인 작은 조각에서 온다. J의 공식은 dx/du의 2차원 버전인 셈이다.

> 2 넓이의 변형 인자는 크기가 2×2인 **야코비**[Jacobian] **행렬** $J(u,v)$이다.
>
> $$J = \begin{vmatrix} \partial x/\partial u & \partial x/\partial v \\ \partial y/\partial u & \partial y/\partial v \end{vmatrix} = \frac{\partial x}{\partial u}\frac{\partial y}{\partial v} - \frac{\partial x}{\partial v}\frac{\partial y}{\partial u} \tag{8}$$
>
> xy 평면에 있는 R 위에서 적분은 uv 평면에 있는 S 위에서 적분과 같다.
>
> $$\iint_R f(x,y)dxdy = \iint_S f(x(u,v),y(u,v))|J|dudv \tag{9}$$

행렬식 J는 종종 이 변형 인자가 dx/du와 같음을 상기시키기 위해 $\partial(x,y)/\partial(u,v)$로 쓰인다. 이때 $J\neq 0$이어야 한다. 이런 조건 하에 이완과 수축이 유지된다.

여러분은 자연스럽게 다음과 같이 질문할 것이다. 식 (9)에서 왜 절댓값 $|J|$를 취하는가? 좋은 질문이다. 단일적분을 할 때는 이를 하지 않았다. 그 이유는 적분 범위의 한계 때문이다. x를 $-u$로 치환하면 단일적분 $\int_0^1 dx$는 $\int_0^{-1}(-du)$가 된다. 이때 음의 부호를 유지하고 단일적분을 거꾸로 수행할 수 있다. 이중적분도 이와 같이 계산할 수 있지만, 일반적으로 왼쪽에서 오른쪽, 아래쪽에서 위쪽의 순서로 계산한다. 절댓값 $|J|$를 사용하여 이 순서로 적분할 것이다.

예제 6 극좌표는 $x = u\cos v = r\cos\theta$, $y = u\sin v = r\sin\theta$이다.

$$\text{기하학 없이 : } J = \begin{vmatrix} \partial x/\partial r & \partial x/\partial\theta \\ \partial y/\partial r & \partial y/\partial\theta \end{vmatrix} = \begin{vmatrix} \cos\theta & -r\sin\theta \\ \sin\theta & r\cos\theta \end{vmatrix} = r \tag{10}$$

예제 7 $x = au + bv$, $y = cu + dv$로 선형 치환하는 J를 찾아라.

$$\text{원래의 행렬식 : } J = \begin{vmatrix} \partial x/\partial u & \partial x/\partial v \\ \partial y/\partial u & \partial y/\partial v \end{vmatrix} = \begin{vmatrix} a & b \\ c & d \end{vmatrix} = ad - bc \tag{11}$$

a, b, c, d가 모두 상수인 이 간단한 치환을 왜 만들어야 하는가? 이 과정이 평행사변형을 정사각형으로 곧게 만들기 때문이다(그리고 그 정사각형을 회전시킨다). [그림 14-10]은 일반적인 치환 과정을 보여준다.

$J = 1$은 넓이가 변하지 않는 순수한 회전을 나타낸다. $ad - bc$가 $\cos^2\alpha + \sin^2\alpha$이기 때문에 이제 $J = 1$는 식 (1)과 식 (11)에서 비롯된다.

실제로 xy 사각형들은 일반적으로 uv 사각형들로 이동한다(극좌표의 직사각형처럼).

측면은 곡선이 될 수 있지만 각도는 대체로 90°이다. 이때의 변화는 바로 '직각'이다. 다음 예제는 90°가 아닌 각도에서도 여전히 J가 답을 제공함을 보여준다.

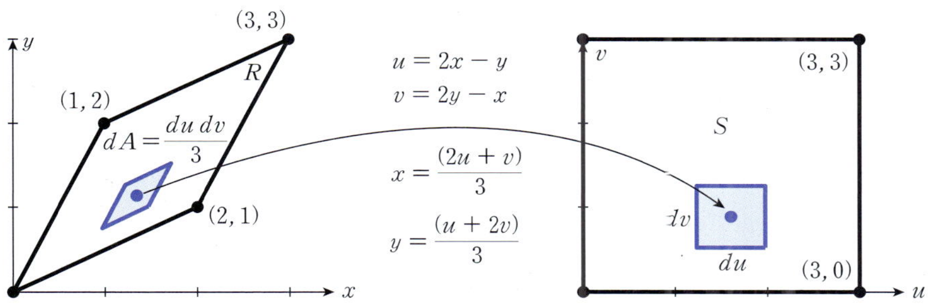

[그림 14-10] xy에서 uv로의 치환은 $J = \frac{1}{3}$을 갖는다.

예제 8 [그림 14-10]에서 R의 넓이를 찾아라. 또한 $\iint_R e^x dxdy$를 계산하라.

풀이

그림은 $x = \frac{2}{3}u + \frac{1}{3}v$, $y = \frac{1}{3}u + \frac{2}{3}v$를 보여준다. 행렬식은 다음과 같다.

$$J = \begin{vmatrix} \partial x/\partial u & \partial x/\partial v \\ \partial y/\partial u & \partial y/\partial v \end{vmatrix} = \begin{vmatrix} 2/3 & 1/3 \\ 1/3 & 2/3 \end{vmatrix} = \frac{4}{9} - \frac{1}{9} = \frac{1}{3}$$

xy 평행사변형의 넓이는 uv 정사각형에서의 적분이 된다

$$\iint_R dxdy = \iint_S |J| dudv = \int_0^3 \int_0^3 \frac{1}{3} dudv = \frac{1}{3} \cdot 3 \cdot 3 = 3$$

정사각형의 넓이는 9이고, 평행사변형의 넓이는 3이다.

$J = \frac{1}{3}$이 늘이는 인자인지 또는 축소하는 인자인지는 알 수 없다. 다른 적분 $\iint e^x dxdy$는 다음과 같다.

$$\int_0^3 \int_0^3 e^{2u/3 + v/3} \frac{1}{3} dudv = \left[\frac{3}{2} e^{2u/3}\right]_0^3 \left[3e^{v/3}\right]_0^3 \frac{1}{3} = \frac{3}{2}(e^2 - 1)(e - 1)$$

u, v로의 치환이 적분 범위를 쉽게 만든다(0과 3).

왜 변형 인자 J는 행렬식인가? 직선의 측면에서, 벡터에 대해 다뤘던 11.3절로 돌아간다. 평행사변형의 넓이는 행렬식으로 표현된다. 여기서 변은 곡선이지만 그것은 우리가 무시했던 $(du)^2$ 및 $(dv)^2$만 만든다.

치환 du는 [그림 14-11]의 한 면을 제공하며 그것은 $(\partial x/\partial u\mathbf{i}+\partial y/\partial u\mathbf{j})du$이다. 두 번째 변은 $(\partial x/\partial v\mathbf{i}+\partial y/\partial v\mathbf{j})dv$이다. 즉 곡선은 이계도함수에서 주어지며 넓이(양변의 교차곱[cross product])는 $|J|dudv$이다.

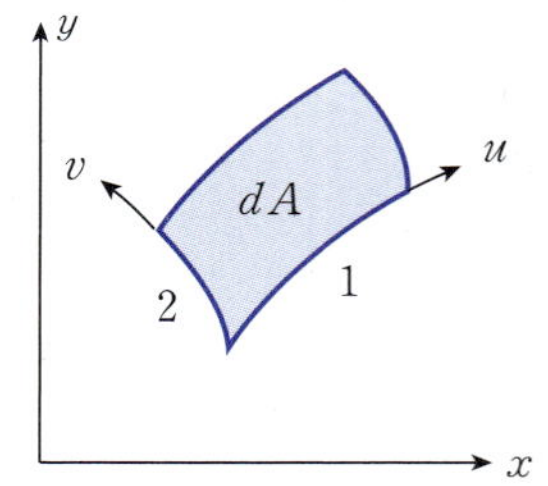

[그림 14-11] 곡선에 의한 넓이 역시 $dA=|J|dudv$이다.

이제 반대 방향으로의 치환도 살펴보자. 이제 사각형은 xy 평면에 있고, 평행사변형은 uv 평면에 있다. 모든 수식에서 x를 u로, y를 v로 바꾼다.

$$\text{새로운 } J=\begin{vmatrix}\partial u/\partial x & \partial u/\partial y\\ \partial v/\partial x & \partial v/\partial y\end{vmatrix}=\frac{\partial(u,v)}{\partial(x,y)}=\frac{1}{\text{이전 } J} \tag{12}$$

이것은 $du/dx=1/(dx/du)$과 정확히 같고 역함수의 미분이다. 경사면의 곱은 1이며 바깥쪽으로 늘어나고 뒤쪽으로 줄어든다. xy좌표에서 uv좌표로 옮기면 다음과 같은 2×2 행렬을 얻을 수 있고, 1 대신에 단위행렬 I가 사용된다.

$$\frac{dx}{du}\frac{du}{dx}=1\text{이 }\begin{bmatrix}\partial x/\partial u & \partial x/\partial v\\ \partial y/\partial u & \partial y/\partial v\end{bmatrix}\begin{bmatrix}\partial u/\partial x & \partial u/\partial y\\ \partial v/\partial x & \partial v/\partial y\end{bmatrix}=\begin{bmatrix}1 & 0\\ 0 & 1\end{bmatrix}\text{가 된다.} \tag{13}$$

첫 번째 행과 첫 번째 열의 곱은 $(\partial x/\partial u)(\partial u/\partial x)+(\partial x/\partial v)(\partial v/\partial x)=\partial x/\partial x=1$이고 첫 번째 행과 두 번째 열의 곱은 $(\partial x/\partial u)(\partial u/\partial y)+(\partial x/\partial v)(\partial v/\partial y)=\partial x/\partial y=0$이다. **두 행렬은 서로 역행렬 관계이다.** 행렬의 행렬식과 그 역행렬은 마찬가지로 행렬에서의 규칙을 따른다. 즉 이전의 J와 새로운 J의 곱은 1이다. dx/du와 du/dx가 0이 아닌 것처럼 이전의 J와 새로운 J 모두 0이 될 수 없다(역함수는 꾸준히 증가하거나 꾸준히 감소한다).

2차원에서 넓이 $dx\,dy$는 $J du\,dv$로 바뀌었다가 $dx\,dy$로 돌아온다.

14.2 문장제 문제

01 우리는 적분의 __a__을(를) 개선하기 위해서 변수를 치환한다. 원판 $x^2+y^2\le 9$는 직사각형 $0\le r\le$ __b__, $0\le\theta\le$ __c__이(가) 된다. $\iint dydx$의 내부 적분의 범위는 $y=\pm$ __d__이다. 극좌표에서 이 넓이 적분은 $\iint$ __e__ = __f__ 이다.

02 극 직사각형은 두 측변 dr과 __g__을(를) 가진다. 두 측변은 __h__이(가) 아니지만 각도는 여전히 __i__이다. 두 원 $r=1$, $r=3$과 선 $\theta=0$와 $\theta=\pi/4$사이로 이루어진 넓이는 __j__이다. 적분 $\iint x\,dydx$은 $\iint$ __k__(으)로 변한다. 이것은 __l__축 주변의 __m__이며 그러면 $\bar{x}$는 비율 __n__이다. 이것은 __o__의 x좌표이자 x의 __p__ 값이다.

03 α만큼 회전하여 (u,v)에 도달하는 점은 $x=u\cos\alpha-v\sin\alpha$, $y=$ __q__이다. uv 평면에서의 직사각형은 xy 평면에서의 __r__에서 온다. 넓이는 __s__이므로 변형 인자는 $J=$ __t__이다. 이것은 $\cos\alpha$와 $\sin\alpha$를 포함하는 행렬 __u__의 행렬식이다. 관성 모멘트 $\iint x^2\,dx\,dy$는 $\iint$ __v__ $dudv$로 바뀐다.

04 단일적분에서 dx는 ___w___ du로 변하고 이중적분에서 $dx\,dy$는 $J=$ ___x___ 인 $Jdudv$로 변한다. 변형 인자 J는 2×2 크기인 행렬 ___y___ 의 행렬식이다. 함수 $x(u,v)$와 $y(u,v)$는 xy에서의 영역 R과 uv에서의 영역 S를 연결하고, $\iint_R dx\,dy = \iint_S$ ___z___ $=$ ___A___ 의 넓이이다. 극좌표계로 나타내면 $x=$ ___B___, $y=$ ___C___ 이다. $x=u$, $y=u+4v$에서 2×2 행렬의 행렬식은 $J=$ ___D___ 이다. uv 평면에 있는 정사각형은 xy 평면에 있는 ___E___ (으)로부터 온다. 반대 방향으로 치환은 $u=x$와 $v=\frac{1}{4}(y-x)$가 되고, 새로운 J는 $J=$ ___F___ 이다. 이 치환이 ___G___ 이기 때문에 새로운 J는 상수이다.

14.2 연습문제

01~12 R은 $0\le r\le1, \pi/4\le\theta\le3\pi/4$인 파이 모양의 쐐기이다.

01 R의 넓이는 얼마인가? 극좌표에서 적분으로 확인하라.

02 R의 넓이를 만드는 $\iint dy\,dx$의 적분 범위를 찾고 적분하라.
추가 점수 : $\iint dxdy$의 적분 범위를 찾아라.

03 $\alpha=\pi/4$인 식 (1)은 R을 uv에 있는 영역 $S=$ _____(으)로 회전시킨다. $\iint dudv$의 적분 범위를 찾아라.

04 $\iint y\,dx\,dy$를 극좌표로 치환하여 R의 중심 높이 $\bar{y}$를 계산하라. 이를 R의 넓이로 나누어 구하라.

05 _____이기 때문에 영역 R은 $\bar{x}=0$을 가진다. $\alpha=\pi/4$만큼 회전시키면 R의 중심 $(\bar{x},\bar{y})$은 S의 중심 _____이(가) 된다.

06 쐐기 $0\le r\le a, 0\le\theta\le b$의 중심을 찾아라.

07 R^*이 $x=0$, $y=1$에서 날카로운 점이 되도록 위로 움직이는 쐐기 R이라고 가정하자.

(a) R^*을 적분하기 위한 $\iint dydx$의 적분 범위를 찾아라.

(b) $x^*=x$이고 $y^*=y-1$일 때 xy의 영역 R^*에 대응하는 x^*y^* 평면에서의 영역은 무엇인가?

(c) 치환 후에 $dxdy$는 ______ dx^*dy^*와 같다.

08 문제 07에 있는 R^*을 적분하기 위한 $\iint r\,drd\theta$의 적분 범위를 찾아라.

09 R^*의 좌표는 $x^*=r^*\cos\theta^*$이고 $y=r^*\sin\theta^*+1$인 r^*와 θ^*이다.

(a) $J=r^*$임을 보여라. 이로써 $dA=r^*\,dr^*\,d\theta^*$이다.

(b) R^* 위에서 적분하기 위한 $\iint r^*dr^*d\theta^*$의 적분 범위를 찾아라.

10 R의 무게중심이 $(0,\bar{y})$일 때, R^*의 무게중심은 _____이다. 반지름이 3이고 중심이 $(1,2)$인 원의 무게중심은 _____이다. 같은 원의 상반원의 무게중심은 _____이다.

11 원래의 쐐기 R의 관성 모멘트 I_x, I_y, I_0은 각각 _____이다.

12 움직인 쐐기 R^*의 관성 모멘트 I_x, I_y, I_0은 각각 _____이다.

13~16 다음은 4개의 선으로 둘러싸인 영역을 정사각형으로 변화시킨다.

13 R은 네 직선 $y=2x, x=1, y=1+2x, x=0$으로 둘러싸인 영역이다. 네 꼭짓점을 찾고 R을 그려라. 기하학을 이용해 이 영역의 넓이를 찾아라.

14 치환 $x=au+bv$, $y=cu+dv$가 원래의 R을 $0\le u\le1$, $0\le v\le1$인 단위 사각형 S로 바꾸도록 하는 a, b, c, d를 선택하라. 변형 인자 $J=ad-bc$로부터 R의 넓이를 찾아라.

15 R은 네 직선 $x=0, x=1, y=0, y=2x+3$으로 둘러싸인 영역이다. $x=u$와 $y=au+bv+cuv$가 R을 단위 사각형 S로 바꾸도록 하는 a,b,c를 선택하라.

16 문제 15에서는 비선형 항 uv가 필요했다. 어떤 영역 R이 선형 $x=au+bv, y=cu+dv$에 의해 사각형 S로 바뀔 수 있는가?

17~22 꼭짓점이 $(0,0), (1,0), (0,1), (1,1)$인 uv 사각형 S에 대응하는 xy영역 R을 그려라. R의 꼭짓점들과 (직소 퍼즐처럼) 그들을 잇는 변의 정확한 위치를 찾아라.

17 $x=2u+v$, $y=u+2v$

18 $x=3u+2v$, $y=u+v$

19 $x=e^{2u+v},\ y=e^{u+2v}$

20 $x=uv,\ y=v^2-u^2$

21 $x=u,\ y=v(1+u^2)$

22 $x=u\cos v,\ y=u\sin v$ (오직 3개의 꼭짓점)

---

23 식 (8)을 이용해 문제 17과 문제 19에서 J를 계산하라. $\iint_S |J|\,dudv$로부터 R의 넓이를 찾아라.

24 문제 18과 문제 20에서 $J=\partial(x,y)/\partial(u,v)$와 R의 넓이를 찾아라.

25 R이 $y=f(x)>0$의 그래프 아래에 있는 $x=0$과 $x=1$ 사이에 있다면 $x=u, y=vf(u)$는 R을 단위 사각형 S로 보낸다. R의 꼭짓점들과 $u=\frac{1}{2}, v=1$에 대응하는 점을 정확히 찾아라. 우리가 알고 있는 다음 식을 증명하기 위해 J를 계산하라.

$$R\text{의 넓이}=\int_0^1 f(x)dx=\int_0^1\int_0^1 J\,du\,dv$$

26 $r=\sqrt{x^2+y^2}$과 $\theta=\tan^{-1}(y/x)$로부터 $\partial r/\partial x, \partial r/\partial y, \partial\theta/\partial x, \partial\theta/\partial y$와 행렬식 $J=\partial(r,\theta)/\partial(x,y)$를 계산하라. 이 J가 $rdrd\theta$에 있는 인자 $r=\partial(x,y)/\partial(r,\theta)$와 어떻게 연관되어 있는가?

27 [예제 4]에서 e^{-x^2}을 0에서 ∞까지 적분했다(답은 $\sqrt{\pi}$이었다). 또한 $B=\int_0^1 e^{-x^2}dx$는 $B^2=\int_0^1 e^{-x^2}dx\int_0^1 e^{-y^2}dy$를 도출한다. 단위 사각형 위의 이 다중적분을 r과 θ에 대한 적분으로 바꾸고, 정확한 적분을 불가능하게 하는 r에 대한 적분 범위를 찾아라.

28 부분적분을 이용하여 표준정규분포 $p(x)=e^{-x^2/2}/\sqrt{2\pi}$이 $\sigma^2=\int_{-\infty}^{\infty}x^2p(x)\,dx=1$을 가짐을 증명하라.

29 원 위의 점으로부터 그 내부 점들까지의 평균 거리를 찾아라. 제안 : $(0,0)$을 점이라고 하고, $0\le r\le 2a\cos\theta, 0\le\theta\le\pi$를 (반지름이 a인) 원이라 하자. 거리는 r이며, 그러므로 평균 거리는 $\bar{r}=\iint$ ____ $/\iint$ ____이다.

30 영역 $R: 0\le x\le 1, 0\le y\le\infty$를 그린 다음 극좌표에서($r$과 θ의 극한) R을 묘사하라. 극좌표에서 $\iint_R (x^2+y^2)^{-3/2}dxdy$를 적분하라.

31 극좌표를 사용하여 $z=x^2+y^2$의 아래와 단위 원판 $x^2+y^2\le 1$ 위에 놓이는 입체의 부피를 찾아라.

32 [예제 1]의 끝에서 관성 모멘트 $\iint y^2\,dA$를 언급했다. 적분을 확인하라.

33 정사각형 $-1\le x\le 2, -2\le y\le 1$에서 다음을 최대화하는 단위 질량($\iint\rho dxdy=1$)을 어디에 분포시켜야 하는가?

(a) $\iint x^2\rho dA$ (b) $\iint y^2\rho dA$

(c) $\iint r^2\rho dA$

34 참 또는 거짓을 판별하고 그 이유를 설명하라.

(a) uv의 영역 S가 xy의 영역 R에 대응된다면 S의 넓이는 R의 넓이와 같다.

(b) $\iint xdA\le\iint x^2dA$

(c) $f(x,y)$의 평균값은 $\iint f(x,y)dA$이다.

(d) $\int_{-\infty}^{\infty}xe^{-x^2}dx=0$

(e) 극 직사각형은 같은 꼭짓점을 갖는 각 변이 직선으로 된 영역과 같은 넓이를 갖는다.

35 $\rho=xy$일 때, [예제 1]의 기울어진 직사각형의 질량을 찾아라.

36 $\rho=x^2+y^2$일 때, [예제 2]의 반지 모양의 질량을 찾아라. 이것은 어떤 밀도의 관성 모멘트와 같은가?

37 밀도가 $\rho=x^2+y^2$일 때 [예제 2]의 반지 모양의 극 관성 모멘트 I_0를 찾아라.

38 다음 문장에 적절한 이름을 붙여라.

어떤 P가 R에 있는 점일 때 $\iint_R f(x,y)dA$는 $f(P)$와 (R의 넓이)의 곱이 된다. $f=x$와 $f=y$에 대하여 어떤 점 P가 이를 맞게 만드는가?

39 [그림 14-6(a)]에서 가장 위에 위치한 점의 xy 좌표를 찾고, 이 점이 $(u,v)=(1,1)$이 되는 것을 확인하라.

14.3 삼중적분

책의 이 시점에 이르러서야 직접적으로 말할 수 있게 되었다 여러분은 이미 삼중적분이 어떤 것인지 추측할 수 있을 것이다. 작은 간격이나 작은 직사각형 대신 작은 상자를 생각해보자. 상자에는 길이 dx 또는 넓이 $dxdy$가 아니라 부피 $dV = dxdydz$를 가진다. 이는 가로, 세로, 높이의 곱이다. 목표는 작은 상자들을 (적분을 통해) 모두 입체에 넣는 것이다. 주요 문제는 x, y, z에 대한 정확한 적분 범위를 찾는 것이다.

우리는 3차원 공간에서 더욱더 복잡한 영역을 꿈꿀 수 있다. 그러나 그 영역을 명확하게 보아야 적분 방법 또한 정확히 알 수 있을 것이다. 실제로 다음 6가지 형태가 가장 중요하다.

상자box **각기둥**prism **기둥**cylinder **원뿔**cone **사면체**tetrahedron **구**sphere

상자는 가장 간단하고, 구는 가장 어려울지 모른다(하지만 구면좌표에서는 전혀 문제가 없다). 원기둥circular cylinder과 원뿔은 xyz좌표로 표현이 가능하지만 $r\theta z$좌표에서 보는 게 가장 좋기 때문에 이들은 중간쯤에 다룰 것이다. 우리는 xyz좌표에서 다루기 쉬운 상자와 각기둥을 먼저 다룰 것이다.

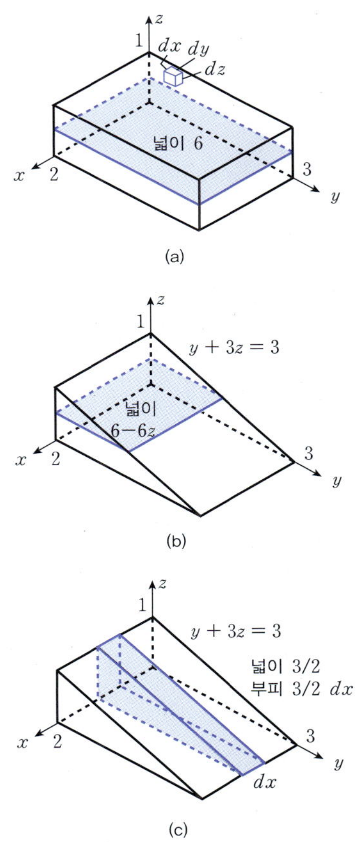

[그림 14-12] $2, 3, 1$의 모서리를 갖는 상자. 각기둥은 상자의 절반이므로 그 부피는 $\int (6-6z)\,dz$ 또는 $\int \frac{3}{2}dx$이다.

예제 1 삼중적분으로 상자와 각기둥의 부피를 찾아라([그림 14-12]).

풀이

$$\iiint_{상자} dV = \int_{z=0}^{1}\int_{y=0}^{3}\int_{x=0}^{2} dxdydz$$

$$\iiint_{각기둥} dV = \int_{z=0}^{1}\int_{y=0}^{3-3z}\int_{x=0}^{2} dxdydz$$

두 식의 내부 적분은 $\int dx = 2$이다. 즉 x 방향의 상자와 각기둥을 관통하는 선들의 길이는 2이다. (dy는 두 번째에 오기 때문에) 중간 적분은 y에 대한 적분 범위를 보여준다.

$$\int_{y=0}^{3} 2\,dy = 6, \quad \int_{y=0}^{3-3z} 2\,dy = 6 - 6z$$

두 번의 적분 후에 이들은 **넓이**가 된다. 첫 번째 넓이 6은 상자를 관통하는 평면의 한 단면의 넓이이다. 두 번째 면적 $6-6z$는 각기둥을 자르는 넓이이다. [그림 14-12]에서 색칠된 직사각형은 $y=0$에서 $y=3-3z$로 이동한다. 이때 각기둥의 경계선에서 방정식 $y+3z=3$이 필요했고 이를 사용했다. 이 시점에서 z는 여전히 상수이다! 그러나 각기둥이 위로 올라가면서 더 얇아지기 때문에 넓이는 z에 의존한다. 밑넓이는 $6-6z=6$이고, 상단의 넓이는 $6-6z=0$이다.

외부 적분은 각각 얇은 조각들의 부피를 얻기 위해서 그 넓이에 dz를 곱한다. z에 대한 적분이 마지막에 왔기 때문에 얇은 조각들은 가로로 되어 있다. 전체 부피를 찾기 위해서 얇은 조각들을 모두 더하여 다음과 같이 적분을 계산한다.

$$\text{상자의 부피} = \int_{z=0}^{1} 6dz = 6$$

$$\text{각기둥의 부피} = \int_{z=0}^{1} (6-6z)dz = [6z-3z^2]_0^1 = 3$$

상자의 부피 $2\cdot3\cdot1$을 계산할 때는 미적분이 필요하지 않았다. 각기둥은 상자의 반이므로 부피가 3인 것은 확실하지만 $6z-3z^2$이 어떻게 답이 되는지 확인하는 것은 바람직한 일이다. 우리의 목적은 삼중적분이 어떻게 작동하는지 확인하는 것이다.

Q_ $dz\,dy\,dx$의 순서로 각기둥 부피를 찾아라(여섯 가지 순서가 가능하다).

A_ $\int_0^2\int_0^3\int_0^{(3-y)/3} dzdydx = \int_0^2\int_0^3\left(\frac{3-y}{3}\right)dydx = \int_0^2 \frac{3}{2}dx = 3$

z에 대한 적분 범위를 찾기 위해 z 방향의 선을 따라가 보자. 즉 $z=0$에서 각기둥으로 들어가서 경사면 $y+3z=3$에서 빠져 나온다. 따라서 상한은 $z=(3-y)/3$이며 이는 14.1절에서와 같이 얇은 막대기의 높이이다. 이 절에서는 높이를 $\int dz$로 쓰지만, 더 빠른 해법은 이중적분에서 이미 다루었다.

마지막 적분에서 $\frac{3}{2}$이 의미하는 것은 무엇인가? 바로 $x=$상수인 평면에 의해 잘리는 수직인 얇은 조각의 넓이이다. 외부 적분은 이런 얇은 조각들의 합이다.

$\iiint f(x,y,z)dV$는 3개의 단일적분 $\int\left[\int\left[\int fdx\right]dy\right]dz$로부터 계산된다.

이 단계에 대한 설명이 더 필요하다. 이 단계에서는 일부 기본적인 미적분을 포함한다. 삼중적분은 부피가 ΔV인 작은 상자들의 합인 $\sum f_i \Delta V$의 극한이다. 여기서 f_i는 i번째 상자에서 $f(x,y,z)$의 값이다(극한을 취하면 상자는 곡선 영역에 맞춰진다). 이제 특정한 순서에 따라 이 상자를 나누자. 상자를 x 방향의 선에 맞추고 상자의 모서리를 평면에 넣자. 선은 내부의 x에 대한 적분으로 이어지고, 그 값은 y와 z에 의존한다. y에 대한 적분은 선을 평면으로 결합한다. 마지막으로 외부 적분은 모든 평면과 모든 상자를 더한다.

다음 예제는 상자나 각기둥보다 한 차원 높은 적분 계산을 보여준다는 점에서 중요하다.

예제 2 정사면체(네 면을 가진 각뿔)의 부피를 구하라. 드한 $(\bar{x}, \bar{y}, \bar{z})$를 찾아라.

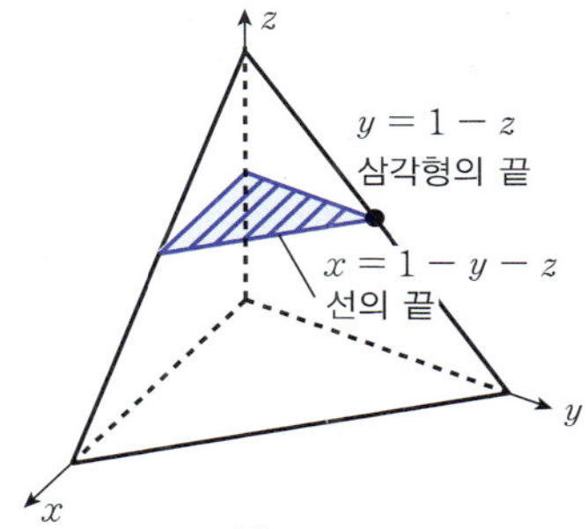

(a)

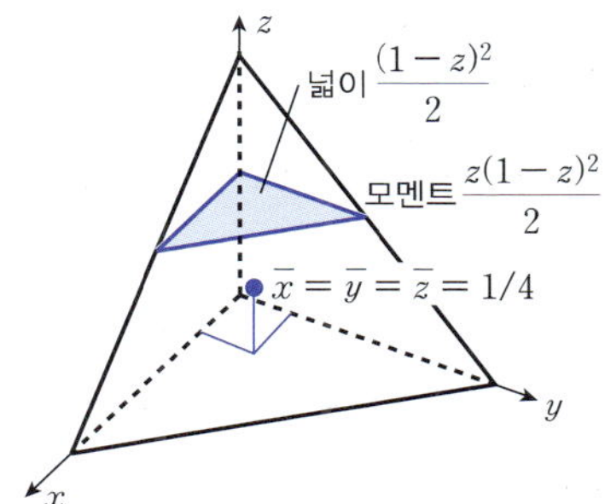

(b)

[그림 14-13] 각 선들은 평면 $x+y+z=1$과 만나며 끝난다. 삼각형들은 모서리 $y+z=1$에서 끝난다. 평균 높이는 $\bar{z}=\iiint z\,dV / \iiint dV$가 된다.

풀이

정사면체는 모두 삼각형인 4개의 평면을 가진다. [그림 14-13]의 네 번째 면은 평면 $x+y+z=1$에 있다. x 방향의 선이 $x=0$에 들어가서 $x=1-y-z$에서 나온다(길이는 y와 z에 따라 달라지며 경계면의 방정식으로 x를 구할 수 있다). 그런 다음 그 선들은 y 적분에 의해 다음과 같이 평면인 얇은 조각들에 놓이게 된다.

$$\int_{y=0}^{1-z}\int_{x=0}^{1-y-z} dxdy = \int_{y=0}^{1-z}(1-y-z)dy = \left[y-\frac{1}{2}y^2-zy\right]_0^{1-z} = \frac{1}{2}(1-z)^2$$

여기서 $\frac{1}{2}(1-z)^2$의 의미는 무엇인가? **바로 높이 z에서의 넓이이다.** 그 높이에 있는 평면은 직각삼각형을 잘라내고, 직각을 낀 두 변의 길이는 모두 $1-z$이다. 넓이는 정확히 구했다. 그러면 적분 범위를 살펴보자. **x가 $1-y-z$로 갈 때, y는 왜 $1-z$로 가는가?** 이유는 우리가 점이 아니라 선을 모으고 있기 때문이다. [그림 14-13(a)]는 모든 y에서 $1-z$까지의 선을 보여준다.

얇은 조각들을 더하면 부피 $\int_0^1 \frac{1}{2}(1-z)^2dz = \left[\frac{1}{6}(z-1)^3\right]_0^1 = \frac{1}{6}$을 얻는다. 이것은 각뿔의 부피인 $\frac{1}{3}\times$(밑변과 높이의 곱)과 동일하다.

중심의 높이 $\bar{z}$는 '$z_{평균}$'이다. 이는 $\iiint z\,dV$를 계산하고 부피로 나누어 구한다. 각 수평의 얇은 조각은 높이 z와 곱해지며 적분 범위의 상한과 하한은 변하지 않는다.

$$\iiint z\,dV = \int_0^1\int_0^{1-y}\int_0^{1-y-z} z\,dxdydz = \int_0^1 \frac{z(1-z)^2}{2}dz = \frac{1}{24}$$

이 과정은 z가 x에 대한 적분과 y에 대한 적분에서 일정하기 때문에 빠르다. 각 삼각형 모양의 얇은 조각은 $z\times$해당 넓이 $\frac{1}{2}(1-z)^2\times dz$의 값에 영향을 미친다. 그러면 z의 적분은 모멘트 $1/24$을 준다. 평균 높이를 찾기 위해서 $1/24$을 부피로 나누면 다음과 같다.

$$\bar{z} = \text{무게중심의 높이} = \frac{\iiint z\,dV}{\iiint dV} = \frac{1/24}{1/6} = \frac{1}{4}$$

대칭성에 의해 $\bar{x}=\frac{1}{4}$, $\bar{y}=\frac{1}{4}$이며 따라서 무게중심은 점 $\left(\frac{1}{4}, \frac{1}{4}, \frac{1}{4}\right)$이다. 이를 표준 직각삼각형의 무게중심인 $\left(\frac{1}{3}, \frac{1}{3}\right)$과 비교해보자. 단위 구간의 중심인 $1/2$과도 비교해보자. 이를 토대로 유추해보면 4차원에는 $\left(\frac{1}{5}, \frac{1}{5}, \frac{1}{5}, \frac{1}{5}\right)$에 중심을 둔 5면을 갖는 도형이 있어야만 할 것이다.

넓이와 부피를 구하는 다른 패턴을 찾을 수 있다. 표준 구간의 길이는 1이고 표준 삼각형의 넓이는 $\frac{1}{2}$, 표준 사면체의 부피는 $\frac{1}{6}$이며, 4차원에서의 초부피 hypervolume는 ____ 일 것이다. 구간이 점 $x=1$에 도달하고 삼각형은 직선 $x+y=1$에 도달하며 사면체는 평면 $x+y+z=1$에 도달한다. 4차원 영역은 초평면 hyperplane ______ $=1$에서 멈춘다.

예제 3 단위 구 $x^2+y^2+z^2=1$ 내부에서의 부피 $\iiint dxdydz$를 구하라.

풀이

x에 대한 적분 범위는 무엇인가? 바늘이 x 방향으로 구를 통과하면 들어가고 나오는 곳은 어디일까? x 방향으로 이동하면 y와 z는 상수로서 일정하게 유지된다. 즉 내부 적분은 x만을 다룬다. 가장 작은 x와 가장 큰 x는 경계인 $x^2+y^2+z^2=1$에 있다. 이 방정식을 x에 대하여 푸는 것이 먼저 해야 할 일이다. 다음 식에서 x에 대한 적분 범위를 보라.

$$\text{구의 부피} = \int_?^? \int_?^? \int_{-\sqrt{1-y^2-z^2}}^{\sqrt{1-y^2-z^2}} dxdydz = \int_?^? \int_?^? 2\sqrt{1-y^2-z^2}\, dydz \quad (1)$$

y에 대한 적분 범위의 상한과 하한은 $-\sqrt{1-z^2}$과 $+\sqrt{1-z^2}$이다. 경계의 방정식 $x^2+y^2+z^2=1$를 이용하여 풀면 쉽게 알 수 있다. 그러나 이때 x가 사라졌음에 주목하라! 우리는 각 z에 대해 가장 작은 y와 가장 큰 y를 원한다. [그림 14-14(a)]와 같이 높이 z에서 구를 통과하는 평면을 그리면 이러한 y를 찾는 데 많은 도움이 된다. 이 얇은 조각은 반지름이 $r=\sqrt{1-z^2}$인 원이다. 따라서 넓이는 πr^2이며 이는 y에 대한 적분으로부터 얻어야 한다.

$$\int 2\sqrt{1-y^2-z^2}\, dy = \text{얇은 조각의 넓이} = \pi(1-z^2) \quad (2)$$

이 과정에서 적분 계산이 없었다는 것을 눈치챘을 것이다. 수식 πr^2을 사용하는 것이 편법이라고 생각하는가? 그렇게 생각할 필요 없다. 중요한 것은 개념을 이해하는 것이므로 특정 넓이를 알고 있다면 그것을 사용하자. 물론 필요하다면 $\sqrt{1-y^2-z^2}$을 직접 적분할 수 있다. 7.2절을 참고하라.

삼중적분은 단일적분으로 축소된다. 다시 말하면 바늘에서 원으로, 원에서 구로 갔다. 부피는 얇은 조각으로 된 영역의 합계인 $\pi(1-z^2)$이다. 남극은 $z=-1$에 있고 북극은 $z=+1$에 있으며 적분은 단위 구 내부의 부피인 $4\pi/3$이다.

$$\int_{-1}^{1} \pi(1-z^2)dz = \pi\left(z-\frac{1}{3}z^3\right)\Big]_{-1}^{1} = \frac{2}{3}\pi - \left(-\frac{2}{3}\pi\right) = \frac{4}{3}\pi \quad (3)$$

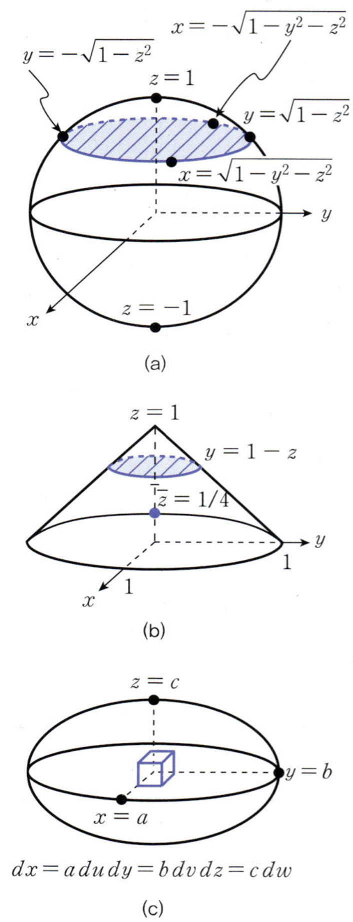

[그림 14-14] $\int dx$=바늘의 길이, $\iint dxdy$= 얇은 조각의 넓이. 타원체는 납작해진 구이다.

Q1_ 또한 원뿔은 원 모양의 얇은 조각을 갖는다. 마지막 적분이 어떻게 변하는가?

A_ 원뿔의 얇은 조각은 반지름 $1-z$를 갖는다. 그러드로 $\sqrt{1-z^2}$ 이 아닌 $(1-z)^2$을 적분하라.

Q2_ (높이가 1, 반지름이 1인) 원기둥과 비교하면 어떠한가?

A_ 이제 모든 얇은 조각은 반지름 1을 갖는다. $z=0$ 위 원기둥의 부피는 π이고 반구의 부피는 $\frac{2}{3}\pi$이며 원뿔의 부피는 $\frac{1}{3}\pi$이다.

입체의 표면적이 동일한 경우 구의 부피가 가장 크다.

Q3_ 원뿔, 반구, 원기둥에 있는 평균 높이 $\bar{z}$는 각각 얼마인가?

A_ $\bar{z} = \dfrac{\int z(\text{얇은 조각의 넓이})dz}{\int(\text{얇은 조각의 넓이})dz} = \dfrac{1}{4}$ 또는 $\dfrac{3}{8}$ 또는 $\dfrac{1}{2}$이다.

예제 4 타원체 $x^2/a^2+y^2/b^2+z^2/c^2=1$ 내부의 부피 $\iiint dxdydz$를 찾아라.

풀이

x에 대한 적분 범위의 상한과 하한은 이제 $\pm\sqrt{1-y^2/b^2-z^2/c^2}$ 이다. 계산이 끔찍해 보인다. 따라서 기하학적으로 접근하는 게 더 낫다. 얇은 조각은 모두 타원이다. **치환**이 가장 좋은 방법이다.

$u=x/a$, $v=y/b$, $w=z/c$라고 하자. 그러면 바깥의 경계는 $u^2+v^2+w^2=1$이고, 이 새로운 변수에서 입체는 구이다. 구에 대한 삼중적분은 $\iiint dudvdw=4\pi/3$이다. 이때 xyz 공간의 dV는 작은 상자의 변들인 du, dv, dw에 대응되는가?

모든 uvw 상자는 xyz 상자에서 오며 상자가 구부러지거나 뒤틀리지 않은 채로 늘어난다. u는 x/a이므로 길이 dx는 $a\,du$이다. 마찬가지로 $dy=b\,dv$이며 $dz=c\,dw$이다. 따라서 xyz 상자([그림 14-14(c)])의 부피는 $dxdydz=(abc)dudvdw$이다.

변형 인자 $J=abc$는 상수이며 타원체의 부피는 다음과 같다.

$$\underset{\text{타원체}}{\overset{\text{나쁜 범위}}{\iiint}} dx\,dy\,dz = \underset{\text{구}}{\overset{\text{더 나은 범위}}{\iiint}} (abc)dudvdw = \frac{4\pi}{3}abc \tag{4}$$

위 경우는 매우 특별한 사례임을 인지하라. 다른 부피는 훨씬 더 복잡하다. 구와 타원은 곡선이지만 작은 xyz 상자는 직선이다. 다음 절에서는 구면좌표를 소개하고, 구면좌표를 이용하여 '좋은 적분 범위의 상한과 하한'을 얻을 수 있음을 알아볼 것이다. 하지만 이 경우 다른 형태의 J가 필요하다.

14.3 문장제 문제

01 여섯 개의 중요한 입체도형들은 __a__이다. 적분 $\iiint dxdydz$는 작은 __b__의 부피 __c__을(를) 더한다. 계산할 때 그것은 __d__개의 단일적분이 된다. 내부 적분 $\int dx$는 도형을 통과하는 선의 __e__이다. 이중적분 $\iint dxdy$는 __i__이(가) 상수인 얇은 조각들의 __h__이다. 그러면 z에 대한 적분은 __j__의 부피들을 더한다.

02 도형의 영역 V가 세 평면 $x=0, y=0, z=0$과 평면 $x+2y+3z=1$에 의해 제한된다면, 내부의 x에 대한 적분 범위의 상한과 하한은 __k__이고 y에 대한 적분 범위의 상한과 하한은 __l__이며 z에 대한 적분 범위의 상한과 하한은 __m__이다. 새로운 변수 $u=x$, $v=2y$, $w=3z$에서 외부 경계의 방정식은 __n__이(가) 된다. uvw 공간에서 정사면체의 부피는 __o__이다. $dx=du$, $dy=dv/2$, $dz=$ __p__(으)로부터 xyz에서의 상자의 부피는 $dxdydz=$ __q__ $dzdvdw$이다. 그러므로 V의 부피는 __r__이다.

03 V에서 평균 높이 $\bar{z}$를 찾기 위해 __s__ / __t__을(를) 계산한다. 밀도가 $\rho=e^z$일 때 V의 전체 질량을 찾기 위해서 적분 __u__을(를) 계산하며 평균 밀도를 구하기 위해 __v__ / __w__을(를) 계산한다. $\iiint dz\,dx\,dy$의 순서에서 내부 적분의 적분 범위의 상한과 하한은 __x__에 의존할 수 있고, 중간에 있는 적분의 범위의 상한과 하한은 __y__에 의존할 수 있다. 타원체 $x^2+2y^2+3z^2 \le 8$에서 바깥의 적분 범위의 상한과 하한은__z__이다.

14.3 연습문제

01 입체도형의 영역 $0 \le x \le y \le z \le 1$에서 $\iiint dxdydz$에 있는 적분 범위의 상한과 하한을 찾고, 부피를 계산하라.

02 문제 **01**에서 순서를 $\iiint dzdydx$로 바꾸고 적분 범위의 상한과 하한을 모두 찾아라. 이 사면체의 네 면은 네 평면 $x=0, y=x$와 _____와(과) _____이다.

03 문제 **01**에서 다룬 사면체를 단위 정육면체로 채우는 또 다른 5가지 방법이 있다. 다른 5가지를 설명하기 위해 문제 **01**의 부등식을 변경하라.

04 문제 **01**에서 중심 $(\bar{x}, \bar{y}, \bar{z})$를 찾아라.

05~16 주어진 입체에 대한 $\iiint dxdydz$의 적분 범위의 상한과 하한을 찾고, 부피를 찾아라. 대략적인 그림을 그려라.

05 변의 길이가 2이고 중심이 $(0,0,0)$인 정육면체

06 xy 평면의 위에 있는 상자인 문제 **05**에서 다룬 정육면체의 절반

07 각기둥의 평면 $z=y$ 위에 속하는 영역인 문제 **05**에서 다룬 정육면체의 한 부분

08 $z=y$와 $z=0$ 위에 있는 문제 **05**에서 다룬 정육면체의 한 부분

09 $z=x$의 위에 있고 $z=y$ 아래에 있는 문제 **05**에서 다룬 정육면체의 한 부분

10 $x \le y \le z$인 문제 **05**에서 다룬 정육면체의 한 부분. 이것은 어떤 형태를 갖는가?

11 네 평면 $x=0$, $y=0$, $z=0$, $x+y+2z=2$에 의해 제한되는 사면체

12 꼭짓점 $(0,0,0), (2,0,0), (0,4,0), (0,0,4)$를 갖는 사면체

13 $z=\dfrac{1}{2}$의 밑에 있는 문제 **11**에서 다룬 사면체의 한 부분

14 문제 **12**에서 다룬 사면체의 꼭대기가 평면 $z=1$에 의해서 잘려서 얻는 영역

15 $z=0$의 위에 있고 원뿔 $\sqrt{x^2+y^2}=1-z$의 밑에 있는 영역의 부피

16 문제 **12**에 있는 사면체를 x축을 가로질러 반대편의 xy 평면 위로 떨어뜨린 후에 만들어지는 사면체

17~20 $\iiint dx\,dy\,dz$ 또는 $\iiint dz\,dy\,dx$의 적분 범위의 상한과 하한을 찾아라. 부피를 계산하라.

17 높이가 6이고 밑면이 $x^2+y^2 \le 1$인 원기둥

18 평면 $z=x$의 밑에 있는 원기둥(문제 17)의 한 부분(밑면을 보라. 그리고 그림을 그려라)

19 정육면체(문제 05)와 원기둥(문제 17)이 겹치는 영역의 부피

20 x축을 따라 누워 있는 문제 17과 같은 크기의 원기둥

---

21 정육면체가 구 안에 내접해있다. 반지름은 1이며 중심은 모두 $(0,0,0)$에 있다. 정육면체의 부피는 얼마인가?

22 $x=0, y=0, z=0$과 $x/a+y/b+z/c=1$에 의해 제한되는 영역의 부피와 중심을 구하라.

23 입체도형 $0 \le z \le 4-x^2-y^2$의 부피와 중심을 찾아라.

24 배운 내용을 기반으로 $x^2+4y^2+9z^2=16$ 내부의 부피를 구하라. $x+y+z+w=1$에서 멈추는 4차원 각뿔의 '초부피hypervolume'는 얼마인가?

25 다음 함수의 편미분 $\partial I/\partial x, \partial I/\partial y, \partial^2 I/\partial y \partial z$를 찾아라.

$$I=\int_0^z \int_0^y dx\,dy, \quad I=\int_0^z \int_0^y \int_0^x f(x,y,z)\,dx\,dy\,dz$$

26 입체도형 V에서 $f(x,y,z)$의 평균값을 정의하라.

27 정육면체 $|x| \le 1, |y| \le 1, |z| \le 1$에서 l이 다음에 주어진 직선까지의 거리일 때 이 정육면체의 관성 모멘트 $\iiint l^2\,dV$를 찾아라.

(a) x축 (b) 모서리 $y=z=1$ (c) 대각선 $x=y=z$

28 작은 정육면체들로부터 단위 정육면체의 부피 $V=\sum_{i=1}\sum_{j=1}\sum_{k=1}(\Delta x)^3=1$을 만들기 위한 상한들을 더하라.

29 $\Delta x \to 0$에 따라 $\sum_{i=1}^{3/\Delta x}\sum_{j=1}^{2/\Delta x}\sum_{k=1}^{j}(\Delta x)^3$의 극한을 찾아라.

30 단위 정육면체에서 적분에 대한 중점 법칙은 중심값 $f\left(\frac{1}{2},\frac{1}{2},\frac{1}{2}\right)$을 선택한다. 어떤 함수 $f=x^m y^n z^p$이 올바르게 적분될까?

31 사다리꼴 법칙은 $\int_0^1\int_0^1\int_0^1 f(x,y,z)\,dx\,dy\,dz$를 $\frac{1}{8}$과 8개의 꼭짓점에서의 $f(x,y,z)$의 합의 곱으로 근사한다. 이것은 어떤 m,n,p에 대해 $x^m y^n z^p$을 올바르게 적분하는가?

32 정육면체에서의 적분을 위해 27개의 점을 이용한 '심프슨 법칙Simpson's rule'을 제안하라. 많은 작은 정육면체가 큰 상자를 채우는 경우 정육면체당 8개의 새로운 점만 있는 이유는 무엇인가?

14.4 원기둥좌표와 구면좌표

원기둥좌표는 하나의 축을 중심으로 대칭 형태인 입체도형을 묘사하는 데 적합하다. 입체도형은 3차원이므로 다음과 같은 3개의 좌표 r, θ, z가 있다.

r : 축으로부터 나오는 좌표　θ : 축 주변의 좌표　z : 축을 따르는 좌표

이 세 좌표는 평면에서의 극좌표 $r\theta$과 상향인 z를 혼합한 것이다. 이번 절을 보고 나면 r, θ, z가 얼마나 잘 어우러지는지 알게 될 것이다. z축을 중심으로 한 원기둥에서 시작하자.

입체 원기둥 : $0 \le r \le 1$　평평한 바닥과 꼭대기 : $0 \le z \le 3$　반원기둥 : $0 \le \theta \le \pi$

이 반원기둥에서의 적분은 $\int_0^3\int_0^\pi\int_0^1$ ______ $dr\,d\theta\,dz$이다. r,θ,z에 대한 적분 범위의 상한과 하한은 특히 간단하다. 다른 두 축 방향에 더하여 대칭 형태인 다음과

같은 입체도형은 특히 원기둥좌표를 더 편리하게 활용할 수 있다.

원뿔 : $r+z=1$에서 적분　　　**구** : $r^2+z^2=R^2$에서 적분

상자나 사면체는 원기둥좌표를 사용하지 않을 것이다.

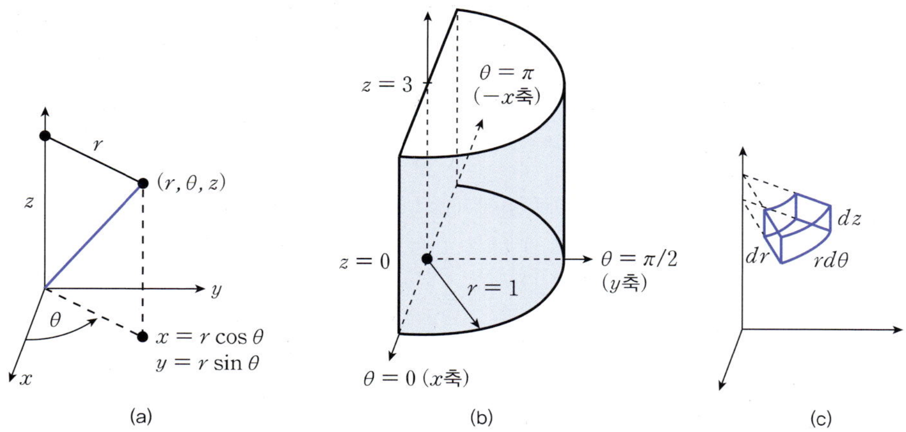

[그림 14-15] 점과 반원기둥에 대한 원기둥좌표. 작은 부피 $r\,dr\,d\theta\,dz$.

적분을 위해서는 부피인 dV가 하나 더 필요하다. 세 모멘트 dr, $d\theta$, dz는 [그림 14-15(c)]에 그려진 xyz 공간에서 '곡선인 상자'를 제공한다. 이때 밑면은 넓이가 $r\,dr\,d\theta$인 극 직사각형이다. 이때 새로운 부분은 높이인 dz이다. **곡선 상자의 부피는 $r\,dr\,d\theta\,dz$이다.** 그런 다음 r은 삼중적분의 빈 공간에 들어가며 변형 인자는 $J=r$이다. 적분 순서는 총 여섯 가지가 있다 (이 중 두 가지를 살펴볼 것이다).

$$\text{부피} = \int_z\int_\theta\int_r r\,dr\,d\theta\,dz = \int_\theta\int_z\int_r r\,dr\,dz\,d\theta \qquad (1)$$

예제 1 **(반원기둥의 부피)** 0에서 1까지 $r\,dr$의 적분은 $\frac{1}{2}$이다. θ에 대한 적분은 π이고 z에 대한 적분은 3이므로 반원기둥의 부피는 $\frac{3\pi}{2}$이다.

1

예제 2 곡면 $r=1-z$는 [그림 14-16]에서 원뿔을 둘러싼다. 부피를 찾아라.

풀이 1

r이 $1-z$로 나가기 때문에 $r\,dr$의 적분은 $\frac{1}{2}(1-z)^2$이고, θ에 대한 적분은 2π(전체 회전)이다. 여기서 잠깐 멈춰 보자.

우리는 $\iint r\,dr\,d\theta = \frac{1}{2}(1-z)^2 2\pi$까지 도달했다. 이는 **높이 z에서의 얇은 조각의 넓**

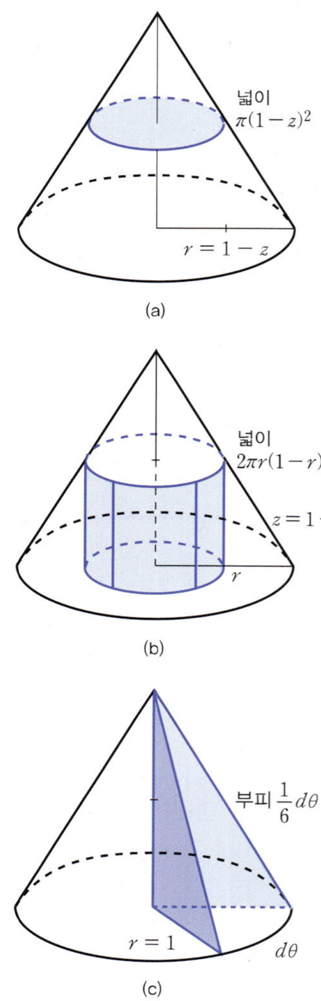

[그림 14-16] 세 가지 방법으로 자른 원뿔: 높이 z에서의 얇은 조각, 반지름 r에서의 껍질, 각도 θ에서의 쐐기

이이다. 얇은 조각은 반지름이 $1-z$이고 넓이가 $\pi(1-z)^2$인 원이며 z에 대한 적분은 이런 조각들의 합이 $\pi/3$이 될 때까지 더한다. 이는 옳은 풀이이지만 부피를 계산하는 유일한 방법은 아니다.

풀이 2

z와 θ에 대한 적분을 먼저 하자. z가 $1-r$로 가고, θ는 2π 주위로 가므로 이 경우 적분은 $\iint r\,dz\,d\theta = r(1-r)2\pi$가 된다. 여기서 다시 멈춰 보자. 이 적분값은 무엇인가의 넓이이어야 한다.

z와 θ에 대한 적분 후에는 **반지름 r의 껍질**shell을 생각해야 한다. 껍질의 높이는 $1-r$이다(바깥쪽 껍질이 짧다). 이 높이와 $2\pi r$의 곱은 껍질 주위의 넓이를 제공한다. 껍질과 얇은 조각 중에서 하나를 선택하는 것은 8장에서와 마찬가지이다. **서로 다른 순서로 적분하는 것은 입체도형을 잘라내는 다른 방법을 준다.**

껍질의 부피는 면적과 두께 dr의 곱이다. 구하는 직원뿔complete cone의 부피는 껍질 부피의 적분인 $\int_0^1 r(1-r)2\pi\,dr = \pi/3$이다.

풀이 3

r과 z에 대한 적분을 먼저 하면 $\iint r\,dr dz = \frac{1}{6}$이다. 그 후 θ에 대해 적분하면 $\int \frac{1}{6}\,d\theta$이고 이것은 $\frac{1}{6}$과 2π의 곱을 준다. 결국 부피 $\pi/3$가 나오는데, 이때 $\frac{1}{6}\,d\theta$는 무엇인가?

세 번째 원뿔은 쐐기 모양으로 절단되며 이 쐐기의 부피가 $\frac{1}{6}d\theta$이다. 특히 2π를 곱하는 경우에는 θ에 대한 적분을 마지막으로 처리하는 것이 일반적이다. 반면 이와 같이 쐐기를 생각하는 것은 그리 일반적이지 않다.

Q_ 부피 $\frac{1}{6}d\theta$는 넓이 $\frac{1}{6}$과 두께 $d\theta$의 곱과 같은가?

A_ 아니다! 세 번째 원뿔에 있는 삼각형은 넓이가 $\frac{1}{6}$이 아닌 $\frac{1}{2}$이다. $d\theta$는 두께를 의미하는 것이 절대 아니다.

이 원뿔은 전형적인 **회전체**이다. 축은 z 방향에 있다. 따라서 θ적분에 대한 적분이 첫 번째, 두 번째, 세 번째 중 어느 순서에 있는지에 상관없이 2π이다. r에 대한 적분값은 반지름 $f(z)$로 바뀌며 원기둥의 경우 1이고 원뿔의 경우 $1-z$이다. 적분 $\iint r\,dr\,d\theta$는 얇은 원형 조각의 넓이인 $\pi(f(z))^2$이며 이는 z에 대한 적분 $\int \pi(f(z))^2\,dz$를 남긴다. 를 남긴다. 그것은 8장의 오래된 부피 공식인 $\int \pi(f(x))^2\,dx$와 같다. 여기에서 얇은 조각들은 x축을 따라 잘린다.

예제 3 z축 주변의 **관성 모멘트**는 $\iiint r^3\, dr d\theta dz$이다. 추가로 나타난 r^2은 (축까지 거리)^{2}이다. 원뿔에서 이 삼중적분을 계산하면 $\pi/10$이다.

예제 4 z축 주변의 **모멘트**는 $\iiint r^2\, dr d\theta dz$이다. 원뿔에서 이를 계산하면 $\pi/6$이다. 평균 거리 $\bar{r}$는 (모멘트)/(부피) $= (\pi/6)(\pi/3) = \dfrac{1}{2}$이다.

예제 5 반지름이 R인 구는 원기둥좌표에서 경계면 $r^2 + z^2 = R^2$을 갖는다. r에 대한 적분에서 위 적분 범위의 상한과 하한은 $\pm\sqrt{R^2 - z^2}$이다. 어려운 문제에서는 이와 같은 편리함이 용납되지 않는다. 이를 피하기 위해 이제 구에 알맞은 좌표로 치환하고자 한다.

구면좌표

지구는 입체 구형이다(또는 구형에 충분히 가깝다). 그 표면에는 위도와 경도의 두 좌표가 사용된다. 안쪽을 파거나 바깥쪽으로 날아갈 때, 중심에서 떨어진 거리를 뜻하는 세 번째 좌표 ρ가 존재한다. 원기둥좌표와의 혼란을 피하기 위해 이 그리스 문자 ρ[rho]는 r을 대신한다. r이 z축에서 측정되는 좌표인 반면 ρ는 원점으로부터 측정된다. 그러므로 $r^2 = x^2 + y^2$이고 $\rho^2 = x^2 + y^2 + z^2$이다.

각도 θ는 이전과 동일하게 0에서 2π로 이동한다. 이것은 경도이며 적도 주변에서 동쪽으로 이동할 때 증가한다.

각도 ϕ는 새로운 좌표인데, 북극에서는 0이고 남극에서는 (2π가 아니라) π이다. 이는 z축에서부터 아래로 측정한 **극각**[polar angle]이다. 적도의 위도는 0이지만 극각은 (절반인) $\pi/2$이다. 여기 구면좌표로 표현한 전형적인 입체들이 있다.

입체 구(또는 공) : $0 \le \rho \le R$	구의 표면 : $\rho = R$
상반구 : $0 \le \phi \le \pi/2$	동반구 : $0 \le \theta \le \pi$

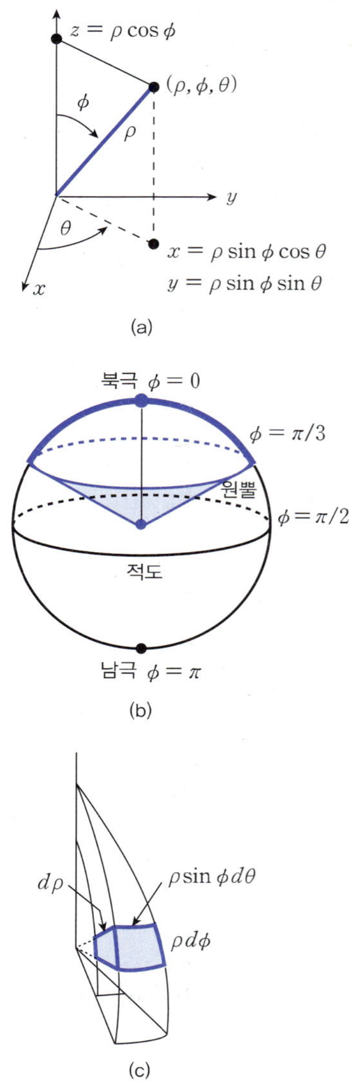

[그림 14-17] 구면좌표 $\rho\phi\theta$. 구면 상자의 부피 $dV = \rho^2\sin\phi\, d\rho d\phi d\theta$.

각도 ϕ는 원점에서 원뿔까지 일정하게 유지되며 이는 곡면을 원으로 자른다([그림 14-17(b)]). 그러나 잘려서 나온 원은 가장 큰 원은 아니다. 각도 θ는 극에서 극까지 반원을 따라 일정하게 유지된다. 거리 ρ는 각 안쪽의 구면에서 일정하며 중심 $\rho = 0$에서 시작하여 $\rho = R$로 이동한다.

구면좌표계에서 부피 적분은 $\iiint \rho^2 \sin\phi\, d\rho d\phi d\theta$이다. 변형 인자 $J = \rho^2\sin\phi$임을 설명하기 위해 $x = r\cos\theta$, $y = r\sin\theta$에서 시작해보자. [그림 14-17(a)]의 삼각형을 보면 알 수 있듯이 구면좌표계에서 r은 $\rho\sin\phi$이고 z는 $\rho\cos\phi$이다. 그러므로 r에 $\rho\sin\phi$를 대입해보자.

$$x = \rho\sin\phi\cos\theta,\ y = \rho\sin\phi\sin\theta,\ z = \rho\cos\phi$$

$\rho\phi\theta$에서 $r\theta z$로, 또 $r\theta z$에서 xyz로 가는 이 두 단계를 기억하라. $x^2+y^2+z^2=\rho^2$임을 확인한 후 다음 식을 살펴보자.

$$\rho^2(\sin^2\phi\cos^2\theta+\sin^2\phi\sin^2\theta+\cos^2\phi) = \rho^2(\sin^2\phi+\cos^2\phi) = \rho^2$$

부피 적분은 [그림 14-17(c)]로 설명할 수 있다. 그것은 직각과 곡선의 모서리가 있는 '구면 상자'를 보여준다. 이때 두 모서리는 $d\rho$와 $\rho d\phi$이며 세 번째 모서리는 수평이다. 보통 $rd\theta$는 $\rho\sin\phi d\theta$가 된다. 이 세 길이를 곱하면 dV가 된다. **상자의 부피는 $dV = \rho^2\sin\phi d\rho d\phi d\theta$이다.**

예제 6 반지름 R인 입체 공은 부피가 $V = \frac{4}{3}\pi R^3$이다. 이때 상한과 하한에 주목하자.

$$\int_0^{2\pi}\int_0^{\pi}\int_0^{R}\rho^2\sin\phi\, d\rho d\phi d\theta = \left[\frac{1}{3}\rho^3\right]_0^R[-\cos\phi]_0^\pi[\theta]_0^{2\pi} = \left(\frac{1}{3}R^3\right)(2)(2\pi)$$

Q_ [그림 14-17]에 있는 원뿔 윗부분의 부피는 무엇인가?

A_ ϕ에 대한 적분은 $[-\cos\phi]_0^{\pi/3} = \frac{1}{2}$에서 멈춘다. 따라서 부피는 $\left(\frac{1}{3}R^3\right)\left(\frac{1}{2}\right)(2\pi)$이다.

예제 7 구의 곡면의 넓이는 $A = 4\pi R^2$이다. 이때 ρ에 대한 적분은 잊어라.

$$A = \int_0^{2\pi}\int_0^{\pi}R^2\sin\phi\, d\phi d\theta = R^2[-\cos\phi]_0^\pi[\theta]_0^{2\pi} = R^2(2)(2\pi)$$

기하학으로 앞 예제들을 이해하였다면 이제 다음 단계인 실제 과학에서 활용되는 예들을 살펴보자. 여기에서는 물리에서 가장 중요한 삼중적분 중 하나인 '입체 구의 중력'을 계산하고자 한다. 어떤 이유로 뉴턴은 이 적분 때문에 곤란함을 겪었다. 뉴턴은 이 적분을 풀 때까지 그의 천문학에서의 걸작에 대한 출판을 거절했다. 필자는 뉴턴이 적분을 하는 데 구면좌표를 쓰지 않았다고 생각하며, 지금도 이 적분은 쉽지 않다.

마침내 뉴턴이 발견한 답은 아름다웠다. **구는 모든 질량이 그 중심에 집중되어 있는 것처럼 작용한다.** 다시 말해 바깥의 점 $(0, 0, D)$에서 중력의 힘은 $1/D^2$에 비례한다. 균일한 입체 구에서의 힘은 임의의 바깥 점 P에서의 질량으로부터 오는 힘과 같다.

여기 한 가지 더 어려운 점이 있다. 바깥의 점과 구의 어떤 부분의 거리는 D보다 더 가깝고 어떤 부분은 더 멀다. 바깥 점 P로부터의 전형적인 내부 점까지의 실제 거리인 q는 [그림 14-18]에서 볼 수 있다. 구 위의 모든 점까지의 평균 거리 $\bar{q}$는 D가 아니다. 그러나 뉴턴이 필요로 했던 것은 $\bar{q}$가 아닌 다른 평균이었고 운이 좋았는지 아니면 아주 멋지게 계산했는지 평균은 완벽히 작동했다. **$1/q$의 평균은 $1/D$이다.** 이것은 위치에너지를 준다.

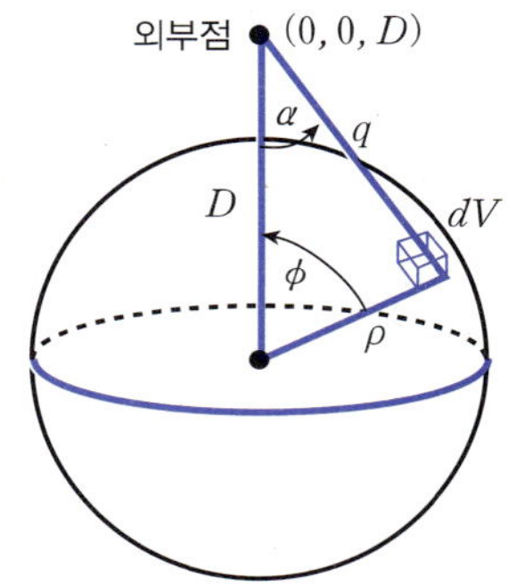

(a)

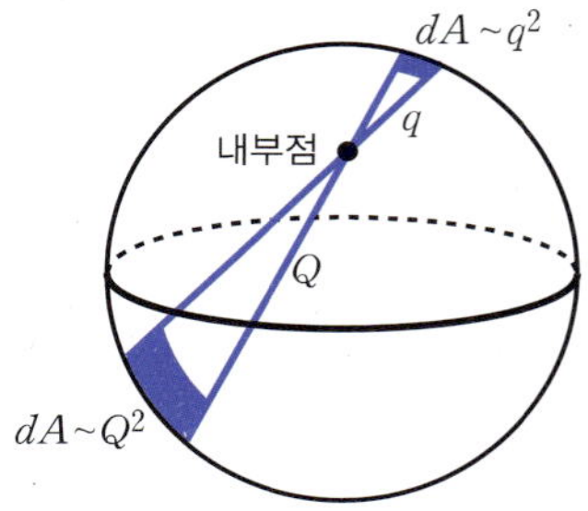

(b)

[그림 14-18] (a) 바깥 점으로부터 내부 점까지의 거리 q, (b) 곡면까지의 거리 q와 Q

$$\text{점 } P\text{에서의 위치에너지} = \iiint_{\text{구}} \frac{1}{q}\, dV = \frac{\text{구의 부피}}{D} \qquad (2)$$

거리 q에서의 작은 부피 dV는 dV/q만큼 위치에너지에 기여한다(밀도 1에 대한 8.6절 내용 참고). 적분은 부피 dV가 기여한 것을 전체 구에 더한다. 식 (2)는 구가 중심에 짓눌러져 있을 때 $r=D$에서 위치에너지가 변하지 않는다고 말한다. 위치에너지는 전제 부피를 단일 거리 D로 나눈 것과 같다.

중요한 점은, $1/q$의 평균은 $1/\bar{q}$이 아니라 $1/D$이라는 것이다. $\frac{1}{2}$과 $\frac{1}{4}$의 평균이 $\frac{1}{3}$이 아닌 것처럼 말이다. 그리고 조금 덜 중요한 점은, 여기서는 '공'을 언급할 때마다 '구'를 썼다. 구는 $0 \le \rho \le R$, $0 \le \phi \le \pi$, $0 \le \theta \le 2\pi$로 표현되는 입체이다. 무엇이 힘에 대한 것인가? 작은 부피에 대해서 힘은 dV/q^2에 비례한다(이것은 역제곱 inverse square 법칙이다). 그러나 힘은 바깥 점에서 구의 중심이 아니라 dV 방향으로 향하는 벡터이다. [그림 14-18]은 기하와 대칭성을 보여준다. **우리는 힘의 z 성분을 원한다**(대칭성에 의해 x와 y의 값은 모두 0이다). 힘의 벡터와 z축 사이의 각도는 α이므로 z성분을 구하기 위해 $\cos\alpha$를 곱한다. 전체 힘은 뉴턴이 발견했던 적분으로부터 온다.

$$\text{점 } P\text{에서의 힘} = \iiint_{\text{구}} \frac{\cos\alpha}{q^2}\, dV = \frac{\text{구의 부피}}{D^2} \qquad (3)$$

이제 적분 (2)를 계산할 것이다. 적분 (3)을 풀기 위한 특권은 여러분에게 남긴다. 진지하게 말하는데, 여러분이 일찍 이 적분을 발견했다면 여러분은 한때 아이작 뉴턴만이 할 수 있었던 것을 하는 기쁨을 누릴 자격이 있었을 것이다. [연습문제 14.4.26]은 코사인 법칙에 대한 힌트를 제공하지만 적분은 여러분의 몫이다.

또한 코사인 법칙은 식 (2)를 푸는 데 도움을 준다. [그림 14-18(a)]의 삼각형에서 코사인 법칙은 $q^2 = D^2 - 2\rho D\cos\phi + \rho^2$을 준다. 이를 전체 양 u라고 하자. 먼저 곡면 적분(ρ가 고정되었을 때 $d\phi$와 $d\theta$)을 하면 $q^2 = u$이고 $q = \sqrt{u}$이며 $du = 2\rho D \sin\phi\, d\phi$이다.

$$\int_0^{2\pi}\int_0^{\pi}\frac{\rho^2\sin\phi\,d\phi\,d\theta}{q}=\int\frac{2\pi\rho^2}{2\rho D}\frac{du}{\sqrt{u}}=\left[\frac{2\pi\rho}{D}\sqrt{u}\right]_{\phi=0}^{\phi=\pi} \tag{4}$$

2π는 θ에 대한 적분에서 오고, $du/\sqrt{u}$의 적분은 $2\sqrt{u}$이다. 상한에서 $\cos\phi=-1$이므로 u는 $D^2+2\rho D+\rho^2$이다. 즉 u의 제곱근은 $D+\rho$이다. 하한에서 $\cos\phi=+1$이고 $u=D^2-2\rho D+\rho^2$이다. 이는 또 다른 완전 제곱이고 제곱근은 $D-\rho$이다. 고정된 ρ에서 곡면 적분 (4)는 다음과 같다.

$$\iint\frac{dA}{q}=\frac{2\pi\rho}{D}[(D+\rho)-(D-\rho)]=\frac{4\pi\rho^2}{D} \tag{5}$$

마지막으로 ρ에 대한 적분을 하면 $\int_0^R 4\pi\rho^2 d\rho/D=\frac{4}{3}\pi R^3/D$이다. 이로써 식 (2)가 증명되었다. 다시 말해 **위치에너지는 구의 부피를 D로 나눈 것과 같다.**

NOTE 1_ $1/q$의 평균 $1/D$은 입체 구 뿐만 아니라 넓이가 $4\pi\rho^2$인 각 구면 껍질에서도 성립한다. 물리학자들이 지구에서 했던 것처럼 껍질들은 다른 밀도들을 가질 수 있고 따라서 뉴턴이 구한 적분은 여전히 옳다. 이를 힘의 적분 (3)에도 적용할 수 있다. **각 분리된 껍질은 중심에 껍질의 질량이 집중된 것처럼 행동한다.** 마지막 ρ에 대한 적분은 입체 구에서와 같은 이러한 성질이 성립함을 알려준다.

NOTE 2_ 물리학자들은 또한 힘이 위치에너지의 도함수에 음의 부호를 붙인 것임을 알고 있다. D에 대한 식 (2)의 도함수는 힘의 적분 (3)을 만든다. [연습문제 14.4.27]은 식 (3)으로 가는 가장 간단한 방법을 설명한다.

예제 8 속이 빈 구는 내부 어디에서나 중력이 0이다.

D가 ρ보다 작을 때 적분 (4)에 있는 $\sqrt{u}$의 상한은 $D-\rho$에서 $\rho-D$로 바뀐다. 제곱근에 의해 양의 부호는 유지된다. 이는 식 (5)에 있는 풀이를 $4\pi\rho^2/\rho$으로 바꾸므로 위치에너지는 더 이상 D에 의존하지 않는다. 즉 위치에너지는 빈 껍질의 내부에서 상수이다. 이때 힘은 위치에너지의 도함수로부터 오기 때문에 힘은 0이 된다.

보다 더 직관적인 증명은 [그림 14-18(b)]에 있다. 곡면 위의 무한소의 넓이는 q^2과 Q^2에 비례한다. 그러나 이 영역들까지의 거리는 q와 Q이므로 힘은 (역제곱 법칙에 의해) $1/q^2$과 $1/Q^2$을 포함한다. 그러므로 두 넓이는 내부 점에서 같은 크기의 힘을 서로 반대 방향으로 가하기 때문에 두 넓이에 의한 힘은 소거된다. 즉 껍질로부터의 전체 힘은 0이다.

좌표의 치환 : 변형 인자 J

미적분을 활용하여 수식 하나를 더 유도할 것이다. 이때 임의의 uvw 좌표계에서 작은 곡선으로 된 상자의 부피를 필요로 한다. $r\theta z$ 상자와 $\rho\phi\theta$ 상자는 직각을 가지며 그들의 부피는 기하를 이용하여 알 수 있다([그림 14-15]와 [그림 14-17]에서 변형 인자는 각각 $J=r$, $J=\rho^2\sin\phi$이었다). 이제 xyz에서 문제에 맞게 선택된 다른 좌표 uvw로 옮길 것이다.

xy에서 uv로 갈 때 면적소 $dA=Jdudv$는 2×2 행렬의 행렬식이다. 삼차원에서 행렬식은 3×3 행렬로 얻어진다. 이 행렬은 항상 미분 한 번으로 얻어지는 '야코비 행렬'이다. xy에서 uv로 갈 때 네 개의 미분계수가 있으며 xyz에서 uvw로 갈 때는 아홉 개의 미분계수가 있다.

3 x, y, z가 u, v, w의 항으로 이뤄져 있다고 하자. 그러면 uvw 공간에서 작은 상자(du, dv, dw를 변으로 갖는다)는 xyz 공간에서 부피 $dV=Jdudvdw$로부터 온다.

$$J=\begin{vmatrix}\partial x/\partial u & \partial x/\partial v & \partial x/\partial w\\ \partial y/\partial u & \partial y/\partial v & \partial y/\partial w\\ \partial z/\partial u & \partial z/\partial v & \partial z/\partial w\end{vmatrix}=\text{변형 인자}\,\frac{\partial(x,y,z)}{\partial(u,v,w)} \tag{6}$$

부피 적분 $\iiint dxdydz$는 uvw에 의한 상한과 하한을 갖는 $\iiint|J|dudvdw$가 된다.

3×3 행렬식은 여섯 개 항의 합이 됨을 기억하자(11.5절). 주대각 성분을 모두 곱한 J의 하나의 항은 $(\partial x/\partial u)(\partial y/\partial v)(\partial z/\partial w)$이다. 이 항은 단순히 대각선을 따르면 얻을 수 있고, 나머지 다섯 개의 항은 적당히 회전하여 구할 수 있다. 구면좌표는 식으로 표현하는 것이 가장 좋다. 이때 아홉 개의 미분계수를 구하는 것은 쉽지만 행렬식을 구하는 것은 쉽지 않다.

예제 9 $x=\rho\sin\phi\cos\theta$, $y=\rho\sin\phi\sin\theta$, $z=\rho\cos\phi$일 때 인자 J를 찾아라.

풀이

$$J=\frac{\partial(x,y,z)}{\partial(\rho,\phi,\theta)}=\begin{vmatrix}\sin\phi\cos\theta & \rho\cos\phi\cos\theta & -\rho\sin\phi\sin\theta\\ \sin\phi\sin\theta & \rho\cos\phi\sin\theta & \rho\sin\phi\cos\theta\\ \cos\phi & -\rho\sin\phi & 0\end{vmatrix}$$

행렬식은 여섯 개의 항을 가지지만 모퉁이에 있는 0 때문에 두 항은 0이 된다. 다른 네 개의 항은 $\rho^2\sin\phi\cos^2\phi\sin^2\theta$, $\rho^2\sin\phi\cos^2\phi\cos^2\theta$, $\rho^2\sin^3\phi\sin^2\theta$, $\rho^2\sin^3\phi\cos^2\theta$이다. 처음 두 항을 더하고($\sin^2\theta+\cos^2\theta$에 주목하자) 분리한 다음 나머지 두 항을 더하자. 이 합들을 더함으로써 $J=\rho^2\sin\phi$에 도달한다.

기하는 이미 이 답을 주었다. 대부분의 uvw 변수에 대해서는 이 행렬식을 사용하라.

14.4 문장제 문제

01 세 __a__ 좌표는 $r\theta z$이다. 예를 들어 $x=y=z=1$인 점에서 $r=$__b__, $\theta=$__c__, $z=$__d__이며 부피 적분은 $\iiint$ __e__이다. 입체도형의 영역 $1 \le r \le 2, 0 \le \theta \le 2\pi, 0 \le z \le 4$는 __f__이며 부피는 __g__이다. r과 θ에 대한 적분으로부터 __h__의 넓이는 __i__와(과) 같고, z와 θ에 대한 적분으로부터 __j__의 넓이는 __k__와(과) 같다. $r\theta z$ 좌표에서 __l__의 형태는 편리하지만 __m__은(는) 편리하지 않다.

02 세 __n__ 좌표는 $\rho\phi\theta$이다. 예를 들어 $x=y=z=1$인 점에서 $\rho=$__o__, $\phi=$__p__, $\theta=$__q__이다. 각도 ϕ는 __r__(으)로부터 측정되고, θ는 __s__(으)로부터 측정된다. r은 __t__까지의 거리인 반면 ρ는 __u__까지의 거리이다. 만약 $\rho\phi\theta$를 안다면 $x=$__v__, $y=$__w__, $z=$__x__이다. 변형 인자 J는 3×3 __y__이며 부피는 $\iiint$ __z__이다.

03 입체도형의 영역 $1 \le \rho \le 2, 0 \le \phi \le \pi, 0 \le \theta \le 2\pi$는 __A__이며 부피는 __B__이다. ϕ와 θ에 대한 적분에서의 반경 ρ에서의 __C__의 넓이는 __D__와(과) 같다. 뉴턴은 __E__의 바깥에서 중력은 __F__에 위치한 균일한 질량과 같음을 발견했다.

14.4 연습문제

01~04 xyz좌표를 $r\theta z$와 $\rho\phi\theta$로 바꿔라.

01 $(D, 0, 0)$

02 $(0, -D, 0)$

03 $(0, 0, D)$ (θ를 보라)

04 $(3, 4, 5)$

05~07 구면좌표를 xyz와 $r\theta z$로 바꿔라.

05 $\rho=4, \phi=\pi/4, \theta=-\pi/4$

06 $\rho=2, \phi=\pi/3, \theta=\pi/6$

07 $\rho=1, \phi=\pi, \theta=$임의의 값

08 $x=r$과 $y=\theta$는 어디 위치해 있고 어떤 범위를 갖는가?

09 원기둥좌표 $r\theta z$에서의 점을 위한 극각 ϕ를 찾아라.

10 $\rho=1, \phi=\pi/2, \theta=0$으로부터 $\rho=1, \phi=\pi/4, \theta=\pi/2$까지 속력 1로 가는 가장 큰 원 위 점의 좌표 $x(t), y(t), z(t)$는 무엇인가?

11~20 적분의 상한 및 하한으로부터 각 영역을 묘사한 후 부피를 찾아라. 내부 적분은 각각의 상한과 하한을 갖는다.

11 $\int_{\theta=0}^{2\pi}\int_{r=0}^{1/\sqrt{2}}\int_{z=r}^{\sqrt{1-r^2}} r\,dz\,dr\,d\theta$

12 $\int_0^{\pi}\int_0^{1}\int_0^{1+r^2} r\,dz\,dr\,d\theta$

13 $\int_{\theta=0}^{2\pi}\int_{z=0}^{1}\int_{r=0}^{2-z} r\,dr\,dz\,d\theta$

14 $\int_0^{\pi}\int_0^{\pi}\int_0^{\pi} r\,d\theta\,dr\,dz$

15 $\int_0^{\pi/2}\int_0^{\pi/2}\int_0^{1} \rho^2\sin\phi\,d\rho\,d\phi\,d\theta$

16 $\int_0^{2\pi}\int_0^{\pi/3}\int_{\sec\phi}^{2} \rho^2\sin\phi\,d\rho\,d\phi\,d\theta$

17 $\int_0^{\pi}\int_0^{\pi}\int_0^{\sin\phi} \rho^2\sin\phi\,d\rho\,d\phi\,d\theta$

18 $\int_0^{2\pi}\int_0^{\pi/4}\int_1^{3} \rho^2\sin\phi\,d\rho\,d\phi\,d\theta$

19 $\int_0^{\pi}\int_0^{\pi}\int_0^{\pi} \rho^2\sin\phi\,d\rho\,d\phi\,d\theta$

20 $\int_0^{1}\int_0^{1}\int_0^{1} \rho^2\sin\phi\,d\rho\,d\phi\,d\theta$

21 [예제 5]에서 $r\theta z$ 좌표에서의 구를 위한 부피 적분을 구했다. 높이 z에서 얇은 원형 조각들의 넓이는 무엇인가? 반지름이 r인 원형 껍질의 넓이는 무엇인가? $4\pi R^3/3$에 도달하기 위해 얇은 조각들(dz)과 다른 껍질들(dr) 위에서 적분하라.

22 $0 \le \rho \le 1-\cos\phi$인 입체 도형을 묘사하고 그것의 부피를 구하라.

23 원기둥 모양의 나무가 반지름 a를 갖는다고 하자. 톱으로 x축에 있는 중간까지 수평으로 자르면 나무는 또한 끝이 x축에 있는 기울어진 평면(수평 각도 α)으로 잘린다. 떨어진 쐐기의 부피는 얼마인가?

24 각 반지름 ρ에서 밀도가 $\delta=(\rho+1)/\rho$일 때 반지름이 R인 행성의 질량을 찾아라. 중심에서 무한한 밀도를 갖지만, 질량은 유한한 $M=\iiint \delta dV$를 가짐에 주목하라. 여기서 ρ는 밀도가 아닌 반지름이다.

25 $r=1-z$인 원뿔의 z축으로부터의 평균 거리는 $\bar{r}=\frac{1}{2}$이다. 삼각형 $r=1-z$으로 볼 때 평균은 $\bar{r}=\frac{1}{3}$이다. 이 삼각형을 회전시켜서 얻은 원뿔과 위 원뿔의 차이는 무엇인가?

26~32 구의 인력을 구하기 위해 [그림 14-18]과 코사인 법칙 $q^2=D^2-2\rho D\cos\phi+\rho^2=u$를 이용하라.

26 뉴턴의 업적 $\iiint(\cos\alpha)dV/q^2$이 (부피$/D^2$)임을 보여라.

힌트 : 제2코사인 법칙 $\rho^2=D^2-2qD\cos\alpha+q^2$으로부터 $\cos\alpha$를 찾아라. ϕ에 대한 적분은 $1/q$과 $1/q^3$을 포함해야만 한다. 식 (2)은 여전히 $\iiint dV/q^3$만 남긴 채로 $1/q$을 적분한다.

27 첫 번째 코사인 법칙에서 $\partial q/\partial D$를 계산하고 [그림 14-18]로부터 그것이 $\cos\alpha$와 같음을 보여라. 그러면 식 (2)의 D에 대한 미분계수는 뉴턴의 식 (3)으로 가는 가장 쉬운 법이 된다.

28 길이가 D와 q인 선은 각도 α로 만난다. 만나는 점을 ΔD만큼 위로 움직여라. 다른 선이 $\Delta q\approx\Delta D\cos\alpha$만큼 늘어나는 이유를 설명하라. 따라서 문제 27과 같이 $\partial q/\partial D=\cos\alpha$이다.

29 북극($D=R$)에서 지구의 표면 ($\rho=R$)으로 가는 평균 거리가 $\bar{q}=4R/3$임을 보여라. $\bar{q}=\iint qR^2\sin\phi\, d\phi d\theta/$(넓이 $4\pi R^2$)를 계산하라. 이때, 주어진 u를 이용한 치환을 사용하라.

30 문제 29처럼 바깥 점 $(0,0,D)$에서 반지름 ρ인 껍질 위의 점까지의 평균 거리가 $\bar{q}=D+\frac{1}{3}\rho^2/D$임을 보여라. 그리고 입체 구를 위한 $\bar{q}$를 찾기 위해 $\iiint q dV$를 적분하고 $4\pi R^3/3$으로 나눠라.

31 [그림 14-18(b)]에서 곡면 위의 넓이가 정확히 q^2과 Q^2에 비례한다는 것은 사실이 아니다. 왜 그런가? [예제 8]에서 두 번째 증명은 어떻게 되는가?

32 서로 끌어당기는 두 입체 구(태양과 행성)에 대해서 두 구 모두를 그들의 중심에 부피가 없는 질량(질점)을 모으는 것이 가능한가?

33 $(0,0,D)$에서 원기둥 $x^2+y^2\le a^2, 0\le z\le h$의 중력을 찾기 위해 $\iiint \cos\alpha dV/q^3$를 계산하라. 그림을 이용하여 $q^2=r^2+(D-z)^2$이고 $\cos\alpha=(D-z)/q$인 이유를 설명하라.

34 선형 치환은 $x=au+bv+cw, y=du+ev+fw, z=gu+hv+iw$를 갖는다. 행렬식 J에 있는 여섯 개의 원소를 써라. 이 중 세 개의 항은 음의 부호를 갖는다.

35 단순히 늘이는 것은 $x=au, y=bv, z=cw$를 갖는다. 3×3 행렬과 그것의 행렬식 J를 찾아라. 이 경우 xyz 상자에 대해 무엇이 특별한가?

36 (a) [예제 9]에서 행렬은 3개의 열을 갖는다. 이 세 벡터의 길이(각 항의 제곱을 더한 뒤 제곱근을 취함)를 각각 찾아라. [그림 14-17]에 있는 상자의 모서리들과 비교하라.

(b) J에 있는 각 열에 대하여 다른 모든 열들과 내적을 취하라. 내적이 0이면 상자가 직각임을 의미한다. 그러므로 J는 열의 길이들의 곱이다.

37 첫 번째 미분계수들의 행렬로부터 원기둥좌표에서 변형 인자 J를 찾아라.

38 원기둥좌표에서 문제 36을 풀어라(J에 있는 각 열의 길이를 찾고 [그림 14-15]에 있는 상자와 비교하라).

39 구면 껍질(반지름 ρ, 밀도 1)의 z축 주변의 관성 모멘트를 찾아라. 축에서 껍질에 있는 점까지의 거리는 $r=$____이다. 다음을 찾기 위해 r을 대입하라.

$$I(\rho)=\int_0^{2\pi}\int_0^{\pi} r^2\rho^2\sin\phi\, d\phi d\theta$$

8.5절의 회전 실험에서 다룬 속이 빈 공을 위한 J를 계산하기 위해서 mr^2으로 나눠라(그러면 $4\pi\rho^4$이 된다).

40 입체 구(반지름 R, 밀도 1)의 관성 모멘트는 문제 39에 있는 빈 구들까지 더하여 $I=\int_0^R I(\rho)d\rho=$_____이(가) 된다. 회전 실험에서 J를 찾기 위해 mR^2로 나눠라(그러면 $\frac{4}{3}\pi R^5$이 된다). _____이기 때문에 입체 공은 빈 공보다 더 빠르게 회전한다.

41 지구 내부에서 중력은 각 중심으로부터의 거리 ρ에 비례한다.

이유 : 반지름이 ρ인 내부 구는 _______에 비례하는 질량을 가진다(밀도는 일정하다고 가정하자). 힘은 질량을 _______(으)로 나눈 것에 비례한다. _______이기 때문에 지구의 나머지(구멍이 있는 구)는 힘을 쓰지 못한다.

42 미국에서 호주까지 중심을 통과하는 터널을 파보자. $y=R$에서 터널 내부로 공을 떨어뜨리면 호주는 $y=-R$로 나타낼 수 있다. 문제 41에 의해 중력은 $-cy$이고, 따라서 뉴턴의 법칙은 $my''=-cy$이다. 공이 호주에 도달할 때 공은 어떻게 움직일 것인가?

15장 벡터해석

Vector Calculus

15.1 벡터장
15.2 선적분
15.3 그린 정리
15.4 면적분
15.5 발산 정리
15.6 스토크스 정리와 **F**의 회전

14장에서 이중적분과 삼중적분을 소개하며 $\int dx$ 에서 $\iint dxdy$, $\iiint dxdydz$ 까지 살펴보았다. 이런 적분은 작은 조각들을 더한 것으로, 극한을 취하여 넓이 또는 부피 또는 질량이 된다. 그 어떤 것도 이보다 자연스러울 수는 없다. 여러 종류의 적분들을 성공적으로 살펴보았지만, 여기서 고려하지 못한 부분이 있다고 말하게 되어 유감이다. 사실 우리가 이를 눈치 채지 못했다는 것이 더 유감이다. 이때 빠뜨린 내용은 다름 아닌 미적분학의 기본 정리이다.

이중적분 $\iint dxdy$는 넓이와 같다. 이를 계산하기 위해 우리는 1의 부정적분을 사용하지 않았다(의식적으로). 우리는 시행착오를 거쳐 적분을 계산하였고, 가장 어려운 부분은 적분의 극한을 찾는 것이었다. 이 장에서 그에 대해 더 깊은 내용을 공부할 것이며, 이 내용이 제대로 행해졌을 때 이중적분을 단일적분으로 바꾸는 것이 미적분학 기본 정리의 새 형태임을 볼 수 있을 것이다.

이전에도 새로운 두 아이디어는 필요했다. 이 중 하나는 이해하기 수월하였으며, 나머지 하나는 그렇지 않았다. 아마도 여러분은 **벡터장**vector field은 좋아하겠지만 **선적분**line integral은 별로 중요하게 여기지 않았을 것이다. 선적분은 $\int v(x)\,dx$와 같이 일반적인 단일적분과 비슷하다. 다만 선적분은 직선이 아닌 곡선을 따라간다. 단일적분에서 선적분으로 발전하면서 명확했던 증분 dx는 다소 혼동하기 쉬운 증분 ds로 바뀐다. 다시 말해 $\int dx$는 구간의 길이였지만 $\int ds$는 곡선의 길이가 된다. 여기서 중요한 것은 영역은 곡선으로 둘러싸여 있고, 우리는 이 곡선을 따라서 적분해야 한다는 점이다. 이차원에서 미적분학의 기본 정리(그린 정리)는 **영역에서의 이중적분**을 **경계 곡선을 따르는 단일적분**과 연결한다.

벡터장이 자연스럽게 등장하는 과학과 공학에는 많은 응용 분야가 존재한다. 이러한 응용 분야에서는 미적분학에서와는 다소 다른 용어를 쓴다. 예를 들어 부정적분 대신 **퍼텐셜 함수**potentilal function에 대해, 미분 대신 '발산'과 '회전'에 대해 이야기할 것이며, 넓이 대신 **유동**plux과 **순환**circulation과 **일**work을 계산할 것이다. 모든 내용은 예를 통해 먼저 살펴보자.

15.1 벡터장

일반적인 스칼라 함수의 경우 입력은 수 x이고, 출력은 수 $f(x)$이다. 반면 벡터장(또는 벡터 함수)의 경우 입력은 점 (x, y)이고, 출력은 이차원 벡터 $\mathbf{F}(x,y)$이다. 모든 점에는 각각 벡터의 '장field'이 하나씩 있다. 삼차원에서 입력은 (x, y, z)이고, 출력 벡터 $\mathbf{F}$는 세 개의 성분이 있다.

> **정의** R을 xy 평면의 한 영역이라 하자. **벡터장** $\mathbf{F}$는 다음과 같이 R의 모든 점 (x, y)에 두 성분을 가진 벡터 $\mathbf{F}(x, y)$를 부여한다.
>
> $$\mathbf{F}(x,y) = M(x,y)\mathbf{i} + N(x,y)\mathbf{j} \tag{1}$$

이 평면 벡터장은 두 변수에 대한 두 개의 함수를 포함하고 있다. 이때 두 개의 함수는 점마다 바뀔 수 있는 성분인 M, N과 같이 표현된다. 즉 벡터는 고정된 성분을 가지고 있으며 벡터장은 변화하는 성분을 가지고 있다.

삼차원 벡터장은 보통 $M(x, y, z)$, $N(x,y,z)$, $P(x, y, z)$와 같은 형태의 함수를 세 성분으로 가진다. 따라서 이 벡터장은 $\mathbf{F} = M\mathbf{i} + N\mathbf{j} + P\mathbf{k}$로 나타낸다.

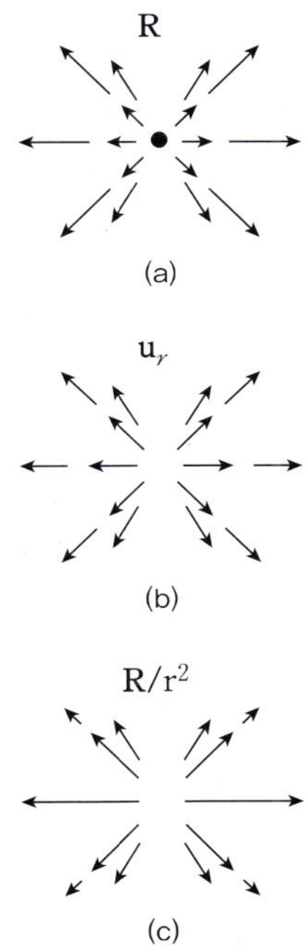

[그림 15-1] 세 벡터장 $\mathbf{R}$, $\mathbf{R}/r$, $\mathbf{R}/r^2$은 방사상이다. 길이는 각각 r, 1, $1/r$이다.

예제 1 (x,y)에서의 **위치 벡터**position vector는 $\mathbf{R} = x\mathbf{i} + y\mathbf{j}$이다. 이때 두 성분은 $M = x$, $N = y$이다. 벡터는 원점에서 멀어질수록 더 커진다([그림 15-1(a)]). 이들의 방향은 바깥을 향하며 그 길이는 $|\boldsymbol{R}| = \sqrt{x^2 + y^2} = r$이다. 벡터 $\boldsymbol{R}$은 수 r에 비해 진하게 표시한다.

예제 2 벡터장 $\mathbf{R}/r$은 바깥을 향하는 **단위 벡터**unit vector $\mathbf{u}_r$로 이루어져 있다. 원점을 제외한 모든 점에서 $\mathbf{R} = x\mathbf{i} + y\mathbf{j}$를 $\mathbf{R}$의 길이로 나누면, $\mathbf{R}/r$의 두 성분은 $M = x/r$, $N = y/r$이다. [그림 15-1(c)]는 길이가 $1/r$인 세 번째 장 $\mathbf{R}/r^2$을 보여준다.

예제 3 **스핀장**spin field 또는 회전장rotation field 또는 turning field은 원점에서 멀어지는 대신 주변을 돈다. 이 장은 다음과 같이 $\mathbf{S}$로 쓰며 두 성분은 $M = -y$, $N = x$이다.

$$\mathbf{S} = -y\mathbf{i} + x\mathbf{j} \quad \text{역시 길이 } |\mathbf{S}| = \sqrt{(-y)^2 + x^2} = r\text{을 가진다.} \tag{2}$$

$\mathbf{S}$는 $\mathbf{R}$에 수직이다. 따라서 $\mathbf{S}$와 $\mathbf{R}$의 내적은 0이다($\mathbf{S} \cdot \mathbf{R} = (-y)(x) + (x)(y) = 0$) 스핀장 $\mathbf{S}/r$와 $\mathbf{S}/r^2$은 각각 길이 1과 $1/r$을 가진다.

$$\frac{\mathbf{S}}{r} = -\frac{y}{r}\mathbf{i} + \frac{x}{r}\mathbf{j}\text{는 } \left|\frac{\mathbf{S}}{r}\right| = 1\text{을 가지고}$$

$$\frac{\mathbf{S}}{r^2} = -\frac{y}{x^2 + y^2}\mathbf{i} + \frac{x}{x^2 + y^2}\mathbf{j}\text{은 } \left|\frac{\mathbf{S}}{r^2}\right| = \frac{1}{r}\text{을 가진다.}$$

단위 벡터 $\mathbf{S}/r$는 $\mathbf{u}_\theta$이다. 이 장이 정의되지 않은 곳인 점 $(0, 0)$은 비어 있음을 명심하라.

예제 4 **기울기 벡터장**gradient field은 보통의 함수 $f(x,y)$로 시작한다. 두 성분 M, N은 각각 편미분 $\partial f/\partial x$, $\partial f/\partial y$이다. 그러면 다음과 같이 장 $\mathbf{F}$는 f의 기울기이다.

$$\mathbf{F} = \text{grad}f = \nabla f = \partial f/\partial x\mathbf{i} + \partial f/\partial y\mathbf{j} \tag{3}$$

이 벡터장 $\text{grad}f$는 등위 곡선 $f(x, y) = c$와 모든 점에서 수직이다.

길이 $|\text{grad}f|$는 f가 얼마나 빠르게 바뀌는지를 말해준다(grad$f$ 방향으로 가장 빠르게 변한다). 함수 $f = x^2y$를 예를 들어 생각해보면 f의 기울기 벡터장 $\mathbf{F} = 2xy\mathbf{i} + x^2\mathbf{j}$를 쉽게 알아낼 수 있다. 반복하면 M은 $\partial f/\partial x$이고 N은 $\partial f/\partial y$이다.

모든 벡터장에 대해 우리는 두 가지 질문을 제기해야 한다. **이 벡터장은 기울기 벡터장인가? 만약 그렇다면 f는 무엇인가?** 다음은 복사장radial field과 스핀장의 경우 위 두 질문에 대한 답이다.

> 1 세 복사장 $\mathbf{R}$, $\mathbf{R}/r$, $\mathbf{R}/r^2$은 모두 기울기 벡터장이다.
> 두 스핀장 $\mathbf{S}$, $\mathbf{S}/r$는 어떤 $f(x, y)$에 대해서도 기울기 벡터장이 아니다.
> 스핀장 $\mathbf{S}/r^2$는 극좌표 각 $\theta = \tan^{-1}(y/x)$의 기울기이다.

$f = \frac{1}{2}(x^2 + y^2)$의 도함수는 x와 y이므로 $\mathbf{R}$은 기울기 벡터장이다. $f = r$의 기울기는 바깥을 향하는 단위 벡터 $\mathbf{R}/r$ 이다. 두 벡터장 모두 중심이 원점인 원에 수직이다. 또한 이들은 $f = \frac{1}{2}r^2$과 $f = r$의 등위 곡선이다.

Q_ 모든 $\mathbf{R}/r^n$은 기울기 벡터장인가?

A_ 그렇다. 하지만 스핀장 중에서는 $\mathbf{S}/r^2$가 유일한 기울기 벡터장이다.

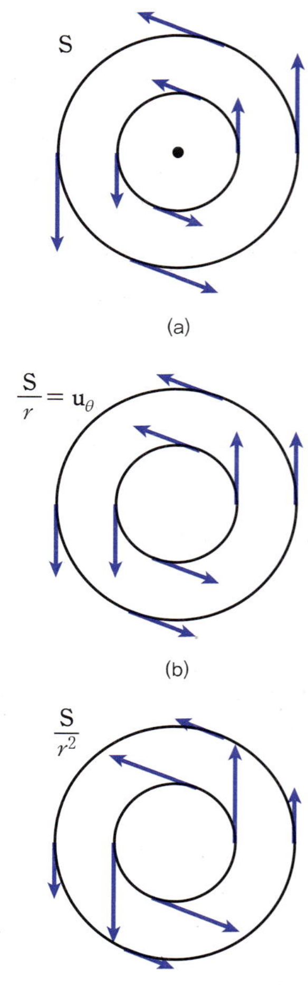

[그림 15-2] 세 스핀장 $\mathbf{S}$, $\mathbf{S}/r$, $\mathbf{S}/r^2$는 원점 주위를 돈다. 길이는 각각 r, 1, $1/r$이다.

이 장의 주요 목표는 간단한 판정법을 통해 기울기 벡터장이 맞는지 확인하는 것이다. 판정법에서 $\mathbf{S}$, $\mathbf{S}/r$가 기각되는 것은 흥미로울 것이다. 어떤 이유에서 $-y\mathbf{i} + x\mathbf{j}$가 판정법에서 기각되고, $y\mathbf{i} + x\mathbf{j}$는 받아들여진다(이는 ______의 기울기이다). $f = \theta$의 기울기로서 $\mathbf{S}/r^2$가 판정법을 통과하는 것은 원점에서의 놀라운 점을 포함하고 있음을 보여준다(15.3절).

기울기 벡터장은 **보존적**conservative이라고 말한다. 함수 f는 **퍼텐셜 함수**이다. 이 두 용어뿐 아니라 다음 예제는 모두 물리와 공학으로부터 온 것들이다.

예제 5 **속도장**velocity field은 $\mathbf{V}$이고 **유동장**flow field은 $\rho\mathbf{V}$이다.

유체가 꾸준하게 관을 타고 내려온다고 하자. 혹은 (폭포 없이) 부드럽게 흐르는 강물을 생각하자. 혹은 공기가 정해진 패턴으로 순환한다고 하자. 속도는 점에 따라 달라질 수 있지만 시간에 따른 변화는 없다. 속도 벡터 $\mathbf{V}$는 모든 점에서의 흐름의 방향과 흐름의 속력을 준다.

실제로 속도장은 세 성분 M, N, P를 가지고 있는 $\mathbf{V}(x, y, z)$로 나타낸다. 이는 x, y, z 방향의 속도 v_1, v_2, v_3이며, 속력 $|\mathbf{V}|$는 $|\mathbf{V}|^2 = v_1^2 + v_2^2 + v_3^2$과 같은 길이이다. '평면 흐름'에서 $\mathbf{k}$ 성분은 0이고 따라서 속도장은 $v_1\mathbf{i} + v_2\mathbf{j} = M\mathbf{i} + N\mathbf{j}$이다.

회전하는 CD 또는 바퀴에 대하여 $\mathbf{V}$는 스핀장이다($\mathbf{V} = \omega\mathbf{S}$, $\omega =$ 각속도). 토네이도는 (토네이도의 중심부는 제외) $\mathbf{V} = \mathbf{S}/r^2$에 가깝다. 폭발은 $\mathbf{V} = \mathbf{R}/r^2$을 가질 것이다. 상대적으로 규모가 작은 예로는 꾸준히 내리는 비가 원천 항일 때 호수 안으로 들어오고 나가는 물의 흐름이 있다.

유동장 $\rho\mathbf{V}$는 밀도 ρ와 속도장을 곱한 것이다. $\mathbf{V}$가 움직임의 속도를 주는 반면 $\rho\mathbf{V}$는 **질량의 움직임에 대한 변화**를 준다. 즉 더 큰 밀도는 더 큰 '질량 운반' $|\rho\mathbf{V}|$의 변화를 의미한다. 이는 버스 승객의 수와 버스의 속도의 곱에 비유할 수 있다.

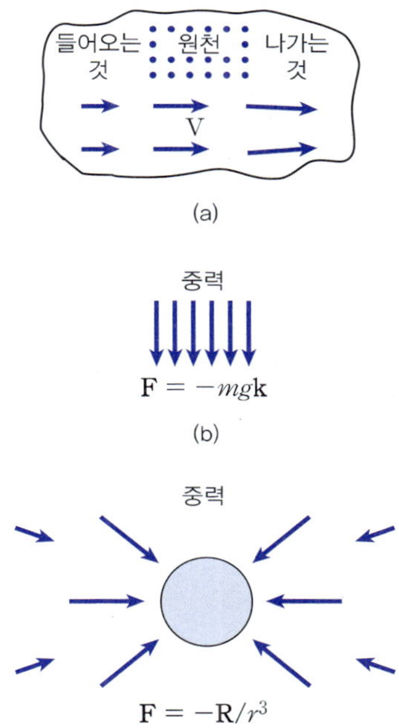

[그림 15-3] 시간에 영향을 받지 않는 속도장 $\mathbf{V}$와 두 힘 장 $\mathbf{F}$

예제 6 중력으로부터 힘 장 $\mathbf{F}$는 바닥 아래로 작용한다. $\mathbf{F}$는 공간에 대해 방사 형태로 작용한다.

중력이 아래로 당길 때, 중력은 $\mathbf{F} = -mg\mathbf{k}$와 같이 0이 아닌 오직 하나의 성분으로 이루어져 있다. 이는 지구의 중심으로 향하는 벡터가 서로 평행하다고 가정한다(거의 사실이다). 그러면 $\mathbf{F}$는 $-mgz$의 기울기이다($\partial f/\partial z = -mg$임을 기억해라).

물리학에서 위치에너지는 일반적으로 $-mgz$가 아닌 $+mgz$이다. 힘 장은 전기공학에서도 $-\text{grad}f$이다. 전자는 높은 위치에너지에서 낮은 위치에너지로 흐른다. 수학도 마찬가지이지만 그 부호는 반대이다.

공간에서 힘은 $\mathbf{F} = -mMG\mathbf{R}/r^3$과 같이 방사상의 안쪽이며, 크기는 $1/r^2$에 비례한다(뉴턴의 역제곱 법칙). 질량은 m, M이고 중력 상수는 $G = 6.672 \times 10^{-11}$이다. 이때 물리량의 단위는 거리는 m, 질량은 kg, 시간은 s이다. 중력 상수 G의 단위는 (힘)(거리)^2/(질량)^{2}이다. 이는 이미 지구의 질량과 반지름을 포함하고 있는 가속도 $g = 9.8\,\text{m}/\text{초}^2$와는 그 의미가 다르다.

모든 방사선 장과 마찬가지로 **중력도 기울기 벡터장이다.** 이는 다음과 같이 퍼텐셜 함수 $f = \dfrac{mMG}{r}$로부터 온다.

$$\frac{\partial f}{\partial x} = -\frac{mMGx}{r^3}, \quad \frac{\partial f}{\partial y} = -\frac{mMGy}{r^3}, \quad \frac{\partial f}{\partial z} = -\frac{mMGz}{r^3} \tag{4}$$

예제 7 **(짧은 예시)** 철사의 전류는 **자기장** $\mathbf{B}$를 만든다. 이는 철사 주변의 스핀장 $\mathbf{S}/r^2$와 전류의 힘의 곱이다.

유선과 역선

벡터장을 그리는 것이 항상 쉽지는 않다. 스핀장도 벡터가 너무 길면 지저분해 보인다(이들의 흐름은 원을 따라간다). 원은 벡터보다 정돈되어 보인다. 어느 장에서나 벡터들은 '역선field line'에 접한다(이는 스핀장에 대해서 원이다).

> **정의** $\mathbf{F}(x,y)$가 C에 접할 때 C를 **역선** 혹은 **적분 곡선**integral curve이라 부른다.
> 곡선 C의 기울기 dy/dx는 벡터 $\mathbf{F}=M\mathbf{i}+N\mathbf{j}$에 대해 N/M과 같다.
>
> $$\frac{dy}{dx}=\frac{N(x,y)}{M(x,y)} \quad \text{(스핀장의 경우 이는 } -\frac{x}{y}\text{와 같다)} \tag{5}$$

우리는 계속 벡터의 장들을 그릴 것이다. 하지만 지금 볼 벡터장들은 벡터의 크기가 작다. 이들은 곡선으로 연결되어 있다! 벡터의 길이를 그리지는 않았다. 왜냐하면 $\mathbf{S}$, $\mathbf{S}/r$, $\mathbf{S}/r^2$가 모두 같은 역선들을 가지기 때문이다(원). 위치 벡터장 $\mathbf{R}$과 중력장 $\mathbf{R}/r^3$에 대해서도 역선들은 원점으로부터 뻗어 나온 선이다. 이 경우 '곡선'은 사실 휘어지지 않은 직선이다.

예제 8 속도 벡터장 $\mathbf{V}=y\mathbf{i}+x\mathbf{j}$의 역선은 쌍곡선이다.

$$\frac{dy}{dx}=\frac{N}{M}=\frac{x}{y} \quad\Rightarrow\quad y\,dy=x\,dx \quad\Rightarrow\quad \frac{1}{2}y^2-\frac{1}{2}x^2=\text{상수}$$

이 쌍곡선의 모든 점은 속도 $\mathbf{V}$로 줄을 선다. **유체의 각 입자는 역선을 따라 이동한다.** 유체 흐름에서 이 쌍곡선들을 **유선**streamline이라 부른다. 나뭇잎을 강에 떨어뜨리면 이는 유선을 따라 흘러간다. [그림 15-4]는 굽이를 도는 강에 대한 유선을 보여준다.

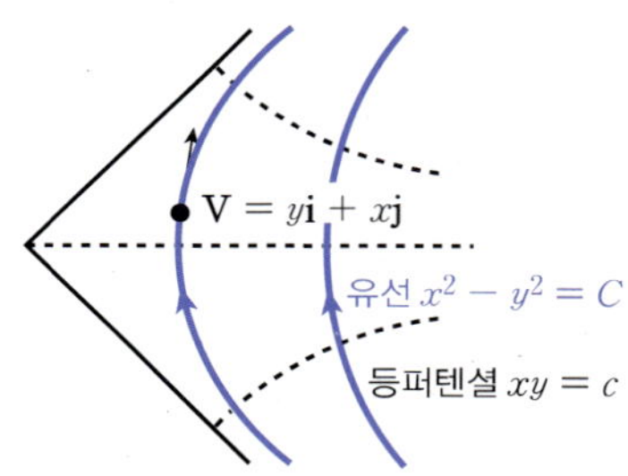

[그림 15-4] 속도장은 유선에 접한다. 기울기 벡터장도 동등한 힘을 가진다.

각 벡터장에 대해 필수적인 질문을 잊지 말자. 이는 기울기 벡터장인가? $\mathbf{V}=y\mathbf{i}+x\mathbf{j}$의 경우 이 질문에 대한 답은 '그렇다'이다. 그리고 퍼텐셜은 $f=xy$이다.

$$xy\text{의 기울기는 } (\partial f/\partial x)\mathbf{i}+(\partial f/\partial y)\mathbf{j}=y\mathbf{i}+x\mathbf{j} \tag{6}$$

퍼텐셜이 있을 때 이는 등위 곡선을 가지는데, 이는 같은 퍼텐셜인 점을 연결한다. 따라서 $f(x,y)=c$는 **등퍼텐셜**equippotential이라 불린다. 여기서 이들은 곡선 $xy=c$(쌍곡선)이다. 기울기가 등위 곡선에 수직이므로 **유선은 등퍼텐셜에 수직이다.** [그림 15-4]는 유선에 의해 잘려 있고, 다른 방법으로는 등퍼텐셜에 의해 잘려 있다.

기울기 벡터장 $\mathbf{F}=\partial f/\partial x\mathbf{i}+\partial f/\partial y\mathbf{j}$는 역선(유선)에 접하며 등퍼텐셜($f$의 등위 곡선)에 수직이다.

f는 grad f 방향으로 가장 빠르게 바뀌며 등위 곡선 방향으로 f는 아예 바뀌지 않는다.

$f(x, y) = c$에 대한 다음 연쇄 법칙은 이 두 방향이 서로 수직이라는 것을 보여준다.

$$\frac{\partial f}{\partial x}\frac{dx}{dt} + \frac{\partial f}{\partial y}\frac{dy}{dt} = 0 \quad \text{또는} \quad (\text{grad} f) \cdot (\text{등위 곡선의 접벡터}) = 0$$

예제 9 $\mathbf{S}/r^2$의 유선은 중심이 $(0, 0)$인 원이다. 등퍼텐셜은 직선 $\theta = c$이다. [그림 15-2]의 기울기 벡터장 $\mathbf{S}/r^2$에 직선들을 더해라.

풀이

중력장에 의해 이 유선과 등퍼텐셜은 서로 바뀐다. 몸통은 역선(직선)에 의해 당겨지며 등퍼텐셜은 $f = 1/r$이 상수인 원이다. 평면은 '직교절선orthogonal trajectory'에 의해 십자형으로 교차하며 곡선들이 만나는 모든 곳에서 수직이다.

만약 철 더미 근처에 자석을 가져간다면, 역선에 약간의 흔들림이 보일 것이다. 힘 장에서 이들을 '역선line of force'이라 한다. 여기 새로운 단어들도 소개하겠다.

벡터장 $\mathbf{F}(x, y, z) = M\mathbf{i} + N\mathbf{j} + P\mathbf{k}$ **평면장** $\mathbf{F} = M(x, y)\mathbf{i} + N(x, y)\mathbf{j}$

복사장 $\mathbf{R} = x\mathbf{i} + y\mathbf{j} + z\mathbf{k}$의 곱 **스핀장** $\mathbf{S} = -y\mathbf{i} + x\mathbf{j}$의 곱

기울기 벡터장 = 보존장 $M = \partial f/\partial x, N = \partial f/\partial y, P = \partial f/\partial z$

퍼텐셜 $f(x, y)$(벡터가 아니다) **등퍼텐셜 곡선** $f(x, y) = c$

유선 = 역선 = 적분 곡선 $\mathbf{F}(x, y)$를 접벡터로 가지는 곡선

15.1 문장제 문제

01 벡터장은 __a__을(를) 각 점 (x, y)나 (x, y, z)에 부여한다. 2차원에서 벡터장은 $\mathbf{F}(x, y) =$ __b__ $\mathbf{i}+$ __c__ $\mathbf{j}$이다. 한 예로 위치 벡터장은 $\mathbf{R} =$ __d__이며, 크기는 $|\mathbf{R}| =$ __e__이고 방향은 __f__이다. 이는 $f =$ __g__의 기울기 벡터장이다. 등위선은 __h__이고 이들은 $\mathbf{R}$의 벡터들과 __i__하다.

02 그림을 거꾸로 할 때 스핀장은 $\mathbf{S} =$ __j__이다. 이의 크기는 $|\mathbf{S}| =$ __k__이고 방향은 __l__이다. 이는 기울기 벡터장이 아니다. 왜냐하면 어떤 함수도 $\partial f/\partial x =$ __m__이 아니고 $\partial f/\partial y =$ __n__이(가) 아니기 때문이다. $\mathbf{S}$는 __o__(으)로 가는 흐름의 벡터장이다. 유선 혹은 __p__ 선 혹은 적분 __q__은(는) __r__이다. 유동장 $\rho\mathbf{V}$는 __s__이(가) 흐름에 따라 움직일 때의 변화율을 준다.

03 원점으로부터의 중력장은 $\mathbf{F} =$ __t__에 비례하며 $|\mathbf{F}| =$ __u__을(를) 갖는다. 이는 뉴턴의 __v__제곱 법칙이며 퍼텐셜 $f =$ __w__인 기울기 벡터장이다. 등퍼텐셜 곡선 $f(x, y) = c$는 __x__이다. 이들은 __y__인 역선에 __z__하다. 이는 함수 $f(x, y)$의 __A__이(가) 등위선에 __B__이라는 것을 보여준다.

04 속도장 $y\mathbf{i}+x\mathbf{j}$는 $f=$ __C__ 의 기울기이며 속도장의 유선은 __D__ 이다. 유선의 기울기 dy/dx는 속도 성분의 비 __E__ 와(과) 같다. 장은 유선에 __F__ 하다. 나뭇잎을 강에 떨어뜨리면 이는 __G__ 을(를) 따라 흘러간다.

15.1 연습문제

01~08 기울기 벡터장에 대해 퍼텐셜 $f(x,y)$를 찾아라. 등퍼텐셜 $f(x,y)=c$에 수직인 유선을 그려라.

01 $\mathbf{F}=\mathbf{i}+2\mathbf{j}$ (상수 장)

02 $\mathbf{F}=x\mathbf{i}+\mathbf{j}$

03 $\mathbf{F}=\cos(x+y)\mathbf{i}+\cos(x+y)\mathbf{j}$

04 $\mathbf{F}=(1/y)\mathbf{i}-(x/y^2)\mathbf{j}$

05 $\mathbf{F}=(2x\mathbf{i}+2y\mathbf{j})/(x^2+y^2)$

06 $\mathbf{F}=x^2\mathbf{i}+y^2\mathbf{j}$

07 $\mathbf{F}=xy\mathbf{i}+$ ____ $\mathbf{j}$

08 $\mathbf{F}=\sqrt{y}\mathbf{i}+$ ____ $\mathbf{j}$

09 전단 장shear field $\mathbf{F}=x\mathbf{j}$를 그려라. 이것이 기울기 벡터장이 아님을 확인하라(만약 $\partial f/\partial x=0$이면 $\partial f/\partial y=x$는 불가능하다). $\mathbf{F}$ 방향의 유선(역선)은 무엇인가?

10 $\partial f/\partial x=-y$를 만족하는 모든 함수를 찾아라. 이 함수들은 $\partial f/\partial y=x$를 만족하지 않음을 보이고 스핀장 $\mathbf{S}=-y\mathbf{i}+x\mathbf{j}$가 기울기 벡터장이 아님을 보여라.

11~18 $\partial f/\partial x$와 $\partial f/\partial y$를 계산해라. 기울기 벡터장 $\mathbf{F}=\text{grad} f$와 등퍼텐셜 $f(x,y)=c$를 그려라.

11 $f=3x+y$

12 $f=x-3y$

13 $f=x+y^2$

14 $f=(x-1)^2+y^2$

15 $f=x^2-y^2$

16 $f=e^x\cos y$

17 $f=e^{x-y}$

18 $f=y/x$

19~24 $dy/dx=N/M$(상수 C를 포함하여)을 풀어서 유선 방정식을 찾고, 유선을 그려라.

19 $\mathbf{F}=\mathbf{i}-\mathbf{j}$

20 $\mathbf{F}=\mathbf{i}+x\mathbf{j}$

21 $\mathbf{F}=\mathbf{S}$ (스핀장)

22 $\mathbf{F}=\mathbf{S}/r$ (스핀장)

23 $\mathbf{F}=\text{grad}(x/y)$

24 $\mathbf{F}=\text{grad}(2x+y)$

25 지구의 중력장은 방사적이다. 하지만 방 안에서 역선은 모든 곳에서 아래로 향하는 똑같은 방향으로 보인다. 이는 근처에서 역선이 ______(으)로 보이기 때문이다.

26 (전하가 지나가는) 전선은 정전기장 $\mathbf{F}=\mathbf{R}/r^2=(x\mathbf{i}+y\mathbf{j})/(x^2+y^2)$을 만든다. 퍼텐셜 $f(x,y)$를 찾아라.

27~32 벡터장 $M\mathbf{i}+N\mathbf{j}$을 구하라.

27 $\mathbf{F}$는 크기가 5인 상태로서 원점에서 방사적으로 원점에서 멀어진다.

28 속도는 $x^3+y^3=c$에 수직이고 속력은 1이다.

29 중력장 $\mathbf{F}$는 단위 질량을 가진 두 점 $(0,0)$과 $(1,0)$으로부터 온다.

30 유선은 $45°$ 방향이고 속력은 4이다.

31 유선은 원점 중심으로 시계 방향으로 도는 원이고 속력은 1이다.

32 등퍼텐셜은 포물선 $y=x^2+c$이고 $\mathbf{F}$는 기울기 벡터장이다.

33 쌍곡선 $xy=2$와 $x^2-y^2=3$이 점 $(2,1)$에서 서로 수직임을 두 기울기 dy/dx를 계산하고 곱한 값이 -1이 나오게 함으로써 직접적으로 보여라.

34 $f(x,y)=c$의 미분은 $f_x+f_y(dy/dx)=0$이다. 이 등위선의 기울기는 $dy/dx=-M/N$임을 보여라. 이는 $(-M/N)(N/M)=$ ______이기 때문에 유선에 수직이다.

35 $f(r)$의 x와 y에 대한 미분은 연쇄 법칙에 의해 $\partial f/\partial x=$ ______ 와(과) $\partial f/\partial y=$ ______이다($f=r^2$에 대해 확인하라). 등퍼텐셜은 ______이다.

36 $\mathbf{F}=(ax+by)\mathbf{i}+(bx+cy)\mathbf{j}$는 기울기 벡터장이다. 퍼텐셜 f를 찾고, 등퍼텐셜을 설명하라.

37 참 또는 거짓임을 판별하라.

(a) 상수 장 $\mathbf{i}+2\mathbf{k}$는 기울기 벡터장이다.

(b) 기울기 벡터장이 아니면 등퍼텐셜은 유선과 수직이 아닌 상태에서 만난다.

(c) 삼차원에서 등퍼텐셜은 곡선이 아닌 곡면이다.

(d) $\mathbf{F}=x^2\mathbf{i}+y^2\mathbf{j}+z^2\mathbf{k}$는 $(0,0,0)$ 밖을 향하는 방사선 장이다.

38 f와 $\mathbf{F}$를 스스로 만들어보고 이에 해당하는 등퍼텐셜과 유선을 그려라.

39 다른 벡터장이 어떻게 서로 같은 유선을 가질 수 있는가? 이들은 같은 등퍼텐셜을 가지는가? 이들이 같은 f를 가질 수 있는가?

40 여섯 개 또는 여덟 개의 점에서 화살표를 그려서 각 장의 방향과 크기를 보여라.

(a) $\mathbf{R}+\mathbf{S}$ (b) $\mathbf{R}/r-\mathbf{S}/r$

(c) $x^2\mathbf{i}+x^2\mathbf{j}$ (d) $y\mathbf{i}$

15.2 선적분

선적분은 **곡선 위에서의 적분**이다. 선적분은 넓이와 같을 수도 있지만 이는 매우 특별한 경우이고, 보통은 그렇지 않다. 넓이 대신에 물리와 공학에서 중요한 다음 두 선적분을 살펴보자.

$$\text{곡선 위에서 한 일} = \int_C \mathbf{F}\cdot\mathbf{T}\,ds \qquad \text{곡선을 가로지르는 흐름} = \int_C \mathbf{F}\cdot\mathbf{n}\,ds$$

첫 번째 적분에서 $\mathbf{F}$는 **힘 장**이고 두 번째 적분에서 $\mathbf{F}$는 **구동장**이다. 일은 움직이는 방향으로 행해지므로 $\mathbf{F}\cdot\mathbf{T}$를 적분해야 한다. 흐름은 곡선 C를 지나가도록 측정되고, 따라서 이때 $\mathbf{F}\cdot\mathbf{n}$을 적분해야 한다. 여기서 $\mathbf{T}$는 단위 접벡터이고, $\mathbf{F}\cdot\mathbf{T}$는 곡선을 따르는 힘 성분이다. 비슷하게 $\mathbf{n}$은 단위 법선벡터이고, $\mathbf{T}$에 수직이다. 그러면 $\mathbf{F}\cdot\mathbf{n}$은 곡선에 수직인 흐름의 성분이다.

앞으로 이 적분들을 여러 형태로 쓸 것이다. 이들은 $\int y(x)dx$처럼 간단하게 계산되지는 않겠지만 결국 이들을 잘 사용할 수 있을 것이다. 책에서 일찍이 이들의 응용들을 소개했으므로 여러분은 우리가 어떤 과정을 밟는지 파악할 수 있을 것이다. 이 절은 일에 집중하여 계산하고, 흐름(flow)(이는 또한 **유동**(flux)이라고 부른다)은 나중에 자세히 살펴볼 것이다. 이제 ds를 x축의 dx에 대응되는 곡선의 증분이라고 생각해야 한다. 즉 $\int dx$가 구간의 길이이듯이(이는 $b-a$와 같다), $\int ds$는 곡선의 길이이다.

예제 1 (직선 경로와 반원 경로를 따르는 애틀랜타에서 로스엔젤레스까지의 비행) 애틀랜타에서 로스앤젤레스까지 서쪽 방향으로 직선거리는 약 2000마일이다. 원점이 가운데 지점에 있다고 가정하면 애틀랜타는 $(1000,0)$에 있고 로스앤젤레스는 $(-1000,0)$에 있다. 즉 반원 경로 C는 반지름 1000을 가진다. 이는 대원[1]을 지나는 경로가 아니며

[1] 구를 그 중심을 지나는 평면으로 자를 때에 생기는 원 또는 그 둘레를 말한다.

시카고를 넘는 북쪽을 거쳐 가는 '평평한 원'에 가깝다. 그 어떤 비행기도 이렇게 날 수 없다(이렇게 날면 비행기는 아마 우주로 갈 것이다).

반원의 방정식은 $x^2+y^2=1000^2$이다. 매개변수로 나타내면 이 경로는 $x=1000\cos t$, $y=1000\sin t$이다. 선적분의 경우 매개변수로 나타내는 것이 더 좋다. 비행기는 $t=0$일 때 애틀랜타를 떠나고, 시간이 더 경과하여 $t=\pi$일 때 로스앤젤레스에 도착한다. 반원 C를 통할 경우에는 거리는 1000π마일이고, 속력은 시간당 1000마일이어야 한다. 속력은 거리 ds를 시간 dt로 나눈 것임을 기억해라.

$$ds/dt=\sqrt{(dx/dt)^2+(dy/dt)^2}=1000\sqrt{(-\sin t)^2+(-\cos t)^2}=1000 \quad (1)$$

C의 접벡터는 $(dx/dt, dy/dt)=(-1000\sin t, 1000\cos t)$에 비례한다. 하지만 $\mathbf{T}$는 단위 벡터이고, 따라서 속력 1000으로 나누어야 한다.

동풍이 힘 $\mathbf{F}=M\mathbf{i}$로 분다고 하자. 그러면 성분은 M과 0이다. $M=$상수에 대해 $\mathbf{F}\cdot\mathbf{T}$를 계산하면 일은 $-2000M$이다.

$$\mathbf{F}\cdot\mathbf{T}=M\mathbf{i}\cdot(-\sin t\mathbf{i}+\cos t\mathbf{j})=M(-\sin t)+0(\cos t)=-M\sin t$$

$$\int_C \mathbf{F}\cdot\mathbf{T}\,ds=\int_{t=0}^{\pi}(-M\sin t)\left(\frac{ds}{dt}dt\right)=\int_0^{\pi}-1000M\sin t\,dt=-2000M$$

일은 힘과 움직인 거리의 곱이다. 이는 바람이 힘의 방향과 반대로 움직이기 때문에 음수이다. 여러분은 비행기가 2000마일을 가니까 여기에 $-M$을 곱하여 일을 더 간단하게 계산할 수 있다고 지적할 수 있다. 하지만 필자는 **이 직선 경로가 사실은 다른 경로라고 반박할 것이다.** 하지만 여러분은 바람이 한 일이 모든 경로에서 $-2000M$이듯이 일을 계산할 때 **경로는 상관없다**고 주장할 수도 있다. 이번에는 여러분이 맞았다고 인정하겠다(하지만 항상 그렇지는 않다).

대부분의 선적분은 경로에 의존한다. 그렇지 않는 것들은 특히 더 중요하다. 기울기 벡터장에 대해, 우리는 시작하는 점 P와 끝나는 점 Q만 알면 된다.

> 2 $\mathbf{F}$가 퍼텐셜 함수 $f(x,y)$의 기울기 벡터장일 때, 일 $\int_C \mathbf{F}\cdot\mathbf{T}\,ds$는 시작점 P와 끝점 Q에만 의존한다. 이때 일은 f의 변화량이다.
>
> $$\mathbf{F}=\partial f/\partial x\mathbf{i}+\partial f/\partial y\mathbf{j} \text{ 이면 } \int_C \mathbf{F}\cdot\mathbf{T}\,ds=f(Q)-f(P)\text{이다.} \quad (2)$$

$\mathbf{F}=M\mathbf{i}$이면 성분 M과 0은 $f=Mx$의 편미분이다. 선적분을 계산하기 위해 f를 끝점에서만 계산하자. 애틀랜타에서 $x=1000$이고, 로스앤젤레스에서 $x=-1000$이며 **퍼텐셜 함수 $f=Mx$는 역도함수와 비슷하다.**

$$\text{일} = f(Q) - f(P) = M(-1000) - M(1000) = -2000M \quad (3)$$

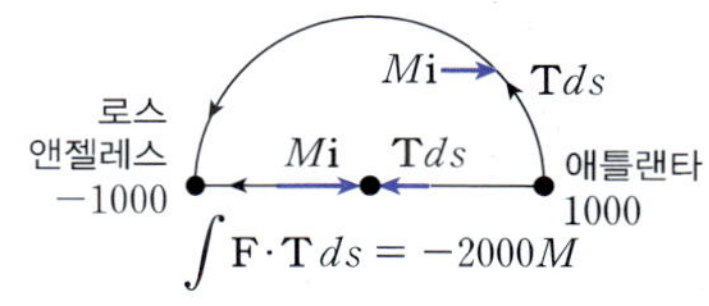

(a)

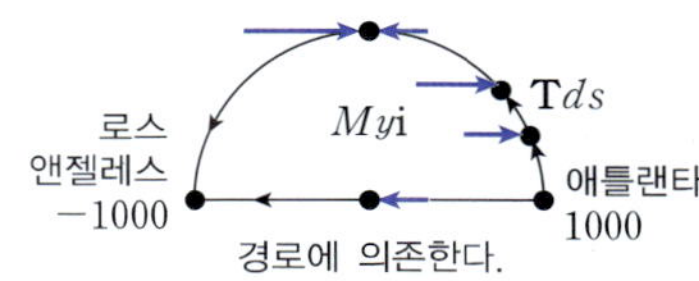

(b)

[그림 15-5] 힘 $M\mathbf{i}$와 모든 경로에서 일 $-2000M$. 힘 $My\mathbf{i}$일 때 직진 경로에서는 일이 없다.

이제 일 적분 $\int \mathbf{F} \cdot \mathbf{T}\,ds$에 대해 대략적으로 설명해 보겠다. 이는 작은 움직임 $\mathbf{T}\,ds$가 $dx\mathbf{i} + dy\mathbf{j}$로 적힐 때 명확해진다. 일은 $\mathbf{F}$와 $\mathbf{T}ds$의 내적이다.

$$\mathbf{F} \cdot \mathbf{T}ds = \left(\frac{\partial f}{\partial x}\mathbf{i} + \frac{\partial f}{\partial y}\mathbf{j}\right) \cdot (dx\mathbf{i} + dy\mathbf{j}) = \frac{\partial f}{\partial x}dx + \frac{\partial f}{\partial y}dy = df \quad (4)$$

극소량의 일은 df이며 총 일은 $\int df = f(Q) - f(P)$이다. 이는 선적분의 기본 정리이다. 여기서 한 가지 주의할 점이 있다. $\mathbf{F}$가 임의의 f의 기울기 벡터장이 아닐 때([예제 2]), 정리는 적용되지 않는다.

예제 2 [예제 1]의 두 경로를 따르며 날아갈 때 상수함수가 아닌 힘 장 $\mathbf{F} = My\mathbf{i}$에 대한 일을 계산하라.

풀이

$y = 0$인 직진 경로에서는 힘이 없다. 즉 x축에서 바람은 아무 일도 하지 않는다. 하지만 반원은 $y = 1000\sin t$로 올라가고, 바람은 강하다.

$$\mathbf{F} \cdot \mathbf{T}(My\mathbf{i}) \cdot (-\sin t\mathbf{i} + \cos t\mathbf{j}) = -My\sin t = -1000M\sin^2 t$$

$$\int_c \mathbf{F} \cdot \mathbf{T}ds = \int_0^{\pi} (-1000M\sin^2 t)\frac{ds}{dt}dt = \int_0^{\pi} -10^6 M\sin^2 t\,dt = -\frac{\pi}{2}10^6 M$$

이 일은 (비현실적으로) 매우 크다. 하지만 이 계산은 모든 것을 매개변수 t로 변환한다는 점에서 중요하다. 두 번째로 주목할 사실은 $\mathbf{F} = My\mathbf{i}$는 기울기 벡터장이 아니라는 것이다. 그 이유는 일이 직진 경로에서는 0이었고 반원에서는 0이 아니기 때문이다. 두 번째 이유는 어떤 함수 f도 $\partial f/\partial x = My$와 $\partial f/\partial y = 0$을 가지지 않기 때문이다(처음 식은 f를 y에 의존하게 하고 이는 다음 식과 상반된다. 이와 같은 $\mathbf{F}$를 전단력이라 한다). 퍼텐셜 없이는 P와 Q를 대입할 수 없다. 또한 일은 경로에 의존한다.

선적분의 정의

$\int \mathbf{F} \cdot \mathbf{T}ds$를 정의하기 위해 처음으로 돌아가보자. $\mathbf{F} \cdot \mathbf{T}$를 경로를 따르는 함수 $g(x, y)$로 정의할 수 있다. 그리고 합의 극한으로 적분을 정의하면 다음과 같다.

$$\int_C g(x, y)ds = \sum_{i=1}^{N} g(x_i, y_i)\Delta s_i \text{의 극한}\ ((\Delta s)_{\text{최대}} \to 0) \quad (5)$$

점 (x_i, y_i)은 곡선 C 위에 존재한다. 이때 처음 점 P는 (x_0, y_0)이고, 마지막 점 Q는 (x_N, y_N)이다. 간격 Δs_i는 (x_i, y_i)와 이전 점과의 거리이다. 간격이 적어지면서 $(\Delta s \to 0)$ 직선의 조각들은 곡선을 따르게 된다. 8.2절에서처럼, 특수한 경우인 $g=1$에서는 호의 길이를 준다. $g(x, y)$가 조각적으로 연속이고(점프도 가능하다) 경로가 조각마다 매끄러우면(다각형처럼 뾰족한 경우도 가능하다), 극한이 존재하고 선적분이 정의된다.

g가 철사의 밀도일 때, 선적분은 철사의 총 질량이다. g가 $\mathbf{F} \cdot \mathbf{T}$일 때 적분은 일이다. 하지만 아무도 공식 (5)를 이용하여 계산하지 않으며 매개변수 t를 사용한다. 이때 t는 시간일 수도, 호의 길이 s일 수도, 원점에서의 거리 x일 수도 있다.

미분 ds는 $(ds/dt)dt$가 된다. 다음과 같이 모든 것은 t로 바뀐다.

$$\int g(x, y)ds = \int_{t=a}^{t=b} g(x(t), y(t))\sqrt{(dx/dt)^2 + (dy/dt)^2}\, dt \tag{6}$$

곡선은 $t=a$일 때 시작해서 점 $(x(t), y(t))$을 지난 후 $t=b$일 때 멈춘다. 적분 안의 제곱근은 속도 ds/dt이다. 3차원에서 C 위의 점은 $(x(t), y(t), z(t))$이고 $(dz/dt)^2$은 제곱근 안에 있다.

예제 3 코일 용수철 안의 점들은 $(x, y, z) = (\cos t, \sin t, t)$이다. 밀도가 $\rho = 4$이고 두 바퀴를 완전히 돌았을 때($t=0$에서 $t=4\pi$까지)의 질량을 구하라.

풀이

핵심은 $(dx/dt)^2 + (dy/dt)^2 + (dz/dt)^2 = \sin^2 t + \cos^2 t + 1 = 2$이다. 따라서 $ds/dt = \sqrt{2}$이다. 질량을 찾기 위해 단위 길이당 질량을 적분하자. 이때 $g = \rho = 4$이다.

$$\text{질량} = \int_0^{4\pi} \rho \frac{ds}{dt} dt = \int_0^{4\pi} 4\sqrt{2}\, dt = 16\sqrt{2}\pi$$

이는 3차원에서의 선적분이며 t를 적분에 어떻게 이용하는지를 보여준다. 하지만 이는 이 절의 핵심 내용은 아니다. 왜냐하면 벡터장 $\mathbf{F}$를 포함하지 않기 때문이다. 이 절은 일에 관한 것이지, 질량에 관한 것만은 아니다.

일 적분의 다른 모양들

일 적분 $\int \mathbf{F} \cdot \mathbf{T} ds$는 좀 더 좋은 방법으로 나타낼 수 있다. 이때 힘은 $\mathbf{F} = M\mathbf{i} + N\mathbf{j}$이고 곡선의 작은 간격은 $dx\mathbf{i} + dy\mathbf{j}$이다. 일은 힘과 거리의 곱이다. 하지만 이는 힘의 직선 방향만 고려한 식이다. 내적 $\mathbf{F} \cdot \mathbf{T} ds$는 $\mathbf{T}$ 방향 성분을 자동으로 찾아준다.

[3] C 위의 점을 향하는 벡터가 $\mathbf{R}=x\mathbf{i}+y\mathbf{j}$ 이면 $d\mathbf{R}=\mathbf{T}ds=dx\mathbf{i}+dy\mathbf{j}$ 이다.

$$\text{일}=\int_C \mathbf{F}\cdot d\mathbf{R}=\int_C Mdx+Ndy \qquad (7)$$

공간의 곡선에 대해 일은 $\int \mathbf{F}\cdot\mathbf{T}ds=\int\mathbf{F}\cdot d\mathbf{R}=\int Mdx+Ndy+Pdz$ 이다.

여기서 곱 Mdx는 (x방향의 힘)(x방향의 이동)이다. 이는 둘 중 하나의 인자가 0이면 그 값이 0이 됨을 뜻한다. 예를 들어 힘이 중력뿐일 때, 피아노를 미는 행동은 높이에 변화가 없으므로 중력은 일하지 않은 것과 마찬가지이다 피아노를 계단 위로 옮기면 Pdz가 생기고, 총 일은 피아노 무게 P와 z의 변화량의 곱이다.

새로운 식 $\int\mathbf{F}\cdot d\mathbf{R}$과 원래의 식 $\int\mathbf{F}\cdot\mathbf{T}ds$을 연결하기 위해 접벡터 $\mathbf{T}$를 기억하자. **$\mathbf{T}$는 $d\mathbf{R}/ds$이므로 따라서 $\mathbf{T}ds$는 $d\mathbf{R}$이다.** $d\mathbf{R}$을 계산하는 것이 가장 좋다. 왜냐하면 단위 벡터 $\mathbf{T}$는 $ds/dt=\sqrt{(dx/dt)^2+(dy/dt)^2}$ 과 같은 나눗셈이 있어서 계산이 번거롭기 때문이다. 나중에 우리는 ds를 $(ds/dt)dt$로 바꿀 때 이 제곱근을 곱할 것이다. 제곱근을 계산하고, 이 값으로 나눈 다음 다시 곱을 계산하는 것은 말이 되지 않는다. 이와 같은 복잡한 계산은 향상된 형태 $\int Mdx+Ndy$에서는 나오지 않는다.

예제 4 $(1,0)$에서 $(0,1)$까지의 경로위에서 벡터장 $\mathbf{F}=-y\mathbf{i}+x\mathbf{j}$ 가 한 일을 찾아라.

NOTE 1_ [예제 4]의 $\mathbf{F}$는 스핀장 $\mathbf{S}$이므로 원점 주변을 돈다. 한편 $\mathbf{R}=x\mathbf{i}+y\mathbf{j}$은 밖을 향한다. 이들의 내적은 $\mathbf{F}\cdot\mathbf{R}=-yx+xy=0$이다. 이는 $\mathbf{F}\cdot d\mathbf{R}=0$이라는 것을 의미하지는 않는다. 즉 힘은 $\mathbf{R}$에 수직이지만 $\mathbf{R}$의 변화에 수직이진 않다. x축에서 y축으로, $(1, 0)$에서 $(0,1)$로의 움직임에 대한 일은 0이 아니다.

NOTE 2_ 우리는 경로 C에 대해 설명하지 않았다. 이는 꼭 필요한 과정이다. 스핀장은 기울기 벡터장이 아니며 직선 경로의 일은 사분원 경로의 일과 같지 않다.

직선 : $x=1-t,\ y=t$

사분원 : $x=\cos t,\ y=\sin t$

일의 계산 $\mathbf{F}\cdot d\mathbf{R}=Mdx+Ndy$를 매개변수 t로 바꾸자.

직선 : $\int -ydx+xdy=\int_0^1 -t(-dt)+(1-t)dt=1$

사분원 : $\int -ydx+xdy=\int_0^{\pi/2} -\sin t(-\sin t dt)+\cos t(\cos t dt)=\frac{\pi}{2}$

일반적인 방법 경로는 $x(t)$와 $y(t)$로 주어져 있다. 이를 $M(x,y)$와 $N(x,y)$에 대입하면 $\mathbf{F}$는 t의 함수이다. 그 다음 dx/dt와 dy/dt를 구하고 시작하는 시간 t에서 끝까지 $Mdx/dt+Ndy/dt$를 적분하자.

연습 삼아 x축에서 원점까지의 경로($x=1-t,\ y=0$)를 취하자. 그리고 y축으로 올

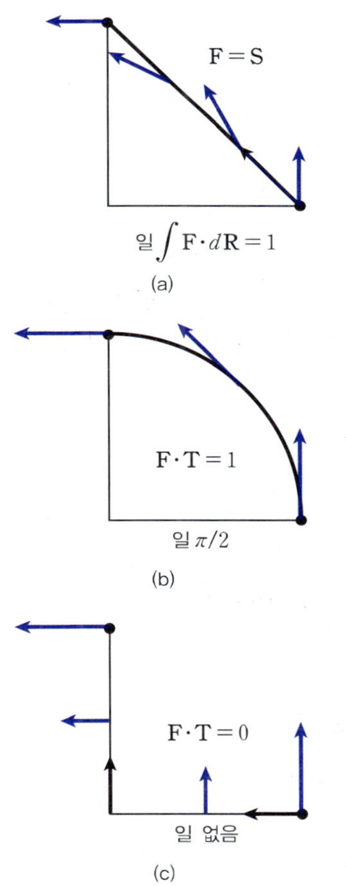

[그림 15-6] $\int\mathbf{F}\cdot d\mathbf{R}=\int -ydx+xdy=1, \pi/2, 0$의 세 경로

라가자($x=0, y=t-1$). $(1,0)$에서 시작할 때 시간은 $t=0$이고 원점에서 경로가 바뀌는 시간은 $t=1$이며 $(0,1)$에서 끝나는 시간은 $t=2$이다. 경로가 두 부분으로 나누어져 있으므로 적분도 두 식으로 나누어진다.

구부러진 경로 : $\int -y\,dx + x\,dy = 0+0$

(한 부분에서 $y=0$이고, 나머지 부분에서 $x=0$이다)

NOTE 3_ 이 스핀장 $\mathbf{F}=\mathbf{S}$의 경우 답은 경로에 의존하지만 변수의 선택에 의존하지는 않았다. 만약 우리가 같은 경로를 택하고 다른 속도로 움직인다면 이때의 일은 같다. $(ds/dt)dt$와 $(ds/d\tau)d\tau$가 모두 ds로 같으므로 t와는 다른 매개변수 τ를 선택할 수 있다. 예를 들어 직진 경로에서 두 배로 빠르게 이동하면($x=1-2\tau, y=2\tau$) $t=1$이 아닌 $\tau=\frac{1}{2}$일 때 운동이 끝난다. 이때 일은 여전히 1이다.

$$\int -y\,dx + x\,dy = \int_0^{1/2}(-2\tau)(-2d\tau)+(1-2\tau)(2d\tau) = \int_0^{1/2} 2d\tau = 1$$

총 에너지(운동+위치)의 보존

힘 장이 질량 m에 일할 때, 일반적으로 질량의 속도가 바뀐다. 뉴턴의 법칙은 $\mathbf{F}=m\mathbf{a}=m\,d\mathbf{v}/dt$이다(이는 벡터 법칙이다. 왜 세 성분을 써야 하는가?). 따라서 일 $\int \mathbf{F}\cdot d\mathbf{R}$은 다음과 같다.

$$\int (m\,d\mathbf{v}/dt)\cdot(\mathbf{v}\,dt) = \frac{1}{2}m\mathbf{v}\cdot\mathbf{v}\Big]_P^Q = \frac{1}{2}m|\mathbf{v}(Q)|^2 - \frac{1}{2}m|\mathbf{v}(P)|^2 \qquad (8)$$

일은 운동에너지 $\frac{1}{2}m|\mathbf{v}|^2$의 변화량과 같다. 하지만 기울기 벡터장에 대해서 일은 위치에너지의 변화량과도 같다. 물리학에서는 다음과 같이 음의 부호가 붙는다.

$$\text{일} = \int \mathbf{F}\cdot d\mathbf{R} = -\int df = f(P)-f(Q) \qquad (9)$$

식 (8)과 식 (9)를 비교할 때 $\frac{1}{2}m|\mathbf{v}|^2+f$의 조합은 P와 Q에서 똑같다. **총 에너지인 운동에너지와 위치에너지의 합은 보존된다.**

경로에 무관함 : 기울기 벡터장

스핀장 $\mathbf{S}$에서의 일은 경로에 의존한다. [예제 4]에서는 세 경로인 직선, 사분원, 굽은 선을 보여주었다. 세 경로에서 일은 모두 다른 값으로서 각각 $1, \pi/2, 0$이었다. 이는 전체 벡터장의 99.99%보다 더 많은 경우에 일어나는 일이다. 하지만 가장 중요한 벡터장에서는 정작 이 현상이 일어나지 않는다. 수학과 물리학에서는 일이 오직 끝점에만 영향 받는 아주 특별한 장에 집중한다. 이제 적분이 경로에 무관할 때 어떤 일이 일어나는지 설명할 것이다.

P에서 Q까지 한 경로를 따라 적분하고 다른 경로를 따라 P로 돌아간다고 하자. 이 두 경로를 합치면 이는 P에서 P까지의 **닫힌 경로**이다([그림 15−7]). 하지만 거꾸로 적분하는 것은 $d\mathbf{R}$의 부호를 바꾸기 때문에 원래 적분에 음의 부호가 붙는다. 만약 **P에서 Q까지의 두 적분이 같다면 닫힌 경로의 적분은 0이다.**

$$\underset{\text{닫힌 경로}}{\oint_P^P \mathbf{F}\cdot d\mathbf{R}} = \underset{\text{경로1}}{\int_P^Q \mathbf{F}\cdot d\mathbf{R}} + \underset{\text{돌아오는 경로2}}{\int_Q^P \mathbf{F}\cdot d\mathbf{R}} = \underset{\text{경로1}}{\int_P^Q \mathbf{F}\cdot d\mathbf{R}} - \underset{\text{경로2}}{\int_P^Q \mathbf{F}\cdot d\mathbf{R}} = 0 \quad (10)$$

처음 적분에서 원은 닫힌 경로라는 것을 의미한다. 나중에는 P도 빼고 쓸 것이다.

모든 닫힌 경로의 적분이 0은 아니다! 대부분의 장 $\mathbf{F}$에 대해 경로가 다르면 일도 다르다. '보존장conservative field'에 대해 모든 경로는 같은 일을 한다. 즉 닫힌 경로를 따라 일이 0이면 이 일은 에너지를 보존한다. 여기서 핵심 질문은 다음과 같다. **모든 경로를 시험하지 않고, 어떤 장이 보존장인지 어떻게 알까?** 이제 구멍이 없는 평면 영역 $\mathbf{R}$에 대해 보존하는 장에 대한 중요한 정보를 소개한다.

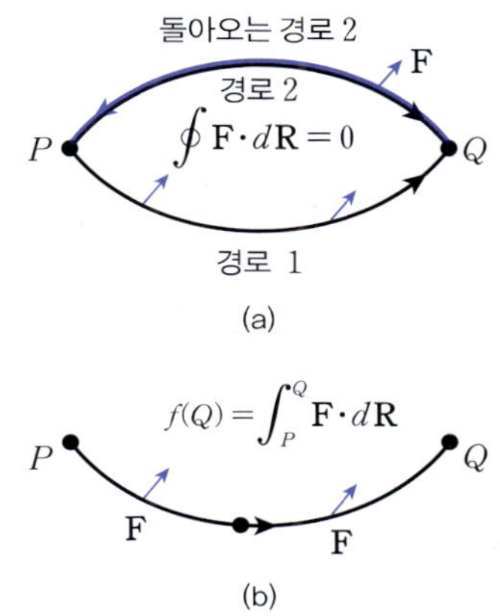

[그림 15−7] 보존하는 장: $\oint \mathbf{F}\cdot d\mathbf{R} = 0$, $\int_P^Q \mathbf{F}\cdot d\mathbf{R} = f(Q) - f(P)$. 여기서 $f(P) = 0$이다.

---

4 $\mathbf{F} = M(x,y)\mathbf{i} + N(x,y)\mathbf{j}$가 다음 성질을 만족하면 **F는 보존장이다.**

A. 모든 닫힌 경로에 대해 일 $\int \mathbf{F}\cdot d\mathbf{R}$이 0이다.

B. 일 $\int_P^Q \mathbf{F}\cdot d\mathbf{R}$은 P와 Q에만 의존하고, 경로에는 의존하지 않는다.

C. $\mathbf{F}$가 **기울기 벡터장**이다. 즉 어떤 퍼텐셜 $f(x,y)$에 대해 $M = \partial f/\partial x$이고 $N = \partial f/\partial y$이다.

D. 모든 성분에 대하여 $\partial M/\partial y = \partial N/\partial x$이다.

이 성질 중 하나라도 만족하면 네 가지 성질을 모두 만족한다. 네 가지 중 D가 가장 빠른 판정법이다.

위 A~D는 보존장(다시 말해 기울기 벡터장)에 대한 모든 것을 말해준다. 닫힌 경로는 한 길을 따라 Q로 간 다음에 다른 길을 따라 P로 온다. 즉 일은 상쇄되고 이때 A와 B는 같은 말이다. 이제 A, B를 **C와 연결해보자.**

NOTE _ 판정법 D는 $\mathbf{F}$의 '스핀장'이 0이라는 것을 뜻한다. 다음 절에서 다루는 그린 정리에서 이에 대해 알아볼 것이다(스핀장에 대한 설명은 15.6절에 있다).

첫째로 **기울기 벡터장 $\mathbf{F} = \text{grad} f$는 보존적이다.** 일은 선적분의 기본 정리 때문에 $f(Q) - f(P)$이다. 이는 끝점에만 의존하고, 경로에는 의존하지 않는다. 따라서 C가 B를 유도한다.

이제 B로부터 C를 유도해야 한다. 즉 보존장 $M\mathbf{i}+N\mathbf{j}$가 기울기임을 보여야 한다. 일이 끝점에만 의존한다고 하자. 그러면 퍼텐셜 f에 대하여 $\mathbf{F}$가 f의 기울기가 되어야 한다. 다시 말해, $\partial f/\partial x$는 M이어야 하고 $\partial f/\partial y$는 N이어야 한다.

> **점 P를 고정하고, $f(Q)$를 Q까지 가는 데 필요한 일이라고 정의하자.**
> **그러면 $\mathbf{F}$는 $\mathrm{grad}f$와 같다.**

위 문장이 성립하는 이유를 확인하자. 시작하는 점 P에서 f는 0이고 모든 다른 점 Q에서 f는 P까지 도달하는 데 필요한 일인 $\int M dx + N dy$이다. **P에서 Q까지의 모든 경로는 같은 $f(Q)$이다.** 왜냐하면 장을 보존장으로 가정했기 때문이다. 두 예제를 살펴본 후 $\mathrm{grad}f$가 **$\mathbf{F}$와 같다는 것을 증명할 것이다.**

예제 5 $\mathbf{F}=M\mathbf{i}+N\mathbf{j}=2xy\mathbf{i}+x^2\mathbf{j}$일 때, $f(x,y)$를 찾아라. 이때 $\partial f/\partial x=2xy$이고 $\partial f/\partial y=x^2$임을 보여라.

풀이 1

$P=(0,0)$을 선택하자. $Mdx+Ndy$를 $(0,0)$에서 $(x,0)$을 따라 적분하고, $(x,0)$에서 (x,y)를 따라 적분하자.

$$\int_{(0,0)}^{(x,0)} 2xy\,dy=0 \ \ (y=0\text{이므로}) \qquad \int_{(x,0)}^{(x,y)} x^2dy=x^2y \ \ (f\text{와 같다})$$

$f=x^2y$는 $f_x=2xy$, $f_y=x^2$이므로 조건을 당연히 만족한다. 따라서 $\mathbf{F}=\mathrm{grad}f$이다. 처음 적분에서 ($x$축에서) $dy=0$임을 명심하자. 그리고 두 번째 적분에서 $dx=0$ (x는 고정되어 있다)이다. 이 두 적분에 의해 $f=x^2y$가 된다.

풀이 2

$2xydx+x^2dy$를 $t=0$에서 $t=1$까지 직선 (xt, yt)를 따라서 적분하자.

$$\int_0^1 2(xt)(yt)(x\,dt)+(xt)^2(ydt)=\int_0^1 3x^2yt^2\,dt=x^2yt^3]_0^1=x^2y$$

대부분의 저자들은 **풀이 1**을 사용한다. 필자는 보통 **풀이 2**를 사용한다. 대부분의 학생들은 **풀이 3**을 사용한다.

풀이 3

$\partial f/\partial x=M=2xy$를 직접 풀고 $df/dy=N=x^2$을 만족하도록 고친다.

$$\partial f/\partial x=2xy\text{는 } f=x^2y(+y\text{의 함수})\text{를 준다.}$$

이 예제에서 x^2y는 이미 올바른 미분 $\partial f/\partial y = x^2$을 가지고 있으므로 y에 대한 새로운 함수가 따로 필요하지 않다. 이 경우 적분상수(보통 C)는 함수 $C(y)$로 나타낸다. 이제 f를 찾는 연습을 할 것이다. 이는 보존장에서만 가능하다. 여기서는 $\partial M/\partial y = \partial N/\partial x$임을 확신하기 위해 $M = 2xy$와 $N = x^2$에 대해 (판정법 D를 사용하여) 검증해보자.

예제 6 $M\mathbf{i} + N\mathbf{j}$가 스핀장 $-y\mathbf{i} + x\mathbf{j}$일 때, $f(x, y)$를 살펴보자.

풀이 1 (시도)

$-ydx + xdy$를 $(0, 0)$에서 $(x, 0)$을 지나 (x, y)까지 적분하자.

$$\int_{(0,0)}^{(x,0)} -y\,dx = 0 \text{이고 } \int_{(x,0)}^{(x,y)} x\,dy = xy \text{ (}f\text{ 처럼 보인다)}$$

풀이 2 (시도)

$-ydx + xdy$를 $t = 0$에서 1까지 선분 (xt, yt)를 따라 적분한다.

$$\int_0^1 -(yt)(x\,dt) + (xt)(y\,dt) = 0 \text{ (다른 }f\text{, 여전히 잘못된 값이다)}$$

풀이 3 (시도)

직접 $\partial f/\partial x = -y$을 풀고 $\partial f/\partial y = x$가 되도록 고쳐보자.

$$\partial f/\partial x = -y \text{는 } f = -xy(+\text{함수 } C(y))\text{이다.}$$

f의 y에 대한 미분은 $-x + dC/dy$이다. 이는 구하고자 했던 $\partial f/\partial y = x$와 일치하지 않는다. 그러므로 **스핀장 $-y\mathbf{i} + x\mathbf{j}$는 보존적이지 않다.** 즉 이때 f는 존재하지 않는다. 판정법 D는 $\partial M/\partial y = -1$과 $\partial N/\partial x = +1$을 준다.

예제에서 증명으로 넘어가며 이번 절을 마무리하고 한다. 포텐셜 $f(Q)$는 Q에 도달하기 위한 일로 정의된다. 우리는 이의 편미분이 M과 N임을 보여야 한다. 이는 공식 $f(Q) = \int Mdx + Ndy$를 이용하면 얼핏 성립하는 것처럼 보이지만 엄밀한 증명을 거쳐야 한다.

모든 경로가 같은 $f(Q)$를 준다는 판정법 A를 기억해라. P에서 Q의 왼쪽으로 가는 경로를 생각하면 이는 직선 $y =$ 상수(즉 $dy = 0$)를 따라 Q에 도달한다. 경로가 Q에 도달하면 Mdx만 적분하고, 이 적분의 도함수는 점 Q에서 $\partial f/\partial x = M$이다. 이는 미적분학의 기본 정리에 의해 성립하는 것들이다.

$\partial f/\partial y = N$을 보이기 위해 다른 경로를 고르자. P에서 Q 아래의 점으로 가면 경로는 수직선(즉 $dx = 0$)을 따라 Q로 간다. Q 근처에서는 Ndy만 적분하고, 따라서

$\partial f/\partial y = N$이다.

영역에 구멍이 있으면 안 된다는 조건은 판정법 D에서 매우 중요하다.

예제 7 $f(x,y) = \int_{(0,0)}^{(x,0)} x\,dx + y\,dy$를 찾아라. $\partial N/\partial x = 0 = \partial M/\partial y$이므로 판정법 D는 통과되었다.

풀이 1

$\int_{(0,0)}^{(x,0)} x\,dx = \frac{1}{2}x^2$은 $\int_{(0,0)}^{(x,0)} y\,dy = \frac{1}{2}y^2$에 더해진다.

풀이 2

$$\int_0^1 (xt)(x\,dt) + (yt)(y\,dt) = \int_0^1 (x^2+y^2)t\,dt = \frac{1}{2}(x^2+y^2)$$

풀이 3

$\partial f/\partial x = x$이면 $f = \frac{1}{2}x^2 + C(y)$이다. 그러면 $\partial f/\partial y = y$는 $C(y) = \frac{1}{2}y^2$가 필요하다.

15.2 문장제 문제

01 일은 $\mathbf{F}\cdot d\mathbf{R}$의 __a__이다. 여기서 $\mathbf{F}$는 __b__이고, $\mathbf{R}$은 __c__이다. __d__적은 __e__의 움직이는 방향 $d\mathbf{R} = dx\mathbf{i} + dy\mathbf{j}$로의 성분을 찾아준다. 직진 경로 $(x,y) = (t, 2t)$는 $d\mathbf{R} = dt\mathbf{i} +$ __f__인 상태로 $t=0$일 때 __g__에서 $t=1$일 때 __h__(으)로 간다. $\mathbf{F} = 3\mathbf{i}+\mathbf{j}$의 일은 $\int \mathbf{F}\cdot d\mathbf{R} = \int$ __i__ $dt =$ __j__이다.

02 $d\mathbf{R}$의 다른 형태는 $\mathbf{T}ds$이다. 이때 $\mathbf{T}$는 경로의 __k__벡터이고 $ds = \sqrt{}$__l__이다. 경로 $(t, 2t)$에 대해 단위 벡터 $\mathbf{T}$는 __m__이고 $ds =$ __n__ dt이다. $\mathbf{F} = 3\mathbf{i}+\mathbf{j}$에 대해 $\mathbf{F}\cdot\mathbf{T}ds$는 여전히 __o__ dt이며 이 $\mathbf{F}$는 $f=$ __p__의 기울기이다. $(0,0)$에서 $(1,2)$까지 $f = 3x+y$의 변화는 __q__이다.

03 $\mathbf{F} = \text{grad} f$일 때, 내적 $\mathbf{F}\cdot d\mathbf{R}$은 $(\partial f/\partial x)dx +$ __r__ $= df$이다. P에서 Q까지 일 적분은 $\int df =$ __s__이다. 이 경우 일은 __t__에 의존하고, __u__에는 의존하지 않는다. 닫힌 경로에서 일은 __v__이고 이 장은 __w__이라고 불린다. $\mathbf{F} = (1+y)\mathbf{i} + x\mathbf{j}$는 $f=$ __x__의 기울기이다. $(0,0)$에서 $(1,2)$까지의 일은 퍼텐셜의 변화인 __y__이다.

04 스핀장 $\mathbf{S}=$ __z__인 경우 일은 경로에 의존(한다, 하지 않는다). 경로 $(x,y) = (3\cos t, 3\sin t)$는 $\mathbf{S}\cdot d\mathbf{R} =$ __A__이며 원이다. 일은 완전한 원에서 __B__이다. 공식적으로 $\int g(x,y)ds$는 합 __C__의 극한이다.

05 보존장 $\mathbf{F} = M\mathbf{i} + N\mathbf{j}$에 대한 서로 동치인 네 개의 성질은 A : __D__, B : __E__, C : __F__, D : __G__이다. $\mathbf{F} = (y+1)\mathbf{i} + x\mathbf{j}$는 판정법 D를 (통과한다, 통과하지 못한다). 원을 따르는 $(\cos t, \sin t)$의 일 $\int \mathbf{F}\cdot d\mathbf{R}$은 __H__이다. 이때 상반원의 일은 __I__의 일과 같다. 이 장은 $f=$ __J__의 기울기이고, 따라서 $(-1,0)$까지의 일은 __K__이다.

15.2 연습문제

01~06 선적분을 계산하라.

01 $\int_C ds$와 $\int_C dy: x=t, y=2t, 0 \le t \le 1$

02 $\int_C x\,ds$와 $\int_C xy\,ds: x=\cos t, y=\sin t, 0 \le t \le \pi/2$

03 $\int_C xy\,ds$: (0,0)에서 (1,1)을 지나 (1,0)으로 가는 굽은 선

04 $\int_C y\,dx - x\,dy$: 한 변의 길이가 3인 임의의 정사각형 경로

05 $\int_C dx$와 $\int_C y\,dx$: 반지름이 3인 닫힌 원

06 $\int_C (ds/dt)dt$: 길이가 5인 임의의 경로

07 $\int_P^Q xy\,dy$가 $\frac{1}{2}xy^2]_P^Q$와 같은가?

08 $\int_P^Q x\,dx$가 $\frac{1}{2}x^2]_P^Q$와 같은가?

09 $\left(\int_C ds\right)^2 = \left(\int_C dx\right)^2 + \left(\int_C dy\right)^2$인가?

10 $\int_C (ds)^2$이 가능한 식인가?

11~16 (1,0)에서 (0,1)로 이동하는 일을 구하라. $\mathbf{F}$가 보존적일 때, f를 만들어라. $\mathbf{F}$가 보존적이지 않을 때 여러분 스스로 경로를 골라라.

11 $\mathbf{F} = \mathbf{i} + y\mathbf{j}$

12 $\mathbf{F} = y\mathbf{i} + \mathbf{j}$

13 $\mathbf{F} = xy^2\mathbf{i} + yx^2\mathbf{j}$

14 $\mathbf{F} = e^y\mathbf{i} + xe^y\mathbf{j}$

15 $\mathbf{F} = (x/r)\mathbf{i} + (y/r)\mathbf{j}$

16 $\mathbf{F} = -y^2\mathbf{i} + x^2\mathbf{j}$

17 어떤 거듭제곱 n에 대해 $\mathbf{S}/r^n$는 판정법 D에 의해 기울기인가?

18 어떤 거듭제곱 n에 대해 $\mathbf{R}/r^n$은 판정법 D에 의해 기울기인가?

19 수직의 원 $x^2+z^2=a^2$을 따르는 철사 고리는 밀도 $\rho = a+z$를 가진다. 질량 $M = \int \rho\,ds$를 찾아라.

20 상수 밀도를 가진 철사가 반원 $x^2+y^2=a^2$, $y>0$에 놓여 있다. 질량 M을 찾고, 모멘트 $M_x = \int \rho y\,ds$를 찾아라. 질량의 중심 $\bar{x} = M_y/M$와 $\bar{y} = M_x/M$는 각각 어디에 있는가?

21 원 $x^2+y^2=a^2$의 밀도가 $\rho = x^2$이라면 질량은 무엇이며 질량의 중심은 어디에 있는가?

22 $\int \mathbf{F}\cdot d\mathbf{R}$을 공간 곡선 $x=t, y=t^2, z=t^3$, $0 \le t \le 1$에 대해 찾아라.

(a) $\mathbf{F} = \mathrm{grad}(xy+xz)$ (b) $\mathbf{F} = y\mathbf{i} - x\mathbf{j} + z\mathbf{k}$

23 (a) 단위 접벡터 $\mathbf{T}$와 속도 ds/dt를 경로 $\mathbf{R} = 2t\mathbf{i} + t^2\mathbf{j}$에 대해 찾아라.

(b) $\mathbf{F} = 3x\mathbf{i} + 4\mathbf{j}$에 대하여 $\mathbf{F}\cdot\mathbf{T}ds$를 (a)를 이용하는 방법과 $\mathbf{F}\cdot d\mathbf{R}$을 직접 구하는 방법 두 가지로 각각 구하라.

(c) (2,1)에서 (4,4)까지의 선분을 따라 한 일은 얼마인가?

24 $M(x,y,z)\mathbf{i} + N(x,y,z)\mathbf{j}$를 $f(x,y,z)$의 기울기라 하자. 이러한 함수들은 모두 z에 의존하지 않음을 보여라.

25 $M(y)\mathbf{i} + N(x)\mathbf{j}$ 형태의 모든 기울기 벡터장을 찾아라.

26 일 $W(x,y) = \int M dx + N dy$를 $t=0$에서 $t=1$까지의 직선 경로 (xt, yt)에서 계산해라. $\partial W/\partial x = M$이고 $\partial W/\partial y = N$임을 확인해라.

(a) $M = y^3$, $N = 3xy^2$ (b) $M = x^3$, $N = 3yx^2$

(c) $M = x/y$, $N = y/x$ (d) $M = e^{x+y}$, $N = e^{x+y}$

27 단위 정사각형($y=0$, $x=1$, $y=1$, $x=0$)에서의 일이 4와 같은 장 $\mathbf{F}$를 찾아라.

28 단위원 $x^2+y^2=1$에서의 일이 0인 비보존장 $\mathbf{F}$를 찾아라.

29~34 $\int \mathbf{F}\cdot d\mathbf{R}$을 (0,0)에서 (1,1)까지 직선 경로 $\mathbf{R} = t\mathbf{i} + t\mathbf{j}$와 포물선 $\mathbf{R} = t\mathbf{i} + t^2\mathbf{j}$에서 계산하라. $\mathbf{F}$가 기울기 벡터장일 때, 이의 퍼텐셜 $f(x,y)$를 사용하라.

29 $\mathbf{F} = \mathbf{i} - 2\mathbf{j}$

30 $\mathbf{F} = x^2\mathbf{j}$

31 $\mathbf{F} = 2xy^2\mathbf{i} + 2yx^2\mathbf{j}$

32 $\mathbf{F} = x^2y\mathbf{i} + xy^2\mathbf{j}$

33 $\mathbf{F} = y\mathbf{i} - x\mathbf{j}$

34 $\mathbf{F} = (x\mathbf{i} + y\mathbf{j})/(x^2+y^2+1)$

35 $\mathbf{F} = axy\mathbf{i} + (x^2 + by)\mathbf{j}$가 기울기 벡터장이도록 하는 두 수 a, b는 무엇인가?

36 $\int -y\,dx + x\,dy$를 $(1, 0)$에서 $(0, 1)$까지 직선 $x = 1 - t^2$, $y = t^2$과 사분원 $x = \cos 2t, y = \sin 2t$를 따라 계산하라. [예제 4]는 다른 매개변수로 1과 $\pi/2$를 찾았다.

37~42 $N_x = M_y$ 판정법을 적용하라. 판정법 D를 통과하면 f를 찾아라.

37 $\mathbf{F} = y^2 e^{-x}\mathbf{i} - 2ye^{-x}\mathbf{j}$

38 $\mathbf{F} = y^{ex}\mathbf{i} - 2ye^{x}\mathbf{j}$

39 $\mathbf{F} = \dfrac{x\mathbf{i} + y\mathbf{j}}{|x\mathbf{i} + y\mathbf{j}|}$

40 $\mathbf{F} = \dfrac{\text{grad}\, xy}{|\text{grad}\, xy|}$

41 $\mathbf{F} = \mathbf{R} + \mathbf{S}$

42 $\mathbf{F} = (ax + by)\mathbf{i} + (cx + dy)\mathbf{j}$

43 단위원을 따라 $\oint ds$, $\oint dx$, $\oint x\,ds$를 각각 찾아라.

44 참 또는 거짓임을 판별하고, 그 이유도 함께 써라.

(a) $\mathbf{F} = y\mathbf{i}$일 때 P에서 Q까지의 선적분 $\int \mathbf{F} \cdot d\mathbf{R}$은 보통의 곡선 아래의 넓이이다.

(b) P에서 Q까지의 선적분은 P와 Q에만 의존하고, 곡선에는 의존하지 않는다.

(c) 단위원을 따르는 위의 선적분은 π와 같다.

15.3 그린 정리

이 절은 이차원으로 확장된 미적분학의 기본 정리를 포함하고 있다. 여러분도 예상하겠지만 이는 매우 중요하다. 공식은 뉴턴과 라이프니츠 시대보다 150년이 흐른 뒤 조지 그린George Green에 의해 발견되었다. 그의 정리는 **영역 R에서의 이중적분과 경계 C에서의 선적분**을 연결지은 것이었다.

df/dx의 적분은 $f(b) - f(a)$와 같다. 이는 1차원 적분을 0차원 적분과 연결지으며, 경계는 오직 두 점 a와 b를 포함한다. 답 $f(b) - f(a)$는 '점 적분' 같은 느낌이다. 그린 정리Green's Theorem가 2차원으로 확장된다는 것은 절대적으로 중요한 아이디어, 즉 경계에서의 정보로 도함수를 적분하는 발상이다.

C를 따르는 중요한 두 개의 적분이 있다. **일**은 $\int \mathbf{F} \cdot \mathbf{T}\,ds = \int M\,dx + N\,dy$이고, **유동**은 $\int \mathbf{F} \cdot \mathbf{n}\,ds = \int M\,dy - N\,dx$이다(서로 자리가 바뀐 것에 주목하라). 첫 번째는 힘 장에 관한 것이고, 두 번째는 유동장에 관한 것이다. 접벡터 $\mathbf{T}$는 시계 방향으로 $90°$ 만큼 돌아 법선 벡터 $\mathbf{n}$이 된다. 그린 정리는 이차원일 때 두 경우를 모두 다룬다. 이들은 삼차원에서 발산 정리(15.5절)와 스토크스 정리(15.6절)으로 나뉜다.

그린 정리는 R보다 약간 큰 영역에서 일계도함수가 연속인 '매끄러운' 함수 $M(x, y)$와 $N(x, y)$에 적용된다. 그러면 모든 적분은 잘 정의된다. M과 N은 각 응용에서 확실하고 특정한 의미(전기, 자성, 유체 흐름, 역학 등)가 있다. 정리의 목적은 최종적으로 핵심 아이디어를 담아내는 것이다. 이제 그린 정리를 살펴볼 것이고, 이어서 응용을 다룰 것이다.

5 그린 정리 영역 R이 조각마다 매끄러운 단순 닫힌 곡선 C에 둘러싸여 있다 하자. 그러면 다음과 같이 R에서의 적분은 C를 따르는 선적분과 같다.

$$\oint_C M dx + N dy = \iint_R \left(\frac{\partial N}{\partial x} - \frac{\partial M}{\partial y}\right) dx\, dy \qquad (1)$$

곡선의 양 끝점 사이의 어떤 곳도 만나지 않을 때 '단순[simple]'하다고 한다(8자 모양의 곡선은 단순하지 않다). 또 곡선에서 끝점 Q가 시작하는 점 P와 같을 때 이 곡선을 '닫혀 있다'라고 하며, 적분 기호에서 닫힌 원으로 표현한다. 곡선은 접벡터 $\mathbf{T}$가 연속적으로 바뀔 때 '매끄럽다'라고 한다. 이때 '조각'이라는 단어는 유한 번의 휘어짐은 허용한다는 뜻이다. 프랙탈은 이런 경우에 해당되지 않는다. 하지만 대부분의 적절한 곡선들은 가능하다(나중에 원형과 8자 곡선에 대해 다룰 것이다). 우선 특별한 예들을 통해 그린 정리를 확인하여 공식을 이해해보자.

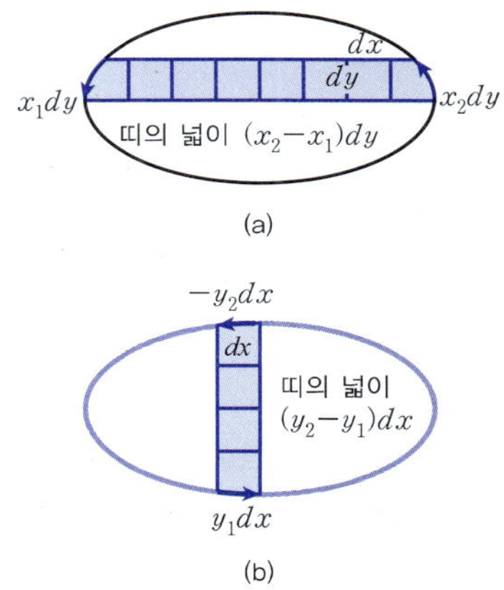

[그림 15-8] R의 넓이는 얇은 띠들을 더한 것으로서 $\oint x\,dy = \iint dxdy$이고 $\oint y\,dx = -\iint dydx$이다.

특별한 예 1. $M=0$, $N=x$일 때 $\partial N/\partial x = 1$인 그린 정리는 다음과 같다.

$$\oint_C x dy = \iint_R 1 dx dy (R\text{의 넓이}) \qquad (2)$$

dx에서 내부 적분은 x이므로 양변의 두 적분은 서로 같아 보인다. 그러면 두 적분은 모두 $x\,dy$를 가진다. 하지만 우리는 더 신중할 필요가 있다. R의 한 겹의 넓이는 dy와 x의 차(띠의 길이)의 곱이다. [그림 15-8]의 선적분은 이와 일치한다. 이는 위로 dy와 x의 곱만큼(오른쪽에서) 가고 또 아래로 $-dy$와 x의 곱만큼(왼쪽에서) 간다. 총 넓이를 얻기 위해 적분은 띠들의 넓이를 더한다.

특별한 예 2. $M=y$, $N=0$이고 $\oint_C y\,dx = \iint_R (-1) dx dy = -(R\text{의 넓이})$

이제 그린 공식은 음의 부호를 가진다. 이는 선적분이 시계 반대 방향이기 때문이다. 위쪽의 각 조각들은 $dx<0$(왼쪽으로 간다)을 가지고 아래쪽은 $dx>0$(오른쪽으로 간다)을 가진다. 그러면 위쪽과 아래쪽의 $y\,dx$는 합쳐져서 [그림 15-8(b)]처럼 음의 부호가 붙은 조각의 넓이를 준다.

특별한 예 3. $\oint 1\,dx = 0$. 오른쪽의 dx와 왼쪽의 dx가 상쇄된다(곡선은 닫혀 있다). $M=1$, $N=0$이므로 그린 정리는 $0=0$이다.

가장 중요한 예 4. $M\mathbf{i}+N\mathbf{j}$가 기울기 벡터장이라고 하자. 이는 퍼텐셜 함수 $f(x,y)$를 가지며 그린 정리는 $0=0$이다. 왜냐하면 $\partial M/\partial y = \partial N/\partial x$이기 때문이다. 이는 판정법 D이다.

$$\frac{\partial M}{\partial y} = \frac{\partial}{\partial y}\left(\frac{\partial f}{\partial x}\right)\text{는 } \frac{\partial N}{\partial x} = \frac{\partial}{\partial x}\left(\frac{\partial f}{\partial y}\right)\text{와 같다.} \tag{3}$$

교차 미분은 항상 $f_{yx} = f_{xy}$를 만족한다. 이는 기울기 벡터장이 판정법 D를 통과하는 이유이다.

이중적분이 0일 때, $\oint_C Mdx + Ndy = 0$과 같이 선적분도 0이며, 일도 0이다. 이때 **장은 보존된다!** 그린 정리를 증명할 때 마지막 단계인 $\mathbf{A} \Rightarrow \mathbf{B} \Rightarrow \mathbf{C} \Rightarrow \mathbf{D} \Rightarrow \mathbf{A}$가 완성될 것이다.

보존장에 해당하는 예시들은 $\oint x\,dx = 0$과 $\oint y\,dy = 0$ 같은 것들이다. 이때 넓이는 나오지 않는다.

NOTE _ 특별한 경우인 $\oint xdy$와 $-\oint ydx$는 R의 넓이가 된다. $1 = \partial N/\partial x - \partial M/\partial y$인 이상, 두 이중적분은 $\iint 1dxdy$가 된다. 이는 선적분으로 넓이를 계산하는 방법을 알려준다.

$$R\text{의 넓이는 } \oint_C x\,dy = -\oint_C y\,dx = \frac{1}{2}\oint_C (x\,dy - y\,dx)\text{이다.} \tag{4}$$

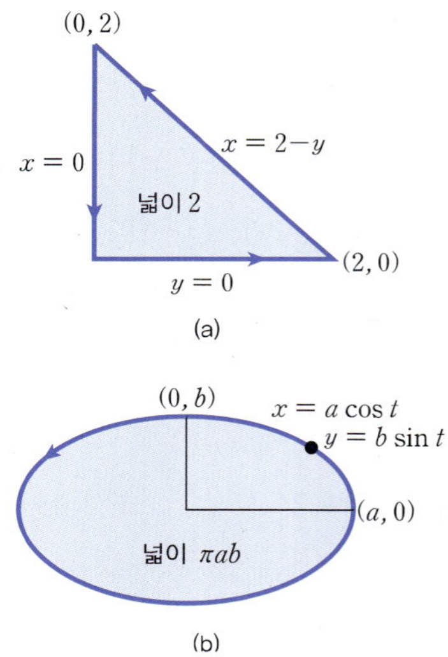

[그림 15-9] 그린정리 : 삼각형 중심으로의 선적분, 타원의 넓이 적분.

예제 1 [그림 15-9(a)]에서 삼각형의 넓이는 2이다. 이 삼각형에서 그린 정리를 확인해 보자. 마지막 넓이 공식 (4)는 스핀장의 절반인 $\frac{1}{2}\mathbf{S}$를 사용한다. $N = \frac{1}{2}x$, $M = -\frac{1}{2}y$에서 $N_x - M_y = \frac{1}{2} + \frac{1}{2} = 1$이 나온다. 그린 정리 등식의 한 변은 $\iint 1\,dxdy =$ 삼각형의 넓이이고, 다른 한 변은 세 조각의 선적분이다.

$y = 0$에서 $xdy - ydx = 0$이므로 두 조각은 0이다. $x = 0$, 빗변 $x = 2 - y$에서 $dx = -dy$이다. 이때 선적분은 넓이와 같고, 다음과 같이 그린 정리를 확인할 수 있다.

$$\frac{1}{2}\oint_C x\,dy - y\,dx = \frac{1}{2}\int_{y=0}^{2} (2-y)dy + y\,dy = \frac{1}{2}\int_0^2 2\,dy = 2$$

예제 2 **장축과 단축의 길이가 각각 a, b일 때 타원의 넓이는 πab이다.**

이는 모든 저자가 좋아하는 고전적인 예제이다. t가 0에서 2π까지 이동할 때, 타원 위의 점은 $x = a\cos t, y = b\sin t$이다(타원의 방정식은 $(x/a)^2 + (y/b)^2 = 1$이다). 경계 적분을 계산하면 타원 내부의 넓이를 구할 수 있다. 이때 $xdy - ydx$가 다음과 같이 $ab\,dt$임을 명심해라.

$$(a\cos t)(b\cos t\,dt) - (b\sin t)(-a\sin t\,dt) = ab(\cos^2 t + \sin^2 t)dt = ab\,dt$$

선적분은 $\frac{1}{2}\int_0^{2\pi} ab\,dt = \pi ab$이다. 이 넓이 πab는 $a = b = r$인 원일 때의 넓이 πr^2도 설명해준다.

그린 정리의 증명 지금까지 살펴본 특별한 예들에서 공식의 양변은 똑같았다. 이제 우리는 공식의 양변이 항상 같다는 것을 보일 것이다. $(\partial N/\partial x)dx$, $(\partial M/\partial y)dy$를 적분하기 위해 기본 정리를 사용하여 증명한다. 그중에서도 1차원 미적분학의 정리만 가지고 증명을 할 것이다. 우리는 M과 N을 모르기 때문이다.

여기에서는 수학에서 한발 나아가 특정한 함수 대신 기호 M과 N을 사용하여 증명한다. 아래에 있는 식 (6)의 적분에서는 숫자가 없다. 여기서 아이디어는 M과 N을 다른 두 부분으로 분리하는 것이다. 그리고 이를 더해서 그린 정리를 얻는다.

$$\oint_C M dx = \iint_R -\frac{\partial M}{\partial y} dx dy \text{와 분리된 } \oint_C N dy = \iint_R \frac{\partial N}{\partial x} dx dy \tag{5}$$

'아주 단순한' 영역([그림 15-10(a)])에서 시작하자. 이의 윗부분은 $y = f(x)$로, 아랫부분은 $y = g(x)$로 주어져 있다. $-\partial M/\partial y$에 대한 이중적분에서 y로 먼저 적분하자. 그러면 내부 적분은 다음과 같다.

$$\int_{g(x)}^{f(x)} -\frac{\partial M}{\partial y} dy = -M(x,y)\Big]_{g(x)}^{f(x)} = -M(x,f(x)) + M(x,g(x)) \tag{6}$$

(변수 y에 대한) 기본 정리는 x에 의존하는 답을 도출한다. 만약 M과 f, g를 안다면 $x=a$에서 $x=b$까지의 외부 적분도 할 수 있다. 하지만 이 과정은 남겨두고 그린 정리의 다른 한 변인 선적분을 알아보자.

$$\oint M dx = \int_{\text{위}} M(x,y)dx + \int_{\text{아래}} M(x,y)dx$$
$$= \int_b^a M(x,f(x))dx + \int_a^b M(x,g(x))dx \tag{7}$$

두 식 (6), (7)을 비교하면 $M(x, g(x))$의 적분은 양변에서 똑같다. 이때 $M(x, f(x))$의 적분은 식 (6)에서는 음의 부호를 가지고, 식 (7)에서는 양의 부호를 가지지만 적분 범위가 b에서 a까지이다.

N도 M에서와 같은 아이디어를 사용한다. 이제 x에 대한 적분을 먼저 한다. 이는 $(\partial N/\partial x)dx$를 통해 직관적으로 알 수 있는 사실이며 이때 왼쪽의 $x = G(y)$부터 오른쪽의 $x = F(y)$까지 적분한다. 이때 $N(F(y), y) - N(G(y), y)$에 도달하며, y에 대한 적분은 $\oint N dy$와 대응되면서 식 (5)를 완성한다. 즉 식 (5)의 두 부분을 더하면 그린 정리가 증명된다.

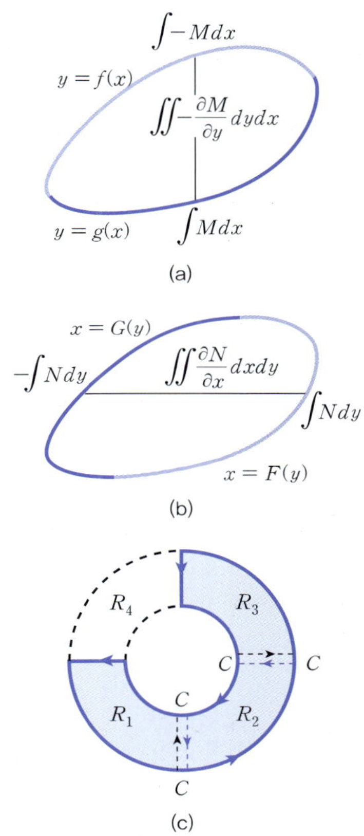

[그림 15-10] 아주 단순한 영역 (a), (b). 단순한 영역 (c)는 아주 단순한 영역의 합집합이다.

마지막으로 R의 모양에 대해 말하고자 한다. [그림 15-10(c)]에서 부서진 반지 모양은 '아주 단순'하지 않다. 왜냐하면 수평선이 안으로 들어왔다 나가고, 다시 안으로 들어왔다 나가기 때문이다. 수직선도 마찬가지이다. x방향과 y방향 띠는 조각으로 나누어진다. 이때 위의 $y = f(x)$와 아래의 $y = g(x)$ 사이가 잘 연결되어 있음을 가정하였다.

그린 정리를 가능하게 하는 좋은 아이디어가 있다. 부서진 반지 모양을 아주 단순한 세 영역 R_1, R_2, R_3로 나눈다. 그러면 세 이중적분은 R 주변의 세 선적분과 같아진다. 이제 이 각각의 결과를 더해서 R 전체에서 이중적분을 얻자. 세 선적분을 더할 때, 가로로 자른 **CC는 두 번 나오고, 이는 상쇄된다.** R_1과 R_2 사이에서 잘린 부분은 (R_1에 의해) 위로 적분되고 (R_2에 의해) 아래로 적분된다. 이로 인해 경계에서의 적분이 이중적분과 같다는 결과가 나오며 이것이 바로 그린 정리이다.

R이 조각 R_4를 포함한 완전한 고리 모양일 때 그린 정리는 여전히 참이다. 바깥에서의 적분은 여전히 시계 반대 방향인 반면 안쪽 원에서의 적분은 시계 방향이다. **C를 따라갈 때 영역 R을 왼쪽에 두어라.** 완전한 고리 모양은 '단순' 연결되어 있지 않고, '이중'으로 연결되어 있다. 그린 정리는 유한한 영역 R_i와 가로로 자른 CC 및 구멍들에서 모두 성립한다.

예제 3 곡선 아래의 넓이는 우리가 잘 알고 있듯이 $\int_a^b y\,dx$이다.

그동안 계산하는 영역에서 전체 경계를 신경 쓰지 않았다. 진짜 영역은 [그림 15-11(a)]의 **닫힌 곡선**에서의 선적분 $-\oint y\,dx$이다. x축에서 $y=0$이므로 수직선에서 $dx=0$이다(b와 a에서 위아래로 움직인다). 따라서 이 부분들은 $y\,dx$의 적분에서 0이 된다. 0이 아닌 부분, 즉 우리가 잘 아는 넓이인 $-\int_b^a y\,dx$ 또는 $\int_a^b y\,dx$는 곡선을 거꾸로 따라가는 부분이다.

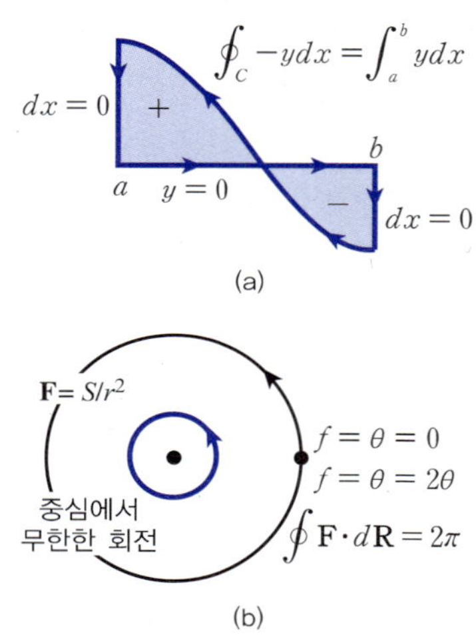

[그림 15-11] 닫힌 경로는 넓이의 부호를 준다. 구멍 때문에 비보존장이다.

곡선이 x축 아래로 내려갈 때 적분의 부호는 어떻게 되는가? 1장 이후부터 이 넓이에 음의 부호를 붙여 왔는데, 이에 대한 증명은 15장을 위해 아껴놓았다. 음의 부호를 붙이는 이유는 C의 화살표에 숨어 있다.

이 부분의 선적분은 다른 길로 간다. 화살표는 시계 방향이고, 영역이 오른쪽에 있으며 따라서 넓이는 음수로 고려된다. 올바른 법칙을 사용해서, 이제는 8자 모양의 곡선에 대한 적분도 가능하다.

보존장

이제 기울기에 대해 다시 살펴보자. 기울기는 보존장을 준다(닫힌 경로에서의 일은 $f(P) - f(P) = 0$이다). 하지만 퍼텐셜 함수 $f(x,y)$는 판정법 D를 통과했을 때, 즉 **$\partial f/\partial x = M$, $\partial f/\partial y = N$이면 $\partial M/\partial y = \partial N/\partial x$인 경우**에만 구할 수 있다. 그 이유는 $f_{xy} = f_{yx}$이기 때문이다.

어떤 응용에서는 '미분'이라는 언어를 선호한다. 즉 $f(x,y)$를 찾는 대신에 다음과 같이 df를 찾는다.

> **정의** $M(x,y)dx + N(x,y)dy$를 **미분형식**differential form이라 부른다. 이것이 어떤 함수의 미분 $df = (\partial f/\partial x)dx + (\partial f/\partial y)dy$와 일치할 때, 이 형식은 **완전 형식**exact form이다. 완전 미분 판정법은 D : $\partial N/\partial x = \partial M/\partial y$이다.

여기서 언어 말고 새로운 것은 아무것도 없다. $y\,dx$가 완전 미분인가? 아니다. 왜냐하면 $M_y = 1$이고 $N_x = 0$이기 때문이다. $y\,dx + x\,dy$는 완전 미분인가? 그렇다. 이는 $f = xy$의 이며 곱 미분 법칙이다. 이제 R이 왜 **단순 연결**(구멍이 없는 영역)이어야 하는지를 보여주는 중요한 예제를 살펴보겠다.

예제 4 스핀장 $\mathbf{S}/r^2 = (-y\mathbf{i} + x\mathbf{j})/(x^2+y^2)$는 판정법 D를 거의 통과한다.

$$N_x = \frac{\partial}{\partial x}\left(\frac{x}{x^2+y^2}\right) = \frac{x^2+y^2-x(2x)}{(x^2+y^2)^2} = M_y = \frac{\partial}{\partial y}\left(\frac{-y}{x^2+y^2}\right) = \frac{-(x^2+y^2)+y(2y)}{(x^2+y^2)^2} \tag{8}$$

두 분자가 모두 $y^2 - x^2$이라는 점에서 판정법 D는 적절해 보인다. f를 찾기 위해 $M = \partial f/\partial x$를 적분하자.

$$f(x,y) = \int -y\,dx/(x^2+y^2) = \tan^{-1}(y/x) + C(y)$$

$\tan^{-1}(y/x)$을 y에 대해 미분하면 $C(y)$가 없어도 N을 주므로 추가된 $C(y)$는 0일 수 있다. **이때 퍼텐셜 f는 세 변 x, y, r을 갖는 일반적인 직각삼각형에 대한 각 θ이다.**

판정법 D는 통과되었고 $\mathbf{F}$는 $\mathrm{grad}\,\theta$이다. 여기서 걱정되는 부분은 무엇일까? 유독 **원의 경우에 그린 정리를 적용하면 $2\pi = 0$과 같은 결과가 나온다**는 것이다. 이중적분은 $\iint (N_x - M_y)dxdy$이며, 식 (8)에 의해 이 적분은 0이다. 하지만 선적분은 다음과 같이 2π이다.

$$\oint \mathbf{F}\cdot d\mathbf{R} = \oint (-y\,dx + x\,dy)/(x^2+y^2) = 2(\text{원의 넓이})/a^2 = 2\pi a^2/a^2 = 2\pi \tag{9}$$

$x = a\cos t$, $y = a\sin t$에 대해서도 같은 답을 찾을 것이다. **경로가 원점을 돌 때 일은 0이 아닌 2π 이다.**

여기서 모순이 발생한다. 그린 정리가 틀렸다면 미적분학계는 심각한 문제가 있다. $2\pi = 0$이란 결과가 나왔다는 것은 어떤 조건이 위반됐다는 것을 의미한다. $\mathbf{S}/r^2$을 살펴보면 문제는 원점에 있다. 이 장은 $r = 0$일 때 정의되지 않았다($r = 0$이면 무한대로 발산한다). 즉 식 (8)의 도함수는 불연속이며 판정법 D는 원점에서 적용되지 않고 따라서 판정법을 통과하지 못한다. 이때 $(0, 0)$을 없앨 수는 있지만, 판정법 D를 통과하는 영역은 구멍이 생기게 된다.

이렇게 한 점이 모든 걸 바꿀 수 있다는 것은 놀랍다. 경로가 원점을 돌 때, 선적분은 0이 아니다. **퍼텐셜 함수 $f = \theta$는 2π만큼 증가한다.** 이는 식 (9)의 $\int \mathbf{F} \cdot d\mathbf{R} = 2\pi$와 일치하지만 $\iint 0\,dxdy$와는 일치하지 않는다. 2π는 우변에 있으며 0은 잘못되었다. 이 경우 $N_x - M_y$는 '힘 2π를 가진 델타함수'이다.

다른 모든 점에서 $N_x = M_y$임에도 불구하고 이 델타함수의 이중적분은 원점에서 무한대로 가는 뾰족함 때문에 2π가 된다. 유체 흐름에서 델타함수는 '소용돌이vortex'라고 불린다.

곡선을 지나는 흐름 : 90° 회전 그린 정리

유동장은 힘 장보다 쉽게 시각화할 수 있다. 어떤 것이 실재하며 그것이 움직이기 때문이다. 빈 공간에 있는 중력 대신 물은 속력 $M(x, y)\mathbf{i} + N(x, y)\mathbf{j}$를 가진다. 경계 C에서 이는 밖으로 흐르거나 안으로 흐를 수 있다. 그린 정리의 새 형태는 응용 수학의 기본적인 '균형 방정식'이다.

C로의 흐름(나가는 흐름과 들어오는 흐름의 차)$=$ R의 교체(원천과 흡입sink의 차)

흐름은 변함이 없다. C로 나가는 것은 R의 것으로 대체되어야 한다. 원천도 흡입도(음수 원천) 없을 때, C를 지나가는 총 흐름은 0이어야 한다. 이 균형 법칙은 기존에 '($\mathbf{T}$에 대한) 접선 형태'로 된 그린 정리를 '($\mathbf{n}$에 대한) 법선 형태'로 나타낸 것이다.

6 안정된 유동장 $\mathbf{F} = M(x,y)\mathbf{i} + N(x,y)\mathbf{j}$에 대해 경계 C에 대한 유동 $\int \mathbf{F} \cdot \mathbf{n}ds$은 R 내부 유체의 흐름의 균형을 맞춘다.

$$\oint_C Mdy - Ndx = \iint_R \left(\frac{\partial M}{\partial x} + \frac{\partial N}{\partial y}\right)dxdy \qquad (10)$$

[그림 15-12]는 90° 회전을 보여준다. $\mathbf{T}$는 $\mathbf{n}$이 되고, C를 따르는 '순환'은 C를 지나는 유동이 된다. 그린 정리의 원래 형태에서 N과 M을 각각 M과 $-N$으로 바꿔서 다음과 같은 유동 형태를 얻는다.

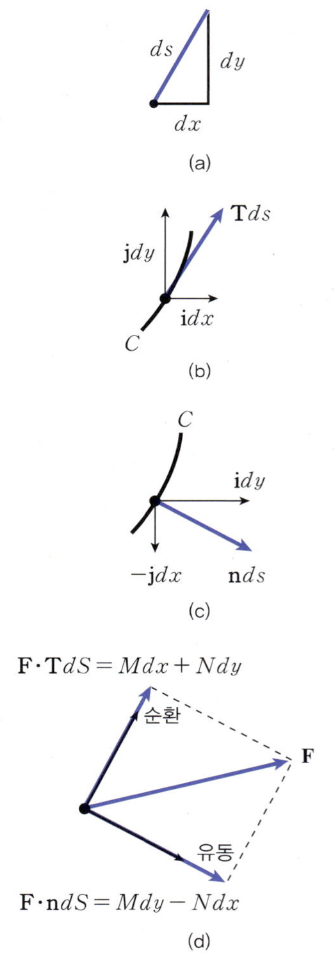

[그림 15-12] 수직 성분 $\mathbf{F} \cdot \mathbf{n}$은 C를 뚫고 흐른다. $\mathbf{n}ds = dy\mathbf{i} - dx\mathbf{j}$임을 명심해라.

$$\oint M dx + N dy \rightarrow \oint -N dx + M dy \qquad \iint (N_x - M_y) dxdy \rightarrow \iint (M_x + N_y) dxdy \tag{11}$$

문자와 형태를 적절히 바꾸어 새로운 정리를 증명해냈다! 이때 식 (11)의 두 좌변은 같다. 따라서 우변도 같다(이는 유동에 대한 그린 정리 (10)이다). 성분 M과 N은 자유롭게 선택할 수 있고, 이름도 자유롭게 붙일 수 있다.

90° 회전으로 인해 $M\mathbf{i} + N\mathbf{j}$가 이에 수직인 장 $-N\mathbf{i} + M\mathbf{j}$로 변화한다. 즉 장은 모든 점에서 회전한다. 단순히 평면을 90° 돌리는 것과는 다르다. 스핀장 $\mathbf{S} = -y\mathbf{i} + x\mathbf{j}$은 위치장 $\mathbf{R} = x\mathbf{i} + y\mathbf{j}$로 변하며, 위치장 $\mathbf{R}$은 $-\mathbf{S}$로 바뀐다. 다시 말해 한 장의 유선은 다른 장의 등퍼텐셜이 되는 것이다. 그린 정리의 새 형태 (10)은 원래의 그린 정리만큼이나 중요하다(사실 필자는 새 형태를 더 좋아한다). 곡선을 지나는 흐름은 곡선의 순환보다 시각화하기가 더 쉽다.

증명의 편의를 위해 문자를 바꿨을 뿐이다. 이제 $\mathbf{F} = M\mathbf{i} + N\mathbf{j}$라 말하자.

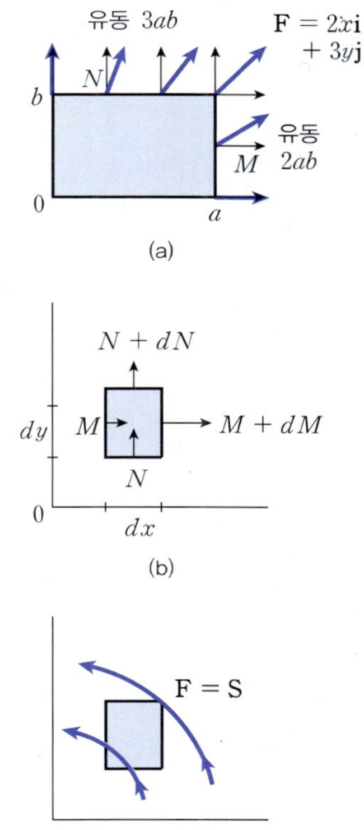

[그림 15-13] $M_x + N_y = 2+3 = 5$는 유동=5(넓이)=$5ab$를 야기한다. 유동은 $dMdy + dNdx = (M_x + N_y)dxdy$이다. 스핀장은 유동이 없다.

예제 5 새 형태 (10)의 양변을 $\mathbf{F} = 2x\mathbf{i} + 3y\mathbf{j}$에 대해 계산하라. 영역 R은 두 변 a, b를 가진 직사각형이다.

풀이

이 장은 $\partial M/\partial x + \partial N/\partial y = 2 + 3$을 가지므로 R에서의 적분은 $\iint_R 5\,dxdy = 5ab$이다. R이 네 변을 가지기 때문에 선적분은 네 부분을 가진다. 왼쪽에서 오른쪽으로 갈 때, $M = 2x$는 $2a$만큼 증가한다. 왼쪽에서 아래로 가거나 오른쪽에서 위로 갈 때 $\int M dy = 2ab$(이 변들은 길이 b를 가진다)이다. 마찬가지로 $N = 3y$는 아래에서 위로 $3b$만큼 변한다. 이 변의 길이는 a이고, 따라서 이를 따르는 선적분은 총 선적분 $5ab$ 중에서 $3ab$이다.

중요한 것은 **유동장의 '발산'이 $\partial M/\partial x + \partial N/\partial y$이라는 것이다.** 이 예제는 발산 = 5를 가진다. 즉 이 흐름을 유지하기 위해, 우리는 원점에서뿐만 아니라 모든 곳에서 연속적으로 다섯 개의 단위를 재배치해야 한다(한 점의 원천은 [예제 7]에 있다). 발산은 유출과 같기 때문에 힘 원천이다. **임의의 벡터장 $M\mathbf{i} + N\mathbf{j}$에 대한 그린 정리를 이해하기 위해** (두 변이 dx와 dy인) **작은 직사각형을 생각하자.**

우측에서 나가는 흐름과 좌측에서 들어오는 흐름의 차 = (M의 변화) × dy
위로 나가는 흐름과 아래에서 들어오는 흐름의 차 = (N의 변화) × dx
직사각형에서 나가는 총 흐름 : $dMdy + dNdx = (\partial M/\partial x + \partial N/\partial y)dxdy$

발산과 넓이 $dxdy$의 곱은 나가는 총 흐름과 같다. 15.5절에서는 3차원에서의 더 많은 세부사항과 주의사항에 대해 다룬다. 3차원에서의 발산은 $M_x + N_y + P_z$이다.

예제 6 스핀장 $\mathbf{S} = -y\mathbf{i} + x\mathbf{j}$에 대해 닫힌 곡선 C를 지나는 유동을 찾아라.

풀이

장은 $M = -y$와 $N = x$를 가지고 $M_x + N_y = 0$이며, 이중적분은 0이다. 따라서 임의의 닫힌 곡선에 대해 총 흐름(나간 것과 들어온 것의 차)역시 0이다. 임의의 닫힌 곡선에 대해, [그림 15-13]은 정사각형에서 들어오고 나가는 흐름을 보여준다. 이때 어떤 유체도 더해지거나 사라지지 않는다. 비가 내리지도 않고, 증발하지도 않는 것과 같다. **발산 $M_x + N_y$가 0일 때, 원천도 없고 흡입도 없다.**

원천이 없는 유동장

지금부터 다룰 내용은 꽤 중요하다. 보존장이 C를 따라 일을 하지 않는다는 것을 기억하자. 보존장은 퍼텐셜 f와 '0 회전'을 가진다. 이제 이들의 쌍둥이를 찾기 위해 이 서술을 90° 회전시켜 보자. **원천이 없는 장은 C를 지나는 유동을 가지지 않는다. 이들은 흐름 함수 g와 '0 발산'을 가진다.** 다음과 같은 새로운 서술 E, F, G, H는 원천이 없는 장에 대해 설명한다.

> 7 장 $\mathbf{F} = M(x, y)\mathbf{i} + N(x, y)\mathbf{j}$는 다음 성질을 가질 때 원천이 없다.
>
> E. 임의의 닫힌곡선을 따르는 총 유동 $\oint \mathbf{F} \cdot \mathbf{n}\,ds$이 0이다.
>
> F. P에서 Q까지 가는 모든 곡선에 대해, 유동 $\int_P^Q \mathbf{F} \cdot \mathbf{n}\,ds$가 같다.
>
> G. $M = \partial g/\partial y$이고 $N = -\partial g/\partial x$인 흐름 함수 $g(x, y)$가 존재한다.
>
> H. 각 성분은 $\partial M/\partial x + \partial N/\partial y = 0$을 만족한다(발산이 0이다).
>
> 이 성질 중 하나라도 만족하면 네 가지 성질을 모두 만족한다. 네 가지 중 H가 가장 빠른 판정법이다.

스핀장 $-y\mathbf{i} + x\mathbf{j}$는 이 판정법을 통과한다([예제 6]은 원천이 없다). 반면 장 $2x\mathbf{i} + 3y\mathbf{j}$는 통과하지 못한다([예제 5]에서 $M_x + N_y = 5$이었다). 다음 [예제 7]은 판정법을 거의 통과한다.

예제 7 복사장 $\mathbf{R}/r^2 = (x\mathbf{i} + y\mathbf{j})/(x^2 + y^2)$은 $(0,0)$에서 점 원천을 가진다.

새 판정법 H는 발산$= \partial M/\partial x + \partial N/\partial y = 0$인지 판정하는 것이다. 이 두 미분은 다음과 같다.

$$\frac{\partial}{\partial x}\left(\frac{x}{x^2+y^2}\right)=\frac{x^2+y^2-x(2x)}{(x^2+y^2)^2}, \quad \frac{\partial}{\partial y}\left(\frac{y}{x^2+y^2}\right)=\frac{x^2+y^2-y(2y)}{(x^2+y^2)^2} \tag{12}$$

이 둘을 더하면 0이 된다. (만약 계산이 맞다면) 아무 원천도 없는 것처럼 보인다. 이 사실에 따르면 원 $x^2+y^2=a^2$을 지나는 흐름은 0이어야 한다. 하지만 실제로 그렇지 않다.

$$\oint M dy - N dx = \oint (x\,dy - y\,dx)/(x^2+y^2) = 2(\text{원의 넓이})/a^2 = 2\pi \tag{13}$$

원천은 어디엔가 숨겨져 있다. $\mathbf{R}/r^2$을 보면, 문제는 (0,0)에서 있다. 장은 $r=0$일 때(무한대로 발산할 때) 정의되어 있지 않으므로 식 (12)의 미분은 불연속이다. 따라서 판정법 **H**는 적용되지 않고, 통과하지도 않는다. 발산 M_x+N_y는 '힘 2π를 가진 델타 함수'이어야만 한다. **점 원천**이 있어서 모든 원 밖으로 흐름을 보낸다.

이 예제에서 [예제 4]와의 유사점을 보기를 바란다. 장 $\mathbf{S}/r^2$은 $r=0$을 제외하고는 회전이 없다. 장 $\mathbf{R}/r^2$도 $r=0$을 제외하고는 발산이 없다. 퍼텐셜 f와 흐름 함수 g는 모두 구멍이 없는 영역을 필요로 한다.

최고의 장 : 보존장이면서 원천이 없는 장

F가 보존장이고, 원천도 없으면 어떨까? 이는 중요하면서도 매우 뛰어난 장이다. 회전이 0이고 발산도 0이다. 또한 장이 보존적이기 때문에 이는 퍼텐셜로부터 오며 원천이 없기 때문에 다음과 같이 흐름 함수가 있다.

$$M=\frac{\partial f}{\partial x}=\frac{\partial g}{\partial y}, \qquad N=\frac{\partial f}{\partial y}=-\frac{\partial g}{\partial x} \tag{14}$$

이는 훌륭한 수학자의 이름을 딴 **코시-리만 방정식**이다. 이에 대한 예제를 살펴보자.

예제 8 $y\mathbf{i}+x\mathbf{j}$는 모두 보존장이고 원천도 없다. f와 g를 찾아라.

풀이

$M=y$이고 $N=x$이면 첫째로 $\partial M/\partial y=1=\partial N/\partial x$임을 확인하라. 퍼텐셜 함수가 필요하다. 퍼텐셜 함수는 $f=xy$이고 $\partial f/\partial x=y$, $\partial f/\partial y=x$이다. $f_{xx}+f_{yy}=0$임을 명심해라.

$\partial M/\partial x+\partial N/\partial y=0+0$이므로 흐름 함수가 있어야 한다. 이는 $g=\frac{1}{2}(y^2-x^2)$이고 $\partial g/\partial y=y$, $\partial g/\partial x=-x$이다. $g_{xx}+g_{yy}=0$임을 명심해라.

$f=$ 상수인 곡선들은 등퍼텐셜이며 $g=$ 상수인 곡선들은 유선([그림 15-4])이다. 이들은 서로 대응되는 성질을 갖고 있다. 즉 각각 퍼텐셜이 있는 보존장, 흐름 함수가 있는 원천이 없는 장이다. 이들은 합쳐져서 기본적인 평형에 관한 편미분방정식, 즉 라플라스 방정식 $f_{xx}+f_{yy}=0$이 된다.

> 8 $M_y=N_x$이고 $M_x=-N_y$이면 퍼텐셜과 흐름 함수가 있다. 이들은 다음 **라플라스 방정식**Laplace's equation을 만족한다.
>
> $$f_{xx}+f_{yy}=M_x+N_y=0, \quad g_{xx}+g_{yy}=-N_x+M_y=0 \tag{15}$$

만약 $f=x^2+y^2$이고 $M=2x$, $N=2y$처럼 g 없이 f를 가지면 $f_{xx}+f_{yy}=4$가 되므로 라플라스 방정식을 가지지 않는다. 이때 f는 원천이 필요한 기울기 벡터장이다. 만약 $g=x^2+y^2$이고 $M=2y$, $N=-2x$처럼 f 없이 g를 가지면 라플라스 방정식을 가지지 않는다. 이 장은 원천이 없지만 회전을 가지고 있다. 첫 번째 장은 $2\mathbf{R}$이고, 두 번째 장은 $2\mathbf{S}$이다. 원천도 없고 회전도 없어야만 수학과 과학의 중심인 라플라스 방정식과 함께 할 수 있다.

15.3 문장제 문제

01 일 적분 $\oint Mdx+Ndy$는 __a__ 정리에 의해 이중적분 __b__와(과) 같다. $\mathbf{F}=3\mathbf{i}+4\mathbf{j}$에 대해 일은 __c__이다. $\mathbf{F}=$__d__와(과) __e__에 대해 일은 R의 넓이와 같다. $M=\partial f/\partial x$이고 $N=\partial f/\partial y$일 때 __f__이기 때문에 이중적분은 0이며, __g__이기 때문에 선적분은 0이다. 좋은 예는 $\mathbf{F}=$__h__이다. C의 방향은 바깥쪽에서 __i__ 방향이고, 구멍 경계에서는 __j__ 방향이다. 만약 R이 단순한 조각과 그들끼리 잘린 경계로 나뉘면, __k__의 적분은 가로로 자른 부분에서 상쇄된다.

02 기울기 벡터장에 대한 판정법 D는 __l__이다. 이 판정법을 통과하는 장은 $\oint \mathbf{F}\cdot d\mathbf{R}=$__m__을(를) 가진다. $f_x=$__n__, $f_y=$__o__에 대한 해가 있다. 그러면 $df=Mdx+Ndy$는 __p__ 미분이다. 스핀장 $\mathbf{S}/r^2$는 __q__을(를) 제외한 모든 곳에서 판정법 D를 통과한다. 이의 퍼텐셜 함수 $f=$__r__은(는) 원점을 돌 때 __s__만큼 증가한다. $\iint (N_x-M_y)dxdy$는 0이 아니지만 __t__이다.

03 그린 정리의 흐름 형태는 __u__ = __v__이다. $\mathbf{F}\cdot\mathbf{n}ds$의 법선 벡터는 __w__을(를) 향하고 $|\mathbf{n}|=$__x__이며 $\mathbf{n}ds$는 $dy\mathbf{i}-dx\mathbf{j}$와 같다. $M\mathbf{i}+N\mathbf{j}$의 발산은 __y__이다. $\mathbf{F}=x\mathbf{i}$에 대해 이중적분은 __z__이다. 이때 F는 원천이 (있다, 없다). $\mathbf{F}=y\mathbf{i}$에 대해 발산은 __A__이다. $\mathbf{R}/r^2$의 발산은 __B__를 제외한 곳에서 0이다. 이 장은 __C__ 원천을 가진다.

04 원천이 없는 장은 E=__D__, F=__E__, G=__F__, H=0의 발산과 같은 네 가지 성질을 가진다. 흐름 함수 g는 방정식 __G__을(를) 만족하며, 그러면 $\partial M/\partial x+\partial N/\partial y=0$이다. 왜냐하면 $\partial^2 g/\partial x\partial y=$__H__이기 때문이다. 예를 들어 $\mathbf{F}=y\mathbf{i}$는 $g=$__I__을(를) 가진다. 이 장은 퍼텐셜 함수가 (있다, 없다). 또 하나의 예 $\mathbf{F}=x\mathbf{i}-y\mathbf{j}$는 $g=$__J__을(를) 가지며 $f=$__K__이다. 이 f는 라플라스 방정식 __L__을(를) 만족한다. 왜냐하면 장 $\mathbf{F}$는 모두 __M__와(과) __N__이기 때문이다. 함수 f와 함수 g는 __O__ 방정식 $\partial f/\partial x=\partial g/\partial y$와 __P__에 의해 연결되어 있다.

15.3 연습문제

01~06 선적분과 그린 정리 (1)의 이중적분을 각각 계산하라. 원은 $x = a\cos t,\ y = a\sin t$이고 삼각형은 세 변 $x=0, y=0,\ x+y=1$을 가진다.

01 원을 따라 $\oint x\,dy$

02 원을 따라 $\oint x^2 y\,dy$

03 삼각형을 따라 $\oint x\,dx$

04 삼각형을 따라 $\oint y\,dx$

05 원을 따라 $\oint x^2 y\,dx$

06 삼각형을 따라 $\oint x^2 y\,dx$

07 식 (10) 형태의 그린 정리로 양변을 계산하라.

(a) $\mathbf{F} = x\mathbf{i} + y\mathbf{j}$, R=상반원 내부 $x^2+y^2 \le 1$

(b) $\mathbf{F} = x^2\mathbf{i} + xy\mathbf{j}$, $C=(y=0, x=1, y=1, x=0$으로 둘러싸인) 정사각형

08 $\oint_C (x^2y+2x)dy + xy^2\,dx$가 R의 넓이에만 의존함을 보여라. 이는 넓이와 같은가?

09 $\frac{1}{2}\oint x dy - y dx$로부터 하이포사이클로이드 $x=\cos^3 t,\ y=\sin^3 t$ 내부의 넓이를 구하라.

10 상수 b와 c에 대해 $\oint by\,dx + cx\,dy$와 C 내부의 넓이가 어떤 연관이 있는가? 만약 $b=7$이면 적분을 0으로 만드는 c의 값은 얼마인가?

11 $\mathbf{F}=\text{grad}\sqrt{x^2+y^2}$에 대해 $x=\cos t, y=\sin t$를 따르는 적분 $\oint \mathbf{F}\cdot d\mathbf{R}=0$임을 다음 세 가지 방법으로 보여라.

(a) $\mathbf{F}$는 기울기 벡터장이므로 ___이다.

(b) $\mathbf{F}$를 계산하고 $\mathbf{F}\cdot d\mathbf{R}$을 직접 적분하라.

(c) 그린 정리로 이중적분을 계산하라.

12 R이 직사각형일 때 그린 정리의 특수한 경우인 일차원 정리 $\int_a^b (df/dx)dx = f(b)-f(a)$를 얻기 위한 방법을 고안해라.

13 (a) $(1,0)$에서 $(1,0)$로 가되, 원점을 두 번 감는 경로 $x(t)$와 $y(t)$를 골라라.

(b) $\oint y\,dx$를 계산하고, 경로 내부의 넓이와 이를 비교하라.

(c) $\oint (y\,dx - x\,dy)/(x^2+y^2)$을 계산하고 예제 7의 2π와 비교하라.

14 15.2절의 [예제 4]에서 $(1,0)$과 $(0,1)$사이의 일 $\int \mathbf{S}\cdot d\mathbf{R}$은 직선 경로에서 1이었고, 사분원 경로에서 $\pi/2$이었다. 일은 항상 축과 경로가 이루는 영역의 넓이의 두 배가 됨을 보여라.

15~20 $\oint \mathbf{F}\cdot\mathbf{n}\,ds = \iint (M_x + N_y)dxdy$의 양변을 계산하라.

15 단위원에서 $\mathbf{F} = y\mathbf{i} + x\mathbf{j}$

16 단위 정사각형 $0 \le x, y \le 1$에서 $\mathbf{F} = xy\mathbf{i}$

17 단위원에서 $\mathbf{F} = \mathbf{R}/r$

18 단위 정사각형에서 $\mathbf{F} = \mathbf{S}/r$

19 단위 삼각형(세 변 $x=0, y=0, x+y=1$)에서 $\mathbf{F} = x^2y\mathbf{j}$

20 단위원의 상반원에서 $\mathbf{F} = \text{grad}\,r$

21 원점을 제외하고 $\text{div}\,\mathbf{F} = 0$이라고 하자.[2] 그러면 ___이므로 유동 $\oint \mathbf{F}\cdot\mathbf{n}ds$가 원점을 도는 어느 두 원에 대해서도 같다(두 원 사이의 $\iint (M_x+N_y)dxdy$는 무엇인가?).

22 [예제 7]은 원점을 제외하고 $\text{div}\mathbf{F}=0$이다. 모든 원 $x^2+y^2=a^2$을 지나는 유동은 2π이다. ___이므로 원점 주위의 정사각형을 지나는 유동도 2π이다(문제 21과 비교하라).

23 $\oint a(x,y)dx + b(x,y)dy$를 그린 정리의 두 형태로 계산하라. 일 형태에서 $M=a, N=b$는 이중적분 ___을(를) 준다. 유동 형태에서 $M=b, N=-a$는 이중적분 ___을(를) 준다.

24 $\oint \cos^3 y\,dy - \sin^3 x\,dx$를 그린 정리로 계산하라.

25 [예제 7]의 장 $\mathbf{R}/r^2$은 $r=0$을 제외하고 0의 발산을 가진다.

2 $\mathbf{F} = M\mathbf{i} + N\mathbf{j}$일 때 $\text{div}\,\mathbf{F} = M_x + N_y$이다.

$\partial g/\partial y = x/(x^2+y^2)$를 풀고, 의도된 흐름 함수를 구하라. g는 원점에서 문제가 생기는가?

26 $\mathbf{S}/r^2$는 0의 발산을 가진다($r=0$은 제외). $\partial g/\partial y = y/(x^2+y^2)$를 풀어서 흐름 함수를 찾아라. 원점에서 g는 문제가 생기는가?

27 세 미분 $ydx - xdy$, $x^2dx + y^2dy$, $y^2dx + x^2dy$ 중 어떤 미분이 완전한가?

28 $M_x + N_y = 0$이면 식 $\partial g/\partial y =$____와(과) $\partial g/\partial x =$____은(는) 흐름 함수를 야기한다. 또 $N_x = M_y$일 때 g가 라플라스 방정식을 만족함을 보여라.

29~36 각 장에서 발산을 계산하고, 흐름 함수에 대해(가능하다면) $g_y = M$과 $g_x = -N$을 풀어라.

29 $2xy\mathbf{i} - y^2\mathbf{j}$ 30 $3xy^2\mathbf{i} - y^3\mathbf{j}$

31 $x^2\mathbf{i} + y^2\mathbf{j}$ 32 $y^2\mathbf{i} + x^2\mathbf{j}$

33 $e^x \cos y\mathbf{i} - e^x \sin y\mathbf{j}$ 34 $e^{x+y}(\mathbf{i} - \mathbf{j})$

35 $2y\mathbf{i}/x + y^2\mathbf{j}/x^2$ 36 $xy\mathbf{i} - xy\mathbf{j}$

---

37 문제 29~36의 각 장에 대해 $N_x - M_y$를 계산하고 가능하다면 퍼텐셜 함수 f를 찾아라.

38 퍼텐셜 $f(Q)$는 고정된 점 P에서 Q까지 도달하기 위한 일 $\int_P^Q \mathbf{F}\cdot\mathbf{T}ds$이다(15.2절). 마찬가지로 흐름 함수 $g(Q)$도 적분 ____(으)로 만들어질 수 있다. 그러면 $g(Q) - g(P)$는 **경로 P에서 Q를 가로지르는 유동이 된다.** 모든 경로에서 답이 같은 이유는 무엇인가?

39 $(x+iy)^3 = x^3 + 3ix^2y - 3xy^2 - iy^3$의 실수부는 $f = x^3 - 3xy^2$이다. 이의 기울기 벡터장은 $\mathbf{F} = \text{grad} f =$___이고 $\mathbf{F}$의 발산은 ___이다. 따라서 f는 라플라스 방정식 $f_{xx} + f_{yy} = 0$을 만족한다. 실제로 성립하는지 확인하라.

40 문제 39에서 $\text{div}\,\mathbf{F} = 0$이므로 $\partial g/\partial y =$_____와(과) $\partial g/\partial x =$_____을(를) 풀 수 있다. 이때 흐름 함수는 $g =$________이며 문제 39에서와 같은 $(x+iy)^3$의 허수부이다. f와 g가 코시-리만 방정식을 만족함을 확인하라.

41 $n = 1, 2, \cdots$에 대해 $(x+iy)^n$의 실수부 f와 허수부 g은 라플라스 방정식과 코시-리만 방정식을 만족한다(이들은 모두 다항식의 답을 준다). $n=4$에 대해 f와 g를 계산하라.

42 $Mdy - Ndx$는 언제 완전 미분 dg가 되는가?

43 퍼텐셜 $f = e^x \cos y$는 라플라스 방정식을 만족하는데, 이때 반드시 g가 있어야 한다. $\mathbf{F} = \text{grad} f$인 장과 흐름 함수 $g(x, y)$를 찾아라.

44 스핀장 $\mathbf{S}$가 모든 단순 닫힌곡선에 일을 함을 보여라.

45 $\mathbf{F} = f(x)\mathbf{j}$와 $R=$단위 정사각형 $0 \le x \le 1, 0 \le y \le 1$에 대해 그린 정리 (1)의 양변을 적분해라. 1변수 미적분학에서 어떤 공식이 필요한가?

46 영역 R은 R 내부의 모든 닫힌곡선이 R을 떠나지 않고 한 점으로 줄어들 수 있을 때 '단순연결simply connected'되어 있다고 한다. 다음 영역이 단순연결되어 있는지 확인하라.

(a) $(0,0)$이 없는 xy 평면 (b) $(0,0,0)$이 없는 xyz공간

(c) 구 $x^2 + y^2 + z^2 = 1$ (d) 토러스(혹은 도넛)

(e) 스웨터 (f) 인체

(g) 두 구 사이의 영역 (h) 원이 제거된 xyz 공간

15.4 면적분

그린 정리의 이중적분은 평평한 곡면 R에 대한 것이다. 이제 평평한 곡면을 떠나 일반적인 곡면을 다룰 것이다. 이는 구, 원기둥, 원뿔의 한 부분과 같은 **휘어진 곡면** S를 말하는 것이다. 곡면이 각 (x, y)에 대해 오직 한 개의 z를 가질 때, 이는 함수 $z(x, y)$의 그래프가 된다. 다른 경우 S는 꼬이기도 하고 서로 가까워질 수도 있다(예를 들어 구는 높은 z와 낮은 z를 가진다). 모든 경우에 대해 넓이와 유동을 구하는 것이 목표이

다. 이는 그린 정리를 삼차원으로 옮기기 전에 필요한 마지막 단계이다.

우선 빠르게 복습해보자. 기본 적분은 $\int dx$, $\iint dxdy$, $\iiint dxdydz$이다. 이에 맞지 않던 것은 곡선의 길이 $\int ds$이었다. 곡선에서 곡면으로 갈 때 ds는 dS가 되며, **넓이는 $\iint dS$이고 유동은 $\iint \mathbf{F} \cdot \mathbf{n}\, dS$이다.** 이때 곡면이 이차원이므로 이중적분이 된다. 여기서 가장 어려운 것은 dS이다.

모든 공식은 이 절의 마지막에 정리되어 있다.

ds (곡선을 따라)를 다루는 방법은 두 가지가 있다. 이 두 가지 방법이 (곡면 위의) dS에 대해서도 똑같이 작용한다. 첫 번째는 xyz 좌표로 나타내는 것이고, 두 번째는 매개변수를 사용하는 것이다. 더 복잡해지기 전에, 지금 두 방법을 설명할 것이다.

방법 1. 함수의 그래프인 곡선 $y(x)$ 혹은 곡면 $z(x, y)$를 위한 것이다.

곡선의 작은 조각은 거의 직선이다. 이는 dx만큼 가로로 가고, dy만큼 세로로 가므로 그 길이는 다음과 같다.

$$\text{길이 } ds = \sqrt{(dx)^2 + (dy)^2} = \sqrt{1 + (dy/dx)^2}\, dx \qquad (1)$$

곡면의 작은 조각은 현실적으로 평평하다. 기울어진 작은 직사각형을 생각하자. 한 변은 가로로 dx만큼, 세로로 $(\partial z/\partial x)dx$만큼 갈 것이다. 마찬가지로 이웃하는 변은 가로로 dy만큼, 세로로 $(\partial z/\partial y)dy$만큼 갈 것이다. 넓이를 구하는 것은 선형 문제이다(11장). 왜냐하면 이 평평한 조각은 평면 위에 있기 때문이다.

평행사변형을 이루는 두 벡터 **$\mathbf{A}$, $\mathbf{B}$에 대하여 이들의 외적의 길이는 넓이이다.** 앞의 예에서 두 벡터는 $\mathbf{A} = \mathbf{i} + (\partial z/\partial x)\mathbf{k}$, $\mathbf{B} = \mathbf{j} + (\partial z/\partial y)\mathbf{k}$이다. 그러면 $\mathbf{A}dx$와 $\mathbf{B}dy$는 작은 조각의 변이고, $\mathbf{A} \times \mathbf{B}$를 계산하면 다음과 같다.

$$\mathbf{A} \times \mathbf{B} = \begin{vmatrix} \mathbf{i} & \mathbf{j} & \mathbf{k} \\ 1 & 0 & \partial z/\partial x \\ 0 & 1 & \partial z/\partial y \end{vmatrix} = -\partial z/\partial x\mathbf{i} - \partial z/\partial y\mathbf{j} + \mathbf{k} \qquad (2)$$

13장에서 살펴봤듯이 이는 정확히 접평면과 곡면에 대한 **법선 벡터** $\mathbf{N}$이다.

작은 평평한 조각은 실제로 평행사변형이다(항상 직사각형인 것은 아니다). 조각의 넓이 dS는 ds와 구하는 방법이 비슷하다. 하지만 $\mathbf{N} = \mathbf{A} \times \mathbf{B}$의 길이는 다음과 같이 두 도함수를 포함한다.

$$\text{넓이 } dS = |\mathbf{A}\, dx \times \mathbf{B}\, dy| = |\mathbf{N}|dxdy = \sqrt{1 + (\partial z/\partial x)^2 + (\partial z/\partial y)^2}\, dxdy \qquad (3)$$

예제 1 밑면 A 위의 평면 $z=x+2y$의 넓이를 구하라.

풀이

이는 시각화하기 위한 예제이다. xy평면으로 정사영한 도형의 넓이는 A이다. 기울어진 평면 위의 넓이는 A보다 크다. 이때 천장은 밑면보다 더 넓은 넓이를 가지며, 만약 천장이 45° 각도로 올라갈 때, 비율은 $\sqrt{2}$이다. 공식 (3)은 평면 $x+2y$를 포함한 어떤 곡면에 대해서도 올바른 비율을 야기한다.

미분은 $\partial z/\partial x = 1$, $\partial z/\partial y = 2$이며 모두 상수이다(평면은 비교적 쉽다). 식 (3)의 제곱근은 $1+1^2+2^2=6$을 품으므로 $dS=\sqrt{6}\,dxdy$이다. xy 평면으로 정사영한 도형의 넓이는 곡면에서는 $\sqrt{6}$ 만큼 곱해진다([그림 15-14(a)]). 공식 (3)에 도달한 시점부터 벡터 $\mathbf{A}$와 $\mathbf{B}$는 더 이상 필요하지 않다. 하지만 다음 식에 $\mathbf{A}$, $\mathbf{B}$가 다시 나온다.

$$\mathbf{A}=\mathbf{i}+(\partial z/\partial x)\mathbf{k}=\mathbf{i}+\mathbf{k}, \qquad \mathbf{B}=\mathbf{j}+(\partial z/\partial y)\mathbf{k}=\mathbf{j}+2\mathbf{k}, \qquad \mathbf{N}=-\mathbf{i}-2\mathbf{j}+\mathbf{k}$$

$\mathbf{N}=\mathbf{A}\times\mathbf{B}$의 길이는 $\sqrt{6}$이고 $\mathbf{k}$와 $\mathbf{N}$ 사이의 각 θ에 대하여 $\cos\theta = 1/\sqrt{6}$이다. **이는 밑면과 기울어진 평면 사이의 각이다.** 따라서 기울어진 넓이는 밑면의 넓이에 $\sqrt{6}$을 곱한 것과 같다. 휘어진 곡면에 대해서도 아이디어는 똑같다. 다만 곡면이 움직일 때마다 $|\mathbf{N}|=1/\cos\theta$에서의 제곱근이 바뀔 뿐이다.

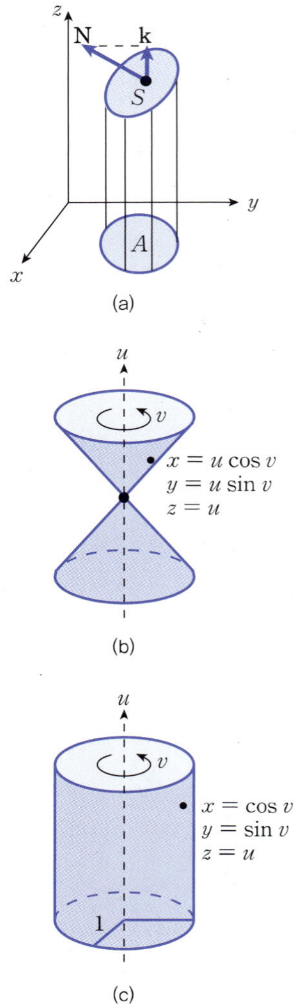

[그림 15-14] (a) 지붕의 넓이=밑면의 넓이와 $|\mathbf{N}|$의 곱, 매개변수 u, v에 대한 (b) 원뿔과 (c) 원기둥

방법 2. 매개변수로 표현된 곡선 $x(t), y(t)$와 곡면 $x(u,v), y(u,v), z(u,v)$을 위한 것이다.

곡선은 한 개의 매개변수 t를 가지며 곡면은 두 개의 매개변수 u와 v를 가진다(이는 2차원이다). 매개변수의 장점은 $f(x,y)$를 z에 대하여 정리하지 않아도 된다는 것이다. 즉 매개변수로 나타내면 x, y, z가 동등하게 처리된다. 다음 두 예를 살펴보자.

$$\text{원뿔} \quad x=u\cos v,\quad y=u\sin v,\quad z=u$$
$$\text{원기둥} \quad x=\cos v,\quad y=\sin v,\quad z=u \tag{4}$$

두 곡면에서 u와 v를 선택하면 곡면 위의 점을 얻는다. 모든 u, v값을 선택하여 완전한 곡면을 얻을 수 있다. $z=u$처럼 매개변수와 좌표가 같아질 수 있음을 명심해라. $x=u$, $y=v$, $z=f(u,v)$처럼 가끔 모든 매개변수가 좌표가 되기도 한다. 이는 그저 매개변수가 없는 곡면인 $z=f(x,y)$를 매개변수로 가장한 것일 뿐이다. 이외의 경우에는 **u, v를 소거하여 xyz 방정식을 얻는다.**

$$\text{원뿔} \quad (u\cos v)^2+(u\sin v)^2=u^2 \ \text{혹은}\ x^2+y^2=z^2 \ \text{혹은}\ z=\sqrt{x^2+y^2}$$
$$\text{원기둥} \quad (\cos v)^2+(\sin v)^2=1 \ \text{혹은}\ x^2+y^2=1$$

원뿔은 $f=\sqrt{x^2+y^2}$의 그래프이며 원기둥은 그 어떤 함수의 그래프도 아니다. $x^2+y^2=1$ 위의 점을 지나는 z축과 평행한 직선을 생각해보자. 이는 곧 $z=u$ 형태이며 u가 모든 값을 가질 때 모든 선을 얻는다. 또한 모든 u와 v값을 가질 때 모든 원기둥을 얻는다. 매개변수는 곡선이 겹치도록, 심지어는 자기 자신을 지나가도록 할 수 있다. 이는 $f(x,y)$의 그래프로는 절대 할 수 없는 일이다.

사실 $z=\sqrt{x^2+y^2}$은 원뿔의 위쪽 반만 준다(함수는 오직 하나의 z만 만든다). 반면 매개변수 형태는 원뿔의 아래쪽 반도 준다. 마찬가지로 $y=\sqrt{1-x^2}$은 원의 윗부분만을 주는 반면, $x=\cos t, y=\sin t$는 원의 모든 곳을 든다.

이제 매개변수를 이용하여 dS를 찾을 것이다. 작은 움직임은 현실적으로는 평평한, 곡면의 한 조각을 준다. 한 변은 변화 du에서 오고, 이웃한 변은 dv에서 온다. 두 변은 다음과 같이 작은 벡터 $\mathbf{A}du$와 $\mathbf{B}dv$를 준다.

$$\mathbf{A}=\frac{\partial x}{\partial u}\mathbf{i}+\frac{\partial y}{\partial u}\mathbf{j}+\frac{\partial z}{\partial u}\mathbf{k}, \qquad \mathbf{B}=\frac{\partial x}{\partial v}\mathbf{i}+\frac{\partial y}{\partial v}\mathbf{j}+\frac{\partial z}{\partial v}\mathbf{k} \tag{5}$$

평행사변형의 넓이를 찾기 위해 외적 $\mathbf{N}=\mathbf{A}\times\mathbf{B}$로 시작하자.

$$\mathbf{N}=\begin{vmatrix}\mathbf{i} & \mathbf{j} & \mathbf{k}\\ x_u & y_u & z_u\\ x_v & y_v & z_v\end{vmatrix}=\left(\frac{\partial y}{\partial u}\frac{\partial z}{\partial v}-\frac{\partial z}{\partial u}\frac{\partial y}{\partial v}\right)\mathbf{i}+\left(\frac{\partial z}{\partial u}\frac{\partial x}{\partial v}-\frac{\partial x}{\partial u}\frac{\partial z}{\partial v}\right)\mathbf{j}+\left(\frac{\partial x}{\partial u}\frac{\partial y}{\partial v}-\frac{\partial y}{\partial u}\frac{\partial x}{\partial v}\right)\mathbf{k} \tag{6}$$

당연히 이는 매우 복잡하다(실제 예들은 종종 매우 간단하다). 곡면의 작은 조각의 넓이 dS는 $|\mathbf{N}|dudv$이며 길이 $|\mathbf{N}|$은 다음과 같은 제곱근이다.

$$dS=\sqrt{\left(\frac{\partial y}{\partial u}\frac{\partial z}{\partial v}-\frac{\partial z}{\partial u}\frac{\partial y}{\partial v}\right)^2+\left(\frac{\partial z}{\partial u}\frac{\partial x}{\partial v}-\frac{\partial x}{\partial u}\frac{\partial z}{\partial v}\right)^2+\left(\frac{\partial x}{\partial u}\frac{\partial y}{\partial v}-\frac{\partial y}{\partial u}\frac{\partial x}{\partial v}\right)^2}\,dudv \tag{7}$$

예제 2 원뿔과 원기둥에 대해 $\mathbf{A}$, $\mathbf{B}$, $\mathbf{N}=\mathbf{A}\times\mathbf{B}$, dS를 각각 찾아라.

풀이

원뿔은 $x=u\cos v, y=u\sin v, z=u$를 갖는다. 따라서 이를 u에 대해 미분하면 $\mathbf{A}=\partial\mathbf{R}/\partial u=\cos v\mathbf{i}+\sin v\mathbf{j}+\mathbf{k}$를 얻을 수 있으며, v에 대해 미분하면 다른 접선 벡터 $\mathbf{B}=\partial\mathbf{R}/\partial v=-u\sin v\mathbf{i}+u\cos v\mathbf{j}$를 얻을 수 있다. 이때 A와 B의 외적인 법선 벡터는 $\mathbf{A}\times\mathbf{B}=-u\cos v\mathbf{i}-u\sin v\mathbf{j}+u\mathbf{k}$이며 그 길이는 dS를 준다.

$$dS=|\mathbf{A}\times\mathbf{B}|dudv=\sqrt{(u\cos v)^2+(u\sin v)^2+u^2}\,dudv=\sqrt{2}\,u\,dudv$$

원기둥의 경우 $dS=du\,dv$로서 심지어 더 단순하다. 이들과 많은 다른 예제에서 $\mathbf{A}$는 $\mathbf{B}$와 수직이다. 이때 작은 조각은 직사각형이다. 이 직사각형은 두 변 $|\mathbf{A}|du$와 $|\mathbf{B}|dv$를 가진다(원뿔은 $|\mathbf{A}|=u$와 $|\mathbf{B}|=\sqrt{2}$를, 원기둥은 $|\mathbf{A}|=|\mathbf{B}|=1$을 가진다). $|\mathbf{A}|du$와

$|\mathbf{B}|dv$를 그저 곱하기만 하면 되므로 넓이를 구할 때 외적은 거의 필요하지 않다. ❯

방법 1 또한 매개변수를 사용하는 방법이라고 할 수 있다. 이는 u가 x, v가 y인 아주 특별한 경우이다. 즉 매개변수 방정식은 $x=x$, $y=y$, $z=f(x,y)$이다. u를 x로 바꾸고, v를 y로 바꿔서 식 (7)의 긴 제곱근을 계산하면 식 (3)과 같이 제곱근이 단순해진다($\partial y/\partial x$와 $\partial x/\partial y$는 0이고 $\partial x/\partial x$와 $\partial y/\partial y$는 1이다). 따라서 **방법 1**의 짧은 공식을 반드시 기억해야만 한다.

dS를 계산한 후 적분해야 한다는 것을 잊지 마라. 많은 경우 극좌표를 사용하는 것이 좋은데, 대부분의 곡면은 축 또는 점에 대해 대칭이기 때문이다. 이러한 곡면들을 회전면이라고 한다. 이는 8장에서 살펴보았던 곡면이고, 앞으로도 다시 나올 것이다.

엄밀하게 적분은 (dS가 아닌) ΔS로 시작한다. 평평한 조각은 넓이 $|\mathbf{A}\times\mathbf{B}|\Delta x\,\Delta y$ 또는 $|\mathbf{A}\times\mathbf{B}|\Delta u\,\Delta v$를 가진다. 즉 휘어진 곡면의 넓이는 극한으로 적절히 정의되어 있다. 매끄러운 곡선에 대해서 미적분학의 핵심 단계인 ΔS의 합에서 dS의 극한으로 가는 과정은 안전하다. 예제를 보면, 여기서 가장 어려운 부분은 이중적분과 x, y 또는 u, v의 극한을 계산하는 것이다.

예제 3 높이 $z=a$까지의 원뿔 $z=\sqrt{x^2+y^2}$의 곡면의 넓이를 구하라.

풀이

(매개변수가 없는) **방법 1**을 사용한다. 다음과 같이 z의 도함수는 계산되고 제곱된 후 더해진다.

$$\frac{\partial z}{\partial x}=\frac{x}{\sqrt{x^2+y^2}},\qquad \frac{\partial z}{\partial y}=\frac{y}{\sqrt{x^2+y^2}},\qquad |\mathbf{N}|^2=1+\frac{x^2}{x^2+y^2}+\frac{y^2}{x^2+y^2}=2$$

즉 $|\mathbf{N}|=\sqrt{2}$이고 $dS=\sqrt{2}\,dxdy$이다. 원뿔의 기울기는 45°이므로 밑면의 넓이 $dxdy$가 위의 곡면에서는 $\sqrt{2}$만큼 곱해진다([그림 15-15]). dS의 제곱근은 기울기에 의해 추가된 넓이를 차지한다. 즉 수평인 곡면은 우리가 잘 알고 있듯이 $dS=\sqrt{1}\,dxdy$를 가진다.

이제 핵심이다. **적분은 밑면에서 한다.** x와 y의 극한은 원뿔의 '그림자'로 주어진다. 그림자의 위치를 나타내기 위해 $z=\sqrt{x^2+y^2}$과 $z=a$가 같다고 놓자. 그러면 평면은 원 $x^2+y^2=a^2$을 따라 원뿔을 자른다. 이제 (그림자가 있는) 이 원의 내부를 적분하자.

$$\text{원뿔의 곡면의 넓이}=\iint_{\text{그림자}}\sqrt{2}\,dxdy=\sqrt{2}\,\pi a^2$$ ❯

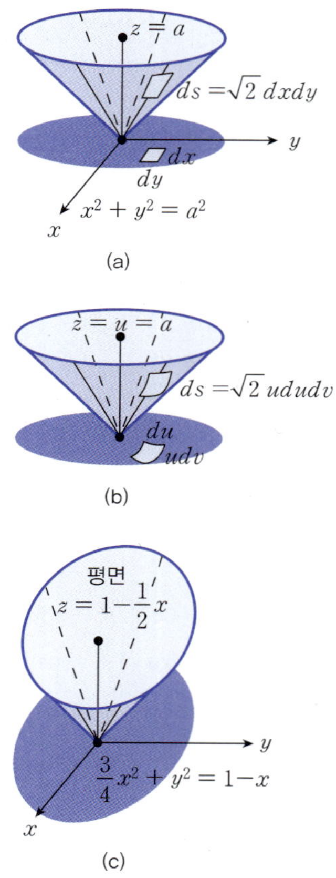

[그림 15-15] 평면에 의해 잘린 원뿔은 밑면에 그림자를 남긴다. 그림자에서 적분하자.

예제 4 [예제 2]에서 $dS = \sqrt{2}\,u\,du\,dv$를 사용하여 같은 넓이를 찾아라.

풀이

매개변수로 인해, dS와 밑면의 그림자 모두 이전과 다르게 보인다. 원 $x^2+y^2=a^2$은 $u^2\cos^2 v + u^2\sin^2 v = a^2$이 되며 이는 곧 $u=a$이다(원뿔은 $z=u$을 가지고, 평면은 $z=a$를 가진다). 각도 매개변수 v는 0에서 2π까지 간다. 이 매개변수들은 '자동적으로' 넓이가 $r\,dr\,d\theta$인 극좌표를 활용하게 한다.

$$\text{원뿔의 곡면의 넓이} = \iint dS = \int_0^{2\pi}\int_0^a \sqrt{2}\,u\,du\,dv = \sqrt{2}\,\pi a^2$$

예제 5 평면 $z = 1 - \frac{1}{2}x$까지의 높이를 가진 [예제 3]과 같은 원뿔에 대해 넓이를 구하라.

풀이

원뿔은 여전히 $dS = \sqrt{2}\,dx\,dy$를 가지지만 적분의 극한이 바뀐다. 곡선은 원뿔을 타원으로 자른다. 잘린 타원이 xy 평면 위로 만드는 그림자는 또 다른 타원이다([그림 15-15(c)]). **그림자의 가장자리를 찾기 위해 $z=\sqrt{x^2+y^2}$을 $z=1-\frac{1}{2}x$로 두자.** 양변을 제곱하면 다음과 같다.

$$x^2+y^2 = 1 - x + \frac{1}{4}x^2 \qquad \text{혹은} \qquad \frac{3}{4}\left(x+\frac{2}{3}\right)^2 + y^2 = \frac{4}{3}$$

이는 밑면의 타원이다. 이때 높이는 차이를 만들지 않았고, z는 소거되었다. 방정식이 $(x/a)^2+(y/b)^2=1$의 형태일 때 타원의 넓이는 πab이다. 이 방정식의 양변에 $3/4$을 곱하면 $a=4/3$과 $b=\sqrt{4/3}$를 찾을 수 있고 따라서 $\iint \sqrt{2}\,dx\,dy = \sqrt{2}\,\pi ab$가 원뿔의 곡면의 넓이이다.

어려운 부분은 그림자인 타원을 찾는 것이다(여기서는 이를 빠르게 해결했다). 타원의 넓이 πab는 15.3절 [예제 2]에서 살펴보았다. 여기서 새로운 부분은 기울기에서 얻은 $\sqrt{2}$이다.

예제 6 반지름이 a인 구의 곡면의 넓이를 구하라(구의 겉넓이는 $4\pi a^2$으로 알려져 있다). 이는 좋은 예제이다. 왜냐하면 두 방법을 쓰는 것이 거의 가능하기 때문이다. 구의 방정식은 $x^2+y^2+z^2=a^2$인데, **방법 1**에서는 $z=\sqrt{a^2-x^2-y^2}$이라 쓴다. x와 y에 대한 미분은 $-x/z,\ -y/z$이다.

$$1+\left(\frac{\partial z}{\partial x}\right)^2+\left(\frac{\partial z}{\partial y}\right)^2 = \frac{z^2}{z^2}+\frac{x^2}{z^2}+\frac{y^2}{z^2} = \frac{a^2}{z^2} = \frac{a^2}{a^2-x^2-y^2}$$

제곱근은 $dS = a\,dxdy/\sqrt{a^2-x^2-y^2}$ 를 준다. z가 사라졌음을 인지하자(그래야만 했다). 이제 dS를 원 모양인 구의 그림자에서 적분하자. 이때 $dxdy$ 대신 극좌표와 $r\,drd\theta$로 바꾸자.

$$\iint_{\text{그림자}} dS = \int_0^{2\pi}\int_0^a \frac{ar\,drd\theta}{\sqrt{a^2-r^2}} = -2\pi a\sqrt{a^2-r^2}\,\Big]_0^a = 2\pi a^2 \qquad (8)$$

계산을 성공적으로 마쳤지만 결론적으로 이 답은 틀렸다. $2\pi a^2$은 xy 평면 위로의 반구의 넓이이다. 아래의 반은 $z^2 = a^2 - x^2 - y^2$의 제곱근에 음의 부호를 붙인 것이다. 이는 곡면이 함수의 그래프가 아닐 때 **방법 1**을 쓴 경우의 위험성을 보여준다.

예제 7 (같은 구에 대해 **방법 2** : 매개변수를 사용하자) 자연스럽게 구면좌표를 선택할 수 있다. 모든 점은 북극으로부터 아래로의 각 $u = \phi$와 적도에서의 각 $v = \theta$를 가진다. 14.4절에서 xyz 좌표는 $x = a\sin\phi\cos\theta, y = a\sin\phi\sin\theta, z = a\cos\phi$이었다. 이때 반지름 $\rho = a$는 고정되어 있다(매개변수가 아니다). $\partial z/\partial\theta = 0$임을 명심하면서 식 (6)의 첫 항을 계산하자.

$$(\partial y/\partial\phi)(\partial z/\partial\theta) - (\partial z/\partial\phi)(\partial y/\partial\theta) = -(-a\sin\phi)(a\sin\phi\cos\theta) = a^2\sin^2\phi\cos\theta$$

식 (6)의 다른 항은 $a^2\sin^2\phi\sin\theta$와 $a^2\sin\phi\cos\phi$이다. 그러면 식 (7)의 dS는 이 세 성분을 제곱하고 더하여 얻을 수 있다. 다음과 같이 a^4으로 묶어서 간단히 한다.

$$a^4(\sin^4\phi\cos^2\theta + \sin^4\phi\sin^2\theta + \sin^2\phi\cos^2\phi) = a^4(\sin^4\phi + \sin^2\phi\cos^2\phi) = a^4\sin^2\phi$$

결론적으로 $dS = a^2\sin\phi\,d\phi d\theta$이다. 구 위에 서있는 사람은 이를 바로 인지할 것이다. 이는 부피 성분 $dV = \rho^2\sin\phi\,d\rho d\phi d\theta$에서 $d\rho$가 빠진 것이다. 작은 상자는 넓이 dS, 두께 $d\rho$, 부피 dV를 가진다. 여기서 우리가 원하는 건 오직 dS이다.

$$\text{구의 넓이} = \iint dS = \int_0^{2\pi}\int_0^{\pi} a^2\sin\phi\,d\phi d\theta = 4\pi a^2 \qquad (9)$$

[그림 15-16]은 $ad\phi$와 $a\sin\phi\,d\theta$를 두 변으로 갖는 작은 곡면을 보여준다. 두 변의 곱이 dS이다. [그림 15-16(b)]는 식 (8) $dS = (a/z)dxdy$를 사용하는 **방법 1** 문제에 접근한 것이다.

여러분이 [그림 15-16(c)]를 좋아할 것 같지는 않다(게다가 이 그림은 여러분에게 그다지 중요하지 않다). 매개변수 ϕ와 θ를 통해 구의 그림자는 직사각형이 된다. 적도는 $\phi = \pi/2$인 가운데에 있는 직선이며, 높이는 $z = a\cos\phi$이다. 밑면의 넓이 $d\phi d\theta$는 구에서의 넓이 $dS = a^2\sin\phi\,d\phi d\theta$의 그림자이다. 아마도 이 그림들은 우리가 매개변수에 대해 알지 못하는 것을 보여줄 것이다.

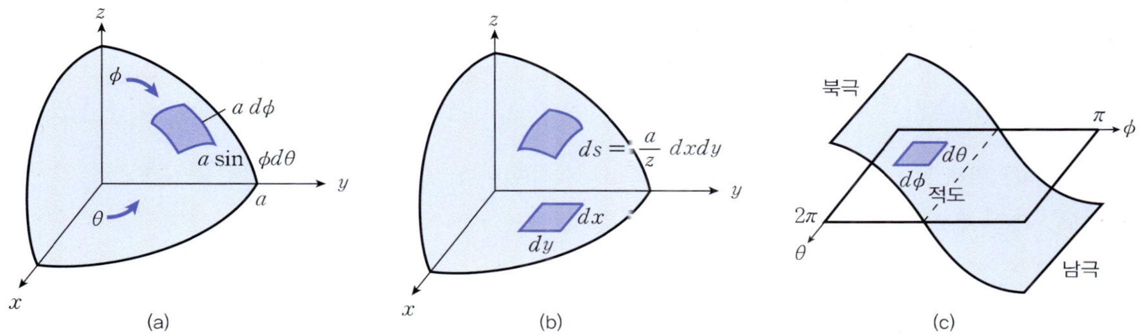

[그림 15-16] 구에서의 곡면의 넓이: (a) 구면좌표 (b) xyz 좌표 (c) $\phi\theta$ 공간

예제 8 $y = x^2$을 x축에 대해 회전시키고 매개변수를 이용하여 이 곡면의 넓이를 구하라.

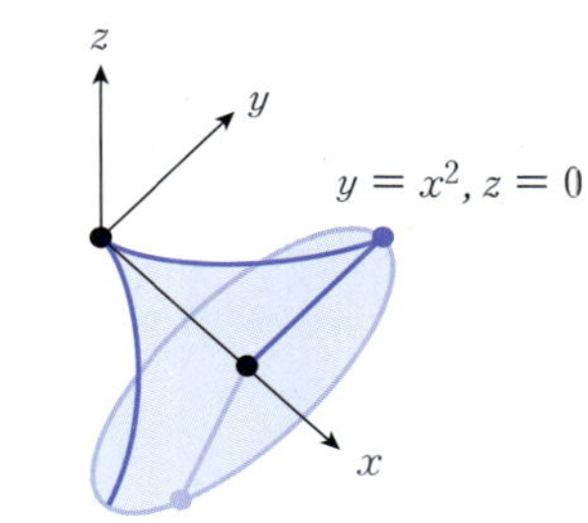

[그림 15-17] 곡면의 회전: 매개변수 x, θ

풀이

첫 번째 매개변수는 x(a에서 b까지)이고 두 번째 매개변수는 회전하는 각 θ(0에서 2π까지)이다. [그림 15-17]에서 곡면 위의 점은 $x = x$, $y = x^2\cos\theta$, $z = x^2\sin\theta$이다. 많은 계산 뒤에 식 (7)은 $dS = x^2\sqrt{1+4x^2}\,dxd\theta$라는 결과가 나온다.

dS는 넓이가 $\int 2\pi y\sqrt{1+(dy/dx)^2}\,dx$이었던 8.3절과 일치한다. 여기서 2π는 θ에 대한 적분에서 왔고, y는 x^2이므로 위 식은 dS와 같다. 이렇듯 매개변수는 공식을 자연스럽게 만들어낸다.

벡터장과 F · n의 적분

곡면의 공식은 제곱근이 가장 중요하다. ds에서와 마찬가지로 dS에도 제곱근이 있다. 이때 넓이는 호의 길이가 한 차원 높아진 것이라고 볼 수 있다. 선적분 $\int \mathbf{F}\cdot\mathbf{n}ds$의 좋은 점은 제곱근이 사라진다는 것이다. $\mathbf{n}$의 분모에 제곱근이 있지만 ds가 이를 상쇄하여 $\mathbf{F}\cdot\mathbf{n}ds = Mdy - Ndx$가 된다. 마찬가지로 곡면 적분 $\iint \mathbf{F}\cdot\mathbf{n}\,dS$에서도 이러한 좋은 일이 일어난다.

9 곡면 $z = f(x,y)$를 통해서 벡터장 $\mathbf{F}(x,y,z) = M\mathbf{i} + N\mathbf{j} + P\mathbf{k}$는 다음을 가진다.

$$\text{유동} = \iint_{\text{곡면}} \mathbf{F}\cdot\mathbf{n}\,dS = \iint_{\text{그림자}} \left(-M\frac{\partial f}{\partial x} - N\frac{\partial f}{\partial y} + P\right)dxdy \quad (10)$$

위 공식은 곡면과 벡터장(f와 $\mathbf{F}$)이 주어졌을 때 무엇을 적분해야 하는지 알려준다. x, y에 대한 적분 범위는 그림자에서 오며 공식 (10)은 다음과 같이 **방법 1**에서의 법선 벡터를 사용한다.

$$\mathbf{N} = -\partial f/\partial x\mathbf{i} - \partial f/\partial y\mathbf{j} + \mathbf{k}\text{이고 } |\mathbf{N}| = \sqrt{1 + (\partial f/\partial x)^2 + (\partial f/\partial y)^2}\text{ 이다.}$$

단위 법선 벡터 $\mathbf{n}$을 만들기 위해 $\mathbf{N}$을 $\mathbf{N}$의 길이로 나눈다. 즉 $\mathbf{n} = \mathbf{N}/|\mathbf{N}|$이다. 이때 제곱근이 분모에 있고, 같은 제곱근이 dS에 있다. 방정식 (3)을 보아라.

$$\mathbf{F} \cdot \mathbf{n}dS = \mathbf{F} \cdot \frac{\mathbf{N}}{\sqrt{\quad}} \sqrt{\quad}\, dxdy = \left(-M\frac{\partial f}{\partial x} - N\frac{\partial f}{\partial y} + P\right)dxdy \qquad (11)$$

식 (11)은 공식 (10)에서 제곱근을 상쇄한 것이다. $\mathbf{F} \cdot \mathbf{n}dS$는 $\mathbf{F} \cdot d\mathbf{S}$로 쓰이는데, 이때 $d\mathbf{S}$를 벡터로 만들기 위해 S를 굵게 나타낸다. 즉 $d\mathbf{S}$는 **$\mathbf{n}$방향을 향하고 크기가 dS인 벡터** $\mathbf{n}dS$와 같다.

예제 9 평면 $z = x + 2y$에 대해 $\mathbf{n}dS$를 찾아라. 그리고 $\mathbf{F} \cdot \mathbf{n}dS$를 $\mathbf{F} = \mathbf{k}$에 대해 찾아라.

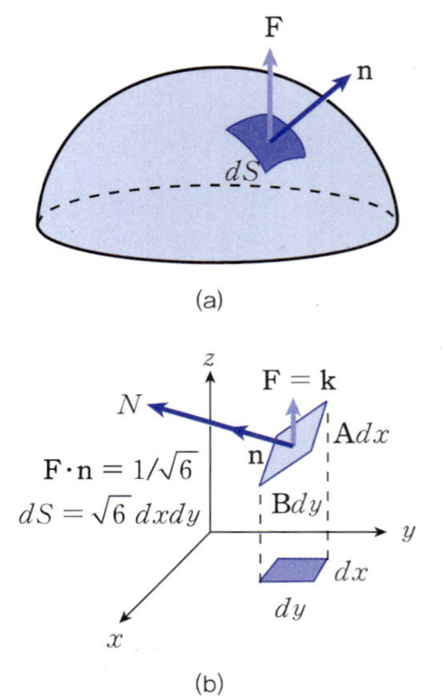

[그림 15-18] $\mathbf{F} \cdot \mathbf{n}dS$는 dS를 지나는 흐름을 준다.

풀이

이 평면은 [예제 1]에서 (넓이에 대해) $\sqrt{6}$을 만들었다. 유동에 대해서는 $\sqrt{6}$이 소거된다.

$$\mathbf{n}dS = \frac{\mathbf{N}}{|\mathbf{N}|}dS = \frac{-\mathbf{i} - 2\mathbf{j} + \mathbf{k}}{\sqrt{6}}\sqrt{6}\,dxdy = (-\mathbf{i} - 2\mathbf{j} + \mathbf{k})dxdy$$

유동장 $\mathbf{F} = \mathbf{k}$에 대해 내적 $\mathbf{k} \cdot \mathbf{n}dS$는 $1dxdy$로 줄어든다. 즉 평면의 기울기는 차이를 만들지 않는다! **밑면을 지나는 흐름은 곧 평면을 지나는 흐름이다.** 넓이는 다르지만, 유동은 비와 그 성질이 비슷하다. 비가 텐트에 떨어지든 바닥에 떨어지든 떨어진 비는 모두 같은 비인 것처럼 말이다([그림 15-18]). 이 경우 $\iint \mathbf{F} \cdot \mathbf{n}dS = \iint dxdy =$ 밑면에서 그림자의 넓이이다.

예제 10 원뿔 $z = \sqrt{x^2 + y^2}$에서 $\mathbf{F} = x\mathbf{i} + y\mathbf{j} + z\mathbf{k}$의 유동을 찾아라.

풀이

$$\mathbf{F} \cdot \mathbf{n}dS = \left[-x\left(\frac{x}{\sqrt{x^2 + y^2}}\right) - y\left(\frac{y}{\sqrt{x^2 + y^2}}\right) + \sqrt{x^2 + y^2}\right]dxdy = 0$$

계산 결과가 0이 나온다는 것이 놀라울 수 있지만 그 이유를 생각해보면 놀라운 일이 아니다. 원뿔은 원점에서 똑바로 빠져나가고, $\mathbf{F}$도 마찬가지이다. 또한 원뿔에 수직인 벡터 $\mathbf{n}$은 $\mathbf{F}$에도 수직이다. 즉 $\mathbf{F}\cdot\mathbf{n}=0$이므로 원뿔을 지나는 흐름은 없다. 흐름은 원뿔의 꼭지점에서 원뿔면으로 나간다.

매개변수로 표현된 곡면에 대한 $\iint \mathbf{F}\cdot\mathbf{n}dS$

[예제 10]에서 원뿔은 $z=f(x,y)=\sqrt{x^2+y^2}$ 이었다. 이 때 **방법 1**로 dS을 찾았으며 매개변수는 필요하지 않았다(정확히 말해 여기서 매개변수는 x, y이었다). 접히고 꼬인 곡면에 대해 u와 v의 공식은 복잡해 보이지만, 실지로 계산은 쉬울 수 있다. $dS=dudv$인 원기둥이 그 예이다.

곡면의 작은 조각은 넓이 $dS=|\mathbf{A}\times\mathbf{B}|dudv$를 가진다. 두 변의 벡터는 각각 $\mathbf{A}=x_u\mathbf{i}+y_u\mathbf{j}+z_u\mathbf{k}$, $\mathbf{B}=x_v\mathbf{i}+y_v\mathbf{j}+z_v\mathbf{k}$이며 이들은 곡면에 접한다.

이제 이들의 외적 $\mathbf{N}=\mathbf{A}\times\mathbf{B}$을 다른 곳에 사용하기 위해 그 값을 계산할 것이다. 왜냐하면 $\mathbf{F}\cdot\mathbf{n}dS$는 넓이뿐만이 아니라 방향도 포함하기 때문이다. 이때 얼마나 많은 흐름이 지나는지 보기 위해 단위 벡터 $\mathbf{n}$이 필요하다.

방향 벡터는 $\mathbf{n}=\mathbf{N}/|\mathbf{N}|$이다. 또한 방정식 (7)은 $dS=|\mathbf{N}|dudv$이므로 제곱근 $|\mathbf{N}|$은 $\mathbf{n}dS$를 상쇄시킨다. 이는 흐름의 '법선 성분'에 대한 좋은 공식을 남긴다.

> **10** 매개변수 u와 v로 표현된 곡면을 지나는 장 $\mathbf{F}=M\mathbf{i}+N\mathbf{j}+P\mathbf{k}$에 대하여 다음이 성립한다.
>
> $$\text{유동}=\iint \mathbf{F}\cdot\mathbf{n}dS=\iint \mathbf{F}\cdot\mathbf{N}dudv=\iint \mathbf{F}\cdot(\mathbf{A}\times\mathbf{B})dudv \qquad (12)$$

예제 11 $x^2+y^2=1$, $0\le z\le b$인 원기둥을 지나는 $\mathbf{F}=x\mathbf{i}+y\mathbf{j}+z\mathbf{k}$의 유동을 구하라.

풀이

원기둥의 곡면은 $x=\cos u, y=\sin u, z=v$로 나타낼 수 있다. 식 (5)의 접벡터는 $\mathbf{A}=(-\sin u)\mathbf{i}+(\cos u)\mathbf{j}$ 이고 $\mathbf{B}=\mathbf{k}$이다. 또한 [그림 15-19]와 같이 법선 벡터는 원기둥에서 곧바로 빠져나간다.

$$\mathbf{N}=\mathbf{A}\times\mathbf{B}=\cos u\,\mathbf{i}+\sin u\,\mathbf{j} \qquad (\mathbf{A}\cdot\mathbf{N}=0, \mathbf{B}\cdot\mathbf{N}=0\text{임을 확인해라})$$

$\mathbf{F}\cdot\mathbf{N}$을 찾기 위해 $\mathbf{F}=x\mathbf{i}+y\mathbf{j}+z\mathbf{k}$를 매개변수 u와 v로 바꾸면 $\mathbf{F}\cdot\mathbf{N}=1$이다.

$$\mathbf{F}\cdot\mathbf{N}=(\cos u\,\mathbf{i}+\sin u\,\mathbf{j}+v\mathbf{k})\cdot(\cos u\,\mathbf{i}+\sin u\,\mathbf{j})=\cos^2u+\sin^2u$$

유동에 대해 $\mathbf{F}\cdot\mathbf{N}=1$을 적분하고, $u=\theta$와 $v=z$에 대해 극한을 취하자.

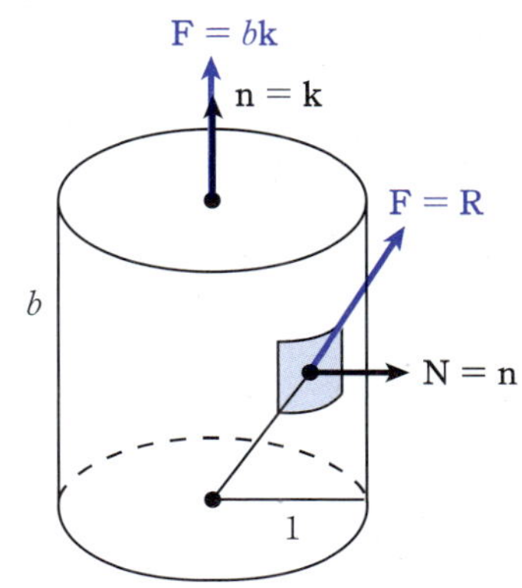

[그림 15-19] 원기둥을 지나는 흐름

$$\text{유동} = \int_0^b \int_0^{2\pi} 1\, du dv = 2\pi b = \text{원기둥의 곡면의 넓이}$$

이때 위와 아래가 포함되지 않았음을 명심하라! 우리는 위아래의 유동도 찾을 수 있다. 밖으로 빠져나가는 방향은 위에서는 $\mathbf{n} = \mathbf{k}$이고 아래에서는 $\mathbf{n} = -\mathbf{k}$이다. 그러면 $\mathbf{F} \cdot \mathbf{n}$은 위에서는 $+z = b$이고 아래에서는 $-z = 0$이다. 즉 밑의 유동은 0이고, 위의 유동은 b와 넓이의 곱(혹은 πb)이다. 따라서 총 유동은 $2\pi b + \pi b = 3\pi b$이다. 다음 절을 위해 이 답을 기억하자.

여러분에게 사과해야 할 것이 있다. 위 예제에서 u를 각으로, v를 높이로 만들었다. 그러면 $\mathbf{N}$은 안쪽이 아닌 바깥쪽으로 간다.

예제 12 상반구 $x^2 + y^2 + z^2 = a^2$에 대해 $\mathbf{F} = \mathbf{k}$의 유동을 찾아라.

풀이

구면좌표계를 쓰자. [예제 7]에서 $u = \phi$와 $v = \theta$을 가졌고, 다음 식을 찾았다.

$$\mathbf{N} = \mathbf{A} \times \mathbf{B} = a^2 \sin^2\phi \cos\theta\, \mathbf{i} + a^2 \sin^2\phi \sin\theta\, \mathbf{j} + a^2 \sin^2\phi \cos\phi\, \mathbf{k}$$

$\mathbf{F} = \mathbf{k}$와의 내적은 $\mathbf{F} \cdot \mathbf{N} = a^2 \sin\phi \cos\phi$이다. 적분은 극에서 적도까지, 즉 $\phi = 0$에서 $\phi = \pi/2$까지, 또 $\theta = 0$에서 $\theta = 2\pi$까지 간다.

$$\text{유동} = \int_0^{2\pi} \int_0^{\pi/2} a^2 \sin\phi \cos\phi\, d\phi d\theta = 2\pi a^2 \frac{\sin^2\phi}{2}\Bigg]_0^{\pi/2} = \pi a^2$$

다음 절은 적도로 둘러싸인 어느 곡면(!)에서도 유동이 πa^2으로 남아 있는 것을 보일 것이다. 특수한 경우는 적도에서 반지름이 a인 원판과 같은 평평한 곡면이다. [그림 15-19]은 $\mathbf{n} = \mathbf{k}$가 정확히 위를 가리킴을 보여주고, 따라서 $\mathbf{F} \cdot \mathbf{n} = \mathbf{k} \cdot \mathbf{k} = 1$이다. 즉 유동은 $\iint 1 dS = \text{원판의 넓이} = \pi a^2$이다. 모든 유체는 적도를 지나서 구를 통과한다.

여기서 또 하나의 문제를 말하겠다. 일반적으로 일어나지 않는 경우이지만 곡면이 한 면만 가지고 있을 때가 있다. 이에 대한 유명한 예는 뫼비우스의 띠이다. 이는 종이 띠를 한 번 꼬아서 끝을 붙인 것이다. 이 특수한 성질은 여러분이 '안쪽'을 따라 펜으로 선을 그었을 때 발생한다. [그림 15-20]의 선은 갑자기 '바깥쪽'이 되었다가 한 바퀴 더 돈 후 이는 '안쪽'으로 돌아온다. 이 말들은 작은따옴표로 표시하였는데, 뫼비우스의 띠에서는 이러한 말들이 아무 의미가 없기 때문이다.

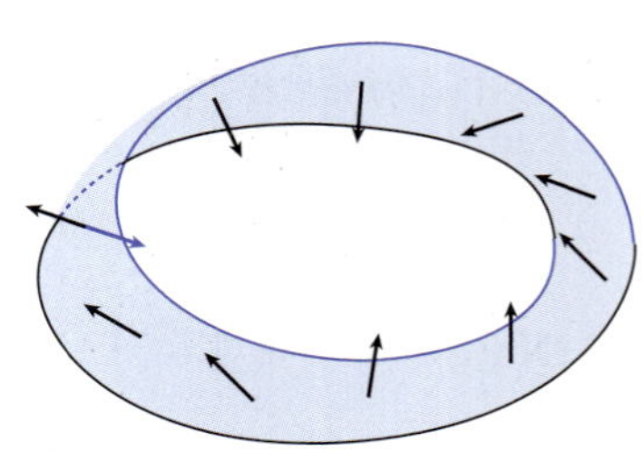

[그림 15-20] 뫼비우스의 띠($\mathbf{n}$을 고를 수 없다)

펜이 법선 벡터를 대표한다고 하자. 구에서 $\mathbf{n}$은 바깥쪽을 가리킨다. 이와는 다르게 $\mathbf{n}$은 안쪽을 가리킬 수도 있다(둘 중 아무거나 골라도 된다). 하지만 뫼비우스의 띠는 선택을 불가능하게 만든다. 선을 연속적으로 따라가도 원래의 방향과 반대 방향으로 돌아오게 된다. 즉 **이 곡면은 방향을 줄 수 없다.** 이 경우 유동을 계산하기 위해 $\mathbf{F}\cdot\mathbf{n}$을 적분할 수 없다. $\mathbf{n}$의 방향을 정할 수 없기 때문이다.

곡면은 $\mathbf{n}$을 고를 때, 그리고 그것이 가능할 때 방향을 줄 수 있다고 한다. 이는 외적의 마지막 성질, 외적은 길이와 방향을 가지며, 방향은 오른손 법칙을 따른다는 것을 이용한다. $\mathbf{A}\times\mathbf{B}$와 $\mathbf{B}\times\mathbf{A}$는 $\mathbf{n}$의 두 방향을 주기 때문에 우리는 두 외적을 구분할 수 있다. (휴지통처럼) 열린 곡면에 대해서는 두 외적 중 아무거나 골라도 되지만 (구처럼) 닫힌 곡면에 대해서는 전통적으로 $\mathbf{n}$을 바깥 방향으로 정한다. 이로 인해 최종적으로 유동의 부호, 즉 바깥쪽 유동이 양수라는 것이 결정된다.

곡면 적분의 공식

방법 1	방법 2
매개변수 x,y	매개변수 u,v
좌표 $x,y,z(x,y)$	곡면 위의 $x(u,v),y(u,v),z(u,v)$
$\mathbf{A}=\mathbf{i}+\partial z/\partial x\mathbf{k}$, $\mathbf{N}=\mathbf{A}\times\mathbf{B}$	$\mathbf{A}=\partial x/\partial u\mathbf{i}+\partial y/\partial u\mathbf{j}+\partial z/\partial u\mathbf{k}$
$\mathbf{B}=\mathbf{j}+\partial z/\partial y\mathbf{k}$, $\mathbf{n}=\mathbf{N}/\lvert\mathbf{N}\rvert$	$\mathbf{B}=\partial x/\partial v\mathbf{i}+\partial y/\partial v\mathbf{j}+\partial z/\partial v\mathbf{k}$
$dS=\lvert\mathbf{N}\rvert dxdy=\sqrt{1+z_x^2+z_y^2}\,dxdy$	$dS=\lvert\mathbf{N}\rvert dudv$
$\mathbf{n}\,dS=\mathbf{N}\,dxdy=(-\partial z/\partial x\mathbf{i}-\partial z/\partial y\mathbf{j}+\mathbf{k})dxdy$	$\mathbf{n}dS=\mathbf{N}dudv$

15.4 문장제 문제

01 곡면 $z=f(x,y)$의 작은 조각은 거의 __a__이다. 옆으로 dx만큼 갈 때, 위로 __b__만큼 간다. 이 움직임은 벡터 $\mathbf{A}$가 $\mathbf{i}+$__c__일 때 $\mathbf{A}dx$이고, 다른 변의 조각은 $\mathbf{B}=\mathbf{j}+$__d__일 때 $\mathbf{B}dy$이다. 외적 $\mathbf{A}\times\mathbf{B}$는 $\mathbf{N}=$__e__이고 조각의 넓이는 $dS=\lvert\mathbf{N}\rvert dxdy$이다. 곡면 $z=xy$에 대해 벡터는 $\mathbf{A}=$__f__, $\mathbf{B}=$__g__, $\mathbf{N}=$__h__이다. 면적분은 $\iint dS=$__i__ $dxdy$이다.

02 매개변수 u와 v에 관해 $45°$ 원뿔에 있는 전형적인 점은 $x=u\cos v, y=$__j__, $z=$__k__이다. u의 변화는 점을 $\mathbf{A}du=(\cos v\mathbf{i}+$__l__$)du$만큼 움직이며, v의 변화는 점을 $\mathbf{B}dv=$__m__만큼 옮긴다. 이때 법선 벡터는 $\mathbf{N}=\mathbf{A}\times\mathbf{B}=$__n__이다. 넓이는 $dS=$__o__ $dudv$이다. 이 예에서 $\mathbf{A}\cdot\mathbf{B}=$__p__이므로 작은 조각은 __q__이고, $dS=\lvert\mathbf{A}\rvert\lvert\mathbf{B}\rvert dudv$이다.

03 유동에 관해 우리는 $\mathbf{n}dS$가 필요하다. __r__ 벡터 $\mathbf{n}$에 대해 $\mathbf{N}=\mathbf{A}\times\mathbf{B}$는 __s__(으)로 나뉜다. 곡면 $z=f(x,y)$에 대해 곱 $\mathbf{n}dS$는 벡터 __t__이다. 또한 특정한 곡면 $z=xy$는 $\mathbf{n}dS=$__u__ $dxdy$를 가진다. $\mathbf{F}=x\mathbf{i}+y\mathbf{j}+z\mathbf{k}$에 대해 $z=xy$를 지나는 유동은 $\mathbf{F}\cdot\mathbf{n}dS=$__v__ $dxdy$이다.

04 $30°$의 원뿔에 대해 점들은 $x=2u\cos v$, $y=2u\sin v$, $z=u$이다. 접벡터는 $\mathbf{A}=$__w__, $\mathbf{B}=$__x__이며 이 원뿔은 $\mathbf{n}dS=\mathbf{A}\times\mathbf{B}dudv=$__y__이다. $\mathbf{F}=x\mathbf{i}+y\mathbf{j}+z\mathbf{k}$에 대해 원뿔을 지나는 유동 성분은 $\mathbf{F}\cdot\mathbf{n}dS=$__z__이다. 이는 __A__ 때문이다. 마지막으로 우리가 뫼비우스의 띠에서 유동을 계산하지 않는 이유는 __B__이다.

15.4 연습문제

01~14 $\mathbf{N}$과 $dS=|\mathbf{N}|dxdy$와 곡면의 넓이 $\iint dS$를 각각 찾아라. z와 같아지는 xy의 그림자에서 적분해라(문제 **01**의 경우 그림자는 $x^2+y^2=4$).

01 $z=4$ 아래의 포물면 $z=x^2+y^2$

02 $z=4$와 $z=8$ 사이의 포물면 $z=x^2+y^2$

03 원기둥 $x^2+y^2=1$ 내부의 평면 $z=x-y$

04 정사각형 $0\le x\le 1, 0\le y\le 1$ 위의 평면 $z=3x+4y$

05 $z=1/\sqrt{2}$ 위의 구면 뚜껑 $x^2+y^2+z^2=1$

06 $z=0$과 $z=1/\sqrt{2}$ 사이의 구면 띠 $x^2+y^2+z^2=1$

07 넓이가 A인 삼각형 위의 평면 $z=7y$

08 평면 $z=a$와 $z=b$ 사이의 원뿔 $z^2=x^2+y^2$

09 $x^2+y^2=1$ 내부의 원숭이 안장[3] $z=\frac{1}{3}x^3-xy^2$

10 세 꼭지점 $(0,0),(2,2),(0,2)$을 가진 삼각형 위의 $z=x+y$

11 $x\ge 0, y\ge 0, z\ge 0$ 내부의 평면 $z=1-2x-2y$

12 원기둥 $x^2+z^2=a^2$ 내부의 $x^2+y^2=a^2$. $\iint dS$의 식까지만 구하라.

13 반지름이 a이고 높이가 h인 직원뿔. $z=f(x,y)$로 풀거나 매개변수 u와 v를 골라라.

14 $z=9$ 아래와 $y=\pm 2$ 사이의 홈통 $z=x^2$

15~18 면적분 $\iint g(x,y,z)dS$를 계산해라.

15 $x+y+z=1, x,y,z\ge 0$인 삼각형에서 $g=xy$

16 $x^2+y^2+z^2=1$의 위 반쪽 부분에서 $g=x^2+y^2$(ϕ, θ를 사용하라)

17 $z^2=x^2+y^2$ 위의 $x^2+y^2+z^2=1$에서 $g=xyz$(ϕ, θ를 사용하라)

18 $z=0$과 $z=3$ 사이의 원기둥 $x^2+y^2=4$에서 $g=x$

19~22 $\mathbf{A}$, $\mathbf{B}$, $\mathbf{N}$ 과 dS를 계산해라.

19 $x=u, y=v+u, z=v+2u+1$

20 $x=uv, y=u+v, z=u-v$

21 $x=(3+\cos u)\cos v, y=(3+\cos u)\sin v, z=\sin u$

22 $x=u\cos v, y=u\sin v, z=v$($z=u$가 아니다)

23~26 문제 **01~04** 각각에 대해 $\mathbf{F}=x\mathbf{i}+y\mathbf{j}+z\mathbf{k}$의 유동 $\iint \mathbf{F}\cdot\mathbf{n}\,dS$를 계산해라.

27~28 문제 **19~20** 각각에 대해 영역이 $u^2+v^2\le 1$이고 $\mathbf{F}=y\mathbf{i}-x\mathbf{j}$일 때, $\iint \mathbf{F}\cdot\mathbf{n}dS$를 계산해라.

29 단위원을 z축에 대해 회전시키면 토러스를 준다(그림 참고). 이 때 원의 중심은 z축에서 거리 3으로 유지된다. 문제 **21**이 토러스 위의 점 (x,y,z)을 주는 것을 보이고, 곡면의 넓이 $\iint dS=\iint |\mathbf{N}|\,dudv$를 계산해라.

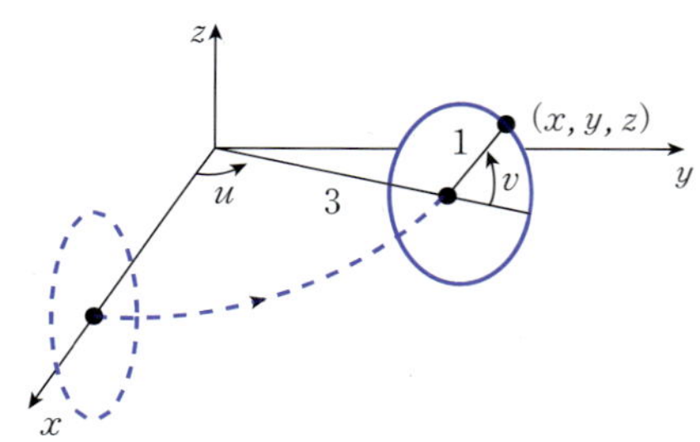

30 곡면 $x=r\cos\theta, y=r\sin\theta, z=a^2-r^2$은 적도($r=a$)에 의해 제한된다. $\mathbf{N}$과 유동 $\iint \mathbf{k}\cdot\mathbf{n}dS$를 찾고, [예제 12]와 비교해라.

31 종이를 두 번 꼬고 끝을 붙여서 '이중 뫼비우스의 띠'를 만들어라. 법선 벡터는 한 바퀴 돈 후 같은 방향을 가지는가(펜을 사용하라)?

32 세 번 꼬아서 '삼중 뫼비우스의 띠'를 만들어라. 이는 방향을 줄 수 있는가(법선 벡터가 같은 방향으로 돌아오는가? 아니면 다른 방향으로 돌아오는가?)?

3 원숭이가 앉을 수 있는 안장 모양의 곡면이다.

33 파동이 강하게 있는 곡면이 매끄러운 곡면에 가깝게 있으면, 두 곡면의 넓이는 비슷한가?

34 천장의 넓이가 $dS=3$과 밑면의 넓이 $dxdy$의 곱이 되는 평면의 방정식을 주어라.

35 점 $(x, f(x)\cos\theta, f(x)\sin\theta)$는 $y=f(x)$를 x축에 대해 회전시키고 매개변수가 $u=x$, $v=\theta$인 회전 곡면 위에 있다. 법선 벡터 $\mathbf{N}$을 찾고, $dS=|\mathbf{N}|dxd\theta$를 8.3절의 [예제 8]과 비교하라.

15.5 발산 정리

이 절은 기본적인 법칙인 **(나가는 흐름)−(들어오는 흐름)=(원천)**으로 돌아온다. 2차원에서 흐름은 닫힌 곡선을 지나 들어왔다 나갔다 하였으며 내부의 평면 영역은 R이었다. 3차원에서의 흐름은 닫힌 곡면 S를 지나 들어오고 나가며 내부의 속이 꽉 찬 영역은 V이다. (부드러운 벡터장의 유동에 대해) 그린 정리의 법선 벡터 형태는 이제 위대한 3차원의 균형 방정식, 즉 발산 정리가 된다.

11 경계 곡면 S를 지나는 $\mathbf{F}=M\mathbf{i}+N\mathbf{j}+P\mathbf{k}$의 유동은 내부 V에서 $\mathbf{F}$의 발산의 적분과 같다. **발산 정리**는 다음과 같다.

$$\iint \mathbf{F}\cdot\mathbf{n}\,dS=\iiint \operatorname{div}\mathbf{F}\,dV=\iiint\left(\frac{\partial M}{\partial x}+\frac{\partial N}{\partial y}+\frac{\partial P}{\partial z}\right)dx\,dy\,dz \qquad (1)$$

그린 정리에서 발산은 $\partial M/\partial x+\partial N/\partial y$이었다. 식 (1)에서 새 항 $\partial P/\partial z$는 위로 향하는 흐름을 나타낸다. 상수인 위로 향하는 성분 P는 발산에 영향을 미치지 않는다는 것(이의 미분이 0이다)을 인지해라. 또한 이는 유동에 아무 영향을 미치지 않는다(위쪽에서 위로 향하는 흐름이 아래쪽에서 위로 향하는 흐름과 같다). 모든 장 $\mathbf{F}$가 상수일 때, 발산 정리는 $0=0$이 된다.

$\operatorname{div}\mathbf{F}=0$인 다른 벡터장들도 있다. 이들은 아주 중요하다. 이 벡터장들에 대해 발산 정리는 여전히 $0=0$이고, 흐름의 보존이 존재한다. 즉 **$\operatorname{div}\mathbf{F}=0$일 때, 들어오는 흐름은 나가는 흐름과 같다.** 이와 같이 '발산이 없는' 장들에 대한 예제로 시작해보자.

예제 1 스핀장 $-y\mathbf{i}+x\mathbf{j}+0\mathbf{k}$와 $0\mathbf{i}-z\mathbf{j}+y\mathbf{k}$는 발산이 0이다.

첫 번째는 우리가 잘 알고 있듯이 z축을 도는 스핀장이고 두 번째는 x축을 회전하는 새로운 스핀장이다. 3차원 흐름은 다양한 스핀장을 가지고 있다. 이 각각의 항 $\partial M/\partial x, \partial N/\partial y, \partial P/\partial z$는 모두 0이고, 따라서 $\operatorname{div}\mathbf{F}=0$이다. 이때 흐름은 원 주위를 돌며 S를 통해 나가는 모든 것이 다시 돌아온다($\iint_S$에서 S가 닫힘을 강조하기 위해 $\oint_C$와 마찬가지로 원을 그려 나타낸다).

예제 2 위치장 $\mathbf{R}=x\mathbf{i}+y\mathbf{j}+z\mathbf{k}$는 $\operatorname{div}\mathbf{R}=1+1+1=3$을 가진다.

이는 원점에서 빠져나가는 방사형 흐름이다. 흐름을 계속 유지하려면 질량이 **모든 점에** 더해져야 한다. 발산 정리의 우변은 $\iiint 3\,dV$이다. 따라서 유동은 부피의 세 배이다. 15.4절의 [예제 11]은 원기둥을 지나는 $\mathbf{R}$의 유동을 찾았고, 답은 $3\pi b$이었다. 이제 우리는 발산 정리에 의해서도 $3\pi b$를 얻는다. 왜냐하면 부피가 πb이기 때문이다. 이는 삼중적분이 이중적분보다 쉽다는 것을 보여주는 많은 예시들 중 하나이다.

예제 3 **정전기장** $\mathbf{R}/\rho^3$ 혹은 **중력장** $-\mathbf{R}/\rho^3$은 거의 $\operatorname{div}\mathbf{F}=0$이다.

벡터 $\mathbf{R}=x\mathbf{i}+y\mathbf{j}+z\mathbf{k}$는 길이 $\sqrt{x^2+y^2+z^2}=\rho$를 가진다. 그러면 $\mathbf{F}$는 길이 ρ/ρ^3을 가진다(역제곱의 법칙). 질량이 있는 한 점에서의 중력은 안쪽(음의 부호)으로 당긴다. 또한 전기장은 전하가 있는 곳에서 바깥방향으로 밀어내게 작용한다. 세 단계는 모두 거의 $\operatorname{div}\mathbf{F}=0$임을 보여준다.

1단계 $\partial\rho/\partial x=x/\rho,\ \partial\rho/\partial y=y/\rho,\ \partial\rho/\partial z=z/\rho$이다. 이때 이 세 항을 더하지 말자. $\mathbf{F}$는 ρ또는 $1/\rho^2$이 아니다(이는 스칼라다). 벡터장은 $\mathbf{R}/\rho^3$이고, 이때 $\partial M/\partial x, \partial N/\partial y,\ \partial P/\partial z$가 필요하다.

2단계 $\partial M/\partial x=\partial/\partial x(x/\rho^3)$는 $1/\rho^3-(3x\partial\rho/\partial x)/\rho^4=1/\rho^3-3x^3/\rho^5$과 같다. $\partial N/\partial y,\ \partial P/\partial z$에 대해서는 $3x^2$을 각각 $3y^2,\ 3z^2$으로 교체한다. 이제 이 세 개를 더하자.

3단계 $\operatorname{div}\mathbf{F}=3/\rho^3-3(x^2+y^2+z^2)/\rho^5=3/\rho^3-3/\rho^3=0$

$\operatorname{div}\mathbf{F}=0$이라는 계산은 의문을 남긴다. 발산 정리의 한 변은 $\iiint 0\,dV=0$이므로 다른 한 변은 $\iint \mathbf{F}\cdot\mathbf{n}\,dS=0$이어야 한다. 하지만 다음과 같이 모든 흐름이 밖으로 향할 때 유동은 0이 아니다.

구 $\rho=$상수의 단위 법선 벡터는 $\mathbf{n}=\mathbf{R}/\rho$이다.
밖으로 나가는 흐름 $\mathbf{F}\cdot\mathbf{n}=(\mathbf{R}/\rho^3)\cdot(\mathbf{R}/\rho)=\rho^2/\rho^4$은 항상 양수이다.
그러면 $\iiint \mathbf{F}\cdot\mathbf{n}dS=\iint dS/\rho^2=4\pi\rho^2/\rho^2=4\pi$이다. 즉 **$4\pi=0$이다.**

삼차원에서의 이 모순은 이차원의 $\mathbf{R}/r^2$에서도 나타난다. 15.3절에서 $2\pi=0$이라는 결론에 도달했고, 그 원인은 원점에서의 점 원천 때문이었다. 이번에도 같은 설명을 해야 한다. 즉 M, N, P는 $\rho=0$일 때 무한이며, 점 원천으로부터 발산은 '델타함수'와 4π의 곱이다. 이 경우 발산 정리는(델타함수를 허용하지 않는 한) 적용되지 않는다. 다시 말해 이 한 점이 모든 차이를 만든다.

원점을 두르는 모든 곡면은 유동$= 4\pi$이다. 앞에서의 계산은 구에 관한 것이었다.

S가 꼬여 있을 때 면적분은 더 힘들어진다([그림 15-21(a)]). 하지만 발산 정리는 모든 것을 고려한다. 왜냐하면 곡면 사이의 부피 V에서 $\mathrm{div}\mathbf{F}=0$이기 때문이다. 따라서 두 곡면에 대해 $\iint \mathbf{F}\cdot\mathbf{n}\,dS=0$이다. 구 내부의 유동 $\iint \mathbf{F}\cdot\mathbf{n}\,dS=-4\pi$는 휘어진 외부 곡면의 유동 $\iint \mathbf{F}\cdot\mathbf{n}\,dS=4\pi$에 의해 균형이 맞춰져야 한다.

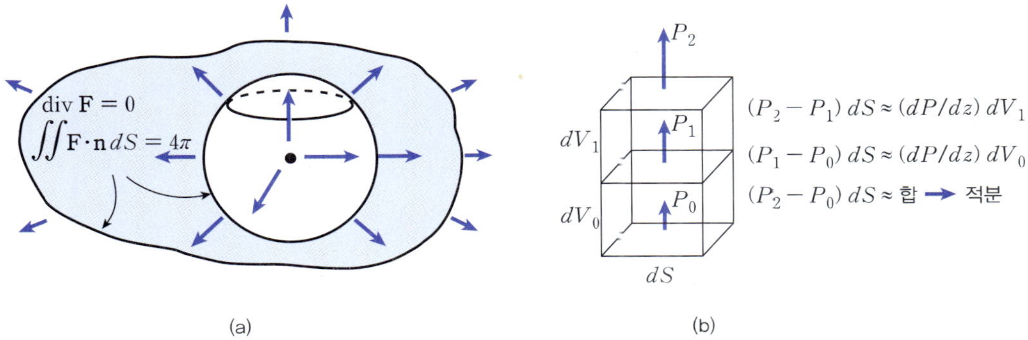

[그림 15-21] (a) 점 원천: 감싼 곡면 모두를 지나는 유동 4π, (b) 위로 향하는 전류량 $\iiint(\partial P/\partial z)dV$

$4\pi=0$과 같은 모순 대신에 이 예제는 가우스 법칙을 유도한다. 원점에서의 질량 M은 중력장 $\mathbf{F}=-GM\mathbf{R}/\rho^3$을 만들며, 원점에서의 전하 q는 전기장 $\mathbf{E}=(q/4\pi\varepsilon_0)\mathbf{R}/\rho^3$을 만든다. 물리적 상수는 G와 ε_0이고, 수학적 상수는 발산과 유동에 관한 관계를 알려주는 상수(4π)이다. 식 (1)은 질량 밀도 $M(x,y,z)$와 전하 밀도 $q(x,y,z)$가 원점에서 농축될 필요가 없는 식 (2)를 만든다.

> 12 미분 형식의 가우스 법칙: $\mathrm{div}\mathbf{F}=-4\pi GM$, $\mathrm{div}\mathbf{E}=q/\varepsilon_0$.
>
> 적분 형식의 가우스 법칙: 유동은 다음과 같이 총 질량 또는 전하에 비례한다.
>
> $$\iint \mathbf{F}\cdot\mathbf{n}\,dS=-\iiint 4\pi GM\,dV \qquad \iint \mathbf{E}\cdot\mathbf{n}\,dS=\iiint q\,dV/\varepsilon_0 \quad (2)$$

발산 정리 이면에 있는 논리

나가는 흐름에서 들어오는 흐름을 뺀 것은 원천과 같다는 일반적인 원칙은 분명하다. 우리의 목표는 $\mathbf{F}$의 발산이 어떻게 원천을 측정하는지를 아는 것이다. 각 점 주변의 작은 상자에서 $\mathrm{div}\mathbf{F}\,dV$가 6개의 면을 지나는 $\mathbf{F}\cdot\mathbf{n}\,dS$와 균형을 이룸을 보일 것이다.

작은 상자를 생각해보자. 이 상자의 중심은 (x,y,z)에 있으며 모서리는 길이 Δx, Δy, Δz를 가진다. 위아래에서 법선 벡터는 각각 $\mathbf{k}$와 $-\mathbf{k}$이며 $\mathbf{F}=M\mathbf{i}+N\mathbf{j}+P\mathbf{k}$와의 내적은 $+P$ 또는 $-P$이다. 넓이 ΔS는 $\Delta x\Delta y$이다. 따라서 두 유동은

$P\left(x,y,z+\frac{1}{2}\Delta z\right)\Delta x\Delta y$, $-P\left(x,y,z-\frac{1}{2}\Delta z\right)\Delta x\Delta y$와 가깝다. 위아래가 합쳐질 때, P들의 차는 ΔP이다.

$$\text{위로 향하는 전류량} \approx \Delta P\Delta x\Delta y = (\Delta P/\Delta z)\Delta x\Delta y\Delta z \approx (\partial P/\partial z)\Delta V \quad (3)$$

마찬가지로 두 옆면에서 합쳐진 유동은 근사적으로 $(\partial N/\partial y)\Delta V$이고, 앞뒤에서 이는 $(\partial M/\partial x)\Delta V$이다. 여섯 면을 더하면 다음과 같은 핵심에 도달한다.

$$\text{상자를 나가는 유동} \approx (\partial M/\partial x + \partial N/\partial y + \partial P/\partial z)\Delta V \quad (4)$$

이는 $(\mathrm{div}\mathbf{F})\Delta V$이다. 상수 장에 대해 양변은 모두 0이다(흐름은 직선으로 간다). $\mathbf{F} = x\mathbf{i} + y\mathbf{j} + z\mathbf{k}$의 경우, 들어오는 것보다 나가는 것이 약간 더 많다. 발산은 3이고, 따라서 상자 안에서 $3\Delta V$가 생성된다. 균형 방정식에 의해 유동은 역시 $3\Delta V$이다.

근사 기호 $\approx$는 지배적인 항이 옳다는 것이다(다음 항은 아닐 수도 있다). 엄밀히 말하면 $\Delta P/\Delta z$는 $\partial P/\partial z$가 아니다. 차이점은 Δz의 계수이다. 따라서 식 (3)의 오차는 높은 차수 $\Delta V\Delta z$이다. 많은 상자($1/\Delta V$인 상자들)가 더해지면, 이 오차는 $\Delta z \to 0$일 때 사라진다.

모든 상자에서 $(\mathrm{div}\mathbf{F})\Delta V$의 합은 $\iiint(\mathrm{div}\mathbf{F})dV$로 접근한다. 다른 변에서 방정식은 유동의 합이다. 한 상자 윗부분에 $\mathbf{F}\cdot\mathbf{n}\Delta S$가 있고, 그 상자 위에 있는 상자의 아랫부분에도 $\mathbf{F}\cdot\mathbf{n}\Delta S$가 있다. 이때 전자는 $\mathbf{n}=\mathbf{k}$이고, 후자는 $\mathbf{n}=-\mathbf{k}$이다. **이들은 서로를 상쇄시킨다. 즉 흐름은 상자에서 상자로 간다.** 이는 두 상자가 만날 때마다 생기는 일이며 살아남는 유동은 (아무것도 상쇄시키지 못하기에) 곡면 S의 밖이다. 마지막으로, $\Delta x, \Delta y, \Delta z \to 0$일 때, 밖의 항은 $\iint \mathbf{F}\cdot\mathbf{n}\,dS$에 접근한다. 그러면 국소적인 발산 정리 (4)는 전체의 발산 정리 (1)이 된다.

NOTE _ '마지막 단계'는 결코 쉽지 않다. 왜냐하면 상자의 곡면은 밖의 곡면 S와 일치하지 않기 때문이다. 발산 정리의 공식적인 증명은 그린 정리의 증명을 모방하여 행해진다. 아주 단순한 영역에서 $\iiint(\partial P/\partial z)dxdydz$는 위의 $\iint Pdxdy$에서 아래의 $\iint Pdxdy$를 뺀 것과 같다. 방향을 확인한 후 이는 $\iint P\mathbf{k}\cdot\mathbf{n}dS$가 된다. 마찬가지로 $\partial M/\partial x$, $\partial N/\partial y$의 부피 적분은 각각 $\iint M\mathbf{i}\cdot\mathbf{n}dS$, $\iint N\mathbf{j}\cdot\mathbf{n}dS$가 되며 세 적분을 더하면 발산 정리를 얻는다. 그린 정리가 이미 이런 식으로 증명되었기 때문에 식 (4)에 대한 자세한 증명을 반복하는 것보다는 위 설명이 더 도움이 될 것이다.

아마도 가우스에 의해 발산 정리가 발견되었을 것이다. 가우스의 공책에는 발산 정리의 증명에 대한 윤곽만 나와있지만 어쨌든, 그는 가우스이므로 발산 정리를 파악한 것은 분명하다. 1828년에 그린Green과 오스트로그라드스키Ostrogradsky는 각각 영국과 산크트 페테르부르크(지금의 레닌그라드)에서 증명을 출판하였다. 증명이 연구됨에 따라 필요조건이 알려졌다($\mathbf{F}$와 S가 매끄러워야 하고, 한 면을 가진 뫼비우스 띠를 제외해야 한다).

과학자들이 작은 상자에 균형방정식을 쓸 때마다 새로운 응용들이 발견되었다. 원천은 이미 알고 있다. 방정식은 $\mathrm{div}\mathbf{F}=$ 원천이다. [예제 5] 이후에 $\mathbf{F}$를 설명할 것이다.

예제 4 태양 내부의 온도가 $T=\ln 1/\rho$일 때, 열 흐름 $\mathbf{F}=-\mathrm{grad}\ T$와 원천 $\mathrm{div}\mathbf{F}$, 유동 $\iint \mathbf{F}\cdot\mathbf{n}dS$를 각각 찾아라. 태양은 반지름이 ρ_0인 권이다.

풀이

$\mathbf{F}$는 $-\mathrm{grad}\ln 1/\rho=+\mathrm{grad}\ln\rho$이다. $\ln\rho$의 도함수는 ρ로 나누어서 구한다.

$$\mathbf{F}=(\partial\rho/\partial x\mathbf{i}+\partial\rho/\partial y\mathbf{j}+\partial\rho/\partial z\mathbf{k})/\rho=(x\mathbf{i}+y\mathbf{j}+z\mathbf{k})/\rho^2$$

이 흐름은 방사상으로, 크기가 $1/\rho$이고 밖을 향한다. 법선 벡터 $\mathbf{n}$도 역시 방사상으로서 크기가 1이면서 밖을 향한다. 태양의 곡면에서의 내적은 $1/\rho_0$이므로 유동은 다음과 같다.

$$\iint \mathbf{F}\cdot\mathbf{n}\,dS=\iint dS/\rho_0=(\text{곡면의 넓이})/\rho_0=4\pi\rho_0^2/\rho_0=4\pi\rho_0 \qquad (5)$$

발산 정리로 답을 확인하자. [예제 5]에서는 $\mathrm{div}\mathbf{F}=1/\rho^2$임을 찾을 것이다. 태양 위에서 적분하자. 구면좌표에서 $d\rho$, $\sin\phi d\phi$, $d\theta$를 적분하면 다음과 같다.

식 (5)와 같이 $\iiint_{\text{태양}}\mathrm{div}\,\mathbf{F}\,dV=\int_0^{2\pi}\int_0^{\pi}\int_0^{\rho_0}\rho^2\sin\phi\,d\rho\,d\phi\,d\theta/\rho^2=(\rho_0)(2)(2\pi)$

이 예제는 평형에 대한 기본적인 틀을 보여준다. 이 패턴은 응용수학, 즉 전자기, 열 흐름, 탄성, 심지어 상대성 등 모든 곳에서 나타난다. 보통은 물질에 의존하는 상수 c가 있다([예제 4]에서는 $c=1$이다). 각 응용마다 이름은 바뀌지만 다음과 같이 항상 기울기의 발산을 취한다.

퍼텐셜 $f\rightarrow$ 힘 장 $-c\,\mathrm{grad}\,f$ 그러면 $\mathrm{div}(-c\,\mathrm{grad}\,f)=$ 전하

온도 $T\rightarrow$ 유동장 $-c\,\mathrm{grad}\,T$ 그러면 $\mathrm{div}(-c\,\mathrm{grad}\,T)=$ 열 원천

이동 $u\rightarrow$ 응력장 $+c\,\mathrm{grad}\,u$ 그러면 $\mathrm{div}(-c\,\mathrm{grad}\,u)=$ 바깥 힘

여러분은 지금 물리, 열역학, 탄성이 아닌 미적분학을 공부하고 있다. 하지만 핵심을 인지해라. 풀어야 할 방정식은 $\mathrm{div}(-c\,\mathrm{grad}\,f)=$ 알려진 원천이다. 응용에서 필요한 것은 정확히 발산과 기울기이다. 미적분학은 거짓을 가르치지 않는다.

이 틀은 많은 응용수학 책에 전개되어 있다. 이는 행렬 방정식과 미분방정식에 대해 평형을 통제한다.

벡터에 대한 곱 미분 법칙 : 부분적분

발산의 기본적인 사실을 다시 살펴보자. 첫째로 발산의 정의는 다음과 같다.

$\mathbf{F}(x,y,z) = M\mathbf{i} + N\mathbf{j} + P\mathbf{k}$는 $\mathrm{div}\mathbf{F} = \nabla \cdot \mathbf{F} = \partial M/\partial x + \partial N/\partial y + \partial P/\partial z$를 가진다.

발산은 (벡터가 아닌) 스칼라이므로 각 점에서 $\mathrm{div}\mathbf{F}$는 수이다. 유체 흐름에서 발산은 질량이 떠나는 속도이며 이를 '단위 부피에 대한 유동' 또는 '유동 밀도'라고 한다. 기호 ∇는 수가 아닌 연산으로서의 벡터를 성분으로 갖는다는 것을 나타낸다.

$$\nabla = \text{'델'} = \mathbf{i}\partial/\partial x + \mathbf{j}\partial/\partial y + \mathbf{k}\partial/\partial z \tag{6}$$

이렇게 벡터로 표현하는 것이 올바른 표기는 아닐 수 있지만 아주 유용하다. 첫째로, 이를 일반적인 함수 $f(x,y,z)$에 적용하자.

$$\nabla f = \text{'델 } f\text{'} = \mathbf{i}\partial f/\partial x + \mathbf{j}\partial f/\partial y + \mathbf{k}\partial f/\partial z = f\text{의 기울기} \tag{7}$$

둘째로, 벡터 함수 $\mathbf{F}(x,y,z) = M\mathbf{i} + N\mathbf{j} + P\mathbf{k}$에 대해 내적 $\nabla \cdot \mathbf{F}$를 하자.

$$\nabla \cdot \mathbf{F} = \text{'델 내적 }\mathbf{F}\text{'} = \partial M/\partial x + \partial N/\partial y + \partial P/\partial z = \mathbf{F}\text{의 발산} \tag{8}$$

셋째로, 외적 $\nabla \times \mathbf{F}$를 하자. 이는 벡터 $\mathrm{curl}\mathbf{F}$(다음 절)를 만든다.

$$\nabla \times \mathbf{F} = \text{'델 외적 }\mathbf{F}\text{'} = \cdots\text{(나중에 정의된다)} = \mathbf{F}\text{의 회전} \tag{9}$$

기울기와 발산, 회전은 각각 ∇와 $\nabla \cdot$, $\nabla \times$이다. 벡터 미적분학의 이 세 위대한 연산은 이렇게 한 종류의 기호로 표기한다! 방정식을 짧게 쓰려면 ∇를 안 써도 되고, 기억하기 쉬우려면 ∇를 써도 된다. 라플라스 방정식이 다음과 같이 줄어드는 것을 인지해라.

$$\nabla \cdot \nabla f = \frac{\partial}{\partial x}\left(\frac{\partial f}{\partial x}\right) + \frac{\partial}{\partial y}\left(\frac{\partial f}{\partial y}\right) + \frac{\partial}{\partial z}\left(\frac{\partial f}{\partial z}\right) = 0 \tag{10}$$

방정식 (10)은 원천이 0일 때(아주 흔하다) 퍼텐셜 함수를 준다. $\mathbf{F} = \mathrm{grad} f$가 $\mathrm{div}\mathbf{F} = 0$과 혼합되어 라플라스 방정식인 $\mathrm{div}\,\mathrm{grad} f = 0$을 준다. 심지어 $\nabla^2 f = 0$이 $\Delta f = 0$으로 줄어들 만큼 이 방정식은 중요하다. 당연하게도 $\Delta f = f_{xx} + f_{yy} + f_{zz}$

는 $\Delta f = f(x+\Delta x) - f(x)$와 아무 연관이 없다. 여기서 f는 스칼라이고 $\mathbf{F}$는 벡터임을 기억해라. 즉 **스칼라의 기울기는 벡터이고, 벡터의 발산은 스칼라이다.**

이 장에는 미적분학을 벡터로 연장하는 아이디어가 깔려 있다. 지금까지 기본 정리를 강조하였다. 이제 df/dx의 적분은 $\mathrm{div}\mathbf{F}$의 적분이다. 또한 끝점 a와 b 대신에 우리는 곡선 C 또는 곡면 S를 가진다. 하지만 미분, 적분에 대한 여러 법칙이 있었기에 미적분학이 가능했다. 이제는 벡터에 이 법칙들을 적용할 대이다. u와 v의 곱의 미분과 udv/dx의 (부분)적분을 기억하자.

> 13 스칼라 함수 $u(x,y,z)$와 벡터장 $\mathbf{V}(x,y,z)$는 곱 미분 법칙을 따른다.
>
> $$\mathrm{div}(u\mathbf{V}) = u\,\mathrm{div}\mathbf{V} + \mathbf{V}\cdot(\mathrm{grad}\,u) \quad (11)$$
>
> 곱 미분 법칙의 역은 부분적분(**가우스 법칙**)이다.
>
> $$\iiint u\,\mathrm{div}\mathbf{V}\,dxdydz = -\iiint \mathbf{V}\cdot(\mathrm{grad}\,u)\,dxdydz + \iiint u\mathbf{V}\cdot\mathbf{n}\,dS \quad (12)$$
>
> 평면장에 대해 이는 **그린 공식**이다(그리고 $u=1$이 그린 정리를 준다).
>
> $$\iint u\left(\frac{\partial M}{\partial x} + \frac{\partial N}{\partial y}\right)dxdy = -\iint\left(M\frac{\partial u}{\partial x} + N\frac{\partial u}{\partial y}\right)dxdy + \int u(M\mathbf{i} + N\mathbf{j})\cdot\mathbf{n}\,ds \quad (13)$$

위 공식은 다소 거창해 보인다. 여러분이 자주 쓸 게 아니라면 외우기에는 너무 긴 공식이다. 여기서 중요한 점은 벡터 미적분학을 비교적 간단한 '스칼라 미적분학'과 연결하는 것이다. 다음과 같이 모든 곱 미분 법칙은 두 항을 만들어낸다.

$$(uM)_x = u\partial M/\partial x + M\partial u/\partial x, \quad (uN)_y = u\partial N/\partial y - N\partial u/\partial y, \quad (uP)_z = u\partial P/\partial z + P\partial u/\partial z$$

이 평범한 법칙들을 합치면 $u\mathbf{V}$의 발산에 대한 벡터 법칙 (11)을 얻을 수 있다. $\mathrm{div}(u\mathbf{V})$의 두 부분을 적분하면 발산 정리에 의해 $\iint u\mathbf{V}\cdot\mathbf{n}\,dS$를 준다. 그러면 한 부분은 다른 변으로 가고, 식 (12)와 식 (13)의 음의 부호를 만든다. 1차원에서와 마찬가지로 2차원과 3차원에서도 $\int uv'dx = -\int u'vdx + [uv]_a^b$와 같이 **부분적분은 경계 항을 남긴다.**

예제 5 $\mathrm{grad}\,\rho = \mathbf{R}/\rho$에서 시작해서 $\mathbf{F} = \mathbf{R}/\rho^2$의 발산을 찾아라.

풀이

곱 미분 법칙 (11)에서 $\mathbf{V} = \mathbf{R}$이고 $u = 1/\rho^2$이라 하면 $\mathrm{div}\mathbf{F} = (\mathrm{div}\mathbf{R})/\rho^2 + \mathbf{R}\cdot(\mathrm{grad}\,1/\rho^2)$이다. 이때 $\mathbf{R} = x\mathbf{i} + y\mathbf{j} + z\mathbf{k}$의 발산은 3이다. $\mathrm{grad}1/\rho^2$에 연쇄 법칙을 적용하자.

$$\mathbf{R} \cdot (\text{grad}1/\rho^2) = -2\mathbf{R} \cdot (\text{grad}\rho)/\rho^3 = -2\mathbf{R} \cdot \mathbf{R}/\rho^4 = -2/\rho^2$$

[예제 4]에서 주장했듯이 $\text{div}\mathbf{F}$의 두 부분은 $3/\rho^2 - 2/\rho^2 = 1/\rho^2$로 합쳐진다.

예제 6 속도 $\mathbf{V}$와 유체 밀도 ρ를 가지는 흐름에 대한 균형 방정식을 찾아라.

풀이

$\mathbf{V}$는 유체의 움직임의 속도이고, $\rho\mathbf{V}$는 질량의 움직임의 속도이다. 바다와 대기를 비교하면 두 속도의 차이점이 보일 것이다. 공기는 물보다 속도가 크지만 밀도는 훨씬 작다. 따라서 보통 바다에 대해 $\mathbf{F} = \rho\mathbf{V}$가 더 크다(밀도 ρ와 주어진 점(보통 원점)으로부터의 거리 ρ를 혼동하지 마라. 그리스 문자가 24개밖에 없기 때문에 일어나는 어려움이다.

물과 공기는 또 다른 차이점이 있다. 물은 시각적으로 비압축적이다($\rho=$상수임을 의미한다). 반면 공기는 당연히 압축적이다(밀도가 변함을 뜻한다). 균형 방정식은 질량의 보존 또는 유체에 대한 '연속방정식'과 같은 기본적 법칙이다. 이때 연속방정식은 원천이나 흡입이 없는 물리적 흐름에 대한 수학적 서술이다.

$$\text{연속방정식 : } \text{div}(\rho\mathbf{V}) + \partial\rho/\partial t = 0 \tag{14}$$

영역에서의 질량은 $\iiint \rho dV$이며 감소하는 속도는 $-\iiint \partial\rho/\partial t dV$이다. 이때 감소는 평면을 지나서 나가는 흐름(법선 벡터 $\mathbf{n}$)으로부터 온다. 내적 $\mathbf{F} \cdot \mathbf{n} = \rho\mathbf{V} \cdot \mathbf{n}$은 곡면을 지나는 질량 흐름의 속도이다. 따라서 적분 $\iint \mathbf{F} \cdot \mathbf{n} dS$는 총 나가는 질량이고 발산 정리에 의해 이 적분은 $\iiint \text{div}\mathbf{F} dV$이다.

모든 영역에서 $-\iiint \partial\rho/\partial t dV$의 균형을 맞추기 위해 모든 점에서 $\text{div}\mathbf{F}$는 $-\partial\rho/\partial t$와 같아야 한다. [그림 15-22]는 x 방향의 흐름에 대한 연속방정식 (14)를 보여준다.

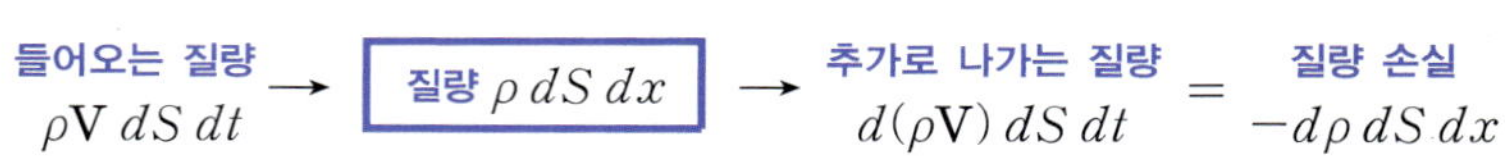

[그림 15-22] 시간 dt에 대한 질량 보존 : $d(\rho\mathbf{V})/dx + d\rho/dt = 0$

15.5 문장제 문제

01 글로 설명하자면 기본적인 균형 법칙은 __a__이다. 닫힌 곡면 S를 지나는 $\mathbf{F}$의 유동은 이중적분 __b__이다. $M\mathbf{i}+N\mathbf{j}+P\mathbf{k}$의 발산은 __c__이고 이는 __d__을(를) 측정한다. 총 원천은 삼중적분 __e__이며, 이는 __f__ 정리에 의해 유동과 같다.

02 $\mathbf{F}=5z\mathbf{k}$에 대해 발산은 __g__이다. 만약 V가 한 변의 길이가 a인 정육면체이면 삼중적분은 __h__와(과) 같다. $z=a$인 위에 있는 곡면은 $\mathbf{n}=$__i__와(과) $\mathbf{F}\cdot\mathbf{n}=$__j__을(를) 가지고, 아래와 옆면은 $\mathbf{F}\cdot\mathbf{n}=$__k__을(를) 가진다. 적분 $\iint \mathbf{F}\cdot\mathbf{n}dS$는 __l__와(과) 같다.

03 장 $\mathbf{F}=\mathbf{R}/\rho^3$은 __m__을(를) 제외하고 $\text{div}\mathbf{F}=0$을 가진다. $\iint \mathbf{F}\cdot\mathbf{n}dS$는 어떤 원점을 둘러싼 곡면에서도 __n__와(과) 같다. 이는 가우스 법칙 __o__을(를) 보여준다. 장 $\mathbf{F}=x\mathbf{i}+y\mathbf{j}-2z\mathbf{k}$는 $\text{div}\mathbf{F}=$__p__와(과) $\iint \mathbf{F}\cdot\mathbf{n}dS=$__q__을(를) 가진다. 이 $\mathbf{F}$에 대해 사면체에서 나가는 유동과 밑면으로 들어오는 유동은 __r__ 이다.

04 기호 ∇는 __s__을(를) 의미하며 이 표기법을 따르면 $\text{div}\mathbf{F}$는 __t__이다. f의 기울기는 __u__이고, $\text{grad}\,f$의 발산은 __v__이다. $\text{div}\,\text{grad}\,f=0$인 방정식은 __w__ 방정식이다.

05 곱의 발산은 $\text{div}(u\mathbf{V})=$__x__이고, 부분적분은 $\iiint u\text{div}\mathbf{V}dxdydz=$__y__ + __z__이다. 이는 2차원에서 __A__이(가) 되고, 1차원에서는 __B__이(가) 된다. 정적인 유체 흐름에 대해 연속방정식은 $\text{div}\rho\mathbf{V}=$__C__이다.

15.5 연습문제

01~10 발산 정리를 이용하여 유동 $\iint \mathbf{F}\cdot\mathbf{n}dS$를 계산하라.

01 $\mathbf{F}=x\mathbf{i}+x\mathbf{j}+x\mathbf{k}$, S: 단위 구 $x^2+y^2+z^2=1$

02 $\mathbf{F}=-y\mathbf{i}+x\mathbf{j}$, V: 단위 정육면체 $0\le x\le 1, 0\le y\le 1, 0\le z\le 1$

03 $\mathbf{F}=x^2\mathbf{i}+y^2\mathbf{j}+z^2\mathbf{k}$, S: 단위 구

04 $\mathbf{F}=x^2\mathbf{i}+8y^2\mathbf{j}+z^2\mathbf{k}$ V: 단위 정육면체

05 $\mathbf{F}=x\mathbf{i}+2y\mathbf{j}$, S: 네 면 $x=0, y=0, z=0, x+y+z=1$을 가진 입체

06 $\mathbf{F}=\mathbf{u}_r=(x\mathbf{i}+y\mathbf{j}+z\mathbf{k})/\rho$ S: 구 $\rho=a$

07 $\mathbf{F}=\rho(x\mathbf{i}+y\mathbf{j}+z\mathbf{k})$ S: 구 $\rho=a$

08 $\mathbf{F}=x^3\mathbf{i}+y^3\mathbf{j}+z^3\mathbf{k}$, S: 구 $\rho=a$

09 $\mathbf{F}=z^2\mathbf{k}$ V: 공의 위 절반 $\rho\le a$

10 $\mathbf{F}=\text{grad}(xe^y\sin z)$ S: 구 $\rho=a$

11 정육면체 $0\le x,y,z\le a$에서 $\iiint \text{div}(x^2\mathbf{i}+y\mathbf{j}+2\mathbf{k})dV$를 찾아라. 또 모든 여섯 개의 면에서 $\mathbf{n}$과 $\iint \mathbf{F}\cdot\mathbf{n}dS$를 계산하고 더하라.

12 문제 11의 a가 작을 때, 답은 ca^3에 가깝다. 이때 상수 c를 찾아라. 어떤 점에서 $\text{div}\mathbf{F}=c$가 되는가?

13 (a) $\mathbf{F}=\rho\mathbf{i}$의 발산을 공 $\rho\le a$ 안에서 적분하라.

(b) $\iint \mathbf{F}\cdot\mathbf{n}dS$를 구면 $\rho=a$에서 계산하라.

14 $\iint \mathbf{R}\cdot\mathbf{n}dS$를 상자 $0\le x\le 1,\ 0\le y\le 2,\ 0\le z\le 3$의 모든 면에서 적분하라. 적분 결과를 발산 정리로 확인하라.

15 $\mathbf{F}=x\mathbf{i}+z^2\mathbf{j}+y^2\mathbf{k}$일 때, $\iint \mathbf{F}\cdot\mathbf{n}dS$을 계산하라.

(a) S가 $z=1$로 둘러싸인 원뿔 $z^2=x^2+y^2$일 때

(b) S가 $(0,0,0),(1,0,0),(0,1,0),(0,0,1)$을 네 꼭짓점으로 가지는 사면체일 때

16 $\mathbf{F}=x(\mathbf{i}+\mathbf{j}-\mathbf{k})$이고 V가 단위 정육면체 $0\le x,y,z\le 1$일 때, 발산 정리에서의 모든 적분을 계산하라.

17 [예제 5]를 따라서 $(x\mathbf{i}+y\mathbf{j}+z\mathbf{k})/\rho^7$의 발산을 계산하라.

18 $(\text{grad}f)\cdot\mathbf{n}$은 ____ 방향으로 f의 ____미분이다. 이는 또한 $\partial f/\partial n$으로 쓴다. V에서 $f_{xx}+f_{yy}+f_{zz}=0$일 때, 발산 정리로 $\iint \partial f/\partial n dS=0$을 유도하라.

19 닫힌 곡면 S와 바깥쪽 법선 벡터 $\mathbf{n}$을 묘사하라.

(a) V=빈 공 $1\le x^2+y^2+z^2\le 9$

(b) V=꽉 찬 원기둥 $x^2+y^2\le 1, |z|\le 7$

(c) V=사면체 $x\ge 0, y\ge 0, z\ge 0, x+2y+3z\le 1$

(d) V=완전한 원뿔 $x^2+y^2\le z^2\le 1$

20 $\iint \mathbf{F}\cdot\mathbf{n}dS$가 $\iiint \text{div}\mathbf{F}dV$보다 쉬운 예를 들어라.

21 $\mathbf{F}=M(x,y)\mathbf{i}+N(x,y)\mathbf{j}$이고, R이 xy 평면의 영역이며, (x,y)가 R에 있고 $|z|\ge 1$이면 (x,y,z)가 V 안에 있다고 하자.

(a) V를 설명하고 $\iiint \text{div}\mathbf{F}dV$를 이중적분으로 만들어라.

(b) $\iint \mathbf{F}\cdot\mathbf{n}dS$를 선적분으로 만들어라(위, 아래와 옆을 확인하라).

(c) 이중적분이 선적분과 같다고 한 정리는 어느 수학자의 정리인가?

22 S의 모든 점에서 $\mathbf{F}\cdot\mathbf{n}=0$이고, V의 모든 점에서 $\text{div}\mathbf{F}=0$이 가능한가? $\mathbf{F}=0$이면 불가능하다.

23 완전한 공(반지름이 a, 밀도가 1, 질량이 $M=4\pi a^3/3$) 안에서 중력장은 $\mathbf{F}=-GM\mathbf{R}/a^3$이다.

(a) 가우스 법칙의 $\text{div}\mathbf{F}=-4\pi G$를 확인하라.

(b) 총 질량이 ____이면 곡면의 힘은 같을 것이다.

(c) 공 $\rho\le a$에서 $\text{div}\mathbf{F}=6$이고 밖에서는 $\text{div}\mathbf{F}=0$인 기울기 벡터장을 찾아라.

24 밖으로 향하는 장 $\mathbf{F}=\mathbf{R}/\rho^3$은 크기 $|\mathbf{F}|=1/\rho^2$을 가진다. 반지름이 ρ인 구의 넓이 A를 통하는 유동은 ____이다. 구 모양의 상자는 넓이가 $A=\rho_1^2\sin\phi\, d\phi d\theta$와 $A=\rho_2^2\sin\phi\, d\phi d\theta$인 두 면 ρ_1과 ρ_2을 가지고 있다. 상자 밖의 유동은 0임을 추론하고, $\text{div}\mathbf{F}=0$임을 확인하라.

25 가우스 법칙에서 어떤 전하 분포 $q(x,y,z)$가 단위 장 $\mathbf{E}=\mathbf{u}_r$을 주는가? 단위 구를 지나는 유동은 무엇인가?

26 만약 속도 $\mathbf{V}$를 가진 유체가 비압축장(상수 밀도 ρ)이면, 연속 방정식은 ______(으)로 줄어든다. 만약 $\mathbf{F}$가 비스핀장이면 $\mathbf{F}=\text{grad}\,f$이다. 만약 비압축장이자 비스핀장이면, f는 ____ 방정식을 만족한다.

27 참 또는 거짓임을 판별하고, 이유도 설명하라.

(a) 모든 닫힌 곡면에 대해 $\iint \mathbf{F}\cdot\mathbf{n}dS=0$이면 $\mathbf{F}$는 상수이다.

(b) $\mathbf{F}=\text{grad}f$이면 $\text{div}\mathbf{F}=0$이다.

(c) 모든 점에서 $|\mathbf{F}|\le 1$이면 $\iiint \text{div}\mathbf{F}dV\le$곡면의 넓이이다.

(d) 모든 점에서 $|\mathbf{F}|\le 1$이면 모든 점에서 $|\text{div}\mathbf{F}|\le 1$이다.

28 3차원에서 원천이 없는 장 $\mathbf{F}(x,y,z)$에 대해 E, F, G, H를 적어라. 서술 F에 의하면 끝점이 같은 경로는 경계 곡선이 같은 곡면이 된다. G에 의하면 흐름 함수는 $\mathbf{F}=\text{curl}\mathbf{g}$인 벡터장이 된다.

29 원 $x^2+y^2=1, z=0$으로 둘러싸인 두 개의 다른 곡면을 설명하라. 만약 ____이면 장 $\mathbf{F}$는 자동적으로 같은 앞의 두 곡면을 흐르는 유동을 가진다.

30 유계인 영역 R의 경계는 경계를 가지지 않는다. 평면 영역을 그린 다음 이 문장의 의미를 설명하여라. 완전한 공에 대해 이는 무엇을 의미하는가?

15.6 스토크스 정리와 F의 회전

발산 정리에서 곡면은 닫혀 있고, S는 V의 경계였다. 이제 곡면은 닫혀 있지 않고, S는 자신의 경계인 곡선 C를 가진다. 이는 그린 정리의 원래 설정과 비슷하다(곡선으로 둘러싸인 영역, 이중적분이 일 적분과 같다). 하지만 스토크스 정리는 삼차원에서의 정리이다. 휘어진 곡면 S가 공간 곡선 C로 둘러싸여 있으며 이렇게 공간 곡선에서 적분하는 것은 처음이다.

삼차원으로 높아지면 벡터장에 변화가 생긴다. 평면장 $\mathbf{F}(x,y)=M\mathbf{i}+N\mathbf{j}$는 공간장 $\mathbf{F}(x,y,z)=M\mathbf{i}+N\mathbf{j}+P\mathbf{k}$가 되고, 일 $Mdx+Ndy$는 이제 Pdz를 포함한다. 또한

이중적분의 중요한 양(이차원에서의 $\partial N/\partial x - \partial M/\partial y$)로 바뀌어야 한다. 이렇게 바뀐 스칼라 양을 'curl**F**'라고 부른다. 하지만 실제로 이는 벡터의 세 번째 성분일 뿐이다. 스토크스 정리는 벡터 curl**F**의 모든 성분을 필요로 한다.

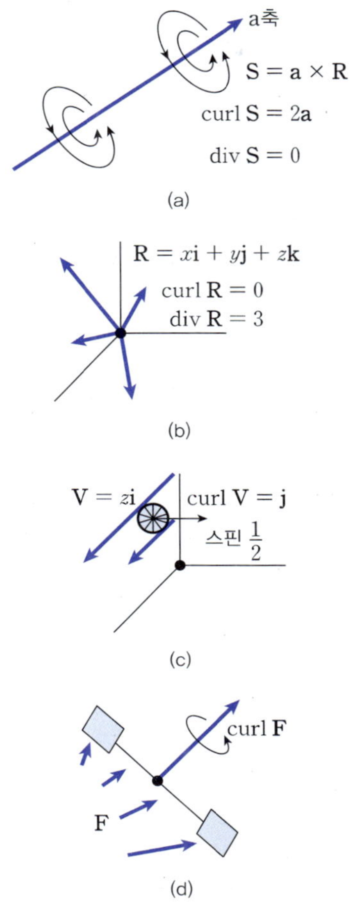

[그림 15-23] (a) 스핀장 $\mathbf{S}=\mathbf{a}\times\mathbf{R}$, (b) 위치 벡터장 $\mathbf{R}$, (c) 속도장(전단 장) $\mathbf{V}=z\mathbf{i}$, (d) 임의의 장 $\mathbf{F}$

정의 벡터장 $\mathbf{F}(x,y,z)=M\mathbf{i}+N\mathbf{j}+P\mathbf{k}$의 회전은 다음과 같다.

$$\text{curl}\mathbf{F}=\left(\frac{\partial P}{\partial y}-\frac{\partial N}{\partial z}\right)\mathbf{i}+\left(\frac{\partial M}{\partial z}-\frac{\partial P}{\partial x}\right)\mathbf{j}+\left(\frac{\partial N}{\partial x}-\frac{\partial M}{\partial y}\right)\mathbf{k} \qquad (1)$$

기호 $\nabla\times\mathbf{F}$는 다음과 같이 6개의 도함수를 만드는 행렬식이다.

$$\text{curl}\mathbf{F}=\nabla\times\mathbf{F}=\begin{vmatrix}\mathbf{i} & \mathbf{j} & \mathbf{k}\\ \partial/\partial x & \partial/\partial y & \partial/\partial z\\ M & N & P\end{vmatrix} \qquad (2)$$

세 곱 $\mathbf{i}\partial/\partial yP$, $\mathbf{j}\partial/\partial zM$과 $\mathbf{k}\partial/\partial xN$은 양의 부호를 가지고, 오른쪽에서 왼쪽 아래 방향으로 곱한 $\mathbf{k}\partial/\partial yM$과 같은 세 곱은 음의 부호를 가진다. 이들 사이에는 순환하는 대칭이 있다. 편법같이 보여도 이 행렬식은 기억을 도와준다. 행렬식은 벡터의 행, 연산의 행, 연산의 함수를 가지면 안 된다.

예제 1 평면장 $M(x,y)\mathbf{i}+N(x,y)\mathbf{j}$는 $P=0$과 $\partial M/\partial z=0$과 $\partial N/\partial z=0$을 가진다. 따라서 $\text{curl}\mathbf{F}=(\partial N/\partial x-\partial M/\partial y)\mathbf{k}$과 같이 오직 두 항만 살아남는다. 이 경우엔 그린 정리로 돌아온 셈이다.

예제 2 외적 $\mathbf{a}\times\mathbf{R}$은 스핀장 $\mathbf{S}$이다. 이의 축은 고정된 벡터 $\mathbf{a}=a_1\mathbf{i}+a_2\mathbf{j}+a_3\mathbf{k}$이다. [그림 15-23]의 흐름은 $\mathbf{a}$ 중심으로 돌고, 이의 성분은 다음과 같다.

$$\mathbf{S}=\mathbf{a}\times\mathbf{R}=\begin{vmatrix}\mathbf{i} & \mathbf{j} & \mathbf{k}\\ a_1 & a_2 & a_3\\ x & y & z\end{vmatrix}=(a_2z-a_3y)\mathbf{i}+(a_3x-a_1z)\mathbf{j}+(a_1y-a_2x)\mathbf{k} \qquad (3)$$

스핀장 $-y\mathbf{i}+x\mathbf{j}$는 $(a_1,a_2,a_3)=(0,0,1)$을 가지고 이의 축은 $\mathbf{a}=\mathbf{k}$이다.

이 스핀장의 발산은 $M_x+N_y+P_z=0+0+0$이다. 회전이 N_x와 P_x를 사용하는 반면 발산은 M_x를 어떻게 사용하는지 기억해라. 다음과 같이 **S의 회전은 벡터 2a**이다.

$$\left(\frac{\partial P}{\partial y}-\frac{\partial N}{\partial z}\right)\mathbf{i}+\left(\frac{\partial M}{\partial z}-\frac{\partial P}{\partial x}\right)\mathbf{j}+\left(\frac{\partial N}{\partial x}-\frac{\partial M}{\partial y}\right)\mathbf{k}=2a_1\mathbf{i}+2a_2\mathbf{j}+2a_3\mathbf{k}=2\mathbf{a}$$

이 예제는 회전의 의미를 드러낸다. 이는 스핀을 측정한다! curl**F**의 방향은 **회전의 축**이며 이 경우 $\mathbf{a}$를 중심으로 회전한다. curl**F**의 크기는 **회전 속도의 두 배**이다. 이 경우 $|\text{curl}\mathbf{F}|=2|\mathbf{a}|$이고 각속도는 $|\mathbf{a}|$이다.

예제 3 모든 기울기 벡터장 $\mathbf{F}=\partial f/\partial x\mathbf{i}+\partial f/\partial y\mathbf{j}+\partial f/\partial z\mathbf{k}$는 $\text{curl}\mathbf{F}=0$을 가진다.

$$\text{curl}\mathbf{F}=\left(\frac{\partial}{\partial y}\frac{\partial f}{\partial z}-\frac{\partial}{\partial z}\frac{\partial f}{\partial y}\right)\mathbf{i}+\left(\frac{\partial}{\partial z}\frac{\partial f}{\partial x}-\frac{\partial}{\partial x}\frac{\partial f}{\partial z}\right)\mathbf{j}+\left(\frac{\partial}{\partial x}\frac{\partial f}{\partial y}-\frac{\partial}{\partial y}\frac{\partial f}{\partial x}\right)\mathbf{k}=0 \quad (4)$$

f_{yz}는 항상 f_{zy}와 같다. 따라서 이들은 상쇄된다. 또한 $f_{xz}=f_{zx}$이고 $f_{xy}=f_{yx}$이므로 $\text{curl}\,\text{grad}\ f=0$이다.

예제 4 ([예제 3]의 쌍둥이) $\text{curl}\mathbf{F}$의 발산은 자동적으로 0이다.

$$\text{div curl}\mathbf{F}=\frac{\partial}{\partial x}\left(\frac{\partial P}{\partial y}-\frac{\partial N}{\partial z}\right)+\frac{\partial}{\partial y}\left(\frac{\partial M}{\partial z}-\frac{\partial P}{\partial x}\right)+\frac{\partial}{\partial z}\left(\frac{\partial N}{\partial x}-\frac{\partial M}{\partial y}\right)=0 \quad (5)$$

위와 같이 섞인 도함수는 다시 $P_{xy}=P_{yx}$와 $N_{xz}=N_{zx}$와 $M_{zy}=M_{yz}$를 준다. 따라서 쌍으로 항이 상쇄된다. 'curlgrad'와 'divcurl'에서 모든 항은 0이 되도록 정렬된다.

> 14 모든 $f(x,y,z)$의 기울기의 회전은 $\text{curl}\,\text{grad}\ f=\nabla\times\nabla f=0$이다. 또한 모든 $\mathbf{F}(x,y,z)$의 회전의 발산은 $\text{div}\,\text{curl}\mathbf{F}=\nabla\cdot\nabla\times\mathbf{F}=0$이다.

스핀장은 발산이 없고, 위치 벡터장 $\mathbf{R}$은 회전이 없다. $\mathbf{R}$은 $f=\frac{1}{2}(x^2+y^2+z^2)$의 기울기이며 $\mathbf{S}$는 $\mathbf{F}$의 회전이다. 그러면 $\text{div}\mathbf{S}=\text{div curl}\mathbf{F}$이고 $\text{curl}\mathbf{R}=\text{curl}\,\text{grad}\,f$는 자동적으로 0이 된다.

이제 우리는 $\text{curl}\mathbf{F}$가 장의 '회전'을 측정한다는 사실을 올바르게 믿는다. 이때 $\text{curl}(\mathbf{F}+\mathbf{G})$가 $\text{curl}\mathbf{F}+\text{curl}\mathbf{G}$일 것을 기대할 것이다. 이 또한 올바르다. 마지막으로 평행인 벡터들로 이루어진 벡터장은 회전이 없다고 생각할 수도 있다. 하지만 이는 잘못되었다. [예제 5]는 평행한 벡터를 가지지만 이들의 다른 길이는 회전을 만든다.

예제 5 x 방향으로의 장 $\mathbf{V}=z\mathbf{i}$는 y 방향으로 $\text{curl}\mathbf{V}=\mathbf{j}$를 가진다.

만약 xz 평면에 바퀴를 놓는다면 **장이 이를 회전시킬 것이다**. 이때 바퀴 위의 속도 $z\mathbf{i}$는 아래의 $z\mathbf{i}$보다 빠를 것이다([그림 15-23(c)]). 따라서 위가 더 빠르게 가고, 바퀴는 회전한다. 회전하는 축은 $\text{curl}\mathbf{V}=\mathbf{j}$이고, 회전하는 속도는 $\frac{1}{2}$이다. 왜냐하면 이 회전은 크기 1을 가지기 때문이다.

다른 벡터장 $\mathbf{v}=-x\mathbf{k}$는 같은 회전 $\text{curl}\mathbf{v}=\mathbf{j}$를 만든다. 흐름은 z 방향이고, 이는 x 방향에 따라 바뀌며, 회전은 y 방향이다. 또 흥미로운 것은 $\mathbf{V}+\mathbf{v}$이다. 두 '전단장'은 더해져서 회전이 $2\mathbf{j}$인 완벽한 스핀장 $\mathbf{S}=z\mathbf{i}-x\mathbf{k}$를 만든다.

curlF의 의미

[예제 5]는 주어진 벡터장의 흐름에 바퀴를 놓고 보았다. 이는 임의의 벡터장 $\mathbf{F}$에 대해 가능하고 curl$\mathbf{F}$에 대한 이해를 돕는다. 바퀴의 회전은(만약 회전한다면) 위치 (x, y, z)에 의존한다. 또 회전은 바퀴의 방향에 의존한다. 우리는 이를 스핀장에 놓을 수 있다. 그리고 만약 바퀴의 축 $\mathbf{n}$이 회전 축 $\mathbf{a}$에 수직이면 바퀴는 돌지 않을 것이다. 도는 속도에 대한 일반적인 법칙은 다음과 같다. **바퀴의 각속도는 $\frac{1}{2}(\text{curl}\mathbf{F}) \cdot \mathbf{n}$이다.** $(\text{grad}f) \cdot \mathbf{u}$가 '방향 미분'이었듯이 이 각속도는 '방향을 가진 회전'이다. 그리고 $\mathbf{n}$은 $\mathbf{u}$와 비슷한 단위 벡터이다.

기울기 벡터장에서는 모든 곳에서 회전이 없다. 이는 **비회전적**이다. 즉 curl grad$f = 0$이다. 순수한 스핀장 $\mathbf{a} \times \mathbf{R}$은 curl$\mathbf{F} = 2\mathbf{a}$를 가지며 각속도는 $\mathbf{a} \cdot \mathbf{n}$이다(각속도 공식에서 $\frac{1}{2}$이 2를 상쇄함을 기억하라). 이 회전은 **원점뿐만 아니라** 모든 곳에 있다. 만약 CD에 동전을 올려놓으면, 원판이 한 바퀴 돌 때 동전도 한 바퀴 회전한다. 이는 '자체적으로 도는' 회전이고, 이는 동전이 중심에 있든 아니든 상관없이 행해진다. 회전하는 속도는 바퀴의 축 $\mathbf{n}$이 회전축 $\mathbf{a}$와 평행을 이룰 때 최대가 되며 그때 $\mathbf{a} \cdot \mathbf{n}$은 총 길이 $|\mathbf{a}|$를 준다. 기울기는 가장 빠른 성장의 방향을 주고, 회전은 가장 빠른 회전의 방향을 준다.

f의 최고 성장률은 grad$f$ 방향으로 $|\text{grad } f|$이다.

$\mathbf{F}$의 최고 회전율은 curl$\mathbf{F}$ 방향으로 $\frac{1}{2}|\text{curl}\mathbf{F}|$이다.

스토크스 정리

마침내 중요한 정리에 도달했다. 이는 선적분이 면적분과 같다는 그린 정리와 비슷할 것이다. 선적분은 여전히 일 곡선을 따르는 $\oint \mathbf{F} \cdot d\mathbf{R}$이다. 그린 정리의 면적분은 $\iint (N_x - M_y)dxdy$이며 이때 곡면은 (xy 평면 안에서) 평평했다. 이의 법선 방향은 $\mathbf{k}$이고, 이제 $N_x - M_y$를 회전의 $\mathbf{k}$ 성분으로 인지할 것이다. 그린 정리는 법선 방향이 항상 $\mathbf{k}$이기에 이 성분만 사용했지만 휘어진 곡면에서 스토크스 정리는 curl$\mathbf{F}$의 모든 세 성분을 필요로 한다.

[그림 15-24]는 모자 모양의 곡면 S와, 이의 경계 C(닫힌 곡선)를 보여준다. 여러분이 C를 따라 $\mathbf{n}$을 향하는 양의 방향으로 걸으면 곡면은 여러분의 왼쪽에 있을 것이다. 또한 여러분은 똑바로 서 있을 수도 있으며(그린 정리에서 $\mathbf{n} = \mathbf{k}$) 심지어 뒤집어져 있을 수도 있다($\mathbf{n} = -\mathbf{k}$이어도 된다). 그 경우 방정식 (6)의 두 변을 같게 하려면 C를 따라 다른 방향으로 가야 한다. 이때 뫼비우스의 띠는 불가능하다. 왜냐하면 이의 법선 방향을 설정할 수 없기 때문이다. 단위 벡터 $\mathbf{n}$은 C를 따르는 '시계 반대 방향'을 결정한다.

15 스토크스 정리 $\oint_C \mathbf{F}\cdot d\mathbf{R} = \iint_S (\mathrm{curl}\mathbf{F})\cdot \mathbf{n}\,dS$ (6)

우변은 곡면에서 작은 회전들을 더한다. 좌변은 C를 따르는 총 순환(또는 일)이다. 이를 시각화하는 것은 쉽지 않다(이는 이 책에서 가장 어려운 정리일 것이다). 하지만 하나의 간단한 결론을 인지하라. $\mathrm{curl}\mathbf{F}=0$이면 $\oint \mathbf{F}\cdot d\mathbf{R}=0$이다. 이는 잘 알고 있듯이 **모든 기울기 벡터장에 적용된다.**

기울기 벡터장은 식 (4)에 의해 회전이 없으며 식 (6)에 의해 일을 하지 않는다. 이차원에서와 마찬가지로 삼차원에서 **기울기 벡터장은 보존장이다.** 스토크스 정리의 증명(두 증명)의 개요를 살펴본 후, 이번 절에서는 이 내용들에 초점을 맞출 것이다.

첫 번째 증명은 스토크스 정리가 왜 참인가를 보여준다. 두 번째 증명은 스토크스 정리가 진짜 참이라는 것과 어떻게 계산하는지까지를 보여준다. 여러분은 아마도 첫 번째를 더 선호할 것이다.

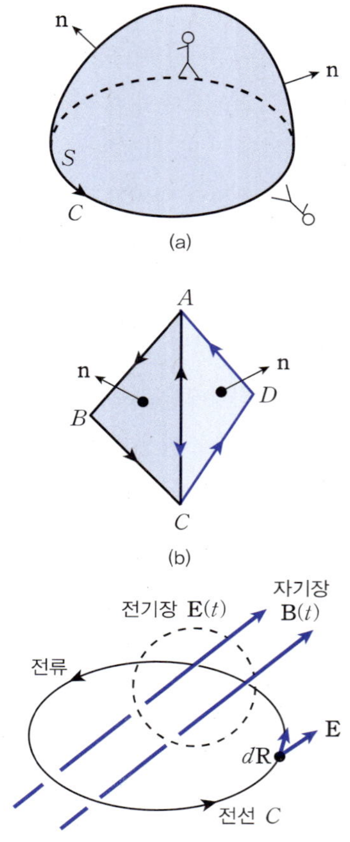

[그림 15-24] 곡면 S와 경계 곡선 C, B의 변화 → curlE → C의 전류

증명 1 [그림 15-24(b)]는 삼각형 ABC가 삼각형 ACD에 붙어 있다(나중에 더 많은 삼각형이 있을 수 있다). S는 휘어진 곡면에 가까우며, **조각마다 평평**할 것이다. 두 삼각형만으로도 핵심을 설명하기 충분하다. 각 삼각형의 평면에서(이들은 다른 $\mathbf{n}$을 가진다) 그린 정리는 다음과 같다.

$$\oint_{AB+BC+CA} \mathbf{F}\cdot d\mathbf{R} = \iint_{ABC} \mathrm{curl}\mathbf{F}\cdot \mathbf{n}\,dS$$

$$\oint_{AC+CD+DA} \mathbf{F}\cdot d\mathbf{R} = \iint_{ACD} \mathrm{curl}\mathbf{F}\cdot \mathbf{n}\,dS$$

이제 이들을 더하자. 우변은 두 삼각형에서의 $\iint \mathrm{curl}\mathbf{F}\cdot\mathbf{n}dS$를 준다. 좌변에서 **$CA$에서의 적분이 AC에서의 적분과 상쇄된다.** 즉 '가로로 자른' 부분은 사라지며 이는 $AB+BC+CD+DA$만 남긴다. 스토크스 정리의 좌변인 이 선적분은 다른 경계 C를 따라간다. ∎

증명 2 이제 곡면은 휘어질 수 있다. 이 새 증명은 과도하게 자세하지만 이 증명으로부터 여러분이 계산할 수 있는 공식이 도출된다. $z=f(x,y)$로부터 다음을 얻는다.

$$dz = \partial f/\partial x dx + \partial f/\partial y dy, \qquad \mathbf{n}dS = (-\partial f/\partial x\mathbf{i} - \partial f/\partial y\mathbf{j} + \mathbf{k})dxdy$$

$\mathbf{n}dS$에 대해 15.4절의 식 (11)을 보자. 이 dz와 함께 스토크스 정리의 선적분은 다음과 같다.

$$\oint_C \mathbf{F} \cdot d\mathbf{R} = \oint_{C\text{의 그림자}} Mdx + Ndy + P(\partial f/\partial x\, dx + \partial f/\partial y dy) \tag{7}$$

curl**F**와 $\mathbf{n}dS$의 내적은 곡면 적분 $\iint_S \text{curl}\mathbf{F} \cdot \mathbf{n}dS$를 준다.

$$\iint_{S\text{의 그림자}} [(P_y - N_z)(-\partial f/\partial x) + (M_z - P_x)(-\partial f/\partial y) + (N_x - M_y)]dxdy \tag{8}$$

식 (7)과 식 (8)이 같음을 증명하기 위해 그린 정리의 M을 $M + P\partial f/\partial x$로, N을 $N + P\partial f/\partial y$로 바꾸자. 그러면 (7)＝(8)은 그림자에서 그린 정리이다([연습문제 15.6.47]). 이는 S에서 스토크스 정리를 증명한다. 그린 정리(평평한 곡면)가 스토크스 정리(휘어진 곡면)의 두 증명에서 어떻게 핵심이 되는지를 인지하라.

예제 6 전기에서 스토크스 정리는 패러데이 법칙을 이끌어낸다.

스토크스 정리는 계산을 위해 많이 쓰이지 않는다(식 (8)이 그 이유를 보여준다). 하지만 스핀, 회전 또는 유체의 **소용돌이**는 유체역학의 기본이다. 이제부터 다룰 다른 중요한 응용은 전기장에 대한 것이다. 스토크스 정리에서 패러데이 법칙은 발산 정리에서 가우스 법칙과 같다.

곡선 C가 실제 전선이라고 하자. 그러면 변하는 자기장 $\mathbf{B}(t)$를 통해 C에 전류를 만들 수 있다. C를 지나면서 시간에 따라 변하는 유동 $\varphi = \iint \mathbf{B} \cdot \mathbf{n}dS$는 일을 하는 전기장 $\mathbf{E}$를 만든다.

$$\text{패러데이 법칙(적분 형태)} : \text{일} = \oint_C \mathbf{E} \cdot d\mathbf{R} = -d\varphi/dt$$

이는 물리학이다. 위 공식은 사실일 수도 있지만 근사일 수도 있다. 이제 적분 형태를 미분방정식으로 나타내기 위해 수학이 나설 차례이다. 곡선 위의 정보보다 점에서의 정보가 더 편하므로 스토크스는 $\mathbf{E}$의 선적분을 curl$\mathbf{E}$의 면적분으로 바꾼다.

$$\oint_C \mathbf{E} \cdot d\mathbf{R} = \iint_S \text{curl}\mathbf{E} \cdot \mathbf{n}dS \quad \text{또한} \quad -\partial\varphi/\partial t = \iint_S -(\partial\mathbf{B}/\partial t) \cdot \mathbf{n}dS$$

위 공식은 임의의 곡선 C에 대해 C가 얼마나 작든지 간에 성립한다. 따라서 오른쪽 등식은 임의의 곡면에 대해 성립한다. 우리는 곡면을 축소해서 점으로 줄인다. 우변은 하나의 맥스웰 방정식Maxwell's equation을 준다.

$$\text{패러데이 법칙(미분 형태)} : \text{curl}\mathbf{E} = -\partial\mathbf{B}/\partial t$$

보존장과 퍼텐셜 함수

지속적이고 중요한 질문에 대해 답함으로써 이 장을 마무리하고자 한다. 닫힌 곡선에서 일을 하지 않는 장은 무엇인가? 평면과 평면 벡터장에 대해 다음 판정법 D를 기억해라.

$\partial M/\partial y = \partial N/\partial x$ 이면 $\mathbf{F}$는 보존적이고 $\mathbf{F} = \mathrm{grad} f$, $\oint \mathbf{F} \cdot d\mathbf{R} = 0$ 이다.

이를 $\mathbf{F} = 2xy\mathbf{i} + (x^2+z)\mathbf{j} + y\mathbf{k}$과 같은 3차원 장에 적용해보자. 이 장은 공간 곡선을 따라 일을 하는가? 혹은 이는 기울기 벡터장인가? 두 질문은 $\partial f/\partial x = 2xy$, $\partial f/\partial y = x^2 + z$, $\partial f/\partial z = y$를 요구할 것이다. **우리는 한 함수 $f(x,y,z)$에 대한 세 개의 방정식을 가진다.** 보통 이들은 풀리지 않는다. 이들은 판정법 D(이제 이는 삼차원 판정법인 $\mathrm{curl}\mathbf{F} = 0$ 이다)을 통과할 때 풀린다. 위 예는 판정법 D를 통과하고, f는 $x^2y + yz$ 이다.

16 $\mathbf{F}(x,y,z) = M\mathbf{i} + N\mathbf{j} + P\mathbf{k}$는 다음 성질들을 가질 때 보존장이다.

A. 공간 안에서 모든 닫힌 경로에 대해 일 $\oint \mathbf{F} \cdot d\mathbf{R}$이 0이다.

B. 일 $\int_P^Q \mathbf{F} \cdot d\mathbf{R}$은 공간의 경로가 아닌 P와 Q에 의존한다.

C. $\mathbf{F}$는 기울기 벡터장이다. 즉, $M = \partial f/\partial x$, $N = \partial f/\partial y$, $P = \partial f/\partial z$ 이다.

D. 세 성분은 $M_y = N_x, M_z = P_x$, $N_z = P_y$를 만족한다($\mathrm{curl}\mathbf{F}$는 0이다).

이 성질 중 하나라도 만족하면 네 가지 성질을 모두 만족한다. 네 가지 중 D가 가장 빠른 판정법이다.

$\mathbf{A} \Rightarrow \mathbf{B} \Rightarrow \mathbf{C} \Rightarrow \mathbf{D} \Rightarrow \mathbf{A}$ 의 자세한 증명은 필요 없다. 오직 어떻게 $\mathbf{C} \Rightarrow \mathbf{D}$ 가 되는지만 인지해라. $\mathrm{curl\,grad}\mathbf{F}$는 항상 0이다. 이때 새로운 부분은 $\mathbf{D} \Rightarrow \mathbf{A}$, 즉 '$\mathrm{curl}\mathbf{F} = 0$ 이면 $\oint \mathbf{F} \cdot d\mathbf{R} = 0$'이다.

흥미로운 문제는 판정법 D를 통과했을 때 f에 대한 새로운 방정식을 푸는 것이다. 앞의 예에서 우리는 다음을 얻었다.

$$\partial f/\partial x = 2xy \quad \Rightarrow \quad f = \int 2xy\,dx = x^2y + \text{어떤 함수 } C(y,z)$$
$$\partial f/\partial y = x^2 + z = x^2 + \partial C/\partial y \quad \Rightarrow \quad C = yz + \text{어떤 함수 } c(z)$$
$$\partial f/\partial z = y = y + dc/dz \quad \Rightarrow \quad c(z)\text{는 0일 수도 있다.}$$

첫 단계는 두 번째 단계에서 수정될 미지의 $C(y,z)$를 남긴다. 두 번째 단계는 세 번째 단계(지금은 필요하지 않다)에서 수정될 미지의 $c(z)$를 남긴다. 세 단계를 종합하면 $f=x^2y+C=x^2y+yz+c=x^2y+yz$이다. $\text{curl}\mathbf{F}=0$일 때만 '수정'이 가능하다는 것을 인지해라. 즉 판정법 D를 통과해야 한다.

예제 7 $\mathbf{F}=(z-y)\mathbf{i}+(x-z)\mathbf{j}+(y-x)\mathbf{k}$가 임의의 f의 기울기가 되는가?

풀이

판정법 D에 따르면 답은 '아니다'이다. 이 $\mathbf{F}$는 스핀장 $\mathbf{a}\times\mathbf{R}$이며 회전은 0이 아닌 $2\mathbf{a}=(2,2,2)$이다. f를 찾는 과정은 실패하겠지만 시도는 해보자. $\partial f/\partial x=z-y$를 맞추기 위해 $f=zx-yx+C(y,z)$이어야 한다. 이때 y에 대해 미분하면 $-x+\partial C/\partial y$이다. 이는 절대 $N=x-z$를 맞추지 못하고, 따라서 f는 존재할 수 없다.

예제 8 어떤 P가 $\mathbf{F}=yz^2\mathbf{i}+xz^2\mathbf{j}+P\mathbf{k}$를 보존적으로 만드는가? 또한 f를 찾아라.

풀이

판정법 D에 의해 $\text{curl}\mathbf{F}=0$가 필요하다. 첫째로 $\partial M/\partial y=z^2=\partial N/\partial x$임을 확인하라. 또한 다음이 성립한다.

$$\partial P/\partial x=\partial M/\partial z=2yz\,,\ \partial P/\partial y=\partial N/\partial z=2xz$$

$P=2xyz$는 모든 판정법을 통과한다. f를 찾기 위해 세 방정식을 풀어서 $f=xyz^2$이 성공적임을, 즉 $\text{grad}\,f$가 $\mathbf{F}$가 됨을 알아채라. 이의 기울기는 $\mathbf{F}$이다.

세 번째 방법은 **$(0,0,0)$에서 (x,y,z)까지 도달하기 위한 일로 $f(x,y,z)$를 정의한다.** 경로는 상관없다. 실제로 우리는 $\mathbf{F}\cdot d\mathbf{R}=Mdx+Ndy+Pdz$를 직선 (xt,yt,zt)에서 적분한다.

$$f(x,y,z)=\int_0^1(yt)(zt)^2(xdt)+(xt)(zt)^2(ydt)+2(xt)(yt)(zt)(zdt)=xyz^2$$

예제 9 $\text{div}\,\text{curl}\,\text{grad}\,f$가 자동으로 0인 이유는 무엇인가(두 가지 방법으로 설명하라)?

풀이

첫째로 $\text{curl}\,\text{grad}\,f$는 0이다(항상). 둘째로, $\text{div}\,\text{curl}\mathbf{F}$는 0이다(항상).

이는 벡터 미적분학의 핵심인 항등식들이다. 다시 한번 복습하며 이 장을 끝낸다.

그린 정리	$\oint \mathbf{F} \cdot d\mathbf{R} = \iint (\partial N/\partial x - \partial M/\partial y)dxdy$
	$\oint \mathbf{F} \cdot \mathbf{n}ds = \iint (\partial M/\partial x + \partial N/\partial y)dxdy$
발산 정리	$\iint \mathbf{F} \cdot \mathbf{n}dS = \iiint (\partial M/\partial x + \partial N/\partial y + \partial P/\partial z)dxdydz$
스토크스 정리	$\oint \mathbf{F} \cdot d\mathbf{R} = \iint \mathrm{curl}\mathbf{F} \cdot \mathbf{n}dS$

그린 정리의 첫 번째 형태는 스토크스 정리를 이끌어내며 두 번째 형태는 발산 정리가 된다. 이런 의문이 들 수 있다. **3차원에서의 정리는 왜 없는가**? 마지막 두 정리는 처음 두 경우($P=0$이고 평평한 곡면)를 포함한다. 우리는 이 장을 네 정리가 아닌 두 정리로 줄일 수 있었다. 하지만 '일반화하는 것이 특수한 경우를 보는 것보다 쉽다'라는 기본 원칙을 지켰다.

같은 이유로 df/dx는 편미분과 기울기를 배우기 전에 다루었다.

15.6 문장제 문제

01 $M\mathbf{i}+N\mathbf{j}+P\mathbf{k}$의 회전은 벡터 __a__이다. 이는 3×3 행렬식 __b__와(과) 같다. $x^2\mathbf{i}+z^2\mathbf{k}$의 회전은 __c__이다. $\mathbf{S}=y\mathbf{i}-(x+z)\mathbf{j}+y\mathbf{k}$에 대해 회전은 __d__이다. 이 $\mathbf{S}$는 축 벡터 $\mathbf{a}=$__e__을(를) 가지는 __f__ 장 $\mathbf{a}\times\mathbf{R}=\frac{1}{2}(\mathrm{curl}\mathbf{F})\times\mathbf{R}$이다. 임의의 기울기 벡터장 $f_x\mathbf{i}+f_y\mathbf{j}+f_z\mathbf{k}$에 대해 회전은 __g__이다. 이는 중요한 항등식 $\mathrm{curl}\,\mathrm{grad}\,f=$__h__이며 $f_{xy}=f_{yx}$, __i__, __j__에 기반을 둔다. 위 식과 매우 형태가 비슷한 항등식은 __k__이다.

02 회전은 벡터장의 __l__을(를) 측정한다. 축이 $\mathbf{n}$인 장의 바퀴의 회전 속력은 __m__이다. 회전은 $\mathbf{n}$이 __n__의 방향일 때 최대이며 각속도는 __o__이다.

03 스토크스 정리는 __p__ = __q__이다. 곡선 C는 __r__ S의 __s__이다. 이 __t__ 정리는 __u__차원으로 확장된다. $\mathbf{F}$가 기울기 벡터장이면 양변이 모두 0이다. 왜냐하면 __v__이기 때문이다.

04 보존장의 네 성질은 A = __w__, B = __x__, C = __y__, D = __z__이다. 장 $y^2z^2\mathbf{i}+2xy^2z\mathbf{k}$는 판정법 D를 (통과, 실패)한다. 이 장은 $f=$__A__의 기울기 벡터장이다. $(0,0,0)$에서 $(1,1,1)$까지 일 $\int \mathbf{F}\cdot d\mathbf{R}$은 __B__이다(어떤 경로에서?). 모든 장 $\mathbf{F}$에 대해 $\iint \mathrm{curl}\mathbf{F}\cdot\mathbf{n}ds$는 사각뿔 밖으로 나갈 때와, 밑면을 아래에서 위로 지나갈 때 같다. 왜냐하면 __C__이기 때문이다.

15.6 연습문제

01~06 curl$\mathbf{F}$를 구하라.

01 $\mathbf{F}=z\mathbf{i}+x\mathbf{j}+y\mathbf{k}$

02 $\mathbf{F}=\text{grad}(xe^y\sin z)$

03 $\mathbf{F}=(x+y+z)(\mathbf{i}+\mathbf{j}+\mathbf{k})$

04 $\mathbf{F}=(x+y)\mathbf{i}-(x+y)\mathbf{k}$

05 $\mathbf{F}=\rho^n(x\mathbf{i}+y\mathbf{j}+z\mathbf{k})$

06 $\mathbf{F}=(\mathbf{i}+\mathbf{j})\times\mathbf{R}$

07 문제 03의 장에 대해 퍼텐셜 f를 찾아라.

08 문제 05의 장에 대해 퍼텐셜 f를 찾아라.

09 장 $x^m\mathbf{i}$와 $x^n\mathbf{j}$가 0의 회전을 갖도록 하는 m, n의 조건은 무엇인가?

10 $(a_1x+a_2y+a_3z)\mathbf{k}$는 언제 0의 회전을 갖는가?

11~14 curl$\mathbf{F}$를 계산하고 스토크스 정리로 $\oint_C \mathbf{F}\cdot d\mathbf{R}$을 찾아라.

11 $\mathbf{F}=x^2\mathbf{i}+y^2\mathbf{k}$, $C=$원 $x^2+z^2=1, y=0$

12 $\mathbf{F}=\mathbf{i}\times\mathbf{R}$, $C=$원 $x^2+z^2=1, y=0$

13 $\mathbf{F}=(\mathbf{i}+\mathbf{j})\times\mathbf{R}$, $C=$원 $y^2+z^2=1, x=0$

14 $\mathbf{F}=(y\mathbf{i}-x\mathbf{j})\times(x\mathbf{i}+y\mathbf{j})$, $C=$원 $x^2+y^2=1, z=0$

15 **(중요)** 두 곡면 S와 T가 같은 경계 C를 갖고, C의 방향이 같다고 하자.

(a) $\iint_S \text{curl}\mathbf{F}\cdot\mathbf{n}dS=\iint_T \text{curl}\mathbf{F}\cdot\mathbf{n}dS$임을 증명하라.

(b) 두 번째 증명 : 두 적분의 차는 $\iiint \text{div}(\text{curl}\mathbf{F})dV$이다. 이는 어떤 정리에 의해서, 그리고 어떤 영역 V에서 성립하는가? 이 적분값은 왜 0인가?

16 문제 15에서 S가 지구의 상반($\mathbf{n}$이 밖으로 나간다)이라 하고, T는 하반($\mathbf{n}$이 들어온다)라고 하자. C와 V는 각각 무엇인가? $\iint_S \mathbf{F}\cdot\mathbf{n}dS=\iint_T \mathbf{F}\cdot\mathbf{n}dS$가 일반적으로 참이 아님을 예를 들어서 보여라.

17 꽉 찬 영역 V의 닫힌 경계에 대해 $\iint \text{curl}\mathbf{F}\cdot\mathbf{n}dS=0$인 이유를 설명하라.

18 curl$\mathbf{F}=0$, div$\mathbf{F}=0$이라 하자.

(a) $\mathbf{F}$가 왜 퍼텐셜의 기울기인가?

(b) 퍼텐셜은 왜 라플라스 방정식 $f_{xx}+f_{yy}+f_{zz}=0$을 만족하는가?

19~22 존재한다면 퍼텐셜 f를 찾아라.

19 $\mathbf{F}=z\mathbf{i}+\mathbf{j}+x\mathbf{k}$

20 $\mathbf{F}=2xyz\mathbf{i}+x^2z\mathbf{j}+x^2y\mathbf{k}$

21 $\mathbf{F}=e^{z-x}\mathbf{i}-e^{x-z}\mathbf{k}$

22 $\mathbf{F}=yz\mathbf{i}+xz\mathbf{j}+(xy+z^2)\mathbf{k}$

23 curl$\mathbf{F}=(1,0,0)$인 장을 찾아라.

24 curl$\mathbf{F}(1,0,0)$인 장을 모두 찾아라.

25 $\mathbf{S}=\mathbf{a}\times\mathbf{R}$은 스핀장이다. $\mathbf{F}=\mathbf{b}\times\mathbf{S}$(상수 벡터 $\mathbf{b}$)를 계산하고, 이의 회전을 찾아라.

26 장 $\mathbf{F}=y\mathbf{i}-x\mathbf{k}$에 의해 도는 바퀴는 얼마나 빠른가?

(a) 방향이 $\mathbf{n}=\mathbf{j}$이면 어떠한가?

(b) 축이 curl$\mathbf{F}$와 평행하면 어떠한가?

(c) 축이 curl$\mathbf{F}$에 수직이면 어떠한가?

27 curl$\mathbf{F}$가 스핀장 $\mathbf{F}=\omega(-y\mathbf{i}+x\mathbf{j})$의 각속도 ω와 어떻게 연관되어 있는가? 만약 이 스핀장이 평면 $x+y+z=1$ 위에 있다면 바퀴가 얼마나 빠르게 도는가?

28 회전이 $\mathbf{S}=y\mathbf{i}-x\mathbf{j}$인 벡터장 $\mathbf{F}$를 찾아라.

29 회전이 $\mathbf{S}=\mathbf{a}\times\mathbf{R}$인 벡터장 $\mathbf{F}$를 찾아라.

30 두 벡터장이 모든 점에서 같은 회전을 가진다고 할 때, 다음의 참 또는 거짓을 판별하라.

(a) 이들의 차는 상수 벡터장이다.

(b) 이들의 차는 기울기 벡터장이다.

(c) 이들은 같은 발산을 가진다.

31~34 $\iint \mathrm{curl}\mathbf{F}\cdot\mathbf{n}dS$를 구 $x^2+y^2+z^2=1$의 상반에서 구하고, (개별적으로) 적도를 따라 $\oint \mathbf{F}\cdot d\mathbf{R}$을 구하라.

31 $\mathbf{F}=y\mathbf{i}-x\mathbf{j}$

32 $\mathbf{F}=\mathbf{R}/\rho^2$

33 $\mathbf{F}=\mathbf{a}\times\mathbf{R}$

34 $\mathbf{F}=(\mathbf{a}\times\mathbf{R})\times\mathbf{R}$

---

35 평면 $x+y+z=6$ 위의 원 C가 반지름이 r이고 중심이 $(1,2,3)$이라고 하자. 장 $\mathbf{F}$는 $3z\mathbf{j}+2y\mathbf{k}$이다. C를 따라 $\oint \mathbf{F}\cdot d\mathbf{R}$을 계산하라.

36 S는 단위 구의 상반이고, $\mathbf{F}=z\mathbf{i}+x\mathbf{j}+xyz\mathbf{k}$이다. $\iint \mathrm{curl}\mathbf{F}\cdot\mathbf{n}dS$를 찾아라.

37 $\mathrm{curl}\,g\mathbf{k}=y\mathbf{i}+x^2\mathbf{j}$가 되도록 하는 $g(x,y)$를 찾아라. 15.3절에서 g의 이름은 무엇이었는가? 이는 $y\mathbf{i}+x^2\mathbf{j}$가 0의 ___을(를) 가지기 때문에 존재한다.

38 $\mathrm{curl}\mathbf{F}=2x\mathbf{i}+3y\mathbf{j}-5z\mathbf{k}$(0의 발산을 가진다)가 되도록 하는 $\mathbf{F}$를 만들어라.

39 장 $\mathbf{F}=xy\mathbf{i}$를 $\mathrm{curl}\mathbf{V}=0$, $\mathrm{div}\mathbf{W}=\mathbf{0}$인 $\mathbf{V}+\mathbf{W}$로 분리하라.

40 일정한 자기장 $\mathbf{B}$에 대해 앙페르의 법칙Ampère's law은 $\mathrm{curl}\mathbf{B}=\mu\mathbf{J}$ ($\mathbf{J}$= 전류 밀도, μ=상수)이다. 공간 곡선 C를 지나면서, 이를 지나는 전류에 $\mathbf{B}$가 한 일을 찾아라.

41 $\mathbf{F}=(x^2+y^2)\mathbf{i}$에 대해 $\mathrm{curl}(\mathrm{curl}\mathbf{F})$, $\mathrm{grad}(\mathrm{div}\mathbf{F})$, $\mathbf{F}_{xx}+\mathbf{F}_{yy}+\mathbf{F}_{zz}$를 계산하라.

42 $\mathbf{F}=v(x,y,z)\mathbf{i}$에 대해 다음의 유용한 등식을 증명하라.

(a) $\mathrm{curl}(\mathrm{curl}\mathbf{F})=\mathrm{grad}(\mathrm{div}\mathbf{F})-(\mathbf{F}_{xx}+\mathbf{F}_{yy}+\mathbf{F}_{zz})$

(b) $\mathrm{curl}(f\mathbf{F})=f\mathrm{curl}\mathbf{F}+(\mathrm{grad}f)\times\mathbf{F}$

43 $\mathbf{B}=\mathbf{a}\cos t$(상수 방향 $\mathbf{a}$)일 때, 패러데이 법칙으로부터 $\mathrm{curl}\mathbf{E}$를 찾아라. 그리고 변하는 스핀장 $\mathbf{E}$를 찾아라.

44 $\mathbf{G}(x,y,z)=m\mathbf{i}+n\mathbf{j}+p\mathbf{k}$에 대해 $\mathbf{F}\times\mathbf{G}$를 쓰고, 발산을 취해라. 구한 답을 $\mathbf{G}\cdot\mathrm{curl}\mathbf{F}-\mathbf{F}\cdot\mathrm{curl}\mathbf{G}$와 비교하라.

45 스토크스 정리로부터 xz 평면에서의 그린 정리를 써라.

46 참 또는 거짓임을 판별하라.
$\nabla\times\mathbf{F}$와 $\mathbf{F}$는 수직이다.

47 (a) 스토크스 정리의 두 번째 증명은 그린 정리의 M과 마찬가지로 $M^*=M(x,y,f(x,y))+P(x,y,f(x,y))\partial f/\partial x$를 취했다. $\partial M^*/\partial y$를 연쇄 법칙과 곱 미분 법칙으로 계산해라(항이 5개 나온다).

(b) 비슷하게 $N^*=N(x,y,f)+P(x,y,f)\partial f/\partial y$는 x에 대한 미분 $N_x+N_zf_x+P_xf_y+P_zf_xf_y+Pf_{yx}$를 가진다. 증명에서 필요한 $N_x^*-M_y^*$를 확인하고 식 (8)의 우변과 비교하라.

48 '경계의 그림자는 그림자의 경계이다.' 이 사실은 스토크스의 두 번째 증명 과정 중, 그림자에서 그린 정리를 적용할 때 사용되었다. S, C와 이의 그림자에 대한 두 예시를 들어라.

49 $C=S$의 경계이고, $S=V$의 경계일 때 다음 중 어떤 적분이 서로 같은가?

$$\oint \mathbf{F}\cdot d\mathbf{R},\quad \oint(\mathrm{curl}\mathbf{F})\cdot d\mathbf{R},\quad \oint(\mathrm{curl}\mathbf{F})\cdot\mathbf{n}ds,$$
$$\iint \mathbf{F}\cdot\mathbf{n}dS,\quad \iint \mathrm{div}\mathbf{F}dS,\quad \iint(\mathrm{curl}\mathbf{F})\cdot\mathbf{n}dS,$$
$$\iint(\mathrm{grad}\,\mathrm{div}\mathbf{F})\cdot\mathbf{n}dS,\quad \iiint \mathrm{div}\mathbf{F}dV$$

50 xz 평면에서 바퀴를 돌리는 $\mathbf{V}=-x\mathbf{k}$의 장을 그려라. 돌지 않는 바퀴는 어떤 바퀴인가?

부록

A 미적분학 이후의 수학

필자는 이 책이 여러분에게 단순히 미적분학 지식을 전달하는 것 이상으로 도움이 될 것이라 생각한다(희망사항이기도 하다). 미적분학 이후에 여러분은 **어떤 수학 과목을 들어야 하는가?** 하는 선택권을 가질 것이고 이 장은 가이드로써의 역할을 목표로 하고 있다. 답변의 일부는 여러분이 가고 있는 방향(공학, 경영, 교육 또는 과학, 수학 등을 사용하는 다른 직업)에 달려 있다. 답변의 나머지는 당신이 어떤 과목들을 듣느냐에 달려있다. 이 장은 다음과 같은 과목의 이름보다 명확한 아이디어를 주는 유용한 참고자료가 될 것이다.

선형대수학	미분방정식	이산수학
(푸리에 급수를 포함한)고급 미적분학	수치해석학	통계학

순수 수학은 종종 해석, 대수, 기하로 나눠진다. 이 각각은 '수학적 사고방식'으로 한곳에 모인다(논리와 아이디어의 혼합물). 이는 깊고 창의적인 주제이다(여기서부터 순수 수학이 시작된다).

미적분학 이후의 두 개의 주요한 과목은 선형대수학과 미분방정식이다. 여러분이 이 두 과목을 모두 수강하기를 바란다. **선형대수학**은 식들의 시스템에 관한 것이다. 풀어야 할 n개의 변수들이 있고, 한 변수가 변하면 이는 다른 변수에 영향을 미친다. 그들(상호 연결된 부분이 있는 임의의 모델로부터의 출력)은 가격, 속력, 전류, 농도 등일 수 있다.

선형대수학은 모델이 반드시 선형이어야 한다는 하나의 가정을 만든다. 하나의 변수에 의한 변화는 모든 변수에서 비례하는 변화를 일으킨다. 실제로 모든 주제는 이런 방식으로 시작된다(그것이 비선형이 될 때, 일련의 선형방정식을 통해 이를 푼다. 선형 프로그래밍은 비선형인데, $x \geq 0$이 요구되기 때문이다). 선형대수학은 미적분학만큼이나 기초적이며 응용에 용이해졌고, 다행히도 더 쉬워졌다. 필자는 이 과목을 수강하기를 권장한다.

대수학에서 행렬식은 이산적인 반면 **미분방정식**은 (미적분으로부터) 연속적이다. dy/dt는 이 법칙을 따라 변하는 현재 상태 y에 의해 결정된다. 경제학과 생명 과학에서는 $y' = cy + s(t)$를 풀고 물리학과 공학에서는 $y'' + by' + cy = f(t)$를 푼다. 부디 이를 기억하고 참고하라.

세 번째 핵심 방향은 **이산수학**이다. 행렬은 일부이고, 네트워크와 알고리즘은 더 큰 부분이다. 미분은 일부가 아니다(이산수학은 대수학에 더 가깝다). 이 과목은 컴퓨터 과학에서 필요로 한다. 몇몇 사람들은 컴퓨터가 열 개의 메시지를 동시에 그리고 가장 빠르게 보낼 수 있는 방법을 찾는 요령을 이산수학을 통해서 개발했다.

미적분학과 미분방정식으로 잠깐 돌아가자. 완전히 현실적인 문제는 좀처럼 쉽지 않지만, 우리는 모델들을 풀 수 있다(좋은 모델을 개발하는 것은 그 자체로 기술이다). 근을 찾는 하나의 방법은 복소수와 관련된 것이다.

임의의 함수 $u(x+iy)$는 $u_{xx} + u_{yy} = 0$을 푼다(라플라스 방정식).

임의의 함수 $e^{ik(x+ct)}$은 $u_{tt} - c^2 u_{xx} = 0$을 푼다(파동 방정식).

이러한 구성 요소에서 우리는 근들을 결합한다. 파동 방정식에서 신호는 $t = 0$에서 시작한다. 이는 순수한 진동 e^{ikx}의 결합이다. 이 결합에서의 계수들은 **푸리에 변환**을 만든다(신호 안에 각각의 진동이 얼마나 많은지를 알려준다). 수많은 공학자와 과학자들은 $f(x)$보다 이 푸리에 계수를 더 잘 알고 있을 것이다.

수치해석학에서 우리는 계산을 언급했다. 비선형방정식에서 이는 뉴턴법을 의미하며 $Ax=b$에서 이는 소거법을 의미한다(알고리즘이 수식 대신 사용된다). 이때 정확한 근은 사라진다(속도와 정확도 그리고 안정성이 중요해진다). 과학 계산을 응용 수학의 일부로 만들고 이론으로 알고리즘을 가르치는 것은 바람직해 보인다.

우리는 응용을 논의하면서 **통계학**을 언급하지 않을 수 없다. 우리 사회는 정보의 바다 안에 있다(누군가는 결론을 이끌어내야 한다). 새로운 약이 잘 드는지, 기름 유출이 일상적인지 또는 드문지, 얼마나 자주 검진을 해야 하는지를 결정하려면 추측만 할 수는 없다. 흡연과 건강의 관계는 수세기 동안 감추어져 있었고 이 사실 관계는 데이터 안에 있었다! 결국 통계학자들이 이를 세상에 드러나게 했다. 전문가들은 패턴을 찾을 수 있고, 그들로 인해 우리는 무엇이 발견됐는지를 (약간의 수학적 지식과 함께) 이해할 수 있다.

수학을 공부하는 또 하나의 목표는 여러분의 삶에 대해서 더 알기 위해서이다. 미적분학은 중요한 아이디어에 **함수**라는 빛을 환하게 비춰준다. 모양과 인구, 심전도와 이익 그리고 성장률 모두는 함수에 의해 주어진다. 그들은 시간에 따라 변하며 미분과 적분을 가진다. 그들을 이해하고 사용하는 것은 일종의 도전이다(이렇게 노력하며 수학은 계속 발전한다). 여러분과 필자를 포함해서 수많은 사람들이 그들 각자가 할 수 있는 어떠한 방법으로든 수학의 발전에 기여해왔다. 우리가 뉴턴, 라이프니츠, 가우스, 아인슈타인과 같은 위대한 수학자가 되지 못한다 하더라도 그들이 창작한 것의 몇몇 부분은 공유할 수 있다.

B 주요 공식

미분 법칙

덧셈 미분 법칙 : $\frac{d}{dx}(u+v)=\frac{du}{dx}+\frac{dv}{dx}$

곱 미분 법칙 : $\frac{d}{dx}(uv)=u\frac{dv}{dx}+v\frac{du}{dx}$

분수 미분 법칙 : $\frac{d}{dx}\left(\frac{u}{v}\right)=\frac{u\,du/dx-u\,dv/dx}{v^2}$

거듭제곱 미분 법칙 : $\frac{d}{dx}(u^n)=nu^{n-1}\frac{du}{dx}$

연쇄 법칙 : $\frac{d}{dx}z(y(x))=\frac{dz}{dy}\frac{dy}{dx}$

역수 미분 법칙 : $\frac{dx}{dy}=\frac{1}{dy/dx}$

$\frac{d}{dx}\sin x=\cos x$

$\frac{d}{dx}\cos x=-\sin x$

$\frac{d}{dx}\tan x=\sec^2 x$

$\frac{d}{dx}\cot x=-\csc^2 x$

$\frac{d}{dx}\sec x=\sec x\tan x$

$\frac{d}{dx}\csc x=-\csc x\cot x$

$\frac{d}{dx}e^{cx}=ce^{cx}$

$\frac{d}{dx}b^x=b^x\ln b$

$\frac{d}{dx}\ln x=\frac{1}{x}$

$\frac{d}{dx}\sin^{-1}x=\frac{1}{\sqrt{1-x^2}}$

$\frac{d}{dx}\tan^{-1}x=\frac{1}{1+x^2}$

$\frac{d}{dx}\sec^{-1}=\frac{1}{|x|\sqrt{x^2-1}}$

극한과 연속

$\frac{\sin x}{x}\to 1$ $\quad\frac{1-\cos x}{x}\to 0$ $\quad\frac{1-\cos x}{x^2}\to\frac{1}{2}$

$a_n\to 0$: $|a_n|<\varepsilon$ (모든 $n>N$)

$a_n\to L$: $|a_n-L|<\varepsilon$ (모든 $n>N$)

$f(x)\to L$: $|f(x)-L|<\varepsilon$ $(0<|x-a|<\delta)$

$f(x)\to f(a)$: $L=f(a)$이면 a에서 연속

$\frac{f(x)-f(a)}{x-a}\to f'(a)$: a에서의 미분값

$\frac{f(x)-f(a)}{x-a}\to f'(c)$: 평균값 정리

$\frac{f(x+\Delta x)-f(x)}{\Delta x}\to f'(x)$: x에서의 미분값

$\frac{f(x+\Delta x)-f(x-\Delta x)}{2\Delta x}\to f'(x)$: 유심차분

$\lim\frac{f(x)}{g(x)}=\lim\frac{f'(x)}{g'(x)}$: $\frac{0}{0}$에서 로피탈의 정리

최댓값과 최솟값

극값 $f'(x)=0$ 또는 f'가 없거나 끝점

최댓값 $f'(x)=0,\ f''(x)<0$

뉴턴법 $x_{n+1}=x_n-\frac{f(x_n)}{f'(x_n)}$

최솟값 $f'(x)=0,\ f''(x)>0$

변곡점 $f''(x)=0$

2차원에서의 정류점 $\partial f/\partial x=0,\ \partial f/\partial y=0$

반복법 $x_{n+1} = F(x_n)$은 고정점 $x^* = F(x^*)$으로 수렴한다($|F'(x^*)| < 1$일 때).

최솟값 $f_{xx} > 0 \quad f_{xx}f_{yy} > f_{xy}^2$

최댓값 $f_{xx} < 0 \quad f_{xx}f_{yy} > f_{xy}^2$

안장점 $f_{xx}f_{yy} < f_{xy}^2$

2차원에서의 뉴턴법 $\begin{cases} g + g_x \Delta x + g_y \Delta y = 0 \\ h + h_x \Delta x + h_y \Delta y = 0 \end{cases}$

간단한 계산

$\dfrac{x/a}{y/b} = \dfrac{bx}{ay} \qquad x^{-n} = \dfrac{1}{x^n} \qquad \sqrt[n]{x} = x^{1/n} \qquad (x^2)(x^3) = x^5 \qquad (x^2)^3 = x^6 \qquad x^2/x^3 = x^{-1}$

$ax^2 + bx + c = 0$은 근 $x = \dfrac{-b \pm \sqrt{b^2 - 4ac}}{2a}$을 가진다.

$x^2 + 2Bx + C = 0$은 근 $x = -B \pm \sqrt{B^2 - C}$을 가진다.

완전 제곱식 $ax^2 + bx + c = a\left(x + \dfrac{b}{2a}\right)^2 + c - \dfrac{b^2}{4a}$

부분분수 $\dfrac{cx+d}{(x-a)(x-b)} = \dfrac{A}{x-a} + \dfrac{B}{x-b}$

실수 $\dfrac{a}{b+c} \neq \dfrac{a}{b} + \dfrac{a}{c} \qquad \sqrt{x^2 + a^2} \neq x + a$

미적분학의 기본 정리

$\dfrac{d}{dx}\displaystyle\int_a^x v(t)dt = v(x)$

$\displaystyle\int_a^b \dfrac{df}{dx} dx = f(b) - f(a)$

$\dfrac{d}{dx}\displaystyle\int_{a(x)}^{b(x)} v(t)dt = v(b(x))\dfrac{db}{dx} - v(a(x))\dfrac{da}{dx}$

$\displaystyle\int_0^b y(x)dx = \lim_{\Delta x \to 0} \Delta x [y(\Delta x) + y(2\Delta x) + \cdots + y(b)]$

원, 직선, 평면

원 $x = r\cos\omega t,\ y = r\sin\omega t$, 속력 ωr

직선 $y = mx + b$ 또는 $y - y_0 = m(x - x_0)$

평면 $ax + by + cz = d$ 또는 $a(x - x_0) + b(y - y_0) + c(z - z_0) = 0$

법선 벡터 $a\mathbf{i} + b\mathbf{j} + c\mathbf{k}$

$(0, 0, 0)$부터의 거리 $|d|/\sqrt{a^2 + b^2 + c^2}$

직선 $(x, y, z) = (x_0, y_0, z_0) + t(v_1, v_2, v_3)$

매개변수 없음 : $\dfrac{x - x_0}{v_1} = \dfrac{y - y_0}{v_2} = \dfrac{z - z_0}{v_3}$

정사영 $\mathbf{p} = \dfrac{\mathbf{b} \cdot \mathbf{a}}{\mathbf{a} \cdot \mathbf{a}}\mathbf{a},\ |\mathbf{p}| = |\mathbf{b}|\cos\theta$

삼각함수 항등식

$\sin^2 x + \cos^2 x = 1$

$\tan^2 x + 1 = \sec^2 x$ ($\cos^2 x$으로 나눈다)

$1 + \cot^2 x = \csc^2 x$ ($\sin^2 x$으로 나눈다)

$\sin 2x = 2\sin x \cos x$ (배각공식)

$\cos 2x = \cos^2 x - \sin^2 x = 2\cos^2 x - 1 = 1 - 2\sin^2 x$

$\sin(s \pm t) = \sin s \cos t \pm \cos s \sin t$ (덧셈 공식)

$\cos(s \pm t) = \cos s \cos t \mp \sin s \sin t$ (덧셈 공식)

$\tan(s + t) = (\tan s + \tan t)/(1 - \tan s \tan t)$

$c^2 = a^2 + b^2 - 2ab\cos\theta$ (코사인 법칙)

$a/\sin A = b/\sin B = c/\sin C$ (사인 법칙)

$a\cos\theta + b\sin\theta = \sqrt{a^2 + b^2}\cos\left(\theta - \tan^{-1}\frac{b}{a}\right)$

$\cos(-x) = \cos x$, $\sin(-x) = -\sin x$

$\sin\left(\frac{\pi}{2} \pm x\right) = \cos x$, $\cos\left(\frac{\pi}{2} \pm x\right) = \mp \sin x$

$\sin(\pi \pm x) = \mp \sin x$, $\cos(\pi \pm x) = -\cos x$

삼각함수의 적분

$$\int \sin^2 x\, dx = \frac{x - \sin x \cos x}{2} = \int \frac{1 - \cos 2x}{2} dx = \frac{x}{2} - \frac{\sin 2x}{4}$$

$$\int \cos^2 x\, dx = \frac{x + \sin x \cos x}{2} = \int \frac{1 + \cos 2x}{2} dx = \frac{x}{2} + \frac{\sin 2x}{4}$$

$$\int \tan^2 x\, dx = \tan x - x$$

$$\int \cot^2 x\, dx = -\cot x - x$$

$$\int \sin^n x\, dx = -\frac{\sin^{n-1} x \cos x}{n} + \frac{n-1}{n}\int \sin^{n-2} x\, dx$$

$$\int \cos^n x\, dx = +\frac{\cos^{n-1} x \sin x}{n} + \frac{n-1}{n}\int \cos^{n-2} x\, dx$$

$$\int \tan^n x\, dx = \frac{\tan^{n-1} x}{n-1} - \int \tan^{n-2} x\, dx$$

$$\int \sec^n x\, dx = \frac{\sec^{n-2} x \tan x}{n-1} + \frac{n-2}{n-1}\int \sec^{n-2} x\, dx$$

$$\int \tan x\, dx = -\ln|\cos x|$$

$$\int \cot x\, dx = \ln|\sin x|$$

$$\int \sec x\, dx = \ln|\sec x + \tan x|$$

$$\int \csc x\, dx = \ln|\csc x - \cot x| = -|\csc x + \cot x|$$

$$\int \sec^3 x\, dx = \frac{1}{2}\sec x \tan x + \frac{1}{2}\ln|\sec x + \tan x|$$

$$\int \sin px \sin qx\, dx = \frac{\sin(p-q)x}{2(p-q)} - \frac{\sin(p+q)x}{2(p+q)}$$

$$\int \cos px \cos qx\, dx = \frac{\sin(p-q)x}{2(p-q)} + \frac{\sin(p+q)x}{2(p+q)}$$

$$\int \sin px \cos qx\, dx = -\frac{\cos(p-q)x}{2(p-q)} - \frac{\cos(p+q)}{2(p+q)}$$

부분 적분

$$\int \ln x\,dx = x\ln x - x$$

$$\int x^n \ln x\,dx = \frac{x^{n+1}\ln x}{n+1} - \frac{x^{n+1}}{(n+1)^2}$$

$$\int x^n e^x\,dx = x^n e^x - n\int x^{n-1} e^x\,dx$$

$$\int e^{cx}\sin kx\,dx = \frac{e^{cx}}{c^2+k^2}\ (c\sin kx - k\cos kx)$$

$$\int e^{cx}\cos kx\,dx = \frac{e^{cx}}{c^2+k^2}\ (c\cos kx + k\sin kx)$$

$$\int x\sin x\,dx = \sin x - x\cos x$$

$$\int x\cos x\,dx = \cos x + x\sin x$$

$$\int x^n \sin x\,dx = -x^n\cos x + n\int x^{n-1}\cos x\,dx$$

$$\int x^n \cos x\,dx = +x^n\sin x - n\int x^{n-1}\sin x\,dx$$

$$\int \sin^{-1}x\,dx = x\sin^{-1}x + \sqrt{1-x^2}$$

$$\int \tan^{-1}x\,dx = x\tan^{-1}x - \frac{1}{2}\ln(1+x^2)$$

x^2, a^2, $D=b^2-4ac$의 적분

$$\int \frac{dx}{x^2+a^2} = \frac{1}{a}\tan^{-1}\frac{x}{a}$$

$$\int \frac{dx}{a^2-x^2} = \frac{1}{2a}\ln\left|\frac{x+a}{x-a}\right| = \frac{1}{a}\tanh^{-1}\frac{x}{a}$$

$$\int \frac{dx}{\sqrt{x^2+a^2}} = \ln|x+\sqrt{x^2+a^2}|$$

$$\int \frac{dx}{\sqrt{a^2-x^2}} = \sin^{-1}\frac{x}{a}$$

$$\int \sqrt{x^2+a^2}\,dx = \frac{x}{2}\sqrt{x^2+a^2} + \frac{a^2}{2}\ln|x+\sqrt{x^2+a^2}|$$

$$\int \sqrt{a^2-x^2}\,dx = \frac{x}{2}\sqrt{a^2-x^2} + \frac{a^2}{2}\sin^{-1}\frac{x}{a}$$

$$\int \frac{dx}{x\sqrt{x^2-a^2}} = \frac{1}{a}\cos^{-1}\frac{a}{x}$$

$$\int \frac{dx}{x\sqrt{x^2+a^2}} = \frac{1}{a}\ln\left|\frac{\sqrt{x^2+a^2}-a}{x}\right|$$

$$\begin{aligned}\int \frac{dx}{ax^2+bx+c} &= \frac{1}{\sqrt{D}}\ln\left|\frac{2ax+b-\sqrt{D}}{2ax+b+\sqrt{D}}\right|, && D>0\\ &= \frac{2}{\sqrt{-D}}\tan^{-1}\frac{2ax+b}{\sqrt{-D}}, && D<0\\ &= \frac{-2}{2ax+b}, && D=0\end{aligned}$$

$$\begin{aligned}\int \frac{dx}{\sqrt{ax^2+bx+c}} &= \frac{1}{\sqrt{a}}\ln|2ax+b+2\sqrt{a}\sqrt{ax^2+bx+c}|\\ &= \frac{1}{\sqrt{-a}}\sin^{-1}\frac{-2ax-b}{\sqrt{D}}, \quad a<0\end{aligned}$$

정적분

$$\int_0^\infty x^n e^{-x} dx = n! = \Gamma(n+1)$$

$$\int_0^\infty e^{-a^2x^2} dx = \sqrt{\pi}/2a$$

$$\int_0^1 x^m (1-x)^n dx = \frac{m!n!}{(m+n+1)!}$$

$$\int_0^\infty \frac{\sin^2 x}{x^2} dx = \int_0^\infty \frac{\sin x}{x} dx = \frac{\pi}{2}$$

$$\int_0^{\pi/2} \sin^n x\, dx = \int_0^{\pi/2} \cos^n x\, dx = \underset{\text{짝수 } n}{\frac{1}{2}\frac{3}{4}\cdots\frac{n-1}{n}\left(\frac{\pi}{2}\right)} \quad \text{또는} \quad \underset{\text{홀수 } n>1}{\frac{2}{3}\frac{4}{5}\cdots\frac{n-1}{n}}$$

지수와 로그

$y = b^x \leftrightarrow x = \log_b y$

$y = e^x \leftrightarrow x = \ln y$

$e = \lim\left(1+\frac{1}{n}\right)^n = \sum_{n=0}^{\infty}\frac{1}{n!} = 2.71828\cdots$

$e^x = \lim\left(1+\frac{x}{n}\right)^n = \sum_{n=0}^{\infty}\frac{x^n}{n!}$

$\ln y = \int_1^y \frac{dx}{x}$ $\quad$ $\ln 1 = 0$ $\quad$ $\ln e = 1$

$\ln xy = \ln x + \ln y$ $\quad$ $\ln x^n = n \ln x$

$\log_a y = (\log_a b)(\log_b y)$ $\quad$ $\log_a b = 1/\log_b a$

$e^{x+y} = e^x e^y$ $\quad$ $b^x = e^{x \ln b}$ $\quad$ $e^{\ln y} = y$

벡터와 행렬

$\mathbf{A} = a_1\mathbf{i} + a_2\mathbf{j} + a_3\mathbf{k}$

$|\mathbf{A}|^2 = \mathbf{A}\cdot\mathbf{A} = a_1^2 + a_2^2 + a_3^2$ (길이의 제곱)

$\mathbf{A}\cdot\mathbf{B} = a_1b_1 + a_2b_2 + a_3b_3 = |\mathbf{A}||\mathbf{B}|\cos\theta$

$|\mathbf{A}\cdot\mathbf{B}| \le |\mathbf{A}||\mathbf{B}|$ (슈바르츠 부등식 : $|\cos\theta| \le 1$)

$|\mathbf{A}+\mathbf{B}| \le |\mathbf{A}| + |\mathbf{B}|$ (삼각부등식)

$|\mathbf{A}\times\mathbf{B}| = |\mathbf{A}||\mathbf{B}||\sin\theta|$ (교차곱)

$$\mathbf{A}\times\mathbf{B} = \begin{vmatrix} \mathbf{i} & \mathbf{j} & \mathbf{k} \\ a_1 & a_2 & a_3 \\ b_1 & b_2 & b_3 \end{vmatrix} = \begin{matrix} \mathbf{i}(a_2b_3 - a_3b_2) \\ +\mathbf{j}(a_3b_1 - a_1b_3) \\ +\mathbf{k}(a_1b_2 - a_2b_1) \end{matrix}$$

오른손 법칙 $\mathbf{i}\times\mathbf{j} = \mathbf{k}$, $\mathbf{j}\times\mathbf{k} = \mathbf{i}$, $\mathbf{k}\times\mathbf{i} = \mathbf{j}$

평행사변형의 넓이 $= |a_1b_2 - a_2b_1| = |$ 행렬식 $|$

상자 부피 $= |\mathbf{A}\cdot(\mathbf{B}\times\mathbf{C})| = |$ 행렬식 $|$

방정식과 해

$y' = cy$ $\quad$ y_0e^{ct}

$y' = cy + s$ $\quad$ $y_0e^{ct} + \frac{s}{c}(e^{ct} - 1)$

$y' = cy - by^2$ $\quad$ $\frac{c}{b + de^{-ct}}$ $\quad$ $d = \frac{c - by_0}{y_0}$

$y'' = -\lambda^2 y$ $\quad$ $\cos\lambda t$, $\sin\lambda t$

$my'' + dy' + ky = 0$ $\quad$ $e^{\lambda_1 t}$, $e^{\lambda_2 t}$ 또는 $te^{\lambda_1 t}$

$y_{n+1} = ay_n + s$ $\quad$ $a^n y_0 + s\frac{a^n - 1}{a - 1}$

행렬과 역행렬

$Ax =$ 행렬 A의 행의 일차 결합 $= b$

해 $x = A^{-1}b$이면 $A^{-1}A = I$

최소제곱법 $A^T A\bar{x} = A^T b$

$Ax = \lambda x$ (λ는 고윳값)

$$\begin{bmatrix} a & b \\ c & d \end{bmatrix}^{-1} = \frac{1}{ad-bc}\begin{bmatrix} d & -b \\ -c & a \end{bmatrix}$$

$$(AB)^{-1} = B^{-1}A^{-1},\ (AB)^T = B^T A^T$$

$$\begin{bmatrix} \mathbf{a} & \mathbf{b} & \mathbf{c} \end{bmatrix}^{-1} = \frac{1}{D}\begin{bmatrix} \mathbf{b}\times\mathbf{c} \\ \mathbf{c}\times\mathbf{a} \\ \mathbf{a}\times\mathbf{b} \end{bmatrix}$$

$$\begin{vmatrix} a_1 & a_2 & a_3 \\ b_1 & b_2 & b_3 \\ c_1 & c_2 & c_3 \end{vmatrix} = +a_1b_2c_3 + a_2b_3c_1 + a_3b_1c_2 - a_1b_3c_2 - a_2b_1c_3 - a_3b_2c_1$$

변환상수

구분	SI 단위	기호
길이	미터	m
질량	킬로그램	kg
시간	초	s
전류	암페어	A
주파수	헤르츠	Hz~1/s
힘	뉴턴	N~kg · m/s^2
압력	파스칼	Pa~N/m^2
에너지, 일	줄	J~N · m
전력	와트	W~J/s
전하	쿨롱	C~A · s
온도	캘빈	K

A	B	변환 상수
도	라디안	0.01745
칼로리	줄	4.1868
BTU	줄	1055.1
풋파운드	줄	1.3558
피트	미터	0.3048
마일	킬로미터	1.609
피트/초	킬로미터/시간	1.0973
파운드	킬로그램	0.45359
온스	킬로그램	0.02835
갤런	리터	3.785
마력	와트	745.7

* A에 변환 상수를 곱하면 B가 나온다.

빛의 속도	$c = 2.9979\times10^8\,\mathrm{m/s}$
중력	$G = 6.6720\times10^{-11}\,\mathrm{Nm^2/kg^2}$
적도 반지름	$R = 6378\,\mathrm{km} = 3964$ 마일
가속	$g = 9.8067\,\mathrm{m/s^2} = 32.174$ 피트/초^2

C 적분표

1 $\displaystyle\int u^n dx = \frac{u^{n+1}}{a(n+1)}$ $\left(\text{예외} : \displaystyle\int \frac{dx}{u} = \frac{\ln|u|}{a}\right)$ 1~17에서 $u = ax+b$

2 $\displaystyle\int xu^n dx = \frac{u^{n+2}}{a^2(n+2)} - \frac{bu^{n+1}}{a^2(n+1)}$ $\left(\text{예외} : \displaystyle\int \frac{x\,dx}{u} = \frac{x}{a} - \frac{b\ln|u|}{a^2},\ \int \frac{x\,dx}{u^2} = \frac{b}{a^2u} - \frac{\ln|u|}{a^2}\right)$

3 $\displaystyle\int \frac{x^2dx}{u} = \frac{1}{a^3}\left(\frac{u^2}{2} - 2bu + b^2\ln|u|\right)$

4 $\displaystyle\int \frac{x^2dx}{u^2} = \frac{1}{a^3}\left(u - 2b\ln|u| - \frac{b^2}{u}\right)$

5 $\displaystyle\int \frac{x^2dx}{u^3} = \frac{1}{a^3}\left(\ln|u| + \frac{2b}{u} - \frac{b^2}{2u^2}\right)$

6 $\displaystyle\int \frac{dx}{xu} = \frac{1}{b}\ln\left|\frac{x}{u}\right|$

7 $\displaystyle\int \frac{dx}{x^2u} = -\frac{1}{bx} + \frac{a}{b^2}\ln\left|\frac{u}{x}\right|$

8 $\displaystyle\int \frac{dx}{xu^2} = \frac{1}{bu} - \frac{1}{b^2}\ln\left|\frac{u}{x}\right|$

9 $\displaystyle\int \frac{dx}{x^2u^2} = -\frac{b+2ax}{b^2xu} + \frac{2a}{b^3}\ln\left|\frac{u}{x}\right|$

10 $\displaystyle\int \sqrt{u}\,dx = \frac{2}{3a}u^{3/2}$

11 $\displaystyle\int x\sqrt{u}\,dx = \frac{2(3ax-2b)}{15a^2}u^{3/2}$

12 $\displaystyle\int x^2\sqrt{u}\,dx = \frac{2(15a^2x^2 - 12abx + 8b^2)}{105a^3}u^{3/2}$

13 $\displaystyle\int \frac{\sqrt{u}}{x}dx = 2\sqrt{u} + b\int \frac{dx}{x\sqrt{u}}$

14 $\displaystyle\int \frac{x\,dx}{\sqrt{u}} = \frac{2(ax-2b)}{3a^2}\sqrt{u}$

15 $\displaystyle\int \frac{x^2dx}{\sqrt{u}}dx = \frac{2(3a^2x^2 - 4abx + 8b^2)}{15a^3}\sqrt{u}$

16 $\displaystyle\int \frac{dx}{x\sqrt{u}} = \frac{1}{\sqrt{b}}\ln\left|\frac{\sqrt{u}-\sqrt{b}}{\sqrt{u}+\sqrt{b}}\right|$ $(b>0)$ 또는 $\displaystyle\frac{2}{\sqrt{-b}}\tan^{-1}\frac{\sqrt{u}}{\sqrt{-b}}$ $(b<0)$

17 $\displaystyle\int \frac{\sqrt{u}}{x^2}dx = -\frac{\sqrt{u}}{x} + \frac{a}{2}\int \frac{dx}{x\sqrt{u}}$

18 $\displaystyle\int \frac{dx}{(ax+b)(cx+d)} = \frac{1}{bc-ad}\ln\left|\frac{cx+d}{ax+b}\right|$

19 $\displaystyle\int \frac{x\,dx}{(ax+b)(cx+d)} = \frac{1}{bc-ad}\left(\frac{b}{a}\ln|ax+b| - \frac{d}{c}\ln|cx+d|\right)$

20 $\displaystyle\int \sqrt{x^2 \pm a^2}\,dx = \frac{x}{2}\sqrt{x^2 \pm a^2} \pm \frac{a^2}{2}\ln|x + \sqrt{x^2 \pm a^2}|$

21 $\displaystyle\int \frac{dx}{\sqrt{x^2 \pm a^2}} = \ln|x + \sqrt{x^2 \pm a^2}|$

22 $\displaystyle\int \frac{\sqrt{x^2+a^2}}{x}dx = \sqrt{x^2+a^2} - a\ln\left(\frac{a+\sqrt{x^2+a^2}}{x}\right)$

23 $$\int \frac{\sqrt{x^2-a^2}}{x}\,dx = \sqrt{x^2-a^2} - a\sec^{-1}\frac{x}{a}$$

24 $$\int \frac{x^2dx}{\sqrt{x^2 \pm a^2}} = \frac{x}{2}\sqrt{x^2 \pm a^2} \mp \frac{a^2}{2}\ln|x+\sqrt{x^2 \pm a^2}|$$

25 $$\int \frac{\sqrt{x^2 \pm a^2}}{x^2}\,dx = -\frac{\sqrt{x^2 \pm a^2}}{x} + \ln|x+\sqrt{x^2 \pm a^2}|$$

26 $$\int x^2\sqrt{x^2 \pm a^2}\,dx = \frac{x}{8}(2x^2 \pm a^2)\sqrt{x^2 \pm a^2} - \frac{a^4}{8}\ln|x+\sqrt{x^2 \pm a^2}|$$

27 $$\int \frac{dx}{x^2\sqrt{x^2 \pm a^2}} = \mp\frac{\sqrt{x^2 \pm a^2}}{a^2x}$$

28 $$\int (x^2 \pm a^2)^{3/2}\,dx = \frac{x}{8}(2x^2 \pm 5a^2)\sqrt{x^2 \pm a^2} + \frac{3a^4}{8}\ln|x+\sqrt{x^2 \pm a^2}|$$

29 $$\int \frac{dx}{(x^2 \pm a^2)^{3/2}} = \frac{\pm x}{a^2\sqrt{x^2 \pm a^2}}$$

30 $$\int \sqrt{a^2-x^2}\,dx = \frac{x}{2}\sqrt{a^2-x^2} + \frac{a^2}{2}\sin^{-1}\frac{x}{a}$$

31 $$\int \frac{dx}{\sqrt{a^2-x^2}} = \sin^{-1}\frac{x}{a}$$

32 $$\int \frac{dx}{(a^2-x^2)^{3/2}} = \frac{x}{a^2\sqrt{a^2-x^2}}$$

33 $$\int \frac{\sqrt{a^2-x^2}}{x}\,dx = \sqrt{a^2-x^2} - a\ln\left|\frac{a+\sqrt{a^2-x^2}}{x}\right|$$

34 $$\int x^2\sqrt{a^2-x^2}\,dx = \frac{x}{8}(2x^2-a^2)\sqrt{a^2-x^2} + \frac{a^4}{8}\sin^{-1}\frac{x}{a}$$

35 $$\int \frac{dx}{x^2\sqrt{a^2-x^2}} = -\frac{\sqrt{a^2-x^2}}{a^2x}$$

36 $$\int \frac{\sqrt{a^2-x^2}}{x^2}\,dx = -\frac{\sqrt{a^2-x^2}}{x} - \sin^{-1}\frac{x}{a}$$

37 $$\int \frac{dx}{x\sqrt{a^2-x^2}} = -\frac{1}{a}\ln\left|\frac{a+\sqrt{a^2-x^2}}{x}\right|$$

38 $$\int \frac{x^2dx}{\sqrt{a^2-x^2}} = -\frac{x}{2}\sqrt{a^2-x^2} + \frac{a^2}{2}\sin^{-1}\frac{x}{a}$$

39 $$\int (a^2-x^2)^{3/2}dx = \frac{x}{8}(5a^2-2x^2)\sqrt{a^2-x^2} + \frac{3a^4}{8}\sin^{-1}\frac{x}{a}$$

40 $\displaystyle\int \frac{dx}{b+c\sin ax} = \frac{-2}{a\sqrt{b^2-c^2}}\tan^{-1}\left[\sqrt{\frac{b-c}{b+c}}\tan\left(\frac{\pi}{4}-\frac{ax}{2}\right)\right],\ b^2>c^2$

41 $\displaystyle\int \frac{dx}{1+\sin ax} = -\frac{1}{a}\tan\left(\frac{\pi}{4}-\frac{ax}{2}\right)$

42 $\displaystyle\int \frac{dx}{b+c\sin ax} = \frac{-1}{a\sqrt{c^2-b^2}}\ln\left|\frac{c+b\sin ax+\sqrt{c^2-b^2}\cos ax}{b+c\sin ax}\right|,\ b^2<c^2$

43 $\displaystyle\int \frac{dx}{1-\sin ax} = \frac{1}{a}\tan\left(\frac{\pi}{4}+\frac{ax}{2}\right)$

44 $\displaystyle\int \frac{dx}{b+c\cos ax} = \frac{2}{a\sqrt{b^2-c^2}}\tan^{-1}\left[\sqrt{\frac{b-c}{b+c}}\tan\frac{ax}{2}\right],\ b^2>c^2$

45 $\displaystyle\int \frac{dx}{1+\cos ax} = \frac{1}{a}\tan\frac{ax}{2}$

46 $\displaystyle\int \frac{dx}{b+c\cos ax} = \frac{1}{a\sqrt{c^2-b^2}}\ln\left|\frac{c+b\cos ax+\sqrt{c^2-b^2}\sin ax}{b+c\cos ax}\right|,\ b^2<c^2$

47 $\displaystyle\int \frac{dx}{1-\cos ax} = -\frac{1}{a}\cot\frac{ax}{2}$

48 $\displaystyle\int \sin^{-1}ax\,dx = x\sin^{-1}ax+\frac{1}{a}\sqrt{1-a^2x^2}$

49 $\displaystyle\int x^n\sin^{-1}ax\,dx = \frac{x^{n+1}}{n+1}\sin^{-1}ax-\frac{a}{n+1}\int\frac{x^{n+1}dx}{\sqrt{1-a^2x^2}}$

50 $\displaystyle\int \tan^{-1}ax\,dx = x\tan^{-1}ax-\frac{1}{2a}\ln(1+a^2x^2)$

51 $\displaystyle\int x^n\tan^{-1}ax\,dx = \frac{x^{n+1}}{n+1}\tan^{-1}ax-\frac{a}{n+1}\int\frac{x^{n+1}dx}{1+a^2x^2}$

52 $\displaystyle\int e^{ax}dx = \frac{e^{ax}}{a}$

53 $\displaystyle\int xe^{ax}dx = \frac{e^{ax}}{a^2}(ax-1)$

54 $\displaystyle\int x^2e^{ax}dx = \frac{e^{ax}}{a^3}(a^2x^2-2ax+2)$ (b^{ax}는 $e^{a(\ln b)x}$)

55 $\displaystyle\int \frac{dx}{x\ln ax} = \ln|\ln ax|$

적분이 어려움 : $\displaystyle\int e^{x^2}dx,\ \int e^x\ln x\,dx,\ \int\frac{dx}{\ln x},\ \int\frac{e^x}{x}dx,\ \int\frac{\sin x}{x}dx,\ \int\frac{\sin^{-1}x}{x}dx$

찾아보기

찾아보기

ㅅ

ㅇ

ㅈ

찾아보기